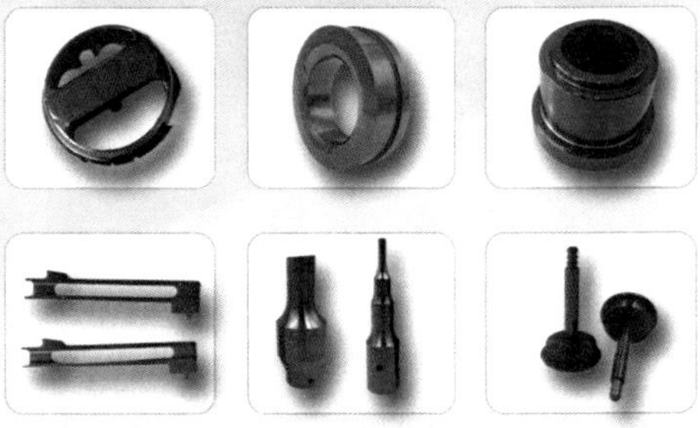

《真空工程设计》作者合影

从左到右依次是：刘伟成 魏迎春 柏树 杨建斌 刘玉魁 肖祥正 颜昌林 石芳录 闫格 张英明

《真空工程设计》参编人员合影

从左到右依次是：张小莉 路正瑶 苏清苗 庞阳 李文昇 张栋梁 王旭东 李晓东 李政忠 由楠 刘兰萍 黎艳 骆水连

真空工程设计

第2版

Second Edition

上册

Design of Vacuum Engineering

刘玉魁 主编

杨建斌 肖祥正 闫格 冯焱 副主编

化学工业出版社

·北京·

内容简介

《真空工程设计》是21世纪以来国内真空领域一部大型工具书，内容丰富，资料新颖，文字精练，工程数据丰富，信息量大。本书全面系统地反映出现代真空工程设计的新理念、新思路、新方法，具有很强的理论价值和适用性。

本书共29章，涵盖了真空工程设计的各个领域。包括真空概述；真空物理基础；真空获得技术与设备；真空工程中制冷与低温技术基础；真空测量仪器；低温测试技术；真空装置热计算基础；真空管路流导计算；真空系统设计；真空容器设计；低温容器设计与低温材料；真空容器的分析设计；真空与低温阀门及法兰；真空机构；真空工程元件；真空工程材料；真空与压力容器检漏；真空与低温工程中的焊接技术；真空清洁处理；航天器空间环境与设备；航天器空间热环境试验设备设计；真空中沉积薄膜；真空热处理炉设计；食品真空保鲜及真空包装机；真空应用装置以及真空工程基础数据。

本书可供各科学技术领域从事真空工程设计、研究、应用的科技人员使用，亦可供高等院校相关专业师生参考。

图书在版编目（CIP）数据

真空工程设计：上、下册/刘玉魁主编；杨建斌等副主编. —2版. —北京：化学工业出版社，2022.10（2024.2重印）
ISBN 978-7-122-41547-9

Ⅰ.①真… Ⅱ.①刘… ②杨… Ⅲ.①真空系统-系统设计 Ⅳ.①TB753

中国版本图书馆CIP数据核字（2022）第093324号

责任编辑：卢萌萌　戴燕红　　装帧设计：刘丽华
责任校对：边　涛

出版发行：化学工业出版社（北京市东城区青年湖南街13号　邮政编码100011）
印　　装：北京建宏印刷有限公司
787mm×1092mm　1/16　印张149　字数3580千字　2024年2月北京第2版第3次印刷

购书咨询：010-64518888　　售后服务：010-64518899
网　　址：http://www.cip.com.cn
凡购买本书，如有缺损质量问题，本社销售中心负责调换。

定　　价：698.00元（上、下册）　

京化广临字 2022—13

《真空工程设计》（第 2 版）
编委会

主　　编　刘玉魁

副 主 编　杨建斌　肖祥正　闫　格　冯　焱

编　　者　刘玉魁　闫　格　杨建斌　肖祥正　冯　焱　石芳录
　　　　　张英明　柏　树　魏迎春　刘伟成　颜昌林　马跃兰
　　　　　李文昇　高俊旺　曹　兰

审　　校　肖祥正　颜昌林　张英明　刘玉魁

参编人员　王旭东　由　楠　刘兰萍　苏清苗　李政忠　李晓东
　　　　　张　磊　张小莉　张栋梁　庞　阳　骆水连　盖天伟
　　　　　黄昌毓　程文红　路正瑶　黎　艳

序言

真空科学技术是一门应用广泛的基础学科。而真空工程是其重要分支，随着科学技术的发展，已渗透到众多的科学领域。真空环境的特殊性，为现代科学探索提供了广阔的天地。人们为了认识原子的微观世界，需用高能加速器把粒子加速到非常高的能量来剥离原子，进行原子结构研究。为了避免粒子的能量损失，加速器中必须是超高真空环境。在航天领域，众所周知的载人航天工程，探月工程亦与真空工程密切相关。为确保航天器在轨运行时的安全可靠，需要进行大量模拟空间环境试验，所需真空度范围从粗真空到超高真空。在能源领域，为了解决人类未来对能源的需求，各国科学家孜孜不倦地进行受控核聚变研究，一旦取得突破性的成果，将创造出取之不尽、用之不竭的新能源，造福于人类。这种核聚变装置需要极为清洁的超高真空环境。

真空工程技术在各个工业领域中，同样有着举足轻重的作用。新能源领域中的光电能源、光热能源，真空绝热板、真空玻璃、幕墙玻璃，太阳隔热薄膜、阳光增透薄膜，热力管道保温等，均需要真空环境来实现。机械行业中展现出来的新型工艺手段：真空淬火、真空回火、真空退火等，使传统的热处理注入了新的活力。而真空电子束焊、真空扩散焊、真空钎焊等，为异种材料焊接，高熔点材料、易氧化材料的焊接提供了新型焊接手段。在金属冶炼行业中，特种材料的真空冶炼，稀有金属的提纯，有色贵重金属的冶炼，钢水真空脱气等，为新型材料的制备提供了崭新的途径。

《真空工程设计》是进入 21 世纪后，我国第一部大型真空工程设计专著，不仅反映出作者多年来在真空工程领域中的研究成果，同时也引入了真空界学者所取得的成就，内容丰富，知识性强，全面系统地展示出当代真空工程设计的理论水平，引用的公式、数据、图表可靠性强，是不可多得的真空工程的工具书，具有较强的使用价值。

《真空工程设计》内容涵盖了真空基础知识、真空物理基础，真空抽气手段、真空测量方法、残余气体分析，流量检测，真空管路计算、真空系统设计、各种真空及低温元件选择，真空容器及低温容器设计、真空低温材料特性，真空清洗技术、真空检漏及焊接工艺等，为真空应用装置理论计算、工程设计以及加工制造提供了理论基础与实践经验。此外，书中还系统全面地评价了各类真空装置及空间环境模拟设备，为研制相关装置提供了思路。

真空工程设计是一门综合性较强的学科，需要具有坚实的真空科学技术的基础知识，同时还需要其他学科知识。传热学与制冷技术与真空工程关系甚为密切，《真空工程设计》将其以重要章节作了陈述，使之与真空工程有机地结合起来，这是以往的真空著作中所未见的，为真空工程著作开辟了先河。书中引入了有限元分析方法对容器稳定性、危险应力及变形分布进行了探讨，使传统的工程力学设计真空容器焕发出新的活力。本书产品取材与时俱进，引入了大量新产品、新材料，使之焕然一新。

中国航天科技集团公司第五研究院第五一〇研究所（兰州空间技术物理研究所）是科技领域专门从事真空科学技术的研究单位，为我国真空科学技术的发展做出了卓越贡献，硕果累累，成绩卓著。

我国第一部全面系统论述真空工程设计的《真空设计手册》诞生于 1979 年，出自兰州物理研究所（现兰州空间技术物理研究所）老一代科学家之手，奠定了真空工程设计基础，颇受真空科学技术界欢迎。而《真空工程设计》是进入新世纪后，该研究所老一代与新一代学者完成的又一部力作，将对我国真空工程设计产生较深远的影响，使之更上一层楼，在各个科学应用领域发挥更大的作用。

应作者邀请为《真空工程设计》撰写序言，为之高兴。愿此书能为推动我国科学技术的进步做出更大的贡献。

两弹一星元勋
共和国勋章获得者
中国科学院院士
孙家栋
2015.5.10

戚发轫院士为《真空工程设计》题词

加强真空科学研究

提高真空工程设计水平

服务中国航天事业的发展

神舟飞船首席科学家

中国工程院院士

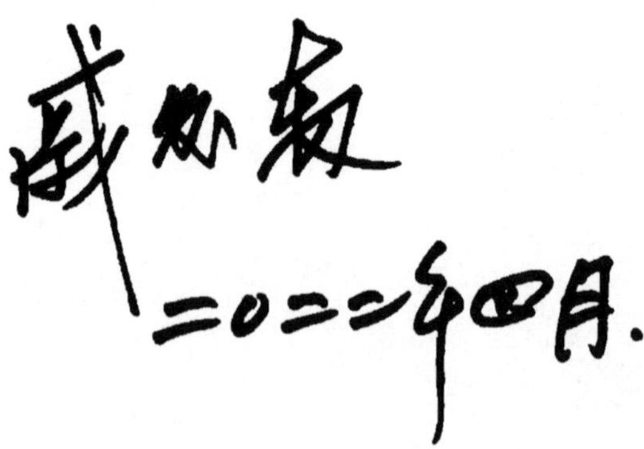

前言

我国第一部全面系统地论述真空工程设计的《真空设计手册》诞生于 1979 年，此书是由兰州物理研究所（现兰州空间技术物理研究所）的真空学者撰著，分上、下两册，由国防工业出版社出版。该手册由金建中院士任主编，刘玉魁、谈治信、肖祥正等共同策划，由肖祥正、刘玉魁、谈治信、崔遂先、李旺奎、胡炳森、范垂祯、高本辉、薛大同、许启晋等作者辛勤耕耘辑成。

《真空设计手册》的问世，为我国真空科学技术领域提供了一部大型工具书，为真空工程设计奠定了坚实的理论基础。

四十多年来，《真空设计手册》深受真空、航天及真空应用相关领域广大读者的厚爱，被视为真空工程设计的经典之作；至 2004 年已发行了第三版。而《真空工程设计》（上、下册）可以认为是《真空设计手册》的姊妹篇，两者同出于兰州空间技术物理研究所学者，前者源于老一代科学家，而后者为老中青学者共同撰写。《真空工程设计》（上、下册）秉承了《真空设计手册》之大成，同时又赋予了新的活力。随着真空科学技术的发展，不断涌现出的真空工程设计的新理念、新论述，以及大量新的真空元件、新材料、新数据被辑入书中。《真空工程设计》（上、下册）是 21 世纪以来真空科学技术领域又一部大型力作，为科技领域的真空工程设计提供了一部内容新颖、数据丰富、实用性强的大型工具书。

《真空工程设计》（上、下册）涵盖了现代真空科学技术领域的成就，以崭新的面貌呈现在读者面前，与以往的真空领域的工具书相比，其特点是：①书中较全面系统地论述了真空工程设计理论、设计思想、设计方法，且在真空工程设计中得到验证是行之有效的；②真空应用领域呈现的大量新产品、新的真空元件、新型材料，特别是国外新型真空产品得到了反映，为真空工程设计提供了大量信息便于实施设计；③现代真空工程学科与多种学科息息相关，尤其与低温技术关系更为密切，互为依存。为方便于真空工程设计，本书在低温容器、制冷技术、低温元件、低温材料，以及低温测试手段等方面用了大量笔墨，作了较详尽的阐述，给读者以启迪，便于两者融会贯通；④在真空工程设计中传热问题触目皆是，如真空冶炼、真空热处理、真空干燥、真空隔热等，而航天器空间热环境模拟试验更是如此，因而，本书中对真空环境下的换热问题予以充分的重视，用了一定的篇幅进行了论述，为读者进行真空工程的热设计提供了思路；⑤在以往相关的真空工程书籍中，对真空容器设计均以传统的力学进行分析计算，而本书中容器设计引入了有限元分析，以此确定容器失稳及应力分布，为真空容器的可靠性设计提供了一种新方法；⑥真空容器制造中的三大重要工艺，即真空检漏、真空焊接、真空清洗在书中均以重要章节进行了精辟陈述，并弥补了以往相关真空书籍的不足，特别值得一提的是，所论述的工艺均被工程案例所证明，是行之有效的；⑦各类现代真空装置的设计在本书中得到反映，为读者提供了崭新的设计思想。

本书根据读者反馈进行了修订，纠正了原书中的疏漏，并进行了全面修改，充实了大量新内容，信息量更大。增加的主要篇幅有：真空热处理炉设计；航天器空间热环境试验设备设计；食品真空保鲜及真空包装机；真空中沉积薄膜以及真空烧结、离子注入机、真空干燥、真空输送、真空脱气等。另外在真空系统设计方面增加了蒙特卡罗方法计算真空元件传输概率；湍流圆截面管道流导计算；圆截面、圆锥管、球台管、环形短管的传输概率计算；环形壳体、椭圆球形壳体结构计算；材料放气率测量、气体微流量测量装置、真空计量标准装置、离子加速器真空系统设计等；同时充实了低温材料，增补了真空材料。另外对航天器空间环境与设备也拓展了一定的篇幅，较为系统地论述了日地环境以及太阳紫外、原子氧、空间电子和质子对材料器件的损伤等；还对火箭发动机试验设备内容进行了扩展，为工程设计提供了重要参考。

《真空工程设计》（上、下册），共 29 章。第 1 章真空概述；第 2 章真空物理基础；第 3 章真空获得技术与设备；第 4 章真空工程中制冷与低温技术基础；第 5 章真空测量仪器；第 6 章低温测试技术；第 7 章真空装置热计算基础；第 8 章真空管路流导计算；第 9 章真空系统设计；第 10 章真空容器设计；第 11 章低温容器设计与低温材料；第 12 章真空容器的分析设计；第 13 章真空阀门；第 14 章低温阀门；第 15 章真空法兰；第 16 章低温法兰；第 17 章真空机构；第 18 章真空工程元件；第 19 章真空工程材料；第 20 章真空与压力容器检漏；第 21 章真空与低温工程中的焊接技术；第 22 章真空清洁处理；第 23 章航天器空间环境与设备；第 24 章航天器空间热环境试验设备设计；第 25 章真空中沉积薄膜；第 26 章真空热处理炉设计；第 27 章食品真空保鲜及真空包装机；第 28 章真空应用装置；第 29 章真空工程基础数据。

《真空工程设计》（上、下册）虽然出自兰州空间技术物理研究所科技人员之手，但从某种意义上来讲，也可以认为是我国真空界学者与专家的共同成果，书中图表、数据、公式有的来自于他们的著作和文章；而从事真空制造业的商家又为本书提供了大量的新产品资料，使之增辉。为此，编者向他们致意，并表示衷心的感谢！同时向关心本书的读者们表示感谢！东北大学张世伟教授应邀撰写了“蒙特卡罗方法计算真空元件传输概率”，弥补了本书管路流导计算的不足，特表示感谢。

《真空》《真空与低温》《真空科学与技术》杂志，以及中国真空网曾对原版著作进行了深入报道，使读者能够更加了解本书内容，特致以谢意。

我国航天领域著名科学家，两弹一星元勋、共和国勋章获得者孙家栋院士为本书撰写了序言，使之锦上添花，特向他表示衷心感谢！

我国航天领域著名科学家、神舟飞船总设计师戚发轫院士为本书题词，以勉励作者，特向他表示衷心的感谢！

《真空工程设计》（第 2 版）出版之际，时逢兰州空间技术物理研究所六十周年华诞，特以此著向五一〇所老一代科学家、新一代学者及同仁献礼。

编者于兰州空间技术物理研究所
2022 年 5 月 16 日

目录

上　册

第 1 章　真空概述　　刘玉魁

第 2 章　真空物理基础　　刘玉魁

第 5 章 真空测量仪器 肖祥正 冯焱

第 6 章 低温测试技术 石芳录

第 7 章　真空装置热计算基础

刘玉魁

第 8 章　真空管路流导计算

刘玉魁

第 9 章 真空系统设计 刘玉魁

第 10 章 真空容器设计 刘玉魁

第 11 章 低温容器设计与低温材料

刘玉魁 张英明

第 12 章 真空容器的分析设计

柏树

第 13 章 真空阀门

魏迎春

第 14 章 低温阀门

刘伟成

第 15 章 真空法兰

魏迎春

第 16 章 低温法兰

刘伟成

第 17 章　真空机构　　颜昌林

第 18 章　真空工程元件　　柏树

第 19 章　真空工程材料　　柏树

第 20 章 真空与压力容器检漏　　肖祥正

下　册

第 21 章 真空与低温工程中的焊接技术　　张英明　刘玉魁

第 22 章 真空清洁处理 刘玉魁

第 23 章 航天器空间环境与设备 刘玉魁 杨建斌 马跃兰

第24章 航天器空间热环境试验设备设计 刘玉魁 李文昇

第 25 章 真空中沉积薄膜 刘玉魁

第 26 章 真空热处理炉设计 刘玉魁

第 27 章 食品真空保鲜及真空包装机 刘玉魁

第 28 章 真空应用装置 刘玉魁 高俊旺

第 29 章 真空工程基础数据 张英明 肖祥正 曹兰

第1章 真空概述

1.1 真空

地球周围被大气所包围，中纬度地区距地球表面12km内为对流层，随着高度的增加，依次是平流层、中间层、热层（电离层）、外大气层以及星际空间。

标准大气是由各种气体组成的混合物，其主要成分有78.084%氮、20.948%氧、0.934%氩、3.14×10^{-2}%二氧化碳、1.83×10^{-3}%氖、5.24×10^{-4}%氦、1.14×10^{-4}%氪、8.7×10^{-6}%氙、5×10^{-5}%氢、2×10^{-4}%甲烷。除此以外，还有氧化二氮、臭氧、二氧化硫、二氧化氮、氨、一氧化碳、碘蒸气等。显然，工业发展的当今世界，排放到大气中的各种工业废气，虽然不是标准大气成分，但已经对人类生存环境造成了严重污染。标准大气成分的相关参数见第29章相关内容。在压力为4×10^{-12}Pa的外层空间，大气主要成分是氢气及少量的氦气。氢原子含量约为10^3个/cm^3。

水蒸气虽然不是标准大气成分，但大气中含有大量水蒸气，含量多少取决于空气中的相对湿度，当相对湿度为50%时，空气中水蒸气分压约为1600Pa。水分子是极性分子，与材料表面有较强的亲和力，是高真空设备中最难抽走的气体。为尽快抽除水汽，有时不得不以加热烘烤方式，使其较快脱附。

大气中的氢气含量相对氮和氧含量较少，但它是超高真空系统中重要的气源，是金属材料冶炼及锻造过程中渗入引起的。氢以原子态溶解于材料，常温真空环境下释放缓慢。超高真空系统加热烘烤是使氢加速释放较好的处理方法。

很早以前，人们认为大气是没有重量的。直到17世纪意大利物理学家做了一个有趣的试验，即将一支装满水银的玻璃管倒插入盛水银的器皿中，发现水银面下降到一定高度后，不再下降了。也就是周围空气产生的压力与水银柱产生的压力相平衡了，此试验证明了大气是有质量的。1643年，托里拆利通过测量得到这个压力值。在海平面上为760mmHg，即101301Pa，可以近似认为是10^5Pa。通常称海平面测得的压力为“标准大气压”。在此压力下，每立方厘米0℃的空气中大约含有2.7×10^{19}个气体分子，如果把气体分子看作小球，一个挨一个排起来可达270万公里。而地球子午线长为4万公里，估计可绕地球赤道67.5圈，可见分子密度之大。

真空是相对大气而言的，如果某容器中的压力低于周围大气压值，那么，就称该容器中的气体状态为真空状态。如某地大气压值为10^5Pa，而密闭容器中的压力为1Pa，则容器处于真空状态，每立方厘米有2.7×10^{14}个气体分子。可见，真空的空间并不空，而是充满了气体分子，以现代的各种抽气手段，可获得$10^{-11}\sim10^{-13}$Pa真空度，即使在这样稀薄的气体状态下，每立方厘米空间中仍然含有几十个到几百个气体分子。

真空分两种：一种为天然真空，另一种为人为真空。天然真空是自然本来就存在的自然现象，如众所周知的宇宙空间，即为天然的真空环境。而人为真空是人们利用各种抽气手段，在某一空间中所建立的真空。通常把人为真空，简称为真空。

地球周围的大气层，由于地球引力的作用，地球表面密度最大，随着高度的增加，气体越来越稀薄，即密度越来越小。在海平面上，大气压力约为 1×10^5Pa，而珠穆朗玛峰顶压力约为 3×10^4Pa，约为标准大气压的 1/3。有时为了考验电气元器件对高原低气压气候条件的适应性，往往建造低气压人工气候箱，来模拟高原低气压，温度及雾冰条件，对元器件的可靠性进行验证。

目前世界人造卫星轨道最低高度为 80km，此高度下空间环境的压力约为 0.9Pa，而地球同步轨道上运行的通信卫星，距地面高度约为 36000km，此环境下的压力约为 1×10^{-12}Pa。我国第一颗人造卫星，近地点高度 438km，轨道环境的真空度为 10^{-6}Pa 量级，远地点高度 2384km，轨道环境的真空度为 10^{-10}Pa 量级。随着距地表高度的不同，真空亦不同，高度越高真空度越高。自然真空随着海拔高度的变化关系，可以用下式表示：

$$p=p_0 e^{-\frac{mg}{kT}h} \tag{1-1}$$

式中 p——海拔高度为 h 处的压力，Pa；

p_0——大气压力，Pa；

T——高度 h 处空间温度，K；

k——玻尔兹曼常数，1.380662×10^{-23}J/K；

m——空间粒子平均质量，kg；

g——重力加速度，kg/s^2；

h——海拔高度，m。

表 1-1 给出了大气压力、密度、温度随海拔高度不同而变化的值。图 1-1 绘出了大气压与海拔高度的关系。

表 1-1 大气压力、密度、温度与海拔高度关系

高度 h/km	温度/℃	压力/Pa	密度/kg·m^{-3}	高度 h/km	温度/℃	压力/Pa	密度/kg·m^{-3}
0	15	1.013×10^5	1.225	90	−92.5	1.6×10^{-1}	3.2×10^{-6}
2	2.0	7.949×10^4	1.010	100	−63.1	3.0×10^{-2}	6.6×10^{-7}
4	−11	6.165×10^4	0.819	160	749	3.7×10^{-4}	1.3×10^{-9}
6	−24	4.721×10^4	0.660	220	1021	1.4×10^{-4}	2.0×10^{-10}
8	−36.9	3.564×10^4	0.526	300	1159	4.1×10^{-5}	6.077×10^{-11}
10	−49.9	2.650×10^4	0.414	400	1214	4.0×10^{-6}	6.5×10^{-12}
20	−56.5	6.456×10^3	0.089	500	1226	1.1×10^{-6}	1.6×10^{-12}
40	−22.8	2.932×10^2	0.004	600	1233	3.5×10^{-7}	4.6×10^{-13}
50	−2.5	7.971×10	1.0×10^{-3}	700	1234	1.2×10^{-7}	1.5×10^{-13}
60	−17.4	2.237×10	3.1×10^{-4}	1000	1372	3.8×10^{-8}	4.4×10^{-14}
70	−53.5	5.518	8.8×10^{-5}	2000	1372	8.1×10^{-11}	2.8×10^{-17}
80	−92.5	1.171	2.0×10^{-5}	3000	1372	4.3×10^{-11}	3.2×10^{-18}

大气温度是重要热力学参数。图 1-2 为大气温度垂直分布及分层示意图。由图中可见，随着高度的增加大气温度先是逐渐降低，到一定高度后，又逐渐上升，当升至 50km 平流层顶，温度约为−2.5℃，而中间层顶约为−100℃。

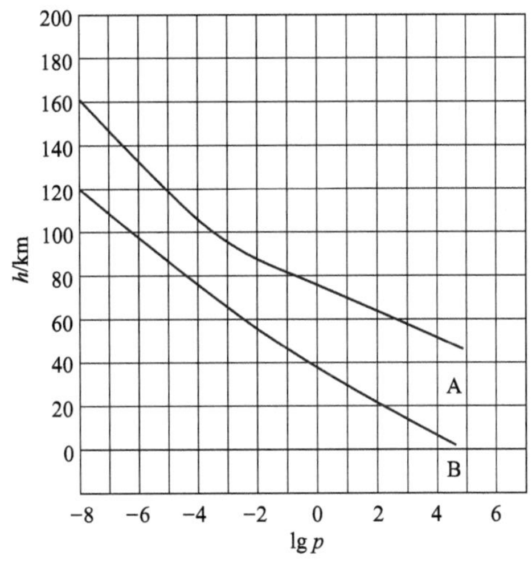

图 1-1　大气压力与海拔高度的关系

A—压力以 Pa 为单位；B—压力以 Torr 为单位（1Torr＝133.322Pa）

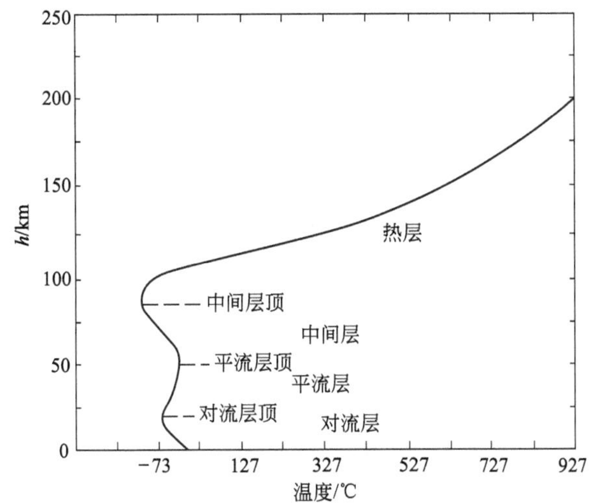

图 1-2　大气温度垂直分布及分层示意图

再往上进入热层，由于大气中的氧分子及氧原子吸收太阳紫外线被加热，温度急剧上升。在 500km 处高达约 1226℃。1000km 以上，温度不再随高度增加而变化，称为外大气压。此空间分子温度很高，平均动能大，但空气很稀薄，空间压力进入 10^{-6}Pa 数量级，由于气体分子密度小，产生的温度对航天器影响较小。

1.2 真空计量单位

1927 年第七次国际计量大会上，给标准大气压做了定义。其定义条件：重力加速度为 980.665cm/s^2；水银温度为 0℃；水银密度 13.5951g/cm^3。在这种条件下，760mm 高的汞柱产生的压力，称为标准大气压。其值：

$$1\text{atm}=1013250.144354\text{dyn/cm}^2$$

由此定义标准毫米汞柱（mmHg）值：

$$1\text{mmHg}=(1/760)\text{atm}$$

可见，这种标准大气压，依赖于汞密度的测量精度，不能给出最终值。因而，1954年第十次国际计量大会，又重新定义了标准大气压。其值：

$$1\text{atm}=1013250\text{dyn/cm}^2=101325\text{N/m}^2$$

虽然重新定义了标准大气压，但 mmHg 仍用 1927 年定义值。

毫米汞柱这个压力单位书写不方便。因而，为了纪念发现真空的托里拆利（Torricelli），德国把毫米汞柱命名为“托”（Torr）。后来，国际标准化组织使用“Torr”作为压力单位。托值规定为标准大气压（1954 年定义）的 1/760。即

$$1\text{Torr}=(1/760)\text{atm}$$

由于 1927 年与 1954 年定义的标准大气压值有差别，因而造成 1mmHg 比 1Torr 大 $1.9\times10^{-4}\text{dyn/cm}^2$。由于两者差值较小，故通常认为 1mmHg 近似等于 1Torr。

1958 年第一次国际真空会议上，正式规定以“托”作为真空度的计量单位。后来，我国也普遍地使用了这个单位。

国际单位制和我国法定计量单位制中的压力单位，既不使用 mmHg，也不使用 Torr，而是采用 N/m^2。

为了纪念 17 世纪世界著名的法国数学家、物理学家帕斯卡，由法国建议，并经国际计量委员会通过，给 N/m^2 一个专用名词，称为“帕斯卡（Pascal）”，简称为“帕”（Pa）。

1971 年第十次国际计量大会正式采用帕斯卡这个压力单位，其值：

$$1\text{Pa}=1\text{N/m}^2=7.5006\times10^{-3}\text{Torr}$$

这个单位由于读和写方便，又能与其他计量单位统一起来，因而，逐渐被各国使用。

国际单位制中，压力单位还使用巴（bar）和标准大气压（atm），二者与 Pa 的关系如下：

$$1\text{bar}=10^5\text{Pa}$$

或者

$$1\text{atm}=1.01325\times10^5\text{Pa}$$

工程应用上也常将 1atm 值近似取为 $1\times10^5\text{Pa}$。

真空设备制造中，当使用压力高于 100Pa，有时采用百分真空度表示压力，即

$$\delta=\frac{10^5-p}{10^5}100\% \tag{1-2}$$

式中 δ——真空度的百分数；

p——真空设备中气体压力，Pa。

我国法定计量单位制规定的压力单位为帕（Pa），吉帕（$1\text{GPa}=10^9\text{Pa}$），兆帕（$1\text{MPa}=10^6\text{Pa}$），千帕（$1\text{kPa}=10^3\text{Pa}$），毫帕（$1\text{mPa}=10^{-3}\text{Pa}$），微帕（$1\mu\text{Pa}=10^{-6}\text{Pa}$）。真空技术领域中，真空度的计量单位为 Pa。

目前国际上，真空度的计量单位各国不同，常用单位有帕（Pa），巴（bar），毫巴（mbar），托（Torr），毫米汞柱（mmHg）。气体压力单位的换算关系见第 29 章相关内容。

1.3 真空区域划分

在真空科学技术领域中，目前可使用的压力范围是 $10^5 \sim 10^{-10}$ Pa，就世界范围而言，获得的最高真空度是 10^{-12} Pa 量级。从 10^5 Pa 到 10^{-12} Pa，跨越十七个数量级。为了技术交流与使用方便，把这样宽的压力范围再划分几个真空区域。

国际上通常划分四个真空区域：低真空、中真空、高真空以及超高真空。我国真空行业标准中，也是划分四个真空区域，见表 1-2。

表 1-2 各真空区域压力范围

真空区域	低真空	中真空	高真空	超高真空
压力范围/Pa	$10^5 \sim 10^2$	$10^2 \sim 10^{-1}$	$10^{-1} \sim 10^{-5}$	$<10^{-5}$

笔者参考国外划分区域压力范围，认为高真空区域最低压力为 10^{-6} Pa，而超高真空压力范围为 $10^{-6} \sim 10^{-10}$ Pa，增加一个极高真空区域，压力$\leqslant 10^{-10}$ Pa。即

低真空　　$10^5 \sim 10^2$ Pa

中真空　　$10^2 \sim 10^{-1}$ Pa

高真空　　$10^{-1} \sim 10^{-6}$ Pa

超高真空　　$10^{-6} \sim 10^{-10}$ Pa

极高真空　　$\leqslant 10^{-10}$ Pa

真空区域的划分主要根据气体物理特性来确定，这些物理特性包括分子密度、平均自由程、换热形式、形成单分子层的时间，以及气体组分等。作者划分真空区域的见解分述如下。

(1) 气体分子密度

空气单位体积中的气体分子数，称为气体分子密度。分子密度与空间气体压力及温度有关，可用下面公式表示：

$$n = 7.2429 \times 10^{22} \frac{p}{T} \tag{1-3}$$

式中　n——单位体积气体中的分子数，个/m^3；

p——空间气体压力，Pa；

T——空间气体温度，K。

由式(1-3) 可见，分子密度随着气体压力降低逐渐减小，但在低真空下，分子密度还是比较大。如：真空度为 100Pa 时，每立方厘米中有 3.3×10^{16} 个分子。由于分子密度大，与大气压下的气体相比较，其物理性质没有本质上的区别。

由低真空进入中真空及高真空区域后，由于分子密度的减小，使气体换热方式有了显著的变化。低真空主要是对流换热；中真空区域是气体传导和辐射换热；高真空及超高真空区是自由分子热传导和辐射换热，气体传导换热已经消失，工程计算上主要考虑辐射换热。气体相对热导率与压力关系见图 1-3。

超高真空区域中，即使压力为 10^{-10} Pa 时（超高真空区下限），每立方厘米中仍有

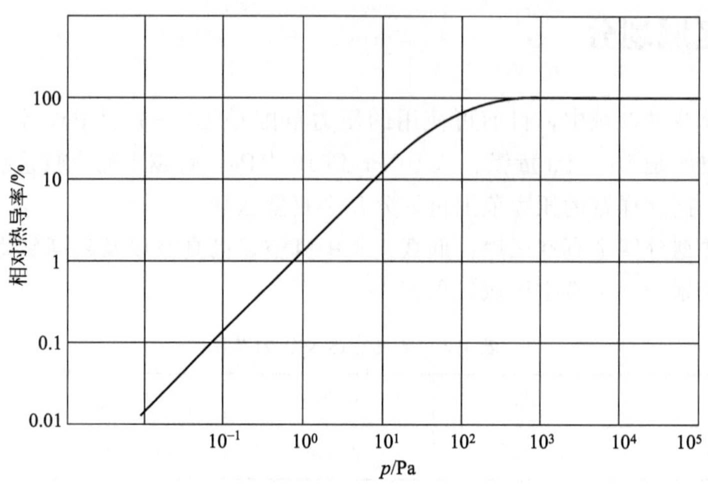

图 1-3 气体相对热导率与压力关系

2.7×10^{4} 个气体分子。在这样稀薄气体状态下，气体分子运动基本上服从麦克斯韦统计分布规律。用压力表示真空度是有意义的。在极高真空区域中，若真空度为 10^{-12}Pa，那么每立方厘米中只有几百个气体分子。这时，气体分子运动不再服从经典的统计规律。从统计物理涨落理论推出，真空度为 10^{-12}Pa 时，压力平均相对误差为 5.4%；真空度为 10^{-14}Pa 时，压力相对偏差达 54%。可见，极高真空区域的这一本质差别，是划分这两个真空区域的重要依据。

(2) 平均自由程

一个气体分子与其他分子每连续两次碰撞之间的平均路程，叫平均自由程。平均自由程与压力、温度及分子直径等因素有关。对于室温下的空气，λ 近似值由下式给出：

$$\lambda=\frac{6.7\times10^{-3}}{p} \tag{1-4}$$

式中 λ——平均自由程，m；

p——气体压力，Pa。

由式 (1-4) 可见，平均自由程为随着真空度升高而增加。在大气压下，平均自由程为 6.7×10^{-6}cm，也就是说分子大约走十万分之七毫米，就与一个气体分子相碰。真空度为 0.1Pa 时，平均自由程约为 6.7cm；真空度为 1.0×10^{-4}Pa 时，平均自由程达 67m。

由于各种真空度下的平均自由程不同，使各真空区域的气体流动状态不同。低真空区域（$p>100$Pa）为湍流；中真空度区域为黏滞流或黏滞-分子流；高真空区域为分子流。

流动状态不同，使气体的黏滞性发生了变化，低真空和中真空区域气体的黏滞性是以分子间互相作用的内摩擦形式表现出来的；高真空区域的气体分子间没有内摩擦，而存在着与器壁之间相互作用的外摩擦。

低真空和中真空区域，分子的平均自由程小，气体分子之间碰撞是主要的；分子与器壁之间的碰撞是次要的。因而，气体主要存在于空间。真空泵主要抽走空间气体分子，容易抽走，需要抽气时间短。

高真空和超高真空区域，分子的平均自由程很大，分子之间几乎不发生碰撞，气体分子主要与容器壁碰撞。此时，真空泵主要抽走器壁解吸的分子，抽走这种分子要比抽空间分子难一些。因而，高真空需要的抽气时间长，超高真空就更长。

(3) 形成单分子层时间

理想的清洁表面上，覆盖一层单分子所需要的时间，称为形成单分子时间。形成单分子时间由下式确定：

$$t=\frac{\phi_m}{\phi} \tag{1-5}$$

其中

$$\phi_m=\frac{1}{\sigma^2} \tag{1-5a}$$

$$\phi=4.68\times10^{24}\frac{p}{\sqrt{MT}} \tag{1-5b}$$

式中 t——形成单分子层时间，s；

ϕ_m——形成单分子层需要的分子数，分子数/cm^2；

ϕ——分子入射率，即单位时间入射到单位面积上的分子数，分子数/（$cm^2\cdot s$）；

p——气体压力，Pa；

σ——分子直径，cm；

T——气体温度，K；

M——气体摩尔质量，g/mol。

高真空区域形成单分子层的时间很短，在1×10^{-4}Pa下，为2.2s；而超高真空区域形成单分子层时间较长，在1×10^{-7}Pa下为2200s，约36min。在此真空度下，两个光滑的干净表面互相接触，就会出现超高真空区特有的冷焊现象（即两个表面粘接在一起）。而高、中、低真空区由于得不到清洁表面，不会出现此现象。

超高真空区域中，可以得到清洁表面的时间长，有足够长的时间进行表面研究。从此观点出发，把1×10^{-7}Pa作为高真空与超高真空的分界是恰当的。

(4) 气体组分

真空容器中空间的气体组分是随着真空度而变化。低真空区域，气体组分近似于大气成分；中真空时，气体组分发生了变化，空气中氮、氧成分很少了，主要是水蒸气；高真空时，空间中原有气体已很少了，主要是器壁放出来的气体，其中有70%～90%的水蒸气；超高真空下，被抽气体主要是氢气，是从器壁金属材料内部释放出来的；而玻璃超高真空系统，主要是氦气，是从大气中渗透过来的。

1.4 真空环境特点及其应用

1650年葛利克发明了第一台真空泵，做了著名的马德堡半球实验，在球中获得了低真空。随着科学技术发展的需要，目前真空度适用范围为$<10^5\sim10^{-10}$Pa，已应用到各种领域。真空提供了特殊的环境条件服务于人类。真空环境的特点及应用领域分述

如下。

1.4.1 真空环境产生压力差

大气压力值可以近似取为 10^5Pa，如果真空侧为 100Pa 的粗真空，两者之间差 99900Pa，等于 $1m^2$ 面积上受到 10187kg（f）的作用力，粗略地可以被认为每平方米面积上受到 10t（f）的作用力。可以利用真空与大气产生压力差做功来制造各种产品，其应用领域见表 1-3。

表 1-3 真空环境压力差的应用

应用方式	应 用 领 域
真空输送	输送谷物；面粉；水泥；煤粉；矿物粉；水泥浆；纸浆；下水道泥浆；粉状化工品；化工及医药液体；码头输送鱼类产品
真空过滤	选矿应用；冶金工业；煤炭工业；化学工业；食品工业
真空成型	塑料工业；电气元件；冰箱板件；洗衣机板件；电气工业
真空吸引	真空吸盘吊运；混凝吸盘吸水；吸尘器；机床夹具；吸肠机；拔火罐；吸奶机械；医疗器械
真空发生器	电子及半导体元件组装；汽车组装；搬运机械；轻工机械；医疗机械；印刷机械；塑料制品机械；包装机械；锻压机械；机器人；火车污水排放

1.4.2 真空环境中氧和水含量显著减小

在大气环境中，氧含量近 21%；而水的含量随着地域不同而变化，有时空气湿度高达 90%。如果真空容器由大气压抽到 10Pa，空间氧含量降低 1000 倍，而水的含量下降更多。真空环境随着气体分子密度降低，氧和水含量显著减小。这对大气环境下易氧化或者腐烂物质的生产与保存非常有利。现代许多工业必须在少氧环境下的真空中进行，如冶炼稀有金属，电真空器件均需要真空环境。而水汽是细菌生存的必要条件。大气下水汽含量高，细菌易生存，食物易腐烂。在真空环境下，细菌难以生存，有利于防腐。表 1-4 给出了氧和水含量少的真空环境的应用。

表 1-4 真空环境的应用

应用领域	应 用 实 例
电子工业	电真空器件；真空规；电子枪；离子源；各种电光源；X 射线；电子衍射；灯泡
材料工业	金属冶炼；金属提纯；单晶制备；稀有金属冶炼；薄膜材料制备；钢水脱气；真空铸造；真空烧结
食品工业	罐头食品；真空干燥食品；真空冻干；真空包装；真空充气包装
机械工业	真空热处理；电子束焊；真空钎焊；气体保焊；真空循环脱气；真空退火；真空淬火；真空回火；真空渗碳；真空扩散焊

1.4.3 真空环境下气体分子运动的平均自由程增大

气体分子处于无规则的热运动状态，大气下分子密度大，分子热运动行走 0.06μm，将会与另一个气体分子相碰撞一次。随着压力的降低，所走的距离越来越大。由式(1-3)可知，当压力为 1.0×10^{-4}Pa 时，分子的平均自由程约 67m。在一个有限的容器中，可认为不与其他分子相碰撞，能量不会损失。

同理，在真空中运动的电子、带电粒子、金属原子的平均自由程，像气体分子一样同样会增大。

在真空环境下，电子运动的平均自由程与气体分子的平均自由程关系如下：

$$\lambda_e = 4\sqrt{2}\lambda \tag{1-6}$$

式中 λ_e——电子平均自由程，m；

λ——气体分子平均自由程，m。

在真空环境下，带电粒子的平均自由程与气体分子的平均自由程关系如下：

$$\lambda_i = \sqrt{2}\lambda \tag{1-7}$$

式中 λ_i——带电粒子平均自由程，m；

λ——气体分子平均自由程，m。

由式(1-6) 及式(1-7) 可见，电子或带电粒子在真空中的平均自由程，比气体分子的平均自由程还要大。由于真空环境中粒子自由程增大，可减小或消除粒子之间的互相碰撞，其应用领域有电子器件、光电器件、各种加速器、电子储存环、高能加速器、重离子加速器、质谱计、同位素分离器、电子显微镜、电子束焊接、蒸发式镀膜、溅射式镀膜、分子蒸馏等。

1.4.4 真空环境使气体分子在固体表面形成单分子层时间增长

如前所述，在 1×10^{-4}Pa 下，固体表面形成单分子层的时间约为 2s，而在 1×10^{-7}Pa 下，形成单分子层时间增长约 36min，真空度越高，形成单分子层时间越长，提供清洁的表面时间越长，为表面研究提供了重要条件。应用此特点，研制出了各种表面仪器，如二次离子谱仪、离子散射仪、俄歇电子能谱仪、光电子谱仪、低能电子衍射仪、电子能损失光谱仪等。提供清洁表面可以进行材料摩擦磨损及冷焊研究、材料空间试验研究，通常要求真空度范围为 $10^{-7}\sim10^{-8}$Pa。

表 1-5 给出了表面分析仪器的名称、代号及原理。

表 1-6 给出了表面分析仪器的性能及特点。

1.4.5 真空环境减小能量传递

大气环境下气体热量传递有三种形式：气体对流换热、热传导及辐射换热。当真空环境压力到 5×10^{-2}Pa 时，气体热传导能力仅为大气压下的 1%，可以忽略，不会影响热计算的结果。对流换热早已消失，仅有辐射换热。显然，即使真空度达不到高真空范围，而在低真空环境下，由于气体分子密度降低，其热传导换热量也降低了很多。利用这种原理，可以制造保温瓶、低温液体储存设备以及隔热等；也可制造杜瓦瓶、杜瓦管、液氮贮槽、液氢贮槽、液氧贮槽、低温液体运输槽车、真空绝热板、真空玻璃、液化天然气贮罐、液化石油气贮罐等，应用范围很广。

贮运各种低温液体，必须有低温容器，而低温容器均需要采用真空隔热。低温液体的应用范围很广，见表 1-7。

表 1-5　表面分析仪器的名称、代号及原理

代号	名称		入射粒子	检测粒子	原理
LEED	Low Energy Electron Diffraction	低能电子衍射	电子(10～500eV)	散射电子	表面晶格二次散射
RHEED	Reflect High Energy Electron Diffraction	反射式高能电子衍射	电子(数万电子伏)	散射电子	薄层表面原子散射，斜照反射
EM	Electron Microscope	电子显微镜	电子(数十万电子伏)	散射电子	薄层原子散射
TEM	Transmission Electron Microscope	透射电子显微镜	电子(数十亿电子伏)	散射电子	薄层原子散射
SEM	Scanning Electron Microscope	扫描电子显微镜	电子(数万电子伏)	二次电子 X 射线	用扫描进行表面观察
STEM	Scanning Transmission Electron Microscope	扫描透镜电子显微镜	电子(数万电子伏)	散射电子	用扫描透过散射
EPMA (XMA)	Electron Probe Micro Analysis (X-ray Micro Analysis)	电子探针(X 射线)显微分析	电子(数万电子伏)	X 射线	用扫描观察表面
AES	Auger Electron Spectroscopy	俄歇电子谱	电子(数百至数千电子伏)	二次电子	由特征二次电子来确定未知元素
SAM	Scanning Auger Micro-probe	扫描俄歇微探针	电子(1～10keV)	二次电子	扫描方式测量特征二次电子能量鉴别元素
ELS	Energy Loss Spectroscopy	能量损失谱	电子(1～100eV)	散射电子	分析低能电子能量分布
APS	Appearce Potential Spectroscopy	出现电势谱	电子(数百至 10000eV)	X 射线→光电子	测定原子外层能级的激发临界电压值
ESD(EID)	Electron Stimulated(Impact)Desorption	电子诱导(激发)脱附	电子(10～100eV)	离子，中性原子	电子轰击使吸附原子脱附，进行质量分析
CL	Cathode ray Luminescence	阴极射线荧光	电子(数万电子伏)	光谱	电子轰击激发荧光光谱
ISS	Ion Scattering Spectroscopy	离子散射谱	离子(100 至数千电子伏)	散射离子	测量一定散射角度下离子的能量
RBS	Rutherford Backscattering Spectroscopy	卢瑟福背散射谱	He^+、H^+(约达兆电子伏)	背散射离子	背散射离子的强度、能量分布
SIMS	Secondary Ion Mass Spectroscopy	二次离子质谱	离子(数百至 20000eV)	溅射离子	溅射离子的质量分析
IMMA	Ion Microprobe Mass Analysis	离子微探针质量分析	离子(数百至 20000eV)	溅射离子	溅射离子的一至三维分布的测定
IEXS (IXAS)	Ion Excited X-ray Spectroscopy	离子激发 X 射线谱	离子(数万电子伏)	X 射线	离子激发 X 射线特性分析
SCANIIR	Surface Composition by Analysis of Neutral and Ion Impact Radiation	斯卡尼耳	离子、分子(数千电子伏)	光谱	溅射激发原子的发射光谱分析

续表

代号	名称		入射粒子	检测粒子	原理
INS	Ion Neutralization Spectroscopy	离子中和谱	离子(10eV)	电子	二次电子的能量分析
XPS (ESCA)	X-ray Photoelectron Spectroscopy (Electron Spectroscopy for Chemical Analysis)	X射线光电子谱	特殊X射线	光电子	由光电子能量分布决定外层能级
UPS	Ultraviolet Photoelectron Spectroscopy	紫外光电子谱	紫外线	光电子	由光电子能量分布决定浅层能级
LMA	Laser Micro Analysis	激光显微分析	光子(激光)	光谱	用激光照射加热测定发光光谱
FEM	Field Electron Microscope	场电子显微镜		电子	从针尖观察电子像
FIM	Field Ion Microscope	场离子显微镜		离子	从针尖观察离子像
XRFS	X-ray Fluorescence Spectroscopy	X射线荧光谱	X射线	荧光X射线	由荧光X射线观察进行元素分析和状态分析
RAA	Radio Activation Analysis	活化分析	中子	γ射线,质子	测量中子核反应,激发,化学分离、射线
AEAPS	Auger Electron Appearance Potental Spectroscopy	俄歇电子出现电势谱	电子(0.1～2keV)	俄歇电子	通过改变入射电子能量,测量发射俄歇电子阈电压值
SXAPS	Soft X-ray Appearance Potental Spectroscopy	软X射线出现电势谱	电子(0.1至数千电子伏)	特征X射线	通过改变入射电子能量,测量软X射线的阈电压值
EDXS	Energy Dispersive X-ray Spectroscopy	能散X射线谱	X射线(数千至30000eV)	电子	用半导体检测器分析照射X射线能量
EXAFS	Extended X-ray Absorption Fine Structure	广延X射线吸收精细结构	白色X射线(数十至20000eV)	散射X射线	特定元素吸收端近边吸收系数的变化
DLTS	Deep Level Transient Spectroscopy	深能级发射谱	顺方向偏置脉冲电压	结电容	检测载流子使冷阱放出热量引起P-N结电容的变化量
PAS	Photoacoustic Spectroscopy	光声谱	光	声	测量由未发出光再结合引起的声波强度

表 1-6　表面分析仪器的性能及特点

名称	分析面积	信息深度	灵敏度	不能分析的元素	深度分析	可得信息	特点
LEED	约数百微米	约 $10^{-3}\mu m$	10^{-2}ML	基本没有	否	表面原子、吸附原子的对称性、原子振动	洁净结晶表面结构，吸附原子的排列和动力学，不能鉴别元素，鉴别元素时可使用 LEED-AES 仪器
RHEED	约 $0.5\times5mm^2$	(1 至几十)$\times10^{-3}\mu m$	10^{-2}ML	基本没有	否	表面原子、吸附原子的对称性，原子间距	表面原子排列，表面元素化合物情况
SEM	$\phi10^{-3}\sim\phi0.3mm$	约 $1\mu m$	100～1000ppm 10^{-2}ML	—	可	表面形貌，元素分布，B～U	
EPMA(XMA)	$\phi10^{-3}\sim\phi0.3mm$	约数微米	0.05%	H，He，Li，Be	否	表面形貌，元素分布，B～U	对轻元素，定量分析灵敏度极低，对 μ 以下的表层分析，实际有较大困难
AES	$\phi0.1\sim\phi1mm$	约 $10^{-3}\mu m$	10^{-3}ML，0.01%～0.1%	H，He	可	表面成分分析，Li～U	轻元素的灵敏度很高，对重元素，灵敏度较低
SAM	$\phi5\times10^{-4}\sim0.1mm$	约 $10^{-3}\mu m$	0.1%～1%	H，He	可	表面元素分布，三维元素分布	在$<\mu$的分辨率下可获得表面元素分布，与离子枪结合可进行三维分析
APS	ϕ 数毫米	$(1\sim5)\times10^{-3}\mu m$	10^{-1}ML	H，He	可	成分分析(外层排列)，Li～U	装置简单，有化学位移，灵敏度不太高
EDS(EID)	$\phi1mm$	$\times10^{-4}\mu m$	10^{-2}ML	H	可	测定吸附物，吸附势能，吸附状态	目的是吸附物质，可得到吸附键的几何结构、荷电状况等
ISS	约 $0.1cm^2$	(几至几十)$\times10^{-4}\mu m$	$10^{-1}\sim10^{-4}$ML	H	可	表面吸附(ML)，元素测定	表面第一层上元素的排列结构，质量分辨率不高
RBS	约 $\phi1mm$	$1\mu m$ 深度精度约 $1.5\times10^{-2}\mu m$	$10^{17}\sim10^{19}$ 原子数/cm^3	H，He 重元素，质量接近元素	可	成分分析，定量深度分析	元素的定性、定量、深度分析等的测定是破坏性的，不能进行二维分析、装置大
IMMA SIMS	$\phi10^{-3}\sim\phi1mm$	(几至几十)$\times10^{-4}\mu m$	10^{-5}ML，ppb～ppm	基本没有(除入射原子)	可	成分分析，表面元素分布，表面像，H-U	容易进行元素的面分布、深度分布分析、能测全部元素，灵敏度高
IEX	ϕmm	$0.1\mu m$	10^{-2} 格拉晓夫数	H，He，Li，Be	可	成分分析，B～U	没有连续 X 射线重叠，信噪比高
SCANIIR	$\phi2\sim\phi3mm$	ML～μm	1～100ppm	无(真空紫外辐射元素外)	可	成分分析	用少量试样较好

续表

名称	分析面积	信息深度	灵敏度	不能分析的元素	深度分析	可得信息	特点
XPS(ESCA)	$\phi 1 \sim \phi 3$mm	$(5\sim20)\times10^{-4}\mu m$	2×10^{-3}ML	H,He,Li,Be,B	可	成分分子,化学态	用测定化学位移的方法确定元素的化学态,灵敏度不太高
UPS	约 $\phi 0.1cm^2$	约 $3\times10^{-3}\mu m$	2×10^{-3}ML	所有元素	可	价带结构,振动状态	可得价带结构情况;不能进行成分分析,对表面态敏感
LMA	$\phi 10 \sim \phi 200\mu m$	约 100μm	1～100ppm 10^{-1} 格拉晓夫数	卤素,稀有气体	否	成分分析	可在大气中分析,对轻元素灵敏度较高,破坏性大
CL	$\phi 0.1 \sim \phi 1\mu m$	约数微米	ppm	N,C,O,P,S 不发光元素	否	由外形,光谱结构及其引起的波长变化	仅适用于发光物质
活化分析	—	—	ppb,10^{-2} 格拉晓夫数	H,稀有气体	否	成分分析	灵敏度高,但放射化合物杂质会影响灵敏度,使灵敏度损失很大
XRFS	约 ϕ15mm	约 10μm	约 ppm	基本在 Na 以下	否	成分分析,结合状态	
EXAFS	约 ϕ 数毫米	数微米	—	—	否	特定元素周围原子间距、结合状态	单晶,α-Si、α-Ge 等的白色光不可分析
EDX	约 $\phi 1\mu m$	(0.3 至几)μm	0.1%以上	H_1,He,Li,Be	可	由 X 射线强度的能量分布进行成分分析	作为 EPMA 手段
DLTS	—	—	抽集浓度$\geqslant10^{13}cm^{-8}$	—	否	捕获能级,密度,捕获面积	杂质,晶体缺陷的同时确定
PAS	约 ϕ 数微米	约 1μm 也可分析表面吸附层	—	—	否	带隙、杂质能级、晶体缺陷	结晶态、离子注入损伤的评价,发光元素的特性

注：ML—单分子层。

表 1-7 真空绝热贮存低温液体的应用

应用领域	应用实例
冶金工业	冶炼用气所需的氮、氧液态贮槽；彩钢板生产；真空冶金低温抽气系统；铸模冻结成型；铸型液氮冷却；液氮冷脆回收旧金属
机械工业	淬火后金属零件深冷处理，提高硬度及耐磨性；过盈深冷装配；气割及焊接；低温车削；低温磨削；液氮冷模挤压；非金属材料冷冻加工；液氮冷模挤压。低温喷丸清理机；低温除锈；流体管道维修，生物容器；冷刀
电子工业	半导体及集成电路生产所需高纯氧和氮；电真空器件制造所需高纯氧、氮、氢；光导纤维及光导纤维电缆制造中所需氢；红外探测器低温条件；低温泵用于镀膜装置及电真空器件的抽气；低温干蚀刻工艺
地矿产业	液氮冻含水砂岩矿井；石油开采；探矿；矿井灭火
航天工业	氢氧发动机；发射场液氮加注；火箭发动机点火试车台；火箭液氮增压系统；载人航天生保系统；阿波罗飞船生保和能源系统；空间站低温液体贮罐；核动力火箭；太阳能火箭；宇宙背景探测器；远红外辐射大气频谱仪；冷光导探测器组件液氮容器；氮冷空间红外望远镜探测器；红外空间实验室；空间环境模拟设备
航空工业	飞行员供氧；飞机轮胎充气；超声速低温风洞；液氢作飞机燃料；液氮消雾；飞机食品冷藏

1.4.6 真空环境降低物质沸点而蒸发速率加快

液体的沸点，随着压力的降低而降低。大气压下，即 10^5Pa 时水的沸点为 100℃。当压力下降到 5×10^4Pa 时，沸点约为 80℃。利用真空下沸点低这一特点，使物质在低的温度下脱水，避免了高温脱水使物质受损。

真空中气体分子密度低，单位体积中分子数大为减少，对蒸发出来的分子碰撞概率减小，即蒸发出来后不易返回。另外，真空环境压力较低，借助于压差作用，也会使分子易扩散到空间中去，为此可以提高蒸发速率。

真空干燥、真空脱水、真空冷冻干燥、真空蒸馏等领域对真空中这一特点进行了广泛的应用，见表 1-8。

表 1-8 真空环境下低沸点高蒸发速率的应用

应用领域	应用实例
真空干燥	水果粉、速溶咖啡、麦乳精、代乳粉、速溶茶、胡椒粉、酵母、糖果、糕点、奶粉、脑复康、氟哌酸、呋喃唑酮(痢特灵)、硬质酸钙；铜粉、白钢玉粉、硫糖铝原药粉、土霉素盐酸原药粉；保洁粉、工业洗涤剂、陶土粉；变压器、木材、马铃薯片、水果干、蔬菜干、果蔬脆片
真空脱水	甘薯泥、番茄酱、南瓜酱、香蕉酱、苹果酱、浓缩牛奶；水泥预制品
真空冷冻干燥	培养基、激素、维生素、利君沙、青霉素、链霉素、疫苗、氨苄西林钠、小牛胸腺肽、蝮蛇抗栓酶、血浆、血清、动脉、骨骼、皮肤、角膜、病毒、菌种、血红蛋白、细胞色素转移因子；人参、鹿茸、鹿尾、灵芝、山药、天麻、枸杞、冬虫夏草、蜂王浆、中药制剂、中药口服液、中药粉剂、片剂；蘑菇、黄花菜、香椿芽、苔菜、各种山野菜；葱、姜、蒜、香料、辅料、色素、汤汁；奶粉、蛋粉、茶叶粉、果粉、豆粉、肉粉、植物蛋白；咖啡、果珍、山楂；鳖粉、花粉、蜂王浆粉；香蕉、苹果、草莓、洋葱、青刀豆、土豆粉、胡萝卜；牛肉、鸡肉、兔肉、鸡肝、羊肝、牛肝；鱼、虾、扁贝、海参、海带、紫菜、鳕鱼、鲑鱼、蚶子、蛤、海蜇；纳米级氧化铝粉、纳米级氧化锌粉、TiO_2 粉、SnO_2 粉
真空蒸馏	硬脂酸单甘油酯、月桂酸单甘油酯、丙二醇甘油酯；脂肪酸、二聚脂肪酸；鱼油、米糠油、小麦胚芽油、花椒油；单甘酯、高碳醇；天然维生素 A、E，脂肪酸甲酯；生育酚、柠檬醛；桂皮油、玫瑰油、香根油、香芽油、山苍子油、天然辣椒红色素、胡萝卜素；聚氧乙烯羊毛脂、乙酰羊毛脂、稀有元素提取；海水淡化；稀有金属提纯

1.4.7 真空环境中材料迅速脱气

各种固体物质在大气压环境中，表面会吸附一些气体，当处于真空中时，由于气体分子密度降低，被吸附的气体会释放出来进入环境中。有些非致密性物质本身就存在微孔，微孔中的空气，在真空环境下也会释放出来。为改善材料的性能，需浸渍各种液体，材料中气体放出来，更有利于浸渍，得到性能更好的材料。液体中所含的气体，在真空环境下也会释放出来，利用这种现象可以进行钢水脱气、陶瓷泥浆脱气、真空铸造等。表 1-9 给出了真空脱气的应用实例。

表 1-9 真空脱气的应用实例

应用领域	应 用 实 例
钢水脱气	盛钢桶脱气、滴流脱气、周期脱气、铸模脱气
真空浸渍	电线、电缆、电机、继电器线包、变压器、电容器；棉花、烟草、果实、纺织品、皮制品、麦芽丝；球棒、手杖、棒球棍；木材、纸、纺织物、渔网、绳具、家具、木质工艺品；铸件、瓦、砖；果脯、酱菜、蛋制品

1.5 真空系统图形符号

1.5.1 真空泵

真空泵图形符号见表 1-10。

表 1-10 真空泵图形符号

名称	符号	名称	符号
机械驱动真空泵（不指明类型）	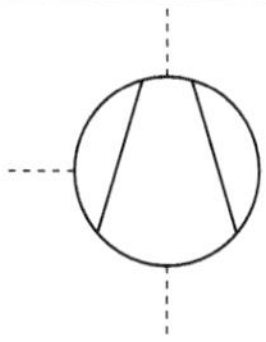 同 ISO 14617-9:2002	液环真空泵	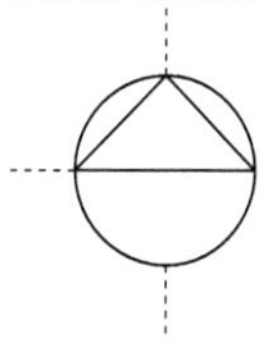 同 ISO 14617-9:2002
旋片真空泵	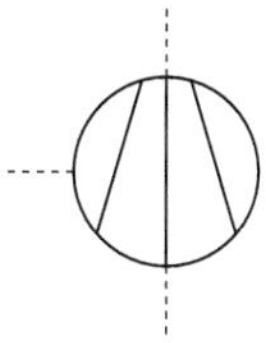	往复真空泵	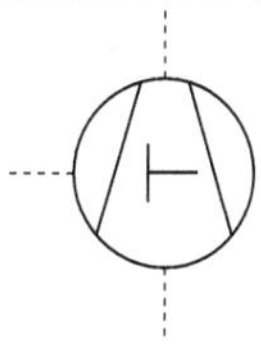
滑阀真空泵	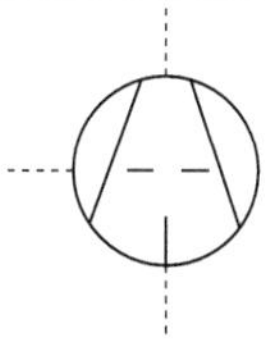	涡旋式真空泵	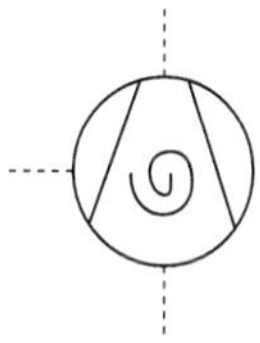
爪式真空泵	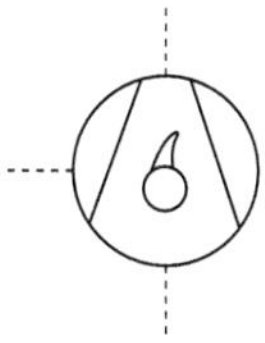	螺杆式真空泵	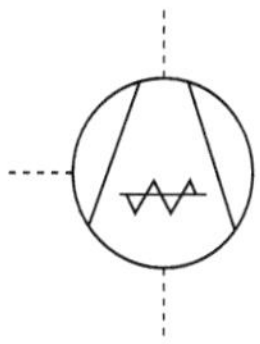
罗茨真空泵	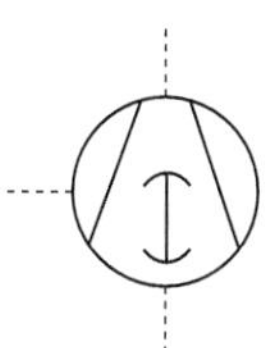	涡轮分子泵	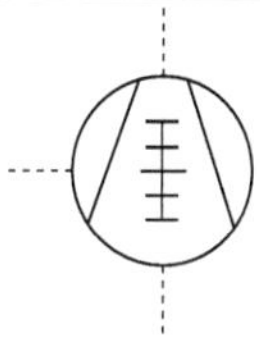 同 ISO 14617-9:2002

续表

名称	符号	名称	符号
喷射真空泵	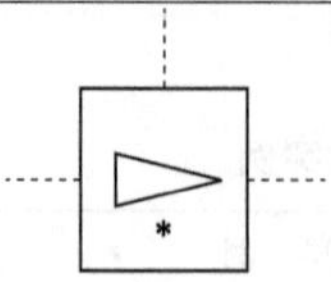 同 ISO 14617-9:2002 所用介质符号写在*处,油:CH 水:H_2O 汞:Hg	扩散喷射泵	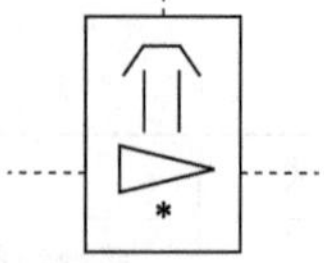 同 ISO 14617-9:2002 所用泵液为汞时,将 Hg 写在*处
扩散真空泵	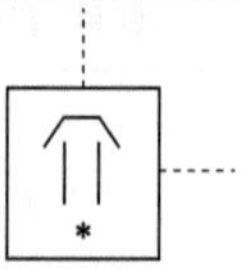 同 ISO 14617-9:2002 所用泵液为汞时,将 Hg 写在*处	升华泵	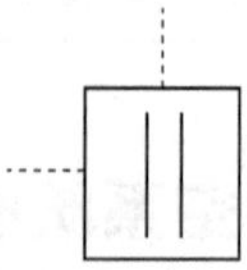 同 ISO 14617-9:2002
捕集泵（不指明类型）	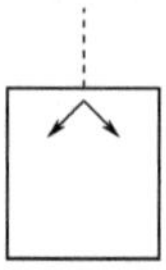 同 ISO 14617-9:2002	溅射离子泵	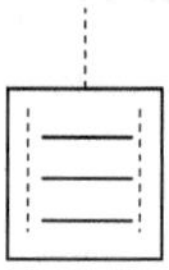
吸附泵	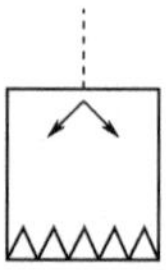 同 ISO 14617-9:2002	低温泵	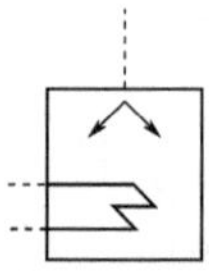 同 ISO 14617-9:2002
吸气剂泵	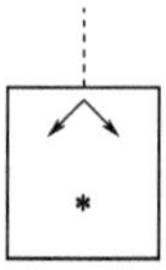 同 ISO 14617-9:2002 *化学试剂符号	吸气剂离子泵	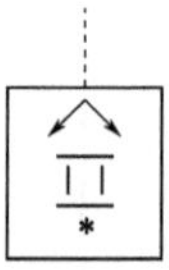 同 ISO 14617-9:2002 *化学试剂符号

1.5.2 压力测量仪表

真空系统压力测量仪表图形符号见表 1-11。

表 1-11 压力测量仪表图形符号

名称	符号	名称	符号
压力计（不指明类型）	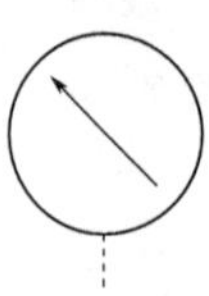	液位压力计	
分压真空计	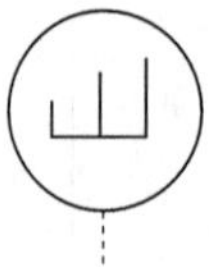	麦克劳真空计	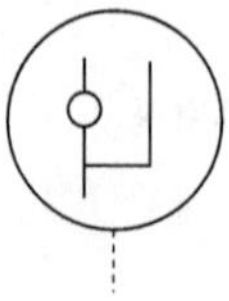

续表

名称	符号	名称	符号
真空压力控制仪	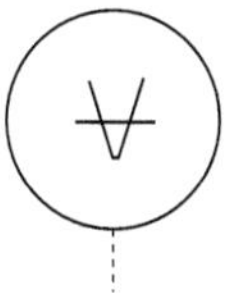	热传导真空计	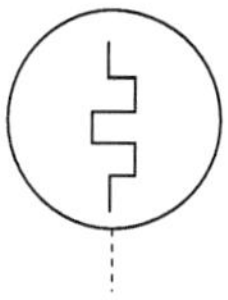
热阴极电离真空计	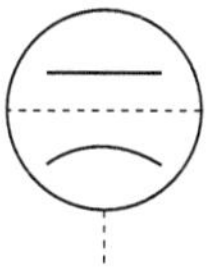	电阻真空计	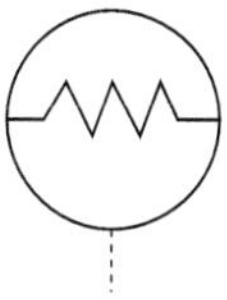
冷阴极电离真空计	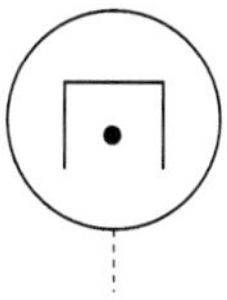	薄膜真空计	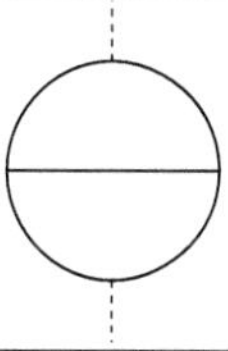

1.5.3 挡板与冷阱

真空系统挡板与冷阱图形符号见表1-12。

表1-12 挡板与冷阱图形符号

名称	符号	名称	符号
挡板 （不指明类型）	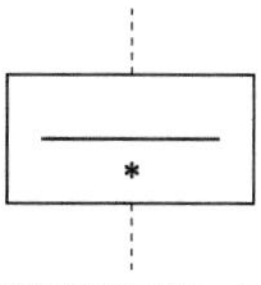 * 挡板温度可写在“*”处	阱或冷凝器 （不指明类型）	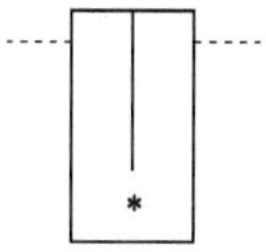 * 阱的温度可写在“*”处
循环冷剂挡板	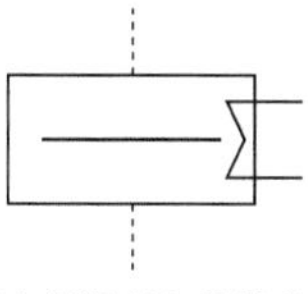 冷剂温度和种类分别写在左边和右边	贮液式阱	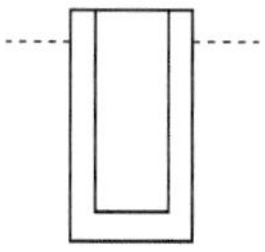
注入冷剂挡板	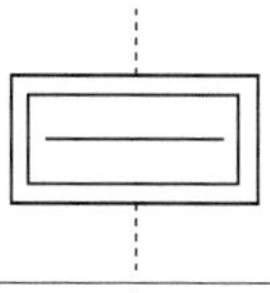	吸附阱	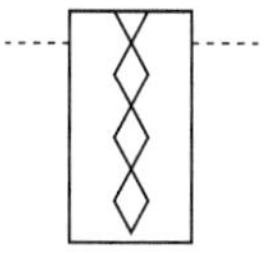
空气冷却挡板	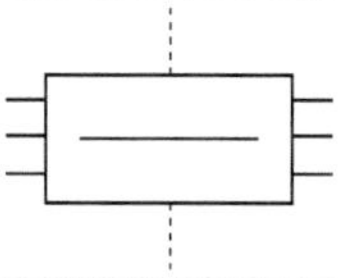		

1.5.4 真空阀门

真空阀门图形符号见表1-13。

表 1-13　真空阀门图形符号

名称	符号	名称	符号
真空阀门（不指明类型）	 同ISO 14617-8:2002	电磁阀	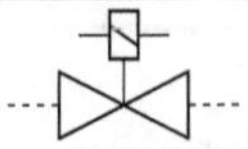 同ISO 14617-8:2002
插板阀	 同ISO 14617-8:2002	电动阀	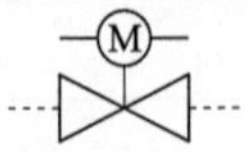 M 同ISO 14617-8:2002
挡板阀或翻板阀		球阀	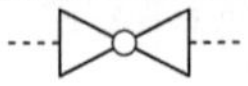 同ISO 14617-8:2002
调节阀	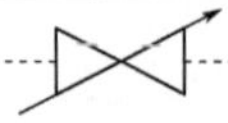 同ISO 14617-8:2002	隔膜阀	 同ISO 14617-8:2002
手动阀	 同ISO 14617-8:2002	蝶阀	 同ISO 14617-8:2002
遥控阀	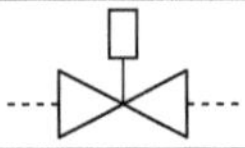	充气阀	
气动或液动阀	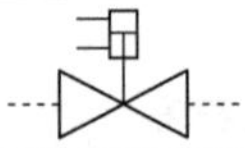	针形阀	 同ISO 14617-8:2002

1.5.5　真空容器、除尘器、过滤器

真空容器、除尘器、过滤器图形符号见表 1-14。

表 1-14　真空容器、除尘器、过滤器图形符号

名称	符号	名称	符号
真空容器(真空室)	 真空室	真空除尘器	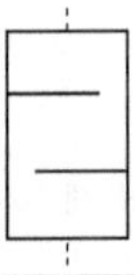
钟罩		真空过滤器	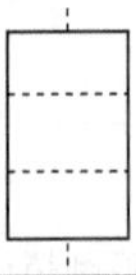

1.5.6　真空管路及其连结

真空管路及其连结图形符号见表 1-15。

表 1-15　真空管路及其连结图形符号

名称	符号	名称	符号
管路	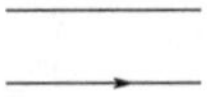 流动方向可用箭头表示	接头	为实心圆，其直径为管路线粗的3倍

续表

名称	符号	名称	符号
带有接头的管路		螺栓法兰	
十字接头管路		快卸法兰	
交叉管路(不连接)		钩头螺栓法兰	
橡胶管(塑料管)管路		观察窗	
波纹管管路		转动轴	
可拆法兰 (不指明类型)		往复轴	

1.5.7 真空系统图例

真空系统图例见图 1-4。

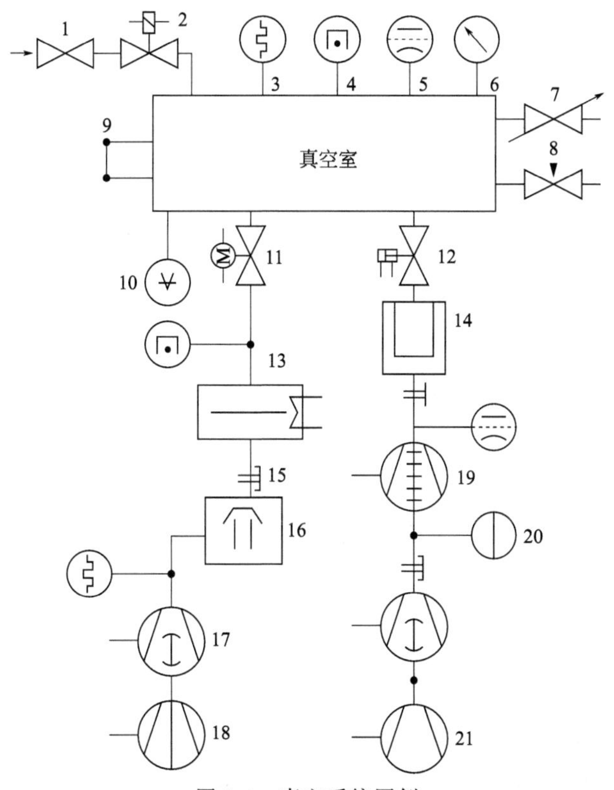

图 1-4 真空系统图例

1—真空阀门；2—电磁阀；3—热传导真空计；4—冷阴极电离真空计；5—热阴极电离真空计；6—压力计；7—调节阀；8—针形阀；9—观察窗；10—真空压力控制仪；11—电动阀；12—气动或液动阀；13—循环冷剂挡板；14—贮液式阱；15—螺栓法兰；16—扩散真空泵；17—罗茨真空泵；18—旋片真空泵；19—涡轮分子泵；20—薄膜真空计；21—机械驱动真空泵

1.6 真空系统设计常用术语

1.6.1 一般术语

（1）气体量 q（quantity of gas）

处于平衡状态的理想气体所占有的体积同其压力的乘积。此值需注明气体温度或换算成 20℃时的数值。

（2）流量q_G（throughput of gas）

在给定的时间间隔内，通过某一截面的气体量除以该时间。

（3）质量流率 q_m（mass flow rate）

在给定时间间隔内，通过某一截面的气体质量除以该时间。

（4）体积流率 q_N（volume flow rate）

给定温度、压力和给定时间间隔，通过某一截面的气体体积除以该时间。

（5）传输概率 P_c（transmission probability）

无规律地进入管道入口的分子通过出口的概率。

（6）流导 U（C）（conductance）

在等温条件下，气体通过管道或孔流动时，其流量与管道两端规定截面或孔的两侧平均压力差之比。

（7）流阻 W（resistance）

流导的倒数。

（8）吸附（sorption）

固体（吸附剂）对气体或蒸气的捕集现象。

（9）表面吸附（adsorption）

气体或蒸气存留在固体表面上的吸附现象。

（10）物理吸附（physisorption）

由于物理作用的吸附现象。

（11）解吸（desorption）

被材料吸附的气体或蒸气的释放现象。释放可以是自然地、也可以物理方法加速。

（12）去气（degassing）

气体从材料中人为的解吸。

（13）放气速率 q（outgassing rate）

在给定时间间隔内，从材料中解吸的气体流量，除以该时间及表面面积。

（14）渗透（permeation）

气体通过固体阻挡层的现象。渗透过程包括溶解、扩散以及吸附和解吸等表面现象。

1.6.2 真空泵

（1）真空泵（vacuum pumps）

产生、改善和维持真空的装置。

(2) 油封真空泵 (oil-sealed vacuum pump)

利用油类密封运动部件与泵壳内壁之间间隙的旋转容积真空泵。如旋片真空泵，滑阀真空泵等。

(3) 干式真空泵 (dry vacuum pump)

不用油作密封的容积真空泵，如螺杆泵、涡旋泵、爪式真空泵、多级罗茨泵等。

(4) 容积真空泵 (positive displacement pump)

利用泵腔容积的周期变化来完成吸气和排气的真空泵。如旋片真空泵、往复真空泵等。

(5) 旋片真空泵 (sliding vane rotary vacuum pump)

转子偏心的装在泵壳内，且与泵壳内表面相切。转子装两片（或多片）旋片，转子旋转时，滑片沿其径向槽往复滑动并同泵壳内壁始终接触，将泵腔分成几个可变容积的旋转容积真空泵。

(6) 滑阀真空泵 (rotary plunger vacuum pump)

偏心转子外有一滑阀环，转子转动时，带动滑阀环沿泵壳内壁滑动和滚动，固定在滑阀环上的滑阀杆，能在装于泵壳内适当位置可摆动的滑阀导轨中滑动，将泵腔分成两个可变容积的旋转容积真空泵。

(7) 罗茨真空泵 (roots vacuum pump)

泵内装有两个相反方向同步旋转的双叶形或多叶形转子，转子间，转子同泵壳内壁保持一定的间隙的旋转容积真空泵。

(8) 动量传输泵 (kinetic vacuum pump)

高速旋转的叶片或射流，把动量传输给气体或气体分子，使气体连续不断地从入口传输到出口的真空泵。

(9) 牵引分子泵 (molecular drag pump)

气体分子与高速转动的转子相碰撞而获得动量，被送到出口的一种动量传输泵。

(10) 涡轮分子泵 (turbo molecular pump)

泵内装有带槽的圆盘或带叶片的转子，它在定子对应的圆盘间旋转。转子圆周的线速度和气体分子速度是相同的量级，泵通常在分子流条件下工作。

(11) 喷射真空泵 (ejector vacuum pump)

利用文丘里（Venturi）效应的压力降产生的高速射流把气体输送到出口的一种动量传输泵。喷射真空泵适于在黏滞流和过渡流条件下工作。

(12) 液体喷射真空泵 (liquid jet vacuum pump)

以液体（通常为水）为工作介质的喷射真空泵。

(13) 气体喷射真空泵 (gas jet vacuum pump)

以非可凝性气体作为工作介质的喷射真空泵。

(14) 蒸气喷射真空泵 (vapour jet vacuum pump)

以蒸气（水、油、汞等蒸气）作为工作介质的喷射真空泵。

(15) 扩散泵 (diffusion pump)

以低压高速蒸气流（油或汞等蒸气）作为工作介质的气体动量传输泵。气体分子扩散到蒸气射流中，被送到出口，在射流中气体分子密度始终是低的。这种泵适于在分子流条件下工作。

(16) 扩散喷射泵 (diffusion ejector pump)

有扩散泵特性的单级或多级喷嘴和具有喷射泵特性的单级或多级喷嘴组成的动量传输泵。

(17) 捕集真空泵 (entrapment vacuum pump)

气体分子被吸附或凝结在泵内表面上的真空泵。

(18) 吸附泵 (adsorption pump)

主要用具有大表面的吸附剂（如多孔物质）的物理吸附作用来抽气的捕集真空泵。

(19) 吸气剂泵 (getter pump)

用吸气剂以化学结合方式捕获气体的捕集真空泵。吸气剂通常是以块状或沉积新鲜薄膜形式存在的金属或合金。

(20) 升华（蒸气）泵 [sublimation (evaporation) pump]

一种用间断或连续方式升华（蒸气）吸气材料以达到抽气目的的捕集真空泵。

(21) 溅射离子泵 (sputter ion pump)

泵内电离的气体，被吸附在由阴极连续溅射出来的吸气材料上的吸气剂离子泵。

(22) 低温泵 (cryopump)

利用低温表面捕集气体的真空泵。

1.6.3 真空泵特性

(1) 真空泵的抽气速率（体积流率）s (volume flow rate of a vacuum pump)

当泵装有标准试验罩并按规定条件工作时，从试验罩流过的气体流量与在试验罩上指定位置测得的平衡压力之比，简称为泵的抽速。

(2) 真空泵的抽气量 Q (throughput of vacuum pump)

抽气量即流经泵入口的流量。

(3) 启动压力 (starting pressure)

启动压力为泵无损坏启动并有抽气作用的压力。

(4) 前级压力 (backing pressure)

排气压力低于一个大气压力的真空泵的出口压力即为前级压力。

(5) 临界前级压力 (critical backing pressure)

蒸气喷射泵或扩散泵、扩散喷射泵所许可的最高前级压力值为临界前级压力。超过了此值就会破坏泵正常工作，当前级压力稍高于临界前级压力时，尚不至于引起入口压力的显著增加。蒸气流泵的临界前级压力主要决定于抽气量。

需要说明的是：某些泵正常工作的破坏不会突然出现，所以临界前级压力不能准确指出。

(6) 最大前级压力 (maximum backing pressure)

超过了能使泵损坏的前级压力为最大前级压力。

(7) 最大工作压力 (maximum working pressure)

对应最大抽气量的入口压力为最大工作压力。在此压力下，泵能连续工作而不恶化或损坏。

(8) 真空泵的极限压力（ultimate pressure of vacuum pump）

泵装有标准试验罩并按规定条件工作，在不引入气体正常工作的情况下，趋向稳定的最低压力。

(9) 压缩比（compression ratio）

泵对给定气体的出口压力与入口压力之比。

1.6.4 真空计

(1) 真空计（vacuum guage）

测量低于一个大气压力的气体或蒸气压力的仪器。（某些常用的真空计实际上不直接测量压力，而测量在规定条件下与压力有关的某些其他物理量。）

(2) 规头（规管）(gauge head)

某些种类真空计的一个部件，它含有压力敏感元件并直接与真空系统连接。

(3) 裸规（nude gauge）

一种没有外壳的规头，其敏感元件直接插入真空系统。

(4) 全压真空计（total pressure vacuum gauge）

测量混合气体全压力的一种真空计。

(5) 分压真空计（partial pressure vacuum gauge）；分压分析器（partial pressure analyser）；

测量混合气体组分分压力的质谱仪式的真空计。

(6) 真空计测量范围（pressure range of vacuum gauge）

在规定条件下，由真空计指示的示值误差不超过最大允许误差的压力范围（某些真空计测量范围与气体性质有关，在这种情况下，测量压力范围是对氮气而言）。

(7) 灵敏度系数（sensitivity coefficient）

对于一给定压力，真空计指示的读数变化除以对应压力的变化的值为灵敏度系数（某些真空计灵敏度系数与气体性质有关，在这种情况下灵敏度通常指氮气而言）。

(8) 相对灵敏度系数（relative sensitivity factor）

对于一给定的气体，真空计的相对灵敏度系数为：真空计对该气体的灵敏度除以在相同压力和相同工作条件下真空计对氮的灵敏度。

(9) 电离规系数（压力单位倒数）［ionization gauge coefficient（in inverse pressure units）］

对于一给定气体，电离规系数为：离子流除以电子流和对应压力的乘积，并应指出工作参数。

(10) 弹性元件真空计（elastic element vacuum gauge）

压差可以通过测量弹性元件位移（直接法）或保持它原来位置需要的力（回零法）来测定，例如电感式、电容式、电阻式薄膜真空计，布尔登（Bourdon）真空计等。

(11) 热传导真空计（thermal conductivity gauge）

通过测量保持在不同温度的两固定元件表面间热能的传递来测量压力的一种真空计。

这种基于与压力有关的气体热传导性的真空计，有皮拉尼真空计，热偶真空计，热敏真空计，双金属片真空计。

(12) 电离真空计（ionization vacuum gauge）

通过测量待测气体在控制条件下，电离所产生的离子流来测定压力的一种真空计。

(13) 冷阴极电离真空计 (cold cathode ionization gauge)

通过冷阴极放电产生离子的一种电离真空计。该计通常有磁场存在，用来延长电子行程，以增加产生的离子数。在规头内或在规头外也可以用其他方法使其启动或维持放电。

(14) 潘宁真空计 (penning gauge)

带有磁铁和特定电极结构的一种冷阴极电离真空计。阴极由两个连接的平行圆盘组成，阳极通常是环形的，被安装在圆盘之间并与其平行，磁场与圆盘垂直。

(15) 高压力电离 (中真空) 真空计 [high pressure (medium vacuum) ionization gauge]

测量范围比一般三极管真空计压力量程范围向中真空范围移动了的一种热阴极电离真空计。

(16) B-A 型电离真空计 (bayard-alpert gauge)

用装在圆筒栅极轴线上一根细的金属丝作离子收集极和栅极外面的阴极，来降低 X 射线极限值的一种热阴极电离真空计。

(17) 四极质谱仪 (四极滤质器) (quadrupole mass spectrometer; quadrupole mass filter)

离子进入四电极 (通常为杆) 组成的四极透镜系统，透镜上加以成临界比的射频和直流电场，使仅有一定质荷比的离子通过四极透镜而被检测的一种质谱仪。

1.6.5 真空元件

(1) 阱 (trap)

用物理或化学的方法来降低气体混合物中蒸气压力的装置。

冷阱 (cold trap)：通过冷却表面凝结作用工作的阱。

(2) 吸附阱 (sorption trap)

以吸附方式工作的阱。

(3) 挡板 (baffle)

装在蒸气喷射泵、扩散泵或扩散喷射泵入口，用以降低泵液返流和返迁移的遮挡装置(也可用冷却方式)。

(4) 真空阀门的流导 (conductance of a vacuum valve)

在阀门打开状态下的气体流动的流导即为真空阀门的流导 (在样本中，真空阀门的流导常以“当量管长度”列出，这里设管的名义口径与阀的名义口径相同)。

(5) 真空阀门的阀座漏气率 (leak rate of the vacuum valve seat)

在关闭状态下由阀座漏入的气体流率即为阀座漏气率。它取决于气体种类、压力、温度和阀门出、进气口的压差。

(6) 真空调节阀 (vacuum regulating valve)

能调节由真空阀隔开的真空系统部件之间的流率的一种真空阀。

(7) 微调阀 (micro-adjustable valve)

用来微量调节进入真空系统中的气体量的真空阀。

(8) 充气阀 (charge valve)

把气体充入真空系统的阀。

(9) 真空截止阀 (vacuum break valve)

用来使真空系统的两个部分相隔离的一种真空阀。通常它不能当作控制阀使用。

（10）前级真空阀（vacuum backing valve）

在前级真空管路中用来使前级真空泵和与其相连的真空泵隔离的一种真空截止阀。

（11）旁通阀（by-pass valve）

在旁通管路中的一种真空截止阀。

（12）主真空阀（main vacuum valve）

用来使真空容器同主真空泵隔离的一种真空截止阀。

（13）低真空阀（low vacuum valve）

在低真空管路中，用来使真空容器同其粗抽真空泵隔离的一种真空截止阀。

（14）高真空阀（high vacuum valve）

符合高真空技术要求的主要在该真空区域内使用的一种真空阀。

（15）超高真空阀（ultra-high vacuum valve，UHV）

符合超高真空技术要求的、主要在该真空区域内使用的一种真空阀。超高真空阀的阀座和密封垫通常由金属制成，可以进行烘烤。

（16）手动阀（manually operated valve）

用手开闭的阀。

（17）气动阀（pneumatically operated valve）

以压缩气体为动力开闭的阀。

（18）电磁阀（electromagnetically operated valve）

以电磁力为动力开闭的阀。

（19）电动阀（valve with electrically motorized operation）

用电机开闭的阀。

（20）挡板阀（baffle valve）

阀板沿阀座轴向移动开闭的阀。

（21）翻板阀（flap valve）

阀板翻转一个角度开闭的阀。

（22）插板阀（gate valve）

阀板沿阀座径向移动开闭的阀。

（23）蝶阀（butterfly valve）

阀板绕固定轴在阀口中转动开闭的阀。

1.6.6 真空密封和真空引入线

（1）真空法兰连接（vacuum flange connection）

在两个法兰之间用一个适宜的、可变形的密封件造成一个真空密封连接的一种可拆卸式真空连接。

（2）真空密封垫（vacuum-tight gasket）

放置于两个零件之间的一个可拆卸并用其进行密封的一种可变形的真空连接件。在某些场合可借助于支承架（例如垫圈密封），其材料的选择要视所要求的真空范围而定，通常用弹性体或金属。

（3）真空密封圈（ring gasket）

一种环形真空密封件［有各种不同截面形状的真空密封圈，例如：O 形密封圈；“V”

形密封圈，“L”形密封圈和其他型材的密封件（金属型材密封件）]。

(4) 真空平密封垫 (flat gasket)

用扁平材料制得的一种真空密封件。

(5) 永久性真空封接 (permanent seal)

不能以简单的方式加以制造或拆卸的一种真空连接；例如：钎焊的真空连接；焊接的真空连接；玻璃-玻璃封接；玻璃-金属封接。

(6) 陶瓷金属封接 (ceramic-to-metal seal)

将陶瓷零件的金属化表面与一个金属零件钎焊在一起的一种永久性真空连接。

(7) 半永久性真空封装 (semi-permanent seal)

用蜡、胶、漆或类似物质接合的一种真空连接。

(8) 可拆卸的真空封接 (demountablc joint)

用简单的方式，一般来说用机械的方法可以拆卸又可以重新组装起来的一种真空连接。

(9) 真空引入线 (feedthrough leadthrough)

通过真空容器器壁使运动气体或液体、电流或电压传递或引入的一种装置。这种装置通常支承在真空容器对大气密封的法兰上。

在真空中能用来作多种运动，一般来说作平动和旋转运动的传递运动的真空引入线称作为“多关节操作机”。

(10) 真空轴密封 (shaft seal)

用来密封轴的一种真空密封件，它能将旋转和（或）移动运动相对地传递到真空容器器壁内。

1.6.7 真空检漏

(1) 漏孔 (leaks)

在真空技术中，在压力或浓度差作用下，使气体从壁的一侧通到另一侧的孔洞、孔隙、渗透元件或一个封闭器壁上的其他结构。

(2) 标准漏孔 (referance leak)

在规定条件下（入口压力为 100kPa±5%，出口压力低于 1kPa，温度为 23℃±7℃），漏率是已知的一种校准用的漏孔。

(3) 虚漏 (vitrual leak)

在系统内，由于气体或蒸气的放出所引起的压力增加。

(4) 漏率 (leak rates)

在规定条件下，一种特定气体通过漏孔的流量。

(5) 标准空气漏率 (standard air leak rate)

在规定的标准状态下，露点低于－25℃的空气通过一个漏孔的流量。

(6) 等值标准空气漏率 (equivalent standard air leak rate)

对于低于 $10^{-7}Pa \cdot m^3 \cdot s^{-1}$ 到 $10^{-8}Pa \cdot m^3 \cdot s^{-1}$ 标准空气漏率的分子漏孔，氦（分子量 4）流过这样的漏孔比空气（分子量 29.0）更快，即氦流率对应于较小的空气漏率，在规定条件下，等值标准空气漏率为 $\sqrt{4/29}=0.37$ 氦漏率。

(7) 氦质谱检漏仪 (helium mass spectrometer leak detector)

利用磁偏转原理制成的对于漏气体氦反应灵敏、专门用来检漏的质谱仪。

(8) 检漏仪的最小可检漏率 (minimum detectable rate of leak detector)

当存在本底噪声时，将仪器调整到最佳情况，纯探索气体通过漏孔时检漏仪所能检出的最小漏率。

(9) 本底 (background)

一般指在没有注入探索气体时，检漏仪给出的总的指示。

1.6.8 真空系统及特性

(1) 真空系统 (vacuum system)

由真空容器和产生真空、测量真空、真空元件、控制真空等组件组成的系统。

(2) 真空机组 (pump system)

由产生真空、测量真空和控制真空等组件组成的机组。

(3) 有油真空机组 (pump system used oil)

用油作工作液或用有机材料密封的真空机组。

(4) 无油真空机组 (oil free pump system)

不用油作工作液和不用有机材料密封的真空机组。

(5) 主泵 (main pump)

在真空系统中，用来获得所要求真空度的真空泵。

(6) 粗抽泵 (roughing vacuum pump)

从大气压开始降低系统的压力到另一抽气系统开始工作的真空泵。

(7) 前级真空泵 (backing vacuum pump)

用以维持另一个泵的前级压力在其临界前级压力以下的真空泵。前级泵也可以做粗抽泵使用。

(8) 粗 (低) 真空泵 [rough (low) vacuum pump]

从大气开始降低容器压力的真空泵。

(9) 维持真空泵 (holding vacuum pump)

在真空系统中，当气体量很小时，不能有效的利用主前级泵。为此，在真空系统中配置一种容量较小的辅助前级泵维持主泵正常工作或维持已抽空容器所需之低压的真空泵。

(10) 高真空泵 (high vacuum pump)

在高真空范围工作的主真空泵。

(11) 超高真空泵 (ultra-high vacuum pump)

在超高真空范围工作的真空泵。

(12) 抽气系统的抽速 (volume flow rate of a pumping unit)

在抽气系统进气口测得的抽速，或者真空容器排气口测得的抽速，也称抽气系统有效抽速。

(13) 抽气系统的抽气量 (throughput of a pumping unit)

流经抽气系统进气口的气体流量。

(14) 真空系统的放气速率 [degassing (outgassing) throughput of a vacuum system]

由真空系统所有表面解吸气体所产生的气体流量。真空系统计算时，主要考虑真空容器及其内部机构、元件、材料等的出气。

(15) 真空系统的漏气速率 (leak throughput of a vacuum system)

由于漏气渗入到真空系统中并影响真空容器中压力的气体流量。

(16) 真空容器的升压速率 (rate of pressure rise of a vacuum chamber)

在温度保持不变时，抽气系统关闭后，在给定时间间隔内容器的压力升高量除以该时间间隔之商。该商有可能不是恒定的。

(17) 极限压力 (ultimate pressure)

泵在工作（含真空容器内有抽气作用的低温板）时，空载干燥的真空容器逐渐接近稳定的最低压力。

(18) 残余压力 (residual pressure)

经过一定时间的抽气之后或真空过程结束之后还存在于真空容器中的气体或气体混合物（残余气体）的全压。在某些情况下残余压力等于极限压力（在真空技术中，“气体”一词按广义的理解，即可适用于非冷凝性气体也可应用于蒸气）。

(19) 残余气体谱 (residual gas spectrum)

真空容器中残余气体的质谱。

(20) 基础压力 (base pressure)

在真空容器中可以开始实施工艺时的压力（在某些真空工艺中，例如表面的分析，基础压力也称作为“本底压力”）。

(21) 工作压力 (working pressure)

在真空容器中为实施工艺所必需的压力（可能还有压力范围）。

(22) 粗抽时间 (roughing time)

前级真空泵或前级真空抽气系统从大气压抽至基础压力或抽至在较低压力下工作的真空泵的启动压力所需要的时间。

(23) 抽气时间 (pump-down time)

将真空系统的压力从大气压降低到一定压力，例如降到基础压力所需要的时间。

(24) 真空容器进气时间 (venting time)

真空容器放进干燥空气或氮气（小型真空容器），使压力由工作压力升高到大气压力所需要的时间。

第2章 真空物理基础

2.1 气体基本性质

2.1.1 气体与蒸气

物质存在着三种基本状态：固态、液态和气态。存在的状态取决于分子间的作用力及其平均动能的大小。以固态存在的物质，其分子之间的作用力最大，液态次之，气态最小，甚至可以忽略。然而，气态物质的分子动能最大，以至可以自由地充满其所占有的空间。那么，什么是气体呢？将温度高于临界温度的气态物质叫做气体。

气体是分子的集合体，分子有一定的质量和形状，通常把气体分子近似地看做球形体。严格来说，单原子的气体分子是球形体，而双原子或多原子的气体分子就不是球形体。例如：氢分子是由双原子构成的椭球体，其短轴为 2.15Å（1Å=10^{-10}m），而长轴为 3.14Å；氧分子是由两个氧原子构成，其形状也是椭球体，短轴为 2.9Å，而长轴为 3.9Å。许多作者由于使用不同的实验方法和测试手段，得到的分子直径各不相同。表 2-1 给出了一些气体分子直径的近似值。

表 2-1 几种主要气体的分子质量、摩尔质量及分子直径

气体	符号	分子质量 $m/\times10^{-24}$g	摩尔质量 $M/\times10^{-3}$kg·mol^{-1}		分子直径 $\sigma/\times10^{-8}$cm
			精确值	粗值	
氢	H_2	3.35	2.016	2	2.75
氦	He	6.65	4.003	4	2.18
水	H_2O	29.9	18.02	18	4.68
氖	Ne	33.5	20.18	20	2.6
一氧化碳	CO	46.5	28.01	28	3.8
氮	N_2	46.5	28.02	28	3.8
空气	—	48.1	28.98	29	3.74
氧	O_2	53.1	32.00	32	3.64
氩	Ar	66.3	39.94	40	3.67
二氧化碳	CO_2	73.1	44.01	44	4.65
氪	Kr	139	83.7	84	4.15
氙	Xe	218	131.3	131	4.91
汞	Hg	333	200.6	201	6.26

气体分子直径大小还受温度的影响，随着温度的升高，分子直径变小。表 2-2 给出了水蒸气分子和汞原子直径随温度的变化情况。

表 2-2 温度对水蒸气分子和汞原子直径的影响

温度/K		273	298	373	423	493
直径 $/\times10^{-8}$cm	Hg 原子	6.26	5.11	4.70	4.50	4.27
	H_2O 分子	3.68	3.05	—	—	—

真空系统中除存在气体外，还有各种物质的蒸气存在。蒸气是温度低于临界温度的气态物质。为了区别气体或蒸气，表 2-3 给出了真空技术中几种常见物质的临界温度。我们有兴趣的是室温下（15～25℃）哪些物质属于气体或蒸气。由表中可见，氦、氖、氮、空气、氩、氧、氪等，其临界温度均低于室温，显然在室温下都属于气体。而水、汞、二氧化碳等的临界温度均高于室温。因而，在室温下的真空系统中属于蒸气。

表 2-3　气体临界温度

名　　称	临界温度/K	名　　称	临界温度/K
空气	132	一氧化碳	133
氮	126	二氧化碳	304
氧	155	一氧化氮	179
氩	151	二氧化氮	431
氖	44	臭氧	261
氦	3.4	二氧化硫	431
氪	209	氟	144
氙	290	氯	417
氢	33	四氯化碳	536
氘	38	氨	406
氚	40	氟利昂 11	471
甲烷	191	氟利昂 12	385
乙烷	305	氟利昂 13	302
丙烷	370	氟利昂 22	369
乙烯	383	氟利昂 113	487
丙烯	365	氟利昂 114	419
乙炔	309	水蒸气	647
苯	562	汞	1823

根据理想气体含义可见，真空状态下所有的气体和蒸气均可以看做理想气体，并且真空度越高越接近理想气体。真空度高，意味着分子密度低，这样使分子间的距离远大于分子本身的大小，分子就可以视为几何点了。既然分子间的距离很大，那么它们之间的作用力是极其微弱的，且可以视为零。这样，就可以用理想气体定律描述真空状态下的气体了。由于蒸气饱和之后就不是理想气体了，因而，也就不能用理想气体定律来描述了。

2.1.2　玻义耳-马略特定律

一定质量的气体，在一定的温度下，不断改变其压力，同时测量其相应的体积。结果表明：在这样的条件下，体积与压力之间存在着一个简单关系，就是：当气体温度不变时，体积与压力之积保持一定，这个原理是由玻义耳（1662 年）和马略特（1679 年）用实验来证实的，因而，称为玻义耳-马略特定律。可述之如下：

一定质量的气体，在一定温度下，体积和压力的乘积为一常数。即

$$pV=\text{常数} \tag{2-1a}$$

若气体的最初体积为 V_1，压力为 p_1。经等温压缩后，体积为 V_2，压力为 p_2，那么由式(2-1a) 应有：

$$p_1V_1=p_2V_2 \tag{2-1b}$$

式(2-1b) 在真空技术中有重要的应用，麦克劳真空计和膨胀式真空校准系统均是利用这一原理制成的。若已知式(2-1b) 中三个参数，那么另一参数便可以求得。

2.1.3 查理定律

1802 年查理和卢赛斯用实验方法得到了这个定律。查理定律表明：一定质量的气体，如果保持体积不变，其压力与温度成正比。即

$$\frac{p_1}{p_2}=\frac{T_1}{T_2} \tag{2-2}$$

2.1.4 盖吕萨克定律

一定质量的气体，当压力保持不变时，其体积与温度成正比，这就是盖吕萨克定律，其数学表达式为

$$\frac{V_1}{T_1}=\frac{V_2}{T_2} \tag{2-3}$$

2.1.5 道尔顿分压力定律

道尔顿定律指出：相互之间没有化学作用的混合气体的总压力 p 等于各气体分压力 p_i 之和。其数学表达式为

$$p=p_1+p_2+p_3+\cdots+p_n \tag{2-4}$$

这个定律，在进行真空测量时经常遇到。如果测量某一真空容器中的压力，若用真空计测量，得到的是总压力；若用质谱计来测量，得到的是气体各种组分的分压力，各分压力之和应等于总压力。表 2-4 给出了各种超高真空系统的分压力和总压力的实测值。从表中可以看出，除了个别因为试验中的误差外，一般都大体符合分压力定律。

表 2-4 超高真空系统的分压力和总压力

泵组	系统外壳	总压 $/\times10^{-10}$ Pa	分压(等效 N_2 压力)$/\times10^{-10}$Pa									
			H_2	He	CH_4	H_2O	CO	N_2	O_2	Ar	CO_2	质谱计
溅射离子泵+低温泵	不锈钢	0.3	0.2	0.02	0.01			0.05※		0.01		90°磁偏转质谱计
溅射离子泵+吸气剂泵	不锈钢	1	0.3	0.02	0.1			0.1※		0.1		90°磁偏转质谱计
水银扩散泵	玻璃和金属	5	3.3	0.06			1				0.6	90°磁偏转质谱计
溅射离子泵	玻璃和金属	6	5	约 0.1		<1	<1	1				回旋质谱计
油扩散泵	不锈钢	30	10			12		6※				回旋质谱计
水银扩散泵	玻璃和金属	37	21		0.3	0.9	9		3		6	摆线质谱计
油扩散泵	玻璃和金属	54	8		0.6	5	15		1		24	摆线质谱计
溅射离子泵+冷冻吸气剂泵	不锈钢	50	7	0.02	2	0.07		20※		20△	0.06	90°磁偏转质谱计
油扩散泵+冷冻吸气剂泵	不锈钢	~10	1.5				6					四极质谱计
油扩散泵	不锈钢	90	72		3	3	14					四极质谱计

注：※：$CO+N_2$；△：因采用氩溅射装置，故氩峰高。

2.1.6 阿伏伽德罗定律

体积相同的任何气体，只需温度和压力相同，则所包含的分子数就相等。

把 1 摩尔（mol）质量的气体中包含的分子数称为阿伏伽德罗常数。这个常数对于任何气体来讲都是相同的，即

$$N_0=\frac{M}{m_0}=6.0228\times10^{23}/\mathrm{mol}$$

式中 M——1mol 的气体质量；

m_0——一个气体分子的质量。

大家知道，在标准状态下（压力为 1atm，温度为 0℃），1mol 的任何气体，均具有相等的体积，称为摩尔体积。1mol 气体的体积为

$$V_0=22415\mathrm{cm}^3/\mathrm{mol}\approx22.4\mathrm{L/mol}$$

将阿伏伽德罗常数 N_0 除以摩尔体积 V_0，就得到了标准状态下单位体积中的分子数。也叫做劳什密特数，以 n_0 表示

$$n_0=\frac{N_0}{V_0}=2.687\times10^{19}/\mathrm{cm}^3=2.69\times10^{25}\mathrm{m}^{-3}$$

2.1.7 理想气体的状态方程

描述气体状态需要四个参量，即气体的质量、压力、体积和温度。由实验总结出来的理想气体状态方程，给出了这四个参量之间的关系。其数学表达式如下：

$$pV=\frac{m}{M}RT \tag{2-5}$$

式中 p——气体压力，Pa；

V——气体体积，m^3；

m——气体质量，kg；

M——气体的摩尔质量，kg/mol；

T——气体的热力学温度，K；

R——通用气体常数，8.314J/(mol·K)，如果 p、V、T 采用不同的单位，R 亦有不同的单位和值，见表 2-5。

表 2-5 不同单位的 *R* 值

压力 p	体积 V	温度 T	R
$\mathrm{dyn/cm^2}$	$\mathrm{cm^3}$	K	$8.314\times10^7\mathrm{erg/(mol\cdot K)}$
$\mathrm{N/m^2}$	$\mathrm{m^3}$	K	8.314J/(mol·K)
Torr	$\mathrm{cm^3}$	K	$6.236\times10^4\mathrm{Torr\cdot cm^3/(mol\cdot K)}$
Torr	L	K	62.364Torr·L/(mol·K)
atm	$\mathrm{cm^3}$	K	$82.057\mathrm{atm\cdot cm^3/(mol\cdot K)}$
Pa	$\mathrm{m^3}$	K	$8.314\mathrm{Pa\cdot m^3/(mol\cdot K)}$

式(2-5) 也称克拉珀龙综合方程。由此方程可以导出压力的常用表达式。

若一个气体分子的质量为 m_0，1mol 的气体中有 N_0（阿伏伽德罗常数）个分子，体

积为 V 的气体中有 N 个分子，这样，式(2-5) 中的 $m=Nm_0$，$M=N_0m_0$，那么，式(2-5) 可以写为

$$p=\frac{Nm_0}{VN_0m_0}RT=\frac{N}{V}\frac{R}{N_0}T \tag{2-5a}$$

令

$$n=\frac{N}{V},\ k=\frac{R}{N_0}$$

则式(2-5a) 为

$$p=nkT \tag{2-5b}$$

式中　p——气体压力，Pa；

n——单位体积中的气体分子数，也称气体分子密度，m^{-3}；

k——玻尔兹曼常数，$k=1.381\times10^{-23}$J/K；

T——气体的热力学温度，K。

2.2 气体分子运动理论

2.2.1 分子运动论的要点

真空中的物理现象的基本概念都是建立在分子运动论的基础上，分子运动论的要点已被实验所证实，包括：

① 气体是由处于连续不断地无规则运动中的分子组成。

② 分子之间的碰撞像弹性球之间的碰撞一样，是理想的弹性碰撞。碰撞过程中，分子的运动轨迹为折线。

③ 分子运动的动能像热能一样是机械能的一种形式，而不是其他形式的能。

④ 分子按速度固定分布，也就是说，在任一瞬时，部分分子将有同样的速度［也就是说，在热平衡状态（温度一定）下，当 $\mathrm{d}v$ 很小时，速度介于 $v+\mathrm{d}v$ 区间的分子数占总分子数的百分比不变］。

⑤ 气体是各向同性媒质。对大量分子来说，分子沿各个方向运动的机会是相同的，没有任何优越的方向。这一假定在统计学上的意义是沿各个方向运动的分子数相同，分子速度在各方向分量的平均值相等。

2.2.2 气体的压力及分子动能

气体分子在随机运动过程中，除分子之间的互相碰撞外，还与容器壁发生碰撞，将动量传给容器壁。分子越多，传给容器壁的动量越大，使容器壁受到宏观的压力。压力的大小与分子的动能及分子密度有关，下面来讨论这一关系。

假设气体分子质量为 m_0，其速度为 v，速度在空间坐标的三个分量为 v_x、v_y、v_z。在垂直 x 方向取一面积 A，分子入射到 A 面所经过的路程在 x 方向的分量为 L。那么，分子与器壁面积 A 两次连续碰撞之间所经过的路程为 $2L$，所经过的时间为 $\Delta t=2L/v_x$。与面积 A 一次碰撞后，动量的改变为

$$\Delta(m_0v_x)=m_0v_x-m_0(-v_x)=2m_0v_x$$

根据牛顿第二定律，这个分子对面积 A 的作用力等于动能增量与时间之比。即

$$F=\frac{\Delta(m_0 v_x)}{\Delta t}=2m_0 v_x \frac{v_x}{2L}=\frac{1}{L}m_0 v_x^2$$

这个分子产生的平均压力为

$$p_x=\frac{F}{A}=\frac{1}{AL}m_0 v_x^2=\frac{m_0}{V}v_x^2$$

其中，$V=AL$；V 为这个分子所处的容器容积。这个容积中包含有 N 个分子，在面积 A 上产生的总分压力为

$$p_x=Np_{1x}=\frac{N}{V}m_0\left(\frac{v_{1x}^2+v_{2x}^2+\cdots+v_{Nx}^2}{N}\right)=\frac{N}{V}m_0 v_x^2=nm_0 v_x^2 \tag{2-6}$$

式中　v_x^2——n 个分子沿 x 方向的速度分量的平方平均值；

v_{1x}，$v_{2x}\cdots v_{Nx}$——分别为 1 到 N 个分子在 x 方向的速度分量。

同理可得，在 y 方向应有 $p_y=nm_0 v_y^2$，Z 方向应有 $p_z=nm_0 v_z^2$。根据分子运动论要点第 5 点，应有 $v_x^2=v_y^2=v_z^2$，又有 $v^2=v_x^2+v_y^2+v_z^2$，即 $v_x^2=v_y^2=v_z^2=\frac{1}{3}v^2$，代入式(2-6)，可以得到 x、y、z 三个方向的压力相同，均为

$$p=\frac{1}{3}nm_0 v^2 \tag{2-7}$$

式(2-7) 与式(2-5b) 相比较，应有

$$p=nkT=\frac{1}{3}nm_0 v^2 \tag{2-8}$$

在推导公式(2-7) 的过程中，假定了气体分子在各方向上的运动概率相等，并且气体分子与器壁的碰撞为弹性碰撞。当真空度非常高，即气体分子总数比较少时，气体分子运动不再遵循各方向运动概率相同这个条件。航天器表面材料飞往宇宙空间的分子或原子同样不具备各个运动方向概率相同的条件。在这种情况下，式(2-7) 不再适用。

一个分子的平均动能为

$$E=\frac{1}{2}m_0 v^2$$

与式(2-8) 相比较，可得

$$E=\frac{3}{2}kT \tag{2-9}$$

此式给出了一个气体分子的平均动能与温度的关系。显然，各种气体只要温度相同，它们的分子的平均动能就相等，若气体的温度高，就意味着平均动能大。可见，温度就是气体分子平均动能大小的标志。

2.2.3 气体分子速度

2.2.3.1 麦克斯韦-玻尔兹曼速度分布函数

气体分子的热运动，使其彼此之间发生碰撞，使有的分子速度增加，有的速度减少，结果，使分子速度在从零到无穷大之间变化。也就是说，在这两个极值中，存在着一切可能有的速度。但在热平衡状态中，这些速度维持着一个平均值，依照麦克斯韦 1859 年所

建立的分布函数分布。

导出速度分布函数形式可有多种方法，有的用碰撞法，有的用统计力学方法，还有的用热力学和统计力学法。而麦克斯韦根据概率原理导出了速度分布函数。在一定的温度下，当 dv 很小时，速度介于 v 与 $v+dv$ 区间的分子数 dN 为

$$dN=N\sqrt{\frac{2m_0^3}{\pi k^3T^3}}\exp\left(-\frac{m_0v^2}{2kT}\right)v^2dv \tag{2-10}$$

式中 dN——速度介于 v 与 $v+dv$ 区间的分子数；

N——总分子数；

m_0——分子质量；

k——玻尔兹曼常数；

T——气体热力学温度。

若将式(2-10) 写成如下形式：

$$\frac{1}{N}\frac{dN}{dv}=\sqrt{\frac{2m^3}{\pi k^3T^3}}\exp\left(\frac{mv^2}{-2kT}\right)v^2 \tag{2-11}$$

则$\frac{1}{N}\frac{dN}{dv}$叫做分布函数。若以 v 为横坐标，$\frac{1}{N}\frac{dN}{dv}$为纵坐标，可以绘制出速度分布曲线。图 2-1 绘制的曲线为氮分子在不同温度下的速度分布曲线。

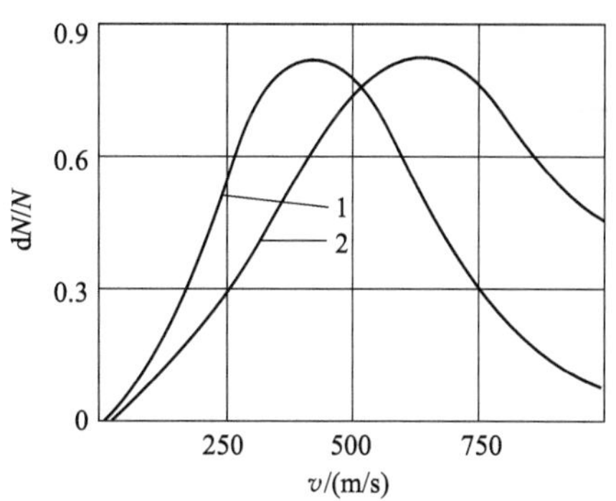

图 2-1 氮分子速度分布曲线

1：$T=25℃$，$v_p=420m/s$，$dv=4.2m/s$；

2：$T=400℃$，$v_p=630m/s$，$dv=6.3m/s$

由图 2-1 曲线可见，速度很大和很小的分子所占的百分数很小，而具有中间速度的分子占有较大的百分数。为了进一步说明这种关系，表 2-6 给出了空气分子在 0℃时的速度分布情况。

表 2-6 0℃时空气分子速度分布

速度/$m\cdot s^{-1}$	100 以下	100～200	200～300	300～400	400～500	500～600	600～700	700 以上
分子数的百分比/%	1.4	8.1	16.7	21.5	20.5	15.1	9.2	7.7

2.2.3.2 最可几速度

最可几速度 v_p 是分子速度中出现概率最大的速度。换句话说，就是大多数分子所具有的速度。具有这种速度的分子数最多，或占有最大百分数。由速度分布图可见，最可几速度应是纵坐标最大值。因此，若求解最可几速度，只需使$\frac{df(v)}{dv}=0$，求出分布函数 $f(v)$ 的最大值所对应的速度即可。即由式(2-11) 得

$$\frac{d}{dv}\left[\sqrt{\frac{2m^3}{\pi k^3T^3}}\exp\left(-\frac{mv^2}{2kT}\right)v^2\right]=0$$

整理后得

$$\sqrt{\frac{2m^3}{\pi k^3T^3}}\exp\left(-\frac{mv^2}{2kT}\right)2v\left(1-\frac{m}{2kT}v^2\right)=0$$

显然，$\sqrt{\frac{2m^3}{\pi k^3 T^3}}\exp\left(-\frac{mv^2}{2kT}\right)2v$ 不等于零，则必须是 $1-\frac{m}{2kT}v^2=0$，由此得气体分子的最可几速度

$$v_p=\sqrt{\frac{2kT}{m_0}}=\sqrt{\frac{2RT}{M}} \tag{2-12}$$

式中 v_p——分子速度，m/s；

m_0——一个气体分子质量，kg；

k——玻尔兹曼常数，1.381×10^{-23}J/K；

R——通用气体常数（普适气体常数），8.314J/(mol·K)；

T——气体热力学温度，K。

2.2.3.3 算术平均速度

所有分子的速度之和除以分子总数，所得到的商即是气体分子的算术平均速度，由下式确定：

$$\bar{v}=\frac{1}{N}\int_0^\infty v_i\,\mathrm{d}N \tag{2-13a}$$

将式(2-10) 代入

$$\bar{v}=\frac{1}{N}\int_0^\infty N\sqrt{\frac{2m_0^3}{\pi k^3 T^3}}v^3\exp\left(-\frac{m_0 v^2}{2kT}\right)\mathrm{d}v$$

积分后得

$$\bar{v}=\sqrt{\frac{8kT}{\pi m_0}}=\sqrt{\frac{8RT}{\pi M}} \tag{2-13b}$$

2.2.3.4 均方根速度

把所有的分子速度平方加起来，然后被分子总数除，则得到速度的均方值，开方后就得到速度的均方根值，由下式给出

$$\bar{v}_j^2=\frac{1}{N}\int_0^\infty v^2\,\mathrm{d}N$$

将式(2-10) 代入

$$\bar{v}_j^2=\frac{1}{N}\int_0^\infty N\sqrt{\frac{2m_0^3}{\pi k^3 T^3}}v^4\exp\left(-\frac{m_0 v^2}{2kT}\right)\mathrm{d}v$$

积分后得

$$\bar{v}_j^2=\frac{3kT}{m_0} \tag{2-14}$$

故此

$$\bar{v}_j=\sqrt{\frac{3kT}{m_0}}=\sqrt{\frac{3RT}{M}} \tag{2-15}$$

由式(2-12)、式(2-13)、式(2-15) 可见，均方根速度最大，算术平均速度次之，最可几速度最小。它们三者的关系为：$\bar{v}=1.128v_p$；$\bar{v}_j=1.085\bar{v}=1.225v_p$。三种速度各有用处，但真空技术中最常用的是算术平均速度，例如研究平均自由程，气体分子的入射率等

都要用到它。当研究的气体物理量与气体分子速度的平方有关时，例如在研究气体能量时就要用均方根速度。最可几速度除了讨论速度分布时用到以外，比较少用。

表 2-7 给出了各种气体和蒸气在不同温度下的 $\bar{v}$，v_p，$\bar{v}_j$ 值。

表 2-7　各种气体和蒸气在不同温度下的 $\bar{v}$，v_p，$\bar{v}_j$ 值　　单位：m/s

气体		温度/K								
符号	相对分子质量	273			4.2	77	293	373	773	2773
		v_p	$\bar{v}$	$\bar{v}_j$	$\bar{v}$					
H_2	2	1510	1710	1850	210	905	1770	2000	2870	5430
He	4	1070	1200	1310	150	640	1250	1410	2030	3840
CH_4	16	530	600	650	75	320	625	705	1080	1920
H_2O	18	500	565	615	70	300	590	660	950	1810
Ne	20	475	540	580	67	285	555	630	900	1700
CO	28	400	455	495	56	245	470	530	770	1450
N_2	28	400	455	495	56	245	470	530	770	1450
空气	29	395	445	485	54	235	460	525	750	1400
O_2	32	375	425	460	53	225	440	495	720	1360
Ar	40	335	380	410	47	200	395	445	640	1210
CO_2	44	320	365	395	45	195	375	425	610	1160
Kr	89	230	265	285	33	140	270	310	445	840
Xe	130	185	210	230	26	110	220	245	355	670
Hg	201	150	170	185	21	90	175	200	285	540

2.2.4　气体的入射率

气体的入射率有 3 种表示方法，即气体分子入射率、气体质量入射率及气体体积入射率。

2.2.4.1　气体分子入射率

单位时间内入射到单位面积上的气体分子数即为气体分子入射率。它可以借助麦克斯韦-玻尔兹曼速度分布函数来导出。

按照速度分布函数式(2-11) 形式，可以得到分子在 x 方向的速度分布函数

$$\frac{1}{n}\frac{\mathrm{d}n_x}{\mathrm{d}v_x}=\sqrt{\frac{m_0}{2\pi kT}}\exp\left(-\frac{mv_x^2}{2kT}\right) \tag{2-16}$$

单位时间内，入射到垂直 x 方向单位面积上的分子数为 ϕ，即

$$\phi=\int_0^\infty v_x\mathrm{d}n_x=n\sqrt{\frac{m_0}{2\pi kT}}\int_0^\infty v_x\exp\left(-\frac{m_0v_x^2}{2kT}\right)\mathrm{d}v_x=n\sqrt{\frac{kT}{2\pi m_0}} \tag{2-17a}$$

将式(2-17a) 根号内分子和分母均乘以 8，则得

$$\phi = n\sqrt{\frac{8kT}{16\pi m_0}} = \frac{n}{4}\sqrt{\frac{8kT}{\pi m_0}} = \frac{1}{4}n\bar{v} \tag{2-17b}$$

式中 ϕ——单位时间内入射到单位面积上的分子数，$(m^2 \cdot s)^{-1}$；

n——气体的分子密度，m^{-3}；

m_0——一个气体分子质量，kg；

k——玻尔兹曼常数，1.381×10^{-23}J/K；

T——气体的热力学温度，K；

$\bar{v}$——气体分子的平均速度，m/s。

这里所指的单位面积，可以是容器壁上的面积，也可以是空间设想的面积。

分子密度与压力有关，将式(2-8) 代入式(2-17a)，则

$$\phi = \frac{p}{kT}\sqrt{\frac{kT}{2\pi m_0}} = \frac{p}{\sqrt{2\pi m_0 kT}} \tag{2-17c}$$

将 $m_0 = \frac{M}{N_0}$，$k = \frac{R}{N_0}$代入式(2-17c)，则

$$\phi = \frac{N_0 p}{\sqrt{2\pi RMT}} = 8.335\times10^{22}\frac{p}{\sqrt{MT}} \tag{2-17d}$$

式中 ϕ——气体分子入射率，$(m^2 \cdot s)^{-1}$；

p——气体压力，Pa；

M——气体摩尔质量，kg/mol；

R——气体普适常数，8.314J/(mol·K)；

N_0——阿伏伽德罗常数，6.023×10^{23}/mol；

T——气体热力学温度，K。

2.2.4.2 气体质量入射率

将气体分子入射率乘以分子质量，即得到气体质量入射率：

$$\phi_m = m_0\phi = m_0\times8.335\times10^{22}\frac{p}{\sqrt{MT}} = 8.335\times10^{22}\frac{m_0 p}{\sqrt{MT}} \tag{2-18}$$

式中 ϕ_m——质量入射率，kg/$(m^2 \cdot s)$；

p——气体压力，Pa；

M——气体摩尔质量；kg/mol；

T——气体热力学温度，K；

m_0——一个气体分子的质量，kg。

2.2.4.3 气体体积入射率

气体分子入射率 ϕ 除以分子密度 n，则得到体积入射率 ϕ_v，即

$$\phi_v = \frac{\phi}{n} = \frac{1}{4}\bar{v} = 1.151\sqrt{\frac{T}{M}} \tag{2-19a}$$

对于 20℃，摩尔质量为 M 的气体，则

$$\phi_v = 19.685\sqrt{M} \tag{2-19b}$$

对于 20℃空气，则

$$\phi_v = 116m^3/(m^2 \cdot s) = 11.6L/(cm^2 \cdot s) \tag{2-19c}$$

表 2-8 给出了 20℃时各种气体在不同压力下的入射率值。

表 2-8 20℃气体分子的入射率

气体或蒸气		压力 100Pa		压力 0.1Pa		ϕ_v /$L \cdot s^{-1} \cdot cm^{-2}$
		ϕ /$\times 10^{20} s^{-1} \cdot cm^{-2}$	ϕ_m /$\times 10^{-2} g \cdot s^{-1} \cdot cm^{-2}$	ϕ /$\times 10^{17} s^{-1} \cdot cm^{-2}$	ϕ_m /$\times 10^{-5} g \cdot s^{-1} \cdot cm^{-2}$	
氢	H_2	14.46	0.484	10.85	0.363	43.9
氦	He	10.25	0.682	7.69	0.511	31.2
甲烷	CH_4	5.12	1.37	3.84	1.03	15.6
水蒸气	H_2O	4.84	1.45	3.63	1.09	14.7
氖	Ne	4.57	1.53	3.43	1.15	13.9
乙炔	C_2H_2	4.10	1.71	3.08	1.28	12.2
一氧化碳	CO	3.88	1.80	2.91	1.35	11.8
氮	N_2	3.88	1.80	2.91	1.35	11.8
乙烯	C_2H_2	3.87	1.81	2.90	1.36	11.8
空气		3.81	1.83	2.90	1.37	11.6
乙烷	C_2H_6	3.74	1.87	2.80	1.41	11.3
氧	O_2	3.63	1.93	2.72	1.45	11.1
氩	Ar	3.25	2.15	2.44	1.61	9.9
二氧化碳	CO_2	3.09	2.26	2.32	1.70	9.4
丙烷	C_3H_8	3.09	2.26	2.32	1.70	9.4
丁烷	C_4H_{10}	2.69	2.60	2.02	1.95	8.2
氪	Kr	2.24	3.12	1.68	2.34	6.8
氙	Xe	1.79	3.90	1.34	2.92	5.45
水银蒸气	Hg	1.45	4.83	1.09	3.62	4.4
增压泵油		1.17	6.18	0.878	4.63	3.44
3# 扩散泵油		0.995	7.29	0.746	5.47	2.91
274 硅油		0.970	7.48	0.727	5.61	2.84
275 硅油		0.838	8.68	0.628	6.51	2.45

这些入射率公式，是真空技术中重要的基础公式，是研究低气压下气体流动、热迁移、蒸发、凝结、升华、溅射、吸附等现象的基础，在研究消气剂的吸气，以及电子器件的阴极中毒中均有重要意义。

2.2.5 气体平均自由程

2.2.5.1 单一气体平均自由程

气体分子运动过程中，经常发生碰撞。一个分子与其他气体分子连续两次碰撞走过的路程，叫自由程。由于分子的运动速度不同，使自由程不同，相差悬殊。实际上不可能也没有必要求出每个分子的自由程，只能求出自由程的平均值。这种自由程的平均值叫做平均自由程。同理，各个分子单位时间内与其他分子的碰撞次数也是不同的，我们只能给出碰撞次数的平均值，并称之为平均碰撞次数。

麦克斯韦应用分子速度分布定律，导出了一个分子与其他分子的平均碰撞次数，其公式如下：

$$Z = \sqrt{2}\pi\sigma^2 n\bar{v} \tag{2-20}$$

式中　Z——平均碰撞次数，s^{-1}；

σ——分子直径，cm；

n——气体的分子密度，cm^{-3}；

$\bar{v}$——分子的平均速度，cm/s。

由式(2-20) 可见，碰撞次数取决于气体分子密度和平均速度。在标准状态下，这一数值大得惊人。例如，气体分子直径为 3×10^{-8}cm，平均速度为 5×10^{4}cm/s，密度为 $27\times10^{19}cm^{-3}$，代入式(2-20)，得 $Z=5.4\times10^{10}s^{-1}$，也就是说，一个分子在 1s 内，与其他分子的碰撞次数为 50 余亿次。由此可见，尽管分子热运动速度很快，但由于标准状态下分子密度较大，分子在行进中遭受到其他分子的频繁碰撞，使其路径非常曲折，这就是气体不能尽快扩散的原因。

已经得到了分子在 1s 内的平均碰撞次数，又知道了分子 1s 内行驶的距离等于 $\bar{v}$，于是就可以得到平均自由程 λ。即

$$\lambda=\frac{\bar{v}}{Z}=\frac{1}{\sqrt{2}\pi\sigma^2 n}=3.107\times10^{-24}\frac{T}{p\sigma^2} \tag{2-21}$$

式中 λ——平均自由程，m；

σ——气体分子直径，m；

p——气体压力，Pa；

T——气体热力学温度，K。

对于温度为 20℃的气体，则

$$\lambda_j=\frac{9.104\times10^{-22}}{p\sigma^2} \tag{2-22}$$

对于温度为 20℃的空气，则

$$\lambda_k=\frac{6.7\times10^{-3}}{p} \tag{2-23}$$

表 2-9 给出了 20℃下的各种气体在几种压力下的平均自由程。

表 2-9 20℃气体的平均自由程

项目 \ 压力/Pa		133	1.33	1.3×10^{-2}	1.3×10^{-4}	1.3×10^{-6}	1.3×10^{-8}
平均自由程 λ/cm		$\times10^{-3}$	$\times10^{-1}$	$\times10$	$\times10^{3}$	$\times10^{5}$	$\times10^{7}$
气体	He	14.4	14.4	14.1	14.1	14.1	14.1
	Ne	10.5	10.5	10.5	10.5	10.5	10.5
	H_2	9.3	9.3	9.3	9.3	9.3	9.3
	C_2H_4	6.2	6.2	6.2	6.2	6.2	6.2
	O_2	5.4	5.4	5.4	5.4	5.4	5.4
	Ar	5.3	5.3	5.3	5.3	5.3	5.3
	空气	5.1	5.1	5.1	5.1	5.1	5.1
	N_2	6.7	6.7	6.7	6.7	6.7	6.7
	CO	4.5	4.5	4.5	4.5	4.5	4.5
	CH_4	3.9	3.9	3.9	3.9	3.9	3.9
	Kr	3.4	3.4	3.4	3.4	3.4	3.4
	CO_2	3.2	3.2	3.2	3.2	3.2	3.2
	Hg	1.7	1.7	1.7	1.7	1.7	1.7
	H_2O	2.96	2.96	2.96	2.96	2.96	2.96

平均自由程公式(2-21)是按照理想气体模型推导出来的，把分子的碰撞看成弹性球的碰撞，没有考虑分子之间的引力影响。如果考虑分子之间的引力，需要增加温度修正项，这样

$$\lambda_T=\frac{1}{\sqrt{2}\pi\sigma^2(1+C/T)n} \tag{2-24}$$

式中，C 为瑟节伦特常数，通常由实验表确定。

如果以 λ_{273} 表示气体温度为 273K 时的平均自由程，以 λ_T 表示气体温度为 T(K) 时的平均自由程，则两者的关系如下：

$$\frac{\lambda_T}{\lambda_{273}}=\frac{T(273+C)}{273(T+C)} \tag{2-25}$$

表 2-10 给出了各种气体和蒸气的瑟节伦特常数 C，以及在 273K 下的 $p\lambda_{273}$ 值，同时给出了 $T=C$ 时的 $p\lambda_{\infty}$ 值。

表 2-10　各种气体和蒸气的 C 值、$p\lambda_{273}$ 值及 $p\lambda_{\infty}$ 值

项目 \ 气体	Ne	H_2	He	CO	N_2	空气	O_2	Ar	CO_2	Kr	Xe	H_2O	Hg
C/K	56	71	80	100	1.0	112	110	133	233	142	252	472	940
					2								
		—	—		—		—	—	—	—			
		74	98		112		125	169	273	188			1000
$p\lambda_{273}$/×0.1Pa·cm	9.4	8.4	13.3	4.5	4.5	4.55	4.8	4.7	2.95	3.7	2.6	3	2.2
$p\lambda_{\infty}$/×0.1Pa·cm	11.2	10.6	16	6	6.1	6.2	6.9	7.7	5.7	6	4.9	9.5	9.5

2.2.5.2　混合粒子的平均自由程

由 2.2.5.1 节已得到单一粒子情况下的平均自由程。与公式(2-21)相似，应用麦克斯韦速度分布定律，可以推导出两种粒子混合时的平均自由程，其结果如下：

$$\left.\begin{aligned}\lambda_1&=\frac{1}{\sqrt{2}\pi\sigma_1^2 n_1+\sqrt{1+\dfrac{m_1}{m_2}}\pi\left(\dfrac{\sigma_1+\sigma_2}{2}\right)^2 n_2}\\ \lambda_2&=\frac{1}{\sqrt{2}\pi\sigma_2^2 n_2+\sqrt{1+\dfrac{m_2}{m_1}}\pi\left(\dfrac{\sigma_1+\sigma_2}{2}\right)^2 n_1}\end{aligned}\right\} \tag{2-26}$$

式中　λ_1，λ_2——第一种和第二种粒子的平均自由程，m；

σ_1，σ_2——第一种和第二种粒子的分子直径，m；

n_1，n_2——第一种和第二种粒子的密度，m^{-3}；

m_1，m_2——第一种和第二种粒子的质量，kg。

公式(2-26)中分母第一项为同种粒子碰撞次数，第二项为异种粒子碰撞次数。

若第二种粒子数量远远小于第一种粒子，即 $n_1 \gg n_2$ 时，则式(2-26)变为

$$\lambda_1=\frac{1}{\sqrt{2}\pi\sigma_1^2 n_1}$$

$$\lambda_2=\frac{1}{\sqrt{1+\frac{m_2}{m_1}}\pi\left(\frac{\sigma_1+\sigma_2}{2}\right)^2 n_1} \tag{2-27}$$

使用氦作为探索气体进行真空检漏时，可以用式(2-27) 计算空气分子和氦分子的平均自由程，代入相应数据后，计算结果表明，氦分子的平均自由程比空气分子大两倍多，也就是说，氦在空气中扩散很快，这就是为什么使用氦作为探索气体的缘故。

2.2.5.3 离子在气体中的平均自由程

在电离真空计、质谱计、溅射离子泵以及各种加速器中，经常会遇到离子在气体中运动的问题。离子运动时的平均自由程，可以由式(2-26) 得到。在推导离子的平均自由程时，假定离子之间不发生碰撞，这样就可以将式(2-26) 分母的第一项忽略掉；又离子的速度比气体分子速度大很多，故可以假定气体分子相对静止，这样分母的第二项中的相对运动修正项（即根号项）可以作为 1。故离子的平均自由程应为：

$$\lambda_i=\frac{1}{\pi\left(\frac{\sigma_i+\sigma}{2}\right)^2 n} \tag{2-28a}$$

若离子直径与气体分子直径相等，则

$$\lambda_i=\frac{1}{\pi\sigma^2 n}=\sqrt{2}\lambda \tag{2-28b}$$

式中 λ_i——离子在气体中的平均自由程，m；
λ——气体分子的平均自由程，m；
σ_i——离子直径，m；
σ——气体分子直径，m；
n——气体分子密度，m^{-3}。

2.2.5.4 电子在气体中的平均自由程

电子在气体中的平均自由程与离子一样，由式(2-28a) 得

$$\lambda_e=\frac{1}{\pi\left(\frac{\sigma_e+\sigma}{2}\right)^2 n}$$

由于电子直径 σ_e 比分子直径 σ 小得多，所以

$$\lambda_e=\frac{4}{\pi\sigma^2 n}=4\sqrt{2}\lambda \tag{2-29}$$

式中 λ_e——电子在气体中的平均自由程，m；
λ——气体分子的平均自由程，m；
σ——气体分子直径，m；
n——气体分子密度，m^{-3}。

2.3 气体中的迁移现象

气体分子处于不停的热运动中，一方面各分子会从一个空间移动到另一个空间，从而使

不同部分的气体不断地相互混合；另一方面各分子相互碰撞，每个分子都与其他分子交换能量和动量，而改变其速度的大小和方向。所以气体内各部分如果原来是不均匀的，由于热运动和相互碰撞的结果，经过一段时间将会趋于均匀一致。例如在容器中各部位存在着不同种类的气体，或同一气体在容器中各部位的密度不同时，则由于热运动而相互混合，使各部位中气体种类及其密度都将渐趋于均匀，因而引起宏观的扩散现象。又如气体各部分原来的温度不同，或者说各部分分子运动动能不同，则在相互混合和相互碰撞中，各部分的温度亦将逐渐趋近一致，因而引起宏观的热传导现象。再如气体各层有相对的定向运动时，即各层气体分子在某一定方向的速度分量不同，则在相互混合和相互碰撞中，各气层的速度亦将渐趋一致，因而引起宏观的内摩擦现象。总之，像这样原来各部分不均匀的气体由于热运动及相互碰撞而渐趋均匀一致的现象，包括上述扩散、热传导和内摩擦，统称为气体中的迁移现象。

由上述可见，扩散是由各部分气体密度或质量的不均匀而引起的，在趋向均匀的过程中，迁移的是气体的质量。同样，热传导是气体各部分温度或分子热运动动能不均匀而引起的，在趋向均匀的过程中，所迁移的是气体分子的能量或动量。

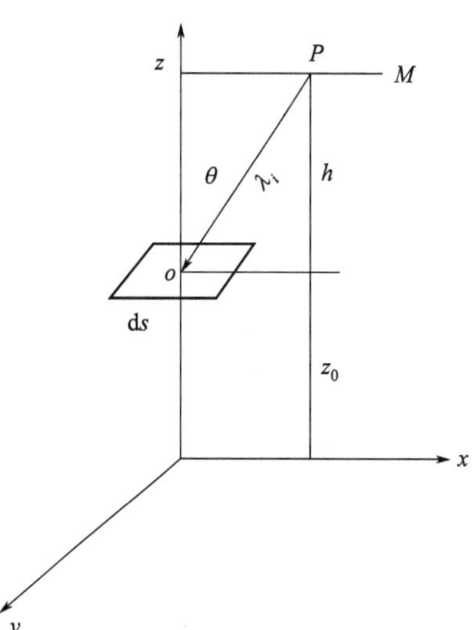

图 2-2　物理量 g 的迁移

若以 g 来表示迁移过程中的物理量（质量、能量或动量），它在空间分布是不均匀的，但平行 x-y 面的平面（见图 2-2）上任意点 g 值都相同，也就是说 g 只是坐标 Z 的函数。

在离坐标原点为 z_0 处取一与 z 轴垂直的面积 ds，来计算每秒经过这个面积的迁移量 g。若在 ds 平面上方有一 P 点，一个分子由 P 点出发经自由程 λ_i 与 z 轴成 θ 角到达 ds 的 o 点。过 P 点作垂直 z 轴的平面 M，则 ds 与 M 平面距离是 $h=\lambda_i\cos\theta$，这样，M 平面距原点为 z_0+h。两个平面在空间的位置已经固定了，且 g 仅为 z 轴的函数，那么就可以写出这个分子在两个平面上的迁移物理量分别为 $g(z_0)$、$g(z_0+h)$。

把 $g(z_0+h)$ 按泰勒级数展开，则

$$g(z_0+h)=g(z_0)+\frac{h}{1!}\left[\frac{dg(z)}{dz}\right]_{z=z_0}+\frac{h^2}{2!}\left[\frac{d^2g(z)}{dz^2}\right]_{z=z_0}+\cdots$$

如果只取级数的前两项，当代入 $h=\lambda_i\cos\theta$ 值，则得

$$g(z_0+h)=g(z_0)+\lambda_i\cos\theta\left[\frac{dg(z)}{dz}\right]_{z=z_0} \tag{2-30}$$

很显然，凡是穿过面积 ds 的每个分子，都携带有相当 M 平面所具有的 g 量，即 $g(z_0+h)$。

按概率原理，可以得到具有速度 v_i 沿 θ 角方向运动的每秒经过 ds 的分子数 dN_i，即

$$dN_i=\frac{1}{2}dn_iv_i\cos\theta\sin\theta d\theta ds \tag{2-31}$$

这样，就可以求出这些分子的迁移量为

$$dN_ig(z_0+h)=\frac{1}{2}dn_iv_i\cos\theta\sin\theta\left\{g(z_0)+\lambda_i\cos\theta\left[\frac{dg(z)}{dz}\right]_{z=z_0}\right\}ds d\theta$$

式中，n_i 为具有速度 v_i 的分子数。对 θ 求由 0～π 的积分，则得总的迁移量

$$\begin{aligned}\Gamma_i &= \int_0^{\pi} \frac{1}{2}\mathrm{d}n_i v_i \mathrm{d}s \left\{ g(z_0)\cos\theta\sin\theta + \lambda_i \cos^2\theta\sin\theta \left[\frac{\mathrm{d}g(z)}{\mathrm{d}z}\right]_{z=z_0} \right\} \mathrm{d}\theta \\ &= \frac{1}{3}\mathrm{d}n_i v_i \lambda_i \left[\frac{\mathrm{d}g(z)}{\mathrm{d}z}\right]_{z=z_0} \mathrm{d}s\end{aligned}$$

若计算各种不同速度的分子所迁移的 g 量，只要把上式对 v_i 从 0 到∞积分就可以得到。但必须注意不同分子的自由程长度是不同的。然而，为简化这一问题，只求其近似解，认为所有分子的自由程 λ_i 都等于平均自由程 λ。因而

$$\Gamma = \frac{1}{3}\lambda \left[\frac{\mathrm{d}g(z)}{\mathrm{d}z}\right]_{z=z_0} \mathrm{d}s \int_0^{\infty} v_i \mathrm{d}n_i \tag{2-32}$$

因为 $\int_0^{\infty} v_i \mathrm{d}n_i = \bar{v}n$［见式(2-13a)］，故各种不同速度的分子所迁移 g 量的总和为

$$\Gamma = \frac{1}{3}\lambda n\bar{v} \left[\frac{\mathrm{d}g(z)}{\mathrm{d}z}\right]_{z=z_0} \mathrm{d}s \tag{2-33}$$

式中 λ——分子的平均自由程，m；

$\bar{v}$——分子的平均速度，m/s；

n——气体分子密度，m^{-3}；

$\left[\frac{\mathrm{d}g(z)}{\mathrm{d}z}\right]_{z=z_0}$——$\mathrm{d}s$ 平面上的物理量 g 沿坐标轴 z 的变化梯度。

式(2-33) 为通常所说的迁移方程，也称输运方程，可以用这个方程来分析气体扩散、热传导和内摩擦等现象。

2.4 气体的扩散

2.4.1 气体的自扩散

当气体存在着密度梯度时，就会发生密度大的气体向密度小的气体中渗透，这种迁移现象称为气体的扩散。气体扩散分两种：一种是单一气体由于密度不同引起的扩散，称为自扩散；另一种是发生在不同类型气体之间的扩散，称为互扩散。

自扩散是由气体本身密度不均匀引起的，在密度渐趋均匀的过程中，被迁移的物理量是气体质量。所迁移的质量可以由迁移方程式(2-33) 得到。

将分子密度 n 视为被迁移的物理量，n 为坐标轴 z 的函数。那么，单位时间内由密度大的空间向密度小的空间扩散的分子数

$$\mathrm{d}N = \frac{1}{3}\lambda\bar{v}\left(\frac{\mathrm{d}n}{\mathrm{d}z}\right)_{z=z_0} \mathrm{d}s \tag{2-34}$$

将式(2-34) 等号两边同乘以分子质量 m_0，就可以得到单位时间通过面积 $\mathrm{d}s$ 扩散的气体质量：

$$\mathrm{d}M = \frac{1}{3}\lambda\bar{v}\left[\frac{\mathrm{d}(m_0 n)}{\mathrm{d}z}\right]_{z=z_0} \mathrm{d}s = \frac{1}{3}\lambda\bar{v}\left(\frac{\mathrm{d}\rho}{\mathrm{d}z}\right)_{z=z_0} \mathrm{d}s \tag{2-35}$$

式中 $\mathrm{d}M$——单位时间通过面积 $\mathrm{d}s$ 的气体质量；

λ——分子的平均自由程，m；

$\bar{v}$——分子的平均速度，m/s；

$\left(\dfrac{d\rho}{dz}\right)_{z=z_0}$——在 d$s$ 面（即 $z=z_0$ 面）上的气体密度梯度；

ds——$z=z_0$ 的平面上的元面积，m^2。

令 $D=\dfrac{1}{3}\lambda\bar{v}$，则式(2-35) 变成

$$dM=D\left(\frac{d\rho}{dz}\right)_{z=z_0}ds \tag{2-36}$$

这就是费克扩散定律。其中 D 称为自扩散系数。将自扩散系数中的 λ［见式(2-24)］和 $\bar{v}$［见式(2-13b)］代入后，则

$$D=\frac{1}{3}\lambda\bar{v}=\frac{1}{3}\frac{1}{\sqrt{2}\pi\sigma^2(1+c/T)n}\sqrt{\frac{8KT}{\pi m_0}}=\frac{2}{3}\frac{K^{3/2}}{\pi^{3/2}\sigma^2 m_0^{1/2}}\times\frac{T^{5/2}}{T+c}\times\frac{1}{p} \tag{2-37}$$

可见，自扩散系数与温度成正比，而与压力 p 成反比。某些气体的自扩散系数由表 2-11 给出。

表 2-11　气体的自扩散系数

气体	温度条件/℃	自扩散系数 $D/cm^2\cdot s^{-1}$	黏滞系数 $\eta/\times10^4 g\cdot cm^{-1}\cdot s^{-1}$	$\dfrac{D\rho}{\eta}$
H_2	0	1.29	0.850	1.37
	15	1.43①	—	
HCl	22	0.1246	1.438	1.33
HBr	22.3	0.0792	1.858	1.43
N_2	15	0.203①	—	—
	20	0.200±0.008	1.747	1.48
NO	15	0.107①	—	—
O_2	0	0.189	1.926	1.40
CO	0	0.175	1.665	1.31
	15	0.211①	—	—
CO_2	0	0.104	1.380	1.49
	15	0.121①	—	—
	1200	2.5	—	—
Ne	20	0.473±0.002	3.111	1.27±0.006
Ar	53.5	0.212±0.002	2.435	1.30
	22.0	0.180±0.001	2.240	1.32±0.01
	0	0.158±0.002	2.104	1.34
	−78.5	0.0833±0.0009	1.555	1.34
	−183.0	0.028±0.001	0.765	2.1
Kr	20.8	0.09±0.004	2.485	1.30±0.06
Xe	18.9	0.0443±0.002	2.260	1.24±0.06

① 近似值。

在高真空区域中，各迁移面之间的距离，通常比气体分子的平均自由程小得多。因而，从一个表面飞出来的分子，不与其他分子发生碰撞而直达另一个表面上。在这种情况下，式(2-37) 中的平均自由程 λ 须用容器的有效直径 d_f 来代替，即

$$D=\frac{1}{3}d_{f}\bar{v}=\frac{d_{f}}{3}\sqrt{\frac{8KT}{\pi m_{0}}} \tag{2-38}$$

式中　d_f——容器的有效直径或称当量直径，$d_f=\frac{4V}{S}$；

V——容器的容积；

S——容器的内表面积。

对于直径为 d 的球形容器，$d_f=\frac{2}{3}d$；直径为 d 的无限长的管子，$d_f=d$；两个间距为 d 的无穷长的平面，$d_f=2d$。

由式(2-38) 可见，高真空时，自扩散系数仅与容器尺寸和分子的平均速度有关，而与压力无关。

2.4.2　气体的互扩散

互扩散是两种气体的分子之间进行相互渗透的现象。在互扩散中，假定两种气体都处于同样的压力和温度下，仅各组分气体分压存在梯度。在这样条件下，与推导自扩散方程相似，可以由迁移方程导出互扩散方程，其结果如下：

$$\mathrm{d}N_{1}=\frac{1}{3}\times\frac{n_{1}\lambda_{2}\bar{v}_{2}+n_{2}\lambda_{1}\bar{v}_{1}}{n_{1}+n_{2}}\left(\frac{\mathrm{d}n_{1}}{\mathrm{d}z}\right)_{z=z_{0}}\mathrm{d}s \tag{2-39a}$$

$$\mathrm{d}N_{2}=\frac{1}{3}\times\frac{n_{1}\lambda_{2}\bar{v}_{2}+n_{2}\lambda_{1}\bar{v}_{1}}{n_{1}+n_{2}}\left(\frac{\mathrm{d}n_{2}}{\mathrm{d}z}\right)_{z=z_{0}}\mathrm{d}s \tag{2-39b}$$

式中　$\mathrm{d}N_1$、$\mathrm{d}N_2$——第一种和第二种气体单位时间通过 $\mathrm{d}s$ 面积的分子数；

n_1、n_2——第一种和第二种气体的分子密度；

λ_1、λ_2——第一种和第二种气体的平均自由程；

$\bar{v}_1$、$\bar{v}_2$——第一种和第二种气体的平均速度。

式(2-39a) 和式(2-39b) 分别表示第一种和第二种气体的互扩散方程。与自扩散方程式(2-36) 相比，得到了互扩散系数 D_x，即

$$D_{x}=\frac{1}{3}\times\frac{n_{1}\lambda_{2}\bar{v}_{2}+n_{2}\lambda_{1}\bar{v}_{1}}{n_{1}+n_{2}} \tag{2-40a}$$

由于 $D_1=\frac{1}{3}\lambda_1\bar{v}_1$，$D_2=\frac{1}{3}\lambda_2\bar{v}_2$，故

$$D_{x}=\frac{n_{1}D_{2}+n_{2}D_{1}}{n_{1}+n_{2}} \tag{2-40b}$$

式中，D_1、D_2 分别是第一种和第二种气体的自扩散系数。

若式(2-40a) 中的 λ_1、λ_2 及 $\bar{v}_1$、$\bar{v}_2$ 分别用式(2-26) 和式(2-13b) 代入后，则得

$$D_{x}=\frac{2\sqrt{2}}{3}\left(\frac{kT}{\pi}\right)^{3/2}\frac{1}{p\sigma_{1,2}^{2}}\sqrt{\frac{1}{m_{1}}+\frac{1}{m_{2}}} \tag{2-40c}$$

式中　k——玻尔兹曼常数；

T——气体的热力学温度；

p——两种气体的总压力，$p=p_1+p_2$；

$\sigma_{1,2}$——两种气体分子直径的平均值，$\sigma_{1,2}=\frac{1}{2}(\sigma_1+\sigma_2)$；

m_1——第一种气体的分子质量；

m_2——第二种气体的分子质量。

为了计算方便，表 2-12 给出了式(2-40c) 中的$\frac{\sigma}{2}$、m 及$\sqrt{\frac{1}{m_1}+\frac{1}{m_2}}\bigg/\sigma_{1,2}^2$ 值。

表 2-12 $\frac{\sigma}{2}$、m 及$\sqrt{\frac{1}{m_1}+\frac{1}{m_2}}\bigg/\sigma_{1,2}^2$ 值

气体	分子质量 $m/\times10^{-24}$g	分子半径$\frac{\sigma}{2}/\times10^{-8}$cm	$\sqrt{\frac{1}{m_1}+\frac{1}{m_2}}\bigg/\sigma_{1,2}^2$	
			对空气扩散	对氢扩散
氢	3.35	1.37	3.7	1.0
氦	6.65	1.07	3.22	0.87
氨	28.2	2.22	1.0	0.27
水蒸气	29.9	2.30	0.93	0.25
氖	33.5	1.30	1.56	0.42
氮	46.5	1.86	1.04	0.28
空气	48.1	1.85	1.0	0.27
氧	53.1	1.80	1.04	0.28
氩	66.3	1.70	0.93	0.25
一氧化碳	46.5	1.90	0.98	0.26
碳酸	73.0	2.35	0.74	0.20
汞蒸气	333.0	3.16	0.67	0.18
油蒸气	564.4	5.0	0.22	0.06

气体扩散在真空技术中有重要的应用，如获得高真空的主要抽气设备——扩散泵，就是根据这一原理制成的。真空干燥、冷冻干燥及电灯泡注气等均利用气体这种扩散现象来达到不同的工艺目的。

2.4.3 气体的热扩散

气体的自扩散和互扩散是由于气体密度不均匀引起的。而气体的热扩散是由于温度不均匀引起的。在浓度均匀的两种组分的混合气体中，若存在着温度梯度，就会使较重的分子向温度低的方向集中；而质量较轻的分子向温度高的方向集中。这种由于温度不均匀而引起的扩散现象，称作气体的热扩散。伴随着热扩散，会使原来密度均匀的混合气体出现密度梯度，进而产生普通的互扩散。其方向与热扩散相反。最后，这两种扩散互相平衡，形成稳定状态，重分子全部集中在温度低的部位，轻分子集中在温度高的部位。

既然伴随着热扩散会出现互扩散，那么，利用迁移方程来导出热扩散方程时，不仅将温度视为坐标轴 z 的函数，还要将密度视为坐标轴 z 的函数。在这种条件下，导出的热扩散方程为

$$dN_1=\left(-D_x\frac{\partial n_1}{\partial z}+D_T\frac{n_1+n_2}{T}\frac{\partial T}{\partial z}\right)ds \tag{2-41a}$$

$$dN_2=\left(-D_x\frac{\partial n_2}{\partial z}+D_T\frac{n_1+n_2}{T}\frac{\partial T}{\partial z}\right)ds \tag{2-41b}$$

式中　　D_T——热扩散系数，$D_T=\frac{1}{6}\frac{n_1n_2}{(n_1+n_2)^2}(\lambda_2\bar{v}_2-\lambda_1\bar{v}_1)$；

$\bar{v}_1$、$\bar{v}_2$ 和 λ_1、λ_2——第一种、第二种气体的平均速度和平均自由程；

dN_1、dN_2——第一种、第二种气体单位时间内通过面积 ds 的分子数；

n_1、n_2——第一种和第二种气体的分子密度；

D_x——两种气体的互扩散系数。

也可以将式(2-41a) 和式(2-41b) 写成如下形式，即

$$dN_1=-D_x\left(\frac{\partial n_1}{\partial z}+K_T\frac{n_1+n_2}{T}\frac{\partial T}{\partial z}\right)ds \tag{2-42a}$$

$$dN_2=-D_x\left(\frac{\partial n_2}{\partial z}+K_T\frac{n_1+n_2}{T}\frac{\partial T}{\partial z}\right)ds \tag{2-42b}$$

式中，K_T 称为热分离系数，$K_T=\frac{D_T}{D_x}$。

当气体达到稳定状态后，dN_1 和 dN_2 均为零，由式(2-42a) 或式(2-42b) 得到

$$\frac{\partial n_1}{\partial z}=K_T\frac{n_1+n_2}{T}\frac{\partial T}{\partial z}$$

求积分后，则

$$\Delta f=\frac{n_1}{n_1+n_2}-\frac{n_1'}{n_1+n_2}=K_T\ln\frac{T_1}{T_2}=\frac{n_1}{n}-\frac{n_1'}{n}=K_T\ln\frac{T_1}{T_2} \tag{2-43}$$

式中　n——混合气体分子密度；

n_1/n——热端的温度等于 T_1 时，第一种气体所占的比例；

n_1'/n——冷端的温度等于 T_2 时，第一种气体所占的比例；

Δf——称为分离度，其含义是由于热扩散引起的混合气体组分的分离程度。

利用热扩散现象，可以使气体分离。

例如：有一个长 1m 的管子。盛有 40%的 CO_2 和 60%的 H_2（按体积），当冷端与热端温度差为 600℃时，使 H_2 和 CO_2 分离开来。这时，H_2 集中在热端；而 CO_2 集中在冷端。

又如：有一个高为 2.9m 的管子，盛有空气（氧为 21%，氮为 78%）。当冷端和热端的温度差为 600℃时，在管子底部得到了 85%的氧。在原子核工程中，就是利用热扩散现象来分离同位素的。

2.5 气体的黏滞性

2.5.1 压力较高时黏滞流气体的黏滞系数

气体沿管路流动时，若管道直径 d 与气体平均自由程 λ 之比大于 100（$d/\lambda>100$）时，其气体流动状态为黏滞流状态。此时，各层的流速不相等，气层之间有相对运动。试验证明，在任意两气层的接触面上将产生一对等值而反向的力。此力阻碍气层间的相对运动，其性质与固体接触面间的摩擦力相似，称为内摩擦力或黏滞力。这种现象称为黏滞现象或内摩擦现象。

从分子运动论的观点看，内摩擦的本质是分子热运动引起的。当气体流动处于黏滞流状态时，气体流动按平均自由程分许多层。经常会发生速度较大层中的分子飞到速度较小的层中去的现象，使分子之间发生碰撞，产生动量交换，动量由速度较大的层传到速度较小的相邻层。这个动量梯度的变化，就决定了层与层之间的作用力，即内摩擦力。这种情况下，迁移的物理量应为动量。将动量代入迁移方程式(2-33) 后，得到的摩擦力 dF，则

$$\mathrm{d}F=\frac{1}{3}\lambda n\bar{v}\left(\frac{\mathrm{d}m_0 v}{\mathrm{d}z}\right)_{z=z_0}\mathrm{d}s=\frac{1}{3}\lambda n\bar{v}m_0\frac{\mathrm{d}v}{\mathrm{d}z}\mathrm{d}s \tag{2-44}$$

$$=\frac{1}{3}\rho\bar{v}\lambda\frac{\mathrm{d}v}{\mathrm{d}z}\mathrm{d}s=\eta\frac{\mathrm{d}v}{\mathrm{d}z}\mathrm{d}s$$

式中　m_0——气体一个分子的质量，kg；

n——气体分子密度，m^{-3}；

ρ——气体密度，kg/m^3；

λ——平均自由程；m；

$\bar{v}$——分子的平均速度，m/s。

η——黏滞系数或内摩擦系数，kg/(m·s)，且

$$\eta=\frac{1}{3}\lambda n\bar{v}m_0=\frac{1}{3}\rho\bar{v}\lambda \tag{2-45}$$

上面导出的黏滞系数公式只是近似值，当分子速度和自由程都是随机分布时，其精确的结果应为：

$$\eta=0.499\lambda n\bar{v}m_0 \tag{2-45a}$$

如果考虑分子之间的引力，还需要引入温度修正系数项，则

$$\eta=0.499\lambda n\bar{v}m_0\left(1+\frac{C}{T}\right)^{-1}=2.714\times10^{-2}\frac{\sqrt{MT}}{\sigma^2}\left(1+\frac{C}{T}\right)^{-1} \tag{2-45b}$$

式中　M——气体摩尔质量，kg/mol；

T——气体的热力学温度，K；

σ——分子直径，m；

C——瑟节伦特常数。

粗略计算黏滞系数，可以应用式(2-45)。若精确计算，则用式(2-45a) 或式(2-45b)。表 2-13 给出了各种气体的黏滞系数η 值。

表 2-13　各种气体的η 值

气体或蒸气	$\eta/\times10^{-4}$P	气体或蒸气	$\eta/\times10^{-4}$P
H_2	0.870	N_2	1.734
He	1.943	C_2H_4	0.998
CH_4	1.077	C_2H_6	0.900
NH_3	0.970	O_2	2.003
H_2O	0.926	Ar	2.196
Ne	3.095	CO	1.770

续表

气体或蒸气	$\eta/\times10^{-4}$P	气体或蒸气	$\eta/\times10^{-4}$P
CO_2	1.448	空气	1.796
Kr	2.431	Hg	2.800
Xe	2.260		

注：P 为黏度单位泊，$1P=10^{-1}Pa\cdot s$。

两种气体混合后的黏滞系数，按下式计算：

$$\eta=\frac{\eta_1}{1+\frac{r}{1-r}\frac{\sigma_{12}^2}{\sigma_{T_1}^2}\sqrt{\frac{m_1+m_2}{2m_2}}}+\frac{\eta_2}{1+\frac{1-r}{r}\frac{\sigma_{12}^2}{\sigma_{T_2}^2}\sqrt{\frac{m_1+m_2}{2m_1}}} \tag{2-46}$$

这里
$$r=\frac{n_2}{n_1+n_2},\ \sigma_{T_1}=\sigma_1\left(1+\frac{C}{T}\right),\ \sigma_{T_2}=\sigma_2\left(1+\frac{C}{T}\right)$$

式中 η_1、η_2——第一种和第二种气体的黏滞系数；

σ_1、σ_2——第一种和第二种气体的分子直径；

m_1、m_2——第一种和第二种气体的分子质量；

n_1、n_2——第一种和第二种气体的分子密度；

C——瑟节伦特常数；

T——混合气体的热力学温度。

2.5.2 压力较低时分子流气体的黏滞系数

气体在黏滞流状态下，分子密度大，平均自由程很短，各气体层中的分子，只能跑到相邻的层中去，而不能跑到另外的层中去。同样的理由，使紧贴动板（见图 2-3）的气体层的分子受到相邻层的分子阻碍，而不断地与动板相碰撞，使这层气体的运动速度与动板的运动速度相同。

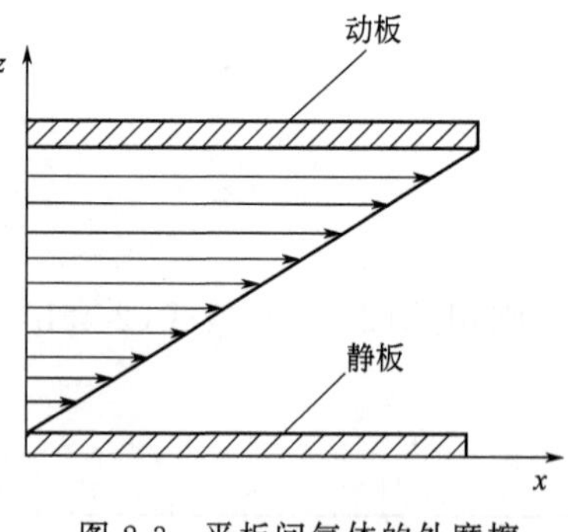

图 2-3 平板间气体的外摩擦

在低压力下，分子的平均自由程很大，即 $\lambda\gg d$（d 为两个平板间的距离，见图 2-3），气体分子之间几乎不发生碰撞，没有动量交换。因而，各气体层之间没有内摩擦。打到器壁上的分子，由于气体分子密度低，使之无阻碍地飞向器壁的另一个地方。这样，使紧贴器壁的气体层与运动板的运动速度不等，产生了相对速度，好像气体分子沿器壁表面有一个滑动，这种现象称为滑动现象。由于气层与器壁之间的速度差，使气层与器壁之间产生了摩擦，称为外摩擦。外摩擦与内摩擦不同，外摩擦是紧贴器壁的气体层与器壁之间的动量交换；而内摩擦是各层气体之间的动量交换。

根据动量作用原理，得到单位时间作用到面积 ds 上的外摩擦力 dF，即

$$\mathrm{d}F=\frac{f}{2-f}\eta_0 p v\mathrm{d}s \tag{2-47}$$

式中 dF——外摩擦力，N；

p——气体压力，Pa；

v——气体流速，m/s；

ds——面积，m^2；

η_0——自由分子黏滞系数，s/m；

f——反射系数，$f \leqslant 1$，与气体性质和器壁的表面状况有关（见表 2-14）。

表 2-14　某些气体-表面相配的 f 值

气体-表面	f	气体-表面	f
空气或二氧化碳-黄铜、水银、旧洋干漆	1.000	二氧化碳-油面	0.920
空气-油面	0.895	氢-油面	0.925
空气-玻璃	0.890	氦-油面	0.874
空气-新洋干漆	0.790		

自由分子黏滞系数η_0 由下式确定，即

$$\eta_0=\sqrt{\frac{M}{2\pi RT}} \tag{2-47a}$$

式中　M——气体的摩尔质量，kg/mol；

R——气体常数，8.314J/(mol·K)；

T——气体温度，K。

表 2-15 给出了各种气体在 20℃时自由分子黏滞系数η_0。

表 2-15　20℃时气体的η_0 值

气体	He	Ne	Ar	Kr	Xe	H_2	N_2	O_2	空气	CO	H_2O	CO_2
$\eta_0/\times10^{-5}\mathrm{s\cdot m^{-1}}$	51.2	114.8	162	234	293.3	36.4	135	144.8	138	135	108	169.5

真空技术中，应用气体的黏滞性原理制成黏滞性真空计。这种真空计大体可分三类：利用旋转体的摩擦扭矩制成旋转圆盘分子真空计；利用振荡体的摩擦阻尼衰减原理制成的石英真空计；利用连续谐振体的振幅（或频率）随摩擦阻尼而改变制成的振动薄膜真空计。在真空获得方面，应用气体黏滞性原理制成各种类型的分子泵。此外，利用摩擦系数可求气体分子直径。

2.6 气体中的热量传递

2.6.1 压力较高时黏滞流气体的热量传递

如果气体各部分温度不同，由于气体分子的热运动，分子之间便产生能量交换，使热的部分气体失去能量，冷的部分气体得到能量。在能量传递过程中，单位时间内，通过面积 dS 的热量可以由迁移方程导出，方程中所迁移的物理量是气体能量 E，代入迁移方程式(2-33) 后，得

$$\mathrm{d}Q=\frac{1}{3}\lambda n\bar{v}\left(\frac{\mathrm{d}E}{\mathrm{d}z}\right)_{z=z_0}\mathrm{d}S=\frac{1}{3}\lambda n\bar{v}\left(\frac{\mathrm{d}E}{\mathrm{d}T}\right)\left(\frac{\mathrm{d}T}{\mathrm{d}z}\right)\mathrm{d}S \tag{2-48}$$

令

$$K=\frac{1}{3}\lambda n\bar{v}\left(\frac{dE}{dT}\right)$$

式中，K 称为热导率。这里$\left(\frac{dE}{dT}\right)$是温度的变化而引起的每个分子的能量变化，也就是温度每升高1K或降低1K时，每个气体分子所吸收或放出的热量，称为分子的“热容量”。引入热导率后，式(2-48）可以写成如下形式：

$$dQ=K\left(\frac{dT}{dz}\right)_{z=z_0}dS \tag{2-48a}$$

式中 $\frac{dT}{dz}$——温度梯度；

K——热导率。

由于

$$\frac{dE}{dT}=\frac{M}{N_0}c_V \tag{2-48b}$$

式中 M——气体摩尔质量；

N_0——阿伏伽德罗常数；

c_V——气体定容比热容。

这样，可以把热导率 K 写成如下形式：

$$K=\frac{1}{3}\lambda n\bar{v}\frac{M}{N_0}c_V=\frac{1}{3}\rho\lambda\bar{v}c_V=\eta c_V \tag{2-49}$$

式中 K——热导率，J/(m·s·K)；

ρ——气体密度，kg/m^3；

$\bar{v}$——气体分子的平均速度，m/s；

λ——气体分子的平均自由程，m；

η——气体内摩擦系数，kg/(m·s)；

c_V——定容比热容，即质量1kg的气体，当容积不变时，温度变化1K所吸收或放出的热量，J/(kg·K)。

如果考虑到温度梯度对平均自由程和分子密度的影响，以及分子转动能和振动能之后，得到精确的热导率 K，则

$$K=\frac{1}{4}(9\gamma-5)\eta c_V \tag{2-49a}$$

式中，γ 为比热容比，$\gamma=\frac{c_p}{c_V}$，c_p 是定压比热容，即为吸热或放热过程中，压力保持不变时的比热容。各种气体热运动的热传导系数，见表2-16。

表2-16 气体的热传导系数

气体	η /×10^{-4}g·cm^{-2}·s^{-1}	K /×10^{-3}cal·cm^{-1}·s^{-1}·K^{-1}	c_V /cal·g^{-1}·K^{-1}	γ（实验值）	$\frac{K}{\eta c_V}$（实验值）	$\frac{K}{\eta c_V}=\frac{1}{4}(9\gamma-5)$
He	1.875	0.3440	0.753	1.660	2.44	2.485
Ne	2.986	0.1104	0.150	1.640	2.47	2.44
Ar	2.100	0.0387	0.0763	1.670	2.42	2.51

续表

气体	η $/\times10^{-4}g\cdot cm^{-2}\cdot s^{-1}$	K $/\times10^{-3}cal\cdot cm^{-1}\cdot s^{-1}\cdot K^{-1}$	c_V $/cal\cdot g^{-1}\cdot K^{-1}$	γ (实验值)	$\frac{K}{\eta c_V}$ (实验值)	$\frac{K}{\eta c_V}=\frac{1}{4}(9\gamma-5)$
H_2	8.400	0.4160	2.400	1.410	2.06	1.92
N_2	1.664	0.0566	0.178	1.406	1.91	1.91
O_2	1.918	0.0573	0.156	1.395	1.92	1.89
H_2O(100℃)	1.215	0.0551	0.366	1.320	1.24	1.72
CO_2	1.377	0.0340	0.151	1.310	1.64	1.70
NH_3	9.150	0.0514	0.401	1.320	1.40	1.72
CH_4	1.027	0.0718	0.400	1.310	1.75	1.70
C_2H_4	9.480	0.0404	0.282	1.250	1.51	1.56
C_2H_6	8.540	0.0428	0.325	1.230	1.54	1.52
CO	1.665	0.0537	0.178	1.404	1.81	1.91
Kr	2.372	0.0212	0.036	1.670	2.49	2.50
Xe	2.129	0.0124	0.023	1.700	2.54	2.58
空气	1.722	0.0576	0.171	1.4034	1.96	1.91

注：1cal＝4.184J。

2.6.2 压力较低时分子流气体的热传导

当压力较低时，分子密度变小。这样，使分子的平均自由程等于或大于容器壁之间的尺寸，分子可以直接由热表面飞到冷表面，气体不再有黏滞特性了。因而，使热传导与黏滞系数无关，而与气体密度（即压力）有关。为了表征低压下的热传导率，需要引入一个新的概念——适应系数。

气体分子与表面碰撞时，实际所传送的能量与其理论传送能量之比称作适应系数。

最初温度为 T_i 的 分子，打到温度为 T_S 的表面上，且 $T_S>T_i$。分子重新发射出来后，具有较高的温度 T_r，并且 $T_S>T_r>T_i$。这样，可以用数学形式把适应系数 α 表示出来，即

$$\alpha=\frac{T_r-T_i}{T_S-T_i} \tag{2-50}$$

如果分子离开以前，分子与表面达到了热平衡，即 $T_S=T_r$，则 $\alpha=1$；若分子被表面完全弹性反射，分子的能量没有任何变化，即 $T_r=T_i$，则 $\alpha=0$。适应系数与材料的表面状态有关，表 2-17 给出了某些气体对不同材料表面的适应系数。

表 2-17 气体的适应系数 α

(1)常见气体的适应系数[①]

材料 \ 气体	空气	H_2	D_2	He	Ne	Ar	Hg	O_2	CO_2	CO	H_2O	N_2
铂		0.220	0.295	0.238	0.57	0.89	1.0	0.74	0.76	0.75	0.72	
铂		0.312		0.403	0.70	0.847		0.782		0.772		0.769
研磨的铂		0.350						0.835	0.868			
研磨的铂		0.26 (0℃)			0.65	0.85 (30℃)		0.83 (20℃)	0.86 (20℃)			0.87 (20℃)
涂黑的铂		0.556						0.927	0.945			
涂厚黑色的铂		0.712						0.956	0.925			
钨		0.20				0.85	0.95					0.57
闪光的钨(90℃)		0.09		0.41	0.081	0.16		0.20				
普通铂	0.90	0.36				0.89						0.89

续表

(2)空气的适应系数					
研磨的黄铜	0.91～0.94	研磨的铸铁	0.87～0.93	研磨的铝	0.87～0.95
机加工的黄铜	0.89～0.93	机加工的铸铁	0.87～0.88	机加工的铝	0.95～0.97
腐蚀的黄铜	0.92～0.95	腐蚀的铸铁	0.89～0.96	腐蚀的铝	0.89～0.97

(3)氦的适应系数

材料 \ 温度/K	12	90	195	273
铂		0.49	0.49(153K)	0.38(307～537K)
铂(光亮表面)				0.44(323～423K)
铂(涂黑表面)				0.41(323～423K)
钨(新鲜表面)		0.025(79K)	0.046	0.057(295K)
钨(有吸附层)				0.19～0.82
镍(无吸附层)		0.048	0.06	0.071(273K)
镍(有吸附层)		0.413	0.423	0.360(273K)
玻璃	0.67	0.38(77K)		0.34

① 表中值，除标明温度外，均为室温下的值。

在低压下，单原子气体从热表面到冷表面，单位时间单位面积所传送的能量按下式计算

$$E_0=\frac{\alpha}{2}\frac{pv_i}{T_i}(T_S-T_i) \tag{2-51}$$

式中 E_0——气体传送的能量，J/(m^2·s)。

α——适应系数（表 2-17）；

p——气体压力，Pa；

v_i——气体温度 T_i 时，分子的平均速度，m/s；

T_S——热表面温度，K；

T_i——气体温度，K。

在低压下，双原子和多原子气体分子打到热表面上，不仅增加了传送能量，也增加了分子的自旋和振动能量。分子振动能的数量级可以与传送能量相比较，在这种情况下，单位时间单位面积传送的能量应为

$$E_0=\frac{\alpha}{8}\left(\frac{\gamma+1}{\gamma-1}\right)\frac{pv_i}{T_i}(T_S-T_i) \tag{2-52}$$

式中，γ 为比热容比，也称为绝热系数，其余符号同式(2-51)。

为了实际使用方便，下面给出平行平板和同心圆筒的热量传送公式。

在分子流下，两平行板之间，单位时间单位面积所传送的能量为

$$E_0=K_0\frac{\alpha_1\alpha_2}{\alpha_1+\alpha_2-\alpha_1\alpha_2}p(T_2-T_1) \tag{2-53}$$

式中 E_0——气体传送的能量，J/(m^2·s)；

p——气体压力，Pa；

T_1、T_2——两个板的温度，K；

α_1、α_2——两个板的适应系数；

K_0——自由分子热传导系数，J/(K·m^2·s·Pa)。

自由分子热传导率 K_0 由下式给出：

$$K_0=\frac{1}{2}\left(\frac{\gamma+1}{\gamma-1}\right)\sqrt{\frac{R_0}{2\pi MT}} \tag{2-54}$$

式中 γ——比热容比，也称为绝热系数；

R_0——气体普适常数，8.314J/(mol·K)；

M——气体摩尔质量，kg/mol；

T——气体温度，K。

分子流下，同心圆筒之间气体单位时间面积所传送的能量 E，即

$$E=K_0\frac{\alpha_1\alpha_2}{\alpha_1+\alpha_2(1-\alpha_1)\dfrac{r_2}{r_1}}p(T_2-T_1) \tag{2-55}$$

式中 E——气体传送的能量，J/(m^2·s)；

p——气体压力，Pa；

T_1，T_2——两个板的温度，K；

α_1，α_2——两个板的适应系数；

r_1，r_2——内筒和外筒半径，cm。

2.6.3 辐射传热

在高真空设备中，辐射换热是主要方式。热表面对冷表面的辐射，所引起的冷表面的能量损失，可以由斯蒂芬-玻尔兹曼所推导出的热辐射损失公式求出，即

$$E_N=5.7E_e\left[\left(\frac{T_1}{100}\right)^4-\left(\frac{T_2}{100}\right)^4\right]E_\Gamma \tag{2-56}$$

式中 E_N——辐射传热量，W/m^2；

E_e——平均发射率，也称平均黑度，$E_e=\dfrac{1}{\dfrac{1}{e_2}+\dfrac{F_1}{F_2}\left(\dfrac{1}{e_1}-1\right)}$；

T_1，T_2——热表面和冷表面的温度，K；

F_1，F_2——热表面和冷表面的面积，m^2；

e_1，e_2——内表面和外表面的发射率；

E_Γ——辐射换热角系数，平行板或同心圆筒，取 $E_\Gamma=1$。

在冷热面之间装上屏蔽板后，使黑度减小。其值的减小，正比于所加的屏蔽板层数 N。设装屏蔽板后的黑度为 E_e'，则

$$E_e'=\frac{E_e}{N+1} \tag{2-57}$$

许多低温液体贮存器，如杜瓦和槽车等，均利用加屏蔽层使辐射换热减小的原理进行真空绝热。存储液氮或液氢的杜瓦夹层中，使用镀铝的涤纶薄膜做屏蔽层，进行多层真空绝热，使杜瓦的冷损大大降低。

2.7 热流逸

热流逸是一种质量迁移现象，发生在低压力下分子流状态的气体中。如有一中间开孔的两相连容器（见图 2-4），若两个容器温度不等，气体分子将从冷容器向热的容器运动，造成热容器的压力较冷容器高。这种由于温差而产生的质量迁移现象，称为热流逸。

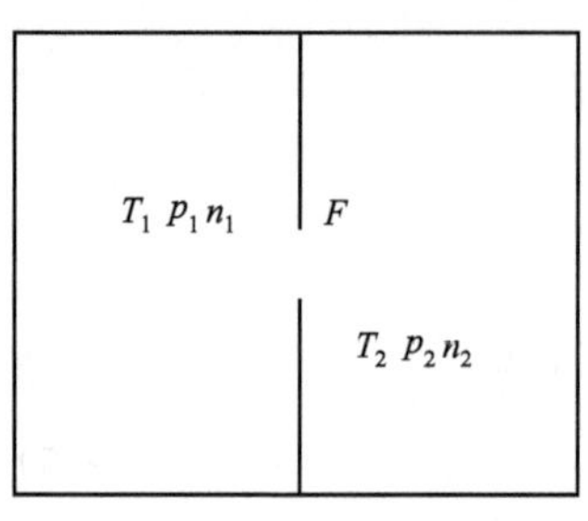

图 2-4 气体的热流逸

如图 2-4 所示，容器 1 的温度为 T_1，压力为 p_1，分子密度为 n_1。容器 2 相应的参数为 T_2、p_2 及 n_2。隔板上所开的孔面积为 F。那么，单位时间内通过孔由容器 1 到容器 2 的分子数为

$$N_{1\text{-}2}=\Phi_1 F=\frac{1}{4}n_1\bar{v}_1 F=\frac{1}{4}n_1\sqrt{\frac{8KT_1}{\pi m}}F \tag{2-58a}$$

反之，容器 2 到容器 1 的分子数为

$$N_{2\text{-}1}=\Phi_2 F=\frac{1}{4}n_2\bar{v}_2 F=\frac{1}{4}n_2\sqrt{\frac{8KT_2}{\pi m}}F \tag{2-58b}$$

在平衡状态下，由容器 1 离开的分子数应等于进到容器 1 的分子数，即 $N_{1\text{-}2}=N_{2\text{-}1}$。

那么

$$\frac{1}{4}n_1\sqrt{\frac{8KT_1}{\pi m}}F=\frac{1}{4}n_2\sqrt{\frac{8KT_2}{\pi m}}F$$

或者

$$\frac{n_1}{n_2}=\sqrt{\frac{T_2}{T_1}} \tag{2-59}$$

又因为 $p_1=n_1KT_1$，$p_2=n_2KT_2$ 代入式(2-59)，则

$$\frac{p_1}{p_2}=\sqrt{\frac{T_1}{T_2}} \tag{2-60}$$

可见，相连的两个温度不同的容器中，压力和分子密度均不相等。压力与温度之比的平方根成正比，而密度与其成反比。这种热流逸现象，对于低温真空系统有重要意义。例如：容器 1 是真空室的一部分，处在液态空气温度，即 $T_1=90\text{K}$。而测量压力的规管安装在室温地方，$T_2=300\text{K}$。则真空室 1 处的压力为

$$p_1=\sqrt{\frac{90}{300}}p_2=0.55p_2$$

也就是说，规管所测出的压力并非真空室中的真实压力，真空室中的压力已比规管所测压力低半个数量级了。

Hobson 在 1970 年和 1973 年的试验中发现，式(2-60) 对表面粗糙的管路是正确的。而对表面光滑的管路，式(2-60) 应写成

$$\frac{p_1}{p_2}=\alpha\sqrt{\frac{T_1}{T_2}}$$

式中，α 为系数，$\alpha\approx1.1\sim1.3$。根据这个效应，他制成了一种新型真空泵，其抽气原理

见图 2-5。

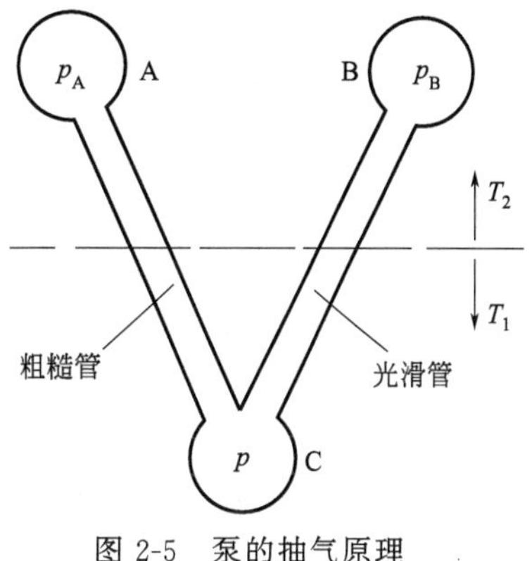

图 2-5 泵的抽气原理

A 和 B 两个容器，通过两个管子连接到容器 C 上。A 和 B 温度相同均为 T_2，C 的温度为 T_1。A 和 C 之间用内壁粗糙玻璃管连接，而 B 和 C 之间用光滑的玻璃管连接。对于容器 A 有：$\frac{p_1}{p_A}=\sqrt{\frac{T_1}{T_2}}$；对容器 B 有 $\frac{p_1}{p_B}=\alpha\sqrt{\frac{T_1}{T_2}}$，则 A 和 B 之间的压力比为 $\frac{p_A}{p_B}=\alpha$。如果 A 和 B 之间有 n 个粗糙和光滑管串接起来，则 A 和 B 之间的压力比为 $\frac{p_A}{p_B}=\alpha^n$，这样就可以在 B 中获得较低的压力。Hobson 安装了二十八级，得到的压力比为 $\frac{p_A}{p_B}=23.3$。

2.8 蒸发与凝结

液体表面的分子，得到足够的动能之后就会克服其附近分子的吸引力，离开液体表面到空间中去，这个过程叫蒸发。蒸发是物质由液相变气相的过程。真空系统中的蒸气除来自蒸发外，还来自升华。升华是物质由固相直接变为气相的过程。与蒸发和升华相反，分子碰撞到表面后可以停留在表面上，这个过程叫做凝结。凝结是物质由气相变为液相或固相的过程。

2.8.1 蒸发率及凝结率

单位时间单位面积上蒸发（升华）的物质质量称作蒸发（升华）率。蒸发率或升华率可以直接由气体分子入射率公式导出，即

$$W=0.138p_v\sqrt{\frac{M}{T}} \tag{2-61a}$$

式中 W——蒸发或升华率，kg/(m^2·s)；

p_v——温度 T 时的饱和蒸气压，Pa；

M——摩尔质量，kg/mol；

T——蒸发或升华温度，K。

凝结率是单位时间单位面积上凝结的物质质量，如果蒸发和凝结两个过程处于动态平衡，那么蒸发率应等于凝结率，这意味着用式(2-61a) 同样可以计算凝结率。

式(2-61a) 是蒸发率的重要公式，它给出了蒸发率与蒸气压和温度之间的关系。但这个方程的准确程度还受下列因素的影响：

① 气相分子返回液相（固相）时，有一部分分子受到相界面的弹性反射，不能全部凝结。按照动态平衡的观点，蒸发的分子数也要相应地减少。故式(2-61a) 需要乘上一个凝结系数 α_n，即

$$W=0.138p_v\sqrt{\frac{M}{T}}\alpha_n \tag{2-61b}$$

各种金属蒸气的凝结系数 α_n 值，见表 2-18。

② 蒸发物质周围的气压比其饱和蒸气压高时，使蒸发的分子不能迅速扩散，妨碍蒸发过程的进行，使蒸发率低于式(2-61a) 的理论计算值。消除这种影响，一般认为周围的气体压力应为 $10^{-2}\sim10^{-6}$Pa。

③ 如果蒸发物质处于尺寸狭窄的容器中，蒸发的分子与器壁碰撞后，返回到蒸发物质表面的概率增大，使蒸发率降低。

④ 式(2-61a) 所给出的蒸发率，是相当于周围气体中的蒸气分压可以忽略时而得到的。如果在密闭真空容器中蒸发，随着气体中蒸气分压的增加，蒸发率随之逐渐减小。如果容器中蒸发物质分压为 p_k，则式(2-61a) 应表示为

$$W=0.138\sqrt{\frac{M}{T}}(p_v-p_k)\alpha_n \tag{2-61c}$$

当 $p_k=0$ 时，表示蒸气完全扩散走了，蒸发率公式即为式(2-61a)。当 $p_v=p_k$ 时，蒸发率 $W=0$，表示气体已经饱和，蒸发物质不再蒸发了。

表 2-18 各种金属蒸气的凝结系数

金属蒸气	表面	α_n
Ag	Ag(真空热镀)	0.2～0.4
	机械方法清洁的 Ag、Au、Cu	0.3～0.6
	Ag、Au(抛光、腐蚀)192℃	1.0
	玻璃 192℃	0.2
	Ag、Au、Cu(真空镀膜)	0.4～0.8
Au	玻璃、Cu、Al	0.9～0.99
Be	Be	1.0
Cd	玻璃、云母	约 0
	Al(真空蒸镀)	1.0
	玻璃、云母、金属	约 0.01
	Ag、Au、Cu、Sn(真空蒸镀)	0.3～0.6
	Cd	0.4～0.7
	Cd(非常纯)	0.4～0.7
	Cd(普通)	0.01～0.1
	Cd(抛光)	1.0
Cu	Cu(真空蒸镀)	0.2～0.4
	Cu(真空蒸镀)	0.4～0.6
	Cu(真空蒸镀)	1.0
Cs	Al、Ni	0
	Ta	0.5
	W	0.7
	Cu	1.0
Mo	Mo(真空蒸镀)	0.2～0.4

金属蒸气	表面	α_n
Fe	Fe(真空蒸镀)	0.2～0.4
	Fe	1.0
Hg	玻璃、金属	很小
	玻璃、云母、金属	<0.01
	Au(新鲜膜)	0.2～0.4
	Hg(固体)	0.8～0.9
	新鲜 Hg 滴	1.0
	Hg(55～64℃)	0.7
K	石英	1.0
	K(单晶)	约 1
Na	黄铜、Ni、Cu	很小
	铜汞合金	0.1～1.0
Ni	Ni(真空蒸镀)	0.2～0.4
Pt	Pt	1.0
Rb	黄铜	0.1
	Ag	0.07
	Pt	0.24
	W	0.21
Sb	Al	0.26
	Cu	0.325
	玻璃	0.311
W	W(真空蒸镀)	0.2～0.4
Zn	Zn	1.0
	Al(真空蒸镀)	0
	Ag	0.9

2.8.2 蒸气压

置于密闭容器中的温度一定的液体会产生自然蒸发，直到蒸发的分子数与返回到液体的分子数达到动态平衡为止。此时，蒸气分压不再增加了，这种蒸气称为饱和蒸气；而在此温度下的蒸气分压，称为饱和蒸气压。由克拉珀龙方程可以导出饱和蒸气压与温度的关系式，即

$$\lg p_v = A - \frac{B}{T} \tag{2-62}$$

式中 p_v——温度为 T 时的饱和蒸气压，Pa；

A，B——常数，由实验确定，其值见 19.4 节相关内容。

测定物质的蒸气压有两种方法，其一是直接测量蒸气压所产生的机械效应；其二是测量蒸发率，即测量物质的质量损失，然后，根据式(2-61a) 计算蒸气压。

金属中，钨的蒸气压最低，即使在 2600K 下，蒸气压仅为 10～4Pa。水银的蒸气压最高，室温下亦达 0.17Pa。气体中，氦的蒸气压最高。19.4 节给出了金属及其氧化物以及气体和蒸气的蒸气压与温度的关系曲线。

表 2-19 给出了水和水银的蒸气压。由表中可见，水银在室温下的蒸气压比液氮温度下高 10 多个数量级。

表 2-19 水和水银的蒸气压

温度/K	p_{H_2O}/Pa	p_{Hg}/Pa	温度/K	p_{H_2O}/Pa	p_{Hg}/Pa
90	约 10^{-20}	约 10×10^{-25}	243	30	6×10^{-4}
123	7.5×10^{-13}	3×10^{-16}	253	80	2×10^{-3}
143	7×10^{-7}	8×10^{-13}	263	200	7×10^{-3}
173	1×10^{-3}	2.4×10^{-9}	273	460	2×10^{-2}
195	0.5×10^{-1}	3×10^{-7}	283	920	4×10^{-2}
223	3×10^{0}	5×10^{-5}	293	1750	1.3×10^{-1}
233	10^{1}	2×10^{-4}	303	3200	3×10^{-1}
			313	5500	6×10^{-1}

真空系统中存在蒸气，不仅影响系统所能达到的极限真空，而且还会影响真空设备的性能。如果在真空室中存在液体，液体在真空室中的时间越长，则所能获得的真空度仅为液体所处温度下的蒸气压值。若用机械泵抽含有水蒸气的气体时，当气体被压缩时，其中的水蒸气可达到饱和，变成水混在机械泵油中，破坏机械泵油的真空性能。为此，机械泵都使用气镇装置，当气体处于压缩阶段时，通过气镇阀掺入泵腔中一定量的空气，使水蒸气压未达到饱和之前便被排出泵腔外。如果被抽气体含蒸气很高，则需要在机械泵进气口安装蒸气捕集器。

在真空测量中，常常使用麦克劳真空计，在该真空计的压缩阶段，也会使蒸气凝结。因而，在冶金、化工所使用的真空系统，由于蒸气多，使用麦克劳真空计不能精确测量全压力，测量结果是分压力。生产厂商有时用麦克劳真空计测量机械泵、罗茨泵的极限压力，得到的结果是分压力，而不是全压力，用此分压力来表示真空泵的极限压力是不正

确的。

在真空技术中，可以利用蒸气凝结原理制成真空设备，如冷阱、冷冻障板和低温泵等。

2.9 气体在固体中的溶解

材料中的气体浓度小于外部浓度时，吸附在固体表面的气体分子，能够渗透到材料的深部，这种现象叫做气体在固体中的溶解。固体单位体积中溶解的气体量（标准状态下）叫做溶解度，各种材料内部均溶解有气体，溶解的气体多少与气体性质和材料的特性有关。气体以不同的状态溶解于材料中。在金属中，气体以原子态溶解；而在玻璃、橡胶和陶瓷等非金属中，气体以原子或分子两种状态溶解。

溶解度与气体和固体的性质有关，并随着固体表面的压力增大和温度升高而增大。

单原子气体溶解在金属和玻璃中，以及气体以分子态溶解在玻璃、橡胶和塑料中时，可利用亨利定律得到其溶解度

$$n_\gamma=\gamma p \tag{2-63}$$

式中 n_γ——溶解度，也称气体在固体材料中的体积浓度；

γ——溶解度系数；

p——气体在固体表面上的压力。

双原子气体在金属中溶解时，需要分解成原子后才能溶解。溶解度以下式表示：

$$n_\gamma=\gamma\sqrt{p} \tag{2-64}$$

一般情况下，以下式表示溶解度

$$n_\gamma=\gamma p^u \tag{2-65}$$

式中，$u=1$，1/2，1/3 等，与形成气体分子的原子数有关。对于单原子气体，$u=1$；对于双原子气体，$u=1/2$。

γ 的量纲为 cm^3(STP)/(cm^3 · $Torr^u$)，可见，γ 的量纲随 u 而变。当 $u=1$ 时，溶解度系数 γ 的量纲为 cm^3(STP)/(cm^3 · Torr)；$u=1/2$ 时，量纲为 cm^3(STP)/(cm^3 · $Torr^{1/2}$)。

气体在固体中溶解，需要活化能，它是温度的指数函数，包含在溶解度系数的公式中

$$\gamma=\gamma_0\exp\left(-\frac{E_\gamma}{RT_s}\right) \tag{2-66}$$

式中 γ_0——溶解度常数，由气体和固体的性质决定；

E_γ——气体在固体中溶解所需的活化能；

R——以热量单位表示的普适气体常数；

T_s——固体温度。

由于分子态的气体在金属中溶解时，首先要分解成原子态，而后才能溶解。因而，需要的活化能比原子态气体大。例如，石英玻璃中溶解数量相同的氢和氦，氢需要 1000K，而氦只需要 400K。

气体在玻璃或金属中的溶解度系数与温度的关系见图 2-6。由图可见，金属有较高的溶解度系数。大多数金属，当温度为 500～1000K 时，溶解度系数值在 10^2～10^{-1} 范围的变化。

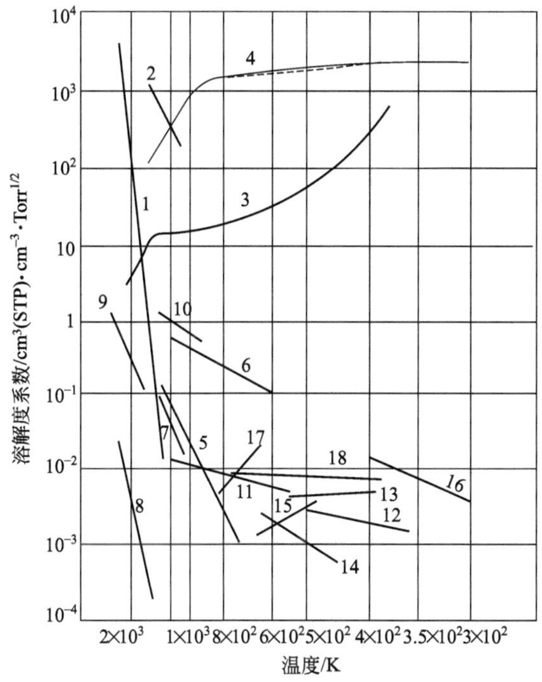

图 2-6 气体在玻璃或金属中的溶解度系数与温度的关系[2]

图 2-6 中各种玻璃成分 单位：%

图中序号	SiO_2	B_2O_3	Al_2O_3	N_2O	K_2O	PbO
12	76	16	0.4	5	0.3	—
13	65	23	4	4	4	—
14	56	—	1	7.5	4.5	3.0
15	69	—	3	13	1.7	—
16	96	4	—	—	—	—
17	80	12	2	9	3	—

气体在金属中：$\left[u=\frac{1}{2},\ \gamma=\frac{cm^3\ (STP)}{cm^3\cdot Torr^{1/2}}\right]$

1—H_2→W；2—H_2→Mo；3—H_2→Pd；4—H_2→Ti；5—H_2→Cu；

6—H_2→不锈钢；7—N_2→Fe；8—N_2→W；9—N_2→Mo；10—O_2→Cu

气体在玻璃中$\left[u=1,\ \gamma=\frac{cm^3\ (STP)}{cm^3\cdot Torr}\right]$：

11—H_2→SiO_2；12—H_2→玻璃 12；13—H_2→玻璃 13；14—H_2→玻璃 14；

15—H_2→玻璃 15；16—He→玻璃 16；17—H_2→玻璃 16；18—He→玻璃 17

2.10 气体在固体中的扩散

固体中所溶解的气体，可以由浓度大的区域向浓度小的区域迁移，这种迁移现象与气体扩散现象相似，称为气体在固体中的扩散。扩散时所产生的气体流量正比于给定方向的气体浓度梯度。流量的大小可以由菲克定律来确定，即

$$q=-D\frac{dn_\gamma}{dx} \tag{2-67}$$

式中 q——以气体分子或原子个数表示的气体流量，$(cm^2 \cdot s)^{-1}$；

D——扩散系数，cm^2/s；

$\frac{dn_\gamma}{dx}$——以气体分子或原子个数表示的浓度梯度，$(cm^3/cm)^{-1}$；

负号——流量方向与浓度梯度方向相反。

扩散系数是温度的指数函数，即

$$D=D_0 \exp\left(-\frac{E_D}{RT_s}\right) \tag{2-68}$$

式中 E_D——扩散活化能，kcal/mol；

R——普适气体常数，kcal/(mol·K)；

T_s——固体温度，K；

D_0——系数，其值为 T_s 趋向无穷时的扩散系数。

扩散活化能 E_D 和系数 D_0 一般均为常数，与气体和固体的性质有关。E_D 值以气体粒子克服进到材料中的阻力所需要的能量来表示。在一定的温度下，这个能值越小，扩散越激烈。例如，氢在玻璃中的扩散活化能 E_D 比氦大两倍，而氮和氧比氦大六倍。由此可见，氦比氢容易扩散，氢又较氮和氧容易扩散。因而，在玻璃超高真空系统中，最终压力中的氢和氦的分压较高。氢在铁、镍中的扩散比在不锈钢中好，氧在铁中的扩散比氢差。为防止氢的渗漏，金属超高真空系统均利用不锈钢制造。

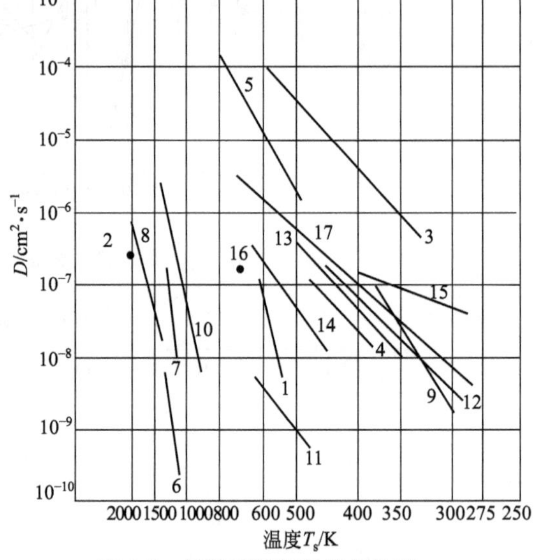

图 2-7 扩散系数与温度的关系

气体在金属中：

1—H_2→W；2—H_2→Mo；3—H_2→Pd；4—H_2→Ni；5—H_2→Cu；6—O_2→Ni；7—N_2→Fe；8—O_2→Ti；9—H_2→Fe；10—O_2→Cu

气体在玻璃中：

11—H_2→SiO_2；12—H_2→玻璃 12；13—H_2→玻璃 13；14—H_2→玻璃 14；15—H_2→玻璃 15；16—H_2→玻璃 16；17—H_2→玻璃 17

图 2-7 给出了气体在金属和玻璃中的扩散系数与温度的关系。氢在金属中的扩散比其他双原子气体好，特别值得提出的是氢在钯中的扩散很有趣，在某一温度下，扩散相当强烈。可以利用这种特性制成氢-钯检漏器。

表 2-20 给出了氦在熔融石英（100% SiO_2）中扩散的 E_D 和 D_0 值。

表 2-21 为气体在玻璃中扩散的 E_D 值。

表 2-22 为气体在金属中扩散的 E_D 和 D_0 值。

表 2-20 氦在熔融石英中扩散的 E_D 和 D_0 值

氦-熔石英	T_s/K		氦-熔石英	T_s/K	
	300～500	600～1300		300～500	600～1300
$E_D/kcal \cdot mol^{-1}$	5.6	6.6	$D_0/cm^2 \cdot s^{-1}$	3×10^{-4}	7×10^{-4}

注：1cal=4.2J。

表 2-21 气体在玻璃中扩散的 E_D 值（室温下）

气体	玻璃	含 SiO_2/%	E_D/kcal·mol^{-1}	气体	玻璃	含 SiO_2/%	E_D/kcal·mol^{-1}
He	石英	100	5.4～5.7	H_2	石英	100	9～12
		99	5～6			92	约 13.5
	硼硅酸玻璃	94	6.2～7	N_2	石英	100	22～90
		92	6.4	O_2	石英	100	30

表 2-22 气体在金属中扩散的 E_D 和 D_0 值

气体	固体	D_0/cm^2·s^{-1}	E_D/kcal·mol^{-1}	气体	固体	D_0/cm^2·s^{-1}	E_D/kcal·mol^{-1}
H_2	α-Fe	1.15×10^{-3}	3.5	O_2	γ-Fe	3.9×10^{-8}	20
	1Cr18Ni9Ti	1.1×10^{-3}	11.8		Ni	1.9×10^{-5}	162
	Ni	2.04×10^{-3}	17.4	N_2	Fe	1.1×10^{-1}	68
	Cu	1×10^{-3}	4.9				
	Mo	7.25×10^{-4}	41.5	CO	α-Fe	1.3×10^{-1}	39
	β-Ti	1.95×10^{-3}	13.3		Ni	5.4×10^{-3}	47
	α-Ti	1.8×10^{-2}	25	C	Ni	1.2×10^{-1}	65

2.11 气体在固体中的渗透

2.11.1 渗透系数及渗透气体量

真空室外壁吸附的气体，可以通过室壁渗透到真空室内壁进而进入真空室。渗透过程包括溶解、扩散以及吸附和解吸等表面现象。这个过程可以这样描述：入射到真空室外壁上的气体粒子（分子或原子）被表面所吸附。吸附的粒子溶解在材料的表面层，如果是分子态的气体，需要分解成原子态才能溶解。表面层溶解了气体粒子后，使材料中气体产生了浓度梯度，因而气体向真空侧缓慢地扩散。到了真空侧的表面层，分解成原子再结合成分子，由表面解吸而释放出来，完成了渗透的全过程。

若真空室外部的压力为 p_2，内部压力强为 p_1，则气体在外表面和内表面的体积浓度可以由下式来确定，即

$$n_2=\gamma p_2^u \qquad n_1=\gamma p_1^u \tag{2-69}$$

式中，n_2 为外表面气体浓度；n_1 为内表面气体浓度；γ 及 u 同式（2-65）。

由于压力 $p_2>p_1$，气体由 p_2 向 p_1 方向扩散，在稳定流动时，扩散流量由菲克定律给出：

$$q=-D\frac{\mathrm{d}n}{\mathrm{d}x}$$

$$q\,\mathrm{d}x=-D\,\mathrm{d}n$$

稳定流动时，D、q 均为常数，将上式积分即

$$\int_0^L q\,\mathrm{d}x=-\int_{n_1}^{n_2}D\,\mathrm{d}n$$

$$qL=-D(n_2-n_1) \tag{2-70}$$

将式(2-69) 代入式(2-70) 得

$$qL=-D\gamma(p_2^u-p_1^u)$$

令 $K=D\gamma$，则

$$qL=-K(p_2^u-p_1^u)$$
$$q=-K\frac{(p_2^u-p_1^u)}{L} \quad (2\text{-}71)$$

式中 q——真空室单位面积所渗透的气体流量，cm^3 (STP)/s，STP 表示标准状态；

L——真空室的壁厚，mm；

K——气体对固体材料的渗透系数，是每毫米厚的材料在每帕压差下，每秒通过每平方厘米面积的气体的渗透量，cm^3(STP)/(cm^2 · s · Pa · mm^{-1})，或 cm^3(STP) · mm/(cm^2 · s · Pa)；

D——扩散系数；

γ——溶解度，u 同式 (2-65)。

由式(2-71) 可见，渗透的气体流量随真空室两侧的压力差增大而增加，随真空室壁厚的增加而减小。

渗透系数 K 为扩散系数 D 和溶解度系数 γ 之积，即

$$K=D\gamma \quad (2\text{-}72)$$

因为 D 和 γ 均为温度的指数函数，故渗透系数 K 亦为温度的指数函数，即

$$K=K_0\exp\left(-\frac{E_K}{jRT_s}\right) \quad (2\text{-}73)$$

式中 K_0——与气体-固体配偶有关的渗透系数常数，$K_0=D_0\gamma_0$；

E_K——每摩尔气体的渗透活化能，J/mol；

j——离解度，分子不离解时，$j=1$；双原子气体离解为原子态时，$j=1/2$；

R——用热量单位表示的普适气体常数，8.3145J/(mol · K)；

T_s——固体温度，K。

渗透活化能包括扩散活化能和溶解活化能，在特殊情况下还包括分子分解为原子的热量。渗透系数随温度增高而增大，随渗透活化能的增大而减小。

表 2-23 给出了某些气体在材料中的溶解、扩散、渗透的活化能 E_γ、E_D 和 E_K 值。

表 2-23　气体在材料中的 E_γ、E_D 和 E_K 值　　单位：kcal/mol

(1)有机材料									
固体材料	气体	E_K	E_D	E_γ	固体材料	气体	E_K	E_D	E_γ
天然橡胶	H_2	6.9	5.9	1.6	氯丁橡胶 G	H_2	8.1	6.6	2.1
	O_2	6.6	7.5	0.8		O_2	9.9	9.4	1.1
	N_2	9.3	8.7	1.2		N_2	10.6	10.3	0.9
	CO_2	6.2	8.9	2.1		CO_2	8.5	10.8	1.7
	He	6.5							
丁腈橡胶	H_2	8.1	7.3	1.4	聚氯乙烯	H_2	8.9	6.8	2.7
	O_2	9.4	9.3	0.7		O_2	11.8	10.2	2.2
	N_2	11.0	10.2	1.4		CO_2	9.8	12.0	1.6
	CO_2	8.3	10.7	1.8					
	He	7.0							

续表

(2)各种钢								
钢材	成分/%					E_K	E_D	E_γ
	C	Cr	Ni	Mn	Si			
奥氏体	0.07	18.0	8.7			17.8	15.6	2.2
焊缝铁素体,其余奥氏体	0.07	18.0	8.7			17.6	15.1	2.5
铁素体	0.12			0.53	0.01	11.7	6.7	5.0
铁素体	0.09			0.51	0.05	10.8	6.4	4.4
铁素-珠光体	0.12			0.53	<0.1	11.7	6.9	4.8
珠光体	0.26	14.1	1.3	0.41	0.46	14.9	13.8	1.1
铁素-珠光体	0.11			0.53	<0.1	12.8	6.6	6.2

2.11.2 各种材料的渗透性

1900年维拉德（Vilard）首先发现了高温下石英渗透氦，后来许多科学家相继观察到氦、氖、氩、氧、氮等渗透过石英。在研究各种玻璃渗氦性能时发现，玻璃成分中有酸性氧化物，如B_2O_3、SiO_2增加时，渗透性增大。玻璃中含SiO_2越多，玻璃越硬，这就意味着硬玻璃渗透性强，而软玻璃中含SiO_2少，渗透性弱。然而，玻璃真空系统都用硬玻璃，因软玻璃不耐烘烤和加热，这就需要研制新品种的玻璃。有人发现玻璃中含钠、钾、钙、铝可以降低渗透率，这就为研制新品种玻璃提供了新的途径。

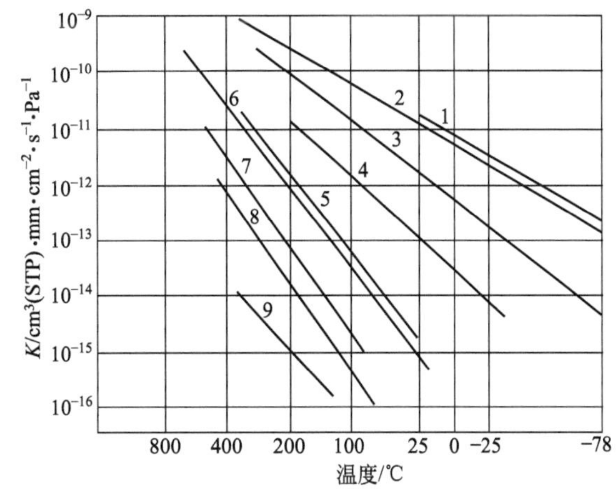

图 2-8 玻璃对氦的渗透系数
1—外柯玻璃；2—透明石英；3—派热克斯玻璃；4—硼酸玻璃；5—磷酸玻璃；6—钠钙玻璃；7—燃烧管 NO1720；8—X射线防护玻璃；9—硼酸铅玻璃

气体中的氦最容易渗透过玻璃，其次是氖、氢。但渗透的氖、氢量与氦相比都可以忽略不计。各种气体对玻璃的渗透都是以分子态进行的，气体分子越小，越容易渗透过玻璃。各种玻璃对氦的渗透系数由图 2-8 给出。

气体向金属中渗透时，气体分子需要分解成原子，原子沿着金属的晶格从高压力端向低压力端扩散，而不是沿金属颗粒的边缘扩散。惰性气体不能渗透到金属中，但是惰性气体的离子在电场的作用下，可以打入金属之中。曾有人发现，氖离子在 60kV 电压下，打入银靶的深度为 100 个原子直径。

在所有的气体中，氢对金属的渗透系数最高，氢对铅的渗透系数又较其他金属高，如图 2-9 所示。因而，对于金属超高真空系统，对氢的渗漏应予以足够的重视。

在大气中，氢的含量占 0.5%以下，分压力约为 4×10^{-5}Pa。这样低的压力下，意味着从大气中渗透到真空系统中的氢是极低的。那么系统中的氢来源于何处呢？实验证明，真空系统外壁吸附着的水对钢腐蚀后，发生化学反应生成的氢是主要来源。由此可见，金

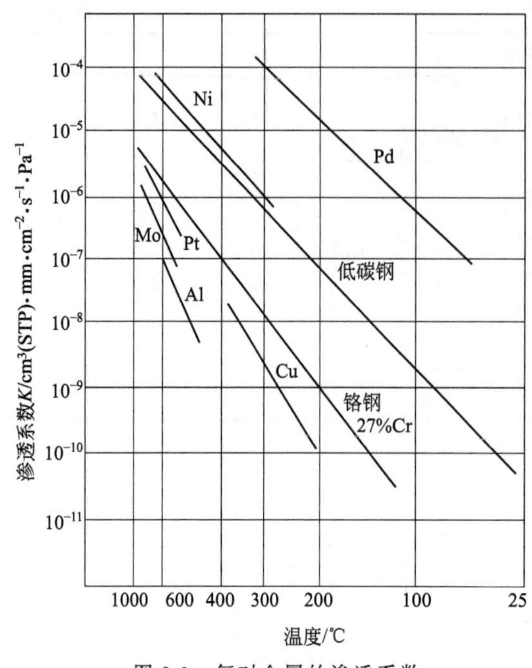

图 2-9　氢对金属的渗透系数

属材料表面状态对氢的渗透有重要影响。用酸腐蚀、热碱侵蚀、电镀金属表面，都可以大大增加氢的渗透。

为了防止水蒸气吸着在金属表面上，可以涂保护漆，这样可以减少氢的渗漏。实验中发现，材料的氧化层可以抑制氢的渗漏。例如把铝材的氧化层去掉后，氢的渗透量就增加了几倍。钢的氧化层也可阻挡氢的渗透，氧化层的温度处在25～150℃范围内，效果最佳。钢中含有铬，对氢、氧的渗透也较无铬钢低得多。因而，超高真空金属系统均用不锈钢制造。氢对银有较高的渗透系数。因此，在金属超高真空系统中，暴露在大气中的焊缝应当避免使用银焊。

气体对有机材料也能渗透，渗透时气体分子不需要分解，以分子态进行渗透。有机材料中，塑料比橡胶的渗透系数低。表 2-24 给出了某些气体在常温下对有机材料的渗透系数。

表 2-24　某些气体在常温下对有机材料的渗透系数 *K*

单位：cm^3(STP)·mm/(cm^2·s·Pa)

气体	水蒸气	CO_2	H_2	O_2	He	CH_4	N_2	Xe
天然橡胶	2.5×10^{-8}	1.3×10^{-9}	5.1×10^{-10}	2.4×10^{-10}	2.3×10^{-10}	2.9×10^{-10}	8.7×10^{-11}	4.3×10^{-10}
丁基橡胶					4.0×10^{-11}			1.1×10^{-11}
丁腈橡胶		3.0×10^{-10}	1.5×10^{-10}	4.2×10^{-11}	3.8×10^{-11}	3.2×10^{-11}	1.2×10^{-11}	8×10^{-12}
氯丁橡胶 G		2.6×10^{-10}	1.4×10^{-10}	4.0×10^{-11}	4.5×10^{-11}	3.3×10^{-11}	1.2×10^{-11}	1.0×10^{-10}
聚乙烯	2.1×10^{-10}		1.2×10^{-10}		9.8×10^{-11}			
玻璃纸	4.7×10^{-10}				3.7×10^{-11}			
聚氯乙烯		5.3×10^{-11}	5.8×10^{-11}	9.2×10^{-12}			2.6×10^{-12}	
聚酯类材料			1.8×10^{-11}	3×10^{-14}	2.3×10^{-11}		1.2×10^{-13}	
电木			1.1×10^{-12}				2.3×10^{-13}	

2.12 气体与固体的吸附

气体或蒸气与固体表面接触后，就附着在固体表面上，这种现象称为吸附。吸附气体的固体，称为吸附剂；而被吸附的气体，称为吸附质。在低真空和中真空区域中，除专门的吸附材料外，吸附过程对真空设备、真空泵和真空测量仪器影响不大。然而，随着压力的降低，吸附过程对真空度的影响越来越显著。在超高真空区域尤其值得注意。目前，为研制复杂的超高排气设备及提高真空测量精度，必须去研究气体与固体界面发生的吸附过程。

2.12.1 物理吸附及化学吸附

按照气体分子同固体表面之间的相互作用力的性质，吸附可以分为两种，即物理吸附和化学吸附。如分子筛吸附气体，硅胶吸附水蒸气均为物理吸附，而蒸镀的钛膜吸附气体为化学吸附。

众所周知，分子之间存在着引力，也就是范德华力（范德瓦尔斯力）。由于这种范德华力，使气体分子吸附在固体表面上的现象，称为物理吸附。物理吸附是无选择性的吸附，只要满足一定的条件，任何固体与气体之间都能发生，并且在被固体吸附的分子上面，由于范德华力的作用，还可以吸附气体分子。即物理吸附可以是多层吸附。在吸附过程中，气体与固体不发生化学反应，与凝结过程相似。但吸附速度很快，可以迅速达到吸附平衡。物理吸附时，分子之间的作用力较弱，由于分子的热运动，可以使吸附的分子离开表面。温度越高，脱离越快。物理吸附是放热过程，放出的热量，称为吸附热。通常是吸附 1mol 的气体，会放出几千卡的热量。

化学吸附不同于物理吸附，化学吸附时，固体原子与气体分子之间发生了电子交换。它们之间的作用，类似于化学键的作用力。也就是说，气体分子与固体表面发生了化学结合，称这种吸附为化学吸附。化学吸附有一定的选择性，只是在某种固体与某种气体之间进行，吸附过程中，气体分子需要分解成原子，需要一定的热能。然后发生化合反应放出热量，一般大于 10kcal/mol，强的可达 200kcal/mol，或者更高。化合时，由于需要形成化学键，因此化学吸附只能形成单分子吸附层。吸附速度较慢，随着温度的升高，会使吸附速度加快。通常，化学吸附发生在物理吸附之后。物理吸附放出的热量，使气体原子得到辅助能量，加速了与表面原子的化学反应，形成化合物。如果是放热反应，化合时放出的热量有助于化学反应继续进行。

物理吸附，通常适用于中性气体；而化学吸附，适用于活泼气体。如果中性气体的分子（或原子）处于激发或电离状态，特别是电离以后，离子以很大的速度轰击固体表面，使其打入材料深处被吸附。这种现象，对抽走惰性气体有很大意义。

尽管物理吸附与化学吸附有许多不同，如有无选择性；单分子层或多分子层吸附；吸附热大小等。但是，这些都不能作为判断物理吸附和化学吸附的唯一依据。事实上，还有许多例外情况，使物理吸附与化学吸附没有非常明显的界线。

2.12.2 吸附力及吸附能

吸附剂能够吸附气体，是由于它们之间存在着吸附力。吸附力的本质同分子之间的相互作用力相同，有两种形式：范德华力和化学键力。

物理吸附是由于范德华力也称分子力的作用而产生的。分子力是由三种不同机理的偶极矩的作用而产生的，包括取向力、诱导力及色散力。取向力是极性分子偶极矩之间的静电作用所产生的静电力。诱导力是非极性分子受到极性分子偶极矩电场的诱导，使之产生诱导偶极矩，此诱导偶极矩与极性分子偶极矩之间相互作用所产生的静电力。而色散力是瞬时偶极矩相互作用的结果。色散力只产生于非极性分子。当非极性分子不受外力作用时，其电荷是对称的，因而没有极性。由于原子核的振动，会使原子核的正电荷重心与其周围电子的负电荷重心不重合，从而产生瞬时偶极矩。此瞬时偶极矩产生电场，使附近分子极化，极化分子反过来会使瞬时偶极矩的变化幅度增大。色散力就是这样反复作用下产生的静电力。

化学吸附是由于化学键力的作用。化学键包括共价键、离子键及金属键。离子键是由原子之间电子得失，以及随后靠阴、阳离子间的静电作用而形成的化学键。共价键是原子间由共有电子对而产生的化学键。金属键可认为是改性的共价键，是由金属中共用电子把许多原子（离子）黏合在一起而形成的。

吸附剂和气体分子之间的吸附力，具有这样的性质：当两者的距离达到一定值后，表现为静电吸引力；如果继续靠近，又出现静电排斥力。这种吸引力和排斥力所做的功，可以通过图 2-10 位能曲线来加以说明。

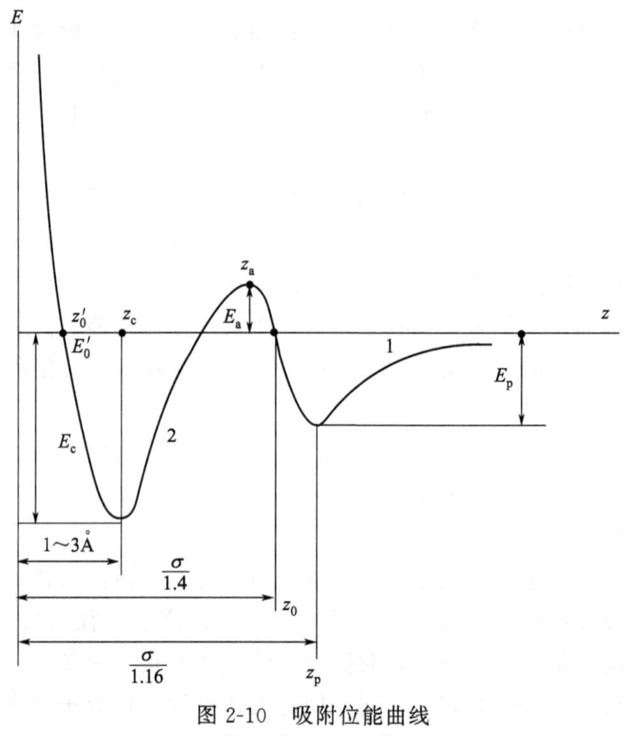

图 2-10　吸附位能曲线

1—物理吸附；2—化学吸附

图 2-10 中的曲线 1，是物理吸附时，范德华力产生的吸附能曲线。当气体分子接近固体表面时，由于偶极矩的静电吸引力作用，使分子逐渐接近表面，此时表现为吸引力做功。

分子与表面间的吸附能随着分子接近表面的距离缩小而逐渐增大，彼此相距为 z_p（$z_p=\sigma/1.16$）（σ 为分子直径）时，吸附能达到最大值 E_p，分子落入到位阱 E_p 中，此位置就是物理吸附位置，分子将多余的能量以热能形式释放出来，称做物理吸附热 Q_p。在这种情况下，$Q_p=E_p$。物理吸附是一种放热过程，吸附热愈大，分子落入的位阱愈深，吸附也愈牢固。当距离小于 z_p 以后，即气体分子进一步接近固体表面，此时，分子之间的壳层电子的排斥力增大，使吸引力做功逐渐减小，直到 z_0（$z_0=\sigma/1.4$）处，吸引力和排斥力相等，使吸附能 E 为零。距离小于 z_0 以后，排斥力大于吸引力，表现为排斥力做功，使分子脱离表面。

图 2-10 中的曲线 2 是化学吸附能曲线。产生化学吸附以前，有一段物理吸附过程（如曲线 1）。在 z_a 处，物理吸附能与化学吸附能曲线相交，交点所对应的位能称做位垒 E_a，E_a 也称做化学吸附活化能。在此处，气体分子分解成原子，活化能 E_a 等于分子分解成原子时所需要的热量。化学键力做功情况与范德华力相似，首先表现为静电吸引力做功，随着距离减小，逐渐增大。在 z_c（一般为 1～3Å）处。原子落入到位阱 E_c 中，形成化学吸附，并放出大量的热量，称为化学吸附热 Q_c，$Q_c=E_c$。过了 z_c 点，原子的壳层电子之间的排斥力随着作用距离的缩短逐渐增大，到了 z_0' 位置，吸引力和排斥力平衡。超过 z_0' 时，排斥力大于吸引力，排斥力所做的功随着作用距离的变小逐渐增大，使气体脱离表面。

2.12.3 吸附速率

2.12.3.1 凝结系数及黏着概率

气体分子入射到固体表面上，并非均能被表面所吸附，只有其中一部分被吸附；而另一部分返回到气相中去。其原因如下：

① 前面已讲到，气体分子需要分解后，才能被化学吸附。分解成原子所需要的能量为吸附活化能 E_a。因而，在入射到固体表面上的分子中，只有能量到达或超过 E_a 值的分子才有可能被吸附；能量达不到此值的不能被吸附。如果是物理吸附，气体分子与表面碰撞时不发生能量交换（气体分子不释放出吸附热），则分子被表面弹性反射，仍回到气相中。

② 化学吸附是由于化学键力的作用。因而，只能形成单分子层吸附。如果分子的入射位置已有了分子，那么这个位置不可能吸附其他分子，只有入射到表面上的“吸附空位”上，分子才能被吸附。表面覆盖的分子越多，吸附空位就越少。因而，影响气体分子的吸附。物理吸附时，同样也会受到这种因素影响。

③ 化学吸附时，即使具有活化能 E_a 的分子直接落到“吸附空位”上，能否被吸附，仍有两种可能性：其一，可能落入化学吸附的位阱 E_c 中（见图 2-10），形成牢固的吸附；其二，也可能返回到物理吸附位阱 E_p 中，处于不稳定状态，接受能量后，脱离表面。

鉴于上述因素的影响，使入射到固体表面上的分子不能全部被吸附。将被表面吸附的分子数与入射分子数之比称为凝结系数（物理吸附时）；而化学吸附时，这个比值称为黏着概率。

凝结系数（α_p）与固体的表面状态及气体的性质有关。其值随着固体表面温度和气体的温度升高而减小，并随气体沸点的升高而增大。表 2-25 给出了气体在 0℃、50℃及 100℃玻璃上的凝结系数。表 2-26 给出了气体在温度为 77K 的 5A 型分子筛上的凝结系数。

表 2-25 气体在玻璃上的凝结系数

气体	0℃	50℃	100℃	气体	0℃	50℃	100℃
He	0.240	0.170	0.130	N_2	0.612	0.761	0.704
Ne	0.404	0.408	0.340	O_2	0.857	0.816	0.766
H_2	0.638	0.567	0.495	Ar	0.890	0.855	0.815

表 2-26 气体在 5A 型分子筛上的凝结系数（温度 77K）

气体	α_p	气体	α_p
空气	3.5×10^{-3}	Ar	2.1×10^{-3}
N_2	3.9×10^{-3}	CO_2	约 0.4
O_2	4.8×10^{-3}		

根据上述分析，黏着概率应与吸附活化能 E_a、表面覆盖分子的程度以及物理吸附状态有关。因而，黏着概率可以用下面公式表达，即

$$\alpha_c=\alpha_p f(\theta)\exp\left(-\frac{E_a}{RT}\right) \tag{2-74}$$

式中，α_p 为凝结系数，即表示入射到吸附空位的分子被吸附的概率；$\exp\left(-\frac{E_a}{RT}\right)$表示入射分子中，能量达到和超过 E_a 的分子所占的比率；$f(\theta)$ 是表面覆盖度 θ 的函数，表示碰撞发生在有效的吸附空位上的概率。

覆盖度的意义是表面被气体分子的覆盖程度。如果以 N_S 表示单位面上所吸附的分子数，以 N_m 表示该表面布满单分子层时所需要的分子数（$N_m\approx2.5\times10^{14}$ 个分子/cm^2），那么，把$\frac{N_S}{N_m}$之比称做覆盖度 θ。即

$$\theta=\frac{N_S}{N_m} \tag{2-75}$$

若表面没有气体分子覆盖，则 $\theta=0$；若覆盖满足了气体分子，则 $\theta=1$。随着覆盖度的增加，黏着概率逐渐减小，当 $\theta=1$ 时，黏着系数 $\alpha_c=0$。

表 2-27 给出了一些气体在新鲜钛膜上的平均黏着概率。

表 2-27 一些气体在新鲜钛膜上的平均黏着概率

温度/K	H_2	N_2	CO	O_2
300	0.06	0.3	0.7	0.8
78	0.4	0.7	1	1

覆盖度函数 $f(\theta)$ 与分子占有的吸附空位有关，单原子气体占有一个吸附空位，则

$$f(\theta)=1-\theta \tag{2-76a}$$

双原子气体，吸附时分解成两个原子，占有两个吸附空位，则

$$f(\theta)=\frac{Z}{Z-\theta}(1-\theta)^2 \tag{2-76b}$$

式中，Z 是一个吸附位置周围的吸附位置数，一般取 $Z=4$。当覆盖度 θ 很小时，则

$$f(\theta)=(1-\theta)^2 \tag{2-76c}$$

2.12.3.2 化学吸附速率及物理吸附速率

在单位时间内，吸附剂单位表面积所吸附的气体数量，叫做吸附速率。如果是化学吸附称做化学吸附速率。如果是物理吸附，则称为物理吸附速率。

由式(2-17c) 得到了分子入射速率，再根据凝结系数及黏着概率的概念，可以得出化学吸附和物理吸附速率如下：

(1) 化学吸附速率

$$\phi_x = 8.335\times10^{22}\frac{p}{\sqrt{MT}}\alpha_c \tag{2-77}$$

式中 ϕ_x——化学吸附速率，1/(cm^2 · s)；

p——气体压力，Pa；

M——气体摩尔质量，kg/mol；

T——气体温度，K；

α_c——黏着概率。

(2) 物理吸附速率

$$\phi_S = 8.335\times10^{22}\frac{p}{\sqrt{MT}}\alpha_p \tag{2-78}$$

式中 ϕ_S——物理吸附速率，1/(cm^2 · s)；

α_p——凝结系数，其余符号同式(2-77)。

2.12.3.3 吸附时间

气体分子在固体表面上的吸附时间与气体的性质、表面材料性能、表面加工方式，以及覆盖度等因素有关，但主要取决于吸附热和表面温度。

1924 年夫林开勒（Frenkel）给出了吸附时间的理论公式，即

$$\tau = \tau_0 \exp\left(\frac{E_d}{RT_s}\right) \tag{2-79}$$

式中 τ——吸附时间，s；

T_s——固体表面温度，K；

R——气体常数，$R=8.314\times10^7$erg /(mol · K)(1erg=10^{-7}J)；

τ_0——被吸附的分子沿表面法向方向振动周期，即分子在表面上最小滞留时间，其值与表面原子固有振动周期有关，一般取 $\tau_0=10^{-13}$s ；

E_d——解吸能，erg/ mol，物理吸附时，$E_d=E_p$（见图 2-10）；化学吸附时，$E_d=E_a+E_c$。

式(2-79) 表明，吸附时间 τ 随着表面温度的提高而迅速降低。温度升高，吸附剂晶格热振荡增强，使气体分子与吸附剂之间的结合力变弱，气体由表面放出。由公式可见，即使结合很小，温度很高，吸附时间也不会等于零。即吸附时间不会小于 τ_0 值。

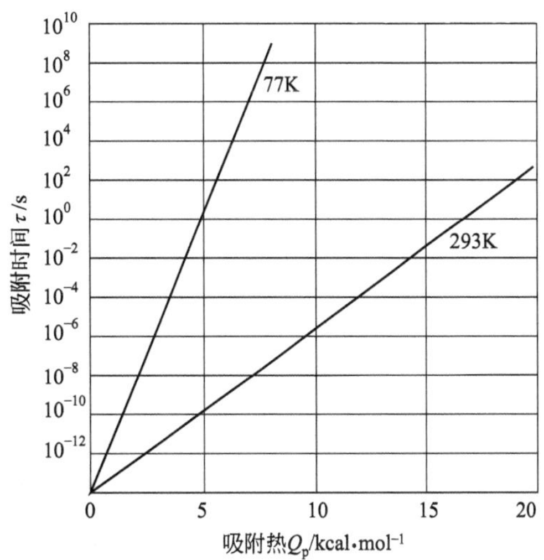

图 2-11 吸附热与吸附时间的关系

图 2-11 给出了温度为 293K 和 77K 时，吸附时间和吸附热之间的关系。

空气的主要组分氮、氧、一氧化碳及氢在不同材料表面的吸附热为 3～5kcal/mol，室温下，吸附时间约为 10^{-10}s；在液氮温度下为 10s。而水蒸气和油的吸附热约为 20kcal/mol，在室温下吸附时间约为 100s；在液氮温度下为

10^{43}s。由此可见，水蒸气和油易污染真空中的表面。然而，它们也容易被液氮冷阱所捕获。氦的吸附热约为 0.1kcal/mol，在液氮温度下，吸附时间接近 τ_0 值，为 10^{-13}s。可见不能在液氮温度下捕获氦，只有在温度低于 4K 的光滑表面才能吸附氦。

常见真空系统中的物质，其物理吸附热 Q_p 和凝结热 E_n 由表 2-28 给出。

表 2-28　物理吸附热 Q_p 和凝结热 E_n　　单位：kcal/mol

气体	E_n	Q_p	气体	E_n	Q_p
H_2O(蒸汽)	10.8	22	O_2	1.63	3.0～4.8
石油蒸气	20～28	22.9	He_3	0.024	
H_2	0.2	2.2	He_4	0.002	0.5
CO	1.50	3.0	Ne	0.44	
Ar	1.56	3.5	空气	1.36	2.8～4.7
CH_4	2.2	4.3	CO_2	6.05	6.7～7.9
N_2	1.33	2.7～4.6			

2.12.4　分子沿表面迁移

吸附在表面上的气体分子，在解吸之前，不停地在表面上作跳跃式的无规则的徙动，可以在这高吸附位的地点解吸。这种分子沿表面的迁移现象在有油超高真空系统设计中是值得重视的问题。为了防止油分子迁移到真空室中去，设计了各种结构的冷阱，用以阻挡油分子迁移到真空室中。

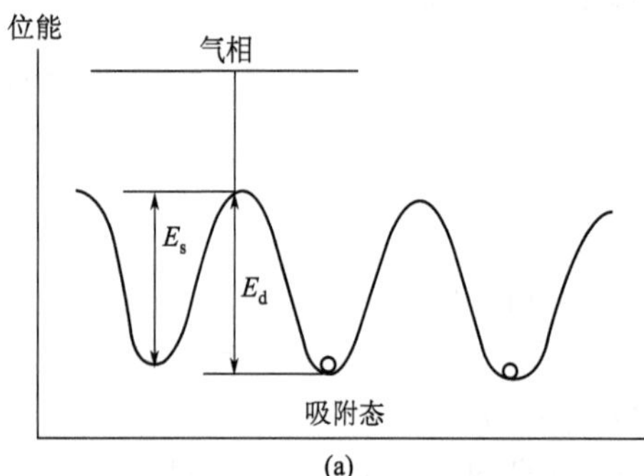

(a)

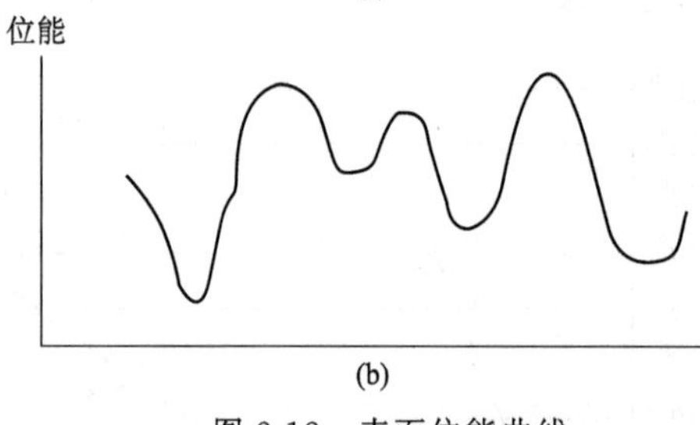

(b)

图 2-12　表面位能曲线

均匀的固体表面，位能的分布有一定的规律，如图 2-12 所示。位能随着晶格周期性地变化，时而出现峰值，时而出现谷值。称位能的峰值为位垒，称谷值为位阱。吸附分子从一个吸附位置到相邻的吸附位置，要越过一定的位垒 E_s，其值与解吸能 E_d 有关，即

$$E_s = ZE_d \tag{2-80}$$

式中，Z 是与固体晶格结构有关的常数，若是立方晶格，$Z=\frac{1}{2}$；六方晶格，$Z=\frac{2}{3}$。

气体分子由一个位阱迁移到相邻的位阱的时间与计算吸附时间相似，即

$$\tau_M = \tau_0 \exp\left(\frac{E_s}{RT}\right) \tag{2-81}$$

在吸附时间内，分子的跳跃次数 N_M 取决于 τ 与 τ_M 之比，即

$$N_M = \frac{\tau}{\tau_M} = \exp\left[\frac{E_d(1-Z)}{RT}\right] \tag{2-82}$$

在吸附时间 τ 内，分子徙动通过的平均路程：

$$L_{M}=N_{M}A=A\exp\left[\frac{E_{d}(1-Z)}{RT}\right] \tag{2-83}$$

式中，A 为晶格常数。

在吸附过程中，分子的迁移路程还是很可观的。假如，在室温下，气体的解吸热为20kcal /mol，吸附表面结构为立方晶格，则 $Z=0.5$，而晶格常数 $A=5\times10^{-8}$cm。按式(2-82) 及式(2-83)，则得到 $N_{M}=2.5\times10^{7}$次，而迁移路程 $L_{M}=1.25$cm。考虑到晶格的歪曲，真实的路程还要长。可见，为了防止油分子污染真空室，有油超高真空系统必须有捕获油分子效果好的冷阱，以阻拦油分子迁移到真空室中。

2.12.5 吸附方程

吸附过程的质量特性由三个基本参数，即吸附的气体数量 N、吸附剂表面上的平衡压力 p 及气体和吸附剂温度 T 之间的关系确定。根据三个基本参数之间的关系做出吸附曲线，再来确定吸附量。吸附曲线通常有三种，其中，当 $T=$常数时，为等温吸附线 $N=f(T)$。当 $N=$常数时，为等比容线。描述吸附过程经常用等温吸附，用实验方法容易得到。

真空技术中常用的吸附方程有 4 种：

(1) 亨利方程

导出亨利方程时，做了两点假设：

① 吸附热不变，并且与被吸附的气体数量无关；

② 同固体表面碰撞的全部分子，以概率 f 被吸附，与覆盖度 θ 无关。

根据这两点假设，可以得到分子的解吸速率和吸附速率，分别为

$$W_{解}=\frac{N}{\tau} \tag{2-84}$$

$$W_{吸}=f\phi \tag{2-85}$$

在吸附平衡条件下，解吸速率应等于吸附速率，即：

$$W_{解}=W_{吸}$$

或者

$$N=f\tau\phi \tag{2-86}$$

式中 $W_{解}$——解吸速率，$1/(\mathrm{cm}^2\cdot\mathrm{s})$；

$W_{吸}$——吸附速率，$1/(\mathrm{cm}^2\cdot\mathrm{s})$；

f——凝结概率或黏着概率；

τ——吸附时间，s；

ϕ——分子入射率，$1/(\mathrm{cm}^2\cdot\mathrm{s})$；

N——实际吸附量，$1/(\mathrm{cm}^2\cdot\mathrm{s})$。

将式(2-17d) 及式(2-79) 代入式(2-86) 得

$$N=f\tau_{0}\exp\left(\frac{E_{d}}{RT}\right)\times8.335\times10^{22}\frac{1}{\sqrt{MT}}p \tag{2-87}$$

令

$$K_{T}=\frac{8.335\times10^{22}f\tau_{0}\exp\left(\frac{E_{d}}{RT}\right)}{\sqrt{MT}}$$

则

$$N=K_{T}p \tag{2-88}$$

此方程称为亨利方程。式中，K_T 为亨利系数（见表 2-29），p 为气体压力。

亨利方程是单分子层吸附方程，适用于高真空和超高真空小覆盖度的物理吸附或者化学吸附。

表 2-29 吸附剂的 K_T 值 单位：L/g

吸附剂	77K	293K	压力范围 /Pa
活性炭 CKT-M	16000	0.1	$10^3 \sim 10^{-1}$
分子筛 CaA	5610	2.5	$10 \sim 10^{-4}$
分子筛 AgX	5000	30	$1 \sim 10^{-5}$
分子筛 NaX	4460	0.31	$10^2 \sim 10^{-3}$
分子筛 MnX	3980	0.7	$10^1 \sim 10^{-1}$

注：1. 77K 的压力范围为 $1 \sim 10^{-4}$ Pa；
2. 吸附剂为俄罗斯型号。

（2）朗缪尔单分子层吸附方程

表面覆盖度增大后，亨利方程已不宜使用，需要采用朗缪尔方程。此方程有下列简化条件：

① 气体分子必须入射到空吸附位上，才能以吸附概率 f 来吸附；

② 每个空吸附位只能吸附一个气体分子；

③ 每个吸附位上的吸附热相同，而且与周围是否有吸附分子无关。

依据这些简化条件，得到吸附速率为

$$W_{吸}=f\phi(1-\theta) \tag{2-89}$$

解吸速率为

$$W_{解}=\frac{N}{\tau}$$

在吸附平衡条件下，$W_{解}=W_{吸}$，即

$$f\phi(1-\theta)=\frac{N}{\tau}$$

或者

$$N=\frac{N_m f\phi\tau}{N_m+f\phi\tau} \tag{2-90}$$

令

$$A=\frac{8.335\times10^{22} f\tau_0 \exp\left(\frac{E_d}{RT}\right)}{N_m\sqrt{MT}}$$

则

$$N=\frac{N_m Ap}{1+Ap} \tag{2-91}$$

式中，N_m 为每平方厘米（cm^2）表面布满单层分子所需要的分子数，其余符号同式(2-86)。

化学吸附时，气体分子需要解离为原子态，则式(2-91) 变为

$$N=\frac{N_m\sqrt{Ap}}{1+\sqrt{Ap}} \tag{2-92}$$

朗缪尔方程中，如果 $Ap \ll 1$，就得到了亨利方程，可以认为亨利方程是朗缪尔方程的

特殊情况。此方程适用于单分子层的物理吸附或者化学吸附。

(3) 布朗诺尔 (Brunauer)-埃米特 (Emmett)-泰勒 (Teller) 多分子吸附方程。

多分子吸附方程创建于1938年，通常简称为BET方程。按照BET学说，只有第一层吸附质被吸附剂所吸附，而第二层为第一层所吸附，而第三层被第二层所吸附，下面各层以此类推。导出方程时，有如下假设：

① 第一层吸附热不变，并且与吸气体数量无关；

② 第二层以下各层的吸附热等于凝结热；

③ 所有各层的吸附概率和最小吸附时间的相同。

根据这些假设，得到多层吸附方程为

$$N=\frac{N_{m}Cp}{(p_{0}-p)[1+(C-1)p/p_{0}]} \tag{2-93}$$

式中 C——常数，$C=\exp\left(\frac{E_{d}-E_{n}}{RT}\right)$；

E_{d}——解吸热；

E_{n}——凝结热；

p_{0}——被吸附物质在温度 T 下的饱和蒸气压；

p——气体压力。

多分子层吸附方程适用于 $0.05\leqslant\frac{p}{p_{0}}\leqslant 0.35$ 时的物理吸附，可以解释高压力下的实验吸附等温线。

(4) 杜平宁方程

此方程是杜平宁根据热力学原理导出的吸附等温式。当温度低于临界温度时，蒸气服从理想气体定律。吸附热应等于被吸附的气体从压力 p 等温压缩到 p_{0}（为给定压缩温度下的饱和蒸气压）时所做的功。因而，可以得到吸附热为

$$E_{d}=\int_{p}^{p_{0}}\frac{RT}{p}\mathrm{d}p=RT\ln\frac{p_{0}}{p} \tag{2-94}$$

由实验确定的吸附热和吸附的气体量的关系为

$$E_{d}=\left(\frac{1}{K_{x}}\ln\frac{N_{m}}{N}\right)^{1/2} \tag{2-95}$$

比较式(2-94) 和式(2-95)，则得到

$$N=N_{m}\exp[-K_{x}(RT\ln p_{0}/p)^{2}] \tag{2-96}$$

式中，K_{x} 为常数，与温度无关，取决于气体种类和吸附剂的类型。此值由实验确定，见表2-30。

表 2-30 杜平宁方程中的 K_{x} 值

固体	温度/K	气体	$K_{x}/\times 10^{-7}\mathrm{mol}^{2}\cdot\mathrm{cal}^{-2}$
派热克斯玻璃	63.3～90.2	N_2	3.90～3.56
	4.20	He	4.10
	63.3～77.4	Ar	7.2～6.5
	77.8	Ar	5.60
	77～77.87	Xe	5.2～4.3

续表

固体	温度/K	气体	$K_x/\times10^{-7}mol^2 \cdot cal^{-2}$
304 不锈钢	77	N_2	3.08
	87	N_2	2.56
	90	N_2	2.69
	77	CH_4	5.96
	90	CH_4	3.53
	77	Ar	5.49
	87	Ar	6.11
	90	Ar	6.49
	77	Kr	4.18
	90	Kr	4.24
钼	77～77.87	Kr	3.9～2.2
	77～77.87	Xe	4.3～1.7
锆	77.90	Ar	6.7
	77.90	Kr	5.4
	77～90	Xe	7.0～5.4

杜平宁方程适用于低压力下光滑的或多孔的吸附剂的物理吸附，覆盖度大或覆盖度小均适用。

2.13 气体从固体表面的解吸

解吸是吸附的逆过程。当材料处于真空中时，其吸附的气体或蒸气还会被释放出来，这种现象称为解吸。

2.13.1 解吸过程

吸附和解吸同时存在于固相-气相界面上。入射到固体表面的分子，不断地被固体表面所吸附；同时已吸附的分子不断地解吸。当吸附速率超过解吸速率时，则表现为吸附现象。反之，解吸速率超过吸附速率，则呈现解吸现象。如果吸附速率与解吸速率相等，就达到了吸附平衡。此时，表面单位时间黏着的分子数与表面释放的分子数相等。解吸现象对真空系统的抽气过程有较大影响。在抽气过程中，系统内的压力不断降低，使分子对表面的入射率降低，吸附速率减小，破坏了表面的吸附平衡。这时，解吸速率大于吸附速率，解吸产生的气体量变成了限制真空系统最终压力的一个重要因素。

在吸附过程中，气体分子与固体表面之间进行能量交换，使被吸附的分子放出吸附热。而解吸与其相反，是被吸附的分子重新放出。这样，分子必须从表面的热能涨落中得到足够的动能后，克服表面原子引力的束缚，才能返回空间。显然，解吸是吸热过程。

由图 2-10 可见，解吸能量值的大小，至少要克服吸附能 E_p 和化学吸附活化能 E_a 所形成的总位垒的能量。这个能量称为解吸活化能 E_d，即

$$E_d = E_a + E_p \tag{2-97}$$

物理吸附时，化学吸附活化能 E_a 为零，则式(2-97) 变为 $E_d = E_p$。

2.13.2 解吸速率

单位时间内，从单位面积上解吸的分子数，叫做解吸速率。

由统计原理可知，吸附于固体表面的分子，从热能涨落中，能够得到解吸活化能 E_d

的分子，只占 $\exp\left(-\frac{E_d}{RT}\right)$ 比率。可见，解吸的分子数应与此值成正比；若每个吸附分子只占一个空吸附位的话，那么，解吸速率应与单位面积上吸附的分子数 N_s 成正比。这样，得到解吸速率为

$$\frac{dN_s}{dt}=-\nu_1 N_s \exp\left(-\frac{E_d}{RT}\right) \tag{2-98}$$

式中 N_s——单位面积吸附的分子数，$1/cm^2$；

E_d——解吸活化能，cal/mol；

R——气体常数，erg/(mol·K)；

T——气体温度，K；

ν_1——解吸速率常数，$\nu_1=\frac{1}{\tau_0}$ [τ_0 的意义同式(2-79)]。

由式(2-98) 可见，解吸速率主要取决于解吸活化能 E_d 和温度 T 这两个因素。若温度相同，则影响气体解吸速率大小的是解吸活化能。各种气体由于吸附方式不同，解吸活化能从几千卡到几百千卡，差别很大。在真空系统中，吸附热小的分子，由于解吸速率大，使之很快解吸返回气相空间；而吸附热大的分子，解吸速率很小，使之长时间地滞留在表面上。两种极端情况对真空系统的抽速和极限真空影响都不显著。只有吸附热处于中间的分子对真空系统有明显的影响，如水分子的吸附热为 22kcal/mol，为了使它尽快地从真空室壁上解吸，必须把真空室加热到 250～450℃，以提高系统的极限真空和缩短抽气时间。

真空技术中，常见的化学活性双原子气体，除了 CO 外，其他如 H_2、N_2、O_2 等，在金属表面上常常离解为原子后被吸附，也就是化学吸附。它们在解吸之前，原子在表面上做无规律的徙动，互相碰撞后，结合成分子而解吸。因而，解吸速率将包含原子在二维平面上的碰撞概率和分子状态的解吸概率。考虑到这些状态，由实验得到的解吸速率为

$$\frac{dN_s}{dt}=-\nu_z N_a^2 \exp\left(-\frac{E_d}{RT}\right) \tag{2-99}$$

式中 N_s——单位面积上吸附的分子数，$1/cm^2$；

N_a——单位面积上吸附的原子数，$1/cm^2$；

ν_z——解吸速率常数，一般为 10^{-3} 数量级。

其余符号同式(2-98)。式中负号表示解吸方向与吸附方向相反。

2.13.3 材料出气

在真空中，由于解吸而放出气体的现象，称做出气。出气过程很复杂。1960 年戴顿(Dayton) 扼要地论述了出气原理，出气过程包括吸附、溶解、扩散及渗透等物理过程。

材料出气受压力、温度、材料形状和表面状态等因素的影响。压力对出气影响尤其重要。因为，在吸附平衡条件下，压力的增加或降低就会产生相应的吸附或解吸现象。

由解吸速率公式可见，解吸速率随温度升高而增大。为了加速解吸，可以把材料在真空下加热，以提高其解吸速率。在超高真空技术中，利用这种方法来缩短抽气时间和提高极限真空。

解吸过程是材料吸附或吸收的气体重新放出的过程。吸附气体量与材料的物理表面积(真实表面) 大小有关。物理表面大，吸附的气体就多。既然解吸是吸附的相反过程，可

见解吸也应与材料的表面状态有关。而吸收的气体解吸时，气体要由固体内部向表面扩散，显而易见，吸收气体的解吸应与材料的几何形状有关。

在真空技术中，把单位时间内单位面积上的出气量，叫做出气速率，以 Pa·L/(s·cm²) 表示。

用实验方法得到的出气速率经验公式为

$$q_n = q_0 + q_1 t_n^{-\gamma} \tag{2-100}$$

式中 q_n——抽气 nh 的出气速率；

q_1——抽气 1h 的出气速率；

q_0——q_n 的极限值，t_n（出气时间）不是很大时，一般可以忽略。

真空系统开始抽气时，γ 值比较大，出气速率下降很快，但几分钟之后，出气速率下降明显变小。γ 值一般在 0.5～2 之间，由材料性质决定。金属材料的 γ 值近似于 1；非金属材料的 γ 值处于 0.5～1 之间；多孔材料或生锈表面，其 γ 值大于 1 而小于 2。当长时间抽气后，如抽 10h，则出气速率随时间增加趋向于指数下降，直到极限值 q_0。出气速率随时间变化的典型曲线如图 2-13 所示。

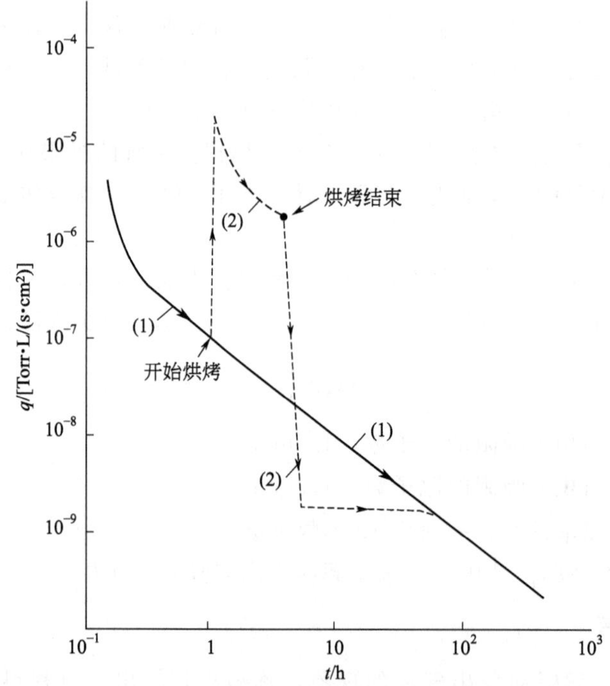

图 2-13 抽气过程中的出气速率随时间变化的典型曲线

(1) 室温出气；(2) 烘烤出气

由图 2-13 可见，如果在材料出气过程中进行烘烤，出气速率迅速上升到峰值，随之缓慢地以 $t_n^{-\gamma}$ 值变化。经过一段时间后，温度下降到初始值，而出气速率仍比烘烤前小得多。

加热烘烤使材料加速出气。材料加热时，可以使物理吸附的气体（如水蒸气）激活，而产生化学吸附。由于化学吸附，只能在更高的温度下才能使气体解吸。化学吸附的水蒸气需要温度在 300℃以上才能解吸。可见，需要在烘烤之前，在室温下用抽真空方法来排除物理吸附的水蒸气。

材料吸收（气体进入材料内部）了气体后再释放出来，这种情况下，出气速率由扩散方程（2-67）的解给出。方程的解由无穷级数之和构成。若容器壁厚为 $h_0$cm，则出气速率为

$$q_n=q_0+q_1t_n^{\gamma} \tag{2-101}$$

其中

$$t_n^{\gamma}=t_n^{1/2}-\frac{1}{2}\xi^{1/2}\left[1-\exp\left(\frac{t_n}{2\xi}\right)\right] \tag{2-101a}$$

而

$$\xi=\pi h_0^2/(5.76\times10^4 D) \tag{2-101b}$$

式中 ξ——扩散时间常数；

D——扩散系数。

当 $t_n<\frac{3}{4}$时，则 $t_n^{\gamma}=t_n^{1/2}$。这样，q_n 值以 $t_n^{-1/2}$ 而变化。但当 t_n 变得较大时，q_n 值以近似指数关系迅速下降。q_1 和 q_t 的理论值为

$$q_1=\frac{2.79\times10^{-3}}{3600\gamma_1}\sqrt{\frac{D}{\pi}}Tn_0 \tag{2-102}$$

$$q_t=2.79\times10^3\left(\frac{D\gamma}{n_0}\right)Tp_0 \tag{2-103}$$

式中 γ_1——$t_n=1$h 的 γ 值；

n_0——$t_n=0$ 时材料中的气体浓度，cm^3（STP)/cm^3；

D——扩散系数；

γ——溶解度系数，cm^3（STP）/(cm^3 · Pa)；

q_t——时间为 t 小时的出气速率；

p_0——气体在容器外的分压力，Pa。

由单位分子吸附方程也可以导出出气速率，但得到的结果不完全满足实验值。对于近似计算，可以采用下面公式：

$$q_t=10^{-7}\ \frac{T\theta_0}{\tau}\exp\left(-\frac{t}{\tau}\right) \tag{2-104}$$

式中 T——材料温度；

τ——气体分子在表面上吸附时间；

θ_0——$t=0$ 时的覆盖度。

由式(2-104）可见，如果表面形成单分子层，则 $\theta_0=1$，那么 τ 值很小（物理吸附），这样最初的出气速率很大，但随着时间 t 迅速降低。若是强的化学吸附，则 τ 值很大，这样，最初的出气速率较低，并且以后随着时间缓慢下降。

2.14 气体中的放电现象

气体放电在科学技术中得到了广泛的应用，对真空工程而言也是如此，如依赖于辉光放电的溅射镀膜、基于电弧放电的真空电弧熔炼、多弧离子镀、借助气体放电产生的等离子体制作离子注入机、离子束刻蚀机，以及加速器和电推进系统离子源等。

电子与气体分子或者原子碰撞时，如果电子能量很低，则不能引起分子或原子状态的

变化，只是弹性碰撞。当电子能量足够高时，则碰撞会以某一概率引起气体分子或原子的激发或电离，这就是非弹性碰撞。

所谓激发，是原子或者分子的一个外部价电子跃迁到较高能级的现象。激发还可能改变分子的转动能级或振动能级。所谓电离，是一个或多个价电子脱离原子或者分子的现象。原子电离后形成原子离子，分子电离后除形成分子离子外，也会使分子离解成原子离子。结构复杂的分子受到电子碰撞后，常常分解为较简单的分子。

足以引起气体电离的电子能量叫电离能。电离能所对应的电位称电离电位。气体（蒸气）的电离电位见第 29 章相关内容。

电子与气体分子碰撞，并不是每次碰撞都能引起电离。引起电离的碰撞数与总碰撞数比，就称为电离概率。电离概率与电子能量有关，通常先随电子能量升高而增大，达到最大值后逐渐下降。一些气体电离概率的实验曲线见图 2-14 与图 2-15。

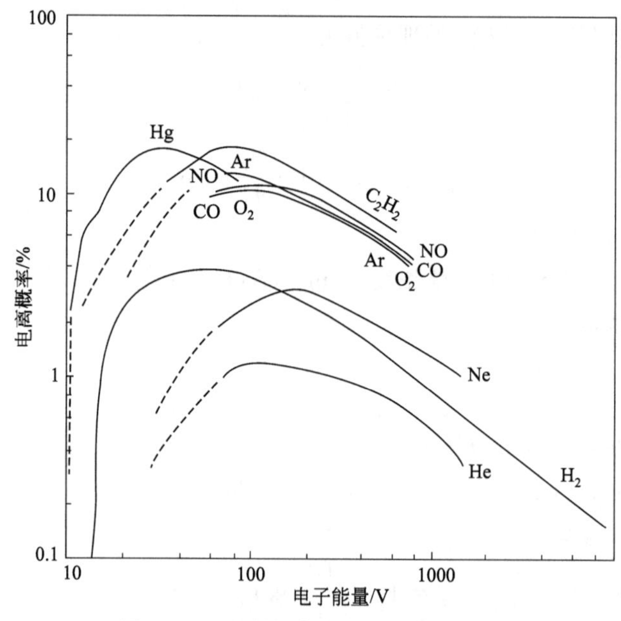

图 2-14　电离概率与电子能量的关系

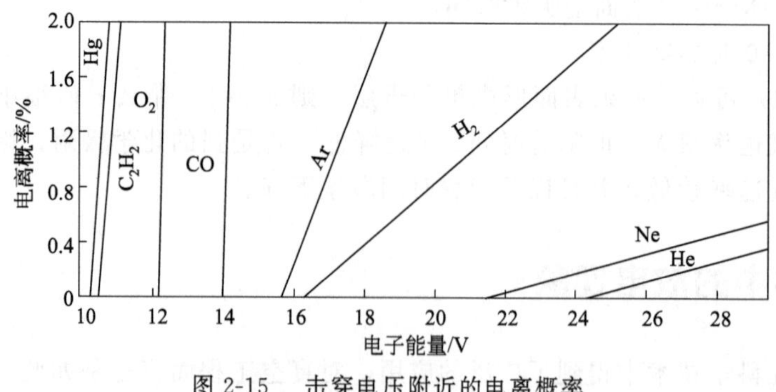

图 2-15　击穿电压附近的电离概率

在真空技术中，利用气体电离原理制成电离规、冷规、B-A 规用于真空测量中。

2.14.1 气体放电特性

所谓气体放电，即当气体原子或分子受到外界某种能量作用而形成荷能粒子（电子、正离子、负离子），并气体变成导体。当有电场存在时，带电粒子便产生定向运动，形成电子流或离子流。

（1）气体放电的特点

① 气体本身不存在可以参与导电的带电粒子　气体导电是由于自然界存在的各种辐射线（紫外线、宇宙射线、放射性元素放射的 γ 射线等）的光子与气体分子碰撞引起电离，或参与导电的电子和正离子通过气体时与气体分子碰撞，而使之电离的结果。

② 在恒定温度下，气体的电导率由电子密度 n 及平均自由程$\bar{\lambda}_e$决定，且随外界条件、电场强度 E、气体的压力 p 等因素变化而变化。

③ 电子从电场中获得的能量，可以转化为如下能量：

a. 通过和气体分子的弹性碰撞转化为分子热运动的能量；

b. 通过激发碰撞转化为激发能；

c. 通过电离碰撞转化为电离能；

d. 通过和电极碰撞将能量转交给电极。

（2）气体放电

低真空下气体放电装置如图 2-16（a）所示。A 为阳极，K 为阴极，两极间距离 d，E 为电源（原始电离源）。通过调节电阻 R，得到不同的外加电压，即可以得到低真空下气体放电的伏-安特性曲线。

图 2-16（b）为气体的伏-安特性曲线，主要分三个放电区：非自持暗放电区；辉光放电区；弧光放电区。

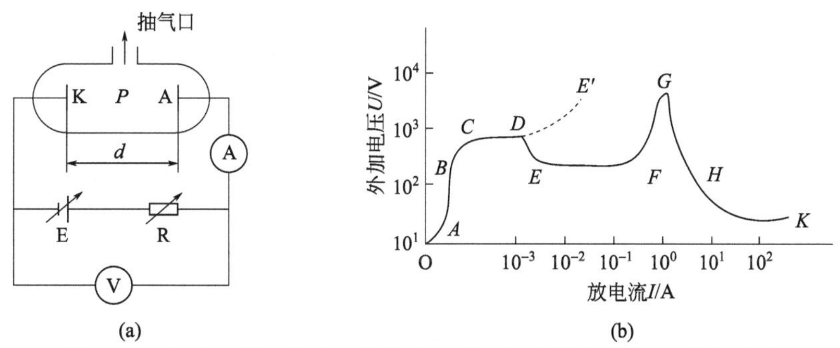

图 2-16　低真空下气体放电装置及冷阴极气体放电的伏-安特性曲线

$OABC$—非自持暗放电；CD—自持暗放电；DE—电压下降特性；EF—正常辉光放电；FG—异常辉光放电；GH—电压下降特性；HK—弧光放电

非自持暗放电区，含图 2-16（b）中 OA、AB、BC 各段。所谓非自持放电是原始电离源移除后，放电立即停止，而暗放电是指放电区无明显的发光；当原始电离源去掉后放电仍能维持，称为自持放电。

自然界中存在有宇宙射线、太阳紫外线、放射性 γ 射线等，这些射线的光子与气体分子碰撞，使之电离，产生离子和电子；光子与电极碰撞，引起光电子发射，产生电子。OA 段放电电流是基于自然界光子所引起，故初始电流很微弱。这种电离过程既产生带电粒子，同时又发生带电粒子的复合。当两者处于平衡状态时，若极间电压为零，极间无电场，带电粒子只有热运动而无迁移运动，则电流为零；而一旦两极间加上电压，则带电粒子即会因迁移运动而产生电流。而且电压越高，电场越强，迁移速度就越快，带电粒子在空间停留的时间也就越短，复合越小，电流越大。因此，在 *OA* 段呈现上升的特性。如果电压再增大，带电粒子来不及复合，完全飞向电极，这时电流达到饱和而出现 *AB* 段的上升特性；*B* 点以后随着电压的增大，带电粒子能量将进一步增加，与气体原子碰撞后，电离出新的带电粒子。这样周而复始，带电粒子在飞向阳极的过程中产生雪崩式的增加，即出现了繁流放电。*OABC* 段，根据放电现象，判断为非自持暗放电区。

从 *C* 点开始进入自持放电，但发光较弱，仍属于暗放电，称 *CD* 为自持暗放电。在 *D* 点电流突增（见图中虚线 DE'），可见辉光，故 *D* 点称为崩溃点，或着火点。而所对应的电压称为着火电压。

DE 段电压速降，原因是：随着电流的增加，空间电荷增多，在 *D* 点的空间电荷密度开始影响极间电位分布。但是，由于电子迁移速度大于离子迁移速度，结果是在飞向阳极的电子中，一些较慢的电子被拉回到电位最高处，在附近形成了电子密度和正离子密度相等的等离子区，因为等离子区的电导高，相当于将阳极位置移向等离子区，故称等离子区为虚阳极；并且虚阳极可随着电流的进一步增加逐渐向阴极移动。这样一来，对电离更加有利，致使维持自持放电的电压可以下降，呈现出下降的伏-安特性。

EF 段不论增大电源电压，还是减小回路中电阻使电流增加，电压保持恒定，此段称为正常辉光放电。此时阴极表面只有部分发光，称之为阴极斑点。提高电源电压，可以使起辉面积增加。

FG 段为异常辉光放电。当阴极斑点覆盖了整个阴极后，即电流值到达 *F* 点，随着电流的增加，放电电压迅速升至 *G* 点，称此段为异常辉光放电。其特点是放电电流大且为均匀的等离子体，故离子镀膜和溅射镀膜大都利用异常辉光放电。

GH 段为弧光放电过渡区。此段中，由于放电产生的正离子不断轰击阴极，且能量较高，使阴极温度上升，产生强烈的热电子发射，极间电阻骤减，由异常辉光放电过渡到弧光放电。

HK 段为弧光放电区。此段统称热阴极自持弧光放电，简称弧光放电。其特点是极间电压低，而放电电流很大，由每平方厘米毫安级升至百安级，并显示出很强的发光强度。由于电子发射不均匀，使阴极热电子发射集中在阴极弧光辉点上，产生大量焦耳热，使阴极表面局部温度骤增，进而造成阴极物质热蒸发，真空镀膜中，利用此特点作为一种镀膜手段。

(3) 着火电压和帕邢定律

当加在阴极与阳极之间的电压增大到某一数值时，放电从非自持放电转变为自持放电，放电电流会大幅度增大。非自持放电过渡到自持放电的突变过程称为崩溃（着火或点燃），对应的电压称为着火电压。发生崩溃的条件是

$$\gamma(e^{\alpha d}-1)=1 \tag{2-105}$$

或

$$\gamma(e^{\alpha V_s/E}-1)=1 \tag{2-106}$$

式中　α——电离系数，即 1 个电子在电场方向经过 1cm 的路程中发生的电离碰撞数；

V_s——着火电压；

E——电场强度；

d——两极间距离；

γ——二次发射系数。

着火电压相当于放电伏-安曲线上 D 点的电压，数值上决定于气体的压力 p，极间距离 d，即

$$V_s = f(pd) \tag{2-107}$$

此函数关系是 1889 年帕邢测量击穿电压与击穿距离和气体压力关系时发现的，故称之为帕邢定律，即着火电压是气体压力 p 与极间距离 d 乘积的函数，不单独是 p 和 d 的函数，不论 p 和 d 本身的数值大小如何，只要 pd 的乘积不变，V_s 就不会改变。部分气体的帕邢曲线如图 2-17 所示。

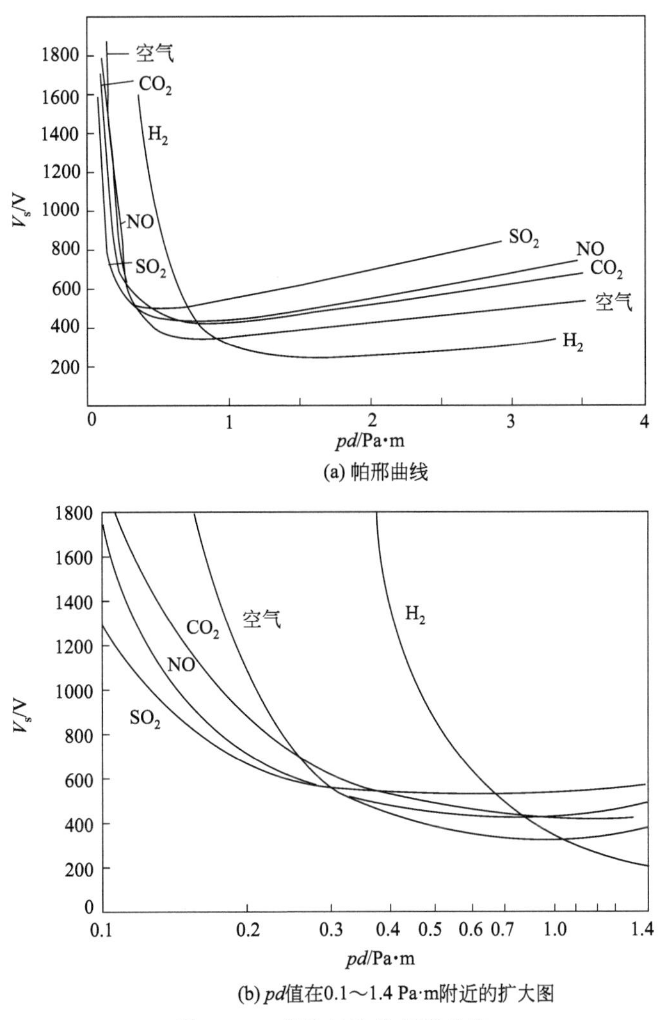

(a) 帕邢曲线

(b) pd值在0.1～1.4 Pa·m附近的扩大图

图 2-17　部分气体的帕邢曲线

由帕邢曲线可知，着火电压先随 pd 值的增加而降低，当达到一个最小值后又随 pd 值的增加而增加。各种不同电极材料在各种气体情况下最低的着火电压与相关的 pd 值见表 2-31。在真空环境中带电器件优选极间距离 d，可避免产生气体放电损坏。帕邢定律还可用于各种离子源点火电压及极间距离的选择。

表 2-31　最低的着火电压 $(V_s)_{min}$ 与相关的 $(pd)_{min}$ 值

气体	阴极材料	$(V_s)_{min}$/V	$(pd)_{min}$/Pa·m
He	Fe	150	3.33
Ne	Fe	240	4.00
Ar	Fe	265	2.00
N_2	Fe	275	1.00
O_2	Fe	450	0.93
空气	Fe	330	0.76
H_2	Pt	295	1.67
Hg	W	425	2.40
Hg	Fe	520	2.67
Hg	Hg	330	—
Na	Fe	335	0.053
Ne+0.01%Ar	Fe-Ni	105	—
Ne+0.01%Ar	Fe-Ba	65	—
Ne+0.01%Ar	Ni-Cs	341	—

2.14.2　辉光放电

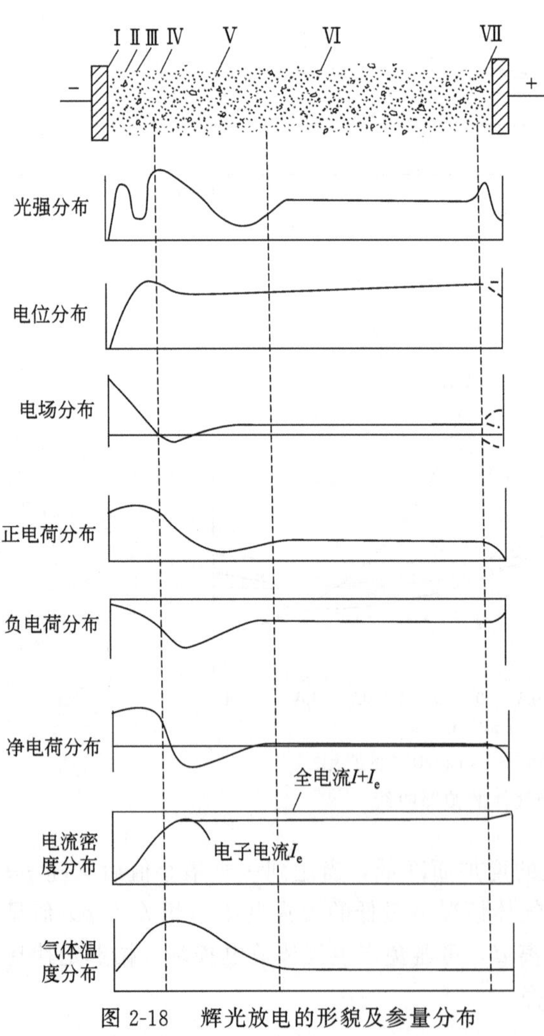

图 2-18　辉光放电的形貌及参量分布

辉光放电是在满足着火条件后立即发生的一种自持辉光放电。它的显著特点是从阴极至负电辉区有几百伏左右的电位变化。

辉光放电分正常辉光放电和异常辉光放电。放电开始时，辉光只覆盖一部分阴极表面，这就是正常辉光放电；随着放电电流的增加，辉光逐渐扩展到整个阴极表面，这就是异常辉光放电。

辉光放电的整个放电空间被明暗相间的光层所分隔，而大多数的光层分布在紧靠阴极的位置。图 2-18 示出了辉光放电的形貌及各种参量的分布情况。

辉光放电可分为七个区域：

区域Ⅰ—阿斯顿暗区。由图 2-18 可见，此层位于阴极表面，非常薄。阴极发出的电子能量很低，不能使气体原子激发和电离，因而阴极表面为暗区，称之为阿斯顿暗区。

区域Ⅱ—阴极辉区。随着电子在电场中加速，电子获得能量，虽然不能使气体原子电离，但足以使气体原子激发。原子在激发状态保持时间极短，通常在 10^{-7}s 之后，就回到基态。气体原子的电子从较高能级回到原能量级时，多余的能量以光子辐射出来，产生辉光，即阴极辉区。

区域Ⅲ—阴极暗区（克鲁克斯暗区）。在此区域电子能量进一步增加，其能量可使气体原子电离，产生大量离子和低速电子，而不存在可见光，称为阴极暗区。在此区由于电子质量小，易被加速而离开阴极暗区。正离子堆积于阴极附近，形成空间电荷，使电场发生畸变。

Ⅰ、Ⅱ、Ⅲ区域，总称为阴极区。

区域Ⅳ—负辉区。由阴极暗区进入负辉区的电子能量低，不能使气体原子电离，只能激发气体原子；同时，电子和离子还会产生复合，在两者作用下，产生大量的激发发光和复合发光，形成很强的辉光。

区域Ⅴ—法拉第暗区。来自负辉区的大部分电子损失了能量，而且此区电场强度较弱，不足以给电子补充能量。电子具有的能量不会明显引起气体原子激发，故形成暗区，称为法拉第暗区。

区域Ⅵ—正柱区。在正柱区中，电子密度和正离子密度几乎相等，亦称等离子体区，带电粒子密度高达 $10^{10}\sim10^{12}/cm^3$，等离子体是强导体。正柱区的电场强度较小，比阴极区低几个数量级，提供给带电粒子的能量较低，使带电粒子主要做无规则的随机运动，粒子间产生大量的非弹性碰撞。在等离子体区的阳极端，电子被阳极吸收，而离子被阳极排斥，形成阳极电位，电子被加速，足以在阳极前产生激发和电离，形成辉光。

区域Ⅶ—阳极区。该区的存在决定于外线路电流大小以及阴极面积和形状。

辉光放电的条件：放电间隙中电场均匀；放电气压 p 通常需保持在 $4\sim10^4$Pa 内；辉光放电电流密度为 $10^{-1}\sim10^2 mA/cm^2$，电压 300～5000V，属于高压小电流放电，故放电回路中电源和电阻应能通过数百毫安的电流。辉光放电的应用很广，如利用辉光作光源（日光灯、霓虹灯、钠光灯）；利用辉光放电奇异的伏-安特性曲线做成各种辉光电真空器件；利用辉光放电的理论基础而发展的辉光离子氮化技术（真空离子氮化炉）等。

2.14.3 弧光放电

弧光放电是一种低电压、大电流的放电。它是当异常辉光放电达到峰值以后，如果电流继续增加，放电电压将迅速降低。当电流增加到 1A 以上时，电压将下降到 40V 左右，这时，阴极遭到离子的强烈轰击后，温度升高并产生阴极蒸发，在阴极附近较窄的范围内产生很高的气压，形成极强的正空间电荷层，因而产生热电子发射或强电场发射，会出现耀眼的弧光，这就是弧光放电。由于弧光放电的电子发射率很高，很小的发射面积就能产生很大的电流，又发射电子只是电场最强或逸出功最低的很小阴极部分，因而，使弧光放电有一很小且极亮的辉点。辉点电流密度高达数千安每平方厘米以上。某些阴极弧光放电时辉点电流密度见表 2-32，表中“真空”实际上是在该阴极材料的蒸气中。

表 2-32 弧光放电时辉点的电流密度

项目 \ 电极	C	C	Fe	Cu	Cu	Hg
气体	空气	N_2	N_2	空气	真空	真空
电流密度/$A\cdot cm^{-2}$	470	500	7000	3000	14000	4000

弧光放电时电位分布见图 2-19，它和辉光放电时的电位分布很相似。两者的差别在

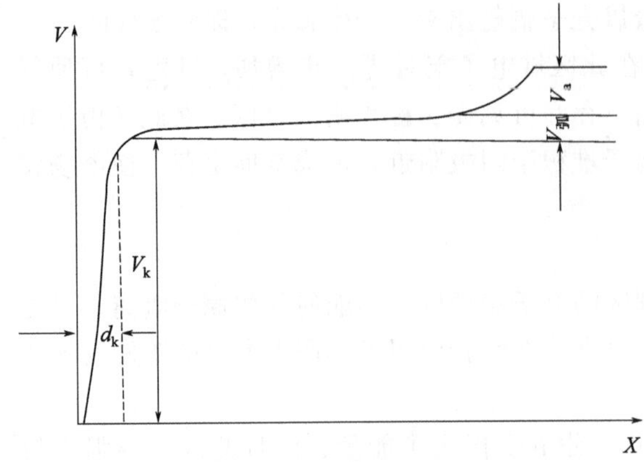

图 2-19 弧光放电时的电位分布
d_k—阴极位降区宽度；
V_k—阴极位降；V_a—阳极位降；$V_弧$—弧区位降

于：弧光放电时阴极位降区的宽度比辉光放电时小很多（一般只有几个平均自由程），负辉区和法拉第暗区已消失，阴极位降区直接向正柱区过渡。弧区的温度很高，气体分子的电离和激发很强，形成电荷密度较大的等离子区。阳极位降区的电位降比辉光放电时大。

根据阴极释放电子的方式不同，弧光放电可分为热电弧光、场致弧光和热电子弧光三类。热电弧光是由难熔金属（如钨）阴极，在离子的轰击下，达到很高的温度后产生的热电子发射引起的；场致弧光是利用蒸发温度低的物质作阴极（如汞阴极），阴极受高速正离子的轰击后引起大量阴极物质的蒸发，因而在阴极表面形成强电场，在强电场的作用下，使阴极表面产生场致发射，所以又叫冷电弧。热电子弧光则是将阴极改用热阴极（氧化物阴极）。当阴极加热时获得大量的热电子发射而产生弧光放电，这种放电称为热电子弧光。

弧光放电根据放电气体压力分，有低气压弧光放电和高气压弧光放电。低气压放电气体或蒸气压力低于 10^3Pa，产生的电弧称之为真空电弧，弧柱中电子温度为 10^4～10^5K。高气压弧光放电，气体或蒸气压力高于 10^3Pa，弧柱中电子温度为 4×10^3～2×10^4K。

无论哪种形式的弧光放电，极间电压均低，约为10～50V，而电流密度可高达1000A/cm^2。

弧光放电有三个主要特点：

① 有很高的温度，利用它可作为热源来熔化金属、焊接金属、电弧沉积薄膜等。

② 有很强烈的弧光，利用它可制作成各种电光源用于照明、显示、防空等。

③ 大电流、低电压，有负电特性，利用这一原理可制造电弧炉等设备。

2.14.4 高频放电

放电电源的频率在兆以上的气体放电形式，称为高频放电，又称射频放电。常用的频率为 13.56MHz。

在离子束刻蚀和溅射镀时，常用直流辉光放电原理，产生离子进行刻蚀或蒸镀。若基片为介质材料，放电一旦开始，绝缘体表面会立即带上正电荷，从而离子不能继续向阴极入射。没有离子对阴极的轰击，不能产生维持直流辉光放电所必需的 2 次电子（γ 过程），放电自然会停止。通过交替改变放电电极的极性，可避免这种现象出现，一般是采用频率高于 100kHz 的高频电源。

高频功率输入方法有两种：电容耦合型和电感耦合型。图 2-20 是两种耦合输入简图。电容耦合型（平行平板）的基本构成如图 2-20（a）所示。

平板电容器的两极置于放电用的真空容器中，一极为高频功率输入电极，用来向真空室输入功率、激发放电，它相当于辉光放电中施加负偏压的阴极；另一极为对向电极，通常接地，相对于阴极称为阳极。这种电容耦合方式的特点是，平板电极置于等离子体放电

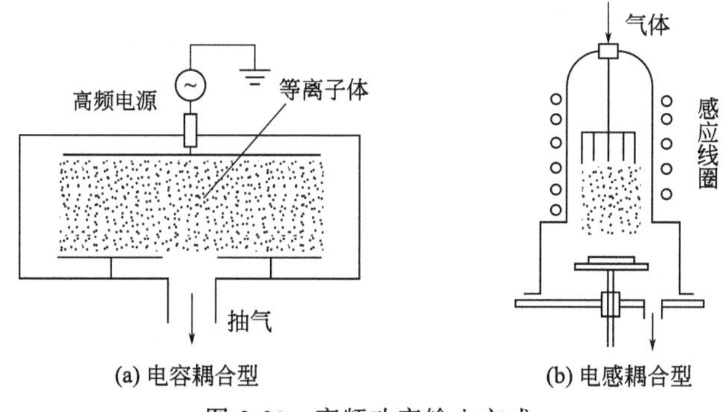

图 2-20　高频功率输入方式

器中，既可进行直流放电，又可进行交流放电。但反过来讲，由于电极暴露在等离子体中受到蚀刻，可能造成电极物质对气氛的污染。可采取不同措施解决这一问题，如采用外部电极方式［见图 2-21（a）］，导入气体横穿等离子体的方式，或以喷淋状气体从阴极直接导入等离子体的方式等。

电感耦合型的基本结构如图 2-20（b）所示，通过线圈状的天线或电极施加高频功率，高频波的磁场成分随时间变化，产生感应电流，加热等离子体并维持放电。形象地说，若将高频电极比做一次线圈，则等离子体对应于二次线圈，流经二次线圈的电流（等离子体中的感应电流）产生焦耳热，这相当于高频线圈输送到等离子体中的能量。由于这种结构在等离子体容器中无电极，因此对放电气氛的污染少。此外，这种结构也可以作为高密度等离子体的产生方法，近年来受到广泛关注。图 2-21 绘出了高频放电等离子体的发生方法示意图。

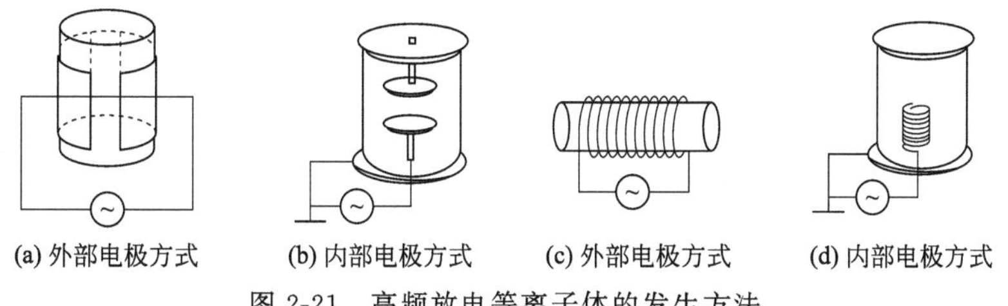

图 2-21　高频放电等离子体的发生方法

低压高频放电的产生。将置于真空容器中的两个电极，通以 50Hz 的低频高电流以后，即可在两极间产生交替的辉光放电，其放电特性在每半周内完全与直流辉光放电相同。如在两极加上高频电时，则很难分辨出两极发光现象的交替变化，当然，这是由于人们的视觉暂留效应所造成的；而且高频放电时各部分的发光强度也不随时间而变化。各区域分别具有一定的发光颜色，其等离子体光柱处于容器的中部，两边为负辉区和阴极暗区。两极间的放电是对称的，这是因为高频放电时外加电压周期小于电离和复合所需的时间，当电极间电场方向改变时，空间电荷来不及重新分布，等离子体区也来不及复合所导致的。高频放电的另一个特性是阴极对放电过程并不起主要作用，两个电极可以任意放置。在容器的内部其电极也只是起产生电场的作用，不像直流放电那样起着发射电子或接受电子的作用。外部电极由感应线圈所取代，如图 2-20（b），也可以称为无极环形放电。

着火强度。在高频电场中，由于电子不是单纯地由一个电极飞向另一个电极，而是经过电子的多次往返振荡。电子运动的路程很长，极大增强了与气体原子（分子）的碰撞概率，进而引起激烈的电离和放电过程。因此，着火电压往往是用着火电场强度来表示，基本与直流放电相类似。带电离子的消失是由正负带电粒子在空间及容器壁上的复合所致，而带电粒子的产生则是由电子电离气体原子或分子所致。

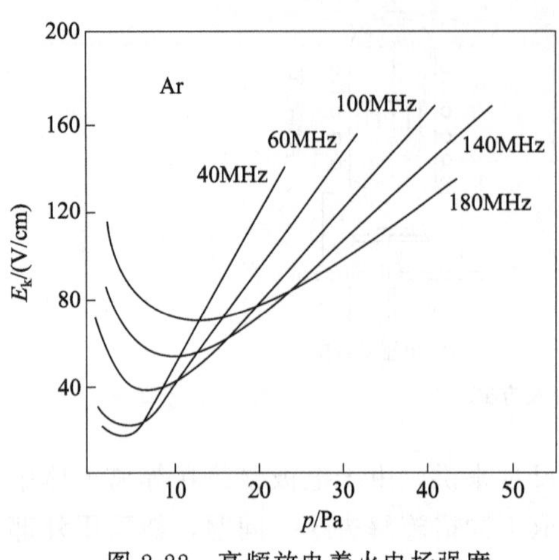

图 2-22 高频放电着火电场强度与气压的关系曲线

在某一电场下当产生的带电粒子正好与复合（消失）的粒子相等时，则该电场强度即被称为高频放电的着火电压强度。显然着火电压强度与气体压力、电源频率与气体种类有关。氩气在不同频率下其高频着火电场强度 E_k 与气体压力 p 间的关系如图 2-22 所示，它与帕邢曲线的形状基本相似，即都有一个最低的场强（或电压）；而且，曲线最低点都呈现出左侧陡峭、右侧平缓的形状。

2.14.5 电晕放电

在高的气压下，由于一个或两个电极表面曲率半径很小，以致放电间隔的电场非常不均匀时就会发生电晕放电。电晕放电发生在靠近曲率半径小的电极很薄的一层里，该层称为电晕层。电晕放电的电流强度决定于加在电极间的电压、电极形状和极间距离、气体种类和密度，不需要外界的电离源来维持放电，所以，电晕放电是一种自持放电。但是，电晕放电的电流不取决于外电路的电阻，而取决于放电外围区域的电导。电晕有正负电晕之分，在阴极附近形成的电晕称为负电晕，在阳极附近形成的电晕称为正电晕。负电晕的放电过程和辉光放电中阴极位降区的放电过程相似，自持条件是由阴极发射出的二次电子来保证的。正电晕是由繁衍过程所引起的自持放电，而自持条件是由电晕层中激发所产生的光子轰击电晕外围原子的光电离来保证的。

电晕放电在工业生产中的应用也不少，如静电除尘器、电晕放电计数管、电晕放电高压稳压管等。

2.14.6 潘宁放电

潘宁放电装置如图 2-23 所示，由阳极筒 A 和两片阴极 K 组成。由宇宙射线或场致发射所产生的初始电子，在电场及磁场的作用下，在两片阴极板之间作螺旋运动，不断和气体分子碰撞，使之电离，这就是潘宁放电的基本原理。电子与气体分子多次碰撞后，被阳极所吸收。电离产生的离子，由于质量大，其运动不受电磁场的影响，以直线运动方式，打到阴极上，使阴极发射出二次电子，并参与电离气体过

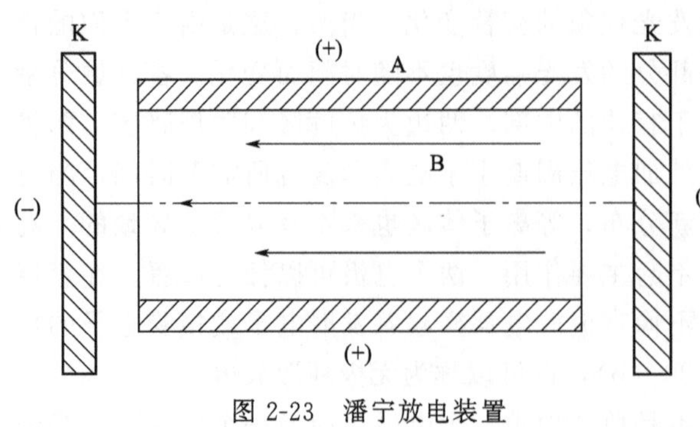

图 2-23 潘宁放电装置

程，如此不断发展后，建立起稳定的自持放电。一个电子，由于电磁场对其运动的限制，它在空间运动时间很长，即使真空度较高（10^{-10}Pa），亦能满足自持放电条件。

潘宁放电的主要优点是：

① 这种放电过程完全不需热阴极，因而在真空系统中不怕因突然暴露大气而氧化甚至烧毁；

② 没有高温钨丝产生的化学清除效应，因而不会影响真空仪器准确读数；

③ 无需控制电子发射；

④ 放电线路和装置简单。

在真空技术中，利用潘宁放电原理制成了冷阴极规以及溅射离子泵。

2.15 带电粒子在电磁场中的运动

利用电磁场对带电粒子按工艺要求进行加速或者偏转运动，在真空工程中得到了广泛应用，如离子注入机、电子束焊机、真空镀膜装置、氦质谱检漏仪，以及加速器等真空装置。小型器件显像管、示波器、电子枪等也涉及类似问题。

2.15.1 金属的电子发射

金属中存在两种电子，其一是束缚电子，其二是自由电子，金属导热及导电均借助自由电子的运动来实现。束缚电子只能绕着原子核运动。自由电子能量较高，能够脱离原子核的束缚，在金属中做自由热运动，其运动速度不同，能量不同，运动规律按费米-狄拉克函数分布。金属中自由电子浓度可达 $5\times10^{22}/\text{cm}^3$；而大气温度为 0℃时分子密度约 $2.7\times10^{19}/\text{cm}^3$，可见金属中自由电子之多。自由电子可类比于气体分子，称之为电子气。

金属中自由电子中即使是速度最大、能量最高的电子也不会脱离金属表面，是因为电子受限于金属表面势垒。只有外部给予电子一定的能量，才能使电子克服表面势垒束缚脱离金属表面，产生电子发射。

真空工程中产生电子发射的方式有热电子发射、光电子发射、场致发射，以及二次电子发射。

(1) 热电子发射

将金属及某些化合物加热，其内部电子能量随着温度升高而增大，其中某些电子能量足以克服表面势垒束缚，脱离金属表面，产生发射电子的现象，称为热电子发射。

热电子发射机理可以借助金属或化合物中自由电子能量分布曲线来说明。如图 2-24 所示，图中右侧为材料表面势垒曲线，W_a 表示表面势垒，φ_m 为材料的逸出功。而 E_F 为费米能级，是表

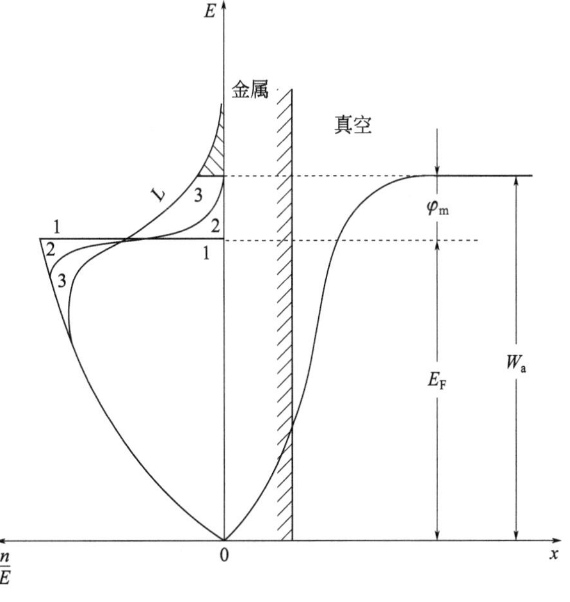

图 2-24 金属表面势垒和内部电子按能量的分布

示电子能量状态的物理量，即表示温度为 0K 时，电子具有的最大能量。

图左侧为不同温度下，电子按能量分布曲线。曲线 1 是温度为 0K 状态，可见电子能量 E 均低于 E_F，不会产生电子发射；曲线 2 是材料有一定的温度，但电子最高能量仍未超过表面势垒，亦观察不到电子发射；曲线 3 表示材料温度达到了一定的高度，有大量电子能量高于势垒，如阴影线部分，此时便产生了大量的热电子发射。

由理查森-杜什曼理论推导出的热电子发射方程如下：

$$J_\ell = A_0 T^2 \exp(-\frac{\varphi_m}{kT}) \tag{2-108}$$

式中 J_ℓ——发射电流密度，A/cm^2；

A_0——常数，A_0 见表 2-33，A/（$cm^2 \cdot K^2$）；

φ_m——逸出功，eV；

k——玻尔兹曼常数，8.6×10^{-5} eV/K。

热电子发射，需将阴极加热到一定温度，要求阴极材料逸出功低，而熔点高。在真空工程中，适宜作阴极的材料有钨、钽、铼、六硼化镧等，其逸出功见表 2-33。

表 2-33 阴极材料的逸出功

阴极材料	钨(W)	钽(Ta)	铼(Re)	六硼化镧(LaB_6)
逸出功/eV	4.52	4.13	4.94	2.66
熔点/℃	3653	3250	3453	
常数 $A_0/A\cdot cm^{-2}\cdot K^{-2}$	60	37	52	60

(2) 场致发射

阴极在外电场的作用下，使阴极表面具有足够强的加速电场，材料中的自由电子透过表面势垒而逸出表面，这种受外电场作用引起的电子发射，称为场致发射。

热电子发射中，电子逸出能量来自于金属晶格的热运动，即使把阴极温度加热到蒸发温度，能克服表面势垒的电子占自由电子总数的极少部分；而场致发射比热电子发射高出许多数量级。

根据肖特基效应理论可知，降低表面势垒可以提高电子发射率。降低表面势垒的方法是阴极前面的加速电场足够强，使表面势垒降低到费米能级以下，此种情况下，电子便大量逸出，场致发射即基于此原理。受外加速电场作用，表面势垒降低值为

$$\Delta\varphi = e\sqrt{\frac{E}{4\pi\varepsilon_0}} \tag{2-109}$$

式中 $\Delta\varphi$——表面势垒降低高度，eV；

e——电子电荷量，$e=1.602\times10^{-19}$C；

ε_0——真空介电常数，$\varepsilon_0=8.854\times10^{-12}$F/m；

E——阴极表面附近外加速电场场强，V/m。

依据肖特基理论，产生场致发射的条件是：表面势垒降低值 $\Delta\varphi$ 应等于材料逸出功 φ_m，即 $\Delta\varphi=\varphi_m$。这样，由式（2-109）得到临界电场强度为

$$E = \frac{4\pi\varepsilon_0\varphi_m^3}{e^3} \tag{2-110}$$

式中符号同式（2-109）。此式为临界电场理论计算值，而实际应用中远小于此值。

依据量子力学推导出，阴极材料温度为 0K 时，场致发射电流密度由下式给出：

$$J_e = A_1 E^2 \exp(-\frac{b_1}{E}) \tag{2-111}$$

若考虑到阴极温度对场致发射电流密度的影响时，则场致发射电流密度由下式给出：

$$J_e = A_2 (T + CE)^2 \exp(-\frac{b_2}{T + CE}) \tag{2-112}$$

式（2-111）及式（2-112）中A_1、b_1、A_2、b_2、C 均为常数，可查相关资料。

除上述两种类型电子发射外，还有光电子发射和二次电子发射。

光电发射是基于光子给予电子一定能量，使金属中的电子逸出金属表面。按光的量子理论，光线是光子流，每个光子能量为 $h\nu$，h 为普朗克常数，ν 为光的频率，ν 与光波长 C 的关系为 $C=\lambda \cdot \nu$。当光线照射金属时，一个光子仅与一个电子发生作用，并释放出所有能量。金属中的电子吸收光能后，得到了足够的能量，使其克服表面势垒，逸出生成光电子，即产生了光电发射，形成光电流，光电流随着光强和频率的增大而增加。

二次电子发射与热电子发射不同，二次电子发射是具有一定能量或速度的电子（或离子等其他粒子）轰击靶材时引起的电子发射，称之为二次电子发射，而发射出来的电子称为二次电子。

在真空中电子轰击靶材时，实验得出来的规律：①当靶材及电子能量一定时，发射出来的二次电子数量与一次电子数量成正比；②二次电子发射系数（即一个一次电子所产生的二次电子数）取决于一次电子能量，随着一次电子能量的增大，发射系数迅速上升。当一次电子能量达 400～800eV 时，发射系数达到最大值，一般为 1～1.4；③调节一次电子发射阴极前的加速极电压，可以得到二次电子能量分布曲线，当一次电子能量为 200eV 时，二次电子最大峰值为 15eV。

真空中正离子轰击靶材，发射出来的二次电子机理与电子轰击不同。正离子不能进入靶的深处，因而二次电子是从表面逸出的。正离子轰击产生二次电子有两种机制：动能逸出电子及位能逸出电子。动能逸出是正离子动能传给金属晶格，晶格再将能量传给电子，使其获得足够的能量而逸出，产生二次电子。正离子动能逸出二次电子，要求正离子有一定的速度，产生动能。而某些慢速正离子作用于金属表面时，也能产生二次电子，发射机理是正离子的位能（电离能）引起的，这种电子逸出机理称为位能逸出。其原因是金属能带中的电子转移到原子激发能级上，与正离子复合，使之成为受激原子，受激原子存在时间极端，约 10^{-7}～10^{-8}s，当其变为正常状态时，产生的激发能传给金属原子，如果激发能大于逸出功，则产生二次电子发射。

2.15.2 气体电离基本原理

气体原子的激发与电离。气体原子由原子核与绕核旋转的电子组成，核外电子能量并非连续变化，取一系列的固定值，称此值为电子能级。在常态下电子处于最低能级上，且长期保持稳定状态，称这种原子为基态原子。当原子中的电子受到外界作用，其中某一电子能量增加，此电子便会从原来能级跃迁到高能级上。电子由基态能级跃迁到高能级的过程称为原子的激发，而原子称为受激原子。受激原子保持时间较短，通常是 10^{-7}s 左右，又回到基态。电子回到原能级时，将多余的能量以电磁波辐射能方式发出一个光子。当原子获得足够的外界能量时，会使其中某一个电子完全脱离原子核，变为自由电子。原子失去一个电子，变为正离子，这个过程称为气体原子的电离。

(1) 粒子之间能量交换

粒子之间的能量交换，是以碰撞方式进行的。碰撞分两类：弹性碰撞和非弹性碰撞。弹性碰撞是两个粒子内部均无变化，在碰撞中，不仅总的能量守恒，且总的动能也是守恒的。两个粒子的动能未与离子内能发生相互交换。非弹性碰撞时，两个粒子内部发生了变化，两个粒子的动能与其内能发生了互相转变。此时，两粒子总能量是守恒的，但动能不再守恒了，原因是动能与原子内部能量产生了相互转变。在碰撞中，如果原子内部变化是电子从低能级向高能级跃迁，此时，原子内能增加，总动能减少，这类碰撞称为第一类弹性碰撞；反之，如果电子从高能级跃迁到低能级，总动能因得到原子内能而增加，这类碰撞称为第二类非弹性碰撞。气体原子的电离来自非弹性碰撞。

(2) 弹性碰撞两离子能量交换规律

两粒子弹性碰撞能量交换规律：①一个粒子质量 m_1 远小于另一个粒子质量 m_2，即 $m_1 \ll m_2$，此时，m_1 粒子在弹性碰撞中消耗的能量近似为零；②若 $m_1 \approx m_2$，碰撞中 m_1 损失原动能的二分之一。

非弹性碰撞两粒子能量交换规律。能量交换的规律是：①当 $m_1 \ll m_2$ 时，如电子碰撞原子，使之激发，此时电子动能几乎全部转化为原子内能；②当 $m_1 \approx m_2$ 时，即如以正离子轰击同类原子，使之激发，则正离子的动能只能有二分之一转化为原子内能。

(3) 气体电离方式

气体电离方式有电子碰撞电离、光电离、电荷交换电离、潘宁电离、中性亚稳态原子之间碰撞电离，以及热电离等。

电子碰撞电离。以一定能量的电子轰击气体原子，使之激发。电子与原子之间的碰撞属于非弹性碰撞。电子提供的能量 $\varepsilon < \varepsilon_1$（原子第一激发能），气体原子不能被电离，只有 $\varepsilon > \varepsilon_1$ 时，才有可能被电离，此时原子吸收的能量应大于原子最外层电子束缚能，也称阈值能量，以 eV 表示，其对应的电位，称为电离电位。在真空技术中常用气体和蒸气的电离电位见第 29 章相关内容。

气体原子（分子）电离的必要条件是 $\varepsilon > \varepsilon_1$，但由于电子与原子碰撞受到多方面因素影响，原子也不一定被电离，只是部分电离，以电离概率来衡量气体电离程度。电离概率，即电子与气体原子（分子）碰撞引起电离的碰撞次数与总碰撞次数之比。常用气体（蒸气）的电离概率见图 2-14 及图 2-15。

由图 2-14 可见，电离概率随着电子能量增大而增加，达到极大值后随着能量增大而降低，原因是入射电子同气体原子接近时，首先将原子感应成为偶极子，再进一步交换能量，最外层电子获得能量后，脱离原子核约束，产生电离。这个过程需要一定时间，当电子能量很高且速度很快时，电子与原子间作用时间极短，来不及交换能量，故电离概率随之降低。

光电离。当光子与气体原子（分子）碰撞时。原子（分子）吸收了光子能 $h\nu$，使之电离。只有波长较短的紫外线、X 射线、γ 射线和激光才能使气体电离。

潘宁电离。一种受激亚稳态原子作用于另一种原子，使之电离，变为离子，这种过程称为潘宁电离。如离子气相沉积中，氩气的亚稳态激发电位为 11.55V。而金属及其化合物膜材电离电位为7～10V，氩的亚稳原子和金属原子相互作用，产生潘宁电离。

热电离、电荷交换以及中性亚稳原子间碰撞电离真空技术较少见。

2.15.3 电子在平行电场中的运动

在平行电场中，电子经过电位差U获得的能量为eU，转化为动能：

$$\frac{1}{2}m_e v^2 = eU \tag{2-113}$$

式中 m_e——电子质量，$m_e=9.10\times10^{-31}$kg；

v——电子速度，m/s；

e——电子电荷，$e=1.60\times10^{-19}$C；

U——加速电压，V。

由式（2-113）可以得到电子在加速电压下，产生的速度，即

$$v = 5.93\times10^5\sqrt{U} \tag{2-114}$$

式中符号同式（2-113）。

由式（2-114）可见电子运动速度主要取决于加速电压，电子经电场加速后，以高速轰击靶，将其巨大的动能转化为热能，使靶材温度升高。基于此原理，可以用电子束熔炼金属、电子束焊接、电子束蒸发镀膜等。

2.15.4 电子在径向电场中的运动

径向电场的电极由同轴圆柱构成，见图2-25，内圆柱为正极，半径为r_1，外圆柱为负极，半径为r_2。两极间电位差为ΔU，根据高斯定理可以得到距轴线r点的电场强度：

$$E = \frac{\Delta U}{\ln(r_2/r_1)}\cdot\frac{1}{r} \tag{2-115}$$

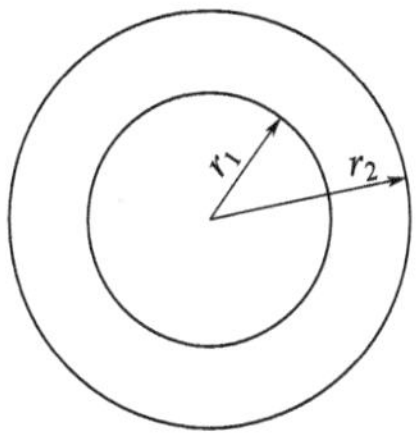

若以距轴线r_0点作为电位零点，则r点电位：

$$U = \frac{\Delta U}{\ln(r_2/r_1)}\ln\frac{r}{r_0} \tag{2-116}$$

图2-25 同轴圆柱电极

在r处，电子在电场中受到的电场力及电势能分别为：

$$F = -eE = -\frac{e\Delta U}{\ln(r_2/r_1)}\cdot\frac{1}{r} \tag{2-117}$$

$$P = -eU = \frac{-e\Delta U}{\ln(r_2/r_1)}\cdot\ln\frac{r}{r_0} \tag{2-118}$$

令$P_0 = \dfrac{e\Delta U}{\ln(r_2/r_1)}$，称之为势能常数，则

$$F = -\frac{P_0}{r} \tag{2-119}$$

$$P = -P_0\ln\frac{r}{r_0} \tag{2-120}$$

式中 F——电子在r处所受电场力；

P_0——与结构及极间电位差相关的势能常数；

r_0——电位零点。

在径向电场中，电子运动轨迹图形大致如图 2-26 所示，其路径局限于半径分别为 r_a 和 r_p 的圆环内。

图中 θ 称之为拱角距，即为相邻远心点 a、b 矢径之间所夹的角度。由下式计算：

$$\theta = 2\int_{r_a}^{r_p} \frac{(L/mr^2)\mathrm{d}r}{\sqrt{\frac{2}{m}\left(F_e - \frac{L^2}{2mr} + P_0 \ln \frac{r}{r_0}\right)}} \qquad (2\text{-}121)$$

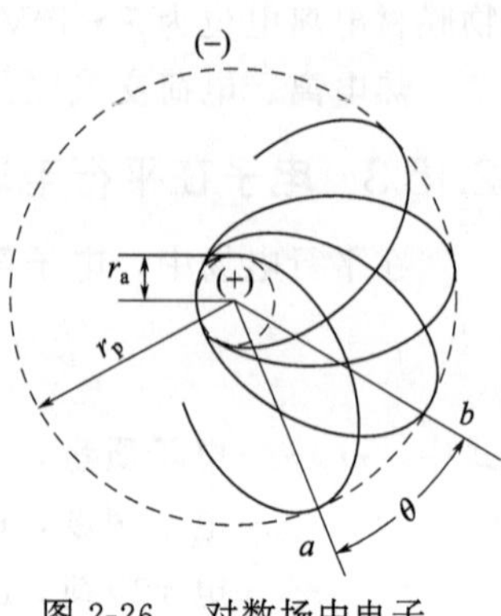

图 2-26　对数场中电子运动轨迹示意图

式中　m——电子质量；

P_0——势能常数；

F_e——电子能量，由动能及势能构成，$F_e = \frac{1}{2}mv^2 - P_0 \ln \frac{r}{r_0}$，$v$ 为电子速度；

L——电子动量矩，见王宝霞、张世伟《真空工程理论基础》。

根据电子初始动能 E_e，发射角度 ϕ，拱角距 θ，可以大致绘出电子在两极间的运动轨迹，贺伏尔曼（Hoovermam）选择了 $E_e = \frac{P_0}{2}$，$\phi = 90°$、$60°$、$30°$和 $5°$绘制了电子运动轨迹，见图 2-27。从图可见，落入轨道中的电子能较长时间绕正极运动，而不落到正极上，增加了电子运动路程。热阴极电离规利用此原理使气体分子电离，来达到测量真空度的目的。

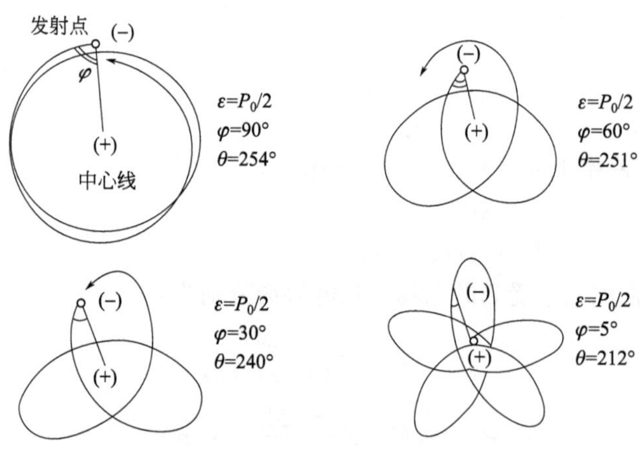

图 2-27　四种典型的电子轨迹示意图

2.15.5　带电粒子在磁场中的运动

粒子带电量为 q，以速度 v_0 进入均匀磁场，所受的磁场力，称为洛伦兹力，即

$$F = q(v_0 \times B) \qquad (2\text{-}122)$$

式中　F——带电粒子受磁场力；

v_0——带电粒子速度；

B——磁感强度。

在均匀磁场中，带电粒子作匀速圆周运动，其回转半径为

$$r=\frac{mv_0}{qB} \tag{2-123}$$

带电粒子为电子，则回转半径为

$$r_m=\frac{m_0 v_0}{eB} \tag{2-124}$$

式中　m_0——电子质量；

v_0——电子速度；

e——电子电荷；

B——磁感强度。

电子运动的角速度及回转周期分别为

$$\omega=\frac{eB}{m_0} \tag{2-125}$$

$$T=\frac{2\pi m_0}{eB} \tag{2-126}$$

式（2-123)、式（2-124）亦适用于正离子，回转方向与电子相反。

电子运动方向与磁场不垂直，且夹角为 θ，则电子运动轨迹为等距螺旋线，回旋半径及螺距由下式给出，即

$$r_m=\frac{m_0 v_0}{eB}\sin\theta \tag{2-127}$$

$$h=\frac{2\pi m_0}{eB}v_0\cos\theta \tag{2-128}$$

式中符号同式（2-124)。

2.15.6 带电粒子在正交均匀电磁场中的运动

带电粒子在正交均匀电磁场中运动时，同时受到电场力及磁场力作用，其值为

$$F=q[E+(v\times B)] \tag{2-129}$$

对于电子而言在电磁场所受力

$$F=-e[E+(v\times B)] \tag{2-130}$$

当电子初速度 $v_0=0$ 时，其运动轨迹如图 2-28 所示，图中旋轮半径 $r=\frac{m_0 E}{eB^2}$，旋转频率 $\omega=\frac{eB}{m_0}$，旋轮在 X 方向漂移速度 $u=\frac{E}{B}$（E 为电场强度，B 为磁感应强度，m_0—电子质量，e—电子电荷）。

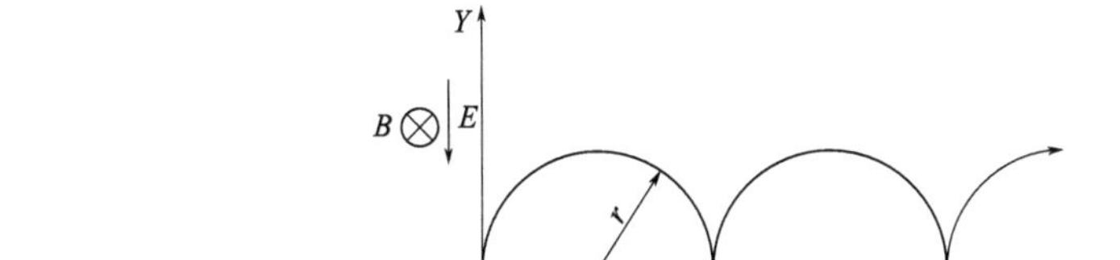

图 2-28　$v_0=0$ 时电子在正交电磁场中的轨迹为旋轮线

当电子以不同速度进入正交电磁场时，电子运动轨迹如图 2-29 所示。

在这种情况下（E 沿着 Y 轴负方向，B 沿着 Z 轴负方向），当 v_{ax} 方向为 X 轴负方向时，电子轨迹为长辐旋轮线。若 v_{ax} 逐渐减小，则 Y 方向的最大位移逐渐减少，最后当 $v_{ax}=0$ 时，则轨迹变为旋轮。当 v_{ax} 朝着 X 轴正方向时，则电子轨迹为短辐旋轮线。当 v_{ax} 逐渐增大则 Y 方向的最大位移逐渐减小。当 $v_{ax}=u$ 时则轨迹变为直线，原因是电场和磁场对电子的作用力始终是方向相反而大小相等，互相抵消。当电子的初速度 v_{ax} 在 u 和 $2u$ 之间时，则轨迹又为短辐旋轮线。当 $v_{ax}=2u$ 则轨迹又为旋轮线。当 $v_{ax}>2u$ 则轨迹又变为长辐旋轮线。不过在最后三种情况下，电子开始运动时即向下偏转，是因为开始运动时磁场作用力大于电场作用力之故。

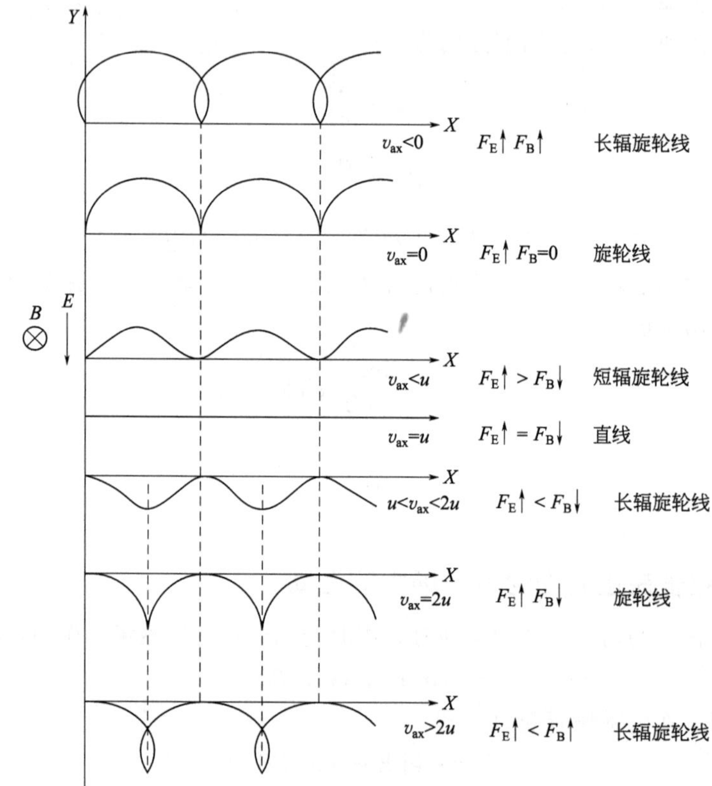

图 2-29　电子以不同速度进入正交电磁场的运动轨迹

第3章 真空获得技术与设备

3.1 概述

用来获得、改善和维持真空的装置称为真空泵。真空泵是获得真空的主要手段，广泛应用于机械、冶金、化工、医疗、食品、电子、半导体、能源、高能物理、航空和航天等领域中。

近年来，已研制出从大气压到高真空仅用一台泵就能实现的新型真空泵。但一般来说，为了获得高真空、超高真空及极高真空，还要采用多台真空泵构成机组来完成抽气任务。因此，了解各种真空泵的工作原理、主要性能、结构特点等，对于正确选择经济适用的真空泵是非常重要的。

本章将重点介绍真空泵基本参数、术语及各类真空泵工作压力范围、常用真空泵的类型、工作原理、主要性能参数及其技术指标。

3.1.1 真空泵基本参数

① 极限压力　将真空泵与标准测试罩相连，在不引入气体正常工作情况下，进行长时间连续抽气，当测试罩内的气体压力不再下降，而维持某一定值时，此压力即为泵的极限压力，其单位为 Pa，用 p_u 表示。

② 流量　在真空泵的吸气口处，单位时间内流过的气体量称为泵的流量，其单位为 $Pa\cdot m^3/s$ 或 $Pa\cdot L/s$，用 Q 表示。

③ 抽气速率　单位时间内流过泵入口的气体体积称为泵的抽气速率，抽气速率的单位为 m^3/s 或 L/s，用 S 表示。

一般真空泵的抽气速率与气体种类有关，因此给定的泵的抽气速率均表示对某种气体的抽气速率，如无特殊标明，多指对空气的抽气速率。

泵对给定气体 A 的抽气速率 S_A 为气体 A 流过泵入口的流量 Q_A 与气体 A 的分压力 p_A 的比值，如下式所示

$$S_A=Q_A/p_A$$

④ 启动压力　指泵无损坏启动并有抽气作用时的压力，其单位为 Pa。

⑤ 前级压力　指排气压力低于 101325Pa 的真空泵的出口压力，其单位是 Pa。

⑥ 最大前级压力　指超过了它能使泵损坏的前级压力，其单位是 Pa。

⑦ 最大工作压力　指对应最大抽气量的入口压力，在此压力下，泵能连续工作而工况不恶化或损坏，其单位是 Pa。

⑧ 压缩比　指泵对给定气体的出口压力与入口压力之比。

⑨ 何氏系数　泵抽气通道面积上的实际抽速与该处按分子泻流计算的理论抽速之比。

⑩ 抽速系数　泵的实际抽速与泵入口面积按分子泻流计算的理论抽速之比。

⑪ 返流率　指泵按规定条件工作时，与抽气方向相反而通过泵入口单位面积、单位时间的泵液的质量流，其单位是 $g/(cm^2 \cdot s)$。

⑫ 水蒸气允许量　指泵在正常环境条件下，气镇泵在连续工作时能抽除的水蒸气质量流率，其单位是 kg/h。

⑬ 最大允许水蒸气入口压力　指在正常环境条件下，气镇泵在连续工作时所能抽除的水蒸气的最高入口压力，其单位是 Pa。

3.1.2 真空泵型号编制方法

(1) 真空泵型号组成

真空泵型号由基本型号和辅助型号两部分组成，左边部分为基本型号，右边部分为辅助型号，两者中间用横直线隔开，如图 3-1 所示。

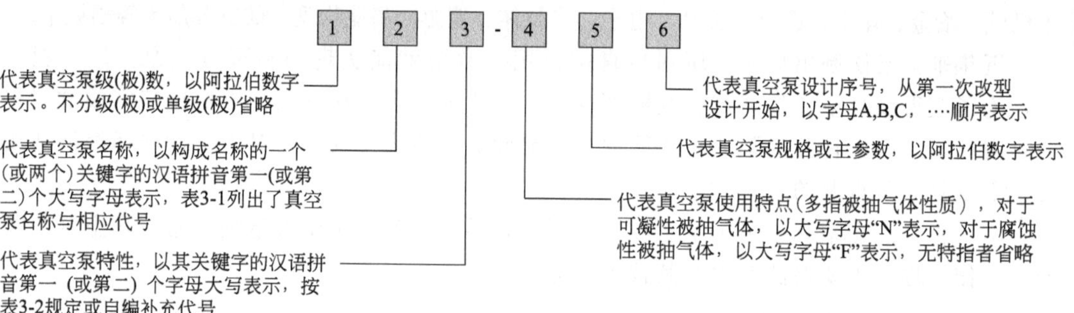

图 3-1　真空泵型号组成

表 3-1　真空泵名称、代号

序号	真空泵名称	代号	关键字意义及拼音字母	真空泵规格或主要参数	相应单位
1	往复真空泵	W	“往”复“wang”		
2	定片真空泵	D	“定”片“ding”		
3	旋片式真空泵	X	“旋”片“xuan”		
4	滑阀真空泵	H	“滑”阀“hua”	抽气速率	L/s
5	罗茨真空泵(机械增压泵)	ZJ	“增”压“zeng”,“机”械“ji”		
6	余摆线真空泵	YZ	“余”摆“yu”,“真”空“zhen”		
7	溅射离子泵	L	“离”子“li”		
8	单级多旋片式真空泵	XD	“旋”片“xuan”,“多”“duo”	抽气速率	m^3/h
9	分子泵	F	“分”子“fen”		
10	油扩散真空泵	K	“扩”散“kuo”		
11	汞扩散真空泵	KG	“扩”散“kuo”,“汞”“gong”		
12	油扩散喷射泵(油增压泵)	Z	“增”压“zeng”		
13	升华泵	S	“升”华“sheng”		
14	回旋泵(弹道泵)	HX	“回旋”“huixuan”	进气口径	mm
15	复合式离子泵	LF	“离”子“li”,“复”合式“fu”		
16	锆铝吸气剂泵	GL	“锆”“gao”,“铝”“lü”		
17	制冷机低温泵	DZ	“低”温“di”,“制”冷“zhi”		
18	灌注式低温泵	DG	“低”温“di”,“灌”注“guan”		

续表

序号	真空泵名称	代号	关键字意义及拼音字母	真空泵规格或主要参数	相应单位
19	分子筛吸附泵	IF	“吸”附“xi”,“分”子“fen”	分子筛质量	kg
20	水喷射泵	PS	“喷”射“pen”,“水”“shui”	抽气量	kg/h
21	空气喷射泵	PQ	“喷”射“pen”,空“气”“qi”		
22	水蒸气喷射泵	P	“喷”射“pen”		

个别规格泵的进气口径相同而抽气速率不等，则可同时标出抽气速率，单位：L/s。

表 3-2 真空泵特性

代号	关键字意义及拼音字母	代号	关键字意义及拼音字母	代号	关键字意义及拼音字母
W	“卧”式“wo”	C	“磁”控“ci”	J	“金”属密封“jin”
Z	“直”联“zhi”	T	“凸”腔“tu”	G	“干”式(无油)“gan”
S	“升”华器“sheng”	F	“风”冷“feng”		
D	“多”式,“多”元“duo”	X	磁“悬”浮“xuan”		

(2) 真空泵型号示例

① W-35B 往复真空泵，抽气速率为 35L/s，第二次改型设计；

② 2X-15A 双级旋片式真空泵，抽气速率为 15L/s，第一次改型设计；

③ XD-63 单级多旋片式真空泵，抽气速率为 $63m^3/h$；

④ ZJ-600 罗茨真空泵，抽气速率为 600L/s；

⑤ YZ-150 余摆线真空泵，抽气速率为 150L/s；

⑥ 3L-160 三极溅射离子泵，抽气速率为 160L/s；

⑦ F-160 分子泵，进气口径为 160mm；

⑧ K-800 油扩散真空泵，进气口径为 800mm；

⑨ Z-400 油扩散喷射泵，进气口径为 400mm；

⑩ S-400 升华泵，进气口径为 400mm；

⑪ GL-100 锆铝吸气剂泵，进气口径为 100mm；

⑫ DZ-160 制冷机低温泵，进气口径为 160mm；

⑬ IF-3 分子筛吸附泵，装入分子筛质量为 3kg；

⑭ 3P0.63-50/0.6-10 三级水蒸气喷射泵，吸入压力为 0.63kPa，抽气量为 50kg/h，工作蒸汽压力为 0.6MPa，其中可凝性气体量为 10kg/h。

3.1.3 真空泵的分类

真空泵按其工作原理可分为两大类。

(1) 气体输送泵

其原理是将气体由泵的入口端压缩到出口端，并排出泵体外，也称为排出型真空泵。例如：利用膨胀-压缩-排出原理的旋转式机械真空泵；利用气体黏滞牵引作用的蒸汽流喷射泵；利用高速表面牵引力作用的盖德型分子泵、利用涡轮叶片排除气体的涡轮分子泵。

（2）气体捕集泵

其原理是利用各种吸气作用将气体吸附在泵内以达到降低被抽空间气体压力的目的。例如：利用电离吸气作用的离子泵；利用物理或化学吸附作用的吸附泵、吸气剂泵、低温冷凝泵等。在这类泵中气体分子并不排出泵外，而是被暂时或永久地储存于泵内，也称俘获型真空泵。

按真空泵腔是否有油分为有油泵和无油泵。无油泵系指不用油作为工作液及不用油（或脂）的真空泵，如低温泵、磁悬浮分子泵和溅射离子泵等，而脂润滑与油润滑的涡轮分子泵不是无油泵。近十年来在低真空及中真空领域，出现了“干式”真空泵，这类泵腔中不用油作为工作介质，如涡旋泵、螺杆泵、爪式泵及膜片泵等，但这类泵的轴承轴封多用脂润滑，严格意义上也不属于无油泵的范畴。它具有结构简单、操作容易、维护方便、不会污染环境等优点。无油真空泵耐用性好，是一种应用范围非常广泛的获得真空的基本设备。

近年来随着机械加工技术的进步和对清洁真空的要求，在一些生产工艺中，尤其是在半导体和液晶显示器的生产中，对真空环境清洁度的要求也越来越高，传统的有油真空泵已经不能满足，干式真空泵应运而生。无油真空泵在我国是一新兴产业，而无油泵代替有油泵是大势所趋，尤其是我国加入 WTO 以后，国外无油泵对有油泵的替代率超过 50%，与国际接轨、与国外合作，发展自己的无油泵迫在眉睫。提早介入无油泵的开发不仅可以为企业带来丰厚的利润，还能带来巨大的社会效益。清洁无油真空泵代替有油泵将成为行业趋势。

常用真空泵的分类如图 3-2 所示。

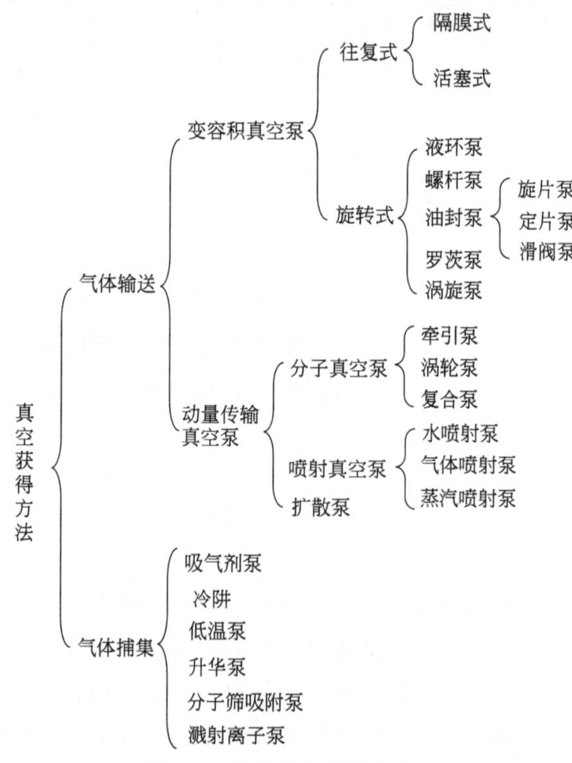

图 3-2 常用真空泵的分类

3.1.4 各类真空泵工作压力范围

随着真空技术在生产和科学研究领域中对其工作压力范围的要求越来越宽，大多需要由几种真空泵组成真空抽气系统共同抽气后才能满足生产和科学研究过程的要求。由于真空应用部门所涉及的工作压力的范围很宽，因此任何一种类型的真空泵都不可能适用于所有的工作压力范围，只能根据不同的工作压力范围和不同的工作要求，使用不同类型的真空泵。任何真空泵，在工作期间除了抽气作用，总是伴随着出现一些破坏抽气的效应。例如，气体被压缩后要反扩散、分子被吸附后还会脱附等，这些现象称为气体的返流。只有在抽气作用强于返流时，泵才能有效地工作。因此每种泵都有自己的有效运用压力范围及固有特点。设计、制造及运用各种真空泵都是以加强抽气作用、抑制返流为目的的。

表 3-3 所列为常用的各种真空泵的类型及其应用范围。

表 3-3　常用真空泵的类型及其应用范围

名称		10^5	10^4	10^3	10^2	10	1	10^{-1}	10^{-2}	10^{-3}	10^{-4}	10^{-5}	10^{-6}	10^{-7}	10^{-8}	10^{-9}
工作压力范围/Pa		8 6 4 2	8 6 4 2	8 6 4 2	8 6 4 2	8 6 4 2	8 6 4 2	8 6 4 2	8 6 4 2	8 6 4 2	8 6 4 2	8 6 4 2	8 6 4 2	8 6 4 2	8 6 4 2	8 6 4 2
干式真空泵	干式旋片真空泵															
	爪式真空泵															
	涡旋式真空泵															
	螺杆式真空泵															
往复式真空泵	卧式往复泵															
	立式往复泵															
水环式真空泵	单级水环泵															
	双级水环泵															
水环–大气喷射真空泵组																
油封机械真空泵	定片式真空泵															
	旋片式真空泵															
	滑阀式真空泵															
	直联式真空泵															
罗茨式真空泵	直排大气式															
	普通式															
水蒸气喷射泵	单级															
	双级															
	三级															
	四级															
	五级															
	六级															
油扩散喷射泵																
油扩散泵																
钛泵	冷阴极式															
	溅射式															
	升华式															
	轨旋式															
涡轮分子泵																
低温泵																
溅射离子泵	二级型															
	三级型															
分子筛选吸附泵																

注：此表仅作为选择真空泵的参考，不能视为工作压力范围。

3.2 机械真空泵

3.2.1 往复式真空泵

3.2.1.1 概述

往复式真空泵（简称往复泵）又名活塞式真空泵，属于低真空获得设备之一。与旋片式真空泵相比较，它能被制成大抽速的泵；与水环式真空泵相比，效率稍高。这类泵的主要缺点是结构复杂，体积较大，运转时振动较大等，其在很多场合可由液环式真空泵所取代。

3.2.1.2 往复式真空泵的工作原理

往复泵的结构和工作原理如图 3-3 所示，主要部件有气缸 1 及在其中做往复直线运动的活塞 2，活塞的驱动是用曲柄连杆机构 3（包括十字头）来完成的。除上述主要部件外还有排气阀 4 和吸气阀 5 等重要部件，以及机座、曲轴箱、动密封和静密封等辅助部件。

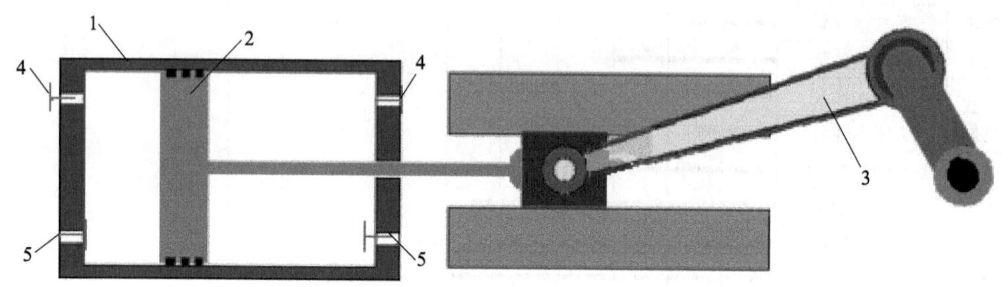

图 3-3 往复泵的结构和工作原理

1—气缸；2—活塞；3—曲柄连杆机构；4—排气阀；5—吸气阀

运转时，在电动机的驱动下，通过曲柄连杆机构的作用，使气缸内的活塞做往复运动。当活塞在气缸内从左端向右端运动时，由于气缸的左腔体积不断增大，气缸内气体的密度减小，而形成抽气过程，此时被抽容器中的气体经过吸气阀 5 进入泵体左腔。当活塞达到最右位置时，气缸左腔内就完全充满了气体。接着活塞从右端向左端运动，此时吸气阀 5 关闭。气缸内的气体随着活塞从右向左运动而逐渐被压缩，当气缸内气体的压力达到或稍大于 101325Pa 时，排气阀 4 被打开，将气体排到大气中，完成一个工作循环。当活塞由左向右运动时，又重复前一循环，如此反复下去，被抽容器内最终达到某一稳定的平衡压力。

3.2.1.3 往复真空泵的型号及参数

W 系列（固定阀式）泵型号及其基本参数见表 3-4，W 系列（移动阀式）泵型号及其基本参数见表 3-5。

表 3-4 W 系列（固定阀式）泵型号及其基本参数

型号	抽气速率/L·s^{-1}	极限压力/kPa	功率/kW	进气口法兰内径/mm	
				进口	出口
W-50	50	≤2.6	4	50	50
W-70	70		7.5	80	80
W-150	150		15	125	125
W-300	300		30	175	175
W-600	600		—	225	225
W-1200	1200		—	300	300

表 3-5 W 系列（移动阀式）泵型号及其基本参数

型号	抽气速率/L·s^{-1}	极限压力/kPa	功率/kW	进出气口法兰内径/mm	
				进口	出口
WY-50	50	≤1.3	5.5	50	50
WY-100	100		11	80	80
WY-200	200		22	125	125

3.2.2 水环真空泵

3.2.2.1 概述

水环真空泵（简称水环泵）是一种粗真空泵，它所能获得的极限压力，对于单级泵为2.66～9.31kPa；对于双级泵为0.133～0.665kPa。水环泵也可用作压缩机，它属于低压的压缩机，其压力范围为（1～2）×10^5Pa 表压力（在特定的条件下）。水环泵在石油、化工、机械、矿山、轻工、造纸、动力、冶金、医药和食品等工业及市政与农业等部门的许多工艺过程中，如真空过滤、真空送料、真空脱气、真空蒸发、真空浓缩和真空回潮等，得到了广泛的应用，由于水环泵压缩气体的过程是等温的，故可抽除易燃、易爆的气体，此外还可抽除含尘，含水的气体，因此，水环泵的应用范围较广。

3.2.2.2 水环泵的工作原理

水环泵的结构见图 3-4。水环泵是由叶轮 1、水环 2、橡胶球 3、泵体 4、吸气口 A、排气口 B 等几部分组成的。

叶轮被偏心地安装在泵体中，当叶轮按顺时针方向旋转时，进入水环泵泵体的水被叶轮抛向四周，由于离心力的作用，水形成了一个与泵腔形状相似的等厚度的封闭的水环。水环的上部内表面恰好与叶轮轮毂相切，水环的下部内表面刚好与叶片顶端接触（实际上，叶片在水环内有一定的插入深度）。此时由于叶轮偏心安装，叶轮轮毂与水环之间形成了一个月牙形空间，而这一空间又被叶轮分成与叶片数目相等的若干个小腔。如果以叶轮的上部 0°为起点，那么叶轮在旋转前 180°时，小腔的容积逐渐由小变大，压力不断地降低，且与吸排气盘上的吸气口相通，此时气体被吸入，当吸气终了时小腔则与吸气口隔绝；当叶轮继续旋转时，小腔由大变小，使气体被压缩；当小腔与排气口相通时，气体便被排出泵外。

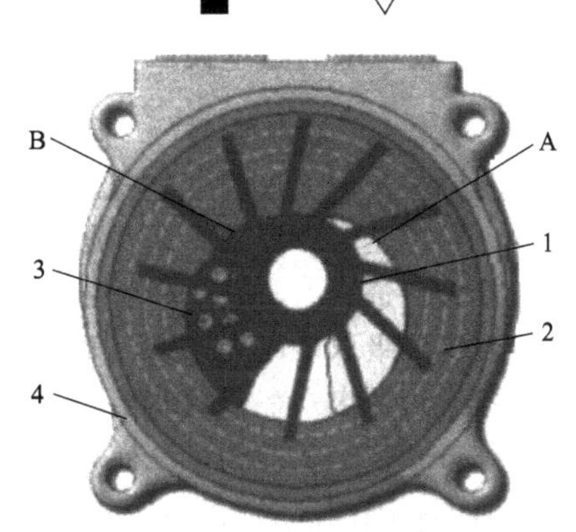

图 3-4 水环真空泵结构
A—吸气口；B—排气口；1—叶轮；2—水环；3—橡胶球；4—泵体

3.2.2.3 水环泵基本型号及参数

单级水环真空泵基本参数见表 3-6，双级水环真空泵基本参数见表 3-7。

表 3-6 单级水环真空泵基本参数

<table>
<tr><th>型号</th><th>最大抽速/$m^3 \cdot min^{-1}$</th><th>极限压力/kPa</th><th>带一级大气喷射器时极限真空度/kPa</th><th>带两级大气喷射器时极限真空度/kPa</th><th>做压缩机用时工作压力范围/MPa</th><th>转速①/$r \cdot min^{-1}$</th><th>吸入和排出口径②/mm</th></tr>
<tr><td>SK-0.4</td><td>0.4</td><td rowspan="2">19</td><td rowspan="3" colspan="2">—</td><td rowspan="2">—</td><td rowspan="5">1450</td><td>25</td></tr>
<tr><td>SK-0.8</td><td>0.8</td><td>40</td></tr>
<tr><td>SK-1.5</td><td>1.5</td><td>15</td><td rowspan="10">0～0.1</td><td rowspan="2">50</td></tr>
<tr><td>SK-3</td><td>3</td><td rowspan="4">8</td><td rowspan="4">3</td><td rowspan="4">0.5</td></tr>
<tr><td>SK-6</td><td>6</td><td>80</td></tr>
<tr><td>SK-12</td><td>12</td><td rowspan="2">970</td><td>100</td></tr>
<tr><td>SKA-20</td><td>20</td><td rowspan="2">150</td></tr>
<tr><td>SKB-20</td><td>20</td><td>15</td><td>4</td><td>0.6</td><td rowspan="2">730</td></tr>
<tr><td>SKA-30</td><td>30</td><td>8</td><td>3</td><td>0.5</td><td rowspan="3">200</td></tr>
<tr><td>SKB-30</td><td>30</td><td rowspan="7">15</td><td rowspan="7">15</td><td rowspan="7">4</td><td>585</td></tr>
<tr><td>SK-42</td><td>42</td><td>490</td></tr>
<tr><td>SK-60</td><td>60</td><td>420</td><td>250</td></tr>
<tr><td>SK-85</td><td>85</td><td rowspan="4">—</td><td>365</td><td rowspan="2">300</td></tr>
<tr><td>SK-120</td><td>120</td><td>300</td></tr>
<tr><td>SK-180</td><td>180</td><td>250</td><td>400</td></tr>
<tr><td>SK-250</td><td>250</td><td>200</td><td>500</td></tr>
</table>

① 转速为推荐转速，下同。

② 口径为推荐口径，下同。

表 3-7 双级水环真空泵基本参数

<table>
<tr><th>型号</th><th>最大抽速/$m^3 \cdot min^{-1}$</th><th>极限压力/kPa</th><th>带一级大气喷射器时极限真空度/kPa</th><th>转速/$r \cdot min^{-1}$</th><th>吸入和排出口径/mm</th></tr>
<tr><td>2SK-0.8</td><td>0.8</td><td rowspan="2">5</td><td rowspan="7">15</td><td rowspan="4">1450</td><td>40</td></tr>
<tr><td>2SK-1.5</td><td>1.5</td><td rowspan="2">50</td></tr>
<tr><td>2SK-3</td><td>2</td><td>4</td></tr>
<tr><td>2SK-6</td><td>6</td><td rowspan="4">35</td><td>80</td></tr>
<tr><td>2SK-12</td><td>12</td><td rowspan="2">970</td><td>100</td></tr>
<tr><td>2SK-20</td><td>20</td><td>150</td></tr>
<tr><td>2SK-30</td><td>30</td><td>730</td><td>200</td></tr>
</table>

3.2.3 旋片真空泵

旋片式油封机械泵（即旋片真空泵，简称旋片泵）是一种油封式机械真空泵，是真空技术中最基本的真空获得设备之一。旋片泵多为中小型泵，可分为单级和双级两种。所谓双级，就是在结构上将两个单级泵串联起来。一般多做成双级的，以获得较高的真空度。双级旋片泵工作压力范围为101325～5Pa，单级旋片泵工作压力范围为101325～50Pa，它们属于低真空泵。旋片泵可以单独使用，也可以作为其他高真空泵或超高真空泵的前级泵或预抽泵。已广泛地应用于冶金、机械、电子、化工、轻工、石油及医药等生产和科研部门。旋片泵可以抽除密封容器中的干燥气体，若附有气镇装置，还可以抽除一定量的可凝性气体。但它不适于抽除含氧过高的，对金属有腐蚀性的、对泵油会起化学反应以及含有颗粒尘埃的气体。

3.2.3.1 旋片泵的工作原理

旋片泵主要由泵体、转子、旋片、端盖、排气阀等组成。泵体内有一圆柱形空腔，空腔上装着进气管道和排气阀门，空腔内有一偏心安装的圆柱形转子，转子的顶端保持与空腔壁相接触，转子上开有两个槽，槽内安放二旋片，旋片间有一弹簧，当转子旋转时，借助于弹簧使两旋片的顶端始终沿着空腔的内壁滑动，其间的油膜确保了吸气腔与排气腔之间的气密性。

旋片旋转时几个典型的工作位置如图 3-5 所示。在旋转过程中，旋片始终将由空腔和转子间构成的弯月形体积划分为两部分：一部分是连通出口阀门的排气空腔，一部分是连通进气管道的吸气空腔。图（a）表示正在吸气，同时把上一工作周期内吸入的气体逐步压缩。图（b）表示吸气截止（这时吸气空腔为最大），将开始压缩。图（c）表示吸气空腔另一次吸气，排气空腔继续压缩。图（d）表示排气空腔内的气体，已被压缩到压力大于 101325Pa，因此它能将排气阀门打开而逸出到大气中，完成一个吸气-排气周期。

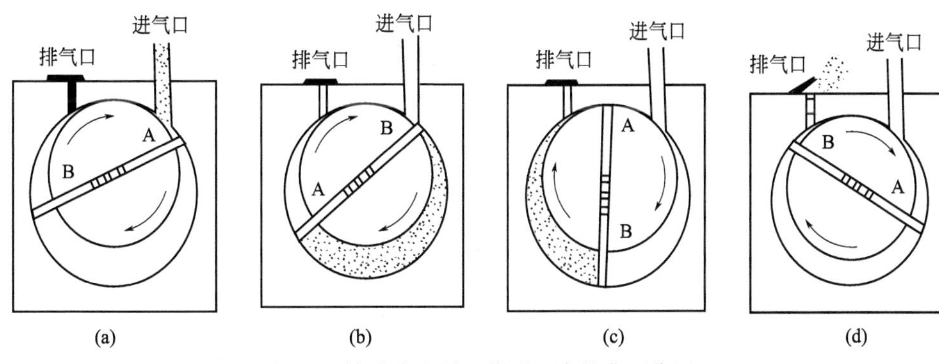

图 3-5　旋片真空泵工作过程中的典型位置

(1) 单级旋片真空泵的基本参数

单级旋片真空泵的基本参数见表 3-8。

表 3-8　单级旋片真空泵的基本参数

<table>
<tr><th>序号</th><th>型号</th><th>抽气速率①
$/L \cdot s^{-1}$</th><th>极限压力②
/Pa</th><th>极限全压力③
/Pa</th><th>噪声
/dB(A)</th><th>配用电机功率
/kW</th><th>进气口内径
/mm</th><th>抽气效率④
(1.5kPa)
/%</th><th>比功率⑤
$/W \cdot s \cdot L^{-1}$</th><th>入口水蒸气最大允许压力⑥/Pa</th><th>水蒸气允许量⑥
$/g \cdot h^{-1}$</th></tr>
<tr><td>1</td><td>XZ-0.5</td><td>0.5</td><td rowspan="5">≤7</td><td rowspan="5">≤35</td><td>≤78</td><td>≤0.12</td><td>10 或 16</td><td rowspan="5">≥70</td><td>≤240</td><td rowspan="5">—</td><td rowspan="5">—</td></tr>
<tr><td>2</td><td>XZ-1</td><td>1</td><td>≤80</td><td>≤0.18</td><td>16</td><td>≤180</td></tr>
<tr><td>3</td><td>XZ-2</td><td>2</td><td>≤82</td><td>≤0.25</td><td rowspan="2">25</td><td>≤125</td></tr>
<tr><td>4</td><td>XZ-4</td><td>4</td><td>≤85</td><td>≤0.37</td><td>≤93</td></tr>
<tr><td>5</td><td>XZ-8</td><td>8</td><td>≤87</td><td>≤0.55</td><td>32</td><td>≤90</td></tr>
<tr><td>6</td><td>XZ-15</td><td>15</td><td rowspan="4">≤2</td><td rowspan="4">≤20</td><td>≤88</td><td>≤1.5</td><td rowspan="2">63</td><td rowspan="4">≥70</td><td rowspan="2">≤130</td><td rowspan="4">≥3000</td><td>≥1200</td></tr>
<tr><td>7</td><td>XZ-30</td><td>30</td><td>≤90</td><td>≤4</td><td>≥2500</td></tr>
<tr><td>8</td><td>XZ-70</td><td>70</td><td>≤92</td><td>≤7.5</td><td>80</td><td rowspan="2">≤100</td><td>≥5600</td></tr>
<tr><td>9</td><td>XZ-150</td><td>150</td><td>≤95</td><td>≤15</td><td>125</td><td>≥12000</td></tr>
</table>

① 抽气速率指名义抽速。

② 极限压力系指用压缩式真空计在测试罩上规定的位置测得的永久性气体的分压力。

③ 极限全压力系指用经校准的热偶真空计等在测试罩上规定的位置测得的极限全压力。此指标暂不作为考核指标，但生产厂必须报告。

④ 抽气效率为泵的实测抽速与几何抽速之比。对于旋片机械泵表中的值仅适于 2 个旋片的泵。3 个旋片的泵抽气速率 1.5kPa 时应≥70%，2kPa 时应≥40%。

⑤ 比功率为泵的最大消耗功率与名义抽速之比。

⑥ 单级旋片机械泵的入口水蒸气最大允许压力和水蒸气允许量的指标暂作参考，不做考核。

(2) 单级旋片泵的技术性能及抽速曲线

① 技术性能　X-30、X-70、X-150 型旋片真空泵技术性能见表 3-9。

表 3-9　X-30、X-70、X-150 型旋片真空泵技术性能

型号	极限压力/Pa		抽速/$L \cdot s^{-1}$	水蒸气允许入口压力/Pa	水蒸气抽除量/$g \cdot h^{-1}$	转速/$r \cdot min^{-1}$	配用电机功率/kW	入口公称通径/mm	外形尺寸（长×宽×高）/mm×mm×mm	生产厂家
	无气镇时	有气镇时								
X-30	≤6	≤90	30	<3000	2400	420	4.0	65	1090×545×626	山东淄博真空设备厂有限公司
X-70			70		5600	450	7.5	80	1620×695×950	
X-150			150		12000	360	15	100	1885×980×1095	
X-150	<2	<66	150		14000	345	15	100	1925×990×1130	上海真空泵厂

② 特性曲线　X-30、X-70、X-150 型旋片真空泵抽速曲线见图 3-6。

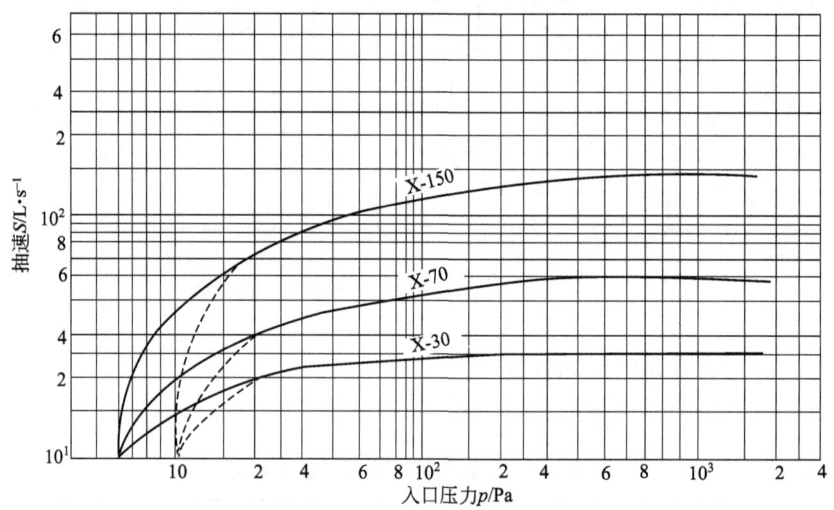

图 3-6　X-30、X-70、X-150 型旋片真空泵抽速曲线

3.2.3.2　双级旋片真空泵工作原理

双级旋片真空泵的工作原理见图 3-7。它由两个工作室组成，两室前后串联，同向等速旋转，Ⅰ室是低真空级，Ⅱ室是高真空级，被抽气体由进气口进入Ⅱ室，当进入的气体压力较高时，气体经Ⅱ室压缩，压力急速增大，被压缩的气体不仅从高级排气阀排出，而且经过中壁通道，进入Ⅰ室，在Ⅰ室被压缩，从低级排气阀排出；当进入Ⅱ室的气体压力较低时，虽经Ⅱ室的压缩，也推不开高级排气阀排出，气体全部经中壁通道进入Ⅰ室，经Ⅰ室的继续压缩，由低级排气阀排出，由于双级泵相当于两个单级泵串联，提高了压缩比，因此双级旋片真空泵比单级旋片真空泵的极限真空高。

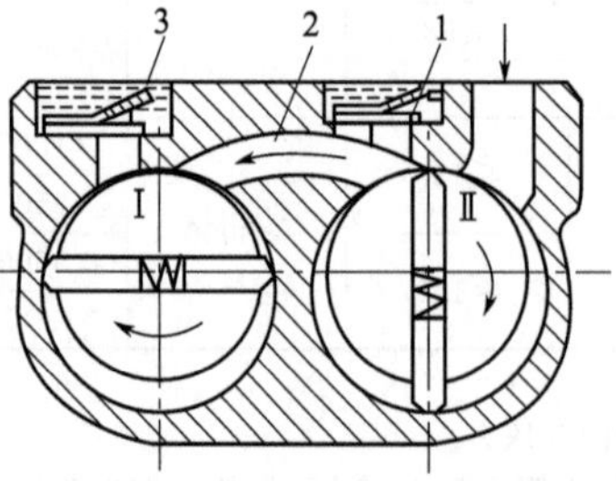

图 3-7　双级旋片真空泵工作原理

1—高级排气阀；2—通道；3—低级排气阀

机械泵用于抽除含蒸汽的气体时，在压缩过程中，蒸汽的分压会超过油温下的饱和蒸汽压值，蒸汽会凝结成液

体并和泵油混合，将泵油污染，污染了的泵油通过油路回到进气端，使泵的极限压力变坏。为了克服蒸汽凝结现象，有些泵专门在排气阀门附近设一可调节大小的小孔，不断漏进少量空气，使蒸汽始终处于非饱和状态，将其在凝结之前排出。这种方法称为气镇，该小孔称为掺气孔，具有掺气孔的泵称为掺气式机械泵。掺气泵在掺气运用时由于出口端压力增高，气体返流较多，故极限压力有所增高。

(1) 双级旋片真空泵的基本参数

双级旋片真空泵的基本参数见表 3-10。

表 3-10 双级旋片真空泵的基本参数

序号	型号	抽气速率①/L·s^{-1}	极限压力②(关气镇阀)/Pa	极限全压力③(关气镇阀)/Pa	噪声/dB(A)	配用电机功率/kW	进气口内径/mm	抽气效率④/% 1.5kPa	抽气效率④/% 2Pa	比功率⑤/W·s·L^{-1}
1	ZX-0.5	0.5	≤6×10^{-2}	≤1	≤68	≤0.18	16	≥80	≥45	≤360
2	2XZ-0.5									
3	2X-1	1			≤70	≤0.25				≤250
4	2XZ-1									
5	2X-2	2			≤72	≤0.37	25			≤185
6	2XZ-2									
7	2X-4	4			≤75	≤0.55				≤137
8	2XZ-4									
9	2X-8	8			≤78	≤1.1	40			
10	2XZ-8									≤147
11	2X-15	15			≤80	≤2.2	50			
12	2XZ-15									≤100
13	2X-30	30			≤82	≤3.0	63			
14	2XZ-30									≤79
15	2X-70	70			≤86	≤5.5	80			

① 抽气速率指名义抽速。

② 极限压力系指用压缩式真空计在测试罩上规定的位置测得的永久性气体的分压力。

③ 极限全压力系指用经校准的热偶真空计等在测试罩上规定的位置测得的极限全压力。此指标暂不作为考核指标，但生产厂必须报告。

④ 抽气效率为泵的实测抽速与几何抽速之比。对于旋片机械泵表中的值仅适于 2 个旋片的泵。3 个旋片的泵抽气速率 1.5kPa 时应≥70%，2kPa 时应≥40%。

⑤ 比功率为泵的最大消耗功率与名义抽速之比。

注：极限压力是用压缩式真空计测得的，是分压力值，非全压力值。

(2) 国产 2X 型旋片真空泵技术性能、特性曲线

① 技术性能　国产 2X 型旋片真空泵主要技术性能见表 3-11。

表 3-11 国产 2X 型旋片真空泵主要技术性能

型号	抽气速率/L·s^{-1}	极限压力/Pa	转速/r·min^{-1}	电机功率/kW	进气口径/mm	用油量/L	噪声/dB(A)	外形尺寸(长×宽×高)/mm×mm×mm	质量/kg	生产厂家
2X-4C	4	6×10^{-2}	450	1.00	25	1.0	≤75	490×310×410	59	上海真空泵厂
2X-8	8		320	1.10	40	2.0	≤78	790×430×540	158	
2X-15	15		320	2.20	40	2.8	≤80	790×530×540	202	
2X-30A	30		450	3.00	65	2.0	≤82	780×500×560	236	
2X-70A	70		450	5.50	80	4.2	≤86	910×650×700	338	

续表

型号	抽气速率 /L·s^{-1}	极限压力 /Pa	转速 /r·min^{-1}	电机功率 /kW	进气口径 /mm	用油量/L	噪声 /dB(A)	外形尺寸(长×宽×高) /mm×mm×mm	质量 /kg	生产厂家
2X-8	8	6×10^{-2}	590	1.10	34	1.3	≤75	580×340×380	78.5	成都国投南光有限公司
2X-8A	8		590	1.10	34	1.5	≤75	580×340×380	78.5	
2X-15	15		450	1.50	60	3.0	≤80	660×440×580	128	
2X-15A	15		450	1.50	60	2.5	≤80	660×440×580	128	
2X-30	30		450	3.00	70	3.2	≤82	730×470×670	231	
2X-70	70		450	5.50	90	8.0	≤86	850×600×610	450	
2XD-2	110	6×10^{-1}	500	1.5		10.0		910×680×430	250	
2X-2	2	6×10^{-2}	610	0.37	25	0.35	≤65	450×250×280		山东淄博真空设备厂有限公司
2X-4	4		543	0.55	28	0.55	≤65	530×300×340	60	
2X-8	8		590	1.10	34	0.60	≤70	580×328×380	79	
2X-15	15		320	2.20	36	4.20	≤70	650×420×40	128	
2X-30A	30		450	3.00	65	3.20	≤70	780×500×560	231	
2X-70A	70		420	5.50	80	5.00	≤75	908×650×692		
2XQ-1	1	6×10^{-2}	450	0.25	15	1.60		470×240×350	40	北京北仪创新真空技术有限公司
2XQ-2	2		450	0.37	20	1.30		470×240×355	50	
2X-4	4		450	0.55	32	0.50		500×332×340	56	
2X-8	8		400	0.75	32	0.80		580×334×463	118	
2X-15	15		400	1.5	50	1.50		660×400×560	185	
2X-30	30		370	3.00	63	2.00		730×500×452	300	
2X-70	70		450	5.50	80	4.00		840×466×572		
2X-0.5	0.5	6×10^{-2}	500	0.18	16	0.5	≤68	325×215×295	35	南京真空泵厂
2X-1	1		500	0.25	16	0.5	≤70	400×245×315	40	
2X-2	2		450	0.37	25	1.0	≤72	460×280×350	52	
2X-4	4		520	0.55	25	1.0	≤75	460×280×350	57	
2X-8	8		600	1.10	40	2.0	≤78	589×340×400	110	
2X-15	15		460	2.20	50	3.0	≤80	710×424×480	180	
2X-30A	30		400	3.00	63	4.5	≤82	750×490×600	300	
2X-70A	70		420	5.50	80	7.5	≤86	900×710×790	400	
2X-100	100		480	7.50	100	10.0	≤88	720×730×980	500	
2X-1	1	6×10^{-2}	500	0.18	16	0.25	≤70	300×210×260	20	沈阳真龙真空设备厂
2X-2	2		460	0.37	20	0.5	≤70	420×280×330	34	
2X-4	4		550	0.55	24	0.5	≤75	380×270×370	39	
2X-8	8		500	1.10	32	1.5	≤76	550×315×320	65	
2X-15	15		410	1.50	50	2.6	≤78	700×400×550	185	
2X-30	30		410	4.00	65	3.0	≤80	900×570×602	270	
2X-70	70		360	5.50	90	8.0	≤86	1000×772×755	560	
2X-150	150		450	11.00	125	20.0	≤88	1365×945×1140	800	

续表

型号	抽气速率/L·s^{-1}	极限压力/Pa	转速/r·min^{-1}	电机功率/kW	进气口径/mm	用油量/L	噪声/dB(A)	外形尺寸(长×宽×高)/mm×mm×mm	质量/kg	生产厂家
2X-0.5	0.5	6×10^{-2}	1400	0.18	16	0.18		300×220×230	14	沈阳真空泵厂
2X-1	1		1400	0.18	16	0.20		300×220×320	16	
2X-2	2		1400	0.37	18	0.32		380×220×330	27	
2X-4	4		1400	0.55	22	0.55		380×260×390	35	
2X-8	8		1400	1.10	38	0.65		560×320×320	65	
2X-15	15		1400	1.50	50	1.50		760×440×520	100	
2X-30	30		1400	4.00	70	2.20		850×500×580	270	
2X-30C	30		1400	3.00	70	2.20		780×460×560	230	
2X-70	70		960	5.50	85	8.80		1000×780×750	560	
2X-1	1	6×10^{-2}	500	0.18	16	0.25	≤70	335×258×256	20	沈阳恒星实业有限公司(沈阳真空设备厂)
2X-2	2		460	0.37	20	0.50	≤70	424×280×322	34	
2X-4	4		550	0.55	26	0.50	≤75	426×285×376	34	
2X-8	8		500	1.10	35	1.50	≤75	500×315×320	65	
2X-15	15		410	1.50	50	2.60	≤78	700×460×550	185	
2X-30	30		410	4.00	65	3.00	≤80	900×575×594	270	
2X-70	70		360	5.50	90	8.00	≤86	1000×772×755	560	
2X-0.5	0.5	2×10^{-2}	530	0.18	10	0.5	≤64	420×274×270	21	广东真空设备厂
2X-1	1	4×10^{-2}	800	0.18	15	0.5	≤68	450×260×270	20	
2X-2	2	6×10^{-2}	390	0.37	20	0.7	≤70	480×277×279	25	
2X-4	4	6×10^{-2}	410	0.55	25	1.0	≤75	570×311×397	67	
2X-8	8	4×10^{-2}	410	1.10	32	1.5	≤74	588×395×390	95	
2X-15	15		320	2.20	50	2.8	≤76	792×531×540	165	
2X-30	30		315	3.00	65	4.2	≤79	920×638×656	370	
2X-70	70	6×10^{-2}	315	5.50	80	4.2	≤86	990×638×739	470	
2X-4A	4	6×10^{-2}	525	0.55		1.5	≤72	460×300×325		成都无极真空科技有限公司
2X-8A	8		590	1.10		2.2	≤78	520×330×350		
2XT-15	15	6×10^{-2}	700	1.50	50	6.00		633×480×480		沈阳真空机械三厂
2XT-30	30		700	3.00	65	8.00		655×500×500		
2XT-70	70		450	5.50	80	12.00		850×700×585		

注:极限压力是用压缩式真空计测得的,是分压力值,不是全压力值。

② 特性曲线　2X 型旋片真空泵抽气速率与进气口压力曲线如图 3-8 所示。

(3) 进口旋片泵技术性能及性能曲线

① 技术性能　德国莱宝旋片真空泵主要技术性能见表 3-12。

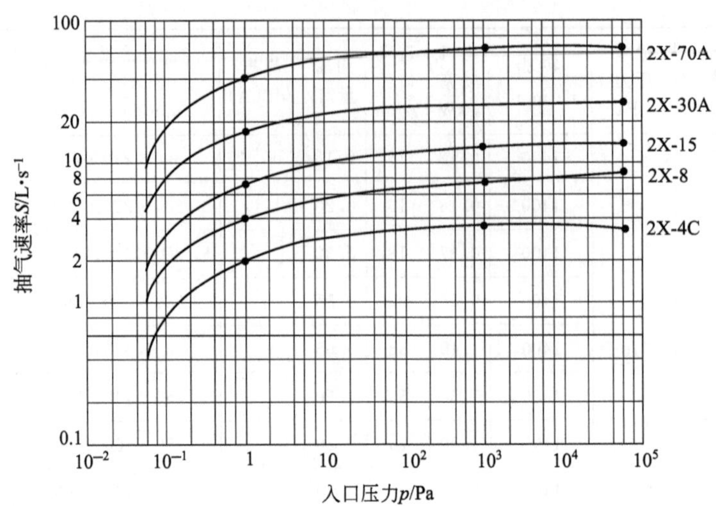

图 3-8　2X 型旋片真空泵抽气速率与进气口压力曲线

表 3-12　德国莱宝旋片真空泵主要技术性能

型号		名义抽速 /$m^3 \cdot h^{-1}$	实际抽速 /$m^3 \cdot h^{-1}$	极限压力/mbar		噪声 /dB	环境温度/℃	转速 /$r \cdot min^{-1}$	质量 /kg	进/排气口法兰(DN)
				气镇阀关	气镇阀开					
D16B	50Hz	18.9	16.5	$<2\times10^{-3}$	$<5\times10^{-3}$	54	12～40	1500	31.5	25KF
	60Hz	22.7	19.8			54		1800	31.5	25KF
D25B	50Hz	29.5	25.7			54		1500	35.8	25KF
	60Hz	35.4	30.8			54		1800	35.8	25KF
D40B	50Hz	46	40			57		1420	72.5	40KF
	60Hz	55	48			57		1710	72.5	40KF
D65B	50Hz	75	65			57		1420	81.7	40KF
	60Hz	90	78			57		1710	81.7	40KF

② 特性曲线　德国莱宝旋片真空泵抽气速率与进气口压力曲线见图 3-9。

3.2.4　滑阀真空泵

3.2.4.1　概述

滑阀真空泵简称滑阀泵。滑阀真空泵属于油封式机械真空泵的一种。其抽气原理和旋片真空泵相似，但结构不同。由于它的抽速较大，常用于真空冶炼、真空干燥、真空处理、真空浸渍、真空蒸馏、真空模拟装置，电子器件排气以及其他真空作业中，也可做高真空泵的前级泵。

3.2.4.2　工作原理

滑阀泵分单级泵和双级泵两种，有立式和卧式两种结构形式。

这种泵主要由泵体及在缸内作偏心转动的滑阀所组成，如图 3-10 所示。在泵缸中，装有滑阀环（4），其内装有偏心轮（3）。偏心轮固定在泵轴（2）上，泵轴与泵缸中心线相重合。在滑阀环上装有长方形的滑阀杆（5），它能在半圆形滑阀导轨（7）中上下滑动及左右摆动，因此泵缸被滑阀环和滑阀杆分隔为 A、B 两室，泵在运转过程中，由于 A、B 两室容积周期性地改变（极小与极大之间），从而达到抽气的目的。双级型的滑阀泵，

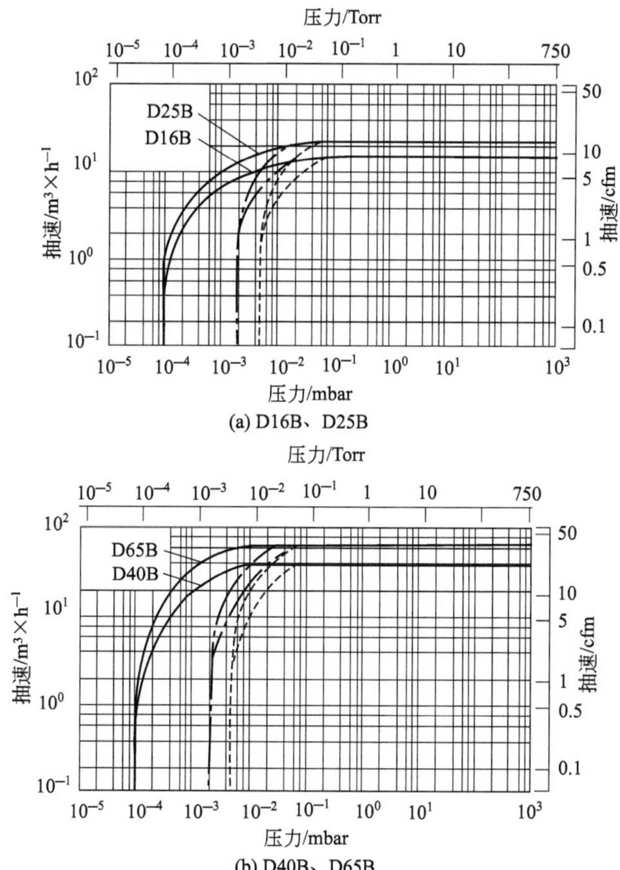

(a) D16B、D25B

(b) D40B、D65B

图 3-9　旋片真空泵（德国莱宝）抽气速率与进气口压力曲线

———— 无气镇阀时的局部极限压力；—·— 无气镇阀时的极限总压力；

--------- 有镇气阀时的极限压力；1cfm=1ft^3/min=28.3185L/min

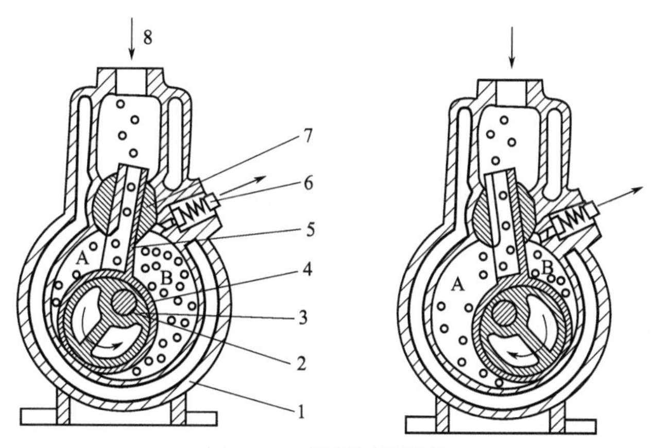

图 3-10　滑阀泵的结构

1—泵体；2—泵轴；3—偏心轮；4—滑阀环；5—滑阀杆；6—排气阀；7—滑阀导轨；8—进气管

实际上是由两个单级泵串联起来的，它的高、低气室在同一泵体内，有的是直接铸造成一个整体，有的是压入中隔板来把泵腔分为高、低两个气室。但二者的前后两室均不直接有孔相通，而是高真空室把容器中的气体吸入经膨胀压缩后排到泵腔上部空腔，再由低真空气室吸入经膨胀压缩过程排出泵外。

这种泵的极限真空度：单级泵 1×10^{-2}（大泵，多为 150L/s 以上）～3×10^{-3}Torr（小泵）。其抽气速率已有达 1200L/s 的。

3.2.4.3 性能参数

滑阀真空泵性能参数见表 3-13。

表 3-13 滑阀真空泵性能参数

序号	型号	抽气速率 $/L\cdot s^{-1}$	极限压力（关气镇阀）/Pa	极限全压力（关气镇阀）/Pa	抽气效率/%		噪声/dB(A)	比功率 $/W\cdot s\cdot L^{-1}$	推荐电机功率/kW	泵法兰名义内径/mm	
					1.5kPa	2Pa				进口	出口
1	H-8	8	$\leqslant6\times10^{-1}$	—	≥80	—	≤82	≤130	1.1	50	25
2	2H-8		$\leqslant6\times10^{-2}$	≤2.0		≥45					
3	H-15	15	$\leqslant6\times10^{-1}$	—		—	≤87		2.2		
4	2H-15		$\leqslant6\times10^{-2}$	≤2.0		≥45					
5	H-30	30	$\leqslant6\times10^{-1}$	—		—	≤91		4	63	40
6	2H-30		$\leqslant6\times10^{-2}$	≤2.0		≥45					
7	H-70	70	≤1.3	≤6.5		—	≤94	≤90	7.5	80	63
8	2H-70		$\leqslant6\times10^{-2}$	≤2.0		≥45		≤110			
9	H-150	150	≤1.3	≤6.5		—	≤96	≤90	15	100	80
10	2H-150		$\leqslant6\times10^{-2}$	≤2.0		≥45		≤100			
11	H-300	300	≤1.3	≤6.5		—	≤100	≤90	30	160	100

3.2.5 罗茨真空泵

罗茨真空泵（简称罗茨泵）是一种旋转式变容真空泵。它是由罗茨鼓风机演变而来的。根据罗茨真空泵工作范围的不同，又分为直排大气的低真空罗茨泵；中真空罗茨泵（又称机械增压泵）和高真空多级罗茨真空泵。

罗茨泵在泵腔内有两个形状对称的转子，转子的形状有两叶、三叶和四叶的，两叶型的转子形状像 8 字，也有人认为像鞋底，称为草鞋泵。两个转子相互垂直地安装在一对平行轴上，由传动比为 1 的一对齿轮带动作彼此反向的同步旋转运动。转子彼此无接触、转子与泵腔壁也无接触，在转子之间、转子与泵壳内壁之间，保持有一定的间隙，可以实现高转速运行。由于罗茨泵是一种无内压缩的真空泵，通常压缩比很低，故高、中真空泵需要前级泵。罗茨泵的极限真空除取决于泵本身结构和制造精度外，还取决于前级泵的极限真空。为了提高泵的极限真空度，可将罗茨泵串联使用。

3.2.5.1 罗茨泵的工作原理

罗茨泵的工作原理与罗茨鼓风机相似，图 3-11 示出了罗茨泵转子由 0°转到 180°的抽气过程及工作顺序位置。在 0°位置时［图中（1）］，下转子从泵入口封入 V 体积的气体。当转到 45°位置时［图中（2）］，该腔与排气口相通。由于排气侧压力较高，引起一部分气体返冲过来。当转到 90°位置时［图中（3）］，下转子封入的气体，连同返冲的气体一起排向泵外。这时，上转子也从泵入口封入 V 体积的气体。当转子继续转到 135°时［图中

(4)]，上转子封入的气体与排气口相通，重复上述过程。180°［图中（5)］位置和0°位置是一样的。转子主轴旋转一周共排出四个V体积的气体。

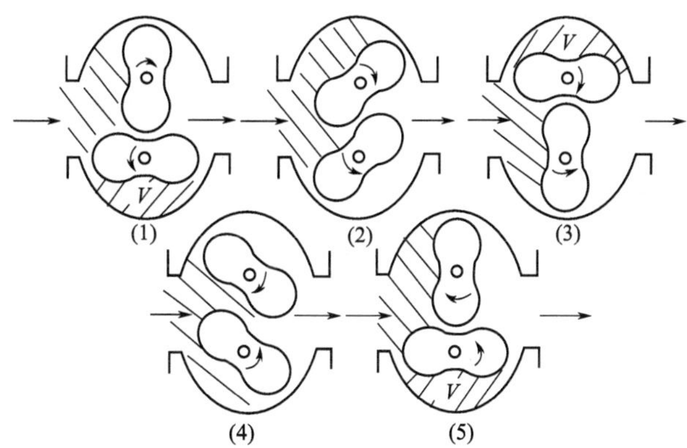

图 3-11　罗茨真空泵的工作顺序位置

罗茨真空泵的最大优点是：在较低入口压力时具有较高的抽气速率。普通类型的罗茨泵不能单独使用，必须有一台前级真空泵串联。待被抽系统中的压力被前级真空泵抽到罗茨真空泵允许入口压力时，罗茨真空泵才能开始工作。并且在一般情况下，罗茨真空泵不允许高压差时工作，否则将会过载和过热而损坏，因此使用罗茨真空泵时必须合理地选用前级真空泵，安装必要的保护设备。

3.2.5.2　罗茨泵的分类

罗茨真空泵根据泵体结构可分为两类，一类为普通型，另一类为直排大气型。二者区别除结构之外，主要是普通型罗茨泵不能单独地把气体直接排入大气中去，需要和前级真空泵串联使用，被抽气体通过前级真空泵将气体排到大气中，其示意图如图 3-12 所示。而直排大气型可以把气体直接排入大气中去。普通类泵又可以分为一般型泵和带旁通阀型泵两种。普通型带旁通阀的罗茨泵其结构如图 3-13 所示。

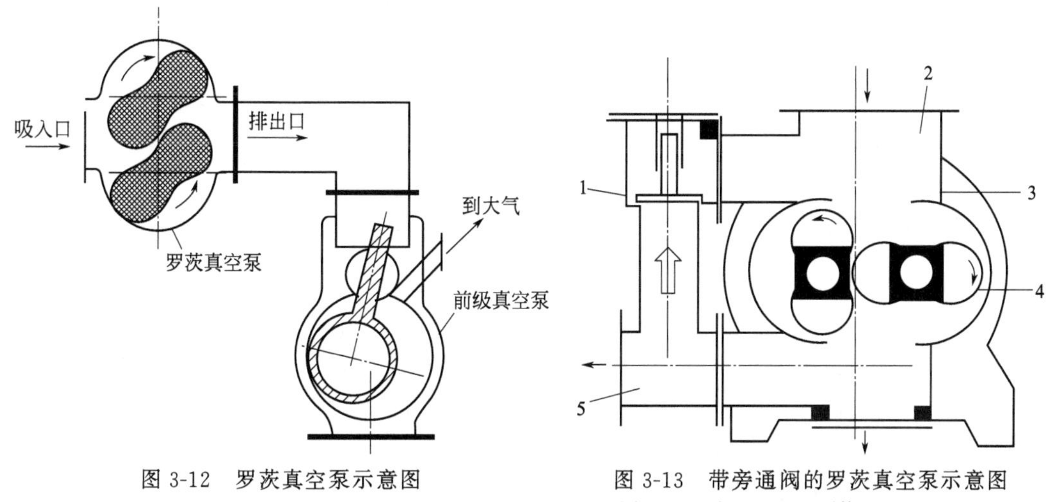

图 3-12　罗茨真空泵示意图

图 3-13　带旁通阀的罗茨真空泵示意图

1—溢流阀；2—泵入口；3—泵体；4—转子；5—泵出口

为了避免罗茨泵的误操作，一般多设有旁路溢流阀。罗茨泵有、无溢流阀时的抽速的比较见图 3-14。曲线 1 为前级泵的抽速曲线，曲线 2 为罗茨泵在 1.3×10^2 时启动的抽速，曲线 3 为带溢流阀的罗茨泵抽速曲线，图中 4 为有溢流阀工作增加的抽速部分。因而，有溢流阀的罗茨泵可缩短启动时间。

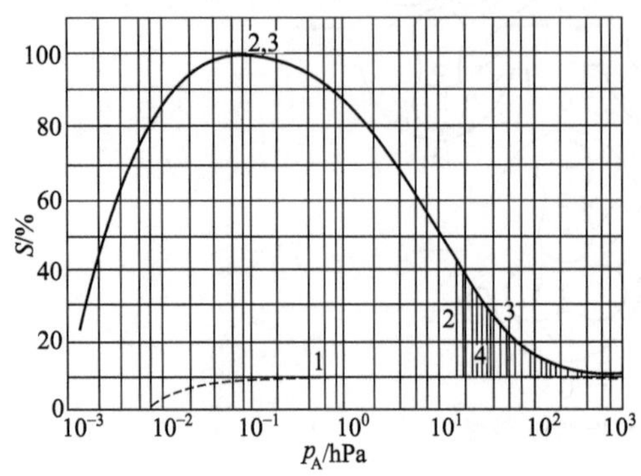

图 3-14 罗茨泵有、无溢流阀时抽速的比较

直排大气型罗茨真空泵可分为气冷式和水冷式（又称湿式）两种。气冷式直排罗茨泵用冷却的气体或用大气直接冷却热态的转子，从而减少了转子与泵壳间的温差，提高了罗茨泵的抗热能力。具体结构示意图及工作原理如图 3-15 及图 3-16 所示。这种气冷式罗茨泵可用于高压差和高压缩比的情况下工作。这种泵的结构简单，冷却器与泵的出口相连，便于维修和更换。由于散热均匀，转子与泵体之间的间隙仍可保持很小，有利于泵容积效率的提高。这种泵必须配置冷却器和消声器，因为被泵排出的气体有很高的温度，通过冷却器冷却后，少部分被冷却了的气体由管道返流到泵出口以冷却泵，而大部分由冷却器排出的气体排入大气或下一级泵。这种泵直排大气时，小泵的极限压力可达 2×10^4Pa，大泵可达 1×10^4Pa，若两台串联，可获得极限压力 $(2\sim3)\times10^3$Pa。

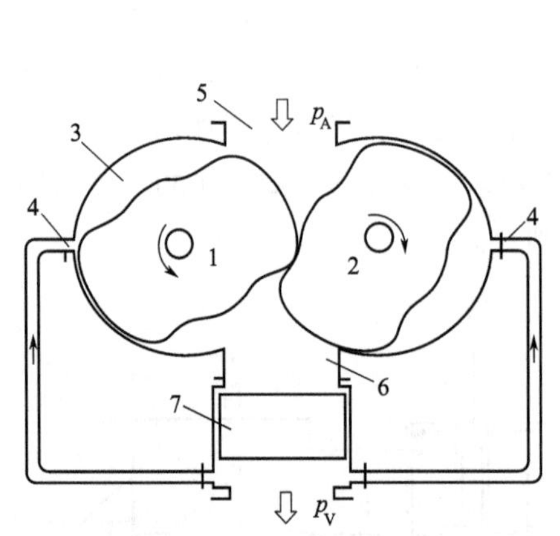

图 3-15 气冷式罗茨泵结构

1，2—转子；3—泵腔；

4—冷气入口；5—抽气口；6—泵出口；7—冷却器

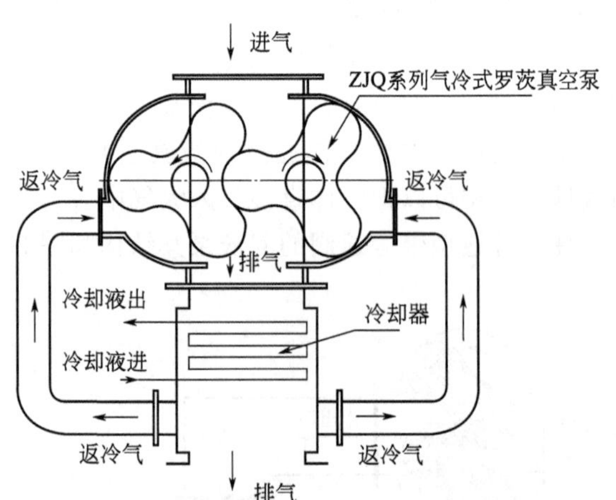

图 3-16 ZJQ 系列气冷式罗茨真空泵工作原理

湿式罗茨泵可以吸入少量的水，但吸入量过大时，要在泵入口前设置分离器，将水分离后，再注入适量的水。这种泵直接向大气中排放时，噪声较大，故需加消声器。中真空罗茨泵出口压力在 4×10^3Pa 以下，吸入压力在 $10^3\sim10^{-1}$Pa 范围，若出口压力在 10^3Pa，入口压力在 $10^2\sim1$Pa 范围内使用，效率最高。

3.2.5.3 国产罗茨真空泵型号与基本参数

国产罗茨真空泵型号与基本参数见表 3-14。

表 3-14　国产罗茨真空泵型号与基本参数

型号	抽气速率 /L·s^{-1}	极限分压力/Pa	最大允许压差/Pa	进气口通径/mm	出气口通径/mm	零流量最大压缩比	噪声 /dB(A)	推荐电动机功率/kW	推荐泵转速 /r·min^{-1}	推荐配用前级泵
ZJ-30	30	$\leqslant 5\times10^{-2}$	$\geqslant 8\times10^{3}$	50	40	≥25	≤78	0.75	2950	2X-8
ZJ-70	70		$\geqslant 6\times10^{3}$	80	50	≥25		1.1	2950	2X-15
ZJ-150	150			100	80	≥30	≤82	2.2	2950	2X-30
ZJ-300	300		$\geqslant 5\times10^{3}$	160	100	≥30	≤83	4	2950	2X-70
ZJ-600	600		$\geqslant 4\times10^{3}$	200	160	≥35	≤86	7.5	2950	ZJ-150 2X-30
ZJ-1200	1200		$\geqslant 3\times10^{3}$	250	200	≥35	≤90	11	2950	ZJ-300 2X-70
ZJ-2500	2500			320	250	≥40		18.5	2950	ZJ-600 H-150
ZJ-5000	5000			400	320	≥40	≤91	37	1450	ZJ-1200 H-300
ZJ-10000	10000		$\geqslant 2.5\times10^{3}$	500	400	≥45	≤93	55	1450	ZJ-2500 ZJ-600 H-150
ZJ-20000	20000		$\geqslant 2\times10^{3}$	630	500	≥45	≤94	75	1450	ZJ-5000 ZJ-1200 2×H-150

注：1.表内各项性能指标，系指在推荐配用的前级泵下测得；ZJ-600 以上的泵最大允许压差系指在前级泵抽速增大 1 倍的情况下测得。

2.泵进、出气口通径系指泵进、出气口法兰公称通径，应符合 GB6070 规定，泵进气口必须有密封槽。

3.本标准推荐的配用前级泵适用于一般情况，但为满足用户的不同要求，也可选用其他的前级泵。

3.2.5.4　进口罗茨真空泵型号与基本参数

(1) 普发罗茨泵

普发罗茨泵的基本参数如表 3-15 所示，性能曲线如图 3-17 所示。

表 3-15　德国普发罗茨泵型号与基本参数

型号		进气口法兰 /mm	排气口法兰 /mm	名义抽速 /(m^3/h)	有溢流阀时的压差 /mbar	电机功率 /kW	转速 /r·min^{-1}	质量 /kg	噪声 /dB(A)	冷却方式
Okta250A	50Hz	*DN*63ISO-F	*DN*63ISO-F	270	75	0.75	3000	95	75	风冷
	60Hz	*DN*63ISO-F	*DN*63ISO-F	324	75	1.1	3600	95	75	
Okta500A	50Hz	*DN*100ISO-F	*DN*100ISO-F	490	75	1.5	3000	125	75	
	60Hz	*DN*100ISO-F	*DN*100ISO-F	588	75	2.2	3600	125	75	
Okta1000A	50Hz	*DN*160ISO-F	*DN*100ISO-F	1070	45	3	3000	250	75	
	60Hz	*DN*160ISO-F	*DN*100ISO-F	1284	45	4	3600	250	75	
Okta2000A	50Hz	*DN*160ISO-F	*DN*100ISO-F	2065	35	5.5	3000	370	75	
	60Hz	*DN*160ISO-F	*DN*100ISO-F	2478	35	7.5	3600	370	75	
Okta4000A	50Hz	*DN*250ISO-F	*DN*160ISO-F	4050	25	11	3000	600	79	
	60Hz	*DN*250ISO-F	*DN*160ISO-F	4860	25	15	3600	600	79	
Okta6000A	50Hz	*DN*250ISO-F	*DN*160ISO-F	6075	20	15	3000	850	79	
	60Hz	*DN*250ISO-F	*DN*160ISO-F	7290	20	18.5	3600	850	79	
Okta8000A	50Hz	*DN*320ISO-F	*DN*320ISO-F	8000	27	22	1500	1550	78	
	60Hz	*DN*320ISO-F	*DN*320ISO-F	9600	27	30	1800	1550	78	
Okta18000A	50Hz	*DN*400ISO-F	*DN*400ISO-F	17850	10	45	1500	3300	79	
	60Hz	*DN*400ISO-F	*DN*400ISO-F	21420	10	45	1800	3300	79	

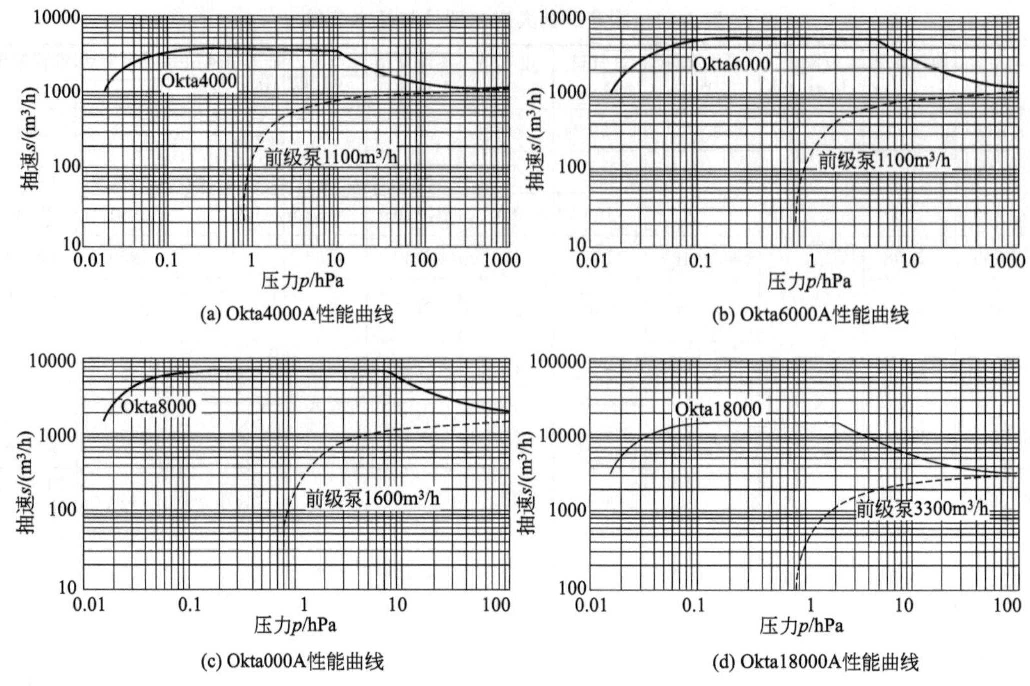

(a) Okta4000A性能曲线　(b) Okta6000A性能曲线

(c) Okta000A性能曲线　(d) Okta18000A性能曲线

图 3-17　德国普发罗茨泵性能曲线

（2）莱宝罗茨泵

莱宝罗茨泵的基本参数如表 3-16 所示。

表 3-16　德国莱宝罗茨泵型号与基本参数

项目＼型号	WA/WAU251		WA/WAU(H)501		WA/WAU(H)1001		WA/WAU(H)2001	
	50Hz	60Hz	50Hz	60Hz	50Hz	60Hz	50Hz	60Hz
名义抽速/$m^3 \cdot h^{-1}$	253.0	304.0	505.0	606.0	1000	1200	2050	2460
有效抽速/$m^3 \cdot h^{-1}$	210.0	251.0	410.0	530.0	800	1000	1850	2100
极限总压/mbar	$<8\times10^{-4}$	$<8\times10^{-4}$	$<4\times10^{-2}$	$<4\times10^{-2}$	$<4\times10^{-2}$	$<4\times10^{-2}$	$<4\times10^{-2}$	$<4\times10^{-2}$
漏率/$mbar \cdot L \cdot s^{-1}$	$<5\times10^{-4}$	$<5\times10^{-4}$	$<5\times10^{-4}$	$<5\times10^{-4}$	$<5\times10^{-4}$	$<5\times10^{-4}$	$<5\times10^{-4}$	$<5\times10^{-4}$
环境温度/℃	5～40	5～40	5～40	5～40	5～40	5～40	5～40	5～40
电机功率/kW	1.1	1.1	2.2	2.2	4.0	4.0	7.5	7.5
连接法兰(*DN*)	63ISO-K	63ISO-K	63ISO-K	63ISO-K	100ISO-K	100ISO-K	160ISO-K	160ISO-K
质量/kg	85	85	128	128	220	220	400	400
噪声/dB(A)	＜62	＜64	＜65	＜67	＜70	＜73	＜72	＜77

3.2.5.5　直排大气罗茨真空泵型号与基本参数

直排大气罗茨真空泵有 LQ 型、ZJQ 型等。ZJQ 系列气冷式罗茨真空泵，是在 ZJ 系列罗茨真空泵的基础上增加了旁路气体冷却系统而衍生出来的新产品。由于其特殊的结构设计，使其可在高压差和高压缩比下长期可靠地运行。冷却气体从泵的两侧进入泵内吸气腔，使泵不会因气体的压缩而出现过热，但对泵的抽气性能没有任何影响。冷却器和电机是每台泵必备的附件，冷却器和电机的规格是根据不同的工况而定。泵可以单独使用，或与液环真空泵和普通罗茨真空泵串联成机组，达到更高真空度来满足各类工艺要求。

ZJQ 型罗茨泵的型号及参数见表 3-17。LQ 型罗茨泵的型号及参数见表 3-18。

表 3-17　ZJQ 型罗茨泵的型号及参数

型号	抽气速率 /L·s^{-1}	极限压力 /Pa	转速 /r·min^{-1}	功率 /kW	进气口径 /mm	排气口径 /mm	冷却水量 /m^3·h^{-1}
ZJQ-70	70	15000	2900	1.5～7.5	80	50	2000
ZJQ-150	150	13000	2900	3～18.5	100	80	3500
ZJQ-300	300	13000	2900	5.5～37	150	100	6000
ZJQ-600	600	13000	1460	7.5～75	200	150	9000
ZJQ-900	900	13000	990	11～90	250	200	15000
ZJQ-1200	1200	13000	1470	11～132	250	200	15000
ZJQ-2500	2500	13000	980	22～280	350	300	28000
ZJQ-3750	3750	13000	1470	30～400	350	300	35000

注：生产厂家：海门市华丰真空设备有限公司。

表 3-18　LQ 型罗茨泵的型号及参数

<table>
<tr><th rowspan="2">型号</th><th rowspan="2">抽气速率 /L·s^{-1}</th><th colspan="2">极限压力/Pa</th><th rowspan="2">转速 /r·min^{-1}</th><th rowspan="2">功率 /kW</th><th rowspan="2">进排气口径 /mm</th><th rowspan="2">返气口直径 /mm</th><th rowspan="2">零流量最大压缩比</th><th rowspan="2">质量 /kg</th></tr>
<tr><th>配前级泵</th><th>直排大气</th></tr>
<tr><td>LQ-150</td><td>150</td><td rowspan="8">5×10^{-4}</td><td rowspan="3">2×10^{2}</td><td>2980</td><td>2.2～15</td><td>100</td><td>2×63</td><td>30</td><td>240</td></tr>
<tr><td>LQ-300</td><td>300</td><td>2980</td><td>4～30</td><td>160</td><td>2×80</td><td>30</td><td>490</td></tr>
<tr><td>LQ-450</td><td>450</td><td>1000</td><td>5.5～4.5</td><td>200</td><td>2×100</td><td>30</td><td>880</td></tr>
<tr><td>LQ-600</td><td>600</td><td rowspan="2">1.6×10^{2}</td><td>1500</td><td>7.5～75</td><td>200</td><td>2×160</td><td>35</td><td>880</td></tr>
<tr><td>LQ-800</td><td>800</td><td>1000</td><td>11～90</td><td>250</td><td>2×160</td><td>35</td><td>1480</td></tr>
<tr><td>LQ-1200</td><td>1200</td><td rowspan="3">1.3×10^{2}</td><td>1500</td><td>11～135</td><td>250</td><td>2×160</td><td>35</td><td>1480</td></tr>
<tr><td>LQ-1800</td><td>1800</td><td>1500</td><td>15～200</td><td>320</td><td>4×160</td><td>35</td><td>2050</td></tr>
<tr><td>LQ-2500</td><td>2500</td><td>1875</td><td>18.5～280</td><td>320</td><td>4×160</td><td>40</td><td>4400</td></tr>
</table>

注：生产厂家：上海神工真空设备公司，浙江神工真空设备制造有限公司。

3.2.6　干式真空泵

3.2.6.1　爪型干式真空泵（摘自 JB/T 10552—2006）

(1) 概述

爪型干式真空泵，是一种转子为爪型的变容式干式真空泵，能够工作在大气压到 0.1Pa 区域内的干式真空泵。爪型干式真空泵，又名爪型干泵。本泵还可以与罗茨泵或分子泵组成无油中真空及无油高真空机组。

(2) 工作原理

图 3-18 表示爪式泵的工作过程。两个转子按箭头方向旋转时，吸气口与泵腔接通，泵腔容积变大而吸气，当转子关闭吸气口时吸气结束，以后泵腔变小而压缩气体，当排气口打开后泵腔排气，排气口关闭时则排气完毕，如此循环工作。

(3) 爪型干泵特点

① 一对转子悬浮在泵腔内，并与泵腔具有一定间隙，可以抽除含粉尘的气体；

② 泵腔内没有介质和润滑油，是较清洁的真空泵；

③ 可以由大气压下启动，并排到大气中；

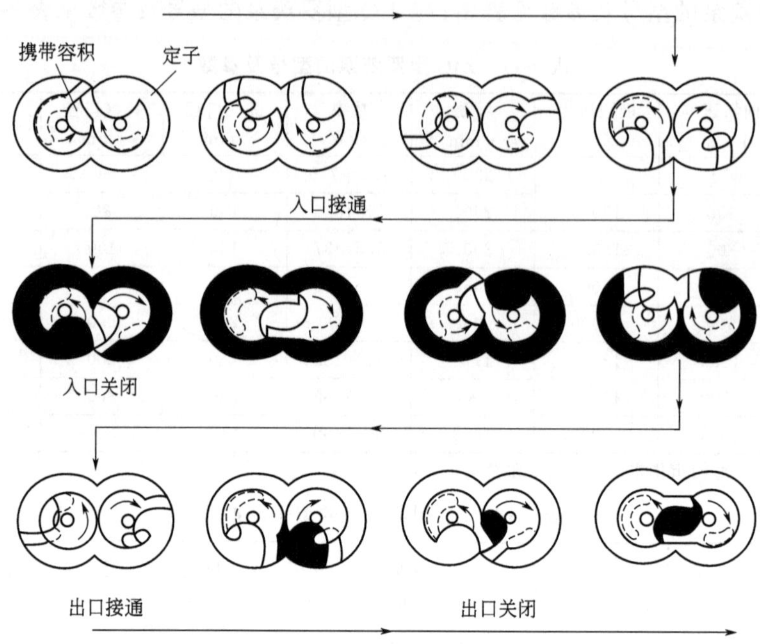

图 3-18　爪式泵的工作过程

④ 可以抽可凝性气体，但工作时间长，腔体中会有可凝气体积液。

(4) 爪型干式真空泵基本参数

爪型干式真空泵基本参数见表 3-19。

表 3-19　爪型干式真空泵基本参数

<table>
<tr><th rowspan="2">序号</th><th rowspan="2">型号</th><th rowspan="2">抽速/L·s⁻¹</th><th rowspan="2">极限全压力/Pa</th><th rowspan="2">噪声/dB(A)</th><th rowspan="2">配用电动机功率/kW</th><th colspan="2">抽气效率/%</th></tr>
<tr><th>1kPa</th><th>10Pa</th></tr>
<tr><td>1</td><td>GZ-4</td><td>4</td><td rowspan="7">≤3</td><td rowspan="3">72</td><td rowspan="2">1.1</td><td rowspan="7">≥80</td><td rowspan="7">≥20</td></tr>
<tr><td>2</td><td>GZ-8</td><td>8</td></tr>
<tr><td>3</td><td>GZ-15</td><td>15</td><td rowspan="2">4.0</td></tr>
<tr><td>4</td><td>GZ-30</td><td>30</td><td rowspan="2">75</td></tr>
<tr><td>5</td><td>GZ-70</td><td>70</td><td>7.5</td></tr>
<tr><td>6</td><td>GZ-110</td><td>110</td><td>78</td><td>11.0</td></tr>
<tr><td>7</td><td>GZ-150</td><td>150</td><td>82</td><td>22.0</td></tr>
</table>

注：1. 泵的工作环境温度为 0～40℃。

2. 泵在入口压力≥3000Pa 连续运转 500h 后的性能指标符合本标准的规定。

3.2.6.2　螺杆真空泵

(1) 概述

螺杆真空泵是干式真空泵家族中的一员。所谓干泵，是指在真空泵的抽气流道内无任何液态工作介质或密封介质的真空泵。基于上述特点，螺杆真空泵能保证被抽空间清洁、对周围环境没有污染，有人称之为“绿色”真空泵。例如，显像管内无油污染能保证阴极发射稳定，图像清晰，提高使用寿命；镀膜室内无油，能提高膜层性能，增加膜层牢固度等。

(2) 工作原理

螺杆真空泵是利用一对螺杆在泵壳中作同步高速反向旋转，进而产生吸气和排气作用的抽气设备。两螺杆经精细动平衡校正，由轴承支撑，安装在泵壳中，螺杆与螺杆之间都有一定的间隙，因此泵工作时，相互之间无摩擦，运转平稳，噪声低，工作腔无需润滑油。因此，干式螺杆泵能用于抽除含有大量水蒸气及少量粉尘的气体场合，极限压力低，消耗功率低，具有节能，维修简单等优点。它是油封式真空泵的更新换代产品。

下面简要介绍螺杆式真空泵的工作原理。无论哪种型线的螺杆泵都是通过阴阳转子的啮合形成封闭容积，通过容积的变化实现吸气、压缩和排气过程。这里以双边对称圆弧螺旋齿面型线为例具体说明如下。

① 吸气过程　图 3-19 示出螺杆泵的吸气过程，所研究的一对齿用箭头标出。在图 3-19 中，阳转子按逆时针方向旋转，图中的转子端面是吸气端面。

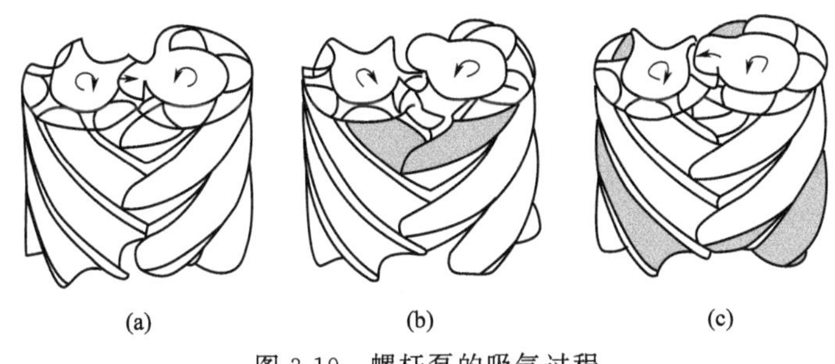

图 3-19　螺杆泵的吸气过程

图 3-19(a) 示出吸气过程即将开始时的转子位置。在这一时刻，这一对齿前端的型线完全啮合，且即将与吸气口连接。随着转子开始转动，由于齿的一端逐渐脱离啮合而形成了齿间容积，这个齿间容积的扩大，在其内部形成了一定的真空，而此齿间容积又仅与吸气口连通，因此气体便在压差作用下流入其中，如图 3-19(b) 中阴影部分所示。在随后的转子旋转过程中，阳转子齿不断从阴转子齿的齿槽中脱离出来，齿间容积不断扩大，并与吸气孔口保持连通。

吸气过程结束时的转子位置如图 3-19(c) 所示，其最显著的特点是齿间容积达到最大值。随着转子的旋转，所研究的齿间容积不会再增加。齿间容积在此位置与吸气孔口断开，吸气过程结束。

② 压缩过程　图 3-20 示出螺杆泵的压缩过程。图中的转子端面是排气端面。在这里，阳转子沿顺时针方向旋转，阴转子沿逆时针方向旋转。

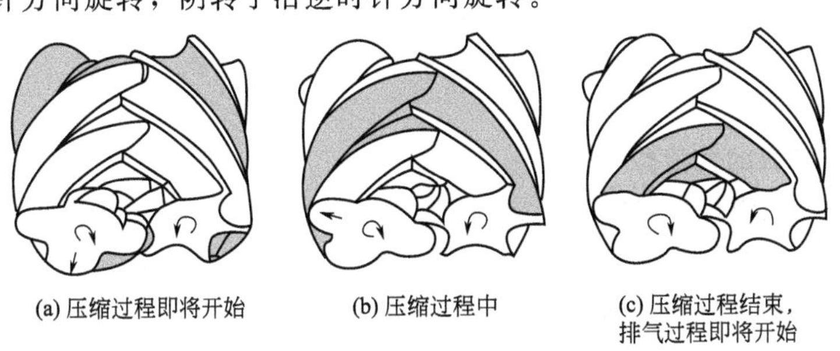

(a) 压缩过程即将开始
(b) 压缩过程中
(c) 压缩过程结束，
排气过程即将开始

图 3-20　螺杆泵的压缩过程

图 3-20(a) 示出螺杆泵压缩过程即将开始时的转子位置。此时气体被转子齿和机壳包围在一个封闭的空间中，齿间容积由于转子齿的啮合就要开始减小。随着转子的旋转，齿间容积由于转子齿的啮合而不断减小。被密封在齿间容积中的气体所占据体积也随之减小，导致压力升高，从而实现气体的压缩过程，如图 3-20(b) 所示。压缩过程可一直持续到齿间容积即将与排气孔口连通之前，如图 3-20(c) 所示。

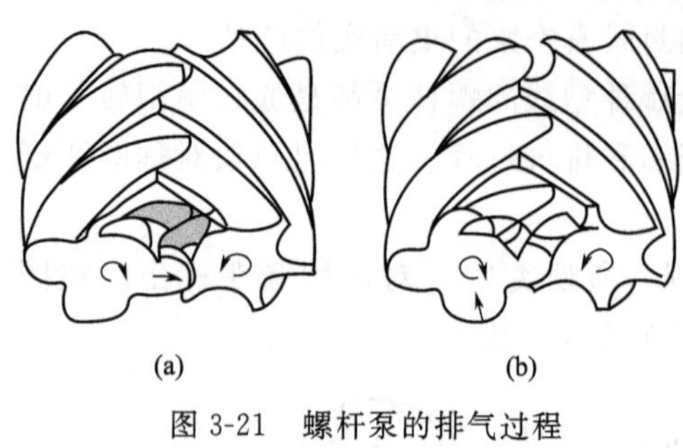

图 3-21　螺杆泵的排气过程

③ 排气过程　图 3-21 示出螺杆泵的排气过程。齿间容积与排气孔口连通后，即开始排气过程。随着齿间容积的不断缩小，具有排气压力的气体逐渐通过排气孔口被排出，如图 3-21(a) 所示。这个过程一直持续到齿末端的型线完全啮合。此时，齿间容积内的气体通过排气孔口被完全排出，封闭的齿间容积的体积变为零。

(3) 螺杆真空泵特点

① 螺杆真空泵零部件少，易损件少，因此它运转可靠，寿命长。

② 操作维护方便。

③ 动力平衡性好。螺杆真空泵没有不平衡的惯性力，机器可平稳地高速运行。

④ 适应性强。螺杆真空泵具有强制输气的特点，在宽广的压力范围内能保持较高的抽速，排气量几乎不受排气压力的影响。

⑤ 多相混输。螺杆真空泵转子齿面间留有微小间隙，且经一定工艺后可抽除腐蚀性、有毒、含有粉尘、可凝性蒸气等多种气体。

⑥ 被抽气体直接排出泵体，不污染水，无环保压力，气体回收更便捷。

⑦ 可与罗茨泵、分子泵组成较清洁的机组。

(4) 应用领域

无油螺杆泵的发展源于清洁真空环境的需求日益增多，对环境的清洁度要求也越来越高。例如在电子工业、化工、冶金行业、核聚变领域以及宇航新材料领域、医药行业、食品工业等技术领域都要求比较清洁的真空环境，传统的有油泵很难满足这一要求。另一方面，尽管有油泵在排气口附近都装有冷阱或捕集器来捕集油蒸气，但仍无法避免还有相当一部分的油蒸气排向大气，造成空气污染。保护环境、消除污染、节省能源、降低消耗实现可持续发展是 21 世纪全人类所面临的共同主题，无油泵自身不会产生或极少产生“三废”污染，同时还有助于回收利用废液、废气资源、减少环境污染。

螺杆真空泵可广泛应用于半导体行业，石化行业以及电子、核能、化工、医药、食品工业等领域。

(5) 国产螺杆泵的性能参数

① DP 系列干式螺杆真空泵型号及参数　DP 系列干式螺杆真空泵是淄博艾格泵业有限公司生产，该产品的诞生标志着我国在干式真空泵领域取得了重大突破，缩小了与国际先进真空技术的差距，填补了国内螺杆真空泵技术与产品的空白。螺杆真空泵与其他品种的真空泵相比具有不可比拟的优点，可以大范围地替代罗茨真空机组、旋片式、滑阀式、往复式、水环式真空泵，广泛应用于电子、化工、医药、食品、航天、核能等领域。

DP 系列干式螺杆真空泵性能参数如表 3-20 所示。抽速曲线见图 3-22。

表 3-20　DP 系列干式螺杆真空泵性能参数

型号 项目		DP40-4	DP80-4	DP120-4	DP200-4	DP400-4
抽气速率/L·s^{-1}		40	80	120	200	400
抽气速率/m^3·h^{-1}		145	288	432	720	1440
极限压力/Pa		3	3	1	1	5
功率/kW		4	7.5	11	18.5	37
同步转速/r·min^{-1}		3000				1450
口径/mm	吸入	40	50	80	100	150
	排出	40	40	50	65	100
油量/L		1.3	1.6	2	4	12
冷却水/L·min^{-1}		2	3.5	7	10	20
密封类型	吸气端	双唇型密封				
	排气端	双唇型密封				
	轴伸处	骨架油封				
质量(不含电机)/kg		220	317	403	600	1250

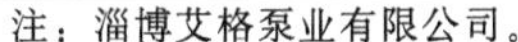
注：淄博艾格泵业有限公司。

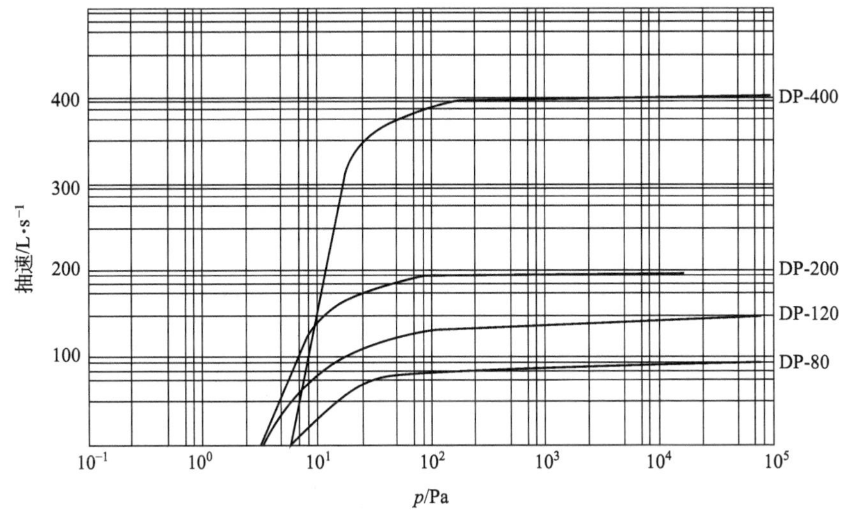

图 3-22　DP 系列干式螺杆真空泵抽速曲线

② LG 系列干式螺杆真空泵型号及参数　LG 系列干式螺杆真空泵是台州市星光真空设备制造有限公司自主研发的技术先进的干式真空泵。它的工作原理，是利用两个相平行的等螺距螺杆，在泵腔中作同步高速反向旋转而产生吸气和排气作用。两螺杆经过精细动平衡处理，由轴承支撑，安装在泵壳中，螺杆与螺杆之间有一定间隙，因此泵工作时运行平稳，相互之间无摩擦，工作腔无需工作介质。

LG 系列干式螺杆真空泵性能参数见表 3-21。

表 3-21　LP 系列干式螺杆真空泵性能参数

项目 \ 型号		LG30	LG70	LG110	LG150	LG220	LG300
抽气速率(50Hz/60Hz)/$L \cdot s^{-1}$		30/3	70/90	110/130	150/180	22/260	30/360
极限全压力/Pa		110/130	250/300	400/480	540/650	790/950	1080/1300
最大排气压力/bar		1.2	1.2	1.2	1.2	1.2	1.2
配用功率(50Hz/60Hz)/kW		3/4	7.5/11	11/15	15/18.5	22/30	30/37
转速(50Hz/60Hz)/$r \cdot min^{-1}$		2880/3450	2930/3500	2930/3500	2930/3500	2940/3500	2950/3500
连接	进气口径/mm	50	65	10	100	100	150
	排气口径/mm	40	65	80	80	100	100
冷却水	流量/$L \cdot min^{-1}$	6	15	18	20	25	28
	压力/MPa	0.2～0.35	0.2～0.35	0.2～0.35	0.2～0.35	0.2～0.35	0.2～0.35
	出水温度/℃	≤40	≤40	≤40	≤40	≤40	≤40
质量(包括消声器)/kg		300	570	760	840	1250	1390

注：生产厂家：台州市星光真空设备制造有限公司。

(6) 国外进口螺杆泵的性能参数

① 德国莱宝 SP 及 DRYVAC 系列螺杆真空泵的性能参数分别见表 3-22、表 3-23。

表 3-22　SP 系列螺杆真空泵性能参数

型号		有效抽速/$m^3 \cdot h^{-1}$	入口最大压力/mbar	环境温度/℃	水蒸气最大允许压力/mbar	水蒸气允许量/$kg \cdot h^{-1}$	冷却方式	配用电机功率/kW	转速/$r \cdot min^{-1}$	进/排气口法兰/mm	噪声/dB
SP250	50Hz	270	1030	10～40	60	10	风冷	7.5	2920	63	67
	60Hz	330			75	18		7.5	3505	63	72
SP630	50Hz	630			40	14		15	2930	100	73
	60Hz	630			40	14		15	3530	100	75

注：生产厂家：德国莱宝。

表 3-23　DRYVAC 系列螺杆真空泵性能参数

型号	抽速/$m^3 \cdot h^{-1}$	极限压力/mbar	环境温度/℃	水蒸气最大允许压力/mbar	水蒸气允许量/$kg \cdot h^{-1}$	冷却方式	配用电机功率/kW	法兰/mm		噪声/dB
								进气口	排气口	
DV450	450	5×10^{-3}	5～50	≥60	15	水冷	5.3	100	63	67
DV650	650	5×10^{-3}		≥60	25	水冷	≤7	100	63	67
DV1200	1250	5×10^{-3}		≥60	50	水冷	≤14	100	100	67
DV5000-i	5000	5×10^{-4}	5～40	≥60	25	水冷或风冷	≤9.5	250	63	67

注：生产厂家：德国莱宝。

② 德国普发 Hepta 系列干式螺杆真空泵的性能参数见表 3-24，性能曲线见图 3-23。

表 3-24　Hepta 系列干式螺杆真空泵的性能参数

型号		进气口法兰/mm	排气口法兰/mm	极限压力/mbar	电机功率/kW	名义抽速/$m^3 \cdot h^{-1}$	噪声/dB	质量/kg	环境温度/℃
Hepta100	50Hz	*DN*63 ISO-K	*DN*40*PN*16	<0.05	3	110	70	250	0～50
	60Hz	*DN*63 ISO-K	DN40*PN*16	<0.05	3	110	74	250	0～50

续表

型号		进气口法兰/mm	排气口法兰/mm	极限压力/mbar	电机功率/kW	名义抽速/$m^3 \cdot h^{-1}$	噪声/dB	质量/kg	环境温度/℃
Hepta200	50Hz	*DN*63 ISO-K	*DN*50*PN*16	<0.05	5.5	220	71	305	0～50
	60Hz	*DN*63 ISO-K	*DN*50*PN*16	<0.01	7.5	265	76	305	0～50
Hepta300	50Hz	*DN*63 ISO-K	*DN*50*PN*16	<0.05	7.5	320	72	330	0～50
	60Hz	*DN*63 ISO-K	*DN*50*PN*16	<0.01	9.2	410	77	330	0～50
Hepta400	50Hz	*DN*63 ISO-K	*DN*80*PN*16	<0.05	7.5	350	66	490	0～50
	60Hz	*DN*63 ISO-K	*DN*80*PN*16	<0.01	9.2	420	69	490	0～50
Hepta600	50Hz	*DN*100 ISO-K	*DN*80*PN*16	<0.05	15	525	70	690	0～50
	60Hz	*DN*100 ISO-K	*DN*80*PN*16	<0.01	17	630	75	660	0～50

注：生产厂家：德国普发。

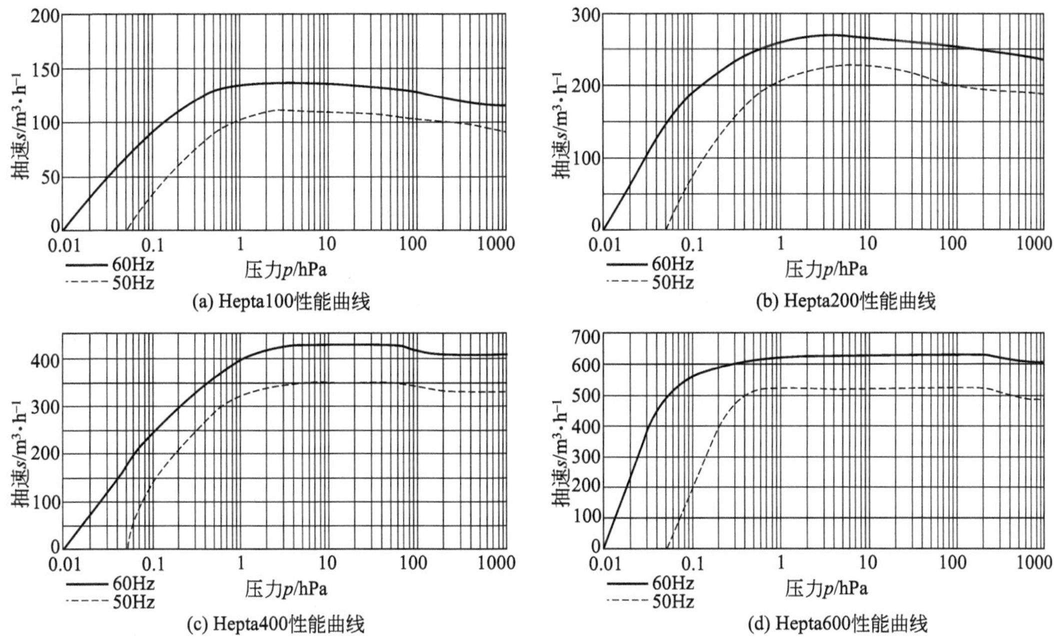

图 3-23 Hepta 系列干式螺杆真空泵性能曲线

3.2.6.3 涡旋真空泵

(1) 概述

涡旋理论的最初提出是法国人 Leno Creux 于 1905 年以可逆转的涡旋膨胀机为题申请了美国专利。但由于当时的加工制造水平有限，涡旋盘涡旋齿型线的加工精度无法得到保证，涡旋机械在很长的一段时间内没有被制造出来。20 世纪 70 年代开始，能源危机的加剧和高精度数控机床的出现为涡旋机械的发展带来了机遇，1973 年美国 Arthur D. Little（简称 A. D. L）公司首次提出了涡旋氮气压缩机的研究报告，展现出涡旋压缩机所具有其他压缩机无法比拟的优点，从而涡旋压缩机大规模的开发和研制走上了迅速发展的道路。

随着半导体、新材料和生物制药等行业的飞速发展，涡旋理论的不断成熟以及人们对真空环境清洁无油污染的迫切要求，涡旋真空泵以其独特优点应运而生。20 世纪 80 年代早期，涡旋真空泵以其密封性好，油蒸气污染少的特性被 Coffin Do 应用在高真空系统中。1987 年，日本三菱电机公司首次成功开发回转型涡旋真空泵，在结构和性能上显示了绝对的优势。1988 年，立式回转型油润滑涡旋真空泵由日本东京大学的 MorishitaE 研制成功。干式真空泵与油润滑真空泵的区别在于泵腔内不含任何的油类和液体。因此解决泵内的密封和冷却问题是干式涡旋真空泵研究的关键。1990 年，采用水冷方式进行冷却的卧式干式涡旋真空泵由 KushiroT 研制成功。1998 年，采用风冷方式进行冷却的干式涡旋真空泵由 SawadaT 研制成功，其主轴上装有两个冷却风扇，分别位于两个静盘的端部。

(2) 工作原理与应用

涡旋真空泵的工作腔是由一对型线共轭的涡旋盘副啮合安装组成。涡旋盘就是在盘面开有一个或几个渐开线螺旋槽的涡旋型盘状结构体。一个静涡旋盘与一个动涡旋盘相互交错组装在一起，动、静盘之间由防自转机构保证 180°相位差，这样组成的一对涡旋盘副构成了无油涡旋真空泵的抽气机构。静涡旋盘与动涡旋盘彼此之间在几条直线（在横截面上是几个点）上接触形成几对月牙形封闭腔，动涡旋盘在曲轴的驱动下绕静涡旋盘的涡旋体中心运动接触点沿涡旋曲面移动实现吸气、压缩与排气。在电机的带动下，曲轴每转一圈，就有一组新的月牙封闭腔形成，从而实现涡旋真空泵的吸气、压缩、排气循环，对被抽气体形成包容和强制输送。

(3) 类型与结构

涡旋真空泵按两涡旋盘运动方式的不同可分为两种类型：公转型和回转型。公转型涡旋真空泵中的一个涡旋盘固定不动，称为静涡旋盘，另一个涡旋盘运动，称为动涡旋盘。涡旋泵结构如图 3-24 所示。其抽气原理如图 3-25 所示。电机带动曲轴旋转，曲轴推动动涡旋盘基圆圆心绕静涡旋盘基圆圆心做半径为 r（两涡旋盘之间的径向距离）的圆周运动，由防自转机构限制动涡旋盘不能自转。其中电机转速通常约为 1500r/min，此时泵的极限真空度较高，并随电机转速的变化极限真空度变化较小；回转型涡旋真空泵中两个涡旋盘都是动涡旋盘，它们同步同方向各自绕自身基圆圆心旋转，相对运动仍为公转平动。两种型式的涡旋真空泵，公转型式的结构简单、零件少，回转型式的结构复杂、零件多。

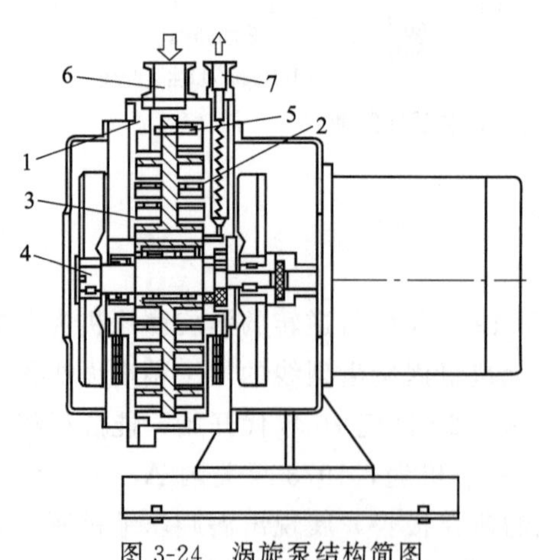

图 3-24　涡旋泵结构简图

1—左涡旋盘；2—右涡旋盘；3—转子；4—曲轴；5—防自转机构；6—进气口；7—排气口

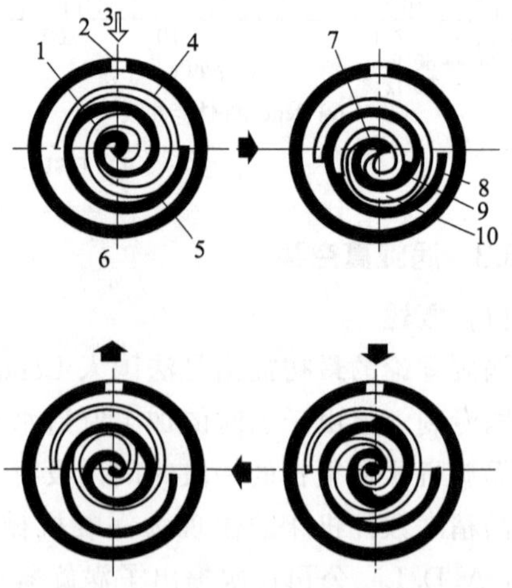

图 3-25　涡旋泵抽气原理

1—压缩室；2—吸气口；3—气体；4—涡旋转子；5—涡旋定子；6—吸气结束；7—排气口；8—吸气行程；9—排气行程；10—压缩行程

① 公转型　公转型涡旋泵工作原理见图 3-26。

公转型是一个涡旋盘固定不动（称为静涡旋盘），另一个绕着它公转平动（称为动涡旋盘），动涡盘由曲柄轴驱动，密封点位置随主轴同步转动。它整体结构简单、零件少、涡旋回转线速度小、机械磨损少，但需进行平衡设计。涡旋真空泵利用最外侧涡圈包容气体形成封闭吸气腔。为了减小涡盘末端和进气口之间的流导常将进气口设在涡旋盘外圈末端附近。同时为了保证中心压缩腔中的气体在排气过程中尽量排走，一般将排气孔设在静涡盘中心附近。因为涡旋泵内压缩比不是很大，常设置排气阀以消除压缩不足，但应使排气阀与涡圈顶部之间的容积尽可能小。

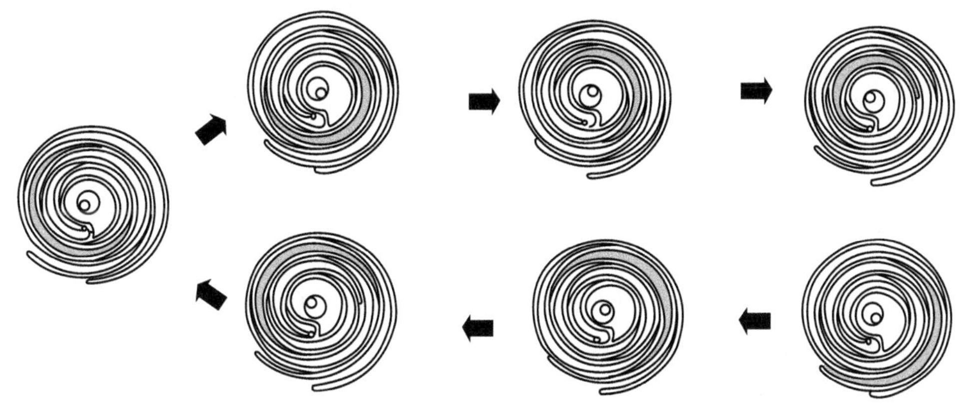

图 3-26　公转型涡旋泵工作原理

② 回转型　回转型是由两个涡旋盘心轴分别装在两侧轴承上，其中一个由电机直接驱动，另一个由十字滑环机构带动，沿相同角度旋转。其密封位置形成一条线，方向始终不变，泵采用立式结构。驱动电机在机壳内上部，涡盘在下部。因其密封方向不变，回转径向密封既便于人为控制，又能避免涡圈侧面接触而需进行的卸载运转，但其整体结构复杂、零件多、机械磨损高。

③ 公转型和回转型的区别

a. 转动形式不同。公转型是一个涡旋盘固定不动为静涡旋盘，另一个为动涡旋盘，动涡旋盘绕着静涡旋盘作公转平动。而回转型的两个涡旋盘各自绕其自身转轴实现两者同步同方向转动。

b. 密封位置和方向不同。回转型的两个涡旋盘齿的径向密封位置形成一条线，密封线方位始终固定不变。公转型涡旋机构径向密封的位置和方向却随着主轴同步转动。即主轴旋转一周径向密封线的方位变化 360°。

c. 涡旋盘所受的气体径向力和切向力的方向不同。公转型涡旋机构由动涡旋盘随曲轴作偏心公转，因而动涡旋盘受气体径向力和切向力的作用绕曲轴同步回转。而回转型两个涡旋盘所受气体径向力和切向力在空间的位置和方向则始终不变，径向力在密封线方向，切向力垂直于密封线方向。因而不能像公转型涡旋机构那样，应用偏心套或滑动轴套径向随动机构自动调节涡旋齿侧面间隙，达到径向密封。公转型涡旋曲轴承受均匀载荷，而回转型涡旋曲轴承受局部载荷，设计时应特别注意。

d. 平衡不同。在回转型涡旋中由于不使用偏心轴两个涡旋各自绕自身轴转动，在不考虑涡旋齿偏心质量情况下可不考虑离心力存在，也就不需设置平衡块。而公转型必须考虑动涡旋的偏心质量，设置平衡块来平衡动涡旋盘的离心惯性力和离心惯性力矩，才能使机器平稳工作。

e. 倾覆力矩和轴向力不同。回转型涡旋机构由于两涡旋盘都转动都承受同样大小的倾覆力矩和气体轴向力，在设计时需同时考虑轴向力推力、轴承载荷。而公转型只有一个动涡盘受倾覆力矩作用，所以只需考虑动涡盘所受的倾覆力矩和轴向力。

(4) 涡旋真空泵的应用领域

涡旋泵已被广泛应用于诸多领域。

① 半导体行业：薄膜制造设备、半导体器件封装设备。

② 科学仪器行业：同步辐射光束线机、电子显微镜、激光试验设备、分析测试仪器。

③ 机械设备行业：材料制备设备、真空检测设备、真空过滤设备、材料提纯设备、超高真空排气设备。

④ 医疗设备行业：牙科仪器、透析机。生物制品行业：材料提纯与药品制备。

⑤ 包装行业：食品、药品、生物制品等包装设备。

⑥ 真空冶金行业：真空炉、纳米材料制备设备、真空检测设备等领域。涡旋泵作为分子泵和小型低温泵的前级泵，是获得无油真空系统的最佳配置。

(5) 国产涡旋泵的技术指标与性能曲线

① LH-SH、LH-SP 型涡旋真空泵技术性能　见表 3-25。

表 3-25　LH-SH、LH-SP 型涡旋真空泵技术性能

型号	极限压力/Pa	抽气速率/L·s^{-1}	电机功率/kW	噪声/dB(A)	冷却方式
LH-4SH	3	4	1.1	60	风冷
LH-15SH		15	2.2	65	
LH-30SH		30	3.0	65	
LH-4SP	3	4	1.1	60	风冷
LH-15SP		15	2.2	65	
LH-30SP		30	3.0	65	

注：北京朗禾科技有限公司生产。

② DVS、DVT 型涡旋真空泵技术性能　见表 3-26。

表 3-26　DVS-631、DVT-321 型涡旋真空泵技术性能

型号	极限压力/Pa	抽气速率/L·s^{-1}	电机电压/V	转速/r·min^{-1}	吸气口径/mm	排气能力/mm	噪声/dB(A)	抽水蒸气能力/g·h^{-1}	使用温度/℃
DVS-631	≤1.0(关气镇) ≤2.5(开气镇)	525	220 (单相 50Hz)	1425	ϕ40	ϕ25	≤58	23	5-35
DVS-321	≤1.5(关气镇) ≤3.0(开气镇)	265	220 (单相 50Hz)	1425	ϕ25	ϕ16	≤58	23	5-35

型号	质量/kg	外形尺寸(长×宽×高)/mm×mm×mm	标准附属品	特点	用途	生产厂家
DVS-631	41	547×326×367	时间计数器	无油、无污染、低噪声、低振动、使用寿命长、空气冷却、配有镇气阀、能抽水蒸气	半导体、离子刻蚀、氦检漏仪、真空离子注入设备、分析仪器、真空热处理、真空镀膜、生物制药、食品包装设备、电子束、激光束应用设备	日本 ULVAC 公司产品，中科院沈科仪研制中心有限公司
DVS-321	35	398×310×339	时间计数器			

③ GWSP 型涡旋真空泵技术性能　GWSP 系列是沈阳纪维应用技术有限公司研制的无油涡旋真空泵，它由泵头、电机、机座等构成。泵头含有动、定涡旋盘、曲轴、密封件、风扇和泵壳等。涡旋盘由圆形平面和其上伸出的一条或几条渐开线螺旋形盘壁组成，定涡旋盘与动涡旋盘组成涡旋盘副构成无油涡旋真空泵的基本抽气机构。GWSP 型涡旋真空泵的技术性能如表 3-27 所示，性能曲线如图 3-27 所示。

表 3-27　GWSP 型涡旋真空泵技术性能

<table>
<tr><th colspan="3">型号
项目</th><th>GWSP1000</th><th colspan="2">GWSP600</th><th colspan="2">GWSP300</th><th colspan="2">GWSP150</th></tr>
<tr><td rowspan="4">抽速</td><td rowspan="2">50Hz</td><td>/L·s^{-1}</td><td>16.6</td><td colspan="2">8.7</td><td colspan="2">4.3</td><td colspan="2">2.0</td></tr>
<tr><td>/m^3·h^{-1}</td><td>59.8</td><td colspan="2">31.3</td><td colspan="2">15.5</td><td colspan="2">7.2</td></tr>
<tr><td rowspan="2">60Hz</td><td>/L·s^{-1}</td><td>19.9</td><td colspan="2">10.4</td><td colspan="2">5.1</td><td colspan="2">2.4</td></tr>
<tr><td>/m^3·h^{-1}</td><td>71.6</td><td colspan="2">37.4</td><td colspan="2">18.3</td><td colspan="2">8.6</td></tr>
<tr><td colspan="2">极限真空度</td><td>/Pa</td><td>≤1.0</td><td colspan="2">≤1.0</td><td colspan="2">≤2.6</td><td colspan="2">≤8.0</td></tr>
<tr><td colspan="3">被抽气体种类</td><td colspan="7">用于抽洁净气体和含有水分的气体，不能抽有毒、易燃易爆、腐蚀性气体以及蒸汽、化学品、溶剂及大量粉末等</td></tr>
<tr><td colspan="3">漏率(排气口和镇气阀关)</td><td colspan="7">1×10^{-2}Pa·L/s</td></tr>
<tr><td colspan="2">最大进/排气压力</td><td>/MPa</td><td colspan="7">0.1/0.13</td></tr>
<tr><td colspan="2">工作环境温度</td><td>℃/℉</td><td colspan="7">5～40/41～104</td></tr>
<tr><td colspan="2">最大水分处理能力</td><td>/g·d^{-1}</td><td colspan="5">25</td><td colspan="2">5</td></tr>
<tr><td rowspan="3">电机</td><td>输出功率</td><td>/kW</td><td>1.50</td><td colspan="2">0.75</td><td colspan="2">0.55</td><td colspan="2">0.37</td></tr>
<tr><td>工作电压</td><td>/V</td><td>380/220</td><td>380/220</td><td>220</td><td>380/220</td><td>220</td><td>380/220</td><td>220</td></tr>
<tr><td>转速</td><td>/r·min^{-1}</td><td colspan="7">1410</td></tr>
<tr><td colspan="2">噪声值</td><td>/dB(A)</td><td>≤63</td><td colspan="2">≤63</td><td colspan="2">≤63</td><td colspan="2">≤57</td></tr>
<tr><td colspan="2">进/排气口尺寸</td><td>/mm</td><td>KF40/16×2</td><td colspan="2">KF40/16</td><td colspan="2">KF25/16</td><td colspan="2">KF25/16</td></tr>
<tr><td colspan="2">质量</td><td>/kg</td><td>52</td><td colspan="2">36</td><td colspan="2">32</td><td colspan="2">18</td></tr>
<tr><td colspan="2">冷却方式</td><td></td><td colspan="7">气冷</td></tr>
<tr><td colspan="2">其他</td><td></td><td colspan="7">带气镇阀</td></tr>
</table>

注：生产厂家：沈阳纪维应用技术有限公司。

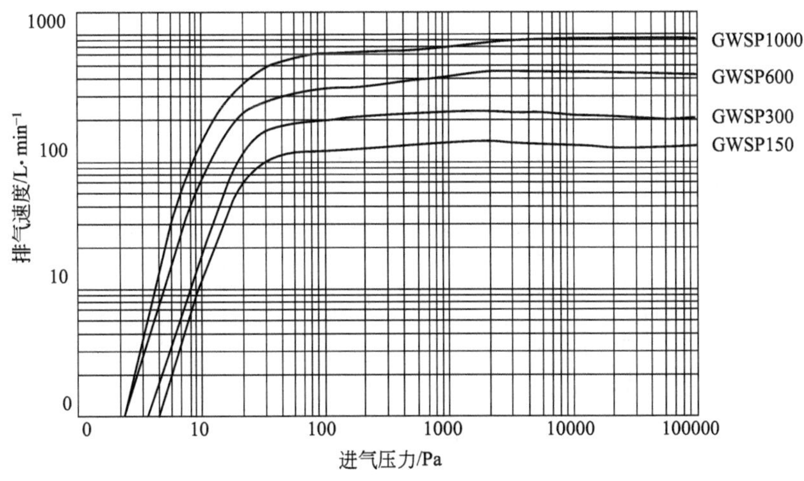

图 3-27　GWSP 系列无油涡旋真空泵性能曲线

④ 双侧无油涡旋真空泵（WX 系列） 由中国科学院沈阳科学仪器股份有限公司研制生产。其性能参数见表 3-28。

表 3-28 双侧无油涡旋真空泵（WX 系列）性能参数

项目 \ 型号	WXG-8A	WXG-4A
抽速	8L/s(50Hz)	4L/s(50Hz)
极限压力	≤1Pa	≤3Pa
电机	三相 380V・50Hz・750W	三相 380V・50Hz・550W
转速	1450r/min(50Hz)	1450r/min(50Hz)
所需电源	三相 380V,50Hz,8A 或更大	三相 380V,50Hz,6A 或更大
环境温度	5～35℃	5～35℃
噪声	<65dB	<65dB
进气口连接法兰	KF40	KF40
排气口连接法兰	KF25	KF25
质量	41kg	35kg

注：生产厂家：中国科学院沈阳科学仪器股份有限公司。

(6) 进口涡旋泵的技术指标与性能

德国莱宝公司生产的涡旋泵性能参数见表 3-29，性能曲线如图 3-28 所示。

表 3-29 德国莱宝涡旋泵性能参数

型号		名义抽速 /$m^3\cdot h^{-1}$	实际抽速 /$m^3\cdot h^{-1}$	最大进口压力/Pa	环境温度 /℃	法兰/mm		转速/$r\cdot min^{-1}$	噪声 /dB
						进气口	排气口		
SC5D	50Hz	5.4	4.8	10^5	5～40	25	16	1440	≤52
	60Hz	6.4	6.0					1740	
SC15D	50Hz	15.0	13.0			25	16	1450	≤58
	60Hz	18.0	15.5					1730	
SC30D	50Hz	30.0	26.0			40	25	1450	≤62
	60Hz	36	31.0					1730	
SC60D	50Hz	60.0	52.0			40	40	1460	≤67
	60Hz	72.0	62.0					1760	

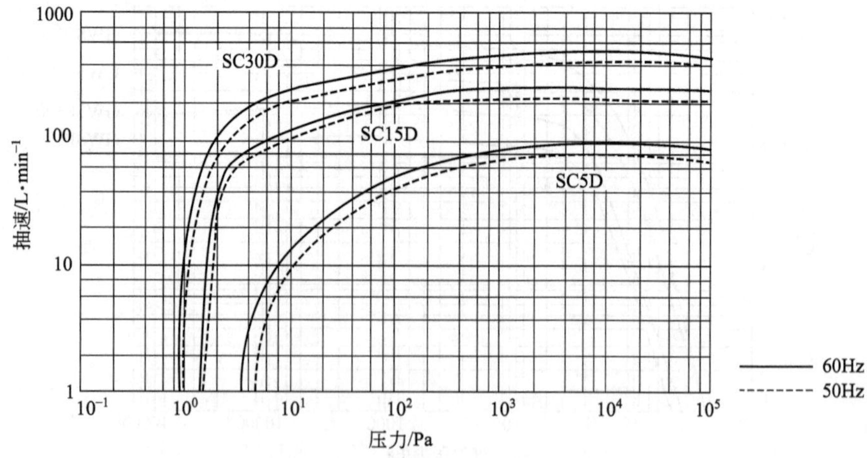

图 3-28 德国莱宝涡旋泵性能曲线

3.2.6.4 干式旋片真空泵

干式旋片真空泵属于变容式真空泵，无油的旋片泵的旋片不需要用油来润滑和密封，旋片采用石墨材料，一般运用在洁净的真空系统中。其工作原理与有油的旋片真空泵基本一致。图 3-29 所示为干式旋片真空泵的工作原理。

干式旋片真空泵的转子偏心地置于泵壳内，上端靠近泵壳内壁，形成进排气口之间的密封。当电机带动转子转动时，旋片在离心力作用下紧贴泵腔的内壁。在泵体内形成多个空腔，进气口侧的空腔容积随转子的转动而增加产生真空而吸气；排气口侧的空腔容积随转子的转动而缩小，产生压力而排气。

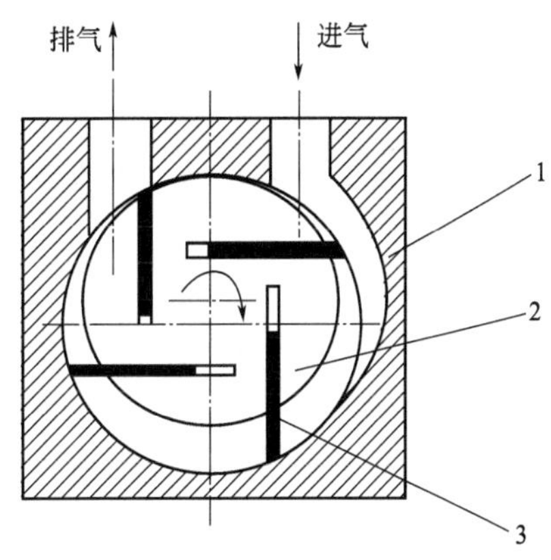

图 3-29 干式旋片真空泵的工作原理
1—泵体；2—转子；3—旋片

由于干式旋片泵在无油状态下工作，所以旋片材料需具备自润滑功能。目前，国内外一般采用碳素材料；为减少气体的泄漏，该泵采用多个旋片结构。

(1) XG-6 型干式旋片真空泵结构特点 XG-6 型干式旋片真空泵采用直联式，结构紧凑；在进排气口分别安装了过滤器网，保证了吸入和排出的气体干净。在吸气口处还安装了真空表和调节真空阀门，可根据需要调整泵的入口压力。该泵的最大优点是可获得清洁的粗真空，适用于真空吸附、真空包装、食品加工、卷烟生产等行业。

(2) XG-6 型干式旋片真空泵技术性能 见表 3-30。

表 3-30 XG-6 型干式旋片真空泵技术性能

型号	抽速/$m^3 \cdot h^{-1}$	极限压力/MPa	转速/$r \cdot min^{-1}$	电机功率/W	进、排气口内径/mm	质量/kg
XG-6	6	0.02	1400	250	10	16

注：成都无极真空科技有限公司生产。

3.2.7 分子泵

3.2.7.1 涡轮分子泵

(1) 概述

涡轮分子泵是利用高速旋转的动叶轮将动量传给气体分子，使气体产生定向流动而抽气的真空泵，是获取高真空的一个重要设备，被广泛应用于高真空场合。为了利用涡轮分子泵，获得清洁真空，目前多利用干式机械泵作其前级泵。

当今，现代化的半导体行业中，越来越多地应用涡轮分子泵。如溅射、刻蚀、蒸发、注入、分子束外延、离子加工等设备都需要在真空环境下运行。又如电子显微镜，表面分析仪器，残余气体分析仪及氦质谱检漏仪等也经常使用涡轮分子泵来抽真空。此外，在空间环境模拟设备、核聚变装置、太阳能集热管镀膜生产线上也都改用大型涡轮分子泵或低温泵来代替油扩散泵系统，以防止油蒸气的污染。因此，最近十几年来，涡轮分子泵在国内、外都得到了显著的改进和发展。在涡轮分子泵的应用日益增加，而干式的前级泵还没有大量普及和应用的情况下，有时还不得不用油封机械泵作为涡轮分子泵的前级泵。因此，针对这种现状，对涡轮分子泵的合理选用和正确操作是很重要的，弄清楚涡轮分子泵的特点和使用方法，对用户是很必要的。

涡轮分子泵的优点是启动快，能抗各种射线的照射，涡轮分子泵对油蒸气等高分子量气体的压缩比很高，油蒸气污染很少甚至测不出来，能获得清洁的超高真空。然而，当停机后或长时间不运行，轴承的润滑油脂的蒸气会扩散到泵的入口端，构成系统污染，消除的方法是对泵入口进行烘烤除气，使油分子解吸被抽走。也可以泵停止后，用 10kPa 的干燥气体充入泵内，以消油蒸气返流产生的污染。

(2) 涡轮分子泵的工作原理

1956 年，联邦德国的 W. 贝克首次提出有实用价值的涡轮分子泵，以后相继出现了各种不同结构的分子泵，主要有立式和卧式两种，图 3-30 所示为立式涡轮分子泵的结构。涡轮分子泵主要由泵体、带叶片的转子（即动叶轮）、静叶轮和驱动系统等组成。动叶轮外缘的线速度高达气体分子热运动的速度（一般为 150～400m/s）。单个叶轮的压缩比很小，涡轮分子泵要由十多个动叶轮和静叶轮组成。动叶轮和静叶轮交替排列。动、静叶轮几何尺寸基本相同，但叶片倾斜角相反。每两个动叶轮之间装一个静叶轮，图 3-31 所示为涡轮分子泵的静叶轮。静叶轮外缘用环固定并使动、静叶轮间保持 1mm 左右的间隙，动叶轮可在静叶轮间自由旋转，图 3-32 所示为涡轮分子泵的动叶轮。

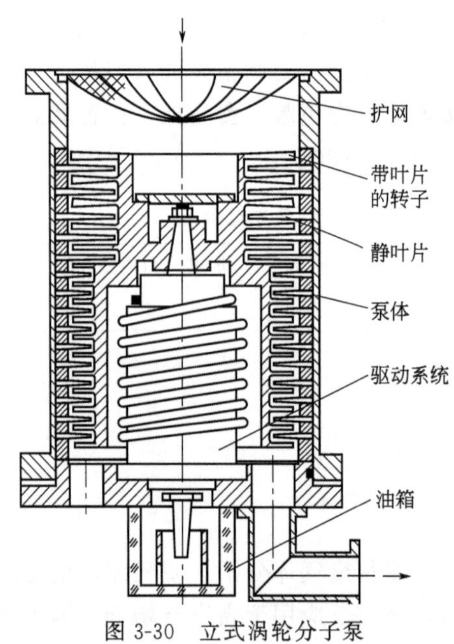

图 3-30　立式涡轮分子泵

图 3-31　涡轮分子泵的静叶轮

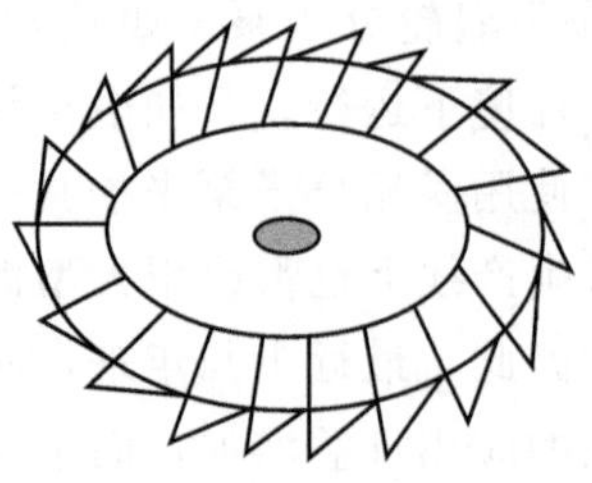

(a) 涡轮分子泵的动叶轮形状

(b) 涡轮分子泵的动叶轮实物

图 3-32　涡轮分子泵的动叶轮

涡轮分子泵必须在分子流状态下工作。因为当将一定容积的容器中所含气体的压力降低时，其中气体分子的平均自由程则随之增加。在常压下空气分子的平均自由程只有0.06μm，即平均一个气体分子只要在空间运动0.06μm，就可能与第二个气体分子相碰。而在1.3Pa时，分子间平均自由程可达4.4mm。若平均自由程增加到大于容器壁间的距离时，气体分子与器壁的碰撞机会将大于气体分子之间的碰撞机会。在分子流范围内，气体分子的平均自由程长度远大于分子泵叶片之间的间距。当器壁由不动的定子叶片与运动着的转子叶片组成时，气体分子就会较多地射向转子和定子叶片，为形成气体分子的定向运动打下基础。

涡轮分子泵正常工作需要小于10Pa的前置压力，一般的机械泵可作为前级泵。中频电动机的启动由中频电源内的电子装置控制，在几分钟内升至额定转速。中频电动机工作时通常以风扇或通水进行冷却。泵进入正常转速后，为提高极限真空，应对被抽容器及泵体烘烤除气。泵体的除气温度为100～120℃，除气后约可得到10^{-8}Pa的极限压力。

涡轮分子泵对分子相对质量大的气体压缩比大，故极限真空主要决定于分子相对质量小的气体成分，如H_2、He的返流等。此外，容器及泵体放出的水汽也是影响极限真空的重要因素。

涡轮分子泵低真空部位的轴承润滑油是一个重要污染来源，因此，它是一个准无油的真空泵。在泵停止运转时，应及时灌入干燥氮气，可抑制润滑油蒸气的扩散。若想得到全无油的分子泵，必须对轴承进行改进，可使用气浮轴承、磁悬浮轴承的分子泵。

由于具有高速旋转的部件，涡轮分子泵不能在磁场下运用，因为这会产生涡流导致发热、叶片变形等。一般允许的杂散磁通量密度为0.004～0.011T。

涡轮分子泵具有启动快、停止快的优点。又能承受大气的冲击，是一种很有前途的泵，但缺点是对H_2、He等轻质气体的压缩比小。由于泵内旋转部件与静止部件间间隙很小，必须注意防止各种碎屑飞入泵内，造成损伤的事故。

(3) 涡轮分子泵的基本参数

涡轮分子泵的基本参数见表3-31。

表3-31 涡轮分子泵的基本参数

参数项目 \ 型号		F-100/110	F-100/220	F-160/450	F-250/1400	F-320/2000	F-400/3500
抽气速率/$L \cdot s^{-1}$		110	220	450	1400	2000	3500
极限压力/Pa		$<10^{-8}$					
压缩比	对N_2	10^8	10^8	3×10^8	9×10^8	10^9	10^{10}
	对H_2	5×10^2	2.5×10^3	6.3×10^2	4×10^4	10^4	
启动时间/min		<3		<5	<10	<20	<30
振动/μm		<0.5					
噪声/dB(A)		<70				<72	
进气口通径/mm		100		160	250	320	400
出气口通径/mm		25		40	63		100
电源①输入电压/V		220±10%(50Hz)或380±10%(50Hz)					
电源消耗功率/W		<220		<440		<500	
电源启动功率/W		<500		<2000			

① 电源有以下三种类型：电子模式电动变频电源；微机程控自动变频电源；电机变频式电源。

① 国产涡轮分子泵技术参数　国产F系列立式涡轮分子泵技术参数见表3-32。

表 3-32 F 系列立式涡轮分子泵技术参数

项目＼型号		F-100/110		FF-160/500G		FF-160/700		FF-200/1200		FF-250/1500	FF-250/2000	F-400/3600
抽气速率/L·s^{-1}		110		500		700		1200		1500	2000	3600
极限压力/Pa		$\leqslant 6\times10^{-6}$	$\leqslant 6\times10^{-7}$	$\leqslant 6\times10^{-6}$	$\leqslant 6\times10^{-7}$	$\leqslant 6\times10^{-7}$	$\leqslant 6\times10^{-8}$	$\leqslant 6\times10^{-6}$	$\leqslant 6\times10^{-7}$	$\leqslant 6\times10^{-6}$	$\leqslant 6\times10^{-6}$	$\leqslant 6\times10^{-6}$
进气口法兰/mm		LF100	CF100	LF160	CF160	LF160	CF160	LF200	CF200	LF250	LF250	LF400
排气口法兰/mm		KF25		KF40		KF40		KF40		KF50	KF50	CF100
压缩比	N_2	10^8		10^9		10^9		10^9		10^8	10^9	10^7
	H_2	5×10^2		6×10^3		6×10^6		6×10^3		5×10^3	6×10^3	5×10^2
建议启动压力/Pa		<100		<100		<100		<100		<100	<100	<100
额定转速/r·min^{-1}		42300		27000		36000		24000		21000	24000	15300
启动时间/min		<2		<5		<4		<6		<8	<6	<15.5
轴承		精密脂润滑陶瓷轴承		精密陶瓷轴承		精密脂润滑陶瓷轴承		精密机械轴承		精密机械轴承	精密脂润滑陶瓷轴承	精密陶瓷轴承
振动值/μm		≤0.1		≤0.1		≤0.1		≤0.1		≤0.1	≤0.1	≤0.5
建议前级泵/L·s^{-1}		2		4～8		4～8		15		15	15	30
充油量/mL		脂润滑		150		脂润滑		150		150	脂润滑	230
冷却方式		水冷或风冷		水冷		水冷		水冷		水冷	水冷	水冷
冷却水流量/L·min^{-1}		1		1		1		1		1	1	1
冷却水压/MPa		0.15		0.15		0.15		0.15		0.15	0.15	0.15
冷却水温度/℃		≤25		≤25		≤25		≤25		≤25	≤25	≤25
泵体烘烤温度/℃		≤100		≤100		≤100		≤100		≤100	≤100	≤90
环境温度/℃		5～40		5～40（5～32℃时可风冷）		5～40		5～40		5～40	5～40	5～40
安装方向		任意角度		竖直±5℃		任意角度		竖直±5℃		竖直±5℃	任意角度	竖直±5℃
质量/kg		8		29		19		39		60	32	130

注：生产厂家：北京中科科仪股份有限公司。

② 进口涡轮分子泵技术参数

a. 德国普发 HiPace 系列涡轮分子泵　见表 3-33。

表 3-33　HiPace 系列涡轮分子泵技术参数

项目	型号	HiPace10，TC110 *DN*25	HiPace80，TC110 *DN*63 ISO-K	HiPace300，TC110 *DN*100 ISO-K	HiPace400，TC400 *DN*100 ISO-K	HiPace700，TC400 *DN*160 ISO-K
法兰通径/mm	进气口	*DN*25	*DN*63 ISO-K	*DN*100 ISO-K	*DN*100 ISO-K	*DN*160 ISO-K
	排气口	*DN*16 ISO-KF	*DN*16 ISO-KF	*DN*16 ISO-KF	*DN*25 ISO-KF	*DN*25 ISO-KF
抽速/$L\cdot s^{-1}$	H_2	3.7	48	220	445	555
	He	6	58	255	470	655
	N_2	10	67	260	355	685
	Ar	11.5	66	255	320	665
	CF_4			200		
压缩比	H_2	3×10^2	1.4×10^5	9×10^5	4×10^5	4×10^5
	He	3×10^3	1.3×10^7	$>1\times10^8$	$>3\times10^7$	3×10^7
	N_2	3×10^6	$>10^{11}$	$>1\times10^{11}$	$>1\times10^{11}$	$>1\times10^{11}$
	Ar	3×10^7	$>10^{11}$	$>1\times10^{11}$	$>1\times10^{11}$	$>1\times10^{11}$
	CF_4			$>1\times10^{11}$		
气体容量/$mbar\cdot L\cdot s^{-1}$	H_2	0.15	15.3	>14	>14	>14
	He	0.15	2.7	8	10	10
	N_2	0.15	1.3	5	6.5	6.5
	Ar	0.15	0.54	2	3.5	3.5
	CF_4			2		
极限压力/mbar		$<5\times10^{-5}$	$<1\times10^{-7}$	$<1\times10^{-7}$	$<1\times10^{-7}$	$<1\times10^{-7}$
预备时间/min		0.9	1.7	3.5	2	2
冷却方式	常用	风冷	水冷	风冷	水冷	水冷
	备选		风冷	水冷	风冷	风冷
冷却水耗量/$L\cdot h^{-1}$			75	50	100	100
冷却水温/℃			5～25	15～35	15～35	15～35
噪声/dB(A)		<45	<48	≤50	≤50	≤50
质量/kg		1.8	2.4	6.2	11.6	11.5

项目	型号	HiPace1200，TC1200 *DN*200 ISO-K	HiPace1500，TC1200 *DN*250 ISO-K	HiPace1800，TC1200 *DN*200 ISO-K	HiPace2300，TC1200 *DN*250 ISO-K
法兰通径/mm	进气口	*DN*200 ISO-K	*DN*250 ISO-K	*DN*200 ISO-K	*DN*250 ISO-K
	排气口	*DN*40 ISO-KF	*DN*40 ISO-KF	*DN*40 ISO-KF	*DN*40 ISO-KF
抽速/$L\cdot s^{-1}$	H_2	1100	1150	1700	1850
	He	1300	1350	1650	2050
	N_2	1250	1450	1450	1900
	Ar	1200	1400	1370	1850
	CF_4	950	1100	1050	1450

续表

项目 \ 型号		HiPace1200, TC1200 DN200 ISO-K	HiPace1500, TC1200 DN250 ISO-K	HiPace1800, TC1200 DN200 ISO-K	HiPace2300, TC1200 DN250 ISO-K
压缩比	H_2	6×10^3	6×10^3	2×10^4	2×10^4
	He	2×10^5	2×10^5	3×10^5	3×10^5
	N_2	$>1\times10^8$	$>1\times10^8$	$>1\times10^8$	$>1\times10^8$
	Ar	$>1\times10^8$	$>1\times10^8$	$>1\times10^8$	$>1\times10^8$
	CF_4	$>1\times10^8$	$>1\times10^8$	$>1\times10^8$	$>1\times10^8$
气体容量 /mbar·L·s^{-1}	H_2	>30	>30	>30	>30
	He	>30	>30	20	20
	N_2	20	20	20	20
	Ar	11	11	16	16
	CF_4	12	12	14	14
极限压力/mbar		$<1\times10^{-7}$	$<1\times10^{-7}$	$<1\times10^{-7}$	$<1\times10^{-7}$
预备时间/min		2.5	2.5	4	4
冷却方式		水冷	水冷	水冷	水冷
冷却水耗量/L·h^{-1}		100	100	100	100
冷却水温/℃		15～35	15～35	15～35	15～35
噪声/dB(A)		≤50	≤50	≤50	≤50
质量/kg		27	29	33	34

b. 德国莱宝 TURBOVAC 系列涡轮分子泵　技术参数见表 3-34，性能曲线见图 3-33。

表 3-34　TURBOVAC 系列涡轮分子泵技术参数

项目 \ 型号		TURBOVAC 151	TURBOVAC 600C	TURBOVAC 1000C	TURBOVAC T1600
法兰通径/mm	进气口	100 ISO-K	160 ISO-K	160 ISO-K·160CF	200 ISO-K
	排气口	25 ISO-KF	40 ISO-KF	40ISO-KF·63 ISO-K	40 ISO-KF·63 ISO-K
抽速/L·s^{-1}	N_2	145	560	850	1100
	Ar	150	550	810	960
	He	135	600	880	1150
	H_2	115	570	900	690
气体容量 /mbar·L·s^{-1}	N_2	1.5	4.0	6.5	30
	Ar	1.3	4.0	4.0	20
	He	1.5	5.5	7.0	30
	H_2	1.0	4.0	8.0	20
压缩比	N_2	1×10^9	$>10^9$	$>1\times10^9$	5×10^5
	Ar	1×10^9	$>10^9$	$>1\times10^9$	1×10^6
	He	2×10^4	2.0×10^4	5×10^4	1×10^4
	H_2	8×10^2	1.1×10^3	1×10^4	2×10^2

续表

项目＼型号		TURBOVAC 151	TURBOVAC 600C	TURBOVAC 1000C	TURBOVAC T1600
极限压力/mbar		$<1\times10^{-10}$	$<1\times10^{-10}$	$<1\times10^{-10}$	$<3\times10^{-10}$
环境温度/℃		10～55	10～55	10～55	10～40
冷却方式	常用	水冷	水冷	水冷	水冷
	备选	风冷	风冷	风冷	风冷
冷却水耗量/$L\cdot h^{-1}$		15～30	20～80	20～80	30～60
冷却水温/℃		10～25	10～30	10～30	20～42
质量/kg		8	17	25	40

注:德国莱宝。

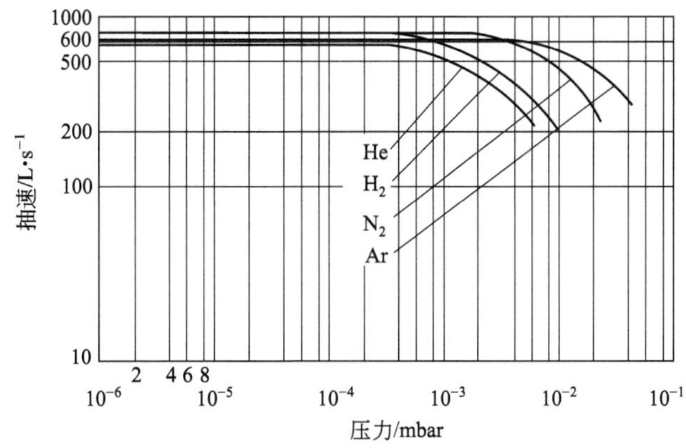

图 3-33 TURBOVAC 600C 涡轮分子泵的性能曲线

3.2.7.2 磁悬浮分子泵

对涡轮分子泵而言，非接触磁悬浮轴承是很有吸引力的。电磁轴承应用于涡轮分子泵，可实现分子泵的无油、无磨损、运行安静、振动极小，尤其适合半导体工业等超净高真空应用场合。

德国莱宝生产的 TURBOVAC MAG 系列磁悬浮分子泵的技术参数见表 3-35，性能曲线见图 3-34。

表 3-35 TURBOVAC MAG 系列磁悬浮分子泵技术参数

项目＼型号		TURBOVAC MAG			
		W300 iP	W400 iP	W600 iP	W700 iP
进气口法兰(*DN*)	进气口	100 ISO-K/100CF	160 ISO-K/160CF	160 ISO-K/160CF	200 ISO-K/200CF
抽速/$L\cdot s^{-1}$	N_2	300	365	550	590
	Ar	260	330	520	540
	He	260	280	570	600
	H_2	190	200	410	430
压缩比	N_2	1.0×10^{10}	1.0×10^{10}	1.6×10^{10}	1.6×10^{10}
	H_2	3.2×10^{3}	3.2×10^{3}	3.4×10^{4}	3.4×10^{4}
	He	9.2×10^{4}	9.2×10^{4}	1.7×10^{6}	1.7×10^{6}

续表

项目 \ 型号	TURBOVAC MAG			
	W300 iP	W400 iP	W600 iP	W700 iP
极限压力/mbar	$<10^{-8}/<10^{-10}$	$<10^{-8}/<10^{-10}$	$<10^{-8}/<10^{-10}$	$<10^{-8}/<10^{-10}$
预备时间/min	<5	<5	<6	<6
前级法兰(*DN*)	16 ISO-KF	16 ISO-KF	25 ISO-KF	25 ISO-KF
质量/kg	12	12	17	17

注：德国莱宝。

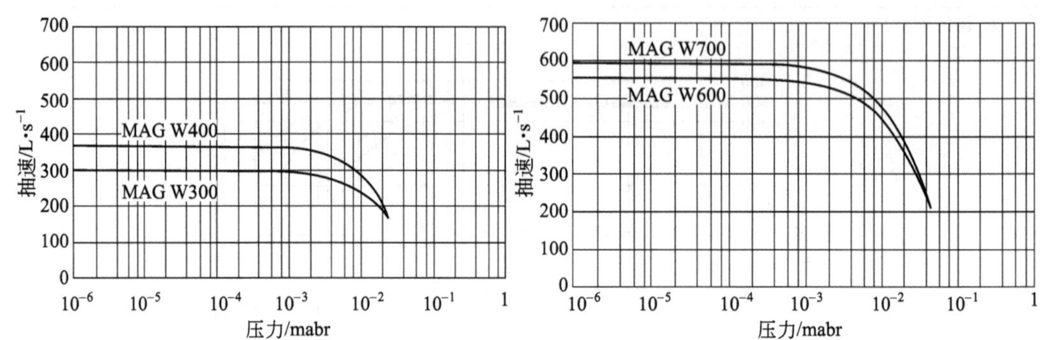

图 3-34 TURBOVAC MAG W 300/400 iP 与 600/700 iP 对 N_2 的抽速曲线

德国莱宝 TURBOVAC MAG W 系列磁悬浮分子泵技术参数见表 3-36。

表 3-36 TURBOVAC MAG W 系列磁悬浮分子泵技术参数

项目 \ 型号		TURBOVAC MAG W			
		1300 iP/L	1600 iP/L	1700 iP/L	2200 iP/L
进气口法兰(*DN*)		200 ISO-F 200CF	250 ISO-F	250 ISO-F 250CF	250 ISO-F 250CF
抽速/L·s^{-1}	N_2	1100	1600	1610	2100
	Ar	1050	1470	1480	1900
	H_2	1220	1770	1710	2050
	He	1130	1570	1660	1750
压缩比	N_2	$>10^8$	$>10^7$	$>10^8$	$>10^8$
	Ar	$>10^8$	$>10^7$	$>10^8$	$>10^8$
	H_2	8.0×10^3	1.0×10^3	4.0×10^3	5.0×10^3
	He	2.0×10^5	6.0×10^4	2.0×10^5	5.0×10^4
极限压力/mbar	ISO-F 法兰	$<10^{-8}$	$<10^{-8}$	$<10^{-8}$	$<10^{-8}$
	CF 法兰	$<10^{-9}$		$<10^{-9}$	$<10^{-9}$
预备时间/min		<7	<7	<7	<7
前级法兰(*DN*)		40KF	40KF	40KF	40KF

3.2.8 隔膜真空泵

隔膜真空泵（简称隔膜泵）是容积泵中较为特殊的一种形式，是一种干式真空泵，它是依靠一个隔膜片的来回鼓动而改变工作室容积来吸入和排出气体的。气动隔膜泵主要由传动部分和隔膜缸头两大部分组成。传动部分是带动隔膜片来回鼓动的驱动机构，它的传动形式有机械传动、液压传动和气压传动等，其中应用较为广泛的是液压传动。

3.2.8.1 隔膜真空泵的工作原理

隔膜泵的工作部分主要由曲柄连杆机构、柱塞、液缸、隔膜、泵体、吸入阀和排出阀等组成，其中由曲轴连杆、柱塞和液缸构成的驱动机构与往复柱塞泵十分相似。

隔膜泵工作时，曲柄连杆机构在电动机的驱动下，带动柱塞作往复运动，柱塞的运动通过液缸内的工作液体（一般为油）而传到隔膜，使隔膜来回鼓动。

气动隔膜泵缸头部分主要由一隔膜片将被输送的气体和工作液体分开，当隔膜片向传动机构一边运动，泵缸内为负压而吸入气体，当隔膜片向另一边运动时，则排出气体。被输送的气体在泵缸内被膜片与工作液体隔开，只与泵缸、吸入阀、排出阀及膜片的泵内一侧接触，而不接触柱塞以及密封装置，这就使柱塞等重要零件完全在油介质中工作，处于良好的工作状态。

3.2.8.2 隔膜泵的型号及参数

德国普发公司隔膜泵的型号及性能参数见表 3-37。

表 3-37 德国普发公司隔膜泵的型号及性能参数

型　　号	抽速/$m^3 \cdot h^{-1}$	极限压力/mbar	型　　号	抽速/$m^3 \cdot h^{-1}$	极限压力/mbar
MVP 006-4	0.28	≤2.0	MVP 070-3	3.8	≤1.0
MVP 015-2	0.9	≤3.5	MVP 070-3C	3.4	≤1.5
MVP 015-4	0.9	≤0.5	MVP 160-3	9.6	≤2.0
MVP 040-2	2.3	≤4.0	MVP 160-3C	8.3	≤2.0

天津奥特赛恩斯仪器有限公司隔膜泵的型号及性能参数见表 3-38。

表 3-38 天津奥特赛恩斯仪器有限公司隔膜泵的型号及性能参数

型号	抽气速率/$L \cdot min^{-1}$	真空压力/kPa	功率/W	电源	质量/kg
AP-01P	8	80	50	220V/50Hz	3.3
AP-01D	8	0～80 可调	50	220V/50Hz	3.5
AP-02B	10	0～80 可调	45	220V/50Hz	2.5
AP-9901S	12	80	80	220V/50Hz	2.5
AP-9925	25	80	120	220V/50Hz	3.5
AP-9950	50	80	180	220V/50Hz	8.2

3.3 蒸汽流真空泵

3.3.1 水蒸气喷射泵

3.3.1.1 概述

水蒸气喷射泵是依靠从拉瓦尔喷嘴中喷出的高速水蒸气流来携带被抽气体的，故有如下特点：

① 该泵无机械运动部分，不受摩擦、润滑、振动等条件限制，因此可制成抽气能力很大的泵。工作可靠，使用寿命长。只要泵的结构材料选择适当，对于排除具有腐蚀性气体、含有机械杂质的气体以及水蒸气等场合极为有利。

② 结构简单、重量轻，占地面积小。

③ 工作蒸汽压力为 $4\times10^5\sim9\times10^5$Pa，在一般的冶金、化工、医药等企业中都具备这样的水蒸气源。

因水蒸气喷射泵具有上述特点，所以广泛用于冶金、化工、医药、石油以及食品等工业部门。

3.3.1.2 水蒸气喷射泵的工作原理

单级泵主要由拉瓦尔喷嘴、混合室、扩压器等组成，如图 3-35 所示。

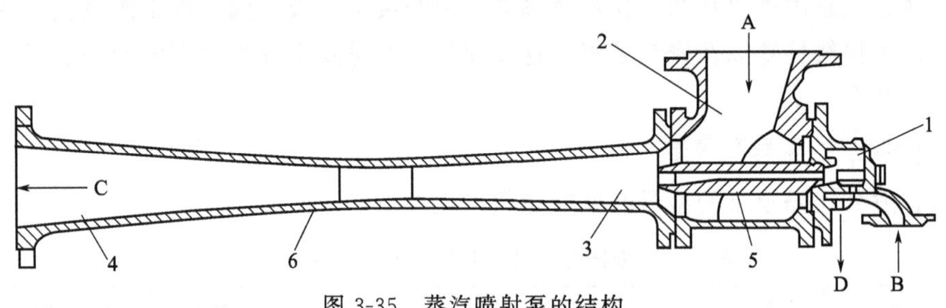

图 3-35 蒸汽喷射泵的结构

1—工作蒸汽进入室；2—吸入室；3—混合室；4—压缩室；5—拉瓦尔喷嘴；6—扩压器

A—被抽气体入口；B—工作蒸汽入口；C—混合气流出口；D—工作蒸汽冷凝液排放口

泵的抽气过程可分为三个阶段，气流的压力和速度的变化如图 3-36 所示。

① 工作蒸汽在拉瓦尔喷嘴中的流动　工作蒸汽经拉瓦尔喷嘴加速，在喷嘴喉部达到声速 w_k，在喷嘴扩张段气流继续加速，在出口处获得的超声速气流喷射到混合室中。

② 工作蒸汽和被抽气体在混合室中的流动　工作蒸汽和被抽气体在混合室中进行动量和能量交换，使两者的速度逐渐趋于一致。

③ 混合气体在扩压器中的流动　混合气体在扩压器中减速增压，在其喉部处出现正激波，使气流的压力突升，速度骤降至亚声速。在其扩张段速度进一步降低，压力进一步升高，最终克服出口反压而排到泵外，实现动能向压力能的转换。

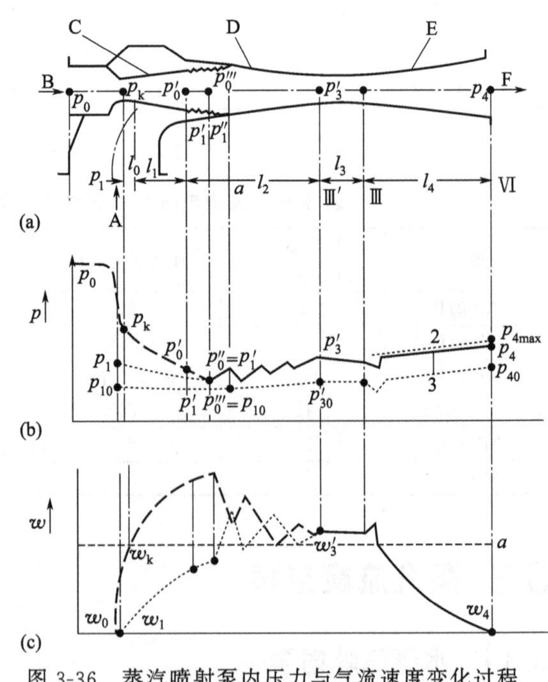

图 3-36 蒸汽喷射泵内压力与气流速度变化过程

A—被抽气体；B—工作蒸汽；C—拉瓦尔喷嘴；

D—混合室；E—扩压器；F—混合气流

—— 表示混合气流；– – 表示工作蒸汽流；······ 表示被抽气体

3.3.1.3 水蒸气喷射泵型式及基本参数

水蒸气喷射泵型式见表 3-39，水蒸气喷射泵基本参数见表 3-40。

表 3-39　水蒸气喷射泵型式

标记	级数	基本型式
P	一级	≍⊗
2P	二级	≍○≍⊗或≍≍⊗
3P	三级	≍○≍○≍
4P	四级	≍○≍○≍○≍⊗或≍≍○≍○≍⊗
5P	五级	≍≍○≍○≍○≍⊗或≍≍≍○≍○≍⊗
6P	六级	≍≍≍○≍○≍⊗或≍≍≍≍○≍○≍⊗

注：≍喷射器；○冷凝器；⊗消声器。

表 3-40　水蒸气喷射泵基本参数①

抽气质量 /$kg \cdot h^{-1}$	吸入压力/kPa										
	0.013	0.063	0.25	0.63	1.25	2.5	6.3/8②	16	25	40	80
1	△	—	—	—	—	—	—	—	—	—	—
2	△	—	—	—	—	—	—	—	—	—	—
4	△	△	—	—	—	—	—	—	—	—	—
8	△	△	△	△	△	△	△	△	△	—	—
16	△	△	△	△	△	△	△	△	△	—	—
25	△	△	△	△	△	△	△	△	△	△	△
32	—	△	△	△	△	△	△	△	△	△	△
50	—	△	△	△	△	△	△	△	△	△	△
63	—	△	△	△	△	△	△	△	△	△	△
100	—	△	△	△	△	△	△	△	△	△	△
125	—	△	△	△	△	△	△	△	△	△	△
160	—	△	△	△	△	△	△	△	△	△	△
200	—	△	△	△	△	△	△	△	△	△	△
250	—	△	△	△	△	△	△	△	△	△	△
315	—	△	△	△	△	△	△	△	△	△	△
400	—	△	△	△	△	△	△	△	△	△	△
500	—	—	—	—	—	△	△	△	△	△	△
630	—	—	—	—	—	—	△	△	△	△	△
800	—	—	—	—	—	—	△	△	△	△	△
1000	—	—	—	—	—	—	△	△	△	△	△

① △为有此规格；—为无此规格。

② 6.3kPa 为 25℃冷却水温系列；8kPa 为 32℃冷却水温系列。

3.3.2　油扩散泵

3.3.2.1　概述

油扩散泵是射流泵的一种，是以扩散泵油为工作介质，由锅炉加热形成油蒸气，经喷嘴加速后形成高速射流，被抽气体扩散到油蒸气射流中，被携带到泵出口而排出。扩散泵工作在高真空区域，其工作压力范围为 $10^{-1}\sim10^{-6}$Pa，极限压力可达 10^{-8}Pa。扩散泵具有结构简单，操作方便，使用寿命长，抽速大的特点，是获得高真空的主要设备之一，在真空冶金、石油化工等领域中得到广泛应用。但由于扩散泵效率低，并存在油蒸气反扩散（返油）对真空室会造成污染等问题，限制了油扩散泵在要求清洁真空环境中的应用，国外油扩散泵的使用量有明显减少的趋势。

3.3.2.2 油扩散泵工作原理

油扩散泵的结构如图 3-37 所示。油扩散泵的抽气过程如图 3-38 所示。锅炉内的扩散泵油经电加热而沸腾形成油蒸气，油蒸气经导流管进入伞形喷嘴，经过喷嘴形成超声速蒸气射流；由于存在密度梯度，油蒸气射流上方的被抽气体扩散到蒸气射流内部，与工作蒸气分子碰撞，在射流方向上获得动量；从而被携带到泵壁处；油蒸气在水冷泵壁上冷凝成油滴，释放出其中的被抽气体；油滴沿泵壁流回锅炉后再被加热形成蒸气，而释放出来的被抽气体则被前级泵抽出。

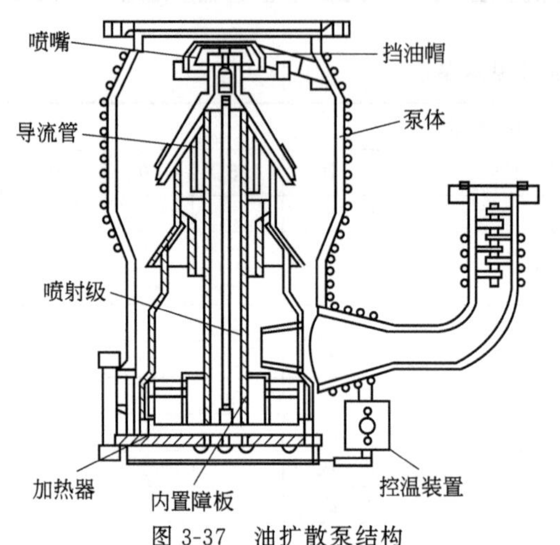

图 3-37 油扩散泵结构

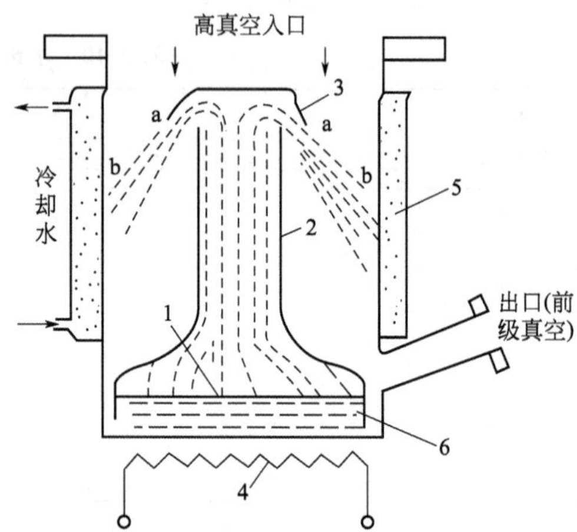

图 3-38 油扩散泵的抽气过程示意图

1—锅炉；2—导流管；3—喷嘴；4—加热器；5—冷凝器；6—工作介质；a，b—射流的抽气表面

3.3.2.3 油扩散泵的型号及参数

油扩散泵的型号及性能参数见表 3-41，油扩散泵法兰连接尺寸见表 3-42。

表 3-41 油扩散泵的型号及性能参数

参数项目		进气口公称通径/mm								
		80	100	(150)	160	200	250	(300)	320	400
抽气速率 /L·s^{-1}	直筒式	≥170	≥280	≥750	≥850	≥1400	≥2200	≥3000	≥3400	≥6000
	凸腔式	≥210	≥320	≥900	≥1000	≥1800	≥2600	≥3800	≥4200	≥7500
极限压力/Pa		≤5×10^{-5}								
临界前级压力/Pa		≥30				≥40				
泵液返流率 /mg·cm^{-2}·min^{-1}		≤3×10^{-2}								
加热时间/min		≤30		≤35			≤40			≤45
推荐加热功率/kW		0.4～1.0	0.5～1.0	0.9～1.5	1.0～2.0	1.5～2.5	2.0～3.0	2.0～3.0	3.0～4.0	3.5～5.0
加热器电源电压/V		220 或 380								
推荐泵油用量/L		0.08～0.1	0.1～0.18	0.3～0.6	0.4～0.6	0.5～0.8	1.0～1.5	1.2～1.6	1.4～2.0	3.0～4.0
推荐冷却水流量 /L·h^{-1}		≤100		≤150	≤200	≤250	≤280		≤400	≤600
推荐前级泵抽气速率 /L·s^{-1}		4		8		15		30		60

续表

参数项目		进气口公称通径/mm						
		500	(600)	630	800	(900)	1000	(1200)
抽气速率/L·s^{-1}	直筒式	≥9000	≥13000	≥15000	≥22000	≥30000	≥35000	≥50000
	凸腔式	≥11000	≥16500	≥18000	≥25000	≥36000	≥40000	≥60000
极限压力/Pa		≤5×10^{-5}						
临界前级压力/Pa		≥40						
泵液返流率/mg·cm^{-2}·min^{-1}		≤5×10^{-2}						
加热时间/min		≤45	≤50	≤55	≤60		≤65	
推荐加热功率/kW		5.0～12	6.0～12	8.0～15	10～20	14～25	20～25	20～30
加热器电源电压/V		220或380						
推荐泵油用量/L		5.0～6.0	6.0～9.0		8.0～10	10～13	14～16	16～20
推荐冷却水流量/L·h^{-1}		≤700	≤850		≤1200	≤1350	≤1600	≤2000
推荐前级泵抽气速率/L·s^{-1}		70	150		240	300		

表 3-42 油扩散泵法兰连接尺寸

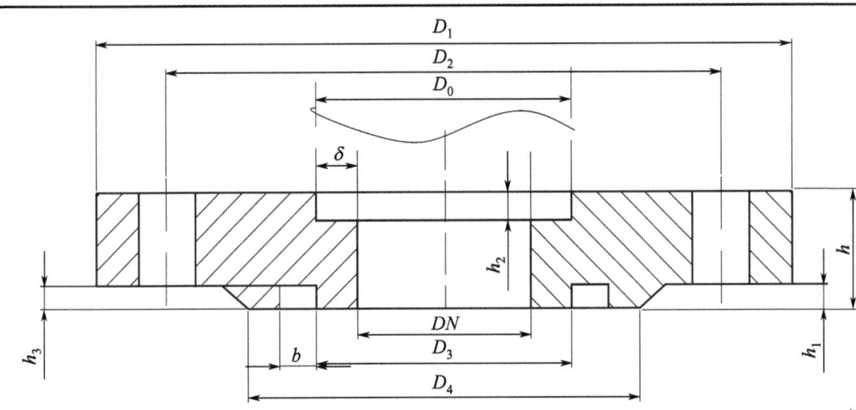

单位：mm

公称通径 DN	管子							密封槽					螺孔中心圆直径 D_2	孔数及孔径 n-ϕC
	外径 D_0	壁厚 δ	外径 D_1	厚度 h	焊接高度 h_2	凸台直径 D_4	凸台高度 h_1	内径 D_3 尺寸	内径 D_3 公差	槽宽 b	槽深 h_3	b、h_3 公差		
25	30	2.5	70	8	2			29	+0.2	4	2.4	+0.1	55	4-ϕ7
32	38	3	78	8				36					64	4-ϕ7
40	45	2.5	85	8				44					70	4-ϕ7
50	57	3.5	110	10	3			55					90	4-ϕ9
65	73	4	125	10				70	+0.5				105	4-ϕ9
80	89	4.5	145	10				85					125	4-ϕ9
100	108	4	170	12	4			105					145	4-ϕ12
125	133	4	195					131					170	4-ϕ12
150	159	4.5	220					156		6	3.6		195	8-ϕ12
200	208	4	275	14	5	233	1	208	+1.0				250	8-ϕ12
250	258		330			282		258					300	8-ϕ14
300	308		380	16		332		308					350	8-ϕ14
350	360	5	435			336		358	+1.5	8	4.8		405	8-ϕ14
600	612	6	710	24	6	645	1.5	610	+2.0	10	6		670	12-ϕ21
900	916	8	1040	28	8	960		915					990	24-ϕ23
1200	1220	10	1360	30	10	1270		1220					1310	28-ϕ25

3.3.3 油扩散喷射泵

3.3.3.1 概述

油扩散喷射泵是从油扩散泵发展而来的，兼有扩散泵和喷射泵的特点，工作压力范围在 **10～10^{-2}Pa**，在此压力区间内，油扩散喷射泵有较大的抽速和较高的最大出口压力，其抽气量是扩散泵的 **4～20** 倍。加热功率是扩散泵的 **2～5** 倍。由于油扩散喷射泵的工作压力范围正处于油扩散泵和油封机械泵抽气能力下降区域，因此，该泵除可以做主泵外，还常常用于大型油扩散泵和前级机械泵之间，保证真空系统的有效工作，与罗茨泵系列的作用相似，所以油扩散喷射泵也被称为油增压泵。

油扩散喷射泵已广泛应用于真空感应熔炼、真空电弧熔炼、真空干燥、真空压力浸渍、真空蒸馏等设备上。

3.3.3.2 油扩散喷射泵工作原理

油扩散喷射泵工作压力范围内的被抽气体流动状态处于黏滞流和分子流之间。在压力较高时，油蒸气射流对被抽气体的抽出以黏性携带为主，这如同喷射泵的抽气原理。这时要求蒸气射流具有足够的密度。在压力较低时，油蒸气射流对被抽气体的抽出以扩散携带为主，这如同扩散泵的作用原理。这时要求蒸气射流有一定的稀薄程度。综合上述两种情况，必须选择合理的蒸气射流状态，保证泵的抽气性能。

3.3.3.3 油扩散喷射泵的型号及参数

油扩散喷射泵性能参数见表 **3-43**。

表 3-43 油扩散喷射泵性能参数

<table>
<tr><th rowspan="2">参数项目</th><th colspan="12">进气口公称通径/mm</th></tr>
<tr><th>(150)</th><th>160</th><th>200</th><th>250</th><th>(300)</th><th>320</th><th>400</th><th>500</th><th>(600)</th><th>630</th><th>800</th><th>1000</th></tr>
<tr><td>抽气速率①/$L \cdot s^{-1}$</td><td>≥450</td><td>≥550</td><td>≥900</td><td>≥1500</td><td>≥2000</td><td>≥2300</td><td>≥4000</td><td>≥5500</td><td>≥8000</td><td>≥9000</td><td>≥13000</td><td>≥22000</td></tr>
<tr><td>极限压力/Pa</td><td colspan="12">≤7×10^{-2}</td></tr>
<tr><td>临界前级压力/Pa</td><td colspan="12">≥140</td></tr>
<tr><td>推荐加热功率/kW</td><td colspan="2">≤3.0</td><td>≤5.0</td><td colspan="3">≤10</td><td>≤20</td><td>≤25</td><td colspan="2">≤30</td><td>≤50</td><td>≤70</td></tr>
<tr><td>加热器电源电压/V</td><td colspan="12">220 或 380</td></tr>
<tr><td>推荐泵油用量/L</td><td colspan="2">1.5～3.0</td><td>2.5～5.0</td><td colspan="3">5.0～20</td><td colspan="2">20～50</td><td colspan="2">50～100</td><td>100～150</td><td>150～180</td></tr>
<tr><td>推荐冷却水流量②/$L \cdot h^{-1}$</td><td colspan="2">≤300</td><td>≤400</td><td>≤600</td><td colspan="2">≤700</td><td>≤800</td><td>≤1200</td><td colspan="2">≤1500</td><td>≤2000</td><td>≤6000</td></tr>
<tr><td>推荐前级泵抽气速率/$L \cdot s^{-1}$</td><td colspan="3">≥30</td><td>≥60</td><td colspan="2">≥70</td><td>≥140</td><td>≥210</td><td colspan="2">≥300</td><td>≥450</td><td>≥1200</td></tr>
</table>

① 在进气口压力为 1.3Pa 时，对空气所测得的平均值。

② 冷却水温为 20℃±5℃。

注：表中带括弧的规格不鼓励优先选用。

3.4 气体捕集真空泵

3.4.1 溅射离子泵

3.4.1.1 概述

溅射离子泵是 1958 年由 Hail 等人发现，潘宁放电真空计在测量真空时，真空计本身有一定的抽气作用，根据这一现象而发明的，因此又称潘宁泵。它是一种使用较广泛的无油清洁真空泵。

3.4.1.2 工作原理与结构

图 3-39 示出了最简单的二极型溅射离子泵的工作原理。泵的阴极由两块 Ti 板组成；阳极由多个不锈钢圆筒（或四方格、六方格）并联组成抽气部件，置于两块阴极板之间。为了增加抽速，实际应用的离子泵由多个排气部件组成。每一个方格为一个单元泵，抽速约为 1～3L/s。磁场方向垂直于阴极板（永久磁铁），在阳、阴极之间加上适当直流高压（对阴极为正电位 3～8kV）。

空间电子在这种正交电场-磁场作用下，在阳极筒中，电子做螺旋运动，与气体分子磁撞，使之电离，电离产生的离子，飞向阴极，将大量的钛原子溅射上来，并沉积在阳极筒内壁及阴极板上，产生抽气作用。轰击阴极产生的二次电子，参与气体的电离。电子最终损失能量后，被阳极吸收。

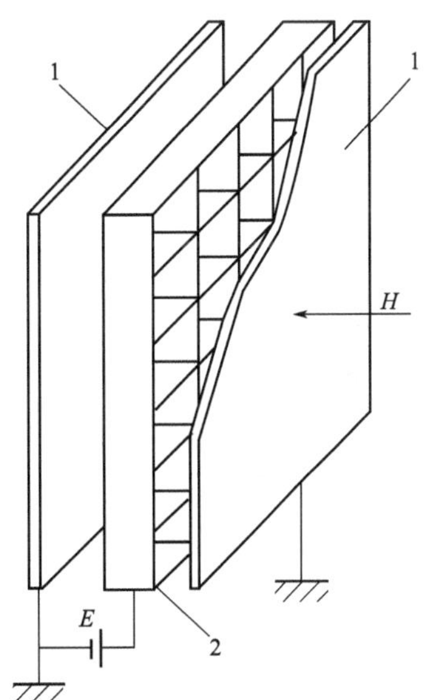

图 3-39　二极型溅射离子泵的工作原理
1—阴极；2—阳极

溅射离子泵的优点是：

① 无油、无振动、无噪声；

② 使用简单可靠，寿命长，可烘烤；

③ 不需要冷剂，置放方向不限；

④ 工作压力范围宽（10^{-2}～10^{-10}Pa）；

⑤ 对惰性气体抽速大，是目前抽惰性气体较好的泵。

其缺点为：

① 带有笨重的磁铁，体积和重量较大；

② 对有机蒸气污染敏感，连续抽 30min 油蒸气就会使泵启动困难；

③ 二极泵在抽惰性气体时，会出现氩不稳定性。

这种泵广泛地应用于现代尖端技术的超高真空领域中，如原子能工程、核工业、高能加速器、宇宙模拟、表面物理、电子工业和高纯金属的冶炼等领域。

3.4.2 低温泵

3.4.2.1 低温泵工作原理与特点

低温泵是利用低温表面冷凝气体以实现抽气的一种泵，又称冷凝泵。低温表面抽气的机制主要是依据物质的饱和蒸气压随温度降低而降低的特性，但同时还具有低温捕集及低温吸附作用。

低温泵是获得清洁真空的极限压力最低、抽气速率最大的真空泵，广泛应用于半导体和集成电路的研究和生产，以及分子束研究、真空镀膜设备、真空表面分析仪器、离子注入机和空间模拟装置等方面。

(1) 低温泵抽气机理

① 低温冷凝　气体分子入射到低于其饱和温度的抽气面时，使之失去动能，不断冷凝在抽气面上并形成霜层。低温泵的抽气能力和所能达到的极限压力，以及低温板的温度

和被抽气体的饱和蒸气压有关，图 3-40 所示为常见气体（蒸气）在低温范围内的饱和蒸气压特性。

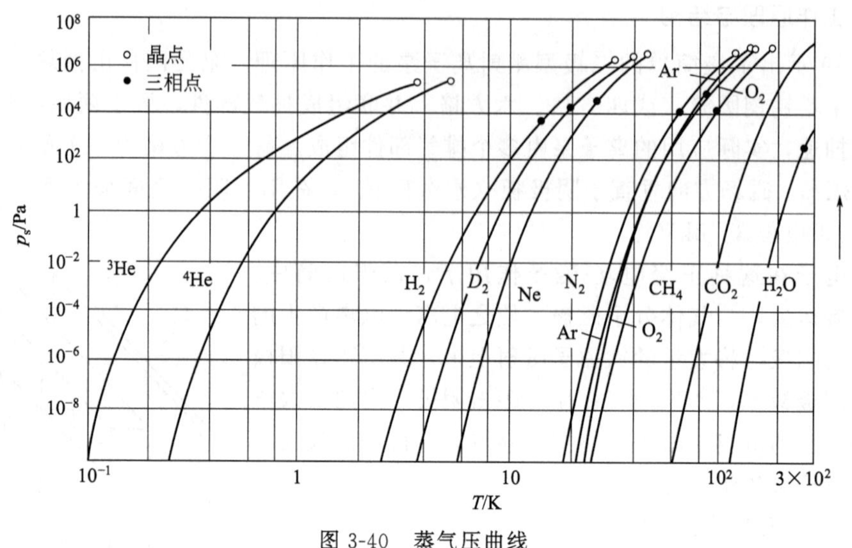

图 3-40　蒸气压曲线

② 低温捕集　即可凝气体在低温表面形成霜层的同时，又将不可凝气体分子掩埋和吸附，通常 CO_2、H_2O、SO_2、N_2、Ar、Ne 等气体首先成霜于低温表面形成吸附层，进而达到吸附其他气体的目的。低温泵抽除混合气体时，效果往往比单一气体好一些，就是由于这个原因。

③ 低温吸附　是指低温表面上的吸附剂吸附气体的作用。由于吸附剂与气体分子之间的相互作用力很强，故可达到气相压力比冷表面温度下其饱和蒸气压还低的水平。吸附剂通常是活性炭或分子筛。

(2) 低温泵的主要特点

① 可得到极为洁净的真空；

② 由于冷面尺寸不受限制，实际可做成很大抽速的泵；

③ 它的几何形状可根据被抽空间的要求设计成最有利的形式；

④ 低温泵的主要缺点是造价较昂贵（制冷机式）或消耗昂贵的液氦（储槽式），凝结层的处理也较不方便。

3.4.2.2 类型与结构

低温泵分为储槽式液氦低温泵和闭路循环气氦制冷机低温泵两种。

(1) 储槽式液氦低温泵

储槽式液氦低温泵主要由液氦容器、泵体和连接挡板的液氮腔体等部分组成，如图 3-41 所示。

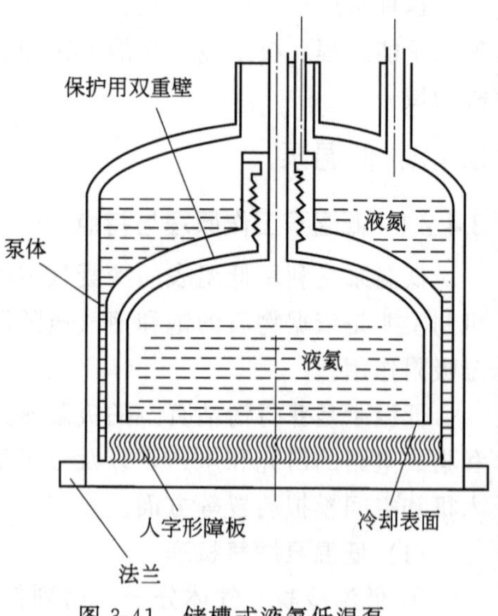

图 3-41　储槽式液氦低温泵

液氦容器的底部平面即低温抽气表面。为了减少液氦消耗，液氦容器的外壁采用双层保温壁并在其间抽成真空。当泵被预抽到 10^{-6}Pa 压力时灌入液氮和液氦，气体凝结在 4.2K 的工作冷板上。经预抽使氦氢分压到 10^{-12}Pa 数量级，故泵可获得 10^{-11}Pa 以下的极限压力。如果把液氦容器抽真空减压到 6650Pa，液氦温度可降到 2.3K，则可得到更低的极限压力。其优点是泵的体积小、无振动、无噪声、操作简便，适用于大专院校及科研单位和高能加速等大型真空工程。缺点是运转费用高，每次加注低温介质的使用时间短，需长期连续运转的真空系统要定期补充工作介质，并且受到低温介质供应条件的限制。

(2) 闭路循环气氦制冷机低温泵

G-M 制冷机低温泵是闭路循环气氦制冷机低温泵的一种，是 20 世纪 70 年代出现的新型低温泵，通常由泵壳、抽气低温板、辐射屏蔽板、制冷机和压缩机等部分组成。这种泵中利用气体氦作为介质，由一小型制冷机循环制冷，故不消耗氦气、操作简便，易于维修，应用日渐广泛。其原理如图 3-42 所示。它通常有两个冷板，一级冷板温度为 50～75K，用来冷凝水蒸气和二氧化碳、预冷其他气体；二级冷板温度为 10～20K，用来冷凝氮、氧和氩等气体，但氢、氦、氖等不能凝结，故在二级冷板的内表面涂以活性炭。活性炭的比表面积为 500～2500m^2/g，在低温下对氦、氖和氢有很强的吸附能力。冷板由无氧铜制成，表面抛光达到镜面程度，以减小辐射系数。泵的极限压力为 10^{-7}～10^{-8}Pa，工作压力范围为 10^{-1}～10^{-7}Pa，要求预抽压力为 1Pa。制成的产品抽气速率已达 60000L/s。此外，尚可根据工艺的特点把抽气冷板安排在被抽容器内，其抽气速率可达到 10^6L/s 以上。此种泵是目前比较理想的清洁超高真空泵，广泛用于薄膜制备、微电子学技术、高能物理、大型环模设备以及其他各工业领域。

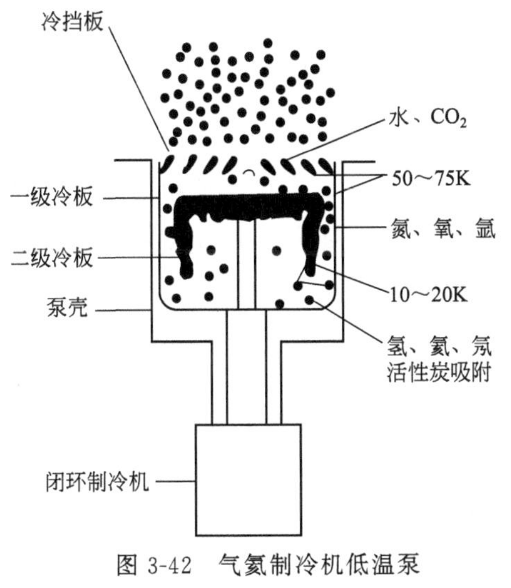

图 3-42 气氦制冷机低温泵

(3) 氦低温流程低温泵

这种流程式低温泵结构庞大且复杂，通常采用布雷顿循环。其制冷循环过程：由氦压缩机出来的高压氦气，经过水冷却器冷却后，进入干燥器消除氦气中的水分，再进入纯化器使氦气进一步纯化，使杂质含量低于 20～50ppm。纯化后的氦气进入制冷机中第一级热交换器和液氮槽，再进入第二级热交换器，由于液氮和回流的冷氦气的冷却，从第二级热交换器出来的高压氦气温度已降到 22K 左右。高压氦气经膨胀机降温后，进入低温冷板，达到抽气目的。低温冷板出来的氦气返回热交换器，用于冷却高压氦气，最后低压氦气返回氦压缩机，完成一次循环。这种流程式低温泵制冷量大，常用于空间环境模拟及受控热核反应的装置中。

3.4.2.3 G-M 制冷机低温泵系统

吉福特-麦克马洪制冷机（简称 G-M 制冷机）是用绝热放气膨胀法（又称西蒙膨胀法）来获得 77K、10K 及 6.5K 低温的，是目前应用较广的制冷机。

G-M 循环制冷机低温泵的优点是制冷与压缩部分可以分开安装，所以制冷部分可以做得很小，振动容易控制。缺点是压比低，可逆性较差。G-M 循环制冷机低温泵最低温度可达 7K 左右。

(1) 氦压机

氦气压缩机是低温泵系统或其他制冷单元的驱动单元，用于向低温泵或其他制冷单元提供高纯度氦气。氦压机的内部结构示意见图 3-43。

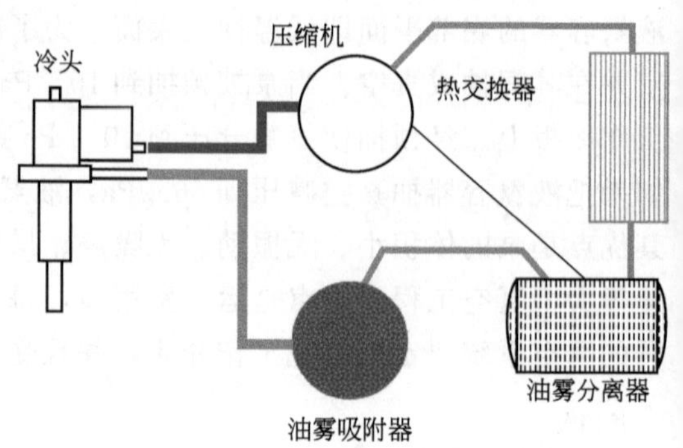

图 3-43　氦压机的内部结构示意图

(2) G-M 制冷机原理

图 3-44 所示为单级 G-M 制冷机的系统示意图。单级 G-M 制冷机由压缩机组 1、进气阀 2、排气阀 3、回热器 4、换热器 5 和膨胀机 6 等组成。压缩机组包括低压储气罐 a、高压储气罐 b、冷却器 c 和往复式压缩机 d 四大部分，彼此间用管道相连。进气阀 2 和排气阀 3 都处在室温下，由机械控制其开启和关闭，用来控制通过回热器与膨胀机的气流和循环的压力及容积。回热器 4 内装有金属网片，冷、热气流交替地流过它，起着储存和回收冷量的作用。通过该作用达到冷热气流间换热的目的，并建立室温和制冷机冷端之间的温差。要求其换热效率在 99% 以上，否则直接影响制冷机的性能。换热器 5 供输出冷量用。膨胀机 6 由薄壁不锈钢气缸 f 和位于气缸两端的两个有效容积 (1) 和 (2) 组成。容积 (1) 处在室温下，容积 (2) 处在低温下，它们与回热器用管道相连接。推移活塞在气缸中的上下移动由一小曲轴 e 控制。它和进、排气阀的控制机构组合在一起，由一个微型电机带动。进、排气阀的开启和关闭与推移活塞的移动位置之间按一定的相对角配合，以保证实现制冷机的热力循环。

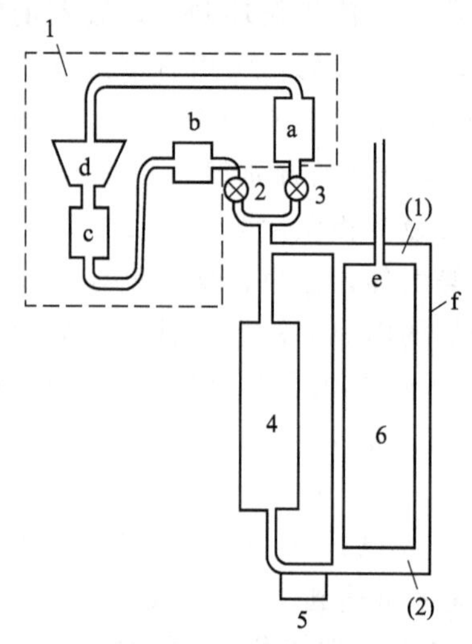

图 3-44　单级 G-M 制冷机的系统示意图
1—压缩机组；2—进气阀；3—排气阀；
4—回热器；5—换热器；6—膨胀机
a—低压储气罐；b—高压储气罐；c—冷却器；
d—往复式压缩机；e—小曲轴；f—气缸

工作气体在压缩机 d 中压缩，然后经冷却器 c 冷却，清洁的高压气体进入高压储气罐 b。开始时，控制机构使推移活塞处于气缸底部，与此同时打开进气阀。高压气体进入推移活塞上方的热腔容积 (1) 和回热器 4。回热器 4 及容积 (1) 的压力增高。当压力平衡后，推移活塞从气缸底部向上移动，把进入到热腔 (1) 的气体推移出去，经回热器 4 被冷却后进入冷腔 (2)。与此同时，还有一部分来自高压储气罐的气体，也经回热器 4 被冷却后进入冷腔 (2)。推移活塞移动到气缸顶部，进气阀关闭。打开排气阀，使冷腔 (2) 内的气体经换热器 5，回热器 4 与低压储气罐相连通。这时，处在冷腔 (2) 中的高压气体，向低压储气罐 a 放气。制得的冷量经换热器 5 输出。气体经回热器 4 加热后，进入低压储气罐，然后进入高压储气罐 b。同时，推移活塞重新移动到气缸底部，排气阀关闭。这样，周而复始，整个系统就能连续工作，连续不断地制取冷量。

(3) 低温泵主要结构

图 3-45 所示为 G-M 循环制冷机低温泵的工作系统，系统的主要部件如下。

① 制冷单元：包括制冷机（膨胀机），一、二级冷头，低温抽气冷阵及泵体。

② 压缩单元：氦压缩机、换热器、油气分离器、管路滤油器等。

③ 吸附器、阀门等辅助元件。

该系统的工作气体是 99.998%高纯氦。

图 3-46 所示为典型制冷机低温泵结构。

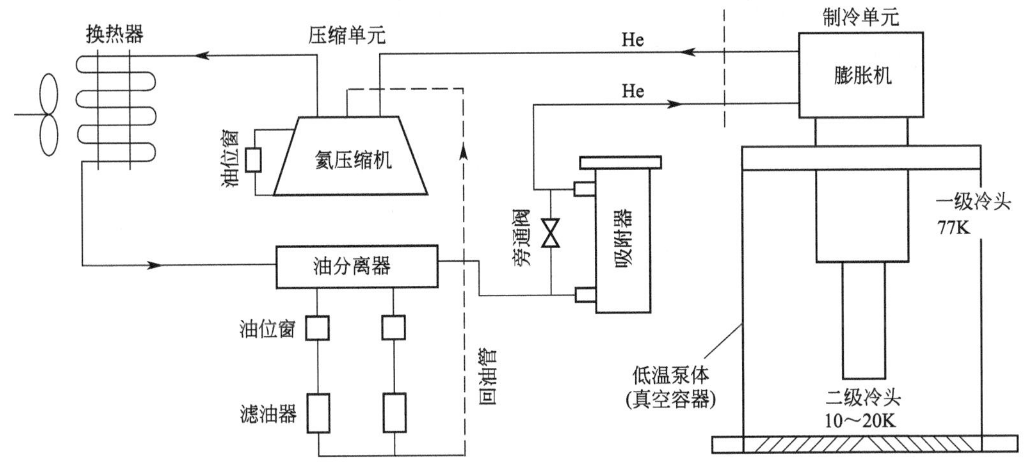

图 3-45　G-M 循环制冷机低温泵的工作系统

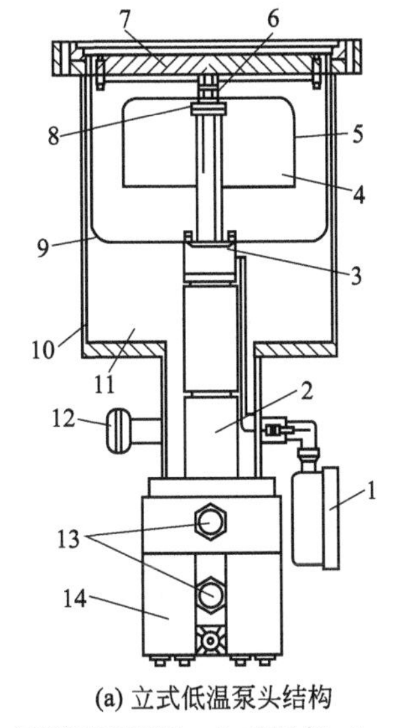

(a) 立式低温泵头结构

1—氢蒸气压温度计；2—制冷机；3—一级冷头；4—活性炭吸附面；5—低温冷凝面；6—二级冷头；7—屏蔽挡板；8—氢蒸气压温泡；9—屏蔽罩；10—泵壳；11—真空腔；12—再生抽气排出口；13—氦气管线；14—冷头驱动组件

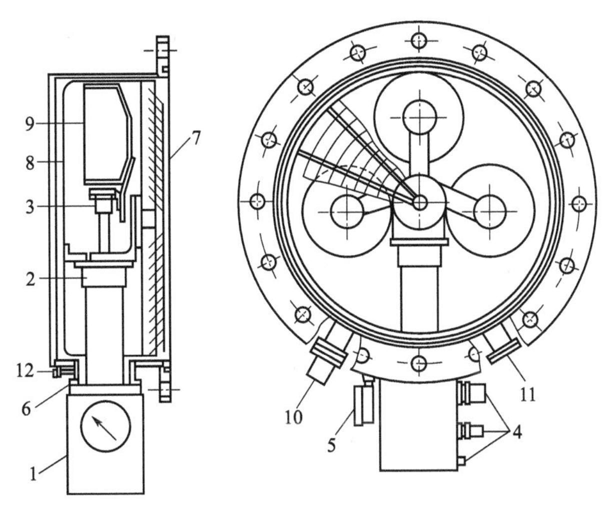

(b) 一种窄泵低温泵头结构

1—制冷机；2—一级冷头；3—二级冷头；4—气体、电气结构；5—H_2蒸气压温度计；6—排水口；7—百叶窗式入口障板；8—保温屏蔽板；9—冷板(3个)；10—压力安全阀；11—排气口；12—清洗口

图 3-46　典型制冷机低温泵结构

(4) 制冷机低温泵特点

① 真正的无油真空泵：利用低温冷板来冷凝、吸附气体而获得和保持真空，清洁无污染；

② 抽速大：特别是对 H_2O、H_2 等气体抽速很大，因而排气速度比其他真空泵快，大大提高产品产出量；

③ 运行费用低，操作简单方便；

④ 适应性强：真空腔内无运动部件，来自外界的干扰或来自真空系统的微粒不影响低温泵工作；可以安装在任何方位；运动部件少且低温运行，寿命长；所用型号的低温泵都可以达到 10^{-7}Pa 的极限真空度，部件特殊品种的极限真空度可达 10^{-9}Pa。

3.4.2.4 国产低温泵技术指标与性能

国产 CP 系列低温泵的技术参数见表 3-44。

表 3-44 CP 系列低温泵技术参数

型号	抽速/L·s^{-1}					抽气容量/Pa·L		通导/mL·min^{-1}	降温时间(冷到 20K 所需时间)/min	泵口法兰/mm
	H_2O	Air	H_2	Ar	He	N_2/Ar	H_2/He	Ar		
CP200	4200	1500	2500	1200	750	1000	18	700	≤90	200
CP200N	4200	1500	2500	1200	750	1000	15	700	≤90	200
CP250	6500	2300	2500	1900	1100	2000	25	1200	≤90	250
CP300	9000	3000	5000	2500	2300	2000	25	1500	≤90	320
CP400	16000	6000	5000	5000	2500	2500	20	500	≤150	400
CP500	30000	10000	13000	8500	5500	3200	20	790	≤80	500

型号	抽速/L·s^{-1}				抽气容量/Pa·L		极限压力/Pa	降温时间(冷到 20K 所需时间)	液氮耗量/L·h^{-1}	泵口法兰通径/mm	质量/kg
	H_2O	H_2	Ar	N_2	N_2/Ar	H_2/He					
CP800	70000	20000	20000	25000	7500	20	$<1\times10^{-6}$	240		800	350
CP900LN	8000	23000	23000	30000	5000	20	$<1\times10^{-6}$	240	13	900	350
CP1200LN	150000	34000	32000	45000	6000	30	$<1\times10^{-6}$	240	16	1188	500

注：安徽万瑞冷电科技有限公司。

3.4.2.5 进口低温泵技术指标与性能

(1) 莱宝低温泵

莱宝 Coolvac 系列低温泵的技术参数 见表 3-45。

表 3-45 莱宝 Coolvac 系列低温泵技术参数

参数 项目 \ 型号		Coolvac 1500CL	Coolvac 3000CL	Coolvac 5000CL	Coolvac 18000CL	Coolvac 30000	Coolvac 60000	Coolvac 800BL (ISO-K)	Coolvac 800BL (CF)	Coolvac 800BLUHV (CF)
进气口法兰(*DN*)		200ISO-K/200CF	200ISO-K	200ISO-K	630ISO-F	35ANSI	1250ISO-F	160ISO-K	160CF	160CF
排气口法兰(*DN*)		25KF	25KF	40KF	63ISO-K	63ISO-K	63ISO-K	25KF	25KF	40CF
抽速/L·s^{-1}	H_2O	4600	10500	30000	46000	93000	180000	2600	2600	2600
	Ar/N_2	1200/1500	2500/3000	8400/10000	13500/18000	25000/30000	47000/57000	640/800	640/800	640/800
	H_2/He	2500	6000	12000	14000/4000	30000/7000	60000/15000	1000/300	1000/300	1000/300
质量/kg		25	35	50	65	245	450	12	12	12

(2) Brooks-CTI Cryo-Torr 系列低温泵

Brooks-CTI Cryo-Torr 系列低温泵的技术参数 见表 3-46。

表 3-46 Brooks-CTI Cryo-Torr 系列低温泵技术参数

参数项目 \ 型号		4F	8	8F	250F	10	10F	400
结构		卧式	立式	卧式	卧式	立式	卧式	立式
真空法兰内径/mm		100	200	200	250	290	300	400
抽速 $/L\cdot s^{-1}$	H_2O	1100	4000	4000	6500	9000	9500	16000
	Air	370	1500	1500	2200	3000	3600	6000
	H_2	370	2500	2200	3200	5000	6000	12000
	Ar	310	1200	1200	1800	2500	3000	5000
气体容量(标准状态)/L	H_2	3	17	12	16	24	24	42
	Ar	210	1000	1000	1000	2000	2000	2500
通导	$H_2/mL\cdot min^{-1}$	700	700	700	700	1500	1500	500
	$Ar/L\cdot s^{-1}$	9	9	9	9	19	19	6
降温时间/min	60Hz	75	90	100	100	100	100	150
	50Hz	90	110	110	120	120	120	180
质量/kg		17	20	19	22	39	41	73

3.4.3 非蒸散型吸气泵

3.4.3.1 概述

非蒸散型吸气泵是用锆铝合金吸气材料（84%锆、16%铝）在高温下吸附活性气体的新型泵。对活性气体尤其是对氢具有很高的抽气能力，但不能抽惰性气体。对氢及其同位素氘、氚的吸气是可逆的，而对其他活性气体如 CO、CO_2、O_2、N_2、H_2O 等的吸气是以稳定的化合物扩散到吸气剂体内，但存在饱和和寿命问题。在 10^{-8}～1Pa 的压力范围内抽氢的速率几乎保持恒定。对其他活性气体吸气速率，在压力低于 10^{-3}Pa 时，400℃温度时达到饱和。该泵对各种活性气体的吸气速率随着吸气剂吸气量的增加而降低。当吸气速率随吸气量的增加而达到名义抽速的 80%时，要在高温下进行再激活处理。再激活的次数一般可达 20 次。

锆铝泵结构简单、体积小、造价低、操作安全可靠、维修方便，清洁无油。特别适用于抽除以氢为主的抽气系统。在受控热核反应装置中用来储存和释放氢、氘、氚。在高能加速器的真空系统中与涡轮分子泵或溅射离子泵同时工作，能提高系统的极限真空。用在超高真空装置，可连同装置一起放进烘烤箱中，不用外加电源便可作烘烤时的维持泵使用。

3.4.3.2 锆铝吸气泵结构及抽气原理

(1) 锆铝泵的结构

锆铝泵的结构如图 3-47 所示。由不锈钢泵壳、锆铝吸气带泵芯、加热器及测温装置等组成。根据泵芯的加热方式，可分为直接加热和间接加热两种型式。法兰连接均采用金属密封。

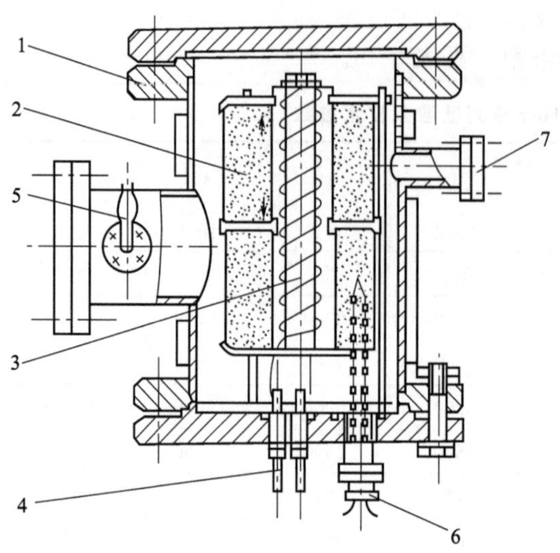

图 3-47　锆铝泵结构

1—泵壳；2—泵芯；3—加热器；4—电极；5—真空规；6—热电偶；7—气体分析器接头

锆铝泵的间热式泵芯如图 3-48 所示。根据所要求的一次吸气量计算出吸气带的实际装量，按照装量把锆铝 16 合金带折叠成皱纹状或单个折叠片，装架成环形圆柱体，再用不锈钢盘压紧固定在三根支柱上。每一层环形圆柱体的高度相当于吸气带宽度。间热式泵芯靠位于泵中心的由 95% 的 Al_2O_3 制成的螺纹管上缠绕的钨丝通电发热来获得激活温度和工作温度。

直热式泵芯结构如图 3-49 所示。不锈钢支架由一支不锈钢管上、下各焊多根放射状钢条制成。将吸气带上、下绕在装有绝缘套的放射状不锈钢条上。为了防止基带受热伸长，导致相邻锆铝片接触而引起短路造成温度不均，用拉紧装置将吸气带张紧。吸气带可以分段并联。直热式泵芯以向吸气带上通电来获得吸气带的自身升温。

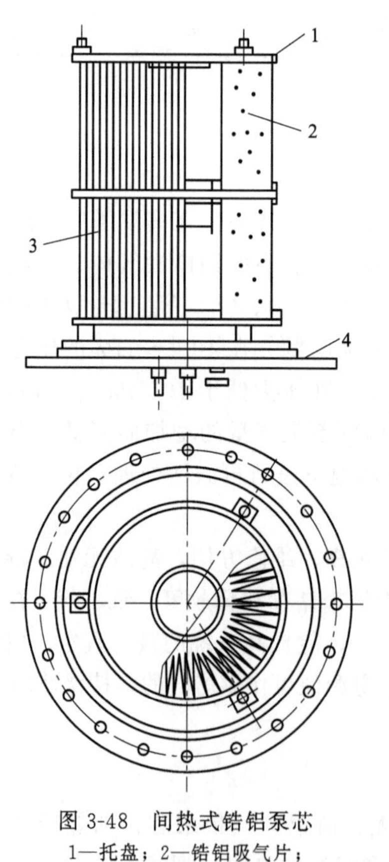

图 3-48　间热式锆铝泵芯

1—托盘；2—锆铝吸气片；3—支柱；4—底法兰

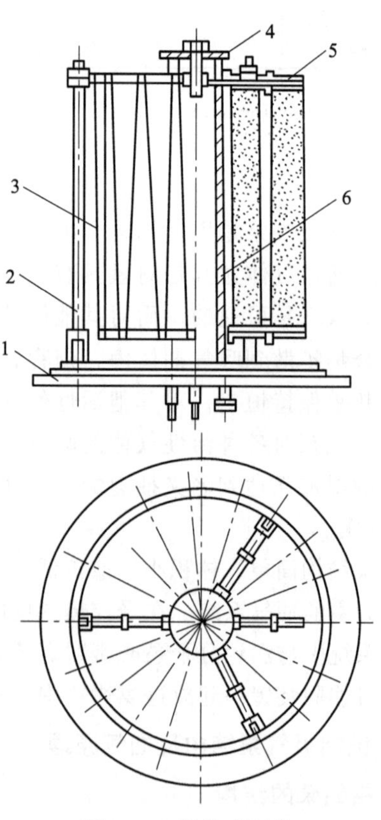

图 3-49　直热式泵芯

1—泵芯法兰；2—支柱；3—锆铝吸气带；4—拉紧装置；5—绝缘套管；6—不锈钢支架

锆铝泵的吸气剂在激活和工作时都需要加热。导电极用无氧铜、95% Al_2O_3 和可伐合金做成的组件，如图3-50所示。

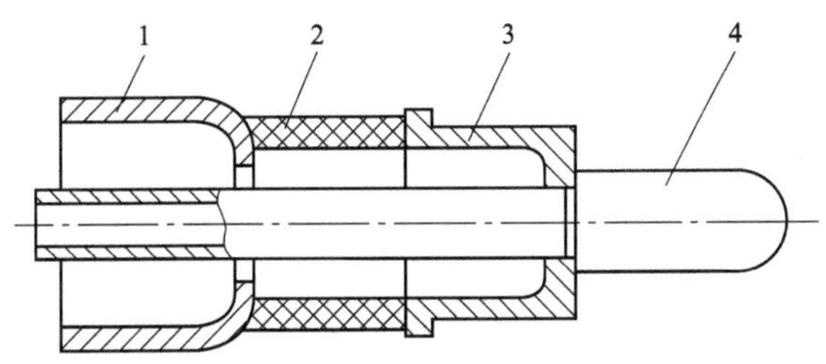

图 3-50 锆铝泵电极

1—可伐合金管；2—95% Al_2O_3 管；3—可伐合金帽；4—铜电极杆

(2) 工作原理

锆铝的抽气作用，主要是84%锆和16%铝组成的合金对活性气体的化学吸附。合金的主要成分是 Zr_5Al_3 及 Zr_3Al_2，合金结构是铝进入锆晶格中，使晶格间形成很多孔穴，增大锆的吸气面，提高气体在合金内的扩散速率。吸气作用首先在合金颗粒表面进行，然后向体内扩散。在180℃以下以表面吸附为主，在180℃以上，以体内扩散为主。所以这种合金在350～450℃范围内对所有活性气体都具有很大的抽气能力。在温度低于200℃时，对 CO、CO_2、O_2、N_2、H_2O 等活性气体不吸附，只在表面上与合金形成稳定的化合物，产生一层很薄的钝化层，阻止气体继续往体内扩散。在温度高于350℃时，这些活性气体在合金体内具有很大的扩散速率。在高于750℃时，钝化层很快被消除。在350～450℃时，体内扩散速率不如高温时大，但仍能以足够的扩散速率清洗合金颗粒表面，获得满足吸气速率所需要的清洁吸气表面。

将锆铝合金粉末涂敷在金属带上制成锆铝金属吸气带，这种锆铝16合金涂敷带可在常温下长期暴露在湿度80%的大气中，工作时将锆铝带加热到400℃左右，就能稳定地抽除活性气体。当合金表面吸气呈饱和状态时，就不再吸气，需进行高温激活处理，重新产生新鲜的吸气表面。锆铝吸气剂带可反复多次激活，直到吸气带上涂敷的吸气剂全部饱和为止。此时带的寿命已到，需更换新的锆铝吸气带。

(3) 锆铝吸气带的工作特性

锆铝泵的工作条件，主要是根据锆铝合金吸气带的吸气特性，对不同的工作情况选择最适宜的工作温度。因此在设计或使用锆铝泵时，要了解泵内使用锆铝吸气带的吸气特性。

① 基带涂层厚度和吸气性能　基带上的吸气剂涂敷层很薄。意大利产品的涂敷层厚度为50～100μm，合金量为15～20mg/cm²，涂敷层里的通孔组织占总涂敷层体积的20%～30%。日本产品的涂敷层厚度为50μm，合金量为17.1mg/cm²，国产Ni基涂敷层的厚度为100μm，合金量为32～35mg/cm²。这些涂敷层中的通孔足够使分子流状态的气体与涂敷层中的所有合金颗粒表面接触。用17mg/cm²的吸气带的试验结果表明，锆铝16合金吸气剂涂敷带的抽气速率随吸气量的增加而降低，如图3-51～图3-53所示。

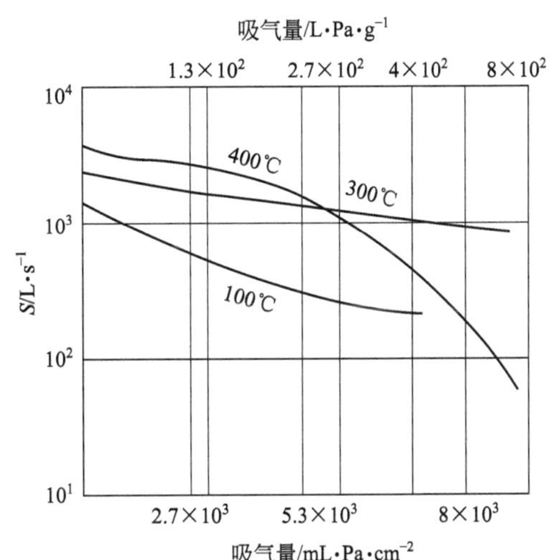

图 3-51 锆铝16合金吸气剂涂敷带在400℃、300℃、100℃时 4×10^{-4} Pa 下吸气量与抽速的关系

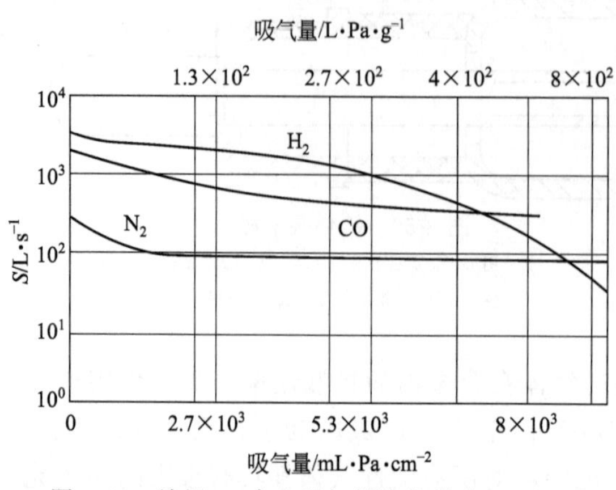

图 3-52 锆铝 16 合金吸气剂涂敷带在 400℃和 4×10^{-4} Pa 时吸气量与抽速的关系

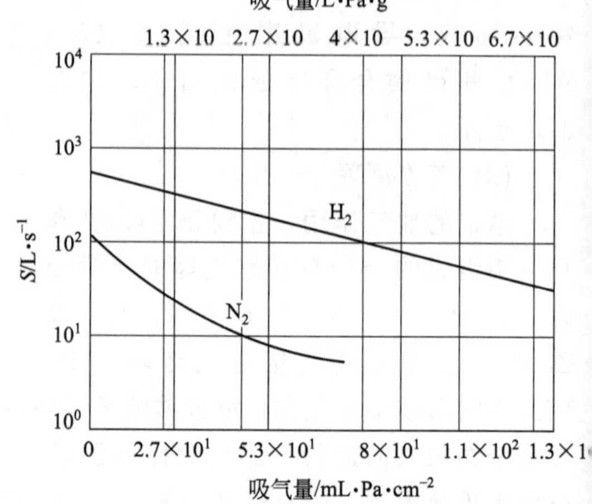

图 3-53 锆铝 16 合金吸气剂涂敷带在 100℃和 4×10^{-4} Pa 时吸气量与抽速的关系

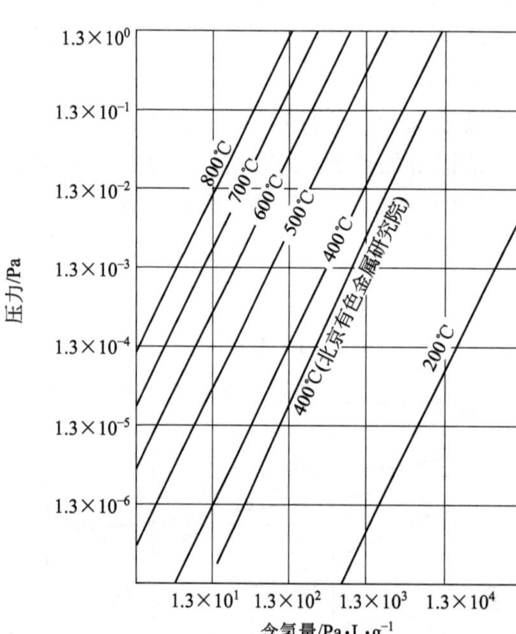

图 3-54 锆铝 16 合金在不同温度下含 H_2 量与 H_2 的平衡压力的关系

② 锆铝吸气带的再生激活　当吸气剂长时间工作在高温下出现“饱和”，使吸气速率降低到原来的 80%时，或吸气剂表面形成氧化膜使吸气速率消失等情况，都必须进行再激活处理，也就是高温处理（700～900℃，压力低于 1Pa），使吸气剂表面的固体氧化膜（和其他化合物膜）进行分解，使金属和气体的生成物向更深的体内扩散，生出高度活泼清洁的金属表面，同时还可以除去过量的氢。锆铝吸气剂对氢的吸收和其他气体不同。大多数活性气体如 O_2、CO、N_2、CO_2、H_2O 等同吸气剂形成热稳定性化合物，在激活时，主要是向体内扩散。而氢却不同，它在吸气剂内呈固溶体吸收，吸附特性对温度的依赖性很强。对氢的吸气是物理吸附，在温度为 200～350℃时，大量吸 H_2；在 350～400℃时，H_2 能渗透到合金里面；而在 500℃以上时，有些 H_2 就释放出来。

在高温激活时，主要是释放氢气。锆铝 16 合金对 H_2 有大的抽气速率，在一定温度下有一定的平衡压力，如图 3-54 所示。

激活效率与激活温度、时间有关，如图 3-55 所示。从图中可看出，激活温度高，则激活时间短，反之激活时间就长。但当激活温度低于 730℃时，无论激活多久也不能得到全激活。全激活和部分激活只能影响吸气剂的抽气速率和一次吸气量，而不影响总的吸气量。

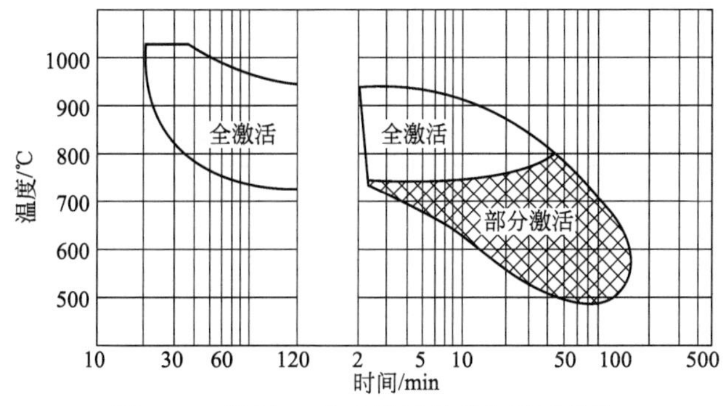

图 3-55　锆铝 16 合金激活效率与激活条件

3.5 国产真空泵

3.5.1 SKY 干式真空泵组及溅射离子泵

中国科学院沈阳科学仪器股份有限公司（SKY）是集研制、开发、生产为一体的高新企业，为上市公司。生产干式真空泵，溅射离子泵。

(1) JGM 系列干式真空泵组

主要用途：集成电路、太阳能电池等设备中的无油抽气系统；适用于中度腐蚀工艺环境，如进样室、传输腔、PVD（物理气相沉积）、硅刻蚀、金属刻蚀、计量、光刻、光伏电磁层压机、MOCVD（有机金属化学气相沉积）等；真空冶金工业的真空脱气、真空熔炼、钢水真空处理；空间模拟、低密度风洞等装置中抽除非腐蚀性气体；化工、食品、医药、电机制造等工业的蒸馏、蒸发、干燥等。

技术特点：无油，可获得清洁的真空环境；可抽除可凝性气体；直接启动、启动快、抽速大、高真空、可实现连续运转，零维护、能耗低、体积小重量轻、噪声低。

JGM 系列干式真空泵组型号及技术参数见表 3-47。

表 3-47　JGM 系列干式真空泵组型号及技术参数

项目＼型号	JGM-100A	JGM-120A	JGM-500A	JGM-500H	JGM-1000A	JGM-1000H
抽速/$m^3 \cdot h^{-1}$	100	100	480	480	800	800
极限压力(仅轴封氮气吹洗)/Pa	10	>5	2×10^{-1}	2×10^{-1}	2×10^{-1}	2×10^{-1}
电源	三相 380V/220. 50Hz	三相 380V/220. 50Hz	三相 380V/220. 50Hz	三相 380V/220. 50Hz	三相 380V/220. 50Hz	三相 380V/220. 50Hz
电机功率/kW	1.5	1.9	3	4.5	3.8	5.7
转速/$r \cdot min^{-1}$	2865	4000～6000	2865	2865	4000～6000	4000～6000
环境温度/℃	5～40	5～40	5～40	5～40	5～40	5～40
氮气流量/$L \cdot min^{-1}$	0～60	0～14	0～60	0～60	0～14	0～14
噪声/dB	<70(排气口加消声器)	<68(排气口加消声器)	<70(排气口加消声器)	<72(排气口加消声器)	<68(排气口加消声器)	<70(排气口加消声器)
进气口连接法兰	KF50	KF50	ISO100	ISO100	ISO100	ISO100
排气口连接法兰	KF40	KF25	KF40	KF40	KF25	KF25
外形尺寸($L\times W\times H$)/mm×mm×mm	830×390×530	840×290×410	1030×405×910	930×800×920	840×290×775	840×610×900
质量/kg	225	120	380	590	230	380

(2) JGH 系列干式真空泵组

JGH 系列干式真空泵组型号及技术参数见表 3-48，表 3-49。

表 3-48　JGH 系列干式真空泵组型号及技术参数（一）

项目＼型号	JGH-600A	JGH-4200A
抽速/$m^3 \cdot h^{-1}$	560	4140
极限压力（仅轴封氮气吹洗）/Pa	10	5×10^{-1}
电源	三相 380V/220.50Hz	三相 380V/220.50Hz
电机功率/kW	22	33
转速/$r \cdot min^{-1}$	2865	2865
环境温度/℃	5～40	5～40
氮气流量/$L \cdot min^{-1}$	0～150	0～150
噪声/dB	＜80(排气口加消声器)	＜80(排气口加消声器)
进气口连接法兰	ISO100	ISO250
排气口连接法兰	ISO63	ISO63
外形尺寸($L\times W\times H$)/mm×mm×mm	1985×785×700	1985×785×1570
质量/kg	950	1400

表 3-48 中真空泵的主要用途及技术特点如下。

主要用途：集成电路、太阳能电池等设备中的无油抽气系统；适用于强腐蚀工艺环境，主要应用于气体循环、气体回收、干燥（冻干、变压器、绝缘油、食品加工、电容器）、晶体成长、热处理/烧结、空间模拟、真空锁定室、高能物理（同步加速器、对撞机、核聚变）、溅射、等离子体应用（沉积、喷涂、杀菌、印刷电路板、硬盘驱动器等）、镀膜（卷绕、光学、物理气相、金属喷镀、装饰、薄膜沉积研发）、气瓶填充、汽车（空调、冷媒、刹车管路抽空/刹车油填注）等。

技术特点：无油、可获得清洁的真空环境；可应用于强腐蚀工艺；自动控制系统模块化，具备远程控制接口，具有手动、远程调压（气压）、远程节能等三种控制模式，可靠性高、无需维护。具有极佳的风尘和颗粒处理能力，气路短、分级压缩、冷凝物少、能效高。

表 3-49　JGH 系列干式真空泵组型号及技术参数（二）

项目＼型号	JGH-500A	JGH-1000A	JGH-1800A
抽速/$m^3 \cdot h^{-1}$	560	950	1800
极限压力（仅轴封氮气吹洗）/Pa	2×10^{-1}	2×10^{-1}	2×10^{-1}
电源	三相 380V/220.50Hz	三相 380V/220.50Hz	三相 380V/220.50Hz
电机功率/kW	5.1	5.1	5.8
转速/$r \cdot min^{-1}$	2865	3500	3500
环境温度/℃	5～40	5～40	5～40
氮气流量/$L \cdot min^{-1}$	0～120	0～120	0～120
噪声/dB	＜70(排气口加消声器)	＜70(排气口加消声器)	＜70(排气口加消声器)
进气口连接法兰	ISO100	ISO100	ISO160
排气口连接法兰	KF40	KF40	KF40
排气口连接法兰($L\times W\times H$)/mm×mm×mm	1060×410×1070	1060×410×1070	1140×470×1120
质量/kg	430	450	510

表 3-49 中真空泵的主要用途及技术特点：

主要用途：集成电路、太阳能电池等设备中的无油抽气系统；适用于苛刻工艺环境如PECVD、LPCVD、MCVD等，也适用于中度腐蚀工艺和清洁工艺环境；真空冶金工业的真空脱气、真空熔炼、钢水真空处理；化工、食品、医药、电机制造等工业的蒸馏、蒸发、干燥等。

技术特点：无油、可获得清洁的真空环境；可在多粉尘、强腐蚀工艺环境下使用；自动控制系统模块化，具备远程控制接口、具有远程调压（气压）功能、零维护、可靠性高、耗能低。

（3）无油双侧涡旋泵

主要用途：薄膜制备设备、大科学工程与化学分析；半导体封装设备等无油抽气系统的配泵；分子泵的配泵；医疗仪器、生物制药与药品制备；食品、药品等包装设备。

技术特点：泵内无油，可获得清洁的真空环境；低噪声；无需水冷，耐腐蚀；操作简便，维护费用低廉。

无油双侧涡旋泵型号及技术参数见表 3-50。

表 3-50 无油双侧涡旋泵型号及技术参数

项目＼型号	WXG-2A	WXG-4A	WXG-4B
抽速(50Hz)/$L \cdot s^{-1}$	2	4	4
极限压力(仅轴封氮气吹洗)/Pa	≤3	≤3	≤1
电机功率	三相/单相 380V/220.50Hz 0.55kW	三相/单相 380V/220.50Hz 0.55kW	三相/单相 380V/220.50Hz 0.55kW
转速(50Hz)/$r \cdot min^{-1}$	1450	1450	1450
所需电源	三相/单相 380V/220.50Hz	三相/单相 380V/220.50Hz	三相/单相 380V/220.50Hz
环境温度/℃	5～40	5～40	5～40
噪声/dB	<65	<65	<65
噪声(气镇)/dB	<68	<68	<68
进气口连接法兰	KF25	KF25	KF25
排气口连接法兰	KF16	KF25	KF25
质量/kg	25	30	30
项目＼型号	WXG-8A	WXG-8B	WXG-16A
抽速(50Hz)/$L \cdot s^{-1}$	8	8	16
极限压力(仅轴封氮气吹洗)/Pa	≤3	≤1	≤1
电机功率	三相/单相 380V/220.50Hz 0.95kW	三相/单相 380V/220.50Hz 0.75kW	三相/单相 380V/220.50Hz 1.5kW
转速(50Hz)/$r \cdot min^{-1}$	1450	1450	1450
所需电源	三相/单相 380V/220.50Hz	三相/单相 380V/220.50Hz	三相 380V 50Hz
环境温度/℃	5～40	5～40	5～40
噪声/dB	<65	<65	<68
噪声(气镇)/dB	<70	<70	<74
进气口连接法兰	KF40	KF40	KF40
排气口连接法兰	KF25	KF25	KF40
质量/kg	41	39	60

3.5.2 KYKY 分子泵

北京中科科仪股份有限公司（KYKY）是真空行业知名企业，也是国内最早开发研制分子泵的单位之一。生产有涡轮分子泵、磁悬浮分子泵、脂润滑复合分子泵。

表 3-51 给出了涡轮分子泵型号及参数；表 3-52 给出了磁悬浮分子泵型号及参数；表 3-53 给出了脂润滑复合分子泵型号及参数。

表 3-51 涡轮分子泵型号及参数

项目 \ 型号	FF-100/110	FF-160/500G	FF-160/620	FF-160/620C	FF-160/620N	FF-160/700	FF-160/700F
抽速/$L \cdot s^{-1}$	110	500	600	600	600	700	700
进气口法兰	DN100LF DN100CF	DN160LF DN160CF	DN160LF DN160CF	DN160LF DN160CF	DN160LF DN160CF	DN160LF DN160CF	DN160LF DN160CF
出气口法兰	KF25(DN)	KF40(DN)	KF40(DN)	KF40(DN)	KF40(DN)	KF40(DN)	KF40(DN)
压缩比	N_2:10^8	N_2:10^9	N_2:10^9	N_2:10^9	N_2:10^9	N_2:10^9	N_2:10^9
	H_2:5×10^2	H_2:6×10^3	H_2:6×10^3	H_2:6×10^4	H_2:6×10^3	H_2:6×10^6	H_2:6×10^6
极限压强/Pa	$\leqslant 6\times10^{-6}$(DN100LF) $\leqslant 6\times10^{-7}$(DN100CF)	$\leqslant 6\times10^{-6}$(DN160LF) $\leqslant 6\times10^{-7}$(DN160CF)	$\leqslant 6\times10^{-6}$(DN160LF) $\leqslant 6\times10^{-7}$(DN160CF)	$\leqslant 6\times10^{-7}$(DN160LF) $\leqslant 6\times10^{-8}$(DN160CF)	$\leqslant 6\times10^{-6}$(DN160LF) $\leqslant 6\times10^{-7}$(DN160CF)	$\leqslant 6\times10^{-7}$(DN160LF) $\leqslant 6\times10^{-8}$(DN160CF)	$\leqslant 6\times10^{-7}$(DN160LF) $\leqslant 6\times10^{-8}$(DN160CF)
建议启动压强/Pa	＜100	＜100	＜100	＜100	＜100	＜100	＜100
额定转速/$r \cdot min^{-1}$	42300	27000	27000	36000	27000	36000	36000
启动时间/min	＜2	＜5	＜5	＜6	＜5	＜4	＜4
轴承	精密脂润滑 陶瓷轴承	精密陶瓷轴承	精密机械轴承	精密陶瓷轴承	精密机械轴承 (需通保护气体)	精密脂润滑 陶瓷轴承	精密脂润滑 陶瓷轴承
振动值/μm	≤0.1	≤0.1	≤0.1	≤0.1	≤0.1	≤0.1	≤0.1
建议前级泵/$L \cdot s^{-1}$	2	4～8	4～8	4～8	4～8	4～8	4～8
充油量/mL	脂润滑	150	150	150	150	脂润滑	脂润滑
水嘴	内径 ϕ10 直插自密封	内径 ϕ10 直插自密封	内径 ϕ10 直插自密封	内径 ϕ10 直插自密封	内径 ϕ10 直插自密封	内径 ϕ10 直插自密封	内径 ϕ10 直插自密封
冷却方式	水冷或风冷	水冷	水冷	水冷	水冷	水冷	水冷或风冷
冷却水流量/$L \cdot min^{-1}$		1	1	1	1	1	1
冷却水压力/MPa	0.15	0.15	0.15	0.15	0.15	0.15	0.15

续表

项目 \ 型号	FF-100/110	FF-160/500G	FF-160/620	FF-160/620C	FF-160/620N	FF-160/700	FF-160/700F
冷却水温度/℃	≤25	≤25	≤25	≤25	≤25	≤25	≤25
泵体烘烤温度/℃	≤100	≤100	≤100	≤100	≤100	≤100	≤100
环境温度/℃	5～40	5～40 （5～32℃时可风冷）	5～40	5～40	5～40	5～40	5～40 （5～32℃时可风冷）
润滑方式	脂润滑	油润滑	油润滑	油润滑	油润滑	脂润滑	脂润滑
安装方向	任意角度	竖直±5°	竖直±5°	竖直±5°	竖直±5°	任意角度	任意角度
质量/kg	8	29	29	29	29	19	23

项目 \ 型号	FF-200/1200	FF-200/1200G	FF-200/1200C	FF-200/1300	FF-200/1300N	FF-200/1300F	FF-250/1500
抽速/$L \cdot s^{-1}$	1200	1200	1200	1300	1300	1300	1500
进气口法兰	*DN*200LF *DN*200CF	*DN*200LF *DN*200CF	*DN*200LF *DN*200CF	*DN*200LF *DN*200CF	*DN*200LF *DN*200CF	*DN*200LF *DN*200CF	*DN*250LF
出气口法兰	KF40(*DN*)	KF40(*DN*)	KF40(*DN*)	KF40(*DN*)	KF40(*DN*)	KF40(*DN*)	KF50(*DN*)
压缩比	$N_2:10^9$	$N_2:10^9$	$N_2:10^9$	$N_2:10^9$	$N_2:10^9$	$N_2:10^9$	$N_2:10^8$
	$H_2:6\times10^3$	$H_2:6\times10^3$	$H_2:6\times10^3$	$H_2:6\times10^3$	$H_2:6\times10^3$	$H_2:6\times10^3$	$H_2:5\times10^3$
极限压强/Pa	$\leqslant6\times10^{-6}$(*DN*200LF) $\leqslant6\times10^{-7}$(*DN*200CF)	$\leqslant6\times10^{-6}$(*DN*200LF) $\leqslant6\times10^{-7}$(*DN*200CF)	$\leqslant1\times10^{-6}$(*DN*200LF) $\leqslant1\times10^{-7}$(*DN*200CF)	$\leqslant6\times10^{-7}$(*DN*160LF) $\leqslant6\times10^{-8}$(*DN*160CF)	$\leqslant6\times10^{-6}$(*DN*160LF) $\leqslant6\times10^{-7}$(*DN*160CF)	$\leqslant6\times10^{-7}$(*DN*160LF) $\leqslant6\times10^{-8}$(*DN*160CF)	$\leqslant6\times10^{-6}$
建议启动压强/Pa	<100	<100	<100	<100	<100	<100	<100
额定转速/$r \cdot min^{-1}$	24000	24000	27000	24000	24000	24000	21000
启动时间/min	<6	<6	<6	<6	<6	<6	<8
轴承	精密机械轴承	精密陶瓷轴承	精密陶瓷轴承	精密脂润滑 陶瓷轴承	精密脂润滑陶瓷轴承 （需通保护气体）	精密脂润滑 陶瓷轴承	精密机械轴承

续表

项目 \ 型号	FF-200/1200	FF-200/1200G	FF-200/1200C	FF-200/1300	FF-200/1300N	FF-200/1300F	FF-250/1500
振动值/μm	≤0.1	≤0.1	≤0.1	≤0.1	≤0.1	≤0.1	≤0.1
建议前级泵/$L \cdot s^{-1}$	15	15	15	15～18	15～18	15	15
充油量/mL	150	150	150	脂润滑	脂润滑	脂润滑	150
水嘴	内径 ϕ10 直插自密封	内径 ϕ10 直插自密封	内径 ϕ10 直插自密封	内径 ϕ10 直插自密封	内径 ϕ10 直插自密封	内径 ϕ10 直插自密封	内径 ϕ10 直插自密封
冷却方式	水冷	水冷	水冷	水冷	水冷	水冷或风冷	水冷
冷却水流量/$L \cdot min^{-1}$	1	1	1	1	1	1	1
冷却水压力/MPa	0.15	0.15	0.15	0.15	0.15	0.15	0.15
冷却水温度/℃	≤25	≤25	≤25	≤25	≤25	≤25	≤25
泵体烘烤温度/℃	≤100	≤100	≤100	≤100	≤100	≤100	≤100
环境温度/℃	5～40	5～40	5～40	5～40	5～40	5～40 （5～32℃时可风冷）	5～40
润滑方式	油润滑	油润滑	油润滑	脂润滑	脂润滑	脂润滑	油润滑
安装方向	竖直±5°	竖直±5°	竖直±5°	任意角度	任意角度	任意角度	竖直±5°
质量/kg	39	39	39	29	29	33	60

项目 \ 型号	FF-250/1500N	FF-250/1600	FF-250/1600G	FF-250/2000	FF-400/3500	FF-400/3500N	FF-400/3600
抽速/$L \cdot s^{-1}$	1500	1600	1600	2000	3500	3500	3500
进气口法兰	*DN*250LF	*DN*250LF	*DN*250LF	*DN*250LF	*DN*400LF	*DN*400LF	*DN*400LF （*DN*400 ISO-K）
出气口法兰	KF50(*DN*)	KF50(*DN*)	KF50(*DN*)	KF50(*DN*)	*DN*100LF	*DN*100LF	*DN*100CF （*DN*100 ISO-K）

续表

项目 \ 型号	FF-250/1500N	FF-250/1600	FF-250/1600G	FF-250/2000	FF-400/3500	FF-400/3500N	FF-400/3600
压缩比	N_2:10^8	N_2:10^8	N_2:10^8	N_2:10^9	N_2:10^8	N_2:10^8	N_2:10^7
	H_2:5×10^3	H_2:5×10^3	H_2:5×10^3	H_2:6×10^3	H_2:5×10^2	H_2:5×10^2	H_2:5×10^2
极限压强/Pa	$\leqslant6\times10^{-6}$	$\leqslant1\times10^{-6}$	$\leqslant1\times10^{-6}$	$\leqslant6\times10^{-6}$ (*DN* 250 LF)	$\leqslant6\times10^{-6}$	$\leqslant6\times10^{-6}$	$\leqslant6\times10^{-6}$
建议启动压强/Pa	<100	<100	<100	<100	<100	<100	<100
额定转速/r·min^{-1}	21000	27000	24000	24000	13500	13500	15300
启动时间/min	<8	<8	<6	<6	<18	<18	<15.5
轴承	精密陶瓷轴承（需通保护气体）	精密陶瓷轴承	精密陶瓷轴承	精密脂润滑陶瓷轴承	精密陶瓷轴承	精密陶瓷轴承（需通保护气体）	精密陶瓷轴承
振动值/μm	≤0.1	≤0.1	≤0.1	≤0.1	≤0.5	≤0.5	≤0.5
建议前级泵/L·s^{-1}	15	15	15	15	30	30	30
充油量/mL	150	150	150	脂润滑	100	100	230
水嘴	内径 ϕ10 直插自密封	内径 ϕ10 直插自密封	内径 ϕ10 直插自密封	内径 ϕ10 直插自密封	内径 ϕ10 直插自密封	内径 ϕ10 直插自密封	内径 ϕ10 直插自密封
冷却方式	水冷	水冷	水冷	水冷	水冷	水冷	水冷
冷却水流量/L·min^{-1}	1	1	1	1	1	1	1
冷却水压力/MPa	0.15	0.15	0.15	0.15	0.15	0.15	0.15
冷却水温度/℃	≤25	≤25	≤25	≤25	≤25	≤25	≤25
泵体烘烤温度/℃	≤100	≤100	≤100	≤100	≤80	≤80	≤90
环境温度/℃	5～40	5～40	5～40	5～40	5～40	5～40	5～40
润滑方式	油润滑	油润滑	油润滑	脂润滑	油润滑	油润滑	油润滑
安装方向	竖直±5°	竖直±5°	竖直±5°	任意角度	竖直±5°	竖直±5°	竖直±5°
质量/kg	60	47	47	32	136	136	130

表 3-52　磁悬浮分子泵型号及参数

项目＼型号	CXF-200/1400	CXF-250/2300
抽气速率/L·s^{-1}	1400	2300
压缩比	N_2:10^7	N_2:10^7
极限压力/Pa	≤2×10^{-6}	≤1×10^{-6}
建议启动压力/Pa	<5	<5
排气口法兰	KF40	KF40
进气口法兰	*DN*200 LF	*DN*200 LF
	*DN*200 CF	*DN*200 CF
额定转速/r·min^{-1}	30000	27000
启动时间/min	11	11
振动值/μm	<0.05	<0.05
建议前级泵/L·s^{-1}	15	15
水嘴	内径 ϕ10 直插自密封	内径 ϕ10 直插自密封
安装方式	竖直、水平、倒立	竖直、水平、倒立
冷却方式	水冷	水冷
冷却水温度/℃	20	20
冷却水流量 L·min^{-1}	1	1
冷却水压力/MPa	0.15	0.15
环境温度/℃	5～45	5～45
质量/kg	48	60

表 3-53　脂润滑复合分子泵型号及参数

项目＼型号	FF-63/70 型脂润滑复合分子泵		FF-100/110 型脂润滑复合分子泵	
抽气速率/L·s^{-1}	N_2	62	N_2	62
压缩比	N_2	>2×10^{-6}	N_2	>1×10^{8}
	He	>4×10^{3}	He	>5×10^{2}
极限压力(前级泵 RVP-2)/Pa	LF63(N_2)	>3×10^{-5}	LF100(N_2)	>6×10^{-6}
	CF63(N_2)	>6×10^{-6}	CF100(N_2)	>6×10^{-7}
排气口法兰	KF16(*DN*)		KF25(*DN*)	
进气口法兰	LF63(*DN*)		LF100(*DN*)	
	CF63(*DN*)		CF100(*DN*)	
轴承	脂润滑陶瓷轴承		精密脂润滑陶瓷轴承	
额定转速/r·min^{-1}	51000		42300	
启动时间/min	1.5		<2	
振动/μm	≤0.1		≤0.1	
噪声/dB(A)	<55		<55	
建议前级泵/L·s^{-1}	0.8～2		2	
建议启动压力/Pa	<50		<100(N_2)	
进口气流量/mL·min^{-1}			≤15(N_2)	
安装方式	任意角度		任意角度	
注油量	脂润滑(不需要注油)		脂润滑(不需要注油)	
烘烤温度/℃	≤100		≤100	
冷却方式及温度/℃	风冷	5～32	风冷	5～32
	水冷	5～40	水冷	5～40
冷却水压力/MPa	0.15		0.15	
冷却水流量/L·min^{-1}	1		1	
水嘴	内径 ϕ10 直插自密封		内径 ϕ10 直插自密封	
质量/kg	LF63	3.5	LF63	6.5
	CF63	4.8	CF63	8

3.5.3 环球真空的真空泵产品

浙江台州环球真空设备制造有限公司（简称环球真空公司）是专门从事各类真空泵开发生产的专业企业，产品主要有滑阀真空泵、干式螺杆真空泵、罗茨真空泵、往复真空泵以及水环真空泵等。产品广泛地应用于国民经济各个领域。

（1）2H 型滑阀真空泵

2H 型滑阀真空泵性能参数见表 3-54。

表 3-54 2H 型滑阀真空泵性能参数

型号	极限压力		抽气速率 /L·s^{-1}	进气口径 /mm	排气口径 /mm	配用功率 /kW
	/Pa	/Torr				
2H-30A	6×10^{-2}	4.5×10^{-4}	30	ϕ63	ϕ50	4
2H-70A	6×10^{-2}	4.5×10^{-4}	70	ϕ80	ϕ76	7.5
2H-70AM	6×10^{-2}	4.5×10^{-4}	70	ϕ80	ϕ76	7.5
2H-120	6×10^{-2}	4.5×10^{-4}	120	ϕ150	ϕ80	11
2H-150	6×10^{-2}	4.5×10^{-4}	150	ϕ150	ϕ80	15

（2）H 型滑阀真空泵

H 型滑阀真空泵性能参数见表 3-55。

表 3-55 H 型滑阀真空泵性能参数

型号	极限压力		抽气速率 /L·s^{-1}	进气口径 /mm	排气口径 /mm	配用功率 /kW
	/Pa	/Torr				
H-300	1	8×10^{-3}	300	ϕ200	ϕ100	30
H-150	1	8×10^{-3}	150	ϕ100	ϕ80	15
H-150E	1	8×10^{-3}	150	ϕ100	ϕ80	11
H-150S	1	8×10^{-3}	150	ϕ100	ϕ80	7.5
H-8A	1	8×10^{-3}	150	ϕ150	ϕ80	18.5
H-7	1.3	8×10^{-3}	70	ϕ125	ϕ65	7.5
H-70A	1.3	8×10^{-3}	70	ϕ100	ϕ70	7.5
1401	1.3	1×10^{-2}	54	G3″	G2″	5.5

注：1″=1in=0.0254m。

（3）LG 型干式螺杆真空泵

LG 型干式螺杆真空泵性能参数见表 3-56。

表 3-56 LG 型干式螺杆真空泵性能参数

型号	极限压力 /Pa	抽气速率 /L·s^{-1}	进气口径 /mm	排气口径 /mm	配用功率 /kW	冷却方式
LG-70A	5	70	63	80	7.5	风冷
LG-150A	5	150	100	125	11	
LG-300A	5	300	160	200	22	

(4) ZJP 型罗茨真空泵

ZJP 型罗茨真空泵性能参数见表 3-57。

表 3-57 ZJP 型罗茨真空泵性能参数

型号	极限压力		抽气速率 /L·s^{-1}	进气口径 /mm	排气口径 /mm	最大允许压差		溢流阀压差		配用功率 /kW
	/Pa	/Torr				/Pa	/Torr	/Pa	/Torr	
ZJP-2500	5×10^{-2}	3.7×10^{-4}	2500	320	320	—	—	4000	30	22
ZJP-1200 ZJP-1200B	5×10^{-2}	3.7×10^{-4}	1200	250	200	—	—	2700	20	11
ZJP-600 ZJP-600B	5×10^{-2}	3.7×10^{-4}	600	200	200	—	—	2700	20	7.5
ZJP-300 ZJP-300B	5×10^{-2}	3.7×10^{-4}	300	150	150	—	—	4000	30	4
ZJP-150 ZJP-150B	5×10^{-2}	3.7×10^{-4}	150	100	100	—	—	4000	30	22
ZJP-70	5×10^{-2}	3.7×10^{-4}	70	80	50	—	—	4000	30	1.1

(5) ZJ 型罗茨真空泵

ZJ 型罗茨真空泵性能参数见表 3-58。

表 3-58 ZJ 型罗茨真空泵性能参数

型号	极限压力		抽气速率 /L·s^{-1}	进气口径 /mm	排气口径 /mm	最大允许压差		溢流阀压差		配用功率 /kW
	/Pa	/Torr				/Pa	/Torr	/Pa	/Torr	
ZJ-1200A	5×10^{-2}	3.7×10^{-4}	1200	250	200	5300	40	—	—	11
ZJ-600	5×10^{-2}	3.7×10^{-4}	600	200	200	5300	40	—	—	7.5
ZJ-300	5×10^{-2}	3.7×10^{-4}	300	150	150	5300	40	—	—	4
ZJ-150	5×10^{-2}	3.7×10^{-4}	150	100	100	10000	75	—	—	2.2
ZJ-70A	5×10^{-2}	3.7×10^{-4}	70	80	50	—	—	—	—	1.1

(6) 2SK 型水环真空泵

2SK 型水环真空泵性能参数见表 3-59。

表 3-59 2SK 型水环真空泵性能参数

型号	极限压力		抽气速率 /m^3·min^{-1}	进气口径 /mm	排气口径 /mm	配用功率 /kW
	/hPa	/Torr				
2SK-3	40	30	3	50	50	7.5
2SK-6A(B)	33	25	6	50	50	11
2SK-12A	33	25	12	80	80	22
2SK-25	33	25	25	100	100	45
2SK-30	33	30	25	100	100	55

(7) SK 型水环真空泵

SK 型水环真空泵性能参数见表 3-60。

表 3-60 SK 型水环真空泵性能参数

型号	极限压力		抽气速率	进气口径	排气口径	配用功率
	/hPa	/Torr	$/m^3 \cdot min^{-1}$	/mm	/mm	/kW
SK-1.5	47	35	1.5	40	40	4
SK-3	80	60	3	50	50	5.5
SK-6	80	60	6	50	50	11
SK12	80	60	12	80	80	18.5
SK-25	80	60	25	100	100	37
SK-30	40	30	30	100	100	45

(8) SZ 型水环真空泵

SZ 型水环真空泵性能参数见表 3-61。

表 3-61 SZ 型水环真空泵性能参数

型号	极限压力		抽气速率	进气口径	排气口径	配用功率
	/hPa	/Torr	$/m^3 \cdot min^{-1}$	/mm	/mm	/kW
SZ-1	160	120	1.5	70	70	4
SZ-2	130	100	3.4	70	70	7.5
SZ-8	150	110	0.84	G1″	G1″	3

(9) WLW 型无油立式往复真空泵

WLW 型无油立式往复真空泵性能参数见表 3-62。

表 3-62 WLW 型无油立式往复真空泵性能参数

型号	极限压力		抽气速率	进气口径	噪声	泵转速	配用功率
	/mmHg	$/10^3 Pa$	$/L \cdot s^{-1}$	/mm	/dB(A)	$/r \cdot min^{-1}$	/kW
WLW-30B	15	2.0	30	50	≤70	400	3
WLW-50B	15	2.0	50	50	≤70	270	4
WLW-70B	15	2.0	70	50	≤75	380	5.5
WLW-100B	15	2.0	100	100	≤75	300	7.5
WLW-150B	15	2.0	150	125	≤78	310	11
WLW-200B	15	2.0	200	125	≤80	280	15
WLW-300B	15	2.0	300	160	≤80	250	22
WLW-400B	15	2.0	400	160	≤80	330	30
WLW-600B	15	2.0	600	250	≤80	240	45

(10) 罗茨旋片真空机组

罗茨旋片真空机组性能参数见表 3-63。

(11) 罗茨滑阀真空机组

罗茨滑阀真空机组性能参数见表 3-64。

(12) 罗茨水环真空机组

罗茨水环真空机组性能参数见表 3-65。

表 3-63 罗茨旋片真空机组性能参数

机组型号	泵型号			抽气速率 /L·s^{-1}	极限压力		进气口径 /mm	出气口径 /mm	电机功率/kW		
	主泵	前级泵			/Pa	/Torr			主泵	前级泵	
		Ⅰ	Ⅱ							Ⅰ	Ⅱ
JZP2×70-4	ZJP70	2×15	—	70	2×10^{-2}	1.5×10^{-4}	80	60	1.1	2.2	—
JZP2×150-5	ZJP150	2×30A	—	150	2×10^{-2}	1.5×10^{-4}	100	G2 $\frac{1''}{2}$	2.2	3	—
JZP2×300-4	ZJP300	2×70A	—	300	2×10^{-2}	1.5×10^{-4}	150	G4″	4	5.5	—
JZP2×300-7	ZJP300	2×30A	—	300	2×10^{-2}	1.5×10^{-4}	150	G2 $\frac{1''}{2}$	4	3	—
JZP2×600-8	ZJP-600	2×70A	—	600	2×10^{-2}	1.5×10^{-4}	200	G4″	7.5	5.5	—
JZP2×150-42	ZJP150	ZJP30	2×15	150	1×10^{-2}	7.5×10^{-5}	100	60	2.2	0.75	2.2
JZP2×300-42	ZJP300	ZJP70	2×30A	300	1×10^{-2}	7.5×10^{-5}	150	G2 $\frac{1''}{2}$	4	1.1	3
JZP2×300-44	ZJP300	ZJP70	2×15	300	1×10^{-2}	7.5×10^{-5}	150	60	4	1.1	2.2
JZP2×600-42	ZJP600	ZJP150	2×70A	600	1×10^{-2}	7.5×10^{-5}	200	G4″	7.5	2.2	5.5
JZP×600-45	ZJP600	ZJP150	2×30A	600	1×10^{-2}	7.5×10^{-5}	200	G2 $\frac{1''}{2}$	7.5	2.2	3
JZP2×1200-44	ZJP1200A	ZJP300	2×70A	1200	1×10^{-2}	7.5×10^{-5}	250	G4″	11	4	5.5

表 3-64　罗茨滑阀真空机组性能参数

机组型号	泵型号			抽气速率 /L·s^{-1}	极限压力		进气口径 /mm	出气口径 /mm	电机功率/kW		
	主泵	前级泵			/hPa	/Torr			主泵	前级泵	
		Ⅰ	Ⅱ							Ⅰ	Ⅱ
ZJP2H70-4	ZJP70	2H15		70	2×10^{-4}	1.5×10^{-4}	80	25	1.1	2.2	
ZJP2H150-4	ZJP150	2H30A		150	2×10^{-4}	1.5×10^{-4}	100	50	2.2	4	
ZJP2H150-8	ZJP150	2H15		150	2×10^{-4}	1.5×10^{-4}	100	25	2.2	2.2	
ZJP2H300-4	ZJP300	2H70A		300	2×10^{-4}	1.5×10^{-4}	150	76	4	7.5	
ZJP2H300-8	ZJP300	2H30A		300	2×10^{-4}	1.5×10^{-4}	150	50	4	4	
ZJPH300-4	ZJP300	H70		300	1×10^{-3}	7.5×10^{-4}	150	70	4	7.5	
ZJPH600-4	ZJP600	H150		600	1×10^{-3}	7.5×10^{-4}	200	80	7.5	15	
ZJPH600-4S	ZJP600	H150S		600	1×10^{-3}	7.5×10^{-4}	200	80	7.5	7.5	
ZJPH600-8	ZJP600	H70		600	1×10^{-3}	7.5×10^{-4}	200	70	7.5	7.5	
ZJP2H600-8	ZJP-600	2H70A		600	2×10^{-4}	1.5×10^{-4}	200	76	7.5	7.5	
ZJPH1200-8	ZJP1200A	H150		1200	1×10^{-3}	7.5×10^{-4}	250	80	11	15	
ZJPH1200-8S	ZJP1200A	H150S		1200	1×10^{-3}	7.5×10^{-4}	250	80	11	7.5	
ZJP2H300-42	ZJP300	ZJP70	2H-30A	300	1×10^{-4}	7.5×10^{-5}	150	50	4	1.1	4
ZJP2H300-44	ZJP300	ZJP70	2H-15	300	1×10^{-4}	1.5×10^{-5}	150	25	4	1.1	2.2
ZJP2H600-45	ZJP600	ZJP150	2H-30A	600	1×10^{-4}	7.5×10^{-5}	200	80	7.5	2.2	4
ZJPH1200-44	ZJP1200A	ZJP300	H-70	1200	2×10^{-4}	1.5×10^{-4}	250	50	11	4	7.5
ZJPH1200-44	ZJP1200A	ZJP300	2H-70A	1200	2×10^{-4}	7.5×10^{-5}	250	76	11	4	7.5
ZJP2H1200-42	ZJP1200A	ZJP300	H-150	1200	1×10^{-4}	1.5×10^{-4}	250	80	11	4	15

表 3-65　罗茨水环真空机组性能参数

机组型号	泵型号			抽气速率 /L·s^{-1}	极限压力		进气口径 /mm	出气口径 /mm	电机功率/kW		
	主泵	前级泵			/hPa	/Torr			主泵	前级泵	
		Ⅰ	Ⅱ							Ⅰ	Ⅱ
ZJPS150-3	ZJP-150		2SK-3	150	2.7	2	100	50	2.2	—	7.5
ZJPS150-1	ZJP-150		2SK-6A	150	2.7	2	100	50	2.2	—	11
ZJPS300-3	ZJP-300		2SK-6A	300	2.7	2	150	50	4	—	11
ZJPS150-21	ZJP-150	ZJP-70	2SK-3	150	6.7×10^{-1}	5×10^{-1}	100	50	2.2	1.1	7.5
ZJPS300-21	ZJP-300	ZJP-150	2SK-6A	300	6.7×10^{-1}	5×10^{-1}	150	50	4	2.2	11
ZJPS300-41	ZJP-300	ZJP70	2SK-3	300	6.7×10^{-1}	5×10^{-1}	150	50	4	1.1	7.5
ZJPS600-41	ZJP-600	ZJP-150	2SK-6A	600	6.7×10^{-1}	5×10^{-1}	200	50	7.5	2.2	11
ZJPS1200-43	ZJP-1200	ZJP-300	2SK-6A	1200	6.7×10^{-1}	5×10^{-1}	250	50	11	4	11
ZJPS150-3	ZJP-150		2YK-3	150	6.7×10^{-1}	5×10^{-1}	100	50	2.2	—	7.5
ZJPS300-3	ZJP-300		2YK-6	300	6.7×10^{-1}	5×10^{-1}	150	50	4	—	11
ZJPS150-21	ZJP-150	ZJP-70	2YK-3	150	5×10^{-3}	3.8×10^{-3}	100	50	2.2	1.1	7.5
ZJPS300-21	ZJP-300	ZJP-150	2YK-6A	300	2.6×10^{-3}	2×10^{-3}	150	50	4	2.2	11
ZJPS300-41	ZJP-300	ZJP-70	2YK-3	300	5×10^{-3}	3.8×10^{-3}	150	50	4	1.1	7.5
ZJPS600-41	ZJP-600	ZJP-150	2YK-6A	600	2.6×10^{-3}	2×10^{-3}	200	50	7.5	2.2	11
ZJPS1200-43	ZJP-1200	ZJP-300	2YK-6A	1200	2.6×10^{-3}	2×10^{-3}	250	50	11	4	11
ZJPS150-1P	ZJP-150		2SK-6AP	150	4×10^{-1}	3×10^{-1}	100	50	2.2	—	11
ZJPS150-3P	ZJP-150		2SK-3P	150	4×10^{-1}	3×10^{-1}	100	50	2.2	—	7.5
ZJPS300-3P	ZJP-300		2SK-6AP	300	4×10^{-1}	3×10^{-1}	150	50	4	—	11
ZJPS150-21P	ZJP-150	ZJP-70	2SK-3P	150	2×10^{-2}	1.5×10^{-2}	100	50	2.2	1.1	7.5
ZJPS300-21P	ZJP-300	ZJP-150	2SK-6AP	300	2×10^{-2}	1.5×10^{-2}	150	50	4	2.2	11
ZJPS300-41P	ZJP-300	ZJP-70	2SK-3P	300	2×10^{-2}	1.5×10^{-2}	150	50	4	1.1	7.5
ZJPS600-41P	ZJP-600	ZJP-150	2SK-6AP	600	2×10^{-2}	1.5×10^{-2}	200	50	7.5	2.2	11
ZJPS1200-41P	ZJP-1200	ZJP-300	2SK-12P	1200	2×10^{-2}	1.5×10^{-2}	250	80	11	4	22
ZJPS600-21P	ZJP-600	ZJP-300	2SK-12P	600	2×10^{-2}	1.5×10^{-2}	200	80	7.5	4	22

3.5.4 浙真集团真空泵

浙江真空设备集团有限公司（简称浙真集团）是真空行业著名企业，主要产品有滑阀真空泵、罗茨真空泵、气冷直排大气罗茨真空泵、水环真空泵、往复真空泵等。

（1）2SK、SK 水环真空泵及 2YK 液环真空泵

SK 型和 2SK 型水环真空泵，其特点是能耗少，噪声低，除了能抽除一般性气体外，也能抽吸蒸气，如果改变主要零件材质，还能抽吸易燃易爆及腐蚀性气体。2YK 型液环真空泵，其特点是真空度高，适用性强，它可以选用适当的工作介质，有时也可用被抽介质作为工作液，因此几乎全部的工业性气体均可被抽。以上各种泵已广泛地应用于轻工、化工、食品、电力、医药等各种部门中的真空工艺处理之中。其性能见表 3-66。

表 3-66　2SK、SK、2YK 水环（液环）真空泵性能

型号	极限压力		抽气速率 $/m^3 \cdot min^{-1}$	进排气口径 /mm	转速 $/r \cdot min^{-1}$	电机功率 /kW	供水量 $/L \cdot min^{-1}$	质量 /kg
	/Pa	/Torr						
2SK-1 2YK-1	4.6×10^3 1.33×10^3	35 10	1	35	2900	4	20	110
2SK-1.5 2YK-1.5	4×10^3 1.06×10^3	35 8	1.5	35	2900	4	20	120
2SK-3 2YK-3	4×10^3 6.6×10^2	30 5	3	50	1450	7.5	35	226
2SK-6A 2YK-6A	3.3×10^3 6.6×10^2	25 5	6	80	1450	11	50	660
2SK-12 2YK-12	3.3×10^3 6.6×10^2	25 5	12	80	980	30	70	
2SK-25 2YK-25	3.3×10^3 6.6×10^2	25 5	25	100	980	45	100	926
SK-0.08	4×10^3	30	0.08	12	2800	0.55	7	15
SK-1.5	4×10^3	30	1.5	40	2900	4	20	75
SK-3	8×10^3	60	3	50	1450	5.5	35	153
SK-6	8×10^3	60	6	80	1450	11	50	660
SK-12	8×10^3	60	12	100	980	22	70	
SK-25	1.45×10^4	110	25	200	450	37	60	926
SK-27	1.45×10^4	110	27	200	480	37	65	
SK-30	1.45×10^4	110	30	200	530	45	72	
SK-35	1.45×10^4	110	35	200		45	85	
SK-42	1.45×10^4	110	42	200		55	100	

注：供水量适用于水环泵，不适用油环泵。

（2）W 型往复式真空泵

往复式真空泵又称往复式活塞真空泵，极限压力 1333～2666Pa（10～20Torr）。因此，它是获得粗真空的主要设备之一。常用于从密封容器中或反应锅中抽除空气或其他气体。采用特殊措施后，可用于抽除腐蚀性或者抽除带有粉尘的气体。

本型泵广泛地应用于化工或食品工业中的真空蒸馏、真空蒸发、真空结晶、真空干燥和真空过滤等各种真空作业中。其性能见表 3-67。

表 3-67　W 型往复式真空泵性能

型号	极限压力		抽气速率 $/m^3\cdot h^{-1}$	进气口径 /in	排气口径 /in	配用功率 /kW	质量 /kg
	/Pa	/Torr					
W-3	2.6×10^3	20	200	2	2	5.5	389
W-4	1.3×10^3	10	370	3	2	11	733
W-5	1.3×10^3	10	770	5	5	22	1700

注：1in=0.0254m。

(3) H 及 2H 型滑阀真空泵

H 型系列滑阀式机械真空泵是抽除一般性气体或含有少量可凝性气体（此时应使用气体）的真空获得设备之一。当抽除含氧过高的、有爆炸性的、对黑色金属有腐蚀性的、对真空油起化学反应的等气体时，应加附设装置。本型泵可以单独使用，也可作为其他高真空泵的前级泵。广泛地应用于真空冶炼、真空干燥、真空浸渍、高真空模拟试验以及其他真空作业上。H 及 2H 型滑阀真空泵性能见表 3-68。

表 3-68　H 及 2H 型滑阀真空泵性能

型号	极限压力		几何速率 $/L\cdot s^{-1}$	进气口径 /mm	排气口径 /mm	配用功率/kW	冷却水量 $/L\cdot min^{-1}$	质量/kg
	/Pa	/Torr						
2H-8	6×10^{-2}	4.5×10^{-4}	8	50	25	1.1	风冷	100
2H-15	6×10^{-2}	4.5×10^{-4}	15	65	32	2.2	风冷	140
2H-30A	6×10^{-2}	4.5×10^{-4}	30	63	50	4	350	295
2H-70A	6×10^{-2}	4.5×10^{-4}	70	80	76	7.5	350	630
H-70B	1.3	1×10^{-2}	70	80	76	7.5	315	450
H-25	1.3	1×10^{-2}	25	50	40	2.2	风冷	340
H-50	1.3	1×10^{-2}	50	80	50	5.5	480	350
H-150	1.3	1×10^{-2}	150	100	80	15	700	720
H-150D	1.3	1×10^{-2}	150	105	80	11	450	896
H-300	1.3	1×10^{-2}	300	200	100	30	1500	1880
H-300A	1.3	1×10^{-2}	300	200	100	30	1500	1500
H-600	1.3	1×10^{-2}	600	250	150	55	2800	3300
H-1000	1.3	1×10^{-2}	1000	300	200	115	5500	4500
1401	1.3	1×10^{-2}	54	75	50	5.5	480	450
H-7*	1.3	1×10^{-2}	70	125	65	7.5	350	700
H-8A*	1.3	1×10^{-2}	150	150	80	17	700	1960

(4) ZJ 型罗茨真空泵

该泵可作为增压泵使用，但它不能单独直接地把气体排到大气中去。其前级泵可用滑阀真空泵或旋片、水环、油环等真空泵。

产品的优点是：

泵腔内部没有互相滑动的零件，因此无需用油润滑；

泵的转动部分经过细心的平衡，因此运转平稳、噪声较低；

泵的传动采用可靠的消隙结构，因此可以在较高压差下长时间连续工作。

ZJ 型罗茨真空泵性能见表 3-69。

(5) ZJP 型罗茨真空泵

该系列罗茨泵原可作为增压泵使用，但不能直接地把气体排到大气中去。其前级泵可用滑阀或旋片泵、水环泵、油环泵等真空泵。

表 3-69　ZJ 型罗茨真空泵性能

型号	极限压力		抽气速率	最大允许误差		进气口径	出气口径	电机功率	配用前级泵	冷却水量
	/hPa	/Torr	/L·s^{-1}	/hPa	/Torr	/mm	/mm	/kW		/L·min^{-1}
ZJ-150A	3×10^{-4}	2×10^{-4}	150	100	75	100	100	2.2	2H-15,2H-30	20
ZJ-300	3×10^{-4} 1×10^{-3}	2×10^{-4} 8×10^{-4}	300	80	60	150	150	4	2H-30,H-70	25
ZJ-600	3×10^{-4} 1×10^{-3}	2×10^{-4} 8×10^{-4}	600	53	40	200	150	5.5	2H-70,H-150	30
ZJ-1200A	1×10^{-3}	8×10^{-4}	1200	53	40	250	200	11	H-150	35
ZJ-2200	1×10^{-4}	8×10^{-3}	2200	53	40	320	320	18.5	ZJ600/H-150	40
ZJ-5000	1×10^{-4}	8×10^{-3}	5000	40	30	400	320	45	ZJ1200/H-300	45

注：ZJ-150、ZJ-300、ZJ-600 可用于气体激光系统，相应型号为 LJ150、LJ300、LJ600。

本系列罗茨泵主要特点有：

本身配有溢流阀起自动保护作用；

泵腔内无互相滑动的零件，因此无需用油润滑；

转动部件作过细心的平衡，因此旋转平稳、噪声低；

泵的传动采用可靠地销结构，因此可在高压差下长期工作。

ZJP 型罗茨真空泵性能见表 3-70。

表 3-70　ZJP 型罗茨真空泵性能

型号	极限压力		抽气速率	溢流阀压差	进气口径	排气口径	配气功率	推荐配用前级泵	冷却水量
	/Pa	/Torr	/L·s^{-1}	/Pa	/mm	/mm	/kW		/L·min^{-1}
ZJP-30	5×10^{-2}	3.75×10^{-4}	30	4×10	50	40	0.75	2H-8	—
ZJP-70	5×10^{-2}	3.75×10^{-4}	70	4×10	80	5	1.1	2H-15	—
ZJP-150	5×10^{-2}	3.75×10^{-4}	150	4×10	100	100	2.2	2H-15、2H-30A	20
ZJP-300	5×10^{-2}	3.75×10^{-4}	300	4×10	150	150	4	2H-30A、2H-70A	25
ZJP-600	5×10^{-2}	3.75×10^{-4}	600	2.7×10	200	200	7.5	2H-70A	30
ZJP-1200A	5×10^{-2}	3.75×10^{-4}	1200	2.7×10	250	200	11	ZJ300/H-70B	35
ZJP-2500	5×10^{-2}	3.75×10^{-4}	2500	2.7×10	320	320	22	ZJ600/H-150	40

（6）LQ 气冷式直排大气罗茨泵

LQ 气冷式直排大气罗茨泵性能见表 3-71。

表 3-71　LQ 气冷式直排大气罗茨泵性能

型号	抽气速率 /L·s^{-1}	极限压力/Pa		转速 /r·min^{-1}	功率 /kW	进排气口径 /mm	返气口直径 /mm	零流量最大压缩比	外形尺寸（长×宽×高）/mm×mm×mm	质量 /kg
		配前级泵	直排							
LQ-150	150	5×10^{-2}	1.6×10^4	2900	2.2～1.5	100	2-63	30	710×420×385	240
LQ-300	300			1490	4～30	160	2-100		925×550×470	490
LQ-450	450		1.3×10^4	990	5.5～45	200	2-100		1170×670×600	880
LQ-600	600			1490	75～60	200	2-100	35	1170×670×600	880
LQ-900	900			990	11～90	250	2-160		1360×900×750	1480
LQ-1200	1200			1490	11～132	250	2-160		1360×900×750	1480
LQ-1800	1800			1490	15～185	320	2-160		1610×900×750	2050
LQ-2500	2500			990	18.5～250	400	2-160	40	1920×1180×1060	4400
LQ-3750	3750			1490	30～250	400	2-160		1920×1180×1060	4400

3.5.5 博开科技 DZB 系列低温泵

浙江博开机电科技有限公司（简称博开科技公司）是专业从事低温泵开发、生产的新型科技类企业，生产 DZB 系列低温泵。

（1）低温泵

低温真空泵（又称低温泵、冷泵、冷凝泵）是一种利用低温冷凝和低温吸附原理抽气的积聚式真空泵，是无油高真空环境获得设备。低温泵应用于半导体、集成电路、光电器件的制造工艺过程，是集成电路专用设备中的关键设备之一；低温泵也用于各种其他镀膜设备和真空应用设备中。低温泵的特点：

高极限真空度，最高可以达到 10^{-8}Pa 以上极高真空；

大抽速，对空气尤其是水蒸气有着超高的抽速；

真正洁净，它是利用低温冷板来冷凝、吸附气体而获得和保持真空，在真空区域没有任何运动部件；没有油，洁净无污染；

运行成本低，以扩散泵为例作比较，低温泵可以节约中间很多耗材（如液氮）和维修成本，也大大降低了能源损耗；

安全可靠，真空腔内无运动部件，来自外界的干扰或来自真空系统的微粒不影响低温泵的工作；

使用方便，低温泵对安装方位没要求；

低温泵寿命长，因为低温泵运动部件少且低速运行，通过日常的保养维护，低温泵的正常的使用寿命可达 5 万～6 万小时，甚至超过 8 万小时。

DZB 系列低温泵性能见表 3-72。

表 3-72 DZB 系列低温泵性能

项目 \ 型号		DZB200	DZB250	DZB300	DZB400	DZB500	DZB550
抽速/L·s^{-1}	对 N_2	1700	2500	4000	5500	10000	15000
	对 H_2	2700	3600	5000	10000	18000	25000
	对 A_r	1400	2000	3500	4200	8400	14000
	对 H_2O	4000	6900	9500	16000	29000	39000
极限真空度/Pa		10^{-7}	10^{-7}	10^{-7}	10^{-7}	10^{-7}	10^{-7}
最大流导/Pa·L·s^{-1}	对 A_r	1.2×10^3	1.2×10^3	2×10^3	1.4×10^3	1.1×10^3	4.1×10^3
	对 H_2	2.4×10^3	1.5×10^3	4.1×10^3	4.1×10^3	5.0×10^3	1.3×10^3
抽气容量/Pa·L	对 A_r	1.0×10^8	1.0×10^8	2.1×10^8	4.3×10^8	5.8×10^8	8.1×10^8
	对 H_2	1.0×10^5	6.7×10^8	1.0×10^8	2.4×10^8	4.6×10^8	8.5×10^8
降温时间/min		90	75	90	120	150	180
泵口法兰		GB、ANST、ISO、UVG					
质量/kg		22	28	38	65	70	85
匹配压缩机		HC50W	HC80W	HC80W	HC80W	HC100W	HC80W 两台

（2）低温水汽泵

以 77K 制冷机的冷头做冷源，可以抽除真空系统中的水汽，对水蒸气抽速较大。其型号及性能见表3-73。

表 3-73 低温水汽泵型号及性能

项目＼型号	DWB100	DWB160	DWB200	DWB250	DWB320	DWB400
水蒸气抽速/L·s^{-1}	1100	2500	4000	7000	9000	16000
入口法兰形式	ISO 标准,金属密封					

(3) 制冷机

低温制冷机采用的是吉福特-麦克马洪循环，利用西蒙膨胀原理（即绝热放气）来制冷。制冷机主要应用于低温泵、冷阱、材料性能测试、探测器冷却、低温电子学、用户定制的低温制冷系统、超导磁体等方面。其型号及性能见表3-74。

表 3-74 制冷机型号及性能

项目＼型号	单级制冷机			双级制冷机					
	CH135	CH160	CH1120	CH203	CH205	CH210	CH211	CH212	CH218
最低温度/K	30	30	30	10	10	10	10	10	10
一级制冷量/W	—	—	—	15/77K	50/77K	35/77K	100/77K	80/77K	60/77K
二级制冷量/W	35/77K	60/77K	120/77K	7/20K	7/77K	10/20K	7/20K	10/20K	15/20K
降温时间/min	40	30	25	40	30	30	25	25	25
电源	3 相 220V	3 相 220V	3 相 220V	3 相 220V	3 相 220V	3 相 220V	3 相 220V	3 相 220V	3 相 220V
质量/kg	9.3	13.4	15.3	10	14.1	14.4	16	16.2	17
无故障运行时间/h	15000	15000	15000	15000	15000	15000	15000	15000	15000
匹配压缩机	HC50	HC80	HC100	HC50	HC80	HC80	HC100	HC100	HC100

(4) 氦气压缩机

氦气压缩机是低温制冷机、低温真空泵的重要组成部分。氦气压缩机的作用是为制冷机冷头（膨胀机）提供必要的高低压力循环。其内部一般充有99.995%的高纯氦气。它与制冷机冷头通过金属软管连接，组成一个完整的制冷机系统。氦气压缩机型号及性能见表3-75。

表 3-75 氦气压缩机型号及性能

项目＼型号	HC50W	HC80W	HC100W
外形尺寸($L\times W\times H$)/mm×mm×mm	515×583×590	515×583×590	515×583×590
电源要求	380V,3ϕ,50Hz	380V,3ϕ,50Hz	380V,3ϕ,50Hz
功率/kW	2.75	4.5	5.5
工作环境温度/℃	10～35	10～35	10～35
冷却水温度/℃	5～28	5～28	5～28
冷却方式	水冷	水冷	水冷
冷却水流量(23℃)/L·min^{-1}	≥3	≥4	≥6
平衡压力/MPa	1.5±0.05	1.5±0.05	1.65±0.05
噪声(3m)/dB	50～57	50～57	50～60

续表

项目 \ 型号	HC50W	HC80W	HC100W
吸附器更换周期/h	18000	18000	15000
质量/kg	113	113	114
供气压力/MPa	1.7～1.8	1.7～1.8	1.7～1.8
压缩泵形式	涡旋泵	涡旋泵	涡旋泵

3.5.6 纪维无油涡旋真空泵

沈阳纪维应用技术有限公司（简称纪维公司）是从事涡旋泵专业的制造商，主要生产GWSP系列无油涡旋泵。

GWSP系列无油涡旋泵由泵头、电机、机座等构成。泵头含有动、定涡旋盘、曲轴、密封件、风扇和泵壳等。涡旋盘由圆形平面和其上伸出的一条或几条渐开线螺旋形盘壁组成，定涡旋盘与动涡旋盘组成涡旋盘付构成无油涡旋真空泵的基本抽气机构。工作过程中动、定涡旋盘互不接触，依靠相对运动形成容积不断缩小的新月形封闭压缩腔，通过吸气、压缩、排气的循环，使气体从抽气口吸入、排气口排出，实现对被抽腔体抽真空。

GWSP涡旋泵应用领域见表3-76，其型号及性能见表3-77。

表3-76 GWSP涡旋泵应用领域

项目	工业	半导体	能源化石	食品药品	科学研究	分析测试
真空封装存储	√	√		√	√	
真空炉	√	√			√	
排气台	√	√			√	√
烘箱/冷冻干燥	√	√	√	√	√	
气体回收/再循环	√		√	√	√	√
制冷/空调管路抽真空	√	√				
激光抽真空	√				√	
分子泵前级	√	√		√	√	√
工艺预抽真空	√	√	√	√		
镀膜	√	√			√	√
检漏	√	√	√		√	√
手套箱	√	√		√	√	
质谱仪					√	√
电子显微镜					√	√
高能束线/加速器					√	√
高真空试验台					√	
样品制备					√	√

表 3-77　GWSP 涡旋泵型号及性能

项目			型号	GWSP75	GWSP150	GWSP300	GWSP600	GWSP1000
排气速度	50Hz		$/L\cdot s^{-1}$	1	2	4.3	8.7	16.6
			$/L\cdot min^{-1}$	60	120	258.0	522.0	996.0
			$/m^3\cdot h^{-1}$	3.6	7.2	15.5	31.3	59.8
			/cfm	2.2	4.3	9.3	18.7	35.8
	60Hz		$/L\cdot s^{-1}$	1.2	2.4	5.1	10.4	19.9
			$/L\cdot min^{-1}$	72	144	306.0	624.0	1194.0
			$/m^3\cdot h^{-1}$	4.3	8.6	18.3	37.4	71.6
			/cfm	2.5	5.1	10.9	22.3	42.8
极限真空度			/Pa	≤10	≤8.0	≤2.6	≤1.0	≤1.0
			/Torr	$\leqslant 7.5\times 10^{-2}$	$\leqslant 6.0\times 10^{-2}$	$\leqslant 1.9\times 10^{-2}$	$\leqslant 7.5\times 10^{-3}$	$\leqslant 7.5\times 10^{-3}$
			/mbar	$\leqslant 1.0\times 10^{-1}$	$\leqslant 8.0\times 10^{-2}$	$\leqslant 2.6\times 10^{-2}$	$\leqslant 1.0\times 10^{-2}$	$\leqslant 1.0\times 10^{-2}$
			/psi	$\leqslant 1.4\times 10^{-3}$	$\leqslant 1.2\times 10^{-3}$	$\leqslant 3.8\times 10^{-4}$	$\leqslant 1.4\times 10^{-4}$	$\leqslant 1.4\times 10^{-4}$
噪声值			/dB(A)	≤52	≤57	≤61	≤63	≤67
漏率(排气口和气镇阀关)$/Pa\cdot L\cdot s^{-1}$				1×10^{-2}				
最大进/排气压力			/MPa	0.1/0.13				
工作环境温度				5～40℃/41～104℉				
最大水分处理能力			$/G\cdot h^{-1}$	50		60.0		
三相电机	输出功率		/kW(/hp)	0.15(0.20)	0.25(0.30)	0.55(0.74)	0.75(1.00)	1.50(2.00)
	工作电压(AC)		/V	380/220				
	转速	50Hz	$/r\cdot min^{-1}$	1410				
		60Hz		1680				
单相电机	输出功率		/kW(/hp)	0.15(0.20)	0.25(0.30)	0.55(0.74),0.75(1.00)	0.75(1.00)	
	工作电压(AC)		/V	220/110				
	转速	50Hz	$/r\cdot min^{-1}$	1440				
		60Hz		1680				
进/排气口尺寸				KF25/16	KF25/16	KF25/16	KF40/16	KF40/16×2
外形尺寸			/mm×mm×mm	350×210×245	430×250×280	490×290×267	520×316×360	580×360×400
包装尺寸			/mm×mm×mm	400×300×340	550×400×420	650×450×480	650×450×480	750×500×520
净重			/kg	13	18	32.0	38.0	52.0
毛重			/kg	21	27	42.0	50.0	65.0
使用寿命				5 年				
冷却方式				风冷				
其他				带气镇阀				

注：$1cfm=1ft^3/min=28.3185L/min$。

3.5.7 华特 HTFB 复合分子泵

北京市华特应用技术研究所是主要从事清洁无油高真空，超高真空设备的研制、生产单位，该研究所生产的 HTFB 复合分子泵型号及性能见表 3-78。

表 3-78 HTFB 型复合分子泵型号及性能

项目＼型号		HTFB600	HTFB1200	HTFB1600
进气口法兰		*DN*150	*DN*200CF	*DN*250LF
排气口法兰		*DN*40KF	*DN*40KF	*DN*50KF
抽气速率/L·s^{-1}	分子流	600	1200	1600
	1Pa	450	1000	1200
	6Pa	150	600	800
压缩比		$10^9(N_2)$,$8\times10^3(H_2)$	$10^9(N_2)$,$1\times10^4(H_2)$	$10^9(N_2)$,$1\times10^4(H_2)$
极限压力/Pa		1.5×10^{-8}	1.5×10^{-8}	1.5×10^{-8}
电机转速/r·min^{-1}		24000	24000	24000
启动时间/min		<5	<6	<8
前级泵抽速/L·s^{-1}		8 或 4	8	15
充油量/mL		150	150	150
冷却方式		水冷	水冷	水冷
冷却水温/℃		≤25	≤25	≤25
冷却水压力/MPa		0.15	0.15	0.15
泵体烘烤温度/℃		100±10	100±10	100±10
安装方式		垂直±5°	垂直±5°	垂直±5°
泵质量/kg		29.5	36.5	45

3.5.8 上海真空泵厂真空泵

上海真空泵厂创建于 1934 年，是国内著名的真空设备制造商。真空泵产品有 2X 型双级旋片真空泵，2XZ 型直联旋片真空泵，W 型、WWY（无油）型往复真空泵，以及溅射离子泵。

(1) 往复真空泵

表 3-79 给出了 W 型、WWY 型往复真空泵型号及参数。

表 3-79 W 型、WWY 型往复真空泵型号及参数

项目＼型号		W-70	W-150	W-300	W_3	W_{4-1}	W_{5-1}	WWY-300
抽气速率/L·s^{-1}		70	150	300	55	103	214	300
极限压力/Pa		2600			1330	2660	2600	2000
进排气口径/in		4	5	180mm	2	4	5	180mm
进出水口径/in		1/2	3/4		1/2	1/2	3/4	3/4
转速/r·min^{-1}		360	300	285	300	530	430	285
电机功率/kW		7.5	15	30	5.5	11	22	30
缸径×行程/mm×mm		250×150	350×200	455×250	250×150	250×150	350×200	455×250
外形尺寸/mm	长 *L*	1573	1946	2475	1402	1486	1801	2775
	宽 *W*	503	654	756	615	495	668	756
	高 *H*	720	812	1138	640	520	650	1138
质量/kg		600	1100	3000	600	600	1100	3000

(2) 旋片真空泵

表 3-80 给出了 2X 型双级旋片真空泵型号及参数。

表 3-80　2X 型双级旋片真空泵型号及参数

<table>
<tr><td colspan="2">型号
项目</td><td>2X-4C</td><td>2X-8</td><td>2X-15</td><td>2X-30A</td><td>2X-70A</td><td>备　注</td></tr>
<tr><td colspan="2">抽气速率/L·s^{-1}</td><td>4</td><td>8</td><td>15</td><td>30</td><td>70</td><td></td></tr>
<tr><td rowspan="2">极限压力/Pa</td><td>关气镇</td><td colspan="5">≤6×10^{-2}</td><td rowspan="2">用坐式压缩式水银真空计在泵口测量</td></tr>
<tr><td>开气镇</td><td></td><td colspan="2">≤6×10^{-1}</td><td colspan="2">≤1.33</td></tr>
<tr><td colspan="2">极限全压强/Pa</td><td colspan="3">≤</td><td colspan="2">≈6×10^{-1}</td><td rowspan="3">用热偶计、电阻计等全压强计测量</td></tr>
<tr><td colspan="2">电机功率/kW</td><td>0.55</td><td>1.1</td><td>2.2</td><td>3</td><td>5.5</td></tr>
<tr><td colspan="2">温升/℃</td><td colspan="5">≤40</td></tr>
<tr><td colspan="2">噪声/dB(A)</td><td>≤75</td><td>≤785</td><td>≤80</td><td>≤82</td><td>≤86</td><td rowspan="8"></td></tr>
<tr><td colspan="2">进气口径/mm</td><td>25</td><td>40</td><td>40</td><td>65</td><td>80</td></tr>
<tr><td colspan="2">转速/r·min^{-1}</td><td>450</td><td colspan="2">320</td><td>450</td><td>420</td></tr>
<tr><td colspan="2">用油量/L</td><td>1.0</td><td>2.0</td><td>2.8</td><td>2.0</td><td>4.2</td></tr>
<tr><td colspan="2">外形尺寸/cm×cm×cm</td><td>49×31×41</td><td>79×43×54</td><td>79×53×54</td><td>78×50×56</td><td>91×65×70</td></tr>
<tr><td colspan="2">适用电磁阀</td><td>DDC-JQ25</td><td colspan="2">DDC-JQ40</td><td>DDC-JQ65</td><td>DDC-JQ80</td></tr>
<tr><td colspan="2">质量/kg</td><td>59</td><td>158</td><td>202</td><td>236</td><td>338</td></tr>
<tr><td colspan="2">冷却水/L·min^{-1}</td><td>—</td><td>—</td><td>—</td><td>>1</td><td>>2</td><td>进出水管螺孔 G3/8″</td></tr>
</table>

(3) 直联旋片真空泵

表 3-81 给出了 2XZ 型直联旋片真空泵型号及参数。

表 3-81　2XZ 型直联旋片泵型号及参数

<table>
<tr><td colspan="2">型号
项目</td><td>2XZ-0.5</td><td>2XZ-1</td><td>2XZ-2</td><td>2XZ-4</td><td colspan="2">2XZ-8</td><td colspan="2">2XZ-15</td></tr>
<tr><td colspan="2">抽气速率/L·s^{-1}</td><td>0.5</td><td>1</td><td>2</td><td>4</td><td colspan="2">8</td><td colspan="2">15</td></tr>
<tr><td rowspan="2">极限压力
/Pa</td><td>气镇关</td><td colspan="8">≤6×10^{-2}</td></tr>
<tr><td>气镇开</td><td>≤6.5</td><td colspan="7">≤1.33</td></tr>
<tr><td colspan="2">转速/r·min^{-1}</td><td colspan="4">1400</td><td colspan="2">1420</td><td colspan="2">1440</td></tr>
<tr><td colspan="2">电机功率/kW</td><td>0.18</td><td>0.25</td><td>0.37</td><td>0.55</td><td colspan="2">1.1</td><td colspan="2">2.2</td></tr>
<tr><td colspan="2">进气口直径/mm</td><td>ϕ16</td><td>ϕ16</td><td>KF25</td><td>KF25</td><td colspan="2">KF40</td><td colspan="2">KF50</td></tr>
<tr><td colspan="2">泵油温升/℃</td><td colspan="4">≤40</td><td>65</td><td>45</td><td>70</td><td>50</td></tr>
<tr><td colspan="2">用油量/L</td><td>0.65</td><td>0.55</td><td>0.61</td><td>0.80</td><td colspan="2">1.8</td><td colspan="2">2.2</td></tr>
<tr><td colspan="2">外形尺寸/mm</td><td>445
130
254</td><td>445
130
254</td><td>488
145
280</td><td>528
145
280</td><td colspan="2">559
235/298
453</td><td colspan="2">688
280/300.5
453</td></tr>
<tr><td colspan="2">质量/kg</td><td>13.5</td><td>15</td><td>20</td><td>23</td><td colspan="2">48.5/52</td><td colspan="2">67.5/74.5</td></tr>
<tr><td colspan="2">噪声/dB(A)</td><td>64</td><td>66</td><td>68</td><td>70</td><td colspan="2">76</td><td colspan="2">78</td></tr>
</table>

(4) 溅射离子泵

表 3-82 给出了 3L、L、LH 型溅射离子泵性能参数。

表 3-82 各种类型溅射离子泵性能参数

型号	抽速/L·s^{-1}	极限压力/Pa	工作电压/kV	启动电流/A	烘烤温度/℃	烘烤功率(220V)/W	吸气口径/mm
3L-15	11	$<6.7\times10^{-8}$	－6（配 SZL-631 或 6305 电源即可）	0.15	≤250		40
3L-30	25					300	65
3L-70	50			0.3		500	100
3L-150	150					900	150
3L-200	200	$\leqslant6.7\times10^{-9}$		0.5		1200	150
3L-300	240	$<6.7\times10^{-8}$		1.0		900	150
3L-600	440					1800	150
3L-1200	880			2.0		4000	300
L-100B	100	$\leqslant6.7\times10^{-9}$	＋6（配 SZL-621 或 6205 电源即可）	0.3	≤250	660	100
L-150 LH-150	190	$<6.7\times10^{-8}$				900	150
L-220	220	$\leqslant6.7\times10^{-9}$		0.5		1200	150
L-300 LH-300	300	$<6.7\times10^{-8}$		1.0		900	150
L-400	400	$\leqslant6.7\times10^{-9}$				1800	150
L-500B	500	$<6.7\times10^{-8}$				22000	150
L-600 LH-600	540	$<6.7\times10^{-8}$				1800	150
L-1200 LH-1200	1100	$<6.7\times10^{-8}$		2.0		4000	150 300

注：电源具有全过程自动保护、全动态自动恢复功能。

3.5.9 南光机器 F 型分子泵及 2XZ 型及 2X 型旋片式真空泵

成都南光机器有限公司，最早可以追溯到始建于 1877 年的四川机器总局，1958 年步入真空机械领域，是国内真空行业骨干企业之一。生产的真空泵产品有 F 型涡轮分子泵、2X 型旋片式真空泵、2XZ 型直联旋片真空泵。

(1) 2X 型旋片式真空泵

2X 型旋片式真空泵技术参数见表 3-83。

表 3-83 2X 型旋片式真空泵技术参数

项目 \ 型号		2X-4C	2X-4	2X-8A(原 2XF-8)	2X-8	2X-15A	2X-15	2X-30	2X-70
抽气速率/L·s^{-1}		4		8		15		30	70
极限压力(不掺气)	分压力/Pa	6×10^{-2}							
	总压力/Pa	2.1			1	2.1	1		
噪声/dB(A)		72		75		80		82	86
抽大气不喷油时间/min		1							
温升/℃		40							
电机功率/kW		0.55		1.1		1.5		3	5.5
真空泵油用量/L		0.55		1.5	1.3			4.5	8
主轴转速/r·min^{-1}		525		550		470		430	450
冷却方式		自然冷却			水冷	自然冷却	水冷		
冷却水耗量/L·h^{-1}		—			480	—	480		

(2) 2XZ 型直联旋片真空泵

2XZ 型直联式真空泵技术参数见表 3-84。

表 3-84 2XZ 型直联旋片真空泵技术参数

项目 \ 型号			2XZ-2B	2XZ-4B	2XZ-8D	2XZ-15D
抽气速度		$/L\cdot s^{-1}(/m^3\cdot h^{-1})$	2.3(8)	4.15(16)	9(34)	18(68)
极限压力	分压力(关气镇)	/Pa	6×10^{-2}	6×10^{-2}	6×10^{-2}	6×10^{-2}
	总压力(关气镇)	/Pa	6×10^{-1}	6×10^{-1}	6×10^{-1}	6×10^{-1}
	分压力(开气镇)	/Pa	6×10^{-1}	6×10^{-1}	6×10^{-1}	6×10^{-1}
	总压力(开气镇)	/Pa	9×10^{-1}	9×10^{-1}	9×10^{-1}	9×10^{-1}
水蒸气容量		$/g\cdot h^{-1}$	360	700	570	1150
噪声(关气镇)		/dB(A)	65	65	70	70
工作温度		/℃	90	90	90	90
电机	相数		3	3	3	3
	电压	/V	380	380	380	380
	功率	/kW	0.37	0.55	1.1	1.5
	转速	$/r\cdot min^{-1}$	1420	1420	1390	1390
质量		/kg	23	30	70	90

(3) F 型涡轮分子泵

F 型涡轮分子泵技术参数见表 3-85。

表 3-85 F 型涡轮分子泵技术参数

项目 \ 型号		FC-150/450	FG-150/450	FC-250/1400	FG-250/1400	FC-400/3500	FG-400/3500
进气口法兰/mm		160CF	160ISO-K	250CF	250ISO-K	400CF	400ISO-K
出气口法兰/mm		40KF		63ISO-K		100ISO-K	
抽气速度$/L\cdot s^{-1}$		450		1400		3500	
极限压力	不烘烤/Pa	10^{-6}		10^{-6}		10^{-6}	
	烘烤/Pa	10^{-8}	—	10^{-8}	—	10^{-8}	—
压缩比	对 N_2	10^8		10^8		10^{10}	
	对 H_2	10^2		10^4		10^4	
转速$/r\cdot min^{-1}$		24000		24000		15000	
启动时间/min		5		10		30	
前级压力/Pa		10		10		10	
建议采用的前级泵$/L\cdot s^{-1}$		8		15		70	
冷却水温度/℃		16		16		16	
冷却水压力/MPa		0.196		0.196		0.196	
泵体烘烤温度/℃		120		120		120	
质量/kg		35		70		160	

3.5.10 国产 Z 型系列油扩散喷射真空泵

国产 Z 型系列油扩散喷射真空泵主要技术性能见表 3-86。

3.5.11 国产 K 型系列油扩散真空泵

国产 K 型系列油扩散真空泵主要技术性能见表 3-87。

表 3-86　国产 Z 型系列油扩散喷射真空泵主要技术性能

型号	抽率/L·s^{-1}	极限压力/Pa	最大排气压力/Pa	加热功率/kW	泵用油量/kg	冷却水用量/L·h^{-1}	排气口直径/mm	推荐前级泵抽速/L·s^{-1}	外形尺寸（长×宽×高）/mm×mm×mm	质量/kg	生产厂家
Z-150	450	7×10^{-2}	≥133	2.4	2.8	250	150	130	350×320×780	50	兰州真空设备有限责任公司
Z-300	2000			6.6	8.5	360	300	70	620×620×1390	240	
Z-400	4000			14～15	33.5	800	400	150	690×650×1670	600	
Z-500	5000～5500			14.4～21.6	35～40	1000	500	210	1600×820×2500	680	
Z-600	8000			20	75	1300	600	300	1180×990×2390	1360	
Z-800	13000			30	105	1500	800	450	1480×1230×3020	2010	
Z-1000	23000			60	160	5000	1000	1200	1790×1550×3720	3810	
Z-320	2500	7×10^{-2}	160	7.2	10.5	—	320	70	1541×577×1747	—	上海曙光机械制造厂
Z-400	4000			10.8	20	—	400	140	1040×405×1720	—	
Z-500	6000			15	25	—	500	220	1340×405×1850	—	
Z-630	9000			24	53	—	630	350	1614×940×2780	—	
Z-320	≥2500	7×10^{-2}	≥180	15.0	20	800	320	2X-70		—	沈阳恒星实业有限公司
Z-400	≥4000	2×10^{-2}		18～22.5	35	1200	400	2X-70（二台）		—	
Z-320	≥4000			31.5～46.5	75	2500	630	2X-70（二台）ZJ-600		—	
Z-800	≥13000	3×10^{-2}		70	122	3500	800	—			
Z-150	450	7×10^{-2}	≥133	1.8	2.45	150	150	30	350×310×782	51	沈阳真龙真空设备有限公司
Z-300	2000			6.6	11	360	300	60	620×621×1394	240	
Z-400	4000			14～15	33.5	800	400	150	770×678×1675	600	
Z-600	8000			20～21	75	1300	600	300	1178×990×2395	1360	
Z-800	13000			30	105	1600	800	600	1482×1230×3022	2000	
Z-1000	23000			55	160	3000	1000	1200	1785×1350×3720	3800	

表 3-87 国产 K 型系列油扩散真空泵主要技术性能

型号	抽气速率 /L·s^{-1}	极限压力 /Pa	最大反压力/Pa	加热功率 /kW	泵油用量 /L	冷却水用量 /L·h^{-1}	进气口直径 /mm	推荐前级泵抽速/L·s^{-1}	外形尺寸[①] (长×宽×高) /mm×mm×mm	质量 /kg	生产厂家
KN-200	1600	7×10^{-5}	40	1.6～1.8	0.55	300	200	8	(530×390×492)	—	沈阳真龙真空设备有限公司
KTN-200	2200							15		—	
KN-300	3300			2.4～3	1.3～1.4	400	300	15	(695×505×610)	—	
KTN-300	4600							30		—	
KN-320	3600			3.5～3.8	1.6～1.8	420	320	15	(725×525×660)	—	
KTN-320	4800							30		—	
KN-400	6100			4.5	3～4	500	400	30	(885×665×785)	—	
KTN-400	8000							70		—	
KN-500	9500			7	5～6	600	500	70	(1010×815×940)	—	
KTN-500	12000							150		—	
KN-600	14500			9	6～7	800	600	70	(1145×975×1130)	—	
KTN-600	17000							150		—	
KN-630	16500			10	7～8	850	630	150	(1170×1010×1130)	—	
KTN-630	20000							150		—	
KN-800	26000			13～13.5	14～15	1200	800	240	(1520×1275×1450)	—	
KTN-800	30000							300		—	
KN-1000	41000			17～20	20	1500	1000	350	(1990×1290×1880)	—	
KTN-1000	50000							600		—	
KN-1200	50000			28～30	25	2600	1200	350	(2235×1750×2130)	—	
KTN-1200	58600							600		—	
KA-400	7000			4	3～4	500	400	70 30	(885×665×830)	135	

续表

型号	抽气速率/L·s^{-1}	极限压力/Pa	最大反压力/Pa	加热功率/kW	泵油用量/L	冷却水用量/L·h^{-1}	进气口直径/mm	推荐前级泵抽速/L·s^{-1}	外形尺寸[①]（长×宽×高）/mm×mm×mm	质量/kg	生产厂家
KA-500	9000	7×10^{-5}	40	6	4	600	500	150 70	(1010×815×957)	150	沈阳真龙真空设备有限公司
KA-600	14500			8	6～7	800	600	15 70	(1145×975×1160)	310	
KA-630	16500			9	7～8	850	630	150 150	(1170×1010×1200)	350	
KA-800	22000			12	12～14	1200	800	300 240	(1520×1275×1440)	560	
KA-1000	36000			17	15～16	1500	1000	600 350	(1990×1290×1890)	850	
KA-1200	48000			28	22	2600	1200	600 350	(2235×1750×2230)	1300	
K-80	180	≤6.7×10^{-5}	30	0.45	0.10	40	80	2	213×108×320	7	兰州真空设备有限责任公司
K-100	300			0.55	0.15	100	100	4	253×218×327	11	
K-150	800			0.95	0.40	140	150	8	345×240×492	23	
K-200	1500		40	1.50	0.50	260	200	8	440×310×510	29	
K-300	3000			2.40	1.30	450	300	15	593×415×780	73	
K-320	3500			3.00	1.80	480	320	15	578×427×645	85	
K-400	6000			3.50	3.50	600	400	30	830×530×986	140	
K-500	8000～9000			9～12	4～6	530	500	70	980×660×1120	200	
K-600	12500			8.40	7.00	770	600	70	1175×780×1365	340	
K-630	16000			9.00	8.00	810	630	140	1115×792×1060	380	
K-800	21000			8.40	10.00	1230	800	150	1520×920×1480	550	

续表

型号	抽气速率 /L·s^{-1}	极限压力 /Pa	最大反压力/Pa	加热功率 /kW	泵油用量 /L	冷却水用量 /L·h^{-1}	进气口直径 /mm	推荐前级泵抽速/L·s^{-1}	外形尺寸[①] (长×宽×高) /mm×mm×mm	质量 /kg	生产厂家
K-1000	35000～40000	≤6.7×10^{-5}	40	24. 00	15. 00	1546	1000	300	1200×1490×1900	1060	兰州真空设备有限责任公司
K-1200	50000			24. 00	20. 00	1900	1200	300	2200×1400×2465	1430	
K-150T	1100	≤6.7×10^{-5}	40	1. 20	0. 40	140	150	8	345×240×490	28	
K-200T	2100			1. 80	0. 55	260	200	15	400×315×575	37	
K-300T	4500			3. 00	1. 5	480	300	30	600×430×745	85	
K-400T	7800			4. 50	3. 2	620	400	70	910×770×555	170	
K-600T	17000			8. 40	7. 0	850	600	150	1200×780×1360	400	
K-200A	>1500	≤6.7×10^{-5}	40	1. 80	0. 55	300	200	15	420×330×490	25	
K-400A	>7200			5. 40	3. 00	600	400	70	700×505×725	120	
K-600A	≥14000			8. 40	7. 00	800	600	140	950×760×1070	300	
K-630A	≥14000			11. 00	7. 00	930	630	140	980×550×1200	320	
K-400C	≥6500	≤6.7×10^{-5}	≥60	4～5	4～4. 5	420	410	70	770×510×800	80	
K-500C	≥1200			12	4～6	860	540	140	1100×700×1220	260	
K-800C	≥22000			15	10	1180	810	300	1300×970×1680	700	
K-900C	≥32000			24	11～12	1330	890	300	1760×1100×1830	910	
K-100TD	300(240)	≤6.7×10^{-5}	35	0. 3	0. 12	120	112	15	305×108×385	10	
K-320TD	4200(3500)			4. 0	1. 8～2	500	320	30	730×500×890	70	
K-500TD	10000 (8000)			6. 9	4. 4～5	750	500	70	1065×680×1765	125	
K-800TD	24000 (20000)			15. 0	10	1200	800	300	1700×1000×1900	850	
K-1000TD	38000 (32000)			24. 0	16	1500	1000	300	2020×1290×2310	980	
K-1200TD	55000 (5000)			27. 0	16～20	2400	1200	500	2300×1550×2600	1640	

续表

型号	抽气速率 /L·s^{-1}	极限压力 /Pa	最大反压力/Pa	加热功率 /kW	泵油用量 /L	冷却水用量 /L·h^{-1}	进气口直径 /mm	推荐前级泵抽速/L·s^{-1}	外形尺寸①(长×宽×高) /mm×mm×mm	质量 /kg	生产厂家
K-200	1400	1.5×10^{-4}	35	2.5	0.5～0.8	300	200	2X-15	210×250×550	—	沈阳恒星实业有限公司
KT-200	1600								210×250×610	—	
K-300	3000			4.0	1.4～1.8	500	300	2X-30	285×330×690	—	
KT-300	3450								285×330×740	—	
KT-320	3900								280×390×788	—	
K-400	5400			6.0	3～4	600	400	2X-70	360×440×1010	—	
KT-400	6200								360×440×1015	—	
KT-600	12500			12	6.3～7.3	850	600	2X-70 2台	600×660×1470	—	
K-630	14000						630		495×520×1160	—	
KT-630	16100								560×745×1465	—	
K-800	22000			14	12～14	1200	800	2X-70 ZJ-300	800×880×1780	—	
KT-800	25300			16					800×880×1776	—	
KT-1000	35000			26	16	240	1000	2X-70 ZJ-600	1000×1100×2300	—	
K-63B	125	7×10^{-5}	27	0.45	0.06		63	2	(86×125×216)		上海曙光机械制造厂
K-100B	310		35	0.80	0.14		100	4	(140×144×305)		
K-160B	810			1.20	0.36		160	10	(165×180×405)		
K-250B	2100			2.00	0.90		250	20	(250×240×510)		
K-320B	3450			3.00	1.50		320	45	(280×338×640)		
K-400B	5500			4.50	2.3		400	60	(298×345×800)		
K-500B	9500			7.00	3.5		500	100	(375×400×830)		
K-600B	1300			8.40	5.0		600	150	(470×500×1059)		
K-630B	15000			9.00	6.0		630	150	(798×580×1394)		
K-800B	23500			12.60	9.0		800	240	(1000×700×1666)		
K-1000B	45000			20.10	14.5		1000	350	(1245×850×2019)		

续表

型号	抽气速率 /L·s^{-1}	极限压力 /Pa	最大反压力/Pa	加热功率 /kW	泵油用量 /L	冷却水用量 /L·h^{-1}	进气口直径 /mm	推荐前级泵抽速/L·s^{-1}	外形尺寸[①] (长×宽×高) /mm×mm×mm	质量 /kg	生产厂家
K-200	1500	6.6×10^{-5}	40	1.0	0.5	300	200	15	450×280×550		沈阳兰菱真空设备厂
K-200T	1750			1.0	0.8				460×290×594		
K-300	3000			2.0	1.2	400	300	30	593×390×690		
K-300T	3500			3.0	1.6				615×420×735		
K-320	3500			2.2	1.4	500	320	45	635×435×735		
K-320T	4050			3.2	1.8				645×445×785		
K-400	6000	6.6×10^{-5}	40	3.0	3.0	600	400	60	775×510×945		
K-400T	7000			4.0	4.0				810×560×995		
K-600	14000			6.0	6.0	800	600	120	1125×720×1370		
K-600T	16000			7.0	7.0				1185×825×1440		
K-630	16000			6.2	6.2	850	630	150	1180×760×1420		
K-630T	18500			7.2	7.2				1230×845×1480		
K-800	25000			11.0	12.0	1200	800	240	1485×930×1650		
K-800T	29000			13.0	14.0				1550×1050×1750		
K-1000	40000			14.0	14.0	1500	1000	350	1840×1150×1930		
K-1000T	46000			16.0	16.0				1920×1310×2060		
K-100	300	6.7×10^{-5}	26	0.8～1.0	0.15	120	100	2	254×170×350	—	北京北仪创新真空技术有限责任公司
K-150	800		40	1.0	0.5	200	150	4	345×220×465	—	
K-200	1500			1.8	0.7	300	200	8	440×275×522	—	
K-300	3000			3.0	1.6	400	300	15	593×380×725	—	
K-320	3500	10^{-6}		4.5	1.5	500	318	30	511×370×606	—	
K-400A	6000			5.5	3.0	500	400	30	620×556×690	—	
K-500	9000	7×10^{-5}		7.5	4.0	550	501	30	812×570×885	—	
K-630	14000		35	9.6	7.0	800	651	150	995×830×1142	—	
K-800	22000		40	12.0	11.0	1032	800	150	1477×920×1860	—	
KT-200	2000			2.0	0.65	300	213	8	390×275×495	—	
KT-320	4500	10^{-6}		4.0	1.5	300	318	30	—	—	

3.5.12 淄博真空设备厂真空泵

(1) 水环式真空泵

水环式真空泵技术参数见表 3-88。

表 3-88 水环式真空泵技术参数

系列	型号规格	抽速范围 /$m^3 \cdot min^{-1}$	真空度 /hPa	电机功率 /kW
SKA 2BE3 2BE4	400/420	81～183	160	90～250
	500/520	146～315	160	160～500
	600/620	212～437	160	250～630
	670/720	300～633	160	315～900
SKA 2BE1	153/202/203/252/253	7.4～47.8	33	15～90
	303/305/353/355	41.7～107.5	33	55～185
	403/405/503/505	86～200	33	132～315
	603/605/703/705	163～446	33	200～630
SKA	800/1000/1320	513～1800	160	560～2500
	2600D	2800～3600	160	3550～4500
SKC	701/702/703	14～24	440/200/80	18.5～45
	1001/1002/1003	22～32	440/200/80	30～75
	1501/1502	33～48.5	440/80	37～90
	2001/2002/2003	39～59	440/200/80	55～110
	3001/3002/3003	68.5～91	440/200/80	90～160
	4001/4002/4003	82～136	440/200/80	110～200
2SAT	1004/10-06/2004/2006	25～57.5	33	55～185
2ST	11	45～60	33	90～132
2EK-	9/12/15/20/30/42	9～42	33	18.5～90
2SK-	1.5/3/6/12/20/30	1.5～30	33	4～75
SK-	1.5/3/6/12/20/30/42/60	1.5～85	70	4～132

(2) X 及 2X 型旋片式真空泵

X 及 2X 型旋片式真空泵技术参数见表 3-89。

表 3-89 X 及 2X 型旋片式真空泵技术参数

系列	型号规格	抽速范围/$L \cdot s^{-1}$	真空度/Pa	功率/kW
X-	15/30/70/150	15～150	≤6	2.2～15
2X-	4/8/15/30/70	2～70	≤0.06	0.37～5.5

(3) 往复式真空泵

往复式真空泵技术参数见表 3-90。

(4) 干式螺杆真空泵

干式螺杆真空泵技术参数见表 3-91。

表 3-90　往复式真空泵技术参数

系列	型号规格	抽速范围/$L \cdot s^{-1}$	真空度/hPa	功率/kW
WY,W-	50/100/200/300	50～200	13,26	5.5～22
WL-	50/100/200/300/600/1200	50～1200	26	4～90

表 3-91　干式螺杆真空泵技术参数

系列	型号规格	抽速/$L \cdot s^{-1}$	真空度/Pa	功率/kW
DP 系列干式螺杆真空泵	DP-2700	630	13	55
	DP-1500	360	13	37
	D-800	180	13	22
	DP-400	100	13	11
	DP-300	70	13	7.5
	DP-200	50	13	5.5
	DP-100	25	13	4

(5) 罗茨真空泵

罗茨真空泵技术参数见表 3-92。

表 3-92　罗茨真空泵技术参数

系列	型号规格	抽速/$L \cdot s^{-1}$	真空度/Pa	功率/kW
ZJ 系列罗茨真空泵	ZJ-70	70	5×10^{-2}	1.1
	ZJ-150	150	5×10^{-2}	2.2
	ZJ-300	300	5×10^{-2}	4
	ZJ-600	600	5×10^{-2}	7.5
	ZJ-1200	1200	5×10^{-2}	11

3.5.13　海乐威真空泵产品

北京海乐威真空科技发展有限公司，提供德国莱宝公司的系列真空泵产品如下。

(1) SV 系列单级油封旋片泵

① 抽速范围：10～1200m^3/h。

② 极限压力：<0.5mbar（无气镇分压力）；<1.5mbar（带气镇分压力）；其中SV1200，极限压力<8×10^{-2}mbar（无气镇分压力），<7×10^{-1}mbar（带气镇分压力）。

特点：排水蒸气能力强；出口配油雾过滤器，无油烟；可以在入口压力为大气时连续工作。

(2) TRIVAC B 系列双级油封旋片泵

① 抽速范围：4～65m^3/h。

② 极限压力：10^{-4}mbar（无气镇分压力）；2×10^{-3}mbar（无气镇分压力）；8×10^{-2}mbar（无气镇全压力）；5×10^{-3}mbar（带气镇全压力）。

特点：可以在入口压力为大气压下连续工作；自动防止返油；耐水蒸气能力强。

(3) SCREWLINE 系列螺杆式无油压缩真空泵

① 抽速范围：250～630m^3/h。

② 极限压力：<0.01mbar。

③ 噪声：75dB。

特点：无油污染；耐粉尘及有机溶剂；无轴承和密封结构，降低了故障率；有监控器，泵需维修前报警。

(4) Ecodry 活塞式干泵

① 抽速范围：15～38m^3/h。

② 极限压力：3×10^{-2}mbar。

特点：耐粉尘；排水能力强；能耗低。

(5) DIVAC 系列膜片泵

① 抽速范围：0.6～2.2m^3/h。

② 极限压力：8mbar。

③ 噪声：47～75dB。

特点：无油；耐水蒸气能力强；耐腐蚀性和耐溶剂性好。

(6) 涡旋式干泵

抽速分别为：5m^3/h；15m^3/h；30m^3/h。极限压力：0.01～0.05mbar。

特点：低能耗、低噪声、低振动。

(7) 罗茨真空泵

① 抽速范围：250～16000m^3/h。

② 极限压力：<4×10^{-2}mbar。

特点：风冷；大气下启动（WAU/WSU 系列）；振动小，噪声低，有变频器，抽速可调。

(8) 油扩散泵

① 抽速范围：3×10^3～5×10^4L/s。

② 极限压力：<1×10^{-8}mbar。

③ 前级耐压：0.6mbar。

④ 反油率：1×10^{-3}mg/(cm^2·min)；用 DC705 油，返油率小于 1×10^{-4}mg/(cm^2·min)。

特点：预热时间短，3×10^3～2×10^4L/s 泵预热时间小于 25min；3×10^4～5×10^4L/s 泵预热时间小于 30min；可在不停泵的情况下，更换加热棒；有过热保护；有注油及放油孔，有视镜可观察油状态。

(9) 涡轮分子泵

涡轮分子泵有 3 种：陶瓷轴承脂润滑涡轮分子泵；复合分子泵；磁悬浮分子泵。

① 陶瓷轴承脂润滑涡轮分子泵

a. 抽速范围：5～1600L/s。

b. 极限压力：<10^{-10}mbar。

特点：任意角度安装；对 H_2 压缩比大，无维护运行时间长。

② 复合分子泵

a. 抽速范围：70～1600L/s。

b. 极限压力：1×10^{-9}mbar。

c. 允许前级压力：6～14mbar。

特点：任意角度安装，耐粉尘能力强；无维护运行时间长；耐短暂大气冲击。

③ 磁悬浮分子泵

a. 抽速范围：700～3200L/s。

b. 极限压力：$<1\times10^{-8}$mbar。

c. 前级耐压：2mbar。

特点：全无油，耐粉尘，抗气流冲击；耐高温，可达120℃；转子镀镍，防腐蚀性强。

(10) 低温泵

① 抽速范围：800～3000L/s。

② 极限压力：1×10^{-11}mbar。

特点：与相同口径低温泵相比，抽速大；耐大气冲击，清洁真空度高；能快速再生。

第 4 章 真空工程中制冷与低温技术基础

4.1 概述

真空和低温是两个关系十分密切的学科，两者的发展相互依存，互相促进。低温技术依靠真空的一个明显的例子是真空绝热，在低温容器或低温设备中，为减少冷量的泄漏，必须采用高真空绝热；尤其对于液氦、液氢，由于它们的蒸发潜热很小，它们的储存容器对绝热的要求极高，必须采用特殊的方法，而高真空是必不可少的条件。

在真空技术中，低温是获得高真空和超高真空的一种最有效的抽气手段。可以利用气体在低温表面的凝集实现低温冷凝抽气，利用气体在低温多孔材料中的物理吸附实现低温吸附抽气，利用某些金属膜在低温下对气体的化学吸附实现低温吸气。利用低温方法获得的真空具有如下特点：

① 工作压强范围宽，启动压强高；

② 极限真空度高，可达到 10^{-12}Pa 的极高真空；

③ 抽气速率大，而且在较宽的压强范围内抽气速率不随压强变化。例如空间环模设备中采用的内置式低温泵抽速可达到每秒百万升。

④ 没有污染，可真正实现无油清洁真空。

在真空技术中，目前还大量地使用着带油介质的泵，比如扩散泵、旋片泵、滑阀泵等，为了避免或阻止油蒸气进入真空空间，一般都在泵与容器间设置低温捕油阱或捕油挡板。捕油阱或捕油挡板的冷却必须使用低温制冷设备获得所需的低温温度，以达到冷凝油蒸气捕获油分子的目的。

在真空应用中，尤其在真空镀膜领域，真空空间的水汽采用普通抽除方法效果较差。此时就可以采用深低温方法，用低于－150℃的表面冷凝捕获水蒸气，极大提高了真空性能和水汽抽除效果。－150℃低温可以采用液氮冷却，也可以采用多元工质内复叠制冷方式获得。

制冷低温技术中，根据温度高低以及获得低温方法的不同，可划分为三个区域。温度高于－120℃（153K)，称为普通制冷（简称普冷），一般采用蒸气压缩制冷循环方法获得；温度范围为 20～153K（－253～－120℃)，称为低温或深冷，采用气体制冷循环方法获得；温度低于 20K，称为超低温。不论那个温区，低温获得的基本原理是一致的，都是通过压缩过程、换热过程、节流过程或膨胀过程，将低温热量转移到高温环境而实现制冷目的。

在真空工程设计和其他工作中，经常会涉及制冷低温的工程问题，本章就是从满足真空工程需要的角度出发，对制冷低温技术庞杂的内容进行剪裁编撰，以便工程技术人员参考。

4.2 低温制冷技术基础概念

(1) 温度

温度是度量物体冷热程度的量，是物体内分子热运动平均动能的表现。温度的度量有不同的温标，常用温标有国际温标（即热力学温度）、摄氏温标（摄氏温度）和华氏温标。国际温标也称开尔文，为纪念 W. T. L. Kelvin 而命名，简称开氏温标，常以符号 T 表示，单位为 K；摄氏温标，常以符号 t 表示，单位℃，为纪念 A. Celsius 而命名。华氏温标在欧洲使用，国内不常用。

开氏温标和摄氏温标之间关系：

$$T=t+273.15 \tag{4-1}$$

式中 T——开氏温标，K；

t——摄氏温标，℃；

(2) 表压与绝对压力

制冷技术中所测量的压力是介质压强与大气压之间的差值，压力表指示压力与绝对压力的关系：

$$p_{绝}=p_{表}+0.1 \tag{4-2}$$

式中 $p_{绝}$——实际压力，MPa；

$p_{表}$——压力表指示压力，MPa。

(3) 比容与密度

比容：单位质量物质占有的容积，称为比容。即 $v=V/m$，单位为 m^3/kg；

密度：单位容积物质所具有的质量，称为密度。即$\rho=m/V$，单位为 kg/m^3。

(4) 热量

热量：表示物体吸热和放热多少的物理量，称为热量。

以 Q 表示，单位 kcal、kJ。

(5) 比热容及热容量

比热容：单位质量的物质，温度升高或降低 1 度（1K 或 1℃）所吸收或放出的热量，单位 kJ/(kg・K) 或 kcal/(kg・K)。

气体比热容分两种：定容比热容，以 c_V 表示；

定压比热容，以 c_p 表示。

定容比热容：$1m^3$（标准状态）气体 [0℃，压力为标准大气压（101325Pa)]，当气体每升高或降低 1K 时，所吸收或放出的热量，单位 kJ/(m^3・K)。

定压比热容：质量为 1kg 的气体，在压力保持不变的条件下，升高或降低 1K 时，吸收或放出的热量，单位 kJ/(kg・K)。

热容量：物体温度升高或降低 1 度（1K 或 1℃）所吸收或放出的热量。以 q 表示，单位 kJ 或 kcal。

热容量计算公式如下：

$$q=cm \tag{4-3}$$

(6) 汽化与凝结

汽化：液态物质吸热后，由液态变成气态的过程称为汽化。

汽化有两种形式：蒸发与沸腾。蒸发是液体表面汽化的过程，沸腾是液体表面及内部同时汽化的过程。

蒸发与沸腾均是液体吸热变成气态的汽化过程，两者本质相同，但又有差异，蒸发可以在任意温度下进行，而沸腾只能在一定温度下进行，液体在某一压力下沸腾，沸腾时的温度即为该压力下的饱和温度（在大气压下的饱和温度称为沸点）。

凝结：蒸气在一定压力下冷却，放出热量变成液体的过程。

(7) 饱和温度和饱和压力

某种液体在密闭容器中，温度保持不变，容器中液体蒸发产生的压力亦保持不变，此时蒸气达到了饱和状态。在饱和状态下，蒸发仍在进行，只是蒸发出的分子与返回液面的分子达到了动态平衡。

此时，液体称为饱和液体，蒸气称为饱和蒸气。此时液体的温度叫作饱和温度，压力称为此温度下的饱和压力或饱和蒸气压。

如：水在一标准大气压下，饱和温度是 100℃；

氨在一标准大气压下，饱和温度是－33.4℃；

氟利昂 R12 在一标准大气压下，饱和温度是－29.8℃。

(8) 过热蒸气

具有一定压力和温度的蒸气，当其温度高于其压力所对应的饱和温度时，称该蒸气为过热蒸气。

(9) 过冷液体

具有一定压力和温度的液体，当其温度低于其压力所对应的饱和温度时，称该液体为过冷液体。

如在一标准大气压下、低于 100℃的水，就是过冷液体。

(10) 汽化潜热及凝结热

在饱和状态下，单位质量液体全部汽化为同温度的蒸气时，所吸收的热量称为液体的汽化潜热，通常以 r 表示，单位为 kJ/kg。例如，在大气压下 1kg 液氨气化时要吸收 1370kJ 的热量，则氨的汽化潜热为 1370kJ/kg；1kg 氟利昂 R12 汽化时要吸收 167.5kJ 的热量，则 R12 的汽化潜热为 167.5kJ/kg。

凝结是汽化的相反过程，蒸气凝结为同温度的液体所放出的热量，称为凝结热，凝结热与潜热在量值上相等。

制冷技术中，均是利用液体汽化潜热来制冷，制冷剂蒸发时需要大量的热量，此热量来自于同周围物质换热，使其降温。

(11) 焓

焓表征工质在不同状态下所具有的能量，是描述工质对外做功能力的参数；一般用 H 表示，单位为 J。

$$H=U+pV \tag{4-4}$$

式中 U——工质内能；

p——工质压力；

V——工质体积。

(12) 熵

熵是一个热力学状态参数，它从热力学理论的数学分析中得出，以数学式给以定义，即

$$ds = dq/T \tag{4-5}$$

式中 dq——1kg 工质自外界吸入的热量；

T——传热时工质的热力学温度；

ds——即此微元过程中 1 千克工质熵的变量。

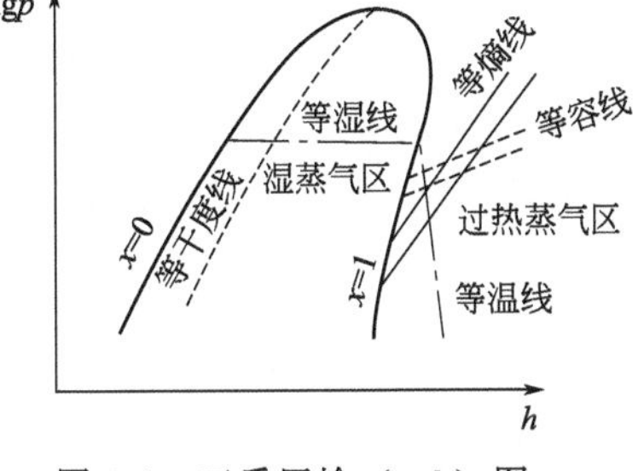

图 4-1 工质压焓（p-h）图

(13) 压焓图

压力（p）和焓（h）都是独立的状态参数，两个参数可以一起组成 p-h 平面坐标图。在压焓坐标图（简称压焓图）上，工质的任一平衡态可用一点表示，任意一准平衡过程可用一连续曲线 $p=f(h)$ 表示，如图 4-1 所示。

在制冷循环计算中广泛采用压焓图（p-h 图或 $\lg p$-h 图），它的横坐标表示焓值，纵坐标表示压力或其对数值。在压焓图上除了饱和曲线外，还绘有制冷工质的等温线、等熵线、等容线及等干度线等。采用压焓图来表示蒸气制冷机循环十分方便，这是因为在压焓图上蒸发过程、冷却冷凝过程以及节流过程都可用直线表示，而且循环的单位容积制冷量 q_V，单位功 w_0 以及单位冷凝放热量 q_k 都可用平行于坐标横轴的线段长度来表示。

(14) 温熵图

温度（T）和熵（s）都是独立的状态参数，两个参数可以一起组成 T-s 平面坐标图。在温熵坐标图（简称温熵图）上，工质的任一平衡态可用一点表示，任意一准平衡过程可用一连续曲线 $T=f(s)$ 表示，与压焓图类似，如图 4-2 所示。

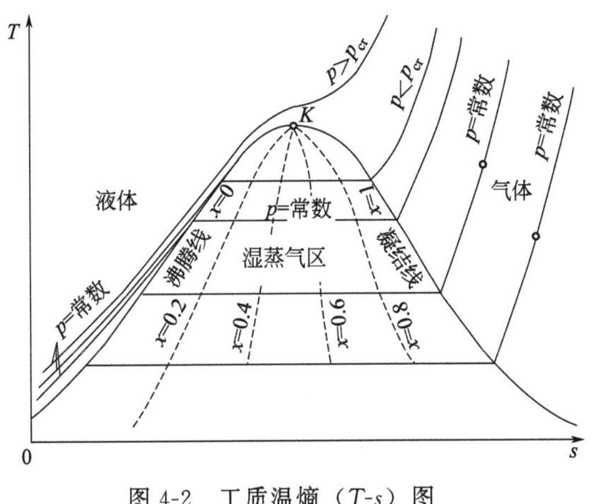

图 4-2 工质温熵（T-s）图

在 T-s 图中，过程曲线下的面积代表可逆过程中工质吸收或放出的热量。

4.3 获得低温的方法

获得低温就是使某物体或某空间温度低于环境温度并得以维持，实现这一目的的技术称为制冷技术。

在古代，人类利用天然冷源实现冷却，获得一些有限的低温条件。自从 1834 年美国人试制成功乙醚工质的制冷机之后，人工制冷低温技术才真正开始，到现在已发展得十分完善，人类具备了多种获得低温的手段和技术。

获得低温的方法绝大多数属于物理方法，此类方法中应用最广泛的是相变制冷及气体绝热膨胀制冷，此外还有半导体制冷（珀尔贴效应制冷）、绝热退磁制冷、吸附制冷和辐射制冷等。

4.3.1 相变制冷

相变制冷就是利用某些物质相变时的吸热效应降低物体的温度。相变包括气化、液化、熔化、凝固、升华和凝华过程。

液体气化、冰冷却及冰盐冷却、干冰及其他固体升华制冷是目前制冷及低温技术中常用的相变制冷方法。

任何液体气化时都产生吸热效应，液体气化是现代蒸气循环制冷机的基础。

液体气化时的温度（通常称为蒸发温度）随工质的种类和状态而变，例如水的蒸发温度比较高，各种制冷剂的蒸发温度就比较低，而液空、液氮及其他低温液体的蒸发温度则更低。每种工质的蒸发温度还与气化时所处的压力有关，压力越低则蒸发温度越低，故可以使工质在不同的压力下蒸发，就可以获得不同的低温，以满足不同的需求。

4.3.2 气体绝热膨胀制冷

压缩气体节流和等熵膨胀获得低温的方法在深冷领域起着重要作用。

(1) 气体的节流

当气体在流动中遇到缩口或调节阀时，由于局部阻力的作用，压力显著下降，这种现象叫做节流。

实际过程中，由于气体节流过程时间短，与外界的热交换可以忽略，可近似认为是一绝热过程，称为绝热节流。节流过程的主要特征是过程中焓值不变。

理想气体的焓值只是温度的函数，因此理想气体节流前后温度不变。而实际气体的焓值是温度和压力的函数，所以实际气体节流前后的温度一般将发生变化，称这一现象为焦耳-汤姆逊效应（简称焦-汤效应）。

节流过程中，气体温度升高或降低取决于气体的种类和状态。由于各种气体偏离理想气体的程度不同，节流后温度变化的情况也各不相同。某种实际气体节流后温度如何变化，存在一个转化温度（T_{inv}），若节流前温度等于转化温度（T_{inv}），节流前后温度不变。若节流前的温度大于或低于转化温度（T_{inv}），温度变化取决于工质的性质和所处的状态。因此要达到制冷降温的目的，必须根据工质性质的不同选取节流前合适的压力和温度。

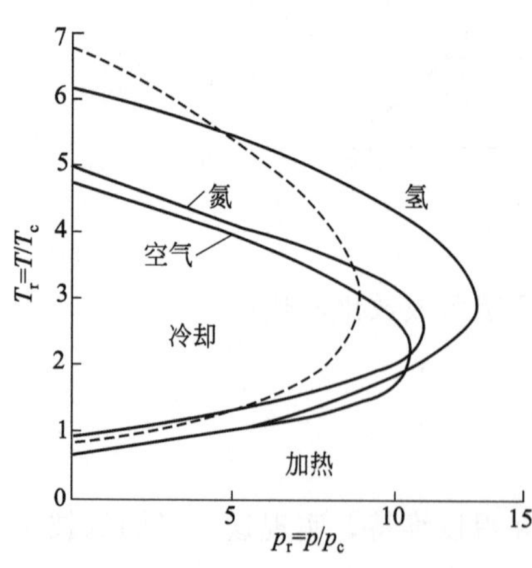

图 4-3　空气、N_2、H_2 的转化温度曲线

$$T_{inv}=\frac{2a}{9Rb}\left(2\pm\sqrt{1-\frac{3b^2}{a}p}\right)^2 \qquad (4\text{-}6)$$

式(4-6) 表示出转化温度与压力的函数关系，它在 T-p 图上为一连续曲线，称为转化曲线。图 4-3 所示为

几种气体的转化温度曲线，从图上可以看出，每种气体存在两个转化温度，高于上转化温度以及低于下转化温度节流都是产生热效应，只有在一定压力范围内温度介于两个转化温度之间才会产生冷效应；转化曲线将 T-p 图分成了制冷和制热两个区域。因此，在选择气体参数时，节流前的压力不得超过最大转化压力，节流前的温度必须在上下转化温度之间。大多数气体，如空气、氧、氮、一氧化碳等，转化温度较高，故从室温节流时总是产生冷效应。氢及氦的转化温度比室温低得多，故必须用预冷的方法，使其降温到上转化温度以下节流才能产生冷效应。故转化曲线的研究对气体制冷及液化十分重要。

（2）气体的等熵膨胀

气体的等熵膨胀过程伴有对外做功，工程中采用膨胀机来实现。气体在膨胀过程中有外功输出，且膨胀后气体的内位能增大，这两者都要消耗一定能量，这些能量需要用内动能来补偿，故气体温度必然降低，产生冷效应。

对于理想气体，由其状态方程可得出膨胀过程的温差计算式，见式(4-7)。

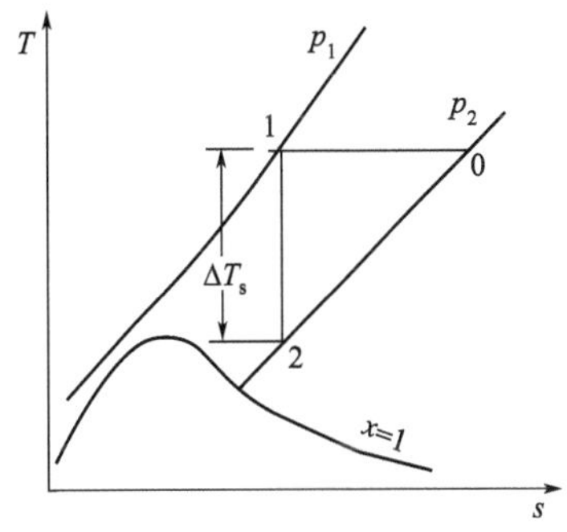

图 4-4 等熵膨胀过程的温差

$$\Delta T_s = T_2 - T_1 = T_1\left[\left(\frac{p_2}{p_1}\right)^{\frac{k-1}{k}} - 1\right] \tag{4-7}$$

对于实际气体，膨胀过程的温差通常用 T-s 图表示，如图 4-4 所示。等熵膨胀的温差随着压力比 p_1/p_2 的增大而增大。故为了增大等熵膨胀的温降和制冷量，可以采用增大膨胀比的方法。

对于气体的绝热膨胀，从温度效应和制冷量两方面衡量，等熵膨胀比节流都要有效。此外，等熵膨胀还可以回收膨胀功，因而可以提高循环的经济性。

4.3.3 半导体制冷

半导体制冷（或温差电制冷）原理早在 19 世纪初期就已被发现，直到 20 世纪中叶才将它用于制冷。现在半导体制冷已发展成为半导体技术的一个重要分支和独特领域。

半导体制冷以珀尔帖效应原理为基础。1834 年珀尔帖发现了下列现象：当一块 N 型半导体（电子型）和一块 P 型半导体（空穴型）联结成电偶，见图 4-5，在这个电路中接上一个直流电源，电偶上流过电流时，就发生能量的转移，在一个接头上放出热量，而在另一个接头上吸收热量。这种现象叫做珀尔帖效应。

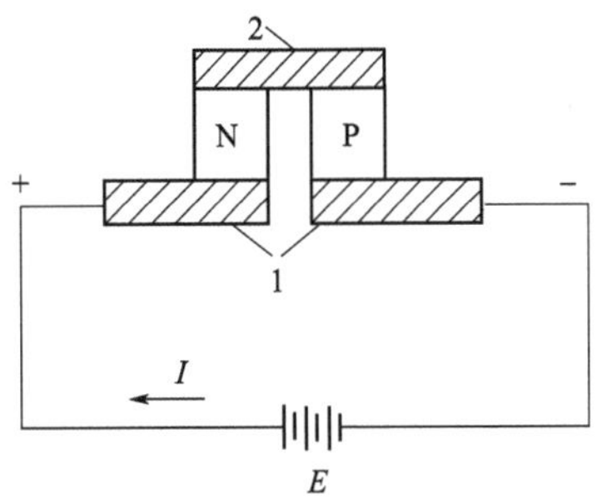

图 4-5 基本热电偶

1—放热接头；2—吸热接头

若在放热的接头上进行散热，使它维持在一定温度，则在另一个接头上就可获得一定温度下的稳定冷量输出。

4.4 制冷低温工质及载冷剂

在制冷及低温技术中使用两类物质作为工质，分别为制冷工质及低温工质。制冷工质是在普冷区域用以实现制冷的循环介质。制冷工质的临界温度较高，在常温及普通低温下能够液化。常用的制冷工质有氨、各种氟利昂及一些烃类化合物。

低温工质是指包括甲烷、空气、氧、氮、氩、氢和氦等的气体以及各种混合气体。它们的沸点较低，一般都在120K以下。低温工质用于深冷领域，通常是在低温装置中予以液化，用作冷却剂作为低温冷却手段。低温工质也可用作气体制冷机的工质。

载冷剂是在间接制冷系统中用来传送冷量的中间介质。

4.4.1 制冷工质

4.4.1.1 制冷工质种类

可用作制冷工质的物质有几十种，但常用的不过十几种。目前，在蒸气压缩制冷循环中广泛使用的制冷工质有氨、氟利昂和烃类。

氨是应用最早也是应用最广泛的制冷工质，它具有比较适中的压力范围和较大的单位容积制冷量，且价廉、容易获得。虽然氟利昂的使用越来越多，但并没有完全取代氨的作用，氨仍然是当前主要制冷工质之一。

氟利昂是饱和碳氢（烃类）化合物的氟、氯、溴衍生物的总称，目前用作制冷工质的主要是甲烷和乙烷的衍生物。在这些衍生物中由于氟、氯、溴原子代替了原化合物中的氢原子，使化合物的性质发生了很大变化。例如氢原子减少（被代替）其可燃性显著降低；氟原子愈多，毒性愈小，对金属腐蚀性愈小。大多数氟利昂无毒、无味、对金属腐蚀小、不燃烧以及无爆炸危险；还具有分子量大、比热容大、绝热指数低和凝固点低等优点。

氟利昂的应用促进了制冷技术的大发展，但随着技术的发展，人们发现含氯、溴的卤代烃对大气臭氧层有破坏作用，目前许多含氯氟利昂（也称为氯氟化碳）已被禁用，如R11、R12、R502等以前常用氟利昂。

一些烃类（碳氢化合物）也可用作制冷工质，例如乙烯、乙烷、丙烯、丙烷、丁烷等，它们具有凝固点低、与水不发生化学作用、对金属腐蚀性很小、价格便宜、容易获得等优点，并且标准蒸发温度范围很宽，可分别满足高温、中温和低温制冷的需要。但是由于它们具有可燃性，并且在空气中有爆炸危险，使用安全性差，因此只用于石油化工厂等一些特殊的制冷装置。

为了书写方便，制冷工质可用一套简写符号来表示。目前国际上采用的简写符号包含字母“R”和它后面的一组数字，其编写方法如下：

① 氟利昂（即烷烃的卤族衍生物） 这种化合物的分子通式为 $C_mH_nF_xCl_yBr_z$。其简写符号在字母“R”后的数字依次为 $(m-1)(n+1)x$，若化合物中含有溴原子时，则再在后面加字母“B”和溴原子数。环状化合物的简写符号应在字母“R”后加一个字母“C”。

表4-1列举了几种氟利昂的简写符号，作为示例。

表 4-1 几种氟利昂简写符号

化合物名称	分子式	m、n、x、y、z 值	简写符号
一氟三氯甲烷	$CFCl_3$	$m=1,n=0,x=1,y=3$	R11
二氟二氯甲烷	CF_2Cl_2	$m=1,n=0,x=2,y=2$	R12
二氟一氯甲烷	CHF_2Cl	$m=1,n=1,x=2,y=1$	R22
二氟一氯乙烷	$C_2H_3F_2Cl$	$m=2,n=3,x=2,y=1$	R142
三氟一溴甲烷	CF_3Br	$m=1,n=0,x=3,z=1$	R13B1
八氟环丁烷	C_4F_8	$m=4,n=0,x=8$	RC318

② 烷烃类　甲烷、乙烷、丙烷的编号法与氟利昂一样，例如甲烷，其分子式为 CH_4（$m=1$，$n=4$，$x=0$），其简写符号为 R50。

③ 链烯烃类　该类制冷工质的简写符号中，字母“R”后面的第一个数字后面数字是“1”，后面数字组合法与氟利昂一样。例如乙烯，其分子式为 C_2H_4，简写符号为 R1150。

④ 无机化合物　该类制冷工质的简写符号中，字母“R”后面的第一个数字是“7”，后面的数字是该物质分子量的整数部分。例如氨，分子式为 NH_3，分子量的整数部分是 17，其简写符号为 R717。

⑤ 混合制冷工质　共沸混合制冷工质，简写符号中，字母“R”后面的第一个数字为“5”，之后数字从“00”开始，表示共沸工质命名的先后顺序，例如 R500、R501、R502 等。

非共沸混合制冷工质，简写符号中，字母“R”后面的第一个数字为“4”，之后数字从“00”开始，表示非共沸工质命名的先后顺序，例如 R400、R401、R402 等；若组成非共沸混合制冷工质的纯物质种类相同，但组分含量不同，则在数字后加大写英文字母以示区别，如 R407A、R407B、R407C 等。

4.4.1.2　制冷工质热力性质

用作制冷工质的物质，其制冷性能与热力性质密切相关，下面是制冷工质几个重要的热力性质。

(1) 标准蒸发温度（t_s）

标准蒸发温度是指在标准大气压下即在 101.32kPa（760mmHg）压力下的蒸发温度，通常又称为沸点。

制冷工质标准蒸发温度与其分子组成密切相关，例如氟利昂类制冷工质，由 R11 至 R14，氟原子越多标准蒸发温度越低，每增加一个氟原子蒸发温度降低约 50℃。

标准蒸发温度还与工质的临界温度有关，临界温度越高的制冷工质其标准蒸发温度也高，两者比值近于常数，即 T_{cr}/T_s 比值大约在 1.5～1.6。

根据标准蒸发温度的高低将制冷工质划分为高温、中温和低温三类制冷工质，如表 4-2 所示。

高温制冷工质主要用于空调制冷机中，中温制冷工质用于一般的单级及两级压缩制冷机中，低温工质用于复叠制冷机的低温部分。

表 4-2　制冷工质的分类

类别	制冷工质	标准蒸发温度/℃	30℃冷凝压力/kPa
高温制冷工质	R11,R21,R113,R114 等	>0	<300
中温制冷工质	氨,R12,R22,R502,丙烯等	−60～0	300～2000
低温制冷工质	甲烷,乙烷,R13,R14,R23,R503 等	<−60	

(2) 饱和压力线

饱和压力线图表示各种制冷工质的饱和蒸气压力和温度的关系，该图横坐标表示温度，纵坐标表示饱和压力，采用半对数坐标。图 4-6 所示为氟利昂制冷剂的饱和蒸气压力和温度的关系，图 4-7 所示为无机物和烃类制冷剂的饱和蒸气压力和温度的关系。

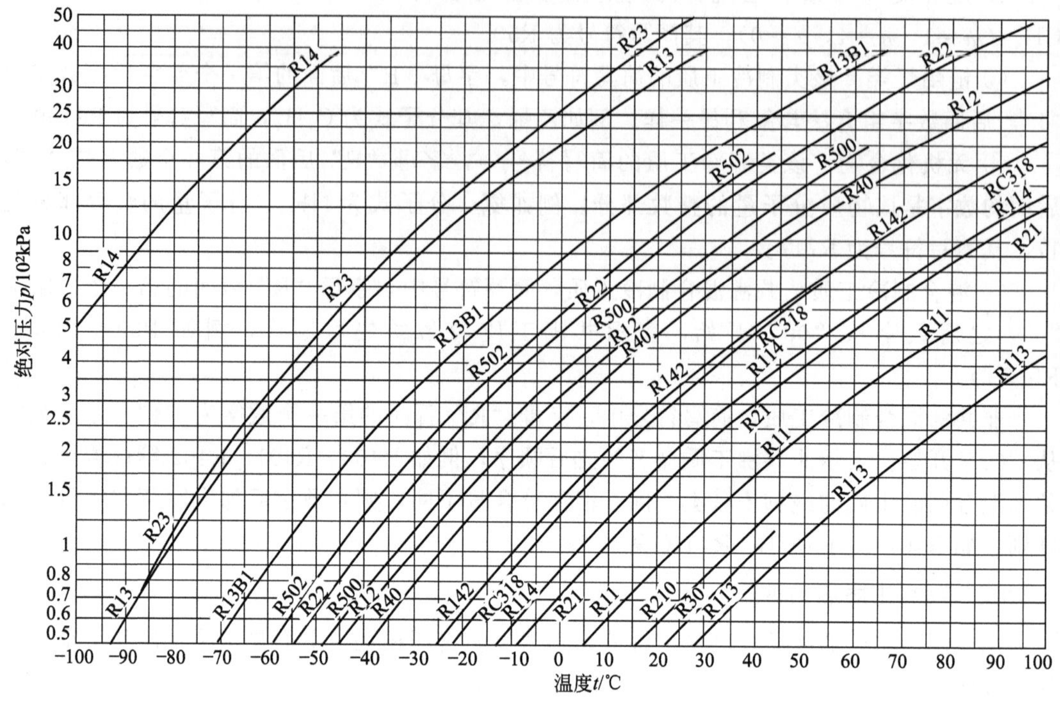

图 4-6 氟利昂制冷剂的饱和蒸气压力和温度的关系

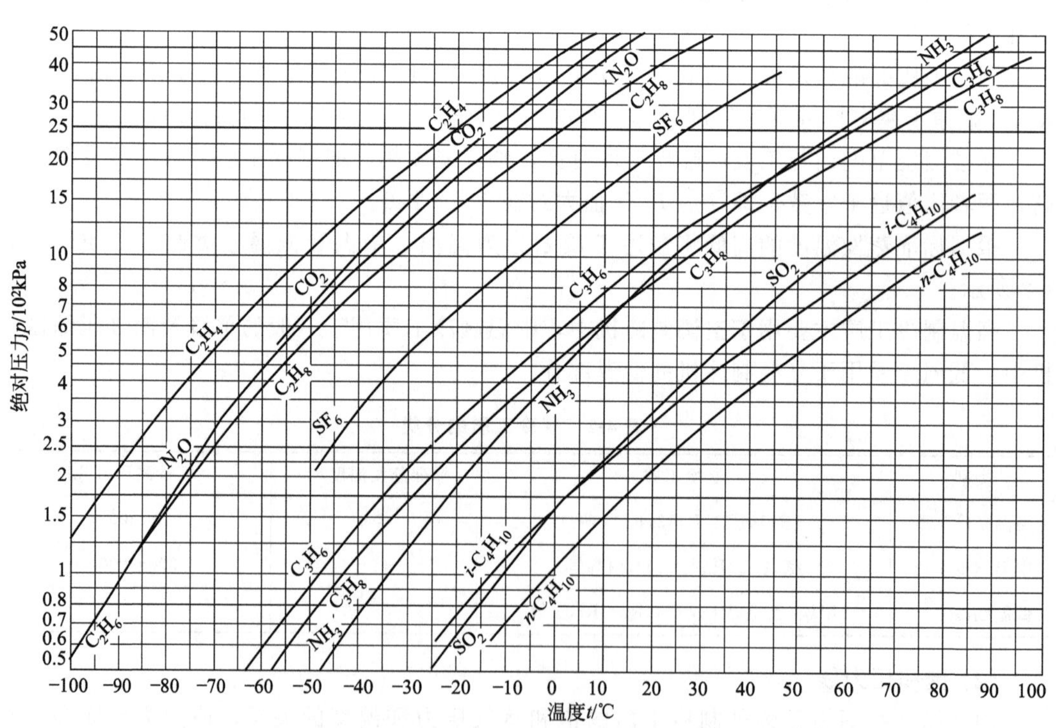

图 4-7 无机物和烃类制冷剂的饱和蒸气压力和温度的关系

(3) Mr_s/T_s 数

大多数制冷工质在沸点下的摩尔蒸发潜热（Mr_s）除以沸点温度（热力学温度）的值近似为常数，该常数为 19～21。

4.4.1.3 常用制冷工质

(1) 氨

氨具有良好的热力性能，标准蒸发温度为－33.4℃，最低蒸发温度可达－70℃；冷凝压力在 1200kPa 左右，单位容积制冷量较大，价格便宜，是一种应用于大中型制冷机的中温工质。

氨作为制冷工质，其优点是易于获得，价格低廉，单位容积制冷量大，不溶于油，放热系数高，管道流动阻力小，有泄漏容易发现。缺点是有刺激臭味，有毒，会燃烧和爆炸，对铜及铜合金有腐蚀作用。氨是应用最早也是目前应用最广泛的制冷工质，可以应用于蒸发温度在－65℃以上的大型或中型的单级或双级的活塞式制冷压缩机中。目前氨也应用在大容量的离心式制冷压缩机中，但由于它的分子量较小，需要较多的级数。

(2) 氟利昂

氟利昂作为制冷工质，其优点是：无毒，燃烧的可能性小；绝热指数小，因而排气温度低；分子量大，适应于离心式压缩机。但其缺点是易于泄漏且泄漏不易发现；含有氯原子的氟利昂与明火接触时能分解出有毒的光气；放热系数低；单位容积制冷量小，因而制冷工质的循环量大；比重大，因而流动阻力损失大。氟利昂制冷工质主要用于中型及小型活塞式压缩机、一般的离心式压缩机、低温装置及其他特殊要求的装置。

应用比较广泛的氟利昂，属于高温制冷工质的有 R11，属于中温制冷工质的有 R12、R22；属于低温制冷工质的有 R13、R23，此外还有 R14、R114、R142 等。

氟利昂制冷工质促进了制冷行业的发展，但随着人们发现含氯、溴的卤代烃对大气臭氧层有破坏作用，为了保护人类赖以生存的环境，国际社会签订了《关于消耗臭氧层物质的蒙特利尔议定书》，我国在 1999 年修订了《中国逐步淘汰消耗臭氧层物质国家方案》，并于 2007 年公布了修订版《消耗臭氧层物质（ODS）替代品推荐目录（第一批）》。表 4-3 列出了推荐目录的氟利昂制冷工质替代品。

表 4-3 可采用的氟利昂制冷工质替代品

替代品名称	被替代品	ODP 值	GWP 值
HCFC-22	CFC-12,R502	0.055	1780
HFC-134a	CFC-12,CFC-11,R500	0	1320
HFC-152a	CFC-12	0	122
R600a	CFC-12	0	≈20
HCFC-123	CFC-11	0.02	76
氨	CFC-11,CFC-12	0	<1
R407C	HCFC-22	0	1674
R410A	HCFC-22	0	1997
R418A	R502,HCFC-22	≈0.03	1300
R411A	R502,HCFC-22	≈0.03	1500
R411B		≈0.032	1600

续表

替代品名称	被替代品	ODP 值	GWP 值
R404A	R502	0	3800
R507A	R502	0	3900
R425A	HCFC-22、R502	0	960
LXR2a	CFC-12	0	1930
HTR01	CFC-114	0.032	620
R421A	HCFC-22、CFC-12	0	1200
R417A	HCFC-22	0	1950
ZCI-7	HCFC-22	0	1220
ZCI-8	HCFC-22	0	1370
ZCI-9	R502	0	2840
ZCI-10	HCFC-22	0	1410
ZCI-12	CFC-12	0	114
CO_2		0	0
R290	HCFC-22	0	≈0

① 氟利昂 R12（二氟二氯甲烷，CF_2Cl_2） 该工质目前虽已禁用，本节仍然列出，仅供参考。

R12 是应用较早而且最广泛的氟利昂制冷工质，可用于活塞式压缩机及离心式压缩机。标准蒸发温度为－29.8℃，最低可获得－70℃的低温，主要用于中型和小型制冷装置。

R12 为无色、无臭、对人体生理危害极小的一种制冷工质。R12 不含氢原子，不会燃烧也不会爆炸。当与明火接触或温度达 400℃以上时，则分解出对人体有害的氟化氢、氯化氢及光气。

水在 R12 中的溶解度很小，且温度越低，溶解度越小。当 R12 液体中溶解有水时，会引起冰塞现象和对金属的腐蚀作用。冰塞现象通常发生在节流机构中，当节流时温度下降，水在 R12 中的溶解度降低，部分水析出结冰而堵塞节流阀和管道。

R12 渗透能力很强，并且泄漏难以发现，检查 R12 泄漏的方法一般是用卤素喷灯，当要求较高时可用卤素检漏仪。

② 氟利昂 R22（二氟一氯甲烷，CHF_2Cl） R22 是一种中温制冷工质，它的标准蒸发温度为－40.8℃，从热力性质来说，在常温或普通低温下，R22 很接近于氨（饱和压力和单位容积制冷量都较接近氨），在中温和低温下饱和压力比 R12 高约 65%，在较低的温度下，R22 饱和压力和单位容积制冷量都高于氨，因此，R22 更适用于低温工况使用。

R22 不燃烧，也不爆炸，但其毒性比 R12 稍大。水在 R22 液体中溶解度比在 R12 液体中大，但在制冷机工作过程中同样会发生冰塞现象，因此对 R22 中含水量应严格限制（＜0.0025%），制冷系统中需装设干燥器。

R22 对金属的作用及泄漏特性与 R12 相同，检漏方法也相同。

③ 氟利昂 R13 和氟利昂 R14（三氟一氯甲烷 CF_3Cl 和四氟甲烷 CF_4） 氟利昂 13 目前已被禁用。

R13 和 R14 同属于低温制冷工质，适用于复叠制冷系统中的低温部分。R13 的标准蒸发温度为－81.5℃，可获得－70～－110℃的低温，R14 的标准蒸发温度为－128℃，可获得−110～−140℃的低温。R13 和 R14 都含有较多的氟原子，不含氢原子，因而不燃烧不爆炸，无毒，性质很稳定，R14 甚至在有催化剂 CaF_2 作用下温度达 400～500℃时尚不会分解，仅仅当温度达到炽热时才分解。R13 和 R14 两者都微溶于水，不溶于油。

④ 氟利昂 R11（一氟三氯甲烷，$CFCl_3$） 该制冷工质已被禁用。

R11 是高温高分子量的制冷工质，常温常压下呈液态。因为含有三个氯原子，毒性比 R12 大。水在 R11 液体中的溶解度与 R12 相接近。R11 对金属的作用及与润滑油的溶解关系也与 R12 大致相似。R11 与明火接触时较 R12 更易分解出光气，因此在 R11 制冷机车间中要严禁明火。

R11 的分子量较大（137.39），故应用离心式压缩机较适宜。R11 系用于空气调节制冷装置中（蒸发温度在 0℃以上），也可用于热泵装置中。

⑤ 氟利昂 R114（四氟二氯乙烷，$C_2F_4Cl_2$） 该制冷工质已被禁用。

R114 属于高温制冷工质，由于具有很大的分子量（$M=170.91$），故常用于制取 10～−20℃温度的离心式压缩机中。R114 在温熵图上的饱和液体线和饱和蒸气线系向同一方向倾斜，饱和蒸气经等熵压缩后将进入湿蒸气区域（一般制冷工质是进入过热蒸气区），因此对此类工质应采用回热循环。

R114 的特性有很多和 R12 相同。例如毒性很小，和明火接触时要分解出有毒的光气；水在这两种工质中的溶解度相接近。但 R114 与润滑油的溶解关系则与 R22 相似。

⑥ 氟利昂 R134a（四氟乙烷，CH_2FCF_3） R134a 是目前使用最广泛的中低温制冷工质，由于其良好的综合性能，使其成为一种非常有效和安全的 R12 的替代品，R134a 不含氯原子，对臭氧层不起破坏作用，具有良好的安全性能（不易燃、不爆炸、无毒、无刺激性、无腐蚀性）；其制冷量与效率与 R12 非常接近，是优秀的长期替代制冷剂。

沸点 −26.1℃，临界温度 101.1℃，临界压力 4066.6kPa，汽化潜热（沸点下，101325Pa）216kJ/kg。

⑦ 氟利昂 R23（三氟甲烷，CHF_3） R23 是一种低温制冷剂，是 R13 和 R503 的替代品。沸点为−82.10℃，沸点下蒸发潜热为 240.0kJ/kg。吸入后可引起头痛、恶心和呕吐，有麻醉作用；不燃；受热分解释出氟化氢烟雾。

(3) 碳氢化合物

通常用作制冷工质的碳氢化合物有丙烷（C_3H_8）、丙烯（C_3H_6）、乙烷（C_2H_6）、乙烯（C_2H_4）、甲烷（CH_4）等，前两者属于中温制冷工质，后三者为低温制冷工质。这些制冷工质的优点是凝固点低，与水不发生化学反应，对金属不腐蚀，价格便宜，容易获得。但这类制冷工质最大的缺点是易于燃烧和爆炸，而且能溶于润滑油中，使油的黏度降低。当使用这些制冷工质时，必须保持蒸发压力在大气压力以上，以防空气漏入系统而引起爆炸。

丙烷、乙烷是饱和的碳氢化合物，难溶于水（20℃时丙烷的溶解度为 65mg/kg），也不发生水解作用，但能溶于醚、醇等有机溶剂中。在常温下化学性质很不活泼，加热到 300℃以上才开始分解。丙烷在饱和状态时的温度压力关系和 R22 比较接近；乙烷则和 R13 比较接近。

丙烯、乙烯是不饱和的碳氢化合物，在常温常压下均为无色气体，在水中溶解度极小，易溶于酒精与其他有机溶剂。它们与烷烃不同，化学性质很活泼。丙烯是中温制冷工质，其标准蒸发温度为－47.7℃，常温下的冷凝压力约为1500kPa；乙烯是低温制冷工质，标准蒸发温度为－103.7℃，临界温度为9.5℃，常温下无法液化，只能用于复叠式制冷装置的低温部分。

甲烷是低温制冷工质，标准蒸发温度为－161.5℃，临界温度为－82.5℃，只能用于复叠式制冷装置的低温部分。

烃类制冷工质主要用于石油化工厂。丙烷、丙烯可用于两级压缩系统来获得较低的温度，也用于复叠式制冷系统的高温部分。乙烷、乙烯都用于复叠式制冷系统的低温部分，可获得－80～－120℃的低温。甲烷则和乙烯、氨（或丙烷）组成三级复叠，可获得更低的温度（－150℃左右），用于天然气的液化。

4.4.1.4 混合制冷工质

为了提高制冷工质的热力性能和改善设备运行条件，人们发展并采用了混合工质。混合工质比一般制冷工质具有一些显著的优点，如能耗较低、压缩机排气温度较低、可获得较低的蒸发温度、腐蚀性较小等，同时还能适应不同制冷装置的需要。因此混合工质得到了迅速发展和广泛应用。

混合工质可分为两类：一类是共沸混合工质，另一类是非共沸混合工质。它们的本质区别是在饱和状态下汽液两相的组成成分是否相同，相同的属于共沸混合工质，不相同的则属于非共沸混合工质。

现将两类混合工质分述如下。

（1）共沸混合工质

共沸混合工质是由两种（或两种以上）不同制冷工质按一定比例相互溶解而成的一种混合物。它和单一化合物一样，在一定压力下蒸发时保持恒定的蒸发温度，并且它的液相和汽相具有相同的成分。共沸混合工质的热力性质和组成它的组分比较起来具有一些显著的优点，例如在相同工作条件下，蒸发温度变低，制冷量增大，压缩机排气温度降低等。

传统的共沸混合工质有下列几种：R500、R502、R503、R504等，其组成见表4-4。

表4-4 几种共沸混合工质的组成

代号	组分	组分的质量/%	代号	组分	组分的质量/%
R500	R12/R152a	73.8/26.2	R505	R31/R12	22/78
R502	R22/R115	48.8/51.2	R506	R31/R114	55.1/44.9
R503	R23/R13	59.9/40.1	R507	R125/R143a	50/50
R504	R32/R115	48.2/51.8			

共沸混合工质具有若干特点：

共沸混合工质的标准蒸发温度 t_s 一般都比组成它的组分的标准蒸发温度低，例如R502的 t_s 为－45.6℃，而它的组成制冷工质R22和R115的 t_s 分别为－40.84℃和－38℃，详见表4-5。

现有共沸混合工质中，按其标准蒸发温度（t_s）可划分为高温、中温和低温三类，例如R500、R502，属于中温制冷工质，R503、R504可划入低温制冷工质。此外，普通低温制冷工质还有R13B1/R32和R23/R116，它们的 t_s 分别为－64℃和－85.6℃。

表 4-5　共沸混合工质及其组分的标准蒸发温度（t_s）

代号	分子量(平均)	标准蒸发温度 t_s	组分	组分 t_s
R500	99.3	−33.3℃	R12/R152a	−29.8℃/−25℃
R501	93.1	−41.5℃	R22/R12	−40.84℃/−29.8℃
R502	111.6	−45.6℃	R22/R115	−40.84℃/−38℃
R503	87.5	−88.7℃	R23/R13	−82.2℃/−81.5℃
R504	79.2	−59.2℃	R32/R115	−51.7℃/−38℃
R505	103.5	−30℃	R12/R31	−29.8℃/−9.8℃
R506	93.7	−12.5℃	R31/R114	−9.8℃/3.5℃
R507	98.9	−47.2℃	R125/R143a	−48.45℃/−47.6℃

凡是标准蒸发温度（t_s）低于其组分工质的共沸混合工质，它的单位容积制冷量在相同条件下高于其任一组分制冷工质的单位容积制冷量，见表 4-6。

表 4-6　R502 和 R500 的单位容积制冷量

蒸发温度/℃	单位容积制冷量/$kJ \cdot m^{-3}$			增加的冷量和 R22 比较	蒸发温度/℃	单位容积制冷量/$kJ \cdot m^{-3}$			增加的冷量和 R12 比较
	R22	R115	R502			R12	R152a	R500	
−18	2560	2230	2860	12.0%	−18	1590	1400	1870	17.4%
−29	1744	1540	2005	15.1%	−29	1084	922	1264	16.8%
−40	1130	1020	1340	18.3%	−40	704	578	822	16.8%

由表 4-6 可知，在同一蒸发温度下，共沸混合工质的单位容积制冷量比其任一组分都大，这是由于共沸混合工质蒸发压力高于其组成组分的缘故。

采用共沸混合工质，可以使压缩机的排温降低。压缩机排气温度高低与制冷工质的特性有密切关系，例如制冷工质的比热和绝热指数就是影响排气温度的重要因素。理论上讲在相同的压比和初始条件下，制冷工质的比热容大或绝热指数小，则使压缩机排气温度降低。制冷工质 R115、R114、RC318 的比热容都较大，它们作为共沸混合工质的组分都具有降低压缩机排气温度的功效。

一般说来，共沸混合工质中当有一组分的比热容显著大于另一组分时，则采用共沸混合工质的压缩机排气温度可以低于比热容小的组分的排气温度。

(2) 非共沸混合工质

非共沸混合工质具有下列特点，故近年来获得了大量应用。

① 降低压比，使单级压缩可获得更低的蒸发温度；

② 增大制冷机的容量；

③ 实现非等温换热（冷凝过程工质温度变低，蒸发过程工质温度升高），降低功耗，提高制冷系数。

较常见的非共沸混合工质有下列几种：R400（R114/R12）、R401A（R22/R152a/R124）、R404A（R125/R143a/R134a）等。非共沸混合工质中含量较多的工质称为主要组分，含量少的称为加入组分。

一般情况下，将少量的高沸点组分加入到低沸点主要组分中所组成的混合工质（例如

R114 加到 R12 中），和其主要组分比较，可以提高制冷系数，降低能耗，但是制冷机的制冷量会有所降低。将少量低沸点组分加入到高沸点主要组分中，则制冷系数降低，功耗增大；但由于吸入蒸气的比容减小，制冷机的制冷量会增大，相同的机器可以获得更低的温度和较大的制冷量。

当非共沸混合制冷工质系统发生泄漏时，混合物中的组分比例会发生改变，给重新充注制冷工质造成麻烦，这在一定程度上限制了非共沸混合制冷工质的应用。但近年来非共沸混合制冷工质在内复叠制冷系统中得到了很好的应用。

4.4.2 载冷剂

载冷剂是在间接制冷系统中传送冷量的中间介质。

载冷剂的种类很多，按其工作温度大致可分成如下几类：

① 水　适于 0℃以上的制冷循环，例如空调装置；

② 盐水溶液　如氯化钠、氯化钙等水溶液，适于一般中温制冷装置；

③ 有机物　如二氯甲烷（R30）、三氯乙烯以及一氟三氯甲烷（R11）等，适于低温制冷装置；

④ 氟代醚及聚硅氧烷类，适用于－90～150℃很宽的温区传送冷量和热量。

4.4.2.1 对载冷剂的要求

载冷剂的作用是在一定的工作温度下传送冷量，因此载冷剂在循环系统中必须不凝固、不沸腾，并且热容量尽量大、密度尽量小，以及不腐蚀管道设备、对人体无害等。

① 在循环系统的工作温度范围内载冷剂必须保持液体状态，其凝固点应比制冷工质的蒸发温度低，其沸点应高于可能达到的最高温度，沸点越高越好。

② 比热容大　比热容大载冷量就大。在传送一定冷量时，比热容大的载冷剂的流量就小，可以降低循环泵的功耗。

③ 密度小　密度小则循环泵的功耗可减小。一般情况下无论是盐水溶液或液体有机物载冷剂，密度都随温度降低而增大；在盐水溶液中密度还和盐水浓度有关，浓度愈大密度愈大。

④ 黏度小　黏度小则泵的功耗减小。一般情况下无论是盐水溶液或液体有机物，黏度随温度下降而升高，随浓度增加而升高。

⑤ 化学稳定性好。

⑥ 不腐蚀设备、管道及其他附件。

⑦ 其蒸气与空气的混合物不燃烧，无爆炸危险。

⑧ 液态及气态时都无毒，对人体无刺激。

4.4.2.2 常用载冷剂的热物理性质

(1) 水

水是一种很理想的载冷剂，它具有比热容大、密度小、对设备和管道腐蚀性小、不燃烧、不爆炸、无毒、化学稳定性好等优点。因此，在水适应的温度范围内，广泛用水作载冷剂。特别是空气调节系统中，水不仅是载冷剂，还可将它直接喷入空气中，以改变空气的湿度。但是，由于它的凝固点高，因而在使用上受到很大的限制。水的饱和温度与压力关系见表 4-7，不同温度下冰的饱和蒸气压见表 4-8。

表 4-7　水的饱和温度与压力关系

温度/℃	压强/($\times 10^3$Pa)	温度/℃	压强/($\times 10^3$Pa)	温度/℃	压强/($\times 10^3$Pa)
0	0.61129	41	7.7840	82	51.342
1	0.65716	42	8.2054	83	53.428
2	0.70605	43	8.6463	84	55.585
3	0.75813	44	9.1075	85	57.815
4	0.81359	45	9.5898	86	60.119
5	0.87260	46	10.094	87	62.499
6	0.93537	47	10.620	88	64.958
7	1.0021	48	11.171	89	67.496
8	1.0730	49	11.745	90	70.117
9	1.1482	50	12.344	91	72.823
10	1.2281	51	12.970	92	75.614
11	1.3129	52	13.623	93	78.494
12	1.4027	53	14.303	94	81.465
13	1.4979	54	15.012	95	84.529
14	1.5988	55	15.752	96	87.688
15	1.7056	56	16.522	97	90.945
16	1.8185	57	17.324	98	94.301
17	1.9380	58	18.159	99	97.759
18	2.0644	59	19.028	100	101.32
19	2.1978	60	19.932	101	104.99
20	2.3388	61	20.873	102	108.77
21	2.4877	62	21.851	103	112.66
22	2.6447	63	22.868	104	116.67
23	2.8104	64	23.925	105	120.79
24	2.9850	65	25.022	106	125.03
25	3.1690	66	26.163	107	129.39
26	3.3629	67	27.347	108	133.88
27	3.5670	68	28.576	109	138.50
28	3.7818	69	29.852	110	143.24
29	4.0078	70	31.176	111	148.12
30	4.2455	71	32.549	112	153.13
31	4.4953	72	33.972	113	158.29
32	4.7578	73	35.448	114	163.58
33	5.0335	74	36.978	115	169.02
34	5.3229	75	38.563	116	174.61
35	5.6267	76	40.205	117	180.34
36	5.9453	77	41.905	118	186.23
37	6.2795	78	43.665	119	192.28
38	6.6298	79	45.487	120	198.48
39	6.9969	80	47.373	121	204.85
40	7.3814	81	49.324	122	211.38

续表

温度/℃	压强/(×10³Pa)	温度/℃	压强/(×10³Pa)	温度/℃	压强/(×10³Pa)
123	218.09	164	683.10	205	1722.9
124	224.96	165	700.29	206	1758.4
125	232.01	166	717.83	207	1794.5
126	239.24	167	735.70	208	1831.1
127	246.66	168	753.94	209	1868.4
128	254.25	169	772.52	210	1906.2
129	262.04	170	791.47	211	1944.6
130	270.02	171	810.78	212	1983.6
131	278.20	172	830.47	213	2023.2
132	286.57	173	850.53	214	2063.4
133	295.15	174	870.98	215	2104.2
134	303.93	175	891.80	216	2145.7
135	312.93	176	913.03	217	2187.8
136	322.14	177	934.64	218	2230.5
137	331.57	178	956.66	219	2273.8
138	341.22	179	979.09	220	2317.8
139	351.09	180	1001.9	221	2362.5
140	361.19	181	1025.2	222	2407.8
141	371.53	182	1048.9	223	2453.8
142	382.11	183	1073.0	224	2500.5
143	392.92	184	1097.5	225	2547.9
144	403.98	185	1122.5	226	2595.9
145	415.29	186	1147.9	227	2644.6
146	426.85	187	1173.8	228	2694.1
147	438.67	188	1200.1	229	2744.2
148	450.75	189	1226.1	230	2795.1
149	463.10	190	1254.2	231	2846.7
150	475.72	191	1281.9	232	2899.0
151	488.61	192	1310.1	233	2952.1
152	501.78	193	1338.8	234	3005.9
153	515.23	194	1368.0	235	3060.4
154	528.96	195	1397.6	236	3115.7
155	542.99	196	1427.8	237	3171.8
156	557.32	197	1458.5	238	3288.6
157	571.94	198	1489.7	239	3286.3
158	586.87	199	1521.4	240	3344.7
159	602.11	200	1553.6	241	3403.9
160	617.66	201	1568.4	242	3463.9
161	633.53	202	1619.7	243	3524.7
162	649.73	203	1653.6	244	3586.3
163	666.25	204	1688.0	245	3648.8

续表

温度/℃	压强/(×10³Pa)	温度/℃	压强/(×10³Pa)	温度/℃	压强/(×10³Pa)
246	3712.1	289	7330.2	332	13187
247	3776.2	290	7438.0	333	13357
248	3841.2	291	7547.0	334	13528
249	3907.0	292	7657.2	335	13701
250	3973.6	293	7768.6	336	13876
251	4041.2	294	7881.3	337	14053
252	4109.6	295	7995.2	338	14232
253	4178.9	296	8110.3	339	14412
254	4249.1	297	8226.8	340	14594
255	4320.2	298	8344.5	341	14778
256	4392.2	299	8463.5	342	14964
257	4465.1	300	8583.8	343	15152
258	4539.0	301	8705.4	344	15342
259	4613.7	302	8828.3	345	15533
260	4689.4	303	8952.6	346	15727
261	4766.1	304	9078.2	347	15922
262	4843.7	305	9205.1	348	16120
263	4922.3	306	9333.4	349	16320
264	5001.8	307	9463.1	350	16521
265	5082.3	308	9594.2	351	16825
266	5163.8	309	9726.7	352	16932
267	5246.3	310	9860.5	353	17138
268	5329.8	311	9995.8	354	17348
269	5414.3	312	10133	355	17561
270	5499.9	313	10271	356	17775
271	5586.4	314	10410	357	17992
272	5674.0	315	10551	358	18211
273	5762.7	316	10694	359	18432
274	5852.4	317	10838	360	18655
275	5943.1	318	10984	361	18881
276	6035.0	319	11131	362	19110
277	6127.9	320	11279	363	19340
278	6221.9	321	11429	364	19574
279	6317.2	322	11581	365	19809
280	6413.2	323	11734	366	20048
281	6510.5	324	11889	367	20289
282	6608.9	325	12046	368	20533
283	6708.5	326	12204	369	20780
284	6809.2	327	12364	370	21030
285	6911.1	328	12525	371	21286
286	7014.1	329	12688	372	21539
287	7118.3	330	12852	373	21803
288	7223.7	331	13019		

表 4-8　不同温度下冰的饱和蒸气压

温度/℃	饱和蒸气压/Pa	温度/℃	饱和蒸气压/Pa	温度/℃	饱和蒸气压/Pa
−99	0.0016	−66	0.465	−33	27.78
−98	0.0020	−65	0.537	−32	30.90
−97	0.0024	−64	0.861	−31	34.32
−96	0.0029	−63	0.712	−30	38.11
−95	0.0036	−62	0.818	−29	42.26
−94	0.0044	−61	0.937	−28	47.85
−93	0.0053	−60	1.077	−27	51.85
−92	0.0064	−59	1.233	−26	57.32
−91	0.0077	−58	1.413	−25	63.45
−90	0.0104	−57	1.613	−24	70.12
−89	0.0112	−56	1.840	−23	77.31
−88	0.0133	−55	2.093	−22	85.31
−87	0.0160	−54	2.373	−21	93.98
−86	0.0187	−53	2.706	−20	102.11
−85	0.0227	−52	3.066	−19	113.84
−84	0.0267	−51	3.479	−18	125.17
−83	0.0320	−50	3.946	−17	137.43
−82	0.0387	−49	4.452	−16	150.90
−81	0.0453	−48	5.039	−15	165.43
−80	0.0533	−47	5.679	−14	181.42
−79	0.0627	−46	6.412	−13	198.62
−78	0.0746	−45	7.212	−12	217.55
−77	0.0880	−44	8.118	−11	237.94
−76	0.1026	−43	9.118	−10	259.94
−75	0.1320	−42	10.237	−9	284.06
−74	0.1400	−41	11.490	−8	310.06
−73	0.1640	−40	12.877	−7	338.45
−72	0.1906	−39	14.410	−6	368.57
−71	0.2226	−38	16.116	−5	401.63
−70	0.2586	−37	18.009	−4	437.22
−69	0.2999	−36	20.088	−3	475.61
−68	0.3479	−35	22.408	−2	517.20
−67	0.4026	−34	24.967	−1	562.13
—	—	—	—	0	610.38

(2) 盐水溶液

盐水溶液一般是用氯化钠（食盐，NaCl）、氯化钙（$CaCl_2$）或氯化镁（$MgCl_2$）配制而成。这类载冷剂适用于中、低温制冷系统。

盐水的性质和浓度有关。盐水的凝固点取决于盐水的浓度，浓度增加则凝固点下降，当浓度增大至共晶浓度时，凝固点下降到最低点即共晶点；若浓度再增大，则凝固点反而升高。因此，作为载冷剂盐水，其浓度应小于共晶浓度，适用的温度范围应在共晶点以上。

一般情况是使盐水凝固点比系统中制冷剂的蒸发温度低4～8℃。

盐水的物理性质也与它的浓度和工作温度有关，例如无论哪一种盐水溶液，它的比热容值都是随浓度增加而减小，随温度降低而减小；又例如盐水的热导率，也是随浓度的增加而降低，随温度的降低而降低等。表4-9和表4-10分别列出了氯化钙和氯化钠水溶液的热物理性质。

表4-9 氯化钙水溶液的热物理性质

浓度(ε)/%	凝固点(t_f)/℃	15℃时的密度(ρ)/$kg \cdot m^{-3}$	温度(t)/℃	比热容(c_p)/$kJ \cdot kg^{-1} \cdot K^{-1}$	热导率(λ)/$W \cdot m^{-1} \cdot K^{-1}$	动力黏度($\mu \times 10^3$)/$N \cdot s \cdot m^{-2}$	运动黏度($\nu \times 10^6$)/$m^2 \cdot s^{-1}$	导温系数($a \times 10^7$)/$m^2 \cdot s^{-1}$	普朗特数(Pr)
9.4	−5.2	1080	20	3.642	0.584	1.24	1.15	1.49	7.8
			10	3.634	0.570	1.55	1.44	1.45	9.9
			0	3.626	0.556	2.16	2.00	1.42	14.1
			−5	3.601	0.549	2.55	2.36	1.41	16.7
14.7	−10.2	1130	20	3.362	0.576	1.49	1.32	1.52	8.7
			10	3.349	0.563	1.86	1.64	1.49	11.0
			0	3.328	0.549	2.56	2.27	1.46	15.6
			−5	3.316	0.542	3.04	2.70	1.44	18.7
			−10	3.308	0.534	4.06	3.60	1.43	25.3
18.9	−15.7	1170	20	3.148	0.572	1.80	1.54	1.56	9.9
			10	3.140	0.558	2.24	1.91	1.52	12.6
			0	3.128	0.544	2.99	2.56	1.49	17.2
			−5	3.098	0.537	3.43	2.94	1.48	19.8
			−10	3.086	0.529	4.67	4.00	1.47	27.3
			−15	3.065	0.523	6.15	5.27	1.47	35.9
20.9	−19.2	1190	20	3.077	0.569	2.00	1.68	1.55	10.9
			10	3.056	0.555	2.45	2.06	1.53	13.4
			0	3.044	0.542	3.28	2.76	1.49	18.5
			−5	3.014	0.535	3.82	3.22	1.49	21.5
			−10	3.014	0.527	5.07	4.25	1.47	28.9
			−15	3.014	0.521	6.59	5.53	1.45	38.2
23.8	−25.7	1220	20	2.973	0.565	2.35	1.94	1.56	12.5
			10	2.952	0.551	2.87	2.35	1.53	15.4
			0	2.931	0.538	3.81	3.13	1.51	20.8
			−5	2.910	0.530	4.41	3.63	1.49	24.4
			−10	2.910	0.523	5.92	4.87	1.48	33.0
			−15	2.910	0.518	7.55	6.20	1.46	42.5
			−20	2.889	0.510	9.47	7.77	1.44	53.8
			−25	5.889	0.504	11.57	9.48	1.43	66.5

浓度 (ε) /%	凝固点 (t_f) /℃	15℃时的密度 (ρ) /kg·m^{-3}	温度 (t) /℃	比热容 (c_p) /kJ·kg^{-1}·K^{-1}	热导率 (λ) /W·m^{-1}·K^{-1}	动力黏度 (μ×10^3) /N·s·m^{-2}	运动黏度 (ν×10^6) /m^2·s^{-1}	导温系数 (a×10^7) /m^2·s^{-1}	普朗特数 (Pr)
25.7	−31.2	1240	20	2.889	0.562	2.63	2.12	1.57	13.5
			10	2.889	0.548	3.22	2.51	1.53	16.5
			0	2.868	0.535	4.26	3.43	1.51	22.7
			−10	2.847	0.521	6.68	5.40	1.48	36.6
			−15	2.847	0.514	8.36	6.75	1.46	46.3
			−20	2.805	0.508	10.56	8.52	1.46	58.5
			−25	2.805	0.501	12.90	10.40	1.44	72.0
			−30	2.763	0.494	14.81	12.00	1.44	83.0
27.5	−38.6	1260	20	2.847	0.558	2.93	2.33	1.56	14.9
			10	2.826	0.545	3.61	2.87	1.53	18.8
			0	2.809	0.531	4.80	3.81	1.50	25.3
			−10	2.784	0.519	7.52	5.97	1.48	40.3
			−20	2.763	0.506	11.87	9.45	1.46	65.0
			−25	2.742	0.499	14.71	11.70	1.44	80.7
			−30	2.742	0.492	17.16	13.60	1.42	95.5
			−35	2.721	0.486	21.57	17.10	1.42	120.0
28.5	−43.5	1270	20	2.805	0.557	3.14	2.47	1.56	15.8
			0	2.780	0.529	5.12	4.02	1.50	26.7
			−10	2.763	0.518	8.02	6.32	1.48	42.7
			−20	2.721	0.505	12.65	10.0	1.46	68.8
			−25	2.721	0.500	15.98	12.6	1.44	87.5
			−30	2.700	0.491	18.83	14.9	1.43	103.5
			−35	2.700	0.484	24.52	19.3	1.42	136.5
			−40	2.680	0.478	30.40	24.0	1.41	171.0
29.4	−50.1	1280	20	2.805	0.555	3.33	2.65	1.55	17.2
			0	2.755	0.528	5.49	4.30	1.5	28.7
			−10	2.721	0.576	8.63	6.75	1.49	45.4
			−20	2.680	0.504	13.83	10.8	1.47	73.4
			−30	2.659	0.490	21.28	16.6	1.44	115.0
			−35	2.638	0.483	25.50	19.9	1.43	139.0
			−40	2.638	0.477	32.36	25.3	1.42	179.0
			−45	2.617	0.470	40.21	31.4	1.40	223.0
			−50	2.617	0.464	49.03	38.3	1.3	295.0
29.9	−55	1286	20	2.784	0.554	3.51	2.75	1.55	17.8
			0	2.738	0.528	5.69	4.43	1.50	29.5
			−10	2.700	0.515	9.04	7.04	1.48	47.5
			−20	2.680	0.502	14.42	11.23	1.46	77.0
			−30	2.659	0.488	22.56	17.6	1.43	123.0
			−35	2.638	0.483	28.44	22.1	1.42	156.5
			−40	2.638	0.576	35.30	27.5	1.40	196.0
			−45	2.617	0.470	43.15	33.5	1.39	240.0
			−50	2.617	0.463	50.99	39.7	1.38	290.0

表 4-10　氯化钠水溶液的热物理性质

浓度 (ε) /%	凝固点 (t_f) /℃	15℃时的密度 (ρ) /kg·m^{-3}	温度 (t) /℃	比热容 (c_p) /kJ·kg^{-1}·K^{-1}	热导率 (λ) /W·m^{-1}·K^{-1}	动力黏度 (μ×10^3) /N·s·m^{-2}	运动黏度 (ν×10^6) /m^2·s^{-1}	导温系数 (a×10^7) /m^2·s^{-1}	普朗特数 (Pr)
7	−4.4	1050	20	3.843	0.593	1.08	1.03	1.48	6.9
			10	3.835	0.576	1.41	1.34	1.43	9.4
			0	3.827	0.559	1.87	1.78	1.39	12.7
			−4	3.818	0.556	2.16	2.06	1.39	14.8
11	−7.5	1080	20	3.697	0.593	1.15	1.06	1.48	7.2
			10	3.684	0.570	1.52	1.41	1.43	9.9
			0	3.676	0.556	2.02	1.87	1.40	13.4
			−5	3.672	0.549	2.44	2.26	1.38	16.4
			−7.5	3.672	0.545	2.65	2.45	1.38	17.8
13.6	−9.8	1100	29	3.609	0.593	1.23	1.12	1.50	7.4
			10	3.601	0.568	1.62	1.47	1.43	10.3
			0	3.588	0.554	2.15	1.95	1.41	13.9
			−5	3.584	0.547	2.61	2.37	1.39	17.1
			−9.8	3.580	0.540	3.43	3.13	1.37	22.9
16.2	−12.2	1120	20	3.534	0.573	1.31	1.20	1.45	8.3
			10	3.525	0.569	1.73	1.57	1.44	10.9
			−5	3.508	0.544	2.83	2.58	1.39	18.6
			−10	3.504	0.535	3.49	3.18	1.37	23.2
			−12.2	3.500	0.533	4.22	3.84	1.36	28.3
18.8	−15.1	1140	20	3.462	0.582	1.43	1.26	1.48	8.5
			10	3.454	0.566	1.85	1.63	1.44	11.4
			0	3.442	0.550	2.56	2.25	1.40	16.1
			−5	3.433	0.542	3.12	2.74	1.39	19.8
			−10	3.429	0.533	3.87	3.40	1.37	24.8
			−15	3.425	0.524	4.78	4.19	1.35	31.0
21.2	−18.2	1160	20	3.395	0.579	1.55	1.33	1.46	9.1
			10	3.383	0.563	2.01	1.73	1.44	12.1
			0	3.374	0.547	2.82	2.44	1.40	17.5
			−5	3.366	0.538	3.44	2.96	1.38	21.5
			−10	3.362	0.530	4.30	3.70	1.36	27.1
			−15	3.358	0.522	5.28	4.55	1.35	33.9
			−18	3.358	0.518	6.08	5.24	1.33	39.4
23.1	−21.2	1175	20	3.345	0.565	1.67	1.42	1.47	9.6
			10	3.333	0.549	2.16	1.84	1.40	13.1
			0	3.324	0.544	3.04	2.59	1.39	18.6
			−5	3.320	0.536	3.75	3.20	1.38	23.3
			−10	3.312	0.528	4.71	4.02	1.36	29.5
			−15	3.308	0.520	5.75	4.90	1.34	36.5
			−21	3.303	0.514	7.75	6.60	1.32	50.0

(3) 醇类

醇类与水的混溶性好，腐蚀性小，是一类使用十分广泛的载冷介质。常用品种有乙醇、乙二醇、丙二醇等的水溶液，乙醇凝固点很低，可以单独作为低温载冷剂。

表 4-11 和表 4-12 分别列出了乙醇和乙二醇水溶液的部分热物理性质。

表 4-11　乙醇水溶液的凝固点

乙醇质量分数/%	凝固点/℃	乙醇质量分数/%	凝固点/℃
2.5	−1.0	33.8	−23.6
4.8	−2.0	46.3	−33.9
6.8	−3.0	56.1	−41.0
11.3	−5.0	71.9	−51.3
20.3	−10.6		

表 4-12　乙二醇水溶液的热物理性质

乙二醇质量分数(ε)/%	凝固点(t_f)/℃	15℃时的密度(ρ)/$kg\cdot m^{-3}$	温度(t)/℃	比热容(c_p)/$kJ\cdot kg^{-1}\cdot K^{-1}$	动力黏度($\mu\times10^3$)/$N\cdot s\cdot m^{-2}$	运动黏度($\nu\times10^6$)/$m^2\cdot s^{-1}$	热导率(λ)/$W\cdot m^{-1}\cdot K^{-1}$	导温系数($a\times10^7$)/$m^2\cdot s^{-1}$	普朗特数(Pr)
4.6	−2	1005	50	4.14	0.59	0.586	0.62	1.482	3.96
			20	4.14	1.08	1.07	0.58	1.390	7.7
			10	4.12	1.37	1.365	0.57	1.376	9.9
			0	4.10	1.96	1.95	0.56	1.348	14.4
8.4	−4	1010	50	4.10	0.69	0.68	0.59	1.431	4.75
			20	4.06	1.18	1.17	0.57	1.390	8.4
			10	4.06	1.57	1.55	0.56	1.362	11.4
			0	4.06	2.26	2.23	0.55	1.333	16.7
12.2	−5	1015	50	4.06	0.69	0.677	0.58	1.412	4.8
			20	4.02	1.37	1.35	0.55	1.333	10.1
			10	4.00	1.86	1.84	0.54	1.333	13.8
			0	3.98	2.55	2.51	0.53	1.326	18.9
16.0	−7	1020	50	4.02	0.78	0.77	0.56	1.362	5.65
			20	3.94	1.47	1.45	0.53	1.333	10.8
			10	3.91	2.06	2.02	0.52	1.312	15.4
			0	3.89	2.84	2.79	0.51	1.280	21.6
			−5	3.89	3.43	3.37	0.50	1.264	26.6
19.8	−10	1025	50	3.98	0.78	0.76	0.55	1.333	5.7
			20	3.89	1.67	1.63	0.52	1.306	12.5
			10	3.87	2.26	2.20	0.51	1.292	17
			0	3.85	3.14	3.06	0.50	1.264	24.2
			−5	3.85	3.82	3.73	0.49	1.247	30
23.6	−13	1030	50	3.94	0.88	0.858	0.52	1.297	6.6
			20	3.85	1.76	1.72	0.50	1.259	13.7
			10	3.81	2.55	2.48	0.49	1.259	19.6
			0	3.77	3.53	3.44	0.49	1.259	27.4
			−10	3.77	5.10	4.95	0.49	1.259	39.4
27.4	−15	1035	50	3.85	0.88	0.855	0.51	1.285	6.7
			20	3.77	1.96	1.9	0.49	1.250	15.2
			0	3.73	3.92	3.8	0.48	1.237	31
			−10	3.68	5.67	5.5	0.48	1.250	44
31.2	−17	1040	50	3.81	0.98	0.94	0.50	1.265	7.5
			20	3.73	2.16	2.07	0.48	1.237	16.8
			0	3.64	4.41	4.25	0.46	1.237	34.5
			−10	3.64	6.67	6.45	0.46	1.237	52
			−15	3.62	8.23	7.9	0.455	1.222	65
35.0	−21	1045	50	3.73	1.08	1.03	0.48	1.222	8.4
			20	3.64	2.45	2.35	0.46	1.222	19.2
			0	3.56	4.90	4.7	0.46	1.250	37.7
			−10	3.56	7.65	7.35	0.45	1.222	60
			−15	3.52	9.31	8.9	0.45	1.222	73

续表

乙二醇质量分数(ε)/%	凝固点(t_f)/℃	15℃时的密度(ρ)/kg·m^{-3}	温度(t)/℃	比热容(c_p)/kJ·kg^{-1}·K^{-1}	动力黏度($\mu\times10^3$)/N·s·m^{-2}	运动黏度($\nu\times10^6$)/m^2·s^{-1}	热导率(λ)/W·m^{-1}·K^{-1}	导温系数($a\times10^7$)/m^2·s^{-1}	普朗特数(Pr)
38.5	−26	1050	50	3.68	1.18	1.12	0.46	1.209	9.3
			20	3.56	2.75	2.63	0.45	1.209	21.6
			0	3.52	5.59	5.32	0.45	1.222	44
			−10	3.48	8.63	8.25	0.45	1.237	67
			−20	3.43	14.22	13.5	0.45	1.265	107
42.6	−29	1055	50	3.60	1.37	1.3	0.44	1.162	11.2
			20	3.48	2.94	2.78	0.44	1.209	23
			0	3.43	6.18	5.85	0.44	1.222	47.5
			−10	3.39	9.61	9.1	0.44	1.237	73
			−20	3.35	16.08	15.2	0.44	1.250	122
46.4	−33	1060	50	3.52	1.57	1.48	0.43	1.152	12.8
			20	3.39	3.43	3.24	0.43	1.195	27
			0	3.35	6.86	6.28	0.43	1.222	51.5
			−10	3.31	10.79	10.2	0.43	1.222	84
			−20	3.26	18.14	17.2	0.43	1.237	140
			−30	3.22	32.34	30.5	0.43	1.265	242

(4) 卤代烃类

卤代烃类中许多品种可作为载冷剂，常用的有二氯甲烷（CH_2Cl_2）(R30)、三氯乙烯（C_2HCl_3）以及一氟三氯甲烷（$CFCl_3$）(R11）等。这类有机物的凝固点都较低，适用于低温制冷装置。但它们的沸点也较低，因此一般都采用封闭式制冷系统。其中三氯乙烯的沸点较高（86.7℃），运行实践证明，可用于敞开式制冷系统中。

二氯甲烷是无色、透明液体，有类似醚的气味和甜味，不燃烧，纯二氯甲烷无闪点，但与高浓度氧混合后形成爆炸的混合物。二氯甲烷微溶于水，与绝大多数常用的有机溶剂互溶，与其他含氯溶剂、乙醚、乙醇也可以任意比例混溶。二氯甲烷能很快溶解在酚、醛、酮、冰醋酸、磷酸三乙酯、甲酰胺、环已胺、乙酰乙酸乙酯中。

二氯甲烷沸点 39.8℃，熔点 −95.1℃，自燃点 640℃，临界温度 237℃，临界压力 6.0795MPa。表 4-13 所列为二氯甲烷（CH_2Cl_2）的热物理性质。

二氯甲烷是甲烷氯化物中毒性最小的，其毒性仅为四氯化碳毒性的 0.11%。如果二氯甲烷直接溅入眼中，有疼痛感并有腐蚀作用。二氯甲烷的蒸气有麻醉作用。当发生严重的中毒危险时应立即脱离接触并移至新鲜空气处，中毒症状就会得到缓解或消失，不会引起持久性的损害。

表 4-13　二氯甲烷（CH_2Cl_2）的热物理性质

温度(t)/℃	压力(p)/MPa	密度(ρ)/kg·m^{-3}	比热容(c_p)/kJ·kg^{-1}·K^{-1}	热导率(λ)/W·m^{-1}·K^{-1}	运动黏度($\nu\times10^6$)/m^2·s^{-1}	体积膨胀系数($\beta\times10^4$)/K^{-1}
30	0.694	1281	1.193	0.1541	0.3094	12.09
25	0.570	1289	1.185	0.1549	0.3230	12.02
20	0.455	1297	1.176	0.1558	0.3375	11.95
15	0.376	1394	1.168	0.1566	0.3530	11.87
10	0.301	1312	1.164	0.1576	0.3694	11.81

续表

温度(t)/℃	压力(p)/MPa	密度(ρ)/kg·m^{-3}	比热容(c_p)/kJ·kg^{-1}·K^{-1}	热导率(λ)/W·m^{-1}·K^{-1}	运动黏度($\nu\times10^6$)/m^2·s^{-1}	体积膨胀系数($\beta\times10^4$)/K^{-1}
5	0.243	1320	1.156	0.1586	0.3871	11.74
0	0.181	1328	1.156	0.1593	0.4065	11.67
−5	0.150	1335	1.143	0.1601	0.4272	11.60
−10	0.114	1343	1.135	0.1611	0.4480	11.53
−15	0.0852	1351	1.130	0.1620	0.4713	11.47
−20	0.0636	1359	1.122	0.1628	0.4965	11.40
−25	0.0504	1366	1.118	0.1638	0.5235	11.33
−30	0.0312	1374	1.110	0.1646	0.5528	11.27
−35	0.0240	1382	1.105	0.1655	0.5845	11.21
−40	0.0172	1390	1.097	0.1663	0.6188	11.15
−45	0.0116	1397	1.093	0.1672	0.6559	11.09
−50	0.00778	1405	1.084	0.1680	0.6964	11.02
−55	0.00508	1413	1.080	0.1690	0.7405	10.96
−60	0.00249	1421	1.076	0.1700	0.7885	10.91
−65	0.00188	1428	1.068	0.1707	0.8411	10.84
−70	0.00111	1436	1.063	0.1715	0.8995	10.79
−75	0.000625	1444	1.055	0.1725	0.9845	10.73
−80	0.000299	1452	1.051	0.1733	1.0320	10.67

(5) 全氟聚醚及聚硅氧烷

① 全氟聚醚　全氟聚醚是一种含氟的醚类聚合物，分子式为 $CF_{3n}(OCFCF_3CF_2)_m(OCF_2)(OCF_3)$。

全氟聚醚随着聚合物链段长度的不同形成不同的品种，不同品种的沸点在55～270℃之间，倾点在−115～−66℃之间。其具有良好的物理性能和化学稳定性。近年来，在电子、化工以及航天等领域作为宽温区传热介质得到了大量应用。

该类材料不燃，具有较高的安全性能。

典型的几种全氟聚醚物理性质见表4-14。

表 4-14　几种全氟聚醚物理性质

参数＼品种	Galden HT55	Galden HT70	Galden HT90	Galden HT110	Galden HT135	Galden HT170	Galden HT200	Galden HT230
沸点/℃	55	70	90	110	135	170	200	230
倾点/℃	<−110	<−110	<−110	<−110	<−100	−97	−85	−77
密度/g·cm^{-3}	1.65	1.68	1.69	1.71	1.72	1.77	1.79	1.82
黏度(−40℃)/×10^{-6}m^2·s^{-1}	1.40	1.79	3.12	3.74	6.32	21.14		
蒸气压(25℃)/kPa	29.9	18.8	6.4	2.3	1.1	<0.1	<0.1	<0.1
电阻率/Ω·cm	1×10^{12}	1×10^{15}	1×10^{15}	1×10^{15}	6×10^{15}	6×10^{15}	6×10^{15}	6×10^{15}
平均分子量	340	410	460	580	610	760	870	1020
比热容/J·g^{-1}·K^{-1}	0.96							
热导率/W·m^{-1}·K^{-1}	0.07							
膨胀系数/K^{-1}	0.0011							

注:表中所列全氟聚醚为SOLVAY SOLEXIS公司产品。

从表 4-14 可以看出，全氟聚醚除了具有良好的热物理性能外，还具有优异的电绝缘性能，这在一些特殊控温应用场合，如在空间电源热试验上获得了很好的应用。

② 聚硅氧烷　聚硅氧烷是含有—Si—O—C—链段的高分子材料，在化工表面活性剂领域有着广泛的应用；随着链段长度不同和支链的变化，这类性质“可剪裁”的材料其物理性质可根据需要调整，获得具有很好热物理性能的品种。作为载冷（热）介质的聚硅氧烷，其沸点可达到 220℃，倾点低至－100℃，是优异的高低温宽区域控温传热介质。

表 4-15 列出了作为载冷（热）介质的聚二甲基硅氧烷和三乙氧基硅烷的性能。

表 4-15　几种聚硅氧烷物理性质

项目	聚二甲基硅氧烷 M3	聚二甲基硅氧烷 M5	三乙氧基硅烷
沸点/℃	＞150	＞180	228～235
倾点/℃	－100	－100	＜－100
闪点/℃	60	120	101
燃点/℃	110	160	
密度(25℃)/$g \cdot cm^{-3}$	0.9	0.92	0.88
黏度(20℃)/$\times 10^{-6} m^2 \cdot s^{-1}$	3	5	2.0
黏度(－80℃)/$\times 10^{-6} m^2 \cdot s^{-1}$	70	132	
蒸气压(20℃)/kPa			2.1
电阻率/$\Omega \cdot cm$	4×10^{13}		
比热容/$J \cdot g^{-1} \cdot K^{-1}$			
热导率/$W \cdot m^{-1} \cdot K^{-1}$	0.105	0.116	
膨胀系数/K^{-1}			

注：所列聚二甲基硅氧烷 M3、M5 为 BAYER 公司产品，所列三乙氧基硅烷为 HUBER 公司产品。

4.4.3　低温工质

为了达到 120K 以下的温度，要求所用的工质具有较低（低于 120K）的标准蒸发温度及低的三相点温度（或熔点）。凡满足此要求的元素或化合物原则上皆可作低温工质。表 4-16 列举了十种主要低温工质的热物理性质。

低温工质都具有低的临界温度，难以液化。在常温及普通低温下，当压力不很高时，它们所处的状态离液相区较远，比容较大，均可按理想气体看待。在一定压力下，当温度降低到其临界温度之下或更低时，所有的低温工质皆可以转变成液态以至固态。

表 4-16　低温工质的热物理性质

项目 \ 工质名称	氮 N_2	氧 O_2	氩 Ar	氖 Ne	氢 H_2	氦 ^4He	氪 Ke	氙 Xe	空气	甲烷 CH_4
平均分子量 M	28.02	32.0	39.94	20.183	2.016	4.003	83.80	131.30	28.96	16.04
气体常数 $R/kJ \cdot kg^{-1} \cdot K^{-1}$	0.2967	0.25988	0.2085	0.4117	4.1243	2.079	0.1003	0.06384	0.287	0.5183
标准状况(0℃,101.3kPa)密度$\rho/kg \cdot m^{-3}$	1.252	1.430	1.785	0.9004	0.0899	0.1785	3.745	5.85	1.293	0.717

续表

项目		氮 N_2	氧 O_2	氩 Ar	氖 Ne	氢 H_2	氦 ^4He	氪 Ke	氙 Xe	空气	甲烷 CH_4
临界点	T_{cr}/K	126.25	154.77	150.86	44.40	32.98	5.199	209.4	289.75	132.55	190.7
	$p_{cr}/\times10^2$kPa	33.96	50.87	48.98	26.6	12.91	2.29	55.1	58.8	37.69	46.5
	ρ_{cr}/kg·m^{-3}	304	423	535.6	483.0	31.45	69.0	909	1105	313	162
三相点	T_{tr}/K	63.15	54.35	83.78	25.54	13.81	—	115.76	161.37	64/60	(90.68)
	p_{tr}/kPa	12.53	0.150	68.76	43.4	7.040	—	73.6	81.6	12.3/7.12	(11.65)
	ρ_{tr}/kg·m^{-3}	947	1370	1624	1442	86.64	—	2900	3640	—	—
标准沸点 T_s/K		77.35	90.18	87.29	27.09	20.27	4.125	119.79	165.02	78.9/81.7	111.7
绝热指数 k		1.40	1.40	1.68	1.68	1.407	1.66	1.67	1.70	1.40	1.31
汽化潜热(101325Pa)r/kJ·kg^{-1}		197.6	212.3	159.6	86.1	445.9	20.2	107.5	96.2	205	510
标准状态	比热容 c_p/kJ·kg^{-1}·K^{-1}	1.041	0.916	0.522	1.035	14.3	5.275	0.251	0.159	1.006	(2.1794)
	热导率 λ/W·m^{-1}·K^{-1}	0.0239	0.0244	0.0163	0.0443	0.159	0.1501	0.084	0.0525	0.02417	0.030
	动力黏度$\mu\times10^6$/N·s·m^{-2}	16.58	19.19	21.01	29.7	8.42	19.53	23.2	21.0	17.11	1.03
表面张力 $\sigma\times10^3$/N·m^{-1}		8.87	13.5	12.54	4.85	1.93	0.09	—	—	—	(15.8) 103K时

下面介绍最常用的一些低温工质——空气、氧、氮、氢和氦的主要物理性质及热力性质，详细的低温工质物性见 4.4.4 节。

(1) 空气

空气是一种复杂的气体混合物，由多种气体组成，其主要成分是氧、氮、二氧化碳和氩，并含有微量的氢和稀有惰性气体氖、氦、氪、氙等。此外，空气中还含有很少的不定量的水蒸气、乙炔等气体及机械杂质。

干燥空气的组成如表 4-17 所示。

表 4-17 干燥空气的组成

组成及符号	体积分数/%	质量分数/%	组成及符号	体积分数/%	质量分数/%
氧 O_2	20.93	23.1	氪 Kr	1.08×10^{-4}	3×10^{-4}
氮 N_2	78.03	75.6	氙 Xe	0.08×10^{-4}	0.4×10^{-4}
氩 Ar	0.932	1.286	氢 H_2	0.5×10^{-4}	0.036×10^{-4}
二氧化碳 CO_2	0.03	0.046	臭氧 O_3	$(0.01\sim0.02)\times10^{-4}$	0.2×10^{-4}
氖 Ne	$(15\sim18)\times10^{-4}$	12×10^{-4}	氡 Rn	6×10^{-18}	
氦 He	$(4.6\sim5.3)\times10^{-4}$	0.7×10^{-4}			

干空气中除二氧化碳、乙炔的成分随地区条件的不同有所变动外，其他组分之间的比例，在地球的任何地区几乎是恒定不变的。因此，空气具有固定的物理特性数值，如平均分子量为 28.96，平均气体常数 R 为 0.287kJ/(kg·K)，标准状态下的密度为 1.293kg/m^3 等。

常温下的空气是无色无臭的气体，液态空气是一种很易流动的浅蓝色液体，在 101.3kPa 压力（即 1atm）下其密度为 877kg/m^3，汽化潜热为 205kJ/kg。

当空气被液化前，CO_2 通常已经除去，因而可以认为液态空气的组成是 20.95%氧、78.12%氮和 0.93%氩，其他组分含量微少可忽略不计。

空气作为混合气体具有和纯组分气体不同的两个特点：一是空气液化过程或液态空气蒸发过程中，其组分是连续变化的；另外，空气在定压下冷凝时温度连续地有所降低。如在 101.3kPa 压力（即 1atm）下，空气于 81.7K 开始冷凝，温度降低至 78.9K 时全部转变为饱和液体。

液态空气的固化温度约为 60.15K。在应用液态空气作为冷却剂时，通过减压（抽真空）的方法，可以将其蒸发温度降低到 65K 左右。

空气的物理性质及热力性质见 4.4.4 节。

(2) 氧

氧是地球上分布最广的化学元素，它的原子量为 16。自然界的氧系由三种稳定的同位素组成，它们的原子量分别为 16、17 和 18，其比值为 10000∶4∶20。

氧的化学性质很活泼，非常容易与其他物质反应生成化合物。以游离的形式存在于大气的氧，是双原子构成的氧分子 O_2。大气中还存在微量亚稳定的臭氧 O_3。

在常温常压下氧为无色透明、无臭无味的气体，在 101.3kPa 压力下的沸点是 90.18K。液态氧为天蓝色、透明、易于流动的液体；凝固点为 54.35K 时，固态氧为蓝色结晶。

氧与其他大多数气体的显著不同在于具有强烈的顺磁性，即氧分子在磁铁的作用下可带磁性，并可被磁极所吸引。氧的这种顺磁性已被利用制作氧的磁性分析仪，用以分析其他气体中所含微量氧的纯度。

氧的物理性质及热力性质见 4.4.4 节。

(3) 氮

氮在自然界中分布很广，大部分是以有机化合物的状态存在，在空气中的含量高达 78.03%（体积）。氮的原子量为 14.008，它有原子量为 14 和 15 的两种稳定的同位素，它们的比值为 10000∶38。

在常温、常压下氮是无色、无味、无臭的气体，在标准状态下密度为 1.252kg/m^3，比空气略轻。氮为双原子分子，氮的化学性质不活泼，可用作保护气体。

氮的沸点为 77.35K。液氮是无色透明易于流动的液体，既不爆炸也无毒性，是低温技术中最常用的安全冷却剂。液氮冷却至 63.15K 时，变成雪状的固态氮。

氮的物理性质及热力性质见 4.4.4 节。

(4) 氢

氢是所有气体中最轻的，标准状态下密度为 0.0899kg/m^3。液态氢是一种容易流动的无色透明液体，当压力降低到 7.040kPa 时，在 13.81K 凝结为固态氢。

氢的最高转化温度约为 204K。因此，必须把氢气预冷到该温度以下再节流才能产生冷效应。

氢是一种易燃易爆物质，它在空气中的燃爆范围很广，应特别注意防火防爆。

氢的原子量为 1.008。存在三种氢同位素：原子量为 1 的氕（H）、原子量为 2 的氘（D）以及原子量为 3 的极稀有的放射性同位素氚（T），氕和氘的含量比约为 6400∶1，在 10^{18} 个氢原子中只含有 0.4～67 个氚原子。因为氢分子是双原子化合物，所以在自然界几乎所有的氘原子都是和氕原子结合在一起，分子状态的氘在这个混合物中几乎不存在。因此，普通的氢实际上是 H_2 分子和 HD 分子的混合物，其比值为 3200∶1。

在双原子分子 H_2 和 D_2 内，由于两个原子核自旋方向的不同，存在着正、仲两种状态。正氢（o-H_2）的原子核旋转方向相同，仲氢（p-H_2）的原子核旋转方向相反。相应地有正氘及仲氘。

正、仲态的平衡组成与温度有关，如图 4-8 所示。

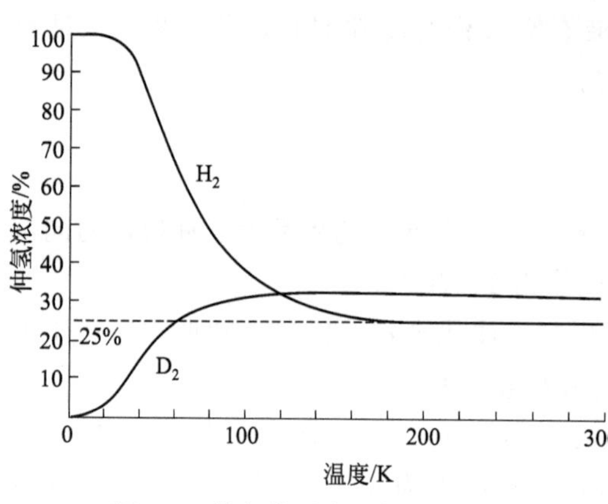

图 4-8　仲氢分子含量与温度的关系

温度高于室温时，平衡的正-仲组分不会改变；但温度降低时，则要引起变化。当用正常的方法使氢液化时，正仲组分改变很小，新鲜液氢正仲组分与室温下氢气基本相同。但在标准沸点（20.27K）时，氢的平衡浓度是由 0.21％的正氢加 99.79％的仲氢组成。所以，新制取的液态正常氢趋向于转化为仲氢。在不存在催化剂的情况下，氢自发地转化到正-仲态平衡组成是相当缓慢的。欲加快其转化速度，必需使用催化剂。

氢的正-仲转化是一放热反应，转化过程中放出的热量和转化时的温度有关。试验得知，正仲氢转化过程中释放的热量比液氢的汽化潜热还大。当温度为 20K 时，转化热达 1417kJ/kmol，而该温度下氢的汽化潜热只有 921kJ/kmol。如此大的转化热会引起液氢大量蒸发损失，生产和储存液氢时必须考虑在低温下如何合理地移走这一部分热量，以减少液体的蒸发损失。

氢的许多物理性质，如临界参数、沸点、三相点、蒸气压、液体密度等，均与正-仲组成有关。特别是由于正、仲态分子能级存在着较大的差异，因而在一定的温度范围内，使得正氢与仲氢的比热容和热导率有显著的不同。

表 4-18 和表 4-19 所列为正、仲氢的热导率变化情况。

表 4-18　液态氢的热导率 λ　　单位：$W \cdot m^{-1} \cdot K^{-1}$

温度/K	16	17	18	19	20	21	22	23	24	25	26	27	28	29	30
热导率/$\times 10^3$	108	111	113	116	118	120	123	125	127	129	132	134	137	139	141

表 4-19　仲氢和正氢热导率的比值 λ_p/λ_n

温度/K	λ_p/λ_n	温度/K	λ_p/λ_n	温度/K	λ_p/λ_n
30	1.000	80	1.065	200	1.135
40	1.001	90	1.100	250	1.065
50	1.004	100	1.135	273	1.044
60	1.015	120	1.187	298.16	1.028
70	1.036	150	1.203	300	1.028

氢的其他物性数据见 4.4.4 节。

(5) 氦

氦（He）是一种无色、无味的单原子气体，化学性质极其稳定，在通常情况下不与任何元素反应，是一种惰性气体。氦在大气中含量稀少，仅有 5ppm（$1ppm=10^{-6}$）左右。天然气中的含氦量要丰富得多，一般在 1％以下，但也有含量较多的，最高的超过了 8％。目前氦的主要来源是从天然气中提取。

氦有两种稳定的同位素：原子量为 4 的 ^4He 和原子量为 3 的 ^3He。从天然气中分离的氦气，^4He 对 ^3He 的比约为 $10^7:1$；从大气中分离的氦，^4He 与 ^3He 的比约为 $10^6:1$。稀有的 ^3He 可以在普通的液态氦中浓缩，但是只能在核反应堆中提纯。

氦的临界温度很低，而且转化温度也很低。当压力趋于 0 时，^4He 的转化温度约为 46K；^3He 约为 39K。氦是自然界中最难液化的气体。

普通的液态氦（^4He）是一种很容易流动的无色液体，它的表面张力极小，折射率（1.02）和气体差不多，因此液氦是不容易看得见的。液氦的汽化潜热和密度都很小，在标准大气压下汽化潜热为 20.2kJ/kg，密度为 124.8kg/m^3。因而它很容易蒸发，故需要绝热良好的输送和储存设备。

液态氦还具有一些独特的性质：氦不存在气-液-固共存的三相点，而且液相一直延伸到温度的零点，如图 4-9 所示。该图表明，针对液态氦，采用通常的抽气减压方法，使其沸点降低来实现固化是不可能的。必须将液态氦的压力提高到 2560kPa 以上，才能有固态氦存在，而且固态与气态间存在着很宽的液态区。

液态氦存在着两种性质不同的相态，氦Ⅰ和氦Ⅱ相态。温度高于 2.19K 时为氦Ⅰ相态，温度低于 2.19K 时从氦Ⅰ相态转变为氦Ⅱ相态，二者都具有液体的结构，且转变时没有潜热出现，这种转变称为第二类相变。

氦Ⅰ是一种正常的液体，只是它的沸点比其他液体低得多，密度和汽化潜热都很小。氦Ⅱ却是一种性质十分独特的液体。

① 它具有超流动性，其黏度几乎为零，实验表明，氦Ⅱ的流速与压差大小及管长无关，仅是温度的函数；

② 氦Ⅱ和一切固体表面接触时，都会形成一层液氦的薄膜，这个氦膜能够相当快地转移到整个固体表面，并且能很容易地克服阻止它转移的重力。

研究表明，液态氦在 2.182K 时，其物理性质，如黏度、比热容、密度、热导率等均发生突变。在饱和蒸气压下，液氦的比热容 c_s 在 2.182K 时上升到一最大的尖值，约为 12.6kJ/(kg・K)；而在偏离 2.182K 的微小温度间隔内，c_s 会突然迅速下降，见图 4-10。饱和液氦的比热容曲线很像希腊字母“λ”的形状，因此通常又将两种状态液态氦的转变叫做 λ 转变，转变点称为 λ 点。

饱和状态下液氦的密度在 2.182K 时也有一不连续点，并达到最大的尖值，而后即又下降，见图 4-11。

氦Ⅰ的热导率和普通低温液体类似，只是数值很低，和室温空气的热导率接近，见表 4-20。而氦Ⅱ的热导率非常高，竟比氦Ⅰ高一百万倍（10^6）。热导率与温度曲线见图 4-12，在 λ 点（2.182K）上热导率接近零，随着温度下降急剧上升，在 1.9K 附近达到最大值，随后，相当陡地下降到接近绝对零度上的零点。因为氦Ⅱ传热的特殊性，其热导率的数值难以确定。通常认为在氦Ⅱ内部不存在温差。

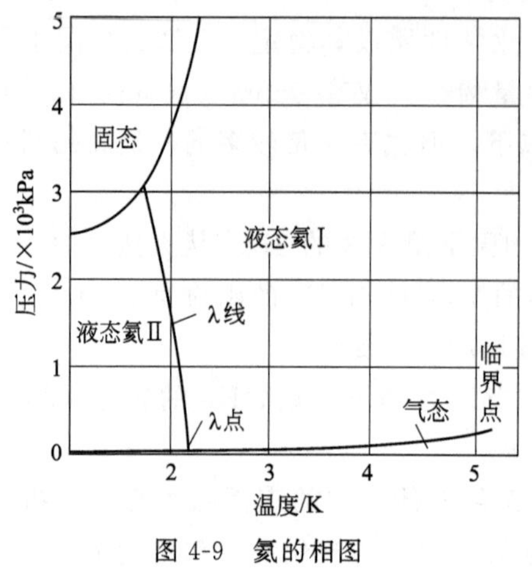

图 4-9 氦的相图

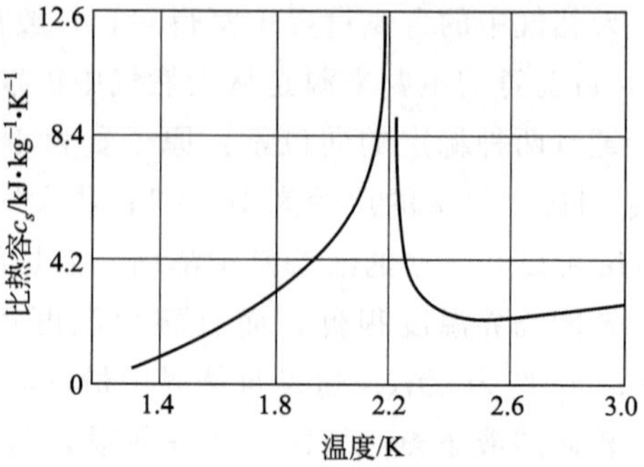

图 4-10 饱和液氦的比热容

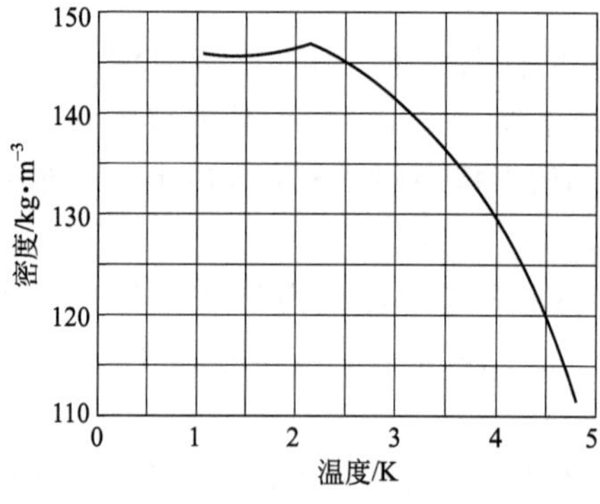

图 4-11 液氦在饱和状态下的密度

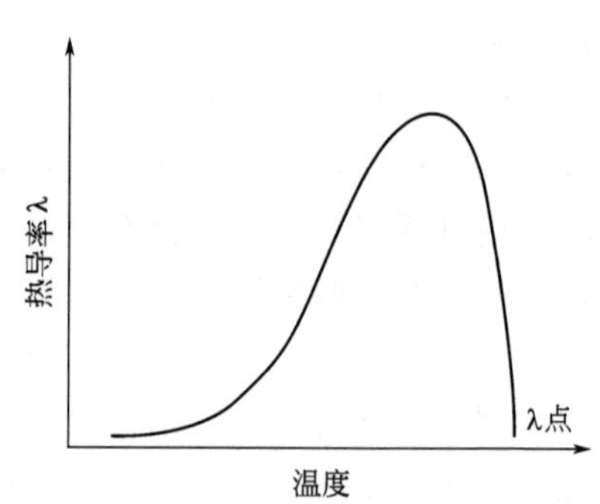

图 4-12 氦Ⅱ的热导率与温度曲线

液氦凝固后成为一种均匀的透明物质；由于固氦的密度和折射率几乎和液相的数值相同，液相和固相间看不到有分界面。

表 4-21 所列为不同温度下液氦的汽化潜热数据。

表 4-20 液氦的热导率 λ

温度/K	2.3	2.4	2.6	2.8	3.0	3.5	4.0	4.2
热导率/mW·m^{-1}·K^{-1}	18.1	18.5	19.5	20.5	21.4	23.8	26.2	27.1

表 4-21 液氦的汽化潜热 r

温度/K	2.2	2.4	2.6	2.8	3.0	3.2	3.4	3.6	3.8	4.0	4.2	4.4	4.6	4.8	5.0	5.1	5.15	5.18
汽化潜热/kJ·kg^{-1}	22.8	23.1	23.3	23.6	23.7	23.6	23.5	23.2	22.7	21.9	20.9	19.7	18.0	15.6	12.0	8.99	6.70	4.00

氦的其他物性数据见 4.4.4 节。

4.4.4 低温工质物性数据

(1) 低温工质的比容（或密度）

表 4-22～表 4-47 包括了空气、氧、氮、氩、氢、氦、氖、氪、氙、一氧化碳、甲烷、乙炔等工质在不同温度下的比容或密度。

表 4-22 饱和空气的比容 单位：l/kg

T/K	v'	v''	T/K	v'	v''	T/K	v'	v''
64	1.060	2570	88	1.201	120.1	112	1.447	19.39
65	1.065	2154	89	1.208	109.6	113	1.462	18.15
66	1.070	1816	90	1.216	100.2	114	1.478	17.00
67	1.075	1540	91	1.223	91.83	115	1.495	15.92
68	1.080	1313	92	1.231	84.28	116	1.513	14.91
69	1.085	1125	93	1.239	77.47	117	1.532	13.96
70	1.090	968.4	94	1.247	71.32	118	1.552	13.07
71	1.095	837.6	95	1.256	65.75	119	1.573	12.24
72	1.101	727.5	96	1.265	60.70	120	1.596	11.45
73	1.107	634.6	97	1.274	56.12	121	1.622	10.71
74	1.113	555.7	98	1.283	51.95	122	1.650	10.01
75	1.119	488.4	99	1.292	48.14	123	1.681	9.343
76	1.125	430.9	100	1.302	44.67	124	1.717	8.714
77	1.131	381.4	101	1.312	41.49	125	1.757	8.115
78	1.136	338.7	102	1.322	38.57	126	1.802	7.543
79	1.142	301.7	103	1.333	35.89	127	1.852	6.996
80	1.148	269.6	104	1.344	33.43	128	1.911	6.470
81	1.154	241.6	105	1.355	31.16	129	1.983	5.960
82	1.160	217.1	106	1.367	29.07	130	2.075	5.425
83	1.167	195.5	107	1.379	27.14	131	2.206	4.858
84	1.173	176.5	108	1.391	25.35	132	2.450	4.202
85	1.180	159.8	109	1.404	23.69	132.55		3.196
86	1.187	145.0	110	1.418	22.15			
87	1.194	131.8	111	1.432	20.72			

注：v'为饱和液体的比容；v''为饱和蒸气的比容。后续表同。

表 4-23 液态及气态空气的比容

单位：1/kg

p/bar T/K	1	2	3	4	5	6	8	10	15	20	25	30	35	40	45	50	80	100	150	200
75	1.1192				1.1183			1.1171	1.1159	1.1148	1.1136	1.1125	1.1113	1.1102	1.1091	1.1080	1.102	1.0976	1.088	1.0791
80											1.1414	1.1400	1.1387	1.1373	1.1360	1.1347	1.127	1.1223	1.111	1.1008
85	236.0				1.1790			1.1773	14755	1.1738	1.1721	1.1705	1.1688	1.1672	1.1656	1.1640	1.155	1.1492	1.136	1.1239
90	251.2	121.7			1.2150			1.2128	1.2106	1.2085	1.2064	1.2043	1.2023	1.2003	1.1983	1.1963	1.185	1.1784	1.163	1.1485
95	266.2	129.7	84.05		1.2559			1.2531	1,2503	1.2475	1.2449	1.2422	1.2397	1.2371	1.2347	1.2322	1.219	1.2102	1.191	1.1747
100	281.2	137.5	89.54	65.46	50.93			1.2995	1.2958	1.2922	1.2887	1.2853	1.2819	1.2787	1.2755	1.2724	1.255	1.2448	1.222	1.2023
105	296.1	145.3	94.92	69.69	54.98	44.30	31.43	1.3544	1.3493	1.3443	1.3395	1.3349	1.3304	1.3261	1.3219	1.3179	1.296	1.2828	1.255	1.2316
110	310.9	152.9	100.2	73.81	57.92	47.30	33.93	25.78	1.4143	1.4071	1.4002	1.3936	1.3874	1.3814	1.3757	1.3702	1.341	1.3247	1.290	1.2625
115	325.6	160.5	105.4	77.85	61.28	50.20	36.29	27.87	16.26	1.4871	1.4762	1.4661	1.4567	1.4479	1.4396	1.4318	1.392	1.3711	1.328	1.2952
120	340.3	168.1	110.6	81.84	64.57	53.03	38.56	29.83	17.25	11.59	1.5816	1.5631	1.5469	1.5325	1.5194	1.5075	1.451	1.4231	1.369	1.3296
125	355.0	175.6	115.7	85.78	67.80	55.80	40.76	31.70	19.47	13.12	8.944	1.7287	1.6847	1.6536	1.6285	1.6073	1.521	1.4823	1.414	1.3663
130	369.7	183.0	120.8	89.68	70.99	58.52	42.91	33.51	20.87	14.42	10.36	7.367	1.995	1.871	1.806	1.757	1.606	1.5514	1.463	1.4055
135	384.8	190.5	125.9	93.54	74.14	61.20	45.01	35.27	22.22	15.59	11.51	8.662	6.435	4.314	2.288	2.054	1.720	1.636	1.519	1.450
140	398.9	197.9	130.9	97.38	77.27	63.85	47.07	36.99	23.49	16.67	12.52	9.682	7.572	5.883	4.418	3.130	1.877	1.744	1.583	1.497
145	413.4	205.3	135.9	101.2	80.37	66.48	49.11	38.67	24.72	17.70	13.45	10.57	8.472	6.852	5.543	4.453	2.102	1.880	1.656	1.549
150	428.0	212.7	140.9	105.0	83.44	69.08	51.12	40.33	25.92	18.69	14.32	11.38	9.255	7.638	6.360	5.321	2.422	2.053	1.740	1.606
160	457.0	227.4	150.8	112.5	89.54	74.23	55.08	43.58	28.38	20.56	15.94	12.84	10.62	8.959	7.656	6.612	3.270	2.521	1.941	1.737
170	486.0	242.0	160.7	120.0	95.59	79.32	58.98	46.77	30.63	22.34	17.45	14.19	11.85	10.10	8.740	7.653	4.090	3.092	2.188	1.890
180	515.0	256.6	170.5	127.4	101.6	84.36	62.83	49.91	34.83	24.06	18.89	15.45	12.99	11.14	9.713	8.571	4.800	3.660	2.473	2.063
190	543.9	271.2	180.3	134.8	107.6	89.37	66.64	53.00	35.84	25.74	20.29	16.65	14.06	12.12	10.62	9.415	5.431	4.187	2.777	2.253
200	572.8	285.7	190.0	142.2	113.5	94.35	70.42	56.07	37.11	27.38	21.65	17.82	15.10	13.06	11.47	10.21	6.009	4.674	3.086	2.454

续表

p/bar T/K	1	2	3	4	5	6	8	10	15	20	25	30	35	40	45	50	80	100	150	200
210	601.7	300.2	199.8	149.5	119.4	99.30	74.18	59.12	39.21	28.99	22.97	18.96	16.10	13.96	12.29	10.97	6.549	5.130	3.391	2.661
220	630.5	314.8	209.5	156.9	125.3	104.2	77.92	62.14	41.28	30.58	24.27	20.07	17.08	14.83	13.09	11.70	7.061	5.561	3.687	2.870
230	659.4	329.2	219.2	164.2	131.2	109.2	81.65	65.15	43.34	32.15	25.56	21.17	18.04	15.69	13.87	12.41	7.552	5.973	3.973	3.078
240	688.2	343.7	228.9	171.5	137.0	114.1	85.36	68.14	45.39	33.71	26.83	22.25	18.98	16.53	14.63	13.11	8.027	6.369	4.251	3.283
250	717.0	358.2	238.6	178.8	142.9	119.0	89.06	71.12	47.42	35.25	28.09	23.32	19.91	17.35	15.37	13.79	8.488	6.753	4.521	3.485
260	745.8	372.6	248.2	186.0	148.7	123.8	92.74	74.09	49.44	36.79	29.93	24.37	20.82	18.17	16.11	14.46	8.939	7.128	4.784	3.684
270	774.6	387.1	257.9	193.3	154.5	128.7	96.42	77.05	51.45	38.31	30.57	25.41	21.73	18.98	16.83	15.12	9.381	7.493	5.041	3.879
280	803.4	401.5	267.5	200.6	160.4	133.6	100.1	80.00	53.45	39.83	31.80	26.45	22.63	19.77	17.55	15.77	9.814	7.852	5.293	4.071
290	832.2	415.9	277.2	207.8	166.2	138.4	103.8	82.95	55.45	41.34	33.02	27.48	23.53	20.56	18.26	16.42	10.24	8.204	5.540	4.260
300	861.0	430.4	286.8	215.1	172.0	143.3	107.4	85.89	57.44	42.84	34.24	28.51	24.42	21.35	18.97	17.06	10.66	8.551	5.783	4.446
310	889.8	444.8	296.5	222.3	177.8	148.2	111.1	88.82	59.43	44.34	35.45	29.53	25.30	22.13	19.67	17.70	11.08	8.894	6.022	4.629
320	918.5	459.2	306.1	229.5	183.6	153.0	114.7	91.75	61.41	45.84	36.66	30.54	26.18	22.91	20.36	18.33	11.49	9.232	6.258	4.810
330	947.3	473.6	315.7	236.8	189.4	157.8	118.4	94.68	63.39	47.33	37.86	31.55	27.05	23.68	21.05	18.96	11.90	9.567	6.491	4.989
340	976.0	488.0	325.3	244.0	195.2	162.7	122.0	97.60	65.36	48.82	39.06	32.56	27.92	24.45	21.74	19.58	12.31	9.898	6.721	5.167
350	1005	502.4	335.0	251.2	201.0	167.51	125.6	100.5	67.33	50.30	40.26	33.57	28.79	25.21	22.42	20.20	12.71	10.23	6.950	5.342
375	1077	538.4	359.0	269.3	215.5	179.6	134.7	107.8	72.24	53.99	43.23	36.06	30.94	27.11	24.12	21.74	13.70	11.04	7.511	5.774
400	1148	574.4	383.0	287.3	229.9	191.6	143.8	115.1	77.14	57.67	46.19	38.54	33.08	28.99	25.81	23.26	14.68	11.84	8.062	6.197
425	1220	610.4	407.0	305.3	244.3	203.7	152.8	122.3	82.03	61.34	49.14	41.01	35.21	30.85	27.48	24.77	15.65	12.62	8.605	6.613
450	1292	646.3	431.0	323.3	258.8	215.7	161.9	129.6	86.90	64.99	52.08	43.48	37.33	32.72	29.14	26.27	16.61	13.40	9.140	7.024
475	1364	682.3	455.0	341.3	273.2	227.7	170.9	136.8	91.77	68.64	55.01	45.93	39.44	34.57	30.79	27.77	17.57	14.17	9.670	7.429
500	1436	718.2	479.0	359.3	287.6	239.7	179.9	144.0	96.72	72.29	57.94	48.37	41.54	36.42	32.44	29.26	18.52	14.94	10.19	7.831

表 4-24　饱和氧的比容　　单位：1 /kg

T/K	v'	v''	T/K	v'	v''	T/K	v'	v''
54.35	0.7762	93979	89	0.8761	250.5	123	1.053	21.45
55	0.7777	77922	90	0.8798	227.1	124	1.061	20.30
56	0.7800	58873	90.18	0.8805	223.2	125	1.070	19.21
57	0.7824	44960	91	0.8836	206.4	126	1.078	18.19
58	0.7848	34685	92	0.8874	188.0	127	1.087	17.23
59	0.7872	27018	93	0.8913	171.6	128	1.096	16.32
60	0.7896	21239	94	0.8952	157.0	129	1.106	15.47
61	0.7921	16841	95	0.8993	143.9	130	1.116	14.67
62	0.7945	13465	96	0.9033	132.1	131	1.126	13.91
63	0.7971	10850	97	0.9074	121.5	132	1.136	13.19
64	0.7997	8808	98	0.9116	111.9	133	1.147	12.51
65	0.8023	7201	99	0.9160	103.3	134	1.158	11.86
66	0.8049	5928	100	0.9204	95.46	135	1.170	11.25
67	0.8075	4911	101	0.9249	88.37	136	1.182	10.67
68	0.8101	4094	102	0.9295	81.92	137	1.195	10.12
69	0.8128	3433	103	0.9342	76.05	138	1.208	9.593
70	0.8155	2894	104	0.9389	70.70	139	1.222	9.092
71	0.8182	2453	105	0.9437	65.81	140	1.237	8.612
72	0.8210	2090	106	0.9486	61.33	141	1.253	8.154
73	0.8238	1790	107	0.9536	57.23	142	1.271	7.716
74	0.8267	1540	108	0.9587	53.47	143	1.290	7.295
75	0.8296	1330	109	0.9640	50. 0	144	1.310	6.890
76	0.8326	1154	110	0.9695	46.81	145	1.332	6.499
77	0.8357	1006	111	0.9750	43.87	146	1.356	6.122
78	0.8388	879.8	112	0.9806	41.15	147	1.383	5.756
79	0.8420	772.5	113	0.9864	38.64	148	1.413	5.400
80	0.8452	680.7	114	0.9923	36.31	149	1.447	5.051
81	0.8484	601.9	115	0.9984	34.15	150	1.487	4.705
82	0.8517	533.9	116	1.005	32.15	151	1.535	4.361
83	0.8550	475.1	117	1.005	30.29	152	1.595	4.020
84	0.8584	424.1	118	1.018	28.55	153	1.672	3.678
85	0.8618	379.7	119	1.024	26.93	154	1.795	3.285
86	0.8653	340.9	120	1.031	25.42	154.77	2.464	2.464
87	0.8688	306.8	121	1.038	24.01			
88	0.8724	276.9	122	1.045	22.69			

表 4-25　液态及气态氧的比容

单位：1/kg

T/K \ p/bar	1	2	3	4	5	6	8	10	15	20	25	30	35	40	50	60	80	100	150	200
75	0.829				0.829			0.828	0.827	0.827	0.826	0.826	0.825	0.8249	0.823	0.822	0.820	0.818	0.812	0.8088
80	0.845				0.844			0.843	0.843	0.842	0.841	0.841	0.840	0.8400	0.838	0.837	0.835	0.832	0.827	0.8223
85	0.861				0.861			0.860	0.859	0.858	0.858	0.857	0.856	0.8560	0.854	0.853	0.850	0.848	0.842	0.8365
90	0.879				0.879			0.878	0.877	0.876	0.875	0.874	0.874	0.8733	0.871	0.870	0.867	0.861	0.857	0.8513
95	239.7				0.868			0.897	0.896	0.895	0.894	0.893	0.892	0.8918	0.890	0.888	0.884	0.881	0.872	0.8669
100	253.5	123.4			0.919			0.918	0.917	0.916	0.915	0.914	0.913	0.9119	0.909	0.907	0.903	0.899	0.891	0.8832
105	267.0	130.5	84.94		0.943			0.941	0.940	0.940	0.937	0.936	0.935	0.9337	0.931	0.928	0.924	0.919	0.909	0.9005
110	280.5	137.5	89.82	65.90	51.51			0.967	0.966	0.966	0.962	0.961	0.959	0.9578	0.954	0.951	0.946	0.940	0.929	0.9186
115	294.0	144.5	94.61	69.64	54.62	44.57		0.997	0.995	0.995	0.990	0.988	0.986	0.9847	0.980	0.977	0.970	0.964	0.950	0.9379
120	307.4	151.4	99.35	73.31	57.66	47.20	34.06	26.09	1.028	1.028	1.022	1.020	1.017	1.0151	1.010	1.006	0.997	0.989	0.972	0.9585
125	320.7	158.2	104.0	76.94	60.60	49.77	36.13	27.88	1.068	1.068	1.060	1.057	1.053	1.0504	1.044	1.038	1.072	1.017	0.997	0.9805
130	334.0	165.0	108.7	80.53	63.59	52.29	38.12	29.59	18.02	1.112	1.072	1.102	1.097	1.0925	1.083	1.076	1.062	1.049	1.024	1.0042
135	347.2	171.8	113.3	84.07	66.50	54.77	40.09	31.24	19.33	13.17	1.167	1.159	1.151	1.1447	1.132	1.121	1.102	1.085	1.054	1.0298
140	360.5	178.6	117.9	87.58	69.37	57.22	42.01	32.86	20.56	14.28	10.33	1.238	1.225	1.2135	1.193	1.176	1.149	1.127	1.087	1.0576
145	373.8	185.3	122.5	91.07	72.22	59.64	43.90	34.43	21.74	15.30	11.32	8.528	1.340	1.3142	1.276	1.248	1.206	1.176	1.124	1.0876
150	386.9	192.0	127.0	94.54	75.04	62.03	45.76	35.97	22.88	16.26	12.22	8.437	7.330	5.537	1.402	1.374	1.279	1.234	1.165	1.1206
155	400.1	198.7	131.6	97.99	77.84	64.40	47.59	37.49	23.99	17.18	13.05	10.23	8.159	6.516	3.577	1.532	1.375	1.307	1.212	1.1573
160	413.2	205.4	136.1	101.4	80.62	66.75	49.40	38.99	25.07	18.06	13.82	10.96	8.877	7.266	4.822	2.581	1.543	1.404	1.268	1.1985
165	426.4	212.0	140.6	104.8	83.38	69.08	51.20	40.46	26.12	18.92	14.57	11.64	9.528	7.913	5.560	3.823	1.871	1.545	1.331	1.244
170	439.5	218.7	145.0	108.2	86.13	71.40	52.98	41.02	27.15	19.75	35.29	12.29	10.13	8.497	6.155	4.520	2.413	1.759	1.408	1.293
180	465.8	231.9	154.0	115.0	91.60	76.00	56.50	44.80	29.16	21.36	16.65	13.51	11.25	9.549	7.150	5.531	3.481	2.388	1.614	1.413

续表

T/K \ p/bar	1	2	3	4	5	6	8	10	15	20	25	30	35	40	50	60	80	100	150	200
190	492.0	245.1	162.9	121.7	97.02	80.56	59.98	47.63	31.30	22.91	17.96	14.65	12.28	10.50	8.007	6.339	4.259	3.060	1.892	1.565
200	518.1	258.3	171.7	128.4	102.4	85.09	63.43	50.43	33.25	24.42	19.22	15.74	13.26	11.39	8.787	7.050	4.894	3.636	2.210	1.726
210	544.3	271.5	180.5	135.1	107.8	89.59	66.85	53.20	35.17	25.91	20.44	16.80	14.19	12.24	9.515	7.701	5.452	4.135	2.538	1.946
220	570.4	284.6	189.3	141.7	113.1	94.07	70.25	55.95	37.06	27.36	21.64	17.83	15.10	13.06	10.21	8.312	5.963	4.583	2.858	2.155
230	596.5	297.7	198.1	148.3	118.4	98.53	73.63	58.98	38.94	28.80	22.82	18.89	15.89	13.86	10.88	8.895	6.441	4.996	3.161	2.366
240	622.6	310.8	206.9	154.9	123.8	103.0	76.99	61.40	40.79	30.22	23.98	19.82	6.86	14.63	11.52	9.457	6.896	5.384	3.448	2.576
250	648.7	323.9	215.7	161.5	129.1	107.4	80.34	64.11	42.64	31.62	25.13	20.80	17.71	15.39	12.15	10.0	7.332	5.754	3.720	2.781
260	674.8	337.0	224.4	168.1	134.3	111.8	83.69	66.80	44.47	32.02	26.26	21.76	18.50	16.14	12.77	10.52	7.755	6.109	3.979	2.981
270	700.9	350.1	233.2	174.7	139.6	116.2	87.02	69.48	46.30	34.41	27.39	22.71	19.38	16.88	13.38	11.05	8.166	6.454	4.229	3.175
280	726.9	363.2	241.9	181.3	144.9	120.7	90.35	72.16	48.12	35.78	28.51	23.66	20.20	17.61	13.98	11.56	8.568	6.789	4.471	3.364
290	753.0	376.2	250.6	187.9	150.2	125.1	93.67	74.83	49.92	37.15	29.62	24.60	21.01	18.33	14.57	12.07	8.963	7.117	4.705	3.547
300	779.0	389.2	259.4	194.4	155.4	129.5	96.98	77.49	51.74	38.52	30.72	25.53	21.82	19.04	15.16	12.57	9.351	7.438	4.934	3.726
310	805.1	402.3	268.1	201.0	160.7	133.9	100.2	80.15	58.54	39.88	31.82	26.46	22.63	19.75	15.74	13.06	9.733	7.754	5.158	3.901
320	831.1	415.4	276.8	207.5	165.9	138.2	103.6	82.81	55.54	41.24	32.92	27.38	23.43	20.46	16.31	13.55	10.11	8.065	5.378	4.073
330	857.2	428.4	285.5	214.1	171.2	142.6	106.9	85.46	57.13	42.59	31.01	28.30	24.22	21.16	16.88	14.02	10.49	8.372	5.594	4.241
340	883.2	441.5	294.2	220.6	176.4	147.0	110.2	88.11	58.92	43.94	35.10	29.22	25.01	21.86	17.45	14.51	10.86	8.676	5.807	4.406
350	909.2	454.5	302.9	227.2	181.7	151.4	113.5	90.75	60.71	45.29	36.19	30.13	25.80	22.55	18.01	14.99	11.22	8.976	6.016	4.569
375	974.3	487.7	324.1	243.5	194.8	162.3	121.7	97.35	65.16	48.63	38.89	32.39	27.75	24.28	19.41	16.17	12.13	9.717	6.531	4.968
400	103.9	519.6	346.4	259.8	207.9	173.2	129.9	103.9	69.60	51.96	41.57	34.64	29.70	25.99	20.80	17.34	13.02	10.44	7.033	5.355
425	1114	552.2	368.2	276.1	220.9	184.1	138.1	110.5	74.02	55.29	44.24	36.88	31.62	27.68	22.17	18.49	13.90	11.16	7.526	5.734
450	1169	584.7	389.9	292.4	234.0	195.0	146.3	117.1	78.42	58.60	46.90	39.11	33.55	29.37	23.53	19.62	14.77	11.87	8.011	6.106

续表

T/K \ p/bar	1	2	3	4	5	6	8	10	15	20	25	30	35	40	50	60	80	100	150	200
475	1234	617.3	411.6	308.7	247.0	205.9	154.5	123.6	82.84	61.90	49.56	41.33	35.46	31.05	24.88	20.77	15.64	12.57	8.490	6.473
500	1299	649.8	433.3	325.0	260.1	216.8	162.6	130.2	87.24	65.20	52.21	43.55	37.36	32.72	26.23	21.90	16.50	13.26	8.964	6.835

表 4-26　饱和氮的比容

单位：1/kg

T/K	v'	v''	T/K	v'	v''	T/K	v'	v''	T/K	v'	v''
63.15	1.155	1477	79	1.251	181.7	96	1.400	41.66	113	1.662	13.10
64	1.159	1282	80	1.258	164.0	97	1.411	38.72	114	1.687	12.26
65	1.165	1091	81	1.265	148.3	98	1.423	36.02	115	1.714	11.47
66	1.170	933.1	82	1.273	134.5	99	1.435	33.54	116	1.744	10.71
67	1.176	802.6	83	1.281	122.3	100	1.447	31.26	117	1.776	9.996
68	1.181	693.8	84	1.289	111.4	101	1.459	29.16	118	1.811	9.314
69	1.187	602.5	85	1.297	101.7	102	1.472	27.22	119	1.849	8.660
70	1.193	525.6	86	1.305	93.02	103	1.485	25.43	120	1.892	8.031
71	1.199	460.4	87	1.314	85.24	104	1.499	23.77	121	1.942	7.421
72	1.205	405.0	88	1.322	78.25	105	1.514	22.23	122	2.000	6.821
73	1.211	357.6	89	1.331	71.96	106	1.529	20.79	123	2.077	6.225
74	1.217	316.9	90	1.340	66.28	107	1.544	19.46	124	2.177	5.636
75	1.224	281.8	91	1.349	61.14	108	1.560	18.22	125	2.324	5.016
76	1.230	251.4	92	1.359	56.48	109	1.578	17.06	126	2.627	4.203
77	1.237	224.9	93	1.369	52.25	110	1.597	15.98	126.25	3.289	3.289
77.35	1.239	216.9	94	1.379	48.39	111	1.617	14.96			
78	1.244	201.9	95	1.390	44.87	112	1.639	14.00			

表 4-27 液态及气态氦的比容

单位：1/kg

T/K \ p/bar	1	2	3	4	5	6	8	10	15	20	25	30	35	40	50	60	80	100	150	200
65	1. 1650				1. 1640			1. 1629	1. 1618	1. 1607	1. 1607	1. 1584	1. 1574	1. 1563	1. 1541	1. 152	1. 148			
70	1. 1927				1. 1916			1. 1902	1. 1889	1. 1876	1. 1876	1. 1850	1. 1837	1. 1824	1. 180	1. 177	1. 173	1. 1682	1. 157	1. 1473
75	1. 2237				1. 2224			1. 2208	1. 2192	1. 2176	1. 2176	1. 2145	1. 2130	1. 2115	1. 2085	1. 206	1. 200	1. 1946	1. 182	1. 1706
80	228. 0				1. 2568			1. 2548	1. 2529	1. 2510	1. 2510	1. 2472	1. 2454	1. 2436	1. 2400	1. 237	1. 230	1. 2235	1. 209	1. 1956
85	244. 0	117. 6			1. 2955			1. 2530	1. 2906	1. 2883	1. 2883	1. 2836	1. 2814	1. 2791	1. 2748	1. 271	1. 262	1. 2549	1. 238	1. 2221
90	259. 7	126. 0	81. 25		1. 3394			1. 3362	1. 3331	1. 3301	1. 3272	1. 3243	1. 3214	1. 3187	1. 3133	1. 308	1. 298	1. 2891	1. 268	1. 2504
95	275. 3	134. 2	87. 05	63. 39	49. 11			1. 3858	1. 3817	1. 3778	1. 3739	1. 3702	1. 3666	1. 3630	1. 3562	1. 349	1. 337	1. 3262	1. 301	1. 2802
100	290. 8	142. 3	92. 71	67. 86	52. 89	42. 85		1. 4440	1. 4384	1. 4331	1. 4279	1. 4229	1. 4181	1. 4135	1. 4046	1. 596	1. 380	1. 3668	1. 337	1. 3118
105	306. 2	150. 3	98. 26	72. 21	56. 53	46. 05	32. 83	24. 75	1. 5071	1. 4994	1. 4920	1. 4850	1. 4784	1. 4720	1. 4601	1. 449	1. 420	1. 4115	1. 375	1. 3452
110	321. 5	158. 2	103. 7	76. 47	60. 08	49. 13	35. 36	27. 01	1. 5959	1. 5835	1. 5720	1. 5614	1. 5516	1. 5423	1. 5254	1. 510	1. 484	1. 4612	1. 416	1. 3805
115	336. 8	166. 1	109. 1	80. 65	63. 54	52. 11	37. 74	29. 11	17. 30	1. 704	1. 6820	1. 6631	1. 6465	1. 6315	1. 6055	1. 583	1. 547	1. 5170	1. 460	1. 4181
120	352. 0	173. 9	114. 5	84. 78	66. 94	55. 02	40. 10	31. 10	18. 94	12. 57	8. 163	1. 8309	1. 7898	1. 7585	1. 7111	1. 675	1. 621	1. 5807	1. 509	1. 4581
125	367. 2	181. 7	119. 8	88. 86	70. 28	57. 88	42. 36	33. 02	20. 46	14. 00	9. 892	6. 644	2. 142	2. 002	1. 876	1. 803	1. 713	1. 6550	1. 562	1. 5008
130	382. 3	189. 4	125. 0	92. 89	73. 58	60. 70	44. 57	34. 88	21. 88	16. 27	11. 18	8 . 270	5. 867	3. 282	2. 181	1. 994	1. 831	1. 7436	1. 620	1. 5466
135	397. 4	197. 1	130. 3	96. 89	76. 84	63. 47	46. 74	36. 69	23. 24	16. 43	12. 28	9. 419	7. 262	5. 488	2. 999	2. 338	1. 992	1. 8530	1. 687	1. 5959
140	412. 5	204. 8	135. 5	100. 9	80. 07	66. 21	48. 87	38. 46	24. 55	17. 52	13. 27	10. 39	8. 271	6. 623	4. 204	2. 944	2. 222	1. 994	1. 762	1. 650
150	442. 6	220. 0	145. 8	108. 7	86. 45	71. 61	53. 04	41. 90	27. 05	19. 56	15. 07	12. 05	9. 884	8. 241	5. 915	4. 397	2. 918	2. 390	1. 948	1. 776
160	472. 6	235. 2	156. 1	116. 5	92. 75	76. 92	57. 13	45. 25	29. 54	21. 47	16. 71	13. 52	11. 25	9. 534	7. 136	5. 554	3. 742	2. 913	2. 182	1. 925
170	502. 6	250. 3	166. 3	124. 2	98. 99	82. 17	61. 15	48. 54	31. 85	23. 30	18. 25	14. 88	12. 48	10. 68	8. 159	6. 498	4. 511	3. 476	2. 457	2. 096
180	532. 5	265. 4	176. 4	131. 9	105. 2	87. 38	65. 12	51. 77	34. 11	25. 06	19. 72	16. 17	13. 63	11. 73	9. 076	7. 325	5. 198	4. 023	2. 755	2. 284
190	562. 4	280. 5	186. 5	139. 5	111. 3	92. 55	69. 05	54. 96	36. 08	26. 78	21. 15	17. 40	14. 72	12. 72	9. 926	8. 080	5. 820	4. 537	3. 062	2. 484

续表

T/K \ p/bar	1	2	3	4	5	6	8	10	15	20	25	30	35	40	50	60	80	100	150	200
200	592.3	295.5	196.6	147.1	117.5	97.69	72.95	58.12	38.52	28.47	22.54	18.59	15.78	13.67	10.73	8.787	6.397	5.019	3.369	2.691
210	622.1	310.5	206.7	154.7	123.6	102.8	76.83	61.26	40.68	30.12	23.90	19.75	16.80	14.59	11.50	9.459	6.940	5.474	3.671	2.901
220	652.0	325.5	216.7	162.3	129.7	107.9	80.69	64.38	42.81	31.75	25.24	20.89	17.80	15.48	12.25	10.11	7.457	5.907	3.965	3.111
230	681.8	340.5	226.7	169.9	135.7	113.0	84.54	67.48	44.93	33.37	26.56	22.02	18.78	16.36	12.98	10.73	7.955	6.322	4.252	3.319
240	711.6	355.5	236.7	177.4	141.8	118.0	88.37	70.56	47.04	34.98	27.86	23.13	19.75	17.22	13.69	11.34	8.438	6.724	4.532	3.525
250	741.4	370.4	246.7	184.9	147.8	123.1	92.18	73.64	49.14	36.57	29.15	24.22	20.70	18.07	14.39	11.94	8.908	7.115	4.804	3.728
260	771.1	385.3	256.7	192.4	153.9	128.1	95.99	76.71	51.22	38.15	30.44	25.31	21.64	18.91	15.07	12.53	9.368	7.496	5.070	3.928
270	800.9	400.2	266.7	199.9	159.9	133.2	99.79	70.76	53.30	39.72	31.72	26.39	22.58	19.74	15.75	13.11	9.819	7.869	5.331	4.125
280	830.7	415.2	276.7	207.4	165.5	138.2	103.6	82.81	55.37	41.28	32.99	27.46	23.51	20.56	16.42	13.68	10.26	8.235	5.587	4.320
290	860.4	430.1	286.7	214.9	171.9	143.2	107.4	85.85	57.43	42.84	34.25	28.52	24.43	21.37	17.09	14.24	10.70	8.595	5.838	4.512
240	890.2	445.0	296.6	222.4	177.9	148.2	111.2	88.89	59.49	44.39	35.50	29.58	25.35	22.18	17.75	14.80	11.13	8.950	6.086	4.701
310	919.9	459.9	306.6	229.9	183.9	153.2	114.9	91.92	61.54	45.94	36.75	30.63	26.26	22.98	18.40	15.35	11.56	9.300	6.330	4.888
320	949.6	474.8	316.5	237.4	189.9	158.2	118.7	94.95	63.53	47.48	38.00	31.68	27.16	23.78	19.05	15.90	11.98	9.647	6.571	5.073
330	979.4	489.7	326.5	244.9	195.9	163.2	122.4	97.97	65.63	49.02	39.24	32.72	28.06	24.58	19.70	16.45	12.40	9.990	6.809	5.255
310	1009	504.6	336.4	252.3	201.9	168.2	126.2	101.0	67.66	50.56	40.48	33.76	28.96	25.37	20.34	16.99	12.82	10.33	7.044	5.436
350	1039	519.5	346.4	259.8	207.9	173.2	130.0	104.0	69.70	52.09	41.71	34.79	29.85	26.15	20.98	17.53	13.23	10.67	7.278	5.615
375	1113	556.7	371.2	278.5	222.8	185.7	139.4	111.5	74.77	55.90	44.78	37.37	32.07	28.11	22.56	18.86	14.25	11.50	7.852	6.055
400	1187	593.9	396.0	297.1	237.7	198.2	14.87	119.0	79.83	59.70	47.84	39.93	34.28	30.05	24.13	20.18	15.26	12.32	8.415	6.486
425	1262	631.0	420.8	315.7	252.7	210.6	158.1	126.5	84.88	63.49	50.88	42.48	36.48	31.98	25.69	21.49	16.26	13.13	8.969	6.910
450	1336	668.2	445.6	334.3	267.6	223.0	167.4	134.0	89.91	67.27	53.91	45.02	38.67	33.90	27.23	22.79	17.25	13.93	9.516	7.323
475	1410	705.4	470.4	353.9	282.5	235.5	176.7	141.5	94.92	71.04	56.94	47.55	40.84	35.81	28.77	24.08	18.23	14.72	10.06	7.741
500	1484	742.5	495.2	371.5	297.4	247.9	186.1	149.0	99.97	74.80	59.96	50.07	43.01	37.72	30.31	25.37	19.20	15.51	10.59	8.150

表 4-28　饱和氩的比容　　单位：1/kg

T/K	v'	v''	T/K	v'	v''	T/K	v'	v''	T/K	v'	v''
83.78	0.7068	246.9	100	0.7632	59.19	118	0.8499	18.71	136	1.005	7.078
84	0.7075	241.2	101	0.7672	55.02	119	0.8560	17.69	137	1.017	6.701
85	0.7106	217.4	102	0.7713	51.21	120	0.8624	16.73	138	1.031	6.339
86	0.7138	196.5	103	0.7754	47.72	121	0.8690	15.83	139	1.046	5.992
87	0.7171	178.0	104	0.7796	44.53	122	0.8758	14.98	140	1.062	5.658
87.29	0.7180	173.0	105	0.7838	41.60	123	0.8828	34.19	141	1.080	5.336
88	0.7204	161.6	106	0.7881	38.91	124	0.8900	13.44	142	1.099	5.025
89	0.7237	147.1	107	0.7925	36.43	125	0.8975	12.74	143	1.121	4.724
90	0.7270	134.2	108	0.7970	34.14	126	0.9053	12.07	144	1.145	4.428
91	0.7303	122.6	109	0.8017	32.03	127	0.9134	11.45	145	1.173	4.133
92	0.7337	112.3	110	0.8066	30.08	128	0.9218	10.85	146	1.205	3.843
93	0.7372	103.0	111	0.8116	28.27	129	0.9306	10.29	147	1.245	3.547
94	0.7408	94.72	112	0.8166	26.59	130	0.9399	9.759	148	1.293	3.240
95	0.7444	87.23	113	0.8217	25.03	131	0.9495	9.254	149	1.358	2.907
96	0.7480	80.46	114	0.8270	23.59	132	0.9595	8.776	150	1.464	2.525
97	0.7517	74.35	115	0.8325	22.24	133	0.9701	8.320	150.86	1.867	1.867
98	0.7555	68.81	116	0.8382	20.98	134	0.9812	7.887			
99	0.7593	63.77	117	0.8440	19.81	135	0.9929	7.473			

表 4-29　液态及气态氩的比容　　单位：1/kg

T/K \ p/bar	1	2	3	4	5	6	8	10	15	20	25	30	35	40	50	60	80	100	150	200
85	0.7105				0.7100			0.7093	0.7085	0.7079	0.7072	0.7065	0.7058	0.7052						
90	181.4				0.7263			0.7255	0.7247	0.7238	0.7230	0.7222	0.7214	0.7206	0.7191	0.7176	0.7147	0.7119	0.7053	0.6993
95	192.4	93.46			0.7438			0.7428	0.7418	0.7408	0.7398	0.7389	0.7379	0.7370	0.7352	0.7334	0.7300	0.7267	0.7192	0.7123

续表

T/K \ p/bar	1	2	3	4	5	6	8	10	15	20	25	30	35	40	50	60	80	100	150	200
100	203.4	99.21	64.42		0.7627			0.7615	0.7603	0.7591	0.7579	0.7568	0.7557	0.7546	0.7524	0.7503	0.7462	0.7424	0.7337	0.7258
105	214.2	104.9	68.35	50.07	0.7837			0.7822	0.7807	0.7792	0.7778	0.7764	0.7750	0.7737	0.7711	0.7685	0.7637	0.7592	0.7490	0.7400
110	225.0	110.5	72.25	53.10	41.59	33.88		0.8054	0.8035	0.8017	0.7999	0.7982	0.7965	0.7948	0.7916	0.7886	0.7828	0.7774	0.7654	0.7550
115	235.7	116.0	76.07	56.07	44.05	36.01	25.91	0.8321	0.8297	0.8273	0.8251	0.8229	0.8207	0.8187	0.8147	0.8109	0.8038	0.7973	0.7831	0.7710
120	246.4	121.5	79.85	58.99	46.46	38.09	27.58	21.22	0.8605	0.8574	0.8544	0.8515	0.8487	0.8460	0.8409	0.8361	0.8272	0.8193	0.8022	0.7882
125	257.1	127.0	83.58	61.87	48.83	40.12	29.20	22.61	13.65	0.8937	0.8896	0.8856	0.8818	0.8782	0.8714	0.8651	0.8538	0.8439	0.8232	0.8066
130	267.7	132.4	87.29	64.72	51.16	42.11	30.78	23.95	14.71	9.906	0.9338	0.9279	0.9224	0.9173	0.9078	0.8993	0.8844	0.8717	0.8463	0.8266
135	278.3	137.8	90.97	67.53	53.46	44.07	32.32	25.24	15.71	10.88	7.707	0.9840	0.9751	0.9671	0.9530	0.9407	0.9204	0.9037	0.8719	0.8484
140	288.9	143.2	94.63	70.33	55.74	46.01	33.83	26.50	16.67	11.67	8.551	6.307	1.0502	1.0357	1.0120	0.9931	0.9636	0.9411	0.9005	0.8720
145	299.5	148.5	98.27	73.10	58.00	47.92	35.32	27.74	17.58	12.45	9.290	7.094	5.386	1.1436	1.0955	1.062	1.017	0.9853	0.9327	0.8979
150	310.1	153.9	101.9	75.86	60.24	49.82	36.78	28.95	18.47	13.19	9.965	7.761	6.116	4.777	1.3155	1.185	1.085	1.0384	0.9688	0.9263
155	320.6	159.3	105.5	78.60	62.46	51.70	38.24	30.15	19.34	13.90	10.60	8.360	6.720	5.440	3.410	1.513	1.188	1.107	1.010	0.9573
160	331.1	164.6	109.1	81.33	64.67	53.57	39.67	31.33	20.19	14.58	11.20	8.915	7.258	5.985	4.103	2.652	1.374	1.202	1.058	0.9913
170	352.2	175.2	116.3	86.76	69.07	57.27	42.51	33.65	21.84	15.90	12.33	9.938	8.216	6.913	5.056	3.778	2.161	1.526	1.181	1.071
180	373.2	185.8	123.4	91.16	73.42	60.93	45.31	35.94	23.43	17.17	13.40	10.89	9.083	7.724	5.810	4.522	2.910	2.035	1.350	1.170
190	394.1	196.4	130.5	97.53	77.75	64.57	48.09	38.20	25.12	18.40	14.43	11.78	9.892	8.469	6.474	5.141	3.483	2.533	1.567	1.290
200	415.1	207.0	137.6	102.9	82.06	68.18	50.84	40.43	26.67	19.60	15.43	12.65	10.66	9.171	7.084	5.693	3.968	2.964	1.815	1.430
210	436.0	217.5	144.6	108.2	86.35	71.78	53.57	42.64	28.20	20.78	16.40	13.49	11.40	9.843	7.658	6.204	4.402	3.346	2.069	1.584
220	456.9	228.0	151.7	113.5	90.63	75.36	56.28	44.83	29.70	21.94	17.36	14.30	12.12	10.49	8.207	6.688	4.803	3.694	2.314	1.749
230	477.8	238.5	158.7	118.8	94.89	78.93	58.99	47.02	31.20	23.08	18.30	15.11	12.83	11.12	8.737	7.150	5.180	4.018	2.548	1.912
240	498.8	249.0	165.7	124.1	99.14	82.49	61.68	49.19	32.69	24.22	19.22	15.90	13.52	11.74	9.252	7.597	5.541	4.325	2.771	2.075
250	519.7	259.5	172.8	129.4	103.4	86.04	64.36	51.35	34.16	25.34	20.14	16.68	14.20	12.35	9.755	8.031	5.889	4.619	2.984	2.235
260	540.6	270.0	179.8	134.7	107.6	89.59	67.04	53.51	35.64	26.46	21.05	17.45	14.87	12.94	10.25	8.455	6.226	4.902	3.188	2.390
270	561.4	280.4	186.8	139.9	111.8	93.12	69.71	55.66	37.10	27.56	21.95	18.21	15.54	13.53	10.73	8.871	6.554	5.177	3.386	2.542

续表

T/K \ p/bar	1	2	3	4	5	6	8	10	15	20	25	30	35	40	50	60	80	100	150	200
280	582.3	290.9	193.8	145.2	116.1	96.65	72.37	57.80	38.55	28.67	22.84	18.96	16.19	14.12	11.21	9.280	6.876	5.445	3.578	2.690
290	603.2	301.4	200.8	150.5	120.3	100.2	75.03	59.94	40.00	29.76	23.73	19.71	16.84	41.69	11.68	9.684	7.191	5.707	3.765	2.835
300	624.1	311.8	207.8	155.7	124.5	103.7	77.68	62.07	41.45	30.86	24.62	20.46	17.49	15.26	12.15	10.08	7.502	5.964	3.947	2.976
310	644.9	322.3	214.8	161.0	123.7	107.2	80.33	64.20	42.89	31.95	25.50	21.20	18.13	15.83	12.62	10.48	7.808	6.217	4.126	3.115
320	665.8	332.7	221.8	166.2	132.9	110.7	82.98	66.33	44.33	33.03	26.38	21.94	18.77	16.10	13.08	10.87	8.111	6.467	4.302	3.251
330	686.6	343.2	228.7	171.5	137.1	114.2	85.62	68.45	45.76	34.11	27.25	22.68	19.41	16.96	13.54	11.26	8.410	6.713	4.475	3.385
340	707.5	353.6	235.7	176.7	141.3	117.7	88.26	70.57	47.20	35.19	28.12	23.41	20.04	17.52	13.99	11.64	8.707	6.956	4.646	3.517
350	728.3	364.1	242.7	182.0	145.5	121.2	90.90	72.69	48.63	36.27	23.99	24.14	20.67	18.07	14.44	12.02	9.001	7.197	4.815	3.648
375	780.5	390.2	260.1	195.0	156.0	130.0	97.48	77.97	52.18	33.95	31.15	25.95	22.24	19.45	15.56	12.96	9.726	7.790	5.228	3.967
400	832.6	416.3	277.5	208.1	166.5	138.7	104.1	83.24	56.00	41.62	33.30	27.75	23.79	20.82	16.66	13.90	10.44	8.372	5.632	4.279
425	884.7	442.4	294.9	221.2	177.0	147.5	110.6	88.51	59.29	44.28	35.44	29.54	25.33	22.18	17.76	14.82	11.15	8.945	6.028	4.585
450	936.7	468.4	312.3	234.2	187.4	156.2	117.2	93.76	62.82	46.93	37.57	31.32	26.87	23.53	18.85	15.73	11.84	9.510	6.416	4.883
475	988.8	494.5	329.7	247.3	197.9	164.9	123.7	99.00	66.35	49.57	39.69	33.10	28.40	24.87	19.93	16.62	12.53	10.07	6.798	5.175
500	1041	520.5	374.1	260.3	208.3	173.6	130.3	104.2	69.86	52.21	41.81	34.87	29.92	26.20	21.00	17.54	13.21	10.62	7.175	5.464

表 4-30 饱和氖的密度

单位：kg/m^3

T/K	ρ'	ρ''	T/K	ρ'	ρ''	T/K	ρ'	ρ''
25	1240.2	5.1019	32	1110.3	30.926	39	932.35	115.26
26	1223.7	6.9708	33	1088.8	37.965	40	898.22	137.55
27	1206.4	9.3109	34	1066.4	46.243	41	859.44	164.51
28	1188.5	12.195	35	1042.8	55.961	42	813.38	198.16
29	1170.0	15.702	36	1018.0	67.368	43	753.63	243.45
30	1150.8	19.923	37	991.56	80.773	44	650.96	322.40
31	1131.0	24.958	38	963.19	96.567	44.4	483.0	483.0

注：ρ'为饱和液体的密度，ρ''为饱和蒸汽的密度（后续表同）。

表 4-31　液态及气态氖的密度　　单位：kg/m^3

T/K \ p/bar	0.1	1	2	3	4	6	8	10	15	20	25	30	40	60	80	100	120	140	160	200
25	0.97611	1240.6	1241.3	1242.0	1242.8	1241.1	1245.6	1247.0	1250.5	1253.7	1257.1									
30	0.81193	8.4153	17.851	1151.6	1152.5	1154.4	1156.3	1158.2	1162.6	1167.0	1171.2	1175.3	1183.0	1197.3	1210.3	1222.2	1233.3	1243.4	1253.1	1270.8
35	0.69514	7.1209	14.853	22.689	31.317	51.018	1045.3	1048.4	1053.1	1062.6	1069.2	1074.6	1086.9	1107.2	1124.8	1140.4	1154.4	1167.3	1179.2	1200.5
40	0.60779	6.1819	12.776	19.306	26.303	41.349	58.02	78.18	868.0	917.4	932.6	945.7	967.7	1002.1	1029.4	1051.2	1070.5	1087.5	1102.7	1129.2
45	0.53999	5.4668	11.235	16.871	22.829	35.312	48.58	63.67	104.0	157.4	243.0	609.0	773.4	865.5	915.4	955.4	978.9	1002.8	1022.7	1056.6
50	0.48583	4.9029	10.039	15.016	20.234	31.011	42.273	54.052	86.055	122.2	164.2	215.2	375.7	655.3	770.6	841.8	877.3	911.9	938.6	982.4
55	0.44165	4.4462	9.0801	13.546	18.204	27.737	37.572	47.720	74.518	103.51	134.97	168.9	249.6	454.4	606.2	702.5	767.0	814.2	851.1	907.2
60	0.40469	4.0684	8.2933	12.349	16.563	25.138	33.912	42.886	66.205	90.798	116.69	143.96	203.25	342.7	478.9	582.5	659.6	718.1	764.1	832.8
70	0.34679	3.4790	7.0751	10.511	14.063	21.239	28.509	35.873	52.699	74.000	93.818	114.09	155.92	244.5	337.03	423.4	498.1	560.8	613.8	697.5
80	0.30341	3.0399	6.1735	9.1583	12.237	18.430	24.670	30.957	46.863	63.014	79.379	95.929	129.48	197.92	267.22	335.1	398.7	455.9	506.6	591.4
90	0.26967	2.6998	5.4780	8.1196	10.839	16.298	21.780	27.285	41.140	55.110	69.171	83.308	111.73	168.79	225.58	281.3	335.0	385.2	431.6	512.1
100	0.24268	2.4284	4.9246	7.2953	9.7335	14.619	19.515	24.423	36.731	49.086	61.476	73.886	98.722	148.19	197.00	244.8	291.3	335.3	377.0	452.0
110	0.22062	2.2069	4.4735	6.6245	8.8352	13.260	17.690	22.122	33.215	44.319	55.423	66.521	88.668	132.58	175.73	218.0	259.0	298.4	336.0	405.3
120	0.20223	2.0224	4.0986	6.0677	8.0906	12.136	16.182	20.227	30.336	40.434	50.516	60.577	80.615	120.24	159.08	197.1	234.0	269.7	304.0	368.0
130	0.18667	1.8665	3.7819	5.5978	7.4627	11.191	14.916	18.639	27.931	37.201	46.445	55.660	73.991	110.18	145.61	180.3	214.0	246.6	278.2	337.7
140	0.17333	1.7329	3.5108	5.1959	6.9261	10.383	13.837	17.286	25.889	34.464	43.007	51.517	68.430	101.78	134.42	166.4	197.5	227.6	256.9	312.4
150	0.16178	1.6173	3.2762	4.8482	6.4620	9.6858	12.905	16.119	24.132	32.112	40.059	47.971	63.686	94.649	124.94	154.6	183.5	211.6	238.9	290.6
160	0.15166	1.5160	3.0710	4.5448	6.0564	9.0768	12.092	15.102	22.602	30.069	37.502	44.899	59.584	88.505	116.80	144.6	171.6	197.9	223.5	272.5
170	0.14274	1.4268	2.8901	4.2763	5.6991	8.5404	11.376	14.207	21.259	28.276	35.260	42.208	55.999	83.149	109.72	135.8	161.2	185.9	210.1	256.5
180	0.13481	1.3474	2.7293	4.0384	5.3817	8.0643	10.742	13.413	20.068	26.689	33.277	39.830	52.834	78.433	103.49	128.1	152.1	175.4	198.4	242.3
190	0.12772	1.2766	2.5855	3.8255	5.0979	7.6389	10.174	12.705	19.006	25.274	31.509	37.712	50.019	74.244	97.957	121.2	144.0	166.2	187.9	229.8

续表

p/bar T/K	0.1	1	2	3	4	6	8	10	15	20	25	30	40	60	80	100	120	140	160	200
200	0.12133	1.2127	2,4562	3.6340	4.8427	7.2561	9.6643	12.067	18.052	24.004	29.924	35.813	47.496	70.497	93.015	115.1	136.8	157.9	178.6	218.6
220	0.11030	1.1024	2.2328	3.3035	4.4023	6.5959	8.7847	10.969	16.408	21.816	27.196	32.546	43.163	64.065	84.542	104.7	124.4	143.7	162.6	199.3
240	0.10111	1.0105	2.0467	3.0282	4.0353	6.0462	8.0525	10.055	15.040	19.998	24.929	29.834	39.568	58.738	77.530	96.02	114.1	131.9	149.4	183.3
260	0.093330	0.93283	1.8893	2.7954	3.7250	5.5812	7.4334	9.2814	13.884	18.461	23.015	27.545	36.535	54.248	71.623	88.73	105.5	122.0	138.2	169.7
280	0.086663	0.86620	1.7544	2.5957	3.4591	5.1829	6.9029	8.6193	12.894	17.147	21.377	25.586	33.940	50.408	66.573	82.50	98.89	113.5	128.6	158.2
300	0.080886	0.80847	1.6375	2.4228	3.2286	4.8377	6.4434	8.0458	12.036	16.008	19.958	23.889	31.694	47.085	62.203	77.07	92.52	106.2	120.3	148.1

表 4-32　氦的密度

单位：kg/m^3

p/bar T/K	0.1	1	2	3	4	6	8	10	15	20	30	40	60	80	100
18	0.2675	2.6846	5.3856	8.0975	10.817	16.260	21.693	27.088	40.299	52.920	75.815	95.265	124.93	145.70	161.06
20	0.2407	2.4117	4.8342	7.2601	9.6876	14.537	19.364	24.153	35.872	47.097	67.672	85.522	113.74	134.43	151.31
25	0.1927	1.9260	3.8514	5.7742	7.6926	11.512	15.302	19.054	28.236	37.078	53.568	68.372	93.213	112.86	128.73
30	0.1604	1.6031	3.2027	4.7975	6.3867	9.5457	12.676	15.773	23.356	30.686	44.508	57.172	79.194	97.441	112.75
35	0.1375	1.3733	2.7422	4.1060	5.4642	8.1621	10.834	13.478	19.957	26.240	38.173	49.256	68.986	85.851	100.38
40	0.1203	1.2013	2.3982	3.5901	4.7769	7.1340	9.4683	11.779	17.447	22.956	33.481	43.347	61.202	76.789	90.518
45	0.1069	1.0676	2.1313	3.1903	4.2448	6.3392	8.4822	10.468	15.514	20.427	30.055	38.756	55.058	69.546	82.466
50	0.09624	0.9609	1.9180	2.8712	3.8202	5.7058	7.5741	9.4249	13.975	18.415	26.863	35.078	50.078	63.478	75.761
55	0.08748	0.8735	1.7438	2.6104	3.4735	5.1886	6.8888	8.5739	12.721	16.773	24.598	32.060	45.952	58.582	70.089
60	0.08019	0.8008	1.5986	2.3933	3.1848	4.7581	6.3185	7.8658	11.676	15.406	22.626	29.535	42.474	54.334	65.224
65	0.07402	0.7392	1.4758	2.2096	2.9407	4.3942	5.8365	7.2671	10.794	14.250	20.954	27.389	39.500	50.675	61.004

续表

p/bar T/K	0.1	1	2	3	4	6	8	10	15	20	30	40	60	80	100
70	0.06874	0.6864	1.3696	2.0523	2.7314	4.0823	5.4232	6.7540	10.337	13.258	19.517	25.542	36.926	47.489	57.306
75	0.06416	0.6407	1.2794	1.9159	2.5502	3.8121	5.0651	6.3091	9.3803	12.397	18.268	23.932	34.673	44.688	54.040
80	0.06014	0.6007	1.1995	1.7966	2.3915	3.5755	4.7515	5.9196	8.8052	11.642	17.172	22.518	32.676	42.204	51.130
85	0.05661	0.5654	1.1292	1.6911	2.2515	3.3667	4.4748	5.5757	8.2970	10.975	16.202	21.263	30.917	39.987	48.523
90	0.05346	0.5340	1.0666	1.5976	2.1269	3.1809	4.2285	5.2697	7.8448	10.380	15.336	20.143	29.333	37.996	46.172
95	0.05064	0.5060	1.0105	1.5138	2.0155	3.0147	4.0081	4.9957	7.4395	9.8477	14.559	19.136	27.906	36.194	44.042
100	0.04812	0.4807	0.9602	1.4383	1.9147	2.8650	3.8096	4.7490	7.0744	9.3673	13.859	18.226	26.612	34.549	42.101
110	0.04375	0.4371	0.8730	1.3080	1.7418	2.6063	3.4664	4.3220	6.4421	8.5352	12.642	16.645	24.357	31.699	38.696
120	0.04009	0.4006	0.8004	1.1993	1.5973	2.3904	3.1799	3.9657	5.9139	7.8392	11.622	15.318	22.457	29.279	35.805
130	0.03701	0.3698	0.7390	1.1073	1.4749	2.2076	2.9372	3.6637	5.4658	7.2484	10.755	14.187	20.834	27.205	33.317
140	0.03437	0.3435	0.6863	1.0284	1.3699	2.0508	2.7290	3.4044	5.0810	6.7405	10.009	13.213	19.430	25.406	31.156
150	0.03208	0.3206	0.6406	0.9600	1.2779	1.9148	2.5483	3.1794	4.7468	6.2992	9.3602	12.363	18.203	23.831	29.258
160	0.03007	0.3006	0.6006	0.9002	1.1992	1.7957	2.3900	2.9823	4.4539	5.9122	8.7902	11.617	17.094	22.441	27.579
170	0.02831	0.2829	0.5654	0.8473	1.1289	1.6905	2.2504	2.8083	4.1950	5.5700	8.2855	10.956	16.164	21.204	26.083
180	0.02674	0.2672	0.5340	0.8004	1.0663	1.5970	2.1260	2.6545	3.9645	5.2653	7.8357	10.366	15.307	20.097	24.740
190	0.02533	0.2531	0.5059	0.7583	1.0103	1.5133	2.0148	2.5148	3.7581	4.9922	7.4324	9.8359	14.537	19.099	23.530
200	0.02405	0.2404	0.4806	0.7204	0.9600	1.4380	1.9156	2.3898	3.5722	4.7459	7.0683	9.3577	13.840	18.196	22.434
220	0.02187	0.2186	0.4370	0.6551	0.8729	1.3077	1.7414	2.1739	3.2504	4.3198	6.4379	8.5278	12.629	16.624	20.519
240	0.02005	0.2004	0.4006	0.6006	0.8003	1.1990	1.5969	1.9938	2.9818	3.9640	5.9107	7.8342	11.613	15.303	18.906
260	0.01851	0.1850	0.3699	0.5544	0.7389	1.1071	1.4746	1.8412	2.7542	3.6623	5.4633	7.2444	10.749	14.176	17.529

续表

p/bar T/K	0.1	1	2	3	4	6	8	10	15	20	30	40	60	80	100
280	0.01718	0.1717	0.3434	0.5149	0.6862	1.0283	1.3697	1.7103	2.5590	3.4033	5.0788	6.7373	10.003	13.203	16.339
300	0.01604	0.1604	0.3206	0.4803	0.6415	0.9599	1.2787	1.5968	2.3895	3.1784	4.7450	5.2965	9.3550	12.355	15.300

表 4-33　高温条件下氦的密度

单位：kg/m^3

p/bar T/K	1	5	10	20	40	60	80	120	160	200
313.15	0.15366	0.76694	1.5305	3.0474	6.0415	8.9839	11.876	17.518	22.981	28.277
333.15	0.14444	0.72101	1.4390	2.8662	5.6855	8.4593	11.189	16.522	21.695	26.719
353.15	0.13627	0.68027	1.3579	2.7053	5.3691	7.9925	10.577	15.632	20.545	25.324
373.15	0.12896	0.64388	1.2854	2.5615	5.0860	7.5746	10.028	14.835	19.511	24.068
393.15	0.12241	0.61119	1.2203	2.4322	4.8313	7.1982	9.5336	14.113	18.577	22.930
413.15	0.11648	0.58166	1.1614	2.3153	4.6009	6.8574	9.0854	13.459	17.727	21.896
433.15	0.11111	0.55485	1.1080	2.2092	4.3914	6.5474	8.6776	12.863	16.953	20.951
453.15	0.10620	0.53040	1.0593	2.1123	4.2002	6.2642	8.3047	12.317	16.242	20.084
473.15	0.10172	0.50802	1.01463	2.0236	4.0250	6.0045	7.9625	11.816	15.589	19.286
493.15	0.097593	0.48745	0.97361	1.9421	3.8637	5.7654	7.6474	11.354	34.987	18.549
513.15	0.093791	0.46848	0.93577	1.8668	3.7149	5.5447	7.3563	10.927	14.429	17.866

表 4-34　液氦的密度

单位：kg/m^3

T/K	2.2	2.3	2.4	2.6	2.8	3.0	3.2	3.4	3.6	3.8	4.0	4.2	4.4	4.6	4.8	5.0	5.15	5.18
ρ	147	146	146	144	143	141	139	137	134	132	129	125	122	117	111	101	87	79

表 4-35 饱和氦-3 的密度 单位:kg/m³

T/K	ρ'	ρ''
3.32	41.8	41.8
3.3	54.2	28.45
3.2	58.6	24.0
3.1	61.9	20.7
3.0	64.6	18.0
2.6	72.0	10.6
2.2	76.4	6.1
1.8	79.2	3.2
1.4	80.9	1.5
1.0	81.8	0.58

表 4-36 正常氢饱和状态的比容 单位：cm³/mol

T/K	v'	v''	T/K	v'	v''	T/K	v'	v''
14	25.17	15380	22	29.15	1009.5	30	36.75	191.9
15	26.44	9564.5	23	29.70	800.1	30.5	37.79	173.0
16	26.74	6269.0	24	30.32	641.5	31	38.98	155.1
17	27.05	4294.6	25	31.02	519.2	31.5	40.49	138.1
18	27.40	3052.7	26	31.81	423.2	32	42.47	121.3
19	27.78	2237.7	27	32.72	346.9	32.5	45.39	103.9
20	28.20	1682.6	28	33.80	285.2	33	51.15	83.01
21	28.65	1292.1	29	35.10	234.5	33.23	63.86	63.86

表 4-37 仲氢饱和状态的比容 单位：cm³/mol

T/K	v'	v''	T/K	v'	v''	T/K	v'	v''
14	26.26	14529	22	29.34	974.1	30	37.34	184.2
15	26.54	9072.9	23	29.91	772.7	30.5	38.45	165.5
16	26.84	5968.9	24	30.55	619.8	31	39.81	147.8
17	27.17	4102.5	25	31.27	501.7	31.5	41.53	130.7
18	27.53	2924.5	26	32.10	409.0	32	43.90	113.6
19	27.92	2148.8	27	33.05	335.0	32.5	47.77	94.88
20	28.35	1618.9	28	34.18	275.1	32.98	64	64
21	28.82	1245.2	29	35.57	225.7			

表 4-38　正常氢的比容

单位：cm^3/mol

p/bar T/K	1	2	4	6	8	10	12	14	16	18	20	30	40	50	60	80	100	150	200
14	26.14																		
16	26.71	26.68	26.61	26.55	26.48	26.42	26.38	26.30	26.24	26.19	26.13	25.87	25.62	25.40	25.19				
18	27.38	27.34	27.26	27.18	27.11	27.03	26.96	26.89	26.82	26.76	26.69	26.38	26.10	25.84	25.61	25.18	24.80		
20	28.19	28.14	28.04	27.94	27.85	27.76	27.67	27.59	27.50	27.42	27.34	26.98	26.65	26.35	26.08	25.60	25.18	24.33	23.64
22	1690.5	29.12	28.99	28.89	28.75	28.63	28.52	28.41	28.31	28.21	28.11	27.69	27.28	26.93	26.62	26.07	25.60	24.66	23.32
24	1875.8	869.7	30.19	30.02	29.86	29.70	29.56	29.42	29.28	29.15	29.03	28.47	28.00	27.59	27.22	26.59	26.08	25.02	24.22
26	2058.4	970.5	31.80	31.54	31.30	31.07	30.88	30.69	30.48	30.31	30.14	29.43	28.84	28.34	27.90	27.17	26.59	25.41	24.54
28	2234.8	1067.4	476.2	33.74	33.32	32.94	32.61	32.31	32.03	31.76	31.52	30.57	29.82	29.20	28.67	27.81	27.12	25.83	24.88
30	2411.2	1161.8	532.3	315.8	195.9	35.91	35.23	34.67	34.19	33.78	33.41	31.99	30.98	30.20	29.56	28.53	27.73	26.28	25.24
32	2588.1	1254.1	585.1	358.2	239.9	160.2	40.82	38.93	37.72	36.83	36.12	33.80	32.39	31.38	30.56	29.33	28.40	26.78	25.63
34	2759.6	1345.0	635.7	396.8	274.8	198.3	142.0	88.06	47.95	43.19	40.96	36.27	34.14	32.75	31.72	30.22	29.13	27.28	26.03
36	2932.2	1434.8	684.7	433.1	305.8	227.8	173.7	132.5	98.08	69.91	54.62	39.89	36.38	34.42	33.07	31.22	29.94	27.84	26.46
38	3104.0	1523.7	732.5	467.8	334.5	253.6	198.7	158.3	127.0	101.6	81.47	45.69	39.35	36.47	34.66	32.34	30.83	28.43	26.92
40	3275.0	1611.8	779.5	501.4	361.8	277.4	220.7	179.6	148.3	123.5	103.5	54.56	43.33	39.00	36.54	33.61	31.80	29.06	27.40
50	4123.8	2045.2	1005.8	659.4	486.2	382.2	313.0	263.5	226.4	197.8	174.8	106.6	75.43	59.77	51.19	42.53	38.18	32.87	30.17
60	4966.0	2471.7	1224.8	809.2	601.5	477.0	394.1	334.7	290.6	256.2	228.7	141.0	107.2	84.58	70.55	55.02	47.02	37.78	33.54
70	5804.8	2894.9	1440.0	955.3	713.0	567.7	470.9	401.8	350.1	309.9	277.8	182.1	135.0	107.3	89.51	68.52	57.06	43.53	37.46
80	6641.6	3316.0	1653.3	1099.2	822.2	656.2	545.5	466.5	407.3	361.4	324.5	214.8	160.5	128.3	107.3	81.82	67.36	49.74	41.76
90	7477.2	3735.8	1865.2	1230.3	930.2	743.3	618.8	529.8	463.2	411.4	370.0	246.2	184.7	148.2	124.1	94.64	77.55	56.13	46.28
100	8311.8	4154.7	2076.3	1383.5	1037.3	829.5	691.1	592.3	518.2	460.6	414.6	276.7	208.2	167.4	140.3	107.0	87.51	62.57	50.90
120	9979.4	4990.8	2496.6	1665.3	1249.7	1000.3	834.2	715.5	626.5	557.3	502.0	336.3	253.6	204.3	171.5	130.9	106.8	75.36	60.27
140	11645	5325.5	2915.5	1945.6	1460.7	1169.7	975.8	837.3	733.5	652.7	588.1	394.5	297.9	240.0	201.6	153.8	125.3	87.86	69.55
160	13311	6659.2	3333.5	2325.0	1670.8	1338.3	1116.6	958.3	839.6	747.2	673.4	452.0	341.4	275.1	231.1	176.2	143.4	100.1	78.72

续表

T/K \ p/bar	1	2	4	6	8	10	12	14	16	18	20	30	40	50	60	80	100	150	200
180	14975	7492.4	3751.0	2503.9	1880.3	1506.2	1256.8	1078.7	945.1	841.2	758.2	508.9	384.4	309.8	260.1	198.2	161.1	112.0	87.74
200	16640	8825.2	4168.0	2782.3	2089.5	1673.8	1396.7	1198.8	1050.3	934.9	842.5	565.5	427.1	344.2	288.9	219.9	178.6	123.8	96.64
220	18303	9147.7	4584.8	3060.5	2298.4	1841.1	1536.3	1318.6	1155.3	1023.3	926.7	621.9	469.6	378.3	317.4	241.5	196.0	135.5	105.4
240	19967	9990.0	5001.3	3338.5	2507.1	2008.2	1675.7	1438.1	1260.0	1121.4	1010.6	678.1	511.9	412.3	345.8	262.9	213.2	147.1	114.1
260	21681	10822	5417.8	3616.3	2715.6	2175.2	1814.9	1557.6	1364.6	1214.5	1094.4	734.2	554.1	446.1	374.1	284.2	230.3	158.5	122.8
280	23294	11654	5834.0	3894.0	2924.0	2342.0	1954.0	1676.9	1469.0	1307.4	1178.1	790.1	596.2	479.8	402.3	305.4	247.3	170.0	131.4
300	24958	12466	6250.2	4171.6	3132.3	2506.8	2093.1	1796.1	1573.4	1400.2	1261.7	846.0	638.2	513.5	430.4	326.5	264.3	181.4	140.0
350	29116	14565	7290.4	4866.4	3652.8	2925.3	2440.3	2093.9	1834.1	1632.0	1470.3	935.4	742.9	597.4	500.0	379.2	306.5	209.6	161.2
400	33273	16645	8390.3	6558.8	4172.1	3341.6	2787.3	2301.1	2094.5	1863.5	1678.8	1124.5	847.3	681.0	570.2	431.7	348.5	237.7	182.3
450	37431	18724	9369.9	6252.1	4693.1	3757.7	3134.2	2688.7	2354.7	2094.9	1887.0	1263.4	951.6	764.6	640.0	484.0	390.4	265.7	203.4
500	41588	20803	10410	6945.2	5213.0	4173.7	3480.9	2986.0	2614.8	2326.1	2095.1	1402.3	1055.8	848.0	709.4	536.2	432.2	293.6	224.3

表 4-39　仲氢的比容

单位：cm^3/mol

T/K \ p/bar	1	2	4	6	8	10	12	14	16	18	20	30	40	50	60	80	100	150	200
14	20.23	26.20	26.14																
16	26.82	26.78	26.71	26.64	26.58	26.51	26.45	26.39	26.33	26.27	26.21	25.94	25.68	25.45	25.23				
18	27.51	27.47	27.38	27.30	27.22	27.14	27.07	27.00	26.92	26.85	26.79	26.46	26.17	25.91	25.66	25.22	24.84		
20	28.35	28.29	28.19	28.09	27.99	27.89	27.80	27.71	27.62	27.64	27.46	27.08	26.74	26.43	26.15	25.66	25.23	24.35	23.66
22	1609.7	29.31	29.17	29.04	28.91	28.79	28.67	28.56	28.45	28.35	28.25	27.78	27.38	27.02	26.70	26.13	25.65	24.69	23.94
24	1875.5	869.8	30.42	30.24	30.06	29.90	29.74	29.59	29.45	29.32	29.19	28.61	28.12	27.69	27.31	26.66	26.12	25.05	24.24
26	2056.6	970.6	414.7	31.82	31.56	31.32	31.09	30.89	30.69	30.51	30.33	29.58	28.97	28.45	28.00	27.25	26.63	25.45	24.57
28	2235.0	1067.6	476.4	34.15	33.68	33.27	32.91	32.59	32.29	32.02	31.77	30.75	29.96	29.32	28.78	27.90	27.19	25.87	24.91
30	2411.4	1161.9	532.5	316.0	196.4	36.46	35.69	35.07	34.54	34.09	33.70	32.19	31.14	30.33	29.67	28.62	27.80	26.32	25.27
32	2586.2	1254.3	585.2	358.4	240.2	160.9	42.07	39.69	38.30	37.30	36.52	34.05	32.57	31.51	30.68	29.42	28.48	26.81	25.66

续表

p/bar T/K	1	2	4	6	8	10	12	14	16	18	20	30	40	50	60	80	100	150	200
34	2759. 8	1345. 2	635. 8	397. 0	275. 0	198. 6	142. 7	91. 25	50. 25	44. 22	41. 66	36. 58	34. 35	32. 91	31. 85	30. 32	29. 21	27. 33	26. 07
36	2932. 4	1435. 0	684. 8	433. 3	306. 0	228. 0	174. 0	133. 1	99. 25	71. 81	56. 14	40. 30	36. 62	34. 60	33. 22	31. 33	30. 02	27. 89	26. 50
38	3104. 1	1523. 8	732. 7	468. 0	334. 7	253. 8	198. 9	158. 7	127. 5	102. 3	82. 41	46. 20	39. 62	36. 66	34. 81	32. 45	30. 91	28. 48	26. 95
40	3275. 2	1611. 8	779. 6	501. 5	361. 9	277. 6	220. 8	179. 8	148. 5	123. 9	104. 0	55. 08	43. 64	39. 21	36. 90	33. 72	31. 88	29. 12	27. 44
50	4123. 9	2045. 2	1005. 9	659. 5	486. 3	382. 3	313. 1	263. 6	226. 5	197. 7	174. 7	106. 8	75. 60	59. 91	51. 32	42. 63	38. 26	32. 92	30. 20
60	4966. 1	2471. 8	1224. 8	809. 3	601. 6	477. 1	394. 1	335. 0	290. 7	256. 3	228. 8	147. 1	197. 3	84. 66	70. 63	55. 09	47. 07	37. 82	33. 58
70	5604. 9	2894. 9	1440. 1	955. 3	713. 0	567. 7	471. 0	401. 8	350. 2	310. 0	277. 9	182. 2	135. 0	107. 4	89. 56	68. 57	57. 11	43. 57	37. 49
80	5641. 7	3316. 0	1653. 3	1099. 2	822. 3	656. 2	545. 6	466. 6	407. 4	361. 4	324. 6	214. 9	160. 5	128. 4	107. 3	81. 85	67. 40	49. 76	41. 79
90	7477. 2	3735. 8	1865. 2	1241. 8	930. 2	743. 3	618. 8	529. 9	463. 2	411. 4	370. 1	246. 2	184. 8	148. 2	124. 2	94. 67	77. 57	56. 15	46. 30
100	8311. 2	4154. 7	2076. 3	1383. 6	1037. 3	829. 6	691. 1	592. 3	518. 2	460. 6	414. 6	276. 8	208. 2	167. 4	140. 4	107. 1	87. 53	62. 59	50. 92
120	9979. 4	4990. 8	2496. 6	1665. 3	1249. 7	1000. 3	834. 2	715. 5	626. 5	557. 3	502. 0	336. 3	253. 6	204. 9	171. 5	130. 9	106. 8	75. 36	60. 27
140	11645	5825. 5	2915. 5	1945. 6	1460. 7	1169. 7	975. 8	837. 3	733. 5	652. 7	588. 1	394. 5	297. 9	240. 0	201. 6	153. 8	125. 3	87. 86	69. 55
160	13311	6659. 2	3333. 5	2225. 0	1670. 8	1338. 3	1116. 6	958. 3	839. 6	747. 2	673,4	452. 0	341. 4	275. 1	231. 1	176. 2	143. 4	100. 1	78. 72
180	14975	7492. 4	3751. 0	2503. 9	1880. 3	1506. 2	1256. 8	1078. 7	945. 1	841. 2	758. 1	508. 9	384. 4	309. 8	260. 1	198. 2	161. 1	112. 0	87. 74
200	16640	8325. 2	4168. 0	2782. 3	2089. 5	1673. 8	1396. 7	1198. 8	1050. 3	934. 9	842. 5	565. 5	427. 1	344. 2	288. 9	219. 9	178. 6	123. 8	96. 64
220	18303	9157. 7	4584. 8	3060. 5	2298. 4	1841. 1	1536. 3	1318. 6	1155. 3	1028. 3	926. 7	621. 9	469. 6	378. 3	317. 4	241. 5	196. 0	135. 5	105. 4
240	19967	9990. 0	5001. 3	3338. 5	2507. 1	2008. 2	1675. 7	1438. 1	1260. 0	1121. 4	1010. 6	678. 1	511. 9	412. 2	345. 8	262. 9	213. 2	147. 1	114. 1
260	21631	10822	5417. 8	3616. 3	2715. 6	2175. 2	1814. 9	1557. 6	1364. 6	1214. 5	1094. 4	734. 2	554. 1	446. 1	374. 1	284. 2	230. 3	158. 5	122. 8
280	23294	11654	5834. 0	3894. 0	2924. 0	2342. 0	1954. 0	1676. 9	1469. 0	1307. 4	1178. 1	790. 1	596. 2	479. 8	402. 3	305. 4	247. 3	170. 0	131. 4
300	24958	12466	6250. 2	4171. 6	3132. 3	2506. 8	2093. 1	1796. 1	1573. 4	1400. 2	1261. 7	846. 0	638. 2	513. 5	430. 4	326. 5	264. 3	181. 4	140. 0
350	29116	14565	7290. 4	4866. 4	3652. 8	2925. 3	2440. 3	2093. 9	1834. 1	1632. 0	1470. 3	985. 4	742. 9	597. 4	500. 0	379. 2	306. 5	209. 6	161. 2
400	33273	16645	8330. 3	5558. 8	4173. 1	3341. 6	2787. 3	2391. 4	2094. 5	1863. 5	1678. 8	1124. 5	847. 3	681. 0	570. 2	431. 7	348. 5	237. 7	182. 3
450	37431	18724	9369. 9	6252. 1	4693. 1	3757. 7	3134. 2	2688. 7	2354. 7	2094. 9	1887. 0	1263. 4	951. 6	764. 6	640. 0	484. 0	390. 4	265. 7	203. 4
500	41588	20803	10410	6945. 2	5213. 0	4173. 7	3480. 9	2986. 0	2614. 8	2326. 1	2095. 1	1402. 3	1055. 8	848. 0	709. 4	536. 2	432. 2	293. 6	224. 3

表 4-40 饱和氪的密度

单位：kg/m^3

T/K	ρ'	ρ''	T/K	ρ'	ρ''	T/K	ρ'	ρ''
115.76	2452	6.52	146	2203	41.25	180	1846	169.9
116	2450	6.64	148	2185	45.38	182	1819	183.3
118	2434	7.73	150	2167	49.81	184	1791	197.8
120	2418	8.95	152	2149	54.56	186	1762	213.6
122	2402	10.31	154	2130	59.66	188	1731	231.0
124	2386	11.82	156	2111	65.13	190	1699	250.2
126	2370	13.49	158	2092	71.00	192	1666	271.6
128	2355	15. 33	160	2073	77.29	194	1631	295.3
130	2339	17.35	164	2032	91.21	196	1593	321.4
132	2322	19.56	166	2011	98.89	198	1553	350.5
134	2305	21.97	168	1990	107.1	200	1508	383.9
136	2288	24.59	170	1968	115.8	202	1456	423.9
138	2271	27.43	172	1945	125.1	204	1395	474.2
140	2254	30.50	174	1922	135.1	206	1317	540.1
142	2237	33.82	176	1897	145.9	208	1209	632.5
144	2220	37.40	178	1872	157.5	209.39	911.0	911.0

表 4-41 氪的密度

单位：kg/m^3

p/bar \ T/K	250	260	270	280	290	300	350	400	450	500
1	4.04	3.889	3.743	3.808	3.483	3.366	2.883	2.521	2.240	2.016
2	8.12	7.802	7.508	7.235	6.982	6.746	5.772	5.046	4.483	4.032
3	12.12	11.74	11.29	10.88	10.50	10.14	8.669	7.574	6.726	6.050
4	16.36	15.70	15.10	14.54	14.03	13.55	11.57	10.10	8.972	8.068
5	20.52	19.70	18.93	18.22	17.57	16.97	14.48	12.64	11.22	10.09
10	41.83	40.04	38.41	36.92	35.55	34.28	29.13	25.36	22.48	20.19
20	87.07	82.91	79.19	75.82	72.77	69.98	58.92	51.04	45.10	40.44
30	136.4	129.0	122.6	116.9	111.8	107.2	89.38	77.04	67.86	60.73
40	190.6	179.0	169.0	160.4	152.8	146.0	120.5	103.3	90.75	81.07
50	250.8	233.4	218.8	206.5	195.9	186.5	152.3	129.9	113.7	101.4
60	318.5	292.9	272.4	255.5	241.2	228.8	184.7	156.7	136.8	121.8
70	395.2	358.3	330.1	307.6	288.8	272.9	217.7	183.8	160.0	142.2
80	482.8	430.4	392.3	362.7	338.8	318.7	251.3	211.0	183.2	162.6
90	582.5	509.5	459.0	421.1	391.0	366.2	285.5	238.5	206.5	182.9
100	693.0	595.2	530.0	482.3	445.3	415.4	320.1	266.0	229.8	203.3
150	1168	1023	902.9	807.9	733.5	674.3	496.9	404.8	345.9	304.1
200	1395	1283	1176	1077	990.5	915.4	671.0	541.3	459.7	402.5

表 4-42 饱和氙的密度

单位：kg/m^3

T/K	ρ'	ρ''	T/K	ρ'	ρ''	T/K	ρ'	ρ''
161.36	2985	8.20	172	2902	14.23	184	2812	24.47
162	2980	8.50	174	2886	15.66	186	2797	26.59
164	2964	9.47	176	2871	17.19	188	2782	28.84
166	2948	10.53	178	2857	18.83	190	2768	31.24
168	2932	11.68	180	2841	20.59	192	2753	33.78
170	2917	12.90	182	2826	22.47	194	2738	36.47

续表

T/K	ρ′	ρ″	T/K	ρ′	ρ″	T/K	ρ′	ρ″
196	2725	39.32	228	2467	111.9	260	2120	279.3
198	2710	42.34	230	2449	118.6	262	2093	296.0
200	2695	45.51	232	2431	125.7	264	2062	314.0
202	2680	48.86	234	2411	133.3	266	2035	333.4
204	2664	52.40	236	2391	141.2	268	2002	354.3
206	2650	56.13	238	2372	149.6	270	1970	376.8
208	2635	60.05	240	2352	158.5	272	1934	401.1
210	2620	64.17	242	2330	167.9	274	1895	427.5
212	2605	68.50	244	2308	177.8	276	1855	456.9
214	2589	73.05	246	2286	188.3	278	1812	489.8
216	2573	77.83	248	2263	199.3	280	1764	527.4
218	2557	82.85	250	2241	210.9	282	1711	571.1
220	2540	88.12	252	2217	223.1	284	1650	622.7
222	2522	93.65	254	2197	235.9	286	1573	686.0
224	2503	99.45	256	2173	249.4	288	1475	783.1
226	2485	105.5	258	2148	263.8	289.74	1100	1100

表 4-43　氙的密度　　单位：kg/m^3

p/bar \ T/K	290	300	310	320	330	340	350	400	450	500
1	5.476	5.290	5.117	4.956	4.804	4.661	4.526	3.956	3.514	3.161
2	11.01	10.63	10.28	9.953	9.664	9.354	9.082	7.929	7.038	6.329
3	16.61	16.03	15.50	14.99	14.52	14.08	13.66	11.92	10.57	9.503
4	22.28	21.49	20.76	20.08	19.44	18.84	18.28	15.92	14.12	12.68
5	28.02	27.01	26.07	15.20	24.39	23.64	22.93	19.95	17.67	15.87
10	57.81	55.54	53.46	51.55	49.79	48.15	46.63	40.33	35.60	31.89
20	124.2	118.3	113.0	108.3	104.0	100.2	96.62	82.45	72.21	64.38
30	203.8	191.3	180.8	171.8	163.9	156.9	150.6	126.5	109.9	97.47
40	306.1	280.2	260.4	244.4	230.9	219.4	209.4	172.7	148.6	131.2
50	459.2	397.0	357.9	329.6	307.3	289.2	273.8	221.1	188.5	165.4
60	1526	576.5	485.8	433.2	396.3	368.0	345.1	271.9	229.4	200.2
70	1714	1040	673.4	565.4	502.3	458.2	424.6	325.2	271.4	235.6
80	1805	1518	989.0	742.3	631.3	562.6	513.7	381.2	314.5	271.4
90	1868	1658	1332	975.3	788.5	683.3	613.4	439.6	358.6	307.7
100	1918	1744	1512	1214	969.2	820.0	723.8	500.6	403.6	344.4
150	2081	1971	1851	1719	1575	1427	1283	830.4	638.8	532.2
200	2184	2096	2004	1908	1807	1704	1589	1141	874.2	720.2

表 4-44　饱和一氧化碳的密度　　单位：kg/m^3

T/K	ρ′	ρ″	T/K	ρ′	ρ″	T/K	ρ′	ρ″	T/K	ρ′	ρ″
68.14	846	0.7826	81.63	789	4.404	101.46	695	24.74	119.50	579	74.89
69.77	839	1.024	85.36	776	6.498	103.66	685	28.55	121.45	561	85.13
72.42	829	1.468	88.25	765	8.552	105.69	673	32.26	125.97	516	171.1
74.38	819	1.895	90.60	753	10.49	109.17	651	40.41	129.85	451	163.8
76.01	812	2.314	92.62	741	12.57	112.13	632	48.29	132.92	301	301
77.40	807	2.743	96.11	722	16.72	114.83	614	56.58			
79.72	798	3.581	98.98	707	20.84	117.21	597	65.13			

表 4-45　一氧化碳的密度

单位：kg/m³

p/bar \ T/K	73.15	83.15	93.15	103.15	113.15	123.15	133.15	143.15	153.15	163.15	173.15	183.15	193.15	203.15	223.15	248.15	273.15	298.15	323.15	373.15
0.1	0.4674	0.4088	0.3639	0.3303	0.2987	0.2742	0.2535	0.2357	0.2202	0.2067	0.1947	0.1841	0.1745	0.1657	0.1510	0.1358	0.1234	0.1130	0.1043	0.09030
1		4.267	3.762	3.370	3.048	2.787	2.567	2.382	2.221	2.081	1.957	1.847	1.750	1.663	1.511	1.359	1.234	1.131	1.043	0.9029
2			7.772	6.937	6.242	5.677	5.208	4.814	4.478	4.187	3.933	3.709	3.511	3.334	3.031	2.722	2.471	2.262	2.091	1.805
4				14.634	12.932	11.666	10.642	9.797	9.082	8.470	7.939	7.473	7.061	6.699	6.081	5.455	4.948	4.527	4.173	3.610
6				23.538	20.282	18.059	16.361	14.987	13.839	12.866	12.032	11.294	10.658	10.105	9.154	8.200	7.430	6.794	6.186	5.411
8					28.151	24.766	22.230	20.238	18.624	17.269	16.126	15.132	14.276	13.526	12.247	10.954	9.918	9.068	8.346	7.213
10					36.758	31.938	28.465	25.768	23.637	21.866	20.356	19.067	17.955	16.986	15.356	13.724	12.410	11.340	10.440	9.012
15						53.556	46.221	40.890	36.855	33.747	31.192	29.086	27.300	25.768	23.226	20.687	18.673	17.027	15.666	13.505
20						81.424	67.332	57.992	51.300	46.298	42.504	39.451	36.909	34.786	31.202	27.711	24.964	22.735	20.887	17.990
25							92.442	76.950	60.010	59.723	54.283	50.197	46.816	43.979	39.301	34.799	31.296	28.454	26.226	22.462
50							508.348	250.089	173.975	140.754	122.154	109.714	100.322	92.810	81.377	70.965	63.185	57.105	52.189	44.645
75							559.082	410.102	319.749	247.002	204.751	178.408	159.874	145.809	125.380	107.855	95.240	85.657	78.001	66.437
100							590.928	512.066	431.587	358.643	298.933	254.174	222.655	200.358	169.758	144.530	126.972	113.769	103.282	87.751
150							639.498	585.983	529.490	473.142	419.311	371.485	330.697	299.252	253.026	214.472	187.609	167.524	151.733	128.604
200							673.317	619.690	569.309	518.704	472.344	432.921	399.002	369.525	321.584	275.689	242.092	216.796	196.699	166.925

表 4-46　饱和甲烷的密度

单位：kg/m³

T/K	ρ'	ρ''	T/K	ρ'	ρ''
190.6	162.5		143.16	374.2	11.2
183.16	266.8	66.5	133.16	391.6	6.8
173.16	305.0	41.3	123.16	407.5	3.9
163.16	332.4	26.9	111.16	424.5	1.8
153.16	354.7	17.5			

表 4-47　饱和乙炔的密度　　单位：kg/m^3

T/K	ρ'	ρ''	T/K	ρ'	ρ''
308.7	230.6	230.6	253.2	511.4	23.81
307.8	298.2	163.7	240.7	537.8	15.74
300.0	370.8	107.1	230.4	557.4	11.02
290.4	413.8	75.45	221.5	573.3	7.912
284.9	431.7	62.87	209.4	592.9	4.820
278.9	448.8	51.75	200.9	605.3	3.320
271.6	469.0	41.58	192.4	609.6	2.106
263.0	489.3	32.37			

(2) 低温工质的饱和蒸气压

表 4-48～表 4-61 包括了空气、氧、氮、氩、氖、氦、氢、氪、氙、一氧化碳、甲烷、乙炔等工质在不同温度下的饱和蒸气压。

表 4-48　空气的饱和蒸气压　　单位：bar

T/K	p_f	p_1	T/K	p_f	p_1	T/K	p_f	p_1
64	0.1234	0.07115	87	2.321	1.788	110	12.59	11.22
65	0.1468	0.08613	88	2.544	1.976	111	13.35	11.95
66	0.1737	0.1036	89	2.782	2.179	112	14.13	12.71
67	0.2045	0.1239	90	3.036	2.397	113	14.95	13.51
68	0.2394	0.1474	91	3.307	2.632	114	15.80	14.34
69	0.2789	0.1744	92	3.596	2.884	115	16.68	15.21
70	0.3234	0.2052	93	3.903	3.153	116	17.60	16.12
71	0.3734	0.2403	94	4.229	3.441	117	18.55	17.07
72	0.4292	0.2801	95	4.574	3.748	118	19.54	18.05
73	0.4913	0.3250	96	4.940	4.075	119	20.56	19.07
74	0.5603	0.3755	97	5.327	4.423	120	21.61	20.14
75	0.6366	0.4321	98	5.736	4.792	121	22.70	21.25
76	0.7207	0.4953	99	6.167	5.184	122	23.83	22.40
77	0.8131	0.5656	100	6.621	5.599	123	24.99	23.60
78	0.9145	0.6435	101	7.099	6.039	124	26.19	24.85
79	1.025	0.7296	102	7.602	6.504	125	27.43	26.14
80	1.146	0.8245	103	8.130	6.994	126	28.70	27.48
81	1.277	0.9289	104	8.684	7.511	127	30.01	28.86
82	1.420	1.043	105	9.265	8.056	128	31.36	30.31
83	1.574	1.168	106	9.873	8.629	129	32.74	31.78
84	1.741	1.305	107	10.51	9.231	130	34.16	33.32
85	1.920	1.453	108	11.17	9.863	131	35.62	34.91
86	2.114	1.614	109	11.87	10.53	132	37.12	36.56
						132.55	—	37.69

注：空气是混合物，p_f、p_1 表示同一个温度对应的压力区间。

表 4-49　氩的饱和蒸气压　　单位：bar

T/K	p	T/K	p	T/K	p	T/K	p	T/K	p
54.35	0.001500	75	0.1448	95	1.634	116	8.045	137	24.33
55	0.001831	76	0.1690	96	1.793	117	8.558	138	25.45
56	0.002467	77	0.1963	97	1.963	118	9.083	139	26.61
57	0.003287	78	0.2271	98	2.145	119	9.637	140	27.82
58	0.004334	79	0.2616	99	2.339	120	10.21	141	29.06
59	0.005658	80	0.3003	100	2.546	121	10.82	142	30.34
60	0.007317	81	0.3435	101	2.767	122	11.44	143	31.67
61	0.009378	82	0.3914	102	3.002	123	12.10	144	33.04
62	0.01192	83	0.4445	103	3.251	124	12.78	145	34.45
63	0.01502	84	0.5031	104	3.515	125	13.48	146	35.91
64	0.01879	85	0.5677	105	3.794	126	14.22	147	37.41
65	0.02333	86	0.6386	106	4.090	127	14.98	148	38.97
66	0.02877	87	0.7163	107	4.402	128	15.77	149	40.57
67	0.03523	88	0.8012	108	4.731	129	16.59	150	42.23
68	0.04288	89	0.8937	109	5.078	130	17.44	151	43.93
69	0.05186	90	0.9943	110	5.443	131	18.33	152	45.69
70	0.06236	90.18	1.013	111	5.826	132	19.24	153	47.51
71	0.07457	91	1.103	112	6.229	133	20.19	154	49.39
72	0.08369	92	1.221	113	6.652	134	21.17	154.77	50.87
73	0.1049	93	1.349	114	7.095	135	22.19		
74	0.1236	94	1.486	115	7.559	136	23.24		

表 4-50　氮的饱和蒸气压　　单位：bar

T/K	p	T/K	p	T/K	p	T/K	p
63.15	0.1253	79	1.225	96	5.824	113	17.39
64	0.1462	80	1.369	97	6.274	114	18.36
65	0.1743	81	1.525	98	6.748	115	19.40
66	0.2065	82	1.694	99	7.248	116	20.47
67	0.2433	83	1.877	100	7.775	117	21.58
68	0.2852	84	2.074	101	8.328	118	22.72
69	0.3325	85	2.287	102	8.910	119	23.92
70	0.3859	86	2.515	103	9.520	120	25.15
71	0.4457	87	2.760	104	10.16	121	26.44
72	0.5126	88	3.022	105	10.83	122	27.77
73	0.5871	89	3.302	106	11.53	123	29.14
74	0.6696	90	3.600	107	12.27	124	30.57
75	0.7609	91	3.918	108	13.03	125	32.05
76	0.8614	92	4.256	109	13.83	126	33.57
77	0.9719	93	4.615	110	14.67	126.2	33.96
77.35	1.013	94	4.995	111	15.54		
78	1.093	95	5.398	112	16.45		

表 4-51　氩的饱和蒸气压　　单位：bar

T/K	p	T/K	p	T/K	p	T/K	p	T/K	p
83.78	0.6875	96	2.329	110	6.652	124	14.99	138	29.04
84	0.7052	97	2.537	111	7.097	125	15.78	139	30.32
85	0.7898	98	2.758	112	7.562	126	16.60	140	31.64
86	0.8821	99	2.993	113	8.048	127	17.45	141	33.00
87	0.9825	100	3.243	114	8.557	128	18.33	142	34.41
87.29	1.013	101	3.507	115	9.088	129	19.25	143	35.86
88	1.091	102	3.787	116	9.643	130	20.20	144	37.36
89	1.209	103	4.084	117	10.22	131	21.18	145	38.90
90	1.337	104	4.397	118	10.82	132	22.19	146	40.50
91	1.474	105	4.727	119	11.45	133	23.24	147	42.14
92	1.622	106	5.074	120	12.11	134	24.32	148	43.83
93	1.781	107	5.440	121	12.79	135	25.45	149	45.58
94	1.952	108	5.825	122	13.49	136	26.31	150	47.39
95	2.134	109	6.229	123	14.23	137	27.80	150.86	48.98

表 4-52　氖的饱和蒸气压　　单位：bar

T/K	p	T/K	p	T/K	p	T/K	p	T/K	p
25	0.51033	29	1.7351	33	4.3860	37	9.1637	41	16.882
26	0.71841	30	2.2381	34	5.3518	38	10.7820	42	19.387
27	0.98545	31	2.8402	35	6.4618	39	12.597	43	22.157
28	1.3210	32	3.5526	36	7.7282	40	14.625	44	25.217

表 4-53　氦 4 的饱和蒸气压

T/K	$p\times10^3$/mmHg	T/K	$p\times10^3$/mmHg	T/K	$p\times10^3$/mmHg	T/K	$p\times10^3$/mmHg
0.5	0.016342	1.7	8590.22	2.9	156204	4.1	680740
0.6	0.28121	1.8	12466.1	3.0	182073	4.2	749328
0.7	2.2787	1.9	17478.2	3.1	210711	4.3	822411
0.8	11.445	2.0	23767.4	3.2	242266	4.4	900258
0.9	41.581	2.1	31428.1	3.3	276880	4.5	983066
1.0	120.000	2.2	40465.6	3.4	314697	4.6	1071029
1.1	292.169	2.3	51012.3	3.5	355844	4.7	1164339
1.2	625.025	2.4	63304.3	3.6	400471	4.3	1263212
1.3	1208.51	2.5	77493.1	3.7	448702	4.9	1367870
1.4	2155.35	2.6	93733.4	3.8	500688	5.0	1478535
1.5	3598.97	2.7	112175	3.9	556574	5.1	1595437
1.6	5689.88	2.8	132952	4.0	616537	5.2	1718817

表 4-54　氦 3 的饱和蒸气压

T/K	$p\times10^3$/mmHg	T/K	$p\times10^3$/mmHg	T/K	$p\times10^3$/mmHg	T/K	$p\times10^3$/mmHg
0.2	0.012	1.0	8.842	1.8	102.516	2.6	380.383
0.3	1.877	1.1	13.725	1.9	125.282	2.7	432.686
0.4	28.115	1.2	20.163	2.0	151.112	2.8	489.549
0.5	159.224	1.3	28.360	2.1	180.184	2.9	511.203
0.6	544.490	1.4	38.516	2.2	212.673	3.0	617.907
0.7	1381.771	1.5	50.822	2.3	248.757	3.1	689.949
0.8	2892.496	1.6	65.467	2.4	288.613	3.2	767.656
0.9	5304.397	1.7	82.638	2.5	332.425	3.3	851.406

表 4-55　正氢的饱和蒸气压　　单位：bar

T/K	p	T/K	p	T/K	p	T/K	p	T/K	p
14	0.07451	19	0.6561	24	2.574	29	6.848	32	11.00
15	0.1274	20	0.9021	25	3.206	30	8.077	32.5	11.84
16	0.2054	21	1.209	26	3.942	30.5	8.747	33	12.73
17	0.3150	22	1.584	27	4.789	31	9.455	33.23	13.16
18	0.4629	23	2.036	28	5.755	31.5	10.20		

表 4-56　仲氢的饱和蒸气压　　单位：bar

T/K	p	T/K	p	T/K	p	T/K	p	T/K	p
14	0.07880	19	0.6812	24	2.645	29	6.993	32	11.205
15	0.1342	20	0.9342	25	3.290	30	8.240	32.5	12.068
16	0.2154	21	1.249	26	4.039	30.5	8.920	32.98	12.933
17	0.3291	22	1.633	27	4.901	31	9.638		
18	0.4820	23	2.095	28	5.883	31.5	10.399		

表 4-57　氪的饱和蒸气压　　单位：bar

T/K	p	T/K	p	T/K	p	T/K	p	T/K	p
115.76	0.7292	134	2.728	154	7.928	176	19.42	196	37.45
116	0.7442	136	3.080	156	8.687	178	20.85	198	39.76
118	0.8785	138	3.465	158	9.497	180	22.36	200	42.17
120	1.031	140	3.884	160	10.36	182	23.95	202	44.68
122	1.202	142	4.339	164	12.25	184	25.62	204	47.31
124	1.395	144	4.832	166	13.29	186	27.37	206	50.05
126	1.610	146	5.364	168	14.38	188	29.20	208	52.91
128	1.849	148	5.938	170	15.54	190	31.12	209.39	54.97
130	2.114	150	6.556	172	16.76	192	33.14		
132	2.406	152	7.218	174	18.06	194	35.25		

表 4-58　氙的饱和蒸气压　　单位：bar

T/K	p	T/K	p	T/K	p	T/K	p	T/K	p
161.36	0.8159	188	3.200	216	9.194	244	20.79	272	40.40
162	0.8480	190	3.487	218	9.810	246	21.90	274	42.18
164	0.9546	192	3.794	220	10.46	248	23.04	276	44.01
166	1.071	194	4.119	222	11.13	250	24.23	278	45.91
168	1.199	196	4.465	224	11.84	252	25.46	280	47.87
170	1.337	198	4.832	226	12.58	254	26.74	282	49.88
172	1.488	200	5.220	228	13.35	256	28.06	284	51.96
174	1.651	202	5.631	230	14.15	258	29.43	286	54.10
176	1.827	204	6.064	232	14.99	260	30.84	288	56.31
178	2.017	206	6.522	234	15.87	262	32.31	289.74	58.28
180	2.222	208	7.004	236	16.78	264	33.82		
182	2.442	210	7.511	238	17.72	266	35.39		
184	2.678	212	8.045	240	18.71	268	37.00		
186	2.930	214	8.605	242	19.73	270	38.68		

表 4-59　一氧化碳的饱和蒸气压　　单位：bar

T/K	p	T/K	p	T/K	p	T/K	p
68.14	0.1535	81.63	1.013	101.46	6.078	119.50	18.23
69.77	0.203	85.36	1.520	103.66	7.091	121.45	20.26
72.42	0.304	88.25	2.026	105.69	8.104	125.97	25.32
74.38	0.405	90.60	2.532	109.17	10.13	129.85	30.39
76.01	0.506	92.62	3.039	112.13	12.16	132.92	34.98
77.40	0.608	96.11	4.052	114.83	14.18		
79.72	0.810	98.98	5.065	117.21	16.21		

表 4-60　甲烷的饱和蒸气压

T/K	0	1	2	3	4	5	6	7	8	9
	p/mmHg									
50	—	0.0042	0.0065	0.0098	0.0146	0.0215	0.0313	0.0448	0.0634	0.0887
60	0.1229	0.1685	0.2287	0.3074	0.410	0.541	0.709	0.922	1.189	1.524
70	1.939	2.450	3.077	3.841	4.766	5.88	7.22	8.81	10.71	12.95
80	15.58	18.67	22.27	26.46	31.31	36.90	43.33	50.70	59.11	68.69
90	79.55	91.4	103.7	117.31	132.32	148.84	166.99	186.88	208.62	232.32
100	258.12	286.14	316.51	349.37	384.86	423.11	464.28	508.50	555.93	606.72
110	661.03	719.01	781.03	847.51	918.2	993.29	1072.93	1157.30	1246.58	1340.94

续表

T/K	0	1	2	3	4	5	6	7	8	9
					p/bar					
120	2.004	2.149	2.302	2.464	2.633	2.812	2.999	3.196	3.402	3.617
130	3.843	4.079	4.324	4.582	4.849	5.128	5.418	5.719	6.032	6.359
140	6.696	7.046	7.410	7.787	8.178	8.582	9.001	9.433	9.881	10.344
150	10.822	11.316	11.826	12.353	12.895	13.456	14.034	14.629	15.243	15.875
160	16.526	17.196	17.886	18.595	19.325	20.075	20.846	21.638	22.451	23.287
170	24.144	25.024	25.928	26.854	27.804	28.778	29.778	30.802	31.852	32.928
180	34.031	35.162	36.321	37.509	38.729	39.979	41.262	42.578	43.932	45.322
190	46.751	48.223	—	—	—	—	—	—	—	—

表 4-61　乙炔的饱和蒸气压

T/K	p/mmHg	T/K	p/mmHg	T/K	p/mmHg
93.15	0.00034①	143.15	8.4①	193.15	1.378
103.15	0.0058①	153.15	28.1①	203.15	2.229
113.15	0.059①	163.15	80.8①	213.15	3.525
123.15	0.41①	173.15	205①		
133.15	2.08①	183.15	469①		

① 晶体上的蒸气压。

(3) 低温工质的比热容

表 4-62～表 4-80 包括了空气、氧、氮、氩、氢、氦、氖、氪、氙、一氧化碳、甲烷、乙炔等工质在不同温度下的饱和液体的比热容和气体比热容。

表 4-62　饱和空气的比热容　　单位：kJ/(kg・K)

T/K	c'_p	T/K	c'_p	T/K	c'_p	T/K	c'_p	T/K	c'_p
75	1.843	86	1.912	97	2.015	108	2.207	119	2.795
76	1.849	87	1.919	98	2.027	109	2.234	120	2.916
77	1.855	88	1.927	99	2.040	110	2.264	121	3.070
78	1.861	89	1.935	100	2.053	111	2.297	122	3.275
79	1.867	90	1.944	101	2.067	112	2.334	123	3.555
80	1.873	91	1.953	102	2.082	113	2.376	124	3.965
81	1.879	92	1.962	103	2.099	114	2.423	125	4.585
82	1.885	93	1.972	104	2.117	115	2.477		
83	1.891	94	1.982	105	2.137	116	2.540		
84	1.898	95	1.992	106	2.159	117	2.613		
85	1.905	96	2.003	107	2.182	118	2.697		

注：c'_p 为饱和液体的比热容，下同。

表 4-63 饱和氧的比热容 单位：kJ/(kg·K)

T/K	c'_p	T/K	c'_p	T/K	c'_p	T/K	c'_p
75	1.570	93	1.637	112	1.775	131	2.182
76	1.574	94	1.641	113	1.787	132	2.218
77	1.578	95	1.645	114	1.800	133	2.256
78	1.582	96	1.650	115	1.814	134	2.297
79	1.585	97	1.655	116	1.829	135	2.341
80	1.589	98	1.660	117	1.844	136	2.388
81	1.592	99	1.666	118	1.860	137	2.439
82	1.596	100	1.672	119	1.877	138	2.495
83	1.600	101	1.678	120	1.896	139	2.558
84	1.603	102	1.685	121	1.915	140	2.629
85	1.607	103	1.692	122	1.935	141	2.710
86	1.610	104	1.699	123	1.957	142	2.802
87	1.614	105	1.706	124	1.980	143	2.904
88	1.617	106	1.714	125	2.004	144	3.017
89	1.621	107	1.723	126	2.030	145	3.141
90	1.625	108	1.732	127	2.057	146	3.276
90.18	1.626	109	1.742	128	2.086	147	3.422
91	1.629	110	1.752	129	2.116	148	3.579
92	1.633	111	1.763	130	2.148	149	3.747

表 4-64 饱和氮的比热容 单位：kJ/(kg·K)

T/K	c'_p	T/K	c'_p	T/K	c'_p	T/K	c'_p	T/K	c'_p
63.15	1.928	74	1.945	84	1.983	95	2.086	106	2.356
64	1.929	75	1.948	85	1.989	96	2.101	107	2.398
65	1.930	76	1.951	86	1.996	97	2.117	108	2.445
66	1.931	77	1.954	87	2.003	98	2.135	109	2.500
67	1.932	77.35	1.955	88	2.011	99	2.155	110	2.566
68	1.933	78	1.957	89	2.019	100	2.176	111	2.645
69	1.935	79	1.960	90	2.028	101	2.199	112	2.736
70	1.935	80	1.964	91	2.037	102	2.225	113	2.836
71	1.939	81	1.968	92	2.048	103	2.254	114	2.945
72	1.941	82	1.973	93	2.060	104	2.285	115	3.063
73	1.943	83	1.978	94	2.073	105	2.319		

表 4-65 饱和氩的比热容 单位：kJ/(kg·K)

T/K	c'_p	T/K	c'_p	T/K	c'_p	T/K	c'_p	T/K	c'_p	T/K	c'_p
83.78	0.975	85	0.984	87	0.999	88	1.007	90	1.023	92	1.039
84	0.977	86	0.991	87.29	1.001	89	1.015	91	1.031	93	1.047

续表

T/K	c'_p	T/K	c'_p	T/K	c'_p	T/K	c'_p	T/K	c'_p	T/K	c'_p
94	1.055	103	1.129	112	1.222	121	1.358	130	1.587	139	2.022
95	1.063	104	1.138	113	1.235	122	1.377	131	1.622	140	2.086
96	1.071	105	1.147	114	1.248	123	1.398	132	1.659	141	2.153
97	1.079	106	1.157	115	1.261	124	1.420	133	1.700	142	2.222
98	1.087	107	1.167	116	1.275	125	1.444	134	1.744	143	2.294
99	1.095	108	1.177	117	1.290	126	1.469	135	1.792	144	2.368
100	1.103	109	1.188	118	1.306	127	1.495	136	1.844	145	2.445
101	1.111	110	1.199	119	1.323	128	1.523	137	1.900		
102	1.120	111	1.210	120	1.340	129	1.554	138	1.960		

表 4-66　氘的定压比热容　　单位：kJ/(kmol·K)

T/K	c_p	T/K	c_p	T/K	c_p	T/K	c_p
1	0.004	7	2.13	13	9.74	19	17.73
2	0.039	8	3.10	14	11.09	20	19.14
3	0.134	9	4.19	15	12.42	21	20.84
4	0.345	10	5.42	16	13.71	22	22.72
5	0.760	11	6.82	17	15.01	23	24.63
6	1.36	12	8.28	18	16.35	24	26.48

表 4-67　饱和正常氢的比热容　　单位：kJ/(kmol·K)

T/K	c'_p	c''_p	T/K	c'_p	c''_p	T/K	c'_p	c''_p
14	13.41	20.90	22	22.13	24.99	30	51.52	58.21
15	14.10	21.23	23	23.81	26.15	30.5	58.35	67.03
16	14.80	21.56	24	25.62	27.63	31	68.23	79.94
17	15.52	21.91	25	27.67	29.53	31.5	83.88	100.66
18	16.48	22.30	26	30.08	32.02	32	112.5	139.29
19	17.68	22.77	27	33.07	35.35	32.5	181.8	285.59
20	19.06	23.35	28	37.01	40.01	33	560.3	817.7
21	20.56	24.07	29	42.63	46.93	33.23	∞	∞

表 4-68　饱和仲氢的比热容　　单位：kJ/(kmol·K)

T/K	c'_p	c''_p	T/K	c'_p	c''_p	T/K	c'_p	c''_p
14	13.25	20.90	21	20.56	24.24	28	37.45	41.52
15	13.97	21.25	22	22.15	25.20	29	43.61	49.32
16	14.59	21.60	23	23.81	26.43	30	53.64	62.39
17	15.33	21.97	24	25.63	28.01	31	73.79	89.25
18	16.35	22.38	25	27.69	30.05	32	136.04	174.52
19	17.61	22.87	26	30.18	32.73	32.98	∞	∞
20	19.04	23.47	27	33.27	36.37			

表 4-69　空气的比热容

单位：kJ/(kg·K)

T/K \ p/bar	1	2	3	4	5	6	8	10	15	20	25	30	35	40	50	60	80	100	150	200
75	1.843	—	—	—	1.840	—	—	1.836	1.832	1.828	1.824	1.820	1.816	1.813	1.806	1.799	1.786	1.774	1.749	1.726
85	1.052	—	—	—	1.868	—	—	1.894	1.887	1.881	1.875	1.870	1.864	1.858	1.848	1.838	1.819	1.803	1.767	1.740
90	1.044	1.095	—	—	1.901	—	—	1.932	1.924	1.916	1.908	1.900	1.893	1.886	1.873	1.860	1.838	1.818	1.777	1.747
95	1.037	1.079	1.129	—	1.941	—	—	1.979	1.968	1.957	1.947	1.937	1.928	1.919	1.902	1.886	1.858	1.834	1.787	1.753
100	1.032	1.067	1.108	1.155	1.991	—	—	2.041	2.025	2.010	1.996	1.983	1.970	1.958	1.939	1.915	1.881	1.852	1.798	1.761
105	1.028	1.058	1.091	1.129	1.212	1.226	1.361	2.133	2.109	2.086	2.065	2.045	2.027	2.010	1.980	1.953	1.909	1.873	1.809	1.767
110	1.025	1.050	1.078	1.110	1.174	1.186	1.285	1.422	2.244	2.205	2.170	2.139	2.111	2.036	2.042	2.005	1.945	1.900	1.823	1.776
115	1.022	1.044	1.068	1.095	1.145	1.156	1.233	1.332	1.767	2.425	2.357	2.300	2.251	2.208	2.138	2.081	1.997	1.937	1.843	1.789
120	1.020	1.039	1.060	1.082	1.124	1.134	1.195	1.270	1.560	2.237	2.784	2.684	2.521	2.432	2.300	2.205	2.078	1.992	1.870	1.809
125	1.018	1.035	1.053	1.072	1.107	1.116	1.166	1.226	1.436	1.813	2.772	3.910	3.285	2.962	2.614	2.422	2.200	2.062	1.904	1.831
130	1.016	1.031	1.047	1.064	1.093	1.101	1.144	1.193	1.353	1.604	2.057	3.197	—	4.821	3.204	2.824	2.395	2.170	1.947	1.856
135	1.015	1.028	1.042	1.057	1.082	1.090	1.126	1.167	1.295	1.476	1.755	2.271	3.325	8.684①	5.023	3.482	2.649	2.320	1.998	1.881
140	1.014	1.026	1.038	1.052	1.073	1.080	1.111	1.146	1.250	1.390	1.584	1.871	2.324	3.193	8.694②	4.808	2.992	2.506	2.059	1.905
145	1.013	1.024	1.035	1.047	1.065	1.072	1.099	1.129	1.216	1.328	1.473	1.668	1.941	2.341	3.931	5.485③	3.373	2.682	2.126	1.928
150	1.012	1.022	1.031	1.042	1.059	1.065	1.089	1.115	1.189	1.281	1.395	1.538	1.723	1.966	2.721	3.837	3.622	2.832	2.183	1.951
160	1.010	1.019	1.027	1.036	1.053	1.054	1.073	1.093	1.150	1.215	1.292	1.381	1.486	1.610	1.927	2.338	3.029	2.874	2.243	1.988
170	1.009	1.016	1.023	1.030	1.045	1.045	1.061	1.077	1.122	1.171	1.227	1.290	1.359	1.437	1.620	1.836	2.291	2.508	2.227	1.986
180	1.008	1.014	1.020	1.026	1.038	1.039	1.052	1.065	1.101	1.141	1.183	1.230	1.280	1.335	1.457	1.594	1.887	2.114	2.130	1.953
190	1.008	1.013	1.018	1.023	1.033	1.034	1.045	1.056	1.086	1.118	1.152	1.188	1.227	1.268	1.356	1.452	1.655	1.836	2.984	1.893
200	1.007	1.011	1.016	1.020	1.028	1.030	1.039	1.049	1.074	1.101	1.129	1.158	1.189	1.221	1.288	1.361	1.510	1.650	1.832	1.814
210	1.006	1.010	1.014	1.018	1.025	1.027	1.035	1.043	1.064	1.087	1.111	1.135	1.160	1.186	1.240	1.296	1.412	1.522	1.699	1.728
220	1.006	1.010	1.013	1.017	1.022	1.024	1.031	1.038	1.057	1.076	1.096	1.117	1.138	1.159	1.204	1.249	1.342	1.431	1.591	1.643
230	1.006	1.009	1.012	1.015	1.020	1.022	1.028	1.034	1.051	1.068	1.085	1.103	1.120	1.139	1.176	1.214	1.190	1.363	1.504	1.567
240	1.006	1.009	1.011	1.014	1.018	1.020	1.025	1.031	1.046	1.061	1.076	1.091	1.106	1.122	1.154	1.186	1.250	1.311	1.435	1.501
250	1.006	1.008	1.011	1.013	1.017	1.018	1.023	1.028	1.041	1.055	1.068	1.081	1.095	1.108	1.136	1.164	1.219	1.271	1.379	1.444
260	1.006	1.008	1.010	1.013	1.016	1.017	1.022	1.026	1.038	1.050	1.061	1.073	1.085	1.097	1.122	1.146	1.194	1.239	1.335	1.396
270	1.006	1.008	1.010	1.012	1.015	1.016	1.020	1.024	1.035	1.046	1.056	1.067	1.078	1.088	1.110	1.131	1.173	1.213	1.298	1.355
280	1.006	1.008	1.010	1.012	1.014	1.015	1.019	1.023	1.032	1.042	1.052	1.061	1.071	1.081	1.100	1.119	1.156	1.191	1.267	1.321

续表

T/K \ p/bar	1	2	3	4	5	6	8	10	15	20	25	30	35	40	50	60	80	100	150	200
290	1.006	1.008	1.010	1.011	1.013	1.015	1.018	1.022	1.030	1.039	1.048	1.057	1.065	1.074	1.091	1.109	1.142	1.173	1.242	1.291
300	1.007	1.008	1.010	1.011	1.013	1.014	1.018	1.021	1.028	1.037	1.045	1.053	1.061	1.068	1.084	1.100	1.130	1.158	1.220	1.266
310	1.007	1.008	1.010	1.011	1.013	1.014	1.017	1.020	1.027	1.035	1.042	1.049	1.057	1.064	1.078	1.092	1.120	1.146	1.202	1.245
320	1.007	1.009	1.010	1.011	1.013	1.014	1.017	1.020	1.026	1.033	1.040	1.046	1.053	1.060	1.073	1.086	1.111	1.135	1.186	1.226
330	1.008	1.009	1.010	1.012	1.013	1.014	1.017	1.019	1.025	1.032	1.038	1.044	1.050	1.056	1.069	1.080	1.103	1.125	1.173	1.210
340	1.009	1.010	1.011	1.012	1.013	1.014	1.017	1.019	1.025	1.031	1.036	1.042	1.048	1.053	1.065	1.076	1.097	1.117	1.161	1.196
350	1.009	1.010	1.012	1.013	1.014	1.015	1.017	1.019	1.025	1.030	1.035	1.041	1.046	1.051	1.061	1.072	1.091	1.110	1.151	1.184
375	1.012	1.012	1.013	1.014	1.015	1.016	1.018	1.020	1.024	1.029	1.033	1.038	1.042	1.047	1.055	1.064	1.080	1.096	1.131	1.159
400	1.014	1.015	1.016	1.017	1.017	1.018	1.020	1.021	1.026	1.029	1.033	1.037	1.041	1.044	1.052	1.059	1.073	1.087	1.117	1.141
425	1.017	1.018	1.019	1.020	1.020	1.021	1.022	1.024	1.027	1.030	1.034	1.037	1.040	1.044	1.050	1.056	1.069	1.080	1.106	1.128
450	1.021	1.022	1.023	1.023	1.024	1.024	1.025	1.027	1.030	1.033	1.035	1.038	1.041	1.044	1.050	1.055	1.066	1.076	1.099	1.119
475	1.025	1.026	1.027	1.027	1.028	1.028	1.029	1.030	1.033	1.036	1.038	1.040	1.043	1.046	1.050	1.055	1.065	1.074	1.095	1.112
500	1.030	1.031	1.031	1.031	1.032	1.032	1.033	1.034	1.037	1.039	1.041	1.043	1.046	1.049	1.052	1.057	1.065	1.073	1.092	1.108

①、②、③数据参考于文献。

表 4-70　氧的比热容

单位：kJ/(kg・K)

T/K \ p/bar	1	2	3	4	5	6	8	10	15	20	25	30	35	40	50	60	80	100	150	200
75	1.568	—	—	—	1.567	—	—	1.566	1.565	1.563	1.562	1.561	1.560	1.558	1.556	1.554	1.549	1.545	1.536	1.529
80	1.589	—	—	—	1.588	—	—	1.586	1.584	1.582	1.581	1.579	1.577	1.576	1.572	1.569	1.564	1.558	1.546	1.536
85	1.607	—	—	—	1.605	—	—	1.603	1.601	1.599	1.596	1.594	1.592	1.590	1.587	1.583	1.575	1.569	1.555	1.542
90	1.625	—	—	—	1.623	—	—	1.620	1.618	1.615	1.613	1.610	1.608	1.605	1.601	1.596	1.588	1.580	1.563	1.548
95	0.994	—	—	—	1.643	—	—	1.640	1.637	1.633	1.630	1.627	1.624	1.621	1.616	1.610	1.600	1.691	1.571	1.554
100	0.962	1.018	—	—	1.669	—	—	1.665	1.661	1.657	1.653	1.649	1.645	1.641	1.635	1.628	1.616	1.604	1.581	1.560
105	0.947	0.984	1.024	—	1.704	—	—	1.699	1.693	1.688	1.683	1.678	1.673	1.668	1.659	1.651	1.636	1.622	1.593	1.570
110	0.937	0.965	0.996	1.029	1.066	—	—	1.745	1.738	1.731	1.724	1.717	1.711	1.705	1.693	1.682	1.662	1.545	1.609	1.582
115	0.931	0.955	0.980	1.007	1.036	1.069	—	1.809	1.799	1.788	1.779	1.770	1.761	1.753	1.737	1.722	1.697	1.674	1.630	1.596
120	0.928	0.948	0.970	0.992	1.017	1.044	1.107	1.186	1.881	1.866	1.852	1.839	1.827	1.815	1.793	1.773	1.739	1.710	1.654	1.613
125	0.926	0.944	0.963	0.983	1.004	1.027	1.080	1.143	1.997	1.973	1.952	1.932	1.913	1.896	1.864	1.837	1.790	1.751	1.680	1.631
130	0.925	0.941	0.958	0.975	0.994	1.014	1.060	1.112	1.296	1.127	2.091	2.058	2.028	2.001	1.954	1.913	1.848	1.797	1.707	1.647

续表

T/K \ p/bar	1	2	3	4	5	6	8	10	15	20	25	30	35	40	50	60	80	100	150	200
135	0.924	0.938	0.953	0.969	0.986	1.004	1.043	1.088	1.238	1.493	2.305	2.243	2.190	2.144	2.067	2.006	1.912	1.846	1.737	1.664
140	0.922	0.936	0.950	0.964	0.979	0.995	1.030	1.069	1.191	1.377	1.710	2.564	2.456	2.377	2.253	2.159	2.017	1.920	1.772	1.684
145	0.921	0.934	0.946	0.960	0.973	0.988	1.018	1.052	1.155	1.299	1.520	1.927	3.190	2.918	2.596	2.404	2.174	2.029	1.817	1.708
150	0.921	0.932	0.943	0.956	0.968	0.981	1.008	1.038	1.126	1.241	1.403	1.652	2.105	3.309	3.251	2.825	2.412	2.177	1.871	1.736
155	0.920	0.930	0.941	0.952	0.963	0.975	0.999	1.026	1.102	1.197	1.323	1.497	1.759	2.213	9.846①	4.791	2.777	2.365	1.938	1.767
160	0.919	0.928	0.938	0.948	0.958	0.969	0.991	1.015	1.081	1.162	1.263	1.394	1.572	1.830	3.025	11.705②	3.648	2.569	2.014	1.802
165	0.918	0.927	0.936	0.945	0.954	0.964	0.984	1.005	1.064	1.133	1.217	1.320	1.451	1.624	2.215	3.772	4.951	3.094	2.106	1.844
170	0.918	0.926	0.934	0.942	0.951	0.960	0.978	0.997	1.049	1.109	1.179	1.264	1.366	1.493	1.865	2.553	4.780	3.560	2.216	1.895
180	0.917	0.923	0.930	0.937	0.944	0.952	0.967	0.982	1.024	1.071	1.123	1.183	1.251	1.330	1.530	1.809	2.716	3.299	2.493	2.032
190	0.916	0.921	0.927	0.933	0.939	0.945	0.958	0.971	1.005	1.042	1.083	1.128	1.177	1.232	1.361	1.522	1.960	2.462	2.472	2.128
200	0.915	0.920	0.925	0.930	0.935	0.940	0.951	0.962	0.990	1.020	1.053	1.088	1.126	1.167	1.259	1.366	1.631	1.942	2.262	2.095
210	0.915	0.919	0.923	0.928	0.932	0.936	0.945	0.954	0.978	1.003	1.030	1.058	1.088	1.120	1.189	1.267	1.448	1.654	2.013	1.983
220	0.914	0.918	0.922	0.926	0.929	0.933	0.941	0.949	0.969	0.990	1.012	1.035	1.060	1.085	1.140	1.200	1.333	1.480	1.792	1.850
230	0.914	0.918	0.921	0.924	0.927	0.931	0.937	0.944	0.961	0.979	0.998	1.018	1.038	1.059	1.103	1.151	1.254	1.364	1.619	1.720
240	0.915	0.918	0.920	0.923	0.926	0.929	0.935	0.941	0.956	0.971	0.987	1.004	1.021	1.039	1.075	1.114	1.197	1.283	1.490	1.605
250	0.915	0.918	0.920	0.923	0.925	0.928	0.933	0.938	0.951	0.965	0.979	0.993	1.008	1.023	1.054	1.086	1.154	1.224	1.394	1.506
260	0.916	0.918	0.920	0.922	0.925	0.927	0.931	0.936	0.947	0.960	0.972	0.985	0.997	1.010	1.037	1.064	1.121	1.179	1.320	1.425
270	0.916	0.918	0.920	0.922	0.924	0.926	0.931	0.935	0.945	0.956	0.967	0.978	0.989	1.000	1.023	1.047	1.096	1.145	1.264	1.359
280	0.917	0.919	0.921	0.923	0.925	0.926	0.930	0.934	0.943	0.953	0.962	0.972	0.982	0.992	1.013	1.033	1.076	1.118	1.220	1.305
290	0.919	0.920	0.922	0.923	0.925	0.927	0.930	0.933	0.942	0.951	0.959	0.968	0.977	0.986	1.004	1.022	1.059	1.096	1.185	1.260
300	0.920	0.921	0.923	0.924	0.926	0.927	0.930	0.933	0.941	0.949	0.957	0.965	0.973	0.981	0.997	1.013	1.046	1.079	1.157	1.224
310	0.921	0.922	0.924	0.925	0.927	0.928	0.931	0.934	0.940	0.948	0.955	0.963	0.970	0.977	0.992	1.006	1.036	1.065	1.134	1.195
320	0.923	0.924	0.926	0.927	0.928	0.929	0.932	0.934	0.941	0.948	0.954	0.961	0.968	0.974	0.987	1.001	1.027	1.053	1.115	1.170
330	0.925	0.926	0.927	0.928	0.930	0.931	0.933	0.936	0.941	0.948	0.954	0.960	0.966	0.972	0.984	0.997	1.020	1.044	1.100	1.149
340	0.927	0.928	0.929	0.930	0.931	0.932	0.934	0.937	0.942	0.948	0.954	0.959	0.965	0.970	0.982	0.993	1.015	1.036	1.087	1.132
350	0.929	0.930	0.931	0.932	0.933	0.934	0.936	0.938	0.943	0.949	0.954	0.959	0.964	0.969	0.980	0.989	1.010	1.030	1.076	1.118
375	0.935	0.936	0.937	0.938	0.938	0.939	0.941	0.943	0.947	0.952	0.956	0.960	0.965	0.969	0.978	0.986	1.003	1.019	1.057	1.091
400	0.942	0.942	0.943	0.944	0.945	0.945	0.947	0.946	0.952	0.956	0.960	0.963	0.967	0.971	0.978	0.986	1.000	1.013	1.045	1.074

续表

p/bar T/K	1	2	3	4	5	6	8	10	15	20	25	30	35	40	50	60	80	100	150	200
425	0.949	0.949	0.950	0.951	0.950	0.952	0.954	0.955	0.958	0.961	0.965	0.968	0.971	0.974	0.981	0.987	0.999	1.011	1.038	1.063
450	0.956	0.957	0.957	0.958	0.959	0.959	0.961	0.962	0.964	0.967	0.970	0.973	0.976	0.979	0.984	0.990	1.001	1.011	1.034	1.056
475	0.964	0.965	0.965	0.966	0.966	0.967	0.968	0.969	0.971	0.974	0.976	0.979	0.982	0.984	0.989	0.994	1.003	1.012	1.033	1.052
500	0.972	0.973	0.973	0.974	0.974	0.975	0.975	0.976	0.978	0.981	0.983	0.986	0.988	0.990	0.994	0.999	1.007	1.015	1.034	1.050

①、②数据参考于文献。

表 4-71　氮的比热容

单位：kJ/(kg·K)

p/bar T/K	1	2	3	4	5	6	8	10	15	20	25	30	35	40	50	60	80	100	150	200
65	1.929	—	—	—	1.926	—	—	1.922	1.918	1.914	1.911	1.907	1.903	1.900	1.893	1.186	1.873	—	—	—
70	1.936	—	—	—	1.933	—	—	1.928	1.924	1.919	1.915	1.911	1.907	1.903	1.895	1.887	1.873	1.860	1.830	1.804
75	1.948	—	—	—	1.943	—	—	1.938	1.932	1.927	1.922	1.918	1.913	1.908	1.899	1.890	1.874	1.859	1.827	1.800
80	1.151	—	—	—	1.959	—	—	1.953	1.946	1.940	1.934	1.928	1.922	1.917	1.906	1.896	1.877	1.860	1.824	1.796
85	1.107	1.186	—	—	1.984	—	—	1.976	1.968	1.960	1.952	1.945	1.938	1.931	1.918	1.906	1.883	1.864	1.823	1.792
90	1.086	1.140	1.203	—	2.024	—	—	2.012	2.001	1.991	1.981	1.971	1.962	1.958	1.937	1.922	1.895	1.871	1.825	1.791
95	1.075	1.117	1.164	1.218	1.283	—	—	2.070	2.055	2.040	2.026	2.013	2.000	1.989	1.967	1.947	1.913	1.885	1.830	1.792
100	1.070	1.104	1.142	1.185	1.234	1.292	—	2.164	2.140	2.117	2.097	2.077	2.060	2.043	2.013	1.987	1.942	1.906	1.841	1.797
105	1.066	1.095	1.127	1.163	1.203	1.248	1.360	1.516	2.283	2.245	2.211	2.180	2.152	2.127	2.083	2.045	1.985	1.938	1.858	1.807
110	1.063	1.089	1.116	1.147	1.181	1.218	1.305	1.417	2.555	2.476	2.409	2.352	2.302	2.261	2.190	2.132	2.046	1.984	1.883	1.823
115	1.061	1.084	1.108	1.134	1.163	1.195	1.265	1.350	1.688	3.029	2.834	2.690	2.579	2.491	2.358	2.262	2.131	2.044	1.915	1.843
120	1.059	1.079	1.101	1.124	1.149	1.176	1.234	1.304	1.547	2.021	3.765	3.825	2.977	2.929	2.682	2.448	2.233	2.106	1.948	1.863
125	1.057	1.075	1.095	1.115	1.137	1.160	1.210	1.264	1.452	1.752	2.360	4.733	3.593	3.750	3.311	2.736	2.364	2.185	1.987	1.891
130	1.055	1.072	1.089	1.107	1.126	1.146	1.189	1.237	1.386	1.598	1.941	2.616	4.687	15.03①	4.753	3.346	2.558	2.286	2.032	1.919
135	1.053	1.069	1.084	1.100	1.117	1.134	1.172	1.213	1.334	1.496	1.726	2.082	2.721	4.090	6.878②	4.465	2.904	2.423	2.086	1.955
140	1.052	1.066	1.080	1.094	1.109	1.124	1.157	1.192	1.294	1.422	1.591	1.824	2.162	2.690	4.574	4.810	3.306	2.651	2.146	1.987
150	1.050	1.061	1.072	1.083	1.095	1.108	1.133	1.160	1.234	1.322	1.426	1.553	1.710	1.906	2.450	3.102	3.334	2.911	2.270	2.044
160	1.048	1.057	1.066	1.075	1.085	1.095	1.115	1.136	1.193	1.257	1.329	1.412	1.506	1.615	1.880	2.198	2.688	2.704	2.321	2.075

续表

T/K \ p/bar	1	2	3	4	5	6	8	10	15	20	25	30	35	40	50	60	80	100	150	200
170	1.046	1.054	1.062	1.069	1.077	1.085	1.101	1.118	1.168	1.212	1.265	1.324	1.389	1.460	1.622	1.807	2.166	2.340	2.239	2.058
180	1.045	1.052	1.058	1.064	1.071	1.077	1.091	1.104	1.140	1.179	1.221	1.265	1.312	1.363	1.475	1.597	1.847	2.027	2.091	1.989
190	1.044	1.050	1.055	1.060	1.066	1.071	1.082	1.094	1.124	1.155	1.188	1.223	1.260	1.298	1.380	1.468	1.649	1.800	1.934	1.896
200	1.043	1.048	1.053	1.057	1.062	1.067	1.076	1.086	1.111	1.137	1.164	1.192	1.221	1.251	1.315	1.382	1.518	1.640	1.793	1.798
210	1.043	1.047	1.051	1.055	1.059	1.063	1.071	1.079	1.100	1.122	1.145	1.168	1.192	1.217	1.268	1.321	1.428	1.526	1.677	1.708
220	1.042	1.046	1.049	1.053	1.056	1.060	1.067	1.074	1.092	1.111	1.130	1.150	1.170	1.191	1.233	1.276	1.362	1.443	1.582	1.628
230	1.042	1.045	1.048	1.051	1.054	1.058	1.064	1.070	1.086	1.102	1.119	1.136	1.153	1.170	1.206	1.242	1.313	1.381	1.505	1.559
240	1.042	1.044	1.047	1.050	1.053	1.056	1.061	1.067	1.081	1.095	1.110	1.124	1.139	1.154	1.184	1.215	1.276	1.333	1.444	1.500
250	1.042	1.044	1.046	1.049	1.051	1.054	1.059	1.064	1.076	1.089	1.102	1.115	1.128	1.141	1.167	1.194	1.246	1.296	1.395	1.451
260	1.041	1.044	1.046	1.048	1.050	1.052	1.057	1.061	1.072	1.084	1.096	1.107	1.119	1.130	1.153	1.177	1.222	1.266	1.355	1.409
270	1.041	1.043	1.045	1.047	1.049	1.051	1.055	1.059	1.069	1.080	1.090	1.101	1.111	1.121	1.142	1.163	1.203	1.241	1.321	1.373
280	1.041	1.043	1.045	1.047	1.049	1.050	1.054	1.058	1.067	1.076	1.086	1.095	1.104	1.114	1.132	1.151	1.187	1.221	1.293	1.343
290	1.041	1.043	1.045	1.046	1.048	1.050	1.053	1.056	1.065	1.073	1.082	1.090	1.099	1.108	1.124	1.141	1.173	1.204	1.270	1.317
300	1.041	1.043	1.044	1.046	1.047	1.049	1.052	1.055	1.063	1.071	1.079	1.086	1.094	1.102	1.117	1.132	1.162	1.189	1.250	1.294
310	1.041	1.043	1.044	1.046	1.047	1.049	1.051	1.054	1.061	1.069	1.076	1.083	1.090	1.097	1.111	1.125	1.152	1.177	1.233	1.274
320	1.041	1.043	1.044	1.045	1.047	1.048	1.051	1.053	1.060	1.067	1.074	1.080	1.087	1.093	1.106	1.119	1.143	1.167	1.218	1.257
330	1.042	1.043	1.044	1.045	1.046	1.048	1.050	1.053	1.059	1.065	1.072	1.078	1.084	1.090	1.102	1.114	1.136	1.158	1.205	1.242
340	1.042	1.043	1.044	1.045	1.046	1.048	1.050	1.052	1.058	1.064	1.070	1.075	1.081	1.087	1.098	1.109	1.130	1.150	1.194	1.229
350	1.042	1.043	1.044	1.045	1.046	1.048	1.050	1.052	1.057	1.063	1.068	1.073	1.079	1.084	1.094	1.105	1.124	1.143	1.184	1.217
375	1.043	1.044	1.045	1.046	1.047	1.048	1.050	1.052	1.056	1.061	1.066	1.070	1.075	1.079	1.088	1.096	1.113	1.129	1.164	1.193
400	1.045	1.046	1.046	1.047	1.048	1.049	1.051	1.052	1.056	1.060	1.064	1.068	1.072	1.076	1.083	1.090	1.105	1.119	1.149	1.175
425	1.047	1.048	1.048	1.049	1.050	1.051	1.052	1.053	1.057	1.060	1.064	1.067	1.071	1.074	1.080	1.087	1.100	1.111	1.138	1.161
450	1.050	1.050	1.051	1.051	1.052	1.053	1.054	1.055	1.058	1.061	1.064	1.067	1.070	1.073	1.079	1.085	1.096	1.106	1.130	1.150
475	1.053	1.053	1.054	1.054	1.055	1.056	1.057	1.058	1.060	1.063	1.066	1.069	1.071	1.074	1.079	1.084	1.094	1.103	1.124	1.142
500	1.056	1.057	1.058	1.058	1.058	1.059	1.060	1.061	1.063	1.066	1.068	1.071	1.073	1.075	1.080	1.084	1.093	1.101	1.120	1.136

①、②数据参考于文献。

表 4-72　氩的比热容

单位：kJ/(kg·K)

p/bar T/K	1	2	3	4	5	6	8	10	15	20	25	30	35	40	50	60	80	100	150	200
85	0.984	—	—	—	0.983	—	—	0.982	0.981	0.977	0.979	0.978	0.977	0.976	—	—	—	—	—	—
90	0.562	—	—	—	1.022	—	—	1.020	1.019	1.017	1.015	1.013	1.012	1.010	1.007	1.004	0.999	0.995	0.985	0.978
95	0.555	0.594	—	—	1.061	—	—	1.058	1.056	1.053	1.051	1.048	1.046	1.043	1.039	1.035	1.027	1.020	1.006	1.995
100	0.550	0.581	0.617	—	1.102	—	—	1.098	1.094	1.090	1.087	1.084	1.080	1.077	1.071	1.065	1.055	1.046	1.026	1.011
105	0.546	0.571	0.601	0.633	1.147	—	—	1.142	1.137	1.132	1.127	1.122	1.118	1.113	1.105	1.097	1.083	1.071	1.046	1.026
110	0.543	0.564	0.588	0.615	0.644	0.677	—	1.194	1.186	1.179	1.173	1.166	1.160	1.154	1.143	1.133	1.144	1.098	1.066	1.042
115	0.538	0.558	0.578	0.600	0.624	0.651	0.713	1.259	1.248	1.238	1.229	1.220	1.210	1.203	1.187	1.174	1.149	1.128	1.087	1.057
120	0.536	0.553	0.570	0.589	0.609	0.631	0.680	0.741	1.330	1.315	1.301	1.287	1.275	1.263	1.241	1.222	1.189	1.162	1.110	1.074
125	0.534	0.548	0.564	0.580	0.597	0.615	0.656	0.704	0.884	1.423	1.400	1.378	1.359	1.341	1.310	1.282	1.237	1.210	1.136	1.091
130	0.532	0.545	0.558	0.572	0.587	0.602	0.637	0.676	0.809	1.060	1.547	1.510	1.478	1.449	1.400	1.359	1.295	1.246	1.163	1.109
135	0.531	0.542	0.554	0.566	0.579	0.592	0.621	0.654	0.760	0.929	1.276	1.723	1.661	1.609	1.525	1.461	1.366	1.300	1.193	1.128
140	0.530	0.540	0.550	0.561	0.572	0.584	0.609	0.636	0.722	0.847	1.055	1.509	1.988	1.872	1.709	1.599	1.454	1.361	1.225	1.147
145	0.529	0.538	0.547	0.557	0.566	0.577	0.598	0.622	0.693	0.790	0.934	1.171	1.707	2.380	1.992	1.794	1.572	1.438	1.258	1.165
150	0.528	0.536	0.544	0.553	0.562	0.571	0.590	0.611	0.671	0.749	0.856	1.014	1.276	1.812	2.390	2.134	1.746	1.542	1.295	1.184
155	0.527	0.535	0.542	0.550	0.558	0.566	0.583	0.601	0.653	0.718	0.801	0.915	1.078	1.339	2.957	6.742①	2.216	1.708	1.335	1.207
160	0.527	0.533	0.540	0.547	0.554	0.561	0.576	0.592	0.637	0.695	0.760	0.847	0.963	1.124	1.745	3.803	2.975	1.954	1.397	1.231
170	0.526	0.531	0.537	0.542	0.548	0.554	0.566	0.579	0.614	0.656	0.704	0.761	0.829	0.913	1.152	1.546	2.851	2.459	1.528	1.282
180	0.525	0.529	0.534	0.539	0.544	0.549	0.559	0.570	0.598	0.630	0.666	0.707	0.754	0.808	0.943	1.125	1.658	2.097	1.621	1.326
190	0.524	0.528	0.532	0.536	0.540	0.544	0.553	0.562	0.580	0.611	0.640	0.671	0.705	0.744	0.833	0.943	1.227	1.539	1.599	1.344
200	0.524	0.527	0.531	0.534	0.538	0.541	0.548	0.556	0.572	0.597	0.620	0.645	0.672	0.701	0.765	0.841	1.021	1.223	1.459	1.324
210	0.523	0.526	0.529	0.532	0.535	0.538	0.545	0.551	0.568	0.586	0.605	0.625	0.647	0.670	0.720	0.775	0.902	1.042	1.286	1.266
220	0.523	0.526	0.528	0.531	0.533	0.536	0.542	0.547	0.562	0.577	0.593	0.610	0.628	0.647	0.686	0.730	0.826	0.928	1.138	1.184
230	0.523	0.525	0.527	0.530	0.532	0.534	0.539	0.544	0.554	0.570	0.584	0.598	0.613	0.629	0.662	0.697	0.772	0.851	1.024	1.098
240	0.522	0.554	0.527	0.529	0.531	0.533	0.537	0.541	0.550	0.564	0.576	0.589	0.601	0.615	0.642	0.671	0.732	0.796	0.939	1.019

续表

T/K \ p/bar	1	2	3	4	5	6	8	10	15	20	25	30	35	40	50	60	80	100	150	200
250	0.522	0.524	0.526	0.528	0.530	0.532	0.535	0.539	0.547	0.559	0.570	0.581	0.592	0.603	0.627	0.651	0.702	0.755	0.874	0.951
260	0.522	0.524	0.525	0.527	0.529	0.530	0.534	0.537	0.544	0.555	0.565	0.574	0.586	0.594	0.614	0.635	0.679	0.723	0.824	0.895
270	0.522	0.523	0.525	0.526	0.528	0.529	0.533	0.536	0.543	0.552	0.560	0.569	0.577	0.586	0.604	0.622	0.660	0.697	0.784	0.849
280	0.522	0.523	0.524	0.526	0.527	0.529	0.531	0.534	0.541	0.549	0.556	0.564	0.572	0.579	0.595	0.611	0.644	0.677	0.753	0.811
290	0.522	0.523	0.524	0.525	0.527	0.528	0.530	0.533	0.540	0.546	0.553	0.560	0.567	0.574	0.588	0.602	0.631	0.660	0.727	0.780
300	0.522	0.523	0.524	0.525	0.526	0.527	0.530	0.532	0.538	0.544	0.550	0.556	0.563	0.569	0.582	0.595	0.620	0.646	0.705	0.754
310	0.521	0.523	0.524	0.525	0.526	0.527	0.529	0.531	0.537	0.542	0.548	0.553	0.559	0.565	0.577	0.588	0.611	0.634	0.687	0.731
320	0.521	0.522	0.523	0.524	0.525	0.526	0.528	0.530	0.535	0.540	0.546	0.550	0.556	0.561	0.572	0.582	0.603	0.624	0.672	0.712
330	0.521	0.522	0.523	0.524	0.525	0.526	0.528	0.530	0.534	0.538	0.544	0.548	0.553	0.558	0.568	0.577	0.596	0.615	0.658	0.695
340	0.521	0.522	0.523	0.524	0.525	0.525	0.527	0.528	0.533	0.537	0.542	0.546	0.550	0.555	0.564	0.573	0.590	0.608	0.647	0.681
350	0.521	0.522	0.523	0.523	0.524	0.525	0.527	0.528	0.532	0.536	0.540	0.544	0.547	0.553	0.561	0.569	0.584	0.601	0.637	0.669
375	0.521	0.522	0.523	0.523	0.524	0.524	0.526	0.527	0.531	0.534	0.537	0.541	0.544	0.547	0.554	0.561	0.575	0.587	0.617	0.643
400	0.521	0.521	0.522	0.523	0.523	0.524	0.525	0.526	0.529	0.532	0.535	0.538	0.541	0.543	0.549	0.555	0.566	0.577	0.602	0.624
425	0.521	0.521	0.522	0.522	0.523	0.523	0.524	0.525	0.528	0.530	0.533	0.535	0.538	0.540	0.545	0.550	0.559	0.569	0.590	0.609
450	0.521	0.521	0.522	0.522	0.523	0.523	0.524	0.525	0.527	0.529	0.531	0.533	0.535	0.537	0.542	0.546	0.554	0.562	0.581	0.597
475	0.521	0.521	0.521	0.522	0.522	0.523	0.523	0.524	0.526	0.528	0.529	0.531	0.533	0.535	0.539	0.542	0.549	0.556	0.573	0.588
500	0.521	0.521	0.521	0.522	0.522	0.522	0.523	0.524	0.525	0.527	0.528	0.529	0.531	0.533	0.536	0.538	0.545	0.552	0.566	0.580

①数据参考于文献。

表 4-73　氦的定压比热容

单位：kJ/(kmol·K)

T/K \ p/bar	0.1	0.50	1.0	2.0	3.0	4.0	5.0	6.0	8.0	10.0	20	30	40	50	60	80	100	150	200	250
2.5	23.3	8.4	8.2	7.9	7.6	7.4	7.2	7.0	6.6	6.4	5.3	4.9	4.9	—	—	—	—	—	—	—
3.0	22.2	9.6	9.4	9.1	8.9	8.7	8.5	8.4	8.1	7.8	6.9	6.2	5.8	5.6	5.7	—	—	—	—	—
4.0	21.4	25.6	16.3	14.7	13.7	13.0	12.5	12.1	11.4	10.9	9.4	8.5	7.9	7.4	7.1	7.0	7.3	—	—	—
5.0	21.1	23.0	27.1	68.1①	27.8	22.0	19.4	17.8	15.9	14.8	12.2	11.0	10.3	9.8	9.5	9.1	9.0	9.8	—	—
6.0	21.0	22.1	24.0	31.1	55.9	70.3	38.2	28.8	22.0	19.2	14.6	13.0	12.1	11.6	11.2	10.6	10.3	10.3	—	—
7.0	21.0	21.7	22.8	26.0	31.3	39.8	46.7	46.0	32.7	25.8	17.1	14.9	13.8	13.0	12.5	11.8	11.4	10.9	—	—

续表

T/K \ p/bar	0.1	0.50	1.0	2.0	3.0	4.0	5.0	6.0	8.0	10.0	20	30	40	50	60	80	100	150	200	250
8.0	20.9	21.5	22.2	24.1	26.7	30.0	33.7	36.6	37.5	32.8	20.0	16.9	15.4	14.5	13.9	13.0	12.5	11.7	—	—
9.0	20.9	21.3	21.9	23.2	24.8	26.6	28.7	30.6	33.0	33.2	22.9	18.8	17.0	15.9	15.2	14.2	13.5	12.5	—	—
10.0	20.9	21.2	21.7	22.6	23.7	25.0	26.3	27.6	29.6	30.5	25.5	20.8	18.5	17.2	16.4	15.2	14.5	13.3	12.5	12.0
12.0	20.8	21.1	21.4	22.0	22.7	23.4	24.2	24.9	26.1	27.0	27.0	23.8	21.3	19.6	18.5	17.1	16.2	14.8	13.9	13.3
14.0	20.8	21.0	21.2	21.7	22.2	22.7	23.2	23.7	24.6	25.3	26.1	24.8	23.0	21.4	20.2	18.6	17.6	16.1	15.2	14.6
16.0	20.8	21.0	21.1	21.5	21.9	22.2	22.6	22.9	23.6	24.2	25.4	24.8	23.7	22.6	21.5	19.9	18.8	17.1	16.2	15.6
18.0	20.8	20.9	21.1	21.3	21.6	21.9	22.2	22.5	23.0	23.5	24.7	24.7	24.0	23.2	22.4	21.0	19.9	18.1	17.1	16.5
20.0	20.8	20.9	21.0	21.2	21.5	21.7	21.9	22.1	22.5	22.9	24.2	24.4	24.1	23.5	22.9	21.7	20.7	19.0	17.9	17.2
22.0	20.8	20.9	21.0	21.2	21.3	21.5	21.7	21.9	22.2	22.5	23.7	24.1	23.9	23.6	23.2	22.2	21.3	19.7	18.6	17.9
24.0	20.8	20.9	20.9	21.1	21.2	21.4	21.5	21.7	22.0	22.3	23.3	23.7	23.8	23.6	23.3	22.6	21.8	20.2	19.2	18.4
26.0	20.8	20.9	20.9	21.0	21.2	21.3	21.4	21.6	21.8	22.0	23.0	23.4	23.6	23.5	23.3	22.8	22.2	20.7	19.7	18.9
28.0	20.8	20.8	20.9	21.0	21.1	21.2	21.3	21.4	21.7	21.9	22.7	23.2	23.4	23.4	23.3	22.9	22.4	21.1	20.1	19.4
30.0	20.8	20.8	20.9	21.0	21.1	21.2	21.3	21.4	21.5	21.7	22.5	22.9	23.2	23.2	23.2	22.9	22.5	21.5	20.5	19.8
40.0	20.8	20.8	20.8	20.9	20.9	21.0	21.0	21.1	21.2	21.3	21.7	22.1	22.3	22.5	22.6	22.7	22.6	22.3	21.8	21.3
50.0	20.8	20.8	20.8	20.9	20.9	20.9	20.9	21.0	21.0	21.1	21.4	21.6	21.8	22.0	22.1	22.3	22.4	22.3	22.1	21.9
60.0	20.8	20.8	20.8	20.8	20.9	20.9	20.9	20.9	21.0	21.0	21.2	21.4	21.5	21.7	21.8	22.0	22.1	22.2	22.2	22.1
70.0	20.8	20.8	20.8	20.8	20.8	20.8	20.9	20.9	20.9	20.9	21.1	21.2	21.3	21.4	21.5	21.7	21.8	22.0	22.0	22.1
80.0	20.8	20.8	20.8	20.8	20.8	20.8	20.8	20.9	20.9	20.9	21.0	21.1	21.2	21.3	21.4	21.5	21.6	21.8	21.9	21.9
90.0	20.8	20.8	20.8	20.8	20.8	20.8	20.8	20.8	20.9	20.9	21.0	21.0	21.1	21.2	21.2	21.4	21.5	21.6	21.7	21.8
100.0	20.8	20.8	20.8	20.8	20.8	20.8	20.8	20.8	20.8	20.9	20.9	21.0	21.0	21.1	21.1	21.2	21.3	21.5	21.6	21.7
150.0	20.8	20.8	20.8	20.8	20.8	20.8	20.8	20.8	20.8	20.8	20.8	20.9	20.9	20.9	20.9	21.0	21.0	21.1	21.2	21.2
200.0	20.8	20.8	20.8	20.8	20.8	20.8	20.8	20.8	20.8	20.8	20.8	20.8	20.8	20.8	20.8	20.9	20.9	20.9	20.9	21.0
250.0	20.8	20.8	20.8	20.8	20.8	20.8	20.8	20.8	20.8	20.8	20.8	20.8	20.8	20.8	20.8	20.8	20.8	20.8	20.9	20.9
300.0	20.8	20.8	20.8	20.8	20.8	20.8	20.8	20.8	20.8	20.8	20.8	20.8	20.8	20.8	20.8	20.8	20.8	20.8	20.8	20.8
400.0	20.8	20.8	20.8	20.8	20.8	20.8	20.8	20.8	20.8	20.8	20.8	20.8	20.8	20.8	20.8	20.8	20.8	20.8	20.8	20.8

①数据参考于文献。

表 4-74 正常氢的比热容

单位：kJ/(kmol·K)

T/K \ p/bar	1	2	4	6	8	10	12	14	16	18	20	30	40	50	60	80	100	150	200
14	13.40	—	—	—	—	—	—	—	—	—	—	—	—	—	—	—	—	—	—
16	14.76	14.72	14.64	14.56	14.49	14.41	14.34	14.27	14.21	14.14	14.08	13.79	13.54	13.32	13.11	—	—	—	—
18	16.45	16.39	16.27	16.16	16.05	15.94	15.84	25.75	15.65	15.57	15.48	15.09	14.75	14.46	14.19	13.74	13.35	—	—
20	19.05	18.96	18.79	18.62	18.46	18.32	18.18	28.04	17.91	17.79	17.67	17.16	16.73	16.36	16.04	15.51	15.08	14.26	13.67
22	23.03	22.07	21.79	21.54	21.30	21.07	20.88	20.69	20.48	20.31	20.15	19.44	18.87	18.40	18.01	17.36	16.88	15.95	15.32
24	22.59	25.30	25.28	24.83	24.43	24.07	23.74	23.43	23.15	22.89	22.65	21.64	20.89	20.26	19.75	18.96	18.36	17.30	16.60
26	22.29	24.32	30.05	29.15	28.88	27.71	27.15	26.61	26.14	25.72	25.34	23.64	22.79	21.96	21.31	20.32	19.59	18.36	17.55
28	22.05	23.66	28.84	36.73	34.75	33.22	31.97	30.94	30.07	29.31	28.65	26.27	24.74	23.64	22.80	21.59	20.69	19.25	18.33
30	21.88	23.17	26.89	33.95	56.18	45.30	41.29	38.49	36.38	34.75	33.42	29.26	26.96	25.44	24.33	22.80	21.75	20.06	19.05
32	21.71	22.79	25.63	30.12	38.68	64.59	80.97	59.68	50.61	45.33	41.80	33.28	29.62	27.49	26.00	24.08	22.83	20.92	19.77
34	21.59	22.49	24.75	27.93	32.87	41.79	63.66	210.04	142.32	80.25	62.25	39.18	32.96	29.82	27.85	25.43	23.94	21.77	20.51
36	21.48	22.25	24.09	26.51	29.84	34.78	42.87	58.18	92.25	138.79	118.41	48.29	37.21	32.56	29.90	26.85	25.08	22.63	21.27
38	21.40	22.06	23.59	25.50	27.95	31.20	35.74	42.38	52.51	67.60	84.48	60.16	42.40	35.69	32.14	28.33	26.24	23.49	22.02
40	21.32	21.90	23.19	24.75	26.64	29.00	32.00	35.92	41.08	47.82	56.06	65.38	47.62	39.01	34.50	29.85	27.40	24.33	22.75
50	21.13	21.44	22.11	22.82	23.60	24.45	25.37	26.39	27.45	28.62	29.87	36.78	41.39	41.57	39.68	35.33	32.12	27.78	25.71
60	21.14	21.34	21.74	22.19	22.61	23.08	23.54	24.03	24.53	25.06	25.59	28.43	31.14	33.11	34.06	33.82	32.58	29.45	27.36
70	21.31	21.45	21.79	22.01	22.30	22.60	22.89	23.20	23.50	23.81	24.13	25.72	27.27	28.64	29.69	30.71	30.71	29.40	27.95
80	21.64	21.75	21.95	22.16	22.36	22.57	22.78	22.99	23.20	23.41	23.62	24.67	25.69	26.62	27.43	28.54	29.02	28.74	27.95
90	22.09	22.17	22.33	22.49	22.64	22.80	22.96	23.12	23.27	23.43	23.58	24.34	25.07	25.74	26.35	27.32	27.92	28.19	27.82
100	22.63	22.69	22.82	22.94	23.06	23.19	23.31	23.43	23.55	23.67	23.79	24.37	24.93	25.44	25.92	26.73	27.31	27.88	27.78
120	23.80	23.84	23.93	24.01	24.09	24.18	24.26	24.34	24.42	24.50	24.58	24.96	25.32	25.66	25.97	26.54	27.01	27.76	28.02
140	24.92	24.96	25.02	25.08	25.14	25.20	25.25	25.31	25.37	25.42	25.48	25.75	26.01	26.25	26.47	26.88	27.24	27.92	28.29
160	25.87	25.89	25.94	25.98	26.03	26.07	26.11	26.16	26.20	26.24	26.28	26.49	26.68	26.86	27.03	27.84	27.61	28.17	28.55
180	26.66	26.68	26.72	26.75	26.78	26.82	26.85	26.89	26.92	26.95	26.98	27.14	27.29	27.43	27.56	27.80	28.02	28.47	28.81
200	27.29	27.31	27.33	27.36	27.39	27.42	27.44	27.47	27.50	27.52	27.55	27.67	27.79	27.90	28.01	28.21	28.38	28.75	29.04
220	27.79	27.80	27.80	27.85	27.87	27.89	27.91	27.93	27.96	27.98	28.00	28.10	28.20	28.29	28.38	28.54	28.68	28.99	29.24

续表

T/K \ p/bar	1	2	4	6	8	10	12	14	16	18	20	30	40	50	60	80	100	150	200
240	28.18	28.19	28.20	28.22	28.24	28.26	28.28	28.30	28.31	28.33	28.35	28.48	28.51	28.59	28.66	28.90	28.92	29.18	29.39
260	28.53	28.53	28.55	28.57	28.58	28.60	28.61	28.63	28.64	28.66	28.67	28.74	28.81	28.87	28.94	29.05	29.16	29.38	29.56
280	28.70	28.71	28.72	28.73	28.75	28.76	28.77	28.78	28.80	28.81	28.82	28.88	28.94	29.00	29.05	29.15	29.24	29.43	29.59
300	28.85	28.86	28.87	28.88	28.89	28.90	28.92	28.93	28.94	28.95	28.96	29.01	29.07	29.11	29.15	29.24	29.32	29.51	29.68
350	29.09	29.09	29.10	29.11	29.12	29.13	29.13	29.14	29.15	29.16	29.16	29.20	29.24	29.27	29.30	29.37	29.43	29.55	29.66
400	29.19	29.19	29.20	29.20	29.21	29.21	29.22	29.22	29.23	29.23	29.24	29.27	29.29	29.32	29.34	29.39	29.44	29.53	29.61
450	29.24	29.24	29.25	29.25	29.26	29.26	29.27	29.27	29.27	29.28	29.28	29.30	29.32	29.34	29.36	29.40	29.43	29.51	29.57
500	29.27	29.27	29.27	29.27	29.28	29.28	29.28	29.29	29.29	29.29	29.30	29.31	29.33	29.34	29.36	29.39	29.41	29.48	29.53

表 4-75　仲氢的比热容　　　单位：kJ/(kmol・K)

T/K \ p/bar	1	2	4	6	8	10	12	14	16	18	20	30	40	50	60	80	100	150	200
14	13.23	13.21	13.17	—	—	—	—	—	—	—	—	—	—	—	—	—	—	—	—
16	14.57	14.52	14.44	14.36	14.28	14.20	14.13	14.06	13.99	13.92	13.86	13.57	13.31	13.08	12.87	—	—	—	—
18	16.32	16.25	16.13	16.01	15.90	15.79	15.69	15.59	15.50	15.40	15.32	14.92	14.58	14.28	14.01	13.55	13.17	—	—
20	19.03	18.94	18.75	18.58	18.42	18.27	18.12	17.98	17.85	17.72	17.61	17.08	16.64	16.27	15.95	15.42	14.99	14.17	13.58
22	23.03	22.09	21.79	21.52	21.27	21.04	20.82	20.62	20.43	20.25	20.08	19.36	18.78	18.31	17.91	17.27	16.77	15.87	15.25
24	22.59	25.31	25.29	24.82	24.39	24.01	23.66	23.35	23.05	22.78	22.53	21.50	20.72	20.11	19.60	18.81	18.21	17.17	16.47
26	22.29	24.33	32.45	29.21	28.38	27.67	27.04	26.49	26.01	25.57	25.17	23.63	22.54	21.72	21.07	20.09	19.37	18.15	17.36
28	22.05	23.66	28.86	37.32	35.07	33.36	32.00	30.89	29.95	29.16	28.47	26.00	24.44	23.33	22.49	21.26	20.39	18.97	18.06
30	21.87	23.17	26.90	33.96	55.66	46.67	41.93	38.77	36.47	34.71	33.30	28.96	26.61	25.08	23.97	22.44	21.40	19.75	18.74
32	21.71	22.79	25.64	30.13	38.60	63.42	92.89	62.67	51.79	45.83	41.96	32.99	29.25	27.07	25.51	23.69	22.44	20.55	19.42
34	21.50	22.49	24.75	27.94	32.85	41.63	62.40	171.37	160.93	83.42	63.49	38.91	32.57	29.40	27.43	25.02	23.54	21.39	20.15
36	21.48	22.25	24.09	26.51	29.84	34.73	42.65	57.23	87.80	128.34	115.08	47.97	36.79	32.13	29.47	26.44	24.68	22.25	20.90
38	21.39	22.05	23.59	25.50	27.94	31.18	35.66	42.14	51.85	65.93	81.37	59.36	41.89	35.24	31.71	27.92	25.85	23.12	21.66

续表

T/K \ p/bar	1	2	4	6	8	10	12	14	16	18	20	30	40	50	60	80	100	150	200
40	21.34	21.91	23.21	24.76	26.65	29.00	31.98	35.84	40.87	47.36	55.19	54.08	46.97	38.52	34.07	29.46	27.03	23.90	22.42
50	21.25	21.56	22.22	22.94	23.72	24.57	25.48	26.48	27.55	28.71	29.95	36.74	41.25	41.39	39.48	35.14	31.94	27.63	25.56
60	21.59	21.79	22.20	22.62	23.06	23.51	23.99	24.47	24.98	25.59	26.04	28.85	31.53	33.48	34.40	34.14	32.88	29.75	27.66
70	22.44	22.57	22.85	23.13	23.42	23.71	24.01	24.31	24.62	24.93	25.24	26.82	28.36	29.72	30.77	31.78	31.77	30.44	28.98
80	23.72	23.83	24.03	24.23	24.44	24.65	24.86	25.07	25.23	25.49	25.70	26.74	27.75	28.68	29.48	30.59	31.06	30.78	29.98
90	25.33	25.41	25.57	25.72	25.88	26.04	26.19	26.35	26.51	26.66	26.82	27.57	28.29	28.97	29.58	30.54	31.13	31.41	31.03
100	27.07	27.13	27.26	27.38	27.51	27.63	27.75	37.87	27.99	28.11	28.23	28.81	29.36	29.88	30.35	31.16	31.73	32.30	32.20
120	30.19	30.23	30.32	30.40	30.48	30.57	30.65	30.73	30.81	30.89	30.97	31.35	31.71	32.05	32.36	32.93	33.40	34.15	34.41
140	32.11	32.15	32.21	—	32.33	32.39	32.44	—	32.56	—	32.67	32.94	33.20	33.44	33.66	34.07	34.43	35.11	35.48
160	32.89	32.91	32.96	—	33.05	33.09	33.19	—	33.22	—	33.30	33.51	33.70	33.88	34.05	34.36	34.63	35.19	35.57
180	32.82	32.84	32.88	—	32.94	32.98	33.01	—	33.08	—	33.14	33.30	33.45	33.59	33.72	33.96	34.18	34.63	34.97
200	32.41	32.43	32.45	—	32.51	32.54	32.56	—	32.62	—	32.67	32.79	32.91	33.02	33.13	33.33	33.50	33.87	34.16
220	31.76	31.77	31.79	—	31.84	31.86	31.88	—	31.93	—	31.97	32.07	32.17	32.26	32.35	32.51	32.65	32.96	33.21
240	31.16	31.17	31.18	—	31.22	31.24	31.26	—	31.29	—	31.33	31.41	31.49	31.57	31.64	31.78	31.90	32.16	32.37
260	30.67	30.67	30.69	—	30.72	30.74	30.75	—	30.78	—	30.81	30.88	30.95	31.01	31.08	31.19	31.30	31.52	31.70
280	30.27	30.28	30.29	—	30.32	30.33	30.34	—	30.37	—	30.39	30.45	30.51	30.57	30.62	30.72	30.81	31.00	31.16
300	29.94	29.94	29.95	—	29.97	29.98	30.00	—	30.02	—	30.04	30.09	30.15	30.19	30.23	30.32	30.40	30.59	30.71
350	29.50	29.50	29.51	—	29.53	29.54	29.54	—	29.56	—	29.57	29.61	29.65	29.68	29.71	29.78	29.84	29.96	30.07
400	29.34	29.34	29.35	—	29.36	29.36	29.37	—	29.38	—	29.39	29.42	29.41	29.47	29.49	29.54	29.59	29.68	29.76
450	29.29	29.29	29.30	—	29.31	29.31	29.32	—	29.32	—	29.33	29.35	29.37	29.39	29.41	29.45	29.48	29.56	29.62
500	29.29	29.29	29.29	—	29.30	29.30	29.30	—	29.31	—	29.32	29.33	29.35	29.36	29.38	29.41	29.43	29.50	29.55

表 4-76　氮的比热容　　　单位：kJ/(kg·K)

p/bar \ T/K	250	260	270	280	290	300	350	400	450	500
1	0.2499	0.2498	0.2496	0.2494	0.2493	0.2492	0.2488	0.2486	0.2484	0.2483
2	0.2519	0.2515	0.2512	0.2508	0.2506	0.2504	0.2496	0.2491	0.2489	0.2487
3	0.2539	0.2533	0.2527	0.2523	0.2519	0.2516	0.2504	0.2497	0.2493	0.2490
4	0.2559	0.2551	0.2543	0.2537	0.2532	0.2527	0.2512	0.2502	0.2497	0.2493
5	0.2580	0.2569	0.2560	0.2552	0.2545	0.2539	0.2519	0.2508	0.2501	0.2496
10	0.2687	0.2664	0.2644	0.2628	0.2614	0.2601	0.2560	0.2536	0.2522	0.2512
20	0.2934	0.2877	0.2831	0.2793	0.2761	0.2733	0.2643	0.2594	0.2564	0.2544
30	0.3232	0.3128	0.3046	0.2979	0.2924	0.2878	0.2730	0.2653	0.2606	0.2577
40	0.3600	0.3426	0.3294	0.3189	0.3105	0.3036	0.2821	0.2713	0.2650	0.2609
50	0.4062	0.3784	0.3581	0.3427	0.3306	0.3209	0.2917	0.2774	0.2693	0.2641
60	0.4655	0.4216	0.3915	0.3695	0.3528	0.3396	0.3015	0.2837	0.2737	0.2674
70	0.5423	0.4739	0.4301	0.3996	0.3771	0.3598	0.3117	0.2900	0.2780	0.2706
80	0.6412	0.5363	0.4742	0.4330	0.4035	0.3814	0.3221	0.2964	0.2824	0.2733
90	0.7620	0.6086	0.5434	0.4692	0.4316	0.4041	0.3327	0.3028	0.2868	0.2770
100	0.8894	0.6866	0.5760	0.5075	0.4611	0.4276	0.3434	0.3092	0.2911	0.2802
150	0.8776	0.8311	0.7457	0.6604	0.5904	0.5359	0.3950	0.3399	0.3119	0.2953
200	0.6953	0.6951	0.6809	0.6527	0.6160	0.5773	0.4345	0.3662	0.3302	0.3089

表 4-77　氙的比热容　　　单位：kJ/(kg·K)

p/bar \ T/K	290	300	310	320	330	340	350	400	450	500
1	0.1601	0.1599	0.1598	0.1596	0.1595	0.1594	0.1593	0.1590	0.1588	0.1587
2	0.1620	0.1616	0.1613	0.1610	0.1607	0.1605	0.1603	0.1597	0.1593	0.1591
3	0.1639	0.1633	0.1628	0.1624	0.1620	0.1617	0.1614	0.1604	0.1599	0.1595
4	0.1660	0.1651	0.1644	0.1638	0.1633	0.1629	0.1625	0.1612	0.1604	0.1599
5	0.1680	0.1669	0.1660	0.1653	0.1646	0.1653	0.1636	0.1619	0.1609	0.1603
10	0.1796	0.1771	0.1750	0.1733	0.1718	0.1705	0.1694	0.1658	0.1637	0.1624
20	0.2111	0.2037	0.1978	0.1930	0.1891	0.1859	0.1831	0.1743	0.1700	0.1667
30	0.2620	0.2436	0.2301	0.2198	0.2118	0.2053	0.2000	0.1839	0.1759	0.1713
40	0.3581	0.3089	0.2783	0.2572	0.2419	0.2302	0.2210	0.1948	0.1828	0.1761
50	0.6189	0.4347	0.3565	0.3119	0.2829	0.2624	0.2472	0.2071	0.1902	0.1811
60	2.0774	0.7753	0.5004	0.3966	0.3403	0.3046	0.2799	0.2207	0.1980	0.1863
70	0.9089	3.4863	0.8219	0.5360	0.4223	0.3601	0.3206	0.2358	0.2062	0.1917
80	0.7076	1.2124	1.5373	0.7690	0.5388	0.4321	0.3705	0.2522	0.2148	0.1972
90	0.6145	0.8188	1.2855	1.0489	0.6882	0.5205	0.4294	0.2698	0.2238	0.2027
100	0.5588	0.6740	0.8935	1.0497	0.8194	0.6140	0.4935	0.2883	0.2330	0.2084
150	0.4408	0.4640	0.4960	0.5347	0.5725	0.5927	0.5812	0.3747	0.2785	0.2365
200	0.3960	0.4034	0.4143	0.4276	0.4417	0.4542	0.4624	0.4020	0.3115	0.2602

表 4-78 一氧化碳的比热容 单位：kJ/(kg·K)

T/K p/bar	73.15	83.15	93.15	103.15	113.15	123.15	133.15	143.15	153.15	163.15	173.15	183.15	193.15	203.15	223.15	248.15	273.15	298.15	323.15	373.15
0.1	1.08	1.07	1.06	1.05	1.05	1.05	1.04	1.04	1.04	1.04	1.04	1.04	1.04	1.04	1.04	1.04	1.04	1.04	1.04	1.05
1	—	1.29	1.16	1.12	1.10	1.08	1.07	1.07	1.06	1.06	1.05	1.05	1.05	1.05	1.04	1.04	1.04	1.04	1.04	1.05
2	—	—	1.29	1.20	1.15	1.13	1.11	1.09	1.08	1.07	1.07	1.06	1.06	1.05	1.05	1.04	1.04	1.04	1.05	1.05
4	—	—	—	1.36	1.27	1.23	1.18	1.15	1.13	1.11	1.09	1.08	1.07	1.07	1.06	1.05	1.05	1.05	1.05	1.05
6	—	—	—	1.54	1.39	1.31	1.25	1.21	1.17	1.14	1.12	1.10	1.09	1.08	1.07	1.06	1.05	1.05	1.03	1.05
8	—	—	—	—	1.51	1.40	1.32	1.26	1.22	1.18	1.15	1.13	1.11	1.10	1.08	1.06	1.06	1.05	1.03	1.05
10	—	—	—	—	1.64	1.50	1.40	1.33	1.27	1.22	1.18	1.15	1.13	1.11	1.08	1.07	1.06	1.06	1.06	1.06
15	—	—	—	—	—	1.76	1.60	1.49	1.39	1.32	1.26	1.21	1.17	1.15	1.11	1.08	1.07	1.06	1.06	1.06
20	—	—	—	—	—	2.05	1.83	1.66	1.53	1.43	1.34	1.27	1.22	1.18	1.13	1.10	1.08	1.07	1.07	1.06
25	—	—	—	—	—	—	2.13	1.88	1.68	1.53	1.42	1.33	1.27	1.23	1.16	1.12	1.09	1.08	1.07	1.07
50	—	—	—	—	—	—	—	—	2.88	2.16	1.83	1.64	1.51	1.41	1.27	1.19	1.14	1.13	1.11	1.10
75	—	—	—	—	—	—	—	—	—	2.68	2.22	1.94	1.74	1.59	1.38	1.26	1.19	1.17	1.15	1.12
100	—	—	—	—	—	—	—	—	—	2.82	2.51	2.17	1.92	1.74	1.49	1.31	1.24	1.20	1.18	1.14
150	—	—	—	—	—	—	2.55	2.52	2.48	2.43	2.37	2.28	2.16	2.00	1.59	1.39	1.32	1.27	1.23	1.18
200	—	—	—	—	—	—	2.38	2.37	2.36	2.34	2.30	2.26	2.20	2.11	1.66	1.44	1.36	1.30	1.26	1.20

表 4-79　甲烷的定压比热容

单位：kJ/(kmol·K)

T/K p/bar	130	140	150	160	170	180	190	200	220	240	260	280	300	350
1.013	34.16	34.12	34.08	34.00	33.95	33.91	33.91	33.91	34.04	34.33	34.75	35.29	35.96	38.10
5.065	—	38.90	37.26	36.17	35.42	34.92	34.62	34.42	34.42	34.67	35.00	35.59	36.26	38.39
10.13	—	—	50.49	43.54	39.52	37.26	36.13	35.50	35.21	35.25	35.46	36.05	36.63	38.73
15.195	—	—	—	61.55	48.15	41.87	38.72	37.26	36.42	36.05	36.05	36.55	37.05	39.10
20.26	—	—	—	—	69.08	49.45	42.71	40.07	38.02	37.05	36.72	37.05	37.47	39.48
25.325	—	—	—	—	—	60.58	48.44	43.88	39.90	38.23	37.47	37.60	37.89	39.86
30.39	—	—	—	—	—	75.78	56.40	48.90	42.08	39.57	38.35	38.14	38.35	40.19
35.455	—	—	—	—	—	—	67.41	55.60	44.51	41.16	39.36	38.73	38.85	40.57
40.52	—	—	—	—	—	—	85.41	65.94	47.14	42.91	40.49	39.40	39.36	40.95
45.585	—	—	—	—	—	—	—	—	49.95	44.88	41.74	40.15	39.90	41.32
50.65	—	—	—	—	—	—	—	—	52.96	47.02	43.12	41.03	40.44	41.66
60.78	—	—	—	—	—	—	—	—	59.70	52.08	46.18	43.00	41.66	42.33
70.91	—	—	—	—	—	—	—	—	65.73	56.94	49.49	45.09	42.96	43.00
81.04	—	—	—	—	—	—	—	—	70.84	61.50	52.84	47.31	44.34	43.67
91.17	—	—	—	—	—	—	—	—	74.53	65.36	56.10	49.53	45.89	44.34
101.3	—	—	—	—	—	—	—	—	75.78	67.87	59.16	51.67	47.39	45.01
121.56	—	—	—	—	—	—	—	—	71.13	69.38	64.56	56.94	50.83	46.31
141.82	—	—	—	—	—	—	—	—	67.45	68.12	67.20	61.34	53.63	47.52
162.08	—	—	—	—	—	—	—	—	64.52	65.44	65.27	61.75	55.77	48.61
182.34	—	—	—	—	—	—	—	—	62.21	62.76	62.51	60.83	57.15	49.61
202.6	—	—	—	—	—	—	—	—	60.42	60.71	60.46	59.41	57.48	50.45

表 4-80 乙炔的定压比热容 单位：kJ/(kmol·K)

p/bar \ T/K	160	170	180	190	200	210	220	230	240	250	260	270	280	290	300	310
0.013	33.03①	34.16	35.13	36.01	36.84	37.64	38.29	39.15	39.86	40.57	41.28	41.99	42.66	43.33	43.96	44.59
0.2026	—	34.33	35.25	36.13	37.00	37.76	38.52	39.27	39.98	40.70	41.37	42.08	42.71	43.38	44.00	44.63
0.3039	—	—	35.46	36.30	37.14	37.89	38.64	39.36	40.07	40.78	41.45	42.16	42.79	43.46	44.09	44.72
0.5065	—	—	35.88	36.63	37.39	38.10	38.81	39.52	40.19	40.86	41.58	42.25	42.87	43.54	44.17	44.80
0.7091	—	—	—	37.00	37.68	38.35	39.02	39.69	40.36	41.03	41.70	42.33	42.96	43.63	44.25	44.88
1.013	35.59①	36.22①	36.84①	37.47	38.10	38.73	39.36	39.98	40.61	41.20	41.83	42.46	43.08	43.71	44.34	44.97
2.026	—	—	—	—	39.61①	39.98	40.40	40.86	41.37	41.87	42.41	42.96	43.54	44.13	44.72	45.30
3.039	—	—	—	—	—	41.45	41.62	41.87	42.20	42.66	43.08	43.54	44.05	44.55	44.84	45.64
5.065	—	—	—	—	—	—	44.42①	44.21	44.13	44.26	44.46	44.76	45.09	45.51	45.93	46.39
7.091	—	—	—	—	—	—	—	47.02①	46.43	46.18	46.06	46.14	46.31	46.56	46.85	47.19
10.13	—	—	—	—	—	—	—	—	50.83①	49.61	48.86	48.44	48.27	48.19	48.27	48.48
15.195	—	—	—	—	—	—	—	—	—	58.24①	55.39	53.55	52.29	51.54	51.16	50.95
20.26	—	—	—	—	—	—	—	—	—	—	68.25①	61.17	57.90	55.85	54.60	53.80
25.325	—	—	—	—	—	—	—	—	—	—	—	69.67①	66.40	61.88	59.12	57.32
30.39	—	—	—	—	—	—	—	—	—	—	—	—	—	70.72	65.23	61.84
35.455	—	—	—	—	—	—	—	—	—	—	—	—	—	—	73.73	67.74
40.52	—	—	—	—	—	—	—	—	—	—	—	—	—	—	—	75.15

① 过饱和状态。

(4) 低温工质的汽化潜热

表 4-81～表 4-92 包括了空气、氧、氮、氩、氖、氦、氢、氪、氙、一氧化碳、甲烷等工质在不同温度下的汽化潜热。

表 4-81 空气的汽化潜热 单位：kJ/kg

T/K	r	T/K	r	T/K	r	T/K	r	T/K	r
64	215	78	202.5	92	185.4	106	161.0	120	122.3
65	214.2	79	201.4	93	184.0	107	158.9	121	118.5
66	213.3	80	200.4	94	182.5	108	156.7	122	114.4
67	212.4	81	199.3	95	180.9	109	154.3	123	110.0
68	211.6	82	198.2	96	179.4	110	152.0	124	105.3
69	210.7	83	197.0	97	177.8	111	149.5	125	100.2
70	209.8	84	195.9	98	176.2	112	146.9	126	94.7
71	208.9	85	194.7	99	174.4	113	144.3	127	88.5
72	208.1	86	193.5	100	172.6	114	141.5	128	81.7
73	207.2	87	192.2	101	170.9	115	138.7	129	74.2
74	206.3	88	191.0	102	169.0	116	135.7	130	65.7
75	205.4	89	189.6	103	167.1	117	132.6	131	54.7
76	204.4	90	188.3	104	165.1	118	129.3	132	36.2
77	203.5	91	186.9	105	163.0	119	125.9	132.55	0

表 4-82 氧的汽化潜热 单位：kJ/kg

T/K	r	T/K	r	T/K	r	T/K	r	T/K	r
54.35	238.7	75	224.2	95	207.8	116	181.9	137	136.5
55	238.4	76	223.4	96	206.9	117	180.3	138	133.6
56	237.7	77	222.7	97	205.9	118	178.7	139	130.5
57	237.0	78	222.0	98	204.9	119	177.0	140	127.3
58	236.3	79	221.3	99	203.9	120	175.2	141	123.9
59	235.6	80	220.5	100	202.8	121	173.4	142	120.3
60	234.9	81	219.7	101	201.7	122	171.6	143	116.6
61	234.2	82	218.9	102	200.6	123	169.7	144	112.8
62	233.5	83	218.1	103	199.5	124	167.7	145	108.9
63	232.8	84	217.4	104	198.3	125	165.7	146	104.6
64	232.1	85	216.6	105	197.1	126	163.7	147	100.1
65	231.4	86	215.8	106	195.9	127	161.5	148	95.3
66	230.7	87	215.0	107	194.7	128	159.3	149	89.9
67	230.0	88	214.2	108	193.4	129	157.1	150	83.9
68	229.3	89	213.3	109	192.1	130	154.8	151	77.0
69	228.6	90	212.5	110	190.7	131	152.5	152	68.9
70	227.9	90.18	212.3	111	189.4	132	150.1	153	59.3
71	227.2	91	211.5	112	188.0	133	147.6	154	46.1
72	226.6	92	210.7	113	186.5	134	145.0	154.77	0
73	225.7	93	209.7	114	185.0	135	142.2		
74	225.0	94	208.7	115	183.5	136	139.4		

表 4-83 氮的汽化潜热 单位：kJ/kg

T/K	r	T/K	r	T/K	r	T/K	r
63.15	212.6	79	195.7	96	170.2	113	127.3
64	211.7	80	194.5	97	168.3	114	123.8
65	210.7	81	193.2	98	166.3	115	119.9
66	209.7	82	191.9	99	164.2	116	115.8
67	208.7	83	190.7	100	162.2	117	111.3
68	207.8	84	189.3	101	160.0	118	106.5
69	206.7	85	188.0	102	157.8	119	101.3
70	205.7	86	186.6	103	155.5	120	95.7
71	204.7	87	185.1	104	153.2	121	89.4
72	203.7	88	183.7	105	150.7	122	82.3
73	202.6	89	182.2	106	148.2	123	74.4
74	201.4	90	180.5	107	145.5	124	64.9
75	200.3	91	178.9	108	142.8	125	52.8
76	199.1	92	177.3	109	139.9	126	32.1
77	197.9	93	175.6	110	137.0	126.25	0
77.35	197.6	94	173.8	111	134.0		
78	196.8	95	172.0	112	130.7		

表 4-84 氩的汽化潜热 单位：kJ/kg

T/K	r	T/K	r	T/K	r	T/K	r	T/K	r
83.78	161.8	96	153.3	110	139.9	124	120.8	138	91.4
84	161.7	97	152.5	111	138.8	125	119.1	139	88.6
85	161.1	98	151.7	112	137.6	126	117.4	140	85.6
86	160.4	99	150.9	113	136.4	127	115.6	141	82.7
87	159.8	100	150.0	114	135.2	128	113.7	142	79.5
87.29	159.6	101	149.4	115	133.9	129	111.8	143	76.3
88	159.2	102	148.1	116	132.6	130	109.9	144	72.7
89	158.5	103	147.2	117	131.3	131	107.8	145	68.8
90	157.9	104	146.3	118	129.8	132	105.8	146	64.1
91	157.2	105	145.2	119	128.5	133	103.6	147	58.7
92	156.4	106	144.2	120	127.0	134	101.3	148	52.1
93	155.7	107	143.2	121	125.6	135	98.9	149	43.6
94	154.9	108	142.1	122	124.0	136	96.5	150	31.1
95	154.1	109	141.0	123	122.4	137	94.0	150.86	0

表 4-85 氖的汽化潜热 单位：kJ/kg

T/K	r	T/K	r	T/K	r	T/K	r	T/K	r
25	88.67	29	83.23	33	75.31	37	64.15	41	47.91
26	87.52	30	81.51	34	72.86	38	60.69	42	42.23
27	86.23	31	79.62	35	70.20	39	56.90	43	34.81

表 4-86 氦 4 的汽化潜热 单位：kJ/kg

T/K	r	T/K	r	T/K	r	T/K	r	T/K	r
2.2	22.8	3.0	23.7	3.8	22.7	4.6	18.0	5.15	6.70
2.4	23.1	3.2	23.6	4.0	21.9	4.8	15.6	5.18	4.00
2.6	23.3	3.4	23.5	4.2	20.9	5.0	12.0		
2.8	23.5	3.6	23.2	4.4	19.7	5.1	8.99		

表 4-87 正常氢的汽化潜热 单位：kJ/kmol

T/K	r	T/K	r	T/K	r	T/K	r	T/K	r
14	923	19	927	24	861	29	676	32	419
15	928	20	921	25	836	30	612	32.5	336
16	931	21	912	26	806	30.5	575	33	200
17	932	22	898	27	770	31	532	33.23	0
18	931	23	882	28	727	31.5	431		

表 4-88　仲氢的汽化潜热　　单位：kJ/kmol

T/K	r	T/K	r	T/K	r	T/K	r	T/K	r
14	908	19	912	24	844	29	653	32	376
15	912	20	905	25	818	30	587	32.5	276
16	915	21	895	26	787	30.5	547	32.98	0
17	917	22	882	27	750	31	501		
18	915	23	864	28	705	31.5	445		

表 4-89　氪的汽化潜热　　单位：kJ/kg

T/K	r	T/K	r	T/K	r	T/K	r	T/K	r
115.76	109.6	134	101.7	154	92.1	176	77.8	196	54.9
116	109.5	136	100.7	156	91.0	178	76.2	198	51.5
118	108.7	138	99.8	158	89.9	180	74.5	200	47.8
120	107.9	140	98.9	160	88.7	182	72.6	202	43.4
122	107.1	142	97.9	164	86.2	184	70.7	204	38.1
124	106.2	144	97.0	166	84.9	186	68.6	206	31.5
126	105.3	146	96.0	168	83.6	188	66.3	208	22.9
128	104.4	148	95.1	170	82.3	190	63.7	209.39	0
130	103.5	150	94.1	172	80.9	192	60.9		
132	102.6	152	93.1	174	79.4	194	58.0		

表 4-90　氙的汽化潜热　　单位：kJ/kg

T/K	r	T/K	r	T/K	r	T/K	r	T/K	r	T/K	r
161.36	98.98	182	91.52	204	85.01	226	77.42	248	66.18	270	49.18
162	96.76	184	90.95	206	84.37	228	76.63	250	64.92	272	47.10
164	96.29	186	90.38	208	83.72	230	75.80	252	63.65	274	44.88
166	95.80	188	89.81	210	83.07	232	74.92	254	62.38	276	42.49
168	95.30	190	89.24	212	82.41	234	73.99	256	61.07	278	39.87
170	94.79	192	88.66	214	81.74	236	73.00	258	59.68	280	36.95
172	94.27	194	88.07	216	81.05	238	71.96	260	58.18	282	33.68
174	93.74	196	87.48	218	80.35	240	70.88	262	56.57	284	29.96
176	93.20	198	86.88	220	79.63	242	69.75	264	54.85	286	25.56
178	92.65	200	86.27	222	78.90	244	68.59	266	53.06	288	19.33
180	92.09	202	85.65	224	78.17	246	67.38	268	51.16	289.74	0

表 4-91　一氧化碳的汽化潜热

T/K	$r/kJ\cdot kmol^{-1}$	T/K	$r/kJ\cdot kmol^{-1}$	T/K	$r/kJ\cdot kmol^{-1}$	T/K	$r/kJ\cdot kmol^{-1}$	T/K	$r/kJ\cdot kmol^{-1}$
85	5845	95	5275	105	4710	115	4124	125	3006
90	5560	100	4991	110	4425	120	3701	130	1947

表 4-92　甲烷的汽化潜热

T/K	$r/kJ\cdot kmol^{-1}$	T/K	$r/kJ\cdot kmol^{-1}$	T/K	$r/kJ\cdot kmol^{-1}$	T/K	$r/kJ\cdot kmol^{-1}$	T/K	$r/kJ\cdot kmol^{-1}$
100	8575	120	8026	140	7398	160	6473	180	4777
105	8436	125	7884	145	7206	165	6155	185	3906
110	8302	130	7733	150	6992	170	5786		
115	8164	135	7570	155	6749	175	5342		

（5）低温工质的热导率

表 4-93～表 4-119 包括了空气、氧、氮、氩、氖、氦、氢、氪、氙、甲烷、一氧化碳等工质在不同状态下的热导率。

表 4-93 液态及气态空气的热导率

单位：10^3 W/(m·K)

T/K \ p/bar	1	10	20	30	40	50	60	70	80	90	100	150	200	250	300	400
75	154.1	154.8	155.6	156.4	157.2	158.0	158.8	159.5	160.3	161.0	161.8	165.4	168.9	—	—	—
80	—	146.0	146.9	147.8	148.6	149.4	150.3	151.1	151.9	152.7	153.5	157.4	161.1	164.7	168.1	—
85	7.93	137.2	138.2	139.1	140.1	141.0	141.9	142.8	143.7	144.5	145.4	149.5	153.5	157.3	160.8	167.7
90	8.41	128.4	129.5	130.6	131.6	132.6	133.6	134.5	135.5	136.5	137.4	141.8	146.1	150.0	153.8	161.0
95	8.88	119.7	120.9	122.1	123.2	124.3	125.4	126.5	127.5	128.6	129.6	134.4	138.9	143.1	147.1	154.6
100	9.34	110.9	112.3	113.6	114.9	116.2	117.4	118.6	119.7	120.8	122.0	127.2	132.0	136.5	140.7	148.5
105	9.80	102.1	103.7	105.2	106.7	108.1	109.5	110.8	112.1	113.3	114.6	120.3	125.4	130.1	134.6	142.7
110	10.2	12.0	94.9	96.7	98.1	100.1	101.7	103.2	104.6	106.0	107.4	113.6	119.1	124.1	128.8	137.2
115	10.7	12.3	85.6	88.0	90.1	92.1	93.9	95.7	97.3	98.9	100.4	107.2	113.1	118.4	123.3	132.1
120	11.1	12.6	15.2	78.5	81.4	83.9	86.1	88.2	90.1	91.9	93.6	101.1	107.4	113.0	118.1	127.2
125	11.6	12.9	15.2	66.6	71.6	75.2	78.1	80.7	83.0	85.1	87.0	95.3	102.0	107.9	113.2	122.6
130	12.0	13.3	15.2	18.8	59.2	65.3	69.4	72.8	75.7	78.2	80.5	89.6	96.8	103.0	108.5	118.2
135	12.5	13.7	15.4	18.1	25.6	52.3	59.5	64.3	67.9	71.1	73.8	84.0	91.6	98.3	104.0	114.0
140	12.9	14.1	15.7	17.9	21.8	33.3	47.8	54.9	59.8	63.7	66.9	78.5	86.8	93.5	99.6	109.8
145	13.3	14.5	15.9	17.9	20.8	26.0	35.8	45.3	54.6	56.3	60.1	73.2	82.0	89.2	95.4	105.8
150	13.8	14.9	16.2	17.9	—	—	—	—	—	—	—	68.0	77.5	84.9	91.2	101.9
160	14.7	15.7	16.8	18.3	20.1	—	—	—	—	—	—	58.8	69.1	76.9	83.5	94.6
170	15.5	16.4	17.5	18.8	20.3	22.0	—	—	—	—	—	51.2	61.8	70.0	76.8	88.0
180	16.4	17.2	18.2	19.3	20.6	22.1	23.8	24.1	27.8	30.2	32.7	45.5	55.9	64.1	71.0	82.2
190	17.2	18.1	18.9	20.0	21.1	22.4	23.8	24.1	27.1	28.9	30.9	41.6	51.2	59.2	66.0	77.3
200	18.1	18.9	19.7	20.6	21.7	22.8	24.0	24.3	26.8	28.3	29.9	38.9	47.6	55.2	61.9	72.9
210	18.9	19.7	20.4	21.3	22.2	23.2	24.3	24.6	26.8	28.1	29.5	37.3	44.9	52.0	58.4	69.2
220	19.8	20.5	21.2	22.0	22.9	23.8	24.8	25.1	26.9	28.1	29.3	36.0	42.9	49.5	55.5	66.0

续表

T/K \ p/bar	1	10	20	30	40	50	60	70	80	90	100	150	200	250	300	400
230	20.6	21.3	22.0	22.7	23.5	24.4	25.3	25.6	27.2	28.3	29.3	35.3	41.5	47.6	53.2	63.3
240	21.4	22.1	22.7	23.4	24.2	25.0	25.8	26.1	27.6	28.5	29.5	34.8	40.5	46.0	51.4	61.0
250	22.3	22.9	23.5	24.2	24.9	25.6	26.4	26.7	28.1	28.9	29.8	34.6	39.8	44.9	49.9	59.0
260	23.1	23.7	24.3	24.9	25.6	26.3	27.0	27.3	28.6	29.4	30.2	34.6	39.3	44.1	48.7	57.4
270	23.9	24.5	25.1	25.7	26.3	27.0	27.6	27.9	29.1	29.8	30.6	34.7	39.1	43.5	47.8	56.1
280	24.7	25.3	25.8	26.4	27.0	27.6	28.3	28.5	29.6	30.3	31.1	34.9	38.9	43.0	47.1	55.0
290	25.5	26.0	26.6	27.1	27.7	28.3	28.9	29.2	30.2	30.8	31.5	35.1	38.9	42.7	46.6	54.0
300	26.3	26.8	27.3	27.9	28.4	29.0	29.6	29.8	30.8	31.4	32.0	35.4	38.9	42.6	46.2	53.3

表 4-94　气态空气的热导率（300K 以上）

单位：10^3 W/(m·K)

p/bar \ T/K	300	310	320	330	340	350	400	450	500
1	26.2	26.9	27.7	28.5	29.2	30.0	33.8	37.3	40.7
50	28.4	—	—	—	—	31.8	35.4	38.7	42.0
100	31.4	—	—	—	—	34.1	37.3	40.3	43.3
150	34.9	—	—	—	—	36.7	39.4	42.0	44.9
200	38.5	—	—	—	—	39.5	41.8	44.0	46.5
250	42.0	—	—	—	—	42.3	44.1	46.0	48.3
300	45.5	—	—	—	—	45.1	46.4	48.0	50.1
350	48.9	—	—	—	—	47.8	48.6	49.9	51.8
400	52.2	—	—	—	—	50.5	50.9	51.9	53.5

表 4-95 液态和气态氧的热导率

单位：10^3 W/(m·K)

T/K \ p/bar	1	10	20	30	40	50	60	70	80	90	100	125	150	175	200	225	250	275
75	169.8	170.3	170.8	171.4	171.8	172.3	172.8	173.3	173.7	174.3	174.8	175.8	177.0	178.1	179.1	180.1	181.1	182.1
80	163.7	164.2	164.7	165.3	165.8	166.4	166.8	167.4	167.9	168.4	168.9	170.0	171.2	172.4	173.4	174.6	175.6	176.5
85	157.4	158.0	158.6	159.1	159.7	160.2	160.8	161.4	161.9	162.4	162.9	164.2	165.4	166.6	167.8	168.9	169.9	171.1
90	151.0	151.6	152.3	152.8	153.5	154.1	154.7	155.3	155.8	156.4	157.0	158.3	159.6	160.9	162.1	163.3	164.4	165.5
95	8.69	145.1	145.8	146.5	147.1	147.8	148.4	149.1	149.7	150.3	150.9	152.3	153.7	155.1	156.4	157.7	158.9	160.1
100	9.17	138.5	139.3	140.0	140.8	141.4	142.1	142.8	143.5	144.2	144.8	146.4	147.9	149.3	150.7	152.1	153.4	154.6
105	9.65	131.6	132.6	133.4	134.2	135.0	135.8	136.5	137.3	138.0	138.7	140.4	142.0	143.6	145.1	146.5	147.9	149.3
110	10.13	124.9	125.8	126.8	127.6	128.5	129.4	130.2	131.0	131.8	132.6	134.4	136.2	137.8	139.5	141.0	142.5	144.0
115	10.61	117.8	118.9	119.9	120.9	121.9	122.9	123.8	124.7	125.5	126.4	128.4	130.3	132.2	133.9	135.6	137.2	138.8
120	11.08	12.32	111.7	112.9	114.0	115.2	116.2	117.3	118.3	119.2	120.2	122.4	124.5	126.5	128.4	130.2	131.9	133.6
125	11.55	12.70	104.2	105.6	107.0	108.2	109.5	110.7	111.8	112.9	113.9	116.4	118.7	120.9	122.9	124.9	126.7	128.5
130	12.02	13.08	96.19	97.96	99.56	101.1	102.6	103.9	105.2	106.4	107.6	110.4	112.9	115.3	117.5	119.6	121.6	123.5
135	12.48	13.48	15.35	89.71	91.76	93.63	95.37	96.95	98.47	99.88	101.2	104.3	107.2	109.8	112.2	114.4	116.6	118.6
140	12.94	13.88	15.53	80.51	83.33	85.76	87.89	89.82	91.60	93.25	94.80	98.32	101.5	104.3	106.9	109.4	111.9	113.8
145	13.40	14.29	15.77	18.43	73.82	77.26	80.05	82.46	84.63	86.56	88.37	92.36	95.86	98.96	101.8	104.4	106.9	109.2
150	13.85	14.70	16.05	18.26	22.66	67.64	71.62	74.77	77.42	79.77	81.86	86.42	90.27	93.70	96.78	99.57	102.2	104.6
155	14.30	15.11	16.35	18.27	21.43	—	—	66.00	69.99	72.81	75.34	80.52	84.79	88.49	91.81	94.82	97.57	100.2
160	14.75	15.53	16.68	18.38	20.94	—	—	—	—	—	68.42	74.40	79.33	83.40	86.94	90.11	93.10	95.70
165	15.20	15.95	17.03	18.56	20.77	—	—	—	—	—	—	68.40	73.98	78.49	82.44	85.70	88.70	91.45
170	15.65	16.36	17.38	18.78	20.70	—	—	—	—	—	—	62.52	68.74	73.75	77.95	81.39	84.45	87.32
180	16.54	17.20	18.11	19.32	20.88	—	—	—	—	—	—	51.99	59.41	65.09	69.65	73.55	76.91	80.11
190	17.43	18.05	18.87	19.94	21.27	22.88	24.83	27.11	29.77	32.78	36.07	44.46	51.60	57.50	62.37	66.57	70.22	73.53
200	18.31	18.89	19.65	20.60	21.76	23.14	24.74	26.58	28.64	30.91	33.36	39.94	46.22	51.72	56.51	60.80	64.47	67.84
210	19.18	19.72	20.43	21.29	22.33	23.54	24.91	26.47	28.17	30.02	31.98	37.29	42.66	47.63	52.09	56.12	59.75	63.08
220	20.04	20.55	21.21	22.00	22.94	24.02	25.23	26.58	28.04	29.61	31.28	35.72	40.34	44.76	48.86	52.62	56.06	59.26

续表

T/K \ p/bar	1	10	20	30	40	50	60	70	80	90	100	125	150	175	200	225	250	275
230	20.89	21.37	21.99	22.72	23.58	24.55	25.64	26.84	28.13	29.50	30.95	34.80	38.81	42.75	46.51	49.99	53.21	56.26
240	21.73	22.19	22.77	23.45	24.21	25.13	26.12	27.20	28.35	29.58	30.85	34.27	37.82	41.36	44.79	48.01	51.05	53.90
250	22.56	23.00	23.54	24.18	24.92	25.74	26.65	27.62	28.68	29.79	30.94	34.00	37.19	40.40	43.54	46.53	49.38	52.06
260	23.38	23.80	24.31	24.92	25.60	26.37	27.20	28.10	29.06	30.08	31.14	33.92	36.82	39.76	42.63	45.43	48.10	50.64
270	24.19	24.59	25.08	25.65	26.29	27.01	27.78	28.62	29.50	30.44	31.41	33.97	36.64	39.33	42.01	44.61	47.11	49.52
280	24.99	25.38	25.84	26.39	26.98	27.66	28.38	29.16	29.98	30.85	31.75	34.12	36.59	39.09	41.58	44.01	46.38	48.65
290	25.79	26.17	26.61	27.12	27.69	28.32	29.00	29.73	30.50	31.31	32.15	34.36	36.65	38.99	41.32	43.61	45.85	47.99
300	26.59	26.95	27.37	27.86	28.40	28.99	29.64	30.32	31.05	31.81	32.60	34.66	36.81	39.00	41.19	43.37	45.46	47.51
310	27.38	27.73	28.13	28.60	29.12	29.67	30.29	30.93	31.62	32.33	33.07	35.01	37.04	39.10	41.16	43.21	45.19	47.17
320	28.18	28.51	28.90	29.35	29.84	30.37	30.95	31.56	32.21	32.88	33.58	35.42	37.32	39.28	41.23	43.17	45.08	46.94
330	28.97	29.29	29.66	30.09	30.56	31.07	31.62	32.20	32.81	33.45	34.11	35.85	37.68	39.51	41.37	43.22	45.03	46.81
340	29.75	30.06	30.42	30.83	31.28	31.77	32.29	32.84	33.42	34.03	34.66	36.31	38.03	39.79	41.56	43.33	45.06	46.77
350	30.52	30.82	31.17	31.56	31.99	32.46	32.96	33.49	34.04	34.62	35.22	36.79	38.43	40.11	41.80	43.48	45.14	46.73
400	34.30	34.56	34.86	35.19	35.53	35.92	36.33	36.76	37.21	37.68	38.16	39.43	40.76	42.12	43.50	44.88	46.26	47.62
450	37.97	38.20	38.46	38.74	39.04	39.37	39.71	40.07	40.45	40.84	41.25	42.31	43.42	44.56	45.73	46.91	48.08	49.25
500	41.57	41.78	42.00	42.25	42.53	42.80	43.10	43.41	43.73	44.07	44.41	45.32	46.28	47.27	48.27	49.29	50.31	51.34

表 4-96 液态和气态氮的热导率

单位：10^3 W/(m·K)

T/K \ p/bar	1	10	20	30	40	50	60	70	80	90	100	125	150	175	200	225	250	275
65	159.0	159.7	160.6	161.4	162.2	163.0	163.9	164.7	165.5	—	—	—	—	—	—	—	—	—
70	149.7	150.5	151.4	152.3	153.2	154.0	154.9	155.7	156.6	157.4	158.2	160.3	162.3	164.3	166.2	168.1	169.9	171.8
75	140.4	141.3	142.2	143.2	144.1	145.0	145.9	146.8	147.7	148.6	149.5	151.6	153.7	155.8	157.8	159.8	161.7	163.6
80	7.83	132.1	133.1	134.1	135.1	136.1	137.1	138.0	139.0	139.9	140.9	143.2	145.3	147.5	149.6	151.7	153.7	155.6
85	8.28	123.1	124.2	125.3	126.4	127.1	128.5	129.5	130.5	131.5	132.5	134.9	137.2	139.5	141.7	143.9	146.0	148.0

续表

p/bar T/K	1	10	20	30	40	50	60	70	80	90	100	125	150	175	200	225	250	275
90	8.73	114.2	115.4	116.6	117.8	119.0	120.1	121.2	122.3	123.4	124.4	127.0	129.5	131.9	134.2	136.5	138.6	140.8
95	9.18	105.4	106.8	108.1	109.5	110.8	112.0	113.2	114.4	115.5	116.7	119.4	122.0	124.6	127.0	129.4	131.6	133.9
100	9.62	++96.72++	98.32	99.85	101.3	102.7	104.1	105.4	106.7	108.0	109.2	112.2	115.0	117.6	120.2	122.6	125.0	127.4
105	10.07	11.56	89.83	91.61	93.29	94.91	96.44	97.94	99.34	100.7	102.1	105.2	108.2	111.1	113.8	116.3	118.8	121.2
110	10.51	11.86	81.02	83.24	85.28	87.18	88.95	90.62	92.22	93.73	95.21	98.65	101.8	104.8	107.7	110.4	113.0	115.4
115	10.95	12.18	++71.26++	74.39	77.02	79.35	81.48	83.42	85.23	86.95	88.58	92.35	95.77	98.95	101.9	104.7	107.4	110.0
120	11.39	12.54	14.73	++63.60++	67.95	71.17	73.88	76.25	78.37	80.34	82.17	86.32	90.00	93.39	96.50	99.45	102.2	104.9
125	11.83	12.90	14.76	—	55.95	61.63	65.63	68.87	71.50	73.82	75.92	80.54	84.53	88.10	91.39	94.45	97.32	100.1
130	12.27	13.28	14.90	—	—	—	56.72	61.08	64.44	67.32	69.79	74.98	79.32	83.12	86.58	89.77	92.72	95.52
135	12.71	13.66	15.12	—	—	—	—	52.78	57.24	60.72	63.72	69.61	74.31	78.39	82.02	85.34	88.40	91.26
140	13.15	14.06	15.38	17.39	—	—	—	—	—	54.14	57.60	64.31	69.45	73.81	77.64	81.09	84.25	87.25
150	14.03	14.86	15.98	17.55	19.74	—	—	—	—	—	—	54.49	60.43	65.31	69.47	73.10	76.46	79.52
160	14.90	15.66	16.68	17.95	19.63	21.79	—	—	—	—	—	46.95	52.82	57.96	62.35	66.18	69.64	72.85
170	15.77	16.48	17.37	18.48	19.86	21.56	23.57	25.92	28.55	31.35	34.21	40.97	46.92	52.01	56.45	60.36	63.87	67.09
180	16.63	17.29	18.10	19.09	20.27	21.67	23.29	25.13	27.16	29.34	31.62	37.33	42.66	47.86	51.73	55.59	59.09	62.29
190	17.48	18.10	18.84	19.73	20.77	21.97	23.34	24.85	26.51	28.30	30.16	34.97	39.68	44.04	48.09	51.78	55.15	58.33
200	18.31	18.89	19.58	20.39	21.32	22.38	23.56	24.87	26.27	27.80	29.35	33.47	37.59	41.57	45.30	48.77	52.01	55.04
210	19.13	19.68	20.32	21.06	21.91	22.86	23.91	25.05	26.28	27.59	28.95	32.53	36.18	39.77	43.18	46.43	49.50	52.38
220	19.94	20.46	21.06	21.75	22.53	23.39	24.34	25.35	26.44	27.60	28.80	31.97	35.24	38.48	41.62	44.64	47.51	50.27
230	20.74	21.23	21.80	22.44	23.16	23.95	24.81	25.73	26.72	27.76	28.83	31.67	34.61	37.56	40.45	43.26	45.94	48.54
240	21.52	21.99	22.53	23.13	23.80	24.52	25.31	26.16	27.06	28.00	28.97	31.54	34.23	36.93	39.59	42.20	44.73	47.16
250	22.28	22.73	23.24	23.81	24.43	25.11	25.83	26.62	27.44	28.31	29.20	31.54	34.01	36.49	38.96	41.40	43.76	46.06
260	23.02	23.46	23.91	24.48	25.06	25.69	26.37	27.09	27.85	28.66	29.48	31.65	33.91	36.21	38.52	40.79	43.01	45.18
270	23.75	24.17	24.63	25.14	25.68	26.28	26.92	27.59	28.30	29.05	29.82	31.82	33.92	36.07	38.22	40.35	42.44	44.50
280	24.46	24.86	25.30	25.79	26.30	26.87	27.47	28.10	28.77	29.46	30.18	32.04	34.01	36.02	38.03	40.03	42.01	43.95

续表

p/bar T/K	1	10	20	30	40	50	60	70	80	90	100	125	150	175	200	225	250	275
290	25.16	25.54	25.97	26.43	26.92	27.46	28.02	28.62	29.25	29.90	30.56	32.32	34.16	36.04	37.94	39.83	41.69	43.54
300	25.85	26.22	26.63	27.07	27.54	28.05	28.58	29.15	29.73	30.35	30.97	32.64	34.36	36.13	37.92	39.71	41.45	43.24
310	26.53	26.89	27.28	27.71	28.15	28.64	29.15	29.68	30.23	30.81	31.41	32.98	34.61	36.28	37.98	39.67	41.31	43.03
320	27.21	27.56	27.93	28.34	28.77	29.23	29.72	30.22	30.75	31.30	31.87	33.35	34.90	36.48	38.09	39.71	41.29	42.91
330	27.88	28.22	28.58	28.97	29.38	29.82	30.29	30.77	31.28	31.80	32.34	33.74	35.21	36.72	38.25	39.79	41.33	42.85
340	28.55	28.87	29.23	29.60	30.00	30.42	30.87	31.33	31.81	32.31	32.82	34.16	35.56	37.00	38.46	39.93	41.40	42.86
350	29.21	29.52	29.86	30.22	30.61	31.01	31.44	31.88	32.35	32.82	33.31	34.59	35.93	37.30	38.69	40.10	41.51	42.91
400	32.44	32.71	33.01	33.31	33.64	33.97	34.32	34.69	35.08	35.46	35.86	36.91	38.00	39.12	40.26	41.41	42.57	43.74
450	35.55	35.79	36.05	36.32	36.60	36.88	37.19	37.50	37.82	38.15	38.49	39.87	40.29	41.24	42.21	43.18	44.17	45.17
500	38.55	38.77	38.99	39.24	39.48	39.73	40.00	40.27	40.55	40.84	41.13	41.89	42.69	43.51	44.35	45.20	46.05	46.91

表 4-97　液态和气态氩的热导率

单位：10^3 W/(m·K)

p/bar T/K	1	10	20	30	40	50	60	70	80	90	100	125	150	175	200	225	250	275
85	130.2	130.8	131.5	132.1	132.8	—	—	—	—	—	—	—	—	—	—	—	—	—
90	6.14	123.5	124.2	124.9	125.7	126.4	127.1	127.8	128.4	129.2	129.8	131.4	133.1	134.6	136.1	137.6	139.1	—
95	6.44	116.5	117.3	118.1	118.9	119.6	120.4	121.1	121.8	122.6	123.3	125.0	126.6	128.3	129.9	131.5	133.0	134.5
100	6.74	109.7	110.6	111.4	112.3	113.1	113.9	114.7	115.4	116.2	117.0	118.8	120.5	122.3	123.9	125.5	127.1	128.7
105	7.04	103.1	104.0	104.9	105.8	106.7	107.6	108.4	109.2	110.1	110.8	112.8	114.7	116.5	118.3	119.9	121.5	123.2
110	7.34	96.52	97.55	98.54	99.52	100.5	101.4	102.3	103.2	104.1	104.9	107.0	108.9	110.9	112.7	114.5	116.2	117.8
115	7.64	89.91	91.06	92.17	93.25	94.30	95.32	96.30	97.25	98.19	99.11	101.3	103.4	105.4	107.3	109.2	111.0	112.7
120	7.94	8.96	84.51	85.77	86.98	88.13	89.26	90.34	91.40	92.40	93.39	95.76	97.98	100.1	102.1	104.1	105.9	107.7
125	8.24	9.20	77.78	79.25	80.66	81.95	83.22	84.41	85.56	86.69	87.75	90.31	92.69	94.93	97.06	99.10	101.0	102.9
130	8.54	9.44	10.96	72.51	74.15	75.68	77.11	78.48	79.77	81.00	82.17	84.95	87.52	89.89	92.13	94.28	96.29	98.24
135	8.84	9.69	11.03	65.31	67.38	69.23	70.93	72.50	73.96	75.35	76.65	79.69	82.45	84.99	87.37	89.59	91.70	93.73
140	9.13	9.93	11.13	13.29	60.06	62.45	64.54	66.41	68.11	69.70	71.16	74.51	77.49	80.20	82.72	85.06	87.28	89.37

续表

T/K \ p/bar	1	10	20	30	40	50	60	70	80	90	100	125	150	175	200	225	250	275
145	9.42	10.19	11.28	13.03	—	55.16	57.89	60.19	62.23	64.05	65.73	69.45	72.68	75.58	78.24	80.69	83.00	85.18
150	9.71	10.44	11.45	12.95	—	—	—	53.39	56.31	58.46	60.38	64.52	68.03	71.12	73.92	76.50	78.90	81.15
155	10.00	10.70	11.64	12.96	—	—	—	—	—	52.60	54.86	59.77	63.54	66.87	69.81	72.48	74.97	77.30
160	10.28	10.95	11.84	13.02	—	—	—	—	—	—	—	54.95	59.03	62.70	65.85	68.60	71.20	73.60
170	10.85	11.47	12.26	13.27	14.57	—	—	—	—	—	—	45.53	50.82	55.02	58.56	61.52	64.30	66.80
180	11.41	11.99	12.70	13.58	14.67	16.01	17.69	19.81	22.45	25.62	29.14	37.35	43.44	48.09	51.94	55.19	58.11	60.73
190	11.97	12.51	13.17	13.95	14.89	16.00	17.32	18.89	20.72	22.84	25.21	31.64	37.54	42.37	46.40	49.82	52.87	55.61
200	12.52	13.03	13.64	14.35	15.18	16.13	17.24	18.50	19.93	21.53	23.30	28.21	33.27	37.86	41.82	45.31	48.39	51.16
210	13.06	13.54	14.11	14.76	15.50	16.35	17.31	18.38	19.56	20.86	22.28	26.20	30.40	34.48	38.23	41.60	44.65	47.41
220	13.60	14.06	14.59	15.19	15.87	16.63	17.48	18.41	19.43	20.53	21.72	24.98	28.52	32.08	35.49	38.66	41.57	44.24
230	14.13	14.57	15.06	15.62	16.25	16.94	17.70	18.53	19.43	20.40	21.42	24.23	27.26	30.38	33.44	36.36	39.12	41.68
240	14.65	15.07	15.53	16.06	16.64	17.28	17.79	18.72	19.53	20.39	21.30	23.76	26.42	29.17	31.92	34.59	37.16	39.57
250	15.17	15.57	16.01	16.51	17.05	17.64	18.28	18.97	19.70	20.47	21.29	23.49	25.85	28.32	30.80	33.25	35.62	37.88
260	15.69	16.07	16.49	16.96	17.47	18.02	18.61	19.25	19.92	20.63	21.37	23.36	25.50	27.72	29.98	32.22	34.42	36.53
270	16.20	16.57	16.97	17.41	17.89	18.41	18.96	19.55	20.17	20.82	21.51	23.33	25.28	27.31	29.37	31.44	33.48	35.46
280	16.70	17.06	17.44	17.86	18.31	18.80	19.32	19.87	20.45	21.05	21.68	23.36	25.16	27.02	28.93	30.84	32.74	34.60
290	17.20	17.54	17.91	18.31	18.74	19.20	19.69	20.21	20.75	21.31	21.90	23.46	25.12	26.86	28.62	30.40	32.17	33.92
300	17.69	18.02	18.37	18.76	19.17	19.60	20.07	20.55	21.06	21.59	22.15	23.60	25.15	26.76	28.41	30.08	31.74	33.38
310	18.17	18.49	18.83	19.20	19.59	20.00	20.45	20.90	21.38	21.88	22.41	23.77	25.22	26.73	28.27	29.84	31.41	32.95
320	18.65	18.96	19.28	19.64	20.01	20.41	20.83	21.27	21.72	22.19	22.69	23.98	25.34	26.76	28.21	29.68	31.16	32.63
330	19.13	19.43	19.74	20.08	20.44	20.82	21.22	21.64	22.07	22.52	22.99	24.21	25.49	26.84	28.21	29.60	31.00	32.39
340	19.62	19.91	20.20	20.52	20.87	21.24	21.62	22.02	22.43	22.86	23.31	24.46	25.68	26.96	28.26	29.58	30.92	32.23
350	20.10	20.38	20.66	20.97	21.30	21.66	22.02	22.42	22.81	23.22	23.64	24.75	25.91	27.11	28.35	29.60	30.87	32.11
400	22.40	22.64	22.90	23.17	23.44	23.74	24.04	24.36	24.68	25.02	25.36	26.25	27.18	28.15	29.14	30.14	31.16	32.18
450	24.59	24.80	25.03	25.26	25.50	25.76	26.02	26.28	26.56	26.85	27.13	27.88	28.67	29.47	30.30	31.14	31.99	32.85
500	26.67	26.86	27.06	27.27	27.48	27.71	27.93	28.17	28.41	28.66	28.91	29.55	30.23	30.92	31.63	32.36	33.09	33.83

表 4-98 1bar 下氖气的热导率 单位：W/(m·K)

T/K	90	125	175	225	273	300	350	400	450	500
$\lambda\times10^4$	205	266	338	403	464	494	547	598	649	698

表 4-99 不同温度、压力下氖气的热导率 单位：10^4 W/(m·K)

p/bar \ T/K	298	323	348	p/bar \ T/K	298	323	348
1	488	516	542	200	545	569	591
100	516	543	566	300	574	596	615

表 4-100 液氖的热导率 单位：W/(m·K)

T/K	25	26	27	28	29	30
λ	0.117	0.115	0.113	0.112	0.108	0.092

表 4-101 1bar 下氦的热导率 单位：W/(m·K)

T/K	$\lambda\times10^3$	T/K	$\lambda\times10^3$	T/K	$\lambda\times10^3$
70	57.9	190	111	310	154
80	63.2	200	115	320	157
90	67.6	210	120	330	160
100	72.0	220	124	340	163
110	76.4	230	127	350	166
120	81.6	240	130	360	170
130	86.0	250	134	370	173
140	90.5	260	138	380	176
150	94.5	270	142	390	181
160	98.8	280	145	400	184
170	103	290	148	450	201
180	107	300	151	500	218

表 4-102 不同温度、压力下氦的热导率 单位：10^3 W/(m·K)

T/K \ p/bar	1	50	100	150	200	250	300
270	142	144	147	150	153	156	159
280	145	148	151	153	156	159	162
290	148	151	153	156	159	161	164
300	151	154	158	158	161	164	167
310	154	157	160	162	165	167	170
320	157	160	162	164	167	169	172
330	160	162	165	167	170	172	175
340	163	165	167	169	172	174	177
350	166	168	170	172	174	176	179

续表

T/K \ p/bar	1	50	100	150	200	250	300
400	184	186	188	180	182	184	188
450	201	203	205	207	209	211	213
500	218	220	221	223	224	226	228

表 4-103 液氦的热导率 单位：W/(m·K)

T/K	2.3	2.4	2.6	2.8	3.0	3.5	4.0	4.2
$\lambda\times10^3$	18.1	18.5	19.5	20.5	21.4	23.8	26.2	27.1

表 4-104 氦 3 的热导率 单位：W/(m·K)

T/K	$\lambda\times10^3$	T/K	$\lambda\times10^3$	T/K	$\lambda\times10^3$
0.54	4.07	0.82	5.45	1.607	9.20
0.65	4.48	0.90	5.87	2.06	10.68
0.77	5.14	1.086	6.84	3.099	12.50

表 4-105 液体氦 3 的热导率 单位：W/(m·K)

T/K	0.3	0.5	1.0	1.5	2.0
$\lambda\times10^2$	0.6699	0.7955	1.005	1.214	1.382

表 4-106 1bar 下氢的热导率 单位：W/(m·K)

T/K	$\lambda\times10^3$	T/K	$\lambda\times10^3$
80	53.2	240	152
90	60.1	250	157
100	67.0	260	162
110	74.3	270	167
120	81.5	280	172
130	87.8	290	178
140	94.6	300	183
150	101	310	187
160	107	320	191
170	113	330	196
180	119	340	200
190	125	350	204
200	131	400	226
210	137	450	247
220	142	500	266
230	147		

表 4-107 不同温度、压力下正氢的热导率

单位：10^3 W/(m·K)

T/K \ p/bar	1	10	20	30	40	50	60	70	80	90	100	150	200	250	300	350
80	53.2	55.8	60.0	63.2	66.9	69.8	74.7	78.8	81.8	86.3	90.2	—	—	—	—	—
90	60.1	63.2	66.1	69.2	72.3	75.1	78.0	81.3	84.7	88.0	91.1	108	—	—	—	—
100	67.0	70.7	72.6	75.7	67.8	80.9	83.6	86.5	89.2	91.6	94.8	109	119	128	138	147
110	74.3	77.6	79.7	81.6	83.8	86.7	89.8	92.6	93.8	95.7	98.6	112	122	132	141	150
120	81.5	83.5	85.6	87.7	89.5	91.6	94.7	96.8	98.7	101	104	115	125	134	143	152
130	87.8	89.2	91.8	93.7	95.9	97.6	100	102	104	106	108	118	128	137	146	154
140	94.6	96.4	98.2	100	102	104	106	108	110	111	113	122	131	140	149	157
150	101	103	105	106	108	109	111	113	115	116	117	126	135	146	153	161
160	107	109	110	112	113	115	116	118	120	121	122	130	138	146	154	162
170	113	115	116	118	119	120	121	123	124	125	126	134	141	148	156	164
180	119	121	122	123	125	126	127	129	129	130	131	138	145	153	160	167
190	125	127	128	129	130	132	133	134	135	136	137	144	150	157	164	171
200	131	132	134	135	136	137	139	140	141	142	143	149	156	163	170	176
210	137	138	139	141	142	143	144	145	147	148	149	154	160	166	172	177
220	142	143	144	145	147	148	149	150	150	151	152	158	164	170	176	181
230	147	148	149	150	151	152	154	155	156	157	158	163	168	173	178	184
240	152	153	154	155	156	157	158	159	160	161	162	167	173	178	183	189
250	157	158	159	160	161	162	163	164	165	167	168	172	177	181	186	191
260	162	163	164	165	166	167	168	169	170	171	172	177	181	185	189	193
270	167	168	169	170	171	172	173	174	175	176	177	181	185	189	193	197
280	172	173	174	175	176	176	177	178	179	180	181	186	190	194	198	202
290	178	179	180	181	182	182	183	184	185	186	187	191	195	199	203	206
300	183	183	184	185	186	187	188	189	190	191	192	195	198	201	204	208
350	204	204	205	206	207	208	209	209	210	211	212	215	218	221	224	227
400	226	226	227	228	229	220	230	230	231	232	232	235	238	241	244	247
450	247	247	248	249	249	250	250	251	252	252	253	256	258	261	264	267

表 4-108　液氢的热导率　　单位：W/(m·K)

T/K	16	17	18	19	20	21	22	23	24	25	26	27	28	29	30
$\lambda\times10^3$	108	111	113	116	118	120	123	125	127	129	132	134	137	139	141

表 4-109　1bar 下氮气的热导率　　单位：W/(m·K)

T/K	125	175	225	273	300	350	400	450	500
$\lambda\times10^4$	42.0	58.5	72.0	88.5	97	111	124	137	149

表 4-110　饱和状态氮的热导率　　单位：W/(m·K)

T/K	120	130	140	150	160	170	180	190	195	200
$\lambda'\times10^3$	90.5	83.9	77.3	70.8	64.2	57.6	51.0	44.4	40.8	36.6
$\lambda''\times10^3$	4.06	4.52	5.01	5.54	6.2	7.0	7.9	9.3	10.1	11.2

注：λ'和λ''分别是饱和温度时液体、气体的热导率，下同。

表 4-111　不同温度、压力下氮的热导率　　单位：W/(m·K)

T/K	p/bar	$\lambda\times10^3$	T/K	p/bar	$\lambda\times10^3$	T/K	p/bar	$\lambda\times10^3$
125.46	25.5	88.0	150.35	304.7	85.7	200.28	304	60.9
125.46	50.9	88.9	150.32	406	90.0	200.29	406	66.3
125.45	101	91.2	150.32	507.3	93.6	200.28	506.6	71.0
125.45	202.7	95.2	175.34	25.8	54.2	235.43	50.3	10.7
125.45	303.3	98.7	175.34	51.7	56.5	235.44	76.2	17.0
125.47	306.7	99.0	175.34	100.8	60.4	235.46	101.3	27.5
125.54	337.7	102.7	175.32	203.3	67.2	235.45	131.5	32.2
125.62	407.7	131	175.34	305.7	72.7	235.47	202.7	39.6
125.60	507.3	133	175.26	406.7	77.6	235.46	306.7	47.2
150.35	25.8	71.1	175.25	506.6	82.0	235.47	405	52.9
150.35	50.6	73.7	200.26	51.1	41.2	235.50	505.3	58.1
150.35	101.5	75.7	200.28	101.5	46.2			
150.35	204	81.0	200.30	203.3	54.3			

表 4-112　饱和状态氙的热导率　　单位：W/(m·K)

T/K	170	180	190	200	210	220	230	240	250	260
$\lambda'\times10^3$	70	66	62	58	54	50	46	42	38	34
$\lambda''\times10^3$	3.4	3.7	4.1	4.4	4.8	5.1	5.5	6.0	6.6	7.3

表 4-113　不同温度、压力下氙的热导率　　单位：W/(m·K)

T/K	p/bar	$\lambda\times10^3$	T/K	p/bar	$\lambda\times10^3$	T/K	p/bar	$\lambda\times10^3$
170.24	51.1	70.5	170.29	314	108	190.43	53.6	63.1
170.24	98.7	71.9	170.30	406.3	107.5	190.42	95.4	64.7
170. 24	203.7	74.8	170.30	504.5	167.7	190.41	204	68.3
170. 30	304.3	106.5	190.44	24.8	62.1	109.42	305.7	71.5

续表

T/K	p/bar	$\lambda\times10^3$	T/K	p/bar	$\lambda\times10^3$	T/K	p/bar	$\lambda\times10^3$
190.41	406	74.3	210.22	304	65.4	235.02	197.8	53.9
190.41	501.4	76.7	210.16	405.3	68.5	235.03	304.3	57.7
210.20	26	54.8	210.16	506	71.2	235.03	405.7	61.2
210.20	51.9	55.6	235.08	26	45.7	235.04	501.1	64.3
210.21	96.6	57.6	235.05	52.07	46.3			
210.23	201.4	61.8	235.06	101.5	49.0			

表 4-114　p=1bar 下氙气的热导率　　单位：W/(m·K)

T/K	175	225	273	300	350	400	450	500
λ	3.34	4.33	5.2	5.8	6.7	7.5	8.3	9.0

表 4-115　在标准大气压下甲烷的热导率　　单位：W/(m·K)

T/K	91.55	110.9	144.3	172.1	199.8	227.6	255.44	263.1
$\lambda\times10^2$	0.9412	0.8792	1.298	1.717	2.010	2.386	2.721	3.098

表 4-116　不同温度、压力下甲烷的热导率　　单位：10^4W/(m·K)

T/K \ p/bar	0.9807	19.614	49.055	98.07	147.11
353.15	404.7	438.5	451.2	482.6	517.5
333.15	380.3	395.4	424.5	471.0	523.4
313.15	353.6	366.3	378.0	459.4	524.5
293.15	325.6	351.2	372.2	447.8	529.2
273.15	302.4	322.2	360.5	418.7	535.0
253.15	276.8	302.4	331.5	430.3	558.2
233.15	227.9	247.7	308.2	639.7	790.8
193.15	215.2	227.9	540.8	901.3	980.4
173.15	186.1	203.5	1076.9	1139.7	1192.1
153.15	165.1	—	1296.7	1337.5	1384.0
133.15	141.9	—	1488.6	1518.9	1558.4
113.15	121.0	—	1663.1	1717.8	1744.5

表 4-117　液态甲烷的热导率　　单位：W/(m·K)

T/K	103.25	112.55	145.35	172.85
$\lambda\times10^4$	2030.6	1945.7	1296.7	1046.7

表 4-118　一氧化碳在标准大气压下的热导率　　单位：W/(m·K)

T/K	82.15	91.65	273.15	280.65
$\lambda\times10^2$	0.6908	0.7725	2.257～2.357	2.135

表 4-119　液体一氧化碳的热导率　　单位：W/(m·K)

T/K	78.45	90.45	102.85	112.45
$\lambda\times10^3$	148.64	120.59	99.65	87.93

4.5 蒸气压缩循环制冷

4.5.1 单级蒸气压缩循环制冷

4.5.1.1 理论制冷循环

单级蒸气压缩循环制冷系统由压缩机、冷凝器、节流阀（或毛细管）和蒸发器四个主要部分组成，并通过管道连接起来，形成一个完整封闭的系统。制冷工质在系统中循环，将热量从低温热源转移到高温热源，如图 4-13 所示。

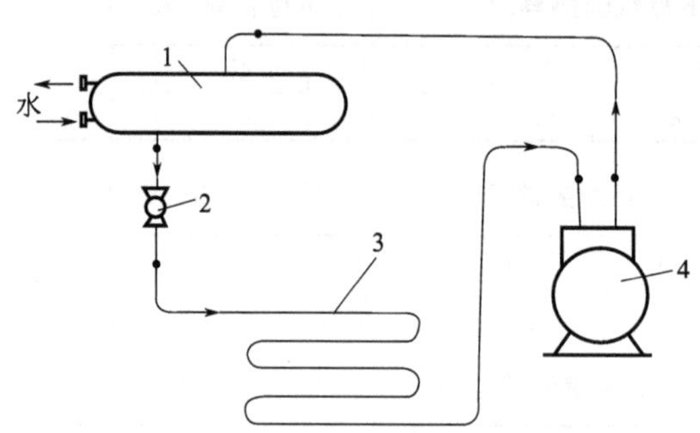

图 4-13　单级蒸气压缩循环制冷系统
1—冷凝器；2—节流阀；3—蒸发器；4—压缩机

制冷工质在蒸发器（低温热源）中，在一定温度下，从低温热源（被冷却物体或空间）吸收热量，实现制冷；制冷工质发生相变，成为低温低压的蒸气，被吸入压缩机进行压缩，制冷工质的压力和温度均升高，然后进入冷凝器被冷凝，在冷凝温度下，工质将热量传递给环境冷却介质（水或空气）而液化，液化了的高压制冷工质经过节流阀（或毛细管）进入蒸发器，再次吸热气化，完成制冷循环过程。这种循环为单级压缩制冷循环。

单级压缩制冷循环过程可以在压焓图和温熵图上表示。图 4-14 和图 4-15 分别为理论循环的温熵图和压焓图。

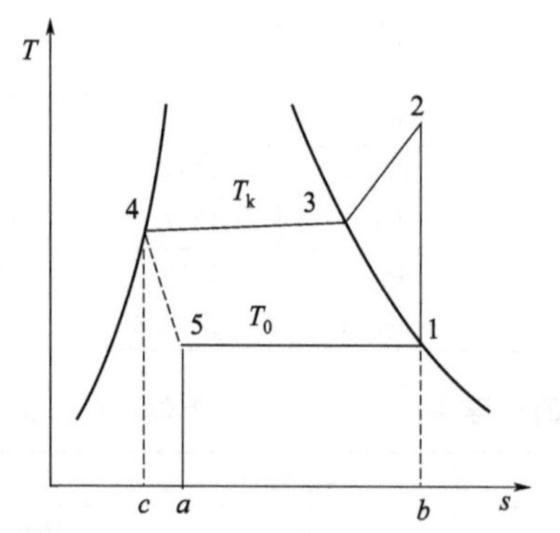

图 4-14　单级压缩制冷理论循环温熵图

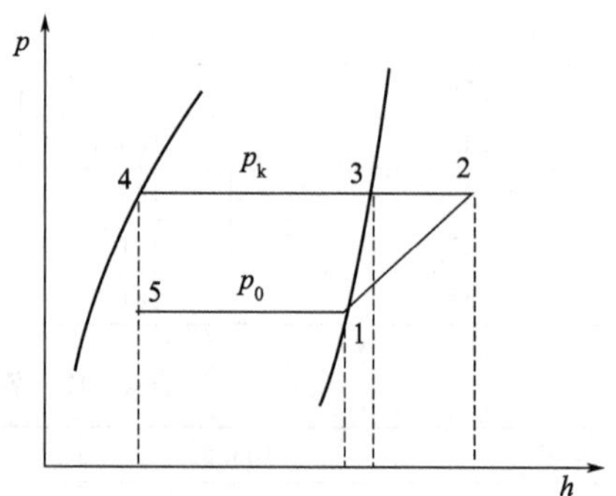

图 4-15　单级压缩制冷理论循环压焓图

所谓理论循环是指在没有管路流动损耗、蒸发和冷凝过程没有温差、压缩过程为可逆绝热过程的理想条件下实现的。

理想循环排除了许多复杂因素，使问题得到简化，抓住了主要矛盾，便于用热力学的方法进行分析研究。以其作为研究实际循环的基础具有极大的意义。

在温熵（T-s）图和压焓（p-h）图上，线段 1-2 为饱和蒸气的等熵压缩过程；2-3-4 为冷凝过程，包括冷却过程（2-3）及冷凝过程（3-4）两个阶段，过程中冷凝压力 p_k 及冷

凝温度 T_k 均保持不变，且 T_k 与环境介质温度相等，没有温差；4-5 为节流膨胀过程，制冷工质在节流前后焓值不变，但压力、温度同时降低，进入两相区内；5-1 为蒸发过程，在该过程中蒸发压力 p_0 及蒸发温度 T_0 均保持不变，而且蒸发温度 T_0 与被冷却物体间温度相等、没有温差。

利用温熵（T-s）图和压焓（p-h）图，可以计算单级压缩制冷理论循环的单位制冷量、单位容积制冷量、单位功、单位冷凝热量、制冷系数以及循环效率等性能指标。

（1）单位制冷量（q_0）

单位质量制冷工质循环一次所制取的冷量（在蒸发器内吸收的热量）称为单位制冷量，在 T-s 图上 a-5-1-b-a 包围的面积等于单位制冷量，在 p-h 图上点 1 和点 5 间的焓差等于单位制冷量。

$$q_0=h_1-h_5=h_1-h_4 \tag{4-8}$$

单位制冷量还可以用式(4-9）表达：

$$q_0=r_0(1-x_5) \tag{4-9}$$

式中 r_0——制冷工质在蒸发温度 T_0 时的汽化潜热；

x_5——制冷工质节流后湿蒸气的干度。

（2）单位容积制冷量（q_v）

制冷压缩机吸入每立方米制冷工质蒸气所制取的冷量称为单位容积制冷量，它等于单位制冷量 q_0 与吸入蒸气比容 v_1 的比值。

$$q_v=\frac{q_0}{v_1}=\frac{h_1-h_4}{v_1} \tag{4-10}$$

（3）单位功（w_0）

单位质量工质在循环过程中，外界对循环工质所做功与工质对外界所做功的代数和称之为单位功。由于在节流膨胀过程中制冷工质不对外做功，因此循环的单位功与单位压缩功是相等的，而在压焓图上单位压缩功是用终、始两点的焓坐标差表示。故

$$w_0=h_2-h_1 \tag{4-11}$$

在 T-s 图上单位功可近似地用面积 1-2-3-4-5-1 来表示。

（4）制冷系数（ε_0）

循环的单位制冷量与单位功之比称为制冷系数。是表征制冷循环性能的一个重要指标。在图 4-14 所示的理论循环的制冷系数为

$$\varepsilon_0=\frac{q_0}{w_0}=\frac{h_1-h_4}{h_2-h_1} \tag{4-12}$$

制冷系数表示每消耗单位功所制取的冷量。对于给定的工作温度，制冷系数越大则循环的经济性越高。

4.5.1.2 改进制冷理论循环及制冷实际循环

（1）改进制冷理论循环

① 液体过冷循环　理论制冷循环中，认为冷凝后的制冷工质正好处于饱和状态，如图 4-14 和图 4-15 状态点 4。而实际上，一般都使冷凝后液体从饱和点进一步降低温度，在节流前处于过冷状态，这会改善制冷循环的性能。图 4-16 所示为液体过冷循环制冷系统简图，液体过冷循环压焓图如图 4-17 所示。

液体制冷工质节流膨胀后进入汽液两相区，产生的蒸气（又称闪发气体）量越少，则循环的单位制冷量越大。节流后所产生的蒸气量与节流前后的温度范围有关，由图 4-17 可知，进一步降低节流前液体制冷工质的温度，将节流前状态由 4 过冷至 4′，就可以减小节流后的汽量，增大单位制冷量。在过冷过程中单位质量液体制冷工质放出的热量是：

$$q_g = h_4 - h_4' = c' \Delta t_g \tag{4-13}$$

式中 h_4——液体制冷工质饱和点的焓值；

h_4'——液体制冷工质过冷后的焓值；

c'——液体制冷工质的比热容；

Δt_g——过冷液体与饱和液体温差。

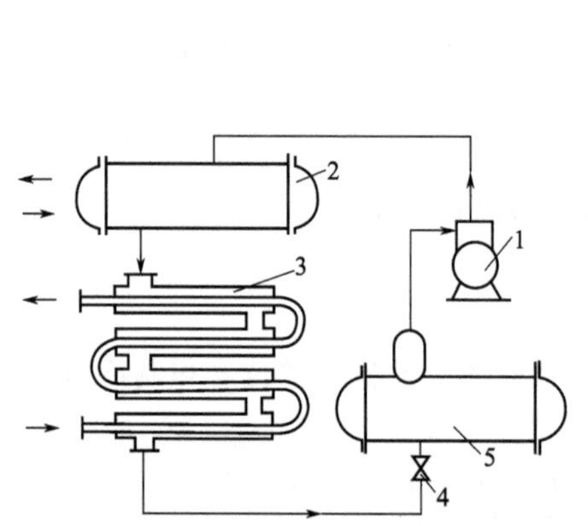

图 4-16 液体过冷循环（应用过冷器循环）制冷系统简图

1—压缩机；2—冷凝器；3—过冷器；4—节流阀；5—蒸发器

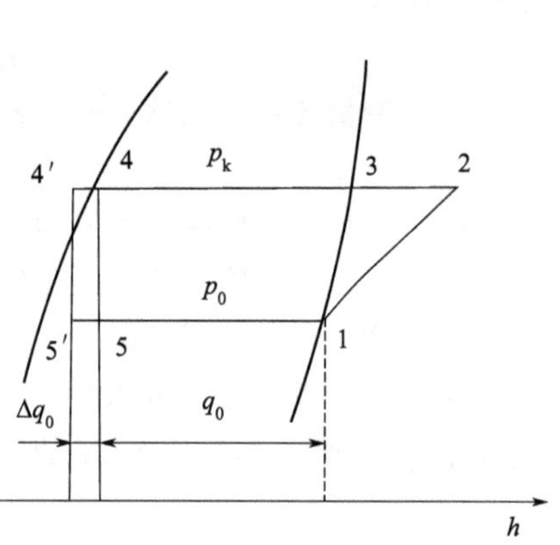

图 4-17 液体过冷循环压焓图

由图 4-17 可以看出，因为液体过冷后焓值降低，故过冷度越大，单位制冷量就越大。液体过冷循环的单位制冷量的增加量为：

$$\Delta q_0 = h_5 - h_5' = h_4 - h_4' = q_g \tag{4-14}$$

此式表明过冷循环增加的制冷量等于过冷的液体制冷工质放出的热量。

不论过冷或不过冷，循环的功不变。这就说明过冷循环的制冷系数 ε' 提高了。

$$\varepsilon' = \frac{(h_1 - h_4) + (h_4 - h_4')}{h_2 - h_1} = \varepsilon_0 + \frac{c'}{h_2 - h_1} \Delta t_g \tag{4-15}$$

从改善循环性能的角度看，采用液体过冷是有利的，但采用液体过冷必须增加再冷却器，增大了初始投资费用。

② 蒸气过热循环　理论循环中，压缩机吸入的制冷工质蒸气刚好是饱和蒸气，如图 4-14 和图 4-15 所示的 1 点。但实际制冷循环中，低温蒸气在吸气管道等部件中会吸取热量而温度升高；这样压缩机吸入的制冷工质蒸气就是过热蒸气。存在蒸气过热的循环称为蒸气过热循环，图 4-18 所示为蒸气过热循环的 p-h 图。

图 4-18 中，1-2-3-4-5-1 为理论循环过程，1-1′-2′-2-3-4-5-1 为吸气过热循环，其中 1-1′为蒸气过热过程。吸气过热循环与理论循环相比较，存在如下特点：①单位功增大；②冷凝器的单位冷凝热量增加；③压缩机的进气比容增大，因而压缩机输气质量流量减少，亦即制冷工质在单位时间内的循环量减少，故而制冷机的制冷能力降低。

实际之中，蒸气过热有两种情况，一种情况是蒸气过热发生在蒸发器中，蒸气过热过程对被冷却物产生了制冷效应，这种过热为“有效过热”；另一种情况是饱和蒸气进入压缩机前在吸气管内吸取了热量而过热，此时蒸气虽吸热但没有对被冷却物产生制冷效应，这种过热为“有害过热”。

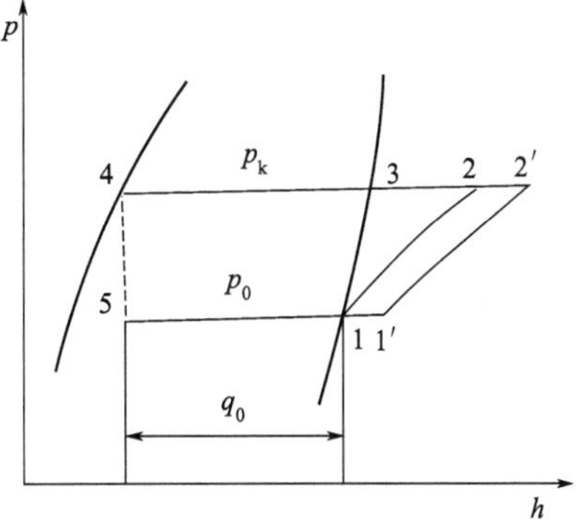

图 4-18　蒸气过热循环 p-h 图

在“有效过热”情况下，虽然单位功增大了，但制冷量也有所增加，制冷系数是否变化取决于循环工质本身的性质。

在“有害过热”情况下，单位制冷量没有变化，而单位功和进气比容都增大了，致使制冷系数和单位容积制冷量都降低，并且加大了冷凝器的换热负荷。为了减轻有害过热的影响，低温吸气管路应很好地进行绝热保温。虽然蒸气过热对循环性能有不利影响，但在大多数情况下还是希望蒸气有适当过热度，这样可以避免未蒸发的液体制冷工质被吸入压缩机的气缸而造成冲缸事故。

在进行制冷循环计算时，当冷凝温度 t_k 及蒸发温度 t_0 确定后，必须要考虑蒸气应过热到什么温度，原则是蒸气过热温度 t_1' 应保证消除管路有害过热和不使压缩机排气温度超过限定值。

③ 回热循环　在制冷循环系统中采用一个回热器使节流前的液体和从蒸发器回流的低温蒸气进行热交换，这样既可以使节流前的液体降低温度，又可以使回流的低温蒸气升高温度而过热。这种采用回热器，使蒸气过热的同时使液体过冷的循环称为回热循环。

图 4-19 所示为回热循环的系统原理，图 4-20 所示为该循环的压焓图。由图可以看出，从冷凝器流出的饱和液体（压焓图中状态 4）进入回热器，被来自蒸发器的低温蒸气进一步冷却至状态 4′，而低温蒸气被加热，从状态 1 升温至状态 1′，完成了循环的回热过程。

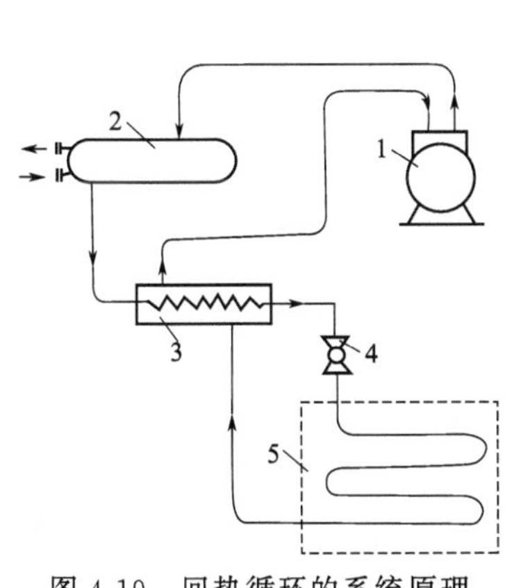

图 4-19　回热循环的系统原理

1—压缩机；2—冷凝器；3—回热器；4—节流阀；5—蒸发器

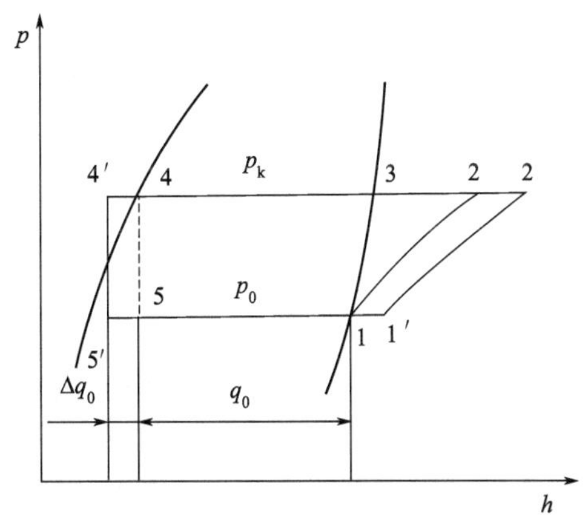

图 4-20　回热循环的压焓图

在忽略回热器与外界热量交换的情况下，根据热平衡关系可求得单位回热热量

$$q_h = h_4 - h_4' = h_1' - h_1 \text{ 或 } q_h = c'(t_k - t_4') = c_{p_0}(t_1' - t_0) \tag{4-16}$$

式中　c'——液体制冷工质的比热容；

c_{p_0}——制冷工质低温蒸气的定压比热容。

由于制冷工质液体的比热容较之蒸气气体的定压比热容大，故液体的温降总是小于蒸气的温升。

(2) 单级制冷实际循环

前述单级压缩制冷理论循环是在假定的理想条件下得出的理想循环，即假定不存在任何实际损失。这样的假定简化是为了便于用热力学的方法进行分析。而实际循环过程中，由于存在各种损失，压缩过程、冷凝过程、节流过程、蒸发过程都是不可逆过程，加上压缩机的吸气和排气需要克服管道、阀门阻力等，与理想循环存在一些差异，归纳如下：

① 实际压缩过程不可逆，是一个多变指数不断变化着的多变过程；即压缩过程是熵增过程。

② 冷凝和蒸发的传热过程温差不可能为零，都是存在温差的情况下进行的。这就是说冷凝和蒸发也是不可逆过程。

③ 制冷工质流经管道和换热器时有阻力存在。

④ 制冷剂在通过循环的各部件时，与外界存在热交换。

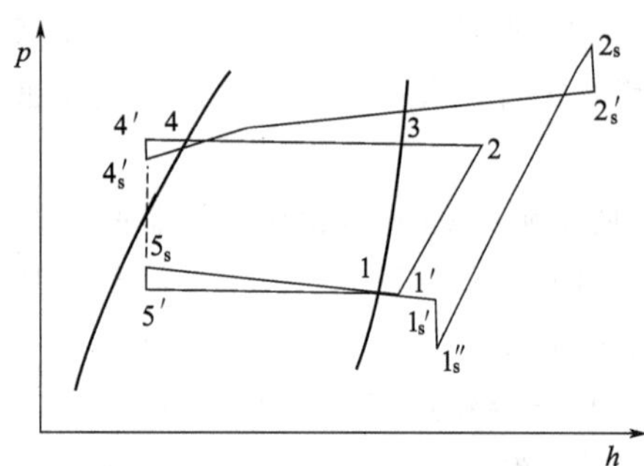

图 4-21　单级压缩制冷实际循环的压焓图

图 4-21 示出单级压缩实际制冷循环的 p-h 图，图中，$1'$-2-3-4-$4'$-$5'$-$1'$ 表示理论循环，1-$1_s'$-$1_s''$-2_s-$2_s'$-4-$4_s'$-5_s-1 表示实际循环。实际循环中，1-$1_s'$表示蒸气在回热器及吸气管中的流动过程，存在压力降和过热；$1_s'$-$1_s''$表示蒸气经过吸气阀门进入气缸的过程，由于进气阀阻力，存在压力降；$1_s''$-2_s 表示实际压缩过程，是不可逆多变过程；2_s-$2_s'$表示蒸气排出压缩机排气阀的过程，存在压力降；$2_s'$-$4_s'$ 表示蒸气流经排气管、进入冷凝器及液体流经管路的流动过程，存在流动阻力引起的压力降和不可逆热交换；$4_s'$-5_s 为节流过程；5_s-1 表示制冷工质在蒸发器中蒸发过程，存在流动阻力引起的压力降和不可逆热交换。

从上述分析可知，实际循环过程中由于制冷工质存在流动阻力以及不可逆热交换等因素，导致热力过程为不可逆过程，导致循环功耗增大，制冷量减小，故循环的制冷系数要小于理论循环。

4.5.1.3　单级蒸气压缩制冷循环热力计算

在工程实际中，根据制冷应用场合和制冷量需求等基础输入条件，首先要选定循环型式和制冷工质，之后就需要进行热力计算。制冷循环热力计算的目的就是要算出实际循环的性能指标、压缩机的容量、功率以及换热器的热负荷，为设计选配压缩机及热交换器提供基础数据。

(1) 确定工作参数

在进行热力计算时，应先确定工作参数，即确定制冷机的工作温度及工作压力，包括蒸发温度 t_0、蒸发压力 p_0、蒸发温差 Δt_0、冷凝温度 t_k、冷凝压力 p_k、冷凝温差 Δt_k、过冷温度 Δt_g、过热温度 Δt_{gr} 等。工作参数的确定原则和方法如下。

① 蒸发温度 t_0、蒸发温差 Δt_0、冷凝温度 t_k、冷凝温差 Δt_k　制冷机的蒸发温度取决于被冷却物的温度 t 及传热温差，冷凝温度决定于环境介质的温度 t_e 及传热温差，而传热温差是根据换热器等具体情况选定。

$$t_k = t_e + \Delta t_k \tag{4-17}$$

$$t_0 = t - \Delta t_0 \tag{4-18}$$

对于水冷式冷凝器及冷却盐水的蒸发器通常选择 $\Delta t = 5$℃左右；对于空气冷却的冷凝器及冷却空气的蒸发器，通常选择 $\Delta t = 10$℃左右。

一般情况，为了使蒸发温度尽可能高一些和降低低温换热的不可逆损失，蒸发器的传热温差应选得比冷凝器的小一些，一般 $\Delta t_0 = 2 \sim 4$℃。

② 蒸发压力 p_0、冷凝压力 p_k　蒸发温度及冷凝温度确定后，根据所选制冷工质的物性图表，就可以确定蒸发压力 p_0 和冷凝压力 p_k。

③ 过冷温度 Δt_g、过热温度 Δt_{gr}　采用水过冷器的循环，液体过冷后的温度取决于冷却水温度及过冷器的传热温差，由于过冷器用的冷却介质是水，并且过冷器的热负荷小，故应选用较小的传热温差。

制冷工质蒸气在进入压缩机前的过热温度则应根据蒸气离开蒸发器时的情况及在进气管道中的传热情况去确定，或按给定的过热度去确定。

采用回热循环的系统，首先按照过热温度应保证消除管路有害过热和不使压缩机排气温度超过限定值的原则确定过热度，然后根据式(4-16) 可求出过冷温度。

(2) 确定其他循环参数

确定了制冷机的工作参数后，就可以通过热力计算确定其他循环参数，具体步骤和方法如下。

① 根据前述确定的工作参数，在工质的压焓图上画出循环过程图。参见图 4-15、图 4-17、图 4-18 及图 4-20。

② 从压焓图上查得各状态点的焓值、比容等参数。根据 4.3.1.1 中相应公式求出单位制冷量（q_0）、单位容积制冷量（q_v）、单位功（w_0）及制冷系数（ε_0）。

③ 计算制冷工质流量及压缩机理论容积

制冷工质的质量流量

$$G = Q_0 / q_0 \tag{4-19}$$

制冷工质的容积流量

$$V = Q_0 / q_v \tag{4-20}$$

压缩机的理论容积

$$V_h = V / \lambda \tag{4-21}$$

式中，λ 为压缩机的输气系数，是压缩机实际输气量与理论输气量（等于理论容积）之比。一般可查压缩机的性能参数表得到。

根据求得的压缩机的理论容积可以选配或设计所需压缩机。

④ 计算压缩机功率

压缩机的理论功率

$$N_0 = G\omega_0 \tag{4-22}$$

压缩机的指示功率

$$N_i = N_0/\eta_i \tag{4-23}$$

式中，η_i 为压缩机的指示效率，是单位理论功与压缩机在实际过程中压缩蒸气所消耗的单位功（称之为单位指示功）之比。

压缩机的轴功率

$$N_e = N_i/\eta_m \tag{4-24}$$

式中，η_m 为压缩机的机械效率，是指示功与压缩机实际消耗的功之比，此效率是由于压缩机克服机械摩擦所引起。

⑤ 制冷机的冷凝放热量（冷凝器负荷）。

冷凝放热量

$$Q_k = Q_0 + N_i \tag{4-25}$$

4.5.2 复叠式蒸气压缩制冷循环

在真空工程应用中，针对真空捕水汽及模拟空间低温环境等需求，要求的温度远低于单级蒸气压缩制冷循环所能达到的范围。为了获得更低的温度，可以采用单一制冷剂的两级压缩循环，但采用单一的中温制冷剂两级压缩获得低温，受到蒸发压力过低的限制；用单一的低温制冷剂又受到冷凝压力过高或在超临界区工作的限制。应用两种工质的复叠式制冷循环可以很好解决这个难题。

复叠式制冷机通常是由两个（或两个以上）采用不同工作区间制冷工质工作的单级制冷循环嵌套组合而成的制冷系统。通常把这两部分称为高温循环和低温循环，高温循环使用中温制冷剂，低温循环使用低温制冷剂。这两个部分各自成为一个使用单一制冷剂的制冷系统，其中高温循环中制冷剂的蒸发用来使低温循环中的制冷剂冷凝，采用一个冷凝蒸发器将两个循环嵌套联系起来，冷凝蒸发器既是低温循环的冷凝器，也是高温循环的蒸发器。低温循环将制冷剂吸收的热量（即制冷量）传给高温循环的制冷剂，而高温循环的制冷剂再将热量传给环境介质。

图 4-22 所示为由两个单级压缩系统组成的复叠式制冷循环的系统原理，图 4-23 所示为循环的 T-s 图。它的高温及低温循环中分别采用 R22 及 R23 为制冷剂，蒸发温度可达 −80～−90℃。1-2-3-4-5-1 为低温循环，6-7-8-9-10-6 为高温循环。

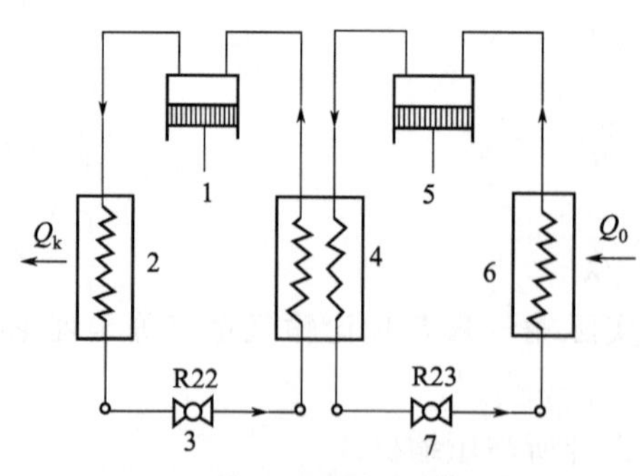

图 4-22 复叠式制冷循环系统原理（由两个单级压缩系统组成）

1—高温压缩机；2—冷凝器；3，7—节流阀；4—冷凝蒸发器；5—低温压缩机；6—蒸发器

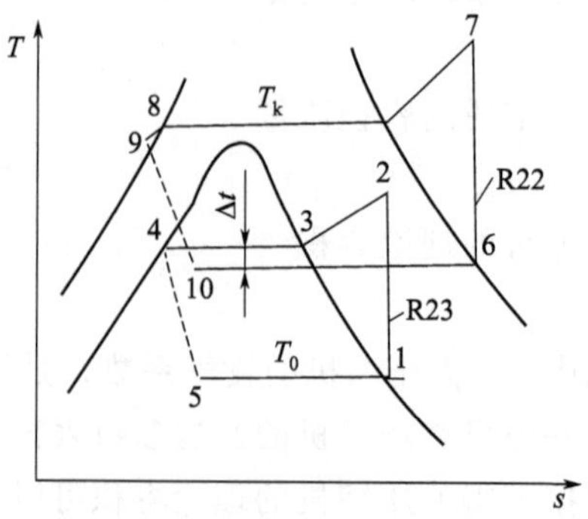

图 4-23 复叠式制冷循环 T-s 图

状态 1 的低温制冷工质 R23 以低压状态被吸入低温循环压缩机，经过压缩，蒸气的压力和温度同时升高，至状态 2，然后进入冷凝蒸发器将热量传递给高温循环工质 R22，使 R22 蒸发，同时 R23 被冷却、冷凝至状态 4，状态 4 的 R23 液体经过等焓节流膨胀至蒸发压力，温度降低，进入汽液两相区状态 5，之后进入蒸发器对被冷却介质制冷，R23 吸热气化至状态 1，完成循环。

在高温循环中，10-6 过程，R22 工质在冷凝蒸发器中吸收低温工质 R23 冷凝热而气化，这是一个等温吸热过程；6-7 过程，高温循环压缩机对被吸入的低压气态 R22 进行压缩，蒸气压力和温度同时升高，至状态 7；7-8-9 过程为高温高压 R22 气体冷凝过程，工质将热量通过冷凝器传给环境介质而自身被冷凝为高压液体；9-10 为等焓膨胀过程，液体工质通过节流元件后压力和温度降低，成为汽液两相混合物，进入蒸发过程，完成循环。

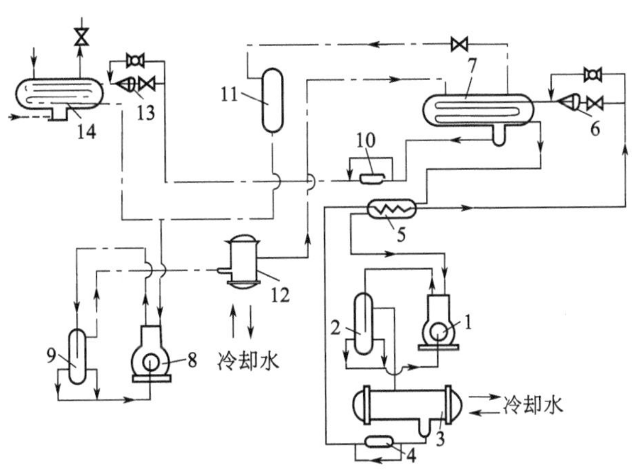

图 4-24　复叠式制冷循环系统（两级复叠机）

高温部分（R22）：1—压缩机；2—油分离器；3—冷凝器；4—干燥过滤器；5—过冷器；6—膨胀阀；7—冷凝蒸发器；

低温部分（R23）：8—压缩机；9—油分离器；10—干燥过滤器；11—膨胀容器；12—预冷器；13—膨胀阀；14—蒸发器

复叠制冷循环系统（以两级复叠机为例）由高温循环和低温循环两部分组成，如图 4-24 所示。高温循环主要包含压缩机、油分离器、冷凝器、干燥过滤器、过冷器、节流元件、冷凝蒸发器等部件，低温循环主要包含压缩机、油分离器、预冷器、冷凝蒸发器、干燥过滤器、节流元件、蒸发器、膨胀容器等部件。

高温循环与普通单级制冷循环没有区别，低温循环多了一个膨胀容器，这是因为复叠式制冷机停机后，系统内温度升高到与环境温度相同时，低温工质就会全部汽化成过热蒸气，低温部分压力就会升高而可能超过最大工作压力。为了解决这个问题，在低温系统中接入一个膨胀容器，以便在停机后部分低温制冷工质蒸气进入膨胀容器而不致使系统中的压力过度升高。膨胀容器可接于压缩机吸气管，也可接于压缩机排气管。

复叠式制冷系统制冷工质应具有环境可接受性，制冷剂的臭氧破坏指数（ODP）和温室效应指数（GWP）为零或尽可能小，符合国际公约和国家法规要求。较早的复叠制冷循环一般采用 R12、R13、R14 等制冷剂，自从发现 CFC 类和 HCFC 类制冷剂对大气层的臭氧有破坏作用后，对这类物质的生产和使用进行了限制，所以在选配制冷工质时首先要考虑环境保护方面的要求，再根据具体制冷温度等需求选取。目前一般高温部分使用中温制冷剂如 R134a、R22、R404A 及丙烷（C_3H_8）等；低温部分使用 R23、乙烯（C_2H_4）、乙烷（C_2H_6）等。

复叠式制冷系统计算可以看作两个单级制冷循环的联立计算。根据制冷应用场合和制冷量需求等基础输入条件，首先要选定制冷工质，然后就需要确定中间温度，也就是确定高温循环的蒸发温度 t_{L0} 或低温循环的冷凝温度 t_{Hk}。中间温度的确定以制冷系数最大和各个压缩机的压力比大致相等为原则。但中间温度在一定范围内变化时对制冷系数影响不大，所以还是按各级压力比大致相等来确定中间温度，冷凝蒸发器传热温差一般取 5～10℃。

确定中间温度后，高温循环及低温循环的蒸发温度、蒸发压力、蒸发温差、冷凝温度、冷凝压力、冷凝温差、过冷温度、过热温度等工作参数参见 4.5.1.3 节内容确定，再依据 4.5.1.3 节内容中方法，使高温循环的制冷量等于低温循环的冷凝热，分别进行两个单级循环的热力计算即可。

复叠制冷机膨胀容器体积可按式(4-26) 计算

$$V_p=(m_x v_p-V_{x,t})\frac{v_x}{v_x-v_p} \tag{4-26}$$

式中 m_x——低温系统中（不包括膨胀容器）在工作状态时制冷剂的充灌量；

$V_{x,t}$——低温系统（不包括膨胀容器）的总容积；

v_p——在环境温度及平衡压力时制冷剂的比容；

v_x——在环境温度及吸气压力时制冷剂的比容。

停机后系统中低温循环工质保持的平衡压力一般取 1.0～1.5MPa。

4.5.3 内复叠式蒸气压缩制冷循环

利用非共沸混合工质在相平衡时气、液相成分不同的特点，压缩后的混合工质蒸气通过冷凝和气液分离将高沸点工质和低沸点工质分离并分别进入两个制冷循环进行循环制冷，实现与复叠式制冷相同的制冷效果，称为内复叠式（或自复叠）压缩制冷，如图 4-25 所示。系统采用一台压缩机实现复叠制冷，这是该循环最明显的特征。

图 4-25 所示循环为单级压缩单级分凝循环，循环工质这里以 R22 和 R23 混合工质为例。R22（标准沸点－40.8℃）和 R23（标准沸点－82.1℃）混合工质高温蒸气经冷凝器向冷却介质（水或空气）放热冷却，由于两组分的沸点不同，在冷凝器中大部分高沸点的 R22 和少量低沸点的 R23 先冷凝成液体，而大部分 R23 仍保持气态。气液两相混合工质出冷凝器后进入气液分离器，富 R23 气体和富 R22 液体分离。液态工质经节流阀节流降温降压后进入冷凝蒸发器吸热蒸发，使得进入冷凝蒸发器的富 R23 气体冷凝成液体。富 R23 液体从冷凝蒸发器出来后经节流阀进入蒸发器，吸收被冷却物的热量完成蒸发过程，实现制冷。气态的 R23 和气态的 R22 混合后被压缩机吸入压缩，成为高温高压蒸气，完成循环过程。

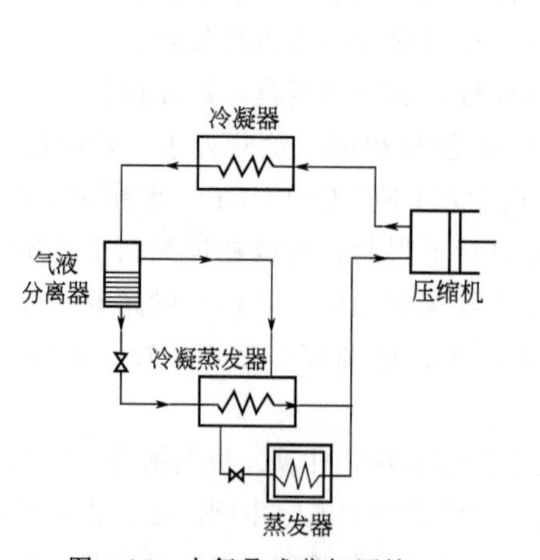

图 4-25 内复叠式蒸气压缩制冷循环系统原理

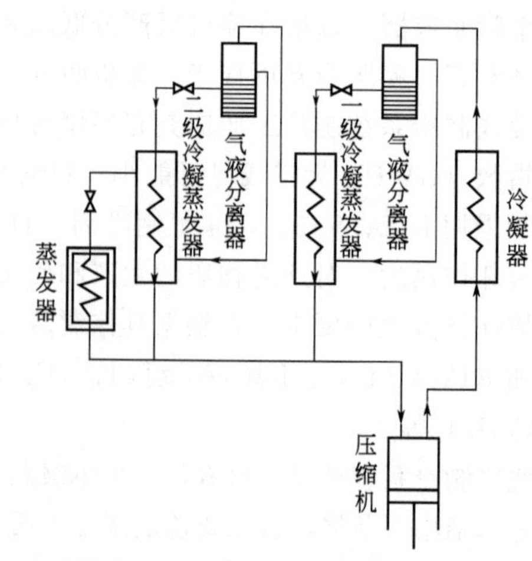

图 4-26 三级内复叠循环系统原理

单级分凝内复叠循环通常使用二元混合工质，但根据要制取的温度，也可以使用多元混合工质。

为了获得更低的温度，可以采用单级压缩多级分凝的内复叠系统。图 4-26 所示是一个三级内复叠循环。通过合适的混合工质组分的选用，可以实现上一级制冷剂的节流及蒸发，为下一级制冷剂的冷凝提供冷量，直至最低沸点的制冷剂冷凝成液体，经过节流获得极低的温度，甚至可制取 70K 左右的温度。

内复叠制冷系统的工质选择除了遵从一般原则外，还要满足一些特殊原则。首先，各组元制冷剂混合时要相容但不共沸；其次，混合工质各组分必须有较大的沸点差，沸点差太小所需的复叠级数就增多，使得系统结构复杂，一般情况下选择标准沸点差在 40～80℃ 范围内。

内复叠制冷系统工质可采用一般复叠制冷系统的制冷工质，另外用于获得极低制冷温度时，N_2、O_2、Ne、Ar 和一些碳氢化合物等亦可作为混合工质组分。

4.6 气体液化制冷技术

液化气体在真空领域主要用途是作为冷却剂，可以作为高真空获得手段低温泵的冷源，也可以在清洁无油真空获得技术中冷却捕油冷阱等。气体液化设备一般比较庞大，故应用中多采用储存使用液化气体的方式。本节主要介绍气体液化技术及低温液体在冷却中的应用。

4.6.1 气体液化循环

在气体液化循环中，主要介绍节流液化循环和采用膨胀机的液化循环，这两种循环及其改进型在空气、氮气、氢气及氦气等液化中应用最广泛。

4.6.1.1 节流液化循环

(1) 一次节流循环

1895 年林德提出了节流液化循环，成功地采用回热原理即应用低温逆流式换热器经一次节流使空气液化并按这种循环制造了液化空气的设备，因此节流液化循环也称林德循环。

如图 4-27 和图 4-28 所示，一次节流循环的工作系统是由压缩机、冷却器、逆流换热器（回热器）、节流阀和气液分离器等组成。温度为 T、压力为 p_1（环境温度、压力）的空气在多级压缩机中经历多级绝热压缩与多级等压冷却过程，其压力升高到 p_2。由于在冷却器中冷却，高压空气出冷却器温度亦为 T，压缩过程可以近似地认为是一个等温过程，在 T-s 图上简单地用等温线 1′-2 表示。高压空气（状态 2）流经回热器被节流后的低温空气（状态 5）冷却，其状态从 2 变为 3。这是一个等压冷却过程，如 T-s 图上 2-3 等压线所示。然后高压空气通过节流阀降压后变为状态 4，温度降低，同时有部分空气液化。在 T-s 图上节流过程用等焓线 3-4 表示。节流后未液化的空气（状态 5）在气液分离器中与液体空气（状态 0）分开后返回换热器，以冷却节流前的高压空气而自身被加热复温。如果不考虑换热器不完全热交换损失，即换热器热端温差为零，则这股空气出换热器时状态为 1′，其在换热器中加热过程如 T-s 图上 5-1′等压线所示，这部分空气与新补充的空气一起返回压缩机，如此反复循环。

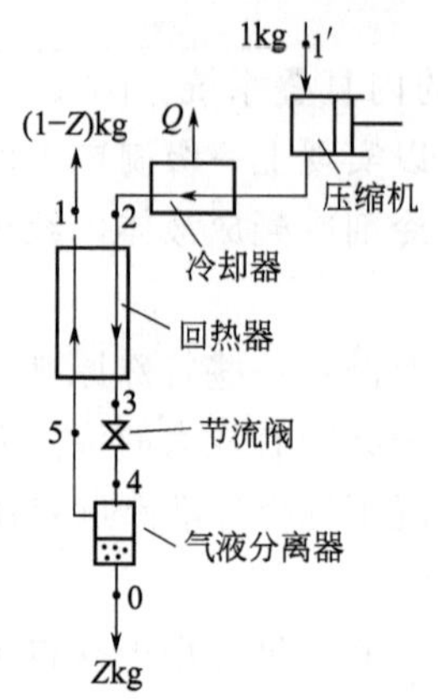

图 4-27　一次节流循环的流程

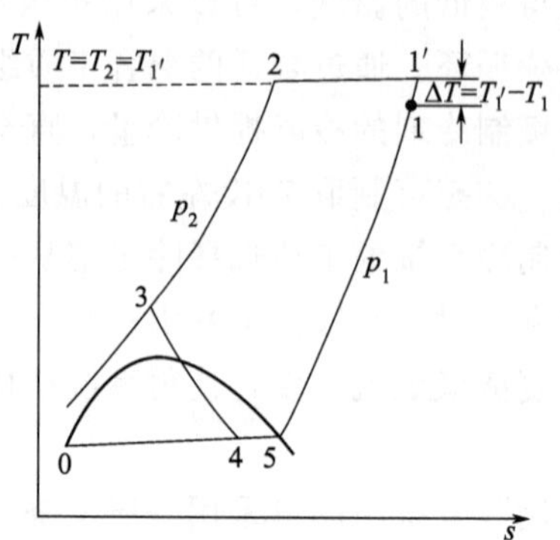

图 4-28　一次节流循环的 T-s 图

必须指出，要使节流后空气液化，必须把高压空气预冷到一定的低温，所以循环开始时有一个逐渐冷却的过程，称为启动过程。

(2) 带预冷的一次节流循环

通过分析，发现降低进回热器时高压空气的温度可以提高循环的经济性。为此，除用返流的低压冷气体冷却高压气体外，尚可利用外界冷源降低高压空气温度。这种循环称为带预冷的一次节流循环。对于空气一般利用氨或氟利昂制冷设备进行预冷，使高压空气预冷到−40～−50℃后进入主换热器。有预冷的一次节流循环流程见图 4-29，主要由压缩机、冷却器、预冷器、主换热器（回热器）、节流阀和气液分离器组成。

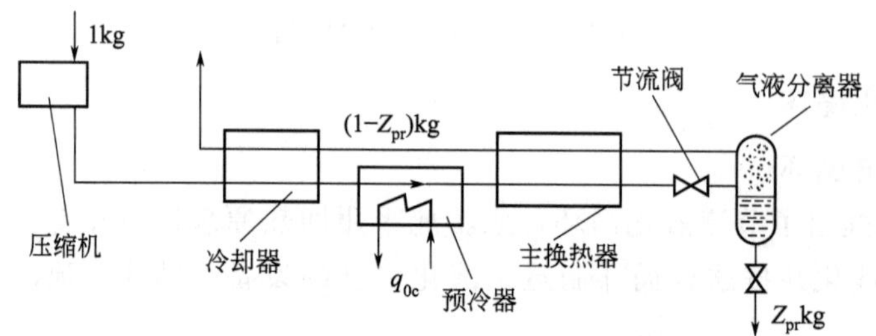

图 4-29　带预冷的一次节流循环系统图

(3) 二次节流循环

在节流循环中先将高压气体节流到某一中间压力，一部分气体回收冷量后直接回到压缩机，另一部分从中间压力再次节流，获得低压低温液体。这种气体液化循环称为二次节流循环。

二次节流循环流程如图 4-30 所示，T-s 图如图 4-31 所示。以空气作工质为例，如单位质量空气经高压压缩机压到状态点 3（压力为 p_3），经主换热器冷却到状态点 4（温度为 T_4），然后节流到中间压力 p_2（点 5），获得质量 m、压力为 p_2 的液空（点 7），其余压力为 p_2 的冷气流返回主换热器，复热后进入高压压缩机，这个系统即为循环气体系统。质量 m 的中压液空（点 7），由压力 p_2 再次节流至低压压力 p_1（点 8），这时获得质量为 Z 的低压液空，其余质量（$m-Z$）低压冷气流经主换热器后复热到状态点 1（或点 1′）。低压压缩机将返流气及新补充空气（总量为 m）从压力 p_1 等温压缩至 p_2（点 2），然后与从主换热器来的（$1-m$）质量中压空气汇合后进入高压压缩机压缩至 p_2。如此不断循环，实现空气的液化。

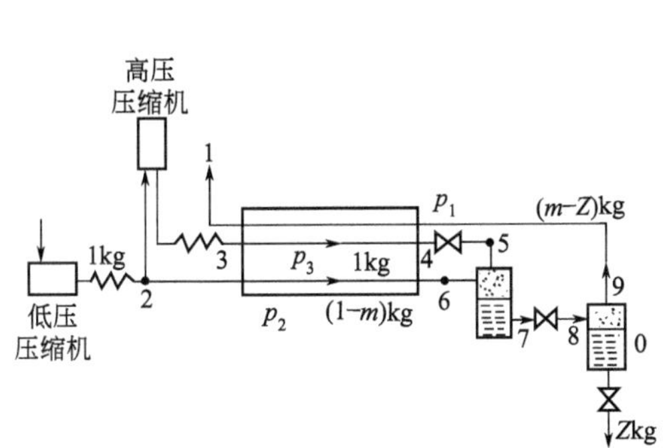

图 4-30　二次节流循环流程示意图

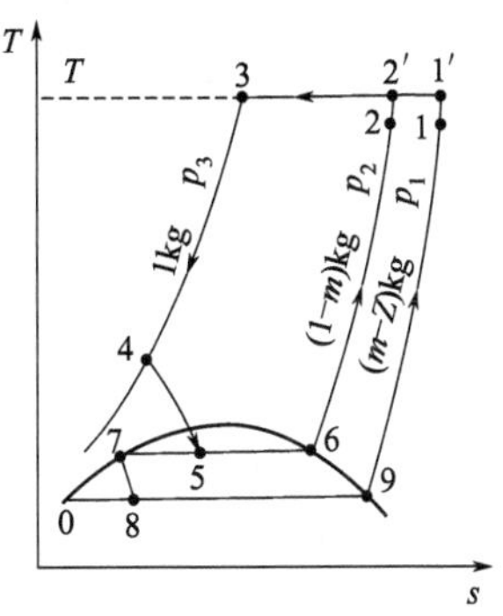

图 4-31　二次节流循环的 T-s 图

4.6.1.2　带膨胀机的液化循环

(1) 克劳特液化循环

在节流循环中，采用不做外功的绝热膨胀过程，其设备比较简单，但能量损失大、经济性差。为改善循环的热力性能，可采用输出外功的等熵绝热膨胀过程，以获得更大的温降，同时回收膨胀功，提高循环的经济性。

输出外功的绝热膨胀过程是在膨胀机中实现的。1902 年法国人克劳特首先实现了带有膨胀机的液化循环，故称带膨胀机的液化循环为克劳特循环。其流程示意图与 T-s 图如图 4-32 和图 4-33 所示。

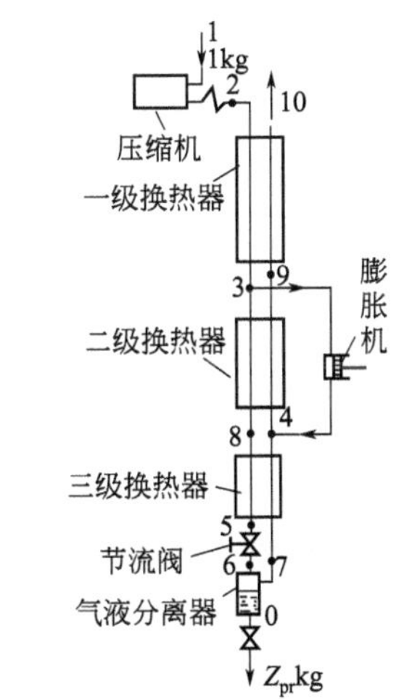

图 4-32　克劳特循环流程示意图

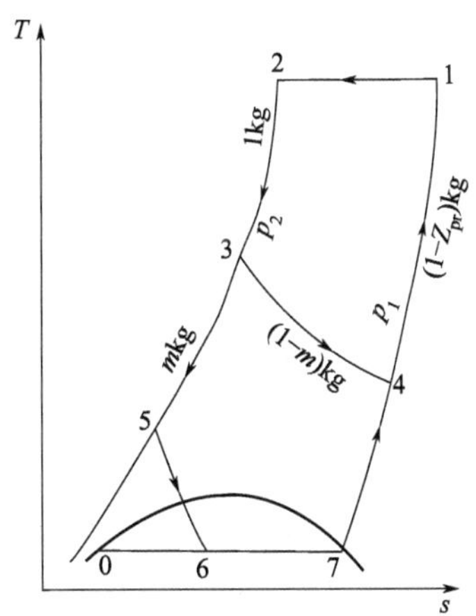

图 4-33　克劳特循环的 T-s 图

1kg 空气由压力 p_1 被压缩机压缩到 p_2，经一级换热器冷却后分成两部分，一部分 $m$kg 气体进入二级换热器和三级换热器继续冷却后，在节流阀中节流到 p_1，得到 Z_{pr}kg 液体，其余（$m-Z_{pr}$）kg 的饱和蒸气返流经各换热器冷却为高压气体；另一部分（1－

m）kg 气体进入膨胀机，由 p_2 膨胀到 p_1（点 4），温度降低并做外功。膨胀后气体与返流气汇合后依次流入一、二级换热器，对高压气体进行冷却。

在克劳特液化循环的基础上，为了提高膨胀机的绝热效率，海兰德采用将气体从室温进行膨胀的流程。这种循环称为海兰德循环，它是克劳特循环的一种特例。

(2) 卡皮查液化循环

液化循环设备的主要机器是压缩机和膨胀机，压力较高时多采用活塞式机械，其效率一般较低；此外，高压循环中设备的金属耗量大，运行的安全可靠性差。若采用低压液化循环可以克服这些缺点，设备越大，低压液化循环的优越性就越能显现出来。

1937 年苏联学者卡皮查实现了带有透平压缩机和透平膨胀机的低压液化循环，其流程示意图和 T-s 图如图 4-34 和图 4-35 所示。

空气在透平压缩机内压缩到 $5\times10^2\sim6\times10^2$kPa 压力，经回热器冷却后分为两部分：大部分空气进入透平膨胀机膨胀到 1×10^2kPa 压力，温度由 T_3 降到 T_4，而后进入冷凝器的低压通道，冷却冷凝器另一通道的高压部分空气由膨胀机前引入冷凝器，在压力下冷凝成液体，然后节流到 1×10^2kPa。节流后一部分成为液体作为产品，其余闪蒸为饱和蒸气，与膨胀后的冷气流汇合，通过冷凝器、回热器复热后排出，完成循环。

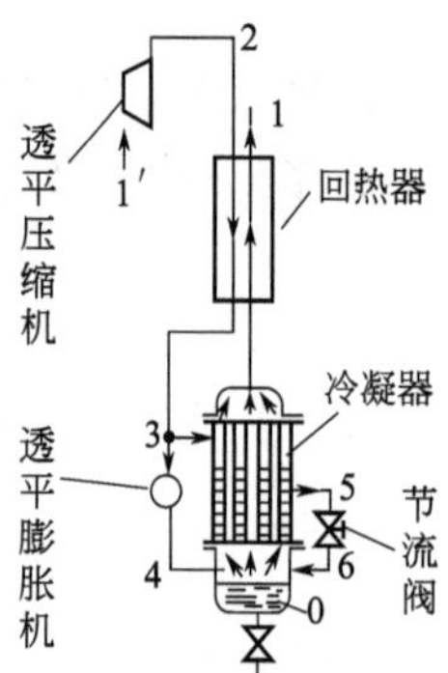

图 4-34 卡皮查液化循环流程示意图

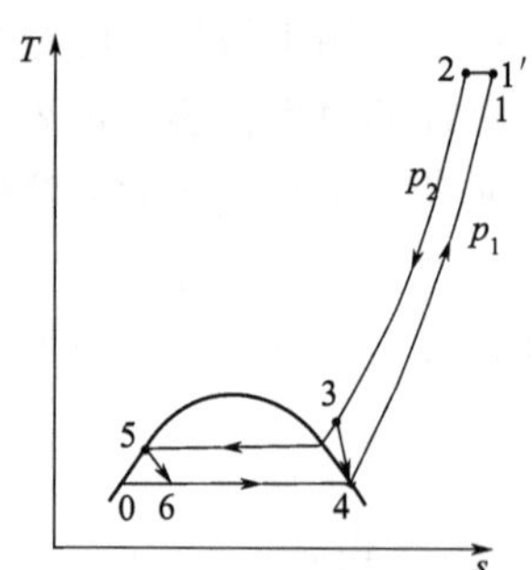

图 4-35 卡皮查液化循环 T-s 图

4.6.2 低温液体在冷却中的应用

4.6.2.1 低温试件常压及减压冷却

在低温实验中，经常采用低温液体对实验材料进行冷却，以获得所需的低温温度。液空、液氮、液氦经常作为冷却液体，液氢在一些特殊场合也可以作为冷却液体。

常压下，液空开始沸腾的温度为 78.9K，至 81.7K 完全蒸发为气体；通过抽真空减压的方法，可以将蒸发温度降低至 65K 左右。

常压下，液氮沸点为 77.3K；通过抽真空减压的方法，可以将蒸发温度降低至 64K 左右。

液氦的沸点为 4.2K，采用抽真空减压，可以获得从 4.2K 至 0.8K 的低温。

液氢的沸点为 20.27K，通过减压可将沸腾温度降至 14K 左右。

4.6.2.2 空间热真空环境模拟设备冷却流程

空间热真空环模设备的功能之一是模拟外太空的冷黑背景环境，一般采用液氮作为冷源，将环模设备的热沉冷却至温度为 100K 以下，以模拟空间 3K 的背景热辐射。根据环模设备用途和规模的不同，采用不同种类的液氮冷却流程对热沉进行冷却。

(1) 液氮开式沸腾流程

液氮开式沸腾流程如图 4-36 所示。依靠重力或压力方式使液氮由储槽、供应管路注入，灌满热沉的管路或夹层，并尽量维持一定液位又不外溢。依靠饱和液氮在热沉中沸腾蒸发来吸收热量，使壁板处于低温状态，蒸发的氮气直接放入大气（运行温度从整体上说仍为 78K 左右）。消耗的液氮需要不断重新补充，耗量可以根据总热负载和液氮蒸发潜热值计算出来。

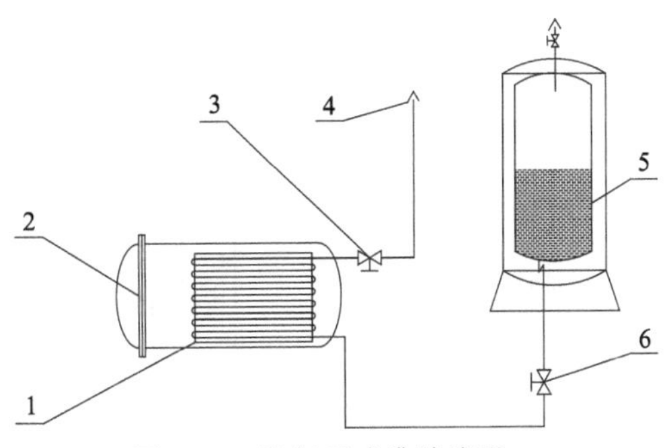

图 4-36　液氮开式沸腾流程

1—热沉；2—真空容器；3—排气阀；4—排空口；5—液氮储槽；6—液氮供液阀

开式沸腾流程的优点是系统简单、无低温下的运动机械、造价较低，十分适合中小型模拟设备；但其也有固有的缺点。由于饱和液氮在热沉壁板管路或夹套中不断蒸发产生气泡，形成气液两相，这使热沉在承受热负载时，温度难以保持均匀，液氮液位难以保持稳定，在热负载较大和试件对热沉的热负载分布不均匀时更为严重。另外，在两相状态下，氮蒸气的密度比液氮小得多，比热容也比液氮小，因而接受较大热负载后，蒸气温度迅速上升，体积膨胀，在热沉壁板管道中，因局部压力升高而产生气堵现象，从而造成热沉温度严重的不均匀。再者，由于开式流程直接将氮蒸气排出过程会夹带大量液氮液滴，造成液氮浪费较大。

大型环模设备基本上不采用该流程。

(2) 液氮泵循环两相流流程

液氮泵循环两相流流程如图 4-37 所示，流程原理为：由液氮储槽供给的饱和液氮，经液氮泵增压后送入热沉中，吸收热沉及管路系统承受的热负荷后，循环返回液氮储槽，在液氮储槽中气液两相分离，氮气排入大气，液氮留在储槽中继续参加循环。

这个流程中的液氮泵提供的压力只用于克服循环中的管道流阻和静压头，以维持气液氮两相流的循环；较低的压力无法使液氮处于过冷状态，因此，循环的饱和液氮在吸热后形成气液两相流。

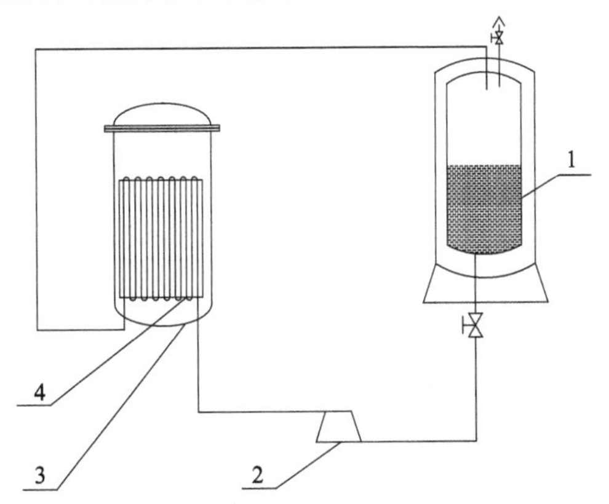

图 4-37　液氮泵循环两相流流程

1—液氮储槽；2—液氮泵；3—真空容器；4—热沉

就其本质而言，这是一种由液氮泵强迫流动的开式沸腾系统。虽然这种流程仍有热沉温度不太均匀的缺点，但由于两相流被泵强制输送，因而气堵的程度比开式沸腾系统轻，也不存在热沉液位的控制问题，气氮排空带走液体的浪费大幅降低。

该流程的缺点是：由于气液混合物的密度比单相液体小，在维持同一质量流量时，两相流的流速加大（同一流动断面进行比较），压力降增大；且在液氮泵进口要抽吸饱和液氮，容易产生泵的汽蚀现象。由于气液两相在液氮储槽上部分离，储槽内的工况不够稳定。这种流程只用在小型设备中。

(3) 液氮单相半密闭流程

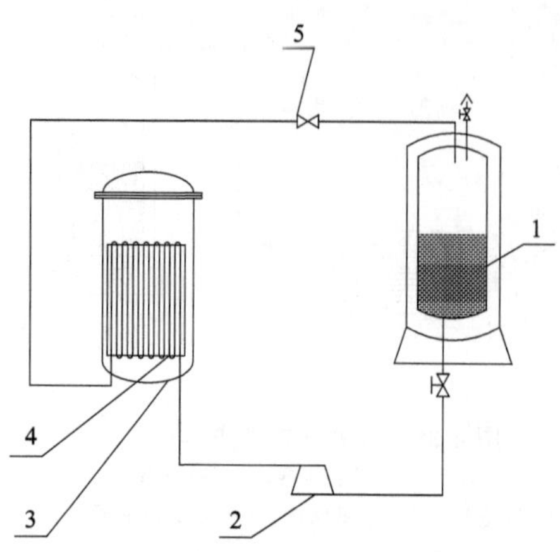

图 4-38　液氮单相半密闭流程示意图
1—液氮储槽；2—液氮泵；3—环模容器；4—热沉；5—节流阀

液氮单相半密闭流程如图 4-38 所示。与图 4-37 所示的两相流强制循环的区别是，通过热沉返回液氮储槽时设置有节流阀，从液氮泵出口至节流阀，管内液氮处于过冷状态，在节流阀之前的流动为液相单相流动；与后述图 4-39 所示的液氮单相密闭循环的区别是，没有专门的过冷器，而是通过节流阀提高液氮泵出口的液氮压力，使其除克服流动管阻外，还使循环液氮在节流阀前始终处于过冷状态，从而保持单相流动。

循环管路中液氮的温度虽因液氮泵及管路的漏热而有所升高，但由于增压仍然处于过冷状态。根据热沉、节流阀前管路上的全部热负载的大小和管道阻力大小，计算选取适当扬程和流量的循环泵，使液氮流至节流阀前仍然保持足够的压力，这时所对应的饱和状态的温度可以查表得出，同时应使循环液氮在接受热沉及管道热负载升温后到节流阀前的温度略低于其饱和温度，液氮在泵至节流阀前就始终处于单相过冷状态。

液氮经节流阀减压后闪蒸为两相，两相流在液氮储槽上部分离，氮气排入大气，液氮继续参与循环，形成一个半密闭单相循环。

该流程的优点是解决了前两种流程中热沉温度不易均匀，甚至会产生气堵的问题；其缺点是循环内液氮储槽中的工况不稳，由于吸入极易气化的饱和液氮，液氮泵容易产生汽蚀现象，压力损失大，每次循环都从接近大气压开始升压，功耗较大。该流程多在小型环模设备上应用。

(4) 液氮单相闭式循环流程

该流程是目前大型环模设备采用的流程，如图 4-39 所示。液氮在循环中始终维持单相过冷状态，管内循环的液氮不会蒸发损耗，该流程全部热负载所需消耗的液氮均在过冷器循环管外部沸腾蒸发。它避免了前三种流程的缺点，热沉的均匀性好；承受分布不均热负载的能力强；流程工况稳定。我国的大型环模设备均采用这种流程。

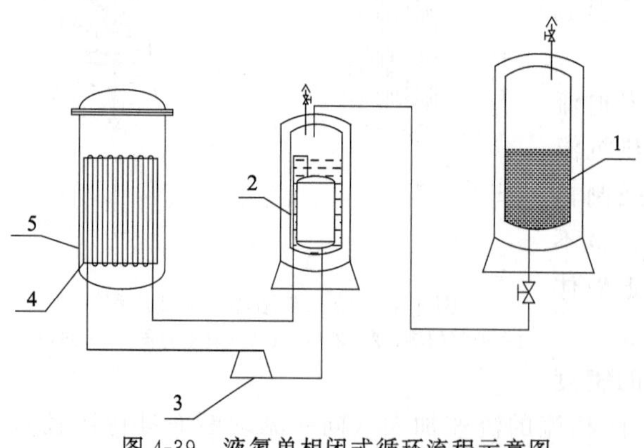

图 4-39　液氮单相闭式循环流程示意图
1—液氮储槽；2—过冷器；3—液氮泵；4—热沉；5—环模容器

该流程利用不同温度对应的饱和蒸气压不同的原理来实现循环。液氮在一定热负荷条件下仍然维持单相流动的必要条件是必须处于过冷状态。对过冷程度的要求是，管内各处液氮的温度都低于该处液氮实际工作压力下对应的沸腾温度，这样一来，管内液氮就不会沸腾蒸发，仍为单相流动。循环系统中的热负载全由液氮过冷器中常压液氮沸腾吸收，管内循环液氮所需的过冷度在过冷器内被常压沸腾液氮（77K）冷却获得。维持液氮过冷所需的压力依靠液氮泵增压获得，背压气体维持循环液氮泵的吸入压力以保证液体在全流程处于过冷状态并避免液氮泵产生汽蚀。

液氮泵是形成液氮循环的关键设备，由于饱和液氮极易气化，致使离心式液氮泵容易发生汽蚀，甚至不能工作。因此，往往将液氮泵放在过冷器后面。

(5) 气氮高低温循环流程

气氮高低温（加热制冷）循环流程以液氮为冷源，可以为环模设备热沉提供－180～150℃宽温度范围的温控手段，满足航天器的试验需求。该流程由氮气回热器、液氮换热器（或为混合器）、压气机、水冷换热器、加热器、管道阀门、配套仪表及传感器等组成，组成原理如图 4-40 所示。

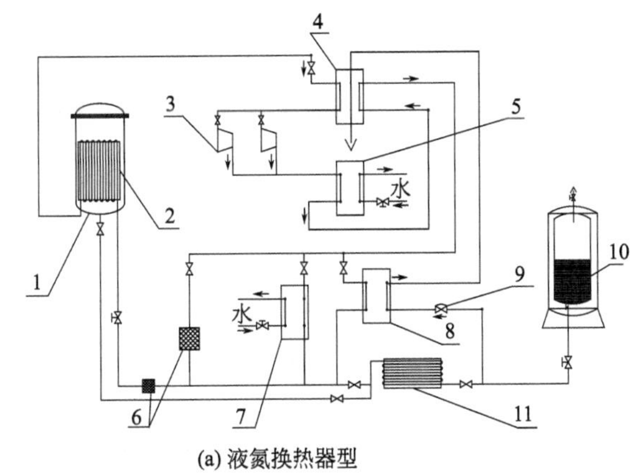

(a) 液氮换热器型

1—真空容器；2—热沉；3—压气机；4—氮气回热器；
5—水冷换热器1；6—加热器；7—水冷换热器2；8—液氮换热器；
9—液氮流量调节阀；10—液氮储槽；11—气化器

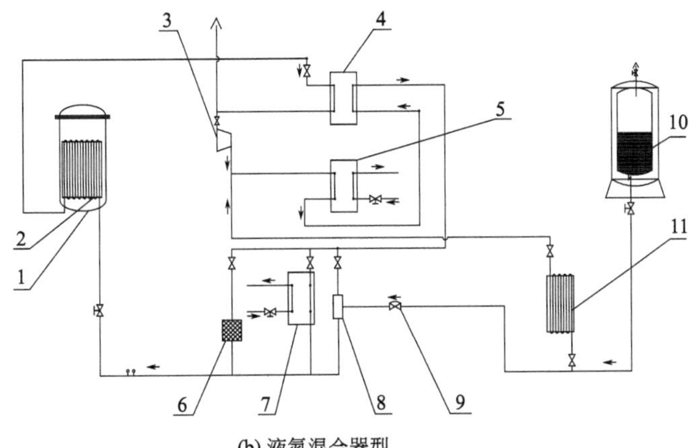

(b) 液氮混合器型

1—真空容器；2—热沉；3—压气机；4—氮气回热器；5—水冷换热器1；
6—加热器；7—水冷换热器2；8—液氮混合器；9—液氮流量调节阀；
10—液氮储槽；11—气化器

图 4-40　气氮高低温循环流程原理

图 4-40(a) 和图 4-40(b) 所示流程基本原理相同，不同之处是液氮对氮气的冷却方式有所不同。图 4-40(a) 所示流程中液氮与气氮在液氮换热器中进行换热，气氮与液氮通道

完全独立，流程运行稳定；但液氮换热器体积较大，增加了系统热容和投资。图 4-40(b) 所示流程中液氮与气氮在液氮混合器中混合以降低气氮温度，流程结构简单；但系统管路内由于不断加入液氮，需要不断排出氮气，管路系统压力不稳定。两种方式各有利弊，应根据实际需求选择。

加热循环过程中，压气机输出的氮气经过水冷换热器，降低温度后进入氮气回热器（板翅式换热器），与热沉出来的高温气体进行热交换，再经过气体加热器加热至控制温度后进入热沉，对热沉进行加热。通过控制进入热沉气体的温度，满足热沉所需温度要求。

流出热沉的返流氮气在氮气回热器中与从压气机来的常温氮气换热，返流气降至常温后进入压气机，完成循环。

该流程利用回热原理充分回收返流气的热量，以降低加热功率；且返流气通过换热器回热后，温度从热沉出口的高温降到常温，以满足压气机对进气温度的要求。

制冷循环过程中，压气机输出的氮气经过水冷换热器，降低温度后进入氮气回热器（板翅式换热器），与从热沉出来的低温气体及液氮换热器尾气进行热交换，气体温度从常温下降至接近热沉出口温度；然后再经过液氮换热器（或在混合器中与液氮混合），降温至需要的温度，进入热沉对热沉降温；流出热沉的返流氮气在氮气回热器中与从压气机来的常温氮气换热升温后，进入压气机，完成循环。

该流程利用回热原理充分回收返流氮气及液氮换热器流出尾气的冷量，减小液氮耗量；且返流气通过换热器回热后，温度从热沉出口的低温升到常温，以满足压气机对进气温度的要求。

近几年，兰州空间技术物理研究所采用该流程成功建造了近十台中小型气氮调温环模设备。在实际应用中，发现在−180℃设备仍然能稳定运行，可将热沉稳定维持在 100K 以下，以满足空间热平衡试验的需求。该流程将热沉稳定维持在 100K 工况，较之于前述的各种液氮流程，最大的优势是可降低近 50%的液氮耗量。可以在大型热平衡环模试验设备上采用。

4.7 气体循环低温制冷技术

当制冷温度需要低于 77K 时，除了采用液氢及液氦等作为冷源外，从 20 世纪 50 年代开始，发展出了一批气体制冷机，分别利用气体的绝热膨胀过程和绝热放气过程来获得低温。利用气体绝热膨胀过程的制冷技术有：逆布雷顿循环、逆斯特林循环、维勒米尔循环等；属于绝热放气过程的有吉福特-麦克马洪（简称 G-M）循环、苏尔威循环和脉管制冷循环等。

目前，采用逆布雷顿循环、逆斯特林循环、吉福特-麦克马洪（简称 G-M）循环及脉管制冷循环的气体制冷机在空间技术和真空领域得到了大量应用，故本节主要介绍这几种制冷机。

4.7.1 逆布雷顿循环低温制冷系统

布雷顿循环出现于 19 世纪，当时主要作为热机循环；19 世纪 50 年代开始用逆（向）布雷顿循环实现空气循环制冷，但是由于单位容积制冷量小、制冷效率低，没有得到推广。直至20世纪，由于应用了回热原理，使用了透平压缩机和透平膨胀机，逆布雷顿循环制冷又重新得到重视，例如用于飞机座舱的空调及用来获得−70℃以下的低温；而自20世纪60年代起才开始用于低温领域。

逆布雷顿循环是由两个等压过程和两个等熵过程组成，图4-41示出最基本的逆布雷顿制冷机循环流程，图4-42表示逆布雷顿制冷机循环 T-s 图。气体吸热制冷后被压缩机吸入，压缩到较高压力进入冷却器。气体在冷却器中被冷却介质（水或循环空气）冷却，放出热量 Q_0，温度降低；而后气体进入膨胀机，经历对外做功的绝热膨胀过程，使其达到很低的温度后进入制冷单元，在低温下吸热制冷。气体连续地经过压缩、冷却、膨胀及吸热过程，就可以将被冷却物维持在所需的低温状态。

前述循环是理想循环，即气体在压缩机与膨胀机中的压缩和膨胀过程都是等熵过程，气体在冷却器中和在冷却被冷却介质时温差为零，不考虑气体的流动阻力损失等。

图4-42中 T_0 是制冷温度，T_c 是环境介质温度，1-2过程是气体工质在压缩机中的等熵压缩过程，2-3是在冷却器中的等压冷却过程，3-4是在膨胀机中的等熵膨胀过程，4-1是等压吸热制冷过程。

循环的单位制冷量 $$q_0=h_1-h_4=c_p(T_1-T_4) \tag{4-27}$$

循环的制冷系数

$$\varepsilon=\frac{1}{\left(\frac{p_c}{p_0}\right)^{\frac{k-1}{k}}-1}=\frac{T_1}{T_2-T_1}=\frac{T_4}{T_3-T_4} \tag{4-28}$$

式(4-27)和式(4-28)中不考虑比热容随温度的变化，将 c_p 看作常数。

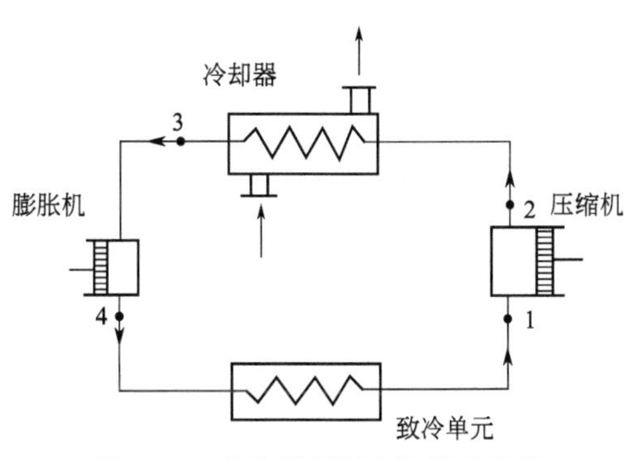

图4-41 逆布雷顿制冷机循环流程

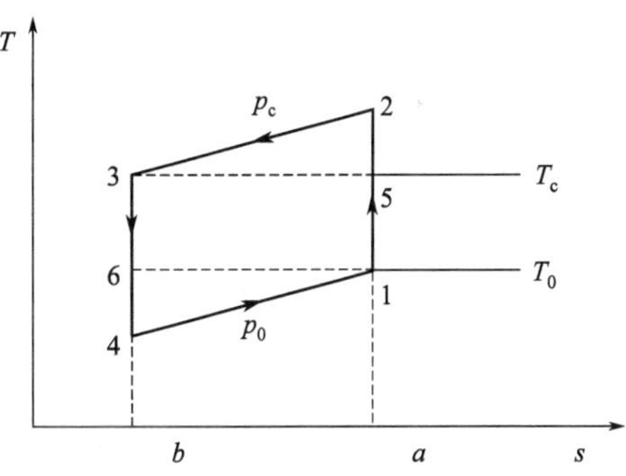

图4-42 逆布雷顿制冷机循环温-熵图

由制冷系数式(4-28)可以看出，制冷系数与循环的压力比（p_c/p_0）或压缩机的温度比 T_2/T_1、膨胀机温度比 T_3/T_4 有关。压力比或温度比越大，制冷系数越低，因而为了提高循环的经济性，应采用较小的压力比。但由于 p_0 和环境介质温度是一定的，所以降低压力比将使膨胀后气体温降减小，从而降低了循环单位制冷量。为了克服了上述缺点，可在前面分析过的逆布雷顿循环中采用回热器，使用回热原理降低膨胀前的气体温度，既能使膨胀后温度更低，又可达到降低压力比的目的。

回热式布雷顿循环流程如图4-43所示，与图4-41所示无回热循环相比较，增加了一个回热器。气体工质经压缩并在冷却器中冷却后进入回热器与返流的冷气流进行热交换，温度进一步降低，然后进入膨胀机。循环的其余部分与无回热循环完全相同。由于使用了回热器，使压缩机的吸气温度提高，膨胀机的进气温度降低，因而循环的工作参数和特性都发生了一些变化。

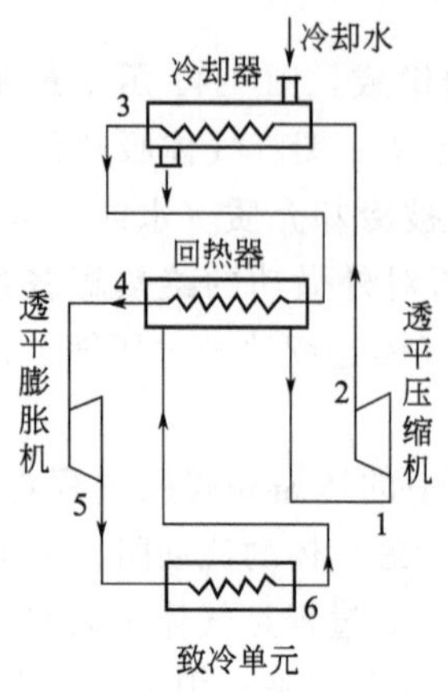

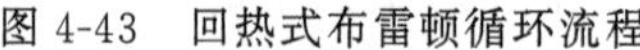
图 4-43 回热式布雷顿循环流程

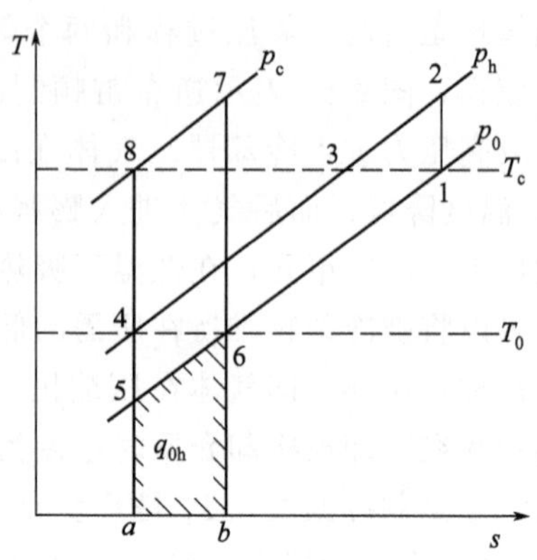

图 4-44 回热式布雷顿循环 T-s 图

图 4-44 所示为回热式布雷顿循环 T-s 图，循环过程如图中 1-2-3-4-5-6-1 所示，其中 1-2 是压缩过程，4-5 是膨胀过程；2-3 是在冷却器中的冷却过程，5-6 是吸热制冷过程；3-4 和 6-1 是在回热器中的回热过程，3-4 过程放热降温，6-1 过程吸热升温。作为比较，T-s 图中还表示出工作于同一温度范围内具有相同单位制冷量的无回热循环 6-7-8-5-6。这两个循环具有相同的制冷温度和相等的单位制冷量，但具有回热的循环压力比、单位压缩功和单位膨胀功都比无回热循环的小得多。

单位制冷量

$$q_{0h}=c_p(T_6-T_5) \tag{4-29}$$

若不计比热容随温度而引起的变化，则理论循环的制冷系数

$$\varepsilon_h=\frac{q_{0h}}{\omega_h}=\frac{T_6-T_5}{(T_2-T_1)-(T_4-T_5)}=\frac{1}{\dfrac{T_2-T_1}{T_4-T_5}-1}=\frac{T_5}{T_1-T_5}=\frac{T_4}{T_2-T_4} \tag{4-30}$$

在实际循环中，压缩与膨胀过程并非等熵过程，换热器中也存在传热温差和流动阻力损失，这些因素使得逆布雷顿循环气体制冷机实际循环与理想循环有差别，导致单位制冷量减小，单位功增大，制冷系数与热力完善度降低。由于回热循环压比小，故压缩机与膨胀机的单位功及功率也比较小，因而降低了压缩过程、膨胀过程和热交换过程的不可逆损失，所以回热循环的实际制冷系数比无回热循环大，回热式布雷顿气体制冷循环的经济性比无回热循环显著提高，但它仍然比蒸气压缩循环制冷机经济性差，因此在普通制冷温度范围内，气体制冷机无法与蒸气制冷机相竞争，只有在低温下气体制冷机才显示出它的优越性和价值。

4.7.2 逆斯特林循环制冷系统

斯特林循环最初是作为热机循环由斯特林（Stirling）提出的，到 19 世纪 60 年代柯克（Kirk）把斯特林循环的逆循环用于制冷，称为逆斯特林制冷循环，习惯称之为斯特林循环。它由两个等温和两个等容过程组成，故也称为定容回热气体制冷循环。

图 4-45 所示为理想斯特林制冷循环示意图。制冷机由一个气缸、气缸内的两个活塞（压缩活塞及膨胀活塞）、回热器（也称蓄冷器）、冷却器、冷量换热器等组成。气缸、回热器与两个活塞间形成两个工作腔：冷腔（膨胀腔，容积为 V_e）和室温腔（压缩腔，容积为 V_c），由回热器连通，两个活塞按一定规律运动时即完成这种循环。

其工作过程在 p-V 图上的表示如图 4-46 所示。

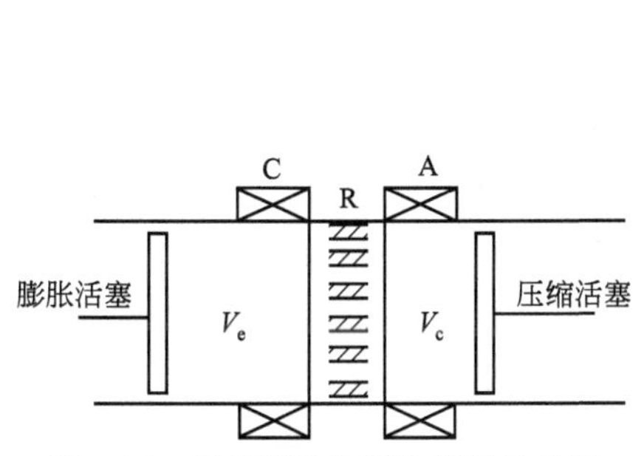

图 4-45　理想斯特林制冷循环示意图

A—水冷却器；C—冷量换热器；R—回热器；

V_e—膨胀腔容积；V_c—压缩腔容积

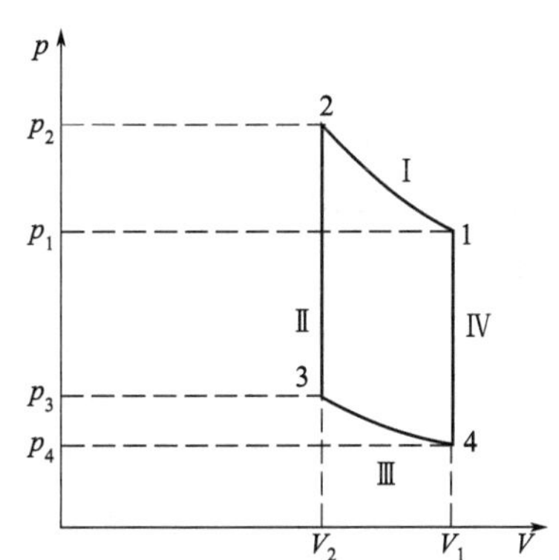

图 4-46　理想斯特林制冷循环过程 p-V 图

循环过程如下。

等温压缩过程（1-2 过程）。压缩活塞从右死点向左移动，膨胀活塞处于右死点保持不动，气缸内压力为 p_1、容积为 V_1 的气体被等温压缩，压缩腔在室温下向冷却器放出热量，气缸内气体压力升高至 p_2 而容积减小到 V_2。

等容放热过程（2-3 过程）。两个活塞以相同速度同时向左边运动，气体将热量传给回热器 R 而被冷却到 T_0，由于气体占据的几何容积不变，因而压力由 p_2 降低到 p_3。当压缩活塞移动至左死点时，过程结束。

等温膨胀过程（3-4 过程）。压缩活塞不动，膨胀活塞向左运动使气体膨胀，同时，气体从冷量换热器吸热而维持温度 T_0 不变，当膨胀活塞移动至左死点时，过程结束。容积从 V_2 增大到 V_1，压力降低到 p_4。

等容吸热过程（4-1 过程）。两个活塞以相同的速度同时向右运动，保持气体容积不变；气体在回热器 R 内吸热，温度升高。由于气体占据的容积不变，因而压力升高到 p_1，气体从膨胀腔回到压缩腔，完成一次循环。

假设循环中压缩腔温度 T_c 及膨胀腔温度 T_0 恒定；封闭容积中气体量不变，工质是理想气体；忽略不完全热交换、漏热、流动阻力等各项损失，则

一次循环中单位制冷量

$$q_0=RT_0\ln\frac{v_1}{v_2} \tag{4-31}$$

一次循环中消耗的单位功，等于等温压缩功与等温膨胀功之差

$$\omega=RT_c\ln\frac{v_1}{v_2}-RT_0\ln\frac{v_1}{v_2}=R(T_c-T_0)\ln\frac{v_1}{v_2} \tag{4-32}$$

理论斯特林循环制冷系数

$$\varepsilon=\frac{q_0}{\omega}=\frac{T_0}{T_c-T_0} \tag{4-33}$$

斯特林循环单位制冷量正比于制冷温度 T_0，循环功耗正比于温差（T_c-T_0）。当 T_0 降低时，单位制冷量也降低，而功耗急剧增加，导致制冷系数急剧降低。

要完成上述的定容回热循环，两个活塞必须作间断式运动，这在实际工程中是难以实现的。斯特林制冷机是利用曲柄连杆机构使活塞作连续的简谐运动，近似地实现这种循环，其结构如图 4-47 所示。主活塞 1 在气缸 2 中运动，使工作空间容积发生变化。工作空间被推移活塞 4 分成两部分：主活塞 1 与推移活塞 4 之间的空间 3 和推移活塞上方空间 5。推移活塞和主活塞都作简谐运动，空间 3 的容积变化相位滞后于空间 5。空间 3 为压缩腔，空间 5 为膨胀腔，在两腔之间有水冷却器 8、换热器 6 和回热器 7。在水冷却器中用水冷却制冷循环气体（He 或 H_2）；在换热器中工质吸收被冷却物体的热量，产生制冷作用；在回热器中工质从膨胀腔向压缩腔流动时被加热，反之被冷却。显然，两腔之间的压差不大，从而使膨胀腔向压缩腔泄漏的气体量减小到最低限度，提高了机器的效率。主活塞与推移活塞用同一根曲轴驱动。

上述斯特林制冷机中，由于两个活塞是连续运动，因此不可能实现斯特林循环所设想的等容回热过程，压缩与膨胀过程也不可能是等温的，故其循环过程与斯特林循环有很大区别。

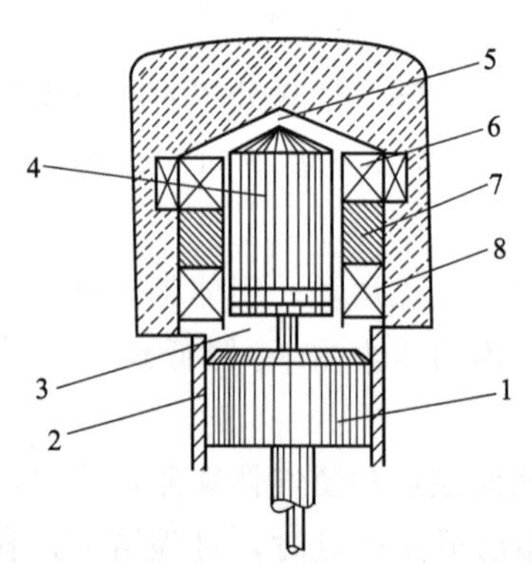

图 4-47 单级斯特林制冷机结构示意图
1—主活塞；2—气缸；3—压缩腔；
4—推移活塞；5—膨胀腔；6—换热器；
7—回热器；8—水冷却器

上述循环是理论循环，在考虑实际的热力过程（例如，气体周期性地不稳定流动、压缩与膨胀过程偏离等温过程等），考虑循环中存在的各种损失（例如回热器不完全热交换损失、与外界热交换损失、流动阻力损失等）的情况下，实际循环的制冷量减小，功耗增加，制冷系数降低。研究证明，实际制冷系数 ε_{pr} 与逆卡诺循环制冷系数相比在最佳情况下只有 40%左右。

图 4-47 所示的制冷机是单级斯特林气体制冷机，制冷温度通常为 77～80K。为了达到更低的温度，在单级制冷机基础上，又发展了两级、三级制冷机。

按斯特林制冷机的结构可分为整体式和分置式两种。整体式斯特林制冷机将压缩部分与膨胀制冷部分制成一体，其压缩活塞与膨胀活塞置于同一气缸，如图 4-47 所示。这种制冷机具有结构紧凑、体积小、重量轻的优点，但振动和噪声都大。分置式斯特林制冷机是在整体式斯特林制冷机的基础上发展起来的。它将压缩机与膨胀部分完全独立地分开安置，在两者之间通过细管道相连接，可以避免或减少压缩机的振动对冷头的影响，降低了冷头振动，使被冷却的器件远离振动源；在空间技术冷却领域得到了很好的应用。

4.7.3 吉福特-麦克马洪（G-M）制冷机

1959 年，W. E. 吉福特（Gifford）和 H. O. 麦克马洪（McMahon）提出了一种利用绝热放气膨胀制冷原理并能连续工作的低温制冷机，称为吉福特-麦克马洪制冷机，简称 G-

M 制冷机。

单级 G-M 制冷机主要由压缩机、膨胀机以及其他机构三大部分组成。在 G-M 制冷机中，压缩机与膨胀机分两体安装，其间用软管连接，以减小膨胀机振动，G-M 制冷机原理如图 4-48 所示。膨胀机由进气阀 4、排气阀 13、回热器 5、换热器 6、气缸 9 及推移活塞 8 等组成。推移活塞把气缸分为热腔 10 和冷腔 7 两部分，它们分别与回热器的热端及冷端相连。早期的 G-M 制冷机是用外部机构（驱动装置 11）推移活塞往复运动。

单级 G-M 制冷机理论循环由等容充气升压、等压充气、绝热放气和等压排气四个过程组成，在 p-V 图上的表示见图 4-49。

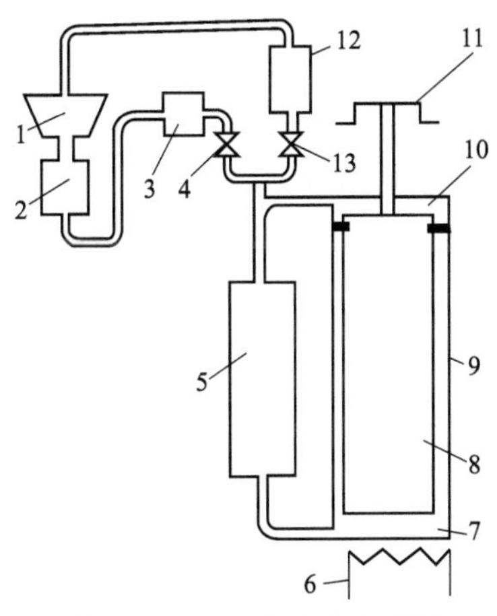

图 4-48　G-M 制冷机示意图

1—压缩机；2—冷却器；3—高压缓冲器；4—进气阀；5—回热器；6—换热器；7—冷腔；8—推移活塞；9—气缸；10—热腔；11—驱动装置；12—低压缓冲器；13—排气阀

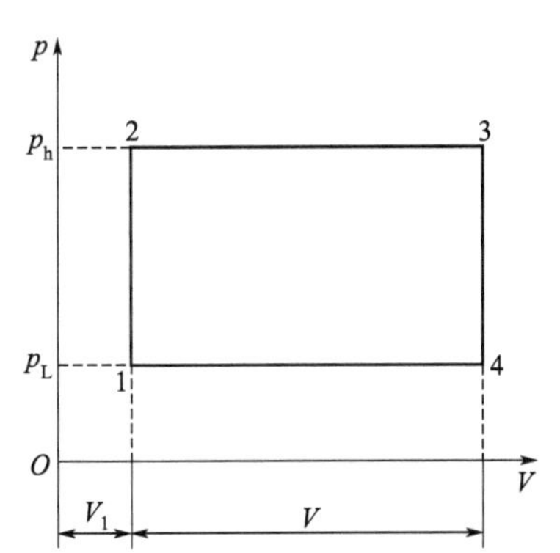

图 4-49　G-M 制冷机在 p-V 图上的表示

等容充气过程（1-2 过程）。当推移活塞处于下死点时，升压过程开始，进气阀开启，高压（p_h）气体 m_1 进入热腔与回热器空间，使腔内气体压力从 p_L 升高到 p_h（冷腔中的压力也一同升高），这是一个绝热的升压过程，温度升到 T_2。

等压充气过程（2-3 过程）。当气缸中压力升高到 p_h 后，在进气阀依然开启的情况下，推移活塞在驱动装置作用下从下死点移到上死点，同时，热腔中气体通过回热器进入冷腔，气体通过回热器时放热，其温度降低，比容减小。在充气压力不变的情况下，推移活塞上移过程中又有一部分高压气体 m_2 等压地进入制冷机气缸，以补充由于部分气体比容减小而造成的体积差值。

绝热放气过程（3-4 过程）。当推移活塞达到上死点后，冷腔充满高压气体，这时进气阀关闭，同时排气阀开启，冷腔内气体通过排气阀放气，气体的绝热放气过程开始，冷腔内气体压力降到 p_L，温度也随之降低，冷气体通过换热器吸收热量后进入回热器，在回热器进一步吸热后经排气阀返回压缩机。

等压排气过程（4-1 过程）。冷腔放气结束后，推移活塞由驱动装置带动，从上死点向下运动，冷腔气体全部被排出去，一部分经排气阀返回压缩机，另一部分流进热腔。推移活塞到下死点时排气阀关闭，完成一次循环。在这过程中，排出的冷气体吸收热量制冷，然后进入回热器吸热。

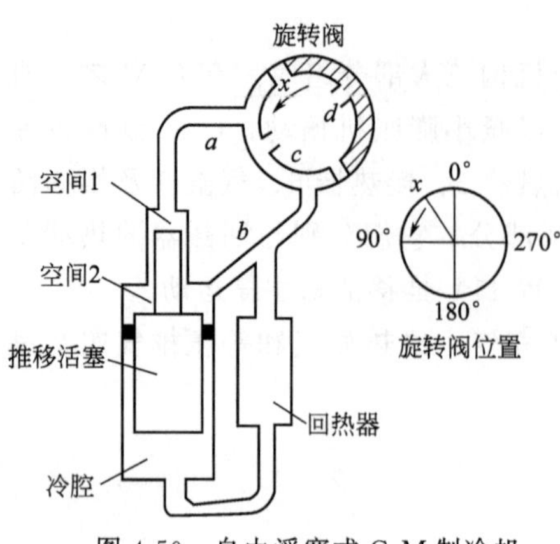

图 4-50 自由浮塞式 G-M 制冷机

如图 4-50 所示结构的 G-M 制冷机，它的推移活塞没有外部驱动机构，而是依靠其两端气体压力差来回自由浮动，所以这种制冷机又称自由浮塞式制冷机。它的气缸被推移活塞分成三个空间，分别用管道 a 和 b 与旋转阀连接。旋转阀由外部机构带动，按逆时针方向旋转。它有两个接头 c 及 d 分别与压缩机的吸气和排气管道相接，因而通过旋转阀的动作可以控制各个空间的充气和放气，于是从冷腔获得冷量。

假定工质是理想气体；没有不完全热交换损失、跑冷损失和余隙容积引起的损失；不考虑阻力损失、泄漏损失和压缩机压缩过程的损失；忽略进气阀提前关闭和排气阀提前开启等误差。在这些假定条件下，可得出单级 G-M 制冷机理论循环的性能参数。

理论循环单位制冷量

$$q_0=\frac{(p_h-p_L)V}{R}\left(1-\frac{c_V}{c_p}\right)c_p=(p_h-p_L)V \tag{4-34}$$

理论循环单位功耗

$$w_0=(m_2+m_3)c_pT\left[\left(\frac{p_h}{p_L}\right)^{\frac{k-1}{k}}-1\right] \tag{4-35}$$

理论循环制冷系数

$$\varepsilon=q_0/w_0 \tag{4-36}$$

理论 G-M 循环制冷量 q_0 和制冷系数 ε 都与循环的压力比 p_h/p_L 有关，循环制冷量随压力比的增大而增大，制冷系数随压力比增大而减小。实际 G-M 制冷机所采用的压力比一般为 2～4。例如，常用 $p_h=2000\text{kPa}$，$p_L=700\text{kPa}$。

实际上考虑到各种损失，特别是回热器损失，制冷温度对制冷量影响很大。为了获得更低的温度，必须采用多级 G-M 制冷机。目前，两级商品 G-M 制冷机最低制冷温度可以达到 4K。

4.7.4 脉管制冷机

脉管（亦称脉冲管）制冷机由吉福特（Gifford）和朗斯沃斯（Longsworth）于 1963 年首先提出。最初的制冷流程是由压缩机、切换阀、蓄冷器、负荷换热器、导流器、脉管本体以及脉管封闭端的水冷却器组成，见图 4-51。1967 年朗斯沃斯用直径为 9mm，长为 319mm 的脉管进行实验，其中热端换热器由长为 31.8mm 的紫铜制成，在高低压分别为 2.38MPa 和 0.56MPa，频率为 0.67Hz 的情况下，最低达到 124K 温度。

脉管制冷机的基本原理是利用高低压气体对脉管空腔进行充放气而获得制冷效应。蓄冷器的作用是累积上一次循环所得的冷量，并传递给下一次循环流入气体而使脉管冷端温度逐渐降低下去。其制冷过程如下：

高压气体通过被控制的切换阀流经蓄冷器、负荷换热器、导流器而以层状流动形式进

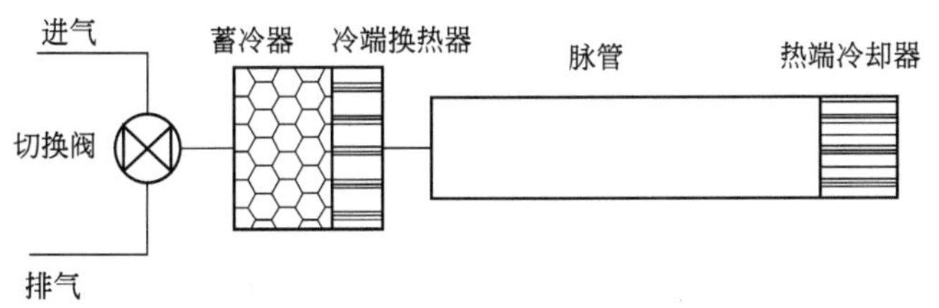

图 4-51 脉管制冷机原理

入脉管，渐次推挤管内气体向封闭端移动，同时使之受到压缩，压力升高，温度上升，在脉管封闭端气体的温度达到最高值。布设在封闭端的水冷式换热器将热量带走。

切换阀转动使系统内气体与气源低压侧直接连通，脉管向气源低压侧放气，脉管内的气体又以层状流动渐次向气源推移扩张，管内气体膨胀降压而温度降低。

切换阀再次转换，使系统与气源高压侧连通，重复上述循环，实现连续制冷。

基本型脉管制冷机利用充放气过程获得低温的方法，实质上是西蒙膨胀制冷的一种形式。它与西蒙膨胀过程的不同点在于：脉管制冷机运行时，脉管内气体轴向始终存在一个温度梯度，入口端温度低，封闭端温度高；而西蒙膨胀的容器内的气体温度处处相同。

基本型脉管制冷机除了压缩气源和切换阀是室温运动部件外，在低温区没有任何运动部件。因此它结构简单、运行可靠，这是其最突出的优点。但由于其制冷效率低，故在一个较长时期内没有得到实际的开发和应用。

基本型脉管制冷机的工作过程可用图 4-52 近似地加以说明。

过程 1-2 为绝热压缩过程，脉管内的气体被经蓄冷器来的高压气体压缩，气体的容积由初始所占据整个脉管的容积 V_1 变为 V_2，压缩后压力为 p_H；由于气体离封闭端的距离不同，因而气体内部各部分受压缩程度不同，气体成层状渐次受到压缩，进入脉管后的气体同时还受到后续气体的压缩，由此形成了气体温度沿管轴方向成梯度分布。气体对封闭管端的快速充气而使其温度呈梯度升高的过程已被实验所证实。

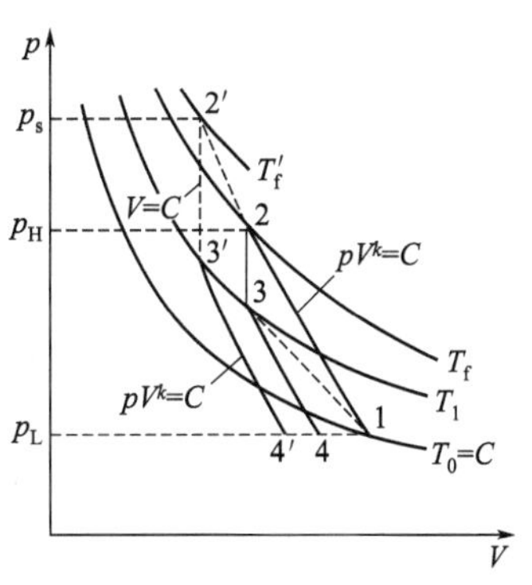

图 4-52 脉管制冷机热力循环 p-V 图

p_L、p_s、T_f'—实际循环（多变过程）所达到的参数

现假设压缩后脉管内平均温度为 T_f，高于环境温度 T_1，如果 T_0 是初始时脉管入口端（即冷端）温度，则通过绝热充气后脉管入口端温度为 $T_0(p_H/p_0)^{(k-1)/k}$，假设系统各部件无阻力损失，脉管内压缩终了平均温度为：

$$T_f = T_0/[1+(k-1)(p_0/p_H)] \tag{4-37}$$

式中 k——气体绝热指数；

p_0——起始压力。

过程 2-3 为等容放热过程。进气阀关闭后，压缩热被冷却介质带走，脉管内气体的温度由 T_f 降到环境温度 T_1，气体压力降到 p_m。

过程 3-4 为绝热膨胀过程。此时排气阀开启，管内气体开始向外放气并膨胀。膨胀结束后管内剩余气体的温度 T_4 为 $T_1(p_0/p_m)^{(k-1)/k}$，实际上由于接近脉管入口处的管端外是负荷换热器，实际过程为多变过程，如图中虚线所示。如不考虑冷损，在整个过程中膨胀过程所给出的冷量，应正好等于 2-3 过程中所传出的热量。

气体制冷量

$$Q_H = \frac{p_H V_p}{RT_f} c_V (T_f - T_1) \tag{4-38}$$

气体压缩功

$$W = \left(\frac{p_H}{T_f} - \frac{p_0}{T_0}\right) V_p T_1 \ln(p_H / p_0) \tag{4-39}$$

制冷系数

$$\frac{Q_H}{W} = \frac{c_V}{RT_1} \times \frac{kT_0 - T_1[1+(k-1)(p_0/p_H)]}{(1-p_0/p_H)\ln(p_H/p_0)} \tag{4-40}$$

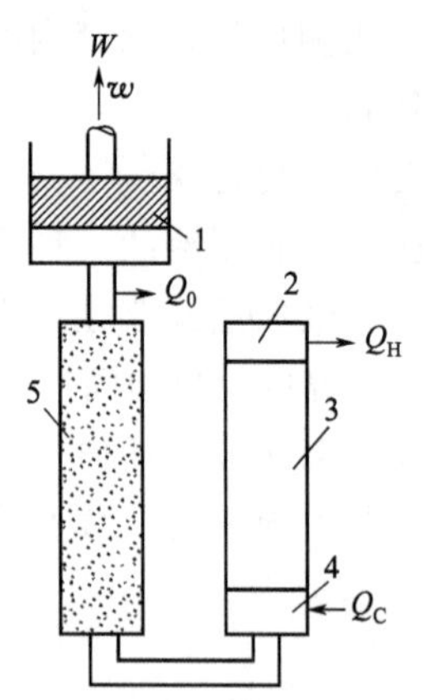

图 4-53　可逆基本型脉管制冷机原理

1—活塞；2—水冷却器；3—脉管；4—负荷换热器；5—蓄冷器

要得到较高的制冷系数，压力比值 p_H/p_0 应低一些，但在实际应用中，从制冷机尺寸紧凑的角度出发，在同样制冷量及工作频率下，p_H/p_0 取高些有利。一般都权衡两者，在尽可能兼顾的条件下取折中值。

带有切换阀的脉管制冷机，由于气体在通过阀门时有节流损失而降低了制冷效率。吉福特提出了取消切换阀，直接利用活塞在气缸内的往复运动，使脉管内产生压力波动而实现制冷。该种改型称为可逆基本型脉管制冷机，图 4-53 示出该方案的简图。

结构中没有切换阀，活塞在气缸内的往复运动使气体经过水冷却器后，通过冷端负荷换热器进入脉管，最后再压缩到热端，并由热端换热器冷却。活塞在气缸内每往复运动一次，整个脉管制冷系统就发生一次压力波动。与基本型脉管的压缩机气源加切换阀系统不同之处是脉管内的压力变化波形不是方形波而是正弦波。由于正弦波形压力峰值所占有的时间比方形波的峰值短，每次循环所得制冷量小于方形波模式。因此，要想在单位时间内获得相同的制冷量，就必须提高可逆脉管制冷机的运转频率。

在可逆基本型脉管制冷机的基础上，人们又发展了带小孔和气库的改进型可逆脉管制冷机，其热效率有很大提高，单级最低温度可达到 49K，但是与单级斯特林制冷机可达到的最低温度 35K 左右相比较，仍然存在较大差距。在相同的制冷负荷下，脉管制冷机所需的气量为斯特林制冷机的 4 倍左右，蓄冷器的热负荷也要大得多。为了解决这一难题，1989 年西安交通大学吴沛宜和朱绍伟在带小孔和气库脉管制冷机的基础上，提出了双向进气的新思路，使得单级脉管制冷机的最低温度达到 42K，热效率也有了显著提高。法国学者采用相同的方案，单级最低温度达到 28K，该结果已与单级斯特林制冷机所能达到的最低温度相当。双向进气脉管制冷机示意见图 4-54。

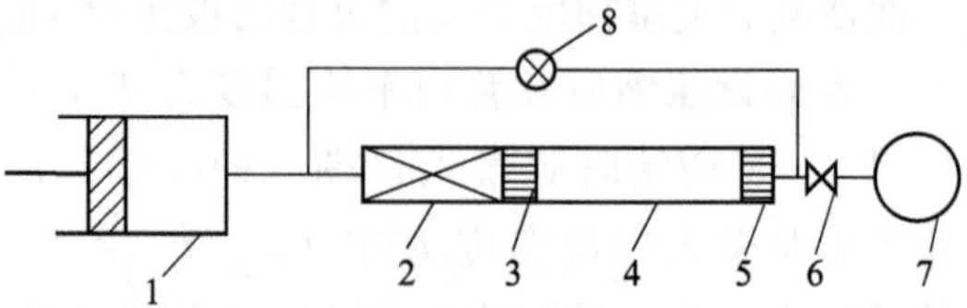

图 4-54　双向进气脉管制冷机

1—压缩机；2—回热器；3—冷量换热器；4—脉管；5—热端冷却器；6—小孔；7—气库；8—气体分配器

4.8 制冷设备

蒸气压缩式制冷系统主要包含压缩机、冷凝器、节流阀和蒸发器四种主要设备，气体液化系统也主要由压缩机、冷却器、蓄冷器、节流设备、膨胀机等组成。此外，除了主要设备外，还有许多其他辅助设备，如油分离器、集油器、储液桶、汽液分离器、空气分离器、中间冷却器等。

各种设备虽然种类繁多，但归类却不外乎压缩机、换热器、膨胀设备、容器类及各种阀等辅助设备。本节对这几类设备进行简要介绍。

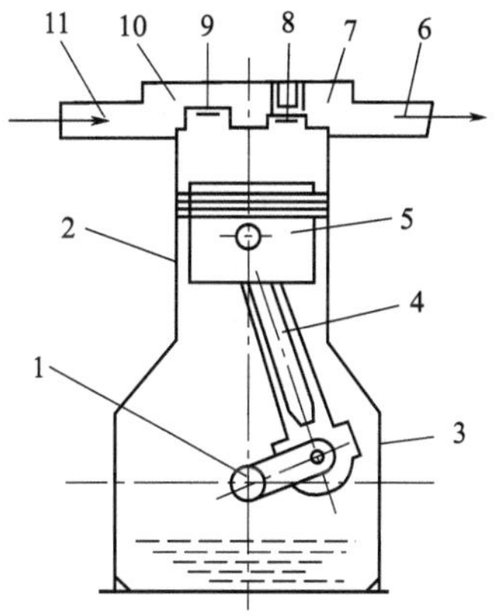

图 4-55 单缸活塞压缩机结构示意图

1—曲轴；2—气缸体；3—曲轴箱；4—连杆；5—活塞；6—排气管；7—排气腔；8—排气阀；9—吸气阀；10—吸气腔；11—吸气管

4.8.1 压缩机

4.8.1.1 活塞压缩机

（1）工作原理

活塞压缩机的主要零部件及其组成如图 4-55 所示。压缩机的机体由气缸体 2 和曲轴箱 3 组成。气缸体中装有活塞 5，曲轴箱中装有曲轴 1，通过连杆 4 将曲轴和活塞连接起来。在气缸顶部装有吸气阀 9 和排气阀 8，通过吸气腔 10 和排气腔 7 分别与吸气管 11 和排气管 6 相连。当原动机带动曲轴旋转时，通过连杆的传动，活塞在气缸内作上下往复运动，并在吸排气阀的配合下，完成对制冷剂的吸入、压缩和输送。

（2）工作过程

如图 4-56 所示，活塞压缩机的制冷工作循环分为四个过程：

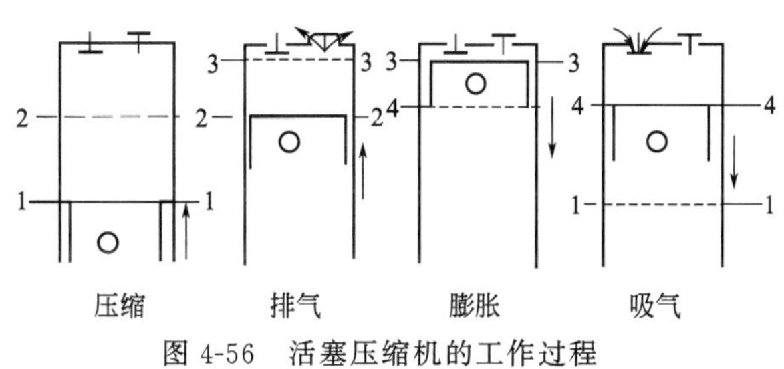

图 4-56 活塞压缩机的工作过程

① 压缩过程　当活塞处于最下端位置 1-1（称为内止点或下止点）时，气缸内充满了从蒸发器吸入的低压蒸气，吸气过程结束；活塞在曲轴-连杆机构的带动下开始向上移动，吸气阀关闭，气缸工作容积逐渐减小，气缸内的制冷剂受压缩，温度和压力逐渐升高。活塞移动到 2-2 位置时，排气阀开启，开始排气。制冷剂在气缸内从吸气时的低压升高到排气压力的过程称为压缩过程。

② 排气过程　活塞继续向上运动，气缸内制冷剂的压力不再升高，制冷剂不断地通过排气管流出，直到活塞运动到最高位置 3-3（称为外止点或上止点）时排气过程结束。制冷剂从气缸向排气管输出的过程称为排气过程。通过排气过程，制冷剂进入冷凝器。

③ 膨胀过程　活塞运动到上止点时，由于压缩机的结构及制造工艺等原因，气缸中仍有一些空间，该空间的容积称为余隙容积。排气过程结束时，在余隙容积中的气体为高压气体。活塞开始向下移动时，排气阀关闭，吸气腔内的低压气体不能立即进入气缸，此

时余隙容积内的高压气体因容积增加而压力下降，直至气缸内气体的压力降至稍低于吸气腔内气体的压力，即将开始吸气过程时为止，此时活塞处于位置 4-4。活塞从 3-3 移动到 4-4 的过程称为膨胀过程。

④ 吸气过程　通过吸气过程将制冷剂吸入气缸。活塞从位置 4-4 继续向下移动，气缸内气体的压力继续降低，其与吸气腔内气体的压差力推开吸气阀，吸气腔内气体进入气缸内，直至活塞运动到下止点时吸气过程结束。制冷剂从吸气腔被吸入到气缸内的过程称为吸气过程。

(3) 特点

在各种类型的制冷压缩机中，活塞压缩机问世最早，至今还是广为应用的一种机型，原因是：

① 能适应较广阔的压力范围和制冷量要求。

② 热效率较高，单位制冷量耗电量较少，特别是在偏离设计工况运行时更为明显。

③ 对材料要求低，多用普通钢铁材料，加工比较容易，造价也比较低廉。

④ 技术上成熟，生产使用上积累了丰富的经验。

⑤ 装置系统比较简单。

活塞压缩机的上述优点，使其在各种领域中，得到了广泛的应用；特别是在中小制冷量范围内，成为应用最广、生产批量最大的一种机型。然而，活塞压缩机也有其不足之处：

① 转速受到限制。单机输气量大时，机器显得很笨重，电动机体积也相应增大。

② 结构复杂，易损件多，维修工作量大。

③ 运转时有振动。

④ 输气不连续，气体压力有波动等。

随着喷油螺杆压缩机和离心压缩机的迅速发展，它们在大制冷量范围内的优越性（结构简单紧凑、振动小、易损件少和维护方便等）日益显示出来。因而，一般认为将活塞压缩机的制冷量上限维持在 350～550kW 以下较为合适。我国高速多缸压缩机系列中，最大的 8AS17 型氨制冷压缩机中温考核工况制冷量为 512kW。

4.8.1.2 涡旋压缩机

1905 年法国寇克斯（Leon Creux）发明了涡旋压缩机，由于加工困难，没有产品，直至 20 世纪 70 年代美国研制出一台氦气涡旋压缩机，并将其用于潜艇推进实验系统，后来日本三菱公司购下专利，于 1982 年在汽车空调上使用了涡旋压缩机。其功率范围是 1～15kW，它是一种目前应用很广泛的压缩机。

(1) 工作原理

涡旋压缩机的结构如图 4-57 所示。它由运动涡旋盘（动盘）、固定涡旋盘（静盘）、机体、防自转环、偏心轴等零部件组成。动盘 1 和静盘 2 的涡线呈渐开线形状，安装时两者中心距离为一个回转半径 e，相位差 180°。这样，两盘啮合时，与端板配合形成一系列月牙形柱体工作容积。静盘 2 固定在机体 3 上，涡线外侧设有吸气室，端板中心设有排气孔。动盘 1 由一个偏心轴 5 带动，使之绕静盘的轴线摆动。为了防止动盘的自转，结构中设置了防自转环 4，该环的上下端面上具有两对相互垂直的键状突肋，分别嵌入动盘的背部键槽内。制冷剂蒸气由涡旋体的外边缘吸入到月牙形工作容积中，随着动盘的摆动，工作容积逐渐向中心移动，容积逐渐缩小，使气体受到压缩，最后由静盘中心部位的排气孔轴向排出。

涡旋压缩机的工作过程如图 4-58 所示。当动盘位置处于 0°［图 4-58(a)］，涡旋体的啮合线在左右两侧，由啮合线组成了封闭空间，此时完成了吸气过程；当动盘顺时针方向公转 90°时，处于上下位置，如图 4-58(b) 所示，封闭空间的气体被压缩，与此同时，涡旋体的外侧进行吸气过程，内侧进行排气过程，当动盘公转 180°时［图 4-58(c)］，涡旋体的外、中、内侧分别继续进行吸气、压缩、排气过程；动盘继续公转至 270°时［图 4-58(d)］，内侧排气过程结束，中间部分的气体压缩过程也告结束，外侧吸气过程仍在继续进行；当动盘转至原来如图 4-58(a) 所示的位置时，外侧吸气过程结束，内侧吸气过程仍在继续进行；如此反复循环。由以上分析可以看出，涡旋压缩机的工作过程仅有进气、压缩、排气三个过程，而且是在主轴旋转一周内同时进行的，外侧空间与吸气口相通，始终处于吸气过程，内侧空间与排气口相通，始终处于排气过程，而上述两个空间之间的月牙形封闭空间内，则一直处于压缩过程。因而可以认为吸气和排气过程都是连续的。

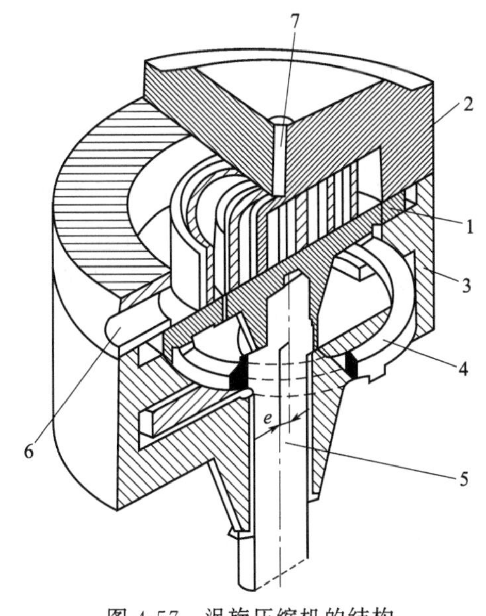

图 4-57　涡旋压缩机的结构

1—动盘；2—静盘；3—机体；4—防自转环；5—偏心轴；6—进气口；7—排气口

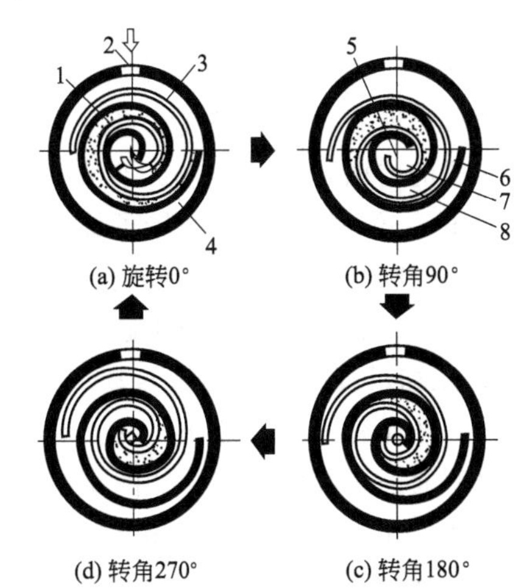

图 4-58　涡旋压缩机的工作过程

1—压缩室；2—进气口；3—动盘；4—静盘；5—排气口；6—吸气室；7—排气室；8—压缩室

（2）特点

① 效率高　涡旋式压缩机的吸气、压缩、排气过程是连续单向进行，因而吸入气体的有害过热小；相邻工作腔间的压差小，气体泄露少；容积效率就高，通常高达 95%以上；运动速度低，摩擦损失小；没有吸气阀，也可以不设置排气阀，所以气流的流动损失小。涡旋式压缩机的效率比往复式约高 10%。

② 力矩变化小，振动小，噪声低。

③ 结构简单，体积小，质量轻，可靠性高　涡旋式压缩机构成压缩室的零件数目与滚动转子式以及往复式的零件数目之比为 1∶3∶7，所以涡旋式的体积比往复式小 40%，质量轻 15%；又由于没有吸气阀和排气阀，易损零件少，加之有轴向、径向间隙可调的柔性机构，能避免液击造成的损失及破坏，故涡旋式压缩机的运行可靠性高；因此，涡旋式压缩机即使在高转速下运行也保持高效率和高可靠性，其最高转速可达 13000r/min。

4.8.1.3 螺杆压缩机

(1) 工作原理

双螺杆制冷压缩机的主要运动部件是装于机体内的相互啮合的一对转子。转子的齿槽与机体内圆柱面及端壁面之间的空间容积，构成了压缩机的工作容积，称为基元容积。

阳转子的齿周期性地侵入阴转子的齿槽，并且随着转子的旋转，空间接触线不断地向排气端推移，致使转子的基元容积逐渐缩小，基元容积内的气体压力不断升高，达到压缩气体的目的。它的整个工作过程可分为吸气、压缩、排气三个阶段，如图 4-59 所示。

(a) 吸气过程

(b) 压缩过程开始

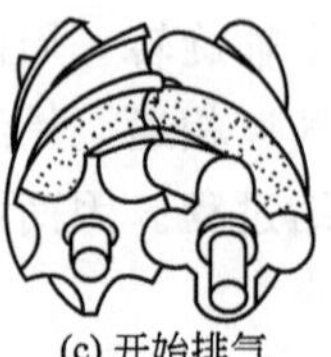

(c) 开始排气

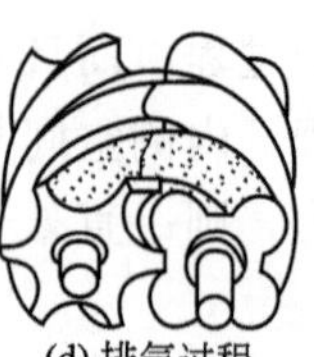

(d) 排气过程

图 4-59 螺杆式制冷压缩机工作过程

① 吸气过程 阴、阳转子各有一个基元容积共同组成一对基元容积。当该基元容积与吸入口相通时，气体经吸入口进入该基元容积对。因转子的旋转，转子的齿连续地脱离另一转子的齿槽，使齿间基元容积逐渐扩大，气体不断地被吸入，这一过程称为吸气过程，如图 4-59(a) 所示。当转子旋转一定角度后，齿间基元容积达最大值，并超过吸入孔口位置，与吸入孔口断开，吸气过程结束（压缩过程开始)，如图 4-59(b) 所示。此时阴、阳转子的齿间容积彼此并未相通。

② 压缩过程 转子继续转动，两个孤立的齿间基元容积相互沟通，随着两转子的相互啮合，基元容积不断缩小，气体受到压缩，该压缩过程直到转子旋转到使基元容积与排气孔口相通的一瞬间为止，如图 4-59(c) 所示。

③ 排气过程 当基元容积和排气孔口相通时，排气过程开始，该过程一直进行到两个齿完全啮合、基元容积对的容积值为零时为止，如图 4-59(d) 所示。

一对转子可以组成多个基元容积对，彼此由空间封闭的啮合接触线所隔开。每一对基元容积内的压力不同，各自完成自己的吸气、压缩、排气过程，如此循环不息，由于螺杆压缩机的转速较高，因此它的工作过程可近似看作连续的工作过程。

为了实现吸气、压缩、排气过程，转子是不允许倒转的，从吸入端来看，转子的转向必须与转子螺旋面的旋向相反，因此，在装配时必须注意原动机的转向。

(2) 特点

就压缩气体的原理而言，螺杆压缩机与活塞压缩机同属容积型压缩机，但就其运动形式来看，它又与离心压缩机类似，转子作高速旋转运动，所以螺杆压缩机兼有活塞式和离心式两类压缩机的特点。

① 具有较高转速（3000～4400r/min)，可与原动机直联。因此，单位制冷量的设备体积小、重量轻、占地面积小、输气脉动小。

② 没有吸、排气阀和活塞环等易损件，故结构简单、运行可靠、寿命长。

③ 因向气缸中喷油，油起到冷却、密封、润滑的作用，因而排气温度低（不超过 90℃)。

④ 没有往复运动部件，故不存在不平衡质量惯性力和力矩，对基础要求低，可提高转速。

⑤ 具有强制输气的特点，输气量几乎不受排气压力的影响。

⑥ 对湿行程不敏感，易于操作管理。

⑦ 没有余隙容积，也不存在吸气阀片及弹簧等阻力，因此容积效率较高。

⑧ 输气量调节范围宽，且经济性较好，小流量时也不会出现像离心压缩机那样的喘振现象。

⑨ 油泵供油时，油路系统复杂。

⑩ 内压比固定，存在压缩不足或过压缩的可能性。

⑪ 转子加工精度高。

⑫ 泄漏量大。

目前，螺杆式压缩机在制冷技术中得到了广泛的应用，制冷量也较大，可以做到几百千瓦。

4.8.1.4 离心压缩机

离心制冷压缩机的冷量属中、大型范畴，广泛用于大型空气调节系统和石油化学工业。

(1) 工作原理

离心制冷压缩机的工作原理与容积型压缩机不同，它是依靠动能的变化来提高气体的压力的，它由转子和定子等部分组成。当带叶片的转子转动时，叶片带动气体运动，把功传递给气体，使气体获得动能。定子部分则包括扩压器、弯道、回流器、蜗壳等，它们是用来改变气流的运动方向及把速度能转变为压力能的部件。制冷剂蒸气由轴向吸入，沿半径方向甩出，故称离心压缩机。

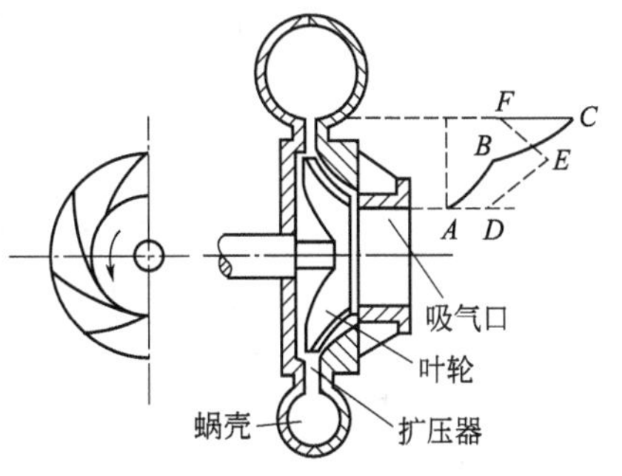

图 4-60 气体通过叶轮和扩压器时压力和速度的变化

图 4-60 示出气体通过叶轮和扩压器时，压力和速度的变化情况，其中 ABC 为气体的压力变化线，DEF 为气体的速度变化线，气体通过叶轮时，压力由 A 升至 B，速度由 D 升至 E；气体由叶轮流出，通过扩压器时，压力由 B 升至 C，而速度由 E 降为 F。

(2) 总体结构

离心制冷压缩机可分为开启式和封闭式两大类型，开启式的压缩机与原动机分开，增速齿轮可以与压缩机装在同一机壳内，也可以单独装在机外，压缩机轴的外伸端装有机械密封，以防制冷剂外泄或空气漏入。封闭式则是将压缩机、增速齿轮、原动机用一个壳体连成一体，轴端不需要机械密封。氟利昂离心制冷压缩机为了减少制冷剂的泄漏，大多采用封闭式结构。

由于使用场合、工况（冷凝温度、蒸发温度）及采用的制冷剂的不同，要求离心压缩机产生的能量也各有所异，因此，离心制冷压缩机有单级和多级之分。在空气调节系统中，由于蒸发温度（压力）较高，压缩比较小，一般都采用单级压缩，单级离心式制冷压缩机的构造如图 4-61 所示，当蒸发温度较低，压缩比较大时则采用多级压缩，它由数个工作轮组成，每一个工作轮与其相配合的固定元件组成一个“级”，级数越多、转速越高，所产生的能量头也越大。多级离心式制冷压缩机的构造如图 4-62 所示。

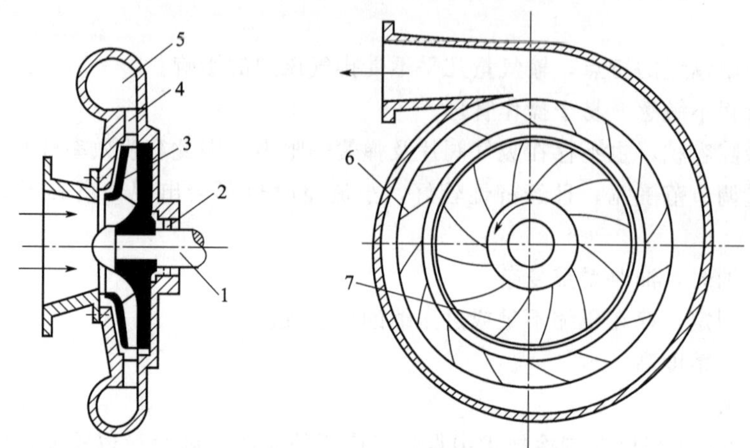

图 4-61　单级离心式制冷压缩机结构

1—轴；2—轴封；3—工作轮；4—扩压器；5—蜗壳；6—扩压器叶片；7—工作轮叶片

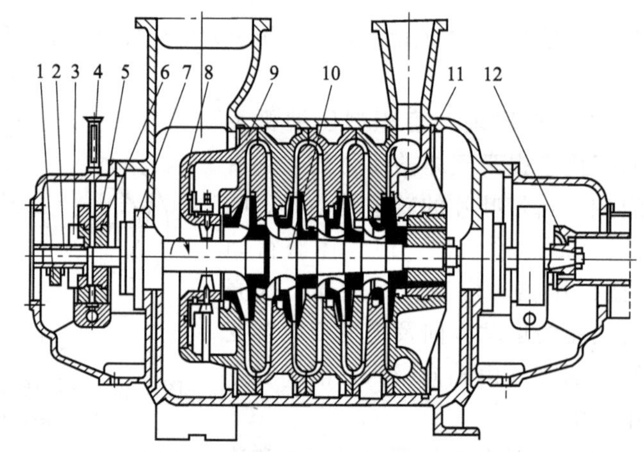

图 4-62　多级离心式制冷压缩机结构

1—顶轴器；2—套筒；3—止推轴承部；4—止推轴承；5—轴承；6—调整块；7—机械密封部；8—进口导叶；9—隔板；10—轴；11—调整环；12—连接件

(3) 离心压缩机特点

离心压缩机与活塞压缩机相比，具有如下特点：

① 无往复运动部件、动平衡特性好、振动小、基础要求简单。

② 无进排气阀、活塞、气缸等磨损部件，故障少、工作可靠、寿命长。

③ 机组单位制冷量的质量、体积及安装面积小。

④ 机组的运行自动化程度高，制冷量调节范围广，且可连续无级调节，经济方便。

⑤ 在多级压缩机中容易实现一机多种蒸发温度。

⑥ 润滑油与制冷剂基本上不接触，从而提高了冷凝器及蒸发器的传热性能。

⑦ 对大型离心制冷压缩机，可由蒸汽透平或燃气透平直接带动，能源使用经济、合理。

⑧ 单机容量不能太小，否则会使气流流道太窄，影响流动效率。

⑨ 因依靠速度能转化成压力能，速度又受到材料强度等因素的限制，故压缩机的一

级压力比不大，在压力比较高时，需采用多级压缩。

⑩ 通常工作转速较高，需通过增速齿轮来驱动。

⑪ 当冷凝压力太高或制冷负荷太低时，机器会发生喘振而不能正常工作。

⑫ 制冷量较小时，效率较低。

综上所述，在蒸发温度不太低和冷量需求量很大时，选用离心制冷压缩机是比较适宜的。

4.8.2 换热器

4.8.2.1 冷凝器

冷凝器的作用主要是将压缩机排出的高温高压状态下的气态制冷剂予以冷却并液化，满足制冷剂在系统中循环使用的要求。

压缩机排出的制冷剂在冷凝器中经历三个放热过程：

① 过热蒸气进入冷凝器放热，下降到冷凝温度，成为干饱和蒸气；

② 干蒸气在饱和压力下释放出凝结潜热成为饱和液体；

③ 冷凝温度高于冷却介质温度，使得饱和液体进一步释放显热成为高压过冷液体。

根据冷却方式的不同，冷凝器可分为水冷式、风冷式、水-空气冷却（蒸发式和淋水式）以及靠制冷剂或其他工艺介质冷却的冷凝器。目前水冷式、风冷式、蒸发式冷凝器在制冷装置中使用得比较普遍。按结构可分为壳管式冷凝器、套管式冷凝器、焊接板式冷凝器、风冷式冷凝器及蒸发式冷凝器。

常用冷凝器的主要特点和适用范围见表 4-120。

表 4-120 常用冷凝器主要特点与适用范围

冷凝器类型		主要优点	主要缺点	适用范围
水冷式冷凝器	立式壳管式	1.露天安装 2.水质要求低 3.清洗方便 4.易发现氨泄漏	1.传热系数较卧式低 2.冷却水进出口温差小 3.操作不便	大中型氨制冷装置
	卧式壳管式	1.结构紧凑，体积小 2.传热系数较立式高 3.耗水量小 4.室内布置，操作方便	1.水质要求高 2.清洗不便 3.冷却水流动阻力大 4.制冷剂泄漏难发现	大中型氨和氟利昂制冷装置
	套管式	1.结构简单，制造方便 2.传热系数高 3.耗水量小	1.金属耗量大 2.冷却水流动阻力大 3.清洗不便	小型氟利昂制冷装置
	焊接板式	1.体积小，重量轻 2.传热效率高 3.可靠性好 4.加工过程简单	1.内容积小 2.难以清洗 3.内部渗漏不易修复	小型氟利昂制冷装置
风冷式冷凝器		1.无需冷却水 2.露天布置，节省空间	1.传热效率不高 2.气温高时，冷凝压力较高 3.清洗不便	中小型氟利昂制冷装置，特别适用缺水干燥地区
蒸发式冷凝器		1.耗水量少 2.室外布置，节省机房设备 3.冷凝面积小，运行经济	1.造价高 2.清洗维修难度较高	中小型氨制冷装置及中型氟利昂制冷装置

(1) 壳管式冷凝器

壳管式冷凝器是将传热管置于壳体之内的冷凝器，按布置形式分为卧式和立式两大类。

① 卧式壳管冷凝器　图 4-63 所示为卧式壳管冷凝器的示意图。卧式壳管冷凝器沿水平方向安装，筒体两端所焊接的管板上焊接或胀接一定数量的传热管。筒体上还设有进气管、出液管、平衡管和安全阀等其他部件连接的接口。当使用氨作为制冷剂时，下部还需设有集油器和放油管。制冷剂由上部进入管束外部空间，冷凝后由下部排出。

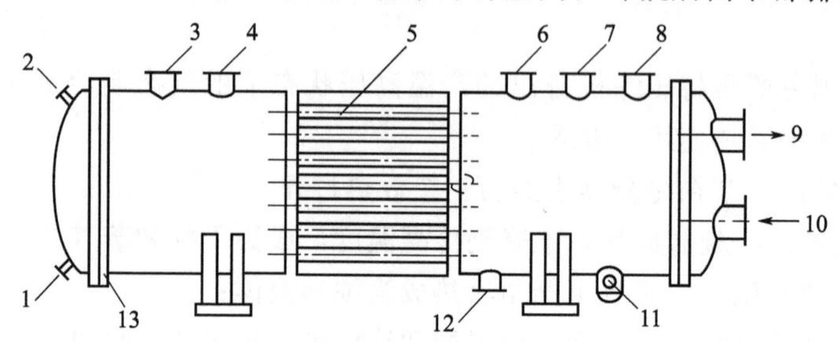

图 4-63　卧式壳管冷凝器示意图

1—泄水管；2—放空气管；3—进气管；4—均压管；5—传热管；6—安全阀接头；7—压力表接头；8—放气管；9—冷却水出口；10—冷却水入口；11—放油管；12—出液管；13—管板

一般用带有隔板的封盖封闭筒体两端管板的外侧，全部管束被分隔成几个管组（也称为流程），冷却水从任意一端封盖的下部进入，按顺序通过各个管组后从同一端封盖上部流出，保证每个传热管内充满冷却水。这样就可提高管内冷却水的流动速度，增加冷却水侧的对流换热系数，同时，由于冷却水的行程较长，提高了进出口温差，也减少了冷却水用量。

氨卧式壳管冷凝器的管束多采用外径为 ϕ25～32mm 的钢管。氟利昂卧式壳管冷凝器则多采用管束外径为 ϕ16～25mm 的外肋铜管，肋高 0.9～1.5mm，肋节距 0.64～1.33mm，肋化系数（外表面总面积与管壁内表面积之比）等于或大于 3.5，以强化氟利昂侧的冷凝换热。例如选用 R22 作为制冷剂时，在水速 1.6～2.8m/s 时其传热系数可达 1360～1600W/(m^2·K)。

② 立式壳管冷凝器　如图 4-64 所示，立式壳管冷凝器的圆筒外壳是由钢板卷焊而成，沿垂直方向布置，两端均各焊接一块管板，外壳上还设有液面指示器以及放气阀、安全阀、平衡阀和放油阀等管接头。与卧式不同，立式在壳体两端不设端盖。板间焊接或胀接有许多根小口径的无缝钢管。冷却水从上部通入管内，吸热后排入下部水池。冷凝器顶部装有配水箱来保证冷却水均匀分配到每根钢管；每根钢管顶端装有一个带斜槽的导流管嘴，冷却水通过斜槽沿切线方向流入管中，并以螺旋线状沿管内壁向下流动，在内壁上形成一层较均匀的水膜，可以提高冷凝器的冷却效果并节省冷却水循环量。

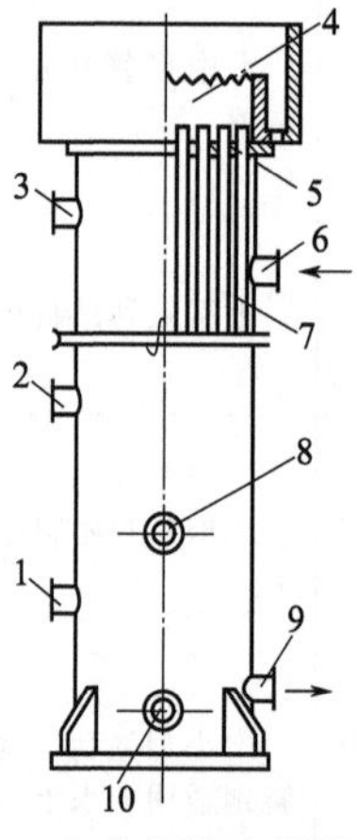

图 4-64　立式壳管冷凝器示意图

1—放气管；2—均压管；3—安全阀接管；4—配水箱；5—管板；6—进气管；7—无缝钢管；8—压力表接管；9—出液管；10—放油管

高压气态制冷剂从冷凝器外壳的中部进入管束外部空间，管束中可设气道使气体易于与管束各根管的外壁接触。

对于立式壳管冷凝器来说，由于气态制冷剂从中部进入，其方向垂直管束，能很好地冲刷钢管外表面，使形成的液膜不会过厚，故换热系数较高，但总体上仍低于卧式的。表4-121所列为氨立式壳管冷凝器换热系数的参考值。

表 4-121　氨立式壳管冷凝器换热系数

每根管水量/$kg \cdot s^{-1}$	0.067	0.1	0.133	0.167	0.2	0.233	0.267
换热系数/$W \cdot m^{-2} \cdot K^{-1}$	460	600	750	830	900	960	1020

注：本表适用于管径为 $\phi 51 \times 3mm$ 的无缝钢管。

(2) 套管式冷凝器

套管式冷凝器是由外套管以及内穿的单根或多根传热管组成，弯制成螺旋式或蛇形的一种水冷换热器，其外形如图4-65所示。外管采用无缝钢管较多，内管则多使用紫铜管，若为增强冷凝换热，内管可使用滚轧低翅片管。

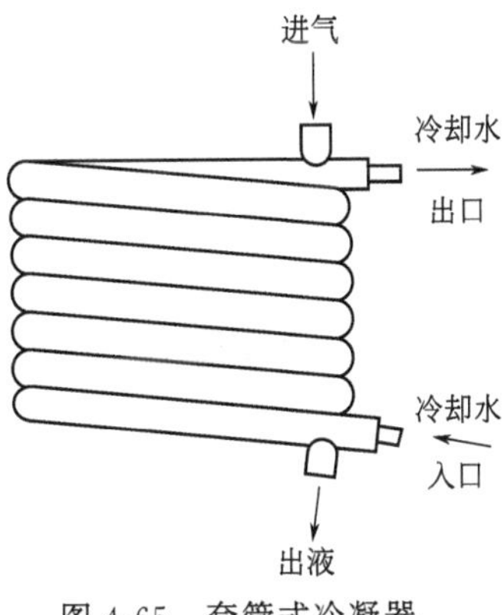

图 4-65　套管式冷凝器

整个系统为逆流式换热，其中冷却水在内管流动，流向为下进上出；气态氟利昂则在外套管自上向下流动，冷凝后的液体从下部流出。注意套管式冷凝器的盘管总长度不应太长，否则不仅造成传热管内流体的流动阻力过大，而且会造成盘管下部积聚较多的冷凝液，使得传热管的传热面积不能得到充分利用。

同卧式壳管冷凝器两侧对流换热相似，套管式冷凝器的传热管大多为铜制低螺纹高效冷凝管，且制冷剂蒸气同时受传热管内冷却水和无缝钢管外的空气冷却，加上逆向流动布置，故传热效果较好。例如，当R22作为制冷剂时，套管式冷凝器以冷凝管外面积计的传热系数通常大于1200W/($m^2 \cdot K$)。

(3) 板式冷凝器

图4-66为板式冷凝器结构及其板片形式的示意图。可以看到，整个换热器由许多不锈钢波纹金属板贯叠连接，板片之间气密性焊接；板上的四个孔作为冷热两种流体的进出口；在板四周的焊接线内，形成传热板两侧的冷、热流体通道。两种流体在流道内也呈逆流流动，通过板壁进行热交换；而板片表面制成的点支撑形、波纹形、人字形等有利于破坏流体的层流边界层的形状，在低流速下形成旺盛紊流，强化了传热；由于板片间形成许多支撑点，冷凝器换热板片所需厚度大大减小。在相同的换热负荷情况下，板式冷凝器与壳管式冷凝器相比体积小，质量轻，所需的制冷剂充注量也大大节省。以水为例，在相同负荷和水速下，板式冷凝器的传热系数可达2000～4650W/($m^2 \cdot K$)，是壳管式冷凝器的2～5倍。

图4-66右侧所示的三种板片形状中，点支撑形板片（Ⅰ）是在板上冲压出交错排列的一些半球形或平头形凸状，流体在板间流道内呈网状流动。流动阻力较小。其传热系数K值可达4650W/($m^2 \cdot K$)；水平平直波纹形板片（Ⅱ）的断面形状呈梯形，传热系数可达5800W/($m^2 \cdot K$)；人字形板片（Ⅲ）属典型网状流板片，波纹布置呈人字形，不仅刚性好，且传热性能良好，其传热系数可达5800W/($m^2 \cdot K$)。板式换热器在使用过程出现水侧结垢和制冷剂侧油垢后，传热系数会有所下降，所以在板式冷凝器选型时传热系数推荐采用2100～3000W/($m^2 \cdot K$)。

当系统中存在不凝性气体时，由于制冷剂蒸气在冷凝器表面冷凝，此时不凝性气体将

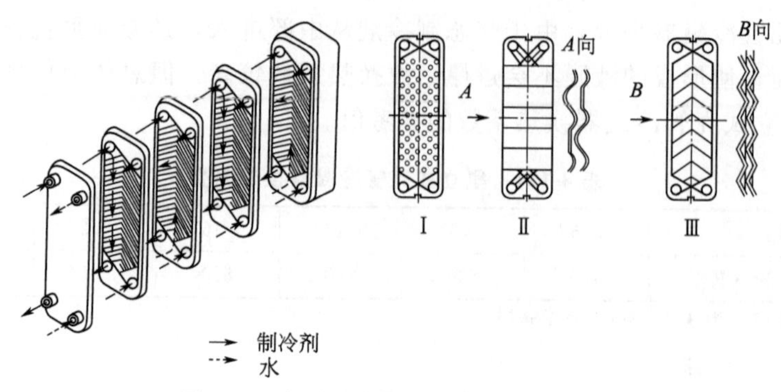

图 4-66　板式冷凝器结构及其板片形式

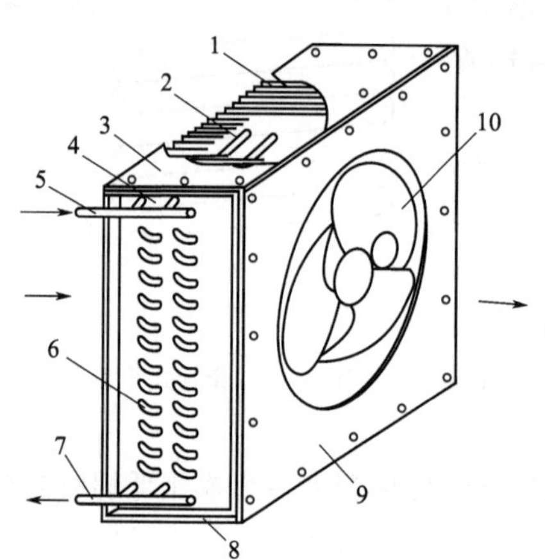

图 4-67　强制对流式风冷冷凝器

1—肋片；2—传热管；3—上封板；4—左端板；5—进气集管；6—弯头；7—出液集管；8—下封板；9—前封板；10—通风机

会积聚在冷凝器表面附近阻挡蒸气，因此在使用板式冷凝器的系统中，即使存在少量不凝性气体，也会使传热系数大大降低，所以需要特别注意消除不凝性气体。此外，板式冷凝器的内容积很小，冷凝后的制冷剂液体如不及时排出，将会淹没部分传热面积，因此系统中必须装设储液器。再者，板式冷凝器使用温度较高，要考虑提高冷却水水质以防结垢。

(4) 风冷式冷凝器

风冷式冷凝器利用空气作为冷却介质使气态制冷剂冷凝。分为自然对流式和强制对流式两种，图 4-67 为强制对流式风冷冷凝器。制冷剂蒸气通过进气集管从上部进入肋管管内，分配到各路蛇形管并在管中冷凝，冷凝液在重力作用下从下部流出。在轴流风机或离心风机的作用下，使空气受迫横掠肋管管束，吸收管内制冷剂放出的热量。

由于空气侧的对流换热系数远小于管内制冷剂冷凝时的对流换热系数，所以需要在空气侧采用肋管强化空气侧的传热。肋管通常采用铜管铝片、钢管钢片或铜管铜片；传热铜管有光管和内螺纹管两种。肋片多为连续整片，肋片根部翻边后与基管外壁接触，经机械或液压胀管后，二者紧密接触以减少其传热热阻。翻边分为一次翻边和二次翻边两种，其中二次翻边可防止胀管时胀破翻边口，也可保证肋片之间间距。

4.8.2.2 蒸发器

蒸发器的作用是通过制冷剂的蒸发（沸腾），吸收载冷剂的热量，从而达到制冷目的。蒸发器种类很多，常用的蒸发器有表面式、壳管式、排管式、干式蒸发器等。

(1) 表面式蒸发器

表面式蒸发器由许多绕（或套）有散热片的铜管组成。有两排、四排、六排甚至更多排的，这要视其具体用途而定。一般表面式蒸发器都是利用鼓风机来使空气流经蒸发器的表面，达到冷却目的。制冷剂通过分布器（俗称“莲蓬头”）分路进液，使蒸发管进液均匀，分布器的安装位置很重要，不论蒸发器的安装位置是垂直水平或倾斜的，分布器则必须安装成垂直位置，见图 4-68。

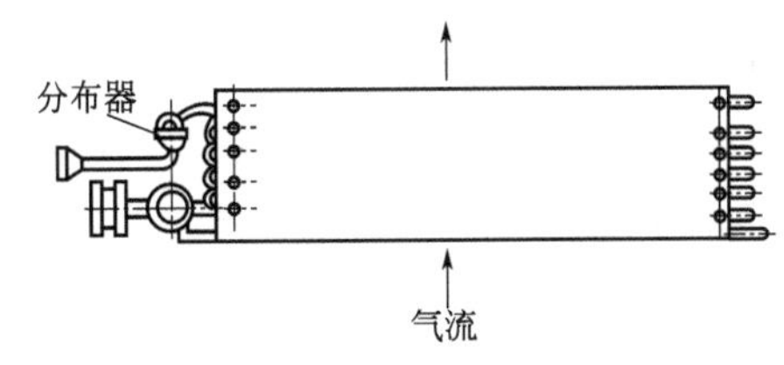

（2）壳管式蒸发器

壳管式蒸发器，即在钢制容器内装有许多无缝钢管（或铜管），并连接在两端板上，另有将水通道分成数路的水盖。这时制冷剂在筒体中蒸发，由下端进液，上口接至压缩机吸入口。

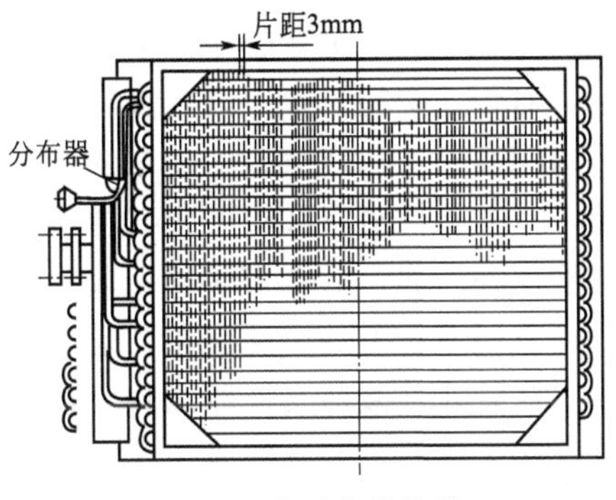

图 4-68　表面式蒸发器

壳管式蒸发器只能冷却流体（如水）。在一般的使用中，高温水中的热量被制冷剂液体吸收，被冷却的水通过水泵被输送到使用的地方去。制冷剂液体吸热后成为低压气体，回到压缩机被压缩循环使用。在使用时，制冷量的大小对制冷剂进液量的控制有一定关系，一般进液量应控制在容器中心位置（即液面在中心位置）（图 4-69），其余的留着使蒸气过热发挥其作用，如液面太高，会使微量的制冷剂进入压缩机，产生冲缸现象，如果液面太低，进液量就会减少，制冷量就会降低。

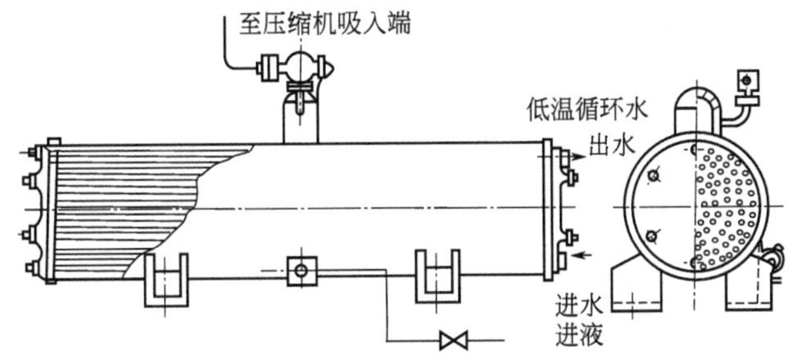

图 4-69　壳管式蒸发器

（3）排管式蒸发器

排管式蒸发器适用于冷藏库或浸入水中来降低水温。排管式蒸发器一般采用无缝钢管，有条件的也可采用紫铜管。

用于冷藏库时，可把每排排管分布在墙壁的四周，分成几组，每组中再将若干只排管串联起来，以吸收物体的热量而降低库内温度。

用在降低水温时，由几排组成一组放在水箱或水池里。冷却水必须流动，不致使管壁结成冰，故应有搅拌装置，因为冰层成为了排管的隔热层，换热效果就差了。

（4）干式蒸发器

干式蒸发器形状与壳管式蒸发器相似，所不同的是液态制冷剂在管道中蒸发，而被冷却的流体在筒体内流动，为了使流体与制冷剂进行充分的热交换，在筒体内又隔了好几道导流板。干式蒸发器的优点正是壳管式的弱点，壳管式要控制蒸发器内的液面，而干式只要用膨胀阀节流；壳管式蒸发器中的油无法回入压缩机。而干式则可顺利回入，因而壳管式效率低、操作麻烦等缺点在干式中均得到了解决。但是从构造来说，干式比壳管式要复杂，使用中要注意两封盖的密封性。

4.8.2.3 气液热交换器

气液热交换器也称回热器或回热装置，用于氟利昂制冷装置中，使节流前制冷剂液体与蒸发器出口蒸气进行换热。节流前的制冷剂液体是“过冷器”，而蒸发器出口的制冷剂蒸气则是“过热器”。它的作用是：①过冷的制冷剂液体，在蒸发器中能够吸收更多的热量，从而提高系统的制冷效率；②减少液管的闪发气体，保证正常节流，提高节流阀的容量；③使蒸发器出口的制冷剂蒸气中夹带的液体气化，以提高制冷压缩机的容积效率和防止压缩机液击故障；④防止吸气管上凝霜或结霜。

对于大中型制冷装置，多采用盘管式气液热交换器，而容量 0.5～15kW 的制冷装置可采用套管式和绕管式。对电冰箱等小型制冷装置，为简化结构，可不专设气液热交换器，直接将供液管和吸气管绑在一起或并行焊接在一起，或将作为节流装置的毛细管同吸气管绑在一起，后者直接插入吸气管中，构成最简单的气液热交换器。随着板式换热器在制冷空调系统上的广泛应用，也有将其作为气液热交换器使用的。

盘管式气液热交换器结构如图 4-70 所示。其外壳由无缝钢管制成，内装由光滑紫铜管绕制的螺旋盘管（有时为提高气侧传热系数，可使用外肋片管）。来自冷凝器的高压高温制冷剂液体在盘管内流动，而来自蒸发器的低压低温蒸气则从盘管外部通过，二者呈反向流动。

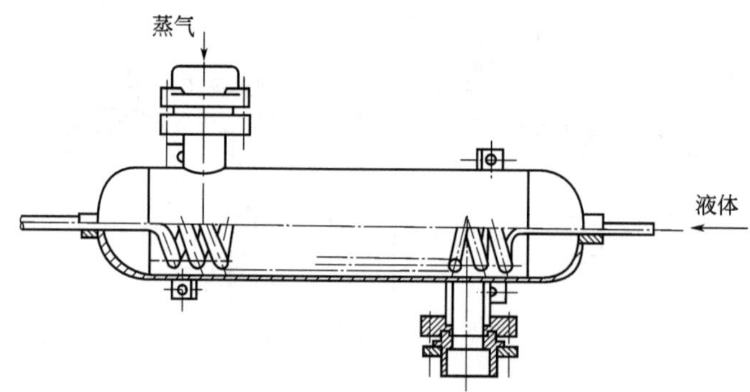

图 4-70　盘管式气液热交换器

图 4-71 所示为氟利昂系统中使用的套管式气液热交换器。氟利昂低压蒸气在内管中流动，高压液体在内、外管之间逆向流动。内管内侧刻有螺旋线，外侧设有翅片，可有效地提高换热效率。

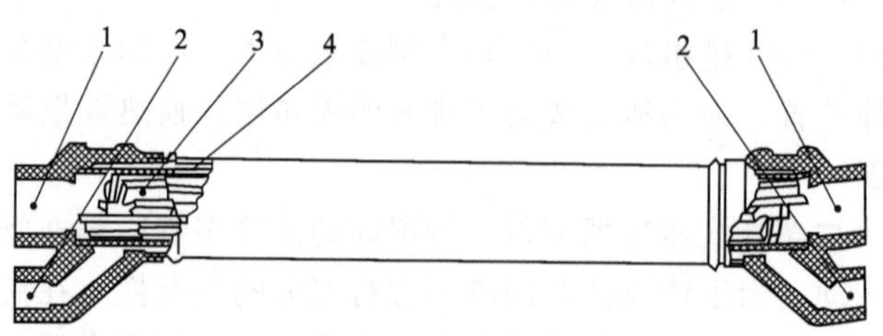

图 4-71　套管式气液热交换器结构

1—气管接口；2—液管接口；3—内管；4—外管

为了防止润滑油沉积在气液热交换器的壳体内，制冷剂蒸气在气液热交换器最窄截面上的流速为 8～10m/s；设计时，制冷剂液体在管内的流速可取 0.8～1.0m/s，这时回热器的传热系数约为 240W/(m² · K)。制冷剂蒸气的干度对回热器的换热影响很大，x_0 = 0.86～0.88 的湿蒸气比饱和蒸气的传热系数低 1/3。

如果选择气液热交换器的主要目的是为了防止吸气管路上凝霜和结霜，则通常选择一个比计算确定的尺寸大一号的热交换器。

4.8.2.4 中间冷却器

在两级或多级压缩制冷系统中，每两级之间应设置中间冷却器。它用来冷却低压级压缩机的排气，并对进入蒸发器的制冷剂液体进行过冷，此外，可将低压级压缩机排气中的润滑油分离并使其返回压缩机。

中间冷却器的工作原理是利用扩大流通截面积和改变流向来降低制冷剂流速，并使过热蒸气通过低温液体进行冷却。中间冷却器的结构随系统循环的形式而有所不同。

双级压缩氨制冷装置，采用一次节流中间完全冷却，其中间冷却器用来同时冷却高压氨液及低压压缩机排出的氨气，结构如图 4-72 所示。它的外壳由钢板焊制而成，其顶部的进气管由顶端伸入到容器内部，其管端周围开口并焊有底盘，以免进入的氨气冲击容器底部聚积的润滑油。在进气管上还设有两个多孔的伞形挡液板，以阻止氨液粒或油粒随着氨气一起被高压级压缩机吸走。低压级压缩机的排气由进气管直接通入中间冷却器下部的氨液内，冷却后所蒸发的氨气由上侧接管流出，被高压级压缩机吸走。用于冷却从高压侧冷凝器返回的氨液的盘管置于中间冷却器的氨液中，其进出口一般经过下封头伸到壳外。

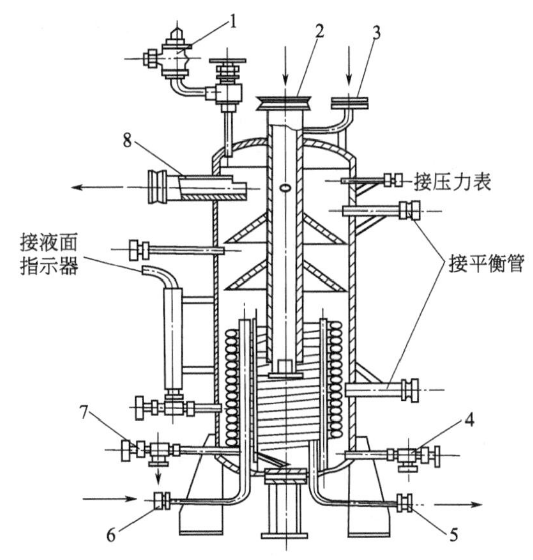

图 4-72 氨中间冷却器

1—安全阀；2—低压级排气进口管；3—中间压力氨液进口管；4—排液阀；5—高压氨液出口管；6—高压氨液进出口管；7—放油阀；8—氨气出口管

中间冷却器中的氨液面非常重要，通常设有浮球阀来自动控制液面。氨液面应比进气管底端高 150～200mm。氨液进入容器的方式有两种，一种是通过容器壁上的进液口由浮球阀控制进入，另一种是从进气管侧喷入雾状液体与低压级压缩机的排气一同进入。

在设计及选用氨中间冷却器时，其横截面的氨气流速一般不大于 0.5m/s，盘管内的高压氨液流速取 0.4～0.7m/s，端部温差取 3～5℃，这样传热系数为 600～700W/(m² · K)。

双级压缩氟利昂制冷装置采用一次节流中间不完全冷却，所以其中间冷却器只用来冷却高压制冷剂液体，其结构比氨中间冷却器简单得多，见图 4-73。高压氟利昂液体由上部进入，在盘管内被冷却后由下部流出。在中间压力下氟利昂经节流后由右下方进入，

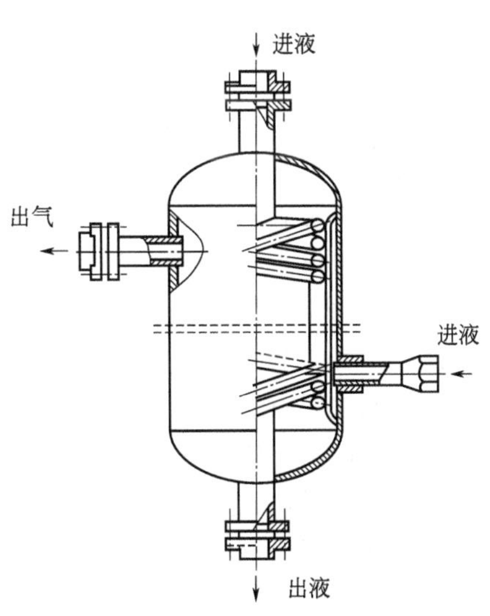

图 4-73 氟利昂中间冷却器

蒸发的蒸气由左上方流出，其流量由热力膨胀阀来控制。

氟利昂中间冷却器的传热系数为350～400W/(m^2·K)。

4.8.3 节流元件及膨胀机

制冷系统中节流元件的作用是对系统高压侧的过冷液态制冷剂进行节流降压，使其成为低温低压的具有冷却能力的气液混合制冷剂；还具有控制进入蒸发器的制冷剂流量以调节制冷系统冷量的功能。

常用的节流元件有热力膨胀阀、电子膨胀阀、手动膨胀阀、毛细管等。

膨胀机是使制冷系统内的压缩气体膨胀并对外做功，使气体温度降低以制取冷量的一种机器。膨胀机分活塞式和透平式两类。

4.8.3.1 热力膨胀阀

热力膨胀阀的结构原理如图4-74所示。

膨胀阀的结构除阀体外还由气热式膨胀盖感应机构、阀座、阀针、调节杆、弹簧、顶针等组成，其感应机构内充有氟利昂液体或充填活性炭和其他气体，当感温包受温度影响时包里液体（或气体）受热膨胀，感应机构的压力大于弹簧的压力将顶针压下，顶开阀针，阀孔开启，反之包里液体受低温影响时压力减小，弹簧压力大于感应机构的压力，将阀针向上移，阀孔向上移，阀孔关小甚至关闭。

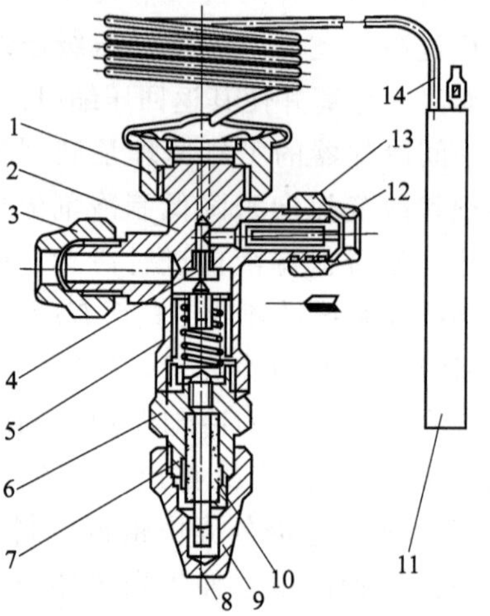

图4-74 热力膨胀阀结构

1—感应机构；2—阀体；3,13—螺母；4—阀座；5—阀针；6—调节杆座；7—垫料；8—帽罩；9—调节杆；10—填料压塞；11—感应管（感温包）；12—过滤器；14—毛细管

4.8.3.2 电子膨胀阀

电子膨胀阀是20世纪80年代出现的新一代制冷自控元件，其研究和应用日益广泛。它是利用被调节参数产生的电信号，根据电脑设定的程序，控制施加于膨胀阀上的电压或电流，进而达到调节供液量的目的。由于其优良的调节性能，电子膨胀阀在无级变容量制冷系统，尤其是变频空调器、多联机等制冷设备中已得到广泛应用。

电子膨胀阀有三种，分述如下。

(1) 电磁式电子膨胀阀

电磁式电子膨胀阀的结构如图4-75所示，它是依靠电磁线圈的磁力驱动针阀来改变阀的开度。电磁线圈通电前，针阀处于全开位置。通电后，受电磁力的作用，由磁性材料制成的柱塞被吸引上升，从而带动针阀使阀开度减小，开度减小的程度取决于施加在线圈上的控制电压。电压越高，开度越小，可以通过改变线圈上的电压来调节阀中的制冷剂流量。

电磁式膨胀阀的优点是结构简单，动作响应快，但是在制冷系统工作时，需要一直提供控制电压。

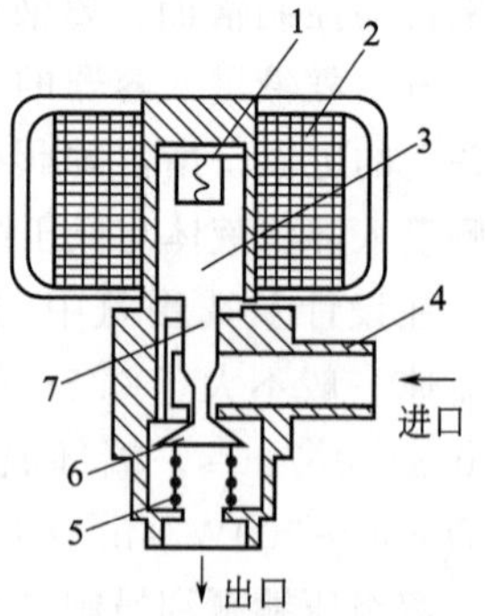

进口

出口

图4-75 电磁式电子膨胀阀结构

1—柱塞弹簧；2—线圈；3—柱塞；4—阀座；5—弹簧；6—针阀；7—阀杆

(2) 直动型电动式电子膨胀阀

电动式电子膨胀阀是靠步进电机驱动针阀，分直动型和减速型两种。

直动型电动式电子膨胀阀的结构见图 4-76。它是用脉冲步进电机直接驱动针阀。当控制电路的脉冲电压按照一定的逻辑关系作用到电机定子的各相线圈时，永久磁铁制成的电机转子受磁力矩作用产生正向或反向旋转运动，通过螺纹的传递，使阀针上升或下降，改变阀的开度，从而调节阀的流量。

(3) 减速型电动式电子膨胀阀

减速型电动式电子膨胀阀的结构如图 4-77 所示，该膨胀阀内装有减速齿轮组，步进电机通过减速齿轮组驱动阀杆。减速齿轮组放大了磁力矩的作用，因此小转矩的电机可以获得较大的驱动力矩。步进电机可与不同规格的阀体配合，满足不同调节范围的需要。

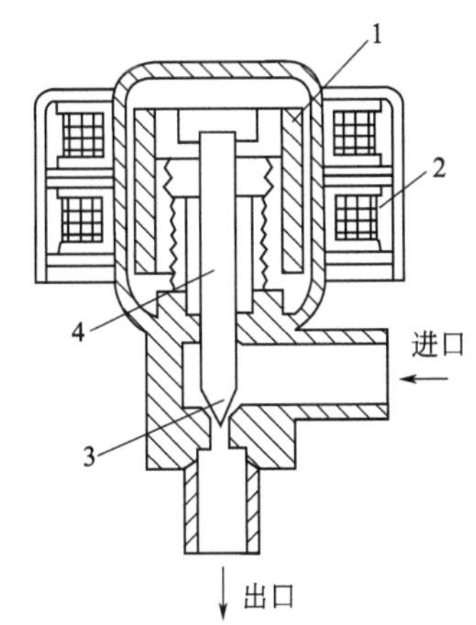

图 4-76　直动型电动式电子膨胀阀结构

1—转子；2—线圈；3—针阀；4—阀杆

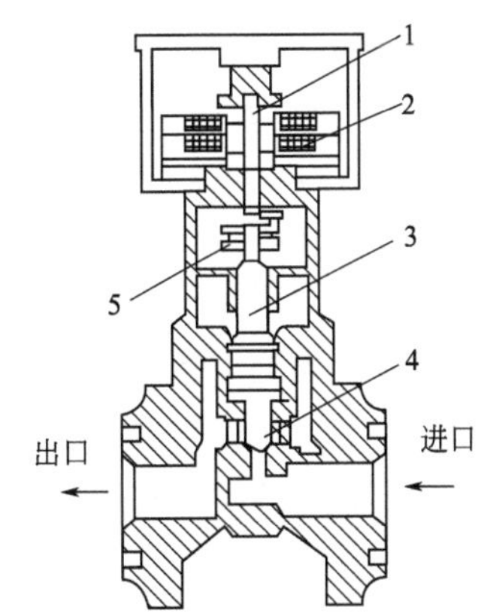

图 4-77　减速型电动式电子膨胀阀结构

1—转子；2—线圈；3—阀杆；4—针阀；5—减速齿轮组

电子膨胀阀进行制冷剂流量调节，与传统膨胀阀相比，其特点是：

① 可以直接测量出蒸发器出口的真实过热度，便于实现精确的控制。

② 电信号传递迅速，执行动作及时准确。

③ 阀本身有很好的线性流量特性，可以取得较好的调节品质。

④ 调节范围宽，且在整个运行温度范围内都有相同的过热度设定值。

⑤ 流量调节不受冷凝压力变动的影响。

⑥ 将蒸发器出口过热度控制到最小，从而充分利用蒸发器的传热面积。

⑦ 调节规律不只限于比例调节，可以根据需要灵活采用比例积分或其他调节规律。

⑧ 可以扩展其他功能，例如最大工作压力（MOP）功能，蒸发温度的显示和报警等。

⑨ 可以根据制冷剂液位进行工作，所以除了用于干式蒸发器，还可用于满液式蒸发器。

4.8.3.3　手动膨胀阀

手动膨胀阀是最老式的节流装置，其外形乃至构造均与普通截止阀类似，其不同之处主要在于阀芯的结构与阀杆的螺纹形式。通常截止阀的阀芯为一平头，阀杆为普通螺纹，所以它只能控制管路的通断和粗略地调节流量，难以精确地调整出一个适当的过流截面积以产生恰当的节流作用。而手动膨胀阀的阀芯为针形锥体（图 4-78）或具有 V 形缺口的锥体，阀杆为细牙螺纹，所以在旋转手轮时，阀芯移动的距离不大，可使阀门开度缓慢增大或减小，过流截面积可以较准确、方便地调整，保证良好的调节性能。

手动膨胀阀开启度的大小是根据蒸发器负荷的变化而调节的，通常开启度为手轮的 1/8～1/4 周，不能超过一周。否则，开启度过大，会失去膨胀作用，因此它无法根据负荷及其他外界条件的变化实时准确地进行调节，几乎全凭操作人员的经验结合系统中的反应进行手工操作。目前手动膨胀阀大部分已被其他节流机构取代，只是在氨制冷系统或试验装置中还有少量使用。此外在氟系统中，有时将其安装在旁通管路中作为备用节流机构，以便在自动节流机构出现故障进行维修时使用。

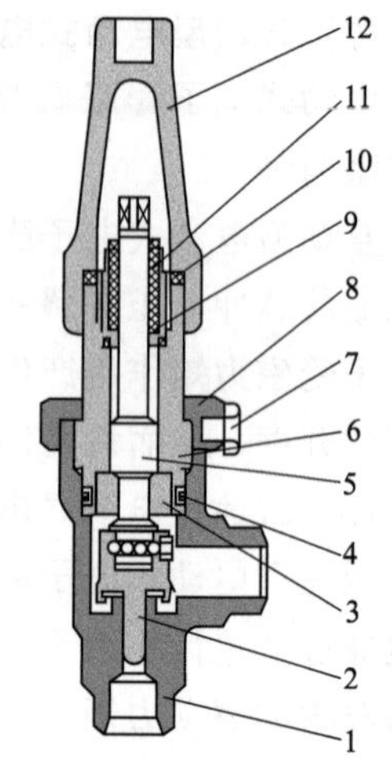

图 4-78　手动膨胀阀结构

1—阀体；2—阀芯；3—密封环；4—O 形圈；5—阀杆；6—阀帽；7—螺钉；8—锁定螺母；9—密封环；10—垫圈；11—密封管；12—保护帽

4.8.3.4　毛细管

毛细管是最简单的一种节流装置。所谓毛细管，实际上就是一段管径为 0.7～2.5mm 的等截面无缝紫铜管，长度通常为 0.6～6m。当制冷剂流经毛细管时，由于要克服摩擦阻力其自身压力不断下降，从而起到节流膨胀的作用，因此毛细管也称为减压膨胀管。另外，当毛细管的内径和长度一定且两端的压力差保持一定时，通过毛细管的液体流量也是一定的，从而它也有流量控制的作用。目前，在小型且不需要精确控制的氟利昂制冷装置（如窗式空调器、家用冰箱、冷柜等）中，毛细管被广泛地用作节流装置。

4.8.3.5　膨胀机

膨胀机是将压缩气体的内能转变为机械功的一种机械。其作用原理实质上是一种气体发动机。但与发动机相比，膨胀机不仅工作温度不同，而且所要解决的主要矛盾也不同。发动机在高温下工作，其目的在于获得尽可能大的机械功；而膨胀机在低温下工作，主要是制取冷量。所以，膨胀机的主要问题是在进、排气压力和进气温度一定的情况下如何最大限度地制取冷量和膨胀终了得到最低的温度，也就是在相同的压降范围和相同的进气温度下如何使膨胀机具有最高的绝热效率，至于机械功的获得则是附带的。

根据膨胀机能量转换的方式不同，可将膨胀机分为两类：容积式膨胀机和透平式膨胀机。

容积式膨胀机是利用容积的变化而使气体膨胀输出外功以制取冷量的。改变气体的容积有很多方法，因此，容积式膨胀机的型式也有许多种。它既包括一般的利用活塞在气缸中作往复运动以改变容积的活塞膨胀机，也包括一些作回转运动的容积式膨胀机。但目前，最常见、应用最广的还是活塞膨胀机。因此，通常都习惯于把膨胀机分成活塞膨胀机和透平膨胀机。

不同种类的膨胀机，其应用范围也不同。这主要取决于深冷装置的工作条件，即降温的高低、冷量的大小以及循环型式。活塞膨胀机适用于高、中及低压的中小型装置，也就是适用于压比大、流量小的场合。一般压比 4～40，气体的流量为 500～100000m^3/h（标准状态）。而透平膨胀机主要用于大型装置，即压比小、流量大的场合。一般压力比小于 5。目前，在一些中压装置和少数高压装置中也采用透平膨胀机。

随着空气液化分离装置大型化，透平膨胀机在低压系统中已取代了活塞膨胀机。但透平膨胀机在高压和小流量的情况下，其效率还不能超过活塞膨胀机。

(1) 活塞膨胀机

活塞膨胀机的工作过程是使被压缩的气体经过膨胀机在气缸内膨胀，推动活塞对外做功，并使气体温度降低，同时制取冷量。活塞膨胀机就是依照这个原理工作的。

图 4-79 所示为一种活塞膨胀机的结构。

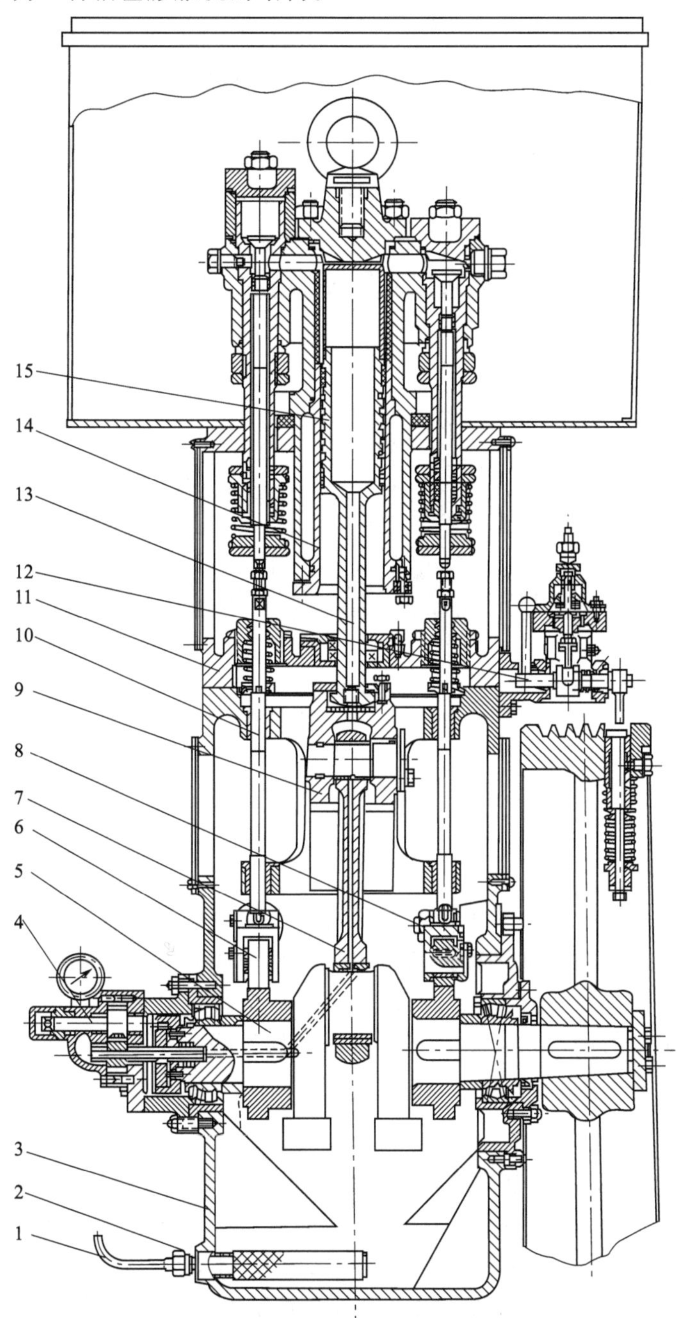

图 4-79 PZK5/40-6 活塞膨胀机

1—油管；2—滤油器；3—机身；4—齿轮油泵；5—曲轴；6—进气摇杆；7—连杆；8—出气摇杆；9—十字头；10—中间顶杆；11—中间体；12—自动控制器；13—活塞杆；14—气缸；15—活塞

压缩气体通过配气机构进入气缸中进行膨胀，并推动活塞运动，通过曲柄连杆机构将活塞的往复运动转变成曲轴的回转运动而对外做功。与此同时，气体本身产生强烈的冷却效应，使气体的温度下降，焓值降低。

膨胀机气缸内的工作过程，是由充气、进气、膨胀、排气及压缩等过程所组成。膨胀机曲轴每转一转，这些过程便重复一次，也就是完成了一个循环。

(2) 透平膨胀机

透平膨胀机是利用气体膨胀时其能量（全部或部分）首先变成高速气流的动能，然后使动能转化为转子的输出功以制取冷量的。在这类膨胀机中，既包括膨胀气体作向心运动的径流式透平膨胀机，也包括膨胀气体作轴向运动的轴流式透平膨胀机。根据膨胀气体的膨胀过程不同，又可分为冲动式和反击式两种。在冲动式透平膨胀机中，气体的膨胀过程完全在静止的喷嘴中进行，叶轮依靠气流的冲击而运动。而在反击式透平膨胀机中，气体的膨胀过程不仅在喷嘴中进行，而且还在叶轮的流道中继续进行。但不管哪种透平膨胀机都是以工质流动时速度能的变化来传递能量的。因此，也称为速度型膨胀机。图 4-80 所示为一种轴承透平膨胀机。

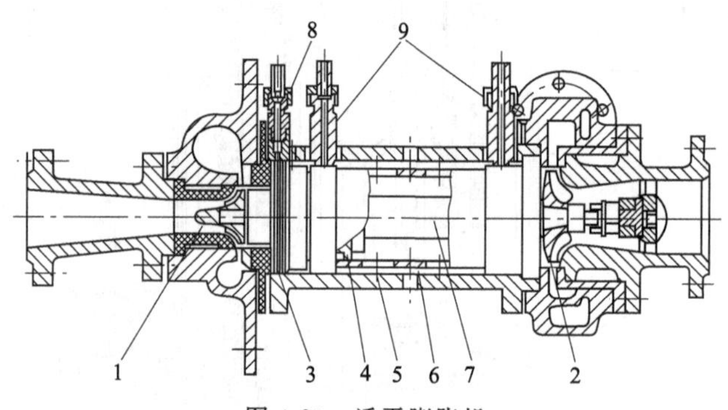

图 4-80 透平膨胀机

1—膨胀机叶轮；2—制动风机叶轮；3—密封套；4—轴承；5—外筒体；6—轴承套；7—转子；8—密封气接头；9—轴承气接头

4.8.4 辅助设备

对于蒸气压缩式制冷循环系统，通常还需要设置一些辅助性的部件，对制冷剂进行储存、分离与净化，对润滑油进行分离与收集，从而改善系统的运行条件，提高系统运行的安全性和经济性。由于它们不是制冷系统必需的部件，因此通常称为制冷系统的辅助设备。在一些小型的制冷设备中，它们有时会被省略。常见的制冷系统辅助设备介绍如下。

4.8.4.1 油分离器

绝大多数的压缩机都需要靠存在曲轴箱或机壳内的润滑油来进行润滑。在压缩机的运转过程中，由于压缩机排气速度可高达 24～30m/s，会有少量滴状润滑油被排气卷带进入压缩机的排气管，甚至进入冷凝器和蒸发器，这会大大降低热交换能力。尤其是当温度下降时，油的黏度变大，与系统内杂质混合附着在管壁上，会严重影响制冷剂的流通能力。如果无法有效地把油送回压缩机，还会造成压缩机失油。因此，解决回油的问题对于提高系统的效率有着重要的意义。为此，压缩机排气管上设置油分离器。油分离器也称为分油器，从本质上来讲是把油和制冷剂蒸气分离开来的装置。常用的油分离器按工作原理可以分为洗涤式、离心式、填料式和过滤式四种形式。

(1) 洗涤式油分离器

洗涤式油分离器只用于氨制冷系统。它是将高压过热氨气通入氨液中洗涤冷却，使氨气中的雾状润滑油凝聚分离，其结构如图 4-81 所示。工作时，筒体内保持有一定高度的氨液，压缩机排气时，夹带润滑油蒸气的高温氨气，通过进气管通入氨液中进行洗涤冷却，使其中的油蒸气凝结成油滴而分离。由于油滴的密度较大而沉积在筒底，而氨气则继续上升通过筒体一侧的出气管排除。在进气管的上部设有伞形挡液板，以阻止氨液滴或油滴被氨气在排出过程中被带走。洗涤式油分离器的分油率为 80%～85%。

(2) 填料式油分离器

填料式油分离器适用于大型及小型压缩机。其结构如图 4-82 所示。在油分离器中有一层填料，通常为不锈钢丝、陶瓷环或金属切屑。氨气通过设在进气管上的伞形挡板及填料层后，其中携带的润滑油被分离出来，聚积在筒底通过浮球阀或手动阀返回压缩机。填料式油分离器的分油率较高，可达 96%～98%，但其阻力也较大。

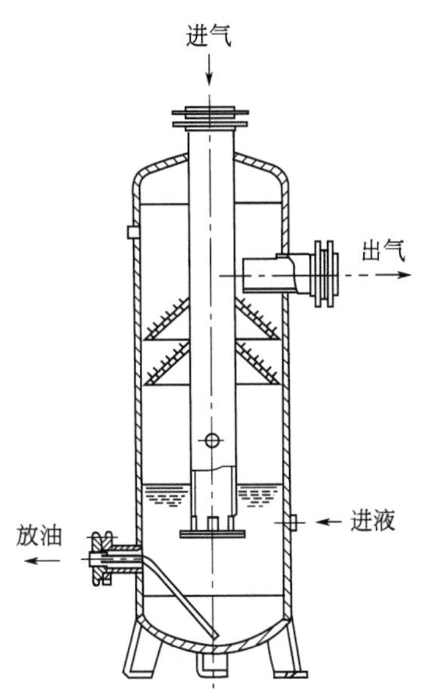

图 4-81　洗涤式油分离器

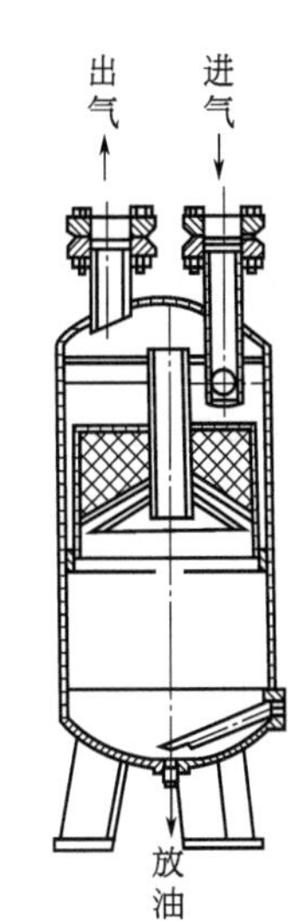

图 4-82　填料式油分离器

(3) 过滤式油分离器

过滤式油分离器常用在氟利昂制冷系统中，其机构和原理与填料式油分离器相似，但填料层被金属过滤网取代，如图 4-83 所示。工作时高压蒸气由下部的进气管进入，经过滤网减速过滤后，制冷剂蒸气从排气管排出，而润滑油则靠过滤网使之流向改变，速度降低被分离出来，聚积在筒底。当聚积的润滑油达到一定量后，可通过浮球阀或手动阀排回压缩机。

通常填料式油分离器气流通过填料层的速度为 0.3～0.5m/s，其他形式的油分离器气流通过筒体的速度应不宜超过 0.8m/s。

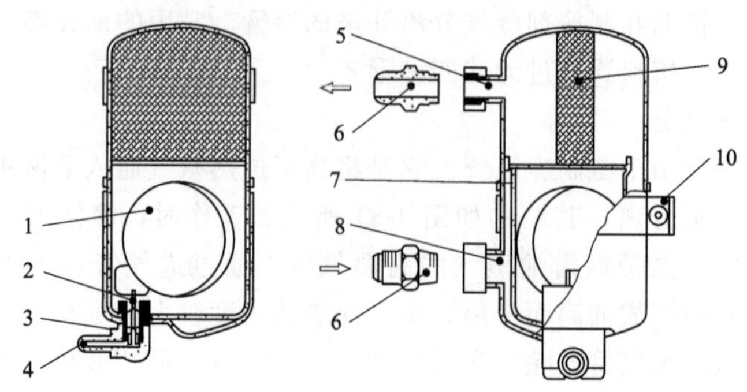

图 4-83　过滤式油分离器

1—浮球；2—浮球杆；3—流口；4—回油接口；5—制冷剂蒸气出口接口；
6—接头；7—储油室；8—制冷剂蒸气进口接口；9—过滤网；10—固定带

4.8.4.2　储液器

储液器也称为储液桶，实际上是一个液体储存容器，用于调节制冷循环中液体制冷剂的储量。当系统负荷较小时，系统所需制冷剂少，多余的制冷剂在储液器中储存；当系统负荷较大时，从储液器中补充一部分制冷剂。这样，系统中的制冷剂流量比较稳定，各部件中的制冷剂分配也比较均衡。

利用毛细管作为节流元件的小型系统，制冷剂的供应量很小，系统中可以不必设置储液器。如果冷凝器有足够的体积（例如使用壳管式冷凝器的水冷机组），可以提供储存空间，也可以不设储液器。但是，对于使用膨胀阀的空冷机组，都需要配备一个单独的储液器。

储液器的结构基本相同，其外壳通常由钢板焊制，或用无缝钢管制成，两端焊接上端盖。储液器上设有进液管、出液管、压力表、安全阀、液位指示器等，方便管路连接和运行操作。

按照其工作压力的不同，可以将储液器分为高压储液器和低压储液器两大类。

(1) 高压储液器

图 4-84 为高压储液器的外形图。高压储液器一般安装在冷凝器与节流装置之间。当压缩机排气在冷凝器中被冷凝为液体之后，应立即将液体排出去，否则它将占据冷凝器的有效传热面积，导致系统效率的降低。高压储液器是用来储存冷凝器中排出的液态制冷剂，同时也可以适应运行工况的变动而调节制冷剂的循环量。

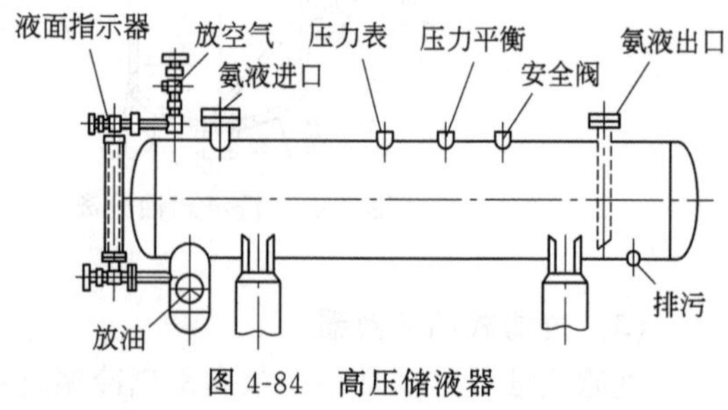

图 4-84　高压储液器

(2) 低压储液器

低压储液器仅在大中型的氨制冷装置中使用。采用泵循环式蒸发器的制冷系统，设有低压储液器，除了起气液分离作用以外，还可防止液泵的汽蚀。低压储液器的存液量应不少于液泵小时循环量的 30%，其最大允许储液量为筒体容积的 70%。

图 4-85 所示为一种低压储液器的外形，其基本机构与高压储液器类似。低压储液器是用来收集压缩机总回气管路上氨液分离出来的低压氨液的容器。在不同蒸发温度的制冷

系统中，应按各蒸发压力分别设置低压储液器。

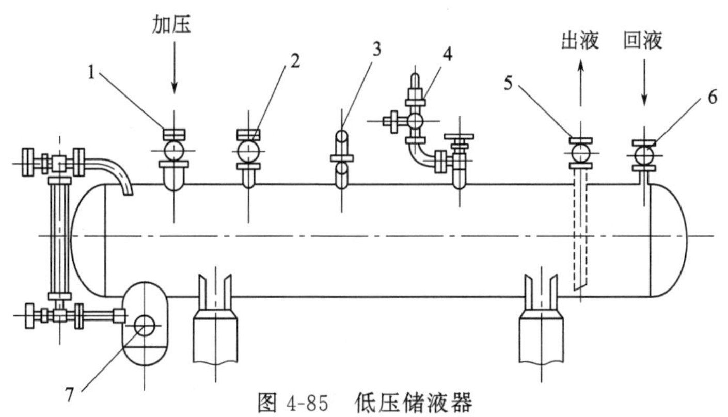

图 4-85 低压储液器

1—加压管接头；2—平衡管接头；3—压力表；4—安全阀；
5—出液管接头；6—进液管接头；7—放油管接头

4.8.4.3 气液分离器

为了防止制冷剂液体进入压缩机而引起湿压缩甚至液击，需要在蒸发器与压缩机之间的吸气管上安装气液分离器，将回气中携带的液滴分离出来，确保进入压缩机的全部为气体。对于氨用气液分离器，除上述作用外，还可使经节流装置供给的气液混合物分离，保证供给蒸发器或冷却排管的全部是液体，提高传热效果。

各种系统中的气液分离器，其机构不尽相同。但它们分离气体和液体的原理基本相同，均是通过改变制冷剂的流向以及减小制冷剂的流速，使其中密度较大的液滴从气液混合物中分离出来沉积在气液分离器底部，而气体则经出气管被压缩机吸走。此外，通常有一部分润滑油会随着液体被带入并沉积于气液分离器底部，为了保证这部分润滑油可以顺利回流，必须设置一个回油管。

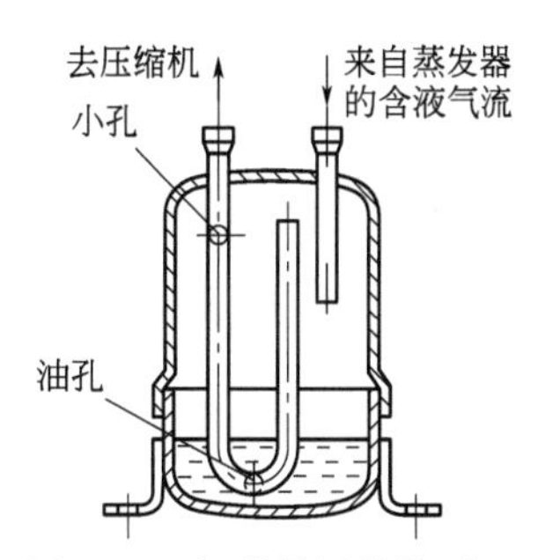

图 4-86 氟利昂用筒体型气液分离器

空气调节用小型氟利昂制冷系统所采用的气液分离器有管道型和筒体型两种。筒体型气液分离器见图 4-86。来自蒸发器的含液气态制冷剂，从上部进入，依靠气流速度的降低和方向的改变，将低压气态制冷剂携带的液或油滴分离；然后通过弯管底部具有油孔的吸气管，将稍具过热度的低压气态制冷剂及润滑油吸入压缩机；吸气管上部的小孔为平衡孔，防止在压缩机停机时分离器内的润滑油从油孔被压回压缩机。对于热泵式空调机，为了保证在融霜过程中压缩机的可靠运行，气液分离器是不可缺少的部件。

在中型和大型氨制冷系统中一般都要设置气液分离器，其形式有立式和卧式两种，图 4-87 所示为一种立式气液分离器，多用于压力式或重力式供液系统。它是一个具有多个管接头的钢制筒体。来自蒸发器的氨气从筒体中部的进气管进入分离器，由于流体通道截面积的突然扩大，蒸气流速降低，同时由于流向的改变，蒸气中夹带的液滴被分离出来，落入下部的氨液中；节流后的湿蒸气从筒体侧面下部进入分离器，液体落入下部，经底部出液管靠自身重力返回蒸发器或进入低压储液器，而湿蒸气中的气体则与来自蒸发器的蒸气一起被压缩机吸走。气液分离时氨气流动方向和氨液沉降方向相反，保证了分离效果。

选择气液分离器时，应保证筒体横截面的气流速度不超过 0.5m/s，以达到良好的分离效果。

4.8.4.4 过滤器和干燥器

(1) 过滤器

过滤器用于清除制冷剂蒸气和液体中的铁屑、铁锈、焊渣等杂质。它的原理很简单，实际上就是利用金属丝网来拦截杂质。它分为气体过滤器和液体过滤器两种。气体过滤器安装在压缩机的吸气管路上，以防止杂质进入压缩机气缸；液体过滤器通常安装在控制阀件前的液体管路上，以防止杂质堵塞或损坏阀件。

图 4-88 所示为氨用过滤器结构。氨用过滤器一般设置在节流机构前的液氨管道上，氨液通过滤网的流速小于 0.1m/s；氨气过滤器一般安装在压缩机吸气管道上，氨气通过过滤网的流速为 1～1.5m/s。有时在过滤器中安装磁性插件以吸引铁屑，从而可以保护过滤网，延长清洗间隔。

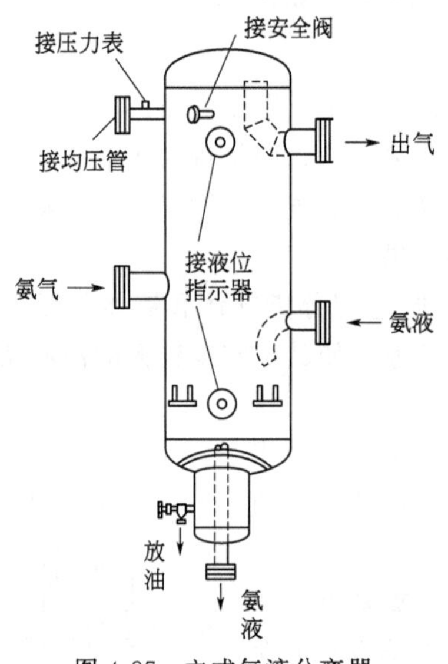

图 4-87 立式气液分离器

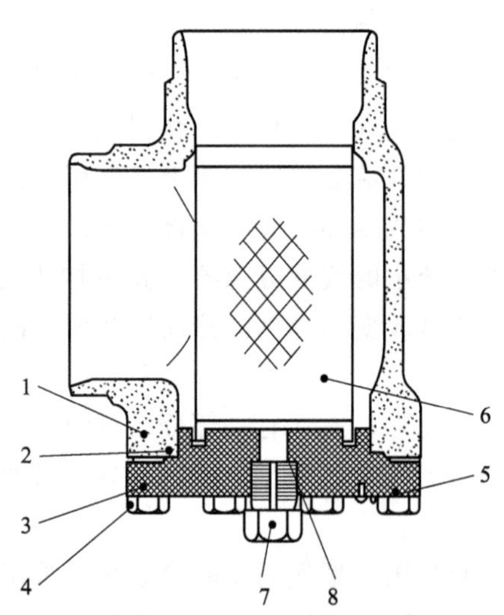

图 4-88 氨用过滤器结构

1—壳体；2—垫圈；3—端盖；4—螺栓；5—标签；6—过滤网；7—卸压螺钉；8—密封环

氨过滤器中的过滤网由钢丝网制成，其网孔的尺寸选择一般按照表 4-122 中的原则进行。

表 4-122 氨用过滤器网孔尺寸选择

应用场合		网孔尺寸/μm
液体管路	泵前	500(38 目)
	泵后	150(100 目)/250(72 目)
吸气管路	螺杆压缩机前	250(72 目)
	活塞压缩机前	150(100 目)
自控元件的保护	一般元件	150(100 目)/250(72 目)
	对压力敏感的设备前，比如低温系统的吸气压力控制元件	250(72 目)

图 4-89 所示为氟利昂液体过滤器。它是由一段无缝钢管作为壳体，壳体内装有 0.1～

0.2mm 网孔的铜丝网，两端盖用螺纹与筒体连接并用锡焊焊牢，以防泄漏。

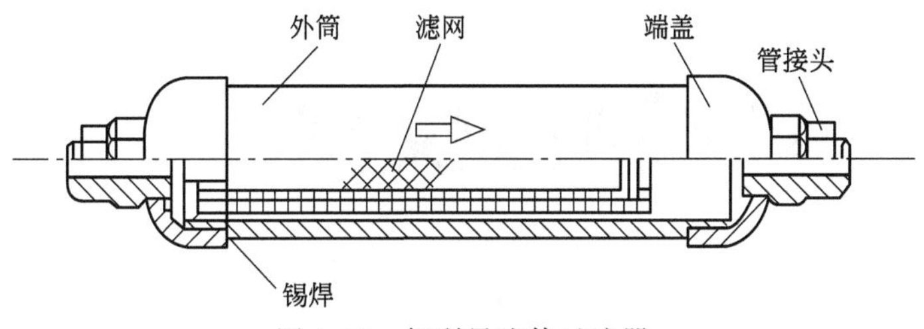

图 4-89　氟利昂液体过滤器

选择液体过滤器和气体过滤器时，可分别按照其管径来选择。当过滤器被杂质堵塞后，应将过滤网取下用汽油清洗干净后再装上。安装过滤器时应当使制冷剂从过滤网内向外流，这样便于将过滤网拆下清洗。

（2）干燥器

如果制冷系统干燥不充分或充注的制冷剂中含有水分，则系统中会存在水分。制冷系统中有水存在时，会使润滑油乳化，可引起制冷剂分解，金属腐蚀，产生污垢等；此外，水在氟利昂中的溶解度与温度有关，温度下降，水中的溶解度减少，当含有水分的氟利昂通过节流机构膨胀节流时，温度急剧下降，其溶解度相对降低，于是一部分水分被分离出来停留在节流孔周围，如果节流后温度低于零度，则会结冰、出现“冰堵”现象。因此需利用干燥器吸附氟利昂中的水分。

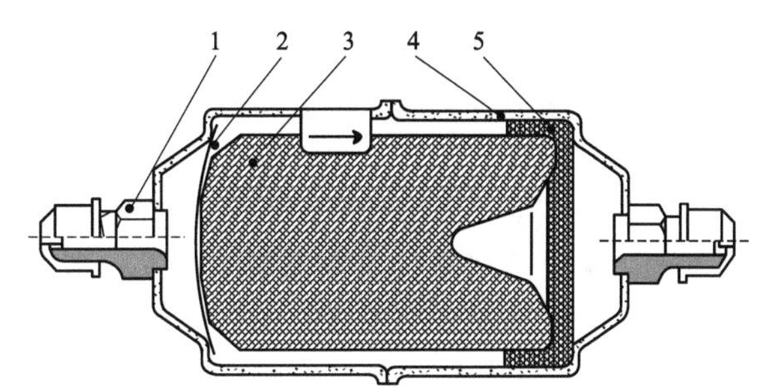

图 4-90　干燥过滤器

1—进口；2—弹性膜片；3—固体滤芯；4—聚酯片；5—冲孔板

在实际的氟利昂系统中常常将过滤和干燥功能合二为一，叫做干燥过滤器。图 4-90 给出一种干燥过滤器结构，过滤芯设置在筒体内部，由弹性膜片、聚酯片和冲孔板挤压固定，过滤芯由活性氧化铝和分子筛烧结而成，可以有效地除去水分、有害酸和杂质。干燥过滤器应装在氟利昂制冷系统的节流机构前的液管上，或装在充注液态制冷剂的管道上。氟利昂通过干燥层的流速应小于 0.03m/s。

对于小型的制冷装置，系统中可不设干燥器，而是在向系统充注制冷剂时，使其通过一次性干燥器。

第5章 真空测量仪器

各种真空泵的作用是对真空系统（器件）进行抽气而达到一定的真空度（或压力）。那么真空度（压力）究竟有多高？必须采用各种真空度测量仪器即真空计直接或间接地测量真空度的高低，也就是压力的高低。

真空度测量指的是对低于大气压的气体全压的测量。因此，真空计是测量真空系统中低于大气压的所有气体总压的仪器。对于真空系统中某种气体的分压力，则需采用像四极质谱计那样的分压计来测量。

真空计包括真空规管（简称真空规）和控制线路两部分。

5.1 真空计的分类

真空计的种类较多，根据其工作原理可分为绝对真空计和相对真空计。前者是直接测量压力高低的真空计，如 U 形真空计、压缩真空计；后者是不能直接测量压力的数值，而只能测量与压力有关的物理量，再与绝对真空计相比较进行标定的真空计，如热传导真空计、电离真空计、薄膜真空计等。

由于各种真空计的结构原理不同，以及测量与压力有关的物理量时，这个物理量与压力之间的关系只是在某些压力范围才成立，即各种真空计都有不同的测量范围（量程），因此不同压力范围要采用不同的真空计去测量。近代真空技术所涉及的压力范围达十几个数量级，因此没有任何一种真空计能测量这么宽的压力范围。目前，从大气压到 10^{-10}Pa 超高真空范围内的压力测量问题都已经解决了，在 $10^{-11}\sim10^{-13}$Pa 的极高真空范围的压力测量也已取得较大进展。表 5-1 列出了一些真空计的测量范围。

表 5-1　一些真空计的测量范围

真空计	测量范围/Pa	真空计	测量范围/Pa
布尔登规(真空压力表)	$10^5\sim100$	电阻真空计(皮拉尼真空计)	$100\sim10^{-1}$
压阻式真空计	$10^5\sim10$	热偶真空计	$10^5\sim10^{-1}$
石英真空计	$10^5\sim10$	热阴极电离真空计	$10^{-1}\sim10^{-5}$
薄膜真空计	$10^3\sim10^{-2}$	B-A 电离真空计	$10^{-1}\sim10^{-9}$
U 形管真空计(水银)	$10^5\sim10$	冷阴极电离真空计(潘宁真空计)	$1\sim10^{-5}$
(油)	$10^4\sim1$	克努曾真空计	$10^{-1}\sim10^{-5}$
压缩真空计	$10^3\sim10^{-3}$		

下面介绍几种常用真空计的工作原理、真空规结构、压力测量范围及使用注意事项等。

5.2 弹性变形真空计

弹性变形真空计是利用弹性元件随气压变化所产生的变形来测量压差的一种真空计，

如真空压力表、薄膜真空计等。它的特点是：规管灵敏度与气体种类无关，对被测气体干扰小，可测腐蚀性气体和可凝蒸气的压力。

5.2.1 布尔登规（真空压力表）

布尔登规的结构见图 5-1。它是一种用富有弹性的金属材料制成的椭圆形截面的空心管，全管弯成弧形，一端封死并与指针相连接，另一端与被测系统相连。当管内压力增高时，截面形状向圆形变化，使弯管向外扩张而拉动指针偏转。反之，当管内压力下降时，指针则朝相反方向偏转。

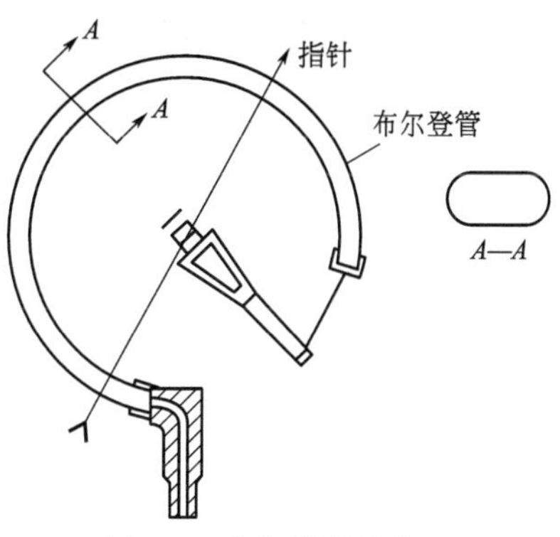

图 5-1 布尔登规结构

金属布尔登规主要用于测量高压力，很少作为真空规使用。指示大气压以下压力的布尔登规叫压力真空表，表盘上用红线来标度真空区间，且这种标度是很粗略的。

这种规测量真空的范围为 $100\sim1\times10^5$ Pa，参数压力是当地大气压力。在当地大气压下测的值，并不能直接表征实际的压力值，因为这类规的读数零点是以当时的大气压力来确定的。实际压力值为大气压力与表压之和。

5.2.2 薄膜真空计

用金属弹性薄膜把规管分隔成两个小室，一侧接被测系统，另一侧作为参考压力室。当被测系统压力变化时薄膜随之变形，其变形量与薄膜两侧的压差有关。变形量可用光学方法测量，也可转换为电容或电感量的变化用电学方法来测量，还可以用薄膜上黏附的应变规来进行测量。

转换为电容的变化用电学方法来测量的薄膜真空计叫电容薄膜真空计。它又分为两种：一种是将薄膜的一边密封为参考真空，成为绝压式电容薄膜真空计；另一种是薄膜两边均通入不同压力的气体，测量出两边的压力差，成为差压式电容薄膜真空计。电容薄膜真空计具有卓越的线性、较高的测量精度、分辨率和长期稳定性，结构牢固，使用方便，因此被广泛应用于科研和工业领域，还作为粗低真空的副标准和传递标准。

电容薄膜规的基本结构如图 5-2 所示。它由两个结构完全相同的圆形固定电极和一个公用的活动电极组成。活动电极为一薄膜，它将空间分成互相密封的测量室和参考室，固定电极和活动电极薄膜构成差动电容器并作为电桥的两个臂。当活动电极处于中间位置时，两个电容器的电容量相等，输出电压为零。一旦活动电极由于压差作用偏离中间位置时，则一个电容器的电容增加而另一个电容器的电容减小，造成电桥不平衡，因而产生输出电压。这个输出电压经过放大器放大后，由检波器转换成直流电压进行测量。不同的输出电压对应于不同的压力，达到了测量压力的目的。

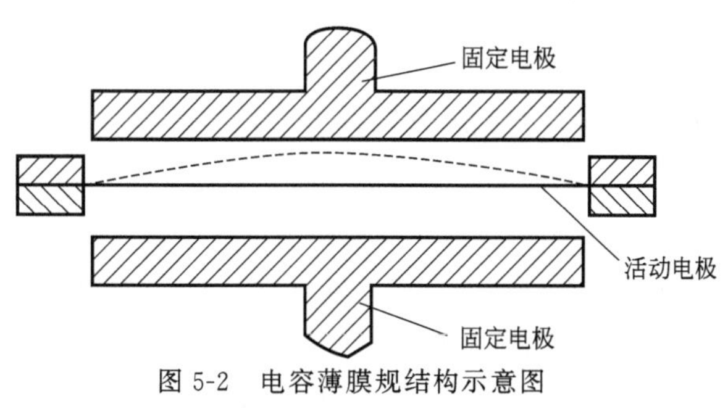

图 5-2 电容薄膜规结构示意图

电容薄膜真空计的压力测量范围与膜片的厚度、直径、材料、膜片的张力等有关，目前此真空计的测量范围为 10^{-3}～10^{6}Pa，可供选用的电容薄膜真空规的满量程有：13.3Pa、133Pa、1.33kPa、13.3kPa、133kPa、1.33MPa 和 3.32MPa。

5.3 石英真空计

5.3.1 石英真空计的工作原理

石英真空计采用石英晶体振荡器（石英晶振）作压力传感器，石英晶振在谐振时，将受到其所在空间气体的阻力作用，即石英晶振谐振阻抗与其所在空间的气体压力有关。例如，$\phi 2\times 6$ 型音叉状石英晶振的阻抗与气体压力的关系如图 5-3 所示。因而测量其谐振阻抗便可知道所在空间的气体压力。

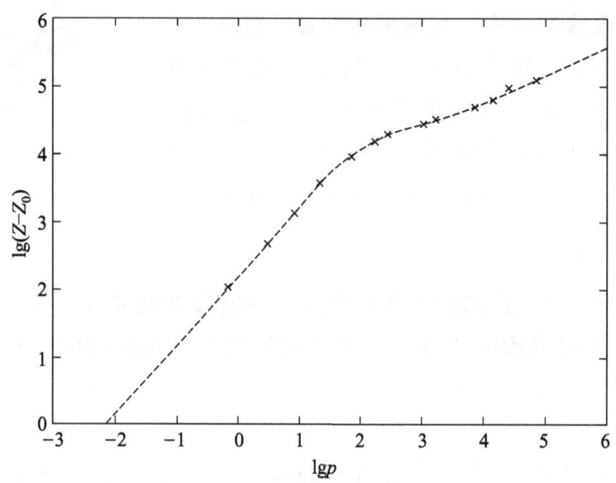

图 5-3　$\phi 2\times 6$ 型音叉状石英晶振的阻抗与气体压力的关系

图中纵坐标是晶振谐振阻抗 Z 与固有阻抗 Z_0 之差（$Z-Z_0$）（单位为 kΩ）的对数坐标；横坐标是气体压力 p（单位为 Pa）的对数坐标。固有阻抗 Z_0 是气体压力小于 10^{-3}Pa 时的 Z 值，这时气体的阻力已很小，可以忽略，因此固有阻抗 Z_0 决定于晶振机械振荡时自身内部损耗的能量，与气体压力无关。

5.3.2 石英晶振谐振阻抗的测量

石英晶振谐振阻抗的测量电路主要有以下两种。

① 国外石英真空计采用锁相环电路（phase locked loop circuit）　其电路振荡器与传感器用的石英晶振是相互独立的，两者之间需要有良好的跟踪技术，即电路振荡器的振荡频率要跟踪石英晶振谐振频率，这就使得电路变得更加复杂。

② 北京大学的 DL-10 石英真空计采用晶振本身为频率控制元件的自振荡、自跟踪电路，如图 5-4 所示。

由图 5-4 可知，若石英晶振谐振时两端的电压为 V_{AB}，流过石英晶振的电流为 I，那么，谐振阻抗 Z 可由下式计算：

$$Z=\frac{V_{AB}}{I}$$

电阻 R 两端的电压为 V_{BD}，由于与 R 并联的电容 C 很小，其容抗远大于 R，因此流过电阻 R 的电流亦可认为为 I，即

$$I=\frac{V_{BD}}{R}$$

那么

$$Z=\frac{V_{AB}}{V_{BD}}R$$

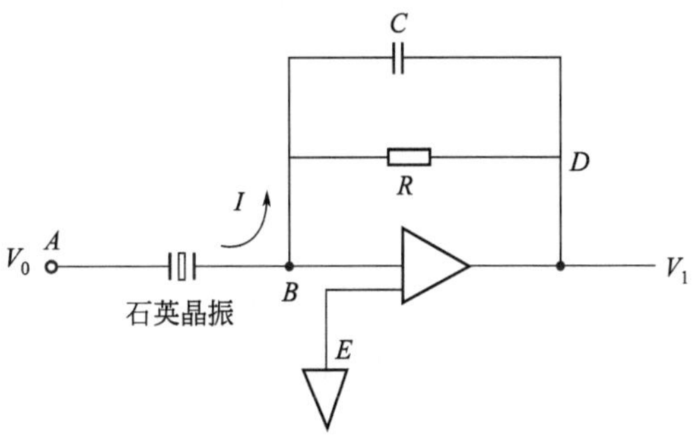

图 5-4　DL-10 石英真空计谐振阻抗测量电路

而 V_{AB} 近似等于 AE 两端电压 V_0，V_{BD} 近似等于 DE 两端电压 V_1，因此，由测得的 V_0、V_1 值及电阻 R 值，谐振阻抗 Z 可由下式计算出来：

$$Z=\frac{V_0}{V_1}R \tag{5-1}$$

石英真空计将已知的图 5-3 所示的谐振阻抗 Z 与气体压力 p 的关系曲线存入单片机，通过单片机将测得的谐振阻抗 Z 转换成气体压力 p，并由数码管直接显示出压力 p 值，达到压力测量的目的。

石英真空计的测量范围较宽，精度较高。北京大学的 DL-10 石英真空计的测量范围为 10～100kPa，误差为 10%。

由于石英晶振的谐振阻抗与气体阻力有关，而阻力又与气体性质有关，因此石英真空计的读数与气体种类有关。

由于不同的晶振都有独自的 Z-p 曲线，因此作真空计用的每支晶振都要进行测试。

5.4　热传导真空计

热传导真空计是通过测量保持在不同温度的两固定元件表面间热能的传递来测量压力的一种真空计。这种基于与压力有关的气体热传导性的真空计有电阻真空计、热偶真空计、热敏真空计、双金属片真空计。最常用的是电阻真空计和热偶真空计。

5.4.1　电阻真空计（皮拉尼真空计）

由于热传导真空计最终归结为测量真空中热丝的温度，所以如何测量这个温度就成为问题的焦点。电阻真空计又称皮拉尼真空计，电阻真空规如图 5-5 所示，它主要由热丝、外壳和支架等三部分组成。上面真空计管的开口端与被测真空系统相连接。热丝采用电阻温度系数大的金属丝（钨、铂等），两条支架引线与测量线路连接。当热丝加热电流恒定时，热丝温度是随压力而变化的。当压力 p 降低时，由于气体热传导散失的热量 Q 也减少，因此热丝温度 T 就上升，热丝的电阻 R 就增大，用测量热丝电阻值 R 的大小来间接地确定压力 p 值，即

$$p\downarrow\rightarrow Q\downarrow\rightarrow T\uparrow\rightarrow R\uparrow$$

这就是电阻真空计的工作原理。

电阻值的变化，用一惠氏电桥来测量，如图 5-6 所示。真空规管的热丝作为电桥的一臂，另一个完全与规管相同，预先抽到 10^{-2}～10^{-3}Pa 的封离管 D 作为电桥的另一臂，电

桥的另两臂由性能稳定的电阻 R_1、R_2 组成。R_v 为可变电阻，用于调节电桥平衡。

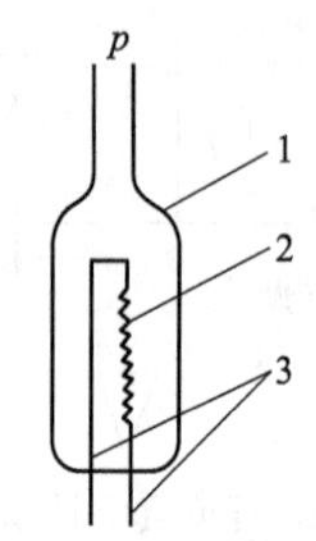

图 5-5　电阻真空规

1—外壳；2—热丝；3—支架；p—被测压力

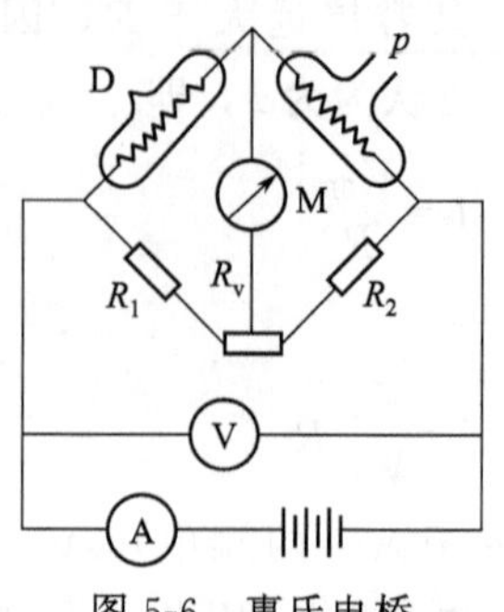

图 5-6　惠氏电桥

使用前，将真空规管抽到 $10^{-2}\sim10^{-3}$Pa 的高真空，此时调节电阻 R_v 将电桥调到平衡，电流表 M 指示为零。当待测压力 p 逐渐上升时，由于气体将规管热丝热量导走，引起热丝温度下降，热丝电阻降低，电桥失去平衡，电流表 M 读数增加。经绝对真空计校准后，可给出压力与电流表读数的关系曲线，即电阻真空计的校准曲线，如图 5-7 所示。由图可见，不同气体有不同的校准曲线，这是因为气体的热传导系数与气体种类有关。还可看出，电阻真空计的测量范围在 $100\sim10^{-1}$Pa 之间。

上述测量热丝电阻的方法称为恒电压法。当压力较高时（$p>100$Pa），测量灵敏度下降，为此通常采用恒温法，即维持热丝温度不变，当压力变化时，热丝的加热功率随之变化，调节 R_v，以保持电桥平衡，从而保持规管热丝温度恒定，其原理如图 5-8 所示。R_v 为可变电阻，供调节电桥平衡用。电桥的供电由电子放大器供给，电桥的不平衡信号用以控制放大器。测量时，将电子放大器输出调到一定数值，并将电桥调到平衡，这时热丝就处于一定温度，当压力升高时，热丝温度下降，电桥失去平衡，送出信号到放大器输入端，使放大器提高输出电压，于是整个电桥的输入电流增大，使热丝温度重新升高，直到恢复到原来温度为止。此时电桥恢复平衡，放大器的输出电压就停止在这个新位置上。

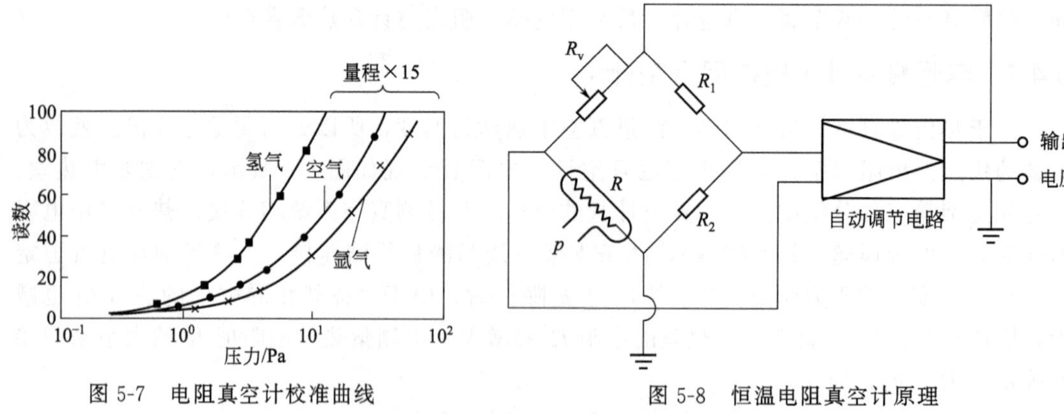

图 5-7　电阻真空计校准曲线

图 5-8　恒温电阻真空计原理

R—规管电阻；p—被测压力

恒温型电阻真空计的灵敏度稳定，其测量上限压力可到 10^5Pa。受电表精度、室温变化、零点漂移等因素影响，测量下限约为 10^{-1}Pa。恒温型电阻真空计的校准曲线见图 5-9。

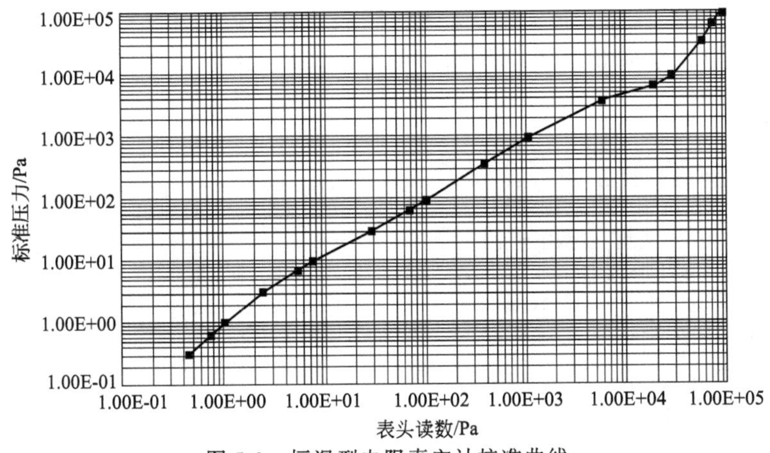

图 5-9 恒温型电阻真空计校准曲线

5.4.2 热偶真空计

热偶真空计的热丝温度由一细小的热电偶来测量。所谓热电偶是指任何两根不同的金属（图 5-10），当其两个接头的温度不相等时便出现温差电效应的装置。实验证明：当材料选定后，回路的热电势仅取决于两接点的温度 T、T_0。热电势的大小仅与热电偶的材料和接点温度有关，而与材料的具体形状及几何尺寸无关。

利用热电偶进行真空测量的规管如图 5-11 所示。它有一根钨或铂制的加热丝，另由两根不同的金属丝组成一对热电偶。热电偶的一端（热端）与热丝在 O 点焊住，另外两端分别焊于芯柱引线上。多数热偶真空计是按定流型方式工作的，即热丝的加热电流为常数。使用时，通一定电流于热丝，热丝温度增高，热电偶出现热电势，它的大小可由毫伏（mV）表或电位差计读出。在加热电流保持一定情况下，热丝的平衡温度取决于气体压力。当压力 p 下降时，气体热传导 Q 下降，O 点温度 T 升高，热电偶热电势 ε 增加，毫伏表指示上升，即

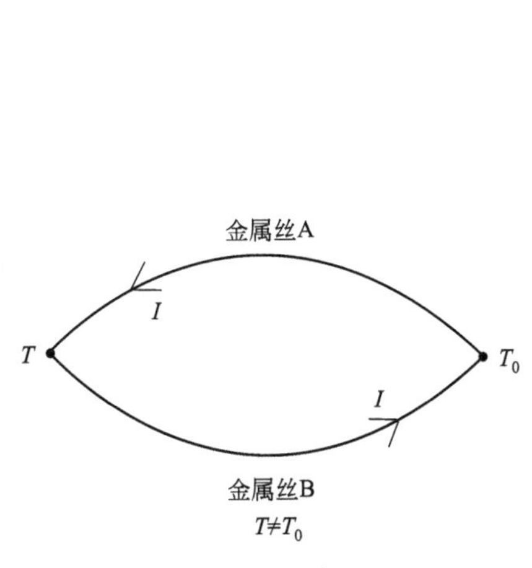

图 5-10 热电偶原理

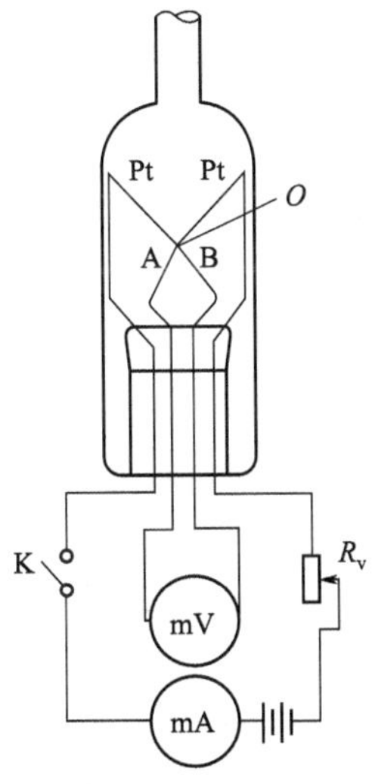

图 5-11 热电偶规管及其电路原理

Pt—加热铂丝；A，B—热电偶丝；O—热电偶接点；mV—毫伏表；mA—毫安表；R_v—可变电阻；K—开关

$$p\downarrow\rightarrow Q\downarrow\rightarrow T\uparrow\rightarrow\varepsilon\uparrow\rightarrow \mathrm{mV}\uparrow$$

因此，热电势 ε 的大小亦就取决于气体压力 p。国产 DL-3 型热偶真空计的校准曲线见图 5-12。

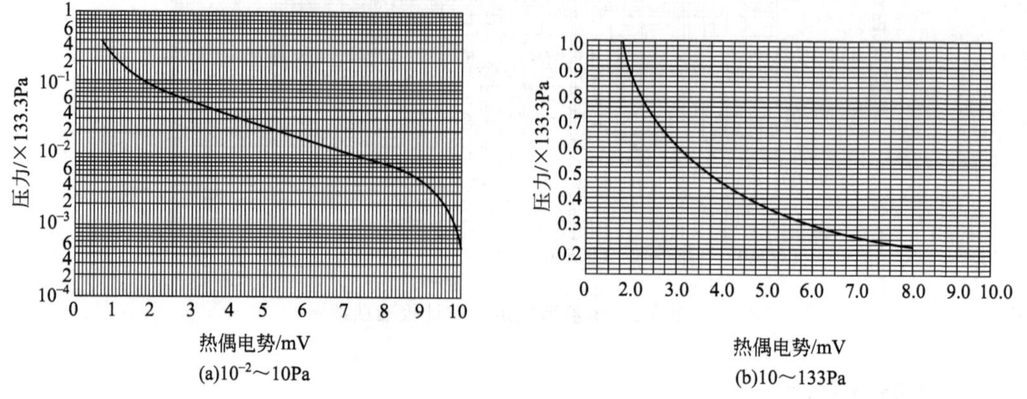

图 5-12　国产 DL-3 型热偶真空计校准曲线

5.4.3　热传导真空计的优缺点

热传导真空计具有下列优点：

① 它反映的是总压力，即被测容器的真实压力；

② 能连续测量，并能远距离读数；

③ 结构简单，容易制造；

④ 即使突然遇到大气，亦不烧坏。

热传导真空计存在的缺点是：

① 校准曲线因气体种类而异，故对于空气测得的校准曲线，不能直接用于其他气体；

② 有热惯性，压力变化时热丝温度的改变常滞后一些时间，读数亦滞后一些时间；

③ 受外界温度的影响较大，故规管必须安装于不易受辐射热或对流热的地方；

④ 老化现象较严重，必须经常校准。

5.5 热阴极电离真空计

5.5.1　普通热阴极电离真空计

电离真空计是通过待测气体在控制条件下电离所产生的离子流来测定压力的一种真空计。电离真空计的工作原理是：在低压力的气体中，具有足够能量的电子与气体分子碰撞时，能引起气体分子电离，产生正离子与电子。电子在一定的运行路程中与气体分子的碰撞次数正比于气体分子的密度，即正比于气体压力。因此，其产生的正离子数亦正比于气体压力。故测出离子流，就可测知气体的压力。

对于一定结构的规管，当各电极电位一定时，对某种气体，在规管中所形成的正离子流 I^+ 正比于发射电子流 I_e 和气体的压力，即

$$I^+=kI_e p$$

式中，k 称为电离计的灵敏度，其意义是在单位电子电流、单位压力下所得到的离子流，

单位为 1/Pa，k 值通过实验得到。对于不同气体，k 值亦不同，通常所指的灵敏度是对于干燥空气或氮气而言的。把规管对某种气体的灵敏度 k_i 与规管对氮气的灵敏度 $k_{氮}$ 的比值 R 称为相对灵敏度，即

$$R = k_i / k_{氮} \tag{5-2}$$

实际测量中，如果已知被测气体的种类，就可根据测得的数据和该气体的相对灵敏度 R，估算出被测气体的实际压力，即

$$p_{实际} = p_{测量} / R \tag{5-3}$$

电离规管对不同气体的相对灵敏度见表 5-2。

表 5-2　电离规管对不同气体的相对灵敏度

气体	N_2	He	Ne	Ar	Kr	Xe	H_2	O_2	CO	CO_2	NH_3	CH_4	C_2H_6
R	1.0	0.18	0.32	1.38	1.81	2.78	0.48	0.85	1.04	1.45	1.2	1.4	2.6

电离真空计规管的结构通常由发射电子的阴极、收集电子的栅极以及收集离子的收集极组成。目前国内常用的 DL-2 型热阴极电离真空计规管结构见图 5-13。栅极用钨丝或钼丝制成。收集极因需要高温除气用薄镍皮制成，为增加强度还在其上压有凹槽。阴极一般用钨丝制成，因钨的电子发射稳定，热强度亦好。但钨的工作温度高达 2250～2500K，对残余气体有化学作用，热辐射效应也大，因此有的选用工作温度低（1400K）、寿命长、碳化后抗氧化能力强的钍钨丝为阴极。

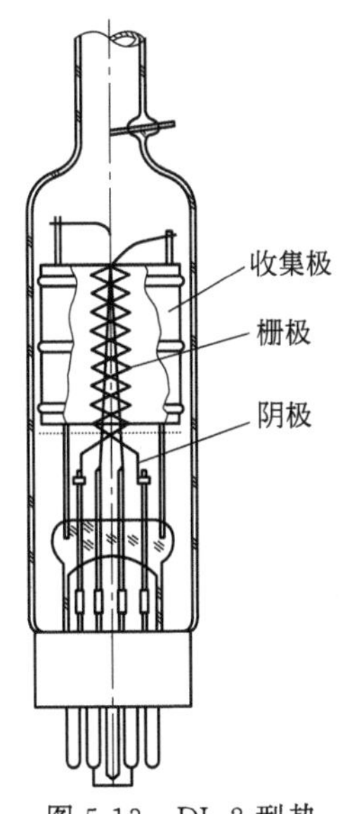

图 5-13　DL-2 型热阴极电离真空计规管结构

电离真空计的主要优点是：

① 测出的是总压力；

② 反应迅速，可连续读数，还可远距离控制；

③ 可测量很低的压力，普通型的电离计就可测量到 5×10^{-6} Pa，改进后制成的超高真空电离计，可测量到 10^{-11} Pa；

④ 规管小，易于连接到被测量处。还可制成裸规，直接在被测空间测量；

⑤ p-I 曲线直线范围宽；

⑥ 对机械振动不敏感。

电离真空计存在的缺点有：

① 灵敏度与气体种类有关；

② 压力高于 10^{-1} Pa 时，钨灯丝易于烧毁，故一旦真空系统突然漏气，如没设置专门的保护线路，规管灯丝往往立即烧毁；

③ 工作时有化学清除及电清除作用，造成压力的改变，影响测量准确度；

④ 玻壳、电极的放气，亦导致测量的误差。

5.5.2　B-A 真空计

5.5.2.1　B-A 真空计的结构及工作原理

普通电离规管的测量下限主要受软 X 射线的影响：即一定能量的电子蹦撞到栅极上会

产生软 X 射线，这种软 X 射线照射到收集极，就会使收集极产生光电发射的电子流。实验表明，光电发射电流 I_x 与加速极电压 U_g、电子电流 I_e 以及受照面积 A 有如下关系：

$$I_x \propto A I_e U_g^b (b \text{ 在 } 1.15 \sim 2 \text{ 间}) \tag{5-4}$$

该电流大约相当于 1×10^{-6}Pa 的压力，因此当其下限为 1×10^{-5}Pa 时将引起 10% 的误差。显然，要降低测量下限，就必须减小光电流 I_x，而要减小 I_x，就必须减小 I_e、U_g 和 A。由于降低 I_e 和 U_g 对测试灵敏度性能影响较大，因此对它们的降低是有限的，而最主要的办法还是减小收集极的受照面积 A。B-A 真空计就是采用这种办法来降低光电流的。

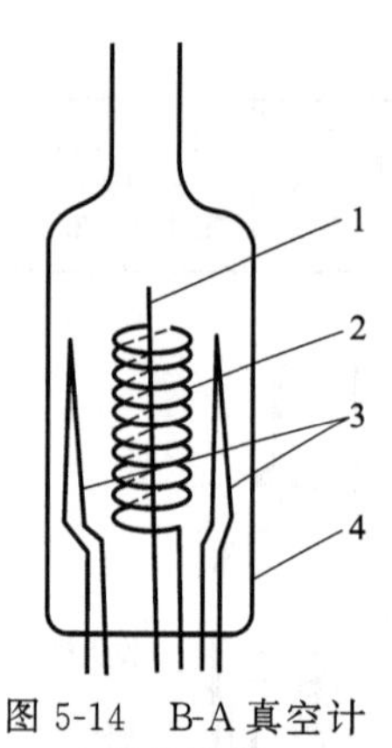

图 5-14　B-A 真空计规管结构
1—离子收集极；
2—加速极（栅极）；
3—阴极灯丝；
4—外壳

B-A 真空计规管的结构如图 5-14 所示。为了减小收集极的面积而又保证有足够的离子收集效率，将原来的圆筒状改为一根细丝并置于加速极中心，两组灯丝放在加速极之外，一组备用。由于离子收集极的面积减少了 100～1000 倍，故测量下限降低 100～1000 倍，即达 $10^{-8}\sim10^{-9}$Pa。

贝耶得和阿尔伯特当时使用 ϕ0.2mm 的细丝做收集极。近代所用细丝直径已减小到 4μm，测量下限可达 10^{-10}Pa。

收集极常用细钨丝。阴极灯丝早期多用钨丝，因钨丝工作温度高，有分解残余气体及化学清除作用，严重影响测试精度。目前有不少产品已采用敷氧化钍铱丝、铑丝等。

加速极（栅极）常用 ϕ0.1～ϕ0.15mm 的钼丝绕在铜杆上，也有用 ϕ0.5～1mm 的铜丝或钨丝直接绕成螺旋形的。前者的机械强度较好，灵敏度较高，但除气时必须采用电子轰击法；后者只需用低压交流电或直流电就可除气，但机械强度差，高温下易变形。

为了提高测试灵敏度，加速栅的螺旋直径应越大越好，一般约在 20mm 以上。对于螺旋节距通常有一最佳值，取 2～3mm。

B-A 真空计规管有多种型号，常用的 DG-1 型规管的性能参数如下：

加速极电压 U_g　　+150V

收集极电压 U_c　　−100V

电子电流 I_e　　1mA

灵敏度 K（对 N_2）　　0.075Pa^{-1}

5.5.2.2　B-A 真空计的运用

① B-A 真空计是目前使用最为广泛的超高真空计，其测量范围为 $10^{-1}\sim10^{-9}$Pa；

② B-A 真空计规管工作压力不应在 10^{-1}Pa 以上，否则会影响规管寿命，甚至毁坏；

③ B-A 真空计规管的灯丝和收集极很细，因此必须垂直安装，且最好管脚向上，以免各电极工作时变形或损坏；

④ 在 B-A 真空计工作前应对玻璃管壳和各电极充分除气。玻璃管壳的除气可用烘烤加热的办法，各电极的除气可采用电子轰击法；

⑤ B-A 电离规管对各种气体的相对灵敏度不同，表 5-3 列出了 B-A 电离规管对不同气体的相对灵敏度。

表 5-3　B-A 电离规管对不同气体的相对灵敏度

气体	N_2	He	Ne	Ar	Kr	Xe	H_2	O_2	CO	CO_2	NH_3	CH_4	C_2H_6
R	1.0	0.221	0.358	1.34	1.88	2.5	0.491	0.879	0.95	1.35	0.645	1.58	2.58

实际测量中，与普通电离真空计一样，如果已知被测气体的种类，就可根据测得的数据和该气体的相对灵敏度 R，估算出被测气体的实际压力，即

$$p_{实际}=p_{测量}/R \tag{5-5}$$

规管工作条件：$U_g=125V$，$U_c=-25V$，$I_c=1mA$。

5.6 冷阴极磁控放电真空计（潘宁真空计）

1937 年潘宁首先利用磁场和电场中的冷阴极放电现象来测量压力，制成了所谓的潘宁真空计，又称为冷阴极磁控放电真空计，其结构见图 5-15。此规的磁场与电场基本平行，中间圆筒 R 为阳极，阳极电压为 2kV。两块平行圆板 P 为阴极。磁铁 B 的磁通量密度为 4×10^{-2}T。由宇宙射线或场致发射所产生的初始电子在强电场和磁场作用下，在两片阴极板之间作螺旋形运动，不断和气体分子碰撞并使其电离。电子与气体经过多次碰撞后再被阳极所收集。因离子质量大，基本上沿直线打到阴极上，并使阴极发射出二次电子。电离过程中所产生的二次电子和阴极发射的二次电子又参加到电离气体的过程中去，如此不断发展，进而建立起稳定的自持放电。其放电电流为离子流与阴极二次电子流之和，放电电流与压力有关，即

$$I=I_{+}+I_{s}=Kp^{n} \tag{5-6}$$

式中　I——放电电流；

I_{+}——离子流；

I_{s}——阴极二次电子流（正离子碰撞阴极所产生的电子流）；

n——常数，一般在 1～2 之间，与规管结构有关。

由放电电流与压力的关系曲线及测得的放电电流，便可知压力大小。

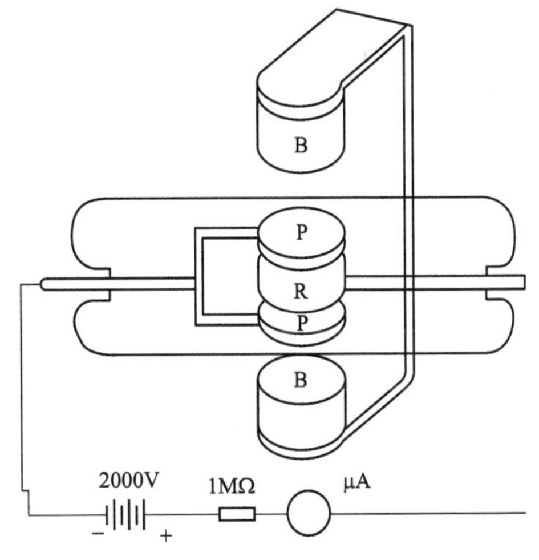

图 5-15　潘宁真空计结构原理

潘宁真空计的测量范围为 $1\sim10^{-3}$Pa。其下限不可能做得很低，主要是低压下的自持放电很难维持。尽管不少研究者在电路中想了许多办法使其下限拓展了一个量级，但测量到 10^{-5}Pa 仍然是令人怀疑的结果。其测量上限主要受高压下离子的复合效应的影响。

潘宁真空计的优点是：

① 灵敏度高，测量的是总压力；

② 没有热阴极，不怕突然暴露大气，使用寿命长；

③ 结构坚固，操作简便；

④ 受化学性活泼气体的影响小，不怕毒化或影响电子发射；

⑤ 能连续读数，能远距离测量和实现自动控制。

潘宁真空计存在的缺点是：

① 非线性；

② 精度差，因电清除作用严重导致较大的测量误差；

③ 不稳定，常发生放电形式的跃迁，产生电流与压力无关的变动；

④ 在压力较小时不易激发放电。

5.7 四极质谱计

前面介绍的真空计都是用来测量真空系统中的总压力的。在超高真空和极高真空条件下进行真空物理、真空化学及特殊工艺的过程中，往往还需要了解容器中的气体成分及其分压力，这些是需用质谱计来完成的。用于真空系统气体分析和分压测量的质谱计类型很多，如磁偏转质谱计、回旋质谱计、射频质谱计、飞行时间质谱计、摆线质谱计和四极质谱计等。由于四极质谱计具有体积小，重量轻，结构简单，有良好的分辨率和灵敏度，调整和操作简便，工作压力范围宽，响应速度快等优点，在气体分析及分压测量中得到了广泛的应用。

5.7.1 四极质谱计的结构

四极质谱计主要由离子源、孔电极、四极杆分析器和离子收集极等四部分组成，如图5-16所示。离子源一般采用电子碰撞型离子源。四极杆分析器是四根相互平行且对称安装的双曲面电极，相对的两根电极相连而得到两组电极。离子收集极有采用法拉第筒直接收集离子的，也有采用电子倍增器，经倍增后再收集的。

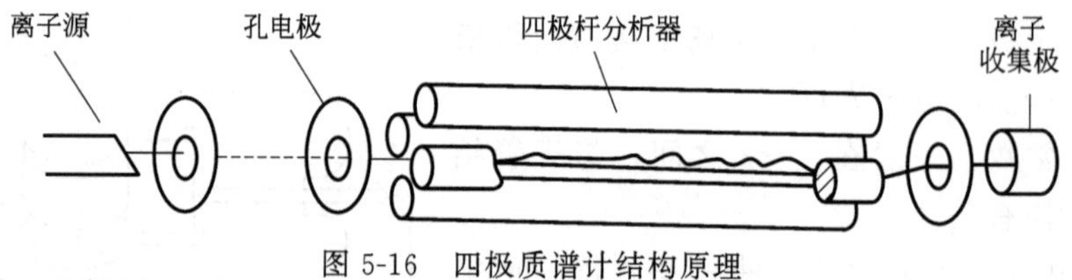

图 5-16 四极质谱计结构原理

5.7.2 四极质谱计的工作原理

离子源中的灯丝加热后发射电子，电子在运动中不断与气体分子碰撞而使气体分子电离，离子在孔电极组成的加速电场中不断加速后进入四极杆分析器中。若在分析器的两组电极间加上直流正负电压，则得到如图5-17所示的电位分布。沿 z 轴射入的正离子进入此电场中，则离子在 x 方向是稳定的，即离子永远不会落在 x 轴的带正电位的杆上，但在 y 方向，则是不稳定的，它们沿 z 轴进入电场后且越来越被 y 轴的带负电位的杆吸引而散开。如果两组电极间所加电场是直流与交流的叠加，则得到较复杂的电场，在某些条件下，可使得在 x 方向和 y 方向都是稳定的，离子无发散地边振动边沿 z 轴前进，最后抵达收集极被收集。

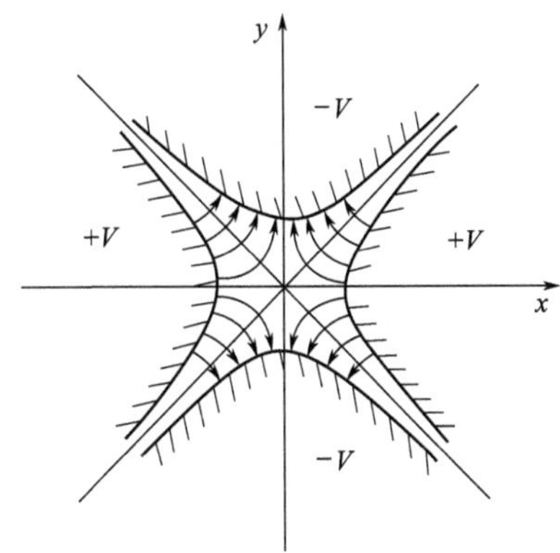

图 5-17　四极杆直流电场电位分布

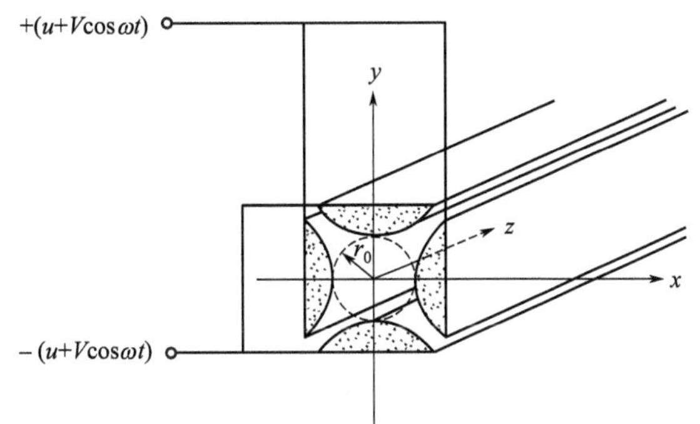

图 5-18　四极杆的直流加高频电场

下面分析四极杆电场对离子的分离作用。

设相对的两电极间的最小距离为 $2r_0$，在 x 方向的电极上加上电压 $u+V\cos\omega t$，在 y 方向的电极上加上电压 $-(u+V\cos\omega t)$，如图 5-18 所示。其中 u 是电压的直流分量，V 是电压交流分量的幅值，ω 是角频率，t 是时间。这样，电极间任一点的电位为

$$\phi(x,y,z)=(u+V\cos\omega t)\frac{x^2-y^2}{r_0^2} \tag{5-7}$$

当质量为 m，电荷为 e（即质荷比为 m/e）的正离子沿 z 轴进入四极杆分析器中后，它们受到电场的作用而作振荡运动，其运动方程为

$$\left.\begin{aligned}
&m\frac{\mathrm{d}^2x}{\mathrm{d}t^2}+\frac{2e(u+V\cos\omega t)}{r_0^2}x=0\\
&m\frac{\mathrm{d}^2y}{\mathrm{d}t^2}-\frac{2e(u+V\cos\omega t)}{r_0^2}y=0\\
&m\frac{\mathrm{d}^2z}{\mathrm{d}t^2}=0
\end{aligned}\right\} \tag{5-8}$$

式(5-8) 表明，离子在 z 方向作匀速运动，在 x、y 方向的运动方程是马蒂安微分方程。为了将其化成标准形式的马蒂安微分方程，特作如下变换。令

$$\left.\begin{aligned}
&\xi=\frac{\omega t}{2}\\
&a=\frac{8eu}{mr_0^2\omega^2}\\
&q=\frac{4eV}{mr_0^2\omega^2}
\end{aligned}\right\} \tag{5-9}$$

式(5-8) 便变换为标准的马蒂安微分方程

$$\left.\begin{aligned}
&\frac{\mathrm{d}^2x}{\mathrm{d}\xi^2}+(a-2q\cos2\xi)x=0\\
&\frac{\mathrm{d}^2y}{\mathrm{d}\xi^2}-(a-2q\cos2\xi)y=0\\
&\frac{\mathrm{d}^2z}{\mathrm{d}\xi^2}=0
\end{aligned}\right\} \tag{5-10}$$

进入分析场的离子在场中运动后能不能到达离子收集极，取决于方程解的稳定性，而方程解的稳定性又取决于 a，q 值，仅当 a，q 在一定的值域内，这个方程才有稳定解。由式(5-9) 可知，a，q 值取决于四极质谱计的分析场的参数 u、V、ω、r_0 及离子的质荷比 m/e，由于四极质谱计的设计中场半径 r_0 和高频电压角频率 ω 是固定的，因此，对于一定的质荷比为 m/e 的离子的 a，q 值仅和直流电压 u、高频电压幅值 V 有关，具有相同质荷比的离子的 a，q 值是相同的。如果以 a，q 为坐标，可以画出稳定解的马绍稳定图来。它有无穷多个稳定区，图 5-19 画出了含有稳定解Ⅰ区和Ⅱ区的部分马绍稳定图。凡在Ⅰ区和Ⅱ区内的 a，q 值，方程都有稳定解。目前流行的四极质谱计采用靠近原点最近的Ⅰ区，因为Ⅰ区的 a，q 值较小，相应的 u、V 电压扫描在技术上较易实现。Ⅱ区位于Ⅰ区的右上方，Ⅱ区的 a、q 值较大，因而 u、V 电压值均较Ⅰ区的高。其中的阴影区域为具有稳定解的Ⅰ区，其放大图见图 5-20。

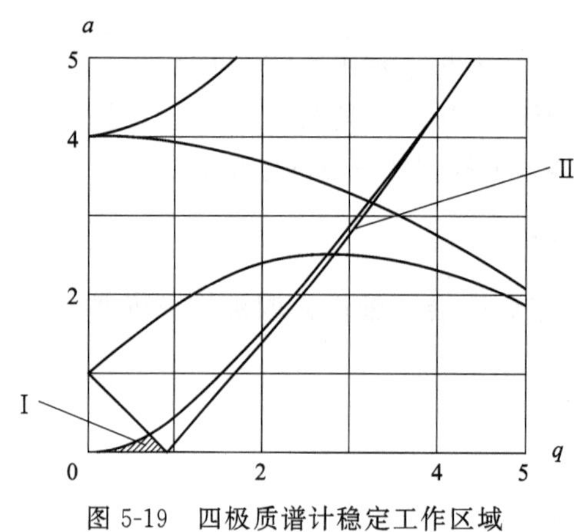

图 5-19　四极质谱计稳定工作区域

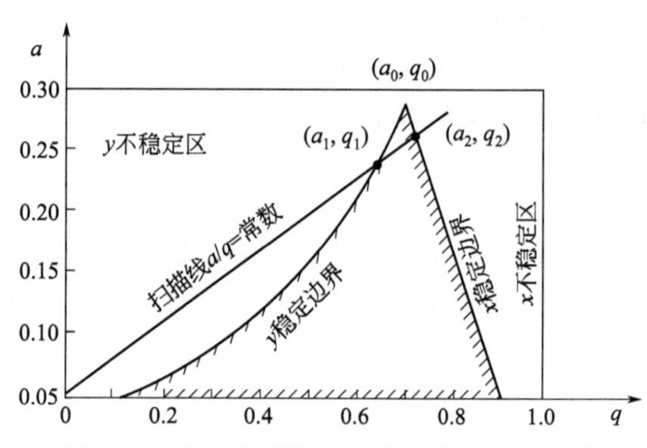

图 5-20　四极质谱计的稳定工作Ⅰ区放大图

根据式(5-9) 可知

$$\frac{a}{q}=\frac{2u}{V} \tag{5-11}$$

当加在电极上的电压的直流分量 u 与高频电压幅值 V 的比值 u/V 选定之后，a/q 值也就定了。在图 5-20 上，a/q 为定值，就是一根通过原点的斜率为 $a/q=2u/V$ 的直线，此直线称为扫描线，分析器的实际运用被限制在这条直线上。扫描线切割稳定区于两点（a_1，q_1），（a_2，q_2），处于这两点所确定的线段间的所有 a，q 值，都是实际有稳定解的范围。由于 a，q 值是与离子质荷比 m/e 有关的量，因此具有对应于该质荷比范围的所有离子，都能以有限的振幅沿 z 轴漂移通过四极杆区而到达离子收集极。凡质荷比大于此范围的离子，将因振幅增大而碰到 y 方向电极上；凡质荷比小于此范围的离子，将因振幅增大而碰到 x 方向电极上，这样就实现了质量分离的目的。

多数四极质谱计是将直流电压和高频电压幅值的比（直交比）维持恒定，用扫描高频电压（同时也扫描直流电压）的方法进行质量扫描。当直交比恒定时，在稳定图上就有一根对应的扫描线。在某一电压值下，不同质荷比离子的 a，q 值都落在这条线上。质荷比小的离子，a，q 值离坐标原点较远；质荷比大的离子，a，q 值离坐标原点较近。当分析场的电压由小到大进行扫描时，处于扫描线上不同质荷比离子的 a，q 值也由小到大顺次通过稳定区。于是，在分析场出口端的离子检测器上，连续收集到不同质荷比的离子，记录下整个质谱。

在稳定区扫描线内的离子，实际上并不是100%都能通过四极杆，仅有一部分能通过。实际通过的百分数称为传输率。传输率与灵敏度成正比，离子传输率愈高，灵敏度愈高，但分辨率却愈低，灵敏度与分辨率是一对矛盾。

由图5-20可以看出，扫描线的斜率越大，它与稳定区相截部分就越短，能够通过分析场的离子群的质量宽度（质量范围）就越小，而分辨本领也就越高。当质量扫描线和稳定三角形顶点（$a_0=0.236$，$q_0=0.706$）相交时，分辨本领趋于无穷大，而此时离子传输率及灵敏度却趋于零。

5.7.3 四极质谱计的主要性能指标

反映质谱计性能好坏的主要指标如下。

(1) 质量范围

质量范围即一个质谱计能有效地分析整个质量数的范围。这个范围由能测出的最轻与最重的单荷离子来表征。如某质谱计质量范围为1～50，则表明该仪器能分出原子量（或分子量）在50以内的气体（或蒸气）。如另一质谱计质量范围为1～200，则表明该仪器能分析出原子量（或分子量）在200以内的气体（或蒸气）。

(2) 分辨本领

图5-21表示的质谱图是理想的质谱图，实际仪器的谱峰都有一定的宽度。如果谱峰很尖，则相邻两峰就易于分清，如图5-22(a) 所示，表示相邻两个质量数 M_1 和 M_2 的离子易于分清。反之，如果它们都很宽，相邻两峰就有可能混淆在一起，难以分清，如图5-22(b) 所示，表示相邻两个质量数 M_1 和 M_2 的离子难以分清。

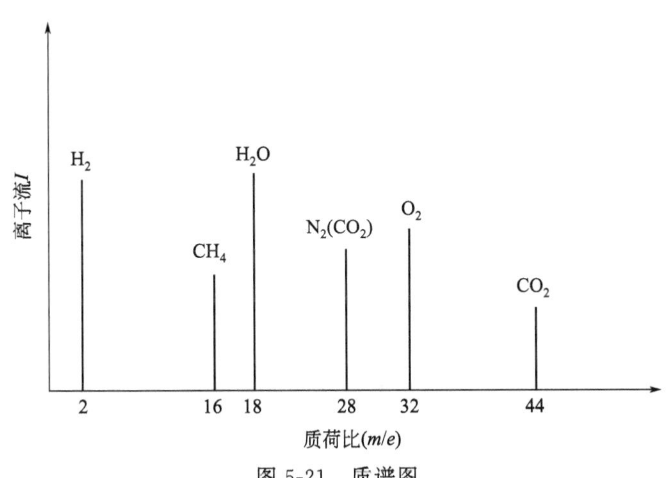

图 5-21　质谱图

如对某一质量为 m 的离子，测出的峰宽为 W，就可直接用 W 的数值（以原子质量单位表示）来衡量分辨能力；W 越小，分辨能力越高，这称为绝对分辨本领。

常用的分辨本领 R 定义为

$$R=\frac{m}{W} \tag{5-12}$$

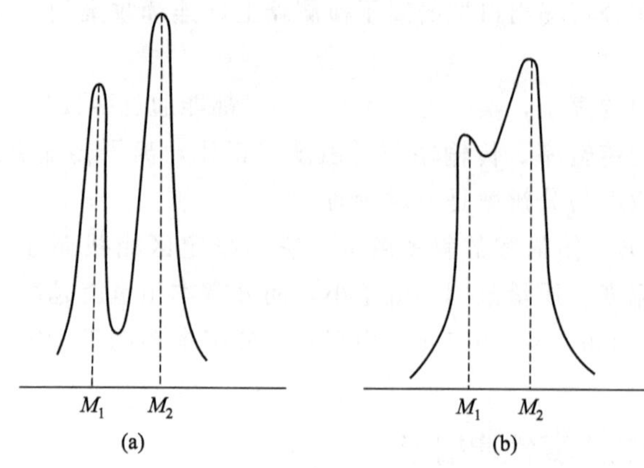

图 5-22　仪器分辨本领比较

这时 R 越大，则分辨能力越高。

由于实际情况比较复杂，对 W 的确定比较困难。因此，通常以峰高的百分之几处的峰宽来表示 W，求得的 R 即为峰高百分之几处的分辨率。如图 5-23 所示，要确定仪器对质量为 m 的 A 离子的分辨率，则以 A 峰后第一个峰谷为基准线画一与横轴平行的水平线 L，L 线与 A 离子峰相交处的质量数宽度为 W。假定 L 现正好是 A 峰峰高的 10%，则定义 10%峰高分辨率为

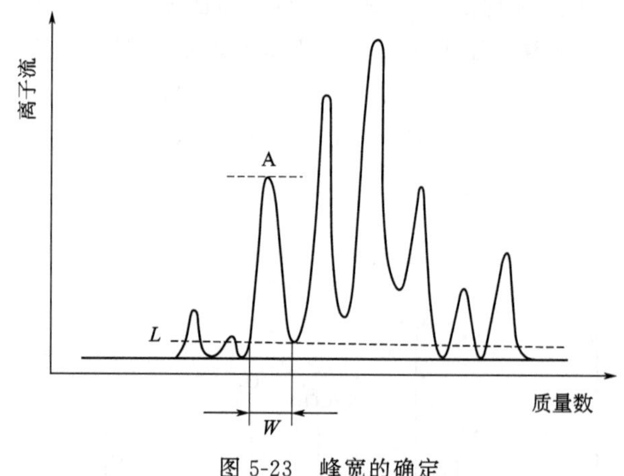

图 5-23　峰宽的确定

$$R=\frac{m\text{(A 离子的原子量)}}{W\text{(在图上量得的质量数)}}$$

常用的有 50%，20%，10%，5%峰高分辨率。

由于四极质谱计以线性质量标度，分辨本领的实际测量采用测距离的方法，即测量被测峰与相邻峰的距离为 L(mm)，被测峰 10%或 50%处的峰宽为 W(mm)，M 为被测峰对应质量数（u），D 为被测峰与相邻峰之间的质量差（u），那么被测峰 10%或 50%的分辨本领 R 按下式计算：

$$R=\frac{ML}{DW} \tag{5-13}$$

(3) 灵敏度

对质谱计而言，其灵敏度 S 为某种气体的离子流的改变量除以气体分压力的改变量（A/Pa），即

$$S=\frac{\Delta I}{\Delta p} \tag{5-14}$$

灵敏度与分辨率常常是一对矛盾，要提高分辨率，常常就要降低灵敏度；而要提高灵敏度，常常就要牺牲分辨率。

(4) 最小可检分压力

质谱计对混合气体进行分析时，所能检出特定气体成分的最小分压力，称为最小可检分压力，以 $p_{\min}$ 表示。所谓“能检出”是指对应于该气体成分的电流输出等于噪声的大小，即信号噪声比为1时的电流数值。换言之，如果让仪器在无离子峰出现时工作一段时间（几分钟），其输出电流漂动的最低值与最高值的差为 N，即为噪声值，如图5-24(a)所示。只有当调到某一特定气体峰，仪器输出电流为 $2N$，即输出电流变化为 N 时，才是可信的信号。这个 $2N$ 数值应理解为仪器可检出的最小电流 $I_{\min}$（对应于最小压力）与仪器的本底噪声之和，如图5-24(b) 所示。那么最小可检分压力 $p_{\min}$ 为

$$p_{\min}=\frac{I_{\min}}{S} \tag{5-15}$$

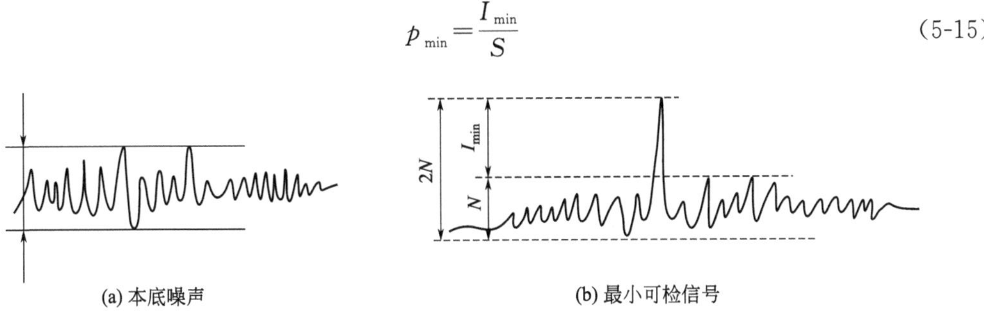

图5-24 信噪比的确定

例如，对于某质谱计，若 $N=8\times10^{-16}$ A，则最小可检电流 $I_{\min}=N=8\times10^{-16}$ A，设对于某种气体成分的灵敏度 $S=8\times10^{-7}$ A/Pa，则该质谱计对该气体的最小可检分压为

$$p_{\min}=\frac{I_{\min}}{S}=1\times10^{-9}\,\mathrm{Pa}$$

(5) 最高工作压力

质谱分析器中也有热阴极，当工作压力（总压力）较高时，不仅灯丝易于烧毁，而且灵敏度大大降低。一般规定，当仪器对氮的灵敏度降为正常灵敏度的50%时的总压力，就称为最高工作压力 $p_{\max}$。

(6) 分压力灵敏度

分压力灵敏度是质谱计从一较高总压力的混合气体中能检出某种气体成分最小分压力的能力的指标，以 $p_{\mathrm{pmin}}/p_{\mathrm{t}}$ 表示。p_{pmin} 为能检出的特定成分的最小分压力，p_{t} 为总压力。

5.7.4 四极质谱计的工作模式

5.7.4.1 模拟峰质量扫描

高频电压采用连续扫描、随意选择某质量段连续扫描和在某一选定质量点左右连续扫

描等三种不同形式。加到杆系上的电压值为连续增加的电压值，对应地可以得到在全质量范围内的全谱、在某一段质量范围内的质谱和某一固定质量的谱。

5.7.4.2 棒峰质量扫描

施加在杆系上的高频电压为跳跃式扫描电压，对应于施加的电压值，属于稳定质量的离子流被收集并作为峰高处理，以棒的形式记录下来，形成棒图。

5.7.4.3 多离子检测

质量扫描采用跳扫模式，即根据检测要求，预先选定被检测的组分（质量数）及检测的工作参数，仪器只对这几种组分进行检测并在计算机屏幕上显示峰强的走势曲线。

5.7.5 气体成分的判别

一般由质谱计读出的是离子流与质荷比的关系图，即质谱图。如何从质谱图上正确分析、判别被分析气体的成分，并计算它们的含量，这就是识谱。

在质谱图中，除了气体分子产生一次电离形成的主峰外，还掺杂着众多的副峰和质量数相同但成分不同的混合峰。即使将纯度较高的单一气体进行质谱分析，得到的谱图往往不是单一峰，除了该分子的离子峰外，还包含了一系列较小的峰即副峰。例如，单纯的一氧化碳受到电子碰撞时，会产生下列四种电离过程：

$$CO+e \longrightarrow CO^{+}+2e$$（所需电子能量为 14.1eV）

$$CO+e \longrightarrow C^{+}+O+2e$$（所需电子能量为 22eV）

$$CO+e \longrightarrow C+O^{+}+2e$$（所需电子能量为 24eV）

$$CO+e \longrightarrow CO^{2+}+3e$$（所需电子能量为 44eV）

由此可见，单纯的 CO 气体除产生主峰离子 CO^{+} 外，还伴随有 C^{+}，O^{+} 和 CO^{2+} 这些副峰离子，它们在质谱图上的质荷比分别为 28，12，16，14。由单纯一种气体得到的不同质荷比的图谱称为碎片离子谱。通常把碎片离子谱中的主峰值取为 100，把各副峰与主峰值之比称为碎片图形系数，简称为图形系数。由于各种质谱计的结构及原理不同，因此同一种气体对于不同的质谱计可得到不同的图形系数。表 5-4 给出常见气体的碎片离子谱及 SJX-1 型四极质谱计的图形系数。

显然，分子结构越复杂的单一气体，它产生的碎片离子峰也越多。如果被分析的是混合气体，那么质荷比相同的谱峰将叠加在一起，这时识谱就更加复杂，如 N_2^{+} 和 CO^{+} 的质荷比都是 28，H_2^{+} 和 He^{2+} 的质荷比都是 2，等等，但是仍可依据表 5-4 判别其残余气体的成分，一般的识谱原则如下：

① 直接由主峰来确定气体的成分。在质谱图较为简单的情况下，可通过某些主峰来确定气体的成分。例如，在质荷比 $m/e=4$，18，40，44 处有谱峰时，由于这几处不会有其他峰的叠加，据此可直接确定它们分别为 He，H_2O，Ar，CO_2。

② 通过副峰来辨别气体的成分。利用碎片离子谱的副峰，可判别具有相同质荷比的不同物质。例如，要区分同一质荷比 28 处的 N_2^{+}，CO^{+}，$C_2H_4^{+}$，利用副峰来进行判断就比较方便。如果 $m/e=14$ 有较大副峰，则认为气体的重要成分为 N_2，因为 N_2 电离后会产生 N_2^{2+}，N^{+}，其质荷比均为 14；如果 $m/e=12$ 有较大的副峰，则可认为气体的主要成分是 CO，因为 CO 电离后会产生较多的 C^{+}(12)；如果 $m/e=27$ 及 26 有较大的副峰，则可认为气体的主要成分是 C_2H_4，因为 C_2H_4 电离后会产生 $C_2H_3^{+}$ 离子。

③ 利用碎片峰和多荷离子峰来推测重质量分子气体的存在。例如，从 Kr^{2+}(18)、Xe^{2+}(27) 甚至 Kr^{3+}(12)、Xe^{3+}(18) 来推测 Kr^{+}(36)、Xe^{+}(54) 的存在，从而确定有气体 Kr 和 Xe。

表 5-4 常见气体的碎片离子谱（SJX-1 型四极质谱计的图形系数）

图形系数 气体	质量数															
	1	2	4	12	13	14	15	16	17	18	19	20	22	24	25	26
H_2	3.75	100														
He			100													
N_2						13.20										
空气	0.67	0.30				12.03		3.62	0.21	0.80		0.23				
NH_3	4.09					3.41	9.60	90.74	100	2.01						
CO		2.75		6.75		1.29		2.76								
O_2								25.65								
CO_2				11.77				14.36					1.45			
Ar					0.11							19.96				
丙烯		4.59		1.81	1.49	4.95	5.73									2.00
乙烯		3.04		0.84	3.22	6.63								3.95	13.10	66.08
丙酮	3.24	4.16			1.94	8.01	36.20	0.92	0.63	1.63					1.23	6.08
酒精	2.63	4.70		0.37	1.36	5.72	12.34			2.09	3.70				1.23	9.63

图形系数 气体	质量数															
	27	28	29	30	31	32	33	34	36	37	38	39	40	41	42	43
H_2																
He																
N_2		100	0.95													
空气		100	0.85			20.0	0.05						1.30			
NH_3																
CO		100	1.29			0.27										
O_2						100										
CO_2		14.5														
Ar									0.33		0.07		100			
丙烯	12.0	41.0	14.8						2.68	16.6	24.1		28.5	100	61.0	
乙烯	65.5	100	2.40													
丙酮	8.53	1.80	4.48			1.91				2.21	2.51			2.56	4.77	100
酒精	24.0	16.1	25.7		100										2.88	16.5

续表

图形系数 / 气体	质量数														
	44	45	46	47	48	49	50	51	52	53	55	57	58	59	60
H_2															
He															
N_2															
空气	0.21														
NH_3															
CO															
O_2															
CO_2	100	1.59	0.52												
Ar															
丙烯															
乙烯															
丙酮	2.51												18.36		
酒精		31.15	15.10												

5.7.6 分压力的计算

四极质谱计与其他质谱计一样不能直接给出各种气体成分的分压力，而是通过质谱图以及质谱计对多种碎片的图形系数计算求得。

若质谱计对分压力为 p_i 的气体 i 的灵敏度为 S_i，则气体 i 的主峰离子流为

$$I_i = S_i p_i \tag{5-16}$$

假定气体 i 在质量数为 j 处的图形系数为 α_{ji}，则在 j 处出现的碎片离子流为

$$I_{ji} = \alpha_{ji} I_i = \alpha_{ji} S_i p_i \tag{5-17}$$

多种气体（1，2，3，…，i）在质量数为 j 处产生的总离子流应为

$$I_{0j} = \sum_{i=1}^{i} I_{ji} = \sum_{i=1}^{i} \alpha_{ji} S_i p_i = \alpha_{j1} S_1 p_1 + \alpha_{j2} S_2 p_2 + \cdots + \alpha_{ji} S_i p_i \tag{5-18}$$

式中，I_{0j} 是从质谱图上实测出在质量数为 j 处的峰值离子流；α_{ji}，S_i 为气体 i 在质量数为 j 处的事先经过校准的图形系数及灵敏度；p_i 表示气体 i 的分压力。那么，各种质量数处的峰值离子流 I_{01}，I_{02}，I_{03}，…，I_{0j} 均可按式(5-18) 表示出来而建立起联立方程组。求解方程组便可分别得到气体 1，2，3，…，i 的分压力值 p_1，p_2，p_3，…，p_i。对所含成分比较多的复杂质谱图来说，其求解是非常费时的，另外图形系数、灵敏度必须具有较高的稳定性，这就要求质谱计有恒定的工作参数，这点实际工作中很难保证。因此，用上述方法进行精确的定量计算是相当困难的。实际工作中，采用以下近似估算法来确定各种分压力。

① 由分子峰离子流除以质谱计对氮的灵敏度 S_{N_2} 计算等效氮分压力，即

$$p_i = \frac{I_i}{S_{N_2}} \tag{5-19}$$

② 由离子流的相对比例和总压力 p 计算等效氮分压力，即

$$p_i = p \frac{I_i}{\sum I_i} \tag{5-20}$$

③ 由式(5-19) 并对质谱计的相对灵敏度 C_i 进行修正算得等效氮分压力，即

$$p_i=\frac{I_i}{C_i S_{N_2}} \tag{5-21}$$

④ 由式(5-20) 并对质谱计的相对灵敏度 C_i 进行修正算得等效氮分压力，即

$$p_i=p\frac{I_i}{C_i \sum I_i} \tag{5-22}$$

现在，一般利用专用软件采用电子计算机求解，可直接显示出各种气体的分压力值。

5.8 真空质量监控仪

真空质量监控仪（VQM）也是一种质谱仪，它结合了高性能的气体分析技术和智能仪表，使复杂的分压力测量变成了可识别的信息。美国 GP（Granville-Phillips）的 835VQM 真空质量监控仪在 85ms 内可完成 1～145u 的气体分子的数据收集、质谱分析和数据记录等全部工作，可以在 120ms 内监控 1～300u 的成分，配用全压力真空计后可以从输出软件中看到系统里的 10 种最高组分气体名称、比例（Norm）、百分比及分压力，并以列表形式显示出来；可以看到系统的全压力趋势图、分压力趋势图、质谱分析柱状图；还可以进行泄漏检测工作。此外，这种 835VQM 质谱仪对低质量数气体成分（如 H_2、He）具有较高的分辨率。

835VQM 质谱仪除了具有扫描速度快、耗能低、体积小外，还可以立即明确显示出系统中的主要气体成分及其分压力值，因此在残余气体分析中具有好的应用前景。

5.8.1 工作原理

835VQM 质谱仪是从静电离子阱内选择性地发射离子的方法来实现质谱分析的。质谱仪探头主要由灯丝组件、离子阱及电子倍增器组成，如图 5-25 所示。灯丝安装在离子阱内，灯丝通电发射的电子使离子阱内的各种气体分子发生电离。离子阱上施加的静电场将使各种不同质荷比的离子束缚在离子阱内，并且这些离子以它们的固有频率在离子阱内振荡，其振荡频率与离子的质荷比的平方根成反比，即质荷比越小，其振动频率越高。当用低幅射频进行扫描时，当射频频率与某一质荷比的离子的固有频率相等时，该种离子便产生共振，获得自动共振能量的该种离子就会从离子阱内射出而进入电子倍增器，产生一个与离子浓度成正比的电流。当扫描结束后，在电子倍加器内便会收集到对应各种不同质荷比的离子流的谱线，达到质谱分析的目的。

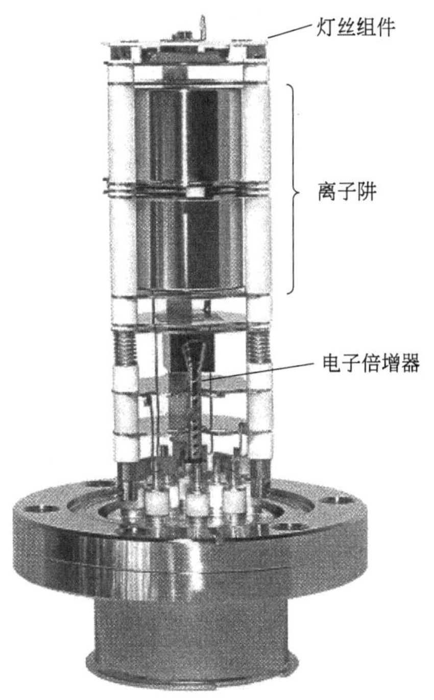

图 5-25　835VQM 质谱仪探头

5.8.2 系统的标准配置

835VQM 系统由质谱仪探头、真空计、控制器、计算机及连接电缆等几部分组成，如图 5-26 所示。

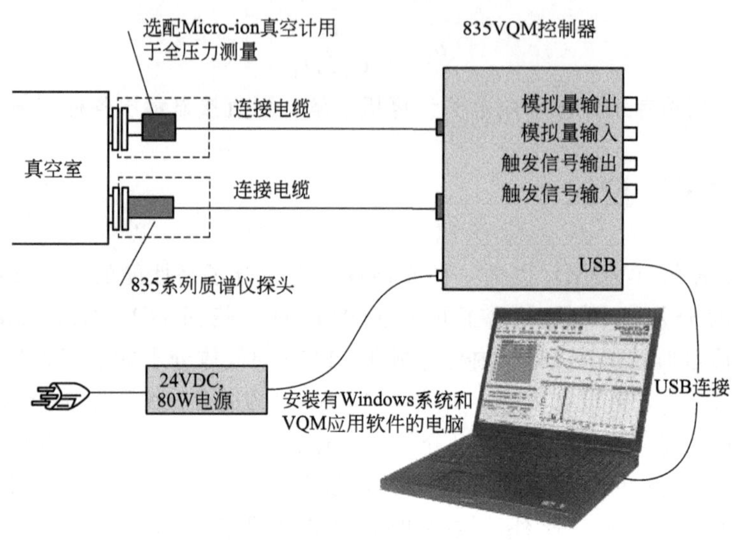

图 5-26　835VQM 系统的标准配置

（1）质谱仪探头

质谱仪探头的外形如图 5-27 所示，它的大小与普通电离规管大小差不少，包括连接电缆头在内也只有 19.1cm 长，连接法兰为标准的 2.75in 的 NW35CF 超高真空法兰。它通过右边的超高真空法兰与待测真空室相连，其左侧通过所需长度的连接电缆与控制器连接。

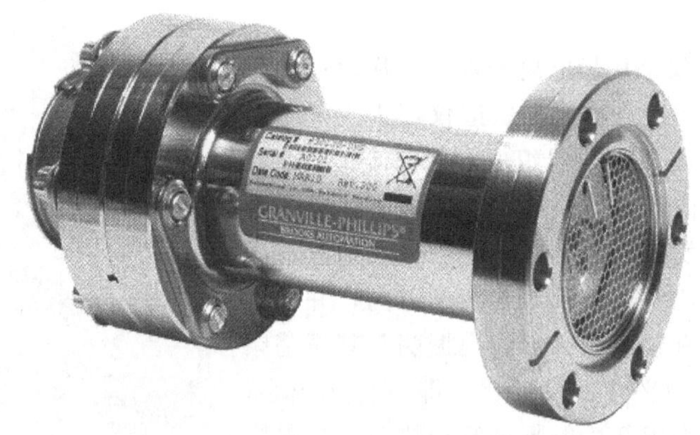

图 5-27　质谱仪探头外形

（2）控制器

控制器的尺寸为 17.85cm×10.49cm×4.01cm。控制器除了提供仪器所需各种电源外，还提供扫描电路、各种检测测试电路和控制电路。其面板上设有电源开关、USB 接口、模拟量输入、输出及触发信号输入、输出接头，以及总压力测量、电源、USB 设备、扫描、质谱、模拟量及触发信号等各种工作状态指示灯，如图 5-28 所示。它通过两根连接电缆分别与质谱仪探头及真空计管连接，可实现质谱仪的质量扫描、谱峰测试和总压力测试，以实现对待测真空室中气体成分分析和分压力测定。通过 USB 接口与安装有 Windows 操作系统和 VQM 应用软件的电脑连接，可以以列表形式显示出系统里的 10 种最高组分气体名称、比例（Norm）、百分比及分压力；可以看到系统的全压力趋势图、分压力趋势图、质谱分析柱状图；可以在选定的时间范围内实现对全部扫描速度下的原始数据和过程数据的存储。

(3) 全压测量组件

它是一种集双灯丝电离规、热传导规和两个压阻式薄膜规及控制电子器件于一体的复合式模块化真空计，从而提供了测量范围为 10^5～10^{-7}Pa 的精确、连续的压力测量，其外形如图 5-29 所示。

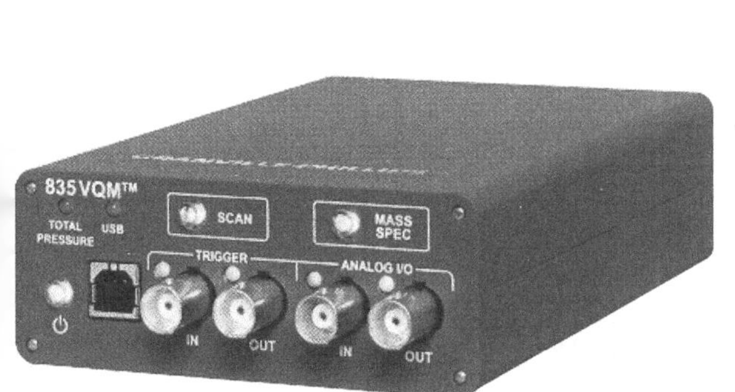

图 5-28 控制器

图 5-29 全压测量组件

当它通过超高真空法兰与待测真空室连接后，便可对真空室的全压力进行精准的连续测量，并在其面板的液晶显示屏上显示其压力值，能实现 VQM 在高压力下的自动保护。它通过电缆线连至控制器后，VQM 质谱仪的比例程序和真空计联合使用可得到分压力数据。

当压力低于 10^{-7}Pa 时，可以更换另一种测量更低压力的真空计。

5.8.3 835VQM 质谱仪的特性

835VQM 质谱仪的特性如下：

测量范围	超高真空～1×10^{-3}Pa
质量范围	1～145u 或 1～300u
质谱分离形式	自动共振离子阱
分辨率（$m/\Delta m$）	150 全高半峰宽
动态范围	单次扫描两个数量级，多次平均可达 4 或以上数量级
响应时间	85ms（1～145u）；120ms（1～300u）
灯丝	单根氧化钇铱金丝，可现场更换
探测形式	电子倍增器，可现场更换
工作温度	0～50℃，非冷凝
烘烤温度	最高 200℃
安装法兰	NW35CF，2.75in 金属密封
连接电缆	1m/3m/10m/20m/50m

外形尺寸　　　　　　　　长 19.1cm（包括连接头）×直径 3.81cm（外围）

质量　　　　　　　　　　420g

该质谱仪在低质谱段具有很高的分辨率，可以精确检测出像氢、氦这样的低质量数范围的气体质谱，如图 5-30 所示。其纵坐标为规一化的离子流比例值。

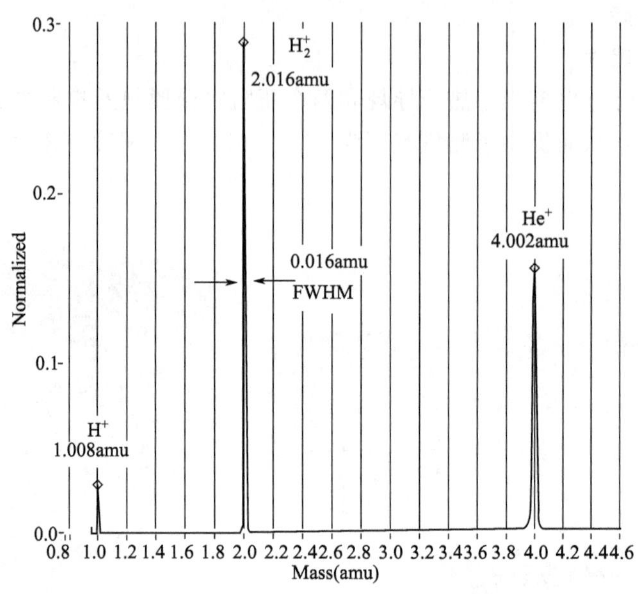

图 5-30　VQM 系统在低质量范围的质谱图

5.9 磁偏转质谱计

磁偏转质谱计是最先发明的质谱分析仪器，1912 年 John Thomson 研制出的世界上第一台质谱计即为磁偏转质谱计。磁偏转质谱计的主要优势是具有高分辨本领、高质量精度、定量能力强，其电子学系统不像离子阱或四极质谱计那样需要射频（R. F.）场（射频场需要更大的功耗），因此仪器功耗低。另外，相对于其他质谱计复杂的电子学系统，磁偏转质谱计的电子学系统更为简单，且可以利用小型的永久磁铁替代电磁铁，有利于实现小型化。磁偏转质谱计按照质量分析器组成形式又可细分为单聚焦磁偏质谱计和双聚焦磁偏转质谱计，双聚焦磁偏转质谱计和单聚焦磁偏转质谱计的主要区别是在磁场分析器中增加了电场分析器，主要目的是电场和磁场分析器的组合可消除磁场的能量色散，提升磁偏转质谱计的分辨本领。磁偏转质谱计自发明以来，已在空间探测和真空质谱检漏领域得到了极为广泛的应用。

5.9.1 磁偏转质谱计的结构

磁偏转质谱计也主要由物理单元和电子学系统两部分组成，其中物理单元主要由离子源、质量分析器（磁场或磁场与电场的组合）、离子检测器三部分组成，如图 5-31 为单聚焦磁偏转质谱计的结构原理图。由离子源出口缝射出的质荷比相同、入射方向不同的离子经过磁场后聚焦于离子检测器入口缝处。

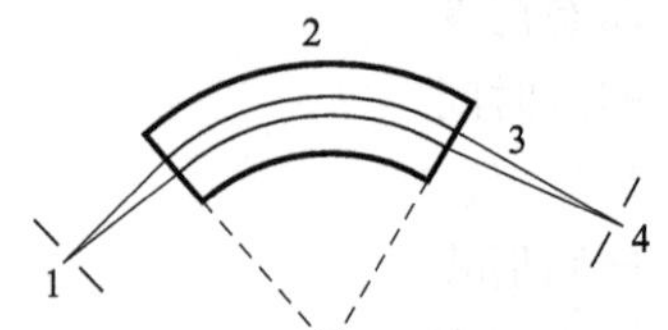

图 5-31　磁偏转质谱计结构原理

1—离子源出口缝；2—磁场质量分析器；3—离子运动轨迹；4—离子检测器入口缝

5.9.2 磁偏转质谱计的工作原理

磁偏转质谱计是按离子动量的不同实现不同质荷比离子的分离，因此磁场分析器也叫动量分析器。也就是说不同质荷比的离子在磁场中的偏转半径不同最后实现质量分离，其工作原理为

$$\frac{M}{Z}=\frac{R_m^2 B^2 e}{2U} \tag{5-23}$$

式中 M/Z——质荷比，u；

R_m——离子偏转半径，m；

B——磁感应强度，T；

e——电子电荷量，1.60×10^{-19} C；

U——离子源扫描电压，V。

通常，磁偏转质谱计可选用电场扫描和磁场扫描两种模式，而磁扫描存在滞后时间，不利于快速测量。因此，通常采用电场扫描的方式，即按一定步长由小到大改变离子扫描电压将不同质荷比的离子进行分离，而磁场由永久磁铁产生。

磁偏转质谱计离子光学透镜聚焦原理为

$$(l_0-g)(l_i-g)=f^2 \tag{5-24}$$

$$f=R_m/[k_r\sin(k_r\phi_m)] \tag{5-25}$$

$$g=f\cos(k_r\phi_m)=R_m/[k_r\tan(k_r\phi_m)] \tag{5-26}$$

式中，l_0 为物距；l_i 为像距；f 为焦距；ϕ_m 为离子偏转角；k_r 为常数，与特定的场类型有关，当磁场由永久磁铁产生时，$k_r=1$。当离子的偏转角 ϕ_m 设计为 90°时，离子光学透镜聚焦原理可简化为：

$$l_0\cdot l_i=R_m^2 \tag{5-27}$$

通常，可利用离子光学仿真软件建立物理模型，研究离子的运动、传输和聚焦情况，确定仪器物距、像距、偏转半径等参数。如图 5-32 所示为利用离子光学仿真软件 SIMION8.0 模拟的离子通过磁场分析器大小两个不同通道的离子轨迹及传输聚焦情况。另外，受磁场分析器边缘场等因素影响，最终设计参数往往和理论值存在偏差，需要结合实验调试优化磁偏转质谱计的最终参数。

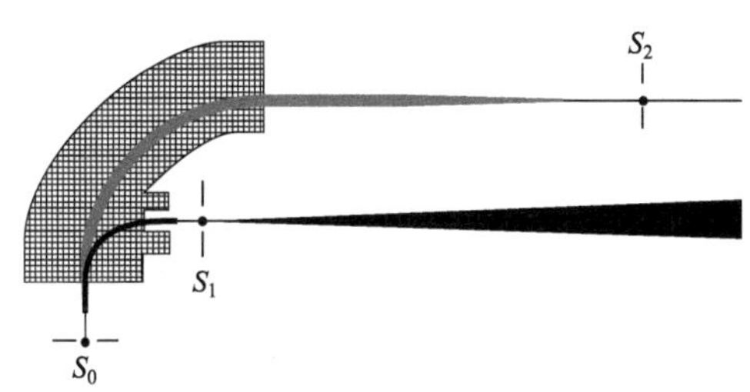

图 5-32 磁偏转质谱计离子光学系统仿真模型

5.9.3 磁偏转质谱计的主要性能指标

反映磁偏转质谱计的性能指标也主要包括质量范围、灵敏度、分辨本领等。这里以兰州空间技术物理研究所研制的小型磁偏转质谱计为例，对磁偏转质谱计的关键性能指标进行描述。

(1) 质量范围

磁偏转质谱计的质量范围下限可根据质谱分析室的残气谱图确定。图 5-33 为真空质谱室经过 200℃×48h 高温烘烤除气后降至室温，电离真空计测得的质谱分析室的真空度

为 7.2×10^{-8} Pa 时，由磁偏转质谱计测试得到的质谱分析室的气体组分，图 5-33（a）所示为质谱计小通道的测试结果。可见，该磁偏转质谱计的小通道检测到了烘烤后金属真空系统的主要残余气体 H_2（2 amu）及其碎片峰 H^+（1 amu）。

而质量范围的上限是通过向质谱分析室引入高纯 Xe 气确定，图 5-33（b）所示为大通道的测试结果。可见，该磁偏转质谱计的大通道除了检测到了引入的 Xe（134 amu）外，还获得了真空系统中的其他主要残余气体 H_2O（18 amu）、N_2/CO（28 amu）、Ar（40 amu）、CO_2（44 amu）及其各自的碎片峰。因此，该磁偏转质谱计的质量范围为（1～134）amu。

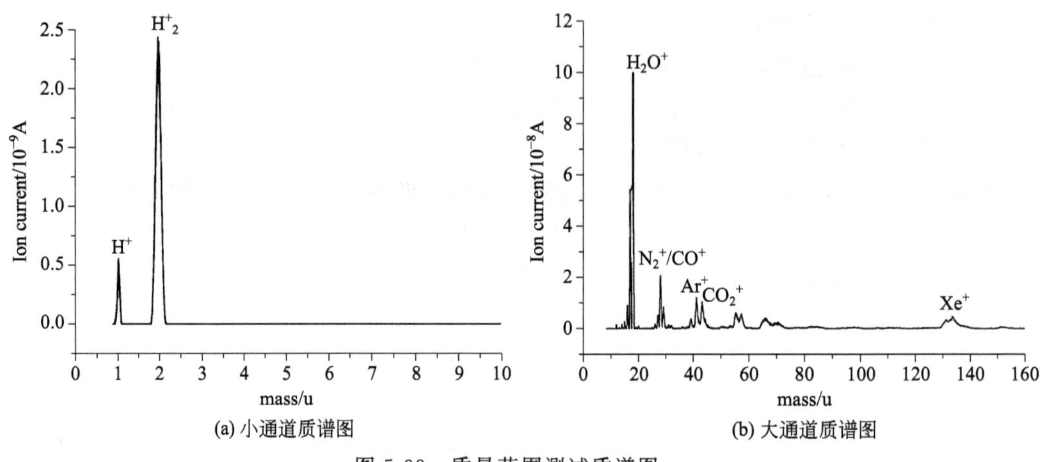

图 5-33　质量范围测试质谱图

（2）分辨本领

磁偏转质谱计的理论分辨本领 $M/\Delta M$ 由式（5-28）计算

$$\frac{M}{\Delta M}=\frac{R_{\mathrm{m}}}{S_1+S_2+R_{\mathrm{m}}(\alpha^2+\Delta U/U+2\Delta B/B)} \tag{5-28}$$

式中，S_1 和 S_2 分别为离子源出口狭缝宽度和离子接收器入口狭缝宽度，α 为离子源离子束半散角。若忽略电场 U 和磁场 B 的变化，假设离子束半散角为 2°，则该小型磁偏转质谱计小通道和大通道的分辨本领的理论值分别约为 16 和 47。对于磁偏转质谱计而言，由于分辨本领 $R=M/\Delta M$ 是常数，因此，ΔM 随着 M 线性变化，小质量数物质对应的 ΔM 小，大质量数物质对应的 ΔM 大。

另外，仪器实际的分辨本领也可通过实验测试确定。由于实际中很难找到完全等高的两个相邻峰，因此，通常根据单个质量峰来确定仪器的分辨本领。实验测试时，在 50%峰高处（FWHM）确定参考基线测量 ΔM，分别以小通道的 H_2 和大通道的 N_2 作为特征峰来确定磁偏转质谱计的分辨本领，结果如图 5-34 所示。

由图 5-34 实验测试结果，N_2 和 H_2 半峰高处的宽度（FWHM）ΔM 分别约为 0.5 u 和 0.15 u，从而计算得到质谱计大通道和小通道的分辨本领 $M/\Delta M$ 分别为 56 和 13。

（3）灵敏度

磁偏转质谱就的灵敏度也可由输出离子流的变化与气体分压力的比值确定，由式（5-29）计算

$$S_{\mathrm{i}}=\frac{I_{\mathrm{i}}-I_0}{p_{\mathrm{i}}} \tag{5-29}$$

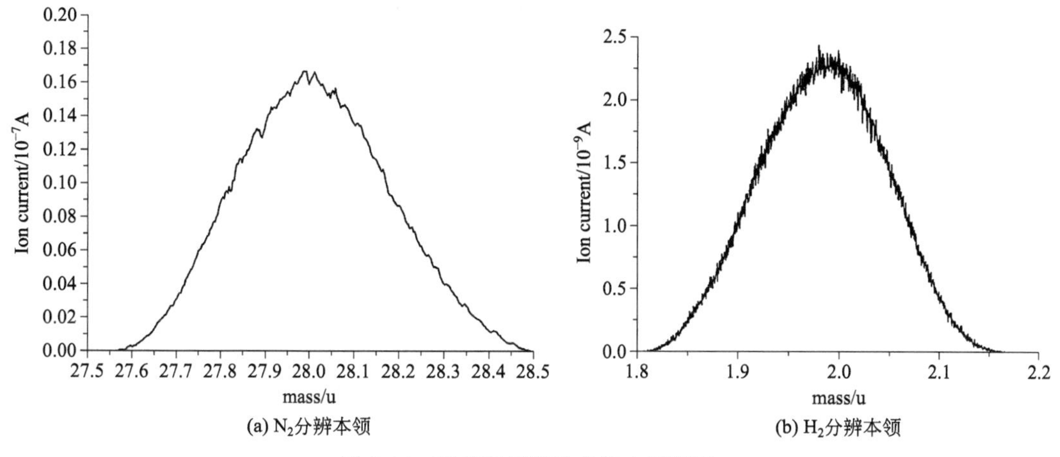

图 5-34　磁偏转质谱计分辨本领测试

式中　S_i——灵敏度，A/Pa；

I_i——被检测气体的离子流，A；

I_0——与被测气体对应的本底离子流，A；

p_i——质谱分析室中被检测气体的标准分压力，Pa。

实验测试时，分别将纯度为99.999%的高纯氩气、氮气和氦气引入质谱分析室对仪器的灵敏度度进行测试，测试结果见图 5-35。质谱分析室中测试气体的标准分压力范围为($2\times10^{-5}\sim8\times10^{-4}$) Pa，取 6 次测试的平均值作为质谱计灵敏度的测试结果，利用式(5-29) 计算得到该仪器对氩气、氮气和氦气的灵敏度分别为 1.63×10^{-4} A/Pa，1.17×10^{-4} A/Pa 和 2.3×10^{-5} A/Pa。

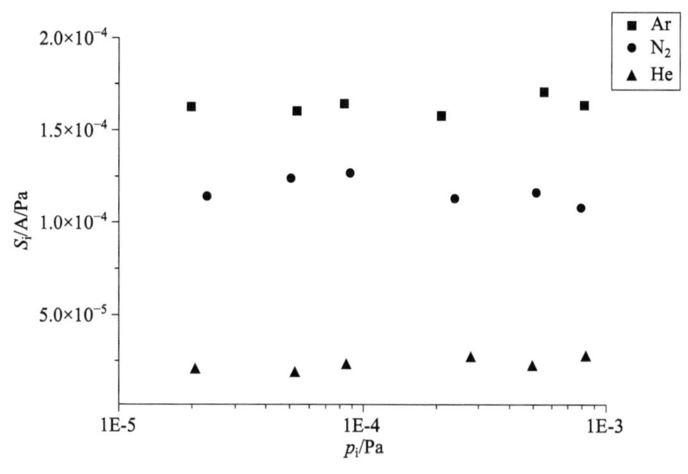

图 5-35　磁偏转质谱计灵敏度测试

5.10 国产各类真空计主要技术性能

我国生产真空计的主要厂家有：成都正华电子仪器有限公司、成都睿宝电子科技有限公司、北京北仪创新技术有限责任公司、成都仪器厂、成都滨江仪器厂、成都瑞普电子有限公司、上海曙光机械制造厂、上海真空泵厂、锦州真空仪表厂、益阳真空仪表厂、上海振太仪表厂。国产各类真空计主要技术性能见表 5-5。

表 5-5　国产各类真空计主要技术性能

名称	型号	测量范围/Pa	配套规管	消耗功率/W	外形尺寸(长×宽×高)/mm×mm×mm	质量/kg	生产厂家
电阻真空计	ZDR-Ⅰ(单路) ZDR-Ⅱ(双路)	$10^5 \sim 10^{-1}$ $10^5 \sim 10^{-1}$	ZJ-52T ZJ-52T	25 25	225×280×119(箱式) 265×280×119(上架式)	3	
热偶真空计	ZDO-Ⅰ(单路) ZDO-Ⅲ(双路)	$4\times10 \sim 10^{-1}$ $4\times10^2 \sim 10^{-1}$ $4\times10^2 \sim 10^{-1}$	ZJ-51 ZJ-53 ZJ-53	25 25	225×280×119(箱式) 265×280×119(上架式)	3	
电容薄膜真空计	ZCM-Ⅰ(单路) ZCM-Ⅱ(双路)	$10^5 \sim 10^2$ $10^4 \sim 10$ $10^3 \sim 1$ $10^2 \sim 0.1$	CCM-1000(100kPa 规管) CCM-100(10kPa 规管) CCM-10(1kPa 规管) CCM-1(100Pa 规管)	25 25	225×280×119(箱式) 265×280×119(上架式)	3	
压阻真空计	ZDY-Ⅰ(单路)	$10^5 \sim 10^2$	SGAP-03	25	225×280×119(箱式)	3	
热阴极电离真空计	ZDK-Ⅰ(双路) ZDK-Ⅲ(双路) ZDH-Ⅰ(双路)	$10 \sim 10^{-6}$ $10^2 \sim 10^{-4}$ $10^{-1} \sim 10^{-8}$	ZJ-27 ZJ-10 ZJ-32	40 40 100	440×280×119(箱式) 480×280×119(上架式)	5.5	
冷阴极电离真空计	ZDV-Ⅰ(单路)	$10^{-1} \sim 10^{-6}$ $10^0 \sim 10^{-5}$	MO14(厂标) MO14C	25	440×280×119(箱式) 480×280×119(上架式)	3.5	
热偶、电离复合真空计	ZDF-Ⅰ(双路) ZDF-Ⅱ(双路)	$4\times10^2 \sim 10^{-1}$ $10 \sim 10^{-6}$ $4\times10^{10} \sim 10^{-1}$ $1 \sim 10^{-5}$	ZJ-53(热偶) ZJ-27(电离) ZJ-51(DL-3) ZJ-2(DL-2)	55 55	440×280×119(箱式) 480×280×119(上架式)	6	成都正华电子仪器有限公司
电阻、电离复合真空计	ZDF-Ⅲ(双路)	$10^5 \sim 10^{-1}$ $10 \sim 10^{-6}$	ZJ-52(电阻) ZJ-27(电离)	55	440×280×119(箱式) 480×280×119(上架式)	6	
电阻 B-A 规复合真空计	ZDF-Ⅳ(双路)	$10^5 \sim 10^{-1}$ $10^{-1} \sim 10^{-8}$	ZJ-52(电阻) ZJ-32(B-A)	130 (最大)	440×280×119(箱式) 480×280×119(上架式)	7	
电阻、冷规复合真空计	ZDF-Ⅴ(双路)	$10^5 \sim 10^{-1}$ $10^{-1} \sim 10^{-6}$ $10^0 \sim 10^{-4}$	ZJ-52T M014 M014C	30	440×280×119(箱式) 480×280×119(上架式)	6	
双路电阻一路电离复合真空计	ZDF-Ⅹ	独立电阻单元 $10^5 \sim 10^{-1}$ 复合单元 $10^5 \sim 10^{-6}$	ZJ-52T ZJ-27	5	440×280×119(箱式) 480×280×119(上架式)	6.5	
双路热偶一路电离真空计	ZDF-ⅠB(双路)	热偶计单元 $4\times10^3 \sim 10^{-1}$ 电离计单元 $10 \sim 10^{-6}$	ZJ-53(热偶) ZJ-27(电离)	65	440×280×119(箱式) 480×280×119(上架式)	6.5	
双路电阻一路冷规复合真空计	ZDF-ⅤB	电阻计单元 $10^5 \sim 10^{-1}$ 冷规单元 $10^{-1} \sim 10^{-6}$	ZJ-52T(电阻) M014(冷规)	40	440×280×119(箱式) 480×280×119(上架式)	5	

续表

名称	型号	测量范围/Pa	配套规管	消耗功率/W	外形尺寸(长×宽×高)/mm×mm×mm	质量/kg	生产厂家
电阻真空规(皮拉尼真空计)	ZDZ-52	$10^{5}\sim10^{-1}$	ZJ-52T	10	140×180×90(F型)	≤1	成都睿宝电子科技有限公司
	ZDZ-52T	$10^{5}\sim10^{-1}$	ZJ-52T	20	260×240×88(D型)	≤1	
					96×160×96(E型)		
	ZDZ-52T-11	$10^{5}\sim10^{-1}$	ZJ-52T	25	280×260×88(C型)	≤5	
					480×260×88(B型)		
	ZDZ-52TY	$10^{5}\sim10^{-1}$	ZJ-52T	20	120×260×132(A型)	≤3	
热偶真空计	ZDO-53B	$10^{3}\sim10^{-1}$	ZJ-53B	20	260×240×88(D型)	≤3	
压阻真空计	ZDY-1	$2\times10^{5}\sim10^{2}$ 量程范围 10^{2}Pa～ 0.2MPa		20	96×160×96(E型)	≤2	
热阴极电离真空计	ZDR-27B	$10^{1}\sim10^{-5}$	ZJ-27B	45	280×260×88(C型)	≤5	
	ZDR-10B	$10^{2}\sim10^{-4}$	ZJ-10B	45	280×260×88(C型)		
	ZDR-1A	$10^{-1}\sim10^{-8}$	ZJ-12	55	280×260×88(C型)		
冷阴极磁控真空计	ZDL-14A	$10^{-1}\sim10^{-7}$	MO14A	30	280×260×88(C型)	≤4	
	ZDL-14C	$10^{-1}\sim5\times10^{-4}$	MO14C	30	280×260×88(C型)		
	ZDL-14CY	$10^{0}\sim5\times10^{-4}$	MO14C	55	122×260×132(A型)		
复合真空计	ZDF-5227	$10^{5}\sim10^{-5}$	ZJ-52T/ZJ-27B	65	480×260×88(B型)	≤7	
	ZDF-5227A	$10^{5}\sim10^{-5}$	ZJ-52T/ZJ-27B	55	280×260×88(C型)	≤7	
	ZDF-5227B	$10^{5}\sim10^{-5}$	ZJ-52T/ZJ-27B	75	480×260×88(B型)	≤7	
	ZDF-5227Y	$10^{5}\sim10^{-5}$	ZJ-52T/ZJ-27B	55	122×260×132(A型)	≤5	
	ZDF-5210	$10^{5}\sim10^{-4}$	ZJ-52T/ZJ-10B	65	480×260×88(B型)	≤7	
	ZDF-5327	$10^{3}\sim10^{-5}$	ZJ-53B/ZJ-27B	55	480×260×88(B型)	≤7	
	ZDF-5201	$10^{5}\sim10^{-8}$	ZJ-52T/ZJ-12	55	480×260×88(B型)	≤7	
	ZDF-5201B	$10^{5}\sim10^{-8}$	—	75	480×260×88(B型)	≤8	
	ZDF-5214B	$10^{5}\sim10^{-7}$	—	75	480×260×88(B型)	≤7	
	ZDF-5214	$10^{5}\sim10^{-7}$	ZJ-52T/MO144	45	480×260×88(B型)	≤7	
压强控制仪	ZDY-10	$10^{2}\sim10^{-4}$		45	480×260×88(B型)	<4	
数显复合真空计	ZDF-2A	$2.7\times10^{-2}\sim1\times10^{-1}$	ZJ-53B		440×280×119	7	北京北仪创新真空技术有限责任公司
		$1.0\times10^{-1}\sim1.0\times10^{-5}$	ZJ-2				
	ZDF-6	$2.7\times10^{-2}\sim1\times10^{-1}$	ZJ-53B		440×280×119		
		$13\sim1.3\times10^{-4}$	ZJ-10				
	ZDF-7	$2.7\times10^{-2}\sim1.0\times10^{-1}$	ZJ-53B		440×280×119		
		$1.3\sim6.6\times10^{-6}$	ZJ-27				
电阻电离复合真空计	ZDF-8	$1.0\times10^{5}\sim1.0\times10^{-1}$	ZJ-52T		440×280×119	7	
		$1.0\times10^{-1}\sim1.0\times10^{-5}$	ZJ-2				
	ZDF-9	$1.0\times10^{5}\sim1.0\times10^{-1}$	ZJ-52T		440×280×119		
		$13\sim1.3\times10^{-4}$	ZJ-10				
	ZDF-10	$1.0\times10^{5}\sim1.0\times10^{-1}$	ZJ-52T		440×280×119		
		$1.3\sim6.6\times10^{-6}$	ZJ-27				

续表

名称	型号	测量范围/Pa	配套规管	消耗功率/W	外形尺寸（长×宽×高）/mm×mm×mm	质量/kg	生产厂家
数显电阻真空计	ZDZ-6D ZDZ-6S(双路)	$1.0\times10^{5}\sim1.0\times10^{-1}$ $1.0\times10^{5}\sim1.0\times10^{-1}$	ZJ-52T ZJ-52T		320×280×119 320×280×119	3 3	北京北仪创新真空技术有限责任公司
数显电离计	ZDR-1	$1.0\times10^{-1}\sim1.0\times10^{-5}$	ZJ-2		320×280×119		
数显中真空计	ZDR-2	$1.3\sim1.3\times10^{-4}$	ZJ-10		320×280×119	3	
数显电离计	ZDR-3	$1.3\sim6.6\times10^{-6}$	ZJ-27		320×280×119		
副标准电离计	SIM-1	$1.0\times10^{-1}\sim1.0\times10^{-5}$	FB-1		320×280×119		
电阻真空计	ZDZ-2A	$1.0\times10^{5}\sim1.0\times10^{-1}$	DZ-2		320×280×119		
热偶电离复合真空计	SG-2 SG-3	$10^{-1}\sim10^{-8}$ $1.3\times10\sim10^{-5}$	DG-1 B-A DL-3 DL-2	100 55	250×386×160 350×250×165	13 8	上海曙光机械制造厂
反磁控冷规真空计	SG-4 SG-5	$10^{-2}\sim10^{-9}$ $10^{-1}\sim10^{-7}$	DG-3 ZJ-7	30 45	250×386×160 450×350×160	9 13	
冷阴极热偶复合真空计	SG-6	$1.3\times10^{2}\sim10^{-4}$	ZJ-54 ZJ-22	30	440×360×136	8	
热偶电离复合真空计	ZD-2 ZD-3	$10^{-1}\sim10^{-8}$ $10^{-1}\sim10^{-5}$	ZJ-6 CTG-2 DL-2	45 45	440×390×139 440×390×139	13 13	
复合真空计	SL-6901C	1×10^{-8}			390×359×160	15	上海真空泵厂
冷磁控式超高真空计	SZ-6902 SZ-82-1	$10^{-3}\sim10^{-12}$ $10^{5}\sim10^{-1}$	DG-3	30	390×259×190 345×359×140	10 4.5	
电容薄膜真空计	SVG-CPC	$2\times10^{2}\sim2\times10^{-1}$	JC23		212×180×80		成都瑞普电子仪器公司
电阻真空计(数字型)	ZDZ-52M ZDZ-52-M-1V ZDZ-52M-11	$1\times10^{5}\sim1\times10^{-1}$ $1\times10^{5}\sim1\times10^{-1}$ $1\times10^{5}\sim1\times10^{-1}$	ZJ-52T ZJ-52T×4 ZJ-52T×2		212×180×80 440×240×90 212×180×80		
热偶真空计	SVG-3TM(数字型) SVG-1TM(数字型) SVG-1TP GVG-1TPD	$1\times10^{5}\sim1\times10^{-1}$ $1\times10^{3}\sim1\times10^{-1}$ $1\times10^{3}\sim1\times10^{-1}$ $1\times10^{3}\sim1\times10^{-1}$	ZJ-54D ZJ-54D ZJ-54D ZJ-54D×2		212×180×80 212×180×80 115×80×95 440×200×110		
电离真空计(数字型)	SVG-1HM SVG-2HM SVC-3HM	$1\times10^{-1}\sim1\times10^{-8}$ $1\times10^{2}\sim1\times10^{-4}$ $1\times10^{1}\sim1\times10^{-5}$	ZJ-32 ZJ-10 ZJ-27		240×280×90		
电离真空计(二等标准)	SVG-FB	$1\times10^{1}\sim1\times10^{-4}$	FB-1		240×280×90		
冷磁控真空计(数字型)	ZDL-14M ZDL-14CM	$1\times10^{-1}\sim1\times10^{-7}$ $1\sim1\times10^{-4}$	MO14(冷规) MO14C(冷规)		240×280×90		

续表

名称		型号	测量范围/Pa	配套规管	消耗功率/W	外形尺寸(长×宽×高)/mm×mm×mm	质量/kg	生产厂家
复合真空计(数字型)	热偶电离(双显)	ZDF-5432M	1.0×10^{5}～1.0×10^{-7}	ZJ-54D/ZJ-32		440×240×100		成都瑞普电子仪器公司
	热偶电离(单显)	SVG-1FM	1.0×10^{5}～1.0×10^{-7}	ZJ-54D/ZJ-32				
	电阻电离(双显)	ZDF-5212M	1.0×10^{5}～1.0×10^{-8}	ZJ-52T/ZJ-12				
	电阻电离(单显)	SVG-2FM	1.0×10^{5}～1.0×10^{-8}	ZJ-52T/ZJ-12				
	电阻电离(双显)	ZDF-5210M	1.0×10^{5}～1.0×10^{-4}	ZJ-52T/ZJ-10				
	电阻电离(单显)	SVG-3FM	1.0×10^{5}～1.0×10^{-4}	ZJ-52T/ZJ-10				
	电阻冷磁控(双显)	ZDF-5214M	1.0×10^{5}～1.0×10^{-7}	ZJ-52T/M014A				
	电阻冷磁控(单显)	SVG-4FM	1.0×10^{5}～1.0×10^{-7}	ZJ-52T/M014A				
	电阻电离(双显)	ZDF-5227M	1.0×10^{5}～1.0×10^{-5}	ZJ-52T/ZJ-27				
	电阻电离(单显)	SVG-5FM	1.0×10^{5}～1.0×10^{-5}	ZJ-52T/ZJ-27				
	热偶电离(双显)	ZDF-5327M	1.0×10^{3}～1.0×10^{-5}	ZJ-54D/ZJ-27				
	热偶电离(单显)	SVG-6FM	1.0×10^{3}～1.0×10^{-5}	ZJ-54D/ZJ-27				
	热偶电离(双显)	ZDF-5427M	1.0×10^{5}～1.0×10^{-5}	ZJ-54D/ZJ-27				
	热偶电离(单显)	SVG-7FM	1.0×10^{5}～1.0×10^{-5}	ZJ-54D/ZJ-27				
	热偶电离(双显)	ZDF-5412M	1.0×10^{5}～1.0×10^{-8}	ZJ-54D/ZJ-12				
	热偶电离(单显)	SVG-8FM	1.0×10^{5}～1.0×10^{-8}	ZJ-54D/ZJ-12				
	热偶冷磁控(双显)	ZDF-5314M	1.0×10^{3}～1.0×10^{-7}	ZJ-54D/M014A				
	电阻电离	ZDF-5210M-ⅡL①	1.0×10^{5}～1.0×10^{-4}	ZJ-52T/ZJ-10				
	电阻冷磁控	ZDF-5214M-ⅡL★	1.0×10^{5}～1.0×10^{-7}	ZJ-52T/M014A				
	电阻电离	ZDF-5227M-ⅡL★	1.0×10^{5}～1.0×10^{-5}	ZJ-52T/ZJ-27				
	电阻电离	ZDF-5227M-ⅡS②	1.0×10^{5}～1.0×10^{-5}	ZJ-52T/ZJ-27				
	热偶冷磁控	ZDF-5314M-ⅡL★	1.0×10^{3}～1.0×10^{-7}	ZJ-54D/M014A				
	热偶电离	ZDF-5327M-ⅡL★	1.0×10^{3}～1.0×10^{-5}	ZJ-54D/ZJ-27				
	热偶电离	ZDF-5427M-ⅡL★	1.0×10^{5}～1.0×10^{-5}	ZJ-54D/ZJ-27				

① 一路低真空单独测量及一路低真空与高真空复合测量。
② 两组低真空和高真空复合测量。

我国生产真空规管的主要厂家有：成都国光电气股份有限公司、北京新特真空技术联合开发公司、北京大学无线电工厂、北京北仪创新真空技术有限责任公司、核工业西南物理研究院电子仪器厂、上海灯泡厂等。

成都国光电气股份有限公司生产的国光牌热偶、电阻真空规管技术性能见表 5-6；热阴极电离真空规技术性能见表 5-7；冷阴极电离真空规技术性能见表 5-8。

表 5-6　国光牌热偶、电阻真空规管技术性能

类别	型号	测量范围 /Pa	电参数	连接方式	材　料
热偶规管	ZJ-51(DL-3)	$6.5\times10\sim1\times10^{-1}$	加热电流/mA 90～130 热丝冷阻/Ω 7±1	ϕ15.5±1	ZJ-51 型 热丝：铂 热电偶：镍铬-康铜 支杆：DM-305 玻璃
	ZJ-51 裸规			*DN*40 银丝法兰	
	ZJ-51 金属规			ϕ50	
	ZJ-51 金属规			*DN*25KF	
	ZJ-51 金属规			ϕ15.5±0.1	ZJ-56 型 热丝：铂 热电偶：镍铬-康铜 支杆：镍 外壳：不锈钢
	ZJ-51 金属规			ϕ18±0.1	
	ZJ-51 裸规			CX-4M 插座	
	ZJ-56 金属规		加热电流/mA 28±3 热丝冷阻/Ω 7.5±1	ϕ6	
	ZJ-53B 玻璃规	$4\times10^{2}\sim1\times10^{-1}$	加热电流/mA 28±3 热丝冷阻/Ω 9.5±1	ϕ15.5±0.5	ZJ-53B 外壳：DM-305 ZJ-54D 外壳：铝 热丝：镍铬-康铜 热电偶：镍铬-康铜 支杆：可伐合金
	ZJ-54D 金属规			ϕ15.5±0.5	
	带补偿对流玻璃规	$4\times10^{2}\sim1\times10^{-1}$	—	ϕ15.5±0.5	
	带补偿对流金属规			ϕ15.5±10.5	
电阻规管	ZJ-52 金属规	$3\times10^{3}\sim1\times10^{-1}$	灯丝温度/℃ 40～300	ϕ18±0.1	ZJ-52 型、ZJ-52B、ZJ-52D 型 热丝：钨 支杆：镍 外壳：不锈钢 密封：丁腈橡胶 ZJ-52A、-52C、-52E、-52F 型 热丝：铂 支杆：镍 外壳：不锈钢 密封：丁腈橡胶
	ZJ-52 金属规			ϕ18±0.1	
	ZJ-52 金属规			*DN*16KF	
	ZJ-52 金属规			*DN*16KF	
	ZJ-52 金属规			*DN*16CF	
	ZJ-52 金属规			*DN*16CF	
	ZJ-52 金属规			Z3/8″	
	ZJ-52 玻璃规			ϕ15.5±0.5	
	ZJ-52 玻璃规			ϕ15.5±0.5	
	ZJ-52T(G)	$1\times10^{5}\sim1\times10^{-1}$	灯丝温度/℃ 40～300	ϕ15.5±0.5	热丝：铂 支杆：镍 密封：丁腈橡胶 外壳：52T（G）：DM-305 玻璃 52T(M)：铝
	ZJ-52T(M)			*DN*16KF	
热偶电离复合规管	ZJ-80 玻璃规	$6.5\times10\sim1\times10^{-5}$	热偶部分电参数同 ZJ-51(DL-3)； 电离部分电参数同 ZJ-52	ϕ15.5±10.5	按厂代号 M010 所用材料提供
	ZJ-80 裸规			*DN*35CF	按厂代号 M009 所用材料提供

表 5-7 国光牌热阴极电离真空规技术性能

类别	高真空	中真空	高压力	宽量程		超高真空(B-A 规)						小型电离规
型号	ZJ-2	ZJ-10	ZJ-13	ZJ-27	—	ZJ-32	—	—	—	—	ZJ-12	—
厂代号	MO23A, MO23B	MO74A, MO74B	M002A, M002B	M715A, M715B	M734A M734B, M734C	M001	M001A	M082	M082A	M082B	M054	M734A
连接直径/mm	ϕ15.5±0.5 *DN*40KF, *DN*35CF	ϕ15.5±0.5 *DN*40KF, *DN*35CF	ϕ15.5±0.5 *DN*40KF, *DN*35CF	ϕ15.5±0.5 *DN*40KF, *DN*35CF	ϕ15.5±0.5 *DN*40KF, *DN*35CF	ϕ20×1 *DN*35CF	*DN*35CF	ϕ19.3±0.3 ϕ25.4±0.4	ϕ25.4±0.4	*DN*40KF	ϕ19.3±0.3 ϕ25.4±0.4 *DN*35CF	ϕ15.5±0.5 *DN*40KF, *DN*35CF
测量范围/Pa	1×10^{-1}～ 1×10^{-5}	$65\sim3\times10^{-4}$	1.3×10^{2}～ 1.3×10^{-4}	$4\sim1\times10^{-5}$	$3\sim1\times10^{-4}$	$10^{-2}\sim10^{-7}$	10^{-1}～ 1×10^{-8}	10^{-2}～ 10^{-7}	10^{-2}～ 10^{-7}	$10\sim10^{-7}$	$10\sim10^{-8}$	10^{2}～ 1×10^{-5}
X 射线极限/Pa 灵敏度/Pa^{-1}	1.6×10^{-6} 0.15	3×10^{-5} 0.015	$<1\times10^{-5}$ 0.004,0.04, 0.04	$<1\times10^{-6}$ 0.15	$<1\times10^{-6}$ 0.06	$<1\times10^{-8}$ 0.075	$<3\times10^{-9}$ 0.189	$\leqslant3\times10^{-8}$ 0.075	3×10^{-8} 0.075	$\leqslant10^{-8}$ 0.05	$\leqslant3\times10^{-8}$ 0.075	0.06
工作参数: 灯丝电压/V 灯丝电流/A 灯丝电位/V	 3.5 1.2 25	 1.3 2.5 50	 1.3 2.5 60,10,10	 1.3 2.5 25	 1.3 2.5 15	 3～5 3.5 50	 3～5 2.5～3.5 30	 2.5 2 30	 3.5 2.5～3.5 30	 2.5 1.4 30	50	15
栅极电位/V 栅极电流[①]/mA 辅助极电位/V 收集极电位/V	200 5 0	115 0.05,0.05 0	162,162,162 4×10^{-3}, 0.05,0.5 60,162,162 0,0,0	200 0.11 0	280 0.011 0	200 1 0	180 0.044 0	180 2 0	180 2 0	200 0.12	200 10^{-2},5 0	280 0.011 0
加热除气: 栅极电压/V 栅极电流[①]/A	 12 3.2			 11 3		 6 5		 7.5 10	 7.5 10	 8 9		
电子轰击除气: 栅极电压/V 收集极电压/V 除气电流/mA		 300 — 20	 300 — 20		 500 500 75		 600 600 70				 800 800 70	 500 500 75
烘烤温度/℃	120 (KF 法兰) 250 (CF 法兰)	120 (KF 法兰) 250 (CF 法兰)	120 (KF 法兰) 250 (CF 法兰)	120 (KF 法兰) 250 (CF 法兰)	120 (KF 法兰) 250 (CF 法兰)	450	450	400	400	120	450	120 (KF 法兰) 250 (CF 法兰)

① 栅极电流即发射电流。

表 5-8　国光牌冷阴极电离真空规技术性能

代号	测量范围/Pa	工作电压/kV	工作电流/mA	连接法兰	环境温度/℃	烘烤温度/℃	材料					质量/kg
							阴极	阳极	绝缘体	芯柱压封件	密封件	
MO14A	$5\times10^{-1}\sim5\times10^{-5}$	3～3.3	0.7	*DN*40KF	0～40	150	不锈钢	不锈钢	95 陶瓷	纯银	氟橡胶	0.8
MO14	$1\times10^{-1}\sim1\times10^{-7}$	3～3.3	0.7	*DN*40KF	0～40	450	不锈钢	不锈钢	95 陶瓷	纯银	无氧铜	1

5.11 质量流量计

5.11.1 MFC 用途和特点

质量流量计（Mass Flow Meter，MFM）用于对气体的质量流量进行精密测量；质量流量控制器（Mass Flow Controller，MFC）用于对气体的质量流量进行精密测量和控制。它们在半导体和集成电路工业、特种材料学科、化学工业、石油工业、医药、环保和真空等多个领域的科研和生产中有着重要的应用。其典型的应用场合包括：电子工艺设备，如扩散、氧化、外延、CVD、等离子刻蚀、溅射、离子注入；以及镀膜设备、光纤熔炼、微反应装置、混气配气系统、毛细管测量、气相色谱仪及其他分析仪器。通常情况下，MFC 采用热式传感器作为测量方式获取气体的流量信号。

5.11.2 热式 MFC 工作原理

流量传感器采用毛细管传热温差量热法原理测量气体的质量流量（无需温度压力补偿）。如图 5-36 所示，气体流过传感器会导致传感器加热绕组的电压发生变化，电压变化通过电桥送入放大器放大，放大后的流量检测电压与设定电压进行比较，再将差值信号放大后去控制调节阀门，闭环控制流过 MFC 的流量使之与设定的流量相等。分流器决定主通道的流量。一般与 MFC 配套的流量显示仪上有稳压电源，3 位半数字电压表，设定电位器，外设、内设转换和三位阀控开关等。

通常情况下，MFC 的满量程（F. S）流量检测输出电压为＋5V。质量流量控制器的流量控制范围是（2～100）%F. S（量程比为 50∶1），流量分辨率是 0.1%F. S。

5.11.3 MFC 使用

一般来讲，MFC 使用可以利用 READOUT BOX 流量显示仪，这种设备可以给 MFC 提供电源、0～5V 设定信号，监测 0～5V 流量输出信号并进行显示，使用便捷。另外也可以只购买 MFC，利用自己的设备或者实验室的电源给 MFC 供电。一般 MFC 供电分单电源（0～24V）和双电源（±15V），若需要进行（0～＋5V）设定信号，可以直接将“流量设定”引脚接上（0～＋5V）电压，代表 MFC 的零到满量程流量，呈线性关系；若用户要检测流量输出信号（0～＋5V）时，将线引至显示仪外控信号插座的“流量检测”和“信号地”（0 电平）引脚上即可；也可直接与计算机的模/数（A/D）转换器连接，＋5.00V 输出电压对应 MFC 满量程额定流量值。

调零和外调零在热式的 MFC 使用上非常重要，因为热式传感器在使用之前需要预

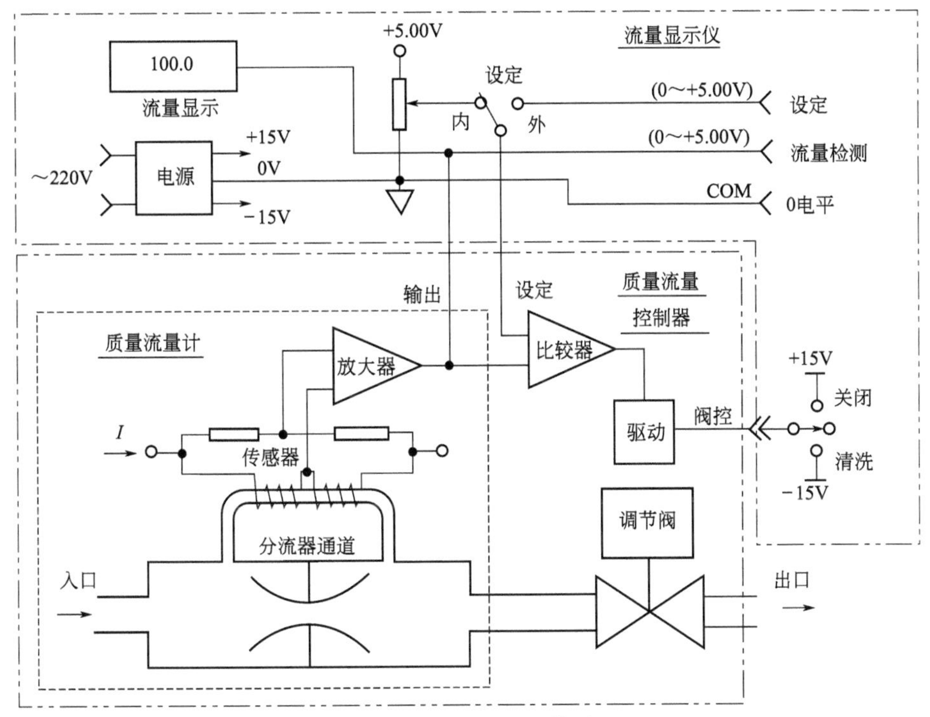

图 5-36　热式 MFC 工作原理

热，调零工作必须在 MFC 开机预热 15min 以上，待流量计零点稳定以后进行。首次使用或工作一段时间后，若发现零点偏移，可以调整。一般 MFC 能通过外罩上进气口侧面或顶端的调零孔调整，也可揭开外罩调整。注意：调零时流量管路不能通气（或将阀门关闭）。

工作压差也是 MFC 使用上需要注意的，每一款 MFC 根据流量的不同工作压差也不同，使用时需要阅读使用手册。

5.11.4　国内外 MFC 发展状况介绍

MFC 是一个机电一体化的典型产品，随着工业控制自动化的需要，MFC 总体来讲是向着数字化、程序化的趋势发展。

在电路控制方面，目前国内的 MFC 发展趋势正从模拟电路向着数字电路发展。数字电路相对模拟电路的优点有：精度高，可控性强，易于通信，易于工业自动控制。由于模拟电路中分立元件在体积上的限制，在功能上也会受到很大限制，高度集成的数字芯片可以让 MFC 在功能上得到很大程度的扩展，比如数字电路应运而生的一些功能：多气体多量程、延迟、软启动、自我诊断等。

在机械结构方面，目前国内外众多厂商的 MFC 采用的分流技术各有不同，并且分流器都向着更加稳定的层流关系方向发展。在阀结构方面，MFC 以电磁阀的应用为主，各个厂商在结构上有所创新。在通道的金属材质使用上，根据不同的工艺，不同的使用场合区别比较明显，比如在真空设备中，采用 316LVV 材料做 MFC 的通道加上表面经过 EP 处理，在抽真空的效果上都要比普通的金属材质好得多，因为表面

表 5-9 质量流量计主要性能参数

项目 \ 型号		D07-7B	D07-7C	D07-7BM	D07-7CM	D07-7K	D07-7KM	D07-11C	D07-11CM	D07-15
流量(N_2)	SCCM	0～5、10、20、30、50、100～500				0～20、30、50、100、200、300、500		0～5、10、20、30、50、100、200、300、500		0～5、10、20、30、50、100、200、300、500
	SLM	0～1、1、2、3、5、10				0～1、1、2、3、5、10		0～1、2、3、5、10、20、30		0～1、2、3、5
准确度/% F.S		±1.5				±1		±1、±2(20、30SLM)		±1
线性/% F.S		±1				±1		±0.5、±2(20、30SLM)		±0.5
重复精度/% F.S		±0.2				±0.2		±0.2		±0.2
响应时间/s		≤10				≤4		≤10		≤4
阀门类型		常闭		无		常闭	无	常闭	无	常闭
工作压差范围/MPa		0.1～0.5		<0.01		<0.01	<0.01	0.2～0.8(≤10SLM) 0.2～0.6(>10SLM)	<0.02	0.1～0.3
耐压/MPa		3				3		10		3
漏率(He)/atm·mL·s^{-1}		1×10^{-8}						1×10^{-8}	1×10^{-8}	1×10^{-8}
密封材料		氟橡胶		丁腈橡胶		氟橡胶	丁腈橡胶	氟橡胶、聚四氟乙烯、氯丁橡胶		氟橡胶、氯丁橡胶
工作环境温度/℃		5～45				5～45		5～45		5～45
输入信号(DC)/V		0～5				0～5		0～5		0～5
输出信号(DC)/V		0～5				0～5		0～5		0～5
电源/V /mA		+15 −15 50 200		+15 −15 50 50		+15 −15 50 200	+15 −15 50 50	+15 −15 50 200	+15 −15 50 50	+15 −15 50 200
抗电磁干扰		—	CE	—	CE			CE		
质量/kg		1.1		0.9		1.1	0.92	1.2	1	0.85

项目 \ 型号		D07-19B	D07-19F	D07-19FM	D07-19BM	D07-19C	D07-19CM	D07-60B	D07-60F	D07-60FM	D07-60BM
流量(N_2)	SCCM	0～5、10、20、30、50、100～500				0～5、10、20、30、50、100、200、500		—			
	SLM	0～1、2、3、5、10、20、30				0～1、2、3、5、10、20		0～300、500、750、1000、1500、200			
准确度/ % F. S		±1　±2(20、30SLM)				±1　±2(20SLM)		±2			
线性/　% F. S		±0. 5 ±2(20、30SLM)				±0. 5 ±2(20SLM)		±1			
重复精度/ % F. S		±0. 2				±0. 2		±0. 2			
响应时间/s		≤2	≤4		≤2	≤1. 5		≤10	≤20	≤4	≤10
阀门类型		常闭		无		常闭	无	先导阀		无	
工作压差范围/MPa		0. 1～0. 5(≤10SLM) 0. 1～0. 3(>10SLM)		<0. 02		0. 1～0. 5 (≤10SLM) 0. 1～0. 3 (>10SLM)	<0. 02	0. 25～0. 5 (≤1000SLM) 0. 4～0. 6 (>1000SLM)	0. 2～0. 5 (≤1000SLM) 0. 3～0. 5 (>1000SLM)	<0. 2	
耐压/MPa		3		10		3	10	10			
漏率(He)/atm · mL · s^{-1}		1×10^{-8}						1×10^{-8}		1×10^{-8}	
密封材料		氟橡胶、聚四氟乙烯、氯丁橡胶				氟橡胶、聚四氟乙烯、氯丁橡胶		氟橡胶、氯丁橡胶			
工作环境温度/℃		5～45				5～45		5～45			
输入信号(DC)/V		0～5	4～20mA 或 1～5V			0～5		0～5	4～20mA 或 1～5V		—
输出信号(DC)/V		0～5	4～20mA 或 1～5V			0～5		0～5	4～20mA 或 1～5V		0～5
电源/V /mA		+15　−15 50　20	24 400	24 100	+15　−15 50　20	+15　−15 50　200	+15　−15 50　50	+15　−15 50　200	24 100	24 100	+15　−15 50　50
抗电磁干扰		CE				CE					
质量/kg		0. 95	1. 2	1. 0	0. 7	1. 2	1	6		5	

续表

项目＼型号		D07-60B	D07-60F	D07-60FM	D07-60BM
流量(N_2)	SCCM				
	SLM	0～300、500、750、1000、1500、2000			
准确度/% F.S		±2			
线性/% F.S		±1			
重复精度/% F.S		±0.2			
响应时间/s		≤10	≤20	≤4	≤10
阀门类型		先导阀		无	
工作压差范围/MPa		0.25～0.5(≤1000SLM) 0.4～0.6(>1000SLM)	0.2～0.5 (≤1000SLM) 0.3～0.5 (>1000SLM)	<0.2	
耐压/MPa		3			
漏率(He)/atm·mL·s^{-1}		1×10^{-8}			
密封材料		氟橡胶　氯丁橡胶			
工作环境温度/℃		5～45			
输入信号(DC)/V		0～5	4～20mA 或 1～5V	-	
输出信号(DC)/V		0～5	4～20mA 或 1～5V		0～5
电源/V /mA		+15　−15 50　200	24 100	24 100	+15　−15 50　50
抗电磁干扰		CE			
质量/kg		6		5	

注：型号代号中末位有“M”者为质量流量计；无“M”者为质量流量控制器。

处理较好的金属材质表面缺陷更少，可存留的分子少，使得在抽真空的时候更容易达到理想真空度。

计算机控制方面，由于工业产品自动化控制的趋势，需要系统的各个零部件都能集中控制，这也带动了 MFC 的通信能力的提高。作为数字化的 MFC，通常都会采用 RS232/RS485 串口通信，比较高端的一些应用，例如在半导体领域的 MFC 会用到 DEVICENET 通信协议。

5.11.5 MFC 在真空设备中的典型应用和注意事项

真空镀膜机是 MFC 在真空设备中典型应用的例子。一般的控制过程为：

① 利用真空泵将真空抽到极限（本底真空一般为 10^{-3}Pa 量级）；

② 开启 MFC 控制通气量，根据工艺需要调节 MFC 的流量，调节到工艺需要的真空度（一般为 10^{-1}Pa 量级）。

使用 MFC 需要注意的问题：

① 根据工艺的不同，MFC 的量程选定要遵照公式：$S=Q/p$［S 为真空泵在稳定后的最高抽速，单位为 L/s；Q 为需要通过的流量，单位为 SCCM（mL/min，标准状态）或 SLM（L/min，标准状态）；p 为稳定工作后的真空度，单位为 Pa］。需要注意的是，这个公式是在理想状态下的公式，计算 Q 的结果应该尽量接近并小于 MFC 的满量程。

② 各个厂商的 MFC 的漏率有所不同，漏率越小对真空度的影响越小，一般市场中较好的 MFC 漏率为 1×10^{-9}atm・mL/s（He），个别产品可以达到 1×10^{-10}atm・mL/s（He）。

③ MFC 内部本身控制流量的电磁调节阀，当设定到零点的时候总会有一定的泄漏，不能够当做截止阀使用，因此最好在 MFC 和真空腔体中间使用截止阀隔离。

④ 安装系统时要注意 MFC 连接处和气路的检漏，如果有条件最好用氦质谱检漏仪。

由于 MFC 内部是闭环反馈，正常工作情况下流量会有很小范围的波动，但是不会造成真空度的波动。如果真空计度数波动很大，首先应该确定是否是真空泵的问题，因为真空泵对真空度的影响比 MFC 要大得多。

5.11.6 北京七星华创电子股份有限公司质量流量计

北京七星华创电子股份有限公司生产的质量流量计的主要性能参数见表 5-9。

第 6 章 低温测试技术

6.1 概述

6.1.1 低温范围划分及获得

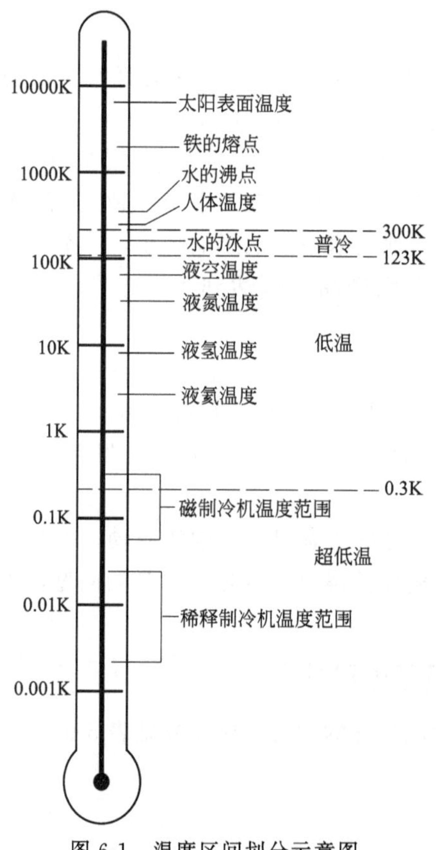

图 6-1 温度区间划分示意图

低温学字面意思是冰冷的获得，如今已作为低温同义词来用。普冷、低温和超低温并无明确的定义。美国国家标准局研究人员把低于 123K 的温度范围作为低温领域，这是一个逻辑分界线，正如大家所知道的氦、氢、氖、氮、氧和空气的沸点都在 123K 以下，而氟利昂、硫化氢、氨和许多常用制冷剂沸点都在 123K 以上，通过 3He 减压方式所能获得的最低温度为 0.3K，因此对 300K 以下温度区间做如下划分：

① 普冷（300～123K） 制冷方式通常采用相变原理，蒸气压缩式、复叠式来获取冷量，主要用于冷藏、冷库、空调等。

② 低温（123～0.3K） 制冷方式采用 J-T 节流（气-液/气）、膨胀机（气-气），主要应用于工业、航空航天、能源等。

③ 超低温（低于 0.3K） 大多采用磁制冷、稀释制冷方式，用于基础科学研究。

图 6-1 所示为温度区间划分示意图。

常压下常见低温液体的温度，对于 LN_2 为 77K；LH_2 为 20.4K；而 LHe_2 则为 4.2K。在低温工程中依据不同制冷方式可获得不同的低温温度，如斯特林制冷机可获得 10～300K；G-M 制冷方式和脉管制冷可获得 3～300K；^3He-^4He 稀释制冷机可获得 5mK～4K；顺磁盐绝热去磁和激光冷却则可获得低于 1mK，甚至 1μK 极低温度。表 6-1 给出了获取低温的主要方法和所达到的温度。

表 6-1 获取低温的主要方法和所达到的温度

方法名称	可达温度/K	方法名称	可达温度/K
一般半导体制冷	150	气体部分绝热膨胀三级 G-M 制冷机	6.5
三级级联半导体制冷	77	气体部分绝热膨胀的西蒙氦液化器	4.2
气体节流	4.2	液体减压蒸发逐级冷冻	63
一般气体绝热膨胀	10	液体减压蒸发(^{4}He)	4.2～0.7
带氦两相膨胀机气体做外功绝热膨胀	4.2	液体减压蒸发(^{3}He)	3.2～0.3
气体部分绝热膨胀的三级脉管制冷机	80.0	^{3}He 绝热压缩相变制冷	0.002
气体部分绝热膨胀的六级脉管制冷机	20.0	^{3}He—^{4}He 稀释制冷	1～0.001
气体部分绝热膨胀的二级沙尔凡制冷机	12	绝热去磁	1～0.000001

6.1.2 温度标准与传递

理论上一切与温度有关的物理性质都有可能用来作为温度敏感器件，通过对其他性质的测量才能确定温度。如毛细管中水银柱的长度、铂电阻丝电阻、理想或近似理想气体的压力或者两种不同金属的热电势等。低温下通常采用建立在热力学第二定律的卡诺热机概念基础上的开氏绝对温标，也称开氏温标（K）或开尔文温标。开氏温标是一种理想化的温标，需用理想气体温度计来实现。

统计力学虽然建立了温度和分子动能之间的函数关系，但由于目前尚难以直接测量物体内部的分子动能，因而只能利用一些物质的某些物性（如尺寸、密度、硬度、弹性模量、辐射强度等）随温度变化的规律，通过这些量来对温度进行间接测量。为了保证温度量值的准确和利于传递，需要建立一个衡量温度的统一标准尺度，即温标。

随着温度测量技术的发展，温标经历了逐渐发展，不断修改和完善的渐进过程。从早期根据某些物质体积膨胀与温度的关系，用实验方法或经验公式所确定的一些经验温标，发展为后来的理想热力学温标和绝对温标，到现今使用具有较高精度的国际实用温标，其间经历了几百年时间。

理想热力学温标是 1848 年由开尔文（Kelvin）提出的以卡诺循环（Carnot cycle）为基础建立的热力学温标，是一种理想而不能真正实现的理论温标，它是国际单位制中七个基本物理（长度、时间、质量、电流、光强度、物质的量、热力学温度）单位之一。在该温标中，为了在分度上和摄氏温标相一致，把理想气体压力为零时对应的温度——绝对零度与水的三相点温度（1954 年第十届国际计量大会规定水的三相点 273.16K 作为定标点）分为 273.16 份，每份为 1K（Kelvin）。热力学温度的单位为“K”。

绝对温标从理想气体状态方程即波义耳定律（$pV=RT$）入手，利用气体压强与温度的线性关系来复现热力学温标，其数值由于存在一个自然零点，或绝对零度，故称为绝对温标。当气体体积为恒定（定容）时，其压强就是温度的单值函数，这样就有：$T_2/T_1=p_2/p_1$，这种比值关系与开尔文（Kelvin）提出确定的热力学温标的比值关系完全类似。因此在绝对温标中水的冰点必须是实际测量，大家公认的水的冰点为 273.15K。摄氏温度数值与绝对温标中数值换算关系为：$t=T-273.15$。

大量的实验证明：在确定了定标点后，利用气体测温其数值差异很小，特别对于稀薄气体，在压力趋于零时的极限状况下其数值甚至与气体种类无关，即也存在所谓理想气体温标，但理想气体温标旨在强调存在一种客观的测温方法，而不涉及如何具体地选取标准点，同时理想气体也仅仅是一种数学模型，实际上并不存在，故只能用真实气体来制作气体温度计。由于在用气体温度计测量温度时，要对其读数进行许多修正；因此直接用气体温度计来统一国际温标，不仅技术上难度很大、很复杂，而且操作非常繁杂、困难；因而在各国科技工作者的不懈努力和推动下，产生和建立了协议性的国际实用温标。

经国际协议产生的国际实用温标，其指导思想是要它尽可能地接近热力学温标，复现精度要高，且使用于复现温标的标准温度计，制作较容易，性能稳定，使用方便，从而使各国均能以很高的准确度复现该温标，保证国际上温度量值的统一。第一个国际温标是1927年第七届国际计量大会决定采用的国际实用温标。此后在1948年、1960年、1968年经多次修订，形成了20多年各国普遍采用的国际实用温标，称为IPTS—68。1989年7月第77届国际计量委员会批准建立了新的国际温标，简称ITS—90。

ITS—90基本内容为：

① 重申国际实用温标单位仍为K，1K等于水的三相点时温度值的1/273.16。

② 把水的三相点时温度值定义为0.01℃（摄氏度），同时相应把绝对零度修订为－273.15℃。

③ 规定把整个温标分成4个温区，其相应的标准仪器如下：

a. 0.65～5.0K，用^3He和^4He蒸气压温度计；

b. 3.0～24.5561K，用^3He和^4He定容气体温度计；

c. 13.803K～961.78℃，用铂电阻温度计；

d. 961.78℃以上，用光学或光电高温计。

④ 新确认和规定17个固定点温度值（见表6-2）以及借助依据这些固定点和规定的内插公式分度的标准仪器来实现整个热力学温标。

表6-2 ITS—90定义的固定点

序号	温度(T_{90})/K	温度(t_{90})/℃	物质(a)	状态(b)
1	3～5	－270.15～－268.15	He	V
2	13.8033	－259.3467	e-H_2	T
3	17	－256.15	e-H_2	V
4	20.3	－252.85	e-H_2	V
5	24.5561	－248.5939	Ne	T
6	54.3584	－218.7916	O_2	T
7	83.8058	－189.3442	Ar	T
8	234.3156	－38.8344	Hg	T
9	273.16	0.01	H_2O	T
10	302.9146	29.7646	Ga	M
11	429.7485	156.5985	In	F
12	505.078	231.928	Sn	F
13	692.677	419.527	Zn	F

续表

序号	温度(T_{90})/K	温度(t_{90})/℃	物质(a)	状态(b)
14	933.473	660.323	Al	F
15	1234.93	961.78	Ag	F
16	1337.33	1064.18	Au	F
17	1357.77	1084.62	Cu	F

注：V—蒸气压；T—三相点；M—熔点；F—凝固点。

中国从 1991 年 7 月 1 日起开始对各级标准温度计进行改值，整个工业测温仪表的改值在 1993 年年底前全部完成，并从 1994 年 1 月 1 日开始全面推行 ITS—90 新温标。

对温度计的标定，有标准值法和标准表法两种方法。标准值法就是用适当的方法建立起一系列国际温标定义的固定温度点（恒温）作标准值，把被标定温度计（或传感器）依次置于这些标准温度值之下，记录下温度计的相应示值（或传感器的输出），并根据国际温标规定的内插公式对温度计（或传感器）的分度进行对比记录，从而完成对温度计的标定；被标定后的温度计可作为标准温度计来测温度。更为一般和常用的另一种标定方法是把被标定温度计（或传感器）与已被标定好的更高一级精度的温度计（或传感器）紧靠在一起，共同置于可调节的恒温槽中，分别把槽温调节到所选择的若干温度点，比较和记录两者的读数，获得一系列对应差值，经多次升温、降温、重复测试，若这些差值稳定，则把记录下的这些差值作为被标定温度计的修正量，就成了对被标定温度计的标定。

世界各国根据国际温标规定建立自己国家的标准，并定期和国际标准相对比，以保证其精度和可靠性。我国的国家温度标准保存在中国计量科学院。各省（直辖市、自治区）市县计量部门的温度标准定期进行下级与上一级标准对比（修正）、标定，据此进行温度标准的传递，从而保证温度标准的准确与统一。

6.2 低温温度测量

6.2.1 低温温度计原理及分类

低温下实际使用的温度计主要有气体温度计、蒸气压温度计、电阻温度计、温差电热偶温度计和磁温度计等。

气体温度计是利用理想气体的压强和体积的乘积与热力学温度成比例这一规律来进行温度测量的。它有固定压强、测量体积的变化来确定温度的定压气体温度计和固定体积、测量压强变化来确定温度的定容气体温度计。后者测量温度的精度高，装置较简单。定容温度计在进行精确的修正后可近似于理想气体温度计。

蒸气压温度计利用与液体呈热平衡状态的饱和蒸气压来指示温度，其优点是在可使用的温度区间内灵敏度很高，尤其是在沸点附近，装置简单，但缺点是温度范围窄。

电阻温度计有金属电阻温度计和半导体电阻温度计两类。它们都是利用电阻随温度变化（只是两者的电阻温度系数符号相反）这一特性。前者有铂、金、铜、镍、铟等纯金属和铑铁、磷青铜等合金；后者有碳、锗等。电阻温度计使用方便可靠，工业及科研均已广泛应用，尤其是半导体电阻温度计，在极低温度下具有非常高的灵敏度。

温差电热偶温度计基于两种不同材料所呈现的塞贝克效应，即物质的温差电现象。常用的有铜-康铜、铁-康铜、镍铬-康铜、镍铬-金铁以及金钴-铜等。它们的接点体积小、容量小、制作简单、安装方便，也得到广泛的应用。

磁温度计是利用某些顺磁性物质（例如，硝酸铈镁、硫酸锰铵和硫酸铁铵）的磁化率在低温下遵从居里定律（$x=D/T$）或居里-外斯定律［$x=D/(CT-\theta)$］，式中 D 和 θ 分别为居里常数和居里温度，由测出的 x 值而求出温度。磁温度计主要是在 1K 以下的极低温温区中使用。

6.2.2 低温温度计的选型及应用

作为一般原则，在选择温度计时要考虑以下指标：

① 温度计的复现性要高　只有复现性足够高，才能在足够长的时间内维持标定的数据。

② 对温标的准确度要高　这既要求温度计自身的复现性高，又要求高准确度的标定。

③ 灵敏度要高　即对温度变化的分辨能力强、温度每变化 1K 时输出信号要足够大。

④ 使用简便、价格低和取之便利。

⑤ 足够的抗冲击振动性能　这是为适应航天器在地面试验和发射时都要经受强烈的冲击振动而要求的。

⑥ 响应速度快　在低温工程的很多场合要求实现低温温度的动态测量。例如，环模试验设备有时要求控温要快速响应，或当试验对象发生剧烈的温度变化时需要准确地监控测试贮存及其变化趋势，或在发动机试车过程中，要求在很短时间内精确地测定发动机系统和操作设备系统数十个点的温度变化，没有快速响应的低温温度计是无法满足使用要求的。

⑦ 能实现远距离检测或遥测遥控　这是因为很多地面试验都要求实现远距离检测，同时发射阶段和入轨后航天器的工作温度监控，也只有通过遥测遥控才能实现。

⑧ 温度计的自热效应、引线漏热乃至几何尺寸都要足够小　人们总是希望引进温度计后对被测对象状态的影响愈小愈好。由于物质的热容随温度下降而很快下降，因此低温下的热容一般都是很小的，引进很少的热量就会使被测部位的温度分布变化。另外，低温制冷系统的制冷量都是很小的，有的功率只有数毫瓦，也决不允许采用自热效应和引线漏热大的温度计。同时，为了实现定点测量也要求温度计的几何尺寸尽量小。因此应选用线径较小的传感器，或在引线布置时要采取适当措施如从高温处连接引线应先在热沉上绕几圈等。

⑨ 采取各种措施保证传感器与被测对象的良好热接触　如采用铟等软金属或真空导热油脂填充以保证测温正确，尤其在真空环境下消除接触热阻的影响十分重要。

上述指标在实际选用时，会彼此制约，例如复现性和抗冲击振动性能。但对于每一具体的测温问题事实上总存在一种最佳的低温温度计。因此低温测量中应综合考虑温度计精度、可靠性、重复性和实际温度的标定。此外，也应考虑测温范围、热循环重复性、对磁场的敏感性、布线和读出设备等的费用以及寄生热负载对测量结果的影响。

航天技术中最常用的低温温度计有电阻温度计、热电偶温度计、蒸气压温度计和简易气体温度计等。不同于普通温度测量，低温测量通常是微信号测量，而且涉及材料性能的方方面面，为了能准确实现低温性能测量，必要时可参考有关专著。

以下依据材料典型性能进行了分类，这些辅助材料在低温测量中会经常用到。

传热好——金、铜、蓝宝石、石英晶体等。

传热差——不锈钢、德银、玻璃钢、胶木、树脂、尼龙、棉线等。

热胀小——石英管（多晶，热导差）。

导电胶——导电好，粘接引线用。

导热胶——导热好、不导电。

粘接材料——聚乙烯醇缩醛胶和其他低温胶。

密封材料——橡胶圈、橡胶垫（室温用）；铟丝、保险丝（低温用）。

无磁材料——特种钢、玻璃钢。

支撑材料石墨——高温下导热好，低温下绝热。

6.2.3 几种常用低温温度计

6.2.3.1 低温热电偶

热电偶测温的基本原理是两种不同成分的材质导体组成闭合回路，当两端存在温度梯度时，回路中就会有电流通过，此时两端之间就存在电动势——热电动势，这种现象就是所谓的塞贝克效应（Seebeck effect）。如果一端（参考端）处于某个恒定的温度下（通常以水三相点 0℃为参考点），通过测量热电势输出就可以实现另一端（测量端）的温度值测量。标定过程也就是在参考点固定来确定其热电动势与温度的函数关系，据此产生对应的分度表。

常用热电偶可分为标准热电偶和非标准热电偶两大类。所谓标准热电偶是指国家标准规定了其热电势与温度的关系、允许误差、并有统一的标准分度表的热电偶，它有与其配套的显示仪表可供选用。我国从 1988 年 1 月 1 日起，热电偶和热电阻全部按 IEC 国际标准生产，并指定 S（铂铑 10-纯铂）、B（铂铑 30-铂铑 6）、E（镍铬-康铜）、K（镍铬-镍硅）、R（铂铑 13-纯铂）、J（铁-康铜）、T（纯铜-康铜）七种标准化热电偶为我国统一设计型热电偶。其中 S、B、R 属于贵金属热电偶；K、E、J、T 属于廉金属热电偶。非标准化热电偶在使用范围或数量级上均不及标准化热电偶，一般也没有统一的分度表，但由于能充分满足某些特殊场合的测量要求，在低温工程中大量应用，需要专门标定。

通常热电偶的热电势（V）与温度（T）之间有如下简单关系：$V=KT$。其中 K 为温度系数，是常数。但由于热电偶的非线性特征，为精确测温，通常在 $2\text{K}<T<273\text{K}$ 之间，可以通过三个固定温度点来标定热电偶，此时有：$V=at+bt^2+ct^3$。这三个固定温度点可以选用冰点（0℃）、固态二氧化碳的升华点（－78℃）及液氮正常沸点（－196℃）。通过这三定点测得的电势值及固定点温度值，可以定出 a、b、c 值。从而可得到热电偶的温度分度公式，再通过插入法作出温度分度表。

热电偶测温具有许多显著优点，尤其当要求的测温不确定度在 0.1～0.5K 范围内时，往往是宁可选用热电偶而不用其他类型的温度计，归纳起来热电偶温度计具有如下特点：

① 简单方便，价格便宜，易于根据需要自制；

② 热电偶测温端的热容很小，能快速反映出温度变化，满足动态测温要求；

③ 热电偶具有强的抗冲击能力；

④ 测温端点体积小，易于安装布置，它可以做到一般温度计难以达到的定点测温或温度分布场的测量；

⑤ 输出直流电信号，容易实现信号处理、采集分析，与计算机配合可方便地实现遥测或遥控；

⑥ 当需要测量两点间温差时，热电偶不仅测量误差小，而且更容易实施。

表 6-3 列出五种常用低温热电偶的基本特性。

表 6-3　五种常用低温热电偶的基本特性

热电偶名称	推荐测温范围/K	测量精度	重复性 dT/T	分度号	灵敏度范围/$\mu V \cdot K^{-1}$
铜-康铜(Cu60/Ni40)	50～300	(与校准方法有关,通常0.1～0.5K)	0.5%	T	13～39
镍铬(90/10)-康铜	40～300		1%	E	16～60
镍铬-金铁[Au+0.07%(原子分数)Fe]	1～300		0.5%	非标	8～22
镍铬-铜铁[Cu+0.15%(原子分数)Fe]	4～300		—	非标	12～28
镍铬(Ni90/Cr10)-镍硅(Ni97/Si3)	70～1100		1%	K	16～38

低温工程中常用的低温热电偶有铜-康铜（铜镍）（T 型）、镍铬-康铜（E 型）、镍铬-金铁、镍铬-铜铁和镍铬-镍硅（K 型）五种型号。

(1) 铜-康铜 (T 型)

铜-康铜热电偶材质均匀、稳定，制成的热电偶也具有较好的稳定性。

铜-康铜热电偶的使用温区−250～+350℃，低温下推荐使用在 273～77K 温区，液氮温度下灵敏度略差，仅有 16μV/K，表 6-4 给出铜-康铜热电偶参考分度表。

表 6-4　铜-康铜热电偶参考分度表（−215～0℃，参考端为 0℃）

t/℃	热电势/μV	灵敏度/$\mu V \cdot ℃^{-1}$	t/℃	热电势/μV	灵敏度/$\mu V \cdot ℃^{-1}$	t/℃	热电势/μV	灵敏度/$\mu V \cdot ℃^{-1}$
−215	−5822.88	13.537	−198	−5571.15	16.024	−181	−5279.02	18.329
−214	−5809.26	13.694	−197	−5555.05	16.163	−180	−5260.62	18.461
−213	−5795.49	13.850	−196	−5538.82	16.301	−179	−5242.10	18.594
−212	−5781.56	14.003	−195	−5522.45	16.438	−178	−5223.44	18.727
−211	−5767.48	14.155	−194	−5505.95	16.575	−177	−5204.54	18.859
−210	−5753.25	14.305	−193	−5489.30	16.712	−176	−5185.72	18.991
−209	−5738.87	14.454	−192	−5472.52	16.848	−175	−5166.66	19.122
−208	−5724.34	14.602	−191	−5455.61	16.984	−174	−5147.47	19.254
−207	−5709.67	14.748	−190	−5438.55	17.120	−173	−5128.16	19.386
−206	−5694.85	14.893	−189	−5421.37	17.255	−172	−5108.71	19.515
−205	−5679.88	15.038	−188	−5404.04	17.390	−171	−5089.12	19.646
−204	−5664.77	15.181	−187	−5386.59	17.525	−170	−5069.41	19.776
−203	−5649.52	15.323	−186	−5368.99	17.660	−169	−5049.57	19.906
−202	−5634.13	15.465	−185	−5351.27	17.794	−168	−5029.60	20.036
−201	−5618.59	15.605	−184	−5333.40	17.928	−167	−5009.50	20.165
−200	−5602.92	15.745	−183	−5315.41	18.062	−166	−4989.27	20.294
−199	−5587.10	15.885	−182	−5297.28	18.195	−165	−4968.91	20.423

续表

t /℃	热电势 /μV	灵敏度 /μV·℃$^{-1}$	t /℃	热电势 /μV	灵敏度 /μV·℃$^{-1}$	t /℃	热电势 /μV	灵敏度 /μV·℃$^{-1}$
−164	−4948.43	20.551	−115	−3790.99	26.628	−66	−2347.52	33.195
−163	−4927.81	20.680	−114	−3764.30	26.748	−65	−2315.27	32.303
−162	−4907.07	20.808	−113	−3737.49	26.867	−64	−2282.92	32.411
−161	−4886.20	20.930	−112	−3710.57	26.986	−63	−2250.45	32.519
−160	−4865.20	21.063	−111	−3683.52	27.105	−62	−2217.88	32.626
−159	−4844.07	21.190	−110	−3656.36	27.224	−61	−2185.20	32.733
−158	−4822.81	21.318	−109	−3629.07	27.342	−60	−2152.41	32.840
−157	−4801.43	21.444	−108	−3601.67	27.460	−59	−2119.52	32.946
−156	−4779.93	21.571	−107	−3574.15	27.578	−58	−2086.52	33.052
−155	−4758.29	21.697	−106	−3546.52	27.695	−57	−2053.42	33.158
−154	−4736.53	21.824	−105	−3518.76	27.812	−56	−2020.21	33.264
−153	−4714.64	21.950	−104	−3490.89	27.929	−55	−1986.89	33.369
−152	−4692.63	22.075	−103	−3462.90	28.046	−54	−1953.47	33.474
−151	−4670.49	22.201	−102	−3434.80	28.162	−53	−1919.94	33.578
−150	−4648.23	22.327	−101	−3406.58	28.278	−52	−1886.31	33.682
−149	−4625.84	22.452	−100	−3378.24	28.394	−51	−1852.58	33.786
−148	−4603.33	22.577	−99	−3349.79	28.510	−50	−1818.74	33.889
−147	−4580.69	22.702	−98	−3321.22	28.625	−49	−1784.80	33.993
−146	−4557.92	22.827	−97	−3292.54	28.740	−48	−1750.75	34.095
−145	−4535.03	22.952	−96	−3263.74	28.855	−47	−1716.61	34.198
−144	−4512.02	23.076	−95	−3234.83	28.969	−46	−1682.36	34.300
−143	−4488.88	23.201	−94	−3205.80	29.084	−45	−1648.01	34.402
−142	−4465.62	23.325	−93	−3176.66	29.198	−44	−1613.55	34.504
−141	−4442.23	23.449	−92	−3147.41	29.311	−43	−1579.00	34.605
−140	−4418.72	23.573	−91	−3118.04	29.425	−42	−1544.34	34.706
−139	−4395.08	23.697	−90	−3088.56	29.538	−41	−1509.59	34.807
−138	−4371.32	23.821	−89	−3058.96	29.651	−40	−1474.73	34.907
−137	−4347.44	23.945	−88	−3029.26	29.764	−39	−1439.77	35.008
−136	−4323.43	24.068	−87	−2999.44	29.877	−38	−1404.72	35.108
−135	−4299.30	24.192	−86	−2969.50	29.989	−37	−1369.56	35.208
−134	−4275.05	24.315	−85	−2939.46	30.101	−36	−1334.30	35.308
−133	−4250.67	24.438	−84	−2909.30	30.213	−35	−1298.94	35.407
−132	−4226.17	24.561	−83	−2879.03	30.325	−34	−1263.49	35.507
−131	−4201.55	24.684	−82	−2848.65	30.437	−33	−1227.93	35.606
−130	−4176.81	24.807	−81	−2818.16	30.548	−32	−1192.27	35.705
−129	−4151.94	24.930	−80	−2787.55	30.659	−31	−1156.52	35.804
−128	−4126.95	25.052	−79	−2756.84	30.770	−30	−1120.67	35.903
−127	−4101.83	25.175	−78	−2726.01	30.881	−29	−1084.71	36.002
−126	−4076.60	25.297	−77	−2695.08	30.992	−28	−1048.66	36.101
−125	−4051.24	25.419	−76	−2664.03	31.102	−27	−1012.51	36.200
−124	−4025.76	25.541	−75	−2632.87	31.213	−26	−976.26	36.299
−123	−4000.16	25.662	−74	−2601.61	31.323	−25	−939.91	36.397
−122	−3974.43	25.784	−73	−2570.23	31.432	−24	−903.47	36.496
−121	−3948.59	25.905	−72	−2538.74	31.542	−23	−866.92	36.594
−120	−3922.62	26.026	−71	−2507.14	31.652	−22	−830.23	36.693
−119	−3896.54	26.147	−70	−2475.44	31.761	−21	−793.54	36.791
−118	−3870.33	26.268	−69	−2443.62	31.870	−20	−756.70	36.889
−117	−3844.00	26.388	−68	−2411.70	31.979	−19	−719.76	36.986
−116	−3817.56	26.508	−67	−2379.67	32.087	−18	−682.73	37.081

续表

t /℃	热电势 /μV	灵敏度 /μV·℃⁻¹	t /℃	热电势 /μV	灵敏度 /μV·℃⁻¹	t /℃	热电势 /μV	灵敏度 /μV·℃⁻¹
−17	−645.59	37.181	−11	−420.78	37.753	−5	−192.61	38.301
−16	−608.36	37.273	−10	−382.98	37.846	−4	−154.28	38.389
−15	−571.04	37.374	−9	−345.09	37.939	−3	−115.83	38.477
−14	−533.62	37.470	−8	−307.10	38.030	−2	−77.31	38.565
−13	−496.10	37.565	−7	−269.03	38.121	−1	−38.70	38.653
−12	−458.49	37.659	−6	−230.86	38.211	−0	+0.00	38.741

(2) 镍铬-康铜（E型）

镍铬-康铜热电偶属于国标中的标准热电偶，型号为E，参考分度表详见表6-5，在−230℃以上是目前所有热电偶中灵敏度最高的一种。在液氮温度以下，其灵敏度比T型热电偶高将近一倍（26μV/K，77K），其优点还在于这种热偶丝的热导率极低，仅为铜的1/20，因此热偶丝的传导漏热而引起被测区域温度场的畸变或冷量损失较小；与T型相反，镍铬-康铜热偶丝均匀性较差。

表6-5 镍铬-康铜热电偶参考分度表（−270～270℃，参考温度0℃）

温度 t/℃	E/mV									
	0	−1	−2	−3	−4	−5	−6	−7	−8	−9
−270	−9.835									
−260	−9.797	−9.802	−9.808	−9.813	−9.817	−9.821	−9.825	−9.828	−9.831	−9.833
−250	−9.718	−9.728	−9.737	−9.746	−9.754	−9.762	−9.770	−9.777	−9.784	−9.790
−240	−9.604	−9.617	−9.630	−9.642	−9.654	−9.666	−9.677	−9.688	−9.698	−9.709
−230	−9.455	−9.471	−9.487	−9.503	−9.519	−9.533	−9.548	−9.563	−9.577	−9.591
−220	−9.274	−9.293	−9.313	−9.331	−9.350	−9.368	−9.386	−9.404	−9.421	−9.438
−210	−9.063	−9.085	−9.107	−9.129	−9.151	−9.172	−9.193	−9.214	−9.234	−9.254
−200	−8.825	−8.850	−8.874	−8.899	−8.923	−8.947	−8.971	−8.994	−9.017	−9.040
−190	−8.561	−8.588	−8.616	−8.643	−8.669	−8.696	−8.722	−8.748	−8.774	−8.799
−180	−8.273	−8.303	−8.333	−8.362	−8.391	−8.420	−8.449	−8.477	−8.505	−8.533
−170	−7.963	−7.995	−8.027	−8.059	−8.090	−8.121	−8.152	−8.183	−8.213	−8.243
−160	−7.632	−7.666	−7.700	−7.733	−7.767	−7.800	−7.833	−7.866	−7.899	−7.931
−150	−7.279	−7.315	−7.351	−7.387	−7.423	−7.458	−7.493	−7.528	−7.563	−7.597
−140	−6.907	−6.945	−6.983	−7.021	−7.058	−7.096	−7.133	−7.170	−7.206	−7.243
−130	−6.516	−6.556	−6.596	−6.636	−6.675	−6.714	−6.753	−6.792	−6.831	−6.869
−120	−6.107	−6.149	−6.191	−6.232	−6.273	−6.314	−6.355	−6.396	−6.436	−6.476
−110	−5.681	−5.724	−5.767	−5.810	−5.853	−5.896	−5.939	−5.981	−6.023	−6.065
−100	−5.237	−5.282	−5.327	−5.372	−5.417	−5.461	−5.505	−5.549	−5.593	−5.637
−90	−4.777	−4.824	−4.871	−4.917	−4.963	−5.009	−5.055	−5.101	−5.147	−5.192
−80	−4.302	−4.350	−4.398	−4.446	−4.494	−4.542	−4.589	−4.636	−4.684	−4.731
−70	−3.811	−3.861	−3.911	−3.960	−4.009	−4.058	−4.107	−4.156	−4.205	−4.254
−60	−3.306	−3.357	−3.408	−3.459	−3.510	−3.561	−3.611	−3.661	−3.711	−3.761
−50	−2.787	−2.840	−2.892	−2.944	−2.996	−3.048	−3.100	−3.152	−3.204	−3.255
−40	−2.255	−2.309	−2.363	−2.416	−2.469	−2.523	−2.576	−2.629	−2.682	−2.735
−30	−1.709	−1.765	−1.820	−1.874	−1.929	−1.984	−2.038	−2.093	−2.147	−2.201
−20	−1.152	−1.208	−1.264	−1.320	−1.376	−1.432	−1.488	−1.543	−1.599	−1.654
−10	−0.582	−0.639	−0.697	−0.754	−0.811	−0.868	−0.925	−0.982	−1.039	−1.095
0	0.000	−0.059	−0.117	−0.176	−0.234	−0.292	−0.350	−0.408	−0.466	−0.524

续表

温度 t/℃	E/mV									
	0	1	2	3	4	5	6	7	8	9
0	0.000	0.059	0.118	0.176	0.235	0.294	0.354	0.413	0.472	0.532
10	0.591	0.651	0.711	0.770	0.830	0.890	0.950	1.010	1.071	1.131
20	1.192	1.252	1.313	1.373	1.434	1.495	1.556	1.617	1.678	1.740
30	1.801	1.862	1.924	1.986	2.047	2.109	2.171	2.233	2.295	2.357
40	2.420	2.482	2.545	2.607	2.670	2.733	2.795	2.858	2.921	2.981
50	3.048	3.111	3.174	3.238	3.301	3.365	3.429	3.492	3.556	3.620
60	3.685	3.749	3.813	3.877	3.942	4.006	4.071	4.136	4.200	4.265
70	4.330	4.395	4.460	4.526	4.591	4.656	4.722	4.788	4.853	4.919
80	4.985	5.051	5.117	5.183	5.249	5.315	5.382	5.448	5.514	5.581
90	5.648	5.714	5.781	5.848	5.915	5.982	6.049	6.117	6.184	6.251
100	6.319	6.386	6.454	6.522	6.590	6.658	6.725	6.794	6.862	6.930
110	6.998	7.066	7.135	7.203	7.272	7.341	7.409	7.478	7.547	7.616
120	7.685	7.754	7.823	7.892	7.962	8.031	8.101	8.170	8.240	8.309
130	8.379	8.449	8.519	8.589	8.659	8.729	8.799	8.869	8.940	9.010
140	9.081	9.151	9.222	9.292	9.363	9.434	9.505	9.576	9.647	9.718
150	9.789	9.860	9.931	10.003	10.074	10.145	10.217	10.288	10.360	10.432
160	10.503	10.575	10.647	10.719	10.791	10.863	10.935	11.007	11.080	11.152
170	11.224	11.297	11.369	11.442	11.514	11.587	11.660	11.733	11.805	11.878
180	11.951	12.024	12.097	12.170	12.243	12.317	12.390	12.463	12.537	12.610
190	12.684	12.757	12.831	12.904	12.978	13.052	13.126	13.199	13.273	13.347
200	13.421	13.495	13.569	13.644	13.718	13.792	13.866	13.941	14.015	14.090
210	14.164	14.239	14.313	14.388	14.463	14.537	14.612	14.687	14.762	14.837
220	14.912	14.987	15.062	15.137	15.212	15.287	15.362	15.438	15.513	15.588
230	15.664	15.739	15.815	15.890	15.966	16.041	16.117	16.193	16.269	16.344
240	16.420	16.496	16.572	16.648	16.724	16.800	16.876	16.952	17.028	17.104
250	17.181	17.257	17.333	17.409	17.486	17.562	17.639	17.715	17.792	17.868
260	17.945	18.021	18.098	18.175	18.252	18.328	18.405	18.482	18.559	18.636
270	18.713	18.790	18.867	18.944	19.021	19.098	19.175	19.252	19.330	19.407

(3) 镍铬-镍硅(K型)

镍铬-镍硅热电偶作为一种温度传感器,是目前用量最大的廉金属热电偶,由于测量温区很宽,其用量为其他热电偶的总和,可广泛应用于中、低温区的工程测量。镍铬-镍硅热电偶测温系统由感温元件、安装固定装置和接线盒等主要部件组成,热电偶丝直径一般为1.2~4.0mm,正极(KP)的名义化学成分为:Ni∶Cr=92∶12,负极(KN)的名义化学成分为:Ni∶Si=99∶3,其使用温度为-200~1300℃。这种热电偶具有线性度好,热电动势较大,灵敏度高,稳定性和均匀性较好,抗氧化性强,价格便宜等优点。其参考分度表详见表 6-6。

表 6-6 镍铬-镍硅（K 型）热电偶参考分度表（−270～400℃，参考温度 0℃）

温度 t/℃	E/mV									
	0	−1	−2	−3	−4	−5	−6	−7	−8	−9
−270	−6.458									
−260	−6.441	−6.444	−6.446	−6.448	−6.450	−6.452	−6.453	−6.455	−6.456	−6.457
−250	−6.404	−6.408	−6.413	−6.417	−6.421	−6.425	−6.429	−6.432	−6.435	−6.438
−240	−6.344	−6.351	−6.358	−6.364	−6.370	−6.377	−6.382	−6.388	−6.393	−6.399
−230	−6.262	−6.271	−6.280	−6.289	−6.297	−6.306	−6.314	−6.322	−6.329	−6.337
−220	−6.158	−6.170	−6.181	−6.192	−6.202	−6.213	−6.223	−6.233	−6.243	−6.252
−210	−6.035	−6.048	−6.061	−6.074	−6.087	−6.099	−6.111	−6.123	−6.135	−6.147
−200	−5.891	−5.907	−5.922	−5.936	−5.951	−5.965	−5.980	−5.994	−6.007	−6.021
−190	−5.730	−5.747	−5.763	−5.780	−5.797	−5.813	−5.829	−5.845	−5.861	−5.876
−180	−5.550	−5.569	−5.588	−5.606	−5.624	−5.642	−5.660	−5.678	−5.695	−5.713
−170	−5.354	−5.374	−5.395	−5.415	−5.435	−5.454	−5.474	−5.493	−5.512	−5.531
−160	−5.141	−5.163	−5.185	−5.207	−5.228	−5.250	−5.271	−5.292	−5.313	−5.333
−150	−4.913	−4.936	−4.960	−4.983	−5.006	−5.029	−5.052	−5.074	−5.097	−5.119
−140	−4.669	−4.694	−4.719	−4.744	−4.768	−4.793	−4.817	−4.841	−4.865	−4.889
−130	−4.411	−4.437	−4.463	−4.490	−4.516	−4.542	−4.567	−4.593	−4.618	−4.644
−120	−4.138	−4.166	−4.194	−4.221	−4.249	−4.276	−4.303	−4.330	−4.357	−4.384
−110	−3.852	−3.882	−3.911	−3.939	−3.968	−3.997	−4.025	−4.054	−4.082	−4.110
−100	−3.554	−3.584	−3.614	−3.645	−3.675	−3.705	−3.734	−3.764	−3.794	−3.823
−90	−3.243	−3.274	−3.306	−3.337	−3.368	−3.400	−3.431	−3.462	−3.492	−3.523
−80	−2.920	−2.953	−2.986	−3.018	−3.050	−3.083	−3.115	−3.147	−3.179	−3.211
−70	−2.587	−2.620	−2.654	−2.688	−2.721	−2.755	−2.788	−2.821	−2.854	−2.887
−60	−2.243	−2.278	−2.312	−2.347	−2.382	−2.416	−2.450	−2.485	−2.519	−2.553
−50	−1.889	−1.925	−1.961	−1.996	−2.032	−2.067	−2.103	−2.138	−2.173	−2.208
−40	−1.527	−1.564	−1.600	−1.637	−1.673	−1.709	−1.745	−1.782	−1.818	−1.854
−30	−1.156	−1.194	−1.231	−1.268	−1.305	−1.343	−1.380	−1.417	−1.453	−1.490
−20	−0.778	−0.816	−0.854	−0.892	−0.930	−0.968	−1.006	−1.043	−1.081	−1.119
−10	−0.392	−0.431	−0.470	−0.508	−0.547	−0.586	−0.624	−0.663	−0.701	−0.739
0	0.000	−0.039	−0.079	−0.118	−0.157	−0.197	−0.236	−0.275	−0.314	−0.353

温度 t/℃	E/mV									
	0	1	2	3	4	5	6	7	8	9
0	0.000	0.039	0.079	0.119	0.158	0.198	0.238	0.277	0.317	0.357
10	0.397	0.437	0.477	0.517	0.557	0.597	0.637	0.677	0.718	0.758
20	0.798	0.838	0.878	0.919	0.960	1.000	1.041	1.081	1.122	1.163
30	1.203	1.244	1.285	1.326	1.366	1.407	1.448	1.489	1.530	1.571
40	1.612	1.653	1.694	1.735	1.776	1.817	1.858	1.899	1.941	1.982
50	2.023	2.064	2.106	2.147	2.188	2.230	2.271	2.312	2.354	2.395
60	2.436	2.478	2.519	2.561	2.602	2.644	2.685	2.727	2.768	2.810
70	2.851	2.893	2.934	2.976	3.017	3.059	3.100	3.142	3.184	3.225
80	3.267	3.308	3.350	3.391	3.433	3.474	3.516	3.557	3.599	3.640

温度 t/℃	E/mV									
	0	1	2	3	4	5	6	7	8	9
90	3.682	3.723	3.765	3.806	3.848	3.889	3.931	3.972	4.013	4.055
100	4.096	4.138	4.179	4.220	4.262	4.303	4.344	4.385	4.427	4.468
110	4.509	4.550	4.591	4.633	4.674	4.715	4.756	4.797	4.838	4.879
120	4.920	4.961	5.002	5.043	5.084	5.124	5.165	5.206	5.247	5.288
130	5.328	5.369	5.410	5.450	5.491	5.532	5.572	5.613	5.653	5.694
140	5.735	5.775	5.815	5.856	5.896	5.937	5.977	6.017	6.058	6.098
150	6.138	6.179	6.219	6.259	6.299	6.339	6.380	6.420	6.460	6.500
160	6.540	6.580	6.620	6.660	6.701	6.741	6.781	6.821	6.861	6.901
170	6.941	6.981	7.021	7.060	7.100	7.140	7.180	7.220	7.260	7.300
180	7.340	7.380	7.420	7.460	7.500	7.540	7.579	7.619	7.659	7.699
190	7.739	7.779	7.819	7.859	7.899	7.939	7.979	8.019	8.059	8.099
200	8.138	8.178	8.218	8.258	8.298	8.338	8.378	8.418	8.458	8.499
210	8.539	8.579	8.619	8.659	8.699	8.739	8.779	8.819	8.860	8.900
220	8.940	8.980	9.020	9.061	9.101	9.141	9.181	9.222	9.262	9.302
230	9.343	9.383	9.423	9.464	9.504	9.545	9.585	9.626	9.666	9.707
240	9.747	9.788	9.828	9.869	9.909	9.950	9.991	10.031	10.072	10.113
250	10.153	10.194	10.235	10.276	10.316	10.357	10.398	10.439	10.480	10.520
260	10.561	10.602	10.643	10.684	10.725	10.766	10.807	10.848	10.889	10.930
270	10.971	11.012	11.053	11.094	11.135	11.176	11.217	11.259	11.300	11.341
280	11.382	11.423	11.465	11.506	11.547	11.588	11.630	11.671	11.712	11.753
290	11.795	11.836	11.877	11.919	11.960	12.001	12.043	12.084	12.126	12.167
300	12.209	12.250	12.291	12.333	12.374	12.416	12.457	12.499	12.540	12.582
310	12.624	12.665	12.707	12.748	12.790	12.831	12.873	12.915	12.956	12.998
320	13.040	13.081	13.123	13.165	13.206	13.248	13.290	13.331	13.373	13.415
330	13.457	13.498	13.540	13.582	13.624	13.665	13.707	13.749	13.791	13.833
340	13.874	13.916	13.958	14.000	14.042	14.084	14.126	14.167	14.209	14.251
350	14.293	14.335	14.377	14.419	14.461	14.503	14.545	14.587	14.629	14.671
360	14.713	14.755	14.797	14.839	14.881	14.923	14.965	15.007	15.049	15.091
370	15.133	15.175	15.217	15.259	15.301	15.343	15.385	15.427	15.469	15.511
380	15.554	15.596	15.638	15.680	15.722	15.764	15.806	15.849	15.891	15.933
390	15.975	16.017	16.059	16.102	16.144	16.186	16.228	16.270	16.313	16.355
400	16.397	16.439	16.482	16.524	16.566	16.608	16.651	16.693	16.735	16.778

（4）镍铬-金铁

镍铬-金铁热电偶在1～300K较宽的低温温区内保持10μV/K以上的灵敏度。在4.2K灵敏度可保持在12μV/K，在10K以上灵敏度超过16μV/K，而且均匀性和稳定性都很突出，是一种可以从液氦一直到室温连续测温的低温热电偶。

镍铬-金铁热电偶视含铁量的不同灵敏度有较大差异，随着铁含量的增加热电偶在低温段的灵敏度下降，而高温段的灵敏度上升。广泛使用的有 Au+0.02%（原子分数）Fe、Au+0.03%（原子分数）Fe 和 Au+0.07%（原子分数）Fe 三种，低温段侧重选前者，高温段选后者。含量为 Au+0.03%（原子分数）Fe 则常用于自液氦到室温的连续测量。镍铬-金铁热电偶在发动机试车、氢氧燃料贮箱温度分层测量、大型环模设备以及加注管道中温度分布测量等方面得到广泛应用，参考分度表详见表 6-7。

表 6-7　镍铬-金铁热电偶参考分度表

[−273.15～0℃，Ni-Cr/Au+0.07%（原子分数）Fe，参考 0℃]

t/℃	热电势/μV	灵敏度/μV·℃⁻¹	t/℃	热电势/μV	灵敏度/μV·℃⁻¹	t/℃	热电势/μV	灵敏度/μV·℃⁻¹
0	0	22.27	−33.0	−729.20	21.93	−66.0	−1446.53	21.50
−1.0	−22.26	22.26	−34.0	−751.13	21.91	−67.0	−1468.03	21.47
−2.0	−44.52	22.25	−35.0	−773.04	21.91	−68.0	−1489.50	21.46
−3.0	−66.77	22.24	−36.0	−794.95	21.90	−69.0	−1510.96	21.44
−4.0	−89.01	22.23	−37.0	−816.85	21.89	−70.0	−1532.40	21.44
−5.0	−111.24	22.21	−38.0	−838.74	21.88	−71.0	−1553.84	21.41
−6.0	−133.45	22.21	−39.0	−860.62	21.86	−72.0	−1575.25	21.39
−7.0	−155.66	22.19	−40.0	−882.48	21.86	−73.0	−1596.64	21.38
−8.0	−177.85	22.18	−41.0	−904.34	21.84	−74.0	−1618.02	21.36
−9.0	−200.03	22.18	−42.0	−926.18	21.84	−75.0	−1639.38	21.34
−10.0	−222.21	22.16	−43.0	−948.02	21.82	−76.0	−1660.72	21.32
−11.0	−244.37	22.15	−44.0	−969.84	21.81	−77.0	−1682.04	21.32
−12.0	−266.52	22.13	−45.0	−991.65	21.80	−78.0	−1703.36	21.28
−13.0	−288.65	22.13	−46.0	−1013.45	21.78	−79.0	−1724.64	21.27
−14.0	−310.78	22.11	−47.0	−1035.23	21.78	−80.0	−1745.91	21.26
−15.0	−332.89	22.11	−48.0	−1057.01	21.76	−81.0	−1767.17	21.24
−16.0	−355.00	22.09	−49.0	−1078.77	21.75	−82.0	−1788.41	21.22
−17.0	−377.09	22.08	−50.0	−1100.52	21.73	−83.0	−1809.63	21.21
−18.0	−399.17	22.07	−51.0	−1122.25	21.72	−84.0	−1830.81	21.19
−19.0	−421.24	22.06	−52.0	−1143.97	21.72	−85.0	−1852.00	21.17
−20.0	−443.30	22.05	−53.0	−1165.69	21.69	−86.0	−1873.17	21.15
−21.0	−465.35	22.05	−54.0	−1187.38	21.67	−87.0	−1894.32	21.12
−22.0	−487.38	22.04	−55.0	−1209.05	21.67	−88.0	−1915.44	21.12
−23.0	−509.42	22.02	−56.0	−1230.72	21.64	−89.0	−1936.56	21.08
−24.0	−531.44	22.01	−57.0	−1252.36	21.65	−90.0	−1957.64	21.07
−25.0	−553.45	22.00	−58.0	−1274.01	21.62	−91.0	−1978.71	21.05
−26.0	−575.45	21.99	−59.0	−1295.63	21.60	−92.0	−1992.76	21.04
−27.0	−597.44	21.98	−60.0	−1317.23	21.59	−93.0	−2020.80	21.01
−28.0	−619.42	21.98	−61.0	−1338.82	21.58	−94.0	−2041.81	20.99
−29.0	−641.39	21.97	−62.0	−1360.40	21.55	−95.0	−2062.80	20.98
−30.0	−663.37	21.95	−63.0	−1381.95	21.54	−96.0	−2083.78	20.94
−31.0	−685.32	21.95	−64.0	−1403.49	21.53	−97.0	−2104.72	20.93
−32.0	−707.27	21.93	−65.0	−1425.02	21.51	−98.0	−2125.65	20.92

续表

t/℃	热电势/μV	灵敏度/μV·℃$^{-1}$	t/℃	热电势/μV	灵敏度/μV·℃$^{-1}$	t/℃	热电势/μV	灵敏度/μV·℃$^{-1}$
−99.0	−2146.57	20.89	−140.0	−2984.15	19.90	−181.0	−3773.30	18.48
−100.0	−2167.46	20.87	−141.0	−3004.05	19.86	−182.0	−3791.78	18.44
−101.0	−2188.33	20.85	−142.0	−3023.91	19.84	−183.0	−3810.22	18.40
−102.0	−2209.18	20.83	−143.0	−3043.75	19.80	−184.0	−3828.62	18.36
−103.0	−2230.01	20.80	−144.0	−3063.55	19.78	−185.0	−3846.98	18.33
−104.0	−2250.81	20.79	−145.0	−3983.34	19.74	−186.0	−3865.31	18.27
−105.0	−2271.60	20.77	−146.0	−3103.08	19.72	−187.0	−3883.58	18.24
−106.6	−2292.37	20.74	−147.0	−3122.80	19.68	−188.0	−3901.82	18.19
−107.0	−2313.11	20.71	−148.0	−3142.48	19.66	−189.0	−3920.01	18.16
−108.0	−2333.82	20.71	−149.0	−3162.14	19.63	−190.0	−3938.17	18.12
−109.0	−2354.53	20.67	−150.0	−3181.77	19.59	−191.0	−3956.29	18.06
−110.0	−2375.20	20.65	−151.0	−3201.36	19.57	−192.0	−3974.35	18.03
−111.6	−2395.85	20.64	−152.0	−3220.93	19.53	−193.0	−3992.38	17.99
−112.0	−2416.49	20.60	−153.0	−3240.46	19.51	−194.0	−4010.37	17.94
−113.0	−2437.09	20.58	−154.0	−3259.97	19.46	−195.0	−4028.31	17.91
−114.0	−2457.67	20.57	−155.0	−3279.43	19.44	−196.0	−4046.22	17.86
−115.0	−2478.24	20.53	−156.0	−3298.87	19.40	−197.0	−4064.08	17.81
−116.0	−2498.77	20.52	−157.0	−3318.27	19.38	−198.0	−4081.89	17.79
−117.0	−2519.29	20.49	−158.0	−3337.65	19.33	−199.0	−4099.68	17.72
−118.0	−2539.76	20.46	−159.0	−3356.98	19.31	−200.0	−4117.40	17.69
−119.0	−2560.24	20.45	−160.0	−3376.29	19.27	−201.0	−4135.09	17.65
−120.0	−2580.69	20.41	−161.0	−3395.56	19.24	−202.0	−4152.74	17.60
−121.0	−2601.10	20.39	−162.0	−3414.80	19.19	−203.0	−4170.34	17.57
−122.0	−2621.49	20.37	−163.0	−3433.99	19.17	−204.0	−4187.91	17.52
−123.0	−2641.86	20.34	−164.0	−3453.16	19.13	−205.0	−4205.43	17.46
−124.0	−2662.20	20.32	−165.0	−3472.29	19.10	−296.0	−4222.89	17.44
−125.0	−2682.52	20.29	−166.0	−3491.39	19.05	−207.0	−4240.33	17.38
−126.0	−2702.81	20.27	−167.0	−3510.44	19.03	−208.0	−4257.71	17.34
−127.0	−2723.08	20.25	−168.0	−3529.47	18.99	−209.0	−4275.05	17.30
−128.0	−2743.33	20.21	−169.0	−3548.66	18.94	−210.0	−4292.35	17.26
−129.0	−2763.54	20.18	−170.0	−3567.40	18.91	−211.0	−4309.61	17.21
−130.0	−2783.72	20.17	−171.0	−3586.31	18.87	−212.0	−4326.82	17.17
−131.0	−2803.89	20.14	−172.0	−3605.46	18.84	−213.0	−4343.99	17.12
−132.0	−2824.03	20.11	−173.0	−3624.02	18.79	−214.0	−4361.11	17.08
−133.0	−2844.14	20.08	−174.0	−3642.81	18.76	−215.0	−4378.19	17.04
−134.0	−2864.22	20.06	−175.0	−3661.57	18.73	−216.0	−4395.23	17.99
−135.0	−2884.28	20.03	−176.0	−3680.30	18.67	−217.0	−4412.22	16.96
−136.0	−2904.31	20.00	−177.0	−3698.97	18.65	−218.0	−4429.18	16.91
−137.0	−2924.31	19.98	−178.0	−3717.62	18.59	−219.0	−4446.09	16.87
−138.0	−2944.29	19.95	−179.0	−3736.21	18.57	−220.0	−4462.96	16.83
−139.0	−2964.24	19.91	−180.0	−3754.78	18.52	−221.0	−4479.79	16.79

续表

t/℃	热电势 /μV	灵敏度 /μV·℃$^{-1}$	t/℃	热电势 /μV	灵敏度 /μV·℃$^{-1}$	t/℃	热电势 /μV	灵敏度 /μV·℃$^{-1}$
−222.0	−4496.58	16.76	−240.0	−4794.41	16.49	−258.0	−5096.47	16.89
−223.0	−4513.34	16.72	−241.0	−4810.90	16.53	−259.0	−5113.36	16.78
−224.0	−4530.06	16.68	−242.0	−4827.43	16.55	−260.0	−5130.14	16.65
−225.0	−4546.74	16.65	−243.0	−4843.98	16.57	−261.0	−5146.79	16.47
−226.0	−4563.39	16.61	−244.0	−4860.55	16.61	−262.0	−5163.26	16.23
−227.0	−4580.00	16.59	−245.0	−4877.16	16.66	−263.0	−5179.49	15.94
−228.0	−4596.59	16.56	−246.0	−4893.82	16.69	−264.0	−5195.43	15.54
−229.0	−4613.15	16.54	−247.0	−4910.51	16.74	−265.0	−5210.97	15.09
−230.0	−4629.68	16.51	−248.0	−4927.25	16.78	−266.0	−5226.06	14.53
−231.0	−4646.19	16.51	−249.0	−4944.03	16.82	−267.0	−5240.59	13.85
−232.0	−4662.70	16.47	−250.0	−4960.85	16.88	−268.0	−5254.44	13.03
−233.0	−4679.17	16.47	−251.0	−4977.73	16.91	−269.0	−5267.47	12.08
−234.0	−4695.64	16.46	−252.0	−4994.64	16.95	−270.0	−5279.55	10.96
−235.0	−4712.10	16.45	−253.0	−5011.59	16.97	−271.0	−5290.51	9.64
−236.0	−4728.55	16.45	−254.0	−5028.56	16.99	−272.0	−5300.15	7.97
−237.0	−4745.00	16.46	−255.0	−5045.55	16.99	−273.0	−5308.12	1.18
−238.0	−4761.46	16.47	−256.0	−5062.54	16.99	−273.15	−5309.30	0
−239.0	−4777.93	16.48	−257.0	−5079.53	16.94			

(5) 镍铬-铜铁

镍铬-铜铁热电偶是航天系统在 20 世纪 70 年代后期研制出来的一种新型非标低温热电偶。使用温区为 1～300K，与金铁热电偶同属稀磁合金。其灵敏度在 20K 以下与镍铬-金铁热电偶的接近，在 20K 以上则远比金铁高。由于其性能与金铁相近，但价格低廉，热偶丝的机械强度又比金铁高，与金铁一样在低温技术领域得到广泛应用，在 4～273K 温度范围内典型的参考分度表如表 6-8 所示。

表 6-8 镍铬-铜铁热电偶参考分度表（4～273K，参考温度 0℃）

T/K	0.13%(原子分数)Fe		0.15%(原子分数)Fe		T/K	0.13%(原子分数)Fe		0.15%(原子分数)Fe	
	热电势 /μV	灵敏度 /μV·K^{-1}	热电势 /μV	灵敏度 /μV·K^{-1}		热电势 /μV	灵敏度 /μV·K^{-1}	热电势 /μV	灵敏度 /μV·K^{-1}
4	6439.7	5.2	6562.6	12.0	15	6328.2	13.6	6399.1	17.8
5	6433.5	6.1	6550.6	12.6	16	6314.0	14.2	6381.3	18.0
6	6426.5	7.0	6538,0	13.2	17	6299.2	14.8	6363.3	18.2
7	6418.6	7.9	6524.8	13.8	18	6283.9	15.3	6345.1	18.6
8	6409.9	8.7	6511.0	14.4	19	6268.1	15.8	6326.5	19.0
9	6400.4	9.5	6496.6	15.0	20	6251.8	16.3	6307.5	19.2
10	6390.1	10.3	6481.6	15.0	21	6235.0	16.9	6288.3	19.4
11	6379.2	11.0	6466.1	16.0	22	6217.9	17.2	6268.9	19.5
12	6367.3	11.9	6450.1	16.5	23	6200.3	17.6	6249.4	19.6
13	6354.9	12.4	6433.6	17.0	24	6182.3	18.0	6229.8	19.7
14	6341.9	13.0	6416.6	17.5	25	6164.0	18.3	6210.1	19.8

续表

T/K	0.13%(原子分数)Fe		0.15%(原子分数)Fe		T/K	0.13%(原子分数)Fe		0.15%(原子分数)Fe	
	热电势/μV	灵敏度/μV·K^{-1}	热电势/μV	灵敏度/μV·K^{-1}		热电势/μV	灵敏度/μV·K^{-1}	热电势/μV	灵敏度/μV·K^{-1}
26	6145.3	18.7	6190.3	19.9	65	5282.4	23.4	5343.8	22.9
27	6126.2	19.0	6170.4	20.0	66	5259.0	23.4	5320.9	23.0
28	6106.9	19.3	6150.4	20.1	67	5235.6	23.4	5297.9	23.1
29	6087.3	19.6	6130.3	20.2	68	5212.2	23.4	5274.8	23.2
30	6067.4	19.9	6110.1	20.3	69	5188.7	23.4	5251.6	23.2
31	6047.2	20.2	6089.3	20.4	70	5165.3	23.4	5223.4	23.2
32	6026.8	20.4	6069.4	20.6	71	5141.9	23.4	5205.2	23.2
33	6060.2	20.6	6048.8	20.7	72	5118.5	23.4	5182.0	23.3
34	5985.3	20.9	6028.1	20.8	73	5095.5	23.5	5158.7	23.3
35	5964.2	21.1	6007.3	20.9	74	5071.5	23.5	5135.4	23.3
36	5943.0	21.3	5986.4	21.0	75	5048.0	23.5	5112.1	23.3
37	5921.5	21.4	5965.4	21.1	76	5024.5	23.5	5088.8	23.3
38	5899.9	21.6	5944.3	21.1	77	5001.1	23.5	5065.5	23.4
39	5878.1	21.8	5923.2	21.1	78	4977.6	23.5	5042.1	23.4
40	5856.2	21.9	5902.1	21.2	79	4954.1	23.5	5018.7	23.5
41	5834.2	22.1	5880.9	21.2	80	4930.6	23.5	4995.2	23.5
42	5812.0	22.2	5859.7	21.3	81	4907.2	23.5	4971.6	23.6
43	5789.7	22.3	5838.4	21.4	82	4883.7	23.5	4947.9	23.7
44	5767.3	22.4	5817.6	21.6	83	4860.2	23.5	4924.1	23.8
45	5744.8	22.5	5795.4	21.8	84	4836.7	23.5	4900.3	23.8
46	5722.2	22.6	5773.6	22.0	85	4813.2	23.5	4876.5	23.8
47	5699.5	22.7	5751.6	22.2	86	4789.7	23.5	4852.7	23.8
48	5676.7	22.8	5729.4	22.4	87	4766.2	23.5	4828.9	23.8
49	5653.9	22.8	5707.0	22.5	88	4742.6	23.5	4805.1	23.8
50	5631.0	22.9	5684.5	22.6	89	4719.2	23.5	4781.2	23.9
51	5608.0	23.0	5661.9	22.6	90	4695.6	23.5	4757.3	23.9
52	5585.0	23.0	5639.3	22.6	91	4672.0	23.6	4733.4	23.9
53	5561.9	23.1	5616.7	22.7	92	4648.4	23.6	4709.5	23.9
54	5538.8	23.1	5594.0	22.7	93	4624.9	23.6	4685.6	23.9
55	5515.6	23.2	5571.3	22.7	94	4601.3	23.6	4661.7	23.9
56	5492.4	23.2	5548.6	22.7	95	4577.7	23.6	4637.8	23.9
57	5469.1	23.2	5525.9	22.7	96	4554.1	23.6	4613.9	23.9
58	5445.9	23.3	5503.2	22.7	97	4530.4	23.6	4590.0	24.0
59	5422.6	23.3	5430.5	22.7	98	4506.8	23.7	4566.0	24.0
60	5399.3	23.3	5457.8	22.7	99	4483.1	23.7	4542.0	24.0
61	5375.9	23.3	5435.1	22.8	100	4459.4	23.7	4518.0	24.0
62	5352.6	23.4	5412.3	22.8	101	4435.7	23.7	4494.0	24.0
63	5329.2	23.4	5389.5	22.8	102	4412.0	23.7	4470.0	24.1
64	5305.8	23.4	5366.7	22.9	103	4388.2	23.8	4445.9	24.1

续表

T/K	0.13%(原子分数)Fe		0.15%(原子分数)Fe		T/K	0.13%(原子分数)Fe		0.15%(原子分数)Fe	
	热电势/μV	灵敏度/μV·K^{-1}	热电势/μV	灵敏度/μV·K^{-1}		热电势/μV	灵敏度/μV·K^{-1}	热电势/μV	灵敏度/μV·K^{-1}
104	4364.4	23.8	4421.8	24.2	143	3412.7	25.1	3452.4	25.4
105	4340.6	23.8	4397.6	24.2	144	3387.6	25.1	3427.0	25.4
106	4316.8	23.8	4373.4	24.3	145	3362.4	25.1	3401.6	25.4
107	4293.0	23.8	4349.1	24.3	146	3337.3	25.2	3376.2	25.4
108	4269.1	23.9	4324.8	24.4	147	3312.0	25.2	3350.8	25.5
109	4245.2	23.9	4300.4	24.4	148	3286.8	25.2	3325.3	25.5
110	4221.3	23.9	4276.0	24.5	149	3261.5	25.3	3299.8	25.5
111	4197.3	24.0	4251.5	24.5	150	3236.2	25.3	3274.3	25.6
112	4173.3	24.0	4227.0	24.6	151	3210.9	25.3	3248.7	25.6
113	4149.3	24.0	4202.4	24.6	152	3185.5	25.4	3223.1	25.6
114	4125.3	24.0	4177.8	24.6	153	3160.1	25.4	3197.5	25.6
115	4101.2	24.1	4153.2	24.7	154	3134.7	25.4	3171.9	25.7
116	4077.1	24.1	4128.5	24.7	155	3109.2	25.5	3146.2	25.7
117	4052.9	24.1	4103.8	24.7	156	3083.7	25.5	3120.5	25.7
118	4028.7	24.2	4079.1	24.7	157	3058.2	25.5	3094.8	25.8
119	4004.5	24.2	4054.4	24.7	158	3032.7	25.5	3069.0	25.8
120	3980.3	24.2	4029.7	24.7	159	3007.1	25.6	3043.2	25.8
121	3956.0	24.3	4005.0	24.8	160	2981.5	25.6	3017.4	25.9
122	3931.7	24.3	3980.2	24.8	161	2955.9	25.6	2991.5	25.9
123	3907.3	24.4	3955.4	24.8	162	2930.3	25.6	2965.6	25.9
124	3883.0	24.4	3930.6	24.8	163	2904.6	25.7	2939.7	26.0
125	3858.5	24.4	3905.7	24.9	164	2878.9	25.7	2913.7	26.0
126	3834.1	24.5	3880.8	24.9	165	2853.2	25.7	2887.7	26.0
127	3809.6	24.5	3855.9	25.0	166	2827.5	25.7	2861.7	26.1
128	3785.0	24.5	3830.9	25.0	167	2801.7	25.8	2835.6	26.1
129	3760.5	24.6	3805.9	25.1	168	2775.9	25.8	2809.5	26.1
130	3735.9	24.6	3780.8	25.1	169	2750.1	25.8	2783.4	26.1
131	3711.2	24.6	3755.7	25.2	170	2724.3	25.8	2757.3	26.2
132	3686.6	24.7	3730.5	25.2	171	2698.5	25.8	2731.1	26.2
133	3661.8	24.7	3705.3	25.2	172	2672.6	25.9	2704.6	26.2
134	3637.0	24.8	3680.1	25.2	173	2646.7	25.9	2678.7	26.2
135	3612.3	24.8	3654.9	25.3	174	2620.9	25.9	2652.5	26.2
136	3587.5	24.8	3629.6	25.3	175	2595.0	25.9	2626.3	26.2
137	3562.6	24.9	3604.3	25.3	176	2569.0	25.9	2600.1	26.2
138	3537.7	24.9	3579.0	25.3	177	2543.1	25.9	2573.9	26.2
139	3512.8	24.9	3553.7	25.3	178	2517.1	26.0	2547.7	26.2
140	3487.8	25.0	3528.4	25.3	179	2491.2	26.0	2521.5	26.2
141	3462.8	25.0	3503.1	25.3	180	2465.2	26.0	2495.3	26.2
142	3437.8	25.0	3477.8	25.4	181	2439.2	26.0	2469.1	26.2

续表

T/K	0.13%(原子分数)Fe		0.15%(原子分数)Fe		T/K	0.13%(原子分数)Fe		0.15%(原子分数)Fe	
	热电势/μV	灵敏度/$\mu V \cdot K^{-1}$	热电势/μV	灵敏度/$\mu V \cdot K^{-1}$		热电势/μV	灵敏度/$\mu V \cdot K^{-1}$	热电势/μV	灵敏度/$\mu V \cdot K^{-1}$
182	2413.2	26.0	2442.9	26.3	221	1390.5	26.4	1410.8	26.7
183	2387.2	26.0	2416.6	26.3	222	1364.0	26.5	1384.1	26.7
184	2361.1	26.0	2390.3	26.3	223	1337.5	26.5	1357.4	26.7
185	2335.1	26.0	2364.0	26.3	224	1311.0	26.5	1330.7	26.7
186	2309.0	26.1	2337.7	26.3	225	1284.5	26.5	1304.0	26.7
187	2283.0	26.1	2311.4	26.3	226	1258.0	26.5	1277.3	26.7
188	2256.9	26.1	2285.1	26.3	227	1231.5	26.5	1250.6	26.8
189	2230.8	26.1	2258.8	26.3	228	1204.9	26.6	1223.8	26.8
190	2204.7	26.1	2232.5	26.3	229	1178.3	26.6	1197.0	26.8
191	2178.6	26.1	2206.2	26.3	230	1151.7	26.6	1170.2	26.8
192	2152.5	26.1	2179.9	26.3	231	1125.1	26.6	1143.4	26.8
193	2126.4	26.1	2153.6	26.3	232	1098.5	26.6	1116.6	26.8
194	2100.2	26.1	2127.3	26.3	233	1071.8	26.6	1089.8	26.8
195	2074.1	26.1	2101.0	26.3	234	1045.2	26.6	1063.0	26.8
196	2047.9	26.1	2074.7	26.3	235	1018.7	26.6	1036.2	26.9
197	2021.7	26.2	2048.4	26.3	236	992.1	26.6	1009.3	26.9
198	1995.6	26.2	2022.1	26.4	237	965.6	26.6	982.4	26.9
199	1969.4	26.2	1995.7	26.4	238	939.1	26.6	955.5	26.9
200	1943.2	26.2	1969.3	26.5	239	912.6	26.6	928.6	26.9
201	1917.0	26.2	1942.8	26.5	240	886.0	26.6	901.7	27.0
202	1890.8	26.2	1916.3	26.5	241	859.5	26.6	874.7	27.0
203	1864.5	26.2	1889.8	26.5	242	833.0	26.6	847.7	27.0
204	1838.3	26.2	1863.3	26.5	243	806.5	26.6	820.7	27.0
205	1812.0	26.2	1836.8	26.5	244	779.9	26.6	793.7	27.0
206	1785.8	26.3	1810.3	26.5	245	753.3	26.6	766.7	27.1
207	1759.5	26.3	1783.8	26.5	246	726.6	26.7	739.6	27.1
208	1733.2	26.3	1757.3	26.6	247	699.9	26.7	712.5	27.1
209	1706.9	26.3	1730.7	26.6	248	673.3	26.7	685.4	27.1
210	1680.6	26.3	1704.1	26.6	249	646.7	26.7	658.3	27.1
211	1654.3	26.3	1677.5	26.6	250	620.1	26.7	631.2	27.2
212	1628.0	26.3	1650.9	26.6	251	593.4	26.7	604.0	27.2
213	1601.7	26.3	1624.3	26.6	252	566.7	26.7	576.8	27.2
214	1573.3	26.4	1597.7	26.7	253	540.1	26.7	549.6	27.2
215	1549.0	26.4	1571.0	26.7	254	513.5	26.7	522.4	27.2
216	1522.6	26.4	1544.3	26.7	255	486.9	26.7	495.2	27.2
217	1496.2	26.4	1517.6	26.7	256	460.2	26.7	468.0	27.2
218	1469.8	26.4	1490.9	26.7	257	433.5	26.8	440.8	27.2
219	1443.4	26.4	1464.2	26.7	258	406.8	26.8	413.6	27.2
220	1416.9	26.4	1437.5	26.7	259	380.1	26.8	386.4	27.2

续表

T/K	0.13%(原子分数)Fe 热电势/μV	0.13%(原子分数)Fe 灵敏度/μV·K⁻¹	0.15%(原子分数)Fe 热电势/μV	0.15%(原子分数)Fe 灵敏度/μV·K⁻¹	T/K	0.13%(原子分数)Fe 热电势/μV	0.13%(原子分数)Fe 灵敏度/μV·K⁻¹	0.15%(原子分数)Fe 热电势/μV	0.15%(原子分数)Fe 灵敏度/μV·K⁻¹
260	353.4	26.8	359.2	27.2	267	165.8	26.9	168.4	27.3
261	326.6	26.8	332.0	27.2	268	138.9	27.0	141.1	27.4
262	299.9	26.8	304.8	27.2	269	111.9	27.0	113.7	27.4
263	273.2	26.9	277.6	27.3	270	84.9	27.0	86.3	27.4
264	246.4	26.9	250.3	27.3	271	57.9	27.0	58.9	27.4
265	219.6	26.9	223.0	27.3	272	30.9	27.0	31.5	27.4
266	192.7	26.9	195.7	27.3	273	3.9	27.0	4.1	27.4

6.2.3.2 低温电阻温度计

电阻温度计是利用物质的电阻随温度而变化的现象制成的温度计。一般说来，纯金属和合金的电阻温度系数是正的，其电阻随温度下降而减小，可以制成复现性优良的温度计。但随着温度的降低，其电阻温度系数逐渐趋近零，因此，灵敏度就随温度下降而降低。半导体和一些非金属（如热敏电阻、锗电阻、碳电阻和渗碳玻璃电阻）的电阻温度系数是负的，在一定的范围内近似呈指数关系，在低温下有很高的灵敏度，但其性能对掺杂很敏感，温度计间的一致性较差。

表 6-9、表 6-10 分别给出了各种电阻温度计基本性能和工业常用低温电阻温度计特性，供选用者参考。

表 6-9 电阻温度计基本性能

温度计 类型	温度计 材料	测温范围/K	复现性/K	准确度/K	响应时间/s	附注
纯金属	铂	13.80～1234.93	10^{-3}～10^{-4}	10^{-2}～10^{-4}	0.1～30	ITS—90 指定温区
	铟	3.4～90	10^{-2}～10^{-3}	10^{-2}～10^{-3}	0.1～10	不常用
	铜	77～273.15	10^{-1}～10^{-2}	10^{-1}～10^{-2}	0.1～10	价值低
合金	铑铁	0.1～300	10^{-3}～10^{-4}	10^{-2}～10^{-3}	0.1～10	30K 以下灵敏度高于铂
	铂钴	4～500	10^{-2}～10^{-3}	10^{-1}～10^{-2}	0.1～10	30K 以义敏度高于铂
半导体	锗	0.015～100	10^{-3}～10^{-4}	10^{-2}～10^{-3}	0.1～10	负电阻温度系数
	热敏电阻	4～300	10^{-1}～10^{-2}	10^{-1}	0.1～10	负电阻温度系数
非金属	碳电阻	0.015～100	10^{-2}～10^{-3}	10^{-2}～10^{-3}	0.1～10	负电阻温度系数
	渗碳玻璃	1～300	10^{-2}～10^{-3}	10^{-2}～10^{-3}	0.1～10	负电阻温度系数

表 6-10 工业常用低温电阻温度计特性

类型	材质	温度范围	电流大小	外形尺寸
铂电阻 $R_0=46\Omega$	铂 $R_{100}/R_0=1.3925$	−200～650℃		
铂电阻 $R_0=100\Omega$	铂 $R_{100}/R_0=1.3925$	−200～650℃		
铂电阻 $R_0=25\Omega$	铂 $R_{100}/R_0=1.3925$	40～273.15K	1mA	$d=5$mm, $L=25$mm
		20～40K	2mA	
		<20K	3mA	

续表

类型	材质	温度范围	电流大小	外形尺寸
铑铁电阻 $R_0=25\Omega$	Rh+0.5%Fe	0.32～0.6K	0.1mA	$d=5$mm，$L=25$mm
		0.6～1K	0.15mA	
		1～40K	0.3mA	
锗电阻 GR200A30	掺杂砷、镓、锑或锌	0.09～0.3K	1～10μA	$d=3.2$mm，$L=8.5$mm
		0.3～1K	10～100μA	
		1～10K	100～1000μA	
碳电阻 Speer	碳多晶颗粒	0～1K	0.1μA	$d=3.5$mm，$L=9$mm
		1～10K	1μA	
碳电阻 Allen-bradley	碳多晶颗粒	1～10K	20μA	$d=3.2$mm，$L=8.5$mm
		10～100K	100μA	

电阻温度计有金属电阻温度计和半导体电阻温度计两类。金属或合金电阻温度计以铂电阻温度计和铑铁电阻温度计为代表；半导体电阻温度计以硅二极管温度计为代表。制作电阻温度计时，应选用电阻较大、性能稳定、物理及金属复制性能好的材料，最好选用电阻与温度间具有线性关系的材料。

(1) 铂电阻温度计

研究发现金属铂（Pt）的电阻值随温度变化而变化，并且具有很好的重现性和稳定性，其典型的电阻与温度关系如图 6-2 所示，利用铂的此种物理特性制成的传感器称为铂电阻温度传感器，通常使用的铂电阻温度传感器在温度为 0℃时阻值为 100Ω，电阻变化率为 0.3851Ω/℃，线性度大大优于热偶和其他热敏电阻；灵敏度也是热电偶的 10 倍。但缺点是响应速度慢也比较昂贵。铂电阻温度传感器是中低温区（−200～650℃）最常用的一种温度检测器，不仅广泛应用于工业测温，而且被制成各种标准温度计供计量和校准使用。标准铂电阻温度计是传递 13.8033K～960.78℃范围国际温标的补插仪器，在检定各种标准温度计和精密温度计量仪器时作为标准使用，在此温区也可直接用于高精度测量。

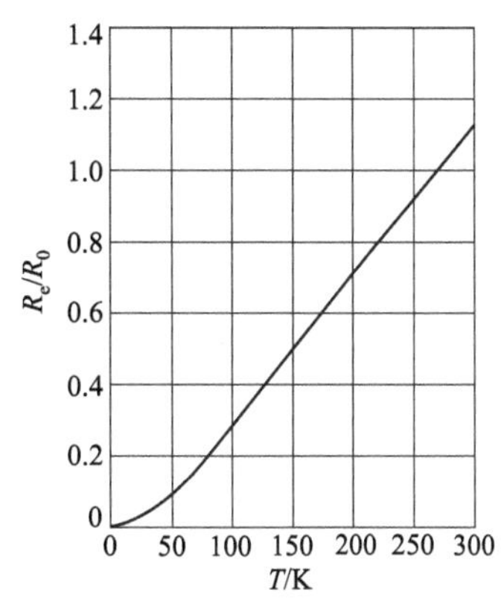

图 6-2　铂电阻的相对电阻比 R_e/R_0（其中 R_0 为 0℃时的电阻）

铂电阻温度计有 PT100 和 PT1000 等系列产品，PT 后数字代表在 0℃时的温度计阻值，如 PT100 即表示在 0℃时电阻阻值为 100Ω，在 100℃时它的阻值则为 138.5Ω。

常见线绕铂电阻温度计的感温结构如图 6-3 所示，由铂丝分别绕在陶瓷骨架、玻璃骨架或云母骨架上再经过复杂的工艺加工而成。随着镀膜工艺的发展利用真空沉积的薄膜技术把铂溅射在陶瓷基片上，膜厚在 2μm 以内，用玻璃烧结料把 Ni（或 Pd）引线固定，经激光调阻也可制成廉价的薄膜型铂电阻温度计，适应各种场合的测温需求。

① 标准铂电阻温度计　标准铂电阻温度计是根据金属铂丝的电阻值随温度单值变化的特性来测温的一种标准仪器。其结构如图 6-4 所示。ITS—90 国际温标规定在 13.8033K（−259.3467℃）～961.78℃内标准铂电阻温度计是内插仪器，也是目前生产条件下测量温度时能达到准确度最高、稳定性最好的温度计。但任何一支铂电阻温度计都不能在

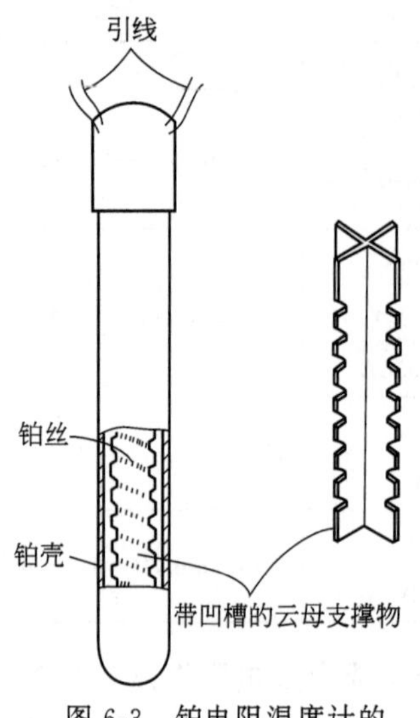

图 6-3　铂电阻温度计的感温结构

13.8033K～961.78℃整个温区内有高的准确度，甚至不能在此全温区内合适使用。温度计在哪一个或哪些温区中使用，通常是由它的结构来决定的。从使用温度范围分类，标准铂电阻温度计主要有以下四类：

a. 适用于 0～961.78℃温区：R_{tp} 名义值为 0.25Ω 或 2.5Ω 的高温标准铂电阻温度计（银点温度计），石英保护管，长度 660mm；

b. 适用于 0～660.323℃温区：R_{tp} 名义值为 25Ω 的标准铂电阻温度计（铝点温度计），石英保护管长度 520mm；

c. 适用于 0～419.527℃温区：R_{tp} 名义值为 25Ω 或 100Ω 的标准铂电阻温度计（锌点温度计），温度计保护管有石英或金属两种，长度为 480mm。温度计最低可用到氩三相点(83.8058K)；

d. 适用于 13.8033～273.16K 温区：R_{tp} 名义值为 25Ω 的低温套管标准铂电阻温度计，保护管有玻璃和铂套管两种，长度 50～60mm。

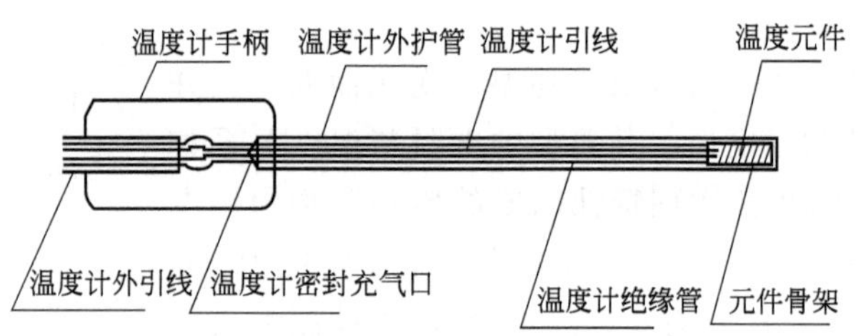

图 6-4　标准铂电阻温度计结构示意图

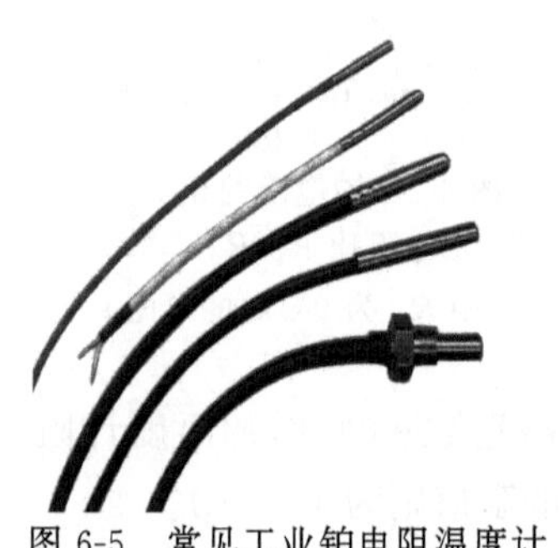
图 6-5　常见工业铂电阻温度计

标准铂电阻温度计，按等级可分为工作基准、一等标准和二等标准。

② 工业铂电阻温度计　由于铂电阻能提供稳定准确的输出，是工业领域应用最为广泛的温度传感器，其中 Pt100 铂电阻温度计已成为工业标准，常见工业铂电阻温度计外形见图 6-5。铂电阻温度计分线绕和薄膜两种型式，线绕测量精度高、薄膜型体积小，但成本约为薄膜型的 50 多倍。工业生产中常采用铠装铂电阻温度计，这些温度计通常被封装在直径大约 4mm、长 10～12mm 的圆柱体金属壳体中，其时间常数大约 2s。

按 IEC 751 国际标准，温度系数 TCR＝0.003851，Pt25 (R_0＝25Ω)、Pt100 (R_0＝100Ω)、Pt1000 (R_0＝1000Ω) 为统一设计型铂电阻。

最常用的 Pt100 主要技术参数如下：

a. 测量范围：－200～＋850℃；

b. 允许偏差值 Δ℃：

ⓐ A 级±$(0.15+0.002|t|)$

ⓑ B 级±$(0.30+0.005|t|)$

ⓒ −200～+200℃　允许偏差值Δ℃　A级0.55℃，B级1.3℃

ⓓ −200～+850℃　允许偏差值Δ℃　A级1.85℃，B级4.55℃

c. 热响应时间：<2～30s（线绕式响应较慢，薄膜响应较快）；

d. 最小置入深度：热电阻的最小置入深度≥200mm；

e. 允通电流：≤1～5mA。

Pt100温度传感器具有抗振动、稳定性好、准确度高、耐高压等优点，有良好的长期稳定性，在400℃时持续300h，0℃时的最大温度漂移为0.02℃。工业级稳定性达到0.1℃/年；实验室级可高达0.0025℃/年。

常规产品的测试电流：Pt100为1mA，Pt1000为0.5mA，实际应用时测试电流不应超过允许值，例如Pt100当测试电流为1mA时，温升为0.05℃；当测试电流为5mA时，温升为2.2℃，并且自热温升的数据同产品的结构也有很大的关系，如保护管的直径、内部填充物的种类、测试条件等。

使用铂电阻温度计为避免误差尽量采取如下处理措施：

a. 减少铂电阻温度传感器保护管的辐射系数；

b. 增加被测介质的循环，在工作压力许可的情况下，尽量使铂电阻与被测介质间的对流传热增加；

c. 尽可能减少铂电阻保护管的外径；

d. 增加铂电阻的插入深度，使其受热部分加长；

e. 对热响应时间要求不高的，可尽量采用热传导系数较小的材料做保护管；

f. 对热响应时间要求比较高的，则尽可能选用热传导系数大的保护管，依实际使用情况加以取舍。

工业用铂电阻温度计结构及测量方式：

a. 装配式铂电阻。　如图6-6所示，装配式铂电阻由外保护管、延长导线、测温电阻、氧化铝装配而成，产品结构简单，适用范围广，成本较低，绝大部分测温场合使用的产品均属装配式。

b. 铠装铂电阻。　由电阻体、引线、绝缘氧化镁及保护套管整体拉制而成，顶部焊接铂电阻，其结构如图6-7所示，产品结构复杂，价格较高，比普通装配式铂电阻的响应速度更快，抗震性能更好。

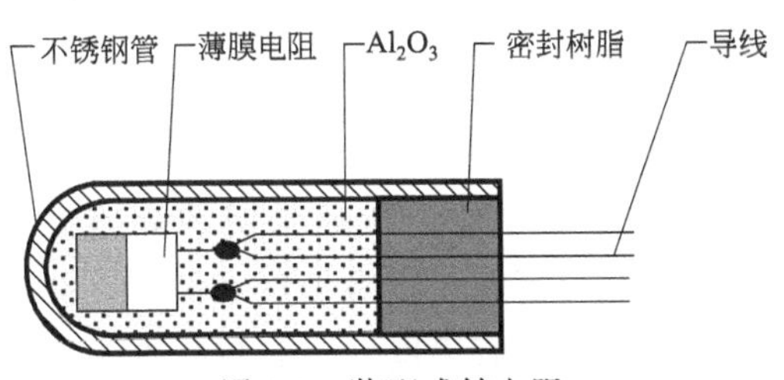

图6-6　装配式铂电阻

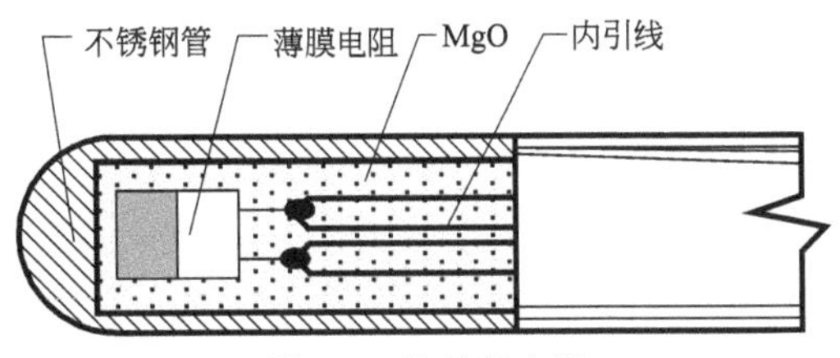

图6-7　铠装铂电阻

c. 测量引线方式。　工业铂电阻温度计引出导线规格有两线制、三线制和四线制三种。

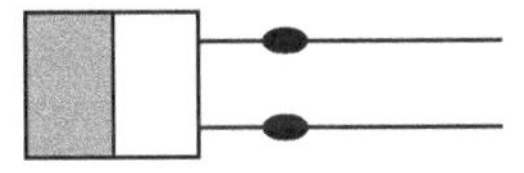

图6-8　两线制接线示意图

ⓐ 两线制如图6-8所示，由于导线电阻带来的附加误差使实

际测量值偏高，用于测量精度要求不高场合，并且导线长度不宜过长。

ⓑ 三线制如图 6-9 所示，要求引出的三根导线截面积和长度均相同，铂电阻作为电桥的一个桥臂电阻，将导线一根接到电桥的电源端，其余两根分别接到铂电阻所在的桥臂及与其相邻的桥臂上，三线制会大大减小导线电阻带来的附加误差，工业及低温测量一般都采用三线制接法。

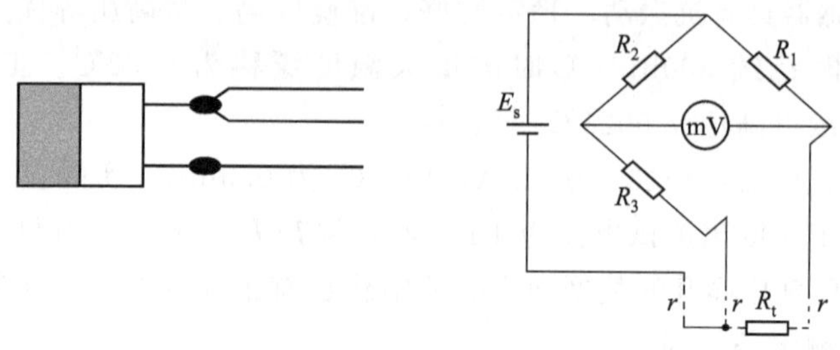

图 6-9　三线制及测量方式

ⓒ 四线制如图 6-10 所示。常用铂电阻其电阻为 100Ω，每 1℃仅产生 0.385Ω 的电阻变化。如果每条引线有 10Ω 电阻，就将造成 26℃的测量误差，这是不可接受的。所以对于精确测量，当电阻数值很小时，测试线的电阻可能引入明显误差，四线测量用两条附加测试线提供恒定电流，另两条测试线测量未知电阻的电压降，在电压表输入阻抗足够高的条件下，电流几乎不流过电压表，这样就可以精确测量未知电阻上的压降，通过计算得出电阻值。

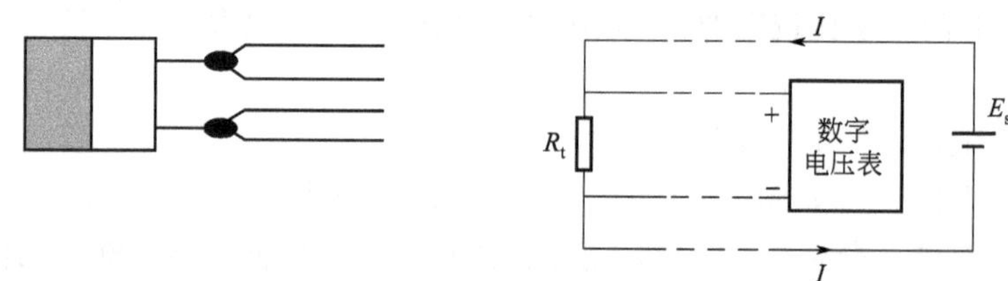

图 6-10　四线制及测量方式

(2) 硅二极管温度计

当硅、锗和砷化镓二极管的正向电流保持恒定时，如图 6-11 所示，其正向电压降随温度的降低而升高。尤其低温下较宽范围内接近线性的特性使得温度的数字显示和控温较易实现，近年来二极管测温得到了长足发展和普及。

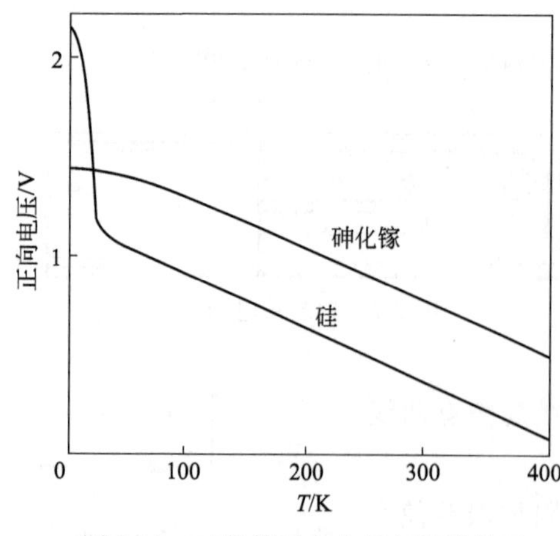

图 6-11　二极管正向电压与温度关系

硅二极管温度计是一款最常用的低温温度计，经专门选用可适用于低温温度的测量，相比其他温度计，硅二极管温度计具有较宽的工作温度范围，很高的灵敏度、重复性好、离散性小，具有良好的可互换性和稳定性，在一般工程测量场合可以不经过标定而直接使用。但不推荐在高磁场和强辐射下使用。

硅二极管温度计外形如图 6-12 所示，引线为聚酰亚胺绝缘的镀金无氧铜，基底为氧化铝，具有很多封装方式。典型电压-温度响应曲线（*V*-*T*）和灵敏度-温度曲线如图 6-13 所示。

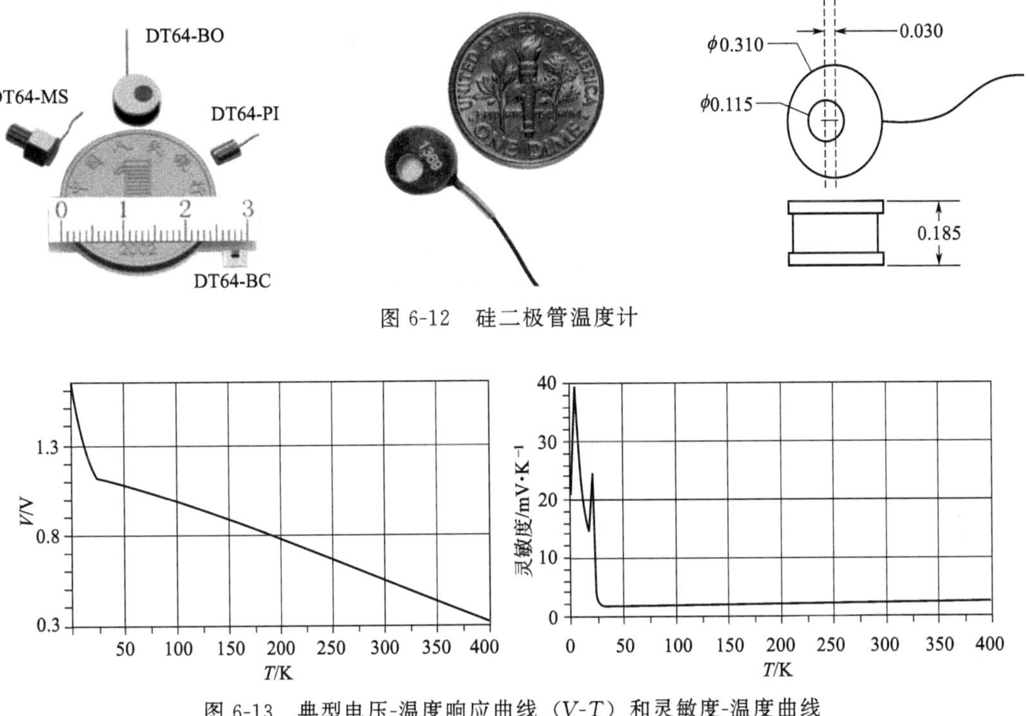

图 6-12　硅二极管温度计

图 6-13　典型电压-温度响应曲线（*V*-*T*）和灵敏度-温度曲线

二极管测温的传感器已经做得体积很小，质量甚至小于 1g，热容更小、响应时间更短，温度响应特性 77K 达到 100ms，也可用于表面测温。1.5～100K 温度区间测量误差小于±0.5K；温度区间大于 100K 误差小于±1.0K，专门标定测温准确度达到±0.1K；尤其在 30K 以下具有很高的灵敏度，达到 30mV/K 以上，非磁场下具有较宽的温度范围，很好地满足了大多数低温工程各种测量和控制。商用硅二极管温度计特性如表 6-11 所示。

表 6-11　商用硅二极管温度计特性

项　　目	性　　能
温度范围	1.5～400K
测量误差	小于±1.0K
重复性	小于 0.1K
耐磁场性能	不推荐在低于 40K、高于 0.1T 的磁场中使用
耐辐射性能	不推荐在高辐射环境中使用

6.2.4　低温温度测试技术的最新发展

低温属于极端技术，是一个特殊的领域，低温温度传感器的发展在一定程度上代表了当今高精尖技术水平。随着低温在军事、航空、航天、核、能源、自动化、医学、生物、工农业技术上应用的不断扩大，对低温温度测试及其传感器技术的需求成为研制新型低温温度传感器的动力。不断探索低温领域，跟踪国际先进技术，研究开发新型低温温度传感器也将成为一门新课题，越来越得到人们的普遍重视。

据统计在各类温度传感器中，低温温度传感器约占5%。低温领域的特殊性以及相关技术的复杂性，增加了人们对低温温度的获得和准确测量的难度。近年来，随着近代物理学和电子技术的发展，低温温度传感器作为一门新兴技术，不仅得到发达国家的普遍重视，也一直是各发展中国家竞相进行研究开发的热点，许多国家通过研究各种物理效应，探索新的低温测量方法，采用近代技术开发新产品，扩大测温范围，提高测量精度，占领世界市场，并取得了新进展。

(1) 热电阻温度计

在低温温度测量中铂电阻占比例较大，ITS—90国际温标规定工业装置和实验研究的低温测量中，低温区13.8033～273.16K范围内用铂电阻作标准温度计。目前各国普遍将铂电阻温度计用于较精密的测量。按照正式实施的技术标准体系划分，由于铂电阻温度计电阻比的不同，世界各国分度表也不相同。1983年国际电工委员会（ICE）正式颁布的铂电阻技术标准，采用电阻比$W=R(100℃)/R(0℃)=1.3850$的分度表。但这个标准不是强制性的，而是推荐性的。随着技术及工艺的进步，标准铂电阻也由线绕方式发展到薄膜制备方式。美国研制成功直径4μm细钨丝以及碳电阻低温温度计投入使用；日本研制新型锑化铟半导体低温温度计；德国精密锰铜电阻是迄今为止最为稳定的热电阻材料。低温热电阻温度计的测温范围也涵盖几十毫开到400K的较宽温区，复现性也达到0.005K。

(2) 热电偶温度计

热电偶温度计是用来测量低温的常用传感器，其结构原则没有太大改变。主要变化是为适应市场需要，发展了大量的各种结构的变型品种：

① 装配式热电偶和铠装热电偶并行发展，但装配式廉金属热电偶越来越少，铠装热电偶有最终占领市场的趋势。受工艺影响，装配式廉金属热电偶其价格并不“廉”，只有铠装化才能使金属材料大量节约，成本降低，并且具有耐压、耐冲击、耐腐蚀、热响应时间短、使用寿命长、易于安装的优点。

② 热电偶的材料品种多　美国国家标准学会公布的热电偶材料品种、代号和国际电工委员会确认的品种、代号是一致的，即B，S，K，E，J，T，R，N共8种，但不少厂家还生产许多非标准热电偶，数量达几十种，在这些非标准热电偶中有一些是很出色的，它们大多是由金、钨、铼、铂、铑、铱、钯、钼等金属的合金制成。

③ 热电偶保护管材料品种多　美国的材料科学发达，许多热电偶保护管材料已经规格化，能大批生产，供应仪表生产公司和用户的需要。

由澳大利亚N. A. Burley等人研制出的新型镍铬硅-镍硅热电偶，现代号为N型，热稳定性是其他廉金属热电偶的4～60倍，测量范围−240～+1230℃，是一种应用前途广阔的热电偶。廉金属铠装热电偶成品最小直径可以达0.5mm，外套管根据耐腐蚀和耐温要求有十几种可以选择。

(3) 热敏电阻温度计

在所有的低温传感器中，热敏电阻因为对温度变化敏感性强而具有特别的重要性，约占全部低温热敏元件总量的40%以上，是低温传感器的主流。中国热敏电阻目前阻值精度一般为±5%，B值精度为±3%，响应时间十几秒。近年来国外热敏电阻正朝着高精度、高可靠、长寿命、小、薄、片式化等方向发展。美国已生产出最小直径为0.05mm，引线直径 0.02mm 的珠状热敏电阻，响应时间约为 1s，最低测量温度为 4.2K。

(4) 红外辐射温度计

辐射式温度计是依据物体辐射的能量来测量其温度的传感器。它属于非接触式，具有测温范围宽、反应迅速、热惰性小等优点。这种传感器适用于腐蚀性场合、运动状态物体的温度测量。由于它的感温部分不与测温介质直接接触，因此其测温精度不如热电偶温度计高，测量误差较大，由于低温时辐射能量大大减小，而且是发射波长较长的红外线，因此在低温场合用来测量的机会相对比较少。随着辐射检测元件的进展，美国正努力将检测元件安装在极低温的全辐射温度计上，将温度延伸到低温范围并可望进行温度的绝对测定。

(5) 新型低温温度传感器的测量成果

近年来在低温温度测量方面，一些国家取得了可喜成果。俄罗斯利用声速在气体中与温度的关系，研制了电声气体温度计，在 2～273K 温度范围内测定热力学温度的误差约为 0.01K，并可得到 0.001～0.0005K 的复现性，研制的石英晶体音叉温度传感器，测量范围 4.2～523K，分辨力 0.0001K，精度 0.02～0.2K；英国的低温气体温度计在 2～20K 温度范围内可达 0.0005K 的精度；澳大利亚定容气体温度计在 2～16K 温度范围内准确度达 ±0.003K；美国研制的 25Ω 低温标准铂电阻温度计，电桥分辨率 0.00002℃，利用电子在电阻体内部无规则热运动产生微小电流变化制成的“热噪声温度传感器”，记录了最低为 0.075K 的噪声温度，理论上可测到千分之几开的温度；意大利也利用电子热噪声求出绝对零度附近的温度，精度达 10^{-4}K。

6.3 低温介质液面测量

低温介质液面的监控测量是低温工程中的基本参数之一，现代低温工程实践中通常有浮子式、压差式、电容式、电阻式和超声波式 5 种低温液面测量仪器。

6.3.1 浮子式液面计

浮子式液面计利用密度比低温液体低的材料或轻质空心球作为浮子，在浮子上端固定一根很轻的细棒，在液体浮力的作用下，细棒随液面上下移动，通过观测低温贮液容器顶上玻璃导管内的细棒高度即可测液面［图 6-14(b)］。如果把浮子以某种方式与指针式仪表相连即可直接显示液面的高度［图 6-14(c)］。图 6-14(a) 则给出了另外一种，把浮子的位置转换成电信号，适合于液面远距离测量的浮子式液面计形式。它由浮子、铝-锰磁铁、导管和单簧触点开关组成。浮子跟踪液面，固定在浮子上的磁铁和装在导管内的单簧触点开关把位置信号转换成电信号，适

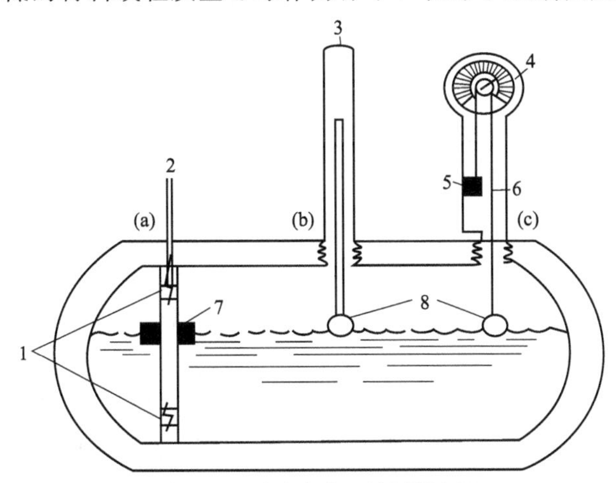

图 6-14 浮子式液面计测量原理

1—单簧开关；2—接电测仪器；3—玻璃观察窗；4—指针式表头；5—配重；6—丝绳或带；7—磁性浮子；8—浮子

合于液面的远距离测量和液面的自动控制。显然，在导管内安装不同数量的单簧触点开关，即可对液面进行定点测量或半连续测量。如有的文献介绍，用直径 300mm 的三个铝合金球组合和 21 个单簧开关在导管内线性分布组成的液面计，具有很高的测量准确度，对于静止液面其准确度高达 0.026mm。用这种液面计对运载火箭液氢、液氧加注用涡轮流量计的“现场”校验取得了良好的效果。

浮子式液面计的敏感元件是浮子，它可以由各种低密度的发泡塑料和易于加工的合金（如铝合金、不锈钢、德银等）制成。浮子的形状对液面计的工作特性有很大影响，不同形状的浮子适合于不同的液面测量。图 6-15 给出了三种不同形状尺寸的浮子：图（a）为扁平形浮子；图（b）为扁圆柱形浮子；图（c）为高圆柱形浮子。图（a）浮子做成大直径空心圆盘状，可反映 0.1mm 的高度变化，但对液面波动比较敏感，适合于低密度液体（如液氢、液氦）的液面测量；图（c）浮子的情况正好与图（a）相反，高度大、直径小、占地面积小，因此稳定、抗波动性好，但对液面变化不很敏感，适合于高密度液体的测量；图（b）浮子的抗波动性和灵敏度介于上述两者之间。

浮子液面计的特点是制作方便、使用简单且不受容器内压力的影响；其缺点是无法用于小容器，容易被容器内某些部件挂住或被导管卡住，而且对液面的波动较为敏感。因此，常用来指示大型贮箱或贮槽等静止的低温设备液面。

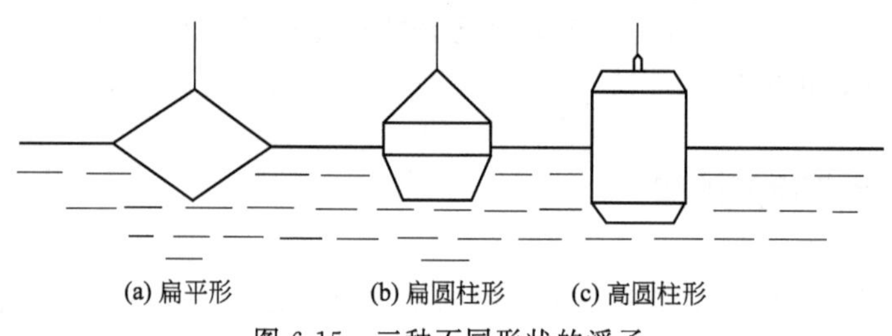

图 6-15　三种不同形状的浮子

6.3.2　压差式液面计

压差式液面计的基本结构如图 6-16 所示，压差计的一端与容器底部相连，另一端连接到液体上面的蒸气空间，可把液面高度的测量转化成压差的测量。采用各种压差计便构成各种形式的压差式液面计。

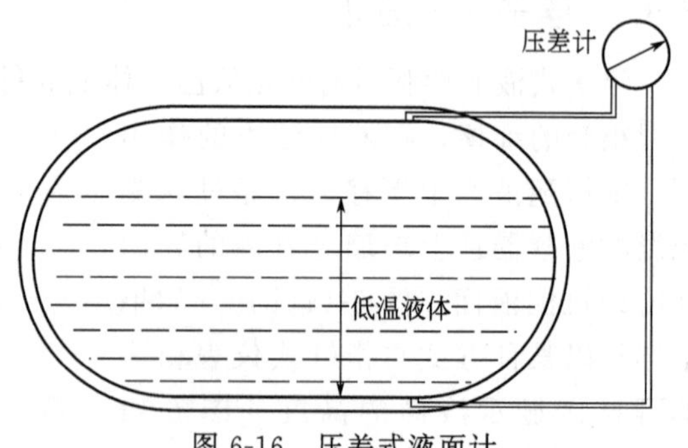

图 6-16　压差式液面计

6.3.2.1　静压差式液面计

图 6-17 给出了静压差式液面计测量低温液面高度的结构简图。它是应用静压原理制成的。待测的低温容器的蒸气空间与低温液面计的负压室 1 相连通，而低温容器底侧（液相部分）经汽化器 4 与液面计的正压室 2 相联通。汽化器的作用是使低温液体气化。如果管路上漏入的热量足以使液体气化，则不需汽化器。汽化器内的压力等于气相压力与液柱压力之和。当汽化器内的压力大于气相压力与液柱压力之和时，汽化器内的蒸气就要通过容器中的液体进入容器上部的气相空间。反之，则液体会流入汽化器而被气化。这时，在低温液面计中，腔室 1 代表低温容器气相压力，腔室 2 代表低温容器底部的液柱压

力与气相压力之和。两腔室间填充有指示两者压差的油介质，油面的高度由标尺 3 读出。这个数值与低温容器中的液柱高度成正比例关系。因此用标尺的读数，就可以指示贮存容器中液面的高度。

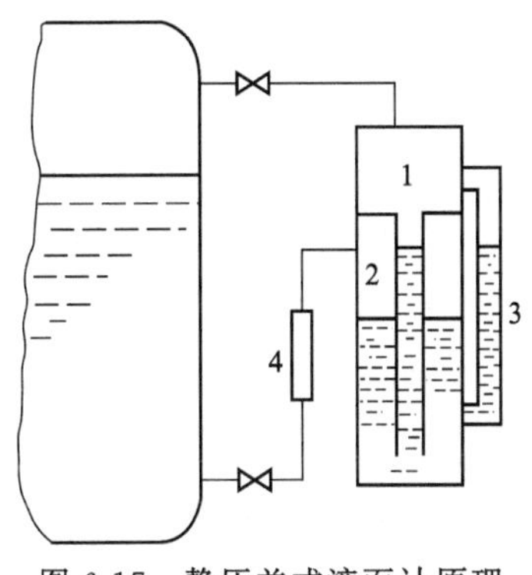

图 6-17　静压差式液面计原理
1—负压室；2—正压室；
3—标尺；4—汽化器

这种类型的液面计结构简单，可以连续地指示液面，一次安装好即可长期使用而不需要任何供电线路。对于液化器、低温贮槽等静止设备的液面测量尤为适用。其缺点在于对氢氧燃料增压贮箱液面测量时，由于空间压力的变化容易产生长周期的压力波动而使指示不稳。产生压力波动的原因是与液相连接管中的气液界面的振荡。为消除这种影响，将与液相连接的管道人为地分为两段。即低温容器一侧的水平管用薄壁不锈钢管，另一段则用厚壁紫铜管以建立较大的温度梯度。试验证明这种措施还是很有效的。有文献则采用波动阻尼器把压力计和振动隔离开来，仍保持它对平均压力的反应，也取得了很好的效果。这类压差式液面计在火箭发动机试车燃料加注和排液时都得到了应用。

6.3.2.2　膜盒压差式液面计

膜盒压差式液面计是利用容器内不同液面高度产生的液柱压差，推动膜盒、带动指针工作的。其结构如图 6-18 所示，容器上部空间压力 p_i 通过排液减振器 3、三通开关 5 上的喷嘴 7，沿“上部导管”进入指示器的壳体内（即在膜盒 16 的外部）。而容器底部的压力 p_2 则通过排液减振器 2、三通开关 5 上的喷嘴 11、减震气瓶 14，沿“下部导管”引入指示器 15 的膜盒 16 内。这样膜盒 16 在其外部压力 p_1 和内部压力 p_2 的作用下，因压力差 Δp 而产生变形，其变形量的大小与液面高度成正比。该变形量通过传动机构与刻度盘相连，即可直接显示液面高度。

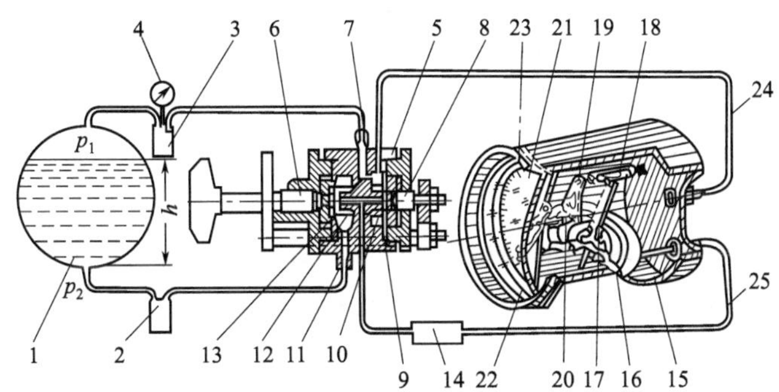

图 6-18　膜盒压差式液面计结构
1—容器；2,3—减振器；4—压力表；5—三通开关；6—阀杆；7,11—喷嘴；8—调节销；9,13—膜片；10,12—弹簧；14—减震气瓶；15—指示器；16—膜盒；17—拉杆；18—轴；19—扇形齿板；20—齿轮；21—刻度盘；22—玻璃板；23—衬圈；24—上部导管；25—下部导管

膜盒压差式液面计结构简单、工作可靠、维护使用方便，对于液氢测量准确度优于 4%，可连续测量液面。因此，在大型低温槽车、低温贮箱等贮液设备上得到应用。

6.3.3 电容式液面计

电容式液面计是利用低温液体与气体的介电常数不同，通过测量敏感元件电容变化来确定液面高度的。具有结构简单、测量准确、工作可靠、容易实现液面的远距离测量和液面的自动控制、报警等一系列突出优点，因而在低温液面、特别在各种贮箱、贮槽等设备中得到应用。测量准确度不低于 2%，精心设计制作的可高达 0.5%，甚至更高。

为适应空间低温技术不同场合的使用要求，电容式液面计具有各种形式，但最常见的是平行平板和同轴圆筒形。图 6-19 所示的为同轴圆筒形电容式液面计。

电容变化量与浸润液体的深度呈线性关系，因此，通过电容器电容变化量的测量即可以确定介质的液面。由于介电常数的不同，测量液氦、液氢液面时的灵敏度要比液氮、液氧低得多，因此在液氦、液氢液面的测量中要求测量仪器具有更高的灵敏度和稳定性。

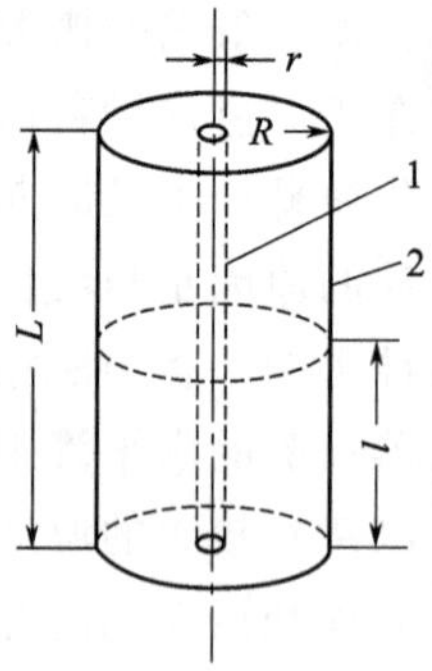

图 6-19 同轴圆筒形电容式液面计原理

1—内金属电极；2—外金属电极

6.3.3.1 普通圆筒电容式液面计

普通圆筒电容式液面计是电容式液面计中结构最简单的一种，其结构如图 6-19 所示。敏感元件由两同轴金属圆筒电极组成。为能达到有效的测量目的，在敏感元件的设计制作和使用时应注意以下问题。

（1）电极选择

空间低温技术中常用的低温液体均不导电，所以电极可直接采用裸电极，而不必覆盖绝缘层电极材料，应选择导热性能差、强度高、不易变形、低温下不冷脆、加工性能好的金属或合金，常用的有：不锈钢、德银以及铝合金等。

（2）电极间隙选择

电极间隙越小，电容量和电容的变化量就越大，这有利于测量精度的提高。但间隙过小时不仅制作、安装困难，而且会产生严重的毛细现象，出现虚假信号，反而导致测量结果不准。因此，一般间隙不小于 2mm。另外，为了避免电极间液体振荡，使液体流动畅通，消除毛细管效应所带来的误差，在外电极上开一系列均匀分布的小孔，但孔径不宜过大，以免影响敏感元件本身的特性。

（3）电极安装

同轴圆筒安装时应尽量保持两圆筒的同心度。这除了在电极加工时要求厚度均匀、表面光洁、安装前需校直外，还应在两电极间加足够数量的绝缘衬垫以保持它们的相对位置稳定，衬垫材料一般采用聚四氟乙烯。

（4）测量电路性能

如同低温温度的电测法最终归结为小电势的测量一样，低温电容液面计由于本身结构尺寸以及测量液体的介电常数等限制，电容量通常都很小，而液面变化所引起的电容量的变化就更小。因此，要准确而无干扰地测量这些电容及其变化量，除正确设计测量线路外，还要求测量电路绝缘性能好，尽可能地消除杂散电容对测量的影响。

（5）电容液面计的校准

为了消除热胀冷缩引起的零点漂移，压力、温度变化引起介电常数变化以及两圆筒电极偏心等因素对液面计的影响，电容液面计必须在尽可能接近实际工况的情况下进行校准。

6.3.3.2 定点电容液面计

定点电容液面计结构如图 6-20 所示，其敏感元件由一组同心圆环交替连接到两个引线端组成。这种液面计特别适合于各种低温液体的定点测量和限位控制，具有响应时间短的优点（约 0.6s），液面分辨率可达到 2.5mm。由于这种电容液面计的电容量本身很小，因此，在测量过程中应尽可能消除引线电容的影响，如采用三端引线法等。

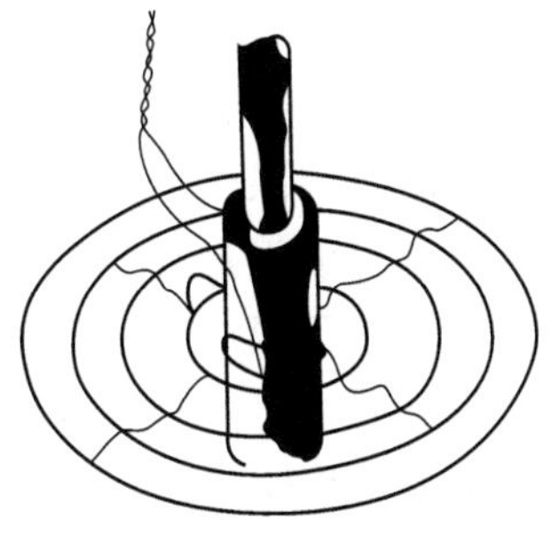

图 6-20 定点电容液面计结构简图

6.3.3.3 分节式高精度电容液面计

为了满足氢氧运载火箭研制工作的需要，我国航天部门首创了具有补偿能力的分节式电容液面计，在传感器的结构和测量原理上均有突破，使其分辨率达到了±0.05%。分节式电容液面计结构如图 6-21(a) 所示，它与上述的同轴圆筒形电容式液面计类似。把圆形的外部电极分割成等长并相互绝缘的若干节，然后将奇数节和偶数节连接起来与内电极构成电容器 C_1 和 C_2。将两个电容器作为电桥的相邻两臂进行比较测量，当液面下降时将得到图 6-21(b) 所示的三角形波，测量出现每个三角形波的时间，即可得到液面的下降速率。作静态测量时，可先将两组电容并联成一个传感器，粗测液面高度，然后分成两组进行比较测量，根据电容的差值则可以测得液面的高度，这种分节式结构以及比较测量方法使该液面计具有补偿和自校能力，因而克服了零位的漂移，减少了温度分层对液面测量的影响，提高了测量准确度。如对于 5m 高的液氢液面，其动态测量误差仅为±0.05%。这种分节式电容液面计曾在我国氢氧运载火箭的研制中发挥了重要作用。

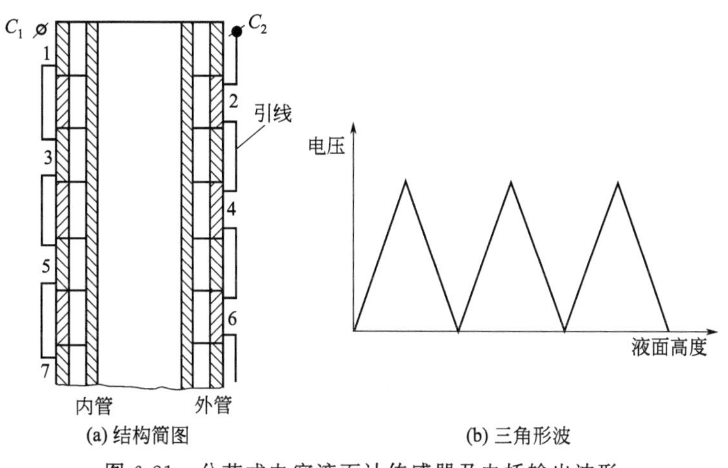

(a) 结构简图 (b) 三角形波

图 6-21 分节式电容液面计传感器及电桥输出波形

6.3.4 电阻式液面计

电阻式液面计是利用液体和气体传热能力的差别制成的，通过测量敏感元件电阻的变化来指示液面。

在电阻式液面计中用于液面测量的敏感元件应具有较大的电阻温度系数。这些敏感元件可大致分为金属和半导体两大类。前者主要包括铀丝，以及各种热电偶；而后者则包括碳电阻、热敏电阻、二极管等。

电阻式液面计特别适合于液面的定点测量和液面的限位控制，若能串联若干敏感元件则可对液面进行半连续测量。如在容器内放置垂直于液面的金属丝线圈，则其电阻值与浸没元件的液体深度成比例，这样也可完成液面的连续测量。图 6-22 给出了这三类电阻式液面计测量方法的示意图。

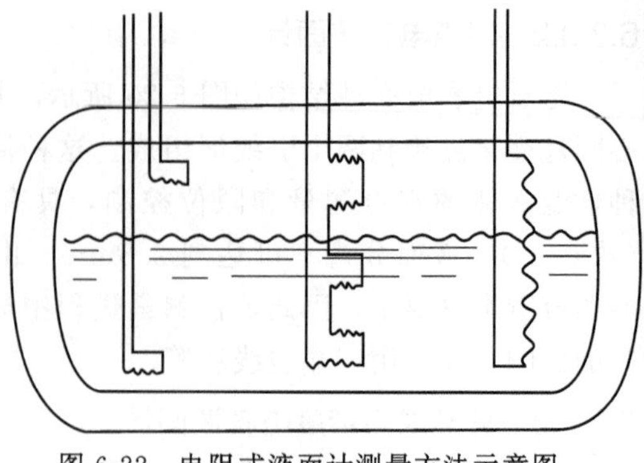

图 6-22 电阻式液面计测量方法示意图

6.3.4.1 金属热线液面计

工作原理是在一条金属线上通一适当电流，产生的焦耳热使金属线温度升高（热线即因此得名），这些焦耳热通过金属丝-液体界面传入液体或通过金属丝-蒸气界面传入蒸气。显然金属丝-液体界面的传热系数高得多，在相同的加热电流条件下，处于液体中的热线温度要比处在蒸气中热线温度低，与此相应，两部分的电阻也有很大差别。因此，根据热线电阻值的大小就可以判断热线是否处在液体中或判断热线浸没在液体中的长度是多少，前者可以做成定点液面计，后者可以做成连续液面计。

对于金属热线式液面计，选择一个合适的工作电流对完成液面的准确测量至关重要。因为如果工作电流太小，热量很快地被周围介质带走，从而分辨不出热线是处在液相中还是处在气相中，而太大的工作电流则会引起液体的大量蒸发，在金属线周围形成一层蒸气膜，从而使两相介质传热差别缩小，甚至消失；严重时，还会使处在气相中的热丝烧断。只有当工作电流取适当值，敏感元件的自热才能使元件通过液面时，温度或电阻有比较明显的变化，从而较好地确定液面位置。

图 6-23 提供一个典型的热线液面计测量线路图。这个测量线路实质上是一个简单的桥式电路，R_6、R_1 分别用于桥路电流的粗细调节，R_4 用于液面计的零点调整，ME-2 用来监视流过敏感元件的电流，ME-1 用于指示液面。

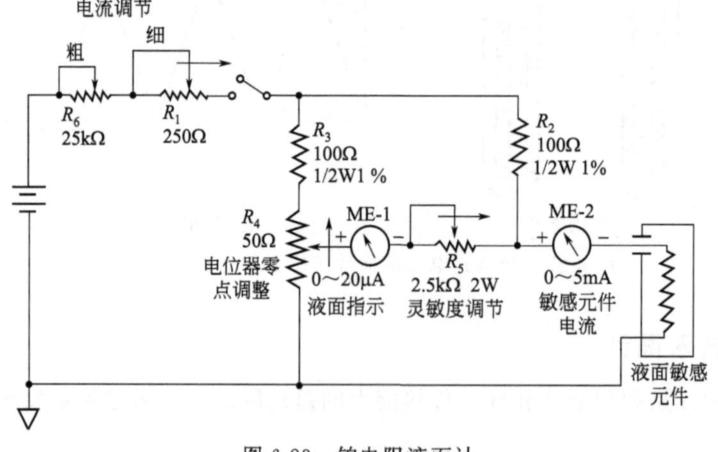

图 6-23 铂电阻液面计

热线液面计通常采用细铂丝或细钨丝，对于远距离测量，选用气相色谱法用的铂灯丝线圈或钨灯丝线圈效果更佳。

热线液面计突出的优点是整个测量系统简单、使用方便、适合于远距离测量，而且具有较高的灵敏度和较高的测量准确度。如用直径为 0.025mm、长 5cm 的铂丝做成小螺旋管横放在容器中，其测量准确度可达±0.2mm；但尚有以下不足：对于沸腾飞溅的不平静液面，测量准确度低、指示不稳；作为敏感元件的铂热丝是氧、氢爆炸反应的催化剂，一般不宜用来直接测量液氧、液氢，需在铂丝作镀金处理后才能使用。

6.3.4.2 半导体液面计

它属于电阻液面计，其敏感元件为具有较大的负电阻温度系数的碳电阻或热敏电阻，图 6-24 给出了一个适合于液氦、液氢液面测量的线路图。在该测量系统中，敏感元件是 W/2 的普通碳电阻。其具体的操作过程如下：将液面敏感元件（即碳电阻）浸没在低温液体内，然后接通线路电源，接着用 0～600Ω 的变阻器调节使电桥处平衡状态。当敏感元件稍许离开液面时，由于碳电阻阻值下降，电桥的平衡被破坏，这种不平衡信号将使用于指示液面的微安表偏转一个较大角度。

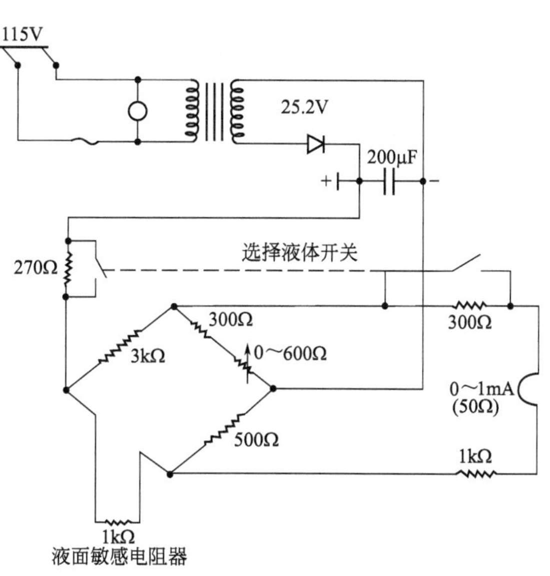

图 6-24 碳电阻液面计

半导体液面计测量系统简单而且可靠，特别适合于各种低温液面的定点测量和控制，对于液氦、液氢的测量均具有很高的灵敏度。

6.3.5 超声波液面计

超声波液面计是利用超声波换能器（如压电晶体换能器、磁致伸缩换能器等）发射和接收声波，并根据声波在介质中传播的某些声学特性（如声速、声衰减和声阻抗）来测量液面的。利用声速特性测量液面的基本原理（回声测距原理）如图 6-25 所示，置于容器底部的换能器向液面发射一声脉冲，经过时间 t，换能器便可以接收到从液面反射回来的回波声脉冲，如果探头到液面的距离为 h，声波在液体中的传播速度为 v，则有：

$$h=\frac{1}{2}vt$$

对于一定的液体来说，v 是已知的，因此可以通过声波往返传播时间 t 的测量确定液面 h。

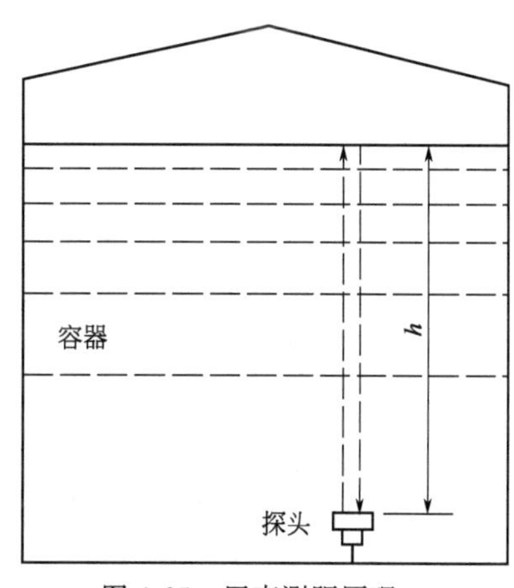

图 6-25 回声测距原理

显然，采用这种回声测距的方法测量液面，其准确性取决于声速 v 的准确性。由于声速与介质的密度有关，而低温介质中存在着较大的温度梯度，密度常常是不均匀的，为消除这些因素的影响，以保证足够的精度，在实际测量中必须对声速进行校正。

超声波液面计测量探头可以不与低温介质接触，即可以做到非接触测量，因而具有较强的适应性良好的测量精度，此外，工作可靠、寿命长，因而在低温液面的测量中得到了普遍应用。我国大型液氢铁路槽车中就采用了一套超声波液面计，这种液面计的局限性在于测量电路复杂，造价亦较高。

6.4 低温介质流量测量

低温介质的流量测量需要注意如下事项：

① 低温流体通常是饱和态贮运，任何压力、温度的变化均会引起物态变化，如黏度、密度，会极大地影响流量测量；

② 依据测量对象充分考虑测量仪表材质的耐低温性能、耐腐蚀性；

③ 设计安装严格遵从流量计要求，如焊接、密封、隔热等。

可用于低温下的流量计有节流流量计（文丘里流量计、孔板流量计和喷嘴流量计）、涡轮流量计、涡街流量计、螺翼流量计、超声流量计、角动量式和组合式质量流量计等多种，每种又有很多不同的结构。使用者必须根据不同场合特定的使用要求，综合考虑量程范围、复现性、维护的难易、能否远距离测量以及价格等因素，来选择最适用的低温流量计。

6.4.1 节流式流量计

节流式流量计包含文丘里流量计、孔板流量计和喷嘴流量计。节流式流量测量只能用于充满管道、均匀的单相流体上。由于压差和流量的函数关系，只有在流体是稳定流或可以看作稳定流的缓变流时才是恒定而简单的，所以适用于流态基本稳定的空间环境模拟设备的低温流程和液氢、液氮等低温介质的流量测量中。

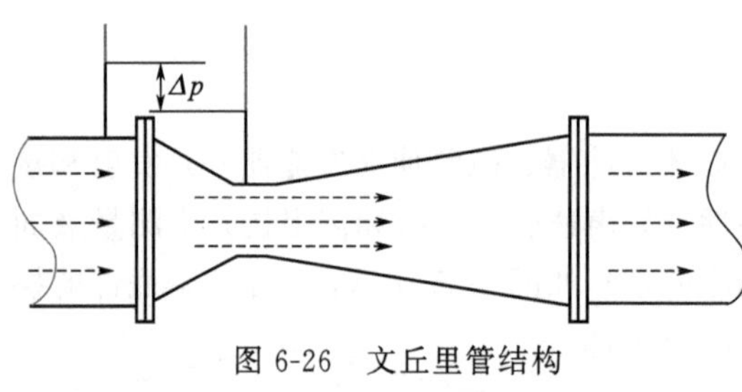

图 6-26 文丘里管结构

文丘里流量计是节流式流量测量装置中应用最广泛的，也是最成熟的一种流量计，其压力损失很小，应用温区极广，简单，可靠。其结构由文丘里管、外接差压变送器、绝对压力变送器和温度变送器组成，核心部件文丘里管的结构如图 6-26 所示。通过测量低温介质流经节流喉管的压降 Δp，便可通过式(6-1) 来计算出质量流量。

$$q=CF_0\sqrt{\frac{2\rho\Delta p}{1-\beta^4}} \tag{6-1}$$

式中 q——质量流量；

C——流量系数；

F_0——喉部面积；

ρ——进口介质密度；

Δp——进口和喉部之间的压力差；

β——孔径比。

标准（经典）文丘里管可以根据使用要求参考 GB/T 2624—2006 进行设计制造，按标准 JJG 640—94 进行检定。只要符合有关标准，甚至不必经过标定就可用于低温介质的流量测量。

标准孔板流量计在低温流量测量中也经常用到，其基本原理、具体结构、设计方法以及安装使用的有关技术要求可参考相关文献。

6.4.2 涡轮流量计

涡轮流量计是一种常用流量计。其主要特点是：精度高、量程范围大、响应速度快，其复现性可达到±0.2%～±0.5%，可测的最大流量和最小流量之比高达 10∶1，响应时间常数一般只有几毫秒到几十毫秒，能很好地适应流动状态脉动的复杂工况，即使在流量大幅度变化的情况下也不会降低累积测量的精度，同时还耐高压、体积小，输出信号为与流量成正比的脉冲信号，便于远距离监测和自控，所以它是实验室和发射基地皆宜的低温流量计。为满足运载火箭的需要，我国航天部门也成功地研制并使用了液氢、液氧涡轮流量计。

涡轮流量计的基本结构是支承于管道中心的以高磁导率材料制作的涡轮，在管道外装有一永久磁铁，磁铁外缠绕一闭合线圈。涡轮靠流体的动力推动使其沿轴芯旋转，由涡轮旋转的角速度可求得流体的流速，由于旋转涡轮周期地改变线圈中的磁通量，在线圈中产生相应的脉冲信号，该信号经前置放大器放大后被送入显示仪表计数和显示，即可由单位时间脉冲数和累计脉冲数得出流体的瞬时流量和累积流量。除显示仪表外，涡轮流量计其余部分都装成一体，也叫做涡轮流量变送器。

涡轮的叶片数根据流量计直径不同而异，一般有 2～8 片。为了使其对流速变化的响应性好和便于预冷，涡轮的质量应尽可能小。叶片通常采用铁氧体或马氏体不锈钢等高磁导率材料。轴承是涡轮流量计最重要也是最容易出故障的部件，流量计的特性系数和低温下的工作寿命都主要取决于轴承，除在材料方面严加选择外，还必须在结构上做精细的设计。尤其是在液氢中使用的流量计，由于介质密度低、黏度小，轴承摩擦力的大小对起始流量和运行稳定性的影响就更大。

低温涡轮流量计常用如图 6-27 所示的套筒轴承，其材质为添加石墨的聚四氟乙烯。为了进一步减少摩擦力，可将滑动摩擦的套筒轴承改成图 6-28 所示的滚动轴承，有的将轴承设计成无轴向应力的浮动轴承，都有在不同的低温介质中成功使用的实例。

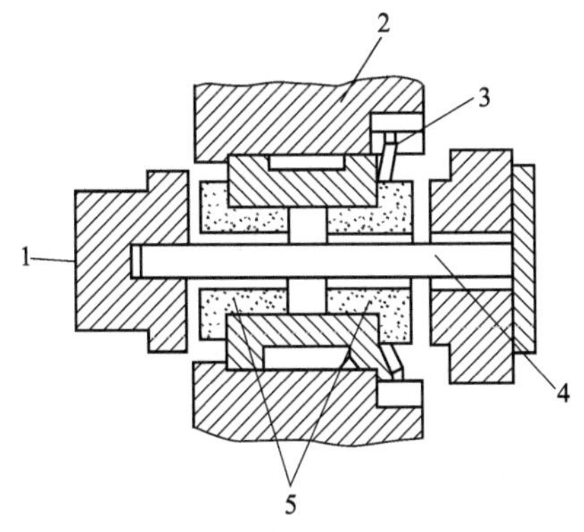

图 6-27　低温涡轮流量计套筒轴承

1—入口侧；2—转子；3—止动环；4—轴；5—轴瓦式轴承

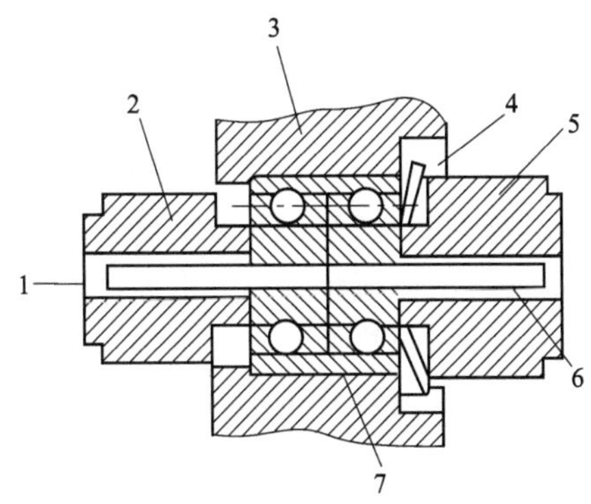

图 6-28　低温涡轮流量计滚动轴承

1—入口侧；2—导向衬套；3—转子，4 一止动环；5—导向衬套；6—轴；7—滚珠轴承我国航天部门对滑动和滚动两类轴承都做过试验，滑动轴承分别用过聚四氟乙烯和聚酰亚胺两种材质。试验结果表明：它们在液氮中都可应用，聚酰亚胺轴承性能好，但在液氢中试验的效果都不够理想，主要问题是起始流量太大，或者是运行不稳定。滚动轴承选用高铬钢材质的仪表轴承，在液氢及液氮中都收到较好效果。这是因为滑动轴承的静摩擦力大，材质又易于磨损，尤其是聚四氟乙烯的温度系数较大，滑配精度很难控制。液氮的黏度及密度较大，相对影响小些，液氢的密度小，黏度低，相对影响就大。

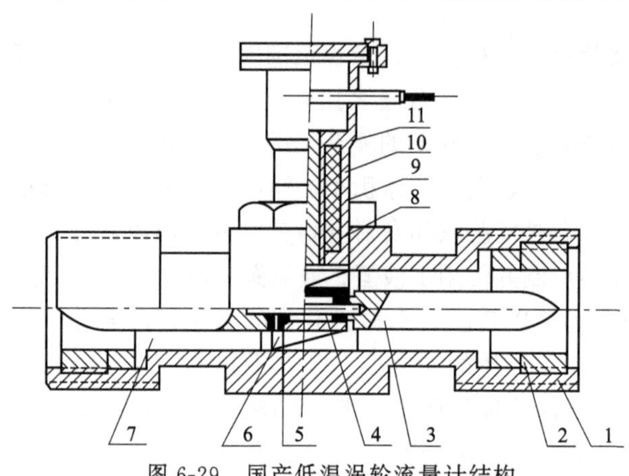

图 6-29 国产低温涡轮流量计结构

1—传感器本体；2—背帽；3—前导流架；4—涡轮轴；5—轴承；6—涡轮；7—后导流架；8—永久磁铁；9—线圈轴；10—线圈；11—线圈盒

图 6-29 是我国研制的涡轮流量计的结构示意图。图中 6 是涡轮，5 是高铬钢制作的定型仪表轴承，穿过涡轮紧配在滚动轴承内孔的 4 是蒙乃尔合金制作的涡轮轴，涡轮靠该轴支承在前后导流架 3 和 7 之间，悬空于传感器流道中心。2 是起固定作用的背帽，1 是奥氏体不锈钢 1Cr18Ni9Ti 制作的传感器本体，10 是线圈，匝数为 10000。8 是用 $5^{\#}$ 铝镍钴磁钢加工的永久磁铁，9 是线圈轴，11 是线圈盒。为防止接线松动，接线后线圈盒内空间注满石蜡。该流量计的测量精度为 1.5%。

用涡轮流量计测低温介质时，最容易发生的故障是，低温液体急剧蒸发时，转子以比通常转速快数十倍的速度旋转，使轴承在很短时间内就损坏，或造成叶轮破损或破碎。尤其在测定液氧流量时，因高速旋转而产生的热量有点燃涡轮零件的可能性。通常在开始输液体及管路和流量计部分的隔热性能不好，或流量计的压力损失较大时，都容易引起低温液体急剧蒸发。为了防止此类故障的发生，除了强化隔热措施和充分预冷外，最好的办法是适当加大流量计的量程上限。目前各种量程涡轮流量计的额定压力损失是大致相当的，而对于同一台流量计来说，其实际压力损失与流量的平方成正比。因此，如能将被测最大流量限制在仪表容量的 1/2 时，压力损失即可下降到额定值的 1/4。间断使用时，如能将被测最大流量控制在仪表容量的 70%以下，就基本上不会产生因仪表本身的压力损失蒸发而出现故障。如需连续使用一年才检验轴承，则要将常用流量限制在仪表容量的 50%以下。

为了防止在预冷和初始测量阶段出现故障，如图 6-30 所示，在低温涡轮流量计的前后都要设置闸阀，同时配置旁路管，以保证预冷降温时，不因低温气体的流量过多而使转子超速旋转。涡轮流量计的校准曲线都是实际标定（实标）给出的。实际测量时，如果管路内的流速分布与校准情况不一致，就会引进很大偏差。因此，必须调整流速分布至校准时的分布。调整流速分布的手段，往往是在流量计上下游安装长的直管段。但在现场实际布管时，往往取不到足以调整流速分布的充分长的直管段，此时，弥补的方法就是加设整流装置。对于低温涡轮流量计，如图 6-30 所示，前后的直管段长度应分别大于 $20D$ 和 $5D$，否则就必须安装整流装置。为了减少对轴承的磨损，并防止涡轮被卡住，被测低温介质中应不含有固状物。因此，涡轮流量计的上游侧应安装如图 6-30 所示的过滤器。航天技术中根据工作情况，若有发生急剧蒸发的可能性时，在下游侧也应安装过滤器。这样，即使叶轮破碎，也不会流向后方造成更大的事故。

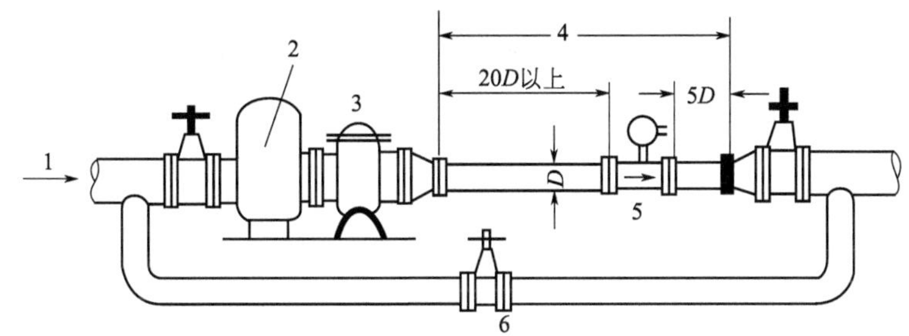

图 6-30　低温涡轮流量计配置

1—流向；2—空气分离器；3—过滤器；4—仪表试验段；5—涡轮流量计；6—旁路阀

6.4.3　涡街流量计

涡街流量计属于流体振动流量计，如图 6-31 所示。在流动的流体中插入柱形物时，就会引起旋涡。这种旋涡是从柱形物的两侧交替发出，这种旋涡称为卡门涡街，在其下游形成两列锯齿排列的旋涡。通常将柱形物叫做旋涡发生体，旋涡的生成和发出是有规律的，伴随其发出，在物体和下游处发生周期性举力和相应的流体振动，振动频率或释放频率与介质流速以及柱状物的宽度有一定的关系，可表示为

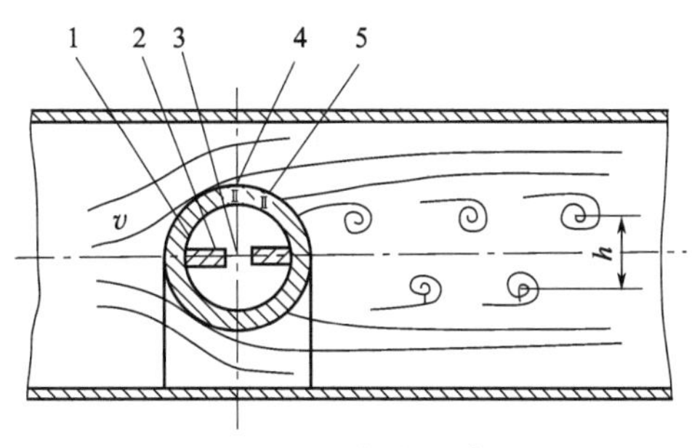

图 6-31　涡街流量计

1—涡街发生器；2—隔板；3—铂电阻丝；4—主导压孔；5—副导压孔

$$f=Srv/d \tag{6-2}$$

式中　f——卡门涡街的释放频率；

Sr——斯特劳哈尔数；

v——介质流速；

d——柱状物迎流面宽度。

通过测量频率即可算出瞬时流量。

涡街流量计的输出信号是仅仅与被测介质流速有关的脉冲频率。几乎不受流体的组成、密度、温度、压力等参数的影响。用于低温介质流量测量时，具有以下特点：首先是压力损失小，所以即使极低温液体，蒸发量也可以做得很小，这有利于提高测量的精度，量程范围也比较大；由于被测流体本身就是振动体，没有机械的运动部件，所以运行时安全可靠；由于是检测流速，所以流量和输出的关系为简单的线性关系；又因为是脉冲输出，所以容易累积计算和实现远距离检测。

与测稳态流的节流装置相比，它的结构要复杂一些，由于它的发展历史还比较短，使用实绩还不如前两种。20 世纪 70 年代、80 年代迅速发展的低温流量计是以涡街流量计为代表的。

振动频率或释放频率检测方法很多，按基本原理可大致分成两类：第一类是把流体振动转变为电阻变化的检测方式；第二类是检测作用在物体上的周期性交替举力的频率。被检测

的区域通常在旋涡发生体四周、内部以及它的下游。图 6-31 属于第一类检测方法，被检测的电阻丝装在圆柱形旋涡发生体内，当流体静止时，只要加热电流恒定，则热线（通常是铂丝或热敏电阻）的温度和电阻值就一定，当旋涡交替产生和消失时，就会在圆柱体的两侧交替形成压差。此压差通过导压孔使圆柱体孔腔内流体来回流动，从而周期地冲刷热线，使热线的温度（即电阻）值周期变化。图 6-32 所示的线路可检测其电阻的变化频率。

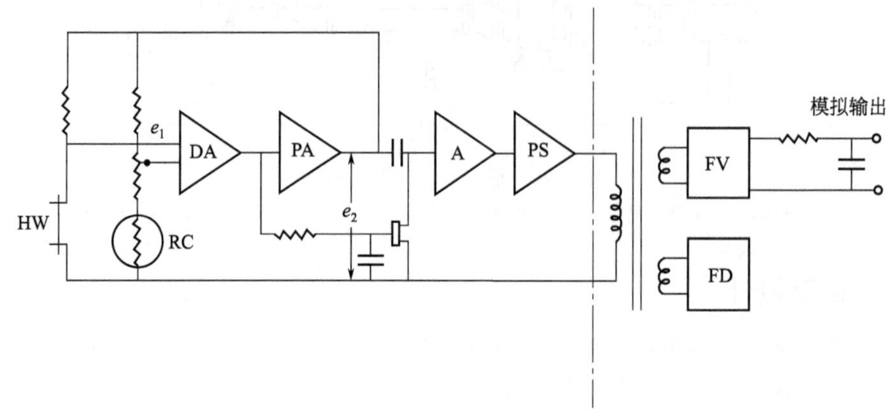

图 6-32 检测电阻变化频率的线路

HW—检测电阻；RC—相移电路；DA—差动放大器；PA—功率放大器；

A—电压放大器；PS—波整形回路

FV—频率电压变换器；FD—分频器

图 6-33 所示属于第二类检测方法。在流体中设置的三角柱内部安装一个磁性小球，产生旋涡时的周期性交替举力使小球穿梭运动，图（b）所示的电磁传感器即可检测出该磁性小球的振动频率。

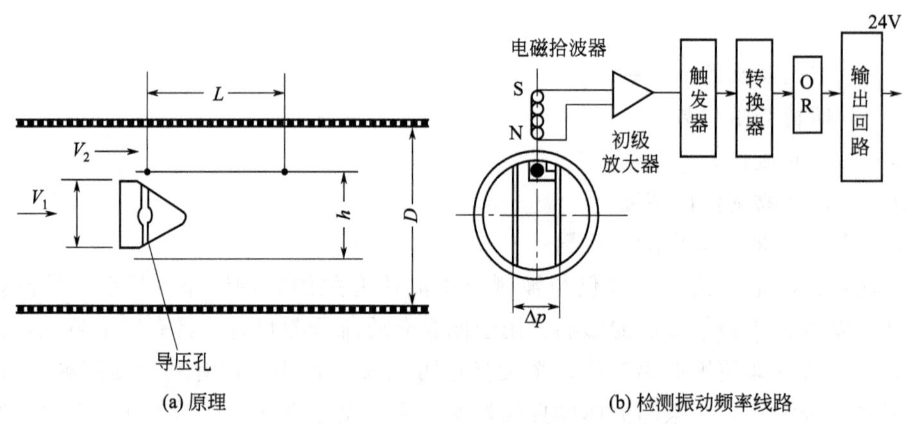

图 6-33 穿梭式涡街流量计

第一类检测方法的灵敏度较高，能较好地适应频率范围宽，即流速范围宽的气体和液体。但是，热线的结构很精细，容易受流体穿梭式涡街流量计中混入物的接触和附着的影响。耐冲击振动性能也较差。第二类检测方法结构坚固，但是由于交替举力与流速的平方成正比，因此，想要同时达到高的灵敏度和宽的量程范围是困难的。所以，能承受高流速下强力作用的结构，很难得到低流速、小作用力下的灵敏度。另外，测量对象也多为液体。

图 6-34 所示为穿梭式涡街流量计的结构。为了减少由于安装结构上和冷收缩等原因

引起的漏液，主体一般采用法兰连接而不用螺纹接头。为了避免冷热的影响，前置放大器部分通过长管引到室温环境。除穿梭小球出于磁检测的需要而采用强磁性材料镍外，本体、三角柱、法兰盘都采用奥氏体不锈钢。

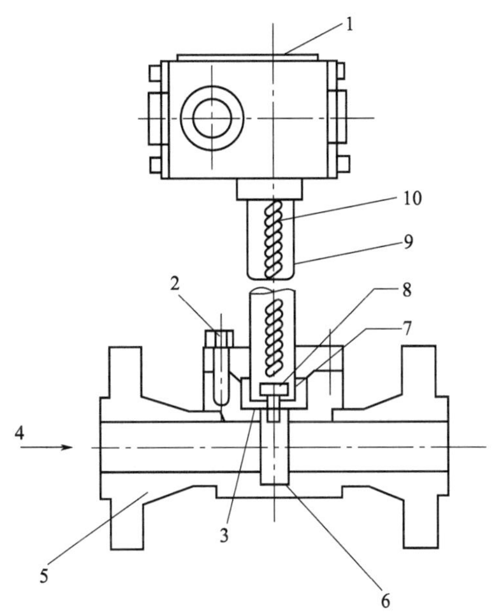

图 6-34 穿梭式涡街流量计的结构

1—接线箱；2—螺钉；3—O 形圈；4—流向；5—仪器本体；6—三角柱；7—垫圈；8—拾波器；9—安装管；10—导线

当流体的流动是旋流或涡流，流速分布不均匀时，旋涡发生体就不能产生稳定的涡街，因此也就不能准确地测出流速。同时，也不希望产生的旋涡直接流入后方。因此，涡街流量计同样也有调整流速分布的问题，配管必须是水平安装的，同时在流量计的前后设置一定的直管段和整流器。涡街流量计只能测单相流体的流量，对于检测流体周期性交替举力的穿梭式涡街流量计，更是只能测定低温液体的流量。小球位置处哪怕只有少量蒸气混入就会造成检测失败。因此，要强化隔热，不使热量漏入管内。如果不得不将流量计装在进入热量较多的长管道上或不得不装在调节阀的下游侧引起急剧蒸发的地方，就要采取消气措施。前置放大器中的电子器件通常不能经受低温和高温。

涡街流量计有如下特点：传感器不接触流体，性能稳定，可靠性高；无运动部件，构造简单可长期运行，寿命长，测量精度高，精度优于 0.5 级，范围广，量程比 1∶15，重复性±0.2%；气、液通用，安装、维护方便。

6.4.4 螺翼式流量计

螺翼式流量计广泛用于各种低温液体流量的精密测量。由于在原理上是使低温液体充满具有一定容积的空间，然后由转子的转动把这部分液体送到流出口流出，通过测量转子的转动次数来求出流量。所以它跟用翻斗测量液体体积的方法一样，是典型的容积流量计。图 6-35 所示为螺翼式流量计的结构，用电磁或机械方法检测转子的转动次数。

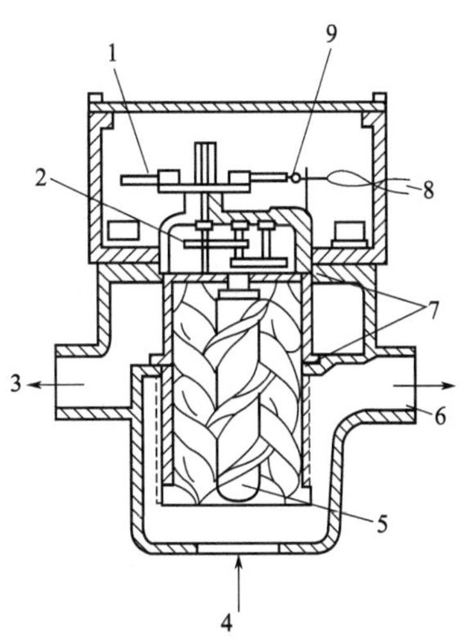

图 6-35 螺翼式流量计的结构

1—磁铁；2—减速器；3—出口；4—入口；5—螺翼；6—预冷管；7—密封；8—检测器；9—电开关

这种流量计的精度是较高的。液氮试验表明，对于最大瞬时流量为 $9m^3/h$，累积值为 $1249m^3$ 的螺翼式流量计，测量的复现性达到±0.66%～±0.51%，不确定度为+1.17%～+0.55%。

设计时，应重视材料的冷收缩和由此引起的密封问题。除了对测量容积作温度影响的修正和采用低温密封垫外，还必须从选材和结构上防止间隙变化引起的“漏液”

问题，即应当排出的液体未能完全排出的问题。转子的润滑也只能通过自润滑材料解决。螺翼式流量计常常装在运输槽车或贮罐上，每次测量流量计都要从室温冷却到低温液体温度，所以流量计的热容要控制得越小越好。设计时要采用能满足强度要求的尽量小的截面，接触外界的材料应具有尽量低的热导率。

螺翼式流量计只有充分预冷后才能通低温液体。测低温液体的螺翼流量计，一般都设置了专门的预冷管路。预冷的低温流体不是由出口而是由预冷管路流出，在此过程中螺翼不转，一方面避免了超速旋转可能引起的故障，同时也避免了误读累积流量。

6.4.5 超声流量计

超声流量计是利用声波在介质中的传播速度是一个合成矢量的原理来测量介质流速的。其原理如图 6-36 所示。声波在流体中传播，顺流方向声波传播速度会增大，逆流方向则减小，同一传播距离就有不同的传播时间，利用传播时间差（t_2-t_1）的测量求取流速 v，从而可以得到流量值，这种方法称为传播时间法，流速 v 和时间 t_2、t_1 之间的换算关系为

$$v=\frac{L}{2\cos\theta}\left(\frac{1}{t_1}-\frac{1}{t_2}\right)$$

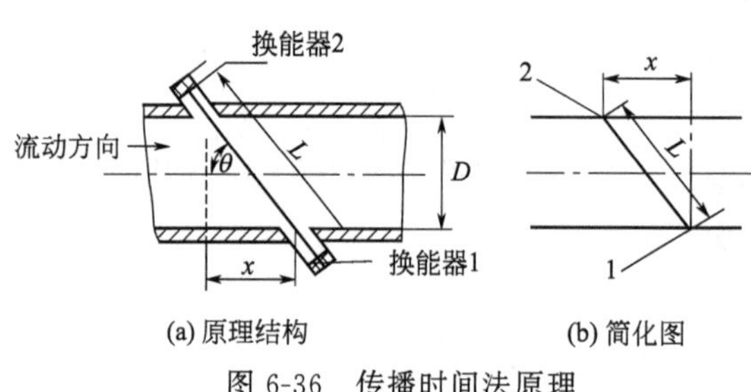

(a) 原理结构　(b) 简化图

图 6-36　传播时间法原理

传播时间法是最为低温介质如液氮、液氧以及液化天然气常用的一种流量测试方法，除此外根据对信号检测的原理，超声流量计还有波束偏移法、多普勒法、互相关法、空间滤法及噪声法等。

超声流量计主要由安装在测量管道上的超声换能器（或由换能器和测量管组成的超声流量传感器）和转换器组成。原理上从常温到低温，只要是单相流，不管气体或液体都可以使用超声波流量计，但用于低温流体测量时须考虑：低温环境下超声波收发器的选材以及采取适当的缓冲方法有效消除振动及噪声对测量的影响。

超声流量计的主要技术参数如下：管径 14mm；距离 $L=300$mm；流速范围 0～0.9m/s；温度范围 70～80K；流速测量精度＜2%；压力损失＜0.04MPa。

6.4.6 热式和角动量式流量计（质量流量计）

从流量测量的目的来考虑，多数场合下希望知道质量流量，特别是对温度和压力都在变化的气体或者混入大量气泡的液体，即使测得容积流量也说明不了多大问题。因此，研制了各种各样的质量流量计，有些已经成功地用于氢氧发动机的试车和发射基地的燃料加注系统。

质量流量计分为组合式和直接式两种。组合式质量流量计由流速感测零件（即容积流量计）和密度感测元件两部分组合而成。用计算积分装置将上述两部分元件测得的参数相乘后输出，即得瞬时质量流量；将乘积对时间积分后输出，即得累积质量流量。这种流量计实际上是要解决低温密度计的问题。组合式质量流量计属于间接式质量流量计，一般复现性不低于±1%。直接式质量流量计是直接检测与质量流量成比例的量，其种类较多，用于低温介质的有热式流量计和角动量式流量计，后者也称为轴式流量计。

热式流量计可用于流动不够稳定、温度和压力有变动的低温气体的流量测量，如图 6-37 所示。这种流量计由热源（加热丝）、热源前后两个测温元件以及连续累积的装置组成。在流动的气体中安装加热丝，气体通过电加热被加热，利用上游和下游侧两个温度计，即可测出相应的温升，根据气体的定压比热容、加热丝的电加热动率，便可求出质量流量。

角动量式质量流量计是根据角动量守恒原理研制的，基本结构如图 6-38 所示。流量计壳体内有一个推进叶轮和一个力矩敏感涡轮，两轮分装在两个转轴上。叶轮电动机以恒定角速度驱动，流体通过叶轮后，就具有和叶轮相同的角速度，于是流体除具有轴向动量外，还具有一个与叶轮转速和流体质量流量成比例的角动量。在上述流束作用下，涡轮开始转动，弹簧产生一个与旋转流束方向相反的扭转力矩作用在涡轮上，当弹簧作用在涡轮上的反向转矩和流束作用在涡轮上的扭矩相等时，涡轮就在和初始位置成一定转角的位置上稳定下来。涡轮的转角由一个与涡轮磁性耦合的角位敏感装置来测量，输出信号代表流束的瞬时角动量，并和流体的真正质量流量成比例。在叶轮和涡轮之间还装有静定盘，以减小黏性耦合影响。输出信号可以直接指示，也可远距离传输。这种流量计可用于各种低温液体质量流量的精确测量，对液氢、液氧、液氮和液氩均有大量成功的使用实例，测液氢时的精确度可达±1%。

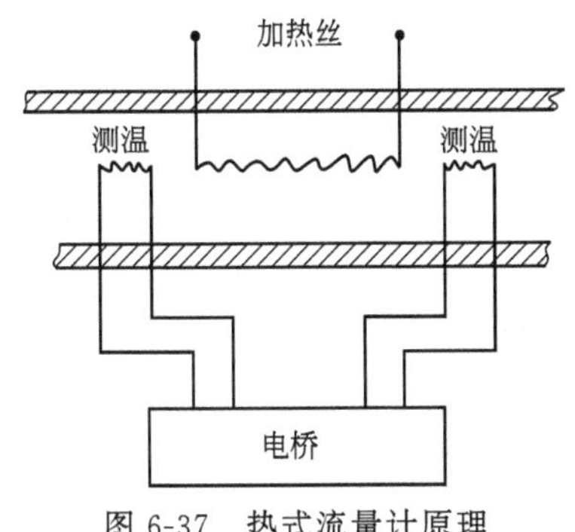

图 6-37　热式流量计原理

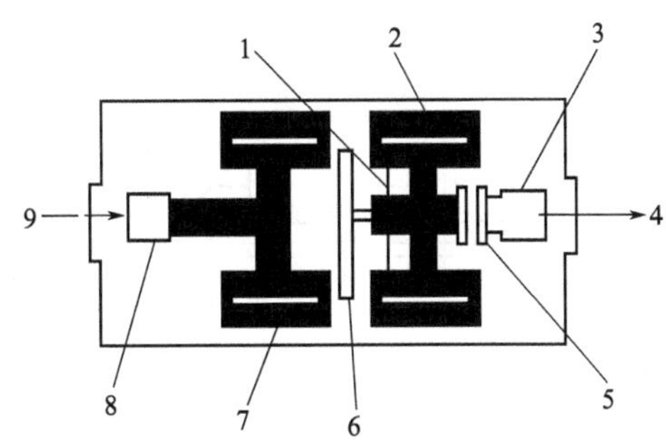

图 6-38　角动量式质量流量计

1—弹簧；2—涡轮；3—角位检测器；4—出口；5—磁传动件；6—静定盘；7—叶轮；8—电机；9—入口

6.4.7　低温流量计的标定

(1) 低温标定装置

低温下使用的流量计，原则上都应该用低温介质实际标定。对于精确的低温介质的流量测量，需要考察低温流量计内部结构和外部安装条件对测试性能的影响，探讨如何改进才能达到所需的精度等问题，也需要进行大量的试验。这些试验只有在低温标定装置上进行才能得出精确的结果。我国也建立了相应的标定设备，从标定原理来看，可分为两大类。

① 容积-时间法　使已经精确知晓其容积的低温介质均匀地流过待标流量计，并在流过这一容积流体所耗的时间内，将流量计的输出信号积分，对照分度流量和输出信号，两者的比例系数即为待标流量计的仪表系数。我国航天部门的低温流量计标定设备，就是按容积-时间法建立起来的，其流程概要如图 6-39 所示。设备的主体是标定容器（标定瓶），具体结构如图 6-40 所示，它是真空多层隔热的金属杜瓦瓶，真空层内壳体就是回收瓶（回收容器）。为消除外热对标定瓶的影响，保证试验时液面稳定，设计了同轴的回收瓶与

标定瓶，标定瓶置于回收瓶之内，其容积为 40L，回收瓶容积为标定瓶的 1.5 倍。

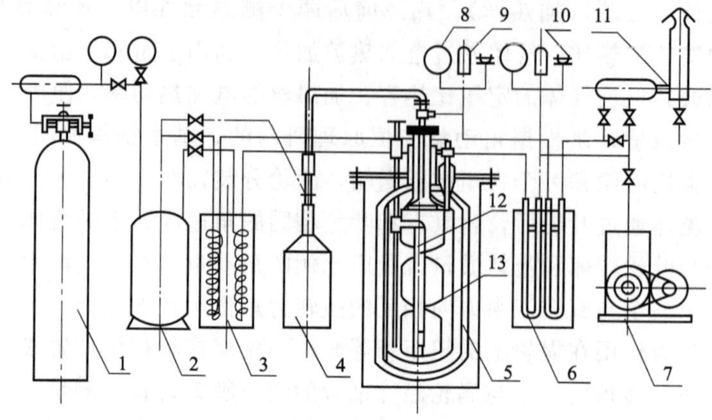

图 6-39 液氢流量实标装置流程

1—贮气瓶；2—稳压罐；3—预冷器；4—贮液瓶；5—标定容器；6—升温器；7—真空泵；8—压力表；9—安全阀；10—防爆膜；11—放空管；12—液面计；13—信号器

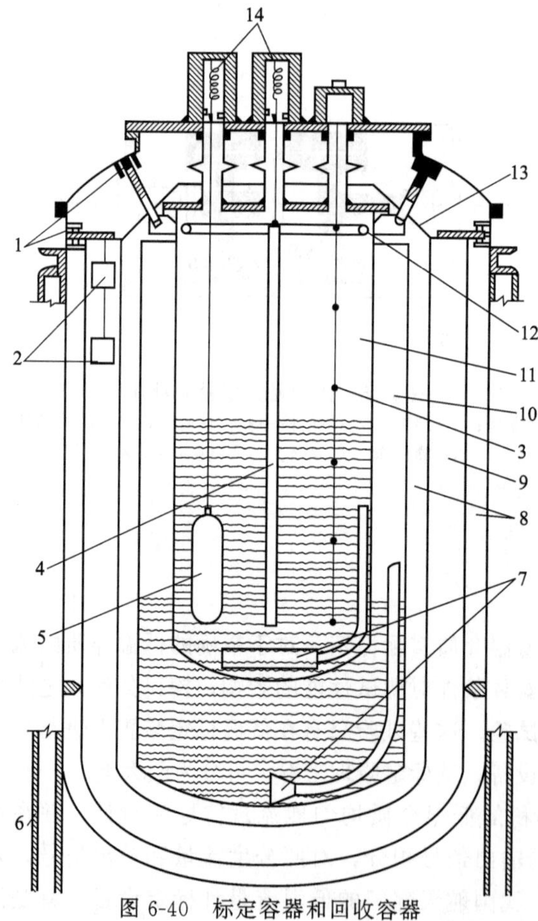

图 6-40 标定容器和回收容器

1—支承；2—浮子；3—碳电阻；4—质量-位移浮子；5—密度传感器；6—底座；7—扩压器；8—真空夹层；9—液氢容器；10—液氧容器；11—液氢压力容器；12—氦气出入口；13—防辐射屏；14—弹簧

标定瓶由预调段、标定段和缓冲段构成。标定段提供定容试验介质；预调段可保证试验一开始就达到稳定流量；缓冲段的作用是保证完成试验后，留有足够液体，供截止液流，以防止气体进入流量传感器，造成涡轮超速旋转，引起仪器损坏。

为提高标定精度，标定瓶的标定段与上、下段之间均以细脖相连，细脖内径仅为标定段内径的 1/3，自控信号器就装在这两个细脖里。该信号器是电容式元件，信号值和被测介质高度变化成正比，采用这种结构可使测量精度提高一个数量级。

标定试验时，把被分度的流量传感器接入试验管道，安装好标定瓶上盖，检查无漏泄后，即可向标定瓶注入实标介质，介质注入量从液面计判断。之后调整好电气测量系统及流量调节阀，再将背压气源迅速调到预先确定的试验压力，通入标定瓶。于是标定介质便以稳定的流速通过传感器进入回收瓶。当介质液面离开上信号器时，电测仪表会自动记数；当离开下信号器时，仪表便连续显示此时的读数。

该装置对液氢标定的不确定度达到了 0.4%。

② 质量-时间法　这是直接以质量流量对流量计进行分度的方法，该装置的系统流程示于图 6-41，虚线为真空夹套。总的工作过程是，标定容器内的液氢在冷氦气的加压下，流过试验管道上的待标流量计而进入回收容器。通过的液氢质量由装在标定容器内的质量位移计确定。该装置的特点是标定容器置于回收容器之内，两容器容积相同，彼此同轴，材质是奥氏体不锈钢，回收容器外有高真空夹套和液氮保护屏。实验时标定容器内的液氢处于回收容器液氢和外面液氮屏的双重保护之下，液面可以高度稳定，从而确保质量位移计精确读数。

标定容器与回收容器之间有真空隔热试验管道相连，待标流量计安装在试验管道中间，浸泡在液氢浴中。试验管道的入口置于标定容器底部，并被设计成扩散器，以避免液氢液面产生振荡或旋涡，影响质量位移计的精确读数，如图 6-41 所示，标定容器内设有测量液氢质量位移、温度和密度的传感器。

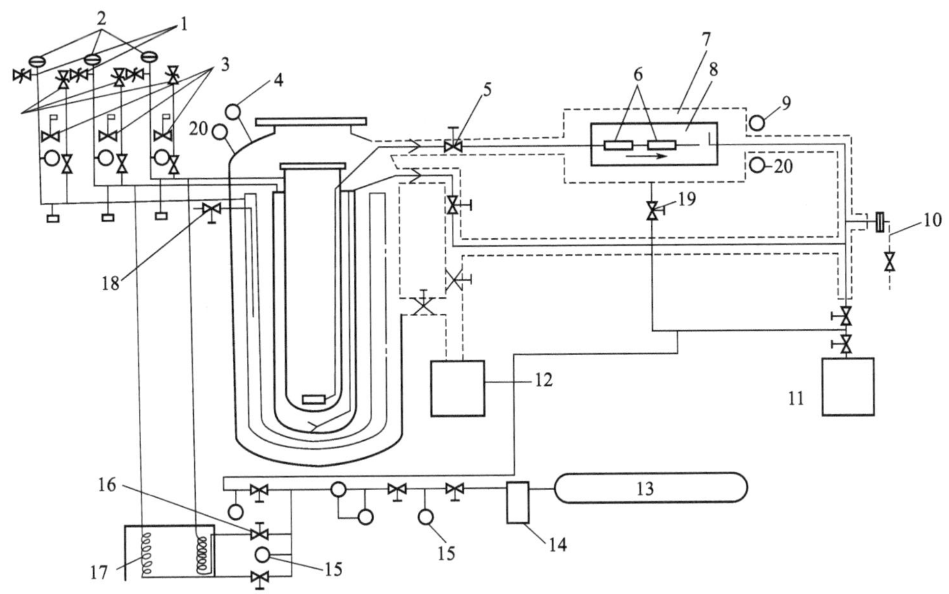

图 6-41　时间法标定装置

1—调压阀；2—防爆膜；3—旁通阀；4—热传导规；5—流量阀；6—待测流量计；7—真空夹层；8—液氢区；9—热传导规；10—接液氢杜瓦瓶；11—机械泵；12—真空泵；13—氦气罐；14—过滤器；15—压力计；16—氦流量控制阀；17—液氦管路；18—液氮注入阀；19—粗真空阀；20—电离规

质量位移是靠测一个局部沉浸在液体中的空心圆筒的浮力得到的，温度元件是碳电阻，密度则是靠连续测量一个完全沉浸在液体中的已知质量和体积的圆筒质量得出。

(2) 常温水标与低温实标的关系

通过对液氢、液氧及水等介质进行流量标定和互校工作的研究，到目前为止只得到以下结论：

① 对于节流装置，在液氢、液氧等低温介质中运行，如同在水中运行一样，流量系数与雷诺数、节流孔径比有基本相同的相互关系。所以对于标准节流装置，只要节流件的设计加工、取压装置和外部管道都符合要求，测低温介质时和常温介质一样，不需要标定就可直接使用。对于非标准节流装置，也只需要通过水标。实验表明，用水标数据通过节

流理论公式求得的流量值和实际结果是非常接近的。

② 对涡轮流量计，从水标值换到低温介质时，仪表系数会引进偏差。这种偏差是水与低温介质在温度、黏度、密度等方面的差异所引起的，对不同的涡轮流量计，偏差也不尽相同。对涡轮流量计的试验表明，从水换到液氧时，其校正系数都有不同程度的增大，范围 0.2%～1.0%，平均增大 0.5%。在液氢中和水中的试验表明，平均偏差是 1%。在液氢情况下，仪表工作的线性范围大大减小。对一般要求不太高的低温涡轮流量计，用水标替代实标还是可以的，但对重要场合，尤其是液氢，仍应当实标，以免由于仪表线性工作范围不一致而造成重大偏差。

③ 对涡街流量计，由于其仪表系数仅仅取决于管径和旋涡发生体的特征尺寸，与介质的组成、密度、温度、压力等参数无关。因此，原理上应当可以用水标代替低温实标。但是目前尚未见到替代成功与否的报道。

④ 对螺翼流量计、角动量型流量计都有以水标替代实标未获成功的报道。

6.5 低温介质的压力测量

压力是表征一个热力学体系最为重要也是最为基本的热力学参数之一。实施压力测量也是保证各类压力容器和设备管道系统能否正常、安全及经济运行的必要条件。在压力测量领域人们虽持续开发诸如超声波测压技术，但截至目前仍未开发出可供商用的非接触式的压力测量技术。而制冷和低温工程、低温流体的输送和气体液化等系统中各类介质的压力测量则体现出许多不同特点，实现低温环境或低温工况下介质的压力测量需要根据测量目标、测量对象的特点在传感器选型、安装方式以及测试方案设计中综合考虑，以求数据准确可靠。

6.5.1 压力概念及定义

单位面积上均匀施加的法向力称为压力，常用 p 表示

$$p = F/S \tag{6-3}$$

在国际单位制中，p 为压力，Pa；F 为法向力，N；S 为受力面积，m^2。

出于习惯或方便工程应用，压力单位有多种表示，如 mmHg、巴（$1bar = 10^6 dyn/cm^2$）、标准大气压（760mmHg 等于 1atm）、工程大气压（$1at = 1kgf/cm^2$）以及磅力/英寸^2（psi）等，其换算关系参见本书第 29 章。

根据零点参考压力的不同，压力也常用绝对压力、表压力、负压或真空度来表示。通常当压力表显示值为正值时，表示绝对压力高于大气压；为负值时则低于大气压，或者用真空度来表示。

6.5.2 液柱式压力计

液柱式压力计是一种最为基本的测压方式，其原理根据流体静力学原理，利用液柱产生的压力与被测介质的压力（p）平衡，通过测量工作液柱（如水、酒精、水银等）的高度差（h）来计算待测压力，显然数值大小取决于工作液体密度（ρ）及当地重力加速度。液柱式压力计有 U 型管、单管斜管或各种改型（如图 6-42），常常用于方便直观地测量压差及负压，其误差会受液体密度、温度变化、毛细现象以及测压管垂直度或角度的不确定

性影响，测量时应进行适当的修正。

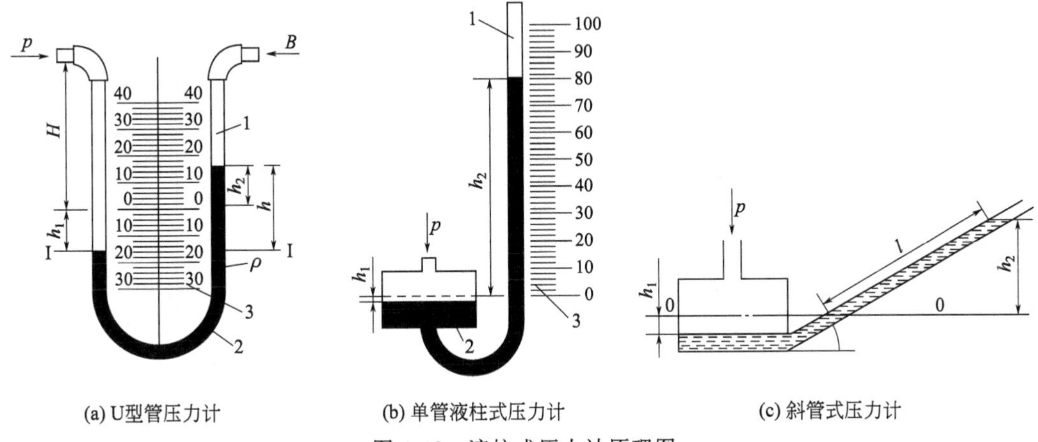

(a) U型管压力计 (b) 单管液柱式压力计 (c) 斜管式压力计

图 6-42 液柱式压力计原理图

1—测压管；2—工作液体；3—压差指示刻度

6.5.3 弹性式压力计

利用特制的弹性元件受压产生弹性形变并将其变形转换为元件自由端的位移信号来测量压力。显然，弹性压力计必须工作在其弹性范围内，在此范围内位移与被测压力呈线性关系，通过测量弹性元件的位移得到被测压力的大小。因此使用弹性压力计时需充分考虑各种结构的弹性压力计测量范围、测量误差、灵敏度和稳定性，由于存在弹性滞后和蠕变以及永久变形等固有缺点，因此此类仪器在实际使用时严禁过载，并尽量避免在接近仪器的上限下长期工作和用于频率较高的动态测量。

弹性式压力计可分为：弹簧管式、薄膜式和波纹管式三类，这些均在低温工程、环境试验设备以及各类低温制冷系统得到广泛采用。

(1) 弹簧管式压力计

单圈弹簧管式压力计如图 6-43 所示，其结构主要由弹簧管、齿轮传动放大机构、指针、刻度盘和外壳等组成。弹簧管 1 是一根弯成圆弧、截面为椭圆形的 C 型空心金属管，一端为自由端（封闭），另一端焊接在固定支柱上并与管接头 9 相通，自由端通过拉杆 2 和齿轮 3 以铰链方式相连，齿轮 3 与中心齿轮 4 啮合，在中心齿轮 4 的轴心上装有指针 5。为消除扇形齿轮和中心齿轮间的间隙活动，同时为减小回程误差，在中心齿轮转轴上安装螺旋形游丝 7。当进入空心管的介质压力变化时会引起圆弧形金属管变形，其变形通过齿轮传动机构和指针 5 予以显示。

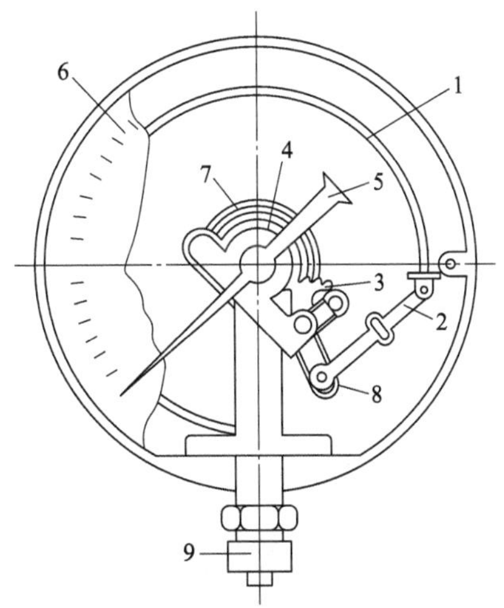

图 6-43 单圈弹簧管式压力计结构

1—弹簧管；2—拉杆；3—齿轮；4—中心齿轮；5—指针；6—仪表盘；7—螺旋形游丝；8—铰链；9—管接头

弹簧管式压力计在低温工程、环境试验设备以及各类低温制冷系统中应用广泛，测量范围宽，精度有各种等级，适合很多场合下压力测量，但需严格按产品说明书合理使用，并同时充分考虑如下两点：

① 使用环境的温度要求；

② 被测介质的化学性能、温度、黏度、腐蚀性以及易燃易爆性。如氧气表应禁油，氢气、氧气以及氨气表不能混用等。

(2) 膜片式压力计

利用锡锌青铜或磷青铜弹性金属膜片作为感压元件，在大气压与待测压力差作用下会发生弹性变形，从而实现压力测量。为改善非线性误差，提高测量的灵敏度，扩大测量范围，膜片通常设计成正弦波形、梯形或锯齿形等形状，也有在单个膜片基础上采用多膜片组合成一个或多个膜盒以进一步改善其性能。膜片式压力计多用于低气压的压力测量。

图 6-44 为一种膜片式压力计的结构图，膜片 1 固定在两个凸缘 2 的中间，膜片下部承受被测压力，上部则为大气压，膜片中央固定着小杆 3，当所测压力变化时，膜片就带动小杆 3 上下移动，因而也使推杆 4 推动扇形齿轮 6，从而使小齿轮 7 及固定在它轴上的指针 8 转动，这样在刻度盘 9 上就可读出相应的压力数值，接头 5 与待测取压口相连。

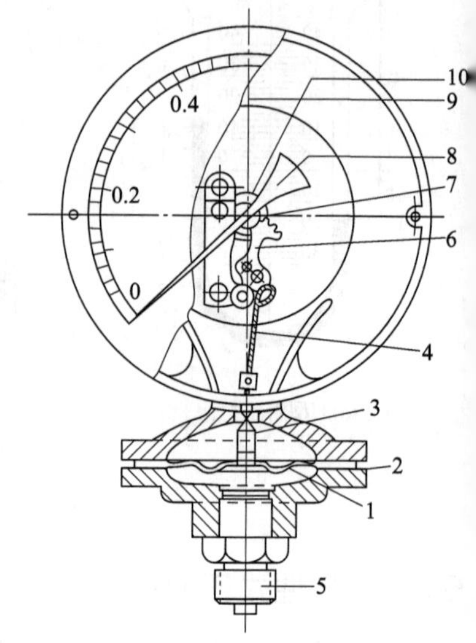

图 6-44 膜片式压力计

1—膜片；2—凸缘；3—小杆；4—推杆；5—接头；6—扇形齿轮；7—小齿轮；8—指针；9—刻度盘；10—游丝

6.5.4 压力变送器及应变式压力计

为适应远距离传输、自动记录和压力测量控制的一体化、智能化需要，将测压弹性元件的输出位移或力变换成电信号或气动信号，为此产生压力变送器。因此压力变送器是一种将压力信号转换为电信号或者气动信号的设备，压力变送器包括测压传感器、过程连接部件和测量电路三部分。压力变送器主要是通过测压元件传感器检测气体、液体等流体的物理压力参数，并将其转换成标准的 4～20mA 电信号。压力变送器除了测量压力外，还可以用于测量介质的压力差，包括差压变送器、差压式流量变送器和差压式液位变送器等。

压力变送器分气动和电动两类。对于易燃易爆环境工作的变送器，宜采用气动变送器；而随着计算机自动化技术的发展则大量采用电动压力变送器。按变换原理可将变送器分为电感式、电阻式、电容式和应变式等类型，前三类变送模式作为传统类型已经非常成熟，并得到普遍应用；应变式压力变送器随着半导体技术及工艺的飞速发展，近几年陆续开发出适合各类环境并满足各种用途的应变式压力变送器。关于电感式、电阻式、电容式和应变式压力变送器的介绍可参阅相关书籍和文献。下面简要介绍低温工程中大量应用的应变式压力变送器的基本原理。

导体或半导体材料在承受机械压力时，其电阻值会随着几何尺寸和电阻率变化（压阻效应）而发生变化，即

$$R=\rho L/S \tag{6-4}$$

$$\mathrm{d}R/R=(K+Z\times E)e$$

式中　R——材料电阻值，Ω；
ρ——材料的电阻率，Ω·m；
L——材料长度，m；
S——材料截面积，m^2；
dR/R——电阻相对变化率；
K——与尺寸变化相关的灵敏度系数；
Z——压阻系数，1/Pa；
E——材料的弹性模量，Pa；
e——材料应变。

对于大多数金属导体，Z 值通常很小，电阻值变化主要体现在几何尺寸的变化；而许多半导体则不同，它们具有明显的压阻效应，因此半导体应变片灵敏度很高，频率响应高，易于小型化，但温度系数大、稳定性及线性度不如金属。通常在使用应变式压力变送器进行压力测量时务必注意温度变化的影响，尤其在低温测压时最好选择具有温度补偿功能的仪器仪表。

目前常用的有金属电阻应变片和半导体应变片两类。前者有细丝状、箔式和薄膜状等形式。细丝状和箔式应变片如图 6-45 所示。

它由一根金属细丝以曲折形态粘贴在衬底，金属丝两端焊有引线，将此元件再粘贴在弹性体上就构成金属应变传感器，显然胶黏剂种类和粘贴工艺显著影响测量结果，需按传感器说明书严格施胶操作，必要时做校准修正。箔式应变片通常在绝缘基底上，将厚度 0.003～0.01mm 电阻箔材采用照相制版或光刻技术腐蚀成丝栅，由于电阻值的分散度可做得很小，形状可任意设计，易于大量生产，成本低，散热好，灵敏度高，已逐渐取代丝状应变片。薄膜应变片是薄膜技术发展的产物，它是采用真空蒸发或真空沉积工艺在绝缘基材（感压膜）上形成厚度 0.1μm 以下的金属电阻薄膜敏感栅，再敷设保护层，焊接测量引线，进行标定实现压力测量。

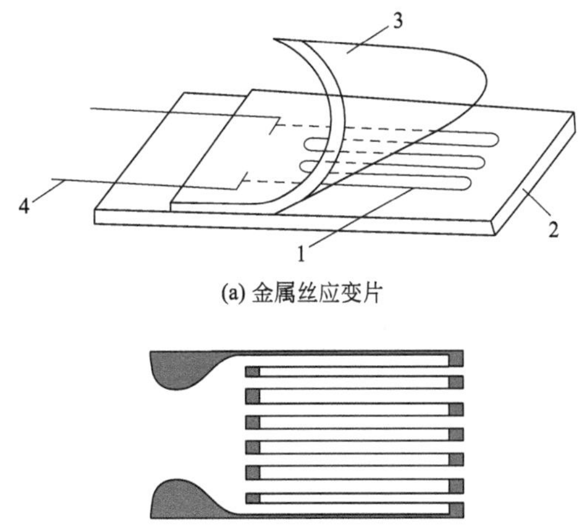

(a) 金属丝应变片

(b) 箔式应变片

图 6-45　金属电阻应变片
1—电阻丝；2—基底（弹性片）；3—覆盖层；4—引线

一种适合在－253～＋60℃温度范围实现低温介质压力测量的薄膜应变式压力传感器，其整体结构及核心感压器件的微结构分别如图 6-46 所示。该传感器利用离子束溅射沉积技术，在周边固定的圆形弹性平膜片上依次沉积绝缘介质层、合金电阻层和金电极层，采用微加工技术制备应变电阻桥和温度补偿电阻等，最后沉积保护层。当介质压力注入压力腔中，压力作用于感压膜片上，使其发生弹性变形，引起应变电阻变化，使惠斯通电桥失去平衡，电桥输出电压与压力成正比，经放大滤波后输出，实现压力测量。

在普通薄膜应变式压力传感器的基础上重点进行结构优化设计和宽温区优化设计后开发的宽温区薄膜应变式压力传感器工作温度范围可扩展至－120～＋100℃范围。这种改型

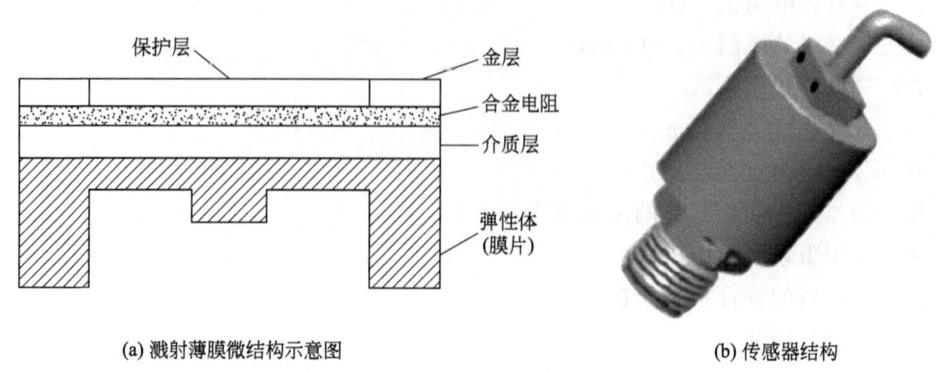

(a) 溅射薄膜微结构示意图　　(b) 传感器结构

图 6-46　低温薄膜应变式压力传感器

的传感器在结构设计方面既保证良好性能和可靠性，又减小结构尺寸，外形为 ϕ20mm×45.5mm，重量仅 40g。在宽温区设计方面，采取的主要措施一是信号调制电路选用低功耗器件，降低发热量；二是对传感器结构进行全封闭设计，减小内外部热交换。其结构如图 6-47 所示。

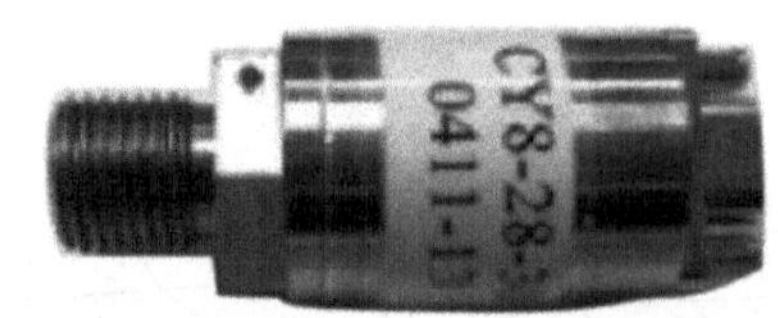

图 6-47　宽温区薄膜应变式压力传感器

随着微电子技术的迅猛发展，固态半导体物性传感器技术应运而生，其工艺基础国内也逐步成熟。由于硅半导体材料呈现非常良好的压阻效应，因此国内航天系统率先开展硅压阻式压力传感器开发，并成功地在一系列航天型号工程中得到应用和检验。

硅压阻式压力传感器利用集成电路工艺在硅感压膜片上制备扩散电阻直接形成压力测量单元。也可以通过微机械加工工艺、真空静电封接工艺制成硅真空膜盒，当真空膜盒感受到压力时，硅膜片上的电桥产生相应的电信号，经放大、滤波后输出。图 6-48 所示为硅压阻式压力传感器的结构图，整个传感器为一体化结构，由敏感元件、放大调整电路板和壳体结构三部分组成。

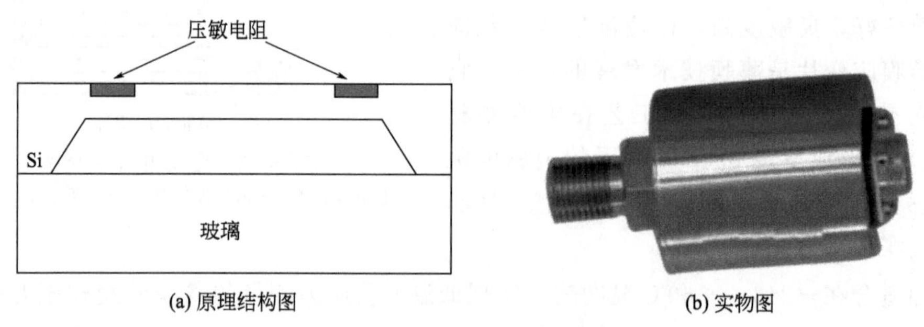

(a) 原理结构图　　(b) 实物图

图 6-48　硅压阻式压力传感器

大多数硅压力传感器具有很好的耐低温特性，测量精度高，耐温低至－200℃，但却不适合电离性、腐蚀性低温介质的压力测量，采用硅-蓝宝石结构的压力传感器不仅耐高低温可靠性高，最低温度可达－270℃；而且适合在电离性、腐蚀性低温介质中长期工作。这种新型传感器的压力-应变弹性元件采用低温性能良好和抗腐蚀能力强的钛合金＋蓝宝石复合结构，如图 6-49 所示，由压力敏感组件、密封组件、引压接口、信号引出线组成。

膜片形变通过硅-蓝宝石压力敏感芯片上的惠斯通电桥的电阻变化将压力信号转换为电信号。工作温度－100～＋200℃范围，测压量程为0～500kPa、精度0.2%FS、温度漂移小于0.03%FS/℃，可用于电离性、腐蚀性低温介质绝对压力的直接测量。

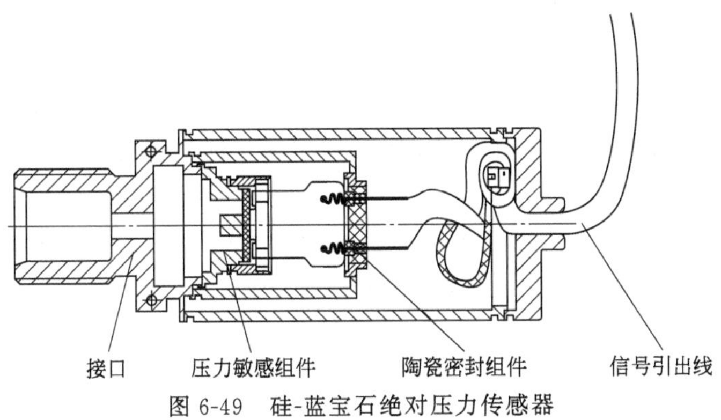

图6-49 硅-蓝宝石绝对压力传感器

6.5.5 低温压力测量及测压设备的安装

为正确测定工艺过程介质的压力参数，必须根据使用条件诸如高低温极端环境，振动冲击，以及被测对象温度特性，腐蚀、易燃易爆特性、易冷凝或气化等热力学特性，谨慎选用合适的压力测量仪表或传感器。

大多数压力变送器或压力传感器允许待测介质的温度范围为－40～＋80℃，超过此范围会对压力传感器的感压膜片造成较大的高低温冲击，测试数据严重失真，甚至发生膜片脆裂，介质泄露。因此压力测量都是选择取压口并通过安装导压管来测量气相压力，实现液相压力测量目的。导压管可以使介质吸收环境的热量气化，温度升高，满足变送器可以测量的温度范围。由于联通，介质的气相压力和管道压力几乎相等。气化产生的气体不但可以隔离低温液体和变送器膜片，保护变送器，还可以在一定程度上起到阻尼作用，利于示值稳定。这就要求选择合适尺寸的导压管以保证低温介质充分气化，并且在设计安装时应既避免液相流入仪表也应考虑过大的液柱高度变化影响测量结果。此外需特别注意导压管及阀门选材应适合低温环境使用和为保证安全防止冷烫伤做必要的隔热处理。

如果传感器或测压仪表允许直接安装在取压口，则要求传感器必须耐低温，具有广泛的温度适应性，即使如此，实际现场情况与仪器出厂校准仍存在巨大温度差异，安装后存在较大的零点漂移，测量误差大，因此常常针对特定的安装方式专门设计现场校准仪表的校准方案，以提高测量精度，航天军工工程项目以及现代LNG工程常常会遇到低温环境压力的精确测量，因此精确现场校准压力成为一项十分重要的工作。

关于压力测量涉及的材料选择、导压管设计以及测量方面的诸多规定可分别参见中国石化集团编制的《自控安装图册》(HG/T 21581—2012)、工业和信息化部的《仪表配管配线设计规范》(HG/T 20512—2014)、住房和城乡建设部《自动化仪表工程施工及质量验收规范》(GB 50093—2013) 以及化学工业出版社2000年出版的陆德民等编著的《石油化工自动控制设计手册》等规范和文献。

在设计压力测量方案时需要从取压口的位置、导压管安装和压力变送器布置等方面进行综合考虑和选择。

(1) 取压口位置确定

取压口是指在被测对象上引取压力信号的开口。选择取压口的位置，需要考虑以下几个原则：

① 取压口的位置应能准确客观的反映被测对象的真实工况，取压口应尽量选择在被测介质直线流动的管段，尽量避开管道拐弯、死角、分岔及流束形成涡流的地方；

② 当测量介质为气体时，取压口应按图 6-50（a）选择在管道截面的上半部；

③ 当测量介质为液体时，取压口应按图 6-50（b）选择管道截面的下半部，并且在与水平线呈 0～45°角的范围内。

④ 当测量介质为蒸汽压力时，取压口应按图 6-50（c）选择在管道截面的上、下半部；并且分别在与水平线呈 0～45°角的范围内。

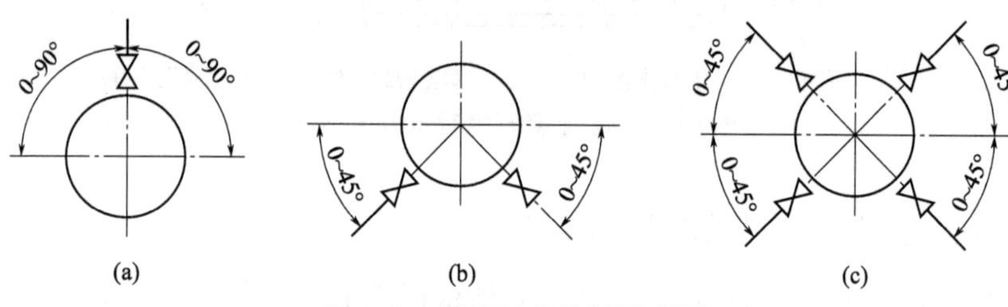

图 6-50　取压口的位置示意图

(2) 导压管安装

在压力测量中，导压管是连接取压口到压力变送器的重要部件，也是传输压力信号的主要设备，因此导压管的连接方式、施工方法是否正确决定了相关工艺参数测量是否准确。导压管安装时需考虑如下因素：

① 导压管及附件材料应适应被测介质的性质，即耐温、耐压和耐腐蚀。

② 在取压口附近的导压管应与取压口垂直，管口与管壁平齐，并不能有毛刺。

③ 导压管粗细长短应选用恰当，防止测量时产生较大的滞后，通常导压管内径为 2～10mm，长度为 0.5～2m 为宜，在满足测量要求的前提下，敷设路径尽量短，且不宜大于 15m。导压管过短，隔离效果不好；过粗过长则压力响应滞后。

④ 导压管的水平段应保持一定的坡度，并且这个坡度一般稍大于介质输送管道的坡度，以保证产生的气体、液体能够顺利排出。当不能满足要求时需要在管路集气处安装排气装置，集液处安装排液装置。

⑤ 当被测介质易凝结、气化或者环境温度较高或较低时应考虑采取适当的隔热保温措施。

(3) 压力变送器位置

压力变送器的安装位置应充分考虑被测介质的特性，并考虑如下因素：

① 当测量气体压力时，应优先选择变送器高于取压点的安装方案，利于导压管内的冷凝液回流至工艺管道，否则需要设置分离器，及时排出导压管内产生的冷凝液体。

② 当测量液体压力时，应优先选择变送器低于取压点的安装方案，以保证导压管内不容易集结气体，否则需要在导压管的高处增加排气阀或者设置集气器。

③ 当测量蒸汽压力时，应优先选择变送器低于取压点的安装方案，以保证导压管内不容易集结气体，另外还需要在导压管的最高处增加冷凝管，以避免蒸汽高温对压力变送器膜片造成损害。

第 7 章 真空装置热计算基础

7.1 热传导

热传导亦称为导热，是物体各部分温度不同，或者两个物体之间直接接触而产生的热传递现象。热传导是物质分子、原子及自由电子等微观粒子热运动而引起的。在固体、液体和气体中均可发生，严格地讲，只有固体中才是单一的热传导，而流体即使处于静止状态，由于温度梯度造成密度差而产生自然对流，因而流体中对流和传导是同时发生的。

产生热传导时，物体各部分之间不存在相对位移。对气体而言，导热是由于分子热运动互相碰撞而引起；导电体固体的热传导是自由电子运动产生的；非导电体固体热传导是通过晶格振动来传递热量；液体的导热可以认为是介于气体和固体之间，导热机理迄今还不清晰，一般认为是靠弹性波传递。在真空工程中，经常涉及的是支承结构固体热传导，如真空电炉加热单元与炉体之间的隔热、空间环境模拟设备热沉与容器间的隔热、真空镀膜设备加热器与真空室的隔热、低温容器内胆与外壳间的隔热等。

在热传导换热中，热导率是物质的重要热物性参数。由傅里叶定律可知其物理意义：

$$\phi=-\lambda A\ \frac{\mathrm{d}t}{\mathrm{d}x} \tag{7-1}$$

将式(7-1) 记为

$$\lambda=-\frac{\phi}{A}\Big/\frac{\mathrm{d}t}{\mathrm{d}x} \tag{7-2}$$

式中，“−” 表示热量传递方向与温度梯度方向相反；A 为平板面积 m^2；ϕ 为热流量 J/s；λ 为热导率，W/(m·K)，其物理意义是单位厚度的物体，在单位温差作用下，单位时间内垂直通过单位面积的热量。热导率是表征物质导热能力大小的物性参数，取决于物质种类及热力状态。在温度为 20℃时，四种典型物质的热导率：纯铜 $\lambda=399$W/(m·K)；碳钢 $\lambda=35\sim40$W/(m·K)；水 $\lambda=0.599$W/(m·K)；干燥空气 $\lambda=0.0259$W/(m·K)。

试验证明，热导率与温度的关系：

$$\lambda_t=\lambda_0(1+b\bar{t})$$

式中，λ_0 为 20℃下材料热导率；$\bar{t}$ 为热冷两端温度平均值；b 为常数，但 b 值因材料成分、状态以及温度范围不同而呈现较大差异。

下面给出几种典型几何形状物体的稳态导热。

7.1.1 通过平壁的导热

通过平壁板的温度分布及热流密度由下列式给出：

温度分布
$$t_x=t_1+\frac{x}{L}(t_2-t_1) \tag{7-3a}$$

热流密度 $$q=\frac{\lambda}{L}\Delta t \tag{7-3b}$$

式中 t_x——x 点的温度，℃；

t_2——高温表面温度，℃；

t_1——低温表面温度，℃；

L——平板厚度，m；

Δt——高温低温两表面温差，K；

λ——平板材料热导率，W/(m·K)；

q——热流密度，W/m^2。

7.1.2 圆筒壁的导热

在制冷管道及换热器中经常遇到圆筒壁，通常其长度远大于厚度，导热可简化为一维稳态导热。筒壁中温度分布、热流密度及热流量由下列各式给出：

温度分布 $$t=t_1+\frac{t_2-t_1}{\ln(r_2/r_1)}\ln(r/r_1) \tag{7-4a}$$

热流密度 $$q=\frac{\lambda}{r}\frac{\Delta t}{\ln(r_2/r_1)} \tag{7-4b}$$

通过圆筒壁的热量 $$Q=2\pi rLq=\frac{2\pi L\Delta t}{\ln(r_2/r_1)} \tag{7-4c}$$

式中 t——圆筒壁内任一表面半径 r 处的温度，℃；

t_1——内表面温度，℃；

t_2——外表面温度，℃；

r——圆筒壁内任一表面半径，m；

r_1——圆筒壁内半径，m；

r_2——圆筒壁外半径，m；

q——圆筒壁内半径为 r 处热流密度，W/m^2；

λ——材料热导率，W/(m·K)；

Δt——内表面与外表面温差，K；

L——圆筒长度，m；

Q——通过圆筒壁的热量，W。

7.1.3 各种类型热传导简图及热量计算公式

各种类型热传导简图及热量计算公式见表 7-1。

表 7-1 各种类型热传导简图及热量计算公式

序号	简图	公式	符号及单位
1	等截面的棒 T_2 T_1 Q A L	$Q=\frac{A}{L}\lambda(T_2-T_1)$	Q——固体横截面通过的热量,W； T_1,T_2——两端温度,K； A——截面面积,m^2 L——长度,m； λ——材料热导率,W/(m·K)

续表

序号	简图	公式	符号及单位
2	等截面的管 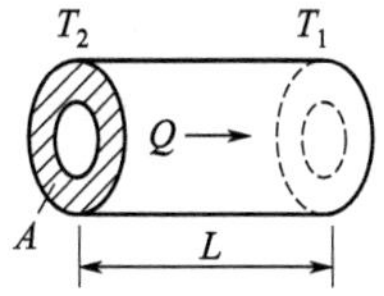	$Q=\frac{A}{L}\lambda(T_2-T_1)$	Q——固体横截面通过的热量,W; T_1,T_2——两端温度,K; A——截面面积,m^2 L——长度,m; λ——材料热导率,W/(m·K)
3	等截面的板 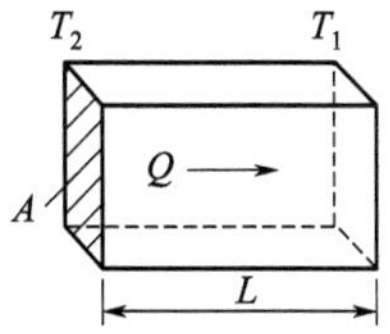		
4	变截面的棒 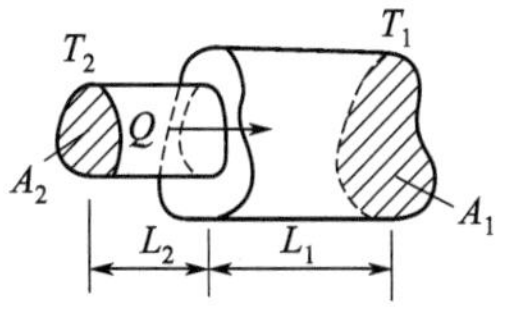	$Q=\left(\frac{L_1}{A_1}+\frac{L_2}{A_2}\right)^{-1}\lambda(T_2-T_1)$	L_1,L_2——两段固体长度,m; A_1,A_2——两个截面面积,m^2; 其余符号同1,2,3
5	变截面的管 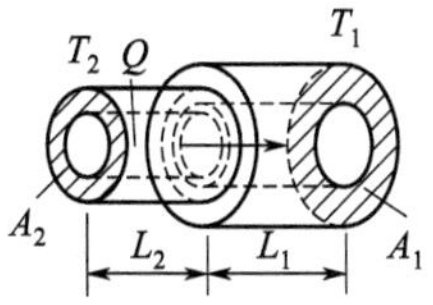		
6	变截面的板 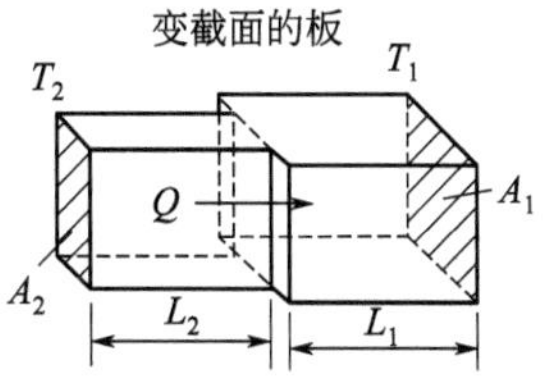		
7	粗细均匀变化的棒 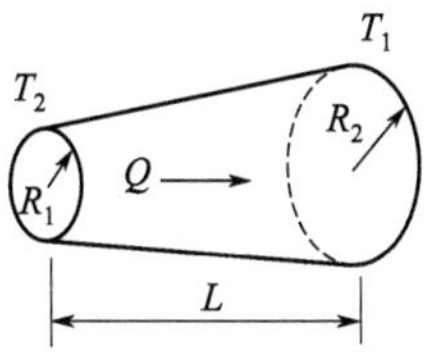	$Q=\frac{\pi R_1 R_2}{L}\lambda(T_1-T_2)$	R_1——小端半径,m; R_2——大端半径,m; L——母线长度,m; 其余符号同1,2,3

续表

序号	简图	公式	符号及单位
8	粗细不均匀的棒 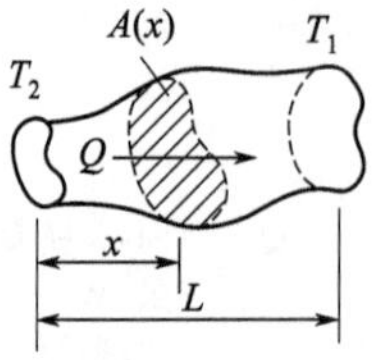 A(x) T1 T2 Q x L	$Q=\left[\int_0^L \frac{dx}{A(x)}\right]^{-1}\lambda(T_1-T_2)$	Q——固体横截面通过的热量,W； T_1,T_2——两端温度,K； A——截面面积,m^2 L——长度,m； λ——材料热导率,W/(m·K)
9	等厚度d的圆盘 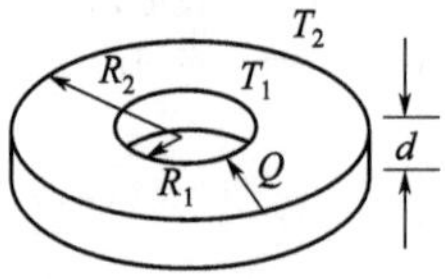 T2 R2 T1 d R1 Q	$Q=\frac{2\pi d}{\ln(R_2/R_1)}\lambda(T_1-T_2)$	R_1——圆盘内径,m； R_2——圆盘外径,m； d——圆盘厚度,m； 其余符号同1,2,3
10	等截面多层板 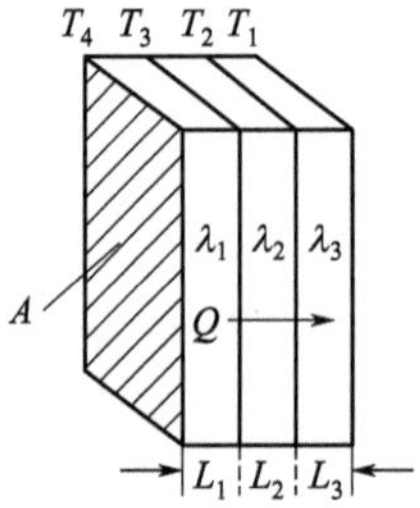 T4 T3 T2 T1 λ1 λ2 λ3 A Q L1 L2 L3	$Q=A\left(\frac{L_1}{\lambda_1}+\frac{L_2}{\lambda_2}+\frac{L_3}{\lambda_3}\right)^{-1}(T_4-T_1)$	Q——固体横截面通过的热量,W； L_1,L_2,L_3——各层厚度,m； $\lambda_1,\lambda_2,\lambda_3$——各层材料热导率,W/(m·K)； T_1,T_2,T_3,T_4——各层表面温度,K； A——截面积,m^2
11	圆筒壁 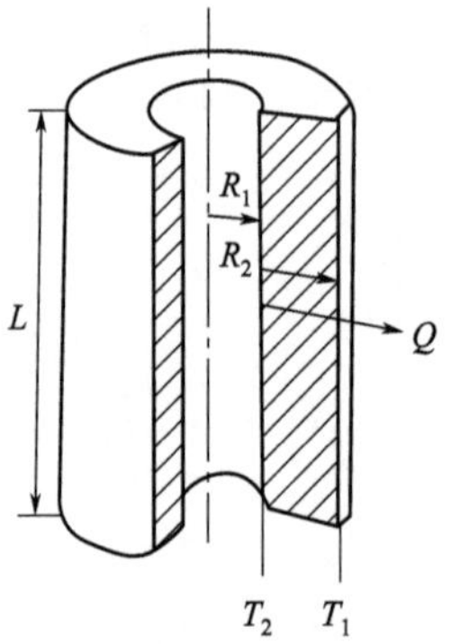 R1 R2 L Q T2 T1	$Q=2\pi\lambda L\left(\ln\frac{R_2}{R_1}\right)^{-1}(T_2-T_1)$	Q——固体横截面通过的热量,W； L——圆筒长度,m； R_1,R_2——圆筒内半径及外半径,m； T_1,T_2——外表面及内表面温度,K
12	多层圆筒壁 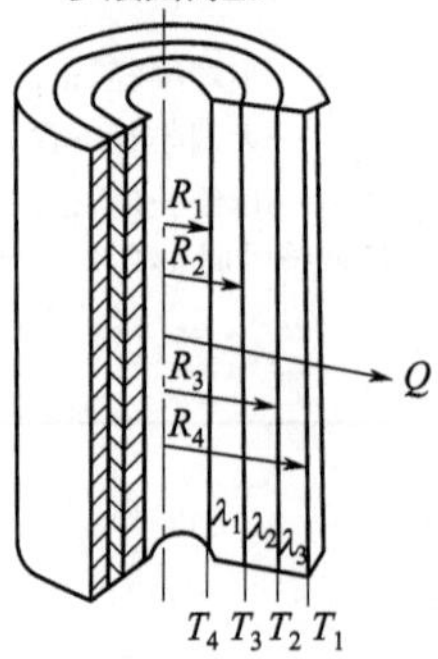 R1 R2 R3 R4 Q λ1 λ2 λ3 T4 T3 T2 T1	$Q=2\pi L\left(\frac{1}{\lambda_1}\ln\frac{R_2}{R_1}+\frac{1}{\lambda_2}\ln\frac{R_3}{R_2}+\frac{1}{\lambda_3}\ln\frac{R_4}{R_3}\right)^{-1}(T_4-T_1)$	Q——固体横截面通过的热量,W； L——圆筒长度,m； R_1,R_2,R_3,R_4——各层圆管内半径及外半径,m； $\lambda_1,\lambda_2,\lambda_3$——各层材料热导率,W/(m·K)； T_1,T_2,T_3,T_4——各层表面温度,K

7.1.4 金属材料热导率

① 一些金属及合金材料在 0～100℃时热导率参考值见表 7-2。需要指出：部分金属及合金在 0～100℃范围热导率变化不大；但大多数金属及合金随状态、组分、温度的变化其热导率有较大的不同。因此，在做传热计算时应确认材质及使用情况并查阅相关文献。

表 7-2 0～100℃之间金属及合金材料的热导率 λ 值

材料	λ /W·(m·K)$^{-1}$	材料	λ /W·(m·K)$^{-1}$
金属材料		合金材料	
99.75%铝	229	铝青铜	83
90%铝	208	含 90%Cu、10%Sn 的青铜	42
锑	17	含 75%Cu、25%Sn 的青铜	26
铅	35.1	铬镍钢	16～15
99.12%铁	71	含 5%Cr 的铬钢	20～37
纯熟铁	58	硬铝	165
含 3%C 的铸铁	56～64	镁基合金	116
含 1%Ni 的铸铁	50	活塞合金	135～144
碳钢	37～52	康铜	22.7
金	311	锰镍铜合金	21.9
铱	58	含 70%Cu、30%Sn 的黄铜	112
镉	92.4	含 29%Cu、67%Ni、2%Fe、2%Mn 的蒙乃尔合金	22
钾	128		
纯铜	394	含 62%Cu、15%Ni、22%Zn 的锌白铜	25
商品铜	372	含 5%Ni 的镍钢	35
锂	71	含 15%Ni 的镍钢	22
纯镁	123	含 30%Ni 的镍钢	12.2
锰	50	含 50%Ni 的镍钢	14.5
0℃的钠	100	磷青铜	36～79
99.94%镍	87	炮铜	60
97%～99%镍	58		
铂	71	V2A 钢	15
0℃的水银	8.1	含 1W、0.6Cr、0.3C 的钨钢	40
纯银	418	伍德合金	13
99.9%的银	413		
钛	16		
铋	7.8		
钨	158		
纯锌	112		
纯锡	63		

② 一些合金在低温下的热导率值见表 7-3。

表 7-3 一些合金在低温下的热导率 单位：W/（m·K）

名称	状态	2K	4K	6K	10K	20K	40K	80K	150K	200K
硬铝	商品	—	—	—	—	17	36	60	88	110

续表

名　称	状态	2K	4K	6K	10K	20K	40K	80K	150K	200K
铜＋质量分数 10％铍	退火(300℃)	0.9	1.9	2.9	4.9	10.7	21.5	37.1	—	—
铜＋质量分数 10％镍	退火	—	1.1	2.3	5.5	16.0	32.0	38.0	—	—
康铜	商品	—	0.84	1.6	3.5	8.8	13.0	18.0	18.0	23.0
德银	商品	—	0.7	1.3	2.8	7.4	13.0	17	18	20
蒙乃尔	退火	—	0.86	1.5	3.0	7.0	12.0	16	20	24
蒙乃尔	冷拔	—	0.5	0.81	1.8	4.4	8.4	14	18	22
镍	退火	—	0.45	0.8	1.7	4.1	8.0	11	13	14
镍	冷拔	—	0.27	0.47	0.93	2.3	5.0	9.2	12	14
不锈钢	商品	—	0.25	0.4	0.7	2.0	4.6	8	11	15
黄铜(Cu＋40Zn＋3Pb)	退火	1.5	3.4	5.4	9.6	19.3	—	—	—	—
黄铜(Cu＋40Zn＋3Pb)	商品	1.3	2.9	4.6	8.2	17.5	33	53	90	100
伍德合金	—	1.0	4.0	7.3	12	17	20	23	—	—
硅青铜(Cu＋3Si＋Mn)	商品	—	—	—	—	3.4	6.9	14	—	30
锡基焊料(60Sn＋40Pb)	—	5.0	16	26.5	42.5	56	52.5	52.5	50	50

③ 铜和铝在低温下的热导率见图 7-1。

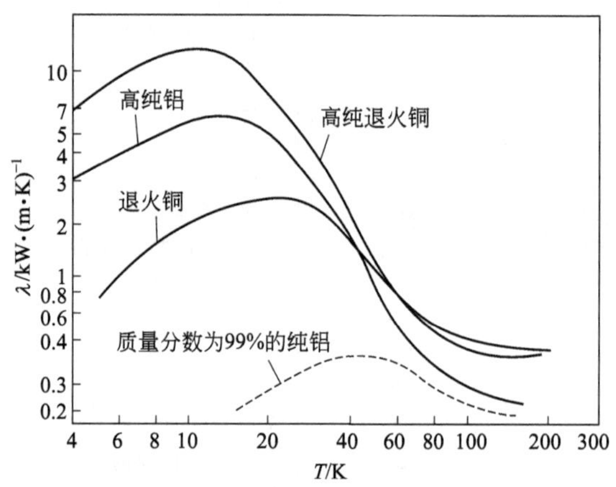

图 7-1　铜和铝在低温下的热导率

7.1.5　非金属材料热导率

20℃时各种非金属材料热导率见表 7-4。

表 7-4　20℃时各种非金属材料热导率

材　料	密度 ρ /kg·m^{-3}	λ /W·(m·K)$^{-1}$	材　料	密度 ρ /kg·m^{-3}	λ /W·(m·K)$^{-1}$
无烟煤	1600	0.21	赛璐珞	1400	0.22
纤维状石棉	470	0.15		1100	0.22
石棉纸	1000	0.15	胶木	1200	0.15～0.17
石棉板	2000	0.70	0℃的冰	917	2.21
石棉水泥	2100	1.86	－20℃的冰	920	2.44
电木	1270	0.23	象牙	1800～1000	0.47～0.58
棉花	80	0.06	珐琅	—	0.93～1.16
地沥青	1100	0.17	黏性土	2000	2.33

续表

材　料	密度 ρ /kg·m^{-3}	λ /W·(m·K)$^{-1}$	材　料	密度 ρ /kg·m^{-3}	λ /W·(m·K)$^{-1}$
砂土	1700	1.16	泡沫橡胶	60～90	0.06
纤维	—	0.23～0.35	硬橡胶	1200	0.16
玻璃(平均值)	2600～4200	0.53～1.05	硬纸	1300～1400	0.23～0.30
木炭	185～215	0.04～0.07	木炭	200	0.06
1500℃炭灯丝	—	8.49	伊格里特聚氯乙烯塑料	—	0.16
煤粉	730	0.12	含石膏水垢	2000～2700	0.70～2.33
石煤	1200～1500	0.21～0.26	含石灰水垢	1000～2500	0.15～1.16
结晶食盐	—	6.98	含硅水垢	300～1200	0.08～0.23
石煤烧成的焦炭	1600～1900	0.70～0.93	无定形煤	—	1.98
塑料	1270	0.23	褐煤	1200～1500	0.33
胶水	1200	0.15～0.17	压制刨花板	—	0.26
用有机充填物压模塑料	1310～1450	0.27～0.37	普通瓷器	2200～2500	0.81～1.86
用无机充填物压模塑料	1700～1900	0.58～0.93	柏林瓷器	—	1.05～1.28
皮革	1000	0.14～0.17	聚氯乙烯	1350	0.16～0.21
镁砖	2500～3000	5.82～9.30	干灰	—	0.03～0.07
云母板	—	0.21～0.41	0℃雪	150,300	0.12～0.23
纸	—	0.14		500,800	0.47～1.28
厚纸	—	0.14～0.35	硫黄(菱形)	—	0.27
有机玻璃	—	0.19	滑石	2850	3.26
浮石混凝土砖砌体	800	0.51	石器	2100～2400	1.05～1.63
	1000	0.62	红色胶木	1350	0.15
浮石混凝土地板	800	0.37	硫化纤维	1100～1450	0.21～0.34
	1000	0.51	羊毛	140	0.05
	1200	0.63	夯实泥墙	1700	0.99
作填充物浮石	600	0.33	油毛毡	1200	0.19
地面沥青	1100	0.17	大理石	2500～2800	2.10～3.50
铺屋顶的沥青纸	1000～1200	0.14～0.35	作砖瓦泥浆	1600～1800	0.70～0.93
干地面	1000～2000	0.17～0.58	作轻质混凝土灰浆	1600～1800	0.93～1.16
含10%水的湿地面	1000～2000	0.50～2.10	贝壳石灰	2680	2.44
含20%水的湿地面	1000～2000	0.08～2.60	用少量刨花敷的轻质板	200	0.06
水泥板和有釉之砖瓦	2000	1.05		400	0.08
铅玻璃	—	0.77～0.90		600	0.13
镜玻璃	2550	0.80	钢丝网粉刷墙	—	1.40
云母	2600～3200	0.47～0.58	砂平均值	1500～1800	0.93
石墨	2250	1.2～1.75	海砂:含温量0%	1600	0.31
	2200～2500	1.05～1.57	石膏板	800	0.31
40%生橡胶的硫化橡胶	—	0.23	玻璃(窗玻璃)	2400～3200	0.58～1.05
80%生橡胶的硫化橡胶	—	0.15	花岗岩	2600～2900	2.90～4.10
100%生橡胶的硫化橡胶	—	0.13	橡胶涂料	1000	0.2

续表

材料	密度 ρ /$kg \cdot m^{-3}$	λ /$W \cdot (m \cdot K)^{-1}$	材料	密度 ρ /$kg \cdot m^{-3}$	λ /$W \cdot (m \cdot K)^{-1}$
硬厚纸板	790	0.15	硅石(500℃)	1800～2200	1.05～1.28
轻质木材(香枞)	200～300	0.08～0.10	硅石(1000℃)	1800～2200	1.10～1.40
松木	400～600	0.12～0.16	夹板	600	0.13
山毛榉	700～900	0.16～0.21	瓷器	1800	0.17
木质纤维板	200	0.05	磨光石子	2200	1.40
	300	0.06	蛭石	—	0.09
木质纤维硬板	900	0.17	外墙粉刷灰浆	1600～1800	0.93～1.16
木屑板	900	0.17	内墙粉刷灰浆	1600～1800	0.70～0.93
木材黏胶	—	0.17	混凝土(鹅卵石混凝土、钢筋混凝土)	1800～2200	0.95～1.50
石灰浆	—	0.87			
硅砂砖	1600	0.81	轻质混凝土砖砌体(炉渣砖、	1000	0.56
石灰石(无定形)	2550	1.22	蜂窝状混凝土、泡沫混凝土等)	1200	0.65
含湿量10%		1.24		1400	0.74
含湿量20%		1.76	锅炉炉渣	700～750	0.33
饱和含水量		2.44	砖砌体中炉渣混凝土块	1100～1300	0.60～0.80
常用不干净砂			粉状水泥	—	0.07
含湿量0%		0.33	块状水泥	—	1.05
含湿量10%		0.07	夯实水泥	2000	1.40
含湿量20%		1.33	水泥浆	—	1.40
饱和含水量		1.88	干的红砖	1600～1800	0.38～0.52
风干锯末	190～215	0.06～0.07	坚实内墙砖砌体	1600～1800	0.70
作填充物锯末	190～215	0.12	坚实外墙砖砌体	1600～1800	0.87
砂石	2200～2500	1.60～2.10	多孔外墙砖砌体	800	0.40
耐火泥(500℃)	1800～2200	1.05～1.40		1200	0.56
耐火泥(1000℃)	1800～2200	1.05～1.28	空心砖砖砌体	800	0.35～0.52
石板(⊥)	2700	1.50～2.00		1600	0.52～0.76
石板(//)	2700	2.30～3.40	轻质混凝土砖砌体	1600	0.81
作填充物炉渣			板质或现浇混凝土	800	0.31
高炉炉渣	300～400	0.22		1000	8.42
炉渣	700～750	0.33		1200	0.53
作填充物的石子	1500～1800	0.93		1600	0.81
塑料涂层	1500	0.23	夯实浮石混凝土	800	0.37
皮革	1000	0.17		1000	0.50
砖砌体中砂石、多孔混凝土	800	0.47		1200	0.63
	1000	0.56			
	1200	0.63			
	1400	0.74			

7.1.6 保温材料的热导率

① 温度为 20℃时，保温材料的热导率由表 7-5 给出。

表 7-5 20℃时保温材料的热导率

材料	密度 ρ /kg·m^{-3}	λ /W·(m·K)$^{-1}$	材料	密度 ρ /kg·m^{-3}	λ /W·(m·K)$^{-1}$
10mm 平铝箔	3.6	0.033	玻璃绒、矿渣棉	100	0.046
皱褶铝箔	3.6	0.046	石棉	200	0.041
石棉纸	500	0.070		300	0.046
	1000	0.151		400	0.055
石棉板	2000	0.698	绒毛	270	0.03～0.08
石棉绒	50	0.058	作填充物的刨屑	100～140	0.093
	100	0.058	木质纤维板	200	0.046
	300	0.093		300	0.051
	500	0.160		400	0.055
疏松的棉花	81	0.059		500	0.064
织物棉花	330	0.070		600	0.074
作填充物的浮石	10	0.041	玻璃棉		0.041～0.044
玻璃纤维垫	600	0.326	矿棉		0.035
	100	0.038	软木		0.040
	200	0.048	矿渣棉		0.047～0.058
PU 硬泡		0.025	作填充物的浮石	1500～1800	0.930
PS、PF 硬泡		0.030	由矿物棉做的轻结构板	200	0.061
牛毛毡		0.046		300	0.072
沥青珍珠岩		0.052		400	0.082
软木板或泥炭板	100	0.037		500	0.105
软木块	150	0.042	泡沫玻璃	≈150	0.053
	200	0.048	蛭石	—	0.093
	20	0.059	膨胀珍珠岩(Ⅱ类)	80～150	0.087～0.1
软木粒	35～60	0.035	水泥珍珠岩	380～540	0.116～0.15
炉渣	750	0.326	沥青珍珠岩	220～380	0.075～0.116
100℃硅藻土和氧化镁材料	200	0.055	稻壳	120	0.15
	30	0.063	沥青矿渣棉毡	120～160	0.08
	400	0.073	硬质聚氨酯泡沫塑料	40	0.03
	500	0.087	红松	420	0.11
	600	0.106			(垂直纹)
	800	0.157		510	0.44
合成树脂-泡沫塑料					(顺纹)
聚苯乙烯、聚氯乙烯	15～30	0.038	玻璃纤维板	60～90	0.075
艾波卡	8～15	0.034			
多孔泡沫塑料	20～70	0.042			
砖砌体中轻结构	600	0.407			
矿渣砖、蜂窝状混凝土砖等	800	0.477			
	1000	0.570			
	1200	0.662			
	1400	0.780			

② 几种保温材料不同温度下的热导率见图 7-2。

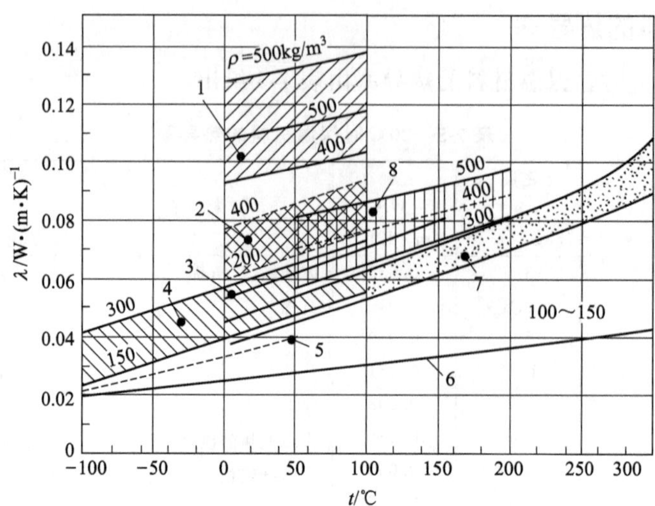

图 7-2 几种保温材料不同温度下的热导率

1—木材；2—小的木屑；3—泡沫玻璃；4—软木；5—聚苯乙烯泡沫塑料、粒状软木；6—静止的空气；7—玻璃棉；8—硅藻土材料

③ 几种保温和耐火材料的热导率随温度的变化关系见表 7-6。

表 7-6 几种保温和耐火材料的热导率随温度的变化关系

材料名称	表观密度 $/kg \cdot m^{-3}$	最高使用温度 /℃	热导率 $/W \cdot (m \cdot K)^{-1}$
石棉绳	800	与烧失量和石棉含量有关	$\lambda=0.0733+0.00031t_m$
石棉布	500～600	与烧失量和石棉含量有关	$\lambda=0.128+0.00026t_m$
硅藻土制品	≤450	1280	$\lambda=0.049+0.00012t_m$
	≤700	1280	$\lambda=0.1+0.00023t_m$
石棉蛭石	≤120	600	$\lambda=0.081+0.00023t_m$
膨胀珍珠岩	55	1000	$\lambda=0.042+0.00013t_m$
有碱超细棉毡	13～30	350～400	$\lambda=0.032+0.00023t_m$
无碱超细棉毡	4～6	600～650	$\lambda=0.032+0.00023t_m$
水泥泡沫混凝土	400	250	$\lambda=0.091+0.00019t_m$
粉煤灰泡沫混凝土	450	300～350	$\lambda=0.087+0.00019t_m$
微孔碳酸钙	200～250	650	$\lambda=0.035+0.00021t_m$
矿渣棉	350	550～600	$\lambda=0.067+0.00022t_m$
硅砖	1800	1700	$\lambda=0.93+0.0007t_m$
镁砖	2300～2600	1600～1700	$\lambda=2.1+0.00019t_m$
铬砖	2600～2800	1600～1700	$\lambda=4.7+0.00017t_m$

注：t_m—材料最高与最低温度的算术平均值。

7.1.7 接触热阻

大多数固体之间接触，其接触界面即被认为两表面之间实现了良好的热接触，即无附加热阻。而实际工程中任何表面均不是平整光滑的，两表面之间更多的是点接触或者是不平整的小面积接触，这部分面积大约只有 0.1%，甚至更小。这就意味着，热传导实际上是由接触点的导热、接触点形成的缝隙中空气的导热或真空夹层，以及由缝隙形成的空腔辐射热二部分构成。这种现象在真空低温环境下极易发生，会严重影响热流密度分布和温度分布，甚至不能准确测温，或测试结果引起极大误差。因此，在真空低温工程的热设计时需引起足够重视并采取特别措施。由于空气是不良导热体，相对于表面接触良好而言，导热过程增加了额外的热阻，称为接触热阻（thermal contact resistance）。其值等于两接

触面温差与所通过的热流密度之比，即

$$R_C=\frac{t_A-t_B}{q} \tag{7-5}$$

影响接触热阻的因素有：材料种类；材料表面粗糙度；表面平整度；两种表面材料硬度的匹配；接触表面承受的正压力大小；材料表面清洁状态；氧化程度以及两表面之间填充介质种类等。由于接触热阻影响因素复杂，迄今为止尚无可靠的理论模型或者经验公式。为此，其数值需要由实验确定。

为减小接触热阻，可采取如下方法：

① 选择软硬适宜的两种材料配对，并施加一定压力，使软材料产生塑性变形，增大接触面积，消除缝隙，减少其间的气体；

② 接触面之间放置铟箔、铝箔、银箔等软金属，减小热阻，这是真空低温技术中常用的方法；

③ 在接触表面涂一层导热油（亦称导热姆）或导热胶，也能降低接触热阻，这也是真空低温技术中常用的方法；

④ 对于接触面积很小的管带或肋片，为了保证热接触可靠，一般采用胀管、钎焊、镀锡等措施。

表 7-7 给出了不同材料的接触热阻实测值。

表 7-7　不同材料的接触热阻实测值

材料对	表面状态	粗糙度 /μm	温度 /℃	压紧力 /MPa	热阻 $R_C\times10^4$ /$m^2\cdot K\cdot W^{-1}$	$1/R_C$ /$W\cdot m^{-2}\cdot K^{-1}$
316 不锈钢	磨光	2.54	90～200	0.17～2.5	2.63	3800
304 不锈钢	磨光	1.14	20	4～7	5.26	1900
铝	磨光	2.54	150	1.2～2.5	0.877	11400
铜	磨光	1.27	20	1.2～20	0.07	143000
铜	铣制	3.81	20	1～5	0.18	55500
铜(真空)	铣制	0.25	30	0.17～7	0.877	11400
不锈钢-铝		20～30	20	10 20	3.45 2.78	2900 3600
不锈钢-铝		1.0～2.0	20	10 20	0.61 0.48	16400 20800
钢-铝	磨光	1.4～2.0	20	10 15～35	0.2 0.17	50000 59000
钢-铝	铣制	4.5～7.2	20	10 30	2.08 1.2	4800 8300
铝-铜	磨光	1.17～1.4	20	5 15	0.24 0.178	42000 56000
铝-铜	铣制	4.4～4.5	20	10 20～35	0.83 0.45	12000 22000

7.2 低压下气体分子热传导

气体分子的平均自由程远小于两壁之间距时，一般为黏滞流状态，分子热传导产生的热流量，用下式计算：

$$Q=\lambda A\ \frac{\mathrm{d}T}{\mathrm{d}X} \tag{7-6}$$

$$\lambda=\frac{1}{4}(9\gamma-5)\eta c_V \tag{7-6a}$$

$$\gamma=c_p/c_V \tag{7-6b}$$

式中 Q——热流量，W；

A——壁板面积，m^2；

$\frac{\mathrm{d}T}{\mathrm{d}X}$——温度梯度，K/m；

λ——气体热导率，W/(m·K)；

γ——比热容比，对于单原子气体，$\gamma=\frac{5}{3}$；双原子气体，$\gamma=\frac{7}{5}$；多原子气体，$\gamma=\frac{4}{3}$；

c_p——气体定压比热容，W/(m^2·K)；

c_V——气体定容比热容，W/(m^2·K)；

η——气体动力黏度，Pa·s。

常压（0.1MPa）下不同温度的气体及蒸气的热导率 λ 值见表 7-8。

低温设备及航天器热真空设备进行换热计算，需考虑气体分子热传导对换热的影响。

表 7-8　0.1MPa 时气体和蒸气的热导率 λ 值

物质	T/℃						
	−200	−100	0	50	100	200	300
	$\lambda/10^3\mathrm{W\cdot m^{-1}\cdot K^{-1}}$						
废气	—	—	23	28	32	40	49
醚(乙醚)	—	—	13.3	17.4	22.6	34.4	—
醇(乙醇)	—	—	13.8	17.4	21.3	—	—
氨	—	—	22.0	—	32.6	46.5	58.1
苯	—	—	8.84	12.9	17.6	28.4	—
氯	—	—	7.8	—	11.6	15.1	17.4
氯仿	—	—	6.5	8.0	10.0	14.0	17.4
R12	—	—	9.3	11.6	14.0	—	—
氦	59.1	103.2	143.6	160.5	171.0	—	—
二氧化碳	—	8.1	14.3	17.8	21.3	28.3	35.5
一氧化碳	—	15.1	23.0	—	29.1	34.9	—
空气	—	16.4	24.2	27.9	31.0	38.4	46.5
甲烷	—	—	30	37	—	—	—
甲醇	—	—	14.3	18.1	22.1	—	—
氧	—	16.2	24.5	28.3	31.7	40.7	47.7
二氧化硫	—	—	8.4	—	—	—	—
氮	—	16.5	24.3	27.4	30.5	38.4	44.2
水蒸气	—	—	19	21.5	24.8	33.1	43.3
氢	51.5	116.3	175.6	202.4	224.5	266.3	296.6

气体分子的平均自由程大于两壁之间距或内外两圆筒之间距时，通常认为是分子流状态，气体分子热传导产生的热流密度，用下式计算：

$$q=18.2\frac{r+1}{r-1}\alpha_0\ \frac{T_2-T_1}{\sqrt{MT}}p \text{ 或 } q=\alpha_0\ \frac{r+1}{r-1}\sqrt{\frac{R}{8\pi MT}}p(T_2-T_1) \tag{7-7}$$

式中　q——热流密度，W/m^2；

T_1，T_2——分别为两壁温度，K；

p——气体压力，Pa；

M——气体摩尔质量，kg/mol；

T——测量气体压力点位置的气体温度，K；

r——定压比热容与定容比热容之比，其值见表 7-9，空气 r 值可按 1.4034 取值；

α_0——两壁平均适应系数，$\alpha_0=\dfrac{\alpha_1\alpha_2}{\alpha_2+(A_2/A_1)(1-\alpha_2)\alpha_1}$，气体的适应系数 α 值，见表 7-10～表 7-13。

表 7-9　各种气体比热容比 r 值

气体种类	H_2	He	H_2O(蒸汽)	Ne	N_2	O_2	Ar	CO_2	Hg(蒸气)
r	1.41	1.67	1.30	1.67	1.40	1.40	1.67	1.30	1.67

表 7-10　空气对室温下不同材料的适应系数 α 值

材料种类	表面状态	适应系数
黄铜	研磨 机加工 腐蚀	0.91～0.94 0.89～0.93 0.92～0.95
青铜	—	0.88～0.95
铸铁	研磨 机加工 腐蚀	0.87～0.93 0.87～0.88 0.89～0.96
铝	研磨 机加工 磨蚀	0.87～0.95 0.95～0.97 0.89～0.97

表 7-11　不同气体对室温下材料的适应系数 α 值

材料种类	表面状态	空气	He	Ne	Ar	Hg	O_2	CO_2	H_2O	N_2	H_2
钨		—	0.016	—	0.85 0.09	0.95	0.9	—	—	0.57 0.87	0.36 0.20
铁		—	—	0.10 0.40	—	—	—	—	—	—	—
镍		—	—	0.82	0.93	—	0.86	—	—	0.82	0.29
铂		0.90	0.238 0.403	0.57 0.70	0.89	—	0.85	—	—	0.89 0.81	0.28 0.36
铂	研磨	—	—	—	—	—	0.84 0.83	0.87 0.86	—	—	0.26(0℃) 0.37(20℃)
铂	涂黑 涂厚黑色	— —	— —	— —	— —	— —	0.93 0.96	0.95 0.98	— —	— —	0.56 0.71
钨	闪光(90K)	—	0.410	0.081	0.16	—	—	—	—	—	0.09

表 7-12 氦对不同温度下各种材料的适应系数 α 值

材料种类	表面状态	温度/K			
		12	90	195	273
钨	洁净表面	—	0.025	0.046	0.057
	有吸附层	—	—	—	0.10～0.22
镍	无吸附层	—	0.048	0.060	0.071
	有吸附层	—	0.413	0.423	0.360
铂			0.49	0.49	0.38(300～500K)
铂	光亮表面	—	—	—	0.44(300～400K)
铂	涂黑表面	—	—	—	0.91(300～400K)
玻璃		0.67	0.38(79K)		0.34

表 7-13 几种气体对不同温度下材料适应系数 α 近似值

材料温度/K	空气	He	H_2
300	0.1	0.3	0.3
76	1.0	0.4	0.5
20	—	0.4	1.0

7.3 辐射传热

物体以电磁波方式传递能量的过程称为辐射，被传递的能量称为辐射能。不同波长的电磁波所载运的辐射能差别很大。热射线波长范围为 0.1～100μm，包括紫外线、可见光和部分红外线。此范围内的电磁波被物体吸收时，可以显著地转变为热能，因此称该范围内的电磁波为“热射线”，通过热射线的传热过程叫做热辐射。其产生的机理是：当向物体供给能量后（如受热、电子撞击、光照射及化学反应等），使其中部分分子或原子升到“激发态”，而分子或原子均有自发地回到低能态的趋势，此时，能量就以电磁波辐射形式辐射出来。按照波长的不同，电磁波包括无线电波、红外线、可见光、紫外线、X 射线、γ 射线及宇宙射线。与导热和对流换热相比，它是依赖电磁波和光子来传递能量。

热射线与可见光一样，可以在真空中及气体中传播，这也是真空环境下的主要传热方式之一。热射线产生的辐射能投射到物体上，有一部分被吸收，一部分被物体反射，还有一部分透过物体到空间中去。被吸收的辐射能与入射辐射能之比，称为吸收率。反射辐射能与入射辐射能之比，称为反射率。透射的辐射能与入射辐射能之比，称为透射率。

吸收率为 1 的物体，称为绝对黑体或黑体。反射率等于 1 的物体，称为绝对白体或镜体。透射率为 1 的物体，称为透热体。O_2、N_2、H_2、He 均可视为透热体。黑体和镜体都是理想物体，实际上并不存在。

物体表面单位时间、单位面积向半球空间发射的全波长的辐射能量称为辐射力，以符号 E 表示，单位为 W/m^2，实际上就是物体辐射的总热流密度。黑体的辐射力由斯蒂芬-玻尔兹曼定律给出：

$$E_b=\sigma_0 T^4 \tag{7-8a}$$

或

$$E_b=C_b\left(\frac{T}{100}\right)^4 \tag{7-8b}$$

式中 E_b——物体辐射的总热流密度，W/m^2；

σ_0——斯蒂芬-玻尔兹曼常数，也称黑体辐射常数，其值为 5.67×10^{-8} W/(m^2·K^4)；

C_b——黑体辐射系数，其值为 5.67W/(m^2·K^4)；

T——黑体热力学温度，K。

各种物体实际辐射力均低于同温下黑体辐射力。物体的辐射力与同温下黑体辐射力之比，称为该物体的发射率（emissivity），也称黑度，用符号 ε 表示，即 $\varepsilon=E/E_b$，E 为实际物体的辐射力。由此可见，实际物体的辐射力为

$$E=\varepsilon\sigma_0 T^4 \tag{7-9a}$$

或

$$E=\varepsilon C_b\left(\frac{T}{100}\right)^4 \tag{7-9b}$$

显然，在工程计算上，只要知道物体的发射率，便可由式(7-9a) 或式(7-9b) 计算出该物体的辐射力。

7.3.1 一个表面被另一个表面全包围辐射换热

换热简图如图 7-3 所示。两表面辐射热流量用下式计算

$$Q_1=-Q_2=5.67\times10^{-8}\bar{\varepsilon}A_1(T_1^4-T_2^4) \tag{7-10}$$

$$\bar{\varepsilon}=\frac{\varepsilon_1\varepsilon_2}{\varepsilon_2+A_1/A_2(1-\varepsilon_2)\varepsilon_1} \tag{7-11}$$

式中 Q_1，Q_2——两表面辐射热流量，W；

A_1，A_2——两表面面积，m^2；

T_1，T_2——两表面温度，K；

$\bar{\varepsilon}$——平均发射率；

ε_1，ε_2——两表面发射率。

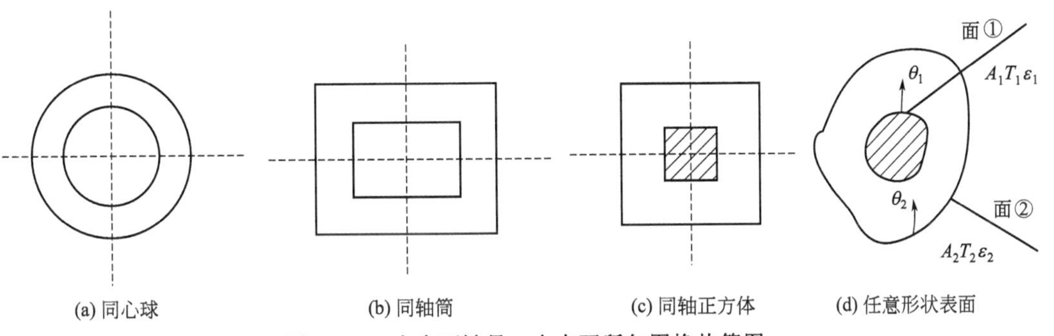

图 7-3 一个表面被另一个表面所包围换热简图

7.3.2 两平行表面之间辐射换热

两平行表面之间辐射换热热流量，用下式计算

$$Q_1=-Q_2=5.67\times10^{-8}A\bar{\varepsilon}(T_1^4-T_2^4) \tag{7-12}$$

式中 Q_1，Q_2——辐射换热热流量，W；

T_1，T_2——两表面温度，K；

A——表面面积，m^2；

$\bar{\varepsilon}$——平均发射率。

$$\bar{\varepsilon}=\frac{\varepsilon_1\varepsilon_2}{\varepsilon_2+(1-\varepsilon_2)\varepsilon_1} \tag{7-13}$$

式中　ε_1，ε_2——两表面发射率。

7.3.3　两个表面之间置入 n 块辐射屏

换热简图如图 7-4 所示。辐射换热热流量用下式计算

$$Q_n=\frac{1}{n+1}\left[5.67\times10^{-8}A\frac{\varepsilon}{2-\varepsilon}(T_1^4-T_2^4)\right] \tag{7-14}$$

式中　Q_n——两板之间置入 n 块辐射屏后的辐射热流量，W；

ε——各板发射率；

T_1，T_2——两表面温度，K。

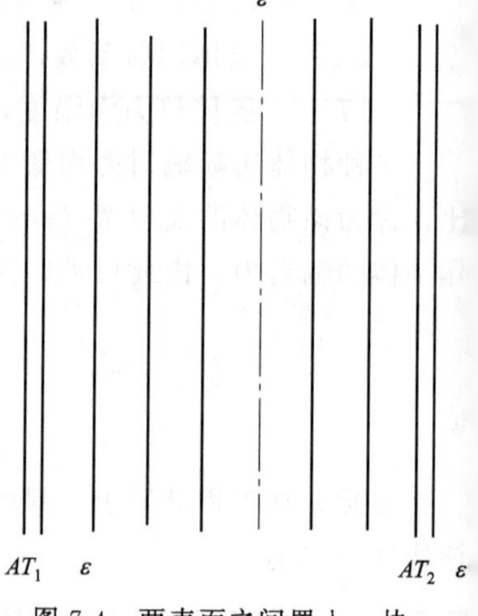

图 7-4　两表面之间置入 n 块辐射屏的辐射换热

7.3.4　各种材料的发射率

① 金属材料发射率 ε 值见表 7-14。

表 7-14　金属材料发射率 ε 值

金属	状态	温度范围/℃	发射率 ε
铝	高级抛光表面	227～580	0.039～0.057
	普通抛光表面	23	0.040
	粗糙表面	25.5	0.055
	阳极氧化(黑色)	25	0.85
	经 600℃氧化表面	200～378	0.11～0.19
	表面高度磨光的铝，纯度 97.3%	225～575	0.039～0.057
	表面磨光的铝	100	0.095
	表面粗糙磨光的铝	52～500	0.04～0.06
	表面不光滑的铝	100	0.18
	表面不光滑的铝	38	0.055～0.07
	碾压后光亮的铝	26	0.055
	碾压后光亮的铝	170	0.039
	商用铝皮	500	0.050
	在 600℃的氧化后的铝	100	0.090
	严重氧化的铝	200～600	0.11～0.19
	氧化铝	277～500	0.63～0.42
	氧化铝	500～325	0.42～0.26
	表面铝化后，加热至 600℃处理的紫铜	200～600	0.18～0.19
	表面铝化后，加热至 600℃处理的铜	200～600	0.52～0.57
	磨光的铝	50～500	0.04～0.06
	严重氧化的铝	50～500	0.2～0.3
铜	经仔细抛光的电工铜	80	0.018
	普通抛光表面	100	0.052
	商品光泽表面，但非镜面	22	0.072
	经 600℃氧化表面	200～600	0.570
	经长时间加热，有较厚的氧化层表面	2.5	0.780
	熔融状态	1080～1275	0.16～0.13

续表

金属	状态	温度范围/℃	发射率 ε
铜	氧化铜	800～1100	0.66～0.54
	磨光的铜	20	0.030
	磨光的铜	116	0.023
	商用铜，砂纸打过，磨光面仍有不平整的表面	69	0.030
	长期受热，表面盖有厚氧化层的铜板	25	0.780
	氧化的铜	130	0.760
	氧化发黑的铜	20	0.780
	表面刮光的铜	20	0.070
	表面轻度氧化的铜	20	0.037
	氧化铜	50	0.6～0.7
黄铜	高级抛光表面	258～378	0.033～0.037
	经喷砂处理的压延面	22	0.20
	经 600℃氧化表面	200	0.61～0.59
	高度磨光的黄铜	245～355	0.028～0.031
	Cu73.2，Zn26.7	255～375	0.033～0.037
	Cu62.4，Zn36.8，Pb0.4，Al0.3	275	0.030
	Cu82.9，Zn17.0	21	0.038
	冷碾压，磨光的有磨痕可见的黄铜	22	0.043
	冷碾压，磨光的部分被侵蚀的黄铜	25	0.053
	冷碾压，磨光的，留有磨痕的黄铜	100	0.06
	磨光的黄铜	38～115	0.10
	磨光的黄铜	22	0.06
	碾压后的黄铜板，表面没有再加工	22	0.20
	碾压后的黄铜板，表面用粗砂纸擦过	50～350	0.22
	无光泽的黄铜板	38	0.05
	磨光的黄铜	38	0.22
碳钢及铁	精磨磨光的电解铁	175～225	0.052～0.064
	磨光的铁	425～1020	0.144～0.377
	磨光的钢	100	0.066
	粗糙磨光的铁	100	0.17
	砂纸打过后的铁	20	0.24
	磨光的铸铁	200	0.21
	刚加工后的铸铁	22	0.44
	加工后又加热过的铸铁	380～1025	0.6～0.70
	精密磨光的熟铁	40～250	0.28
	磨光的钢铸件	770～1040	0.52～0.56
	研磨后的钢皮	940～1100	0.55～0.61
	表面光滑的铁皮	900～1040	0.55～0.60
	软钢，A，B_2，C	25	0.12，0.15，0.10
	软钢，A	230～1065	0.20～0.32
	软钢，B_2	230～1050	0.34～0.35
	软钢，C	230～1065	0.27～0.31
	铁：喷砂处理表面	20	0.24
	钢板：冷轧光面	900～1010	0.55～0.60
	磨光的铁	400～100	0.14～0.38
	镀锌的铁皮	38	0.23
	具有光滑的氧化层表皮的钢板	20	0.82
	氧化的钢	200～600	0.80

续表

金属	状态	温度范围/℃	发射率 ε
钢铁表面有氧化层	酸洗后，生锈发红的铁皮	20	0.61
	完全生锈的铁板	20	0.69
	深灰色的铁表面	100	0.31
	碾压成的钢皮	21	0.66
	氧化后的铁	100	0.74
	严重氧化后的铁	20	0.85
	在 600℃时氧化后的铸铁	200～600	0.64～0.78
	在 600℃时氧化后的钢	200～600	0.79
	氧化后电解铁的光滑表面	125～525	0.78～0.82
	氧化铁	500～1200	0.85～0.89
	粗糙的铁锭(未加工的)	925～1115	0.87～0.95
	盖有粗糙牢固的氧化层	25	0.80
	盖有紧密有光泽的氧化层	25	0.82
	光滑的铸铁板	22	0.80
	粗糙的铸铁板	22	0.82
	高度氧化的粗糙的铸铁	40～250	0.95
	氧化后的无光泽的熟铁	20～360	0.94
	粗糙钢板	40～370	0.94～0.97
钢铁熔融表面	铸铁	1300～1400	0.29
	软钢	1600～1800	0.28
	0.25%～1.2%C 含量的钢(表面略有氧化)	1560～1710	0.27～0.39
	钢	1600～1650	0.42～0.53
	钢	1520～1650	0.43～0.40
	纯铁	1515～1770	0.42～0.45
不锈钢(英国)	KA-2S(8Ni,18Cr)呈银光的粗面，加热后呈褐色	215～490	044～0.36
	KA-2S(8Ni,18Cr)，在 526℃时加热 24h	215～526	0.62～0.73
	NCT-3(20Ni,25Cr)在炉上使用氧化后呈褐色，有锈蚀点产生	215～526	0.90～0.97
	NCT-6(60Ni,12Cr)使用后生成光滑的黑色氧化膜状态	215～564	0.89～0.82
不锈钢(美国)	301 原轧表面	24	0.16
	301 研磨后升温	232～1050	0.26～0.66
	316 原轧表面	24	0.17
	316 研磨升温	235～1050	0.26～0.66
	304 527℃加热 42h	216～527	0.62～0.73
不锈钢(苏联)	不锈钢，经过磨光	100	0.074
	X23H18 型；A，B_2，C	25	0.21，0.27，0.16
	X23H18 型；A	230～950	0.57～0.55
	X23H18 型；B_2	230～940	0.54～0.63
	X23H18 型；C	230～900	0.51～0.70
	X16H13M3 型；A，B_2，C	25	0.28，0.28，0.17
	X16H13M3 型；A	230～870	0.57～0.66
	X16H13M3 型；B_2	230～1050	0.52～0.50
	X16H13M3 型；C	230～1050	0.26～0.66
	X18H11B 型；A，B_2，C	25	0.39，0.35，0.17
	X18H11B 型；A	230～900	0.52～0.65
	X18H11B 型；B_2	230～875	0.51～0.65
	X18H11B 型；C	230～900	0.49～0.64
	OX18H9 型(8Cr；18Ni)，淡银色粗糙加热后发棕色	215～490	0.44～0.36
	在 525℃加热 42h 后的表面	215～525	0.62～0.73
	X23H18 型(25Cr；20Ni)，炉中使用受氧化后，棕色	215～525	0.90～0.97

续表

金属	状态	温度范围/℃	发射率 ε
镍合金	铬镍	52～1030	0.64～0.76
	铬镍抛光面	100	0.059
	发亮的镍铬合金丝	49～1000	0.65～0.79
	氧化的镍铬合金丝	49～500	0.95～0.98
	镍银合金，经过磨光	100	0.135
	镍铜锌合金(18～30Ni，55～68Cu，20Zn)氧化后的灰色表面	20	0.262
铬镍铁合金 60%Ni，14%Cr，60%Fe	型号 ЭH-607，表面 A，B_2，C	25	0.19～0.21
	型号 ЭH-607，表面 A(苏联)	230～855	0.55～0.78
	型号 ЭH-607，表面 B_2	230～855	0.60～0.75
	型号 ЭH-607，表面 C	230～900	0.62～0.72
蒙乃尔合金	经 600℃氧化的表面	198～600	0.41～0.46
铬	抛光表面	38～600	0.08～0.36
	磨光的铬	40～1090	0.08～0.36
	磨光的铬	100	0.075
	磨光的铬	150	0.058
镍	纯镍，抛光表面	21～371	0.045～0.087
	磨光的电镀过镍	25	0.045
	工业用纯镍(97.9%Ni＋Mn)经过磨光	225～375	0.07～0.087
	磨光的镍	100	0.072
	电镀过的镍，未经磨光	20	0.11
	镍丝	185～100	0.096～0.186
	在 600℃氧化后的镍板	200～100	0.37～0.48
	氧化镍	650～1255	0.59～0.86
锌	商品抛光面	227～527	0.045～0.053
	经 400℃氧化	400	0.11
	发亮的电镀铁板	28	0.23
	发亮的电镀铁板，氧化成褐色	24	0.28
	镀锌铁皮	100	0.21
	商用锌(99.1%纯度)，经过磨光	225～325	0.045～0.053
	镀锌铁皮，仍有光泽	28	0.23
金	纯金，高度抛光	227～628	0.018～0.035
	磨光的金	200～600	0.02～0.03
	磨光的金	130	0.018
	磨光的金	140	0.022
铂	纯铂抛光板	227～627	0.054～0.104
	带状	928～1630	0.11～0.17
	细丝	27～1227	0.036～0.192
	线	227～1380	0.073～0.182
铅	未经氧化的纯金属面	127～227	0.057～0.075
	呈灰色的氧化面	24	0.28
	经 198℃氧化的表面	198	0.63
	灰色氧化铅	38	0.28
钼	钼丝	725～2600	0.095～0.202
	磨光	100	0.071
镁	氧化镁	275～825	0.55～0.20
	氧化镁	900～1700	0.20

续表

金属	状态	温度范围/℃	发射率 ε
铋	光亮	80	0.34
银	磨光的银	200～600	0.02～0.03
	银,经过磨光	40～370	0.022～0.033
	银,经过磨光	100	0.052
	银	20	0.020
氧化钍		275～500	0.58～0.36
		500～825	0.36～0.21
钽丝		1325～3000	0.19～0.31
锡	有光泽的涂锡铁板表面	25	0.043 及 0.064
	有光泽的锡表面	50	0.06
	商用涂锡铁皮的表面	100	0.07,0.08
	表面光泽	245	0.043～0.064
钨	钨丝,老化后的	25～3100	0.032～0.35
	钨丝	3100	0.39
	薄层覆盖的钨,经过磨光	100	0.066
锰	碾压光亮	120	0.048
汞	纯汞干净表面	0～100	0.09～0.12

注:A—用甲苯清洗过,然后再用甲烷洗过;B_2—用磨砂肥皂和水、甲苯、甲烷依次清洗过;C—抛光后,再用肥皂和水清洗过。

② 金属材料在 76K 时对 300K 表面的发射率见表 7-15。

表 7-15　一些金属材料在 76K 时对 300K 表面的发射率 ε (吸收系数 α)

金属材料	表面处理情况	ε 或 α
铝箔 25～38μm		0.018
铝板 0.5mm	不退火	0.028
铝板 0.5mm	酸洗	0.045
铝板 0.5mm	刷光	0.14
铝膜层	加液磨光	0.04
铝膜层	蒸气凝结在 13μm 塑料膜上	0.07
黄铜箔 25μm	—	0.028
纯铜箔 125μm	轧制、清洗	0.015
纯铜箔 125μm	稀铬酸浸泡或电解清洗	0.017
纯铜箔 125μm	用浮石磨抛光	0.018
纯铜箔 125μm	用有机磨料抛光	0.019
纯铜箔 125μm	仔细砂光	0.023
纯铜皮 0.5mm	加液磨光	0.088
铬镀层	镀在纯铜上	0.08
金箔 25μm	溶剂清洗	0.010
金箔 13μm	溶剂清洗	0.016
金箔 1μm	溶剂清洗	0.023
金镀层 5μm	含银 1%,镀在不锈钢上	0.025
金镀层 2.5μm	含银 1%,镀在不锈钢上	0.027
金镀层 5μm	含银 1%,镀在紫铜上	0.025
金镀层	蒸气凝结在 13μm 塑料膜上	0.02
铅箔 100μm	清洗	0.036
镍箔 100μm	溶剂清洗	0.022
铑镀层	镀在不锈钢上	0.078
银	溶剂清洗	0.008
银镀层	以镍打底镀在不锈钢上	0.009
银镀层	以镍及铜打底镀在不锈钢上	0.007
银镀层	喷镀在不锈钢上	0.009

续表

金属材料	表面处理情况	ε 或 α
不锈钢箔 125μm	溶剂清洗	0.048
锡箔 25μm	清洗	0.013
镀锡箔	涂在铜球上	0.02
锌箔 160μm	溶剂清洗	0.02
焊锡层 50μm	涂在铜皮上	0.03

③ 不同温度下金属材料的发射率见表 7-16。

表 7-16　一些材料在不同温度与状态下的发射率 ε（或吸收系数 α）

材料名称	表面及加工情况	4K	20K	77K	90K	300K
铝	干净、抛光	0.011		0.018		0.03
	板			0.03		
	粗糙表面					0.055
	氧化层厚度 1μm 的箔			0.018		0.03
	双面喷铝涤纶薄膜			0.04		
铜	干净、抛光	0.002～0.015	0.015～0.017	0.019～0.029	0.019～0.035	0.03
	严重氧化					0.78
	箔			0.017		
银	金镀层	0.0044		0.005～0.0083	0.023～0.036	0.02～0.017
铬	板			0.08	0.065～0.08	0.08
	镀层			0.08		0.08
镍	抛光			0.022		0.04
	电镀在抛光铁箔上			0.030		0.045

④ 非金属材料发射率见表 7-17。

表 7-17　非金属材料发射率 ε 值

材料	状态	温度范围/℃	发射率 ε
碳	碳丝	1040～1405	0.525
	碳极，表面粗糙的	100～320	0.77
	碳极，表面粗糙的	320～500	0.77～0.72
	碳板，石墨化的	100～320	0.76～0.75
	碳，石墨化的	320～500	0.75～0.71
	蜡烛烟灰	95～270	0.952
	灯黑与水玻璃涂料层	98～225	0.96～0.95
	灯黑与水玻璃涂料层，铁板上薄层的	20	0.927
	灯黑与水玻璃涂料层，铁板上厚层的	20	0.967
	灯黑层厚度 0.075mm 以上	40～370	0.945
	灯黑层，不平整的	100～500	0.84～0.78
	灯黑层，发光的煤烟灰	95～270	0.952
	灯黑，其他炭黑	50～1000	0.96
	石墨，压实的，表面锉光	250～310	0.98
漆	各种颜色的油漆	100	0.92～0.96
	无光泽的黑涂漆	75～145	0.91
	黑色或白色涂漆	40～95	0.80～0.95
	平整的黑色涂漆	40～95	0.96～0.98
	喷在铁上的有光泽的黑涂漆	25	0.875
	加在镀锡铁皮上的有光泽的黑涂漆	21	0.821

续表

材料	状态	温度范围/℃	发射率 ε
涂料	各种不同颜色的油质涂料	100	0.92～0.96
	铝质涂料及涂漆		
	在平整或粗糙表面上的 10%Al,22%涂料为底的涂料	100	0.52
	各种老化程度不同,含铝量不一的铝质涂料	100	0.27～0.67
	在粗糙表面上的铝质涂料加清漆(凡立水)	21	0.39
	铝质涂料,加热到 325℃后的	150～315	0.35
	散热器涂料,白色、奶油色、乳白色	100	0.84,0.79,0.77
	散热器涂料,青铜色	100	0.51
	无色砂底涂料层,厚度 0.03～0.04mm		
	在软钢上	260	0.66
	在不锈钢上	260	0.75
	在镁合金上	260	0.74
	硅底的铝质涂料,在铝镍铁合金上涂刷二次	260	0.29
橡胶	硬橡胶,光板	23	0.94
	软橡胶,灰色,不光滑的(经过再生)	24	0.86
	天然橡胶,在蒸汽中	—	0.41
石棉	石棉纸板	24	0.96
	石棉纸	40～370	0.93～0.94
耐火砖		500～1000	0.8～0.9
	耐火砖	1000	0.75
	黏土耐火砖,上过釉的	1100	0.75
	镁耐火砖	1000	0.38
石英	熔化后的石英,表面粗糙	20	0.932
	玻璃石英,厚度 1.98mm	280～835	0.90～0.41
	玻璃石英,厚度 6.88mm	280～835	0.93～0.47
	不透明的石英	300～835	0.92～0.68
	石英玻璃	22	0.932
玻璃	玻璃	38～85	0.94
	玻璃,光滑的表面	22～90	0.94
	含铅、钠的耐热玻璃及 Pyrex 玻璃	260～540	0.95～0.85
	玻璃	38,85	0.94
瓷件	上釉的瓷件	20	0.93
金刚砂	87SiC	1010～1400	0.92～0.82

⑤ 低温泵用材料发射率见表 7-18。

表 7-18　低温泵用材料发射率 ε

材料	室温下	78K 表面对 300K 环境	20K 表面对 78K 环境	42K 表面对 78K 环境
铝板	0.03	0.02	0.018	0.011
抛光铝板	—	—	0.02～0.05	0.02～0.04
抛光黄铜板	0.035	0.029	0.025～0.028	0.018
金板	0.02	0.01～0.02	0.014	—
银板	0.02～0.03	0.008	—	—
不锈钢板	0.074	0.048	—	—
铜表面涂黑	—	0.85	—	—
铝阳极处理	—	0.90	—	—

⑥ 常用热控涂层的发射率见表 7-19。

表 7-19　几种常用热控涂层的发射率

涂层类型			涂层名称	α	ε
电化学型	阳极氧化	铝和铝合金	铝光亮阳极氧化	0.12～0.16	0.10～0.68
			铝合金(LY12)光亮阳极氧化	0.18～0.32	0.10～0.74
			铝合金黑色阳极氧化	0.95	0.90～0.92
	电镀	镀金	铝合金光亮镀金	0.23～0.40	0.03～0.04
		镀黑镍	铝镀黑镍	0.85～0.95	0.13～0.89
			不锈钢镀黑镍	>0.90	0.10～0.86
涂料型	有机漆	白漆	S956 白漆		0.87
			SR107 白漆	0.17±0.02	0.86～0.88
			S781 白漆	0.17	0.87
		灰漆	S956 灰漆	0.71～0.92(α/ε)	0.87
			EZ665ZC 漆	0.30～0.80(α/ε)	>0.85
		黑漆	ES665NFCG 漆	0.85	0.85
			S956 黑漆	0.93	0.88
			S731-SR107 黑漆	0.94	0.90
		金属漆	S781 铝粉漆	0.25±0.02	0.31±0.02
	无机漆	无机白漆	ZKS 白漆	0.13±0.02	0.93±0.01
		无机灰漆	PS17 漆	0.70(α/ε)	>0.80
第二表面镜	玻璃型		石英玻璃镀铝	0.10	0.81
			铈玻璃镀铝	0.12～0.14	0.81～0.83
	塑料薄膜型		F46 薄膜镀铝	0.11～0.14	0.70～0.80
			聚酰亚胺薄膜镀铝	0.41	0.68

7.4 辐射换热角系数及其基本特性

7.4.1 辐射换热角系数概念

如图 7-5 所示，从表面 dA_1 辐射出来而达到表面 dA_2 的能量与 dA_1 总辐射能之比，称为表面 dA_1 对表面 dA_2 的角系数，且以符号 F_{12} 表示。经计算后，F_{12} 以下式表示

$$F_{12}=\frac{\cos\beta_1\cos\beta_2}{\pi L^2}dA_2 \tag{7-15}$$

式中　dA_2——黑体微元面；

L——dA_1 和 dA_2 两者间距；

β_1，β_2——两微元面法线与 L 的夹角。

7.4.2 辐射换热角系数基本特性

（1）角系数等值性

如图 7-6 所示，几个表面与 dA_1 之距，形状、方位不同，只要从 dA_1 看这些表面轮廓

成同一个立体角，那 dA_1 对这些表面的角系数相等。这种性质称角系数等值性。

若以 F_{12} 表示 dA_1 对 A_2 的角系数，并以 F_{13} 表示 dA_1 对 A_3 的角系数，则

$$F_{12}=F_{13} \tag{7-16}$$

（2）角系数互换性

若以 A_1 表示图 7-5 中 dA_1 面积，以 A_2 表示 dA_2 面积，而 F_{12} 为 dA_1 对 dA_2 的角系数，F_{21} 为 dA_2 对 dA_1 的角系数，经理论推导得到

$$A_1F_{12}=A_2F_{21} \tag{7-17}$$

此式称为角系数互换性关系式。

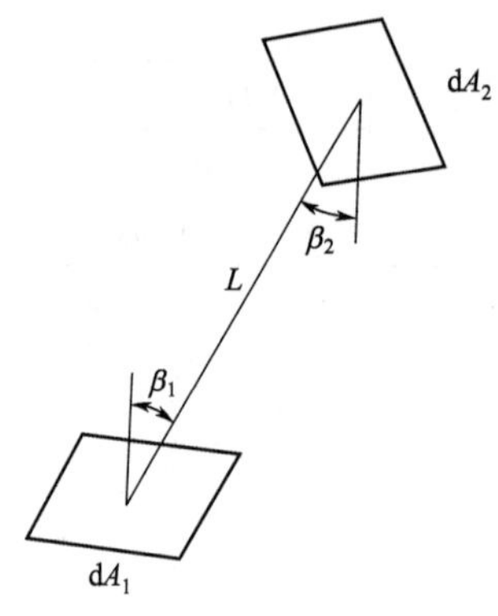

图 7-5　角系数

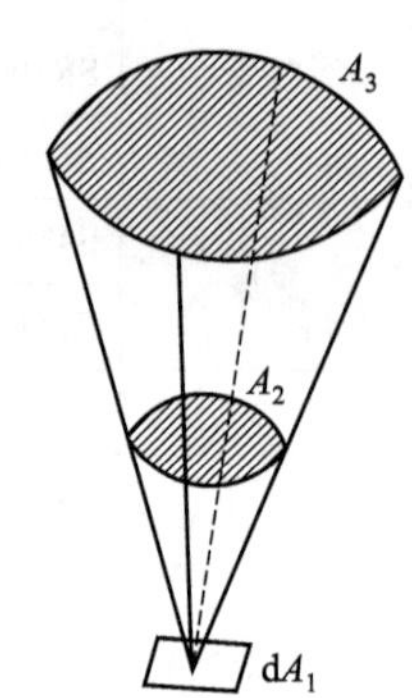

图 7-6　角系数等值性

（3）角系数可加性

图 7-7 给出了两个黑体表面 A_1 与 A_2 之间的辐射换热，图中 A_2 由两个表面 A_3 和 A_4 组成，由理论推导得到几个面角系数关系如下

$$F_{12}=F_{13}+F_{14} \tag{7-18}$$

式(7-18) 表示了角系数的可加性。

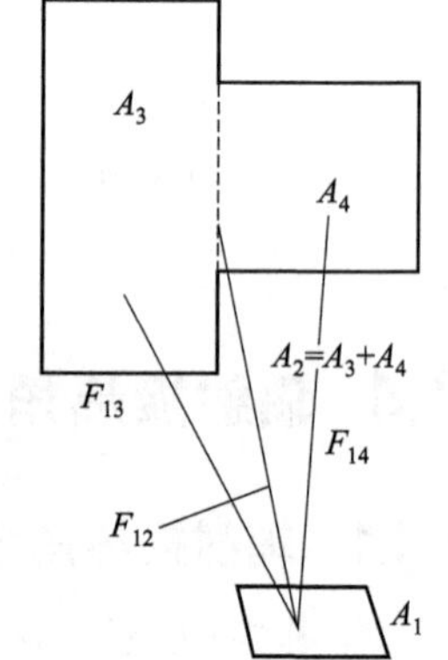

图 7-7　角系数可加性

（4）角系数的完整性

一个物体 k 辐射出的能量全部投射到周围其他物体上，则物体 k 的热量以下式表示，即

$$Q_k=\sum_{i=1}^{n}Q_{ki}=\sum_{i=1}^{n}F_{ki}A_kE_k \tag{7-19}$$

式中　Q_k——物体 k 的总辐射热流量；

Q_{ki}——物体 k 辐射到物体 i 的热流量；

F_{ki}——物体 k 对物体 i 的角系数；

A_k——物体 k 的表面积；

E_k——物体 k 的辐射强度。

对于封闭体系

$$\sum_{i=0}^{n}F_{ki}=F_{k1}+F_{k2}+F_{k3}+\cdots+F_{kn}=1 \tag{7-20}$$

式(7-13) 表示了角系数的完整性。

7.4.3 微元面对有限面的角系数

微元面对有限面的角系数见表 7-20。

表 7-20 微元面对有限面的角系数

辐射换热简图	图形简述	角系数计算公式
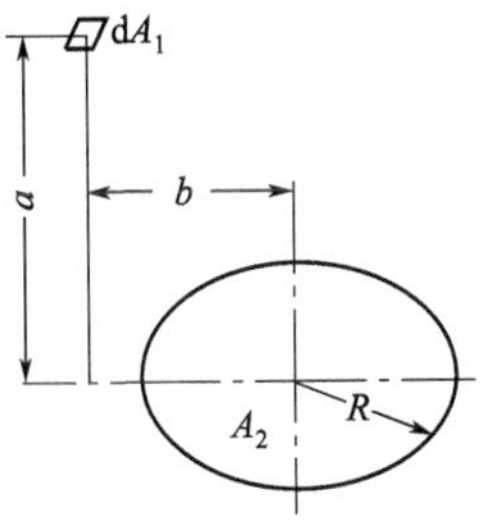 图 1	一个微元面 dA_1 对相平行的一个有限圆盘 A_2 间的角系数 $F_{d1\text{-}2}$	$F_{d1\text{-}2}=\frac{1}{2}-\frac{1+C^2-B^2}{\sqrt{C^4+2C^2(1-B^2)+(1+B^2)^2}}$ $B=\frac{R}{a},C=\frac{b}{a}$； 式中 R——圆盘的半径； a——dA_1 和 A_2 的纵向距离； b——dA_1 到 A_2 中心的横向距离。 公式推广： 如果 $b=0$，则 $F_{d1-2}=\frac{1}{2}-\frac{1-B^2}{1+B^2}$
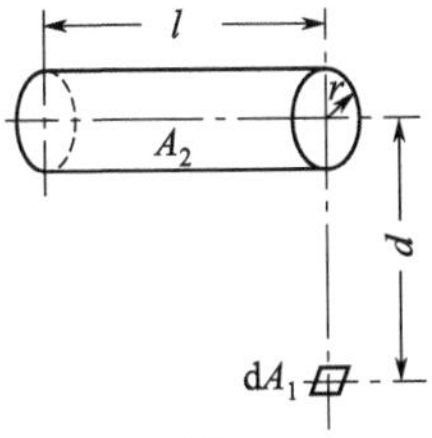 图 2	微元面 dA_1 对一个圆柱的角系数 $F_{d1\text{-}2}$，dA_1 的法线对圆柱的一个端面的中心。计算结果如图 7-7	$F_{d1\text{-}2}=\frac{1}{\pi D}\tan^{-1}\left(\frac{L}{\sqrt{D^2-1}}\right)+\frac{1}{\pi}\left[\frac{A-2D}{D\sqrt{AB}}\times\tan^{-1}\sqrt{\frac{A(D-1)}{B(D+1)}}-\frac{1}{D}\tan^{-1}\sqrt{\frac{D-1}{D+1}}\right]$ $A=(D+1)^2+L^2$； $B=(D-1)^2+L^2$； $D=d/r$； $L=l/r$； 式中 l——圆柱的长度； d——dA_1 到圆柱中心的垂直距离
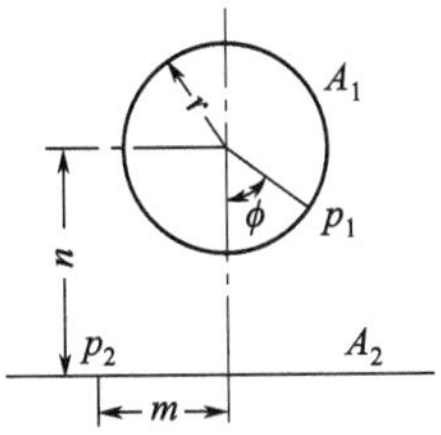 图 3	一个无限长的圆柱 A_1 平行于一无限大平板 A_2，计算 A_1 上 p_1 点处微元面 dA_1 对 A_2 的角系数 $F_{d1\text{-}2}$，和 A_2 上 p_2 点处微元面 dA_2 对 A_1 的角系数 $F_{d2\text{-}1}$	$F_{d1\text{-}2}=\frac{1}{2}(1+\cos\phi)$ $F_{d2\text{-}1}=\frac{N}{N^2-M^2}$ $N=\frac{n}{r}$； $M=\frac{m}{r}$； 式中 n——p_2 点到圆柱中心的纵向距离； m——p_2 点到圆柱中心的横向距离； r——圆柱的半径
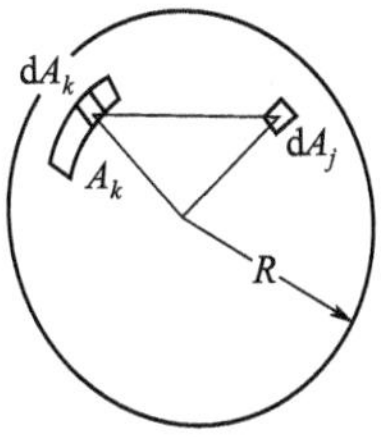 图 4	空心球内壁上微元面对一有限面(A_k)的角系数，$F_{dj\text{-}k}$(dA_j)	$F_{dj\text{-}k}=\frac{A_k}{4\pi R^2}$ 式中 A_k——有限面的面积； R——球的半径

辐射换热简图	图形简述	角系数计算公式
图 5	圆柱外面一平板平行于圆柱轴线，二者长度相等，计算平板上平行于圆柱线的微元窄条 ds_a 和微元面 dA_b 对圆柱外柱面 A_1 的角系数 $F_{dS_a\text{-}1}$ 和 $F_{dA_b\text{-}1}$	(1)微元窄条 ds_a 对圆柱外柱面 A_1 的系数： $F_{ds_a-1}=\frac{SR}{S^2+X^2}\Big\{1-\frac{1}{\pi}\Big\{\cos^{-1}A-\frac{1}{2RL}\times[\sqrt{(L^2+S^2+X^2+R^2)^2+4L^2R^2}\cos^{-1}B+(L^2-S^2-X^2+R^2)\sin^{-1}C-\frac{\pi}{2}(L^2+S^2+X^2-R^2)]\Big\}\Big\}$ 式中 S——圆柱轴线到平板的距离； R——圆柱半径，$S \geqslant R$； X——从平板中线到微元窄条的距离； L——圆柱或平板的长度。 $A=\frac{L^2-S^2-X^2+R^2}{L^2+S^2+X^2-R^2}$； $B=\frac{R(L^2-S^2-X^2+R^2)}{\sqrt{S^2+X^2(L^2+S^2+X^2-R^2)}}$； $C=\frac{R}{\sqrt{S^2+X^2}}$ (2)微元面 dA_b 对圆柱外柱面 A_1 的角系数： $F_{dA_b\text{-}1}=\frac{SR}{S^2+X^2}\Big\{2-\frac{1}{\pi}\Big[\cos^{-1}A+\cos^{-1}B-\frac{Y}{R}(C\cos^{-1}D)\Big]\Big\}-\frac{SR}{S^2+X^2}\Big\{2-\frac{1}{\pi}\Big[\Big(\frac{L-Y}{R}\Big)\frac{E}{F}\times\cos^{-1}\frac{G}{H}+\frac{L}{R}\cos^{-1}M\Big]\Big\}$ 式中 Y——微元面 dA_b 到平板下边的距离。 $M=\frac{R}{\sqrt{S^2+X^2}}$； $A=\frac{Y^2-S^2-X^2+R^2}{Y^2+S^2+X^2-R^2}$； $B=\frac{(L-Y)^2-S^2-X^2+R^2}{(L-Y)^2+S^2+X^2-R^2}$； $C=\frac{Y^2+S^2+X^2+R^2}{\sqrt{(Y^2+S^2+X^2-R^2)^2+4Y^2R^2}}$； $D=\frac{R(Y^2-S^2-X^2+R^2)}{\sqrt{S^2+X^2(Y^2+S^2+X^2-R^2)}}$； $E=(L-Y)^2+S^2+X^2+R^2$； $F=\sqrt{[(L-Y)^2+S^2+X^2-R^2]^2+4(L-Y)}$； $G=R[(L-Y)^2-S^2-X^2+R^2]$； $H=\sqrt{S^2+X^2}[(L-Y)^2+S^2+X^2-R^2]$ (3)当 $Y\to 0$ 或 $Y\to L$ 时，则 $F_{dA_b\text{-}1}=\frac{SR}{S^2+X^2}\Big[1-\frac{1}{\pi}\Big\{\cos^{-1}\frac{L^2-S^2-X^2}{L^2+S^2+X^2}-\frac{L}{R}\Big[\frac{L^2+S^2+X^2+R^2}{\sqrt{(L^2+S^2+X^2-R^2)^2+4L^2R^2}}\times\cos^{-1}\frac{R(L^2-S^2-X^2+R^2)}{\sqrt{S^2+X^2(L^2+S^2+X^2-R^2)}}-\cos^{-1}\frac{R}{\sqrt{S^2+X^2}}\Big]\Big\}\Big]$ (4)当 $L\to\infty$ 时 $F_{dA_b-1}=\frac{RS}{S_2+X_2}$；$F_{dS_a\text{-}1}=\frac{RS}{S_2+X_2}$

续表

辐射换热简图	图形简述	角系数计算公式
图 6	一空心圆柱，顶面 A_1 对柱面上一微元环 $\mathrm{d}A_x$ 的角系数 $F_{1\text{-d}A_x}$	$F_{1\text{-d}A_x}=\frac{1}{r^2}\left(\frac{x^2+2r^2}{\sqrt{x^2+4r^2}}-x\right)\mathrm{d}x$ 式中　r——圆柱的半径； x——圆柱顶面与微元环间的距离
图 7	球形微元面 $\mathrm{d}A_1$ 对矩形面 A_2 的角系数 $F_{\mathrm{d}A_1\text{-}2}$	$F_{\mathrm{d}A_1\text{-}2}=\frac{1}{4\pi}(\tan^{-1}A+\tan^{-1}B)$ $A=\left[\frac{X(Y-\cos\theta)}{\sqrt{1+X^2+Y^2-2Y\cos\theta}}\right]$ $B=\frac{X\cos\theta}{\sqrt{1+X^2}}$；$X=\frac{b}{c}$；$Y=\frac{a}{c}$ 式中　a，b——矩形面 A_2 的长和宽； c——$\mathrm{d}A_1$ 到 A_2 一个边的距离； θ——$\mathrm{d}A_1$ 和 A_2 的一个边构成的面与 A_2 间的夹角。 (1)如果 $\theta=90°$，则 $F_{\mathrm{d}A_1\text{-}2}=\frac{1}{4\pi}\tan^{-1}\left(\frac{XY}{\sqrt{1+X^2+Y^2}}\right)$ (2)如果 $\theta=90°$，且 $X\to\infty$，则 $F_{\mathrm{d}A_1-2}=\frac{1}{4\pi}\tan^{-1}Y$ (3)如果 $\theta=90°$，$X\to\infty$ 和 $Y\to\infty$，则 $F_{\mathrm{d}A_1-2}=\frac{1}{8}$
图 8	一微元面 $\mathrm{d}A_1$ 对球 A_2 的角系数 $F_{\mathrm{d}A_1\text{-}2}$	$F_{\mathrm{d}A_1\text{-}2}=\frac{\cos\lambda}{(1+H)^2}$ $\lambda+\sin^{-1}\frac{1}{1+H}<\frac{\pi}{2}$ $H=\frac{h}{R}$ 式中　λ——微元面和球心的连线与微元面的法线间的夹角； R——球半径； h——微元面到球表面的距离
图 9	一个无限小的圆柱表面 $\mathrm{d}A_1$ 对一个球表面 A_2 的角系数 $F_{\mathrm{d}A_1\text{-}2}$	$F_{\mathrm{d}A_1\text{-}2}=\frac{1}{\pi^2}\int_0^{2\pi}\mathrm{d}\phi\int_0^{\theta_0}\sqrt{1-A}\sin\theta\mathrm{d}\theta$ $A=(\cos\theta\cos\lambda+\sin\theta\sin\lambda\cos\phi)^2$； $\sin\theta_0=\frac{1}{1+H}$； $H=\frac{h}{R}$； $\phi=90°-\lambda$ 式中　h——微小圆柱中心到球表面的距离； R——球半径； λ——圆柱中心和球心连线与圆柱轴线间的夹角。

续表

辐射换热简图	图形简述	角系数计算公式
dA_1, h, A_2, R 图 10	一无限小的球面 dA_1 对有限球表面 A_2 的角系数 $F_{dA_1\text{-}2}$	$F_{dA_1\text{-}2}=\frac{1}{2}\left(1-\frac{\sqrt{H^2+2H}}{1+H}\right)$ $H=\frac{h}{R}$ 式中 h——无限小球到有限球表面的距离； R——有限球的半径

7.4.4 有限面对有限面的角系数

有限面对有限面的角系数见表 7-21。

表 7-21 有限面对有限面的角系数

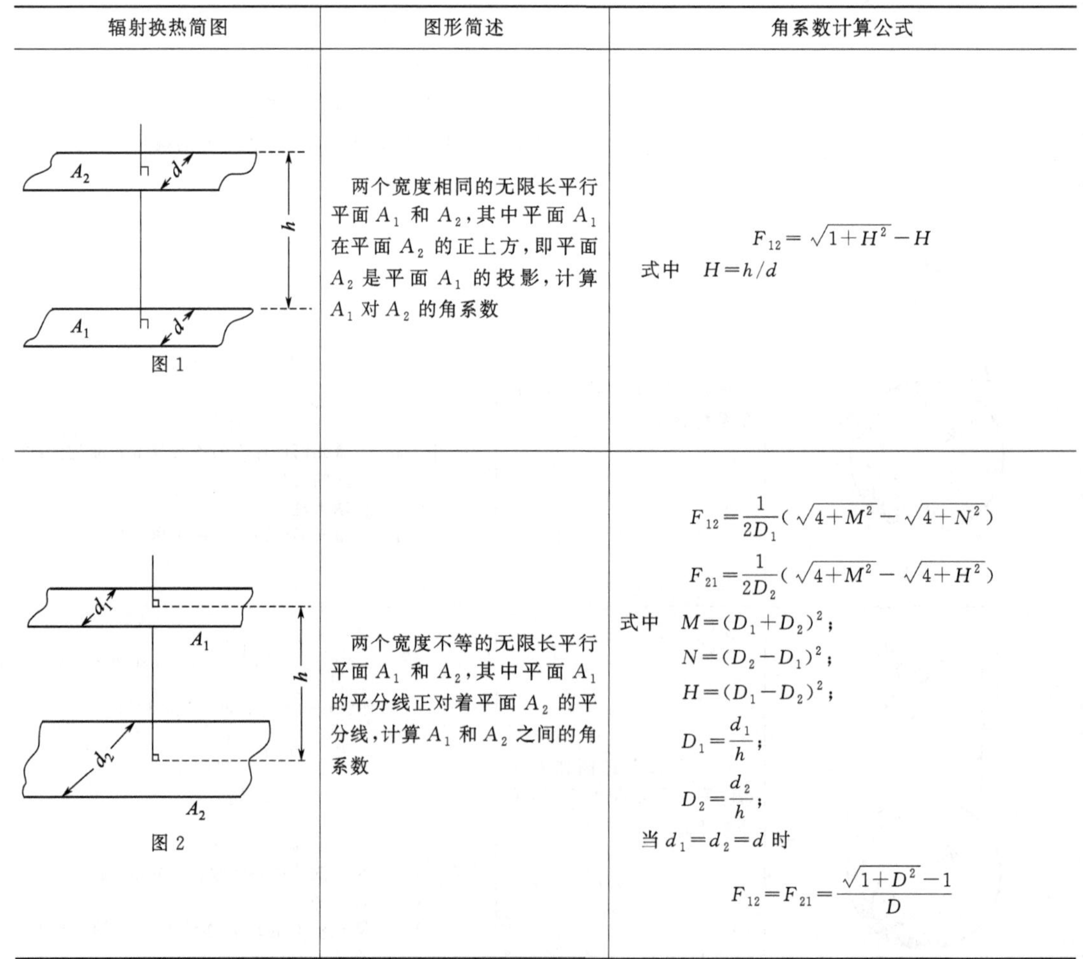

辐射换热简图	图形简述	角系数计算公式
A_2, d, h, A_1, d 图 1	两个宽度相同的无限长平行平面 A_1 和 A_2，其中平面 A_1 在平面 A_2 的正上方，即平面 A_2 是平面 A_1 的投影，计算 A_1 对 A_2 的角系数	$F_{12}=\sqrt{1+H^2}-H$ 式中 $H=h/d$
d_1, A_1, h, d_2, A_2 图 2	两个宽度不等的无限长平行平面 A_1 和 A_2，其中平面 A_1 的平分线正对着平面 A_2 的平分线，计算 A_1 和 A_2 之间的角系数	$F_{12}=\frac{1}{2D_1}(\sqrt{4+M^2}-\sqrt{4+N^2})$ $F_{21}=\frac{1}{2D_2}(\sqrt{4+M^2}-\sqrt{4+H^2})$ 式中 $M=(D_1+D_2)^2$； $N=(D_2-D_1)^2$； $H=(D_1-D_2)^2$； $D_1=\frac{d_1}{h}$； $D_2=\frac{d_2}{h}$； 当 $d_1=d_2=d$ 时 $F_{12}=F_{21}=\frac{\sqrt{1+D^2}-1}{D}$

辐射换热简图	图形简述	角系数计算公式
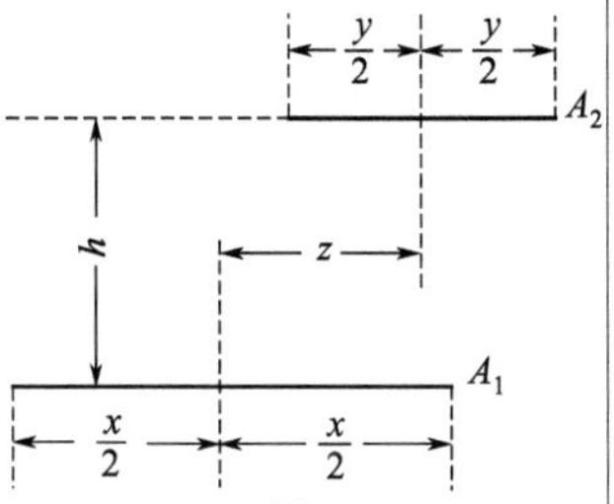 图 3	两个宽度不等的无限长平行平面 A_1 和 A_2 之间的角系数	$F_{12}=\frac{Y}{X}F_{21}=\frac{1}{2X}(\sqrt{1+M^2}+\sqrt{1+N^2}$ $-\sqrt{1+G^2}-\sqrt{1+H^2})$ 式中 $M=\frac{Y+X-2Z}{2}$　$N=\frac{Y+X+2Z}{2}$ $G=\frac{X-Y-2Z}{2}$ $H=\frac{X-Y+2Z}{2}$ $X=\frac{x}{h}$；$Y=\frac{y}{h}$；$Z=\frac{z}{h}$ 当 $X=Y,Z=0$ 时，则 $F_{12}=F_{21}=\frac{1}{X}(\sqrt{1+X^2})-2$
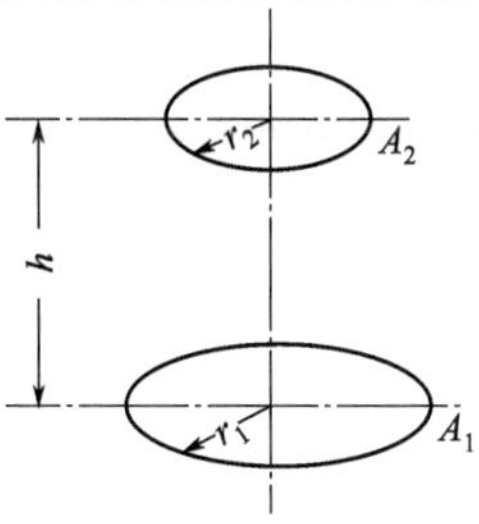 图 4	两个平行的同轴圆盘 A_1 和 A_2 之间的角系数	$F_{12}=\frac{1}{2}\left[X-\sqrt{X^2-4\left(\frac{R_2}{R_1}\right)^2}\right]$ 式中 $R_1=\frac{r_1}{h}$； $R_2=\frac{r_2}{h}$； $X=1+\frac{1+R_2^2}{R_1^2}$
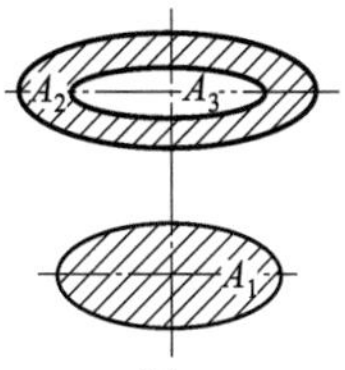 图 5	圆盘 A_1 对与其同轴的平行圆环 A_2 的角系数	图中 A_2 及 A_3 按一个圆盘处理，即 $A=A_2+A_3$，按两个同轴圆盘之间的角系数计算公式，计算出 $F_{1(A)}$，然后再计算出 F_{13}，那 F_{12} 为： $F_{12}=F_{1(A)}-F_{13}$
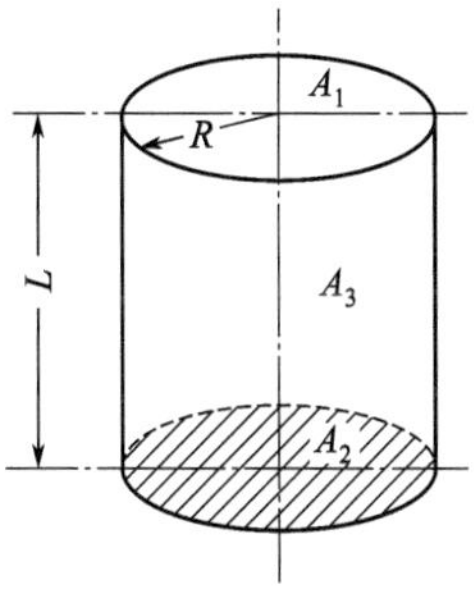 图 6	圆柱体的顶面或底面对内壁的角系数	$F_{13}=F_{23}=\frac{1}{2}\left(\frac{L}{R}\sqrt{4+\frac{L^2}{R^2}}-\frac{L^2}{R^2}\right)$ 极限值的情况： $\lim\limits_{L\to\infty}F_{13}=\lim\limits_{L\to\infty}F_{23}=1$ $\lim\limits_{L\to 0}F_{13}=\lim\limits_{L\to 0}F_{23}=0$ $\lim\limits_{R\to\infty}F_{13}=\lim\limits_{R\to\infty}F_{23}=0$ $\lim\limits_{R\to 0}F_{13}=\lim\limits_{R\to 0}F_{23}=1$
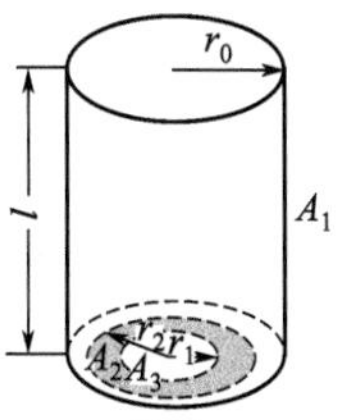 图 7	圆柱体内壁 A_1 对其底面上同轴圆环 A_3 的角系数	$F_{13}=\frac{1}{4r_0l}[\sqrt{l^4+2l^2(r_0^2+r_1^2)+(r_0^2-r_1^2)^2}$ $-\sqrt{l^4+2l^2(r_0^2+r_2^2)+(r_0^2-r_2^2)^2}$ $+(r_1^2-r_1^2)]$

辐射换热简图	图形简述	角系数计算公式
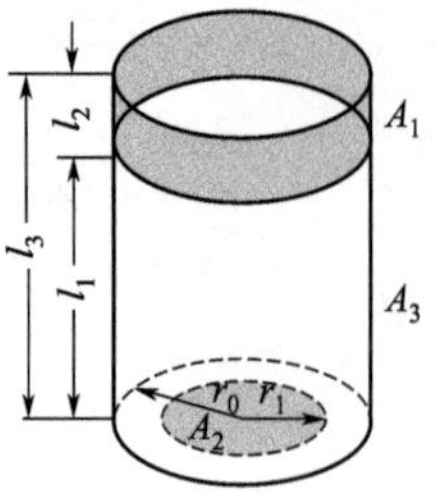 图 8	圆柱侧面上垂直于轴线的环带 A_1 对该圆柱底面上的同轴圆盘 A_2 的角系数	$F_{12}=\frac{1}{4r_0 l}[\sqrt{l_3^4+2l_1^2(r_0^2+r_1^2)+(r_0^2-r_1^2)^2}$ $-\sqrt{l_1^4+2l_1^2(r_0^2+r_1^2)+(r_0^2-r_1^2)}$ $+(l_1^2-l_3^2)]$
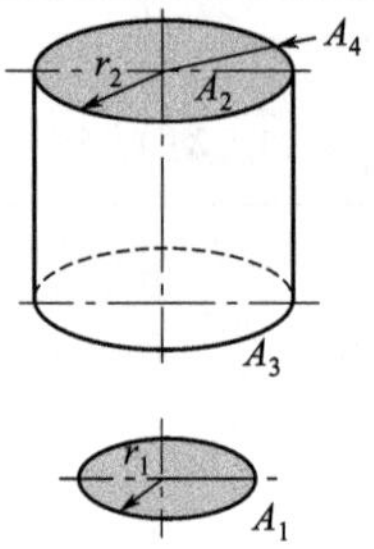 图 9	圆盘 A_1 对与其同轴的圆柱内表面 A_2 的角系数。A_1 的半径为 r_1，A_2 的半径为 r_2，$r_2 \geqslant r_1$	$F_{12}=F_{13}-F_{14}$ 式中，F_{13}，F_{14} 可根据表 7-20 中图 4 的公式求得
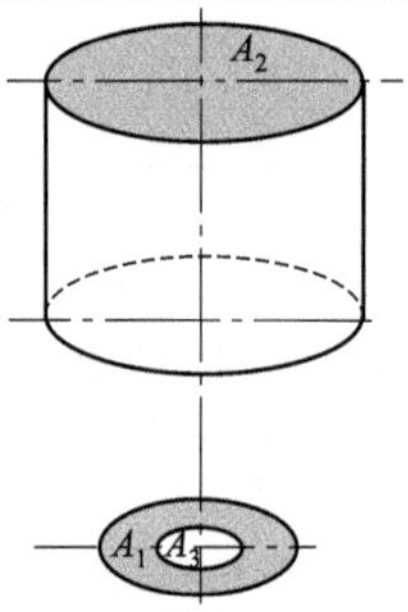 图 10	圆环 A_1 对与其同轴的圆柱内表面 A_2 的角系数。A_2 的半径大于或等于 A_1 的外径	$F_{12}=\left(1+\frac{A_3}{A_1}\right)F_{(1,3)2}-\frac{A_3}{A_1}F_{32}$ 式中，$F_{(1,3)2}$、F_{32} 可由表 7-20 中图 5 的公式求出
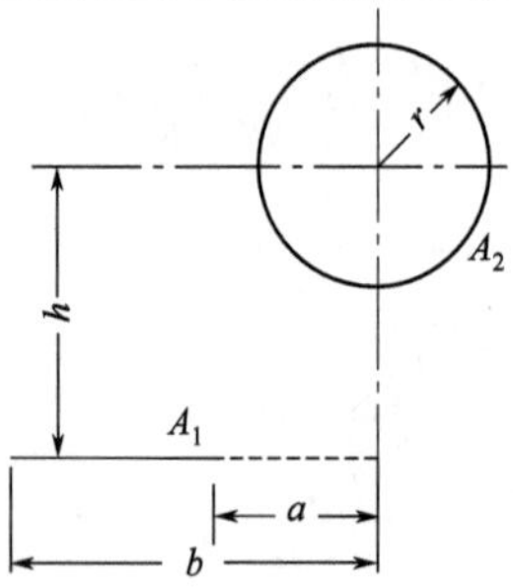 图 11	有限宽、无限长的平面对与其平行的无限长圆柱面的角系数	$F_{12}=\frac{r}{b-a}\left[\tan^{-1}\frac{b}{c}-\tan\frac{a}{c}\right]$ 这里 $c \geqslant r$ $\tan^{-1}x$ 的区间为 $\left[-\frac{\pi}{2},\frac{\pi}{2}\right]$
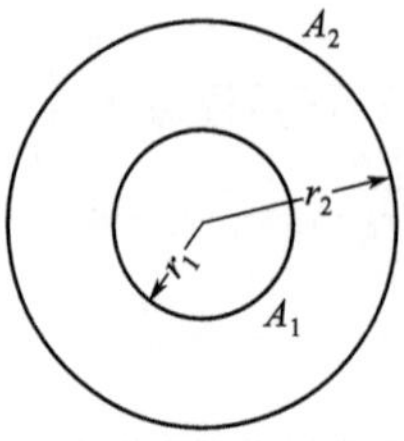 图 12	两个半径不同的无限长同轴圆柱，内圆柱的外表面与外圆柱的内表面之间的角系数	$F_{12}=1$ $F_{21}=\frac{r_1}{r_2}$ $F_{22}=1-\frac{r_1}{r_2}$

续表

辐射换热简图	图形简述	角系数计算公式
A_2 A_1 图 13	无限长圆柱外表面对与其同轴的无限长半圆柱内表面的角系数	$F_{12}=\frac{1}{2}$
A_3 A_1 $60°$ R_1 $\sqrt{3}R_1$ A_2 图 14	无限长圆柱外表面 A_1 对与其同轴半径相同的两个半圆柱 A_2 和 A_3 之间的角系数。且 $R_2=2R_1$	$F_{12}=F_{13}=\frac{1}{2}$ $F_{21}=F_{31}=\frac{A_1F_{13}}{A_3}=\frac{1}{2}$ $F_{2(1,3)}=\frac{2\sqrt{3}R_1+\frac{\pi R_1}{3}}{2\pi R_1}=\frac{\sqrt{3}}{\pi}+\frac{1}{6}$ $F_{22}=1-F_{2(1,3)}=\frac{5}{6}-\frac{\sqrt{3}}{\pi}$ $F_{23}=F_{32}=1-F_{21}-F_{22}=\frac{\sqrt{3}}{\pi}-\frac{1}{3}$
l A_2 A_1 r_2 图 15	两个长度相同的同轴圆柱。外圆柱的内表面 A_2 对内圆柱的外表面 A_1 的角系数；外圆柱内表面 A_2 对自身的角系数	$F_{21}=\frac{1}{R}-\frac{1}{\pi R}\left\{\cos^{-1}\left(-\frac{B}{A}\right)-\frac{1}{2L}\left[\sqrt{(A+2)^2-(2R)^2}\cos^{-1}\left(\frac{B}{RA}\right)+B\sin^{-1}\left(\frac{1}{R}\right)-\frac{\pi A}{2}\right]\right\}$ $F_{22}=1-\frac{1}{R}+\frac{1}{\pi R}\tan^{-1}\left(\frac{2\sqrt{R^2-1}}{L}\right)-\frac{1}{2\pi R}\left\{\frac{\sqrt{4R^2+L^2}}{L}\sin^{-1}\times\left[\frac{4(R^2-1)+(L^2/R^2)(R^2-2)}{L^2+4(R^2-1)}\right]-\sin^{-1}\left(\frac{R^2-2}{R^2}\right)+\frac{\pi}{2}\left(\frac{\sqrt{4R^2+L^2}}{L}-1\right)\right\}$ 式中 $R=\frac{r_2}{r_1}$；$L=\frac{l}{r_1}$； $A=L^2+R^2-1$；$B=L^2-R^2+1$。 对任意自变量 ξ 满足： $-\frac{\pi}{2}\leqslant\sin^{-1}\xi\leqslant\frac{\pi}{2}$ $0\leqslant\cos^{-1}\xi\leqslant\pi$ 在极限的情况下； (1) $\lim_{L\to\infty}F_{21}=\frac{1}{R}$ $\lim_{L\to\infty}F_{22}=1-\frac{1}{R}$ (2) $\lim_{L\to 0}F_{21}=0$；$\lim_{L\to 0}F_{22}=0$ (3) $\lim_{R\to 1}F_{21}=1$；$\lim_{R\to 1}F_{22}=0$；$\lim_{R\to 0}F_{21}=0$ $\lim_{R\to 0}F_{22}=1-\frac{1}{2}\left(\sqrt{4+\frac{L^2}{R^2}}-\frac{L}{R}\right)$

续表

辐射换热简图	图形简述	角系数计算公式
图 16	球对圆盘的角系数。圆盘的中心垂线通过球心	$F_{12}=\frac{1}{2}\left[1-\frac{1}{\sqrt{1+R_2^2}}\right]$ 式中 $R_2=\frac{r_2}{h}$,且 $h \geqslant r_1$。
图 17	半球面上与底平行的球带 A_2 对底 A_1 的角系数	$F_{21}=\frac{1}{2}$
图 18	无限大平壁对与其平行的单排圆管束的角系数	(1) 当 $e=0$ 时,平壁对管束的角系数 F_{12}: $F_{12}=1-\sqrt{1-\left(\frac{d}{s}\right)^2}+\frac{d}{s}\tan^{-1}\sqrt{\left(\frac{s}{d}\right)^2-1}$ (2)当 $e=0$ 时,管束对平壁的角系数 F_{21}: $F_{21}=\frac{1}{\pi}\left[\frac{s}{d}-\sqrt{\left(\frac{s}{d}\right)^2-1}+\tan^{-1}\sqrt{\left(\frac{s}{d}\right)^2-1}\right]$

7.5 对流换热

无相变对流换热主要有两种形式：其一是强迫运动引起的对流换热，所谓强迫运动是指流体受外力作用下引起的运动，如水泵输送水，即为强迫运动。在对流换热计算中，大多数属于此类；其二是自由运动的对流换热，是由流体温差引起密度不同而产生的换热过程，真空工程热计算中应用较少。

对流换热基本公式如下：

$$Q=\alpha F(t_1-t_2) \tag{7-21}$$

式中 Q——对流换热量，W；

α——传热系数，W/(m^2·K)；

F——换热面积，m^2；

t_1——固体温度，K；

t_2——流体温度，K。

在对流换热中，α 值与很多因素有关，如流体物性参数，流动类型、流体流经的管路壁温及几何形状等因素。在换热计算中主要是求解 α 值，而传热系数 α 是努塞尔数 Nu、普朗特数 Pr、格拉晓夫数 Gr 的函数。

7.5.1 计算传热系数所用特征数

计算传热系数 α 值所用特征数见表 7-22。

表 7-22 计算换热系数 α 值所用特征数

名称	符号	公式	说明
雷诺数	Re	$\dfrac{\omega d}{v}$	$\dfrac{[流体速度(m/s)]\times[当量直径(m)]^{①}}{[运动黏度(m^2/s)]}$
努塞尔数	Nu	$\dfrac{\alpha d}{\lambda}$	$\dfrac{\{传热系数[W/(m^2\cdot K)]\}\times[当量直径(m)]}{\{热导率[W/(m\cdot K)]\}}$
普朗特数	Pr	$\dfrac{\gamma c_p\rho}{\lambda}$	$\dfrac{[运动黏度(m^2/s)]\times\{比热容[J/(kg\cdot K)]\}\times[流体密度(kg/m^3)]}{\{热导率[J/(m\cdot s\cdot K)]\}}$
格拉晓夫数	Gr	$\dfrac{gd^3\beta\Delta t}{\gamma^2}$	$\dfrac{[加速度(m/s^2)]\times[当量直径(m)]^3\times[流体膨胀系数(1/K)]\times[温度(K)]}{[运动黏度(m^2/s)]^2}$

① 各种截面管道当量直径 d_e 见表 7-24。

换热器中介质的常用流速见表 7-23。

表 7-23 换热器中介质的常用流速

工质	压力/MPa	流速/$m\cdot s^{-1}$	
		管内	管外
气体	0～0.1 0.6～5.0 5.0～20	10～20 3～5 1～2	5～15 — —
液体	—	0.3～0.8	0.2～1.5

计算传热系数 α 时，各种形状管道的当量直径 d_e 由表 7-24 给出。

当量直径 d_e 计算公式：

$$d_e=4r'=\frac{4F}{U} \tag{7-22}$$

式中 r'——水力半径；

F——通道自由截面积，当有翅片时应扣去翅片所占面积；

U——浸润周边，计算传热时，U 为与传热面有关的一部分；计算阻力时，U 为全部浸润周边（特殊注明者除外）。

表 7-24 各种形状管道的当量直径 d_e

序号	通道形状	几何尺寸	传热情况	当量直径 d_e	
				计算传热时	计算阻力时
1	直角三角形	直角边长：a、b	各边传热	$\dfrac{2ab}{a+b+\sqrt{a^2+b^2}}$	$\dfrac{2ab}{a+b+\sqrt{a^2+b^2}}$
2	等边三角形	边长：a	各边传热	$0.58a$	$0.58a$
3	矩形	边长：a、b	各边传热	$\dfrac{2ab}{a+b}$	$\dfrac{2ab}{a+b}$
			两对边(a)传热	$2b$	
			一边(a)传热	$4b$	
4	正方形	边长：a	—	a	a
5	圆形	管内径：d	内表面传热	d	d

续表

序号	通道形状	几何尺寸	传热情况	当量直径 d_e	
				计算传热时	计算阻力时
6	椭圆形	长轴:a 短轴:b	—	$\frac{ab}{\sqrt{\frac{a^2+b^2}{2}}}$	$\frac{ab}{\sqrt{\frac{a^2+b^2}{2}}}$
7	环形	外管内径:D 内管外径:d	内外表面传热	$D-d$	$D-d$
			外表面传热	$\frac{D^2-d^2}{D}$	
			内表面传热	$\frac{D^2-d^2}{d}$	
8	三角排列管束 (顺管束)	壳内径:D 管外径:d 管心距:S_1、S_2 管子总数:n	—	$\frac{1.1S_1S_2}{d}-d$ 或$\frac{D^2-nd}{nd}$	$\frac{D^2-nd^2}{D+nd}$
9	四方排列管束 (顺管束)	壳内径:D 管外径:d 管心距:S_1、S_2 管子总数:n	—	$\frac{4S_1S_2}{\pi d}-d$ 或$\frac{D^2-nd}{nd}$	$\frac{D^2-nd^2}{D+nd}$

7.5.2 传热系数计算基本公式

(1) 通过平壁传热

平壁换热包括 3 个过程:

① 高温流体对壁面以对流方式传递热量;

② 壁高温表面以传导方式向低温表面传递热量;

③ 低温表面以对流方式向低温流体传递热量。

通过平壁传热系数应为三者叠加构成,即

$$\alpha=\frac{1}{\frac{1}{\alpha_1}+\sum_{i=1}^{n}\frac{\delta_i}{\lambda_i}+\frac{1}{\alpha_2}} \tag{7-23}$$

式中 α——传热系数,W/(m²·K);

α_1——热流体的传热系数,W/(m²·K);

α_2——冷流体的传热系数,W/(m²·K);

δ_i——i 层壁的厚度,m;

λ_i——i 层壁的热导率,W/(m·K);

n——平壁层数。

(2) 通过光管传热

流体通过光管的换热过程与平壁换热过程相似,包括管内(管外)流体对管壁的热量传递;管壁本身热量传递;管壁外表面(内表面)对流体的换热。

通过光管的传热系数应由下述 3 部分构成。

① 以管子内表面为基准时:

$$\alpha=\frac{1}{\frac{1}{\alpha_1}+\frac{\delta}{\lambda}\times\frac{d_1}{d_m}+\frac{1}{\alpha_2}\times\frac{d_1}{d_2}} \tag{7-24}$$

② 以管子外表面为基准时：

$$\alpha=\frac{1}{\frac{1}{\alpha_1}\times\frac{d_2}{d_1}+\frac{\delta}{\lambda}\times\frac{d_2}{d_m}+\frac{1}{\alpha_2}} \tag{7-25}$$

③ 以管子平均表面为基准时：

$$\alpha=\frac{1}{\frac{1}{\alpha_1}\times\frac{d_m}{d_1}+\frac{\delta}{\lambda}+\frac{1}{\alpha_2}\times\frac{d_m}{d_2}} \tag{7-26}$$

式中 α——传热系数，W/(m^2·K)；

α_1——管内流体的传热系数，W/(m^2·K)；

α_2——管外流体的传热系数，W/(m^2·K)；

d_1——管子内径，m；

d_2——管子外径，m；

d_m——管子平均直径，m；

δ——管壁的厚度，m；

λ——管壁的热导率，W/(m·K)。

传热系数可以任何传热表面为基准进行计算。当管内外的传热系数 α_1 与 α_2 相差较大时，通常以传热系数较小的一侧的传热表面为基准；当 α_1 与 α_2 相差不大时，则以平均表面为基准。

(3) 通过翅片管传热（以翅片管内表面为基准）

$$\alpha=\frac{1}{\frac{1}{\alpha_1}+\frac{1}{\alpha_P}} \tag{7-27}$$

$$\alpha_P=\frac{F_n+\Omega F_P}{F_i}\alpha_2 \tag{7-28}$$

式中 α——传热系数，W/(m^2·K)；

α_1——翅片管内流体的传热系数，W/(m^2·K)；

α_2——翅片侧的传热系数，W/(m^2·K)；

F_n——翅片根部表面积，m^2；

F_P——翅片表面积，m^2；

F_i——翅片管内表面积，m^2；

Ω——翅片效率，Ω 由图 7-8 查取。

$$\Omega=f\left[\frac{r_a}{r_b}(r_a-r_b)\sqrt{\frac{\alpha_2}{\lambda y_b}}\right] \tag{7-29}$$

式中 r_a——翅片根部的半径，m；

r_b——翅片顶部的半径，m；

λ——翅片材料的热导率，W/(m·K)；

y_b——翅片厚度的$\frac{1}{2}$值，m。

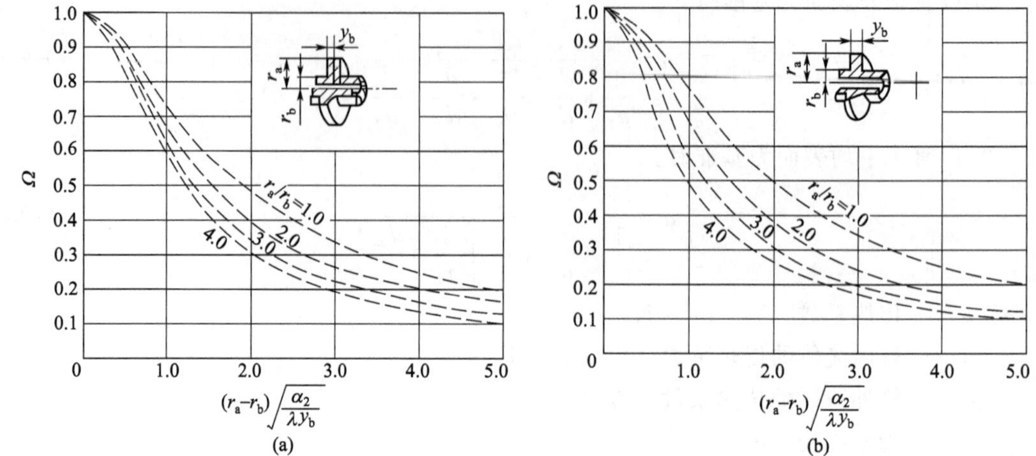

图 7-8　翅片效率 Ω 值

7.5.3　管内受迫流动换热关联式

(1) 湍流换热

对于光滑管内湍流，通常采用迪图斯和贝尔特（Dittus-Boelter）提出的公式：

加热流体

$$Nu_f = 0.023Re_f^{0.8}Pr_f^{0.4}(t_w > t_f) \tag{7-30}$$

冷却流体

$$Nu_f = 0.023Re_f^{0.8}Pr_f^{0.3}(t_w < t_f) \tag{7-31}$$

式中，t_w 为管壁温度；t_f 为流体的定性温度。

适用条件：流体与壁面具有中等以下温差，$0.7 \leqslant Pr_f \leqslant 160$，$Re_f \geqslant 10^4$，$l/d \geqslant 60$，定性温度取沿管长流体的平均温度，定性尺寸为管内径 d。

对于流体与管壁温度相差较大，流体物性场不均匀性影响较大时，可采用席德-塔特提出的公式：

$$Nu_f = 0.027Re_f^{0.8}Pr_f^{1/3}\left(\frac{\eta_f}{\eta_w}\right)^{0.14} \tag{7-32}$$

式中　η_f——定性温度下流体的动力黏度；

η_w——管壁温度下流体的动力黏度。

适用条件：$0.7 \leqslant Pr_f \leqslant 16700$，$Re_f \geqslant 10^4$，$l/d \geqslant 60$。

对于非圆形截面管道，采用当量直径 d_e 作为特征长度，即

$$d_e = \frac{4A_c}{U} \tag{7-33}$$

式中　A_c——管道流通截面面积；

U——管道流通截面的润湿周边的长度。

(2) 层流换热

席德和塔特（Sieder and Tate）提出常壁温层流换热关联式为：

$$Nu_f = 1.86\left(Re_f Pr_f \frac{d}{l}\right)^{1/3}\left(\frac{\eta_f}{\eta_w}\right)^{0.14} \tag{7-34}$$

适用条件为：$0.8<Pr_f<16700$，$0.0044<\dfrac{\eta_f}{\eta_w}<9.75$，管子较短，$\left(Re_f Pr_f \dfrac{d}{l}\right)^{1/3}\left(\dfrac{\eta_f}{\eta_w}\right)^{0.14}>2$，定性温度为流体的平均温度 t_f。

7.5.4 外掠单管换热准则关联式

由流体外掠圆管对流换热关联式可计算平均表面传热系数：

$$Nu_f = CRe_f^n Pr_f^m (Pr_f/Pr_w)^{0.25} \tag{7-35}$$

适用范围 $0.7<Pr_f<500$，$1<Re_f<10^6$。式中除 Pr_w 的定性温度为 t_w 外，其他物性的定性温度为主流温度 t_f，特征尺寸为圆管外径 d。对于 $Pr_f \leqslant 10$ 的流体，$m=0.37$；对于 $Pr_f>10$ 的流体，$m=0.36$。式中常数 C 和 n 的值见表 7-25。

表 7-25　常数 C 和 n 的值

Re	C	n
$1 \sim 40$	0.75	0.4
$1 \sim 10^3$	0.51	0.5
$10^3 \sim 2\times10^5$	0.26	0.6
$2\times10^5 \sim 10^6$	0.076	0.7

7.5.5 外掠管束

多数换热设备内的换热面由管束构成。当流体外掠管束时，除与流态相关外，还与管束的排列方式、管间距以及管排数等有关。

管束的排列方式有顺排与叉排，如图 7-9 所示。叉排管束的流道交叉扩缩；顺排管束的流道相对平直，流速低或管间距 S_2 较小时，易在管尾部形成滞留区。因此，一般叉排时流体扰动好，换热比顺排好。

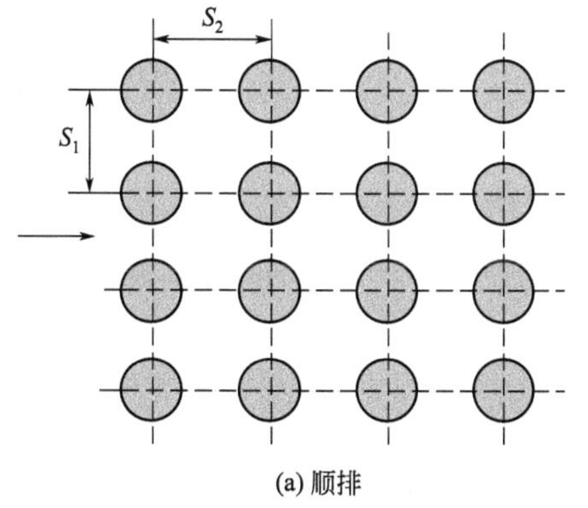

(a) 顺排

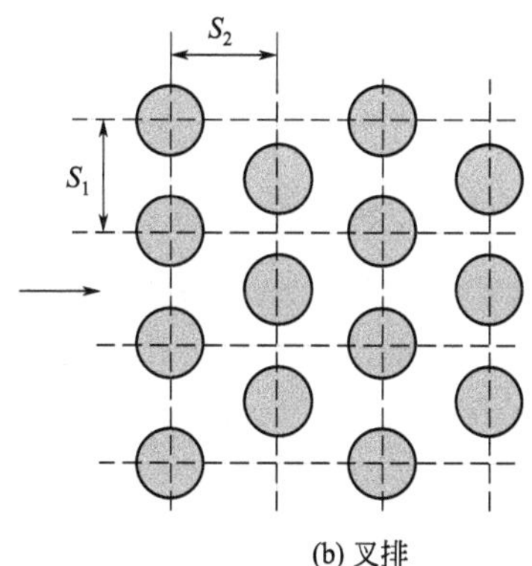

(b) 叉排

图 7-9　管束的排列方式

除第一排管保持外掠单管特征外，从第二排管起流动与换热由于受到前排管尾部涡旋干扰，后排管的平均表面传热系数逐渐增大，直到 20 排左右，换热趋于稳定。

对于流体外掠管束的对流换热，其关联式除反映一般影响因素外，还应反映管束的排列方式、管间距以及管排数影响。因此，计算管束平均表面传热系数关联式为：

$$Nu_f = CRe_f^n Pr_f^m \left(\frac{Pr_f}{Pr_w}\right)^{0.25} \left(\frac{S_1}{S_2}\right) \varepsilon_z \tag{7-36}$$

式中 $\frac{S_1}{S_2}$——相对间距；

ε_z——排数修正系数。

式(7-36) 仅适用于流体流动方向与管束垂直，即称为冲击角 $\psi = 90°$ 的情况。如果 $\psi < 90°$，对流换热将减弱。

表 7-26 列出了管排数大于 20 时平均表面传热系数的具体关联式，当管排数低于 20，应采用表 7-27 中的排数修正系数 ε_z 修正。

表 7-26 管束平均表面传热系数关联式

排列方式	适用范围 $0.7 < Pr_f < 500$		关联式 Nu_f	对空气或烟气的简化式 Nu_f
顺排	$Re_f = 10^3 \sim 2\times10^5$, $\frac{S_1}{S_2} < 0.7$		$0.27Re_f^{0.63}Pr_f^{0.36}\left(\frac{Pr_f}{Pr_w}\right)^{0.25}$	$0.24Re_f^{0.63}$
	$Re_f = 2\times10^5 \sim 2\times10^6$		$0.21Re_f^{0.84}Pr_f^{0.36}\left(\frac{Pr_f}{Pr_w}\right)^{0.25}$	$0.018Re_f^{0.84}$
叉排	$Re_f = 10^3 \sim 2\times10^5$	$\frac{S_1}{S_2} \leqslant 2$	$0.35Re_f^{0.6}Pr_f^{0.36}\left(\frac{Pr_f}{Pr_w}\right)^{0.25}\left(\frac{S_1}{S_2}\right)^{0.2}$	$0.31Re_f^{0.63}\left(\frac{S_1}{S_2}\right)^{0.2}$
		$\frac{S_1}{S_2} > 2$	$0.40Re_f^{0.6}Pr_f^{0.36}\left(\frac{Pr_f}{Pr_w}\right)^{0.25}$	$0.35Re_f^{0.6}$
	$Re_f = 2\times10^5 \sim 2\times10^6$		$0.022Re_f^{0.84}Pr_f^{0.36}\left(\frac{Pr_f}{Pr_w}\right)^{0.25}$	$0.019Re_f^{0.84}$

表 7-27 排数修正系数 ε_z

排数 / 排列方式	1	2	3	4	5	6	8	12	16	20
顺排	0.69	0.80	0.86	0.90	0.93	0.95	0.96	0.98	0.99	1.0
叉排	0.62	0.76	0.84	0.88	0.92	0.95	0.96	0.98	0.99	1.0

7.5.6 热计算用的气体及液体物理性质

表 7-28 给出了用于热计算的气体物理特性。

表 7-29 给出了用于热计算的液体物理特性。

表 7-30 给出了 1atm 下，干空气的热物理特性。

表 7-28 用于热计算的气体物理特性

物质	温度 /K	密度 ρ /kg·m^{-3}	比热容 c_p /J·(kg·K)$^{-1}$	动力黏度 η /kgf·s·m^{-2}	运动黏度 v /m^2·s^{-1}	热导率 λ /J·(m·s·K)$^{-1}$	普朗特数 Pr
			$\times10^3$	$\times10^{-6}$	$\times10^{-4}$		
氢 (H_2)	223	0.1064	13.8	0.750	0.691	0.141	0.72
	273	0.0869	14.2	0.858	0.968	0.167	0.72
	373	0.0636	14.5	1.048	1.62	0.214	0.69
	473	0.0502	14.5	1.215	2.37	0.257	0.66
	573	0.0415	14.6	1.39	3.21	0.295	0.65

续表

物质	温度/K	密度 ρ /$kg\cdot m^{-3}$	比热容 c_p /$J\cdot(kg\cdot K)^{-1}$	动力黏度 η /$kgf\cdot s\cdot m^{-2}$	运动黏度 v /$m^2\cdot s^{-1}$	热导率 λ /$J\cdot(m\cdot s\cdot K)^{-1}$	普朗特数 Pr
氦(He)			$\times10^3$	$\times10^{-4}$	$\times10^{-4}$		
	273	0.179	5.19	1.89	1.02	0.144	0.66
	373	0.172	5.19	2.31	1.34	0.166	0.72
氨(NH_3)			$\times10^3$	$\times10^{-6}$	$\times10^{-4}$		
	273	0.746	2.14	0.95	0.125	0.0219	0.91
	373	0.540	2.24	1.33	0.241	0.0333	0.88
	473	0.425	2.42	1.69	0.390	0.0485	0.83
水蒸气(H_2O)			$\times10^3$	$\times10^{-6}$	$\times10^{-4}$		
	373	0.578	2.10	1.28	0.217	0.0241	1.09
	473	0.451	1.98	1.66	0.361	0.0317	1.01
	573	0.372	2.01	2.04	0.537	0.0399	1.01
饱和水蒸气			$\times10^3$	$\times10^{-6}$	$\times10^{-4}$		
	373	0.598	2.10	1.28	0.210	0.0241	1.09
	473	7.86	2.79	1.68	0.0210	0.0360	1.26
	573	46.2	5.99	2.16	0.00458	0.0615	2.06
一氧化碳(CO)			$\times10^3$	$\times10^{-6}$	$\times10^{-4}$		
	173	1.920	1.05	1.06	0.054	0.0152	0.72
	273	1.210	1.04	1.59	0.129	0.0233	0.70
	373	0.886	1.05	2.11	0.234	0.0305	0.71
氮气(N_2)			$\times10^3$	$\times10^{-6}$	$\times10^{-4}$		
	223	1.485	1.04	1.44	0.095	0.0200	0.74
	273	1.211	1.04	1.70	0.138	0.0241	0.72
	373	0.887	1.05	2.15	0.238	0.0313	0.70
	473	0.699	1.05	2.53	0.355	0.0381	0.69
	573	0.577	1.07	2.89	0.491	0.0442	0.69
氧气(O_2)			$\times10^3$	$\times10^{-6}$	$\times10^{-4}$		
	173	2.192	0.920	1.32	0.059	0.0146	0.80
	273	1.382	0.920	1.95	0.139	0.0159	0.77
	373	1.012	0.933	2.51	0.243	0.0303	0.76
空气			$\times10^3$	$\times10^{-6}$	$\times10^{-4}$		
	173	1.984	1.01	1.21	0.060	0.0157	0.77
	273	1.251	1.00	1.76	0.138	0.0241	0.72
	373	0.916	1.01	2.23	0.239	0.0316	0.70
	473	0.722	1.03	2.64	0.358	0.0386	0.69
	573	0.596	1.05	3.01	0.495	0.0419	0.69
	673	0.508	1.07	3.34	0.645	0.0508	0.69
	773	0.142	1.09	3.65	0.810	0.0562	0.70
	873	0.391	1.12	3.94	0.989	0.0613	0.70
	1.073	0.319	1.16	4.47	1.37	0.0709	0.71
	1.273	0.265	1.19	4.94	1.82	0.0802	0.72
	1.473	0.232	1.23	5.38	2.28	0.0891	0.73
	1.673	0.204	1.26	5.79	2.78	0.0970	0.74
	1.873	0.183	1.31	6.17	3.31	0.105	0.75
二氧化碳(CO_2)			$\times10^3$	$\times10^{-6}$	$\times10^{-4}$		
	223	2.373	0.766	1.15	0.084	0.0110	0.78
	273	1.912	0.829	1.41	0.072	0.0145	0.78
	373	1.400	0.921	1.87	0.131	0.0222	0.76
	473	1.103	0.996	2.28	0.203	0.0306	0.72
	573	0.911	1.063	2.65	0.285	0.0399	0.69

续表

物质	温度/K	密度 ρ /$kg\cdot m^{-3}$	比热容 c_p /$J\cdot(kg\cdot K)^{-1}$	动力黏度 η /$kgf\cdot s\cdot m^{-2}$	运动黏度 v /$m^2\cdot s^{-1}$	热导率 λ /$J\cdot(m\cdot s\cdot K)^{-1}$	普朗特数 Pr
氨（NH_3）	300	595	4.814	1.40		0.0221（273K）	
氟利昂 R11（$CFCl_3$）	300	1466	0.875	1.11		0.0084	
R12（CF_2Cl_2）	300	1294	1.017	1.27		0.0097	
R13（CF_3Cl）	300	1296	1.047	—		—	
R22（CHF_2Cl）	300	1177	1.403	1.31		0.0117	
R113（$C_2F_3Cl_2$）	300	1556	0.913	1.04		0.0078	
R114（$C_2F_4Cl_2$）	300	1443	0.996	1.16		0.0112	
R500	300	1141	1.214	—		—	
R502	300	1219	1.277	1.31		0.012	

表 7-29　用于热计算的液体物理特性

物质	温度/K	密度 ρ /$kg\cdot m^{-3}$	比热容 c_p /$J\cdot(kg\cdot K)^{-1}$	动力黏度 η /$kgf\cdot s\cdot m^{-2}$	运动黏度 v /$m^2\cdot s^{-1}$	热导率 λ /$J\cdot(m\cdot s\cdot K)^{-1}$	普朗特数 Pr
轴润滑油			$\times10^3$	$\times10^{-6}$			
	293	871	1.85	13.31	15.0	0.144	168
	393	807	2.27	1.57	1.91	0.138	25.3
变压器油			$\times10^3$	$\times10^{-6}$			
	293	866	4.89	32.2	36.5	0.124	181
	393	818	2.29	3.16	3.8	0.119	60.3
水			$\times10^3$	$\times10^{-6}$			
	273	999.9	4.22	1.829	1.79	0.563	13.6
	323	987.1	4.18	0.569	0.564	0.642	5.59
	373	957.4	4.21	0.290	0.297	0.681	6.08
	473	864.7	4.50	0.112	0.161	0.660	6.11
	573	712	5.69	0.094	0.13	0.537	4.77
乙醇	273	791	0.14×10^3	1.75×10^{-4}	2.16×10^{-6}	0.183	1.29
	80	797.8	1.05×10^3	1.53×10^{-6}	1.92×10^{-9}	7.47×10^{-3}	0.22
	90	745.7	1.05×10^3	1.17×10^{-6}	1.57×10^{-9}	7.52×10^{-3}	0.14
	100	687.3	1.05×10^3	0.89×10^{-6}	1.29×10^{-9}	9.45×10^{-3}	0.10
	110	619.2	1.05×10^3	0.65×10^{-6}	1.05×10^{-9}	10.38×10^{-3}	0.07
	120	523.8	1.05×10^3	0.45×10^{-6}	0.86×10^{-9}	11.20×10^{-3}	0.04

表 7-30　干空气的热物理特性（$p\approx1.01\times10^5$ Pa）

温度 t /℃	密度 ρ /$kg\cdot m^{-3}$	比热容 c_p /$kJ\cdot(kg\cdot K)^{-1}$	热导率 $\lambda\times10^2$ /$W\cdot(m\cdot K)^{-1}$	动力黏度 $\eta\times10^6$ /$Pa\cdot s$	运动黏度 $v\times10^6$ /$m^2\cdot s^{-1}$	普朗特数 Pr
−50	1.584	1.013	2.04	14.6	9.24	0.728
−40	1.515	1.013	2.12	15.2	10.04	0.728
−30	1.453	1.013	2.20	15.7	10.80	0.723
−20	1.395	1.009	2.28	16.2	11.6	0.716

续表

温度 t /℃	密度 ρ /$kg \cdot m^{-3}$	比热容 c_p /$kJ \cdot (kg \cdot K)^{-1}$	热导率 $\lambda \times 10^2$ /$W \cdot (m \cdot K)^{-1}$	动力黏度 $\eta \times 10^6$ /$Pa \cdot s$	运动黏度 $v \times 10^6$ /$m^2 \cdot s^{-1}$	普朗特数 Pr
−10	1.342	1.009	2.36	16.7	12.43	0.712
0	1.293	1.005	2.44	17.2	13.28	0.707
10	1.247	1.005	2.51	17.6	14.16	0.705
20	1.205	1.005	2.29	17.1	15.06	0.703
30	1.165	1.005	2.67	17.6	16.00	0.701
40	1.128	1.005	2.76	19.1	16.96	0.699
50	1.093	1.005	2.83	19.6	17.95	0.698
60	1.060	1.005	2.90	20.1	17.97	0.696
70	1.029	1.009	2.96	20.6	20.02	0.694
80	1.000	1.009	3.05	21.1	21.09	0.692
90	0.972	1.009	3.13	21.5	22.10	0.690
100	0.946	1.009	3.21	21.9	23.13	0.688
120	0.898	1.009	3.34	22.8	25.45	0.686
140	0.854	1.013	3.49	23.7	27.80	0.684
160	0.815	1.017	3.64	24.5	30.09	0.682
180	0.779	1.022	3.78	25.3	32.49	0.681
200	0.746	1.026	3.93	26.0	34.85	0.680
250	0.674	1.038	4.27	27.4	40.61	0.677
300	0.615	1.047	4.60	29.7	47.33	0.674

7.5.7 流体沿平板及圆板自然对流与强迫对流时传热系数计算

自然对流是流体自由运动而产生的换热现象，而强迫对流是流体受强迫运动而产生的。在这两种情况下，传热系数计算公式是不同的。表 7-31 给出了自然对流换热时计算传热系数 α 相关公式。表 7-32 给出了强迫对流换热时计算传热系数 α 相关公式。

表 7-31 自然对流换热时计算传热系数 α 相关公式

结构种类	公式	条件
垂直圆板及大直径圆筒 长度:高度 l	$Nu=0.56(Gr \cdot Pr)^{1/4}$	$10^5<Gr \cdot Pr<10^4$
	$Nu=0.17(Gr \cdot Pr)^{1/3}$	$2\times10^9<Gr \cdot Pr$
水平圆筒及垂直圆筒 长度:直径 d	$Nu=0.47(Gr \cdot Pr)^{1/4}$	$10^5<Gr \cdot Pr<10^8$
	$Nu=0.1(Gr \cdot Pr)^{1/3}$	$10^8<Gr \cdot Pr$
水平板正面 长度:侧面长度 l	$Nu=0.54(Gr \cdot Pr)^{1/4}$	$10^5<Gr \cdot Pr<10^8$
	$Nu=0.14(Gr \cdot Pr)^{1/4}$	$10^8<Gr \cdot Pr$
水平板背面 长度:侧面长度 l	$Nu=0.25(Gr \cdot Pr)^{1/4}$	$Gr \cdot Pr<10^{10}$
长度:直径 d	$Nu=(Gr \cdot Pr)^{1/10}$	$10^{-2}>Gr \cdot Pr>10^{-7}$

注：传热系数 α 与努塞尔数关系：$Nu=\frac{\alpha L}{\lambda}$。

表 7-32 强迫对流换热时计算传热系数 α 相关公式

结构种类	公式	条件
光滑平板 （大直径圆筒）	$Nu=0.644Re^{1/2} \cdot Pr^{1/3}$	层流
	$Nu=0.0365Re^{0.8} \cdot Pr^{0.33}$	湍流
球面	$Nu=0.33Re^{0.6}$	$1.5\times10^5>Re>20$

注：层流 $Re<2200$；湍流 $Re>10000$；过渡流 Re 在两者之间。

7.5.8 空气中自然对流传热系数

空气中自然对流时传热系数计算公式见表 7-33 及表 7-34。

表 7-33 空气中自然对流时传热系数计算公式

结构种类	层流区 $Gr \cdot Pr > 10^5$	湍流区 $Gr \cdot Pr > 10^9$
垂直平板或大直径垂直圆筒：高度 l	$\alpha = 1.17\left(\frac{t}{l}\right)^{0.25}$	$\alpha = 1.7t^{0.25}$
水平或垂直圆筒：直径 d	$\alpha = 1.01\left(\frac{t}{l}\right)^{0.25}$	$\alpha = 1.14t^{0.25}$
水平板正面：侧面长度 l	$\alpha = 1.13\left(\frac{t}{l}\right)^{0.25}$	$\alpha = 1.98t^{0.25}$
水平板背面：侧面长度 l	$\alpha = 0.50\left(\frac{t}{l}\right)^{0.25}$	

注：t—温度差，K；l 及 d—长度与直径，m。

表 7-34 空气中自然对流时传热系数简易计算公式

类型	简易公式（$t = t_0 - t_a$ 壁面与空气的温度差）
垂直面时	$\alpha = 2.2 \times t^{0.25}$
水平向上时	$\alpha = 2.8 \times t^{0.25}$
水平向下时	$\alpha = 1.5 \times t^{0.25}$

7.6 真空绝热

真空绝热目的是消除气体对流换热，降低气体热传导换热，减小辐射换热。真空绝热主要有三种形式：高真空绝热、真空多孔绝热、高真空多层绝热。

7.6.1 高真空绝热

通常认为绝热空间的真空度只要优于 1.3×10^{-2}Pa，便可消除气体对流换热。这种状态下，主要是辐射换热，其次是气体分子热传导。图 7-10 给出了残余气体热导率与真空度的关系。

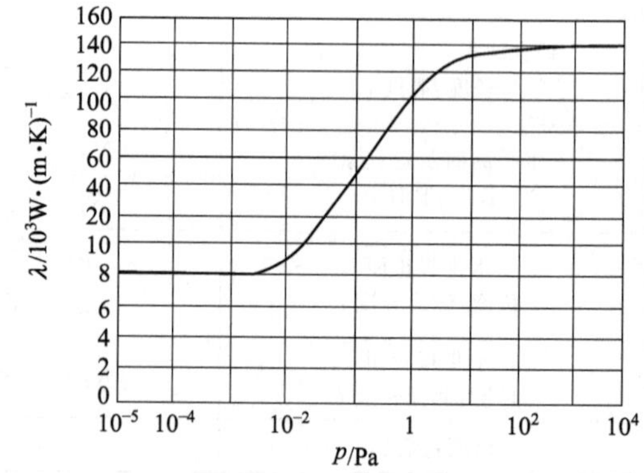

图 7-10 残余气体热导率与真空度关系

高真空下辐射换热为主，为减少辐射换热损失，可以采取如下措施：

① 选择发射率低的材料制作低温容器，如铜、铝等，也可以在材料表面上涂发射率低的材料，如银、铜、铝、金等。

② 材料表面清洁及光洁处理，以降低材料表面发射率。

③ 设置多层防辐射屏，也是降低辐射热的较好方法。

7.6.2 真空多孔绝热

真空多孔绝热是在绝热空间充填多孔性绝热材料，如粉末或纤维类材料，再将空间抽至一定真空度的一种绝热方式。绝热空间真空度通常为1～10Pa，这种绝热方式，在低温技术中得到广泛应用。

影响真空多孔绝热因素较多，主要有下列几个方面。

(1) 绝热层中的气体种类与压力

粉末材料不同压力下的热导率值见11.7节相关内容。

图7-11所示为多孔绝热的有效热导率与填充气体压力的关系。

图7-12所示为不同气体种类与压力对真空多孔绝热有效热导率的影响。

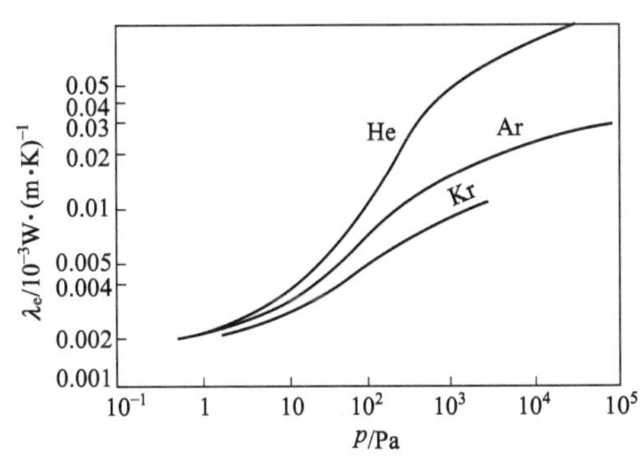

图7-11　多孔绝热的有效热导率与填充气体压力的关系

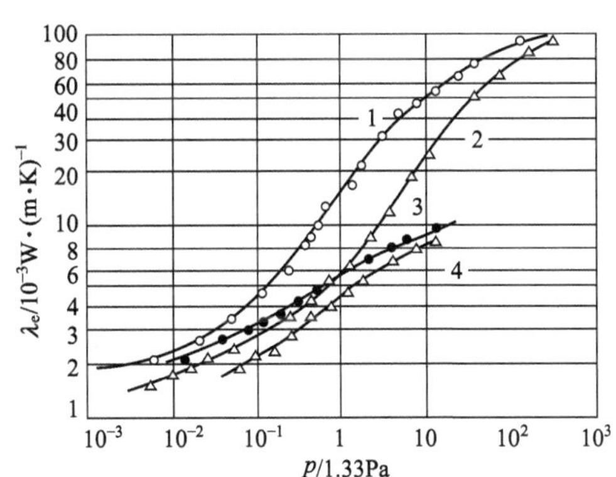

图7-12　不同气体种类与压力对真空多孔绝热有效热导率的影响

1—微孔橡胶（氦）；2—硅胶（氦）；3—微孔橡胶（氮）；4—硅胶（氮）

(2) 填充材料密度及颗粒直径对有效热导率的影响

填充材料密度一般在150～200kg/m³时，隔热效果最好。图7-13给出了真空多孔绝热的有效热导率与密度的关系。图7-14给出了颗粒直径对有效热导率的影响。由图可见，最适宜的颗粒直径为10～50μm。

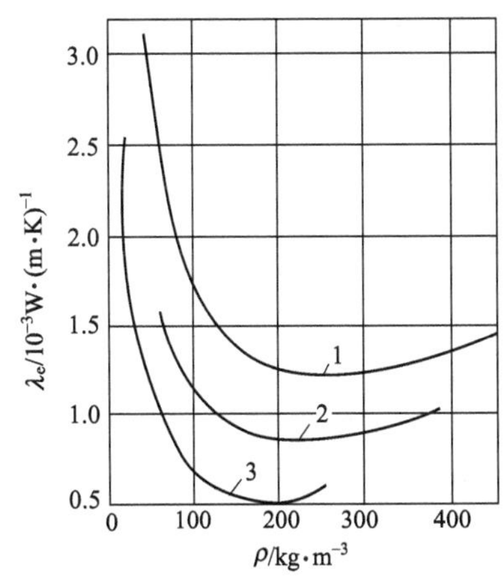

图7-13　真空多孔绝热的有效热导率与密度的关系

1—玻璃棉（T=297K）；2—硅胶粉（T=297～90K）；3—珠光砂（T=300～77K）

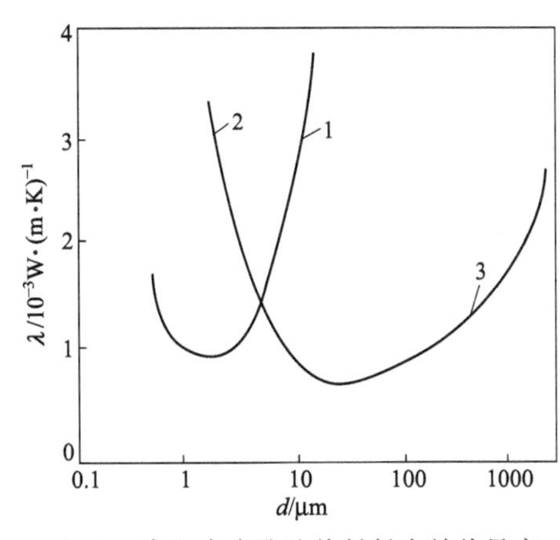

图7-14　真空中多孔绝热材料有效热导率与微粒直径关系

1—玻璃棉（T=297K）；2—硅胶粉（T=297～90K）；3—珠光砂（T=300～77K）

(3) 充填金属粉末

真空多孔绝热中，辐射传热是主要的途径。为此充填金属粉末可以提高绝热性能。填充金属粉末需适量，填充过量会使金属粉末热传导增大；金属粉填的少，会使辐射热流增加。一般为30%～50%，图7-15给出了金属粉末含量与有效热导率的关系。

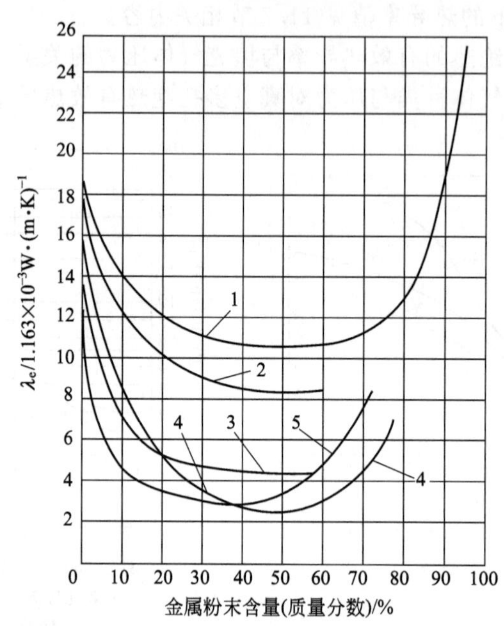

图7-15 真空多孔绝热的有效热导率与其金属粉末含量的关系

1—硅气凝胶＋铝粉；2—膨胀珍珠岩＋铝粉；3—硅气凝胶＋铝粉；4—硅气凝胶＋铜粉；5—硅气凝胶＋铝粉

表7-35给出了几种充填金属粉末的真空多孔绝热层的性能。

表7-35 添加金属粉末后的有效热导率（300～77.4K）

绝热材料的质量分数/%	密度/kg·m^{-3}	真空度/Pa	有效热导率/mW·(m·K)$^{-1}$
铜粉(50)＋气凝胶(50)	180	＜0.13	0.33
铝粉(40)＋气凝胶(60)	160	＜0.13	0.35
黄铜粉(50)＋气凝胶(50)	179	＜0.13	0.58
硅-炭黑	80	＜0.13	0.48

(4) 高真空多层绝热

高真空多层绝热是目前最好的一种绝热型式，在低温技术中得到了广泛的应用。所用的隔热反射屏的材料有铝箔、铜箔、金属化的涤纶薄膜等。但目前使用最多的是无碱玻璃纤维布、玻璃纤维纸、尼龙网布。或这些材料与铝箔交替使用。多层绝热材料不同组合方式的性能见11.7节相关内容。

第 8 章 真空管路流导计算

8.1 气体流量、流阻、流导的基本公式

气体流量、流阻、流导的基本公式见表 8-1。

表 8-1 气体流量、流阻、流导的基本公式

项目	意 义	公 式
气体量	气体的压力与其体积的乘积	$G=pV$ (8-1)
流量	单位时间内通过某一截面的气体量	$Q=\frac{pV}{t}$ (8-2) $Q=U(p_1-p_2)$ (8-3) $Q=pS$ (8-4)
流量连续方程	在稳定流动状态下,单位时间内流过真空系统任一截面的气体量(流量)相等	$Q=p_1S_1=p_2S_2=\cdots=p_iS_i$ (8-5)
流阻	气体通过管道时产生的阻力称为流阻,即管路两端的压力差与通过管路的流量之比	$W=\frac{p_1-p_2}{Q}$ (8-6)
管道串联流阻	总流阻等于各段流阻之和	$W=W_1+W_2+\cdots+W_i$ (8-7)
管道并联流阻	总流阻的倒数等于各分支流阻倒数之和	$\frac{1}{W}=\frac{1}{W_1}+\frac{1}{W_2}+\cdots+\frac{1}{W_i}$ (8-8)
流导	真空管道、孔及挡板、阱、阀门等元件传输气体的能力。与流阻是倒数关系	$U=\frac{1}{W}-\frac{Q}{p_1-p_2}$ (8-9)
管道串联的流导	总流导的倒数等于各段流导倒数之和	$\frac{1}{U}=\frac{1}{U_1}+\frac{1}{U_2}+\cdots+\frac{1}{U_i}$ (8-10)
管道并联的流导	总流导等于各分支流导之和	$U=U_1+U_2+\cdots+U_i$ (8-11)

注：表中符号及单位：

G—气体量，Pa·m^3 或 Pa·L； t—时间，s； S—抽速，m^3/s 或 L/s；
p—压力，Pa； Q—流量，Pa·m^3/s 或 Pa·L/s； W—流阻，s/m^3 或 s/L；
V—气体体积，m^3 或 L； U—流导，m^3/s 或 L/s。

8.2 流量单位

法定计量单位的流量导出单位为 Pa·m^3/s 或者 Pa·L/s。考虑到查阅以往真空技术资料方便，在第 29 章的 29.7.20 节中给出了流量换算关系。

8.3 应用列线图和曲线计算管道串联时的流导和泵的有效抽速

应用列线图 8-1 及曲线图 8-2，可计算两个管道串联时的流导及泵的有效抽速。

(1) 应用列线图计算流导

例 8-1 流导为 20L/s 的一直管接到一个流为 30L/s 的弯管上，求串联后的总流导?

解：如图 8-1 所示，在 OA 线上取 $U_1=20$L/s，在 OC 线上取 $U_2=30$L/s，20L/s 和 30L/s 两点间连一直线与 OB 线相交于一点，该交点所示值即为总流导值。由图可知总流导值为 $U_3=12$L/s。

应用图 8-1 计算流导时，三条分度线上应该使用相同单位。

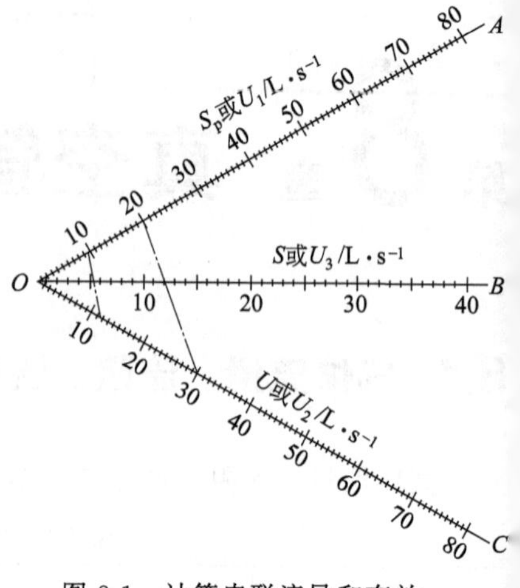

图 8-1 计算串联流导和有效抽速的列线图

(2) 应用曲线图计算流导

例题同上。

如图 8-2 所示，首先求出 $\frac{U_2}{U_1}=\frac{30}{20}=1.5$，在 $\frac{U_2}{U_1}$ 的横坐标线上，找到 1.5 的点，由此点做横坐标的垂线与曲线相交于一点，再由该点做与横坐标相平行的线并交于纵坐标线 $\frac{U_3}{U_1}$ 上一点，由图可见该点值为 0.6，即 $\frac{U_3}{U_1}=0.6$，由此可算出总流导

$$U_3=0.6U_1=0.6\times 20=12\ (\text{L/s})$$

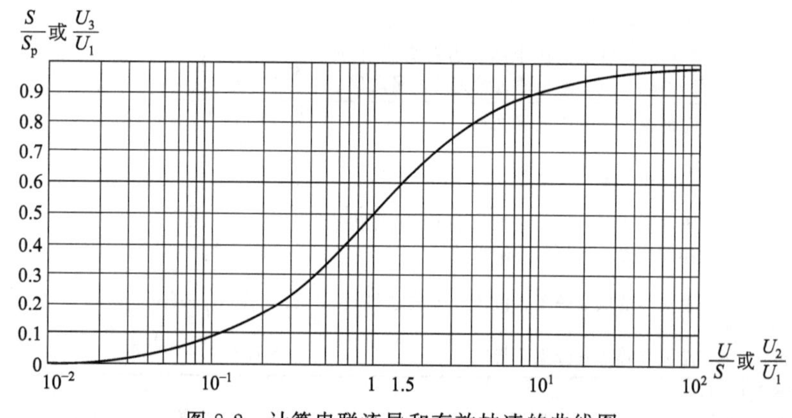

图 8-2 计算串联流导和有效抽速的曲线图

(3) 应用列线图计算泵的有效抽速

例 8-2 一直管道的流导为 30L/s，一机械泵的抽速为 20L/s，计算其有效抽速。因为管道流阻的影响，使泵的抽速减小，用图 8-1 计算泵有效抽速。

解：在 OA 线上取机械泵抽速 $S_p=20$L/s，在 OC 线上取管道流导 $U=30$L/s，20L/s 和 30L/s 两点间连一直线与 OB 线相交于一点，该点即为有效抽速值，由图可知有效抽速 $S=12$L/s。

8.4 气体沿管道的流动状态

气体沿管道的流动状态可分为四种：湍流、黏滞流（又称黏性流、层流）、黏滞-分子流和分子流。

8.4.1 湍流

当气体的压力和流速较高时，气体流动是惯性力在起作用，气体流线不直，也不规则，而是处于旋涡状态（见图 8-3），即旋涡时而出现、时而消失。管路中每一点气体的压力和流速随时间而变化。气体分子的运动速度和方向与气流的平均速度和气流的方向大致相同。试验证明，管道中气体的流量与气体压力梯度的平方根成正比，即 $Q \propto \sqrt{\mathrm{d}p/\mathrm{d}x}$。

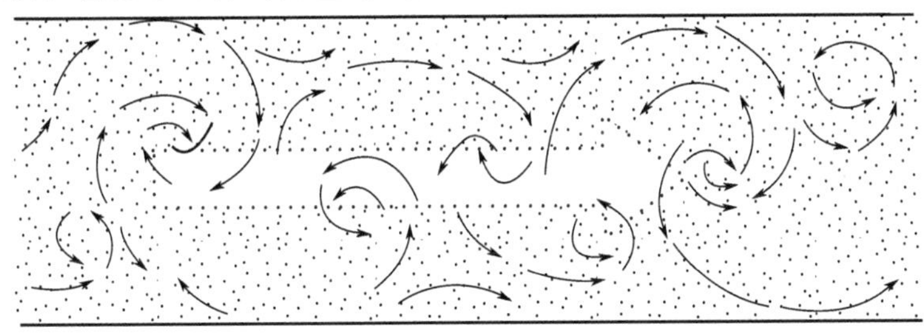

图 8-3 湍流

湍流仅在气体开始运动的一瞬间才出现，粗抽泵在大气压附近工作时就会形成湍流。除了特别大的真空系统外，一般湍流持续的时间很短。因而，计算时通常不考虑这一流动状态。

8.4.2 黏滞流

黏滞流出现于气体压力较高、流速较小的情况下，通常发生在低真空管路中，此时，气体分子的平均自由程比管道截面线性尺寸小得多。它的惯性力很小，气体的内摩擦力起主要作用。流线的方向变为直线，管壁附近的气体几乎不流动，一层气体在另一层气体上滑动，流速的最大值在管道的中心。只是在管道的不规则处稍许弯曲，如图 8-4 所示。管道中气体的流量与压力梯度成正比，即 $Q \propto^{\rho} \dfrac{\mathrm{d}p}{\mathrm{d}x}$。

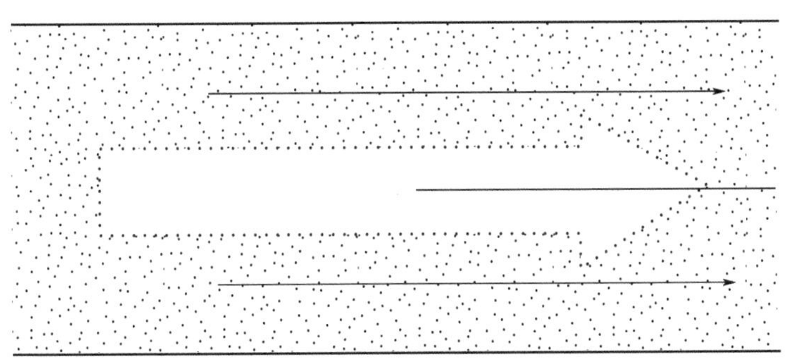

图 8-4 黏滞流

8.4.3 分子流

分子流出现于管道内压力很低时，一般出现于高真空管道中。此时气体分子的平均自由程 $\lambda > d$（管道直径），分子之间碰撞次数很少，主要与管壁发生碰撞。每次碰撞之后，分子向前或向后运动。经数次碰撞之后，有的分子由低压端离开管道出口；有的分子返回到高压端，如图 8-5 所示。

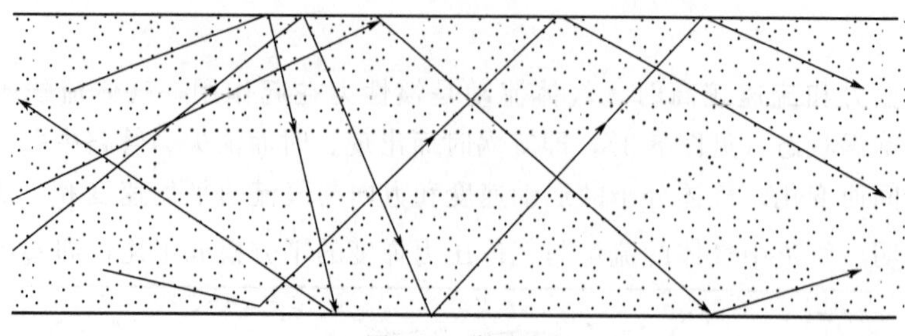

图 8-5　分子流

8.4.4　黏滞-分子流

介于黏滞和分子流之间的流动状态称为黏滞-分子流。

8.4.5　湍流与黏滞流的判别

气体的流动状态是湍流还是黏滞流可以用雷诺数来判别

$Re>2200$　　为湍流

$Re<1200$　　为黏滞流

$1200<Re<2200$　　为湍流或黏滞流

后者状态取决于管道出口压力。鉴于这一过渡状态时间很短，作为近似计算，此状态可以认为是湍流。而雷诺数 Re 是由下列公式确定的

$$Re=\frac{\omega d\rho}{\eta} \tag{8-12}$$

式中　ω——气体流速，m/s；

d——管道当量直径，对于圆管道即为几何直径，m；

ρ——气体密度，kg/m^3；

η——气体黏滞系数，kg/(m·s)（即 $N\cdot s/m^2$）。

若管道直径为 d，通过的气体流量为 Q，则

$$Q\geqslant 1.44\times 10^4\left(\eta\frac{T}{M}\right)d \text{ 湍流} \tag{8-13a}$$

$$Q\leqslant 7.84\times 10^3\left(\eta\frac{T}{M}\right)d \text{ 黏滞流} \tag{8-13b}$$

式中　Q——气体流量，$Pa\cdot m^3/s$；

d——管道直径，m；

η——气体黏滞系数，$N\cdot s/m^2$；

T——气体温度，K；

M——气体摩尔质量，kg/mol。

对于 20℃的空气，$\eta=1.829\times 10^{-5}N\cdot s/m^2$，则

$$Q\geqslant 2.67d \quad \text{湍流} \tag{8-13c}$$

$$Q\leqslant 1.45d \quad \text{黏滞流} \tag{8-13d}$$

而 $2.67d\geqslant Q\geqslant 1.45d$ 时，则为湍流到黏滞流的过渡状态，此状态时间甚短，常以湍流计。

8.4.6 黏滞流、黏滞-分子流和分子流的判别

① 根据管道中气体的平均压力和管道直径的乘积来判别：

$$\bar{p}d>0.67\text{Pa}\cdot\text{m}\quad 为黏滞流 \tag{8-14a}$$

$$\bar{p}d<0.02\text{Pa}\cdot\text{m}\quad 为分子流 \tag{8-14b}$$

$$0.02\text{Pa}\cdot\text{m}<\bar{p}d<0.67\text{Pa}\cdot\text{m}\quad 为黏滞-分子流 \tag{8-14c}$$

② 根据气体分子的平均自由程和管道直径比来判别：

$$\frac{d}{\bar{\lambda}}>100\quad 为黏滞流 \tag{8-15a}$$

$$\frac{d}{\bar{\lambda}}<1\quad 为分子流 \tag{8-15b}$$

$$1<\frac{d}{\bar{\lambda}}<100\quad 为黏滞-分子流 \tag{8-15c}$$

式中 $\bar{p}$——管道中平均压力，Pa，即入口压力与出口压力的平均值；

d——管道直径，m；

$\bar{\lambda}$——气体分子的平均自由程，m。

真空工程计算中可以粗略地判别分子流和黏滞流，通常认为高真空管路中的流动状态为分子流，低真空管路中的流动状态为黏滞流。

8.5 黏滞流时孔的流导

如图 8-6 所示，孔的面积为 A_0，当 $x_c=x\leqslant 1$（x_c 为压力比的临界值），对于空气，$x_c=\left(\frac{2}{\gamma+1}\right)^{\gamma/(\gamma-1)}=0.525$ 时，气体通过小孔的流量及管道的流导分别为

$$Q_n=\sqrt{\frac{2\gamma}{\gamma-1}\frac{RT}{M}}x^{1/\gamma}\sqrt{1-x^{(\gamma-1)/\gamma}}\,p_1A_0 \tag{8-16}$$

$$U_n=\sqrt{\frac{2\gamma}{\gamma-1}\frac{RT}{M}}x^{1/\gamma}\sqrt{1-x^{(\gamma-1)/\gamma}}\,\frac{1}{1-x}A_0 \tag{8-17}$$

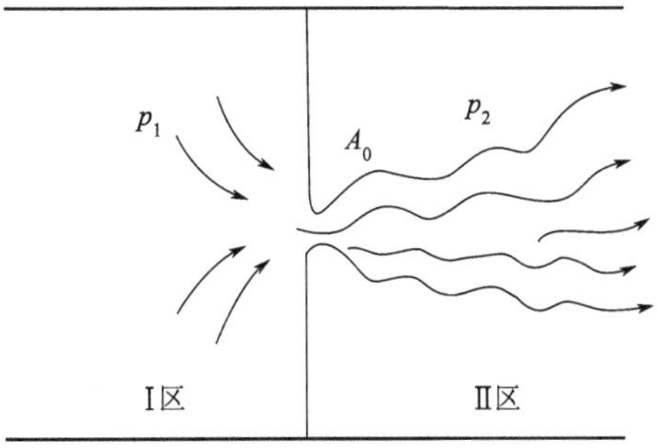

图 8-6 气体通过小孔

20℃的空气通过小孔的流量

$$Q_{n.20℃}=766x^{0.712}\sqrt{1-x^{0.288}}\,p_1A_0 \tag{8-16a}$$

当 $x\leqslant 0.525$ 时，

$$Q_{n.20℃}=220p_1A_0 \tag{8-16b}$$

黏滞流状态下小孔对 20℃空气的流导：

当 $1\geqslant x\geqslant 0.525$ 时

$$U_{n.20℃}=766x^{0.712}\sqrt{1-x^{0.288}}\,\frac{A_0}{1-x} \tag{8-17a}$$

当 $0.1\leqslant x\leqslant 0.525$ 时

$$U_{n.20℃} \approx \frac{200A_0}{1-x} \tag{8-17b}$$

当 $x<0.1$ 时

$$U_{n.20℃} \approx 200A_0 \tag{8-17c}$$

式中 Q_n——黏滞流时气体通过小孔的流量，$Pa \cdot m^3/s$；

$Q_{n.20℃}$——黏滞流时 20℃空气通过小孔的流量，$Pa \cdot m^3/s$；

U_n——黏滞流状态下小孔的流导，m^3/s；

$U_{n.20℃}$——黏滞流状态下小孔对 20℃空气的流导，m^3/s；

R——摩尔气体常数，8.3143J/(K·mol)；

T——气体温度，K；

M——气体摩尔质量，kg/mol；

A_0——小孔面积，m^2；

γ——绝热指数$\left(\gamma=\frac{c_p}{c_V}\right)$，$c_p$ 为定压比热容，c_V 为定容比热容；

x——压力比$\left(x=\frac{p_2}{p_1}\right)$；

p_1——Ⅰ区压力，Pa；

p_2——Ⅱ区压力，Pa。

在各种压力比下，孔对于 20℃空气的比流导见表 8-2。

表 8-2 黏滞流状态、各种压力比下的孔对 20℃ 空气的比流导

$x=\frac{p_2}{p_1}$	1.0	0.9	0.8	0.7	0.6	0.525	0.5	0.3	0.1	<0.03
$\frac{U_{n.20℃}}{A_0}$/[L/(s·cm²)]	∞	123	80	62	49	42	40	29	22	20

8.6 分子流时孔的流导

8.6.1 圆孔

气体通过圆孔（见图 8-7）的流量为

$$Q_{o.f}=\sqrt{\frac{RT}{2\pi M}}(p_1-p_2)A_0=1.15\sqrt{\frac{T}{M}}(p_1-p_2)A_0=0.9\sqrt{\frac{T}{M}}(p_1-p_2)d^2 \tag{8-18}$$

20℃的空气通过圆孔的流量

$$Q_{o.f.20℃}=116(p_1-p_2)A_0 \tag{8-18a}$$

圆孔的流导

$$U_{o.f}=\sqrt{\frac{RT}{2\pi M}}A_0=1.15\sqrt{\frac{T}{M}}A_0=0.9\sqrt{\frac{T}{M}}d^2 \tag{8-19}$$

对 20℃空气，圆孔的流导

$$U_{o.f.20℃}=116A_0=91.2d^2 \tag{8-19a}$$

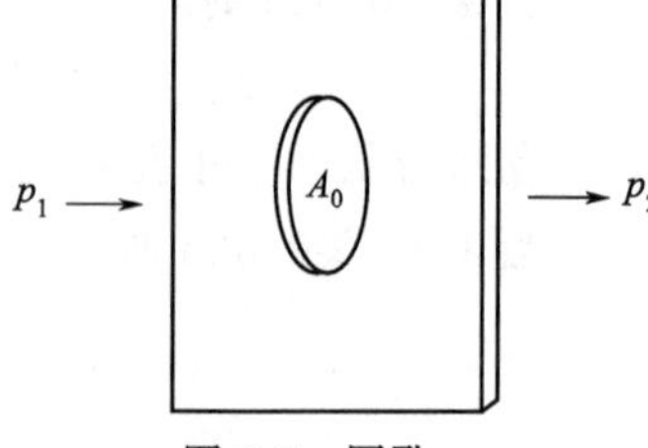

图 8-7 圆孔

对摩尔质量为 M 的 20℃气体，圆孔的流导

$$U_{o.f}=\frac{19.7}{\sqrt{M}}A_0=\frac{15.5}{\sqrt{M}}d^2 \tag{8-19b}$$

式中　$Q_{o.f}$——分子流时，气体通过圆孔的流量，Pa・m³/s；

$Q_{o.f.20℃}$——分子流时，20℃空气通过圆孔的流量，Pa・m³/s；

$U_{o.f}$——分子流时，圆孔的流导，m³/s；

$U_{o.f.20℃}$——分子流时，圆孔对 20℃空气的流导，m³/s；

R——摩尔气体常数，8.3143J/(K・mol)；

T——气体温度，K；

M——气体摩尔质量，kg/mol；

p_1，p_2——孔两侧的气体压力，Pa；

A_0——圆孔的面积，m²；

d——圆孔直径，m。

8.6.2 矩形薄壁窄缝

矩形薄壁窄缝（见图 8-8）的流导

$$U_f=3.638K_j ab\sqrt{\frac{T}{M}} \tag{8-20}$$

对 20℃空气，矩形薄壁窄缝的流导

$$U_{f.20℃}=11.6K_j ab \tag{8-20a}$$

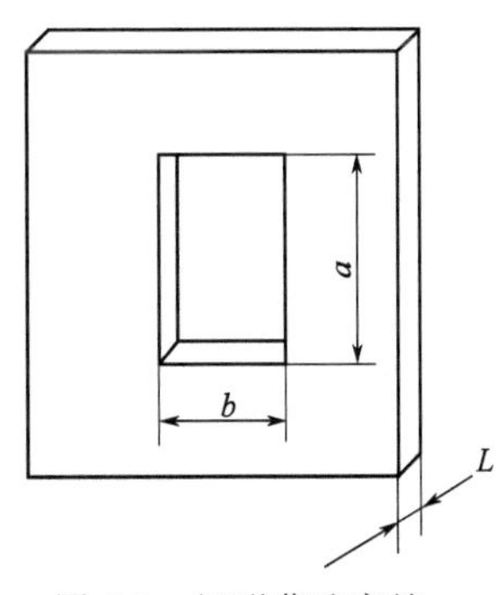

图 8-8　矩形薄壁窄缝

式中　U_f——分子流时矩形薄壁窄缝的流导，L/s；

$U_{f.20℃}$——分子流时，矩形薄壁窄缝对 20℃空气的流导，L/s；

a，b——矩形的两个边长，cm；

T——气体温度，K；

M——气体摩尔质量，kg/mol；

K_j——矩形窄缝的形状系数，数值见表 8-3。

表 8-3　矩形窄缝的形状系数 K_j 值

L/b	0	0.1	0.2	0.4	0.8	1.0	1.5
K_j	1.000	0.9525	0.9096	0.8362	0.7266	0.6846	0.6024
L/b	2.0	3.0	4.0	5.0	10.0	∞	
K_j	0.5417	0.4570	0.3999	0.3582	0.2457	$\frac{b}{L}\ln\frac{L}{b}$	

注：L——矩形薄壁窄缝的厚度，cm。

8.6.3 管道中隔板上的小孔

管道中隔板（见图 8-9）上小孔的流导

$$U_f=\frac{K_0}{1-(A_0/A_g)}U_{o.f} \tag{8-21}$$

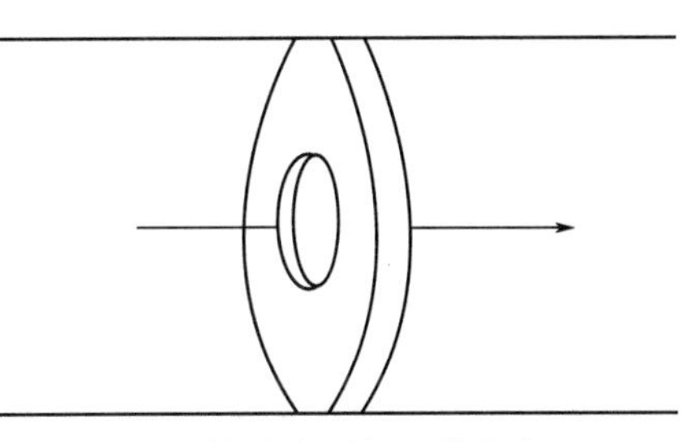
图 8-9　管道中隔板上的小孔

式中　U_f——分子流时管道中隔板上小孔的流导，m³/s；

$U_{o.f}$——分子流时圆孔的流导，m³/s，见公式(8-19)；

A_0——小孔的面积，m^2；

A_g——管道的截面积，m^2；

K_0——形状系数，其值见表 8-4。

表 8-4　管道中小孔的形状系数 K_0 值

d_0/d_g	0.1	0.2	0.3	0.4	0.5	0.6	0.7	0.8	0.9	1.0
K_0	1.002	1.007	1.017	1.030	1.049	1.074	1.107	1.152	1.216	1.333

注：d_0 为小孔直径，m；d_g 为管道直径，m。

8.6.4　缩孔

缩孔（见图 8-10）的流导

$$U_f=2.87\frac{d_1^2d_2^2}{d_1^2-d_2^2}\sqrt{\frac{T}{M}}=3.64\frac{A_1A_2}{A_1-A_2}\sqrt{\frac{T}{M}} \tag{8-22}$$

对于 20℃空气，缩孔的流导

$$U_{f.20℃}=9.1\frac{d_1^2d_2^2}{d_1^2-d_2^2}=11.6\frac{A_1A_2}{A_1-A_2} \tag{8-22a}$$

式中　U_f——缩孔流导，L/s；

$U_{f.20℃}$——缩孔对 20℃空气的流导，L/s；

d_1——大端管道直径，cm；

d_2——小端管道直径，cm；

A_1——大端管道截面积，cm^2；

A_2——小端管道截面积，cm^2；

T——气体温度，K；

M——气体摩尔质量，g/mol。

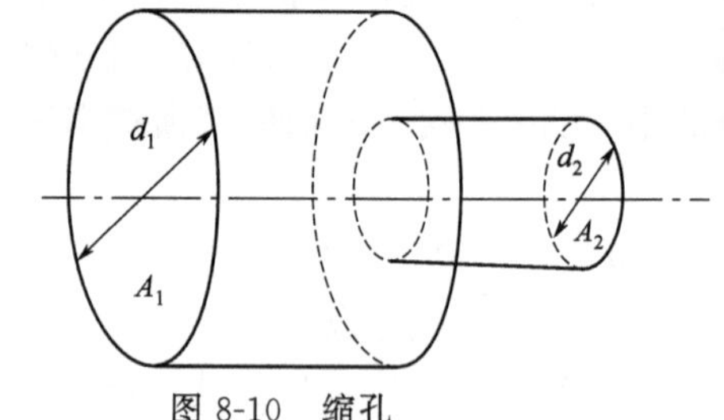

图 8-10　缩孔

8.7　黏滞流时管道的流导

8.7.1　圆截面长管

黏滞流时圆截面长管道（$L>20d$）的流量公式，由简便的泊肃叶方程解出，此特解在下述四个假设条件下才成立：①速度分布剖面与位置无关；②黏滞流；③器壁处的速度为零；④气体的马赫数小于 0.3。由此导出的流量公式为

$$Q_n=\frac{\pi d^4}{128\eta L}\frac{(p_1+p_2)}{2}(p_1-p_2)(\mathrm{Pa\cdot m^3/s}) \tag{8-23}$$

流导由此式导出，即

$$U_n=\frac{\pi d^4}{128\eta L}\bar{p} \tag{8-24}$$

对 20℃空气的流导

$$U_{n.20℃}=1.34\times10^{3}\frac{d^{4}}{L}\bar{p}$$

(8-24a)

式中 U_n——长管道的流导，m^3/s；

$U_{n.20℃}$——长管对20℃空气的流导，m^3/s；

d——管道直径，m；

L——管道长度，m；

η——气体黏滞系数，$N\cdot s/m^2$；

$\bar{p}$——管道中平均压力，Pa，$\bar{p}=\frac{p_1+p_2}{2}$，$p_1$、$p_2$ 分别为管道两端气体压力，Pa。

各种直径的管道在黏滞流下对20℃空气的流导见图8-11和图8-12，曲线对长管、短管均适用。

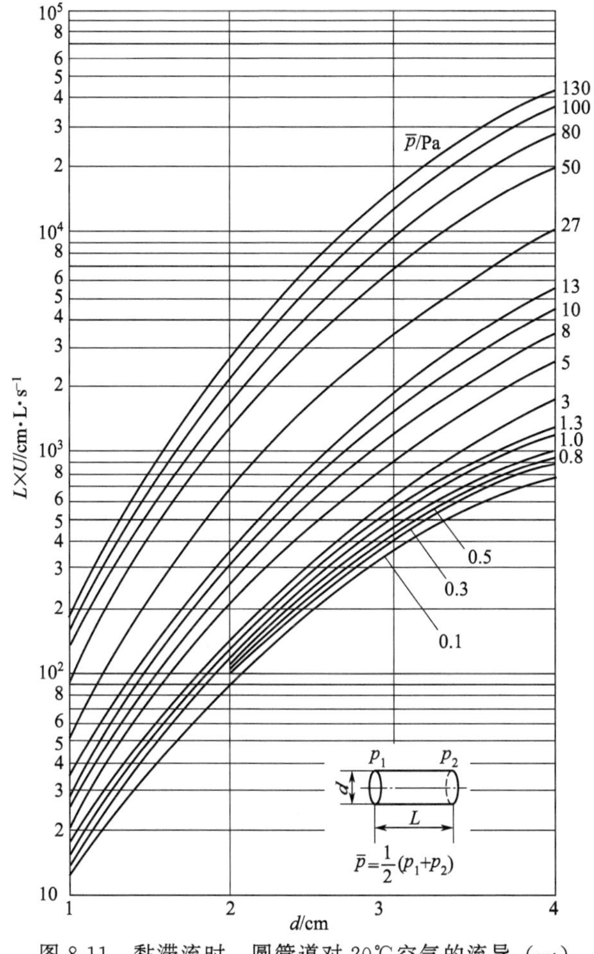

图8-11 黏滞流时，圆管道对20℃空气的流导（一）

例8-3 圆管道长100cm，直径2cm，管道入口处真空度为9Pa，管道出口处真空度为1Pa，求流导。

解：

① $\bar{p}=\frac{1}{2}(p_1+p_2)=5\text{Pa}$；

② 查出 $\bar{p}=5\text{Pa}$ 与 $d=2\text{cm}$ 的交点；

③ 得出 $L\times U=200\text{cm}\cdot\text{L/s}$；

④ $U=\frac{200\text{cm}\cdot\text{L/s}}{100\text{cm}}=2\text{L/s}$。

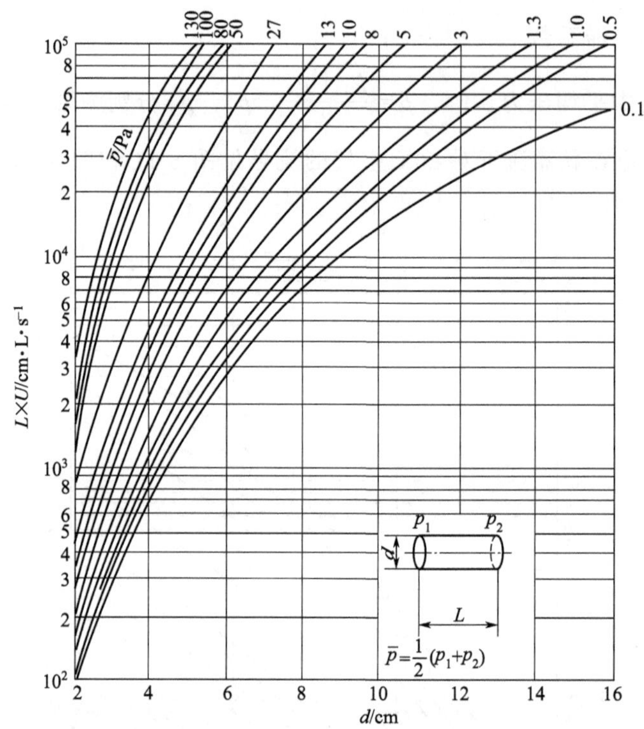

图 8-12　黏滞流时，圆管道对 20℃空气的流导（二）

8.7.2　圆截面短管

长度 $L\leqslant 20d$ 的管道称为短管，计算流导时应考虑入口的影响。其流导

$$U_n=\frac{\pi d^4}{128\eta(L+0.029Q_n)}\bar{p} \tag{8-25}$$

对于 20℃，短管流导

$$U_{n.20℃}=1.34\times10^3\frac{d^4}{L+0.029Q_n}\bar{p} \tag{8-25a}$$

式中　U_n——黏滞流时短管流导，m^3/s；

$U_{n.20℃}$——黏滞流时，对 20℃空气短管流导，m^3/s；

Q_n——通过短管的气体流量，$Pa\cdot m^3/s$；

其余符号同式(8-24a)。

8.7.3　矩形及正方形截面管道

矩形截面管道（见图 8-13）的流导

$$U_n=\frac{1}{12}\frac{a^2b^2}{\eta L}\bar{p}\psi \tag{8-26}$$

对于 20℃空气，矩形截面管道的流导

$$U_{n.20℃}=4560K_j\frac{a^2b^2}{L}\bar{p}\psi \tag{8-26a}$$

式中 U_n——黏滞流时矩形截面管道的流导，m^3/s；

$U_{n.20℃}$——黏滞流时矩形截面管道对 20℃空气的流导，m^3/s；

η——气体的黏滞系数，$N\cdot s/m^2$；

a，b——矩形截面的两个边长，m；

L——管道长度，m；

$\bar{p}$——管道中平均压力，Pa，$\bar{p}=\frac{p_1+p_2}{2}$，$p_1$，$p_2$ 分别为管道两端压力，Pa；

K_j——形状系数，其值见表 8-5；

ψ——与 a、b 有关的系数，其值见图 8-14，其公式为

$$\psi=1-\frac{192}{\pi^5}\frac{b}{a}\left(\text{th}\frac{\pi a}{2b}+\frac{1}{3^5}\text{th}\frac{3\pi a}{2b}+\frac{1}{5^5}\text{th}\frac{5\pi a}{2b}+\cdots\right) \tag{8-26b}$$

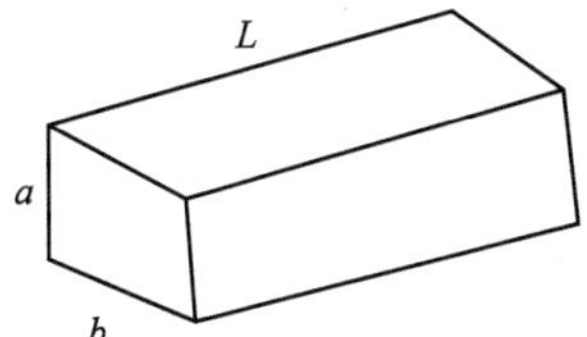

图 8-13 矩形截面管道

表 8-5 矩形截面形状系数 K_j 值

a/b	1.0	0.9	0.8	0.7	0.6	0.5	0.4	0.3	0.2	0.1
K_j	1.00	0.99	0.98	0.95	0.90	0.82	0.71	0.58	0.42	0.23

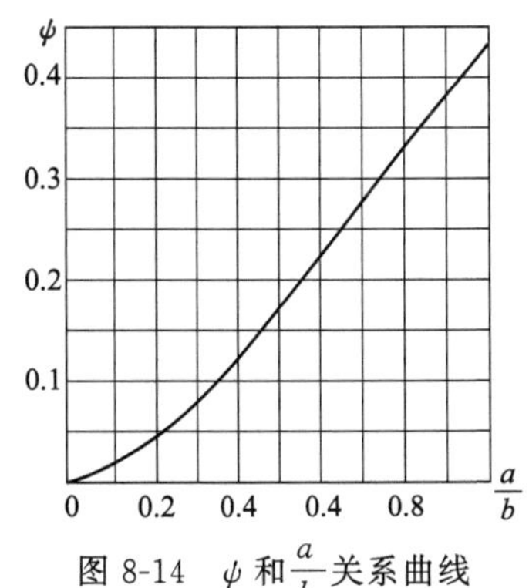

图 8-14 ψ 和$\frac{a}{b}$关系曲线

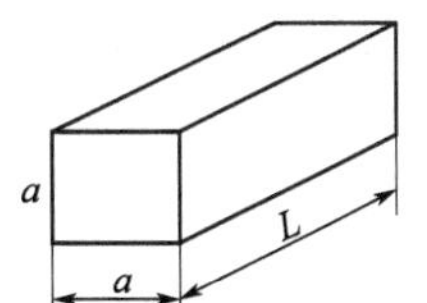

图 8-15 正方形截面管道

正方形截面管道（见图 8-15）的流导

$$U_n=0.0352\frac{a^4}{\eta L}\bar{p} \tag{8-27}$$

式中　U_n——正方形截面管道的流导，m^3/s；

a——正方形截面的边长，m；

L——管道长度，m；

η——气体的黏滞系数，$N \cdot s/m^2$；

$\bar{p}$——气体平均压力，Pa，$\bar{p}=\dfrac{p_1+p_2}{2}$，$p_1$，$p_2$ 分别为管道两端压力，Pa。

对于20℃的空气，正方形截面管道的流导

$$U_{n.20℃}=1.92\times10^3\ \frac{a^4}{L}\bar{p} \tag{8-27a}$$

式中　$U_{n.20℃}$——黏滞流时20℃空气的流导，m^3/s；

a——正方形截面的边长，m；

L——管道长度，m；

$\bar{p}$——气体平均压力，Pa，$\bar{p}=\dfrac{p_1+p_2}{2}$，$p_1$，$p_2$ 分别为管道两端压力，Pa；

8.7.4　环形截面管道

环形截面管道（见图8-16）的外径为 d_1，内径为 d_2，管道长为 L，其流导为

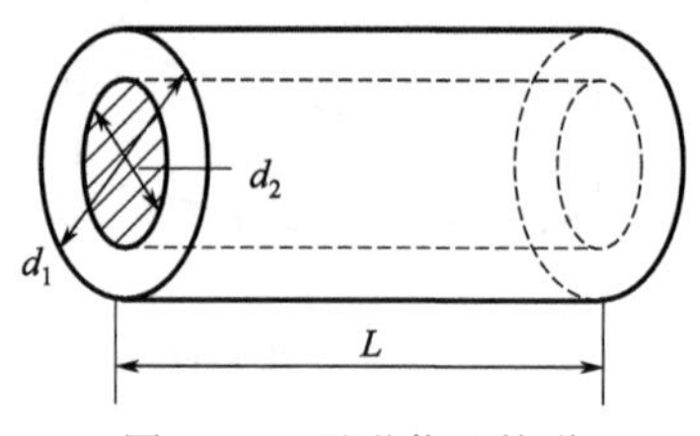

图8-16　环形截面管道

$$U_n=\frac{\pi}{128\eta}\ \frac{\bar{p}}{L}\left[d_1^4-d_2^4-\frac{(d_1^2-d_2^2)^2}{\ln(d_1/d_2)}\right] \tag{8-28}$$

对于20℃空气，环形截面管道的流导为

$$U_{n.20℃}=\frac{1340}{L}\bar{p}\left[d_1^4-d_2^4-\frac{(d_1^2-d_2^2)^2}{\ln(d_1/d_2)}\right] \tag{8-28a}$$

式中　U_n——黏滞流时环形截面管道的流导，m^3/s；

$U_{n.20℃}$——黏滞流时环形截面管道对20℃空气的流导，m^3/s；

η——气体的黏滞系数，$N \cdot s/m^2$；

d_1——外径，m；

d_2——内径，m；

L——管道长度，m；

$\bar{p}$——气体平均压力，Pa，$\bar{p}=\dfrac{p_1+p_2}{2}$，$p_1$，$p_2$ 分别为管道两端压力，Pa。

8.7.5　偏心圆环

截面内圆半径为 r_1，外圆半径为 r_2 的偏心圆环管道（见图8-17）的流导如下

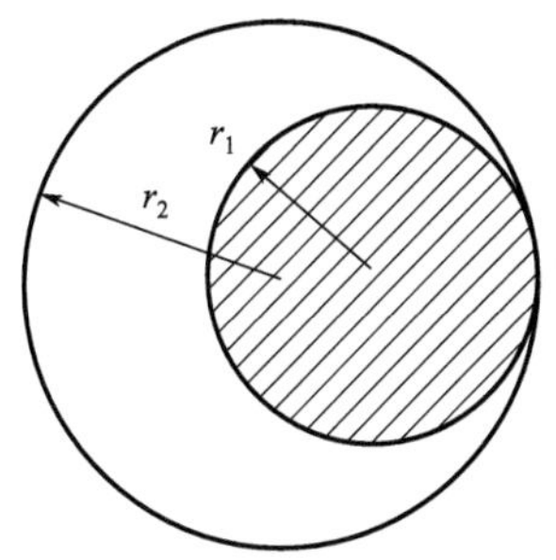

图 8-17 偏心圆环管道

$$U_n=\frac{\pi}{128\eta}\frac{\bar{p}}{L}\left[d_1^4-d_2^4-\frac{(d_1^2-d_2^2)^2}{\lg(d_1/d_2)}\right] \tag{8-29}$$

对于 20℃的空气，则

$$U_{n.20℃}=\frac{1300}{L}\bar{p}\left[d_1^4-d_2^4-\frac{(d_1^2-d_2^2)^2}{\lg(d_1/d_2)}\right] \tag{8-29a}$$

式中 U_n——黏滞流时偏心环形截面管道的流导，m^3/s；

$U_{n.20℃}$——黏滞流偏心环形截面管道对 20℃空气的流导，m^3/s；

η——气体的黏滞系数，$N \cdot s/m^2$；

d_1——外圆直径，m；

d_2——内圆直径，m；

L——管道长度，m；

$\bar{p}$——气体平均压力，Pa，$\bar{p}=\frac{p_1+p_2}{2}$，$p_1$，$p_2$ 分别为管道两端压力，Pa。

当 $r_1/r_2=0.08\sim0.9$ 时，此式得到的计算值与实验值大致相同。

8.7.6 椭圆形截面管道

椭圆形截面管道（见图 8-18）的流导

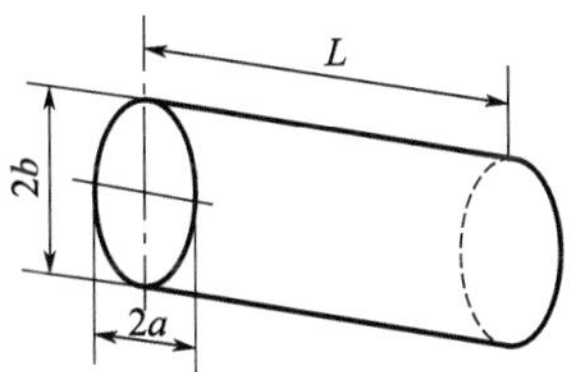

图 8-18 椭圆形截面管道

$$U_n=\frac{\pi}{4\eta}\frac{\bar{p}}{L}\left(\frac{a^3b^3}{a^2+b^2}\right) \tag{8-30}$$

对 20℃的空气，椭圆形截面管道的流导

$$U_{n.20℃}=\frac{42920}{L}\bar{p}\left(\frac{a^3b^3}{a^2+b^2}\right) \tag{8-30a}$$

式中 U_n——黏滞流时椭圆形截面管道的流导，m^3/s；

$U_{n.20℃}$——黏滞流时椭圆形截面管道对 20℃空气的流导，m^3/s；

η——气体的黏滞系数，$N \cdot s/m^2$；

a——椭圆形截面的短半轴，m；

b——椭圆形截面的长半轴，m；

L——椭圆形管道的管长，m；

$\bar{p}$——管道中气体平均压力，Pa，$\bar{p}=\frac{p_1+p_2}{2}$，$p_1$，$p_2$ 分别为管道两端压力，Pa。

8.7.7 径向辐射流结构流导

径向辐射流结构如图 8-19 所示，此结构在真空工程中常见，如阱、阀、喷嘴、扩压器等。通过结构的气体流量为

$$Q_n=\frac{\pi a^3}{6\eta}\bar{p}(p_2-p_1)/\ln\frac{r_1}{r_2} \tag{8-31}$$

流导为

$$U_n=\frac{\pi a^3}{6\eta}\bar{p}/\ln\frac{r_1}{r_2} \tag{8-32}$$

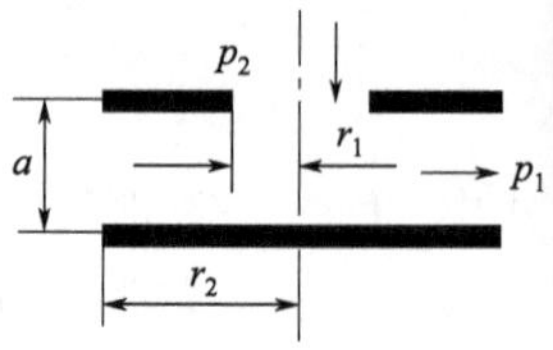

图 8-19 径向辐射流结构

对 20℃的空气，流量及流导分别为

$$Q_{n.20℃}=28613a^3\bar{p}(p_2-p_1)/\ln\frac{r_1}{r_2} \tag{8-31a}$$

$$U_{n.20℃}=28613a^3\bar{p}/\ln\frac{r_1}{r_2} \tag{8-32a}$$

式中 Q_n——黏滞流时气体流量，$Pa \cdot m^3/s$；

$Q_{n.20℃}$——黏滞流时对 20℃空气的流量，$Pa \cdot m^3/s$；

U_n——黏滞流时气体的流导，m^3/s；

$U_{n.20℃}$——黏滞流时对 20℃空气的流导，m^3/s；

η——气体的黏滞系数，$N \cdot s/m^2$；

a——两圆盘之间距离，m；

r_1——有孔圆盘的孔半径，m；

r_2——无孔圆盘的半径，m；

$\bar{p}$——结构中气体平均压力，Pa，$\bar{p}=\frac{p_1+p_2}{2}$，$p_1$，$p_2$ 分别为结构低压力端和高压力端压力，Pa。

8.7.8 各种气体的流导关系

(1) 各种气体之间的流导关系

黏滞流下各种气体之间的流导关系可用下式表示

$$U_2=\frac{\eta_1}{\eta_2}U_1 \tag{8-33}$$

当两种气体的温度相同时，其关系为

$$U_2=\sqrt{\frac{M_1}{M_2}}\left(\frac{\sigma_2}{\sigma_1}\right)^2U_1 \tag{8-33a}$$

式中　U_2——管道对第二种气体的流导；

U_1——管道对第一种气体的流导；

η_1,η_2——第一、二种气体的黏滞系数；

M_1，M_2——第一、二种气体的摩尔质量；

σ_1，σ_2——第一、二种气体的分子直径。

（2）各种气体与空气的流导关系

黏滞流下，管道对各种气体与空气的流导之间的关系见表 8-6。

表 8-6　黏滞流时各种气体流导为空气流导的倍数

各种气体流导	U_{Ne}	$U_{Hg蒸气}$	U_{Ar}	U_{O_2}	U_{He}	U_{CO}	U_{N_2}	U_{CO_2}	U_{NH_3}	$U_{H_2O蒸气}$	U_{H_2}
倍数	0.58	0.79	0.82	0.90	0.93	1.02	1.04	1.24	1.86	1.90	2.10

8.8 分子流时管道的流导

8.8.1 圆截面长管

长度 $L>20d$（d 为管道直径）的管道称为长管，其流导为

$$U_f=\frac{1}{6}\sqrt{\frac{2\pi RT}{M}}\frac{d^3}{L} \tag{8-34}$$

或者

$$U_f=1.21\frac{d^3}{L}\sqrt{\frac{T}{M}} \tag{8-34a}$$

对 20℃空气的流导

$$U_{f.20℃}=121\frac{d^3}{L} \tag{8-34b}$$

对摩尔质量为 M 的 20℃气体的流导

$$U_f=\frac{20}{\sqrt{M}}\frac{d^3}{L} \tag{8-34c}$$

式中　U_f——分子流时圆截面长管流导，m^3/s；

$U_{f.20℃}$——分子流时圆截面长管对 20℃空气的流导，m^3/s；

d——管道直径，m；

L——管道长度，m；

R——摩尔气体常数，8.3143J/(K·mol)；

M——气体摩尔质量，kg/mol；

T——气体温度，K。

可利用图 8-20 的曲线查出分子流时圆截面管道对 20℃空气的流导值。曲线对于长管、短管均适用。

利用图 8-21 的列线图，可以查出分子流时圆截面长管对 20℃空气的流导值。图中四条线依次为管长 L 线，克劳辛（Clausing）计算的 α 值线，流导 U 线，管道直径 d 线。三个参数 L、d、U 中知道其中任意两个参数，利用列线图即可求出第三个参数。如果求短

管的流导应将得到的流导值乘以相应的克劳辛 α 值。

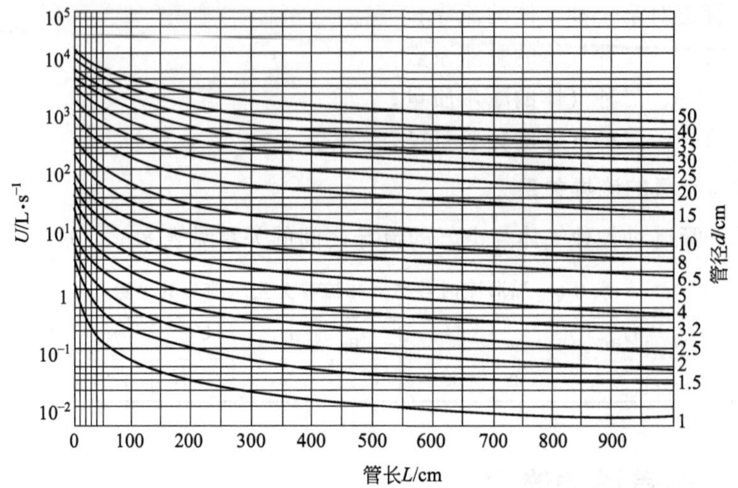

图 8-20 分子流下，20℃空气通过圆截面管道的流导

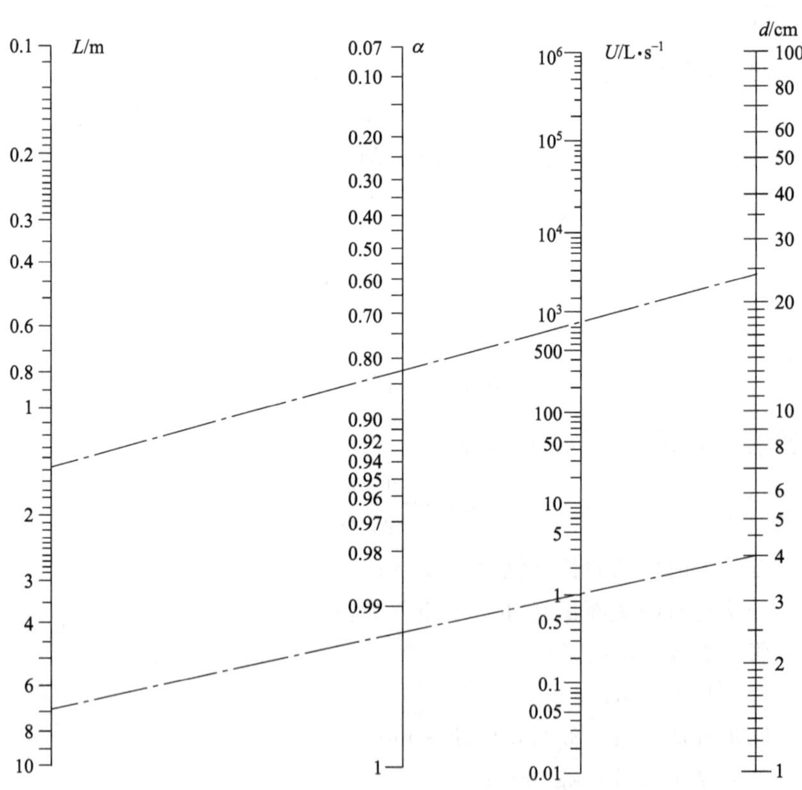

图 8-21 分子流下，20℃空气通过圆截面管道流导列线图

例 8-4 管道长 7m，要得到 1L/s 的流导，需要多粗的管径？

解：在长度 L 线上找到 $L=7$m 的一点，流导 U 线上找到 $U=1$L/s 的另一点，两点之间连一直线，此直线的延长线与直径 d 线交会的一点即为所求直径 d 的值。由图 8-21 可知应为 4cm。

8.8.2 圆截面短管

长度 $L \leqslant 20d$ 的管道称为短管。d 为管道直径。在分子流时其流导

$$U_f = \alpha U_{o.f} \tag{8-35}$$

对于 20℃空气

$$U_{f.20℃} = 116 A_o \alpha \tag{8-35a}$$

式中 U_f——分子流时圆截面短管流导，m^3/s；

$U_{f.20℃}$——分子流时 20℃空气圆截面短管流导，m^3/s；

$U_{o.f}$——圆孔流导，m^3/s；

A_o——圆孔面积，m^2；

α——克劳辛系数，见表 8-7。

表 8-7 克劳辛系数 α 值

L/d	0	0.05	0.1	0.2	0.4	0.6	0.8
α	1	0.952	0.909	0.831	0.718	0.632	0.566
L/d	1.0	2	4	6	8	10	20
α	0.514	0.359	0.232	0.172	0.137	0.114	0.061

8.8.3 环形截面管道

分子流时，环形截面管道（见图 8-16）的流导

$$U_f = \frac{1}{6}\sqrt{\frac{2\pi RT}{M}} \frac{(d_1^2 - d_2^2)^2}{(d_1 + d_2)L} K_h \tag{8-36}$$

或者

$$U_f = 1.2\sqrt{\frac{T}{M}} \frac{(d_1 - d_2)^2 (d_1 + d_2)}{L} K_h \tag{8-36a}$$

对 20℃空气环形截面管道的流导

$$U_{f.20℃} = 121 \frac{(d_1 - d_2)^2 (d_1 + d_2)}{L} K_h \tag{8-36b}$$

式中 U_f——分子流时环形截面管道流导，m^3/s；

$U_{f.20℃}$——分子流时环形截面管道对 20℃空气的流导，m^3/s；

R——摩尔气体常数，8.3143J/(K·mol)；

T——气体温度，K；

M——气体摩尔质量，kg/mol；

d_1——管道外径，m；

d_2——管道内径，m；

L——管道长度，m；

K_h——形状系数，数值见表 8-8。

表 8-8 环形截面形状系数 K_h 值

d_2/d_1	0	0.259	0.500	0.707	0.866	0.966
K_h	1	1.072	1.154	1.254	1.430	1.675

8.8.4 椭圆形截面管道

椭圆截面管道（见图 8-18）的流导

$$U_f=\frac{8}{3}\frac{\pi}{L}\frac{a^2b^2}{\sqrt{a^2+b^2}}\sqrt{\frac{RT}{\pi M}} \tag{8-37}$$

或者

$$U_f=13.6\frac{1}{L}\frac{a^2b^2}{\sqrt{a^2+b^2}}\sqrt{\frac{T}{M}} \tag{8-37a}$$

对 20℃的空气，椭圆形截面管道的流导

$$U_{f.20℃}=1366.8\frac{1}{L}\frac{a^2b^2}{\sqrt{a^2+b^2}} \tag{8-37b}$$

式中 U_f——分子流时椭圆形截面管道的流导，m^3/s；

$U_{f.20℃}$——分子流时椭圆形截面管道对 20℃空气的流导，m^3/s；

L——管道长度，m；

a，b——捕圆形截面的短半轴、长半轴，m；

R——摩尔气体常数，8.3143J/(K·mol)；

T——气体温度，K；

M——气体摩尔质量，kg/mol。

8.8.5 锥形管道

锥形管道（见图 8-22）的流导

$$U_f=\frac{1}{6}\sqrt{\frac{2\pi RT}{M}}\frac{d_1^2d_2^2}{\bar{d}L} \tag{8-38}$$

对 20℃空气，锥形管道的流导

$$U_{f.20℃}=121\frac{d_1^2d_2^2}{\bar{d}L} \tag{8-38a}$$

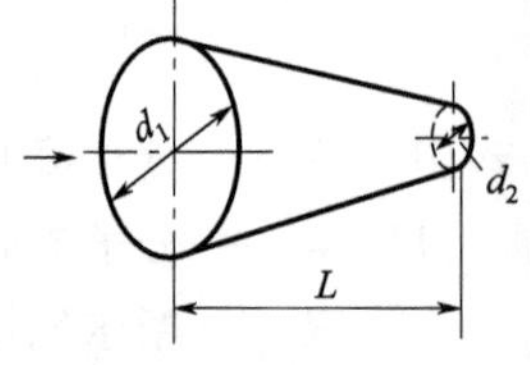

图 8-22 锥形管道

式中 U_f——分子流时锥形管道的流导，m^3/s；

$U_{f.20℃}$——分子流时，锥形管道对 20℃空气的流导，m^3/s；

d_1——圆锥体大端直径，m；

d_2——圆锥体小端直径，m；

$\bar{d}$——平均直径，$\bar{d}=\frac{d_1+d_2}{2}$，m；

R——摩尔气体常数，8.3143J/(K·mol)；

L——锥体轴线长度，m；

M——气体摩尔质量，kg/mol；

T——气体温度，K。

8.8.6 扁缝形管道

扁缝形管道（见图 8-23）的流导

$$U_f=\frac{8}{3}K_b\frac{ab^2}{L}\sqrt{\frac{RT}{2\pi M}} \tag{8-39}$$

或

$$U_f=3.069K_b\frac{ab^2}{L}\sqrt{\frac{T}{M}} \tag{8-39a}$$

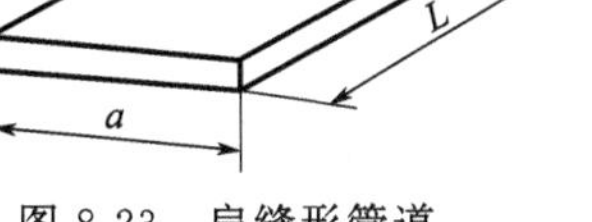

图 8-23　扁缝形管道

对 20℃空气，扁缝形管道的流导

$$U_{f.20℃}=309K_b\frac{ab^2}{L} \tag{8-39b}$$

式中　U_f——分子流时扁缝形管道的流导，m^3/s；

$U_{f.20℃}$——分子流时扁缝形管道对 20℃空气的流导，m^3/s；

a——扁缝的宽度，m；

b——扁缝的高度，m；

L——扁缝管道长度，m；

R——摩尔气体常数，8.3143J/(K·mol)；

T——气体温度，K；

M——气体摩尔质量，kg/mol；

K_b——修正系数，其值见表 8-9。

表 8-9　扁缝形管道修正系数 K_b

L/b	0.1	0.2	0.4	0.8	1	2	3	4	5	10	>10
K_b	0.036	0.068	0.13	0.22	0.26	0.40	0.52	0.60	0.67	0.94	1

8.8.7 矩形管道

矩形管道（见图 8-13）的流导

$$U_f=\frac{8}{3}K_j\frac{a^2b^2}{(a+b)L}\sqrt{\frac{RT}{2\pi M}} \tag{8-40}$$

或

$$U_f=3.069K_j\frac{a^2b^2}{(a+b)L}\sqrt{\frac{T}{M}} \tag{8-40a}$$

对于 20℃空气，矩形管道的流导

$$U_{f.20℃}=309K_j\frac{a^2b^2}{(a+b)L} \tag{8-40b}$$

式中　U_f——分子流时矩形管道的流导，m^3/s；

$U_{f.20℃}$——分子流时矩形管道对 20℃空气的流导，m^3/s；

a，b——矩形两边长，m；

L——管道长，m；

R——摩尔气体常数，8.3143J/(K·mol)；

T——气体温度，K；

M——气体摩尔质量，kg/mol；

K_j——形状系数，见表 8-10。

表 8-10　矩形管道形状系数 K_j

b/a	1	2/3	1/2	1/3	1/5	1/8	1/10
K_j	1.108	1.126	1.151	1.198	1.297	1.400	1.444

8.8.8　等边三角形截面管道

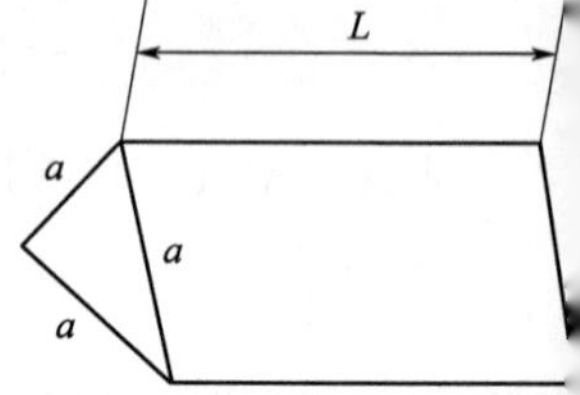

图 8-24　等边三角形截面管道

等边三角形截面管道（见图 8-24）的流导

$$U_f=0.413\frac{a^3}{L}\sqrt{\frac{RT}{2\pi M}} \tag{8-41}$$

或

$$U_f=0.475\frac{a^3}{L}\sqrt{\frac{T}{M}} \tag{8-41a}$$

对 20℃空气，等边三角形截面管道的流导

$$U_{f.20℃}=47.9\frac{a^3}{L} \tag{8-41b}$$

式中　U_f——分子流时，等边三角形截面管道的流导，m^3/s；

$U_{f.20℃}$——分子流时等边三角形截面管道对 20℃空气的流导，m^3/s；

a——三角形边长，m；

L——管道长度，m；

R——摩尔气体常数，8.3143J/(K · mol)；

T——气体温度，K；

M——气体摩尔质量，kg/mol。

8.8.9　变截面及匀截面管道

图 8-25(a) 所示变截面管道流导按克努森（Knudsen）公式计算

$$U_f=\frac{4}{3}\frac{\overline{C}}{\int_0^L \frac{H}{A^2}dL}\quad (cm^3/s) \tag{8-42}$$

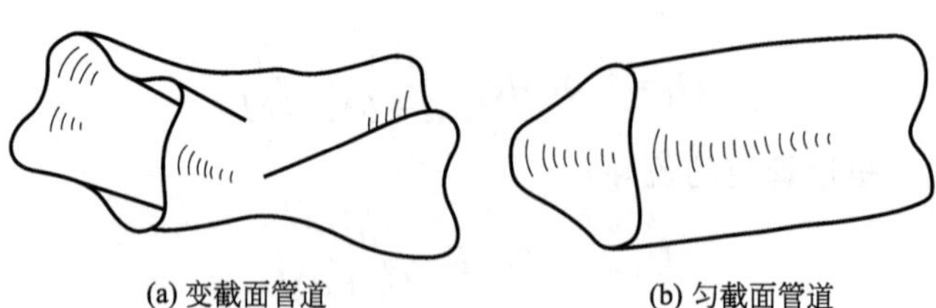

图 8-25　变截面和匀截面管道

图 8-25(b) 所示匀截面直管流导为

$$U_f=19.4\frac{A^2}{HL}\sqrt{\frac{T}{M}}K_X\quad (L/s) \tag{8-43a}$$

对于 20℃空气，匀截面直管的流导

$$U_{f.20℃}=61.8\frac{A^2}{HL}K_X \quad (L/s) \tag{8-43b}$$

式中 U_f——管道的流导；

$U_{f.20℃}$——分子流时匀截面直管对 20℃空气的流导；

A——管道截面面积，cm^2；

T——气体温度，K；

M——气体摩尔质量，g/mol；

H——管道截面周长，cm；

L——管道长度，cm；

$\overline{C}$——气体分子热运动的平均速度，cm/s；

K_X——管道截面形状系数。

8.8.10 弯管

计算弯管流导时，可以用一段等效的直管流导来代替。其等效长度为

$$L_{等效}=L_{轴长}+\frac{4}{3}d \tag{8-44}$$

而经常采用

$$L_{等效}=L_{轴长}+d \tag{8-44a}$$

式中 $L_{等效}$——弯管轴线长，cm；

d——管道直径，cm。

注：弯管的影响一般认为黏滞流状态比分子流状态要强。但是，根据 W. Klose 和 H. Eger 两人所给的数据发现，弯管与轴线长度相等、截面相同的直管相比较时，两者的流导没有显著的差别。当管道长度比较长时，弯管的影响可以忽略，计算弯管流导时可按等长度的直管计算。

8.8.11 径向辐射流结构的流导

径向辐射流结构如图 8-19 所示，其流导

$$U_f=\frac{4\pi a^2}{3\ln(r_1/r_2)}\sqrt{\frac{8RT}{\pi M}} \tag{8-45a}$$

或者

$$U_f=19.3\frac{a^2}{\ln(r_1/r_2)}\sqrt{\frac{T}{M}} \tag{8-45b}$$

对 20℃空气的流导

$$U_{f.20℃}=1940\frac{a^2}{\ln(r_1/r_2)} \tag{8-45c}$$

式中 U_f——分子流时对气体的流导，m^3/s；

$U_{f.20℃}$——分子流时对 20℃空气流导，m^3/s；

a——两圆盘之间距，m；

r_1——有孔圆盘的孔半径，m；

r_2——无孔圆盘的半径，m；

R——摩尔气体常数，8.3143J/(K·mol)；

T——气体温度，K；

M——气体摩尔质量，kg/mol。

8.8.12 各种气体的管道流导关系

分子流时，各种气体的管道流导关系

$$U_2=\sqrt{\frac{M_1}{M_2}}U_1 \tag{8-46}$$

式中 U_2——对第二种气体的流导，m^3/s；

U_1——对第一种气体的流导，m^3/s；

M_1——第一种气体的摩尔质量；

M_2——第二种气体的摩尔质量。

分子流时，各种气体和空气流导的关系见表 8-11。

表 8-11 各种气体和空气的流导关系

$U_{H_2}=3.78U_{空气}$	$U_{N_2}=1.02U_{空气}$	$U_{Hg蒸气}=0.38U_{空气}$
$U_{Ar}=0.85U_{空气}$	$U_{NH_3}=1.30U_{空气}$	$U_{Ne}=1.20U_{空气}$
$U_{CO_2}=0.81U_{空气}$	$U_{H_2O蒸气}=1.26U_{空气}$	$U_{O_2}=0.95U_{空气}$
$U_{CO}=1.02U_{空气}$	$U_{He}=2.67U_{空气}$	$U_{气体}=\sqrt{\frac{29}{M_{气体}}}U_{空气}$

不同温度下的流导按下式换算

$$U_T=U_{20℃}\sqrt{\frac{T}{293}} \tag{8-47}$$

式中 U_T——在温度 T 下的流导，m^3/s；

$U_{20℃}$——在温度 20℃下的流导，m^3/s；

T——气体温度，K。

8.9 分子流、黏滞流时对 20℃空气，孔和管道的流导汇总

黏滞流时对 20℃空气，孔和管道的流导见表 8-12。

表 8-12 黏滞流时对 20℃ 空气，孔和管道的流导

管道类型	略图	公式
圆截面长管	L, d	$U_{n.20℃}=1.34\times10^3\frac{d^4}{L}\bar{p}$
圆截面短管	L, d	$U_{n.20℃}=1.34\times10^3\frac{d^4}{L+0.029Q_n}\bar{p}$
矩形截面管道	L, a, b	$U_{n.20℃}=4560K_j\frac{a^2b^2}{L}\bar{p}\psi$ a/b: 1.0, 0.9, 0.8, 0.7, 0.6, 0.5, 0.4, 0.3, 0.2, 0.1 K_j: 1.00, 0.99, 0.98, 0.95, 0.90, 0.82, 0.71, 0.58, 0.42, 0.23

续表

管道类型	略图	公式
环形截面管道		$U_{n.20℃}=\frac{1340}{L}\bar{p}\left[d_1^4-d_2^4-\frac{(d_1^2-d_2^2)^2}{\ln(d_1/d_2)}\right]$
椭圆形截面管道		$U_{n.20℃}=\frac{42920}{L}\bar{p}\left(\frac{a^3b^3}{a^2+b^2}\right)$
孔		当 $1 \geqslant x \geqslant 0.525$ 时，$U_{n.20℃}=766x^{0.712}\sqrt{1-x^{0.288}}\frac{A_0}{1-x}$； 当 $0.1 \leqslant x \leqslant 0.525$ 时，$U_{n.20℃}=\frac{200A_0}{1-x}$； 当 $x<0.1$ 时，$U_{n.20℃}=200A_0$

注：符号参见前面诸公式。

分子流时对 20℃空气，孔和管道的流导见表 8-13。

表 8-13　分子流时对 20℃ 空气，孔和管道的流导

管道类型	略图	公式
圆截面长管		$U_{f.20℃}=121d^3/L$
圆截面短管		$U_{f.20℃}=116A_0\alpha$（见下表 1）
匀截面直管		$U_{f.20℃}=61.8\frac{A^2}{HL}K_X$
正方形截面管道		$U_{f.20℃}=171.2a^3/L$
矩形截面管道		$U_{f.20℃}=309K_ja^2b^2/[(a+b)L]$（见下表 2）
等边三角形截面管道		$U_{f.20℃}=47.9a^3/L$
扁缝形管道		$U_{f.20℃}=309K_bab^2/L \quad a \gg b$（见下表 3）
环形截面管道		$U_{f.20℃}=121K_h(d_1-d_2)^2(d_1+d_2)/L$（见下表 4）

圆截面短管：

L/d	0	0.05	0.1	0.2	0.4	0.6	0.8
α	1	0.952	0.909	0.831	0.718	0.632	0.566
L/d	1	2	4	6	8	10	20
α	0.514	0.359	0.232	0.172	0.137	0.114	0.061

矩形截面管道：

b/a	1	0.667	0.500	0.333	0.200	0.125	0.100
K_j	1.108	1.126	1.151	1.198	1.297	1.400	1.444

扁缝形管道：

L/b	0.1	0.2	0.4	0.8	1	2	3	4	5	10	>10
K_b	0.036	0.068	0.13	0.22	0.26	0.40	0.52	0.60	0.67	0.94	1

环形截面管道：

d_2/d_1	0	0.259	0.500	0.707	0.866	0.966
K_h	1	1.072	1.154	1.254	1.430	1.675

续表

管道类型	略图	公式
椭圆形截面管道	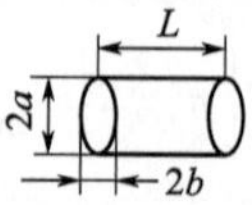	$U_{f.20℃}=1366.8\frac{1}{L}\frac{a^2b^2}{\sqrt{a^2+b^2}}$
锥形管道	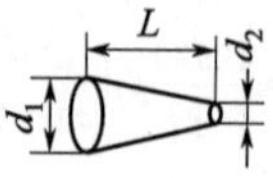	$U_{f.20℃}=121\frac{d_1^2d_2^2}{\bar{d}L}$
直角管道	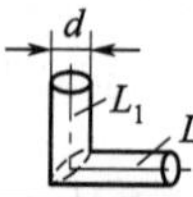	按直管计算,管道计算长度应为 $L=L_1+L_2+\frac{4}{3}d$
圆孔	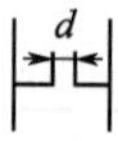	$U_{o.f.20℃}=116A_0$
缩孔	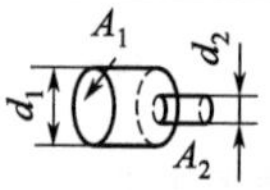	$U_{f.20℃}=9.1d_1^2d_2^2/(d_1^2-d_2^2)=116A_1A_2/(A_1-A_2)$

注:符号参见前面诸公式。

8.10 黏滞-分子流时管道的流导

8.10.1 圆截面管道

圆截面管道的流导

$$U_{n.f}=\frac{\pi}{128}\frac{d^4\bar{p}}{\eta L}+\frac{1}{6}\sqrt{\frac{2\pi RT}{M}}\frac{d^3}{L}\frac{1+\sqrt{\frac{M}{RT}}\frac{d\bar{p}}{\eta}}{1+1.24\sqrt{\frac{M}{RT}}\frac{d\bar{p}}{\eta\rho}} \tag{8-48}$$

对 20℃空气,圆截面管道的流导

$$U_{n.f.20℃}=1341\frac{d^4\bar{p}}{L}+121\frac{d^3}{L}\frac{1+189d\bar{p}}{1+234d\bar{p}} \tag{8-48a}$$

式中 $U_{n.f}$——黏滞-分子流时圆截面管道的流导,m^3/s;

$U_{n.f.20℃}$——黏滞-分子流时,圆截面管道对 20℃空气的流导,m^3/s;

d——管道直径,m;

L——管道长度,m;

$\bar{p}$——管道中的平均压力,Pa,$\bar{p}=\frac{p_1+p_2}{2}$,$p_1$、$p_2$ 分别为管道两端的压力;

R——摩尔气体常数,8.3143J/(K·mol);

T——气体温度,K;

M——气体摩尔质量,kg/mol;

η——气体的黏滞系数,$N·s/m^2$。

对 20℃空气,圆截面管道流导由简化式给出,即

$$U_{\text{n.f.}20℃}=12.1\frac{d^3}{L}J \quad (\text{L/s}) \tag{8-48b}$$

式中　d——管道直径，cm；

L——管道长度，cm；

J——与 d、$\bar{p}$ 之积有关的系数，见表 8-14 及图 8-26。

表 8-14　20℃空气的 J 值

$d\bar{p}$/Pa・cm	J	$d\bar{p}$/Pa・cm	J	$d\bar{p}$/Pa・cm	J	$d\bar{p}$/Pa・cm	J
<1.3	1.00	9.3	1.88	67	8.38	400	46.3
1.3	1.01	11	2.03	80	9.91	667	76.6
2.6	1.14	12	2.18	93	11.4	933	107
4.0	1.28	13	2.33	107	12.9	1333	152
5.0	1.43	27	3.84	120	14.5		
7.0	1.58	40	5.37	133	16.0		
9.0	1.73	53	6.87	266	31.1		

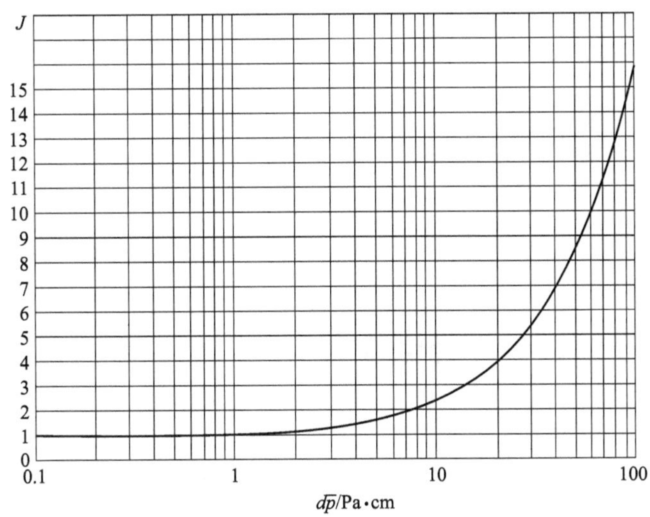

图 8-26　J 值与 $d\bar{p}$ 之积的关系

8.10.2 矩形截面管道

矩形截面管道的流导

$$U_{\text{n.f}}=U_{\text{n}}+K_{\text{j}}U_{\text{f}}\left[\frac{1+1.23(a/\bar{\lambda})^{0.3}}{1+(16K_{\text{j}}/3\pi)1.23(a/\bar{\lambda})^{0.3}}\right] \tag{8-49}$$

式中　$U_{\text{n.f}}$——黏滞-分子流时矩形截面管道的流导，cm^3/s；

U_{n}——黏滞流时矩形截面管道的流导，cm^3/s；

U_{f}——分子流时矩形截面管道的流导，cm^3/s；

a，b——矩形截面的短边及长边，cm；

$\bar{\lambda}$——气体分子的平均自由程，cm；

K_{j}——矩形截面管道形状系数，见图 8-27。

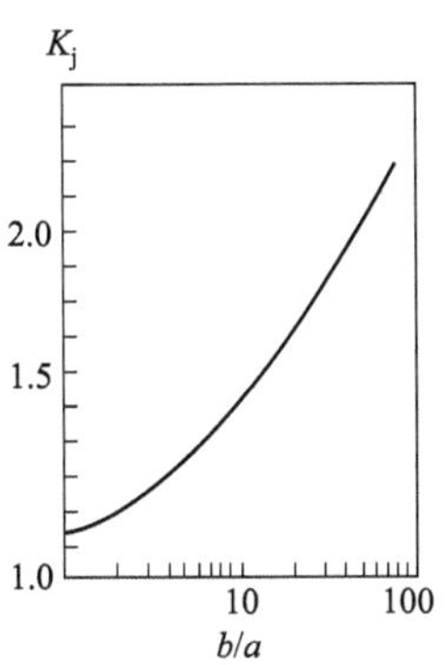

图 8-27　矩形截面管道形状系数 K_{j}

8.11 湍流圆截面管道流导

湍流也称做涡流或紊流。这种流动状态发生在真空泵从大气压下开始工作的很短时间内。由于存在的时间短，通常使用黏滞流计算公式，也不会降低计算准确性。但对工作压强较高的真空输送、真空过滤系统来讲，再用黏滞流的计算公式可能产生较大的误差。

由范尼英（Fanning）方程可以得到圆截面长管（$L>100D$）在湍流下的流导公式：

$$U=\frac{\pi}{4}\sqrt{\frac{p_1+p_2}{p_1-p_2}\cdot\frac{D^5R_0T}{fML}} \tag{8-50}$$

式中 U——圆管流导，m^3/s；

D——管道直径，m；

L——管道长度，m；

p_1——管道入口压强，Pa；

p_2——管道出口压强，Pa；

R_0——摩尔气体常数，8.3143J/(K·mol)；

T——气体温度，K；

M——气体摩尔量，kg/mol；

f——系数，与雷诺数有关，见图8-28。

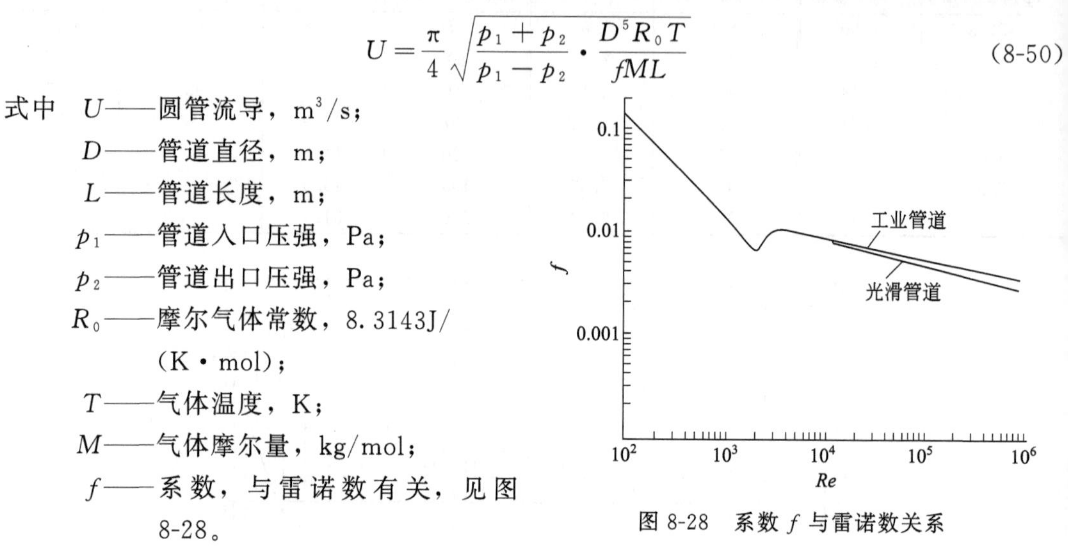

图 8-28 系数 f 与雷诺数关系

8.12 以克劳辛系数计算管道流导

克劳辛于1932年给出了气体分子从一端进入从另一端出管道的概率的计算方法，此概率称为克劳辛系数。计算公式的解精确到1%左右。表8-15给出了圆柱管克劳辛系数与管的相对长度的关系。

表 8-15 圆柱管克劳辛系数与管的相对长度的关系

L/r	α	L/r	α	L/r	α	L/r	α
0	1.0000	1.3	0.6139	3.2	0.4062	16	0.1367
0.1	0.9524	1.4	0.5970	3.4	0.3931	18	0.1240
0.2	0.9092	1.5	0.5810	3.6	0.3809	20	0.1135
0.3	0.8699	1.6	0.5659	3.8	0.3695	30	0.0797
0.4	0.8341	1.7	0.5518	4.0	0.3589	40	0.0613
0.5	0.8013	1.8	0.5384	5.0	0.3146	50	0.0499
0.6	0.7711	1.9	0.5256	6.0	0.2807	60	0.0420
0.7	0.7434	2.0	0.5136	7.0	0.2537	70	0.0363
0.8	0.7177	2.2	0.4914	8.0	0.2316	80	0.0319
0.9	0.6940	2.4	0.4711	9.0	0.2131	90	0.0285
1.0	0.6720	2.6	0.4527	10.0	0.1973	100	0.0258
1.1	0.6514	2.8	0.4359	12.0	0.1719	1000	0.002658
1.2	0.6320	3.0	0.4205	14.0	0.1523	∞	$8r/3L$

注：L—管长；r—圆柱管半径。

用克劳辛系数计算 20℃空气通过管道的流导公式如下

$$U_{f.20℃}=11.6A\alpha \tag{8-51}$$

式中 $U_{f.20℃}$——分子流时对 20℃空气的流导，L/s；

A——入口面积，cm^2；

α——克劳辛系数，见表 8-16～表 8-18。

表 8-16 长方形截面窄缝形管克劳辛系数与它的长度的关系

L/b	α	L/b	α	L/b	α	L/b	α	L/b	α
0	1	0.8	0.7266	1.6	0.5888	2.8	0.4712	6.0	0.3260
0.1	0.9524	0.9	0.7049	1.7	0.5760	3.0	0.4570	7.0	0.3001
0.2	0.9096	1.0	0.6848	1.8	0.5640	3.2	0.4439	8.0	0.2789
0.3	0.8710	1.1	0.6660	1.9	0.5525	3.4	0.4318	9.0	0.2610
0.4	0.8362	1.2	0.6485	2.0	0.5417	3.6	0.4205	10.0	0.2475
0.5	0.8048	1.3	0.6321	2.2	0.5215	3.8	0.4099	∞	$(b/L)\ln(b/L)$
0.6	0.7763	1.4	0.6168	2.4	0.5032	4.0	0.3999		
0.7	0.7503	1.5	0.6024	2.6	0.4865	5.0	0.3582		

注：$a \gg b$，$a<L$。L—管长；a—长方形截面短边；b—长方形截面长边。

表 8-17 发散截锥形管克劳辛系数与它的相对长度和张角的关系

$2\beta/(°)$	L/r						
	0.1	0.2	0.5	1.0	2.0	5.0	10.0
0	0.9524	0.9092	0.8013	0.6720	0.5142	0.3105	0.1909
1	0.9541	0.9125	0.8089	0.6854	0.5360	0.3460	0.2368
5	0.9604	0.9248	0.8373	0.7357	0.6176	0.4786	0.4086
10	0.9673	0.9384	0.8686	0.7908	0.7058	0.6172	0.5803
20	0.9787	0.9603	0.9185	0.8764	0.8370	0.8056	0.7964
30	0.9869	0.9761	0.9534	0.9334	0.9177	0.9081	0.9061
40	0.9927	0.9870	0.9762	0.9681	0.9629	0.9605	0.9601
50	0.9964	0.9939	0.9896	0.9870	0.9857	0.9852	0.9851
60	0.9986	0.9977	0.9965	0.9959	0.9957	0.9956	0.9955
70	0.9996	0.9994	0.9993	0.9992	0.9992	0.9992	0.9991
80	1.0000	1.0000	1.0000	1.0000	1.0000	1.0000	1.0000
89	1.0000	1.0000	1.0000	1.0000	1.0000	1.0000	1.0000

注：1. 气流方向由大端到小端。

2. r—小端半径；L—截锥长度；2β—截锥张角。

表 8-18 弯管克劳辛系数

$\theta/(°)$	30	60	90	120	150	180
α	0.792	0.650	0.547	0.469	0.409	0.362

注：θ—弯管角度。

8.13 挡板的流导

目前，在真空系统设计中，大多数采用比流导法来计算挡板的流导。比流导即挡板单位面积上的流导（由实验测出）。

分析法计算挡板流导所导出的公式不仅适用于挡板，也适用于形状复杂的真空元件的流导计算，如阱和阀门等，详见参考文献［151］。

挡板面积为 A，在20℃室温下，空气的比流导为 $U_比$，挡板的流导

$$U_Z=U_比 A \tag{8-52}$$

式中 U_Z——挡板对20℃空气的流导，L/s；

$U_比$——挡板对20℃空气的比流导，L/(s·cm²)（见表8-19）；

A——挡板面积，cm²。

表 8-19 各种挡板的比流导

挡板名称	示意图	最佳尺寸比	传输概率 P_c	比流导 /L·(s·cm²)$^{-1}$
直角	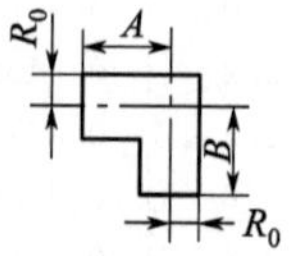	$A=B=3R_0$	0.28	3.28
光圈式	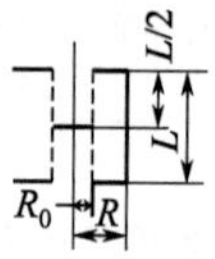	$L=3R_0$ $R/R_0=1.13$ $R/R_0=1.49$	 0.15 0.40	 1.76 4.70
单百叶窗	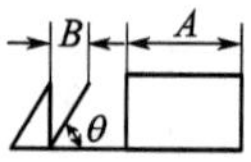	$A/B>5$ $\theta=60°$	0.41	4.80
山形(人字形)	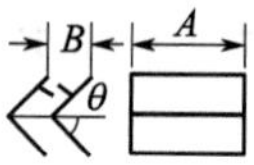	$A/B>5$ $\theta=60°$	0.27	3.16
双百叶窗	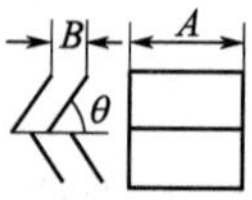	$A/B>5$ $\theta=60°$	0.25	3.00
锥状环形	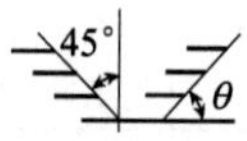	$\theta=60°$	0.39	4.5
锥状山形	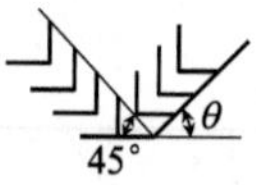	$\theta=60°$	0.33	3.8
变异光圈式	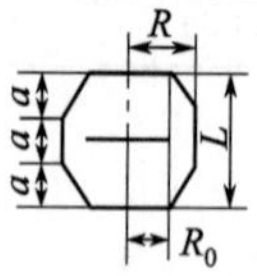	$R/R_0=1.29$ $L/R_0=1.5$	0.23	2.69
锥状环山形	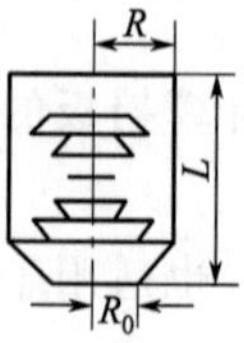	$R/R_0=1.3$ $L/R_0=2.67$	0.33	3.86

续表

挡板名称	示　意　图	最佳尺寸比	传输概率 P_c	比流导 /L·(s·cm²)⁻¹
环状山形	R　L　R_0	$R/R_0=1.29$ $L/R_0=0.75$	0.22	2.57
山形	90°		0.31	3.6
双山形	90°		0.19	2.2
三百叶窗	45°		0.17	2.0
锥状环状			0.69	8
半月形			0.1	1.2
双弯头			0.17	2.0

8.14 用传输概率计算流导

用蒙特卡罗方法计算出结构元件的传输概率后，可以计算结构元件的流导。蒙特卡罗法是一种统计实验方法，是用计算机去跟踪大量分子的各个轨迹，得出有多少分子能通过真空管路结构元件，进而得到传输概率。

戴维斯和利文森 1960 年首次用此方法计算出了分子流时气体分子通过结构元件的传输概率，后来其他作者亦给出了一些计算结果，见图 8-29～图 8-46。其计算精度取决于被跟踪的分子数，跟踪分子越多，精度越高。由于计算机运算速度的提高及应用的普及，以此方法计算传输概率得到了发展，通过已有的资料不难看出，它对求解复杂结构的分子流流导是一种有效方法。

用传输概率计算分子流流导公式如下

$$U_f = P_c U_{of} \tag{8-53}$$

式中　U_f——分子流时结构元件的流导，L/s；

U_{of}——分子流时结构元件入口孔的流导，L/s；

P_c——结构元件的传输概率，见图 8-29～图 8-46。

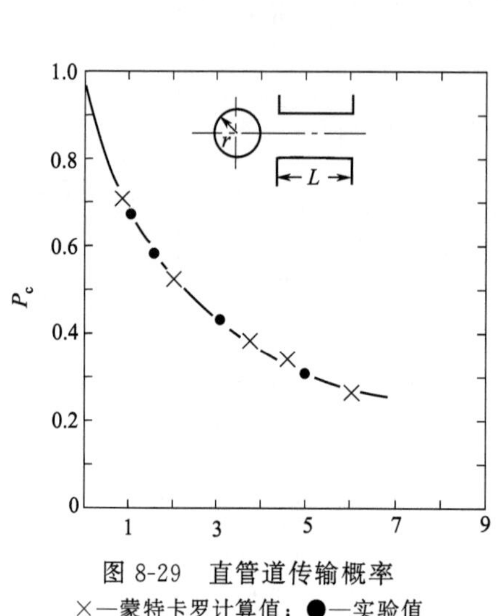

图 8-29　直管道传输概率

×—蒙特卡罗计算值；●—实验值

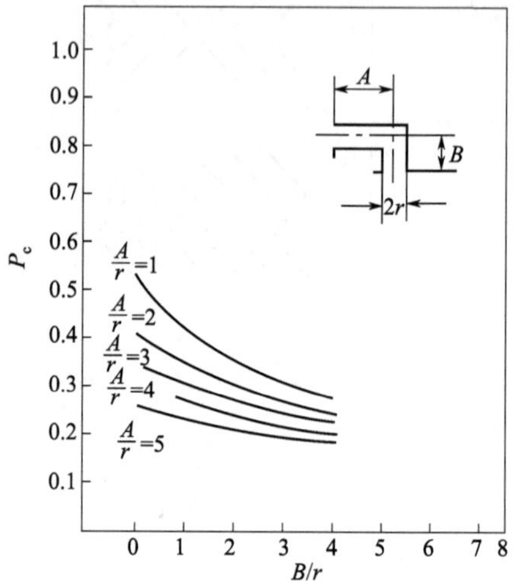

图 8-30　直角弯管传输概率

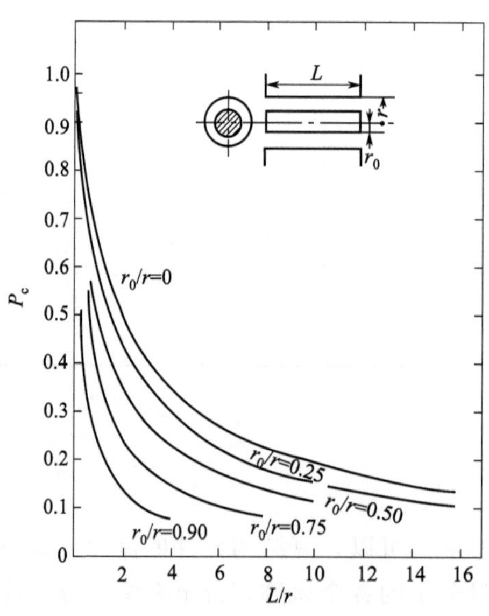

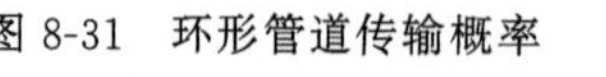

图 8-31　环形管道传输概率

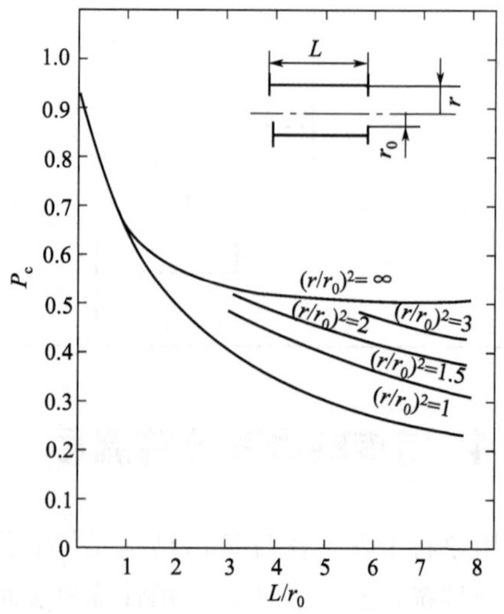

图 8-32　两端有环形挡板的管道传输概率

用于 20℃的空气，其流导

$$U_{f.20℃} = 11.6AP_c \quad (L/s) \tag{8-54}$$

式中　A——结构元件入口孔的面积，cm^2。

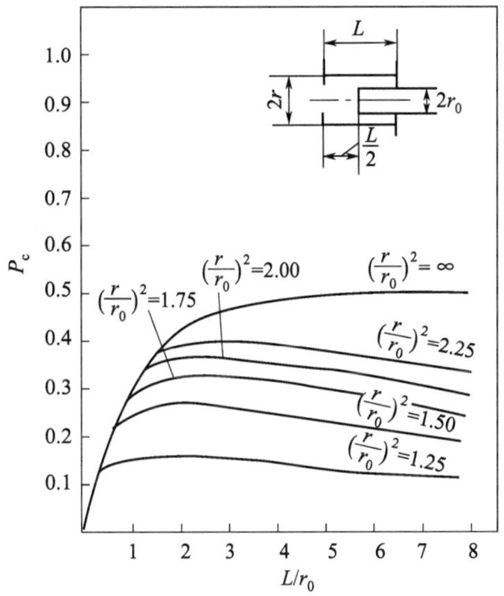

图 8-33　两端有环形挡板的管道中间置一挡板传输概率

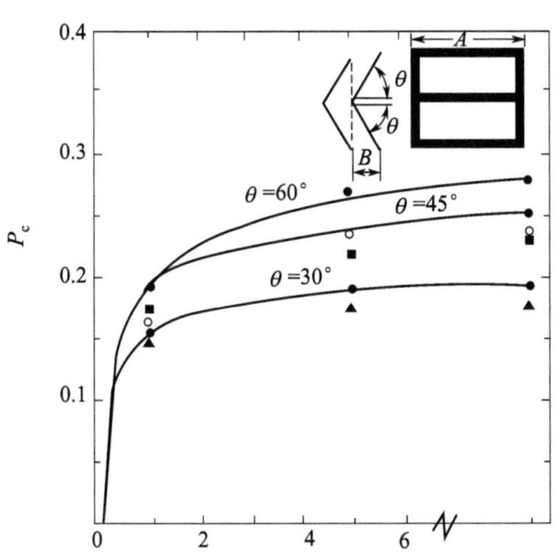

图 8-34　山形挡板（人字形挡板）传输概率
● 计算值；○ $\theta=60°$的实验值；
■ $\theta=45°$的实验值；▲ $\theta=30°$的实验值

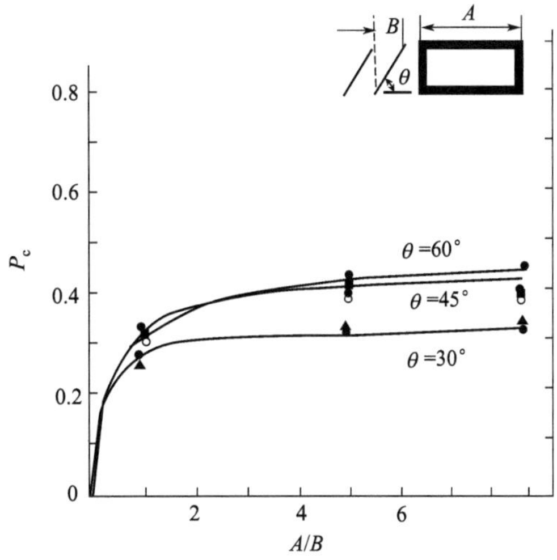

图 8-35　单百叶窗挡板传输概率
● 计算值；○ $\theta=60°$的实验值；
■ $\theta=45°$的实验值；▲ $\theta=30°$的实验值

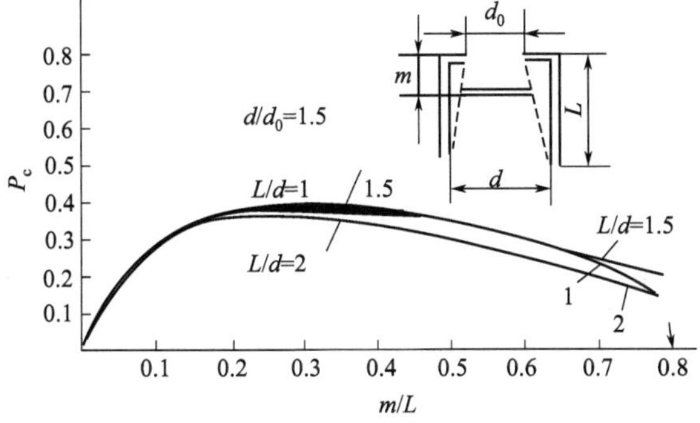

图 8-36　光圈式挡板传输概率

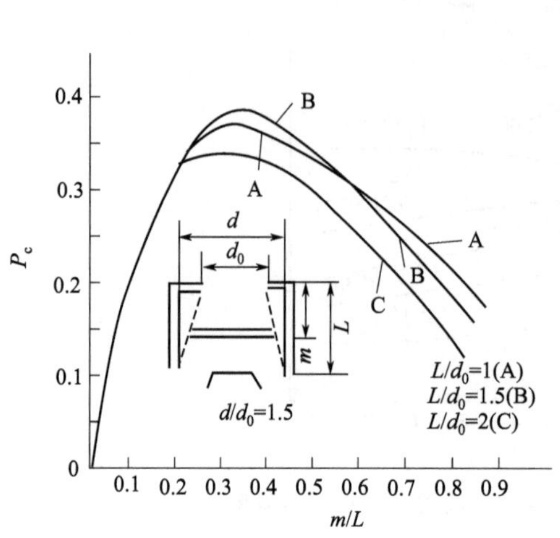

图 8-37 光圈式挡板与扩散泵连接后传输概率

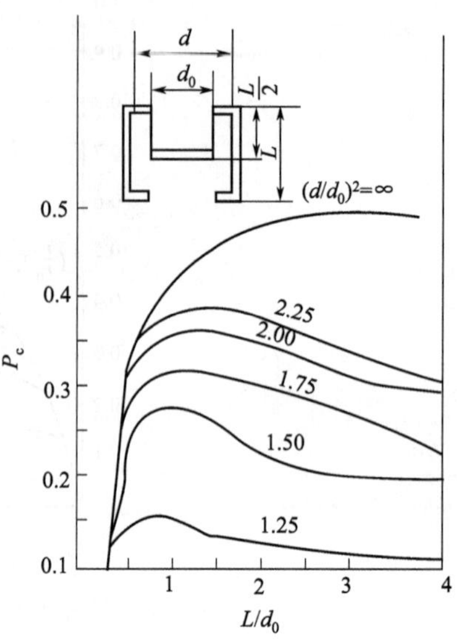

图 8-38 光圈式挡板传输概率

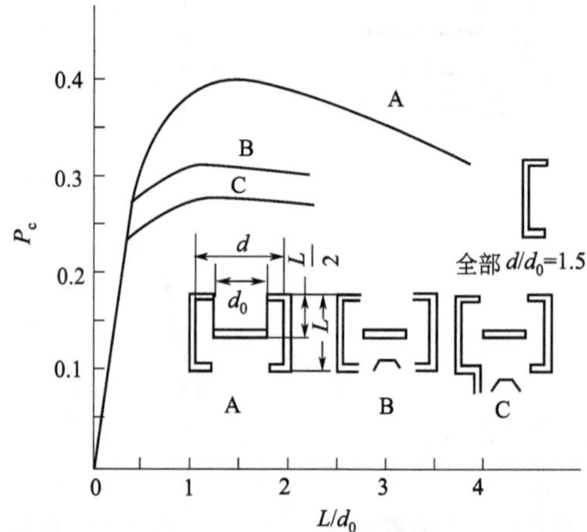

图 8-39 光圈式挡板与扩散泵连接后传输概率

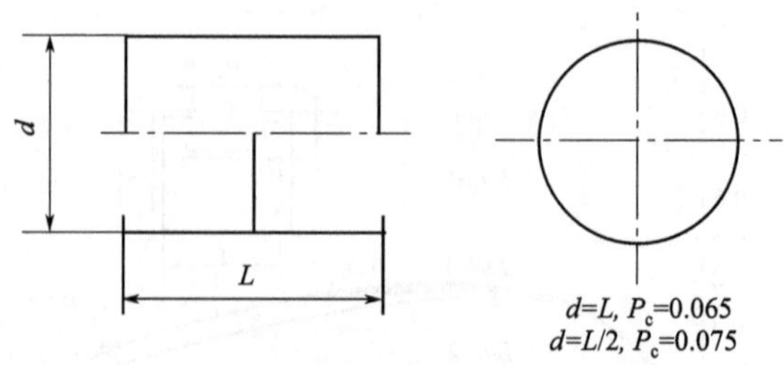

图 8-40 管道中装有半圆形挡板传输概率

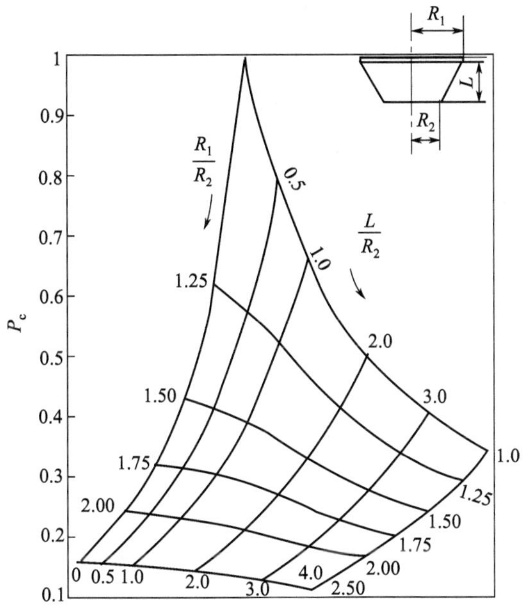

图 8-41 锥形管传输概率

按图 8-41 求锥形管传输概率时，可按 L/R_2 与 R_1/R_2 的两比值求出某一交点，再按该点在纵坐标上找出 P_c 值，此值即为所求锥形管传输概率值

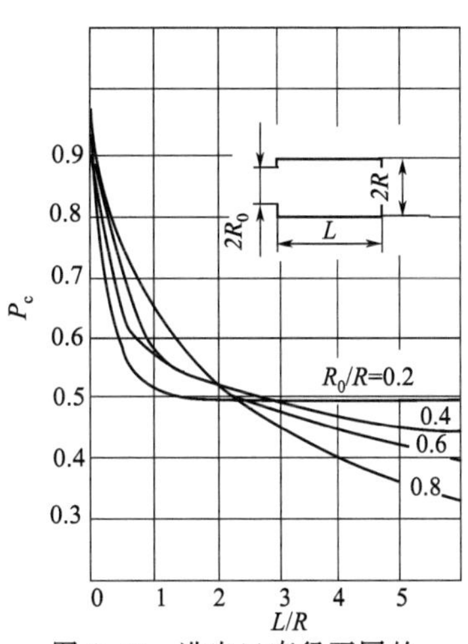

图 8-42 进出口直径不同的管道板传输概率

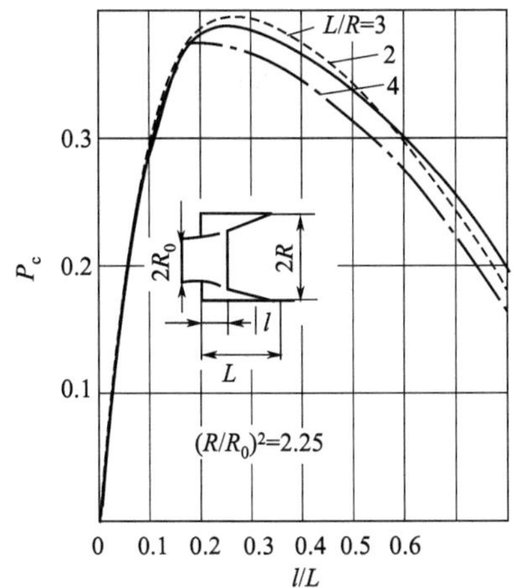

图 8-43 进出口直径不同管道中有圆形挡板的传输概率

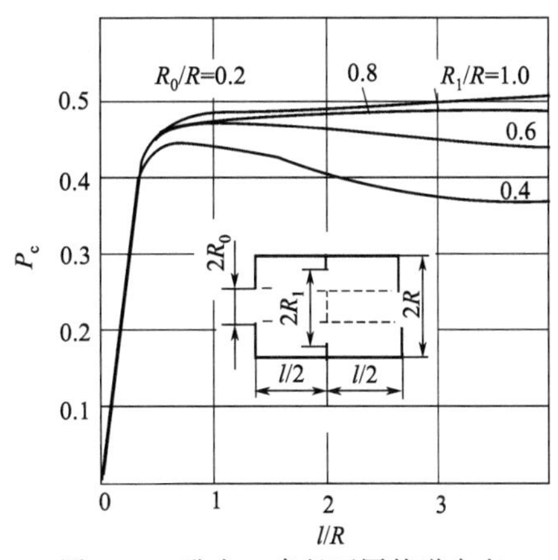

图 8-44 进出口直径不同管道中有环形挡板的传输概率

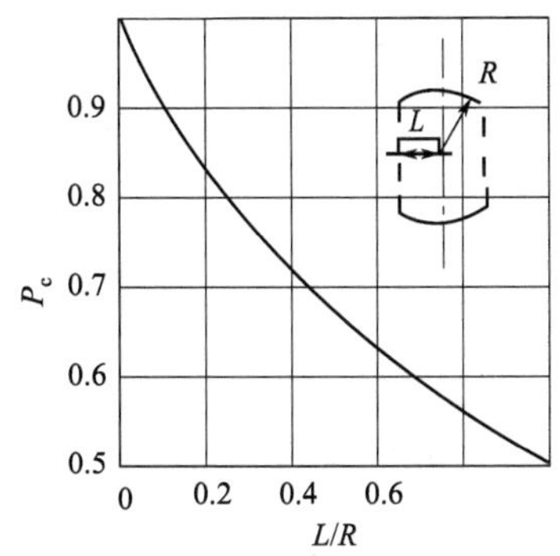

图 8-45 截球形管道中有挡板的传输概率

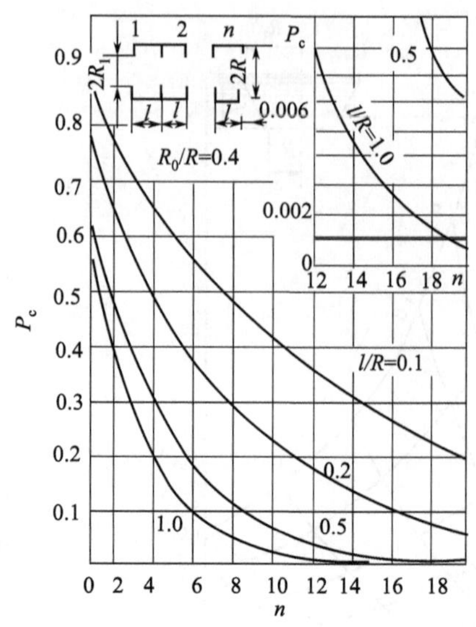

图 8-46　进出口直径不同且有多孔片挡板的传输概率

8.15 分子流下复杂管路的流导和传输概率

8.15.1　两截面相同的管道串联

已知两个同直径管道［见图 8-47(a)］的传输概率为 P_{c1} 和 P_{c2}，两管道串联后的传输概率用下式计算

$$\frac{1}{P_c}=\frac{1}{P_{c1}}+\frac{1}{P_{c2}}-1 \tag{8-55}$$

串联右管道的流导为

$$U=P_cU_{01} \tag{8-56}$$

此式对截面相同的弯管串联也适用。式中，U_{01} 为第一根管道入口孔的流导。

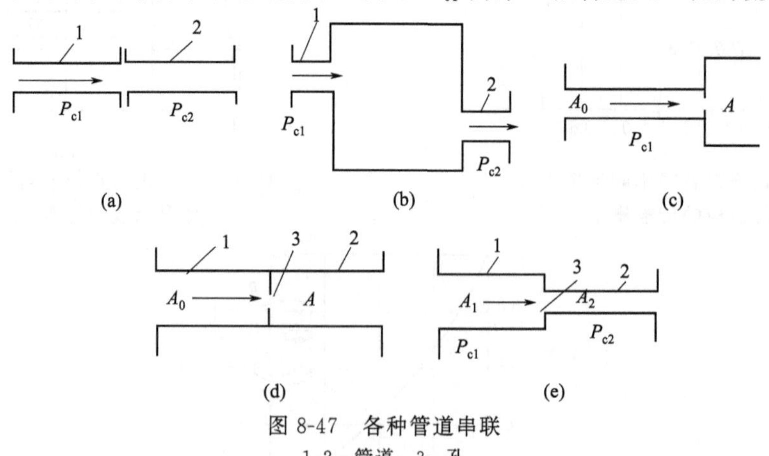

图 8-47　各种管道串联
1,2—管道；3—孔

8.15.2　两截面相同的管道中间连接一个大容器

这种连接管如图 8-47(b) 所示。若容器的流导为 U_0，串联后的流导为

$$\frac{1}{U}=\frac{1}{U_0}+\frac{1}{U_1}+\frac{1}{U_2} \tag{8-57}$$

当式中 $U_0 \gg U_1$ 和 U_2 时，$\frac{1}{U_0}$的值很小，可以忽略不计，则公式（8-57）可简化为

$$\frac{1}{U}=\frac{1}{U_1}+\frac{1}{U_2} \tag{8-57a}$$

同理，若已知管道 1 和管道 2 的传输概率为 P_{c1}、P_{c2} 而忽略容器的传输概率 P_{c0} 时，串联的管道总传输概率的计算公式为

$$\frac{1}{P_c}=\frac{1}{P_{c1}}+\frac{1}{P_{c2}} \tag{8-58}$$

此式同样适用于弯管。

8.15.3 管道与小孔组合后的传输概率

串联管道如图 8-47(c) 所示。管道右端有一小孔（截面为 A），当气流由左向右沿管道流动，在小孔处气体收缩后通过。此种情况下的小孔，称为缩孔。反之，气流由右向左流动，先通过小孔，然后流经管道，这时的小孔看作普通孔［普通孔的流导可按公式(8-19) 来计算］。

对于带有缩孔的管道串联后的传输概率为

$$\frac{1}{P_c}=\frac{1}{P_{c1}}+\frac{A_0}{A}-1 \tag{8-59}$$

式中，A_0 为管道入口的截面面积。

8.15.4 两管道中间有小孔时管路传输概率

图 8-47(d) 为这种组合管路的示意图。串联后的传输概率为

$$\frac{1}{P_c}=\frac{1}{P_{c1}}+\frac{1}{P_{c2}}+\frac{A_0}{A}-2 \tag{8-60}$$

式中　P_c——串联后的总传输概率；

P_{c1}——管道 1 的传输概率；

P_{c2}——管道 2 的传输概率；

A——管道中的小孔截面面积；

A_0——管道左端的截面面积。

8.15.5 两个截面不同的管道串联后的传输概率

如图 8-47(e) 所示。管道 1 的截面面积为 A_1，传输概率为 P_{c1}；管道 2 的截面面积为 A_2，传输概率为 P_{c2}，串联后的传输概率 P_c 的计算公式为

$$\frac{1}{P_c}=\left(\frac{1}{P_{c1}}-1\right)\frac{A_2}{A_1}+\frac{1}{P_{c2}} \tag{8-61}$$

8.16 分子流管道传输概率

8.16.1 圆截面管传输概率

1965 年，A. S. Berman 给出了计算圆管传输概率的解析公式，当 $L/r \leqslant 40$（L 为管

长，r 为圆管内半径）时，误差不超过 0.07%，其公式如下：

$$P_c = P_a - P_b \tag{8-62}$$

其中

$$P_a = 1 + \frac{\rho^2}{4} - \frac{\rho(\rho^2+4)^{0.5}}{4} \tag{8-63}$$

$$P_b = \frac{[(8-\rho^2)(\rho^2+4)^{0.5} + \rho^3 - 16]^2}{72\rho(\rho^2+4)^{0.5} - 288\ln[\rho + (\rho^2+4)^{0.5}] + 288\ln 2} \tag{8-64}$$

$$\rho = \frac{1}{r}$$

当 $\rho \leqslant 1$ 时，A. S. Berman 圆管传输概率由下式计算：

$$P_c = 1 - \frac{1}{2}\rho + \frac{1}{4}\rho^2 - \frac{5}{48}\rho^3 + \frac{1}{32}\rho^4 - \frac{13}{2560}\rho^5 + \frac{1}{3840}\rho^6 - \cdots \tag{8-65}$$

8.16.2 圆锥管传输概率

圆锥管简图如图 8-48 所示。2008 年 Shiro 等考虑到气体分子与壁碰撞发生镜面反射概率对传输概率的影响，给出了如下公式计算圆锥管的传输概率：

$$P_c = P_d + P_f(1-P_d) + (1-P_f)(1-P_d)\frac{\cos\theta}{2\tan\left(\pi - \frac{\theta}{2}\right)}$$

$$P_d = A - B$$

$$A = \frac{r^2 + (r+\Delta r)^2 + L^2}{2r^2} \tag{8-66}$$

$$B = \left[P^2 - \frac{(r+\Delta r)^2}{r^2}\right]^{0.5} \tag{8-67}$$

式中　P_f——镜面反射概率

图 8-49 为王继常、杨乃恒用蒙特卡罗方法计算圆锥管传输概率（见《真空科学与技术》1987（5）。圆锥管大端半径 R_1 为单位 1，小端半径为 R_2，取 R_1/R_2 分别为 1.25，1.5，1.75，2。圆锥管轴线长为 L，L/R_1 分别为 0.25，0.5，0.75，1，2，3，4，5，6，8，10。

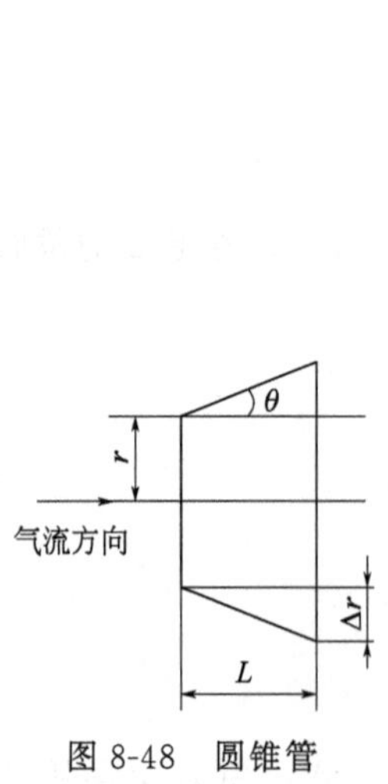

图 8-48　圆锥管

图 8-49　圆锥管传输概率

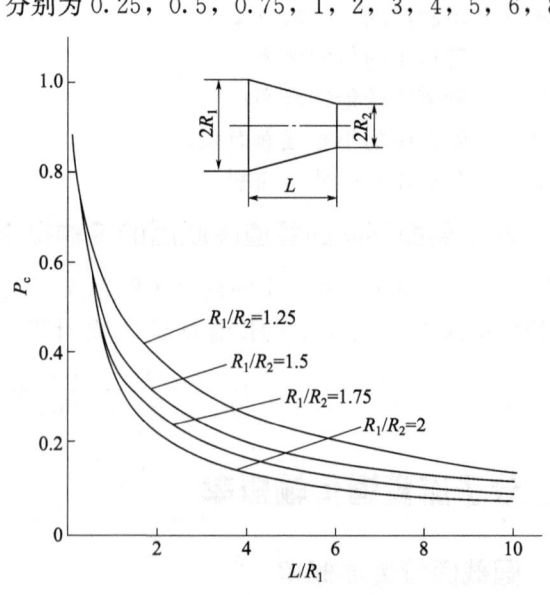

8.16.3 球台管传输概率

球台管简图如图 8-50 所示，1966 年，Edwards 和 Gilles 给出了球台管传输概率近似计算公式：

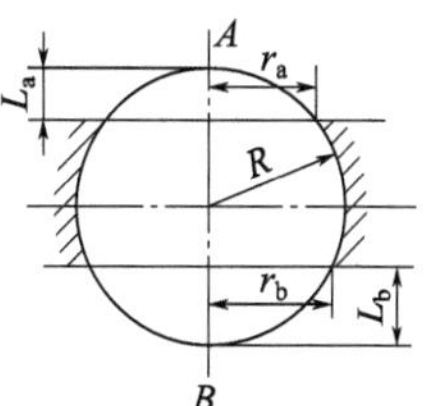

图 8-50 球台管

$$P_c = \frac{L_b}{L_\alpha + L_b} \cdot \frac{2R}{2R - L_\alpha} \tag{8-68}$$

式中 L_α——圆的最高点与球台管入口之距；

L_b——圆的最低点与球台管出口之距；

R——圆球半径；

r_α、r_b——分别为球台管入口及出口半径。

8.16.4 圆截面短管传输概率

1932 年，P. Clausing 最早计算出圆管的传输概率，又称克劳辛系数，其计算公式如下：

$$\alpha = \alpha_1 - \alpha_2 \tag{8-69}$$

$$\alpha_1 = 1 + \frac{C^2}{4} - \frac{C}{4}(c^2 + 4)^{0.5} \tag{8-70}$$

$$\alpha_2 = \frac{[(8 - C^2)(C^2 + 4)^{0.5} + C^3 - 16]^2}{72C(C^2 + 4)^{0.5} - 288\ln[C + (C^2 + 4)^{0.5}] + 288\ln 2} \tag{8-71}$$

$$C = \frac{L}{R} \quad (L\ 为管长，R\ 为圆管半径)$$

8.16.5 环形截面短管传输概率

环形截面短管的传输概率是其几何尺寸 $y = L/(R_2 - R_1)$ 及 $r = R_1/R_2$ 的函数，1964 年，A. S. Berman 给出如下公式：

$$P_c = \left[1 + y\left(0.5 - a\tan^{-1}\frac{y}{b}\right)\right]^{-1} \tag{8-72}$$

式中
$$a = \frac{0.0741 - 0.014r - 0.037r^2}{1 - 0.918r + 0.05r^2} \tag{8-73}$$

$$b = \frac{5.825 - 2.86r - 1.45r^2}{1 + 0.56r - 1.28r^2} \quad (0 \leqslant r \leqslant 0.9) \tag{8-74}$$

$$y = \frac{L}{R_2 - R_1} \quad (L\ 为管长，R_1\ 为内管半径，R_2\ 为外管半径)$$

$$r = \frac{R_1}{R_2}$$

表 8-20 给出了环形截面管道的传输概率。

表 8-20 环形截面管道的传输概率 P_c

$y = \frac{L}{R_2 - R_1}$	R_1/R_2					
	0.1	0.2	0.4	0.6	0.8	0.95
0.5	0.8017	0.8022	0.8030	0.8037	0.8043	0.8046
1.0	0.6737	0.6754	0.6783	0.6808	0.6829	0.6842

续表

$y=\dfrac{L}{R_2-R_1}$	R_1/R_2					
	0.1	0.2	0.4	0.6	0.8	0.95
1.5	0.5842	0.5867	0.5915	0.5958	0.5997	0.6020
2.0	0.5175	0.5206	0.5266	0.5324	0.5378	0.5413
2.5	0.4655	0.4690	0.4758	0.4826	0.4894	0.4940
3.0	0.4237	0.4274	0.4348	0.4423	0.4501	0.4558
3.5	0.3893	0.3931	0.4007	0.4087	0.4174	0.4241
4.0	0.3604	0.3642	0.3720	0.3804	0.3896	0.3972
5.0	0.3123	0.3181	0.3260	0.3347	0.3448	0.3538
6.0	0.2791	0.2828	0.2906	0.2994	0.3100	0.3201
7.0	0.2513	0.2548	0.2625	0.2712	0.2820	0.2929
8.0	0.2286	0.2321	0.2395	0.2481	0.2589	0.2704
9.0	0.2099	0.2132	0.2204	0.2288	0.2496	0.2515
10.0	0.1914	0.1973	0.2042	0.2124	0.2230	0.2352
15.0	0.1414	0.1440	0.1499	0.1569	0.1666	0.1792
25.0	0.0921	0.0941	0.0984	0.1038	0.1116	0.1230
50.0	0.0496	0.0507	0.0533	0.0567	0.0618	0.0700

8.16.6 矩形管传输概率

Karl Jousten 的《Handbook of Vacuum Technology》给出了矩形短管传输概率，见图 8-51。

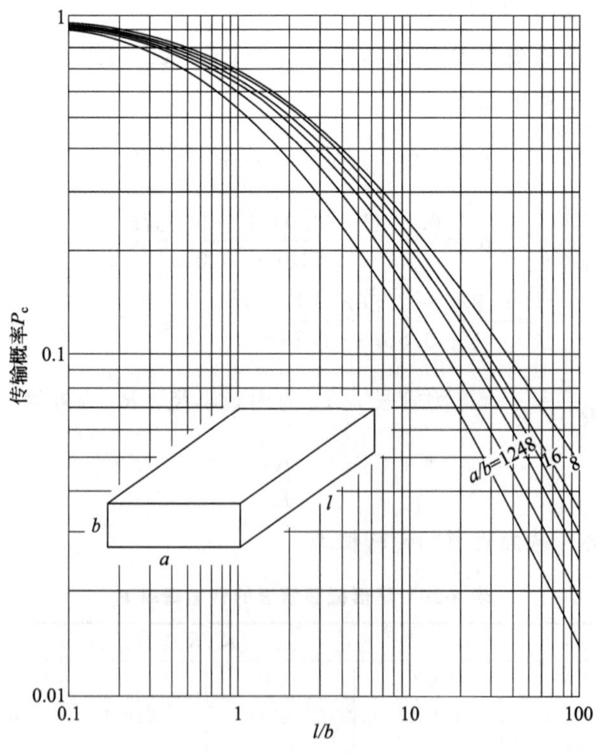

图 8-51　矩形管传输概率

8.17 蒙特卡洛法计算真空元件传输概率

1960 年戴维斯（D. H. Davis）和莱文森（L. L. Levenson）最早采用蒙特卡洛（Monte Carlo）法计算各种结构真空元件的传输概率。后来贝伦斯（Ballauce）将此方法用于真空元件过渡流传输概率计算。此外，Monte Carlo 法（简称 MC）还应用于计算分子泵分子通过叶片的传输概率，计算低温泵中传输概率与热负荷系数等。

Monte Carlo 法是一种实验数学方法，其基本内容是用数学方法产生随机变量的样本，将实际问题构成一种概率统计模型，并定义一个随机变量，使其概率分布或数字特征刚好等于模拟问题的解；再确定一个随机抽样方法，在计算机上进行数学模拟，把每次模拟试验结果进行统计，最后计算出概率。

8.17.1 原理

Mente Carlo 法在模拟气体分子的流动、输运等行为时，利用随机数的产生来模仿分子每一次热运动的随机性，同时用合适的算法公式保证总体上符合分子运动的统计学规律。常用的 MC 模拟方法有实验粒子蒙特卡洛模拟方法（TPMC）和直接模拟蒙特卡洛方法（DSMC）。

实验粒子蒙特卡洛模拟方法（TPMC）十分适合于纯分子流态下管道传输概率的求解计算。其基本思路是逐个模拟在管道中运动的气体分子，从其进入管道开始到其离开为止，对每个气体分子进行全程追踪，并记录我们所关心的指标参数；通过对大量分子的指标参数做统计平均，可反映所研究问题的规律和量值。TPMC 模拟过程中，通常采用如下假设：(1) 分子之间无碰撞；(2) 在入口截面上，进入管道的分子在位置上是均匀分布的，在角度上符合余弦分布规律；(3) 管壁吸附和释放平衡，即入射率等于反射率；(4) 气体分子碰撞管壁后，重新按余弦分布规律反射。

直接模拟蒙特卡洛方法（DSMC）更适合于过渡流态下气体分子流动过程的模拟。其基本思路是在流道空间中同时投放足够数量的模拟分子，并随机地赋予其初始时刻的状态参数，包括每一个模拟分子的位置坐标、速度分量及内能等；然后在设定的、与真实时间同步的时间步长下，计算下一时刻每一模拟分子的新状态参数，以及在此过程中可能发生的分子间碰撞以及与通道边界的碰撞；如此循环下去，最终得到稳态的计算结果。

DSMC 方法要求同时模拟的分子数目要足够多，以使它们在流场网格中能够充分地代表真实气体分子分布，当然模拟分子的数目还是远远少于真实分子的，即一个模拟分子代表着巨大数目的真实分子。模拟过程中，计算机中要存储着每一个模拟分子的状态数据，它们随着分子的运动和碰撞，随着时间不断变化，因此 DSMC 模拟计算需要更多的计算机资源，计算方法与程序也更复杂些。虽然 DSMC 方法模拟计算的每一步都是非定常的，但定常流作为非定常流的长时间渐进状态可以得到。

由于 MC 模拟方法已获得的广泛应用，因此有许多算法相对成熟的计算程序软件可以直接利用。对于 TPMC 模拟方法，可用的专用开源软件程序有 Molflow；通用多物理场模拟软件 COMSOL 中也有专门的模块。对于 DSMC 模拟方法，最成熟的开源软件程序有 OpenFOAM 等。

8.17.2 直圆管道传输概率的 TPMC 模拟计算示例

利用 TPMC 方法，计算一段长径比为 L 的直圆管道的分子流态传输概率。

首先以圆管出口平面中心为坐标原点，以圆管轴线为 x 坐标轴，以圆管半径作为 1 单位长度，圆管的相对长度为 L，建立直角坐标系和圆管几何模型，如图 8-52 所示。

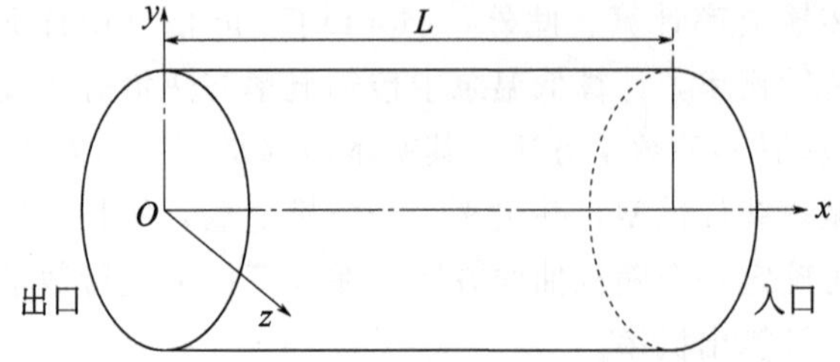

图 8-52 直圆柱管内部坐标系建立示意图

其次，生成模拟分子在入口平面的入射位置坐标（x_0，y_0，z_0）

$$\begin{cases} x_0 = L \\ y_0 = 2Rnd_1 - 1 \\ z_0 = 2Rnd_2 - 1 \end{cases} \tag{8-75}$$

其中 Rnd_1和 Rnd_2为取值在［0，1］之间且相互独立的随机数（后同），并需检验满足 $x_0^2 + y_0^2 < 1$ 。如果不满足，则放弃该组数据重新生成新坐标。

生成模拟分子入射方向的方向余弦（α_0，β_0，γ_0）

$$\begin{cases} \alpha_0 = -\mu_3 \\ \beta_0 = \mu_2 \\ \gamma_0 = \mu_1 \end{cases} \tag{8-76}$$

其中

$$\begin{cases} \mu_1 = C_1 D_1 \\ \mu_2 = C_2 D_1 \\ \mu_3 = D_2 \end{cases} \tag{8-77}$$

$$C_1 = \frac{(2Rnd_3 - 1)^2 - Rnd_4^2}{(2Rnd_3 - 1)^2 + Rnd_4^2} \tag{8-78}$$

$$C_2 = \frac{2(2Rnd_3 - 1)Rnd_4}{(2Rnd_3 - 1)^2 + Rnd_4^2} \tag{8-79}$$

$$D_1 = \sqrt{1 - [\max(Rnd_5, Rnd_6)]^2} \tag{8-80}$$

$$D_2 = \max(Rnd_5, Rnd_6) \tag{8-81}$$

式中随机数 Rnd_3和 Rnd_4 需检验满足 $(2Rnd_3 - 1)^2 + Rnd_4^2 \geqslant 1$ ，如果不满足，则放弃该组数据重新计算 C_1和 C_2。

再其次，计算模拟分子第一次飞行到达管壁圆柱面的距离为

$$d_1 = -\frac{Q}{P} + \sqrt{(\frac{Q}{P})^2 - \frac{R^2}{P}} \tag{8-82}$$

式中

$$P = \beta_0^2 + \gamma_0^2 \tag{8-83}$$

$$Q = \beta_0 y_0 + \gamma_0 z_0 \tag{8-84}$$

$$R^2 = y_0^2 + z_0^2 - 1 \tag{8-85}$$

判断：如果 $d_1 \geqslant d_2 = -L/\alpha_0$，则说明模拟分子直接飞出管道出口；否则，与圆管内壁碰撞，实际飞行距离 $d = d_1$。

然后，计算模拟分子从圆管壁面反射的坐标位置和方向余弦。

$$\begin{cases} x = x_0 + \alpha_0 d \\ y = y_0 + \beta_0 d \\ z = z_0 + \gamma_0 d \end{cases} \tag{8-86}$$

$$\begin{cases} \alpha = -\mu_2 \\ \beta = -\dfrac{z\mu_1 + y\mu_3}{\sqrt{y^2 + z^2}} \\ \gamma = \dfrac{y\mu_1 - z\mu_3}{\sqrt{y^2 + z^2}} \end{cases} \tag{8-87}$$

式中，μ_1，μ_2，μ_3 由式（8-76）～式（8-81）利用新的随机数计算。

计算反射模拟分子再次到达管壁圆柱面的距离为

$$d_3 = -2\frac{\beta y + \gamma z}{\beta^2 + \gamma^2} \tag{8-88}$$

到达圆管出口面的距离为

$$d_4 = \begin{cases} -\dfrac{x}{\alpha} & \text{当} -\dfrac{x}{\alpha} \geqslant 0 \text{ 时} \\ d_m & \text{当} -\dfrac{x}{\alpha} < 0 \text{ 时} \end{cases} \tag{8-89}$$

到达圆管入口面的距离为

$$d_5 = \begin{cases} \dfrac{L - x}{\alpha} & \text{当} \dfrac{L - x}{\alpha} \geqslant 0 \text{ 时} \\ d_m & \text{当} \dfrac{L - x}{\alpha} < 0 \text{ 时} \end{cases} \tag{8-90}$$

其中 d_m 取一个相对很大的正数。

比较三个距离的大小并判断模拟分子的下一步去向：d_4 最小时表示分子穿过出口面飞出管道；d_5 最小时表示分子返回入口飞离管道，这两种情况都停止跟踪该模拟分子。d_3 最小时表示模拟分子再次与管内壁相碰，实际飞行距离 $d = d_3$，此时，以前次碰点的坐标位置和方向余弦代替式（8-86）中的入射坐标位置和方向余弦，重复模拟分子从壁面反射的计算过程，直至分子飞出圆管。

当模拟分子总数达到设定数目后，统计计算其传输概率 P＝出口分子数/入射分子数。

模拟计算的简化流程图如图 8-53 所示。据此流程，采用 VB 语言编写的计算程序，几种不同长径比的圆管道传输概率模拟结果（保留小数点后 3 位有效数字）如表 8-21 所示。表中同时给出了利用 Molflow 软件的模拟结果作为对比。两种模拟方法，对每一种管道均模拟了 1000 万个有效分子。

表 8-21　不同长径比的圆管道传输概率 P

长径比 L/R	0.25	0.5	1	2	3	4	5
VB 编程模拟的传输概率结果 P	0.889	0.802	0.672	0.515	0.420	0.357	0.311
Molflow 软件模拟的传输概率结果 P	0.889	0.801	0.672	0.514	0.420	0.356	0.310

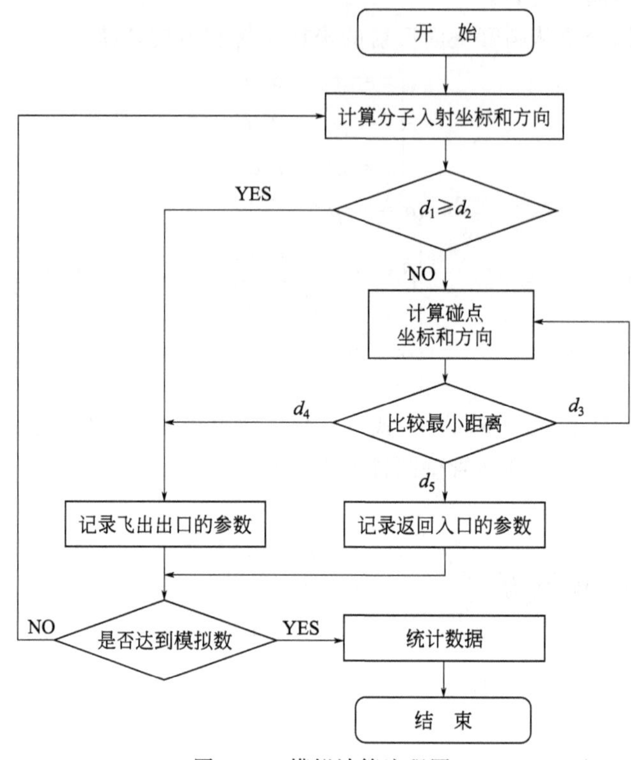

图 8-53　模拟计算流程图

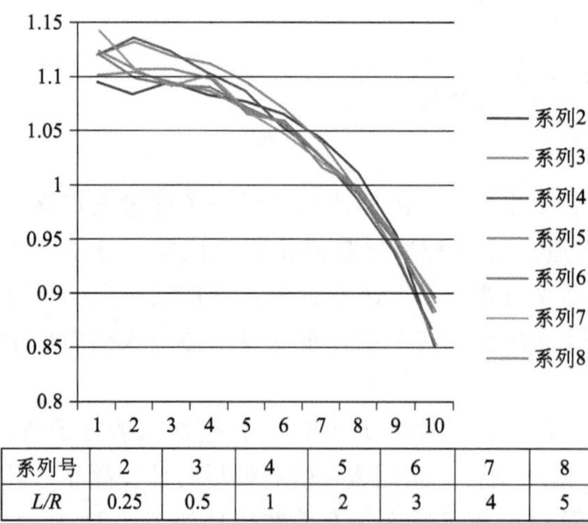

系列号	2	3	4	5	6	7	8
L/R	0.25	0.5	1	2	3	4	5

图 8-54　不同长径比的圆管道在出口的分子出射相对密度分布

如果在 VB 编程模拟过程中分别记录出口平面不同半径环形截面中的出射分子数，并计算其单位面积的出射密度；同时定义相对密度 V=局部出射密度/平均出射密度。可以发现，管道出口平面的中心区域的局部出射密度大于平均出射密度；而靠近管壁的边缘区域，局部出射密度小于平均出射密度；即气体分子流过一段管道后，具有向中心聚集的趋势，称为位置束流效应，并会对后续流动产生一定影响。图 8-54 展示了对应表 8-21 中各种管道的出口束流效应，以 0.1 倍管道半径的距离间隔将每一种管道的出口平面均匀地划分为 10 个同心圆环，图中横坐标数字 1 代表管道中心圆的位置，数字 10 代表靠近管道内壁的圆环位置；图中纵坐标给出了其相对密度的沿半径分布模拟值。

8.17.3 利用 Molflow 软件计算挡板在分子流态下的传输概率

以一个入口直径 380mm 的非光密单百叶窗式挡板为例，使用 Molflow 软件计算其分子流态下的总传输概率。

该挡板的结构示意图及其主要尺寸如图 8-55，模拟方法步骤如下：

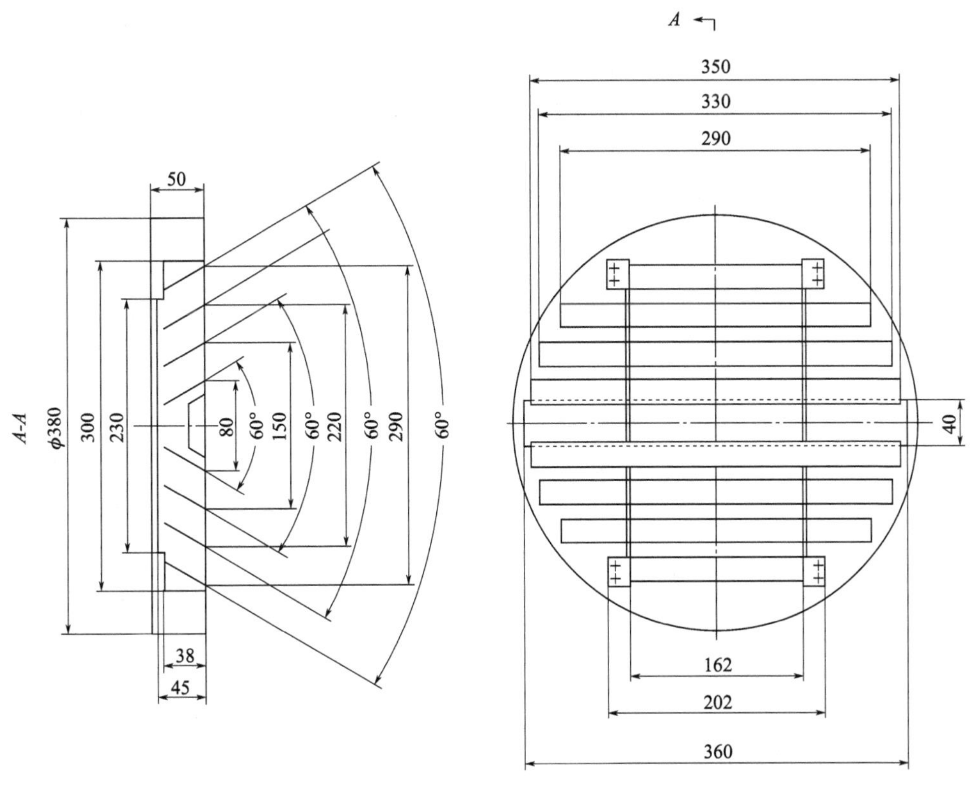

图 8-55 非光密单百叶窗式挡板的结构示意图

利用 SolidWorks 软件，以 SI 单位制，按照真实几何尺寸画出挡板及管道内部的 3D 结构模型，并以 stl 格式输出导入 Molflow 程序，如图 8-56 所示。

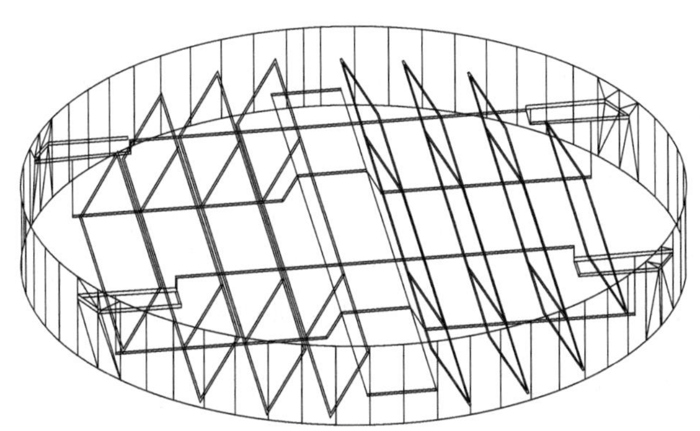

图 8-56 非光密单百叶窗式挡板导入 Molflow 的结构模型

已知挡板入口直径380mm，入口面积$A=1134.115\text{cm}^2$；设定气体入口压力$p=5\times10^{-3}\text{Pa}=5\times10^{-5}\text{mbar}$（软件程序所要求的单位）；取空气分子的摩尔质量$\mu=29\times10^{-3}\text{kg}$；气体温度$T=293.15\text{K}$；普适气体常数$R_g=8.314\text{J/(mol}\cdot\text{K)}$；计算入口截面总放气量：

$$Q=\frac{1}{4}\bar{c}Ap=\frac{1}{4}\sqrt{\frac{8R_gT}{\pi\mu}}Ap=0.6558\text{mbar}\cdot\text{L/s} \tag{8-91}$$

设定模型边界条件：取上平面为气体分子入口平面，入射方向遵循余弦分布，设定放气量为0.6558mbar·L/s，黏附因子为1；下平面为气体分子出口平面，黏附因子为1，其余各面都选作壁面，黏附因子为0，遵循漫反射；不考虑气体分子在壁面上的吸附和脱附时间。

模拟过程累积模拟有效分子数3.0063×10^9个，模拟结果显示挡板的总传输概率为0.449812 。

另外统计发现，尽管这是一个非光密的挡板，有相当大比例的气体分子未经与挡板碰撞就直接穿过该构件，但上述分子与挡板表面以及管道壁面的总碰撞次数达到$7.86124\text{e}\times10^9$次。

8.17.4 利用OpenFOAM软件计算挡板在过渡流态下的流导

仍以图8-55所示的非光密单百叶窗式挡板为例，使用OpenFOAM软件计算其过渡流下的流导。

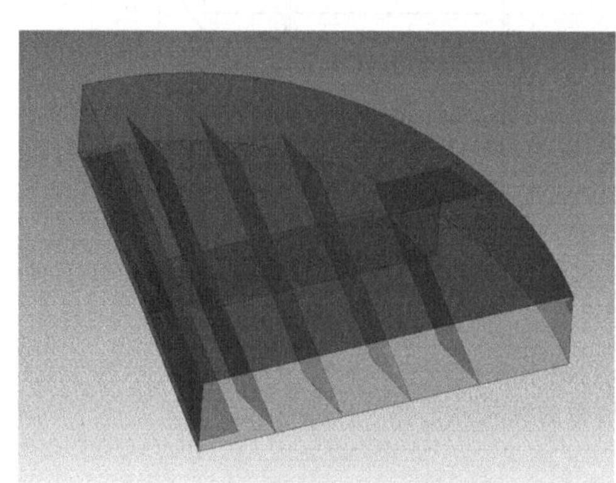

图8-57 非光密单百叶窗式挡板导入OpenFOAM的结构模型

模拟方法步骤如下：为了节省计算时间，只针对模型的1/4部分进行模拟计算，如图8-57所示。利用SolidWorks软件，以SI单位制，按照真实几何尺寸画出挡板及管道内部的3D结构模型，并以 .x _ t 格式输出并导入ICEM CFD软件。利用ICEM CFD软件画出计算网格，使用相应的命令将 .msh 格式的网格导入OpenFOAM软件中。

模型同样取上下平面分别为进、出口平面，直角面为对称面，其余各面为壁面，其中内部挡板简化为无厚度壁面，遵循漫反射。

设定模拟气体为80%的N_2和20%的O_2组成的空气，气体温度$T=300\text{K}$；将N_2和O_2建模为可变径软球（VSS）模型；本次模拟计算设定气体入口压力$p_{in}=1.55\times10^{-4}\text{kPa}$，出口压力$p_{out}=5\times10^{-5}\text{kPa}$，经多次不同数值的对比验算证明，最终计算得到的流导数值，与进出口压力取值关系不大。

模拟过程中，划分非结构网格数为19033个，单元网格内模拟粒子数为10，时间步长为$2\times10^{-5}\text{s}$，采用并行计算的方式，计算域划分为80个计算块，占用工作站处理器40个核，达到稳定状态后得到计算的1/4模型的质量流量为$1.975\times10^{-6}\text{kg/s}$，结合公式$pV=\frac{M}{\mu}RT$与体积流量的定义$Q=p\frac{\text{d}V}{\text{d}t}$，得到整体模型的体积流量：

$$Q = 4\frac{RT}{\mu}\frac{\mathrm{d}M}{\mathrm{d}t} = 0.684172\mathrm{Pa \cdot m^3/s} \tag{8-92}$$

其中，$R=8.314\mathrm{J/(mol \cdot K)}$ 为理想气体常数，$T=300\mathrm{K}$ 为气体温度，$\mu=28.8\mathrm{g/mol}$ 为模拟空气的摩尔质量。

进而得到整体模型的流导：

$$U = \frac{Q}{p_{\mathrm{in}} - p_{\mathrm{out}}} = 6.51592\mathrm{m^3/s} \tag{8-93}$$

第9章 真空系统设计

9.1 真空系统设计原则

真空系统设计包含的内容有真空室设计、真空材料选择、各种抽气手段配置、真空规选用、真空管路流导计算、焊接方法、清洗工艺、检漏手段等。真空系统由真空室、真空泵、真空测量仪器、各种真空元件、管路等构成。由于使用目的不同，构造真空系统的方式也不同，但设计原则大致相同，概述如下。

① 确定真空系统的使用要求。要求中应含真空室的几何尺寸；极限压力、工作压力、本底压力、残余气体允许值；被抽气体成分、温度、是否有害；油污染的影响；运行周期；以及其他特殊要求，如振动、噪声等。

② 确定真空室的几何尺寸。依据产品与试验物的大小确定真空室的几何尺寸，并选择真空室为卧式、立式以及相应的大门开启方式。

③ 产品与试验物所需真空条件。根据生产工艺要求，确定工作压力、本底压力、极限压力。

工作压力，即在真空室中为实施某种工艺所必需的压力，也可能是一定的压力范围。工作压力确定需要慎重，只要满足工艺要求即可，不能有过高要求。否则可能使主泵的抽速几倍地增加，造成投资及运行费用大幅度上升。

本底压力，即主泵开始抽气后，在要求的时间内，所能达到的压力。本底压力与工作压力不同，本底压力通常是根据工作气体纯度要求而提出来的。如离子束刻蚀机，为了保持氩气纯度，需要将真空室抽至低于 5×10^{-3}Pa 压力以下，然后通入氩气，维持工作压力为 $1\times10^{-2}\sim5\times10^{-2}$Pa。前者称为刻蚀机需达到的本底压力，而后者称为工作压力。

极限压力，即真空室空载，启动各种抽气手段，经过长时间的抽气后达到的最低压力。极限压力对真空装置而言，它的实用性不像工作压力及本底压力那样重要，不必苛求。一般低于工作压力半个或一个数量级。如工作压力为 5×10^{-3}Pa，那么极限压力为 $1\times10^{-3}\sim5\times10^{-4}$Pa。极限压力主要决定于真空室的漏率、材料的出气率及真空室内材料的蒸气压。

④ 选择抽气手段。选择抽气手段，首先要考虑油、脂蒸气对产品的影响，而后是极限压力、工作压力、残余气体成分、被抽气体成分及温度等因素。抽气手段包括使用主抽气泵（简称主泵）的前级泵及粗抽泵或泵组。此三类泵的功能相异。主泵即真空装置用来获得工作压力的泵。如真空退火炉选择油扩散泵作为主要抽气手段，那么扩散泵可称为主泵。然而油扩散泵不能将气体直接排到大气中，其排气口需接上另一种泵，用以保持排气口压力小于扩散泵的临界前级压力，这种泵称为前级真空泵（简称前级泵）。如扩散泵排气口串接的旋片真空泵等。

粗抽泵或粗抽泵组是从大气压下，将真空室抽到主泵能达到启动压力的真空泵或者真空机组。选择粗抽泵或泵组，首先考虑油蒸气是否构成污染，其次是真空室的容积及允许的粗抽时间。若真空室工作状态对油蒸气敏感，需要考虑在粗抽泵进气口设置阱来捕获油蒸气，或者用无油干泵作为粗抽泵。

⑤ 真空计的选择。真空计根据极限压力、工作压力、气体成分、测量精度等要求来选择。真空计的布点应能代表真空装置最关心位置的真空度。

⑥ 确定真空抽气管路。主抽气管路设计，包括选择主阀、障板、阱等。粗抽与前级管配置，包括油捕集器、过滤器、粗抽泵排气口油雾捕集器、消声器、各种阀门等。这些管路元件是按需要选择的，各类真空装置要求不同，配置亦不同。

根据管路中各种管道及元件计算出流导值是否满足设计要求。管道的选择遵循粗而短的原则。一般来讲，管道的直径与真空泵入口直径相当。

⑦ 真空泵选型。真空泵的种类依据④的原则确定后，尚需根据极限压力、工作压力、抽气时间、管路流导等因素，计算真空泵的抽速，确定主泵型号，并配置前级泵、粗抽泵，以及确定管路中各种真空元件，绘制真空系统抽气原理图。

⑧ 真空材料的选择。真空系统中使用的材料主要包括两类，即壳体材料及密封材料。真空室及管路所用材料称为壳体材料，而各种静密封及动密封材料统称为密封材料。无论是壳体材料，还是密封材料，选择的主要依据是真空装置的真空度。超高真空装置，壳体材料必须用不锈钢，而密封材料选择金属材料。高真空装置，壳体材料用不锈钢或者碳钢均可以，主要考虑生产工艺过程产生的气体是否对材料有腐蚀。通常选用不锈钢或碳钢镀镍，或其他涂敷工艺。密封材料选择橡胶密封。低真空装置选择材料主要考虑被抽气体是否有腐蚀性问题。

真空管路的粗抽管道及前级管道，一般选择无缝钢管，而高真空管道材料与真空室壳体材料相同。

⑨ 真空检漏。真空室的漏率控制非常重要，在真空系统设计时，需要统一考虑，特别是大型真空系统，倘若考虑不周，可能出现局部焊缝无法检测。真空系统检漏包括制订检漏方案、检漏仪器选择、检漏方法确定，以及加工过程中不同工序的检漏，最终给出评价结果。

真空室及管路、元件所需漏率根据真空度要求确定，只要能满足工作压力、极限压力及本底压力即可，无需要求过高，否则将增加无谓的制造成本。

⑩ 焊接方法选择。依据壳体材料及真空装置所需真空度选择焊接手段。真空容器成型通常采取内焊缝，有利于清洗，不会形成死空间，有利于抽气。

⑪ 真空清洁处理。真空系统中各种元件均需经过机械加工，在加工中会受到润滑油、冷却液、汗痕，以及环境的污染。为了获得预期的真空度，必须采用不同方法进行清洁处理。

9.2 真空系统设计中的主要参数

9.2.1 真空室的极限压力

真空室所能达到的极限真空，由下式决定

$$p_j = p_0 + p_v + \frac{Q_0}{S} \tag{9-1}$$

式中　p_j——真空室所能达到的极限真空，Pa；

p_0——真空泵的极限真空，Pa；

p_v——真空室内材料的蒸气压，Pa；

Q_0——空载时，长时间（一般小于 12h）抽气后真空室的气体负荷（包括漏气、材料表面出气等），Pa・L/s；

S——真空室抽气口处真空泵的有效抽速，L/s。

真空室的极限真空通常总是低于真空抽气机组的极限真空。两者之差取决于 Q_0/S_p，在抽气口处泵有效抽速一定的条件下，真空室的极限真空正比于真空室的漏气和出气。影响极限真空还有另外一个因素，即真空室内材料的蒸气压。一般金属材料在常温下蒸气压很低，不会对极限真空产生影响，而有些有机材料蒸气压很高，在设计真空室时需要重视。

在设计真空系统时，对漏气率要求主要由真空室的极限真空和工作压力来确定。一般选取低于工作状态下气体负荷（工艺生产中放出的气体量）的 1/10。表 9-1 给出了各种真空装置允许的漏气量值。

表 9-1　真空装置允许漏气量实例

漏气量 /Pa・L・s^{-1}	装置名称	漏气量 /Pa・L・s^{-1}	装置名称
10^4	简单减压装置、真空过滤装置、真空成型装置	10^{-3}	有关原子炉真空装置
10^3	减压干燥装置、真空浸渍装置、真空输送装置	10^{-4}	真空冶金装置
10^2	减压蒸馏装置、真空除气装置、真空浓缩装置	10^{-5}	回旋加速器
10	真空蒸馏装置	10^{-6}	高真空排气装置
1	高真空蒸馏装置	10^{-7}	真空绝热装置、宇宙空间模拟装置
10^{-1}	分子蒸馏装置	10^{-8}	封离、切断真空装置
10^{-2}	附有抽气泵的水银整流器	10^{-9}	真空管、电子束管

注：此表为各类真空装置允许漏气量的统计值，仅供设计参考。

9.2.2　真空室的工作压力

真空室正常工作时所需的工作压力由下式决定：

$$p_g = p_j + \frac{Q_1}{S} = p_0 + p_v + \frac{Q_0}{S} + \frac{Q_1}{S} \tag{9-2}$$

式中　p_g——真空室工作压力，Pa；

Q_1——工艺生产过程中真空室的气体负荷，Pa・L/s。

其余符号同公式(9-1)。

真空室的工作压力一般高于其极限真空。工作压力选择得愈接近极限真空，真空抽气设备的经济效率愈低。从经济方面考虑，最好在主泵的最大抽速或最大排气量附近选择工作压力。一般工作压力多半选择在高于极限压力半个到一个数量级。各类真空泵的工作压力范围见本书第 3 章。工业常用真空泵最佳工作范围见表 9-2。

表 9-2 工业常用真空泵最佳工作范围

泵种类	油封机械泵	水蒸气喷射泵	罗茨泵	油扩散喷射泵	油扩散泵	分子泵	低温泵
最佳工作范围/Pa	$10^5\sim10$	$10^5\sim10^2$	$10^2\sim1$	$1\sim10^{-1}$	$5\times10^{-2}\sim10^{-4}$	$10^{-2}\sim10^{-4}$	$10^{-2}\sim10^{-5}$

9.2.3 真空室抽气口处真空泵的有效抽速

最简单的真空抽气系统如图 9-1 所示。

真空室的气体负荷 Q 通过流导为 U 的管道被真空机组或真空泵抽走。图中 S 为真空室抽气口的有效抽速，而 p、p_p 分别为管道入口和出口压力，S_p 则为真空泵的抽速。依据流量的定义有

$$Q=U(p-p_p) \tag{9-3a}$$

泵出口压力为 p_p，泵的抽速为 S_p，泵抽走的气体流量为

$$Q=S_p p_p \tag{9-3b}$$

管道入口压力为 p，有效抽速为 S，通过入口的气流量为

$$Q=Sp \tag{9-3c}$$

在动态平衡时，流经任意截面的气体流量相等。由式(9-3a)、式(9-3b) 及式(9-3c) 得

$$\frac{1}{S}=\frac{1}{S_p}+\frac{1}{U} \tag{9-3d}$$

或

$$S=\frac{S_pU}{S_p+U} \tag{9-3e}$$

在 S_p 为定值时，真空抽气系统的有效抽速随管道流导变化，三者关系如图 9-2 所示。

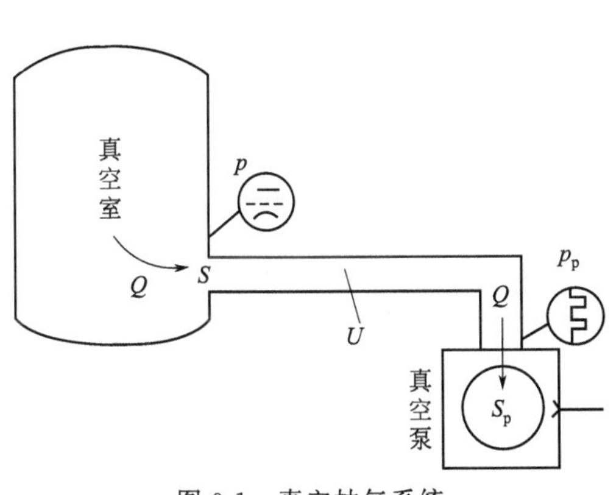

图 9-1 真空抽气系统

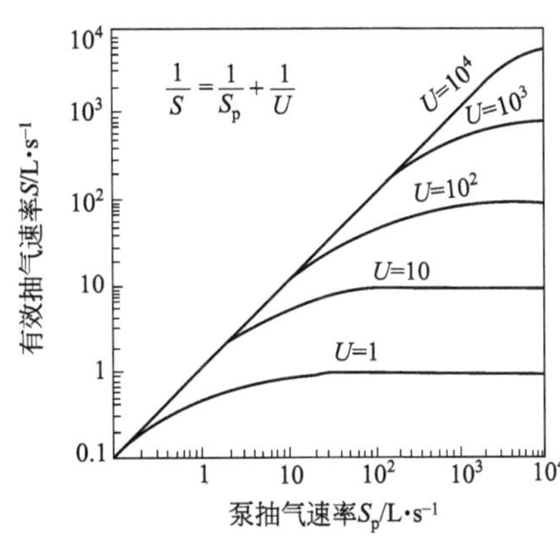

图 9-2 有效抽速、机组抽速与流导的关系

由式(9-3d) 和式(9-3e) 可知，如果管道的流导很大，即 $U\gg S_p$ 时，则 $S\approx S_p$，在此情况下，有效抽速 S 只受泵的限制。若 $U\ll S_p$，则 $S\approx U$，在此情况下，有效抽速 S 就受到管道流导的限制。由此可见，为了提高泵的有效抽速，必须使管道流导尽可能增大，为此管道应该短而粗，尤其是高真空管道更应如此。在一般情况下，对于高真空管道，泵的抽速损失不应大于 40%～60%，而对低真空管道，其损失允许 5%～10%。

应用图 9-3 的列线图，可计算有效抽速。

例 9-1 泵的抽速 S_p 为 10L/s，管道的流导 U 为 12L/S，求泵的有效抽速 S。

解：在 OA 线上找到 S_p 为 10L/s 的一点，在 OC 线上找到 U 为 12L/s 的一点，两点的连线交 OB 线一点，此点即为有效抽速 S 值。由图可知 S 为 5.5L/s。

为了了解机组的抽气特性，可根据真空泵实测抽速曲线及各种压力下流导计算值来绘制机组的有效抽速曲线图。

例 9-2 抽速为 50L/s 的油封机械泵和直径 3cm、长 1000cm 的抽气管道组成的低真空抽气机组，随压力而变化的有效抽速曲线由图 9-4 给出。

解：

① 根据真空泵产品目录绘制真空泵实测抽速曲线 S_p；

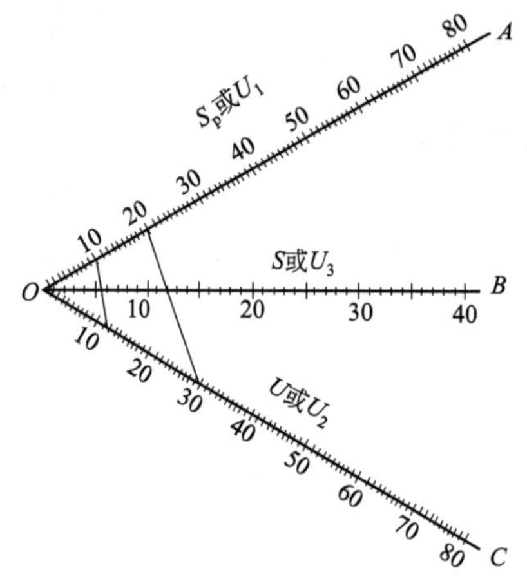

图 9-3 计算串联流导和有效抽速的列线图

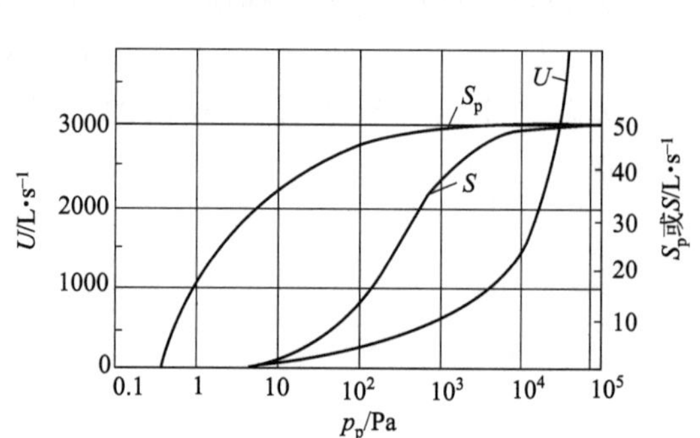

图 9-4 50L/s 油封机械泵和 $d=3$cm、$L=1000$cm 的抽气管道组成的低真空抽气机组有效抽速曲线

② 根据公式(8-24) 计算直径 3cm、长 1000cm 的管道在平均压力 $\overline{p}$ 分别为 1Pa、10Pa、10^2Pa、10^3Pa、10^4Pa、10^5Pa 时各点的流导 U；

③ 根据公式(9-3e) 计算对应压力下的有效抽速 S，见表 9-3。

表 9-3 $d=3$cm、$L=1000$cm 的管道与 50L/s 油封机械泵串联后的有效抽速

（假设 $p_1=p_2$，p_1、p_2 分别为管道进出口压力）

平均压力 $\overline{p}$ /Pa	管道流导 U /L·s^{-1}	真空泵抽速 S_p /L·s^{-1}	机组有效抽速 S /L·s^{-1}
1	1.474×10^{-1}	20	0.15
10	1.474	35	1.41
10^2	14.742	46	11.16
10^3	147.42	48	36.21
10^4	1474.2	49	47.59
10^5	14742	50	49.85

根据表 9-3 计算数据，绘制图 9-4。

从图 9-4 中可见，该机组在 10^4Pa 以上工作时，由于管道流导 U 比真空泵抽速 S_p 大很多倍，真空泵抽速损失很小。因而，有效抽速近似等于真空泵的抽速。当真空泵在 10^3 Pa 左右工作时，泵的抽速损失较多，以致使有效抽速下降到泵的抽速 70%左右。真空泵在 10^2 Pa 工作时，泵的抽速损失更大。由此可见，该机组在 10^5～10^4 Pa 之间工作较为合适，在 10^2 Pa 以下不宜使用。

9.3 真空室抽气时间计算

9.3.1 低真空及中真空下抽气时间计算

在粗真空、低真空下，真空设备本身内表面的出气量与设备总的气体负荷相比，可以忽略不计。因而，在粗真空、低真空情况下计算抽气时间时一般不需要考虑出气的影响。

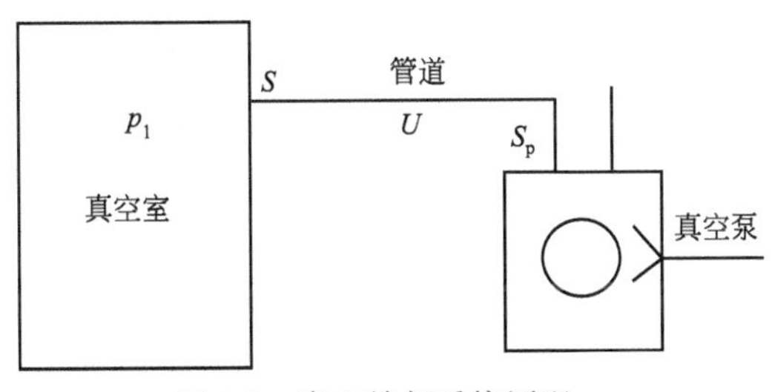

图 9-5 真空抽气系统原理

简单的真空抽气系统原理如图 9-5 所示。它由真空室、管道和真空泵三部分组成。S 为泵的有效抽速；S_p 为泵的名义抽速；p_i 为真空室某一时刻的压力；p_0 为真空室的极限压力；U 为管道流导。

(1) 真空泵抽速近似常量时的抽气时间计算

① 若漏气量很小以至可以忽略时，真空设备从压力 p_i 降到 p 所需要的抽气时间 t：

当流导很大（$U \gg S_p$）时，则 $S \approx S_p$，抽气时间

$$t = 2.3\frac{V}{S_p}\lg\frac{p_i}{p} \quad (\mathrm{s}) \tag{9-4}$$

若管路流导为 U 时，$\frac{1}{S} = \frac{1}{S_p} + \frac{1}{U}$，则抽气时间

$$t = 2.3V\left(\frac{1}{S_p} + \frac{1}{U}\right)\lg\frac{p_i}{p} \quad (\mathrm{s}) \tag{9-5}$$

② 若漏气量 Q_0 很大以至不能忽略时，真空室所能达到的极限压力 $p_0 = Q_0/S$，真空设备从压力 p_i 降到 p 所需要的抽气时间为

当流导很大（$U \gg S_p$）时，则 $S \approx S_p$，抽气时间

$$t = 2.3\frac{V}{S}\lg\frac{p_i - p_0}{p - p_0} \tag{9-6}$$

当管路流导为 U 时，$\frac{1}{S} = \frac{1}{S_p} + \frac{1}{U}$，则抽气时间

$$t = 2.3V\left(\frac{1}{S_p} + \frac{1}{U}\right)\lg\frac{p_i - p_0}{p - p_0} \tag{9-7}$$

式中 t——抽气时间，s；

V——真空设备容积，L；

S——泵的有效抽速，L/s；

S_p——泵的名义抽速，L/s；

p——设备经 t 时间的抽气后的压力，Pa；

p_i——设备开始抽气时压力，Pa；

p_0——真空室的极限压力，Pa；

U——管道的流导，L/s；

Q_0——空载时，抽气 2h 后真空室的气体负荷（由漏气量及材料表面出气量构成）。

③ 抽速 S_p 近似于常数，管道 U 是变量时的抽气时间计算（适合于黏滞流时的粗略计算）。

首先将真空装置工作压力范围划分为几个区域，按每个区域的平均压力计算出流导，再按下式计算抽气时间

$$t=\frac{V}{S_p}\ln\frac{p_1}{p_{n+1}}+V\left(\frac{1}{U_1}\ln\frac{p_1}{p_2}+\frac{1}{U_2}\ln\frac{p_2}{p_3}+\cdots+\frac{1}{U_n}\ln\frac{p_n}{p_{n+1}}\right) \tag{9-8}$$

式中 t——抽气时间，s；

V——被抽真空设备容积，L；

S_p——泵的名义抽速，L/s；

p_n——开始抽气时的压力，此式中即为 p_1，Pa；

p_{n+1}——经 t 时间抽气后的压力，Pa；

U_1——为 p_1 与 p_2 压力区域间的计算流导，U_2 为 p_2 与 p_3 压力区域的计算流导，其余类推，L/s；

p_2，p_3，…，p_{n+1}——分别为所分的压力区域各点的压力，Pa。

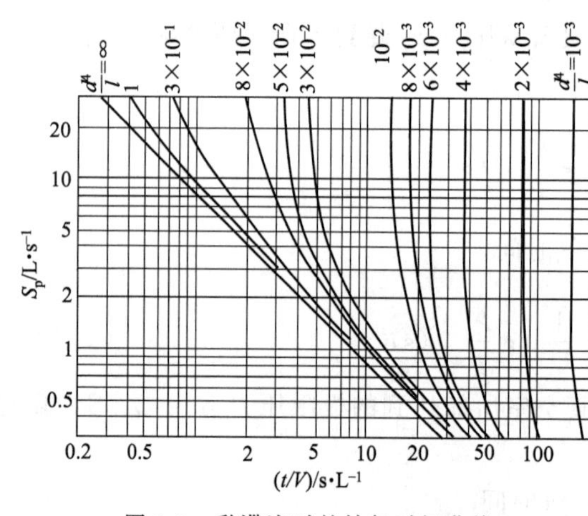

图 9-6 黏滞流时的抽气时间曲线

利用图 9-6 给出的一簇曲线，可以计算黏滞流状态下的抽气时间。图 9-6 的横坐标表示将容积为 1L 的容器由 10^5Pa 下降到 10Pa 时所需的抽气时间，纵坐标表示真空泵的抽速。

例 9-3 机械真空泵的抽速为 2L/s，管道直径为 3cm，长 250cm，真空设备的容积为 50L，计算设备从 10^5Pa 降到 10Pa 时所需要的抽气时间。

解：

① 求 $\frac{d^4}{l}=\frac{3^4}{250}\approx 3\times10^{-1}$。

② 在纵坐标上找到泵抽速 $S_p=2$L/s 的一点。由该点引一与横坐标平行的线与 $\frac{d^4}{l}=3\times10^{-1}$ 的曲线交于一点，由该点作垂线，交于 $\frac{t}{V}$ 线于一点，即得 5s/L。

③ 容积为 50L，所需的抽气时间为

$$t=5\text{s/L}\times50\text{L}=250\text{s}$$

（2）真空泵的抽速为变量时的抽气时间计算

管道流导为 U，在极限压力可以忽略的情况下，可将 $S_p=f(p)$ 曲线图，划分为几个

区域（见图 9-7），取每个区域的抽速的平均值，分段计算抽气时间：

$$t=V\left(\frac{1}{\overline{S}_{p1}}\ln\frac{p_1}{p_2}+\frac{1}{\overline{S}_{p2}}\ln\frac{p_2}{p_3}+\cdots+\frac{1}{\overline{S}_{pn}}\ln\frac{p_n}{p_{n+1}}\right)+\frac{V}{U}\ln\frac{p_1}{p_{n+1}} \tag{9-9}$$

式中 t——抽气时间，s；

V——被抽真空设备容积，L；

$\overline{S}_{p1}$，$\overline{S}_{p2}$——分别为压力在 p_1 与 p_2，p_2 与 p_3 之间泵的抽速的平均值，L/s；

p_1——开始抽气时的压力，Pa；

p_{n+1}——经 t 时间抽气后的压力，Pa；

p_2，p_3，…，p_n——分别为所分的几个压力区域中各点的压力，Pa。

（3）机械真空泵的抽气时间计算

真空室用机械真空泵从大气开始抽气时，在低真空区域内，机械真空泵的抽速随真空度升高而下降。其抽气时间（$U \gg S_p$）用下式计算

$$t=2.3K_g\frac{V}{S_p}\lg\frac{p_i-p_0}{p-p_0} \tag{9-10}$$

若忽略 p_0，则

$$t=2.3K_g\frac{V}{S_p}\lg\frac{p_i}{p} \tag{9-11}$$

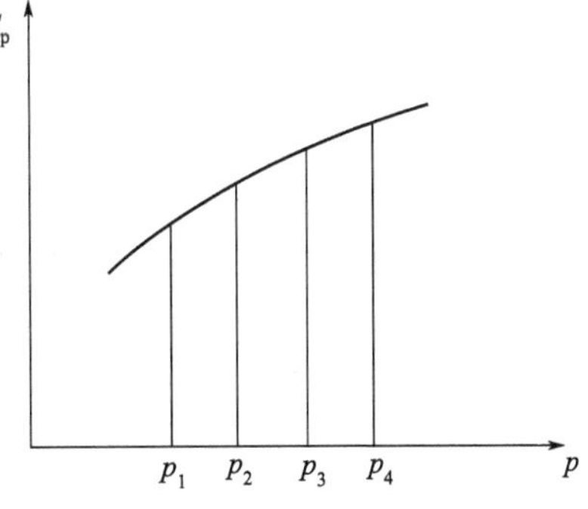

图 9-7 抽速曲线 $S_p=f(p)$

式中 t——抽气时间，s；

V——被抽真空设备容积，L；

S_p——泵的名义抽速，L/s；

p——经 t 时间抽气后的压力 Pa；

p_0——真空设备的极限压力，Pa；

p_i——设备开始抽气时的压力，Pa；

K_g——修正系数，与设备抽气终止时的压力 p 有关，见表 9-4。若有机械真空泵的抽速曲线，可由 p 值确定 S_p 值，则取式（9-10）、式（9-11）中 $K_g=1$ 即可。

表 9-4 修正系数

p/Pa	$10^5\sim10^4$	$10^4\sim10^3$	$10^3\sim10^2$	$10^2\sim10$	$10\sim1$
K_g	1	1.25	1.5	2	4

（4）用粗真空抽气时间曲线及抽气时间列线图来计算真空室的抽气时间

图 9-8 使用说明：

① 此曲线是单位容积的真空设备用单位抽速的泵抽气时所达到的压力与所需抽气时间的关系曲线。容积与抽速的单位应一致（L 和 L/min；m^3 和 m^3/min）。

② 虚线表示不考虑极限压力 p_0 的情况，实线则表示考虑极限压力 p_0 的情况。

③ 此曲线最适用于没有气镇的双级机械真空泵。

④ 利用此曲线可计算任意容积的真空系统的抽气时间。

例 9-4 真空设备容积为 $2m^3$，泵的抽速为 $80m^3/h$，试计算从大气压（10^5Pa）下降到 10^3Pa 所需要的抽气时间。

解：

① 由图 9-8 可知容积为 $1m^3$，真空泵的抽速为 $1m^3/min$ 时，从大气压（10^5Pa）降到

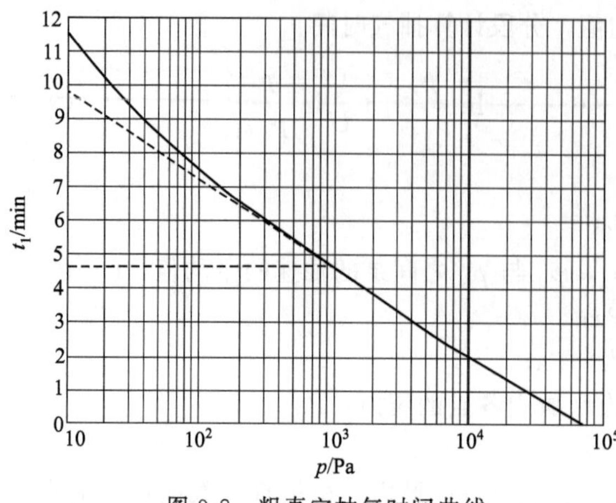

图 9-8　粗真空抽气时间曲线

10^3Pa 所需抽气时间为 $t_1=4.6\text{min}$。

② 设备的容积 $V=2\text{m}^3$、真空泵的抽速 $S_p=80\text{m}^3/60\text{min}$ 时抽气时间应为

$$t=t_1\frac{V}{S_p}=4.6\times\frac{2}{80/60}=6.9(\text{min})$$

图 9-9 抽气时间列线图可用于计算真空室的抽气时间。

① V 线是真空设备的容积（L），S_p 线是真空泵的抽速（L/s），t 线表示抽气时间（s），p 线右半部数值表示设备从大气压下抽到所需要的压力（Pa）。

② 从 V 线找到设备容积的一点，S_p 线上找到真空泵抽速一点，两点连成一直线，交 V/S_p 线于一点，此点与 p 线上对应于所希望达到压力的一点连一直线并与 t 线相交，即得抽气时间。

③ 如果不是从大气开始而是从 p_1 开始抽到 p_2，则应求出 $p_2/p_1=x$ 的值，将 x 点与 V/S_p 相连接交于 t 线一点，此点值即为抽气时间。

④ 此列线图已考虑了低压力下真空泵的抽速会减小的问题。

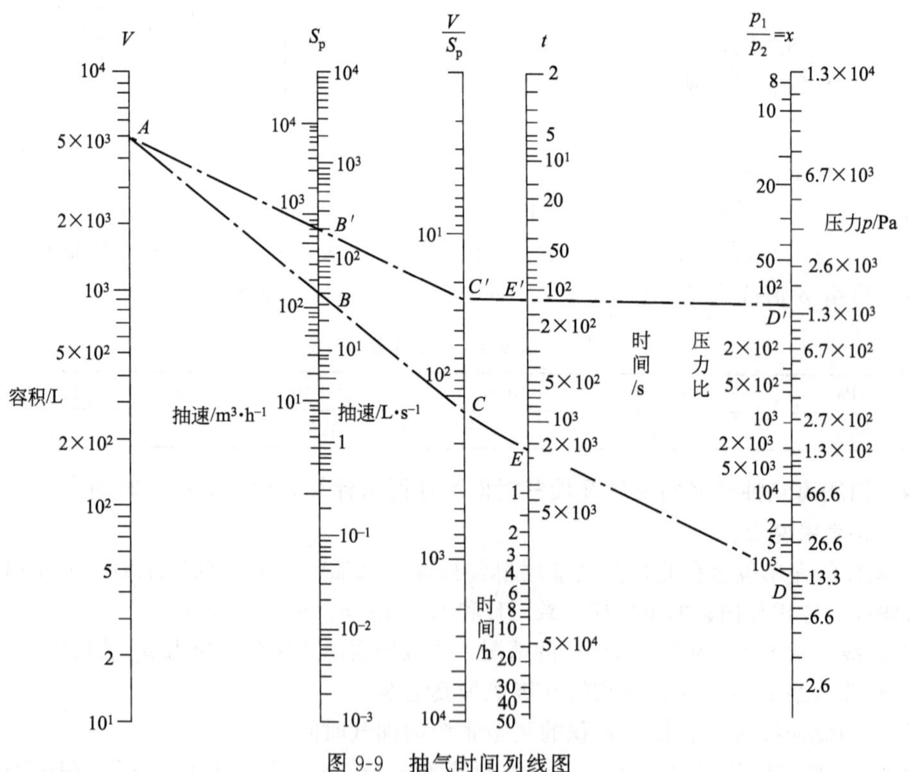

图 9-9　抽气时间列线图

例 9-5　真空设备容积为 5m^3，泵的抽速为 $120\text{m}^3/\text{h}$，求从大气压（10^5Pa）抽到 13.3Pa 时所需要的时间。

解： 如图 9-9 所示，在 V 线上查到 $V=5\text{m}^3=5000\text{L}$ 的一点 A；在 S_p 线上查到 $S_p=120\text{m}^3/\text{h}$ 的一点 B，A 与 B 两点连成一直线与 V/S_p 线交于一点 C，在 p 线上查到 $p=13.3\text{Pa}$ 的一点 D，C 和 D 两点连成一直线，与 t 线交于一点 E，E 点就是所求的抽气时间，即 $t=1800\text{s}=30\text{min}$。

例 9-6 真空设备容积为 5m^3，真空泵的抽速 S_p 为 $700\text{m}^3/\text{h}$，求从 13.3Pa 抽到 0.133Pa 所需要的抽气时间。

解： 如图 9-9 所示，连接 A 和 B' 点（B' 点为 $S_p=700\text{m}^3/\text{h}$），延长 AB'，交 V/S_p 线于一点 C'，又 $x=p_1/p_2=100$，在 p 线左边 x 线查到一点 D'，C' 和 D' 连线与 t 线交于 E' 点，E' 点即为所求的抽气时间，即得 $t=120\text{s}$。

9.3.2 高真空下抽气时间计算

在高真空领域内，真空泵主要抽走的不是空间中的气体，而是材料出气产生的气体，这一点与低真空范围是不同的。因而，高真空的抽气时间主要取决于材料出气的时间。

在刚开始抽气的几小时内，材料出气率是变量，因而真空室的总出气量随抽气时间而衰减。计算到达某一压力所需的时间由总出气量和真空泵（或机组）的有效抽速的比值决定。一般可用查材料出气率曲线和绘图方法进行计算。

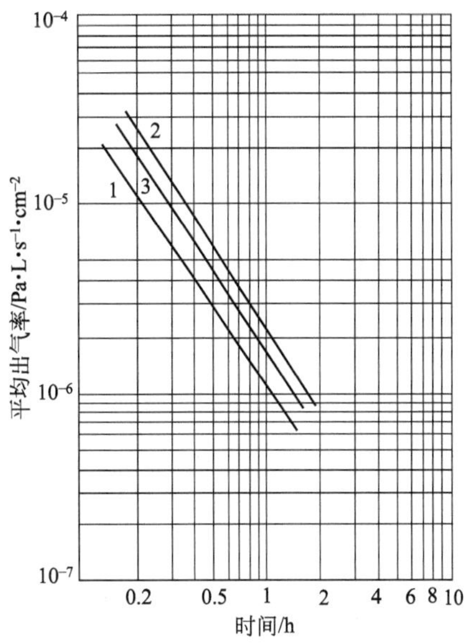

图 9-10 碳钢、铜板及叠加后的平均出气率曲线

1—碳钢的出气率；2—铜的出气率；3—叠加后的平均出气率

例如计算抽到压力 p 需要的抽气时间步骤如下：

① 计算真空室压力为 p 时的出气量 Q，其值等于真空泵（或机组）在压力为 p 时的排气量，即

$$Q=pS(\text{Pa}\cdot\text{L/s})$$

② 计算真空室中材料表面为 A 的平均出气速率 $\overline{q}$，即

$$\overline{q}=Q/A\ [\text{Pa}\cdot\text{L}/(\text{s}\cdot\text{cm}^2)]$$

③ 根据材料出气率曲线，查出 $\overline{q}$ 的点，与此点相对应的时间，即为达到压力 p 时所需要的时间。

例 9-7 碳钢制作的真空室内放置实验用铜板，钢和铜的面积均为 $4\times10^4\text{cm}^2$，用有效抽速为 10^3L/s 的高真空机组抽气时，室温下要获得 $5\times10^{-4}\text{Pa}$ 真空度需要多少时间（漏气可以忽略）？

解：

① 计算真空室在压力为 $5\times10^{-4}\text{Pa}$ 时的允许出气量

$$Q=pS=5\times10^{-4}\times10^3=5\times10^{-1}\ (\text{Pa}\cdot\text{L/s})$$

② 计算钢板和铜板两者的平均出气速率

$$\overline{q}=\frac{Q}{A}=\frac{5\times10^{-1}}{8\times10^4}=6.25\times10^{-6}\ [\text{Pa}\cdot\text{L}/(\text{s}\cdot\text{cm}^2)]$$

$$=6.25\times10^{-5}\ [\text{Pa}\cdot\text{m}^3/(\text{s}\cdot\text{m}^2)]$$

③ 作碳钢和铜板及两者叠加后的平均出气率曲线（图 9-10）。

④ 查曲线图 9-10 得：出气率为 6.25×10^{-6} [$\text{Pa}\cdot\text{L}/(\text{s}\cdot\text{cm}^2)$] 时的出气时间为 0.55h，这一时间就是所求的抽气时间。

说明：

① 真空室及内部构件为同一种材料时，不需要作叠加曲线，只需查出气率曲线即可得到抽气时间。

② 当材料种类很多时，可将出气率很小（或面积很小）的某些材料的出气忽略不计，只需作几种出气率大的材料的出气率的叠加曲线，以使计算简化。

③ 当材料面积不等时，可按材料面积倍数作叠加曲线。如上例中，假如碳钢的表面积为铜板面积的 20 倍，碳钢出气率则应增加 20 倍，以此作出叠加出气率曲线。

各种真空的高真空抽气时间受限于真空中材料表面出气时间，为此可以粗略地认为选择第几小时的出气速率的时间，即为装置抽到高真空的时间。例如计算工作压力时，选择材料 2h 的出气速率作为计算工作压力的出气量，那么达到此压力的时间即为 2h 左右。

9.3.3 真空室压力下降至初始压力的 1/2、1/10 和 1/e 时的抽气时间

真空室内压力降到初始压力的 1/2、1/10 和 1/e（e＝2.718，1/e＝0.368）的抽气时间用下列公式计算：

降至初始压力的 1/2 时的抽气时间

$$t_{1/2}=0.693\frac{V}{S} \tag{9-12}$$

降至初始压力的 1/10 时的抽气时间

$$t_{1/10}=2.303\frac{V}{S} \tag{9-13}$$

降至初始压力的 1/e 时的抽气时间

$$t_{1/e}=\frac{V}{S} \tag{9-14}$$

式中 V——真空室的容积，L；

S——真空泵对真空室抽气口的有效抽速。

9.4 稳定或瞬变过程的平衡压力

稳态出气过程中，恒定气体量获得的平衡压力（忽略泵的极限压力）为

$$p_1=\frac{Q}{S} \tag{9-15a}$$

事实上，出气量 Q 随抽气时间而缓慢变化。非稳态出气时，其瞬态方程式为

$$p=(p_i-p_0-p_1)e^{-\frac{S}{V}t}+p_0+p_1 \tag{9-15b}$$

式中 p——真空室内压力，Pa；

p_i——时间 $t=0$ 时的起始压力，Pa；

p_0——抽气机组的极限压力，Pa；

p_1——某一时刻 t 时的平衡压力（即出气量 Q 与机组有效抽速 S 之比），Pa；

V——真空室容积，m^3；

S——机组的有效抽速，L/s；

t——压力由 p_i 到 p 的时间，s；

Q——出气量，Pa·L/s。

由公式(9-15b) 可知真空室的极限压力为 p_0+p_1；

当 $p_0 \ll p_1$，真空室内压力取决于出气，即 $Q/S=p_1$；

当 $p_0 \gg p_1$，出气可以忽略时，真空室压力取决于真空机组的极限压力；

当 p_0 和 p_1 为同数量级时，极限压力为 p_0+p_1。

9.5 细长真空室内压力分布

由于大多数真空室的直径均很大，故可以认为真空室内部压力分布均匀。但像高能加速器一类真空系统，真空室又细又长，真空室内部各处压力是不等的，如图 9-11 所示。

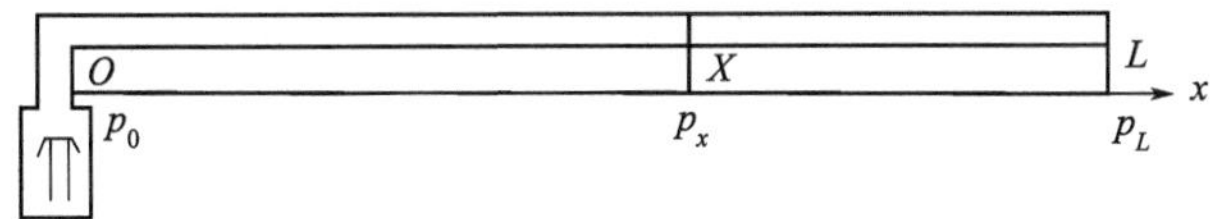

图 9-11　均匀出气的细长真空室的抽气

$$p_x=ql\left(\frac{L}{S}+\frac{x}{U}-\frac{x^2}{2UL}\right) \tag{9-16a}$$

$$p_0=\frac{qlL}{S}=\frac{Q}{S} \tag{9-16b}$$

$$p_x-p_0=ql\left(\frac{x}{U}-\frac{x^2}{2UL}\right) \tag{9-16c}$$

$$p_L-p_0=\frac{qlL}{2U}=\frac{Q}{2U} \tag{9-16d}$$

式中　p_0，p_x，p_L——分别为真空室长度方向上 0、X 和 L 各点的压力值，Pa；

l——真空室截面周长，m；

L——真空室长度，m；

Q——真空室壁的出气量，Pa·L/s；

q——真空室壁材料出气率，Pa·L/(s·cm^2)；

U——长度为 L 的管道的流导，L/s；

S——$x=0$ 处机组的有效抽速，L/s。

可以看出，压力最大值在真空室最远端 L 处，压力分布呈抛物线型。在 $x=L$ 处，$\frac{\mathrm{d}p_x}{\mathrm{d}x}=0$，即真空室端部没有压力梯度。

式(9-16c)、式(9-16d) 表明，p_x-p_0 和与 p_L-p_0 与抽速无关。将式(9-16b) 代入式(9-16d) 得真空室最远端压力为

$$p_L=p_0\left(1+\frac{S}{2U}\right) \tag{9-16e}$$

当 p_L 和流导 U 值给定时，对于不同的出气负载，真空室所需的机组的有效抽速为

$$S=\frac{2UQ}{2Up_L-Q} \tag{9-16f}$$

式中，Q 为真空室壁出气量，$Q=qlL$(Pa·L/s)。

9.6 主泵及前级泵配置

9.6.1 主泵选择及抽速计算

设计一套使用方便而又工作可靠的真空系统，选取主泵是个关键问题。选取主泵不能只追求某一项指标，必须根据使用条件多方面综合考虑。真空系统选取主泵的主要依据是：

① 空载时真空室所需要达到的极限真空度　根据真空室所需要建立的极限真空确定主泵的类型，选取主泵的极限真空要比真空室的极限真空高，通常高半个数量级到一个数量级。

② 根据真空室进行工艺生产（或实验）时所需要的工作压力选主泵。

这项要求比较重要，因此要求能够掌握主泵的最佳抽速的压力范围，各类真空泵工作压力范围（见第 3 章）及最佳工作压力（见表 9-2）。真空室的工作压力一定要保证在主泵最佳抽速压力范围内，所需要的主泵抽速由工艺生产中产生的气体量、真空室内材料表面出气量、系统漏气量及所需要的工作压力来确定。

a. 计算主泵的有效抽速。

根据真空室要求的工作压力 p_g，真空室的总气体量 Q，计算真空泵的有效抽速

$$S=\frac{Q}{p_g}\ (\mathrm{L/s}) \tag{9-17}$$

式中，Q 为真空室的总气体量，Pa · L/s。Q 通常由三部分组成，即

$$Q=Q_1+Q_2+Q_3\ (\mathrm{Pa\cdot L/s}) \tag{9-18}$$

式中　Q_1——真空室工艺生产过程中产生的气体量；

Q_2——真空室内材料表面出气量；

Q_3——真空室的总漏气量。

b. 确定主泵的抽速。

根据有效抽速 S 以及真空泵与真空室之间的连接管道的流导 U 确定主泵的抽速 S_p。由流导串联公式有

$$\frac{1}{S}=\frac{1}{S_p}+\frac{1}{U} \tag{9-3d}$$

或者

$$S_p=\frac{SU}{U-S} \tag{9-19}$$

由式(9-3d) 可见，为了增大有效抽速 S 必须增大流导 U，为此连接管道要短而粗。管道直径不能小于主泵入口直径，目前各种真空系统抽气管道的直径通常等于主泵入口直径（特殊情况可大于抽气口的直径，如：由于管道上设置冷阱，为增大流导而使管道局部加粗)。

在计算主泵有效抽速时，通常将按式(9-17) 计算出的主泵有效抽速 S 增大 20%～30%或更大。

③ 根据被抽气体种类、成分、温度以及气体含灰尘杂质情况选主泵。

④ 根据真空室对油污染要求的不同，来选择有油、无油或半无油真空泵作主泵。

⑤ 根据投资及日常维护运转的经济指标来选择。

9.6.2 前级泵的配置及抽速确定

主泵选定之后，如何配置前级泵，需遵守的原则是：

① 要求前级泵造成主泵工作所需的预真空条件；

② 抽走主泵产生的最大气体量；

③ 必须满足主泵进气口能工作的最大压力时所需的预抽时间要求。

不同的主泵其前级泵配置各异，分述如下。

(1) 蒸汽流泵前级配置

此类泵包括油扩散泵、油扩散喷射泵以及增扩泵等。在主泵允许的最大排气口压力下，前级泵需将主泵产生的最大气体量及时抽走，即前级泵的有效抽速必须满足

$$S_q > \frac{p_g S}{p_n} \text{或} \frac{Q_{max}}{p_n} \tag{9-20}$$

式中 S_q——前级泵的有效抽速，L/s，和选择高真空泵一样，先由 S_q 来确定前级泵的抽速，然后再根据该抽速选定泵型；

p_n——主泵前级的临界前级压力，Pa；

Q_{max}——主泵所能排出的最大气体量，Pa·L/s；

p_g——主泵允许的最高工作压力，Pa；

S——主泵工作在 p_g 时的有效抽速，L/s。

在选择前级泵时，应该注意机械真空泵的抽速是在大气压力下测得的最大抽速，但正常使用的泵都是在低于大气压的条件下运转，使泵的抽速下降了，因而必须根据抽速曲线来选择泵。若没有抽速曲线，可参考经验公式

$$S_p = (1.5 \sim 3) S'_p \tag{9-21}$$

式中 S_p——实际选用的前级泵的抽速；

S'_p——计算要求的前级泵抽速。

(2) 罗茨泵配置油封机械泵

罗茨泵其前级配置油封机械真空泵时，前级泵的抽速由经验公式确定，即

$$S_p = \left(\frac{1}{3} \sim \frac{1}{8}\right) S_L \tag{9-22}$$

式中 S_p——前级泵的抽速，L/s；

S_L——罗茨泵的抽速，L/s。

式中系数选择，通常抽速大的罗茨泵取小值，抽速小的选大值。

(3) 罗茨泵以水环泵为前级

罗茨泵-水环泵机组，水环泵抽速选择根据经验确定，即

$$S_S = \left(\frac{1}{3} \sim \frac{1}{5}\right) S_L \tag{9-23}$$

式中 S_S——水环泵的抽速，L/s；

S_L——罗茨泵的抽速，L/s。

(4) 罗茨泵串联机组

罗茨泵串联机组，有两种配置方式：其一是罗茨泵-罗茨泵-机械泵；其二是罗茨泵-罗茨泵-水环泵。两种方式均是以一罗茨泵为主泵，而另一罗茨泵为前级，两罗茨泵抽速关

系由经验确定，即

$$S_{jL}=\left(\frac{1}{2}\sim\frac{1}{4}\right)S_L \tag{9-24}$$

式中　S_{jL}——前级罗茨泵抽速，L/s；

S_L——主罗茨泵抽速，L/s。

(5) 涡轮分子泵前级配置

涡轮分子泵所配置的前级泵抽速，应满足

$$S_p>\frac{Q_{max}}{p_j} \tag{9-25}$$

式中　S_p——前级泵的抽速，L/s；

p_j——涡轮分子泵前级压力，Pa；

Q_{max}——最大抽气量，Pa·L/s，涡轮分子泵平稳抽速范围为 $10^{-1}\sim10^{-4}$Pa，故最大抽气量 Q_{max} 值应等于 10^{-1}Pa 下的抽速与该压力之积。

9.6.3　粗抽泵抽速确定

各种低温泵、低温吸附泵（不含分子筛泵）、溅射离子泵、钛泵、涡轮分子泵、油扩散泵等不能直排大气的泵类均需要在某种预真空下才能启动。此时，系统所需预抽泵的抽速不仅与真空室容积有关，同时与所设定的预抽时间有关。预抽泵的抽速用下式计算

$$S_p=2.3K_g\frac{V}{t}\lg\frac{p_i}{p}\ (\text{L/s}) \tag{9-26}$$

式中　t——设定预抽时间，s；

p——系统中预真空压力，Pa。

其余符号同式(9-11)。

对于大型真空系统，用主泵配置的前级泵作为粗抽泵时不可取。因为有时为了缩短粗抽时间，前级泵需配置较大，长期运行耗能很高，很不经济。为此，大型系统均配有专用的粗抽泵。其抽速计算同式(9-26)。

9.7　油扩散泵抽气系统

油扩散泵（简称扩散泵）抽气机组是用于不怕油污染或者对油不敏感的真空装置的抽气。如真空冶炼炉、真空烧结炉、真空热处理炉，以及大型真空镀膜设备上。

9.7.1　扩散泵抽气系统的构成

图 9-12 给出了典型扩散泵抽气系统原理。由主阀、液氮冷阱、水冷障板、扩散泵以及油封机械真空泵、吸附阱、管道阀构成。

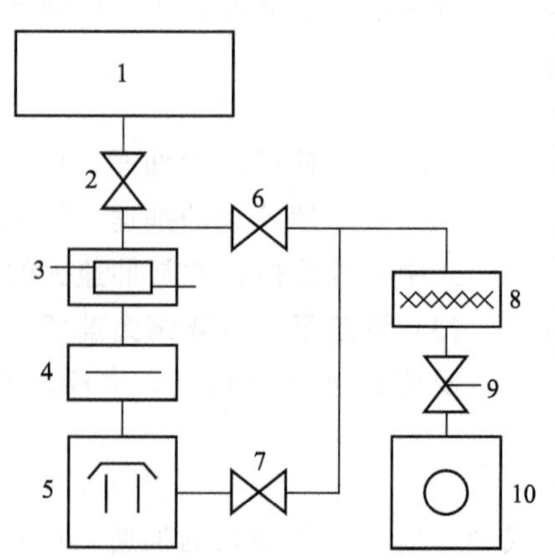

图 9-12　典型扩散泵抽气系统原理
1—真空室；2—主阀；3—液氮冷阱；4—水冷障板；5—扩散泵；6—粗抽阀；7—前级阀；8—吸附阱；9—电磁放气阀；10—油封机械真空泵

对于普通的真空系统，扩散泵入口需配置水冷障板，以防扩散泵油蒸发返流到真空室中。配液氮冷阱根

据需求确定。资料给出，口径100mm的扩散泵，其上为人字形水冷障板，当冷却到15℃时，其返油率约为1×10^{-5}mg/(cm^2·min)。配置的水冷障板使返油率降低2个数量级。

为了降低扩散泵返油率或者提高极限真空，可以设置液氮冷阱。在高真空下（10^{-3}～10^{-4}Pa），真空室中主要的气体负荷是水蒸气，设置液氮阱，可以抽除水蒸气。如一台口径150mm扩散泵，对空气有效抽速为1000L/s，而配以液氮冷阱对水蒸气的抽速可达4000L/s。

液氮冷阱在结构设计上应具有防止扩散泵油分子爬移结构，以便阻挡进入真空室中。表9-5给出了冷阱与障板防油效果比较。

表9-5　冷阱及障板对返油率的影响

序号	采取措施	试验时间/h	返油率/mg·(cm^2·min)$^{-1}$
1	无障板	165	1.6×10^{-3}
2	设置液氮冷阱	170	5.3×10^{-6}
3	设置液氮冷阱	380	6.5×10^{-6}
4	液氮阱＋水冷障板	240	2.8×10^{-7}
5	防爬移液氮阱＋水冷障板	240	8.7×10^{-8}

设计防油分子爬移较好的液氮冷阱，能使油返流率降至5.0×10^{-8}～5.0×10^{-9}mg/(cm^2·min)。表9-5中序号5的返油率对真空室的污染非常小，相当于直径350mm，高500mm的钟罩1年中形成一个单分子层的量，这样的污染源比由橡胶密封圈造成的污染还低。

液氮冷阱供液最好采用自动补液，以防液氮不足，使冷阱升温，造成油蒸气压升高，返流到真空室中。

一般情况下，吸附阱可以不加。特殊需要时，为降低油封机械真空泵（简称油封机械泵）油蒸气进入真空室中，可以设置此吸附阱。

扩散泵的前级泵配置，有多种形式，参见表9-6。

表9-6　扩散泵前级泵配置

序号	扩散泵型号	前级泵选型
1	JK-50至JK-400	①2X型旋片式真空泵；②2XZ型直联旋片式真空泵
2	JK-600至JK-1200	①2X型旋片式真空泵；②2H型滑阀式真空泵； ③ZJ型罗茨泵＋2H型滑阀式真空泵机组； ④ZJ型罗茨泵＋螺杆泵机组； ⑤粗抽选择③与④机组，维持扩散泵前级时，可配置小型机械泵
3	JK-200T至JK-400T	①2X型旋片式真空泵；②2H型滑阀式真空泵
4	JK-600T至JK-800T	参见9.16节

9.7.2　油封真空泵的运行

9.7.2.1　油封真空泵的启动与停机

油封真空泵含2X型、2XZ型、2H型、H型真空泵。这几种真空泵均以油作为工作介质，工作液油起两种作用：其一是起转子转动时的密封作用，其二是起运动部件的润滑作用。由于其密封借助于油，故称为油封真空泵。

(1) 油封真空泵的启动

油封真空泵启动时注意如下事宜。

① 油封真空泵电机接通电源后，先需试转子的旋转方向是否与标记中的箭头方向一致，否则会将油返流到粗抽管道中，污染系统。

② 在环境温度较低的情况下，泵腔体中的油变稠，启动的瞬间，电机负载加大，会造成电机或泵腔中构件损坏。最好先将皮带轮用手转一转，再启动。如果是大型机械泵，应采用加热方法，使油温回升后再启动。

③ 大型油封真空泵运行时需用水冷却泵腔体，启动前需检查供水体统是否正常。一般来讲，泵油的温度应小于 35℃，要求冷却水的温度应小于 30℃，进出口温差小于 3℃。

(2) 油封真空泵停机

油封真空泵停机时，必须将泵腔中充入大气。即在泵的进气口处安装电磁放气阀。泵停止工作，电磁放气阀的阀板关向真空侧，同时给泵腔注入大气。如果泵腔不放气，会使泵油在排气口大气压作用下，返流到粗抽管道中，甚至流到真空室中。此阀门的安全性需定期检查。

9.7.2.2 油封真空泵的附件

(1) 油气分离器

油封真空泵刚开始抽气，或在高压力下抽气，油雾很大，油滴直径约 0.01～0.8μm。油雾会污染周围环境，为此需在泵的排气口安装油气分离器。排出的气体经过油气分离器后，将油滴分离出来，将气体排走。

(2) 除尘器

在生产过程中，有时需要抽出含有粉尘的气体。粉尘抽入泵腔，会造成转子及泵壁的磨损增大，甚至会划伤泵腔内表面，严重者会使泵卡死。抽含有粉尘气体的油封真空泵入口处必须安装除尘器，将粉尘滤掉，避免进入泵中。

9.7.2.3 油封真空泵的返油

油封真空泵油的返流是由黏滞流过渡到分子流时引起的。如果将系统抽至 15Pa，关闭粗抽阀，会使返流很小，图 9-13 给出了返流率与管道中平均压力和气体流量之间的关系。

由图 9-13 的 A、B 曲线比较可见，从气镇口放入气体使返流降低的效果不如从粗抽管道放入气体好。从曲线 B 可见，当管道中平均压力为 17Pa，返流率约 1.5×10^{-4}mg/min；若为 6.6Pa 时，返流率增至 9.0×10^{-4}mg/min，相当于 6 倍。

资料中将直径 25mm、长 300mm 的一段管道接到抽速为 4.5m^3/h 旋片式机械泵上，测量返流率。管道中压力高时，由于流动的空气冲洗作用较大，返流率很小，约 10^{-4}mg/min；当压力降至 1.3Pa 时，返流率增至 7×10^{-3}mg/min，将近 70 倍。

防止油封机械泵油污染的方法有两种：其一是在入口管道中设置各种捕油阱，如液氮阱、氧化铝阱、分子筛阱、青铜绵或铜绵阱，其中液氮阱和氧化铝阱均可使返流率降低 98%左右。此外，还有离子阱、半导体制冷阱。离子阱挡油效率可达 99%，而半导体制冷阱挡油效率为 75%。氧化铝阱和分子筛阱，可能产生粉尘，进入泵腔后，会对泵产生危害；其二是选择蒸气压低的油，也可以降低返流率。

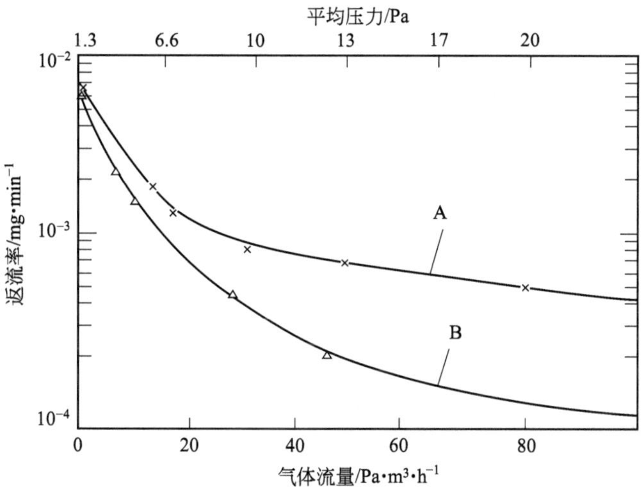

图 9-13　返流率与管道中平均压力及气体流量的关系

A—从机械泵气镇口放入气体；B—从粗抽管道放入气体

9.7.2.4　旋片式真空泵故障

旋片式真空泵常出现的故障及排除方法见表 9-7。

表 9-7　旋片式真空泵常见故障及排除方法

故　　障	原　　因	排除方法
真空度不高	泵油量不足或过多	加够油量或放出油
	泵油不清洁、氧化或有水	更换新油
	泵油牌号不符	换装规定牌号的油
	泵进油孔堵塞或供油量不足	修理进油孔或调节油量
	泵转速不够	调节转速
	轴端密封不良	更换轴端密封圈
	排气阀片损坏	换装新阀片
	叶片弹簧断裂	更换弹簧
	泵缸表面磨损或划伤	修复或更换
	吸入气体温度高	冷却气体
	放气阀未关严	关严
	泵腔及被抽系统不干净	清洗干净
	进气管接头密封圈损坏或松动	更换或拧紧
运转不正常或启动困难	皮带太松	调整皮带
	泵腔进入脏物或零件损坏	拆泵修理
	电机有故障	修理或更换
有异常噪声或卡死	异物落入泵内	清除异物
	零件松动或损坏	拧紧或更换
	油裂化	换油
	叶片折断或变形	更换
	转速过高引起热胀卡死	降低转速
喷油	油位过高	放油
	化油器盒底面不平	研磨底面
	被抽容器有大漏孔	堵漏孔

续表

故　障	原　因	排除方法
漏油	轴端密封圈损坏或压不紧 油箱密封圈损坏或压不紧 放油塞松	更换或拧紧 更换或拧紧 拧紧
电机不转	停电 保险丝断	通电 换保险丝
电机转速不够	电源电压过低	调整电压

9.7.2.5 油封真空泵进气口电磁阀故障

油封真空泵进气口装的电磁阀，是系统中容易发生问题的元件，常常造成系统漏气，使真空度抽不上去。其常见故障及排除方法见表 9-8。

表 9-8 油封真空泵电磁阀常见故障及排除方法

故　障	原　因	消除方法
阀通电后，放气口关不严，不断产生吸气现象	电路不通 整流二极管损坏或保险丝断 线圈断线 衔铁吸合后，塞头与放气口关闭不严或关不上 塞头密封圈损坏或放气口有径向划痕 放气口密封圈损坏	检查线路，接好断线 换二极管或保险丝 换线圈 调节塞头与放气口之间的距离 换密封圈或修好划痕 更换密封圈
阀体温度高或有噪声	弹簧力过大 铁芯与衔铁间有异物或太脏 铁芯与衔铁不同心 电压过高或过低	更换弹簧 清洗零件 更换或修理 调整正常
停机后放气时间长	弹簧的压缩力小或过短 阀口密封圈损坏 阀口有异物或划痕	更换弹簧 更换密封圈 清除异物，修理阀口
停机后不放气	衔铁卡死 放气口与塞头距离太近没有放气间隙 放气口太脏或堵塞	修理衔铁 调节间隙，使间隙加大 清洗

9.7.3 扩散泵的运行

9.7.3.1 扩散泵的开启

扩散泵开启按下述操作顺序（供参考）。

① 扩散泵泵体通水冷却，然后用油封真空泵同时抽扩散泵的泵体及真空室。

② 当泵体内的压力小于 100Pa 后，再接通扩散泵加热电炉的电源，使泵体内的油加热。因为油在高温下易氧化，即便使用高抗氧化性硅油，也不宜在高压力气氛中加热。

扩散泵的预热时间因泵大小而异。一般口径 400mm 以下的泵，加热时间 15～60min；口径大于 400mm 的泵，加热时间 80～240min。

③ 当真空室内压力低于 0.1Pa 以后，便可打开扩散泵进气口主阀，扩散泵进行抽气，直到达到工作压力。这种抽气系统，当使用时间长了以后，油封真空泵的极限压力会降低，将导致粗抽真空室压力达不到 0.1Pa，一般可以进入 1～5Pa。此时开启扩散泵抽真空室也可以。如果用罗茨泵-油封真空泵作为粗抽机组，很容易达到扩散泵的启动压力

0.1Pa，可以大大缩短粗抽时间。

值得注意的是，在 0.1～10Pa 之间，无论油封真空泵，还是扩散泵，返流均最大，见图 9-14。为避免出现最大返流，可以选择真空室抽到 15Pa 左右，关闭粗真空阀，打开高真空阀（主阀），启动扩散泵抽气。刚开启阀门，可能会造成扩散泵一级喷口瞬间过载，但很快会恢复正常工作。

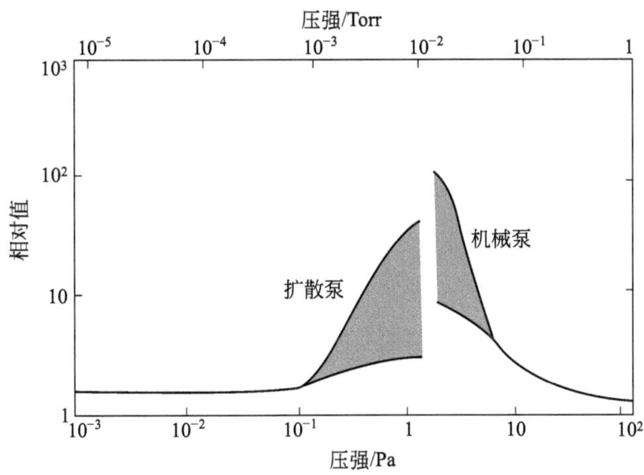

图 9-14　在扩散泵和机械泵工作区之间的过渡区域中的泵液和润滑液的返流

9.7.3.2　扩散泵停机

扩散泵停机顺序如下。

① 关闭真空计，切断电炉加热电源，关闭主阀。

② 油封真空泵，继续对扩散泵泵体抽气，目的有两个：其一防止油蒸气返流；其二是使扩散泵的高温油处于真空气氛不被氧化。抽气时间因泵大小而异，小泵需 30min 左右，大泵 60～120min。

③ 当油温降到 50～60℃时，可以停掉扩散泵的冷却水。

④ 油封真空泵停止工作，电磁放气阀给泵放气，使泵腔内处于大气压状态。

无论是工业生产扩散泵真空抽气系统，还是试验用抽气系统，扩散泵停机后，均需要保持泵腔体内为真空状态，有利于扩散泵的再启动，以及防止泵腔内被污染。

9.7.3.3　扩散泵的返流

扩散泵的返流系指泵油及其裂解的馏分从泵入口迁移到真空室中的现象。这一过程除泵本身外，还应包括阱和障板对防止返流的贡献。

扩散泵引起返流的原因如下所述：

① 泵壁表面油膜、油滴的再蒸发，图 9-15 中 1；

② 喷嘴喷出的高速油蒸气流碰到泵内壁后的反射，图 9-15 中 2；

③ 一级喷口表面油膜、油滴的蒸发，图 9-15 中 3；

④ 喷口边缘高速油蒸气流的散射，图 9-15 中 4；

⑤ 室温下油分子沿泵壁表面迁移，图 9-15 中 5；

⑥ 蒸气流中油分子间相互碰撞，使之返向高真空端，图 9-15 中 6。

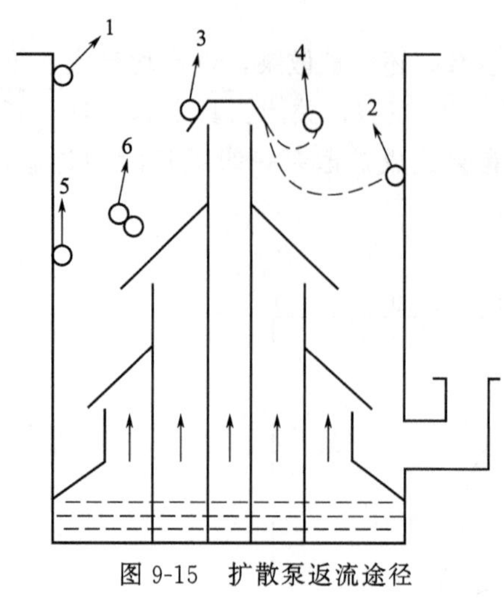

图 9-15　扩散泵返流途径

降低扩散泵返流措施如下所述：

① 扩散泵入口设置水冷障板，可使返油率大幅度降低。在选择障板时，挡油与抽速损失需综合考虑。一般来讲，障板挡油效果好，流导小，使泵的抽速下降；流导大，挡油效果差，泵抽速损失小。障板可以用水冷，也可以用机械制冷的氟利昂冷却。

② 设置液氮冷却的液氮阱，并有防止油分子爬移（迁移）的结构，可以有效捕获油蒸气，获得较清洁的真空。

③ 在液氮条件不具备的情况下，也可以用多元工质的机械制冷，制冷剂直接冷却冷阱。液氮冷阱可得到－196℃的低温，而机械制冷可得到－130℃的低温，对捕获油蒸气而言，此温度足够了。

④ 扩散泵在开始加热或停止加热的过程中，均会出现返流最大值，这两个阶段采用关闭扩散泵入口主阀措施，可以防止返流。

9.7.3.4　油扩散泵常见故障

油扩散泵常见故障及排除方法见表 9-9。

表 9-9　油扩散泵常见故障及排除方法

故　障	原　因	排　除　方　法
扩散泵不起作用	系统漏气 加热器不起作用 油温不够 泵出口压力过高 泵本身漏气 前级泵真空度不够 装配不好	检漏并消除漏气 检查电源及检查电炉丝是否断 检查电路电压及功率 检查前级管道是否漏气，前级泵是否符合要求 检漏并消除漏气 换前级泵 喷嘴及导流管安装是否正确
极限真空低	系统漏气，泵微漏 泵芯安装不正确 系统及泵内不清洁 油变质或被污染 泵冷却不好 泵油不足 泵过热 断水	检漏并消除漏气 检查各级喷口位置和间隙是否正确 清洗 换油 加大水流量，加强环境通风 加油 检查加热功率，加大水流量 供水
抽速过低	加热功率不够 泵芯安装不正确 前级泵配小了 泵进气口过小	调节加热功率到正常值 检查喷口有无倾斜及间隙是否正确 换大泵 换管道，增大直径
返油率过大	泵芯结构不合理 加热功率不符	更改泵芯结构 调整加热功率到正常值

9.7.3.5　扩散泵入口高真空挡板阀故障

扩散泵入口通常使用高真空挡板阀，其故障及排除方法见表 9-10。

表 9-10　高真空挡板阀故障及排除方法

故　　障	原　　因	排　除　方　法
漏气	1. 阀杆动密封处密封圈损坏，或压帽压不紧或缺少真空油脂 2. 各静密封处密封圈变质或损坏，密封槽有划痕或脏物 3. 法兰螺钉松动或拧的力量不匀 4. 焊口处有裂纹或漏孔	1. 更换密封圈，压紧压帽，填真空油脂 2. 更换密封圈，修好划痕，清除脏物 3. 对称拧紧螺钉 4. 堵漏
阀盖关不严或动作不可靠	1. 阀盖密封圈损坏，阀口有损伤或异物 2. 上盖与气缸不同心，造成阀杆上下别劲或卡住 3. 阀盖不能水平下落，有时阀盖卡在阀口上 4. 气缸内壁生锈，活塞胶圈磨损或接头等气动件漏气 5. 输气管路堵塞或漏气，换向阀有故障，动作不灵 6. 气缸压力不足	1. 更换密封圈，修阀口 2. 保证同心度，使阀杆运动自如 3. 修理托架，使阀盖水平下落 4. 抛光除锈，换胶圈，修理漏气部位 5. 检修气路，更换或修理换向阀 6. 检修气泵

9.8 涡轮分子泵抽气系统

涡轮分子泵抽气系统是一种较清洁的抽气手段，噪声低，能耗少，被广泛应用于电子显微镜、光谱仪、表面分析仪器、质谱仪、检漏仪等精密仪器上。也应用于集热管、排气台、半导体设备、真空镀膜设备、粒子加速器、离子刻蚀、等离子体技术中。近几年来，在航天领域也得到了广泛应用。

9.8.1 涡轮分子泵抽气系统的构成

涡轮分子泵抽气系统典型的抽气原理如图 9-16 所示。此抽气系统中的粗抽管路 A 与前级管路 B 分开。因涡轮分子泵不能直接抽大气，故需用油封真空泵将真空室抽到 50～100Pa 时，再启动涡轮分子泵抽真空室。双管配置，使油封真空泵具有两种功能，其一是完成真空室的粗抽；其二是完成粗抽后，通过管路阀的切换，使油封真空泵转换为涡轮分子泵的前级泵，将后者排出的气体排到大气中。

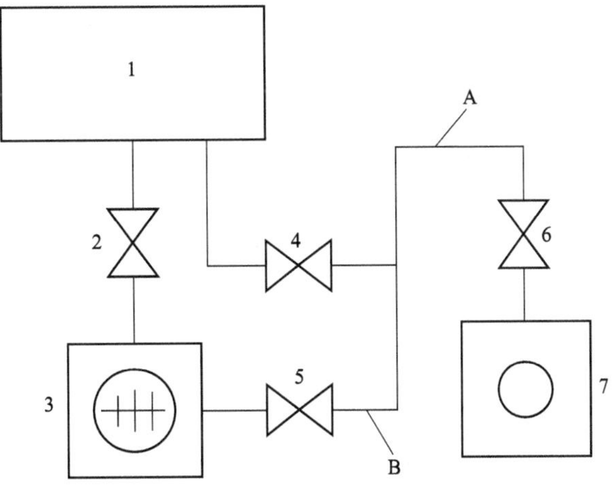

图 9-16　涡轮分子泵抽气原理

1—真空室；2—主阀（高真空阀）；3—涡轮分子泵；4—粗抽阀；5—前级阀；6—电磁放气阀；7—油封真空泵

涡轮分子泵抽气系统构成如下所述。

（1）单双管路选择

小型涡轮分子泵抽气系统，真空室容积小，可选择单管路，即不设置粗抽管路，前级泵通过分子泵腔直接粗抽真空室。由于分子泵流阻的影响，使前级泵抽速降低，延长了粗抽时间。但配置简单，投资降低。对小型分子泵系统是一种可行的选择；对于较大容器，应选择双管路。

(2) 高真空阀（主阀）的设置

高真空阀设置与真空装置工作周期相关，运行周期长，实验室试验装置可以不配高真空阀。因为涡轮分子泵启动时间短，抽速低于 1500L/s 的分子泵，通常小于 6min，对工艺间歇时间没有影响。如果是工艺间歇时间短的真空装置，如真空蒸发镀膜装置，必须配置主阀，在工艺间歇时间关闭主阀，而泵不停，可以提高生产率。

(3) 涡轮分子泵前级机组配置

涡轮分子泵前级配置可以选择油封真空泵、涡旋泵、罗茨泵-油封真空泵机组、罗茨泵-涡旋干泵机组。

真空室容积较大，为了缩短粗抽时间，粗抽应选择罗茨泵真空机组。粗抽后罗茨泵机组转接为前级抽气系统，也可以不通过罗茨泵，直接用机组中的油封真空泵或涡旋泵作为涡轮分子泵前级泵。

真空室容积较小时，前级泵可用油封真空泵或者涡旋泵，同时可用于粗抽。

(4) 关于冷阱的设置

通常真空室抽到 50～100Pa 时，即可打开主阀，用涡轮分子泵抽真空室，在这种压力下，粗抽管道中的流动状态为黏滞流，气流方向性很强，不会引起前级泵油蒸气返流，故在粗抽管路中，不必设置冷阱，油不会污染真空室

涡轮分子泵转子的轴承润滑方式有两种，即油润滑与油脂润滑。由于涡轮分子泵工作时压缩比很大，通常为 10^4～10^9，润滑油蒸气和油脂蒸气不可能返流到泵的进气口，也就是说不会污染真空室。从这一角度来讲，涡轮分子泵的进气口处不必设置冷阱，也会获得较清洁的真空。

从上面分析来看，可以认为涡轮分子泵抽气系统，在不设置冷阱的情况下，也不会对产品造成污染。但尚需注意，无论是油，或者是脂，在一定的温度下，会有一定蒸气压，泵停止工作时，泵腔内的总压中，含有油蒸气的分压，这种油蒸气分压尽管很低，但也会污染泵内各种部件，以及高真空管道，构成真空室的潜在的污染源。

涡轮分子泵在停机过程中，若前级为油封真空泵，还存在着前级泵油蒸气污染问题。当然如果前级为干泵（如涡旋泵），来自前级污染可以消除。

目前已经有了转子使用磁悬浮轴承的涡轮分子泵，彻底地消除了油和脂的污染。如果其前级再配上涡旋泵干泵，这样组成的抽气机组是较为理想的清洁无油抽气系统。

(5) 前级泵抽速计算

涡轮分子泵前级泵抽速配置按流量相等原则进行配置，由涡轮分子泵抽速曲线可见，压力在 0.1～10^{-4}Pa 的范围内，抽速是不变的。泵进气口最大流量对应的压力应为 0.1Pa，在计算时考虑到有一定裕度，选择 0.2Pa。以下式表示流量关系：

$$p_{入} S = p_{前} S_{前} \tag{9-27}$$

式中 $p_{入}$——涡轮分子泵入口压力，选 0.2Pa；

S——在入口压力为 $p_{入}$ 时泵的抽速，L/s；

$p_{前}$——涡轮分子泵的前级压力，一般选择 20～100Pa，具体数据查产品样本；

$S_{前}$——前级泵的抽速，L/s。

案例：涡轮分子泵的抽速分别为 500L/s、1300L/s 及 3600L/s，前级泵抽速经计算并

进行数据处理后，分别为 4L/s、8L/s、30L/s。

由上面计算结果可见，涡轮分子泵所配的前级泵均不大。如果真空室容积较大，应考虑选用罗茨泵机组，或者选用螺杆泵作为专用粗抽泵。而用涡轮分子泵机组维持真空装置的工作压力。

9.8.2 涡轮分子泵抽气系统运行

涡轮分子泵抽气系统运行需关注如下事宜。

(1) 粗抽泵与主泵（涡轮分子泵）的切换压力

当真空室内压力达 50～100Pa 时，关闭粗抽阀，开启主阀，用涡轮分子泵抽真空室。在此压力范围，粗抽泵不会返油，可防止污染真空室。

(2) 涡轮分子泵停机过程中来自前级管路的污染

试验发现，涡轮分子泵停机过程中，当转子转速达不到最大转速的 40%时，在泵的进气口处有油污染，它来自前级管道油蒸气的返流。

防止前级管道返流污染的方法是在前级泵的进气口安装微调阀，将干燥氮气或氩气充入泵体内，借助气流的冲洗，防止油蒸气污染。

(3) 涡轮分子泵停止工作时来自轴承润滑油和润滑脂的污染

涡轮分子泵的转子轴承是用润滑油或脂来润滑，泵停止工作后，两者蒸发产生的油蒸气，也会成为真空室的污染源。可以选择烘烤涡轮分子泵壳体的方法，改善污染。

(4) 涡轮分子泵运行中突然断电引起的污染

涡轮分子泵运行中，真空室已经是真空状态，由于断电或其他事故，泵停止工作了，此时会使油蒸气迅速从前级管路中返流到清洁端。采取的措施是：立刻关闭主阀，并打开前级泵入口处安装的微调阀，向泵内充气。

(5) 固体颗粒对涡轮分子泵的影响

涡轮分子泵转子转速很高，如果有固体颗粒落入泵，会使泵产生机械损坏。在泵启动前，需要认真清理真空室，以防异物落入泵中，尤其是在真空室下部安装的涡轮分子泵，更需注意，否则会使泵完全损坏。

真空室安装玻璃壳真空规，也需注意安全，玻璃壳破损后，进到泵中，同样会使泵完全损坏。

(6) 涡轮分子泵冷却水

涡轮分子泵开启前需先打开冷却水，当泵停止工作后，应立刻关闭冷却水，以防泵腔体结露。涡轮分子泵最好有专用水源，以防堵塞水路。

(7) 强磁场对涡轮分子泵运行的影响

在粒子加速器、气泡室、等离子物理装置中所使用的涡轮分子泵，要受到强磁场的影响。涡轮分子泵转子在磁场中运动，会使旋转片中产生涡流，涡流产生热量使之发生热膨胀，使旋转叶片和静止叶片之间间距变小，有可能产生卡死事故。另外，由于有涡流损失会使旋转叶片转速降低，影响抽气性能。

因此，在磁场中使用的涡轮分子泵，必须考虑径向允许最大磁通量密度，应测定其值。一般来说，对强磁场中使用的涡轮分子泵应有金属屏蔽。

9.9 溅射离子泵抽气系统

溅射离子泵与钛升华泵组成的真空系统，是目前获得清洁超高真空的主要抽气手段能获得高于1.3×10^{-8}Pa的真空度，中小型真空系统以溅射离子泵作主泵，大型真空系统以钛升华泵作主泵。溅射离子泵可以抽惰性气体氩，抽氢不如升华泵，但在不锈钢制造的金属超高真空系统中，最终压力中氢成分较高，刚好发挥钛升华泵的作用。两者互相补充，各自发挥自身的优点，使真空系统得到良好的真空度。这种真空系统常用于表面研究、加速器、受控核聚变、空间模拟等装置中。

9.9.1 溅射离子泵抽气系统的构成

溅射离子泵抽气系统构成方式主要有3种，见图9-17～图9-19。图9-17是早期的溅射离子泵配置，由溅射离子泵、钛升华泵、分子筛吸附泵构成。这种系统没有烃类化合物污染，是一种理想的清洁超高真空系统。

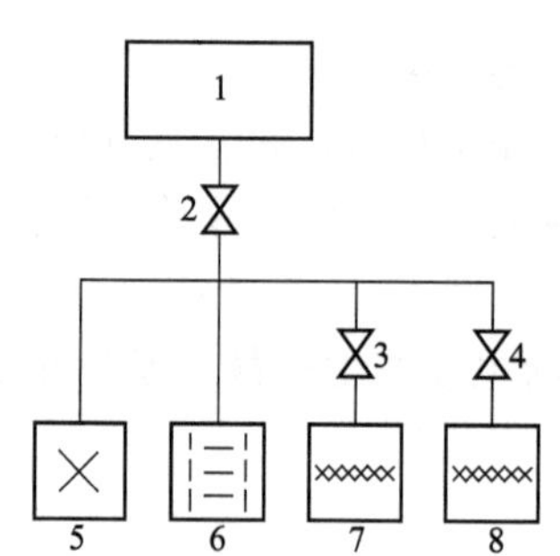

图 9-17 溅射离子泵-分子筛吸附泵抽气系统

1—真空室；2—主阀；3,4—超高真空阀；5—钛升华泵；6—溅射离子泵；7—分子筛吸附泵（1）；8—分子筛吸附泵（2）

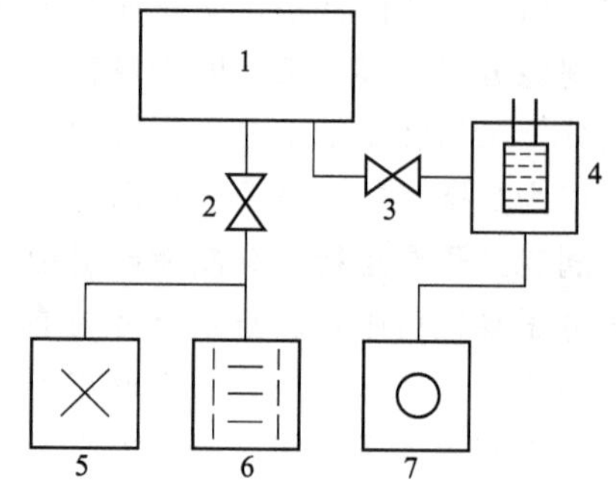

图 9-18 溅射离子泵-涡旋泵抽气系统

1—真空室；2—主阀；3—超高真空阀；4—液氮阱；5—钛升华泵；6—溅射离子泵；7—涡旋泵

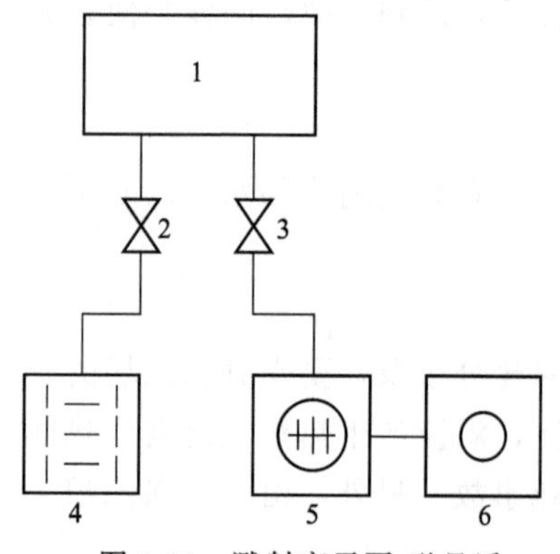

图 9-19 溅射离子泵-磁悬浮涡轮分子泵抽气系统

1—真空室；2—主阀；3—超高真空阀；4—溅射离子泵；5—磁悬浮涡轮分子泵；6—涡旋泵

图9-18与前者不同的是，用液氮阱与涡旋泵组合代替了分子筛泵，粗抽由涡旋泵与液氮阱完成。此系统使用了涡旋泵，虽然没有油的污染，但轴承的润滑脂蒸气是系统的污染源，粗抽管道中是分子流时，借助液氮阱可以捕获油蒸气，阱的效率为99%。是一种较清洁的超高真空抽气系统。系统操作方便，粗抽时间短。系统中的钛升华泵宜用水冷，不宜使用液氮。否则会在钛膜上吸附一层水膜，水膜使钛膜易脱落，影响真空度。

图9-19粗抽是由磁悬浮涡轮分子泵-涡旋泵机组完成。这种系统启动快，操作方便，大大地缩短了粗抽时间。其不足是有碳氢化合物污染。对于油不十分敏感的超高真空系统，这种组合是较为理想的。

9.9.2 溅射离子泵抽气系统的运行

图 9-17～图 9-19 的 3 种组合形式的溅射离子泵抽气系统，运行过程分述如下。

（1）溅射离子泵-分子筛吸附泵抽气系统（图 9-17）

分子筛吸附泵在液氮预冷之前，必须经烘烤活化处理后才能使用。烘烤温度为 250℃，烘烤时间 5～6h。

首先启动一只分子筛泵，由大气 10^5Pa 抽至 10^3Pa，并迅速关闭超高真空阀。此时管路的气体为定向流，可以携带部分惰性气体进入泵腔体中，这就是所谓的分子筛泵“席卷作用”抽气。再启动另外一只分子筛泵，由 10^3Pa 抽至 0.2Pa 左右，关闭超高真空阀。

通常真空室压力达 0.5Pa 时，便可以启动钛升华泵，使之连续升华。当真空室内压力到 5×10^{-2}Pa，停止钛升华泵，可开启溅射离子泵。抽到 1×10^{-6}Pa，再开启钛升华泵，可以得到 1×10^{-8}Pa 的真空度。

（2）溅射离子泵-涡旋泵抽气系统（图 9-18）

首先启动涡旋泵-液氮冷阱机组将真空室抽至 0.1Pa，再启动钛升华泵抽至 5×10^{-2}Pa，停升华泵。开启溅射离子泵，抽至 1×10^{-6}Pa，开启钛升华泵，达到 1×10^{-8}Pa 的真空度。

（3）溅射离子泵-磁悬浮涡轮分子泵抽气系统（图 9-19）

首先启动涡旋泵将真空室抽到 30Pa，再启动磁悬浮涡轮分子泵，抽至 5×10^{-3}Pa，开启溅射离子泵，可将真空室抽至 1×10^{-6}Pa。

溅射离子泵抽气系统可达到的真空度为 1×10^{-6}～1×10^{-8}Pa，要求真空室内壁相当干净，零件表面粗糙度要小，材料放气量要小。真空室中零件要进行严格的清洁处理，不要用手接触零件表面。真空室的漏率也要严格控制。除此以外，还要对真空室进行烘烤。烘烤温度一般为 200～250℃，烘烤时间为 10～12h（或者加热到 350～400℃，烘烤 4h）。对图 9-17 系统而言，烘烤时可以用溅射离子泵（或钛升华泵间断工作，工作 1min，停 5～10min)，使真空度维持在 1.3×10^{-3}～1.3×10^{-4}Pa。若真空室放气量较大，真空度低于 2.7×10^{-2}Pa，则溅射离子泵及升华泵不能在此压强下连续工作，需用分子筛泵抽气，维持真空度。烘烤结束后，真空室逐渐冷却，真空度亦逐渐上升。如果 3～4h 真空度仍为 1.3×10^{-4}～1.3×10^{-5}Pa，可能经烘烤后金属密封圈漏气，需要拧紧所有法兰螺钉，漏孔消除后，真空度就会抽上去。

泵停止工作时，首先要关紧超高真空闸阀，使之保持真空状态，以利于下次启动。随之再停钛升华泵及溅射离子泵电源。如果真空泵需要处于 1atm，可以放入干燥氮气。因氮易从器壁上解吸（因水蒸气较难解吸，若冲入普通空气，含水量较多)，有利于下次启动。

分子筛泵停止工作时，泵从液氮温度恢复到室温，其吸附的气体又如数释放出来，会使泵中产生较大的压力。为此，工作后要打开泵的安全塞子，将气体放掉。

9.9.3 溅射离子泵的使用与维护

国产溅射离子泵的启动压力为 0.1Pa 左右，压力再高，启动不了。溅射离子泵装配后，第一次启动比较麻烦。为了加速启动，最好卸下磁铁，将泵烘烤。烘烤温度为 400～450℃，烘烤时间为 24～30h，使泵彻底除气，就容易启动了。在烘烤过程中，用预抽泵不断抽走烘烤时放出来的气体。

待泵冷却后，装上磁铁，便可以接通电源。若使用高压漏磁变压器作为供电电源，通电后，泵阳极电压约为 300～500V，电流为电源直流短路电流所限定，大约 400～500mA。此时，泵内发出紫蓝色辉光。经过 2～10min，辉光逐渐减弱，并收敛进入阳极格子中，最后消失。电压上升到 2kV 以上，放电电流也减为 1mA 以下，泵完全启动后，关闭预抽泵阀，停掉预抽泵。

在停掉预抽泵后，若阳极电压下降，则还需重新开动，将放电过程中排出来的气体抽走。待电压又重新上升后，再停预抽泵。

溅射离子泵启动时间不宜超过 30min，此时间内启动不了，需停掉泵电源，停机 10～15min，再接通。此时，也可以开钛升华泵，工作 2～3min，提高溅射离子泵内真空度，有助于启动。

溅射离子泵阳极电压较高，约为 6～7kV。为了安全起见，泵体和电源均需要可靠地接地。

溅射离子泵使用过程中，出现故障较少。当使用一段时间后，可能出现不易启动，或极限真空下降的现象。若不是漏气所造成的，那么可能是泵受大气中水蒸气作用或预抽机械泵油蒸气污染所造成的。这时，采取烘烤措施，便能使泵恢复原来性能。若污染严重，性能恢复不了，需将泵内零件进行彻底清洗。

9.9.4 分子筛吸附泵的使用与维护

分子筛通常为圆粒或棒状，向泵内盛装分子筛的格子中装分子筛时，要轻轻摇晃，使分子筛均匀散开，并填满格子，使之接触紧密，注入液氮后，冷却效果好。

分子筛使用前，需要在泵中加热烘烤（通常称作活化），在大气压下加热到 450℃进行活化。在 13～1.3Pa 下，加热到 350℃即可活化，加热时间为 4h。这里，需要注意的是加热温度不可超过 450℃，否则会使分子筛变质。烘烤结束后，马上关闭通往大气的阀门，以免分子筛吸附水蒸气，影响抽气性能。

待泵冷却后，便可以注入液氮。刚开始液氮沸腾很厉害，易溅出来，应注意安全。泵逐渐冷却后，就会好转。大约经 15min 后液氮沸腾停止，分子筛冷却，即可抽气。

从大气开始抽气的第一级泵，刚开始时，阀门开得不要太大，以防分子筛突然吸附大量气体，引起液氮的强烈沸腾。阀门逐渐开大，并随时注意使液氮充满贮液器，否则已吸附的气体又会放出来。待抽到 1.3×10^{3}Pa 左右，就立即关闭隔离阀。打开第二级分子筛泵隔离阀，继续抽气；直到 6.7×10^{-2}Pa 为止。

泵停止工作后，打开安全塞子放气，然后关好，以防暴露于大气的时间过长。一般分子筛经一次活化后，可以使用 5～10 次不需活化。

9.10 低温泵抽气系统

本节低温泵抽气系统中，低温泵的冷源由 G-M 制冷机提供。二级冷头温度可达 7K，低温泵吸附阵的温度小于 20K。目前，G-M 制冷机低温泵的抽速范围为 500～50000L/s。其特点是清洁无油，抽速范围宽，极限压力低，启动压力高。被广泛地应用于对污染控制要求较高的真空装置上，如空间环境模拟设备、真空镀膜设备、半导体制备设备、材料试验设备以及核物理试验装置等。

9.10.1 低温泵抽气系统的构成

低温泵抽气系统的配置，因被抽真空室的大小不同而异。对于小型装置，其配置较简单，抽气原理如图 9-20 所示。由主阀、低温泵、干泵及管路阀门构成。

用干泵将真空室抽到 20～30Pa，即可以打开主阀，用低温泵抽真空室。在此压力范围，干泵润滑脂蒸气返流可以忽略，不会污染真空室。为了减少油或脂蒸气返流，尽可能采取高的切换压力，有的低温泵抽气系统选择 100Pa 的切换压力。切换压力的高低主要取决于低温泵吸附阵的热容。如果热容较大，就可避免吸附阵不可逆的升温，对低温泵抽气不会产生不良影响。

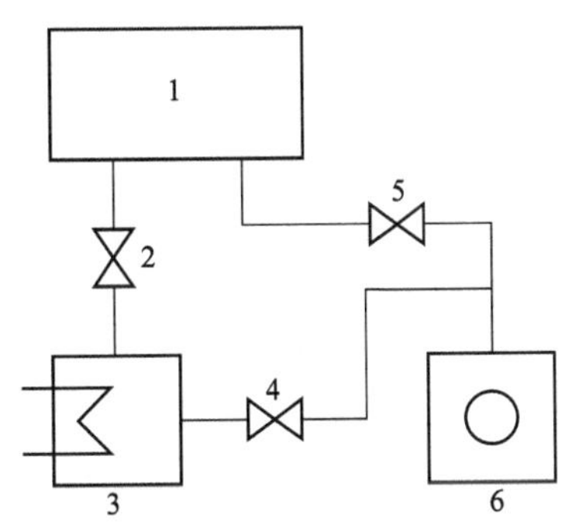

图 9-20 小型装置低温泵抽气系统
1—真空室；2—主阀；3—低温泵；4—低温泵再生阀；5—粗抽阀；6—干泵

低温泵降温及再生过程也是借助干泵来实现。

图 9-21 所示为中型设备的抽气系统。与图 9-20 所示不同之处是配置了涡轮分子泵，目的是：①降低启动压力，用分子泵抽至 5×10^{-2}Pa 时，再启动低温泵，有利于延长低温泵的工作周期；②干泵抽至 30Pa，即可启动分子泵，可以缩短达到工作压力的时间；③真空室有漏气时，分子泵抽速较大，可使真空室达到较高的真空度，有利于检漏。系统中的干泵首先用于粗抽，而后转为分子泵的前级泵。还可以作为低温泵的再生抽气，以及低温泵降温过程中的排气。

图 9-22 所示为大型空间环境模拟设备配置的低温泵抽气系统。设备的特点是抽气容积大，清洁度要求高，运转周期长，连续运行几天，甚至 1 个月。配置抽气手段时，需注意这些特点。即：

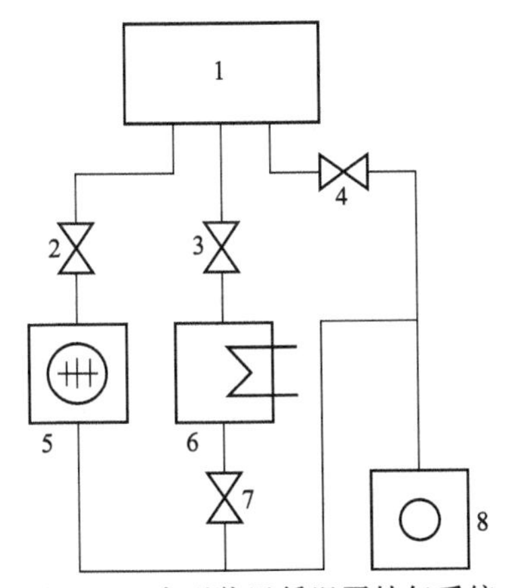

图 9-21 中型装置低温泵抽气系统
1—真空室；2—分子泵入口阀；3—主阀；4—粗抽阀；5—分子泵；6—低温泵；7—再生阀；8—干泵

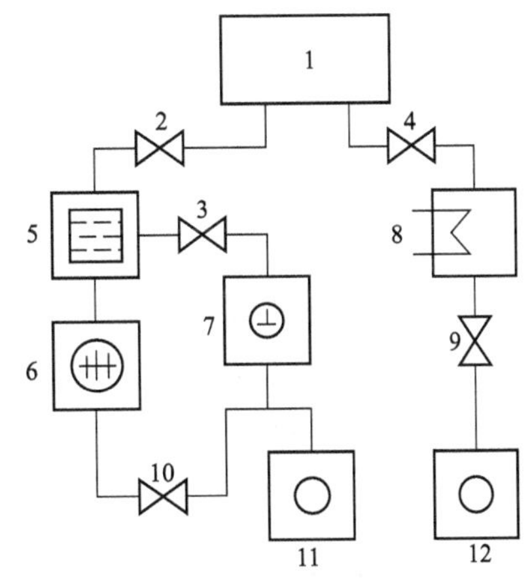

图 9-22 大型装置低温泵抽气系统
1—真空室；2—分子泵入口阀；3—罗茨泵入口阀；4—主阀；5—液氮阱；6—分子泵；7—罗茨泵；8—低温泵；9—再生阀；10—分子泵前级阀；11—螺杆泵；12—涡旋泵

① 被抽真空室容积大，为控制粗抽时间，选择大抽速的罗茨泵-螺杆泵机组作为粗抽。

② 为了获得清洁真空，设置了液氮阱，防止油蒸气进入真空室中。

③ 由于整台设备庞大，低温泵配置了专用的涡旋泵，用于泵的再生及降温过程的抽气。

9.10.2 低温泵抽气系统的运行

低温泵抽气系统在抽真空室前，需要对低温泵吸附阵降温，降温时间因泵的大小不同而异，小泵1h左右，大泵需要4～5h。当吸附阵的温度小于20K时，方可打开主阀进行抽气。低温泵降温过程需用干泵抽气，压力维持在0.1Pa以下，在此压力下泵腔体内气体的对流及热传导换热基本消除了，有利于吸附阵的降温。如果在干泵入口处设置1只液氮阱，可以防止干泵润滑脂蒸气进入泵腔污染吸附阵。

当真空室内压力达到30Pa时，可以直接用低温泵抽气，或者用分子泵抽至5×10^{-2}Pa时切换抽气。抽气停止时，首先应关主泵，再往真空室放入干燥氮气。

低温泵再生的目的是将吸附阵捕获的气体释放出来。对于小泵而言，可以自然复温使吸附的气体解吸出来。再生过程中，放出的气体量大，应关注压力表及安全阀的可靠性。

再生一般采取将加热的氮气放入泵腔中，并间隔抽气来完成。泵中的水汽，只用热氮气冲洗是不易被带走的。因而必须用干泵不时地抽气，将水汽排出泵外。

低温泵抽气系统运行过程中，尚需注意如下事宜：

① 低温泵入口热负荷的影响。低温泵入口障板的热负荷一般是按300K气体计算的，如果低温泵入口温度过高，应采用一定的方法将热源屏蔽。否则可能使入口障板温度超过100K，直接影响吸附阵的温度，使之达不到小于20K温度，影响捕获气体。

② 低温泵突然断电对运行的影响。低温泵连续运行中，活性炭吸附氦已饱和。如果短时间停电，使吸附阵回温，氦气将释放出来。水蒸气也将从二级冷屏及障板上解吸出来，被吸附阵吸附。在这种情况下，低温泵需要再生处理。

③ 低温泵配置氦压机的氦气纯度。氦压机需要充以高纯氦，要求99.999%，氖是氦中最常见杂质，可能凝在一级或二级冷头腔内的低温表面，导致密封件的磨损。氦压机检修时要特别注意充氦方法，不能带入空气，否则会使管路堵塞。

④ 油雾对低温泵的影响。低温泵使用，若真空室中有油雾气源，会污染吸附阵中的活性炭，使之失去抽气能力。在低温泵再生时，也同样需要防止油污染活性炭。

⑤ 抽除有危险的气体。低温泵不宜用于抽除危险性气体，捕获之后，再生时释放出来，危险性气体浓度很高，危及环境及人身安全。

⑥ 低温泵上的安全阀。低温泵再生时，由于温度升高，使之捕获的气体有时瞬间释放出来，造成低温泵腔体内压力升高，危及泵的安全。为此，低温泵必须安装安全阀，以便超压时放气。安全阀需要定期检查，大型真空系统，低温泵有时安装高度较高，操作人员不易操作，更需要注意安全阀的可靠性，否则会造成大事故。

9.11 超高真空系统设计

9.11.1 超高真空系统的特点

超高真空主要用于表面研究、热核反应、高能加速器、半导体研究、空间模拟等科学领域中。由于这些现代科学技术发展的需要，大大促进了超高真空技术的发展，目前超高真空实用真空度已达 10^{-12}Pa。

现代超高真空技术与超高真空萌芽的20世纪50年代相比，有如下特点：

① 真空装置的容积大，有的达上千立方米，并且达到的真空度高。

② 测试手段复杂，除了测量真空度外，还包括质谱分析，低能电子衍射，电子谱等。

③ 材料选择上，用不锈钢代替了玻璃；密封材料多半使用铜、金、银。

④ 用无油真空泵，如：低温泵、溅射离子泵、磁悬浮分子泵、各种钛泵代替了油扩散泵；用无油超高真空泵代替了有油超高真空泵，而预抽选用干泵。

超高真空与高真空系统设计有不少相同之处，主要有：管路的流导计算；壳体强度计算；主泵抽速计算及泵之间匹配选择；真空元件的清洁处理及检漏等。

超高真空与高真空系统设计也有许多不同之处：选择真空泵的方法不同；对材料要求更为严格；密封结构和密封材料不同；采用了烘烤措施；焊接结构和方法不同；对漏率控制更为严格。

9.11.2 材料选择

金属材料都是通过熔炼和铸造得到的，在此过程中，空气中的氢、氧、氮和碳的氧化物不同程度地溶于材料之中。存放材料时，其表面还会吸附大量气体，主要是水蒸气、氧、氮、碳的氧化物等。材料加工过程中的再污染及其本身的非致密性引起的渗透，这些因素就构成了真空中的主要气源。

用真空泵抽真空室时，首先抽走的是容积中的大气（这部分气体很快被抽走）。然后是材料表面解吸的气体、材料内部向表面扩散出来的气体以及通过器壁渗透到真空中的气体。解吸及扩散到表面再解吸气体的衰减速率非常缓慢，需要时间很长。一台金属密封的不烘烤的真空系统，计算表明，要达到超高真空（低于 10^{-7}Pa）所需大约 10^8h，可见不采用烘烤技术想得到超高真空是很困难的。

超高真空所需要的材料，除满足真空材料一般要求外，还应满足下列要求：

① 在烘烤温度下，材料不应该丧失其力学性能；壳体材料能承受外部大气压力。一般低熔点金属和软玻璃满足不了这种要求。

② 材料在烘烤温度下蒸气压要低。

③ 材料的渗透气体量不能超过允许值。

④ 材料加热时不易变形。

⑤ 材料表面容易抛光。

从这些要求出发，适于超高真空中用的通用材料有：

不锈钢-超高真空系统中主要用材，常用于做壳体、管道、法兰以及各种真空元件。我国超高真空系统常用材料是1Cr18Ni9Ti，美国多用304不锈钢，其次还有304L、316、316L、321，347等；英国多用347；其他欧洲各国常用316不锈一钢。不锈钢材质很好，但采用焊接工艺不当，亦会造成晶间腐蚀、热裂缝、气孔、奥氏体焊缝脆化等缺陷，影响壳体的气密性。

玻璃——用于封接电极引入线、制作规管管壳及观察窗等。

氧化铝陶瓷——制作电极引入线的绝缘子。

可伐——制作与玻璃或陶瓷的封接件。

金、银、铜、铝——密封圈材料。

氟橡胶——常开启的门与窗的水冷密封圈。

9.11.3 表面化学清洗及烘烤

超高真空系统清洗处理非常重要，清洗处理好与否，直接影响极限真空的获得。良好的清洁处理工艺，可以使材料的出气率低几个数量级。以不锈钢为例，长期暴露于大气，不进行任何处理，抽气 1h 后的出气率为 2×10^{-3}Pa·m^3/(s·m^2)；如果经除油处理，不烘烤，抽气 4h 后可到 1×10^{-5}Pa·m^3/(s·m^2)；若除油后再清洗，在 250℃下烘烤 15h，出气率可降到 1×10^{-8}Pa·m^3/(s·m^2)，使出气率下降了近五个数量级。

真空系统烘烤，对获得超高真空是不可少的手段。一个设计合理的真空系统，如果没有烘烤手段，也没有采取其他措施，无论选择什么类型的真空泵抽气，如扩散泵、涡轮分子泵、溅射离子泵、低温泵等，只能获得的工作压力为 $10^{-4}\sim10^{-5}$Pa 数量级，极限真空 10^{-6}Pa 量级，再高的真空度是不可能的。

不锈钢最有效的加速出气方法有两种：

① 在 800～950℃温度下真空烘烤；

② 400℃下空气中烘烤，真空烘烤应在 10^{-6}Pa 下进行，这样可使材料中的氢浓度降低到最低限度，有资料提出烘烤应在 2700Pa 的纯氧中进行，以避免烘烤过程中，存在的水蒸气对表面产生影响。

烘烤时需要注意金属-玻璃封接件、金属-陶瓷封接件的烘烤温度不应超过 400℃。铜垫圈不应超过 450℃。玻璃烘烤温度根据种类不同而异，其范围为 140～300℃内，非金属材料为 80～100℃，普通金属材料为 300～450℃。

9.11.4 抽气技术

超高真空系统所用的主泵有油扩散泵、溅射离子泵、钛泵（蒸发式或升华式钛泵）、涡轮分子泵、低温泵等。也有用锆铝吸气剂泵与其他泵类组合抽气来获得超高真空。

对超高真空系统使用的真空泵要求，除通常的选泵原则外，还有以下要求：

① 主泵极限真空要比真空装置的工作真空高一个到一个半数量级，如工作真空选 1×10^{-6}Pa，那么泵的极限真空至少为 1×10^{-7}Pa；

② 在真空装置工作真空范围内，真空泵要有足够的抽速，以便排走装置中气体；

③ 主泵或者主泵入口到真空室排气口的管道、冷阱、挡板、阀门等均能经受 250～450℃的烘烤；

④ 主泵对被抽气体有选择性抽气时，应配辅助泵联合抽气；

⑤ 真空泵所用钢材应选用不锈钢。

下面分别加以介绍。

(1) 扩散泵系统

20 世纪 70 年代以前油扩散泵是获得超高真空的重要泵种，但必须很好地解决污染问题，否则无法获得超高真空。

扩散泵系统的污染主要来自扩散泵油的返流、机械泵油的返流，以及扩散泵油加热分解产生的永久性气体，如氢、甲烷、乙烷等的返流。分解产生的永久性气体用液氮冷阱是无益的，应使用钛升华阱，有资料介绍，使用钛升华阱得到了 10^{-9}Pa 的真空度。

减少油封真空泵油的返流有三种方法：

① 在粗抽管道中加液氮冷阱，是一种最有效的方法；

② 粗抽管道上安装充气阀，充入干燥氮气，使真空室保持到15～30Pa真空度；

③ 不用粗抽管道，通过扩散泵进行粗抽。

一般来讲，污染控制较好的真空系统，可得到10^{-10}Pa的真空度。

(2) 涡轮分子泵抽气系统

高压缩比的涡轮分子泵串联使用，以干式真空泵为前级，也可得到5×10^{-9}Pa的真空度。用扩散泵作前级，也可得到10^{-9}Pa真空度。泵入口安装上钛升华阱，获得的真空度高于10^{-9}Pa。

涡轮分子泵对氢的压缩比较小，残余气体中主要是氢。泵的极限氢分压受泵的压缩比和前级管道中氢分压的限制，采用扩散泵作前级，可降低前级管道中的氢分压，进而可提高泵的极限真空。

涡轮分子泵内表面积大，烘烤出气是非常必要的。由于结构限制，一般只允许烘烤到100℃左右。

为了消除粗抽时的污染，可以通过涡轮分子泵进行粗抽，在这种情况下，要求油封真空泵有足够大的抽速，使涡轮分子泵转速达到额定转速的75%时，就能将真空室抽到20～200Pa。一般涡轮分子泵的加速时间为5～10min，这意味着油封真空泵排气时间必须小于这个范围。为减小油污染，可用干式泵作分子泵前级。

(3) 溅射离子泵抽气系统

溅射离子泵通常与钛升华泵联合使用。溅射离子泵的残气中主要成分是氢，而钛升华泵抽氢效果最好。一般中小型真空系统以溅射离子泵作主泵；而大型系统以钛升华泵作主泵。用这种机组可得到10^{-9}Pa的真空度。

在超高真空系统中，要求溅射离子泵要彻底烘烤。如果真空室已进行了高温烘烤，那么泵只需要250℃烘烤，真空度到10^{-5}Pa后，缓慢升到250℃，时间为10～20h。

(4) 低温泵抽气系统

低温泵对不锈钢制造的超高真空容器排气很适合。20K的低温泵可得到10^{-8}Pa的真空度，4.2K的低温泵，可得到10^{-10}～10^{-12}Pa的真空度。

低温泵系统不产生烃类化合物、金属膜的剥落碎片或自身带来的其他污染。在超高真空范围，低温泵是可以取代其他类泵的一种清洁抽气手段。

9.11.5 超高真空装置实例

(1) 分子束外延设备

图9-23所示为分子束外延设备真空系统原理。真空室由工作室、喷射炉室、样品预备室组成。工作室极限真空为1×10^{-8}Pa，外延时的工作压力为1×10^{-6}Pa，主泵为抽速6×10^{3}L/s的溅射离子泵-钛升华泵机组，其极限真空为5×10^{-10}Pa。

为了保证工作室的工作压力，喷射炉室装有抽速1000L/s的溅射离子泵-钛升华泵机组，用以排走喷射炉产生的气体。

工作室不宜经常暴露于大气，为此，设备有传送样品的预备室，该室的真空度为10^{-6}Pa。

另外，在工作室电子枪部位设有抽速25L/s的溅射离子泵，可以排走电子衍射仪电子

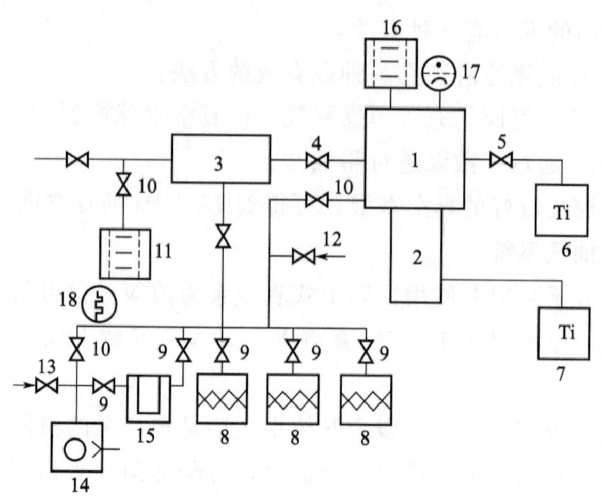

图 9-23　分子束外延设备真空系统原理

1—工作室；2—喷射炉室；3—样品预备室；4，5—闸阀；6—6000L/s 溅射离子泵-钛升华泵组；7—1000L/s 溅射离子泵-钛升华泵组；8—分子筛泵；9—通径 32mm 超高真空阀；10—通径 50mm 超高真空阀；11—100L/s 溅射离子泵；12—针阀；13—充气阀；14—2X-8 型旋片真空泵；15—分子筛阱；16—25L/s 溅射离子泵；17—B-A 规；18—热偶规

枪工作时放出来的气体。

真空室粗抽用了三只分子筛泵，三级抽气。所用的分子筛量分别是 1.2kg、1.5kg、2.2kg。如果没有液氮，可以用油封真空泵-分子筛阱抽气。

（2）CTL-500 型超高真空钽片炉

图 9-24 所示为钽片炉真空系统原理。真空室直径 500mm，主泵为溅射离子泵-钛升华泵组，抽速为 4×10^3L/s。真空室极限真空为 2×10^{-7}Pa，工作压力为 2×10^{-5}Pa，为了粗抽及应对工艺过程中放出来的大量气体，配有油扩散泵-油封真空泵组成的机组。

（3）用于表面研究的超高真空设备

图 9-25 所示为表面研究用的超高真空系统原理。真空室用不锈钢制成，直径 450mm，高 700mm，容积 100L，用铜垫圈密封。系统粗抽用三个分子筛泵及干泵。主泵是钛升华泵，吸气面用液氮冷却，配有溅射离子泵与升华泵联合抽气。此系统从大气抽到 1×10^{-2}Pa 为 15min，200℃下 3.5h 烘烤后的真空度为 $10^{-2}\sim10^{-8}$Pa，30h 左右的极限真空 $<1\times10^{-8}$Pa。

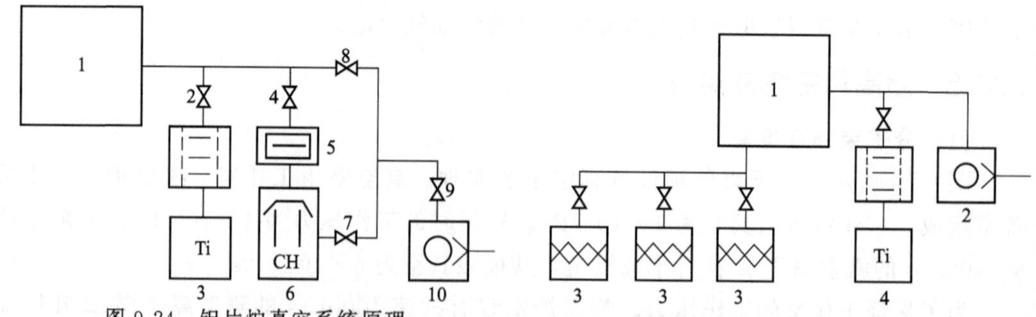

图 9-24　钽片炉真空系统原理

1—真空室；2—ϕ200 超高真空闸阀；3—溅射离子泵-钛升华泵组；4—超高真空闸阀；5—冷阱；6—K-200A 型扩散泵；7—管道阀；8—超高真空管道阀；9—带放气的电磁阀；10—油封真空泵

图 9-25　表面研究用的超高真空系统原理

1—真空室；2—无油机械泵；3—分子筛泵；4—溅射离子泵-钛升华泵组

(4) 温控涂层耐久性试验装置

图 9-26 所示为卫星表面温控涂层耐久性试验装置原理。装置包括：加速电压 20kV、束流为 0～300mA 的扫描电子枪；能量为 1～5keV 的质子源；5kV 高压汞弧氙灯紫外光源，通过镀铝抛物面反射镜，穿过石英窗投射到样品上。

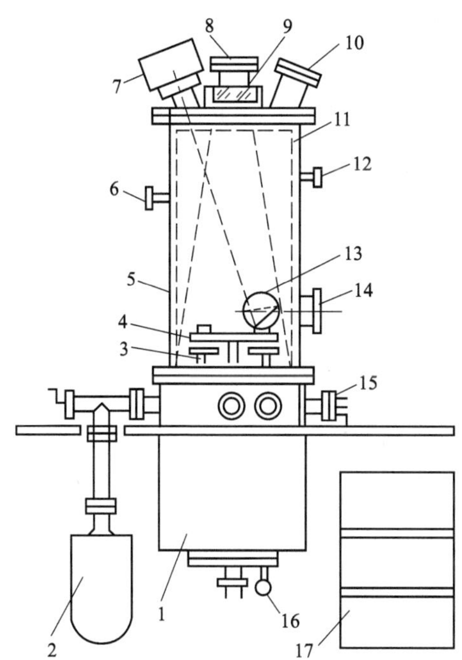

图 9-26 卫星表面温控涂层耐久性试验装置原理

1—溅射离子泵（500L/s）；2—分子筛泵；3—样品台固定部分；4—样品台活动部分；5—真空室；6—高压输入端；7—投影灯；8—质子枪法兰；9—紫外入射石英窗；10—电子枪法兰；11—热沉套；12—质谱计法兰；13—积分球；14—分光光度计用的石英窗口；15—电引入线；16—钛升华泵（SOOOL/s）；17—操纵和控制台

真空系统主泵是钛升华泵及溅射离子泵，升华泵的吸气面用液氮冷却。粗抽用三级分子筛吸附泵。系统经过 300℃的烘烤，可达 10^{-9} Pa 的真空度。

(5) 小型空间模拟设备

图 9-27 所示为小型双层空间模拟设备真空系统原理，内容器可以达到 10^{-10}～10^{-12} Pa 的真空度。

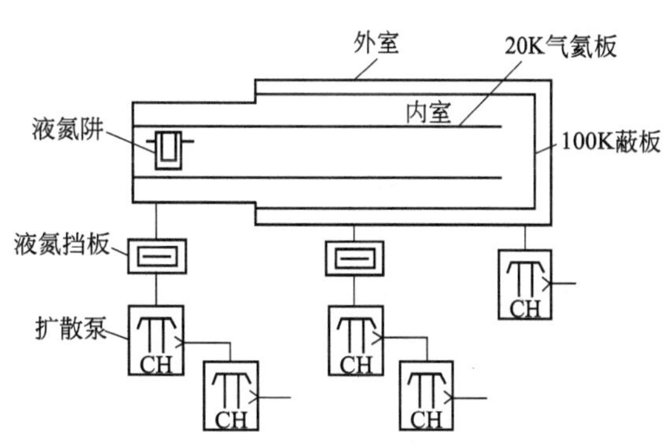

图 9-27 小型双层空间模拟设备真空系统原理

真空室由内容器（内室）和外容器（外室）构成。内容器主要抽气手段是 20K 气氦板，其预抽用扩散泵，扩散泵与内容器之间抽气管道较长，并用液氮冷冻，因而扩散泵油分子很难跑到内容器中，从而保证内容器可以得到很高的真空度。内容器外部设有外容器，抽气手段是用扩散泵串接抽气，并有液氮冷阱，保证了内、外容器之间夹层有较高的真空度，大大降低了向内容器的漏气量。

外容器用橡胶密封，放出来的气体由外容器的泵抽走，不会进到内容器中。

(6) 大型空间模拟设备

图 9-28 所示为大型空间模拟设备真空系统原理。此设备是波音公司为“月球轨道器”及“勘测者”宇航器而建造的。真空室直径 12m，高 15m，容积为 $1500m^3$。

容器主要抽气手段有装在容器中的液氮冷壁及 15K 的气氦冷壁。真空室还附有三个小型抽气室，每个室中有钛泵、溅射离子泵及 20K 的低温泵，总抽速 2×10^5 L/s。系统粗抽用有液氮阱的油封真空泵。真空室最终压力为 1×10^{-7} Pa。

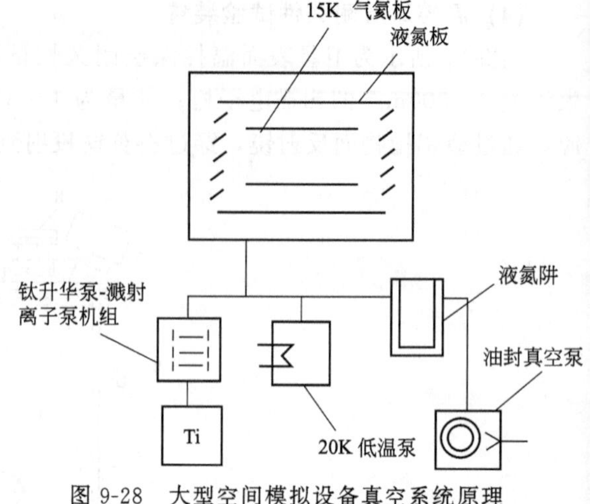

图 9-28　大型空间模拟设备真空系统原理

(7) 托卡马克等离子试验装置

图 9-29 所示为托卡马克等离子试验装置真空系统原理图。真空室为环形，由 0.5mm 厚不锈钢波纹管焊制成的。容积为 $1.5m^3$，总表面积为 $35m^2$。真空室烘烤温度为 450℃，观测段为 200℃，最终压力为 4×10^{-8} Pa。

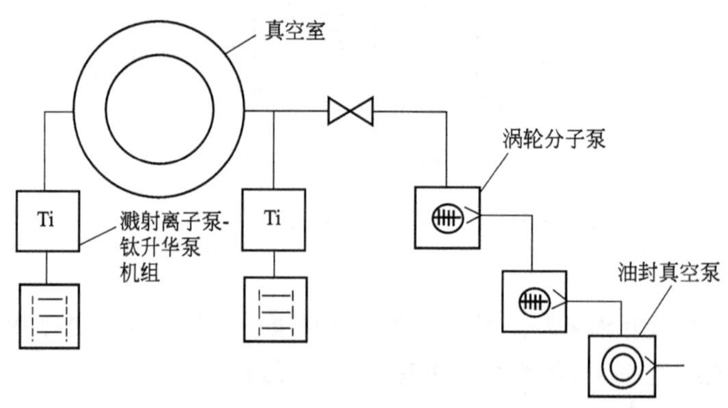

图 9-29　托卡马克等离子试验装置真空原理

主泵为钛泵、涡轮分子泵。分子泵两台串联，抽速分别为 500L/s 及 50L/s，前级用油封真空泵。钛泵抽气面用液氮冷却，面积为 $0.5m^2$。

真空度测量用 B-A 计和质谱计。

(8) 超高真空空间环境模拟设备

图 9-30 所示为我国一台大型超高真空空间环境模拟设备真空系统原理。真空室直径 7m，高 12m，容积为 $400m^3$。真空容器用厚 18mm 不锈钢卷制而成，每隔 1.3m 有一盒形加强环。为了减小不锈钢（1Cr18Ni9Ti）出气量，内壁抛光到 $Ra1.6$。

真空室大门法兰采用双道橡胶密封，两个密封圈之间抽真空，以减小密封圈漏气量。法兰厚 150mm，分五段拼焊而成。焊后需要消除焊接应力，在 900℃下保温 2h，空气中冷却来达到热处理的目的。

真空抽气系统由扩散泵机组、20K 气氦板组成。扩散泵机组由四台 K-1200 扩散泵，四台 ZL-11 罗茨泵、两台 H-8 机械泵组成。粗抽用两台 V-6 型机械泵。扩散泵入口配有直角液氮冷阱和氟利昂-12 冷却的人字形挡板。扩散泵工作 24h 后泵的极限真空为 2×10^{-6}Pa；而泵的有效抽速为 18000L/s。气氦板在 16K 时，真空度为 $5\times10^{-4}\sim1\times10^{-5}$Pa；对氮的抽速为 2.3×10^{6}L/s，对氧的抽速为 2.2×10^{6}L/s，对氩的抽速为 155×10^{4}L/s。真空室的最终压力为 3.8×10^{-6}Pa。

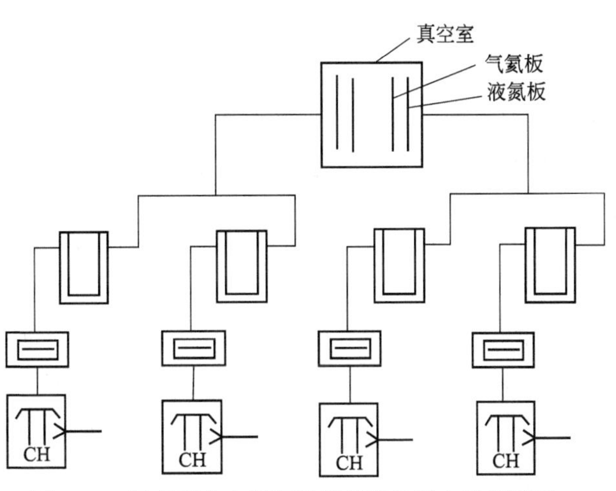

图 9-30　超高真空空间环境模拟设备真空系统原理

(9) 表面分析仪的超高真空系统

此真空系统主泵由涡轮分子泵与钛升华泵组成，涡轮分子前级配有油扩散泵，其目的是提高涡轮分子泵的压缩比，进而达到降低其极限压力的目的。此真空抽气系统使真空室获得 3.5×10^{-8}Pa 的极限压力，钛升华泵停止工作 8h 后，真空室真空度维持在 5.7×10^{-8}Pa。经质谱分析表明真空室没有油污染。真空系统原理见图 9-31。真空室示意见图 9-32。本超高真空装置由毛祖遂等研制。

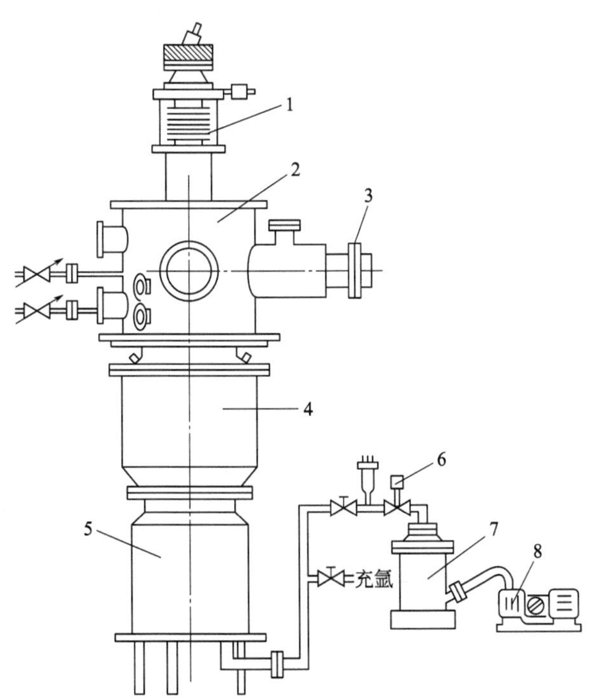

图 9-31　真空系统原理图

1—样品架；2—真空室；3—CMA 接口；4—钛升华泵；5—涡轮分子泵；6—电磁阀；7—扩散泵；8—机械泵

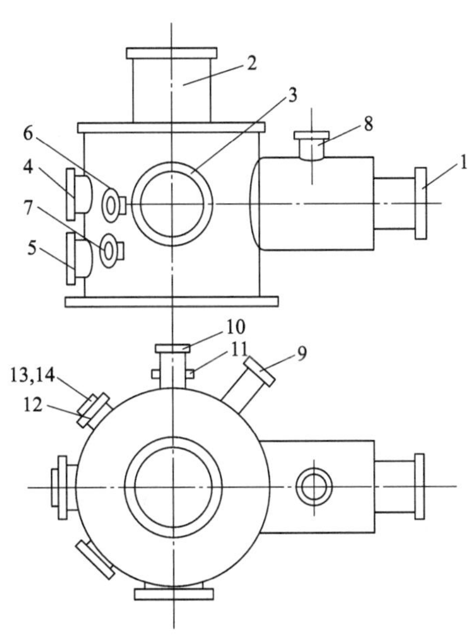

图 9-32　真空室示意图

1—接 CMA；2—接样品架；3，4—接观察窗；5，7—接阀；6—接磁力转轴；8—接 BA 规；9—接离子枪；10—接蒸发炉；11—接四极质谱仪；12—接功函数探头；13，14—接配气阀

① 真空室　真空室内径276mm，高为296mm，真空容器材料为1Gr18Ni9Ti。真空室布有14只法兰接口，密封采用刀口密封及台阶密封，密封材料有无氧铜垫圈，以及金丝、银丝。法兰接口有筒镜能量分析器（CMA）、蒸发炉、BA规、氩离子枪、功函数探头、四极质谱仪等。真空容器焊接采用氩弧焊、内表面抛光，表面粗糙度0.8μm。

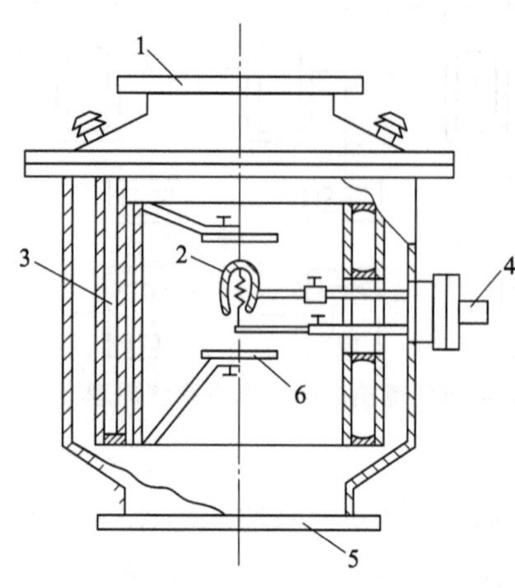

图9-33　钛升华泵示意图

1—接系统法兰；2—钛球；3—冷却套；4—电极；5—接分子泵法兰；6—挡板

② 真空抽气系统　以抽速为450L/s涡轮分子泵为主泵，钛升华泵为辅助泵组成主抽真空泵。钛升华泵对 H_2 有较大的抽速，可以弥补涡轮分子泵对 H_2 抽速的不足。用油扩散泵机组作分子泵的前级，可以提高其极限压力。钛升华泵直接接真空室，返扩散的油蒸气可以被其捕获，保持真空室中清洁，没有油污染。

钛升华泵钛球直径30mm，质量约50g。升华泵沉积钛膜的冷套内径200mm，外径240mm，高300mm，其结构示意如图9-33。钛球上下方设有挡板，避免钛升华到真空室及分子泵中。

③ 抽气性能　用机械泵粗抽，不同状态下的抽气性能见表9-11。

用涡轮分子泵单独抽气，不同工况下，真空室达到的真空度见表9-12。

涡轮分子泵与钛升华泵联合抽气，不同工况下，真空室达到的极限真空见表9-13。

表9-11　前级抽气性能

系统状态		机械泵抽气时间/min	真空度/Torr
系统直接暴露大气	0.5h	10	2.5×10^{-2}
	2h	5	6×10^{-2}
	3.5h	10	6×10^{-2}
系统抽真空充氮保护后再暴露大气	1h	5	2×10^{-2}
	2h	7	5×10^{-2}
	3h	10	5×10^{-2}
系统抽真空后充氮保护，不暴露大气		5	2×10^{-2}
		7	1.5×10^{-2}
		10	1.2×10^{-2}

表9-12　分子泵单独工作时真空室达到的真空度

系统状态	系统烘烤温度/℃	系统烘烤时间/h	分子泵抽气时间/h	真空室的真空度/Torr
直接暴露大气后	不烘烤	—	4 23	2.7×10^{-7} 3.4×10^{-8}
	200	38	4(停止烘烤后) 24(停止烘烤后)	3.7×10^{-9} 2×10^{-9}

续表

系统状态	系统烘烤温度/℃	系统烘烤时间/h	分子泵抽气时间/h	真空室的真空度/Torr
系统充氮保护再暴露大气后	不烘烤	—	4 23	2.3×10^{-7} 1.7×10^{-8}
	200	18	4(停止烘烤后) 24(停止烘烤后)	2.3×10^{-9} 1.3×10^{-9}
系统抽真空后充氮保护,不暴露大气	不烘烤	—	4 23	1.6×10^{-7} 1.3×10^{-8}
	200	22 34	10(停止烘烤后) 10(停止烘烤后)	1.7×10^{-9} 1.3×10^{-9}

表 9-13　分子泵与升华泵组合抽气真空室达到的极限真空

系统状态	系统烘烤温度/℃	系统烘烤温度/h	升华泵吸气面温度/℃	间断升华次数/次	累计升华时间/min	真空室极限真空/Torr	备注
系统直接暴露大气或充氮后再后暴露大气	200	38	20	5	15	5.5×10^{-10}	
		22	−196	3	9	3.4×10^{-10}	
系统充氮保护,不暴露大气	200	30	20	2	10	5.3×10^{-10}	停止升华和停加液氮后 8h,仍维持在 4.3×10^{-10}Torr
		34	−196	8	45	2.6×10^{-10}	

④ 不同工况下真空室内气体组分　不同工况下，真空室内质谱图见图 9-34～图 9-37。

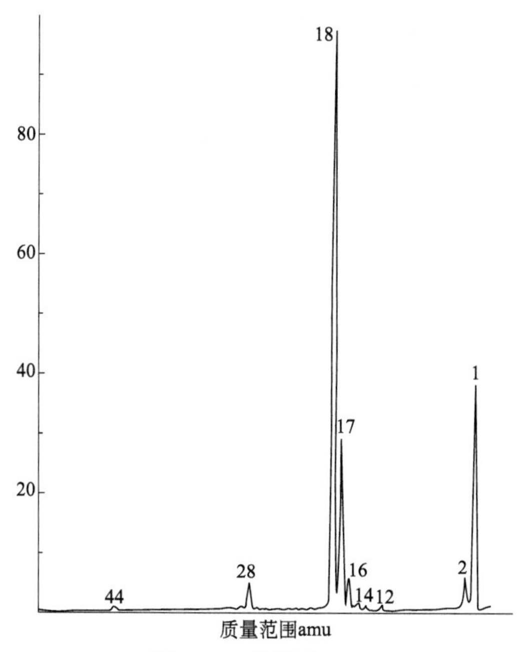

图 9-34　质谱图（一）

（系统暴露大气后，未烘烤，分子泵单独抽气 23h，$p=1.7\times10^{-8}$Torr，10^{-12}A）

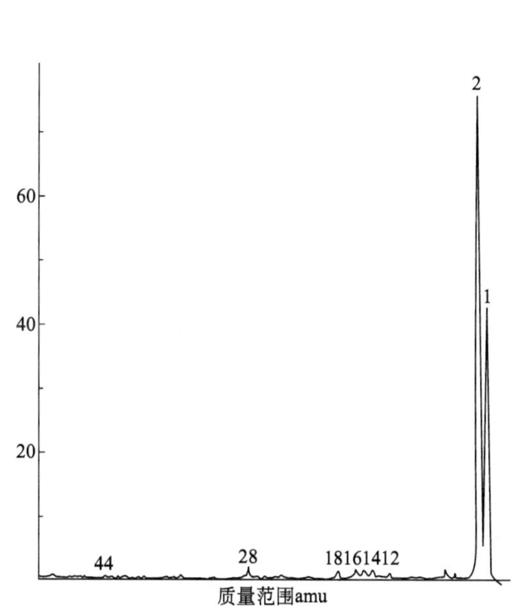

图 9-35　质谱图（二）

（系统暴露大气后，经 200℃烘烤 28h，分子泵单独抽气，$p=1.7\times10^{-9}$Torr，10^{-12}A）

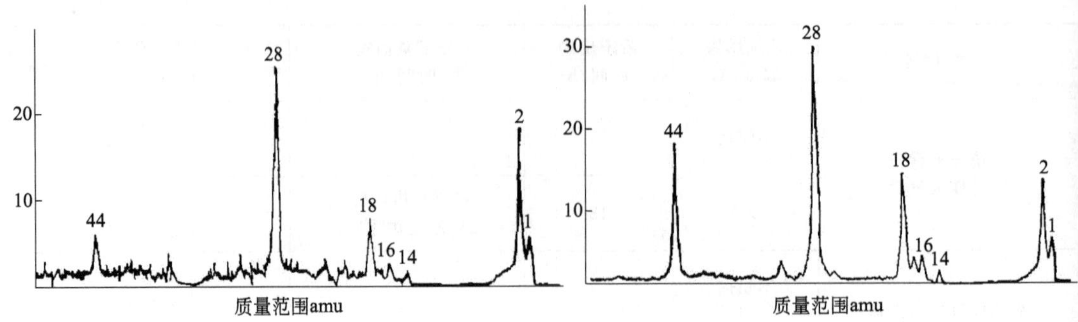

图 9-36 质谱图（三）
（系统充氮不暴露大气，经 200℃烘烤 34h，分子泵与升华泵（液氮冷却）组合抽气，$p=1.7\times10^{-10}$Torr，10^{-12}A）

图 9-37 质谱图（四）
（系统由分子泵与升华泵（液氮冷却）组合抽气至 3.6×10^{-10}Torr，停止升华及停止加液氮 8h 后，$p=4.3\times10^{-10}$Torr，10^{-12}A）

(10) 连续波速调管大型超高真空排气台

650MHz/800kW 连续波速调管（见图 9-38）是中国科学院高能物理所环型正负电子对撞机（CEPC）高频功率源系统的重要组成部分，需要超高真空环境。此排气台由边锐等研制。

连续波速调管几何尺寸 ϕ1600mm×5000mm，其排气台主泵为溅射离子泵，预抽机组为磁悬浮涡轮分子泵——干泵。经 600℃ 烘烤除气，排气台获得的极限压力为 8.0×10^{-8}Pa。

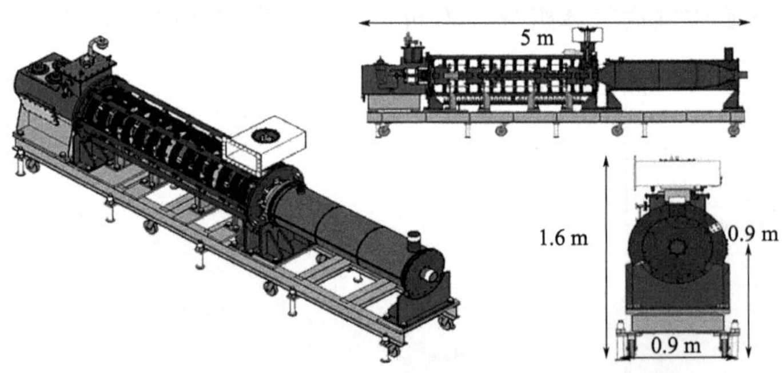

图 9-38 650MHz/800kW 连续波速调管三维示意图

① 功能要求 大型超高真空排气台，按照特定的大型电真空器件生产工艺规程对连续波速调管进行真空烘烤排气，使其内部获得超高真空并可以长期保持。速调管内的真空环境主要用来保证高速电子束在其内部调制时不会与气体分子频繁碰撞而衰减。大型电真空器件排气过程具有很强的工艺性，除了要求排气设备结构合理、具备获得目标真空度的能力外，还要满足烘箱升降运动安全可靠、烘烤温度准确均匀等要求。其主要技术指标见表 9-14。

表 9-14 特大型超高真空排气台技术指标

序号	指标名称	具体数值
1	有效工作空间	ϕ1600mm×5000mm

续表

序号	指标名称	具体数值
2	额定装载量	2800kg
3	工作温度	600℃
4	温度均匀性	±5℃
5	外真空冷态极限真空	5.0×10^{-4}Pa(清洁、干燥、冷态、脱气)
6	外真空热态极限真空	5.0×10^{-3}Pa(空载,600℃)
7	内真空排气极限真空度	8.0×10^{-8}Pa(清洁、干燥、冷态、脱气)

② 真空系统　设备整体采用立式平台配合分段式烘箱结构，主要由真空系统、烘烤加热系统和烘箱升降运动机构组成，整体结构见图 9-39。

图 9-39　特大型超高真空排气台整体结构

真空系统由内真空系统和外真空系统构成。内真空系统使速调管内部获得超高真空。电子对撞机功率源的连续波速调管内部空间较大，采用的不锈钢、铜和陶瓷等多种材料，真空下出气率都比较大，而且电子枪组件覆膜浸渍钡钨阴极经灯丝电源大电流加热后，也产生大量气体。为了确保排气过程中管内真空达到指标要求，并尽量缩短整个排气时间，内真空系统配置了两套大抽速无油机组，两套机组可共用也能够互为备用。外真空系统负责保证在 600℃高温烘烤速调管排气时，速调管外部有足够的真空保护不被氧化。外真空系统配置了 6 台磁悬浮涡轮分子泵和两套大抽速前级泵系统。内外真空系统配置见表 9-15 和表 9-16。

表 9-15　内真空系统的配置

名称	型号	品牌与性能	数量
干泵	GXS160	Edwards 抽速:160m^3/h	2 台
分子泵	STP-iS2207	Edwards 抽速:2200L/s	2 台
离子泵	1200LXTitan	Gamma 抽速:1200L/s	2 台
真空阀	DN200	VAT 超高真空密封	5 只

表 9-16　外真空系统的配置

名称	型号	品牌与性能	数量
干泵	GXS 250	Edwards 抽速：$250m^3/h$	2 台
罗茨泵	EH2600	Edwards 抽速：$2600m^3/h$	2 台
涡轮分子泵	FF-250/2000	中科科仪抽速：2000L/s	6 台
真空阀	DN250	北京川北真空 高真空密封	10 只

同时内外真空系统测量都采用进口真空规计和国产真空规计两套独立的测量系统，可以实时比对，确保真空测量的准确性。

③ 烘烤除气系统　烘烤加热系统由分段式组合结构烘箱、内部热区和烘箱升降运动机构组成。

分段式组合结构烘箱。考虑排气速调管为长圆柱外形的特点和质量重心分布，烘箱采用立式结构的优势明显优于卧式结构。但如果简单的设计成一体式钟罩结构，升降机构就要具备将近 20t 的负荷运送到十多米的高空并保持的能力，除了设计难度大和制造成本高以外，还不易保证设备整体的稳定性而产生安全隐患，同时也会增加维修保养的难度。为此设计成了分段式组合结构烘箱（共 6 段，加顶盖，见图 9-40），并配有充氮气阀门，用于真空烘烤排气完成后充入气体，使工件快速降温，提高生产率。

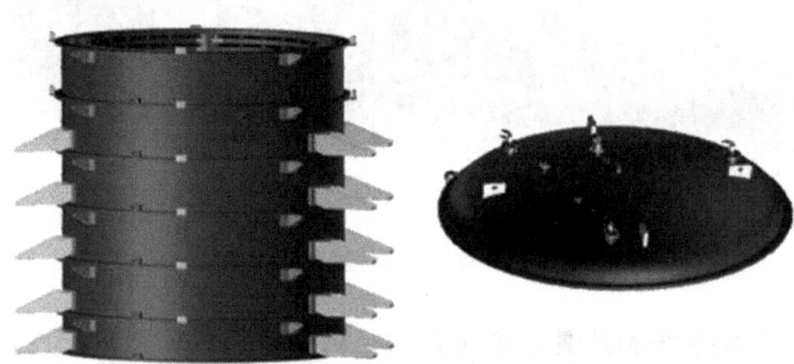

图 9-40　分段式组合结构烘箱

各分段通过升降机构实现叠加和拆卸，相互连接处用法兰密封，并设有定位装置防止分段侧向滑动。另外为避免高温导致胶圈老化，在密封面的两侧采用了水冷保护措施。

内部热区。将镍铬（Cr20Ni80）材质的加热丝加工成环形带，绝缘固定在内壁支撑杆上。加热带以辐射方式提供热量，实现烘箱升温。镍铬加热丝最高使用温度可达 1000℃，抗氧化性能好，价格也较低廉。

（11）兰州重离子冷却储存环样机超高真空系统

兰州重离子冷却储存环（HIRFL- CSR）由杨晓天等研制，要求 3×10^{-9}Pa 的超高真空系统，现取主环（CSRm）中的一个小单元作为首台样机。样机包括：CSRm 二极铁真空室 1 个，泵室 1 个，溅射离子泵（360L/s）1 台、钛升华泵（2000 L/s）1 台、涡轮分子泵（550 L/s）机组 1 套、真空测量规管 2 只、四极质谱计（质量数 1～100）1 台，其结构示意图如图 9-41 所示。

通过模拟样机的试制，将解决下列问题：a. 二极铁真空室矩形截面加工、焊接结构是否可行，变形量是否超标？通过验证，确定设计方案；b. 通过抽真空，验证变形量是否在计算范围（小于 0.67 mm）；c. 验证烘烤过程中的位移量与计算值是否相符，方向如何，回零及重复性如何；d. 通过对极限真空的测试，估算出材料表面出气率，从而验证表面处理方案的可行性（设计值 q 小于 $7\times10^{-11}\mathrm{Pa\cdot L\cdot s^{-1}\cdot cm^{-2}}$）；e. 验证真空排气系统是否合理、可靠；f. 验证钛升华泵设计方案是否可行，抽速能否达到设计值；g. 检测各真空元器件是否满足超高真空的要求；h. 摸索设计真空烘烤装置的经验。

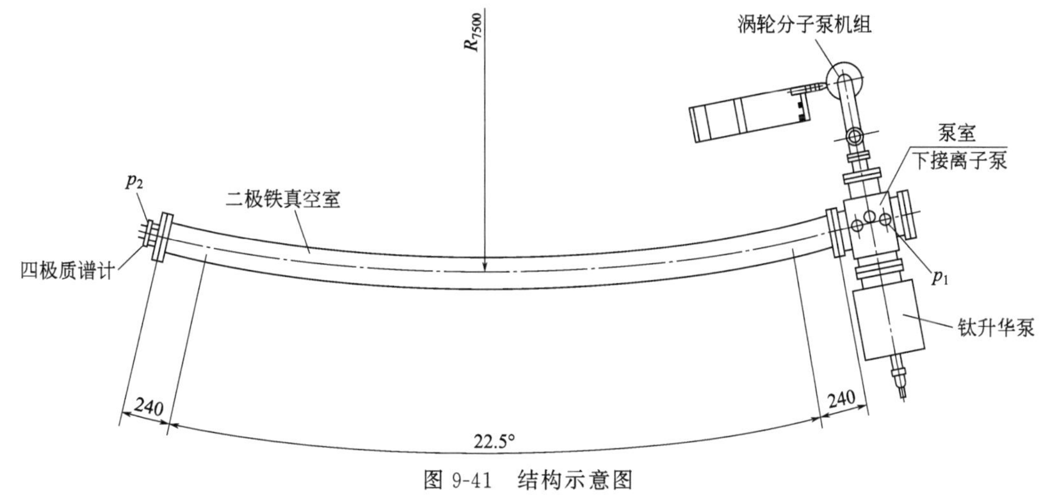

图 9-41　结构示意图

① 二极铁真空室　二极铁真空室采用矩形截面，上下板为弧形，侧板沿弧焊接，共 4 条密封焊缝。国外有些粒子加速器的二极铁真空室也是矩形截面，但采用折板从中焊接，2 条焊缝。这样只能是直线段，如要形成弧形，必须由几段直线段拼焊。由于弦弧差的问题，截面势必加宽，引起抽空变形量增大，且增加多条横向焊缝。为此采用弧形板、4 焊缝结构，但这种结构下料较困难，焊接变形量不容易控制，烘烤时的热膨胀对焊缝的影响也有待考察。

真空室材料采用 304 不锈钢，法兰材料采用 304 法兰专用不锈钢。真空室半径 7600mm，上下为 3mm 厚的薄板，采用了数控切割机水下切割下料方法，保证了真空室上下板几何精度及不变形。

超高真空零部件焊接一般要求内焊缝，在无法内焊时才能采用外焊缝，但必须焊透。二极铁真空室 4 条焊缝中只能有 2 条为内焊缝，另外 2 条为外焊缝。由于壁薄，均用无填料自熔焊。为了保证焊缝焊透又不挂流，焊接中按要求反复试焊，并多次切片检查，摸索出了较理想的焊接工艺，较好地保证了焊缝的质量。对于长焊缝的薄壁板，焊接变形很难控制，为此做了相应的工装，一小段一小段地焊，较好地控制了变形量。

由于购买的板材表面质量不够理想，故先采用机械抛光粗抛，然后采用电解抛光精抛。抛光后表面粗糙度小于 0.8μm。真空壳体组焊成型后，未焊法兰前放入高真空除气炉中除气。除气炉真空度小于 5×10^{-4}Pa。除气温度 950℃，保温时间 1h（除气升降温曲线见图 9-42）。真空测试表明，经高温除气的不锈钢出气率大幅度下降，能够满足 HIRFL-CSR 真空系统表面出气率的要求。

根据技术要求，保温结束后温度从 900℃降到 600℃必须在 15min 内完成，以避免奥氏体不锈钢内部碳晶粒析出。采用充干燥氮气冷却的方法可以加快降温速度。这台长 3m，直径 0.8 m 的真空除气炉在充入干燥氮气后，温度从 900℃降到 600℃所用的时间约为 8min。

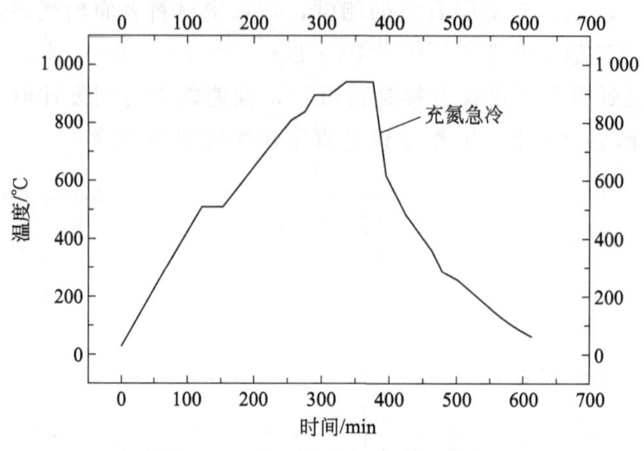

图 9-42　真空室除气升降温曲线

② 泵室　泵室是一个八通真空室，用来连接溅射离子泵、钛升华泵、涡轮分子泵机组、真空测量元件，并留有一个接口连接探测元件。室体用 316L 板材卷制，其他材料为 304 管材。室体内表面加工后电解抛光；加工焊接完成后在真空除气炉中连同法兰 500℃除气 24h；

③ 钛升华泵　钛升华泵泵体及升华器的结构见图 9-43。采用 3 根无氩钛丝与不锈钢棒、陶瓷封接到 CF35 法兰上做成钛升华器，与泵体相连。为防止钛蒸发到管道内，在升华器与泵口之间设置挡板。用大电流、低电压电源提供加热功率。

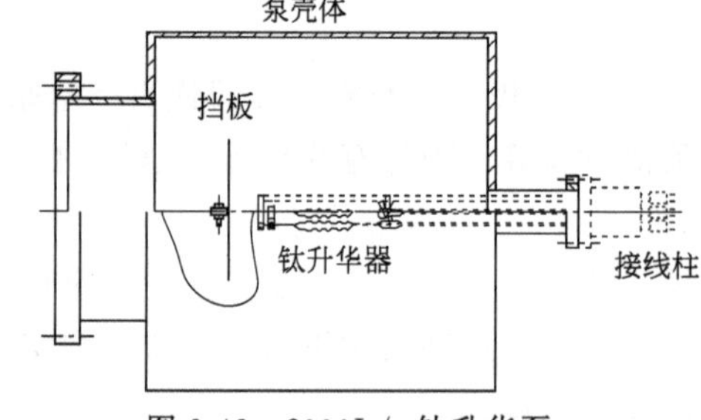

图 9-43　2000L/s 钛升华泵

以上各部件所用的法兰全部采用数控机床加工，保证了法兰加工精度及互换性。

④ 溅射离子泵　由于系统真空度为 3×10^{-9} Pa，因此作为系统主泵之一的溅射离子泵极限真空度应达到 10^{-10} Pa，泵在 10^{-7} Pa 范围内应保持其名义抽速且要求在 10^{-8} Pa 范围内仍有 65%以上的抽速。对国内外部分公司生产的溅射离子泵进行了测试比较，结果如下：日本 ULVAC 公司、上海真空泵厂和美国 VARIAN 公司生产的溅射离子泵极限真空度分别为 7×10^{-10} Pa，2×10^{-9} Pa，6×10^{-9} Pa；3 台泵的抽速曲线见图 9-44。从泵的极限真空度、抽速曲线及工作稳定性、可靠性等综合因素考虑，最后决定选用日本 ULVAC 公司的离子泵。

⑤ 其他真空元器件　真空预抽机组由美国 VARIAN 公司生产的 550L/s 陶瓷轴承涡轮分子泵和法国 ALCTEL 公司生产的 5L/s 5 级罗茨干泵构成全无油系统；真空测量元件采用德国 LEYBOLD 公司生产的 IM520 真空计配用 IE414、IE514 规管各 1 只；残余气体分析仪器选用瑞士 BALZERS 公司生产的 QMA422 四极质谱计。

⑥ 第一次安装运行　用全无油涡轮分子泵机组对系统进行粗抽，同时用高灵敏度氦质谱检漏仪（VARIAN，检漏灵敏度≤1×10^{-9} Pa·L/s）对系统进行检漏。确认无漏后，整个系统缠绕加热带并包裹隔热层进行烘烤，每小时约升温 30℃，烘烤温度 300℃，保温时间 24h。离子泵自带烘烤装置，与系统一起烘烤。烘烤期间对离子泵、规管，质谱计灯

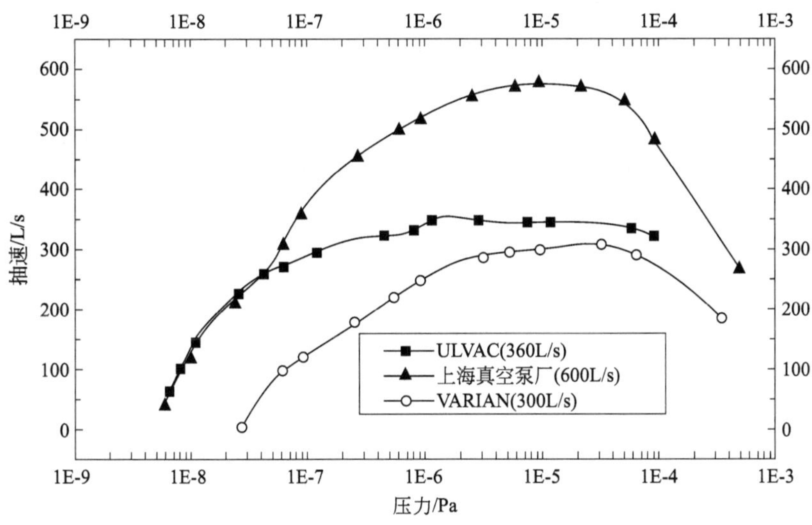

图 9-44 溅射离子泵抽速曲线

丝多次除气，烘烤结束时，离子泵已工作正常。此时关闭预抽阀门，离子泵单独对系统排气。停止烘烤 48h 后，泵室真空度 p_1 指示为 1.3×10^{-8}Pa，二极铁真空室端部真空度 p_2 指示为 1.7×10^{-8}Pa。后经校准，p_1 实际真空度为 1×10^{-8}Pa，p_2 实际真空度为 1.6×10^{-8}Pa。根据《真空工程设计》中公式（9-16d）计算得出，停止烘烤 48h 后，真空室壁材料表面出气率为 $2\times10^{-11}\sim8\times10^{-11}$Pa·L/（s·$cm^2$），达到预期的指标 7×10^{-11}Pa·L/（s·cm^2）。

烘烤前后质谱计分压测量显示为：烘烤前 H_2O 峰最高，约占 75%，CO 约占 10%；而烘烤后 H_2 峰最高，10^{-8}Pa 时约占 80%，CO 约占 10%，H_2O 小于 1%。

在以上过程中，还进行了两项测试。

第 1 项。抽真空前，将 1 只千分表放在二极铁真空室中心平面，以检测抽真空变形量。抽真空过程中，千分表读数为 0.50mm，表明真空室单边变形量为 0.50mm，小于 0.67mm 的计算值。

第 2 项。烘烤前，分别在泵室端部和二极铁真空室端部挂吊线锤，烘烤过程中，随着温度的变化，真空室伸缩，吊线锤也伸缩。温度 300℃时，最大伸长量为 17mm，基本与计算值相吻合（不锈钢在 20～300℃之间的线膨胀系数为 17×10^{-6}℃$^{-1}$。试验真空室长 4m，在 300℃烘烤时的最大伸长量约为 19mm）。温度从 300℃降到室温时，吊线锤基本沿原轨迹返回原点。这证明用弧形二极铁真空室结构是可行的，真空室并未因烘烤引起的热胀冷缩而变形，焊缝也未出现问题。

⑦ 第二次安装运行　将系统充干燥氮气，安装钛升华泵。按前述各步骤进行粗抽、检漏、烘烤。烘烤过程中对钛升华泵的 3 根灯丝轮流除气，除气电流 30A。当溅射离子泵抽到 1×10^{-7}Pa 时，将钛升华泵灯丝 2 电流调到 48A，对应电压 5V，升华 1min，p_1 逐渐达到 1×10^{-8}Pa（仅用 8h，而单独使用溅射离子泵则需 48h 以上），此时又将灯丝 2 点燃 1min，系统压力迅速下降，0.5h 内 p_1 达 5×10^{-9}Pa，12h 后达 1.5×10^{-9}Pa，48h 后达到 1.1×10^{-9}Pa。以后维持在 $1.1\times10^{-9}\sim1.7\times10^{-9}$Pa 之间，$p_2$ 维持在 $3.8\times10^{-9}\sim5.5\times$

10^{-9}Pa 之间，直到 40d 后进行下一轮测试工作。质谱分析在 10^{-9}Pa 时，H_2 占 90%，其余主要是 CO，Ar 含量极少，仅为十万分之一。系统烘烤前、后的主要残余气体棒图见图 9-45、图 9-46。

单独使用溅射离子泵，系统极限真空度在 $1\times10^{-8}\sim2\times10^{-8}$Pa。根据 ULVAC 公司溅射离子泵抽速曲线，在 $1\times10^{-8}\sim2\times10^{-8}$Pa 时泵抽速约为 200L/s，要达到 $1\times10^{-9}\sim2\times10^{-9}$Pa 的真空度，泵有效抽速至少应达到 2000L/s。从实验结果（极限真空度≤$1\times10^{-9}\sim2\times10^{-9}$Pa）得出钛升华泵在 $10^{-8}\sim10^{-9}$Pa 范围时，其抽速≥2000L/s，与计算值相符。

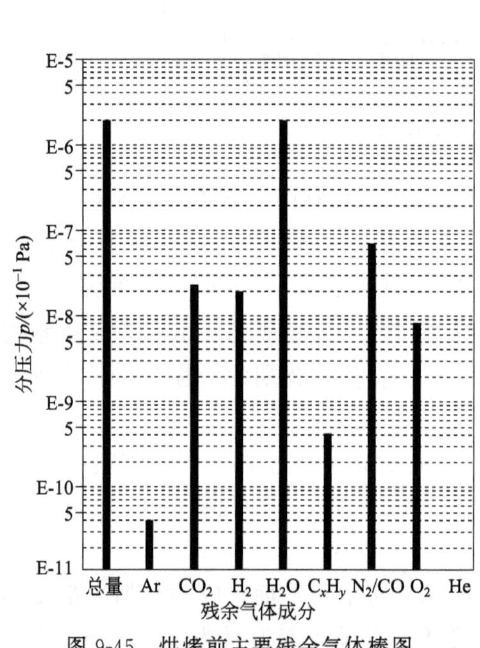

图 9-45　烘烤前主要残余气体棒图

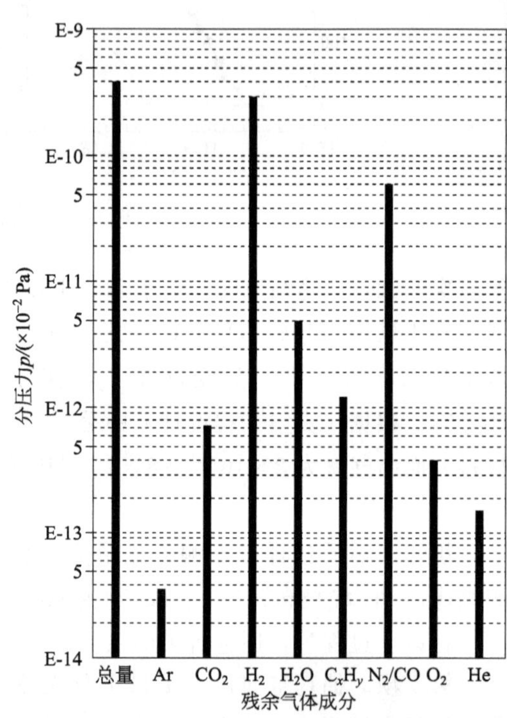

图 9-46　烘烤后主要残余气体棒图

这台样机多次放气，抽空，其烘烤温度设置在 220～300℃之间。温度较低时，要达到同样的真空度指标，烘烤时间相对要长。如烘烤温度 220℃时，烘烤时间延长到 80h，p_1 也能达到 $1\times10^{-9}\sim2\times10^{-9}$Pa。烘烤温度的降低无疑会给系统的设计带来许多方便，尤其重要的是，储存环中磁元件的磁间隙不用因真空系统烘烤温度高，使用较厚的隔热材料而加大，从而节省了整个工程造价（磁铁系统加工、运行费用与磁隙的 4 次方成正比）。

系统运行最终结果：泵室极限真空度 p_1 为 9×10^{-9}Pa。真空室端部真空度 p_2 为 3.6×10^{-9}Pa，满足了使用要求。

9.12 材料出气率测量装置真空系统

材料在真空条件下会因解吸而出气，材料出气率成为选用真空材料的重要参数。

测量出气率有两种常用方法：一种是定容法，将被测材料的试样放置在密闭的已知容积的真空容器中，测量试样出气引起的压力上升速率，根据定容室（真空容器）内的容积和压力上升率计算材料出气率；另一种是小孔流导法，将被测试材料的试样放置于真空容器中，用已知流导小孔抽气，通过测量动态平衡压力，根据小孔流导和小孔两边的压力差计算材料出气率。

张涤新等综述了各国出气率测量装置。

9.12.1 德国装置真空系统

1995 年德国葛利克大学物理实验研究所采用两个测量室共用一组抽气系统，两个测量室压力之差乘以小孔的流导即为材料的出气率，如图 9-47 所示。两个测量室几何形状相同，通过内径 5mm 的管道与抽气系统连接。一个测量室放置试样，另一个测量室用于本底的测量（器壁表面的吸出气、真空规的抽气等），由于两个容器、流导和质谱计存在差别，这种差别在空载时测定，将用于出气率测量值的修正。样品通过磁力传动机构放置在测量室内，可避免测量室暴露于大气。测量室内有加热系统，能控制样品的加热温度，测量样品在特定温度下的出气率。质谱计取代热阴极电离规，测量单一气体的压力，并计算单一气体的出气率。该测量装置的极限真空优于 10^{-8}Pa，烘烤温度能达到 200℃，出气率测量范围是 2×10^{-9}Pa·L/（s·cm^2）～1×10^{-14}Pa·L/（s·cm^2）。

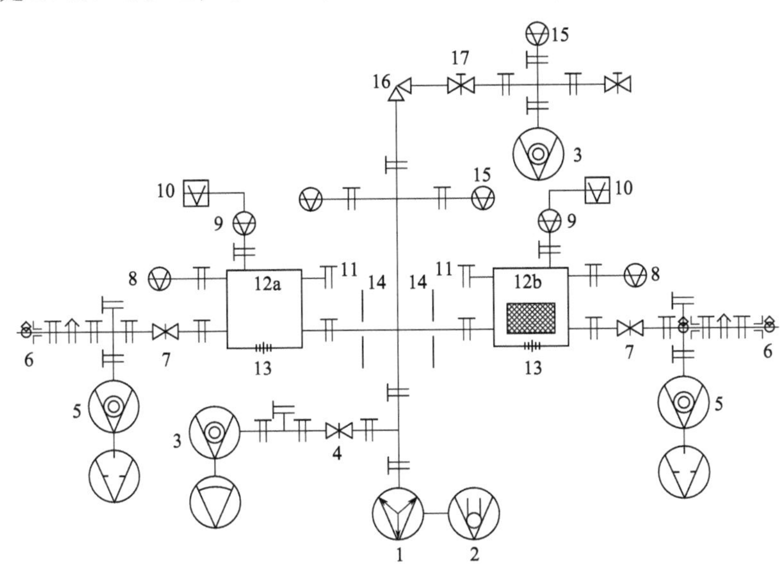

图 9-47　出气率测量装置示意图

1—溅射离子泵；2—钛升华泵；3—机械泵组；4—超高真空阀门；5—分子泵机组；6—磁传动机构；7—全金属阀门；8—B-A 规；9—质谱计；10—质谱及控制单元；11—观察窗；12—测量室；13—电加热测量与控制；14—小孔；15—皮拉尼规；16—超高真空阀；17—可调阀

9.12.2 日本装置真空系统

（1）日本筑波顶级材料研究院

1995 年日本筑波顶级材料研究院采用一种改进的双真空规流导法（twin-gauge throughput，TGT）测量材料的出气率，如图 9-48 所示。测量装置选用低温泵和串联分子泵组作为抽气系统，极限真空能达到 10^{-10}Pa；选择水冷套主动控温方式，保持测试室内的恒温；使用流导为 8L/s（20℃，氮气）的小孔。真空测量系统由两只电离真空规

（LEYBOLD，IE514）和质谱计（ULVAC，MSQ-200S）组成，分离规 G1 和 G2 用磁悬浮规校准，一致性好于 99.5%，其中一个规是主规，另外一个是辅助规。通过四个阀门的组合，测量出真空规的出气率，从而延伸了测量下限。

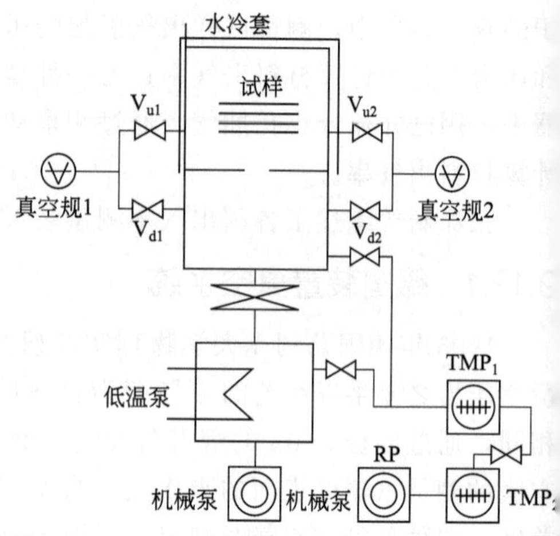

图 9-48　TGT 方法测量材料出气率装置示意图

(2) 日本筑波材料协会

1996 年日本的筑波材料协会采用转换气体路径的方法 SPP（switching between two pumping paths）测量低出气率材料的出气率。通过不同的进气路径测量测试室本底，如图 9-49 所示。测量装置采用 304L 不锈钢制作、极限真空能达到 10^{-8}Pa，烘烤温度能达到 450℃，选用流导 $C=6.1$L/s 的小孔，测量下限能达到 1×10^{-12}Pa·L/（s·cm^2）。上真空室安装一个 B-A 规（G1）和一个四极质谱计；下真空室安装一个 B-A 规（G2）。经过长时间的烘烤和抽气后，打开 V_u 并且关闭 V_d，测量总的出气量 Q_z；关闭 V_u 并且打开 V_d 时，测量测试室的出气量 Q_b。Q_z 和 Q_b 相减即为试样和测试室的出气量。测试室的出气量在不放置试样时测量。这种方法可以根据不同的进气方式，测量测试室和真空规带来的影响；如果从下真空室进气时，返流对测量结果影响较大。

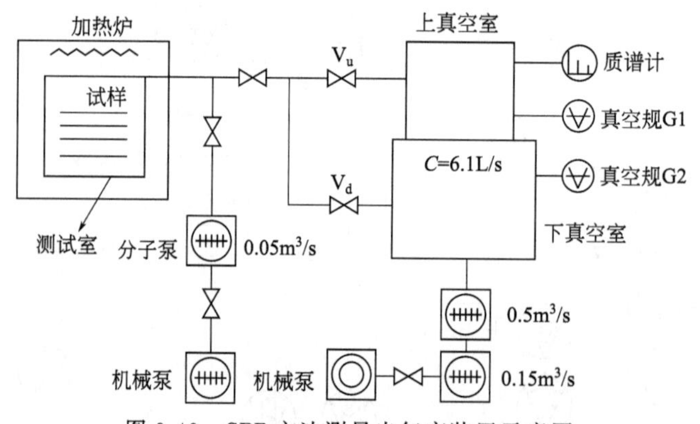

图 9-49　SPP 方法测量出气率装置示意图

(3) 日本山口大学科学与工程研究院

2006 年日本山口大学科学与工程研究院采用转换气体路径的方法测量低出气率的材料。测量系统采用试样室和对称的测试室组成，并利用 SPP（switching between two pumping paths）方法测量材料出气率，如图 9-50 所示。测量装置选用低温泵和分子泵串联的抽气系统，极限真空为 10^{-9}Pa；选用对称的测试结构，能实时测量出真空规和测

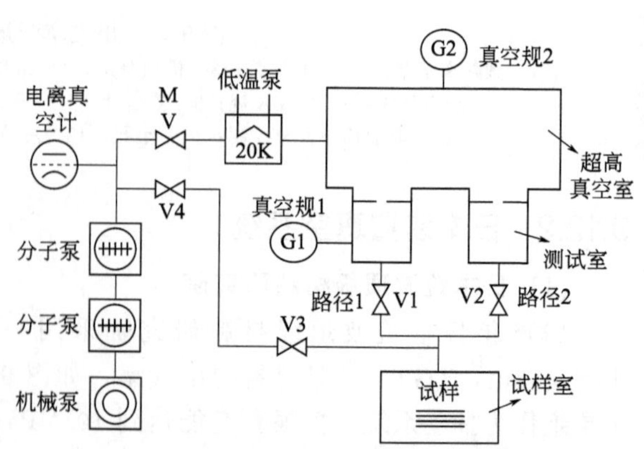

图 9-50　SPP 方法测量材料出气率的装置示意图

试室产生本底，测量范围为 1×10^{-7}Pa·L/(s·cm^2)～1×10^{-10}Pa·L/(s·cm^2)。测试室和超高真空室之间选用流导为 6.1L/s 的小孔。系统经过长时间的烘烤和抽气后，打开 V_1 并且关闭 V_3，测量总的出气量 Q_Z；关闭 V_1，测量测试室的出气量 Q_B。Q_Z 和 Q_B 相减即为试样和试样室内的出气量，而试样室出气量在试样未放入之前测量得到，通过计算即可得到试样的出气率。

9.12.3 中国科学技术大学装置真空系统

2000 年，中国科学技术大学国家同步辐射实验室研究钕铁硼材料出气率的测量装置，测试真空系统由 SUS316L 不锈钢制成，可经受 400℃高温烘烤，并选用串联分子泵组作为抽气系统，极限真空能达到 3×10^{-8}Pa，如图 9-51 所示。表面热出气率小于或等于 2×10^{-11}Pa·L/s，系统本身的出气率远远低于测试样品的出气率。上下两室各装有一只经过校准的 B-A 规。两室之间选用流导为 2.3L/s（20℃，氮气）的小孔。通过对所测得数据进行计算、分析、比较，用计算机画出热出气速率曲线。

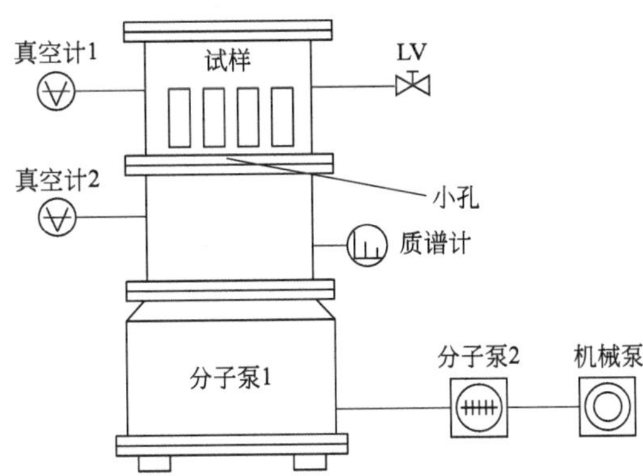

图 9-51　国家同步辐射实验室的材料出气率装置

9.12.4 中国科学院近代物理研究所装置真空系统

2004 年，中国科学院近代物理研究所研究不锈钢材料在真空炉高温除气后的出气性能装置，极限真空 1×10^{-7}Pa，小孔流导 $C=1.3\times10^{-2}$m^3/s，温升率小于 0.2℃/s，最高温度 900℃，测量上限 1×10^{-4}Pa·m^3/s，测量下限 7×10^{-7}Pa·m^3/s，如图 9-52 所示。试样采用红外线加热，最高温度能达到 900℃，能测量不同温度下的出气率，温度测量方用 K 型热电偶。采用双测试系统，便于放入试样后预排气。

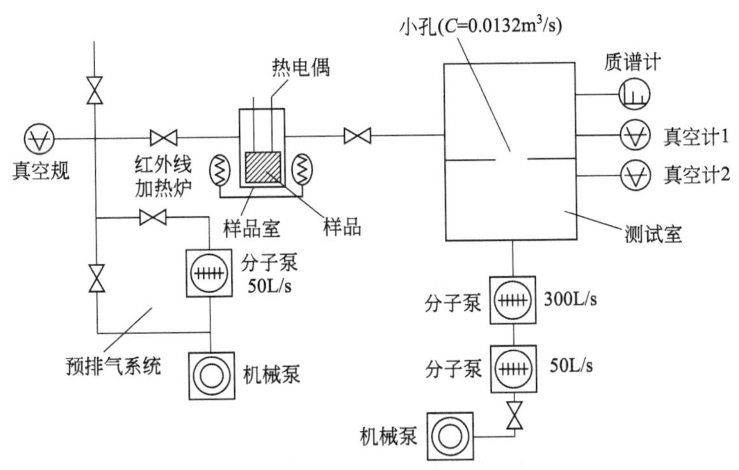

图 9-52　升温出气测试装置示意图

9.12.5 兰州空间技术物理研究所装置真空系统

兰州空间技术物理研究所研制的材料出气率装置可采用定容法和小孔流导法测量材料出气率，如图 9-53 所示。超高真空室选用串联分子泵抽气机组，极限真空为 5×10^{-8}Pa。高真空室选用单分子泵抽气机组，极限真空为 5×10^{-6}Pa。测试真空系统由 SUS316L 不锈钢制成，经过机械抛光，真空高温除气以及内表面高温氧化防渗 H_2 处理工艺，经受 300～400℃高温烘烤后，表面热出气率小于或等于 5×10^{-14}Pa·m³/（s·cm²）。试样室内放置试样，通过双测试室与超高真空室连接，测试室与超高真空室之间的小孔流导约为 6L/s。1L 的标准体积通过截止阀与试样室连接，用于测量试样室内的容积。试样采用辐射的方式加热，温度控制范围 45～500℃。

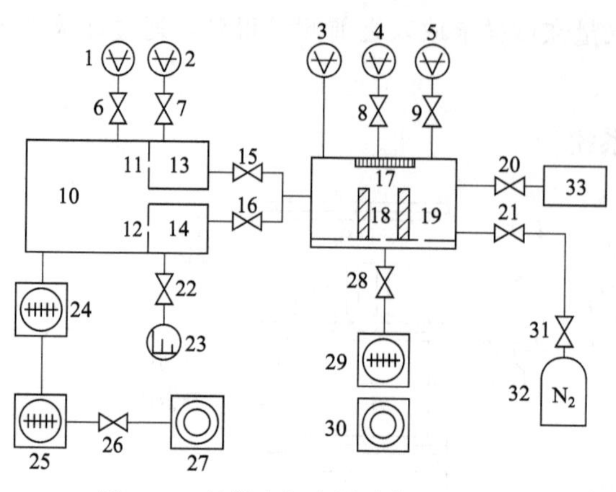

图 9-53 材料出气率测试装置示意图

1，2—分离规；3—冷规；4—磁悬浮规；5—电容薄膜规；6，7，8，15，16，22，28—超高真空角阀；9，20，21，26，31—截止阀；10—超高真空室；11，12—小孔；13，14—测试室；17—辐射加热系统；18—试样；19—试样室；23—四极质谱计；24，25，29—分子泵；27，30—机械泵；32—氮气瓶；33—标准体积

关闭阀门 15、16、28，通过测量试样室在静态下的压力上升率计算出气量。试样室内的压力采用磁悬浮规和电容薄膜规测量，磁悬浮规和电容薄膜规没有吸出气效应。打开阀门 15 或 16，关闭阀门 28，试样的出气量与通过小孔的气体量形成动态平衡，采用转换气体通路的方法测量试样的出气量。打开阀门 15、关闭阀门 16，测量总的出气量 Q_z；打开阀门 16、关闭阀门 15，测量测试室 13 内本底的出气量 Q_g，同时在测试室 14 内利用质谱计分析气体成分。Q_z 和 Q_g 相减即为试样和试样室内的出气量，而试样室内的出气量在不放置试样时测量。通过计算可以得到试样的出气率。

9.13 气体微流量测量装置真空系统

气体流量的测量有三种方法，若气体压力保持不变，通过改变气体体积的测量方法，则为恒压法；若体积保持不变，通过改变压力的测量方法，则为定容法；若压力和体积都在变化，则为变压变容法。张涤新等对微流量测量装置进行了评述。

9.13.1 德国物理技术研究院装置真空系统

德国物理技术研究院（PTB）先后研制了三代全金属波纹管密封气体微流量计，其原理分别如图 9-54、图 9-55、图 9-56 所示。这三代微流量计的基本结构类似，只是所用的测量仪器略有不同，并在控制方法上不断改进和完善。

在控制压力测量的方面，三代气体微流量计的变容室与参考室之间的压力差均采用一个满量程 133Pa 的差压式电容薄膜规进行测量。但压力测量规略有不同，在第一代气体微流量计中压力用满量程 133kPa 和 1.33kPa 的绝对式电容薄膜规测量，压力小于 1Pa 时，

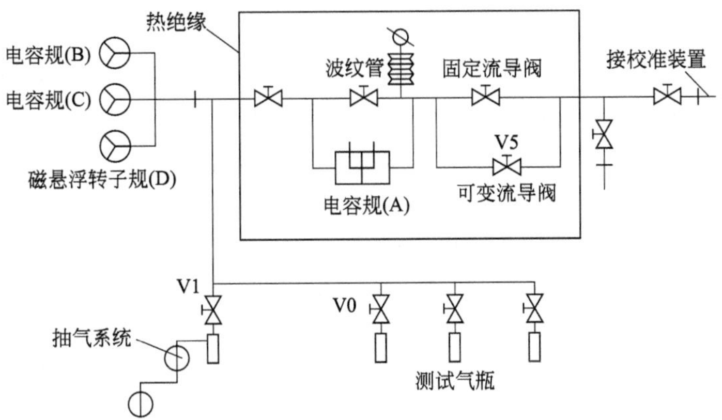

图 9-54 PTB 第一代气体微流量计原理图

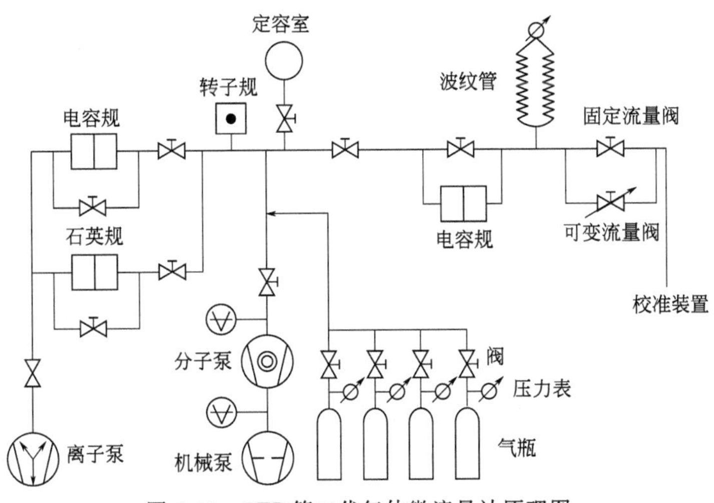

图 9-55 PTB 第二代气体微流量计原理图

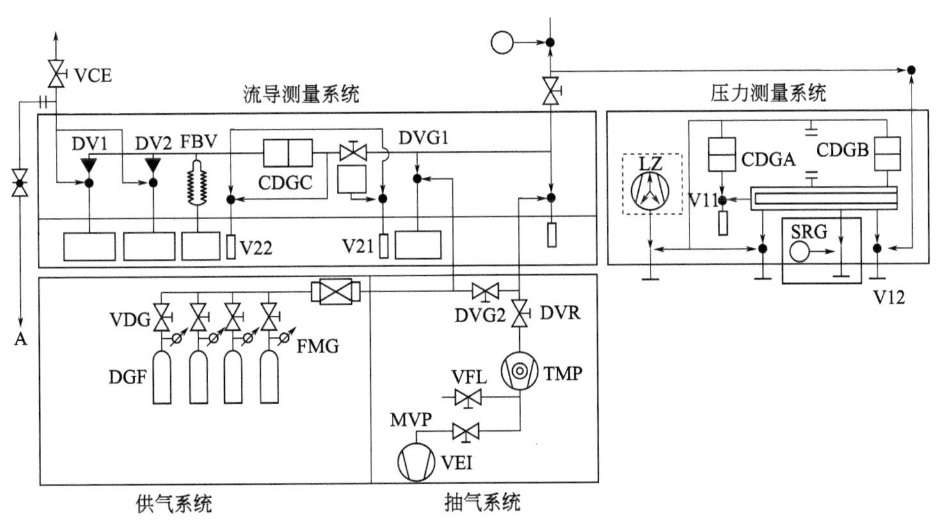

图 9-56 PTB 第三代气体微流量计原理图

CDGA，CDGB，CDGC—电容薄膜规；SRG—磁悬浮转子规；FBV—波纹管；DGF—气瓶；FMG—压力表；VDG，DV1，DV2，V11，V12，V21，V22，DVG1，DVG2，VFL，VEI，VCE，DVR—阀门；TMP—分子泵；MVP—机械泵；LZ—溅射离子泵

用磁悬浮转子规测量；在第二代气体微流量计中，压力用满量程为 35kPa 石英布尔登规满量程为 1.33kPa 差压式电容薄膜规和磁悬浮转子规测量；在第三代气体微流量计中，压力用满量程为 133kPa 差压式电容薄膜规和磁悬浮转子规测量；在控制方面，第一代气体微流量计根据计算机程序的提示采用手动操作；第二代气体微流量计的波纹管驱动过程自动完成，其他操作在计算机程序的提示下手动操作；第三代气体微流量计采用全自动操作，所有阀门都采用气动阀或由步进电机驱动。

在 PTB 流量计中，核心部件变容室主体采用特殊制造的波纹管，如图 9-57 所示，这是 PTB 流量计的最大特点。波纹管产生的体积变化量用注水称重法来确定，当波纹管的位移被测量后，通过与压缩位移呈线性关系，即可确定波纹管的有效截面 A_{eff}。整个流量计可经受 150℃烘烤除气，有利于下限的延伸。但是所采用的特殊制造的波纹管，要经过严格细心挑选，这种结构虽有其优点，但很少有人仿效。

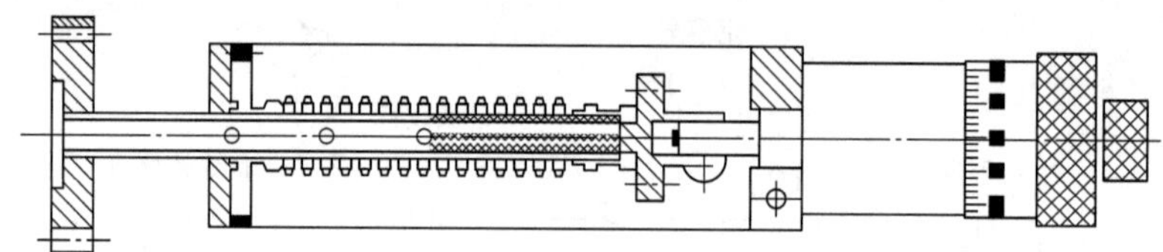

图 9-57 波纹管机构原理图

目前 PTB 的流量计可以采用三种工作模式测量流量，气体流量在 $10^{-4}\sim10^{-8}$ Pa·m³/s，采用恒压法模式，不确定度为 0.3%～1.5%；气体流量小于测量范围 10^{-8} Pa·m³/s 时，采用固定流导法模式；气体流量大于 10^{-4} Pa·m³/s，采用定容法模式。

9.13.2 意大利国家计量研究所装置真空系统

意大利国家计量研究所（IMGC）研制了三代恒压式气体微流量计，第三代恒压式气体流量计如图 9-58 所示，原理与上述的流量计类似。为了获得较小的变容室体积，其变容室为通过孔型不锈钢体，活塞直接插入变容室，两者之间采用聚四氟乙烯垫圈和弹性 O

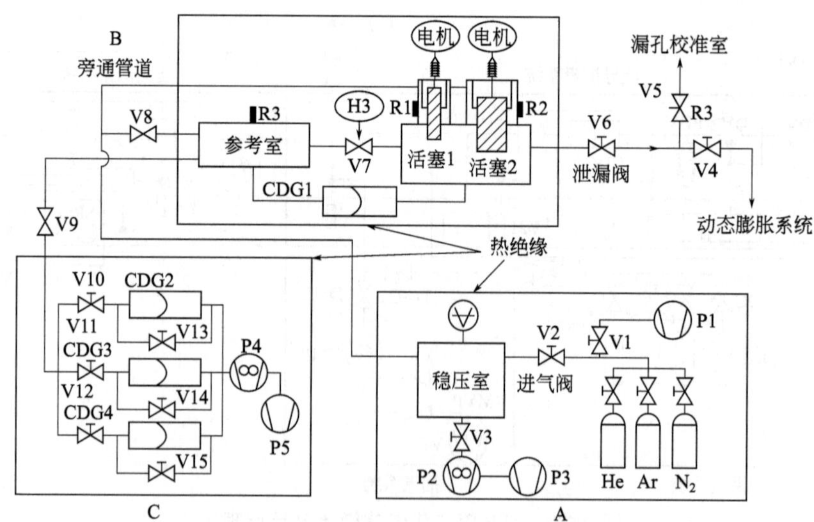

图 9-58 IMGC 研制的恒压式气体微流量计原理图

CDG1～CDG4—电容薄膜规；$V_1\sim V_{15}$—阀门；$R_1\sim R_3$—温度计；$P_1\sim P_5$—真空泵

型圈密封。该流量计有两套活塞，直径分别为 5mm 和 20mm。流量计的部分系统实现了自动化控制，其测量范围为 10^{-3}～10^{-8}Pa・m^3/s，相对合成标准不确定度为 0.2%～0.8%。

9.13.3 韩国标准科学研究院装置真空系统

韩国标准科学研究院（KRISS）真空技术中心也建立了微小流量计量标准，其气体微流量计的原理如图 9-59 所示，校准范围 10^{-1}～10^{-11}Pa・m^3/s；可用于真空计，真空漏孔、正压漏孔和质谱计校准，并与美国 NIST、意大 IMGC 进行了国际比对。

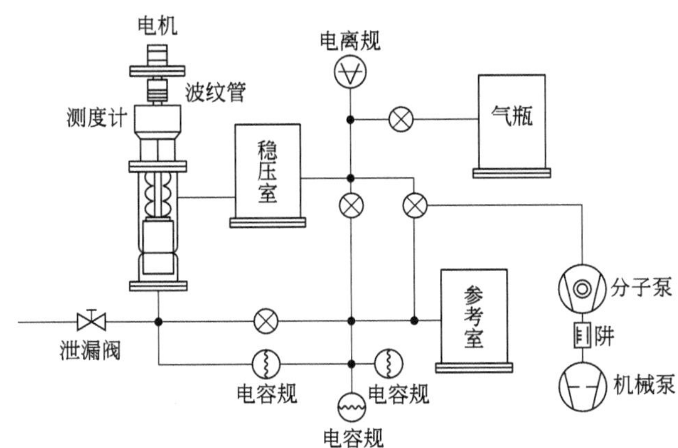

图 9-59　韩国 KRISS 气体流量计原理图

9.13.4 中国计量科学研究院装置真空系统

中国计量科学研究院研制的漏率标准系统采用了定容式流量计，如图 9-60 所示。定容式流量计采用两个定容室，容积分别为 70.53mL 和 623.91mL，测量较小流量时使用小容积，测量较大流量时使用大容积，通过测量定容室中的压力随时间下降的速率而获得流量，其测量范围为 1×10^{-6}～2×10^{-4}Pa・m^3/s。为扩展测量下限，采用分流法，其分流比为 5×10^{-3}。分流后的测量范围为 5×10^{-9}～1×10^{-6}Pa・m^3/s，相应不确定度为 9%～1%。由于流量计为定容式流量计，所得流量值是平均流量，使流量很难调到与被校漏孔的漏率值相等，这就要求四极质谱计不但要有高稳定度，还要求有好的线性。

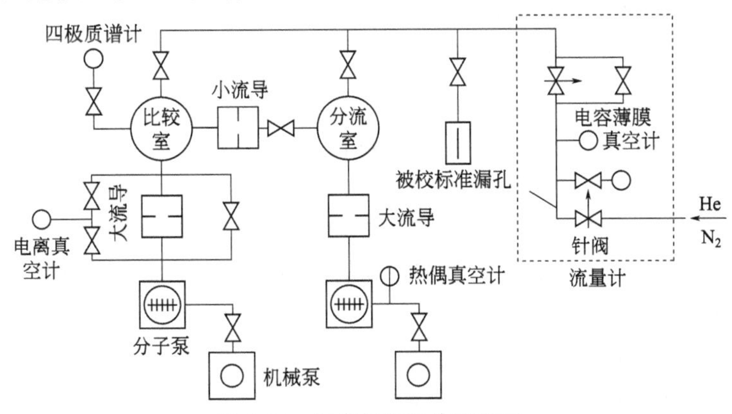

图 9-60　漏率标准系统原理图

9.13.5 兰州空间技术物理研究所装置真空系统

兰州空间技术物理研究所研制的第三代恒压式流量计，其原理如图 9-61，该流量计的主体结构选择了全金属波纹管密封结构，避免了液压油引起的误差；变容室采用液压成型波纹管形式，可以进行整体烘烤，有利于减小内表面的出气率，以降低流量的测量下限。可以采用恒压式、定容式及固定流导式三种工作模式，测量范围为 $10^{-3}\sim10^{-11}$ Pa · m^3/s。

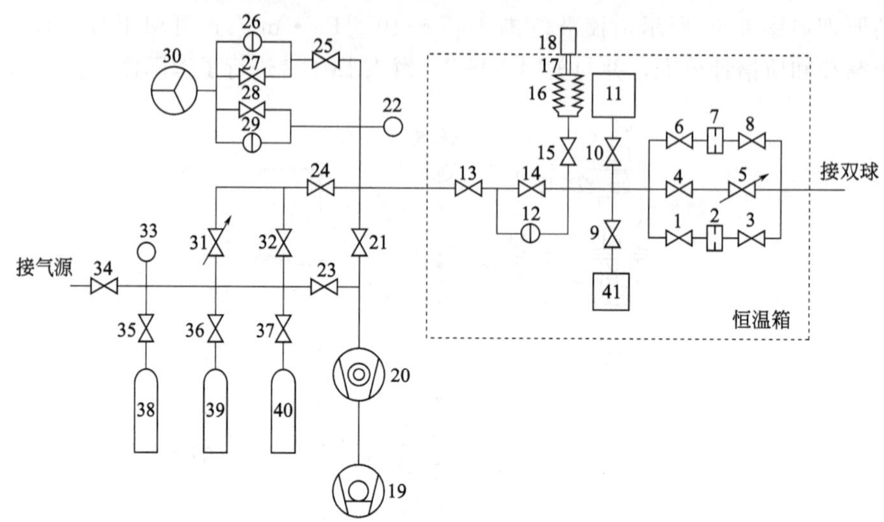

图 9-61 兰州空间技术物理研究所第三代恒压式流量计原理图

1，3，4，6，8，9，10，13，14，15，23，24，25，27，28，32，34，35，36，37—阀门；2，7—小孔；5，31—针阀；11，41—容器；12，26，29—电容薄膜规；16—波纹管；17—活塞；18—平动机构；19—机械泵；20—分子泵；21—角阀；22—磁悬浮转子转；30—离子泵；33—压力表；38，39，40—气瓶

9.14 真空计量标准装置真空系统

兰州空间技术物理研究所经过多年研制，建立了全压力、分压力、气体微流量及定向流量真空校准装置，用于真空计、分压力质谱计、真空漏孔、正压漏孔及方向规的校准。李得天、张涤新、冯焱等对所研制的真空计量标准装置作了综述。

9.14.1 静态膨胀法真空标准装置

图 9-62 为兰州空间技术物理研究所研制的新一代静态膨胀法真空标准装置原理图。装置由三部分组成，即初始压力产生系统、压力衰减系统（膨胀系统）及抽气系统。初始压力由两台数字式活塞压力计测量，膨胀系统由两个 100L 的校准室（4 和 23），两个 1L（11 和 14）及两个 0.1L（8 和 17）小取样室组成。静态膨胀法是在低、中、高真空范围内产生校准压力的一种基本而有效的方法。在静态膨胀法真空标准装置中，充分考虑了各种不确定度的影响因素，并将它们控制在合理的范围内。本标准装置可以采用多种方法对电容薄膜规和磁悬浮转子规等传递标准进行校准，这些方法包括一级膨胀法、二级膨胀法、三级膨胀法及通过数字式活塞压力计直接比对法。标准装置采用非蒸散性吸气剂泵（NEGP）消除器壁出气影响来延伸校准下限。由于 NEGP 泵对惰性气体无抽速，而对活性气体尤其是氢气的抽速非常大，当用惰性气体作为校准气体时，NEGP 泵既维持了校准

室中的超高真空本底，又不改变校准室内惰性气体的气体量，并保证气体静态膨胀时波义耳定律严格成立，使标准压力能够准确计算，因而将校准下限延伸至 10^{-7}Pa 量级。静态膨胀法真空标准能够获得 6×10^{-9}Pa 的极限真空度，校准范围为 $4\times10^{-7}\sim10^{5}$Pa，不确定度为 1.1%～0.01%。将静态膨胀法校准下限延伸至 10^{-7}Pa 在国际上尚属首次。

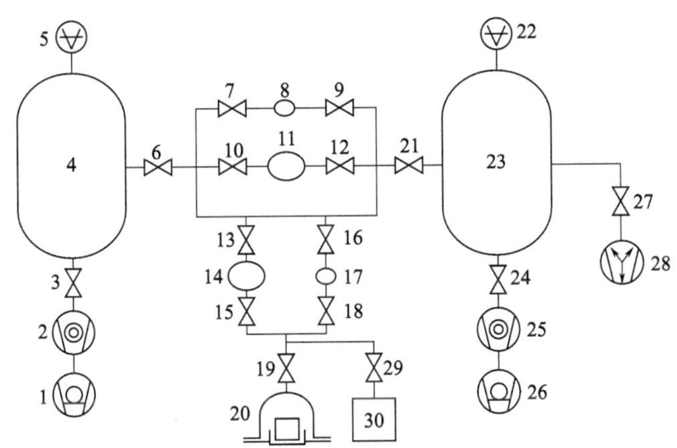

图 9-62 静态膨胀法真空标准

1，26—机械泵；2，25—分子泵；3，6，7，9，10，12，13，15，16，18，19，21，24，27，29—阀门；4，23—校准室；5，22—真空计；8，17—0.1L 体积；11，14—1L 体积；20—数字式活塞压力计；28—NEG 泵；30—气瓶

9.14.2 动态流量法装置

动态流量法可用于高真空和超高真空区间的真空规校准。该装置的原理图如图 9-63 所示。校准室配有低温泵、钛升华泵、离子泵、涡轮分子泵，可得到 1.7×10^{-8}Pa 的极限压力。校准范围为 $10^{-2}\sim10^{-7}$Pa。不确定度：$10^{-2}\sim10^{-6}$Pa 时为 1.3%；10^{-7}Pa 时约 5%。

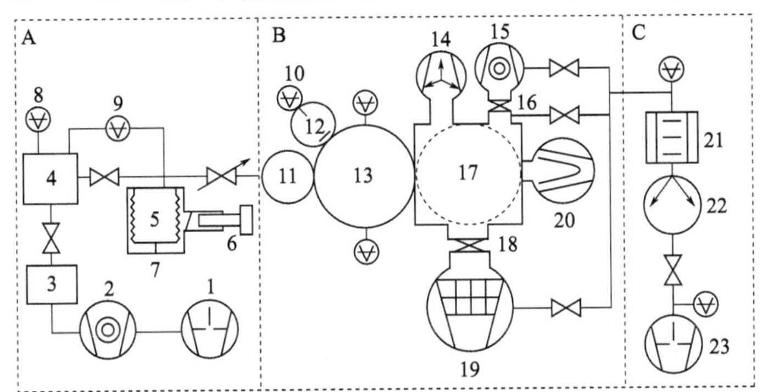

图 9-63 动态流量法超高真空基础标准

A—流量计系统；B—校准和主抽气系统；C—前级抽气系统；1，23—机械泵；2，15—涡轮分子泵；3—稳压室；4—基准室；5—可变容积；6—活塞；7—油室；8—ACDG；9—DCDG；10—裸规；11—进气室；12—裸规室；13—校准室；14—离子泵；16，18—插板阀；17—抽气室；19—低温泵；20—钛升华泵；21—冷阱；22—罗茨泵

9.14.3 程控式真空规校准装置

兰州空间技术物理研究所研制的程控式真空规校准装置主要用于日常对工作用真空规的校准。程控式真空规校准装置主要由测量控制系统、真空系统和供气系统三部分组成，

校准装置流程如图 9-64 所示，校准室配有涡轮分子泵。在 $10^5 \sim 10^{-4}$ Pa 范围内，可以同时校准 6 只真空规。真空抽气及供气系统如图 9-65 所示。

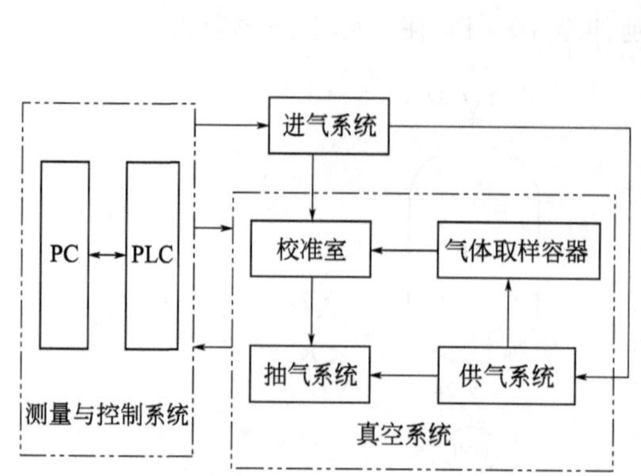

图 9-64　程控式真空规校准装置的流程图

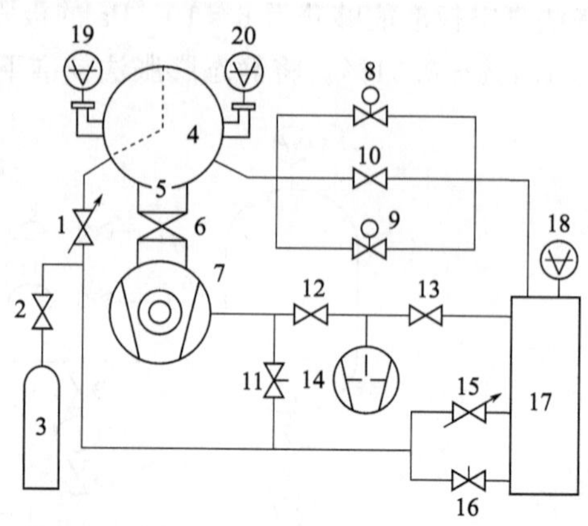

图 9-65　真空系统和供气系统的结构图

1，15—计量阀门；2—压力衰减阀门；3—气瓶；4—校准室；5—小孔；6—插板阀；7—涡轮分子泵；8，9—气体取样体积；10，12，13—隔离阀；11，16—出气阀；14—机械泵；17—稳压室；18—HLP-03 规；19—磁悬浮转子规；20—控制规

9.14.4　超高真空校准装置

该装置如图 9-66 所示，装置主要由极高真空（XHV）系统、超高真空（UHV）系统、流量分流系统和供气系统四部分组成。装置采用磁悬浮涡轮分子泵和非蒸散型吸气剂泵组合抽气，在 XHV 校准室中获得 10^{-10} Pa 的极限真空度，用分流法、压力衰减法和直接测量法实现在 $10^{-10} \sim 10^{-1}$ Pa 压力范围内的校准。

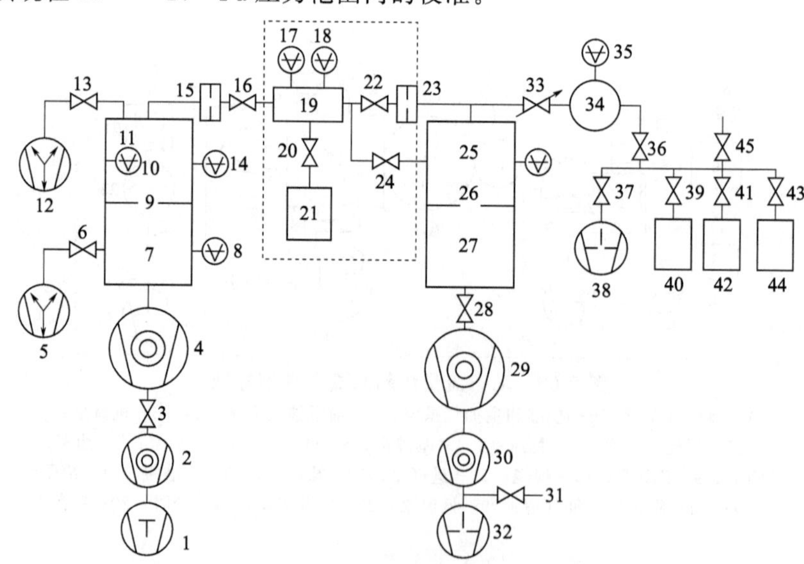

图 9-66　超高/极高真空标准装置工作原理图

1—干泵；2，29，30—涡轮分子泵；3，6，13，16，20，22，24，28，36，37，39，41，43，45—隔离阀；4—磁悬浮涡轮分子泵；5，12—NEG 泵；7—极高真空抽气室；8，11—极高真空规；9，15，23，26—小孔；10—极高真空校准室；14，18—SRG；17—CDG；19—分流室；21—流量计；25—超高真空校准室；27—超高真空抽气室；31—出气阀；32，38—机械泵；33—调节阀；34—进气室；35—低真空规；40，42，44—气瓶

在超高真空室获得极限压力为1.24×10^{-7}Pa；极高真空室获得的极限压力为7.89×10^{-10}Pa。校准时不确定度：3.5%（10^{-10}Pa）～0.41%（10^{-1}Pa）。

9.14.5 分压力测量校准装置真空系统

全压力测量技术在众多真空研究和生产领域已成为一种必不可少的重要技术。如果要了解真空系统中发生现象的详尽信息，通过真空规提供的全压力信息还远远不够，运用质谱计进行分压力测量是非常必要的。

为了解决四极质谱计定量分析的需求，兰州空间技术物理研究所研制了一台具有三路相同的独立进样系统的分压力质谱计校准装置。图9-67所示为该校准装置的真空系统原理图，图中只给出了其中一路进样系统。

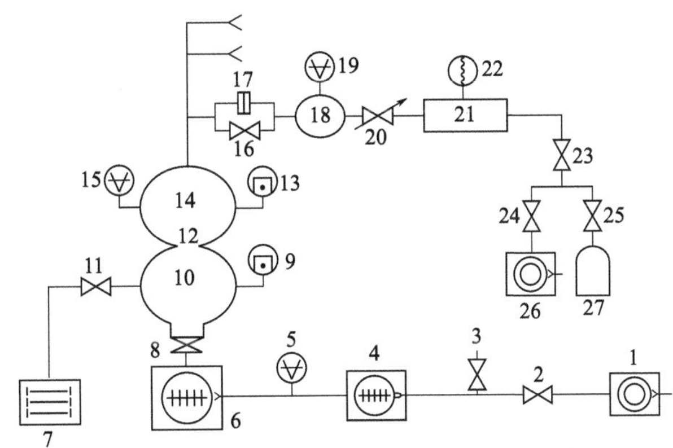

图9-67 分压力质谱计校准装置

1，26—机械泵；2，23，24—电磁隔离阀；3—出气阀；4，6—涡轮分子泵；5—中真空规；7—离子泵；8—超高真空插板阀；9，13—冷阴极电离规；10—抽气室；11，16—超高真空角阀；12，17—小孔；14—校准室；15，19—磁悬浮转子规；18—上游室；20—微调阀；21—稳压室；22—皮拉尼规；25—压力衰减阀；27—气瓶

分压力质谱计校准装置的标准分压力通过磁悬浮转子规（SRG）以两种不同的方法进行测量。在第一种方法中，校准室中的分压力直接由接在校准室上的SRG测量，不同的气体可依次引入到校准室中，通过测量不同气体分子引起转子转速相对衰减率的变化计算获得各组分的标准分压力。在第二种方法中，利用校准室上游进气系统上所接的SRG的读数，计算校准室中的分压力，在这种方法中，两个限流小孔的流导比必须通过实验确定。该校准装置可实现10^{-7}～10^{-1}Pa范围内的分压力校准，不确定度小于3.5%。

9.14.6 漏孔漏率校准真空系统

9.14.6.1 漏孔基础装置系统

兰州空间技术物理研究所李得天等研制的真空漏孔基础标准，其核心是一台恒压式气体微流量计。该标准主要由恒压式气体微流量计、校准系统、供气系统和测控系统组成，图9-68所示是其原理图。标准气体流量由恒压式气体微流量计测量和提供，计算公式为：

$$Q_S = p_0 A \frac{\Delta L}{\Delta t} \tag{9-28}$$

式中 Q_S——标准气体流量；

p_0——参考室中气体压力；

A——活塞截面积；

ΔL——活塞在Δt时间内的移动距离。

在测量时，变容室和参考室之间的压力差被控制在参考室压力的0.01%之内，所以变容室内气体的压力被认为是恒定的。该流量计的流量测量范围为（10^{-8}～10^{-2}）Pa·m^3/s，不确定度小于2%。

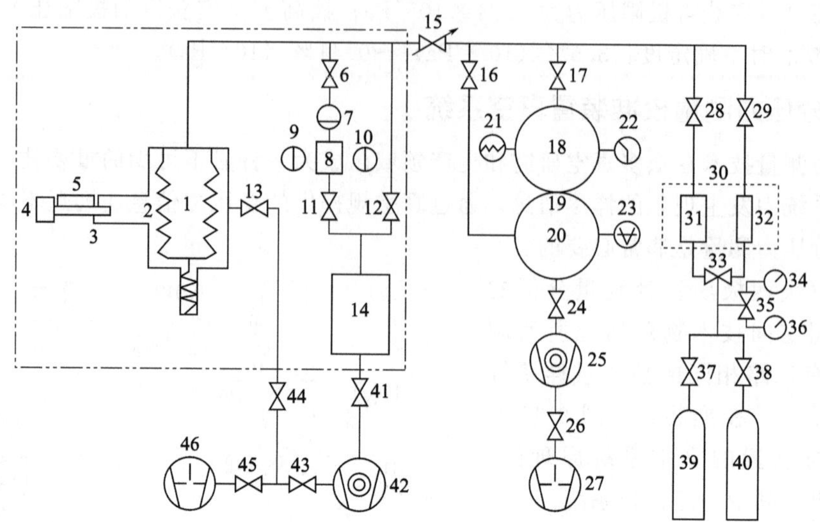

图 9-68　漏孔基础装置原理图

1—变容室；2—油室；3—活塞；4—驱动系统；5—光栅尺；6，11，12，13，16，17，24，26，28，29，33，35，37，38，41，43，44，45—隔离阀；7—DCDG；8—参考室；9，10—ACDG；14—稳压室；15—微调阀；18—校准室；19—小孔；20—抽气室；21—四极质谱计；22，23—SRG；25，42—涡轮分子泵；27，46—机械泵；30—恒温箱；31，32—被校漏孔；34，36—压力表；39，40—校准气体

真空漏孔的漏率测量过程如下：首先将真空漏孔流出的待校流量引入到校准室中，并通过校准室与抽气室之间的小孔抽走。在动态平衡条件下，通过四极质谱计可测量得到一稳定的离子流 I_L。然后，关闭真空漏孔流出的气体流量，将气体微流量计流出的标准流量 Q_S 引入到校准室中，调节流量大小，用四极质谱计可测量得到另一个稳定的离子流 I_S，最后，真空漏孔的漏率通过式（9-29）计算

$$Q_L = \frac{I_L - I_0}{I_S - I_0} Q_S \tag{9-29}$$

式中　Q_S——标准气体流量；

I_0——系统本底离子流。

9.14.6.2　固定流导法漏孔校准系统

该系统主要由固定流导小孔、稳压室、电容薄膜规、气瓶、阀门以及真空抽气机组组成。其原理如图 9-69 所示。真空抽气系统为分子泵-机械泵机组，质谱分析室真空度可达 10^{-6} Pa 量级。

通过固定流导小孔的流量值应为小孔流导与其两端压力差乘积，在校准过程中，由于入口压力远远大于出口压力，故小孔流量可以简化为下式：

$$Q_S = C_0 p \tag{9-30}$$

式中　C_0——小孔固定流导；

p——入口压力。

在分子流状态下，小孔流导值为常量，流量中提供的标准气体流量为 $10^{-5} \sim 10^{-10}$ Pa·m^3/s，合成标准不确定度为 2.6%。

采用固定流导法校准漏孔漏率的过程如下：当装置正常运行，且四极质谱计正常工作一段时间后，关闭所有进气阀门，用四极质谱计测量质谱分析室中氦气分压力所对应

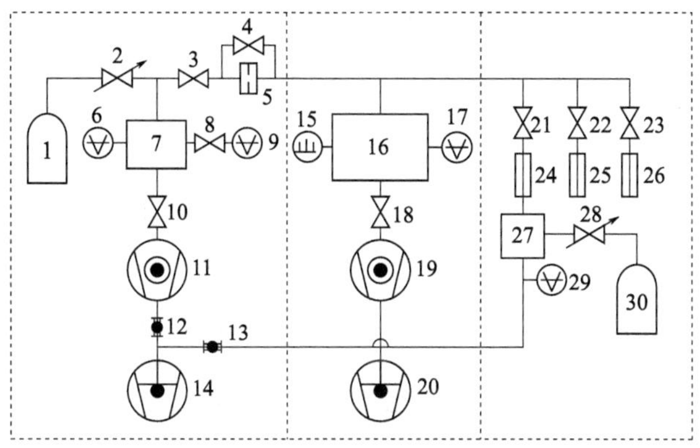

图 9-69 固定流导法漏孔校准装置

1，30—氦气瓶；2，28—微调阀；3，4，8—全金属隔断阀；5—固定流导小孔；6—FS13.3kPa 电容薄膜规；7，27—稳压室；9—13.3Pa 电容薄膜规；10，18—全金属超高真空角阀；11，19—分子泵；12，13—电磁隔断阀；14，20—机械泵；15—四极质谱计；16—质谱分析室；17—超高真空电离规；21，22，23—手动超高真空阀门；24，25，26—被校漏孔；29—精密真空压力表

系统本底离子流 I_0，然后打开被校准真空漏孔的阀门，将漏孔待校流量引入到质谱分析室中，在动态平衡后通过四极质谱计测得示漏气体的离子流 I_L。关闭被校漏孔对应的气体引入阀，将固定流导法气体微流量计流出的标准流量 Q_s 引入到质谱分析室中，调节流量大小，当标准气体流量产生的离子流 I_S 与被校漏孔产生的离子流 I_L 相同或非常接近时，用四极质谱计测量对应气体的离子流 I_S，被校漏孔的漏率用公式（9-29）计算获得。

9.14.6.3 正压漏孔校准系统

正压漏孔是在一定温度下，入口压力大于一个大气压，而出口压力为一个大气压，正压漏孔校准系统原理如图 9-70 所示。定容室抽气为涡轮分子泵-机械泵机组，标准室真空度要求较高，真空机组为串联涡轮分子泵机组，为获得更高极限压力，配有溅射离子泵。系统校准范围为 10^{-3}～10^{-7} Pa・m³/s，不确定度为 5%～30%。

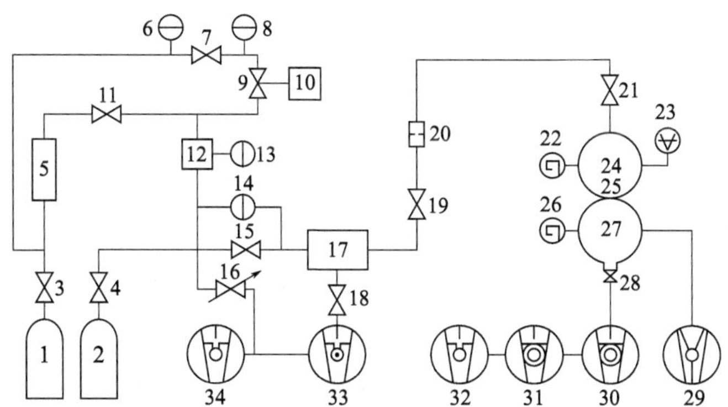

图 9-70 正压漏孔校准装置

1，2—气瓶；3，4，7，11，15，19，21—隔离阀；5—被校漏孔；6，8，13—ACDG；9—三通阀；10—标准体积；12—定容室Ⅰ；14—DCDG；16—调节阀；17—定容室Ⅱ；18，28—插板阀；20，25—小孔；22，26—冷阴极电离规；23—四极质谱计；24—校准室；27—抽气室；29—溅射离子泵；30，31，33—涡轮分子泵；32，34—机械泵

9.14.7 定向流真空校准装置真空系统

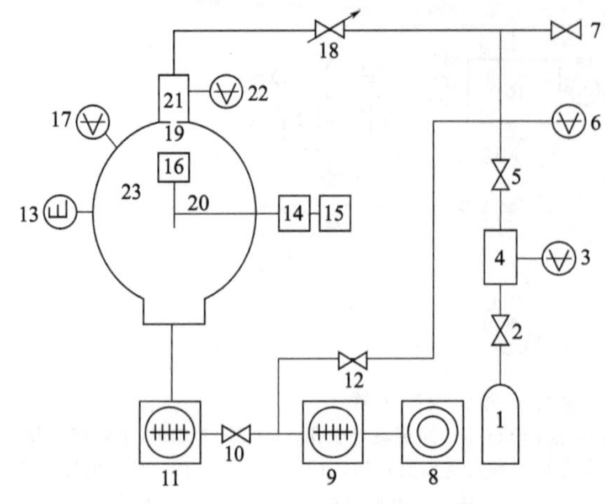

图 9-71 定向流真空校准装置

1—气瓶；2，5，7，10，12—隔离阀；3，6，17—真空规；4—稳压室；8—机械泵；9，11—涡轮分子泵；13—四极质谱计；14—旋转机构；15—驱动机构；16—方向规；18—针阀；19—小孔；20—固定支架；21—进气室；22—SRG；23—校准室

定向流真空校准装置主要用于方向规的校准和非平衡态分子流的研究，装置由校准室、进气系统、抽气系统、磁流体密封及磁力传动系统四部分组成。装置采用小孔向校准室引入气体，通过抽速为2000L/s的分子泵直接对校准室进行抽气，在校准室中形成自小孔出口至抽气口间的定向分子流，通过磁力传动技术使方向规处于校准室中不同的位置，从而研究非平衡态分子流在真空室的分布，校准装置的原理如图 9-71 所示。

此系统真空抽气机组由涡轮分子泵串联而成，获得的极限压力为 7.86×10^{-8}Pa。校准范围 $10^{-1}\sim10^{-7}$Pa·m^3/s，测量不确定度为 6.1%。

9.15 气冷式直排大气罗茨泵抽气系统

气冷式直排大气罗茨泵，也简称为气冷罗茨泵，是新发展起来的一种新泵种。其工作原理与罗茨泵相同。但与普通罗茨泵最大的区别是直接可抽真空室中的大气，并将气体排到大气环境中。这一点像普通油封真空泵一样，可直接抽大气，但其抽速比普通油封真空泵大得多。

气冷罗茨泵，可以单独使用，工作压力可达 2×10^4Pa；也可以两台串接，即二级气冷罗茨泵，工作压力可达 $1\times10^3\sim1\times10^4$Pa 以内。

9.15.1 气冷罗茨泵选型影响因素

设计选型时需考虑下列因素。

(1) 以节能为目的选配气冷罗茨泵

气冷罗茨泵抽速曲线十分平稳，在高压下工作时，耗功低；而油封真空泵、水环泵恰恰相反，在高压下耗功高。气冷罗茨泵有明显的节能效果。

以实例说明节能效果。如一台气体分离与输送设备，工作压力为 4×10^4Pa。根据使用条件，主泵抽速需要 150L/s。选择一台 2SK-9 水环泵满足了使用要求，在此工作压力下水环泵功耗为 15kW。后改为 LQ-150 气冷罗茨泵抽气，在此压力下工作，实际耗功为 11kW。

为了降低工作压力，与其他种类真空泵串联，得到了满意的真空度，同时能耗降低了。如有 1 台真空装置，容积为 1000m^3，工作压力为 1.3×10^2Pa，要求从大气抽到此压力的时间为 30min。原来设计方案，选择 8 台 H-600 型滑阀泵，满足工作压力要求及抽气时间要求，但总功率为 144kW。后改变设计方案，选 1 台抽速 2250L/s 气冷罗茨泵（LQ2500 型），前级串 1 台型号 LQ1200 气冷罗茨泵，其抽速为 1200L/s，再串接 1 台 H-150 滑阀泵，构成一套 LQ2500/LQ1200/H150 机组。选 2 套，可以满足抽速要求。8 台 H600 滑阀泵总功率为 144kW；而 2 套 LQ2500/LQ1200/H150 机组，总功率仅为 40kW，省功率 100kW。容积越大，选择气冷罗茨泵抽气，节能效果越显著。

(2) 以缩短抽气时间来选配气冷罗茨泵

气冷罗茨泵组特点是在高压力区抽速曲线平稳，最大抽速压力从 10^5Pa 开始。普通罗茨泵机组则不然，最大抽速的压力是从 1.3×10^3Pa 开始，显然气冷罗茨泵组因抽速大，会比普通罗茨泵机组缩短抽气时间。

下面给出 2 台典型设备来说明气冷罗茨泵在抽气时间上的优越性。

例 9-8 大型真空容器容积 1000m^3，工作压力为 1.3×10^2Pa。分别选择 2 套气冷罗茨泵及普通罗茨泵机组，抽速配置相同，即

LQ2500/LQ1200/H150（气冷罗茨泵组）

ZJ2500/ZJ1200/H150（普通罗茨泵组）

而抽气时间相差很大，气冷罗茨泵组抽气时间为 22min；普通罗茨泵组抽气时间为 277min，抽气时间相差约 12 倍。

例 9-9 1 台容积 20m^3 镀膜机，从大气压 1×10^5Pa 抽至扩散泵启动压力 10Pa，选择抽速相同的普通罗茨泵组与气冷罗茨泵机组，配置分别为 ZJ600/H150、LQ600/H150，前者抽气时间为 15min，后者为 9min。

(3) 降低油污染

罗茨泵机组通常选用油封真空泵作为前级，使真空室造成油污染。如果罗茨泵前级配置两级气冷罗茨泵代替油封真空泵，这样会使油污染大大降低。

(4) 冷却方式选择

气冷罗茨泵工作于高压力范围，在压缩气体时会产生一定的热量，使泵壳与转子升温。泵壳的热量易散除，而转子的热量不易散掉，造成升温，会出现卡死现象。为此需在泵出口安装冷却器，见图 9-72。冷却器将排出的气体冷却之后，分流到泵壳中的一部分冷却转子。

单独使用气冷罗茨泵或组合方式最后一级气冷罗茨泵，有两种方式冷却排出气体：其一采用大气作冷却；其二采用冷却器提供冷却气体。

组合使用方式中，选气冷罗茨泵作主泵或中间过渡泵，一般采用冷却器。

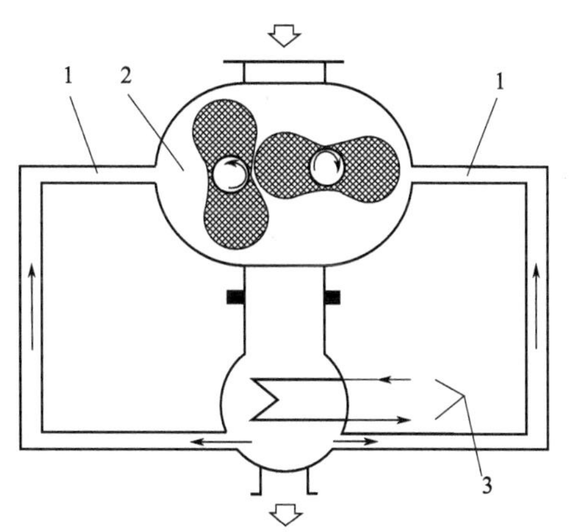

图 9-72 罗茨泵气体冷却原理

1—冷气进入管道；2—泵腔；3—气体冷却器

9.15.2 气冷罗茨泵组的极限压力及工作压力

气冷罗茨泵可以与罗茨泵、水环泵、滑阀泵组合成机组使用，组合方式及工作压力由表 9-17 给出。

表 9-17 气冷罗茨泵组合方式

组合方式	极限压力范围/Pa	工作压力范围/Pa
一级气冷泵	10^5～10^4	10^5～10^4
二级气冷泵	10^4～10^3	10^4～10^3
一级气冷泵＋双级水环泵	10^3～10^2	10^4～10^3
二级气冷泵＋双级水环泵	10^2～10	10^3～10^2
一级气冷泵＋双级液环泵	10^2～10	10^3～10^2
二级气冷泵＋双级液环泵	10～1	10^2～10
一级气冷泵＋滑阀泵	1～0.1	10～1
二级气冷泵＋滑阀泵	<0.1	1～0.1
一级罗茨泵＋二级气冷泵	10^2～10	10^2～10
二级罗茨泵＋二级气冷泵	1～0.1	1～0.1

9.16 罗茨真空泵机组

9.16.1 概述

以罗茨真空泵作主泵，其前级配旋片真空泵、滑阀真空泵或液环式真空泵组成罗茨泵真空机组已广泛地应用于国民经济各种领域中。诸如真空冶金、真空镀膜、热处理、焊接、石化、医药、轻工、食品、航天等行业中。其抽速范围 30～2500L/s，工作压力范围 10^5～0.1Pa。

(1) 主题内容与适用范围（选自行标）

本标准规定了抽速为 30～5000L/s 的罗茨真空泵机组的型式与基本参数、技术要求、试验方法、检验规则以及标志、包装、运输、贮存。

本标准适用于以罗茨真空泵为主泵或主泵和中间泵，以滑阀真空泵、旋片真空泵、液（水、油）环真空泵为前级泵所组成的二级或三级罗茨真空泵机组（以下简称机组）。

(2) 引用标准

GB/T 13306《标牌》

GB/T 13384《机电产品包装通用技术条件》

ZBJ 78013《罗茨真空泵》

(3) 型式与基本参数

① 型号表示方法　机组型号由基本型号和辅助型号组成，其表示方法如下：

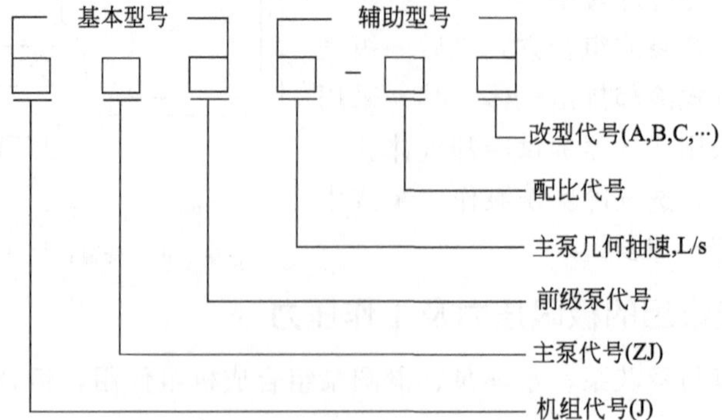

② 配比及配比代号　配比系指机组中主泵与前级泵或主泵与中间泵、中间泵与前级

泵抽速之比值。配比以1、2、4、8四个配比代号单独或两个配比代号组合进行表示。配比代号所代表的配比值见表9-18。

表9-18 配比代号

配比代号	1	2	4	8
配比值	1～1.5	2～3	4～6	8～10

③ 前级泵代号 见表9-19。

表9-19 前级泵代号

前级泵代号	H	X	S	Y
前级泵名称	滑阀真空泵	旋片真空泵	水环真空泵	油环真空泵

④ 型号标记示例 主泵为600LA的罗茨真空泵、前级泵为70L/s的滑阀真空泵的二级机组，其型号标记为：JZJH600-8。

主泵为600L/s的罗茨真空泵、中间泵为150L/s的罗茨真空泵、前级为70L/s的旋片真空泵的三级机组，其型号标记为：JZJX600-42。

⑤ 机组系列与基本参数 推荐采用的机组系列见表9-20和表9-21，其基本参数应符合表9-22～表9-25的规定。

表9-20 二级罗茨真空泵机组推荐采用系列

主泵＼前级泵		2S(Y)K-0.8	2S(Y)K-1.5	2S(Y)K-3	2S(Y)K-6	2S(Y)K-12
	H(X)-8 2H(X)-8	H(X)-15 2H(X)-15	H(X)-30 2H(X)-30	H(X)-70 2H(X)-70	H(X)-150 2H(X)-150	H-300
ZJ-30	JZJH(X)30-4	JZJS(Y)30-2	JZJS(Y)30-1			
ZJ-70	JZJH(X)70-8	JZJH(X)70-4	JZJS(Y)70-2	JZJS(Y)70-1		
ZJ-150		JZJH(X)150-8	JZJH(X)150-4	JZJS(Y)150-2	JZJS(Y)150-1	
ZJ-300			JZJH(X)300-8	JZJS(X)300-4	JZJS(Y)300-2	JZJS(Y)300-l
ZJ-600				JZJH(X)600-8	JZJH(X)600-4	JZJS(Y)600-2
ZJ-1200					JZJH(X)1200-8	JZJH1200-4

表9-21 三级罗茨真空泵机组推荐采用系列

主泵	前级泵＼中间泵		2S(Y)K-0.8	2S(Y)K-1.5	2S(Y)K-3	2S(Y)K-6	2S(Y)K-12
		H(X)-8 2H(X)-8	H(X)-15 2H(X)-15	H(X)-30 2H(X)-30	H(X)-70 2H(X)-70	H(X)-150 2H(X)-150	H-300
ZJ-150	ZJ-30	JZJH(X)150-44	JZJ□150-42*	JZJS(Y)150-41			
ZJ-300	ZJ-70		JZJH(X)300-44	JZJ□300-42*	JZJS(Y)300-41		
ZJ-600	ZJ-150			JZJH(X)600-44	JZJ□600-42*	JZJS(Y)600-41	
ZJ-1200	ZJ-300				JZJH(X)1200-44	JZJ□1200-42*	JZJS(Y)1200-41
ZJ-2500	ZJ-600					JZJH(X)2500-44	JZJ□2500-42*
ZJ-5000	ZJ-1200						JZJH5000-44

注:有"*"记号的机组型号中方框内的前级泵代号根据实际配泵情况确定。

表9-22 罗茨泵滑阀（旋片）泵二级机组

型号	抽气速率/L·s^{-1}	极限压力/Pa≤		抽气效率/%≥	功率/kW≤			
		H(X)型前级泵	2H(2X)型前级泵		H型前级泵	2H型前级泵	X型前级泵	2X型前级泵
JZJH(X)30-$^{4}_{8}$	30	1×10^{-1}	5×10^{-2}	80	1.50	1.85	1.50	1.85
				70	1.12	1.30	1.12	1.30

续表

型号	抽气速率 /L·s^{-1}	极限压力/Pa≤		抽气效率 /%≥	功率/kW≤			
		H(X)型前级泵	2H(2X)型前级泵		H 型前级泵	2H 型前级泵	X 型前级泵	2X 型前级泵
JZJH(X)70-$^{4}_{8}$	70	1×10^{-1}	5×10^{-2}	80	2.60	3.30	2.60	3.30
				70	1.85	2.20	1.85	2.20
JZJH(X)150-$^{4}_{8}$	150	1×10^{-1}	5×10^{-2}	80	5.20	6.20	4.40	5.20
				70	3.70	4.40	3.70	4.40
JZJH(X)300-$^{4}_{8}$	300	1×10^{-1}	5×10^{-2}	80	11.50	11.50	8.00	9.50
				70	7.00	8.00	6.20	7.00
JZJH(X)600-$^{4}_{8}$	600	1×10^{-1}	5×10^{-2}	80	22.50	26.00	15.00	18.50
				70	15.00	15.00	11.50	13.00
JZJH(X)1200-$^{4}_{8}$	1200	1×10^{-1}	5×10^{-2}	80	41.00	—	—	—
				70	26.00	29.50	18.50	22.00

注：表中的抽气速率系指主泵的几何抽气速率。

表 9-23　罗茨泵水环（油环）泵二级机组

型号	抽气速率 /L·s^{-1}	极限压力/Pa≤		抽气效率 /%≥	功率 /kW≤
		双级水环泵	双级油环泵		
JZJS(Y)30-$^{1}_{2}$	30	4×10^{2}	8×10^{1}	80	4.75
				70	2.95
JZJS(Y)70-$^{1}_{2}$	70	4×10^{2}	8×10^{1}	80	8.60
				70	5.10
JZJS(Y)150-$^{1}_{2}$	150	4×10^{2}	8×10^{1}	80	19.00
				70	11.50
JZJS(Y)300-$^{1}_{2}$	300	4×10^{2}	8×10^{1}	80	43.00
				70	19.00
JZJS(Y)600-$^{1}_{2}$	600	4×10^{2}	8×10^{1}	80	52.50
				70	37.50

注：表中的抽气速率系指主泵的几何抽气速率。

表 9-24　罗茨泵滑阀（旋片）泵三级机组

型号	抽气速率 /L·s^{-1}	极限压力/Pa≤		抽气效率 /%≥	功率/kW≤			
		H(X)型前级泵	2H(2X)型前级泵		H 型前级泵	2H 型前级泵	X 型前级泵	2X 型前级泵
JZJH(X)150-$^{42}_{44}$	150	5×10^{-2}	3×10^{-2}	80	4.45	5.15	4.45	5.15
					3.70	4.05	3.70	4.05
JZJH(X)300-$^{42}_{44}$	300	5×10^{-2}	3×10^{-2}	80	8.10	9.10	7.30	8.10
					6.60	7.30	6.60	7.30
JZJH(X)600-$^{42}_{44}$	600	5×10^{-2}	3×10^{-2}	80	17.20	17.20	13.70	15.20
					12.70	13.70	11.90	12.70
JZJH(X)1200-$^{42}_{44}$	1200	5×10^{-2}	3×10^{-2}	80	30.00	33.50	22.50	26.00
					22.50	22.50	19.00	20.50
JZJH(X)2500-$^{42}_{44}$	2500	5×10^{-2}	3×10^{-2}	80	56.00	—	—	—
					41.00	48.00	37.00	40.50
JZJH(X)5000-$^{42}_{44}$	5000	5×10^{-2}	3×10^{-2}	80	103.00	—	—	—
					78.00	—	—	—

注：表中的抽气速率系指主泵的几何抽气速率。

表 9-25　罗茨泵水环（油环）泵三级机组

型号	抽气速率 /L·s^{-1}	极限压力/Pa≤		抽气效率 /%≥	功率 /kW≤
		双级水环泵	双级油环泵		
JZJS(Y)150-$\frac{41}{42}$	150	4×10^{1}	8×10^{-1}	80	8.75
					6.95
JZJS(Y)300-$\frac{41}{42}$	300	4×10^{1}	8×10^{-1}	80	12.60
					9.10
JZJS(Y)600-$\frac{41}{42}$	600	4×10^{1}	8×10^{-1}	80	24.70
					17.20
JZJS(Y)1200-$\frac{41}{42}$	1200	4×10^{1}	8×10^{-1}	80	45.00
					30.00
JZJS(Y)2500-$\frac{41}{42}$	2500	4×10^{1}	8×10^{-1}	80	74.50
					59.50

注：表中的抽气速率系指主泵的几何抽气速率。

(4) 技术要求

① 机组应符合本标准规定，并按经规定程序批准的图样及技术文件制造；

② 组成机组的各种真空泵必须是按相应产品标准制造并经制造厂检验合格的产品；

③ 机组设计时，应保证其中某一台泵损坏时易于更换；

④ 机组允许使用的工作环境温度为 5～40℃；

⑤ 机组主泵启动后 0.5h 内，其极限压力值应达到表 9-22、表 9-23 规定的要求；

⑥ 机组的抽气效率应达到表 9-22、表 9-23 规定的要求；

⑦ 机组运行应平稳，机架应牢固可靠，运行时不得有明显的振动；

⑧ 机组在极限压力下连续运行 1h，其间应无任何故障现象；

⑨ 机组应有防止罗茨泵过载的保护装置以及防止前级泵工作液返流或反喷的装置；

⑩ 机组中各种泵所需冷却液以及水环泵工作液的供给管路应有断液报警装置；

⑪ 机组电气控制系统应具有联锁自动保护功能，并且工作可靠、安全；

⑫ 机组各管路部件在装配前应进行清洁处理，其中真空管路应进行压力为 0.25～0.40MPa 的气压试验，保压 15min，其间不得有漏气现象；

⑬ 机组表面应油漆光洁，外露紧固件、操作件应进行防锈处理；

⑭ 在用户遵守机组的运输、保管、安装、使用维护规则的条件下，从制造厂发货日期起一年内（使用期不得超过 6 个月），机组因制造不良而不能正常工作时，制造厂应免费为用户修理或更换零、部件。

(5) 试验方法和检验规则

① 每台机组均应经检验合格并附带产品合格证方可出厂。

② 机组的检验分为出厂检验和型式检验。

③ 出厂检验：

检验项目见［(4) 技术要求⑤、⑦～⑪］各条款。其中第⑤条按 ZBJ 78013 的规定进行检测，其余各条用目测方法检查。

④ 型式检验：

检验项目除按出厂检验项目检查外，还应检查第（4）中的第⑥条，检测方法按 ZBJ 78013 的规定。

⑤ 有下列情况之一时，应进行型式检验：

a. 新产品试制定型鉴定；

b. 正式生产后，当结构、材料、工艺有较大改变，可能影响产品性能时；

c. 正常生产并形成一定批量时，每年抽检 1～2 台；

d. 产品长期停产后，恢复生产时；

e. 国家质量监督机构提出进行型式检验时。

9.16.2 国产罗茨真空泵机组技术性能、曲线、外形尺寸

（1）JZPS300-21P 罗茨真空泵机组（浙江真空设备厂）

该厂生产的罗茨真空泵机组包括 7 个系列：

① 罗茨泵-滑阀泵机组；

② 气冷式罗茨泵-罗茨泵直排机组；

③ 气冷式罗茨泵-滑阀泵机组；

④ 气冷式罗茨泵-往复泵机组；

⑤ 罗茨泵-水环泵机组；

⑥ 罗茨-水环-大气泵机组；

⑦ 罗茨泵-油环泵机组。

图 9-73 所示为 JZPS300-21P 机组抽速曲线。图 9-74 所示为 JZPS300-21P 机组外形及基础图。

表 9-26～表 9-32 为罗茨泵机组型号及技术参数。

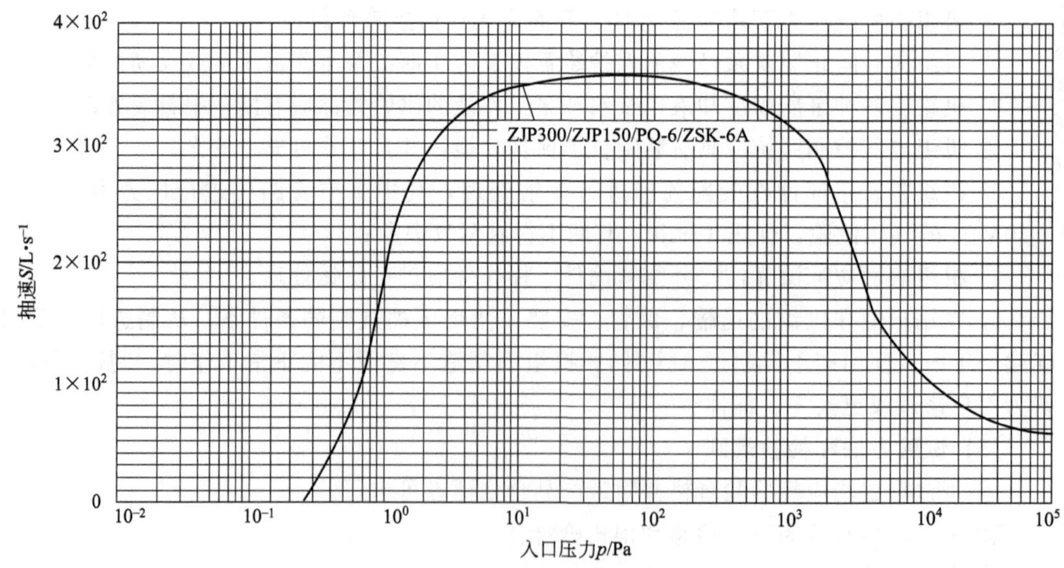

图 9-73 JZPS300-21P 机组抽速曲线

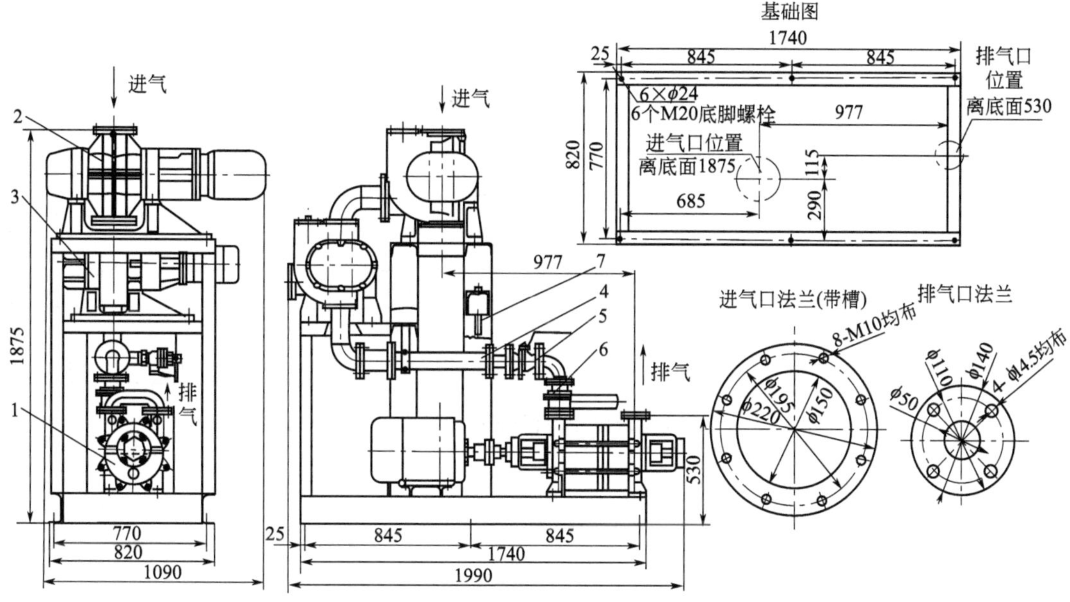

图 9-74　JZPS300-21P 机组外形及基础图（浙江真空设备厂）

1—2SK-6A 水环泵；2—ZJP-300 罗茨泵；3—ZJP-150 罗茨泵；4—大气喷射泵；5—球阀；6—浮球式止回阀；7—断水报警器

表 9-26　罗茨泵-滑阀泵机组型号及技术参数

型号	抽气速率 /L·s^{-1}	极限压力 /Pa	机组配置		配套功率 /kW
			主泵	前级泵(组)	
JZJH150-2	150	1×10^{-1}	ZJ-150	H-70B	9.7
JZPH300-2	300	1×10^{-1}	ZJP-300	H-150D	19
JZJ(P)H300-4	300	1×10^{-1}	ZJ-300 或 ZJP-300	H-70B	11.5
JZJ(P)H600-4A	600	1×10^{-1}	ZJ-600 或 ZJP-600	H-150D	18.5
JZJ(P)H600-8	600	1×10^{-1}	ZJ-600 或 ZJP-600	H-70B	15
JZJ(P)H1200-8A	1200	1×10^{-1}	ZJ-1200A 或 ZJP-1200A	H-150D	22
JZPH2500-8	2500	1×10^{-1}	ZJ-2500 或 ZJP-2500	H-300	52
JZPH2500-9	2500	1×10^{-1}	ZJ-2500 或 ZJP-2500	H-150D	37
JZP2H30-4	30	2×10^{-2}	ZJP-30	2H-8	1.85
JZP2H70-4	70	2×10^{-2}	ZJP-70	2H-15	3.3
JZJ(P)2H150-4	150	2×10^{-2}	ZJ-150 或 ZJP-150	2H-30A	6.2
JZJ(P)2H300-4	300	2×10^{-2}	ZJ-300 或 ZJP-300	2H-70A	11.5
JZP2H30-8	30	2×10^{-2}	ZJP-30	2H-4	1.5
JZP2H70-8	70	2×10^{-2}	ZJP-70	2H-8	2.2
JZJ(P)2H600-8	600	2×10^{-2}	ZJ-600 或 ZJP-600	2H-70A	15
JZP2H500-9	2500	2×10^{-2}	ZJ-2500 或 ZJP-2500	2H-70	29.5
JZJ(P)H1200-24	1200	2×10^{-2}	ZJ-1200A 或 ZJP-1200A	ZJ-600(ZJP-600)＋H-150	26
JZJ(P)H600-41	600	2×10^{-2}	ZJ-600 或 ZJP-600	ZJP-150＋H-150	24.7
JZJ(P)H600-42	600	2×10^{-2}	ZJ-600 或 ZJP-600	ZJP-150＋H-70B	17.2
JZJ(P)H1200-42	1200	2×10^{-2}	ZJ-1200A 或 ZJP-1200A	ZJP-300＋H-150D	26

续表

型号	抽气速率 /L·s^{-1}	极限压力 /Pa	机组配置		配套功率 /kW
			主泵	前级泵(组)	
JZJ(P)H2500-42	2500	2×10^{-2}	ZJ-2500 或 ZJP-2500	ZJP-600+H-300	59.5
JZJ(P)H2500-44	2500	2×10^{-2}	ZJ-2500 或 ZJP-2500	ZJP-600+H-150D	40.5
JZJH500-44	5000	2×10^{-2}	ZJ-5000	ZJP-1200A+H-300	78.5
JZJH1000-44	10000	2×10^{-2}	ZJ-1000	ZJP-2500+H-600	166(171)
JZJ(P)2H150-42	150	2×10^{-2}	ZJ-150 或 ZJP-150	ZJP-30+2H-15	5.15
JZJ(P)2H300-42	150	2×10^{-2}	ZJ-300 或 ZJP-300	ZJP-70+2H-30A	9.1
JZJ(P)2H600-42	150	2×10^{-2}	ZJ-600 或 ZJP-600	ZJP-150+2H-70	17.2

表 9-27 气冷式罗茨泵-罗茨泵直排机组型号及技术参数

型号	抽气速率 /L·s^{-1}	极限压力 /Pa	机组配置		配套功率 /kW
			主泵	前级泵(组)	
JZQ150-2	150	1×10^{-3}	LQ-150	LQ-75	15
JZQ300-2	300	1×10^{-3}	LQ-300	LQ-150	30
JZQ600-2	600	1×10^{-3}	LQ-600	LQ-300	60
JZQ1200-2	1200	1×10^{-3}	LQ-1200	LQ-600	110
JZQ2500-2	2500	1×10^{-3}	LQ-2500	LQ-1200	220
JZQ300-22	300	100	LQ-300	LQ-150+LQ-75	30
JZQ600-22	600	80	LQ-600	LQ-300+LQ-150	60
JZQ1200-22	1200	70	LQ-1200	LQ-600+LQ-300	115
JZQ2500-22	2500	70	LQ-2500	LQ-1200+LQ-600	260

表 9-28 气冷式罗茨泵-滑阀泵机组型号及技术参数

型号	抽气速率 /L·s^{-1}	极限压力 /Pa	机组配置		配套功率 /kW
			主泵	前级泵(组)	
JZQH300-2	300	1×10^{-1}	LQ-300	H-300	30
JZQH600-4D	600	1×10^{-1}	LQ-600	H-150D	45
JZQH1200-4	1200	1×10^{-1}	LQ-1200	H-15-(2 台)	90
JZQH3750-4	3750	1×10^{-1}	LQ-2500	H-300(3 台)	190
JZQH300-22	300	2.7×10^{-2}	LQ-300	LQ-150+H-70B	30
JZQH600-22	600	2.7×10^{-2}	LQ-600	LQ-300+H-150	60
JZQH1200-24	1200	2.7×10^{-2}	LQ-1200	LQ-600+H-150	165
JZQH2500-28	2500	2.7×10^{-2}	LQ-2500	LQ-1200+H-150	235

表 9-29 气冷式罗茨泵-往复泵机组型号及技术参数

型号	抽气速率 /L·s^{-1}	极限压力 /Pa	机组配置		配套功率 /kW
			主泵	前级泵(组)	
JZQW2500-222	2500	≤3	LQ-2500	LQ-1200+LQ-600+W-300	152
JZQW3750-322	3750	≤3	LQ-3750	LQ-1200+LQ-600+W-300	187
JZJQS5000-421	5000	≤3	ZJ-5000	2J-1200A+LQ-600+SK-25A	123

表 9-30 罗茨泵-水环泵机组型号及技术参数

型号	抽气速率 /L·s^{-1}	极限压力 /Pa	机组构成		配套功率 /kW
			主泵	前级泵(组)	
JZPS30-1	30	300	ZJP-30	SK-1.5A	4.75
JZPS70-1	70	300	ZJP-70	ZSK-3	8.6
JZJ(P)S150-1	150	300	ZJ-150A 或 ZJP-150	ZSK-6A	13.2
JZJ(P)S300-1	300	300	ZJ-300 或 ZJP-300	ZSK-12A	22.5
JZJ(P)S600-1	600	300	ZJ-600 或 ZJP-600	SK-25A	44.5
JZJ(P)S150-3	150	300	ZJP-150	ZSK-3	9.7
JZJ(P)S300-3	300	300	ZJP-300	ZSK-6A	15
JZJ(P)S600-3	600	300	ZJ-600 或 ZJP-600	SK-12A	18.5
JZJ(P)S1200-3	1200	300	ZJ-1200A 或 ZJP-1200A	SK-25A	48
JZPS70-21	70	40	ZJP-70	ZJP-30+SK-1.5A	5.85
JZJ(P)S150-21	150	40	ZJ-150 或 ZJP-150	ZJP-70+2SK-3	10.8
JZJ(P)S300-21	300	40	ZJ-300 或 ZJP-300	ZJ-150A 或 ZJP-150+2SK-6A	17.2
JZJ(P)S600-21	600	40	ZJ-600 或 ZJP-600	ZJ-300 或 ZJP-300+SK-12A	30
JZJ(P)S1200-21	1200	40	ZJ-1200A 或 ZJP-1200A	ZJ-600 或 ZJP-600+SK-25A	55.5
JZJ(P)S2500-21	2500	40	ZJ-2500 或 ZJP-2500	ZJ-1200A 或 ZJP-1200A+SK-60	
JZJ(P)S300-41	300	40	ZJ-300 或 ZJP-300	ZJP70+2SK-3	12.6
JZJ(P)S600-41	600	40	ZJ-600 或 ZJP-600	ZJ-150A 或 ZJP-150+2SK-6A	20.7
JZJ(P)S1200-41	1200	40	ZJ-1200A 或 ZJP-1200A	ZJ-300 或 ZJP-300+SK-12A	33.5
JZJ(P)S2500-41	2500	40	ZJ-2500 或 ZJP-2500	ZJ-600 或 ZJP-600+SK-25A	66.5
JZJS1200-421	1200	2	ZJ-1200A	ZJ-300 或 ZJP-150A+2SK-6A	28.2
JZJS600-221	600	2	ZJ-600	ZJ-300 或 ZJP-150A+2SK-6A	24.7
JZPS300-221T	300	2	ZJP-300	ZJ-150 或 ZJP-70+2SK-6A	18.3

表 9-31 罗茨-水环-大气泵机组型号及技术参数

型号	抽气速率 /L·s^{-1}	极限压力 /Pa	机组配置		配套功率 /kW
			主泵	前级泵(组)	
JZPS30-1P	30	40	ZJP-30	PQ-1.5+SK-1.5A	4.75
JZPS70-1P	70	40	ZJP-70	PQ-3+2SK-3	8.6
JZPS150-1P	150	40	ZJP-150	PQ-6+2SK-6A	13.2
JZPS300-1P	300	40	ZJP-300	PQ-12+SK-12A	22.5
JZPS600-1P	600	40	ZJP-600	PQ-25+SK-25A	44.5
JZPS150-3P	150	40	ZJP-150	PQ-3+2SK-13	9.7
JZPS300-3P	300	40	ZJP-300	PQ-6+2SK-6A	15
JZPS600-3P	600	40	ZJP-600	PQ-12+SK-12A	18.5
JZPS1200-3P	1200	40	ZJP-1200A	PQ-25+SK-25A	48
JZPS70-21P	70	2	ZJP-70	ZJP-30+PQ-1.5+SK-1.5A	5.85
JZPS150-21P	150	2	ZJP-150	ZJP-70+PQ-3+2SK-3	10.8
JZPS300-21P	300	2	ZJP-300	ZJP-150+PQ-6+2SK-6A	17.2
JZPS600-21P	600	2	ZJP-600	ZJP-300-PQ-12+SK-12A	30
JZPS1200-21P	1200	2	ZJP-1200A	ZJP-600+PQ-25+SK-25A	55.5
JZPS300-41P	300	2	ZJP-300	ZJP-70+PQ-3+2SK-3	12.6
JZPS600-41P	600	2	ZJP-600	ZJP-150+PQ-6+2SK-6A	20.7
JZPS1200-41P	1200	2	ZJP-1200A	ZJP-300+PQ-12+SK-12A	33.5

表 9-32　罗茨泵-油环泵机组型号及技术参数

型号	抽气速率 /L·s^{-1}	极限压力 /Pa	机组构成		配套功率 /kW
			主泵	前级泵(组)	
JZPY70-2	70	40	ZJP-70	YK-1.5B	5.1
JZPY150-3	150	40	ZJ-150	2YK-3	9.7
JZPY150-1	150	40	ZJ-150	2YK-6B	13.2
JZPY300-4	300	40	ZJ-300	2YK-3	11.5
JZPY300-3	300	40	ZJP-300	2YK-6B	15
JZPY70-21	70	2	ZJP-70	ZJP-30＋YK-1.5B	5.85
JZPY300-41	300	2	ZJP-300	ZJP-70＋2YK-3	12.6
JZPY300-42	300	2	ZJP-300	ZJP-70＋2YK-1	9.1
JZPY300-21	300	2	ZJP-300	ZJ-150A＋2YK-6B	17.2
JZPY600-42	600	2	ZJ-600	ZJ-150A＋2YK-3	13.7
JZPY600-23	600	2	ZJP-600	ZJP-300A＋2YK-6B	22.5
JZPY600-41	600	2	ZJ-600	ZJ-150A＋2YK-6B	20.7
JZPY1200-43	1200	2	ZJP-1200A	ZJP-300A＋2YK-6B	30

(2) JZJH 罗茨真空泵机组（上海真空泵厂）

① JZJH 型罗茨泵-滑阀泵真空机组　JZJH 型真空机组是以罗茨真空泵为主泵，以滑阀真空泵为前级泵的成套真空获得设备。整机可通过真空继电器、水压继电器及电控装置来实现罗茨泵过载过热保护及停水自动开机等。还可根据用户需要配置真空测量仪器或仪表。整机结构简单、操作方便。

本机组可广泛应用于电力工业三大件：变压器、电线电缆、电容器的真空浸渍工艺；真空镀膜；真空冶炼；真空热处理；真空滤油；食品行业冷冻干燥以及含有少量水蒸气或少量可凝性气体、少量粉尘的工艺流程中；对于某些会有较多水分、粉尘的工艺必须配备过滤装置冷凝器等，另外还可增加一台双级水环泵作粗抽，使大量水分、粉尘由水环泵抽除，这样就可延长机组的正常使用寿命，减少前级泵换油次数，降低使用成本，提高生产效率。

表 9-33 给出了机组型号及技术参数。图 9-75 所示为抽速曲线，图 9-76 及图 9-77 为外形尺寸。

表 9-33　JZJH 型罗茨泵-滑阀泵机组型号及技术参数

型号	泵型号		泵功率/kW		抽气速率 /L·s^{-1}	极限压力 /Pa	进气口径 /mm	排气口径 /mm	质量 /kg
	主泵	前级泵	主泵	前级泵					
JZJ(B)H-600·150	ZJ(B)-600	H-150	5.5	15	600	0.1	ϕ150	ϕ80	1950
JZJ(B)H-1200·150	ZJ(B)-1200	H-150	11	15	1200	0.1	ϕ250	ϕ80	2800

注：1. 机组抽速是指在机组入口处压力 10～1000Pa 工作条件下的最大实际抽速。

2. 机组极限压力是指用麦氏真空计在机组入口封闭条件下，测得的空气分压力值、用热偶计测得的空气全压力值应比极限压力指标大(0.5～1)个数量级。

3. 机组在接还原罐时(在系统不漏情况下)其真空度将比表中指标值大(1～1.5)个数量级。

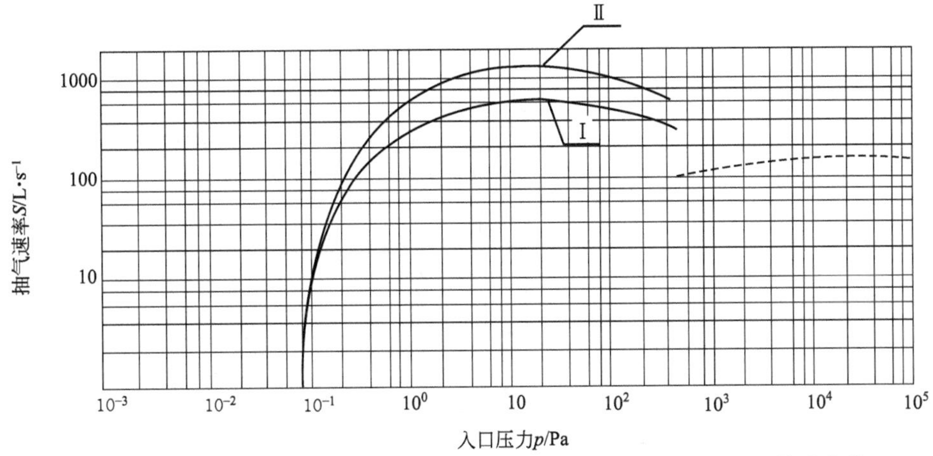

图 9-75　JZJ(B)H-1200·150 及 JZJ(B)H-600·150 罗茨泵-滑阀泵机组抽速曲线

虚线从 10^5～1.5×10^3Pa，为 H-150 滑阀泵；

实线Ⅰ从 1.5×10^3～0.1Pa，为 H-150 滑阀泵与 ZJ(B)-600 罗茨泵同时工作；

实线Ⅱ从 1.5×10^3～0.1Pa，为 H-150 滑阀泵与 ZJ(B)-1200 罗茨泵同时工作

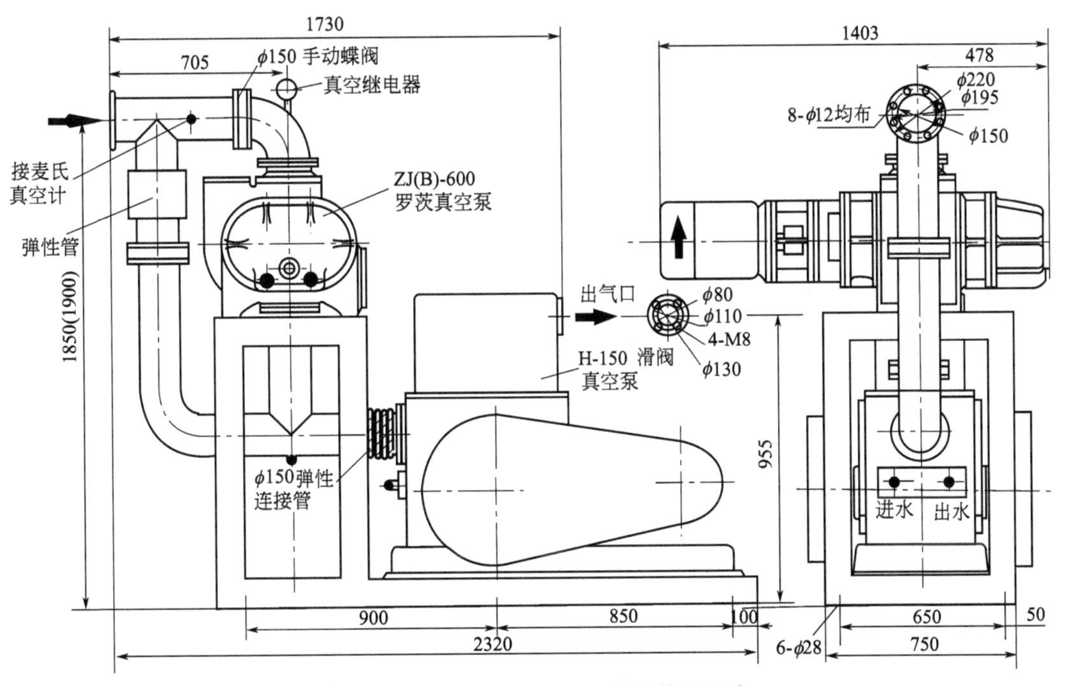

图 9-76　JZJ(B)H-600·150 机组外形尺寸

② JZJLS 型气体循环冷却罗茨泵-水环泵真空机组　是以 ZJL 型气体循环冷却罗茨真空泵为主泵或中间泵，以 2SK 型双级水环式真空泵为前级泵，通过真空继电器、水压继电器来实现各级罗茨泵和水环泵的自动关闭及自动过载安全保护的真空获得设备。它除了具有一般罗茨真空泵-水环泵机组的某些特点外，由于采用气体循环冷却罗茨真空泵作为主泵或中间泵，因而能在高压缩比，高压差下正常工作，这样就大大缩短了对系统的预抽时间，获得较低的预抽压力。

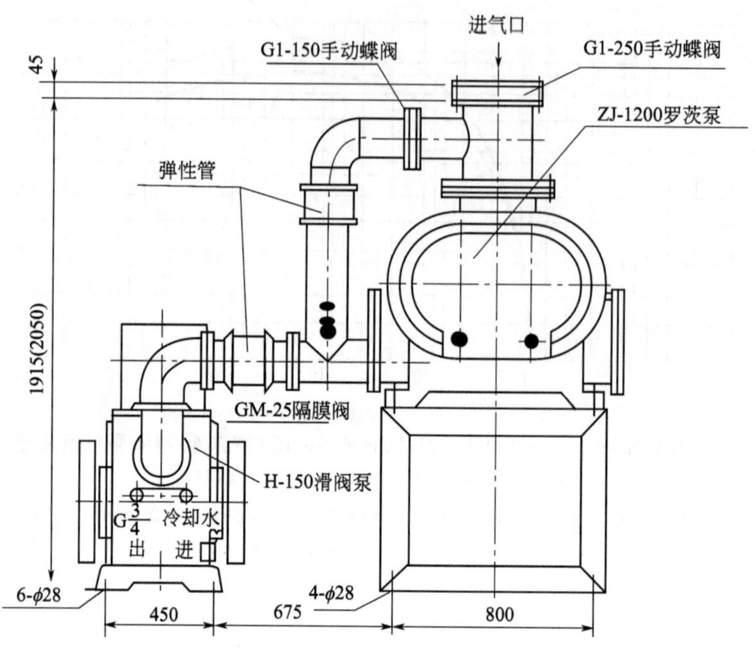

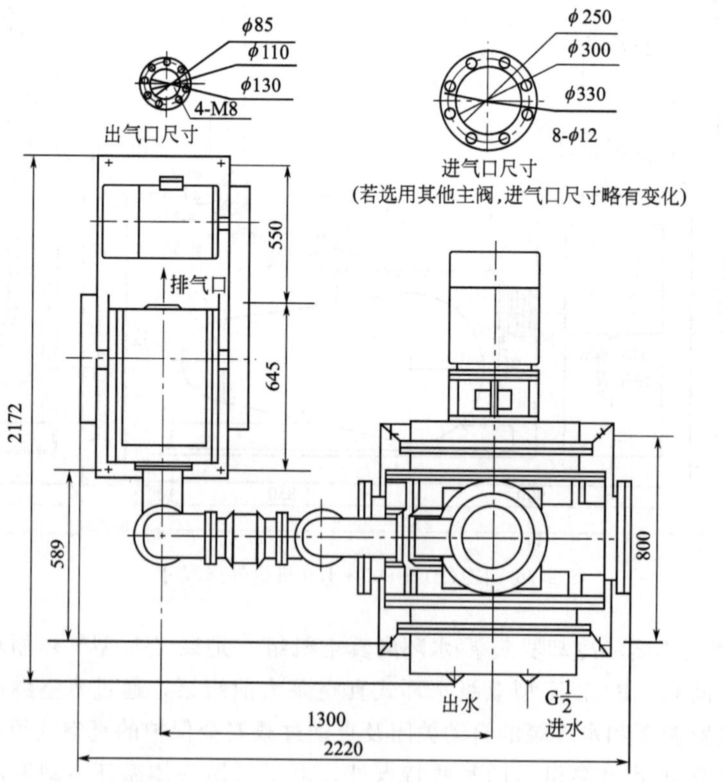

图 9-77 JZJ(B)H-1200・150 机组外形尺寸

JZJLS 型气体循环冷却罗茨真空泵-水环泵机组由于采用双级水环真空泵作为前级泵，因而本机组特别适用于抽除含有大量水蒸气和带有一定腐蚀性及可凝性气体的工艺过程中，例如电力工业三大件电力电容器、变压器、电缆的真空浸渍、真空干燥；化工产品的真空蒸馏、真空蒸发、脱水结晶；轻纺工业的涤纶切片干燥等。

表 9-34 给出了 JZJLS 型气体循环冷却罗茨泵-水环泵真空机组型号及技术参数。图 9-78 所示为该机组抽速曲线。图 9-79～图 9-81 所示为该机组外形尺寸。

表 9-34　JZJLS 型气体循环冷却罗茨泵-水环泵真空机组型号及技术参数

型号	抽气速率/L·s^{-1}	极限压力/Pa	机组组成泵型号			配用功率/kW	进气口径/mm	排气口径/mm	外形尺寸（长×宽×高）/mm×mm×mm	质量/kg
			主泵	中间泵	前级泵					
JZJLS-150·70	150	400	ZJL-150		2S-230	29.5① 18.5	ϕ100	ϕ50	1790×1670×1130	1300
JZJLS-150·70·70	150	400	ZJL-150		2S-230	29.5① 18.5	ϕ100	ϕ50		
JZJLS-300·70	300	400	ZJL-300		2S-230	48① 26	ϕ125	ϕ50	1790×1670×1130	1350
JZJLS-300·150·70	300	10	ZJ-300 或 ZJB-300	ZJL-150	2S-230	33.5① 22.5	ϕ160	ϕ50	1840×1670×1715	1800
JZJLS-600·150·70	600	10	ZJ-600 或 ZJB-600	ZJL-150	2S-230	35① 24	ϕ200	ϕ50	1840×1670×1715	1830
JZJLS-1200·300·150·70	1200	0.2	ZJ-1200	ZJB-300+ZJL-150	2S-230	44.5① 33.5	ϕ250	ϕ50	1950×2130×2450	3600
JZJLS-1200·400	1200	400	ZJL-1200		2SK-25	110	ϕ250	ϕ100	3090×2210×1725	3800

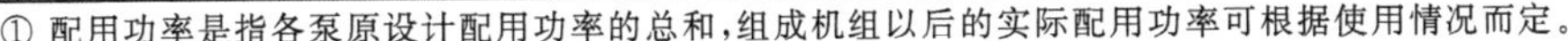

① 配用功率是指各泵原设计配用功率的总和，组成机组以后的实际配用功率可根据使用情况而定。

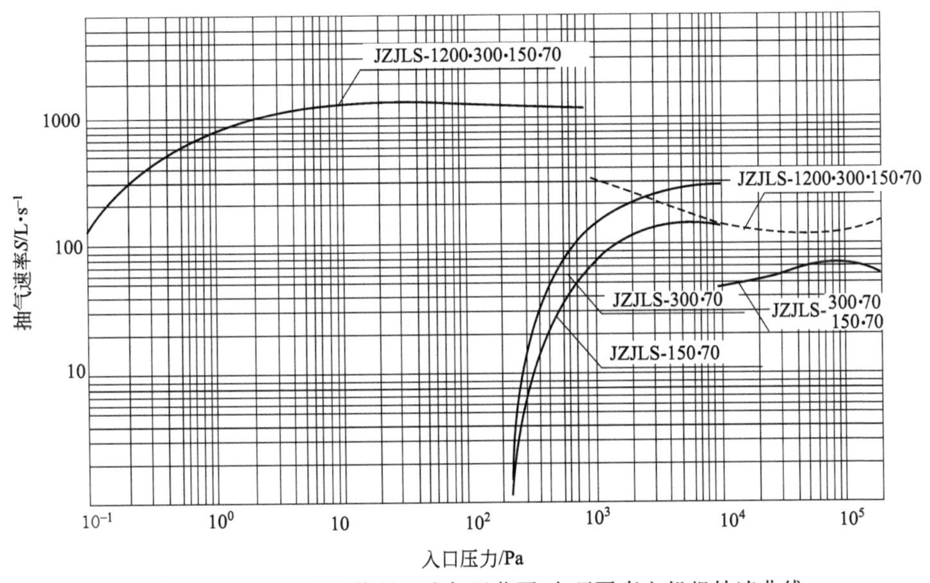

图 9-78　JZJLS 型气体循环冷却罗茨泵-水环泵真空机组抽速曲线

③ JZJS 型罗茨泵-水环泵真空机组　JZJS 型真空机组是以普通罗茨真空泵为主泵，以双级水环式真空泵为前级泵，通过压力继电器，来实现罗茨真空泵水环真空泵的自动启闭、自动过载保护的成套真空获得设备。它除了具有一般罗茨真空泵机组的一些特点外，

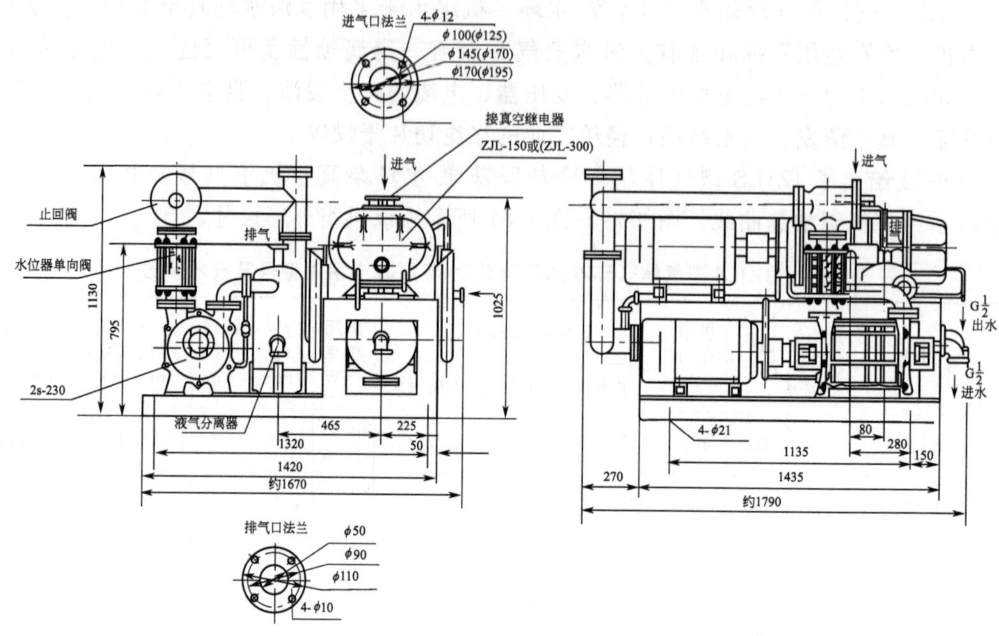

图 9-79 JZJLS-150·70 及 JZJLS-300·70 机组外形尺寸

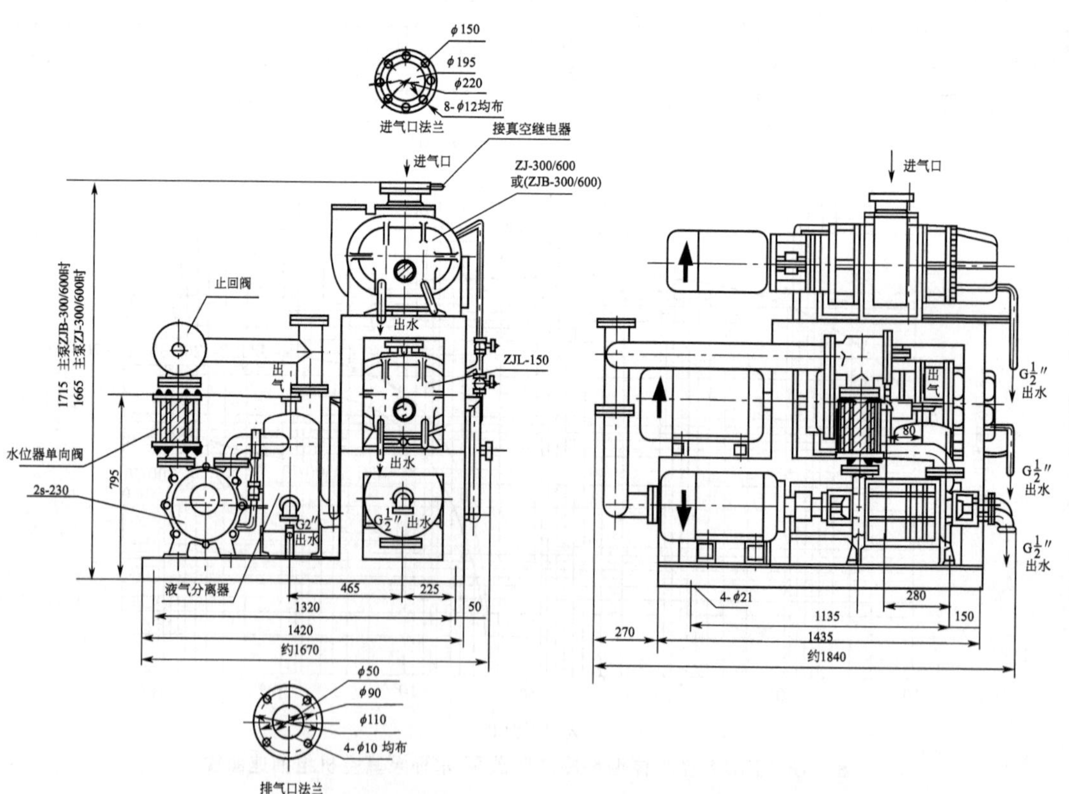

图 9-80 JZJLS-300·150·70、JZJLS-600·150·70、JZJBLS-300·150·70、JZJBLS-600·150·70 机组外形尺寸

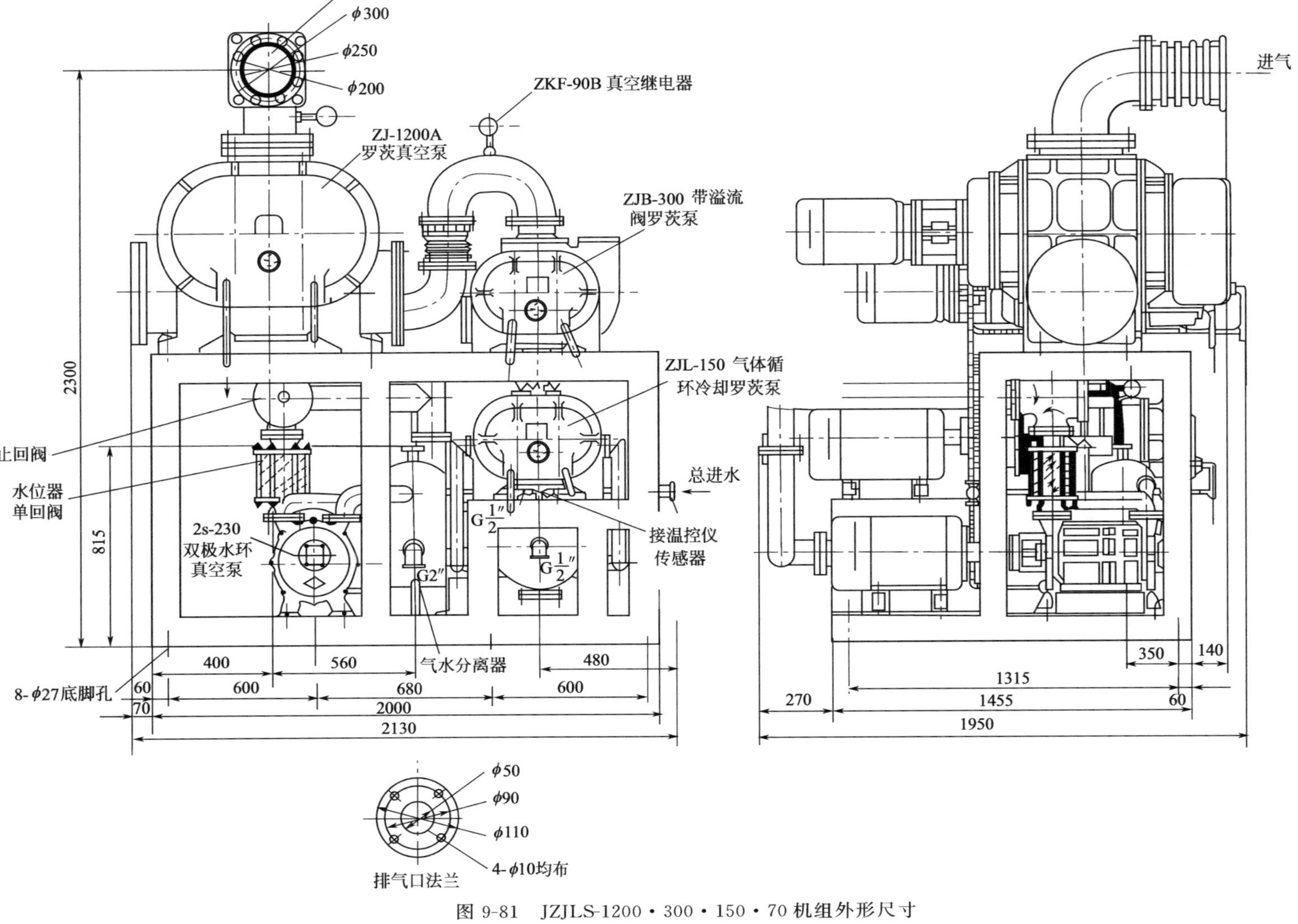

图 9-81 JZJLS-1200・300・150・70 机组外形尺寸

由于采用水环式真空泵作前级泵，因此，它特别适用于抽除含较多蒸气及有一定腐蚀性气体的工业流程中。例如，化工产品的真空蒸馏、真空蒸发、脱水结晶；轻纺工业的涤纶切片干燥；食品工业的冷冻干燥等工艺均可采用。

表 9-35 给出了 JZJS 型罗茨泵-水环泵真空机组型号及技术参数。图 9-82 所示为该机组抽速曲线。图 9-83 及图 9-84 所示为机组外形尺寸。

表 9-35 JZJS 型罗茨泵-水环泵真空机组型号及技术参数

型号	抽气速率 /L·s^{-1}	极限真空 /Pa	机组组成泵型号			配用功率 /kW	进气口径 /mm	排气口径 /mm	质量 /kg
			主泵	中间泵	前级泵				
JZJS-70·35	70	650	ZJ-70		2S-185(A)	7	80	50	450
JZJS-70·70·35	70	25	ZJ-70	ZJ-70	2S-185(A)	8.5	80	50	
JZJS-150·70·35	150	25	ZJ-150A	ZJ-70	2S-185(A)	10	100	50	1200
JZJS-150·70Z·35	150	25	ZJ-150A	ZJ-70Z	2S-185(A)	10.7	100	50	
JZJS-300·200	300	650	ZJ-300		2SK-12	34	150	50	
JZJS-300·150·70	300	25	ZJ-300	ZJ-150A	2S-230	18	150	50	
JZJS-600·150·70	600	25	ZJ-600	ZJ-150A	2S-230	19.5	150	50	
JZJS-600·300·200	600	25	ZJ-600	ZJ-300	2SK-12	39.5	150	50	

注：ZJ-70Z 采用 ZJ-150A 泵将二极电机变为四极电机改装而成。

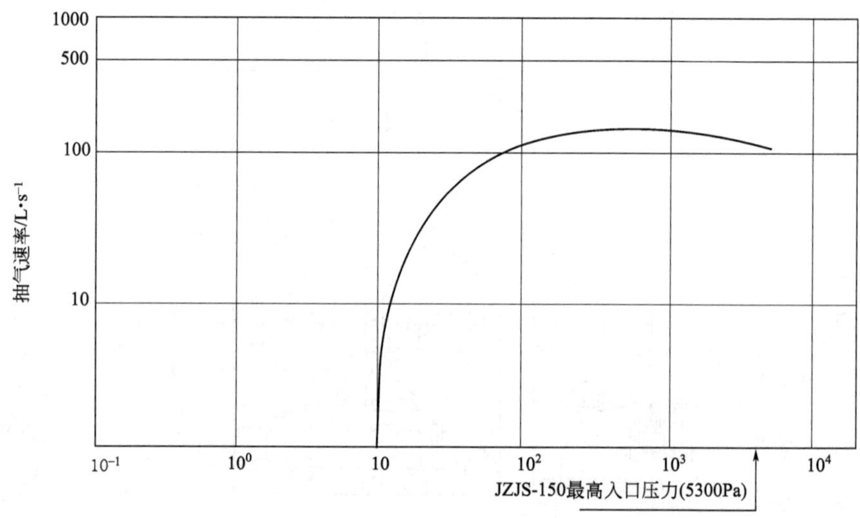

图 9-82 JZJS-150·70·35 机组抽气曲线

④ JZJX 罗茨泵-旋片泵真空机组 型号与技术参数由表 9-36 给出。

表 9-36 JZJX 罗茨泵-旋片泵真空机组型号及技术参数

项目 \ 型号	JZJ-30·4	JZJ-70·8	JZJ-150·30	JZJ-300·30	JZJ-600·70	JZJ-1200·150×2	JZJ-1200·300·70
主泵	ZJ-30 或 ZJB-30	ZJ-70 或 ZJB-70	ZJ-150A 或 ZJB-150	ZJ-300 或 ZJB-300	ZJ-600 或 ZJB-600	ZJ-1200A 或 ZJB-1200	ZJ-1200A+ZJ-300 或 ZJB-1200+ZJB-300
前级泵	2X-4C 或 2XZ-4	2X-8 或 2XZ-8 （水冷）	2X-30A	2X-30A 或 2X-70A	2X-70A	X-1502 台 （或 1 台）	2X-70A
抽气速率/L·s^{-1}	30	70	150	300	600	1200	1200
极限压力/Pa	5×10^{-2}	5×10^{-2}	5×10^{-2}	5×10^{-2}	5×10^{-2}	5×10^{-2}	5×10^{-2}

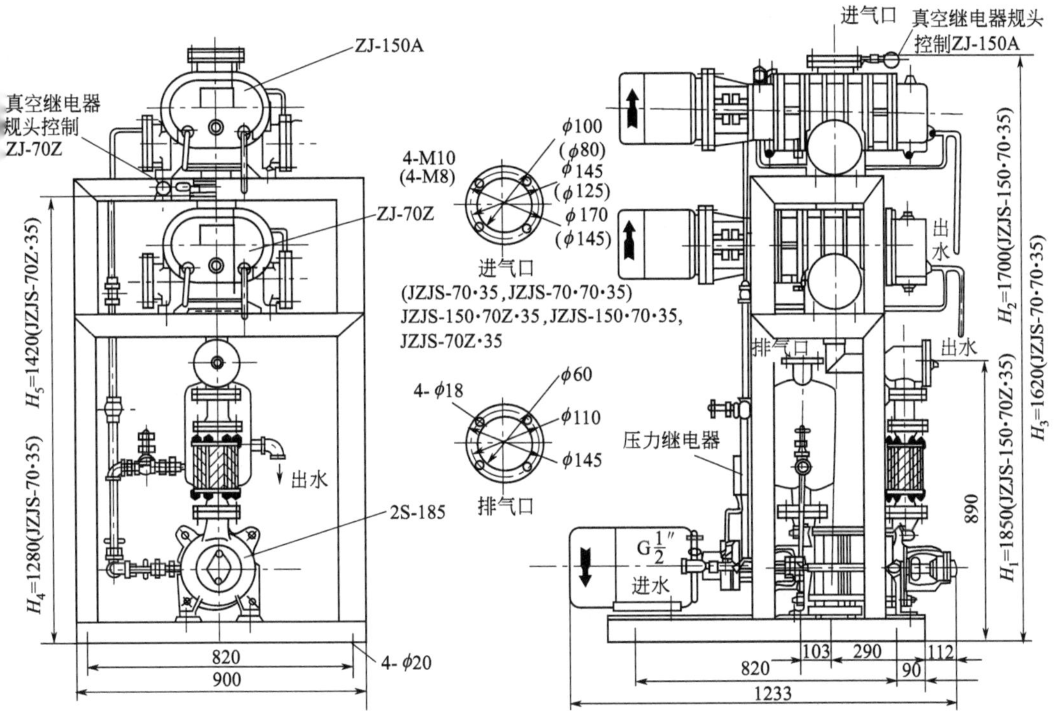

图 9-83 JZJS-150·70Z·35/150·70·35/70·70·35/70·35/70Z·35 机组外形尺寸

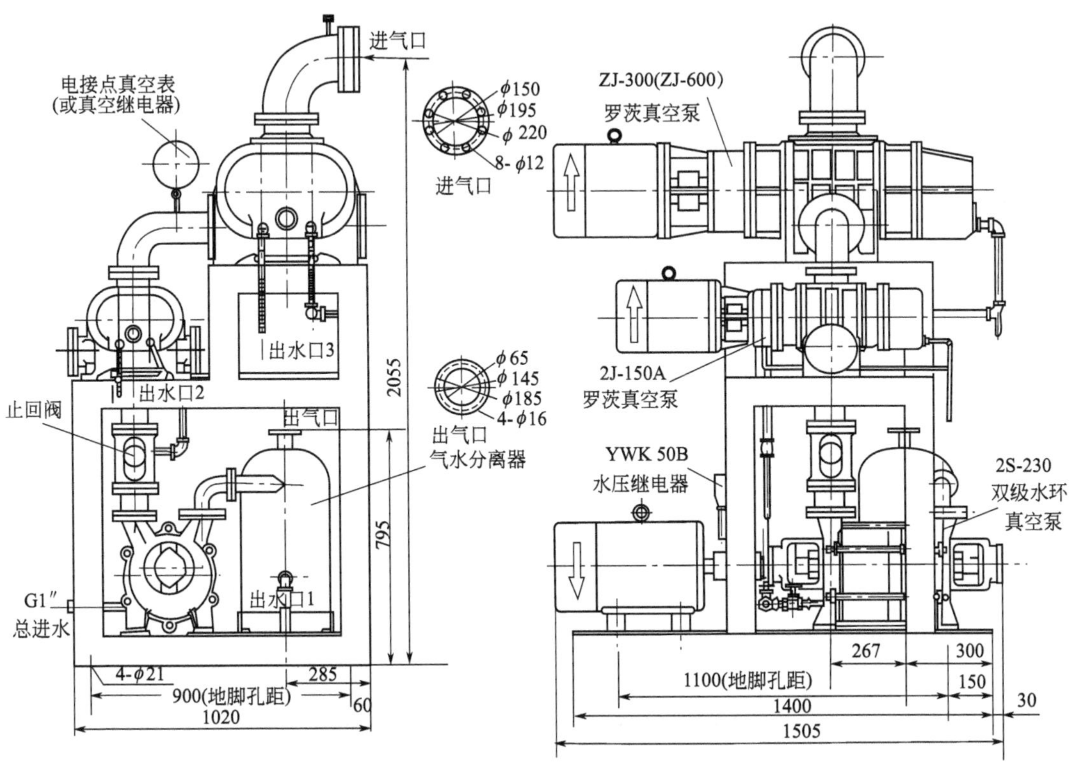

图 9-84 JZJS-300·150·70/600·150·70 机组外形尺寸

(3) JZJX 系列罗茨泵-旋片泵机组（山东淄博真空设备厂有限公司）

此系列罗茨泵-旋片泵机组通过 ISO 9001 质量体系认证，其型号及技术参数见表 9-37。

表 9-37 JZJX 罗茨泵-旋片泵机组型号及技术参数

型号	主泵	前级泵	抽速/L·s^{-1}	极限压力/Pa		总功率/kW
				X 型前级泵	2X 型前级泵	
JZJX30-8	ZJ30	2X-4	30		5×10^{-2}	1.3
JZJX30-4	ZJ30	2X-8	30		5×10^{-2}	1.85
JZJX70-8	ZJ70	2X-8	70		5×10^{-2}	2.6
JZJX70-4	ZJ70	2X-15	70		5×10^{-2}	3.7
JZJX150-8	ZJ150	2X-15	150		5×10^{-2}	5.2
JZJX150-4	ZJ150	X(2X)-30	150	1×10^{-1}	5×10^{-2}	7(6)
JZJX300-8	ZJ300	X(2X)-30	300	1×10^{-1}	5×10^{-2}	8(7)
JZJX300-4	ZJ300	X(2X)-70	300	1×10^{-1}	5×10^{-2}	11.5(9.5)
JZJX600-8	ZJ600	X(2X)-70	600	1×10^{-1}	5×10^{-2}	13(11)
JZJX600-4	ZJ600	X-150	600	1×10^{-1}		20.5
JZJX1200-8A	ZJ1200	X-150	1200	1×10^{-1}		26
JZJX1200-8B	ZJ1200	2X-70,2X-70	1200		5×10^{-2}	22
JZJX150-4.4	ZJ150	ZJ30;2X-8	150		3×10^{-2}	4.85
JZJX150-4.2	ZJ150	ZJ30;2X-15	150		3×10^{-2}	5.95
JZJX300-4.4	ZJ300	ZJ70;2X-15	300		3×10^{-2}	7.7
JZJX300-4.2	ZJ300	ZJ70;X(2X)-30	300	5×10^{-2}	3×10^{-2}	9.5(8.5)
JZJX600-4.4	ZJ600	ZJ150;X(2X)-30	600	5×10^{-2}	3×10^{-2}	12.5(11.5)
JZJX600-4.2	ZJ600	ZJ150;X(2X)-70	600	5×10^{-2}	3×10^{-2}	16(14)
JZJX1200-4.4	ZJ1200	ZJ300;X(2X)-70	1200	5×10^{-2}	3×10^{-2}	22.5(20.5)
JZJX1200-4.2	ZJ1200	ZJ300;X-150	1200	5×10^{-2}		30
JZJX2500-4.4	ZJ2500	ZJ600;X-150	2500	5×10^{-2}		39

(4) JLS 罗茨泵-水环泵机组（沈阳真空泵厂）

本机组是以罗茨泵为主泵，水环泵为前级泵串联而成的。其结构紧凑，操作方便。用于抽除含有大量水蒸气和带有一定腐蚀性的可凝性气体。适用于真空蒸馏、蒸发、脱水、干燥等工艺过程中，其型号及技术参数见表 9-38。

表 9-38 JLS 罗茨泵-水环泵机组型号及技术参数

型号	抽速/L·s^{-1}	极限压力/Pa	主泵	前级泵	进气口径/mm	排气口径/mm	质量/kg
JLS-30	30	4×10^{2}	ZJ-30	2SK-1.5	40	40	300
JLS-70	70	4×10^{2}	ZJ-70	2SK-3	40	40	330
JLS-150	150	4×10^{2}	ZJ-150	2SK-6	40	40	530
JLS-300	300	4×10^{2}	ZJ-300	2SK-6	50	50	1000
JLS-600	600	4×10^{2}	ZJ-600	2SK-12	80	80	1500
JLS-1200	1200	25	ZJ-1200	2SK-20	125	125	4300

(5) JZJX 系列罗茨泵真空机组（北京北仪创新真空技术有限责任公司）

JZJX 罗茨-旋片（滑阀、水环）机组是以罗茨泵为主泵，分别以单级或双级旋片（滑阀、水环）泵为前级的真空获得机组。它具有真空度高、抽速大、工作性能稳定、占地面积小等优点，尤其罗茨-水环机组的抽吸水蒸气能力被广泛地应用在食品、纺织、化工、医药、冶金工业及电子领域的真空蒸发、真空浓缩、真空回潮、真空浸渍、真空干燥、真空冶炼等方面。该机组型号及技术参数见表 9-39。

表 9-39 JZJX、JZJH、JZJS 罗茨泵机组技术参数

型号	主泵	前级泵		抽速/L·s^{-1}	极限压力/Pa	总功率/kW
		Ⅰ	Ⅱ			
JZJX30-4	ZJP-30		2XZ-8	30	5×10^{-2}	1.85
JZJX70-4A	ZJP-70		2X-15	70		3.3
JZJX150-4A	ZJP-150		2X-30	150		5.2
JZJX300-4	ZJP-300		2X-70	300		9.5
JZJX600-4	ZJP-600		2X-70(2 台)	600		18.5
JZJX1200-42	ZJP-1200	JZJ-300	2X-70(2 台)	1200	3×10^{-2}	26
JZJH600-4	ZJP-600		H-150	600	1×10^{-1}	22.5
JZJH1200-4	ZJP-1200		H-300	1200		32
JZJS150-41	ZJP-150	ZJP-30	2SK-1.5	150	4×10^{1}	8.75
JZJS300-41	ZJP-300	ZJP-70	2SK-3	300		12.6
JZJS600-41	ZJP-600	ZJP-150	2SK-6	600		24.7
JZJS1200-41	ZJP-1200	ZJP-300	2SK-12	1200		45
JZJS150-2	ZJP-150		2SK-3	150	4×10^{2}	11.5
JZJS300-2	ZJP-300		2SK-6	300		19
JZJS600-2	ZJP-600		2SK-12	600		37.5

(6) JZJX、JZJS 罗茨泵真空机组（南京真空泵厂）

JZJX 系列罗茨-旋片真空机组及 JZJS 系列罗茨-水环真空机组型号及技术参数见表 9-40、表 9-41。

表 9-40 JZJX 罗茨-旋片真空机组型号及技术参数

型号	配用泵型		抽速/L·s^{-1}	极限压力/Pa
	主泵	前级泵		
JZJX-30	ZJ-30 或 ZJB-30	2X-4	30	5×10^{-2}
JZJX-70	ZJ-70 或 ZJB-70	2X-8C(水冷)	70	
JZJX-150	ZJ-150 或 ZJB-150	2X-30A	150	
JZJX-300	ZJ-300 或 ZJB-300	2X-30A 或 2X-70A	300	
JZJX-600	ZJ-600 或 ZJB-600	2X-70A	600	

表 9-41 JZJS 罗茨-水环真空机组型号及技术参数

型号	配用泵型		抽速/L·s^{-1}	极限压力/Pa
	主泵	前级泵		
JZJS-30	ZJ-30 或 ZJB-30	2SK-1.5	30	800
JZJS-70	ZJ-70 或 ZJB-70	2SK-1.5	70	
JZJS-150	ZJ-150 或 ZJB-150	2SK-3	150	
JZJS-300	ZJ-300 或 ZJB-300	2SK-6	300	
JZJS-600	ZJ-600 或 ZJB-600	2SK-12	600	

(7) JZJX 罗茨真空泵机组（沈阳恒星实业有限公司）

该机组是以罗茨真空泵为主泵，以旋片泵为前级泵并配有电磁阀、管路等组成的真空获得设备。它具有结构紧凑、操作方便、抽气能力大、抽气时间短等特点。广泛应用于真空冶金、真空脱气、真空镀膜以及空间模拟、低密度风洞等装置中，以抽除非腐蚀性气体，还可用于医药、食品、电子、化工等工业的蒸馏、蒸发、干燥等生产过程。其型号及技术性能见表 9-42。

表 9-42　JZJX 罗茨真空泵机组型号及技术性能

型号	抽气速率 /L·s^{-1}	极限压力 /Pa	机组配置		进气口径 /mm	排气口径 /mm	配套功率 /kW
			主泵	前级泵			
JZJX-150	150	2.7×10^{-2}	ZJ-150	2X-15	100	80	3.7
JZJX-300	300	2.7×10^{-2}	ZJ-300	2X-70	160	100	9.5
JZJX-600	600	2.7×10^{-2}	ZJ-600	2X-70	200	160	11

(8) 罗茨泵真空机组（台州星光真空设备制造有限公司）

该公司生产的罗茨泵真空机组型号及技术参数见表 9-43、表 9-44。

表 9-43　罗茨泵-滑阀（旋片）泵真空机组型号及技术参数

型号	泵型号			抽气速率 /L·s^{-1}	极限压力 /Pa	进气口径 /mm	排气口径 /mm	电机功率/kW		
	主泵	中间泵	前级泵①					主泵	中间泵	前级泵
JZJ2X305	ZJY-150	—	2X-30	150	1.1×10^{-2}	100	40	2.2	—	3
JZJ2X404	ZJY-300	—	2X-70	300	1.1×10^{-2}	150	65	4	—	5.5
JZJH504	ZJY-600	—	HGL-150	600	5.1×10^{-2}	200	80	7.5	—	11
JZJ2X508	ZJY-600	—	2X-70	600	1.1×10^{-2}	200	65	7.5	—	5.5
JZJH608	ZJY-1200	—	HGL-150	1200	5.1×10^{-2}	250	80	11	—	11
JZJH542	ZJY-600	ZJY-150	2X-70	600	1.1×10^{-2}	200	65	7.5	2.2	5.5
JZJH541	ZJY-600	ZJY-150	HGL-150	600	1.1×10^{-2}	200	80	7.5	2.2	11
JZJH624	ZJY-1200	ZJY-600	HGL-150	1200	1.1×10^{-2}	250	80	11	7.5	11
JZJH642	ZJY-1200	ZJY-300	HGL-150	1200	1.1×10^{-2}	250	80	11	4	11
JZJH644	ZJY-1200	ZJY-300	2X-70	1200	1.1×10^{-2}	250	65	11	4	5.5

①当配用的前级泵用 HG-150 代替 HGL-450 时，前级泵配用功率为 15kW。

表 9-44　罗茨-水环（油环大气喷射泵）真空机组型号及技术参数

型号	泵型号			抽气速率 /L·s^{-1}	极限压力 /Pa	进气口径 /mm	排气口径 /mm	电机功率/kW		
	主泵	中间泵	前级泵					主泵	中间泵	前级泵
JZJS150-3	ZJY-150	—	2SK-3	150	267	100	50	2.2	—	7.5
JZJS150-1	ZJY-150	—	2SK-6A	150	267	100	50	2.2	—	11
JZJS300-3	ZJY-300	—	2SK-6A	300	267	150	50	4	—	11
JZJS150-21	ZJY-150	ZJY-70	2SK-3	150	26.7	100	50	2.2	1.1	7.5
JZJS300-21	ZJY-300	ZJY-150	2SK-6A	300	26.7	150	50	4	2.2	11
JZJS300-41	ZJY-300	ZJY-70	2SK-3	300	26.7	150	50	4	1.1	7.5

续表

型号	泵型号			抽气速率 /L·s^{-1}	极限压力 /Pa	进气口径 /mm	排气口径 /mm	电机功率/kW		
	主泵	中间泵	前级泵					主泵	中间泵	前级泵
JZJS600-41	ZJY-600	ZJY-150	2SK-6A	600	26.7	200	50	7.5	2.2	11
JZJS1200-43	ZJY-1200	ZJY-300	2SK-6A	1200	26.7	250	100	11	4	11
JZJY150-3	ZJY-150	—	2YK-3	150	66.7	100	50	2.2	—	7.5
JZJY300-3	ZJY-300	—	2YK-6	300	66.7	150	50	4	—	11
JZJY150-21	ZJY-150	ZJY-70	2YK-3	150	0.8	100	50	2.2	1.1	7.5
JZJY300-21	ZJY-300	ZJY-150	2YK-6A	300	0.8	150	50	4	2.2	11
JZJY300-41	ZJY-300	ZJY-70	2YK-3	300	0.8	150	50	4	1.1	7.5
JZJY600-41	ZJY-600	ZJY-150	2YK-6A	600	0.8	200	50	7.5	2.2	11
JZJY1200-43	ZJY-1200	ZJY-300	2YK-6A	1200	0.8	250	50	11	4	11
JZJS150-1P	ZJY-150	—	2SK-6AP	150	40.0	100	50	2.2	—	11
JZJS150-3P	ZJY-150	—	2SK-3P	150	40.0	100	50	2.2	—	7.5
JZJS300-3P	ZJY-300	—	2SK-6AP	300	40.0	150	50	4	—	11
JZJS150-21P	ZJY-150	ZJY-70	2SK-3P	150	2.0	100	50	2.2	1.1	7.5
JZJS300-21P	ZJY-300	ZJY-150	2SK-6AP	300	2.0	150	50	4	2.2	11
JZJS300-41P	ZJY-300	ZJY-70	2SK-3P	300	2.0	150	50	4	11	7.5
JZJS600-41P	ZJY-600	ZJY-150	2SK-6AP	600	2.0	200	50	7.5	2.2	11
JZJS1200-41P	ZJY-1200	ZJY-300	2SK-12P	1200	2.0	250	100	11	4	22
JZJS600-21P	ZJY-600	ZJY-300	2SK-12P	600	2.0	200	100	7.5	4	22

(9) JZJ 罗茨泵-干式泵真空机组（北京朗禾科技有限公司）

此罗茨泵机组是由罗茨泵、干式真空泵、管路、控制电源等组装而成的少油真空获得设备。性能可靠、操作简单，可广泛应用于化工、制药、航天等真空技术领域。其型号及技术参数见表 9-45。

表 9-45 JZJ 罗茨泵-干式泵真空机组型号及技术参数

项目＼型号		JZJ-30	JZJ-70	JZJ-150
抽速/L·s^{-1}		30	70	150
极限压力/Pa		5×10^{-2}	5×10^{-2}	5×10^{-2}
配用泵	主泵	ZJ-30	ZJ-70	ZJ-150A
	干式泵	PH-8	PH-15	PH-30

9.17 扩散泵真空机组

9.17.1 概述

扩散泵真空机组是真空工程中广泛使用的一种抽气设备，其工作压力范围 10^{-1}～10^{-4}Pa，抽速从 10^2～2×10^4L/s。它采用油做工作介质，对于怕油污染的真空环境，其使用受到了一定限制。如果采用五氯酚苯基乙醚或五氯酚苯基硅氧烷为工作液，返油就会得到很大改善。也可以采用水冷挡板，再装一个简单的液氮阱，可使返油率小于 5×10^{-6} mg/(cm^2 · min)。扩散泵机组对各种气体抽气无选择性，操作简单，便于维护。因而广泛地应用于光学工业、电子工业、真空冶金、航天及原子能工业中。

9.17.2 国产扩散泵真空机组外形尺寸与基本参数

① 上海曙光机械厂生产的 JK 系列扩散泵机组外形见图 9-85；型号及技术参数见表 9-46。

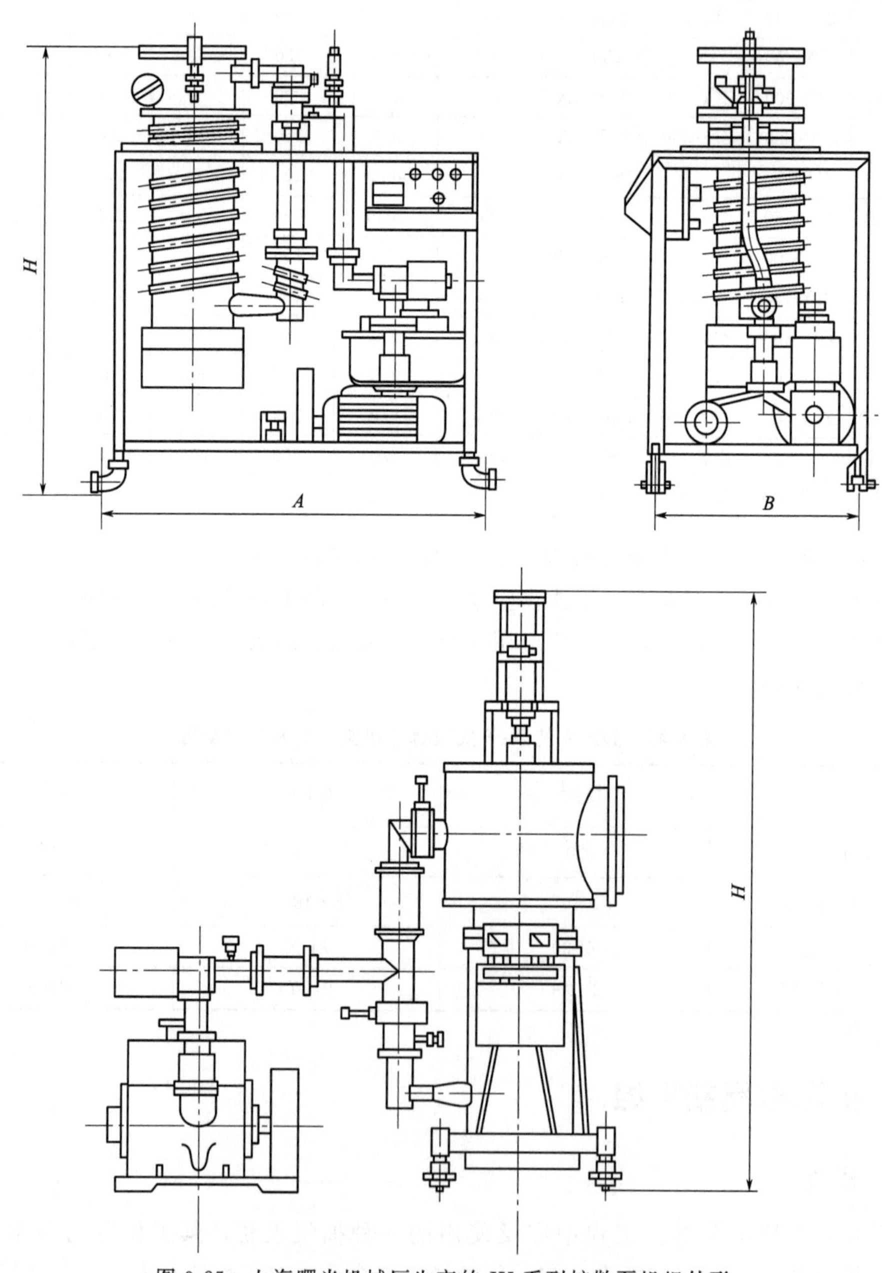

图 9-85 上海曙光机械厂生产的 JK 系列扩散泵机组外形

表 9-46　上海曙光机械厂生产的 JK 系列扩散泵机组型号及技术参数

项目＼型号	JK-50	JK-100	JK-150	JK-200	JK-300	JK-400	JK-600	JK-800	JK-1200
极限压力/Pa	1.3×10^{-4}	1.3×10^{-4}	1.3×10^{-4}	1.3×10^{-4}	1.3×10^{-4}	1.3×10^{-4}	1.3×10^{-4}	1.3×10^{-4}	1.3×10^{-4}
抽气速率/$L\cdot s^{-1}$	20～25	100	220	280	900	1800	3700	6500	17000
临界前级压力/Pa	27	40	40	40	40	40	40	40	40
加热功率/kW	0.4	0.8	1	1.5	2.5	4.8	6	9	21
配用主扩散泵扩散喷射	K-50	K-100	K-150	K-200	K-300	K-400	K-600	K-800	K-1200
配用挡板	S-50	S-100	S-150	S-200	S-300	S-400	S-600	−80℃低温流程	−80℃低温流程
配用阀门	GD-50 手动	GD-100 手动	GD-150 手动	GD-200 手动	GD-300 手动	GDQ-400 气动	GDQ-600 气动	GDQ-800 气动	GDQ-1300 气动
前级机械泵	2X-1	2X-4	2X-4	2X-8	2X-15	2X-30	2X-70	2X-30 和 Z-150	2X-70 和 Z-300
进气口直径/mm	ϕ50	ϕ100	ϕ150	ϕ200	ϕ300	ϕ400	ϕ600	ϕ800	ϕ1300
装入油量/L	0.05	0.15	0.3～0.5	0.5～0.8	1.2～1.5	2.5～3	6～7	10～12	16～20
净重/kg	12	50	70	85	100	350	1000	2100	5000
外形参考尺寸 A/mm	—	—	850	1000	1200	1340	—	—	—
外形参考尺寸 B/mm	—	—	473	825	800	—	—	—	—
外形参考尺寸 H/mm	—	—	900	1200	1600	2405	—	—	—

注：工作液为大连石油七厂 3 号扩散泵油，其蒸气压（室温 20℃）为 10^{-6}Pa，各机组加油量同 K 型诸泵，当使用硅油 274、275 时加热功率需增大 15%～20%。各机组外形尺寸作为参考尺寸。

② 兰州真空设备厂生产的 JK 系列扩散泵真空机组有两种类型：主泵是直腔式油扩散泵及主泵为凸腔式油扩散泵。其机组外形见图 9-86；型号及技术参数见表 9-47。

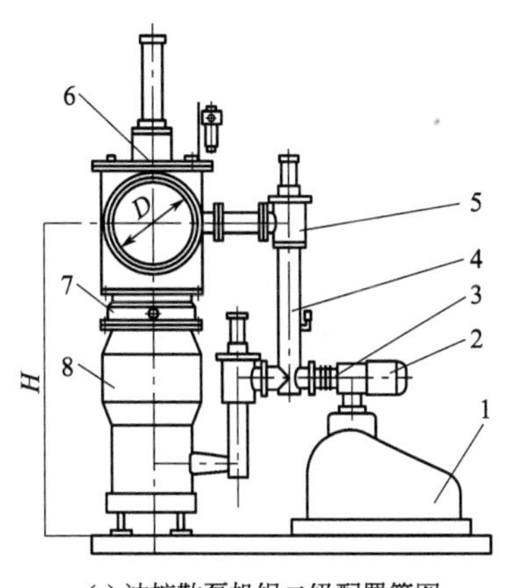

(a) 油扩散泵机组二级配置简图

1—前级泵；2—电磁充气阀；3—波纹管；4—管道；5—低真空阀门；6—高真空阀门；7—水冷挡板；8—高真空油扩散泵

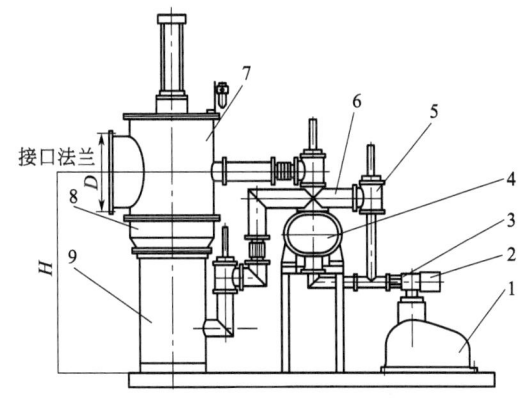

(b) 油扩散泵机组三级配置简图

1—前级泵；2—电磁充气阀；3—波纹管；4—罗茨泵；5—低真空阀门；6—管道；7—高真空阀门；8—水冷挡板；9—高真空油扩散泵

图 9-86　兰州真空设备厂生产的 JK 系列扩散泵真空机组

表 9-47　兰州真空设备厂生产的 JK 系列扩散泵真空机组型号及技术参数

项目＼型号	JK-200T	JK-300T	JK-320TD	JK-400T	JK-500TD	JK-600T	JK-800	JK-800TD	JK-1000TD	JK-1200
极限压力/Pa	2.7×10^{-4}									
抽气速率/$L\cdot s^{-1}$	600	1400	1500	2600	3800	5600	7560	8600	13000	16000
主泵加热功率/kW	1.8	3	4	4.5	6.9	8.4	8.4	15	24	24
主泵型号	K-200T	K-300T	K-320TD	K-400T	K-500TD	K-600T	K-800	K-800TD	K-1000TD	K-1200
配用的挡板	SB-200	SB-300	内藏式	SB-400	内藏式	SB-600	SB-800	内藏式	内藏式	SB-1200
配用的高真空阀（气、电动阀）	GF-200	GF-300								
	GDD-J200	GDD-J300	GDD-J320	GDD-J400	GDD-J500	GDD-J600				
	GDQ-J200	GDQ-J300	GDQ-J320	GDQ-J400	GDQ-J500	GDQ-J600	GDQ-J800	GDQ-J800	GDQ-J1000	GDQ-J1200
配用的前级泵	2X-15	2X-30	2X-30	2X-70	2X-70	2X-70	2X-70 2台	H-150 2台	H-150 2台	H-150 2台
进气口直径 D/mm	200	300	320	400	500	600	800	800	1000	1200
螺栓中心圆 D_1/mm	250	350	395	465	580	670	880	880	1090	1310
N-$\phi1$	8-ϕ12	8-ϕ14	12-ϕ14	8-ϕ18	16-ϕ14	12-ϕ21	20-ϕ21	20-ϕ21	24-ϕ23	28-ϕ25
中心高尺寸/mm	～940	～1160	～1340	～1500	～1700	～2030	～2280	～2414	～2915	～3582

注：1. 机组所需二级配置未设置罗茨泵；机组所需三级配置设有罗茨泵；
2. 根据客户要求可设计制造各种不同压力和不同配置的高真空机组；
3. GF 为高真空翻板阀；
4. GDD-J 为高真空电动挡板阀；
5. GDQ-J 为高真空气动挡板阀；
6. KTD 系列有内藏阱，不需再配置挡板及冷阱；
7. D_1 为阀门进气口连接尺寸；N-$\phi1$ 为螺栓数目与孔径。

③ 北京北仪创新真空技术有限责任公司生产的 JK 系列扩散泵真空机组型号及技术参数见表 9-48，由低真空泵、高真空油扩散泵、高真空阀、低真空阀、充气阀、挡油器等通过机架及管道组合在一起对容器进行抽气获得高真空的设备。具有结构紧凑，操作灵活可靠，使用方便等特点，已广泛应用在科研、教学及生产中，是真空应用设备理想的配套产品。不适用于排除对金属有腐蚀作用或对油产生化学反应的气体。

表 9-48　北京北仪创新真空技术有限责任公司生产的 JK 系列扩散泵真空机组型号及技术参数

项目＼型号	JK-100A	JK-150A	JK-200A	JK-300	JKT-200 凸腔式	JK-400A	JK-500A	JK-630
极限压力/Pa	$\leqslant1.3\times10^{-4}$				$\leqslant1\times10^{-4}$	$\leqslant1.3\times10^{-4}$		$\leqslant2\times10^{-4}$
抽气速率/$L\cdot s^{-1}$	≥110	≥260	≥500	≥750	≥700	≥2000	≥2800	≥5600
加热功率/kW	0.7	1	1.8	3	2	5.5	7.5	9.6
通径/mm	ϕ100	ϕ150	ϕ225	ϕ350	ϕ210	ϕ400	ϕ501	ϕ651
螺孔中心圆直径/mm	ϕ145	ϕ195	ϕ275	ϕ385	卡钳螺钉	卡钳螺钉		
孔数×螺孔尺寸/mm	4×ϕ9	4×M10	8×M10	8×M10				
推荐前级机械泵	2XQ-2	2X-4	2XZ-8	2X-15	2XZ-8	2X-30	2X-70	2X-70
前级维持	储气桶					2XQ-2	2X-4	2X-15
高真空油扩散泵	K-100	K-150	K-200	K-300	KT-200	K-400	K-500	K-630

续表

项目＼型号	JK-100A	JK-150A	JK-200A	JK-300	JKT-200 凸腔式	JK-400A	JK-500A	JK-630
高真空挡板阀	GI-100 蝶阀	GI-150 蝶阀	GD-200	GD-300	GI-200C 蝶阀	GFQ-J400 角阀	GFQ-J500 角阀	GFQ-J630 角阀
低真空三通阀	DS-20A	DS-30A	DS-30A	DS-50	DS-30A	GFQ-J80 角阀	GFQ-J100 角阀	GFQ-J150 角阀
前级泵磁力阀	DQG-30	DQG-30	DQG-30	DQG-50	DQG-30			
真空室充气阀	QF-5	QF-5	QF-5	CQF-12	QF-5	GQQ-J25	GQQ-J25	GQQ-J40
挡油器	DY-100B	DY-150	M-200 挡油帽	DY-300	DY-200B	DY-400A	DY-500A	DY-630
质量/kg	100	130	150	300	140	600	1000	1200
外形尺寸 /mm×mm×mm	700×500 ×721	850×500 ×931	1000×660 ×810	1200×800 ×1055	1100×660 ×1060	750×580 ×1875	1186×700 ×2255	1580×750 ×2770

④ 沈阳真空设备厂生产的高真空扩散泵真空机组是以高真空扩散泵为主泵，以旋片式真空泵为前级泵串联而成的。它可以使被抽容器获得 7×10^{-4}Pa（JKT 可达 7×10^{-5}Pa）高真空，因而广泛应用于电子工业、冶金工业、化学工业、原子能工业以及宇航等科研技术领域。机组可为真空烧结炉，各种真空镀膜机以及其他应用设备抽高真空之用。其型号及技术参数见表 9-49。

表 9-49　沈阳真空设备厂生产的 JK 及 JKT 扩散泵真空机组型号及技术参数

项目＼型号	JK-80	JK-100	JK-150	JK-200	JKT-200	JK-300	JKT-300	JK-400	JKT-400	JK-600	JKT-600
极限压力/Pa	7×10^{-4}	7×10^{-4}	7×10^{-4}	7×10^{-4}	7×10^{-5}	7×10^{-4}	7×10^{-5}	7×10^{-4}	7×100^{-5}	7×10^{-4}	7×100^{-5}
抽气速率/L·s^{-1}	60	110	260	500	600	1000	1400	2000	2500	4500	5600
主泵型号	K-80	K-100	K-150	K-200	KT-200	K-300	KT-300	K-400	KT-400	K-600	KT-600
前级泵型号	2X-2	2X-4	2X-4	2X-8	2X-15	2X-15	2X-30	2X-30	2X-70	2X-70	2X-70（2 台）
进气口径/mm	80	100	150	200	200	300	300	400	400	600	600

⑤ 沈阳恒星实业有限公司生产的 JZ 系列油扩散喷射泵真空机组又称油增压泵机组。它由油扩散喷射泵、旋片泵、高真空气动挡板阀及管路等组成。该机组抽气能力大、粗抽时间短、维护简单、操作方便，是真空应用设备的理想配套设备。该机组不适于排除对金属有腐蚀作用及对泵油产生化学反应的气体。表 9-50 为该机组型号及技术参数性能。

表 9-50　沈阳恒星实业有限公司生产的 JZ 系列油扩散喷射泵真空机组型号及技术参数

项目＼型号	JZ-320	JZ-400	JZ-630	JZ-800
极限真空/Pa	6.7×10^{-2}			
抽气速率/L·s^{-1}	1500	2000	3000	6500
主泵型号	Z-320	Z-400	Z-630	Z-800
配用主阀	GDQ-J320	GDQ-J400	GDQ-J630	GDQ-J800
地面至挡板阀中心高/mm	1957	2138	2957	3520

⑥ JKT 系列油扩散泵真空机组是由主泵、前级泵、真空阀门、油捕集器、连接管路、机架及辅助设备（电控、液控）等部分组成，是用以获得 10^{-4}～10^{-2}Pa 真空的主要设备，广泛应用于电子、化学、冶金等工业领域。表 9-51 为此机组型号及技术参数。

表 9-51　JKT 系列油扩散泵真空机组型号及技术参数

项目 \ 型号	JKT-200	JKT-300	JKT-400	JKT-600	JKT-630	JKT-800	JKT-1000
抽气速率/$L \cdot s^{-1}$	580	1150	2300	4600	5000	9000	14000
极限真空/Pa	5×10^{-4}						
抽至 1.3×10^{-2}Pa 时间/min	15						
主泵型号	KT-200	KT-300	KT-400	KT-600	KT-630	KT-800	KT-1000
推荐前级泵	2X-15	2X-15	2X-30	2X-70 两台 2X-4	2X-70 2X-4	2X-70 ZJ-300	2X-70 两台 ZJ-1200
配用主阀	GDQ-J200	GDQ-J300	GDQ-J400	GDQ-J600	GDQ-J630	GDQ-J800	GDQ-J1000
地面至挡板阀中心高/mm	995	1206	1500	2150	1680	2296	2930

⑦ 沈阳兰菱真空设备公司生产的 JK 系列扩散泵真空机组是以高真空油扩散泵为主泵，配有一整套真空元器件所组成的高真空抽气设备，它可使被抽容器获得 10^{-2}～10^{-4}Pa 的高真空。因而被广泛应用于电子工业、化学工业、冶金工业、原子能工业及宇宙探测等技术领域，如单晶炉、真空扩散炉、真空烧结炉、各类真空镀膜机、真空电子束焊机、各类真空电炉、电子显微镜、各种电子射线、加速器、宇宙空间模拟容器所需之高真空环境均可用 JK 系列扩散泵真空机组来实现。

沈阳兰菱真空设备公司生产的 JK 系列扩散泵真空机组型号及技术参数见表 9-52。

表 9-52　沈阳兰菱真空设备公司生产的 JK 及 JKT 系列扩散泵真空机组型号及技术参数

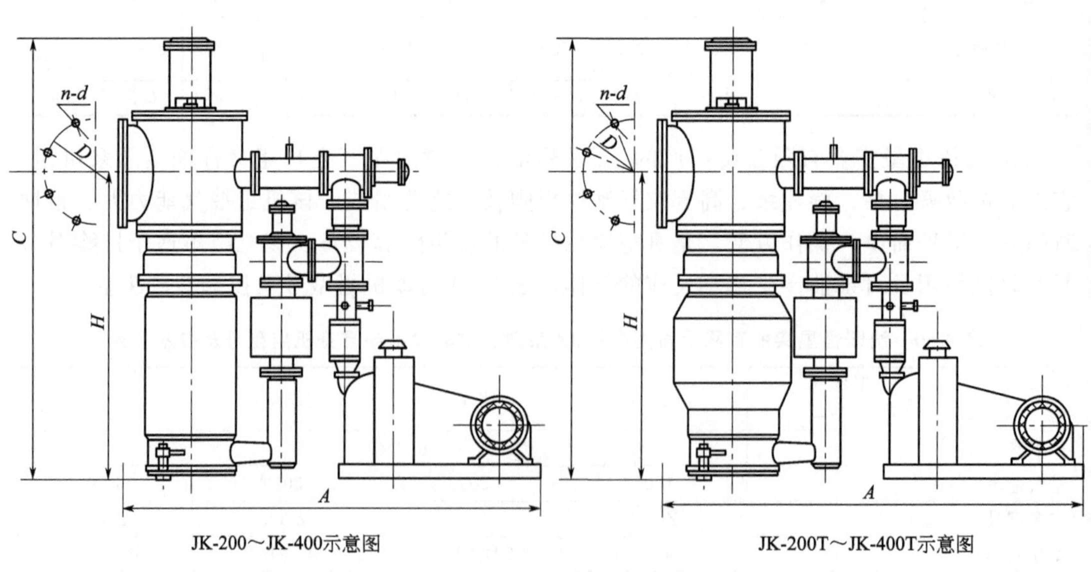

JK-200～JK-400示意图　　JK-200T～JK-400T示意图

续表

项目 \ 型号	JK-200	JK-200T	JK-300	JK-300T	JK-400
极限压力/Pa	6.6×10^{-5}				
抽气速率/L·s^{-1}	500	600	1000	1200	2000
主泵加热功率/kW	1.2	1.8	2.4	3	4.5
主泵型号	K-200	K-200T	K-300	K-300T	K-400
前级泵	2X-15	2X-15	2X-30	2X-30	2X-70
维持泵	储气罐	储气罐	储气罐	储气罐	储气罐
高真空主阀	GFQ-J200	GFQ-J200	GFQ-J300	GFQ-J300	GFQ-J400
高真空管路阀	GFQ-J65 2只	GFQ-J65 2只	GFQ-J80 2只	GFQ-J80 2只	GFQ-J100 2只
电磁压差阀	DDCY-50Q	DDCY-50Q	DDCY-65Q	DDCY-65Q	DDCY-80Q
主泵水冷挡板	SDB-200	SDB-200	SDB-300	SDB-300	SDB-400
H/mm	809	852	1060	1110	1375
D/mm	250	250	350	350	465
d	$\phi12$	$\phi12$	$\phi14$	$\phi14$	$\phi18$
n	8	8	8	8	8
A/mm	1265	1265	1540	1540	1885
B/mm	400	400	505	505	772
C/mm	1159	1202	1640	1690	1968

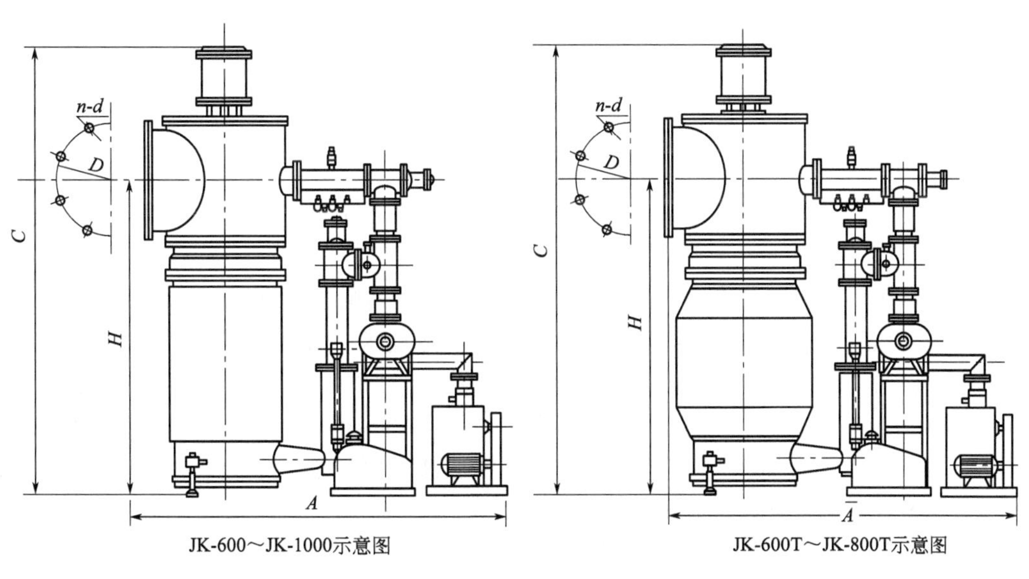

JK-600～JK-1000示意图　　　　JK-600T～JK-800T示意图

续表

项目＼型号	JK-400T	JK-600	JK-600T	JK-800	JK-800T	JK-1000
极限压力/Pa	6.6×10^{-5}					
抽气速率/$L\cdot s^{-1}$	2400	4600	9400	8500	9400	13200
主泵加热功率/kW	4.5	7	7	13	13	16
主泵型号	K-400T	K-600	K-600T	K-800	K-800T	K-1000
前级泵	2X-70	2X-70 或 ZJZ-150	ZJZ-300	2X-70	ZJZ-300	ZJZ-600
维持泵	储气罐	2X-8	2X-8	2X-15	2X-15	2X-30
高真空主阀	GFQ-J400	GFQ-J600	GFQ-J600	GFQ-J800	GFQ-J800	GFQ-J1000
高真空管路阀	GFQ-J100 2 只	GFQ-J150 2 只	GFQ-J150 2 只	GFQ-J150 2 只	GFQ-J150 2 只	GFQ-J200 2 只
电磁压差阀	DDCY-80Q	DDCY-80Q DDCY-50Q	DDCY-80Q DDCY-50Q	DDCY-80Q DDCY-50Q	DDCY-80Q 2 只 DDCY-50Q	DDCY-80Q 2 只 DDCY-65Q
主泵水冷挡板	SDB-400	SDB-600	SDB-600	SDB-800	SDB-800	SDB-1000
H/mm	1425	2010	2025	2400	2500	2860
D/mm	465	670	670	880	880	1090
d	ϕ18	ϕ21	ϕ21	ϕ14	ϕ14	ϕ23
n	12	12	20	20	24	
A/mm	1885	2700	2700	2865	2865	3460
B/mm	772	1090	1090	1365	2165	2350
C/mm	2018	2160	2185	3400	3500	4115

⑧ 沈阳真龙真空设备有限公司生产的 JKT、JK 系列油扩散真空泵机组是用来获得高真空的主要设备。它以油扩散泵为主泵与阀门、水冷挡板、管道、机械真空泵（前级泵）等组成高真空抽气系统，可获得 $10^{-2}\sim10^{-4}$Pa 的工作真空度。该机组的特点是抽气能力大，抽速在 105～20000L/s 范围内可供选择，并可长时间稳定连续工作。它被广泛地应用于电子、化工、冶金、航空、航天、材料、生物医药、原子能、空间模拟等高科技领域。表 9-53 为沈阳真龙真空设备有限公司生产的 JKT 及 JK 系列扩散泵真空机组技术参数，表 9-54 为机组配置，表 9-55 为机组外形尺寸。

表 9-53　沈阳真龙真空设备有限公司生产的 JKT 及 JK 系列扩散泵真空机组技术参数

项目＼型号	JKT-100 (JK-100)	JKT-150 (JK-150)	JKT-200 (JK-200)	JKT-300 (JK-300)	JKT-320 (JK-320)	JKT-400 (JK-400)	JKT-500 (JK-500)	JKT-600 (JK-600)	JKT-630 (JK-630)	JKT-800 (JK-800)	JKT-1000 (JK-1000)	JKT-1200 (JK-1200)
极限压力/Pa	$(2.6\sim3.5)\times10^{-4}$											
抽气速率/$L\cdot s^{-1}$	150 (105)	420 (280)	800 (530)	1700 (1100)	1800 (1200)	2800 (2100)	4600 (3300)	6500 (4600)	7000 (4900)	12000 (6600)	14500 (14000)	20000 (17500)
临界前级压力/Pa	40											
主泵加热电压/V	220					380						
主泵加热功率/kW	0.8～1	1.2～1.5	1.6～1.8	2.4～3	3.5～3.8	4.5	7	9	10	13～13.5	17～20	28～30
主泵泵油型号	KS-3											
主泵装油量/L	0.15	0.4	0.55	1.2～1.3	1.4～1.8	3～4	4	6～7	7～8	12～14	15～16	22
主泵冷却水量/$L\cdot h^{-1}$	180	200	300	400	420	500	600	800	850	1200	1500	2600
进气口径 DN/mm	100	150	200	300	320	400	500	600	630	800	1000	1200
推荐前级泵抽速/$L\cdot s^{-1}$	4	8	15 (8)	30 (15)	30 (15)	70 (30)	150 (70)	150 (70)	150 (150)	300 (240)	600 (350)	600 (350)
外形尺寸/mm L	700	970	1250	1600	1650	2400	2700	3600	3700	4100	4500	5000
外形尺寸/mm B	500	570	690	800	900	1300	1600	2000	2100	2200	2300	2500
外形尺寸/mm H	850 (1030)	1080 (1230)	1240 (1390)	1556 (1728)	1680 (1850)	1965 (2135)	2425 (2595)	2770 (2950)	2890 (3070)	3490 (3670)	4110 (4310)	4970 (5170)
净重/kg	106 (104)	173 168	353 (200)	610 490	840 (520)	1500 (780)	1900 (1300)	3100 (1800)	3200 (2500)	3700 (2800)	4500 (3800)	5300 (4400)

表 9-54 沈阳真龙真空设备有限公司生产的 JKT 及 JK 系列扩散泵真空机组配置

型号	主泵	水冷挡板	主阀	前级泵				管道阀		
				罗茨泵	滑阀泵	旋片泵	维持泵	挡板阀	电磁压差阀	充气阀
JKT-100 (JK-100)	KT-100 (K-100)	SDB-100	GDQ-S100			2X-4		GDQ-J32/2	DDCY-25Q	GQC-1.5
JKT-150 (JK-150)	KT-150 (K-150)	SDB-150	GDQ-S150			2X-8		GDQ-J50/2	DDCY-40Q	GQC-1.5
JKT-200 (JK-200)	KT-200 (K-200)	SDB-200	GDQ-S200			2X-8 (2X-15)		GDQ-J55/2	DDCY-40Q (DDCY-50Q)	GQC-1.5
JKT-300 (JK-300)	KT-300 (K-300)	SDB-300	GDQ-S300			2X-15 (2X-30)		GDQ-J80/2	DDCY-50Q (DDCY-65Q)	GQC-5
JKT-320 (JK-320)	KT-320 (K-320)	SDB-320	GDQ-S320			2X-15 (2X-30)		GDQ-J80/2	DDCY-50Q (DDCY-65Q)	GQC-5
JKT-400 (JK-400)	KT-400 (K-400)	SDB-400	GDQ-S400	(ZJP-300)		2X-30 (2X-70) (2X-70)		GDQ-J100/2	DDCY-65Q (DDCY-80Q) (DDCY-80Q)	GQC-5
JKT-500 (JK-500)	KT-500 (K-500)	SDB-500	GDQ-S500	(ZJP-600)		2X-70 (2X-70/2) (2X-70)		GDQ-J100/2	DDCY-80Q (DDCY-80Q/2) (DDCY-80Q)	GQC-5
JKT-600 (JK-600)	KT-600 (K-600)	SDB-600	GDQ-S600	(ZJP-1200)	(H-150)	2X-70 (2X-70/2)	2X-8	GDQ-J150/2	DDCY-80Q (DDCY-80Q/2) (DDCY-40Q)	GQC-5
JKT-630 (JK-630)	KT-630 (K-630)	SDB-630	GDQ-S630	(ZJP-600) (ZJP-1200)	(H-150)	2X-70/2 (2X-70)	2X-8	GDQ-J160/2	DDCY-80Q/2 (DDCY-80Q) (DDCY-40Q)	GQC-5
JKT-800 (JK-800)	KT-800 (K-800)	SDB-800	GDQ-S800	ZJP-300 (ZJP-1200)	(H-150)	2X-70	2X-8	GDQ-J200/2	DDCY-80Q (DDCY-40Q)	GQC-5
JKT-1000 (JK-1000)	KT-1000 (K-1000)	SDB-1000	GDQ-S1000	ZJP-600 (ZJP-1200)	(H-150)	2X-70	2X-8	GDQ-J300/2	DDCY-80Q (DDCY-40Q)	GQC-5
JKT-1200 (JK-1200)	KT-1200 (K-1200)	SDB-1200	GDQ-S1200	ZJP-300 (ZJP-600) (ZJP-1200)	(H-150)	2X-70 (2X-70)	2X-8	GDQ-J300/2	DDCY-80Q (DDCY-80Q) (DDCY-40Q)	GQC-5

表 9-55 沈阳真龙真空设备有限公司生产的 JKT 及 JK 系列扩散泵真空机组外形尺寸

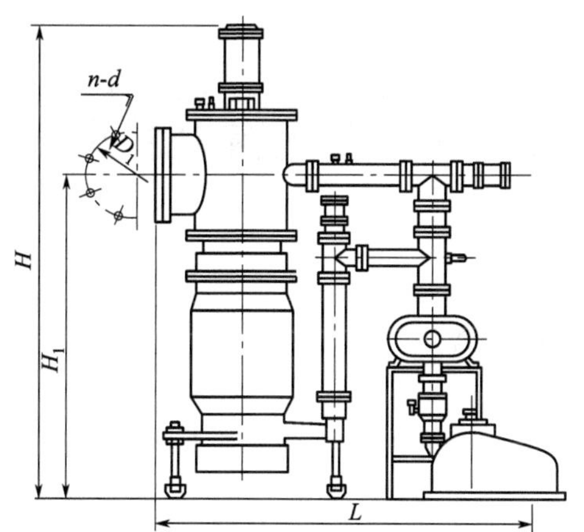

型号	DN	D_1	n-d	H	H_1	B	L
JKT-100 JK-100	100	145	4-ϕ12	880 (1030)	515 (665)	500	700
JKT-150 JK-150	150	195	8-ϕ12	1080 (1230)	675 (825)	570	970
JKT-200 JK-200	200	250	8-ϕ12	1240 (1390)	790 (940)	690	1250
JKT-300 JK-300	300	350	8-ϕ14	1556 (1726)	996 (1166)	800	1600
JKT-320 JK-320	320	395	12-ϕ14	1680 (1850)	1060 (1230)	900	1650
JKT-400 JK-400	400	465	8-ϕ18	1965 (2135)	1255 (1425)	1300	2400
JKT-500 JK-500	500	565	12-ϕ18	2425 (2595)	1540 (1710)	1600	2700
JKT-600 JK-600	600	670	12-ϕ21	2770(2950)	1845 (2025)	2000	3600
JKT-630 JK-630	630	720	20-ϕ14	2890 (3070)	1890 (2070)	2100	3700
JKT-800 JK-800	800	880	20-ϕ21	3490 (3670)	2390 (2570)	2200	4100
JKT-1000 JK-1000	1000	1090	24-ϕ23	4110 (4310)	2860 (3060)	2300	4500
JKT-1200 JK-1200	1200	1310	28-ϕ25	4970 (5170)	3370 (3570)	2500	5000

注：1. 括号内尺寸为厚水冷挡板；
2. 参考尺寸按最大配置。

第10章 真空容器设计

10.1 真空容器设计简述

真空容器（真空室）是真空装置的重要部件，真空中各种生产工艺均在真空容器中完成，大多数真空容器都是由筒体、封头、门、接口法兰、管道等组成。由于使用要求不同，真空容器有圆筒形、箱形、球形、圆锥形等。

10.1.1 真空容器总体设计要求

真空容器总体设计的内容及要求如下。

① 确定真空容器中的真空度范围　真空容器中的真空度范围是根据真空容器的用途（生产工艺）来确定。依据真空容器的真空度范围，选择制造材料、密封材料、法兰接口形式。表10-1给出了各种材料适用的真空度范围。

表 10-1　各种材料适用的真空度

材料	压力范围/Pa				
	$10^5\sim10^2$	$10^2\sim10^{-1}$	$10^{-1}\sim10^{-3}$	$10^{-3}\sim10^{-5}$	$10^{-5}\sim10^{-9}$
钢	○	○	○	除气、表面处理	不锈钢
铁、铸铜	○	○	×	×	×
铸铝	○	○	×	×	×
铜及合金	○	○	○	除气	无氧铜
镍及合金	○	○	○	○	○
玻璃石英	○	○	○	○	除气、厚壁
陶瓷	○	○	○	○	专用类型
云母	○	○	除气	除气	不用
橡胶	○	○	○	可用	×
塑料电木	○	○	专门型号	仅聚四氟乙烯	不用

注：○—好；×—不好。

② 真空容器的设计温度及工作压力　一般选择室温，设计压力取0.101MPa。

③ 确定容器的主要结构尺寸　包括容器形式、封头、大门、鞍座、加强圈、补强结构、各种法兰接口，以及各种密封形式。

④ 制定容器的主要工艺要求　包括材料选择及检验方法，焊接工艺、清洗工艺、总漏率及检漏工艺等。

⑤ 真空容器大门的开启形式　根据容器大门几何尺寸，有铰链式、钟罩式、悬吊式、

拖车式等。

⑥ 容器承受外压性能　包括容器壁厚的计算以及应力及应变的分布情况，进而采取补强措施。

⑦ 真空容器的设计尽可能采用相关标准　如容器壁厚计算，各种法兰、运动传入机构等。

⑧ 容器上各种法兰接口焊接后应精加工其密封面。

10.1.2　真空容器的焊接要求

真空容器通常由板材拼焊而成，对其焊缝设计有如下要求：

① 为了减少漏孔和漏气量，焊缝总长度应尽可能短；

② 尽量减少十字交叉焊缝，焊缝高度应略高于容器表面，两条焊缝中心线之间距离应大于 100mm；

③ 所有焊缝都能方便地进行真空检漏；

④ 容器上开孔时，最好不要开在焊缝上；

⑤ 容器上的管道接口，直径大于 500mm 时，应采用满焊；直径小于 500mm 时，内侧采用连续焊，外侧采用间断焊；

⑥ 容器真空侧所有焊缝采用连续满焊，并需保证气密性要求。

10.1.3　真空容器检漏

真空容器的检漏方法主要根据允许漏率来确定，同时兼顾检漏速度、经济性、可靠性，一般选择氦质谱真空检漏。对检漏工艺的主要要求如下：

① 检漏前需要清除掉焊缝上的焊渣、氧化皮，并进行必要的清洁及烘烤处理；

② 温度交变的零部件，应在做完高低温冲击试验后进行检漏；

③ 经过冷拉及弯曲加工的部位（尤其是薄壁件），即使没有焊缝也需要检漏；

④ 真空容器所配置的标准件，如阀门、波纹管、接头、芯柱等需要检漏后，再组装到容器上；

⑤ 大型真空容器未成型前需对焊缝进行检漏，通常用检漏盒法，检漏盒长 30～50cm，每个检漏盒所罩焊缝漏率应小于 $1\times10^{-9}\mathrm{Pa\cdot m^3/s}$；

⑥ 检漏系统的有效最小可检漏率应比检漏要求的漏率低半个数量级。

10.1.4　圆筒体的形位偏差

真空容器一般为圆筒体，其几何形状偏差见表 10-2，周长偏差见表 10-3。

表 10-2　圆筒体几何形状偏差

几何尺寸	允许偏差
圆筒体长度 L	±0.3%L，但不能大于±75mm
中心线不直度	±0.2%L，但当 $L\leqslant10000$mm 时不能大于 20mm 但当 $L>10000$mm 时不能大于 30mm
两端平行度	±0.06%L，但不能大于 2mm
椭圆度	最大直径与最小直径差不得超过 0.5%D_B（D_B 为筒体内径），且不大于 20mm

表 10-3　圆筒体周长偏差

壁厚 S /mm	允许偏差			
	碳钢及低合金钢		高合金钢	
	沿周长/mm	焊缝边缘变动	沿周长/mm	焊缝边缘变动
≤14	±3	10%S	±3	10%S
16.8	±5			
20～24	±7		±5	
26、28	±9			
30～34	±11		±6	
36、38	±13			

10.1.5　真空室门的设计

真空室门是为安装内部机构、进行工艺生产以及产品试验而设置的。门通常由法兰、门板、开启机构、预紧机构等组成。法兰和门板是起密封作用的部件；开启机构是起支承和使门运动的部件；而预紧机构可以给密封圈一定的预压力。门通常为圆形，门板用凸形封头；箱型真空室门为矩形，门板选用平板，为了降低门板厚度，门板上应设有加强筋。

门法兰是保证气密性的重要部件，一般来讲，门法兰不开密封槽，是平面法兰，使用中需要注意密封面不要划伤。门的密封槽多半开在筒体法兰上，其结构见图 10-1。其中 (a)、(b) 是梯形槽，用于卧式真空室；(c) 为矩形槽，用于立式真空室或钟罩式真空室。设计密封槽时，需要注意不要使密封圈承受过大的压力。为此，密封槽的截面积应该大于密封圈的截面积，且密封圈高出槽深 30%。门密封圈最好用成品胶圈，也可以用真空橡胶绳粘接而成。

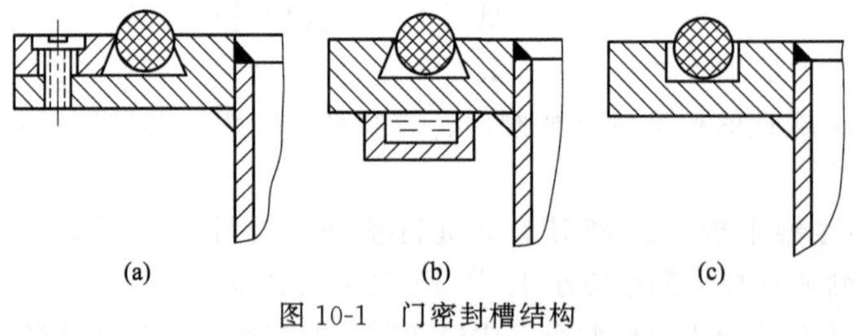

图 10-1　门密封槽结构

处于高温下的真空室，密封圈应该用水冷却，或筒体壁外侧做水冷套，使真空容器上所有密封部位均受水冷却。见图 10-1(b)。丁腈橡胶密封的大门，可以获得高真空。要使真空室得到超高真空，需要选用氟橡胶圈来密封。为减小密封圈出气量，并能耐高温烘烤，密封圈需要用氟利昂冷冻。

门的开启机构种类很多，卧式真空室门的开启机构见图 10-2。其中 (a) 为连杆机构，由转轴 1、转臂 2、铰链 3、轴支承 4 组成，这种结构适用于尺寸较小的真空室；(b) 也是连杆结构，由转臂座 1、轴 2、转臂 3、大门吊链 4 组成，此种结构适用于直径大的真空室；(c) 是将大门装在小车上，靠小车移动来开启大门，这种结构常用于真空冶金炉，以及各种大型真空装置上；(d) 为天车式大门开启简图。当真空室内径大于 2.5m 时，采用二维运动的天车开启机构的较多。

立式真空室，常用于真空镀膜机及空间模拟设备上。图 10-3 所示为这类真空设备简

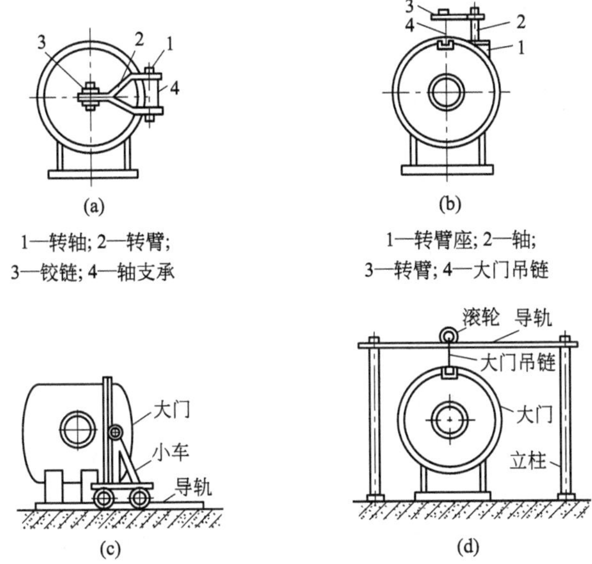

图 10-2　卧式真空室门的开启机构

图。其中（a）为钟罩直径小于 1m 立式镀膜机示意图，钟罩起落常用丝杠-螺母结构、齿轮-齿条结构、蜗轮-蜗杆机构及重锤机构；（b）为直径 2.8m 大型镀膜机，大门开启采用吊车或液压升降平移机构来完成；（c）为直径 9mm 的大型空间模拟设备，大门的开启也是用吊车来完成的。

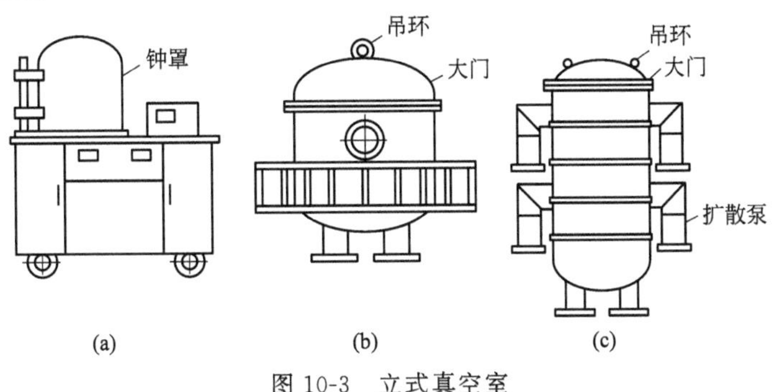

图 10-3　立式真空室

立式真空室的门，不需要预紧机构，依靠大门的自重，足以使密封圈“预紧”。卧式真空室，必须有预紧机构，使密封圈变形，达到初步密封后，再借助大气压力达到真空密封。常用的预紧机构有丝杠-螺母机构，见图 10-4(a)；偏心夹紧机构，见图 10-4(b)；楔

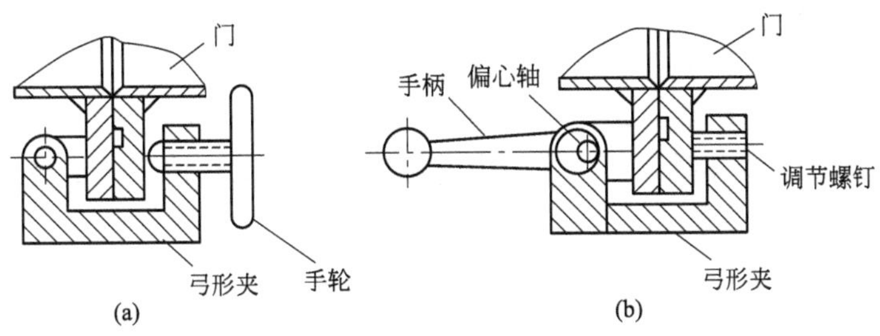

图 10-4　大门预紧机构

形机构等。预紧力产生的比压力为 5～8kgf/cm^2。当真空室内径大于 2.5m 时，常采用气动夹紧机构，使大门法兰与筒体法兰靠紧。

除此以外，真空室上还设有观察窗、引入线、传动轴等。这些元件将在第 17 章和第 18 章中详细介绍，此处不再赘述。

10.1.6 真空室水冷套设计

真空室水冷有两种形式，见图 10-5。其中，(a) 为水管冷却；(b) 为水套冷却。水管焊在外壁上，接触面积尽可能大。真空室热负荷大时，使用冷却水套；热负荷小时，使用冷却水管。有时两种形式混合使用。

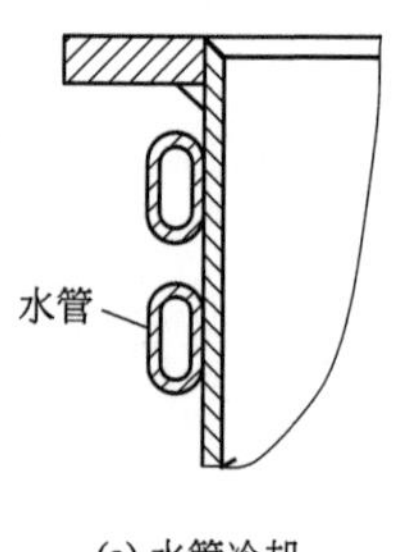

(a) 水管冷却

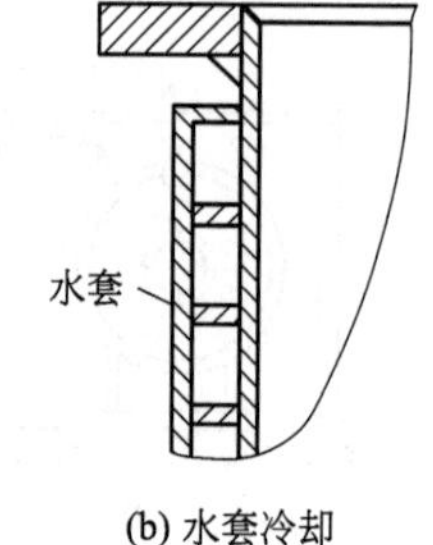

(b) 水套冷却

图 10-5 真空室水冷示意图

选择冷却方式时要根据设备具体情况（如设备结构、温度、工作压力、观察窗位置、修补焊缝难易等）来选定。

水管冷却效果较差，只用于壁温不高的情况。当壁温较高时，采用冷却水套冷却。冷却腔的宽度由真空室的尺寸、壁温来确定，通常取 10～40mm 之间。为了保证冷却水和高温壁有充分的热交换，冷却水应由水套或水管的下部进入，从上部流出。

真空室工作过程中，产生的多余热量或损失的热量，全部传给器壁。为了不使壁温过高，这些热量应该由冷却水全部带走，其耗水量由下式确定

$$V=\frac{Q}{C(t_2-t_1)} \tag{10-1}$$

式中 V——冷却水的体积流量，m^3/h；

Q——传给壁的热量，J/h；

C——水的比热容，J/(kg·K)；

t_2——出水温度，K，一般取 $t_2=313\sim318$K；

t_1——进水温度，K，一般取 $t_1=293\sim303$K。

为了使水与真空室壁有良好的热交换，水套中的水应有一定的流速，即经济流速。如果冷却水是软水，选水的流速为 (0.8～1.6)m/s；若是硬水，则水的流速为 (0.8～3.5) m/s。在此流速下，水管的当量直径为

$$d=\sqrt{\frac{4V}{\pi\omega}} \tag{10-2}$$

式中 V——水的体积流量，m^3/s；

ω——水的流速，m/s；

d——水管的当量直径，m，对于圆形水管，水管的当量直径为管内径。

真空室外壁用水管冷却时，两个水管中间温度最高，其值由下式给出：

$$t_{\max}=\frac{q}{\alpha}\left(1-\frac{1}{\operatorname{ch}\frac{l}{2}\sqrt{\frac{\alpha}{\lambda S}}}\right)+\frac{t_{平均}}{\operatorname{ch}\frac{l}{2}\sqrt{\frac{\alpha}{\lambda S}}} \tag{10-3}$$

式中 $t_{\max}$——两水管之间最高温度，在 1/2 处，℃；

q——真空室壁的热流密度，W/m^2；

α——真空室外表面放热系数，$W/(m^2 \cdot ℃)$，见表 10-4；

λ——真空室材料热导率，$W/(m^2 \cdot ℃)$；

S——真空室壁厚，m；

$t_{平均}$——水管中水的平均温度，℃，取 $t_{平均}=(40 \sim 50)$℃。

表 10-4　放热系数 α

壁温/℃	40	60	80	100	120	150	200
$\alpha/W \cdot (m^2 \cdot ℃)^{-1}$	34.4	51.6	68.8	86.0	103.2	129.0	172.0

10.1.7 真空室中换热计算

真空室中的换热方式与其气体状态有密切关系。当气体状态为黏滞流时，为热传导换热；为分子流时，则以自由分子热传导和辐射方式换热。

（1）热传导

真空室为黏滞流时，单位时间内，气体通过面积 ds 的换热量，可以由物理学中的迁移方程得到，即

$$dQ = k\left(\frac{dT}{dz}\right) ds \tag{10-4}$$

式中　dQ——单位时间通过面积 ds 的传热量，W；

ds——面积，m^2；

$\frac{dT}{dz}$——温度梯度，K/m；

k——气体热导率，$W/(m \cdot K)$；

k 的精确值可用下式计算：

$$k = \frac{1}{4}(9\gamma - 5)\eta c_V \tag{10-4a}$$

式中　γ——比热容比（绝热指数），无量纲量，$\gamma = \frac{c_p}{c_V}$，c_p 为定压比热容，c_V 为定容比热容，$J/(kg \cdot K)$；

η——气体内摩擦系数，$kg/(m \cdot s)$。

（2）自由分子热传导

真空室中气体状态为分子流时，气体分子的平均自由程等于或大于容器的线性尺寸，气体分子可以直接从热表面飞到冷表面，气体不再有黏滞性，气体的热传导与压力有关，这种热迁移过程称为自由分子热传导。

自由分子热传导时，对于单原子气体，单位时间单位面积从热表面到冷表面所传送的能量为

$$E_0 = \frac{\alpha}{2}\frac{p v_i}{T_i}(T_S - T_i) \tag{10-5}$$

式中　E_0——气体传送的能量，$J/(m^2 \cdot s)$；

p——容器中气体的压力，Pa；

v_i——气体温度为 T_i 时，气体分子的平均速度，m/s；

T_S——热表面温度，K；

T_i——气体温度，K；

α——适应系数，即气体实际传送的能量与其理论传送能量之比，$\alpha=\dfrac{T_r-T_i}{T_S-T_i}$，无量纲量，此处 T_r 为分子打到温度为 T_S 的表面后，再发射出来时所具有的温度。

对于双原子或多原子气体，单位时间单位面积所传送的能量为

$$E_0=\frac{\alpha}{8}\left(\frac{\gamma+1}{\gamma-1}\right)\frac{pv_i}{T_i}(T_S-T_i) \tag{10-5a}$$

这里 γ 为比热容比，其余符号同式(10-5)。

(3) 辐射传热

当真空室中存在冷表面和热表面时，由于表面间的辐射，会使能量损失，这种损失可以用斯蒂芬-玻尔兹曼导出的公式来计算，即

$$\Phi=5.7E_e\left[\left(\frac{T_1}{100}\right)^4-\left(\frac{T_2}{100}\right)^4\right]E_r \tag{10-6}$$

式中　Φ——热流密度，W/m^2；

E_e——平均发射率，无量纲量，$E_e=1/\left[\dfrac{1}{e_2}+\dfrac{F_1}{F_2}\left(\dfrac{1}{e_1}-1\right)\right]$；

E_r——角系数，即从表面 1 辐射出来到达表面 2 的能量与表面 1 辐射出来的全部能量之比（称为表面 1 对表面 2 的角系数），角系数与结构形状有关，平行板或同心圆筒，取 $E_r=1$；

T_1，T_2——两个表面的温度，K；

F_1，F_2——两个表面的面积（且 $F_2>F_1$），m^2；

e_1，e_2——两个表面的发射率，无量纲量。

在冷热面之间装辐射屏，使平均发射率减小，其值正比于辐射屏的层数 N，若不装辐射屏的平均发射率为 E_e，则装辐射屏后的平均发射率为

$$E_e'=\frac{E_e}{N+1} \tag{10-7}$$

许多低温液体贮存器，如杜瓦和低温槽车，均利用加辐射屏后进行真空绝热。杜瓦的真空夹层中放置多层镀铝涤纶薄膜后，由于平均发射率减小，热辐射变小，使其冷损大大降低。

(4) 支撑的热传导

真空室中的冷壁或热壁，总是要通过一些支撑与容器壁相接，由于壁通常为室温，因而通过支撑可以产生冷损或热损。

支撑为棒状零件时，其传导热量用下式计算

$$Q_{传}=\lambda(T_1-T_2)\frac{A}{L} \tag{10-8}$$

式中　$Q_{传}$——单位时间传走的热量，W；

λ——材料的热导率，W/(m·K)；

T_1，T_2——热端和冷端温度，K；

A——支撑零件的截面面积，m^2；

L——支撑零件的长度，m。

10.2 真空容器强度计算

10.2.1 薄壳

为了确定真空室的壁厚，应按薄壳理论对真空室进行强度计算。所谓薄壳，就是其厚度远小于它的曲率半径。实际上薄壳应具有这样的条件，即

$$\frac{S}{D_B}\leqslant 0.04 \tag{10-9}$$

式中 S——壳体壁厚，mm；

D_B——容器内径，mm。

10.2.2 设计压力

带冷却水套的真空容器的设计压力等于冷却水套中最大工作压力与大气压（10^5Pa）之和；当夹层内液体静压力超过工作压力的5%时，还必须计入液体的静压力。

不带冷却水套的真空容器的设计压力应等于大气压。

10.2.3 壁厚附加量

壁厚的附加量按下式确定：

$$C=C_1+C_2+C_3 \tag{10-10}$$

式中 C——壁厚的附加量，mm；

C_1——钢板的最大负公差附加量，mm，见表10-5；

C_2——腐蚀裕度，mm；

C_3——封头冲压时的拉伸减薄量。

表10-5 碳钢及低合金钢板的最大负公差附加量

钢板厚度/mm	2.5	3	4	4.5	5	6	8～25	26～30	32～34	36～40
最大负公差/mm	0.2	0.22	0.4	0.5	0.5	0.6	0.8	0.9	1.0	1.1

当介质对容器材料的腐蚀速度＞0.05mm/a时，其腐蚀裕度应根据腐蚀速度和设计的使用寿命来确定。当介质对容器材料的腐蚀速度≤0.05mm/a时（包括大气腐蚀），单面腐蚀取C_2=1mm，双面腐蚀取C_2=2mm。

在一般情况下，C_3取计算厚度的10%，并且不大于4mm；对于需要热加工手工敲打的封头，根据加工具体情况，考虑增加由于氧化及拉伸所减薄的厚度，并在图纸上注明。对于圆筒体等不经冲压的元件，取C_3=0。

制作真空容器时，为减小内壁出气量，内壁通常需要抛光，抛光减薄量通常取0.5mm左右。

10.2.4 容器的最小壁厚

容器圆筒和封头的最小厚度，主要考虑制造工艺要求以及运输和安装过程中的刚度要求，同时根据工程实践的经验确定，其值不包括腐蚀裕量。容器圆筒最小厚度见表10-6。

受压容器的圆筒和封头的最小厚度应按下列规定确定。

表 10-6　容器圆筒最小厚度（不包括腐蚀裕量）　　单位：mm

筒体内径	最小厚度	筒体内径	最小厚度	筒体内径	最小厚度
500～1500	3	2100	4.2	3200	6.4
1600	3.2	2200	4.4	3400	6.8
1700	3.4	2400	4.8	3600	7.2
1800	3.6	2600	5.2	3800	7.6
1900	3.8	3000	6.0	4000	8.0
2000	4.0				

① 对于碳钢和低合金钢容器，当内径 $D_i \leqslant 3800$mm 时，$S_{min}=2D_i/1000$，且不小于 3mm；当内径 $D_i > 3800$mm 时，S_{min} 按运输和现场安装条件确定。

② 不锈钢容器的最小厚度应不小于 2mm；在制造、运输及安装时，应根据具体情况采取加固。

③ 封头的最小厚度，除球形封头外，应不小于筒体的最小厚度。

③ 筒体锥形过渡段的最小厚度应不小于两端连接元件中的较厚者。

④ 衬里层和复合材料复层的最小厚度取 2mm；堆焊层经机加工后的最小厚度为 3mm。

10.2.5 许用应力

材料的许用应力取下列三者的最小值：

$$[\sigma]=\frac{\sigma_b}{n_b}$$

$$[\sigma]=\frac{\sigma_s^t}{n_s} \tag{10-11}$$

$$[\sigma]=\frac{\sigma_D^t}{n_D} \text{或} [\sigma]=\frac{\sigma_n^t}{n_n}$$

式中　$[\sigma]$——材料的许用应力，MPa，不同温度下材料的许用应力见表 10-7；

σ_b——常温下材料的抗拉强度，MPa；

σ_s^t——工作温度下材料的屈服限，亦可取产生残余变形达 0.2%的条件屈服限，MPa；

σ_D^t——工作温度下，材料的持久限（经 10 万小时断裂），MPa；

σ_n^t——工作温度下材料的蠕变限（在 10 万小时下蠕变率为 1%），MPa；

n_b，n_s，n_D，n_n——安全系数，见表 10-8。

表 10-7　各种温度下材料的许用应力　　单位：MPa

材料	工作温度/℃													
	20	200	240	250	260	280	300	320	340	350	360	380	400	420
A_3、A_3F	137	123	113		108	103	99			89			77	69
15、15g	139	128	117		111	106	102	97	92		86	81	77	73
20、20g	153	139	129		122	117	111	105	100		94	89	84	79
不锈钢	144			137			135			133			132	127

注：不锈钢系指 1Cr18Ni9；Cr18Ni10Ti；Cr18Ni12Ti；1Cr18Ni9Ti。

表 10-8　材料安全系数

安全系数	碳钢、合金钢	奥氏体不锈钢	有色金属及合金
n_b	3.0	3.0	3.0
n_s	1.6	1.5	1.5
n_D	1.6	1.6	
n_n	1.0	1.0	

对于直接用火焰或用电加热器辐射加热的容器，则需将上述许用应力乘以减弱系数0.85；碳钢和低合金钢工作壁温超过420℃、低合金铬钼钢的工作壁温超过450℃、不锈钢工作壁温超过550℃时，必须进行持久极限的验算；无持久极限时可以按蠕变极限验算。

有时可以根据所需受力状态，粗略选择安全系数。

按抗疲劳断裂计算，$n=1.5\sim3$；按抗弯变形计算，$n=1.2\sim2$；按抗断裂计算，$n=2\sim4$；按抗不稳定计算，$n=3\sim5$。

10.2.6　焊缝系数

容器的筒体通常是由一块或几块钢板卷制焊成，而封头也往往由几块钢板拼焊而制成。由于焊缝金属可能存在着未被发现的缺陷，如夹渣、未焊透、气孔等，使金属的强度降低。因此形成压力容器薄弱的区域，因而在计算中引入焊缝系数，以弥补焊缝对容器强度的削弱。焊缝系数的大小与焊缝型式、焊接工艺和无损检测的严格程度有关，即

$$焊缝系数\ \phi=\frac{焊缝区材料强度}{本体材料强度}\leqslant1$$

压力容器对接焊焊缝有下列情况之一的，应采用全焊透型式：

① 介质为易燃或毒性，为极度危害和高度危害的压力容器；

② 做气压试验的压力容器；

③ 第三类压力容器；

④ 低温压力容器；

⑤ 按疲劳准则设计的压力容器；

⑥ 直接受火焰加热的压力容器；

⑦ 移动式压力容器；

⑧ 真空容器。

与焊缝系数相关的对接焊缝型式的选择要求：

① 碳素钢和低合金钢手工焊对焊接头形式与尺寸的选择，按GB 985—2008《气焊、手工电弧焊及气体保护焊焊缝坡口的基本形式与尺寸》确定；

② 碳素钢和低合金钢埋弧焊对焊接头形式与尺寸的选择，按GB 986—2008《埋弧焊焊缝坡口的基本形式与尺寸》确定。

钢制压力容器的焊缝系数 ϕ 按表10-9选取。

表 10-9　钢制压力容器的焊缝系数 ϕ

接头形式	全部无损探伤	局部无损探伤
	焊缝系数	焊缝系数
双面焊或相当于双面焊熔透的对接焊缝	1.00	0.85
有金属垫板的单面焊的对接焊缝	0.90	0.80

注：相当于双面焊全熔透的对接焊缝，是指单面焊双面成型的焊缝，按双面焊评定（含焊接试板的评定），如氩弧焊打底的焊缝或铜衬垫的焊缝等。

10.2.7　开孔削弱系数

筒体上开设排孔，会减弱筒体强度。其轴向削弱系数在筒体强度计算中与焊缝系数一样代入公式中。轴向开孔削弱系数如下：

（1）节距相等［见图 10-6(a)］时

$$J=\frac{t-d}{t} \tag{10-12}$$

式中　J——轴向开孔削弱系数；

t——孔中心距离；

d——孔的直径。

（2）节距不相等，但 t_2 不大于 $1.3t_1$［见图 10-6(b)］时

$$J=\frac{t_1+t_2-2d}{t_1+t_2} \tag{10-13}$$

式中　t_1——孔中心线距离中较小的值；

t_2——孔中心线距离中较大的值。

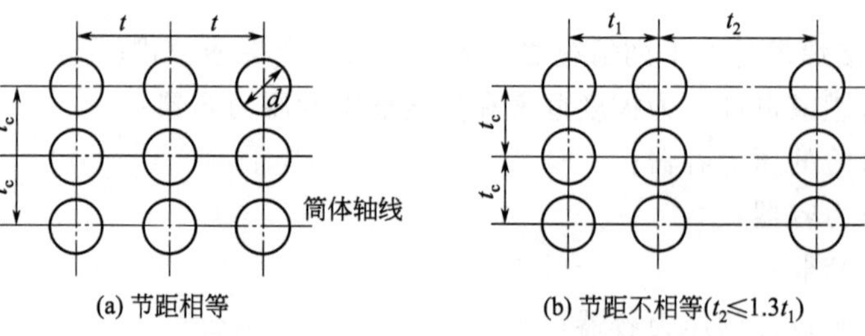

图 10-6　开孔削弱系数示意图

（3）环向开孔削弱系数

$$J_c=\frac{t_c-d}{t_c} \tag{10-14}$$

式中　t_c——环向孔中心线距离。

当 $J_c\geqslant\frac{J}{2}$时，可不必将 J_c 代入筒体轴向应力计算公式。当 $J_c<\frac{J}{2}$时，应将 J_c 代入筒体轴向应力计算公式，以校核筒体轴向应力是否大于材料许用应力值。

10.3 真空容器壳体壁厚计算

10.3.1 圆筒形壳体

（1）概述

由于圆筒形壳体制造容易且强度高，因此大多数真空容器的壳体采用圆筒形的。真空容器除用板材制造外，对于直径较小的真空容器筒体，亦可用热轧无缝钢管制造。圆筒体焊制后应进行整形和矫直。根据需要，真空容器可以做成立式或卧式的。

在理想状态下，筒体表面是一个连续轴对称曲面，壳体应力沿壁厚均匀分布。壳体只承受外压力，不受弯矩及弯应力影响，壳体中只有薄膜应力。

工程中真空容器不可能是这种理想状态，容器上有支座和各种接管，使容器变形受到约束，容器产生弯应力。对于大型真空容器，开孔大、结构复杂的容器应做有限元分析。

真空容器两端均为封头结构。椭圆封头的曲率半径变化是连续的，封头中的应力分布比较均匀，是容器设计中使用最多的；而碟形封头是不连续曲面，在两种曲面连接处，曲率半径有突变，会产生较大的边缘应力。

圆筒体的内径 D_B 建议选用表 10-10 中的数值。

表 10-10 圆筒体内径 D_B 单位：mm

400	(450)	500	600	700	800	1000	1200	1400	1600	1800
2000	2200	2400	2600	2800	3000	3200	3400	3600	3800	4000

圆筒体容积、内表面积及质量见表 10-11。

表 10-11 圆筒体容积、内表面积及质量

公称通径 D_g /mm	1m 高的容积 V/m^3	1m 高的内表面积 F_B /m^2	1m 高筒节钢板质量/kg 壁厚/mm															
			3	4	5	6	8	10	12	14	16	18	20	22	24	26	28	30
300	0.071	0.94	22	30	37	44	59											
(350)	0.096	1.10	26	35	44													
400	0.126	1.26	30	40	50	60	79	99	119									
(450)	0.159	1.41	34	45	56	67												
500	0.196	1.51	37	50	62	75	100	125	150	175								
(550)	0.238	1.74	41	55	68	82												
600	0.283	1.88	45	60	75	90	121	150	180	211								
(650)	0.332	2.04		65	81	97	130											
700	0.385	2.20		69	87	105	140	176	213	250								
800	0.503	2.51		79	99	119	159	200	240	280								
900	0.636	2.83		89	112	134	179	224	270	315	363	408						
1000	0.785	3.14			124	149	199	249	296	348	399	450	503					
(1100)	0.950	3.46			136	164	218	274										
1200	1.131	3.77			149	178	238	298	358	418	479	540	602	662				
(1300)	1.327	4.09			161	193	258	323										

续表

公称通径 D_g /mm	1m 高的容积 V/m^3	1m 高的内表面积 F_B /m^2	1m 高筒节钢板质量/kg														
			壁厚/mm														
			3	4	5	6	8	10	12	14	16	18	20	22	24	26	28	30
1400	1.539	4.40			173	208	278	348	418	487	567	630	700	770	840	914	986	1058
(1500)	1.767	4.71			186	223	297	372	446									
1600	2.017	5.03			198	238	317	397	476	556	636	720	800	880	960	1040	1124	1206
1800	2.545	5.66				267	356	446	536	627	716	806	897	987	1080	1170	1263	1353
2000	3.142	6.28				296	397	495	596	695	795	895	995	1095	1200	1300	1400	1501
2200	3.801	6.81				322	436	545	655	714	874	984	1093	1204	1318	1429	1540	1650
2400	4.524	7.55				356	475	596	714	834	960	1080	1194	1314	1435	1556	1677	1798
2600	5.309	8.17					514	644	774	903	1030	1160	1290	1422	1553	1684	1815	1946
2800	6.158	8.80					554	693	831	970	1110	1250	1390	1531	1671	1812	1953	2094
3000	7.030	9.43					593	742	881	1040	1190	1338	1490	1640	1790	1940	2091	2242
3200	8.050	10.05					632	791	950	1108	1267	1425	1537	1745	1908	2069	2229	2390
3400	9.075	10.68					672	841	1008	1177	1346	1517	1687	1857	2027	2197	2367	2538
3600	10.180	11.32					711	890	1070	1246	1424	1606	1785	1965	2145	2325	2505	2686
3800	11.340	11.83					751	939	1126	1315	1514	1693	1884	2074	2263	2453	2643	2834
4000	12.566	12.57					790	988	1186	1383	1582	1780	1980	2185	2380	2585	2785	2985

(2) 圆筒形壳体计算

① 按计算公式确定外压圆筒形壳体壁厚　圆筒壳体只承受外压时，可按稳定条件计算，其壁厚为

$$S_0=1.25D_B\left(\frac{p}{E_t}\times\frac{L}{D_B}\right)^{0.4} \tag{10-15}$$

式中　S_0——圆筒计算壁厚，mm；

D_B——圆筒内径，mm；

p——外压设计压力，MPa，真空容器选择 $p=0.1$MPa；

L——圆筒计算长度，mm（见图 10-7）；

E_t——材料温度为 t 时的弹性模量，MPa；图 10-8 给出了碳钢和合金钢在各种温度下的 E_t 值。

圆筒的实际壁厚应为

$$S=S_0+C \tag{10-16}$$

式中　S——圆筒实际壁厚，mm；

S_0——圆筒计算壁厚，mm［见公式(10-15)］；

C——壁厚附加量，mm［见公式(10-10)］。

计算公式(10-15）除了满足材料的泊松系数 $\mu=0.3$（实际上全部金属材料均可满足）外，还必须满足下面两个条件方可应用：

$$1\leqslant\frac{L}{D_B}\leqslant 8 \tag{10-17}$$

$$\left(\frac{p}{E_t}\times\frac{L}{D_B}\right)^{0.4}\leqslant 0.523 \tag{10-18}$$

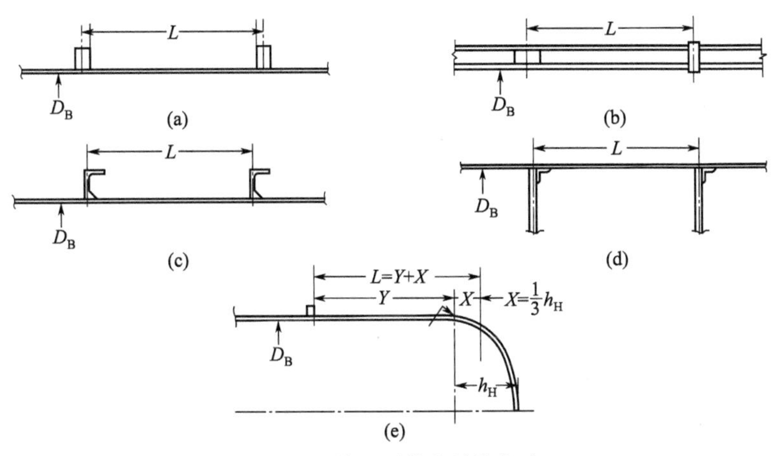

图 10-7 外压圆筒的计算长度

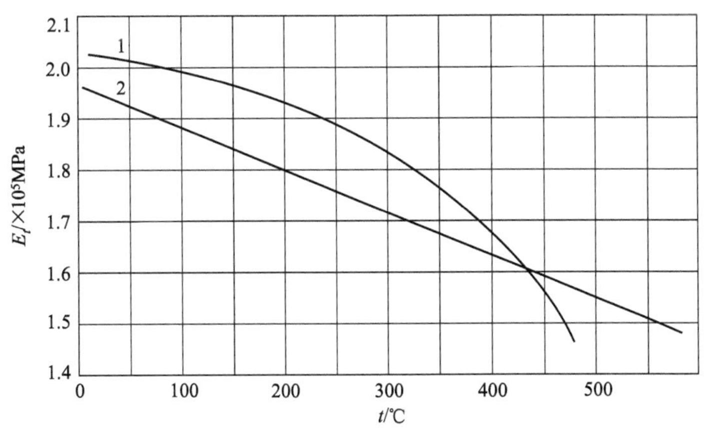

图 10-8 弹性模量的计算值与温度的关系

1—碳钢；2—合金钢（奥氏体钢）

② 查表确定圆筒形壳体壁厚　表 10-12 给出了外压力为 0.1MPa 时圆筒壁厚。

表 10-12　圆筒壁厚（$p=0.1$MPa）　　单位：mm

公称直径/mm		400	500	600	700	800	900	1000	1200	1400	1600	1800	2000	2200
容器的长与外径之比	1	3	3	4	4	4	4.5	5	6	6	8	8	8	10
	2	3	4	4	4.5	5	6	6	8	8	10	10	12	12
	3	4	4	4.5	5	6	8	8	8	8	10	12	14	14
	4	4	4.5	5	6	8	8	8	10	10	12	14	14	16
	5	4	5	6	6	8	8	10	10	12	12	14	14	16

注：本表适用于工作温度≤150℃，屈服极限 σ_s 为 206～265MPa 的 Q235-A、15g、20g、0Cr13、1Cr13 制设备，给出壁厚值作为设计参考。

③ 水压试验　容器进行外压水压试验时应满足

$$|\sigma|\leqslant 0.9\sigma_s \tag{10-19}$$

$$|\sigma|\leqslant 0.06E\left(\frac{S}{R_B}\right) \tag{10-20}$$

式中　σ_s——材料在 20℃时的屈服极限，MPa；

E——材料的弹性模量，MPa；

S——圆筒的壁厚（包括壁厚附加量），mm；

R_B——圆筒的内半径，mm；

$|\sigma|$——外压水压试验时产生的应力的绝对值，MPa；外压水压试验压力 $p_{水}=0.196$MPa。

除非特殊需要做水压试验，一般真空容器无需水压试验。

10.3.2 球形壳体

从稳定性和消耗材料上来考虑，壳体以球形最好。但球形制造困难，内部有效利用空间小。由于球形壳体有效容积大，常用于小型低温容器。大型火箭发动机试验容器及其他类型的壳体，其耗材较多，为节省材料，有时也选择球形壳体。

真空状态下的球体，按稳定条件计算时，其计算壁厚为

$$S_0=0.8D_B\sqrt{\frac{p\sqrt{3(1-\mu^2)}}{E_t}} \tag{10-21}$$

当 $\mu=0.3$（金属材料）时，式(10-21）简化为

$$S_0=0.8D_B\sqrt{\frac{1.65p}{E_t}} \tag{10-22}$$

实际壁厚应为

$$S=S_0+C \tag{10-16}$$

式中 S_0——计算壁厚，mm；

S——球体实际壁厚，mm；

C——壁厚附加量，mm

D_B——球体内径，mm；

p——外压设计压力，MPa；

E_t——材料温度为 t 时的弹性模量，MPa；

μ——泊松系数。

球体成型后，在任何方向上的椭圆度不得大于 $0.5\%D_B$。

10.3.3 锥形壳体

如壳体为图 10-9 中（a)、(b）所示形状，且半锥角 $\alpha<30°$时，其壁厚可按圆筒体壁厚计算公式计算。

$$S=\frac{KpD_B}{2K_1[\sigma]_{强}}+C \tag{10-23}$$

如壳体为图 10-9 中（c）所示形状，或者半锥角 $\alpha>30°$时，其壁厚均按下述公式计算（取其最大值)：

$$S=\frac{pD_B}{2K_1\cos\alpha[\sigma]_{屈}}+C \tag{10-24}$$

式中 p——外压设计压力，MPa；

S——壳体实际厚度，mm；

C——壳体壁厚附加量，mm；

D_B——锥体大端内径，mm；

K_1——系数，无开孔时取 $K_1=0.74$，有开孔时取 $K_1=0.64$；

$[\sigma]_{强}$——按强度极限确定的许用应力，MPa；

$[\sigma]_{屈}$——按屈服极限确定的许用应力，MPa；

α——半锥角（°）；

K——形状系数（见图 10-10）。

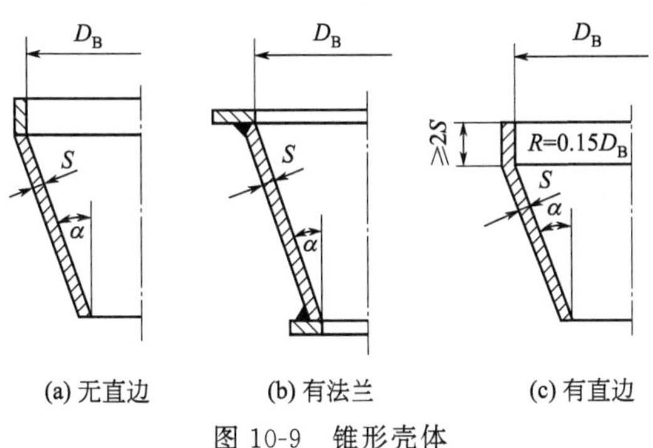

图 10-9　锥形壳体

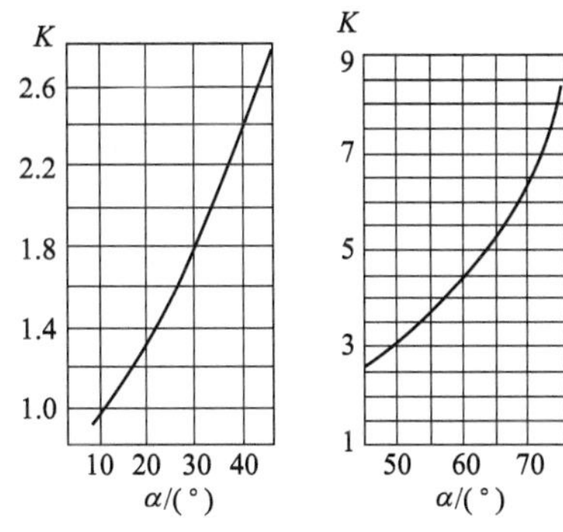

图 10-10　锥形壳体形状系数 K

锥形壳体使用较少，常用于真空管道的变径，或者作为圆筒体的封头。

10.3.4　箱形壳体

箱形壳体壁厚强度计算方法，自刘玉魁 1979 年引入到国防工业出版社出版的《真空设计手册》后，几十年来被许多从事真空工程设计者引用与验证。实践证明该方法理论计算简捷合理，适用性很强。

真空室使用箱形壳体较圆筒形少。箱形壳体制造复杂，但箱形壳体内部可利用的空间大。做生物试验用的低压舱、真空干燥与冻干设备箱体、低气压箱、蒸发镀箱体用箱形壳体的较多。为了减少板材的厚度，在箱形壳体上通常都使用加强筋。

设计时应注意箱形壳体的各个面应尽可能小，大平面应有加强筋。

箱形壳体厚度可以按矩形平板计算。下面给出的计算公式，其适用条件是：板周边固定，受外压为 0.1MPa，水压试验用压力 $p_{水}$ 为 0.2MPa。

$$S=S_0+C \tag{10-16}$$

$$S_0=\frac{0.224B}{\sqrt{[\sigma]_{弯}}} \tag{10-25}$$

式中　S——壳体实际厚度，cm；

S_0——壳体计算壁厚，cm；

C——壁厚附加量，cm；

B——矩形板的窄边长度，cm；

$[\sigma]_{弯}$——弯曲时许用应力，MPa。轧钢和铸钢的弯曲许用应力通常规定与简单拉伸压缩时的许用应力相同。

做水压试验时，矩形板的应力为

$$\sigma=\frac{0.5B^2p}{(S-C)^2}\leqslant 0.9\sigma_s \tag{10-26}$$

为了减少箱形壳体壁厚，通常采用加强筋补强，加强筋的多少依具体使用情况而定。加强筋主要类型如图 10-11 所示。

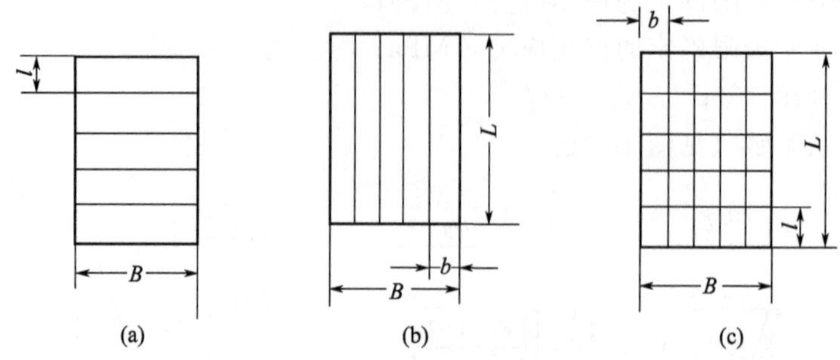

图 10-11　箱形壳体加强筋类型

有加强筋的箱形壳体壁厚仍按公式(10-25) 计算。不过公式中的 B 值应以相应的值来代替。对于图 10-11(a) 应以 l 代替 B；图 10-11(b) 应以 b 代替 B；图 10-11(c) 则应以 l 和 b 两者中最小者代替 B。

在计算加强筋时，假定被筋分割的小平面所承受载荷的一半，由一个加强筋来承受（相当于一根梁），每个筋受弯时（受均布载荷）的抗弯截面系数为：

对于图 10-11(a)

$$W_P=\frac{B^2lp}{2K[\sigma]_{弯}} \tag{10-27}$$

对于图 10-11(b)

$$W_P=\frac{L^2bp}{2K[\sigma]_{弯}} \tag{10-28}$$

对于图 10-11(c)

横加强筋

$$W_{P1}=\frac{B^2lp}{4K[\sigma]_{弯}} \tag{10-29}$$

竖加强筋

$$W_{P2}=\frac{L^2bp}{4K[\sigma]_{弯}} \tag{10-30}$$

式中　W_P——加强筋的抗弯截面系数，cm^3；

p——设计压力，如做水压试验则取 $p=0.196$MPa，如果水的静压力较大且超过 $5\%p$ 时，应加上水的静压力；如不做水压试验，$p=0.1$MPa；

K——系数，与筋两端的固定方式有关。若为刚性固定（例如同法兰相接，或与其他筋相接），取 $K=12$；若非刚性固定，则取 $K=8$。

根据式(10-27)～式(10-30)，求出截面系数后，即可确定加强筋的断面几何尺寸。

选用型钢（槽钢、工字钢、角钢等）做加强筋，一般金属材料性能表中都给出了该材料的截面系数，若型材的截面系数值和计算值相符合就可以选用。

加强筋亦可以做成矩形截面的。对于矩形截面的加强筋，其高度与宽度之比为 5 时，其加强筋的厚度为

$$S_P=0.62\sqrt[3]{W_P}\quad(\text{cm}) \tag{10-31}$$

计算出来的尺寸应化为整数。筋的截面尺寸由真空室水压试验时的最大应力来确定。

计算时，壁厚确定后，就可以计算加强筋和壁的联合作用（见图 10-12）的截面系数，其计算公式为

$$W_{P\text{-}C}=\frac{J_P+J_C+F_P(0.5h_P-Y)^2+F_C[(Y+0.5(S-C)]^2}{h_P-Y} \tag{10-32}$$

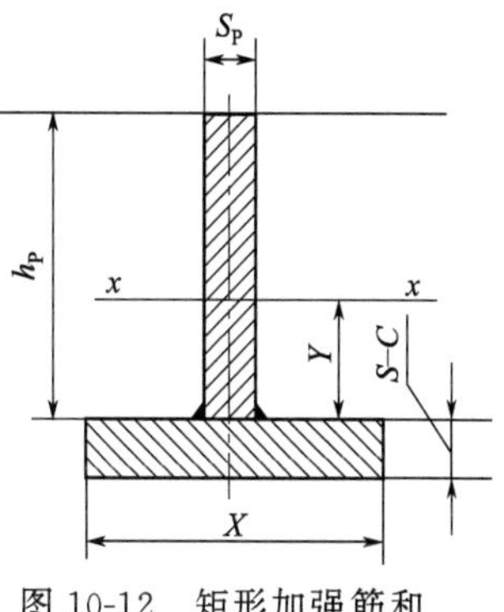

图 10-12 矩形加强筋和壁联合截面

式中 $W_{P\text{-}C}$——联合抗弯截面系数，cm^3；

J_P——面积 F_P 对通过其质心的轴线 x-x（平行于壁）的惯性矩，cm^4；

J_C——面积 F_C 对通过其质心的轴线（平行于壁）的惯性矩，cm^4；

F_P——加强筋的截面积，cm^2；

F_C——一部分壁的截面积，cm^2；$F_C=X(S-C)$，对于横加强筋 $X=l$，竖加强筋 $X=b$（见图 10-11）；

Y——由壁到联合面积质心的距离，cm，$Y=\frac{F_Ph_P-F_C(S-C)}{2(F_P+F_C)}$；

h_P——加强筋高，cm。

做水压试验时，加强筋的最大应力应满足下列条件：

对于图 10-11(a)

$$\sigma=\frac{B^2lp}{KW_{P\text{-}C}}\leqslant 0.9\sigma_s \tag{10-33}$$

对于图 10-11(b)

$$\sigma=\frac{L^2bp}{KW_{P\text{-}C}}\leqslant 0.9\sigma_s \tag{10-34}$$

对于图 10-11(c)

横筋
$$\sigma_1=\frac{B^2lp}{2KW_{P\text{-}C}}\leqslant 0.9\sigma_s \tag{10-35}$$

竖筋
$$\sigma_2=\frac{L^2bp}{2KW_{P\text{-}C}}\leqslant 0.9\sigma_s \tag{10-36}$$

如满足不了上述条件，加强筋尺寸应增加。

箱形真空室由几个平面组成，计算时要选择其中面积最大的面来计算。

例 10-1 真空室尺寸如图 10-13 所示。当材料为 1Cr18Ni9Ti（其 $\sigma_b=529.5$MPa，$\sigma_s=196$MPa），平均温度 $t=20$℃，$B=100$cm，$B_1=50$cm，$H=200$cm，$l=50$cm，$b=25$cm，做水压试验的 $p_{水}=0.196$MPa 时，确定焊接结构的箱形真空室壁厚和选择加强筋。

解：

① 按强度极限确定许用应力

$$[\sigma]_{弯}=\frac{\sigma_b}{n_b}=\frac{529.5}{2.7}=196\text{MPa}$$

② 按屈服极限确定许用应力

$$[\sigma]_{弯}=\frac{\sigma_s}{n_s}=\frac{196}{1.5}\approx 130.7\text{MPa}$$

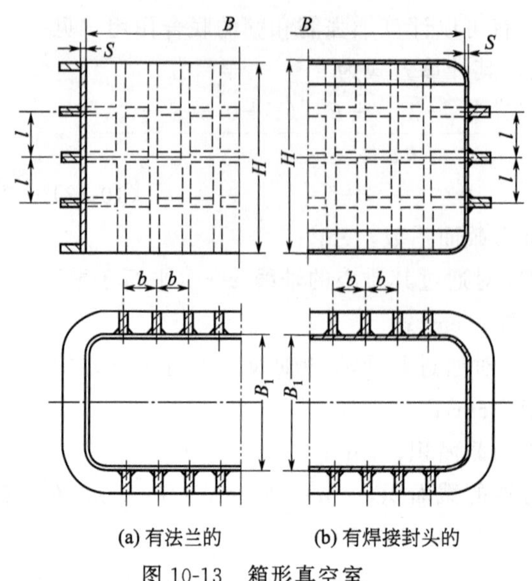

(a) 有法兰的　　(b) 有焊接封头的

图 10-13　箱形真空室

③ 按公式(10-25) 确定最小厚度

$$S_0=\frac{0.224b}{\sqrt{[\sigma]_{弯}}}=\frac{0.224\times 25}{\sqrt{130.7}}=\frac{5.6}{11.43}\approx 0.49\text{cm}=4.9\text{mm}$$

此计算中只考虑由板材最大负公差引起的壁厚附加量。若选附加量为 0.5mm 时，壁厚 S 应为 5.4mm。为简化计算，取壁厚为 6mm。

④ 按公式(10-26) 校核水压试验应力

水的试验压力

$$p_{水}=0.196\text{MPa}$$

水的静压力

$$p_{静}=H\rho g=200\times 1\times 9.8=0.0196\text{MPa}>5\%p_{水}$$

式中　H——水的高度，cm；

ρ——水的密度，$\rho=1\text{g/cm}^3$。

总压力

$$p=p_{水}+p_{静}=0.216\text{MPa}$$

如选壁厚（$S-C$）为 0.55cm，则水压试验应力为

$$\sigma=\frac{0.5b^2p}{(S-C)^2}=\frac{0.5\times 25^2\times 0.216}{0.55^2}\approx 233\text{MPa}>0.9\sigma_s=177\text{MPa}$$

由计算可见，需要增加壁厚，选壁厚为 0.75cm 再进行试算，则水压试验应力为

$$\sigma=138\text{MPa}<0.9\sigma_s=177\text{MPa}$$

满足了水压试验要求。

⑤ 选矩形截面加强筋

如图 10-14 所示。宽与高之比为 1/5，加强筋的类型属于图 10-11(c)，按式(10-29)、式(10-30) 计算所需要的截面系数。

横筋　$$W_{P1}=\frac{B^2lp}{4K[\sigma]_{弯}}=\frac{100^2\times 50\times 0.216}{4\times 12\times 130.7}=17.2\text{cm}^3$$

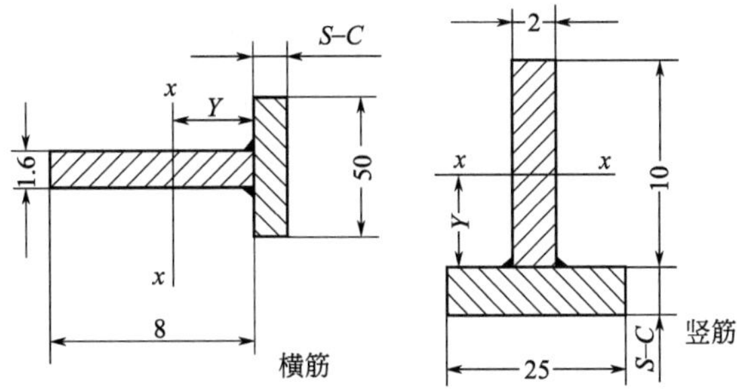

图 10-14　加强筋剖面图

竖筋　　$W_{P2}=\dfrac{L^2bp}{4K[\sigma]_{弯}}=\dfrac{200^2\times25\times0.216}{4\times12\times130.7}=34.4\text{cm}^3$

由式(10-31) 计算加强筋宽度

$$S_{P1}=0.62\sqrt[3]{W_{P1}}=0.62\sqrt[3]{17.2}\approx1.6\text{cm}$$

$$S_{P2}=0.62\sqrt[3]{W_{P2}}=0.62\sqrt[3]{34.4}\approx2\text{cm}$$

加强筋的尺寸

横筋 $S_{P1}=1.6\text{cm}$，高 $h_{P1}=8\text{cm}$

竖筋 $S_{P2}=2\text{cm}$，高 $h_{P2}=10\text{cm}$

⑥ 计算加强筋和壁联合的截面系数

加强筋截面积$F_{P1}=1.6\times8=12.8\text{cm}^2$

$F_{P2}=2\times10=20\text{cm}^2$

壁部分的截面积$F_{C1}=0.7\times50=35\text{cm}^2$

$F_{C2}=0.7\times25=17.5\text{cm}^2$

加强筋截面的惯性矩（对通过其质心而平行于壁面的轴线）

$$J_{P1}=\frac{1}{12}\times1.6\times8^3=68.3\text{cm}^4$$

$$J_{P2}=\frac{1}{12}\times2\times10^3=166.7\text{cm}^4$$

壁部分截面积的惯性矩（对通过其质心而平行于壁面的轴线）

$$J_{C1}=\frac{1}{12}\times50\times0.7^3=1.43\text{cm}^4$$

$$J_{C2}=\frac{1}{12}\times25\times0.7^3=0.71\text{cm}^4$$

加强筋高度

$$h_{P1}=8\text{cm}$$

$$h_{P2}=10\text{cm}$$

壁计算厚度

$$S-C=0.75-0.05=0.7\text{cm}$$

由壁到联合重心的距离

$$y_1=\frac{12.8\times8-35\times0.7}{2\times(12.8+35)}\approx0.80\text{cm}$$

$$y_2=\frac{20\times10-17.5\times0.7}{2\times(20+17.5)}\approx2.50\text{cm}$$

加强筋与壁联合作用的截面系数由式(10-32) 得

$$W_{P1C1}=\frac{68.3+1.43+12.8\times(0.5\times8-0.8)^2+35\times(0.8+0.5\times0.7)^2}{8-0.8}\approx34.3\text{cm}^3$$

$$W_{P2C2}=\frac{166.7+0.71+20\times(0.5\times10-2.5)^2+17.5\times(2.5+0.5\times0.7)^2}{10-2.5}\approx57.9\text{cm}^3$$

⑦ 校核水压试验应力

对于横筋，按公式(10-35) 有

$$\sigma_1=\frac{B^2lp}{2KW_{P1C1}}=\frac{100^2\times50\times0.216}{2\times12\times34.3}\approx131.2<0.9\sigma_s=176.5\text{MPa}$$

对于竖筋，按公式(10-36) 有

$$\sigma_2=\frac{L^2bp}{2KW_{P2C2}}=\frac{200^2\times25\times0.216}{2\times12\times57.9}\approx155.3<0.9\sigma_s=176.5\text{MPa}$$

两者均满足水压试验要求。

10.3.5 椭圆球形壳体

图 10-15 给出了长轴为 $2a$，短轴为 $2b$ 的椭圆球形壳体示意图。其临界弹性弯曲压力 $p_临$可用瑞利-里兹（Rayleigh-Ritz）方法求得。

可利用图 10-16 给出的曲线求出壳体的厚度。

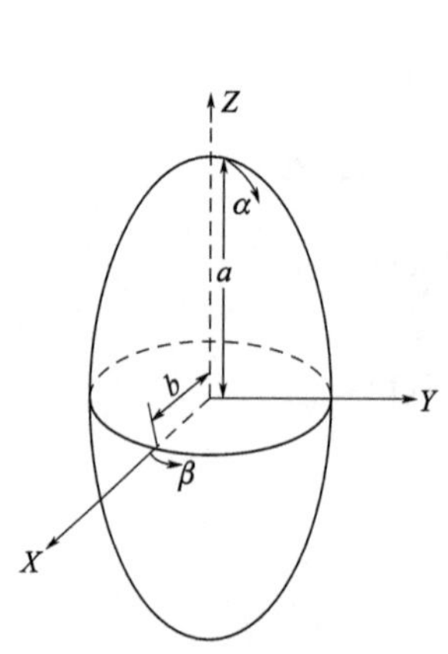

图 10-15 椭圆球形壳体

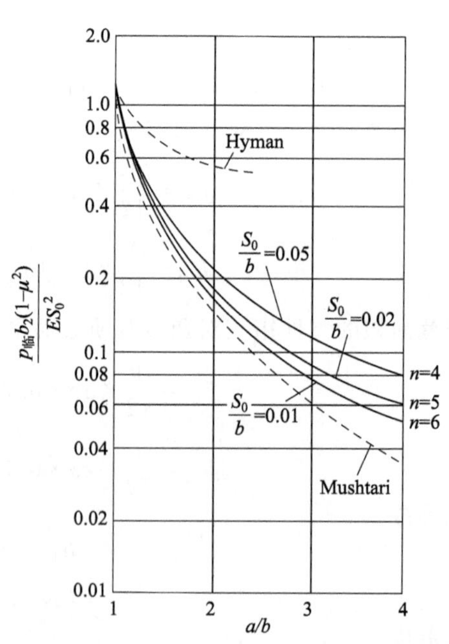

图 10-16 计算椭圆球形壳体壁厚曲线

$p_临$—壳体所承受的临界外压力，MPa；a—椭球长半轴，cm；b—椭球短半轴，cm；S_0—壳体壁厚，cm；E—材料弹性模量，MPa；μ—泊松比，图中 $\mu=0.3$；n—周向波数；（Hyman，Mushtari 为研究者）

表 10-13 给出了临界弯曲压力及波数的计算值与实验值。

表 10-13　临界弯曲压力及波数的计算值与实验值比较

样品代号	a/b	S_0/b	弯曲压力 $/\times 6.9\times 10^{-3}$MPa			波数		样品代号	a/b	S_0/b	弯曲压力 $/\times 6.9\times 10^{-3}$MPa			波数	
			计算	实验	Mushtari	计算	实验				计算	实验	Mushtari	计算	实验
24	4.0	0.061	9.6	8.5	5.4	5	4	3	2.0	0.080	53.4	49	41.6	6	5
25		0.083	19.4	15.0	10.1	4	4	4		0.1165	123	111	88.4	6	5
20		0.121	47.1	39	21.4	4	3	1		0.140	184	158	127	5	4
33		0.152	84.9	54.25	33.8	4	3	2		0.187	361	261	228	5	4
10		0.187	134	94	51.5	3	3	17	1.5	0.060	52.1	47	46.7	9	—
13		0.317	469	259	147	3	2								
								15		0.080	95.9	84	83.1	8	8
23	3.0	0.064	16.4	13.5	11.0	5	5	5		0.1195	229	198	185	7	6
19		0.079	25.9	23.5	16.7	5	4	27	1.25	0.041	37.7	23.25	36	12	—
7		0.120	69.1	54	38.6	4	4								
32		0.152	117	88	61.5	4	3	31		0.045	45.6	21.25	43.2	12	—
9		0.189	197	137	95.5	4	3	26		0.057	74.4	48	69.5	11	9
12		0.312	653	432	260	3	3	16		0.060	84.6	51	72	10	—
								14		0.0795	148	129	135	9	8
22	2.5	0.060	18.9	19	14.3	6	6								
18		0.079	35.2	32	24.6	6	5	30	1.0	0.0335	51.4	17.75	51	17	—
6		0.121	91.1	70	57.9	5	4	29		0.040	73.4	30.25	72.7	15	—
8		0.189	254	190	141	4	3	28		0.058	156	98.75	152	12	—
11		0.325	976	601	408	3	3								
21	2.0	0.060	28.4	27	23.4	7	7								

注：$E=3.2\times 10^4$MPa；$\mu=0.4$；$b=7.62$cm。

10.3.6　环形壳体

图 10-17 给出了半径为 a 的环形壳体，在均匀外压下其壁厚 S_0 可用图 10-18 曲线或表 10-14 来确定。图 10-19 为壳体径向位移形状，图 10-20 为不同研究者的计算结果比较。表 10-15 为实验与计算结果比较。

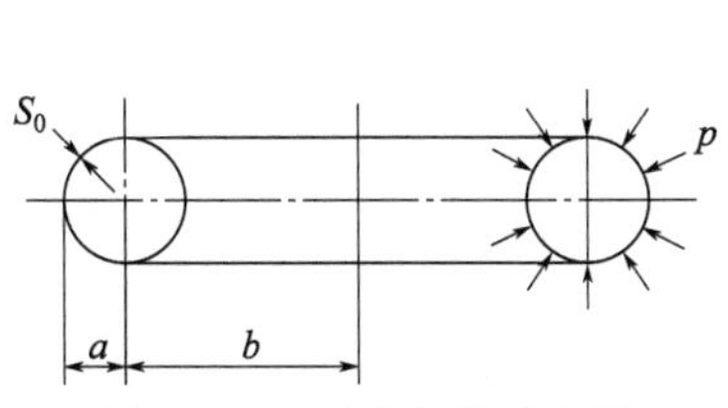

图 10-17　环形壳体示意图

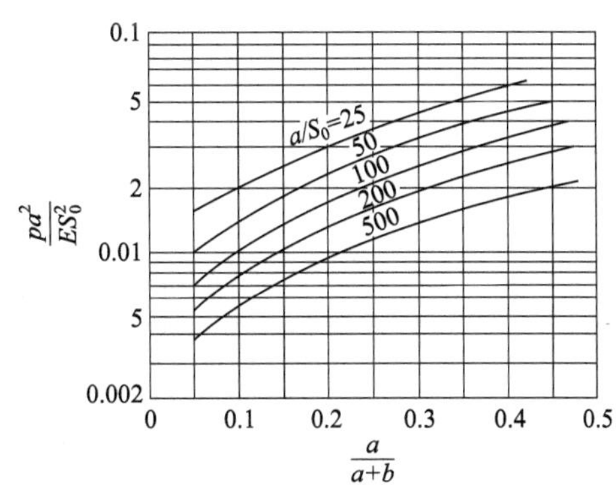

图 10-18　在均匀静压下环形壳体的弯曲系数

表 10-14　不同弯曲形式的结果比较

b/a	$a/S_0=100$			$a/S_0=500$		
	$(pa/ES_0)\times10^3$			$(pa/ES_0)\times10^4$		
	A 型 $n=2$	B 型 $n=2$	B 型 $n=0$	A 型 $n=2$	B 型 $n=2$	B 型 $n=0$
1.2	0.520	0.516	0.373	0.441	0.440	0.420
2	0.281	0.281	0.268	0.301	0.301	0.300
4	0.175	0.176	0.173	0.191	0.192	0.191
8	0.113	0.115	0.114	0.121	0.122	0.123
20	0.066	0.067	0.068	0.068	0.069	0.069

注：n—周向波数。

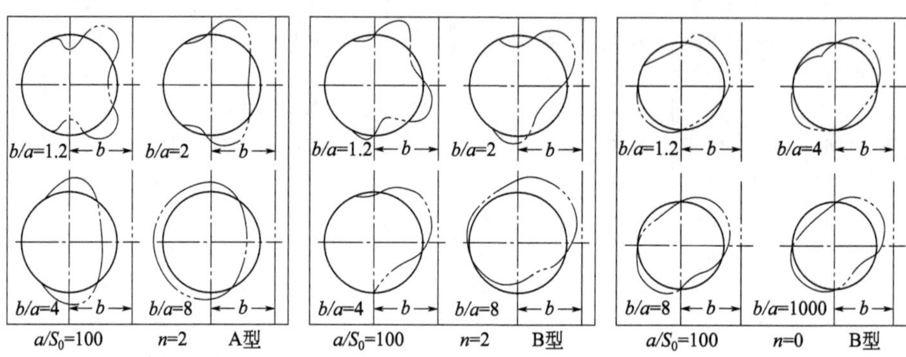

图 10-19　壳体径向位移形状

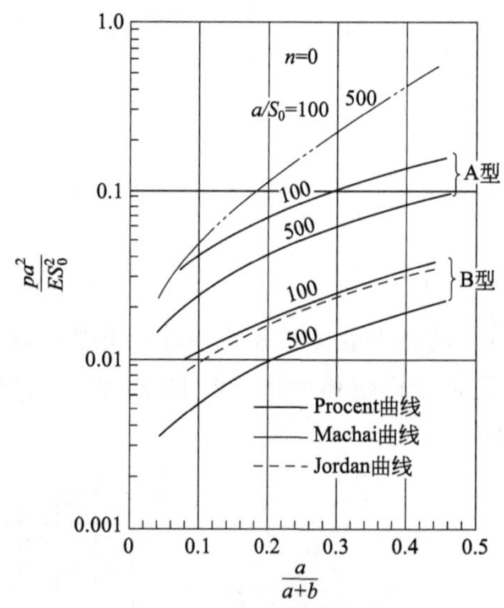

图 10-20　不同研究者计算结果之比较

表 10-15　实验结果与计算值比较

壳体形状＼参数	$a/\times2.54$cm	$b/\times2.54$cm	S_0 名义 $/\times2.54$cm	S_0 平均 $/\times2.54$cm	$\frac{b}{a}$	$\frac{a}{S_0}$	材料	pa^2/ES_0^2 实验	pa^2/ES_0^2 计算	$\frac{p_{计算}-p_{实验}}{p_{计算}}\times100\%$
近于完整的环形壳体	7.2	57.6	0.1	0.0395	8.04	71.5	钢 17-7PH	0.01182	0.01302	9.2
	7.2	57.6	0.1	0.0383	8.04	73.8	钢 17-7PH	0.01370	0.01285	−6.6
	7.2	57.6	0.1	0.0353	8.04	80.0	钢 AM-350	0.01369	0.01240	−10.4

续表

壳体形状 \ 参数	$a/$ $\times 2.54$cm	$b/$ $\times 2.54$cm	S_0		$\frac{b}{a}$	$\frac{a}{S_0}$	材料	pa^2/ES_0^2		$\frac{p_{计算}-p_{实验}}{p_{计算}}$ $\times 100\%$
			名义 /×2.54cm	平均 /×2.54cm				实验	计算	
180°环形壳体	3.50	22.125	0.050	—	6.32	70	钛 6Al-4V	0.0164	0.0152	−7.9

注：a—环截面半径，cm；b—圆环中心线之半径，cm；E—材料弹性模量，MPa；S_0—圆壳体壁厚，cm；$p_{计算}$—计算外压值，MPa；$p_{实验}$—实验外压值，MPa。

10.4 外压圆筒和球壳壁厚计算公式[❶]

10.4.1 外压圆筒和外压管子

外压圆筒和外压管子所需的有效厚度用图 10-21～图 10-29 进行计算。分两种情况，步骤如下。

(1) $D_H/S \geqslant 20$ 的圆筒和管子

① 假设 S_n，令 $S_0=S_n-C$，定出 L/D_H 和 D_H/S。

② 在图 10-21 左方纵坐标上找到 L/D_H 值点，过此点沿水平方向右移与相应的 D_H/S 线相交（遇中间值用内插法）。若 L/D_H 值大于 50，则用 $L/D_H=50$ 查图，若 L/D_H 值小于 0.05，则用 $L/D_H=0.05$ 查图。

③ 过此交点沿垂直方向下移，在图下方的横坐标上便可得到系数 A 值。

④ 根据圆筒和管子所用材料，在对应材料的厚度计算图（图 10-22～图 10-29）下方的横坐标线上找到所得到的系数 A 值的点。

a. 若 A 值点处在设计温线的下方，则过此点垂直上移，与设计温线相交（遇中间温度值用内插法），再过此交点水平方向右移，在图的右方纵坐标上得到系数 B，并按式(10-37) 计算许用外压力 $[p]$

$$[p]=\frac{B}{D_H/S} \tag{10-37}$$

b. 若 A 值点偏左侧，未处在设计温度线的下方，则用式(10-38) 计算许用外压力 $[p]$

$$[p]=\frac{2AE}{3(D_H/S)} \tag{10-38}$$

⑤ $[p]$ 应大于或等于设计外压力 p_C，否则须再假设名义厚度 S_n，重复上述计算，直到 $[p]$ 大于且接近于 p_C 为止。

(2) $D_H/S<20$ 的圆筒和管子

① 用与 (1) 条相同的步骤得到系数 B 值；但对于 $D_H/S<4.0$ 的圆筒和管子应按式(10-39) 计算系数 A 值

$$A=\frac{1.1}{(D_H/S)^2} \tag{10-39}$$

② 按式(10-40) 计算许用外压力 $[p]$

$$[p]=B\frac{2\sigma_0}{D_H/S}\left(\frac{2.25}{D_H/S}-0.0625\right)\left(1-\frac{1}{D_H/S}\right) \tag{10-40}$$

式中　σ_0——应力，取以下两值中的较小值

❶ 10.4 节部分资料选自 GB 150。

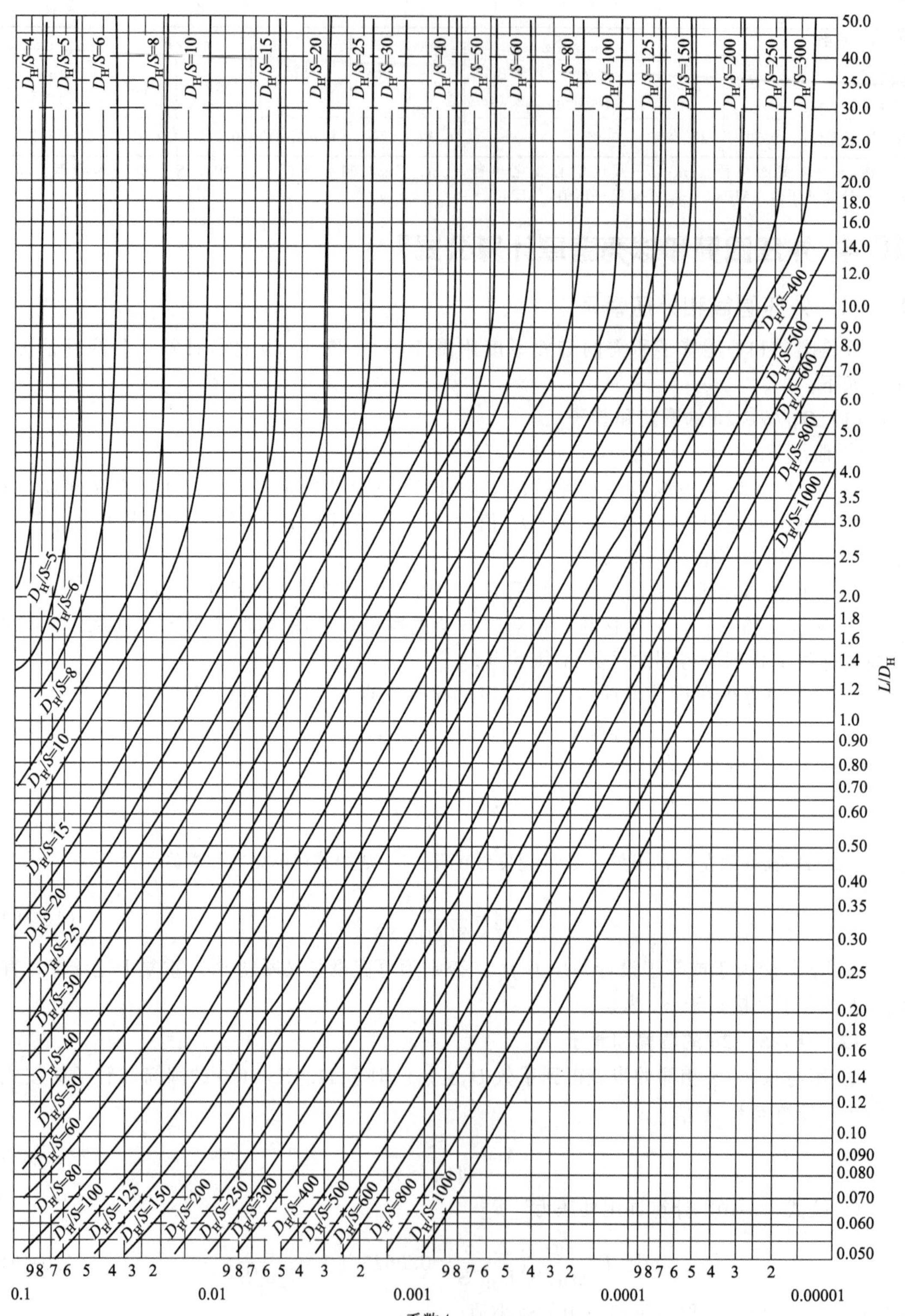

图 10-21　外压或轴向受压圆筒和管子几何参数计算图（用于所有材料）

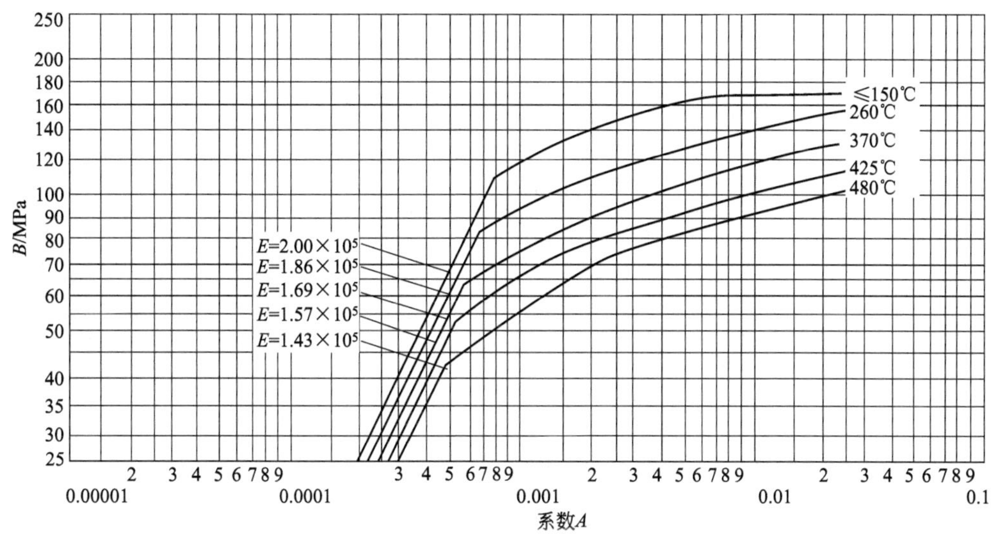

图 10-22 外压圆筒、管子和球壳厚度计算图（一）

（屈服点 σ_s＞207MPa 的碳素钢和 0Cr13、1Cr13）

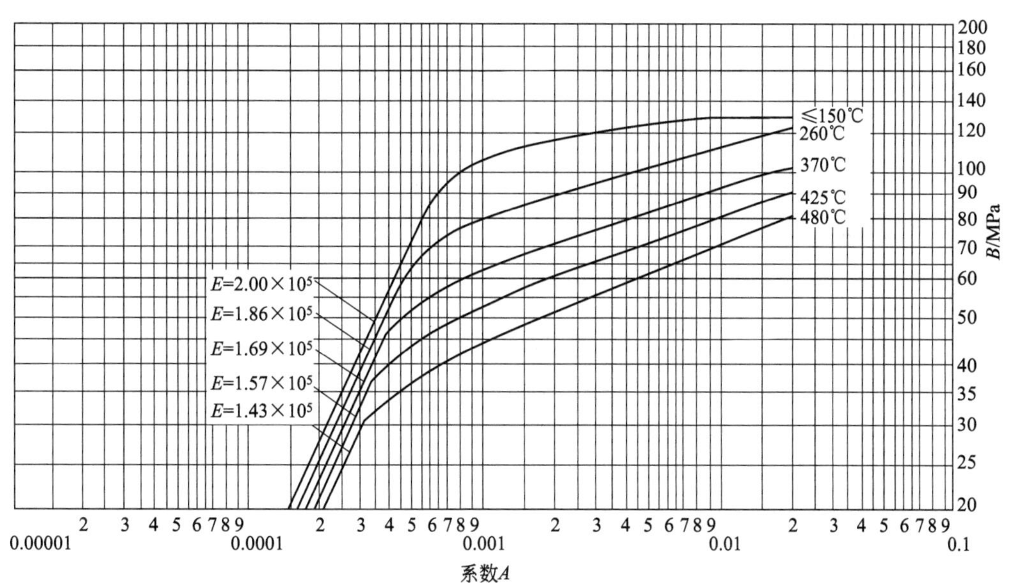

图 10-23 外压圆筒、管子和球壳厚度计算图（二）

（屈服点 σ_s＜207MPa 的碳素钢）

$$\sigma_0=2[\sigma]^t$$

$$\sigma_0=0.9\sigma_s^t$$

③［p］应大于或等于 p_C，否则须再假设名义厚度 S_n，重复上述计算，直到［p］大于且接近 p_C 为止。

10.4.2 外压球壳

外压球壳所需的有效厚度按以下步骤确定：

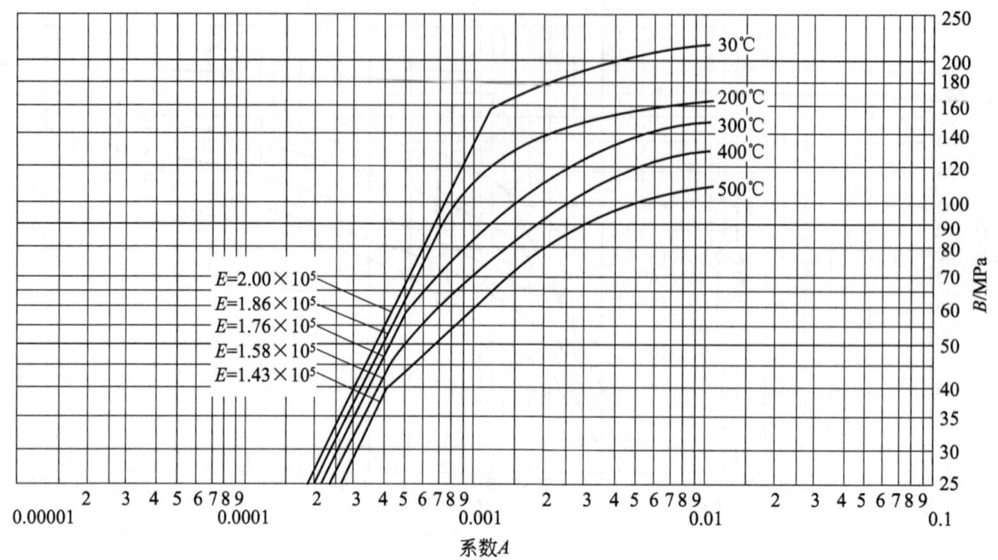

图 10-24　外压圆筒、管子和球壳厚度计算图（三）

（15MnVR 钢）

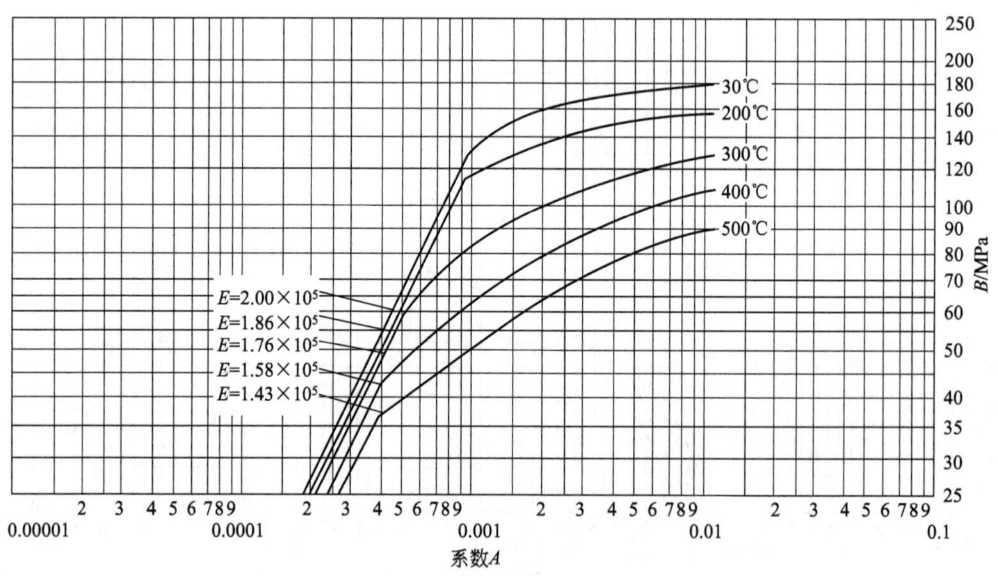

图 10-25　外压圆筒、管子和球壳厚度计算图（四）

（16MnR，15CrMo 钢）

（1）假设 S_n，令 $S=S_n-C$，定出 R_0/S；

（2）用式(10-41)，计算系数 A：

$$A=\frac{0.125}{R_0/S} \tag{10-41}$$

（3）根据外压球壳所用材料，在对应材料的厚度计算图（图 10-22～图 10-29）下方的横坐标线上找到所得到的系数 A 值的点。

① 若 A 值点处在设计温线的下方，则过此点垂直上移，与设计温度线相交（遇中间温度值用内插法），再过此交点水平方向右移，在图的右方纵坐标上得到系数 B，并按式

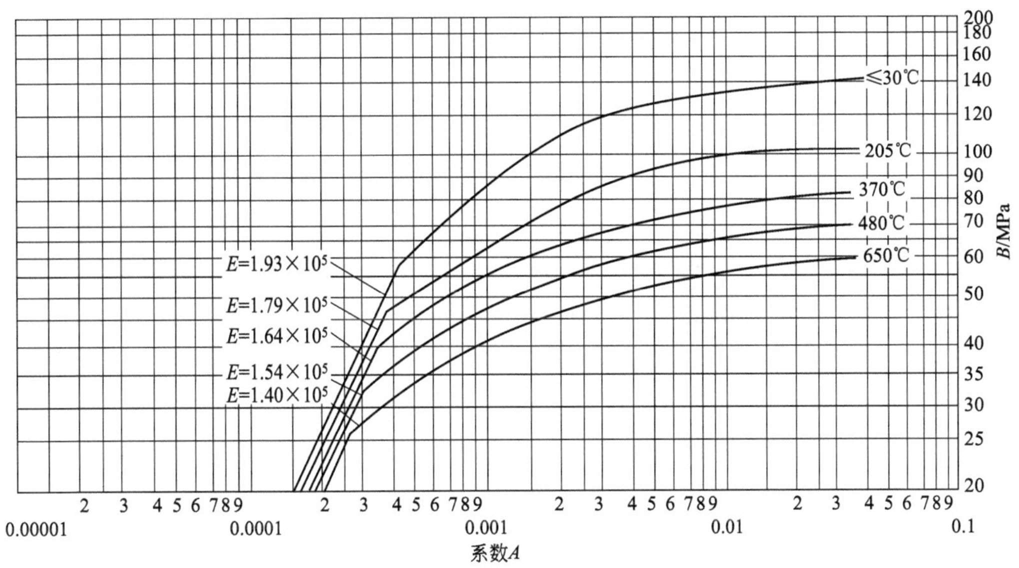

图 10-26　外压圆筒、管子和球壳厚度计算图（五）

（0Cr18Ni9 钢）

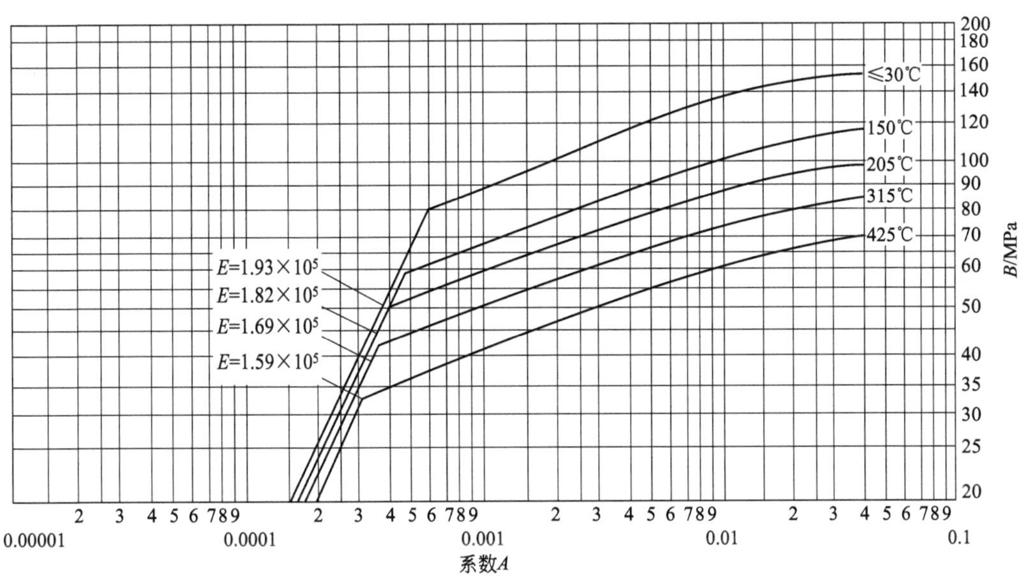

图 10-27　外压圆筒、管子和球壳厚度计算图（六）

（00Cr17Ni14Mo2、00Cr19Ni13Mo3 钢）

(10-42) 计算许用外压力 $[p]$：

$$[p]=\frac{B}{(R_0/S)} \tag{10-42}$$

② 若 A 值点偏左侧，未处在设计温度线的下方，则用式(10-43) 计算许用外压力 $[p]$：

$$[p]=\frac{0.0833E}{(R_0/S)^2} \tag{10-43}$$

10.4 节各式中　A——系数；

C——壁厚附加量，mm；

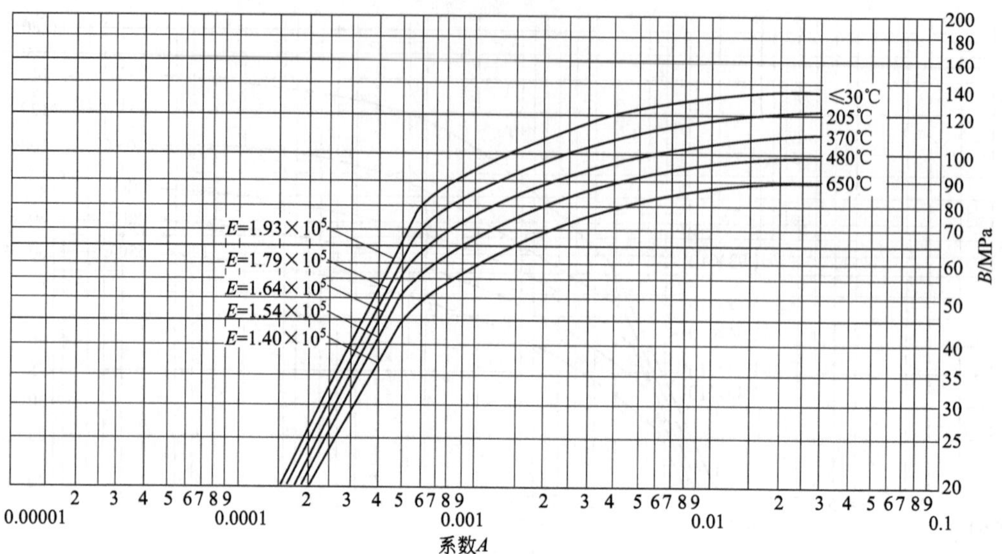

图 10-28　外压圆筒、管子和球壳厚度计算图（七）

（0Cr18Ni10Ti、0Cr17Ni12Mo2、0Cr19Ni13Mo3 钢）

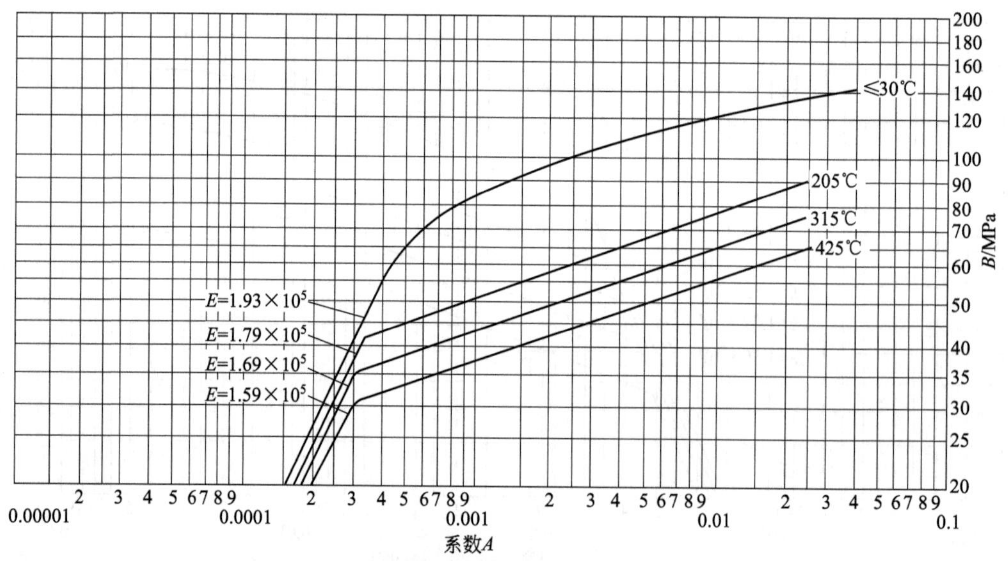

图 10-29　外压圆筒、管子和球壳厚度计算图（八）

（00Cr19Ni10 钢）

D_H——圆筒外径，mm；

R_0——球体外半径，mm；

E——设计温度下材料的弹性模量，MPa；

S——壁厚，mm；

$[\sigma]^t$——设计温度下材料的许用应力，MPa；

σ_s^t——设计温度下材料的屈服极限，MPa；

p_C——设计外压力，MPa。

图 10-30～图 10-33 所示为美国金属材料实验曲线，仅作设计时参考。

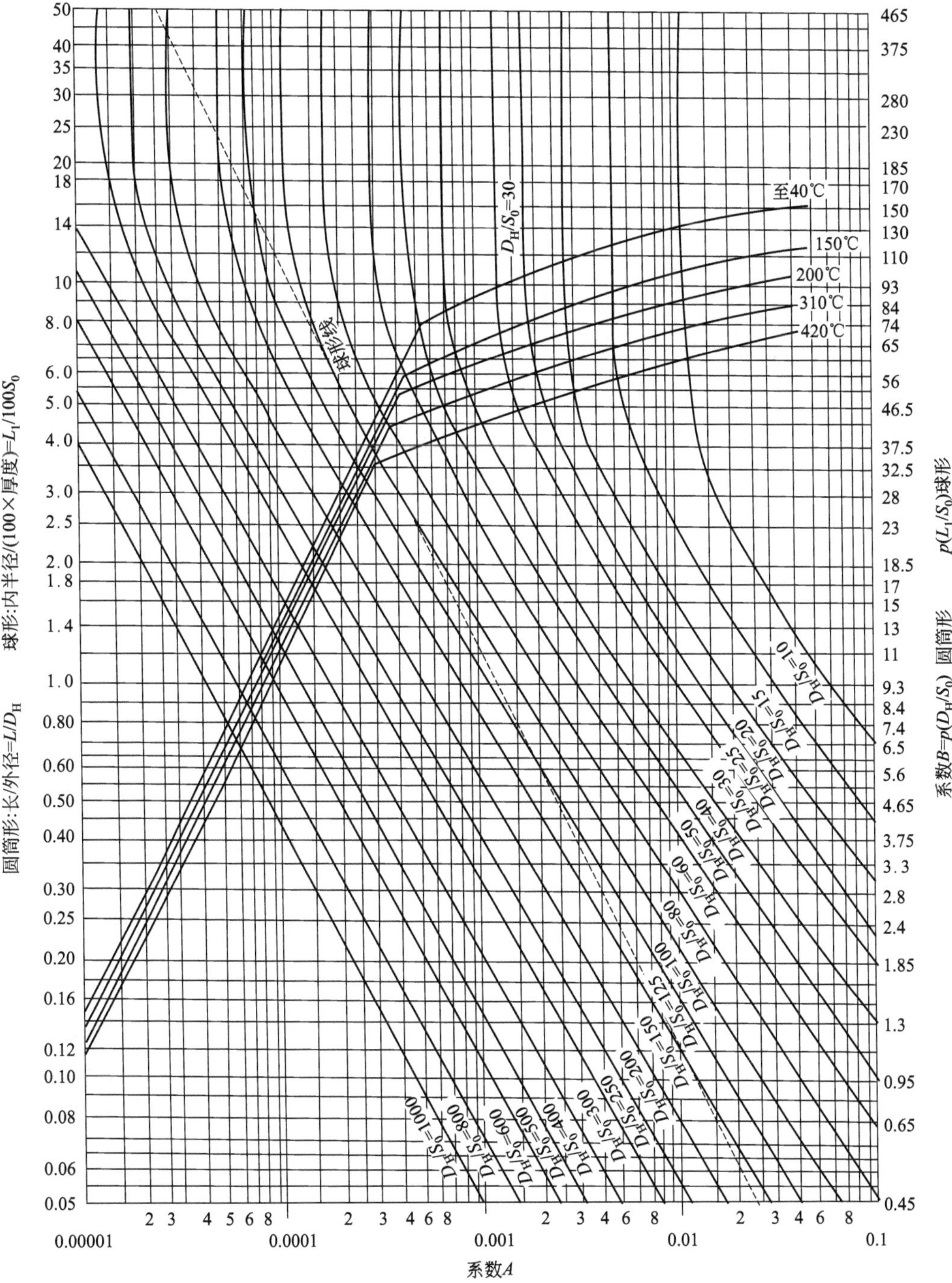

图 10-30 圆筒形或球形钢制外压容器壁厚计算图

（材料为：00Cr17Ni13Mo2；00Cr17Ni13Mo3）

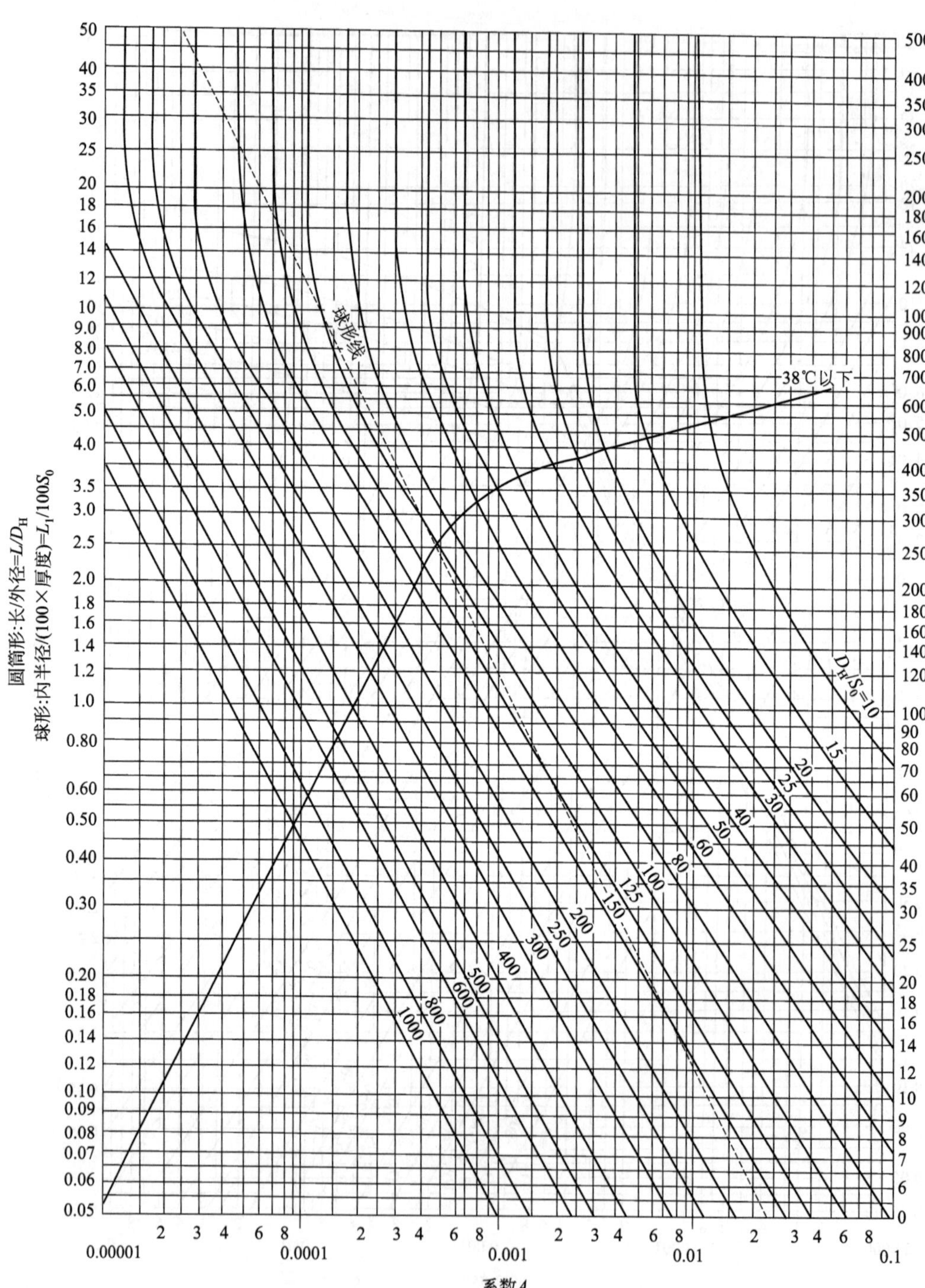

图 10-31　圆筒形或球形铝合金制外压容器壁厚计算图

［材料：铝合金 5154（GR40A）O 及 H112 回火；5454（GM40A）O、H32、H34 及 H112 回火］

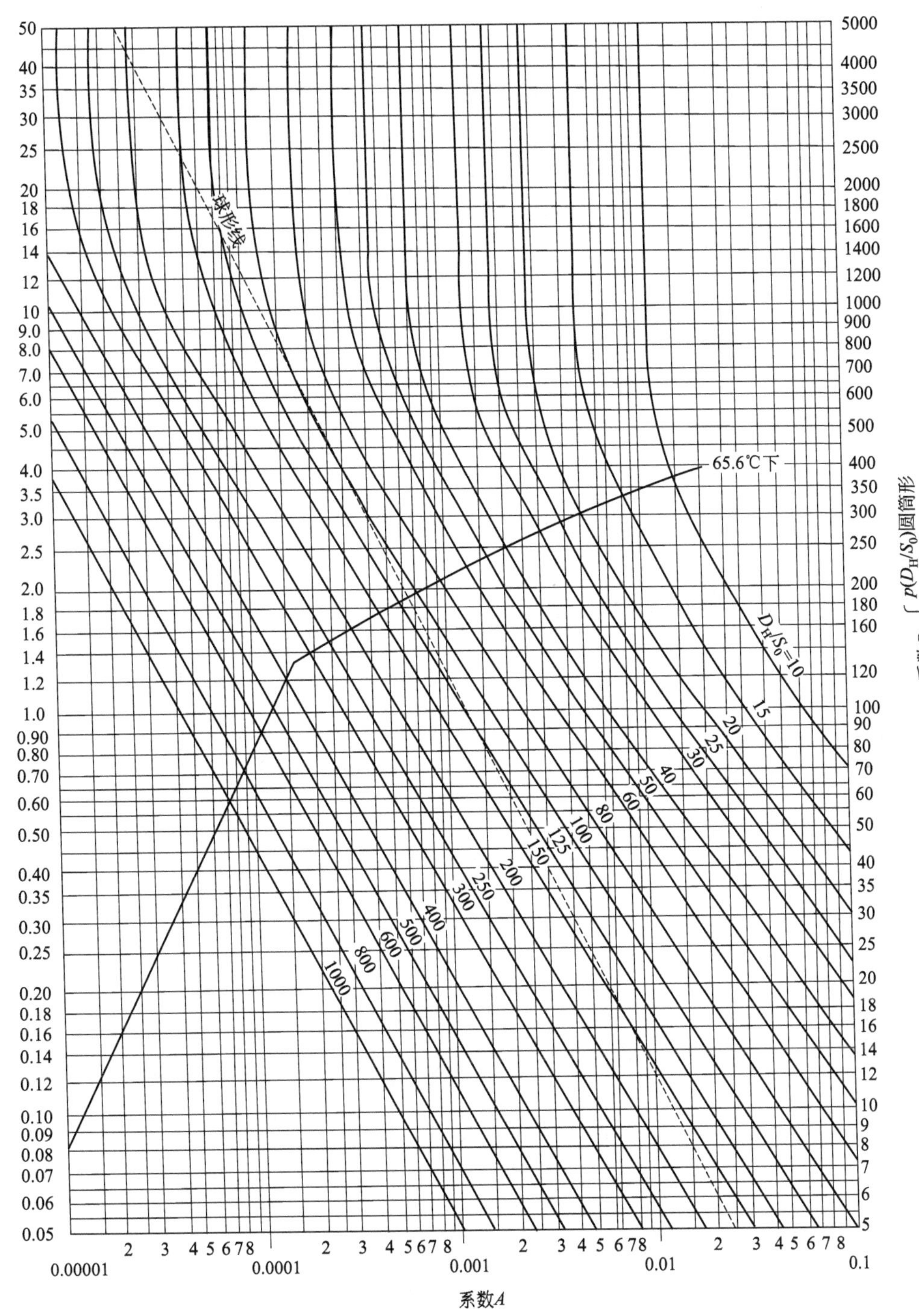

图 10-32　圆筒形或球形铜制外压容器壁厚计算图

［材料：Cu-DHP（退火铜）］

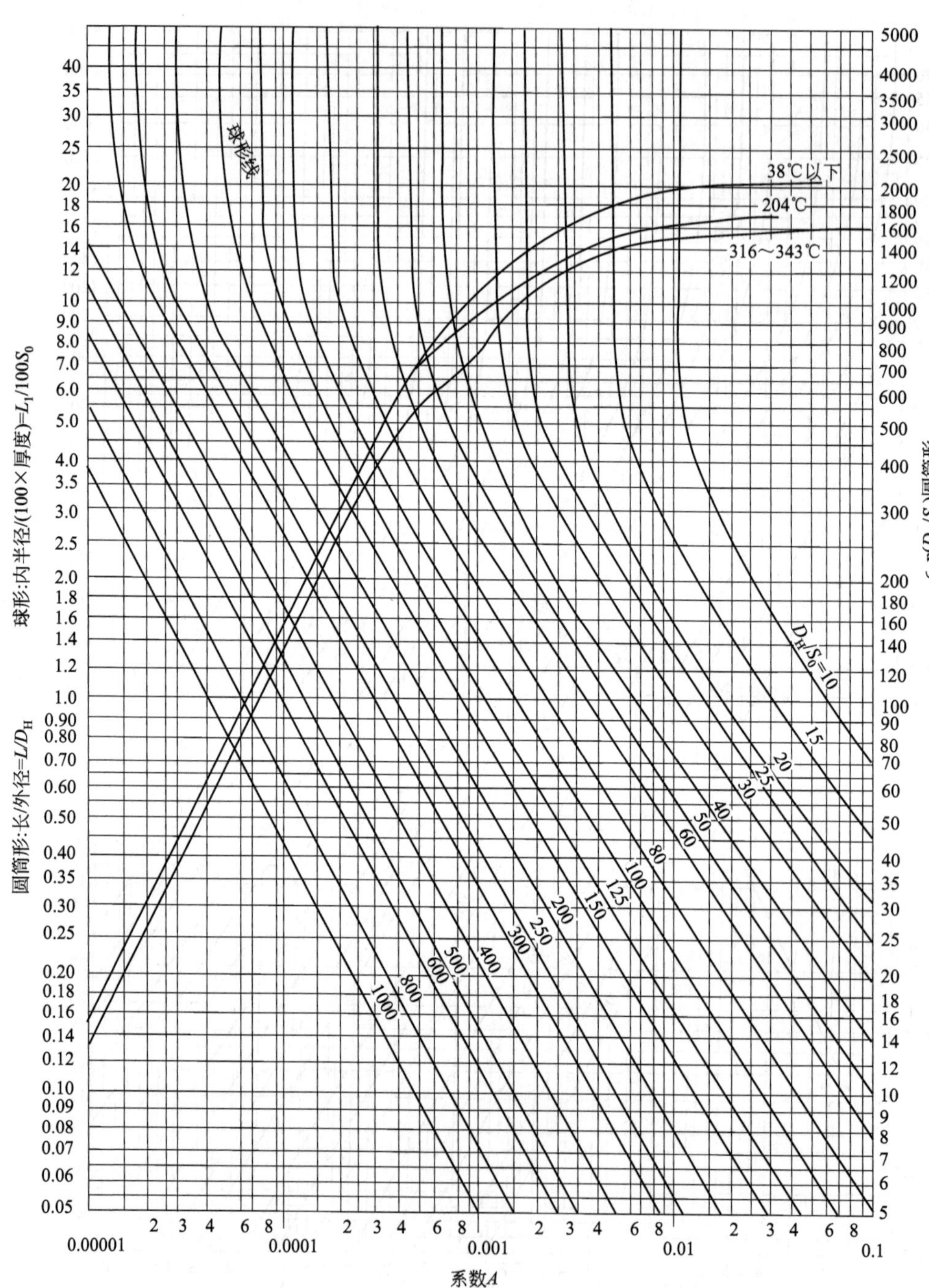

图 10-33　圆筒形或球形镍钼合金制外压容器壁厚计算图

（材料：镍钼合金）

10.5 外压圆筒体加强圈设计

10.5.1 概述

在设计外压圆筒体时，应选择尽可能小的 L/D 值。当 L/D 的比值大于 5 时，建议设计加强圈；不大于 5 时，为了减少其壁厚亦可设计加强圈。一般 $D>2\text{m}$ 的容器，需设置加强圈。

加强圈通常是用板材制成的复合件，也可用于型材。后者制造工艺上较前者难。

加强圈焊在圆筒体外侧，加强圈的主要类型如图 10-34 所示。

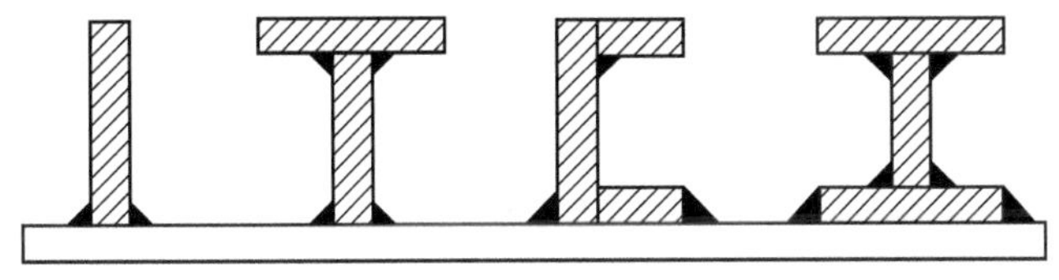

图 10-34　加强圈的类型

加强圈需要围绕圆筒体一圈，加强圈和筒体之间允许有局部间断，但间断部分的筒体最大弧长不得超过图 10-35 的规定值。

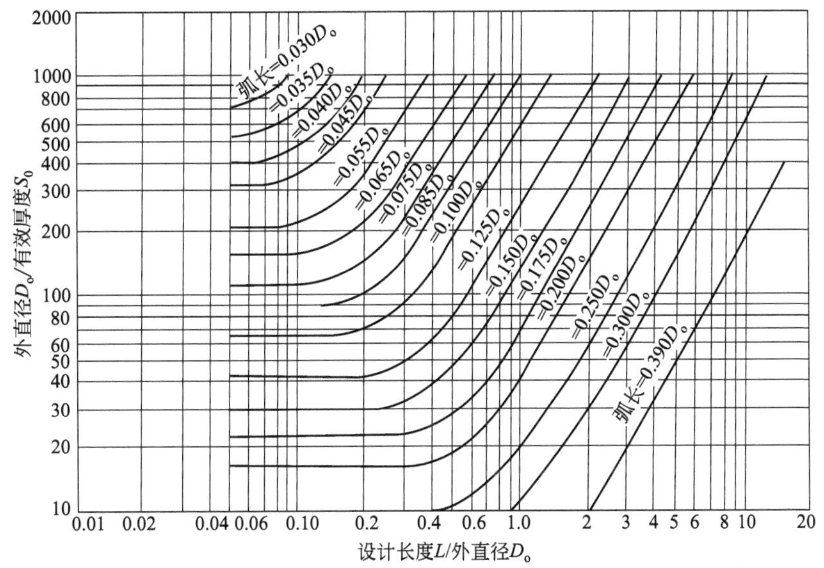

图 10-35　圆筒上加强圈允许的间断弧长值

内部支撑或支架的负荷必须通过基本上连续的环分布到筒壁上。

加强圈断开后，必须设法补强。

加强圈间断焊时，每边焊缝长度不小于筒体周长的一半。间断焊缝间的距离不小于 $8S$。

10.5.2 图表法计算加强圈

加强圈计算可利用图 10-22～图 10-29 曲线。

首先假设加强圈的尺寸，求出截面积 F 及其惯性矩 I，然后按下式求出 B 值。

$$B=\frac{pD_o}{S_0+\frac{F}{L}} \tag{10-44}$$

式中　p——外压设计压力，MPa；

D_o——筒体外径，mm；

S_0——圆筒体计算壁厚（不包括壁厚附加量），mm；

F——加强圈的截面积，mm^2；

L——容器的计算长度，mm；

B——系数。

根据系数 B 和设计温度，利用图 10-22～图 10-29 查出系数 A 值，再按下式计算加强圈横截面所必需的惯性矩 I_s：

$$I_s=\frac{D_o^2L\left(S_0+\frac{F}{L}\right)}{14}A \tag{10-45}$$

式中　A——筒体应变系数。

必须满足条件 $I_s \leqslant I$，且 I_s 接近 I。

上面 I_s 的计算是考虑到一般情况下壳体的补强作用约为加强圈的 30%的情况。对于外压壳体具有较大厚度时，加强圈的惯性矩 I 值计算可计入在加强圈两侧各为 $0.55\sqrt{D_H S_0}$ 内的壳体惯性矩（若相邻两加强圈的壳体有效补强范围重叠时，重叠部分取一半计算）。采用这种计算方法时，应满足 $I>1.3I_s$，I_s 的计算方法同上。

外压圆筒加强圈的设计也可以参考 GB 150 标准中给出的相应公式进行计算。

10.6 容器开孔补强设计

10.6.1 概述

本节开孔补强方法适用于 $\sigma_b \leqslant 392.2$MPa 的钢制筒体或封头上圆形、椭圆形、长圆形的单个孔。所有开孔应尽可能避开焊缝。当筒体上开椭圆孔或长圆形孔时，其短半轴必须平行于筒体纵轴。若 $\sigma_b > 392.2$MPa 的高强度钢制容器，请参考有关的化工容器设计资料。

（1）允许不补强的最大孔径

当容器承受的压力波动不大时，允许不补强的最大孔径如下所述。

① 熔焊或钎焊附件　圆筒体或封头（包括平封头、凸形封头及锥形封头）厚度小于 10mm 时，最大孔径 d 为 50mm；圆筒体或封头（包括平封头、凸形封头及锥形封头）厚度大于 10mm 时，最大孔径 d 为 35mm。

② 螺纹或双头螺栓连接附件　圆筒体或封头上的最大孔径 d 为 35mm（开孔直径超过上述最大孔径时，并不一定要补强，但需根据下述方法进行计算来确定是否需要补强）。

（2）局部补强方法所适用的最大开孔

在圆筒体上开孔直径不得超过以下数值：

① 容器直径 $D_B \leqslant 1500$mm，开孔最大直径 $d=1/2D_B$，且须 $d \leqslant 500$mm。

② 容器直径 $D_B > 1500$mm，开孔最大直径 $d=1/3D_B$，且须 $d \leqslant 1000$mm。

如因工艺要求超过上述限制时，设计者必须对该孔的补强结构和计算作特殊考虑。封头上开孔直径原则上不受限制，但超过 $d=1/3D_B$，建议采用锥形封头，或特殊曲线封头。

10.6.2 封头开孔补强

(1) 凸形封头开孔补强

① 凸形（椭圆形，碟形）封头因开孔而削弱的计算面积

$$A=dS_0 \tag{10-46}$$

S_0 计算如下：

a. 椭圆形封头。开孔及其补强材料位于封头直径 80%之封头中心范围内

$$S_0=\frac{pK_1D_B}{2[\sigma]} \tag{10-47}$$

式中 p——设计压力，MPa；

D_B——封头内径，mm；

$[\sigma]$——许用应力，MPa；

K_1——系数（见表 10-16）。

表 10-16 K_1 值

$D_B/2h_B$	3	2.8	2.6	2.4	2.2	2	1.8	1.6	1.4	1.2	1.0
K_1	1.36	1.27	1.18	1.08	0.99	0.90	0.81	0.73	0.65	0.57	0.50

注：h_B 为封头凸出部分内边高度，参见图 10-40。

b. 碟形封头。开孔位于碟形封头之球面部分内

$$S_0=\frac{pR_B}{2[\sigma]} \tag{10-48}$$

式中 p——设计压力，MPa；

S_0——计算壁厚（不包括附加量），mm；

R_B——球面部分内半径，mm；

$[\sigma]$——材料许用应力，MPa。

② 凸形封头的整体补强 椭圆形封头或碟形封头（碟形封头需满足 $R_B \leqslant D_B$，$\frac{h_B}{D_B} \geqslant 0.2$，$r_B \geqslant 3S$，$r_B$ 为转角处内半径）按下式计算开孔封头厚度

$$S=\frac{pD_B}{4Z[\sigma]} \times \frac{D_B}{2h_B}+C \tag{10-49}$$

式中 p——设计压力，MPa；

h_B——封头凸出部分内边高度，mm；

$[\sigma]$——许用应力，MPa；

Z——系数，$Z=1-d/D_B$，且 $d \leqslant 0.7D_B$；

D_B——封头内径，mm；

d——开孔直径，若封头上同时存在几个孔，则 d 为封头上开孔的最大直径，mm。

③ 凸形封头过渡部分开孔规定 碟形封头上开孔的孔边与封头边缘间的投影距离不

小于 $0.1D_B$。

椭圆形封头上开孔的孔边与封头边缘间的投影距离，若因工艺或结构上需要小于 $0.1D_B$ 时，封头厚度仍按有孔封头计算（即整体补强），并且还要按局部补强法补强。

(2) 锥形封头开孔补强

锥形封头因开孔需要补强面积

$$A=dS_0 \tag{10-46}$$

式中，S_0 为以开孔中心处锥体内径作为锥形直径计算而得的无缝锥体厚度（图 10-36）。

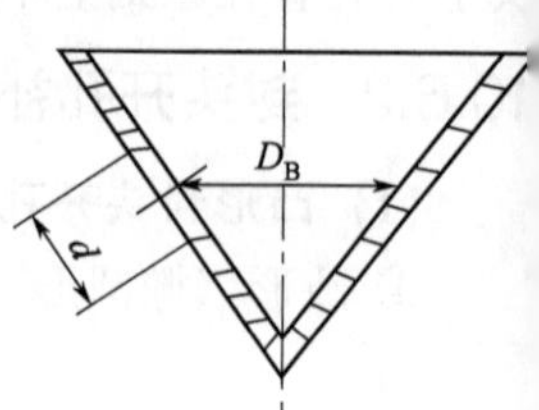

图 10-36　开孔的锥形封头

(3) 平盖开孔补强

平盖开孔直径 $d \leqslant 0.5D_B$ 时，因开孔削弱的面积

$$A=0.5dS_0 \tag{10-50}$$

式中，S_0 为平盖计算厚度（不包括附加量 C），mm，若开孔直径 $d>0.5D_B$ 时，须按法兰计算。

10.6.3　外压容器的开孔补强

因开孔而削弱的面积

$$A=0.5dS_0 \tag{10-51}$$

式中　S_0——外压计算求得的筒体或封头壁厚（不包括壁厚附加量），mm。

10.6.4　内压圆筒体开孔补强

因开孔削弱面积

$$A=dS \tag{10-52}$$

式中　S——筒体计算壁厚；

　　d——开孔直径。

10.6.5　开孔补强计算

补强区有效范围如图 10-37 所示。

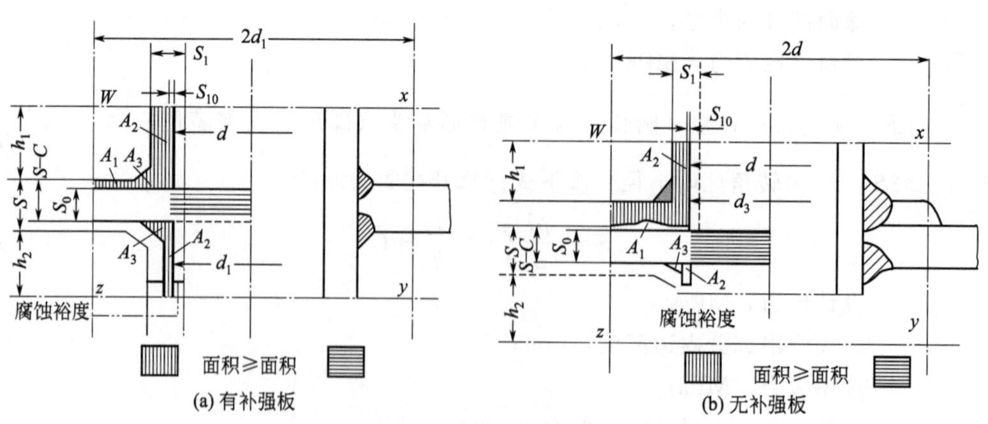

图 10-37　补强区有效范围

(1) 有效宽度

$$B=2d \tag{10-53}$$

(2) 有效高度

① 外侧高度（见图 10-37）

$$h_1=\sqrt{d(S_1-C)} \tag{10-54}$$

或 h_1＝接管实际外伸高度

取两者中最小者。

② 内侧高度（见图 10-37）

$$h_2=\sqrt{d(S_1-2C)} \tag{10-55}$$

或 h_2＝接管实际内伸高度

取两者中最小者。

(3) 在 *XYWZ* 内（图 10-37）有效补强的金属面积

$$A_1+A_2+A_3 \tag{10-56}$$

式中 A_1——壳体或封头上超过抵抗压力所需的多余金属面积（不包括腐蚀裕度），mm^2；

A_2——接管上超过抵抗压力所需要的多余金属面积，mm^2；

A_3——焊缝截面积，mm^2。

$$A_1=(B-d)[\gamma(S-C)-S_0] \tag{10-57}$$

式中，γ 为焊缝系数，开孔不通过纵焊缝时，取 $\gamma=1$，开孔通过纵焊缝时，取纵焊缝系数。

$$A_2=2h_1(S_1-S_{10}-C)+2h_2(S-2C) \tag{10-58}$$

式中，S_{10} 为接管计算壁厚（不包括壁厚附加量），mm；S_1 为接管实际壁厚（包括壁厚附加量），mm；C 为壁厚附加量，mm。

如果满足

$$A_1+A_2+A_3\geqslant A \tag{10-59}$$

则无需另加补强板。

如果不满足，则需要另加补强板，补强板的截面积应等于

$$A_{补强}=A-(A_1+A_2+A_3) \tag{10-60}$$

10.6.6 并联开孔的补强

① 当相邻两个开孔的中心线间距小于两开孔平均直径的两倍时，这两个孔（或多孔）应采用联合补强，联合补强板的强度应等于各单独开孔所需要补强的强度之和。

② 若两个以上的相邻开孔采用联合补强板，则这些开孔中心距应大于它们平均直径的 1.5 倍，开孔之间补强面积应至少等于两个开孔所需要总补强面积的 50%。

③ 若上述两条所述情况中，孔中心间距小于它们平均直径的 1/3 时，在两个开孔之间都不能进行补强。

④ 数量任意而位置很靠近的开孔，不论其排列形式如何都可以看作一个等效于所有开孔直径的假象孔来补强。

⑤ 在受压容器内，若存在一系列管孔，但又不可能对每个孔都进行补强时，则应该采用开孔之间带状结构补强，此带状结构补强按 10.2.7 节开孔削弱系数进行计算。

10.6.7 补强方法

若条件许可，推荐用壁厚接管代替补强板。

若采用补强板时，在容器或封头内、外表面上对称布置比单面补强板效果好。补强板须有 M10 的信号孔。

补强板的材料与简体或封头相同。若所有补强板的强度极限小于筒体或封头材料的强度极限 75%，则补强板的厚度应按比例增加。若所有补强板的强度极限大于筒体或封头材料的强度极限，补强板厚度仍然不得减少。

接管及补强板焊接方法如图 10-38 所示。

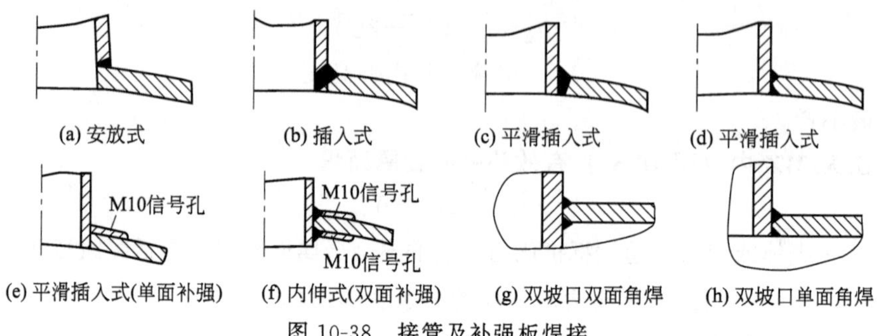

图 10-38 接管及补强板焊接

10.6.8 加强圈

（1）钢制压力容器壳体开孔采用加强圈结构补强时应具备的条件。

① 容器设计压力小于 6.4MPa；

② 容器设计温度不大于 350℃。

③ 容器壳体开孔处名义厚度 $\delta_n \leqslant 38mm$；

④ 容器壳体钢材的标准抗拉强度下限值不大于 540MPa；

⑤ 加强圈厚度应不大于 1.5 倍壳体开孔处的名义厚度；

⑥ 不推荐用于铬钼钢制造的容器，也不推荐用于盛装毒性为极度危害与高度危害介质的容器；

⑦ 不适用于承受疲劳载荷的容器。

（2）符号

D_1——加强圈内径，mm；

D_2——加强圈外径，mm；

d_N——接管公称直径，mm；

d_o——接管外径，mm；

δ_c——加强圈厚度，mm；

δ_n——壳体开孔处名义厚度，mm；

δ_m——接管名义厚度，mm。

（3）钢制压力容器壳体开孔补强用加强圈的型式、尺寸

① 坡口型式　按照加强圈焊接接头结构的要求，加强圈坡口分为 A、B、C、D 和 E 五种型式，如图 10-39 所示。除图示型式外，设计者可根据结构要求自行设计坡口型式。

② 各种坡口型式的适用条件　A 型适用于壳体为内坡口的填角焊结构；B 型适用于壳体为内坡口的局部焊透结构；C 型适用于壳体为外坡口的全焊透结构；D 型适用于壳体为

内坡口的全焊透结构；E 型适用于壳体为内坡口的全焊透结构。

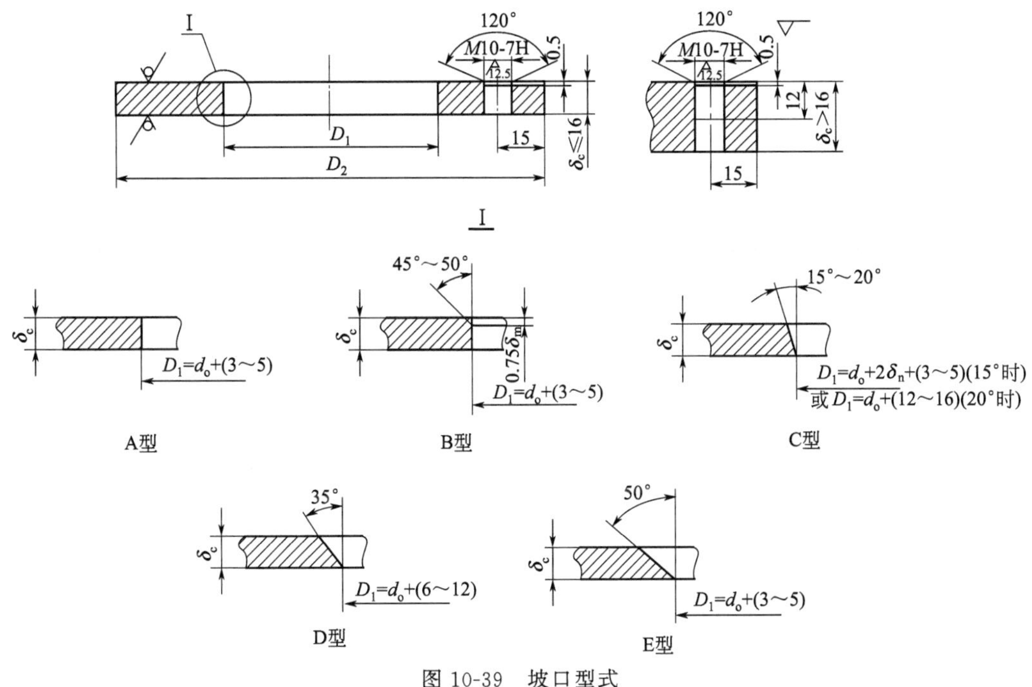

图 10-39　坡口型式

③ 加强圈的尺寸系列见表 10-17。

表 10-17　加强圈尺寸系列

接管公称直径 d_N	外径 D_2	内径 D_1	厚度 $\delta_{c/mm}$													
			4	6	8	10	12	14	16	18	20	22	24	26	28	30
尺寸/mm			质量/kg													
50	130	按图 10-39 中的型式确定	0.32	0.48	0.64	0.80	0.96	1.12	1.28	1.43	1.59	1.75	1.91	2.07	2.23	2.57
65	160		0.47	0.71	0.95	1.18	1.42	1.66	1.89	2.13	2.37	2.60	2.84	3.08	3.31	3.55
80	180		0.59	0.88	1.17	1.46	1.75	2.04	2.34	2.63	2.92	3.22	3.51	3.81	4.10	4.38
100	200		0.68	1.02	1.35	1.69	2.03	2.37	2.71	3.05	3.38	3.72	4.06	4.40	4.74	5.08
125	250		1.08	1.62	2.16	2.70	3.24	3.77	4.31	4.85	5.39	5.93	6.47	7.01	7.55	8.09
150	300		1.56	2.35	3.13	3.91	4.69	5.48	6.26	7.04	7.82	8.60	9.38	10.2	10.9	11.7
175	350		2.23	3.34	4.46	5.57	6.69	7.80	8.92	10.0	11.1	12.3	13.4	14.5	15.6	16.6
200	400		2.72	4.08	5.44	6.80	8.16	9.52	10.9	12.2	13.6	14.9	16.3	17.7	19.0	20.4
225	440		3.24	4.87	6.49	8.11	9.74	11.4	13.0	14.6	16.2	17.8	19.5	21.1	22.7	24.3
250	480		3.79	5.68	7.58	9.47	11.4	13.3	15.2	17.0	110.9	20.8	22.7	24.6	26.5	210.4
300	550		4.79	7.18	9.58	12.0	14.4	16.8	19.2	21.6	24.0	26.3	210.7	31.1	33.5	36.0
350	620		5.90	8.85	11.8	14.8	17.7	20.6	23.6	26.6	29.5	32.4	35.4	310.3	41.3	44.2
400	680		6.84	10.3	13.7	17.1	20.5	24.0	27.4	31.0	34.2	37.6	41.0	44.5	410.0	51.4
450	760		8.47	12.7	16.9	21.2	25.4	29.6	33.9	310.1	42.3	46.5	50.8	55.0	59.2	63.5
500	840		10.4	15.6	20.7	25.9	31.3	36.3	41.5	46.7	51.8	57.0	62.2	67.4	72.5	77.7
600	980		13.8	20.6	27.5	34.4	41.3	410.2	55.1	62.0	610.9	75.7	82.6	89.5	96.4	103.3

注：1. 内径 D_1 为加强圈成型后的尺寸。

2. 表中质量为 A 型加强圈按接管公称直径计算所得的值。

④ 各种坡口的焊接接头型式及适用范围见表 10-18。

表 10-18　各种坡口的焊接接头型式及适用范围

坡口型式	接头型式	基本尺寸	适用范围
A	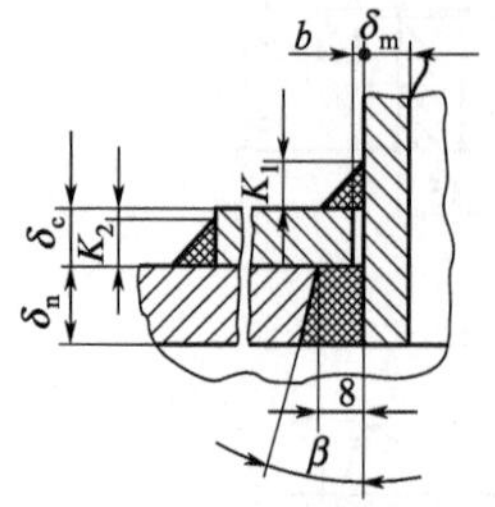	$\beta=20°\pm2°$ $b=2\pm0.5$ $K_1=1.4\delta_m$，且 $K_1\geqslant6$ $K_2=\delta_c$（当 $\delta_c\leqslant8$ 时） $K_2=\max(0.7\delta_c,8)$（当 $\delta_c>8$）	1. 非特殊工况（非疲劳、低温及大的温度梯度）的一类压力容器； 2. 适用于在容器内有较好施焊条件的接管与设备的焊接
B	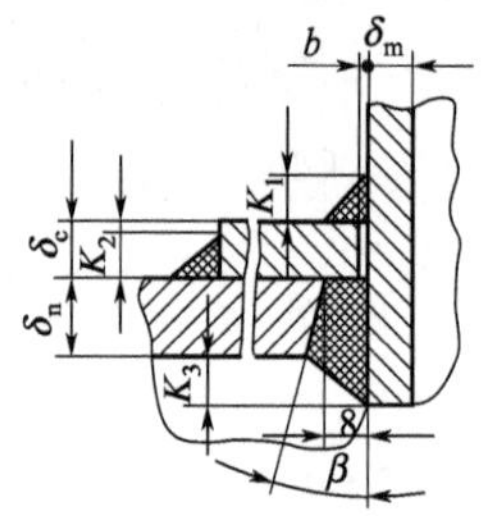	$\beta=20°\pm2°$ $b=2\pm0.5$ $K_1=1.4\delta_m$，且 $K_1\geqslant6$ $K_2=\delta_c$（$\delta_c\leqslant8$ 时） $K_2=\max(0.7\delta_c,8)$（当 $\delta_c>8$ 时） $K_3\geqslant6$	1. 非特殊工况（非疲劳、低温及大的温度梯度）的一类压力容器； 2. 适用于在容器内有较好施焊条件的接管与设备的焊接
C	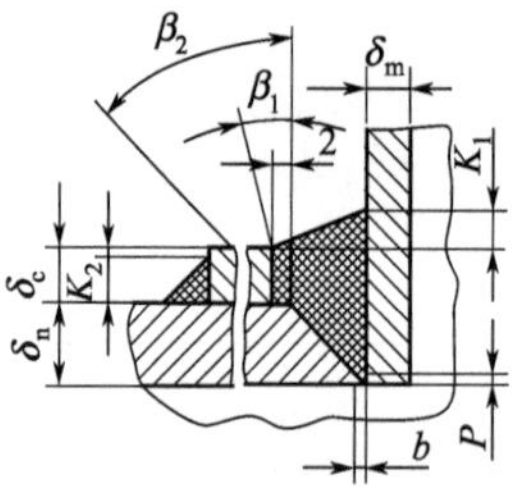	$\beta_1=15°\pm2°$ $\beta_2=45°\pm5°$ $b=2\pm0.5$ $P=2\pm0.5$ $K_1=\delta_m/3$，且 $K_1\geqslant6$ $K_2=\delta_c$（当 $\delta_c\leqslant8$ 时） $K_2=\max(0.7\delta_c,8)$（当 $\delta_c>8$ 时）	1. 多用于壳体内不具备施焊条件或进入壳体施焊不便的场合； 2. 该全焊透结构适用于 $\delta_m\geqslant\delta_n/2$（当 $\delta_n\leqslant16$ 时）或 $\delta_m\geqslant8$（当 $\delta_n>16$ 时）
D	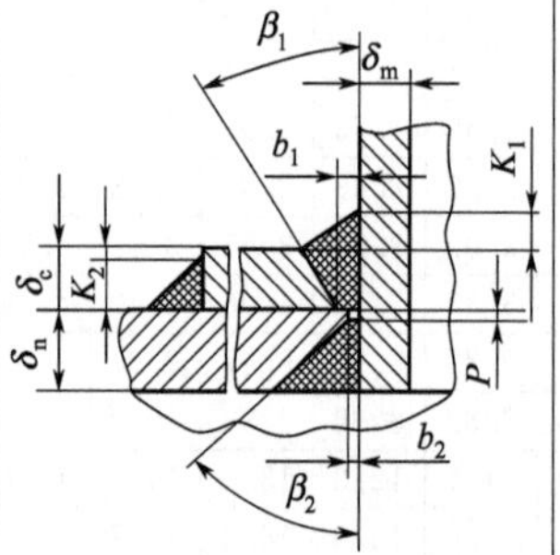	$\beta_1=35°\pm2°$ $\beta_2=50°\pm5°$ $b_1=5\pm1$ $b_2=2\pm0.5$ $K_1=\delta_n/3$，且 $K_1\geqslant6$ $K_2=\delta_c$（当 $\delta_c\leqslant8$ 时） $K_2=\max(0.7\delta_c,8)$（当 $\delta_c>8$ 时） $P=2\pm0.5$	1. 可用于低温、储存有毒介质或腐蚀介质的容器； 2. 适用于 $\delta_m\geqslant\delta_n/2$（当 $\delta_n\leqslant16$ 时）或 $\delta_m\geqslant8$（当 $\delta_n>16$ 时）
E	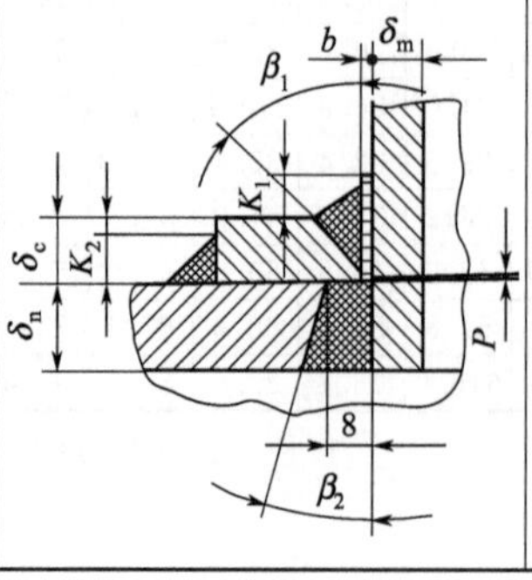	$\beta_1=50°\pm5°$ $\beta_2=20°\pm2°$ $b=2\pm0.5$ $P=0_0^{+2}$ $K_1=\delta_n/3$，且 $K_1\geqslant6$ $K_2=\delta_c$（当 $\delta_c\leqslant8$ 时） $K_2=\max(0.7\delta_c,8)$（当 $\delta_c>8$ 时）	1. 可用于低温、中压容器及盛装腐蚀介质的容器； 2. 适用于 $\delta_m\geqslant\delta_n/2$（当 $\delta_n\leqslant16$ 时）或 $\delta_m\geqslant8$（当 $\delta_n>16$ 时）； 3. 一般用于接管直径 $d_N\leqslant150$

坡口型式	接头型式	基本尺寸	适用范围
F	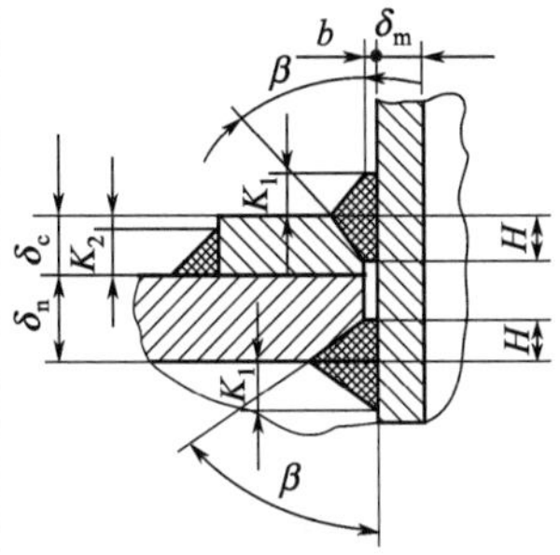	$\beta=50°\pm5°$ $b=2\pm0.5$ $K_1=\delta_m$，且 $K_1\geqslant6$ $K_2=\delta_c$（当 $\delta_c\leqslant8$ 时） $K_2=\max(0.7\delta_c,8)$（当 $\delta_c>8$ 时） $H=0.7\delta_m$	1. 可用于中、低压及内部腐蚀的工况； 2. 不适用于高温、低温、大的温度梯度及承受疲劳载荷的操作条件； 3. 一般 $\delta_m\geqslant\delta_n/2$
G	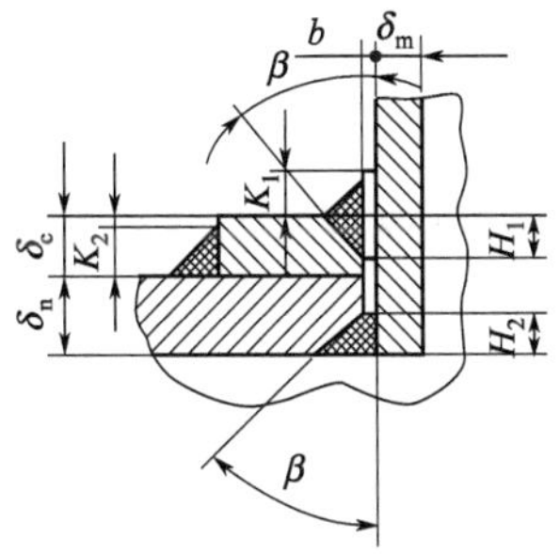	$\beta=50°\pm5°$ $b=2\pm0.5$ $K_1=\delta_m$，且 $K_1\geqslant6$ $K_2=\delta_c$（当 $\delta_c\leqslant8$ 时） $K_2=\max(0.7\delta_c,8)$（当 $\delta_c>8$ 时） $H_1=0.7\delta_m$ $H_2=\delta_m$	1. 可用于中、低压及内部腐蚀的工况； 2. 不适用于高温、低温、大的温度梯度及承受疲劳载荷的操作条件； 3. 一般 $\delta_m\geqslant\delta_n/2$
H	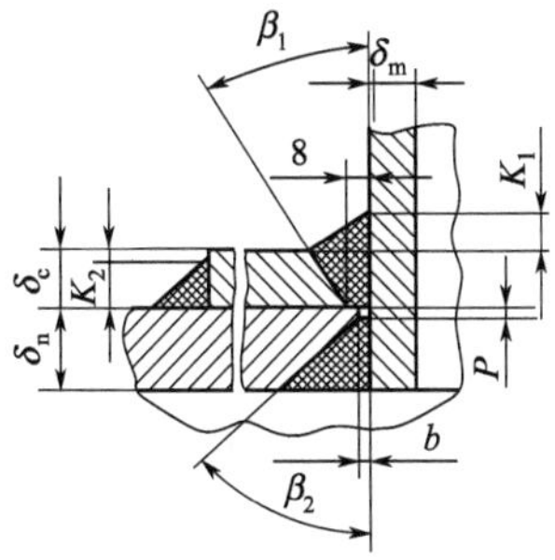	$\beta_1=20°\pm2°$ $\beta_2=50°\pm5°$ $b=2\pm0.5$ $P=2\pm0.5$ $K_1=\delta_n/3$，且 $K_1\geqslant6$ $K_2=\delta_c$（当 $\delta_c\leqslant8$ 时） $K_2=\max(0.7\delta_c,8)$（当 $\delta_c>8$ 时）	1. 可用于低温、中压容器及盛装腐蚀介质的容器； 2. 适用于 $\delta_m\geqslant\delta_n/2$（当 $\delta_n\leqslant16$ 时）或 $\delta_m\geqslant8$（当 $\delta_n>16$ 时）

注：本表中除 β 为角度外，其余单位均为 mm。

(4) 技术要求

① 加强圈厚度按 GB 150—2011 有关规定计算，并按表 10-17 选取。

② 加强圈与壳体、接管相连的焊接接头应根据设计条件及结构要求，参考表 10-18 选用或自行设计。用于低温压力容器的焊接接头必须采用全焊透结构。

③ 加强圈的材料一般与壳体材料相同，并应符合相应材料标准的规定。

④ 加强圈可采用整版制造或径向分块拼接。径向分块拼接的加强圈，只允许用于整体加强圈无法安装的场合，拼接焊妥后焊缝表面应修磨光滑并与加强圈母材平齐，并按 JB 4730—2005 进行超声检测、Ⅱ级为合格。

⑤ 被加强圈覆盖的壳体对接焊接接头和壳体、接管相连的焊接接头，应在加强圈安装前打磨至与母材平齐，加强圈的形状亦与被补强部分壳体相符，以保证加强圈与壳体紧密贴合。

⑥ 安装加强圈时，应注意使螺孔放置在壳体最低的位置，螺孔的加工精度按 GB/T 197 中的 7H 级；加强圈其余部分的制造公差按 GB/T 1804—2000 中的 m 级。

⑦ 加强圈与壳体、接管的焊接，应采用经 JB 4708 评定合格的焊接工艺进行施焊。施焊前应清除坡口内铁锈、焊渣、油污、水汽等脏物。

⑧ 加强圈焊妥后，应对加强圈的焊缝进行检查，不得有裂纹、气孔、夹渣等缺陷；必要时应按 JB 4730—1994 做磁粉或渗透检查，Ⅰ级合格。焊缝的成型应圆滑过渡或打磨至圆滑过渡。

⑨ 由 M10 螺孔通入 0.4～0.5MPa 的压缩空气，检查加强圈连接焊缝的质量，角焊缝不得有渗漏现象。

(5) 标记

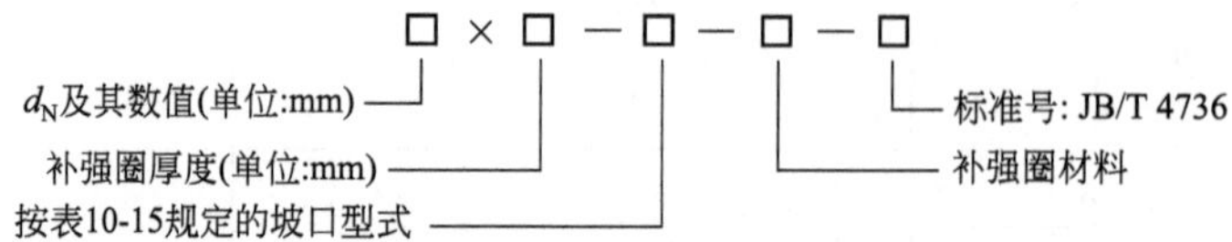

示例：

接管公称直径 d_N=100mm、加强圈厚度为 8mm、坡口型式为 D 型、材质为 Q235-B 的加强圈，其标记为：d_N100×8—D—Q325-B—JB/T 4736。

10.7 外压封头壁厚计算

10.7.1 外压球形封头

封头壁厚按图 10-30～图 10-33 外压图表计算［图中未有材料，请查阅《真空设计手册》(第二版)］，其步骤如下：

① 首先设 S_0，并决定比值$\frac{S_0}{L_1}$和$\frac{L_1}{100S_0}$

② 根据所选用的材料，应用图 10-30～图 10-33，在图的左边纵坐标轴上找到$\frac{L_1}{100S_0}$值点，并将此点沿水平方向移动与球形线相交一点。

③ 从此交点出发，沿垂直方向移动与设计温度线相交一点（遇中间温度值可用内插法计算）。

④ 再从此点出发，沿水平方向移动到右边纵坐标轴上读出 B 值。

⑤ 用下列公式计算许用外压力：

$$[p]=\frac{BS_0}{L_1} \tag{10-61}$$

式中，L_1 等于球形封头的内半径 R_B。

⑥ 比较 p 与 $[p]$ 值，若 $[p]<p$，则必须增加壁厚，并重复上述计算步骤直至求得 $[p]\geqslant p$，且接近于 p 时为止。

外压球形封头壁厚也可以用式(10-21)、式(10-22) 计算。

10.7.2 外压凸形封头

圆筒体上的封头一般都用椭圆形封头（图 10-40），从受外压角度来讲，采用这种封头形式比较好。除椭圆形以外，还有碟形封头及无折边球形封头。碟形封头常用，无折边球形封头在圆筒体上少用，而在真空室门上多用。图 10-41 给出了椭圆形封头及碟形封头基本尺寸。

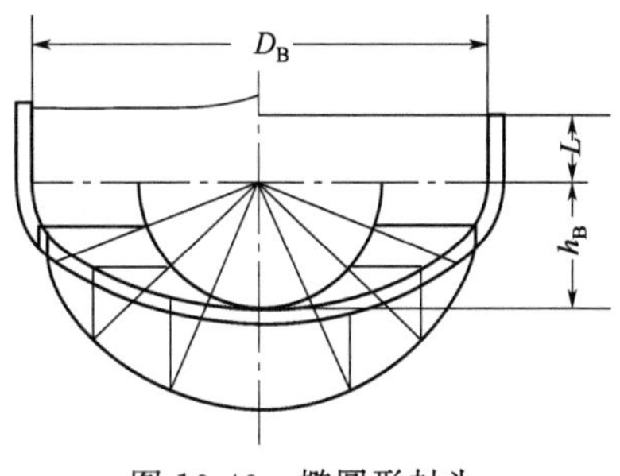

图 10-40 椭圆形封头

(1) 当 $\frac{L_1}{100S_0} \leqslant 1.5$ 时 外压凸形封头按内压封头公式计算，但须将设计压力乘以 1.7 倍，其壁厚计算公式如下：

椭圆形封头 $$S=\frac{1.7pD_B}{4[\sigma]\gamma-p}\times\frac{D_B}{2h_B}+C \tag{10-62}$$

碟形封头 $$S=\frac{1.7pR_BM}{2[\sigma]\gamma}+C \tag{10-63}$$

式中 p——外压设计压力，MPa；

M——系数，$M=\frac{1}{4}\left(3+\sqrt{\frac{R_B}{r}}\right)$，可查表 10-19；

D_B——封头直边部分内径，mm；

h_B——封头凸出部分内边高度，mm；

γ——焊缝系数；

$[\sigma]$——许用应力，MPa；

R_B——碟形封头球形部分内半径，mm；

C——壁厚附加量，mm。

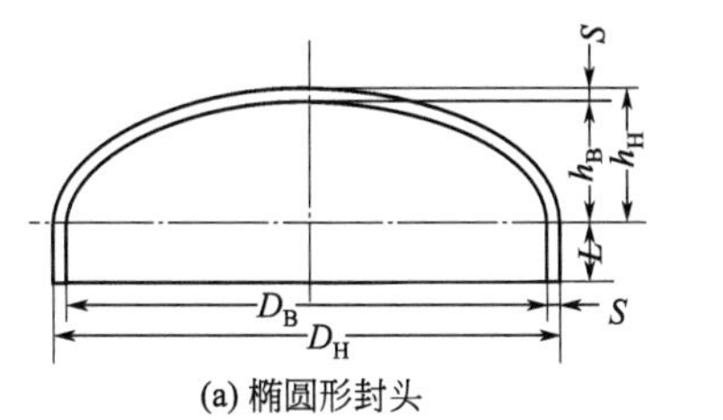

(a) 椭圆形封头

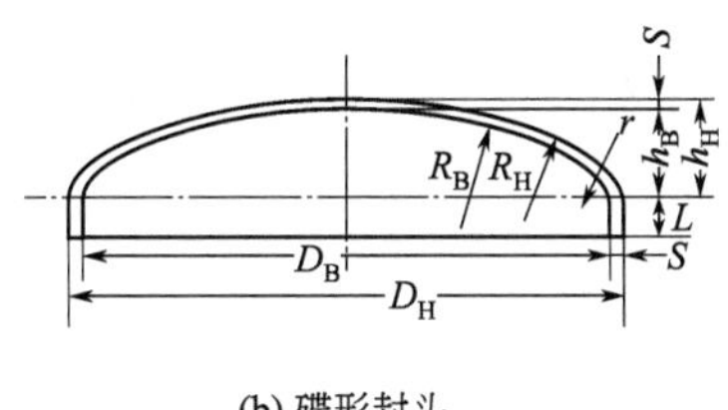

(b) 碟形封头

图 10-41 凸形封头基本尺寸

表 10-19 系数 *M*

R_B/r	1.0	1.25	1.50	1.75	2.00	2.25	2.5	2.75	3.00	3.25	3.50
M	1.00	1.03	1.06	1.08	1.10	1.13	1.15	1.17	1.18	1.20	1.22
R_B/r	4.0	4.5	5.0	5.5	6.0	6.5	7.0	7.5	8.0	8.5	9.0
M	1.25	1.28	1.31	1.34	1.36	1.39	1.41	1.44	1.46	1.48	1.50
R_B/r	9.5	10.0	10.5	11.0	11.5	12.0	13.0	14.0	15.0	16.0	16.67
M	1.52	1.54	1.56	1.58	1.60	1.62	1.65	1.69	1.72	1.75	1.77

(2) 当 $\frac{L_1}{100S_0} > 1.5$ 时 外压凸形封头按图表法计算，其步骤与 10.7.1 节相同。在这种情况下，L_1 的取值如下：

对于椭圆形封头　　　　　　　$L_1=K_1D_H$

式中　D_H——直边部分外径，mm；

K_1——系数，查表 10-20。

按计算的封头壁厚，应选成标准封头厚度。对于焊接真空室，封头厚度不应小于筒体的壁厚。

表 10-20　系数 K_1 值

$D_B/2h_B$	3	2.8	2.6	2.2	2.0	1.8	1.6	1.4	1.2	1.0
K_1	1.36	1.27	1.18	0.99	0.9	0.81	0.73	0.65	0.57	0.5

10.7.3　锥形封头

锥形封头和锥形筒体一样，使用较少。封头锥角通常采用 60°或 90°，150°使用较少。外压锥形封头计算分为三种情况：

(1) 当圆锥角 $2\alpha \leqslant 45°$ 时　其壁厚按承受相同外压的圆筒进行计算。

圆筒壳体的长度：

① 无加强圈时，等于圆锥的轴向长度；

② 有加强圈时，等于加强圈之间轴向长度。

圆筒壳体的外径：

① 无加强圈时，等于圆锥最大外径；

② 有加强圈时，等于两加强圈之中比较大的外径。

(2) 当圆锥角为 $45° < 2\alpha \leqslant 150°$ 时　其壁厚按承受相同外压的圆筒进行计算。

圆筒壳体的外径：等于圆锥最大外径除以 $\cos\alpha$，即 $D_H/\cos\alpha$。

圆筒壳体的长度：

① 无加强圈时，等于锥体外径；

② 有加强圈时，等于两加强圈之间轴向间距。

(3) 当圆锥角 $2\alpha > 150°$ 时　其厚度按平封头计算。封头在任何截面的椭圆度应不大于 1%。

10.7.4　平盖

平盖多用于直径较小的圆筒体，所用材料比凸形封头多，但制造不需专用设备。为了减小平盖的厚度，可以采用加强筋来补强。平盖一般用于直径小于 1.5m 的圆筒形真空室。

(1) 圆形平盖厚度计算公式

$$S=D\sqrt{\frac{Kp}{[\sigma]}}+C \tag{10-64}$$

(2) 椭圆形和矩形平盖的厚度计算公式

$$S=a\sqrt{\frac{KZp}{[\sigma]}}+C \tag{10-65}$$

封头与筒体焊接形式示于表 10-21 中。

表 10-21　圆形、非圆形平盖结构特征系数 K

固定法	序号	简图	结构特征系数 K	适用范围
与筒体角焊及其他焊接	1	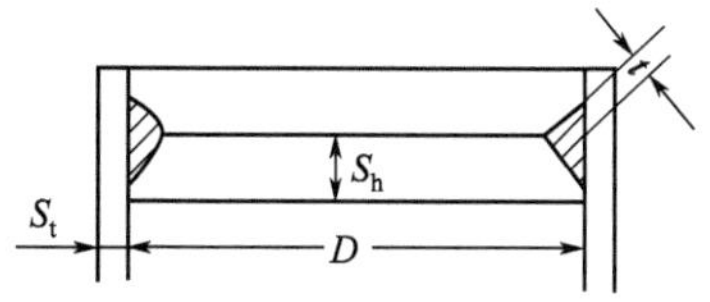	0.25	$t \geqslant 1.25S_t$
	2	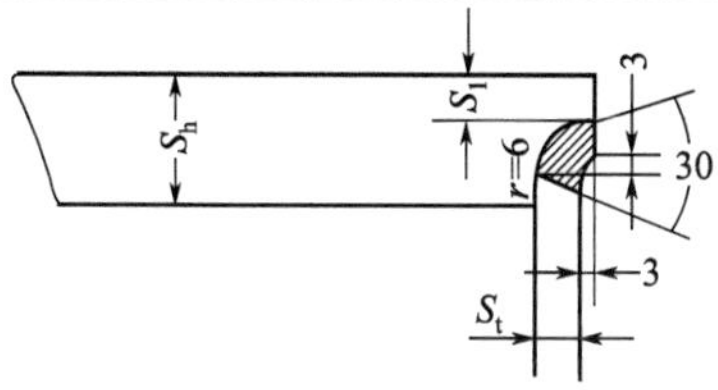	0.35	$S_1 \geqslant S_1 + 3\text{mm}$
	3	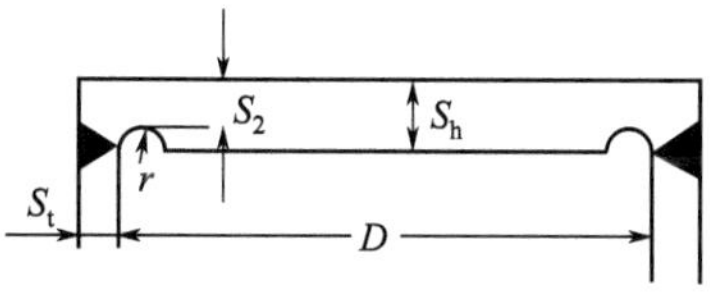	0.25	$r \geqslant S_t/3$，且 $r \geqslant 5\text{mm}$ $S_2 \geqslant \frac{2}{3}S_h$，且 $S_2 \geqslant 5\text{mm}$
	4	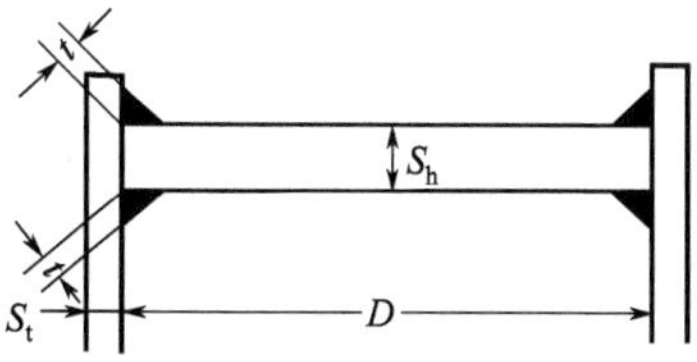	$0.5m$ $(m = S_0/S_t)$ 最小为 0.3 矩形和椭圆形为 0.5	$t \geqslant 0.7S_t$ 筒体自平盖内表面计的延出长度不小于 $2\sqrt{DS_t}$，推荐用 0.59MPa 以下的容器 对低合金高强度钢，及使用于 0℃以下的容器均不宜采用此种结构
	5	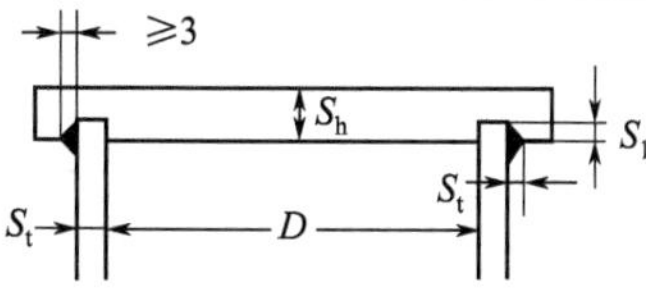	0.4	对低合金高强度钢及用于 0℃以下的容器均不宜用此种结构 $S_h \geqslant 2S_t$
	6	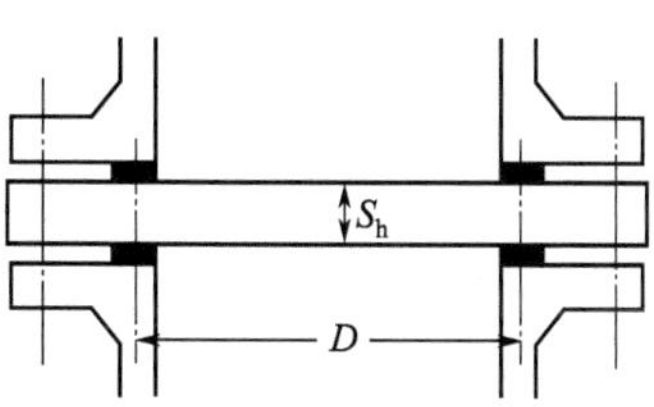	0.3 矩形和椭圆形为 0.3	
螺栓连接	7	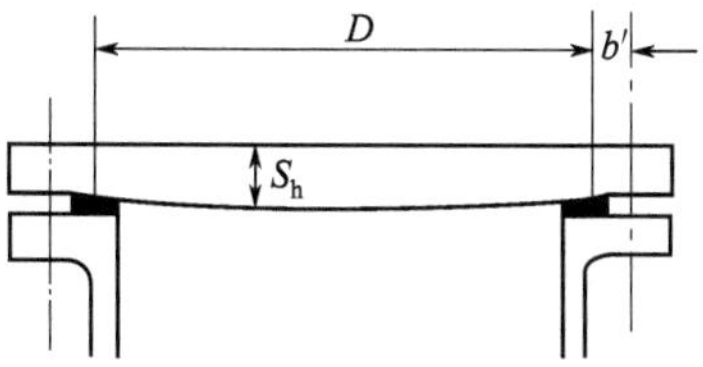	圆形平盖操作时 $0.3 + \frac{1.78p_L b'}{pD^3}$ 预紧时 $\frac{1.78p_L b'}{pD^3}$ 非圆形平盖操作时 $0.3Z + \frac{6p_L b'}{pLa^2}$ 预紧时 $\frac{6p_L b'}{pLa^2}$	
	8	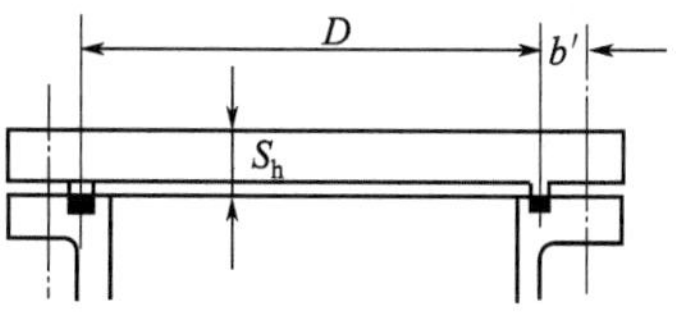		

上述表及公式中：

Z——椭圆形和矩形平盖的形状系数，$Z=3.4-2.4\dfrac{a}{b}$，并规定 $Z\leqslant 2.5$；

S——平盖厚度，mm；

S_h——平盖厚度（不包括腐蚀裕度），mm；

S_0——筒体计算壁厚（不包括壁厚附加量），mm；

S_t——筒体壁厚（不包括腐蚀裕度），mm；

C——壁厚附加量，mm；

$[\sigma]$——许用应力，MPa；

p——设计压力，MPa；

K——结构特征系数（见表 10-18）；

D——计算直径，mm；

b'——垫片中心圆与螺栓中心圆间距，mm；

p_L——螺栓总载荷，N；

a——椭圆形和矩形平盖的短轴长度，mm；

b——椭圆形和矩形平盖的长轴长度，mm；

L——平盖直边高度，mm。

(3) 加强筋的圆形封头结构及计算

图 10-42 给出了平盖加强筋的几种主要类型。加强筋一般采用矩形截面，其厚度与高度之比为 1∶5，加强筋的数量不少于 6，加强筋与平板的焊接可用双面间断角焊缝。D_1 可取为 $0.33D_B$，此类型封头计算过程如下：

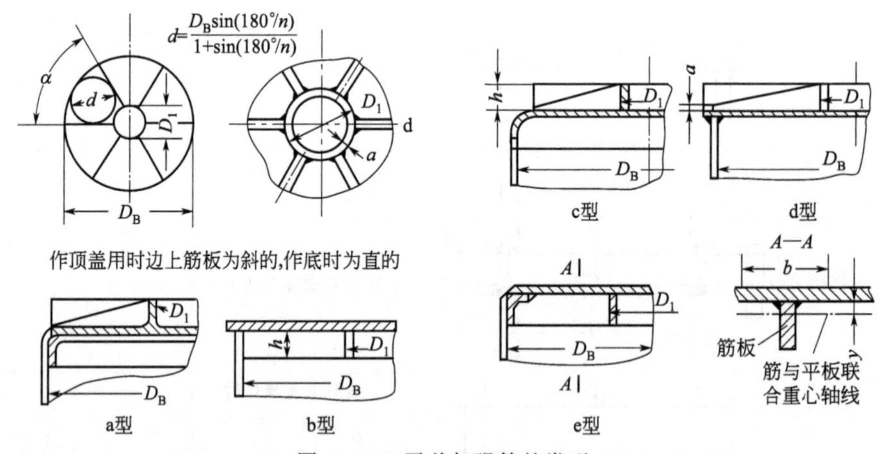

图 10-42　平盖加强筋的类型

① 平板厚度计算　在加强筋之间平板的计算直径

$$d=\frac{D_B\sin\dfrac{180°}{n}}{1+\sin\dfrac{180°}{n}} \tag{10-66}$$

$$S=0.5d\sqrt{\frac{p}{[\sigma]}}+C \tag{10-67}$$

式中　p——外压设计压力，MPa；

n——筋的数量；

$[\sigma]$——许用应力，MPa；

C——壁厚附加量，cm。

② 用近似方法初步决定筋板尺寸　不考虑平板受负荷，在封头上每个区域负荷的一半由一个筋来承受，要求筋的截面系数为

$$W_0=\frac{0.065D_B^3p}{n[\sigma]}\quad(\text{cm}^3)\tag{10-68}$$

如果筋的厚度为 S_1，与高度 h 之比为 1∶5，则初步近似得到筋板的厚度

$$S_1=0.62\times\sqrt[3]{W_0}\quad(\text{cm})$$

③ 封头平板与加强筋合在一起承受负荷时总截面系数 W（断面系数）的计算　封头平板在加强筋附近能够承受负荷长度（如图 10-42A—A 剖面所示）

$$b=\frac{\pi D_1}{n}\quad(\text{cm})$$

由联合重心至板边距离（如图 10-42A—A 剖面所示）

$$y=\frac{S_1h^2-\frac{\pi D_1}{n}(S-C)^2}{2\left[S_1h+\frac{\pi D_1}{n}(S-C)\right]}\quad(\text{cm})$$

$$W_0=\frac{\frac{1}{12}S_1h^3+S_1h(0.5h-y)^2+\frac{\pi D_1}{n}(S-C)\left\{[y+0.5(S-C)]^2+\frac{1}{12}(S-C)^2)\right\}}{h-y}\tag{10-69}$$

式中　S_1——不包括腐蚀裕度的筋板厚度，cm。

④ 筋板工作时应力 σ 的校核

$$\sigma=\frac{0.13D_B^3p}{nW}\leqslant1.2[\sigma]\tag{10-70}$$

⑤ 筋板在水压试验时应力 $\sigma_{水}$ 的校核

$$\sigma_{水}=\frac{0.13D_B^3p_{水}}{nW}\leqslant\frac{\sigma_s}{1.1}\tag{10-71}$$

式中　$p_{水}$——水压试验压力，MPa；

σ_s——材料屈服限，MPa。

如校核后与要求条件不符，则应重新假定筋板尺寸进行计算。此种结构比较复杂，对于大直径的封头比较合适。

10.7.5　井字加强圆形球盖

图 10-43 给出了一个井字加强的球盖，总弯曲压力由下式确定

$$p_{临界}=0.356E\left(\frac{S_0}{R}\right)^2\sqrt{\left(1+\frac{12I}{dS_0^3}\right)}\sqrt{1+\frac{A}{dS_0}}\tag{10-72}$$

式中　$p_{临界}$——临界外压力；

S_0——球壳壁厚；

R——球面半径；

I——加强筋的惯性矩；

E——材料弹性模量；

A——加强筋截面面积；

d——加强筋间距。

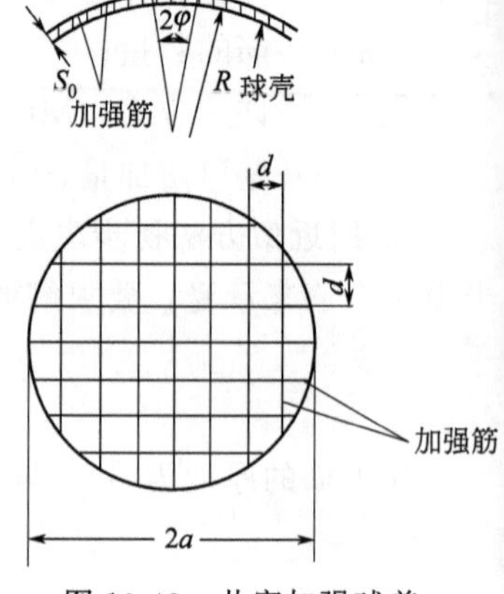

图 10-43 井字加强球盖

当加强筋扭转刚性比较小时，局部弯曲（加强筋之间弯曲）应力为

$$\frac{\sigma_{临界}}{E}=\frac{1}{160}\varphi^2+\frac{4}{3}\left(\frac{S_0}{R}\right)^2\frac{1}{\varphi^2} \tag{10-73}$$

表 10-22 给出了理论计算与实验值。表 10-23 为试验样品尺寸。

表 10-22 计算与实验结果比较

壳体号	试验弯曲应力/MPa		理论弯曲应力/MPa	
	局部弯曲	总弯曲	局部弯曲	总弯曲
1	3.10	3.80	2.62	7.10
2	4.00	4.48	4.48	8.55
3	—	3.24	4.55	3.31
4	—	3.86	7.72	4.14

表 10-23 实验样品尺寸

壳体号	加强筋	d/cm	R/cm	壳体号	加强筋	d/cm	R/cm
1	ϕ1.65mm 丝(双面两个方向)	7.6	44	3	ϕ0.89mm 丝(每面单方向)	5.1	43
2	ϕ1.65mm 丝(双面两个方向)	5.1	44	4	ϕ0.89mm 丝(每面单方向)	3.8	43

注：壳体材料：3003-0-铝，S_0=0.51mm，$2a$=61mm；铝丝用环氧树脂粘在壳体表面上。

10.8 受压平板的应力与挠度计算

10.8.1 概述

直角坐标系的 xoz 平面和平板的水平中层面重合，y 轴的方向垂直向下。对于矩形平板，x 轴的方向和平板长边之一重合，坐标原点和一角重合［图 10-44(a)］。对于圆形平板，用圆柱坐标系，基面和中层面重合，y 轴通过中心［图 10-44(b)］。

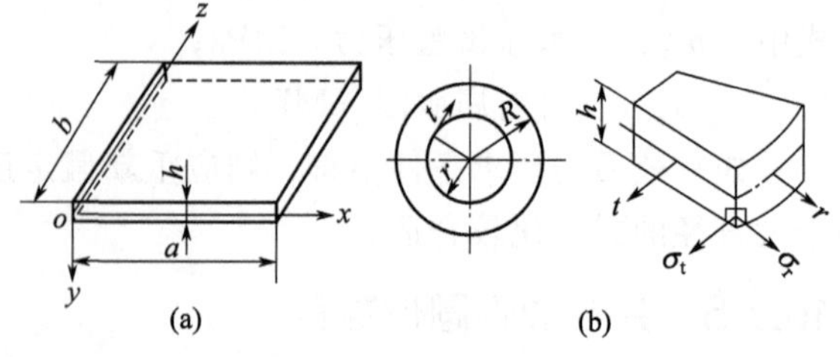

图 10-44 平板中的应力

表 10-24 中所列矩形或表 10-27 中所列圆形平板公式适用于 $h\leqslant 0.2b$（小边）的刚性薄板（即 $\frac{f}{h}\leqslant 0.2$ 的小挠度板，即薄膜内力很小）。公式中取泊松比 $\mu=0.3$。薄板的大挠度计算请参考其他有关手册。

10.8.2 矩形平板中心应力及挠度

不同支承及载荷特性的中心应力与挠度计算公式由表 10-24 给出。

表 10-25 及表 10-26 给出了矩形平板应力及挠度计算时的系数值。

表 10-24 矩形平板计算公式（$a \geqslant b$）

支承与载荷特性	中心挠度	中心应力	长边中心应力
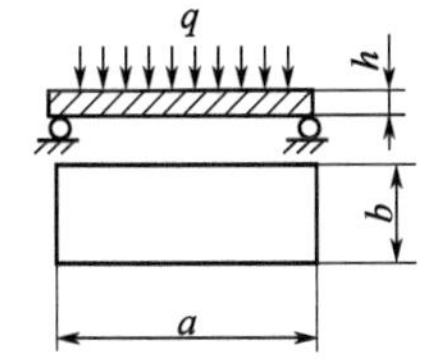 1. 周界铰支，整个板面受均布载荷 q	$f=C_0\dfrac{qb^4}{Eh^3}$	$\sigma_z=C_1q\left(\dfrac{b}{h}\right)^2$ $\sigma_x=C_2q\left(\dfrac{b}{h}\right)^2$	
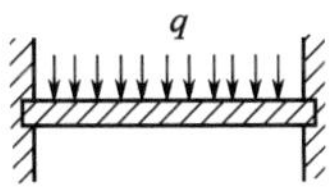 2. 周界固定，整个板面受均布载荷 q	$f=C_3\dfrac{qb^4}{Eh^3}$	$\sigma_z=C_4q\left(\dfrac{b}{h}\right)^2$ $\sigma_x=C_5q\left(\dfrac{b}{h}\right)^2$	$\sigma=-C_6q\left(\dfrac{b}{h}\right)^2$
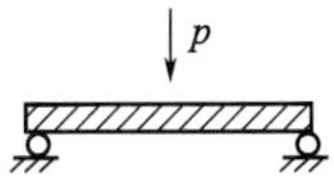 3. 周界铰支，中心受集中载荷 p	$f=C_7\dfrac{pb^2}{Eh^3}$	载荷作用点附近的应力分布，大致和半径为 0.64b，中心受集中力的圆形平板相同	
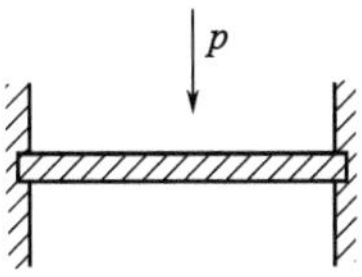 4. 周界固定，中心受集中载荷 p	$f=C_8\dfrac{pb^2}{Eh^3}$		$\sigma=-C_9q\dfrac{p}{h^2}$
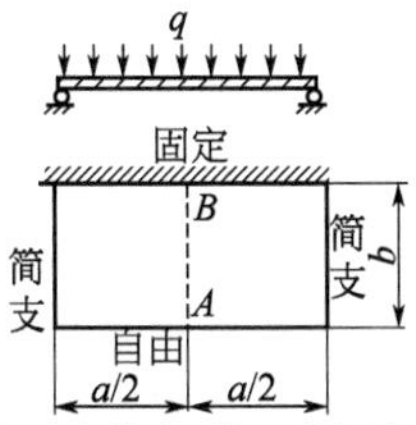 5. 两个对边简支，第三边固定，第四边自由，整个板面受均布载荷	最大挠度在自由边的中点 A 处 $f=\alpha\dfrac{qb^4}{Eh^3}$		最大弯曲应力发生在长边中心的 A 点及 B 点处 A 点处：$\sigma=\beta_1q\left(\dfrac{b}{h}\right)^2$ B 点处：$\sigma=-\beta_2q\left(\dfrac{b}{h}^2\right)$
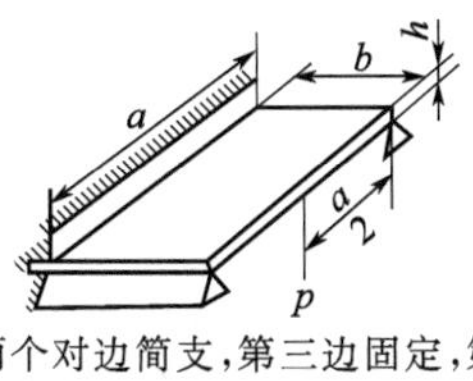 6. 两个对边简支，第三边固定，第四边自由，自由边中心受集中载荷 p	当 $a \gg b$ 时，受力点的挠度 $f=\dfrac{1.82pb^2}{Eh^3}$		当 $a \gg b$ 时，受力点的计算应力 $\sigma=\dfrac{3.06p}{h^2}$

注：1. 负号表示上边纤维受拉伸。

2. 系数 $C_0 \sim C_9$ 及 α、β_1、β_2 见表 10-25 和表 10-26。

表 10-25　矩形平板系数表（$a \geqslant b$）

$\frac{a}{b}$	C_0	C_1	C_2	C_3	C_4	C_5	C_6	C_7	C_8	C_9	$\frac{a}{b}$
1.0	0.0443	0.2874	0.2874	0.0138	0.1374	0.1374	0.3102	0.1265	0.0611	0.7542	1.0
1.1	0.0530	0.3318	0.2964	0.0165	0.1602	0.1404	0.3324	0.1381			1.1
1.2	0.0616	0.3756	0.3006	0.0191	0.1812	0.1386	0.3672	0.1478	0.0706	0.8940	1.2
1.3	0.0697	0.4158	0.3024	0.0210	0.1968	0.1344	0.4008				1.3
1.4	0.0770	0.4518	0.3036	0.0227	0.2100	0.1290	0.4284	0.1621	0.0755	0.9624	1.4
1.5	0.0843	0.4872	0.2994	0.0241	0.2208	0.1224	0.4518				1.5
1.6	0.0906	0.5172	0.2958	0.0251			0.4680	0.1714	0.0777	0.9906	1.6
1.7	0.0964	0.5448	0.2916								1.7
1.8	0.1017	0.5688	0.2874	0.0267			0.4872	0.1769	0.0786	1.0002	1.8
1.9	0.1064	0.5910	0.2826								1.9
2.0	0.1106	0.6102	0.2784	0.0277			0.4974	0.1803	0.0788	1.0044	2.0
3.0	0.1336	0.7134	0.2424					0.1846			3.0
4.0	0.1400	0.7410	0.2304								4.0
5.0	0.1416	0.7476	0.2250								5.0
∞	0.1422	0.7500	0.2250	0.0284			0.5000	0.1849	0.0792	1.008	∞

表 10-26　系数 α、β_1、β_2 的数值

系数 \ $\frac{b}{a}$	0	$\frac{1}{3}$	$\frac{1}{2}$	$\frac{2}{3}$	1	$\frac{3}{2}$	2	3	∞
α	1.37	1.03	0.635	0.366	0.123	0.154	0.164	0.166	0.166
β_1	0	0.0468	0.176	0.335	0.583	0.738	0.786	0.798	0.798
β_2	3.0	2.568	1.914	1.362	0.744	0.714	0.750	0.750	0.750

10.8.3　圆形平板中心应力与挠度

圆形平板不同支承及载荷特性的中心应力与挠度计算公式，由表 10-27 给出。

表 10-27　圆形平板计算公式

支承与载荷特性	中心挠度	中心应力	周界应力
1. 周界铰支，整个板面受均布载荷 q	$f=\frac{0.7qR^4}{Eh^3}$	$\sigma_r=\sigma_t=\mp 1.24q\left(\frac{R}{h}\right)^2$ "+"号指下表面， "−"号指上表面	$\sigma_r=0$； $\sigma_t=\mp 0.52q\left(\frac{R}{h}\right)^2$ "+"号指下表面， "−"号指上表面
2. 周界固定，整个板面受均布载荷 q	$f=\frac{0.17qR^4}{Eh^3}$	$\sigma_r=\sigma_t=\mp 0.49q\left(\frac{R}{h}\right)^2$	$\sigma_r=\pm 0.75q\left(\frac{R}{h}\right)^2$；$\sigma_t=\mu\sigma_r$ "+"号指上表面， "−"号指下表面
3. 周界铰支，载荷均布在中心半径为 r 的圆面积上。比值 $\frac{r}{R}=\beta$	$f=(1.73-1.03\beta^2+0.68\beta^2\ln\beta)\frac{qR^2r^2}{Eh^3}$	$\sigma_r=\sigma_t=\mp(1.5-0.262\beta^2-1.95\ln\beta)q\left(\frac{r}{h}\right)^2$ "+"号指下表面， "−"号指上表面	$\sigma_r=0$ $\sigma_t=\mp 0.525(2-\beta^2)q\left(\frac{r}{h}\right)^2$ "+"号指下表面， "−"号指上表面

续表

支承与载荷特性	中心挠度	中心应力	周界应力
4. 周界固定，载荷均布在中心半径为 r 的圆面积上。比值 $\frac{r}{R}=\beta$	$f=(0.68-0.51\beta^2+0.68\times\beta^2\ln\beta)\frac{qR^2r^2}{Eh^3}$	$\sigma_r=\sigma_t=\mp 0.49(\beta^2-4\ln\beta)q\left(\frac{r}{h}\right)^2$ “+”号指下表面， “−”号指上表面	$\sigma_r=\pm 0.75(2-\beta^2)q\left(\frac{r}{h}\right)^2$ $\sigma_t=\mu\sigma_r$ “+”号指上表面， “−”号指下表面
5. 周界铰支，中心受集中载荷 p	$f=\frac{0.55pR^2}{Eh^3}$	最大拉伸应力在下表面 $\sigma_{max}=\sigma_r=$ $\sigma_t=\frac{p}{h^2}\left(0.63\ln\frac{R}{h}+1.16\right)$	$\sigma_t=\mp 0.334\frac{p}{h^2}$ “+”号指下表面， “−”号指上表面
6. 周界固定，中心受集中载荷 p	$f=\frac{0.218pR^2}{Eh^3}$	最大拉伸应力在下表面 $\sigma_{max}=\sigma_r=$ $\sigma_t=\frac{p}{h^2}\left(0.63\ln\frac{R}{h}+0.68\right)$	$\sigma_r=\pm 0.477\frac{p}{h^2}$ “+”号指上表面， “−”号指下表面

注：表中 σ_r、σ_t 表示径向应力和圆周向应力；μ 为泊松比。

10.8.4 圆环形平板

不同支承结构及载荷类型的圆环形平板的应力及挠度计算公式由表 10-28 给出，表 10-29～表 10-33 给出了圆环形平板各种计算系数值。

表 10-28 圆环形平板计算公式

支承与载荷特性	最大挠度	内、外周界处转角	内周界处应力	外周界处应力
1	$f=C_1\frac{pR^2}{Eh^3}$	$\theta_r=K_1\frac{pR^2}{rEh^3}$	$\sigma_r=0$	$\sigma_r=0$
		$\theta_R=K_2\frac{pR^2}{rEh^3}$	$\sigma_t=A_1\frac{p}{h^2}$	$\sigma_t=B_1\frac{p}{h^2}$
2	$f=C_2\frac{pR^2}{Eh^3}$		$\sigma_r=0$	$\sigma_r=B_2\frac{p}{h^2}$
			$\sigma_t=A_2\frac{p}{h^2}$	$\sigma_t=B_3\frac{p}{h^2}$
3	$f=C_3\frac{qR^4}{Eh^3}$	$\theta_r=K_3\frac{qR^4}{rEh^3}$	$\sigma_r=0$	$\sigma_r=0$
		$\theta_R=K_4\frac{qR^4}{rEh^3}$	$\sigma_t=A_3\frac{qR^2}{h^2}$	$\sigma_t=B_4\frac{qR^2}{h^2}$

续表

支承与载荷特性	最大挠度	内、外周界处转角	内周界处应力	外周界处应力
4 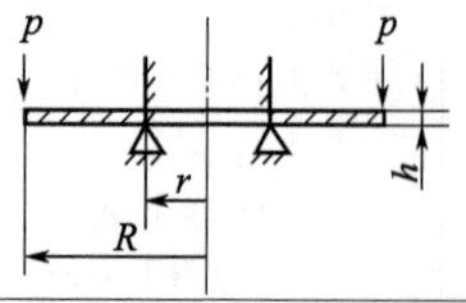	$f=C_4\dfrac{pR^2}{Eh^3}$	$\theta_r=0$	$\sigma_r=A_4\dfrac{p}{h^2}$	$\sigma_r\approx0$
		$\theta_R=K_5\dfrac{pR^4}{rEh^3}$	$\sigma_t=A_5\dfrac{p}{h^2}$	$\sigma_t=B_5\dfrac{p}{h^2}$
5 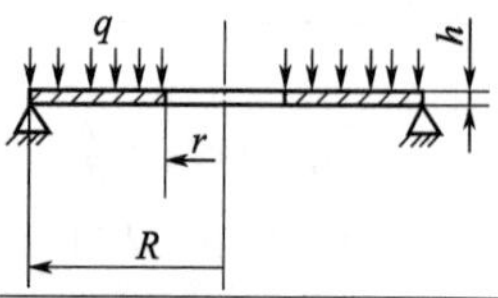	$f=C_5\dfrac{qR^4}{Eh^3}$	$\theta_r=K_6\dfrac{qR^4}{rEh^3}$	$\sigma_r=0$	$\sigma_r=0$
		$\theta_R=K_7\dfrac{qR^4}{rEh^3}$	$\sigma_t=A_6\dfrac{qR^2}{h^2}$	$\sigma_t=B_6\dfrac{qR^2}{h^2}$
6 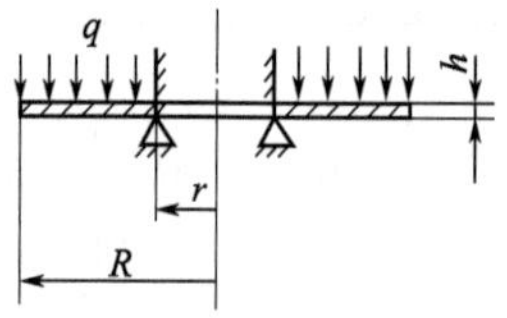	$f=C_6\dfrac{qR^4}{Eh^3}$	$\theta_r=0$	$\sigma_r=A_7\dfrac{qR^2}{h^2}$	$\sigma_r=0$
		$\theta_R=K_8\dfrac{qR^4}{rEh^3}$	$\sigma_t=A_8\dfrac{qR^2}{h^2}$	$\sigma_t=B_7\dfrac{qR^2}{h^2}$
7 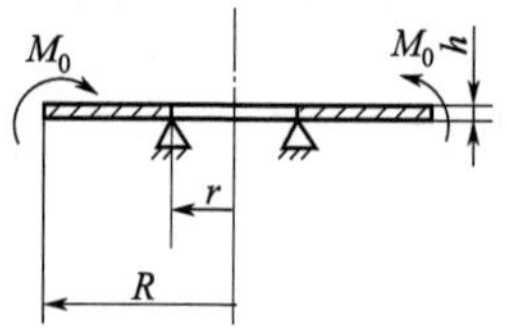	$f=C_7\dfrac{M_0R^2}{Eh^3}$	$\theta_r=K_9\dfrac{M_0R^2}{rEh^3}$	$\sigma_r=0$	$\sigma_r=\dfrac{6M_0}{h^2}$
		$\theta_R=K_{10}\dfrac{M_0R^2}{rEh^3}$	$\sigma_t=A_9\dfrac{M_0}{h^2}$	$\sigma_t=B_8\dfrac{M_0}{h^2}$
8 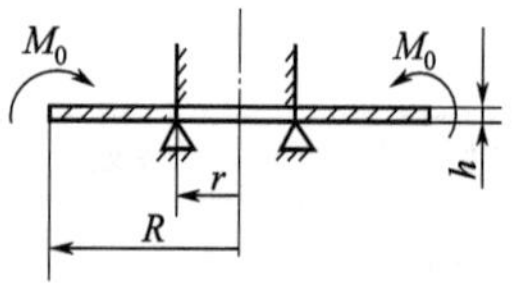	$f=C_8\dfrac{M_0R^2}{Eh^3}$	$\theta_r=0$	$\sigma_r=A_{10}\dfrac{M_0}{h^2}$	$\sigma_r=\dfrac{6M_0}{h^2}$
		$\theta_R=K_{11}\dfrac{M_0R^2}{rEh^3}$	$\sigma_t=A_{11}\dfrac{M_0}{h^2}$	$\sigma_t=B_9\dfrac{M_0}{h^2}$
9 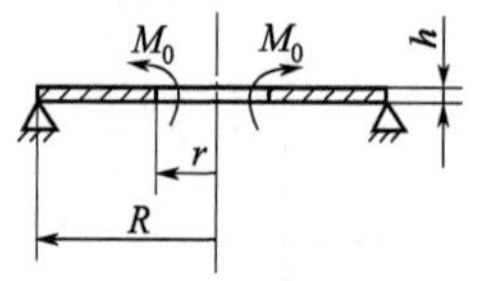	$f=C_9\dfrac{M_0R^2}{Eh^3}$	$\theta_r=K_{12}\dfrac{M_0R^2}{rEh^3}$	$\sigma_r=\dfrac{6M_0}{h^2}$	$\sigma_r=0$
		$\theta_R=K_{13}\dfrac{M_0R^2}{rEh^3}$	$\sigma_t=A_{12}\dfrac{M_0}{h^2}$	$\sigma_t=B_{10}\dfrac{M_0}{h^2}$
10 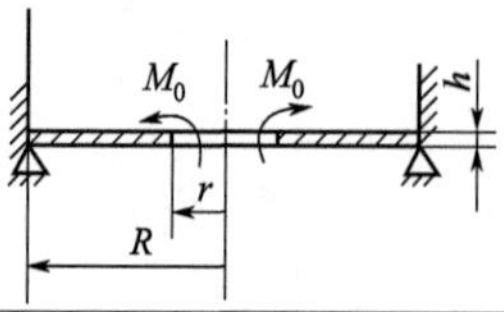	$f=C_{10}\dfrac{M_0R^2}{Eh^3}$	$\theta_r=K_{14}\dfrac{M_0R^2}{rEh^3}$	$\sigma_r=\dfrac{6M_0}{h^2}$	$\sigma_r=B_{11}\dfrac{M_0}{h^2}$
		$\theta_R=0$	$\sigma_t=A_{13}\dfrac{M_0}{h^2}$	$\sigma_t=B_{12}\dfrac{M_0}{h^2}$
11 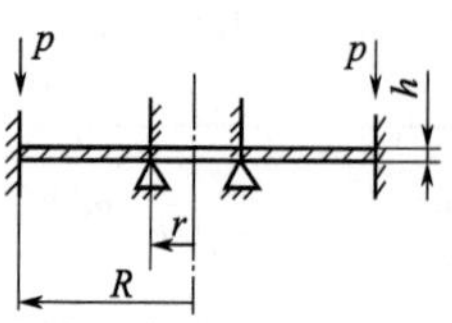	$f=C_{11}\dfrac{pR^2}{Eh^3}$	$\theta_r=0$	$\sigma_r=A_{14}\dfrac{p}{h^2}$	$\sigma_r=B_{13}\dfrac{p}{h^2}$
		$\theta_R=0$	$\sigma_t=A_{15}\dfrac{p}{h^2}$	$\sigma_t=B_{14}\dfrac{p}{h^2}$

续表

支承与载荷特性	最大挠度	内、外周界处转角	内周界处应力	外周界处应力
12	$f=C_{12}\dfrac{qR^4}{Eh^3}$		$\sigma_r=A_{16}\dfrac{qR^2}{h^2}$ $\sigma_t=A_{17}\dfrac{qR^2}{h^2}$	$\sigma_r=B_{15}\dfrac{qR^2}{h^2}$ $\sigma_t=B_{16}\dfrac{qR^2}{h^2}$
13	$f=C_{13}\dfrac{qR^4}{Eh^3}$		$\sigma_r=0$ $\sigma_t=A_{18}\dfrac{qR^2}{h^2}$	$\sigma_r=B_{17}\dfrac{qR^2}{h^2}$ $\sigma_t=B_{18}\dfrac{qR^2}{h^2}$
14 周界固定，中心受力矩 M		中心刚性部分的转角 $\theta=K_{15}\dfrac{M}{Eh^3}$	在内周界 $\sigma_{rmax}=A_{19}\dfrac{M}{Rh^2}$	在外周界上 $\sigma_r=B_{19}\dfrac{M}{Rh^2}$

注：1. 周界固定表示周界（圆柱面）相对支承可以向下或向上产生挠度，但不能旋转（亦称可动固定）。如带有不能变形的轮缘的板[图 10-45(a)]就是属于外周界固定，内周界固定并支起的情况见图 10-45(b)。

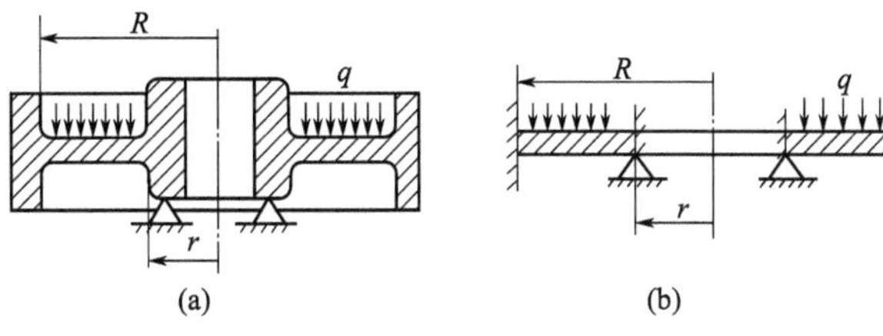

图 10-45　周界固定情况

2. 表中 σ_r 表示径向应力，σ_t 表示圆周向应力。

3. 表中挠度计算应满足下列条件：

如果圆环形板的一个或两个边缘自由支起，应该 $h\leqslant\frac{2}{3}(R-r)$；

如果板的一个或两个边缘固定，则应该 $h\leqslant\frac{1}{3}(R-r)$；

如果上述条件不能满足，则表中所引入的挠度中应附加下列由切力作用所产生的挠度。对 1、4、11 情况

$$\Delta f=\frac{0.239p\ln\left(\frac{R}{r}\right)}{hG}$$

对 5 情况

$$\Delta f=\frac{0.375qR^2}{hG}\left[1-\left(\frac{r}{R}\right)^2-\frac{2r^2\ln(R/r)}{R^2}\right]$$

对 3、6、12 情况

$$\Delta f=\frac{0.375qR^2}{hG}\left[2\ln\left(\frac{R}{r}\right)-1+\left(\frac{r}{R}\right)^2\right]$$

式中　G——剪切弹性模量。

4. 表中 p 为沿周界分布的载荷；q 为单位面积上的载荷，分布在板的全部表面上；M_0 为单位长度上受的力矩，分布在板的周界上。

5. 系数 A、B、C、K 见表 10-29～表 10-33。

表 10-29　圆环形平板挠度计算系数

$\frac{R}{r}$	C_1	C_2	C_3	C_4	C_5	C_6	C_7	C_8	C_9	C_{10}	C_{11}	C_{12}	C_{13}
1.25	0.341	0.00504	0.201	0.00512	0.184	0.00212	10.39	0.232	8.876	0.197	0.00128	0.0008	0.162
1.50	0.516	0.0241	0.491	0.0249	0.414	0.018	9.26	0.661	6.927	0.485	0.00639	0.00625	0.118
1.75	0.616	0.0516	0.727	0.0545	0.576	0.0523	8.433	1.100	5.604	0.707	0.0143	0.0175	0.0486
2.00	0.672	0.0810	0.901	0.0878	0.674	0.0935	7.804	1.493	4.654	0.847	0.0237	0.0331	0.0114
2.50	0.721	0.133	1.116	0.153	0.782	0.192	6.923	2.114	3.395	0.955	0.0435	0.0706	0.0915
3.00	0.734	0.172	1.225	0.2096	0.820	0.289	6.342	2.556	2.609	0.940	0.0619	0.1097	0.135
3.50	0.732	0.199	1.278	0.256	0.829	0.374	5.937	2.872	2.080	0.878	0.0782	0.146	0.158
4.00	0.724	0.217	1.302	0.294	0.827	0.448	5.642	3.105	1.704	0.802	0.0922	0.179	0.171
4.50	0.714	0.229	1.340	0.325	0.820	0.511	5.419	3.281	1.426	0.726	0.104	0.209	0.178
5.00	0.704	0.238	1.309	0.350	0.811	0.564	5.246	3.418	1.214	0.656	0.115	0.234	0.182

表 10-30　圆环形平板转角计算系数

$\frac{R}{r}$	K_1	K_2	K_3	K_4	K_5	K_6	K_7	K_8	K_9	K_{10}	K_{11}	K_{12}	K_{13}	K_{14}
1.25	1.413	1.323	1.169	6.869	0.0296	3.332	2.774	0.144	42.67	40.85	1.779	37.29	34.13	1.642
1.50	1.102	0.983	0.547	4.597	0.0702	2.330	1.770	0.488	19.20	18.4	2.510	15.47	12.80	2.110
1.75	0.892	0.767	0.258	3.508	0.1000	1.712	1.250	0.936	11.64	11.45	2.749	8.894	6.649	2.136
2.00	0.741	0.621	0.110	2.922	0.119	1.307	0.945	1.436	8.000	8.200	2.777	5.900	4.000	1.998
2.50	0.540	0.441	0.0173	2.352	0.135	0.330	0.629	2.486	4.571	5.189	2.600	3.227	1.829	1.616
3.00	0.415	0.336	0.059	2.083	0.136	0.573	0.467	3.540	3.000	3.800	2.348	2.067	1.000	1.277
3.50	0.331	0.270	0.072	1.920	0.131	0.418	0.373	4.573	2.133	3.010	2.111	1.448	0.610	1.016
4.00	0.271	0.224	0.074	1.804	0.124	0.319	0.310	5.582	1.600	2.500	1.905	1.075	0.400	0.819
4.50	0.227	0.192	0.0716	1.711	0.116	0.251	0.267	6.57	1.247	2.144	1.729	0.832	0.277	0.671
5.00	0.193	0.167	0.0674	1.633	0.109	0.203	0.234	7.54	1.000	1.880	1.579	0.664	0.200	0.558

表 10-31　圆环形平板内周界处应力计算系数

$\frac{R}{r}$	A_1	A_2	A_3	A_4	A_5	A_6	A_7	A_8	A_9	A_{10}
1.25	1.1035	0.0245	1.894	0.227	0.0682	0.592	0.135	0.0456	33.33	6.865
1.50	1.240	0.0868	2.426	0.428	0.128	0.977	0.410	0.123	21.6	7.45
1.75	1.366	0.1723	2.882	0.602	0.181	1.245	0.724	0.217	17.82	7.85
2.00	1.4815	0.270	3.286	0.753	0.226	1.443	1.041	0.312	16.00	8.136
2.50	1.688	0.475	3.983	1.004	0.301	1.710	1.633	0.490	14.29	8.50
3.00	1.868	0.673	4.574	1.206	0.362	1.881	2.153	0.646	13.50	8.71
3.50	2.027	0.855	5.090	1.372	0.412	1.998	2.606	0.782	13.67	8.84
4.00	2.170	1.021	5.547	1.514	0.454	2.082	3.006	0.902	12.80	8.93
4.50	2.298	1.170	5.957	1.637	0.491	2.144	3.362	1.009	12.62	8.99
5.00	2.415	1.305	6.330	1.746	0.524	2.192	3.681	1.104	12.50	9.04

$\frac{R}{r}$	A_{11}	A_{12}	A_{13}	A_{14}	A_{15}	A_{16}	A_{17}	A_{18}
1.25	2.059	27.33	0.517	0.114	0.0343	0.0895	0.0269	0.921
1.50	2.234	15.60	0.574	0.219	0.0658	0.273	0.0819	0.677
1.75	2.355	11.82	1.47	0.316	0.0948	0.488	0.146	0.564
2.00	2.440	10.00	2.195	0.405	0.126	0.710	0.213	0.519
2.50	2.550	8.286	3.251	0.564	0.169	1.143	0.343	0.520
3.00	2.613	7.500	3.947	0.703	0.211	1.541	0.462	0.562
3.50	2.653	7.067	4.420	0.825	0.248	1.904	0.571	0.611
4.00	2.679	6.800	4.752	0.935	0.280	2.233	0.670	0.656
4.50	2.698	6.623	4.992	1.033	0.310	2.534	0.760	0.696
5.00	2.71	6.500	5.17	1.123	0.337	2.809	0.843	0.729

表 10-32　圆环形平板外周界处应力计算系数

$\frac{R}{r}$	B_1	B_2	B_3	B_4	B_5	B_6	B_7	B_8	B_9	B_{10}	B_{11}
1.25	0.827	0.194	0.0583	0.488	0.0183	0.447	0.0075	27.33	2.924	21.33	5.013
1.50	0.737	0.320	0.096	0.690	0.0526	0.596	0.0346	15.60	3.683	9.60	4.174
1.75	0.671	0.402	0.121	0.775	0.0875	0.645	0.0725	11.82	4.206	5.818	3.485
2.00	0.621	0.454	0.136	0.807	0.119	0.656	0.113	10.00	4.576	4.000	2.927
2.50	0.551	0.510	0.153	0.810	0.168	0.644	0.186	8.286	5.048	2.286	2.115
3.00	0.505	0.531	0.159	0.786	0.203	0.624	0.247	7.500	5.323	1.500	1.579
3.50	0.472	0.538	0.161	0.757	0.229	0.606	0.294	7.067	5.495	1.067	1.215
4.00	0.449	0.539	0.162	0.731	0.247	0.592	0.330	6.800	5.609	0.800	0.960
4.50	0.431	0.536	0.161	0.707	0.261	0.580	0.358	6.623	5.690	0.623	0.775
5.00	0.417	0.533	0.160	0.688	0.272	0.572	0.381	6.500	5.747	0.500	0.638

$\frac{R}{r}$	B_{12}	B_{13}	B_{14}	B_{15}	B_{16}	B_{17}	B_{18}
1.25	1.504	0.0986	0.0296	0.040	0.012	0.330	1.393
1.50	1.252	0.168	0.0503	0.110	0.033	0.352	1.347
1.75	1.045	0.218	0.0655	0.181	0.054	0.415	1.309
2.00	0.878	0.257	0.077	0.244	0.073	0.476	1.281
2.50	0.634	0.311	0.0932	0.346	0.104	0.566	1.246
3.00	0.474	0.346	0.104	0.421	0.126	0.620	1.228
3.50	0.365	0.371	0.111	0.477	0.143	0.653	1.218
4.00	0.288	0.389	0.117	0.520	0.156	0.675	1.212
4.50	0.233	0.403	0.121	0.553	0.166	0.690	1.208
5.00	0.191	0.413	0.124	0.579	0.174	0.700	1.206

表 10-33　圆环形平板的系数

r/R	K_{15}	A_{19}	B_{19}	r/R	K_{15}	A_{19}	B_{19}
0.5	0.081	1.14	0.573	0.7	0.0128	0.465	0.325
0.6	0.035	0.685	0.452	0.8	0.0032	0.262	0.212

10.8.5　受压平板应用示例

例 10-2　在压力 0.637MPa 下操作的活塞见图 10-46。计算活塞中的最大应力。

解： 因为联系活塞上下底板的环有很大刚性，故可以将上下底板当做内边界固定并支起，外边界固定（即可动固定），故板可以弯曲，不能扭转。

板半径 $R=30.3\text{cm}$，$r=6.25\text{cm}$，厚度 $h=2.4\text{cm}$。在下板的外周界上作用有上板传来的分布力 p［见图 10-46(b)］。该板的支承及载荷特性如表 10-28 中 11 项。外周界挠度 $f=C_{11}\dfrac{pR^2}{Eh^3}$。根据 $\dfrac{R}{r}=\dfrac{30.3}{6.25}=4.85$，查表 10-29 取 $C_{11}\approx0.115$，代入公式得：

$$f_{下}=0.115\times\frac{0.303^2 p}{0.024^3 E}=763.7\times\frac{p}{E}$$

上板受的作用力有：

① 加在外周界上向上的下板的作用力 p；

② 压力 $q=0.637\text{MPa}$ 在板轮缘上形成的压力 p_0；

$$p_0=\frac{\pi}{4}\times(0.695^2-0.606^2)\times0.637\times10^6=57929\text{N}$$

③ 板表面上的均布载荷 $q=0.637\text{MPa}$。

上板的支承及载荷特性如表 10-28 中的 11 和 12 两项叠加。

在①、②两个力的作用下，板外周界的挠度

$$f_1=763.7\times\frac{p_0-p}{E}=763.7\times\frac{57929-p}{E}$$

在③力作用下，板外周界的挠度可按表 10-28 中的 12 项公式 $f_2=C_{12}\dfrac{qR^4}{Eh^3}$。根据 $\dfrac{R}{r}=4.85$，查表 10-29，取 $C_{12}\approx0.234$，代入公式得

$$f_2=0.234\times\frac{0.637\times10^6\times0.303^4}{0.024^3E}=\frac{90884972}{E}$$

$$f_{上}=f_1+f_2$$

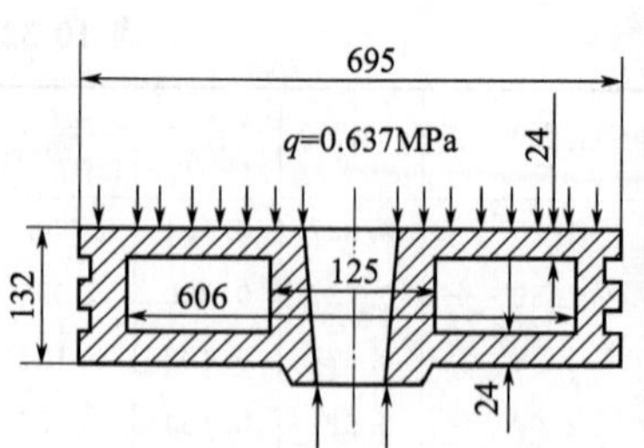

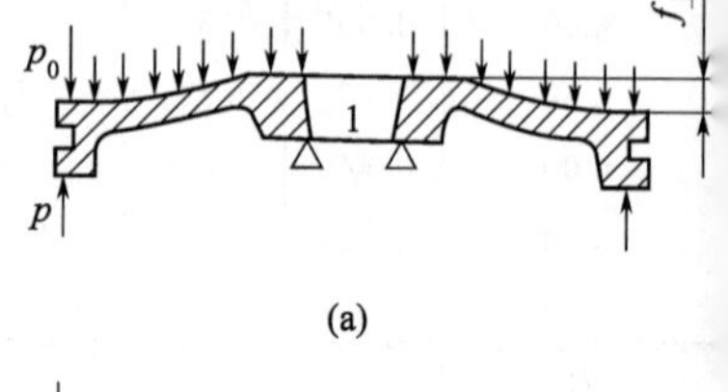

(a)

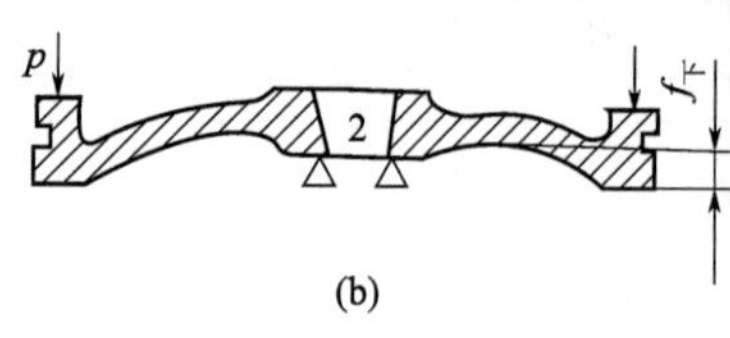

(b)

图 10-46 活塞应力计算

上下板外周界处的挠度应当相等，即 $f_{下}=f_{上}$，所以

$$763.7\times\frac{p}{E}=763.7\times\frac{57929-p}{E}+\frac{90884972}{E}$$

则

$$p=88469\text{N}$$

上板的应力可根据表 10-28 中 11 和 12 两项的应力公式计算。

内周界处的径向应力

$$\sigma_r=A_{14}\ \frac{p_0-p}{h^2}+A_{16}\ \frac{qR^2}{h^2}$$

查表 10-31，取 $A_{14}\approx1.123$，$A_{16}\approx2.809$，代入公式得

$$\sigma_r=1.123\times\frac{57929-88469}{0.024^2}+2.809\times\frac{0.637\times10^6\times0.303^2}{0.024^2}=225660509\text{N/m}^2$$

周向应力

$$\sigma_t=A_{15}\ \frac{p_0-p}{h^2}+A_{17}\ \frac{qR^2}{h^2}$$

查表 10-31，取 $A_{15}\approx0.337$，$A_{17}\approx0.843$，代入公式得

$$\sigma_t=0.337\times\frac{57929-88469}{0.024^2}+0.843\times\frac{0.637\times10^6\times0.303^2}{0.024^2}=67723310\text{N/m}^2$$

外周界处的径向应力

$$\sigma_r=B_{13}\ \frac{p_0-p}{h^2}+B_{15}\ \frac{qR^2}{h^2}$$

查表 10-32，取 $B_{13}\approx0.413$，$B_{15}\approx0.579$，代入公式得

$$\sigma_r=0.413\times\frac{57929-88469}{0.024^2}+0.579\times\frac{0.637\times10^6\times0.303^2}{0.024^2}=36889324\text{N/m}^2$$

周向应力

$$\sigma_t = B_{14}\frac{p_0 - p}{h^2} + B_{16}\frac{qR^2}{h^2}$$

查表 10-32，取 $B_{14}\approx 0.124$，$B_{16}\approx 0.174$，代入公式得：

$$\sigma_t = 0.124\times\frac{57929-88469}{0.024^2} + 0.174\times\frac{0.637\times10^6\times0.303^2}{0.024^2} = 11091955\text{N/m}^2$$

下板按表 10-28 中 11 项的公式计算。

内周界处的径向应力

$$\sigma_r = A_{14}\frac{p}{h^2} = 1.123\times\frac{88469}{0.024^2} = 172483831\text{N/m}^2$$

周向应力

$$\sigma_t = A_{15}\frac{p}{h^2} = 0.337\times\frac{88469}{0.024^2} = 51760509\text{N/m}^2$$

外周界处的径向应力

$$\sigma_r = B_{13}\frac{p}{h^2} = 0.413\times\frac{88469}{0.024^2} = 63433502\text{N/m}^2$$

周向应力

$$\sigma_t = B_{14}\frac{p}{h^2} = 0.124\times\frac{88469}{0.024^2} = 19045410\text{N/m}^2$$

故活塞中的最大应力是活塞上板内周界处的径向应力。

例 10-3 K-800 型油扩散泵，泵壳体底部为圆形平板，直径为 800mm，材料为 Q235，计算平板厚度。

解： 碳素钢 Q235，其 $\sigma_t = 370\text{MPa}$，许用应力 $[\sigma]_t = \frac{\sigma_t}{n} = \frac{370}{3} = 123\text{MPa}$（见 10.2.5 节），材料的弹性模量 $E = 2.06\times10^5\text{MPa}$。均布载荷 $q = 0.1\text{MPa}$。

应用表 10-27 中：2. 周界固定，整个板面受均布载荷 q 受力情况来计算厚度及挠度。

中心应力

$$\sigma_r = \sigma_t = 0.49q\left(\frac{R}{h}\right)^2$$

式中，$\sigma_t = \sigma_r = [\sigma]_t = 123\text{MPa}$；$q = 0.1\text{MPa}$；$R = 40\text{cm}$；$h$ 为厚度。

由上式得出厚度

$$h = R\sqrt{\frac{0.49q}{[\sigma]_t}} = 40\times\sqrt{\frac{0.49\times0.1}{123}} = 0.8\text{cm}$$

中心挠度

$$f = \frac{0.17qR^4}{Eh^3} = \frac{0.17\times0.1\times40^4}{2.06\times10^5\times0.8^3} = 0.4\text{cm}$$

由计算可见，厚度为 8mm 满足强度要求，但变形较大。为此增加厚度，取 $h = 1.2\text{cm}$，计算出 $f = 0.12\text{cm}$，可以满足要求。

例 10-4 大型电子束焊机，其观察窗为长方形玻璃。几何尺寸 18cm×15cm，计算窗口玻璃厚度。

解：玻璃的弹性模量 $E=5.5\times10^4$MPa；许用应力 $[\sigma]=26$MPa；$a=18$cm，$b=15$cm 均布载荷 $q=0.1$MPa。

应用表 10-24 中：2. 周界固定，整个板面受均布载荷 q 的计算模式计算玻璃板厚度及挠度。

① $\sigma_z=C_4q\left(\frac{b}{h}\right)^2=0.1812q\left(\frac{b}{h}\right)^2$

② $\sigma_x=C_5q\left(\frac{b}{h}\right)^2=0.1386q\left(\frac{b}{h}\right)^2$

③ $\sigma=C_6q\left(\frac{b}{h}\right)^2=0.3672q\left(\frac{b}{h}\right)^2$

可见③中应力最大，以此来计算玻璃厚度，即

$$[\sigma]=0.3672q\left(\frac{b}{h}\right)^2$$

$$h=b\sqrt{\frac{0.3672q}{[\sigma]}}=15\times\sqrt{\frac{0.3672\times0.1}{26}}\approx0.6\text{cm};$$

计算玻璃挠度

$$f=C_3\frac{qb^4}{Eh^3}=0.0191\times\frac{0.1\times15^4}{5.5\times10^4\times0.6^3}=0.01\text{cm}$$

考虑到玻璃是脆性材料，又是真空窗口，在工作过程中容易破损，会造成真空室内零件损坏，甚至损坏真空机组。为此，从安全性考虑，计算结果只能供参考，应根据经验适当加厚，这样窗口玻璃厚度约为 12mm 以上较为适宜。

10.9 容器支撑结构焊缝强度计算

10.9.1 焊缝受力计算

两个构件焊接时一般采取角焊缝，焊脚的截面为 45°的正三角形，如图 10-47 所示。

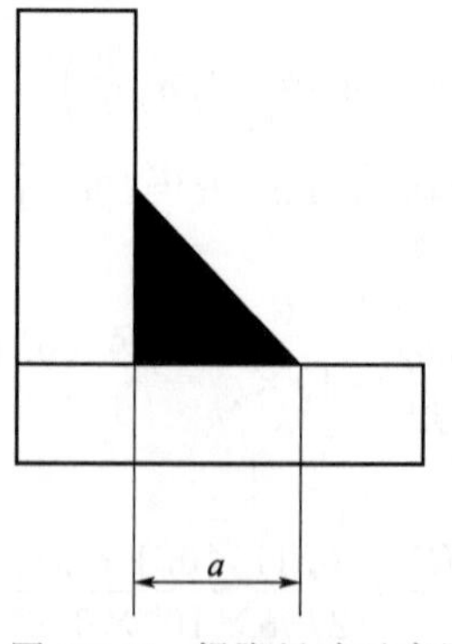

图 10-47 焊脚尺寸示意图

角焊缝的焊脚尺寸与板厚有关。通常是板材越厚，最小焊脚尺寸越高。表 10-34 给出了板厚与焊脚尺寸的关系。

表 10-34　板厚与焊脚关系

板厚/mm	12	18	36	60	150	>150
最小焊脚尺寸 a/mm	4.5	6	7.5	10	12.5	16

焊缝上单位长度上受力模型及载荷见表 10-35。

表 10-35　焊缝静载荷计算公式

类别	简　图	计算公式
拉伸或压缩	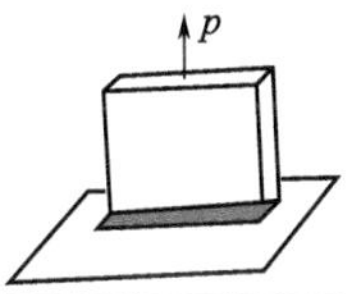 p	$p_{静}=p/L\leqslant[\sigma]$
垂直剪力	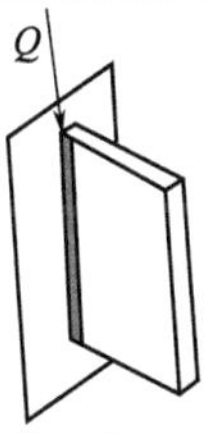 Q	$p_{剪}=Q/L\leqslant[\sigma]$
弯曲	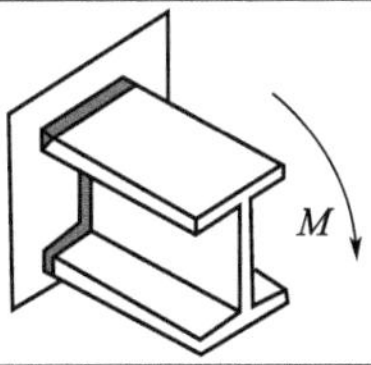 M	$p_{弯}=M/W_x\leqslant[\sigma]$

本节中符号意义如下：

L——焊缝总长度（包括周长），mm

p——焊缝受的许用轴向载荷，N；

Q——焊缝受的垂直剪力，N；

M——焊缝所受弯矩，N·mm；

$p_{静}$——角焊缝单位长度上的静载荷，N/mm；

$p_{剪}$——角焊缝上平均垂直剪力，N/mm；

$p_{弯}$——焊缝单位长度上的弯曲力，N/mm；

W_x——焊缝受弯曲时断面系数，mm^2（见表 10-36）；

$[\sigma]$——焊缝上许用应力，MPa（见表 10-37）；

a——焊缝高度，mm，$a=\dfrac{W}{[\sigma]}$，其中 W 为静载荷。

表 10-36　焊缝断面系数计算公式　　单位：mm^2

焊缝断面	断面系数	焊缝断面	断面系数
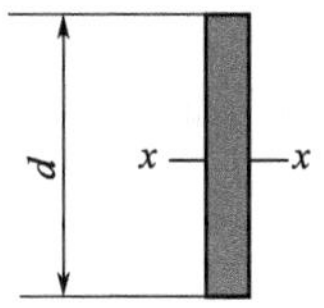 d, x—x	$W_x=\dfrac{d^2}{6}$	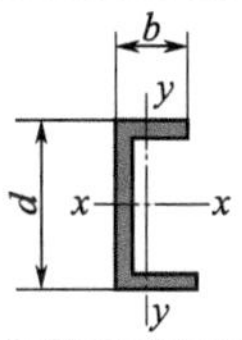 b, d, x—x, y—y	$W_x=bd+\dfrac{d^2}{6}$

续表

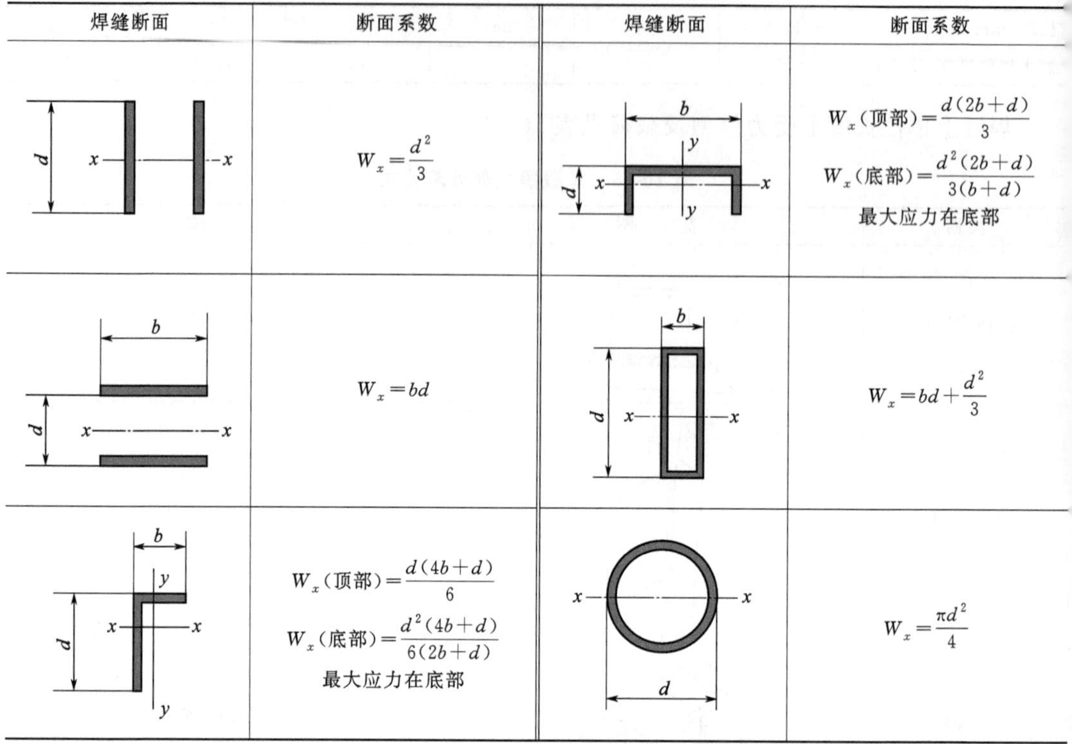

焊缝断面	断面系数	焊缝断面	断面系数
	$W_x=\dfrac{d^2}{3}$		$W_x(\text{顶部})=\dfrac{d(2b+d)}{3}$ $W_x(\text{底部})=\dfrac{d^2(2b+d)}{3(b+d)}$ 最大应力在底部
	$W_x=bd$		$W_x=bd+\dfrac{d^2}{3}$
	$W_x(\text{顶部})=\dfrac{d(4b+d)}{6}$ $W_x(\text{底部})=\dfrac{d^2(4b+d)}{6(2b+d)}$ 最大应力在底部		$W_x=\dfrac{\pi d^2}{4}$

表 10-37　焊缝上许用应力 [σ]　　单位：MPa

焊缝种类	应力种类	构件材料		
角焊缝	抗拉、抗压、抗剪	Q235-A	16MnR	0Cr19Ni9
		64	92	77

10.9.2　焊缝受力应用示例

例 10-5　已知吊钩板（图 10-48）厚 16mm，材料 Q235-A，周围焊缝长度 100mm，拉伸载荷 30000N。确定需要的角焊缝尺寸。

解： 静载荷

$$W=\frac{p}{L}=\frac{30000}{100}\text{N/mm}=300\text{N/mm}$$

角焊缝尺寸

$$a=\frac{W}{[\sigma]}=\frac{300}{64}\text{mm}=4.69\text{mm}$$

采用 6mm 的角焊缝，满足强度要求。

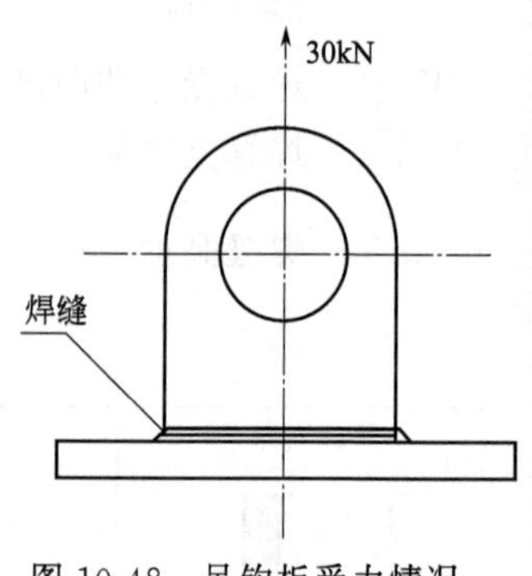

图 10-48　吊钩板受力情况

例 10-6　已知支承板结构如图 10-49 所示，材料 Q235-A，两侧焊缝总长度 120mm，每边 60mm，载荷 10000N。确定需要的角焊缝。

解： 断面系数

$$W_x=\frac{d^2}{3}=\frac{60^2}{3}\text{mm}^2=1200\text{mm}^2$$

弯曲力

$$p_{弯}=\frac{M}{W_x}=\frac{30\times 10000}{1200}\text{N/mm}=250\text{N/mm}$$

剪切力

$$p_{剪}=\frac{Q}{L}=\frac{10000}{120}\text{N/mm}=83.3\text{N/mm}$$

合成力

$$W=\sqrt{p_{剪}^2+p_{弯}^2}=\sqrt{83.3^2+250^2}\text{N/mm}=263.51\text{N/mm}$$

角焊缝尺寸

$$a=\frac{W}{[\sigma]}=\frac{263.51}{64}\text{mm}=4.12\text{mm}$$

采用 4.5mm 的角焊缝，满足强度要求。

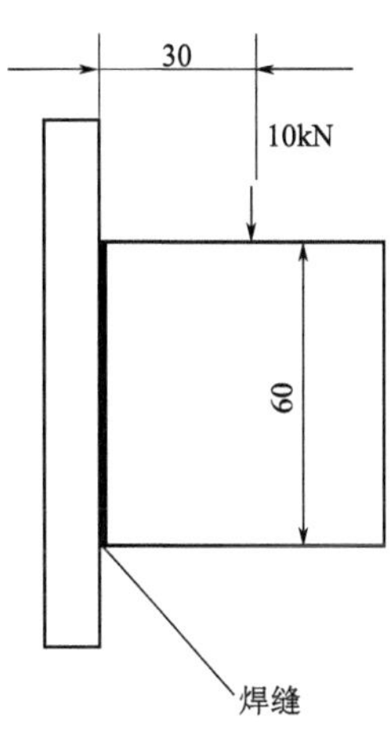

图 10-49 支承板受力情况

10.10 容器封头

10.10.1 容器封头的类型代号及标记方法（摘自 JB/T 4746—2002）

(1) 容器封头的类型、代号 见表 10-38。

表 10-38 容器封头的类型、代号

名称		断面形状	类型代号	型式参数关系
椭圆形封头	以内径为基准	δ_n H h D_i	EHA	$\frac{D_i}{2(H-h)}=2$ $DN=D_i$
	以外径为基准	δ_n H h D_o	EHB	$\frac{D_o}{2(H-h)}=2$ $DN=D_o$
碟形封头		δ_n r H h D_i R_i	DHA	$R_i=1.0D_i$ $r=0.15D_i$ $DN=D_i$
			DHB	$R_i=1.0D_i$ $r=0.10D_i$ $DN=D_i$

续表

名称	断面形状	类型代号	型式参数关系
折边锥形封头	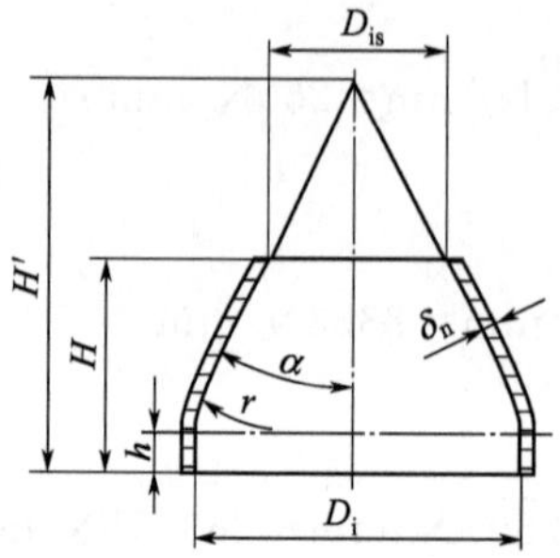	CHA	$r=0.15D_i$ $\alpha=30°$ $DN=D_i$
		CHB	$r=0.15D_i$ $\alpha=45°$ $DN=D_i$
	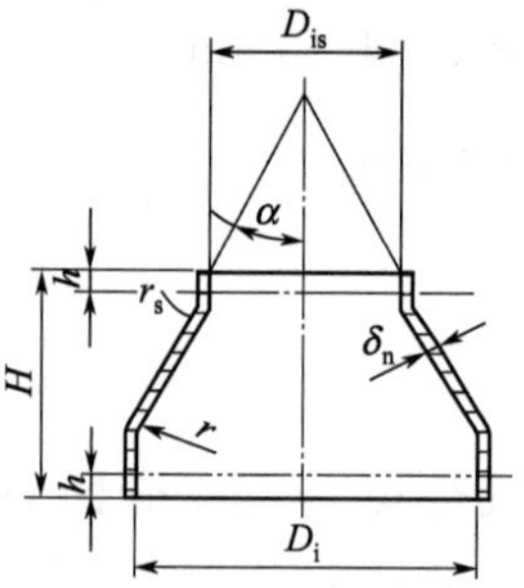	CHC	$r=0.15D_i$ $\alpha=60°$ $r_s=0.10D_{is}$ $DN=D_i$
球冠形封头	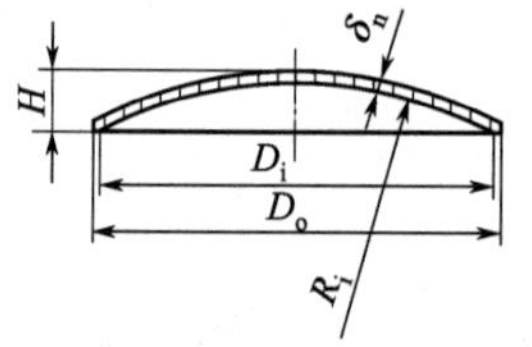	PSH	$R_i=1.0D_i$ $DN=D_o$

（2）封头标记

ab—cd

其中　a——按表 10-38 规定的封头类型代号；

b——数字，为封头公称直径，mm；

c——数字，为封头名义厚度 mm；

d——封头材料牌号。

示例 1：公称直径 2400mm、名义厚度 20mm、$R_i=1.0D_i$、$r=0.15D_i$、材质为 0Cr18Ni9 的碟形封头标记为

DHA2400×20-0Cr18Ni9/T4746

示例 2：公称直径 325mm、名义厚度 12mm、材质为 16MnR、以外径为基准的椭圆形封头标记为

EHB325×12-16MnR/T4746

10.10.2　封头成型厚度减薄率允许值

封头成型厚度减薄率允许值见表 10-39。

表 10-39　封头成型厚度减薄率允许值

公称直径 DN/mm	钢材厚度 δ_s/mm	厚度减薄率允许值/%	
		DHA 和 DHB 型	EHA 和 EHB 型
300≤DN<600	6≤δ_s<8	12	13
	8≤δ_s<12	11	12
	12≤δ_s<16	10	12
600≤DN<1000	6≤δ_s<8	12	13
	8≤δ_s<12	11	12
	12≤δ_s<22	10	12
1000≤DN<1500	6≤δ_s<8	13	14
	8≤δ_s<12	11	13
	12≤δ_s<24	11	12
	24≤δ_s<60	10	12
1500≤DN<2000	6≤δ_s<12	13	14
	12≤δ_s<24	12	13
	24≤δ_s<60	11	12
2000≤DN<3000	6≤δ_s<12	13	15
	12≤δ_s<20	12	13
	20≤δ_s<34	12	13
	34≤δ_s<60	11	12
3000≤DN<4000	10≤δ_s<24	13	15
	24≤δ_s<34	12	13
	34≤δ_s<50	12	13
	50≤δ_s<60	12	13
4000≤DN<5000	12≤δ_s<24	14	16
	24≤δ_s<34	13	14
	34≤δ_s<50	12	13
	50≤δ_s<60	11	12
5000≤DN≤6000	18≤δ_s<24	14	16
	24≤δ_s<34	13	15
	34≤δ_s<50	12	13
	50≤δ_s<60	12	13

注：取自标准中资料性附录。

10.10.3　容器封头直边的倾斜度、外圆周公差及内直径公差

（1）容器封头直边的倾斜度　见表 10-40。

表 10-40　封头直边倾斜度值　　单位：mm

直边高度 h	倾斜度	
	向外	向内
25	≤1.5	≤1.0
40	≤2.5	≤1.5
其他	6%h，且不大于 5	4%h，且不大于 3

测量封头直边倾斜度时，不应计入直边增厚部分。

（2）外圆周公差　见表 10-41。

表 10-41 外圆周公差 单位：mm

公称直径 DN	钢材厚度 δ_s	外圆周长公差	公称直径 DN	钢材厚度 δ_s	外圆周长公差
$300 \leqslant DN < 600$	$2 \leqslant \delta_s < 4$ $4 \leqslant \delta_s < 6$ $6 \leqslant \delta_s < 16$	$-4 \sim +4$ $-6 \sim +6$ $-9 \sim +9$	$1600 \leqslant DN < 3000$	$6 \leqslant \delta_s < 10$ $10 \leqslant \delta_s < 22$ $22 \leqslant \delta_s < 60$	$-9 \sim +9$ $-9 \sim +12$ $-12 \sim +18$
$600 \leqslant DN < 1000$	$4 \leqslant \delta_s < 6$ $6 \leqslant \delta_s < 10$ $10 \leqslant \delta_s < 22$	$-6 \sim +6$ $-9 \sim +9$ $-9 \sim +12$	$3000 \leqslant DN < 4000$	$10 \leqslant \delta_s < 22$ $22 \leqslant \delta_s < 60$	$-9 \sim +12$ $-12 \sim +18$
			$4000 \leqslant DN < 5000$	$12 \leqslant \delta_s < 22$ $22 \leqslant \delta_s < 60$	$-9 \sim +12$ $-12 \sim +18$
$1000 \leqslant DN < 1600$	$6 \leqslant \delta_s < 10$ $10 \leqslant \delta_s < 22$ $22 \leqslant \delta_s < 40$	$-9 \sim +9$ $-9 \sim +12$ $-12 \sim +18$	$5000 \leqslant DN \leqslant 6000$	$16 \leqslant \delta_s \leqslant 60$	$-12 \sim +18$

(3) 内直径公差 见表 10-42。

表 10-42 内直径公差 单位：mm

公称直径 DN	钢材厚度 δ_s	内直径公差	公称直径 DN	钢材厚度 δ_s	内直径公差
$300 \leqslant DN < 600$	$2 \leqslant \delta_s < 4$ $4 \leqslant \delta_s < 6$ $6 \leqslant \delta_s < 16$	$-1.5 \sim +1.5$ $-2 \sim +2$ $-3 \sim +3$	$1600 \leqslant DN < 3000$	$6 \leqslant \delta_s < 10$ $10 \leqslant \delta_s < 22$ $22 \leqslant \delta_s < 60$	$-3 \sim +3$ $-3 \sim +4$ $-4 \sim +6$
$600 \leqslant DN < 1000$	$4 \leqslant \delta_s < 6$ $6 \leqslant \delta_s < 10$ $10 \leqslant \delta_s < 22$	$-2 \sim +2$ $-3 \sim +3$ $-3 \sim +4$	$3000 \leqslant DN < 4000$	$10 \leqslant \delta_s < 22$ $22 \leqslant \delta_s < 60$	$-3 \sim +4$ $-4 \sim +6$
			$4000 \leqslant DN < 5000$	$12 \leqslant \delta_s < 22$ $22 \leqslant \delta_s < 60$	$-3 \sim +4$ $-4 \sim +6$
$1000 \leqslant DN < 1600$	$6 \leqslant \delta_s < 10$ $10 \leqslant \delta_s < 22$ $22 \leqslant \delta_s < 40$	$-3 \sim +3$ $-3 \sim +4$ $-4 \sim +6$	$5000 \leqslant DN \leqslant 6000$	$16 \leqslant \delta_s \leqslant 60$	$-4 \sim +6$

10.10.4 容器封头内表面积、容积与质量计算

10.10.4.1 以内径为基准的椭圆封头(EHA)

(1) EHA 椭圆封头内表面积（mm^2）

$$S=\pi r[r+h_1C+2h] \tag{10-74}$$

式中 $r=D_i/2$ (10-74a)

$h_1=H-h$

$C=\ln[r/h_1+\sqrt{(r/h_1)^2-1}]/\sqrt{(r/h_1)^2-1}$

对标准椭圆封头，$r/h_1=2$，于是 $C=0.760346$。

(2) EHA 椭圆封头容积（mm^3）

$$V=\pi r^2\left(\frac{2}{3}h_1+h\right) \tag{10-75}$$

(3) EHA 椭圆封头质量（kg）

$$W=7850\times(V_w-V)\times10^{-9} \tag{10-76}$$

式中，V_w 为封头外壁容积，以（$h_1-\delta_n$）代替 h_1，（$r-\delta_n$）代替 r，由公式(10-75)计算。

式(10-74)～式(10-76) 中的符号意义参见表 10-38。

（4）EHA 椭圆形封头内表面积、容积及质量 EHA 椭圆形封头的内表面积、容积见表 10-43。EHA 椭圆形封头的质量见表 10-44。

表 10-43 EHA 椭圆形封头内表面积、容积

序号	公称直径 DN/mm	总深度 H/mm	内表面积 A/m^2	容积 V/m^3	序号	公称直径 DN/mm	总深度 H/mm	内表面积 A/m^2	容积 V/m^3
1	300	100	0.1211	0.0053	34	2900	765	9.4807	3.4567
2	350	113	0.1608	0.0080	35	3000	790	10.1329	3.8170
3	400	125	0.2049	0.0115	36	3100	815	10.8067	4.2015
4	450	138	0.2548	0.0159	37	3200	840	11.5021	4.6110
5	500	150	0.3103	0.0213	38	3300	865	12.2193	5.0463
6	550	163	0.3711	0.0277	39	3400	890	12.9581	5.5080
7	600	175	0.4374	0.0353	40	3500	915	13.7186	5.9972
8	650	188	0.5090	0.0442	41	3600	940	14.5008	6.5144
9	700	200	0.5861	0.0545	42	3700	965	15.3047	7.0605
10	750	213	0.6686	0.0663	43	3800	990	16.1303	7.6364
11	800	225	0.7566	0.0796	44	3900	1015	16.9775	8.2427
12	850	238	0.8499	0.0946	45	4000	1040	17.8464	8.8802
13	900	250	0.9487	0.1113	46	4100	1065	18.7370	9.5498
14	950	263	1.0529	0.1300	47	4200	1090	19.6493	10.2523
15	1000	275	1.1625	0.1505	48	4300	1115	20.5832	10.9883
16	1100	300	1.3980	0.1980	49	4400	1140	21.5389	11.7588
17	1200	325	1.6552	0.2545	50	4500	1165	22.5162	12.5644
18	1300	350	1.9340	0.3208	51	4600	1190	23.5122	13.4060
19	1400	375	2.2346	0.3977	52	4700	1215	24.5359	14.2844
20	1500	400	2.5568	0.4860	53	4800	1240	25.5782	15.2003
21	1600	425	2.9007	0.5864	54	4900	1265	26.6422	16.1545
22	1700	450	3.2662	0.6999	55	5000	1290	27.7280	17.1479
23	1800	475	3.6535	0.8270	56	5100	1315	28.8353	18.1811
24	1900	500	4.0624	0.9687	57	5200	1340	29.9644	19.2550
25	2000	525	4.4930	1.1257	58	5300	1365	31.1152	20.3704
26	2100	565	5.0443	1.3508	59	5400	1390	32.2876	21.5281
27	2200	590	5.5229	1.5459	60	5500	1415	33.4817	22.7288
28	2300	615	6.0233	1.7588	61	5600	1440	34.6975	23.9733
29	2400	640	6.5453	1.9905	62	5700	1465	35.9350	25.2624
30	2500	665	7.0891	2.2417	63	5800	1490	37.1941	26.5969
31	2600	690	7.6545	2.5131	64	5900	1515	38.4750	27.9776
32	2700	715	8.2415	2.8055	65	6000	1540	39.7775	29.4053
33	2800	740	8.8503	3.1198					

表 10-44　EHA 椭圆形封头质量

单位：kg

序号	公称直径 DN/mm	封头名义厚度 δ_n/mm																	
		2	3	4	5	6	8	10	12	14	16	18	20	22	24	26	28	30	32
1	300	1.9	2.8	3.8	4.8	5.8	7.8												
2	350	2.5	3.7	5.0	6.3	7.6	10.3												
3	400		4.8	6.4	8.0	9.7	13.1	16.5	20.0	23.6									
4	450		5.9	7.9	10.0	12.0	16.2	20.4	24.8	29.2									
5	500		7.2	9.6	12.1	14.6	19.6	24.7	30.0	35.3	40.7	46.2	51.8						
6	550		8.6	11.5	14.4	17.4	23.4	29.5	35.7	41.9	48.3	54.8	61.4						
7	600		10.1	13.5	17.0	20.4	27.5	34.6	41.8	49.2	56.7	64.2	71.9						
8	650		11.7	15.7	19.7	23.8	31.9	40.2	48.5	57.0	65.6	74.4	83.2						
9	700		13.5	18.1	22.7	27.3	36.6	46.1	55.7	65.4	75.3	85.2	95.3						
10	750		15.4	20.6	25.8	31.1	41.7	52.5	63.4	74.4	85.6	96.8	108.3						
11	800			23.3	29.2	35.1	47.1	59.3	71.5	83.9	96.5	109.2	122.0	135.0	148.2	161.4	174.9		
12	850			26.1	32.8	39.4	52.9	66.5	80.2	94.1	108.1	122.3	136.6	151.1	165.8	180.6	195.5		
13	900			29.2	36.5	44.0	58.9	74.1	89.3	104.8	120.4	136.1	152.0	168.1	184.4	200.8	217.3		
14	950			32.3	40.5	48.8	65.3	82.1	99.0	116.1	133.3	150.7	168.3	186.0	203.9	222.0	240.3		
15	1000			35.7	44.7	53.8	72.1	90.5	109.1	127.9	146.9	166.0	185.3	204.8	224.5	244.4	264.4		
16	1100				53.7	64.6	86.5	108.6	130.9	153.3	176.0	198.9	221.9	245.2	268.6	292.2	316.1	340.1	364.3
17	1200				63.5	76.4	102.2	128.3	154.6	181.1	207.8	234.7	261.8	289.1	316.6	344.4	372.3	400.5	428.9
18	1300					89.2	119.3	149.7	180.3	211.1	242.2	273.4	304.9	336.7	368.6	400.8	433.2	465.9	498.7
19	1400					102.9	137.7	172.7	208.0	243.5	279.2	315.2	351.4	387.9	424.6	461.5	498.7	536.2	573.8
20	1500					117.7	157.4	197.4	237.6	278.1	318.9	359.9	401.1	442.7	484.4	526.5	568.8	611.4	654.2
21	1600					133.4	178.4	223.7	269.2	315.0	361.1	407.5	454.1	501.1	548.3	595.7	643.5	691.5	739.8
22	1700						200.7	251.6	302.8	354.3	406.1	458.1	510.5	563.1	616.0	669.3	722.8	776.6	830.7

续表

序号	公称直径 DN/mm	封头名义厚度 δ_n/mm																
		2	3	4	5	6	8	10	12	14	16	18	20	22	24	26	28	30	32
23	1800						224.4	281.2	338.4	395.8	453.6	511.1	570.1	628.7	687.8	747.1	806.7	866.6	926.9
24	1900						249.3	312.5	375.9	439.7	503.8	568.2	632.9	698.0	763.4	829.1	895.2	961.6	1028.3
25	2000						275.6	345.3	415.4	485.8	556.6	627.7	699.1	770.9	843.0	915.5	988.3	1061.4	1134.9
26	2100						309.4	387.7	466.3	545.2	624.6	704.2	784.3	864.7	945.4	1026.6	1108.6	1189.9	1272.1
27	2200						338.6	424.2	510.2	596.5	683.2	770.3	857.8	954.6	1033.8	1122.4	1211.4	1300.7	1390.5
28	2300							462.4	556.0	650.1	744.5	839.3	934.5	1030.1	1126.1	1222.5	1319.3	1416.5	1514.1
29	2400							502.2	603.9	706.0	808.4	911.3	1014.6	1118.3	1222.4	1327.0	1431.9	1537.3	1643.0
30	2500							543.7	653.7	764.1	875.0	986.3	1098.0	1210.1	1322.7	1435.6	1549.1	1662.9	1777.2
31	2600							586.8	705.5	824.6	944.2	1064.2	1184.6	1305.5	1426.8	1548.6	1670.8	1793.5	1916.6
32	2700							631.6	759.3	887.4	1016.0	1145.0	1274.5	1404.5	1534.9	1665.8	1797.2	1929.0	2061.3
33	2800							678.0	815.0	952.5	1090.4	1228.9	1367.8	1507.1	1647.0	1787.3	1928.2	2069.4	2211.2
34	2900							726.0	872.7	1019.9	1167.5	1315.6	1484.3	1613.4	1763.0	1913.1	2063.7	2214.8	2366.4
35	3000							775.7	932.4	1089.5	1247.2	1405.4	1564.1	1723.3	1883.0	2043.2	2203.9	2365.1	2526.9
36	3100								994.0	1161.5	1329.5	1498.1	1667.2	1836.7	2006.9	2177.5	2348.7	2520.4	2692.6
37	3200								1057.7	1235.8	1414.5	1593.7	1773.5	1953.8	2134.7	2316.1	2498.1	2680.6	2863.6
38	3300										1502.1	1692.4	1883.2	2074.6	2266.5	2459.0	2652.0	2845.7	3039.8
39	3400										1592.3	1793.9	1996.1	2198.9	2402.2	2606.1	2810.6	3015.7	3221.4
40	3500										1685.2	1898.5	2112.4	2326.8	2541.9	2757.6	2973.8	3190.7	3408.1
41	3600										1780.7	2006.0	2231.9	2458.4	2685.5	2913.3	3141.6	3370.6	3600.2
42	3700										1878.8	2116.4	2354.7	2593.6	2833.1	3073.3	3314.0	3555.4	3797.4
43	3800										1979.6	2229.9	2480.8	2732.4	2984.6	3237.5	3491.0	3745.2	4000.0
44	3900										2082.9	2346.2	2610.2	2874.8	3140.1	3406.0	3672.6	3939.9	4207.8
45	4000										2189.0	2465.6	2742.9	3020.9	3299.5	3578.8	3858.9	4139.5	4420.9

续表

序号	公称直径 DN/mm	封头名义厚度 δ_n/mm																	
		2	3	4	5	6	8	10	12	14	16	18	20	22	24	26	28	30	32
46	4100										2297.6	2587.9	2878.8	3170.5	3462.9	3755.9	4049.7	4344.1	4639.2
47	4200										2408.9	2713.1	3018.1	3323.8	3630.2	3937.3	4245.1	4553.6	4862.8
48	4300										2522.8	2841.3	3160.7	3480.7	3801.4	4122.9	4445.1	4768.0	5091.7
49	4400										2639.3	2972.5	3306.5	3641.2	3976.6	4312.8	4649.7	4987.4	5325.8
50	4500										2758.5	3106.7	3455.6	3805.3	4155.8	4507.0	4859.0	5211.7	5565.2
51	4600										2880.3	3243.8	3508.0	3973.0	4338.9	4705.4	5072.8	5440.9	5809.8
52	4700										3004.7	3383.8	3763.7	4144.4	4545.9	4908.2	5291.2	5675.1	6059.7
53	4800										3131.7	3526.8	3922.7	4319.4	4716.9	5115.2	5514.3	5914.2	6314.9
54	4900										3261.4	3672.8	4085.0	4498.0	4911.8	5326.4	5741.9	6158.2	6575.3
55	5000										3393.7	3821.7	4250.5	4680.2	5110.7	5542.0	5974.1	6407.2	6841.0
56	5100										3528.7	3973.6	4419.4	4866.0	5313.5	5761.8	6211.0	6661.0	7112.0
57	5200										3666.3	4128.5	4591.5	5055.4	5520.3	5985.9	6452.5	6919.9	7388.2
58	5300										3806.5	4286.3	4766.9	5248.5	5730.9	6214.3	6698.5	7183.6	7669.6
59	5400										3949.3	4447.0	4945.6	5445.2	5945.6	6446.9	6949.2	7452.3	7956.4
60	5500										4094.8	4610.8	5127.7	5645.5	6164.2	6683.9	7204.4	7725.9	8248.4
61	5600										4242.9	4777.4	5313.0	5849.4	6386.7	6925.1	7464.3	8004.5	8545.6
62	5700										4393.6	4947.1	5501.5	6056.9	6613.3	7170.5	7728.8	8288.0	8848.1
63	5800										4547.0	5119.7	5693.4	6268.0	6843.7	7420.3	7997.8	8576.4	9155.9
64	5900										4703.0	5295.3	5888.5	6482.8	7078.1	7674.3	8271.5	8869.7	9468.9
65	6000										4861.6	5473.8	6087.0	6701.2	7316.4	7932.6	8549.8	9168.0	9787.2

10.10.4.2 以外径为基准的椭圆封头(EHB)

令
$$r=D_o/2$$
$$h_1=H-h$$

内表面积 S 和容积 V：以（$h_1-\delta_n$）代替 h_1，（$r-\delta_n$）代替 r，分别由公式(10-74)和公式(10-75) 计算。

封头外壁容积 V_w：不作上述替换，按公式(10-75) 计算。

封头质量 W：仍按公式(10-76) 计算。

EHB 椭圆形封头内表面积、容积及质量见表 10-45。

表 10-45 EHB 椭圆形封头内表面积、容积、质量

序号	公称直径 DN/mm	总高度 H/mm	名义厚度 δ_n/mm	内表面积 A/m²	容积 V/m³	质量 m/kg
1	159	65	4	0.0361	0.0009	1.1623
2			5	0.0351	0.0008	1.4342
3			6	0.0342	0.0008	1.6988
4			8	0.0324	0.0007	2.2066
5	219	80	5	0.0629	0.0020	2.5205
6			6	0.0616	0.0019	2.9950
7			8	0.0592	0.0018	3.9152
8	273	93	6	0.0930	0.0036	4.4653
9			8	0.0900	0.0034	5.8577
10			10	0.0871	0.0032	7.2035
11			12	0.0842	0.0030	8.5035
12	325	106	6	0.1292	0.0058	6.1529
13			8	0.1256	0.0055	8.0908
14			10	0.1222	0.0053	9.9735
15			12	0.1188	0.0051	11.8018
16	377	119	8	0.1671	0.0084	10.6795
17			10	0.1631	0.0081	13.1881
18			12	0.1592	0.0078	15.6336
19			14	0.1553	0.0075	18.0170
20	426	132	8	0.2116	0.0120	13.4444
21			10	0.2071	0.0116	16.6240
22			12	0.2026	0.0112	19.7326
23			14	0.1982	0.0108	22.7709

10.10.4.3 碟形封头（DHA 和 DHB）

（1）碟形封头内表面积（mm²）

$$S=2\pi\left[D_i r\times\frac{\theta_0}{2}+r^2(\sin\theta_0-\theta_0)+R_i^2(1-\sin\theta_0)+\frac{D_i}{2}\times h\right] \tag{10-77}$$

式中，$\theta_0=\arccos\dfrac{D_i/2-r}{R_i-r}$，弧度。

（2）碟形封头容积（mm³）

$$V=\pi\left(C_1D_i^2r+C_2D_ir^2+C_3r^3+C_4R_i^3+\frac{D_i^2}{4}\times h\right) \tag{10-78}$$

式中　$C_1=\dfrac{\sin\theta_0}{4}$

$$C_2=\frac{\theta_0+\sin\theta_0\cos\theta_0}{2}-\sin\theta_0$$

$$C_3=2\sin\theta_0-\theta_0-\sin\theta_0\cos\theta_0-\frac{\sin^3\theta_0}{3}$$

$$C_4=\frac{(2+\sin\theta_0)(1-\sin\theta_0)^2}{3}$$

(3) 碟形封头质量 (kg)

$$W=7850\times(V_w-V)\times10^{-9} \tag{10-79}$$

式中，V_w 为封头外壁容积，以（$D_i+2\delta_n$）代替 D_i，以（$r+\delta_n$）代替 r，以（$R_i+\delta_n$）代替 R_i，由公式(10-78）计算。

（4）碟形封头内表面积、容积及质量　DHA 碟形封头内表面积、容积见表 10-46；DHA 碟形封头质量见表 10-47。DHB 碟形封头内表面积、容积见表 10-48；DHB 碟形封头质量见表 10-49。

表 10-46　DHA 碟形封头内表面积、容积

序号	公称直径 DN/mm	总深度 H/mm	内表面积 A/m^2	容积 V/m^3	序号	公称直径 DN/mm	总深度 H/mm	内表面积 A/m^2	容积 V/m^3
1	300	93	0.1194	0.0050	34	2900	694	9.3158	3.2209
2	350	104	0.1579	0.0076	35	3000	716	9.9563	3.5560
3	400	115	0.2017	0.0109	36	3100	739	10.6182	3.9135
4	450	126	0.2509	0.0150	37	3200	761	11.3013	4.2942
5	500	138	0.3054	0.0201	38	3300	784	12.0057	4.6988
6	550	149	0.3652	0.0261	39	3400	806	12.7314	5.1280
7	600	160	0.4303	0.0333	40	3500	829	13.4784	5.5826
8	650	172	0.5007	0.0416	41	3600	851	14.2467	6.0633
9	700	183	0.5765	0.0512	42	3700	874	15.0362	6.5708
10	750	194	0.6576	0.0622	43	3800	897	15.8471	7.1058
11	800	205	0.7440	0.0746	44	3900	919	16.6792	7.6691
12	850	217	0.8358	0.0886	45	4000	942	17.5326	8.2614
13	900	228	0.9328	0.1043	46	4100	964	18.4073	8.8834
14	950	239	1.0352	0.1043	47	4200	987	19.3033	9.5359
15	1000	250	1.1429	0.1409	48	4300	1009	20.2206	10.2196
16	1100	273	1.3743	0.1851	49	4400	1032	21.1592	10.9351
17	1200	295	1.6269	0.2378	50	4500	1054	22.1190	11.6833
18	1300	318	1.9009	0.2995	51	4600	1077	23.1002	12.4649
19	1400	341	2.1961	0.3711	52	4700	1099	24.1026	13.2805
20	1500	363	2.5126	0.4533	53	4800	1122	25.1263	14.1309
21	1600	386	2.8505	0.5468	54	4900	1144	26.1713	15.0169
22	1700	408	3.2096	0.6524	55	5000	1167	27.2376	15.9392
23	1800	431	3.5899	0.7706	56	5100	1190	28.3252	16.8985
24	1900	453	3.9916	0.9024	57	5200	1212	29.4341	17.8955
25	2000	476	4.4146	1.0484	58	5300	1235	30.5642	18.9309
26	2100	513	4.9578	1.2613	59	5400	1257	31.7157	20.0055
27	2200	536	5.4280	1.4429	60	5500	1280	32.8884	21.1201
28	2300	558	5.9196	1.6412	61	5600	1302	34.0824	22.2752
29	2400	581	6.4324	1.8568	62	5700	1325	35.2978	23.4717
30	2500	604	6.9665	2.0906	63	5800	1347	36.5343	24.7104
31	2600	626	7.5219	2.3431	64	5900	1370	37.7922	25.9918
32	2700	649	8.0986	2.6152	65	6000	1392	39.0714	27.3168
33	2800	671	8.6965	2.9076					

表 10-47　DHA 碟形封头质量

单位：kg

序号	公称直径 DN/mm	封头名义厚度 δ_n/mm																
		2	3	4	5	6	8	10	12	14	16	18	20	22	24	26	28	30	32
1	300	1.9	2.9	3.9	4.9	5.9	7.9												
2	350	2.5	3.8	5.1	6.4	7.7	10.4												
3	400		4.8	6.5	8.1	9.8	13.3	16.8	20.3	24.0									
4	450		6.0	8.0	10.1	12.2	16.4	20.7	25.1	29.6									
5	500		7.3	9.8	12.3	14.8	19.9	25.1	30.4	35.8	41.3	46.8	52.5						
6	550		8.7	11.7	14.6	17.6	23.7	29.9	36.2	42.6	49.0	55.6	62.3						
7	600		10.3	13.7	17.2	20.7	27.9	35.1	42.5	49.9	57.5	65.2	73.0						
8	650		11.9	16.0	20.0	24.1	32.4	40.8	49.3	57.9	66.6	75.5	84.5						
9	700		13.7	18.3	23.0	27.7	37.2	46.8	56.5	66.4	76.4	86.5	96.8						
10	750		15.6	20.9	26.2	31.6	42.4	53.3	64.3	75.5	86.9	98.3	109.9						
11	800			23.6	29.6	35.7	47.8	60.2	72.6	85.2	98.0	110.9	123.9	137.1	150.4	163.9	177.6		
12	850			26.5	33.3	40.0	53.7	67.5	81.4	95.5	109.8	124.2	138.7	153.5	168.3	183.4	198.5		
13	900			29.6	37.1	44.6	59.8	75.2	90.7	106.4	122.2	138.2	154.4	170.7	187.2	203.9	220.7		
14	950			32.8	41.1	49.5	66.3	83.3	100.5	117.8	135.4	153.0	170.9	188.9	207.1	225.5	244.0		
15	1000			36.2	45.4	54.6	73.2	91.9	110.8	129.9	149.2	168.6	188.2	208.0	228.0	248.2	268.5		
16	1100				54.5	65.6	87.8	110.3	132.9	155.7	178.8	202.0	225.4	249.0	272.8	296.8	321.0	345.4	370.1
17	1200				64.5	77.6	103.8	130.3	157.0	183.9	211.0	238.4	265.9	293.7	321.6	349.8	378.2	406.8	435.7
18	1300					90.5	121.2	152.0	183.1	214.4	246.0	277.7	309.7	342.0	374.4	407.1	440.1	473.2	506.6
19	1400					104.5	139.8	175.4	211.2	247.3	283.6	320.1	356.9	394.0	431.3	468.8	506.6	544.7	583.0
20	1500					119.5	159.9	200.5	241.3	282.5	323.9	365.5	407.5	449.7	492.1	534.8	577.8	621.1	644.6
21	1600					135.5	181.2	227.2	273.5	320.0	366.8	414.0	461.3	509.0	557.0	605.2	653.7	702.5	751.6
22	1700						203.9	255.6	307.6	359.9	412.5	465.4	518.6	572.1	625.8	679.9	734.3	789.0	844.0

续表

序号	公称直径 DN/mm	封头名义厚度 δ_n/mm																	
		2	3	4	5	6	8	10	12	14	16	18	20	22	24	26	28	30	32
23	1800						227.9	285.7	343.7	402.1	460.8	519.8	579.1	638.8	698.7	759.0	819.6	880.5	941.7
24	1900						253.3	317.4	381.9	446.7	511.8	577.2	643.0	709.1	775.6	842.4	909.5	977.0	1044.7
25	2000						280.0	350.8	422.0	493.6	565.5	637.7	710.3	783.2	856.5	930.1	1004.1	1078.5	1153.1
26	2100						314.2	393.7	473.5	553.7	634.3	715.2	796.5	878.2	960.3	1042.7	1125.5	1208.6	1292.1
27	2200						343.9	430.8	518.1	605.8	693.9	782.4	871.2	960.4	1050.1	1140.1	1230.5	1321.2	1412.4
28	2300							469.6	564.8	660.3	756.2	852.5	949.2	1046.4	1143.9	1241.8	1340.1	1438.9	1538.0
29	2400							510.1	613.4	717.0	821.1	925.7	1030.6	1135.9	1241.7	1347.9	1454.5	1561.5	1669.0
30	2500							552.2	664.0	776.2	888.8	1001.8	1115.3	1229.2	1343.5	1458.3	1573.6	1689.2	1805.3
31	2600							596.0	716.6	837.6	959.1	1081.0	1203.3	1326.1	1449.4	1573.1	1697.3	1821.9	1947.0
32	2700							641.5	771.2	901.4	1032.0	1163.1	1294.7	1426.7	1559.2	1692.2	1825.7	1959.6	2094.0
33	2800							688.7	827.9	967.5	1107.7	1248.3	1389.4	1531.0	1673.1	1815.7	1958.8	2102.3	2246.4
34	2900							737.5	886.5	1036.0	1186.0	1336.5	1487.5	1639.0	1791.0	1943.5	2096.5	2250.0	2404.1
35	3000							788.0	947.1	1106.8	1267.0	1427.7	1588.9	1750.6	1912.9	2075.7	2239.0	2402.8	2567.1
36	3100								1009.8	1179.8	1350.6	1521.9	1693.6	1865.9	2038.8	2212.2	2386.1	2560.5	2735.5
37	3200								1074.4	1255.4	1437.0	1619.1	1801.7	1984.9	2168.7	2353.0	2537.9	2723.3	2909.3
38	3300										1526.0	1719.3	1913.2	2107.6	2302.6	2498.2	2694.4	2891.1	3088.4
39	3400										1617.7	1822.5	2027.9	2233.9	2440.5	2647.7	2855.5	3063.9	3272.8
40	3500										1712.0	1928.7	2146.1	2364.0	2582.5	2801.6	3021.3	3241.7	3462.6
41	3600										1809.1	2038.0	2267.5	2497.7	2728.4	2959.8	3191.9	3424.5	3657.8
42	3700										1908.8	2150.2	2392.3	2635.0	2878.4	3122.4	3367.1	3612.3	3858.3
43	3800										2011.2	2265.5	2520.5	2776.1	3032.4	3289.3	3546.9	3805.2	4064.1
44	3900										2116.2	2383.7	2651.9	2920.8	3190.4	3460.6	3731.5	4003.0	4275.3
45	4000										2223.9	2505.0	2786.8	3069.2	3352.4	3636.2	3920.7	4205.9	4491.8

续表

序号	公称直径 DN/mm	封头名义厚度 δ_n/mm																	
		2	3	4	5	6	8	10	12	14	16	18	20	22	24	26	28	30	32
46	4100										2334.3	2629.3	2924.9	3221.3	3518.4	3816.1	4114.6	4413.8	4713.7
47	4200										2447.7	2756.6	3066.5	3377.1	3688.4	4000.4	4313.2	4626.7	4940.9
48	4300										2563.2	2886.9	3211.3	3536.5	3862.4	4189.1	4516.5	4844.6	5173.5
49	4400										2681.6	3030.2	3359.5	3699.6	4040.4	4382.0	4724.4	5067.5	5411.4
50	4500										2802.7	3156.5	3511.0	3866.4	4222.5	4579.4	4937.0	5295.5	5654.7
51	4600										2926.4	3295.8	3665.9	4036.8	4408.5	4781.0	5154.3	5528.4	5903.3
52	4700										3052.9	3438.1	3824.1	4211.0	4598.6	4987.1	5376.3	5766.4	6157.3
53	4800										3182.0	3583.4	3985.7	4388.8	4792.7	5197.4	5603.0	6009.4	6416.6
54	4900										3313.8	3731.8	4150.6	4570.3	4990.8	5412.1	5834.3	6257.3	6681.2
55	5000										3448.3	3883.1	4318.9	4755.4	5192.9	5631.2	6070.3	6510.3	6951.2
56	5100										3585.4	4037.5	4490.4	4944.3	5399.0	5854.6	6311.0	6768.4	7226.6
57	5200										3725.2	4194.9	4665.4	5136.8	5609.1	6082.3	6556.4	7031.4	7507.3
58	5300										3867.7	4355.2	4843.7	5333.0	5823.3	6314.4	6806.5	7299.5	7793.3
59	5400										4012.9	4518.6	5025.3	5532.9	6041.4	6550.8	7061.2	7572.5	8084.7
60	5500										4160.7	4685.0	5210.2	5736.4	6263.5	6791.6	7320.6	7850.6	8381.5
61	5600										4311.2	4854.4	5398.5	5943.6	6489.7	7036.7	7584.7	8133.7	8683.6
62	5700										4464.4	5026.8	5590.2	6154.5	6719.9	7286.2	7853.5	8421.7	8991.0
63	5800										4620.2	5202.2	5785.2	6369.1	6954.1	7540.0	8126.9	8714.9	9303.8
64	5900										4778.8	5380.6	5983.5	6587.4	7192.3	7798.1	8405.1	9013.0	9621.9
65	6000										4940.0	5562.1	6185.2	6809.3	7434.5	8060.7	8687.9	9316.1	9945.4

表 10-48　DHB 碟形封头内表面积、容积

序号	公称直径 DN/mm	总深度 H/mm	内表面积 A/m^2	容积 V/m^3	序号	公称直径 DN/mm	总深度 H/mm	内表面积 A/m^2	容积 V/m^3
1	300	83	0.1127	0.0044	34	2900	602	8.6902	2.6779
2	350	93	0.1488	0.0066	35	3000	621	9.2869	2.9548
3	400	103	0.1898	0.0095	36	3100	641	9.9033	3.2502
4	450	112	0.2358	0.0130	37	3200	660	10.5396	3.5646
5	500	122	0.2868	0.0173	38	3300	679	11.1957	3.8987
6	550	132	0.3427	0.0224	39	3400	699	11.8715	4.2529
7	600	141	0.4035	0.0284	40	3500	718	12.5672	4.6280
8	650	151	0.4693	0.0355	41	3600	738	13.2526	5.0245
9	700	161	0.5401	0.0436	42	3700	757	14.0179	5.4430
10	750	170	0.6158	0.0528	43	3800	776	14.7729	5.8841
11	800	180	0.6964	0.0632	44	3900	796	15.5478	6.3484
12	850	190	0.7820	0.0750	45	4000	815	16.3424	6.8365
13	900	199	0.8726	0.0881	46	4100	834	17.1569	7.3489
14	950	209	0.9681	0.1026	47	4200	854	17.9912	7.8864
15	1000	219	1.0685	0.1186	48	4300	873	18.8452	8.4494
16	1100	238	1.2843	0.1555	49	4400	893	19.7191	9.0385
17	1200	258	1.5198	0.1993	50	4500	912	20.6127	9.6544
18	1300	277	1.7752	0.2506	51	4600	931	21.5262	10.2977
19	1400	296	2.0503	0.3100	52	4700	951	22.4594	10.9689
20	1500	316	2.3453	0.3782	53	4800	970	23.4125	11.6687
21	1600	335	2.6600	0.4556	54	4900	989	24.3853	12.3975
22	1700	354	2.9946	0.5430	55	5000	1009	25.3780	13.1561
23	1800	374	3.3489	0.6408	56	5100	1028	26.3904	13.9451
24	1900	393	3.7231	0.7497	57	5200	1048	27.4227	14.7649
25	2000	413	4.1170	0.8703	58	5300	1067	28.4748	15.6162
26	2100	447	4.6297	1.0551	59	5400	1086	29.5466	16.4997
27	2200	466	5.0680	1.2058	60	5500	1106	30.6383	17.4158
28	2300	486	5.5261	1.3703	61	5600	1125	31.7497	18.3652
29	2400	505	6.0039	1.5491	62	5700	1145	32.8810	19.3485
30	2500	524	6.5016	1.7427	63	5800	1164	34.0320	20.3663
31	2600	544	7.0190	1.9518	64	5900	1183	35.2029	21.4191
32	2700	563	7.5563	2.1770	65	6000	1203	36.3935	22.5076
33	2800	583	8.1134	2.4188					

表 10-49　DHB 碟形封头质量

单位：kg

序号	公称直径 DN/mm	封头名义厚度 δ_n/mm																	
		2	3	4	5	6	8	10	12	14	16	18	20	22	24	26	28	30	32
1	300	1.8	2.7	3.6	4.6	5.6	7.5												
2	350	2.4	3.6	4.8	6.0	7.3	9.8												
3	400		4.5	6.1	7.7	9.3	12.5	15.8	19.2	22.6									
4	450		5.6	7.6	9.5	11.5	15.4	19.5	23.7	27.9									
5	500		6.9	9.2	11.5	13.9	18.7	23.6	28.6	33.7	38.9	44.1							
6	550		8.2	11.0	13.7	16.6	22.3	28.1	34.0	40.0	46.2	52.4							
7	600		9.6	12.9	16.2	19.5	26.2	33.0	39.9	46.9	54.1	61.3							
8	650		11.2	15.0	18.8	22.6	30.4	38.3	46.2	54.4	62.6	70.9							
9	700		12.9	17.2	21.6	26.0	34.9	43.9	53.1	62.3	71.7	81.3							
10	750		14.6	19.6	24.6	29.6	39.7	50.0	60.3	70.9	81.5	92.3							
11	800			22.1	27.8	33.4	44.8	56.4	68.1	79.9	91.9	104.0	116.3	128.7	141.2	153.9	166.8		
12	850			24.8	31.1	37.5	50.3	63.2	76.3	89.5	102.9	116.4	130.1	144.0	158.0	172.1	186.4		
13	900			27.7	34.7	41.8	56.0	70.4	85.0	99.7	114.5	129.6	144.8	160.1	175.6	191.3	207.1		
14	950			30.7	38.5	46.3	62.1	78.0	94.1	110.4	126.8	143.4	160.2	177.1	194.2	211.5	228.9		
15	1000			33.9	42.5	51.1	68.5	86.0	103.7	121.6	139.7	157.9	176.3	194.9	213.7	232.7	251.8		
16	1100				51.0	61.3	82.1	103.1	124.3	145.7	167.3	189.1	211.0	233.2	255.5	278.1	300.8	323.8	346.9
17	1200				60.3	72.5	97.1	121.8	146.8	172.0	197.4	223.0	248.8	274.9	301.1	327.5	354.2	381.1	408.2
18	1300					84.6	113.2	142.1	171.2	200.5	230.0	259.8	289.7	320.0	350.4	381.0	411.9	443.0	474.4
19	1400					97.6	130.6	163.9	197.4	231.1	265.1	299.3	333.8	368.5	403.4	438.6	474.0	509.7	545.6
20	1500					111.6	149.3	187.3	225.5	263.9	302.7	341.7	380.9	420.4	460.2	500.2	540.5	581.0	621.8
21	1600					126.5	169.2	212.2	255.4	298.9	342.7	386.8	431.1	475.7	520.6	565.8	611.2	657.0	703.0
22	1700						190.3	238.6	287.2	336.1	385.3	434.7	484.5	534.5	584.8	635.5	686.4	737.6	789.1

续表

序号	公称直径 DN/mm	封头名义厚度 δ_n/mm																	
		2	3	4	5	6	8	10	12	14	16	18	20	22	24	26	28	30	32
23	1800						212.7	266.7	320.9	375.4	430.3	485.5	540.9	596.7	652.8	709.2	765.9	822.9	880.2
24	1900						236.4	296.2	356.4	417.0	477.8	539.0	600.5	662.3	724.5	786.9	849.7	912.9	976.3
25	2000						261.2	327.4	393.8	460.7	527.8	595.3	663.2	731.3	799.9	868.7	937.9	1007.5	1077.4
26	2100						293.6	367.9	442.5	517.5	592.8	668.6	744.6	821.1	897.8	975.0	1052.5	1130.4	1208.6
27	2200						321.2	402.5	484.1	566.1	648.4	731.1	814.3	897.7	981.6	1065.8	1150.5	1235.5	1320.8
28	2300							438.6	527.5	616.8	706.5	796.5	887.0	977.8	1069.1	1160.7	1252.7	1345.2	1438.0
29	2400							476.3	572.8	669.7	767.0	846.7	962.8	1061.4	1160.3	1259.6	1359.4	1459.6	1560.1
30	2500							515.6	620.0	724.8	830.0	935.7	1041.8	1148.3	1255.2	1362.6	1470.4	1578.6	1687.3
31	2600							556.4	669.0	782.1	895.6	1009.5	1123.8	1238.6	1353.9	1469.6	1585.7	1702.3	1819.3
32	2700							598.8	719.9	841.5	963.6	1086.1	1209.0	1332.4	1456.3	1580.6	1705.4	1830.7	1956.4
33	2800							642.8	772.7	903.2	1034.1	1165.4	1297.3	1429.6	1562.4	1695.7	1829.5	1963.7	2098.4
34	2900							688.2	827.4	967.0	1107.0	1247.6	1388.7	1530.2	1672.3	1814.8	1957.9	2101.4	2245.4
35	3000							735.3	883.9	1032.9	1182.5	1332.6	1483.2	1634.3	1785.9	1938.0	2090.6	2243.8	2397.4
36	3100								942.2	1101.1	1260.5	1420.4	1580.8	1741.7	1903.2	2065.2	2227.7	2390.8	2554.4
37	3200								1002.5	1171.4	1340.9	1510.9	1681.5	1852.6	2024.3	2196.5	2369.2	2542.5	2716.3
38	3300									1243.9	1423.8	1604.3	1785.3	1966.9	2149.0	2331.7	2515.0	2698.8	2883.2
39	3400									1318.6	1509.2	1700.5	1892.2	2084.6	2277.6	2471.1	2665.2	2859.8	3055.1
40	3500									1395.4	1597.1	1799.4	2002.3	2205.7	2409.8	2614.4	2819.7	3025.5	3231.9
41	3600										1687.5	1901.2	2115.4	2330.3	2545.8	2761.9	2978.5	3195.8	3413.8
42	3700										1780.4	2005.7	2231.7	2458.3	2685.5	2913.3	3141.8	3370.8	3600.5
43	3800										1875.8	2113.1	2351.1	2589.7	2828.9	3068.8	3309.3	3550.5	3792.3
44	3900										1973.6	2223.2	2473.5	2724.5	2976.1	3228.3	3481.3	3734.8	3989.1

续表

序号	公称直径 DN/mm	封头名义厚度 δ_n/mm																	
		2	3	4	5	6	8	10	12	14	16	18	20	22	24	26	28	30	32
45	4000										2073.9	2336.2	2599.1	2862.7	3127.0	3391.9	3657.5	3923.8	4190.8
46	4100										2176.8	2451.9	2727.8	3004.4	3281.6	3559.5	3838.1	4117.5	4397.5
47	4200										2282.1	2570.5	2859.6	3149.4	3439.9	3731.2	4023.1	4315.8	4609.1
48	4300										2389.9	2691.8	2994.5	3297.9	3602.0	3906.9	4212.5	4518.8	4825.8
49	4400										2500.1	2816.0	3132.5	3449.8	3767.8	4086.6	4406.1	4726.4	5047.4
50	4500										2612.9	2942.9	3273.6	3605.1	3937.4	4270.4	4604.2	4938.7	5724.0
51	4600										2728.2	3072.6	3417.9	3763.9	4110.7	4458.2	4806.6	5155.7	5505.5
52	4700										2845.9	3205.2	3565.2	3926.0	4287.7	4650.1	5013.3	5377.3	5742.1
53	4800										2966.1	3340.5	3715.7	4091.6	4468.4	4846.0	5224.4	5603.6	5983.6
54	4900										3088.9	3478.6	3869.2	4260.6	4652.9	5045.9	5439.8	5834.5	6230.0
55	5000										3214.1	3619.5	4025.9	4433.1	4841.1	5249.9	5659.6	6070.1	6481.5
56	5100										3341.7	3763.3	4185.7	4608.9	5033.0	5458.0	5883.8	6310.4	6737.9
57	5200										3471.9	3909.8	4348.6	4788.2	5228.7	5670.0	6112.3	6555.4	6999.3
58	5300										3604.6	4059.1	4514.5	4970.9	5428.0	5886.1	6345.1	6805.0	7265.7
59	5409										3739.7	4211.2	4683.6	5157.0	5631.2	6106.3	6582.3	7059.2	7537.1
60	5500										3877.4	4366.2	4855.9	5346.5	5838.0	6330.5	6823.9	7318.2	7813.4
61	5600										4017.5	4523.9	5031.2	5539.4	6048.6	6558.7	7069.8	7581.8	8094.7
62	5700										4160.1	4684.4	5209.6	5735.8	6262.9	6791.0	7320.0	7850.0	8381.0
63	5800										4305.2	4847.7	5391.1	5935.5	6480.9	7027.3	7574.6	8122.9	8672.2
64	5900										4452.8	5013.8	5575.8	6138.7	6702.7	7267.6	7833.6	8400.5	8968.4
65	6000										4602.9	5182.7	5763.5	6345.4	6928.2	7512.1	8096.9	8682.8	9269.6

10.10.4.4 折边锥形封头(CHA、CHB和CHC)

折边锥形封头内表面积、容积和质量系计算至锥顶的近似值，忽略小端局部结构尺寸的影响。

(1) 折边锥形封头内表面积

锥段

$$S_1=\pi b_z\sqrt{b_z^2+h_z^2} \tag{10-80}$$

其中

$$b_z=R-r(1-\cos\theta_0)$$
$$h_z=H'-h-r\sin\theta_0$$
$$R=D_i/2$$

式中，θ_0 为 α 角的弧度值。

圆弧段

$$S_2=2\pi r[R\theta_0+r(\sin\theta_0-\theta_0)] \tag{10-81}$$

直边段

$$S_3=2\pi Rh \tag{10-82}$$

因此，折边锥形封头内表面积（mm^2）

$$S=S_1+S_2+S_3 \tag{10-83}$$

(2) 折边锥形封头容积

锥段

$$V_1=\frac{\pi}{3}b_z^2h_z$$

圆弧段

$$V_2=\pi r[(R-r)^2\sin\theta_0+C_1r(R-r)+C_2r] \tag{10-84}$$

其中

$$C_1=\theta_0+\sin\theta_0\cos\theta_0$$
$$C_2=\frac{\sin\theta_0(2+\cos^2\theta_0)}{3}$$

直边段

$$V_3=\pi R^2h \tag{10-85}$$

因此，折边锥形封头容积（mm^3）

$$V=V_1+V_2+V_3 \tag{10-86}$$

(3) 折边锥形封头质量

首先计算外壁容积 V_w，分别如下：

锥段外壁容积

$$V_{w1}=\frac{\pi}{3}b_{z0}^2h_{z0}$$

其中

$$b_{z0}=(R+\delta_n)-(r+\delta_n)(1-\cos\theta_0)$$
$$h_{z0}=H'-h-(r+\delta_n)\sin\theta_0+\delta_n/\sin\theta_0$$

以（$R+\delta_n$）代替 R，（$r+\delta_n$）代替 r，按公式(10-84）及公式(10-85）可分别计算圆弧段外壁容积 V_{w2} 及直边段外壁容积 V_{w3}。

于是，外壁容积（mm^3）

$$V_w = V_{w1} + V_{w2} + V_{w3} \tag{10-87}$$

则折边锥形封头质量（kg）

$$W = 7850 \times (V_w - V) \times 10^{-9} \tag{10-88}$$

(4) 锥形封头内表面积、容积及质量

CHA 锥形封头内表面积、容积见表 10-50；CHA 锥形封头质量见表 10-51。

CHB 锥形封头内表面积、容积见表 10-52；CHB 锥形封头质量见表 10-53。

CHC 锥形封头内表面积、容积见表 10-54；CHC 锥形封头质量见表 10-55。

表 10-50　CHA 锥形封头内表面积、容积

序号	公称直径 DN/mm	总高度 H/mm	圆弧半径 r/mm	内表面积 A/m²	容积 V/m³
1	300	297	45	0.1757	0.0087
2	350	342	53	0.2346	0.0135
3	400	387	60	0.3019	0.0196
4	450	433	68	0.3777	0.0275
5	500	478	75	0.4619	0.0371
6	550	523	83	0.5546	0.0488
7	600	569	90	0.6557	0.0628
8	650	614	98	0.7653	0.0791
9	700	659	105	0.8833	0.0981
10	750	705	113	1.0098	0.1198
11	800	750	120	1.1447	0.1446
12	850	795	128	1.2881	0.1725
13	900	841	135	1.4400	0.2039
14	950	886	143	1.6003	0.2388
15	1000	931	150	1.7690	0.2775
16	1100	1022	165	2.1319	0.3670
17	1200	1112	180	2.5285	0.4739
18	1300	1203	195	2.9590	0.5997
19	1400	1294	210	3.4233	0.7461
20	1500	1384	225	3.9214	0.9145
21	1600	1475	240	4.4533	1.1065
22	1700	1566	255	5.0190	1.3236
23	1800	1656	270	5.6185	1.5675
24	1900	1747	285	6.2518	1.8395
25	2000	1837	300	6.9190	2.1414
26	2100	1943	315	7.7189	2.5266
27	2200	2034	330	8.4583	2.8978
28	2300	2124	345	9.2316	3.3036
29	2400	2215	360	10.0387	3.7456
30	2500	2306	375	10.8796	4.2254
31	2600	2396	390	11.7543	4.7445
32	2700	2487	405	12.6628	5.3045
33	2800	2577	420	13.6051	5.9069
34	2900	2668	435	14.5813	6.5532
35	3000	2759	450	15.5912	7.2450

表 10-51　CHA 锥形封头质量

单位：kg

序号	公称直径 DN/mm	封头名义厚度 δ_n/mm																	
		2	3	4	5	6	8	10	12	14	16	18	20	22	24	26	28	30	32
1	300	2.8	4.2	5.7	7.1	8.6	11.6												
2	350	3.7	5.6	7.5	9.5	11.4	15.4												
3	400		7.2	9.7	12.2	14.7	19.7	24.9	30.2	35.6									
4	450		9.0	12.1	15.2	18.3	24.6	31.0	37.6	44.2									
5	500		11.0	14.7	18.5	22.3	30.0	37.8	45.7	53.8	61.9	70.2	78.7						
6	550		13.2	17.7	22.2	26.7	35.9	45.2	54.6	64.2	73.9	83.8	93.8						
7	600		15.6	20.9	26.2	31.5	42.3	53.3	64.4	75.6	87.0	98.6	110.2						
8	650		18.2	24.3	30.5	36.7	49.3	62.0	74.9	87.9	101.1	114.5	128.0						
9	700		21.0	28.1	35.2	42.4	56.8	71.4	86.2	101.2	116.3	131.6	147.1						
10	750		24.0	32.1	40.2	48.4	64.8	81.5	98.3	115.4	132.6	150.0	167.6						
11	800			36.3	45.5	54.8	73.4	92.2	111.3	130.5	149.9	169.5	189.3	209.3	229.5	249.9	270.6		
12	850			40.8	51.2	61.6	82.5	103.6	125.0	146.5	168.3	190.2	212.4	234.4	257.4	280.2	303.2		
13	900			45.6	57.2	68.8	92.1	115.7	139.5	163.5	187.7	212.2	236.8	261.7	286.8	312.1	337.7		
14	950			50.7	63.5	76.4	102.3	128.4	154.8	181.4	208.2	235.3	262.6	290.1	317.8	345.8	374.1		
15	1000			56.0	70.2	84.4	113.0	141.8	170.9	200.2	229.8	259.6	289.6	319.9	350.5	381.2	412.3		
16	1100				84.5	104.6	136.0	170.6	205.5	240.7	276.1	311.8	347.7	384.0	420.5	457.2	494.3	531.6	569.2
17	1200				100.1	120.4	161.0	202.0	243.3	284.8	326.6	368.8	411.2	453.9	496.9	540.1	583.7	627.6	671.8

续表

序号	公称直径 DN/mm	封头名义厚度 δ_n/mm																	
		2	3	4	5	6	8	10	12	14	16	18	20	22	24	26	28	30	32
18	1300					140.7	188.3	236.1	284.2	332.7	381.4	430.5	479.9	529.6	579.6	629.9	680.6	731.6	782.8
19	1400					162.7	217.6	272.8	328.4	384.3	440.5	497.1	553.9	611.2	668.7	726.6	784.9	843.5	902.4
20	1500					186.3	249.1	312.2	375.7	439.6	503.8	568.4	633.3	698.6	764.2	830.2	896.6	963.4	1030.5
21	1600					211.4	282.7	354.3	426.2	498.6	571.3	644.5	718.0	791.8	866.1	940.7	1015.8	1091.2	1167.0
22	1700						318.4	399.0	479.9	561.3	643.1	725.3	807.9	890.9	974.3	1058.2	1142.4	1227.0	1312.1
23	1800						356.2	446.3	536.8	627.8	719.2	811.0	903.2	995.9	1088.9	1182.5	1276.4	1370.8	1465.6
24	1900						396.2	496.3	596.9	697.9	799.4	901.4	1003.8	1106.6	1209.9	1313.7	1417.9	1522.5	1627.6
25	2000						438.2	549.0	660.2	771.8	884.0	996.6	1109.7	1223.2	1337.3	1451.8	1566.7	1682.2	1798.2
26	2100						488.7	612.1	736.0	860.4	985.3	1110.7	1236.5	1362.9	1489.8	1617.2	1745.1	1873.5	2002.4
27	2200						535.3	670.4	806.1	942.2	1078.9	1216.1	1353.8	1492.0	1630.8	1770.1	1909.9	2050.2	2191.1
28	2300							731.4	879.3	1027.7	1176.7	1326.3	1476.3	1627.0	1778.1	1929.8	2082.1	2234.9	2383.3
29	2400							795.0	955.7	1117.0	1278.8	1441.2	1604.2	1767.7	1931.8	2096.5	2261.8	2427.6	2594.0
30	2500							861.4	1035.4	1210.0	1385.2	1561.0	1737.4	1914.4	2091.9	2270.1	2448.8	2628.2	2808.2
31	2600							930.3	1118.2	1306.7	1495.8	1685.5	1875.9	2066.8	2258.4	2450.6	2643.4	2836.8	3030.8
32	2700							1001.9	1204.2	1407.1	1610.6	1814.8	2019.6	2225.1	2431.2	2637.9	2845.3	3053.3	3262.0
33	2800							1076.2	1293.4	1511.2	1729.7	1948.9	2168.7	2389.2	2610.4	2832.2	3054.7	3277.8	3501.6
34	2900							1153.1	1385.7	1619.0	1853.1	2087.8	2323.1	2559.2	2795.9	3033.4	3271.5	3510.3	3749.8
35	3000							1232.6	1481.3	1730.6	1980.7	2231.4	2482.8	2735.0	2987.9	3241.4	3495.7	3750.7	4006.4

表 10-52 CHB 锥形封头内表面积、容积

序号	公称直径 DN/mm	总高度 H/mm	圆弧半径 r/mm	内表面积 A/m^2	容积 V/m^3
1	300	194	45	0.1390	0.0066
2	350	222	53	0.1847	0.0100
3	400	250	60	0.2367	0.0145
4	450	278	68	0.2952	0.0202
5	500	306	75	0.3601	0.0272
6	550	334	83	0.4313	0.0356
7	600	362	90	0.5091	0.0456
8	650	390	98	0.5932	0.0572
9	700	418	105	0.6837	0.0707
10	750	447	113	0.7807	0.0862
11	800	475	120	0.8840	0.1038
12	850	503	128	0.9938	0.1230
13	900	531	135	1.1100	0.1458
14	950	559	143	1.2327	0.1705
15	1000	587	150	1.3617	0.1978
16	1100	643	165	1.6390	0.2609
17	1200	700	180	1.9420	0.3362
18	1300	756	195	2.2706	0.4247
19	1400	812	210	2.6249	0.5275
20	1500	868	225	3.0049	0.6456
21	1600	924	240	3.4105	0.7802
22	1700	981	255	3.8418	0.9323
23	1800	1037	270	4.2988	1.1029
24	1900	1093	285	4.7814	1.2932
25	2000	1149	300	5.2897	1.5042
26	2100	1220	315	5.9226	1.7889
27	2200	1277	330	6.4869	2.0496
28	2300	1333	345	7.0769	2.3344
29	2400	1389	360	7.6925	2.6445
30	2500	1445	375	8.3388	2.9808
31	2600	1502	390	9.0008	3.34445
32	2700	1558	405	9.6934	3.7366
33	2800	1614	420	10.4117	4.1583
34	2900	1670	435	11.1557	4.6104
35	3000	1726	450	11.9253	5.0943

表 10-53 CHB 锥形封头质量

单位：kg

序号	公称直径 DN/mm	封头名义厚度 δ_n/mm																	
		2	3	4	5	6	8	10	12	14	16	18	20	22	24	26	28	30	32
1	300	2.4	3.6	4.9	6.1	7.4	10.0												
2	350	3.2	4.8	6.4	8.1	9.8	13.2												
3	400		6.2	8.3	10.4	12.5	16.9	21.3	25.9	30.5									
4	450		7.7	10.3	12.9	15.6	21.0	26.5	32.1	37.8									
5	500		9.4	12.5	15.7	19.0	25.5	32.2	38.9	45.8	52.8	60.0	67.2						
6	550		11.2	15.0	18.8	22.7	30.5	38.4	46.5	54.7	63.0	71.4	80.0						
7	600		13.2	17.7	22.2	26.7	35.9	45.2	54.7	64.3	74.0	83.9	93.9						
8	650		15.4	20.6	25.8	31.1	41.8	52.6	63.5	74.6	85.9	97.3	108.9						
9	700		17.7	23.7	29.8	35.8	48.1	60.5	73.1	85.8	98.7	111.7	124.9						
10	750		20.3	27.1	34.0	40.9	54.8	69.0	83.3	97.7	112.4	127.2	142.1						
11	800			30.7	38.4	46.3	62.0	78.0	94.1	110.4	126.9	143.6	160.5	177.5	194.7	212.1	229.7		
12	850			34.5	43.2	52.0	69.7	87.6	105.7	123.9	142.4	161.0	179.9	198.9	218.1	237.6	257.2		
13	900			38.5	48.2	58.0	77.8	97.7	117.8	138.2	158.7	179.5	200.4	221.5	242.9	264.5	286.2		
14	950			42.7	53.5	64.4	86.3	108.4	130.7	153.2	175.9	198.9	222.0	245.4	269.0	292.8	316.8		
15	1000			47.2	59.1	71.1	95.3	119.6	144.2	169.0	194.0	219.3	244.8	270.5	296.4	322.5	348.9		
16	1100				71.1	85.5	114.5	143.8	173.2	203.0	232.9	263.1	293.6	324.3	355.2	386.4	417.8	449.5	481.5
17	1200				84.2	101.3	135.6	170.1	204.9	240.0	275.3	310.9	346.8	382.9	419.3	456.0	493.0	530.2	567.7
18	1300					118.4	158.4	198.7	239.3	280.1	321.3	362.7	404.5	446.5	488.8	531.4	574.3	617.4	660.9

续表

序号	公称直径 DN/mm	封头名义厚度 δ_n/mm																	
		2	3	4	5	6	8	10	12	14	16	18	20	22	24	26	28	30	32
19	1400					136.8	183.0	229.5	276.3	323.4	370.8	418.5	456.5	514.9	563.5	612.5	661.8	711.4	761.3
20	1500					156.5	209.3	262.5	315.9	369.7	423.8	478.3	533.1	588.2	643.6	699.4	755.5	811.9	868.7
21	1600					177.6	237.4	297.7	358.2	419.2	480.4	542.0	604.0	666.3	729.0	792.0	855.4	919.2	983.2
22	1700						267.3	335.1	403.2	471.7	540.6	609.8	679.4	749.4	819.7	890.4	961.5	1033.0	1104.9
23	1800						299.0	374.7	450.8	527.3	604.2	681.5	759.2	837.3	915.7	994.6	1073.9	1153.5	1233.6
24	1900						332.5	416.6	501.1	586.1	671.5	757.2	843.4	930.0	1017.1	1104.5	1192.4	1280.7	1369.4
25	2000						367.7	460.7	554.1	647.9	742.2	836.9	932.1	1027.7	1123.7	1220.2	1317.1	1414.5	1512.2
26	2100						410.9	514.7	619.1	723.8	829.1	934.7	1040.9	1147.5	1254.6	1362.1	1470.1	1578.5	1687.4
27	2200						449.9	563.6	677.8	792.4	907.5	1023.1	1139.2	1255.7	1372.7	1490.2	1608.2	1726.7	1845.7
28	2300						490.8	614.7	739.1	864.1	989.5	1115.4	1241.8	1368.8	1496.2	1624.2	1752.6	1881.6	2011.0
29	2400						533.4	668.0	803.2	938.8	1075.0	1211.7	1349.0	1486.7	1625.0	1763.8	1903.2	2043.0	2183.4
30	2500						577.7	723.5	869.8	1016.7	1164.1	1312.0	1460.5	1609.6	1759.1	1909.3	2059.9	2211.2	2362.9
31	2600						623.9	781.2	939.2	1097.7	1256.7	1416.3	1576.5	1737.3	1898.6	2060.5	2222.9	2385.9	2549.5
32	2700						671.8	841.2	1011.2	1181.7	1352.9	1524.6	1696.9	1869.8	2043.3	2217.4	2392.1	2567.3	2743.2
33	2800						721.5	903.3	1085.8	1268.9	1452.6	1636.9	1821.8	2007.3	2193.4	2380.1	2567.4	2755.4	2944.0
34	2900						772.9	967.7	1163.1	1359.2	1555.8	1753.1	1951.0	2149.6	2348.8	2548.6	2749.0	2950.1	3151.8
35	3000						826.2	1034.3	1234.1	1452.5	1662.6	1873.4	2084.7	2296.8	2509.5	2722.8	2936.8	3151.4	3366.7

表 10-54　CHC 锥形封头内表面积、容积

序号	公称直径 DN/mm	总高度 H/mm	圆弧半径 r/mm	内表面积 A/m^2	容积 V/m^3
1	300	138	45	0.1246	0.0055
2	350	156	53	0.1651	0.0084
3	400	175	60	0.2111	0.0121
4	450	194	68	0.2628	0.0167
5	500	213	75	0.3200	0.0224
6	550	231	83	0.3829	0.0292
7	600	250	90	0.4514	0.0373
8	650	269	98	0.5256	0.0467
9	700	288	105	0.6053	0.0576
10	750	306	113	0.6907	0.0701
11	800	325	120	0.7816	0.0842
12	850	344	128	0.8782	0.1001
13	900	363	135	0.9804	0.1179
14	950	382	143	1.0882	0.1377
15	1000	400	150	1.2016	0.1595
16	1100	438	165	1.4453	0.2100
17	1200	475	180	1.7115	0.2700
18	1300	513	195	2.0001	0.3406
19	1400	550	210	2.3112	0.4224
20	1500	588	225	2.6448	0.5164
21	1600	625	240	3.0008	0.6233
22	1700	663	255	3.3793	0.7441
23	1800	700	270	3.7802	0.8796
24	1900	738	285	4.2036	1.0305
25	2000	776	300	4.6495	1.1978
26	2100	828	315	5.2168	1.4343
27	2200	866	330	5.7123	1.6418
28	2300	903	345	6.2302	1.8685
29	2400	941	360	6.7707	2.1151
30	2500	978	375	7.3336	2.3825
31	2600	1016	390	7.9189	2.6715
32	2700	1053	405	8.5267	2.9829
33	2800	1091	420	9.1570	3.3177
34	2900	1128	435	9.8097	3.6765
35	3000	1166	450	10.4849	4.0604

表 10-55　CHC 锥形封头质量

单位：kg

序号	公称直径 DN/mm	封头名义厚度 δ_n/mm																	
		2	3	4	5	6	8	10	12	14	16	18	20	22	24	26	28	30	32
1	300	2.2	3.3	4.5	5.7	6.8	9.2												
2	350	2.9	4.4	5.9	7.5	9.0	12.2												
3	400		5.7	7.6	9.6	11.5	15.5	19.6	23.8	28.1									
4	450		7.1	9.5	11.9	14.3	19.3	24.3	29.5	34.8									
5	500		8.6	11.5	14.5	17.4	23.4	29.6	35.8	42.1	48.6	55.1	61.8						
6	550		10.3	13.8	17.3	20.8	28.0	35.3	42.7	50.2	57.8	65.6	73.5						
7	600		12.1	16.2	20.4	24.5	33.0	41.5	50.2	59.0	67.9	77.0	86.2						
8	650		14.1	18.9	23.7	28.5	38.3	48.2	58.3	68.5	78.8	89.3	99.9						
9	700		16.3	21.8	27.3	32.8	44.1	55.5	67.0	78.7	90.5	102.5	114.6						
10	750		18.6	24.8	31.1	37.5	50.2	63.2	76.3	89.6	103.0	116.5	130.3						
11	800			28.1	35.2	42.4	56.8	71.4	86.2	101.2	116.3	131.5	147.0	162.6	178.4	194.4	210.5		
12	850			31.5	39.5	47.6	63.8	80.2	96.7	113.5	130.4	147.5	164.7	182.2	199.8	217.6	235.6		
13	900			35.2	44.1	53.1	71.2	89.4	107.8	126.5	145.3	164.3	183.5	202.8	222.4	242.1	262.1		
14	950			39.1	49.0	58.9	78.9	99.2	119.6	140.2	161.0	182.0	203.2	224.6	246.2	268.0	290.0		
15	1000			43.2	54.1	65.0	87.1	109.4	131.9	154.6	179.5	200.6	223.9	247.5	271.2	295.2	319.3		
16	1100				65.0	78.2	104.7	131.4	158.4	185.5	213.0	240.6	268.4	296.5	324.9	353.4	382.2	411.2	440.4
17	1200				77.0	92.5	123.9	155.4	187.3	219.3	251.6	284.2	317.0	350.0	383.3	416.9	450.7	484.7	519.0
18	1300					108.1	144.7	181.5	218.6	255.9	293.5	331.4	369.6	408.0	446.7	485.6	524.8	564.3	604.1

续表

序号	公称直径 DN/mm	封头名义厚度 δ_n/mm																	
		2	3	4	5	6	8	10	12	14	16	18	20	22	24	26	28	30	32
19	1400					124.9	167.1	209.5	252.3	295.3	338.6	382.3	426.2	470.3	514.8	559.6	604.6	650.0	695.6
20	1500					142.9	191.1	239.6	288.4	337.6	287.0	436.7	486.8	537.1	587.8	638.8	690.0	741.6	793.5
21	1600					162.1	216.7	271.7	327.0	382.6	438.6	494.8	551.4	608.4	665.6	723.2	781.1	839.3	897.9
22	1700						243.9	305.8	368.0	430.5	493.3	556.6	620.1	684.0	748.3	812.9	877.8	943.1	1008.7
23	1800						272.8	341.9	411.4	481.2	551.4	621.9	692.8	764.1	835.8	907.8	980.1	1052.9	1126.0
24	1900						303.3	380.0	457.2	534.7	612.6	690.9	769.6	848.6	928.1	1007.9	1088.1	1168.7	1249.7
25	2000						335.3	420.2	505.4	591.0	677.1	763.5	850.3	937.6	1025.2	1113.3	1201.8	1290.6	1379.9
26	2100						375.3	470.1	565.4	661.1	757.3	853.8	950.8	1048.2	1146.1	1244.4	1343.1	1442.2	1541.8
27	2200						410.8	514.7	618.9	723.6	828.8	934.3	1040.4	1146.9	1253.8	1361.2	1459.0	1577.3	1686.0
28	2300							561.2	674.8	788.9	903.5	1018.5	1134.0	1249.9	1366.3	1483.2	1600.6	1718.4	1836.7
29	2400							609.8	733.2	857.1	981.4	1106.3	1231.6	1357.4	1483.7	1610.5	1737.8	1855.6	1993.8
30	2500							660.4	793.9	928.0	1062.6	1197.7	1333.3	1469.3	1605.9	1743.0	1880.7	2018.8	2157.4
31	2600							713.0	857.1	1001.8	1147.0	1292.7	1438.9	1585.7	1733.0	1880.8	2029.2	2178.0	2327.4
32	2700							767.6	922.7	1078.4	1234.6	1391.3	1548.6	1706.5	1864.9	2023.8	2183.3	2343.3	2503.9
33	2800							824.2	990.7	1157.8	1325.4	1493.6	1662.4	1831.7	2001.6	2172.1	2343.1	2514.1	2686.8
34	2900							882.8	1061.1	1240.0	1419.5	1599.5	1780.1	1961.4	2143.1	2325.5	2508.5	2692.1	2876.2
35	3000							943.5	1134.0	1325.1	1516.7	1709.0	1901.9	2095.4	2289.5	2484.2	2679.6	2875.5	3072.0

10.10.4.5 球冠形封头（PSH）

（1）球冠形封头内表面积（mm^2）

$$S=2\pi D_o h \tag{10-89}$$

其中
$$h=D_o-\sqrt{D_o^2-\left(\frac{D_o-\delta_n}{2}\right)^2}$$

（2）球冠形封头容积（mm^3）

$$V=\pi h^2(D_o-h/3) \tag{10-90}$$

（3）球冠形封头质量（kg）

计算高度

$$h_z=\left(D_o+\frac{\delta_n}{2}\right)-\sqrt{\left(D_o+\frac{\delta_n}{2}\right)^2-\left(\frac{D_o}{2}-\frac{\delta_n}{4}\right)^2}$$

中面面积
$$S_z=2\pi(D_o+\delta_n/2)h_z$$

于是，质量（kg）

$$W=7850\times S_z\times\delta_n\times10^{-9} \tag{10-91}$$

式(10-74）至式(10-91）及上述表中符号意义如下：

A——封头内表面积 m^2；

C_1——钢材厚度负偏差，按相应钢板标准选取，mm；

DN——封头公称直径，mm；

D_i——椭圆形、碟形和球冠形封头内直径或折边锥形封头大端内直径，mm；

D_{is}——折边锥形封头小端内直径，mm；

D_o——椭圆形、碟形和球冠形封头外直径或折边锥形封头大端外直径，mm；

D_{os}——折边锥形封头小端外直径，mm；

H——碟形、球冠形封头及以内径为基准椭圆形封头总深度或折边锥形封头及以外径为基准椭圆形封头总高度，mm；

H'——折边锥形封头至锥顶总高度，mm；

h——椭圆形、碟形及折边锥形封头直边高度，mm；

m——封头质量，kg；

R_i——碟形、球冠形封头球面部分内半径，mm；

r——碟形、折边锥形封头大端过渡段转角内半径，mm；

r_s——折边锥形封头小端过渡段转角内半径，mm；

V——封头容积，m^3；

α——折边锥形封头半顶角，(°)；

δ_n——封头名义厚度，mm；

δ_s——钢材厚度，即钢材质量证明书中的规格厚度，mm。

（4）球冠形封头内表面积、容积及质量

PSH 球冠形封头内表面积、容积及质量见表 10-56。

表 10-56 PSH 球冠形封头内表面积、容积及质量

序号	公称直径 DN/mm	名义厚度 δ_n/mm	总深度 H/mm	内表面积 A/m^2	容积 V/m^3	质量 m/kg
1	300	2	40	0.0747	0.0014	1.1803
2		3	39	0.0741	0.0014	1.7637
3		4	39	0.0736	0.0014	2.3425
4		5	39	0.0731	0.0014	2.9169
5		6	38	0.0725	0.0013	3.4868
6	350	2	46	0.1019	0.0023	1.6083
7		3	46	0.1012	0.0022	2.4045
8		4	46	0.1006	0.0022	3.1955
9		5	45	0.1000	0.0022	3.9812
10		6	45	0.0994	0.0021	4.7616
11	400	2	53	0.1332	0.0034	2.1024
12		3	53	0.1325	0.0033	3.1445
13		4	52	0.1318	0.0033	4.1806
14		5	52	0.1311	0.0033	5.2106
15		6	52	0.1304	0.0032	6.2347
16		8	51	0.1290	0.0032	8.2650
17	450	3	59	0.1680	0.0048	3.9836
18		4	59	0.1672	0.0047	5.2978
19		5	59	0.1664	0.0047	6.6053
20		6	59	0.1656	0.0046	7.9060
21		8	58	0.1640	0.0046	10.4873
22	500	3	66	0.2077	0.0066	4.9218
23		4	66	0.2068	0.0065	6.5472
24		5	66	0.2059	0.0065	8.1652
25		6	65	0.2050	0.0064	9.7756
26		8	65	0.2033	0.0063	12.9739
27		10	64	0.2015	0.0062	16.1425
28	550	3	73	0.2517	0.0088	5.9591
29		4	73	0.2507	0.0087	7.9288
30		5	72	0.2497	0.0086	9.8902
31		6	72	0.2487	0.0086	11.8434
32		8	71	0.2467	0.0084	15.7249
33		10	71	0.2448	0.0083	19.5736
34	600	3	80	0.2998	0.0114	7.0956
35		4	79	0.2987	0.0113	9.4426
36		5	79	0.2976	0.0112	11.7805
37		6	79	0.2966	0.0112	14.1094
38		8	78	0.2944	0.0110	18.7402
39		10	78	0.2923	0.0108	23.3351

续表

序号	公称直径 DN/mm	名义厚度 δ_n/mm	总深度 H/mm	内表面积 A/m^2	容积 V/m^3	质量 m/kg
40	650	3	86	0.3521	0.0145	8.3311
41		4	86	0.3510	0.0144	11.0885
42		5	86	0.3498	0.0143	13.8360
43		6	85	0.3486	0.0142	16.5737
44		8	85	0.3463	0.0140	22.0198
45		10	84	0.3440	0.0139	27.4269
46	700	3	93	0.4087	0.0181	9.6658
47		4	93	0.4074	0.0180	12.8665
48		5	92	0.4062	0.0179	16.0566
49		6	92	0.4049	0.0178	19.2362
50		8	91	0.4024	0.0176	25.5637
51		10	91	0.3999	0.0174	31.8492
52	750	4	99	0.4681	0.0222	14.7768
53		5	99	0.4667	0.0221	18.4425
54		6	99	0.4654	0.0220	22.0969
55		8	98	0.4627	0.0217	29.3719
56		10	98	0.4600	0.0215	36.6019
57	800	4	106	0.5330	0.0270	16.8191
58		5	106	0.5315	0.0269	20.9936
59		6	105	0.5301	0.0267	25.1559
60		8	105	0.5272	0.0264	33.4445
61		10	104	0.5244	0.0262	41.6850
62		12	104	0.5215	0.0259	49.8775
63		14	103	0.5187	0.0256	58.0224
64		16	103	0.5158	0.0253	66.1198
65	850	4	113	0.6020	0.0324	18.9937
66		5	112	0.6005	0.0323	23.7099
67		6	112	0.5990	0.0321	28.4132
68		8	112	0.5959	0.0318	37.7814
69		10	111	0.5929	0.0315	47.0984
70		12	110	0.5899	0.0312	56.3646
71		14	110	0.5868	0.0309	65.5799
72		16	109	0.5838	0.0305	74.7447
73	900	4	119	0.6753	0.0385	21.3004
74		5	119	0.6737	0.0384	26.5913
75		6	119	0.6721	0.0382	31.8687
76		8	118	0.6689	0.0378	42.3826

续表

序号	公称直径 DN/mm	名义厚度 δ_n/mm	总深度 H/mm	内表面积 A/m^2	容积 V/m^3	质量 m/kg
77	900	10	118	0.6656	0.0375	52.8423
78		12	117	0.6624	0.0371	63.2480
79		14	117	0.6592	0.0368	73.6000
80		16	116	0.6560	0.0364	83.8983
81	950	4	126	0.7528	0.0454	23.7393
82		5	126	0.7511	0.0452	29.6380
83		6	126	0.7494	0.0450	35.5224
84		8	125	0.7460	0.0446	47.2481
85		10	124	0.7426	0.0442	58.9166
86		12	124	0.7392	0.0438	70.5280
87		14	123	0.7358	0.0434	82.0826
88		16	123	0.7325	0.0430	93.5805
89	1000	4	133	0.8346	0.0530	26.3103
90		5	133	0.8327	0.0527	32.8499
91		6	132	0.8309	0.0525	39.3744
92		8	132	0.8274	0.0521	52.3779
93		10	131	0.8238	0.0516	65.3213
94		12	131	0.8202	0.0512	78.2405
95		14	130	0.8166	0.0508	91.0278
96		16	129	0.8131	0.0503	103.7914
97	1100	5	146	1.0086	0.0703	39.7692
98		6	146	1.0066	0.0701	47.6730
99		8	145	1.0027	0.0695	63.4306
100		10	145	0.9987	0.0690	79.1218
101		12	144	0.9948	0.0685	94.7468
102		14	143	0.9909	0.0679	110.3059
103		16	143	0.9869	0.0674	125.7991
104	1200	5	159	1.2013	0.0915	47.3494
105		6	159	1.1992	0.0911	56.7646
106		8	158	1.1948	0.0905	75.5406
107		10	158	1.1905	0.0899	94.2440
108		12	157	1.1862	0.0892	112.8752
109		14	157	1.1819	0.0886	131.4342
110		16	156	1.1777	0.0880	149.9213
111	1300	5	173	1.4109	0.1165	55.5904
112		6	172	1.4085	0.1161	66.6492
113		8	172	1.4038	0.1153	88.7078

续表

序号	公称直径 DN/mm	名义厚度 δ_n/mm	总深度 H/mm	内表面积 A/m^2	容积 V/m^3	质量 m/kg
114	1300	10	171	1.3992	0.1146	110.6878
115		12	171	1.3945	0.1138	132.5893
116		14	170	1.3898	0.1131	154.4128
117		16	170	1.3852	0.1123	176.1581
118		18	169	1.3806	0.1116	197.8256
119		20	168	1.3759	0.1109	219.4154
120		22	168	1.3713	0.1102	240.9278
121		24	167	1.3667	0.1094	262.3629
122	1400	5	186	1.6372	0.1456	64.4921
123		6	186	1.6347	0.1452	77.3267
124		8	185	1.6297	0.1443	102.9323
125		10	185	1.6246	0.1434	128.4531
126		12	184	1.6196	0.1426	153.8895
127		14	184	1.6146	0.1417	179.2416
128		16	183	1.6096	0.1408	204.5094
129		18	182	1.6046	0.1400	229.6935
130		20	182	1.5996	0.1391	254.7937
131		22	181	1.5946	0.1383	279.8102
132		24	181	1.5897	0.1375	304.7436
133	1500	5	200	1.8804	0.1793	74.0547
134		6	199	1.8777	0.1788	88.7972
135		8	199	1.8723	0.1778	118.2141
136		10	198	1.8669	0.1768	147.5402
137		12	198	1.8615	0.1758	176.7755
138		14	197	1.8562	0.1748	205.9206
139		16	196	1.8508	0.1738	234.9753
140		18	196	1.8454	0.1728	263.9402
141		20	195	1.8401	0.1718	292.8150
142		22	195	1.8347	0.1709	321.6003
143		24	194	1.8294	0.1699	350.2961
144	1600	5	213	2.1405	0.2178	84.2781
145		6	213	2.1376	0.2172	101.0607
146		8	212	2.1318	0.2161	134.5532
147		10	211	2.1261	0.2194	167.9487
148		12	211	2.1203	0.2138	201.2476
149		14	210	2.1146	0.2126	234.4500
150		16	210	2.1089	0.2115	267.5559

续表

序号	公称直径 DN/mm	名义厚度 δ_n/mm	总深度 H/mm	内表面积 A/m^2	容积 V/m^3	质量 m/kg
151	1600	18	209	2.1031	0.2104	300.5658
152		20	209	2.0974	0.2093	333.4797
153		22	208	2.0917	0.2082	366.2978
154		24	208	2.0860	0.2071	399.0204
155	1700	6	226	2.4143	0.2608	114.1171
156		8	225	2.4082	0.2595	151.9495
157		10	225	2.4021	0.2582	189.6789
158		12	224	2.3959	0.2569	227.3055
159		14	224	2.3898	0.2556	264.8294
160		16	223	2.3837	0.2543	302.2509
161		18	223	2.3777	0.2531	339.5702
162		20	222	2.3716	0.2518	376.7875
163		22	221	2.3655	0.2506	413.9027
164		24	221	2.3595	0.2493	450.9164
165		26	220	2.3534	0.2481	487.8285
166		28	220	2.3474	0.2468	524.6393
167		30	219	2.3413	0.2456	561.3489
168		32	219	2.3353	0.2443	597.9579
169	1800	6	239	2.7078	0.3098	127.9665
170		8	239	2.7013	0.3083	170.4032
171		10	238	2.6949	0.3069	212.7307
172		12	238	2.6884	0.3055	254.9493
173		14	237	2.6819	0.3040	297.0592
174		16	237	2.6755	0.3026	339.0605
175		18	236	2.6690	0.3012	380.9536
176		20	235	2.6626	0.2998	422.7386
177		22	235	2.6561	0.2983	464.4153
178		24	234	2.6497	0.2969	505.9843
179		26	234	2.6433	0.2955	547.4459
180		28	233	2.6369	0.2941	588.7999
181		30	233	2.6305	0.2927	630.0466
182		32	232	2.6241	0.2914	671.1863
183	1900	6	253	3.0182	0.3646	142.6089
184		8	252	3.0114	0.3630	189.9141
185		10	252	3.0045	0.3614	237.1042
186		12	251	2.9977	0.3598	284.1792
187		14	251	2.9908	0.3582	331.1394

续表

序号	公称直径 DN/mm	名义厚度 δ_n/mm	总深度 H/mm	内表面积 A/m^2	容积 V/m^3	质量 m/kg
188	1900	16	250	2.9840	0.3566	377.9849
189		18	249	2.9772	0.3550	424.7158
190		20	249	2.9704	0.3534	471.3326
191		22	248	2.9636	0.3518	517.8354
192		24	248	2.9568	0.3503	564.2242
193		26	247	2.9501	0.3487	610.4995
194		28	247	2.9433	0.3471	656.6611
195		30	246	2.9365	0.3456	702.7092
196		32	245	2.9298	0.3440	748.6445
197	2000	6	266	3.3454	0.4256	158.0442
198		8	266	3.3382	0.4238	210.4824
199		10	265	3.3310	0.4220	262.7992
200		12	264	3.3238	0.4202	314.9948
201		14	264	3.3166	0.4184	367.0695
202		16	263	3.3094	0.4166	419.0236
203		18	263	3.3022	0.4199	470.8570
204		20	262	3.2951	0.4131	522.5701
205		22	262	3.2879	0.4114	574.1630
206		24	261	3.2808	0.4096	625.6360
207		26	261	3.2736	0.4079	676.9889
208		28	260	3.2665	0.4062	728.2225
209		30	259	3.2594	0.4044	779.3363
210		32	259	3.2523	0.4027	830.3312
211	2100	8	279	3.6819	0.4909	232.1078
212		10	278	3.6743	0.4890	289.8158
213		12	278	3.6667	0.4870	347.3965
214		14	277	3.6592	0.4851	404.8501
215		16	277	3.6516	0.4831	462.1770
216		18	276	3.6441	0.4812	519.3771
217		20	276	3.6366	0.4792	576.4507
218		22	275	3.6291	0.4773	633.3983
219		24	274	3.6216	0.4754	690.2196
220		26	274	3.6141	0.4734	746.9147
221		28	273	3.6066	0.4715	803.4845
222		30	273	3.5991	0.4696	859.9288
223		32	272	3.5916	0.4677	916.2474

续表

序号	公称直径 DN/mm	名义厚度 δ_n/mm	总深度 H/mm	内表面积 A/m^2	容积 V/m^3	质量 m/kg
224	2200	8	292	4.0424	0.5949	254.7906
225		10	292	4.0345	0.5627	318.1539
226		12	291	4.0265	0.5606	381.3841
227		14	291	4.0186	0.5584	444.4810
228		16	290	4.0107	0.5563	507.4449
229		18	290	4.0028	0.5541	570.2760
230		20	289	3.9949	0.5520	632.9747
231		22	288	3.9870	0.5499	695.5408
232		24	288	3.9792	0.5478	757.9748
233		26	287	3.9713	0.5456	820.2769
234		28	287	3.9635	0.5435	882.4471
235		30	286	3.9556	0.5414	944.4854
236		32	286	3.9478	0.5393	1006.3930
237	2300	8	306	4.4198	0.6459	278.5307
238		10	305	4.4115	0.6435	347.8138
239		12	305	4.4032	0.6412	416.9575
240		14	304	4.3949	0.6388	485.9619
241		16	304	4.3866	0.6365	554.8273
242		18	303	4.3784	0.6341	623.5538
243		20	302	4.3701	0.6318	692.1418
244		22	302	4.3619	0.6295	760.5909
245		24	301	4.3536	0.6272	828.9022
246		26	301	4.3454	0.6248	897.0750
247		28	300	4.3372	0.6225	965.1100
248		30	300	4.3290	0.6202	1033.0070
249		32	299	4.3208	0.6179	1100.7670
250	2400	8	319	4.8139	0.7343	303.3282
251		10	319	4.8053	0.7317	378.7952
252		12	318	4.7966	0.7292	454.1171
253		14	318	4.7880	0.7266	529.2930
254		16	317	4.7794	0.7240	604.3245
255		18	316	4.7707	0.7215	679.2106
256		20	316	4.7621	0.7190	753.9521
257		22	315	4.7535	0.7164	828.5489
258		24	315	4.7449	0.7139	903.0013
259		26	314	4.7363	0.7114	977.3093
260		28	314	4.7278	0.7088	1051.4740
261		30	313	4.7192	0.7063	1125.4930
262		32	312	4.7106	0.7038	1199.3700

续表

序号	公称直径 DN/mm	名义厚度 δ_n/mm	总深度 H/mm	内表面积 A/m^2	容积 V/m^3	质量 m/kg
263	2500	8	333	5.2250	0.8305	329.1828
264		10	332	5.2159	0.8277	411.0983
265		12	331	5.2069	0.8249	492.8624
266		14	331	5.1979	0.8221	574.4748
267		16	330	5.1889	0.8193	655.9362
268		18	330	5.1799	0.8165	737.2463
269		20	329	5.1710	0.8138	818.4052
270		22	329	5.1620	0.8110	899.4136
271		24	328	5.1530	0.8083	980.2719
272		26	327	5.1441	0.8055	1060.9800
273		28	327	5.1352	0.8028	1141.5380
274		30	326	5.1262	0.8001	1221.9450
275		32	326	5.1173	0.7973	1302.2030
276	2600	8	346	5.6528	0.9346	356.0947
277		10	345	5.6434	0.9316	444.7231
278		12	345	5.6341	0.9286	533.1935
279		14	344	5.6247	0.9256	621.5063
280		16	344	5.6153	0.9226	709.6625
281		18	343	5.6060	0.9196	797.6607
282		20	343	5.5966	0.9166	885.5023
283		22	342	5.5873	0.9136	973.1870
284		24	341	5.5780	0.9106	1060.7150
285		26	341	5.5687	0.9076	1148.0860
286		28	340	5.5594	0.9047	1235.3020
287		30	340	5.5501	0.9017	1322.3610
288		32	339	5.5408	0.8988	1409.2650
289	2700	8	359	6.0975	1.0472	384.0638
290		10	359	6.0878	1.0439	479.6690
291		12	358	6.0780	1.0407	575.1106
292		14	358	6.0683	1.0374	670.3884
293		16	357	6.0586	1.0342	765.5032
294		18	357	6.0489	1.0309	860.4539
295		20	356	6.0392	1.0277	955.2419
296		22	355	6.0295	1.0245	1049.8670
297		24	355	6.0198	1.0213	1144.3300
298		26	354	6.0101	1.0181	1238.6300
299		28	354	6.0004	1.0149	1332.7670
300		30	353	5.9908	1.0117	1426.7420
301		32	353	5.9811	1.0085	1520.5560

续表

序号	公称直径 DN/mm	名义厚度 δ_n/mm	总深度 H/mm	内表面积 A/m^2	容积 V/m^3	质量 m/kg
302	2800	8	373	6.5591	1.1684	413.0905
303		10	372	6.5489	1.1649	515.9369
304		12	372	6.5388	1.1614	618.6140
305		14	371	6.5287	1.1579	721.1207
306		16	371	6.5187	1.1544	823.4583
307		18	370	6.5086	1.1509	925.6264
308		20	369	6.4985	1.1474	1027.6250
309		22	369	6.4885	1.1440	1129.4550
310		24	368	6.4784	1.1405	1231.1160
311		26	368	6.4684	1.1371	1332.6090
312		28	367	6.4584	1.1336	1433.9330
313		30	367	6.4483	1.1302	1535.0880
314		32	366	6.4383	1.1268	1636.0750
315	2900	8	386	7.0374	1.2987	443.1742
316		10	386	7.0270	1.2949	553.5264
317		12	385	7.0165	1.2911	663.7028
318		14	384	7.0060	1.2874	773.7032
319		16	384	6.9956	1.2836	883.5284
320		18	383	6.9851	1.2799	993.1776
321		20	383	6.9747	1.2762	1102.6510
322		22	382	6.9643	1.2724	1211.9510
323		24	382	6.9539	1.2687	1321.0750
324		26	381	6.9435	1.2650	1430.0230
325		28	380	6.9331	1.2613	1538.7980
326		30	380	6.9227	1.2576	1647.3980
327		32	379	6.9123	1.2540	1755.8250
328	3000	8	400	7.5326	1.4383	474.3151
329		10	399	7.5218	1.4342	592.4377
330		12	398	7.5110	1.4302	710.3778
331		14	398	7.5001	1.4262	828.1358
332		16	397	7.4893	1.4222	945.7125
333		18	397	7.4785	1.4181	1063.1080
334		20	396	7.4677	1.4142	1180.3210
335		22	396	7.4570	1.4102	1297.3530
336		24	395	7.4462	1.4062	1414.2040
337		26	394	7.4354	1.4022	1530.8750
338		28	394	7.4247	1.3983	1647.3650
339		30	393	7.4139	1.3943	1763.6740
340		32	393	7.4032	1.3904	1879.8030

10.10.4.6 椭圆封头内表面积及容积简易计算公式

(1) 容积计算公式

椭球面方程式

$$\frac{x^2}{a^2}+\frac{y^2}{b^2}+\frac{z^2}{c^2}=1$$

式中，a、b、c 为椭球面的半轴。当 $a=b=r$，且 $r>c$ 时，可表示为

$$\frac{x^2+y^2}{r^2}+\frac{z^2}{c^2}=1$$

此式表示一个由椭圆$\frac{x^2}{r^2}+\frac{z^2}{c^2}=1$绕 z 轴旋转的旋转椭球面，它的一半（xoy 平面的上曲面或下曲面）即是椭圆封头的内曲面。按习惯写法，c 用 h 表示，即

$$z=\frac{h}{r}\sqrt{r^2+x^2+y^2}$$

xoy 平面上部与内椭圆封头内曲面之间的容积为 V，此曲面在第一象限部分与 x、y 轴围成的区域 D：$0\leqslant x\leqslant r$，$0\leqslant y\leqslant\sqrt{r^2-x^2}$。内对称性，所求容积 V 为：

$$V=4\iint_D z\,\mathrm{d}x\,\mathrm{d}y=\frac{4h}{r}\int_0^r \mathrm{d}x\int_0^{\sqrt{r^2-x^2}}\sqrt{r^2-x^2-y^2}\,\mathrm{d}y=\frac{2}{3}\pi r^2 h$$

因为 $r=\frac{D}{2}$（D 是内椭圆封头的直径），所以

$$V=\frac{\pi}{6}D^2h$$

对于标准椭圆封头，$h=\frac{D}{4}$，则

$$V=\frac{\pi}{24}D^3 \tag{10-92}$$

(2) 内表面积计算式

内椭圆形封头的内表面积为

$$F=\iint_D\sqrt{1+\frac{h^2}{r^2}\left(\frac{x^2+y^2}{r^2-x^2-y^2}\right)}\,\mathrm{d}x\,\mathrm{d}y$$

区域 D：$x^2+y^2\leqslant r^2$。为方便起见，将直角坐标变为极坐标，$0\leqslant\theta\leqslant 2\pi$，$0\leqslant t\leqslant r$，于是

$$F=\iint_D\sqrt{1+\frac{h^2}{r^2}\left(\frac{t^2}{r^2-t^2}\right)}\,t\,\mathrm{d}t\,\mathrm{d}\theta$$

$$=2\pi\int_\theta^r\sqrt{\frac{r^2-\left(\frac{r^2-h^2}{r^2}\right)t^2}{r^2-t^2}}\,t\,\mathrm{d}t$$

用换元法积分，求得

$$F=\pi r^2\left[1-\frac{\left(\frac{h}{r}\right)^2}{2\sqrt{1-\left(\frac{h}{r}\right)^2}}\ln\frac{1-\sqrt{\left(\frac{h}{r}\right)^2}}{1+\sqrt{1-\left(\frac{h}{r}\right)^2}}\right]$$

对标准椭圆封头，$\frac{h}{r}=\frac{1}{2}$

$$F=\pi r^2\left(1-\frac{1}{4\sqrt{3}}\ln\frac{2-\sqrt{3}}{2+\sqrt{3}}\right)=1.80D^2 \tag{10-93}$$

10.11 椭圆形及碟形封头绘制

10.11.1 椭圆形封头绘制

椭圆形封头绘制方法有三种。

第一种方法如图 10-50 及图 10-51 所示。以椭圆短轴中心线上一点 A 为圆心，用长半轴长度 a 为半径画圆弧，与椭圆长轴交于 F_1 及 F_2，此两点即为椭圆的焦点。取一段软线，其长度等于 F_1A+AF_2。将软线两端分别固定在 F_1 点及 F_2 点，用一支铅笔沿着保持软线拉紧状态时的轨迹移动，则铅笔绘制出来的封闭曲线，即为椭圆，椭圆的一半便为椭圆形封头图。

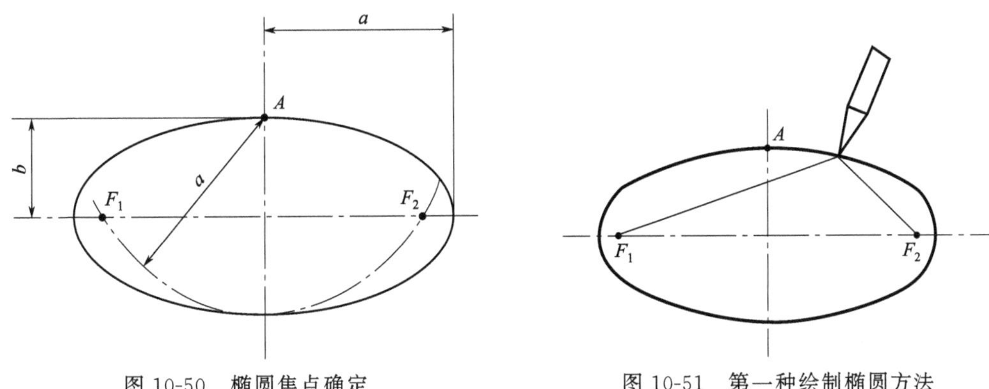

图 10-50 椭圆焦点确定　　图 10-51 第一种绘制椭圆方法

此种制图方法精确性差，操作不方便。

第二种方法如图 10-52 所示。以任一点 O 为圆心，分别以椭圆长半轴及短半轴为半径画出大小两个圆。通过 O 点画出任意一条大圆直径，与大圆交于 1，与小圆交于 2。在 1 点画一条平行于短轴的平行线，由 2 点画一条平行于长轴的平行线，两条平行线的交点 3 即为椭圆线上的一点。依此方法可绘制出椭圆线上的若干点，再用曲线板绘制出曲线，该曲线便成为椭圆。此种方法操作也不方便。

第三种方法是椭圆封头最简易近似的画法，工程上常用，比较方便。其作图过程见图 10-53。

图 10-53 中（标准椭圆封头）各种线段的关系如下：

$$OB=0.3273D_i$$

$$AO=0.6545D_i$$

大圆弧半径　$R=0.6545D_i+h_i=0.9045D_i$

小圆弧半径　$r=1/2D_i-0.3273D_i=0.1727D_i$

具体画法如下：已知标准椭圆形封头的内直径 D_i 及曲面高度 h_i，在椭圆形封头的中心线上及切线上分别找出 AO、OB 两点，以 A 为圆心，以 R 为半径，画大圆弧；以 B 为圆心，以 r 为半径画小圆弧，将两段圆弧连接起来就画出了椭圆形封头。

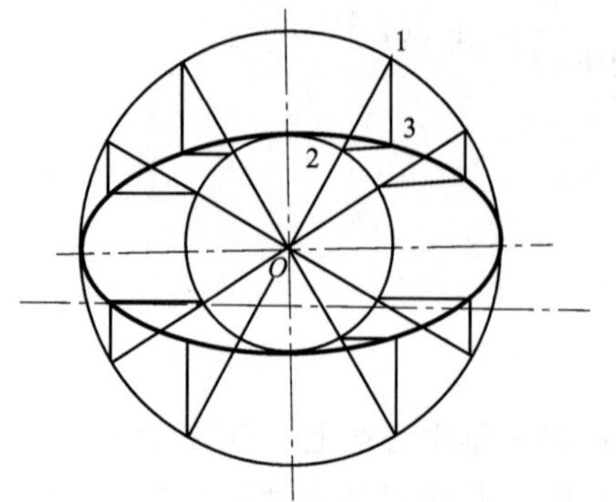

图 10-52　第二种绘制椭圆方法

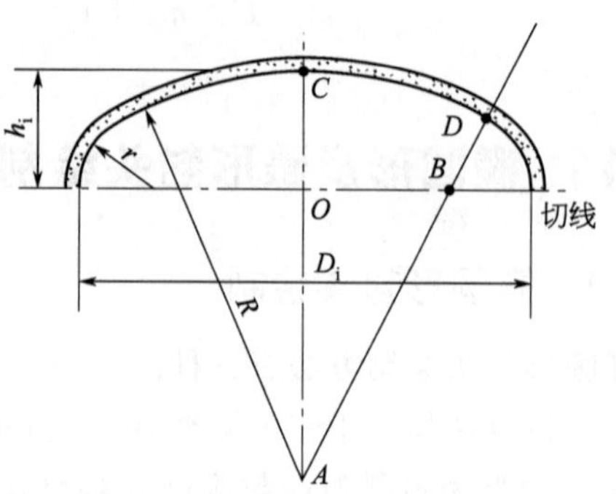

图 10-53　作图法绘制椭圆封头

绘图时，AO、OB 值可由表 10-57 查取。

表 10-57　标准椭圆封头简易画法数据

内径 D_i	OB	AO	内径 D_i	OB	AO	内径 D_i	OB	AO
300	98	196	1100	360	720	2300	753	1505
350	115	229	1200	393	785	2400	785	1571
400	131	262	1300	425	851	2600	851	1702
450	147	295	1400	458	916	2800	916	1833
500	164	327	1500	491	982	3000	982	1964
550	180	360	1600	524	1047	3200	1047	2094
600	196	393	1700	556	1113	3400	1113	2225
650	213	425	1800	589	1178	3600	1178	2356
700	229	458	1900	622	1244	3800	1244	2487
800	262	524	2000	655	1309	4000	1309	2618
900	295	589	2100	687	1374			
1000	327	655	2200	720	1440			

10.11.2　碟形封头绘制

碟形封头简易绘制方法见图 10-54，图中各尺寸关系如下：

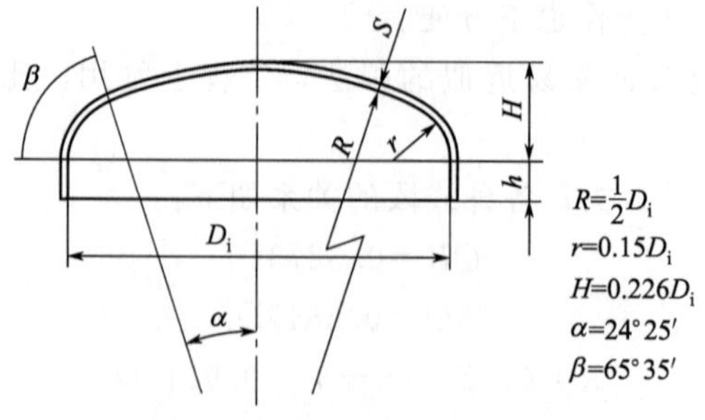

图 10-54　碟形封头主要尺寸

10.11.3 椭圆形封头上某一点精确位置确定

椭圆形封头有时需要开孔，或者焊结构件，其准确位置用表 10-58 各种比值关系确定。此表为$\frac{b}{a}=\frac{1}{2}$时椭圆曲线（见图 10-55）上的坐标关系。

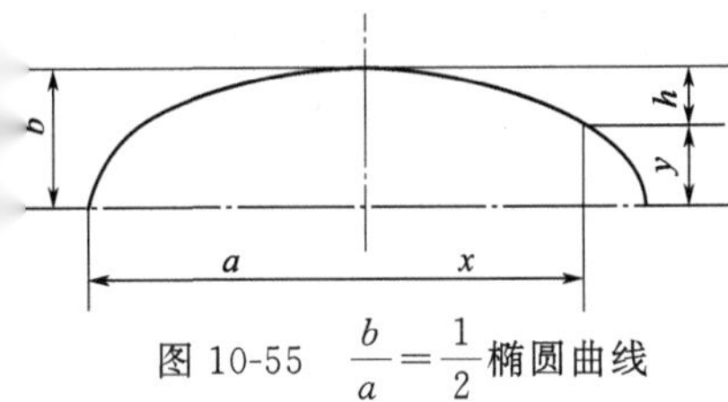

图 10-55 $\frac{b}{a}=\frac{1}{2}$椭圆曲线

方法：先求出$\frac{x}{a}$值，并从表 10-58 中查出对应的$\frac{y}{a}$及$\frac{h}{a}$值，再分别乘以 a 值，既得 y 及 h。

表 10-58 $\frac{b}{a}=\frac{1}{2}$时椭圆曲线上的坐标关系

$\frac{x}{a}$	$\frac{y}{a}$	$\frac{h}{a}$	$\frac{x}{a}$	$\frac{y}{a}$	$\frac{h}{a}$	$\frac{x}{a}$	$\frac{y}{a}$	$\frac{h}{a}$
0.01	0.499975	0.000025	0.34	0.470215	0.029785	0.67	0.37118	0.12882
0.02	0.49990	0.00010	0.35	0.468375	0.031625	0.68	0.366605	0.133395
0.03	0.499775	0.000225	0.36	0.466475	0.033525	0.69	0.361905	0.138095
0.04	0.49960	0.00040	0.37	0.484515	0.035485	0.70	0.35707	0.14293
0.05	0.499375	0.000625	0.38	0.462495	0.037505	0.71	0.35210	0.14790
0.06	0.49910	0.00090	0.39	0.460405	0.039595	0.72	0.346985	0.153015
0.07	0.498775	0.001225	0.40	0.45826	0.04174	0.73	0.34175	0.15825
0.08	0.498395	0.001605	0.41	0.45603	0.04397	0.74	0.336305	0.163695
0.09	0.49797	0.00203	0.42	0.45376	0.04624	0.75	0.33072	0.16928
0.10	0.497495	0.002505	0.43	0.451415	0.048585	0.76	0.32496	0.17504
0.11	0.496965	0.003035	0.44	0.44900	0.05100	0.77	0.31902	0.18098
0.12	0.496395	0.003605	0.45	0.446515	0.053485	0.78	0.31289	0.18711
0.13	0.495755	0.004245	0.46	0.44396	0.05604	0.79	0.30655	0.193445
0.14	0.495675	0.004925	0.47	0.441335	0.058665	0.80	0.30000	0.20000
0.15	0.494345	0.005655	0.48	0.438635	0.061365	0.81	0.293215	0.200785
0.16	0.49356	0.00644	0.49	0.43586	0.06414	0.82	0.28618	0.21882
0.17	0.49272	0.00728	0.50	0.433015	0.066985	0.83	0.27888	0.23112
0.18	0.491835	0.008165	0.51	0.430085	0.069915	0.84	0.271295	0.228705
0.19	0.49089	0.00911	0.52	0.427085	0.072915	0.85	0.26339	0.23661
0.20	0.48990	0.01010	0.53	0.42400	0.07600	0.86	0.255145	0.244855
0.21	0.48885	0.01115	0.54	0.420835	0.079165	0.87	0.246525	0.253475
0.22	0.48775	0.01225	0.55	0.41758	0.08242	0.88	0.237485	0.202151
0.23	0.486595	0.013405	0.56	0.413245	0.086755	0.89	0.22798	0.27202
0.24	0.485395	0.014605	0.57	0.41082	0.08918	0.90	0.217945	0.282055
0.25	0.48412	0.01538	0.58	0.40731	0.09269	0.91	0.207305	0.292695
0.26	0.482805	0.017195	0.59	0.40376	0.09680	0.92	0.19596	0.30404
0.27	0.48143	0.01857	0.60	0.40000	0.10000	0.93	0.18378	0.31622
0.28	0.48000	0.02000	0.61	0.39620	0.10386	0.94	0.170585	0.329145
0.29	0.47851	0.02149	0.62	0.39230	0.10770	0.95	0.156125	0.343875
0.30	0.47697	0.02303	0.63	0.38830	0.11170	0.96	0.14000	0.36000
0.31	0.47537	0.02463	0.64	0.384185	0.115815	0.97	0.12155	0.37845
0.32	0.47371	0.02629	0.65	0.379965	0.120035	0.98	0.09950	0.40050
0.33	0.47199	0.02801	0.66	0.375635	0.124365	0.99	0.070535	0.429465

第11章 低温容器设计与低温材料

11.1 低温容器设计要点

低温容器是用于贮存与运输低温液体的设备。通常液体温度低于 213K，主要由内胆、绝热层、外壳等部件组成。内胆用于贮存低温液体，其壁厚计算按内压容器，而外壳能承受 1atm（1atm＝101325Pa）压力，按外压容器计算，其设计原则与 10.1 相似。低温容器设计要点如下所述。

(1) 确定内胆几何形状 内胆一般选择圆筒形壳体或球形壳体。球形容器承压能力好，节省材料，预冷周期短，蒸发率低。用于容积 $1m^3$ 以下较多。容器大的多选择圆筒形，原因是运输方便、占地面积小、易加工。考虑到气体所占空间，内胆有效容积约为设计容积的 85％～90％。

(2) 设计压力 内胆设计压力：最高工作压力与液柱产生的静压力之和。

外壳设计压力：一般选择 0.1MPa。

(3) 结构材料 绝大多数的结构材料在低温下产生金相变化，由奥氏体转变为马氏体，特别是体心立方晶格金属，易产生冷脆现象，使力学性能下降。

低温容器内胆，常用材料是奥氏体不锈钢、铝合金、铜及铜合金等。不同低温液体内胆材料见表 11-1。

(4) 绝热方式 低温容器绝热方式有五种：堆积绝热、高真空绝热、真空粉末绝热、高真空多层绝热、高真空多屏绝热。

堆积绝热是一种传统的绝热方式，在容器内胆与外壳之间填充绝热材料，如粉末、纤维、泡沫、软木等。用于天然气液化装置，空气分离装置，容积大于 $100m^3$ 的贮槽、管路绝热等。

高真空绝热是将容器内胆与外壳之间的夹层抽真空，以降低气体热传导及对流换热。一般真空度为 10^{-3}Pa 量级。此种绝热方式用于小型低温容器、低温液体输送管路、恒温器。

真空粉末绝热是将内胆与外壳之间充填粉粒状绝热材料。如珠光砂、蛭石、硅胶、高压气凝胶等。然后抽真空，真空度 10～100Pa。用于小型液化器、液氮液氧贮槽、液化器等设备绝热。

表 11-1 低温容器内胆常用材料

低温液体名称	化学符号	沸点/℃	金属材料名称	容器结构
硫化氢	H_2S	−60.8	3.5Ni	双壁
二氧化碳	CO_2	−78.4		
乙炔	C_2H_2	−84.02		
乙烷	C_2H_6	−88.63		

续表

低温液体名称	化学符号	沸点/℃	金属材料名称	容器结构
乙烯	C_2H_4	−103.71	5.5Ni;9Ni	双壁
氪	Kr	−153.36	LF_2;LF_3	
甲烷	CH_4	−161.45	36Ni	
氧	O_2	−182.93	9Ni	真空绝热
氩	Ar	−185.88	2Cr18Ni9;T_2	
氟	F_2	−188.12	LF_2;LF_3	
氮	N_2	−195.8	Cr18Ni9Ti,T_2	
氖	Ne	−246.06	LF_2;LF_3	真空绝热
重氢	D_2	−249.49	Cr18Ni11Nb;T_4	
氢	H_2	−252.77	Cr18N11Nb;T_4	
氦	He	−268.93	1Cr18Ni9Ti	

高真空多层绝热是将绝热材料，如铝箔、镀铝涤纶薄膜、玻璃纤维布等材料置入内胆与外壳之间的夹层中，然后将夹层抽空至 10^{-2}Pa 左右。这种绝热方式可用于低温液体运输槽车、容积 $1m^3$ 以下的小型容器，也可用于输液管道。

高真空多屏绝热是在夹层中置入几层金属屏，目的是降低热辐射，真空度 10^{-2}～10^{-3}Pa。此种方式用于中小型液氦低温容器。

(5) 安全措施 如设置安全阀、防爆膜等。

(6) 检测仪表 如压力、温度、液位等显示仪表布置。

(7) 辅助结构 如管道、支撑、拉杆、链条等；设计合理，导热小，同时考虑低温下冷缩补充等。

11.2 容器几何尺寸优化

用最少的材料，设计一定容积的容器，如何确定容器直径及长度是关键。低温容器常用于储存低温液体，当工作压力小于或等于 6.4MPa，且容器选择标准椭圆封头时，其长度与直径选择按如下步骤：

(1) 计算系数 K 值

$$K=\frac{p}{0.041C[\sigma]^t\phi} \tag{11-1}$$

式中 p——设计压力，MPa；

C——腐蚀裕量，mm；

$[\sigma]^t$——设计温度下圆筒体材料的许用应力，MPa；

ϕ——焊缝系数。

(2) 确定容器优选尺寸

在图 11-1 左边的纵坐标上，查出容器要求的容积，水平移动到相应 K 值线上，交点垂直移动至横坐标上并查出 D_i 值。

(3) 计算容器圆筒体长度

$$L=\frac{4(V-2V_1)}{\pi D_i^2} \tag{11-2}$$

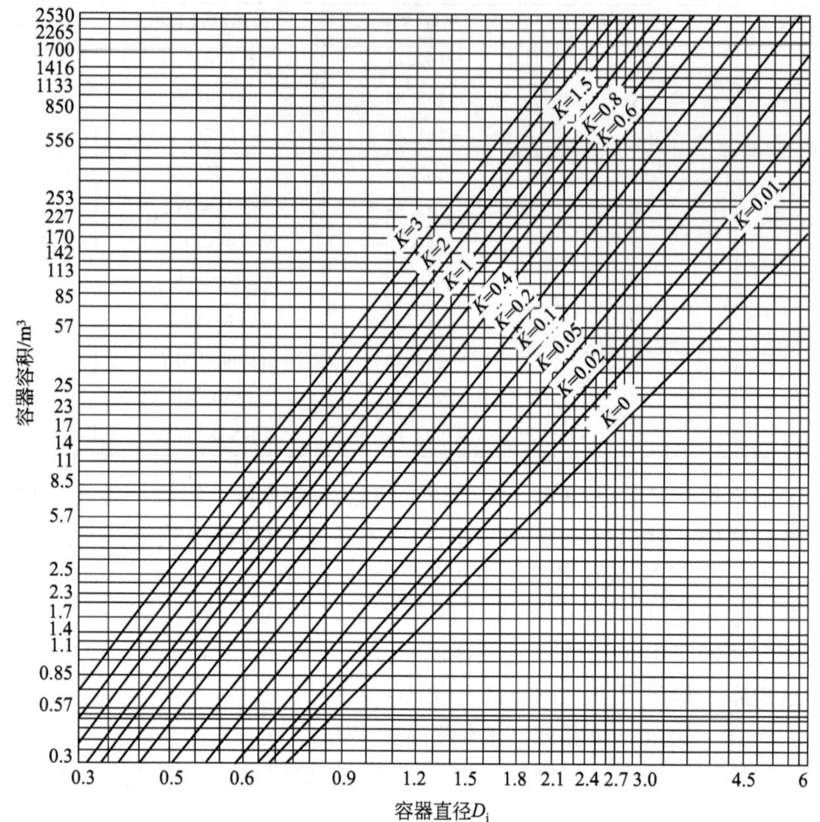

图 11-1　确定容器优选尺寸图

式中　D_i——圆筒体的内直径，m；

L——圆筒体的长度，m；

V——容器的全容积，m^3；

V_1——椭圆形封头容积，m^3。

例 11-1　有一个 $28m^3$ 的贮罐，设计压力 0.69MPa，钢板材料的许用应力为 109.5MPa，焊缝系数取 0.8，腐蚀裕量 1.5mm，两端为 2∶1 标准椭圆形封头，求优选的筒体直径和长度。

解： ①计算系数

$$K=\frac{p}{0.041C[\sigma]^t\phi}=\frac{0.69}{0.041\times1.5\times109.5\times0.8}=0.128$$

② 查图 11-1 得，$D_i=1.7m=1700mm$。选内径 1700mm 标准椭圆封头，容积为 $0.7m^3$。

③ 计算圆筒体长度

$$L=\frac{4(V-2V_1)}{\pi D_i^2}=\frac{4\times(28-2\times0.7)}{\pi\times1.7^2}=11.719m=11719mm$$

确定圆筒内径 1700mm，筒体长度 11670mm（减去 2 倍封头直边长度）。

11.3 内胆及外壳壁厚计算

11.3.1 内胆为圆筒形壳体

圆筒形壳体的计算壁厚为

$$S_0=\frac{pD_B}{2[\sigma]^t\phi-p} \tag{11-3}$$

式中 S_0——圆筒形壳体的计算壁厚，mm；

p——内压设计压力，MPa；

D_B——圆筒内径，mm；

$[\sigma]^t$——工作温度 t 下圆筒材料的许用应力，MPa；

ϕ——焊缝系数，见表 11-2。

表 11-2 焊缝系数 ϕ

焊接方式	100%无损探伤	局部无损探伤	不作探伤
双面对接焊缝	1.00	0.85	0.70
单面对接焊缝(有垫板)	0.90	0.80	0.65
单面对接焊缝(无垫板)		0.70	0.60

圆筒形壳体的实际壁厚为

$$S=S_0+C \tag{11-4}$$

$$C=C_1+C_2 \tag{11-5}$$

式中 S——筒形壳体的实际厚度，mm；

C——壁厚附加量，mm；

C_1——圆筒钢板材料最大负公差，mm；

C_2——板材腐蚀裕量，mm。

11.3.2 内胆为球形壳体

球形壳体的计算壁厚为

$$S_0=\frac{pD_B}{4[\sigma]^t\phi-p} \tag{11-6}$$

式中符号同式(11-3)。

球形壳体实际壁厚应为

$$S=S_0+C \tag{11-4}$$

$$C=C_1+C_2 \tag{11-5}$$

11.3.3 内压封头壁厚计算

各种内压封头壁厚计算公式见表 11-3。

表 11-3　内压封头壁厚计算公式

序　号	简　图	公　式	
1		长短轴比为 2∶1 椭圆形封头	
		$S_0=\dfrac{pD_B}{2[\sigma]^t\phi-0.5p}$	$[p_w]=\dfrac{2\delta_e[\sigma]^t\phi}{D_B+0.5\delta_e}$
		对于长短轴比不是 2∶1 的椭圆形封头，见 GB 150	
2		碟形封头	
		$S_0=\dfrac{MpR_i}{2[\sigma]^t\phi-0.5p}$	$[p_w]=\dfrac{2\delta_e[\sigma]^t\phi}{MR_i+0.5\delta_e}$
		式中 $M=\dfrac{1}{4}\left(3+\sqrt{\dfrac{R_i}{r}}\right)$，其值见表 11-4	
3		球冠形封头	
		$S_0=\dfrac{QpD_B}{2[\sigma]^t\phi-p}$	$[p_w]=\dfrac{2\delta_e[\sigma]^t\phi}{QD_B+\delta_e}$
		Q 为系数，由图 11-2 查取	
4		无折边锥形封头	
		$S_0=\dfrac{pD_B}{(2[\sigma]^t\phi-p)\cos\alpha}$	$[p_w]=\dfrac{2\delta_e\cos\alpha[\sigma]^t\phi}{D_B+\delta_e}$
		适用锥壳半顶角 $\alpha\leqslant30°$	
5		折边锥形封头	
		过渡段	
		$S_0=\dfrac{KpD_B}{2[\sigma]^t\phi-0.5p}$	$[p_w]=\dfrac{2\delta_e[\sigma]^t\phi}{KD_B+0.5\delta_e}$
		K 为系数，由表 11-5 查取	
		与过渡段相接处	
		$S_0=\dfrac{fpD_B}{[\sigma]^t\phi-0.5p}$	$[p_w]=\dfrac{\delta_e[\sigma]^t\phi}{fD_B+0.5\delta_e}$
		系数 $f=\dfrac{1-\dfrac{2r}{D_B}(1-\cos\alpha)}{2\cos\alpha}$，其值列于表 11-6	
		取上述厚度较大值	

注：表中　S_0—内压封头计算壁厚，mm；p—设计内压力，MPa；$[p_w]$—许用内压力，MPa；δ_e—内压封头有效厚度，mm；D_B—封头内径，mm；$[\sigma]^t$—在设计温度 t 下，材料的许用应力，MPa；ϕ—焊缝系数。

表 11-4　系数 M 值

R_i/r	1.00	1.25	1.50	1.75	2.00	2.25	2.50	2.75
M	1.00	1.03	1.06	1.08	1.10	1.13	1.15	1.17
R_i/r	3.00	3.25	3.50	4.00	4.50	5.00	5.50	6.00
M	1.18	1.20	1.22	1.25	1.28	1.31	1.34	1.36
R_i/r	6.50	7.00	7.50	8.00	8.50	9.00	9.50	10.0
M	1.39	1.41	1.44	1.46	1.48	1.50	1.52	1.54

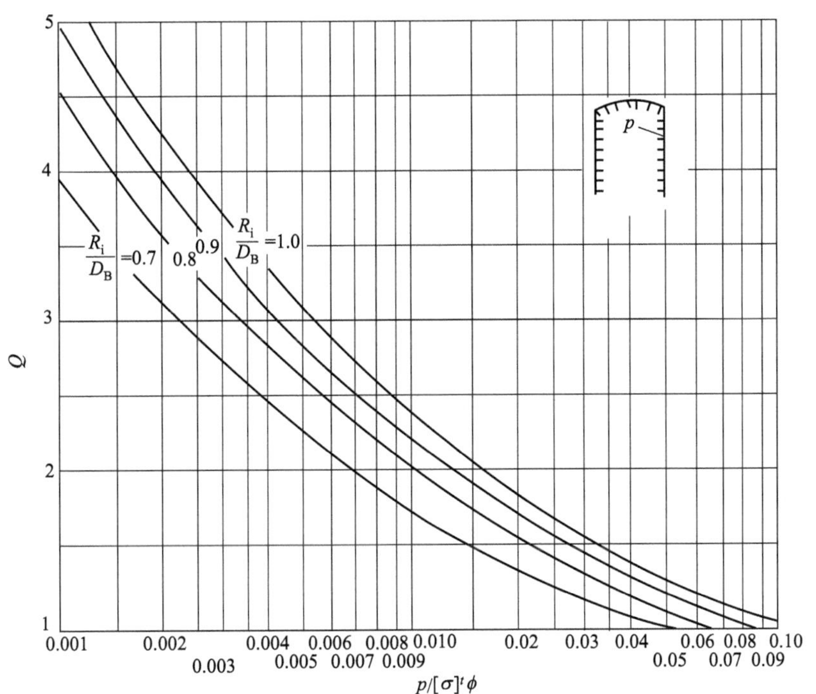

图 11-2　系数 Q 的曲线

表 11-5　系数 K 值

α	r/D_B					
	0.10	0.15	0.20	0.30	0.40	0.50
10°	0.6644	0.6111	0.5789	0.5403	0.5168	0.5000
20°	0.5956	0.6357	0.5986	0.5522	0.5223	0.5000
30°	0.7544	0.6819	0.6357	0.5749	0.5329	0.5000
35°	0.7980	0.7161	0.6629	0.5914	0.5407	0.5000
40°	0.8547	0.7604	0.6981	0.6127	0.5506	0.5000
45°	0.9253	0.8181	0.7440	0.6402	0.5635	0.5000
50°	1.0270	0.8944	0.8045	0.6765	0.5804	0.5000
55°	1.1608	0.9980	0.8859	0.7249	0.6028	0.5000
60°	1.3500	1.1433	1.0000	0.7923	0.6337	0.5000

表 11-6　系数 f 值

α	r/D_B					
	0.10	0.15	0.20	0.30	0.40	0.50
10°	0.5062	0.5055	0.5047	0.5032	0.5017	0.5000
20°	0.5257	0.5225	0.5193	0.5128	0.5064	0.5000
30°	0.5619	0.5524	0.5465	0.5310	0.5155	0.5000

续表

α	r/D_B					
	0.10	0.15	0.20	0.30	0.40	0.50
35°	0.5883	0.5773	0.5663	0.5442	0.5221	0.5000
40°	0.6222	0.6069	0.5916	0.5611	0.5305	0.5000
45°	0.6657	0.6450	0.6243	0.5828	0.5414	0.5000
50°	0.7223	0.6945	0.6668	0.6112	0.5556	0.5000
55°	0.7973	0.7602	0.7230	0.6486	0.5743	0.5000
60°	0.9000	0.8500	0.8000	0.7000	0.6000	0.5000

11.4 内胆壁厚计算数据表

常用压力容器圆筒体计算壁厚数据见表 11-7～表 11-10。

表 11-7 圆筒体计算壁厚（Q235-A. F）

筒体内径 D_B/mm	设计温度/℃			筒体内径 D_B/mm	设计温度/℃			筒体内径 D_B/mm	设计温度/℃		
	150	200	250		150	200	250		150	200	250
	公称压力=0.6MPa；焊缝系数=0.8				公称压力=0.6MPa；焊缝系数=0.8				公称压力=0.6MPa；焊缝系数=0.8		
	壁厚 δ/mm				壁厚 δ/mm				壁厚 δ/mm		
800			3.20	1600	5.33	5.73	6.41	2600	8.66	9.32	10.41
900	3.00	3.32	3.60	1700	5.66	6.09	6.81	2800	9.32	10.04	11.21
1000	3.33	3.58	4.01	1800	5.99	6.45	7.21	3000	9.99	10.75	
1100	3.66	3.94	4.41	1900	6.33	6.81	7.61	3200	10.65	11.47	
1200	4.00	4.30	4.81	2000	6.66	7.17	8.01	3400	11.32		
1300	4.33	4.66	5.21	2100	6.99	7.53	8.41	3600	11.99		
1400	4.66	5.02	5.61	2200	7.33	7.89	8.81				
1500	4.99	5.38	6.01	2400	7.99	8.60	9.61				

表 11-8 圆筒体计算厚度（Q235-A）

筒体内径 D_B/mm	设计温度/℃					设计温度/℃					设计温度/℃				
	150	200	250	300	350	150	200	250	300	350	150	200	250	300	350
	公称压力=0.6MPa；焊缝系数=0.8					公称压力=1.0MPa；焊缝系数=0.8					公称压力=1.6MPa；焊缝系数=0.8				
	壁厚 δ/mm					壁厚 δ/mm					壁厚 δ/mm				
500								3.55	3.66	4.09	4.46	4.81	5.38	5.88	6.58
600						3.34	3.59	4.02	4.39	4.91	5.36	5.77	6.45	7.06	7.89
700				3.07	3.43	3.89	4.19	4.69	5.12	5.71	6.25	6.73	7.53	8.24	9.21

续表

筒体内径 D_B/mm	设计温度/℃					设计温度/℃					设计温度/℃				
	150	200	250	300	350	150	200	250	300	350	150	200	250	300	350
	公称压力=0.6MPa；焊缝系数=0.8					公称压力=1.0MPa；焊缝系数=0.8					公称压力=1.6MPa；焊缝系数=0.8				
	壁厚 δ/mm					壁厚 δ/mm					壁厚 δ/mm				
800			3.20	3.50	3.92	4.45	4.79	5.35	5.86	6.55	7.14	7.69	8.60	9.41	10.53
900	3.00	3.32	3.60	3.94	4.40	5.01	5.39	6.02	6.59	7.36	8.04	8.65	9.68	10.59	11.84
1000	3.33	3.58	4.01	4.38	4.89	5.56	5.99	6.69	7.32	8.18	8.93	9.62	10.75	11.76	13.16
1100	3.66	3.94	4.41	4.82	5.38	6.12	6.59	7.36	8.05	9.00	9.82	10.58	11.83	12.94	14.47
1200	4.00	4.30	4.81	5.26	5.87	6.67	7.19	8.03	8.78	9.82	10.71	11.54	12.90	14.12	15.79
1300	4.33	4.66	5.21	5.69	6.36	7.23	7.78	8.70	9.52	10.64	11.61	12.50	13.98	15.29	
1400	4.66	5.02	5.61	6.13	6.85	7.79	8.38	9.37	10.25	11.46	12.60	13.46	15.05		
1500	4.99	5.38	6.01	6.57	7.34	8.34	8.98	10.04	10.98	12.27	13.39	14.42			
1600	5.33	5.73	6.41	7.01	7.83	8.90	9.58	10.71	11.71	13.09	14.29	15.38			
1700	5.66	6.09	6.81	7.45	8.32	9.45	10.18	11.38	12.45	13.91	15.18				
1800	5.99	6.45	7.21	7.88	8.81	10.01	10.78	12.05	13.18	14.73					
1900	6.33	6.81	7.61	8.32	9.30	10.57	11.38	12.72	13.91	15.55					
2000	6.66	7.17	8.01	8.76	9.79	11.12	11.98	13.39	14.64						
2100	6.99	7.53	8.41	9.20	10.28	11.68	12.57	14.06	15.37						
2200	7.33	7.89	8.81	9.64	10.77	12.24	13.17	14.73							
2400	7.99	8.60	9.61	10.51	11.75	13.35	14.37								
2600	8.66	9.32	10.41	11.39	12.72	14.46	15.57								
2800	9.32	10.04	11.21	12.26	13.70	15.57									
3000	9.99	10.75	12.02	13.14	14.68										
3200	10.65	11.47	12.82	14.01	15.66										
3400	11.32	12.19	13.62	14.89											
3600	11.99	12.90	14.42	15.77											
3800	12.65	13.62	15.22												
4000	13.32	14.34													

表 11-9　圆筒体计算厚度（16MnR）

筒体内径 D_B/mm	设计温度/℃			设计温度/℃			设计温度/℃			设计温度/℃		
	200	300	400	200	300	400	200	300	400	200	300	400
	公称压力=0.6MPa；焊缝系数=0.8			公称压力=1.0MPa；焊缝系数=0.8			公称压力=1.6MPa；焊缝系数=0.8			公称压力=2.5MPa；焊缝系数=0.8		
	壁厚 δ/mm			壁厚 δ/mm			壁厚 δ/mm			壁厚 δ/mm		
500								3.50	4.03	4.64	5.48	6.33
600						3.02	3.55	4.20	4.84	5.57	6.58	7.59
700					3.05	3.52	4.14	4.90	5.65	6.49	7.68	8.86
800					3.49	4.02	4.73	5.59	6.45	7.42	8.78	10.13

续表

筒体内径 D_B /mm	设计温度/℃			设计温度/℃			设计温度/℃			设计温度/℃		
	200	300	400	200	300	400	200	300	400	200	300	400
	公称压力=0.6MPa；焊缝系数=0.8			公称压力=1.0MPa；焊缝系数=0.8			公称压力=1.6MPa；焊缝系数=0.8			公称压力=2.5MPa；焊缝系数=0.8		
	壁厚 δ/mm			壁厚 δ/mm			壁厚 δ/mm			壁厚 δ/mm		
900				3.32	3.92	4.52	5.33	6.29	7.26	8.35	9.87	11.39
1000			3.01	3.69	4.36	5.03	5.92	6.99	8.06	9.28	10.97	12.66
1100			3.31	4.06	4.80	5.53	6.51	7.69	8.87	10.20	12.07	13.92
1200		3.13	3.61	4.43	5.23	6.03	7.10	8.39	9.68	11.13	13.16	15.97
1300		3.39	3.91	4.80	5.67	6.53	7.69	9.09	10.48	12.06	14.26	17.30
1400	3.10	3.66	4.21	5.17	6.10	7.04	8.28	9.79	11.29	12.99	16.52	18.63
1500	3.32	3.92	4.51	5.54	6.54	7.54	8.88	10.49	12.10	13.91	17.70	19.96
1600	3.54	4.18	4.81	5.90	6.97	8.04	9.47	11.19	12.90	14.84	18.88	21.29
1700	3.76	4.44	5.12	6.27	7.41	8.54	10.06	11.89	13.71	16.87	20.06	22.62
1800	3.98	4.70	5.42	6.64	7.85	9.05	10.65	12.59	14.52	17.86	21.24	23.95
1900	4.20	4.96	5.72	7.01	8.28	9.55	11.24	13.29	16.10	18.86	22.42	25.28
2000	4.42	5.22	6.02	7.38	8.72	10.05	11.83	13.99	16.75	19.85	23.60	26.61
2100	4.64	5.48	6.32	7.75	9.15	10.55	12.43	14.69	17.80	20.84	24.78	27.94
2200	4.86	5.74	6.62	8.12	9.59	11.06	13.02	16.54	18.64	21.83	25.96	29.27
2400	5.31	6.27	7.22	8.86	10.46	12.06	14.20	18.05	20.34	23.82	28.32	31.93
2600	5.75	6.79	7.82	9.59	11.33	13.07	16.46	19.55	22.03	25.80	30.67	34.59
2800	6.19	7.31	8.43	10.33	12.21	14.07	17.72	21.05	23.73	27.79	33.03	
3000	6.63	7.83	9.03	11.07	13.08	15.08	18.99	22.56	25.42	29.77	35.39	
3200	7.07	8.36	9.63	11.81	13.95	16.08	20.25	24.06	27.12	31.76		
3400	7.52	8.88	10.23	12.55	14.82	17.08	21.52	25.56	28.81	33.74		
3600	7.96	9.40	10.83	13.28	15.69	18.09	22.78	27.07	30.51	35.73		
3800	8.40	9.42	11.43	14.02	16.56	19.10	24.05	28.57	32.20			
4000	8.84	10.44	12.04	14.76	17.44	20.10	25.32	30.08	33.90			

表 11-10 圆筒体计算厚度（0Cr18Ni9）

筒体内径 D_B /mm	设计温度/℃						设计温度/℃					
	150	300	400	500	600	700	150	300	400	500	600	700
	公称压力=0.25MPa；焊缝系数=0.8						公称压力=0.6MPa；焊缝系数=0.8					
	壁厚 δ/mm						壁厚 δ/mm					
500												7.04
600						3.49			2.11	2.26	3.54	8.45
700						4.07		2.31	2.46	2.63	4.13	9.86
800						4.66	2.20	2.64	2.81	3.01	4.72	11.27
900					2.20	5.24	2.47	2.97	3.17	3.39	5.30	12.68
1000					2.45	5.82	2.74	3.30	3.52	3.76	5.89	14.08
1100					2.69	6.40	3.02	3.63	3.87	4.14	6.48	15.49
1200					2.94	6.98	3.29	3.96	4.22	4.52	7.07	16.90

续表

筒体内径 D_B /mm	设计温度/℃						设计温度/℃					
	150	300	400	500	600	700	150	300	400	500	600	700
	公称压力=0.25MPa;焊缝系数=0.8						公称压力=0.6MPa;焊缝系数=0.8					
	壁厚 δ/mm						壁厚 δ/mm					
1300				2.03	3.18	7.57	3.57	4.26	4.57	4.89	7.66	
1400			2.05	2.19	3.43	8.15	3.84	4.62	4.92	5.27	8.25	
1500		2.06	2.19	2.35	3.67	8.73	4.12	4.95	5.28	5.65	8.84	
1600		2.20	2.34	2.50	2.92	9.31	4.39	5.28	5.63	6.02	9.43	
1700		2.33	2.49	2.66	4.16	9.90	4.67	5.61	5.98	6.40	10.02	
1800	2.06	2.47	2.63	2.82	4.41	10.48	4.94	5.94	6.33	6.78	10.61	
1900	2.17	2.61	2.78	2.97	4.65	11.06	5.22	6.27	6.68	7.15	11.20	
2000	2.28	2.74	2.92	3.13	4.89	11.64	5.49	6.60	7.03	7.53	11.79	
2100	2.40	2.88	3.07	3.29	5.14	12.22	5.76	6.93	7.39	7.90	12.38	
2200	2.51	3.02	3.22	3.44	5.38	12.81	6.04	7.26	7.74	8.28	12.97	
2400	2.74	3.29	3.51	3.76	5.87	13.97	6.59	7.92	8.44	9.03	14.15	
2600	2.97	3.57	3.80	4.07	6.36	15.13	7.14	8.58	9.14	9.79	15.32	
2800	3.20	3.84	4.09	4.38	6.85	16.30	7.69	9.24	9.85	10.54	16.50	
3000	3.43	4.12	4.39	4.69	7.34		8.23	9.90	10.55	11.29		
3200	3.65	4.39	4.68	5.01	7.83		8.78	10.56	11.25	12.05		
3400	3.88	4.67	4.97	5.32	8.32		9.33	11.22	11.96	12.80		
3600	4.11	4.94	5.26	5.63	8.81		9.88	11.88	12.66	13.55		
3800	4.34	5.22	5.56	5.95	9.30		10.43	12.54	13.36	14.30		
4000	4.57	5.49	5.86	6.26	9.76		10.98	13.20	14.07	15.06		

筒体内径 D_B /mm	设计温度/℃						设计温度/℃					
	150	300	400	500	600	700	150	300	400	500	600	700
	公称压力=1.0MPa;焊缝系数=0.8						公称压力=1.6MPa;焊缝系数=0.8					
	壁厚 δ/mm						壁厚 δ/mm					
500			2.94	3.14	4.93	11.85	3.68	4.42	4.72	5.05	7.94	19.23
600		3.31	3.53	3.77	5.92	14.22	4.41	5.31	5.66	6.06	9.54	23.08
700	3.21	3.86	4.11	4.40	6.90	16.59	5.15	6.19	6.60	7.07	11.11	26.92
800	3.67	4.41	4.70	5.03	7.89		5.88	7.08	7.55	8.08	12.70	
900	4.12	4.96	5.29	5.66	8.88		6.62	7.96	8.49	9.09	14.29	
1000	4.58	5.51	5.88	6.29	9.86		7.35	8.85	9.43	10.10	15.87	
1100	5.04	6.06	6.46	6.92	10.85		8.09	9.73	10.38	11.11		
1200	5.50	6.62	7.05	7.55	11.83		8.82	10.62	11.32	12.12		
1300	5.96	7.17	7.64	8.18	12.82		9.56	11.50	12.26	13.12		
1400	6.42	7.72	8.23	8.81	13.81		10.29	12.39	13.21	14.14		
1500	6.87	8.27	8.81	9.43	14.79		11.03	13.27	14.15	15.15		
1600	7.33	8.82	9.40	10.06	15.78		11.76	14.16	15.09	16.16		
1700	7.79	9.37	9.99	10.69	16.77		12.50	15.04	16.04			
1800	8.25	9.92	10.58	11.32			13.40	15.93				

续表

筒体内径 D_B /mm	设计温度/℃						设计温度/℃					
	150	300	400	500	600	700	150	300	400	500	600	700
	公称压力=1.0MPa;焊缝系数=0.8						公称压力=1.6MPa;焊缝系数=0.8					
	壁厚 δ/mm						壁厚 δ/mm					
1900	8.71	10.47	11.16	11.95			13.97	16.81				
2000	9.17	11.03	11.75	12.58			14.71					
2100	9.62	11.58	12.34	13.21			15.44					
2200	10.08	12.13	12.93	13.84			16.18					
2400	11.00	13.23	14.10	15.09								
2600	11.92	14.33	15.28	16.35								
2800	12.83	15.44	16.45									
3000	13.75	16.54										
3200	14.67											
3400	15.58											
3600	16.50											

本节所列数据表根据不同使用条件（如设计压力、设计温度、筒体内径、钢板材质等），按照 GB 150 中钢板材料许用应力值计算求得。焊缝系数取 0.80，如需采用其他焊缝系数，可按以下系数乘以表中数据即为所需计算厚度（近似值）。

当焊缝系数为 1.0，系数为 0.80 乘以表中数据；

当焊缝系数为 0.90，系数为 0.8889 乘以表中数据；

当焊缝系数为 0.85，系数为 0.9412 乘以表中数据。

例 11-2 已知内径 $D_B=1000$mm，设计压力 $p=1.6$MPa，温度 $t=200$℃，材料 16MnR，焊缝系数 0.85。求其计算厚度。

解：查表 11-9，计算厚度为 5.92mm。

当焊缝系数为 0.85 时，计算厚度=5.92×0.9412=5.57mm。

11.5 低温容器的换热计算

11.5.1 低温容器的换热方式

低温技术中应用的绝热方法有普通绝热和真空绝热。

普通绝热是在低温容器及低温管道外侧敷设多孔性绝热材料，以形成绝热结构，周围环境为大气压力。这种绝热方式，普遍用于天然气液化装置、空气分离装置以及液化天然气贮罐等。输送液氮及液氧的管道及管道部件（泵、阀）等保温也是普通绝热方式。

真空绝热主要有四种基本形式：高真空绝热；高真空多层绝热；高真空多屏绝热；真空粉末绝热。

由绝热方式可见，传热方式有固体热导，如普通绝热方式中管道与保温材料之间的换热；有固体间接触传热，如绝热垫、吊挂内胆用的拉杆拉链等；有气体导热，如真空粉末绝热；有固体表面之间的辐射换热，如高真空绝热、高真空多层绝热、高真空多屏绝热。

11.5.2 气体导热

气体导热是借助于气体分子不规则的热运动，其本质是靠气体分子相互碰撞来传递动能。试验证明，气体导热与气体密度及气层厚度有关。如果气体密度与空间均较大，气体分子由一壁面飞向另一壁面时与许多气体分子碰撞，动能是经过多次碰撞而传递的。如果气体较为稀薄（真空状态），气体分子可以不与其他气体分子相互碰撞，严格地讲是碰撞概率较低，直接由一个壁面飞向另一个壁面。这样每个分子通过与壁面的多次碰撞将热量由一个表面传递给另一个表面。为此，气体的导热粗略地可分为两个区域，即自由分子区和连续区。自由分子区也称自由分子热传导，发生在低气压状态，两者的区别以克努森数来判断，即

$$kn=\frac{\lambda}{L} \tag{11-7}$$

式中 λ——分子平均自由程；

L——定性尺寸，对于圆筒形容器，为其直径。

自由分子热传导时，$kn\geqslant 10$；连续区热传导时，$kn\leqslant 0.01$。

气体分子连续热传导状态，其热流密度按下式计算：

$$q_L=\frac{K}{L}(T_1-T_2) \tag{11-8}$$

式中 K——气体热导率，见式(2-49a)；

L——定性尺寸；

T_1，T_2——两个壁表面温度。

对于自由分子热传导，热流密度按下式计算：

$$q_f=\alpha Kp(T_2-T_1) \tag{11-9}$$

式中 α——适应系数，见表 2-17；

K——气体自由分子热导率，见表 11-11；

p——空间气体压力；

T_1，T_2——两个壁表面温度。

此公式适用于两平行表面，同心圆筒形表面及同心球面。

表 11-11 气体自由分子的热导率 单位：W/(m^2·K·Pa)

气体种类	氦	氖	氩	氢	氮	氧
热导率	2.023	0.920	0.631	4.159	1.137	1.068
气体种类	空气	一氧化碳	二氧化碳	水	甲烷	乙烷
热导率	1.121	1.137	1.156	1.715	1.872	1.759

11.5.3 真空中支撑结构的传热

真空中支撑结构的传热，属于固体热传导。容器内常见的支撑结构有绝热垫、拉杆、拉链等。计算公式如下：

$$Q=\frac{A}{L}\lambda(T_2-T_1) \tag{11-10}$$

式中 A——支撑结构的截面积，m^2

L——支撑结构的长度，m；

T_1，T_2——高温端与低温端温度，K；

λ——材料的热导率，是温度的函数，W/(m·K)，低温工程常用材料的热导率见本章及第 14 章、第 29 章相关内容。

11.5.4 杜瓦瓶颈管冷损

杜瓦瓶的颈管，一段处于低温液体的温度，另一段为室温，其传热可以按常规的固体导热处理，但从瓶塞逃逸出来的低温气体与其产生对流换热，为此计算冷损时，应引入一个系数。颈管冷损按下式计算：

$$Q=\frac{\lambda}{L}A(T_2-T_1)\phi \tag{11-11}$$

式中 Q——颈管冷损，W；

λ——颈管材料的热导率，W/(m·K)；

L——颈管长度，m；

A——颈管表面积，m^2；

T_1，T_2——冷端与热端温度，K；

ϕ——修正系数，与 γ 值相关。

$$\gamma=\frac{c_p c_v L}{\lambda A} \tag{11-12}$$

式中 c_p——低温气体比热容，J/(kg·K)；

c_v——逃逸气体量，kg/s。

对于不锈钢颈管，当 $\gamma\leqslant 10$ 时，$\phi=0.5\sim0.8$；当 $\gamma=40$ 时，$\phi=0.05\sim0.1$。

通常逃逸气体量由经验确定，若设计中给不出此值，在这种情况下不乘以修正系数 ϕ，作为粗略计算，也是容许的。

11.5.5 热辐射引起的冷损

低温容器内胆与外胆之间由于温差产生的辐射冷损，见第 7 章相关论述。

11.5.6 低温容器绝热结构

11.5.6.1 高真空绝热结构热计算

此种绝热方式是内胆与外胆之间抽真空，并用吸附剂维持夹层之间的真空度。多用于小型杜瓦瓶绝热，如容积为 15L、30L 的杜瓦。

高真空绝热结构中，冷量损失主要由两部分组成，即气体的热传导及内胆与外胆之间的辐射换热，此外还有颈管与内胆支撑的热传导冷损。

高真空绝热结构的热计算参考第 7 章相关章节的相应公式。

11.5.6.2 真空粉末及纤维绝热的传热计算

内胆与外胆之间的真空夹层中充满固体粉末或纤维来实现绝热，常用于液氮及液氧贮槽的绝热。绝热性能除了与材料的热性能有关外，主要取决于材料的结构，即材料颗粒（或纤维）的形状及大小，颗粒内部空隙、颗粒之间的空隙，以及空隙分布。粉末材料主要有有硅酸气凝胶、二氧化硅、珠光砂、硅酸镁等。其中珠光砂是常用材料，它吸湿性较气凝胶小、易抽真空，且价格便宜。常用的纤维材料的纤维直径为 0.2～20μm；玻璃纤维直径 1.0～1.5μm，绝热性能较好，是常用材料。

这种绝热结构换热方式有三种：即固体及气体的热传导，各固体之间的辐射换热，颗粒之间的接触导热。这种热结构热计算很复杂，通常是用试验方法得出有效热导率，然后根据有效热导率值，用多层圆筒形热传导公式，进行冷损计算，即

$$Q=2\pi L\left(\frac{1}{\lambda_1}\ln\frac{R_2}{R_1}+\frac{1}{\lambda_2}\ln\frac{R_3}{R_2}+\frac{1}{\lambda_3}\ln\frac{R_4}{R_3}\right)^{-1}(T_4-T_1) \tag{11-13}$$

式中 R_1——内胆内半径，m；

R_2——内胆外半径，m；

R_3——外胆内半径，m；

R_4——外胆外半径，m；

Q——冷损量，W；

L——圆筒长度，m；

λ_1——内胆材料热导率，W/(m·K)；

λ_2——绝热结构的有效热导率，W/(m·K)；

λ_3——外胆材料热导率，W/(m·K)；

T_1——内胆内表面温度，K；

T_4——外胆外表面温度，K。

封头部分传热冷损按下式近似计算：

$$Q=A\left(\frac{L_1}{\lambda_1}+\frac{L_2}{\lambda_2}+\frac{L_3}{\lambda_3}\right)^{-1}(T_4-T_1) \tag{11-14}$$

式中 Q——冷损量，W；

L_1——内胆壁厚，m；

L_2——绝热结构厚度，m；

L_3——外胆壁厚，m；

A——绝热结构内外表面积的平均值，m^2。

其余符号同式（11-13）。

11.5.6.3 真空多层绝热结构的热计算

真空多层绝热的传热机理主要是固体热传导和辐射传热。计算热导率过程复杂，影响因素较多，为此也是用试验方法确定多层绝热结构的有效热导率，然后根据有效热导率，计算冷损。试验表明用铝箔与玻璃纤维纸间隔绕成的多层绝热结构具有较低的热导率。界面温度为 300K 及 20K 下，有效热导率 3×10^{-5}～6×10^{-5}W/(m·K)。真空多层绝热材料的有效热导率和比热流见表 11-12。

真空多层绝热结构的有效热导率影响因素除材料外，还有真空度、温度、松紧度、总厚度等。当夹层中的真空度优于 1×10^{-2}Pa 时，热导率趋于稳定。为此，选择含炭的纸作绝热材料，炭在低温下有较好的吸气性能，提高夹层中的真空度。包扎松紧程度也影响热导率，根据经验确定，一般为 25 层/mm，总厚度为 25～40mm 之间。液氮及液氢的贮存容器，运输槽车常采用真空多层绝热。

表 11-12　真空多层绝热材料的有效热导率和比热流

材料名称及组合方式	层数	总厚度 /mm	真空度 /Pa	温度范围 /K	有效热导率 λ_e/W·(m·K)$^{-1}$	比热流 q /W·cm^{-2}
0.04mm 厚铝箔+0.025mm 厚玻璃布	129	26.5	18.7	77～300	0.971×10^{-4}	0.416×10^{-4}
0.02mm 厚铝箔+0.015mm 厚玻璃布	50	30	2.27	77～300	2.51×10^{-4}	5.38×10^{-4}
0.002mm 双面喷铝涤纶薄膜+20 目尼龙布	71	24.4	6.68	77～300	1.67×10^{-4}	4.29×10^{-4}
0.002mm 双面喷铝涤纶薄膜+0.012 玻璃纸	71	25.6	6.68	77～300	2.03×10^{-4}	4.91×10^{-4}
0.001mm 单面喷铝涤纶薄膜+0.05mm 植物纤维纸	31	8.9	5.34	77～300	1.09×10^{-4}	7.58×10^{-4}
GS-80 绝热材料	10	2.55	14.7	77～381	2.48×10^{-4}	2.04×10^{-4}
GS-80 绝热材料	30	2.00	12.8	77～310	6.77×10^{-4}	8.05×10^{-4}
铝箔纸(日本产)	10	2.70	14.9	77～303	3.83×10^{-4}	3.10×10^{-4}
0.02mm 厚铝箔+0.12 填炭纸(含炭 34%)	10	9.5	4.1	77～293	7.14×10^{-4}	1.163×10^{-4}
0.001mm 双面喷铝涤纶膜+0.12mm 填炭纸	10	8.5	1.87	77～293	7.86×10^{-4}	1.42×10^{-4}
0.0087mm 铝箔+机制填炭纸(国外)	10	3.24	—	77～300	1.53×10^{-4}	1.09×10^{-4}

11.6 低温容器制造主要工艺

低温容器与真空容器制造具有相似的工艺，如焊接、清洗、检漏等，将在相应章节中阐述。本节只简述低温容器制造的特殊工艺。

11.6.1 低温容器的粘接工艺

(1) 粘接结构

有效容积较小的低温容器（杜瓦），需设进出低温液体的颈管，颈管通常为非金属材料，而内胆为金属材料，两者之间连接选择粘接。粘接结构如图 11-3 所示。

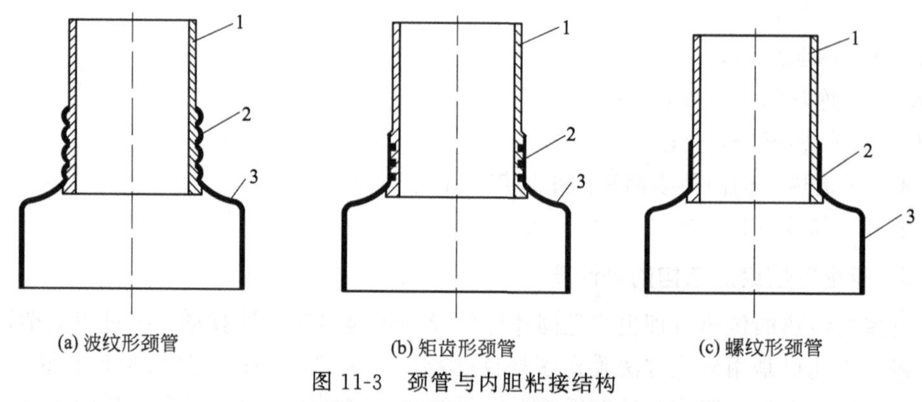

图 11-3　颈管与内胆粘接结构

1—颈管；2—粘接剂；3—低温容器内胆

颈管粘接结构有三种形式：(a) 波纹形颈管，颈管粘接处强度好，波纹加工复杂，胶接面短，易漏气；(b) 矩齿形颈管，易加工，胶接面较长，颈管胶接处强度弱；(c) 螺纹形颈管，颈管胶接面长，不易漏气。

(2) 粘接剂

粘接剂由基料、固化剂及填料组成。真空中经常使用的有环氧树脂封胶，可用于 10^{-4}Pa 的真空系统中，在 200℃温度下，保障气密性要求，并有足够机械强度。

氯化银可以做高真空非匹配封接的材料，饱和蒸气压低，用于 10^{-5}Pa 的真空系统中。低温容器中颈管与内胆使用的粘接剂配方见表 11-13。

表 11-13 粘接剂配方及固化

粘接剂	粘接剂成分	固化工艺
环氧-聚酯胶	A:E-51 环氧树脂 100 份;2.4EMI 4 份	100℃下烘烤 4h
	B:241 聚酯 100 份;2.4TDI 2.5 份	
	配比:A∶B∶铝粉=60∶10∶4	
DW-3(市场购)	A:黄色液体	60℃下 8h
	B:棕色黏稠液体	100℃下 2h
	C:无色至微黄色透明液体	130℃下 1h
	配比:A∶B∶C=5∶1∶0.2	—
DW-4(市场购)	A:黄色黏稠液体	室温下:1～7d
	B:白色至微黄色粉末	50℃下 2h
	配比:A∶B=1∶1	100℃下 1h

(3) 涂胶方法

涂胶常用方法见表 11-14

表 11-14 涂胶常用方法

涂胶方法	主要工艺	特 点
喷涂	类似普通喷漆方法,利用喷枪将稀释后的粘接剂喷洒到封接面处。通风良好处施工	工作效率高,胶层较薄且均匀。适于面积大,凹凸面,小孔等
压注	用注胶器把黏度大的粘接剂压注到封接面上	适于直线或环形间隙的补漏
滚压	用滚筒将粘接剂滚到封接面上	适于大批量大面积生产
压力浸胶	粘接剂在压力作用下渗入孔隙中	适于补漏及防止渗漏漏气的有效方法
真空浸胶	将容器抽真空,在外部压力作用下,粘接剂被吸入孔隙中	适于补漏及防止渗漏漏气的有效方法

(4) 粘接工艺过程

① 配置好粘接剂；
② 颈管及内胆封接处表面用汽油或丙酮去油脂；
③ 用无水酒精脱水；
④ 颈管在 90～100℃下烘干；内胆在 100～120℃下烘干；
⑤ 冷却后在封接部位涂胶；
⑥ 颈管与内胆组合；
⑦ 滚压后切边；
⑧ 恒温箱中 100℃固化，时间 4h。

11.6.2 低温容器使用的吸附剂

低温容器中为了保持真空夹层中的真空度，需置入吸气剂来吸收漏入及容器壁表面放出来的气体来维持必要的真空度。常用的吸气剂有活性炭、分子筛、锆石墨吸气剂、锆铝吸气剂。

在液氮温度下，5Å 分子筛对氮、氖、氦的吸附等温线由图 11-4 给出。

图 11-5 所示为 5Å 分子筛的负荷率与平衡压力关系曲线。

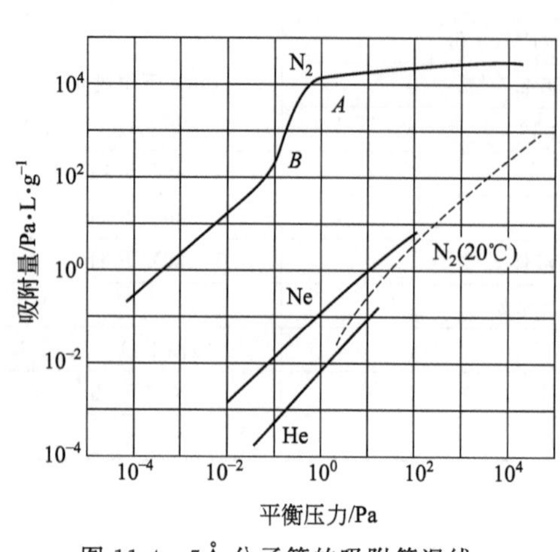

图 11-4　5Å 分子筛的吸附等温线

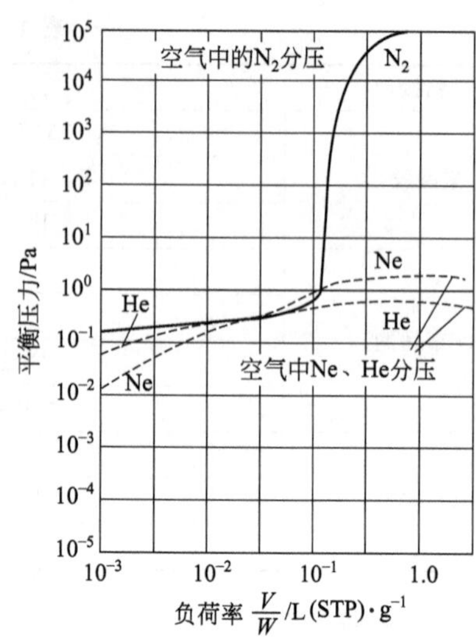

图 11-5　5Å 分子筛的负荷率与平衡压力关系

表 11-15 给出了活性炭在低温下的吸附容量。

表 11-16 给出了分子筛及活性炭在不同平衡压力下对各种气体的吸附量。

表 11-17 给出了 13X 分子筛对气体的最大吸附速率。

表 11-18 给出了锆铝吸气剂的性能。

表 11-19 给出了锆石墨及锆铝吸气剂的吸气量。

表 11-15　低温下活性炭的吸附容量　　单位：cm^3（STP）·g^{-1}

气体	0℃		−18℃		−78℃		−196℃	
	133.3Pa	13.3Pa	133.3Pa	13.3Pa	133.3Pa	13.3Pa	133.3Pa	13.3Pa
He							2.78×10^{-3}	2.78×10^{-2}
H_2	2.2×10^{-3}	2.2×10^{-2}			7.7×10^{-3}	7.7×10^{-2}		
Ar	0.058	0.581	0.076	0.764	0.21	2.00	3.63	36.3
N_2	0.033	0.318			0.396	3.65	8.45	46.5
CO	0.036	0.359			0.794	7.10		
CO_2	0.497	4.67						
CH_4	0.115	1.12	0.249	2.37				
C_2H_4	0.985	8.71						
NH_3	1.068	10.05						
Kr	0.340	3.40	0.497	3.81	2.93	15.03		
Xe	1.580	9.32	2.46	12.1	16.0	60.0		
O_2	—						7.35	57.25

表 11-16　分子筛、活性炭对气体的吸附量

材料	气体	温度/K	吸附量/Pa·m³·g⁻¹											活化	
			平衡压力/Pa											温度/℃	时间/h
			10^{-5}	10^{-4}	10^{-3}	10^{-2}	10^{-1}	1	10^{1}	10^{2}	10^{3}	10^{4}	10^{5}		
椰壳活性炭	氢	20.2	15※	18	22	25	28	31	32	35	37	39※		200	41
		30		4.3※	6.4	10	14	19	23	27※	31※	52		200	414
		40.4			0.95	2.1	4.4	7.5	13	16	23	28※		200	1
		55									16※	23	32※		
		90									2.2※	5.5	14		
	氖	77					3	7	13	15	16	17	17		
	氩	77		0.015	0.15	1.5※									
	氙	77	0.015	0.15	1.4	9.3	15								
分子筛5Å	氦	4	11	16	20	23	23								
		78					6×10^{-7}	6×10^{-6}							
	氢	20.2	4.1※	7.2	13	17								420	67
		20.4		6.2	9.8	13	14	15	16						
	氖	20.4			3.1	8.1	1.5	19	21	24	26	273			
		78				1.2×10^{-6}	1.1×10^{-5}	9.3×10^{-5}	5.3×10^{-4}	6.7×10^{-3}					
	氮	78		1.5×10^{-4}	1.3×10^{-3}	0.011	0.12	11	14	15	15	15	15		
	氩	78						1.9	13	14	15	16			
	氧	77						4.3	11	15	17	18			
分子筛13X	氦	20.2				2.1×10^{-4}	2.1×10^{-3}							380	23
	氢	20.2	2.5	4.0	6.5	11								380	23
		23	1.6	3.5	5.6	8.0	13※								
	氩	77				5.1×10^{-3}	0.024	0.12							
氧化铝	氢	20.2	1.4	1.9	2.6	3.7	5.1※							350	21
	水蒸气	298													

注：右上角带※的数值为参考数值。

表 11-17　13X 分子筛的最大吸附速率

气　　体	N_2	空气	Ar	H_2
最大吸附速率/$L\cdot s^{-1}\cdot g^{-1}$	0.8	0.48	0.27	0.01
吸气容量/$Pa\cdot L\cdot g^{-1}$	8.2×10^3	7.6×10^3	6.7×10^3	可忽略

表 11-18　锆铝吸气剂性能

样品状态	激活规范		测试条件		吸气容量	吸气速率
	温度/K	时间/s	温度/K	起始压力/Pa	$Pa\cdot L\cdot cm^{-2}$	$cm^3\cdot cm^{-2}\cdot s^{-1}$
粉末滚轧于镍基上，厚 30～100μm	1173	10	673	0.133	7.3×10^{-2}(空气)	
	1173	10	973	0.133	3.2×10^{-1}(N_2)	
	1173	10	973	0.133	4.5×10^{-1}(N_2)	216(N_2)
	1173	90	973	0.133	4.4×10^{-2}(N_2)	165(N_2)
	1173	10	873	0.133	4.0×10^{-2}(O_2)	30(O_2)
	1173	10	873	0.133	7.0×10^{-1}(O_2)	183(O_2)
不锈钢基上用硝棉涂敷量为 22.2mg/cm^2 吸气剂	1199	60	1013	1.33×10^{-3}	3.2(N_2)	360(空气)
	1173	30	873	13.3		130(N_2)
粉末 140～350 目滚轧于镍基上	1173	30	873	13.3		180(N_2)
	1173	30	1023	13.3		104(N_2)
	1223	60	873	13.3		110(N_2)
350 目粉压块	1223	60	873	13.3		92(N_2)
100 目粉压块，密度 0.7g/cm^3	893	120	673	1.33×10^{-2}		118(N_2)
	893	120	833			119(N_2)
	1073	180	873	1.33×10^{-2}		130(N_2)
	1113	60	1073			180(N_2)
	1123	60	873			170(N_2)
	1173	60	873	1.33×10^{-2}		123(N_2)
	1223	40	1073			140(N_2)
	1273	10	1073			105(N_2)
粉末压环(意大利吸气剂)	373	30	673	1.33×10^{-4}	15～50(N_2)	240(N_2)
					30～120(O_2)	1510(O_2)

表 11-19　锆石墨及锆铝吸气剂的吸气量

吸气剂	25℃时吸气单位面积吸气量/$Pa\cdot L\cdot cm^{-2}$		
	N_2	H_2	CO
锆铝 St101，涂覆型	0.0133	0.3330	0.0667
锆铝 St101，环状	0.0667	>0.6670	0.1730
锆石墨 St171，环状	0.2670	>2.6670	0.6670
钡膜	0.0133	0.3330	0.0687

吸气剂在常温常压下易吸附大量的气体及水，在装入到真空夹层之前，必须进行活化

处理。吸附剂长期使用后，也需要活化处理，以维持其吸气性能。

活性炭在真空下活化处理温度为150～180℃，活化时间为8h。活化后在干燥氮气中密封保存。

分子筛在常压下，加热到550℃进行活化，活化时间为8h。在真空下活化温度为550℃，活化时间为6h。充氮气后密封保存。

盛装吸附剂的器具有盘形和环形，骨架焊在内胆上，再用铜网包覆。小型低温容器，多用铝箔或尼龙布做袋子来盛装吸附剂，袋子打孔，以便增加透气性，袋子固定于内胆上。

11.6.3 绝热结构安装

(1) 多层绝热

多层绝热包扎时要求如下：

① 包扎现场干燥清洁，被包扎件进行良好的清洁处理；

② 包扎按设计的层密度进行，控制好层密度；

③ 反射屏不能断开与短路；

④ 多层绝热体外部需包一层尼龙布或玻璃纤维布，以防运输时绝热材料脱落；

⑤ 每包扎一定层数后，应打孔，用于抽气；

⑥ 包扎完成后，应放入烘箱干燥，温度为100℃左右，减少与空气接触。

(2) 真空-粉末绝热结构

真空-粉末绝热结构施工过程中有如下要求：

① 为防止粉末下沉堆积，在内胆外面可以包覆一层玻璃纤维或矿棉；

② 粉末状保温材料易吸水汽，使用时需经干燥处理；

③ 粉末结构抽真空时对气流阻力很大，为抽真空方便，在粉末中应布多孔的抽真空管；

④ 如果抽真空条件不佳，也可以在绝热空间充CO_2、CCl_4，当内胆处于低温工作状态时，这些气体被凝结成固体，使绝热空间获得一定的真空度，进而达到绝热的目的。

(3) 堆积绝热结构

堆积绝热的低温容器绝热结构施工时有如下要求：

① 堆积材料严禁受潮，否则要结水或结冰，影响保温性能；堆积材料需有防潮层，材料可以选择沥青、玛蹄脂玻璃布、沥青油毡、塑料膜等来防潮；

② 对于双壁绝热设备，如低温试验箱，可做发泡塑料保温；

③ 管道或圆筒形容器可以用型材保温；

④ 空分装置的大型贮槽，可用经过加热的非产品气体（不含水分）经过绝热层排出，使绝热层中保持正压，防止水汽及空气进入。

11.7 低温容器绝热材料

低温绝热材料分两类：一类用于常压下的绝热，主要用于低温管道的保温，液化天然气储运设备保温等。另外一类用于低温容器的内胆及外胆之间的真空夹层的绝热结构。常用的绝热形式有：堆积绝热、高真空绝热、真空粉末绝热、高真空多层绝热以及高真空多屏绝热等。各种绝热形式的应用范围见表 11-20。

表 11-20　各种绝热形式的应用范围

低温液体 绝热材料	氮、氧、氩等 (77～112K)	氖、氢、氦等 (4.2～27K)	低温氟利昂、氨气等 (190～273K)
堆积绝热	空分设备 容积大于 100m^{3}的固定贮槽及管道	特大型液氢容器	冰箱、空调、冷柜等 各种冷库 各种冷藏车
高真空绝热	小型容器 输液管道	容积小于 5m^3 的容器 兼用液氮保护屏的液化器 试验容器(恒温器)	真空冷冻干燥设备 高真空冷凝器
真空粉末绝热	小型液化设备 容积大于 1m^{3}的运输车	液化器 容积大于 100m^3 的贮槽及管道	
真空多层绝热	输液管道及小型容器 容积 1m^{3}的固定贮槽 10～20m^{3}的运输槽车	小型液化器 任何容积的容器及管道 实验设备	
高真空多屏绝热		中、小型贮存容器	

11.7.1　堆积绝热材料

堆积绝热材料有泡沫型、粉末型和纤维型。材料的热导率随温度的降低和容重减少近似呈线性关系减少，其绝热效果取决于绝热层的厚度。堆积绝热材料的热导率随吸湿率的变化而变化。最常用的堆积绝热材料有：珠光砂（膨胀珍珠岩）、矿渣棉、碳酸镁、脲醛泡沫塑料、聚苯乙烯、超细玻璃棉及石棉等。

泡沫塑料、泡沫混凝土的物理性能见表 11-21。绝热材料在大气压下的性能见表 11-22。硬质泡沫塑料的性能（密度均为 29～33kg/m^3）见表 11-23。

表 11-21　泡沫塑料、泡沫混凝土的物理性能

材料名称	密度 /kg·m^{-3}	热导率 /W·m^{-1}·K^{-1}	吸水性	抗压强度[①] /MPa	使用温度 /℃
脲醛泡沫塑料	<3	0.023～0.041	≤12%		<60
自熄聚氨酯硬质泡沫塑料Ⅰ	<45	0.026	<2kg/m^2	≥0.25	−60～120
自熄聚氨酯硬质泡沫塑料Ⅱ	<55	0.028	<0.2kg/m^2	≥0.5	−60～120
可发性自熄聚苯乙烯泡沫塑料管壳	24	0.041	<0.1g/cm^2	0.1～0.25	−105～70
可发性自熄聚苯乙烯泡沫塑料板	24	0.0357	< 0.1g/cm^2	0.1～0.25	−105～70
硬质聚氯乙烯泡沫塑料板	<45	0.037	≤0.2kg/m^2	>0.18	−35～80
水泥泡沫混凝土	400～450	0.093～0.139		68.65	< 250
煤灰泡沫混凝土	300～700	0.151～0.162		49.04	<300

① 在聚合物中为拉伸强度。

表 11-22　绝热材料在大气压下的性能

材 料 名 称	堆积密度 /kg·m^{-3}	热导率 /W·m^{-1}·K^{-1}	比热容 /kJ·kg^{-1}·K^{-1}	吸水率 /%	适用温度 /℃
软木颗粒(3～8mm)	100～150	0.038～0.041	约 2.1	—	−60～150
软木板及管壳	150～200	0.041～0.070	约 2.1	≤ 50	−60～150

续表

材料名称	堆积密度 /kg·m^{-3}	热导率 /W·m^{-1}·K^{-1}	比热容 /kJ·kg^{-1}·K^{-1}	吸水率 /%	适用温度 /℃
浸沥青软木板	200～400	0.070～0.093	约 2.1	—	—
聚苯乙烯泡沫塑料	20～50	0.029～0.046	—	—	−80～70
脲醛泡沫塑料	15	0.028～0.041	—	＜12	60 以下
硬质聚氯乙烯泡沫塑料	40～45	0.035～0.043	—	＜3	—
聚氨酯泡沫塑料	24～40	0.041～0.046	—	—	−30～130
泡沫混凝土	400～600	0.175～0.231	约 1.051	—	—
特级珠光砂	＜80	0.019～0.029	0.67	—	−200～1100
轻级珠光砂	80～120	0.029～0.046	2.81	—	
普通珠光砂	120～300	0.034～0.062	2.81	—	−253～800
珠光砂水泥制品	250～450	0.052～0.087	—	—	—
珠光砂水玻璃制品	200～400	0.058～0.093	—	—	650 以下
碳酸镁	160	0.045	—	6.7	650 以下
气凝胶	90～120	0.014～0.016	—	—	—
硅胶粉	160～240	0.03～0.035	—	—	—
硅藻土	500～750	0.175～0.24	—	—	—
矿棉	100～130	0.032～0.046	—	—	约 200 以下
酚醛树脂矿棉板及管壳	150～180	0.042～0.052	—	＜1	300 以下
沥青矿棉毡	135～160	0.049～0.052	—	—	—
玻璃棉	90～110	0.038	—	约 2	400 以下
玻璃棉板及管壳	80～120	0.035～0.058	—	—	−100～300
沥青玻璃棉毡	80～120	0.035～0.00016	—	—	250 以下
超细玻璃棉板及管壳	40～60	0.033～0.035	—	—	250 以下
石棉	300	0.113	—	—	350 以下
石棉砖	470	0.15	—	—	—
超细玻璃棉	18～22	0.033	—	—	—
稻壳	127	0.12	—	—	−100～450
甘蔗板	240	0.057	—	—	
蛭石	150～250	0.05～0.14	3.85	—	
蛭石沥青(1∶1)	470	0.085	—	—	
铝箔(有空气夹层)	3～4	0.047～0.053	1.214	—	
粒渣	500～600	0.116～0.175	—	—	
炉渣	800～1000	0.175～0.23	—	—	

表 11-23　硬质泡沫塑料的性能（密度均为 29～33kg/m^3）

性能 \ 材料名称	方向	温度	酚醛泡沫塑料	聚氨酯泡沫塑料	聚苯乙烯泡沫塑料
挠性模量/N·cm^{-2}	—		490.4	686.5	645.2～294.2
抗拉强度[①]/N·cm^{-2}	⊥ —	23℃ 165℃	19.61 12.75	20.95 13.73	19.61～29.42 13.73～19.61
拉伸弹性模量/N·cm^{-2}	⊥ —	23℃ 165℃	981～1961.4 1078.7～1274.9	549.2～637.5 673.5	49.04～29.42 78.45～392.3

续表

性能 \ 材料名称	方向	温度	酚醛泡沫塑料	聚氨酯泡沫塑料	聚苯乙烯泡沫塑料
伸长率 /%	⊥ —	23℃ 165℃	1.8 1.1	3.5 1～2	10～30 7～2.2
压缩弹性模量/$N\cdot cm^{-2}$	‖ ⊥		588.4～686.5 392.2～490.4	490.4 343.2	384.5～1471 147.1～294.2
线膨胀系数(25～195℃)/K^{-1}	— ⊥	23℃	3.5×10^{-7} 3.6×10^{-5}	0.022 $(3.5\sim6)\times10^{-5}$	0.030 $(1\sim1.5)\times10^{-4}$
热导率/$W\cdot m^{-1}\cdot K^{-1}$	— ⊥	70℃ 165℃	0.025 0.015	0.023 0.015	0.021 0.014
透水率 /$g\cdot m^{-2}\cdot h^{-1}$	—	23℃	3	0～0.8	0.6～0.7
挠性	⊥		差	差	很好
冷却时的热应力	⊥		中等	高	低
耐磨性	—		很差	差	很好
抗熔能力	—		强	强	差

①在聚合物中为拉伸强度。

11.7.2 真空粉末绝热材料

真空粉末绝热不需要太高的真空度、易于对形状复杂的表面绝热、施工难度低。最常见的真空粉末绝热的填充物为珠光砂、气凝胶等。

不同真空度下各种粉末材料的热导率见表11-24。珠光砂及其制品性能见表11-25。

表 11-24 不同真空度下各种粉末材料的热导率 λ 单位：W/（m·K）

绝热材料	密度/$kg\cdot m^{-3}$	粒度/网目	温度/K	真空度						
				10^5Pa	10^4Pa	10^3Pa	10^2Pa	10Pa	1Pa	10^{-1}Pa
高压气凝胶	104	40～80	77～310	0.0151	0.00849	0.00309	0.00234	0.00154	0.00149	0.00143
	124			0.0154	0.00989	0.00363	0.00209	0.00133	0.00131	0.00128
常压气凝胶	120	粉状	77～310	0.0267	0.00677	0.00258	0.00171	0.00160	0.0043	
	170			0.0267	0.01256	0.00167	0.00150	0.00123	0.00121	
蛭石	290	40～80	77～310	0.0544	0.0415	0.00426	0.00159	0.00158	0.00151	
	300	80～120		0.0534	0.0316	0.00916	0.00131	0.00125	0.00108	
（珍珠岩）国产珠光砂	73～77	20～40	77～310	0.0279	0.0270	0.0222	0.0171	0.00178	0.00172	0.00167
	130	40～80		0.0295	0.0265	0.00412	0.00160	0.00121	0.00103	
日本珠光砂	60～70	粒状	77～310	0.0250	0.00227	0.00728	0.00202	0.00173	0.00160	
气相胶	290	80～120	77～310	0.0300	0.00653	0.00125	0.00116	0.00114	0.00111	
硅胶	600～700	20	77～218	0.0617	0.0326	0.0156	0.00585	0.00491		
		100		0.00923	0.00280	0.00259	0.00256	0.00224	0.00219	
碳酸镁	210		77～318	0.0337	0.0302	0.02014	0.00495	0.00340		
泡沫塑料（微孔橡胶）	40		77～300	0.0215	0.0198	0.01826	0.01367	0.00477	0.00423	
	25			0.0215	0.0151	0.01849	0.01147	0.00665	0.00553	

表 11-25 珠光砂及其制品性能

材料名称		密度 /kg・m^{-3}	热导率/W・m^{-1}・K^{-1}	抗压强度/MPa	使用温度/℃
珠光砂	特级	40～80	0.019～0.029		−256～800
	一级	81～120	0.029～0.34		−256～800
	二级	121～160	0.034～0.038		−256～800
	二级	161～300	0.038～0.061		−256～800
水泥珠光砂板、管壳		250～400	0.060～0.075	49.03～117.7	<600
水玻璃珠光砂板、管壳		200～300	0.055～0.075	58.8～98.1	<650
磷酸盐珠光砂板、管壳		200～300	0.052～0.098	49.03～117.7	<900

11.7.3 高真空多层绝热材料

高真空多层绝热材料常由低辐射率的屏材料和低热导率的间隔物组成，也有兼有两种作用的复合材料。其中，最常见的有铝箔、镀铝涤纶薄膜、铝箔纸、玻璃纤维布、玻璃纤维纸、尼龙网、植物纤维纸等。多层绝热材料的有效热导率见表 11-12、表 11-26。

表 11-26 真空多层绝热结构的有效热导率

辐射屏	间隔物	层数	总厚度/mm	压力/Pa	热壁温度/K	有效热导率/W・m^{-1}・K^{-1}
铝箔(0.03mm)	玻璃丝布(0.025mm)	129	26.50	18.7	273	0.979×10^{-4}
铝箔(0.03mm)	玻璃丝布(0.15mm)	50	30.00	2.26	300	2.51×10^{-4}
喷铝涤纶薄膜(0.01mm)	玻璃丝布(0.06mm)	66	25.40	13.3	300	1.65×10^{-4}
喷铝涤纶薄膜(0.01mm)	石棉纤维纸	47	25.20	4.53	300	4.08×10^{-4}
喷铝涤纶薄膜(0.01mm)	植物纤维纸	95	25.50	22.6	300	1.85×10^{-4}
喷铝涤纶薄膜(0.01mm)	聚酰亚胺薄膜	135	27.60	2.53	270	1.78×10^{-4}
喷铝涤纶薄膜(0.01mm)	尼龙网	87	25.50	4.0	270	1.31×10^{-4}
喷铝涤纶薄膜(0.01mm)	电容器纸	160	28.00	13.3	270	1.16×10^{-4}

11.8 低温容器材料

为保证低温装置的安全运行，低温容器材料在低温下应具有良好的塑韧性、较高的机械强度，及某些特殊要求的物理性能。低温材料包括低温钢、铝合金、铜合金等，以及与之配合使用的螺栓材料和焊接材料。低温用钢见第 21 章相关内容及表 11-27。低温容器常用金属材料见表 11-28。

表 11-27 常用低温压力容器用钢

项目	使用温度下限/℃	钢板	钢管	锻件	螺栓
钢材标准		GB 3531 GB/T 4237 GB 19189 GB 150.2 附录 A	GB 5310 GB 6479 GB/T 8163 GB 9948 GB 13296 GB/T 14976 GB 150.2 附录 A	NB/T 47009 NB/T 47010	GB/T 3077 GB/T 1220

续表

项目	使用温度下限/℃	钢板	钢管	锻件	螺栓
碳素钢和低合金钢	−30	16MnDR (正火,正火+回火) (δ>60mm)		20MnMoD (δ>300～700mm)	
	−40	16MnDR (正火,正火+回火) (δ≤60mm) 07MnNiVDR(调质)	16Mn (正火)	20MnMoD (δ≤300mm) 16MnD (δ>100～300mm) 08MnNiMoVD (δ≤300mm)	
	−45	15MnNiDR (正火,正火+回火)		16MnD (δ≤100mm)	
	−50	15MnNiNbDR (正火,正火+回火) 07MnNiMoDR(调质)	09MnD	10Ni3MoVD (δ≤300mm)	40CrNiMoA
	−70	09MnNiDR (正火,正火+回火)	09MnNiD	09MnNiD (δ≤300mm)	35CrMoA (*M*≤56)
	−100	08Ni3DR (正火,正火+回火)		08Ni3D (δ≤300mm)	30CrMoA (*M*≤56)
	−196	06Ni9DR 调质(或两次正火+回火)			
奥氏体高合金钢	−196	S30408 S30403 S31608 S31603	S30408 S30403 S31608 S31603	S30408 S30403 S31608	S30408 S30403 S31608
	−253	S30408 S30403	S30408 S30403	S30408 S30403	S30408 S30403

注：本表未考虑“低温低应力工况”的影响。

表 11-28 低温容器常用金属材料

材料名称	容器结构	贮存低温液体名称	化学符号	沸点 /℃
3.5Ni 钢	双壁	硫化氢 二氧化碳 乙炔 乙烷	H_2S CO_2 C_2H_2 C_2H_6	−60.3 −78.4 −84.02 −88.63
5.5Ni 钢,9Ni 钢 铝合金 36Ni 钢	双壁	乙烯 氪 甲烷	C_2H_4 Kr CH_4	−103.71 −153.36 −161.45
9Ni 钢 铜 铝合金 1Cr18Ni9Ti 1Cr18Ni9Ti 铝合金 铜 铜	真空绝热	氧 氩 氟 氮 氦 氖 重氢 氢	O_2 Ar F_2 N_2 He Ne D_2 H_2	−182.93 −185.86 −188.12 −195.3 −268.93 −246.06 −249.49 −252.77

11.9 低温密封材料

低温密封材料包括橡胶材料、塑料材料、金属材料及其组合材料等，密封形式有垫片、密封圈和封接（低温胶）等。垫片材料及其使用温度范围见本书第 16 章相关内容。封接用低温胶见本章 11.6 节相关内容。

塑料类密封材料主要用于运载火箭箭体阀门的密封。我国在运载火箭低温阀门中使用的密封材料有聚四氟乙烯、聚全氟乙丙烯、聚三氟氯乙烯、三氟氯乙烯与乙烯共聚物、聚酰亚胺等，这些塑料材料的性能见表 11-29。

某些金属材料可用于液氢液氧系统的静密封，软金属铟和铝可制成 O 形环或垫片使用，主要利用其在低温下的柔韧性能实现密封。硬金属主要制成空心 O 形环或 C 形环使用，一是利用其在低温下的低线胀系数，如低膨胀合金，主要用作复合密封结构中的金属骨架材料；二是其在低温下仍具有一定的弹性，如不锈钢和高温合金，性能见表 11-30。

表 11-29 塑料密封材料的性能

材料名称	测试温度/℃	拉伸强度/MPa	伸长率/%	线膨胀系数/$10^{-6}K^{-1}$
聚四氟乙烯	室温 −196	32 —	250 —	— −100
聚全氟乙丙烯	室温 −196	30 135	320 10	— −79
三氟氯乙烯与乙烯共聚物	室温 −196	48 172	250 3～6	— −87.8
聚三氟氯乙烯	室温 −196	35～40 200	90～150 6	— −46.5
聚酰亚胺	室温 −196	125 138	20～38 —	— −31.8

表 11-30 铟、铝和低膨胀合金密封材料的性能

材料名称	测试温度/℃	抗拉强度/MPa	伸长率/%	弹性模量/GPa	线膨胀系数/$10^{-6}K^{-1}$
铟	室温 −196	10～15 —	0.5 —	10.7 —	— −33
铝合金	室温 −196	80～110 21	3～7 42	72 81	— −18.6
低膨胀合金	室温 −196	— 835	— 14.9	155 144	— −1.55
不锈钢(1Cr18Ni9Ti)	室温 −196	658 1600	44.0 10.8	159 122	— −13.5
高温合金(GH169)	室温 −196	1436 1789	19.5 18	214 224	— −10.4

11.10 材料的低温物理性能

一般来说，材料的比热容、线膨胀率、电阻率等随着温度的下降而减小。但热导率则不然，有的材料随温度的降低而增大；有的材料却随温度的降低而减小。因此，熟悉材料在低温下的热物理性质，对于设计低温装置时的选材是十分必要的。

材料的平均热导率见表 11-31。材料在低温下的热导率见表 11-32。材料的比热容和焓见表 11-33。材料在不同温度下的辐射率见表 11-34。低温用材料的性能见表 11-35。本书第 29 章也给出了部分材料的低温性能。

表 11-31　材料的平均热导率　　单位：$W \cdot m^{-1} \cdot K^{-1}$

材料＼温度/K	77～300	20～300	4～300	20～77	4～77	4～20	2～4
派勒克斯玻璃	0.0082	0.0071	0.0068	0.0028	0.0025	0.0012	0.0007
不锈钢	0.123	0.109	0.107	0.055	0.045	0.0097	0.0022
蒙乃尔合金	0.207	0.192	0.183	0.133	0.11	0.040	0.007
退火的锌白铜	0.20	0.19	0.18	0.14	0.12	0.03	0.005
康铜	0.22	0.21	0.20	0.16	0.14	0.046	0.006
黄铜	0.81	0.70	0.67	0.31	0.26	0.078	0.015
无氧铜	1.91	1.71	1.63	0.95	0.80	0.25	0.07
电解铜	4.1	5.4	5.7	9.7	9.8	10	4

表 11-32　材料在低温下的热导率

物质	条件	热导率/$W \cdot m^{-1} \cdot K^{-1}$									温度系数
		4K	10K	20K	50K	100K	200K	300K	最大值	高温/℃	
焊锡	Sn(60),Pb(40)	16	43	56	53	52	50	50	—	56(20)	
伍德合金		4	12	17	21	24	—	—	—		
康铜	Ni(40.5)	0.8	3.5	8.8	14	18	20	23	—	22.9(20)	2.4
铜	硬化热处理 Cu(99),P(0.027)	—	20	42	95	140	190	220	—		
黄铜	硬化热处理 Zn(35.7),Pb(3.27),Sn(1),Cu(60)	2	6	13	29	48	—	—	—	108(20)	1.5
铍铜	Be(2),Cu(98),300℃,2h 热处理	1.9	5	11	26	46	—	—	—		
锌白铜	Cu(62),Zn(22),Ni(15)	0.7	2.8	7.3	15	17	20	24	—	25(20)	2.7
硅青铜	硬化热处理 Si(3.15),Mn(1.13),Zn(1),Cu(94)	—	—	3.4	8.2	—	—	—	—		
锰镍铜合金	Cu(84),Mn(12),Ni(4)	—	—	—	—	15	17	24	—	22(20)	2.7

续表

物质	条件	热导率/$W\cdot m^{-1}\cdot K^{-1}$									温度系数
		4K	10K	20K	50K	100K	200K	300K	最大值	高温/℃	
铝合金 3003-F	Mn(1.2),Al(98.5)	11	28	55	120	148	150	150	—		
铝合金 6063-T5	Si(0.4),Mg(0.7),Al(98.5)	34	86	170	280	210	200	200	280(50K)		
铝合金 2024-T4	Mn(0.6),Mg(1.5),Cu(4.5),Al(93)	—	8.3	16.8	38	65	98	120	—		
蒙乃尔合金	退火 Ni(67),Cu(30),Fe(1.4),Mn(1.0),C(0.15),Si(0.1) S(0.01)	0.8	3	7	13	17	20	22	—		
蒙乃尔合金	冷拔,组成同上	0.4	1.7	4.3	10.8	15.2	19.5	22	—		
铬镍铁合金	退火 Ni(80),Cr(14),Fe(4)	0.5	1.7	4.1	9.3	12.2	13.3	15	—		
铬镍铁合金	冷拔	0.25	0.9	2.3	6.1	7.8	9.5	12	—		
低碳钢 1020	Mn(0.33),C(0.18),Si(0.014)	—	—	—	48	62	65	65	—	49(20)	−0.09
低碳钢 1020	800℃退火 C(0.14),Si(0.08),Mn(0.07)	—	—	22	42	60	—	—	—		
13 铬钢	950℃退火,淬火,450℃处理 Cr(13.5),C(0.36),Si(0.22),Mn(0.13)			2.4	7	12	—	—	—		
18-8 铬镍钢	AISI 303,304,316,347 平均	0.23	0.77	1.9	5.8	9.3	12.8	16	—		
24 镍钢	1050℃退火,淬火 Ni(24.3),Mn(6.05),C(1.18)	—	—	1.6	3.9	6.8	—	—	—		
玻璃	石英,派勒克斯耐高温玻璃,硼硅酸平均	0.09	0.12	0.15	0.29	0.55	0.9	1.1	—		
聚四氟乙烯	挤压加工	0.045	0.095	0.14	0.21	—	—	—	—		
丙烯酸树脂		0.057	0.061	0.073	—	—	—	—	—	170～250(30)	—
尼龙	单纤维	0.012	0.039	0.1	—	—	—	—	—	270(25)	

表 11-33 材料的比热容和焓

物质	比热容/$J \cdot kg^{-1} \cdot K^{-1}$							焓/$kJ \cdot kg^{-1}$						
	4K	20K	50K	100K	200K	300K	高温[K]	4K	20K	50K	100K	200K	300K
康铜 Cu(60),Ni(40)	4.9×10^{-1}	6.8	83	238	362	410	405(18)	9.4×10^{-4}	4.46×10^{-2}	1.166	9.47	40.94	79.5
蒙乃尔合金 Ni(67),Cu(30),Fe(1.4),Mn(1)	4.7×10^{-1}	7.1	78	240	370	430	—	9.0×10^{-4}	4.6×10^{-2}	1.11	9.3	41.3	81.5
伍德合金 Sn(12.5),Cd(12.5),Pb(25),Bi(50)	6.2×10^{-1}	46	—	—	—	—		5.16×10^{-4}	3.31×10^{-1}	—	—	—	—
石英	*7.1×10^{-1}	22.1	96.9	261	543	745		1×10^{-3}	4.9×10^{-2}	1.583	10.51	51.5	116.4
干冰	—	117	580	906	1243	—		—	6.3×10^{-1}	11.55	50.3	+146.5	—
钻石	*1.8×10^{-2}	1.22×10^{-1}	1.95	20.4	195	518	506(20)	*5.7×10^{-5}	6.2×10^{-4}	2.29×10^{-2}	4.4×10^{-1}	9.17	42.7
石墨	1.44×10^{-1}	6.3	42	140	414	716		1.68×10^{-4}	3.8×10^{-2}	7.0×10^{-1}	5.10	32.2	88.7
水	9.8×10^{-1}	114	440	882	1570	△2100		9.8×10^{-4}	6.15×10^{-1}	9.09	42.5	165.1	299.4
氧化镁	—	2.2	24.3	208	680	940		—	1.1×10^{-2}	3.22×10^{-1}	5.31	50.9	133.1
石英玻璃	*4.5	24.4	111	268	544	738	786(20～97)	1.1×10^{-2}	1.43×10^{-1}	2.15	11.57	53.0	117.6
派勒克斯玻璃	2.01×10^{-1}	27.4	—	—	—	—		2.01×10^{-4}	1.54×10^{-1}	—	—	—	—
环氧树脂	2.25	81.1	—	—	—	—		2.10×10^{-3}	6.23×10^{-1}	—	—	—	—
胶木	4.6	66.7	237	□449	—	—		0	4.87×10^{-1}	4.99	□18.8	—	—
甘露醇	2.1	110	380	1150	—	—		2×10^{-3}	6.7×10^{-1}	8.1	44	—	—
布纳 S 橡胶(丁纳橡胶)	○4.1	113	338	612	1120	1900		○5×10^{-3}	7.7×10^{-1}	7.72	31.74	118.0	288.7
天然橡胶	—	117	352	646	1440	1890	1120～2000 (15～100)	—	8×10^{-1}	8.01	33.34	∴100.7	295.3
聚丙烯	—	—	▽418	676	∴1670	—		—	—	▽0	22.2	∴92.1	—
特氟龙(聚四氟乙烯)	○2.4	76	202	386	741	×1020		3.1×10^{-3}	5.2×10^{-1}	4.83	19.51	75.9	*179.3
聚乙烯醇	—	—	▽257	478	879	—		—	—	▽0	15.3	82.4	—
活性炭	—	42	27	□160	—	—		—	0	1.9	□6.7		

注：+190K，*10K，△273K，□90K，○5K，∴180K，▽60K，×310K。

表 11-34 材料在不同温度下的辐射率

材料名称	表面与加工情况	4K	20K	77K[①]	90K	300K[②]
铝	抛光的干净表面	0.011		0.018		0.03
	粗糙表面					0.055
	氧化层厚度 1μm					0.03
	涤纶薄膜双面喷铝			0.06		
	板	0.012		0.013		0.05
	箔	0.013		0.013	0.038	0.06
	镀在玻璃表面				0.038	
	镀在铜表面					0.02
铜	抛光的干净表面	0.006～0.015	0.015～0.019	0.019～0.029	0.019～0.035	0.03
金	板			0.026		
	箔			0.01～0.027	0.026	
	涤纶薄膜双面喷金			0.02		0.02～0.03
	不锈钢镀金			0.012～0.027		
	铜镀金			0.025		
银	板	0.004		0.008	0.023～0.036	0.02～0.03
	镀金			0.008		0.0017
铬	板			0.08	0.065～0.08	0.08
	镀层			0.08		0.08
镍	抛光			0.022		0.04
	镀在抛光的铁上			0.03		0.045
	箔(0.1mm)				0.22	
铅	板	0.012		0.036		0.05
	氧化表面					0.028
	箔	0.011		0.036		
锌	板			0.026		0.05
	箔			0.02		
钛		0.012		0.013		0.05
铸铁	抛光					0.21
不锈钢				0.048		0.08
蒙乃尔合金				0.11		0.20
黄铜	抛光后干净表面	0.018		0.029		0.03
	板				0.046	0.06
	严重氧化表面					0.60
焊锡				0.032		0.047
伍德合金						0.16
铜镀镍			0.027	0.033		
铜镀银			0.013	0.017		
塑料	硬的光滑板					≥0.945
石英						≥0.932
水						≥0.920
冰						≥0.960
大部分非金属						≥0.8
玻璃					0.87	≥0.90
涂料	白色					≥0.925
	黑色无光泽					≥0.97
	各种颜色					≥0.92～0.96
纸						≥0.92

①某些文献中注明 78K 或 76K；②指室温范围 273～300K。

表 11-35 低温用材料的性能

材料名称	许用应力 σ/N·mm^{-2}	平均热导率 λ/W·m^{-1}·K^{-1}	(σ/λ)/N·m·K·mm^{-2}·W^{-1}
铝 2024	382.5	70.0	5.46
铝 7075	480.5	74.5	6.45
退火钢	823.7	407	2.02
哈司特镍合金（B）(Hastenov)	451.1	8.1	55.69
哈司特镍合金（C）	333.4	8.8	37.89
蒙乃尔合金（K）	686.5	14.8	46.38
退火 304 不锈钢	245.2	8.8	27.86
不锈钢	1029	7.7	133.7
纯钛	588.4	31.8	18.50
4% Al-4%Mn 钛合金	1000.3	5.2	192.4
聚酯纤维	137.3	0.13	1056.1
涤纶	68.6	0.13	528.1
尼龙	137.2	0.27	508.5
聚四氟乙烯	13.7	0.21	65.4

11.11 低温容器

低温容器有立式、卧式、球形等形式。用于贮存液氧、液氮、液氩和液化天然气等低温液体。低温容器具有使用寿命长，结构紧凑，占地面积小，易于集中控制，操作和维修方便等特点，广泛应用于机械、化工、冶金、医疗等行业。

低温容器按其绝热方式分类，有如下几种：

（1）普通绝热结构的低温容器

这种低温容器其保温层采用普通的低温绝热材料，绝热效果较差，常用于液化天然气贮运容器。

（2）高真空绝热容器

此种绝热方式，常用于小型低温容器制作，用于液氧、液氮、液氩的贮存及运输。

（3）真空粉末绝热容器

该种绝热方式常用于大型低温容器的制作，如液氮、液氧贮槽。

（4）真空多层绝热容器

多层绝热的低温容器常用于液氮、液氧、液氢的运输及贮存。

11.11.1 高真空绝热低温容器

高真空绝热常用于制造小型杜瓦。内胆与外壳之间抽至小于 1.3×10^{-3}Pa，并在内胆底部装硅胶或活性炭，以吸附气体，维持夹层中的真空度。

高真空绝热杜瓦瓶结构原理见图 11-6。

表 11-36 给出了高真空绝热杜瓦瓶的主要技术参数。

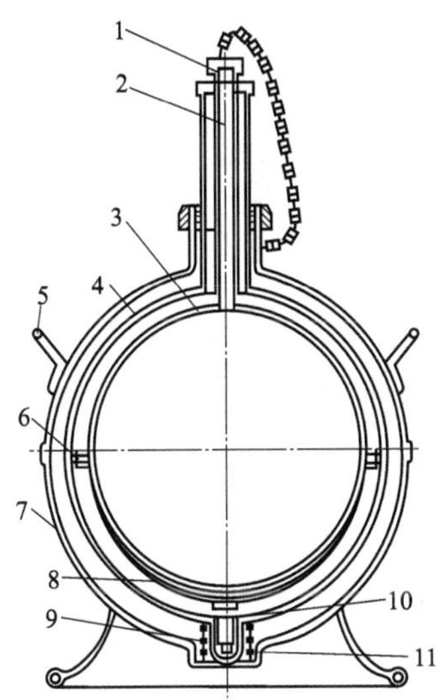

图 11-6　15L 或 30L 液氮高真空绝热杜瓦容器

1—钢塞；2—颈管；3—内胆；4—外胆；5—提手；6—垫块；7—外壳；8—吸气剂；9—弹簧；10—抽气口；11—保护套

表 11-36　高真空绝热杜瓦瓶的主要技术参数

有效容积/L	贮量/kg		空瓶质量/kg	外形尺寸/mm		日气化率/%	
	氧	氮		外径	高度	氧	氮
5	5.7	4.01	4.5	220	450	16.8	24
15	17.1	12.03	13	370	700	9.6	13.7
30	34.2	24.06	25	510	820	7.0	10.0
50	57	40.1	40	560	840	4.63	6.58
100	114	80.2	73	560	1421	4.21	6.0

11.11.2 真空粉末绝热低温容器

低温容器内外筒之间填充粉末绝热材料，其真空度由制造厂按国家标准和规范执行。用户一般可不专设真空泵。容器的绝热效果因真空而提高。

(1) 液氧贮槽

图 11-7 为容量为 300L 液氧贮槽。绝热材料为珠光砂，真空度为 2Pa，日蒸发量约为 5%。

(2) 液氧液氮液氩贮罐

立式液氧、液氮、液氩贮罐流程原理见图 11-8。

立式液氧、液氮、液氩贮罐主要技术参数见表 11-37、表 11-38。夹层中的真空度为 3Pa，绝热材料为珠光砂。内胆材料为 06Cr19Ni10。

卧式液氧、液氮、液氩贮罐主要技术参数见表 11-39、表 11-40。

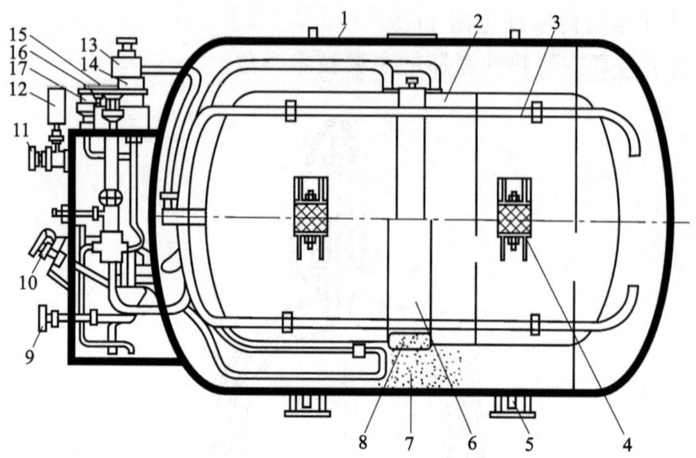

图 11-7 ZY-300 型液氧贮槽

1—外壳；2—内胆；3—抽空管；4—支架；5—加强圈；6—吸附腔；7—绝热层；8—吸附剂；9—液面计阀；10—增压阀；11—压力表阀；12—压力表；13—真空阀；14—安全阀；15—进液阀；16—放空阀；17—安全膜片

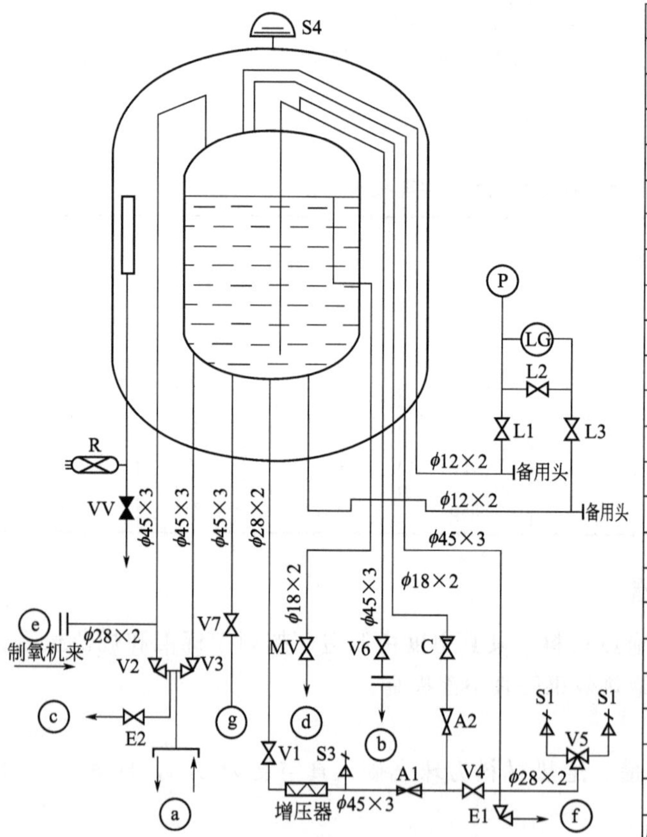

序号	名　　称	用途
VV	真空阀	真空阀
V7	DN40, PN40 低温截止阀	排液阀(接泵)
V6	DN40, PN40 低温截止阀	上部排液阀
V5	三通阀	
V4	DN40, PN40 低温截止阀	气体通过阀
V3	DN40, PN40 低温角式截止阀	液体进出阀
V2	DN40, PN40 低温角式截止阀	上部进液阀
V1	DN25, PN40 低温截止阀	增压阀
S4	外筒防爆装置	外筒防爆装置
S3	DN10, PN25 安全阀	增压管路安全阀
S1	DN10, PN25 内筒安全阀	内筒安全装置
R	热偶真空规管	测真空(真空阀带)
P	压力表	内筒压力测量
MV	低温截止阀	测满阀
LG	0～1000mmH_2O 液位计	测液位
L3	DN4, PN40 低温截止阀	液下阀
L2		平衡阀
L1		液上阀
E2	DN10, PN40 低温截止阀	管道残液排放
E1	DN40, PN40 低温角式截止阀	内筒放空
C	DN15, PN16 低温截止阀	
A2	DN15, PN 减压阀	降压调节阀
A1	DN40, PN 减压阀	升压调节阀

管序	名称	管口尺寸	连续形式	管序	名称	管口尺寸	连续形式
a	液体进出口	DN40	快速接头(接槽车)	e	液体充罐口	$\phi28\times2$	法兰(接制氧机)
b	上部排液阀	DN40	法兰(去汽化器)	f	放空口	DN40	
c	管道残液出口	$\phi12\times2$		g	排液口	DN40	法兰(接泵)
d	测满口	$\phi18\times2$					

图 11-8 立式液氧、液氮、液氩贮罐流程原理

表 11-37　立式液氧、液氮、液氩贮罐主要技术参数（一）

序号	规格型号	有效容积/m^3	工作压力/MPa	日蒸发量/%·d^{-1}			容器空重/kg		几何尺寸/mm×mm×mm
				LN_2	LO_2	LAr	内容器	总重	直径×高度×壁厚
1	CFL-5/0.8	5	0.8	0.65	0.43	0.46	995	4375	内胆 φ1400×3362×6 外胆 φ1900×5146×8
2	CFL-5/1.6	5	1.6	0.65	0.43	0.46	1570	4950	内胆 φ1400×3362×10 外胆 φ1900×5146×8
3	CFL-10/0.8	10	0.8	0.55	0.36	0.38	1980	6930	内胆 φ1800×4456×8 外胆 φ2300×5890×10
4	CFL-10/1.6	10	1.6	0.55	0.36	0.38	3045	8000	内胆 φ1800×4456×12 外胆 φ2300×5890×10
5	CFL-15/0.8	15	0.8	0.53	0.35	0.37	2706	9795	内胆 φ1900×5901×8 外胆 φ2400×7475×10
6	CFL-15/1.6	15	1.6	0.53	0.35	0.37	4495	11576	内胆 φ1900×5901×14 外胆 φ2400×7475×10
7	CFL-20/0.8	20	0.8	0.5	0.33	0.35	3216	11730	内胆 φ2100×5746×8 外胆 φ2600×7882×10
8	CFL-20/1.6	20	1.6	0.5	0.33	0.35	5529	14080	内胆 φ2100×5746×14 外胆 φ2600×7882×10
9	CFL-30/0.8	30	0.8	0.44	0.29	0.31	5265	17368	内胆 φ2400×7400×10 外胆 φ3000×8846×12
10	CFL-30/1.6	30	1.6	0.44	0.29	0.31	8362	20392	内胆 φ2400×7400×16 外胆 φ3000×8846×12
11	CFL-50/0.8	50	0.8	0.35	0.23	0.24	8035	25985	内胆 φ2600×10374×10 外胆 φ3200×12020×12
12	CFL-50/1.6	50	1.6	0.35	0.23	0.24	13640	31590	内胆 φ2600×10374×18 外胆 φ3200×12020×12
13	CFL-100/0.8	100	0.8	0.25	0.16	0.17	16418	45218	内胆 φ3000×15452×12 外胆 φ3500×16936×14
14	CFL-100/1.6	100	1.6	0.25	0.16	0.17	28248	57258	内胆 φ3000×15452×22 外胆 φ3500×16936×14

表 11-38　立式液氧、液氮、液氩贮罐主要技术参数（二）

序号	型号规格	工作压力/MPa	外形尺寸(直径×高度)/mm×mm	容器空重/kg	满载重量/kg		
					LO_2	LN_2	LAr
1	CFL-3.5/08	0.8	φ2216×3665	3692	7682	6528	8592
2	CFL-3.5/16	1.6	φ2216×3665	4095	8085	6930	8995
3	CFL-05/08	0.8	φ2216×4405	4573	10273	8623	11573
4	CFL-05/16	1.6	φ2216×4405	5010	10680	8760	11980
5	CFL-10/08	0.8	φ2216×7065	6718	18118	14818	20718
6	CFL-10/16	1.6	φ2616×7065	7970	19370	16070	21970
7	CFL-15/08	0.8	φ2616×6520	8710	25810	20860	29710

续表

序号	型号规格	工作压力/MPa	外形尺寸(直径×高度)/mm×mm	容器空重/kg	满载重量/kg		
					LO_2	LN_2	LAr
8	CFL-15/16	1.6	ϕ2616×6520	10509	27609	22659	31509
9	CFL-20/08	0.8	ϕ2616×8030	10675	33475	26875	38675
10	CFL-20/16	1.6	ϕ2616×8030	12866	35666	29066	40806
11	CFL-30/08	0.8	ϕ2620×11070	15830	50030	40130	57830
12	CFL-30/16	1.6	ϕ2620×11070	18960	53160	43260	60960
13	CFL-50/08	0.8	ϕ3020×12685	25036	82116	65451	94716
14	CFL-50/16	1.6	ϕ3020×12685	29347	86427	69762	99027
15	CFL-100/08	0.8	ϕ3520×17400	43394	156554	123224	181754
16	CFL-100/16	1.6	ϕ3520×17400	53350	167510	134180	192710
17	CFL-200/0.2	0.2	ϕ500×16370	62433	279033	216333	330333
18	CFL-Y3.5/1.0	1	ϕ2216×3700	3400	7390	6235	8300
19	CFL-Y3.5/1.75	7.5	ϕ2216×3700	3630	7620	6465	8530
20	CFL-Y5/1.0	1	ϕ2216×4440	4163	9863	8213	11163
21	CFL-Y5/1.75	7.5	ϕ2216×4440	4400	10100	8450	11400
22	CFL-Y10/1.0	1	ϕ2216×7098	6324	17724	14424	20324
23	CFL-Y10/1.75	7.5	ϕ2216×7098	6861	18261	14961	20861
24	CFL-Y15/0.8	0.8	ϕ2616×6520	7377	24477	19527	28377
25	CFL-Y15/1.75	1.75	ϕ2616×6520	8501	25601	20601	29501
26	CFL-Y20/0.8	0.8	ϕ2616×8030	8991	31791	25191	36991
27	CFL-Y20/1.75	1.75	ϕ2616×8030	10378	33178	26578	38378
28	CFL-Y30/0.8	0.8	ϕ2616×11070	12143	46343	36443	54143
29	CFL-Y30/1.75	1.75	ϕ2616×11070	14140	48340	38344	56140
30	CFL-Y50/0.8	0.8	ϕ3020×12685	19750	76750	60250	89750
31	CFL-Y50/1.75	1.75	ϕ3020×12685	23200	80200	63700	93200

表 11-39 卧式液氧、液氮、液氩贮罐主要技术参数（一）

序号	型号	有效容积/L	最高工作压力/MPa	容器空重/kg	外形尺寸(长/mm×宽/mm×高/mm或直径/mm×高/mm)	日蒸发率/%			备注
						LO_2	LN_2	LAr	
1	CF-300/8	300	0.785	433	1790×900×1255	2.3	3.6	2.5	
2	CF-600/8	600	0.785	1036	2481×1210×1376	1.6	2.6	1.8	
3	JCF-1000/3	1000	0.3	2000	2300×1646×1799	0.96	1.6	1.1	集装箱
4	JCF-5000/16	5000	1.57	6990	6058×2438×2591	0.28	0.45	0.30	
5	JCF-3500/8	3500	0.785	3140	4012×2438×2591	0.40	0.64	0.43	
6	JCF-2000/16	2000	1.6	3465	3920×1990×1930	0.38	0.58	0.41	
7	JCP-21/21	21000	2.1	10800	7495×2435×2590	自然升压速度<0.13MPa/d			LCO_2集装箱

续表

序号	型号	有效容积/L	最高工作压力/MPa	容器空重/kg	外形尺寸(长/mm×宽/mm×高/mm或直径/mm×高/mm)	日蒸发率/%			备注
						LO_2	LN_2	LAr	
8	JCF-5000/8	5000	0.8	7955	6058×2438×2591	0.28	0.45	0.30	集装箱
9	CF-5000/2	5000	0.196	4340	4500×2220×2550	0.28	0.45	0.30	
10	CF-5000/8		0.785	4410					
11	CF-5000/16		1.57	4640					
12	CF-10000/8	10000	0.8	7310	5500×2416×2750	0.22	0.34	0.24	
13	CF-10000/16		1.6	8500					
14	CF-30000/2	30000	0.196	16200	8600×3500×3600	0.13	0.20	0.14	
15	CF-30000/8		0.785	18560					
16	CF-30000/16		1.57	22300					
17	CF-50000/2	50000	0.196	22600	12100×3390×3510	0.11	0.18	0.12	
18	CF-50000/8		0.785	26470					
19	CF-50000/16		1.57	32220					
20	CF-75000/8	75000	0.8	36200	18330×3120×3380	0.09	0.16	0.10	
21	CF-100000/2	100000	0.196	41125	22030×3390×3510	0.08	0.13	0.09	
22	CF-100000/8		0.785	46388					
23	CF-100000/16		1.57	56710					
24	CF-200000/8	200000	0.785	53616	9840×900×11450	0.07	0.11	0.08	球形
25	CF-35000/8	35000	0.8	19750	ϕ2620×14860	0.12	0.19	0.13	铁道罐车

注：日蒸发率指在20℃，0.1MPa绝对压力条件下的数值，生产厂为中山市南方空气分离设备有限公司。

表 11-40　卧式液氧、液、氮液氩贮罐主要技术参数（二）

序号	型号	有效容积/L	最高工作压力/MPa	容器空重/kg	外形尺寸(长×宽×高或直径×高)/mm×mm×mm或mm×mm	日蒸发率/%			备注
						LO_2	LN_2	LAr	
1	CF-3500/2	3500	0.2	4142	3125×2561×2416	0.46	0.72	0.79	
2	CF-3500/8		0.8						
3	CF-3500/16		1.6						
4	CF-5000/2	5000	0.2	4340	4500×2216×2550	0.37	0.57	0.40	
5	CF-5000/8		0.8	4640	5740×1925×2240				
6	CF-5000/16		1.6	4910	4500×2216×2550				
7	CF-10000/2	10000	0.2	7310	5500×2416×2750	0.30	0.48	0.33	
8	CF-10000/8		0.8						
9	CF-10000/16		1.6	8500					
10	CF-15000/2	15000	0.2	10428	7600×2416×2750	0.28	0.45	0.31	
11	CF-15000/8		0.8						
12	CF-15000/16		1.6						

续表

序号	型号	有效容积/L	最高工作压力/MPa	容器空重/kg	外形尺寸(长×宽×高或直径×高)/mm×mm×mm或mm×mm	日蒸发率/%			备注
						LO_2	LN_2	LAr	
13	CF-20000/2	20000	0.2	13884	8270×2616×2650	0.24	0.37	0.26	
14	CF-20000/8		0.8						
15	CF-20000/16		1.6						
16	CF-30000/2	30000	0.2	16200	8600×3500×3600	0.21	0.32	0.23	
17	CF-30000/8		0.8	18560					
18	CF-30000/16		1.6	22300					
19	CF-50000/2	50000	0.2	22600	12100×3390×3510	0.17	0.28	0.19	
20	CF-50000/8		0.8	26470					
21	CF-50000/16		1.6	32220					
22	CF-75000/2	75000	0.2	36500	18330×3120×3380	0.14	0.24	0.16	
23	CF-75000/8		0.8						
24	CF-75000/16		1.6						
25	CF-100000/2	100000	0.2	41125	22035×3220×3510	0.13	0.22	0.14	
26	CF-100000/8		0.8	46388	22030×3220×3510				
27	CF-100000/16		1.6	56710	21905×3220×3550				
28	CF-100000/5		0.5	48158	21500×3220×3510				
29	CF-4940/8	4940	0.8	4733	2490×2014×2691	0.37	0.57	0.40	
30	CF-5000/3.2	5000	0.32	3498	3792×2012×2691	0.37	0.57	0.40	
31	CF-10000/30	10000	3.0	12750	6685×2216×2550	0.30	0.48	0.33	
32	CF-1000/3	1000	0.3	2000	2300×1646×1799	0.96	1.6	1.10	集装箱槽
33	CF-5000/16	5000	1.6	6990	6058×2438×2591	0.37	0.57	0.40	集装箱槽
34	CF-3500/8	3500	0.785	3140	4012×2438×2591	0.46	0.72	0.49	集装箱槽
35	CF-2000/16	2000	1.6	3465	3920×1990×1930	0.60	0.96	0.65	集装箱槽
36	CF-21/21	21000	2.1	10800	7495×2435×2590	自然升压速度<0.13MPa/d			LCO_2集装箱槽
37	CF-5000/8	5000	0.8	6500	6058×2438×2591	0.37	0.57	0.40	集装箱槽
38	CF-9500/19	9500	1.9	11550	6058×2438×2591	0.30	0.48	0.33	集装箱槽
39	CF-15000/8	15000	0.8	12660	8070×2438×2591	0.28	0.45	0.31	集装箱槽
40	CF-1000/8	1000	0.8	2100	2730×1412×1750	0.96	1.60	1.10	集装箱槽
41	CF-200000/8	200000	0.785	53616	9840×9000×9540	0.07	0.11	0.08	真空球罐
42	CF-35000/8	35000	0.8	19750	ϕ2620×14860	0.20	0.31	0.22	铁道罐车

注：日蒸发率指在20℃，0.1MPa绝对压力条件下的数值。生产厂为四川空分设备有限责任公司。

（3）液体二氧化碳贮罐

表 11-41 给出了液体二氧化碳贮罐主要技术参数。夹层中真空度为 3Pa，绝热材料为珠光砂，内胆材料为 16MnDR。

表 11-41 液体 CO_2 贮罐主要技术参数

型式	型号	有效容积 /m^3	工作压力 /MPa	内胆尺寸（直径×高度×壁厚）/mm×mm×mm	容器空重/kg		外壳尺寸（直径×高度×壁厚）/mm×mm×mm
					内容器	总重	
立式	CFL-5/2.16	5	2.16	φ1400×3678×12	2185	5988	φ1900×5152×8
	CFL-10/2.16	10	2.16	φ1700×4955×14	3430	9015	φ2200×6270×10
	CFL-15/2.16	15	2.16	φ1900×5921×16	5080	12360	φ2400×7200×10
	CFL-20/2.16	20	2.16	φ2000×7072×16	6100	14865	φ2500×8374×10
	CFL-30/2.16	30	2.16	φ2400×7460×20	9510	21350	φ2900×8630×12
	CFL-50/2.16	50	2.16	φ2600×10394×22	15560	32868	φ3100×11776×12
	CFL-100/2.16	100	2.16	φ3000×15452×26	29820	59518	φ3500×15936×14
卧式	CFW-5/2.16	5	2.16	φ1400×3678×12	2185	6100	φ1900×4950×8
	CFW-10/2.16	10	2.16	φ1700×4955×14	3430	9315	φ2200×6000×10
	CFW-15/2.16	15	2.16	φ1900×5921×16	5080	12560	φ2400×7000×10
	CFW-20/2.16	20	2.16	φ2000×7072×16	6250	15100	φ2500×8150×10
	CFW-30/2.16	30	2.16	φ2400×7400×20	9510	21500	φ2900×8450×12
	CFW-50/2.16	50	2.16	φ2600×10394×22	15560	33500	φ3100×11500×12
	CFW-100/2.16	100	2.16	φ3000×15452×26	29820	29800	φ3500×15650×14

（4）液化天然气贮罐

表 11-42 给出了液化天然气贮罐主要技术参数。夹层真空度 3Pa，绝热材料为珠光砂，内胆材料为 06Cr19Ni10。最大工作压力 1.62MPa，温度范围 50～－19℃。

表 11-42 液化天然气贮罐主要技术参数

项目 型号	容积/m^3	内直径 /mm	封头厚度 /mm	筒体壁厚 /mm	总长 /mm	质量 /kg	充装量 /t
LPG5-2.25	5	φ1200	10	8	5095	2065	2.25
LPG10-4.2	10	φ1600	12	10	5940	3165	4.2
LPG20-8.9	20	φ2000	14	12	7210	5450	8.9
LPG25-10.5	25	φ2200	14	14	7375	6770	10.5
LPG30-12.6	30	φ2400	14	16	7525	8039	12.6
LPG50-21	50	φ2600	16	16	10395	12150	21
LPG100-42	100	φ3000	18	18	15520	23530	42
LPG120-50.4	120	φ3400	20	22	14304	27188	50.4
LPG150-63	150	φ1200	20	22	17650	32800	63

11.11.3 真空多层绝热低温容器

（1）气体屏液氦贮存容器

图 11-9 为气体屏液氦贮存容器。气化后的氦蒸气通过蛇形管冷却保护屏，而保护屏与外壳之间采用真空多层绝热，可以明显降低气化损失。与液氮屏相比质量减了约一半。

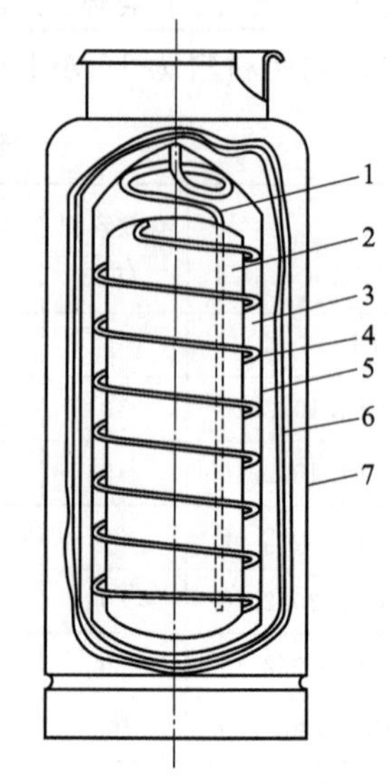

图 11-9 气体屏液氦贮存容器
1—液体进出管；2—内胆；3—真空夹层；4—气体管；5—保护屏；6—多层绝热结构；7—外壳

（2）真空多屏绝热液氦低温容器

图 11-10 所示为 100L 多屏绝热液氦低温容器，其特点是在颈管上装有翅片，翅片再与各金属传导屏紧密地连接起来，逃逸出来的气氦先冷却翅片，通过热传导方式冷却传导屏。各传导屏之间选择多层绝热结构。

（3）液氢贮槽

图 11-11 为容积 $400m^3$ 的液氢贮槽，绝热层由铝箔与玻璃纤维布构成，最佳厚度 5 层/cm，总厚度 5cm。在液氢温度下，不锈钢容器每米收缩量约 3mm，在设计内部管路时，需考虑温度影响。由于夹层中面积较大，且焊缝很长，气体负荷较大，配置专用抽气机组，以防真空度降低。

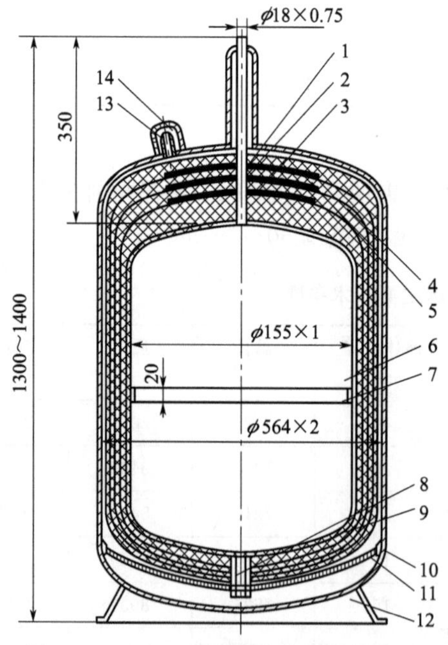

图 11-10 100L 多屏绝热液氦低温容器
1—颈管；2—铜翅片；3—多层绝热；4—外壳；5—传导屏；6—内胆；7—加强圈；8—支承短管；9—吸附腔；10—吊钩；11—不锈钢丝绳；12—底座；13—抽气铅管；14—铅管护罩

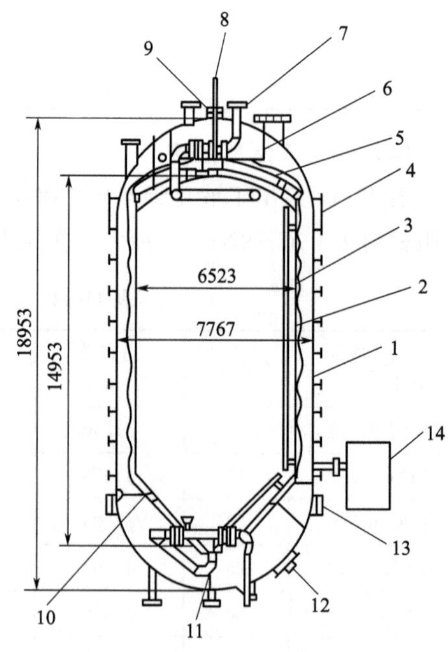

图 11-11 容积 $400m^3$ 的液氢贮槽
1—外壳；2—内胆；3—缝合式多层绝热；4，12—人孔；5—支承系统；6—窄道；7—加压和放空管；8—悬吊管；9—波纹管；10—挠性管；11—加注和排放管；13—安全阀；14—真空泵

(4) 卧式液氦贮槽

图 11-12 为大型液氦贮槽。容积约 $42m^3$，可以用于运输。其特点是采用液氮保护屏绝热结构，漏热小于 28J/h。除液氮保护屏外，还采用了多层绝热。

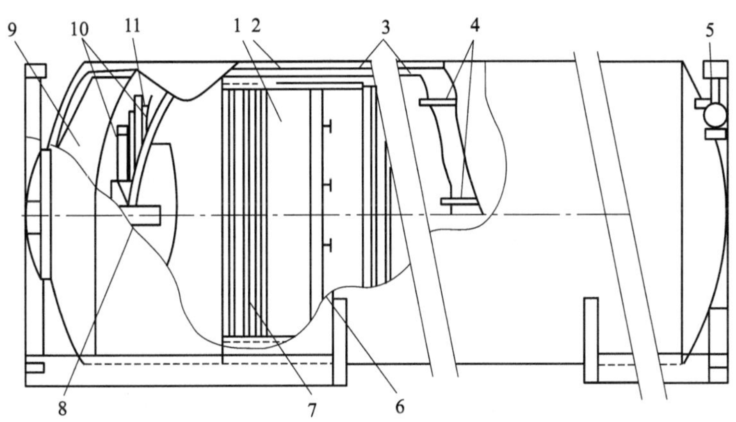

图 11-12　大型液氦贮槽

1—液氦容器；2—液氮屏；3—多层绝热；4—液氦探测管；5—液氮与气氮两相分离器；6—纵向挡板；7—纵向导热片；8—液氦容器纵向支架；9—液氮贮槽；10—支承拉杆；11—环形管

11.11.4　高真空多层绝热低温液体气瓶

低温液体气瓶适用于液氧、液氮、液氩的用气量少、厂房面积小、机动性较大的用户系统，气瓶可单瓶使用，也可多瓶装组合使用。其主要特点为：①内、外壳为不锈钢，可承受－196℃低温，日蒸发率低；②装有整套安全装置和操作系统，且操作简便、安全可靠；③配有移动式小车，使气瓶整体结构紧凑、移动灵活；④气液两用，既能供气也能供液，供气质量高。

低温液体气瓶流程见图 11-13，配带气化器的低温液体气瓶流程见图 11-14。低温液体气瓶主要技术参数见表 11-43。

表 11-43　低温液体气瓶主要技术参数

产品代号		C250	C251	C252	C252A	C253	C254	C255
型号		ZCD-50/14	ZCD-100/14	ZCD-150/14	ZCD-180/14	ZCD-200/14	ZCD-300/14	ZCD-500/13
几何容积/L		55	110	175	190	209	335	555
工作压力/MPa		1.37						1.27
装液体质量/kg	LO_2	56	112	168	202	224	308	480
	LN_2	40	80	120	144	160	218	340
	LAr	70	140	210	252	280	378	575
日蒸发率/%	LO_2	3.0	2.8	2.56	2.32	2.24	2.16	2.08
	LN_2	1.88	1.75	1.6	1.45	1.40	1.35	1.30
	LAr							
气瓶外径/mm		405	505	505	505	505	656	860
气瓶高度/mm		1210	980	1500	1520	1620	1490	1602
气瓶空重/kg		70	83	110	120	130	178	380

注：本表高真空多层绝热低温液体气瓶生产厂为四川空分设备有限责任公司。

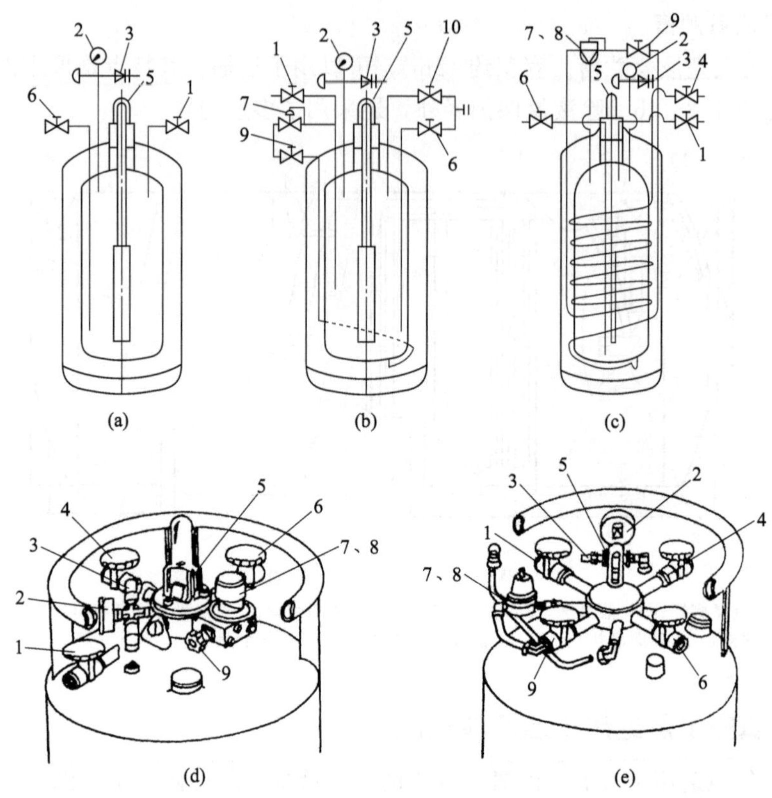

图 11-13 低温液体气瓶流程

1—放空阀；2—压力表；3—安全装置；4—气体出口处阀；5—液位计；6—液体进出阀；7，8—升压调节阀；9—增压阀；10—上部进液阀

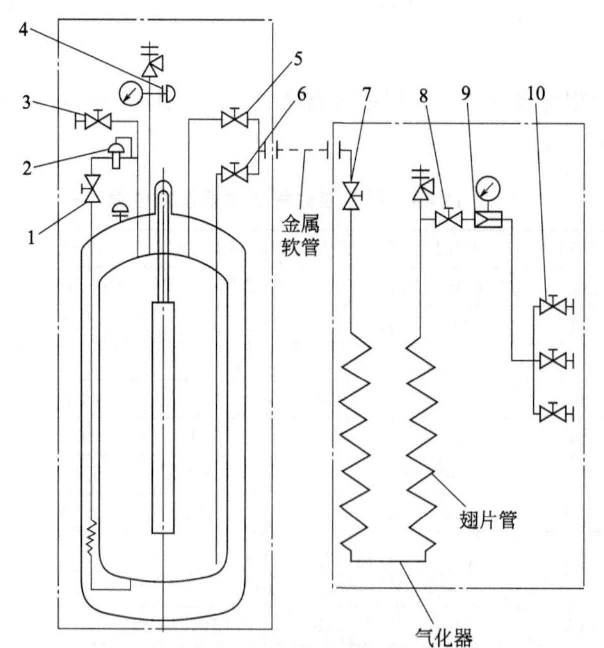

图 11-14 配带气化器的低温液体气瓶流程

1—增压阀；2—减压阀；3—放空阀；4—安全装置；5—上部进液阀；6—液体进出阀；7—进液阀；8—截止阀；9—用气阀；10—截止阀

11.11.5 液氮生物容器

液氮生物容器是用液氮为冷剂，保存活性生物材料的液氮容器。保温方式为真空多层绝热，其结构原理图如图 11-15 所示，由内胆、外壳、多层绝热体等组成。

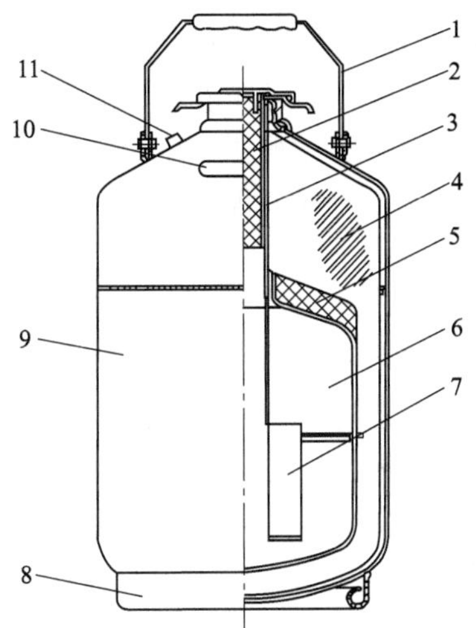

图 11-15 液氮生物容器产品结构示意图

1—提把；2—盖塞；3—颈管；4—绝热层；5—吸附剂；6—内胆；7—提筒；8—支座；9—外壳；10—标志；11—真空封口塞

国家标准 GB 5458—2012 液氮生物容器规格及性能参数见表 11-44。

表 11-44 液氮生物容器规格及性能参数

型号	有效容积/L	静态液氮保存期/d ≥	型号	有效容积/L	静态液氮保存期/d ≥
YDS-1-30	1.0	14	YDS-30B-80	31.5	106
YDS-2-30	2.0	28	YDS-35	35.5	286
YDS-3	3.15	26	YDS-35-80	35.5	159
YDS-5-200	5.0	2	YDS-35-125	35.5	97
YDS-6	6.0	52	YDS-35-200	35.5	52
YDS-10	10.0	86	YDS-35B	35.5	179
YDS-10-80	10.0	48	YDS-35B-80	35.5	119
YDS-10-125	10.0	23	YDS-35B-125	35.5	86
YDS-13	13.0	109	YDS-47-127	47.0	105
YDS-13-125	13.0	30	YDS-50B	50.0	209
YDS-13-200	13.0	18	YDS-50B-80	50.0	147
YDS-15	16.0	134	YDS-50B-125	50.0	110
YDS-15-125	16.0	42	YDS-50B-200	50.0	68
YDS-20	20.0	168	YDS-65-216	65.0	73
YDS-20B	20.0	101	YDS-100B-80	100.0	173
YDS-30	31.5	254	YDS-100B-125	100.0	220
YDS-30-80	31.5	147	YDS-100B-200	100.0	131
YDS-30-125	31.5	90	YDS-120-216	125.0	127
YDS-30-200	31.5	46	YDS-175-216	175.0	184
YDS-30B	31.5	159	—	—	—

11.12 低温液体运输槽车

低温液体运输槽车由贮槽、经改装后的汽车、操作箱、低温液体泵、增压器及金属软管组成，结构紧凑，操作方便灵活。贮槽采用真空粉末绝热或高真空多层绝热，蒸发损失小，安全可靠。低温液体运输车是贮存和运输液氧、液氮、液氩等的良好工具。

对运送低温液体的槽车要求比固定式贮槽要求高。其要求是：①经得起冲击载荷，要求结构上有足够的强度；②槽车重心要低，以利于刹车及转弯；③结构紧凑、尺寸小、质量轻。

槽车有两种：公路槽车和铁路槽车。

公路槽车小则几立方米，大到几十立方米。小容积的装到普通卡车车身内，大容积的安装到拖车上。槽车多为卧式圆柱形，便于运输。内胆的支撑及悬挂应有缓冲结构。对于冲击的要求：垂直向下方向为 $2g$～$4g$（g 为重力加速度）；垂直向上方向为 $1g$～$2g$；侧向为 $0.5g$～$1g$。铁路槽车容积较大，同时车速较快。因而，纵向冲击很大，要求能承受 $6g$ 冲击。

低温液体运输槽车流程原理见图 11-16。真空粉末绝热低温液体运输车主要技术参数见表 11-45。表 11-46 给出了运输槽车的技术参数。

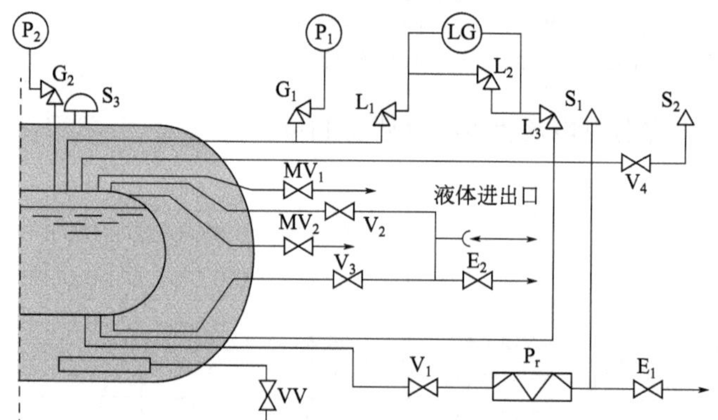

G_1、G_2	压力表阀	P_1、P_2	压力表
E_1	放空阀	P_γ	增压器
E_2	残液排放阀	S_1、S_2	安全阀
L_1	液面计上阀	S_3	外筒防爆装置
L_2	平衡阀	VV	真空阀
L_3	液面计下阀	V_1	增压阀
LG	液面计	V_2	上部进液阀
MV_1	氧、氮测满阀	V_3	液体进出口阀
MV_2	液氩测满阀	V_4	气体通过阀

图 11-16 低温液体运输车流程原理

表 11-45 真空粉末绝热低温液体运输车主要技术参数

序号	产品代号	型号	容器容积/L	最高工作压力/MPa	空车质量/kg	外形尺寸（长×宽×高）/mm×mm×mm	日蒸发率/%			备注
							LO_2	LN_2	LA_r	
1	CC442B	YGC-Ⅱ	600	0.8	3400	5050×2076×2130	1.60	2.56	1.76	
2	CC306D	YGC	1200	0.2	5466	6875×2340×2460	0.96	1.50	1.06	
3	$CC444B_1$		2000	0.8	6440	7200×2460×2700	0.88	1.40	0.97	
4	CC446B	KQF5141G DYFEQ	4000	0.8	9100	8080×2300×2950	0.64	1.02	0.70	
5	$CC446B_2$	KQF5110G DYFEQ		0.8	7730	8280×2300×2850				
6	CC446C	KQF5141G DYFEQ		1.6	9370	7980×2300×2950				

续表

序号	产品代号	型号	容器容积/L	最高工作压力/MPa	空车质量/kg	外形尺寸(长×宽×高)/mm×mm×mm	日蒸发率/%			备注
							LO_2	LN_2	LA_r	
7	CC3120	KQF5141G DYFEQ	6500	0.8	9990	9100×2480×2950		0.95		只装 LN_2
8	CC448B	KQF5320G DYFST	10000	0.8	17300	4500×2480×3290	0.40	0.64	0.44	
9	CC449B	KQF5320G DYFND		0.8	15850	10195×2490×3280				
10	CC449B$_1$	KQF5320G DYFND		0.8	15820	9990×2480×3350				
11	CC449B$_2$	KQF5320G DYFST		0.8	15850	10300×2490×3280				带泵
12	CC449B$_3$	KQF5320G DYFST	11000	0.8	16300	10250×2500×3350	0.38	0.61	0.42	
13	CC449C$_2$	KQF5320G DYFST		1.6	16800	9990×2480×3280				
14	CC449C$_4$	KQF5320G DYFDN		1.6	17000	10200×2500×3350				
15	CC449C$_{10}$	KQF5320G DYFST		1.6	17270	10250×2480×3350				整车
16	CC450B$_2$	KQF9340G DYBSD	15000	0.8	13460	10900×2480×3350	0.35	0.56	0.39	半挂车
17	CC451B	KQF9420G DYBSD		0.8	14040	10200×2480×3620				
18	CC451B$_1$	KQF9420G DYBTH		0.8	15400	10450×2480×3620				
19	CC451B$_3$	KQF9420G DYBSD	20000	0.8	17750	10450×2480×3740	0.32	0.48	0.35	带泵
20	CC451C	KQF9420G DYBSD		1.6	17580	10200×2480×3620				
21	CC508AD	KQF5205G YQWST		1.6	11950	9700×2500×3300				
22	CC3117	KQF9420G DYBSD	22500	0.8	17230	11250×2480×3620	0.31	0.47	0.34	
23	CC3114	KQF9420G DYBSD	24000	0.55	15250	10540×2480×3900	0.31	0.47	0.34	

注:本表低温液体运输车生产厂为四川空分设备有限责任公司。

表 11-46　运输式贮槽技术性能

名称	容积/m^3	容器材料		外形尺寸(长×宽×高)/m×m×m	质量/kg	绝热		日蒸发率/%
		内槽	外壳			材料	厚度/mm	
液氧运输贮槽	7.38	不锈钢 $\delta=3$mm	铝合金 $\delta=8$mm	5×2×1.95	3150	真空珠光砂或气凝胶	147	0.5
液氧运输拖车	13.6	高合金钢	碳钢	10.2×3.2×2.45	11100	真空粉末		0.5

续表

名称	容积/m^3	容器材料		外形尺寸(长×宽×高)/m×m×m	质量/kg	绝热		日蒸发率/%
		内槽	外壳			材料	厚度/mm	
液氩运输槽车	1.2	黄铜 δ=4mm	碳钢 δ=8mm	3.43×1.52×1.72	1950	真空珠光砂,堆密度 70～100kg·m^{-3}	250	0.59
液氢运输贮槽	3.5	不锈钢	不锈钢	3.45×2.0×2.32	8265	真空多层	25	1
液氢拖车	50	铝	碳钢	12.2×2.42(外径)		林德 SI-62	38	0.4
液氢铁路槽车	107	不锈钢	碳钢	20.8×2.92(外径)		林德 SI-62		0.26
液氢运输槽船	910	不锈钢	碳钢	31.24×7.95(外径)		真空珠光砂		0.15
液氦半拖车	40.5	不锈钢	碳钢	12.2×2.3×3.9	32200	真空多层		2.5

11.13 气化器

气化器是液氧、液氮供气系统的重要装置。其功能是将液氧、液氮加热，使之气化成氧气、氮气。基本形式有空气加热式、蒸汽加热水式和电加热水式等。主要技术参数见表 11-47。空气式气化器外形见图 11-17。

表 11-47 气化器主要技术参数

序号	型号	气化量/$m^3 \cdot h^{-1}$	工作压力/MPa	加热方式	外形尺寸(长×宽×高或直径×高)/(mm×mm×mm或mm×mm)	净重/kg
1	QQ—20/22	20	0～2.2	空温式	550×550×1500	
2	QQ—50/22	50			750×550×2500	
3	QQ—100/22	100			750×750×3500	
4	QQ—150/22	150			1000×800×3500	
5	QQ—200/22	200			1200×1000×3500	
6	QQ—300/22	300			1600×800×4500	
7	QQ—400/22	400			1800×1000×4500	
8	QQ—500/22	500			1600×1400×4500	
9	QQ—600/22	600			16000×1600×1500	
10	QQ—100/165	100	16.5		1320×940×2500	
11	QQ—150/165	150			1550×1170×2500	
12	QQ—200/165	200			1550×1400×2750	
13	QQ—250/165	250			2010×1400×2550	
14	QQ—300/165	300			2010×1400×2900	
15	QQ—350/165	350			2470×1400×2900	
16	QQ—400/165	400			2010×1860×2900	
17	QQ—450/165	450			2470×1860×2750	
18	QQ—500/165	500			2470×1860×2900	

续表

序号	型号	气化量 /$m^3 \cdot h^{-1}$	工作压力 /MPa	加热方式	外形尺寸(长×宽×高或直径×高)/(mm×mm×mm 或 mm×mm)	净重 /kg
19	QQ—1500	1500	2.0～3.0	水浴式	5000×1220×1990	
20	QD—30/25	30	1.0～2.5	水浴式（电加热）	ϕ410×1230	75
21	QD—50/22	50	1.0～2.2		ϕ612×1515	220
22	QD－125/25	125	1.0～2.5		1000×925×1765	300
23	QD—1500	1500	2.0～3.0		5000×1220×1992	1960

注：1. 空温式—空气加热式；水浴式—蒸汽加热水式；水浴式(电加热)—电加热水式。

2. 生产厂为中山市南方空气分离设备有限公司和四川空分设备有限责任公司。

3. 序号 21，22，23 适用于 CO_2。

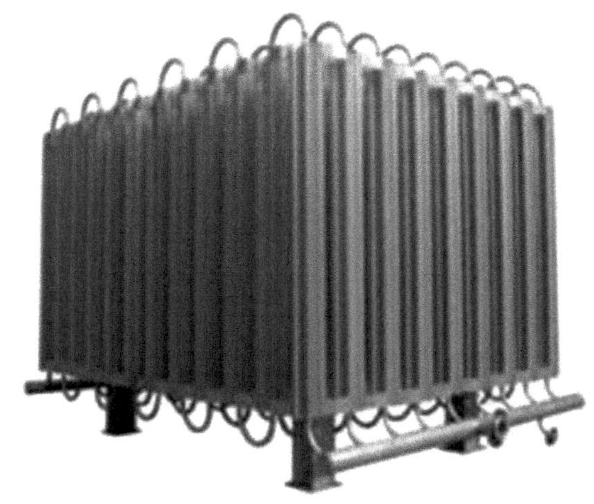

图 11-17　空气式气化器外形图

11.14 减压装置

自气化器后的高压氧气、高压氮气等气体经减压装置进行降压调节并稳压，以达到用气点所需的设计压力。减压装置流程见图 11-18 所示，主要技术参数见表 11-48 和表 11-49。美国空气及化工产品工业公司（APCI）的 150m^3/h 减压装置组装示意见图 11-19。

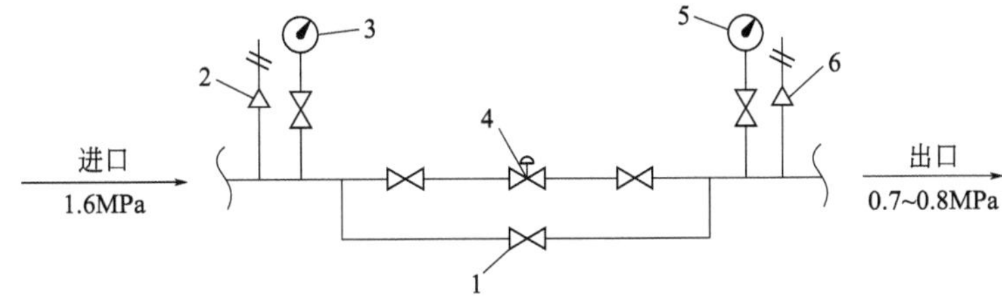

图 11-18　减压装置流程示意图

表 11-48　减压装置主要技术参数（一）

序号	产品代口	进口压力/MPa	出口压力(调节范围)/MPa	流量(标志下)/$m^3 \cdot h^{-1}$	外形尺寸(长×宽×高)/mm×mm×mm	净重/kg
1	NKV901	1.6	0.6～1.6	150	1200×300×1470	53
2	NKV902	1.6	0.6～1.6	600	1200×330×1470	110
3	NKV903	1.6	0.6～1.6	300	1200×300×1470	88
4	NKV904	0.6	0.12～0.2	50	1340×330×1470	81
5	NKV905	2	0.6～0.8	50	1500×300×1470	58
6	NKV906	1.6	0.7～1.6	800	3850×330×730	128
7	NKV907	0.8	0.2～0.8	300	1500×600×1200	160
8	NKV908	0.8	0.2～0.8	120	1520×300×1470	55
9	NKV909	0.8	0.2～0.8	200	1520×300×1150	78
10	NKV914	2.2	0.1～2.2	200	1770×300×1470	151
11	NKV915	0.8	0.2～0.8	600	1540×330×1470	110
12	NKV916	1.6	0.2～0.8	50	1500×300×1470	50
13	NKV917	2.2	0.8～2.2	30～50	1430×300×1470	50
14	NKV918	2.2	0.8～2.2	250	1520×500×1200	78
15	NKV919	2.2	0.2～0.6	75	1500×300×1470	58
16	NKV920	3.0	2.0～2.6	150～300	1200×320×1350	60

注：本表减压装置生产厂为中山市南方空气分离设备有限公司。

表 11-49　减压装置主要技术参数（二）

序号	产品代口	进口压力/MPa	出口压力(调节范围)/MPa	流量(标志下)/$m^3 \cdot h^{-1}$	外形尺寸(长×宽×高)/mm×mm×mm	净重/kg
1	V901	1.6	0.6～1.6	150	1500×300×1470	53
2	V902	1.6	0.6～1.6	600	1540×330×1470	110
3	V903	1.6	0.6～1.6	300	1550×300×1470	88
4	V904	0.6	0.12～0.2	50	1340×330×1470	81
5	V905	2	0.6～0.8	50	1500×300×1470	58
6	V906	1.6	0.7～1.6	800	3850×330×730	128
7	V907	0.8	0.2～0.8	300	1500×600×1200	160
8	V908	0.8	0.2～0.8	120	1500×300×1470	55
9	V909	0.8	0.2～0.8	200	1520×300×1150	78
10	V914	2.2	0.1～2.2	200	1770×300×1470	151
11	V915	0.8	0.2～0.8	600	1540×330×1470	110
12	V916	1.6	0.2～0.8	50	1500×300×1470	50

续表

序号	产品代口	进口压力 /MPa	出口压力(调节范围) /MPa	流量(标志下) /$m^3 \cdot h^{-1}$	外形尺寸(长×宽×高) /mm×mm×mm	净重 /kg
13	V917	2.2	0.8～2.2	30～50	1430×300×1470	50
14	V918	2.2	0.8～2.2	250	1520×500×1200	78
15	V919	2.2	0.2～0.6	75	1500×300×1470	58
16	V920	3.0	2.0～2.6	150～300	1200×320×1350	60

注：本表减压装置生产厂为四川空分设备有限责任公司。

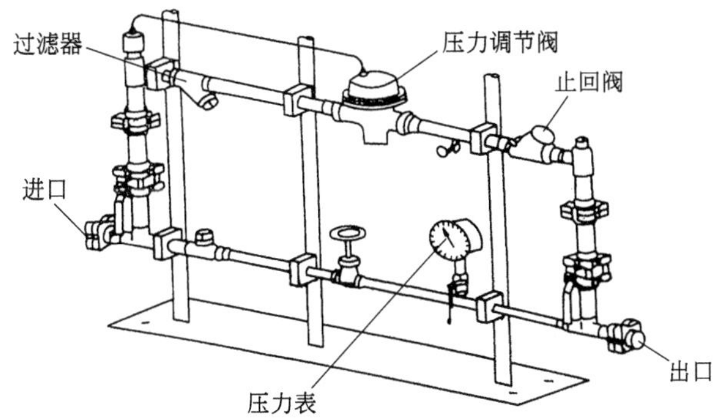

图 11-19　APCI 的减压装置（150m^3/h）组装示意图

第 12 章 真空容器的分析设计

真空容器上大多设置有大门、大开孔接管、支座等附属结构，使得真空容器按规则设计碰到不少困难，这时可以考虑采用分析设计的方法。真空容器可能的失效形式：第一种是因强度不足，发生压缩屈服失效；第二种是法兰变形过大，导致漏率超出要求；第三种是因刚度不足，发生失稳破坏。

12.1 应力分析

真空容器的传统设计方法主要是以材料力学方法或板壳薄膜理论导出计算公式，从基本的薄膜应力出发，同时将其他应力对容器安全性的影响，包括在较大的安全系数之中，未对容器重要区域的实际应力进行详细而严格的计算。实际上，当容器承载以后器壁上会出现多种应力，有些应力，例如局部应力达到屈服极限时，容器其他部分的应力或许还远远低于该应力值。

以薄壁圆筒为例，设计时只考虑薄膜应力，至于局部区域（筒体与端盖的连接部分或支承部分等处）的局部应力、温度或压力的波动引起的交变应力、材料中因存在裂纹引起的峰值应力等都没有作详细分析，在设计时对这些应力大都不予考虑，或只作粗略的局部加强。封头与筒体连接处、接管与筒体连接处，由于存在边缘应力和应力集中等影响，其局部应力可能很大，甚至达到屈服极限，但筒体的其他部分，例如筒体大部分区域薄膜应力可能远远小于这些连接处的应力。所以，这时不仅整个容器不会达到屈服程度，而且已经达到屈服的局部地区的应力增长也要受到限制（因为边缘应力等局部应力有两个基本特性：局部性和自限性），因而不会引起整个容器破坏。所以，不分主次，单纯地依靠提高安全系数来保证容器安全的方法，使容器绝大部分材料的潜力不能得到利用，是不经济不合理的。

分析设计方法采用弹塑性力学分析理论，以第三强度理论（最大剪应力理论）控制应力，同时考虑 σ_1 与 σ_3 两个因素，允许结构出现局部塑性变形区。采用分析设计方法进行容器设计时，必须先进行详细的应力分析，将各种外载荷或变形约束产生的应力分别计算出来，然后进行应力分类，分清主次，分别根据各类应力对容器强度影响的程度，采用不同的安全系数和不同的许用应力加以限制（如上述局部应力由于有自限性和局部性，就可以允许有比整体薄膜应力较高的许用应力值）。

12.2 应力分类

应力分类的目的是为了对不同类型的应力给予不同的许用值；并使得在许用应力取值相对比较高的情况下仍有足够的安全裕度。目前比较通用的分类方法是将容器各部件中的应力按其性质的不同，分为一次应力、二次应力和峰值应力。

12.2.1 一次应力

一次应力 P（primary stress）为平衡压力与其他机械载荷所必需的法向应力或剪应力。对理想塑性材料，一次应力引起的总体塑性流动是非自限的，即当结构内的塑性区扩展到使之变成几何可变的机构时，达到极限状态，即使载荷不再增加，仍产生不可限制的塑性流动，直到破坏。一次应力分为以下三类：

(1) 一次总体薄膜应力 P_m（general primary membrane stress）

影响范围遍及整个结构的一次薄膜应力。在塑性流动过程之中一次总体薄膜应力不会发生重新分布，将直接导致结构破坏。例如：壳体中平衡压力或分布载荷所引起的薄膜应力。

(2) 一次局部薄膜应力 P_l（primary local membrane stress）

应力水平大于一次总体薄膜应力，但影响范围仅限于结构局部区域的一次薄膜应力。

当结构局部发生塑性流动时，这类应力将重新分布。若不加以限制，则当载荷从结构的某一部分（高应力区）传递到另一部分（低应力区）时，会产生过量塑性变形而导致破坏。

总体结构不连续引起的局部薄膜应力，虽具有二次应力的性质，但从方便与稳妥考虑仍归入一次局部薄膜应力。

一次局部薄膜应力是在局部范围内，由于压力或其他机械载荷引起的薄膜应力，属于局部薄膜应力。例如在容器支座处由于力与力矩产生的薄膜应力就属此类。这种局部薄膜应力和一次总体薄膜应力一样，也是沿着壁厚方向均匀分布，但不像一次总体薄膜应力那样沿容器的整体或很大区域分布，而是在局部地区发生。因此，虽然这类应力具有二次应力的特征，但从保守角度考虑，仍将其划分为一次应力。

(3) 一次弯曲应力 P_b（primary bending stress）

平衡压力或其他机械载荷所需的沿截面厚度线性分布的弯曲应力。一次弯曲应力的例子是：平盖中心部位由压力引起的弯曲应力。

12.2.2 二次应力

二次应力 Q（secondary stress）为满足外部约束条件或结构自身变形连续要求所需的法向应力或剪应力。二次应力的基本特征是具有自限性，即局部屈服和小量变形就可以使约束条件或变形连续要求得到满足，从而变形不再继续增大。只要不反复加载，二次应力不会导致结构破坏。例如，总体热应力和总体结构不连续处的弯曲应力。

12.2.3 峰值应力

峰值应力 F（peak stress）是附加在一次应力和二次应力之上的应力增量。它源于局部不连续或局部热应力的影响。峰值应力的基本特征是局部性与自限性，它是应力水平超过二次应力但影响范围仅为局部断面的局部自限应力。它仅是疲劳裂纹产生的根源或可能断裂的原因，危害程度较低。

12.2.4 各类应力的应力强度许用值

各类应力强度根据应力的特点和作用，分别加以限制，见表 12-1。

表 12-1　各类应力的应力强度许用值

应力种类	一次应力			二次应力	峰值应力
	总体薄膜应力	局部薄膜应力	弯曲应力		
符号	P_m	P_l	P_b	Q	F
应力分量的组合和应力强度的许用数值	P_m — $[\sigma]$ P_l — $1.5[\sigma]$ $P_m(P_l)+P_b$ — $1.5[\sigma]$ $P_m(P_l)+P_b+Q$ — $3[\sigma]$ $P_m(P_l)-P_b+Q+F$ — S_a —— 用设计载荷 ---- 用操作载荷				

注：S_a—疲劳曲线所确定的应力幅。

12.3 真空容器的结构失稳

容器的结构失稳通常称为屈曲，屈曲可以定义为受一定荷载作用的结构处于稳定的平衡状态，当荷载达到某一值时，若增加一微小增量，则结构的平衡位形发生很大变化，结构由原平衡状态经过不稳定的平衡状态而达到一个新的稳定的平衡状态，这一过程就是屈曲，相应的荷载称为屈曲荷载或临界荷载。

应用弹性稳定理论，可以对一些简单的薄壳结构进行屈曲稳定分析，确定其屈曲临界载荷，但这种方法却难以对工程上一些复杂真空容器结构进行屈曲稳定分析。所以，在理论分析的基础上，有必要通过有限元屈曲稳定分析。分析设计通常采用 ANSYS 软件，ANSYS 提供了两种屈曲分析类型。第一种是线性屈曲（也称特征值屈曲）分析，可预测理想弹性结构的理论屈曲载荷，这个方法与教科书中的弹性屈曲分析对应，比如对一圆柱杆件进行线性屈曲分析，其结果与经典欧拉解匹配。第二种是更为精确的非线性屈曲分析，该分析方法考虑了大挠度（几何非线性）效应，并采用逐步递增的载荷来搜寻导致结构不稳定的载荷点，模型中可以包括初始缺陷、塑性行为、裂纹缺口、大挠度响应等特性，甚至还可以追踪结构的后屈曲状态。

12.4 真空容器的有限元分析

12.4.1 有限元法简介

有限元（有限单元）法是一种有效解决工程问题的分析方法。有限元方法最早应用于结构力学，后来随着计算机的发展逐渐用于流体力学的数值模拟。

12.4.1.1 数值分析与有限单元法

工程问题一般是物理情况的数学模型。数学模型是考虑相关边界条件和初值条件的微分方程组，微分方程组是通过对系统或控制体应用自然的基本定律和原理推导出来的，这些控制微分方程往往代表了质量、力或能量的平衡。在某些情况下，通过给定条件是可以得到系统的精确行为的，但实际过程中实现的可能性较小。

因此，现实中工程问题的解决方案是对实际问题进行数学模型的抽象和求解的过程。这个过程需要技术人员根据工程问题的特点，恰当运用专业知识建立数学模型来表征实际系统，然后考虑相关条件进行求解。建立的数学模型既要能够代表实际系统，又要可解，得到的结果应该达到一定精度以满足工程问题的需要。

在许多实际工程问题中，由于问题的复杂性和影响因素众多等不确定性，一般情况下难以得到分析系统的精确解，即解析解。因此，解决这个问题的基本思路是在满足工程需要的前提下，采用数值分析方法得到近似值，即数值解。可以说，解析解表明系统在任何点上的精确行为，而数值解只在称为节点的离散点上近似于解析解。

数值解法综合运用有限单元法（有限元法）、有限差分法（有限差法）、边界单元法（边界元法）等，有限单元法是目前采用最多的一种数值方法。随着计算机技术的飞速发展，有限元法也得到了长足进步和更加广泛的应用，对于解决复杂的工程问题有着良好的效果，在辅助分析、辅助设计、产品质量预报等诸多方面有着举足轻重的地位，起到不可替代的作用。

有限元方法的基础是变分原理和加权余量法，其基本求解思想是把计算域划分为有限个互不重叠的单元，在每个单元内选择一些合适的节点作为求解函数的插值点，将微分方程中的变量改写成由各个变量或其导数的节点值所选用的插值函数组成的线性表达式，借助变分原理或加权余量法，将微分方程离散求解。在有限元方法中，把计算域离散剖分为有限个互不重叠的相互连接的单元，在每个单元内选择基函数，用单元基函数的线性组合来逼近单元中的真解，整个计算域上总体的函数可以看做是由每个单元基函数组成的，则整个计算域内的解可以看做是由所有单元上的近似解构成的。

有限单元法从研究有限大小的单元体着手，在分析中取有限多个单元体，其体积为有限大小，通过分析得到一组代数方程。在一定条件下求解该代数方程，得到某些点的位移，再由位移求得应力和应变。相对于解析法中求解偏微分方程，在有限单元法中求解代数方程要容易得多，并且往往是可以得到解答的。

12.4.1.2 有限单元法的特点

有限单元法具有以下几个特点：

① 能够适应复杂的几何构造　单元在空间上可以是不同的形状，同时，各种单元可以采用不同的连接方式，所以，工程实际中遇到的非常复杂的结构和构造都可以离散为由单元组合体表示的有限元模型。

② 适用于各种物理问题　由于用单元内近似函数分片地表示全域的未知场函数，对场函数所满足的方程形式并没有限制，也没有限制各个单元所对应的方程形式必须相同，因此可以适用于各种物理问题，而且可以适用于各种物理场互相耦合的问题。

③ 发挥计算机特长的高效性　有限元分析的各个步骤可以表达为规范化的矩阵形式，最后导致求解方程可以统一为标准的矩阵代数问题，非常适合计算机编程和执行。

12.4.1.3 有限单元法的基本解法

有限单元法按照所选用的基本未知量和分析方法不同，可以分为以下 3 种基本解法：

① 位移法　通过选择节点的位移分量为基本未知量，在节点上建立平衡方程。这个算法计算规律很强，便于编写计算机通用程序。

② 力法　通过选取力的分量为基本未知量，在节点上建立位移连续方程。用力法求得的内力、应力比用位移法求得的结果精度高。

③ 混合法　通过选取混合型的基本未知量，一部分是节点位移分量，另一部分是力分量，在节点上既建立有关的平衡方程又建立有关的连续方程。

12.4.1.4　有限元法的基本过程

(1) 建立微分方程

根据变分原理或方程余量与权函数正交化原理，建立与微分方程初边值问题等价的积分表达式。

(2) 区域单元剖分

根据求解区域的形状及实际问题的物理特点，将区域剖分为若干个相互连接又不重叠的单元。区域单元剖分是采用有限元方法的前期准备工作，工作量比较大，要给计算单元和节点进行编号和确定相互间的关系，还要表示节点的坐标位置，同时需要列出自然边界和本质边界的节点序号和相应的边界值。

(3) 确定单元基函数

根据单元节点的数目及对近似解精度的要求，选择满足一定插值条件的插值函数作为单元的基函数。有限元方法中的基函数是在单元中选取的，由于各单元具有规则的几何形状，在选取基函数时可遵循一定的法则。

(4) 单元分析

将各个单元中的求解函数用单元基函数的线性组合表达式进行逼近，再将近似函数带入积分方程，并对单元区域进行积分，可获得含有待定系数的代数方程组，称为单元有限元方程。

(5) 总体合成

得出单元有限元方程后，将区域中所有的单元有限元方程按照一定法则进行累加，形成总体有限元方程。

(6) 边界条件处理

边界条件有 3 种形式：本质边界条件、自然边界条件和混合边界条件。对于自然边界条件，一般在积分表达式中可以自动得到满足，对于本质边界条件和混合边界条件，需要按照一定的法则对总体有限元方程进行修正满足。

(7) 求解有限元方程

根据边界条件修正的总体有限元方程组是含所有待定未知量的封闭方程组，采用适当的数值计算方法求解，可求得各节点的函数值。

12.4.2　ANSYS 简介

12.4.2.1　主流有限元软件与 ANSYS

随着有限元方法理论的逐步发展及应用领域的拓展，逐渐凸现了有限元方法解决工程问题的优势。因此一些大型的通用商业软件应运而生，目前常见的有 ANSYS、Abaqus、AS（即 Algor Simulation）、Nastran、Adams、Ideas 等。

ANSYS 是目前应用最为广泛的通用有限元计算程序之一，用户可以应用 ANSYS 进行静态、动态、热传导、流体流动和电磁学的分析。ANSYS 是目前最主要的 FEA 程序。当前的 ANSYS 版本的图形界面用户窗口、下拉菜单、对话框和工具条等设计十分友好，用户使用方便，而且随着算法和模块的不断完善和加强，使其解决各种工程问题的功能更加强大。

ANSYS 软件是由 ANSYS 公司开发的，ANSYS 公司是由美国匹兹堡大学的 John Swanson 博士于 1970 年创建的，被业内人士一致认可为世界上最大、最领先的有限元分析软件公司。

ANSYS 软件是融结构、热、流体、电磁、声学分析于一体的大型通用有限元分析软件，广泛应用于工业和科研的各个领域。该软件提供了不断改进的功能，具体包括：结构高度非线性分析、电磁分析、计算流体力学分析、设计优化、接触分析、自适应网格划分及利用 APDI 参数设计语言扩展宏命令功能。

12.4.2.2 ANSYS 软件的主要特点

ANSYS 软件功能强大，与其他有限元分析软件相比具有如下主要特点：

① 实现多场及多场耦合分析。

② 实现前后处理和求解以及多场分析统一数据库的一体化。

③ 具有多物理场优化功能，是目前唯一具有流场优化功能的 CFD 软件。

④ 强大的非线性分析功能。

⑤ 多种求解器分别适用于不同的问题及不同的硬件配置。

⑥ 支持异种异构平台的网络浮动，在异种异构平台的用户界面统一。

⑦ 可以在大多数计算机及操作系统中运行，从 PC 到工作站直至巨型计算机，数据文件全部兼容。

⑧ 强大的并行计算功能支持分布式并行及共享内存式并行，是最早采用并行计算技术的 FEA 软件。

⑨ 多种自动网格划分技术。

⑩ 良好的用户开发环境。

⑪ 具有多层次、多框架的产品系列。

ANSYS 不仅支持用户直接创建模型，也支持与其他 CAD 软件进行模型传递，其支持的模型传递标准有 SAT、Parasolid、STEP、IGES 等。相应的可以进行接口的常用 CAD 软件有 Siemens NX（即 UGS）、SolidEdge、Pro/Enigineer WildFire、Ideas、Catia、SolidWorks、Autodesk Algor Simulation 等。

12.4.2.3 ANSYS 软件的组成模块

根据应用领域不同，ANSYS 软件可以分为如下几个模块：

① Multiphysics　包括所有工程学科的所有功能。

② Emag　电磁学问题分析。

③ Flotran　流体动力学分析。

④ Mechanical　机械分析，包括结构和热分析。

⑤ LS-Dyna　高度非线性结构分析，包括结构分析。

⑥ Thermal　热分析。

⑦ Structural　结构分析。

按照软件本身的流程结构，可以分为前处理、求解、通用后处理、时间历程后处理 4 个模块。

(1) 前处理 Prep7

生成能够代表现实对象的模型，即有限元模型。基本方法有 4 种：直接生成有限元模型、建立几何模型再划分有限元、直接导入工程软件制作的有限元模型、导入工程软件的几何模型再划分有限元。有限元模型需要几何形状、材料参数，需要设置单元类型、单元实常数。

(2) 求解 Solution

对所建立的有限元模型进行分析求解，在该模块中用户可以定义分析类型（分析类型分为静态分析、瞬态分析、模态分析、谐响应分析、谱分析等），然后根据分析类型定义分析选项、设置载荷（集中载荷、界面载荷、体载荷、惯性载荷、耦合场载荷等）和载荷步选项。

(3) 通用后处理 Post1

计算完成后，可以通过后处理器观察结果。通用后处理器观察整个模型或选定的部分在某个子步或时间步的计算结果。可以获得各种应立场、应变场、温度场的等值线显示，变形形状显示以及相应结果列表。

(4) 时间历程后处理 Post26

用于查看模型的特定点在某个或所有时间步内的计算结果。可以获得数据对时间或频率的关系图形曲线及列表，还可以进行变量之间的运算，并能够从时间历程结构中生成谱响应。

12.4.2.4 ANSYS 软件的主要功能简介

(1) 结构分析

结构分析用于确定结构的变形、应变、应力及反作用力等。

① 静载分析　用于静态载荷，可以考虑结构的线性和非线性行为，例如，大变形、大应变、应力刚化、接触、塑性、超弹、蠕变等。

② 模态分析　计算线性结构的自振频率和振型。

③ 谱分析　是模态分析的扩展，用于计算由于随机载荷引起的结构应力和应变。

④ 谐响应分析　确定线性结构对随时间按正弦曲线变化的载荷的响应。

⑤ 瞬态分析　确定结构对随时间任意变化的载荷的响应，可以考虑与静载分析相同的结构的非线性行为。

⑥ 屈曲分析　计算线性屈曲载荷并确定屈曲模态形状。结合瞬态分析可以进行非线性屈曲分析。

⑦ 包括断裂分析、疲劳分析、复合材料分析等。

LS-Dyna 用于模拟高度非线性、惯性力占支配地位的问题，并可以考虑所有的非线性行为，它的显式方程可以求解冲击、碰撞、快速成型问题，是目前求解这类问题最有效的方法之一。

(2) 热分析

热分析计算物体的稳态或瞬态温度分布，以及热量的获取或损失、热梯度、热通量等。热分析之后往往还要进行结构分析，计算由于热膨胀或收缩不均匀引起的应力。

① 相变　材料在温度变化时的相变、熔化及凝固等。

② 内热源　存在热源问题。

③ 热传递　传导、对流、辐射。

(3) 电磁分析

电磁分析用于计算磁场，一般考虑的物理量包括磁通密度、磁场密度、磁力、磁力矩、阻抗、电感、涡流、能耗、磁通泄漏等。磁场可由电流、永磁体、外加磁场等产生。

① 静磁场分析　计算直流电或永磁体的磁场。

② 交变磁场分析　计算由交流电产生的磁场。

③ 瞬态磁场分析　计算随时间变化的电流或外界引起的磁场。

④ 电场分析　计算电阻或电容系统的电场，典型的物理量有电流密度、电荷密度、电场及电阻等。

⑤ 高频电磁场分析　计算微波及波导、雷达系统等。

(4) 流体分析

流体分析用于确定流体的流动及热行为。

① 计算流体动力学（CFD）　主要由 Flotran 模块实现，该模块提供了强大的计算流体动力学分析功能，包括可压缩和不可压缩流体、层流和湍流、多组分流等。

② 声学分析　考虑流体介质与周围固体的相互作用，进行声波传递或水下结构的动力学分析等。

③ 容器内流体分析　考虑容器内的非流动流体的响应，可以确定由于晃动引起的静水压力。

④ 流体动力学耦合分析　在考虑流体约束质量的动力影响基础上，在结构动力学分析中使用流体耦合单元。

(5) 耦合场分析

耦合场分析考虑两个或多个物理场之间的相互作用。如果两个物理量场之间相互影响，单独求解一个物理场是不可能得到正确结果的，因此，需要一个能够将两个物理场组合到一起求解的分析软件。典型的分析情况有：热-应力分析、流体-结构相互作用等。

12.5 Workbench 平台介绍

Workbench 平台是 ANSYS 公司提出的协同仿真环境。其目标是，通过对产品研发流程中仿真环境的开发与实施，搭建一个具有自主知识产权的、集成多学科异构 CAE 技术的仿真系统。以产品数据管理（PDM）为核心，组建一个基于网络的产品研制虚拟仿真团队，基于产品数字虚拟样机，实现产品研制的并行仿真和异地仿真。所有与仿真工作相关的人、技术、数据在这个统一环境中协同工作，各类数据之间的交流、通信和共享皆可在这个环境中完成。

ANSYS 公司长期以来为用户提供成熟的 CAE 产品，目前决定把自己的 CAE 产品拆散形成组件。公司不只提供整合的、成熟的软件，而且提供软件的组件（API）。用户可以根据本企业产品研发流程将这些拆散的技术重新组合，并集成为具有自主知识产权的技术，形成既能够充分满足自身的分析需求，又充分融入产品研发流程的仿真体系。Workbench 则是专门为重新组合这些组件而设计的专用平台。它提供了一个加载和管理 API 的基本框架。在此框架中，各组件（API）通过 Jscript、VBscript 和 HTML 脚本语言组织，并编制适合自己的使用界面（GUI）。另外，第三方 CAE 技术和用户具有自主知识产权的技术也可以像 ANSYS 的技术一样编制成 API 融入这个程序中。

ANSYS 公司提供的各类与仿真相关的 API 以及用户自主知识产权的 API 在 Workbench 环境下集成，形成应用程序。

从 CAD 系统中链接虚拟样机模型，在 Workbench 开发的应用程序中设置计算参数，如设计尺寸、工程材料或运行工况等，然后提交给希望的底层求解器求解。计算结果返回 Workbench 程序进行结果显示。若用户对当前的设计方案不满意，可重新设置参数，再求解，直到对当前的设计方案满意为止。这些满意的设计参数在此处通过双向互动参数传递功能，可以直接返回对应此模型的 CAD 软件中，生成候选的设计方案。

12.6 真空容器分析设计实例

以某真空容器为例，模型图如图 12-1 所示，该容器外部直径为 3228mm，筒体壁厚为 14mm，材料为 0Cr18Ni9，设计外部压力为 0.1MPa，工作温度为室温 25℃，考虑自重（12118kg），支撑底部固定约束。采用有限元软件 ANSYS 来计算，目的是在设计工况下，分析外压、自重作用时，容器的应力及稳定性能否满足使用要求。

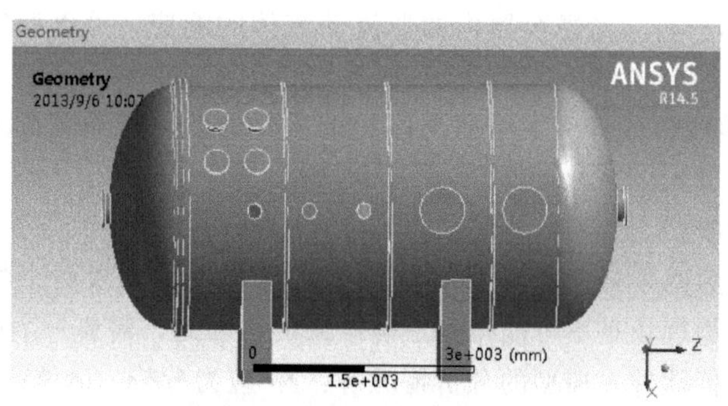

图 12-1 真空容器模型图

12.6.1 几何建模、网格与单元

结合 UGNX8.5 三维软件，对真空容器合理简化、通过点线面从下而上的方法建立 3D 有限元分析模型。

由于计算的真空容器壁厚与容器直径之比为 0.0043，壁厚相对于其结构尺寸也很小，所以具有板和壳的特征，针对这类具有板壳特征的容器，ANSYS 开发了用于该类计算的有限元单元 shell 单元，又因为筒体、圆角等处为曲线结构，所以本次计算采用的是能体现曲线特征的八节点 shell 单元 shell93 进行模拟计算。如果需要得出沿着筒体厚度方向的应力线性化结果，需要采用 solid 单元，因为 shell 单元无法在沿着厚度的方向定义线性化路径。

容器的整体模型建好后，为了合理有效地对其进行网格划分，将筒体以及各部件划分为 72 个小部分，每个部分采用程序自己控制的方式来划分网格，整个模型共有节点 108001 个，单元 54546 个，其整体网格图如图 12-2 所示。

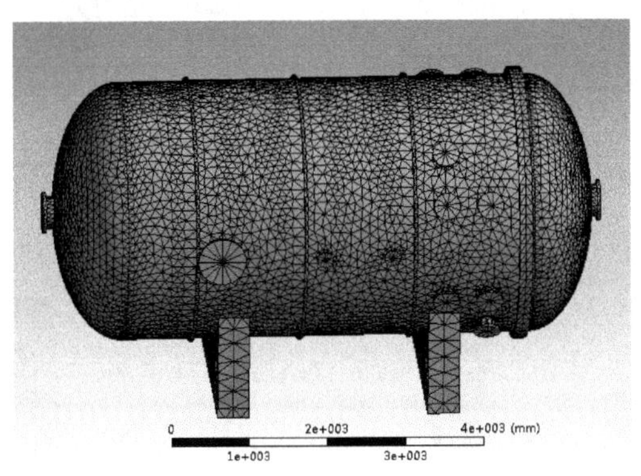

图 12-2 真空容器整体网格图

12.6.2 载荷与约束的施加

压力施加于垂直容器外壁，重力垂直于鞍座底面，设计温度 25℃，鞍座底面采用固定约束等。

12.6.3 计算结果

在完成了模型的建立、网格划分和参数设定后，对真空容器进行了静力分析，计算各部分的应力分布和变形分布。

图 12-3 和图 12-4 分别为模型整体的应力分布云图和变形分布云图。图 12-5 和图 12-6 所示分别为最大应力点所在位置和线性化处理结果。

从图中可以看出，整个模型的最大 von Mises 应力为 35.918MPa，此时的薄膜应力为 27.526MPa，最大薄膜应力加弯曲应力为 31.084MPa。计一次总体薄膜应力强度为 S_{I}，一次局部薄膜应力强度为 S_{II}，一次局部薄膜应力加一次弯曲应力的应力强度为 S_{III}，一次弯曲应力、一次局部薄膜应力加二次应力的总应力强度为 S_{IV}，S_{I}～S_{IV} 的数值应满足以下要求：

$$S_{\mathrm{I}} \leqslant KS_{\mathrm{m}}, S_{\mathrm{II}} \leqslant 1.5KS_{\mathrm{m}} \tag{12-1}$$

$$S_{\mathrm{III}} \leqslant 1.5KS_{\mathrm{m}}, S_{\mathrm{IV}} \leqslant 3KS_{\mathrm{m}} \tag{12-2}$$

式中，K 为载荷组合系数；S_{m} 为材料设计应力强度，MPa。

校核结果见表 12-2。

表 12-2 校核结果

校核部位	S_{II}/MPa	S_{IV}/MPa	校核结果
筒体与低温泵连接的接缝处(von Mises 应力最大处)	27.526	31.084	满足要求
筒体与左端法兰连接处	13.81	15.382	
筒体与右端法兰连接处	11.592	12.43	
筒体与加强筋连接处(最大处)	12.977	14.492	

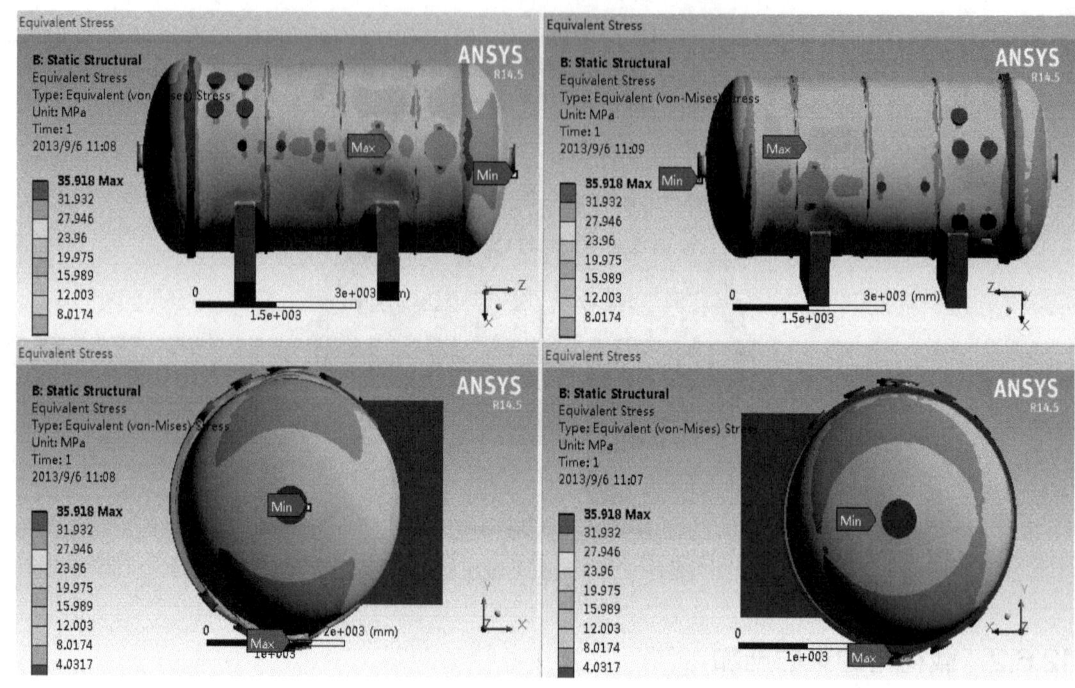

图 12-3　整体应力分布云图

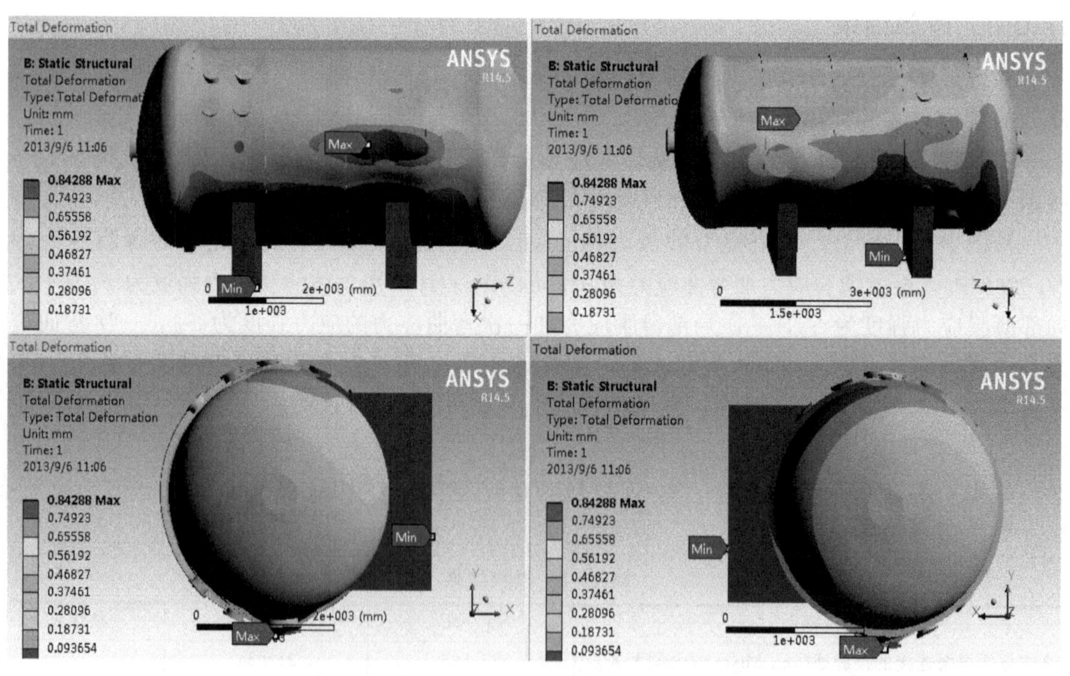

图 12-4　整体变形分布云图

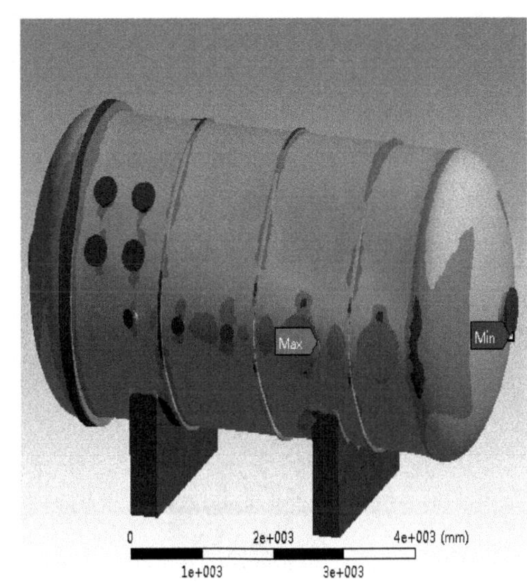

图 12-5　最大应力点所在位置

Details of "Linearized Equivalent Stress"

Scope	
Definition	
Results	
Membrane	27.526 MPa
Bending (Inside)	4.3467 MPa
Bending (Outside)	4.3467 MPa
Membrane+Bending (Inside)	24.227 MPa
Membrane+Bending (Center)	27.526 MPa
Membrane+Bending (Outside)	31.084 MPa
Peak (Inside)	0.392 MPa
Peak (Center)	1.7285e-002 MPa
Peak (Outside)	3.7117e-002 MPa
Total (Inside)	24.251 MPa
Total (Center)	27.522 MPa
Total (Outside)	31.096 MPa
Information	

图 12-6　线性化处理结果

容器最大变形量为 0.84288mm，位于容器与一法兰的接缝处，这是由于应力集中及容器底部固定，整个模型其他部件变形累加，从而导致此处变形最大。

12.6.4　容器稳定性分析

该真空容器为筒体直径达 3228mm，其上具有多个圆封头与筒体连接的复杂壳体结构，这些结构和部件将造成局部强度和刚度削弱，进而影响容器的屈曲强度。根据该容器的有限元屈曲分析计算要求，考虑筒体上封头、接管等结构对容器整体的影响，基于线弹性理论，对容器在外压作用下做特征值屈曲分析，计算失稳的极限压力，并绘制屈曲的波形图。

在线性静力分析中，结构通常被认为是处于一个稳定平衡的状态，即当卸完作用载荷后，结构将恢复到初始状态。但是，在作用载荷超过一定的限度后，结构将变得不稳定，在这样的载荷作用下，结构在载荷不再增加的情况下继续变形。此时，结构即已经屈曲失稳，而该载荷即为该结构的失稳极限载荷。

有限元特征屈曲分析的计算模型、材料特性、约束条件与有限元静力学分析模型相同，载荷除外压载荷不同外，其余均相同，屈曲分析中外压载荷设定为单位压力(0.1MPa)，计算得到屈曲的极限压力系数为 12.418，所以容器失稳的极限压力为 1.2418MPa。容器失稳的波形图如图 12-7 所示，具体说明见图标。

同时，考虑到屈曲失稳往往涉及几何非线性，本书也将给出根据特征屈曲分析得到的屈曲模态乘以一个系数（根据实际情况加以考虑，本书系数为 0.1），引入几何非线性。最终，非线性屈曲分析得出的临界压力为 1.068MPa，小于线性屈曲分析的结果，容器失稳的波形图如图 12-8 所示。

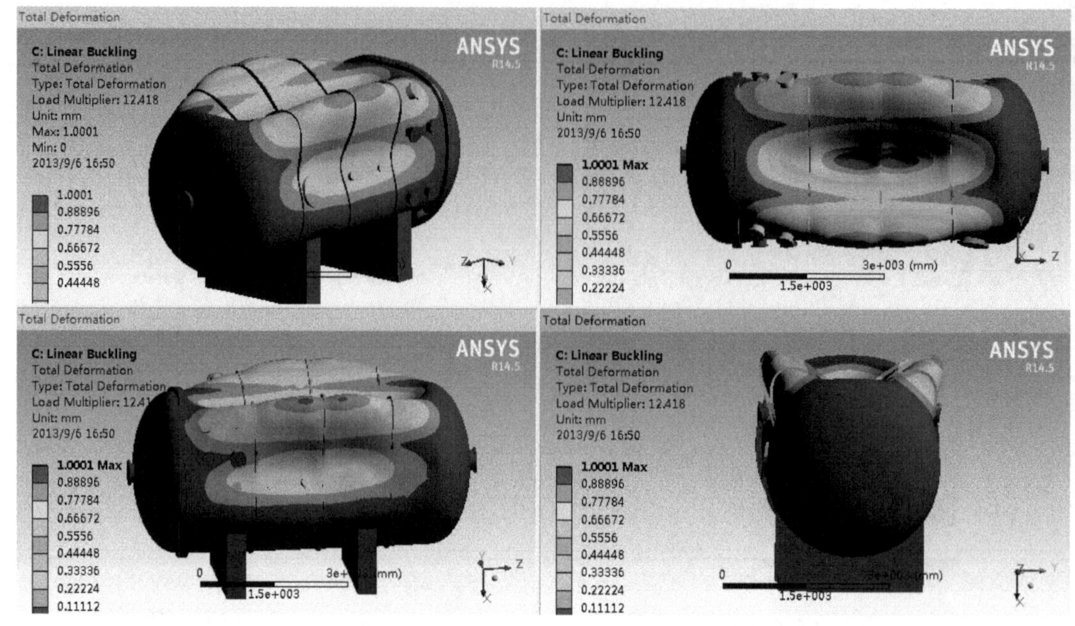

图 12-7 特征屈曲分析容器失稳波形图

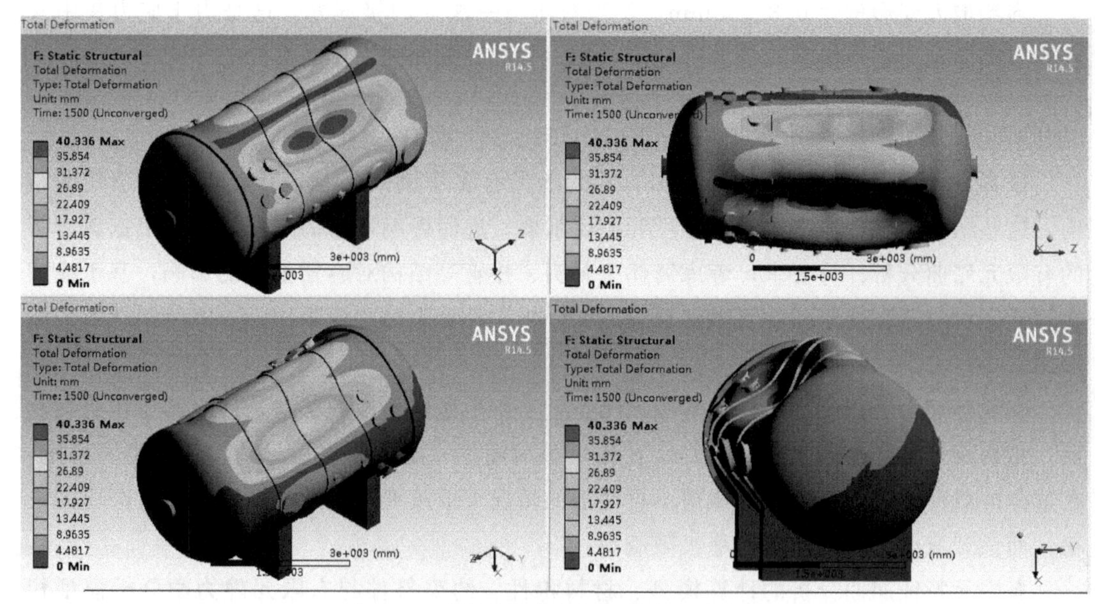

图 12-8 非线性屈曲分析容器失稳波形图

12.6.5 小结

通过对真空容器进行静力分析，计算得到了容器整体和其上各主要部位的应力分布和变形分布情况。容器最大 von Mises 应力值为 35.918MPa，最大薄膜应力值为 27.526MPa，最大薄膜应力加弯曲应力值为 31.084MPa。

可见，容器最大薄膜应力值小于 1.5[σ]，最大 von Mises 应力值及最大薄膜应力加弯曲应力值均在 3[σ] 范围之内，满足设计校核要求。

此外，还对真空容器做了特征值屈曲分析及非线性屈曲分析，求得容器失稳变形的特征屈曲极限压力值为 1.2418MPa，非线性屈曲极限压力值为 1.086MPa，从两者的分析结果可以看出，特征屈曲的极限压力略大于非线性屈曲分析的极限压力值，但两者都远大于 1atm（0.101325MPa）的工作压力，所以容器在使用过程中不会出现失稳变形，设计方案可以满足稳定性设计要求。

第13章 真空阀门

13.1 概述

真空阀门是真空系统中用以调节气流量、切断或接通管路的元件。

真空阀门种类繁多，根据阀门的工作压力、用途、传动原理、材料和结构特点等分类，见表13-1。

表13-1 真空阀门类别

分类方法	阀门名称
根据工作压力	低真空阀门、高真空阀门、超高真空阀门
根据用途	截止阀、隔离阀、充气阀、节流阀、换向阀、封闭送料阀
根据传动原理	手动阀、电动阀、手电两用阀、电磁阀、气动阀、液动式真空阀
根据材料	玻璃真空活塞(考克)、金属真空阀
根据结构特点	挡板阀、翻板阀、蝶阀、连杆阀、隔板阀、闸阀、双通阀、三通阀、四通阀、直通阀、角阀

对真空阀门的基本要求是：流导尽可能大，密封可靠，操作简便，密封部件耐磨性好，能反复使用，寿命长，容易清洗安装。此外，对于超高真空阀还要求能耐烘烤，对于节流阀要求能均匀调节气流量。

真空阀门的一般结构原理如下所述。

(1) 节流阀、放气阀

节流阀、放气阀的结构原理如图13-1所示。

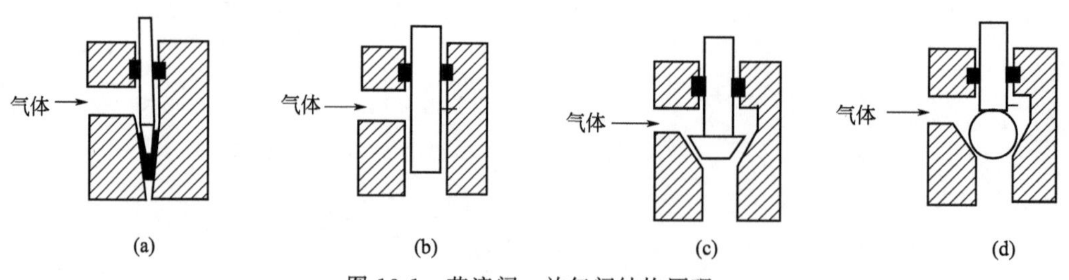

图13-1 节流阀、放气阀结构原理

(2) 隔离阀

隔离阀结构原理如图13-2所示。

(3) 组合阀

组合阀结构原理如图13-3所示。

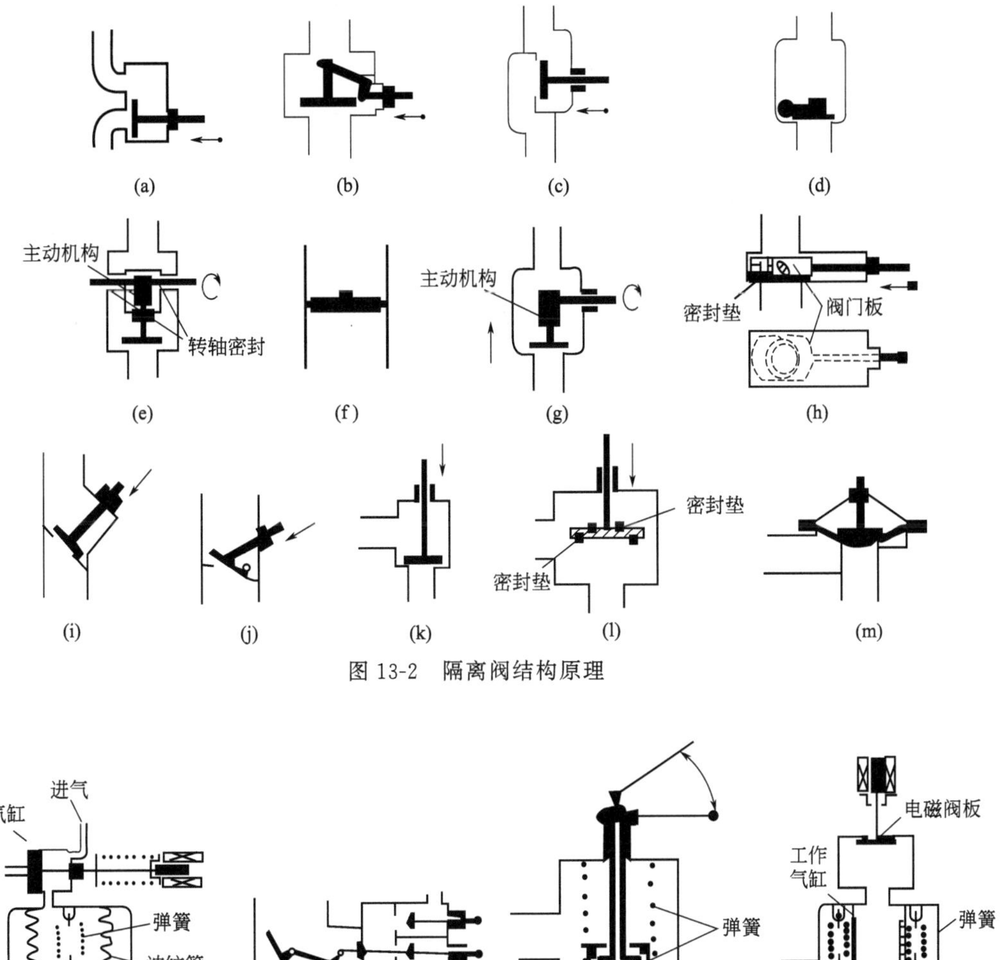

图 13-2　隔离阀结构原理

图 13-3　组合阀结构原理

13.2 真空阀门的型号编制、型式及基本参数

真空阀门型号编制方法（摘自 JB/T 7673—95）。

本标准规定了真空阀门型号的编制方法，适用于各种真空阀门。

真空阀门型号由基本型号和辅助型号两部分组成，中间用短横线隔开，型号构成如下：

基本型号　辅助型号

1 2 3 - 4 5 6

1 代表阀门使用真空范围，以其关键字的汉语拼音第一字母（印刷体大写）表示，按表 13-2 规定。

[2] 代表阀门结构型式或功能类别，以其关键字的汉语拼音第一（第二、三）个字母（印刷体大写）表示，按表 13-3 规定。

[3] 代表阀门驱动方式，以其关键字的汉语拼音第一个字母（印刷体大写）表示，按表 13-4 规定，手动式省略。

[4] 代表阀门通道型式，以关键字的汉语拼音第一个字母（印刷体大写）表示，按表 13-5 规定，直通式省略。

[5] 代表阀门规格——公称通径，单位 mm，以阿拉伯数字表示，带充气的阀门在数字之前须添加印刷体大写字母 Q。

[6] 代表阀门设计序号，从第一改型设计开始，以字母 A、B、C、…顺序表示。

表 13-2 阀门使用真空范围

代号	C	G	D
关键字意义及拼音字母	"超"高真空"chao"	"高"真空"gao"	"低"真空"di"

表 13-3 阀门结构型式

代 号	关键字意义及拼音字母	代 号	关键字意义及拼音字母
D	"挡"板"dang"	Z	"锥"板"zhui"
C	"插"板"cha"	W	"微"调"wei"
F	"翻"板"fan"	Q	充"气""qi"
M	隔"膜""mo"	U	"球"形"qiu"
I	"蝶""die"	Y	"压"差"ya"

表 13-4 阀门驱动方式

代号	D	C	Q	Y
关键字意义及拼音字母	"电"动"dian"	"磁"动"ci"	"气"动"qi"	"液"动"ye"

表 13-5 阀门通道型式

代 号	S	J
关键字意义及拼音字母	"三"通式"san"	直"角"式"jiao"

阀门型号意义示例：

GDQ-J320 高真空气动挡板阀，直角式，公称通径为 320mm

DDC-JQ50 低真空磁动挡板阀，直角式、带充气，公称通径为 50mm

GI-50 高真空手动蝶阀，公称通径为 50mm

DW-2A 低真空微调阀，公称通径为 2mm，第一次改型设计

CD-J25 超高真空手动挡板阀，直角式，公称通径为 25mm

CCQ-100 超高真空气动插板阀，公称通径为 100mm

CDY-320 超高真空液动挡板阀，公称通径为 320mm

13.3 电磁真空带充气阀

13.3.1 电磁真空带充气阀原理与用途

电磁真空带充气阀通常安装于机械真空泵的进气口，并与泵同步开启和关闭。当泵停止工作或电源突然中断时，阀门自动关闭，使真空系统保持真空并将大气充入泵腔内，从而避免泵油逆向流动而污染真空系统，适用介质为纯净空气和非腐蚀性气体，结构原理如图 13-4 所示。

工作原理：电磁真空带充气阀包含充气嘴、密封垫、电磁线圈、弹簧、阀板、阀体、衔铁等部件。阀门特点：阀芯部件顶端中心设计有单独密封垫，通过电磁线圈驱动阀芯上下移动，使阀芯上部密封垫封堵充气嘴中小孔，达到阀门关闭或开启时具备充气功能，一般安装在真空泵前级或者内部，泵组停机时自动向真空泵腔充气，防止返油。

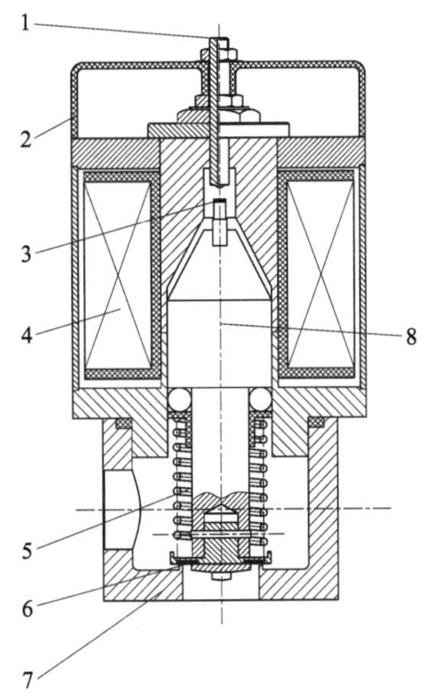

图 13-4 电磁真空带充气阀结构原理

1—充气嘴；2—绝缘框架；3—密封垫；4—电磁线圈；5—弹簧；6—阀板；7—阀体；8—衔铁

电磁真空带充气阀普遍用于航空、航天、兵器、电子、石油、天然气、核工、电站、船舶、冶金、重型机械及科研院所等行业。

13.3.2 电磁真空带充气阀行业标准（摘自 JB/T 6446—2004）

图 13-5、图 13-6 给出了电磁真空带充气阀行业标准结构形式，表 13-6 给出了电磁真空带充气阀的基本参数与连接尺寸。

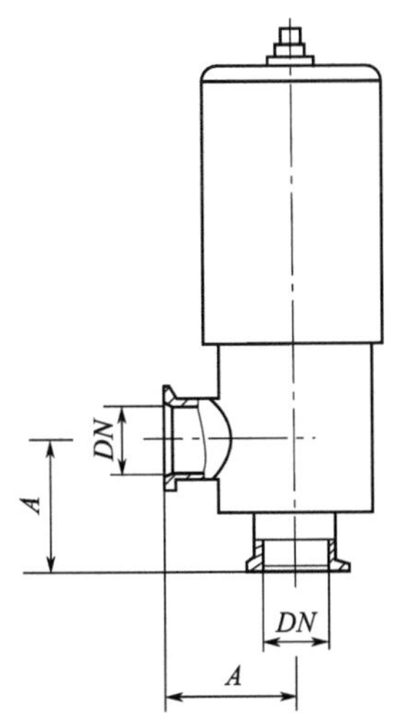

图 13-5 电磁真空带充气阀（GB/T 4982）

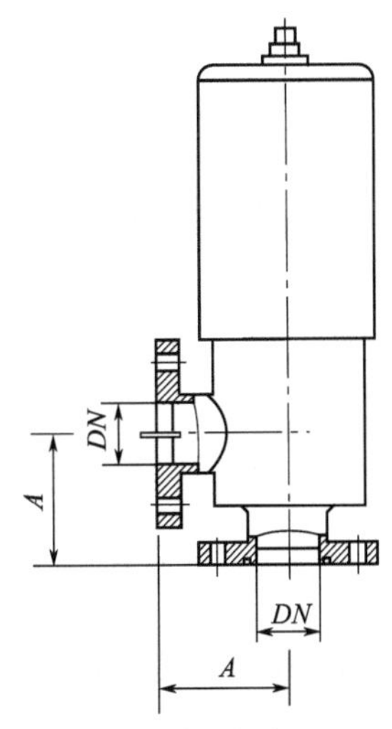

图 13-6 电磁真空带充气阀（GB/T 6070）

表 13-6　电磁真空带充气阀的基本参数与连接尺寸

<table>
<tr><th>公称通径 DN
/mm</th><th>漏率
/(Pa·L/s)</th><th>线圈温升
/℃</th><th>开、闭时间
/s</th><th>平均无故障
次数/次</th><th>流导
/(L/s)</th><th>连接尺寸 A
/mm</th><th>连接法兰
标准</th></tr>
<tr><td>10</td><td rowspan="13">≤6.7×10⁻⁴</td><td rowspan="13">≤65</td><td rowspan="13">≤3</td><td rowspan="9">≥30000</td><td>1.5</td><td>30</td><td rowspan="6">GB/T 4982</td></tr>
<tr><td>16</td><td>3</td><td rowspan="2">40</td></tr>
<tr><td>20</td><td>8</td></tr>
<tr><td>25</td><td>12</td><td rowspan="2">50</td></tr>
<tr><td>32</td><td>28</td></tr>
<tr><td>40</td><td>39</td><td>65</td></tr>
<tr><td>50</td><td>80</td><td>80</td><td rowspan="7">GB/T 6070</td></tr>
<tr><td>63</td><td>180</td><td>88</td></tr>
<tr><td>80</td><td>225</td><td>95</td></tr>
<tr><td>100</td><td rowspan="4">≥20000</td><td>460</td><td>108</td></tr>
<tr><td>125</td><td>500</td><td>138</td></tr>
<tr><td>160</td><td>1100</td><td>160</td></tr>
<tr><td>200</td><td>2000</td><td>200</td></tr>
</table>

注：流导为分子流状态下的理论计算值，不做验收依据。

13.4 电磁高真空挡板阀

13.4.1 电磁高真空挡板阀原理与用途

电磁高真空挡板阀用于接通或切断真空管路中的气流。适用介质为纯净空气和非腐蚀性气体。挡板阀按轴封结构可分为橡胶轴封和波纹管轴封两种。按通导形式可为角通型式和带预抽口的三通型式。通常安装于低温泵、分子泵与前级机械泵之间的真空管道中，用于连通或者切断真空管路，使系统保持真空，适用介质为纯净空气和非腐蚀性气体。

电磁阀主要由整流罩、电磁线圈、阀体、阀板等组成，见图 13-7。通过线圈的电磁力和弹簧弹力，用以关闭或者打开阀板，阀门带电后带动阀板向下运动，通过阀板隔离管道两侧腔体而实现真空系统密封，达到密封真空系统的目的。

电磁高真空挡板阀普遍用于航空航天、兵器、电子、石油、天然气、核工业、电站、船舶、冶金、重型机械及科研院所等行业。

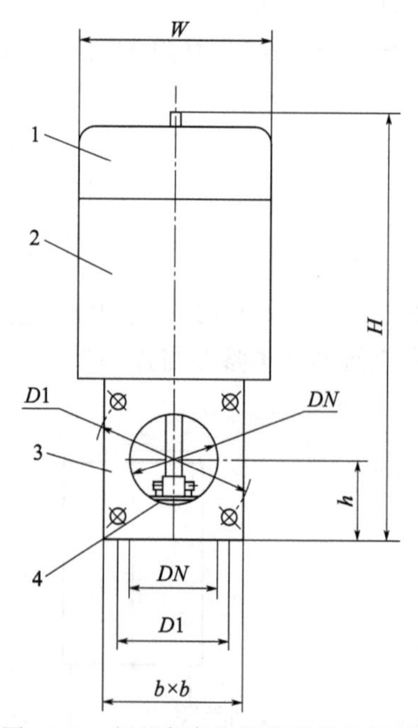

图 13-7　电磁高真空挡板阀结构原理

1—整流罩；2—电磁线圈；3—阀体；4—阀板

13.4.2 电磁高真空挡板阀行业标准（摘自 JB/T 6446—2004）

图 13-8、图 13-9 给出了阀门行业标准结构形式，表 13-7 给出了电磁高真空挡板阀的基本参数。

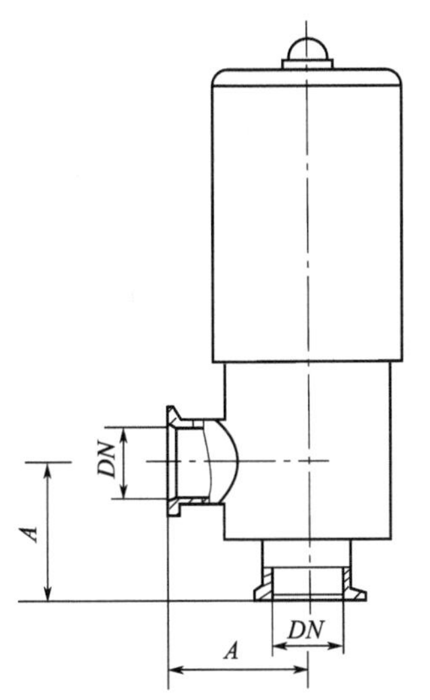

图 13-8 电磁高真空挡板阀（GB/T 4982）

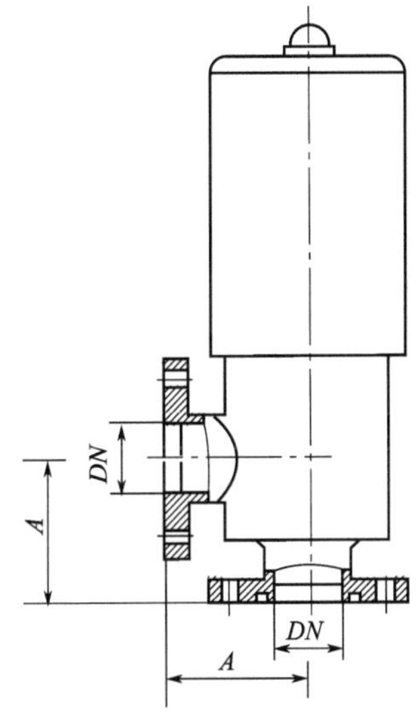

图 13-9 电磁高真空挡板阀（GB/T 6070）

表 13-7 电磁高真空挡板阀基本参数

<table>
<tr><th>公称通径 DN
/mm</th><th>漏率
/(Pa·L/s)</th><th>线圈温升
/℃</th><th>开、闭时间
/s</th><th>平均无故障
次数/次</th><th>流导
/(L/s)</th><th>连接尺寸 A
/mm</th><th>连接法兰
标准</th></tr>
<tr><td>10</td><td rowspan="9">≤1.3×10⁻⁷</td><td rowspan="13">≤65</td><td rowspan="13">≤3～5</td><td rowspan="9">≥30000</td><td>1.5</td><td>30</td><td rowspan="6">GB/T 4982</td></tr>
<tr><td>16</td><td>3</td><td rowspan="2">40</td></tr>
<tr><td>20</td><td>8</td></tr>
<tr><td>25</td><td>12</td><td rowspan="2">50</td></tr>
<tr><td>32</td><td>28</td></tr>
<tr><td>40</td><td>39</td><td>65</td></tr>
<tr><td>50</td><td>80</td><td>80</td><td rowspan="7">GB/T 6070</td></tr>
<tr><td>63</td><td>180</td><td>88</td></tr>
<tr><td>80</td><td>225</td><td>95</td></tr>
<tr><td>100</td><td rowspan="4">≤1.3×10⁻⁵</td><td rowspan="4">≥20000</td><td>460</td><td>108</td></tr>
<tr><td>125</td><td>500</td><td>138</td></tr>
<tr><td>160</td><td>1100</td><td>160</td></tr>
<tr><td>200</td><td>2000</td><td>200</td></tr>
</table>

注：流导为分子流状态下的理论计算值，不做验收依据。

13.5 电磁高真空充气阀

13.5.1 电磁高真空充气阀原理与用途

电磁高真空充气阀，是电磁真空阀门的一种，靠电磁力和弹簧复位力，用以打开或关闭阀门。它有常开、常闭两种规格。通常应用最多的是不通电时常闭，例如遇到突然停电阀门自动关闭，适用于真空系统中装设在油封式真空泵上，并对泵腔充气，避免因压差造成真空系统油气污染，一般常见阀门口径在 *DN*25～80，电源为 220V 交流，开关时间小于 3s。

电磁高真空充气阀普遍用于航空、航天、兵器、电子、石油、天然气、核工、电站、船舶、冶金、重型机械、科研院所等行业。

13.5.2 电磁高真空充气阀行业标准（摘自 JB/T 6446—2004）

图 13-10、图 13-11 给出了阀门行业标准结构形式，表 13-8 给出了阀门的基本参数。

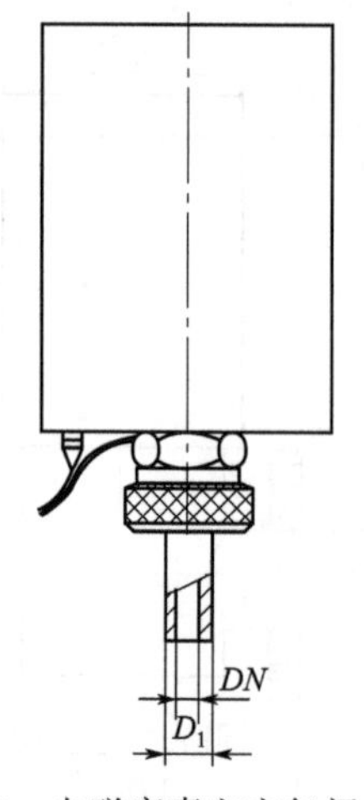

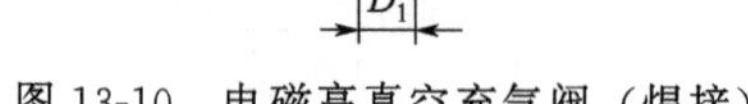

图 13-10　电磁高真空充气阀（焊接）

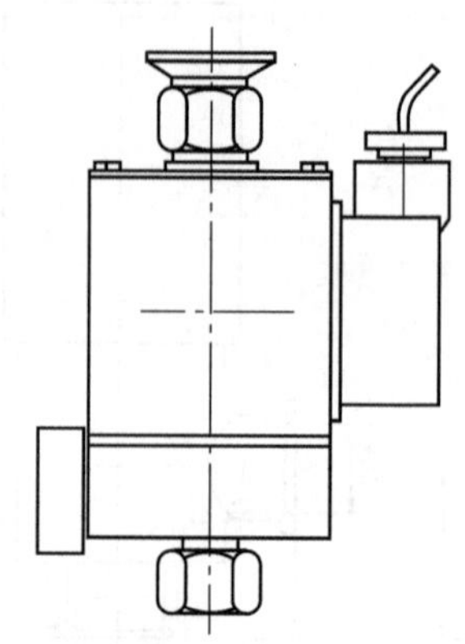

图 13-11　电磁高真空充气阀（GB/T 4982）

表 13-8　电磁高真空充气阀基本参数

公称通径 DN /mm	漏率 /(Pa·L/s)	线圈温升 /℃	开、闭时间 /s	平均无故障次数 /次	电源 /V	连接尺寸 D_1/mm	连接法兰标准
1.5	$\leqslant 6.7\times10^{-4}$	≤65	≤3	≥30000	DC36	7	焊接式
5						10	
4					DC24	—	
					AC220	GB/T 4982	

13.6 高真空微调阀

13.6.1　高真空微调阀原理与用途

高真空微调阀又称真空针阀。高真空微调阀是用来向真空系统中充气并可精确调节进气流量，以控制和调节系统内的真空度。适用的工作介质为不含颗粒灰尘的空气及非腐蚀性气体。真空微调阀主要有高真空微调阀，卡套式微量调节阀，高精度微调阀。

真空微调阀主要由微调旋钮、阀体、阀芯等部分组成，见图 13-12。使用时通过调节微调旋钮阀芯前后运动，控制阀芯与气体出口处的间隙大小来调节进气流量。

微调阀广泛用于航空、航天、兵器、电子、石油、天然气、核工业、电站、船舶、冶金、重型机械、科研院所等行业。

微调阀的特点：①调节精度高，常见于真空镀膜机、真空离子刻蚀设备等需要控制气体流量的设备中；②轴封采用氟橡胶密封，阀体采用不锈钢焊接，漏率小。

13.6.2　高真空微调阀行业标准（摘自 JB/T 6446—2004）

图 13-13 给出了阀门行业标准结构型式，表 13-9 给出了阀门的基本参数。

表 13-9　高真空微调阀基本参数

公称通径 DN/mm	漏率 /Pa·L·s^{-1}	最小可调量 /Pa·L·s^{-1}	最大可调量 /Pa·L·s^{-1}	连接尺寸 /mm					
				A	B	D_1	D_2	D_3	$n\times c$
0.8	$\leqslant 1.3\times10^{-6}$	1.3×10^{-2}	4×10^{3}						
2		1.3×10^{-1}	2.67×10^{4}	38	16.5	5	7	26	$3\times\phi4.5$

注：是否进行最大可调量试验，根据客户要求商定，数值参考以上。

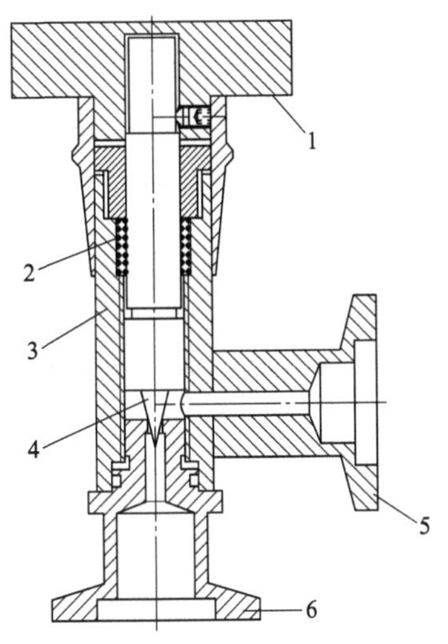

图 13-12　高真空微调阀结构原理

1—微调旋钮；2—密封；3—阀体；
4—阀芯；5—进气口；6—出气口

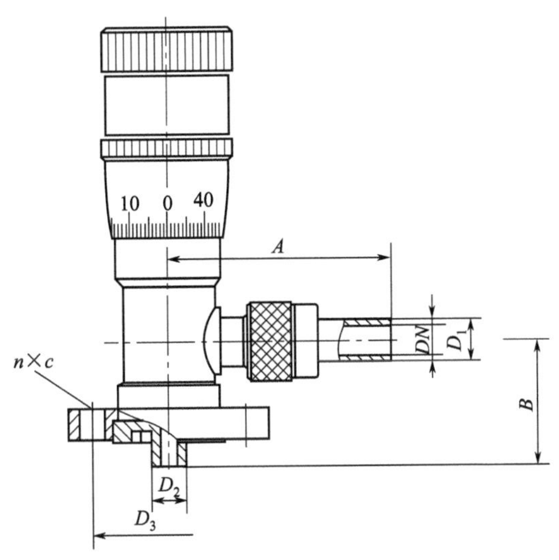

图 13-13　高真空微调阀

13.7 高真空隔膜阀

13.7.1 高真空隔膜阀原理与用途

真空隔膜阀是一种特殊形式的截断阀，它的启闭件是一块用软质材料制成的隔膜，把阀体内腔与阀盖内腔及驱动部件隔开，故称隔膜阀，它常用在真空管道与容器之间，起到隔离真空室的目的。该阀按结构型式可分为：屋式、直流式、截止式、直通式、闸板式和直角式六种；隔膜阀按驱动方式可分为手动、电动和气动三种，其中气动驱动又分为常开式、常闭式和往复式三种。

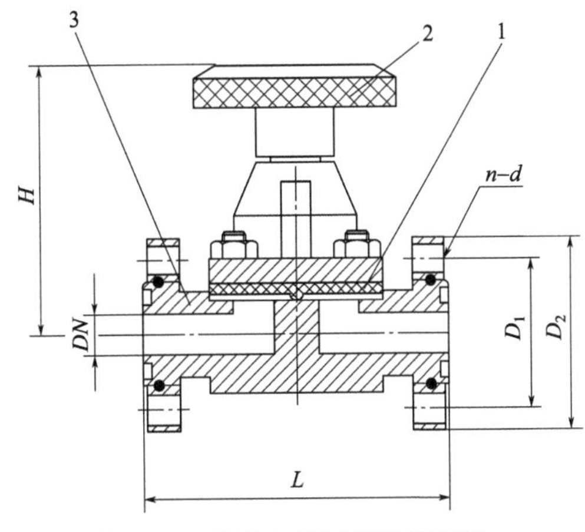

图 13-14　高真空隔膜阀结构原理

1—膜片部件；2—手轮；3—阀体

高真空隔膜阀是利用阀杆将橡皮膜压在阀座上用来截止或接通真空系统。其特点是体积小、重量轻、操作简单、维护方便。密封件采用丁腈橡胶，适用于前级泵和预抽管道上，温度为－20～＋80℃的非腐蚀性气体，采用氟橡胶隔膜，可用于高真空系统，使用温度范围为－30～＋80℃，结构原理见图 13-14。

隔膜阀是由手轮、膜片、阀体等部件组成，见图 13-14。使用时旋转手轮，在内部传动机构的作用下拉起膜片，接通阀门进出口实现阀门开启，反向旋转手轮，同样在内部传动机构的作用下将膜片向下推动，截断阀门进出口实现阀门关闭。

13.7.2 高真空隔膜阀行业标准（摘自 JB/T 6446—2004）

图 13-15～图 13-17 给出了阀门行业标准结构型式，表 13-10 给出了阀门的基本参数。

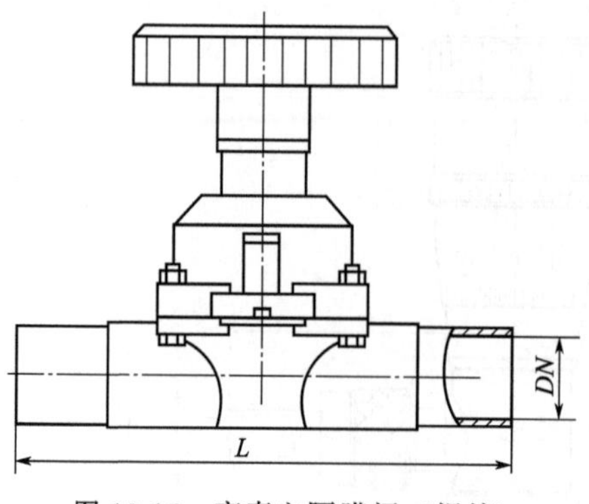

图 13-15　高真空隔膜阀（焊接）

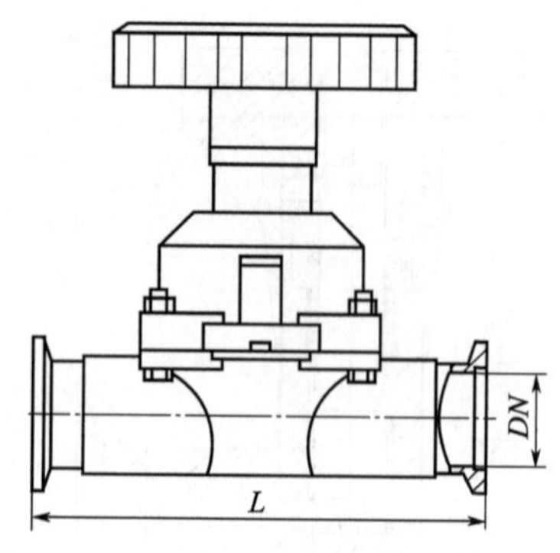

图 13-16　高真空隔膜阀（GB/T 4982）

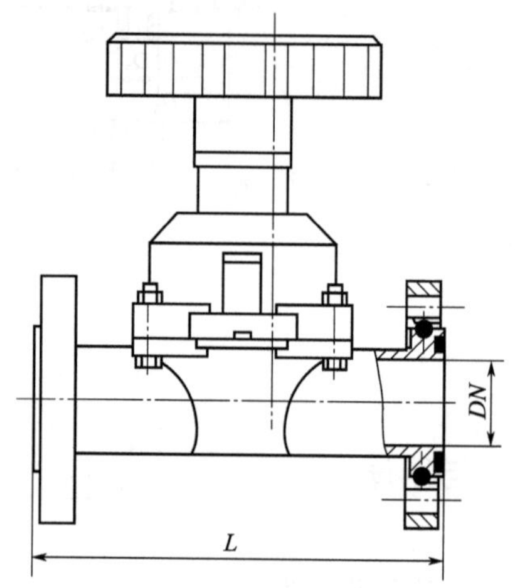

图 13-17　高真空隔膜阀（GB/T 6070）

表 13-10　高真空隔膜阀基本参数

公称通径 DN/mm	漏率/(Pa·L/s)	平均无故障次数/次	连接尺寸/mm		连接法兰标准
			L	D_1	
10	$\leqslant 6.7\times10^{4}$	$\geqslant$30000	150	19	焊接式
25			150	32	
40			240	45	
50			240	57	
10			75	—	GB/T 4982
25			120		
40			120		
10			75		GB/T 6070
25			120		
40			150		
50			180		

13.8 高真空蝶阀

13.8.1 高真空蝶阀原理与用途

高真空蝶阀用于接通或切断真空管路中的气流。适用介质为纯净空气和非腐蚀性气本。和其他相同口径的阀门相比，具有结构简单，流导大，阀体厚度小，启闭速度快等优点。根据启动方式不同有手动、气动、电动三种形式。真空蝶阀适用的介质为洁净空气及不含颗粒粉尘的非腐蚀性气体，密封材料选用丁腈橡胶，可用于介质温度在－25～＋80℃，选用氟橡胶密封圈，可以用在烘烤150℃的超高真空系统中。

手动蝶阀主要由手柄、阀杆、阀门、阀体等部件组成，见图13-18。蝶门与阀杆通过螺钉连接，通过固定在转轴上的阀板转动90℃实现蝶门的左右旋转，完成阀门的开启和关闭动作。

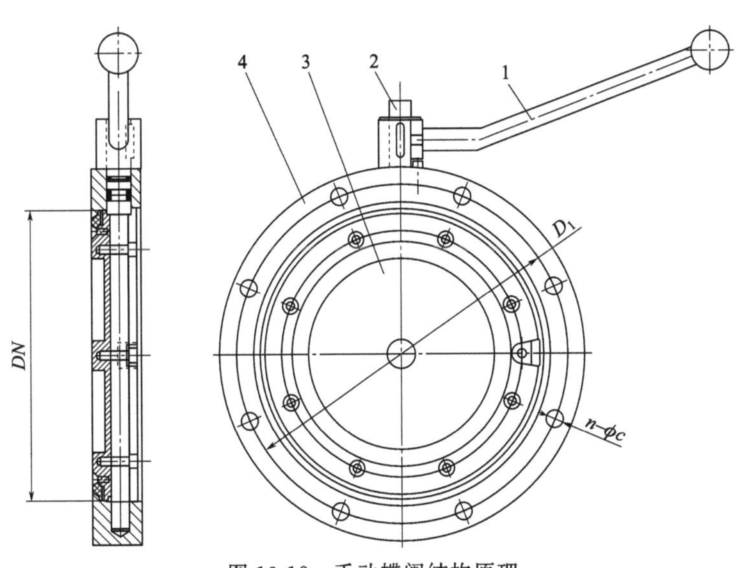

图 13-18　手动蝶阀结构原理

1—手柄；2—阀杆；3—蝶门；4—阀体

13.8.2　高真空蝶阀行业标准（摘自 JB/T 6446—2004）

图13-19给出了阀门行业标准的结构型式，阀门的驱动方式为手动、气动和电动，表13-11给出了阀门的基本参数。

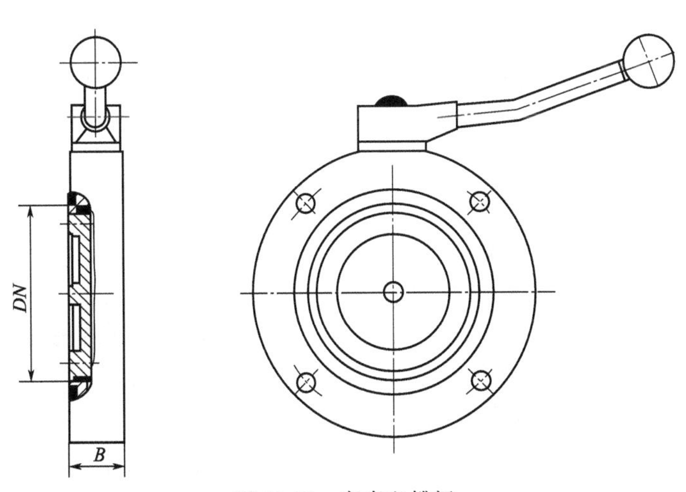

图 13-19　高真空蝶阀

表 13-11 高真空蝶阀基本参数

公称通径 DN/mm	漏率 /(Pa·L/s)	开、闭时间 /s	平均无故障次数/次	流导/(L/s)	连接尺寸 B /mm	连接法兰标准
32	≤1.3×10^{-7}	气动：等于气动执行机构的动作时间 电动：等于电动执行机构的动作时间	≥3000	22	22	GB/T 6070
40				50	22	
50				102	22	
63				156	26	
80				300	32	
100				530	32	
160				1620	35	
200	≤1.3×10^{-5}		≥2000	2550	45	
250				4180	50	
300				7130	55	
400				11000	60	
500				17400	80	
600				27000	100	
800				45000	130	

注：流导为分子流状态下的理论计算值，不做验收依据。

13.9 高真空挡板阀

13.9.1 高真空挡板阀原理与用途

真空挡板阀是通过阀杆做上下移动，带动阀板运动，阀板在与阀体密封面接触后，形成密封，通常有气动、电动、手动三种驱动方式，按照阀门形式，可以分为角通式、直通式结构。按照轴密封形式有橡胶轴封及波纹管轴封。常用在真空泵与容器之间，作为密封容器，隔离管道和真空室之用，广泛地应用于航空、航天、军工、电子、科研院所、高校等行业。

气动挡板阀主要由电磁换向阀、气缸、密封座、上盖、阀体、阀板等组成，见图 13-20。使用时通过控制电磁换向阀状态，使压缩空气充入气缸上部或下部，并以此带动阀板上升或下降，当阀板下降与阀座压紧时，阀门关闭实现真空密封；反之当阀板上升与阀座脱离时，实现阀门开启。

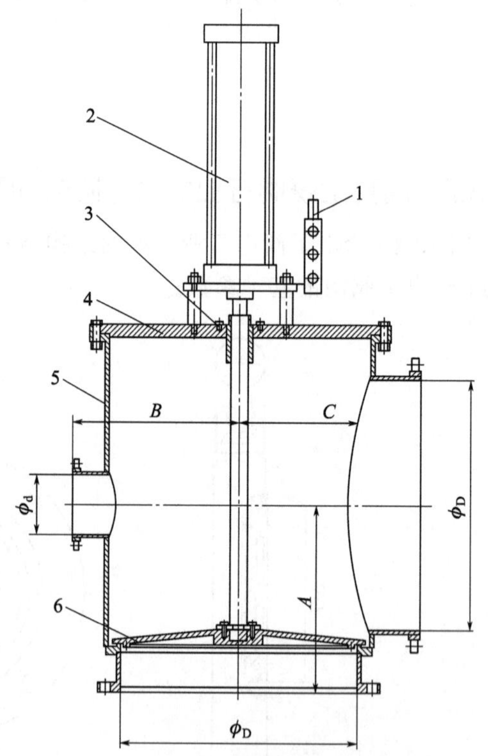

图 13-20 气动真空挡板阀结构原理
1—电磁换向阀；2—气缸；3—密封座；4—上盖；5—阀体；6—阀板

13.9.2 高真空挡板阀行业标准（摘自 JB/T 6446—2004）

图 13-21～图 13-24 给出了阀门的结构型式，阀门的驱动型式为手动、气动和电动，表 13-12 给出了阀门的基本参数。

表 13-12 高真空挡板阀基本参数

公称通径 DN/mm	漏率 /(Pa·L/s)	平均无故障次数/次	流导 /(L/s)	连接尺寸/mm				连接法兰标准
				A	B	C	DN_1	
10	$\leqslant 1.3\times10^{-7}$	≥4000	1.5	30	30	—	—	GB/T 4982
16			4.5	40	40	—	—	
25			14	50	50	—	—	
32			—	58	58	—	—	
40			40	65	65	—	—	
50			—	70	70	—	—	GB/T 6070
63			110	88	88	—	—	
80			210	98	98	—	—	
100			340	108	108	—	—	
160			1000	138	138	138	40	GB/T 4982 和 GB/T 6070
200			1400	200	200	200	50	GB/T 6070
250			2500	208	208	208	63	
320	$\leqslant 1.3\times10^{-5}$	≥2000	4200	250	250	250	80	
400			6400	330	330	330	100	
500			—	360	360	360	125	
630			17000	450	450	450	160	
800		≥1000	29000	530	520	520	200	
1000			47000	620	620	620	320	

注：流导为分子流状态下的理论计算值，不做验收依据。

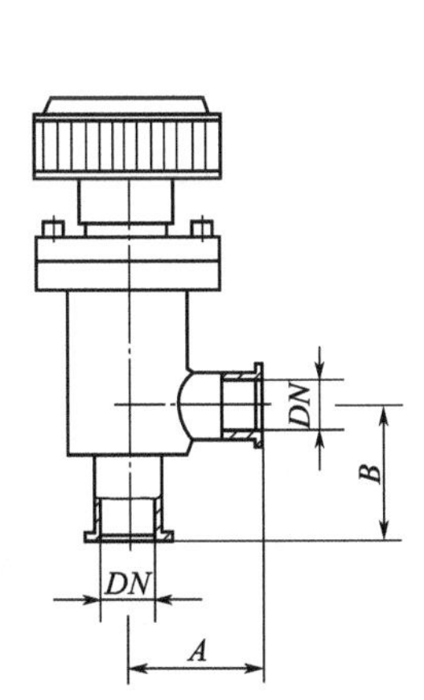

图 13-21 高真空挡板阀（GB/T 4982）

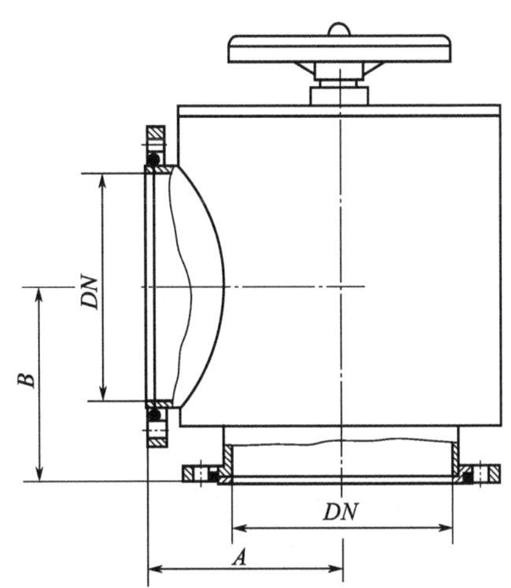

图 13-22 高真空挡板阀（GB/T 6070）

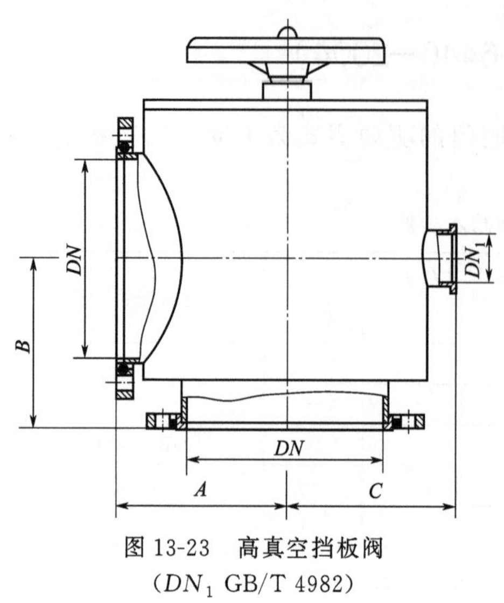

图 13-23　高真空挡板阀
（DN_1 GB/T 4982）

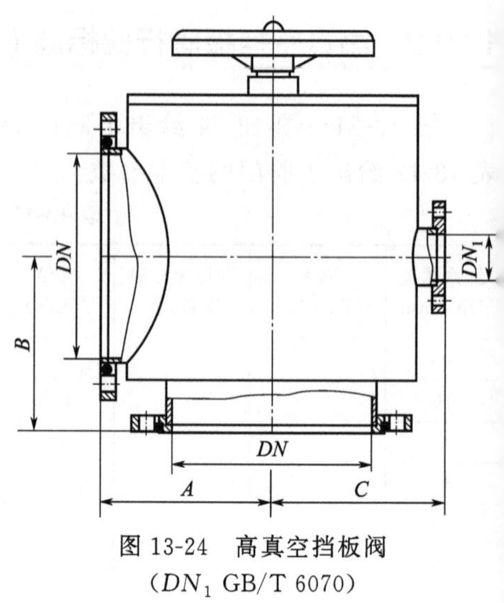

图 13-24　高真空挡板阀
（DN_1 GB/T 6070）

13.10 高真空插板阀

13.10.1 高真空插板阀原理与用途

高真空插板阀是通过连杆传动推动阀板运动，撑开阀板关闭阀门；又通过阀板反向运动打开的真空阀门。高真空插板阀门适用于超高真空系统中接通或截止气流之用，适用的工作介质为洁净的空气和非腐蚀性气体。真空插板阀有高真空插板阀和超高真空插板阀两种，高真空插板阀主要应用在低于 1.0×10^{-6}Pa 真空度下，使用温度 −5～+80℃。高真空插板阀广泛应用在航空、航天、电子、核工业等行业。

气动插板阀主要由电磁换向阀、气缸、连杆、阀板、阀体等组成，见图 13-25。

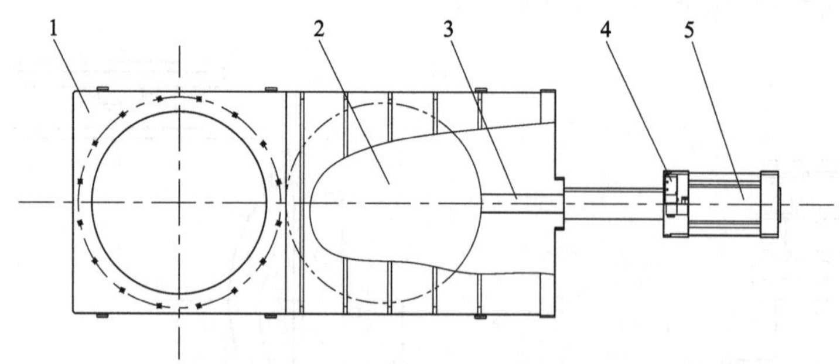

图 13-25　气动高真空挡板阀结构原理图
1—阀体；2—阀板；3—连杆；4—电磁换向阀；5—气缸

气动挡板阀工作原理：当电磁换向阀正向接通气缸充气时，气缸带动连杆推动阀板运动，阀板到达阀门法兰密封位置时，阀板向法兰方向平移，紧压法兰，实现真空密封；反之，当电磁换向阀反向接通气缸放气时，阀板与法兰密封面脱离，阀板在连杆带动下向气缸方向运动，实现阀门开启。

13.10.2 高真空插板阀行业标准（摘自 JB/T 6446—2004）

图 13-26、图 13-27 给出了阀门的结构型式，阀门的驱动型式为手动、气动和电动，表 13-13 给出了阀门的基本参数。

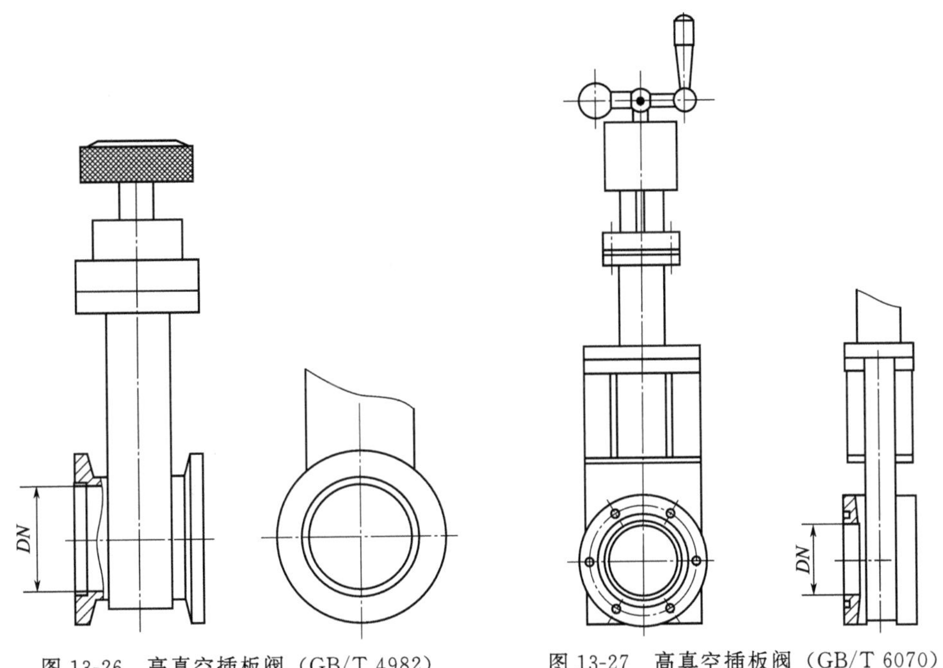

图 13-26　高真空插板阀（GB/T 4982）　　图 13-27　高真空插板阀（GB/T 6070）

表 13-13　高真空插板阀基本参数

公称通径 *DN*/mm	漏率 /(Pa·L/s)	平均无故障次数 /次	流导/(L/s)	连接法兰标准
25	≤6.7×10⁻⁷	≥3000	30	GB/T 4982
40			85	
50			—	GB/T 6070
63			400	
80			—	
100			1100	
160			3400	
200			7300	
250			12000	
320	≤1.3×10⁻⁵		21000	
400		≥1000	30000	
500			51000	
630			102000	

注：流导为分子流状态下的理论计算值，不做验收依据。

13.11 真空球阀

13.11.1 真空球阀原理与用途

真空球阀类似于真空蝶阀，是通过转动轴上的球形阀板旋转 90℃实现阀门的开启或者关闭。真空球阀开关速度比蝶阀快，但是漏率比蝶阀大。适用于真空度要求不是很高的场所，一般使用在 $1.0\times10^{5}\sim1.0\times10^{-3}$Pa 真空度。驱动方式有手动、气动、电动三种方式。

13.11.2 真空球阀行业标准（摘自 JB/T 6446—2004）

图 13-28～图 13-30 给出了阀门的结构型式，表 13-14 给出了阀门的基本参数。

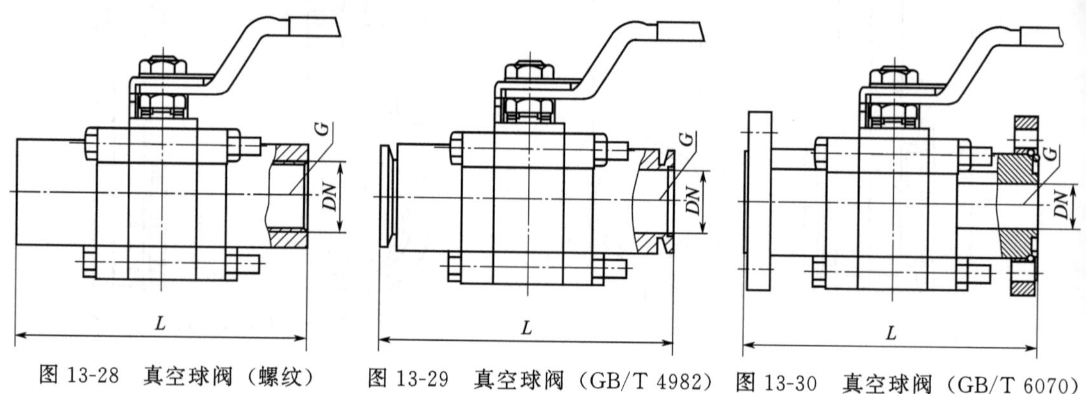

图 13-28 真空球阀（螺纹） 图 13-29 真空球阀（GB/T 4982） 图 13-30 真空球阀（GB/T 6070）

表 13-14 真空球阀基本参数

公称通径 DN/mm	漏率 /(Pa·L/s)	平均无故障次数/次	连接尺寸		连接法兰标准
			G/in	L/mm	
16	$\leqslant1.3\times10^{-3}$	≥10000	$G\frac{1}{2}$	68.4	螺纹连接
25			G1	94	
32			$G1\frac{1}{4}$	118	
40			$G1\frac{1}{2}$	128	
16			—	83.8	GB/T 4982
25			—	114	
40			—	160	
16			—	83.8	GB/T 6070
25			—	114	
32			—	140	
40			—	160	
50			—	170	
80			—	203	

13.12 超高真空挡板阀

13.12.1 超高真空挡板阀原理与用途

超高真空挡板阀是真空挡板阀的一种，主要用于 $1.0\times10^{5}\sim1.0\times10^{-8}$Pa 真空度范围，阀体材料为不锈钢，阀板材料为无氧铜，轴密封采用不锈钢波纹管密封，使用在工作介质为洁净空气或者对阀门无腐蚀性气体，不适用于腐蚀性气体及含有颗粒状烟尘情况下长期使用。

主要应用在航天、核工业、科研院所等对真空度要求高的行业。

13.12.2 超高真空挡板阀行业标准（摘自 JB/T 6446—2004）

图 13-31 给出了阀门的结构型式，表 13-15 给出了阀门的基本参数。

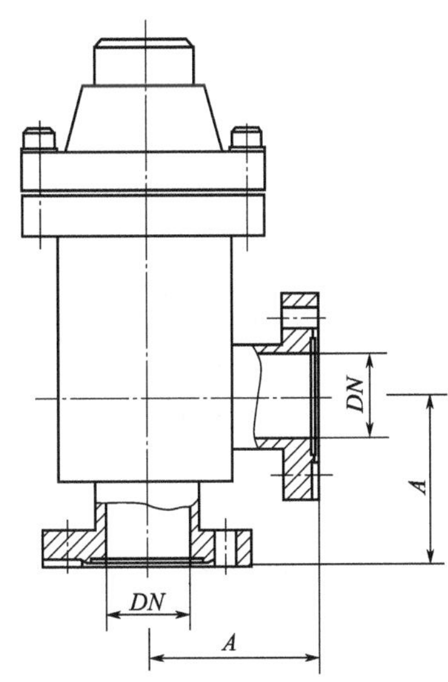

图 13-31 超高真空挡板阀（GB/T 6070）

表 13-15 超高真空挡板阀基本参数

公称通径 DN/mm	漏率 /(Pa·L/s)	烘烤温度/℃		连接尺寸 A/mm	连接法兰标准
		阀板密封材料为无氧铜	阀板密封材料为氟橡胶		
25	$\leqslant1.3\times10^{-7}$	≤400	≤150	50	GB/T 6070
50				80	
80				100	

13.13 超高真空插板阀

13.13.1 超高真空插板阀原理与用途

超高真空插板阀是通过连杆传动推动阀板架运动，撑开阀板关闭阀门；又靠弹簧支架收拢阀板，通过阀板架运动打开的真空阀门。超高真空插板阀适用于超高真空系统中接通或截止气流之用，超高真空插板阀适用的工作介质为洁净的空气和非腐蚀性气体。

超高真空插板阀主要用在真空度优于 1.0×10^{-6}Pa 真空系统中，允许烘烤温度小于 400℃。

13.13.2 超高真空插板阀行业标准（摘自 JB/T 6446—2004）

图 13-32、图 13-33 给出了超高真空插板阀的结构型式，表 13-16 给出了超高真空插板阀的基本参数。

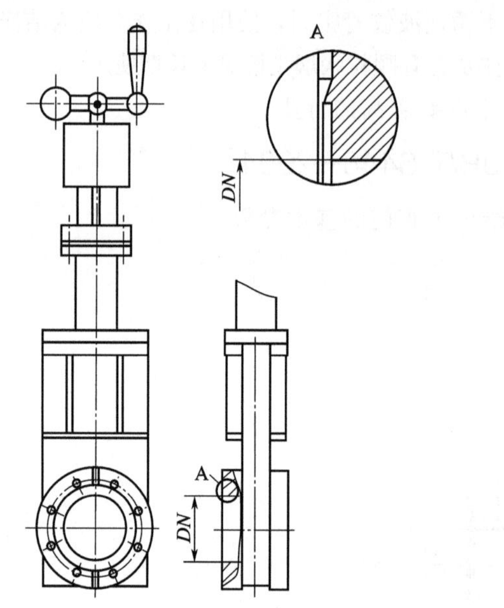

图 13-32 超高真空插板阀（GB/T 6071）

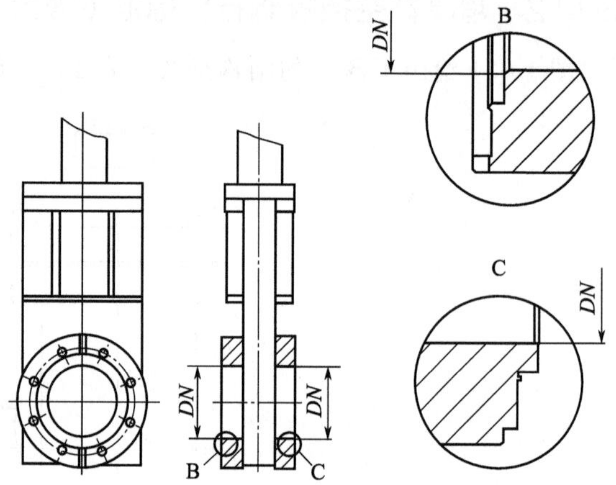

图 13-33 超高真空插板阀（GB/T 5278）

表 13-16 超高真空插板阀基本参数

公称通径 DN/mm	漏率 /(Pa·L/s)	烘烤温度 /℃	平均无故障次数/次	流导/(L/s)	连接尺寸 A /mm	连接法兰标准
25	≤1.3×10^{-7}	≤150(除传动装置外)	≥3000	30	55	GB/T 6071
50				—	60	
63				400	65	
80				—	65	
100				1100	70	
160				3400	70	
200				7300	80	
250			≥2000	12000	85	JB/T 5278
320				21000	—	
400				30000	110	
500				51000	—	
630				102000	—	
800			≥1000	—	—	

注：流导为分子流状态下的理论计算值，不做验收依据。

13.14 国产真空阀

13.14.1 北票真空设备有限公司真空阀门

北票真空设备有限公司真空阀门基本参数见表13-17～表13-28。

表13-17 北票真空设备有限公司气动挡板阀基本参数

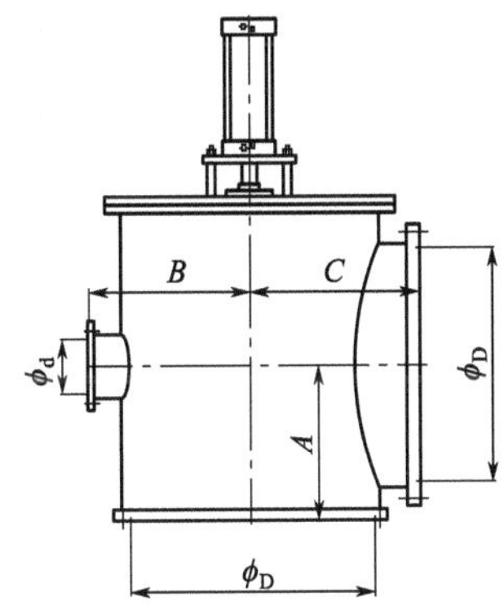

型号/材质	公称通径 DN/mm	连接尺寸/mm					漏率 /Pa·L·s^{-1}	流导 /L·s^{-1}	压缩空气压力 /MPa	开闭时间 /s
		A	B	C	ϕ_D	ϕ_d				
GDQ-J32	32	50	—	60	32	—	1.3×10^{-7}	25	0.4～0.6	2
GDQ-J40	40	50	—	65	40	—		40		2
GDQ-J50	50	50	—	70	50	—		80		2
GDQ-J63	63	50	—	80	65	—		110		3
GDQ-J80	80	90	—	115	80	—		210		3
GDQ-J100	100	105	—	130	100	—		340		3
GDQ-S160	160	130	125	155	150	40		900		4
GDQ-S200	200	160	185	190	200	50		1400		5
GDQ-S250	250	208	208	208	250	65		2500		5
(GDQ-S300)	300	215	240	250	300	80	1.3×10^{-4}	3800		5
GDQ-S320	320	225	240	260	320	80		4100		5
GDQ-S400	400	280	310	320	400	100		6400		6
GDQ-S500	500	355	340	405	500	125		8000		6
(GDQ-S600)	600	390	420	440	600	150		15000		6
GDQ-S630	630	405	420	455	630	150		16500		6
GDQ-S800	800	500	530	550	800	200		29000		6
GDQ-S1000	1000	610	645	670	1000	300		47000		8
GDQ-S1250	1250	800	800	830	1250	300		55000		8
(GDQ-S1400)	1400	900	920	1000	1400	300		70000		8

注：法兰执行标准GB 6070，括号内型号为JB 919标准；所有型号均可不设置预抽口。

表 13-18　北票手动挡板阀基本参数

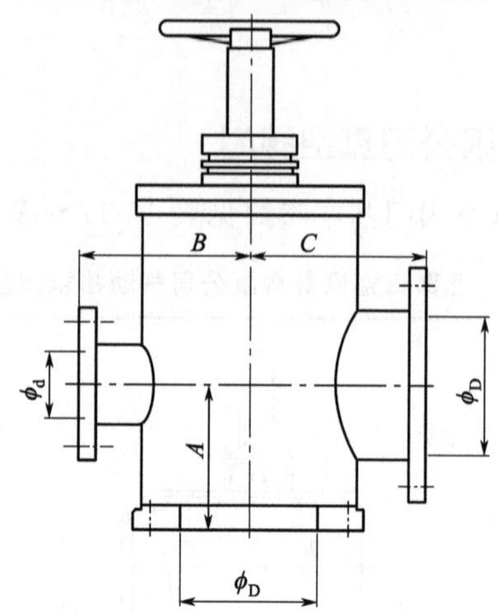

型号/材质	公称通径 DN /mm	连接尺寸/mm					漏率 /Pa·L·s^{-1}	流导 /L·s^{-1}
		A	B	C	ϕ_D	ϕ_d		
GD-J32	32	50	—	60	32	—	1.3×10^{-7}	25
GD-J40	40	50	—	65	40	—	1.3×10^{-7}	40
GD-J50	50	50	—	70	50	—	1.3×10^{-7}	80
GD-J63	63	50	—	80	63	—	1.3×10^{-7}	110
(GD-J65)	65	50	—	80	65	—	1.3×10^{-7}	115
GD-J80	80	90	—	115	80	—	1.3×10^{-7}	210
GD-J100	100	105	—	130	100	—	1.3×10^{-7}	340
(GD-S150)	150	130	125	155	150	40	1.3×10^{-7}	800
GD-S160	160	140	135	165	160	40	1.3×10^{-7}	920
GD-S200	200	160	185	190	200	50	1.3×10^{-7}	1400
GD-S250	250	208	208	208	250	65	1.3×10^{-7}	2500
GD-S300	300	215	240	250	300	80	1.3×10^{-4}	3800
GD-S300	320	225	240	260	320	80	1.3×10^{-4}	4100
GD-S400	400	280	310	320	400	100	1.3×10^{-4}	6400
GD-S500	500	355	340	405	500	125	1.3×10^{-4}	8000
(GD-S600)	600	390	420	440	600	150	1.3×10^{-4}	15000

注：法兰执行标准 GB 6070，括号内型号为 JB 919 标准；所有型号均可不设置预抽口。

表 13-19　北票真空设备有限公司电磁真空截止阀基本参数

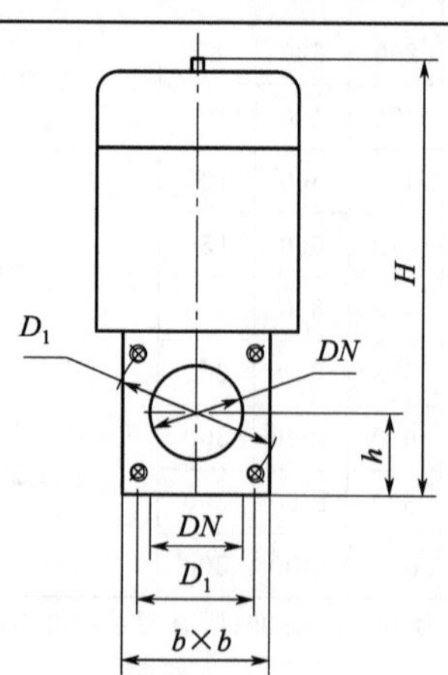

续表

型号	公称通径 DN/mm	连接尺寸/mm						漏率/(Pa·L/s)		开闭时间/s
		D	D_1	h	H(≈)	b×b	n-d	不带放气	带放气	
DDC-JQ10 GDC-J10	10		40	28	170	48×48	4-M6	<1.3×10^{-7}	<6.7×10^{-4}	<3
DDC-JQ16 GDC-J16	16		45	28	170	48×48				
DDC-JQ20 GDC-J20	20		50	28	170	48×48				
DDC-JQ25 GDC-J25	25		55	35	190	58×58				
DDC-JQ32 GDC-J32	32		70	40	200	68×68	4-M8			
DDC-JQ40 GDC-J40	40		70	44	245	80×80				
DDC-JQ50 GDC-J50	50		90	56	245	94×94				
DDC-JQ63 GDC-J63	63		110	65	295	115×115				
DDC-JQ80 GDC-J80	80		125	75	367	140×140	8-M8			
DDC-JQ100 DDC-J100	100	130	145	105	327	ϕ170	8-ϕ9			
(DDC-JQ150) (DDC-J150)	150	155	195	130	328	ϕ220	8-ϕ12			

注:法兰执行标准为GB 6070,括号内型号为JB 919标准;电源电压为交流220V。

表13-20 北票真空设备有限公司DDCY系列电磁真空压差阀基本参数

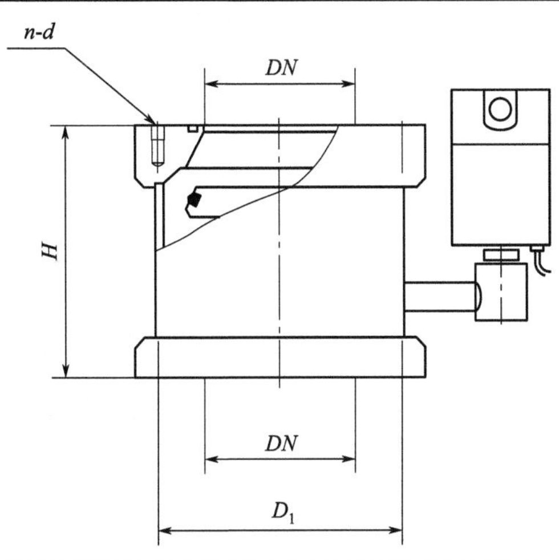

续表

型号	公称通径 DN/mm	连接尺寸/mm				质量 /kg	流导 /L·s^{-1}
		D	D_1	H	n-d		
DDCY-25	25	70	55	90	4-M6	1.2	>20
DDCY-32	32	78	70	90	4-M8	2	>26
DDCY-40	40	85	80	90	4-M8	3	>40
DDCY-50	50	110	90	100	4-M8	4	>60
DDCY-63	63	125	110	100	4-M8	6	>120
DDCY-80	80	145	125	110	8-M8	7	>200
DDCY-100	100	170	145	150	8-M8	16	>300

注:法兰执行标准为 GB 6070。

表 13-21　北票真空设备有限公司 GM 系列隔膜阀基本参数

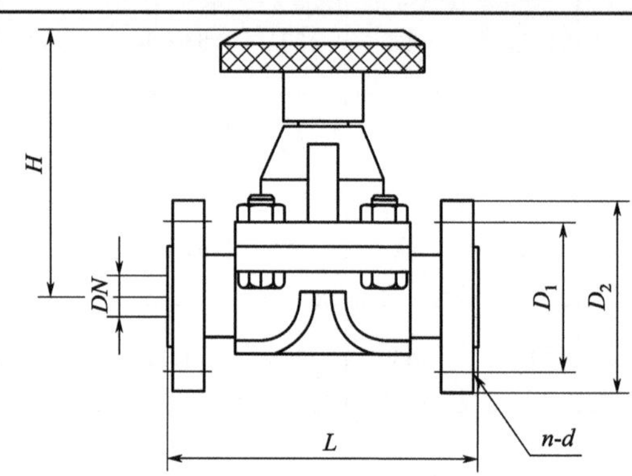

型号	公称通径 DN /mm	连接尺寸/mm					漏率 /Pa·L·s^{-1}
		D_1	D_2	L	H(≈)	n-d	
GM-10	10	40	55	75	75	4-ϕ6.6	≤3×10^{-5}
GM-25	25	55	70	120	112	4-ϕ6.6	≤3×10^{-5}
GM-40	40	100	80	150	135	4-ϕ9	≤3×10^{-5}
GM-50	50	110	90	180	160	4-ϕ9	≤3×10^{-5}

注:采用丁腈橡胶隔膜时使用温度为−20～+80℃,采用氟橡胶隔膜时使用温度为−30～+80℃。

表 13-22　北票真空设备有限公司 FS 手动、FQ 气动放气阀基本参数

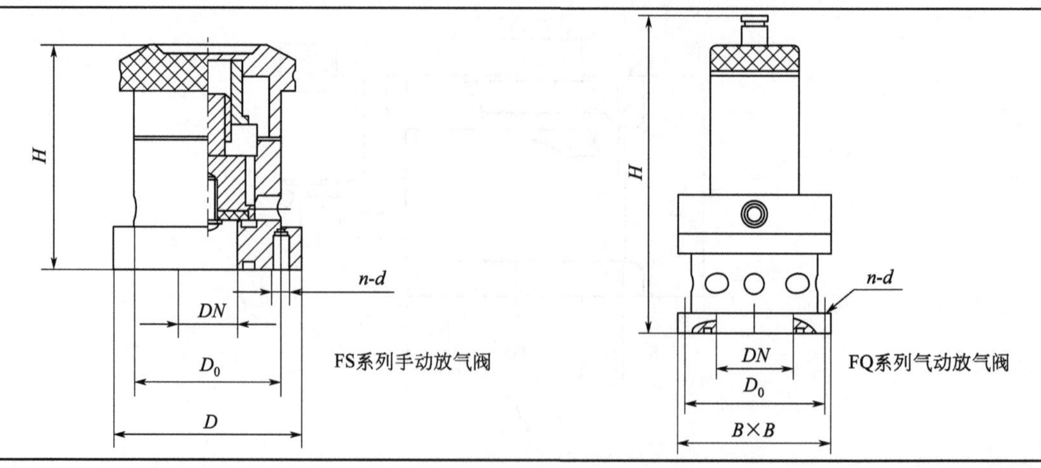

续表

型号	DN /mm	D_0 /mm	D /mm	H /mm	n-d	电源电压	气源压力	适用范围	漏率/(Pa·L/s)	适用温度	法兰标准
FS-10	10	40	55	65	4-M6			10^5～1.3×10^{-4}Pa	≤1.3×10^{-4}	丁腈橡胶 −20～+80℃	GB 6070
FS-20	20	50	65	65	4-M6						
FS-25	25	55	70	75	4-M6						
FS-32	32	70	90	110	4-M8						
FS-40	40	80	100	150	4-M8						
型号	DN	D_0	$B\times B$	H	n-d						
FQ-20	20	50	65×65	80	4-ϕ6.6	220V/50Hz	0.3～0.4MPa			氟橡胶 −30～+150℃	
FQ-25	25	55	65×65	100	4-ϕ6.6						
FQ-32	32	70	70×70	130	4-ϕ9						
FQ-40	40	80	80×80	160	4-ϕ9						

表 13-23　北票真空设备有限公司 GD-Z 系列手动直流阀基本参数

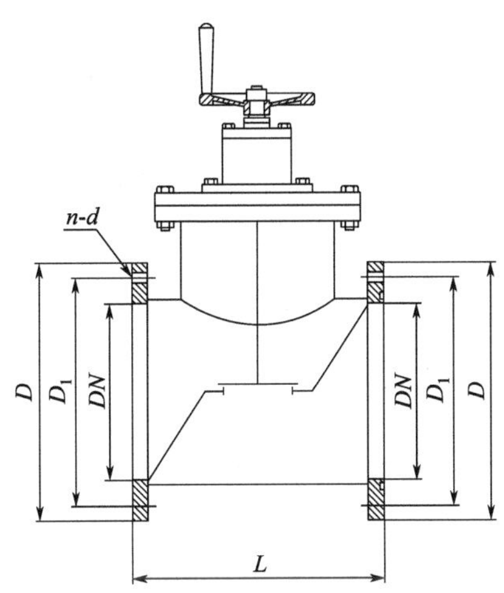

型号	公称通径 DN/mm	连接尺寸/mm				法兰标准
		D	D_1	L	n-d	
GD-Z100	100	165	145	200	8-ϕ9	GB 6070
GD-Z160	160	225	200	300	8-ϕ11	
GD-Z200	200	285	260	350	12-ϕ11	
GD-Z250	250	335	310	395	12-ϕ11	
GD-Z320	320	4250	395	440	12-ϕ14	
GD-Z400	400	510	480	490	16-ϕ14	
GD-Z500	500	610	580	540	16-ϕ14	

注：使用范围为 10^5～10^{-5}Pa，适用介质为纯净空气或非腐蚀性气体。

表 13-24 北票真空设备有限公司 GCD 电动插板阀基本参数

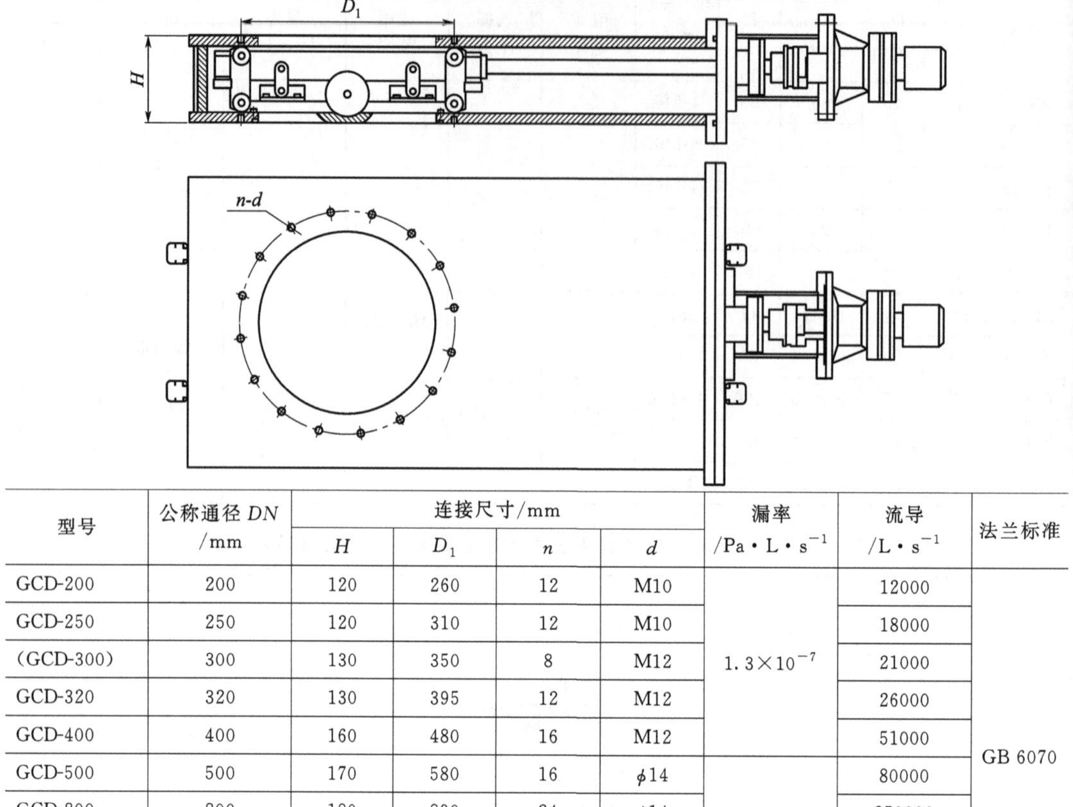

型号	公称通径 DN /mm	连接尺寸/mm				漏率 /Pa·L·s^{-1}	流导 /L·s^{-1}	法兰标准
		H	D_1	n	d			
GCD-200	200	120	260	12	M10	1.3×10^{-7}	12000	GB 6070
GCD-250	250	120	310	12	M10		18000	
(GCD-300)	300	130	350	8	M12		21000	
GCD-320	320	130	395	12	M12		26000	
GCD-400	400	160	480	16	M12		51000	
GCD-500	500	170	580	16	ϕ14	1.3×10^{-5}	80000	
GCD-800	800	180	890	24	ϕ14		250000	
GCD-1000	1000	190	1090	32	ϕ14		380000	
GCD-1250	1250	354	1404	36	ϕ19		540000	
GCD-1600	1600	703	1760	44	ϕ23		1080000	

注：本阀使用真空度为 $10^5\sim10^{-5}$Pa 范围，适用电源为 380V/50Hz 三相交流电，水平或垂直安装最佳。

表 13-25 北票真空设备有限公司 GCD 大口径电动插板阀基本参数

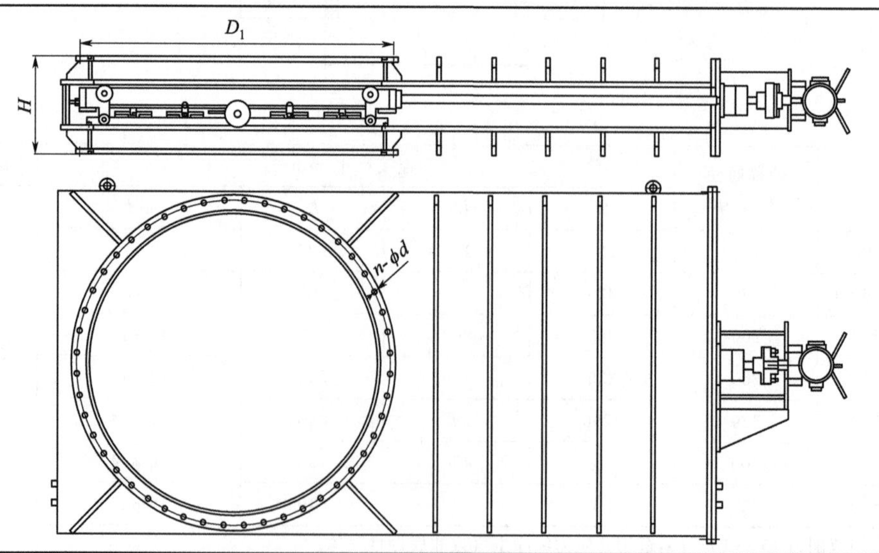

续表

<table>
<tr><th rowspan="2">型号</th><th rowspan="2">公称通径 DN /mm</th><th colspan="4">连接尺寸/mm</th><th rowspan="2">漏率 /Pa・L・s^{-1}</th><th rowspan="2">法兰标准</th></tr>
<tr><th>H</th><th>D_1</th><th>n</th><th>d</th></tr>
<tr><td>GCD-2000</td><td>2000</td><td>700</td><td>2210</td><td>32</td><td>ϕ23</td><td rowspan="4"><2.0×10^{-6}</td><td>GB/T 6070</td></tr>
<tr><td>GCD-2200</td><td>2200</td><td>708</td><td>2390</td><td>38</td><td>ϕ26</td><td rowspan="8">企业标准</td></tr>
<tr><td>GCD-2400</td><td>2400</td><td>760</td><td>2580</td><td>38</td><td>ϕ26</td></tr>
<tr><td>GCD-2500</td><td>2500</td><td>768</td><td>2700</td><td>48</td><td>ϕ26</td></tr>
<tr><td>GCD-2800</td><td>2800</td><td>880</td><td>3002</td><td>60</td><td>ϕ26</td><td rowspan="5"><4.6×10^{-5}</td></tr>
<tr><td>GCD-3000</td><td>3000</td><td>920</td><td>3170</td><td>60</td><td>ϕ28</td></tr>
<tr><td>GCD-3400</td><td>3400</td><td>1000</td><td>3550</td><td>60</td><td>ϕ28</td></tr>
<tr><td>GCD-3600</td><td>3600</td><td>1080</td><td>3800</td><td>60</td><td>ϕ28</td></tr>
<tr><td>GCD-4000</td><td>4000</td><td>1180</td><td>4200</td><td>72</td><td>ϕ28</td></tr>
</table>

注:本阀适用电源为380V/50Hz三相交流电,水平或垂直安装最佳。

表 13-26 北票真空设备有限公司 GI 系列、GIQ 系列高真空蝶阀基本参数

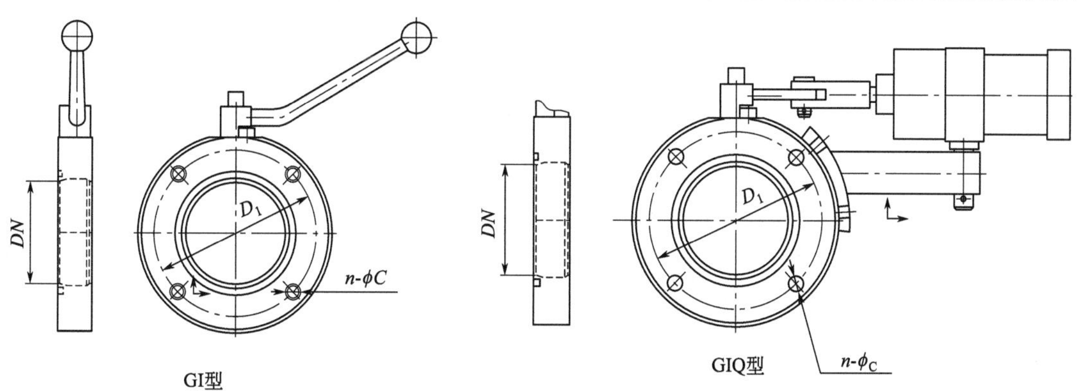

<table>
<tr><th colspan="2">型　　号</th><th rowspan="2">公称通径 DN /mm</th><th colspan="3">连接尺寸/mm</th><th rowspan="2">漏率 /Pa・L・s^{-1}</th><th rowspan="2">流导 /L・s^{-1}</th></tr>
<tr><th>手动</th><th>气动</th><th>D_1</th><th>n</th><th>ϕ_C</th></tr>
<tr><td>GI-32</td><td></td><td>32</td><td>70</td><td rowspan="4">4</td><td rowspan="5">9</td><td rowspan="8">1.3×10^{-7}</td><td>22</td></tr>
<tr><td>GI-40</td><td>GIQ-40</td><td>40</td><td>80</td><td>50</td></tr>
<tr><td>GI-50</td><td>GIQ-50</td><td>50</td><td>90</td><td>102</td></tr>
<tr><td>GI-63</td><td>GIQ-63</td><td>63</td><td>110</td><td>156</td></tr>
<tr><td>GI-80</td><td>GIQ-80</td><td>80</td><td>125</td><td rowspan="4">8</td><td>300</td></tr>
<tr><td>GI-100</td><td>GIQ-100</td><td>100</td><td>145</td><td>9</td><td>530</td></tr>
<tr><td>(GI-150)</td><td>(GIQ-150)</td><td>150</td><td>195</td><td>12</td><td>1500</td></tr>
<tr><td>GI-160</td><td>GIQ-160</td><td>160</td><td>200</td><td rowspan="3">11</td><td>1800</td></tr>
<tr><td>GI-200</td><td>GIQ-200</td><td>200</td><td>260</td><td rowspan="2">12</td><td rowspan="7">1.3×10^{-6}</td><td>2550</td></tr>
<tr><td>GI-250</td><td>GIQ-250</td><td>250</td><td>310</td><td>4180</td></tr>
<tr><td>(GI-300)</td><td>(GIQ-300)</td><td>300</td><td>350</td><td>8</td><td rowspan="5">14</td><td>6800</td></tr>
<tr><td>GI-400</td><td>GIQ-400</td><td>400</td><td>480</td><td rowspan="2">16</td><td>11000</td></tr>
<tr><td>GI-500</td><td>GIQ-500</td><td>500</td><td>580</td><td>17400</td></tr>
<tr><td>GI-630</td><td>GIQ-630</td><td>630</td><td>720</td><td>20</td><td>25000</td></tr>
<tr><td></td><td>GIQ-800</td><td>800</td><td>890</td><td>24</td><td>45000</td></tr>
</table>

注:法兰连接标准为GB 6070,也可根据用户要求制作其他标准型号,括号内型号为JB 919标准。

表 13-27 北票真空设备有限公司 GID 系列高真空蝶阀基本参数

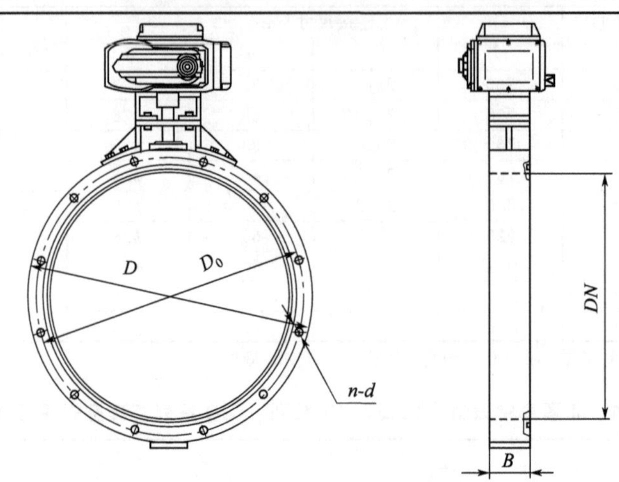

型号	公称直径 DN/mm	连接尺寸/mm				漏率/(Pa·L/s)
		D_0	D	B	n-d	
GID-50	50	90	110	22	4-ϕ9	1.3×10^{-7}
GID-63	63	110	130	22		
GID-80	80	125	145	30	8-ϕ9	
GID-100	100	145	165	30		
GID-125	125	175	200	30	8-ϕ11	
GID-160	160	200	225	35		
GID-200	200	260	285	40	12-ϕ11	
GID-250	250	310	335	45		
GID-320	320	395	425	55	12-ϕ14	1.3×10^{-5}
GID-400	400	480	510	60	16-ϕ14	
GID-500	500	580	610	80		
GID-630	630	720	750	100	20-ϕ14	1.3×10^{-4}
GID-800	800	890	920	130	24-ϕ14	
GID-1000	1000	1090	1120	150	32-ϕ14	
GID-1250	1250	1404	1440	280	36-ϕ19	

注：法兰连接标准为 GB 6070，也可根据用户要求制作其他标准型号。

表 13-28 北票真空设备有限公司 GFD 系列手电两用翻板阀基本参数

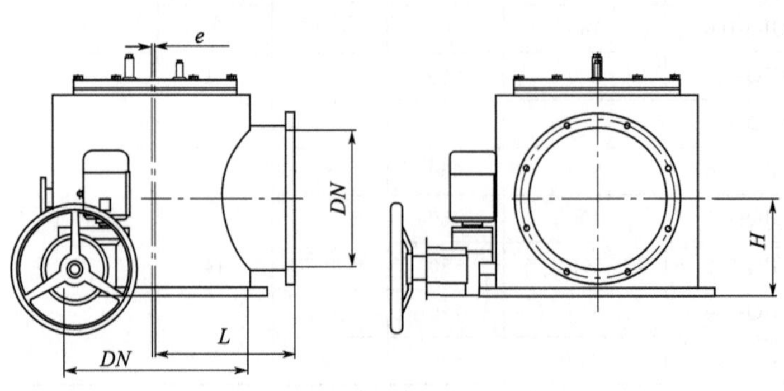

续表

型号/材质	公称通径 DN/mm	连接尺寸/mm			漏率 /Pa·L·s^{-1}	电动机功率 /kW	电动开闭时间/s
		L	H	e			
GFD-S100	100	150	122	11	1.3×10^{-4}	0.12	2.4
GFD-S160	160	200	154	13			5.3
GFD-S260	260	300	250	15.5			7
GFD-S300	300	300	250	15.5			
GFD-S500	500	480	344	25		0.18	9.4
GFD-S600	600	545	420	25			11
GFD-S900	900	700	650	25		0.6	10

注：本阀使用真空度为 $1\times10^{5}\sim1\times10^{-7}$Pa 范围，工作介质为清洁空气。

13.14.2 川北科技（北京）公司真空阀门

川北科技（北京）公司真空阀门基本参数见表 13-29～表 13-34。

表 13-29 川北科技（北京）公司高真空挡板阀基本参数

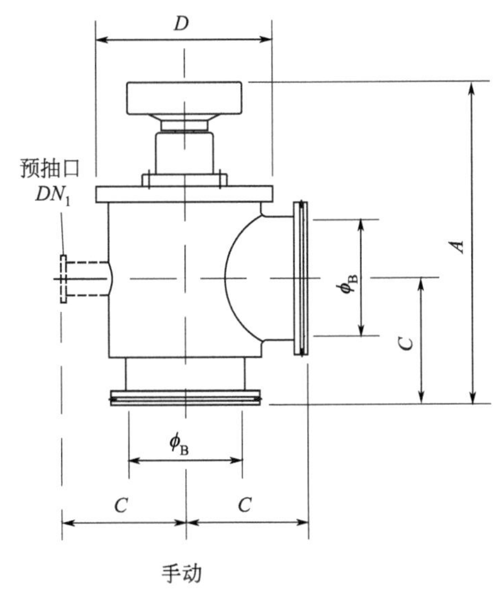

手动

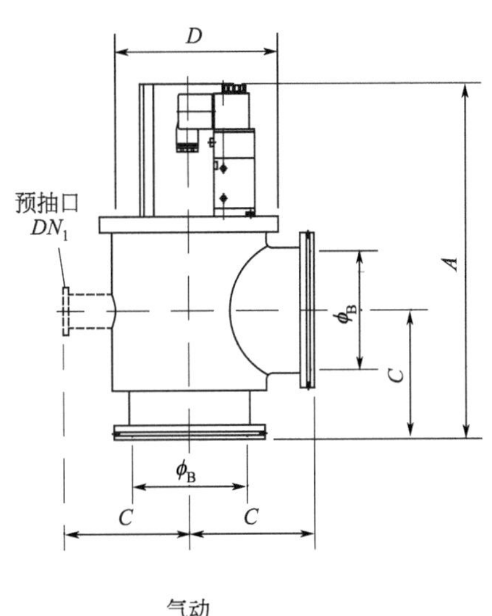

气动

型号		通径 DN /mm	连接尺寸/mm					漏率 /Pa·L·s^{-1}	流导 /L·s^{-1}	打开时阀板上压差/Pa	开闭时间(气动)/s
手动	气动		A	B	C	ϕ_D	DN_1				
GD-J16	GDQ-J16	16	114/110	16	40	54	—	1.3×10^{-7}	4.5	≤1.0×10^{5}Pa	1
GD-J25	GDQ-J25	25	119/115	25	50	54	—	1.3×10^{-7}	14	≤1.0×10^{5}Pa	1
GD-J40	GDQ-J40	40	151/157	40	65	64	—	1.3×10^{-7}	40	≤1.0×10^{5}Pa	1
GD-J50	GDQ-J50	50	171/152	50	70	78	—	1.3×10^{-7}	65	≤1.0×10^{5}Pa	1
GD-S63	GDQ-S63	63	279/238	63	88	104	—	1.3×10^{-7}	110	≤1.0×10^{5}Pa	2
GD-J100	GDQ-J100	100	331/298	100	108	154	—	1.3×10^{-7}	340	≤1.0×10^{5}Pa	3
GD-S160	GDQ-S160	160	410/546	150	138	226	40	1.3×10^{-7}	1000	≤1.0×10^{5}Pa	4

续表

型号		通径 DN /mm	连接尺寸/mm					漏率 /Pa·L·s^{-1}	流导 /L·s^{-1}	打开时阀板上压差/Pa	开闭时间（气动）/s
手动	气动		A	B	C	ϕ_D	DN_1				
GD-S200	GDQ-S200	200	468/516	200	178	254	50	1.3×10^{-7}	1400	$\leqslant3\times10^4$Pa	4
—	GDQ-S250	250	750	250	208	330	63	1.3×10^{-7}	2500	$\leqslant3\times10^4$Pa	4
—	GDQ-S320	320	856	320	250	400	80	1.3×10^{-7}	4200	$\leqslant3\times10^4$Pa	6
—	GDQ-S400	400	1067	400	330	510	100	1.3×10^{-7}	6400	$\leqslant3\times10^4$Pa	6
—	GDQ-S500	500	1198	500	360	616	125	1.3×10^{-6}	9600	$\leqslant3\times10^3$Pa	8
—	GDQ-S630	630	1398	630	450	760	160	1.3×10^{-6}	17000	$\leqslant3\times10^3$Pa	8
—	GDQ-S800	800	1638	800	520	880	200	1.3×10^{-6}	29000	$\leqslant3\times10^3$Pa	10

注：1. 适用范围：$1\times10^{-6}\sim1.2\times10^5$Pa（波纹管密封）；$1\times10^{-5}\sim1.2\times10^5$Pa（氟胶圈密封）。
2. 适用介质：空气及非腐蚀性气体（−30～150℃）。
3. 阀体材料为不锈钢（304）、铝合金（DN16～50）；密封件材料为氟橡胶。
4. 压缩空气：0.4～0.7MPa。
5. 目前最大通径为 DN1800。

表 13-30　川北科技（北京）公司高真空电磁挡板阀基本参数

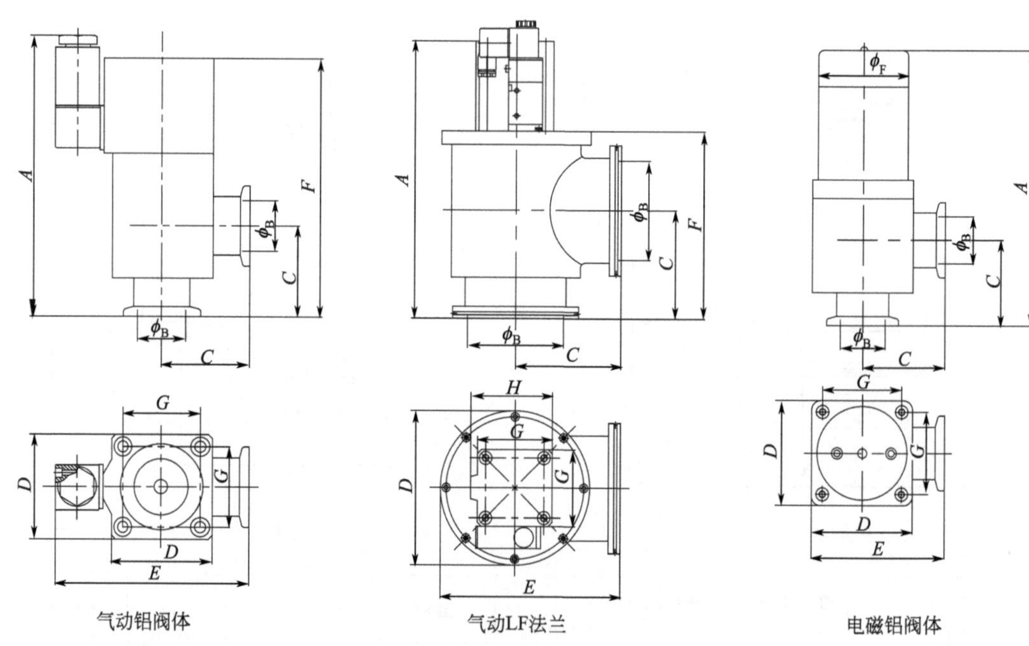

型号		DN /mm	连接尺寸/mm							
气动	电磁		A	B	C	D	E	F	G	H
DDQ-JQ16	DDC-JQ16	16	120/165	16	35	40/48	81/62.5	107.5/44	28/39	—
DDQ-JQ25	DDC-JQ25	16	140/190	25	45	52/56	101/73.5	130/50	40/44	—
DDQ-JQ40	DDC-JQ40	25	158/217	40	55	64/72	120/91.5	157/66	50/57	—
DDQ-JQ50	DDC-JQ50	25	188/243	50	65	80/78	129/97.5	189/72	50/63	—
DDQ-JQ63	—	40	223	63	88	103	153	154	40	57

续表

型号		DN /mm	连接尺寸/mm							
气动	电磁		A	B	C	D	E	F	G	H
DDQ-JQ80	—	40	254	80	98	133	165	169	50	71
DDQ-JQ100	—	50	283	100	108	154	185	187	60	84
DDQ-JQ160	—	50	385	153	138	235	256	252	77	109

主要性能指标

适用范围：$1\times10^{-3}\sim1.2\times10^{5}$Pa(氟胶圈密封)
打开时插板上的压差：$\leqslant1.0\times10^{5}$Pa 任意方向
阀体和阀座漏率：1.3×10^{-5}Pa·L·s^{-1}
首次保养循环次数：200000 次
周围空气温度：−5～40℃
安装位置：阀板密封面上端口接泵入气口
阀门开启或关闭时间：
气动驱动：≤1s；
电磁驱动：开启≤0.1s；关闭≤1s

电源：
气动驱动：交流 220V 50Hz，6W 或直流 24V，3W(特殊规格可定做)
电磁驱动：交流 220V 或 230V50Hz
压缩空气(只适用于气动)：0.4～0.7MPa
阀门位置指示：
气动驱动：带有启闭位置指示开关(磁性开关)
电磁驱动：带有开启位置指示灯

表 13-31 川北科技（北京）公司高真空挡板充气阀基本参数

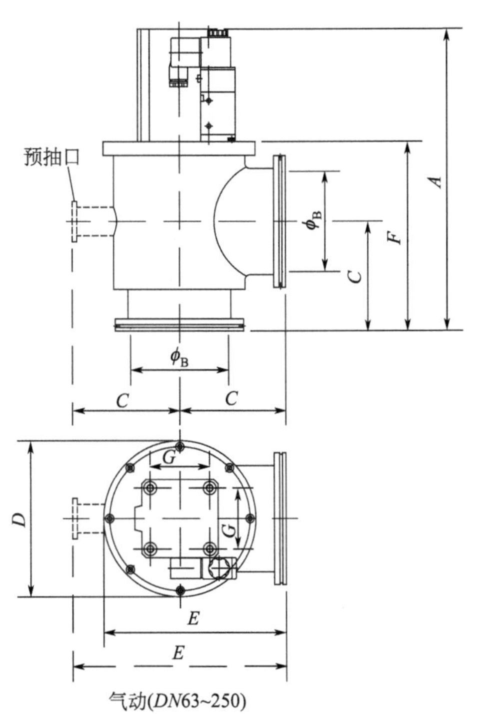

气动(DN63~250)

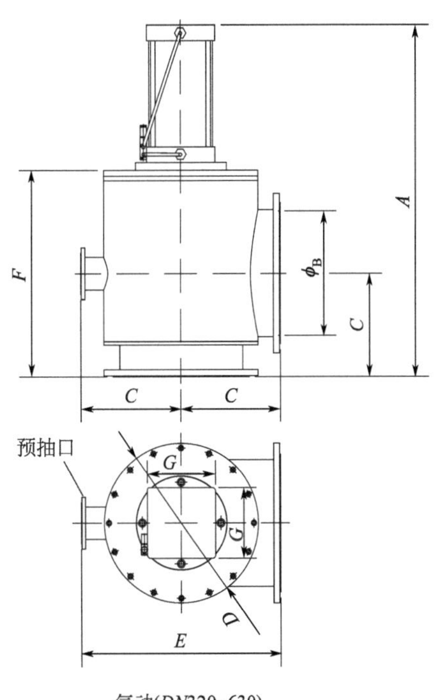

气动(DN320~630)

型号	DN /mm	连接尺寸/mm							
		A	B	C	D	E	F	G	预抽口
GFQ-J63	63	213	63	88	123	149.5	154	40	—
GFQ-J80	80	238	80	98	133	164.5	168.5	50	—
GFQ-J100	100	268	100	108	154	185	187	60	—

续表

型号	DN /mm	连接尺寸/mm							
		A	*B*	*C*	*D*	*E*	*F*	*G*	预抽口
GFQ-S160	160	376	150	138	226	276	256.5	77	KF40
GFQ-S200	200	455.5	200	178	254	356	322	77	KF50
GFQ-S250	250	614	250	208	306	416	410	84	LF63
GFQ-J320	320	735	320	250	400	500	516	112	LF80
GFQ-S400	400	934	400	330	510	660	624	220	LF100
GFQ-S500	500	500	1060	500	360	620	720	740	LF125
GFQ-S630	630	630	1180	630	450	760	900	860	LF160

主要性能指标

适用范围：

氟胶圈密封：$5.3\times10^{-5}\sim1.2\times10^{5}$Pa

波纹管密封：$5.3\times10^{-6}\sim1.2\times10^{5}$Pa

打开时插板上的压差：

*DN*63～160：≤1.0×10^{5}Pa 任意方向

*DN*200～400：≤3.0×10^{4}Pa 任意方向

其他：≤3.0×10^{3}Pa 任意方向

阀体和阀座漏率：1.3×10^{-7}Pa·L·s^{-1}

首次保养循环次数：100000 次

阀体烘烤温度：≤150℃

安装位置：

任意（*DN*≤160）；阀板密封面朝向真空（*DN*＞160）

电源：交流 220V 50Hz，6W 或直流 24V，3W

压缩空气：0.4～0.7MPa

阀门开启或关闭时间：2s（*DN*≤250）；4s（其他）

阀门位置指示：带有启闭位置指示开关（磁性开关）

表 13-32　川北科技（北京）公司高真空微调阀基本参数

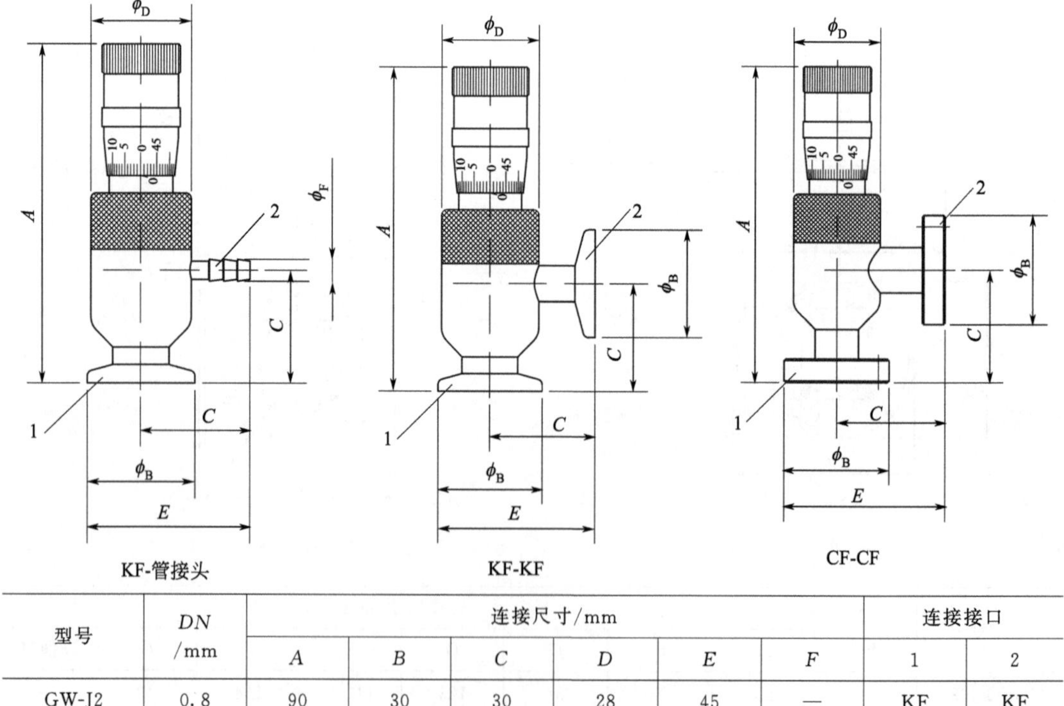

型号	DN /mm	连接尺寸/mm						连接接口	
		A	*B*	*C*	*D*	*E*	*F*	1	2
GW-J2	0.8	90	30	30	28	45	—	KF	KF
GW-J2	0.8	98	34	35	28	52	—	CF	CF
GW-J2	0.8	90	30	30	28	45	6	KF	管接头

续表

型号	DN /mm	连接尺寸/mm						连接接口	
		A	B	C	D	E	F	1	2
GW-J4	1.2	93.2	30	30	28	45		KF	KF
GW-J4	1.2	98	34	35	28	52	—	CF	CF
GW-J4	1.2	90	30	30	28	45	6	KF	管接头

主要性能指标

调节范围：$1\times10^{-5}\sim1.2\times10^{5}$Pa

最小可调流量：4.7×10^{-3}Pa·L·s^{-1}

打开时阀针上的压差：≤1.2×10^{5}Pa 任意方向

阀体和阀座漏率：1.3×10^{-7}Pa·L·s^{-1}

首次保养循环次数：3000 次

阀体烘烤温度：≤150℃

安装位置：任意

阀门位置指示：带有刻度盘指示

表 13-33 川北科技（北京）公司高真空插板阀基本参数

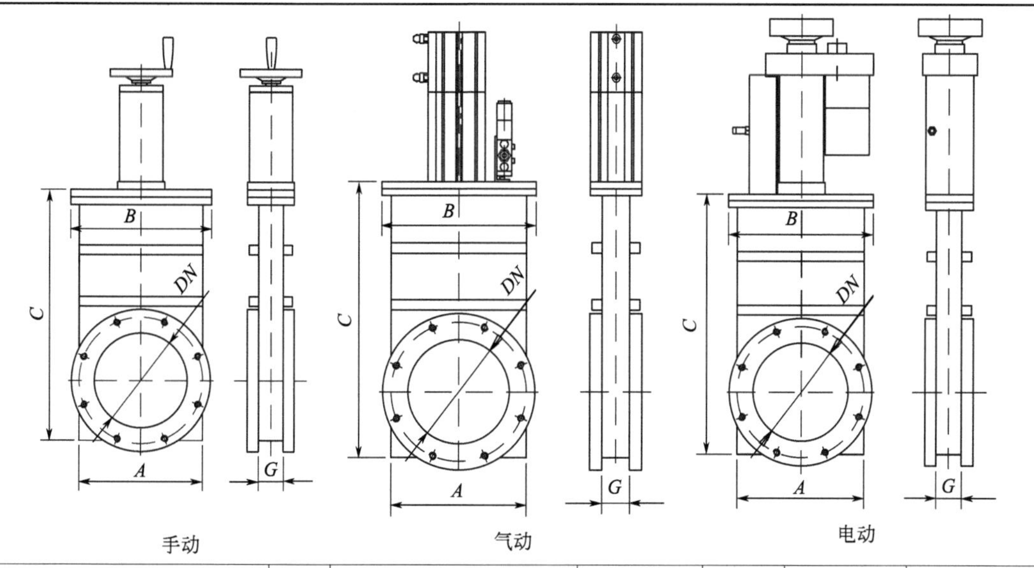

型号			通径 DN /mm	连接尺寸/mm				漏率 /Pa·L·s^{-1}	流导 /L·s^{-1}	打开时阀板上压差 /Pa	开闭时间/s	
手动	气动	电动		A	B	C	G				气动	电动
CC-100	CCQ-100	CCD-100	100	144	170	309	40	1.3×10^{-7}	1100	3×10^{3}Pa	≤6	≤40
CC-160	CCQ-160	CCD-160	150	201	226	424	45	1.3×10^{-7}	3400	3×10^{3}Pa	≤6	≤40
CC-200	CCQ-200	CCD-200	200	258	276	535	47	1.3×10^{-7}	7300	3×10^{3}Pa	≤6	≤40
CC-250	CCQ-250	CCD-250	250	310	334	646	54.5	1.3×10^{-7}	12000	3×10^{3}Pa	≤6	≤40
CC-320	CCQ-320	CCD-320	320	425	449	882	78	1.3×10^{-7}	21000	3×10^{3}Pa	≤10	≤60
—	CCQ-400	CCD-400	400	512	536	1066	78	1.3×10^{-7}	30000	1×10^{3}Pa	≤10	≤60
—	CCQ-500	—	500	610	634	1330	110	5.3×10^{-7}	51000	1×10^{3}Pa	≤16	—
—	CCQ-630	—	630	760	798	1640	160	5.3×10^{-7}	102000	1×10^{3}Pa	≤16	—
—	CCQ-800	—	800	920	968	2110	150	5.3×10^{-7}	—	1×10^{3}Pa	≤16	—
—	CCQ-1000	—	1000	1180	1230	2596	180	5.3×10^{-7}	—	1×10^{3}Pa	≤20	—
—	CCQ-1250	—	1250	1450	1530	3308	226	5.3×10^{-7}	—	1×10^{3}Pa	≤20	—
—	—	CCD-1600	1600	1720	1800	3781	—	6.3×10^{-7}	—	1×10^{3}Pa	—	≤90
—	—	CCD-1800	1800	2215	2400	5200	—	6.3×10^{-7}	—	1×10^{3}Pa	—	≤100
—	—	CCD-2000	2000	2266	2386	4820	—	6.3×10^{-7}	—	1×10^{3}Pa	—	≤110

续表

型号			通径DN/mm	连接尺寸/mm				漏率/Pa·L·s^{-1}	流导/L·s^{-1}	打开时阀板上压差/Pa	开闭时间/s	
手动	气动	电动		A	B	C	G				气动	电动
—	—	CCD-2200	2200	2600	2800	5768	—	6.3×10^{-7}	—	0.6×10^3Pa	—	≤120
—	—	CCD-2600	2600	3100	3435	6900	—	6.3×10^{-7}		0.6×10^3Pa	—	≤130
—	—	CCD-3000	3000	3586	3936	7250	—	6.3×10^{-7}		0.6×10^3Pa	—	≤150

注：1. 适用范围：

DN25～400：1×10^{-6}～1.2×10^5Pa（不锈钢阀体、波纹管密封）；

DN500～1250：3.5×10^{-6}～1.0×10^5Pa（不锈钢阀体、波纹管密封）；

DN1600～3000：6.3×10^{-5}～1.0×10^5Pa（不锈钢阀体）。

2. 适用介质：空气及非腐蚀性气体（−30～150℃）。

表 13-34 川北科技（北京）公司高真空可调式插板阀基本参数

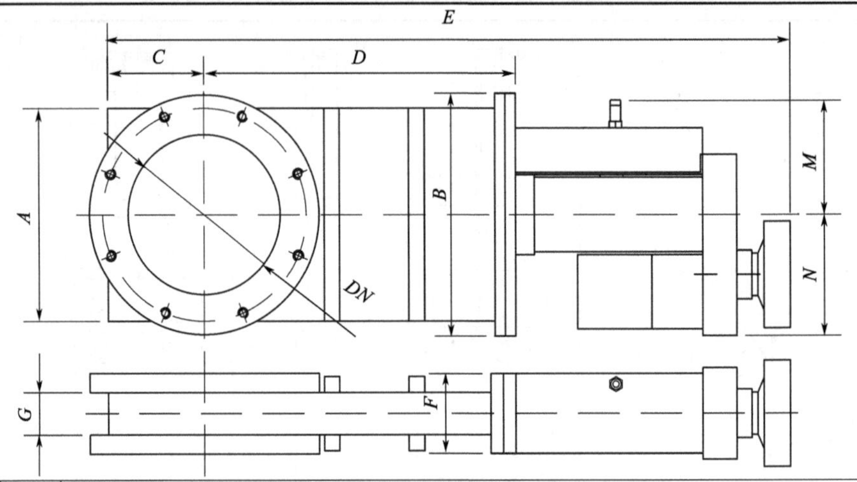

型号	DN/mm	连接尺寸/mm								
		A	B	C	D	E	F	G	M	N
CCJ-100B	100	151	178	74.5	228	539.5	75	36	108	128.5
CCJ-160B	160	201	228	95.5	302	663.5	75	41	108	155
CCJ-200B	200	248	276	120	380	774	75	42	108	160
CCJ-250B	250	310	342	146	462.5	882.5	80	48	108	154

主要性能指标

适用范围：1×10^{-6}～1.2×10^5Pa(盖板氟胶圈密封)

打开时插板上的压差：≤3.0×10^3Pa 任意方向

阀体和阀座漏率：1.3×10^{-7}Pa·L·s^{-1}

首次保养循环次数：10000 次

阀体烘烤温度：打开时≤200℃；关闭时≤150℃

安装位置：任意

电源：交流 220V50Hz 或直流 50V 以下，电流最大为 5.5A

阀门开启或关闭时间：可调

阀门位置指示：全关、全闭位置指示开关(微动开关)，其他位置通过脉冲来控制

产品特点

◆轴封为波纹管密封，其他密封件为氟橡胶，无润滑剂设计；

◆阀体采用不锈钢内部焊接，漏率小；

◆阀体采用加强筋结构，体积小、重量轻，外形美观；

◆采用双导轨轴承滚轮机构，运动平稳；阀板整体式结构，支撑力均匀；

◆步进电机驱动，阀门的阀板开启位置任意可调，可用于调节流量

第 14 章 低温阀门

14.1 概述

阀门是流体系统中的控制装置，是用来控制管道内介质流动的可动机械产品，其基本功能是接通或切断管路介质的流通，改变介质的流动方向，调节介质的压力和流量，保证流体系统正常运行。

工业阀门的大量应用是在瓦特发明蒸汽机之后，近二三十年来，由于石油、化工、电站、冶金、船舶、核能、宇航等迅猛发展，对阀门提出了更高的要求，促使人们研究和生产高参数的阀门，其工作温度从超低温−269℃到高温 1200℃，甚至高达 3430℃，工作压力从超真空 10^{-10}Pa 到超高压 10^{8}Pa，阀门通径从 1mm 到 600mm，甚至达到 9750mm，阀门的材料从铸铁、碳素钢发展到钛及钛合金、高强度耐腐蚀钢等，阀门的驱动方式从手动发展到电动、气动、液动，控制方式有程控、数控、遥控等。

随着低温技术的发展，与管道输送系统相配套的低温阀门也得到了迅猛发展，给低温阀门的设计制造提出了一系列的技术难题，如材料选择、低温密封、结构设计、固溶化处理、深冷处理、绝热处理、质量检测、维修等。

14.2 分类

阀门的用途广泛，种类繁多，分类方法也比较多，总的可分两大类：

第一类自动阀门：依靠介质（液体、气体）本身的动力而自行动作的阀门，如止回阀、安全阀、调节阀、减压阀等。

第二类驱动阀门：借助手动、电动、液动、气动来操纵阀门的动作，如闸阀，截止阀、节流阀、蝶阀、球阀、旋塞阀、节流阀等。

此外，阀门的分类还有以下几种方法。

(1) 按结构特征 根据关闭件相对于阀座移动的方向可分为：

① 截止型 关闭件沿着阀座中心移动，如图 14-1 所示。

② 闸门型 关闭件沿着垂直阀座中心移动，如图 14-2 所示。

③ 旋塞（或球）型 关闭件是柱塞或球，围绕本身的中心线旋转，如图 14-3 所示。

④ 旋启型 关闭件围绕阀座外的轴旋转，如图 14-4 所示。

⑤ 蝶阀 关闭件的圆盘，围绕阀座内的轴旋转，如图 14-5 所示。

⑥ 滑阀 关闭件在垂直于通道的方向滑动，如图 14-6 所示。

(2) 按用途 根据阀门的不同用途可分为：

① 开断用 用来接通或切断管路介质，如截止阀、闸阀、球阀、蝶阀等。

② 止回用　用来防止介质倒流，如止回阀。

③ 调节用　用来调节介质的压力和流量，如调节阀、减压阀。

④ 分配用　用来改变介质流向、分配介质，如三通旋塞、分配阀、滑阀等。

⑤ 安全阀　在介质压力超过规定值时，用来排放多余的介质，保证管路系统及设备安全，如安全阀、事故阀。

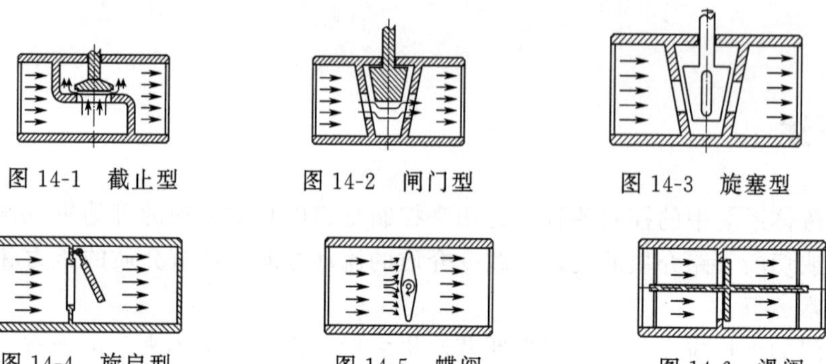

图 14-1　截止型　　图 14-2　闸门型　　图 14-3　旋塞型

图 14-4　旋启型　　图 14-5　蝶阀　　图 14-6　滑阀

14.3 阀门术语（摘自 GB/T 21465—2008）

14.3.1 阀门类别（中英文对照）

闸阀　gate valve；slide valve

截止阀　globe valve；stop valve

止回阀　check valve；non-return valve

球阀　ball valve

蝶阀　butterfly valve

14.3.2 结构及零件（中英文对照）

结构长度　face to face；end to end；face to end dimension

结构形式　type of construction

颈部伸长量　bonnet extension

低温冲击试验　low-temperature impact test

角式　angle type

直通式　through way type

保温式　steam jacket type

连接形式　type of connecting

电动装置　electric actuator

气动装置　pneumatic actuator

齿轮操作　gear operation

手轮操作　hand wheel

阀体　body

阀盖　bonnet；cover；cap；lid

阀瓣　disc

闸板　wedge

阀杆　stem；spindle

阀杆螺母　stem nut；yoke nut

填料函　stuffing box

填料压盖　gland

支架　yoke

上密封　back seat

阀座　seat

螺栓　blot

螺母　nut

填料　packing

球体　ball

销轴　hinge pin

摇杆　arm；hinge

密封面　seal face

主要性能参数　specification

公称压力（*PN*）　nominal pressure

公称通径（*DN*）　nominal diameter

工作压力　working pressure

壳体试验　shell test

密封试验　seal test

14.3.3 其他术语（中英文对照）

对焊连接方式　BW

承插焊连接方式　SW

全通径　F. P

螺栓连接阀盖　BB

内压自密封阀盖　PSB

齿轮操作　G. O

伞齿轮　BG

焊后热处理　PWHT

中心圆直径　PCD

硬质面　H. F

碳钢　CS

锻钢　FS

合金钢　AS

不锈钢　SS

铸铁　CI

明杆支架结构　OS&Y

14.3.4 参数及定义

(1) 阀门定义

① 阀门　用来控制管道内介质流动的具有可动机构的机械产品的总称。

② 通用阀门　各工业企业中管道上普遍采用的阀门。

③ 闸阀　启闭件（闸阀）由阀杆带动，沿阀座密封面作升降运动的阀门。

④ 截止阀　启闭件（阀瓣）由阀杆带动，沿阀座（密封面）轴线作升降运动的阀门。

⑤ 节流阀　通过启闭件（阀瓣）改变通路截面积以调节流量、压力的阀门。

⑥ 球阀　启闭件（球体）绕垂直于通路的轴线旋转的阀门。

⑦ 蝶阀　启闭件（蝶板）绕固定轴旋转的阀门。

⑧ 止回阀　启闭件（阀瓣）借介质作用力，自动阻止介质逆流的阀门。

⑨ 安全阀　一种自动阀门，它不借助任何外力，而是利用介质本身的力来排出额定数量的流体，以防止系统内压力超过预定的安全值，当压力恢复正常后，阀门再行关闭并阻止介质继续流出。

⑩ 减压阀　通过启闭件的节流，将压力降低，并利用本身介质能量，使阀后的压力自动满足预定要求的阀门。

⑪ 低压阀门　公称压力小于 1.6MPa 的各种阀门。

⑫ 中压阀门　公称压力为 2.5～6.4MPa 的各种阀门。

⑬ 高压阀门　公称压力 10～80MPa 的各种阀门。

⑭ 超高压阀门　公称压力大于 100MPa 的各种阀门。

⑮ 高温阀门　用于介质温度大于 450℃的各种阀门。

⑯ 低温阀门　用于介质温度低于－40℃以下的各种阀门。

(2) 公称压力

① 公称压力　制品在基准温度下的耐压强度，用 PN 表示，单位：MPa。

② 基准温度　材料不同，其基准温度也不同，如钢的基准温度为 250℃。

③ 公称压力 1.0MPa，记为：$PN1.0$MPa

(3) 试验压力

① 对制品进行强度试验的压力，用 p_s 表示。

② 试验压力 4.0MPa，记为：p_s 4.0MPa。

(4) 工作压力

① 管子和管件正常条件下所承受的压力，用 p_t 表示。

② $t\times10$＝制品的最高工作温度。

③ 介质的最高温度为 300℃，工作压力 10MPa，记为：p_{30}10MPa。

(5) 试验压力、公称压力、工作压力之间的关系

$p_s>PN>p_t$。

14.4 型号编制和代号表示方法（摘自 JB/T 308—2004）

14.4.1 阀门的型号编制方法

阀门型号由阀门类型、驱动方式、连接形式、结构形式、密封面材料或衬里材料类型、压力代号或工作温度下的工作压力、阀体材料七部分组成。

14.4.2 编制顺序

编制的顺序按阀体材料代号、压力代号或工作温度下的工作压力代号、密封面材料或衬里材料代号、结构形式代号、连接形式代号、驱动方式代号、阀门类型代号，见图 14-7。

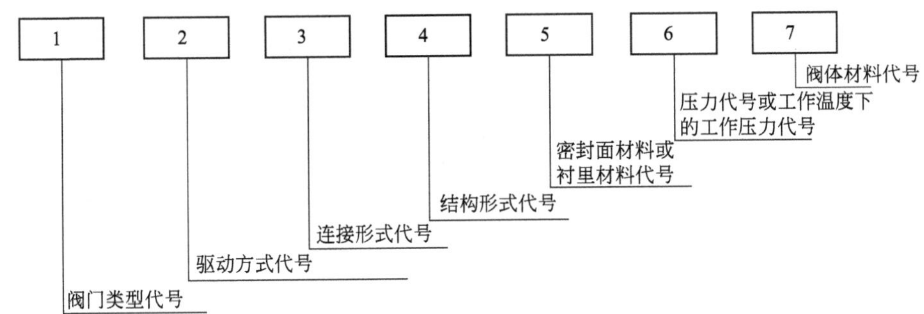

图 14-7 阀门型号编制顺序

14.4.3 阀门代号

14.4.3.1 阀门类型代号

① 阀门类型代号用汉语拼音字母表示，按表 14-1 的规定表示。

表 14-1 阀门类型代号

阀门类型	代号	阀门类型	代号
弹簧载荷安全阀	A	排污阀	P
蝶阀	D	球阀	Q
隔膜阀	G	蒸汽疏水阀	S
杠杆式安全阀	GA	柱塞阀	U
止回阀和底阀	H	旋塞阀	X
截止阀	J	减压阀	Y
节流阀	L	闸阀	Z

② 当阀门还具有其他功能作用或带有其他特异结构时，在阀门类型代号前再加注一个汉语拼音字母，按表 14-2 的规定。

表 14-2 具有其他功能作用或带有其他特异结构的阀门表示代号

第二功能作用名称	代号	第二功能作用名称	代号
保温型	B	排渣型	P
低温型	Da	快速型	Q
防火型	F	(阀杆密封)波纹管型	W
缓闭型	H		

注：低温型指允许使用温度低于－46℃以下的阀门。

14.4.3.2 驱动方式代号

驱动方式代号用阿拉伯数字表示，按表 14-3 的规定。

表 14-3 阀门驱动方式代号

驱动方式	代号	驱动方式	代号
电磁动	0	锥齿轮	5
电磁-液动	1	气动	6
电-液动	2	液动	7
蜗轮	3	气-液动	8
正齿轮	4	电动	9

注:代号 1、代号 2 及代号 8 是用在阀门启闭时,需有两种动力源同时对阀门进行操作。

① 安全阀、减压阀、疏水阀、手轮直接连接阀杆操作结构形式的阀门，本代号省略，不表示。

② 对于气动或液动机构操作的阀门：常开式用 6K、7K 表示；常闭式用 6B、7B 表示。

③ 防爆电动装置的阀门用 9B 表示。

14.4.3.3 连接形式代号

① 连接形式代号用阿拉伯数字表示，按表 14-4 规定。

② 各种连接形式的具体结构、采用标准方式（如法兰面形式及密封方式、焊接形式、螺纹形式及标准等），不在连接代号后加符号表示，应在产品的图样、说明书或订货合同等文件中予以详细说明。

表 14-4 阀门连接端连接形式代号

连接形式	代 号	连接形式	代 号
内螺纹	1	对夹	7
外螺纹	2	卡箍	8
法兰式	4	卡套	9
焊接式	6	—	—

14.4.3.4 阀门结构形式代号

阀门结构形式用阿拉伯数字表示，按表 14-5～表 14-15 规定。

表 14-5 闸阀结构形式代号

结构形式				代 号
阀杆升降式(明杆)	楔式闸板	弹性闸板		0
		刚性闸板	单闸板	1
			双闸板	2
	平行式闸板		单闸板	3
			双闸板	4
阀杆非升降式(暗杆)	楔式闸板		单闸板	5
			双闸板	6
	平行式闸板		单闸板	7
			双闸板	8

表 14-6　截止阀、节流阀和柱塞阀结构形式代号

结构形式		代　号	结构形式		代　号
阀瓣非平衡式	直通流道	1	阀瓣平衡式	直通流道	6
	Z 形流道	2		角式流道	7
	三通流道	3		—	—
	角式流道	4		—	—
	直流流道	5		—	—

表 14-7　球阀结构形式代号

结构形式		代　号	结构形式		代　号
浮动球	直通流道	1	固定球	直通流道	7
	Y 形三通流道	2		四通流道	6
	L 形三通流道	4		T 形三通流道	8
	T 形三通流道	5		L 形三通流道	9
	—	—		半球直通	0

表 14-8　蝶阀结构形式代号

结构形式		代　号	结构形式		代　号
密封型	单偏心	0	非密封型	单偏心	5
	中心垂直板	1		中心垂直板	6
	双偏心	2		双偏心	7
	三偏心	3		三偏心	8
	连杆机构	4		连杆机构	9

表 14-9　隔膜阀结构形式代号

结构形式	代　号	结构形式	代　号
屋脊流道	1	直通流道	6
直流流道	5	Y 形角式流道	8

表 14-10　旋塞阀结构形式代号

结构形式		代　号	结构形式		代　号
填料密封	直通流道	3	油密封	直通流道	7
	T 形三通流道	4		T 形三通流道	8
	四通流道	5		—	—

表 14-11　止回阀结构形式代号

结构形式		代　号	结构形式		代　号
升降式阀瓣	直通流道	1	旋启式阀瓣	单瓣结构	4
	立式结构	2		多瓣结构	5
	角式流道	3		双瓣结构	6
	—	—	蝶形止回式		7

表 14-12 安全阀结构形式代号

结构形式		代号	结构形式		代号
弹簧载荷，弹簧密封结构	带散热片全启式	0	弹簧载荷，弹簧不封闭且带扳手结构	微启式、双联阀	3
	微启式	1		微启式	7
	全启式	2		全启式	8
	带扳手全启式	4		—	—
杠杆式	单杠杆	2	带控制机构全启式		6
	双杠杆	4	脉冲式		9

表 14-13 减压阀结构形式代号

结构形式	代号	结构形式	代号
薄膜式	1	波纹管式	4
弹簧薄膜式	2	杠杆式	5
活塞式	3	—	—

表 14-14 蒸汽疏水阀结构形式代号

结构形式	代号	结构形式	代号
浮球式	1	蒸汽压力式或膜盒式	6
浮桶式	3	双金属片式	7
液体或固体膨胀式	4	脉冲式	8
钟形浮子式	5	圆盘热动力式	9

表 14-15 排污阀结构形式代号

结构形式		代号	结构形式		代号
液面连接排放	截止型直通式	1	液底间断排放	截止型直流式	5
	截止型角式	2		截止型直通式	6
	—	—		截止型角式	7
	—	—		浮动闸板型直通式	8

14.4.3.5 密封面或衬里材料代号

除隔膜阀外，当密封副的密封面材料不同时，以硬度低的材料表示，阀座密封面或衬里材料代号按表 14-16 规定的字母表示。

表 14-16 密封面或衬里材料代号

密封面或衬里材料	代号	密封面或衬里材料	代号
锡基轴承合金(巴氏合金)	B	尼龙塑料	N
搪瓷	C	渗硼钢	P
渗氮钢	D	衬铅	Q
氟塑料	F	奥氏体不锈钢	R
陶瓷	G	塑料	S
Cr13 系不锈钢	H	铜合金	T
衬胶	J	橡胶	X
蒙乃尔合金	M	硬质合金	Y

注：1. 隔膜阀以阀体表面材料代号表示。

2. 阀门密封副材料均为阀门的本体材料时，密封面材料代号用“W”表示。

14.4.3.6 压力代号

① 阀门使用的压力级符合 GB/T 1048 的规定时，采用 GB/T 1048 标准 10 倍的兆帕单位（MPa）数值表示。

② 当介质最高温度超过 425℃时，标注最高工作温度下的工作压力代号。

③ 压力等级采用磅级（lb）或 K 级单位的阀门，在型号编制时，应在压力代号栏后有 lb 或 K 的单位符号。

④ 公称压力小于等于 1.6MPa 的灰铸铁阀门的阀体材料代号在型号编制时予以省略。

⑤ 公称压力大于等于 2.5MPa 的碳素钢阀门的阀体材料代号在型号编制时予以省略。

14.4.3.7 阀体材料代号

阀体材料代号用表 14-17 的规定字母表示。

表 14-17 阀体材料代号

阀体材料	代号	阀体材料	代号
碳钢	C	铬镍钼系不锈钢	R
Cr13 系不锈钢	H	塑料	S
铬钼系钢	I	铜及铜合金	T
可锻铸铁	K	钛及钛合金	Ti
铝合金	L	铬钼钒钢	V
铬镍系不锈钢	P	灰铸铁	Z
球墨铸铁	Q		

注：CF3、CF8、CF3M、CF8M 等材料牌号可直接标在阀体上。

14.4.4 命名及示例

（1）说明

对于连接形式为“法兰”的结构形式：闸阀的“明杆”“弹性”“刚性”和“单闸板”，截止阀、节流阀的“直通式”，球阀的“浮动球”“固定球”和“直通式”，蝶阀的“垂直板式”，隔膜阀的“屋脊式”，旋塞阀的“填料”和“直通式”，止回阀的“直通式”和“单瓣式”，安全阀的“不封闭式”“阀座密封面材料”在命名中均予以省略。

（2）示例

① 电动、法兰连接、明杆楔式双闸板，阀座密封面材料由阀体直接加工，公称压力 *PN*0.1MPa、阀体材料为灰铸铁的闸阀：Z942W-1 电动楔式双闸板闸阀。

② 手动、外螺纹连接、浮动直通式阀座密封面材料为氟塑料、公称压力 *PN*4.0MPa、阀体材料为 1Cr18Ni9Ti 的球阀：Q21F-40P 外螺纹球阀。

③ 气动常开式、法兰连接、屋脊式结构并衬胶、公称压力 *PN*0.6MPa、阀体材料为灰铸铁的隔膜阀：G6K41J-6 气动常开式衬胶隔膜阀。

④ 液动、法兰连接、垂直板式、阀座密封材料为铸铜、阀瓣密封面材料为橡胶、公称压力 *PN*0.25MPa、阀体材料为灰铸铁的蝶阀：D741X-2.5 液动蝶阀。

⑤ 电动驱动对接焊连接、直通式、阀座密封面材料为堆焊硬质合金、工作温度 540℃时工作压力 17.0MPa、阀体材料铬钼钒钢的截止阀：J961Y-P54170V 电动焊接截

止阀。

14.5 阀门主要零件材料

制造阀门零件材料很多，包括各种不同牌号的黑金属、有色金属及其合金和各种非属材料等，制造阀门零件的材料要根据下列因素来选择：

① 工作介质的压力、温度和特性。

② 该零件的受力情况以及在阀门结构中所起作用。

③ 有较好的工艺性。

④ 在满足以上条件情况下，要有较低的成本。

14.5.1 阀体、阀盖和阀板（阀瓣）

阀体、阀盖和阀板（阀瓣）是阀门主要零件之一，直接承受介质压力，所用材料必须符合“阀门的压力与温度等级”的规定，常用材料有下面几种。

灰铸铁：灰铸铁适用于公称压力 $PN \leqslant 1.0$MPa，温度为－10～200℃的水、蒸汽、空气、煤气及油品等介质。灰铸铁常用牌号为 HT200、HT250、HT300、HT350。

可锻铸铁：适用于公称压力 $PN \leqslant 2.5$MPa，温度为－30～300℃的水、蒸汽、空气及油品介质。常用牌号有 KTH300-06、KTH330-08、KTH350-10。

球墨铸铁：适用于 $PN \leqslant 4.0$MPa，温度为－30～350℃的水、蒸汽、空气及油品等介质。常用牌号有 QT400-15、QT450-10、QT500-7。鉴于目前国内工艺水平，各厂参差不齐，用户又往往不易进行检验，根据经验，建议 $PN \leqslant 2.5$MPa，阀门还是采用钢制阀门为安全。

耐酸高硅球墨铸铁：适用于公称压力 $PN \leqslant 0.25$MPa，温度低于 120℃的腐蚀性介质。

碳素钢：适用于公称压力 $PN \leqslant 32.0$MPa，温度为－30～425℃的水、蒸汽、空气、氢、氨、氮及石油制品等介质。常用牌号有 WC1、WCB、ZG25 及优质钢 20、25、30 及低合金结构钢 16Mn。

铜合金：适用于 $PN \leqslant 2.5$MPa 的水、海水、氧气、空气、油品等介质，以及温度－40～250℃的蒸汽介质，QAZ19-2、QA19-4（铝青铜）。

高温铜：适用于公称压力 $PN \leqslant 17.0$MPa、温度≤570℃的蒸汽及石油产品。常用牌号有 ZGCr5Mo、1Cr5Mo、ZG20CrMoV、ZG15Gr1Mo1V、12CrMoV、WC6、WC9 等牌号，具体选用必须按照阀门压力与温度规范的规定。

低温钢：适用于公称压力 $PN \leqslant 6.4$MPa，温度≥－196℃的乙烯、丙烯、液态天然气、液氮等介质，常用牌号有 ZG1Cr18Ni9、0Cr18Ni9、1Cr18Ni9Ti、ZG0Cr18Ni9。

超低温钢：适用于公称压力 $PN \leqslant 6.4$MPa，温度≥－196℃的液氢、液氧等介质，常选用面心立方晶格的奥氏体不锈钢、铜合金或铝合金，其热处理后的低温力学性能，特别是低温冲击韧性必须达到标准的要求，常用牌号 0Cr17Ni12Mo2、00Cr17Ni14Mo2、0Cr18Ni9、00Cr18Ni10。

不锈耐酸钢：适用于公称压力 $PN \leqslant 6.4$MPa、温度≤200℃的硝酸，醋酸等介质，常用牌号有 ZG0Cr18Ni9Ti、ZG0Cr18Ni10（耐硝酸）、ZG0Cr18Ni12Mo2Ti、ZG1Cr18Ni12Mo2Ti

(耐酸和尿素)。

14.5.2 密封面材料

密封面是阀门最关键的工作面，密封面质量的好坏关系到阀门的使用寿命，通常密封面材料要考虑耐腐蚀、耐擦伤、耐冲蚀、抗氧化等因素。

通常分两大类：

(1) 软质材料

① 橡胶（包括丁腈橡胶、氟橡胶等）；

② 塑料（聚四氟乙烯、尼龙等）。

(2) 硬密封材料

① 铜合金（用于低压阀门）；

② 铬不锈钢（用于普通高中压阀门）；

③ 司太立合金（用于高温高压阀门及强腐蚀阀门）；

④ 镍基合金（用于腐蚀性介质）。

14.5.3 阀杆材料

阀杆在阀门开启和关闭过程中，承受拉、压和扭转作用力，并与介质直接接触，同时和填料之间还有相对的摩擦运动，有一定的耐腐蚀性和抗擦伤性，以及良好的工艺性。

常用的阀杆材料有以下几种。

(1) 碳素钢

用于低压和介质温度不超过300℃的水、蒸汽介质时，一般选用A5普通碳素钢。

用于中压和介质温度不超过450℃的水、蒸汽介质时，一般选用35优质碳素钢。

(2) 合金钢

用于中压和高压、介质温度不超过450℃的水、蒸汽、石油等介质时，一般选用40Cr(铬钢)。

用于高压、介质温度不超过540℃的水、蒸汽等介质时，可选用38CrMoAlA渗氮钢。

用于高压、介质温度不超过570℃的蒸汽介质时，一般选用25Cr2MoVA铬钼钒钢。

(3) 耐酸不锈钢

用于中压和高压、介质温度不超过450℃的非腐蚀性介质与弱腐蚀性介质，可选用1Cr13、2Cr13、3Cr13铬不锈钢。用于腐蚀性介质时，可选用Cr17Ni2、1Cr18Ni9Ti、Cr18Ni12Mo2Ti、Cr18Ni12Mo3Ti等不锈耐酸钢和PH15-7Mo沉淀硬化钢。

(4) 耐热钢

用于介质温度不超过600℃的高温阀门时，可选用4Cr10Si2Mo马氏体型耐热钢和4Cr14Ni14W2Mo奥氏体型耐热钢。

14.5.4 阀杆螺母材料

阀杆螺母在阀门开启和关闭过程中，直接承受阀杆轴向力，因此必须具备一定的强度。同时它与阀杆是螺纹传动，要求摩擦系数小，不生锈和避免咬死现象。

(1) 铜合金

铜合金的摩擦系数较小，不生锈，是目前普遍采用的材料之一。对于PN<1.6MPa

的低压阀门可采用 ZHMn58-2-2 铸黄铜。对于 PN 在 16～6.4MPa 的中压阀门可采用 ZQAL9-4 无锡青铜，对于高压阀门可采用 ZHAL66-6-3-2 铸黄铜。

(2) 钢

当工作条件不允许采用铜合金时，可选用 35、40 等优质碳素钢，2Cr13、1Cr18Ni9、Cr17Ni2 等不锈耐酸钢。

工作条件不允许指下列情况：

① 对于电动阀门，带有爪形离合器的阀杆螺母，须进行热处理获得高的硬度或表面硬度。

② 工作介质或周围环境不适合选用铜合金时，如对铜有腐蚀的氨介质。

③ 用钢制阀杆螺母时，要特别注意螺纹的咬死现象。

14.5.5 紧固件、填料及垫片材料

(1) 紧固件材料

紧固件主要包括螺栓、双头螺柱和螺母。紧固件在阀门上直接承受压力，对防止介质外流起至关重要的作用，因此选用的材料必须保证在使用温度下有足够的强度与冲击韧性。

根据介质压力和温度选择紧固件材料时可按表 14-18 选择。

表 14-18 介质压力和温度对应的紧固件材料

名称	公称压力/MPa	介质温度/℃					
		300	350	400	425	450	530
螺栓	1.6～2.5	Q235-A		35		30CrMoA	—
双头螺栓	4.0～10.0	35				35CrMoA	25Cr2MoVA

选用合金钢材料时必须经过热处理。对紧固件有特殊耐腐蚀要求时，可选用 Cr17Ni2、2Cr13、1Cr18Ni9 等不锈耐酸钢。

(2) 填料材料

在阀门上，填料是用来充填阀盖填料室的空间，以防止介质经由阀杆和阀盖填料室空间泄漏。

① 对填料的要求

a. 耐腐蚀性好，填料与介质接触，必须能耐介质的腐蚀。

b. 密封性好，填料在介质及工作温度的作用下不泄漏。

c. 摩擦系数小，以减小阀杆与填料间的摩擦力矩。

② 填料的种类　填料可分为软质填料及硬质填料两种。

a. 软质填料：系由植物质，即大麻、亚麻、棉、黄麻等；或由矿物质，即石棉纤维，或由石棉纤维内夹金属丝和外涂石墨粉等编织的线绳；近年来新发展的柔性石墨填料材料。植物质填料较便宜，常用于 100℃以下的低压阀门；矿物质填料可用于 450～500℃的阀门。橡胶 O 形圈做填料的结构，近几年也在逐步推广，但介质温度一般限制在 60℃以下。高温高压阀门上的填料也有采用纯石棉加片状石墨粉压紧而成的。

b. 硬质填料：即由金属或金属与石棉、石墨混合而成的填料以及聚四氟乙烯压合烧结而成型的填料，金属填料使用较少。

③ 填料的选择　选择填料要根据介质、温度和压力来选择，常用的材料有以下几种。

a. 油浸石棉绳：可按表 14-19 选择。

b. 橡胶石棉绳：可按表 14-20 选择。

表 14-19　油浸石棉绳

名称	牌号	形状	规格(直径或方形边长)/mm	使用极限压力/(kgf/cm^2)	使用极限温度/℃	用途
油浸石棉绳	YS450	F	3,4,5,6,8,10,13,16,19,22,25	60	450	用于水蒸气、空气、石油产品
		Y	5,6,8,10,13,16,19,22,25			
		N	3,5,6,8,10,13,16,19,22,25			
	YS350	F/Y/N	3,5,6,8,10,13,16,19,22,25	45	350	
	YS250	F/Y/N	3,5,6,8,10,13,16,19,22,25	45	350	

注：$1kgf/cm^2=98.0665kPa$。形状代号 F 表示方的、穿心或一至多层编结；Y 表示圆的，中间是一扭制芯子，外边是一至多层编结；N 表示扭制的。

表 14-20　橡胶石棉绳

名称	牌号	规格(直径或方形边长)/mm	适用极限压力/(kgf/cm^2)	适用极限温度/℃	用途
橡胶石棉绳	XS450	3,4,5,6,8,10,13,16,19,22,25,28	60	450	用于蒸汽、石油产品
	XS350		45	350	
	XS250		45	250	

c. 石墨石棉绳：石棉绳上涂有石墨粉，可用于温度 450℃以上，压力可以达到 16MPa，一般适用于高压蒸汽上。近来又逐步采用了压成人字形填料，单圈放置，密封性好。

d. 聚四氟乙烯：这是一种目前使用较广的填料，特别适用于腐蚀性介质上，但温度不得超过 200℃。一般采用压制或棒料车成，形状如图 14-8 所示。

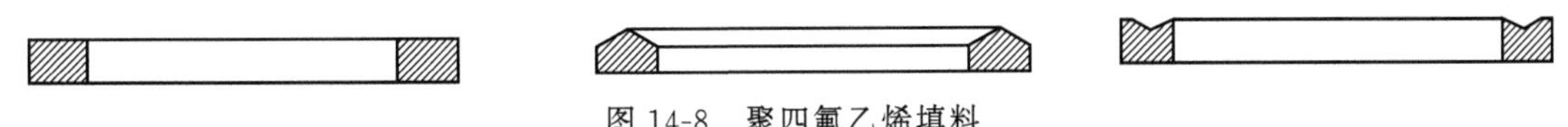

图 14-8　聚四氟乙烯填料

(3) 垫片材料

垫片是用来充填两个结合面（如阀体和阀盖之间的密封面）间所有凹凸不平处，以防止介质从结合面间泄漏。

① 对垫片的要求　垫片材料在工作温度下具有一定的弹性和塑性以及足够的强度，以保证密封；同时要具有良好的耐腐蚀性。

② 垫片材料的种类和选择　垫片可分为软质和硬质两种，软质一般为非金属材料，如硬纸板、橡胶、石棉橡胶板、聚四氟乙烯等；硬质一般为金属材料或者金属包石棉、金属与石棉缠绕的等。垫片的形状有扁平的、圆形的、椭圆形的、齿形的、透镜式的以及其他特殊形状的。

图 14-9 所示为金属包有石棉衬垫和金属石棉缠绕式垫片

图 14-10 为橡胶制 O 形圈、梯形槽式金属垫片、密封面凹凸式金属齿形垫片、密封面透镜式金属垫片。

金属垫片的材料一般用 08、10、20 优质碳素钢和 1Cr13、1Cr18Ni9 不锈钢，加工精

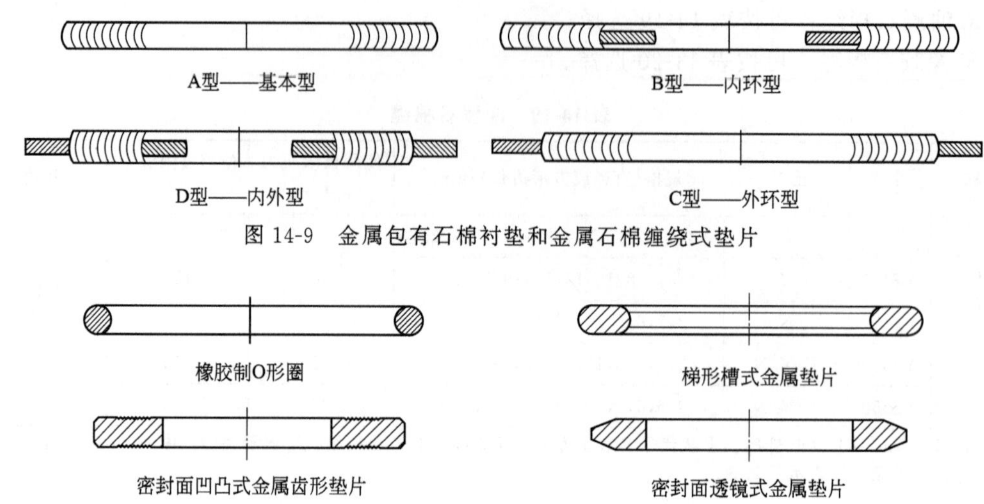

图 14-9 金属包有石棉衬垫和金属石棉缠绕式垫片

图 14-10 密封垫形式

度和表面光洁度要求较高，适用于高温高压阀门。

非金属垫片材料一般塑性较好，用不大的压力就能达到密封，适用于低温低压阀门。垫片材料可按表 14-21 选择。

表 14-21 垫片材料

垫片材料	介质	应用范围	
		压力/MPa	温度/℃
厚纸板	水、油类	≤10	40
油浸纸板	水、油类	≤10	40
橡胶板	水、空气	≤6	50
石棉板	蒸汽、煤气	≤6	450
聚四氟乙烯	腐蚀性介质	≤25	200
橡胶石棉板 XB-450	蒸汽、空气、煤气	≤60	450
XB-350	蒸汽、空气、煤气	≤40	350
XB-200	蒸汽、空气、煤气	≤15	200
耐油橡胶石棉板	油类	160	30
08 钢与 XB-450 充填	蒸汽	100	450
08 钢与 XB-350 充填	蒸汽	40	350
1Cr13、0Cr13 石棉充填	蒸汽	100	600
08 钢与耐油橡胶石棉充填	油类	100	350
铜	蒸汽、空气	100	250
铝	蒸汽、空气	64	350
10 钢、20 钢	蒸汽、油类	200	450
1Cr13	蒸汽	200	550
1Cr13Ni9	蒸汽	200	600

14.6 低温阀门

14.6.1 截止阀（摘自 GB/T 24925—2019）

14.6.1.1 概述

低温截止阀是指关闭件（阀瓣）沿阀座中心线移动的阀门，根据阀瓣的移动形式，阀座通口的变化与阀瓣行程成正比例关系。由于该类阀门的阀杆开启或关闭行程相对较短，而且具有非常可靠的切断功能，且阀座通口的变化与阀瓣行程存在正比例关系，适合于对流量的调节。因此，这种类型的阀门适合作为切断、调节及节流使用。

低温截止阀一旦处于开启状态，它的阀座和阀瓣密封面之间就不再有接触，因而它的密封面机械磨损较小。由于大部分截止阀的阀座和阀瓣比较容易修理，更换密封元件时无需把整个阀门从管线上拆下来，这对于阀门和管线焊接成一体的场合是很适用的。

14.6.1.2 低温截止阀分类

① 直通式截止阀。

② 角式截止阀　在角式截止阀中，流体只需改变一次方向，以至于通过此阀门的压力降比常规结构的截止阀小。

③ 直流式截止阀　在直流式或 Y 形截止阀中，阀体的流道与主流道成一斜线，这样流动状态的破坏程度比常规截止阀要小，因而通过阀门的压力损失也相应地小了。

④ 柱塞式截止阀　这种形式的截止阀是常规截止阀的变型。在该阀门中，阀瓣和阀座通常是基于柱塞原理设计的。阀瓣磨光成柱塞与阀杆相连接，密封是由套在柱塞上的两个弹性密封圈实现的。两个弹性密封圈用一个套环隔开，并通过由阀盖螺母施加在阀盖上的载荷把柱塞周围的密封圈压牢。弹性密封圈能够更换，可以采用各种各样的材料制成，该阀门主要用于“开”或者“关”，但是具有特制形式的柱塞或特殊的套环，也可以用于调节流量。

14.6.1.3 低温截止阀的特点

① 结构简单，制造与维修都较方便。

② 密封面不易磨损及擦伤，密封性好，启闭时阀瓣与阀体密封面之间无相对滑动，使用寿命长。

③ 启闭力矩大，启闭较费力，启闭时间较长。

④ 流体阻力大，因阀体内介质通道较曲折，流体阻力大，动力消耗大。

⑤ 介质流动方向：公称压力 $PN \leqslant 16$MPa 时，一般采用顺流，介质从阀瓣下方向上流；公称压力 $PN \geqslant 20$MPa 时，一般采用逆流，介质从阀瓣上方向下流，以增加密封性能。使用时，截止阀介质只能单方向流动，不能改变流动方向。

⑥ 全开时阀瓣经常受冲蚀。

⑦ 不适用于带颗粒、黏度较大、易结焦的介质。

14.6.1.4 低温截止阀结构

低温截止阀结构如图 14-11 所示。

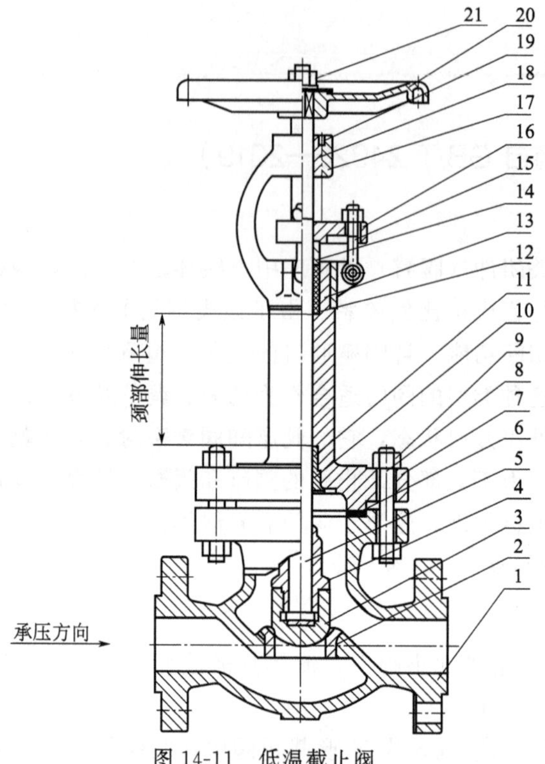

图 14-11 低温截止阀

1—阀体；2—阀座；3—阀瓣；4—阀瓣卡套；5—阀杆；6—垫片；7—阀杆；8—螺柱；9,21—螺母；10—上密封座；11—支撑轴承；12—填料垫；13—填料；14—填料压套；15—活节螺栓；16—填料压盖；17—支架；18—阀杆螺母；19—螺钉；20—手轮

14.6.2 减压阀

14.6.2.1 概述

减压阀是一种自动降低管路工作压力的专门装置，它可将阀前管路较高的压力减少至阀后管路所需的水平。

从流体力学的观点看，减压阀是一个局部阻力可以变化的节流元件，即通过改变节流面积，使流速及流体的动能改变，造成不同的压力损失，从而达到减压的目的。然后依靠控制与调节系统的动作，使阀后压力的波动与弹簧力相平衡，使阀后压力在一定的误差范围内保持恒定。

14.6.2.2 减压阀基本性能

① 调压范围　指减压阀输出压力的可调范围，在此范围内要求达到规定的精度，调压范围主要与调压弹簧的刚度有关。

② 压力特性　指流量为定值时，因输入压力波动而引起输出压力波动的特性。输出压力波动越小，减压阀的特性越好。输出压力必须低于输入压力一定值才基本上不随输入压力变化而变化。

③ 流量特性　指输入压力一定时，输出压力随输出流量的变化而变化的特性，当流量发生变化时，输出压力的变化越小越好，一般输出压力越低，它随输出流量的变化波动就越小。

减压阀的构造类型很多，按结构形式可分为薄膜式、弹簧薄膜式、活塞式、杠杆式和波纹管式；按阀座数目可分为单座式和双座式；按阀瓣的位置不同可分为正作用式和反作用式。

近年来又出现一些新型减压阀，如定比式减压阀，定比减压原理是利用阀体中浮动活塞的液压比控制，进出口端减压比与进出口侧活塞面积比成反比。这种减压阀工作平稳无振动；阀体内无弹簧，故无弹簧锈蚀、金属疲劳失效之虑；密封性能良好不渗漏，因而既减动压（液体流动时）又减静压（流量为 0 时），特别是在减压的同时不影响流体流量。

14.6.2.3 减压阀结构

(1) 低温气体减压阀

低温气体减压阀如图 14-12 所示。压力为 p_1 的流体，由左端输入经进液口 8 节流后，压力降为 p_2 输出，p_2 的大小可由调压弹簧 2 进行调节。顺时针旋转调节旋钮 1，调压弹簧 2 及膜片 5 使阀芯 6 下移，增大进液口 8 的开度使 p_2 增大；若反时针旋转调节旋钮 1，进液口 8 的开度减小，p_2 随之减小。若 p_1 瞬时升高，p_2 将随之升高，使膜片室 4 内压力升高，在膜片 5 上产生的推力相应增大，此推力破坏了原来力的平衡，使膜片 5 向上移动。在膜片上移的同时，因复位弹簧 7 的作用，使阀芯 6 也向上移动，关小进液口 8，节流作用加大，使输出压力下降，直至达到新的平衡为止，输出压力基本又回到原来值。若输入压力瞬时下降，输出压力也下降，膜片 5 下移，阀芯 6 随之下移，进液口 8 开大，节流作用减小，使输出压力也基本回到原来值。

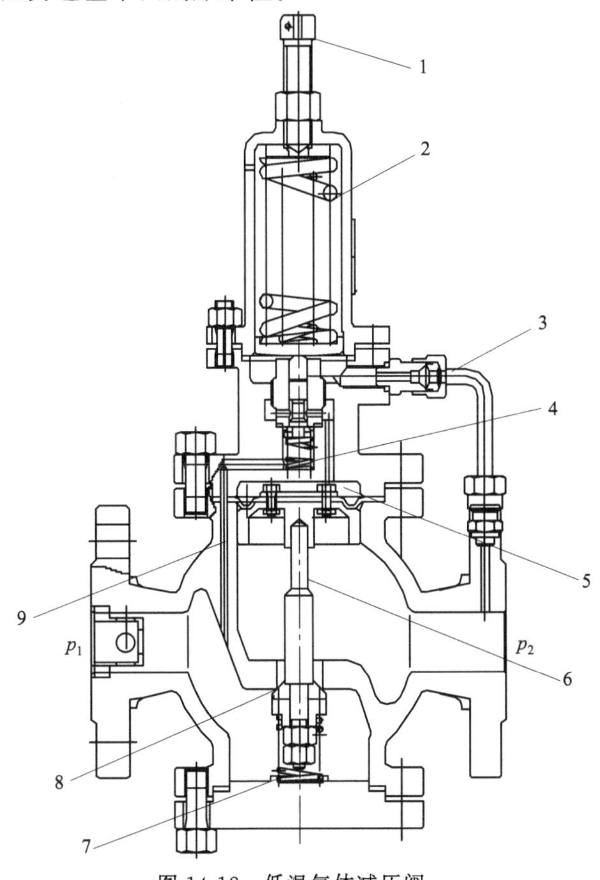

图 14-12 低温气体减压阀

1—调节旋钮；2—调压弹簧；3，9—引压管；4—膜片室；5—膜片；6—阀芯；7—复位弹簧；8—进液口

(2) 低温液体减压阀

低温液体减压阀如图 14-13 所示。压力为 p_1 的流体，由右端输入经节流口 6 节流后，压力降为 p_2 输出。p_2 的大小可由调压弹簧 2 进行调节。顺时针旋转旋钮 1，调压弹簧 2 被压缩，阀芯 7 下移，节流口 6 的开度减小至零；仅当流体 p_1 的压力大于弹簧的弹力，使膜片 3 受到向上的力，带动阀芯 7 上移，流经节流口 6 的流体，受到节流作用压力降至 p_2。弹簧的压缩量越大，节流作用越明显，流体的压力降越大；反之亦然。

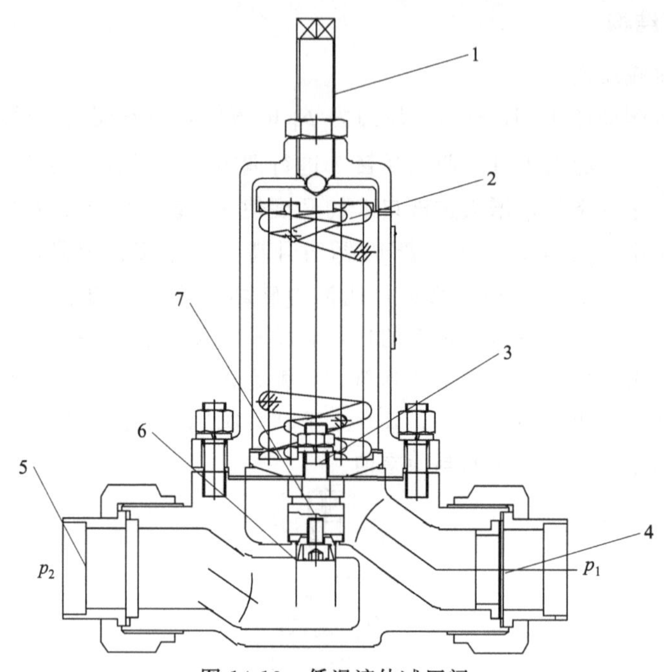

图 14-13　低温液体减压阀

1—旋钮；2—调压弹簧；3—膜片；4—进液口；5—出液口；6—节流口；7—阀芯

阀门安装好后，根据需要，参照阀后的压力表，调整阀门顶端的调节旋钮，使阀前介质压力达到需要的设定值，阀门即可处于工作状态；当阀前压力低于设定值时，阀门处于关闭状态，当阀前压力高于设定值时，阀门开启，介质流向出口，从而降低阀前介质压力，直到阀前介质压力降到低于设定值时阀门关闭。

14.6.2.4　减压阀选型计算

① 根据介质的绝热指数确定气体的临界压力比，如公式(14-1)

$$\sigma_x=[2/(1+k)]^{[k/(k-1)]} \tag{14-1}$$

式中　σ_x——临界压力比；

k——绝热指数。

② 根据阀前后压力之比值与临界压力大小比较，确定介质的理论流量。若 $p_2/p_1>\sigma_x$，则采用公式(14-2)。

$$G=36\sqrt{2\times 9.8\frac{k}{k-1}\frac{p_1}{\gamma}\left[\left(\frac{p_2}{p_1}\right)^{2/k}-\left(\frac{p_2}{p_1}\right)^{\frac{k+1}{k}}\right]} \tag{14-2}$$

式中　G——介质的理论流量，$\mathrm{kg/(cm^2\cdot h)}$；

p_1——阀前压力，Pa；

p_2——阀后压力，Pa；

γ——阀前流体比体积，m^3/kg。

显然，比体积和密度互为倒数关系，阀前流体密度可以通过式(14-3) 进行计算。

$$\rho=\frac{98Mp_1}{RT} \tag{14-3}$$

式中 ρ——阀前流体的密度，kg/m^3；

M——气体的摩尔质量，g/mol；

R——气体常数，8.314kJ/(mol·K)；

T——流体温度，K。

若 $p_2/p_1 \leqslant \sigma_x$，则采用公式(14-4)

$$G=36\sqrt{9.8k\frac{p_1}{\gamma}\left(\frac{2}{k+1}\right)^{\frac{k+1}{k-1}}} \tag{14-4}$$

③ 确定介质实际流量，如公式(14-5)

$$q=GC \tag{14-5}$$

式中 q——介质实际流量，$kg/(cm^2 \cdot h)$；

C——流量系数，一般在 0.45～0.6 之间。

④ 依公式(14-6) 确定阀孔面积

$$f=Q/q \tag{14-6}$$

式中 f——阀孔面积，cm^2；

Q——减压阀流量，kg/h；

q——流体实际流量，$kg/(cm^2 \cdot h)$。

⑤ 阀体孔径 d，按公式(14-7) 确定

$$d=\sqrt{\frac{f}{4\pi}} \tag{14-7}$$

式中 d——阀体孔径，cm。

14.6.3 止回阀

14.6.3.1 概述

止回阀又称单向阀或逆止阀，启闭件靠介质流动的力量自行开启或关闭，以防止介质倒流。

止回阀按结构划分，可分为升降式止回阀、旋启式止回阀和蝶式止回阀三种。

升降式止回阀的结构一般与截止阀相似，其阀瓣沿着通道中心线作升降运动，动作可靠，但流体阻力较大，适用于小口径的场合。升降式止回阀有直通式和立式两种。直通式升降止回阀一般只能安装在水平管路，而立式升降止回阀一般就安装在垂直管路。

旋启式止回阀的阀瓣绕转轴作旋转运动，其流体阻力一般小于升降式止回阀，它适用于较大口径的场合。旋启式止回阀根据阀瓣的数目可分为单瓣旋启式、双瓣旋启式及多瓣旋启式三种。单瓣旋启式止回阀一般适用于中等口径的场合。大口径管路选用单瓣旋启式止回阀时，为减少液体压力冲击，最好采用能减小冲击压力的缓闭止回阀。双瓣旋启式止

回阀适用于大中口径管路。对夹双瓣旋启式止回阀结构小、重量轻，是一种发展较快的止回阀。多瓣旋启式止回阀适用于大口径管路。

蝶式止回阀的结构类似于蝶阀，其结构简单、流阻较小，液体冲击压力亦较小。

14.6.3.2 止回阀结构

低温对夹式止回阀如图 14-14 所示，低温旋启式止回阀如图 14-15 所示。

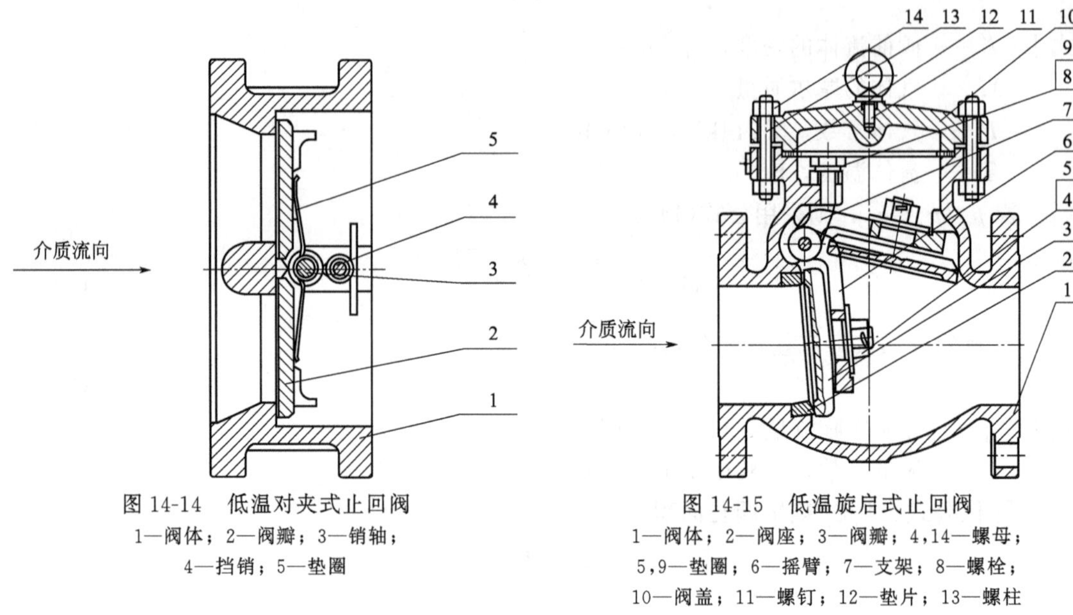

图 14-14 低温对夹式止回阀

1—阀体；2—阀瓣；3—销轴；4—挡销；5—垫圈

图 14-15 低温旋启式止回阀

1—阀体；2—阀座；3—阀瓣；4,14—螺母；5,9—垫圈；6—摇臂；7—支架；8—螺栓；10—阀盖；11—螺钉；12—垫片；13—螺柱

14.6.4 调节阀

14.6.4.1 概述

调节阀（图 14-16）又名控制阀，通过接受调节控制单元输出的控制信号，借助动力操作去改变流体流量。调节阀一般由执行机构和阀门组成。如果按其所配执行机构使用的动力，调节阀可以分为气动调节阀、电动调节阀、液动调节阀三种，即以压缩空气为动力源的气动调节阀，以电为动力源的电动调节阀，以液体介质（如油等）压力为动力的液动调节阀。另外，按其特性可以分为线性特性、等百分比特性及抛物线特性三种。

调节阀通常分为直通单座式调节阀和直通双座式调节阀两种，后者具有流通能力大、不平衡力小和操作稳定的特点，所以通常特别适用于大流量、高压降和泄漏少的场合。

三种流量特性的意义如下：

① 等百分比特性的相对行程和相对流量不成直线关系，在行程的每一点上单位行程变化所引起的流量的变化与此点的流量成正比，流量变化的百分比是相等的。所以它的优点是流量小时，流量变化小，流量大时，则流量变化大，也就是在不同开度上，具有相同的调节精度。

② 线性特性的相对行程和相对流量成直线关系。单位行程的变化所引起的流量变化

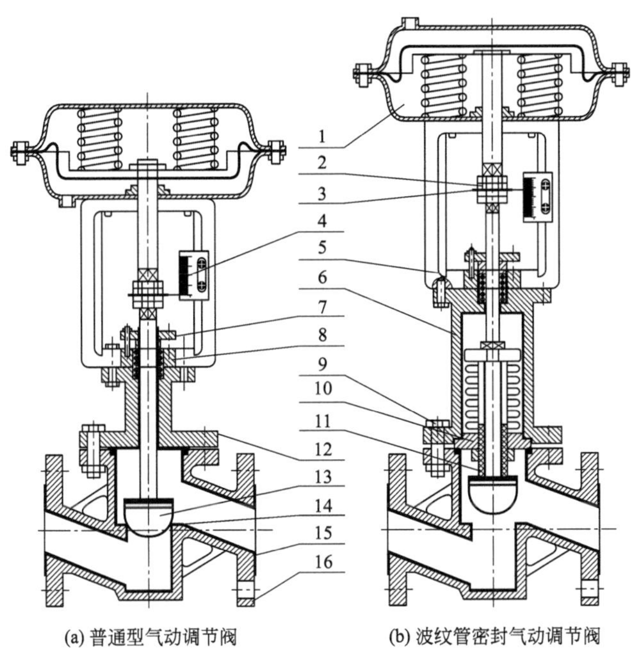

图 14-16 调节阀

1—气动执行机构；2—六角螺母；3—指针盘；4—行程标尺；5—执行器支架；6—波纹管上盖；7—压盖；8—填料；9—螺栓螺母；10—波纹管；11—四氟套管；12—上盖；13—阀芯；14—阀座；15—衬里层；16—阀体

是不变的。流量大时，流量相对值变化小，流量小时，则流量相对值变化大。

③ 流量按行程的平方成比例变化，大体具有线性和等百分比特性的中间特性。

从上述三种特性的分析可以看出，就其调节性能上讲，以等百分比特性为最优，其调节稳定，调节性能好。而抛物线特性又比线性特性的调节性能好，可根据使用场合的要求不同，挑选其中任何一种流量特性。

14.6.4.2 调节阀选型计算

调节阀的选型计算是指在选用调节阀时，通过对流经阀门介质的参数进行计算，确定阀门的流通能力，选择正确的阀门型式、规格等参数，包括公称通径、阀座直径、公称压力等，正确的选型计算是确保调节阀使用效果的重要环节。

(1) 调节阀流量系数计算公式

① 流量系数符号

C_v——英制单位的流量系数，其定义为温度 60°F（15.6℃）的水，在 1lbf/in^2（7kPa）压降下，每分钟流过调节阀的流量（US gal）；

K_v——国际单位制（SI 制）的流量系数，其定义为温度 5～40℃的水，在 10^5Pa 压降下，每小时流过调节阀的流量（m^3）。

$C_v \approx 1.16K_v$。

② 不可压缩流体（液体）K_v 值计算公式

a. 一般液体的 K_v 值计算见表 14-22。

表 14-22　一般液体 K_v 计算

项目＼流动工况	非阻塞流	阻塞流
判别式	$\Delta p<F_L^2(p_1-F_F p_v)$	$\Delta p\geqslant F_L^2(p_1-F_F p_v)$
计算公式	$K_v=10Q_L\sqrt{\dfrac{\rho}{p_1-p_2}}$　(14-8)	$K_v=10Q_L\sqrt{\dfrac{\rho}{F_L^2(p_1-F_F p_v)}}$　(14-9)

注：$F_F=0.96-0.28\sqrt{p_v/p_c}$　(14-10)

式中　p_1——阀入口绝对压力，kPa；

p_2——阀出口绝对压力，kPa；

Q_L——液体流量，m^3/h；

ρ——液体密度，g/cm^3；

F_L——压力恢复系数，与调节阀阀型有关，见表 14-25；

F_F——流体临界压力比系数；

p_v——阀入口温度下，介质的饱和蒸汽压（绝对压力），kPa；

p_c——物质热力学临界压力（绝对压力），kPa。

b. 高黏度液体 K_v 值计算。当液体黏度过高时，按一般液体公式计算出的 K_v 值误差过大，必须进行修正，修正后的流量系数为

$$K_v'=\frac{K_v}{F_R} \tag{14-11}$$

式中　K_v'——修正后的流量系数；

K_v——不考虑黏度修正时计算的流量系数；

F_R——黏度修正系数（F_R 值由图 14-17F_R-Re_v 关系曲线确定）。

计算雷诺数 Re_v 公式如下。

对于只有一个流路的调节阀，如单座阀、套筒阀、球阀等：

$$Re_v=\frac{70700Q_L}{\sqrt{F_L K_v}} \tag{14-12}$$

对于有两个平行流路的调节阀，如双座阀、蝶阀、偏心旋转阀等：

$$Re_v=\frac{49490Q_L}{\gamma\sqrt{F_L K_v}} \tag{14-13}$$

c. 可压缩流体——气体的 K_v 值计算见表 14-23。

表 14-23　可压缩流体的 K_v 值

判别式	$p_2>0.5p_1$	$p_2\leqslant 0.5p_1$
计算公式	$K_v=\dfrac{Q_g}{3.34}\sqrt{\dfrac{G(273+t)}{p_1^2-p_2^2}}\sqrt{Z}$　(14-14)	$K_v=\dfrac{Q_g}{2.90p_1}\sqrt{G(273+t)}\sqrt{Z}$　(14-15)

注：表中　p_1——阀入口绝对压力，kPa；

p_2——阀出口绝对压力 kPa；

Q_g——气体流量（标准状态），m^3/h；

G——气体相对密度（对于空气，$G=1$）；

t——气体温度，℃；

Z——高压气体（$PN>10$MPa）的压缩系数，当介质工作压力$\leqslant$10MPa 时，$Z=1$；当介质工作压力$>$10MPa 时，$Z>1$，具体值查有关资料。

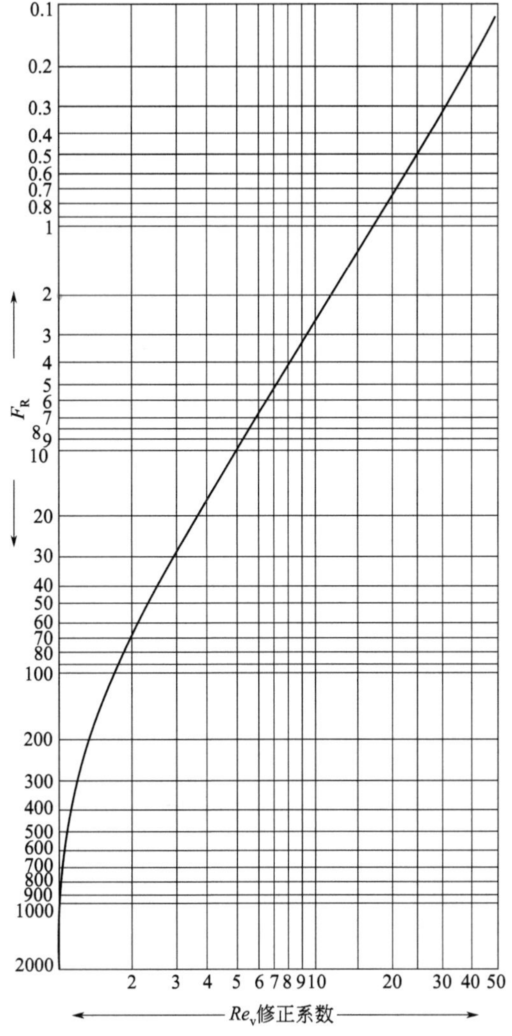

图 14-17　F_R-Re_v 关系曲线

d. 两相流流体的 K_v 值计算公式见表 14-24。

表 14-24　两相流流体的 K_v 值计算

适用介质	计算公式	适用介质	计算公式
流体与非凝性气体	$K_v=10\dfrac{W_g+W_L}{\sqrt{\rho_e(p_1-p_2)}}$　(14-16) 其中 $\rho_e=\dfrac{W_g+W_L}{\dfrac{W_g}{\rho_1F_g^2f^2(X,K)}+\dfrac{W_L}{\rho_L}}$	液体与蒸气，其中蒸气占绝大部分	$K_v=10\dfrac{W_g+W_L}{F_L\sqrt{p_1\rho_m(1-F_F)}}$　(14-17)

注：式中 p_1，p_2——含义及单位同前；
W_g——气体、蒸气质量流量，kg/h；
W_L——液体质量流量，kg/h；
ρ_e——两相流有效密度，kg/m³；
ρ_m——两相流密度（p_1、T_1 条件），kg/m³；
ρ_L——液体密度，kg/m³；
ρ_1——在 p_1、T_1 条件下气体、蒸气密度；
T_1——入口热力学温度，K；
F_g——气体压力恢复系数；
F_F——液体临界压缩比系数。

e. IEC 推荐的调节阀 F_L 数值见表 14-25。

表 14-25 不同阀型、阀内件形式、流向对应的 F_L

阀型	阀内件形式流向		F_L	阀型	阀内件形式流向		F_L
单座阀	柱塞型	流开	0.90	角型阀	套筒型	流开	0.85
	柱塞型	流闭	0.80		套筒型	流闭	0.80
	套筒型	流开	0.90		柱塞型	流开	0.90
	套筒型	流闭	0.80		柱塞型	流闭	0.80
双座阀	柱塞型	任意	0.85	蝶阀	90°全开	任意	0.55
	V形	任意	0.90		60°全开	任意	0.68
偏心旋转阀		流开	0.85	球阀	标准O形	任意	0.55

（2）调节阀选型

① 流量系数选择　当流量系数 K_v（C_v）计算出来后，就要对其作适当放大，使其符合所选阀型的 K_v（C_v）值系列，并确定相应的调节阀口径（或阀座直径）。

$$\frac{K_v(C_v)_{阀}}{K_v(C_v)_{计}} \geqslant m \tag{14-18}$$

对于阻力系数 $S \geqslant 0.3$ 的一般工况，采用以下流量系数放大倍数：

等百分比流量特性 $m=1.97$；

直线流量特性，$m=1.63$。

圆整后的流量系数应使调节阀最小和最大流量系数时的相对行程处于以下范围：

直线流量特性：10%～80%。

等百分比流量特性：30%～90%或者 30%～80%。

② 口径选择　当 K_v 阀确定后，调节阀口径（公称通径）或阀座直径也就相应确定。

所选阀的口径除满足开度要求外，还应根据流体流速极限和接管直径进行验算，防止流速过高对阀门产生的冲击、振动和摩擦损耗。

a. 流速。不可压缩流体（液体）的流速极限见表 14-26。

可压缩流体（气体、蒸汽）的出口流速不应超过声速，且进口流速在 100m/s 之内。

b. 接管直径。调节阀直径可以比接管直径小两个规格，如：接管直径为 DN250（10in）时，调节阀口径可以为 DN150（6in）。

表 14-26 不可压缩流体（液体）的流速极限 单位：m/s

阀门口径	非闪蒸条件	闪蒸条件
≤DN50	10	5
DN65～150	8	4
≥DN200	6	3

注：套筒阀和抗汽蚀调节阀的流速极限允许在本表数据的 1.5 倍之内。

c. 噪声预估。在自控系统中，调节阀是最大的噪声源，因此，必须进行噪声预估。当噪声超过有关规定时（一般为 85dB），应考虑低噪声结构，但是有下面两种场合除外：阀门远离人区；常闭阀。

14.6.4.3 调节阀选型

调节阀的阀体种类很多，常用的阀体种类有直通单座、直通双座、角形、隔膜、小流量、三通、偏心旋转、蝶形、套筒式、球形等。在具体选择时，可做如下考虑：

① 阀芯形状结构 主要根据所选择的流量特性和不平衡力等因素考虑。

② 耐磨损性 当流体介质是含有高浓度磨损性颗粒的悬浮液时，阀的内部材料要坚硬。

③ 耐腐蚀性 由于介质具有腐蚀性，尽量选择结构简单阀门。

④ 介质的温度、压力 当介质的温度、压力高且变化大时，应选用阀芯和阀座的材料受温度、压力变化小的阀门。

⑤ 防止闪蒸和空化 闪蒸和空化只产生在液体介质。在实际生产过程中，闪蒸和空化会形成振动和噪声，缩短阀门的使用寿命，因此在选择阀门时应防止阀门产生闪蒸和空化。

14.6.4.4 执行机构选型

(1) 输出力的考虑

为了使调节阀正常工作，配用的执行机构要能产生足够的输出力来保证高度密封和阀门的开启。

对于双作用的气动、液动、电动执行机构，一般都没有复位弹簧。作用力的大小与它的运行方向无关，因此，选择执行机构的关键在于弄清最大的输出力和电机的转动力矩。对于单作用的气动执行机构，输出力与阀门的开度有关，调节阀上出现的力也将影响运动特性，因此要求在整个调节阀的开度范围建立力平衡。

(2) 执行机构类型的确定

对执行机构输出力确定后，根据工艺使用环境要求，选择相应的执行机构。对于现场有防爆要求时，应选用气动执行机构。从节能方面考虑，应尽量选用电动执行机构。若调节精度高，可选择液动执行机构。如发电厂透平机的速度调节、炼油厂的催化装置反应器的温度调节控制等。

阀门的驱动装置（执行机构）根据阀门的种类、压力、口径、安装位置和使用要求来选用。常用的有人力驱动装置、电动驱动装置、气动驱动装置、液动装置、电磁驱动装置、电-液传动装置以及气-液传动装置等。

电动、气动及液动装置的特点见表 14-27。

表 14-27 电动、气动和液动装置的特点

特点	电动装置	液动装置	气动装置
优点	1.适用性强，不受环境温度影响。 2.输出转矩范围广。 3.控制方便，能自由地采用直流、交流、短波、脉冲等各种信号，适于放大、记忆、逻辑判断和计算等工作。 4.可实现超小型化。 5.具有机械自锁性。 6.安装方便。 7.维护检修方便	1.结构简单，紧凑、体积小。 2.输出力大。 3.容易获得低速或高速，能无级变速。 4.能远距离自动控制。 5.由于液压油的黏性而效率较高，有自润滑性能和防锈性能	1.结构简单。 2.气源容易获得。 3.能得到较高的开关速度。 4.可安装调速器，使开关速度按需要进行调整。 5.气体压缩性大，关闭时有弹性
缺点	1.结构复杂。 2.机械效率低，一般只有 25%～60%。 3.输出转速不能太高或太低。 4.易受电源电压、频率变化的影响	1.油温变化引起油黏度的变化。 2.液压元件和管道易渗漏。 3.配管，维修不方便。 4.不适于对信号进行各种运算。	1.与液动装置相比结构较大，不适合于大口径高压力阀门。 2.因气体有压缩性所以速度不易均匀

选择阀门执行机构时应注意的问题：

① 传动装置输出能力的大小，应根据被操纵对象的阀门所需的轴向力或扭矩来确定。

② 对阀门传动装置来说，带动阀杆的传动速度：对于升降阀类，以 4～5mm/s；对于旋转阀类，以 0.5～1rad/s 速度为宜；闸阀，15～75r/min；球阀、蝶阀，0.25～4r/min。

③ 对于要求快速启闭的阀门，采用气动、液动传动，但需考虑阀门关闭时对管路可能造成的冲击影响，最好在关闭到终端前装有缓闭阻尼机构。

④ 传动装置的选择，根据安装地点的具体条件和要求来选择动力能源（包括电力、压缩空气、水、油或利用管路本身输送介质等）。

a. 远距离操纵采用气动，不仅简单和安全，而且可以快速。

b. 远距离遥控时，则以电动较为适宜和经济。

c. 液动系统，能缩小传动装置的体积，而液压源的要求高，需要有独立的液压泵等。

d. 在没有任何动力能源时，可采用介质本身能量作为操纵源，特别是在野外，电气、液、能源不易到达的场合更为适用。

⑤ 各种类型的传动装置一般应附设手动操纵机构，以备事故状态下或能源停供时的临时操作。

14.6.4.5 作用方式选型

调节阀的作用方式只是在选用气动执行机构时才有，其作用方式通过执行机构正反作用和阀门的正反作用组合形成。组合形式有 4 种即正正（气关型）、正反（气开型）、反正（气开型）、反反（气关型），通过这四种组合形成的调节阀作用方式有气开和气关两种。对于调节阀作用方式的选择，主要从三方面考虑：

① 工艺生产安全；

② 介质的特性；

③ 保证产品质量，经济损失最小。

14.6.4.6 流量特性选型

① 从调节系统的调节质量分析并选择；

② 从工艺配管情况考虑；

③ 从负荷变化情况分析。

选择好调节阀的流量特性，就可以根据其流量特性确定阀门阀芯的形状和结构。

14.6.4.7 口径的选择

调节阀口径的选择和确定主要依据阀的流通能力即 C_v。

从调节阀的 C_v 计算到阀的口径确定，一般需经以下步骤：

① 计算流量的确定　现有的生产能力、设备负荷及介质的状况，决定计算流量的 Q_{max} 和 Q_{min}。

② 阀前后压差的确定　根据已选择的阀流量特性及系统特点选定 S（阻力系数），再确定计算压差。

③ 计算 C_v，根据所调节的介质选择合适的计算公式和图表，求得 C_{max} 和 C_{min}。

④ 选用 C_v，根据 C_{max}，在所选择的产品标准系列中选取$>C_{max}$且与其最接近的一级 C。

⑤ 调节阀开度验算　一般要求最大计算流量时的开度≤90%，最小计算流量时的开度≥10%。

⑥ 调节阀实际可调比的验算，一般要求实际可调比≥10。

⑦ 阀座直径和公称直径的确定，验证合适后，根据 C 确定。

14.6.4.8 故障分析解决

(1) 调节阀不动作

① 无信号、无气源　气源未开；由于气源含水在冬季结冰，导致风管堵塞或过滤器、减压阀堵塞失灵；压缩机故障；气源总管泄漏。

② 有气源，无信号　调节器故障；定位器波纹管漏气；调节网膜片损坏。

③ 定位器无气源　过滤器堵塞；减压阀故障；管道泄漏或堵塞。

④ 定位器有气源，无输出　定位器的节流孔堵塞。

⑤ 有信号、无动作　阀芯脱落；阀芯与阀座卡死；阀杆弯曲或折断；阀座、阀芯冻结或污物结块；执行机构弹簧因长期不用而锈死。

(2) 调节阀的动作不稳定

① 气源压力不稳定　压缩机容量太小；减压阀故障。

② 信号压力不稳定　控制系统的时间常数（$T=RC$）不适当；调节器输出不稳定。

③ 气源压力稳定，信号压力也稳定，但调节阀的动作仍不稳定　定位器中放大器的球阀受脏物磨损关不严，耗气量特别增大时会产生输出振荡；定位器中放大器的喷嘴挡板不平行，挡板盖不住喷嘴；输出管、线漏气；执行机构刚性太小；阀杆运动中摩擦阻力大，与相接触部位有阻滞现象。

(3) 调节阀振动

① 调节阀在任何开度下都振动　支撑不稳；附近有振动源；阀芯与衬套磨损严重。

② 调节阀在接近全闭位置时振动　调节阀选大了，常在小开度下使用；单座阀介质流向与关闭方向相反。

(4) 调节阀的动作迟钝

① 阀杆仅在单方向动作时迟钝　气动薄膜执行机构中膜片破损泄漏；执行机构中O

形密封泄漏。

② 阀杆在往复动作时均有迟钝现象　阀体内有黏物堵塞；聚四氟乙烯填料变质硬化或石墨-石棉填料润滑油干燥；填料加得太紧，摩擦阻力增大；由于阀杆不直导致摩擦阻力大；没有定位器的气动调节阀也会导致动作迟钝。

(5) 调节阀的泄漏量增大

① 阀全关时泄漏量大　阀芯被磨损，内漏严重；阀未调好关不严。

② 阀达不到全闭位置　介质压差太大，执行机构刚性小，阀关不严；阀内有异物；衬套烧结。

(6) 流量可调范围变小。

主要原因是阀芯被腐蚀变小，从而使可调的最小流量变大。

14.6.5 节流阀

14.6.5.1 概述

节流阀是接在节流管线上，通过改变流通截面或流通长度以控制流体流量的阀门，广泛应用于食品、医药、石油化工等输送管路中做介质切断或调节流通用。节流阀按照流通方向可以分为直通式节流阀、直流式节流阀、角式节流阀。

节流阀的作用简述如下。

① 节流降压　当常温高压的制冷剂饱和液体流过节流阀，变成低温低压的制冷剂液体并产生少许闪发气体，进而实现向外界吸热的目的。

② 调节流量　节流阀通过感温包感受蒸发器出口处制冷剂过热度的变化来控制阀的开度，调节进入蒸发器的制冷剂流量，使其流量与蒸发器的热负荷相匹配。当蒸发器热负荷增加时阀开度也增大，制冷剂流量随之增加，反之，制冷剂流量减少。

③ 控制过热度　节流机构具有控制蒸发器出口制冷剂过热度的功能，既保持蒸发器传热面积的充分利用，又防止吸气带液损坏压缩机的事故发生。

④ 控制蒸发液位　带液位控制的节流机构具有控制蒸发器液位的功能，既保持蒸发器传热面积的充分利用，又防止吸气带液降低吸气过热度。若节流机构向蒸发器的供液量与蒸发负荷相比过大，部分液态制冷剂一起进入压缩机，引起湿压缩或冲缸事故。相反若供液量与蒸发器负荷相比太少，则蒸发器部分传热面积未能充分发挥其效能，甚至会造成蒸发压力降低，而且使制冷系统的制冷量降低，制冷系数减小，制冷装置能耗增大。节流机构流量的调节对制冷装置节能降耗起着非常重要的作用。

14.6.5.2 常用节流结构

常用的节流机构有手动节流阀、孔板、热力膨胀阀、浮球＋主节流阀。

(1) 手动节流阀

手动节流阀是最老式的节流阀，其外形与普通截止阀相似。它由阀体、阀芯、阀杆、填料压盖、上盖、手轮和螺栓等零件组成，与截止阀不同之处在于它的阀芯为针形或具有V形缺口的锥体，而且阀杆采用细牙螺纹。当旋转手轮时，可使阀门的开启度缓慢地增大或减小，以保证良好的调节性能。手动节流阀开启的大小，需要操作人员频繁地调节，以适应负荷的变化。通常开启度为1/8～1/4圈，一般不超过一圈，开启度过大就起不到节流（膨胀）的作用，这种节流阀现在已被自动节流机构取代。自动节流阀采用步进电机作为动力来源，通过压力、流量等反馈信息控制阀门的开度。

(2) 孔板

孔板节流机构由两块孔板组成，采用两级节流。制冷工质通过第一级孔板时，制冷工质刚好到达饱和液体线，并产生少许闪蒸气体；由于闪蒸气体占据一部分空间，其流量也在波动，致使工质进入第二级孔板时流体的流量在一定范围（约 20%）内变动，进而达到自动调节制冷剂循环量的功能，第二级孔板因变动的流量造成不同的压降变化，以系统高低压差进行调节，于动态平衡后，稳定发挥制冷工质膨胀功能而完成整个制冷循环。

一二级孔板设计依据：

① 流量公式：

$$Q = a(2\Delta p\rho)^{1/2} \tag{14-19}$$

② 冷水机组标准工况：12℃/7℃；30℃/35℃。

冷水机组在标准工况满负荷运行时，孔板向蒸发器的供液量与蒸发负荷相匹配，但机组实际运行经常处于变工况、变负荷运行。在大压差工况下，蒸发器负荷需求减小（幅度大于 20%），孔板最大调节余量 20%，由于压差增大，孔板实际供液量比蒸发器负荷需要的液量大，吸气过热度降低，引起湿压缩；在小压差工况下，蒸发器负荷需求增大（幅度大于 20%），由于压差减小，蒸发器实际存液量比蒸发器负荷需要的液量小，吸气过热度升高，制冷量降低，制冷系数减小，制冷装置能耗增大；在由低负荷转为高负荷情况下（幅度大于 20%），蒸发器负荷需求增大，由于制冷剂质量流量增大，短时间内蒸发器实际存液量比蒸发器负荷需要的液量小，吸气过热度升高，制冷量降低，制冷系数减小，制冷装置能耗增大；在由高负荷转为低负荷情况下（幅度大于 20%），蒸发器负荷需求减小，由于制冷剂质量流量减小，短时间内蒸发器实际存液量比蒸发器负荷需要的液量大，吸气过热度降低，引起湿压缩，极端情况即机组满负荷运行突然停机，蒸发器负荷需求减小 75%，由于制冷剂质量流量突然减小 75%，短时间蒸发器实际存液量比蒸发器负荷需要的液量大 55%，吸气过热度急速降低，进而降低排气过热度，油分离效果下降，甚至导致压缩机泵油。虽然一二级孔板在一定范围可自动调节，但其应付变工况、变负荷能力差，且制冷系数减小，制冷装置能耗增大，一般不宜采用。

(3) 热力膨胀阀

热力膨胀阀广泛应用于冷水机组，它既可控制蒸发器供液量，又可节流饱和液态制冷剂。根据热力膨胀阀结构上的不同，分为内平衡式和外平衡式两种。考虑到制冷剂流经蒸发器产生一定的压力损失，为降低开启过热度，提高蒸发器传热面积的利用率，一般自膨胀阀出口至蒸发器出口，制冷剂的压力降所对应的蒸发温度降超过 2～3℃，应选用外平衡式热力膨胀阀。

外平衡式热力膨胀阀的工作原理是建立在力平衡的基础上。工作时，弹性金属膜片上部受感温包内工质的压力 p_3 作用，下面受蒸发器出口压力 p_1 与弹簧力 p_2 的作用。膜片在三个力的作用下，向上或向下鼓起，从而使阀孔关小或开大，用以调节蒸发器的供液量。当进入蒸发器的液量小于蒸发器热负荷的需要时，则蒸发器出口蒸气的过热度增大，膜片上方的压力大于下方的压力，这样就迫使膜片向下鼓出，通过顶杆压缩弹簧，并把阀针顶开，使阀孔开大，则供液量增大。反之当供液量大于蒸发器热负荷的需要时，则出口处蒸气的过热度减小，感温系统中的压力降低，膜片上方的作用力小于下方的作用力时，使膜片向上鼓出，弹簧伸长，顶杆上移并使阀孔关小，对蒸发器的供液量也就随之减少。热力膨胀阀的过热度由开启过热度和有效过热度组成，开启过热度与弹簧的预紧力有关，有效过热度与弹簧的强度及阀针的行程有关。膨胀阀的弹簧是按标准工况设计的，在标准工况下，机组满负荷或变负荷运行均维持较高的 COP 值。但在大压差工况下，蒸发压力降低，蒸发器负荷需求的液量减少，但实际情况相反，在吸气过热度不变的情况下，由于蒸发压力降低，蒸发器出口压力 p_1 相应降低，膜片上下的压差变大，使主阀开度增大，供液量增加；但在小压差工况下，蒸发压力上升，蒸发器负荷需求的液量增多，但实际情况是在吸气过热度不变的情况下，由于蒸发压力上升，蒸发器出口压力 p_1 相应提高，膜片上下的压差变小，使主阀开度减小，供液量减少；在变负荷下亦如此。因此热力膨胀阀在变工况下供液量的调节方面需进一步改进。热力膨胀阀原理简图如图 14-18 所示。

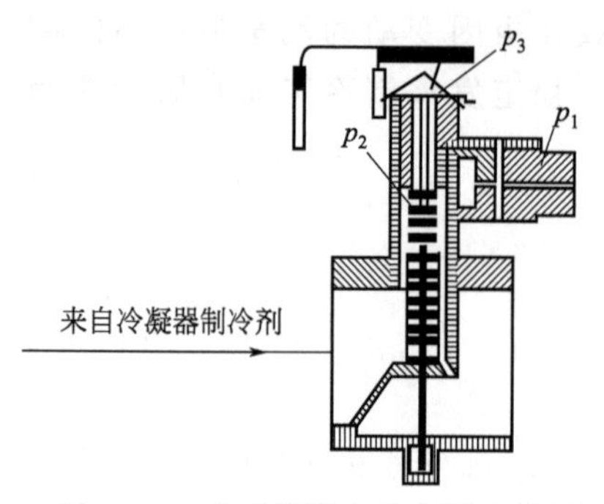

图 14-18　热力膨胀节流阀原理简图

(4) 浮球＋主节流阀

浮球＋主节流阀是用于具有自由液面的蒸发器，如卧式满液式蒸发器的供液量的自动调节。通过浮球调节阀的调节作用，在蒸发器中可以保持大致恒定的液面。浮球阀有一个铸铁的外壳，用液体连接管与气体连接管分别与被控制的蒸发器的液体和蒸气两部分相连接，因而浮球阀壳体的液面与蒸发器内的液面一致。当蒸发器内的液面降低时，壳体内的液面也随之降低，浮子落下，阀针便将孔口开大，则浮球阀出液量增大，浮球阀出液量形成的阀芯上部压力 p_4 减小，主膨胀阀芯上部压力 p_s（包括主膨胀阀芯上部弹簧力 p_5 和浮球阀出液量形成的压力 p_4）减小，当主膨胀阀芯下部高压 p_1 大于 p_s 时，则推动主阀芯向上移动，增大阀的开启量，主膨胀阀供液量增大；反之主膨胀阀供液量减小。浮球阀出液量与主膨胀阀芯上下的压差（$\Delta p=p_1-p_s$）形成比例关系，调节供液量的大小，当壳体内的液面上升到浮子上限位时，阀针便将孔口关闭，$p_s>p_1$，主膨胀阀关闭且停止供液，此时蒸发器液位不再上升，这既可以防止蒸发液位过高引起湿压缩，又保证蒸发器的供液量与蒸发负荷相匹配。由于主膨胀阀芯上部弹簧是按标准工况设计的，因此机组在标准工况下，机组满负荷或变负荷运行均维持较高的 COP 值。但在小压差工况下，冷凝压力降低，p_1 降低，p_1 相对于阀芯上部弹簧力偏小，使主阀开度偏小，供液量偏少，导致达到需要的蒸发液位要有一段滞后的时间，系统制冷系数减小，制冷装置能耗增大，在变负荷下同样如此。浮球＋主节流阀在变工况下供液量的调节有待进一步完善。浮球＋主节流阀原理简图如图 14-19 所示。

14.6.5.3　节流阀选型计算

① 节流阀的直径 d 按公式(14-20) 计算

$$d=\left(\frac{q_v}{156p_1}\right)^{0.476}(\Delta ZT)^{0.238} \tag{14-20}$$

式中　p_1——阀前压力，100kPa；

T——阀前气体热力学温度，K；

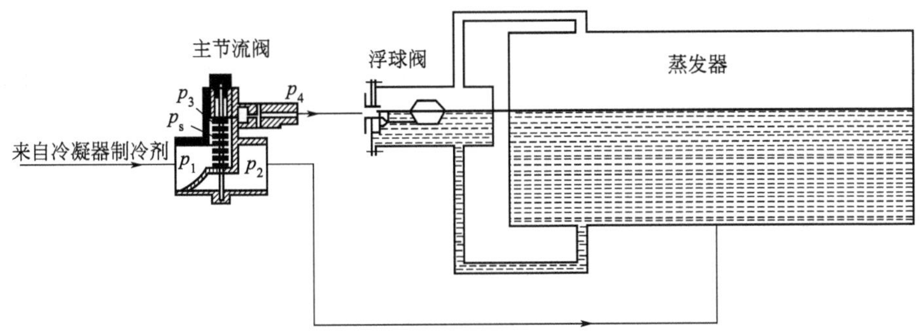

图 14-19　浮球＋主节流阀原理简图

Δ——气体相对密度，(对空气)；

q_v——计算流量（条件 $p=101.325\text{kPa}$，$t=20℃$），m^3/d；

Z——气体压缩因子，参考图 14-20。

② 节流阀的校核按公式(14-21) 计算

$$C'=\frac{Q}{580Z\sqrt{\frac{\Delta p p_1}{\rho T}}} \tag{14-21}$$

式中　Q——流量（标况），m^3/h；

ρ——介质密度（标况），kg/m^3；

T——工作温度，K；

Δp——进出口压力差，MPa；

Z——气体压缩因子，参考图 14-20。

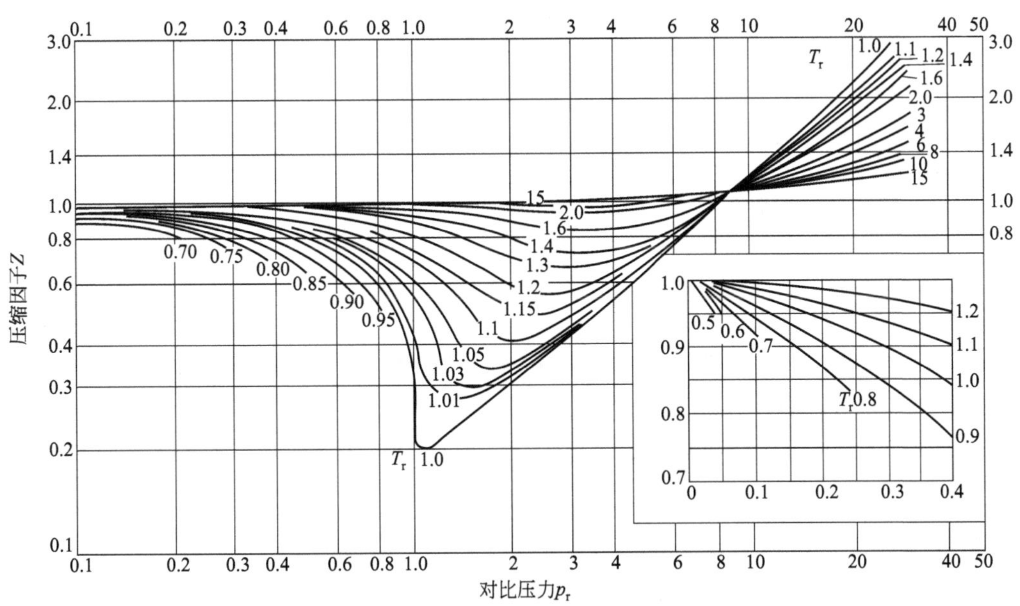

图 14-20　华生和史密斯绘制的普遍化压缩因子图

14.6.6 安全阀

安全阀广泛用于各种承压容器和管道上，防止压力超过规定值，它是一种自动机构，当压力超过规定值后自动打开泄压，而压力回降到工作压力或略低于工作压力时又能自动关闭，它的可靠性直接关系到设备及人身的安全。

14.6.6.1 安全阀的基本特性和要求

(1) 安全阀的各种压力规定

最高允许压力：介质通过安全阀排放时，被保护容器内允许最高压力。

运行压力：容器在工作中经常承受的表压力。

容器的计算工作压力：进行容器壁厚强度计算的压力。

全开压力：安全阀在全开启行程下的阀前压力，它又叫排放压力。

整定压力：调整的使安全阀开启的入口压力。

关闭压力：又叫回座压力，是安全阀开启后，当容器压力下降到该压力时安全阀关闭的压力。

回差：指容器的工作压力同安全阀的关闭压力之差。

背压：指在安全阀排出侧建立起来的压力。背压可能是固定的，也可能是变动的，影响着安全装置的工作，向大气排放时，背压为零。

(2) 对安全阀的工作要求

① 当达到最高允许压力时，安全阀要尽可能开启到应达到的高度，并排放出规定量的介质。

② 达到开启压力时，要迅速开启。

③ 安全阀在开启状态下排放时应稳定无震荡。

④ 当压力降低到回座压力时，应能及时有效地关闭。

⑤ 安全阀处于关闭状态下，应保持良好的密封性能。

(3) 安全阀的排放能力

是指在单位时间内流经安全阀的介质流量。

安全阀的排放能力要保证能放掉系统中可能产生的最大过剩介质量，给予系统设备有效的保护。

14.6.6.2 安全阀的分类

按作用在阀瓣上的载荷形式分：杠杆重锤式和弹簧式（这两种应用最广）。

按作用原理分：直接作用式和间接作用式（常见的是脉冲式安全阀）。

按关闭件的开度分：微启式（主要用于液体介质）和全启式（主要用于蒸汽或气体介质）。

14.6.6.3 安全阀的构造及工作原理

安全阀分为杠杆重锤式安全阀；弹簧式安全阀；全启式两段作用弹簧安全阀；平衡式安全阀；脉冲式安全阀；高压锅炉安全阀及电磁泄压阀。

(1) 杠杆重锤式安全阀

杠杆重锤式安全阀工作原理如图 14-21 所示，重锤 2 通过杠杆 3 将重力作用在阀杆上，使阀瓣 4 紧压在阀座 5 上，保持阀门关闭。当容器内的压力大于重锤作用在阀瓣上的力时，阀瓣开启，蒸汽通过环形间隙高速流出，遇到反冲盘，使流束改变方向，产生的反作用力使阀杆进一步上升，开大阀门。调整反冲盘的位置，可以改变安全阀的升程和回座压力，调整重锤的位置，可以得到不同的开启压力。

(2) 弹簧式安全阀

弹簧式安全阀工作原理如图 14-22 所示。当系统处于计算压力时，阀门处于关闭状态，阀瓣上受到介质作用力和弹簧的作用力。当系统压力升到阀门动作压力时，某一瞬间，介质开始产生泄漏，随压力的升高，阀瓣开始升起。这种安全阀是随着容器内压力的升高而逐渐开启的，它是微启式安全阀。当系统压力回到工作压力或稍低于工作压力时，安全阀关闭。

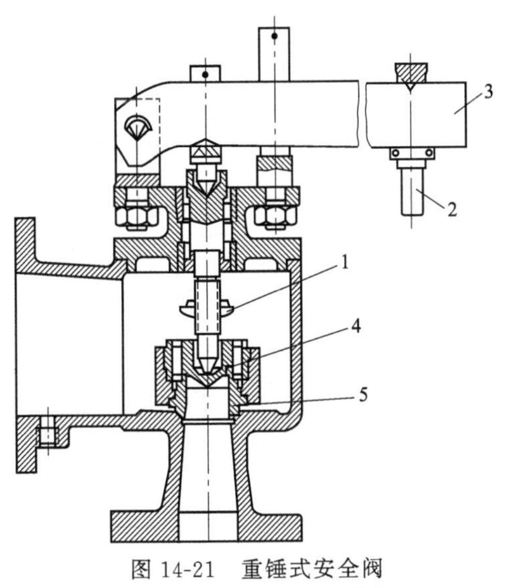

图 14-21　重锤式安全阀
1—反冲盘；2—重锤；3—杠杆；
4—阀瓣；5—阀座

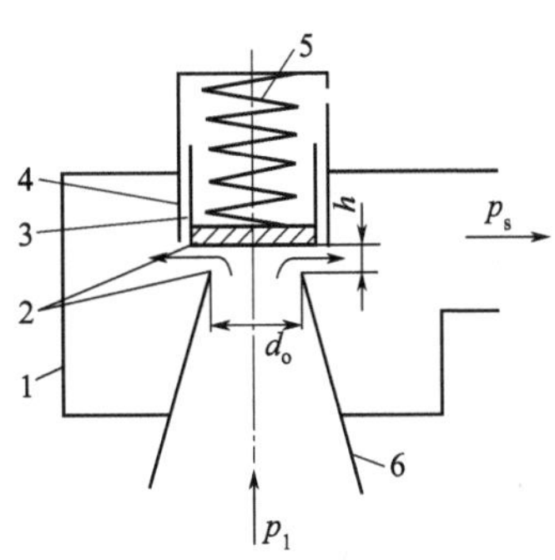

图 14-22　弹簧式安全阀
1—阀体；2—阀座；3—阀盘；
4—弹簧套筒；5—弹簧；6—喷嘴管

(3) 全启式两段作用式弹簧安全阀

这种阀门有帮助增加阀门开度的专门机构。在阀瓣上增加面积和把阀瓣的外沿做成折边的形状，也叫反冲盘式阀瓣，在阀座上增加一个调整环，阀座入口管做成喷嘴形状。

全启两段作用式弹簧安全阀工作原理如图 14-23 所示。在阀门处于正常的关闭情况下，阀瓣上受到弹簧的作用力，阀瓣下受到相当于喷嘴孔面积的作用力。当压力升高，阀门开启，开启是稳定而均衡的，当继续开启时，压力作用到更大面积上，同时气流在阀瓣和喷嘴环之间流动，改变流向，反作用力即沿开启方向作用在阀瓣上，安全阀迅速地打到全开启高度。

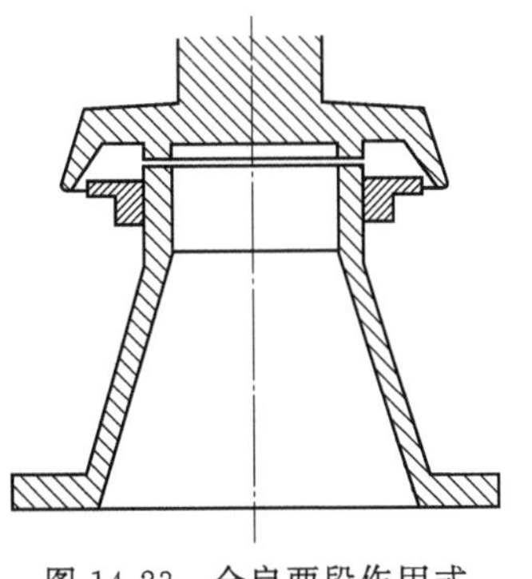

图 14-23　全启两段作用式弹簧安全阀

(4) 平衡式安全阀

波纹管平衡式安全阀如图 14-24 所示。

工作特性：波纹管的直径等于阀座的直径，波纹内的压力等于大气压力，背压对阀瓣的作用力为零。作用在阀瓣上下的力为介质压力乘阀瓣面积。

这种安全阀的阀套、阀杆、弹簧和弹簧腔室都被封住，所以不受介质的腐蚀污染。

(5) 脉冲式安全阀

脉冲式安全阀（主阀）工作原理如图 14-25 所示。正常关闭状态下，作用在阀瓣的力处于平衡状态。当压力升高到起座压力时，脉冲阀开启，脉冲气进入主阀，作用在活塞上，使阀杆向下移动，阀门开启；当压力降到回座压力时，脉冲阀关闭，脉冲卸载，阀杆在弹簧力的作用下向上移动，阀门关闭。

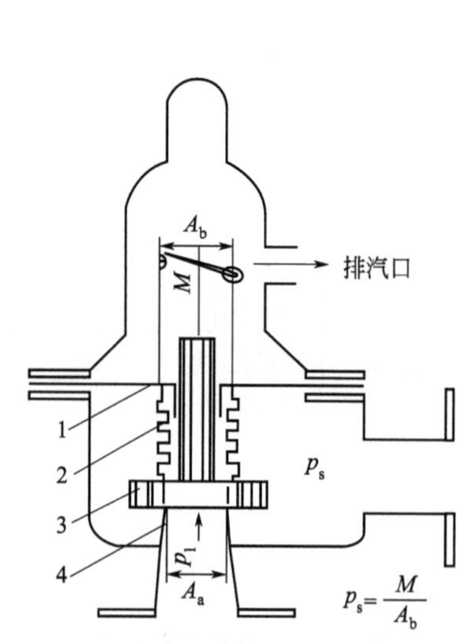

图 14-24　波纹管平衡式安全阀

1—导向套；2—波纹管；3—阀盘；4—入口喷嘴

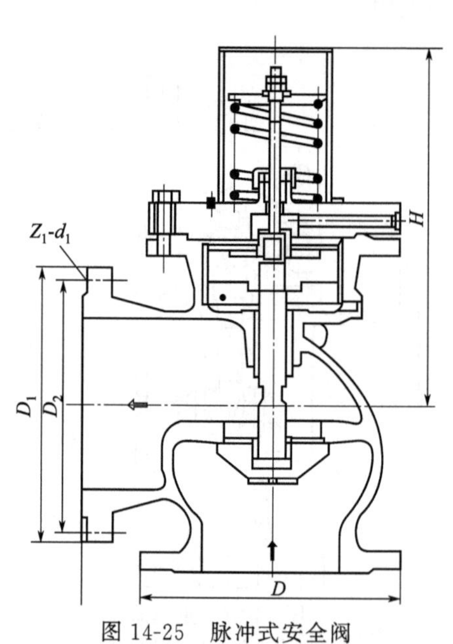

图 14-25　脉冲式安全阀

14.6.6.4 安全阀的密封

安全阀的质量和使用期限与其关闭件的密封面有密切的关系，密封面是安全阀最薄弱的环节。密封面的材料必须具有抗侵蚀性和耐腐蚀性，有良好的机械加工和研磨性能，有弹性变形的能力。当采用不同材料作为密封面时，为了防止密封面上形成角槽和招致破坏，必须使较硬材料密封面的宽度大于较软材料密封面的宽度。安全阀密封形式如图 14-26 所示。

平面密封：便于加工、研磨修复，使用广泛。

锥形密封：阀瓣和阀座要有高精度的同轴度。在压力低于 9.8MPa 可靠，压力更高不适合。在制造精密并堆焊硬质合金的情况下，它能保证阀门开启时灵敏度高，动作稳定。

弹性密封面的密封又叫热阀瓣密封形式，它适用于高温介质中阀座和阀瓣有可能发生热变形的场合。当介质温度高，介质流过阀门发生节流，温度降低，在密封材料中造成温度梯度，引起密封材料热变形。这种形式中的弹性密封面较薄，受热均匀，因此热变形小。

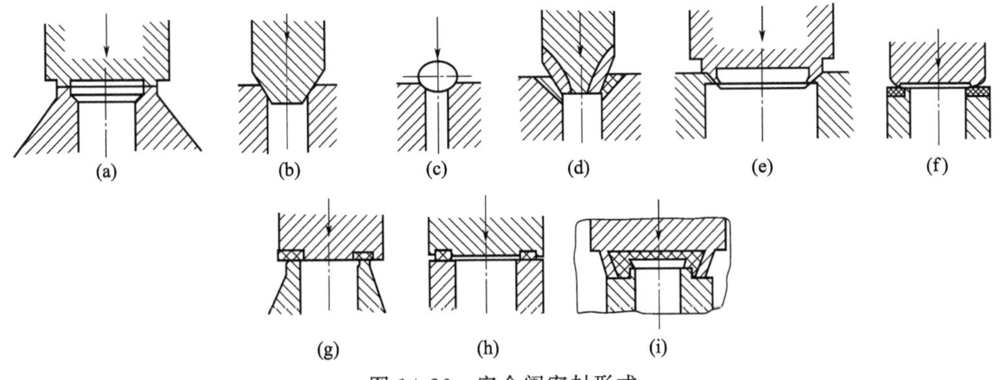

图 14-26　安全阀密封形式

(a)、(h) 平面密封；(b)、(d) 锥形密封；(c) 球形密封；(e)、(i) 带弹性密封面的密封；(f)、(g) 刀形密封

14.6.6.5　安全阀选型

排放介质为气体时，一般选用全启式安全阀；排放介质为液体时，一般选用微启式安全阀，也可选用全启式安全阀。当介质为液体选用全启式安全阀时，它的动作性能则变为微启式，其喷嘴内径应按微启式计算，采用制造厂提供的微启式安全阀的流量系数。

① 在石油、石化生产装置中一般只选用弹簧式安全阀或先导式安全阀。

② 下列情况应选用平衡波纹管式安全阀：

a. 安全阀的背压力大于其整定压力的 10%，而小于 30%时；

b. 当介质具有腐蚀性、易结垢、易结焦，会影响安全阀弹簧的正常工作时；但平衡波纹管式安全阀不适用于酚、蜡液、重石油馏分、含焦粉等的介质上，也不适用于往复压缩机。

③ 下列情况应选用先导式安全阀：

a. 安全阀的背压力大于其整定压力的 30%以上时；

b. 对要求安全阀的密封性能特别好的场合；

c. 对于介质有毒、有害时，应选用不流动式导阀（即导阀打开时，它不向外排放介质)。

④ 除用于水、蒸汽、空气、氮气的安全阀外，所有安全阀都应选用封闭弹簧式结构。

⑤ 排放介质的温度大于 300℃时，应选用带散热片安全阀。

⑥ 为检查阀瓣的灵活程度或作紧急泄压用时，应选用带扳手的安全阀；排放介质为蒸汽时，应选用带扳手的安全阀。

14.6.6.6　技术参数确定

安全阀的计算，是为确定安全阀的操作参数及所需的最大排放量，以安全阀的最大排放量作为安全阀喷嘴面积的计算依据。

(1) 定压 (p_s) 的确定

安全阀的定压必须等于或稍小于设备和管道的设计压力，一般可根据设备或管道的最高操作压力来确定其安全阀的定压，计算公式与设备设计压力相同，可按式(14-22) 至式(14-25) 计算：

当 $p \leqslant 1.8$MPa(G) 时

$$p_s = p + 0.18 \tag{14-22}$$

当 1.8MPa (G)$< p <$4MPa(G)时

$$p_s = 1.1p \tag{14-23}$$

当 4MPa(G) $< p <$ 8MPa(G) 时

$$p_s = 1.05p \tag{14-24}$$

当 $p >$ 8MPa(G) 时

$$p_s = p + 0.4 \tag{14-25}$$

当采用爆破片和安全阀串联布置时，爆破片的定压应大于安全阀的定压 2%～3%；且最后应由爆破片制造厂确认。

(2) 积聚压力 p_a [MPa(G)] 的确定

安全阀泄压时，阀前压力超过设备或管道设计压力的值称为积聚压力，一般以设计压力的百分数表示，安全阀超压的最大值可等于积聚压力。计算安全阀的积聚压力，首先要计算安全阀的整定压力。

要计算安全阀的整定压力，先要按照确定设备设计压力的程序，进行必要的系统分析后才能完成。

① 非火灾工况的积聚压力

a. 装一个安全阀时，压力容器允许的最大积聚压等于 10% 的设计压力，或 0.02MPa 中较大值；

b. 装多个安全阀时，压力容器允许的最大积聚压等于 16% 的设计压力，或 0.03MPa 中较大值。

② 火灾工况的积聚压力　容器允许的最大积聚压等于 21% 的设计压力。

③ 管道允许的最大积聚压力　管道允许的最大积聚压力等于 33% 的设计压力。

积聚压力 p_a 的确定见式(14-26)。

$$p_a = \Delta p_0 p_s \tag{14-26}$$

式中，Δp_0 为超压百分数，%。

定压和积聚压力的取值见表 14-28。

表 14-28　定压和积聚压力的取值（相对于设计压力）

项　目	单　阀		多　阀	
	定压/%	最大积聚压/%	定压/%	最大积聚压/%
非着火：第一阀	100	10	100	16
其他阀			105	16
着火：第一阀	100	21	100	21
其他阀			105	21

(3) 排放压力 p_d [MPa(G)] 的确定

安全阀的排放压力，等于安全阀的定压加上超过压力（Δp_0），故按公式(14-27) 计算：

$$p_d = p_s(1 + \Delta p_0) \tag{14-27}$$

(4) 背压（p_b）的确定

安全阀的背压是安全阀出口侧的压力，安全阀的背压等于安全阀开启前泄压总管的附加背压力与排放背压力之和。

① 若安全阀排放介质直接排往大气，安全阀的背压 p_b 可取值为零；

② 由于先导式安全阀是用于要求背压不影响安全阀的工作特性的情况下，故一般可不考虑背压的影响，如果背压较高时，应与制造商协商，在安全阀结构设计上采用必要措施来解决。

14.6.6.7 排放量的计算

造成设备或管道超压的原因主要是火灾、操作故障、动力故障等。确定安全阀排量应按工艺过程具体考虑。一般是按可能发生的各种单一事故计算其排放量，取其中的最大值，定为工艺要求的安全阀的排放量（又称泄放量），以 W 表示。

计算的安全阀的排放量 W，是工艺设计对安全阀选型的要求。

安全阀的额定排放量 W_r，是采用安全阀制造厂的定义；它与工艺设计所需安全阀的排放量之间的关系是：$W_r \geqslant W$，也就是说安全阀选型的额定排放量 W_r 必须大于或等于工艺设计所需的安全阀的排放量 W。

国家质量监督检验检疫总局《压力容器安全技术监察规程》中对计算安全阀在不同工况下的排放量计算有明确规定，在规定以外的内容可参见美国石油学会 API-RP-520 和 API-RP-521 的有关部分。

本节所介绍的方法是考虑了工程的处理和我国有关规定的推荐方法，总的来说，与 API-RP-520 和 API-RP-521 推荐的方法一致或更安全些，同时也满足了我国《压力容器安全技术监察规程》的要求。

对欲保护的设备而言，安全阀排放量的计算原则，就是求得在不同的操作故障、设备故障和火灾时，应安装安全阀的设备内可能的最大存液量或最大存气量，可以把它简称为最大物料量。这个最大物料量的计算方法有两种，对火灾工况是采用经验公式计算，而对于操作故障和设备故障而言，是采用物料平衡的原理来计算。

对欲保护的管道而言，安全阀排放量的计算原则，可以采用经验公式计算，也可按 ASME 的规定采用定尺寸的安全阀。因为液体不可压缩，只要排放出很少的液体，管道内的压力就会大幅度地下降。

液体类物质的贮存压力大于或等于与贮存温度相对应的气化压力，此时当贮罐暴露于火焰前时，由于辐射、对流传热和火焰的直接接触，容器内贮存的物质被加热，压力升高，直到安全阀开启，使容器内压力不超过最大操作压力。若安全阀的能力小于产生的蒸气量，则容器内的压力就会升高到最大操作压力以上，这是不安全的。

容器暴露于火焰前，按传入容器的热量计算安全阀所需的排放量。API-RP-520 根据试验数据给出了储罐在火灾时的安全阀计算方法，按容器的湿表面（或称为受热面积）在火灾时吸热来计算；而忽略不含液体的容器表面受热。

设置在有火灾危险处的低温液体贮槽，当发生火灾时，因温度上升，低温液体汽化而超压，安全阀的排放量应大于汽化产生的蒸气量。

按国家质量技术监督局《压力容器安全技术监察规程》的规定：

$$W=9.4\times(650-t)\lambda A^{0.82}/(\delta q) \tag{14-28}$$

式中 W——火灾工况时安全阀所需的排放量，kg/h；

t——泄压工况时被泄放液体的饱和温度，℃；

A——容器湿表面积，m^2，计算方法见表 14-29；

λ——常温下绝热材料的热导率，W/(m·K)，见表 14-30 或者根据低温液体储槽的绝热措施进行相应计算；

δ——保温层厚度，m；

q——液体在泄压工况时的汽化潜热，kJ/kg。

表 14-29 容器的湿表面积 A 计算方法

序号	容器形式	容器的受热面积 A/m^2
1	半球形封头卧式容器	$A=\pi DL$
2	椭圆形封头卧式容器①,②	$A=\pi D(L+0.3D)$
3	立式容器	$A=\pi DL_1$

① 若知道容器的总长 L（容器两端顶点距离）时，椭圆形封头卧式容器的受热面积 A 计算见式(14-29)；

$$A=\pi D(L+0.3D) \tag{14-29}$$

② 若只知道容器筒体的长度 L_2（容器切线至切线的距离）时，椭圆形封头卧式容器的受热面积 A 的计算见式(14-30)；

$$A=\pi DL_2+2.61D^2 \tag{14-30}$$

椭圆形封头的表面积等于 1.66 倍平封头的表面积。

式中 D——容器的外径，m；

L——容器的总长（容器两端顶点距离），m；

L_1——容器内最高液位，m；

L_2——容器筒体的切线长度（容器切线至切线的距离），m。

计算容器的湿表面积时：所谓地面，通常指地平面，但也可以是任何能形成相当大火焰的平面。

表 14-30 常温下保温材料的热导率 λ

序号	材料名称	热导率/[W/(m·K)]
1	普通玻璃棉	0.04～0.058
2	超细玻璃棉	0.035～0.041
3	高温玻璃棉	0.032～0.033
4	岩棉	0.047～0.058
5	微孔硅酸钙	0.055～0.064
6	轻质铝镁材料 SML2 SML3	 0.0534 0.08065
7	硅酸铝纤维	0.036～0.048
8	矿渣棉	0.042～0.058
9	聚氨酯泡沫塑料 硬质 软质	 0.022～0.024 0.036
10	可发性聚苯乙烯泡沫塑料	0.0314～0.0466
11	聚氯乙烯泡沫塑料	0.022～0.035
12	泡沫玻璃	0.05～0.0698
13	憎水珍珠岩	0.058～0.07

14.6.6.8 安全阀设置及选用原则

(1) 安全阀设置原则

① 由几个容器组成的压力系统中间设有截断阀时，每个容器上均应设置安全阀；

② 减压阀后的设备与管道不能承受减压阀前的压力时应在该设备上设置安全阀；

③ 长距离输送易挥发液体的管道，由于两端阀门关闭因热膨胀，会引起超压的系统，应设安全阀。

(2) 不需设置安全阀的情况

在下列情况之一者，容器和设备不需设置安全阀：

① 同一压力系统中，压力来源处已有安全阀保护，若中间无截断阀，则其他容器或设备所组成的系统可不设安全阀，装置中所设置的吹扫蒸汽不作为压力来源；

② 装置中压力低于 0.03MPa（G）的系统及压力大于 100MPa（G）的超高压系统。

(3) 安全阀设置的典型方式

① 方式一　指只安装一个安全阀，且安全阀的前后不加截断阀的情况（见图 14-27）。

② 方式二　指只安装一个安全阀，且安全阀的前后应加截断阀的情况（见图 14-28）。

③ 方式三　指只安装一个安全阀，且安全阀的前后应加截断阀及副线阀的情况（见图 14-29）。

④ 方式四　指只安装一个安全阀，且安全阀前再装上一组爆破片；在爆破片及安全阀之间，安装有可供在线校验使用的四通组件接口（见图 14-30）。

⑤ 方式五　指只安装一个安全阀，且安全阀前再装上一组爆破片；在爆破片及安全阀之间，安装有可供在线校验使用的四通组件接口，且爆破片前和安全阀后又分别加装一个截断阀的情况（见图 14-31）。

⑥ 方式六　指同时安装两个安全阀，且在每个安全阀前后加装一个截断阀，使安全阀可互为备用的情况（见图 14-32）。

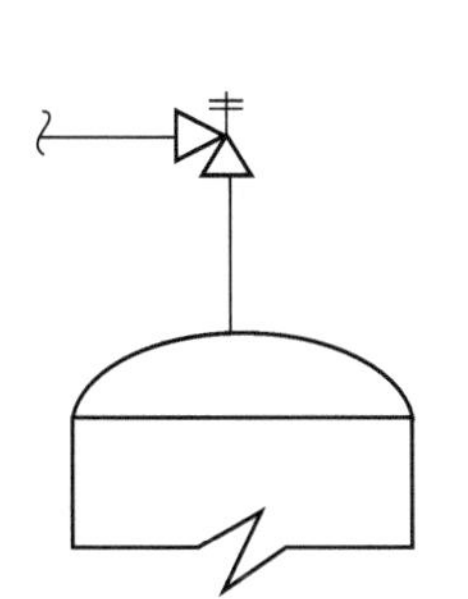

图 14-27　安全阀设置方式一

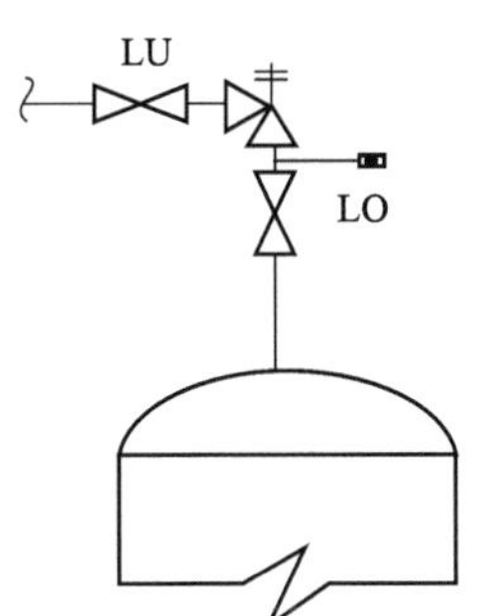

图 14-28　安全阀设置方式二

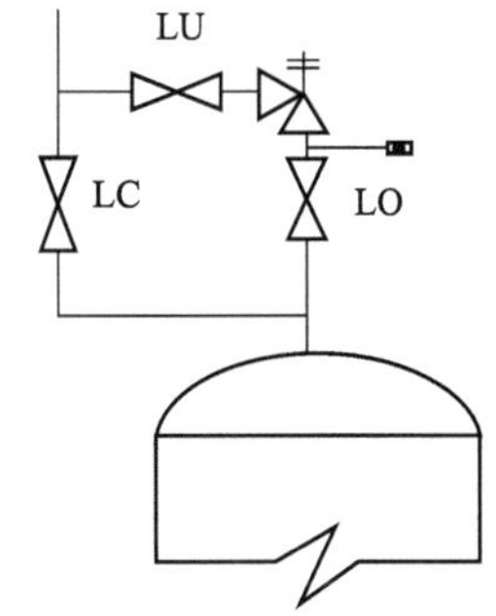

图 14-29　安全阀设置方式三

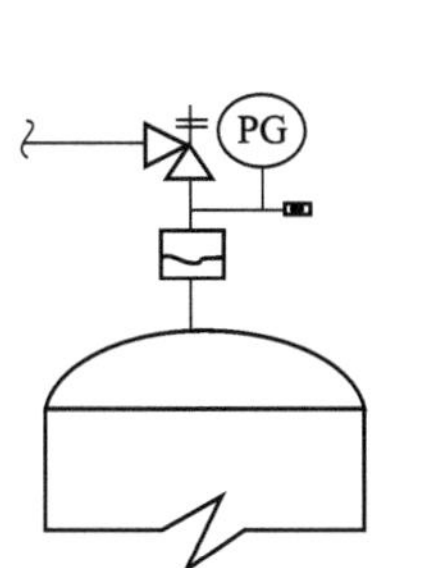

图 14-30　安全阀设置方式四

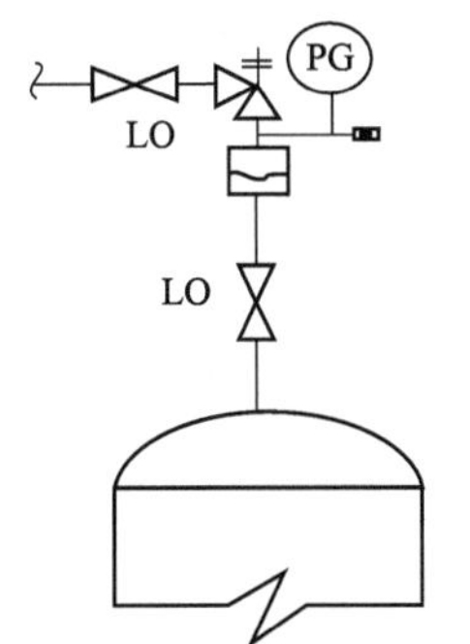

图 14-31　安全阀设置方式五

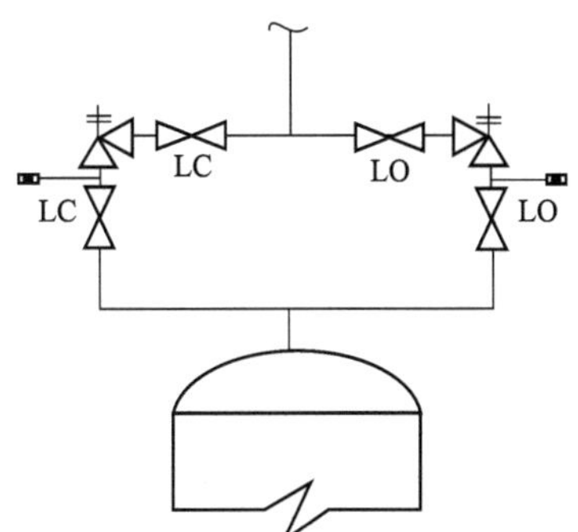

图 14-32　安全阀设置方式六

图中 LC——铅封锁闭；

LO——铅封锁开；

——在图 14-28、图 14-29、图 14-32 中表示安全阀前后的短管接头，如果需要在线定压时才安装，否则可以取消；

PG——表示四通组件符号。

(4) 设置方式的选用原则

① 在间断或批量生产的操作单元中，能满足一年一校的要求时；

② 为满足安全阀一年一校的要求，设备内物料可倒空时；

③ 在备件仓库内存放了备用安全阀，可在正常生产操作状态下更换安全阀时；

④ 在用以上方式都不能达到“一般每年至少应校验一次”要求的场合，可按方式六设置并联备用安全阀，并用铅封使它们处于一开一闭的状态；

⑤ 按照系统需要，当一个泄放源设置了两个或两个以上的安全阀时，为满足“一般每年至少应校验一次”的要求，应参照上述六种方式之一选取一种既能满足使用要求，又比较经济的方式加以配置。

14.6.6.9 安全阀安装设计原则

(1) 安全阀的安装

① 安装在设备或管道上的安全阀一般应垂直安装；

② 安全阀不应安装在较长的水平管道的终点，因终点容易积聚固体和液体；

③ 安全阀一般应安装在易于检修的位置，周围要有足够的检修工作空间。

(2) 安全阀入口管的设计

① 安全阀一般应尽量靠近被保护设备或管道安装，安装位置要易于维修和检验；入口管道的最大压力降不大于安全阀整定压力（表压）的 3%；最大压力降是按安全阀的最大排放量计算出安全阀入口损失、管道阻力降及截断阀阻力降之和；

② 安全阀的入口管道直径必须大于或等于安全阀入口直径；

③ 如果采用先导式安全阀，由容器或管道直接取压时，可不受入口管道的压力降不超过安全阀定压的 3%的限制，但需要两个连接管分别连到主阀和导阀上；

④ 如果几个安全阀共用一条入口管道时，入口管道要满足几个安全阀的流量要求；

⑤ 安全阀设置在可能发生振动的管道上，要保证安全阀距振动源有足够的距离；

⑥ 保护全充满液体的设备所用的安全阀，要安装在设备的顶部或顶部出口管道上。

(3) 安全阀出口管的设计

① 安全阀出口管道直径不小于安全阀的出口直径；对于弹簧式安全阀中的通用式安全阀，出口管道的动背压与静背压之和要不大于安全阀定压（表压）的 10%，对于平衡波纹管式安全阀要不大于安全阀定压（表压）的 30%；

② 安全阀出口管道直接排大气。

14.6.7 低温球阀

14.6.7.1 概述

球阀是由旋塞演变而来的，它的启闭件为一个球体，利用球体绕阀杆的轴线旋转 90°

实现开启和关闭的目的。其结构简单，密封性好，而且在一定的公称通径范围内体积较小、重量轻、材料耗损少，是实用性很强的阀门品种之一。特别是在美、日、德、法、意、西、英等工业发达国家，球阀的使用非常广泛，使用品种和数量仍在继续扩大，并向高温、高压、大口径、高密封性、长寿命、优良的调节性能以及一阀多功能方向发展，其可靠性及其他性能指标均达到较高水平，并已部分取代闸阀、截止阀、节流阀。此外，在其他工业中的大中型口径、中低压力领域，球阀也将会成为主导的阀门类型之一。

球阀特点如下：

① 开关迅速、方便　只要阀杆转动 90°，球阀就完成了全开或全关动作，很容易实现快速启闭；

② 密封性能好　阀座密封圈一般采用聚四氟乙烯等弹性材料制造，易于保证密封，而且球阀的密封力随着介质压力的增加而增大；

③ 阀杆密封可靠　球阀启闭时阀杆只作旋转运动，因此阀杆的填料密封不易被破坏，而且阀杆倒密封的密封力随着介质压力的增加而增大；

④ 球阀的启闭只做 90°转动，故容易实现自动化控制和远距离控制，球阀可配置气动装置、电动装置、液动装置、气液联动装置或电液联动装置；

⑤ 球阀通道平整光滑，不易沉积介质，可以进行管线通球。

球阀的适用范围很广，球阀可适用于：

① 公称通径从 8mm 到 1200mm；

② 公称压力从真空到 42MPa；

③ 工作温度从－204℃到 815℃。

14.6.7.2 分类

球阀大致可分 19 大类，有浮动球阀、固定球阀、金属硬密封球阀、V 形球阀、对夹式球阀、保温球阀、管线球阀、轨道球阀、上装式球阀、清管阀、高压锻造球阀、三通（四通）球阀、内螺纹球阀、整体式球阀、低温球阀、波纹管球阀、偏心半球阀、全焊接球阀、特种球阀等。

球阀按结构形式可分：

① 浮动球阀　球阀的球体是浮动的，在介质压力作用下，球体能产生一定的位移并紧压在出口端的密封面上，保证出口端密封。

浮动球阀的结构简单，密封性好，但球体承受工作介质的载荷全部传给了出口密封圈，因此要考虑密封圈材料能否经受得住球体介质的工作载荷。这种结构，广泛用于中低压球阀。

② 固定球阀　球阀的球体是固定的，受压后不产生移动。固定球阀都带有浮动阀座，受介质压力后，阀座产生移动，使密封圈紧压在球体上，以保证密封。通常在球体的上、下轴上装有轴承，操作扭矩小，适用于高压和大口径的阀门。

为了减少球阀的操作扭矩和增加密封的可靠程度，近年来又出现了油封球阀，既在密封面间压注特制的润滑油，以形成一层油膜，既增强了密封性，又减少了操作扭矩，更适用高压大口径的球阀。

③ 弹性球阀　球阀的球体是弹性的。球体和阀座密封圈都采用金属材料制造，密封比压很大，依靠介质本身的压力已达不到密封的要求，必须施加外力。这种阀门适用于高

温高压介质。

弹性球体是在球体内壁的下端开一条弹性槽，而获得弹性。当关闭通道时，用阀杆的楔形头使球体涨开与阀座压紧达到密封。在转动球体之前先松开楔形头，球体随之恢复原形，使球体与阀座之间出现很小的间隙，可以减少密封面的摩擦和操作扭矩。

球阀按其通道位置可分为直通式、三通式和直角式。三通式和直角式球阀用于分配介质与改变介质的流向。

14.6.7.3 结构

低温球阀主要由阀体、球体、密封垫片、阀杆及驱动装置等组成（图 14-33）。

① 阀体　阀体内容纳球体和密封圈，并有介质进、出口通道。

② 球体　球体是球阀的启闭件，它的表面是密封面，因此要求较高的精度和粗糙度。球体内有圆形截面的介质通道，通道的直径通常等于阀的公称通径。对于直通球阀，球体上的通道是直通的。

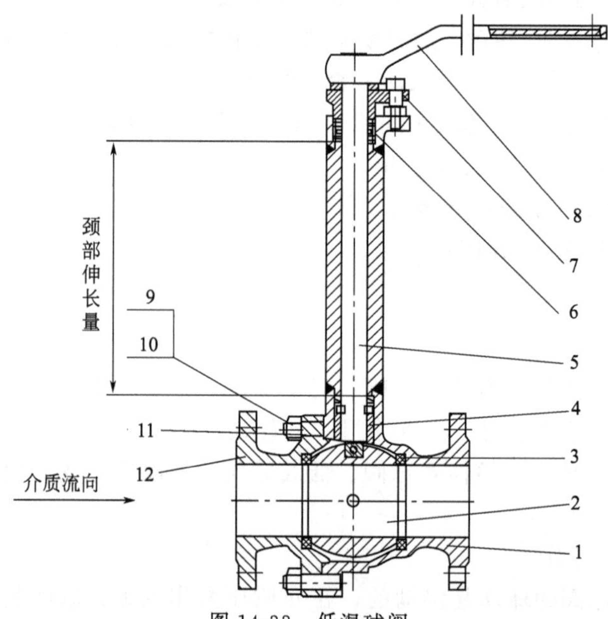

图 14-33　低温球阀

1—右阀体；2—球体；3—阀座；4—轴承；5—阀杆；6—填料；7—填料压盖；8—手柄；9—螺柱；10—螺母；11—密封垫片；12—左阀体

14.6.8 其他阀门

14.6.8.1 紧急切断阀

紧急切断阀适用于低温贮槽、槽车和罐车上切断和流通介质，在出现故障时能及时切断介质。这种阀门具有结构简单、体积小、重量轻、密封可靠、操作方便、启闭灵活、适用性广等优点，广泛用于 LO_2、LN_2、LAr、LNG 及其他低温介质，具有防火、防静电、防爆功能。

该阀由手柄、弹簧、活塞、气缸、易熔塞、仪表风进口、行程螺母、行程指示盘、阀杆、阀芯、阀体等组成。当液体由右侧进入，由于弹簧的作用，阀门处于关闭状态，液体停止流动。当旋动手柄，或者向仪表风入口通入 0.4～0.6MPa 的压缩空气时，活塞向上移动，带动阀杆、阀芯向上运动，阀口打开。液体开始流动，从右向左通过阀门。当再次旋转手柄，或者切断气源，活塞向下运动，带动阀杆、阀芯向下运动，阀口关闭。

该阀特点为：

① 阀体为精铸件，传动机构为明杆传动机构，结构更加合理；

② 密封面较一般截止阀做了改进，使密封更为可靠，更适用于紧急切断阀的使用要求；

③ 阀瓣为螺套锁片式，有利于装配和更换；

④ 执行器部分为气缸活塞式机构，动作更加平稳可靠；

⑤ 阀门填料密封采用一新型的填料结构，除聚四氟乙烯填料外，还配有 O 形圈密封，在很小的压紧力下，能够达到零外漏；

⑥ 当无法正常向阀门提供驱动气源时，可用阀门的手动装置启闭阀门，不致影响整个系统的正常工作。

结构如图 14-34 所示。

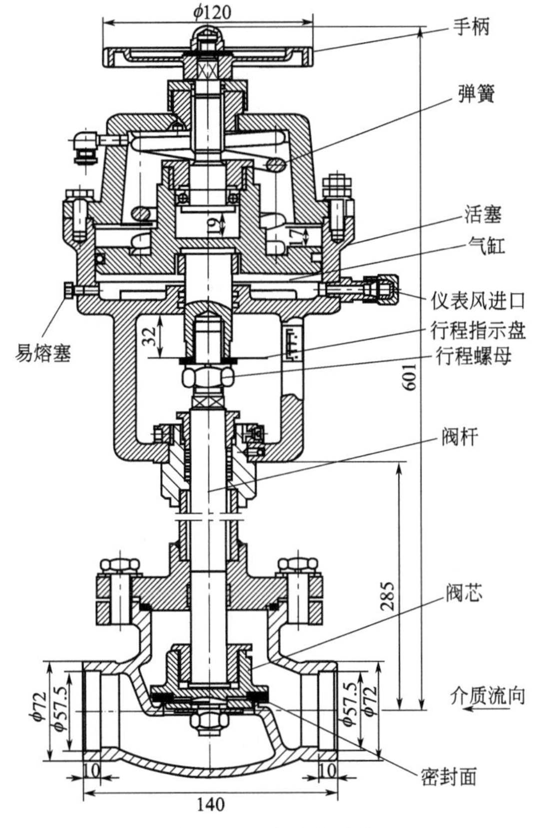

图 14-34　紧急切断阀

14.6.8.2　针阀

针型阀（针阀）的阀芯就是一个很尖的圆锥体，好像针一样插入阀座，由此得名。该类阀门是仪表测量管路系统中重要的组成部分，其功用是作开启或切断管道通路。一般分为针型截止阀、角式针型阀、仪表针型阀、波纹管针型阀、阀组等。在低温系统中应用较多的是针型截止阀、角式针型阀和仪表针型阀。针型阀比其他类型的阀门能够耐受更大的压力，密封性能好，所以一般用于较小流量、较高压力的介质的密封。

结构示意如图 14-35 所示。

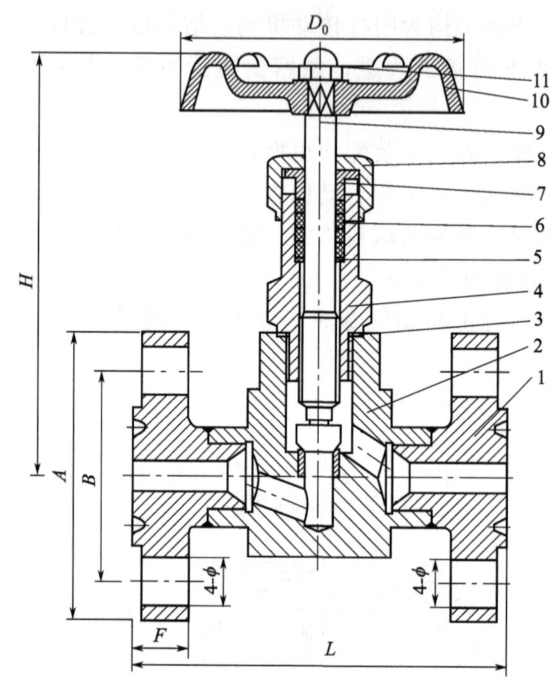

图 14-35　针阀结构

1—法兰；2—阀体；3—阀盖垫片；4—阀盖；5—填料垫；6—填料；7—填料压盖；8—锁紧螺母；9—阀杆；10—手轮；11—带帽螺母

14.7 阀门的管理

14.7.1 储存

① 阀门储存时，应放在干燥通风的室内，通道两端需密封防尘。长期存放应定期检查，并在加工表面上涂油，防止锈蚀。

② 在搬运和安装阀门时，要谨防磕碰划伤的事故。

③ 阀门拆封后，应用有机溶剂（汽油等）彻底去除油封，并用空气吹干，达到无可见油迹，再进行安装。

④ 特别指出：用于氧气或低温介质管道时，需做去油处理，工作中严格忌油。

14.7.2 安装

阀门安装的质量直接影响着使用，所以必须认真注意。

(1) 方向和位置

许多阀门具有方向性，例如截止阀、节流阀、减压阀、止回阀等，如果装倒装反，就会影响使用效果与寿命（如节流阀），或者根本不起作用（如减压阀），甚至造成危险（如止回阀）。一般阀门，在阀体上有方向标志；万一没有，应根据阀门的工作原理，正确识别。

截止阀的阀腔左右不对称，要让流体由下而上通过阀口，这样流体阻力小（由形状所决定），开启省力（因介质压力向上），关闭后介质不压填料，便于检修。这就是截止阀为什么不可装反的道理。其他阀门也有各自的特性。

阀门安装的位置，必须方便于操作；即使安装暂时困难些，也要为操作人员的长期工作着想。最好阀门手轮与胸口取齐（一般离操作地坪 1.2m），这样，开闭阀门比较省劲。落地阀门手轮要朝上，不要倾斜，以免操作别扭。靠墙及靠设备的阀门，也要留出操作人员站立余地，要避免仰天操作，尤其是酸、碱、有毒介质等，否则很不安全。

闸阀不要倒装（即手轮向下），否则会使介质长期留存在阀盖空间，容易腐蚀阀杆，而且为某些工艺要求所禁忌，同时更换填料极不方便。

明杆闸阀，不要安装在地下，否则由于潮湿而腐蚀外露的阀杆。

升降式止回阀，安装时要保证其阀瓣垂直，以便升降灵活。

旋启式止回阀，安装时要保证其销轴水平，以便旋启灵活。

减压阀要直立安装在水平管道上，各个方向都不要倾斜。

(2) 施工作业

安装施工必须小心，切忌撞击脆性材料制作的阀门。

安装前，应将阀门作一检查，核对规格型号，鉴定有无损坏，尤其对于阀杆。还要转动几下，看是否歪斜，因为运输过程中，最易撞歪阀杆。还要清除阀内的杂物。对于阀门所连接的管路，一定要清扫干净。可用压缩空气吹去氧化铁屑、泥沙、焊渣和其他杂物。这些杂物，不但容易擦伤阀门的密封面，其中大颗粒杂物（如焊渣），还能堵死小阀门，使其失效。

焊接连接和法兰连接阀门具体要求：

① 焊接连接阀门安装　阀门与管道焊接时，应旋转气缸顶端手轮将阀门开启，使阀瓣密封圈与阀体密封面脱离，防止焊接产生的高热传导给密封副造成密封圈的损伤。

② 法兰连接阀门安装

a. 阀门及配管的法兰面应无损伤、划痕等，并保持清洁。特别是采用金属垫圈（椭圆形或八角形截面）的时候，法兰盘的切槽与垫圈应相吻合，要涂上红丹进行配研，以确保其密封状态良好。

b. 配管上的法兰面与配管中心线的垂直度及法兰螺栓孔的误差应在允许值的范围内。阀门和配管中心线要取得一致后，再进行安装。

c. 连接两个法兰时，首先要使法兰密封面与垫片均匀压紧，由此保证靠同等的螺栓应力对法兰进行连接。

d. 在紧固螺栓时，要使用与螺母相匹配的扳手，当使用油压、风动工具进行紧固时，注意不要超过规定的力矩。

e. 法兰的紧固要避免用力不匀，应按照对称、交叉的方向均匀旋紧。

f. 法兰的安装后，要确认所有的螺栓螺母的紧固均匀。

g. 螺栓、螺母的材质必须符合规定，紧固后，螺栓头以从螺母中露出两个螺距为宜。

③ 管道全部安装好后，应将管道内部作彻底的吹除，吹除压力应逐步提高，将管道内的焊渣和其他杂物吹除干净以后，方可启闭阀门，以避免焊渣等脏物打在密封面而损坏阀门。

④ 气缸气源接头处接管为 $\phi 6\times 1$ 铜管或不锈钢管；也可在气源接头前加装二位三通

电磁阀，以便远程控制。

⑤ 接近开关按图安装，调整接近开关与感应板间的间隙约为 5mm 时（在阀门开启和关闭状态分别进行）会有感应信号输出（10～100mA，供电电压 12～24V DC），以便中控室监测阀门的开关状态。

(3) 保护设施

有些阀门还须有外部保护，这就是保温和保冷。保温层内有时还要加伴热蒸汽管线。

什么样的阀门应该保温或保冷，要根据生产要求而定。原则上说，凡阀内介质降低温度过多，会影响生产效率或冻坏阀门，就需要保温，甚至伴热；凡阀门裸露，对生产不利或引起结霜等不良现象时，就需要保冷。保温材料有石棉、矿渣棉、玻璃棉、珍珠岩，硅藻土、蛭石等；保冷材料有软木、珍珠岩、泡沫、塑料等。

(4) 旁路和仪表

有的阀门，除了必要的保护设施外，还要有旁路和仪表。安装了旁路，便于检修。其他阀门，也有安装旁路的。是否安装旁路，要看阀门状况、重要性和生产上的要求而定。

(5) 阀门拆卸的注意事项

① 一般拆卸的注意事项以安装注意事项为准。但在拆卸之前，应确认管道和阀门内部无压力，或将介质置换成惰性气体。

② 当采用气割时，要在焊缝的位置上进行切割。切割后，管道内部及阀门内部的切割残留物要去除干净。

③ 螺栓原则上要用扳手拆卸。

④ 卸下来的零件要做好防护措施，避免遗失或损坏。

⑤ 管道裸冷后，在冷态下对法兰和填料压紧螺栓预紧一次，防止常温不漏而在低温下发生泄漏的现象。新阀门使用时，填料不要压得太紧，不漏即可，以免过度增加阀杆的摩擦力，导致启闭困难、加剧磨损。

⑥ 特别注意：由于阀密封是软密封，出厂时已调整到位，请用户在使用时千万不能随意拆卸密封圈，特别是不能破坏密封圈的表面光洁度。

⑦ 装后应定时检修，清除内腔的污垢，检查密封面、阀杆螺母磨损情况。

14.7.3 操作

一般应按照阀门操作规程或说明书的规定操作，对非常规的操作应编制检查操作程序图，并按程序操作，对有动力执行机构的阀门（电、气等），也要严格按规程操作。

14.7.3.1 测试及调整

在完成各项检查，并将阀门安装到新的管道系统上之后，对系统进行压力试验和调试。

① 管道清洗　用风、蒸汽、其他液体清洗时，应注意，介质沉淀于阀门式管道内，防止粗糙物粘在阀座表面。

② 检查阀门有无外漏、内漏。

③ 检查阀门的运作性能，特别是阀门行程开关控制（电、气等）。

14.7.3.2 阀门操作

一般应按照阀门操作规程或说明书的规定操作。对非常规的操作应编制检查操作程序图，并按程序操作，对有动力执行机构的阀门（电、气等），也要严格按规程操作。

（1）手动阀门的操作

手动阀门是使用最广的阀门，它的手轮或手柄，是按照普通的人力来设计的，考虑了密封面的强度和必要的关闭力。因此不能用长杠杆或长扳手来扳动。有些人习惯于使用扳手，应严格注意，不要用力过大过猛，否则容易损坏密封面，或扳断手轮、手柄。启闭阀门，用力应该平稳，不可冲击。某些冲击启闭的高压阀门各部件已经考虑了这种冲击力与一般阀门不能等同。当阀门全开后，应将手轮倒转少许，使螺纹之间严紧，以免松动损伤。对于明杆阀门，要记住全开和全闭时的阀杆位置，避免全开时撞击上死点。并便于检查全闭时是否正常。假如阀瓣脱落，或阀芯密封之间嵌入较大杂物，全闭时的阀杆位置就要变化。

管路初用时，内部脏物较多，可将阀门微启，利用介质的高速流动，将其冲走，然后轻轻关闭（不能快闭、猛闭，以防残留杂质夹伤密封面），再次开启，如此重复多次，冲净脏物，再投入正常工作。常开阀门，密封面上可能粘有脏物，关闭时也要用上述方法将其冲刷干净，然后正式关严。

如手轮、手柄损坏或丢失，应立即配齐，不可用活络扳手代替，以免损坏阀杆四方，启闭不灵，以致在生产中发生事故。

某些介质，在阀门关闭后冷却，使阀件收缩，操作人员就应于适当时间再关闭一次，让密封面不留细缝，否则，介质从细缝高速流过，很容易冲蚀密封面。

操作时，如发现操作过于费劲，应分析原因。若填料太紧，可适当放松，如阀杆歪斜，应通知人员修理。有的阀门，在关闭状态时，关闭件受热膨胀，造成开启困难；如必须在此时开启，可将阀盖螺纹拧松半圈至一圈，消除阀杆应力，然后扳动手轮。

操作流程如下：

① 操作阀门时要经常与仪表室取得联系，操作完毕一定要报告。

② 阀门的操作要轻缓，防止杂声、振动和泄漏。

③ 有紧急情况时，操作要特别慎重。

④ 在操作岗位附近设置有流量计、温度计、压力计等仪表时，应一边注视仪表一边操作。

⑤ 要检查阀门启闭标志以及启闭程度（全开、全闭）有无差错。

（2）自动阀门的操作

① 在掌握了仪表对操作量、变化量、时间滞后等方面的显示特性之后，才能操作自动阀门。

② 发生紧急情况时，需要改为手动操作时，应按有关规定。

③ 要经常检查并确认操作用的气源、电源等设施无异常现象。

④ 要经常把阀门的滞后误差考虑进去，才能操作准确。

⑤ 在开始操作时及在操作过程中，按规定周期，对仪表进行检查、调整、确保仪表的可靠性。

（3）注意事项

新阀门使用时，填料不要压得太紧，以不漏为度，以免阀杆受压太大，加快磨损，而又启闭费劲。

14.7.4 维护

对阀门的维护，可分两种情况，一种是保管维护，另一种是使用维护。

（1）保管维护

保管维护的目的，是不让阀门在保管中损坏，或降低质量。而实际上，保管不当是阀门损坏的重要原因之一。阀门保管，应该井井有条，小阀门放在货架上，大阀门可在库房地面上整齐排列，不能乱堆乱垛，不要让法兰连接面接触地面。这不仅为了美观，主要是保护阀门不致碰坏。由于保管和搬运不当、手轮打碎、阀杆碰歪、手轮与阀杆的固定螺母松脱丢失等不必要的损失，应该避免。对短期内暂不使用的阀门，应取出石棉填料，以免产生电化学腐蚀，损坏阀杆。对刚进库的阀门，要进行检查，如在运输过程中进了雨水或污物，要擦拭干净，再予存放。阀门进出口要用蜡纸或塑料片封住，以防进去脏东西。对能在大气中生锈的阀门加工面要涂防锈油，加以保护。放置室外的阀门，必须盖上油毡或苫布之类防雨、防尘物品。存放阀门的仓库要保持清洁干燥。

（2）使用维护

使用维护的目的在于延长阀门寿命和保证启闭可靠。阀杆螺纹，经常与阀杆螺母摩擦，要涂一点干黄油、二硫化钼或石墨粉，起润滑作用。不经常启闭的阀门，也要定期转动手轮，对阀杆螺纹添加润滑剂，以防咬住。室外阀门，要对阀杆加保护套，以防雨、雪、尘土、锈污。如阀门系机械传动，要按时对变速箱添加润滑油。要经常保持阀门的清洁。要经常检查并保持阀门零部件完整性。如手轮的固定螺母脱落，要配齐、不能凑合使用，否则会磨圆阀杆上部的四方，逐渐失去配合可靠性，乃至不能开动；不要依靠阀门支持其他重物，不要在阀门上站立；阀杆，特别是螺纹部分，要经常擦拭，对已经被尘土弄脏的润滑剂要换成新的，因为尘土中含有硬杂物，容易磨损螺纹和阀杆表面，影响使用寿命。

14.7.5 检查

无论是使用新阀门，还是使用修复后的阀门，安装前必须试压试漏。

（1）试压试漏

试压，指的是阀体强度试验。试漏，指的是密封面严密性试验。这两项试验是对阀门主要性能的检查。

试验介质，一般是常温清水，重要阀门可使用煤油。安全阀定压试验，可使用氮气等较稳定气体，也可用蒸汽或空气代替。对于隔膜阀，使用空气作试验。

（2）试验压力

阀门强度试验压力与公称压力有下列关系，见表 14-31。

表 14-31 强度试验压力和公称压力关系

公称压力/MPa	强度试验压力/MPa	公称压力/MPa	强度试验压力/MPa
0.1	0.2	4.0	6.0
0.25	0.4	6.4	9.6
0.4	0.6	10.0	15.0
0.6	0.9	16.0	24.0
1.0	1.5	20.0	30.0
1.6	2.4	25.0	38.0
2.5	3.8	32.0	48.0

由上可见，公称压力从 0.4～32MPa，这些常用压力阀门，其强度试验压力为其 1.5

倍。阀门密封试验压力，等于公称压力。

(3) 试验方法

试压试漏，在试验台上进行。试验台上面有一压紧部件，下面有一条与试压泵相连通的管路。将阀压紧后，试压泵工作，从试压泵的压力表上，可以读出阀门承受压力的数值。试压阀门充水时，要将阀内空气排净。试验台上部压盘，有排气孔，用小阀门开闭。空气排净的标志是，排气孔中出来的全部都是水。关闭排气孔后，开始升压。升压过程要缓慢，不要急剧。达到规定压力后，保持 3min，压力不变为合格。

试压试漏程序可以分三步：

① 打开阀门通路，用水（或煤油）充满阀腔，并升压至强度试验要求压力，检查阀体、阀盖、垫片、填料有无渗漏。

② 关死阀路，在阀门一侧加压至公称压力，从另一侧检查有无渗漏。

③ 将阀门颠倒过来，试验相反一侧。

14.7.6 修理

阀门拆除时，在阀门上及与阀门相连的法兰上，用钢字打好检修编号，并记录该阀门的工作介质、工作压力和工作温度，以便修理时选用相应材料。

检修阀门时，要求在干净的环境中进行。首先清理阀门外表面，或用压缩空气吹或用煤油清洗，但要记清铭牌及其他标识。检查外表损坏情况，并作记录，接着拆卸阀门各零部件，用煤油清洗（不要用汽油清洗，以免引起火灾)，检查零部件损坏情况，并作记录。

对阀体阀盖进行强度试验。如系高压阀门，还要进行无损探伤，如超声波探伤、X 光探伤。

对密封圈可用红丹粉检验阀座、闸板（阀瓣）的吻合度。检查阀杆是否弯曲，有否腐蚀，螺纹磨损如何。检查阀杆螺母磨损程度。

对检查到的问题进行处理，阀体补焊缺陷，堆焊或更新密封圈，校直或更换阀杆。修理一切应修理的零部件，不能修复者要更换。

重新组装阀门。组装时，垫片、填料要全部更换。

进行强度试验和密封性试验。

14.7.7 常见故障及预防

(1) 一般阀门

① 填料函泄漏，是跑、冒、漏的主要方面，在工厂里经常见到。产生填料函泄漏的原因有下列几点：

a. 填料与工作介质的腐蚀性、温度、压力不相适应；

b. 装填方法不对，尤其是整根填料盘旋放入，最易产生泄漏；

c. 阀杆加工精度或表面光洁度不够，或有椭圆度，或有刻痕；

d. 阀杆已发生点蚀，或因露天缺乏保护而生锈；

e. 阀杆弯曲；

f. 填料使用太久已经老化；

g. 操作太猛。

② 关闭件泄漏，通常将填料函泄漏叫外漏，把关闭件泄漏叫做内漏，关闭件泄漏，

在阀门里面，不易发现。

关闭件泄漏，可分两类：一类是密封面泄漏（见图 14-36）；另一类是密封件根部泄漏（见图 14-37）。

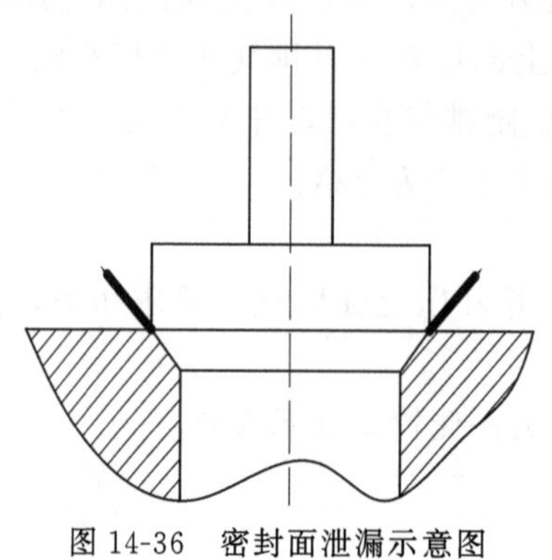

图 14-36 密封面泄漏示意图

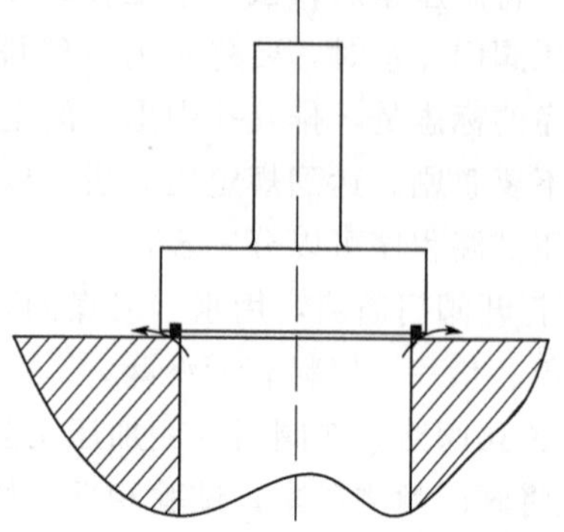

图 14-37 密封件根部泄漏示意图

引起泄漏的原因有：

a. 密封面研磨得不好；

b. 密封圈与阀座、阀瓣配合不严紧；

c. 阀瓣与阀杆连接不牢靠；

d. 阀杆弯扭，使上下关闭件不对中；

e. 关闭太快，密封面接触不好或早已损坏；

f. 材料选择不当，经受不住介质的腐蚀；

g. 将截止阀、闸阀作调节使用，密封面经受不住高速流动介质的冲击；

h. 某些介质，在阀门关闭后逐渐冷却，使密封面出现细缝，也会产生冲蚀现象；

i. 某些密封圈与阀座、阀瓣之间采用螺纹连接，容易产生氧浓差电池，腐蚀松脱；

j. 因焊渣、铁锈、尘土等杂质嵌入，或生产系统中有机械零件脱落堵住阀芯，使阀门不能关严。

③ 阀杆升降失灵

a. 操作过猛使螺纹损伤；

b. 缺乏润滑剂或润滑剂失效；

c. 阀杆弯扭；

d. 表面光洁度不够；

e. 配合公差不准，咬得过紧；

f. 阀杆螺母倾斜；

g. 材料选择不当，例如阀杆与阀杆螺母为同一材质，容易咬住；

h. 螺纹波介质腐蚀（指暗杆阀门或阀杆在下部的阀门）；

i. 露天阀门缺少保护，阀杆螺纹粘满尘砂，或者被雨露霜雪等锈蚀。

④ 其他

a. 阀体开裂。一般是冰冻造成的，天冷时，阀门要有保温伴热措施，否则停产后应将阀门及连接管路中的水排净（如有阀底丝堵，可打开丝堵排水）。

b. 手轮损坏。撞击或长杠杆猛力操作所致。只要操作人员或其他有关人员注意，便可避免。

c. 填料压盖断裂。压紧填料时用力不均匀，或压盖有缺陷。压紧填料，要对称地旋转螺丝，不可偏歪。制造时不仅要注意大件和关键件，也要注意压盖之类次要件，否则影响使用。

d. 阀杆与闸板连接失灵。闸阀采用阀杆长方头与闸板 T 形槽连接形式较多，T 形槽内有时不加工，因此使阀杆长方头磨损较快。主要从制造方面来解决。但使用单位也可对 T 形槽进行补加工，让它有一定光洁度。

e. 双闸板阀门的闸板不能压紧密封面。双闸板的张力是靠顶楔产生的，有些闸阀，顶楔材质不佳（低牌号铸铁），使用不久便磨损或折断。顶楔是个小件，换下原来的铸铁件。

（2）自动阀门

① 弹簧式安全阀

a. 故障之一，密封面渗漏。原因有：密封面之间夹有杂物；密封面损坏。

这种故障要靠定期检修来预防。

b. 故障之二，灵敏度不高。原因有：弹簧疲劳；弹簧使用不当。

弹簧疲劳，无疑应该更换。弹簧使用不当，是因为使用者没有注意到：一种公称压力的弹簧式安全阀有几个压力段，每一个压力段有一种对应的弹簧。如公称压力为 $16kgf/cm^2$（$1kgf/cm^2=98.0665kPa$）的安全阀，使用压力是 $2.5\sim4kgf/cm^2$ 的压力段，安装了 $10\sim16kgf/cm^2$ 的弹簧，虽也能凑合开启，但忽高忽低，很不灵敏。

② 止回阀

a. 阀瓣打碎。引起阀瓣打碎的原因是：止回阀前后介质压力处于接近平衡而又互相“拉锯”的状态，阀瓣经常与阀座拍打，某些脆性材料（如铸铁、黄铜等）做成的阀瓣就会被打碎。预防的办法是采用阀瓣为韧性材料的止回阀。

b. 介质倒流。介质倒流的原因有：密封面破坏；夹入杂质。修复密封面和清除杂质，就能防止倒流。

以上关于常见故障及预防方法的叙述，只能起启发作用，实际使用中，还会遇到其他故障，要做到主动灵活地预防阀门故障的发生，最根本的一条是熟悉它的结构、材质和动作原理。

第15章 真空法兰

15.1 概述

真空法兰用于真空系统可拆卸部位，或处于安装需要的活动联结部位。法兰联结必须保证接合处的气密性近似于整体材料的性能。法兰密封面即使光洁度很高，但由于有机械加工的特点，不免有微小的高低不平起伏［见图 15-1(a)］，这种微小的表面粗糙度有时只能用显微镜才能观察到。法兰表面过大的粗糙度会使密封失效，如果有一条深 0.25μm 的划痕，可引起的漏率达 10^{-8}Pa・L/s 数量级。

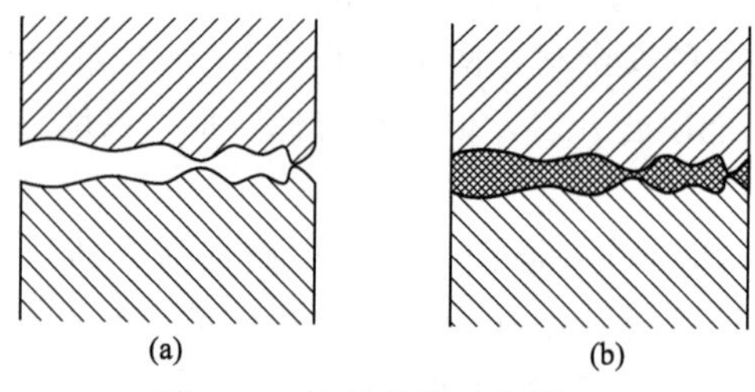

图 15-1　法兰密封示意图

如果两个法兰密封面之间有较软的密封物质［见图 15-1(b)］，则密封物质可以充满法兰密封面之间起伏，使气体不能通过，这就达到了密封目的。若要使密封物质很好地充满密封面之间，就要求密封物质要软，使接触应力远小于法兰材料的弹性极限。满足这种要求的材料有真空橡胶、氟塑料、铅、铟、铜、铝、银、金等。

真空法兰与化工、通用机械法兰不同之处在于它是在真空下使用，设计时应注意下列事项：

① 材料漏气率和出气率要小；

② 要有一定的机械强度；

③ 热稳定性好，多次短期加热不损坏气密性；

④ 受腐蚀时的稳定性好；

⑤ 多次拆卸时保持气密性能力强；

⑥ 真空检漏方便。

真空中经常使用的法兰有：橡胶密封法兰、金属密封法兰。

橡胶密封法兰用于低真空、中真空及高真空系统中。也可以用于超高真空装置的大门密封，此时为了减小密封圈的出气量，常用氟橡胶密封，或者用氟利昂冷冻机冷冻密封圈。

金属密封法兰用于超高真空系统，金属密封不仅出气量小，而且能耐高温烘烤。

快卸法兰常用于粒子加速器中，尤其是大型加速器使用更为广泛。大型加速器运转周期长，有的达几个月，要求真空系统发生问题后能快速修复，而快卸法兰具有这种优点。

真空法兰材料通常为低碳钢或不锈钢，一般选用车、镗加工。密封面要光滑、无裂纹、无划痕，避免发生漏气。

15.2 橡胶密封法兰

在加热温度不高于120℃（丁腈橡胶）或200℃（氟橡胶）的真空系统中，广泛地使用了橡胶密封。橡胶弹性变形好，与钢制法兰易形成气密性结合。法兰密封面只需要加工到1～6μm的粗糙度，就可以保障密封性了。需要的密封力小，大约为10～20kgf/cm^2。

橡胶密封法兰的优点是：压紧力小，密封可靠，可以多次装拆，制造简单，维修方便。不足之处是出气率比金属密封法兰高。

法兰连结由一对法兰构成，其中一个法兰开槽；另一个不开槽，见图15-2。其中(a)、(b)为矩形截面；(c)为半圆形截面；(d)为梯形截面。矩形和梯形截面槽，橡胶无法充满，在尖角处存在窝藏气体的“死空间”，这在真空上是不希望有的。但矩形槽具有加工容易、梯形槽有密封圈不易脱落的优点而被广泛地应用于真空设计中。矩形槽常用于一般的法兰连结，梯形槽用于真空阀口及真空室大门密封。半圆形密封槽没有“死空间”，但加工不方便，使用较少。

设计密封槽时需要注意：

① 密封槽截面积要大于密封圈截面积，并使密封圈高出槽深1/4～1/3，使密封圈有20%～30%的压缩量；

② 使密封圈暴于真空中的表面越少越好。

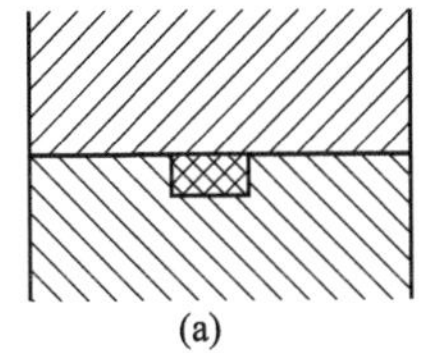
(a)
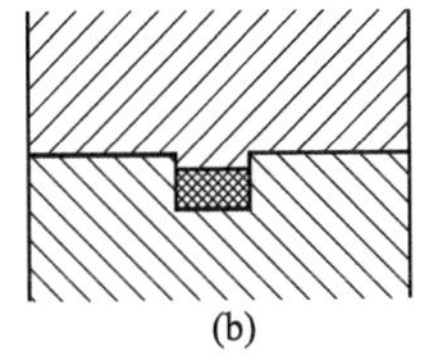
(b)
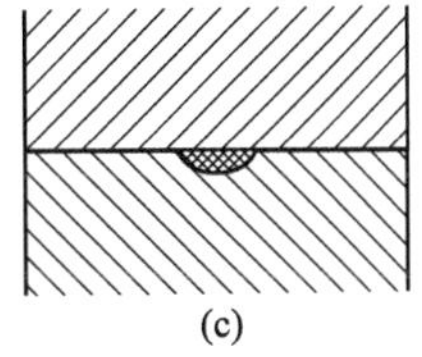
(c)
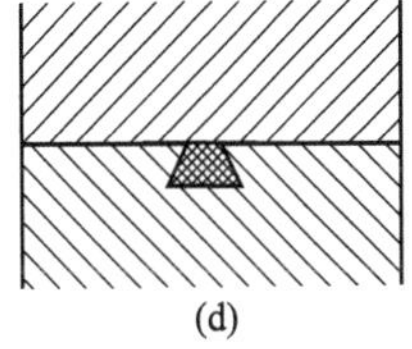
(d)

图15-2 法兰密封槽截面形状

橡胶密封圈已经有标准产品。设计时最好选择标准产品。如果临时使用时没有成品，可以用橡胶绳粘接。粘接时将橡胶绳按25°～30°角切割，见图15-3(a)；用补带胶水粘接。粘接中注意保持被粘面干净，胶水涂量要适当。粘接面的方向要正确，图15-3(a)所示为正确的粘接；图15-3(b)所示为不正确的粘接。

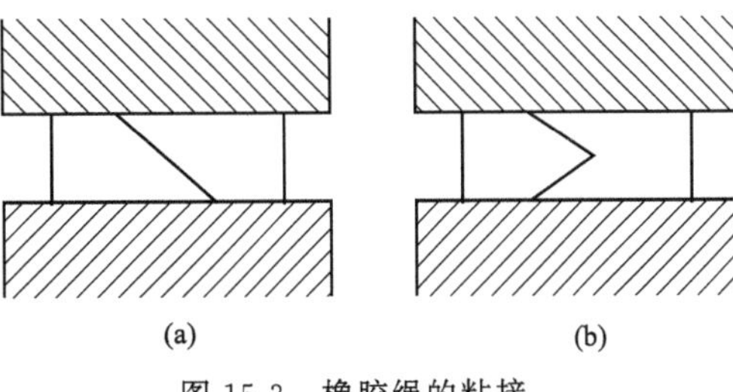

图15-3 橡胶绳的粘接

15.2.1 橡胶密封

在真空设备中，橡胶作为密封材料的应用最为普遍，主要是由于它具有高弹性，较高的耐磨性和适宜的机械强度，具有常温下密封可靠，可反复拆卸安装，易于加工，价格低廉的优点。缺点是不能承受高温和低温的环境条件，与金属材料密封相比有较大的出气率和渗透率，通常只能用于低真空和高真空系统，不采取一定的措施不适用于超高真空和极高真空系统和设备中。

（1）橡胶的一般特性

橡胶的种类很多，性质各有不同，但都具有很大的弹性，在很小的作用力下能产生很大的形变。图 15-4 给出了硫化橡胶的张力与伸长关系曲线。

橡胶的体积是很不容易被压缩的。在某一方向上受压就在另一方向上伸长，总体积几乎不变。因此，橡胶不仅可以用作压紧密封，而且还可以用作胀紧密封。

橡胶长期处于压缩状态，会发生永久变形，即残余变形。残余变形的大小随温度升高而急剧增加。如果橡胶试样的原高为 d_0，对每种橡胶试样都压缩到同一高度 d_s，在一定温度下保持一定时间（例如 22h 或 70h），然后经 30min 卸载并冷却到室温 25℃，此时测得试样的高度为 d_1，则橡胶试样的残余变形为 C_k。

$$C_k=\frac{d_0-d_1}{d_0-d_s}\times 100\% \tag{15-1}$$

C_k 表征了残余变形的程度，称为橡胶的收缩比。常用橡胶收缩比的试验结果如图 15-5 所示。

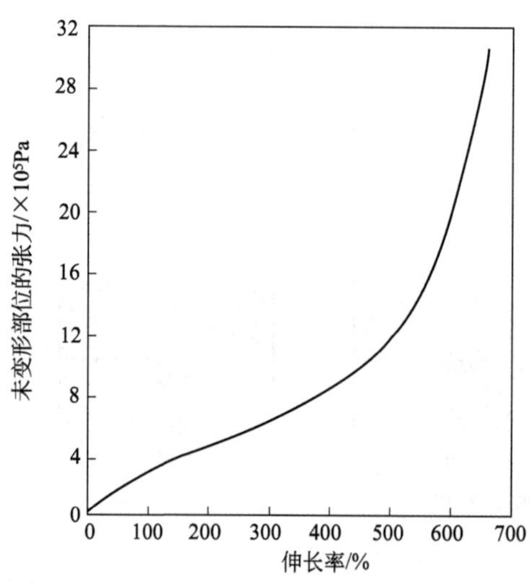

图 15-4　硫化橡胶的张力与伸长关系

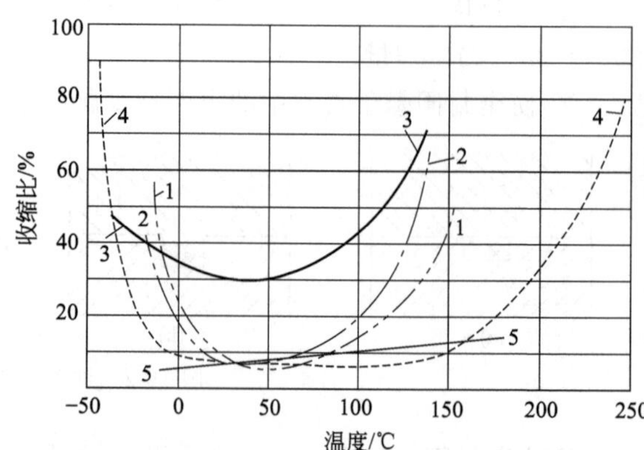

图 15-5　经过 22h 的压缩后各种橡胶的收缩比

1—丁腈橡胶；2—丁烯橡胶；3—氯丁橡胶；4—硅橡胶；5—牌号为 R20V 的硅橡胶

密封法兰的槽沟容积如果小于橡胶密封圈的体积，两个法兰表面就压不到一起。使用这种法兰时，螺栓如果拧得过紧，橡胶圈就会产生永久变形甚至被压坏而影响密封性能。密封槽容积大于橡胶密封圈体积的法兰，可部分地避免这种情况。

(2) 温度对橡胶的影响

温度对橡胶的性能影响很大，高温容易使橡胶产生残余变形，加速橡胶的老化；低温容易使橡胶发生结晶硬化，丧失弹性。因此，橡胶都有一定的使用温度范围。普通橡胶的使用温度范围为−30～90℃；氟橡胶的使用温度范围为−40～250℃；丁腈橡胶的使用温度为−25～150℃。各类国产真空橡胶的一般物理力学性能见表15-1。

表15-1 国产真空橡胶一般物理力学性能

胶种	色别	扯断力 ≥/10^5Pa	伸长率 ≥/%	永久变形 ≤/%	硬度 HS (±5)	脆性温度 ≤/℃	压缩变形 (70℃×24h)≤/℃			备注
							介质	收缩比/%	永久变形	
烟片胶	白	170	550	20	50	−50	空气	30	32	真空橡胶制品，供真空系统的密封垫圈等用
丁腈-26	黑	100	400	17	65	−40	空气	30	28	耐氟真空橡胶制品，供温度−30～+90℃真空密封用
烟片胶	黑	200	600	24	55	−52	空气	30	40	低硬度、耐气候
丁腈胶	黑	120	600	20	58	−33				耐油、氟，耐热
烟片氯丁	黑	160	800	18	38	−52	空气	30	40	低硬度、耐气候
硅胶	灰	50	450	8	33	−65				压缩变形要求低
硅胶	棕灰	40	200	6	65	−65				压缩变形要求低
氟橡胶 26-41	黑	70～120	225	15	75		150℃真空	20	70	耐高温(200～300℃)，耐油、酸、碱制品
氟橡胶 23-11	白	100	300	25	72	−34				耐强酸、耐高温(200℃)

(3) 橡胶的渗透性能

气体能够通过橡胶等密封材料向真空一侧渗透。不同橡胶在不同温度下对空气的透气性不尽相同。天然橡胶透气率很大，丁基橡胶含有甲基基团，透气率较低，并且随丙烯腈的含量增高而降低；氟橡胶十分致密，加入炭黑之后，透气率更小。气体经橡胶的渗透速度，开始时很快，然后逐渐降低，经一定时间后，达到一稳定的渗透值。

增塑剂对橡胶的透气性影响很大，因为加入增塑剂之后，使聚合物分子之间的间距加大，气体的渗透率随之增加。另外，增塑剂大多是在高温下容易挥发的蜡类、酯类，在真空烘烤过程中容易挥发出来，并使橡胶老化变脆，所以用于真空系统中的密封橡胶，尽量选用增塑剂含量少或不含任何增塑剂的品种。

在室温条件下，空气对部分橡胶的透气性见表15-2、表15-3。

表15-2 部分橡胶对空气的渗透系数

单位：cm^3(STP)·cm/(cm^2·s)

橡胶种类	丁基橡胶	腈橡胶(高腈)	腈橡胶(低腈)	聚氯丁橡胶	天然橡胶	硅橡胶
渗透系数	0.32×10^{-7}	0.41×10^{-7}	0.80×10^{-7}	0.98×10^{-7}	4.4×10^{-7}	4.5×10^{-6}
橡胶种类	聚硫橡胶	聚氨酯橡胶	氯丁橡胶	丁苯橡胶	氟橡胶 23	氟橡胶 26
渗透系数	0.37×10^{-7}	0.97×10^{-7}	0.98×10^{-7}	2.9×10^{-7}	0.8×10^{-7}	0.88×10^{-7}

注：在压力差为1.013×10^5Pa，温度为80℃时测定；体积值（单位为cm^3）为标准状态下换算的。

表 15-3　部分橡胶在不同温度下对空气的透气性

透气率 温度 橡胶种类	渗透系数/$\times10^{-6}cm^3$(STP)·cm·cm^{-2}·s^{-1}			
	23.5℃	75℃	120℃	177℃
丁基橡胶	0.2	3.2	1.3	—
低丙烯腈丁腈胶	1.3	8.0	22	—
高丙烯腈丁腈胶	极微	4.1	15	—
丁苯橡胶	2.5	29	47	—
天然橡胶	4.9	44	71	—
氯丁橡胶	1.0	9.8	26	—
聚丙烯酸酯橡胶	1.9	18	48	94
聚氨酯橡胶	0.5	9.7	31	—
氟硅橡胶	—	128	—	—
硅橡胶	115	350	—	690
维通 A 橡胶	—	8.8	36	146

注：辽宁铁岭橡胶工业研究设计院测定值。

(4) 橡胶的出气速率

橡胶的出气速率是影响真空系统性能的一个重要参数。特别是超高真空系统的密封，一般要求采用出气速率低的氟橡胶，并且要用制冷机冷冻橡胶以降低出气速率。要获得10^{-9}Pa 以上的超高真空，不宜用橡胶做密封材料。各种橡胶的出气速率见第 19 章相关内容。

(5) 橡胶在真空条件下的质量损失（质损）

橡胶在常温常压下长期存放或在真空中使用会逐渐老化变脆，填料和易挥发成分的丧失，使其质量逐渐减少的现象称为质损。卫星、飞船等航天器在宇宙空间条件下的质损造成的污染，是一个不可忽视的问题。真空用密封橡胶的选用，除了考虑其弹性、耐油性、机械强度、压缩永久变形和出气率等因素外，用于空间的橡胶，还要选择较小的质损率。表 15-4 给出了国产常用橡胶的质损率。

表 15-4　7 种橡胶的真空（$10^{-2}\sim10^{-3}$Pa）质损率　　单位：%

时间/h 橡胶种类	0.1	1	3	5	10	15	20	25
天然橡胶	0.42	1.95	3.92	4.70				
氯丁橡胶	0.26	1.20	2.10	3.60				
丁腈橡胶	0.38	1.09	3.30	4.18				
共聚氟醇橡胶	0.34	0.99	1.12	1.17	1.26	1.33	1.33	1.34
乙烯基硅橡胶	0.17	0.36	0.43	0.45	0.46	0.48	0.50	0.50
氟橡胶 26	0.10	0.22	0.28	0.30	0.32	0.37	0.38	0.39
氟橡胶 246	0.06	0.14	0.16	0.18	0.20	0.20	0.20	0.20

(6) 橡胶密封的预压力

为了保证真空密封，橡胶密封垫圈上要施加一定的预压力。橡胶密封圈的压缩量与橡胶的硬度有关（如图 15-6 所示）。例如，对直径 72mm、截面直径（或高度）为 4mm 的各种橡胶垫圈作渗透试验所得的结果表明，如果橡胶硬度大于 50（HS），密封表面没有径向擦伤，当压缩量为 15%时，不论垫圈形状如何，其渗透量都小于 10^{-7}Pa·L/s。橡胶的永久变形、硬度与温度的关系见表 15-5。

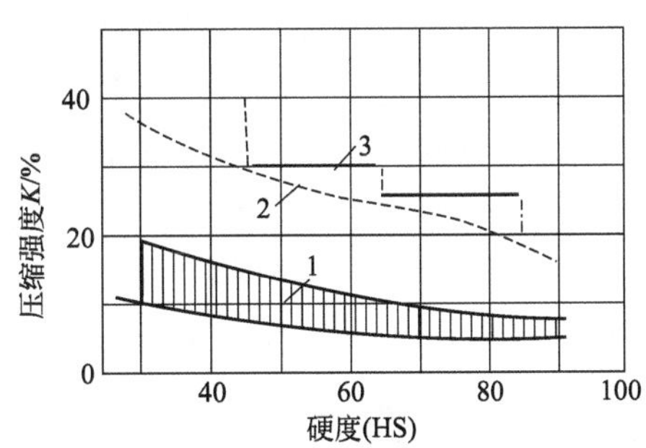

图 15-6 橡胶密封圈压缩量与硬度的关系

1—真空密封必需的最大压缩量；2—压缩量的许用值；3—根据美国 ASTM 395—497 标准试验，收缩比的最大压缩量

表 15-5 橡胶的永久变形、硬度与温度的关系

温度/℃ 参数 橡胶种类	25		50		70		100	
	永久变形/%	硬度(HS)	永久变形/%	硬度(HS)	永久变形/%	硬度(HS)	永久变形/%	硬度(HS)
丁基橡胶	8	105	4	53	7	57	11	66
天然橡胶	14	115	14	54	11	61	40	69
GR-S 橡胶	15	129	20	55	14	69	47	77
氯丁橡胶	65	143	97	60		68	98	83

15.2.2 真空密封用橡胶

用于真空密封的橡胶（塑料）材料，除要求具有光洁表面、无划伤、无裂纹外，还要有低的出气率、挥发率和透气率，良好的耐热性、耐油性，抗老化和适宜的耐压缩变形值（小于 35%）及压力松弛系数（不小于 0.65）。最常用于真空密封的橡胶材料有下列几种。

(1) 天然橡胶

天然橡胶是最早使用的一种真空用密封材料，但它的透气率很大（大约为丁腈橡胶的 10 倍），耐油性、抗老化性能都较差，一般只用于粗真空、低真空密封。

天然橡胶使用温度在 100℃以下。提高天然橡胶的耐热性，可采用无硫硫化，用 2～4 份的促进剂 TMTD 硫化，配方见表 15-6。

表 15-6 无硫硫化天然橡胶配方示例（质量分数） 单位：%

天然纯胶	氧化锌	硬脂酸	炭黑	防老剂 D	松焦油	促进剂 TMTD
100	5.0	3.0	50	1.0	—	3.0

注：硫化条件：138℃×1min。

(2) 丁基橡胶

丁基橡胶透气率很小，可用于 10^{-5}Pa 的真空密封，但在超高真空环境下出现升华现象，其质量损失可达 30%，因此不适用小于 10^{-6}Pa 的超高真空。

(3) 丁腈橡胶

丁腈橡胶是耐油性和其他性能都较好的一种橡胶，在高真空范围广泛用于烘烤温度150℃以下的各类真空密封。

丁腈橡胶是耐油合成橡胶，有 100 多个牌号，品种主要是低温聚合丁腈橡胶、易加工的软橡胶及改性丁腈橡胶。丁腈橡胶牌号是按丙烯腈含量多少而分，丙烯腈含量越高，耐油性、耐水性越好；含量越低，耐寒性随着越好，弹性也随之增加。

丁腈橡胶可以加入其他材料改进其性能，常见的材料有：尼龙、聚乙烯、ABS 树脂、DAP 树脂、氯化聚醚、聚四氟乙烯等。和尼龙并用以三元尼龙效果最好，尼龙用量控制在 10%～25%，温度控制在 150～160℃之间。与尼龙并用的丁腈橡胶具有耐油、耐寒、耐磨、耐臭氧等特点，适宜制作各类密封圈。丁腈橡胶混入 30%聚氯乙烯，不仅保持了纯丁腈橡胶的耐热性、透气性，而且提高了耐臭氧性、耐磨性、耐油性和抗撕裂性，改善了加工性能，使用温度提高到 150～160℃。丁腈橡胶与氯化聚醚并用，压缩永久变形最小，在橡胶“O”形圈中应用最为合适。

丁腈橡胶具有优异的耐水性、耐油性、耐热性和较低的透气性，压缩永久变形小，使用寿命长、价格便宜，在高真空范围内广泛用于烘烤温度在 150℃以下的各类真空密封中。

(4) 聚氨酯橡胶

聚氨酯橡胶是由聚酯与二异氰酸酯共聚制成的一种新颖弹性体。按加工方法可分为混炼型聚氨酯、浇注型聚氨酯和热塑性聚氨酯。目前浇注型产量占 50%以上，混炼型仅占5%。热塑性聚氨酯不需要固化和交联，也不需要混合，成型后处理加工和热塑料一样，可采用挤出、注塑等方法加工成各种形状的密封条，但不宜制成截面直径大于 300mm 的密封圈，同时粗细不均匀也会影响密封性能。

聚氨酯橡胶能达到 20～74MPa 的机械强度，是丁腈橡胶的 1～1.4 倍，耐磨性是天然橡胶的 5～10 倍；具有较强的抗撕裂强度，较高的耐油、耐磨、耐臭氧、耐冲击性等优点。聚氨酯橡胶在真空设备、各类真空阀门、真空低速运动部件上，可获得良好的密封效果。

聚氨酯橡胶的主要缺点是不耐高温，不耐水，特别是不适宜在高温，湿度大的环境中使用，易水解乳化，使用温度－30～100℃，最好在 70～80℃使用。不宜长期在高速转动及摩擦力大的动态下使用。只能在低转速和良好的散热条件下使用。此外，聚氨酯橡胶不耐酸碱，不能在酸碱环境中使用。

(5) 氟橡胶

氟橡胶是一种耐高温、耐各种介质的密封材料。各种气体在维通（Vition）型氟橡胶中有较小的扩散速度和较大的溶解度，透气性很小，与丁基橡胶相当，在高温和真空中出气率很低（在 2.6×10^{-7}Pa 的失重为 2.3%），可用于 $10^{-5}\sim10^{-7}$Pa 的真空密封，采用双O 形圈密封，烘烤到 200℃，并加上水冷措施，可达到 10^{-8}Pa 超高真空度。

氟橡胶具有较高的扯断强度，但在高温下扯断强度明显降低，在常温下扯断强度为15.1MPa，在 205℃高温下扯断强度仅为 2.25MPa，所以，氟橡胶不能用在应力集中的地方，否则容易过早损坏，氟橡胶的物理力学性能见表 15-7。

表 15-7 氟橡胶一般物理力学性能

橡胶品种	拉伸强度/MPa	伸长率/%	硬度(HS)	撕裂强度/MPa
26 型氟橡胶	10.0～16.0	150～300	70～85	2.5～4.0
23 型氟橡胶	13.0～25.0	200～600		2.5～7.0

氟橡胶的耐高温性能特别优异，F26 氟橡胶可在 250℃温度下长期工作，在 300℃温度下短期工作。

氟橡胶的耐热老化性及在各温度下的使用寿命见表 15-8、表 15-9。

表 15-8 各种橡胶的耐热老化性

橡胶名称	具有工作能力①的极限温度/℃	橡胶名称	具有工作能力①的极限温度/℃
26 型氟橡胶	320	丁腈橡胶	180
硅橡胶	320	天然橡胶	130
23 型氟橡胶	250		

① 橡胶在该温度下进行 24～36h 老化后，拉伸强度≥7.0MPa，伸长率≥100%，就称为具有工作能力。

表 15-9 氟橡胶（Viton A-HV）在各温度下的使用寿命

温度/℃	200	230	260	290	320
使用寿命/h	很长	>2500	500	140	36

F26 氟橡胶的压缩永久变形较其他橡胶好，压缩率 30%的条件下，经 200℃，24h 热压缩后，永久变形为 40%～50%，采用硫化体系和优化配方，经过 20 年的改进，F26 的永久压缩变形数值可降到 11%以下。氟橡胶在空气中的高温压缩永久变形见表 15-10。

表 15-10 氟橡胶在空气中的高温压缩永久变形

永久变形/% 试验温度×时间/℃×h	橡胶品种		
	氟橡胶-246	Viton A	Viton A-HV
150×24	38	49	—
200×24	48	50	45
200×200	72	84	—
230×24	65	75	—
250×24	77	90.5	78
300×24	100	>100	>100

氟橡胶的透气性较低，气体在氟橡胶中的溶解度较大，但扩散速率较慢。另外，氟橡胶对日光、臭氧和气候的作用十分稳定。氟橡胶与其他橡胶透气性比较见表 15-11，其出气率与出气时间的关系如图 15-7 所示。

Viton 型氟橡胶的玻璃化温度（由玻璃态向高弹性态转变的温度），是影响氟橡胶在低温使用时的重要性能参数。VitonA 的玻璃化温度为－20℃（在动态下使用温度极限为－29℃），国产氟橡胶 26-41 为－17℃，VitonB 为 0℃。

Viton 型氟橡胶的脆性温度是指试件在一定的条件下受冲击产生破坏时的最高温度，它是碳化橡胶的特性温度，并不代表碳化温度及其制品工作温度下限。国产氟橡胶 26-41 的脆性温度为－30～－34℃。氟橡胶的脆性温度与试样的厚度关系很大，表 15-12 是不同温度的 Viton A 橡胶的使用寿命。

表 15-11　氟橡胶与其他橡胶透气性比较（温度 30℃）

性　　能	气体	天然胶	氯丁胶	丁腈胶	丁基胶	Viton A	
						30℃	60℃
渗透系数/$\times10^{-8}cm^3(STP)\cdot cm\cdot Pa^{-1}\cdot s^{-1}\cdot cm^{-2}$	N_2	8.7	1.0	0.3	0.4	0.33	2.60
	O_2	23	8	1	1.3	1.09	6.60
	CO_2	123	25	8	5.2	5.87	29.8
	He	28	—	6	8	16	—
扩散常数/$\times10^{-6}cm^2\cdot s^{-1}$	N_2	1.6	—	—	0.063	0.039	0.33
	O_2	2.2	—	—	0.11	0.082	0.66
	CO_2	1.4	—	—	0.081	0.033	0.25
溶解度/$\times10^{-2}cm^3(STP)\cdot cm^{-3}$	N_2	5.7	—	—	5.6	8.4	8.0
	O_2	10.3	—	—	11.8	13.3	10.1
	CO_2	90	—	—	65	117	177

注：在压差为 101325Pa(1atm)，温度为 30℃时的测定值。

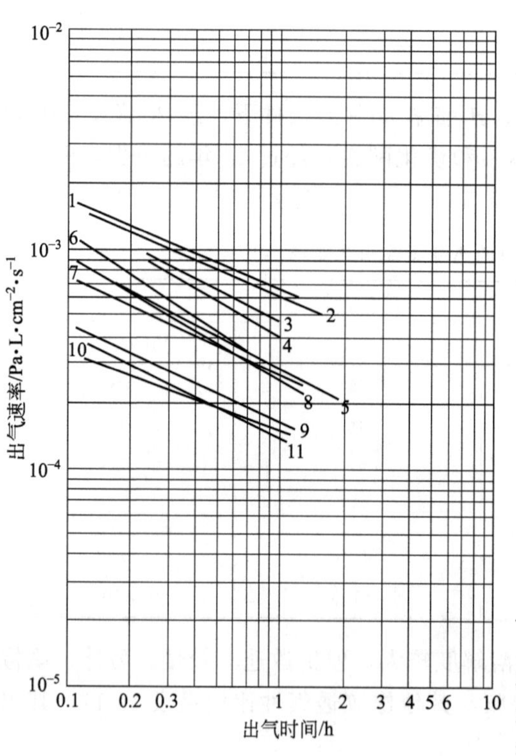

曲线号	橡胶名称	生产厂家
1	开尔-氟橡胶，65G-5，氟 5 型	上海橡胶工业制品所
2	开尔-氟橡胶，65G-5，氟 3 型	上海橡胶工业制品所
	氟橡胶，Fz-16 型	西北橡胶工业制品所
3	开尔-氟橡胶，65G-5，氟 3 型*	上海橡胶工业制品所
4	开尔-氟橡胶，65G-5，氟 4 型	上海橡胶工业制品所
5	开尔-氟橡胶，65G-5，氟 6 型	上海橡胶工业制品所
	维通氟橡胶	上海橡胶工业制品所
	氟橡胶，F26-41 型	上海橡胶工业制品所
6	氟橡胶，81512×40 型	西北橡胶工业制品所
7	氟橡胶，81501×40 型	西北橡胶工业制品所
8	维通 26，超 26-01-1 型	辽宁铁岭橡胶工业研究设计院
9	氟 23，超 23-03 型	辽宁铁岭橡胶工业研究设计院
10	氟 23，超 K-5501 型	辽宁铁岭橡胶工业研究设计院
	维通 26，超 26-04 型	辽宁铁岭橡胶工业研究设计院
11	氟橡胶，81506 型	西北橡胶工业制品所
	再生氟橡胶，81506 型再生 82	西北橡胶工业制品所

注：*号表示用乙醚擦洗过；测试前，先后在 20% NaOH、蒸馏水中煮洗，45%湿度下放置三天以上。出气温度 20～25℃。实际使用中环境湿度如不同，应把查得的出气速率乘以湿度校正系数η

$$\eta=\frac{实际湿度}{45\%}$$

图 15-7　氟橡胶出气率与出气时间的关系

表 15-12　不同温度的 Viton A 橡胶的使用寿命

温度/℃	200	230	260	290	320
使用寿命/h	很长	>2500	500	140	36

我国生产的氟橡胶有两种：F26 型氟橡胶（相当国外的 Viton A）是最通用的氟橡胶品种，占氟橡胶总用量的 90%以上；F23 型氟橡胶仅用于强酸介质的密封（特别是发烟硝酸），由于加工困难，发展受到限制，现已被 F26 代替。国产氟橡胶性能见表 15-13、表 15-14。

表 15-13　国产氟橡胶性能（一）

拉伸强度/MPa	伸长率/%	脆化温度/℃	邵氏硬度	真空透气率(25℃)/Pa·L·cm^{-1}·s^{-1}	真空质损(50℃,10^{-2}～10^{-3}Pa)/%	压缩变形(200℃,24h)/%	使用寿命(200℃)/h
10～17	150～210	−30	70±5	3.6×10^{-4}	<0.2	<25	10000

注:辽宁铁岭橡胶工业研究设计院生产。

表 15-14　国产氟橡胶性能（二）

密度/g·cm^{-3}	伸长率/%	脆化温度/℃	拉伸强度/MPa	硬度(HS)	工作温度/℃	出气率(室温)/Pa·L·s^{-1}·cm^{-2}
1.82	150～250	−35～45	10.0～15.0	70±5	250(200h)～20 (B型比A型为好)	(1～3)×10^{-5}

低温性能:−40℃左右脆化,结晶为玻璃状排列,恢复到室温性能不变,−20℃时具有弹性,可保证密封性能。
高温性能:250℃下,200h,然后恢复到室温,拉伸系数 0.8,伸长率系数 0.8;
250℃下,24h(压缩 20%),室温,压缩永久变形为 50%～70%;
200℃下,24h(压缩 20%),压缩永久变形为 70%～90%。

注:上海橡胶制品研究所生产。

(6) 硅橡胶

硅橡胶是一种耐热橡胶。在各种橡胶中，它的工作温度范围最宽（−100～350℃），即使在 200℃高温下也可长期使用。缺点是气体渗透率较普通橡胶大数十至数百倍，线膨胀系数也比其他橡胶大（250×10^{-6}/℃）。因此，设计密封槽要留有足够的余地。图 15-8 所示为三种硅橡胶密封槽尺寸。国产硅橡胶性能见表 15-15、表 15-16。

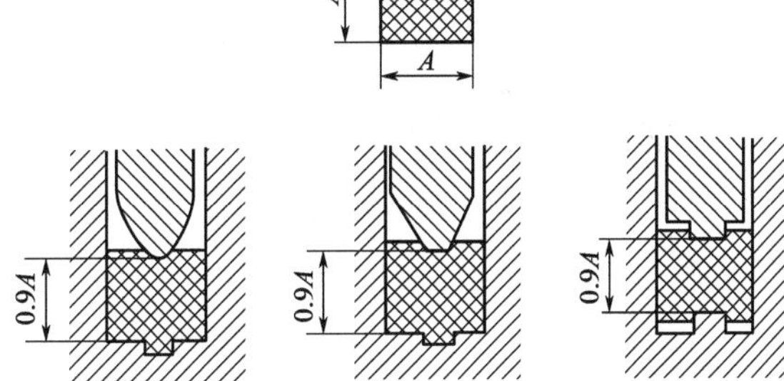

图 15-8　耐 150℃加热烘烤温度的硅橡胶垫圈及沟槽
橡胶：Silastic 160；截面 $A\times A$=6mm×6mm

表 15-15　国产硅橡胶性能（一）

胶料牌号	拉伸力不小于/MPa	伸长率不小于/%	硬度(HS)	脆性温度不高于/℃	200℃,200h老化后 拉伸强度不小于/MPa	200℃,200h老化后 伸长率不小于/%	250℃,200h老化后 拉伸强度不小于/MPa	250℃,200h老化后 伸长率不小于/%	8号润滑油150℃,24h质量变化不大于/%	击穿电压不小于/kV·mm^{-1}	体积电阻系数不小于/Ω·cm
6141	2.5	160	45～65	−65	—	—	2.5	100	45	12	10^{12}
6142	3.0	170	40～60	−65	—	—	2.5	100	—	—	—
6143	3.0	200	40～60	−65	3.0	160	—	—	—	15	10^{14}
6144	4.0	200	40～60	−65	—	—	3.5	180	—	20	10^{14}
6145	6.0	200	45～65	−60	5.0	170	—	—	—	20	10^{14}

表 15-16 国产硅橡胶性能（二）

拉伸强度/MPa	断裂伸长率/%	脆性温度/℃	硬度(HS)	真空出气率(25℃)/Pa·L·cm^{-2}·s^{-1}	真空质损(25h)(50℃,10^{-2}～10^{-3}Pa)/%	压缩变形(175℃×24h)/%	使用寿命(200℃)/a
5～7	200～350	−70	60±10	2×10^{-3}	≤0.2	<30	1～2

注：辽宁铁岭橡胶工业研究设计院生产。

15.2.3 橡胶的深冷应用

橡胶在低温下弹性消失，变得硬而脆。氟橡胶玻璃化温度 T_g 值，维通 A 为−20℃（在动态下的使用温度下限为−29℃），国产氟橡胶 26-41 为−17℃；而脆性温度 T_b 值与试样厚度有关，维通 A 在厚度为 1.87mm、0.63mm、0.25mm 时分别为−45℃、−53℃、−69℃，国产氟橡胶 26-41 和 264 的 T_b 值分别为−40～−55℃和−45～55℃。因此，维通型氟橡胶的薄膜制品可以使用的温度下限不超过−50℃。然而，橡胶如果仅仅受静负荷作用，它能在远低于其极限使用温度下工作。橡胶密封圈能在−50～−268℃的温度范围内用于静密封，密封压力通常不超过 7MPa。

深冷用橡胶通常制成 O 形圈。O 形圈的密封性取决于二级转变状态下的抗收缩能力，可将它的断面直径压缩 25%～15%，再使之处于低温下，弹性体产生的力大于任何给定低温下的收缩力，于是形成可靠密封。

压缩弹性密封件通常采用有限制和无限制两种方法。限制压缩式将 O 形圈放入沟槽中靠沟槽深度限制其压缩变形量。无限制压缩是 O 形圈放在两个法兰表面间冷冻并允许其侧面自由膨胀。室温下无限制压缩的密封寿命是 72～76h。密封件保持在液氮温度下（−196℃）72h 以上，没有破坏痕迹。

15.2.4 国产真空胶管、胶棒、胶板制品

普通真空胶管、胶棒和胶板适用的温度范围为−40～50℃，真空度为 10^{-4}Pa。尺寸规格见表 15-17、表 15-18。

表 15-17 真空胶管、胶棒尺寸规格 单位：mm

胶管内径	公差	公称厚度	公差	长度及公差
3	±0.5	3	±0.5	
4	±0.5	4	±0.75	500 以下±20
6	±0.5	6	±0.75	
8	±0.5	8	±1.0	(500～1000)±50
9	±0.5	9	±1.0	
10	±0.5	10	±1.2	1000 以上±100
12	±0.75	10	±1.2	
14	±0.75	12	±1.2	
15	±0.75	12	±1.2	
16	±0.75	13	±1.2	

续表

胶棒直径	公差	胶棒直径	公差	
2,3,4,5,6,7	±0.5	25,28,30	±1.5	
8,9,10,12	±0.75	32,35,38	±2.0	
15,16,18,20,22	±1.0	45,48,51	±2.5	

表 15-18　真空胶板的尺寸规格　　单位：mm

公称厚度	公差	公称宽度	公差	公称长度	公差
2,2,5,3	±0.3	250	±5	250	±5
4,5,6	±0.5	500	±10	500	±10
7,8,9,10,12	±0.8	500	±10	500	±10
15,20,25,30	±1.0	500	±10	500	±10

15.2.5　真空密封的设计

(1) 密封槽的设计

真空橡胶密封槽有各种形式，如图 15-9 所示，其中图 15-9(a)、(b)、(f)、(i)、(j) 所示为最常用的形式。设计密封槽的截面面积要求稍大于橡胶密封圈的截面面积，橡胶压缩后的充填因数 $\phi>1$，橡胶的压缩量通常为 15%～30%。

① 密封槽深度　设计橡胶密封槽，要充分考虑橡胶密封圈（截面为圆形或矩形）的特点，橡胶圈受力后形状改变而保持体积不变，即不可压缩的弹性压缩能力，超过这种能力就会产生塑性变形，严重时造成表皮破损，因此，确保橡胶密封圈最适宜的压缩量是密封槽设计中重要的参数之一。过小不能形成长期稳定的可靠密封，过大会影响橡胶圈的使用寿命。静密封法兰连接矩形密封槽深度和 O 形密封圈压缩率参数见表 15-19。

表 15-19　静密封法兰连接矩形密封槽深度和 O 形密封圈压缩率参数　单位：mm

项目 \ 密封圈截面直径 d	1.9	2.4	3.1	4	5.7	6	8	8.6	10	14	18	20
密封槽深 h	1.4	1.8	2.4	2.6	4.5	3.6	4.8	6.9	6.0	9.0	12.0	13.0
压缩量 Q	0.5	0.6	0.7	1.4	1.2	2.4	3.2	1.7	4.0	5.0	6.0	7.0
压缩率/%	26.3	25	22.5	35	21	40	40	19.8	40	35.7	33.3	35

注：1. 截面直径 4、6、8、10、14、18、20 几种规格为我国法兰标准。
2. 密封槽深数据是按 O 形密封圈压缩量给出的，如果法兰紧固后留有间隙，需相应减小密封槽的深度值。

② 密封槽宽度　密封槽宽度是密封槽设计中另一重要参数。由于安装在密封槽里的橡胶圈受压前后，形状发生变化而体积不变（橡胶本身不可压缩），因此，密封槽要有容纳密封圈变形的空间。在受压密封状态下，密封圈不可能将封槽完全充满，在不同的介质和温度下，橡胶圈会出现一定的膨胀，密封槽容积应有相对的余量。此外，在动密封条件下，要求 O 形密封圈产生轻微的滚动，因此，通常要求矩形密封槽的容积比密封圈的体积大 15%左右。

③ 梯形密封槽尺寸

a. 梯形密封圈用梯形槽尺寸见表 15-20。

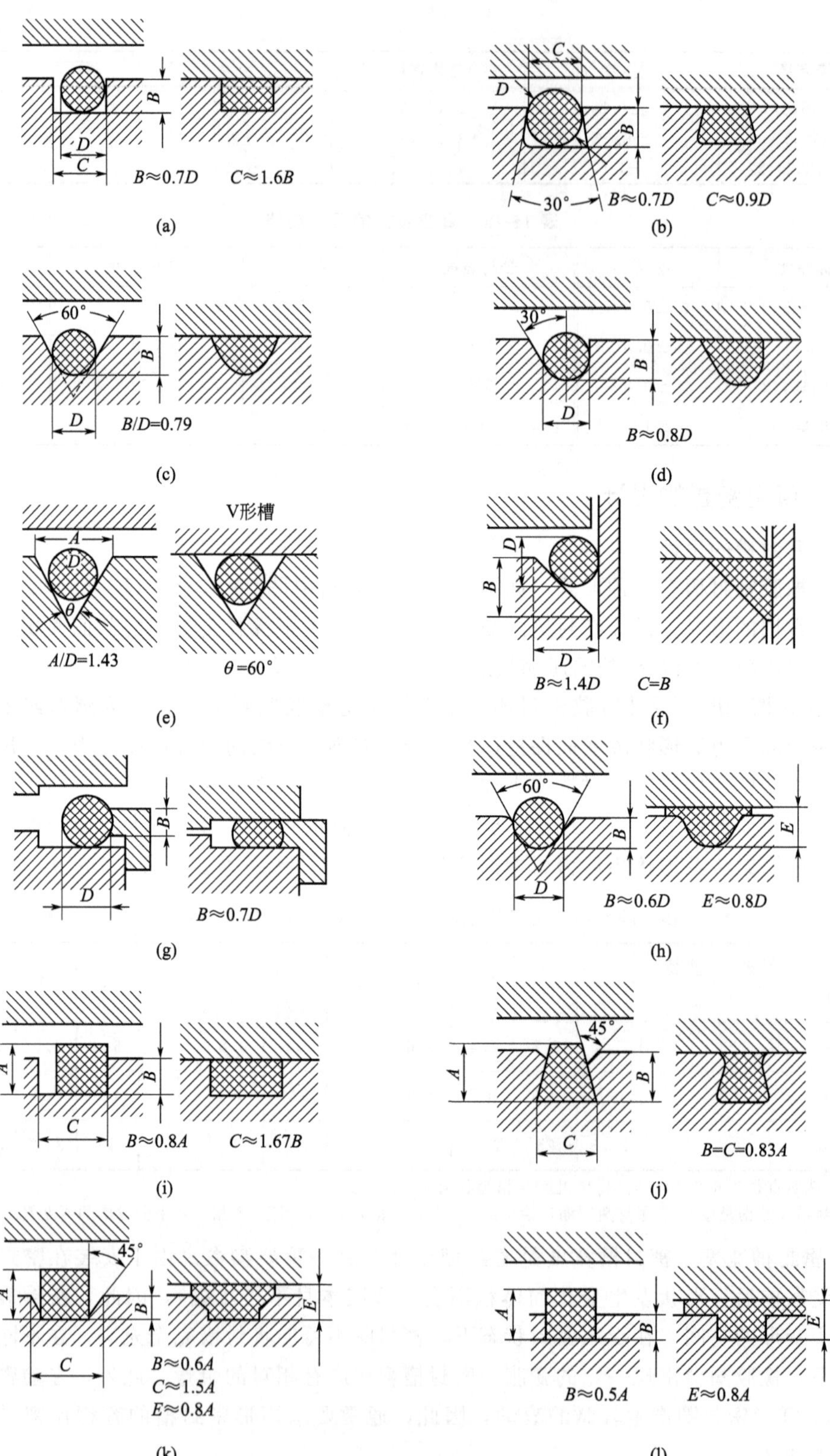

图 15-9 橡胶密封槽的形式

表 15-20　梯形密封圈用梯形槽尺寸　　单位：mm

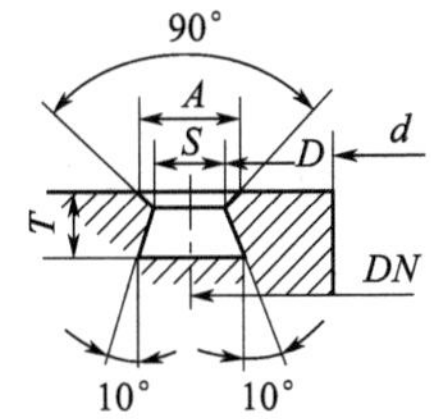

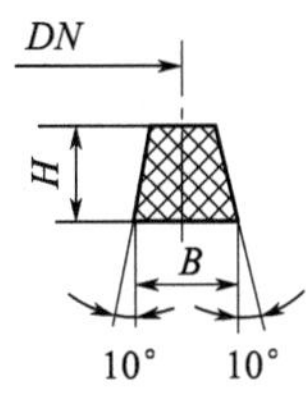

法兰直径 d	垫圈直径 DN	垫圈槽				垫圈	
		A	D	S	T	H	B
20	26	5	23	3	4	4.8	4
50	60	9.5	54.7	5.3	7	9	7
100	115	11	107.7	7.3	8	10	9.5
200	220	13	212.5	7.5	10	12	10
300	330	13		7.5	10	12	10

b. O 形密封圈用梯形槽有三种型式，其尺寸见表 15-21。

表 15-21　O 形密封圈用梯形槽尺寸　　单位：mm

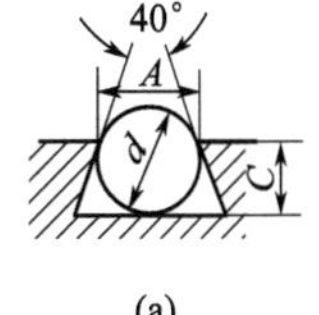

(a)

燕尾槽，C/d=0.75～0.80

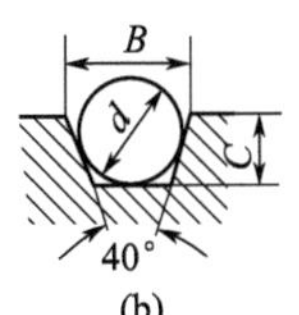

(b)

开口槽，B/d=1.37～1.67

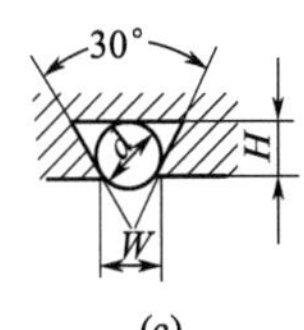

(c)

窄口槽，H/d=0.74～0.75

O 形密封圈截面名义直径 d	40°角			30°角	
	A	B	C	W	H
1.78	1.50	2.92	1.24	1.60	1.34
2.62	2.24	3.60	1.88	2.36	1.93
3.0	2.56	4.15	2.15	2.70	2.25
3.53	3.06	4.92	2.54	3.17	2.65
4.0	3.50	5.53	2.85	3.60	3.00
5.0	4.38	6.90	3.58	4.50	3.75
5.33	4.70	7.40	3.78	4.80	4.0
6.0	5.30	8.40	4.35	5.40	4.5
7.0	6.15	10.0	5.15	6.30	5.25
8.0	7.00	10.9	5.82	7.20	6.00
10.0	8.90	14.0	7.40	9.0	7.50
12.7	11.30	18.2	9.45	11.4	9.55

④ 矩形密封槽尺寸（GB 6070—85）见表 15-22、表 15-23。

表 15-22　标准矩形密封槽尺寸　　单位：mm

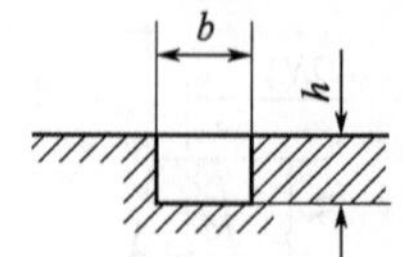

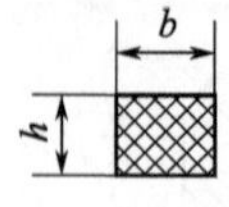

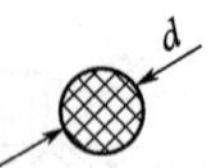

橡胶密封圈			矩形密封槽			
O形圈	矩形圈		槽深 h		槽宽 b	
截面直径 d	高 h	宽 b	基本尺寸	公差	基本尺寸	公差
4	4	4	2.6		4	
6	6	6	3.6		6	
8	7	8	4.8		8	
10	8	10	6.0	+0.1	10	+0.1
14	12	14	9.0	0	14	0
18	16	18	12.0		18	
20	18	20	13.0		20	

表 15-23　宽槽型矩形密封槽尺寸　　单位：mm

JIS B 2406			GB/T 6070—1995			
O形圈	密封槽		O形圈	矩形圈	密封槽	
截面直径 $d^{\pm 0.07}$	槽深 $h^{\pm 0.05}$	槽宽 $b_0^{+0.25}$	截面直径 d	$h \times b$	槽深 h	槽宽 b
1.9	1.4	2.5	$4^{\pm 0.1}$	$4^{\pm 0.1}4^{\pm 0.1}$	3	5.3
2.4	1.8	3.2	$6^{\pm 0.15}$	$6^{\pm 0.15}6^{\pm 0.15}$	4.5	8
3.1	2.4	4.1	$8^{\pm 0.2}$	$7^{\pm 0.2}8^{\pm 0.2}$	5.5	10
3.5	2.7	4.7	$10^{\pm 0.3}$	$8^{\pm 0.3}10^{\pm 0.3}$	7	12
5.7	4.6	7.5				
8.4	6.9	11.0				

注：JISB 为日本标准。

O 形圈位于矩形槽中受到槽宽的限制时，密封的压力随压缩量增加而急剧增加，如图 15-10 所示。设计密封槽时，除考虑 O 形圈截面直径 d 的公差影响外，还需要考虑 O 形圈装配在密封槽中，O 形圈直径 D 伸展的影响。密封槽的深度 H_{max}、宽度 C 的计算公式为

$$H_{max}=\beta\sqrt{\frac{D_1}{D_2}}(d-公差) \tag{15-2}$$

$$C=\rho\sqrt{\frac{D_1}{D_2}}(d-公差) \tag{15-3}$$

式中　H_{max}——允许的最大槽深，mm；

D_1——自由状态下 O 形圈内径，mm；

D_2——受力状态下 O 形圈内径，mm；

d——O 形圈截面直径，mm；

β——槽深系数（其值同橡胶高度系数）；

C——对应于 H_{max} 的槽宽，mm；

ρ——槽宽系数。

$$\rho=\frac{C}{d} \tag{15-4}$$

设计举例：橡胶硬度 HS55，O 形圈截面直径 $d=(6\pm0.15)$ mm，O 形圈内径 $D_1=$ 154mm。放入内径为 156.5mm 的矩形槽内，O 形圈受压后外侧为自由状态，比压力取 1.3MPa，计算槽深。

首先从图中查 σ' 和 β 值。硬度 HS 为 65 时，由图 15-11 查得 $\sigma'=0.3$，$\beta=0.74$。

已知 $D_1=154$，$D_2=156.5$，$d=6$，公差$=0.15$ 代入式(15-2) 得

$$H_{max}=0.74\sqrt{\frac{154}{156.5}}\times(6-0.15)=4.3\text{mm}$$

即最大矩形槽的槽深不能超过 4.3mm，超过时 O 形圈所受的力达不到 1.3MPa 的压力。

图 15-11 中，虚线是 O 形圈受压后的换算宽度，其右侧 O 形圈处于自由态；最下面一条曲线为装填因数 $\varphi=1.00$。

$$\varphi=\frac{\text{O 形圈截面面积}}{\text{密封槽断面面积}}\%=\frac{\pi}{4}/(\beta\rho) \tag{15-5}$$

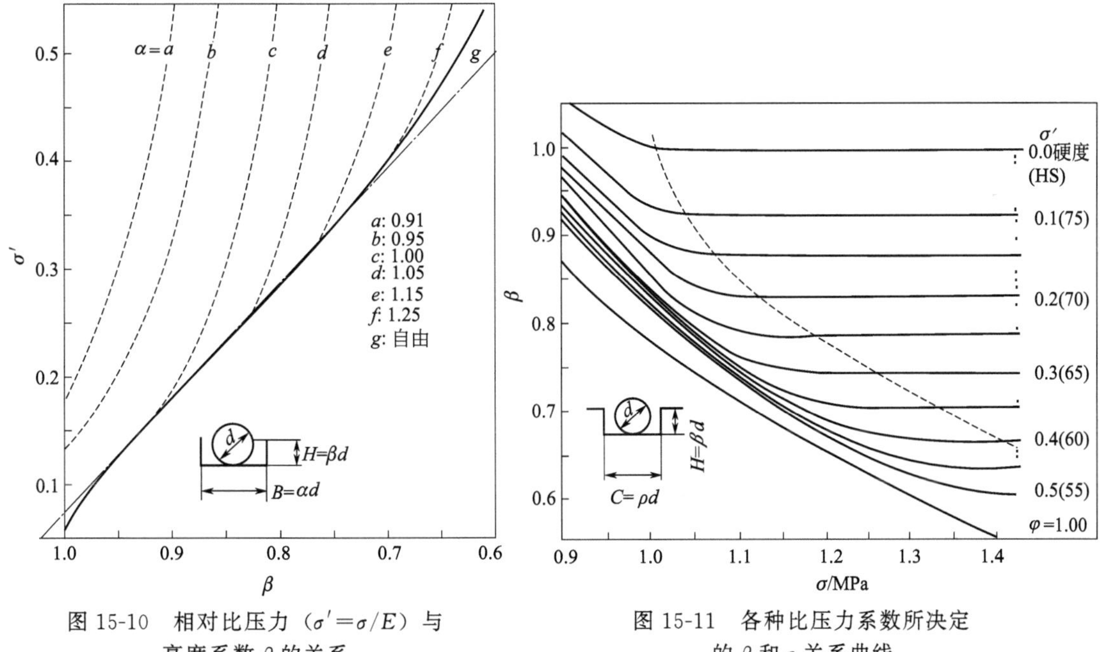

图 15-10 相对比压力（$\sigma'=\sigma/E$）与高度系数 β 的关系

图 15-11 各种比压力系数所决定的 β 和 σ 关系曲线

(2) 密封圈的设计和选用

① O 形圈密封接触面宽度的计算 O 形圈受压后可以自由向两侧伸展。压缩后的宽度系数 α 和高度系数 β 的试验关系曲线如图 15-12 所示。

当 $0.7<\beta<0.95$ 时，α 与 β 近似于直线。O 形圈实际接触面宽度 B 可用下式近似计算

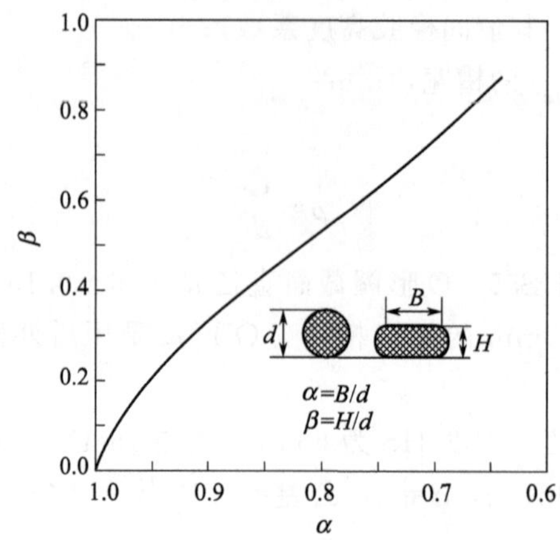

图 15-12　密封圈压缩后 α 与 β 的关系曲线

$$B=2.2(1.02-\beta)d \tag{15-6}$$

式中　B——密封圈压缩后接触面宽度；

β——密封圈压缩后的高度系数，$\beta=\dfrac{H}{d}$；

H——密封圈压缩后的高度；

d——O 形圈截面直径。

② O 形圈压缩到一定高度时所需要的密封力的计算　O 形圈压缩到一定高度时所需要的密封力 F，可用下式计算

$$F=fd\pi DE(\mathrm{N}) \tag{15-7}$$

式中　d——O 形圈截面直径，m；

D——O 形圈内径，m；

E——弹性模量，MPa，与橡胶的硬度有关，如图 15-13 所示；

f——压力系数，它是高度系数的函数，其数值由图 15-14 查得。

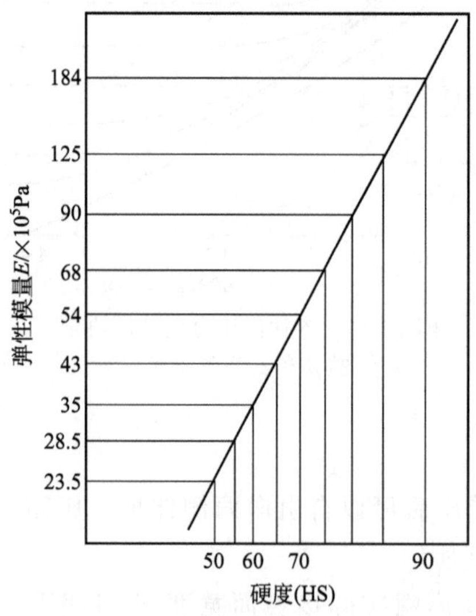

图 15-13　弹性模量与橡胶硬度关系

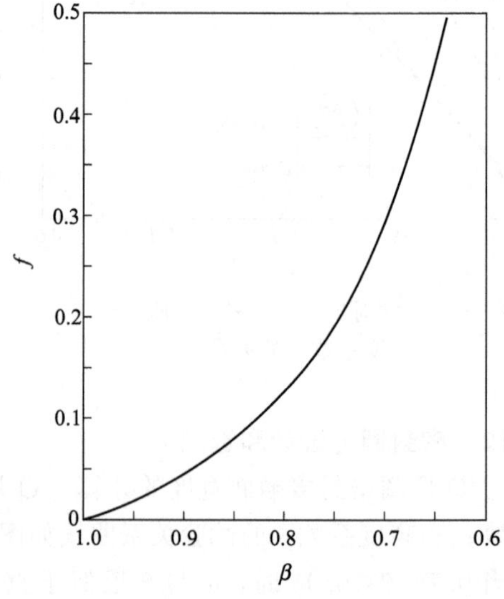

图 15-14　压力系数 f 与高度系数 β 的关系曲线

③ O 形圈压缩到一定高度时需要的压力的计算　密封的压力 σ 是指和法兰相接触的O 形圈压缩处的单位面积上所受的力。当 $0.7<\beta<0.95$ 时可近似用下式计算

$$\sigma=1.1(1.02-\beta)E(\mathrm{MPa}) \tag{15-8}$$

经验证明，对于普通橡胶，压力取 1.3MPa 为宜。

④ O 形密封圈适用的密封槽　O 形密封圈适用的各种沟槽形状见表 15-24。

表 15-24　O 形密封圈适用的各种沟槽形状

沟槽形状	名称	特点
	矩形槽	最普通的槽，适用方的和圆的密封件，缺点是密封件安装时易跑出槽
	燕尾槽 梯形槽	用得最多的槽，密封件不会跑出槽，O 形圈直径小于槽径也好用，安装方便
	三角形槽	可用于小尺寸处
	半圆槽	用于旋转运动
a　b	半圆形槽	a 密封力大；b 密封力小
	圆桶形槽	用于转动轴或直径运动轴

(3) 配偶件密封面精度及装配要求

为了保证可靠的真空密封，对配偶件密封面精度及装配都有一定的要求。图 15-15 所示为密封结构。

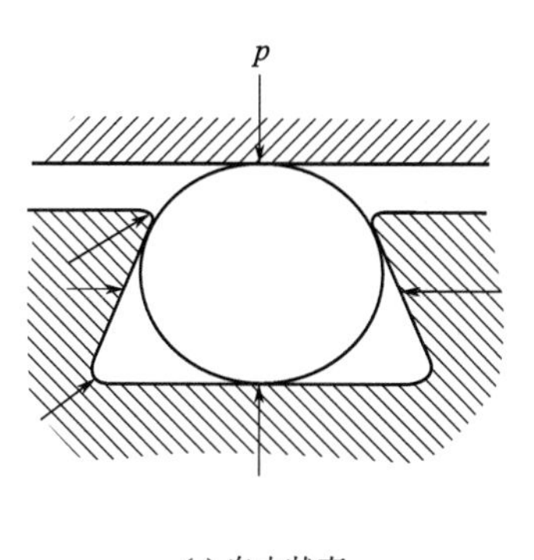

(a) 自由状态

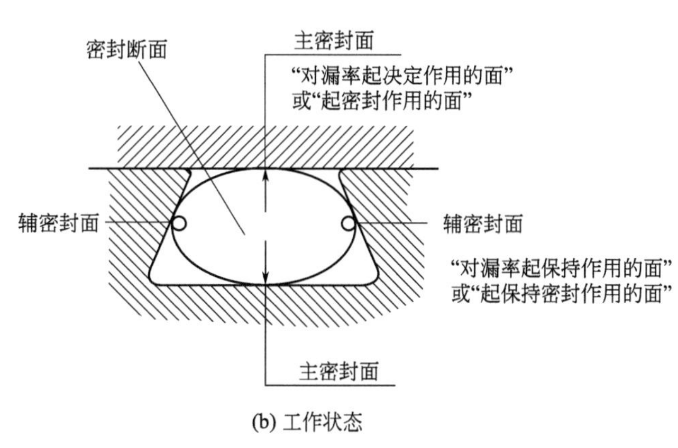

(b) 工作状态

图 15-15　密封结构

密封件的各密封面（包括橡胶圈）的表面粗糙度对密封性能和动密封产生的焦耳热影响很大。要求主密封面粗糙度优于 $Ra1.6$，次密封面粗糙度优于 $Ra3.2$。各类密封形式中密封面的加工精度，见表 15-25。

表 15-25 配偶件加工表面的基本图形及加工精度

配偶件基本图形	主密封面代号	辅助密封面代号	加工粗糙度
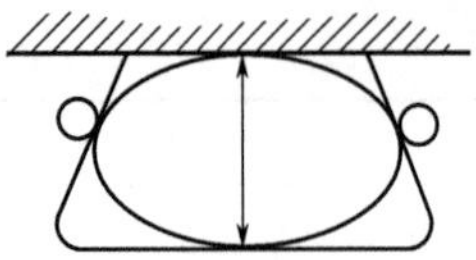	↓	○	↓ Ra1.6 ○ Ra3.2
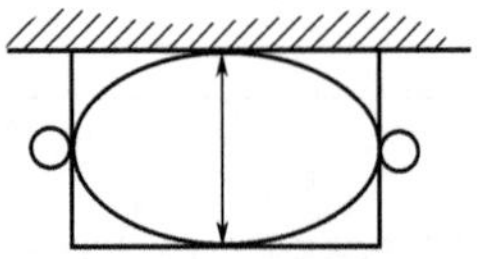	↓	○	↓ Ra1.6 ○ Ra3.2
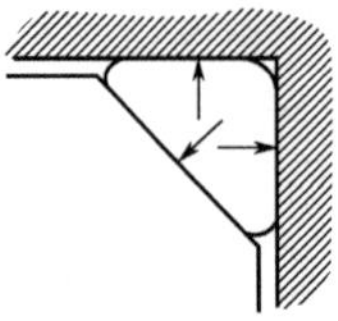	↓		↓ Ra1.6
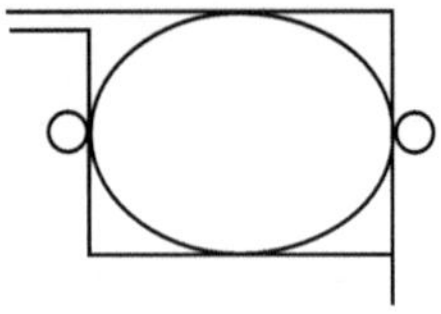	↓	○	↓ Ra1.6 ○ Ra3.2
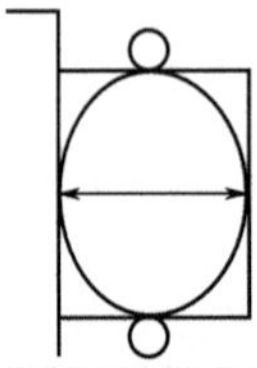	↓	○	↓ Ra1.6 ○ Ra3.2
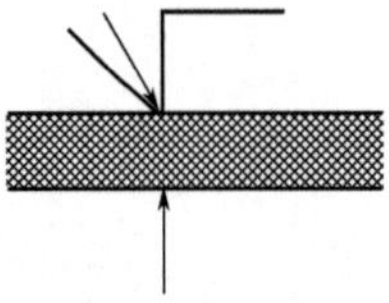	↓		↓ Ra1.6
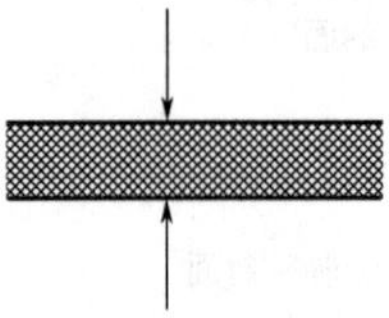	↓		↓ Ra1.6
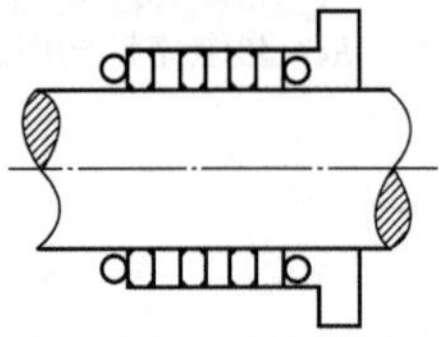	↓	○	↓ Ra1.6 ○ Ra3.2

密封槽和转轴的端角处应有 15°～30°的倒角，避免尖锐的棱角在装配时划伤密封圈，密封圈一旦被划伤，划伤处不仅存在漏气隐患，更主要的是密封圈的损伤在受力后会再蔓延扩大，导致密封失效。运动部件各端部倒角见表 15-26。

为了避免损坏密封圈和改善密封性能，安装密封圈时应涂高真空润滑油脂，特别是传动轴进入内孔前，在轴、密封圈和内孔表面要均匀涂上油脂，便于安装。带有螺纹端的传动轴，应采用导套管（见图 15-16），避免螺纹划伤密封圈表面。

图 15-17 给出了方形、长方形密封槽在转角处的密封及加工的结构形式，密封槽底部的镗铣接缝要求控制在一个平面上。

表 15-26　密封槽 O 形圈截面直径及 K 值

进入时切坏O形圈

K　α

O 形圈截面直径 d/mm	1.9	2.4	3.1	3.5	4.6	5.7	8.6	10
K 值/mm	0.9	0.9	1.0	1.1	1.2	1.3	1.5	2.0

注：端面倒角 $\alpha=20°$。

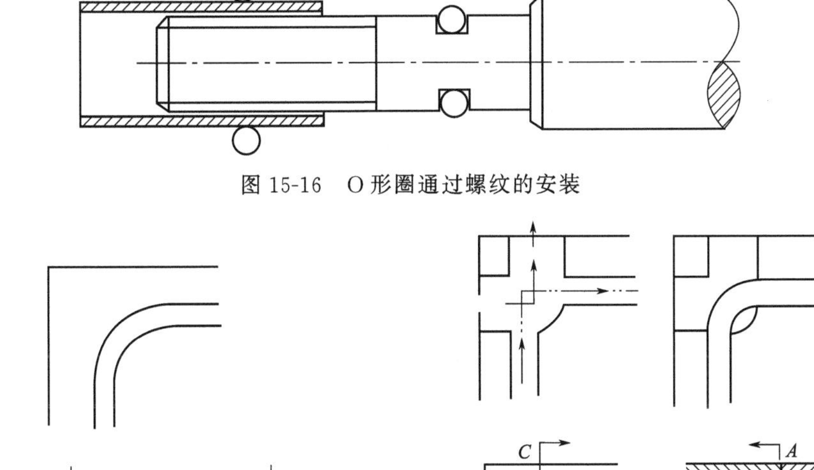

图 15-16　O 形圈通过螺纹的安装

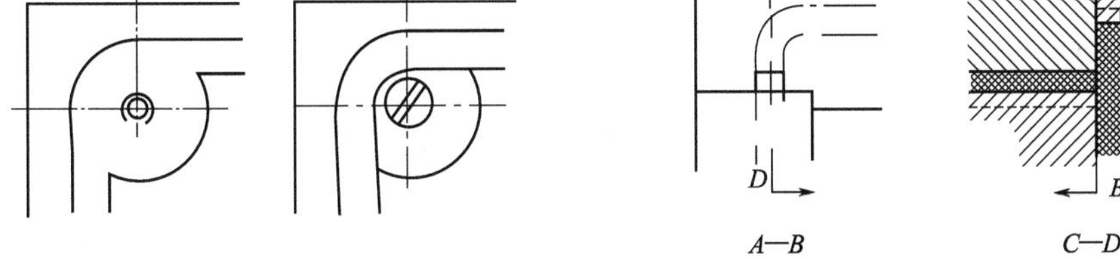

图 15-17　方形、长方形金属板和角密封结构

15.2.6　真空法兰用橡胶密封圈（摘自 GB/T 6070—1995）

橡胶材料在－30～90℃使用应满足下列要求：硬度（HS）40～60；抗油强度中等；

放气率小于 5×10^{-4}Pa·L/(s·cm^2)。尺寸见表 15-27。

表 15-27　标准橡胶密封圈及密封槽尺寸　　单位：mm

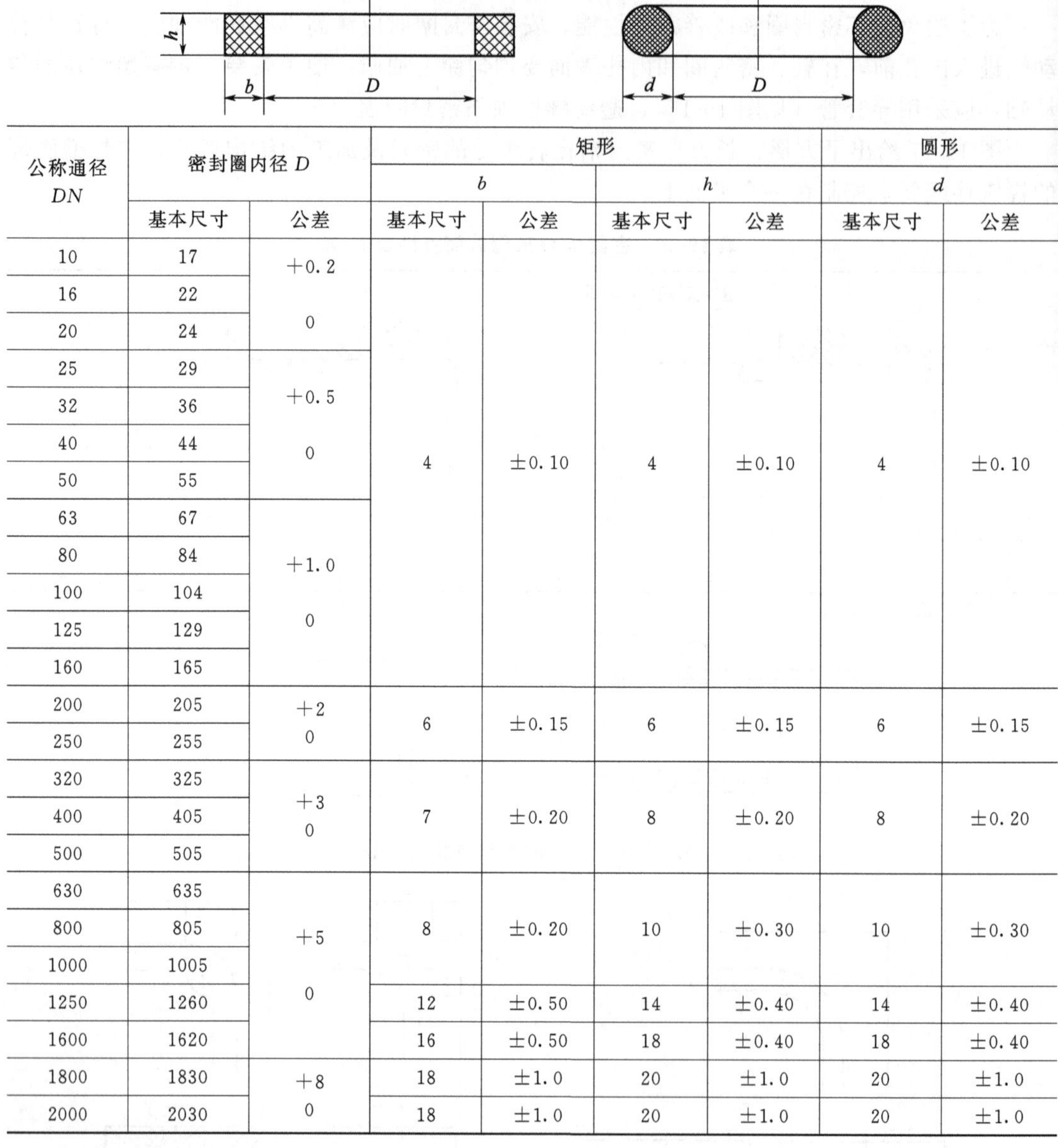

公称通径 DN	密封圈内径 D		矩形				圆形	
			b		h		d	
	基本尺寸	公差	基本尺寸	公差	基本尺寸	公差	基本尺寸	公差
10	17	$^{+0.2}_{0}$	4	±0.10	4	±0.10	4	±0.10
16	22							
20	24							
25	29	$^{+0.5}_{0}$						
32	36							
40	44							
50	55							
63	67	$^{+1.0}_{0}$						
80	84							
100	104							
125	129							
160	165							
200	205	$^{+2}_{0}$	6	±0.15	6	±0.15	6	±0.15
250	255							
320	325	$^{+3}_{0}$	7	±0.20	8	±0.20	8	±0.20
400	405							
500	505							
630	635	$^{+5}_{0}$	8	±0.20	10	±0.30	10	±0.30
800	805							
1000	1005							
1250	1260		12	±0.50	14	±0.40	14	±0.40
1600	1620		16	±0.50	18	±0.40	18	±0.40
1800	1830	$^{+8}_{0}$	18	±1.0	20	±1.0	20	±1.0
2000	2030		18	±1.0	20	±1.0	20	±1.0

15.2.7　氟塑料密封

氟塑料是四氟乙烯的聚合物，为白色或灰白色的半透明物质；化学稳定性好，不被酸碱腐蚀，不燃烧，不溶于任何一种溶液，不吸水也不被浸润；有优良的电绝缘性能，可以高速切削加工；能耐 200℃工作温度，在 100～120℃温度范围（但要定期拧紧螺钉）可长时间工作，室温下出气率较普通橡胶小，25℃时的蒸汽压为 10^{-4}Pa，350℃时为 4×10^{-3}Pa；对钢的摩擦系数为 0.02～0.1，可用于真空动密封；氟塑料做轴密封填料必须加润滑剂，以降低氟塑料对金属的摩擦系数，不加润滑剂时必须保证有良好的导热性，以避免因摩擦过热而损坏。

氟塑料的塑性随温度升高而增加，而力学性能则急剧变坏。当加载高于 3MPa 时，产生残余变形；加载在 20MPa 左右时，氟塑料会被压碎。工作温度超过 400℃时，氟塑料开始分解，并放出化学性质活泼的剧毒气态氟。氟塑料的低温性能良好，温度低于－80℃时仍能保持其柔软性。氟塑料有较大的残余变形，通常使用时要注意定期拧紧螺母，同时要考虑它的相对柔软性（温度高柔软性增加）和冷流动等特性。

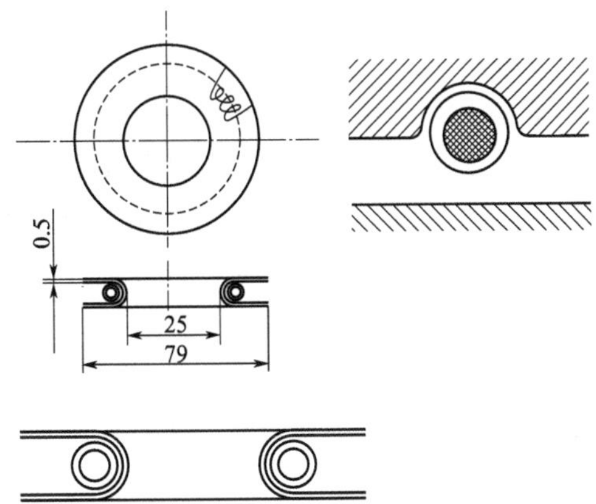

图 15-18 带有弹簧补偿器和橡胶内芯的氟塑料垫圈

氟塑料的弹性较差，但可以用橡胶或弹簧补偿器加以弥补。用氟塑料作胀圈的结构材料时，不仅要靠被密封的介质压力，而且还要靠密封衬套的外部压紧力方能形成可靠的密封。氟塑料用于静密封的结构型式如图 15-18、图 15-19 所示。图 15-19(b) 中氟塑料厚度为 0.3mm；图 15-19(c) 为图 15-19(b) 的放大。

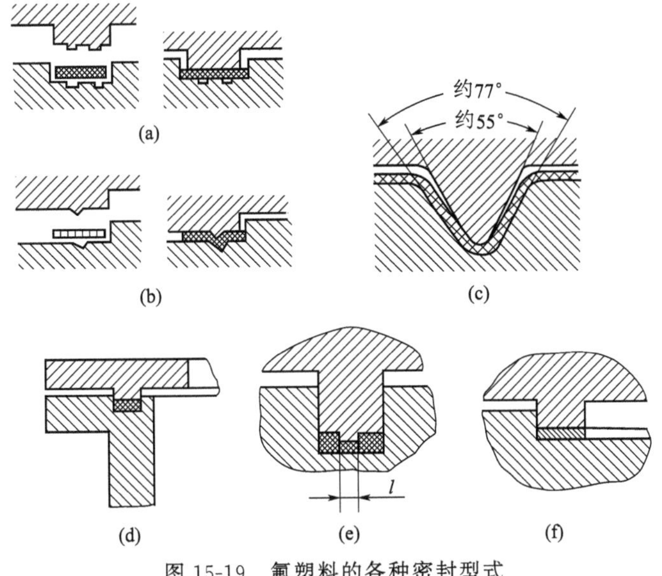

图 15-19 氟塑料的各种密封型式

膨胀聚四氟乙烯是目前一种独特的新型材料，它克服了普通聚四氟乙烯的硬度过硬，恢复性差，热膨胀系数大，蠕变后易发生密封失效等缺点。经特殊处理制成的如棉似锦的柔韧性极佳的膨胀聚四氟乙烯，具有高度可压缩性，优异的抗碱耐腐蚀性、耐蠕变性、自润滑性、低摩擦系数、高拉伸强度和抗老化性。技术性能参数见表 15-28。

表 15-28 膨胀聚四氟乙烯技术性能参数

使用温度/℃	使用压力/MPa	压缩比率/%	压缩变形率/%	回弹性/%
－218～320	<20	50～80	40	17

膨胀聚四氟乙烯制成的密封材料可在－218～320℃的温度范围内安全使用，除熔融碱

金属和游离氟离子外，不受绝大多数化学物质的腐蚀。抗拉强度可承受 20MPa 的内部压力，符合 FDA/USDA 规范。具有良好的耐蠕变性和抗冷流特性，经久耐用，使用寿命是普通橡胶工作寿命的 7 倍以上。

膨胀聚四氟乙烯的密封性能卓越，制成的密封垫片具有高可压缩性，很容易填满密封界面上的裂纹、空洞和划痕，堵塞界面泄漏，补偿刚性变形产生的误差。受到张力作用时有回弹膨胀的特性，因此内部介质压力越高，密封力越大，是膨胀聚四氟乙烯密封垫片最神奇之处。

膨胀聚四氟乙烯除了制成一定规格的密封垫圈（片）外，可根据需要剪取一定长度的垫片，只要两端交叉相叠，即可构成任意尺寸任意形状的密封圈，附在密封垫片上的不干胶能使垫片定位。一次加压形成密封面后，可获得良好的可靠密封。

膨胀聚四氟乙烯为白色纯聚四氟乙烯制品，无毒、无污染、耐老化，目前已广泛使用于石油化工、生物化工、航天、制药、食品、饮料和低温设备等行业，是现代工业领域开发的一种新型密封材料。

15.2.8 橡胶密封真空法兰

(1) 真空法兰（摘自 GB/T 6070—2007）

本标准规定了低、中、高真空设备所用固定法兰尺寸、活套法兰和卡钳法兰的尺寸；适用于低、中、高真空设备连接法兰。

① 公称通径尺寸的规定见表 15-29。

表 15-29 真空法兰公称通径 单位：mm

公称通径 *DN*	公称通径 *DN*	公称通径 *DN*	公称通径 *DN*
10	50	200	800
16	63	250	1000
20	80	320	1250
25	100	400	1600
32	125	500	1800
40	160	630	2000

② 法兰连接形式如图 15-20～图 15-23 所示。法兰密封结构为法兰开槽用矩形或圆形断面密封，密封槽应开在迎着气流方向的法兰面上。

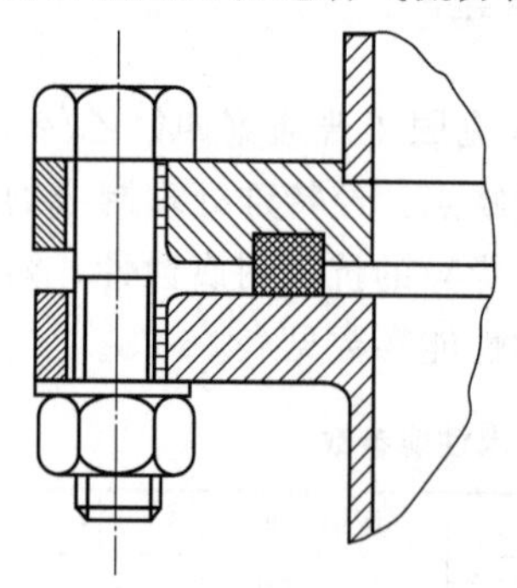

图 15-20 固定法兰与固定法兰连接

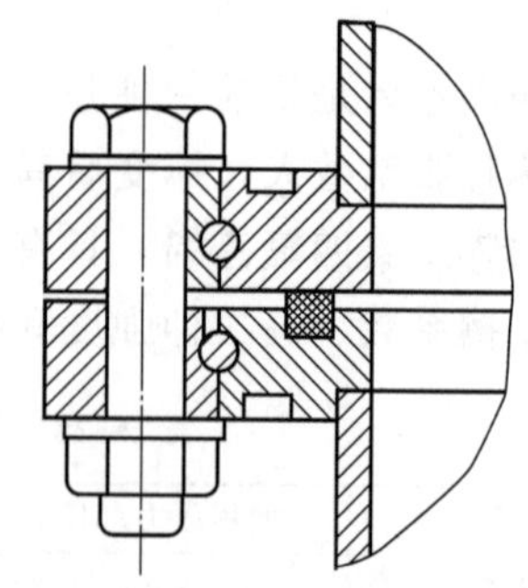

图 15-21 活套法兰与活套法兰连接

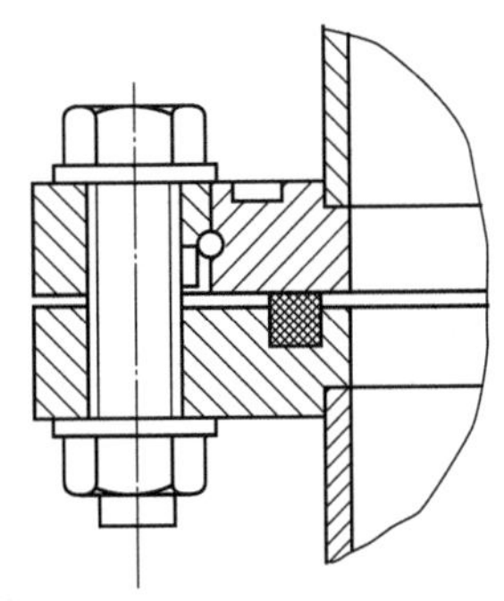

图 15-22 固定法兰与活套法兰连接

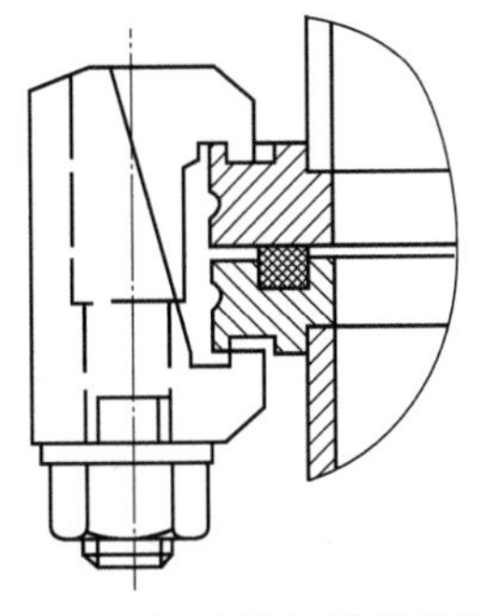

图 15-23 法兰用钩形螺栓连接

③ 固定真空法兰按表 15-30 包括表图的要求加工（平法兰不开密封槽）。表中所列尺寸不包括加工余量，如工艺需要，应留出加工余量。

表 15-30 固定真空法兰尺寸（GB/T 6070—2007） 单位：mm

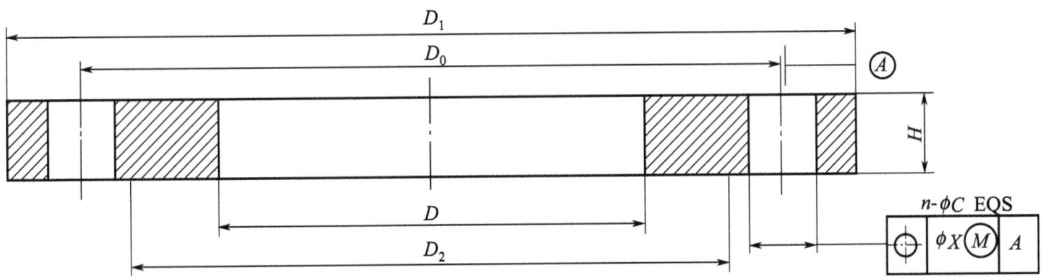

公称通径 DN	D	D_0	D_1	D_2	H(js16)	C(H13)	X	螺栓	
								d	n
10	12.2	40	55	30	8	6.6	0.6	6	4
16	17.2	45	60	35	8	6.6	0.6	6	4
20	22.2	50	65	40	8	6.6	0.6	6	4
25	26.2	55	70	45	8	6.6	0.6	6	4
32	34.2	70	90	55	8	9	1	8	4
40	41.2	80	100	65	12	9	1	8	4
50	52.2	90	110	75	12	9	1	8	4
63	70	110	130	95	12	9	1	8	4
80	83	125	145	110	12	9	1	8	8
100	102	145	165	130	12	9	1	8	8
125	127	175	200	155	16	11	1	10	8
160	153	200	225	180	16	11	1	10	8
200	213	260	285	240	16	11	1	10	12
250	261	310	335	290	16	11	1	10	12
320	318	395	425	370	20	14	2	12	12
400	400	480	510	450	20	14	2	12	16
500	501	580	610	550	20	14	2	12	16
630	651	720	750	690	24	14	2	12	20
800	800	890	920	860	24	14	2	12	24
1000	1000	1090	1120	1060	24	14	2	12	32
1250	1250	1404	1440	1340	28	19	2.5	16	32

续表

公称通径 DN	D	D_0	D_1	D_2	H(js16)	C(H13)	X	螺栓	
								d	n
1600	1600	1755	1790	1705	30	19	2.5	16	32
1800	1800	1940	1980	1920	32	24	2.5	20	32
2000	2000	2205	2245	2140	32	24	2.5	20	32

法兰用材料一般为 Q235-A，要求防磁或用于腐蚀介质的用 1Gr18Ni9Ti，选用其他材料时应满足线密封载荷和焊接性能的要求。

④ 活套法兰按表 15-31 包括表图的要求加工（平法兰不开槽），活套法兰套环按表 15-32 及其图的要求加工。

表 15-31　真空活套法兰尺寸（GB/T 6070—2007）　　单位：mm

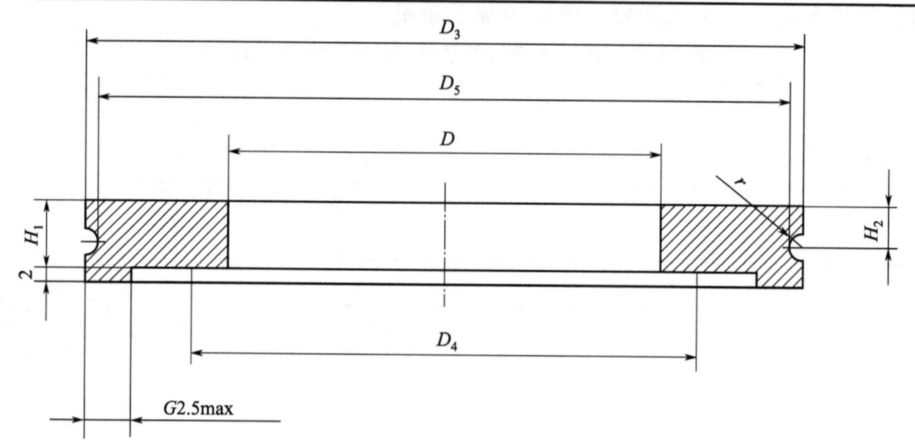

公称通径 DN	D	H_1(js16)	H_2(H14)	r(B10)	D_3(H11)	D_4	D_5(H11)
10	12.2	6	3	1	30	15	28
16	17.2	6	3	1	35	20	33
20	22.2	6	3	1	40	25	38
25	26.2	6	3	1	45	30	43
32	34.2	6	3	1	55	40	52
40	41.2	10	5	1.5	65	50	62
50	52.2	10	5	1.5	75	60	72
63	70	10	5	1.5	95	80	92
80	83	10	5	1.5	110	95	107
100	102	10	5	1.5	130	115	127
125	127	10	5	2.5	155	140	150
160	153	10	5	2.5	180	165	175
200	213	10	5	2.5	240	225	235
250	261	10	5	2.5	290	275	285
320	318	15	7.5	2.5	370	355	365
400	400	15	7.5	4	450	435	442
500	501	15	7.5	4	550	535	542
630	651	20	10	5	690	660	680

注：D_4—夹紧装置接触面内尺寸。

表 15-32 活套法兰套环尺寸（GB/T 6070—2007） 单位：mm

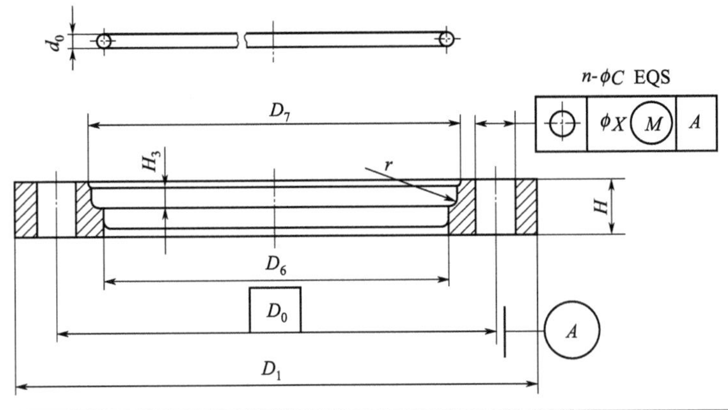

公称通径 DN	D_0	D_1	D_6 (H11)	D_7 (H14)	H (js16)	H_3	r(B10)	$d_0$①	C (H13)	X	螺栓	
											d	n
10	40	55	30.1	32.1	8	3	1	2	6.6	0.6	6	4
16	45	60	35.1	37.1	8	3	1	2	6.6	0.6	6	4
20	50	65	40.1	42.1	8	3	1	2	6.6	0.6	6	4
25	55	70	45.1	47.1	8	3	1	2	6.6	0.6	6	4
32	70	90	55.5	57.5	8	3	1	2	9	1	8	4
40	80	100	65.5	68.5	12	5.5	1.5	3	9	1	8	4
50	90	110	75.5	78.5	12	5.5	1.5	3	9	1	8	4
63	110	130	95.5	98.5	12	5.5	1.5	3	9	1	8	4
80	125	145	110.5	113.5	12	5.5	1.5	3	9	1	8	8
100	145	165	130.5	133.5	12	5.5	1.5	3	9	1	8	8
125	175	200	155.7	160.7	16	6.5	2.5	5	11	1	10	8
160	200	225	180.7	185.7	16	6.5	2.5	5	11	1	10	8
200	260	285	240.7	245.7	16	6.5	2.5	5	11	1	10	12
250	310	335	290.7	295.7	16	6.5	2.5	5	11	1	10	12
320	395	425	370.8	375.8	20	8.5	2.5	5	14	2	12	12
400	480	510	450.8	458.8	20	10	4	8	14	2	12	16
500	580	610	550.8	558.8	20	10	4	8	14	2	12	16
630	720	750	691	701	24	12	5	10	14	2	12	20

① 卡环直径 d_0 建议用下列公差：
d_0=2mm 为±0.02mm；
d_0=3～5mm 为±0.025mm；
d_0=8～10mm 为±0.030mm。

密封槽应开在迎着气流方向的法兰平面上。

活套法兰及法兰套环所用材料一般为 Q235-A，要求防磁或用于腐蚀性介质的用 1Gr18Ni9Ti，选用其他材料时应满足线密封荷载和焊接性能的要求。

⑤ 真空法兰用橡胶密封圈形状应符合表 15-33 的规定。内定位圈所用密封圈界面直径分别为 5.3mm、7mm、10mm 三种规格。密封槽外形如图 15-24～图 15-26 所示。

表 15-33 密封圈、内定位圈尺寸（GB/T 6070—2007） 单位：mm

公称通径 DN	D	矩形密封槽					梯形密封槽					内定位圈				
		d_3	b		h		d_4	b_1		h_1		d_5 (max)	d_5	b_2	B	r_1
			尺寸	公差	尺寸	公差		尺寸	公差	尺寸	公差					
10	12.2	15	2.7		2		18	2.4		1.9		10	15.3	3.9	8	2.6
16	17.2	20	2.7		2		23	2.4		1.9		16	18.5	3.9	8	2.6
20	22.2	25	2.7		2		28	2.4		1.9		20	25	3.9	8	2.6
25	26.2	30	2.7		2		33	2.4		1.9		25	28.5	3.9	8	2.6
32	34.2	39	2.7	+0.1 0	2	0 −0.1	42	2.4	+0.1 0	1.9	0 −0.1	32	36.5	3.9	8	2.6
40	41.2	45	2.7		2		48	2.4		1.9		40	43	3.9	8	2.6
50	52.2	56	3.6		2.6		60	3.2		2.6		50	55	3.9	8	2.6
63	70	76	3.6		2.6		80	3.2		2.6		67	76	3.9	8	2.6
80	83	88	3.6		2.6		92	3.2		2.6		80	88	3.9	8	2.6
100	102	107	5.3		4		113	4.8		4		99	107	3.9	8	2.6
125	127	133	5.3		4		140	4.8		4		124	132	3.9	8	2.6
160	153	161	5.3		4		168	4.8		4		150	159	3.9	8	2.6
200	213	220	5.3		4		226	4.8		4		210	219	3.9	8	2.6
250	261	268	5.3		4		274	4.8		4		258	267	3.9	8	2.6
320	318	328	5.3	+0.2 0	4	0 −0.2	334	4.8	+0.2 0	4	0 −0.2	314	328	5.6	12	3.5
400	400	415	7		5.2		422	6.3		5.2		396	409	5.6	12	3.5
500	501	518	7		5.2		525	6.3		5.2		496	511	5.6	12	3.5
630	651	663	7		5.2		670	6.3		5.2		646	663	5.6	12	3.5
800	800	815	7		5.2		822	6.3		5.2		796	815	5.6	12	3.5
1000	1000	1015	7		5.2		1022	6.3		5.2		996	1010	5.6	12	3.5
1250	1250	1265	10		7.5		1275	9		7.5		1246	1265	7.8	15	5
1600	1600	1616	10	+0.3 0	7.5	0 −0.3	1626	9	+0.3 0	7.5	0 −0.3	1596	1615	7.8	15	5
1800	1800	1816	12		7.5		1826	11		9.5		1796	1815	7.8	15	5
2000	2 000	2016	12		7.5		2026	11		9.5		1996	2015	7.8	15	5

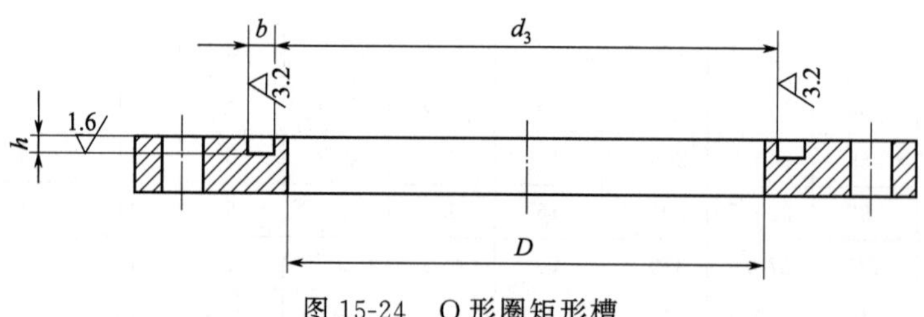

图 15-24 O 形圈矩形槽

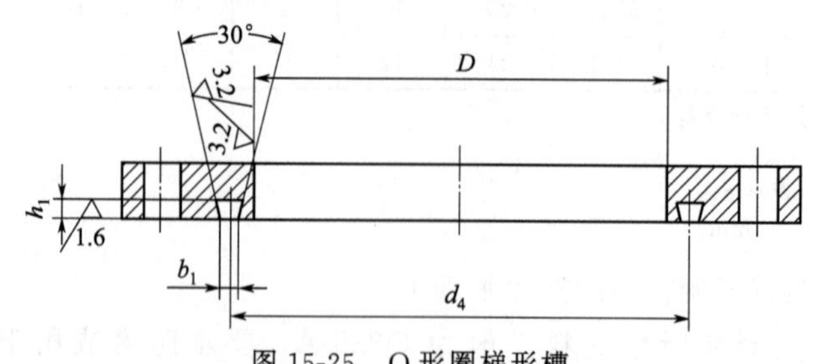

图 15-25 O 形圈梯形槽

⑥ 法兰线密封载荷。在使用条件下，法兰的线密封载荷为 δ 值（如图 15-27 所示和见表 15-34）

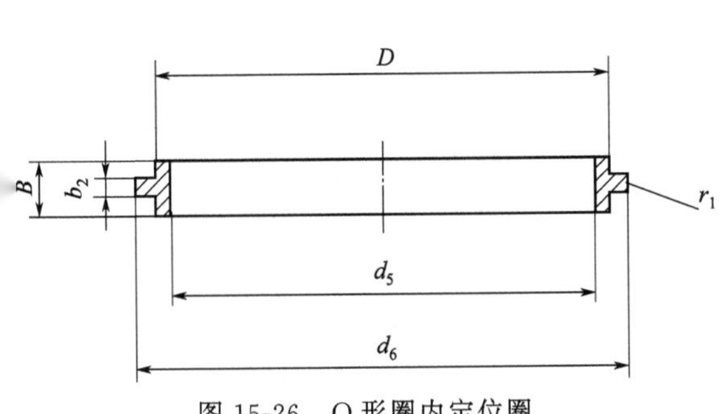

图 15-26　O 形圈内定位圈

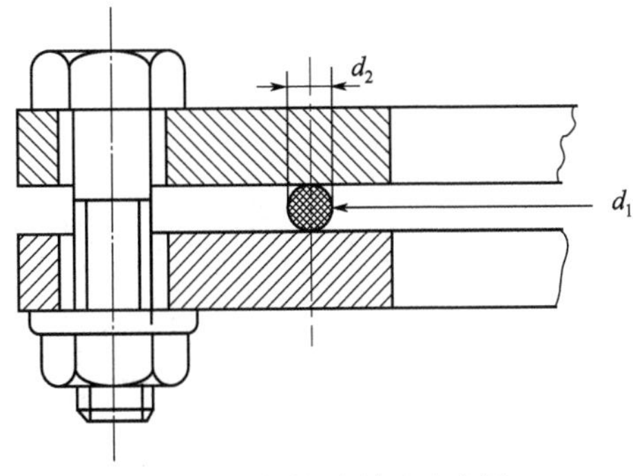

图 15-27　密封圈断面示意图

$$\delta=\frac{200nS}{\pi(d_1+d_2)} \tag{15-9}$$

式中　δ——n 个螺栓以 200N/mm^2 应力均布施压在胶圈上的线密封载荷，N/mm；

n——螺栓数目；

S——螺栓截面，mm^2；

d_1——密封圈内径，mm；

d_2——压缩前密封圈断面直径，mm。

表 15-34　法兰线管密封载荷

公称通径/mm	标准值/N·mm^{-1}	公称通径/mm	标准值/N·mm^{-1}
10	273.18	200	188.24
16	212.88	250	155.51
20	174.38	320	185.31
25	147.67	400	194.77
32	214.28	500	156.34
40	185.06	630	153.20
50	148.07	800	149.83
63	112.26	1000	160.49
80	193.69	1250	240.97
100	158.45	1600	188.91
125	204.10	1800	262.52
160	169.52	2000	236.55

(2) 氟橡胶密封超高真空法兰规范（摘自 QJ 2695—97）

本标准适用于各类超高真空装置及管路连接用不锈钢法兰的设计、制造。

法兰结构形式和尺寸按图 15-28、图 15-29 和表 15-35、表 15-36 的规定。

表 15-35　法兰螺栓孔数目与 α 角的关系

螺栓孔数目 n	6	8	12	16	20	24
α	60°	45°	30°	22°30′	18°	15°

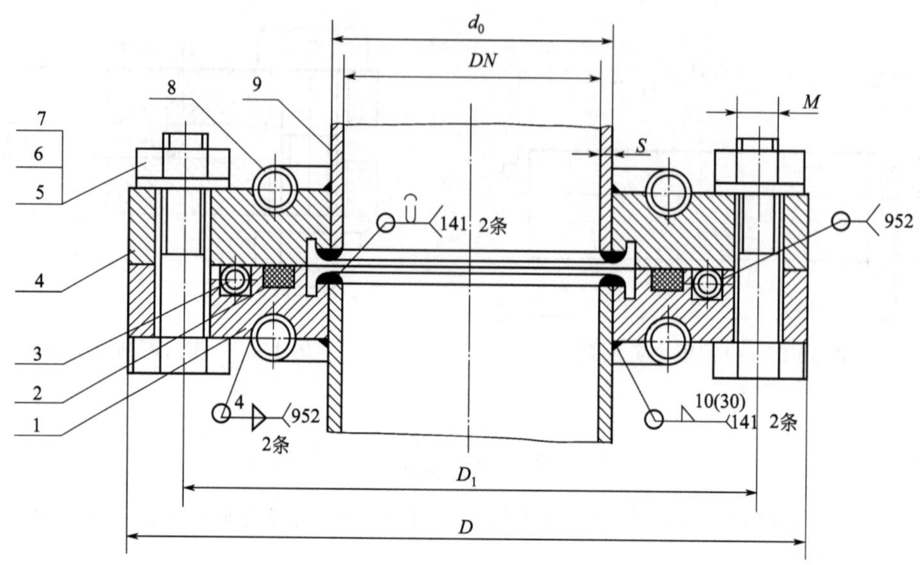

图 15-28 氟橡胶密封的超高真空法兰连接图

1—下法兰；2—氟橡胶密封圈；3—冷冻管；4—上法兰；5—六角螺母（GB 52—86）；6—螺栓（GB 30—86）；7—垫圈（GB 93—86）；8—冷水管；9—管道

① 标记示例　公称通径 *DN* 为 50mm 法兰的标记为：

法兰　FC-DN50 QJ 2965—97

② 法兰及密封件

a. 法兰的原材料均应附有质量证明文件。

b. 法兰组件及钎焊材料按表 15-37 的规定。

c. 氟橡胶密封圈材料均应符合 HG 2-530 中牌号 26-41 的规定。

③ 加工要求

a. 法兰和管道一般应采用双面焊接（当 $DN<400$mm 时，外焊缝可不焊）。其中真空侧的内焊缝采用连续钨极氩弧焊，外焊缝采用断续焊。

b. 水冷管和冷冻管与法兰之间采用锡铅焊料钎焊。冷冻管焊后铲平。

c. 法兰的螺栓孔中心圆直径的极限偏差及相邻两孔间弧长的极限偏差均为螺栓与螺栓孔间隙的±1/4。

d. 法兰各零件的未注公差应符合 GB/T 1804 中 m 级的规定。

e. 法兰密封面和密封槽一般在焊接后精加工。密封面和密封槽表面应光滑，不得有气孔、裂纹、斑点、毛刺、锈迹及其他降低强度和密封性能的缺陷。

f. 法兰焊接前，零、部件应除油清洗，并吹干。

g. 焊接部位要清洗，并除油污。焊缝应平整、光滑、无气孔、裂纹和毛刺。焊后应进行检漏。

h. 氟橡胶密封圈应符合 GB 6070.5 的规定，本规范所用氟橡胶密封圈的规格见附录 A（补充件）。

i. 法兰外观应无毛刺、锈蚀、划伤和焊渣等缺陷。

氟橡胶密封圈的型式与尺寸见表 15-38。

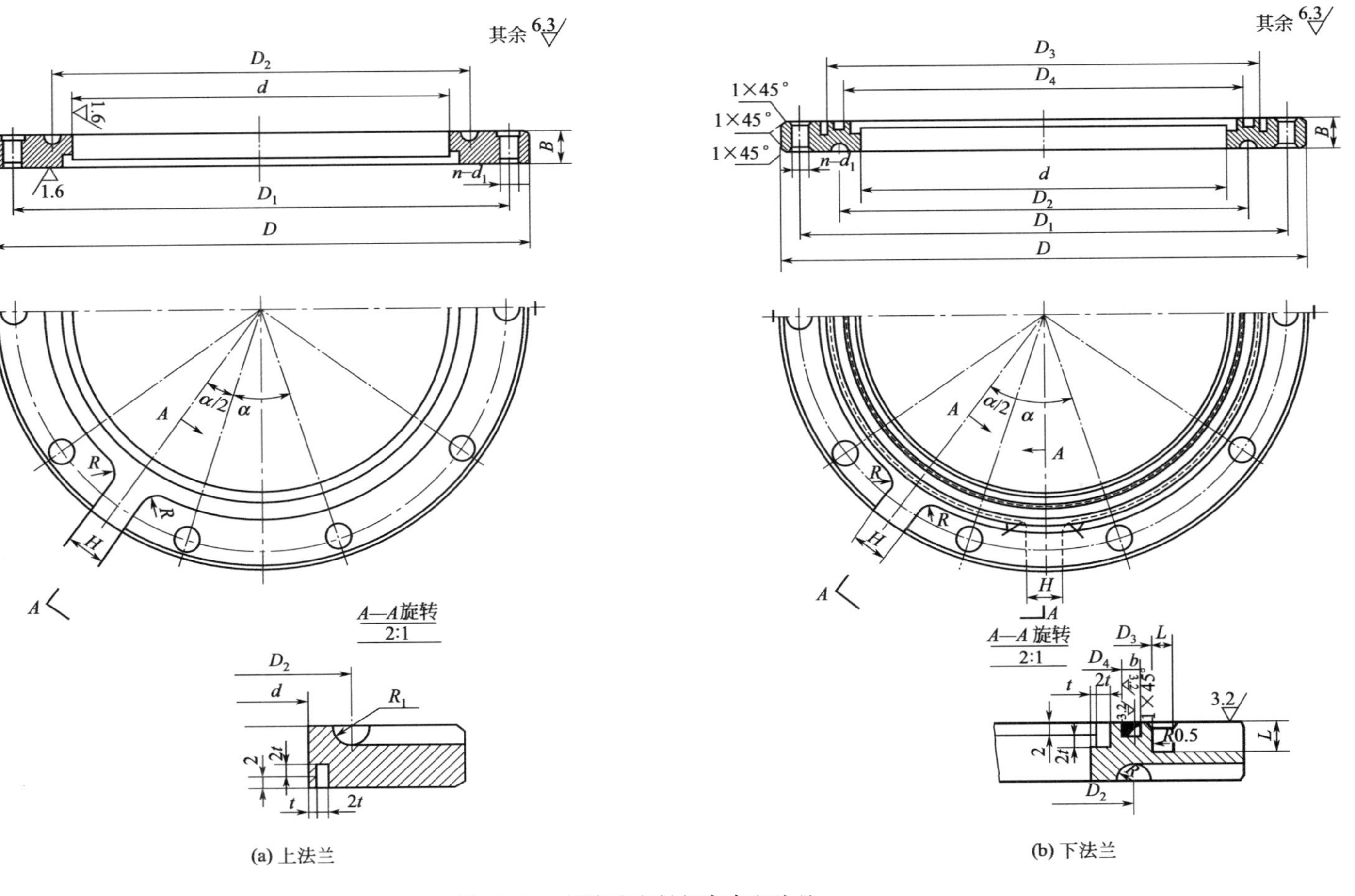

图 15-29 氟橡胶密封超高真空法兰

表 15-36　氟橡胶密封超高真空法兰尺寸

单位：mm

公称通径 DN	管子		法兰																				螺栓	
									水冷槽		冷冻槽		冷冻槽及水冷槽出口		密封槽									
															内径 D_4		槽宽 b		槽深 c					
	外径 d_0	壁厚 S	外径 D	内径 d	厚度 B	螺栓孔中心圆直径 D_1	螺栓孔直径 d_1	焊接区宽度 t	中心圆直径 D_2	半径 R_1	内径 D_3	深度 L	宽度 H	半径 R	基本尺寸	极限偏差	基本尺寸	极限偏差	基本尺寸	极限偏差	倒角 f	内圆角 r	螺纹 M	数量 n
50	54	2	130	54	14	112	9	2	74	3	86	7	16	8	70	$^{+0.2}_{0}$	5.3	$^{+0.1}_{0}$	3	$^{+0.1}_{0}$	0.5	0.5	8	6
63	68	2.5	150	68		133			90		100		20		84									
80	85		166	85		148			100		120				105	$^{+0.5}_{0}$								
100	105		194	105		170	12		126		137			12	122								10	
125	130		220	130		195			152		163				148									
160	166	3	268	166	20	244			192	6	206	11	36	20	184		8		4.5			1		8
200	206		310	206		285			232		246				224	$^{+1.0}_{0}$								
250	256		370	256		340	14		278		296				274								12	
320	326		422	326		414			356		374		38		344	$^{+1.5}_{0}$								
400	406		536	406		500	18		432		454				424		12		7		1		16	
500	508	4	646	508	22	610		3	538		560				530									12
630	638		786	638	24	746	20		676		700				664	$^{+2.0}_{0}$	14.5		8.5				18	16
800	810	5	976	810	26	935			848	7	876	13	42		838									20
1000	1012	6	1180	1012	28	1135	22		1050		1078				1040								20	24

表 15-37　真空组件及钎焊材料

序号	零件名称及选用标准	材料		
		牌号	种类	选用标准
1	下法兰	1Cr18Ni9Ti	圆钢、钢板	GB 702、GB 4237
2	冷冻管	紫铜	管材	GB 1527
3	上法兰	1Cr18Ni9Ti	圆钢、钢板	GB 702、GB 4237
4	螺母(GB 6170)	1Cr18Ni9Ti	圆钢或型材	GB 702、GB 905、GB 1227
5	螺母(GB 5782)	1Cr18Ni9Ti	圆钢或型材	GB 702、GB 905、GB 1221
6	垫圈(GB 97.2)	1Cr18Ni9Ti	圆钢	GB 702、GB 905、GB 1221
7	水冷管	紫铜	管材	GB 1527
8	管道	1Cr18Ni9Ti	无缝钢管、钢板	GB 2270、GB 4327
9	锡铅焊料	—	—	GB 3131

表 15-38　氟橡胶密封圈的型式与尺寸　　单位：mm

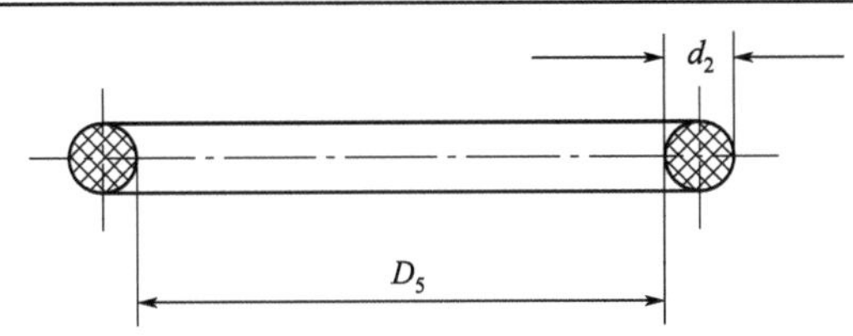

公称直径 DN	密封圈内径 D_5		截面直径 d_2
	基本尺寸	极限偏差	
50	69	±0.05 0	4±0.10
63	83	+1.0 0	
80	104		
100	121		
125	147		6±0.15
160	183		
200	223		
250	273		
320	343		
400	422	+2.0 0	10±0.2
500	528		
630	662		12±0.3
800	836		
1000	1038		

(3) 双重橡胶密封法兰

橡胶的出气和渗透会影响超高真空的获得，通常采用双重橡胶密封法兰来消除这些影响。图 15-30 所示双重橡胶密封法兰的冷却管中通冷冻剂来冷冻橡胶，以降低橡胶材料的出气率；双重橡胶圈中间可以抽真空，以减少渗漏的影响，如图 15-31 所示。

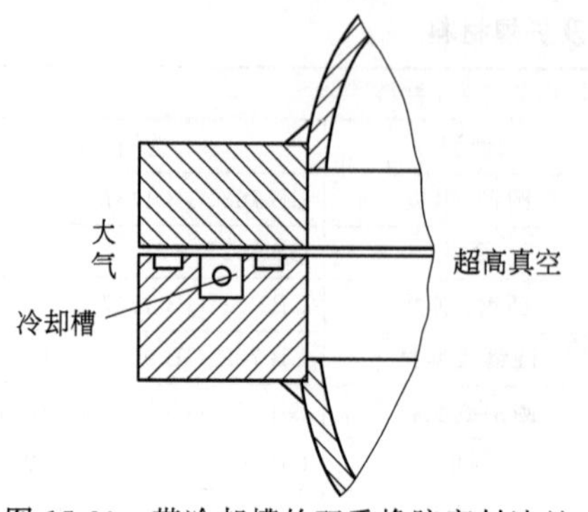

图 15-30 带冷却槽的双重橡胶密封法兰

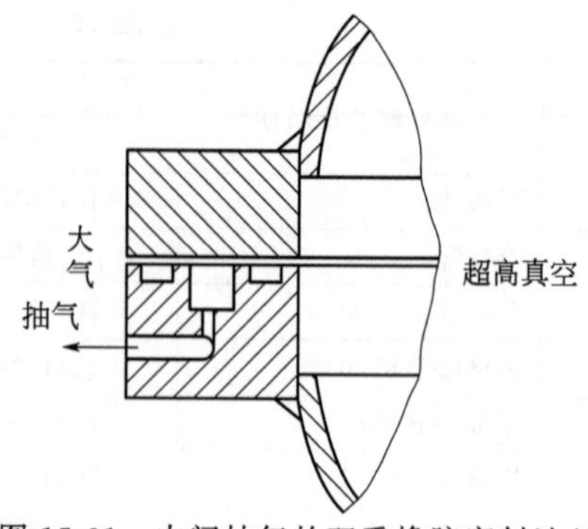

图 15-31 中间抽气的双重橡胶密封法兰

橡胶温度对获得真空度的影响见表 15-39。

表 15-39 橡胶温度对获得真空度的影响

橡胶种类	法兰温度 6℃			法兰温度－25℃		
	获得的平均最低压力/Pa	试验次数	压力范围/Pa	获得的平均最低压力/Pa	试验次数	压力范围/Pa
异丁烯橡胶	1.3×10^{-7}	5	$1.1\sim1.6\times10^{-7}$	2.3×10^{-8}	2	$2\sim2.7\times10^{-8}$
天然橡胶	6.0×10^{-7}	2	$5.3\sim6.7\times10^{-7}$	1.6×10^{-7}	2	$1.3\sim1.9\times10^{-7}$
氟丁橡胶	2.8×10^{-7}	6	$2.7\sim3.2\times10^{-7}$	2.8×10^{-8}	2	$2.7\sim2.9\times10^{-8}$
布纳-N	5.1×10^{-7}	4	$4.8\sim5.3\times10^{-7}$	6.4×10^{-8}	2	$6.1\sim6.7\times10^{-8}$
硅橡胶(红)	2.9×10^{-5}	2	$2.8\sim3.1\times10^{-5}$	—		—
硅橡胶(绿)	4.3×10^{-5}	2	$3.2\sim5.3\times10^{-5}$	—		—
氟橡胶 A	1.7×10^{-7}	3	$1.6\sim1.9\times10^{-7}$	7.5×10^{-8}	2	$7.3\sim7.6\times10^{-8}$
聚四氟乙烯	5.6×10^{-7}	4	$5.4\sim5.9\times10^{-7}$	1.3×10^{-7}	2	$1.2\sim1.5\times10^{-7}$

(4) 夹紧型真空快卸法兰 (GB 4982—2003、ISO 2861-1:1974)

本标准适用于低、中、高真空管路，其公称通径为 10～40mm，用 O 形橡胶密封圈的夹紧型真空快卸法兰。

① 夹紧型真空快卸法兰结构型式及公称通径按图 15-32 及表 15-40 规定。

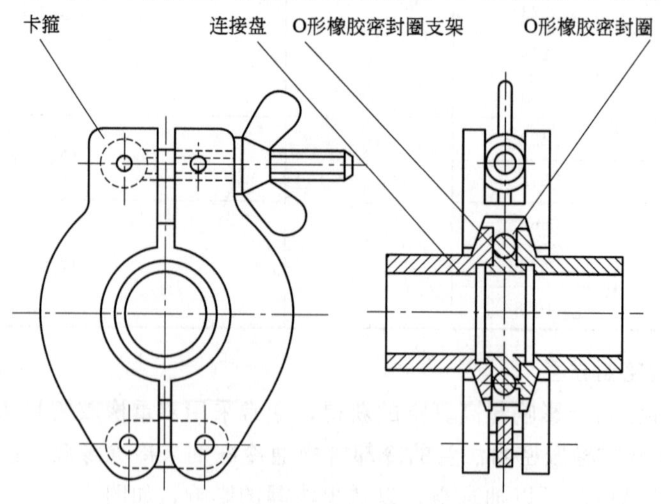

图 15-32 夹紧型真空快卸法兰结构型式

表 15-40 夹紧型真空快卸法兰公称通径 单位：mm

公称通径 *DN*	10	16	25	40

② 夹紧型真空快卸法兰公称通径标记方法：

例 15-1 公称通径为 25mm 的夹紧型真空快卸法兰标记为：

KF25

③ 卡箍型式及尺寸系列按表 15-41 规定。卡箍材料推荐采用铸铝 ZL7。

表 15-41 卡箍型式及尺寸系列 单位：mm

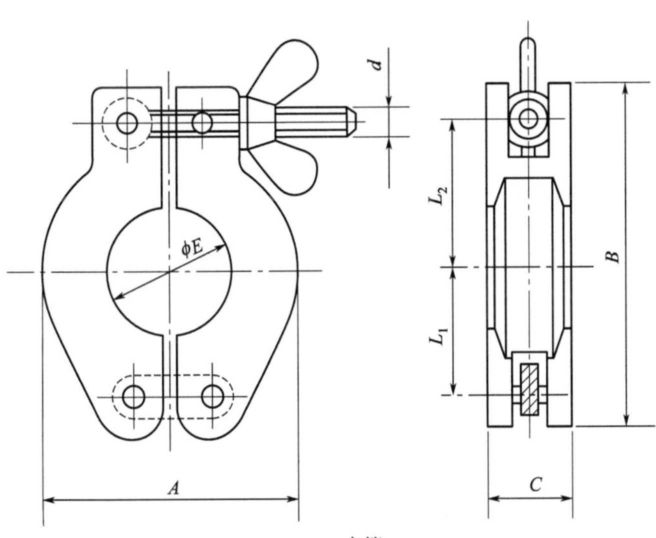

卡箍

公称通径 *DN*	*A*	*B*	*C*	*E*	L_1	L_2	*d*
10	45	61	16	22	21.5	27.5	M5
16	45	61	16	22	21.5	27.5	M5
25	55	72	16	32	26.5	33.5	M5
40	70	90	18	47	34.0	44.0	M5

④ 连接盘型式及尺寸系列按表 15-42 规定。

表 15-42 连接盘型式及尺寸系列 单位：mm

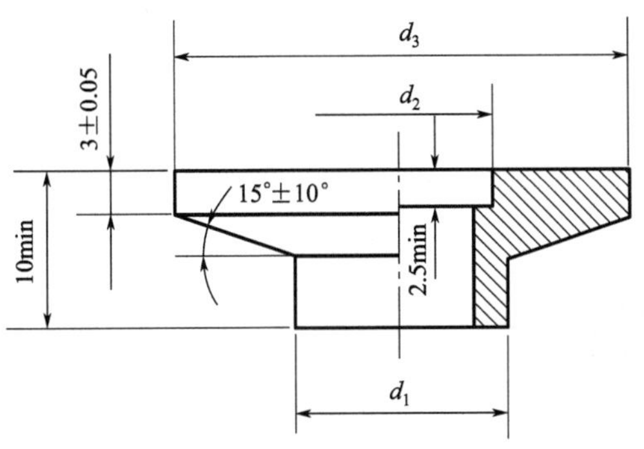

续表

公称通径 DN	d_1(max)	d_2		d_3	
		基本尺寸	公差	基本尺寸	公差
10	14.0	12.2	$^{+0.2}_{0}$	30.0	$^{0}_{-0.13}$
16	20.0	17.2		30.0	$^{0}_{-0.13}$
25	28.0	26.2		40.0	$^{0}_{-0.16}$
40	44.5	41.2		55.0	$^{0}_{-0.19}$

连接盘材料推荐采用 Q235-A、A20、A25 或 1Cr18Ni9Ti。若采用 Q235-A、A20、A25 时，则表面需要镀镍。连接盘的密封面粗糙度为 Ra2.0，不得有明显的径向凹沟和刻痕。

⑤ O 形橡胶密封圈支架型式及尺寸系列按表 15-43 规定。

表 15-43　O 形橡胶密圈支架型式及尺寸系列　　单位：mm

（图）	公称通径 DN	d_4(max)	d_5		d_6	
			基本尺寸	公差	基本尺寸	公差
8; R2.5; d_4; d_5; d_6; $3.9^{\ 0}_{-0.1}$	10	10	12.0	$^{0}_{-0.1}$	15.3	$^{0}_{-0.1}$
	16	16	17.0		18.5	
	25	25	26.0		28.5	
	40	40	41.0		43.0	

O 形橡胶密封圈支架材料推荐采用 Q235-A、A20、A25、1Cr18Ni9Ti 或铝合金。若采用 A3、A20、A25 时，则表明需要镀镍。

⑥ O 形橡胶密封圈型式及尺寸系列按表 15-44 规定。

O 形橡胶密封圈材料推荐采用丁腈橡胶或氟橡胶等。

O 形橡胶密封圈材料性能必须满足以下要求：工作温度范围－30～90℃；抗油强度中等；硬度（HS）40～60；出气率小于 1.33Pa・m^3/(s・m^2)。

表 15-44　O 形橡胶密封圈型式及尺寸系列　　单位：mm

（图）	公称通径 DN	D	s
D; ϕs	10	15	5
	16	18	5
	25	28	5
	40	42	5

O 形橡胶密封圈工作表面不准有气孔、裂纹和杂质等。

(5) 拧紧型真空快卸法兰 (GB 4983—2003)

本标准适用于低、中、高真空管路，其公称通径为 10～40mm，用 O 形橡胶密封圈的拧紧型真空快卸法兰。

① 拧紧型真空快卸法兰结构型式及通径按表 15-45 规定。

表 15-45　拧紧型真空快卸法兰结构型式及通径　　单位：mm

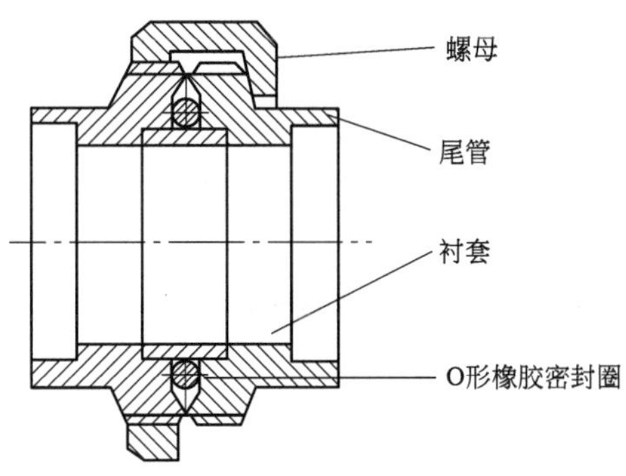

公称通径 DN	10	16	25	40

② 拧紧型真空快卸法兰公称通径标记方法：

例 15-2　公称通径为 25mm 的拧紧型真空快卸法兰标记为

拧紧型 $DN25$

③ 螺母型式、尺寸及材料［推荐采用 20、1Cr18Ni9Ti、铝合金或硬塑料 ABS (黑色) 等］。

a. 螺母采用金属材料制造时，其结构型式及尺寸按表 15-46 规定。

表 15-46　金属材料螺母结构型式及尺寸　　单位：mm

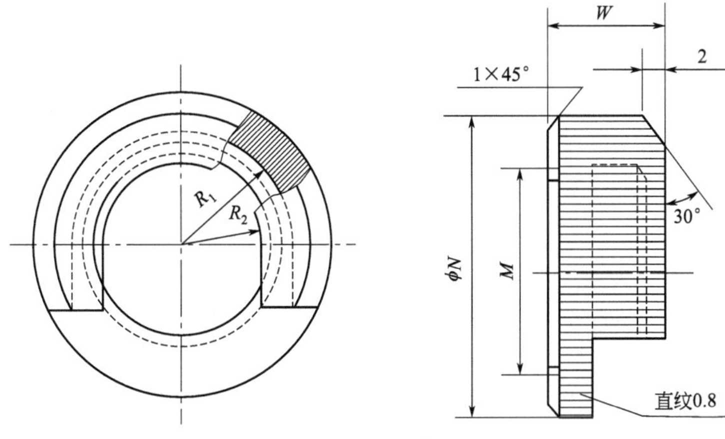

续表

公称通径 DN	R_1		R_2		N	M	W
	基本尺寸	公差	基本尺寸	公差			
10	17.0	+0.260 +0.150	12.0	+0.260 +0.150	40	25.4 (GⅠ-2)	18
16	17.0	+0.260 +0.150	12.0	+0.260 +0.150	40	25.4 (GⅠ-2)	18
25	21.0	+0.290 +0.160	17.5	+0.260 +0.150	50	31.75 (GⅠ1/4-2)	19
40	30.0	+0.290 +0.160	24.0	+0.290 +0.160	70	50.8 (G2-2)	19

b. 螺母采用硬塑料 ABS 材料制造时，其结构型式及尺寸按表 15-47 规定。

表 15-47　ABS 材料螺母结构型式及尺寸　　单位：mm

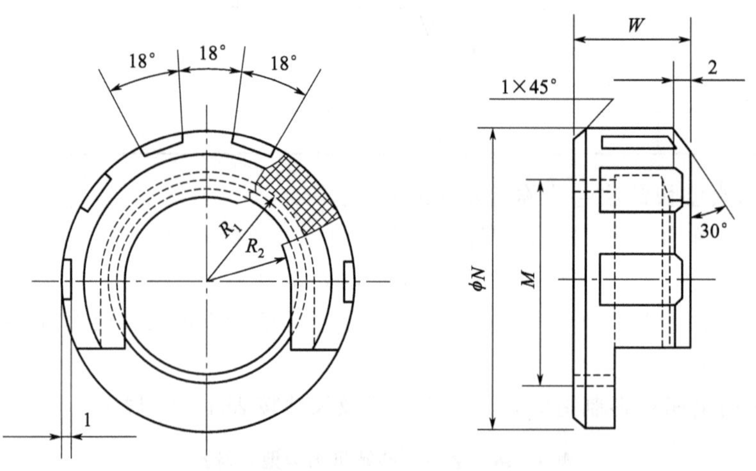

公称通径 DN	R_1		R_2		N	M	W
	基本尺寸	公差	基本尺寸	公差			
10	17.0	+0.260 +0.150	12.0	+0.260 +0.150	44.0	25.4 (GⅠ-2)	18
16	17.0	+0.260 +0.150	12.0	+0.260 +0.150	44.0	25.4 (GⅠ-2)	18
25	21.0	+0.290 +0.160	17.5	+0.260 +0.150	56.0	31.75 (GⅠ1/4-2)	19
40	30.0.	+0.290 +0.160	24.0	+0.290 +0.160	74.5	50.8 (G2-2)	19

④ 尾管型式及尺寸按表 15-48 规定。

尾管材料推荐采用 Q235-A、A20、A25 或 1Cr18Ni9Ti。若采用 Q235-A、A20、A25 材料时，则表面需要镀镍。尾管密封面粗糙度为 $Ra2.0$，不得有明显的径向凹沟和刻痕。

⑤ 衬套型式及尺寸按表 15-49 规定。

表 15-48　尾管型式及尺寸　　单位：mm

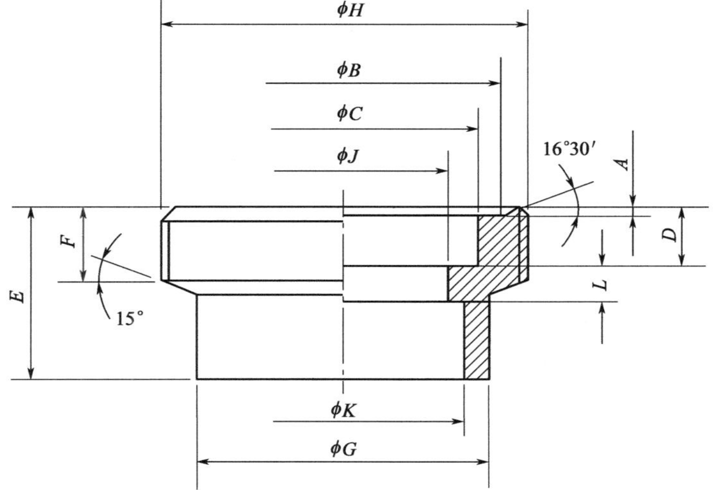

公称通径 DN	A		B		C		D	E_{min}	F	G_{max}	H	J	K		L	导管外径[①]
	基本尺寸	公差	基本尺寸	公差	基本尺寸	公差							基本尺寸	公差		
10	0.90	0 −0.060	17.5	±0.135	15.0	+0.260 +0.150	6	16	7.5	18	25.4 (GI-2)	13	14.0	+0.260 +0.150	4	14.0
16	0.90	0 −0.060	22.5	±0.165	20.0	+0.290 +0.160	6	16	7.5	23	25.4 (GI-2)	18	20.0	+0.290 +0.160	4	20.0
25	1.15	0 −0.060	31.0	±0.195	28.0	+0.290 +0.160	6	19	7.5	32	31.75 (GI1/4-2)	26	28.0	+0.290 +0.160	7	28.0
40	1.15	0 −0.060	46.0	±0.195	42.5	+0.340 +0.180	6	22	7.5	46	25.4 (GI-2)	40	42.5	+0.340 +0.180	10	42.4

① 导管外径仅供参考。

表 15-49　衬套型式及尺寸　　　　单位：mm

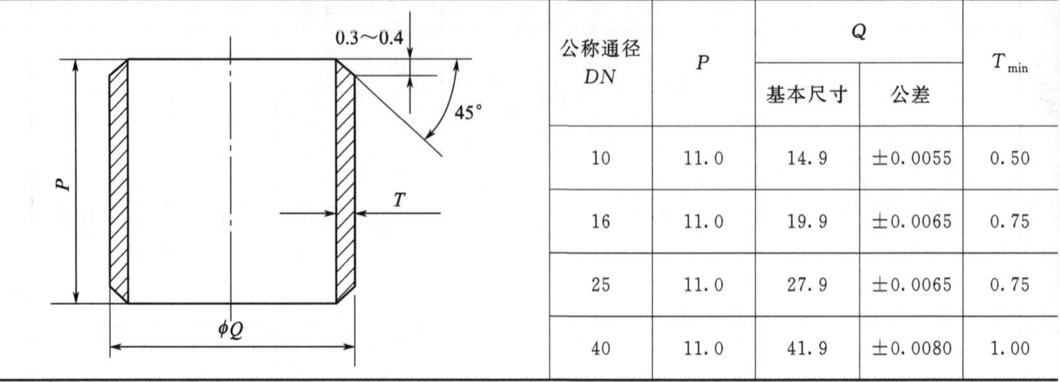

公称通径 DN	P	Q		T_{min}
		基本尺寸	公差	
10	11.0	14.9	±0.0055	0.50
16	11.0	19.9	±0.0065	0.75
25	11.0	27.9	±0.0065	0.75
40	11.0	41.9	±0.0080	1.00

衬套材料推荐采用硬铝 Ly11 或 1Cr18Ni9Ti。

⑥ O 形橡胶密封圈型式及尺寸按表 15-50 规定。

表 15-50　O 形橡胶密封圈型式及尺寸　　　　单位：mm

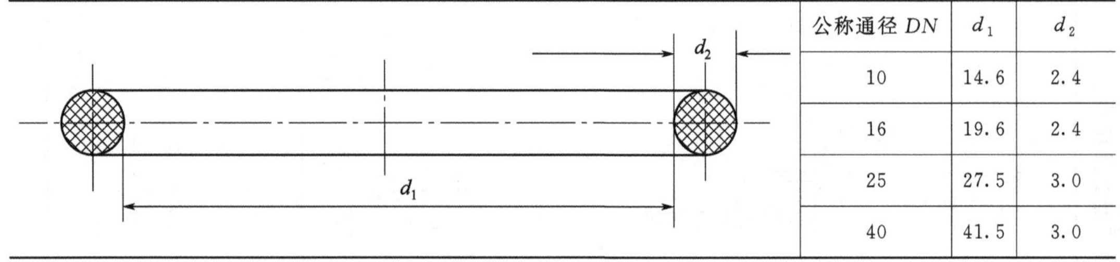

公称通径 DN	d_1	d_2
10	14.6	2.4
16	19.6	2.4
25	27.5	3.0
40	41.5	3.0

O 形橡胶密封圈材料推荐采用丁腈橡胶或氟橡胶等。

O 形橡胶密封圈的材料性能需满足以下要求：工作温度范围－30～90℃；硬度 HS40～60；抗油强度中等；出气率小于 1.33Pa・m^3/(s・m^2)。

O 形橡胶密封圈工作表面不准有气孔、裂纹和杂质等。

同一公称通径的拧紧型真空快卸法兰尾管可以直接连接在夹紧型真空快卸法兰连接盘上。拧紧型与夹紧型组合的真空快卸法兰的装配如图 15-33 所示。

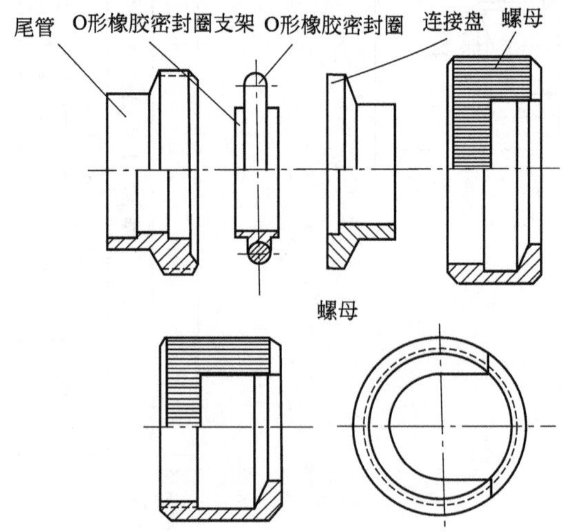

图 15-33　拧紧型与夹紧型组合的真空快卸法兰装配示意图

(6) 卡钳法兰

卡钳法兰采用橡胶密封，用于真空管路连接。

① 卡钳法兰连接型式。卡钳法兰连接有三种型式：图 15-34 所示为卡钳垫块连接；图 15-35 所示为卡钳螺钉连接；图 15-36 所示为卡钳活螺栓连接。

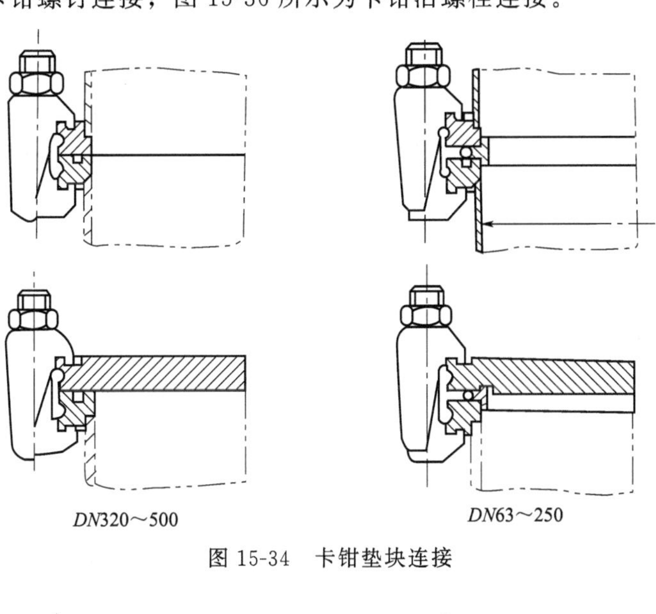

图 15-34 卡钳垫块连接

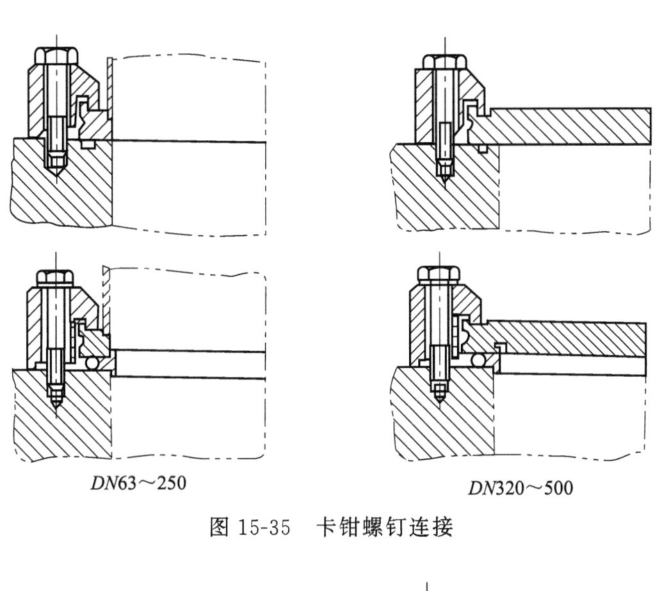

图 15-35 卡钳螺钉连接

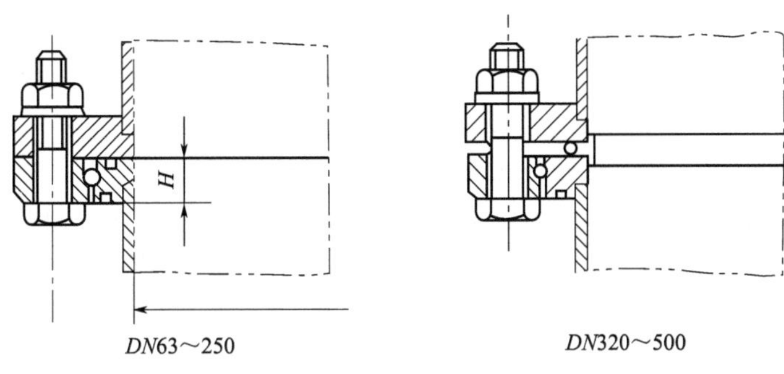

图 15-36 卡钳活螺栓连接

② 卡钳法兰零件尺寸。

a. Ⅰ型肩圈尺寸见表 15-51。

表 15-51 Ⅰ型肩圈尺寸 单位：mm

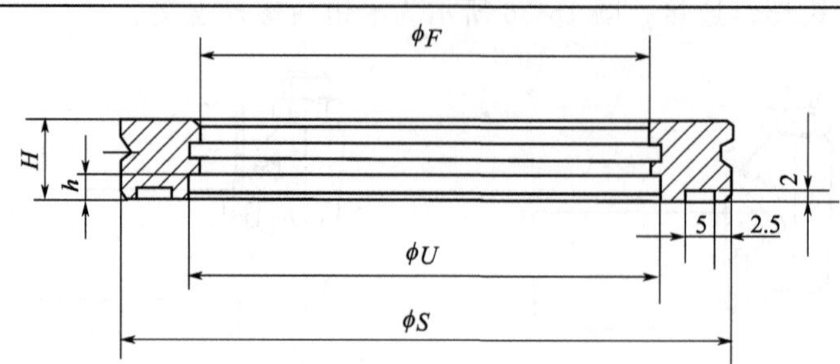

公称通径 DN	F	S	U(H10)	H	h
63	70	95	73	12	3
100	102	130	107	12	3
160	153	180	157	12	3

b. Ⅱ型肩圈尺寸见表 15-52。

表 15-52 Ⅱ型肩圈尺寸 单位：mm

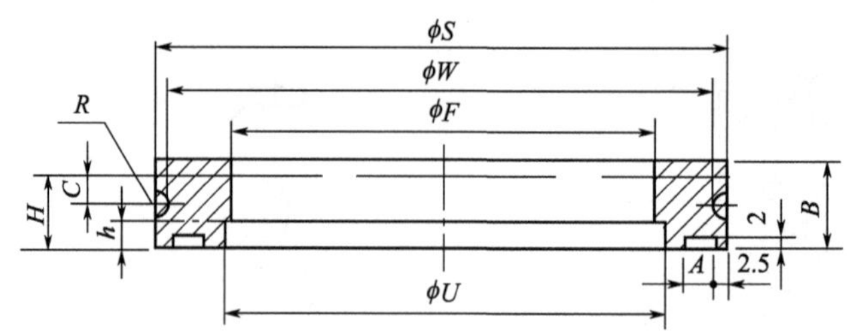

公称通径 DN	F	S (h11)	U (H10)	h	A	B	焊后加工尺寸			
							W	C	R	H
200	213	240	218	4	5	14	235	5	2.5	12
250	261	290	265	4	5	14	285	5	2.5	12
320	318	370	323	6	7	19	365	7.5	2.5	17
400	400	450	405	6	7	19	442	7.5	4	17
500	501	550	507	6	7	19	542	7.5	4	17

c. Ⅲ型肩圈尺寸见表 15-53。

表 15-53 Ⅲ型肩圈尺寸 单位：mm

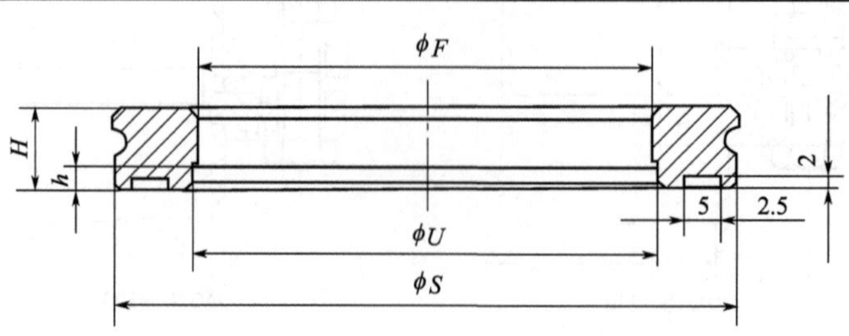

续表

公称通径 *DN*	*F*	*S*	*U*(H10)	*h*	*H*
63	70	95	73	4	12
100	102	130	107	4	12
160	153	180	157	4	12
200	213	240	235	4	12
250	261	290	265	4	12
320	318	370	323	6	17
400	400	450	405	6	17
500	501	550	507	6	17

d. Ⅳ型肩圈尺寸见表 15-54。

表 15-54 Ⅳ型肩圈尺寸 单位：mm

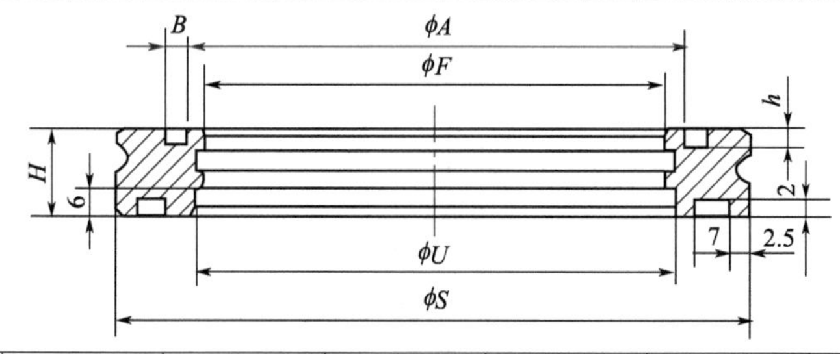

公称通径 *DN*	*F*	*S*	*U*(H10)	*A*	*B*	*h*	*H*
320	318	370	323	328	7	5.2	17
400	400	450	405	408	8	6	17
500	501	550	507	512	8	6	17

e. 活法兰尺寸见表 15-55。

表 15-55 活法兰尺寸 单位：mm

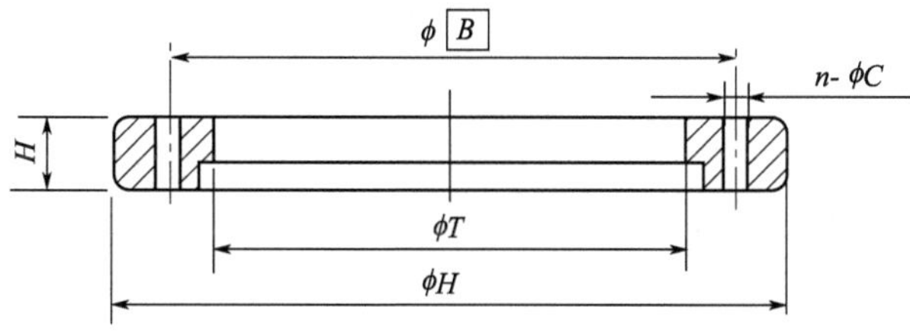

公称通径 *DN*	*T*(H11)	B	*n*	*C*	ϕ*H*	*H*
63	95.5	110	4	9	130	12
100	130.5	145	8	9	165	12
160	180.7	200	8	11	225	16
200	240.7	260	12	11	285	16
250	290.7	310	12	11	335	16
320	370.8	395	12	14	425	20
400	450.8	480	16	14	510	20
500	550.8	580	16	14	610	20

f. 弹性卡圈尺寸见表 15-56。

表 15-56 弹性卡圈尺寸 单位：mm

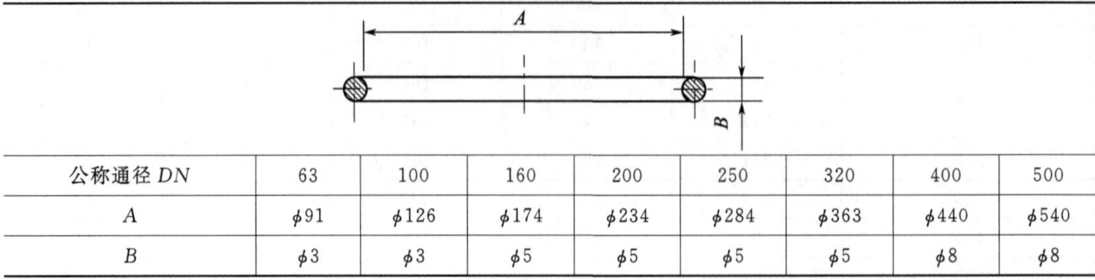

公称通径 DN	63	100	160	200	250	320	400	500
A	ϕ91	ϕ126	ϕ174	ϕ234	ϕ284	ϕ363	ϕ440	ϕ540
B	ϕ3	ϕ3	ϕ5	ϕ5	ϕ5	ϕ5	ϕ8	ϕ8

g. 中心圈尺寸见表 15-57。

表 15-57 中心圈尺寸 单位：mm

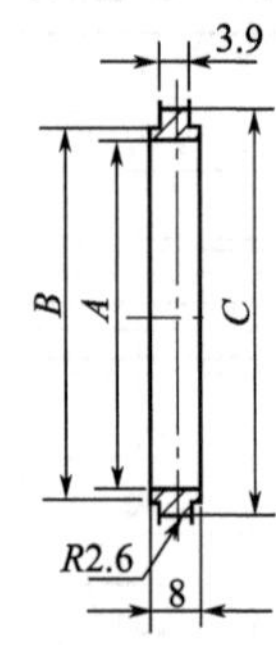

公称通径 DN	63	100	160	200	250
A	ϕ67	ϕ99	ϕ150	ϕ210	ϕ258
B(h11)	ϕ70	ϕ102	ϕ153	ϕ213	ϕ261
C	ϕ76	ϕ108	ϕ159	ϕ219	ϕ267

h. 法兰盖尺寸见表 15-58。

表 15-58 法兰盖尺寸 单位：mm

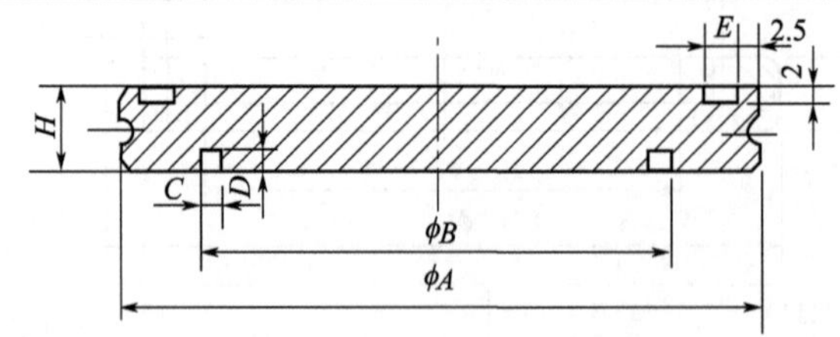

公称通径 DN	63	100	160	200	250	320	400	500
ϕA(h11)	95	130	180	240	290	370	450	550
ϕB	70	102	153	213	261	—	—	—
C	3	3	3	3	3	—	—	—
D	2.5	2.5	2.5	2.5	2.5	—	—	—
H	12	12	12	12	12	17	17	17
E	5	5	5	5	5	7	7	7

i. 卡钳螺钉组件尺寸见表 15-59。

表 15-59　卡钳螺钉组件尺寸　　单位：mm

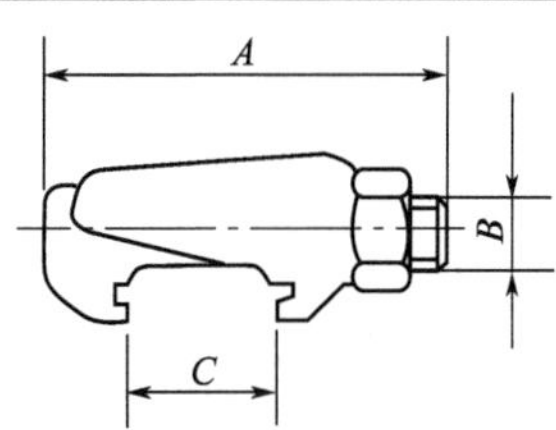

公称通径 DN	A	B	C
63～250	60	M10	18～28
320～500	78	M12	28～38

j. 卡钳垫块尺寸见表 15-60。

表 15-60　卡钳垫块尺寸　　单位：mm

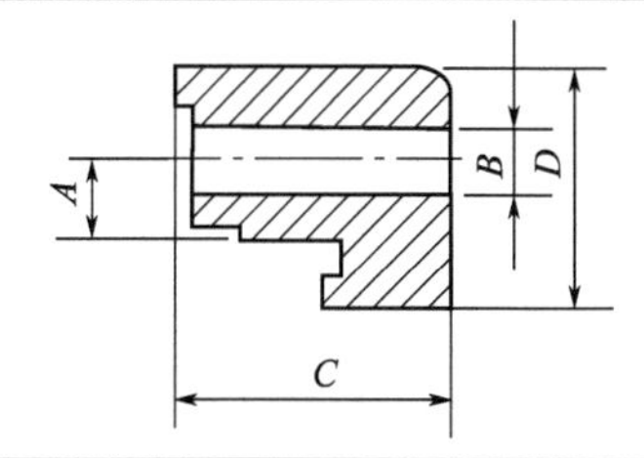

公称通径 DN	A	B	C	D
63～100	7.3	$\phi 9$	23	24
160～250	10	$\phi 11$	26	28
320	12.5	$\phi 13$	31	32.5
400～500	15	$\phi 13$	31	35

卡钳法兰 O 形橡胶密封圈规格见表 15-61。

表 15-61　卡钳法兰配用密封圈规格　　单位：mm

项目 \ 公称通径 DN	63	100	160	200	250	320	400	500
内径	75	105	165	220	270	320	405	505
截面直径	5.5	5.5	5.7	5.7	5.7	7	8	8

③ 卡钳法兰连接配套。

a. 卡钳螺钉、卡钳垫块连接配套表见表 15-62。

表 15-62　卡钳螺钉、卡钳垫块连接配套表　　单位：mm

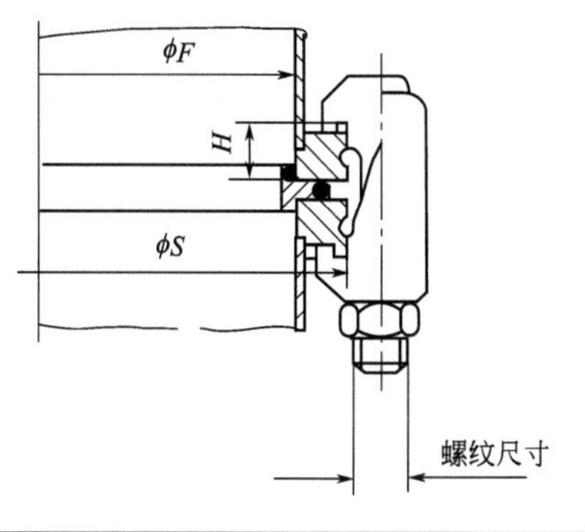

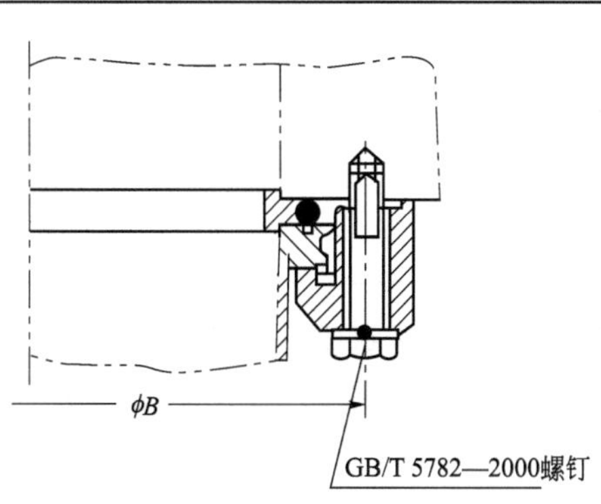

续表

公称通径 DN	实际通径 ϕF	肩圈直径 ϕS	肩圈厚度 H	卡钳钉型		卡钳垫块型		
				螺纹尺寸	数量	中心圆直径(ϕB)	螺钉	数量
63	70	95	12	M10×60	4	110	M8×35	4
100	102	130	12	M10×60	4	145	M8×35	8
160	153	180	12	M10×60	4	200	M10×35	8
200	213	240	12	M10×60	6	260	M10×40	12
250	261	290	12	M10×60	6	310	M10×40	12
320	318	370	17	M12×78	8	395	M12×50	12
400	400	450	17	M12×78	8	480	M12×50	16
500	501	550	17	M12×78	12	580	M12×50	16

b. 活法兰螺栓型连接件选配表见表 15-63。

表 15-63 活法兰螺栓型连接件选配表 单位：mm

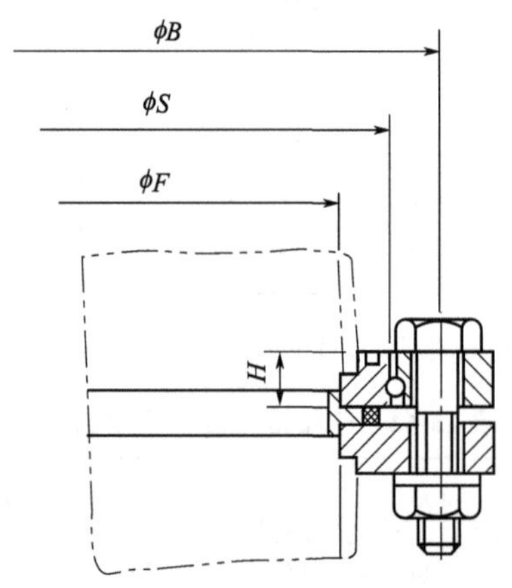

公称通径 DN	实际通径 ϕF	肩圈直径 ϕS	肩圈厚度 H	中心圆直径 ϕB	连接螺钉 GB 30—86	数量
63	70	95	12	110	M8×40	4
100	102	130	12	145	M8×40	8
160	153	180	12	200	M10×50	8
200	213	240	12	260	M10×50	12
250	261	290	12	310	M10×50	12
320	318	370	17	395	M12×60	12
400	400	450	17	480	M12×60	16
500	501	550	17	580	M12×60	16

(7) 国产卡钳螺钉组件（TB2/1 型、TB2/2 型）

卡钳螺钉组件，用于两个对称卡钳法兰（符合 ISO 1609 国际标准）的连接。连接时，先将 O 形密封圈套在中心圈上，置于卡钳法兰端面用卡钳螺钉组件夹紧；密封可靠，使用方便，适合中小尺寸真空管道配套使用。其结构尺寸见表 15-64。

表 15-64　卡钳螺钉组件　　　　单位：mm

型号	A	B	C	适用通径
TB2/1	18～28	60	M10	ϕ63～ϕ250
TB2/1	28～28	78	M12	ϕ320～ϕ500

15.3 金属密封法兰

金属密封法兰用于超高真空金属系统上。靠金属密封圈塑性变形后充满法兰密封面表面之间来密封的。金属的塑性较橡胶差，因而密封要求有相当大的比压，并要求密封面有较高的光洁度；金属密封要求法兰对中性强，使法兰加工精度变高；密封圈只能用一次。这些都是金属密封不足之处。但它的突出优点是出气量小，能耐烘烤，这是橡胶密封所不及的。

图 15-37 给出了几种金属密封常用结构。其中（a）为平面密封，密封圈是用直径 0.8mm 的金丝制成，结构简单，需要 350N/mm 的密封力；（b）为台阶密封，密封圈为垫片形式，用 1mm 铜板制成，密封力为 470N/mm。如果用铝板制成，密封力为 340N/mm；（c）为锥形密封，密封圈为垫片形式，此种密封法兰尺寸大，受热不均时易漏气；（d）为台阶密封，密封圈用金属丝制成，与（a）不同之处是密封圈各方向均受压缩，这就可能使密封材料被挤压到两个法兰之间的间隙中，使法兰拆装困难；（e）为平面密封，密封圈截面为“糖果”型。可以使用橡胶密封法兰，刚开始用需要密封力小，重复拆装后，密封力迅速增大。密封可靠，但密封圈加工复杂；（f）为楔形密封，用 0.5mm 厚的铜皮做密封圈，密封力为 280N/mm，此种结构密封可靠，但加工精度高。

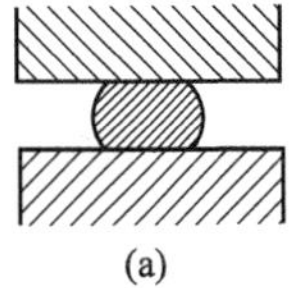
(a)

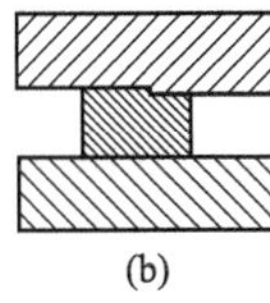
(b)

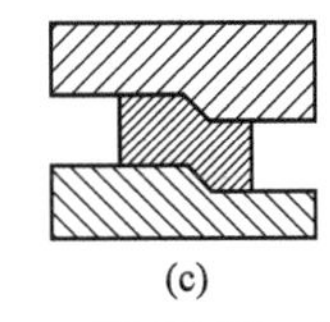
(c)

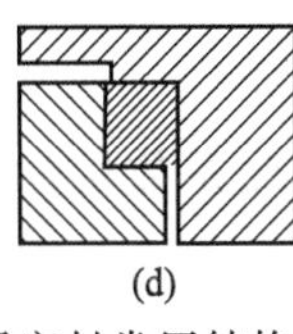
(d)

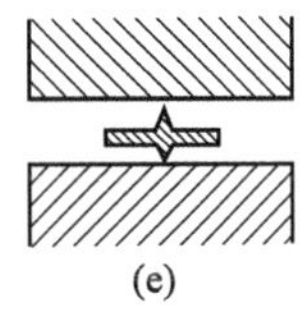
(e)

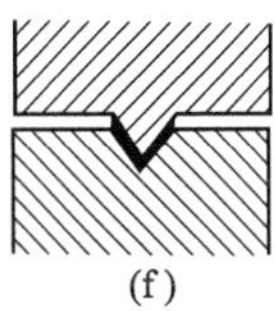
(f)

图 15-37　金属密封常用结构

大多数金属密封圈只能用一次，给使用带来了麻烦。近几年来出现了两种新的密封圈，见图 15-38。此种结构需要密封力小，可以多次使用，特别适于金属超高真空阀的密封。

图 15-38(a) 所示密封圈是用弹簧外面包上软金属片制成的。当密封圈受压时，弹簧变形，并使软金属片充满密封面的表面之间来达到密封。

图 15-38(b) 所示为金属空心 O 形圈，其外部蒸镀银，或者蒸镀金、铜、镍、铟，空心 O 形圈受压时起弹性变形作用；而镀层起密封作用。近年来国外已研制成直径 0.9mm、2.4mm、3.2mm 的空心密封圈，空心密封圈材料为 321（美国不锈钢牌号，相当 1Cr18Ni9Ti）。密封圈外径为 25.4mm 时，壁厚为 0.35mm；外径为 76.2mm 时，壁厚为 0.5mm；外径为 152.4mm 时，壁厚为 0.8mm。密封圈表面上的蒸镀材料硬度对密封性有

影响，希望硬度低，这样不仅使密封力下降而且使密封圈复原量增大，使密封性得到改善。蒸镀材料的比压及硬度见表15-65。

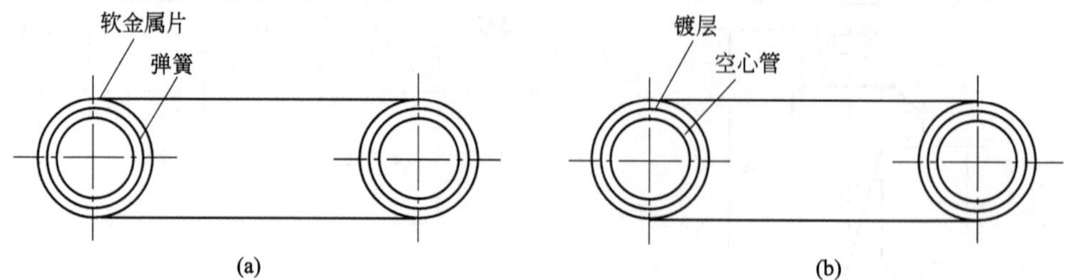

图15-38 金属弹性密封圈

表15-65 蒸镀材料的比压及硬度

蒸镀材料	比压/(kgf/cm^2)	管壁厚/mm	镀层厚/μm	硬度(HV)
金	105	0.25	40	30
银	105	0.25	40	38
铜	220	0.35	40	52
镍	320	0.45	40	180
铟	85	0.20	40	6

金属密封法兰材料为1Cr18Ni9Ti，为了保证烘烤时的气密性，法兰连接螺栓材料的线膨胀系数必须与其一致，也应该选1Cr18Ni9Ti。为使法兰拆卸方便，其中一个法兰应有螺孔，以便拆开法兰时用。

金属密封圈有两个突出的优点：

① 放气远比橡胶少；

② 用它密封的系统和装置可以在高温下烘烤去气，因此能满足超高真空的要求。

金属密封也有很多缺点：

① 金属密封圈弹性差，需要很大的密封力才能保障可靠的真空密封；

② 重复使用性很差，有些金属密封圈只能使用一次；

③ 法兰密封面和刀口的粗糙度和配合精度要求高，很小的伤痕都能破坏密封，特别是大尺寸法兰加工很困难；

④ 密封圈和法兰材料的热膨胀系数相差较大，加热不均匀或密封结构设计得不正确，会引起局部变形造成漏气。

以下介绍几种金属密封。

(1) 常用金属密封法兰

常用金属密封平面法兰型式及尺寸见表15-66。

表15-66 常用金属密封平面法兰型式及尺寸 单位：mm

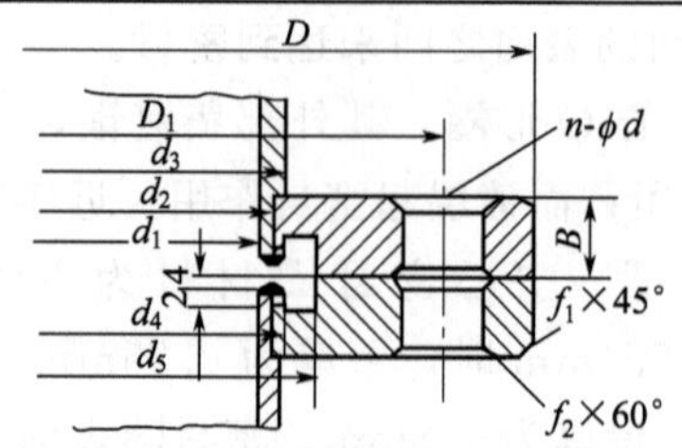

续表

公称通径	管子			法兰						螺栓	
	内径	切削外径	外径	外径	厚度	螺栓孔中心直径	螺孔直径	焊槽内径	焊槽外径	螺纹	数量
DN	d_1	d_2	d_3	D	B	D_1	d	d_4	d_5	M	n
25	25	28	30	90	12	70	9	31	39	8	6
32	32	35	37	96	12	76	9	38	46	8	6
40	40	43	45	104	12	84	9	46	54	8	6
50	50	53	55	116	12	96	9	56	64	8	8
65	65	69	71	132	14	112	12	73	81	10	8
80	80	84	86	146	14	126	12	88	96	10	12
100	100	104	106	166	14	146	12	108	116	10	12
125	125	129	131	195	14	175	12	131	139	10	12
150	150	154	156	220	14	200	12	151	166	10	16

平面法兰是金属密封法兰型式中最简单的一种，其密封垫圈如图 15-39 所示，其密封面没有配合问题，表面粗糙度（Ra1.6～0.25）容易达到。主要缺点是密封圈的定位问题不易解决，另外由于接触面较大需要很大的密封力。一般只适用于小直径的法兰连接密封。

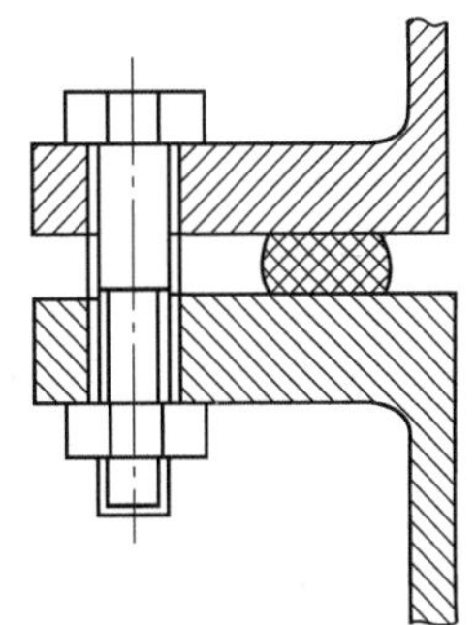

图 15-39　平面法兰截面金属密封垫圈

平面法兰常用的密封材料有铝、铜和金。

在制作纯度为 99.99%、直径小于 1mm 的铝丝 O 形圈时，须在 350℃退火 1h，使用前要用 NaOH 或稀硝酸清洗。ϕ0.92mm 的铝丝压缩到 0.28mm 时须施加 1600MPa 的压力，在这种情况下可以和不锈钢形成冷焊，并能耐 250～370℃的高温烘烤。铝丝 O 形圈的价格虽然便宜，但只能使用一次。另外铝丝表面有一层氧化膜，因而焊接困难，为了避免铝的氧化，可在铝表面镀铟或改用 Al-Si 合金［Si(3%～5%)］。Al-Si 合金垫圈不仅能耐 450℃高温烘烤，而且不怕水银，可用于水银扩散泵系统。

铜丝 O 形圈常使用直径为 1.5mm 的无氧高导铜（OFHC），它在氢气中熔焊后，放入温度为 950℃烧氢炉中烧氢处理。铜丝 O 形圈能耐 450℃高温烘烤，但铜在高温烘烤中容易产生硬的氧化层。铜圈表面镀银（银层厚度不小于 5μm）就可以避免氧化。铜比铝和金的硬度大，需要的密封力更大，为了克服这一缺点做成特殊形状的垫圈如图 15-40 所示。

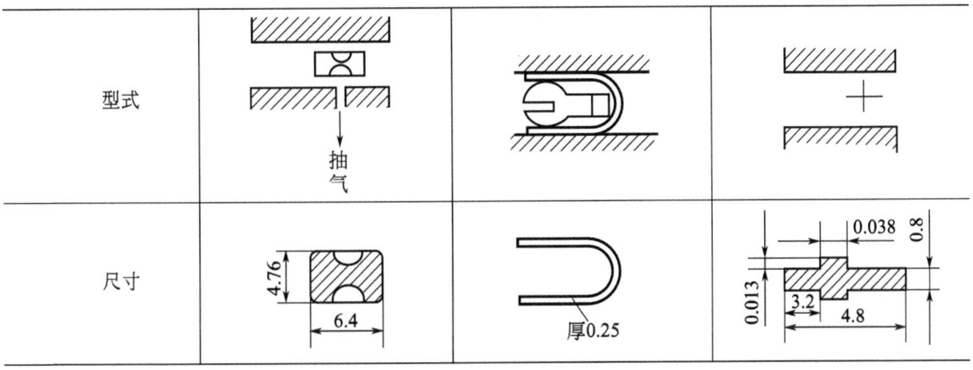

型式	抽气		
尺寸	4.76 6.4	厚0.25	0.038 0.8 0.013 3.2 4.8

图 15-40　鼓形、U 形和十字形铜垫密封圈型式及尺寸

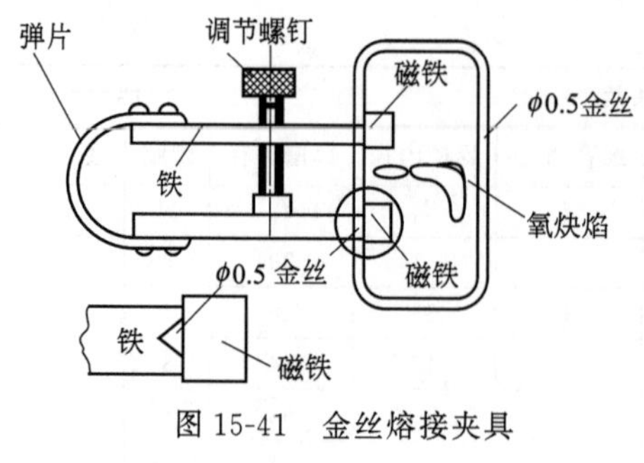

图 15-41 金丝熔接夹具

金丝O形圈材料为99.7%纯金。黄金的突出优点是化学稳定性好，耐腐蚀，长期暴露在空气中不氧化，质软容易加工，延展性特别好。用过的金丝可回收重新拉丝使用、损耗很少。缺点是价格昂贵。常用的金丝直径为0.5～2mm，压缩量取50%左右，按20MPa的压紧力来确定螺栓数目。金丝O形圈接头处可采用图15-41中专用夹具熔接。

(2) 圆锥端面密封

密封面的表面粗糙度要优于 $Ra1.6$，上、下两个锥面角度要吻合才能保证可靠密封。常用密封圈的材料有铜、镍、铝、不锈钢（适用不锈钢法兰）。法兰材料可用碳钢、不锈钢，见表15-67。

表 15-67 圆锥端面密封法兰尺寸 单位：mm

公称直径 DN	管外径	F	t	D	d	R_1	R_2	螺栓	螺栓孔中心直径	螺栓数
25	30	74	13	3.2	1.6	42	41.2	M8	58	4
40	45	100	13	3.2	1.6	68	67.2	M8	84	6
100	108	158	14	3.2	1.6	120	119.2	M10	138	12
150	159	210	16	6.4	3.2	172	170.4	M10	190	12
225	233	310	16	6.4	3.2	266	264.4	M12	286	24

(3) 直角形（L形）密封（见表15-68）

表 15-68 L形密封法兰尺寸 单位：mm

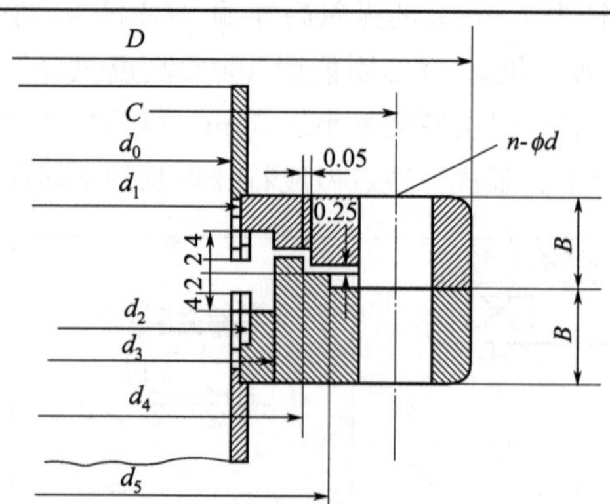

公称通径	管子		法兰							螺栓		金丝
	内径	切削外径	焊槽内径	焊槽外径	凸台直径	外台阶直径	螺栓孔中心直径	外径	螺孔直径	螺纹	数量	线径×内径
DN	d_0	d_1	d_2	d_3	d_4	d_5	C	D	d	M	n	
25	25	28	31	37	46	52	70	90	9	8	6	0.5×46

续表

公称通径	管子		法兰							螺栓		金丝
	内径	切削外径	焊槽内径	焊槽外径	凸台直径	外台阶直径	螺栓孔中心直径	外径	螺孔直径	螺纹	数量	线径×内径
DN	d_0	d_1	d_2	d_3	d_4	d_5	C	D	d	M	n	
32	32	35	38	44	53	59	76	96	9	8	6	0.5×53
40	40	43	46	52	61	67	84	104	9	8	6	0.5×61
50	50	54	58	64	73	79	96	116	9	8	8	0.5×73
65	65	69	73	79	88	94	112	132	9	10	8	0.5×88
80	80	84	88	94	103	109	126	146	9	10	12	0.5×103
100	100	104	108	114	123	129	146	166	9	10	12	0.5×123
125	125	130	135	143	152	158	175	195	9	10	12	0.5×152
150	150	155	160	168	177	183	200	220	9	10	16	0.5×177
175	175	180	185	193	202	208	225	245	9	10	16	0.5×202
200	200	205	210	218	227	233	250	270	9	12	16	0.5×227
225	225	230	235	243	252	258	278	300	11	12	24	0.5×252
250	250	255	260	268	277	283	302	324	11	12	24	0.5×277

图 15-42 所示为 L 形密封。密封台阶间隙 0.025mm，以保证密封圈受压后呈 L 形。下法兰台阶利于 O 形圈定位，表面粗糙度优于 $Ra1.6$，O 形圈压缩量为 50%，常用 O 形圈金属丝直径为 0.5mm、0.6mm、0.8mm、1mm、1.5mm 五种。

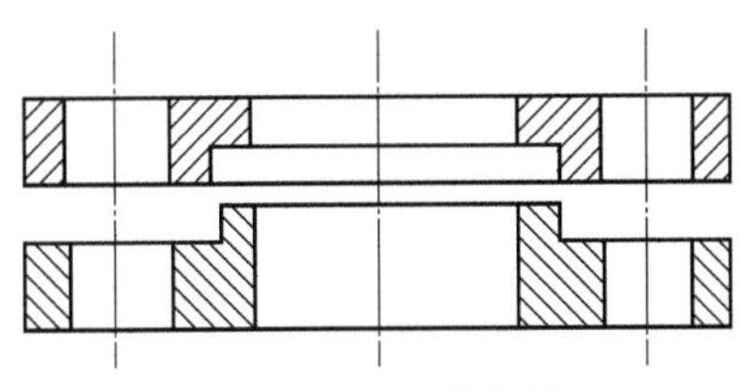

图 15-42 L 形密封

(4) 刀口密封（见表 15-69）

密封圈为 0.5mm 的环形铜皮或铝片，密封力为 280MPa，能耐 450℃烘烤，可承受多次加热－冷却循环而不漏气。但配合精度要求高，只用于小尺寸法兰密封。

表 15-69 超高真空刀口密封法兰及垫圈尺寸 单位：mm

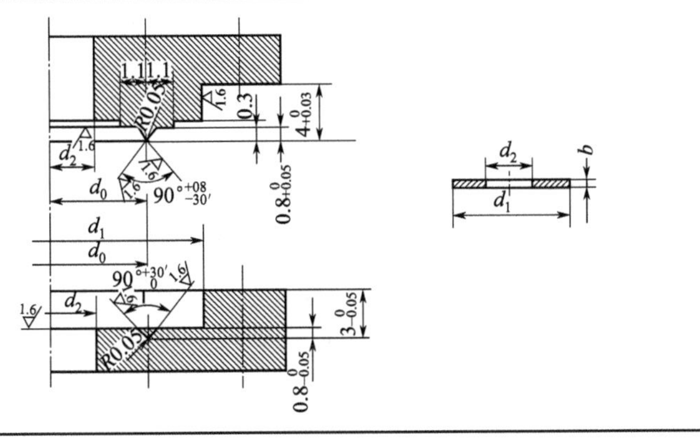

续表

导管公称直径 DN	尺寸				导管公称直径 DN	尺寸			
	上楔与下槽中心直径 d_0	法兰止口外径和填料外径 d_1	法兰和填料内径 d_2	密封垫厚 b		上楔与下槽中心直径 d_0	法兰止口外径和填料外径 d_1	法兰和填料内径 d_2	密封垫厚 b
10	15±0.10	20	10	0.3	150	170±0.20	180	160	0.4
13	20±0.10	25	15	0.3	175	190±0.20	200	175	0.4
15	20±0.10	25	15	0.3	200	210±0.20	220	200	0.5
20	25±0.10	30	20	0.3	225	235±0.20	245	225	0.5
25	30±0.10	35	25	0.3	250	260±0.20	275	250	0.5
32	37±0.10	42	32	0.3	275	285±0.20	295	275	0.5
40	45±0.10	50	40	0.3	300	310±0.25	320	300	0.5
50	55±0.15	60	50	0.4	325	340±0.25	350	325	0.5
60	65±0.15	70	60	0.4	350	360±0.25	380	350	0.5
70	75±0.15	80	70	0.4	375	385±0.25	400	375	0.5
80	92±0.15	98	86	0.4	400	420±0.25	440	400	0.5
100	110±0.15	120	100	0.4	450	470±0.25	490	450	0.5
125	135±0.15	145	125	0.4	500	520±0.25	540	500	0.5

(5) 斜楔密封(见图 15-43)

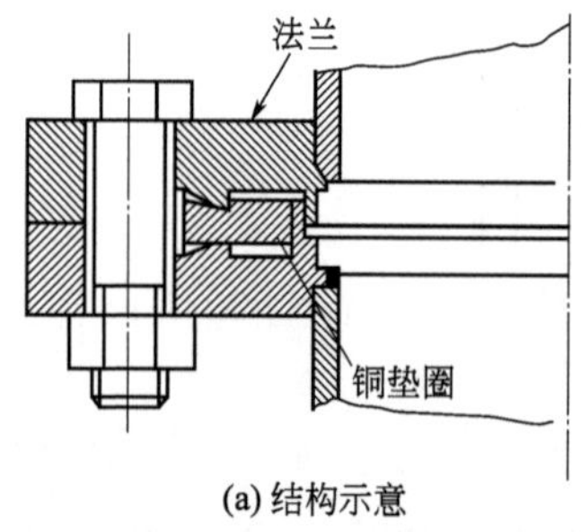

(a) 结构示意

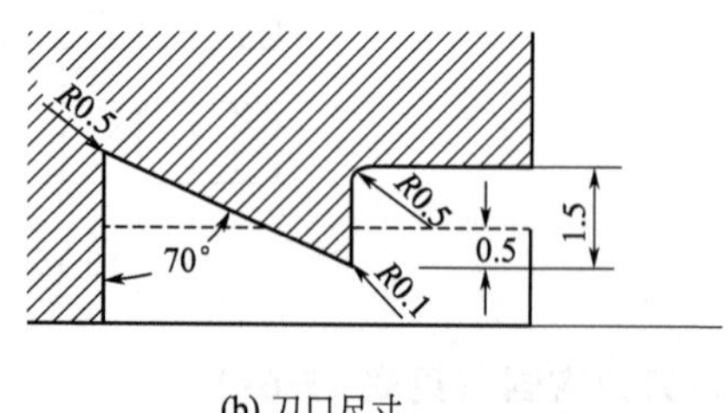

(b) 刀口尺寸

图 15-43 斜楔密封

斜楔密封(Conflat)的刀口角度为 70°,高度为 1~1.5mm,深度公差为±0.075~0.1mm,刀尖圆角半径为 0.1mm,刀口直径误差为 0.05mm,垫圈材料为宽 6mm、厚 2~3mm 的无氧高导铜。采用这种密封结构的真空系统,经 250℃5h 高温烘烤后,能使真空系统获得 2.6×10^{-9}Pa 的真空度。

斜楔密封标准见表 15-70。

(6) 台阶密封(见图 15-44)所示

台阶密封是利用两直角的剪切力剪切出新鲜金属面形成密封。两直角的剪切有两种基本形式,即相叠[图 15-44(a)]和相隔[图 15-44(b)]。垫圈材料是无氧高导铜,厚度为 1~3mm。制作时在 950℃的烧氢炉中退火处理,可 450℃温度下反复烘烤使用。上、下两角的公差较大,没有配合问题,因此加工比较容易。

表 15-70　斜楔密封标准

单位：mm

固定法兰(*F*)　　垫块法兰(*Z*)　　活塞法兰(*R*)

法兰种类	*DN*	*C*	*D*	*E*	*F*	*G*	*H*	*J*	*K*	*L*	*M*	*N*	*O*	*P*	*Q*	*R*	螺栓孔	
		公差 ±0.4	公差 ±0.4	公差 ±0.05	公差 ±0.05	公差 ±0.05	公差 ±0.05	公差 ±10	公差 ±0.05	公差 ±0.13	公差 ±0.13	公差 ±0.05	公差 0.05	min/max	公差 ±0.13	公差 ±0.13	直径	数量
F	CF16	33.8	7.2	—	21.4	18.3	—	20	0.7	1.17	—	—	—	—	2.7	1.5	4.4	6
I	CF16	—	—	5.2	—	18.3	21.3	20	—	—	0.6	—	—	—	2.7	1.5	—	—
R	CF16	33.8	7.2	—	—	—	—	—	—	—	—	21.4	5.8	—	—	—	4.4	6
F	CF38	69.4	12.7	—	48.3	41.9	—	20	0.66	1.17	—	—	—	1.3/3.6	3.8	7.4	6.7	6
I	CF38	—	—	7.0	—	41.9	48.1	20	—	—	0.6	—	—	—	3.2	2.5	—	—
R	CF38	69.85	12.7	—	—	—	—	—	—	—	—	48.3	7.6	1.3	—	—	6.7	6
F	CF50	85.9	15.9	—	61.7	55.3	—	20	0.66	1.17	—	—	—	1.3/3.6	4.2	5.2	8.5	8
I	CF50	—	—	8.9	—	55.3	61.5	20	—	—	0.6	—	—	—	3.6	3.8	—	—
R	CF50	85.9	17.4	—	—	—	—	—	—	—	—	61.7	9.7	1.3	—	—	8.5	8
F	CF63	113.5	17.4	—	87.5	77.2	—	20	0.66	1.17	—	—	—	1.3/3.6	8.0	8.0	8.5	8
I	CF63	—	—	12.1	—	77.2	82.3	20	—	—	0.6	—	—	—	7.4	3.2	—	—
R	CF63	113.5	19.0	—	—	—	—	—	—	—	—	82.5	12.7	1.3	—	—	8.5	8
F	CF100	151.6	19.8	—	120.6	115.3	—	20	0.66	1.17	—	—	—	1.3/3.6	8.8	9.0	8.5	16
I	CF100	—	—	13.1	—	115.3	120.4	20	—	—	0.6	—	—	—	8.2	3.5	—	—
R	CF100	151.6	21.4	—	—	—	—	—	—	—	—	120.6	14.3	1.3	—	—	8.5	16
F	CF150	202.4	22.2	—	171.4	166.1	—	20	0.66	1.17	—	—	—	1.3/3.6	10.2	10.0	8.5	20
I	CF150	—	—	15.2	—	166.1	171.2	20	—	—	0.6	—	—	—	9.6	3.6	—	—
R	CF150	202.4	23.8	—	—	—	—	—	—	—	—	171.4	15.8	1.3	—	—	8.5	20
F	CF200	253.2	24.6	—	222.2	216.9	—	20	0.66	1.17	—	—	—	1.3/3.6	9.6	12.0	8.5	24
I	CF200	—	—	16.5	—	216.9	222	20	—	—	0.6	—	—	—	9.0	4.5	—	—
R	CF200	253.2	24.6	—	—	—	—	—	—	—	—	222.2	17.2	1.3	—	—	8.5	24

注：F—固定法兰；I—垫块法兰；R—活塞法兰。

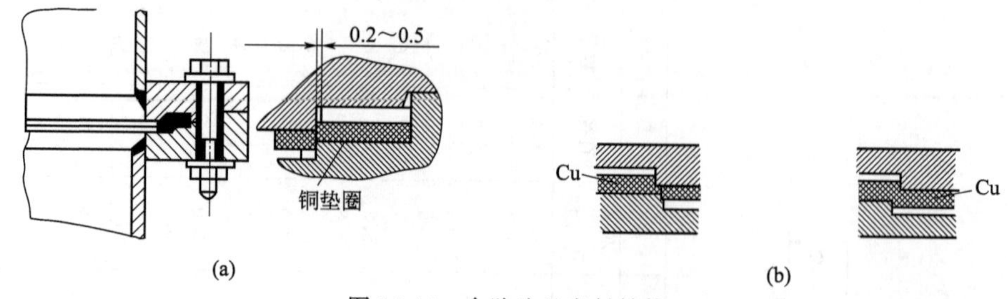

图 15-44　台阶法兰密封结构

(7) 铝箔密封 (Alfoil)

图 15-45 所示为铝箔密封法兰的剖面图。A 部放大图所示为压紧后的剖面形状。当外密封面以相同的压缩量（30%）压紧时，中间铝箔被封入，两端保持很大的压力，形成密封。加工的挠曲角比螺栓所引起的角度要大些。挠曲角 θ 和最大应力可由下式求出

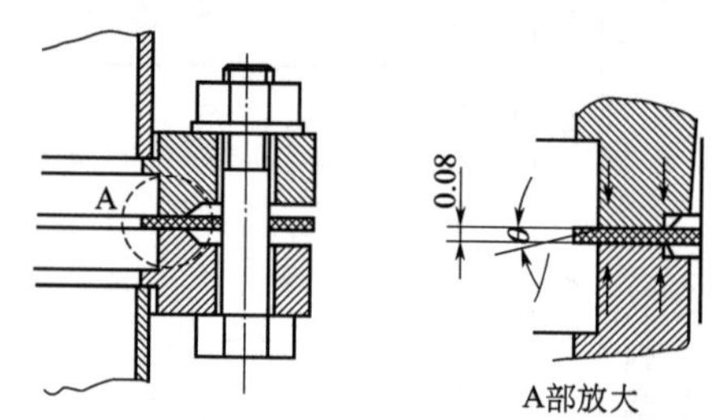

图 15-45　铝箔密封法兰

$$\theta=\frac{MR^2}{EI} \tag{15-10}$$

$$\sigma_{max}=\frac{MR}{Z} \tag{15-11}$$

式中　M——锁紧螺栓引起的挠矩，N·m/m；

E——弹性模量，Pa；

I——截面惯矩，m^4；

Z——截面系数，m^3；

R——法兰半径，m。

一般铝箔密封所需的锁紧力矩为 40～50N·m。当密封面粗糙度在 0.5～4.4μm 范围内、垫片厚度为 40～100μm 时，铝箔密封能承受 250～350℃反复烘烤。当锁紧力矩为 45N·m，烘烤温度为 300℃以上时，铝箔垫圈会熔结在密封面上，可以获得更好的真空密封，但下次使用时要将熔化的铝箔清除掉。

(8) 惠勒密封 (Wheeler)

惠勒密封原理及结构如图 15-46 所示。刀口宽度 W 等于密封圈的线径 d（2mm）。密封圈材料为无氧高导铜。压紧后使垫圈产生塑性变形充满左侧空间，多余部分从右侧挤出，从而形成可靠的密封。垫圈材料也可以用聚四氟乙烯。300mm 直径惠勒密封性能曲线如图 15-47 所示。

(9) 超高真空法兰结构型式 (摘自 GB/T 6071—2003)

本标准适用于超高真空系统中不锈钢法兰连接。

法兰的连接型式及尺寸按表 15-71 规定。

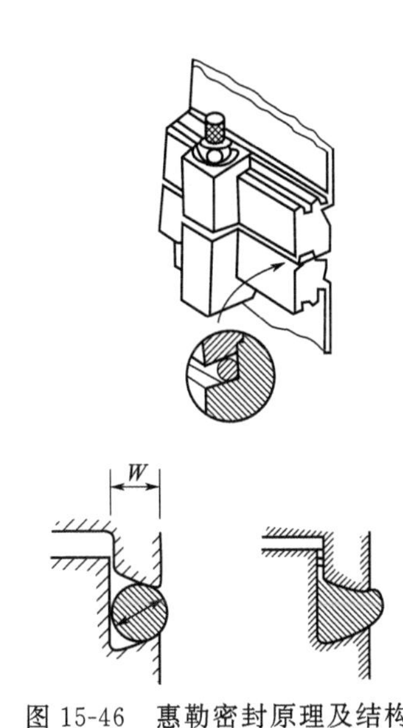

图 15-46 惠勒密封原理及结构

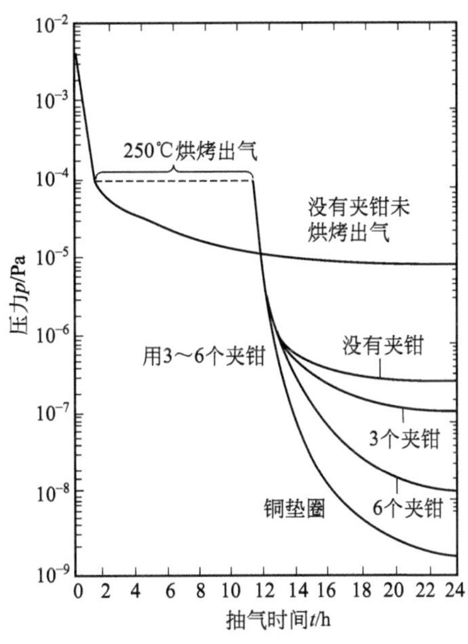

图 15-47 300mm 直径惠勒密封性能曲线

表 15-71 金属密封法兰连接型式及尺寸 单位：mm

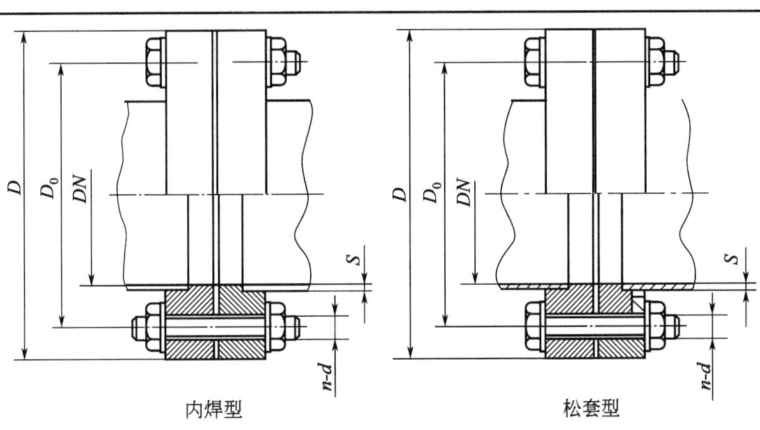

公称通径 DN	法兰		接管		螺栓	
	D	D_0	DN	2S④	n	d×L
16①	34	27.0	16.0	2.0	6	M4×20
20	54	41.3	20.0	4.0	6	M6×30
(25)②	54	43.0	25.0	3.0	6	M6×30
25	60	47.0	25.0	4.0	6	M6×30
32	70	54.0	32.0	4.0	6	M6×35
40①③	70	58.7	35.0	3.0	6	M6×35
50	86	72.4	50.0	3.0	8	M8×45
63①	114	92.2	63.0	3.0	8	M8×50
80	130	110.0	80.0	5.0	16	M8×50
100①	152	130.3	100.0	4.0	16	M8×55

续表

<table>
<tr><th rowspan="2">公称通径 DN</th><th colspan="2">法兰</th><th colspan="2">接管</th><th colspan="2">螺栓</th></tr>
<tr><th>D</th><th>D_0</th><th>DN</th><th>2S④</th><th>n</th><th>d×L</th></tr>
<tr><td>160①③</td><td>202</td><td>181.0</td><td>150.0</td><td>4.0</td><td>20</td><td>M8×55</td></tr>
<tr><td>200①</td><td>253</td><td>231.8</td><td>200.0</td><td>5.5</td><td>24</td><td>M8×60</td></tr>
<tr><td>250</td><td>305</td><td>284.0</td><td>250.0</td><td>6.5</td><td>32</td><td>M8×70</td></tr>
</table>

① 优先采用。

② 括号内规格为限制采用规格。

③ DN40 的实际公称通径为 35mm，DN160 的实际公称通径为 150mm。

④ 为推荐值。

法兰最高允许烘烤温度为 450℃。

法兰在 450℃下反复烘烤，密封处漏气率不大于 10^{-8}Pa·L/s。

螺栓、螺母及垫圈与法兰装配时，一般应在螺栓、螺母间加二硫化钼润滑剂。

① 内焊式法兰（GB/T 6071—2003） 内焊式法兰的型式及尺寸按图 15-48 及表 15-72 的规定。

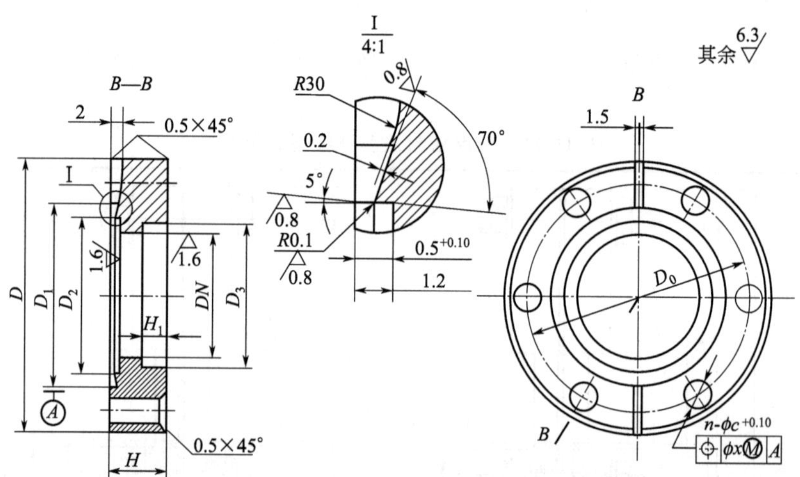

图 15-48 内焊式法兰型式

表 15-72 内焊式法兰尺寸 单位：mm

<table>
<tr><th rowspan="2">公称通径 DN</th><th rowspan="2">D</th><th rowspan="2">D_0</th><th colspan="2">D_1</th><th rowspan="2">D_2</th><th colspan="2">D_3</th><th rowspan="2">H</th><th rowspan="2">H_1</th><th rowspan="2">x</th><th rowspan="2">n</th><th rowspan="2">c</th></tr>
<tr><th>基本尺寸</th><th>公差</th><th>基本尺寸</th><th>公差</th></tr>
<tr><td>16①</td><td>34</td><td>27.0</td><td>21.4</td><td>+0.033
0</td><td>18.0</td><td>18.0</td><td>+0.043
0</td><td>7.3</td><td>3.0</td><td rowspan="2">0.20</td><td rowspan="6">6</td><td>4.3</td></tr>
<tr><td>20</td><td>54</td><td>41.3</td><td>32.9</td><td>+0.039
0</td><td>27.6</td><td>24.0</td><td>+0.052
0</td><td>10.5</td><td>5.5</td><td rowspan="5">6.6</td></tr>
<tr><td>(25)②</td><td>54</td><td>43.0</td><td>35.0</td><td>+0.039
0</td><td>29.5</td><td>28.0</td><td>+0.052
0</td><td>10.5</td><td>5.5</td><td rowspan="4">0.40</td></tr>
<tr><td>25</td><td>60</td><td>47.0</td><td>39.0</td><td>+0.039
0</td><td>34.0</td><td>29.0</td><td>+0.052
0</td><td>10.0</td><td>5.0</td></tr>
<tr><td>32</td><td>70</td><td>54.0</td><td>46.0</td><td>+0.039
0</td><td>41.0</td><td>35.0</td><td>+0.062
0</td><td>12.0</td><td>6.0</td></tr>
<tr><td>40①③</td><td>70</td><td>58.7</td><td>48.3</td><td>+0.039
0</td><td>42.0</td><td>38.0</td><td>+0.062
0</td><td>13.0</td><td>7.5</td></tr>
</table>

续表

<table>
<tr><th rowspan="2">公称通径 DN</th><th rowspan="2">D</th><th rowspan="2">D_0</th><th colspan="2">D_1</th><th rowspan="2">D_2</th><th colspan="2">D_3</th><th rowspan="2">H</th><th rowspan="2">H_1</th><th rowspan="2">x</th><th rowspan="2">n</th><th rowspan="2">c</th></tr>
<tr><th>基本尺寸</th><th>公差</th><th>基本尺寸</th><th>公差</th></tr>
<tr><td>50</td><td>86</td><td>72.4</td><td>61.6</td><td>+0.046
0</td><td>55.6</td><td>53.0</td><td>+0.074
0</td><td>16.0</td><td>8.0</td><td rowspan="7">0.25</td><td rowspan="2">8</td><td rowspan="7">8.4</td></tr>
<tr><td>63①</td><td>114</td><td>92.2</td><td>82.4</td><td>+0.054
0</td><td>77.0</td><td>66.0</td><td>+0.074
0</td><td>17.5</td><td>8.0</td></tr>
<tr><td>80</td><td>130</td><td>110.0</td><td>99.0</td><td>+0.054
0</td><td>93.0</td><td>85.0</td><td>+0.087
0</td><td>18.0</td><td>8.0</td><td rowspan="2">16</td></tr>
<tr><td>100①</td><td>152</td><td>130.3</td><td>120.6</td><td>+0.063
0</td><td>115.0</td><td>104.0</td><td>+0.087
0</td><td>20.0</td><td>9.0</td></tr>
<tr><td>160①③</td><td>202</td><td>181.0</td><td>171.4</td><td>+0.063
0</td><td>166.0</td><td>154.0</td><td>+0.100
0</td><td>22.0</td><td>9.5</td><td>20</td></tr>
<tr><td>200①</td><td>253</td><td>231.8</td><td>222.1</td><td>+0.072
0</td><td>217.0</td><td>205.5</td><td>+0.115
0</td><td>24.5</td><td>12.0</td><td>24</td></tr>
<tr><td>250</td><td>305</td><td>284.0</td><td>273.1</td><td>+0.081
0</td><td>267.0</td><td>256.5</td><td>+0.130
0</td><td>26.0</td><td>13.0</td><td>32</td></tr>
</table>

① 优先采用。
② 括号内规格为限制采用规格。
③ DN40 的实际公称通径为 35mm，DN160 的实际公称通径为 150mm。

② 松套式法兰（GB/T 6071—2003） 松套式法兰的型式及尺寸按图 15-49 及表 15-73 的规定。

表 15-73 松套式法兰尺寸 单位：mm

<table>
<tr><th rowspan="2">公称通径 DN</th><th rowspan="2">D</th><th rowspan="2">D_0</th><th colspan="2">D_1</th><th rowspan="2">D_2</th><th rowspan="2">H</th><th colspan="2">H_1</th><th rowspan="2">x</th><th rowspan="2">n</th><th rowspan="2">c</th></tr>
<tr><th>基本尺寸</th><th>公差</th><th>基本尺寸</th><th>公差</th></tr>
<tr><td>16</td><td>34</td><td>27.0</td><td>21.4</td><td>+0.052
0</td><td>18.5</td><td>7.3</td><td>5.8</td><td>+0.075
0</td><td rowspan="2">0.20</td><td rowspan="6">6</td><td>4.3</td></tr>
<tr><td>20</td><td>54</td><td>41.3</td><td>32.9</td><td>+0.062
0</td><td>25.0</td><td>10.5</td><td>7.0</td><td>+0.090
0</td><td rowspan="5">6.6</td></tr>
<tr><td>(25)①</td><td>54</td><td>43.0</td><td>35.0</td><td>+0.062
0</td><td>29.0</td><td>10.5</td><td>6.9</td><td>+0.090
0</td><td rowspan="4">0.40</td></tr>
<tr><td>25</td><td>60</td><td>47.0</td><td>39.0</td><td>+0.062
0</td><td>30.0</td><td>10.0</td><td>7.0</td><td>+0.090
0</td></tr>
<tr><td>32</td><td>70</td><td>54.0</td><td>46.0</td><td>+0.062
0</td><td>39.0</td><td>12.0</td><td>7.6</td><td>+0.090
0</td></tr>
<tr><td>40</td><td>70</td><td>58.7</td><td>48.3</td><td>+0.062
0</td><td>39.0</td><td>13.0</td><td>7.7</td><td>+0.090
0</td></tr>
<tr><td>50</td><td>86</td><td>72.4</td><td>61.6</td><td>+0.074
0</td><td>56.0</td><td>17.5</td><td>9.7</td><td>+0.090
0</td><td rowspan="7">0.25</td><td rowspan="2">8</td><td rowspan="7">8.4</td></tr>
<tr><td>63</td><td>114</td><td>92.2</td><td>82.5</td><td>+0.087
0</td><td>71.0</td><td>19.0</td><td>12.7</td><td>+0.110
0</td></tr>
<tr><td>80</td><td>130</td><td>110.0</td><td>99.0</td><td>+0.087
0</td><td>87.0</td><td>18.0</td><td>12.7</td><td>+0.110
0</td><td rowspan="2">16</td></tr>
<tr><td>100</td><td>152</td><td>130.3</td><td>120.6</td><td>+0.100
0</td><td>109.0</td><td>21.5</td><td>14.3</td><td>+0.110
0</td></tr>
<tr><td>160</td><td>202</td><td>181.0</td><td>171.4</td><td>+0.100
0</td><td>160.0</td><td>24.0</td><td>15.8</td><td>+0.110
0</td><td>20</td></tr>
<tr><td>200</td><td>253</td><td>231.8</td><td>222.2</td><td>+0.115
0</td><td>208.0</td><td>24.5</td><td>17.1</td><td>+0.110
0</td><td>24</td></tr>
<tr><td>250</td><td>305</td><td>284</td><td>273.1</td><td>+0.130
0</td><td>262.0</td><td>26.0</td><td>18.0</td><td>+0.110
0</td><td>32</td></tr>
</table>

① 括号内规格为限制采用规格。

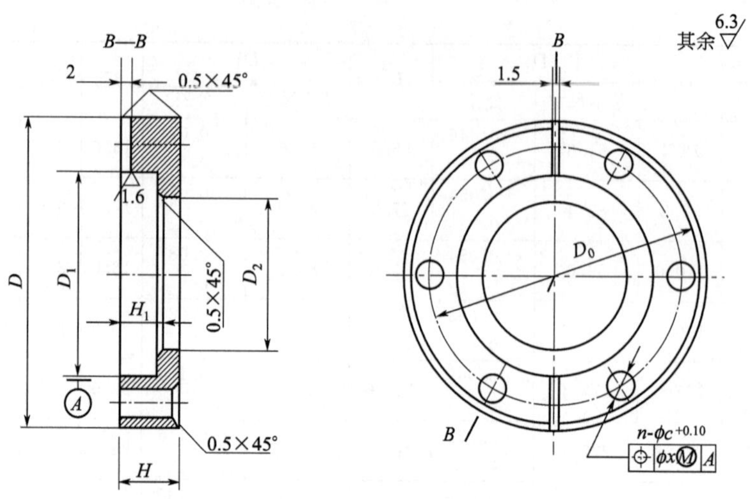

图 15-49 松套式法兰型式

③ 肩环式法兰（GB/T 6071—2003） 肩环式法兰的型式及尺寸按图 15-50 及表 15-74 的规定。

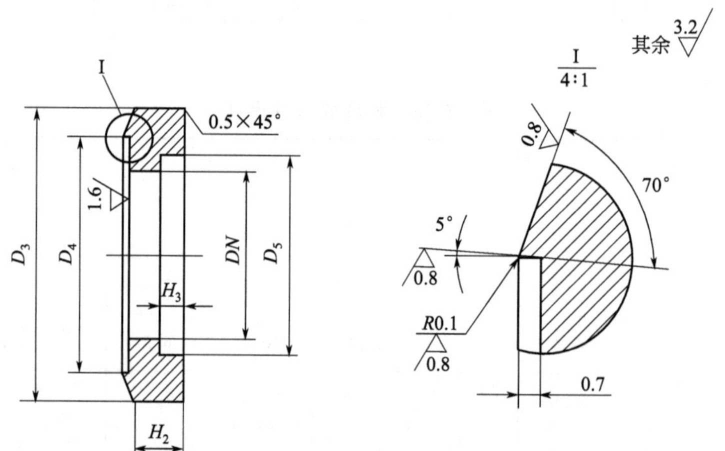

图 15-50 肩环式法兰型式

表 15-74 肩环式法兰尺寸 单位：mm

公称通径 DN	D_3		D_4	D_5		H_2		H_3
	基本尺寸	公差		基本尺寸	公差	基本尺寸	公差	
16[①]	21.4	−0.110 −0.142	18.0	18.0	+0.043 0	5.3	+0.075 0	1.5
20	32.9	−0.120 −0.159	27.6	24.0	+0.052 0	6.5	+0.090 0	
(25)[②]	35.0	−0.120 −0.159	29.5	28.0	+0.052 0	6.4	+0.090 0	
25	39.0	−0.120 −0.159	34.0	29.0	+0.052 0	6.5	+0.090 0	
32	46.0	−0.130 −0.169	41.0	35.0	+0.062 0	7.1	+0.090 0	

续表

公称通径 DN	D_3 基本尺寸	D_3 公差	D_4	D_5 基本尺寸	D_5 公差	H_2 基本尺寸	H_2 公差	H_3
40[①③]	48.3	−0.130 −0.169	42.2	38.0	+0.062 0	7.2	+0.090 0	2.2
50	61.6	−0.140 −0.186	55.6	53.0	+0.074 0	9.2	+0.090 0	3.2
63[①]	82.5	−0.170 −0.224	77.0	66.0	+0.074 0	12.2	+0.110 0	
80	99.0	−0.170 −0.224	93.0	85.0	+0.087 0	12.2	+0.110 0	
100[①]	120.6	−0.180 −0.234	115.0	104.0	+0.087 0	13.8	+0.110 0	
160[①③]	171.4	−0.230 −0.299	166.0	154.0	+0.100 0	15.3	+0.110 0	
200[①]	222.2	−0.260 −0.332	217.0	206.0	+0.115 0	16.6	+0.110 0	4.5
250	273.1	−0.330 −0.411	267.0	256.5	+0.130 0	17.5	+0.110 0	5.0

① 优先采用。

② 括号内规格为限制采用规格。

③ DN40 的实际公称通径为 35mm，DN160 的实际公称通径为 150mm。

④ 盲型法兰（GB/T 6071—2003） 盲型法兰的型式及尺寸按图 15-51 及表 15-75 的规定。

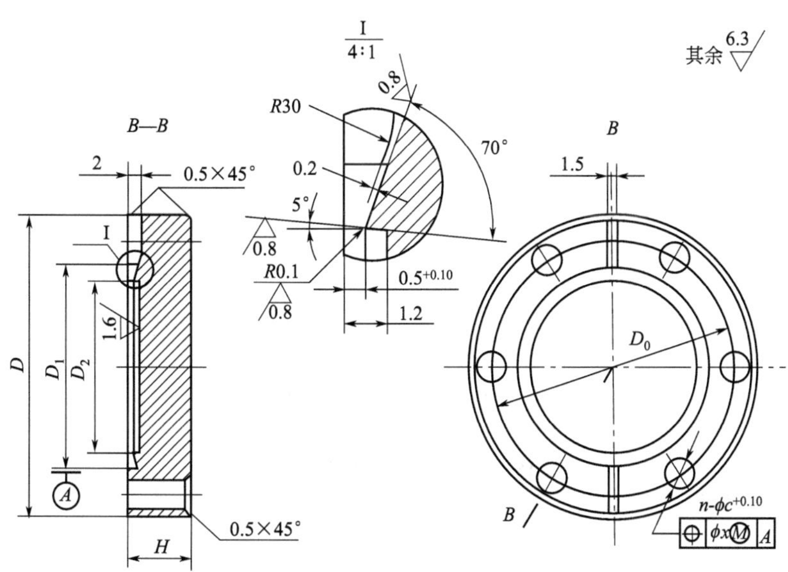

图 15-51 盲型法兰型式

表 15-75　盲型法兰尺寸　　单位：mm

<table>
<tr><th rowspan="2">公称通径
DN</th><th rowspan="2">D</th><th rowspan="2">D_0</th><th colspan="2">D_1</th><th rowspan="2">D_2</th><th rowspan="2">H</th><th rowspan="2">x</th><th rowspan="2">n</th><th rowspan="2">c</th></tr>
<tr><th>基本尺寸</th><th>公差</th></tr>
<tr><td>16</td><td>34</td><td>27.0</td><td>21.4</td><td>+0.033
0</td><td>18.0</td><td>7.3</td><td rowspan="2">0.20</td><td rowspan="6">6</td><td>4.3</td></tr>
<tr><td>20</td><td>54</td><td>41.3</td><td>32.9</td><td>+0.039
0</td><td>27.6</td><td>10.5</td><td rowspan="5">6.6</td></tr>
<tr><td>(25)[①]</td><td>54</td><td>43.0</td><td>35.0</td><td>+0.039
0</td><td>29.5</td><td>10.5</td><td rowspan="4">0.40</td></tr>
<tr><td>25</td><td>60</td><td>47.0</td><td>39.0</td><td>+0.039
0</td><td>34.0</td><td>10.0</td></tr>
<tr><td>32</td><td>70</td><td>54.0</td><td>46.0</td><td>+0.039
0</td><td>41.0</td><td>12.0</td></tr>
<tr><td>40</td><td>70</td><td>58.7</td><td>48.3</td><td>+0.039
0</td><td>42.0</td><td>13.0</td></tr>
<tr><td>50</td><td>86</td><td>72.4</td><td>61.6</td><td>+0.046
0</td><td>55.6</td><td>16.0</td><td rowspan="7">0.25</td><td rowspan="2">8</td><td rowspan="7">8.4</td></tr>
<tr><td>63</td><td>114</td><td>92.2</td><td>82.5</td><td>+0.054
0</td><td>77.0</td><td>17.5</td></tr>
<tr><td>80</td><td>130</td><td>110.0</td><td>99.0</td><td>+0.054
0</td><td>93.0</td><td>18.0</td><td rowspan="2">16</td></tr>
<tr><td>100</td><td>152</td><td>130.3</td><td>120.6</td><td>+0.063
0</td><td>115.0</td><td>20.0</td></tr>
<tr><td>160</td><td>202</td><td>181.0</td><td>171.4</td><td>+0.063
0</td><td>166.0</td><td>22.0</td><td>20</td></tr>
<tr><td>200</td><td>253</td><td>231.8</td><td>222.2</td><td>+0.072
0</td><td>217.0</td><td>24.5</td><td>24</td></tr>
<tr><td>250</td><td>305</td><td>284.0</td><td>273.1</td><td>+0.810
0</td><td>267.0</td><td>26.0</td><td>32</td></tr>
</table>

① 括号内规格为限制采用规格。

⑤ 超高真空铜密封垫（GB/T 6071—2003）　超高真空铜密封垫型式及尺寸按图 15-52 及表 15-76 的规定。

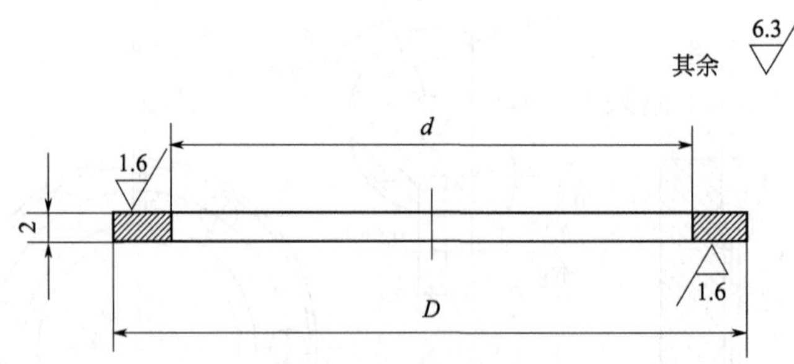

图 15-52　超高真空铜密封垫型式

表 15-76　超高真空铜密封垫尺寸　　单位：mm

公称通径 DN	D		d
	基本尺寸	公差	
16	21.4	−0.060 −0.095	16.2

续表

公称通径 DN	D		d
	基本尺寸	公差	
20	32.9	−0.075 −0.115	21.0
(25)①	35.0	−0.075 −0.115	25.6
25	39.0	−0.075 −0.115	25.6
32	46.0	−0.075 −0.115	33.0
40	48.3	−0.075 −0.115	36.8
50	61.6	−0.095 −0.145	52.0
63	82.5	−0.120 −0.175	63.6
80	99. 0	−0.120 −0.175	82.0
100	120.6	−0.120 −0.175	101.7
160	171.4	−0.150 −0.210	152.5
200	222.2	−0.180 −0.250	203.3
250	273.1	−0.210 −0.290	254.0

① 括号内规格为限制采用规格。

⑥ 铜丝密封可烘烤真空法兰（摘自 JB 5278.1—91） 本标准规定了用于超高真空系统的铜丝密封可烘烤法兰的结构型式与连接尺寸。

本标准适用于压力低于 1×10^{-5}Pa 超高真空系统中用铜丝密封的法兰连接。

a. 本标准规定的法兰结构为挤压式铜丝密封结构。法兰的公称通径应符合 GB 6070.1 规定。其结构型式及连接尺寸按表 15-77 的规定。

表 15-77 铜丝密封可烘烤真空法兰结构型式及连接尺寸 单位：mm

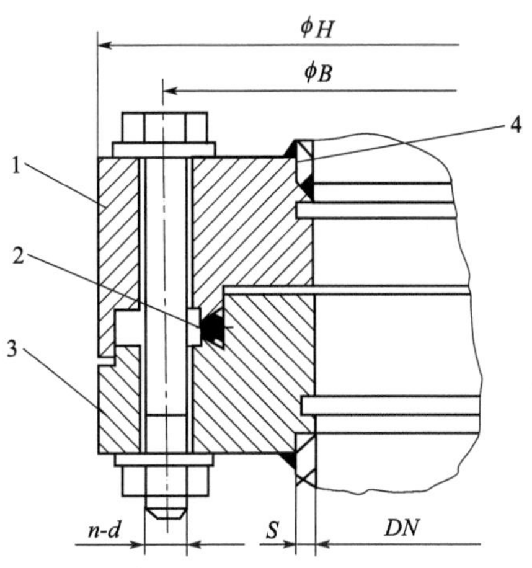

1—A型法兰；2—铜丝密封圈；3—T型法兰；4—接管

续表

公称通径 DN	H	B	S(推荐)	d	n
250	314	288	3	M10	24
320	385	357	3	M10	36
400	497	454	4	M12	36
500	590	555	4	M12	40
630	689	658	5	M16	40
800	890	855	7	M16	60
1000	1090	1055	8	M10	80

b. 本标准所规定的法兰分 A 型和 T 型，如图 15-53 所示。T 型法兰用在迎着气流方向

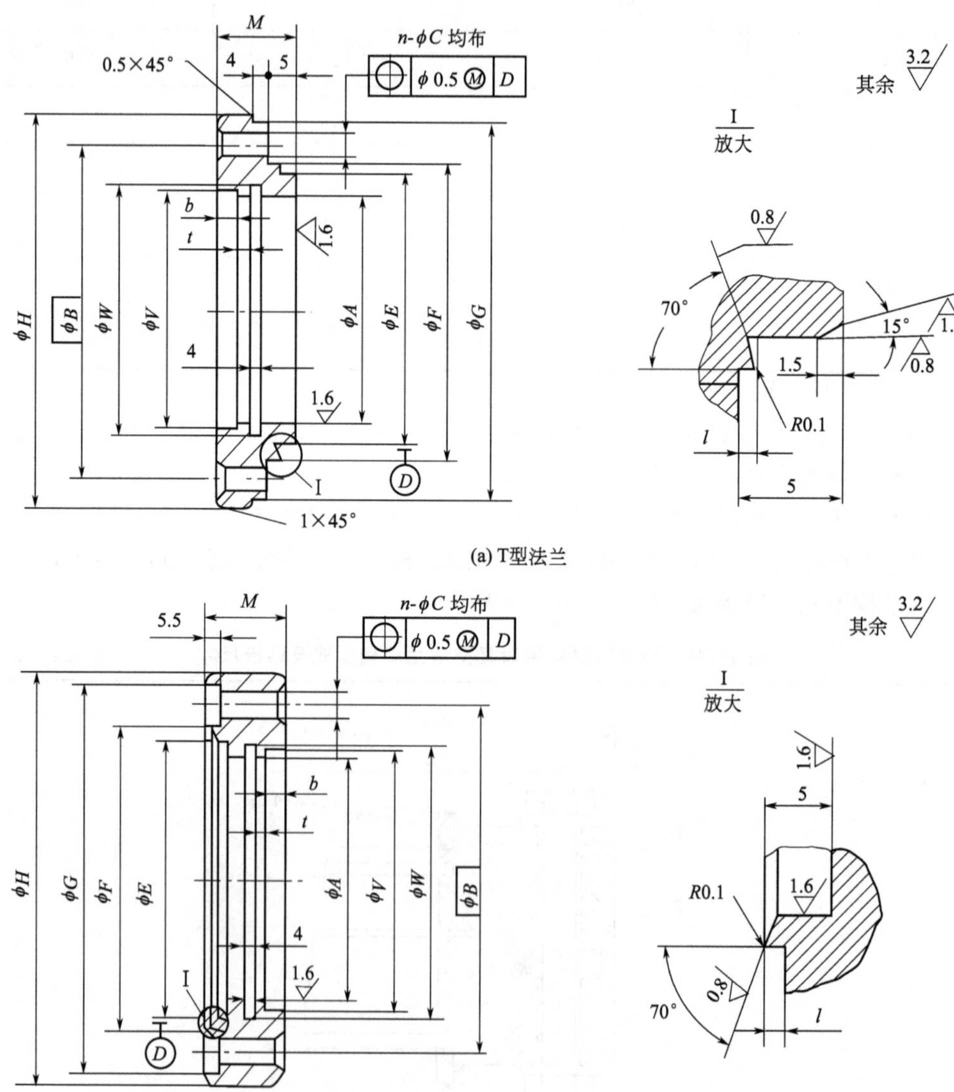

图 15-53 铜丝密封可烘烤真空法兰

的情况下。T 型和 A 型法兰应符合 JB 5278.2 规定：

· 本标准所用铜丝密封圈应符合 JB 5278.3 规定。

· 接管采用 GB 3280 和 GB 3281 规定的 1Gr18Ni9Ti 不锈钢板制造。

· 接管与法兰采用氩弧焊焊接，内焊缝为连续焊，外焊缝为间断加强焊。

· 螺栓、螺母及垫圈均采用 1Cr18Ni9Ti 不锈钢制造。装配时螺栓和螺母间应加二硫化钼润滑剂。

· 法兰最高允许烘烤温度为 450℃。

· 法兰在 450℃反复烘烤条件下，密封处的漏气率不大于 1×10^{-3}Pa · L/s。

⑦ 铜丝密封可烘烤真空法兰（摘自 JB 5278.2—91）

a. 本标准规定了铜丝密封真空法兰的结构尺寸及技术要求。本标准适用于 JB 5278.1 规定的真空法兰连接型式。

b. 法兰结构、尺寸按图 15-53 和表 15-78 规定。

c. 法兰的技术要求为：法兰公称通径应符合 GB 6071.1 规定；法兰的刀口密封面不得有划伤、斑痕或其他影响密封性能的缺陷；法兰采用 GB 1220 规定的 1Gr18Ni9Ti 不锈钢制造。

d. 铜丝密封圈结构尺寸见表 15-79。

表 15-78 铜丝密封可烘烤真空法兰尺寸 单位：mm

公称通径 *DN*	*A*	*H*	*B*	*M*	*C*		*n*	*E*				*F*		*G*				*V*		*W*	*b*	*t*
								T 型		A 型				T 型		A 型						
					尺寸	公差		尺寸	公差	尺寸	公差	尺寸	公差	尺寸	公差	尺寸	公差	尺寸	公差			
250	250	314	288	29	11	H13	24	271	e9	271	H9	275	−0.2	308	d11	308	H11	254	H11	257	6	2
320	320	385	357				36	340		340		344		379		379		324		327		
400	400	497	454	33	13			436		436		440		480		480		406		410	8	2.5
500	500	590	555	38			40	536		536		540		580		580		506		510		
630	603	689	658	44	17.5			635		635		639		680		680		608		614	10	3
800	800	890	855	50			60	831		831		835		880		880		810		815	12	
1000	1000	1090	1055	58			80	1031		1031		1035		1080		1080		1012		1018	15	4

表 15-79 铜丝密封圈结构尺寸 单位：mm

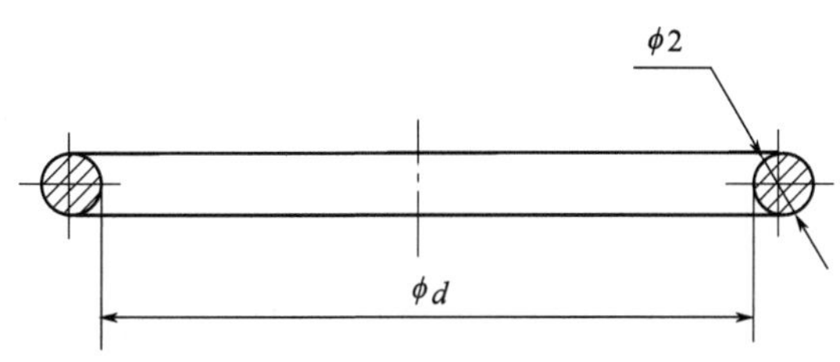

续表

公称通径 DN	250	320	400	500	630	800	1000
d	270	339	435	535	634	829	1029

15.4 真空规管接头

(1) 橡胶密封真空规管接头（摘自 JB/T 8105.1—1999）

本标准适用于真空系统测量用橡胶密封的测量规管接头。

① 橡胶密封真空规管接头型式分Ⅰ型、Ⅱ型、Ⅲ型，Ⅰ型接头为快速连接型，其快速连接法兰应符合 GB/T 4982、GB/T 4983 的规定；Ⅱ型接头为法兰连接型，其法兰应符合 GB/T 6070 的规定；Ⅲ型接头为法兰焊接型，其焊接方式与接管长度可根据设备结构需要由选用者确定。它们的结构型式及主要结构尺寸按表 15-80 的规定。

表 15-80 真空规管接头尺寸 单位：mm

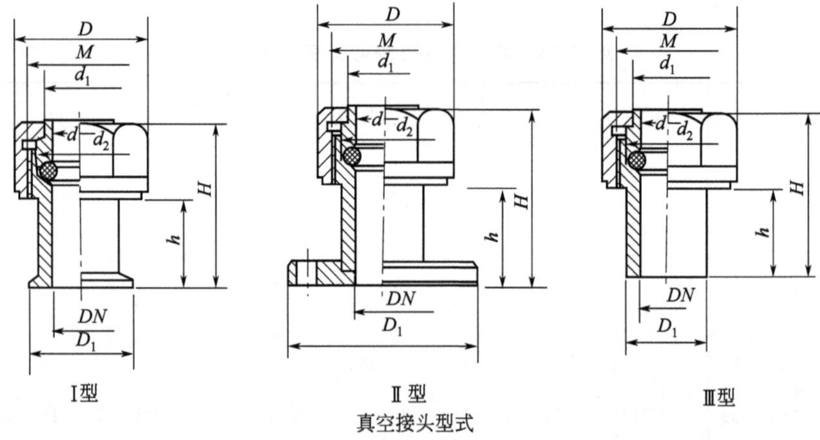

真空接头型式

公称通径 DN	D_1			H	h	d	D	M	d_1	d_2
	Ⅰ型	Ⅱ型	Ⅲ型							
16	30	60	22	≈55	30	16.5	38	M30×2	20	24
25	40	70	30	≈68	35	26	54	M34×2	30	34

② 标记示例：公称通径为 16mm 的快速连接型规管接头，其标记为规管接头 16-Ⅰ JB/T 8105.1—1999。

③ 装配后接头漏气率不大于 7×10^{-7} Pa·L/s。

④ 橡胶密封圈尺寸按表 15-81 的规定。橡胶密封圈表面应光滑，不应有气孔、裂纹、杂质等缺陷。密封圈材料使用丁腈橡胶或氟橡胶制造。

表 15-81　橡胶密封图尺寸　　　　单位：mm

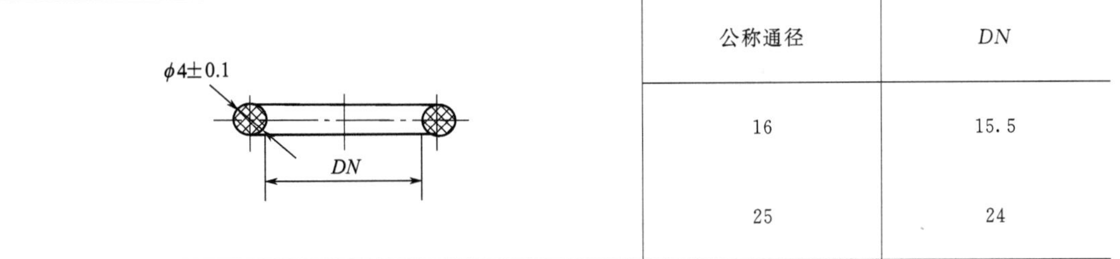

公称通径	DN
16	15.5
25	24

(2) 金属密封真空规管接头（摘自 JB/T 8105.2—1999）

本标准适用于可烘烤真空系统中真空测量用金属密封的规管接头。

① 金属密封真空规管接头的结构型式与尺寸按表 15-82 的规定。

表 15-82　金属密封真空规管接头的结构型式与尺寸　　　　单位：mm

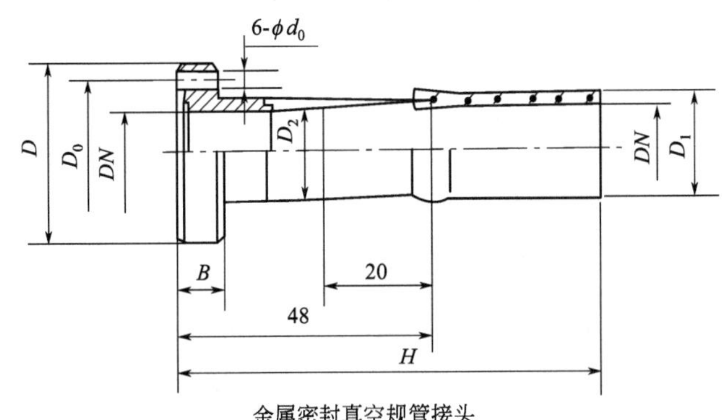

金属密封真空规管接头

DN	H	D	D_0	D_1	D_2	B	d_0
16	80	34	27	20	18.5	8	4.5
25	85	62	47	30	29	10	6.5

② 金属密封真空规管接头用法兰应符合 GB/T 6070.2《超高真空法兰尺寸》的规定，其密封垫应符合 GB/T 6070.3《超高真空法兰用铜密封垫》的规定。

③ 标记示例，公称通径为 25mm 的金属密封真空规管接头，标记为：

规管接头 25 JB/T 8105.2—1999

④ 法兰与玻管之间的接管采用符合 YB/T 5231—2005《定膨胀封接铁镍钴合金》规定的 4J29 膨胀合金制造。

⑤ 规管接头漏气率不大于 7×10^{-8}Pa·L/s。

⑥ 规管接头最高烘烤温度为 450℃。

(3) 国产真空规管接头

Ⅰ型、Ⅱ型、Ⅲ型国产真空规管接头如图 15-54 所示，其尺寸如图 15-55、图 15-56 所示。

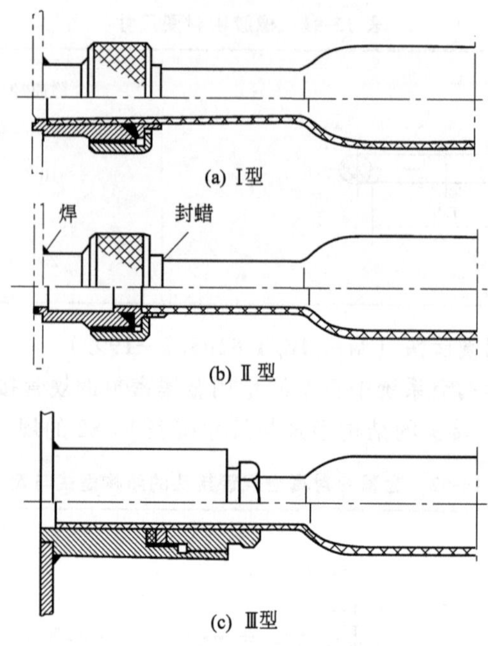

图 15-54　国产真空规管接头

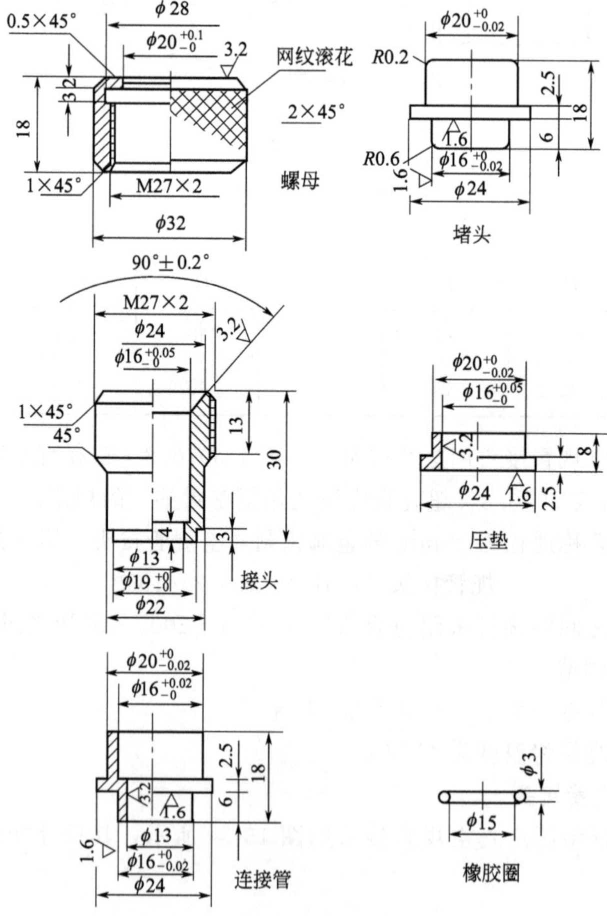

图 15-55　Ⅰ、Ⅱ型真空规管接头尺寸

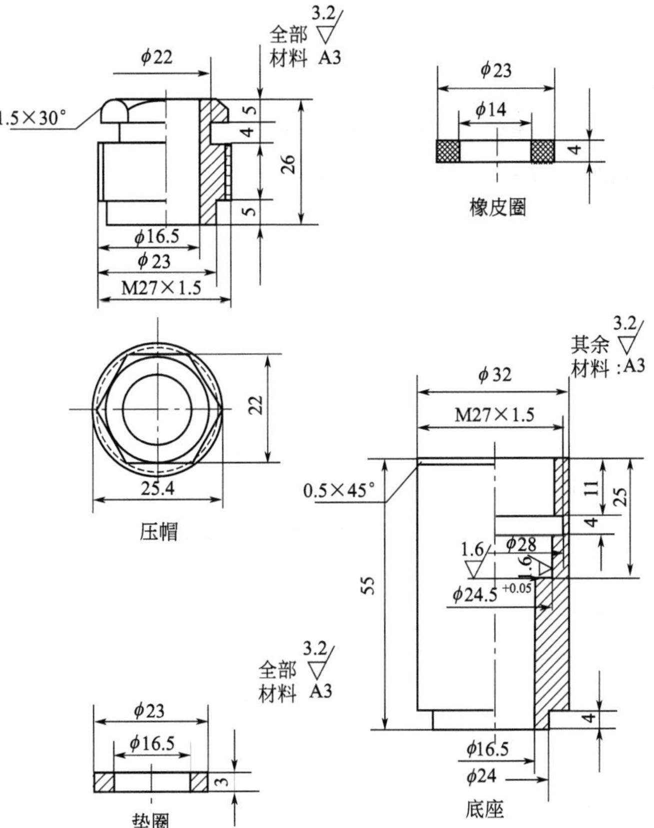

图 15-56 Ⅲ型真空规管接头尺寸

第 16 章 低温法兰

16.1 概述

法兰（flange）又叫法兰盘或凸缘盘，是管子与管子相互连接的零件，连接于管端。法兰、垫片及螺栓三者组成管道中可拆卸的连接结构，是压力管道中应用很普遍也是一种很重要的连接形式。在真空工程中，经常使用液氮及其他低温工质作为冷源，其输送管道亦为压力管道，这一点与通用化工管道相同。为此，低温法兰可以借鉴化工管道法兰，而不同之处是用于低温状态，在法兰及密封材料的选择上有所差异。

低温法兰是在常温下装配且在低温下工作的法兰，法兰接头采用螺栓连接，属于强制性密封，即依靠连接件和被连接件共同强制挤压密封元件来实现密封。

低温法兰常采用对焊法兰（最常用的一种，它与管子为对焊连接，焊接接头质量比较好，而且法兰的颈部利用锥度过渡，可以承受较苛刻的条件）或者承插焊法兰（常用于 $PN \leqslant 10.0$MPa、$DN \leqslant 40$mm 的管道中）。

低温法兰常采用凸台面密封面、凹凸面密封面、榫槽面密封面、环槽面密封面。

16.2 法兰公称尺寸和钢管外径

钢管外径包括 A、B 两个系列，A 系列为国际通用系列（俗称英制管）、B 系列为国内沿用系列（俗称公制管），法兰公称尺寸 *DN* 和钢管外径按表 16-1 规定。

表 16-1 法兰公称尺寸和钢管外径 单位：mm

公称尺寸 *DN*		10	15	20	25	32	40	50	65	80	100	125	150	200	250
钢管外径	A	17.2	21.3	26.9	33.7	42.4	48.3	60.3	76.1	88.9	114.3	139.7	168.3	219.1	273
	B	14	18	25	32	38	45	57	76	89	108	133	159	219	273

采用 B 系列钢管的法兰，应在公称尺寸 *DN* 的数值后标记“B”以示区别，但是采用 A 系列钢管的法兰，不必在公称尺寸 *DN* 的数值后标记“A”。

16.3 法兰类型和密封面

16.3.1 法兰类型

法兰类型包括：板式平焊法兰、带颈平焊法兰、带颈对焊法兰、整体法兰、承插焊法兰和法兰盖。法兰类型及其代号如图 16-1 所示，法兰代号见表 16-2。

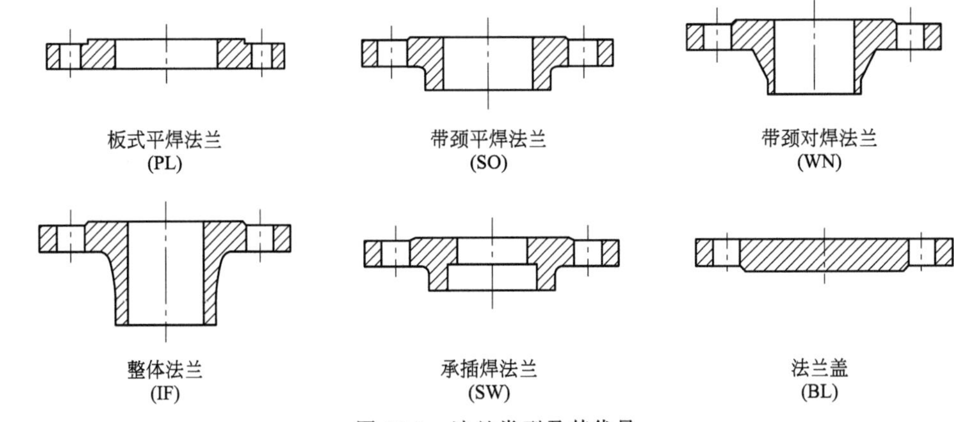

图 16-1　法兰类型及其代号

表 16-2　法兰类型及其代号

法兰类型代号	法兰类型	法兰类型代号	法兰类型
PL	板式平焊法兰	IF	整体法兰
SO	带颈平焊法兰	SW	承插焊法兰
WN	带颈对焊法兰	BL(S)	衬里法兰盖

各种法兰类型使用的公称尺寸和公称压力见表 16-3。

表 16-3 中 *PN* 是一个用数字表示的与压力有关的代号，近似折合常温的耐压数值(单位为 kgf/cm^2，1kgf/cm^2≈0.1MPa)，是国内阀门通常所使用的公称压力。如公称压力 *PN*20 就是公称压力为 2.0MPa。

表 16-3　各种法兰类型使用的公称尺寸和公称压力

法兰类型 项目	板式平焊法兰(PL)						带颈平焊法兰(SO)					带颈对焊法兰(WN)						
适用钢管外径系列	A 和 B						A 和 B					A 和 B						
公称尺寸 *DN* /mm	公称压力 *PN*						公称压力 *PN*					公称压力 *PN*						
	2.5	6	10	16	25	40	6	10	16	25	40	10	16	25	40	63	100	160
10	×	×	×	×	—	—	×	×	×	—	—	×	×	×	—	—	—	—
15	×	×	×	×	—	—	×	×	×	—	—	×	×	×	—	—	—	—
20	×	×	×	×	—	—	×	×	×	—	—	×	×	×	—	—	—	—
25	×	×	×	×	—	—	×	×	×	—	—	×	×	×	—	—	—	—
32	×	×	×	×	—	—	×	×	×	—	—	×	×	×	—	—	—	—
40	×	×	×	×	—	—	×	×	×	—	—	×	×	×	—	—	—	—
50	×	×	×	×	—	—	×	×	×	—	—	×	×	×	—	—	—	—
65	×	×	×	×	—	—	×	×	×	—	—	×	×	×	—	—	—	—
80	×	×	×	×	—	—	×	×	×	—	—	×	×	×	—	—	—	—
100	×	×	×	×	—	—	×	×	×	—	—	×	×	×	—	—	—	—
125	×	×	×	×	—	—	×	×	×	—	—	×	×	×	—	—	—	—
150	×	×	×	×	—	—	×	×	×	—	—	×	×	×	—	—	—	—
200	×	×	×	×	—	—	×	×	×	—	—	×	×	×	—	—	—	—
250	×	×	×	×	—	—	×	×	×	—	—	×	×	×	—	—	—	—

法兰类型 项目	整体法兰(IF)								承插焊法兰(SW)						
适用钢管外径系列	A、B一致								A和B						
公称尺寸 DN /mm	公称压力 PN								公称压力 PN						
	6	10	16	25	40	63	100	160	10	16	25	40	63	100	160
10	×	×	×	—	—	—	—	—	×	×	—	—	—	—	—
15	×	×	×	—	—	—	—	—	×	×	—	—	—	—	—
20	×	×	×	—	—	—	—	—	×	×	—	—	—	—	—
25	×	×	×	—	—	—	—	—	×	×	—	—	—	—	—
32	×	×	×	—	—	—	—	—	×	×	—	—	—	—	—
40	×	×	×	—	—	—	—	—	×	×	—	—	—	—	—
50	×	×	×	—	—	—	—	—	×	×	—	—	—	—	—
65	×	×	×	—	—	—	—	—	—	—	—	—	—	—	—
80	×	×	×	—	—	—	—	—	—	—	—	—	—	—	—
100	×	×	×	—	—	—	—	—	—	—	—	—	—	—	—
125	×	×	×	—	—	—	—	—	—	—	—	—	—	—	—
150	×	×	×	—	—	—	—	—	—	—	—	—	—	—	—
200	×	×	×	—	—	—	—	—	—	—	—	—	—	—	—
250	×	×	×	—	—	—	—	—	—	—	—	—	—	—	—

法兰类型 项目	法兰盖(BL)								
适用钢管外径系列	A、B一致								
公称尺寸 DN/mm	公称压力 PN								
	2.5	6	10	16	25	40	63	100	160
10	×	×	×	×	×	×	×	×	×
15	×	×	×	×	×	×	×	×	×
20	×	×	×	×	×	×	×	×	×
25	×	×	×	×	×	×	×	×	×
32	×	×	×	×	×	×	×	×	×
40	×	×	×	×	×	×	×	×	×
50	×	×	×	×	×	×	×	×	×
65	×	×	×	×	×	×	×	×	×
80	×	×	×	×	×	×	×	×	×
100	×	×	×	×	×	×	×	×	×
125	×	×	×	×	×	×	×	×	×
150	×	×	×	×	×	×	×	×	×
200	×	×	×	×	×	×	×	×	×
250	×	×	×	×	×	×	×	×	×

注:“×”表示可选,“—”表示不选。

16.3.2 法兰密封面

16.3.2.1 密封面型式

法兰密封面型式及其代号按照图 16-2 和表 16-4 的规定。法兰密封面型式包括：突面、凹面/凸面、榫面/槽面和全平面。

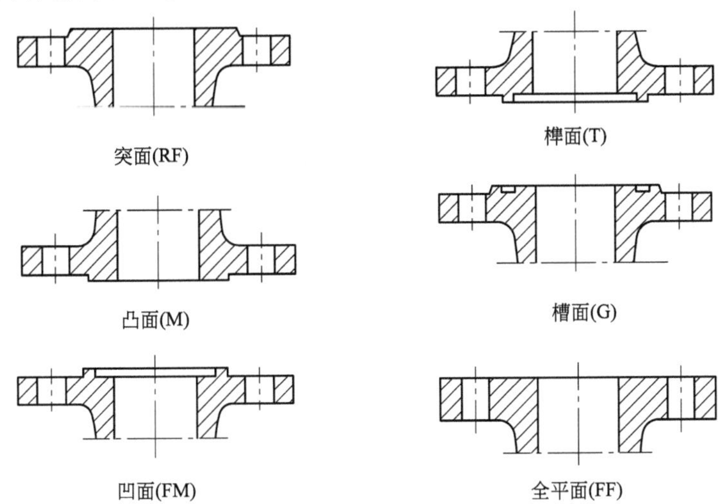

图 16-2 密封面型式及其代号

表 16-4 密封面型式及其代号

密封面型式	突面	凹面	凸面	榫面	槽面	全平面	环连接面
代号	RF	FM	M	T	G	FF	RJ

16.3.2.2 各种类型法兰密封面型式的适用范围

各种类型法兰的密封面型式及其适用范围见表 16-5。

表 16-5 各种类型法兰的密封面型式及其适用范围

法兰类型	密封面型式	公称压力 *PN*								
		2.5	6	10	16	25	40	63	100	160
板式平焊法兰(PJ)	突面(RF)	*DN*10～2000	*DN*10～600					—		
	全平面(FF)	*DN*10～2000	*DN*10～600							
带颈平焊法兰(SO)	突面(RF)	—	*DN*10～300	*DN*10～600						
	凹面(FM) 凸面(M)	—		*DN*10～600						
	榫面(T) 槽面(G)	—		*DN*10～600						
	全平面(FF)	—	*DN*10～300	*DN*10～600						

续表

<table>
<tr><th rowspan="2">法兰类型</th><th rowspan="2">密封面型式</th><th colspan="9">公称压力 PN</th></tr>
<tr><th>2.5</th><th>6</th><th>10</th><th>16</th><th>25</th><th>40</th><th>63</th><th>100</th><th>160</th></tr>
<tr><td rowspan="5">带颈对焊法兰(WN)</td><td>突面(RF)</td><td colspan="2"></td><td colspan="2">DN10～2000</td><td colspan="2">DN10～600</td><td>DN10～400</td><td>DN10～350</td><td>DN10～300</td></tr>
<tr><td>凹面(FM)
凸面(M)</td><td colspan="2">—</td><td colspan="4">DN10～600</td><td>DN10～400</td><td>DN10～350</td><td>DN10～300</td></tr>
<tr><td>榫面(T)
槽面(G)</td><td colspan="2">—</td><td colspan="4">DN10～600</td><td>DN10～400</td><td>DN10～350</td><td>DN10～300</td></tr>
<tr><td>全平面(FF)</td><td colspan="2">—</td><td colspan="2">DN10～2000</td><td colspan="5">—</td></tr>
<tr><td>环连接面(RJ)</td><td colspan="6">—</td><td colspan="2">DN15～400</td><td>DN15～300</td></tr>
<tr><td rowspan="5">整体法兰(IF)</td><td>突面(RF)</td><td>—</td><td colspan="3">DN10～2000</td><td>DN10～1200</td><td>DN10～600</td><td colspan="2">DN10～400</td><td>DN10～300</td></tr>
<tr><td>凹面(FM)
凸面(M)</td><td colspan="2">—</td><td colspan="4">DN10～600</td><td colspan="2">DN10～400</td><td>DN10～300</td></tr>
<tr><td>榫面(T)
槽面(G)</td><td colspan="2">—</td><td colspan="4">DN10～600</td><td colspan="2">DN10～400</td><td>DN10～300</td></tr>
<tr><td>全平面(FF)</td><td>—</td><td colspan="2">DN10～2000</td><td colspan="6">—</td></tr>
<tr><td>环连接面(RJ)</td><td colspan="6">—</td><td colspan="2">DN15～400</td><td>DN15～300</td></tr>
<tr><td rowspan="3">承插焊法兰(SW)</td><td>突面(FM)</td><td colspan="2"></td><td colspan="6">DN10～50</td><td>—</td></tr>
<tr><td>凹面(FM)
凸面(M)</td><td colspan="2">—</td><td colspan="6">DN10～50</td><td>—</td></tr>
<tr><td>榫面(T)
槽面(G)</td><td colspan="2">—</td><td colspan="6">DN10～50</td><td>—</td></tr>
<tr><td rowspan="5">法兰盖(BL)</td><td>突出(RF)</td><td colspan="2">DN10～2000</td><td colspan="2">DN10～1200</td><td colspan="2">DN10～600</td><td colspan="2">DN10～400</td><td>DN10～300</td></tr>
<tr><td>凹面(FM)
凸面(M)</td><td colspan="2">—</td><td colspan="4">DN10～600</td><td colspan="2">DN10～400</td><td>DN10～300</td></tr>
<tr><td>榫面(T)
槽面(G)</td><td colspan="2">—</td><td colspan="4">DN10～600</td><td colspan="2">DN10～400</td><td>DN10～300</td></tr>
<tr><td>全平面(FF)</td><td colspan="2">DN10～2000</td><td colspan="2">DN10～1200</td><td colspan="5">—</td></tr>
<tr><td>环连接面(RJ)</td><td colspan="6">—</td><td colspan="2">DN15～400</td><td>DN15～300</td></tr>
</table>

注:“—”表示不可选。

16.3.2.3 法兰密封面表面粗糙度

法兰密封面进行机加工，表面粗糙度按表 16-6 的规定，表面缺陷不得超过表 16-7 的规定范围。

表 16-6　密封面的表面粗糙度 *Ra*

密封面形式	密封面代号	$Ra/\mu m$	
		最小	最大
全平面	FF	3.2	6.3
凹面/凸面	FM/M		
突面	RF		
榫面/槽面	T/G	0.8	3.2
环连接面	RJ	0.4	1.6

注：突面、凹面/凸面及全平面密封面是采用加工刀具加工时自然形成的一种锯齿形同心圆或螺旋齿槽。加工刀具的圆角半径应不小于 1.5mm，形成的锯齿形同心圆或螺旋齿槽深度约为 0.05mm，节距约为 0.45～0.55mm。

表 16-7　法兰密封面表面缺陷允许尺寸　　单位：mm

公称尺寸 *DN*	缺陷的最大径向投影尺寸（缺陷深度≤*h*）	缺陷的最大深度和径向投影尺寸（缺陷深度＞*h*）	公称尺寸 *DN*	缺陷的最大径向投影尺寸（缺陷深度≤*h*）	缺陷的最大深度和径向投影尺寸（缺陷深度＞*h*）
15	3	1.5	200	8	4.5
20	3	1.5	250	8	4.5
25	3	1.5	300	8	4.5
32	3	1.5	350	8	4.5
40	3	1.5	400	10	4.5
50	3	1.5	450	12	6
65	3	1.5	500	12	6
80	4.5	3	600	12	6
100	6	3	700～900	12.5	6
125	6	3	1000～1400	14	7
150	6	3	1600～2000	15.5	7.5

注：1. 缺陷的径向投影尺寸为缺陷离开法兰孔中心的最大半径和最小半径之差。
2. *h* 为法兰密封面的锯齿形同心圆或者螺旋齿槽深。

16.3.2.4　螺栓支撑面

① 螺栓支撑面应进行机加工或者锪孔（鱼眼孔），锪孔尺寸按照图 16-3 和表 16-8 的规定。

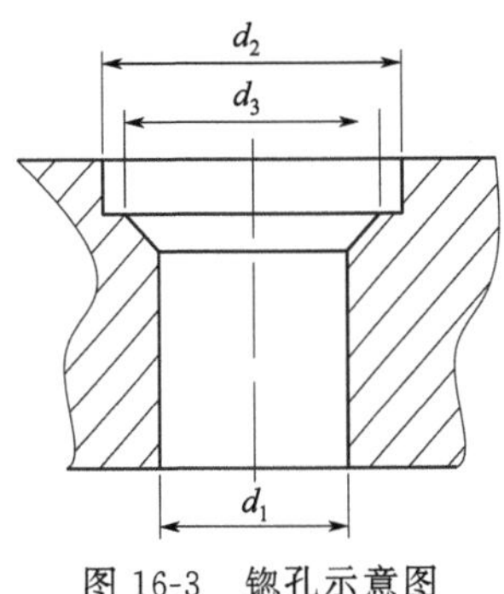

图 16-3　锪孔示意图

表 16-8　锪孔尺寸　　单位：mm

螺纹规格	M5	M6	M8	M10	M12	M16	M20	M24
d_2(H13)	11	13	18	22	26	33	40	48
d_3	—	—	—	—	16	20	24	28
d_1(H13)	5.5	6.6	9	11	13.5	17.5	22	26

② 螺栓支撑面机加工或锪孔后，保证法兰的厚度符合表 16-41 规定的尺寸公差要求。

③ 表 16-9 所列采用 B 系列的钢管外径法兰，应在法兰的螺栓支撑面，以螺栓孔

为中心锪出表中所列的直径的平面，以适应紧固件的装配。锪平面应与法兰的螺栓支撑面齐平。

表 16-9　螺栓锪孔　　单位：mm

螺栓尺寸	螺栓孔直径 L	锪平面直径
M20	22	40
M24	26	48
M27	30	53
M30	33	61

16.3.3　密封面的尺寸

① 突面、凹面或者凸面、榫面或者槽面的法兰的密封面尺寸按照图 16-4 和表 16-10 的规定。

② 突面、凹面或者凸面、榫面或槽面法兰的密封面尺寸 f_1、f_2 包括在法兰厚度 C 内（如图 16-4 所示）。

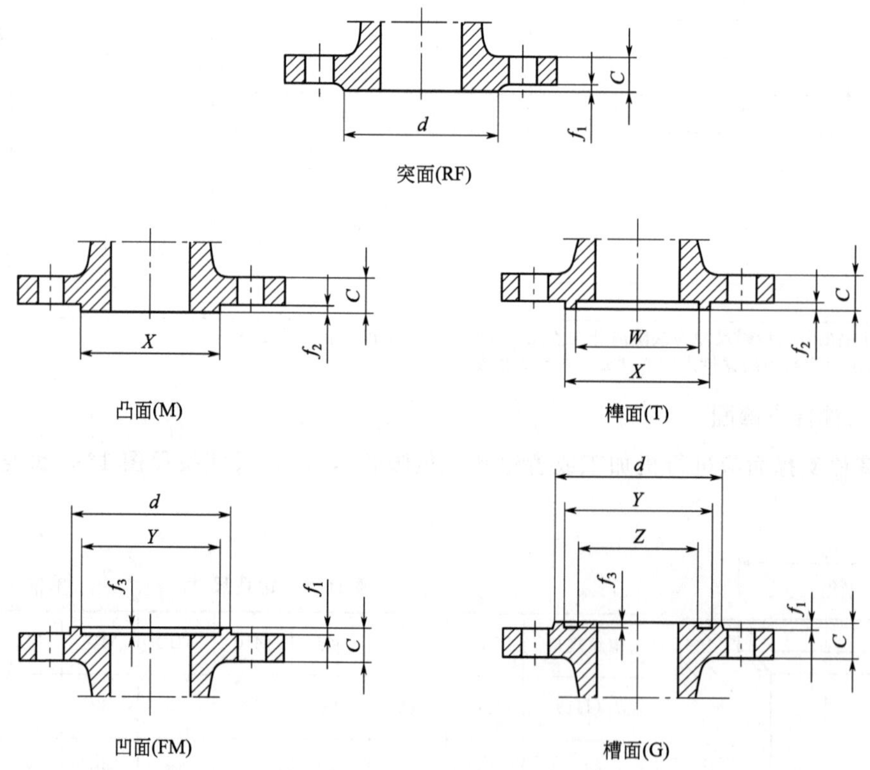

图 16-4　突面、凹面/凸面、榫面/槽面的密封面尺寸

16.3.4　材料

钢制管法兰用材料按表 16-11 的规定，其化学成分、力学性能和其他技术要求应符合表 16-11 所列的有关标准的规定。

表 16-10　密封面（突面、凹面/凸面、榫面/槽面）尺寸　　单位：mm

公称尺寸 DN	d						f_1	f_2	f_3	W	X	Y	Z
	公称压力 PN												
	2.5	6	10	16	25	≥40							
10	35	35	40	40	40	40							
15	40	40	45	45	45	45	2	4.5	4	29	39	40	28
20	50	50	58	58	58	58	2	4.5	4	36	50	51	35
25	60	60	68	68	68	68	2	4.5	4	43	57	58	42
32	70	70	78	78	78	78	2	4.5	4	51	65	66	50
40	80	80	88	88	88	88	2	4.5	4	61	75	76	60
50	90	90	102	102	102	102	2	4.5	4	73	87	88	72
65	110	110	122	122	122	122	2	4.5	4	95	109	110	94
80	128	128	138	138	138	138	2	4.5	4	106	120	121	105
100	148	148	158	158	162	162	2	5	4.5	129	149	150	128
125	178	178	188	188	188	188	2	5	4.5	155	175	176	154
150	202	202	212	212	218	218	2	5	4.5	183	203	204	182
200	258	258	268	268	278	285	2	5	4.5	239	259	260	238
250	312	312	320	320	335	345	2	5	4.5	292	312	313	291

表 16-11　钢制管法兰用材料

类别号	类别	钢板		锻件		铸件	
		材料牌号	标准编号	材料牌号	标准编号	材料牌号	标准编号
2C1	304	0Cr18Ni9	GB/T 4237	0Cr18Ni9	JB 4728	CF3 CF8	GB/T 12230 GB/T 12230
2C2	316	0Cr17Ni12Mo2	GB/T 4237	0Cr17Ni12Mo2	JB 4728	CF3M CF8M	GB/T 12230 GB/T 12230
2C3	304L 316L	00Cr19Ni10 00Cr17Ni14Mo2	GB/T 4237 GB/T 4237	00Cr19Ni10 00Cr17Ni14Mo2	JB 4728 JB 4728	—	—

注：1. 管法兰材料一般采用锻件或者铸件，不推荐使用钢板制造。钢板仅可以用于法兰盖、盖板平焊法兰。
2. 表列铸件仅用于整体法兰。

16.3.5　法兰用垫片及紧固件

① 垫片应满足法兰接头在工作条件下的密封性能。在螺栓预紧载荷作用下，保证预紧和工作条件下的垫片的应力，且不能产生有害的变形、压碎等损伤。

② 垫片应该按 HG/T 20606～HG/T 20612 的规定执行。

③ 紧固件包括六角头螺栓、等长双头螺柱、全螺纹螺柱和螺母，其使用的螺栓数量和规格按表 16-16 的规定执行。

④ 紧固件分为高强度、中强度和低强度紧固件。紧固件的材料应根据垫片、压力、温度和法兰、密封形式选用，以满足法兰接头在预紧和工作条件下的密封性能和承压强度。

⑤ 紧固件按照 16.8 的规定执行。

16.3.6 法兰接头选配

法兰与垫片和紧固件的选配按 HG/T 20614 的规定执行。

16.3.7 压力-温度额定值

① 公称压力等级为 *PN*2.5～*PN*16 的钢制管法兰和法兰盖，在工作温度下的最高允许工作压力按表 16-12～表 16-15 的规定，中间温度采用内插法确定。

表 16-12 *PN*2.5 钢制管法兰用材料最高允许工作压力（表压） 单位：bar

法兰材料类别	工作温度/℃									
	20	50	100	150	200	250	300	350	375	400
2C1	2.3	2.2	1.8	1.7	1.6	1.5	1.4	1.3	1.3	1.3
2C2	2.3	2.2	1.9	1.7	1.6	1.5	1.4	1.4	1.3	1.3
2C3	1.9	1.8	1.6	1.4	1.3	1.2	1.1	1.1	1.0	1.0

注：1bar=10^5Pa。

表 16-13 *PN*6 钢制管法兰用材料最高允许工作压力（表压） 单位：bar

法兰材料类别	工作温度/℃									
	20	50	100	150	200	250	300	350	375	400
2C1	5.5	5.3	4.5	4.1	3.8	3.6	3.4	3.2	3.2	3.2
2C2	5.5	5.3	4.6	4.2	3.9	3.7	3.5	3.3	3.3	3.2
2C3	4.6	4.4	3.8	3.4	3.1	2.9	2.8	2.6	2.6	2.5

表 16-14 *PN*10 钢制管法兰用材料最高允许工作压力（表压） 单位：bar

法兰材料类别	工作温度/℃									
	20	50	100	150	200	250	300	350	375	400
2C1	9.1	8.8	7.5	6.8	6.6	6.0	5.6	5.4	5.4	5.2
2C2	9.1	8.9	7.8	7.1	6.6	6.1	5.8	5.6	5.5	5.4
2C3	7.6	7.4	6.3	5.7	5.3	4.9	4.6	4.4	4.3	4.2

表 16-15 *PN*16 钢制管法兰用材料最高允许工作压力（表压） 单位：bar

法兰材料类别	工作温度/℃									
	20	50	100	150	200	250	300	350	375	400
2C1	14.7	14.2	12.1	11.0	10.2	9.6	9.0	8.7	8.6	8.4
2C2	14.7	14.3	12.5	11.4	10.6	9.8	9.3	9.0	8.8	8.7
2C3	12.3	11.8	10.2	9.2	8.5	7.9	7.4	7.1	6.9	6.8

② 表 16-12～表 16-15 所列的管法兰材料类别按表 16-11 的规定执行。

③ 工作温度系指压力作用下法兰金属的温度。工作温度低于 20℃时，法兰的最高允许工作压力值与 20℃时相同。工作温度高于表列温度上限时，最高允许工作压力可以根据使用经验或计算，由设计者自行确定。

④ 如果一个法兰接头上的两个法兰具有不同的压力额定值，该连接接头的最高允许

工作压力按较低值，并应控制安装时的螺柱扭矩，防止过紧。

⑤ 确定法兰接头的压力-温度额定值的，应考虑高温或者低温下管道系统中外力和外力矩对法兰接头密封性能的影响。

⑥ 高温蠕变范围和承受较大温度梯度的法兰接头应采取措施防止螺栓松弛，如定期上紧等。在低温操作条件下，应保证材料有足够的韧性。

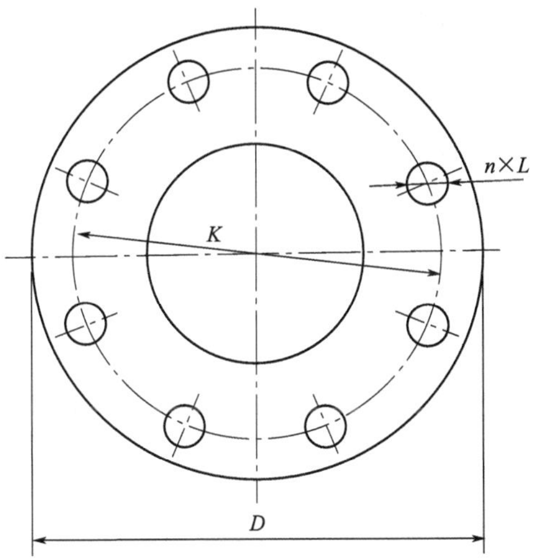

图 16-5　法兰连接尺寸

⑦ 采用表 16-11 以外的材料时，法兰最高允许压力可以根据材料机械强度（常温/高温）相当原则，参照表中的材料予以确定，但不大于表中对应材料的数值。

16.3.8　法兰尺寸

16.3.8.1　法兰连接尺寸

法兰连接尺寸按图 16-5 和表 16-16 的规定（表 16-16 黑线框内为不同压力等级，但具有相同的连接尺寸的法兰）执行。

螺栓孔应等间距均布。

表 16-16　法兰连接尺寸　　单位：mm

公称尺寸 DN	PN2.5					PN6					PN10					PN16				
	D	K	L	Th	n/个	D	K	L	Th	n/个	D	K	L	Th	n/个	D	K	L	Th	n/个
10	75	50	11	M10	4	75	50	11	M10	4	90	60	14	M12	4	90	60	14	M12	4
15	80	55	11	M10	4	80	55	11	M10	4	95	65	14	M12	4	95	65	14	M12	4
20	90	65	11	M10	4	90	65	11	M10	4	105	75	14	M12	4	105	75	14	M12	4
25	100	75	11	M10	4	100	75	11	M10	4	115	85	14	M12	4	115	85	14	M12	4
32	120	90	14	M12	4	120	90	14	M12	4	140	100	18	M16	4	140	100	18	M16	4
40	130	100	14	M12	4	130	100	14	M12	4	150	110	18	M16	4	150	110	18	M16	4
50	140	110	14	M12	4	140	110	14	M12	4	165	125	18	M16	4	165	125	18	M16	4
65	160	130	14	M12	4	160	130	14	M12	4	185	145	18	M16	8(4)①	185	145	18	M16	8(4)①
80	190	150	18	M16	4	190	150	18	M16	4	200	160	18	M16	8	200	160	18	M16	8
100	210	170	18	M16	4	210	170	18	M16	4	220	180	18	M16	8	220	180	18	M16	8
125	240	200	18	M16	8	240	200	18	M16	8	250	210	18	M16	8	250	210	18	M16	8
150	265	225	18	M16	8	265	225	18	M16	8	285	240	22	M20	8	285	240	22	M20	8
200	320	280	18	M16	8	320	280	18	M16	8	340	295	22	M20	8	340	295	22	M20	12
250	375	335	18	M16	12	375	335	18	M16	12	395	350	22	M20	12	405	355	26	M24	12

① 也可采用 4 个螺栓孔，应按生产厂家与买方签订的协议来定。

16.3.8.2　法兰结构尺寸

① 板式平焊钢制管法兰的尺寸按图 16-6 和表 16-17～表 16-20 的规定执行。

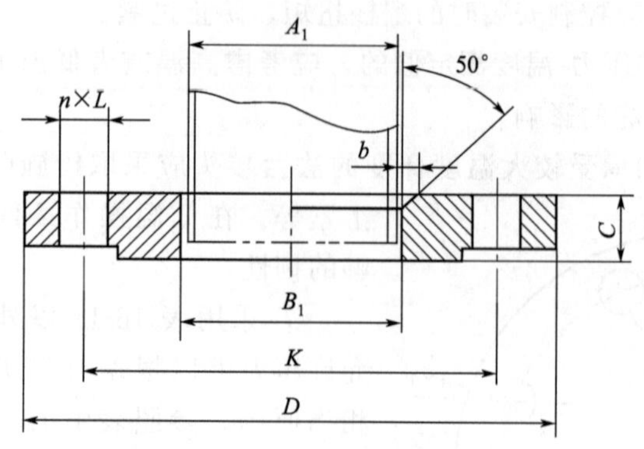

图 16-6　板式平焊钢制管法兰

表 16-17　*PN*2.5 板式平焊钢制管法兰尺寸　　单位：mm

公称尺寸 *DN*	钢管外径 A_1		连接尺寸					法兰厚度 *C*	法兰内径 B_1	
	A	B	法兰外径 *D*	螺栓孔中心圆直径 *K*	螺栓孔直径 *L*	螺栓孔数量 *n*/个	螺栓 Th		A	B
10	17.2	14	75	50	11	4	M10	12	18	15
15	21.3	18	80	55	11	4	M10	12	22.5	19
20	26.9	25	90	65	11	4	M10	14	27.5	26
25	33.7	32	100	75	11	4	M10	14	34.5	33
32	42.4	38	120	90	14	4	M12	16	43.5	39
40	48.3	45	130	100	14	4	M12	16	49.5	46
50	60.3	57	140	110	14	4	M12	16	61.5	59
65	76.1	76	160	130	14	4	M12	16	77.5	78
80	88.9	89	190	150	18	4	M16	18	90.5	91
100	114.3	108	210	170	18	4	M16	18	116	110
125	139.7	133	240	200	18	8	M16	20	143.5	135
150	168.3	159	265	225	18	8	M16	20	170.5	161
200	219.1	219	320	280	18	8	M16	22	221.5	222
250	273	273	375	335	18	12	M16	24	276.5	276

表 16-18　*PN*6 板式平焊钢制管法兰尺寸　　单位：mm

公称尺寸 *DN*	钢管外径 A_1		连接尺寸					法兰厚度 *C*	法兰内径 B_1	
	A	B	法兰外径 *D*	螺栓孔中心圆直径 *K*	螺栓孔直径 *L*	螺栓孔数量 *n*/个	螺栓 Th		A	B
10	17.2	14	75	50	11	4	M10	12	18	15
15	21.3	18	80	55	11	4	M10	12	22.5	19
20	26.9	25	90	65	11	4	M10	14	27.5	26
25	33.7	32	100	75	11	4	M10	14	34.5	33

续表

公称尺寸 DN	钢管外径 A_1		连接尺寸					法兰厚度 C	法兰内径 B_1	
	A	B	法兰外径 D	螺栓孔中心圆直径 K	螺栓孔直径 L	螺栓孔数量 n/个	螺栓 Th		A	B
32	42.4	38	120	90	14	4	M12	16	43.5	39
40	48.3	45	130	100	14	4	M12	16	49.5	46
50	60.3	57	140	110	14	4	M12	16	61.5	59
65	76.1	76	160	130	14	4	M12	16	77.5	78
80	88.9	89	190	150	18	4	M16	18	90.5	91
100	114.3	108	210	170	18	4	M16	18	116	110
125	139.7	133	240	200	18	8	M16	20	143.5	135
150	168.3	159	265	225	18	8	M16	20	170.5	161
200	219.1	219	320	280	18	8	M16	22	221.5	222
250	273	273	375	335	18	12	M16	24	276.5	276

表 16-19　*PN*10 板式平焊钢制管法兰尺寸　　单位：mm

公称尺寸 DN	钢管外径 A_1		连接尺寸					法兰厚度 C	法兰内径 B_1	
	A	B	法兰外径 D	螺栓孔中心圆直径 K	螺栓孔直径 L	螺栓孔数量 n/个	螺栓 Th		A	B
10	17.2	14	90	60	14	4	M12	14	18	15
15	21.3	18	95	65	14	4	M12	14	22.5	19
20	26.9	25	105	75	14	4	M12	16	27.5	26
25	33.7	32	115	85	14	4	M12	16	34.5	33
32	42.4	38	140	100	18	4	M16	18	43.5	39
40	48.3	45	150	110	18	4	M16	18	49.5	46
50	60.3	57	165	125	18	4	M16	19	61.5	59
65	76.1	76	185	145	18	8	M16	20	77.5	78
80	88.9	89	200	160	18	8	M16	20	90.5	91
100	114.3	108	220	180	18	8	M16	22	116	110
125	139.7	133	250	210	18	8	M16	22	143.5	135
150	168.3	159	285	240	22	8	M20	24	170.5	161
200	219.1	219	340	295	22	8	M20	24	221.5	222
250	273	273	395	350	22	12	M20	26	276.5	276

表 16-20　*PN*16 板式平焊钢制管法兰尺寸　　单位：mm

公称尺寸 DN	钢管外径 A_1		连接尺寸					法兰厚度 C	法兰内径 B_1		坡口宽度 b
	A	B	法兰外径 D	螺栓孔中心圆直径 K	螺栓孔直径 L	螺栓孔数量 n/个	螺栓 Th		A	B	
10	17.2	14	90	60	14	4	M12	14	18	15	4
15	21.3	18	95	65	14	4	M12	14	22.5	19	4
20	26.9	25	105	75	14	4	M12	16	27.5	26	4

续表

公称尺寸 DN	钢管外径 A_1		连接尺寸					法兰厚度 C	法兰内径 B_1		坡口宽度 b
	A	B	法兰外径 D	螺栓孔中心圆直径 K	螺栓孔直径 L	螺栓孔数量 n/个	螺栓 Th		A	B	
25	33.7	32	115	85	14	4	M12	16	34.5	33	5
32	42.4	38	140	100	18	4	M16	18	43.5	39	5
40	48.3	45	150	110	18	4	M16	18	49.5	46	5
50	60.3	57	165	125	18	4	M16	19	61.5	59	5
65	76.1	76	185	145	18	8	M16	20	77.5	78	6
80	88.9	89	200	160	18	8	M16	20	90.5	91	6
100	114	108	220	180	18	8	M16	22	116	110	6
125	140	133	250	210	18	8	M16	22	143.5	135	6
150	168	159	285	240	22	8	M20	24	170.5	161	6
200	219	219	340	295	22	12	M20	26	221.5	222	8
250	273	273	405	355	26	12	M24	29	276.5	276	10

② 带颈平焊钢制管法兰的尺寸按图 16-7 和表 16-21～表 16-23 规定执行。

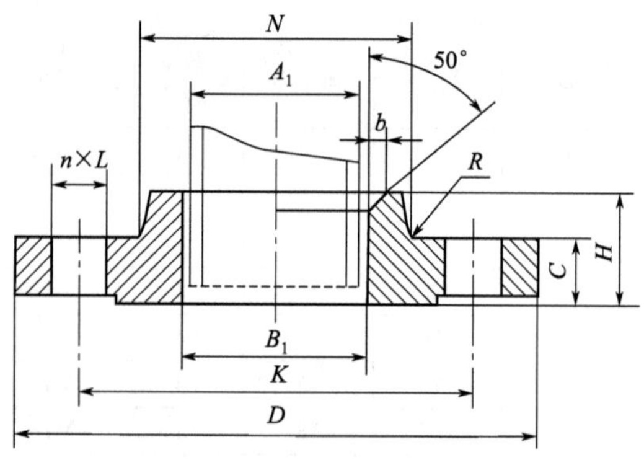

图 16-7 带颈平焊钢制管法兰

表 16-21 PN6 带颈平焊钢制管法兰尺寸 单位：mm

公称尺寸 DN	钢管外径 A_1		连接尺寸					法兰厚度 C	法兰内径 B_1		法兰颈			法兰高度 H	坡口宽度 b
			法兰外径 D	螺栓孔中心圆直径 K	螺栓孔直径 L	螺栓孔数量 n/个	螺栓 Th				N		R		
	A	B							A	B	A	B			
10	17.2	14	75	50	11	4	M10	12	18	15	25	25	4	20	—
15	21.3	18	80	55	11	4	M10	12	22.5	19	30	30	4	20	—
20	26.9	25	90	65	11	4	M10	14	27.5	26	40	40	4	24	—
25	33.7	32	100	75	11	4	M10	14	34.5	33	50	50	4	24	—
32	42.4	38	120	90	14	4	M12	14	43.5	39	60	60	6	26	—
40	48.3	45	130	100	14	4	M12	14	49.5	46	70	70	6	28	—
50	60.3	57	140	110	14	4	M12	14	61.5	59	80	80	6	32	—

续表

公称尺寸 DN	钢管外径 A_1		连接尺寸					法兰厚度 C	法兰内径 B_1		法兰颈			法兰高度 H	坡口宽度 b
			法兰外径 D	螺栓孔中心圆直径 K	螺栓孔直径 L	螺栓孔数量 n/个	螺栓 Th				N		R		
	A	B							A	B	A	B			
65	76.1	76	160	130	14	4	M12	14	77.5	78	100	100	6	34	—
80	88.9	89	190	150	18	4	M16	16	90.5	91	110	110	8	40	—
100	114.3	108	210	170	18	4	M16	16	116	110	130	130	8	44	—
125	139.7	133	240	200	18	8	M16	18	143.5	135	160	160	8	44	—
150	168.3	159	265	225	18	8	M16	18	170.5	161	185	185	10	44	—
200	219.1	219	320	280	18	8	M16	20	221.5	222	240	240	10	44	—
250	273	273	375	335	18	12	M16	22	276.5	276	295	295	12	44	—

表 16-22 *PN*10 带颈平焊钢制管法兰尺寸 单位：mm

公称尺寸 DN	钢管外径 A_1		连接尺寸					法兰厚度 C	法兰内径 B_1		法兰颈			法兰高度 H	坡口宽度 b
			法兰外径 D	螺栓孔中心圆直径 K	螺栓孔直径 L	螺栓孔数量 n/个	螺栓 Th				N		R		
	A	B							A	B	A	B			
10	17.2	14	90	60	14	4	M12	16	18	15	30	30	4	22	—
15	21.3	18	95	65	14	4	M12	16	22.5	19	35	35	4	22	—
20	26.9	25	105	75	14	4	M12	18	27.5	26	45	45	4	26	—
25	33.7	32	115	85	14	4	M12	18	34.5	33	52	52	4	28	—
32	42.4	38	140	100	18	4	M16	18	43.5	39	60	60	6	30	—
40	48.3	45	150	110	18	4	M16	18	49.5	46	70	70	6	32	—
50	60.3	57	165	125	18	4	M16	18	61.5	59	84	84	5	28	—
65	76.1	76	185	145	18	8	M16	18	77.5	78	104	104	6	32	—
80	88.9	89	200	160	18	8	M16	20	90.5	91	118	118	6	34	—
100	114.3	108	220	180	18	8	M16	20	116	110	140	140	8	40	—
125	139.7	133	250	210	18	8	M16	22	143.5	135	168	168	8	44	—
150	168.3	159	285	240	22	8	M20	22	170.5	161	195	195	10	44	—
200	219.1	219	340	295	22	8	M20	24	221.5	222	246	146	10	44	—
250	273	273	395	350	22	12	M20	26	276.5	276	298	198	12	46	—

表 16-23 *PN*16 带颈平焊钢制管法兰尺寸 单位：mm

公称尺寸 DN	钢管外径 A_1		连接尺寸					法兰厚度 C	法兰内径 B_1		法兰颈			法兰高度 H	坡口宽度 b
			法兰外径 D	螺栓孔中心圆直径 K	螺栓孔直径 L	螺栓孔数量 n/个	螺栓 Th				N		R		
	A	B							A	B	A	B			
10	17.2	14	90	60	14	4	M12	16	18	15	30	30	4	22	4
15	21.3	18	95	65	14	4	M12	16	22.5	19	35	35	4	22	4
20	26.9	25	105	75	14	4	M12	18	27.5	26	45	45	4	26	4

续表

公称尺寸 DN	钢管外径 A_1		连接尺寸					法兰厚度 C	法兰内径 B_1		法兰颈			法兰高度 H	坡口宽度 b
	A	B	法兰外径 D	螺栓孔中心圆直径 K	螺栓孔直径 L	螺栓孔数量 n/个	螺栓 Th		A	B	N A	N B	R		
25	33.7	32	115	85	14	4	M12	18	34.5	33	52	52	4	28	5
32	42.4	38	140	100	18	4	M16	18	43.5	39	60	60	6	30	5
40	48.3	45	150	110	18	4	M16	18	49.5	46	70	70	6	32	5
50	60.3	57	165	125	18	4	M16	18	61.5	59	84	84	5	28	5
65	76.1	76	185	145	18	8	M16	18	77.5	78	104	104	6	32	6
80	88.9	89	200	160	18	8	M16	20	90.5	91	118	118	6	34	6
100	114.3	108	220	180	18	8	M16	20	116	110	140	140	8	40	6
125	139.7	133	250	210	18	8	M16	22	143.5	135	168	168	8	44	6
150	168.3	159	285	240	22	8	M20	22	170.5	161	195	195	10	44	6
200	219.1	219	340	295	22	12	M20	24	221.5	222	246	246	10	44	8
250	273	273	405	355	26	12	M24	26	276.5	276	298	298	12	46	10

③ 带颈对焊钢制管法兰的尺寸按图 16-8 和表 16-24、表 16-25 规定执行。

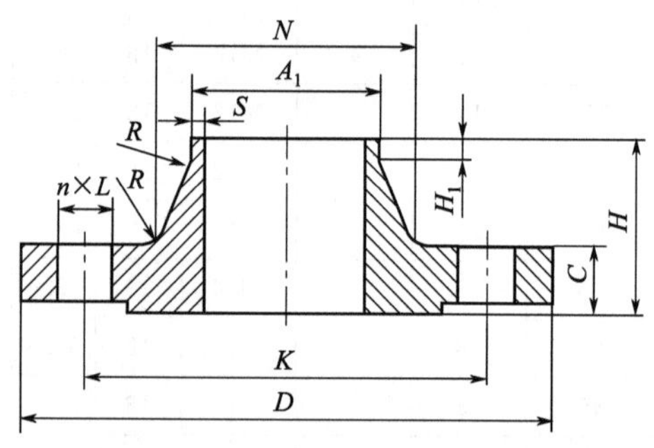

图 16-8 带颈对焊钢制管法兰

表 16-24 PN10 带颈对焊钢制管法兰尺寸 单位：mm

公称尺寸 DN	钢管外径（法兰焊端外径）A_1		连接尺寸					法兰厚度 C	法兰颈					法兰高度 H
	A	B	法兰外径 D	螺栓孔中心圆直径 K	螺栓孔直径 L	螺栓孔数量 n/个	螺栓 Th		N A	N B	$S \geqslant$	$H_1 \approx$	R	
10	17.2	14	90	60	14	4	M12	16	28	28	1.8	6	4	35
15	21.3	18	95	65	14	4	M12	16	32	32	2	6	4	38
20	26.9	25	105	75	14	4	M12	18	40	40	2.3	6	4	40
25	33.7	32	115	85	14	4	M12	18	46	46	2.6	6	4	40
32	42.4	38	140	100	18	4	M16	18	56	56	2.6	6	6	42
40	48.3	45	150	110	18	4	M16	18	64	64	2.6	7	6	45
50	60.3	57	165	125	18	4	M16	18	74	75	2.9	8	5	45
65	76.1	65	185	145	18	8	M16	18	92	92	2.9	10	6	45

续表

公称尺寸 DN	钢管外径（法兰焊端外径）A_1		连接尺寸					法兰厚度 C	法兰颈					法兰高度 H
			法兰外径 D	螺栓孔中心圆直径 K	螺栓孔直径 L	螺栓孔数量 n/个	螺栓 Th		N		S≥	H_1 ≈	R	
	A	B							A	B				
80	88.9	89	200	160	18	8	M16	20	105	105	3.2	10	6	50
100	114	114.3	220	180	18	8	M16	20	131	131	3.6	12	8	52
125	140	139.7	250	210	18	8	M16	22	156	156	4	12	8	55
150	168	168.3	285	240	22	8	M20	22	184	184	4.5	12	10	55
200	219	219.1	340	295	22	8	M20	24	234	234	6.3	16	10	62
250	273	273	395	350	22	12	M20	26	292	292	6.3	16	12	70

表 16-25　*PN*16 带颈对焊钢制管法兰尺寸　　单位：mm

公称尺寸 DN	钢管外径（法兰焊端外径）A_1		连接尺寸					法兰厚度 C	法兰颈					法兰高度 H
			法兰外径 D	螺栓孔中心圆直径 K	螺栓孔直径 L	螺栓孔数量 n/个	螺栓 Th		N		S≥	H_1 ≈	R	
	A	B							A	B				
10	17.2	14	90	60	14	4	M12	16	28	28	1.8	6	4	35
15	21.3	18	95	65	14	4	M12	16	32	32	2	6	4	38
20	26.9	25	105	75	14	4	M12	18	40	40	2.3	6	4	40
25	33.7	32	115	85	14	4	M12	18	46	46	2.6	6	4	40
32	42.4	38	140	100	18	4	M16	18	56	56	2.6	6	6	42
40	48.3	45	150	110	18	4	M16	18	64	64	2.6	7	6	45
50	60.3	57	165	125	18	4	M16	18	74	74	2.9	8	5	45
65	76.1	65	185	145	18	8	M16	18	92	92	2.9	10	6	45
80	88.9	89	200	160	18	8	M16	20	105	105	3.2	10	6	50
100	114	108	220	180	18	8	M16	20	131	131	3.6	12	8	52
125	140	133	250	210	18	8	M16	22	156	156	4	12	8	55
150	168	159	285	240	22	8	M20	22	184	184	4.5	12	10	55
200	219	219	340	295	22	12	M20	24	235	235	6.3	16	10	62
250	273	273	405	355	26	12	M24	26	292	292	6.3	16	12	70

④ 整体钢制管法兰的尺寸按图 16-9 和表 16-26～表 16-28 规定执行。

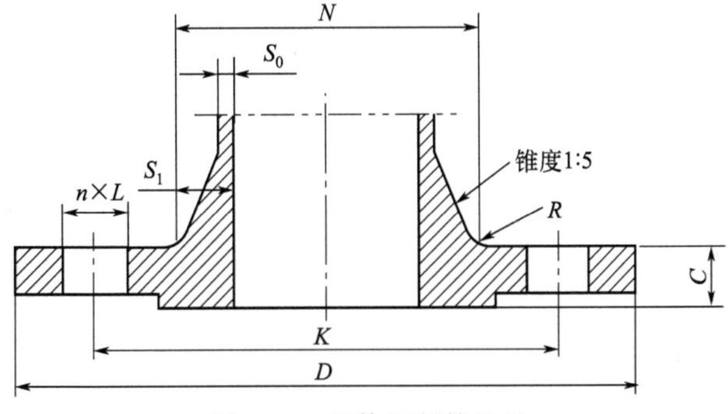

图 16-9　整体钢制管法兰

表 16-26 **PN6 整体钢制管法兰尺寸** 单位：mm

公称尺寸 DN	连接尺寸					法兰厚度 C	法兰颈			
	法兰外径 D	螺栓孔中心圆直径 K	螺栓孔直径 L	螺栓孔数量 n/个	螺栓 Th		N	R	S_0	S_1
10	75	50	11	4	M10	12	20	4	3	5
15	80	55	11	4	M10	12	26	4	3	5.5
20	90	65	11	4	M10	14	34	4	3.5	7
25	100	75	11	4	M10	14	44	4	4	9.5
32	120	90	14	4	M12	14	54	6	4	11
40	130	100	14	4	M12	14	64	6	4.5	12
50	140	110	14	4	M12	14	74	6	5	12
65	160	130	14	4	M12	14	94	6	6	14.5
80	190	150	18	4	M16	16	110	8	7	15
100	210	170	18	4	M16	16	130	8	8	15
125	240	200	18	8	M16	18	160	8	9	17.5
150	265	225	18	8	M16	18	182	10	10	16
200	320	280	18	8	M16	20	238	10	11	19
250	375	335	18	12	M16	22	284	12	11	17

表 16-27 **PN10 整体钢制管法兰尺寸** 单位：mm

公称尺寸 DN	连接尺寸					法兰厚度 C	法兰颈			
	法兰外径 D	螺栓孔中心圆直径 K	螺栓孔直径 L	螺栓孔数量 n/个	螺栓 Th		N	R	S_0	S_1
10	90	60	14	4	M12	16	28	4	6	10
15	95	65	14	4	M12	16	32	4	6	11
20	105	75	14	4	M12	18	40	4	6.5	12
25	115	85	14	4	M12	18	50	4	7	14
32	140	100	18	4	M16	18	60	6	7	14
40	150	110	18	4	M16	18	70	6	7.5	14
50	165	125	18	4	M16	18	84	5	8	15
65	185	145	18	8	M16	18	104	6	8	14
80	200	160	18	8	M16	20	120	6	8.5	15
100	220	180	18	8	M16	20	140	8	9.5	15
125	250	210	18	8	M16	22	170	8	10	17
150	285	240	22	8	M20	22	190	10	11	17
200	340	295	22	8	M20	24	246	10	12	23
250	395	350	22	12	M20	26	298	10	14	24

表 16-28 *PN*16 整体钢制管法兰尺寸　　　单位：mm

公称尺寸 *DN*	连接尺寸					法兰厚度 *C*	法兰颈			
	法兰外径 *D*	螺栓孔中心圆直径 *K*	螺栓孔直径 *L*	螺栓孔数量 *n*/个	螺栓 Th		*N*	*R*	S_0	S_1
10	90	60	14	4	M12	16	28	4	6	10
15	95	65	14	4	M12	16	32	4	6	11
20	105	75	14	4	M12	18	40	4	6.5	12
25	115	85	14	4	M12	18	50	4	7	14
32	140	100	18	4	M16	18	60	6	7	14
40	150	110	18	4	M16	18	70	6	7.5	14
50	165	125	18	4	M16	18	84	5	8	15
65	185	145	18	8	M16	18	104	6	8	14
80	200	160	18	8	M16	20	120	6	8.5	15
100	220	180	18	8	M16	20	140	8	9.5	15
125	250	210	18	8	M16	22	170	8	10	17
150	285	240	22	8	M20	22	190	10	11	17
200	340	295	22	12	M20	24	246	10	12	18
250	408	355	26	12	M24	26	296	10	14	20

⑤ 承插焊钢制管法兰的尺寸按图 16-10 和表 16-29、表 16-30 规定执行。

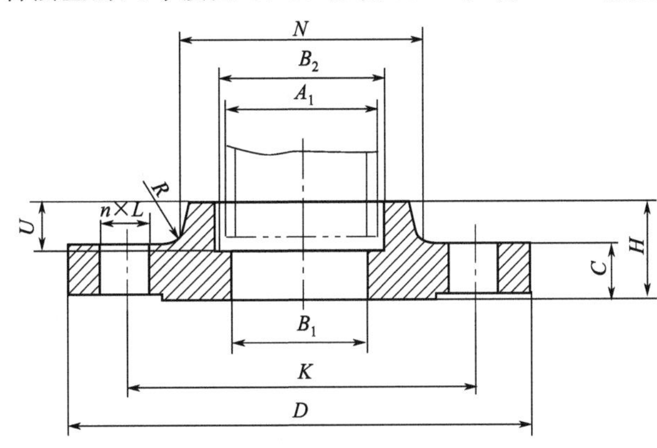

图 16-10　承插焊钢制管法兰

表 16-29 *PN*10 承插焊钢制管法兰尺寸　　　单位：mm

公称尺寸 *DN*	钢管外径 A_1		连接尺寸					法兰厚度 *C*	法兰内径 B_1		承插孔			法兰颈		法兰高度 *H*
			法兰外径 *D*	螺栓孔中心圆直径 *K*	螺栓孔直径 *L*	螺栓孔数量 *n*/个	螺栓 Th				B_2		*U*	*N*	*R*	
	A	B							A	B	A	B				
10	17.2	14	90	60	14	4	M12	16	11.5	9	18	15	9	30	4	22
15	21.3	18	95	65	14	4	M12	16	15.5	12	22.5	19	10	35	4	22
20	26.9	25	105	75	14	4	M12	18	21	19	27.5	26	11	45	4	26
25	33.7	32	115	85	14	4	M12	18	27	26	34.5	33	13	52	4	28
32	42.5	38	140	100	18	4	M16	18	35	30	43.5	39	14	60	6	30
40	48.3	45	150	110	18	4	M16	18	41	37	49.5	46	16	70	6	32
50	60.3	57	165	125	18	4	M16	18	52	49	61.5	59	17	84	5	28

表 16-30　*PN*16 承插焊钢制管法兰尺寸　　单位：mm

公称尺寸 *DN*	钢管外径 A_1		连接尺寸					法兰厚度 *C*	法兰内径 B_1		承插孔			法兰颈		法兰高度 *H*
	A	B	法兰外径 *D*	螺栓孔中心圆直径 *K*	螺栓孔直径 *L*	螺栓孔数量 *n*/个	螺栓 Th		A	B	B_2 A	B_2 B	*U*	*N*	*R*	
10	17.2	14	90	60	14	4	M12	16	11.5	9	18	15	9	30	4	22
15	21.3	18	95	65	14	4	M12	16	15.5	12	22.5	19	10	35	4	22
20	26.9	20	105	75	14	4	M12	18	21	19	27.5	26	11	45	4	26
25	33.7	32	115	85	14	4	M12	18	27	26	34.5	33	13	52	4	28
32	42.5	38	140	100	18	4	M16	18	35	30	43.5	39	14	60	6	30
40	48.3	45	150	110	18	4	M16	18	41	37	49.5	46	16	70	6	32
50	60.3	57	165	125	18	4	M16	18	52	49	61.5	59	17	84	5	28

⑥ 钢制管法兰盖尺寸按图 16-11 和表 16-31～表 16-34 规定执行。

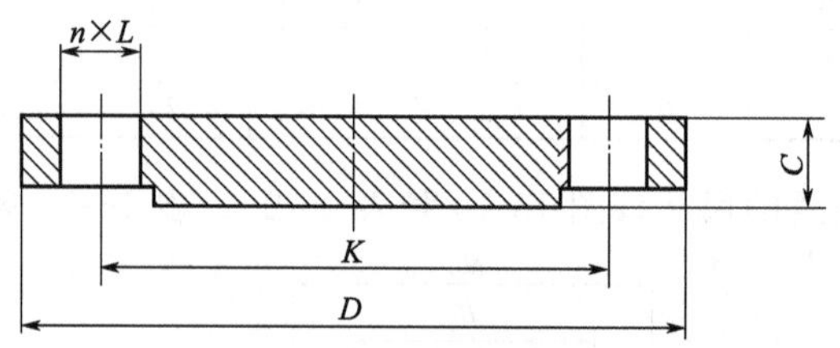

图 16-11　钢制管法兰盖

表 16-31　*PN*2.5 钢制管法兰盖尺寸　　单位：mm

公称尺寸 *DN*	连接尺寸					法兰厚度 *C*
	法兰外径 *D*	螺栓孔中心圆直径 *K*	螺栓孔直径 *L*	螺栓孔数量 *n* /个	螺栓 Th	
10	75	50	11	4	M10	12
15	80	55	11	4	M10	12
20	90	65	11	4	M10	14
25	100	75	11	4	M10	14
32	120	90	14	4	M12	16
40	130	100	14	4	M12	16
50	140	110	14	4	M12	16
65	160	130	14	4	M12	16
80	190	150	18	4	M16	18
100	210	170	18	4	M16	18
125	240	200	18	8	M16	20
150	265	225	18	8	M16	20
200	320	280	18	8	M16	22
250	375	335	18	12	M16	24

表 16-32　*PN*6 钢制管法兰盖尺寸　　单位：mm

公称尺寸 *DN*	连接尺寸					法兰厚度 *C*
	法兰外径 *D*	螺栓孔中心圆直径 *K*	螺栓孔直径 *L*	螺栓孔数量 *n*/个	螺栓 Th	
10	75	50	11	4	M10	12
15	80	55	11	4	M10	12
20	90	65	11	4	M10	14
25	100	75	11	4	M10	14
32	120	90	14	4	M12	14
40	130	100	14	4	M12	14
50	140	110	14	4	M12	14
65	160	130	14	4	M12	14
80	190	150	18	4	M16	16
100	210	170	18	4	M16	16
125	240	200	18	8	M16	18
150	265	225	18	8	M16	18
200	320	280	18	8	M16	20
250	375	335	18	12	M16	22

表 16-33　*PN*10 钢制管法兰盖尺寸　　单位：mm

公称尺寸 *DN*	连接尺寸					法兰厚度 *C*
	法兰外径 *D*	螺栓孔中心圆直径 *K*	螺栓孔直径 *L*	螺栓孔数量 *n*/个	螺栓 Th	
10	90	60	14	4	M12	16
15	95	65	14	4	M12	16
20	105	75	14	4	M12	18
25	115	85	14	4	M12	18
32	140	100	18	4	M16	18
40	150	110	18	4	M16	18
50	165	125	18	4	M16	18
65	185	145	18	8	M16	18
80	200	160	18	8	M16	20
100	220	180	18	8	M16	20
125	250	210	18	8	M16	22
150	285	240	22	8	M20	22
200	340	195	22	8	M20	24
250	395	350	22	12	M20	26

表 16-34　*PN*16 钢制管法兰盖尺寸　　单位：mm

公称尺寸 *DN*	连接尺寸					法兰厚度 *C*
	法兰外径 *D*	螺栓孔中心圆直径 *K*	螺栓孔直径 *L*	螺栓孔数量 *n*/个	螺栓 Th	
10	90	60	14	4	M12	16
15	95	65	14	4	M12	16
20	105	75	14	4	M12	18
25	115	85	14	4	M12	18

续表

公称尺寸 DN	连接尺寸					法兰厚度 C
	法兰外径 D	螺栓孔中心圆直径 K	螺栓孔直径 L	螺栓孔数量 n/个	螺栓 Th	
32	140	100	18	4	M16	18
40	150	110	18	4	M16	18
50	165	125	18	4	M16	18
65	185	145	18	8	M16	18
80	200	160	18	8	M16	20
100	220	180	18	8	M16	20
125	250	210	22	8	M16	22
150	285	240	22	8	M20	22
200	340	295	26	13	M20	24
250	405	355	26	12	M24	26

16.3.9 法兰焊接接头和坡口尺寸

16.3.9.1 板式平焊法兰

① 表 16-35 所示压力范围和板式平焊法兰与钢管连接的焊接接头应符合图 16-12 的要求。

表 16-35 板式平焊法兰压力范围和尺寸（一）

法兰类型	公称压力 PN/bar	公称尺寸 DN/mm
板式平焊法兰	2.5	10～2000
	6	10～1600
	10	10～600

② 表 16-36 所示的板式平焊法兰与钢管连接的焊接接头和坡口尺寸应符合图 16-13 和表 16-37 的要求。

表 16-36 板式平焊法兰压力范围和尺寸（二）

法兰类型	公称压力 PN/bar	公称尺寸 DN/mm
板式平焊法兰	6	1800～2000
	16	10～600

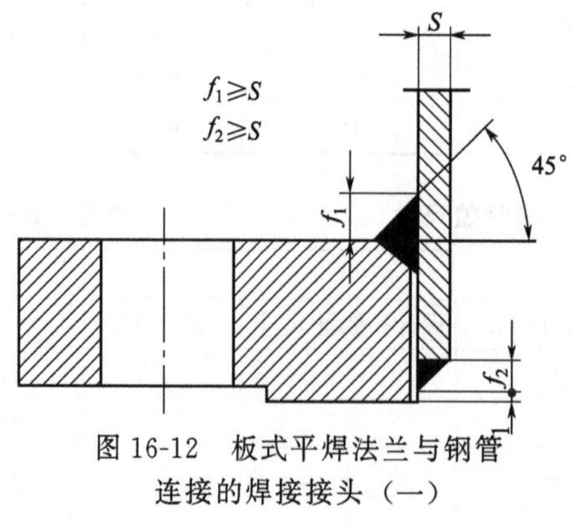

图 16-12 板式平焊法兰与钢管连接的焊接接头（一）

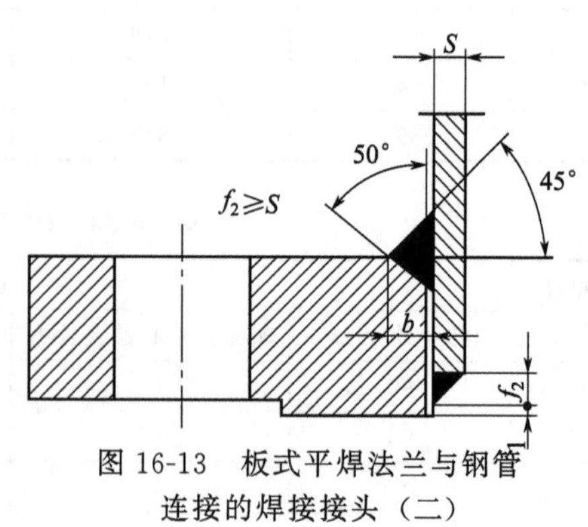

图 16-13 板式平焊法兰与钢管连接的焊接接头（二）

表 16-37　板式平焊法兰与钢管连接的焊接接头坡口宽度　　单位：mm

公称尺寸 *DN*	10	15	20	25	32	40	50	65	80	100	125	150	200
坡口宽度 *b*	4	4	4	5	5	5	5	6	6	6	6	6	8
公称尺寸 *DN*	250	300	350	400	450	500	600	1200	1400	1600	1800	2000	—
坡口宽度 *b*	10	11	12	12	12	12	12	13	14	16	17	18	—

16.3.9.2　带颈平焊法兰

① 表 16-38 所示范围的带颈平焊法兰与钢管连接的焊接接头应符合图 16-14 的要求。

表 16-38　带颈平焊法兰的压力和尺寸（一）

法兰类型	公称压力 *PN*/bar	公称尺寸 *DN*/mm
带颈平焊法兰	6	10～300
	10	10～400

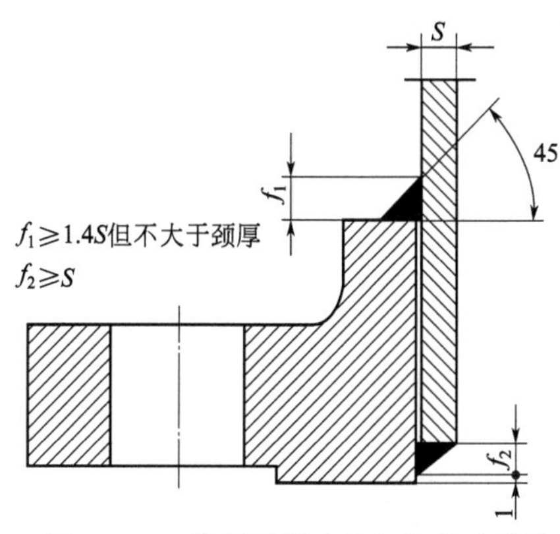

图 16-14　带颈平焊法兰与钢管连接的焊接接头（一）

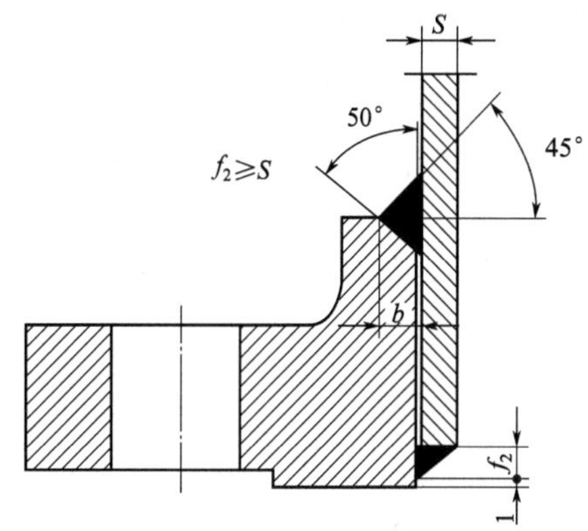

图 16-15　带颈平焊法兰与钢管连接的焊接接头（二）

② 表 16-39 所示的带颈平焊法兰与钢管连接的焊接接头和坡口尺寸应符合图 16-15 和表 16-40 的要求。

表 16-39　带颈平焊法兰的压力和尺寸（二）

法兰类型	公称压力 *PN*/bar	公称尺寸 *DN*/mm
带颈平焊法兰	10	450～600
	16	10～600
	25	10～600
	40	10～600

表 16-40　带颈平焊法兰与钢管连接的焊接接头的坡口宽度　　单位：mm

公称尺寸 *DN*	坡口宽度 *b*		公称尺寸 *DN*	坡口宽度 *b*	
	≤*PN*25	*PN*40		≤*PN*25	*PN*40
10	4	4	20	4	4
15	4	4	25	5	5

续表

公称尺寸 DN	坡口宽度 b		公称尺寸 DN	坡口宽度 b	
	≤PN25	PN40		≤PN25	PN40
32	5	5	200	8	10
40	5	5	250	10	11
50	5	5	300	11	12
65	6	6	350	12	13
80	6	6	400	12	14
100	6	6	450	12	16
125	6	7	500	12	17
150	6	8	600	12	18

16.3.9.3 承插焊法兰

承插焊法兰与钢管连接的焊接接头应符合图 16-16 的要求。

16.3.9.4 带颈对焊法兰

① 带颈对焊法兰与钢管连接的焊接接头和坡口应符合图 16-17(a) 的要求。

② 带颈对焊法兰的直边段厚度超过与其对接的管壁厚 1mm 以上时，法兰的直边段应在内径处削薄，削薄段的斜度应小于或者等于 1∶3，如图 16-17(b) 所示。

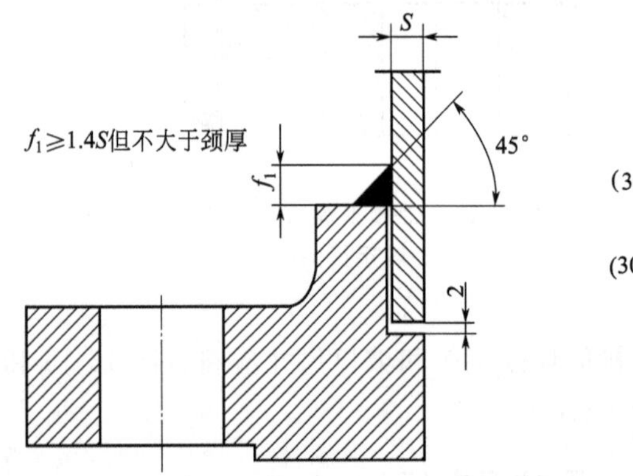

图 16-16 承插焊法兰与钢管连接的焊接接头

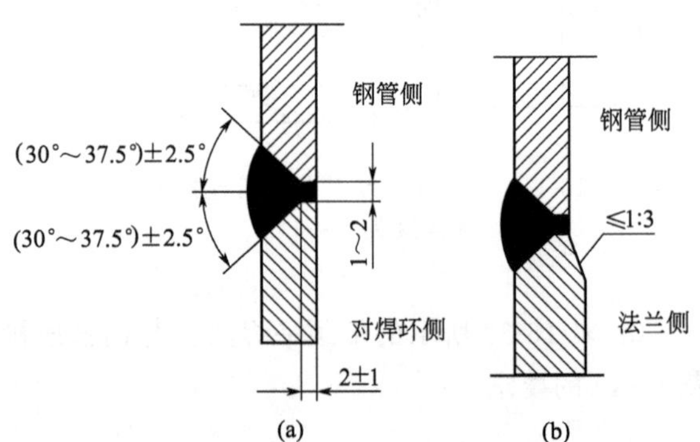

图 16-17 带颈对焊法兰与钢管连接的焊接接头

当法兰与公称壁厚小于或者等于 3.2mm 的奥氏体钢管连接时，钝边可取消

16.3.10 法兰的尺寸公差

法兰的尺寸公差按表 16-41 的规定执行。

表 16-41 法兰的尺寸公差 单位：mm

项目	法兰型式	尺寸范围	尺寸公差
法兰厚度 C	双面加工的所有型式法兰(包括锪孔)	C≤18	±1.0
		18<C≤50	±1.5
		C>50	±2.0

续表

项目	法兰型式	尺寸范围	尺寸公差
法兰高度 H	带颈法兰 对焊环	≤DN80	±1.5
		DN100～250	±2.0
		≥DN300	±3.0
法兰颈部大端直径 N	带颈法兰 整体法兰	≤DN50	0 −2
		DN65～150	0 −4
		DN200～300	0 −6
		DN350～600	0 −8
		≥DN700	0 −10
	带颈平焊法兰 承插焊法兰 螺纹法兰	≤DN50	+1.0 0
		DN65～150	+2.0 0
		DN200～300	+4.0 0
		DN350～600	+8.0 0
对焊法兰或对焊环焊端外径 A 或 A_1	带颈对焊法兰 对焊环	DN≤125	+3.0 0
		DN150～1200	+4.5 0
		≥DN1300	+6.0 0
法兰内径和承插孔内径 B_1、B_2	所有型式	≤DN100	+0.5 0
		DN125～400	+1.0 0
		DN450～600	+1.5 0
		≥DN700	+3.0 0
法兰外径 D	整体法兰	≤DN250	±4.0
		DN300～500	±5.0
		DN600～800	±6.0
		DN900～1200	±7.0
		DN1400～1600	±8.0
		>DN1600	±10.0
	所有型式	≤DN150	±2.0
		DN200～500	±3.0
		DN600～1200	±5.0
		DN1400～1800	±7.0
		>DN1800	±10.0

续表

项目	法兰型式		尺寸范围	尺寸公差
法兰突台外径 d（环连接面除外）	所有型式		DN≤250	+2.0 −1.0
			>DN250	+3.0 −1.0
法兰突台高度 f_1（环连接面除外）	所有型式		2	0 −1.0
环连接面法兰突台高度 E	所有型式		—	±1.0
凹面/凸面和榫面/槽面高度 f_2、f_3	所有型式		—	+0.5 0
凹面/凸面和榫面/槽面直径	X、Z	所有型式	—	0 −0.5
	W、Z			+0.5 0
螺栓孔中心圆直径 K	所有型式		≤M24	±1.0
			>M24	±1.5
相邻两螺栓孔间距	所有型式		≤M24	±1.0
			>M24	±1.5
螺栓孔直径 L	所有型式			±0.5
螺栓中心圆与加工密封面的同轴度偏差	所有型式		≤DN100	1.0
			≥DN125	2.0
密封面与螺栓支撑面的平行度	所有形式			1°
颈部厚度 S	带颈对焊法兰 整体法兰		≤DN80	+1.0 0
			DN100～400	+1.5 0
			DN450～600	+2.0 0
			DN700～1000	+3.0 0
			≥DN1200	+4.0 0
对焊环焊端以及翻边壁厚	对焊环			+1.6 −12.5%钢管名义厚度

16.3.11 可配合使用的管法兰标准

标准法兰的连接尺寸（包括密封面尺寸）与符合表 16-42 所列的标准的管法兰基本相同，可以配合使用。

表 16-42 管法兰标准

标准编号	标准名称	压力等级 PN/bar
EN 1092.1—2002	钢制法兰	2,5,6,10,25,40,63,100,160
JB/T 74—2015	管路法兰	2,5,5,10,16,25,40,63,100
HG/T 20592～20605—2019	钢制管法兰	2,5,6,10,25,40,63,100,160
GB/T 9112～9124—2010	钢制管法兰	2,5,6,10,16,25,40,63,100,160

注:JB/T 74～90—1994 管路法兰中,管法兰 PN2.5-DN500 和 PN10-DN80 与本标准不能配合使用。

16.4 钢制法兰用非金属平垫片

16.4.1 垫片材料和使用条件

钢制法兰用非金属平垫片的材料如下：

① 天然橡胶、聚氯乙烯、丁苯橡胶、丁腈橡胶、三元乙丙橡胶、氟橡胶等。

② 石棉橡胶板和耐油石棉橡胶板。

③ 非石棉纤维橡胶板。

④ 聚四氟乙烯板、膨胀聚四氟乙烯板或带、填充改性聚四氟乙烯板。

⑤ 增强柔性石墨板。

⑥ 高温云母复合板。

注：① 非石棉纤维橡胶板指有机纤维和（或）无机纤维与橡胶等材料在高温下压延而成。

② 增强柔性石墨板由冲齿或冲孔不锈钢 0Cr18Ni9（304）、0Cr17Ni12Mo2（316）或 00Cr17Ni14Mo2（316L）板和柔性石墨层复合而成。

③ 高温云母复合板是由 316 双向冲齿不锈钢板和云母层复合而成。

16.4.2 垫片材料种类

① 橡胶板类垫片材料按表 16-43 规定。

表 16-43 橡胶板类垫片材料性能

试验项目	试验方法	橡胶种类			
		氯丁橡胶(CR)	丁腈橡胶(NBR)	三元乙丙橡胶(EPDM)	氟橡胶
硬度(邵氏 A)	GB/T 531	70±5			
拉伸强度/MPa	GB/T 528	≥10			
扯断伸长率/%		≥250			≥150

② 石棉橡胶板材料按 GB/T 3985、GB/T 539 的规定。

③ 聚四氟乙烯板材料按 GB/T 3625—2015 中 SFE-2 的规定。

④ 聚四氟乙烯材料因具有冷缩倾向，选用时应注意其适用的操作条件以及法兰的密封面型式。

⑤ 增强柔性石墨板是由不锈钢冲齿或冲孔芯板与膨胀石墨粒子复合而成，不锈钢冲齿或冲孔芯板起增强作用。增强柔性石墨板应符合 JG/T 6628 的规定，柔性石墨层材料应符合 JB/T 7758.2 的要求。其中，氯离子含量应小于或等于 5.0×10^{-6}。

⑥ 选用膨胀聚四氟乙烯板或带、填充改性聚四氟乙烯板垫片时，应注明公认的厂商牌号，根据使用工况确认垫片的使用压力、适用温度和最大（$p\times T$）值。

⑦ 膨胀聚四氟乙烯带一般用于管法兰的维护和保养，尤其是应急场合，也用于异形管法兰。选用时，应注明公认的厂商牌号。

⑧ 选用非石棉纤维橡胶板垫片时，应注明公认的厂商牌号，根据使用工况确认垫片的适用压力 p、适用温度 T 和最大（$p\times T$）值。

16.4.3 垫片使用条件

① 非金属平垫片的使用条件应符合表 16-44 的规定。

表 16-44 非金属平垫片的使用条件

类别	名称	标准	代号	适用范围		最大 $(p\times T)$ /MPa·℃
				公称压力 PN/bar	工作温度/℃	
橡胶	天然橡胶	①	NR	≤16	−50～+80	60
	氯丁橡胶		CR	≤16	−20～+100	60
	丁腈橡胶		NBR	≤16	−20～+110	60
	丁苯橡胶		SBR	≤16	−20～+90	60
	三元乙丙橡胶		EPDM	≤16	−30～+140	90
	氟橡胶		FKM	≤16	−20～+200	90
石棉橡胶	石棉橡胶板	GB/T 3985	XB350	≤25	−40～+300	650
			XB450			
	耐油石棉橡胶板	GB/T 539	NY400			
非石棉纤维橡胶	非石棉纤维的橡胶压制板 无机纤维	②	NAS	≤40	−40～+290④	960
	非石棉纤维的橡胶压制板 有机纤维				−40～+200④	
聚四氟乙烯	聚四氟乙烯板	QB/T 3625	PTFE	≤16	−50～+100	
	膨胀聚四氟乙烯板或带	②,③	ePTFE	≤40	−200～+200④	
	填充改性聚四氟乙烯板		RPTFE			
柔性石墨	增强柔性石墨板⑤	JB/T 6628 JB/T 7758.2	RSB	10～63	−24～+650 (用于氧化性介质时：−240～+450)	1200
高温云母	高温云母复合板⑥			10～63	−196～+900	

① 除本表的规定以外，选用时还应符合 HG/T20614 的相应规定。

② 非石棉纤维橡胶板、膨胀聚四氟乙烯板或带、填充改性聚四氟乙烯选用时应注明公认的厂商牌号，按具体使用工况，确认具体产品的使用压力、使用范围及最大$(p\times T)$值。

③ 膨胀聚四氟乙烯带一般用于管法兰的维护和保养，尤其是应急场合，也用于异形管法兰。

④ 超过此温度范围或饱和蒸气压力大于 1.0MPa(表压)使用时，应确认具体产品适用条件。

⑤ 增强柔性石墨板是由不锈钢冲齿或冲孔芯板与膨胀石墨粒子复合而成，不锈钢冲齿或孔芯板起增强作用。

⑥ 高温云母复合板是由 316 不锈钢双向冲齿板和云母层复合而成，不锈钢冲齿板起增强作用。

② 不同密封面法兰用垫片的公称压力范围见表 16-45 的规定。

表 16-45 不同密封面法兰用垫片的公称压力范围

密封面形式(代号)	公称压力 PN/bar	密封面形式(代号)	公称压力 PN/bar
全平面(FF)	2.5～16	凹面/凸面(FM/M)	10～63
突面(RF)	2.5～63	榫面/槽面(T/G)	10～63

③ 选用垫片的材料和厚度时，应考虑操作介质、使用工况、法兰密封面型式、表面粗糙度以及螺栓载荷的影响。用于临界场合的垫片，应向供应商咨询并确认。

④ 垫片与法兰及紧固件的选配按 HG/T 20614 规定。

16.4.4 垫片型式

垫片按密封面型式分为 FF 型、RF 型、RF-E 型，分别适用于突面、凹面/凸面和榫面/槽面法兰，如图 16-18 所示。柔性石墨垫片和高温云母复合板垫片仅适用于突面、凹面/凸面和榫面/槽面法兰。

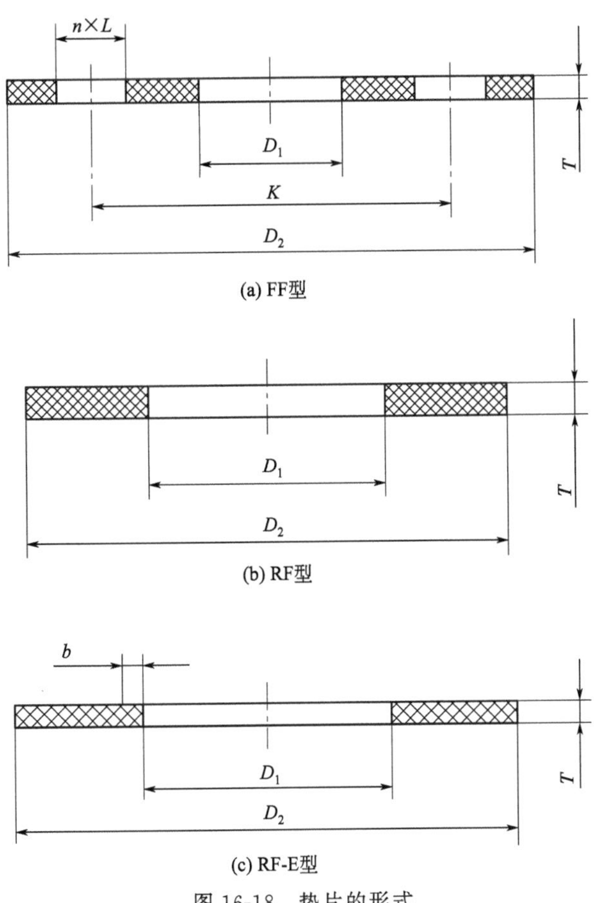

图 16-18　垫片的形式

16.4.5 垫片尺寸

① 全平面法兰用 FF 型垫片尺寸按表 16-46 的规定。

② 突面法兰用 RF 型垫片尺寸按表 16-47 的规定。根据需要，石棉橡胶板、耐油石棉橡胶板、非石棉纤维橡胶板、增强柔性石墨板和高温云母复合板制 RF 型垫片可带有不锈钢内包边（即 RF-E 型），其包边尺寸按表 16-47 规定。

③ 表 16-46、表 16-47 所示的垫片尺寸适用于 HG/T 20592 所列 A、B 两个钢管外径系列的钢制管法兰。

④ 表 16-46、表 16-47 中垫片内径 D_1 为最大垫片内直径，适用于一般情况。用户可规定其他垫片内径尺寸，但应在订货时注明。

表 16-46　全平面法兰用 FF 型垫片尺寸　　单位：mm

公称尺寸 DN	垫片内径[1] D_1	$PN2.5$				$PN6$				垫片厚度 T[3]
		垫片外径 D_2	螺栓孔数量 n/个	螺栓孔直径 L	螺栓孔中心圆直径 K	垫片外径 D_2	螺栓孔数量 n/个	螺栓孔直径 L	螺栓孔中心圆直径 K	
10	18	75	4	11	50	75	4	11	50	1.5[4]
15	22	80	4	11	55	80	4	11	55	
20	27	90	4	11	65	90	4	11	65	
25	34	100	4	11	75	100	4	11	75	
32	43	120	4	14	90	120	4	14	90	
40	49	130	4	14	100	130	4	14	100	
50	61	140	4	14	110	140	4	14	110	
65	77	160	4	14	130	160	4	14	130	
80	89	190	4	18	150	190	4	18	150	
100	115	210	4	18	170	210	4	18	170	
125	141	240	8	18	200	240	8	18	200	
150	169	265	8	18	225	265	8	18	225	
200	220	320	8	18	280	320	8	18	280	
250	273	375	12	18	335	375	12	18	335	
10	18	90	4	14	60	90	4	14	60	1.5[4]
15	22	95	4	14	65	95	4	14	65	
20	27	105	4	14	85	115	4	14	85	
25	34	115	4	14	85	115	4	14	85	
32	43	140	4	18	100	140	4	18	100	
40	49	150	4	18	110	150	4	18	125	
50	61	165	4	18	125	165	4	18	125	
65	77	185	8[2]	18	145	185	8[2]	18	145	
80	89	200	8	18	160	200	8	18	160	
100	115	220	8	18	180	220	8	18	180	
125	141	250	8	18	210	250	8	18	210	
150	169	285	8	22	240	285	8	22	240	
200	220	340	8	22	295	340	12	22	295	
250	273	395	12	22	350	405	12	26	355	

① D_1 为最大垫片直径。用户可规定其他垫片内径尺寸，但应在订货时注明。

② 也可与采用 4 个螺栓孔的管法兰连接。

③ 表中的垫片厚度 T 为推荐选用的垫片厚度。

④ 橡胶垫厚度大于或等于 1.5mm。

表 16-47　突面法兰用 RF 和 RF-E 型垫片尺寸　　单位：mm

公称尺寸 DN	垫片内径 D_1	垫片外径 D_2							垫片厚度 T	包边宽度 b
		公称压力 PN/bar								
		2.5	6	10	16	25	40	63		
10	18	39	39	46	46	46	46	56	1.5	3
15	22	44	44	51	51	51	51	61		

续表

公称尺寸 *DN*	垫片内径 D_1	垫片外径 D_2							垫片厚度 *T*	包边宽度 *b*
		公称压力 *PN*/bar								
		2.5	6	10	16	25	40	63		
20	27	54	54	61	61	61	61	72	1.5	3
25	34	64	64	71	71	71	71	82		
32	43	76	76	82	82	82	82	88		
40	49	86	86	92	92	92	92	103		
50	61	96	96	107	107	107	107	113		
65	77	116	116	127	127	127	127	138		
80	89	132	132	142	142	142	142	148		
100	115	152	152	162	162	168	168	174		
125	141	182	182	192	192	194	194	210		
150	169	207	207	218	218	224	224	247		
200	220	262	262	273	273	284	290	309		
250	273	317	317	328	329	340	352	364		

注：1. D_1 为最大垫片直径。用户可规定其他垫片内径尺寸，但应在订货时注明。

2. 表中的垫片厚度 *T* 为推荐选用的垫片厚度。

16.5 钢制管法兰用聚四氟乙烯包覆垫片(PN 系列)

① 垫片的型式按加工方法分为剖切型、机加工型和拆包型，分别以 A 型、B 型和 C 型表示，如图 16-19 所示。A 型和 B 型适用于公称尺寸小于或等于 *DN*500 的场合，推荐选用 B 型。

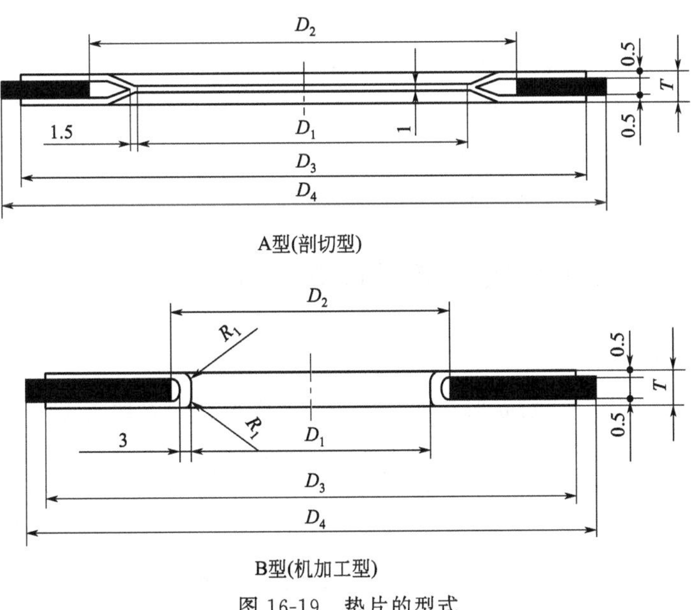

图 16-19　垫片的型式

② 垫片尺寸

a. A 型、B 型的垫片尺寸按表 16-48 的规定。

表 16-48 聚四氟乙烯包覆垫片尺寸（A 型和 B 型） 单位：mm

公称尺寸 DN	包覆层内径 D_1	包覆层外径 D_{min}	垫片外径 D_4					垫片厚度 T
			公称压力 PN/bar					
			6	10	16	25	40	
10	18	36	39	46	46	46	46	3.0
15	22	40	44	51	51	51	51	
20	27	50	54	61	61	61	61	
25	34	60	64	71	71	71	71	
32	43	70	76	82	82	82	82	
40	49	80	86	92	92	92	92	
50	61	92	96	107	107	107	107	
65	77	110	116	127	127	127	127	
80	89	126	132	142	142	142	142	
100	115	151	152	162	162	168	168	
125	141	178	182	192	192	194	194	
150	169	206	207	218	218	224	224	
200	220	260	262	273	273	284	290	
250	273	314	317	328	329	340	352	

注：表中列出的垫片厚度 T 为推荐厚度。用户可规定其他垫片厚度，但应在订货时注明。

b. 表 16-48 的垫片厚度 T 为推荐厚度。用户可规定其他垫片厚度，但应在订货时注明。

c. 表 16-48 中的包覆层内径 D_1 适用于一般情况。用户可规定其他垫片内径尺寸，但应在订货时注明。

d. 图 16-19 中的嵌入层内径 D_2 由制造厂根据垫片型式和嵌入层材料的性能确定。

e. 图 16-19 中 B 型垫片内径处的倒圆角尺寸 R 大于或等于 1mm。

③ 选用垫片的材料和厚度时，应考虑操作介质、使用工况、法兰密封面型式、表面粗糙度以及螺栓载荷的影响。对于临界场合使用的垫片，应向垫片供应商咨询并确认。

④ 垫片与法兰及紧固件的选配按 HG/T 20614 的规定执行。

16.6 钢制管法兰用缠绕式垫片(PN 系列)

16.6.1 一般规定

① 垫片的类型、代号、断面形状和适用于法兰密封面型式按表 16-49 的规定。

表 16-49 垫片的型式和代号

类型	代号	断面形状	适用法兰密封面型式
基本型	A		榫面/槽面

续表

类型	代号	断面形状	适用法兰密封面型式
带内环型	B		凹面/凸面
带对中环型	C		突面[①]
带内环和对中环型	D		突面[①]

① 也适用于全平面的法兰密封面。

② 公称压力和公称尺寸

a. 垫片适用的公称压力为：*PN*16、*PN*25、*PN*40、*PN*63、*PN*100、*PN*160。

b. 垫片适用的公称尺寸范围见表 16-52、表 16-53 的规定。

③ 垫片的使用要求

a. 垫片的使用温度范围按表 16-50 规定执行。

表 16-50 垫片的使用温度范围

金属带材料		填充材料		使用温度范围[②]/℃
钢号	标准	名称	参考标准	
0Cr18Ni9(304)	GB/T 3280	温石棉带[①]	JC/T 69	−100～+30
00Cr19Ni10(304L)		柔性石墨带	JB/T 7758.2	−200～+650[③]
0Cr17Ni12Mo2(316)		聚四氟乙烯带	QB/T 3628	−200～+200
00Cr17Ni14Mo2(316L)		非石棉纤维带	—	−100～+250[②]
0Cr18Ni10Ti(321)				
0Cr18Ni11Nb(347)				
0Cr25Ni20(310)				

① 含石棉材料的使用应遵守相关法律的规定，使用时必须采取预防措施，以确保不对人身健康构成危害

② 不同种类的非石棉纤维带材料有不同的使用温度范围，按材料生产厂的规定。

③ 用于氧化性介质时，最高使用温度为 450℃。

b. 垫片的类型和材料应根据流体、操作工况、材料、法兰密封面型式、表面粗糙度以及螺栓载荷选取。用于特殊场合的垫片，应向供应商咨询并确认。

c. 垫片与法兰及紧固件的选配按 HG/T 20614 的规定执行。

16.6.2 材料

① 金属带的典型材料按表 16-50 的规定，金属带厚度为 0.2mm±0.02mm，金属带材料的化学成分和力学性能应符合 GB/T 3280 的规定，金属带硬度 HV≤150 或按用户要求。

② 填充材料的化学成分和力学性能应符合表 16-50 和表 16-51 的规定，聚四氟乙烯不得使用再生材料。

表 16-51　填充材料的主要性能

项目	温石棉和非石棉纤维	柔性石墨	聚四氟乙烯
拉伸强度(横向)/MPa	≥2.0	—	≥2.0
烧失量/%	≤20	—	—
氯离子含量/$\times 10^{-6}$	—	≤50	—
熔点/℃	—	—	327±10

③ 内环材料应具有与金属带材料同样或更高的耐腐蚀性能，不锈钢材料应符合 GB/T 3280 或 GB/T 4237 的规定。除用户另有规定外，对中环可采用碳钢，碳钢应符合 GB/T 11253 或 GB/T 912 的规定，并经喷涂、电镀或其他表面处理。

④ 如果采用其他金属带和填充材料，应在订货时注明。

16.6.3　尺寸

① 垫片的尺寸按图 16-20 和表 16-52、表 16-53 的规定执行。

表 16-52　突面法兰用带对中环（C 型）或带内环和对中环（D 型）垫片尺寸

单位：mm

公称尺寸 DN	内环内径	缠绕部分内径 D_{1min}	公称压力 PN/bar								垫片厚度 T	内环对中环厚度
			16～40	63～160	16	25	40	63	100	160		
			缠绕部分外径 D_{3min}		对中环外径 D_4							
10	18	24	34	34	46			56				
15	22	28	38	38	51			61				
20	27	33	45	45	61			72				
25	34	40	52	52	71			82				
32	43	49	61	61	82			88				
40	49	55	67	67	92			103				
50	61	70	86	86	107			113	119			
65	77	86	102	106	127			138	144		4.5	3
80	90	99	115	119	142			148	154			
100	116	128	144	148	162	168		174	180			
125	143	155	173	179	192	194		210	217			
150	170	182	200	206	218	224		247	257			
200	222	234	254	258	273	284	290	309	324			
250	276	288	310	316	329	340	352	364	391	388		

② 表 16-52、表 16-53 中的缠绕垫片厚度系指缠绕部分金属带之间的高度，不包括高出金属带的填料厚度。

③ 用户可以根据需要修改内环内径尺寸，但应在订货时注明，内环允许伸入管子内径的最大数值为 1.5mm。

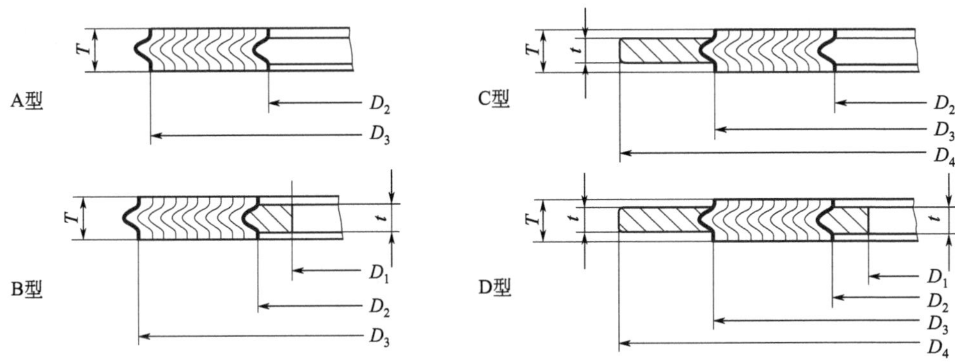

图 16-20　金属缠绕垫片尺寸

表 16-53　榫面/槽面和凹面/凸面法兰用基本型（A 型）或带内环（B 型）垫片尺寸

单位：mm

公称尺寸 DN	内环内径 D_1	缠绕部分			内环厚度 t
		内径 D_2	外径 D_3	厚度 T	
10	18	24	34	3.2	2
15	22	29	39		
20	27	36	50		
25	34	43	57		
32	43	51	65		
40	49	61	75		
50	61	73	87		
65	77	95	109		
80	90	106	120		
100	116	129	149		
125	143	155	175		
150	170	183	203		
200	222	239	259		
250	276	292	312		

16.7 钢制管法兰用具有覆盖层的齿形组合垫(PN 系列)

16.7.1 类型和代号

齿形组合垫片的类型、代号、断面形状和适用法兰密封面型式按表 16-54 的规定执行。

表 16-54　齿形组合垫片的典型型式和代号

类型	代号	断面形状	适用法兰密封面型式
基本型	A		榫面/槽面或凹面/凸面

续表

类型	代号	断面形状	适用法兰密封面型式
带整体对中环型	B	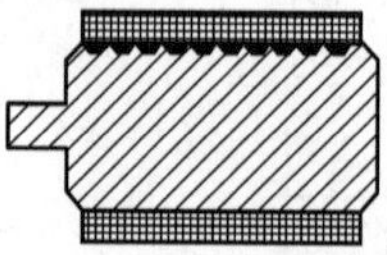	突面
带活动对中环型	C	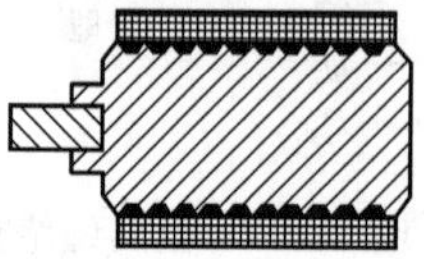	突面

注：也适用于全平面的法兰密封面。

16.7.2 齿形组合垫片公称压力和公称尺寸

① 垫片的适用公称压力为 $PN16$、$PN25$。

② 适用本标准垫片的公称尺寸范围见表 16-57 和表 16-58 的规定。

16.7.3 齿形组合垫片的使用

① 齿形组合垫片的使用温度范围按表 16-55 规定执行。

表 16-55 齿形组合垫片的使用温度范围

齿形金属圆环材料		覆盖层材料		使用温度范围/℃
钢号	标准	名称	参考标准	
06Cr19Ni10(304)	GB/T 4237 GB/T 3280	柔性石墨	JB/T 7758.2	－200～＋650
022Cr19Ni10(304L)		聚四氟乙烯	QB/T 3625	－200～＋200
0Cr17Ni12Mo2(316)				
00Cr17Ni14Mo2(316L)				
06Cr18Ni11Ti(321)				
06Cr18Ni11Nb(347)				
0Cr25Ni20(310)				

② 齿形组合垫片的类型和材料应根据流体、操作工况、材料、法兰密封面型式、表面粗糙度以及螺栓载荷选取。用于特殊场合的垫片，应向供应商咨询并确认。

③ 齿形组合垫片与法兰及紧固件的选配按 HG/T 20614 的规定执行。

16.7.4 材料

① 齿形金属圆环的典型材料按表 16-55 的规定，也可采用其他材料，但应在订货时注明。

② 覆盖层的典型材料为柔性石墨和聚四氟乙烯板材（见表 16-55），也可采用其他覆盖层材料，但应在订货时注明。

③ 柔性石墨、聚四氟乙烯板材的性能应符合表 16-56 的规定，聚四氟乙烯不得使用再生材料。

表 16-56　覆盖层材料的主要性能

项目	柔性石墨	聚四氟乙烯
拉伸强度(横向)/MPa	—	≥15
氯离子含量/$\times10^{-6}$	≤50	—
熔点/℃	—	327±10

④ 整体对中环采用与齿形金属圆环相同的材料。除用户另有规定外，活动对中环可以为碳钢，碳钢应符合 GB/T 912 规定，并经喷涂、电镀或其他表面处理。

16.7.5　齿形组合垫尺寸

具有覆盖层的金属齿形垫片的尺寸按图 16-21 和表 16-57、表 16-58 的规定，图 16-21 中 h 为最小值。

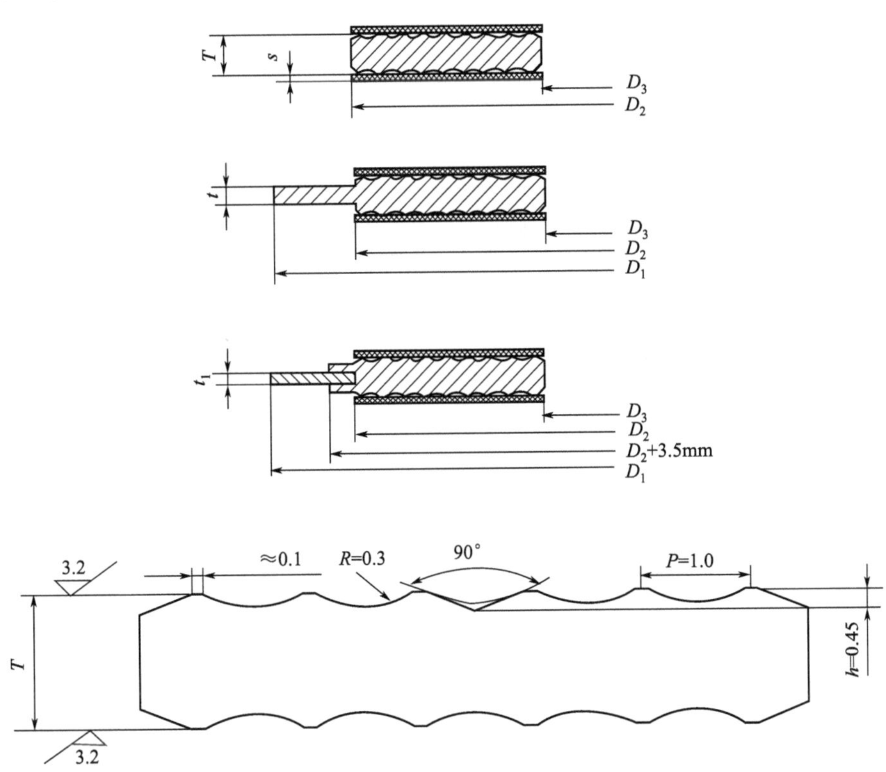

图 16-21　具有覆盖层的金属齿形垫片尺寸

表 16-57　突面法兰用带对中环（B 型或 C 型）垫片尺寸　　单位：mm

公称尺寸 DN	齿形金属圆环 内径 D_3	齿形金属圆环 外径 D_2 PN16～PN40	齿形金属圆环 外径 D_2 PN63～PN160	对中环外径 D_1 PN6	PN25	PN40	PN63	PN100	PN160	齿形金属圆环厚度 T	整体对中环厚度 t	活动对中环厚度 t_1	覆盖层厚度 s
10	22	36	36	46			56			4.0	2.0	1.5	0.5
15	26	42	42	51			61						
20	36	52	52	61			72						

续表

公称尺寸 DN	齿形金属圆环			对中环外径 D_1						齿形金属圆环厚度 T	整体对中环厚度 t	活动对中环厚度 t_1	覆盖层厚度 s
	内径 D_3	外径 D_2											
		PN16～PN40	PN63～PN160	PN6	PN25	PN40	PN63	PN100	PN160				
25	36	52	52	71			82			4.0	2.0	1.5	0.5
32	46	62	62	82			88						
40	53	69	69	92			103						
50	65	81	81	107			113	119					
65	81	100	100	127			138	144					
80	95	115	115	142			148	154					
100	118	138	138	162	168		174	180					
125	142	162	162	192	194		210	217					
150	170	190	190	218	224		247	257					
200	220	240	248	273	284	290	309	324					
250	270	290	300	329	340	352	364	391	388				

表 16-58 榫面/槽面和凹面/凸面法兰用基本型（A 型）垫片尺寸 单位：mm

公称尺寸 DN	齿形金属圆环（PN16～PN160）			齿形金属圆环厚度 T
	内径 D_3		外径 D_2	
	榫面/槽面	凹面/凸面		
10	24	18	34	3.0
15	29	22	39	
20	36	28	50	
25	43	35	57	
32	51	43	65	
40	61	49	75	
50	73	61	87	
65	95	77	109	
80	106	90	120	
100	129	115	149	
125	155	141	175	
150	183	169	203	
200	239	220	259	
250	292	274	312	

16.8 钢制管法兰用紧固件

16.8.1 紧固件型式、规格和尺寸

紧固件的型式有六角头螺栓、等长双头螺柱、全螺纹螺柱、六角螺母。

(1) 六角头螺栓

管法兰用六角头螺栓的型式和尺寸应符合 GB/T 5782（粗牙）和 GB/T 5785（细牙）的要求。如图 16-22 所示，螺栓的端部应采用倒角端。

六角头螺栓的规格及性能等级见表 16-59。

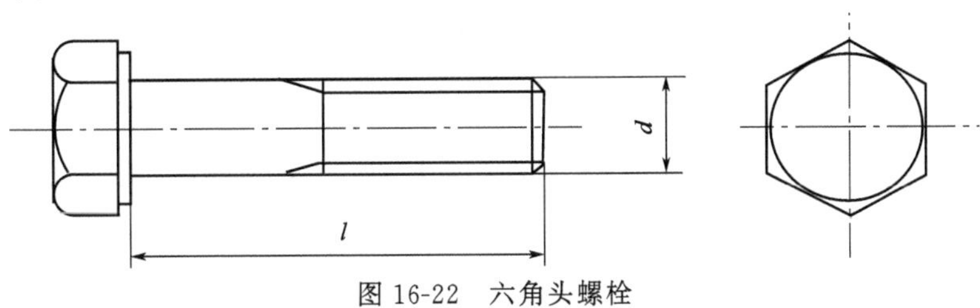

图 16-22 六角头螺栓

表 16-59 六角头螺栓的规格和性能等级

标准	规格	性能等级(商品级)
GB 5782-A 级和 B 级(粗牙)	M10、M12、M16、M20、M24、M27、	8.8，A2－50，A2－70
GB 5785-A 级和 B 级(细牙)	M30×2、M33×2、M36×3、M39×3、M45×3、M52×3、M56×3	8.8，A2-50，A2-70

(2) 等长双头螺柱

管法兰用等长双头螺柱的形式和尺寸应符合 GB/T 901 的要求，但是螺柱两端应采用倒角，如图 16-23 所示，螺纹规格的双头螺柱采用细牙，螺纹尺寸和公差应符合 GB/T 196 和 GB/T 197，螺柱末端按 GB/T 2 的倒角端的要求，其余均应符合 GB/T 901 的要求。

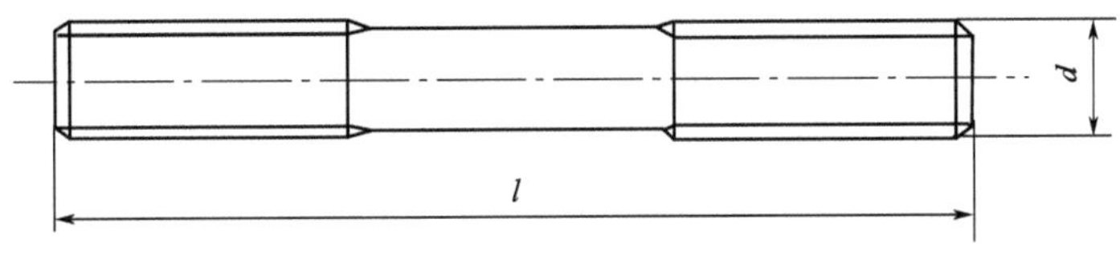

图 16-23 等长双头螺柱

等长双头螺柱的规格及材料牌号见表 16-60。

表 16-60 等长双头螺柱的规格及材料牌号

标准	规 格	性能等级(商品级)	材料牌号
GB 901-B 级(商品级) HG 20613(专用级)	M10、M12、M16、M20、M24、M27、M30×2、M33×2、M36×3、M39×3、M45×3、M48×3、M52×4、M56×4	8 A2-50 A2-70	35CrMoA、25Cr2MoVA、0Cr18Ni9、0Cr17Ni12Mo2

(3) 全螺纹螺柱

管法兰用全螺纹螺柱的型式和尺寸如图 16-24 所示，螺纹尺寸和公差应符合 GB/T196 和 GB/T197，螺柱端部按 GB/T2 倒角端的要求，其余均应符合 GB/T901 的要求。

全螺纹螺柱的规格和材料牌号见表 16-61。

表 16-61 全螺纹螺柱的规格和材料牌号

标准	规格	材料牌号(专用级)
HG20613	M10、M12、M16、M20、M24、M27、M30×2、M33×2、M36×3、M39×3、M45×3、M48×3、M52×4、M56×4	35CrMoAb、25Cr2MoVA、0Cr18Ni9、0Cr17Ni12Mo2

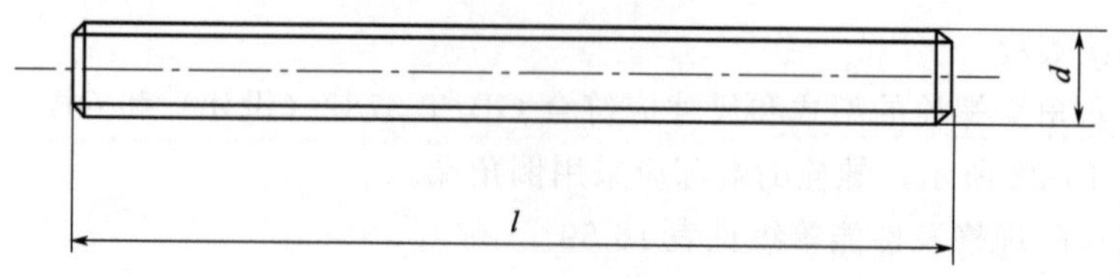

图 16-24　全螺纹螺柱

(4) 六角螺母

管法兰用螺母的型式和尺寸应符合 GB/T 6170、GB/T 6171 的要求，如图 16-25 所示。

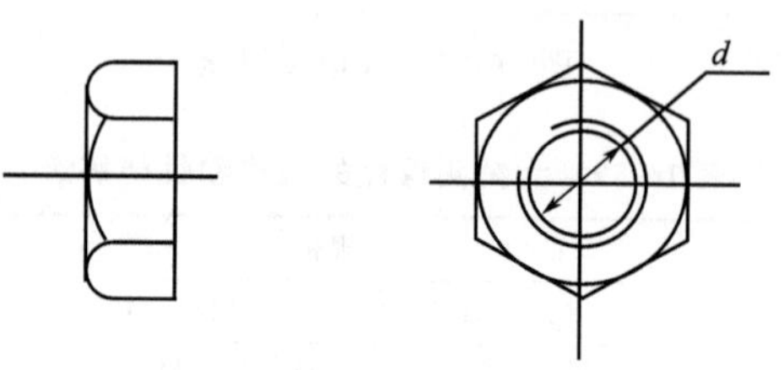

图 16-25　Ⅰ型及Ⅱ型六角螺母

螺母的规格及材料牌号如表 16-62 所示。

表 16-62　螺母的规格及材料牌号

标准	规格	性能等级（商品级）	材料牌号
GB 6170-A 级和 B 级（粗牙，商品级）	M10、M12、M16、M20、M24、M27	8	35CrMoAb、25Cr2MoVA、0Cr18Ni9
GB 6171-A 级和 B 级（细牙，商品级）	M30×2、M33×2、M36×3、M39×3、M45×3、M48×3、M52×4、M56×4		

注：专用级螺母标准号应为 HG 20613。

(5) 紧固件材料及其力学性能

商品级的紧固件，其用材及力学性能应符合 GB 3098.1、GB 3098.2、GB 3098.4、GB 3098.6 的相应要求。

专用级的紧固件，其用材的化学成分、热处理制度以及力学性能应符合表 16-63 的要求，力学性能试样应在规定的热处理后的毛坯上沿轧制方向切取，试样切取的位置为：

① 毛坯直径≤40mm 者，在中心取样；

② 毛坯直径>40mm 者，在直径的 1/4 处取样。

等长双头螺柱和全螺纹螺柱的毛坯应按批进行性能试验，螺母的毛坯应按批进行硬度试验。

表 16-63　专用级紧固件材料力学性能要求

牌号	引用标准	热处理制度	规格	力学性能（不小于） σ_b /MPa	σ_a /MPa	δ_s/%	HB
30CrMo	GB3077	调质（回火≥550℃）	≤M56	—	—	—	234～285

续表

牌号	引用标准	热处理制度	规格	力学性能(不小于)			HB
				σ_b	σ_a	δ_s/%	
				/MPa			
35CrMoA	GB3077	调质(回火≥550℃)	<M24	835	735	13	—
			≥M24	805	685	13	—
25Cr2MoVA	GB3077	调质(回火≥600℃)	≤M56	835	735	15	269～321
0Cr18Ni9	GB1220	固溶	≤M56	520	206	40	≤187
0Cr17Ni12Mo2	GB1220	固溶	≤M56	520	206	40	≤187

注:用于≤-20℃低温的35CrMoA,应进行设计温度下的低温V形缺口的冲击试验,其三个试验的冲击功 A_{bv} 平均值应不低于27J。

16.8.2 紧固件的使用规定

商品级六角螺栓的使用条件应符合下列各条要求:

① PN≤1.6MPa (16bar);

② 非剧烈循环场合;

③ 配用非金属软垫片;

④ 介质为非易燃、易爆及毒性危害程度较大的场合。

商品级双头螺栓的使用条件应符合下列各条要求。

① PN≤4.0MPa (16bar);

② 配用非金属软垫片;

③ 介质为非易燃、易爆及毒性危害程度较大的场合。

按紧固件的型式、产品等级、采用的性能等级和材料牌号,确定其使用的公称压力和工作温度范围,应符合表16-64的规定。

表16-64 紧固件的公称压力和工作温度范围

螺栓、螺柱的型式(标准号)	产品等级	规格	性能等级(商品级)	公称压力 PN /MPa(bar)	使用温度/℃	材料牌号	公称压力 PN /MPa(bar)	使用温度/℃
六角头螺栓(GB 5782 粗牙)(GB 5785 细牙)	A级和B级	M10～M27(粗牙) M30×2～M56×4(细牙)	8.8	≤1.6(16)	>-20～250			
			A2-50		-196～500			
			A2-70		-196～100			
双头螺柱 GB 901 商品级 HG 20613 专用级	B级	M10～M27(粗牙) M30×2～M56×4(细牙)	8.8	≤4.0(40)	>-20～250	35CrMoA	≤10.0(100)	100～+500
			A2-50		-196～500	25Cr2MoVA		>-20～+550
			A2-70		-196～100	0Cr18Ni9		-196～+600
						0Cr17Ni12Mo2		-196～+600
全螺纹螺柱(HG 20613 专用级)	B级	M10～M27(粗牙) M30×2～M56×4(细牙)				35CrMoA	≤25.0(250)	100～+500
						25Cr2MoVA		>-20～+550
						0Cr18Ni9		-196～+600
						0Cr17Ni12Mo2		-196～+600

16.8.3 管法兰、垫片和紧固件的配合使用

六角螺栓、螺柱与螺母的配用见表 16-65。

表 16-65 六角螺栓、螺柱与螺母的配用

等级	规格	六角螺栓、螺柱		螺母		公称压力 PN /MPa(bar)	工作温度 /℃
		型式及产品等级（标准号）	性能等级或材料牌号	型式及产品等级（标准号）	性能等级或材料牌号		
商品级	M10～M27 M30×2～M56×4	六角螺栓 A 级和 B 级（GB 5782、GB 5785）	8.8 级	Ⅰ型六角螺母 A 级和 B 级（GB 6170、GB 6171）	8 级	≤1.6(16)	>−20～+250
商品级	M10～M27 M30×2～M56×4	双头螺柱 B 级（GB 910）	8.8 级	Ⅰ型六角螺母 A 级和 B 级（GB 6170、GB 6171）	8 级	≤4.0(40)	>−20～+250
专用级	M10～M27 M30×2～M56×4	双头螺柱 B 级（HG 20613）	35CrMoA	六角螺母（HG 20613）	30CrMo	≤10.0(100)	−100～+500
			25CrMoVA				>−20～+550
			0Cr18Ni9		0Cr18Ni9		−196～+600
			0Cr17Ni12Mo2		0Cr17Ni12Mo2		
专用级	M10～M27 M30×2～M56×4	全螺纹螺柱 B 级（HG 20613）	35CrMoA	六角螺母（HG 20613）	30CrMo	≤25.0(250)	−100～+500
			25CrMoVA				>20～+550
			0Cr18Ni9		0Cr18Ni9		−196～+600
			0Cr17Ni12Mo2		0Cr17Ni12Mo2		

16.8.4 紧固件长度计算方法

① 紧固件的长度计算方法：

螺栓： $l=2(C+\Delta C)+2SF+m_{max}+p+T_1+n+T$

螺柱： $l=2(C+\Delta C)+2SF+2m_{max}+2p+2T_1+n+T$

式中 l——紧固件（六角螺栓或者螺柱）长度，mm；

C——法兰厚度（按相应的法兰标准），mm（若不同形式的一对法兰组合时，两者按相应的法兰标准取值）；

ΔC——法兰厚度正公差（按表 16-66 规定），mm（若不同形式的一对法兰组合时，两者按相应的法兰厚度正公差取值）；

S——对焊环松套法兰的翻边厚度（若非对焊环松套法兰则此项省略），mm；

F——平焊环松套法兰的焊环厚度（若非平焊环松套法兰则此项省略），mm；

m_{max}——螺母最大厚度（按表 16-67 的规定），mm；

p——紧固件倒角端的长度（按表 16-67 的规定），mm；

T_1——六角螺栓或者螺柱安装时的最小伸出长度（按一个螺距计算，见表 16-67），mm；

n——六角螺栓或者螺柱长度负公差，按表 16-68 规定，mm；

T——垫片的厚度，取 $T=3$mm。

环连接面的法兰突台高度 E 按 HG 20592 第 8.0.2 之规定。

环连接面法兰间的近似距离 h 按表 16-69 之规定。

表 16-66　法兰厚度公差　　单位：mm

法兰厚度范围	正公差	法兰厚度范围	正公差
$C\leqslant18$	+2.0	$C>50$	+4.0
$18<C\leqslant50$	+3.0		

表 16-67　螺母最大厚度、紧固件的倒角端长度及最小伸出长度　　单位：mm

螺纹规格	M10	M12	M16	M20	M24	M27	M30×2
m_{max}	8.4	10.8	14.8	18	21.5	23.8	25.6
p	1.5	2	2	2.5	2.5	2.5	2
T_1	1.5	1.75	2	2.5	3	3	2
螺纹规格	M33×2	M36×3	M39×3	M45×3	M48×3	M52×4	M56×4
m_{max}	28.7	31	33.4	36	38	42	45
p	2	2.5	2.5	2.5	2.5	3	3
T_1	2	3	3	3	3	4	4

表 16-68　六角螺栓或螺柱长度负公差　　单位：mm

六角螺栓或螺柱长度	六角螺栓或螺柱长度负公差	六角螺栓或螺柱长度	六角螺栓或螺柱长度负公差
$30<l\leqslant50$	1.25	$180<l\leqslant250$	2.3
$50<l\leqslant80$	1.5	$250<l\leqslant315$	2.6
$80<l\leqslant120$	1.75	$315<l\leqslant400$	2.85
$120<l\leqslant180$	2		

表 16-69　环连接面法兰间的近似距离　　单位：mm

公称通径 DN	环连接面法兰间的近似距离 h				公称通径 DN	环连接面法兰间的近似距离 h			
	PN 6.3MPa	PN 10.0MPa	PN 16.0MPa	PN 25.0MPa		PN 6.3MPa	PN 10.0MPa	PN 16.0MPa	PN 25.0MPa
15	4.7	4.7	4.7	4.7	80	6.6	6.6	6.6	6.6
20	4.7	4.7	4.7	4.7	100	6.6	6.6	6.6	6.6
25	4.7	4.7	4.7	4.7	125	6.6	6.6	6.6	6.6
32	4.7	4.7	4.7	4.7	150	6.6	6.6	6.7	6.7
40	4.7	4.7	4.7	4.7	200	6.6	6.6	6.7	6.7
50	6.6	6.6	6.6	6.6	250	6.6	6.6	6.7	6.7
65	6.6	6.6	6.6	6.6					

表 16-70　$PN\leqslant1.6$MPa、$DN\leqslant600$mm 法兰配用的六角螺栓或者螺柱长度代号

法兰型式	法兰型式			
	板式平焊法兰	带颈平焊法兰、整体法兰、带颈对焊法兰、螺纹法兰、承插焊法兰、法兰盖	对焊环松套法兰	对焊环松套法兰
	六角螺栓长度代号			
板式平焊法兰	L611	L612	L613	L614
带颈平焊法兰、整体法兰、带颈对焊法兰、螺纹法兰、承插焊法兰、法兰盖	L612	L622	L623	L624
对焊环松套法兰	L613	L623	L633	L614
平焊环松套法兰	L614	L624	L634	L614

表 16-71　法兰、垫片、紧固件选配表

垫片形式	使用压力 PN/MPa	密封面型式	密封面表面粗糙度	法兰型式	垫片最高使用温度/℃	紧固件型式	紧固件性能等级或材料牌号				
							200℃	250℃	300℃	500℃	550℃
橡胶垫片	≤1.6	突面、凹/凸面、榫/槽面、全平面	密纹水线或 Ra6.3～12.5	各种型式	200	六角螺栓 双头螺柱 全螺纹螺柱	8.8级 35CrMoA 25Cr2MoVA				
石棉橡胶板垫片	≤2.5	突面、凹/凸面、榫/槽面、全平面	密纹水线或 Ra6.3～12.5	各种型式	300	六角螺栓 双头螺柱 全螺纹螺柱		8.8级 35CrMoA 25Cr2MoVA	35CrMoA 25Cr2MoVA		
合成纤维橡胶垫片	≤4.0	突面、凹/凸面、榫/槽面、全平面	密纹水线或 Ra6.3～12.5	各种型式	290	六角螺栓 双头螺柱 全螺纹螺柱		8.8级 35CrMoA 25Cr2MoVA	35CrMoA 25Cr2MoVA		
聚四氟乙烯垫片(改性或填充)	≤4.0	突面、凹/凸面、榫/槽面、全平面	密纹水线或 Ra6.3～12.5	各种形式	260	六角螺栓 双头螺柱 全螺纹螺柱		8.8级 35CrMoA 25Cr2MoVA	35CrMoA 25Cr2MoVA		
柔性石墨复合垫	1.0～6.3	突面、凹/凸面、榫/槽面	密纹水线或 Ra6.3～12.5	各种型式	65(450)	六角螺栓 双头螺柱 全螺纹螺柱		8.8级 35CrMoA 25Cr2MoVA		35CrMoA 25Cr2MoVA	25Cr2MoVA
聚四氟乙烯包覆垫	0.6～4.0	突面	密纹水线或 Ra6.3～12.5	各种形式	15(200)	六角螺栓 双头螺柱 全螺纹螺柱	8.8级 35CrMoA 25Cr2MoVA				
缠绕垫	1.6～10.0	突面、凹/凸面、榫/槽面	Ra3.2～6.3	带颈平焊法兰 带颈对焊法兰 整体法兰 承插焊法兰 对焊环松套法兰 法兰盖		双头螺柱 全螺纹螺柱				35CrMoA 25Cr2MoVA	
金属包覆垫	2.5～10.0	突面	Ra1.6～3.2(碳钢) Ra0.8～1.6(不锈钢)	带颈对焊法兰 整体法兰 法兰盖	500	双头螺柱 全螺纹螺柱				35CrMoA 25Cr2MoVA	25Cr2MoVA
齿形组合垫	1.6～25.0	突面、凹/凸面	Ra3.2～6.3	带颈对焊法兰 整体法兰 法兰盖	650	双头螺柱 全螺纹螺柱				35CrMoA 25Cr2MoVA	25Cr2MoVA
金属环垫	6.3～23.0	环连接面	Ra0.8～1.6(碳钢、铬钼钢) Ra0.4～0.8(不锈钢)	带颈对焊法兰 整体法兰 法兰盖	600	双头螺柱 全螺纹螺柱				35CrMoA 25Cr2MoVA	25Cr2MoVA

② 上列公式的计算长度未计入垫圈厚度，算得的长度为最小长度，所选用的六角螺栓或者螺柱长度应向上圆整至尾数是 5 或者 0。

③ 凹凸面或者榫槽面法兰所配用的六角螺栓或者螺柱长度按凸面法兰所配用的六角螺栓或者螺柱长度减去 5mm。

相同压力等级的法兰在不同组合情况下的六角螺栓或者螺柱长度代号按表 16-70 的规定。

16.8.5 法兰、垫片、紧固件选配表

法兰、垫片、紧固件选配表见表 16-71。

第 17 章 真空机构

17.1 真空机构及作用

真空机构是特指在真空环境中工作，完成所承担的各项任务的机构。其本身并没有特定的定义和界定。由于机构在真空环境中，涉及真空的环境、热分布及机构动作、摩擦润滑等，需要针对真空机构的任务特点开展设计、制造、装配、维护及维修，因此，在开展真空机构的设计时，首先应按照机构设计要求开展工作，使得其能够达到机构的基本要求，在完成机构基本方案、构型、运动方式、功能及精度等设计后，还需要考虑其加工工艺性、安装便捷性、维护可靠性、维修可实现性。对于机构的设计，很多文献中均有论述，可通过调研、分析、比较、设计，并使其可加工、可装配、可使用；然后根据其工作特点、工作环境（真空、高低温、辐射）等进行机构的再设计，包含：材料的分析选择、热分析设计、真空润滑选择和实现、结构形状或尺寸变更、维护维修方式确定等。

真空机构的作用是在真空环境中，实现机构的所有功能，并达到机构可靠性、寿命要求。

本章将按照对真空机构所涉及的一般设计及选型讲述，然后就真空机构的再设计进行论述，有利于设计者按照机构设计的规则和方法开展工作，完成真空机构设计。

17.2 机器与机构

机器与机构是两个不同的概念，所包含的内容也不一样，主要有以下三点。

（1）定义不同

机器是由各种金属和非金属部件组装成的装置，消耗能源，可以运转、做功。它是用来代替人的劳动、进行能量变换、信息处理以及产生有用功。机器一般由动力部分、传动部分、执行部分和控制部分组成。

机构是由两个或两个以上构件通过活动联结形成的构件系统，以实现特定的运动。

（2）分类不同

机器的分类包括原动机和工作机。

机构的分类按组成的各构件间相对运动的不同，机构可分为平面机构（如平面连杆机构、圆柱齿轮机构等）和空间机构（如空间连杆机构、蜗轮蜗杆机构等）；按运动副类别可分为低副机构（如连杆机构）和高副机构（如凸轮机构）；按结构特征可分为连杆机构、齿轮机构、斜面机构、棘轮机构等；按所转换的运动或力的特征可分为匀速和非匀速转动机构、直线运动机构、换向机构、间歇运动机构等；按功用可分为安全保险机构、联锁机构、擒纵机构等。

(3) 作用不同

机器的作用是用来代替人的劳动，进行能量变换，以及产生有用功。

机构的作用是机器内部为传递、转换运动，实现运动速度和形式的改变，同时也传递力和能量，是由若干零件组成的装置。

17.3 机构的基本组成及基本要求

17.3.1 机构的基本组成

机构是机器的运动基础和重要组成部分，没有机构便不成为机器。机构是一种人为的实物组合，其组成部分之间具有确定的相对运动关系，组成机构的各相对运动部分均称为构件。构件可以是单一的零件，也可以是由若干彼此不能产生相对运动、刚性连接的零件所组成。构件是运动的单元，而零件则是制造的单元。

将若干构件用运动副连接后称为运动链，首尾构件相连的运动链称为封闭运动链。若将封闭运动链中的某一构件固定，当其中一个或两个构件相对于固定构件按已知规律运动时，其余构件均作确定运动，该运动链即成为机构。

(1) 按机构中各构件的作用区分

机构由机架、原动件、从动件组成。

机构中固定不动或相对固定不动并支承运动部分的构件称为机架。当整个机构或随其整机相对于地球运动时，通常仍将机架视为相对静止，即仍以机架为基准来研究机构各构件的相对运动关系。

由驱动机构的外力所作用的、具有独立运动的构件称为原动件（又称主动件、起始构件、输入构件等）。用于不同机器中的同一机构，其原动件可能不同，原动件总是直接与机架构成活动连接。如往复式空气压缩机中的曲轴活塞机构的原动件为曲轴，而在内燃机中其原动件却为活塞。

在原动件的推动下，其余所有被直接或间接推动的构件均称为从动件。

机构中的每一构件至少必须与另一构件相连接。凡使两构件直接接触而又能保留一定相对运动的活动连接称为运动副，组成运动副的活动连接是通过构件之间点、线、面的接触来实现的。

(2) 按结构和工艺的观点

机构可视为由若干零件、部件、组件和整机组成。

零件又称元件，是产品的基础，是组成产品的最基本成分，是一个不经破坏不可分解的单一整体，是一种不采用装配工序而制成的成品。零件通常是用一种材料经过所需的各种加工工序制成的，如螺钉、弹簧、轴等。

部件又称器件，是生产过程中由加工好的两个或两个以上的零件，以可拆联结或永久联结的形式，按装配图要求装配而成的一个单元。其目的是将产品的装配分成若干初级阶段，也可以作为独立的产品，如滚动轴承、直线导轨、减振器等。

组件又称整件，是由若干零件和部件按装配图要求，装配成的一种具有完整机构和结构、能实施独立功能、能执行一定任务的装置，从而将比较复杂产品的装配分成若干高级阶段，或作为独立的产品，如减速器、限动器、阻尼器等。

整机是由若干组件、部件和零件按总装配图要求装配完成，并配置以测量、驱动等测量电控等装置，形成的完整设备产品。整机能完成技术条件规定的复杂任务和功能，并配备所需的一切配套附件，如机床、机器人、摄影设备、汽车等。

17.3.2 机构的基本要求

(1) 功能特性要求

其是最基本的技术要求。主要体现为执行机构运动规律和运动范围的要求。

(2) 精度要求

其是最重要的技术性能要求。主要体现为对执行机构输出部分的位置误差、位移误差和空回误差的严格控制。

(3) 灵敏度要求

执行机构的输出部分应能灵敏地反映输入部分的微量变化。为此，必须减小系统的惯量、减少摩擦、提高效率，以利于系统的动态响应。

(4) 刚度要求

构件的弹性变形应限制在允许的范围之内，以免由弹性变形引起运行误差和影响系统的稳定性及动态响应。

(5) 强度要求

构件应在一定的使用期限内不产生破坏，以保证运动和能量的正常轨迹。

(6) 各种环境下工作稳定性要求

系统和结构应能在冲击、振动、高温、低温、腐蚀、潮湿、灰尘等恶劣环境下，保持工作的稳定性。

(7) 结构工艺性要求

结构应便于加工、装配、维修；应充分贯彻标准化、系列化、通用化等经济原则，以降低成本、提高效益。

(8) 使用要求

结构应尽量紧凑、轻便，操作简便、安全，造型美观，携带、运输方便。

无论是新产品的研制或对已有产品的改进或改装，它们的机械结构都应满足技术性和经济性提出的各种要求。这些技术性和经济性要求中，往往有些是互相矛盾的。设计工作就在于通过多方面的调查、研究、参阅文献资料、分析、论证、构思、试验、评估、优化等过程，确定出合理的功能原理方案；再经过选择、计算、绘图等交错进行的工作，完成定性、定量设计的全部技术图纸和资料文件，全面地满足产品和结构各方面的质量指标和要求；然后，经过试制、试验进一步修改设计，使之更趋完善，达到工程实用要求，并通过批量化、产业化，实现其商业化。

17.4 真空机构的设计流程及方法

真空机构设计符合一般机构设计要求及流程，应掌握并按照一般的机构设计开展工作。机构设计质量的高低，直接影响机构的技术水平和经济效益，因此，机构设计是根据使用要求对机构的工作原理、结构、运动方式、力和能量的传递方式、各个零件的用料和形状尺寸、润滑方式等进行构思、分析和计算并将之转化为制造依据的工作过程，是决定机构性能的最主要因素。

17.4.1 机构设计思维简介

机构设计是一项创造性的劳动，特别是新兴技术、机电一体化技术、互联网技术、物联网技术等的应用，对机构产品设计产生了重大影响，机构的组成、功能和运动实现等不再是传统意义上的机构，产品的功能和结构发生了很大变化，机构实现的方法更加多样化、复杂化，要求产品可靠、质量高、构思巧妙、价格低廉，因此要不断地学习新技术、新方法，新思路。

(1) 充分了解市场及用户要求

市场和用户的需求是多种多样的，不同行业和领域的用户需求也越来越细致、多样和复杂，机构的多功能、多参数、高质量、高可靠，以及极端条件下工作稳定性等越来越明确，时代的发展，机械领域也越来越多地由模拟向数字化方向发展，机构产品的研制也从满足功能向着数字化、高可靠性、智能化的方向发展，充分了解市场和用户需求是开展机构设计的基础，使得产品由“能用”到“好用”，再到“智能化应用”。

(2) 建立系统设计思想

机构产品是机械构件的组合，要求机械制造业在进行单品种、大批量生产的同时，大力发展多品种、小批量、智能制造，力求设计周期短、质量高、性能可靠、具有特色。因此，机构设计应满足多方面的要求，这些要求有的条件往往是相互矛盾的，也可能是满足其极端条件下应用要求。例如对机构的宽范围与高精度、高速与振动的矛盾、可靠性与经济性的矛盾等，往往使得设计人员难以决策。为了较好地解决上述矛盾，必须利用系统理论，在找出多种可能的情况下，决策出唯一的相对优化解，最后从整体上达到优化，保证产品的适应性、可靠性、经济性的协调统一，才能适应市场迅速变化的需要。

(3) 具有创新意识

机构设计是一种探索和实践行为，有一定的风险，设计就是在不断继承基础上的不断创新。要创造必须依靠以前的既有成果，同时还需要掌握新技术、新方法，解放思想、开动大脑，发挥形象思维能力；机构设计是一种三维空间的思维。如果产品设计无新意，产品就很难取得长足的发展。

在设计起始阶段，应充分发挥设计者的想象力，通过调研和思考，对多种方案进行对比分析，特别是针对关键技术、环境条件、可靠性及寿命等开展针对性的分析工作。随着设计工作的不断深入，逐步达到优胜劣汰、去伪存真。最后选定的方案，是当时最适宜、最合理的方案，是汇集当时可能的各种方案中最精华的部分。

创新是设计的一个原则，但并不是说所有的设计都是完全的创新。在一般机构产品的设计中，继承的特性更为明显，一个设计人员要完全脱离前人的经验和积累的知识而凭空设想出一个新设计是不可能的。因此设计应是在继承基础上的创新，在继承基础上加以发扬，设计者才能集中主要精力去解决设计中的主要问题。

设计人员要敢于将新兴的新材料技术、信息技术、新能源技术、现代控制技术、网络技术和智能化技术等应用于产品设计中，以适应社会和生活的需要，推动科学技术进步。

(4) 树立制造、销售和服务的观点

一般情况下机构的设计，虽然具有一定的发明和创造，并满足市场和客户的要求，但是它并不能直接显示出社会和经济效益，只有通过不断地设计迭代，提升产品性能、效能、经济性等，并通过经济合理的制造、推广和应用，才能得到市场的认可，同时做好售后服务，使用户感到满意，才能彰显其价值。因此设计人员必须进行设计前的调查研究工作；不断地在多种应用场景下试用和使用，不断地进行改进；在用户使用后，则应该继续跟踪用户的使用情况，收集数据，了解产品的性能、质量、可靠性等，积累产品的各种数据，如产品的销售数量、区域、使用场合、故障率、故障方式、危害度、平均无故障时间等，进行数据分析后，确定产品的改进内容及方向，并在今后的设计中进行设计改进。

17.4.2 机构设计方法简介

随着科学技术的不断发展，特别是随着新材料、新技术、新工艺的不断创新，对产品功能、性能、可靠性及寿命等的要求也在不断提高，因此机构设计由传统设计向现代设计发展，虽然这两种方法很难加以区分，但采用机电一体化、现代控制技术、网络技术、大数据技术及智能化技术等，使得机构等设计更加适应要求、环境和使用要求。两种设计方法如下。

(1) 传统设计方法

传统设计是以生产经验为基础，运用力学和数学而形成的经验公式、图表和手册等作为设计依据或准则进行设计。传统设计是在总结丰富的设计实际经验的基础上，利用类比法、参考法等，并按经验、数学公式进行必要的计算完成设计的，它有一定的科学根据。

设计中所运用的数据和计算公式，虽然是经过推导和经验的总结和概括，但却受到当时科学技术条件的限制，其中忽略了许多重要因素，因而可能造成设计结果的失误；另外，一个产品的开发，需要设计—试制—修改的反复循环，费时费力，且要求机构实现较为复杂的运动等。多种多样、构思巧妙的机构，为当时的技术进步和社会发展提供了不竭的动力，但在机电技术、控制技术、数字化制造等新技术面前，可以采用更简便、更直接和更精密的方法手段去实现不同产品的功能，在机构产品的功能、原理不断创新，经济寿命周期越来越短，技术更新加快的情况下，传统的设计方法在设计的科学性和周期上显得十分不足，因而产生了现代设计方法。

(2) 现代设计方法

现代设计方法是以设计产品为目标，采用系统思维方法，运用多种技术及手段的统称。在设计的各个阶段中，采用现代设计中多种、合适、有效的方法和技术，以解决机构设计中总体的细节问题，其核心是动态、优化、数字化和智能化。现代设计方法的突出特点就是利用科学的思维方法（如群体激智、类比、隐喻、智能等）引发创造性设计，特别在决策和方案设计阶段，显得更为重要。现代设计方法更为科学、完善，精度更高，速度更快，智能化程度更高。主要反映在以下几个方面。

① 基础理论得到进一步深化和扩展，并且从宏观方面向微观方面发展。例如，摩擦学研究摩擦表面间的物理和化学性质，进一步探索薄层摩擦副的机理和计算问题；弹性流体动力润滑研究重载接触副的最小油膜厚度、摩擦力、摩擦温度等问题，以提高齿轮传动、滚动轴承等的寿命和可靠度；断裂力学研究微观裂纹的扩展规律，对“复活”报废零件，防范事故发生，改善结构起着积极的作用；增材制造提供不断“修复”机构运动工作面，提高机构全寿命周期时间；现代控制技术的使用简化了机构的设计，实现了机构的复杂、不规则运动，同时降低了由于机构摩擦、磨损带来的机构精度下降等；网络技术的采用，则实现了大跨距、多时空、多数量的机构管理控制。

② 零部件的机构设计已经从静态设计向动态设计发展。从个别零部件设计向系统设计发展。例如，研究机构系统的动力学问题对发展高速机构具有很重要的意义，微动磨损等为机构的长寿命、高可靠性奠定了理论机理。

③ 为使产品设计更科学、更完善、更有市场竞争力，新的设计方法不断出现。例如优化设计、可靠性设计、摩擦学设计、系统设计、协同设计、仿真设计、虚拟现实等。

④ 由于计算机技术、网络技术、虚拟现实等技术的发展，机构设计中的运算速度更快、计算精度更高、协同作用更强、数字化能力更高，大数据的应用，记忆和逻辑判断功能以及图形显示更新等特点，使零件、部件、装置和机构的方案选择、分析计算、优化设计乃至系统建模、仿真分析、数字化结构，以及智能设计的数字化模型、工艺化模型，乃至智能化生产、装配，以及售后的管理、维护等，更有采用网络技术、数据云等实现了“远程管理”，并以“自主学习、自主诊断、自主构建”等为特征的智能设计、智能制造的系统构筑，已经在计算机辅助设计、CAD/CAM 乃至计算机集成制造系统（CIMS）奠定了扎实的基础。

⑤ 机电一体化是当今高技术的发展方向之一。其实质是机构与电子、强电与弱电、软件与硬件、控制与信息、独立与系统等多种技术的有机结合，使产品更具有技术先进、结构简单、工作精度高、易于实现自动化/半自动化、智能化操作，远程控制、自主控制、集群控制及维修维护的自主提示等方便产品更新换代。

⑥ 机构设计的实验研究技术，在微观、动态的精密测量、在自动控制和监测、数据采集和处理等方面都已取得很大的进步，正在形成计算机辅助测试（CAT）、计算机辅助工程（CAE）、虚拟仿真等新兴学科。

(3) 现代设计理论和方法的内容

① 工程数据库技术。在机构设计中，要查取大量的手册数据资料，例如零部件的标准和规范、材料的机械性能、许用应力和各种修正系数，必须将它们以数据文件和库的方式存入计算机中，要求能快速、准确地自动检索、增删和修改，因此，数据库技术随之产生和发展。

② 程序设计与迭代技术。就是将既定的设计步骤和计算公式，用计算机能接受的算法语言写成源程序，利用计算机具有高速、不怕重复计算的特点，获得计算结果。试算法在计算机程序中就是迭代技术，只要数学模型正确，计算精度合理，一般均能满足工程精度要求的数值解。

③ 仿真技术。有限元分析、有限差分法、有限元法和边界元法同属于离散性的数值计算方法，用来计算机构零件的应力和变形极为有效。采用有限元法使复杂结构的静态和动态分析成为可能，目前现代仿真和分析方法不仅适用于固体力学，而且已经深入到流体力学、热力学等连续介质或场问题，成为机构设计中广泛采用的一种数值分析工具。

④ 可靠性设计。可靠性理论是把设计变量（载荷、材料性能和零件尺寸等）当作随机变量，在机构工程设计中得到应用。运用“可靠度是多少”，或者“寿命超过若干时限的概率有多大”等概念，对提高机构产品的可靠性意义很大。一般认为零件工作应力的分布曲线近似于正态分布或威布尔分布，应用可靠性理论和数理统计原理，可以计算零件在随机载荷作用下保证给定可靠度时的疲劳寿命，或者在给定寿命下的可靠度和失效概率等可靠性指标。可靠性设计的主要困难是原始试验数据的采集。因为借助统计方法来决定零件可靠度，需要进行大量试验和数据采集与处理，因此随机载荷谱和材料性能谱的研究以及分布函数的拟合至关重要，直接影响可靠性设计本身的置信度。

⑤ 摩擦学设计。将摩擦、磨损和润滑理论在机构设计中应用，既有学术意义，也有经济效益。例如在齿轮、滚动轴承设计中，考虑接触部位弹性变形和润滑剂动压效应的弹性流体动压润滑理论就是摩擦学设计在设计领域的运用，它正在从机理研究进入工业应用。大型发电机组和高速精密机床中的动压和动静压轴承以及从家用电器、人工关节直至宇航技术中处于边界润滑工况的各种设计，都存在大量摩擦学设计问题。对于极端条件下的机构摩擦学设计，是开展空间探测、深海研究、新材料制备等的关键技术之一。

⑥ 优化设计。综合考虑多方面的复杂因素，在各种约束条件的限制下寻求满足预定目标的最优化方案和最佳参数。这样，在缩短设计周期的同时，大大提高设计质量，有效地确保所要求的技术经济指标。设计者进行优化设计的主要工作是建立数学模型和分析优化结果。关键在于正确建立符合工业生产要求的目标函数以及尽可能获得符合实际工作情况的原始数据，否则，数学上的优化结果未必是工业实践中的最优参数和方案。

⑦ 计算机辅助设计。在设计中应用计算机进行设计信息处理，它包括分析计算和自动绘图两部分，甚至扩展到具有逻辑能力的智能 CAD。它可以提高设计质量，缩短设计周期，实现多品种、小批量生产。

17.4.3 机构设计程序

机构设计程序是指对设计工作阶段的步骤、内容与目标的制定，见表 17-1。设计程序应根据行业特点、机构的类型、结构复杂程度、组织方式和技术成熟程度等不同而有所增减，采取的具体方法和技术，也应根据设计的各个阶段的需要和特点进行取舍。

机构设计按性能特点和制造技术，可分三种类型，即开发性设计（按需求进行全新设计）、适应性设计（设计原理、方案不变，只对结构或零件进行重新设计）和变参数设计（仅改变部分结构尺寸而形成系列产品），其中开发性设计一般要经过全部工作阶段和步骤，有更多的机会应用各种可行的、有效的设计方法和技术。

在机构设计之前要经过产品的开发决策阶段：对开发机构的已知或预期的需要进行详

细的调查和研究，这将对机构设计的全局起着重要作用。在机构设计正式开始后，一般分为：初步设计、技术设计和工作图设计三个阶段。

(1) 初步设计

初步设计又可称方案设计，是设计程序中最重要的阶段。它是根据计划任务书和计划协议书的计划目标，在调查和试验研究的基础上，通过分析比较和技术经济论证后，拟定多种总体方案，从中选出最佳方案，确定产品的主要技术性能参数、工作原理、系统和主要结构。

(2) 技术设计

技术设计又称结构设计，它是在初步设计的基础上，完成机构总图和主要零部件的设计。

(3) 图样设计

在技术设计基础上，完成供试制、生产和安装、调试、使用的全部工作图样和设计文件。

按机构设计程序还有样机试制、生产和使用三个阶段，这也是机构开发的主要内容，当试制、生产和鉴定等工作全部完成后，即可正式投产和销售。

17.4.4 机构设计过程简介

(1) 设计要求

① 满足功能方面的要求，能实现预期运动，完成设计者设想的工作。

② 具有良好的经济性、尽量降低成本，为此应进行可靠性设计、优化设计，尽量节省能源，使其结构简单、工艺性好、工作效率高。

③ 操作方便，安全可靠，便于维修。

④ 符合人机工程，造型美观，便于包装和运输。

(2) 设计步骤

一般情况下，可以按下述步骤进行设计。

① 下达设计任务书应包括项目的具体内容、要求和主要参数，如速度、载荷性质、寿命、工作条件等。

② 确定主要参数由任务书给定的重要条件和原始参数，通过计算、实验、调研等必要的初步工作，最后确定设计中所需要的重要参数，如功率、转速、应力性质等。

③ 方案选择与确定由能实现预期功能的多种方案中，最后确定一种最佳方案并绘出此方案的机构运动简图。

④ 总体设计运动计算，并选动力装置（原动机）计算出各轴间的速比和各轴的转速。

⑤ 总体设计动力计算，计算出各轴间的传动效率和各轴的传动功率。

⑥ 零件强度计算，包括对传动件、联结件和轴系的强度计算。

⑦ 结构设计，在设计过程中，应边设计、边计算、边修改、边绘图，对不合理的结构必须努力改进，使之完善。

⑧ 试制、鉴定。

⑨ 改进设计，批量投产。

表 17-1　真空机构设计步骤、内容、目标及方法

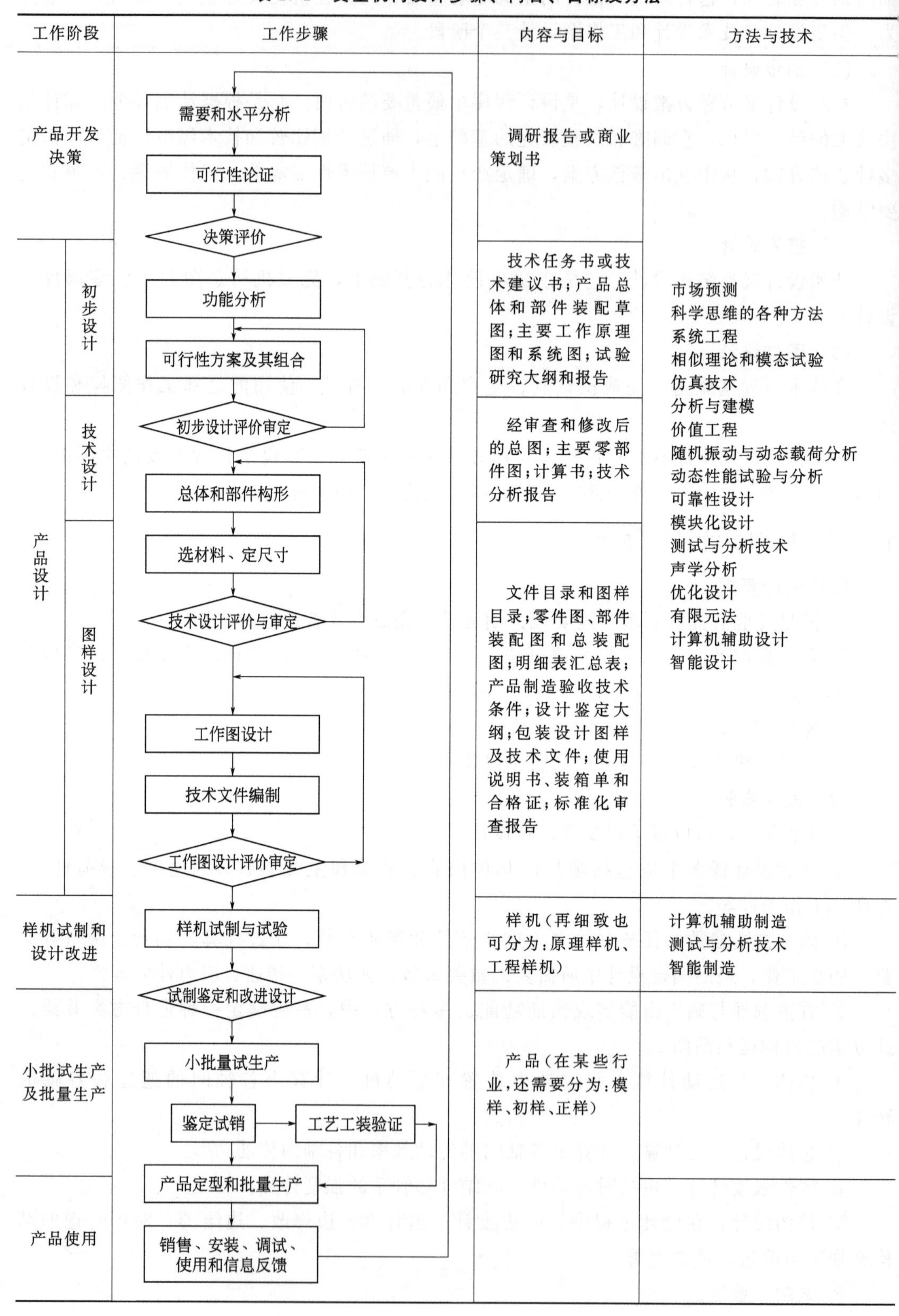

工作阶段		工作步骤	内容与目标	方法与技术
产品开发决策		需要和水平分析 → 可行性论证 → 决策评价	调研报告或商业策划书	
产品设计	初步设计	功能分析 → 可行性方案及其组合 → 初步设计评价审定	技术任务书或技术建议书;产品总体和部件装配草图;主要工作原理图和系统图;试验研究大纲和报告	市场预测 科学思维的各种方法 系统工程 相似理论和模态试验 仿真技术 分析与建模 价值工程 随机振动与动态载荷分析 动态性能试验与分析 可靠性设计 模块化设计 测试与分析技术 声学分析 优化设计 有限元法 计算机辅助设计 智能设计
	技术设计	总体和部件构形 → 选材料、定尺寸 → 技术设计评价与审定	经审查和修改后的总图;主要零部件图;计算书;技术分析报告	
	图样设计	工作图设计 → 技术文件编制 → 工作图设计评价审定	文件目录和图样目录;零件图、部件装配图和总装配图;明细表汇总表;产品制造验收技术条件;设计鉴定大纲;包装设计图样及技术文件;使用说明书、装箱单和合格证;标准化审查报告	
样机试制和设计改进		样机试制与试验 → 试制鉴定和改进设计	样机(再细致也可分为:原理样机、工程样机)	计算机辅助制造 测试与分析技术 智能制造
小批试生产及批量生产		小批量试生产 → 鉴定试销 → 工艺工装验证 → 产品定型和批量生产	产品(在某些行业,还需要分为:模样、初样、正样)	
产品使用		销售、安装、调试、使用和信息反馈		

17.4.5 真空机构设计程序及过程

真空机构由于具有确定的在真空环境中工作的要求，需结合其使用环境，可能还有环境高低温、辐射、特定气体等其他环境条件，开展真空机构的设计。

由于真空环境对机构的影响和设计要求并不是为大多数设计者所熟悉，因此，对于真空机构具有高可靠性要求的，最好由专业从事真空技术、真空工程的专业人员来参与真空机构的设计，重点针对真空机构在真空（或者包含热环境、辐射环境）中受到的影响，从真空摩擦润滑、真空热设计等方面予以考虑，在完成了机构的一般性设计后，有针对性地进行润滑设计、材料选型、结构设计，并设计满足机构的可维护、可维修性等要求。即在产品设计阶段完成真空机构的环境适用性设计，并随着样机的研制和试验，改进和完善相关设计。其内容如下。

（1）材料选型

根据真空下固体材料出气速率、材料的饱和蒸气压等，在保障真空机构强度及功能性要求的前提下，选择出气较小的材料。

（2）润滑方式

根据机构的工作特点和运动参数，确定机构运动的润滑方式和润滑材料，同时需要考虑润滑的摩擦磨损、工作寿命等要求。

（3）结构形式

设计上减少或消除原设计中的结构“密闭”状况，消除由于结构“密闭”导致的内外压力差；同时结构上能够完成润滑的实现与保持，是真空机构实现润滑的关键因素。

（4）热设计

对于电机线圈、轴承滚道等自身生热的部位，以及环境高低温，需要采用增加导热截面、增加辐射面积，以及进行主动、被动温控措施，这些措施有包覆隔热材料、增加加热带（加热片）、增加冷却装置或制冷结构。

（5）机构装配

真空机构的装配必须进行真空清洁等处理，且在装配的全过程中不得被污染，包括不得用手触碰、保持环境清洁等。

（6）试验及改进

真空机构能否满足使用要求，必须进行真空下的机构试运行，一方面机构润滑活动件得到预跑合，使得机构进入稳定状态；另一方面，使得机构的表面气体得到“溢出”，各项性能得以稳定。

17.4.6 真空机构设计原则

真空机构的设计遵循机构结构设计原则，再进行真空环境适应性设计，包含热设计、润滑设计，以及装配、维护设计等，由于涉及真空环境的结构设计并不为大多数人熟知，将真空机构按照一般机构进行设计符合机构设计，然后进行真空润滑、热设计，这样能够发挥相关专业人员的专业特长，更加高效地实现真空机构的设计定型。

17.4.6.1 一般的机构设计准则

（1）实现预期功能的设计准则

产品的设计主要目的是实现预定的功能要求，要满足功能要求，必须做到以下几点。

① 明确功能　机构设计要根据其在机器中的功能和与其他零部件相互的连接关系，确定参数尺寸和结构形状。零部件主要的功能有承受载荷、传递运动和动力，以及保证或保持有关零件或部件之间的相对位置或运动轨迹等。设计的机构应从机器整体考虑能满足对它的功能要求。

② 功能合理的分配　产品设计时，根据具体情况，通常有必要将任务进行合理的分配，即将一个功能分解为多个分功能。每个分功能都要有确定的机构承担，各部分机构之间应具有合理、协调的联系，以达到总功能的实现。多结构零件承担同一功能可以减轻零件负担，延长使用寿命。

③ 功能集中　为了简化机械产品的机构，降低加工成本，便于安装，在某些情况下，可由一个零件或部件承担多个功能。功能集中会使零件的形状更加复杂，但要有度，否则反而影响加工工艺、增加加工成本，设计时应根据具体情况而定。

(2) 满足强度要求的设计准则

① 等强度准则　零件截面尺寸的变化应与其内应力变化相适应，使各截面的强度相等。按等强度原理设计的机构，材料可以得到充分的利用，从而减轻重量、降低成本。如悬臂支架、阶梯轴的设计等。

② 合理力流机构　为了直观地表示力在机械构件中怎样传递的状态，将力看作犹如水在构件中流动，这些力线汇成力流。表示这个力的流动在机构设计考察中起着重要的作用。力流在构件中不会中断，任何一条力线都不会突然消失，必然是从一处传入，从另一处传出。力流的另一个特性是它倾向于沿最短的路线传递，从而在最短路线附近力流密集，形成高应力区。其他部位力流稀疏，甚至没有力流通过，从应力角度上讲，材料未能充分利用。因此，若为了提高构件的刚度，应该尽可能按力流最短路线来设计零件的形状，减少承载区域，从而累积变形越小，提高了整个构件的刚度，使材料得到充分利用。

③ 减小应力集中构件　当力流方向急剧转折时，力流在转折处会过于密集，从而引起应力集中，设计中应在构件上采取措施，使力流转向平缓。应力集中是影响零件疲劳强度的重要因素。应尽量避免或减小应力集中。

④ 载荷平衡机构　在机器工作时，常产生一些无用的力，如惯性力、斜齿轮轴向力等，这些力不但增加了轴和轴衬等零件的负荷，降低其精度和寿命，同时也降低了机构的传动效率。所谓载荷平衡就是指采取结构措施部分或全部平衡无用力，以减轻或消除其不良的影响。这些结构措施主要采用平衡元件、对称布置等。

(3) 满足机构刚度的设计准则

为保证零件在使用期限内正常地实现其功能，必须使其具有足够的刚度。

(4) 考虑加工工艺的设计准则

构件设计的结果对产品零部件的生产成本及质量有着不可低估的影响。因此，设计中应力求使产品有良好的加工工艺性。

(5) 考虑装配的设计准则

① 合理划分装配单元　整机应能分解成若干可单独装配的单元（部件或组件），以实现平行且专业化的装配作业，缩短装配周期，并且便于逐级技术检验和维修。

② 使零部件得到正确安装　保证零件准确的定位，避免双重配合，防止装配错误。

③ 使零部件便于装配和拆卸　设计中，应保证有足够的装配空间，如扳手空间；避

免过长配合以免增加装配难度，使配合面擦伤，如有些阶梯轴的设计；为便于拆卸零件，应给出安放拆卸工具的位置，如轴承的拆卸。

(6) 考虑维护修理的设计准则

① 产品的配置应根据其故障率的高低、维修的难易、尺寸和质量的大小以及安装特点等统筹安排，凡需要维修的零部件，都应具有良好的可达性；对故障率高而又需要经常维修的部位及应急开关，应提供最佳的可达性。

② 产品，特别是易损件、常拆件和附加设备的拆装要简便，拆装时零部件进出的路线最好是直线或平缓的曲线。

③ 产品的检查点、测试点等系统的维护点，都应布置在便于接近的位置上。

④ 需要维修和拆装的产品，其周围要有足够的操作空间。

(7) 考虑造型设计的准则

产品不仅要满足功能要求，还应考虑产品造型等的美观大方，这也属于产品的质量。

外观设计包括三个方面：造型、配色和表面质量。

造型上应注意尺寸比例协调、形状简单统一，配色上要色彩靓丽、图案优美、简洁大方，表面质量要体现产品特点和属性，如实验室设备、生产机床或者大众消费品等。

颜色选择上，舒服的色彩大约位于从浅黄、绿黄到棕的区域。这个趋势是渐暖，正黄正绿往往显得不舒服，灰色调显得压抑。色彩使用上，单色只使用于小构件。大构件可采用一个小小的附加色块点缀大色块。机构在一个主导底色上附加对比色，可以显得跳跃、生动。对环境的考虑上，冷环境应用暖色，如黄、橙黄和红，对于热环境用冷色，如浅蓝。所有颜色都应淡化。通过色彩配置，能够体现出产品的属性、特点、社会性等，是提高产品辨识度的重要途径。

(8) 考虑成本的设计准则

① 要对产品功能进行分析权衡，合并相同或相似功能，消除不必要的功能，简化产品和维修操作。

② 应在满足规定功能要求的条件下，使其构造简单，尽可能减少产品层次和组成单元的数量，并简化零件的形状。

③ 产品应尽量设计简便而可靠的调整机构，以便于排除因磨损或飘移等原因引起的常见故障。对易发生局部耗损的贵重件，应设计成可调整或可拆卸的组合件，以便于局部更换或修复。避免或减少互相牵连的反复调校。

④ 要合理安排各组成部分的位置，减少连接件、固定件，使其检测、换件等维修操作简单方便，尽可能做到在维修任一部分时，不拆卸、不移动或少拆卸、少移动其他部分，以降低对维修人员技能水平的要求和工作量。

在完成真空机构的一般设计后，则根据机构使用的环境要求，如真空度、温度、可靠性、寿命等，从材料选型、润滑方式、润滑剂、热传导与辐射等方面进行计算及设计，对于不能按计算确定的事项，则按照实际经验加以确定，对于机构运行有重大影响的，则进一步通过验证性实验加以确定，最终得到经过计算、仿真、实验，能够满足实际要求的机构设计。

17.4.6.2 真空机构设计要点

真空是比大气压低的压力状态，但不是任何东西都没有的虚无空间，是涵盖从比大气压（约 10^5Pa）低的状态到虚无的绝对真空（0Pa）为止的宽广领域。真空的基本特点如下。

（1）真空状态下的气体压力低于一个大气压，因此，处于地球表面上的各种真空容器中，必将受到大气压力的作用。

（2）真空状态下，由于气体稀薄，单位体积内的气体分子数，即气体的分子密度小于大气压力的气体分子密度。因此，分子之间、分子与其他质点（如电子、离子等）之间以及分子与各种表面（如器壁）之间相互碰撞次数相对减少，气体的分子自由程增大。

（3）真空状态下，由于气体压力低，会产生多种真空效应，具体为：压差效应、放电效应、微放电效应、真空热环境效应、真空放气效应、污染效应、蒸发升华与分解、冷焊效应。

在真空环境中的物体，会受到真空效应的影响，这些效应的发生都与机构所处的真空环境有关，其原因是材料的压力-饱和蒸气压的变化、热辐射-热传导的变化等。

同时，在某真空容器中，机构也会对真空容器的环境产生影响，如机构的金属、非金属表面放气使得真空容器不能保持既有的真空度，机构的润滑剂等非金属材料的释放会导致真空容器内的“污染”，这些都会对如半导体芯片制造、空间站舱内环境、真空下光学镀膜等产生影响。

17.4.6.3 真空作用的影响

真空对机构的影响，主要有压差效应、放电效应、真空放气效应、污染效应、蒸发升华与分解、冷焊效应等。具体为：

（1）压差效应

① 材料变形与损坏　机构的结构中，若两侧存在压差，由于每 1Pa 的压差可导致 1N/m^2 的力，在工作时，导致结构变形，影响机构的正常工作，甚至在压差-温度循环的耦合作用下，发生结构开胶、撕裂等严重问题。对于有封闭空间的机构，将其从一个大气压下（10^5Pa）放置到 1Pa 的真空下，其压力为 10^5N/m^2；巨大的压力能够使得整个机构的基准变化、精度丧失，严重的导致机构失效、损坏，因此，在机构设计时，不能有机构结构上的封闭腔，或者增加具有泄压孔等保持腔体结构的“内外”压力平衡，或者降低真空容器抽真空的速度，以利于机构中具有“小流导结构”结构的内外压力的平衡。

② 泄漏　机构中有“带压”结构的，如空间行波管，也有如航天器生活舱，舱外是真空，若是结构上有微小漏孔，都会导致不可忽略的气体泄漏，其趋势是向着结构的内外压力平衡发展。用机构总漏率来衡量，机构的漏放率必须达到要求。对此，应采用氦质谱检漏等检验方法，进行“补焊”和“密封”，以解决泄漏问题。

（2）放电效应

① 低气压放电效应　当气压处于 1000～0.1Pa 范围时，由于气体分子平均自由程变大，带电粒子在电场中加速，与气体原子外层电子发生碰撞，使气体发生电离，产生放电，且放电能够持续；在 0.1Pa 以下时，由于缺乏可以被碰撞的气体分子，则不易产生气体放电情况。因为低气压放电是在低气压情况下产生的。生活中的电灯、深空探测中的电推进发动机等均是利用了低气压放电效应的实际情况；按照帕邢（Paschen）定律，带电导体间的击穿电压是气压与距离的乘积的函数，如图 17-1 所示。从图中可以看出低气压环境比大气环境和真空环境更容易引起放电，即击穿电压最低。图中 V_b 为击穿电压；p

为气体压力；d 为电极间距。

② 微放电效应　又称二次电子倍增效应，是一种发生在部件表面的真空谐振放电现象。当真空度达到 10^{-2}Pa 或者更低时，金属表面受到一定能量电子碰撞时，激发出次级电子会在其他金属表面产生更多的次级电子，最终在多次碰撞下产生稳定的放电现象，即微放电。金属由于发射次级电子受到侵蚀，电子碰撞也会引起金属表面温度升高，甚至会在附近产生电晕放电。

微放电效应的发生机理示意如图 17-2 所示。图 17-2（a）中，缝隙两表面间的自由电子在微波正半周电场的作用下加速，在微波交变电场通过零点时，电子撞击到缝隙的上板表面，产生二次电子；图 17-2（b）中，原始电子与二次电子一起在微波负半周电场的作用下加速，在微波交变电场通过零点时，电子撞击到缝隙的下板表面，产生新的二次电子。这样往复循环，每次撞击都会产生新的二次发射倍增电子，最终产生“雪崩”微放电现象。微放电可能对组件电性能产生的影响主要有谐振类设备失谐、设备内部气体溢出、靠近载波频率的窄带噪声、电子侵蚀和无源互调等。目前抑制微放电效应的技术主要有间隙内填充介质、增大部件间隙尺寸、外加磁场或直流偏置、改变表面状态等。

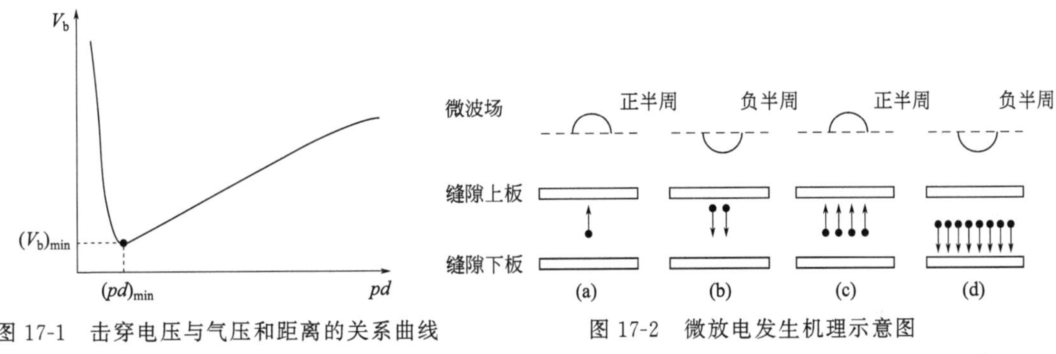

图 17-1　击穿电压与气压和距离的关系曲线

图 17-2　微放电发生机理示意图

(3) 真空放气效应

当气压低于 10^{-2}Pa 时，气体会从材料表面释放出来，无论材料是金属或者非金属，这些气体的主要来源是：原先在材料表面吸附的气体，真空下从表面脱附；原先溶解在材料内部的气体，真空下从材料内部向材料表面扩散，最后从材料表面释放，脱离材料进入真空空间中；还有气体从高压力环境通过渗透进入材料中，并向着低压力侧转移，最终从低压力侧“溢出”材料表面。真空放气是真空中材料的固有特性，应对措施是：机构设计时，选用低放气材料，金属材料的放气率远低于非金属材料；降低金属表面的粗糙度，进行真空清洗，这样使得金属表面的微观面积减少，使其所能吸附的气体减少；在机构工作前，对金属表面进行真空烘烤，并用真空泵进行抽除，加速金属表面的气体释出；也可以采用具有“低温表面”的防污染板，使得气体由于“低温吸附”而凝结在防污染板上。

(4) 污染效应

真空中，随着真空度越来越高，分子的平均自由程也越来越大，由于真空下的放气效应，机构表面会“吸附”由其他材料表面“释放”出来的气体，可造成机构表面污染，改变表面性能。这种通过分子流动和物质迁移而沉积在机构其他部位上造成的污染，称为分子污染。严重的分子污染会降低观察窗和光学镜头的透明度而影响成像，改变温控涂层的性能，改变机构表面的光吸收率，增加电气元件的接触电阻等。

(5) 蒸发、升华与分解

真空下，材料的蒸发温度、升华温度会发生变化，会造成材料组分的变化，可导致材料质量损失、物性参数变化、有机物的弥散、自污染等，如热物理性能和介电性能润滑性能等。机构摩擦副中润滑剂的蒸发，材料不均匀的升华可引起表面粗糙，使机构表面光学性能变差。在高真空下材料的内外分界面可能变动，引起材料力学性能蠕变强度和疲劳应力等的变化。

(6) 冷焊效应

冷焊效应一般发生在10^{-7}Pa以上的超高真空环境下。在超高真空下，同种金属材料的两个洁净表面相互接触，在一定的压力作用下，经过一段时间后，两个接触面的金属原子穿过接触面相互渗透形成晶格间融合，为冷焊效应。冷焊可造成两金属材料表面的黏结，金属摩擦副间过度摩擦造成凸点处局部“焊接”，导致金属撕落、转移，并进一步造成接触面粗糙度增加，从而导致机构工作特性变差，严重的将使得机构功能失效。一般的，在高真空下，表面越清洁，接触压力越大，接触时间越长，温度越高，则越容易发生冷焊效应。为此，采取的措施是选择不易发生冷焊的配偶材料，在接触面上涂覆固体润滑剂或设法补充液体润滑剂，镀覆不易发生冷焊的材料膜层。

17.4.6.4 热影响

真空机构处于真空中，其热影响主要有机构本身产热以及外界传输的热量，只有在机构本身产热和从外界接收到的热量达到热平衡后，且热平衡后机构自身温度处在其能接受的范围，同时机构本身各处的温度差异不足以引起的机构变形等没有影响机构的工作和机构误差，则机构能够在真空和真空温度环境中正常工作，需要设计者对热影响予以考虑。

(1) 真空对机构的影响

主要有真空热环境效应，包括：真空下的环境热背景、接触传热。

① 环境热背景　在真空中，不存在空气的导热、对流换热，只有环境热背景的辐射热。相对于大气环境，机构换热只有辐射热和传导热。机构的环境热背景的温度、环境热背景的表面发射率、机构面向背景的面积、热背景及机构自身的温度等均对机构接收的热量起作用。辐射换热的计算详见本书相关章节。在太空中，环境热背景就是空间外热流（包括太阳辐射、地球红外辐射及反射）和太空冷黑背景（即太空辐射的冷量很小，约为$10^{-5}W/m^2$，且各个方向是等值的）。在这种环境中，机构中面对空间外热流的表面一般是接收热量，而面对冷黑背景的是损失热量。因此，对于宇航机构则需要采取主动或者热防护这样的热控制技术，才能保证机构处于一个能够正常工作的温度环境中。

② 接触传热　实际上是导热，是物体各部分温度不同，或者两个物体之间直接接触而产生的热传递现象。只有固体中才是单一的热传导，热传导存在于两个相互接触的表面，由两接触表面的面积、热导率、两表面的各自温度、机构表面板的厚度等决定。相关计算见本书相关章节。真实表面粗糙度制约着两个表面间的接触状况，从微观上看，两个表面间只有一些点或者局部区域接触，只有这些接触点起到导热的作用，而不像大气环境中，两表面间隙间的空气也会起到增大接触导热的作用，这样，真空环境下，对于大热耗的机构通常需要增加导热填料（如铟片、导热胶等）。对于需要导热的地方，需要选用热导率大的材料，一般金属材料的热导率大于非金属材料热导率。

(2) 机构自身产热

包含机构中的驱动部件发热，一般为电机发热。另外运动件本身也会产生摩擦热。

① 机构驱动电机产热　电机是非纯电阻电路，电机的热功率为 $P=I^2/R$，其中 P 为电机的热功率（W），I 为电机电流（A），R 为电机的内阻（Ω）。电机的总功率为 $P=UI$，机械功为电机总功率与电机热功率两者之差。

② 机构活动件摩擦发热　机构活动件包括电机转子支撑的轴承、机构主轴支撑轴承。其中轴承的摩擦损失在轴承内部几乎都转变为热，因此摩擦力矩造成的发热量为 $Q=Mn/9550$，其中 Q 为摩擦产热（kW），M 为摩擦力矩（N·mm），n 为轴承转速（r/min）。轴承的发热会通过机构主轴、机壳等导出，也会在机构表面形成与外界的热辐射，为出热量。轴承的发热量和出热量最终会达到平衡，表现为轴承温度的稳定。一般在轴承运转初期时，温度急剧上升，但达到正常状态后则基本稳定，轴承温度会因为发热量、轴承导热截面、轴承箱体热容量、润滑剂量、周边温度等不同而不同。若是轴承温度过高，或者温度突然急剧上升，则表明轴承的温升异常，必然发生了某种故障，或者主轴系统处于“失效”前期，可能的原因有：轴承负载扭矩加大、轴系间隙过小、轴承预载过大、润滑剂过多或不足、异物混入及密封装置发热等，均是应该被解决的问题，否则会影响轴承的正常运转，导致机构故障或失效。

17.4.6.5 摩擦润滑

真空机构的摩擦润滑是在机构设计达到要求的前提下，机构能否在真空环境条件下，全生命周期内完成预定任务的关键因素，决定了机构在真空下能否具有机构运行精度和寿命。

摩擦是两摩擦表面间存在的阻碍相对运动的一种现象；磨损是摩擦的结果；润滑是控制摩擦面间摩擦、磨损的重要措施。由此可见，三者之间的关系是密切的，而润滑是机构正常运行的基础。

机构润滑的目的：使得机构摩擦表面上形成一层有效的润滑层，以防止摩擦表面的直接接触，起到减低摩擦系数，减少摩擦和磨损，防止烧蚀等，减少动力的消耗，提高机械效率。

(1) 机构润滑的作用

① 减少摩擦、降低磨损　在摩擦面之间加入润滑剂，能使摩擦系数降低，从而减少摩擦阻力，节约能源的消耗。在流体润滑条件下，润滑油的黏度和油膜厚度对减少摩擦起到十分重要的作用。随着摩擦副接触面间金属-金属接触点的增多，出现了边界润滑条件，此时润滑剂的化学性质（添加剂的化学活性）就显得极为重要了。机械零件的黏着磨损、表面疲劳磨损和腐蚀磨损与润滑条件有很大关系。在润滑剂中加入抗氧、抗腐剂有利于抑制腐蚀磨损，而加入油性剂、极压抗磨剂可以有效地降低黏着磨损和表面疲劳磨损。固体润滑剂能够通过在滑动方向上具有较低的剪切强度来达到润滑的作用。

② 冷却作用　润滑剂可以减轻摩擦，并可以吸热、传热和散热，因而能降低机械运转摩擦所造成的温度上升。

③ 防腐作用　摩擦面上有润滑剂覆盖时，就可以防止或避免因空气、水滴、水蒸气、腐蚀性气体及液体、尘土、氧化物等引起的腐蚀、锈蚀。

④ 绝缘性　精制矿物油的电阻大，如作为电绝缘材料的电绝缘油的电阻率是 2×

$10^{16}\Omega \cdot mm^2/m$（水是 $0.5\times10^{16}\Omega \cdot mm^2/m$）。

⑤ 减振作用　润滑剂吸附在金属表面上，本身应力小，所以，在摩擦副受到冲击载荷时具有吸收冲击能的作用。如汽车的减振器就是油液减振的（将机械能转变为流体能）。

⑥ 清洗及密封作用　通过润滑油的循环可以带走油路系统中的杂质，再经过滤器滤掉。内燃机油还可以分散尘土和各种沉淀物，起着保持发动机清洁的作用。润滑剂对某些外露部件形成密封，防止水分或杂质的侵入，在气缸和活塞间起密封作用。

(2) 机械润滑方法

一般为油润滑、脂润滑及固体润滑。

油润滑是指采用润滑油及其润滑装置对机构进行润滑，达到减摩作用。润滑油是基础油（一般达到90%）和添加剂按一定比例调配而成。主要的添加剂有：抗磨剂、抗氧化剂、清洁分散剂等，其中基础油是从石油制品中得到的，是由烷烃、环烷烃、芳香烃和环烷芳香烃，以及这些烃的含氧、含硫和含氮衍生物组成，其成分复杂。润滑油的性质是由这些烃类所决定的，通过精馏和调和，得到不同性能，特别是黏度和抗氧化安定性不同的润滑油。

脂润滑是指采用润滑脂及其润滑结构对机构进行润滑，达到减摩、增寿的作用。润滑脂是由“润滑油＋稠化剂”按一定比例调配而成，即用一种或多种稠化剂分散在一种或多种液体润滑剂中得到的介于半流体到固体之间的、呈现出半流体、黏稠膏状，具有非牛顿流体特征的润滑剂，其具有一定的形态，易于附着，流动性低于相应的润滑油。稠化剂在润滑脂中占2%～35%左右，一般是以胶体状态分散在液体润滑剂中形成空间网状结构，或仅以分散相的形式分散在基础油中，起到吸附和限制基础油流动的作用。

固体润滑是指采用固体物质对机构进行润滑，达到减摩作用。固体润滑剂有金属材料、无机非金属材料和有机材料等，有固体粉末润滑材料，镀膜、黏结或喷涂固体润滑膜，以及自润滑复合材料三大类。

为了使摩擦副发挥其功能，则首先要考虑选择适合使用条件、达到使用目的的润滑方法。若只考虑润滑，油润滑的润滑性能则占优，但脂润滑、固体润滑则可以简化使用条件，三种润滑优缺点比较见表17-2。

表 17-2　油润滑、脂润滑和固体润滑的优缺点

序号	项目	油润滑	脂润滑	固体润滑
1	机壳结构及密封装置	较复杂，保养时需注意	可简略	简单
2	旋转速度	可用于高速旋转	极限转速是油润滑的65%～80%	低慢速旋转
3	冷却作用、效果	可有效排出热(循环供油下)	无	无
4	润滑剂更换	比较简单	较麻烦	极为麻烦
5	润滑剂流动性	非常良好	不好	非常不好
6	尘埃过滤	较容易	困难	无过滤
7	润滑剂泄漏污染	泄漏污染较大	污染少	基本无污染
8	供给润滑剂装置	较复杂	简单	简单(转移润滑)
9	黏附性	一般	好	一般
10	适应温度范围	有冷却则范围宽	较窄	宽
11	适应真空环境	需迷宫、防爬装置	可适应	可适应
12	寿命	较长	一般	一般

由于油润滑需要储油腔、供油系统，较为复杂，一般在真空机构中不采用。

在真空中使用润滑剂，必须满足其在真空环境下具有低饱和蒸气压、低挥发性的要求，同时满足机构功能、性能所需要的润滑要求。

(3) 真空润滑脂

真空下用的润滑脂一般是指润滑油中加入稠化剂和某些功能添加剂的膏状润滑材料，其特点是饱和蒸气压低、挥发速率低，可满足真空机构中摩擦副的润滑要求，适用真空机构在研制、运输、使用等全过程。

真空润滑脂主要为低饱和蒸气压流体润滑材料，目前使用较多的主要有全氟聚醚基润滑脂（PFPE）、多烷基环戊烷基润滑脂（MAC）、聚 α-烯烃类润滑脂（PAO）等几种，可用于真空机构无密封设计的长寿命摩擦副中。这几类润滑脂饱和蒸气压很低，如常用的PFPE类与MAC类润滑脂饱和蒸气压为 10^{-10}Pa～10^{-11}Pa。此外，真空润滑脂挥发速率低，总挥发损失量小，不影响摩擦副全寿命周期的使用。如图17-3所示，真空润滑脂由基础油与增稠剂构成，如全氟聚醚润滑脂（PFPE）由碳氟链高分子基础油与聚四氟乙烯增稠剂构成、多烷基环戊烷润滑脂（MAC）由多烷基环戊烷小分子基础油与锂基皂增稠剂或钠基皂增稠剂构成、PAO润滑脂基础油多为 α-烯烃类碳氢油。

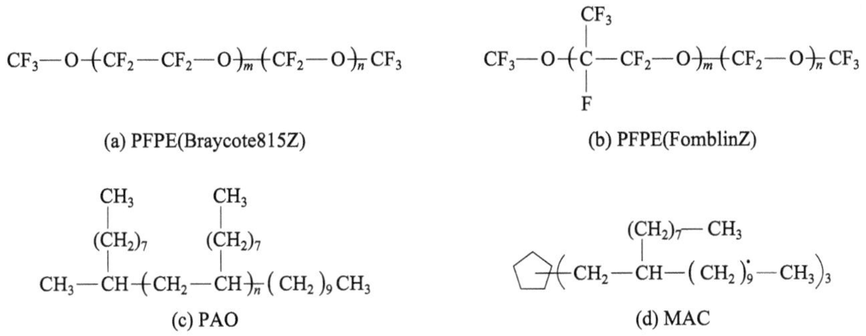

$$CF_3-O\!-\!\left(CF_2-CF_2-O\right)_m\!\left(CF_2-O\right)_n CF_3$$

(a) PFPE(Braycote815Z)

$$CF_3-O\!-\!\left(\underset{F}{\overset{CF_3}{C}}-CF_2-O\right)_m\!\left(CF_2-O\right)_n CF_3$$

(b) PFPE(FomblinZ)

$$CH_3-\underset{}{\overset{CH_3-(CH_2)_7}{CH}}\!-\!\left(CH_2-\overset{CH_3-(CH_2)_7}{CH}\right)_n(CH_2)_9CH_3$$

(c) PAO

$$\text{环戊基}\!-\!\left(CH_2-\overset{(CH_2)_7-CH_3}{CH}-(CH_2)_9-CH_3\right)_3$$

(d) MAC

图 17-3 几种常见低饱和蒸气压润滑脂基础油分子结构式

在真空脂润滑剂中，PFPE和MAC类的润滑脂使用的最为频繁，如全氟聚醚类润滑油脂中的Braycote 601EF、MAC类的RheolubeTM2000（含1%～7%Pb）等。几种润滑脂的主要性能指标如表17-3所示，PFPE润滑脂的适用温区最宽，达到－70℃～200℃。在采用润滑脂润滑摩擦副时，同时需采用防爬移层阻止润滑脂的爬移损失，相对而言，MAC润滑脂的爬移效应要弱于PFPE润滑脂。

表 17-3 几种 PFPE、MAC、PAO 润滑脂的主要性能指标

类型	产品型号	饱和蒸气压(20℃)/mbar	倾点/℃	最高使用温度/℃	黏度(20℃)/cs
PFPE	Brayco815Z	2.0×10^{-12}	−73	204	250
	Braycote601	5.0×10^{-12}	−73	204	250
	FomblinZ25	1.6×10^{-13}	−75	250	260
MAC	Pennzane SHF 2000	—	−48	—	260
	RheolubeTM2000	4.0×10^{-10}	−45	125	260
PAO	Nye 179	1.0×10^{-8}	−60	—	66
	Nye 176A	2.4×10^{-8}	−43	120	1050

注：$1cs=10^{-6}m^2/s$。

(4) 真空用固体润滑材料

真空固体润滑材料指能保护真空机械摩擦副做相对运动而表面不受损伤，并降低或减缓摩擦与磨损的固体粉末材料、固体自润滑复合材料或固体薄膜与涂层材料。一般可分为：层状结构物质；低摩擦聚合物；软金属和低摩擦非层状无机化合物等四种类型。常见的有石墨及其化合物、金属硫化物（MoS_2、WS_2）、金属氧化物（Fe_3O_4、AlO、PbO）、金属溴化物（FeCl、CdCl、CdI、PbI、HgI）、金属硒化物（$NbSe_2$、WSe_2）、软金属（Pb、Sn、In、Zn、Ag）、塑料（PTFE、聚苯、聚乙烯、尼龙-6 等）、滑石、云母、玻璃粉、氮化硼等。

固体润滑材料具有：

① 较低的摩擦系数，在滑动方向上有较低的剪切强度，而在受载方向上有较高的屈服极限。同时还具有防止摩擦表面凸峰的穿透能力，即材料的物理性能是各向异性的。

② 与底材的附着力强，而且附着力大于滑动时的剪切力，避免固体润滑材料（或膜层）从底材表面上被挤开（或撕离）。

③ 固体润滑材料粒子有足够的内聚力，并能够建立足够厚的润滑膜来防止摩擦表面的凸峰穿透。

④ 润滑材料粒子的尺寸在低剪切强度方向应最大，这样才能保证粒子在滑动表面间有很好的定向。

⑤ 能在较宽的温度范围保持性能稳定，不起化学反应。

在真空中使用最多的为固体润滑薄膜或涂层材料，以及自润滑复合材料，如固体 MoS_2 薄膜、Pb 膜、Au 膜、WS_2 薄膜、聚四氟乙烯（PTFE）基自润滑材料、聚酰亚胺基（PI）基自润滑材料等。这些固体润滑材料因无挥发污染，多用于无密封要求的真空机构摩擦副上的润滑。

17.5 真空传动机构

真空机构系指能够在真空环境且高低温、辐射、洁净和深低温等其他环境中，可以满足机构的功能、精度、可靠性和寿命要求的机构，是各种机械机构在特种或极端条件下满足真空环境要求的特种机构。

处于真空中的机构，往往还存在着其他环境要求，这样，对于真空机构往往有材料、结构、热设计、辐射、可靠性及寿命的其他要求，在进行真空机构设计时，必须一并予以考虑。

在真空区内移动或定位样品或产品以及传感的能力（一些最常见的要求）可以通过位于真空室外部的驱动机构和电机来实现。在这种类型的控制方案中，驱动机构通过使用密封联轴节的真空室壁传输其运动。这种传统的真空运动控制方法有许多缺点，解决方案是将电机置于真空室外部，使用磁性或机械进给机构，这迫使工程师使用有限数量的设计配置。例如，使用外部电机时，很难在真空室内实现 X-Y 级（其中一级在另一级之上移动），这是因为用于传输电机功率的机械部件极大地限制了设计的可能性。此外，真空室内定位系统的精度、重复性和分辨率也会受到影响。

因此，就驱动、传动装置而言，真空机构通常有两种应用形式：一是“电机＋磁流体

（或动密封装置）＋真空运动装置＋磁流体（或动密封装置）＋机械负载”，这种方式是只有真空运动装置被放置在真空环境下，而其他驱动、机械负载等均处于大气环境中；二是机构所有的部件等均放置在真空环境下，一般为“真空电机＋真空运动装置＋磁粉制动器”。

真空电机的应用使得整个机构结构简单、运动链缩短，便于控制，但整个机构都放置于真空环境中，则需要机构中所有的装置、部件均能在真空条件下使用，整个机构能够在真空及其他条件下使用。

17.5.1 真空电机

电机是指依据电磁感应定律实现电能转换或传递的一种电磁装置。它的主要作用是产生驱动转矩，可以作为各种机构的动力源，是传动以及控制系统中的重要组成部分。它的主要作用是利用电能转化为机械能。

真空电机目前没有明确的定义，但根据其在真空环境中的作用，顾名思义地认为真空电机是可以使用在真空环境里的电机。这些电机需要考虑独特的环境条件，标准电机不是真空应用的合适选择。真空环境对电机的影响，主要集中在真空对电机正常工作的影响，一是真空下气体、液体和固体的饱和蒸气压发生变化，如电机轴承润滑剂会蒸发，电机和电缆的绝缘材料也会蒸发，这种现象被称为“放气”。在真空室内放气显然是非常消极的，除了破坏电机，蒸发后的材料凝结在精密的光学元件和精密的机械装置上，影响了应用。石油基润滑脂蒸发，它们在真空室中形成了蒸气云，其他材料蒸发得慢，当同样会导致材料性质变化、轴承润滑性能降低等。同时这些“放气”溢出的气体会“污染”电机所处的真空环境，可能会使真空中的光学表面镜等降低透过率，影响光学系统的光学性能。另外，这些“放气”溢出的气体会“进入”到电机叠片、绕组、轴承和金属表面的微小裂纹中，导致绝缘性能下降，严重的导致带电表面放电产生重大故障；二是真空下气体分子在机构表面吸附和积累，会使高压导体产生电晕效应，稀薄的空气很容易电离，电流会在无保护的高压导体之间流动，产生表面带电或表面放电，破坏；三是真空下电机的热量只能通过传导和辐射的方式散热，而不同于大气中可以通过对流，甚至是强迫对流方式进行散热，必须防止由于电机线圈和轴承运动等导致的电机温度过高。

在真空中使用真空电机最大的好处是减少真空泄露的风险，保障了真空机构在工作过程中的稳定性和可靠性。

17.5.1.1 电机选择原则

选择真空电机，首先必须满足机构对电机的性能及指标要求。普通电机偶尔可以在低真空环境中工作，但是在高真空和超高真空环境中是绝对无法使用的。所以，在真空环境下使用电机一定要考虑以下因素：

① 真空放电　一些高压元件在真空环境（非绝对真空，指低气压）中更容易发生气体放电或击穿现象。如果真空度更高还可能发生电晕放电等现象。

② 物质挥发　部分元器件材料的表面物质（如镀膜等）会在真空中加速挥发。

③ 影响散热空气对流和传导　这两种一般情况下最主要的散热方式已经无法成立，只能通过辐射散热，散热效率远远低于有大气的情况。

④ 产生“冷焊”现象　在没有空气的情况下，相互接触的材料可能会因为分子间作用力而自动“粘”在一起。这对步进电机等有相当大的影响。

⑤ 部分依赖空气或气流的设备无法正常工作，比如风扇。

真空电机的指标中，除了常规的电机指标外，一定要有真空度、温度指标，其中真空度是指该电机能在何种真空范围内使用。

如：电机适应于真空度 1×10^{-8}Pa，工作温度 -196℃～175℃，表示该电机能够在 10^{5}Pa～1×10^{-8}Pa、温度 -196℃～175℃下工作。

17.5.1.2 真空电机能够在真空环境中工作的原因

电机要能够承受工作条件下的高低温，确保电机结构不变化，确保自身精度。要点如下。

(1) 电机的材料选择

① 金属材料　碳素钢和合金钢两大类，生铁可分为炼钢生铁、铸造生铁和铁合金；铜、铝、铜铝合金、银等导体材料。

② 有机材料　缩醛、聚酯、聚氨酯、聚酯亚胺树脂等，无机材料如玻璃丝等。

③ 绝缘材料　固体绝缘材料有绝缘漆、树脂和胶；浸渍纤维制品；层压材料；模塑料；云母制品。气体绝缘材料有氮、氢、二氧化碳、六氟化硫等；液体绝缘材料有变压器油、开关油、电容器油、电缆油、硅油、各种合成油等。

④ 薄膜、黏带复合材料　热固性塑料、热塑性塑料、胶黏剂等。

⑤ 润滑材料　固体润滑材料有金、银、锡、铅、镁、铟等软金属，硫化物（含 MoS_2）、氮化硼等化合物，聚四氟乙烯、聚甲醛、聚酰亚胺等工程塑料；油脂润滑材料有矿物基础油、合成基础油及植物油基础油，以及硅基、钙基、锂基润滑脂。

无论是何种材料，在真空下使用，必须为具有足够机械强度、耐腐蚀、出气率低、真空下不分解、性能变化不大的材料，能够适应真空下工作温度范围，个别还需要具有抗辐射、抗老化的特性。

(2) 电机的润滑实现

电机的润滑包括电机润滑材料及电机的润滑实现。依据电机的性能和工况条件，选择合适的润滑方式（油润滑、脂润滑和固体润滑）及具有低饱和蒸气压的润滑剂后，还需要在电机全寿命周期内，保证其润滑系统的持续建立和保持，即电机润滑的储存、供给、过滤、消耗等维持长时间的“平衡”，保证电机轴承等具有低摩擦、高稳定性能。

(3) 电机的实际选型、控制及使用

真空电机（见图 17-4）的选型和用户使用条件有极大的关系，首先要明确真空度和温度范围。这两个指标确认后，在计算负载所需要的扭矩、转速等参数过程中还需要考虑用户的控制方式、设备工艺等条件。

真空中需要特别关注的是真空中的热量，由于真空中没有空气对流，热量只能靠热辐射和材料的热传导来消除。普通电机耐温通常是在 130℃以下，超过这个温度，电机将产生扭矩降低、线材软化、永磁材料退磁甚至造成永久损害。真空电机机身耐温可达 300℃（短时），长时工作可承受 280℃的机身温度。因此为了避免电机过热，要根据实际使用的工作周期，选型中要带有一定的安全余量。也可以选择集成在电机线圈中的温度传感器直接测出电机的温度，通过控制电机的电流降低电机的问题，对热量的有效控制可以延长电机的使用寿命，将温度保持在安全工作范围内。在必须产生大量电力以及导致温度升高的情况下，可以考虑使用冷板或冷却套。

电机控制应该选用能够降低电机温度，防止电机故障和抑制放气的方式，选择驱动方式和驱动电压可以大大降低电机的工作温度。高压脉宽调制驱动比低压线性驱动更能加热电机。双极驱动器使电机中的所有铜产生的热量比单极驱动器使用一半铜产生的热量少。此外，具有自动减少备用电流的驱动器，在电机不转动时减少电流的伺服系统，也产生较少的热量。

图 17-4 真空电机

17.5.1.3 真空电机应用领域

(1) 环模设备

模拟空间环境，需要在真空环境内实现运动，比如实现物体的平移，旋转等动作，这就需要电机带着结构运动。

(2) 镀膜设备

单体设备几乎用不到。自动化程度越来越高，要在罐体内部实现自动化（上下料，搬运等），也要用电机去动作。

(3) 医疗分析仪器

比如质谱仪。在真空环境里分析蛋白质，分析菌类。用真空电机控制样品台的前进后退等，然后移动到激光焦点处。

(4) 半导体设备

在工件移动、转向等机械动作中，真空电机起到驱动作用。

17.5.2 联轴器

机构一般由驱动、传动、执行机构及控制器四个主要部分组成。联轴器是用来连接其中两轴或轴与回转体、传递运动和转矩的通用部件。联轴器能够补偿两轴线的相对偏移、减振、缓冲和改善传动系统工作特性，也有能起过载安全保护作用的联轴器。所有联轴器只能在停机状态下通过装拆才能使两半联轴器结合或分离。十字滑块联轴器结构见图 17-5。

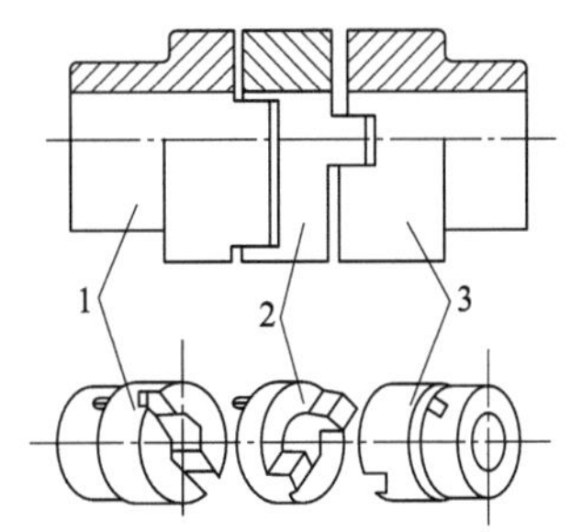

图 17-5 十字滑块联轴器

1，3—主、从动半联轴器连接件；2—连接件

联轴器除了应满足功能、强度、刚度、振动稳定性、结构工艺性、可靠性和经济性等要求外，还应具有较高的传动效率和传动精度、装拆和维修方便、外廓尺寸、质量和转动惯量小。

联轴器的分类详见 GB/T 12458—2017《联轴器分类》。见图 17-6。

联轴器的类型选择就是根据机器工作的需要正确地选择其类别、品种及其结构形式。

选择适合于某一传动系统的最佳联轴器有时并不容易，这是因为联轴器工作的好坏，除与其本身的结构、几何尺寸和特征参数有关外，还与其所处传动轴系的动力特性、载荷情况、安装和维护等因素有关。因此，某一种性能较好的联轴器，通常只能在某一特定传动情况下才能取得良好的工作效果，不可能在任何传动和任何工况下都有同样的功效。所以对某一特定条件下的传动，如何选择比较恰当的联轴器，是一个关系到整个机械的工作性能、使用寿命、维护和经济性的重要问题。选择联轴器类型时需要考虑以下因素。

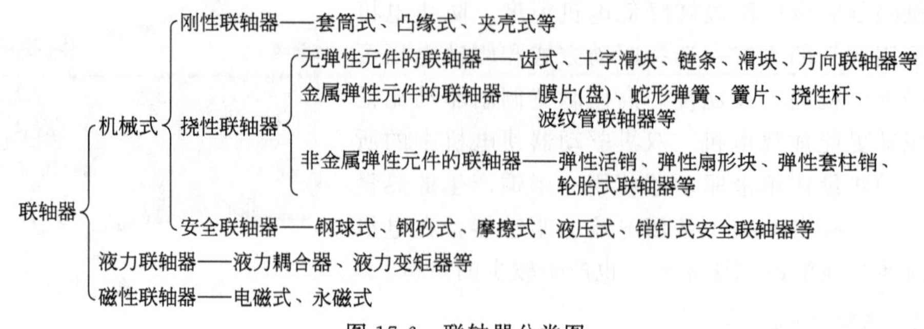

图 17-6 联轴器分类图

(1) 联轴器所连接两轴的相对偏移

联轴器所连接的两轴，由于制造和安装误差、受载和温差变形、运行磨损引起间隙以及两轴设计的特殊要求等因素导致两轴的相对偏移是难以避免的。因而，联轴器等对相对偏移补偿能力是选型时首先要考虑的因素。刚性联轴器只适用于两轴能精确对中的场合；当所连两轴的相对偏移较大时应选用挠性联轴器，且应针对所连两轴相对偏移的性质（径向，轴向或角向）和大小，选用具有相应补偿能力的联轴器。表 17-4 给出了常用联轴器允许的两轴相对偏移量。

表 17-4 常用联轴器的两轴许用相对偏移量

联轴器名称	许用相对偏移量			联轴器名称	许用相对偏移量		
	径向 Δy	轴向 Δx	角向 $\Delta\alpha/(°)$		径向 Δy	轴向 Δx	角向 $\Delta\alpha/(°)$
十字滑块	$0.44d$[①]		0.05	弹性柱销式	0.15～0.25	0.5～3	<0.5
滑块	$0.01d+0.25$		40′	弹性柱销齿式	0.3～1.5	1.5～5	0.5～2.5
滚子链	0.19～1.27	1.4～9.5	1	梅花型弹性	0.2～1.8	0.8～5	1～2.5
鼓形齿式	0.3～1.1	±1	1	轮胎式	1.0～1.8	1～8	1～1.5
WGC、WGD、WGZ	1.3～10.8		1.5	弹性环	1.2～6.2		<3.2
GCLD、GCLG、CLZ	1～21.7		1.5	芯型弹性	0.5～3	0.5～1	0.5～1.5
CL	0.4～6.3		0.5	弹性块	0.6～2	1～3	0.8～1.5
十字万向联轴器			5～45	多角形橡胶	1～2	2～5	2～5
球笼式万向联轴器			14～18	H 形弹性块	0.5～2	2～6	1～1.5
重型机械用			≤25	径向弹性柱销	1	1	0.35～1
球铰式万向联轴器			≤40	LAK 型鞍形块弹性	2～10	2～12	1～1.5
球面滚子(卷筒用)	≤0.2	1.5～4	1.5	U 型橡胶件	3～16	3～12	3～6
膜片(盘)	0.4～2	0.8～5.5	0.5～1.5	橡胶金属环	1.2～0.6	0.7～3.5	0.5
蛇形弹簧	0.2～0.5(3)	4～20	0.5～1.5	钢球离心式安全	0.2～0.6		0.5～1.5
簧片式	0.24～1.3	1.5～4	0.2	LKA 弹性块安全	0.5～1	1.5～3	0.25～0.3
挠性杆	1		0.35～0.86	气胎离合器(LQ 型)	1.5～2	1.5～2	1.5～2
卷簧	1.5	3	2	双锥体气动离合器	1.2～6	0.7～3.2	0.3
圆柱螺旋压缩弹簧	$0.01D$[②]	$0.05D$[②]	2	AS、AQ 型离心离合器	0.2～6		0.5～1.5
弹性套柱销式	0.2～0.6		0.5～1.5				

①轴径 d；mm；②D 为联轴器外径，mm。

(2) 联轴器、离合器的载荷特性

驱动机构到传动机构之间，通过数个不同形式或规格的联轴器将主、从动端连接起来，形成轴系传动系统，驱动和传动机构机械特性对整个传动轴系有重大的影响。驱动机构由于工作原理和结构的不同，均将使包括联轴器在内的传动系统所承受的载荷有很大的差异，有的运转平稳，转矩波动小；有的却产生很大的转矩波动，甚至严重的冲击。严重的冲击载荷会使联轴器因瞬时过载而失效，长期波动的载荷可能激发传动系统的振动，甚至发生共振。因此有严重冲击载荷和长期波动载荷时，应选择具有缓冲减振功能的联轴器，以达到削减尖锋载荷和扭转振动以及调整系统固有频率、防止共振的目的。金属弹性元件的挠性联轴器的承载能力大于非金属弹性元件的挠性联轴器，而缓冲减振能力则较低。非金属弹性元件受挤压的挠性联轴器的承载能力大于非金属弹性元件受剪切的挠性联轴器。刚性联轴器和无弹性元件的挠性联轴器均无缓冲减振功能。

（3）联轴器的工作转速

联轴器工作转速的大小直接关系到联轴器各零件的离心力和弹性元件变形的大小，过大的转速将会导致磨损增加、润滑恶化、连接松动。联轴器的许用转速范围是根据联轴器不同材料强度所允许的线速度和最大外缘尺寸，经计算确定的。不同材料、品种和规格的联轴器的许用转速范围同，改用高强度的材料可以提高联轴器的许用转速范围，每种形式的联轴器都有各自限制的最高转速或外缘线速度，选用或设计时均不得超过。在高速运转时应选用平衡精度高的联轴器，如套筒联轴器、金属膜片联轴器、齿式联轴器等，而不宜选用非金属弹性元件的挠性联轴器，因为高速时非金属弹性元件会生较大的非工作变形。对于变速运动工况，应选用能适应因速度突变引起惯性冲击和振动的挠性联轴器。

（4）联轴器的传动精度

对于精密传动和伺服传动，要求联轴器所连两轴在任何情况下均应同步转动，应选用刚性联轴器或金属膜片联轴器，大多数挠性联轴器的传动精度均低于刚性联轴器。

（5）机器的启动情况

对于带重负载启动的机器，可选用能将驱动机构重载启动转变为近似空载启动的软启动安全联轴器，这样既可以降低启动电流，又可以减小所配电动机的容量，避免完成启动后驱动机构的欠载运转现象，提高运转效率，实现工作机软启动和过载安全保护作用。

（6）联轴器的外廓尺寸、安装和维护

联轴器的外廓尺寸必须容纳在允许的安装和拆卸空间内，应选择制造工艺性好、装拆方便、调整容易、维护简单、更换易磨损件不需要移动所连两轴的联轴器。真空中使用的联轴器，应选用不需润滑或维护周期长、维护简便的联轴器，以减少非工作时间，提高生产效益。

（7）工作环境

选择联轴器及其保护措施时必须考虑其工作环境，如真空度、温度、湿度、粉尘等。在真空环境中，应选用出气量小的金属弹性元件或者以尼龙、聚氨酯为弹性元件材料的挠性联轴器，而不宜选用以普通橡胶为弹性元件材料的挠性联轴器。为了降低噪声，应选用无（小）间隙的挠性联轴器。当所连的两轴能精确对中时，亦可选用刚性联轴器。永磁式联轴器是一种用于密闭空间的新型联轴器。

在设计或选用传递转矩和运动用的联轴器时，应进行扭振分析和计算，其目的在于求出轴系的固有频率，以确定驱动机构的各阶临界转速，从而算出扭振使轴系及传动机构产生的附加载荷和应力。必要时采用减振缓冲措施，其基本原理是合理的匹配系统的质量、刚度、阻尼及干扰力的大小和频率，使传动机构不在共振区的转速范围内运转，或在运转速度范围内不出现强烈的共振现象。另一个行之有效的方法是在轴系中采用高柔度的弹性联轴器，简称高弹（性）联轴器，以降低轴系的固有频率，并利用其阻尼特性减小扭振振幅。

无弹性元件的挠性联轴器是借助中间运动副，使两半轴联轴器做相对运动来补偿相对偏移的，因而有一定的摩擦、磨损和功率损耗，其工作性能与其润滑和维护条件有关，它具有较大的相对偏移补偿能力和承载能力，但无减振和缓冲能力。金属或非金属弹性元件的挠性联轴器，是利用中间弹性元件的弹性变形来使两半联轴器产生相对运动，以补偿两轴的相对偏移。其补偿能力和承载能力均低于无弹性元件的挠性联轴器，但均有减振、缓冲能力，金属弹性元件的承载能力高于非金属弹性元件，而减振、缓冲功能则较差。

联轴器中的弹性元件是传递转矩的弹性零件，它在受载时能产生显著的弹性变形，一方面起着补偿所连两轴相对位移的作用，同时可以靠储存弹性变形达到缓冲作用，并可通过改变联轴器的刚度，来调节轴系的固有频率，以减轻振动，避开共振，因而成为弹性联轴器中的关键零件。对弹性元件的一般要求如下。

① 具有较高的弹性和阻尼，刚度恒定、持久，保证轴系的动力特性相对稳定。

② 在相同的条件下能储存较大的变形能，以获得较好的缓冲、减振效果。

③ 结构合理，工艺性好，体积小，质量轻。

④ 弹性联轴器中的弹性元件，有金属弹性元件和非金属弹性元件两大类。

17.5.3 真空导入传动轴及密封

17.5.3.1 真空导入及设计要点

（1）概述

在真空工程和宇航工程领域中，有许多机构在大气-真空或真空环境中工作，比如镀膜设备机构（转动机构、送片机构、移动靶等）、航天器机构（消旋天线、天线展开机构等）、卫星有效载荷（各类相机、探测器等）。将真空室外部的各类运动传递到真空容器中的工作方式称为“真空运动导入”，需要解决的问题是将各类运动传递到真空室内的同时，不破坏真空室的真空性能，真空密封是解决问题的重点。这些运动传递方式有以下几种：①传动轴的转动；②传动轴的往复直线运动；③传动轴的摆动。整个机构均在真空环境下工作，涉及的传动称为“真空运动传动”，需要解决的问题是在真空环境下机械运动的有效性、可靠性和适宜性，真空润滑是解决问题的重点。这些运动包括真空下的转动、平动等。

机械轴按照载荷可分为转轴、心轴和传动轴。其中传动轴作为机械轴的一种，主要传递扭矩，即主要承受扭矩，不承受或承受较小的弯矩，而真空传动轴是涉及真空环境的传动轴，真空传动轴除了要达到传动轴的要求外，还必须满足在涉及真空环境对其密封、润滑、热传导的要求。

真空传动轴的作用是在保证不破坏真空室真空度的前提下，将机械运动从真空室外传递到真空室内，以及在真空环境中传递力矩、运动方式等，从而使真空室内的机械装置运动。对此，真空传动轴涉及机械结构、材料、润滑、密封等专业技术，决定了真空传动轴的基本功能和技术指标，也决定了真空传动轴的适应性和有效性。

真空传动轴可以做如下分类：

按照工作环境可分为：真空导入部件和真空运动部件。

按照密封可分为：动密封和无密封。

按照转速可分为：中低速和高速。

按照真空环境可分为：低真空、中高真空和真空-大气。

(2) 设计要点及要求

真空传动轴用于将机械动力从真空室外传递到真空室内，此为“真空运动导入”，以及在真空室内完成对机械系统的驱动，此为“真空运动传动”。真空传动轴主要传递转矩及转速，通过与其他机械部件的结合，如丝杆螺母、齿轮、同步带、减速器及其他非线性传动部件，可以对机械系统进行转矩、转速变换，保证执行元件与负载之间的转矩、转速得到最佳的匹配。真空传动轴对真空中机械系统的精度、稳定性、可靠性和快速响应等具有重大影响，在不影响真空室真空度的前提下，应达到传动精度高、间隙小、体积小、重量轻、运动平稳、传递转矩大等要求。

真空传动轴的设计包括主轴设计、轴承选择、主轴支撑座的设计、安装装配工艺确定、调试检测方法等内容，保证机械系统的功能、指标、可靠性、适应性的要求。真空传动轴不仅仅是对主轴零件本身的设计，还应作为机械传动装置的重要组成部分进行设计，按照传动轴的设计方法和经验进行设计制造，在结构上要受力均匀，尽量避免或减少应力集中，具有足够的强度（静强度和疲劳强度），必要的刚性，装配适宜，装拆方便，以及适宜的润滑、合理的热设计等，其设计基本过程如下：

① 根据机械传动方案的整体布局，拟定真空传动轴的设计要求和注意事项；

② 进行总体布局及装配方案设计；

③ 选择真空传动轴密封、润滑方式；

④ 选择轴的材料；

⑤ 进行轴的结构设计，选定轴的几何尺寸；

⑥ 校核轴强度和刚度，校核轴键等轴连接强度；

⑦ 选择轴承，根据真空传动轴的要求对润滑、疲劳、支撑强度等进行校核；

⑧ 进行设计更改，确定轴的设计；

⑨ 绘制真空传动轴的图样。

设计要点是：针对具体机械系统提出轴系的总体要求；完成具有全部功能、一定精度强度的机械传动轴设计；根据环境条件，完成传动轴的密封方式的选择和核算；完成真空传动轴的润滑设计和选型。

真空传动轴是机械装置的主要组成部分，作为机械主轴其自身的质量对机械系统工作的功能和精度具有极其重要的影响，因此，必须保证主轴的工作条件及要求。

传动轴一般具有如下的性能指标：

① 转速　传动轴的转速范围，决定于传动轴的轴承润滑、轴结构及制造。

② 精度　传动轴的运转精度，包括主轴的几何精度和回转精度，决定于主轴的主要零件的加工精度、轴的装配调整，以及主轴的不平衡、振动等。

③ 承载能力　传动轴运行中能够承受载荷的能力，决定于主轴的结构尺寸、轴承类型及安装调试等。

④ 刚度　传动轴抵抗外载荷下的变形能力，即在载荷作用下，主轴的元件（轴、轴承等）产生的弹性变形。通常的传动轴的刚度是指其抵抗静态外载荷（如重力、外加负荷等）下静变形能力。决定于轴承类型、主轴结构及轴承安装等。

⑤ 抗震性　传动轴抵抗受迫振动的能力和抵抗自激振动的能力，取决于轴承的刚度及阻尼。

⑥ 噪声　对于高速主轴尤其重要，是主轴工作时发出的、难以忍耐的声音，与轴承及润滑有关。

⑦ 温升　传动轴工作时提高的温度。当传动轴温度超出主轴允许程度，能够影响主轴的工作精度和寿命，与轴承类型、组配方式及轴承间隙调整有关系，严重的需要考虑采取降温措施。

⑧ 寿命　一般指传动轴能保持精度的使用期限，而不是通常的疲劳失效，取决于轴承的特性。

对装调完成后，真空主轴需要检测的内容有：

① 传动轴的几何精度　即装配后，在无载荷、低速转动的条件下，主轴轴线和主轴前端部位的径向和轴向跳动，以及主轴对某参照系（如工作台）的位置精度（如平行度、垂直度等）。

② 传动轴的回转精度　即装配后，主轴在正常工作转速做旋转运动时，其轴线位置的变化。

测试参数为：

① 转速范围；

② 主轴的径向跳动；

③ 主轴的轴向跳动；

④ 主轴工作段（与工作台）的平行度或垂直度；

⑤ 主轴刚度；

⑥ 噪声及温升。

17.5.3.2　真空运动导入传动轴

将运动导入到真空室内，需要传动轴，这些运动为转动、平动、摆动，以及组合运动等，真空的运动导入其实是一个涉及真空环境的机械运动部件，不仅需要从部件的使用目的、功能、轴、密封、润滑等方面进行考虑，而且需要根据具体工作要求、适应性、性价比等进行选择，还涉及真空运动导入部件的结构设计、密封设计、材料选择等，其重点应保证转轴运动，不破坏真空室内的真空状态。

按照真空领域形成的习惯，把真空运动导入传动轴的设计纳入真空密封内容，即为保证对真空室内的真空环境不产生影响，且运动等机械动作和能量不受影响地传递到真空室内，则需要对运动导入传动轴进行密封，也就是通常说的“真空动密封”。其实真空运动导入传动轴具有作为传动轴的所有的设计要素，也有需要对运动轴进行密封的必然要求，其中有简单的单轴直接从真空室外穿进真空室内，也有通过磁力等方法将运动转矩等“传递”到真空室内的方法，本节中，仅从密封的角度描述真空的运动导入传动轴，以符合真空行业多年来形成的习惯。

在真空设备中，把运动传递到真空容器中所需要的密封连接称为“真空动密封连接”。

各种真空设备中的动密封连接实例很多，如各种容积式真空泵旋转轴的动力输入；真空阀门的开启和关闭；真空熔炼炉、真空热处理炉的送料、拉锭，浇注等机构的传动；真空镀膜等。真空动密封结构与常压下的密封结构有所不同，这种结构除了本身有足够的强度、精度、寿命和合理的外形尺寸外，还必须根据将传动轴“贯穿”真空室内外，即传动轴一端位于大气压力下，另一端则位于真空环境中，真空动密封结构必须保证密封的可靠性，即动密封件在长期的工作中必须保证真空室外不向真空室内漏气，或者漏气率达到预定的指标要求，在既有的抽气能力下依然能保证真空室内的真空度在预定的范围内。按照密封方式区分真空传动轴见图 17-7。

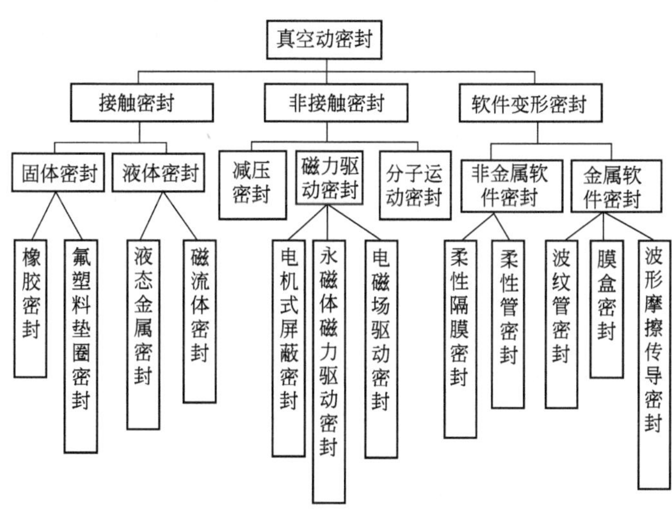

图 17-7 真空动密封连接的分类

在接触密封、非接触密封和软件变形密封中，各类密封方式都得到了实际应用。随着技术进步，部分密封方法逐步占据了真空动密封的主流，这些方法有橡胶密封（含氟橡胶密封）、波纹管密封、磁力驱动密封和磁流体密封。

直接接触式动密封是真空动密封中最简单的形式，主要有威尔逊密封、O 形圈密封，这种动密封型式能够传递平动和转动。其实际为机械传动轴直接“贯穿”真空室壁，用橡胶圈、填料等固体材料安装在真空室器壁上，固体材料与轴紧密“接触”，通过轴与密封圈材料的尺寸不一致和挤压密封圈的方法，形成密封，防止气体流入真空室。这种密封形式可以传递直线运动和旋转运动，其本身需要采用弹性材料（如各种橡胶、氟塑料、聚四氟乙烯等），或者还要增加支撑圈、弹性圈和真空润滑油脂等，用以依靠（或增加）弹性材料的弹性，以保证弹性材料对轴的均匀压缩压紧，从而保证了轴与真空室器壁的气密性。这种固体接触式真空动密封具有结构简单、成本低廉、传递扭矩大，易于发现故障等优点，但为了提高真空密封的可靠性，只能通过增加密封接触工作面的压紧力及添加真空润滑脂，因此产生了摩擦发热，导致功耗损失大，使用寿命短，一旦出现问题则直接导致真空室的气体泄漏，导致真空室内真空度的增大，严重可能导致“灾难”性的事故。一般此种真空动密封方式用在对真空度要求不高，低转速的场合。

直接接触式密封的另一种形式为液体密封，有液态金属密封和磁流体密封。由于磁流体密封已经成为真空传动轴密封的主要形式之一，将单独讲述。液体用于真空动密封的结构原理如图 17-8 所示。图 17-8(a) 所示为采用液体薄膜密封，它是利用小间隙中的表面张力和压差的平衡状态来实现的。图 17-8(b) 所示为液体压差密封的装置，为液体动密封，其中（p_1-p_2）应该等于液柱高 ΔX 的压强。为了减小所需的液柱高度，一般把密封器设置在真空室与单独抽真空的中间室之间。这种装置的缺点是只能用于轴处在垂直位置，而且需要设置中间抽气室。一旦中间室压力增大，则会产生向真空室喷出密封流体的危险。液态金属密封目前较为少见。

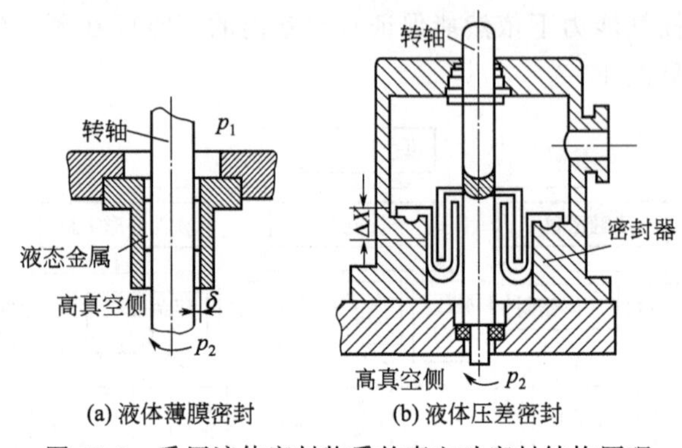

图 17-8 采用液体密封物质的真空动密封结构原理

利用液态金属密封，能改善转轴的密封性能。

液态金属形成真空密封主要是靠液态金属表面的张力，因此，它要求转轴与密封面的间隙最大不能超过 0.2mm，一般在 0.1～0.15mm。液态金属长期暴露在大气中会因氧化产生杂质，所以要尽量避免同大气接触。液态金属密封的保护真空应在 10^3Pa 以下，旋转速度从 10r/min 到每分钟数千转。

图 17-9、图 17-10 给出了几种液态金属转轴密封的结构型式。

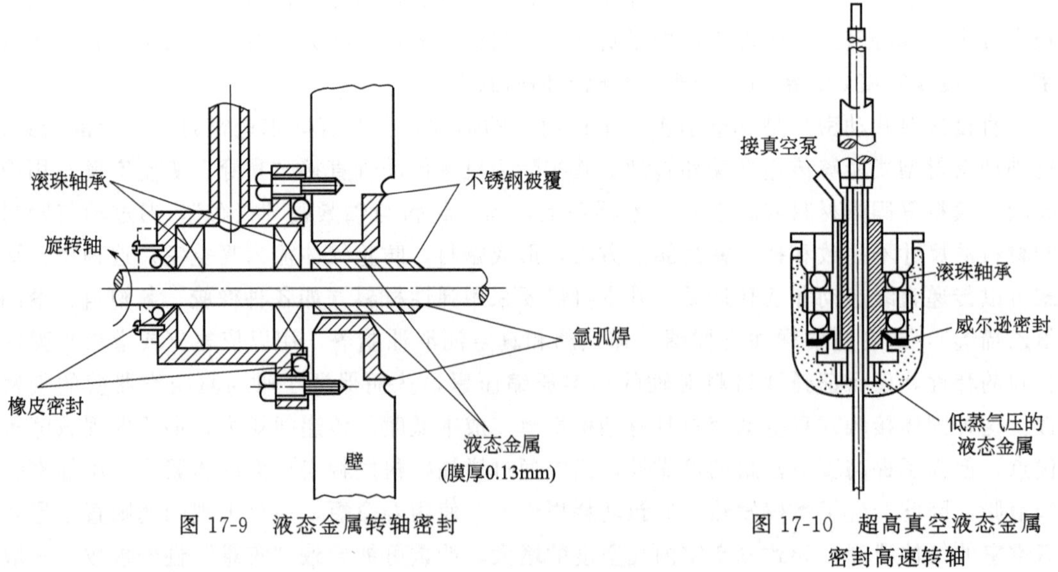

图 17-9 液态金属转轴密封

图 17-10 超高真空液态金属密封高速转轴

波纹管或膜盒密封则是采用能产生变形的薄壁管，将传动轴与真空器壁之间连接起来，传动轴在波纹管弹性变形范围内运动，从而将机械运动传递到真空室内。这种密封方式可以实现向真空室内传递直线运动、摆动和旋转运动，其特点是在高真空中的传动从动部分位移量大、传递的负荷范围宽。由于波纹管富有弹性、容易弯曲、伸张和压缩，能够经受高温烘烤，在高真空设备上得到一定的应用。但波纹管制造复杂、装配不够方便，只能承受拉压，不能承受扭转，且局部压力不能过大，这些都导致波纹管的使用受到限制。

磁力驱动密封是利用磁力耦合的方法，由处在真空室外的外磁转子驱动真空室内的内磁转子转动，从而将机械传动从真空室外传递到真空室内。磁力驱动真空动密封的原理如图 17-11 所示。真空室外的电机转动带动外磁转子旋转后，通过永磁体产生的磁力作用带动位于真空室内的内磁转子，内磁转子安装在被驱动轴上，从而实现动力从真空室外传递到真空室内被驱动轴上（即真空室内的工作轴）的目的。密封是通过设置在内、外磁转子中间气隙的隔离密封套，将内磁转子与工作轴一起封闭在真空容器内而实现的。图 17-11 (b) 所示磁力来源于旋转电磁线圈。该线圈通电后，产生旋转磁场用以带动被隔离密封套封闭在真空容器内的内磁转子旋转从而达到动力输送目的。

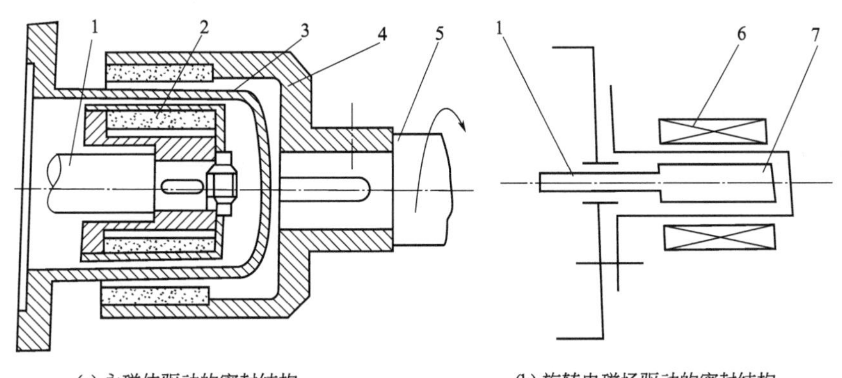

(a) 永磁体驱动的密封结构　　(b) 旋转电磁场驱动的密封结构

图 17-11　磁力驱动真空动密封原理

1—被驱动轴；2—内磁转子；3—隔离密封套；4—外磁转子；5—驱动轴；6—旋转电磁线圈；7—转子

从严格意义上说，磁力驱动密封方式属于“静密封方式”，但由于其实现了从真空室外部向真空室内部传递驱动扭矩的目的，真空行业约定俗成地也将此类密封称为“磁力驱动真空动密封”。磁力驱动需要自真空室内外部均设计安装传动轴，对此，可按照机械传动轴的设计方法进行设计制造，真空室内的传动轴应参考真空传动轴的设计开展设计制造工作。磁力驱动真空动密封方式的特点是：①真空室内的真空环境没有任何影响；②动力传送轴与真空容器不相接触，密封其实为静密封，密封可靠，起密封作用的隔离套除了受到真空容器内外压差产生的压力外，不承受其他负荷；③密封件之间无运动摩擦；④结构较为复杂，真空室外必须有驱动电机、驱动轴及外磁转子，真空室内有内磁转子和被驱动轴（其实就是一个真空传动轴），要求隔套厚度尽量薄，转速较高会引起金属隔套温度的增高和内外磁转子的转速不同步。

磁流体密封是目前应用最广泛的一种真空传动密封型式，属于接触式密封中的液体真空密封，它是采用磁力结构，将磁流体液“代替”固体接触密封中的弹性密封圈。

目前常用真空传动轴密封方式见表 17-5。

表 17-5　常用真空传动轴密封方式

密封方式	适用范围	优点	缺点	备注
密封圈密封	真空度：约 10^{-2}Pa 量级	1. 结构简单 2. 便于维修	1. 可靠性低 2. 可保证的真空度低 3. 转速低	若密封使得真空度达到 10^{-4}Pa 量级，则转速小于 2m/s
	温度：−10～70℃			
	转速：线速度小于 2m/s，转速小于 2000r/min			
波纹管密封	真空度：约 10^{-5}Pa 量级	1. 密封可靠 2. 可烘烤	1. 转速小 2. 可靠性低 3. 寿命短	
	温度可耐烘烤到约 200℃			
	转速较小			
磁力驱动密封	真空度：约 10^{-7}Pa 量级	1. 密封可靠 2. 可烘烤	1. 结构较复杂 2. 有涡流热 3. 传递扭矩有限	
	温度可耐烘烤到约 250℃			
	转速达到每分钟数千转			
磁流体密封	真空度：1.3×10^{-7}Pa 以上	1. 可靠性高 2. 转速高 3. 水冷后温度范围宽	1. 结构较为复杂 2. 成本高	最高可到 2.7×10^{-9}Pa
	温度 −40～120℃			
	转速最高可达到 20000r/min			

（1）固体直接接触密封

常用的固体直接接触密封有 O 形、J 形和 JO 形圈密封，其中 J 形也是通常说的“威尔逊密封”。

O 形密封圈被广泛用于动密封结构中。动密封中使用的 O 形圈，是靠给定的拉伸和压缩变形来保证密封性能的，为了减少摩擦阻力，通常压缩量比固定密封小。要根据运动形式选择不同的拉伸量和压缩量。用于往复运动和旋转运动密封如图 17-12 及图 17-13 所示。

O 形圈用于往复直线运动时，无论是内径还是外径作滑动密封，其压缩率一般均取 10%～12%。由于 O 形圈在拉伸后安装，断面直径变小，使得实际压缩量变小，推荐拉伸后的实际压缩率不小于 8%。

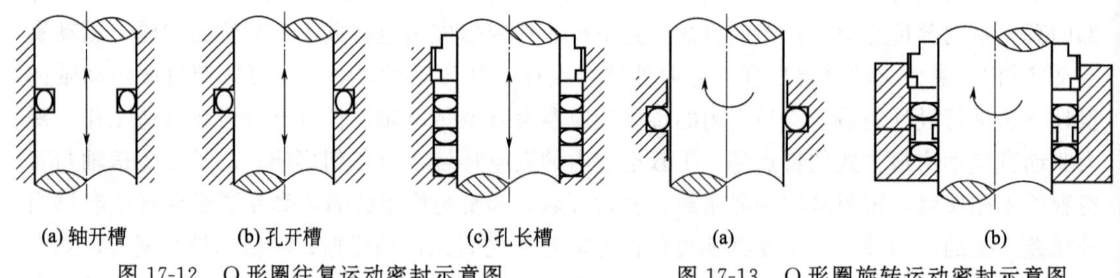
(a) 轴开槽　(b) 孔开槽　(c) 孔长槽

图 17-12　O 形圈往复运动密封示意图

(a)　(b)

图 17-13　O 形圈旋转运动密封示意图

O 形圈用于旋转运动状态时，以预拉伸状态安装于密封部位的 O 形圈和旋转轴总是在一固定的部位上接触，旋转产生的摩擦热集中在一点，O 形圈受热后不是膨胀而是收缩，使得旋转轴上的摩擦力加大，从而产生摩擦生热-收缩-摩擦力增大-摩擦热增大-收缩量加大，不断恶性循环，加速了 O 形圈磨损，导致早期老化损坏。此外，橡胶 O 形圈收缩使其压缩变形量减小造成泄漏，因此在设计时必须引起足够的重视。国内外的统计数据表明，O 形圈的内径比旋转轴直径（或密封槽底部直径）小 3%～5%，外侧压缩率 5%～8%为宜，轴的偏心控制在 0.05～0.15mm。按照上述参数设计的密封槽，用于压力不低于 10^{-4}Pa，往复速度小于 0.2m/s，或旋转线速度在 4～7m/s 条件下可获得良好的密封性能。

J 形圈密封，也称威尔逊密封，它是利用安装后中央凸起、紧箍在传动轴上的呈锥形的橡胶垫圈，当真空室内部为真空时，外部大气压力将橡胶圈紧紧地压在传动轴上，从而达到真空密封的作用。其密封型式见表 17-6，表中（e）～（h）的垫圈孔径通常是轴直径的 0.65～0.8 倍，垫片的边缘部分被金属衬垫紧紧固定，扭曲变形的橡胶垫孔的内缘靠紧轴形成密封。威尔逊密封可用于直径 1.5～70mm 的传动轴。但轴径超过 20mm 时，结构设计要确保压力差不致将轴压入真空容器中。威尔逊密封常采用双道垫圈密封，垫圈之间抽空或注入真空润滑油脂，以改善真空密封性能。

表 17-6 威尔逊密封型式

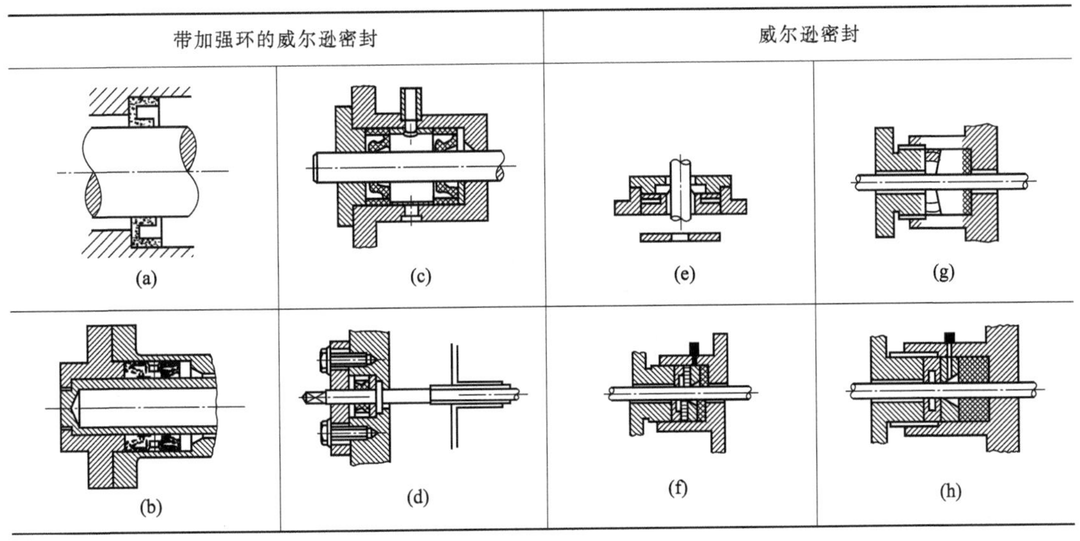

J 形圈密封多适用于线速度小于 2m/s、转速小于 300r/min 的真空传动密封中。

JO 形密封是一种带锁紧弹簧的 J 形密封结构的改进结构，它的效果更好，使用转速小于 2000r/min。

① O 形真空用橡胶密封圈型式及尺寸　标准 JB 1092—91 规定了 O 形真空用橡胶密封圈的型式及尺寸。

该标准适用于外部为大气压力，真空室压力高于 1×10^{-4}Pa 的往复运动真空机械设备的密封，在规定的温度下且往复运动速度低于 0.2m/s。真空机械设备其他情况下的密封，也可选用 O 形密封圈。

a. 型式尺寸。O 形真空用橡胶密封圈型式及系列尺寸之优选值，应符合表 17-7 的规定。

b. 标记示例。内径 $d_1=48.7$mm，截面直径 $d_2=5.3$mm 的 O 形真空用橡胶密封圈，标记为：

O 形密封圈 48.7×5.30 JB 1092

c. 技术要求

ⅰ. 工作介质为机械泵油、扩散泵油或真空油脂。

ⅱ. 工作温度为－25～＋80℃。

ⅲ. 在充保护气体情况下工作时，其保护气体压力不高于 5×10^{4}Pa。

ⅳ. 胶料的物理力学性能应保证真空室压力不高于 1×10^{-4}Pa。

ⅴ. O 形橡胶圈采用 45°角开模压制，工作面上不允许有气泡、杂质和凹凸缺陷，非工作面的外观质量应符合表 17-8 的规定。

ⅵ. O 形真空用橡胶密封圈压套的外观质量见表 17-8，密封压盖尺寸见表 17-9，平垫的型式及系列尺寸见表 17-10，安装示例及密封槽的要求推荐如图 17-14 所示。

表 17-7 O 形密封圈真空用橡胶密封圈尺寸 单位：mm

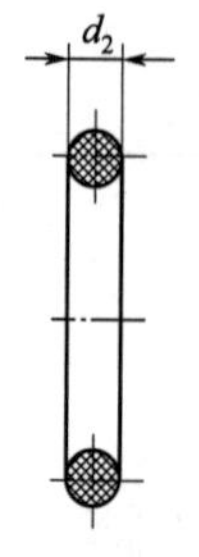

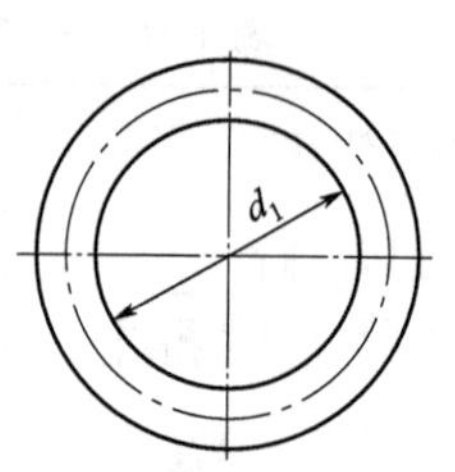

名义直径 d	内径 d_1		截面内径 d_2					名义直径 d	内径 d_1		截面内径 d_2				
	尺寸	极限偏差	1.80±0.08	2.65±0.09	3.55±0.10	5.30±0.13	7.00±0.15		尺寸	极限偏差	1.80±0.08	2.65±0.09	3.55±0.10	5.30±0.13	7.00±0.15
3	2.50	±0.13	*					45	43.7	±0.30	*	*	*	*	
4	3.55		*					50	48.7		*	*	*	*	
5	4.50		*					55	53.0	±0.45		*	*	*	
6	5.30		*					60	58.0			*	*	*	
8	7.50	±0.14	*	*				65	63.0			*	*	*	
10	9.50		*	*				70	69.0			*	*	*	
12	11.2	±0.17	*	*				75	73.0			*	*	*	
14	13.2		*	*				80	77.5				*	*	
15	14.0		*	*				85	82.5	±0.65			*	*	
16	15.0		*	*				90	87.5				*	*	
18	17.0		*	*				100	97.5				*	*	
20	19.0	±0.22	*	*	*			110	109				*	*	*
22	21.2		*	*	*			120	118				*	*	*
25	23.6		*	*	*			130	128	±0.90			*	*	*
28	26.5		*	*	*			140	136				*	*	*
30	28.0		*	*	*			150	145				*	*	*
32	31.5	±0.30	*	*	*			160	155				*	*	*
35	33.5		*	*	*			180	175				*	*	*
40	38.7		*	*	*			200	195	±1.20			*	*	*

注：* 表示适用。

表 17-8　O 形真空用橡胶密封圈非工作面的外观质量

缺陷名称	指标	
	直径 50mm 以下	直径 50～200mm
气泡	非工作面，气泡直径不大于 1 目者，不得多于 2 处	非工作面，气泡直径不大于 2mm 者，不得多于 2 处
杂质	非工作面，杂质面积不超过 $1mm^2$ 者，不得多于 2 处	非工作面，杂质面积不超过 $2mm^2$ 者，不得多于 2 处
凸凹缺陷	非工作面，凸凹不超过 0.5mm，面积不超过 $2mm^2$ 者，不得多于 2 处	非工作面，凸凹不超过 0.5mm，面积不超过 $6mm^2$ 者，不得多于 2 处
修边痕迹	毛刺高度及剪损深度不得超过 0.3mm	毛刺高度及剪损深度不得超过 0.3mm
合模缝错位	允许存在，但不得超过公差范围	允许存在，但不得超过 0.5mm

注：为使密封圈的表面光滑，要求模具的表面粗糙度 Ra 的值为 0.2μm 或铁硬铬抛光。

表 17-9　密封压盖尺寸　　单位：mm

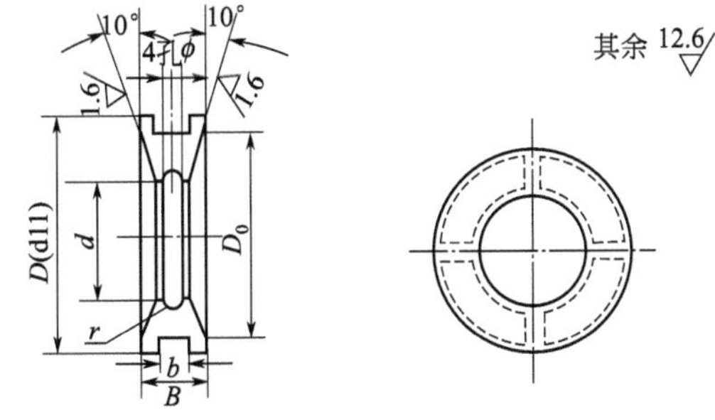

名义直径	d	B	b	φ	r	名义直径	d	B	b	φ	r
3	3.5	4	2	1	0.5	45	46	6	3	1.5	0.5
4	4.5					50	51	8	4	2	0.7
5	5.5					55	56				
6	6.5					60	61				
8	8.5					65	66				
10	10.5					70	71				
12	12.5	6	3	1.5	0.6	75	76				
14	15					80	81				
15	16					85	86				
16	17					90	91				
18	19					100	101				
20	21					110	112	10	5	2.5	0.9
22	23					120	122				
25	26					130	132				
28	29					140	142				
30	31					150	152				
32	33					160	162				
35	36					180	182				
40	41					200	202				

注：1. 密封压盖的材料为 Q235-A 或 H62。
2. D 及 D_0 尺寸按所选密封圈尺寸相应取值。

表 17-10　平垫的型式及系列尺寸　　　　单位：mm

轴径	d	b	轴径	d	b
3	3.5	1.5	45	46	3
4	4.5		50	51	
5	5.5		55	56	
6	6.5		60	61	
8	8.5		65	66	
10	10.5		70	71	
12	12.5	2	75	76	
14	15		80	81	
15	16		85	86	
16	17		90	91	
18	19		100	101	3.5
20	21		110	112	
22	23	2.5	120	122	
25	26		130	132	
28	29		140	142	
30	31		150	152	
32	33		160	162	
35	36		180	182	
40	41		200	202	

注：1. 平垫的材料为 Q235-A 或 H62。
2. D 尺寸按所选密封圈尺寸相应取值。

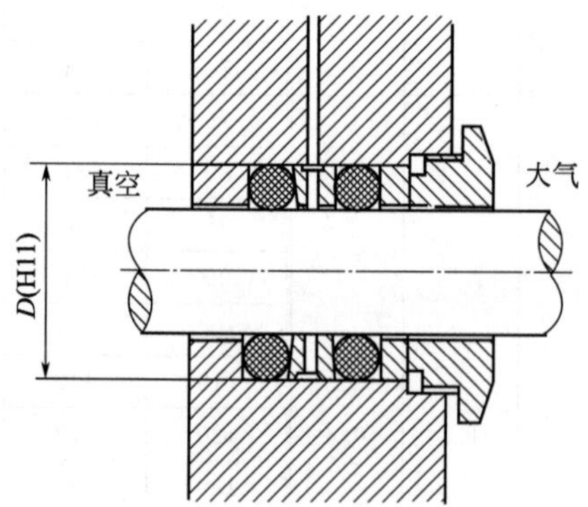

图 17-14　O 形真空动密封、密封槽安装图

真空室内表面各零件表面粗糙度：密封面 Ra 的值为 1.6μm；轴 Ra 的值为 0.8μm

② J 形真空用橡胶密封圈型式及尺寸　JB 1090—91 标准规定了 J 形真空用橡胶密封圈的型式及尺寸。

本标准适用于外部为大气压力、真空室压力高于 1×10^{-4}Pa 的旋转真空机械设备的密封，在规定的温度下且旋转线速度低于 2mm/s，转速低于 2000r/min。

a. 型式尺寸。J 形真空用橡胶密封圈的型式及系列尺寸应符合表 17-11 的规定。

表 17-11　J 形真空用橡胶密封圈的型式及系列尺寸　　单位：mm

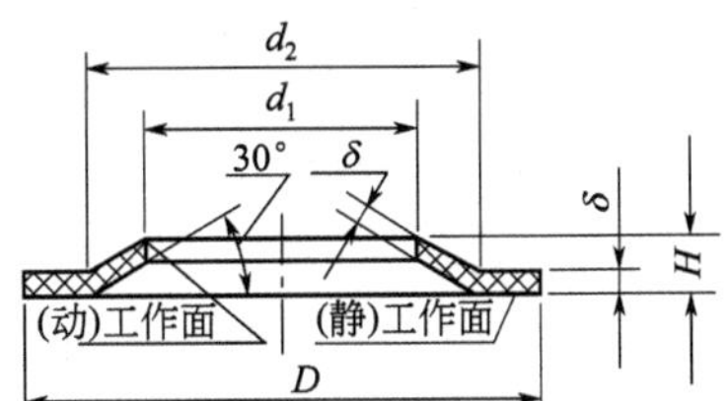

<table>
<tr><th rowspan="2">名义直径 d</th><th colspan="2">d_1</th><th rowspan="2">d_2</th><th rowspan="2">D</th><th rowspan="2">d_2、D
极限偏差</th><th>H</th><th colspan="2">δ</th></tr>
<tr><th>尺寸</th><th>极限偏差</th><th>尺寸</th><th>尺寸</th><th>极限偏差</th></tr>
<tr><td>6</td><td>5.5</td><td rowspan="4">+0.2
−0.3</td><td>13</td><td>22</td><td rowspan="4">±0.5</td><td rowspan="4">4.2</td><td rowspan="7">2</td><td rowspan="18">+0.6
−0.2</td></tr>
<tr><td>8</td><td>7.5</td><td>15</td><td>24</td></tr>
<tr><td>10</td><td>9.5</td><td>17</td><td>25</td></tr>
<tr><td>12</td><td>11.5</td><td>19</td><td>27</td></tr>
<tr><td>14</td><td>13</td><td rowspan="7">+0.3
−0.5</td><td>23</td><td>33</td><td rowspan="7">±0.7</td><td rowspan="3">4.9</td></tr>
<tr><td>16</td><td>15</td><td>25</td><td>35</td></tr>
<tr><td>18</td><td>17</td><td>27</td><td>38</td></tr>
<tr><td>20</td><td>19</td><td>29</td><td>40</td><td rowspan="2">5.4</td><td rowspan="7">2.5</td></tr>
<tr><td>22</td><td>21</td><td>31</td><td>42</td></tr>
<tr><td>25</td><td>3.5</td><td>34</td><td>44</td><td rowspan="2">5.5</td></tr>
<tr><td>28</td><td>26.5</td><td>37</td><td>48</td></tr>
<tr><td>30</td><td>28.5</td><td rowspan="7">+0.4
−0.6</td><td>40</td><td>52</td><td rowspan="7">±0.8</td><td>5.8</td></tr>
<tr><td>32</td><td>30</td><td>42</td><td>54</td><td rowspan="2">6.0</td></tr>
<tr><td>35</td><td>33</td><td>45</td><td>56</td></tr>
<tr><td>40</td><td>38</td><td>52</td><td>66</td><td rowspan="4">7.0</td><td rowspan="4">3</td></tr>
<tr><td>45</td><td>43</td><td>57</td><td>72</td></tr>
<tr><td>50</td><td>48</td><td>62</td><td>76</td></tr>
<tr><td>55</td><td>53</td><td>67</td><td>82</td></tr>
<tr><td>60</td><td>58</td><td rowspan="8">+0.5
−0.9</td><td>74</td><td>90</td><td rowspan="5">±0.9</td><td rowspan="5">7.6</td><td rowspan="8">3</td><td rowspan="2">+0.6
−0.2</td></tr>
<tr><td>65</td><td>63</td><td>79</td><td>95</td></tr>
<tr><td>70</td><td>68</td><td>84</td><td>100</td><td rowspan="14">+0.6
−0.3</td></tr>
<tr><td>75</td><td>73</td><td>89</td><td>105</td></tr>
<tr><td>80</td><td>78</td><td>94</td><td>112</td></tr>
<tr><td>85</td><td>82</td><td>98</td><td>116</td><td rowspan="3">±1.1</td><td rowspan="3">8.6</td></tr>
<tr><td>90</td><td>87</td><td>103</td><td>122</td></tr>
<tr><td>100</td><td>97</td><td>113</td><td>130</td></tr>
<tr><td>110</td><td>106</td><td rowspan="6">+0.6
−1.2</td><td>126</td><td>144</td><td rowspan="8">±1.5</td><td rowspan="5">9.7</td><td rowspan="8">4</td></tr>
<tr><td>120</td><td>116</td><td>136</td><td>154</td></tr>
<tr><td>130</td><td>126</td><td>146</td><td>165</td></tr>
<tr><td>140</td><td>136</td><td>156</td><td>175</td></tr>
<tr><td>150</td><td>145</td><td>168</td><td>190</td></tr>
<tr><td>160</td><td>155</td><td>178</td><td>200</td><td rowspan="3">10.6</td></tr>
<tr><td>180</td><td>175</td><td>+0.7</td><td>198</td><td>220</td></tr>
<tr><td>200</td><td>195</td><td>−1.5</td><td>218</td><td>240</td></tr>
</table>

b. 标记示例。J 形真空用橡胶密封圈 $d=50$mm，标记为 J 形密封圈 d50 JB 1090

c. 技术要求

ⅰ. 工作介质为机械泵油、扩散泵油或真空油脂。

ⅱ. 工作温度为 $-25\sim80$℃。

ⅲ. 在充保护气体情况下工作时，其保护气体压力不高于 5×10^{4}Pa。

ⅳ. 胶料的物理力学性能应保证气体压力不高于 10^{-4}Pa。

ⅴ. J 形真空用橡胶密封圈工作表面应平整光滑，不允许有气泡杂质、凹凸不平等缺陷，其非工作面的外观质量指标应符合表 17-12 规定。

J 形密封圈压套的型式及系列尺寸见表 17-13，平垫的型式及系列尺寸见表 17-14、安装示例及密封槽的要求推荐如图 17-15 所示。

表 17-12　J 形真空用橡胶密封圈非工作面的外观质量

缺陷名称	指标	
	直径 50mm 以下	直径 50～2000mm
气泡	非工作面，气泡直径不大于 1mm 者，不得多于 2 处	非工作面，气泡直径不大于 2mm 者，不得多于 2 处
杂质	非工作面，杂质面积不超过 1mm^2 者，不得多于 2 处	非工作面，杂质面积不超过 2mm^2 者，不得多于 2 处
凹凸缺陷	非工作面，凹凸不超过 0.5mm，面积不超过 2mm^2 者，不得多于 2 处	非工作面，凹凸不超过 0.5mm，面积不超过 6mm^2 者不得多于 2 处
修边痕迹	毛刺高度及剪损深度不得超过 0.3mm	毛刺高度及剪损深度不得超过 0.3mm
合模缝错位	允许存在，但不得超过公差范围	允许存在，但不得超过 0.5mm

注：为使密封圈表面光滑，要求模具的表面粗糙度为 $Ra0.2$ 或镀硬铬抛光。

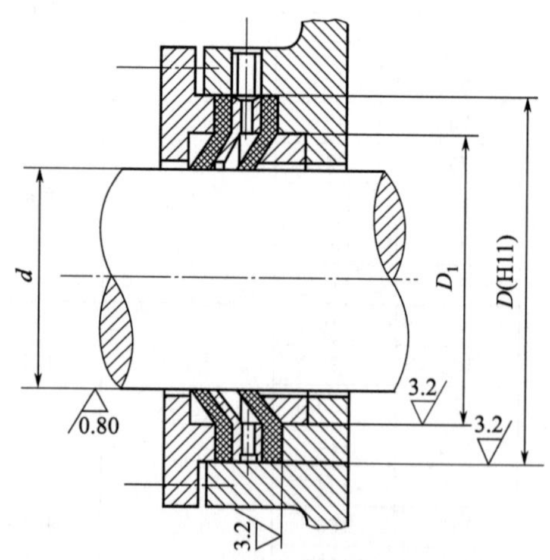

图 17-15　J 形动密封、密封槽安装图

1. 如果用螺母压紧时，在螺母与橡胶密封圈之间应装有金属垫圈。

2. 真空室内表面各零件表面粗糙度：密封面 Ra 的值为 1.6μm；其他面 Ra 的值为 3.2μm；轴的表面粗糙度 Ra 的值为 0.8μm

表 17-13 J 形密封圈压套的型式及系列尺寸

单位：mm

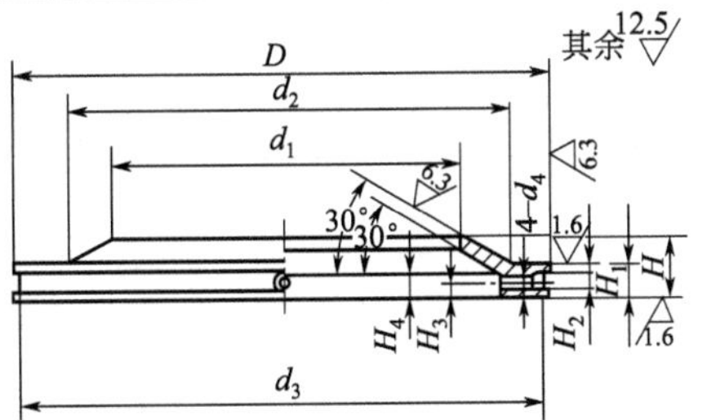

名义尺寸 d	D	d_1	d_2	d_1、d_2 极限偏差	d_3	d_4	H_1	H_2	H_3	H_4	H 尺寸	H 极限偏差
6	22	6.5	13	−0.1	20	2	4	2	2	3	5.9	±0.06
8	24	8.5	15		21							
10	25	11	17		23							
12	27	13	19		25						5.8	
14	33	15	23	−0.12	31							
15	34	16	24		32		5	3	2.5	3.5	7.3	
16	35	17	25		33							
18	38	19	27		36							
20	40	21	29		38							
22	42	23	31		40							
25	44	26	34		42							
28	48	29	37		46							
30	52	31	40		50						7.6	
32	54	33	42		52							
35	56	36	45		54							
40	66	41	52		64						8.2	±0.08
45	72	46	57		70							
50	76	51	62		74							
55	82	56	67		80							
60	90	61	74	−0.16	88	2.5	6	4	3	4.5	9.8	
65	95	66	79		93							
70	100	71	84		98							
75	105	76	89		103							
80	112	81	94		109							
85	116	86	98		114						9.5	
90	122	91	103		119							
100	130	101	113		127							
110	144	112	126		141						10	
120	154	122	136		151							
130	165	132	146		162							
140	175	142	156		172							
150	190	152	168		187						10.6	
160	200	162	178		197							
180	220	182	198		217							
200	240	202	218		237							

注：1. 表内 d_2、d_4、H_1、H_2、H_3 及 H_4 等极限偏差，按未注公差执行。

2. 密封压套材料为 Q235-A 或 H62。

表 17-14　平垫的型式及系列尺寸　　单位：mm

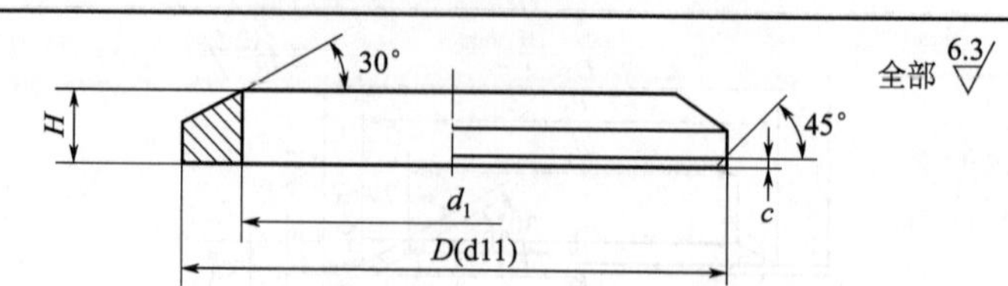

轴颈 d	D	d_1	H 尺寸	H 允差	c	轴颈 d	D	d_1	H 尺寸	H 允差	c
6	13	6.5	3	−0.10	0.5	55	67	56	4	−0.10	1.0
8	15	8.5				60	74	61		−0.15	
10	17	11	3.5			65	79	65	5		
12	19	13				70	84	71			
15	24	16				75	89	76			
16	25	17				80	94	81			
18	27	19			1.0	85	98	86			
20	29	21				90	103	91			
22	31	23				100	113	101			
25	34	26				110	126	112			
28	37	29				120	136	122			
30	40	31	4			130	146	132			
32	42	33				140	156	142			
35	45	36				150	169	152			
40	52	41				160	178	162			
45	57	46				180	198	182			
50	62	51				200	218	202			

注：1. 表内 d_1 及 c 的允差，按未注公差执行。
2. 如因结构关系，H 可以改变。
3. 垫材料为 Q235-A 或 H62。

③ JO 形和骨架型真空用橡胶密封圈型式及尺寸　JB 1091—91 标准适用于外部为大气压力，真空室压力高于 1×10^{-4}Pa 的旋转真空机械设备的密封，在规定的温度下且旋转线速度低于 2m/s，转速低于 2000r/min。

a. JO 形真空用橡胶密封圈型式及尺寸

ⅰ. JO 形真空用橡胶密封圈的型式及系列尺寸应符合表 17-15 的规定。

表 17-15　JO 形真空用橡胶密封圈的型式及系列尺寸　　单位：mm

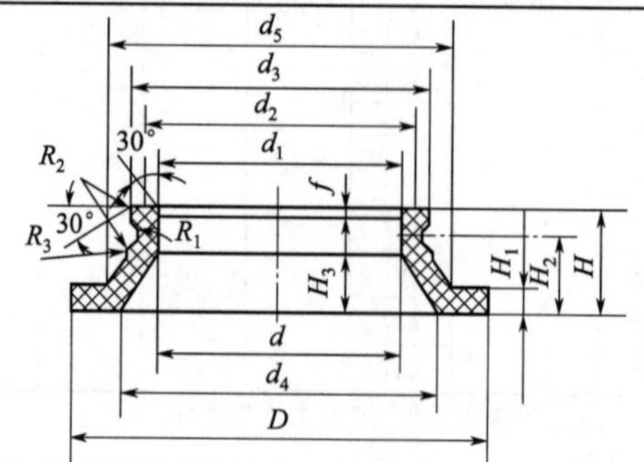

续表

名义尺寸 d	D		d_1		d_2	d_3	d_4	d_5	H	H_1	H_2	H_3	R_1	R_2	R_3	f
	尺寸	允差	尺寸	允差												
6	25	±0.6	5.5	−0.4	9	12	13	15	10	2.5	7.5	6	1.2	0.5	0.3	0.5
8	26		7.5		11	14	15	17								
10	28		9.5		14	17	18	20								
12	30		11.5		16	19	20	22	12	3	9	7		0.6	0.4	
14	32		13.5		18	21	22	24								
15	33		14.5		19	22	24	25	13		10	8				
16	34		15.5		20	23	25	27								
18	38	±0.6	17.5	−0.5	22	25	27	29								
20	42		19.5		24	27	29	31								
22	45		21.5		26	29	32	34	14	4	11					
25	48		24.5		29	32	35	37								
28	52	±0.8	27.5		32	35	38	40	15		12	9	1.4	0.9	0.5	1.0
30	54		29.5		34	37	40	42								
32	56		31		36	40	44	46								
35	60		34	−0.6	39	43	47	49								
40	66		39		44	48	52	54								
45	72		44		49	53	57	59	17		13	10				
50	76	±0.9	49	−0.7	54	58	62	64								
55	82		54		59	63	68	70								
60	90		59		64	68	73	75								
65	95		64		69	73	79	80								
70	100		69		74	78	83	85								
75	105	±0.9	74	−0.8	79	83	89	90	19	5	15	12	1.5	1.0	0.5	1.0
80	110		79		84	89	94	95								
85	115		84		89	94	98	100								
90	120		89		94	99	104	105								
100	130		99		105	110	117	118								
110	144		108		115	120	127	128							0.6	1.5
120	154	±1.0	118	−0.9	125	130	137	139	20		16	13				
130	165		128		135	140	148	149								
140	175		138		145	150	158	160					1.6	1.1		
150	190		148		155	160	168	170								
160	200		158		165	170	178	180	21	6	17	14				
180	220		178		185	190	198	200								
200	240		198		205	210	218	220								

ⅱ.标记示例：JO 形真空用橡胶密封圈 $d=50$mm，标记为　JO 形密封圈 d50 JB 1091

b. JO 形真空用橡胶密封圈技术要求

ⅰ.工作介质为机械泵油、扩散泵油或真空油脂。

ⅱ.工作温度为－25～80℃。

ⅲ.在充保护气体情况下工作时，其保护气体压力不高于 5×10^4Pa。

ⅳ.胶料的物理力学性能应保证气体压力不高于 10^{-4}Pa。

ⅴ.JO 形真空用橡胶密封圈工作面上不允许有气泡、杂质和凹凸缺陷，其非工作面的外观质量应符合表 17-16 的规定。

表 17-16　JO 形真空用橡胶密封圈非工作面的外观质量

缺陷名称	指标	
	直径 50mm 以下	直径 50～200mm
气泡	非工作面，气泡直径不大于 1mm 者，不得多于 2 处	非工作面，气泡直径不大于 2mm 者，不得多于 2 处
杂质	非工作面，杂质面积不超过 $1mm^2$ 者，不得多于 2 处	非工作面，杂质面积不超过 $2mm^2$ 者，不得多于 2 处
凹凸缺陷	非工作面，凹凸不超过 0.5mm，面积不超过 $2mm^2$ 者，不得多于 2 处	非工作面，凹凸不超过 0.5mm，面积不超过 $6mm^2$ 者，不得多于 2 处
修边痕迹	毛刺高度及剪损深度不得超过 0.3mm	毛刺高度及剪损深度不得超过 0.3mm
合模缝错位	允许存在，但不得超过公差范围	允许存在，但不得超过 0.5mm

注：为使密封圈表面光滑，要求模具的表面粗糙度为 $Ra=0.2$ 或镀硬铬抛光。

c. 骨架型真空用橡胶密封圈型式及尺寸

ⅰ.骨架型真空用橡胶密封圈的型式及系列尺寸应符合图 17-16 及表 17-17 的规定。

ⅱ.外径公差应符合表 17-18、高度公差应符合表 17-19 的规定。

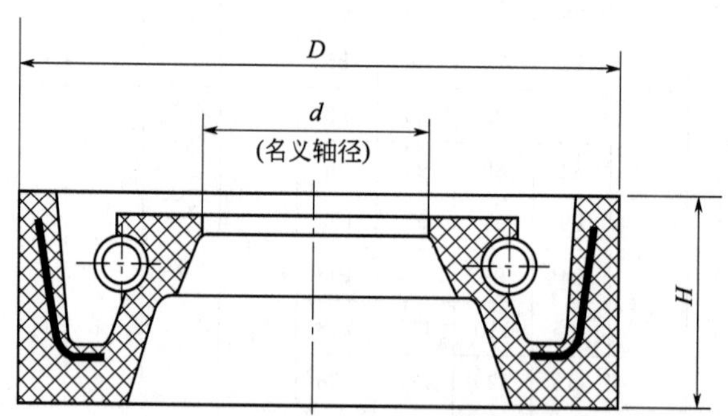

图 17-16　骨架型真空用橡胶密封圈

表 17-17　骨架型真空用橡胶密封圈系列尺寸　　单位：mm

内径 d	外径 D	高度 H	内径 d	外径 D	高度 H	内径 d	外径 D	高度 H
6	22	8	14	30	10	18	35	10
8	22	8	15	30	10	20	35	10
10	22	8	16	30	10	22	40	10
12	25	10	17	35	10	25	40	10

续表

内径 d	外径 D	高度 H	内径 d	外径 D	高度 H	内径 d	外径 D	高度 H
28	50	10	60	80	12	115	140	14
30	50	10	65	90	12	120	150	14
32	52	12	70	90	12	125	150	15
35	56	12	75	100	12	130	160	15
38	56	12	80	100	12	140	170	16
40	62	12	85	110	12	150	180	16
42	62	12	90	110	12	160	190	16
45	62	12	95	125	12	170	200	16
50	72	12	100	125	12	180	220	18
52	72	12	105	130	14	190	240	18
55	75	12	110	140	14	200	240	18

表 17-18　骨架型真空用橡胶密封圈动密封传动轴外径公差　　单位：mm

外径 D 范围	极限偏差	外径 D 范围	极限偏差
18～30	+0.25/+0.10	80～120	+0.50/+0.25
30～50	+0.30/+0.15	120～180	+0.60/+0.30
50～80	+0.40/+0.20	180～240	+0.70/+0.40

表 17-19　骨架型真空用橡胶密封圈动密封轴封高度公差　　单位：mm

高度 H 范围	极限偏差	高度 H 范围	极限偏差
4～10	+0.4 +0.3	10～20	+0.5 −0.5

ⅲ. 标记示例：

代号为 PD，$d=22$mm、$D=40$mm、$H=10$mm 的骨架型真空用橡胶密封圈，标记为：骨架型密封圈 PD22×40×10　JB 1091

ⅳ. 制造技术要求 HG 4-692 的规定。

ⅴ. 使用装配如图 17-17 所示。

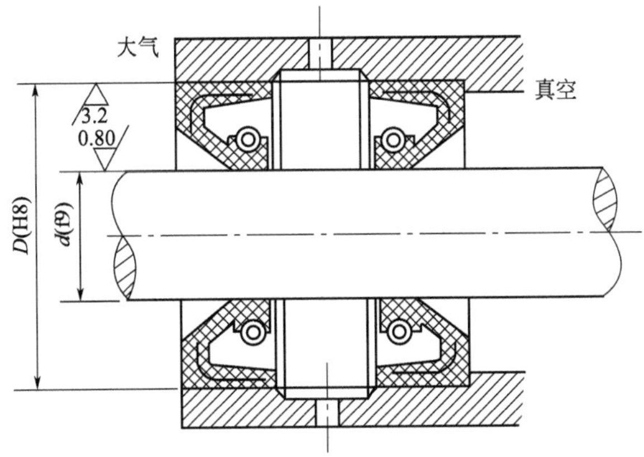

图 17-17　骨架型橡胶密封圈动密封结构

真空室内表面各零件表面粗糙度：密封面 Ra 值为 1.6μm；轴 Ra 值为 0.8μm

d. 其他

ⅰ. JO 形密封圈锁紧簧的型式及系列尺寸见表 17-20。

表 17-20　JO 形密封圈锁紧簧的型式及系列尺寸　　单位：mm

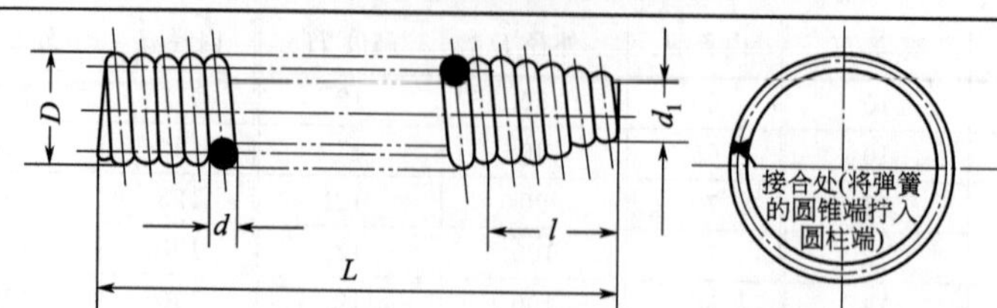

<table>
<tr><th>轴直径</th><th>螺旋圈数</th><th>展开长度</th><th>自由长度 L</th><th>锥部长度 l</th><th>弹簧外径 D</th><th>锥部外径 d_1</th><th>钢丝直径 d</th></tr>
<tr><td>6</td><td>89</td><td>475</td><td>27</td><td rowspan="3">2.5</td><td rowspan="5">2</td><td rowspan="5">1.0</td><td rowspan="3">0.3</td></tr>
<tr><td>8</td><td>112</td><td>596</td><td>34</td></tr>
<tr><td>10</td><td>142</td><td>756</td><td>43</td></tr>
<tr><td>12</td><td>121</td><td>606</td><td>49</td><td rowspan="10">3</td><td rowspan="10">0.4</td></tr>
<tr><td>14</td><td>136</td><td>682</td><td>55</td></tr>
<tr><td>15</td><td>145</td><td>725</td><td>58</td><td rowspan="8">2.5</td><td rowspan="8">1.2</td></tr>
<tr><td>16</td><td>151</td><td>758</td><td>61</td></tr>
<tr><td>18</td><td>166</td><td>833</td><td>67</td></tr>
<tr><td>20</td><td>184</td><td>920</td><td>74</td></tr>
<tr><td>22</td><td>199</td><td>998</td><td>80</td></tr>
<tr><td>25</td><td>221</td><td>1110</td><td>89</td></tr>
<tr><td>28</td><td>244</td><td>1220</td><td>98</td></tr>
<tr><td>30</td><td>261</td><td>1311</td><td>105</td></tr>
<tr><td>32</td><td>221</td><td>1382</td><td>111</td><td rowspan="11">4</td><td rowspan="2">2.5</td><td rowspan="2">1.2</td><td rowspan="10">0.5</td></tr>
<tr><td>35</td><td>239</td><td>1495</td><td>120</td></tr>
<tr><td>40</td><td>271</td><td>1696</td><td>136</td><td rowspan="20">3.2</td><td rowspan="12">1.6</td></tr>
<tr><td>45</td><td>303</td><td>1897</td><td>152</td></tr>
<tr><td>50</td><td>335</td><td>2098</td><td>168</td></tr>
<tr><td>55</td><td>365</td><td>2286</td><td>183</td></tr>
<tr><td>60</td><td>397</td><td>2487</td><td>199</td></tr>
<tr><td>65</td><td>429</td><td>2688</td><td>215</td></tr>
<tr><td>70</td><td>459</td><td>2877</td><td>230</td></tr>
<tr><td>75</td><td>491</td><td>3078</td><td>246</td></tr>
<tr><td>80</td><td>373</td><td>2940</td><td>262</td><td rowspan="4">0.7</td></tr>
<tr><td>85</td><td>395</td><td>3080</td><td>277</td><td rowspan="4">5</td></tr>
<tr><td>90</td><td>418</td><td>3235</td><td>293</td></tr>
<tr><td>100</td><td>468</td><td>3630</td><td>328</td></tr>
<tr><td>110</td><td>400</td><td>2830</td><td>360</td><td rowspan="8">2</td><td rowspan="8">0.9</td></tr>
<tr><td>120</td><td>433</td><td>3160</td><td>390</td><td rowspan="7">8</td></tr>
<tr><td>130</td><td>469</td><td>3380</td><td>422</td></tr>
<tr><td>140</td><td>503</td><td>3660</td><td>453</td></tr>
<tr><td>150</td><td>537</td><td>3870</td><td>484</td></tr>
<tr><td>160</td><td>573</td><td>4130</td><td>516</td></tr>
<tr><td>180</td><td>644</td><td>4640</td><td>580</td></tr>
<tr><td>200</td><td>713</td><td>5150</td><td>642</td></tr>
</table>

注：弹簧的材料及热处理条件等应符合 YB 248 的规定。

ⅱ.JO 形密封圈密封压套的型式及系列尺寸见表 17-21。

表 17-21　JO 形密封圈密封压套的型式及系列尺寸　　　　单位：mm

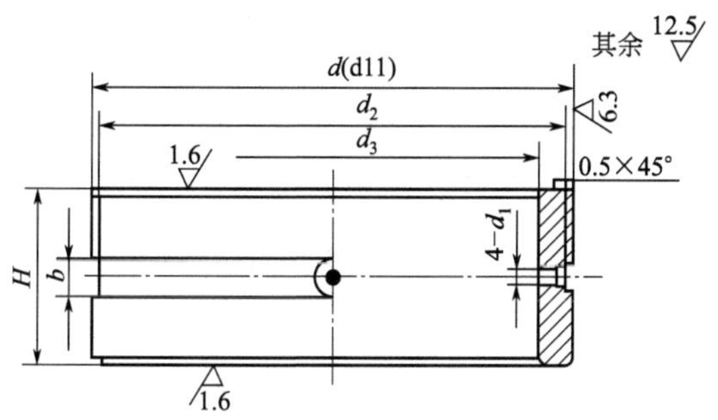

轴径	d	d_2	d_3	H	b	d_1	轴径	d	d_2	d_3	H	b	d_1
6	25	24	19	19	5	2	55	82	80	74	30	7	3
8	26	25	20				60	90	88	80			
10	28	27	22				65	95	93	85			
12	30	28	24	23			70	100	98	90	32		
14	32	30	26				75	105	103	95			
15	33	32	27				80	110	108	100			
16	34	33	28				85	115	113	105			
18	38	36	31				90	120	118	110			
20	42	40	35				100	130	128	120			
22	45	43	37	25			110	144	142	132	34		
25	48	46	40				120	154	152	142			
28	52	50	44				130	165	163	153			
30	54	52	46				140	175	173	163			
32	56	54	48				150	190	188	174			
35	60	58	52				160	200	198	184			
40	66	64	58				180	220	218	204			
45	72	70	64	30			200	240	238	224			
50	76	74	68										

注：1. 表内 d_2、d_3、H、b 及 d 等允差，按未注公差执行。

2. 压套的材料为 Q235-A 或 H62。

ⅲ.JO 形密封圈安装示例及密封槽的要求推荐如图 17-18 所示。

(2) 金属波纹管密封

靠波纹管或膜片的变形来传递平移、摆动或转动的密封形式见表 17-22。特点是密封可靠、耐烘烤（金属波纹管或膜片），可用于超高真空系统中；缺点是价格高、寿命短。

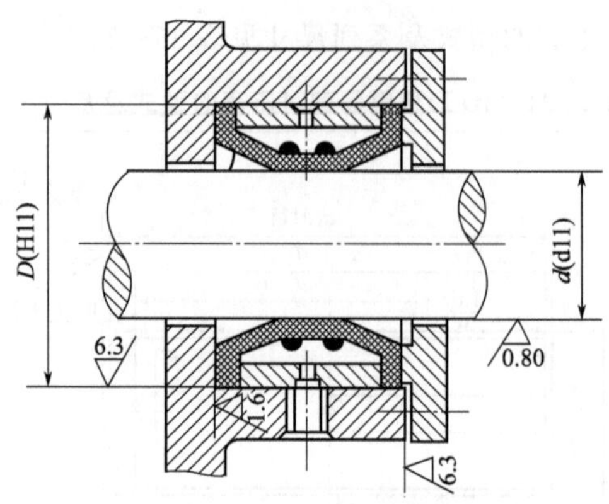

图 17-18　JO 形密封圈动密封结构

如果用螺母压紧时，在螺母与橡胶密封圈之间应装有金属垫圈。

真空室内表面各零件表面粗糙度：密封面 Ra 的值为 1.6μm；其他面 Ra 的值为 3.2μm；轴 Ra 的值为 0.8μm

表 17-22　膜片薄板传动及金属波纹管传动形式

膜片薄板传动	金属波纹管传动
(a)	(d)
(b)	(e)
(c)	(f)

在金属软件变形的真空动密封连接中，采用金属波纹管实现向真空室内传递直线运动、摆动和旋转运动是比较方便的。其特点是在真空中的从动环节的位移量大、运动速度高、传递的负荷范围也较宽。

利用全金属波纹管制成的动密封装置，结构较简单，在结构中易实现两种或多种形式的传动。由于波纹管是薄壁金属管，富有弹性，容易弯曲、伸张和压缩，能经受高温烘烤，在一些真空设备上得到了一定的应用。

金属波纹管的主要缺点是制造比较复杂，装配不够方便，而且不宜用于传递高速运动，波纹管在使用时也应注意，首先压缩要均匀，否则会在管子的圆周上产生局部应力而造成破裂。波纹管只能承受拉、压而不能承受扭转，这就使它的应用范围受到了限制。

① 金属波纹管密封典型结构型式　金属波纹管密封典型结构型式如图 17-19 所示。

② 金属波纹管　环形单层金属波纹管型式、基本参数与尺寸（摘自 JB 2388—78）如下。

a. 型式。金属波纹管按两端配合部分的结构分为五种型式，如图 17-20 所示：

A 型：两端均为外配合，代号为 A。

B 型：两端均为内配合，代号为 B。

C 型：一端为外配合，另一端为内配合，代号为 C。

AD 型：一端为外配合，另一端带底，代号为 AD。

BD 型：一端为内配合，另一端带底，代号为 BD。

如有特殊要求，经用户及制造厂双方协商可采用其他配合型式，此时代号为 T。

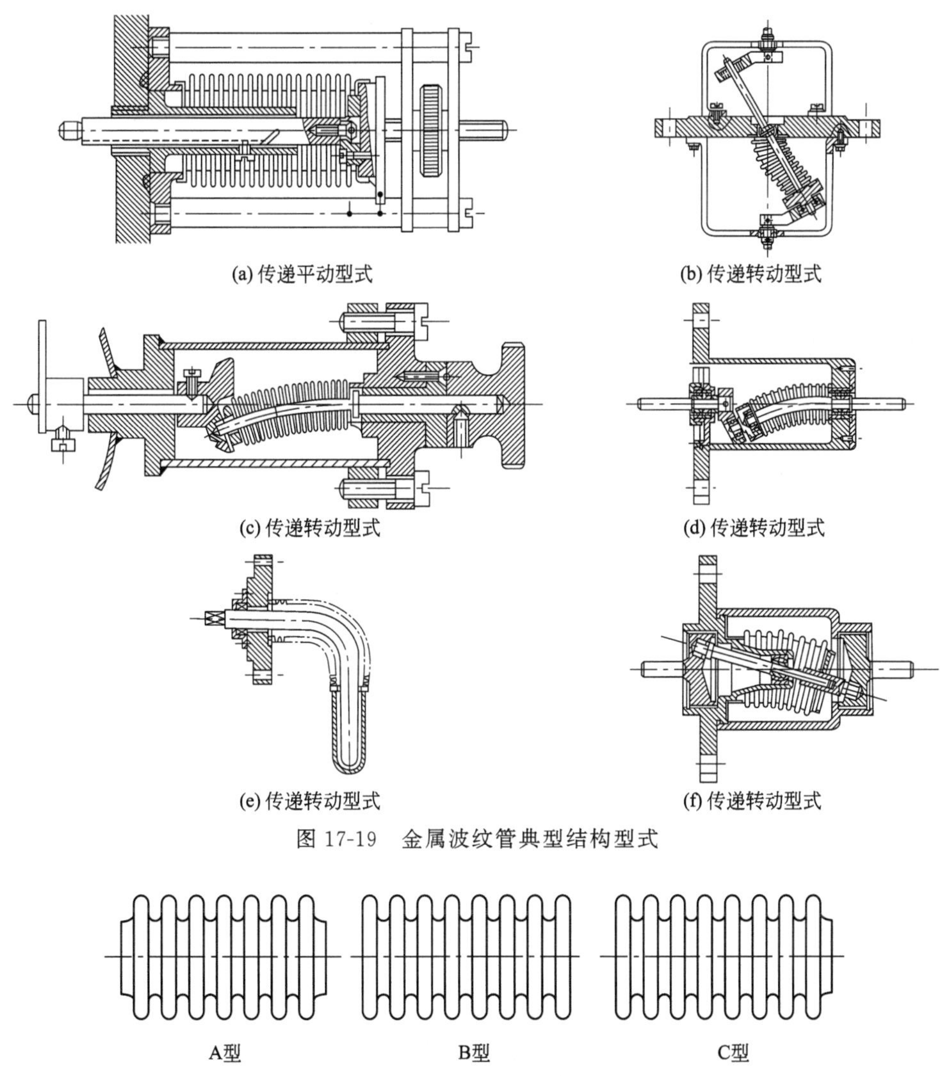

图 17-19　金属波纹管典型结构型式

图 17-20　金属波纹管的型式

b. 制造材料

ⅰ. 黄铜（H80），代号为 H。

ⅱ. 锡磷青铜（QSn6.5-0.1），代号为 L

ⅲ. 铍青铜（QBe2 或 QBe1.9），代号为 P。

ⅳ. 不锈钢（1Cr8Ni9Ti），代号为 G。

如有特殊要求，经用户及制造厂双方协商，允许采用其他材料，代号直接用材料牌号。

c. 尺寸和基本参数。金属波纹管的尺寸和基本参数应符合表 17-23 的规定。

d. 标记示例。波纹管两端均为外配合，材料用黄铜（H8），内径为 20mm，壁厚为 0.1mm，波纹数 15 个，其标记为：波纹管 AH20×0.1×15　JB 2388—78

表 17-23　金属波纹管的尺寸和基本参数

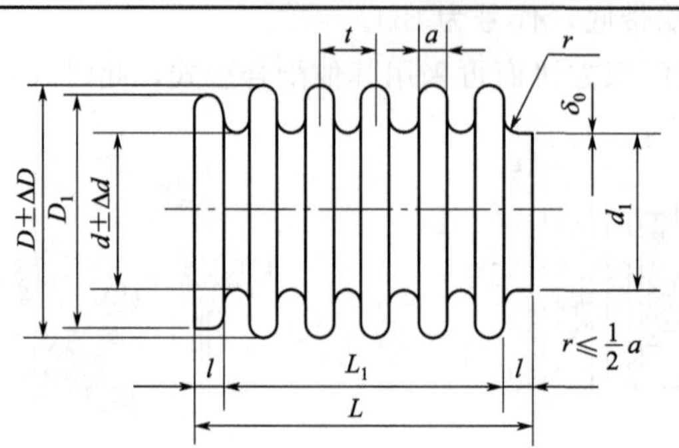

L_1—波纹管净长
L—波纹管总长

序号	内径		外径		波距	波厚	两端配合部分				有效面积
	d	Δd	D	ΔD	t	a	D_1	d_1	l		$F=\frac{\pi}{16}(D+d)^2$
									铜合金	不锈钢	
	/mm										/cm²
1	4	+0.3	6	±0.4	0.8	0.48	5.	$4+2\delta_0$	3	—	0.20
2	5		8	±0.5	0.8	0.55	7	$5+2\delta_0$			0.33
3	6(6.2)	+0.4	10		1.0	0.65	8	$6+2\delta_0$			0.50
4	8(7.5)		12	±0.6	1.2	0.75	10	$8+2\delta_0$		3.5	0.79
5	10(9.5)		15		1.8	1.10	13	$10+2\delta_0$			1.23
6	11(11.5)		18		2.0	1.15	16	$11+2\delta_0$			1.65
7	12(12.5)		20	±0.7	2.1	1.20	18	$12+2\delta_0$			2.01
8	14(14.5)		22		2.2	1.30	20	$14+2\delta_0$	3.5	4	2.54
9	16(16.5)		25		2.3	1.35	22	$16+2\delta_0$			3.30
10	18(18.5)	+0.5	28		2.6	1.50	25	$18+2\delta_0$			4.15
11	22(21.5)		32	±0.8	3.0	1.70	28	$22+2\delta_0$			5.73
12	24(24.5)		36		3.2	1.80	32	$24+2\delta_0$			7.07
13	25(25.5)		38		3.2	1.80	34	$25+2\delta_0$			7.79
14	28(27.5)		40		3.4	2.00	36	$28+2\delta_0$	4	5	9.03
15	32(31)	+0.6	46		3.6	2.10	40	$32+2\delta_0$			11.82
16	35		50		3.8	2.20	45	$35+2\delta_0$			14.16
17	37		55	±1.0	4.2	2.40	50	$37+2\delta_0$			16.62
18	40(41)		60		4.5	2.50	55	$40+2\delta_0$			19.64
19	48(47)		70		5.0	2.80	(65)	$48+2\delta_0$	4.5	6	27.34
20	55(54)	+0.7	80		5.4	3.00	(75)	$55+2\delta_0$			35.78
21	65(64)		90	±1.1	5.8	3.50	(85)	$65+2\delta_0$	5	7	47.17
22	75		100		6.0	3.60	(95)	$75+2\delta_0$			60.13
23	95(94)	+0.9	125	±1.3	7.5	4.50	(115)	$95+2\delta_0$	6	8	95.03
24	120(119)		160		10.0	6.00	(150)	$120+2\delta_0$			153.94
25	150(149)	+1.0	200		12.0	7.00	(185)	$150+2\delta_0$			240.53

注：1. 括号内尺寸不推荐使用。

2. 有效面积 F 不适于括号内系列。

3. δ_0 为波纹管壁厚。

③ 焊接波纹管　焊接波纹管是轴对称管状波纹薄片相互焊接而成的。与压制波纹管相比，在轴向力、横向力和弯矩作用下能产生较大的位移，广泛用于真空传动密封、轴向运动的补偿元件、轴向封口、伸缩接头等。

WMV 系列焊接波纹管的技术性能和尺寸见表 17-24、表 17-25。

表 17-24　WMV 系列焊接波纹管性能参数

漏率 /(Pa·L/s)	最大压缩位移 /%	寿命 /次	工作温度 /℃	最高耐压力 /Pa	爆破压力 /Pa	刚度 /(N/mm)
$<1.3\times10^{-10}$	50	$5\times10^{5}\sim1\times10^{6}$	<300	2.6×10^{6}	1×10^{7}	4.9～34.4

注：刚度：压缩 1mm 所需的力。

表 17-25　WMV 系列焊接波纹管尺寸　　单位：mm

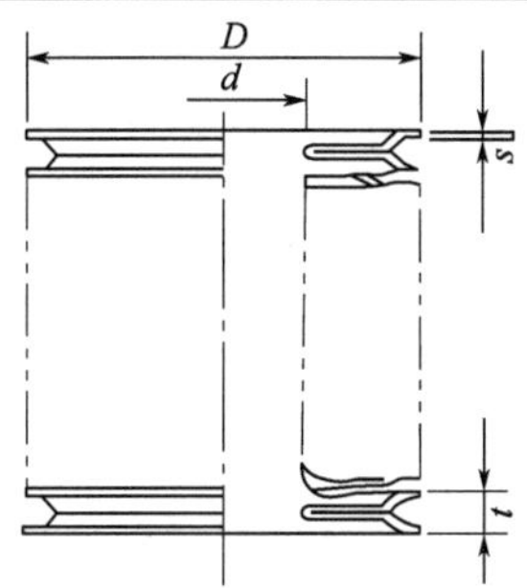

<table>
<tr><th rowspan="2">型号</th><th colspan="4">波纹管尺寸</th></tr>
<tr><th>内径 d</th><th>外径 D</th><th>片厚 s</th><th>波距 t</th></tr>
<tr><td>WMV-8</td><td>8</td><td>16</td><td rowspan="5">0.1</td><td>0.8</td></tr>
<tr><td>WMV-10</td><td>10</td><td>20</td><td>1.0</td></tr>
<tr><td>WMV-16</td><td>16</td><td>25</td><td>0.8</td></tr>
<tr><td>WMV-18</td><td>18</td><td>28</td><td>1.0</td></tr>
<tr><td>WMV-22-1</td><td>22</td><td>35</td><td>1.2</td></tr>
<tr><td>WMV-22-2</td><td>22</td><td>40</td><td rowspan="2">0.12</td><td>1.4</td></tr>
<tr><td>WMV-25</td><td>25</td><td>40</td><td>1.25</td></tr>
<tr><td>WMV30</td><td>30</td><td>50</td><td>0.1～0.12</td><td>1.2～1.4</td></tr>
<tr><td>WMV-32</td><td>32</td><td>57</td><td rowspan="2">0.15</td><td>3</td></tr>
<tr><td>WMV-38</td><td>38</td><td>55</td><td>1.3</td></tr>
<tr><td>WMV-43</td><td>43</td><td>65</td><td rowspan="3">0.15～0.2</td><td>1.5～1.9</td></tr>
<tr><td>WMV-48-1</td><td>48</td><td>65</td><td>1.3</td></tr>
<tr><td>WMV-48-2</td><td>48</td><td>70</td><td>1.8～2.2</td></tr>
<tr><td>WMV-53</td><td>53</td><td>75</td><td>0.2</td><td>1.8</td></tr>
<tr><td>WMV-56</td><td>56</td><td>102</td><td>0.15</td><td>3</td></tr>
<tr><td>WMV-58</td><td>58</td><td>80</td><td rowspan="10">0.2</td><td rowspan="2">1.8</td></tr>
<tr><td>WMV-63</td><td>63</td><td>85</td></tr>
<tr><td>WMV-68</td><td>68</td><td>90</td><td rowspan="2">2.0</td></tr>
<tr><td>WMV-73</td><td>73</td><td>95</td></tr>
<tr><td>WMV-85</td><td>85</td><td>115</td><td rowspan="3">2.2</td></tr>
<tr><td>WMV-88</td><td>88</td><td>112</td></tr>
<tr><td>WMV-110</td><td>110</td><td>140</td></tr>
<tr><td>WMV-150</td><td>150</td><td>190</td><td rowspan="3">3</td></tr>
<tr><td>WMV-165</td><td>165</td><td>203</td></tr>
<tr><td>WMV-178</td><td>178</td><td>216</td></tr>
</table>

注：丹东市振安金属波纹管密封件厂生产。

中国科学院沈阳科学仪器研制中心有限公司生产的 HB 系列焊接波纹管的技术性能参数为：

漏率：$<10^{-8}$ Pa·L/s。

压缩位移：自由长度的 50%。

寿命：100 万次以上。

烘烤温度：<300℃。

HB 系列焊接波纹管接头型式及尺寸见表 17-26、表 17-27。

表 17-26　HB 系列焊接波纹管接头型式及尺寸（一）　　单位：mm

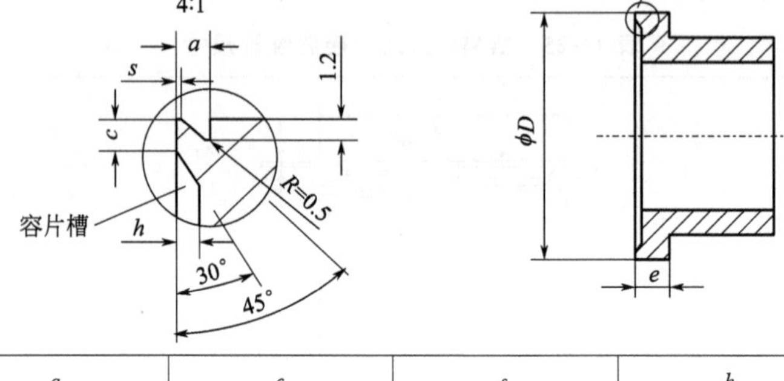

D	a	c	s	h	e
<50	1.5	1.52	0.2～0.25	0.8	4～5
>50	1.7	1.52	0.2～0.25	1～1.2	4～5

表 17-27　HB 系列焊接波纹管接头型式及尺寸（二）　　单位：mm

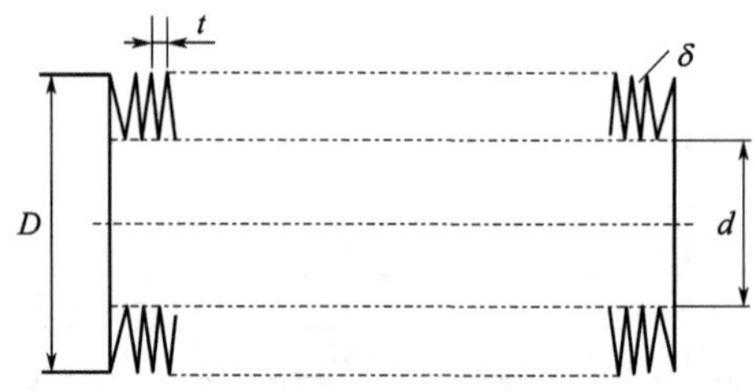

<table>
<tr><th>规格尺寸</th><th>内径 d</th><th>外径 D</th><th>片厚 δ</th><th>波距 t</th><th>规格尺寸</th><th>内径 d</th><th>外径 D</th><th>片厚 δ</th><th>波距 t</th></tr>
<tr><td>HB-8</td><td>8</td><td>16</td><td rowspan="6">0.1</td><td>0.8</td><td>HB-63</td><td>63</td><td>85</td><td rowspan="2">0.15</td><td>1.8</td></tr>
<tr><td>HB-10</td><td>10</td><td>20</td><td>1.0</td><td>HB-68</td><td>68</td><td>90</td><td rowspan="2">2</td></tr>
<tr><td>HB-16</td><td>16</td><td>25</td><td rowspan="2">0.8</td><td>HB-73</td><td>73</td><td>95</td><td rowspan="9">0.2</td></tr>
<tr><td>HB-19</td><td>19</td><td>30</td><td>HB-75</td><td>75</td><td>105</td><td>2.5</td></tr>
<tr><td>HB-22</td><td>22</td><td>35</td><td>1.2</td><td>HB-85</td><td>85</td><td>115</td><td>2.2</td></tr>
<tr><td>HB-22</td><td>22</td><td>40</td><td>1.3</td><td>HB-95</td><td>95</td><td>125</td><td>3</td></tr>
<tr><td>HB-30</td><td>30</td><td>50</td><td>0.12</td><td>1.2</td><td>HB-110</td><td>110</td><td>140</td><td rowspan="4">2.5</td></tr>
<tr><td>HB-38</td><td>38</td><td>55</td><td rowspan="6">0.15</td><td>1.3</td><td>HB-130</td><td>130</td><td>170</td></tr>
<tr><td>HB-43</td><td>43</td><td>65</td><td rowspan="3">1.5</td><td>HB-150</td><td>150</td><td>190</td></tr>
<tr><td>HB-48</td><td>48</td><td>65</td><td>HB-178</td><td>178</td><td>216</td></tr>
<tr><td>HB-48</td><td>48</td><td>70</td><td>HB-300</td><td>300</td><td>340</td><td>5</td></tr>
<tr><td>HB-53</td><td>53</td><td>75</td><td rowspan="2">1.8</td><td>HB-420</td><td>420</td><td>510</td><td rowspan="2">0.5</td><td rowspan="2">7</td></tr>
<tr><td>HB-58</td><td>58</td><td>80</td><td>HB-613</td><td>613</td><td>703</td></tr>
</table>

(3) 磁力传动密封

磁力传动是采用永磁材料或电磁力，使主动件与从动件之间靠磁力的超矩特性，实现无接触、无泄漏传递扭矩（功率）的一种技术。实现这一技术的装置称为磁力驱动器，或称磁力传动器、磁力耦合器、磁力联动器等，可用于对密封要求较高的真空系统中。

磁力传动技术具有以下应用特点：

• 磁力传动传递力矩是利用磁力的超矩作用特性而实现的。可转化主轴传递扭矩的动密封为静密封，实现动力的零泄漏传递。

• 磁力传动密封器隔板决定了真空室内外压差值，密封可靠性高。

• 可避免高频振动传递，实现工作机械的平衡运行。

• 可实现工作机械运行中的过载保护。

• 与刚性联轴器相比较，安装、拆卸、调试、维修均较方便。

• 可净化环境，消除污染。

① 磁力传动器结构　最简单的磁力传动结构如图 17-21 所示。在真空技术中选用圆筒型磁力传动器较多，圆盘型多用于小型传动和一些特殊装置上。

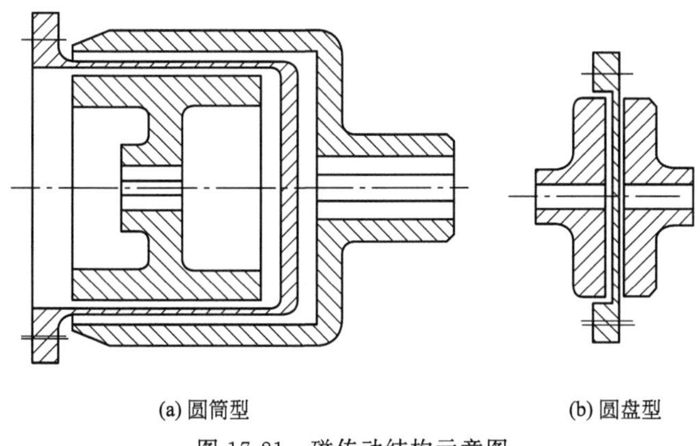

(a) 圆筒型　　(b) 圆盘型

图 17-21　磁传动结构示意图

选用稀土永磁材料，利用它的高磁能积、高矫顽力的特性把不同极性的磁体密集排列在一起，如图 17-22 所示。当没有外力作用时，主动两侧相对的不同极性相互吸合在一起，当主动侧在外力作用下产生位移，从动侧由于惯性及负载的作用使主动、从动两侧磁极发生错位，此时主动、从动两侧的磁极除了异极的相互吸引力之外，还有同极的相互斥力作用。吸力和斥力形成了“推拉”作用力，从而带动从动侧位移，实现磁力传动。同轴型永磁体磁力传动器，是由内转子和外转子组成的“组合推拉磁路”结构。旋转磁体在真空室外，用手或电机驱动，真空室壁选用非磁体材料（无磁不锈钢、铝合金等）制成隔离套，变动密封为静密封，因此，从根本上消除了转动轴密封处产生的泄漏。

② 磁力传动器力矩的计算　磁力驱动主要应计算驱动力矩的大小，借以判断所设计的磁力驱动器是否能够满足工程应用的要求。

在磁力驱动器中，磁扭矩（即驱动力矩）的计算方法有等效磁荷法、麦克斯韦应力法、静磁能理论力矩求解法、气隙数值法、力矩有限元计算法等。力矩的计算方法较多，计算也比较复杂，现仅就工程上常用的高斯定理求解法介绍。

这种方法是采用高斯定理和永磁材料的 B-H 曲线而求解磁力矩的。通常是将计算式

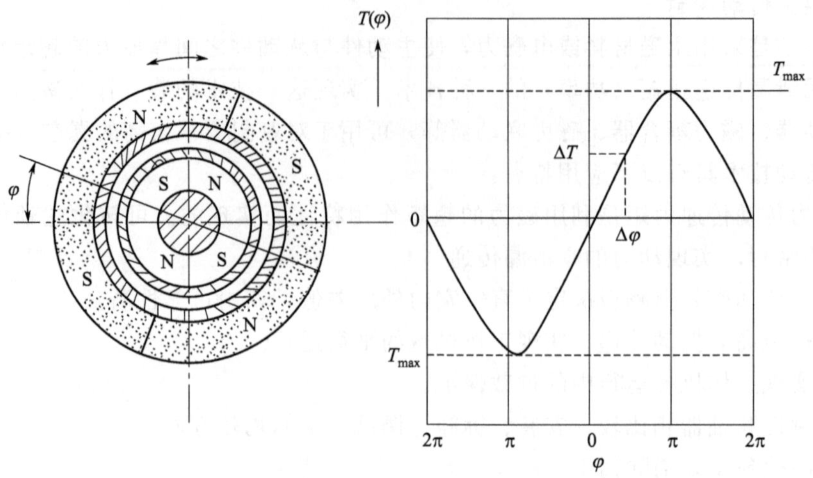

图 17-22　圆筒型磁路组合结构

编成程序，在计算机上对各种磁路模型进行反复运算，改变已知参数进行优化设计的一种工程上较为实用的方法，其力矩的表达式为：

$$T=3.92\times10^{-5}KMH_{m}St_{h}R_{c}\sin\left(\frac{m}{2}\phi\right)\quad(\mathrm{N\cdot m})\tag{17-1}$$

$$H=N_{1}4\pi M\left(1-\frac{t_{g}}{\sqrt{t_{g}^{2}+t_{0}^{2}}}\right)\eta\quad(\mathrm{T})\tag{17-2}$$

式中　K——磁路系数，$K=\left(\frac{r}{c}\pi\right)^{2}\cos\phi$，其中 $r=b-a$，$c=\sqrt{a^{2}+b^{2}-2ab\cos\phi}$（见图 17-23），不同磁路，系数不同，对于组合拉推磁路，$K=4\sim6.4$；

M——磁化强度，$M=\frac{10^{-4}}{4\pi}(B_{m}+H_{m})$，T；

B_{m}，H_{m}——工作点的磁感应强度与磁场强度，T；

H——外磁路在内磁体处产生的磁场强度

N_{1}——极面形状的经验系数，扇形极面 $N_{1}=1.05$，长方形、正方形极面 $N_{1}=1.24$；

t_{g}——工作气隙，m；

t_{0}——磁极平均弧长，即 $t_{0}=\frac{1}{2}$(内磁极外弧＋外磁极内弧)，m；

η——厚度系数；

m——磁极极数；

S——磁极的极面积，m^{2}；

t_{h}——磁极的平均厚度，即 $t_{h}=\frac{1}{2}(t_{im}+t_{om})$（见图 17-23），m；

R_{c}——作用到内磁极上磁力至转动中心的平均转动半径，m，$R_{c}=\frac{1}{2}(R_{2}+R_{3})$；

ϕ——表示工作时的角位移，(°)。

经试验得到 t_{h}/t_{0} 与 η 的关系，见表 17-28。

表 17-28　t_h/t_0 与 η 的关系

$\frac{t_h}{t_0}$	η	$\frac{t_h}{t_0}$	η
0.2～0.4	0.7	0.7～0.9	0.95
0.5～0.6	0.85		

当 $\sin\left(\frac{m}{2}\phi\right)=\sin 90°$时力矩达到最大值，也就是说在 $\sin\left(\frac{m}{2}\phi\right)=\sin 90°$时，即内外磁体的位移为磁体在移动方向的宽度的一半时，力矩达到最大值，此时轴向力趋于零。

在工程设计中，T 值计算得到后，还应根据实用功率以及实际应用状态的不同，进行功率匹配计算或修正处理。

公式中参量关系如图 17-23 所示。

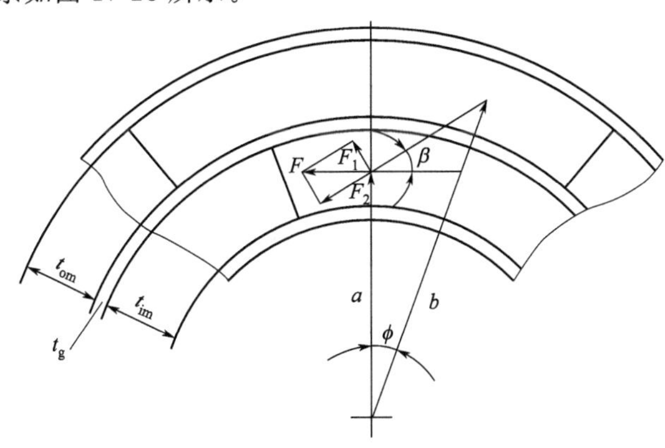

图 17-23　磁极尺寸

t_{im}—内磁极厚度；t_{om}—外磁极厚度

③ 磁性材料的选择　磁力传动的设计中，选择不同的永磁体对产品的性能影响很大，目前最常用的永磁体材料有铁氧体、钐钴和钕铁硼等。选用磁性材料时应考虑以下几点：

a. 使用温度及腐蚀、振动等技术、环境条件。

b. 磁力传动器在设备上的启动、运转状态，进行优化设计和可靠性评估。

c. 进行运行条件下的技术分析，经济合理地选用磁性材料，做到合理的性价比。常用磁性材料的主要性能参数，见表 17-29。

表 17-29　常用磁性材料的主要性能参数

性能参数	铁氧体	钐钴	钕铁硼
剩磁/T	≥0.39	1.05	1.17
感应矫顽力/kA·m^{-1}	≥240	676	844
内禀矫顽力/kA·m^{-1}	≥356	≥1194	≥1592
最大磁能级/kJ·m^{-3}	≥3.4	26～30	31～33
温度系数/%·℃$^{-1}$	−0.18	−0.03	−0.126
可逆磁导率/H·m^{-1}	1.1	1.03	1.05
居里温度/℃	460	850	340～400
密度/kg·m^{-3}	5.0×10^3	8.4×10^3	7.4×10^3
电阻率/MΩ·cm^{-2}	$>10^4$	85	144

续表

性能参数	铁氧体	钐钴	钕铁硼
硬度(HV)	530	550	600
抗弯强度/MPa	127.4	117.6	245
抗压强度/MPa	—	509.6	735
热膨胀系数/(10^{-6}/℃)	11	9	3.4(//)～4.8(⊥)

④ 国产磁力传动器　甘肃省科学院生产的CZM系列磁力传动器额定扭矩及外形尺寸参数见表17-30。

表17-30　CZM系列磁力传动器额定扭矩及外形尺寸参数　　单位：mm

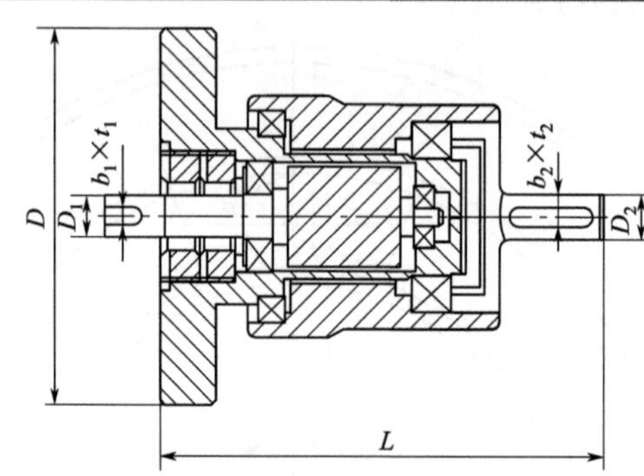

型号	额定扭矩/N·m	D_1	D_2	D	L	$b_1 \times t_1$	$b_2 \times t_2$
CZM-1	10	10	20	80	130	5×5	6×6
CZM-2	20	15	20	80	130	5×5	6×6
CZM-5	50	20	30	100	160	6×6	8×7
CZM-10	100	20	30	100	180	6×6	8×7
CZM-18	180	30	40	130	210	8×7	12×8
CZM-25	250	30	40	130	240	8×7	12×8
CZM-30	300	30	40	130	260	8×7	12×8
CZM-40	400	40	50	160	290	12×8	14×9
CZM-50	500	40	50	160	320	12×8	14×9
CZM-80	800	45	60	180	340	14×9	18×11
CZM-100	1000	45	60	180	370	14×9	18×11
CZM-120	1200	50	70	250	420	14×9	20×12
CZM-150	1500	50	70	250	500	14×9	20×12

⑤ 磁传动密封设计中应注意的问题

a. 外磁铁应尽量接近真空器的内壁；

b. 隔离平板或隔离圈筒用非磁性材料制造；

c. 传递运动的铁芯形状与磁铁的形状相适应，而且容器壁或真空室内的其他零件应保证铁芯运动方向；

d. 磁场强度和磁铁与铁芯的距离应选择使它们运动时与容器壁等冲击不大。

(4) 磁流体密封

接触式真空密封具有结构简单易行的优点，具有代表性的典型结构是接触式的威尔逊密封，但为了防止轴在高速旋转下气体泄漏，只能增加密封接触界面上的压力，但由此而产生的摩擦发热问题却难以解决。1965 年美国 Papell 发明一种磁流体是把磁铁矿等强磁性的细微粉末（约 0.1～10nm）放入水、油类、脂类、醚类等液体中形成稳定分散的一种胶态液体。这种液体在通常离心力和磁场作用下，既不下沉、凝聚又具有磁性，可被磁铁吸引。把这种液态磁性体用于真空转轴密封，称为真空磁流体密封。由于这种接触式密封将固体材料换成为液体材料，降低了摩擦阻力，使得密封结构的摩擦发热大大降低，同时又保证了密封的可靠性。

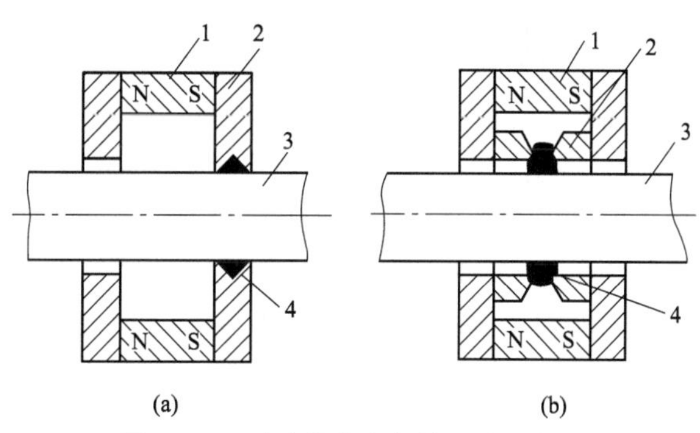

图 17-24　磁流体的密封轴基本结构

1—永久磁铁；2—极靴；3—旋转轴；4—磁流体

真空工程中使用的磁流体密封轴基本结构如图 17-24 所示。主要由壳体、主轴、滚动轴承、磁流体液及磁铁组成，当把磁流体液注入永磁体、极齿、主轴构成的磁回路中，在磁场作用下，磁流体液在间隙中形成数个液体 O 形圈，起到密封作用，一个回路所能承受的压力有限，采用多级“串联”的方式，最终能够达到耐受 10^{-7}Pa 量级的真空压力。

磁流体密封技术是在磁流体这一全新的功能材料出现之后才发展起来的。20 世纪 60 年代初，美国国家航空航天局（NASA）为解决宇航服的真空密封及空间失重状态下液体燃料的补充问题，开发了磁流体。磁流体在密封技术上的应用是其最重要的成果之一。经过几十年的发展，磁流体密封已在国防、航天、机械、电子、仪表、原子能、化工、制药等众多领域得到了广泛应用，特别是在防尘密封、真空密封和压差密封三个方面表现十分突出。如重要机械旋转部位的密封；计算机硬盘存储器中用于对灰尘和油雾的密封；原子能设备中用于对放射性气体的密封；发酵罐搅拌中用于防止细菌等混入的密封；真空镀膜机、真空热处理炉、单晶硅炉等用于超高和特高真空条件下的密封以及反应釜、风机、气泵等用于压差条件下的密封等。尤其是在转轴中作为设备的动态防漏部分具有突出的优越性。既可达到防漏目的，又不至影响可动部件的运动，所以磁流体密封技术的应用范围越来越广。

磁流体是一种液态状的应用领域十分广阔的纳米级功能材料，该材料既具有固体磁性又具有液体的流动性。从形态上说它是一种固液两相的胶体混合物，在重力、离心力或磁力的作用下不会发生固液分离，属于一种应用领域十分广阔的纳米级功能材料。它在没有磁场作用时呈液体形态，当周围有磁场存在时，它会沿磁力线方向排列，被束缚于磁场周围。

与其他密封技术相比，真空中应用磁流体密封具有以下优点：

a. 磁流体密封的真空转轴的摩擦力很小，可减少功耗和提高轴的最高转速（可达 30000r/min）。采用低饱和蒸气压磁流体密封，可使真空度维持在 10^{-7}Pa 以上。

b. 磁流体密封结构简单、维护方便，轴与极靴间的间隙较大，制造精度要求低。

c. 磁流体在密封空隙中是靠磁铁产生的磁场固定的，因此转轴的启动和停止比较方便。

磁流体密封装置在高温下不稳定，工作温度一般在−30～100℃之间。轴在过高或过低温度下工作时，需采取冷却或升温措施，从而使密封结构复杂化。

① 磁流体密封原理　磁流体密封轴的密封原理如图 17-25 所示，其核心密封部位是由永磁体、磁极、转轴和磁流体四部分构成。由于永磁体的 N-S 极按轴向分布且磁极和转轴均由导磁材料制成，因此，在磁场作用下，如图 17-25 中环线所示形成了一个个封闭的磁力线回路。同时，在磁极与转轴之间存在一定的间隙，也就是通常所说的磁场磁路中的“气隙”，形成一个所谓的磁流体密封 O 形环，从而实现密封。由于磁场磁路气隙中的磁场强度最大，磁流体密封正是利用了这一磁现象，将具有超顺磁特性的磁流体注入其间，在磁场作用下，磁流体被稳稳地吸附并充满旋转轴（运动件）和磁极（静止件）之间的气隙内，实现了对磁场两端空间的分隔，从而形成可靠的密封。

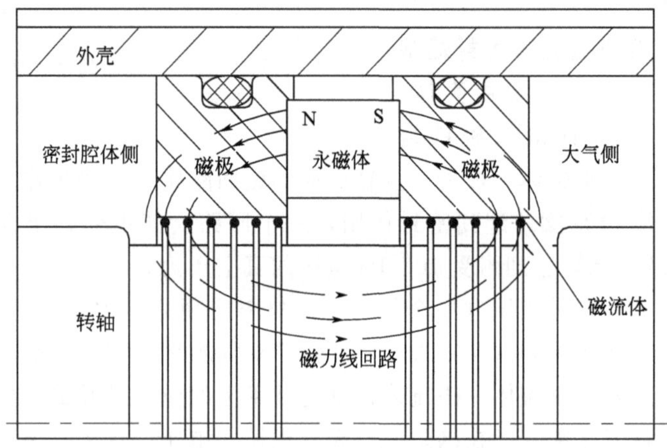

图 17-25　磁流体密封轴的密封原理

转轴材料可以是磁性体和非磁性体，前者磁束集中于间隙处并通过转轴构成磁回路，后者磁束不通过转轴，而是通过密封间隙中的磁流体构成磁回路。

② 磁流体的承压能力　磁流两侧承受的压力差 Δp 与磁流体两侧面的场强有关，也就是与磁流体在轴向上的厚度有关，而轴向厚度取决于磁流体注入量。磁流体耐压与注入量之间的实验曲线，如图 17-26 所示。

注入量是把磁靴与轴间的空隙体积作为单位注入量。

可以看出，开始时增大磁流体注入量，耐压线性增加；但注入量达到一定值以后，耐压不再增加，而是稳定在某一恒定状态。图 17-26 中注入量 6 倍以后，单极靴的耐压值平衡在 0.02MPa。

对于斜面齿型极靴的耐压值，当磁铁的场强很大时可按下式计算

$$\Delta p=\frac{B_{\mathrm{i}}H}{4\pi} \tag{17-3}$$

式中　Δp——压力差，Pa；

B_{i}——磁流体极化强度，T；

H——磁场强度，A/m。

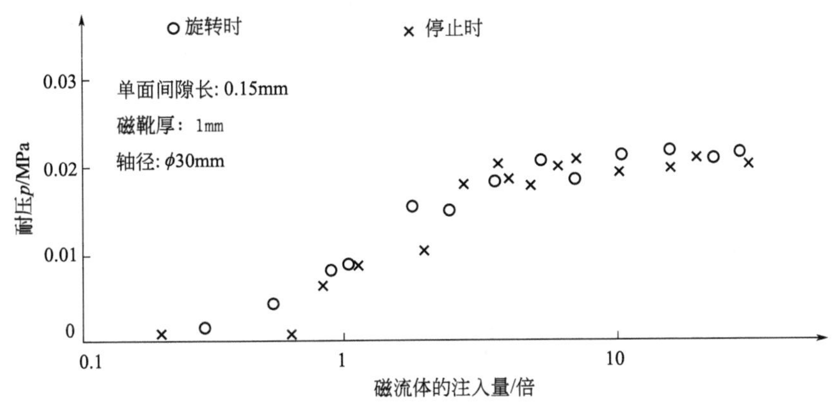

图 17-26 磁流体耐压与注入量之间的实验曲线

增加 B_i 可封住较大的压力差 Δp，由于 B_i 的大小取决于磁流体种类，因此，在一定磁场下，密封装置的磁流体种类选定后，其单极靴的最大耐压能力也就确定了。表 17-31 给出了常用的磁流体的物理性质。

表 17-31 常用的磁流体的物理性质

材料种类与牌号	磁饱和强度/T	密度/($\times10^3$ kg/m^3)	黏度/Pa·s	滴点/℃	沸点(蒸气压 133Pa)/℃	起始磁导率/(H/m)	表面张力/(N/m)	比热容/[J/(kg·K)]	热膨胀系数/[(体积)/K]
二脂润滑剂(D01)	0.02	1.185	7.5	−37	148.9	0.5	—	—	—
矿物油(H01)	0.02	1.05	0.3	4.7	76.7	0.4	0.023	1716.6	4.8
氟油(F01)	0.01	2.05	250	−34.4	182.2	0.2	0.018	1967.8	5.9
脂类(E03)	0.04	1.30	3.0	−56.7	148.9	0.8	0.026	3762.3	4.5
水基(A01)	0.02	1.18	0.7	0	25.6	0.6	0.026	4186.8	2.0
聚苯醚(V01)	0.01	2.05	750	10	260	0.2	—	—	—

③ 磁流体密封转轴转速对耐压的影响 密封轴转速增大（磁流体接触表面速度增大），高速旋转摩擦耗功增加而使磁流体温度升高，导致磁流体载液的蒸发和表面活化剂的脱离而恶化密封性能，耐压能力也将随磁流体温升而下降。设计时应将转轴表面线速度控制在 20m/s 以下，或者对磁流体进行冷却，控制磁流体温度，防止温度过高。

磁流体密封的摩擦功耗，可用下式表示：

$$W=\frac{N\mu n^2 D^3 L_t}{118000L_g} \tag{17-4}$$

式中 N——密封级数；

μ——磁流体黏度，Pa·s；

n——密封轴转速，r/min；

D——轴直径，m；

L_t——每级密封齿型的平均宽度，m；

L_g——磁回路间隙，m。

④ 磁流体磁极靴结构设计　磁极靴顶端齿形设计是影响密封性能的重要因素。常见的齿型结构如图 17-27 所示。齿型的主要结构参数是 B/L_g、B/L_t、L_t/L_g 及 α 等，B 是齿宽，其余符号同前。图 17-27 中（a）型密封性能优于（b）型。表 17-32 所列为（a）型与（b）型结构的磁导率，磁导率大将增加磁流体的耐压，获得良好的密封性能。

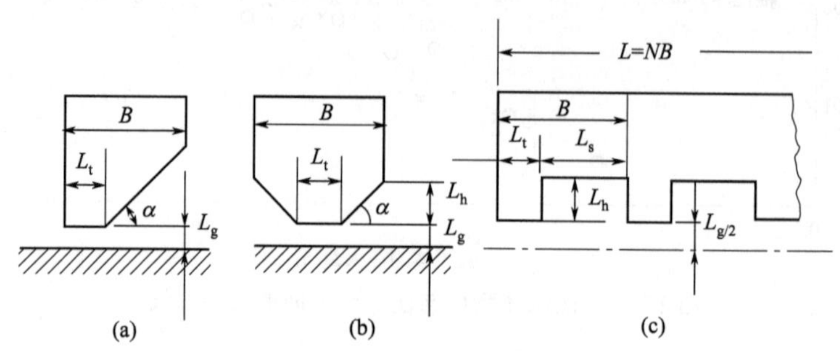

图 17-27　极靴顶端齿型结构

表 17-32　图 17-27 中（a）型与（b）型结构的磁导率　　单位：H/m

磁导率类别 / B/L_t / 型式	最大磁导率		相对磁导率		平均磁导率	
	10	20	10	20	10	20
(a)	1	0.975	0.90	0.87	0.295	0.248
(b)	1	0.973	0.88	0.87	0.395	0.278

试验证明，（a）型齿的最佳参数是 $\alpha=45°\sim60°$，$B/L_g=30\sim40$，$B/L_t=20\sim10$，$L_t/L_g=1.5\sim4.0$。日本的金子曾对 $\alpha=45°$，$L_g=0.5$mm 的（a）型极齿进行了实验，当 L_t 在 1～6mm 范围内变化时，$L_t/L_g=2$ 具有较高的耐压能力。

图 17-27(c) 所示为多级结构型式的齿型。选取 $L_t/L_g=2$、$L_s/L_g=2.5\sim3$ 比较合理。

⑤ 磁流体密封级数与磁路间隙　磁流体一级密封耐压最大值约为 2MPa。在一定的场强下，耐压随级数的增加而提高。大约在 7～14 级之间耐压能力达到最大值，此后级数再增加，耐压能力反而减小，原因是间隙中场强及其分布的变化影响到耐压。

对给定级数的密封装置，提高耐压可采用增加磁铁尺寸和减少齿顶与轴间的间隙 L_g 来实现。图 17-28 给出了径向间隙、压差及磁铁尺寸之间的关系曲线。径向间隙通常取 $L_g=0.05\sim0.5$mm，太小时轴的机械振动会引起齿顶与轴的机械摩擦。密封轴的径向跳动量，一般限制在径向间隙 L_g 的 25%以内。

⑥ 磁流体真空密封转轴结构　磁流体单极靴的耐压能力小，不能承受大气压力，用于真空转轴密封必须采用多级极靴结构，如图 17-29 所示。

⑦ 磁流体密封轴产品的主要类型及尺寸　目前磁流体密封轴已经具有较为广泛的应用，其产品符合《真空磁流体动密封件》(JB/T 10463—2004) 标准，且有标准产品。

磁流体密封轴的基本类型及尺寸如下。

a. 法兰式实心轴磁流体密封轴，其外形、系列尺寸见表 17-33。

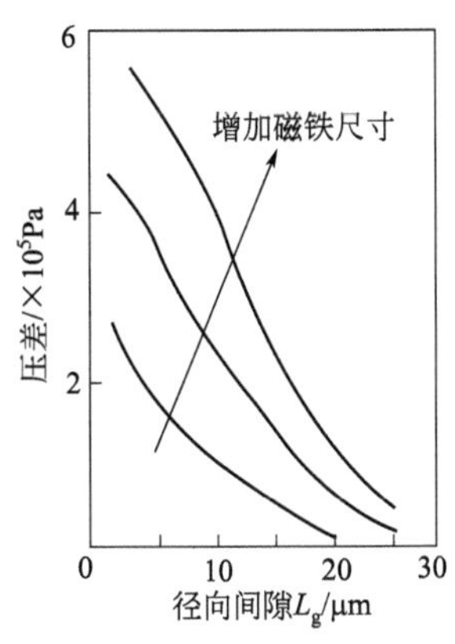

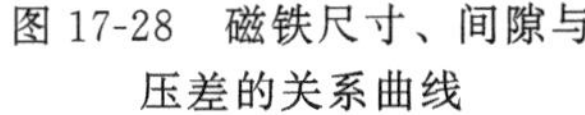

图 17-28 磁铁尺寸、间隙与压差的关系曲线

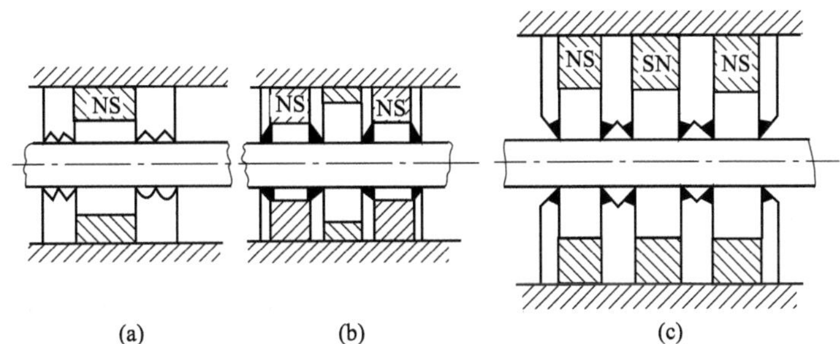

图 17-29 三种不同的结构磁路设计

表 17-33 法兰式实心轴磁流体密封轴外形及系列尺寸 单位：mm

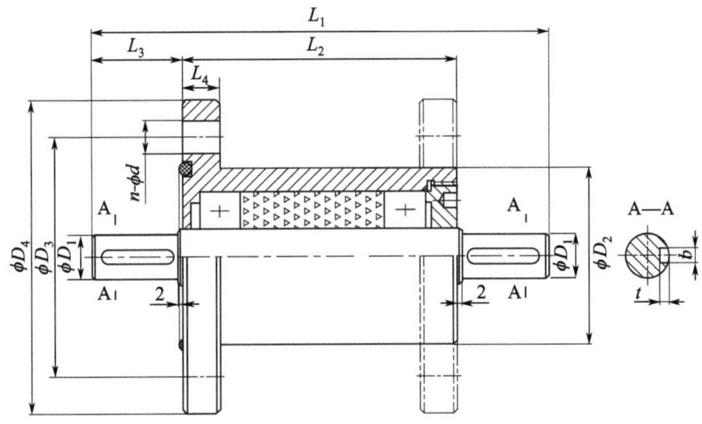

规格	外形尺寸									
	D_1	D_2	D_3	D_4	n-ϕd	L_1	L_2	L_3	L_4	$b\times t$
6	6h7	40	55	70	4-ϕ7	102	66	18	8	2×1.2
10	10h7	44	60	75	4-ϕ7	120	70	25	8	3×1.8
12	12h7	48	70	90	4-ϕ7	124	74	25	8	4×2.5
16	16h7	58	80	100	4-ϕ9	132	82	25	12	5×3
20	20h7	63	90	110	4-ϕ9	152	92	30	12	6×3.5
25	25h7	75	95	115	4-ϕ9	165	105	30	12	8×4
30	30h7	85	110	130	4-ϕ9	180	110	35	12	8×4
35	35h7	95	120	140	8-ϕ9	185	115	35	12	10×5
40	40h7	100	125	145	8-ϕ9	200	120	40	12	12×5
45	45h7	105	130	150	8-ϕ9	215	125	45	12	14×5.5
50	50h7	115	145	165	8-ϕ9	230	130	50	12	14×5.5
55	55h7	125	155	180	8-ϕ11	245	135	55	18	16×6
60	60h7	135	165	190	8-ϕ11	260	140	60	18	18×7

续表

规格	外形尺寸									
	D_1	D_2	D_3	D_4	n-ϕd	L_1	L_2	L_3	L_4	$b\times t$
65	65h7	140	170	195	8-ϕ11	275	145	65	18	18×7
70	70h7	145	175	200	8-ϕ11	290	150	70	18	20×7.5
75	75h7	160	200	225	8-ϕ11	300	160	70	18	20×7.5

b. 法兰式实心轴水冷型磁流体密封轴，其外形及系列尺寸见表 17-34。

表 17-34 法兰式实心轴水冷型磁流体密封轴外形及系列尺寸 单位：mm

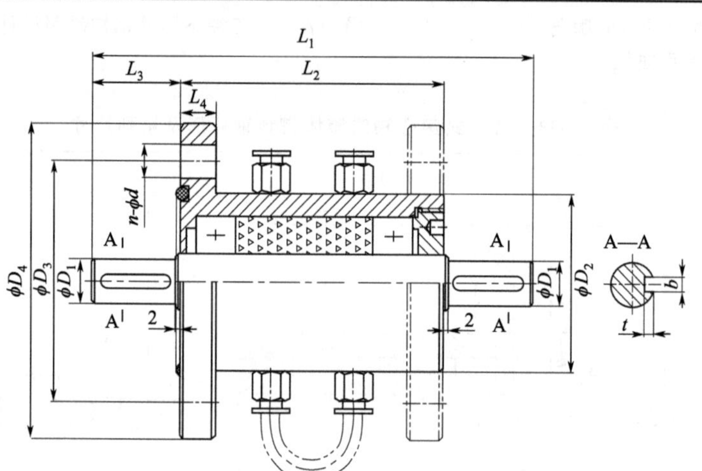

规格	外形尺寸									
	D_1	D_2	D_3	D_4	n-ϕd	L_1	L_2	L_3	L_4	$b\times t$
10	10h7	50	70	90	4-ϕ9	135	85	25	8	3×1.8
12	12h7	53	80	100	4-ϕ9	135	85	25	12	4×2.5
16	16h7	65	85	105	4-ϕ9	155	105	25	12	5×3
20	20h7	70	90	110	4-ϕ9	170	110	30	12	6×3.5
25	25h7	80	100	120	4-ϕ9	175	115	30	12	8×4
30	30h7	92	110	130	4-ϕ9	188	118	35	12	8×4
35	35h7	100	125	145	8-ϕ9	192	122	35	12	10×5
40	40h7	105	130	150	8-ϕ9	208	128	40	12	12×5
45	45h7	110	135	155	8-ϕ9	220	130	45	12	14×5.5
50	50h7	120	145	165	8-ϕ9	240	140	50	12	14×5.5
55	55h7	130	160	185	8-ϕ11	255	145	55	16	16×6
60	60h7	140	170	195	8-ϕ11	270	150	60	16	18×7
65	65h7	145	175	200	8-ϕ11	285	155	65	16	18×7
70	70h7	150	180	205	8-ϕ11	300	160	70	16	20×7.5
75	75h7	165	200	225	8-ϕ11	310	170	70	16	20×7.5

c. 法兰式空心轴磁流体密封轴，其外形及系列尺寸见表 17-35。

表 17-35 法兰式空心轴磁流体密封轴外形及系列尺寸 单位：mm

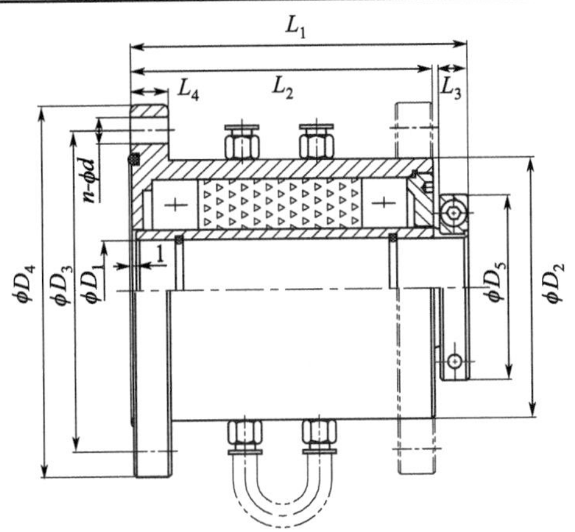

规格	外形尺寸									
	D_1	D_2	D_3	D_4	D_5	n-ϕd	L_1	L_2	L_3	L_4
10	10F8	58	75	95	45	4-ϕ9	97	82	10	12
12	12F8	58	80	100	48	4-ϕ9	97	85	10	12
16	16F8	63	90	110	52	4-ϕ9	105	92	10	12
20	20F7	75	95	115	55	4-ϕ9	118	105	10	12
25	25F7	85	110	130	60	4-ϕ9	123	110	10	12
30	30F7	95	120	140	67	8-ϕ9	128	115	10	12
35	35F7	100	125	145	77	8-ϕ9	137	120	14	12
40	40F7	105	130	150	82	8-ϕ9	142	125	14	12
45	45F7	115	145	165	87	8-ϕ11	147	130	14	16
50	50F7	125	155	180	92	8-ϕ11	152	135	14	16
55	55G7	135	165	190	100	8-ϕ11	157	140	14	16
60	60G7	140	170	195	105	8-ϕ11	162	145	14	16
65	65G7	145	175	200	112	8-ϕ11	169	150	16	16
70	70G7	160	200	225	118	8-ϕ11	179	160	16	16

d. 法兰式空心轴水冷型磁流体密封轴，其外形及系列尺寸见表 17-36。

表 17-36 法兰式空心轴水冷型磁流体密封轴外形及系列尺寸 单位：mm

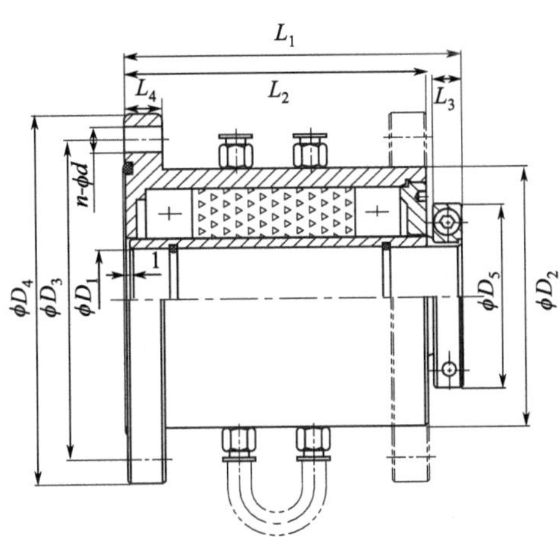

续表

规格	外形尺寸									
	D_1	D_2	D_3	D_4	D_5	n-ϕd	L_1	L_2	L_3	L_4
10	10F8	65	85	105	45	4-ϕ9	118	105	10	12
12	12F8	65	85	105	48	4-ϕ9	118	105	10	12
16	16F8	70	90	110	52	4-ϕ9	123	110	10	12
20	20F7	80	100	120	55	4-ϕ9	128	115	10	12
25	25F7	92	110	130	60	4-ϕ9	131	118	10	12
30	30F7	100	125	145	67	8-ϕ9	135	122	10	12
35	35F7	105	130	150	77	8-ϕ9	145	128	14	12
40	40F7	110	135	155	82	8-ϕ9	147	130	14	12
45	45F7	120	145	165	87	8-ϕ11	157	140	14	12
50	50F7	130	160	185	92	8-ϕ11	162	145	14	16
55	55G7	140	170	195	100	8-ϕ11	167	150	14	16
60	60G7	145	175	200	105	8-ϕ11	172	155	14	16
65	65G7	150	180	205	112	8-ϕ11	179	160	16	16
70	70G7	165	200	235	118	8-ϕ11	189	170	16	16

e. 套筒式空心轴磁流体密封轴，其外形及系列尺寸见表 17-37。

表 17-37　套筒式空心轴磁流体密封轴外形及系列尺寸　　单位：mm

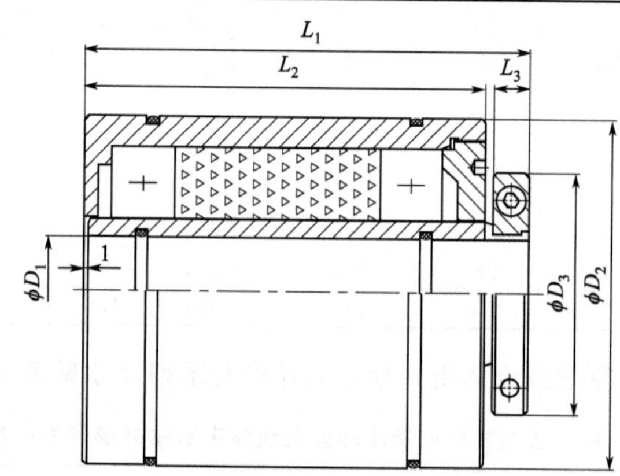

规格	外形尺寸					
	D_1	D_2	D_3	L_1	L_2	L_3
10	10F8	60h7	45	95	82	10
12	12F8	60h7	48	95	82	10
16	16F8	66h7	52	105	92	10
20	20F7	78h7	55	118	105	10
25	25F7	88h7	60	123	110	10
30	30F7	97h7	67	128	115	10
35	35F7	102h7	77	137	120	14
40	40F7	107h7	82	142	125	14
45	45F7	118h7	87	147	130	14
50	50F7	128h7	92	152	135	14

f. 悬臂式实心轴（A 系列）磁流体密封轴，其外形及系列尺寸见表 17-38。

表 17-38 悬臂式实心轴（A 系列）磁流体密封轴外形及系列尺寸 单位：mm

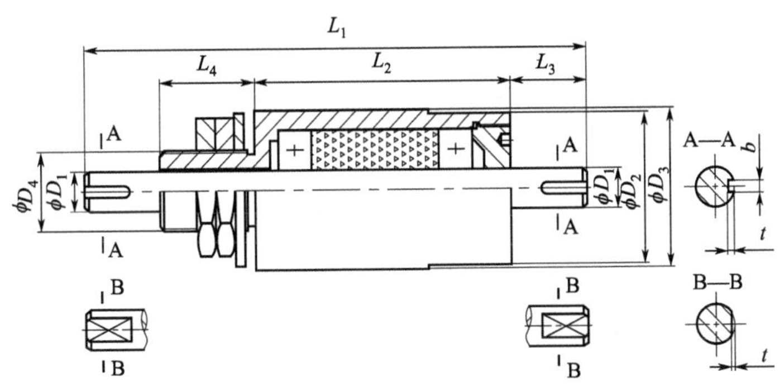

规格	外形尺寸								
	D_1	D_2	D_3	D_4	L_1	L_2	L_3	L_4	$b\times t$
4	4h7	21	22	M10	90	48	12	18	t=0.5(扁方)
5	5h7	23	25	M12×1.5	90	48	12	18	t=0.5(扁方)
6	6h7	25	27	M12×1.5	92	50	12	18	t=0.5(扁方)
7	7h7	28	30	M14×1.5	98	54	12	20	t=1(扁方)
8	8h7	30	32	M14×1.5	102	58	12	20	t=1(扁方)
10	10h7	38	40	M20×1.5	133	68	20	25	3×1.8
12	12h7	40	42	M20×1.5	135	70	20	25	4×2.5
15	15h7	42	45	M24×1.5	140	70	20	25	5×3
20	20h7	55	58	M30×1.5	162	82	25	30	6×3.5
25	25h7	60	63	M36×1.5	165	85	25	30	8×4
30	30h7	70	73	M42×1.5	170	90	25	30	8×4

注：A—A 用于 10～30 规格系列；B—B 用于 4～8 规格系列。

g. 悬臂式实心轴（B 系列）磁流体密封轴，其外形及系列尺寸见表 17-39。

表 17-39 悬臂式实心轴（B 系列）磁流体密封轴外形及系列尺寸 单位：mm

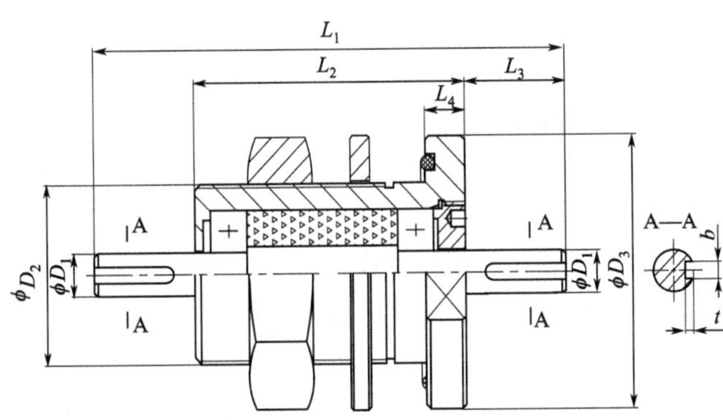

续表

规格	外形尺寸							
	D_1	D_2	D_3	L_1	L_2	L_3	L_4	$b \times t$
6	6h7	M30×1.5	48	80	50	15	8	2×1.2
10	10h7	M42×1.5	64	118	68	25	10	3×1.8
12	12h7	M42×1.5	64	120	70	25	10	4×2.5
15	15h7	M48×1.5	72	125	75	25	10	5×3
20	20h7	M60×1.5	84	142	82	30	10	6×3.5
25	25h7	M64×1.5	88	145	85	30	12	8×4
30	30h7	M76×1.5	102	150	90	30	12	8×4

⑧ 磁流体密封轴命名规则　磁流体密封轴的型号由基本型号和辅助型号两部分组成，两者中间为横直线。

基本型号-辅助型号

[1] [2] [3] -[4] [5]

[1]——代表密封件轴类型。实心轴以大写字母“S”表示，　空心轴以大写字母“K”表示。

[2]——代表密封件轴（孔）直径，以阿拉伯数字表示，单位为 mm。

[3]——代表密封件的连接方式，代号及意义见表 17-40。

[4]——代表密封件的冷却方式。对于两水嘴以“2Z”表示，对于四水嘴以“4Z”表示，无水嘴则省略。

[5]——代表设计序号，首次设计省略，从第一次改型设计开始，以字母 A，B，C，…表示。

表 17-40　磁流体密封轴连接方式

连接方式	一端法兰式	两端法兰式	套筒式	悬臂式
代号	Y	L	T	X
意义	“一”端法兰“Yi”	“两”端法兰“Liang”	“套”筒“Tao”	“悬”臂“Xuan”

示例：K30Y-4Z 表示法兰式空心轴水冷型真空磁流体动密封件，孔径 30mm，一端法兰式，4 水嘴。

⑨ 磁流体密封的优缺点

a. 磁流体密封具有优异的密封性及极小的不可检的漏率。无论其在静态还是动态下，磁流体密封在氦质谱检漏仪（最小检测漏率为 5×10^{-13}Pa・m^3/s）检测下无法检测出漏率，通常称磁流体密封为零泄漏密封。

b. 使用寿命长。磁流体密封轴的使用寿命主要取决于磁流体液的寿命。根据磁流体液的蒸发率、蒸发面积、磁流体体积等参数，结合密封结构设计，理论上一次加注量在环境温度为 120℃时可使用 10 年。

c. 耐候性好。与橡胶密封相比，磁流体液只要没有干涸，就实现可靠的密封，保证密封效果。

d. 低摩擦，超小磨损，传动效率高。与传统密封方式的密封相比，传统密封采用的是固体与固体接触式密封，磁流体密封是一种液体与固体接触式密封，在传动轴转动时存在极小的摩擦，超小的磨损，传动效率可达 99%以上。

e. 自行修复性。当瞬间压力超过磁流体设计的极限压力时，会击穿磁流体密封件造成泄漏，当压力降低到磁流体密封的设计压力时，磁流体密封可自行修复，恢复密封作用。

f. 磁流体密封技术可在调整密封极数的基础上改变密封件的耐压能力，目前已成功开发出耐压达 2.5MPa（表压）的磁流体密封轴。

g. 高速性能良好。磁流体在离心力作用下不会发生分离，可在转速 120000r/min 或是 90m/s 的线速度下正常使用。

h. 真空度高。采用饱和蒸气压低的磁流体可以在 1×10^{-7}Pa 以上超高真空环境中良好应用，不仅能达到可靠的密封效果，同时不会升华出其他物质污染真空环境。

i. 磁流体对使用的环境温度有一定的要求，在高温下使用会出现过早干涸现象，且过高的温度也会导致永磁体出现退磁甚至完全失磁，从而导致密封失效；而低温时磁流体会出现凝固，导致密封件运转阻力矩增大甚至无法转动。因此未设计冷却措施的磁流体密封轴的使用温度一般为－40～120℃，超过此温度范围时需对磁流体密封轴增加冷却（加热）措施。

j. 初始启动力矩。磁流体密封轴存在一个固有特性，即转轴在停止运转一定时间后，再次启动时会出现运转阻力矩变大的现象，这是由于转轴在静止时，磁流体会沿着磁力线方向在密封部位呈线性分布，并趋向于平衡，只有当转轴转动了 2～3 圈，打破这种平衡后，其运转阻力矩才会明显减小并保持恒定。因此需要设计人员额外考虑此部分的功率损耗。

k. 磁流体密封技术目前只在气体动密封领域具有明显的优势，但对液体的密封效果不佳，不适用于各类液体的直接密封。

l. 密封效果好、寿命长、维修量小。

⑩ 影响磁流体工作的主要因素　主要因素有高温、高速。高速时磁流体内部相互剪切力会导致磁流体温度升高甚至超过危险温度，一般推荐无水冷型密封装置工作温度－40～100℃；通用水冷型密封装置工作温度最高不超过 300℃；无水冷型密封装置的使用线速度推荐≤10m/s。其他因素有：

a. 密封腔室的洁净度。如粉体悬浮场合使用时，固体粉体与磁流体接触后会导致磁液黏度增加，影响密封效果。

b. 高负载（径向、轴向）。一般的磁流体密封轴均给定了内部轴承的型号，当负载超过了其内部轴承的承力极限时会导致磁流体密封轴的运转性能的变坏，同时破坏磁极与转轴之间的磁场气隙均匀性，进而影响装置的使用寿命。

c. 强磁场。磁流体密封轴周围存在固定或交变磁场时，磁场方向、强度会影响密封装置内部的磁场，进而影响密封效果。

d. 电流流通场合，即电流需要通过密封装置转轴或外壳传导进入密封腔体内部的情况，电流会影响装置磁场分布，需要在使用时加以注意。

以上情况是通用型磁流体密封轴所无法可靠密封的，但可以通过特定的设计予以解决，需要与磁流体密封轴专业生产厂家在订购时具体说明。

⑪ 如何选择磁流体密封轴　磁流体密封轴的主要技术参数见表 17-41。

表 17-41　磁流体密封轴的主要技术参数

真空度/Pa	漏率/($Pa \cdot m^3/s$)	耐压能力/MPa	使用温度范围/℃	适用介质
$\leqslant 1 \times 10^{-6}$	$< 1 \times 10^{-12}$	0.2～1.5	−40～100	非活性气体

注：为真空环境使用而制造的磁流体密封轴一般推荐耐压<0.3MPa。

a. 首先根据密封部位的结构选择连接方式，见表 17-40。

b. 根据结构选择空心轴型式还是实心轴型式。

c. 根据需传递扭矩及受力情况确定轴径尺寸（转轴一般采用不锈钢制造），空心轴根据需密封的轴径选择孔径。

d. 根据密封部位的工作温度及使用线速度选择是否需要进行水冷。

e. 确定真空度、耐压能力、适用介质等使用参数是否符合 17-37 中参数；同时确定是否存在特殊工况。

f. 如以上均可满足，则可从表 17-33～表 17-39 选用标准产品。如超过上述条件，或是需根据图表进行法兰尺寸、连接方式等方面的更改，需与供应商协商。

⑫ 对磁流体密封轴的其他要求

a. 静密封面表面粗糙度不高于 $Ra1.6$，无划痕、碰伤。外壳止口、转轴轴伸等配合表面无碰伤。

b. 随产品附件静密封圈无砂眼、裂纹、缺口等缺陷。

c. 装配精度：运转阻力矩波动范围不高于 0.03N·m；密封面与转轴配合面垂直度误差不超过 0.02mm；转轴配合面全跳动不超过 0.03mm；在要求转速范围内转动无异响。

d. 密封性能：动、静态下真空度低于 1×10^{-6}Pa，漏率 $< 1 \times 10^{-12} Pa \cdot m^3/s$，耐压能力≥0.2MPa，极限耐压能力超过约定耐压能力 10%以上。

17.5.4 真空传动轴

真空环境中的传动轴指的是整个轴系系统完全处在真空环境中，传递扭矩和转速，并通过其他机械零部件（齿轮、蜗轮/蜗杆、减速器等）建立起真空中各种机械运动。

其设计基本过程如下：

① 根据机械传动方案的整体布局，拟定真空传动轴的设计要求和注意事项；

② 进行总体布局及装配方案设计；

③ 选择真空传动轴密封、润滑方式；

④ 选择轴的材料；

⑤ 进行轴的结构设计，选定轴的几何尺寸；

⑥ 校核轴强度和刚度，校核轴键等轴连接强度；

⑦ 选择轴承，根据真空传动轴的要求进行润滑、疲劳、支撑强度等的校核；

⑧ 进行设计更改，确定轴的设计；

⑨ 进行真空传动轴的热设计复核及必要的可靠性复核；

⑩ 绘制真空传动轴的图样。

按照轴设计要求，针对具体的机械部件，按照以上的设计过程完成轴系的整体设计，真空传动轴则必须在润滑选择、热计算等方面进行设计，才能完成真空传动轴的设计工作。因此，真空传动轴的设计要点是：根据真空中机械系统的总体要求，进行轴系的整体设计，进行轴的结构设计及强度等分析，进行轴承选型计算及选型，进行润滑设计及定型，进行热设计。

17.5.4.1 轴的材料

用于真空传动轴的材料应具有足够的机械强度和韧性，同时出气量小，易于加工成型。

轴的常用材料见表 17-38。其中优质碳素结构钢使用广泛，45 钢最为常用，它调质后具有优良的综合力学性能。轻载的场合也可以用 Q235、Q255、Q275 等普通碳素钢。要求重量轻或耐磨的场合可以用合金钢，如 40Cr、38CrSi、20CrMnTi、38CrMnAlA 等。热处理或淬火都可以提高强度。

用热处理和表面处理工艺提高材料的力学性能，轴类零件的热处理工艺和表面处理工艺可参考表 17-42 的内容。

表 17-42　轴的常用材料及其主要力学性能

材料牌号	热处理	毛坯直径 /mm	硬度 HB	抗拉强度 $R_m(\sigma_b)$	屈服点 σ_s	弯曲疲劳极限 σ_{-1}	扭转疲劳极限 τ_{-1}	备注
				/MPa(不小于)				
Q235,Q235F				440	240	180	105	用于不重要或载荷不大的轴
20	正火	25	≤156	420	250	180	100	用于载荷不大,要求韧性较高的轴
	正火	≤100		400	220	165	95	
		>100～300		380	200	155	90	
		>300～500	103～156	370	190	150	85	
	回火	>500～700		360	180	145	80	
35	正火	25	≤187	540	320	230	130	应用较广泛
		≤100		520	270	210	120	
	正火	>100～300	149～187	500	260	205	115	
		>300～500	143～187	480	240	190	110	
	回火	>500～750	137～187	460	230	185	105	
		>750～1000		440	220	175	100	
	调质	≤100	156～207	560	300	230	130	
		>100～300		540	280	220	125	
45	正火	25	≤241	610	360	260	150	应用最广泛
	正火	≤100	170～217	600	300	240	140	
		>100～300	162～217	580	290	235	135	
	回火	>300～500		560	280	225	130	
		>500～750	156～217	540	270	215	125	
	调质	≤200	217～255	650	360	270	155	
40Cr	调质	25		1000	800	485	280	用于载荷较大,而无很大冲击的重要轴
		≤100	241～286	750	550	350	200	
		>100～300	229～269	700	500	320	185	
		>300～500		650	450	295	170	
		>500～800	217～255	600	350	255	145	
35SiMn (42SiMn)	调质	25		900	750	445	255	性能接近于40Cr,用于中小型轴
		≤100	229～286	800	520	355	205	
		>100～300	217～269	750	450	320	185	
		>300～400	217～255	700	400	295	170	
		>400～500	196～255	650	380	275	160	

续表

材料牌号	热处理	毛坯直径 /mm	硬度 HB	抗拉强度 $R_m(\sigma_b)$	屈服点 σ_s	弯曲疲劳极限 σ_{-1}	扭转疲劳极限 τ_{-1}	备注
				/MPa(不小于)				
40MnB	调质	25		1000	800	485	280	性能接近于40Cr，用于重要的轴
		≤200	241～286	750	500	335	195	
40CrNi	调质	25		1000	800	485	280	用于很重要的轴
35CrMo	调质	25		1000	850	500	285	性能接近于40CrNi，用于重载荷的轴
		≤100 >100～300 >300～500 >500～800	207～269	750 700 650 600	550 500 450 400	350 320 295 270	200 185 170 155	
38SiMnMo	调质	≤100 >100～300 >300～500 >500～800	229～286 217～269 196～241 187～241	750 700 650 600	600 550 500 400	360 335 310 270	210 195 175 155	性能接近于35CrMo
37SiMn2MoV	调质	25		1000	850	495	285	用于高强度、大尺寸及重载荷的轴
		≤200 >200～400 >400～600	269～302 241～286 241～269	880 830 780	700 650 600	425 395 370	245 230 215	
38CrMoAlA	调质	30	229	1000	850	495	285	用于要求高耐磨性、高强度且热处理变形很小的(氮化)轴
20Cr	渗碳 淬火 回火	15 30 ≤60	表面 56～62 HRC	850 650 650	550 400 400	375 280 280	215 160 160	用于要求强度和韧性均较高的轴(如某些齿轮轴、蜗杆等)
20CrMnTi	渗碳 淬火 回火	15	表面 56～62 HRC	1100	850	525	300	
1Cr13	调质	≤60	187～217	600	420	275	155	用于在腐蚀条件下工作的轴
2Cr13	调质	≤100	197～248	660	450	295	170	
1Cr18Ni9Ti	淬火	≤60 >60～180 >100～200	≤192	550 540 500	220 200 200	205 195 185	120 115 105	用于在高、低温及强腐蚀条件下工作的轴
QT400-15			156～197	400	300	145	125	用于结构形状复杂的轴
QT450-10			170～207	450	330	160	140	
QT500-7			187～255	500	380	180	155	
QT600-3			197～269	600	420	215	185	

17.5.4.2 轴的结构设计

轴的结构设计主要是确定出轴的合理外形和轴各段的直径、长度和局部结构。

轴的结构取决于轴的承载性质、大小、方向以及传动布置方案，轴上零件的布置与固定方式，轴承的类型与尺寸，轴毛坯的型式，制造工艺与装配工艺，安装运输条件及制造经济性等。设计轴的合理结构，要考虑的主要因素如下。

① 使轴受力合理，使扭矩合理分配，弯矩合理分配；

② 应尽量减少质量，节约材料，尽量采用等强度外形尺寸；

③ 轴上零、部件定位应可靠；

④ 尽量减少应力集中，提高疲劳强度；

⑤ 要考虑加工工艺所必需的结构要素（如中心孔、螺尾退刀槽、砂轮越程槽等尽量减少加工刀具的种类，轴上的倒角、圆角、键槽等应尽可能取相同尺寸，键槽应尽量开在一条线上，以减少装卡次数等)；

⑥ 要便于装拆和维修，要留有装拆或调整所需的空间和零件所需的滑动距离，轴端或轴的台阶处应有方便装拆的倒角，轴上所有零件应无过盈地装配到位，可采用易装拆的结构；

⑦ 对于要求刚度大的轴，要考虑减少变形的措施；

⑧ 在满足使用要求的条件下，合理确定轴的加工精度和表面粗糙度，合理确定轴与轴上零件的配合性质；

⑨ 要符合标准零、部件及标准尺寸的规定。

以下分别予以介绍。

(1) 零件在轴上的定位与固定

零件在空间上有六个自由度，装在轴上则只有两个自由度——轴向、径向。需在结构设计上解决其定位问题，以消除这两个自由度，具体为：

① 径向定位　一般采用键连接，也可以采用过盈连接、销和螺钉连接等。

② 轴向定位　一般用轴肩、轴环、套筒、轴端挡圈等。

零件在轴上的定位与固定方法，参见表 17-43、表 17-44。

表 17-43　轴向定位与固定方法

方法	简图	特点与应用
平键		制造简单，装拆方便，对中性好。可用于较高精度、高转速及受冲击或变载荷作用下的固定连接中，还可用于一般要求的导向连接中 齿轮、蜗轮、带轮与轴的连接常用此形式 平键剖面及键槽见 GB/T 1096，导向平键见 GB/T 1097
楔键		在传递转矩的同时，还能承受单向的轴向力。由于装配后造成轴上零件的偏心或偏斜，故不适用于要求严格对中、有冲击载荷及高速传动的连接。键的钩头长出轴外，供拆卸用.应加保护罩 楔键及键槽见 GB/T 1563～GB/T 1565
切向键	120°	可传递较大的转矩，但对中性较差，对轴的削弱较大，常用于重型机械中 一个切向键只能传递一个方向的转矩，传递双向转矩时，要用两个，互成 120°，见 GB/T 1974

续表

方法	简图	特点与应用
半圆键	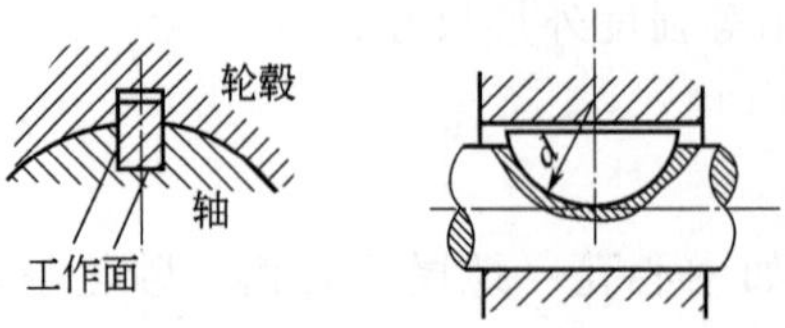 轮毂 轴 工作面 d	键在轴上键槽中能绕其几何中心摆动，故便于轮毂往轴上装配，但轴上键槽很深，削弱了轴的强度 用于载荷较小的连接或作为辅助性连接，也用于锥形轴及轮毂连接，见GB/T 1098、GB/T 1099
滑键	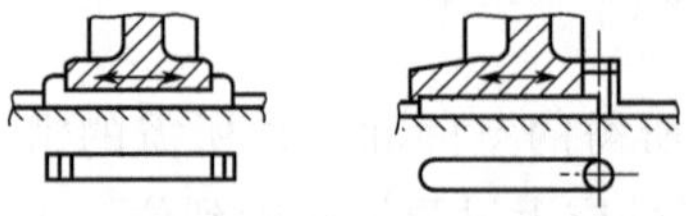	键固定在轮毂上，键随轮毂一同沿轴上键槽作轴向移动 常用于轴向移动距离较大的场合

表 17-44 径向定位与固定方法

方法	简图	特点与应用
轴肩-轴环	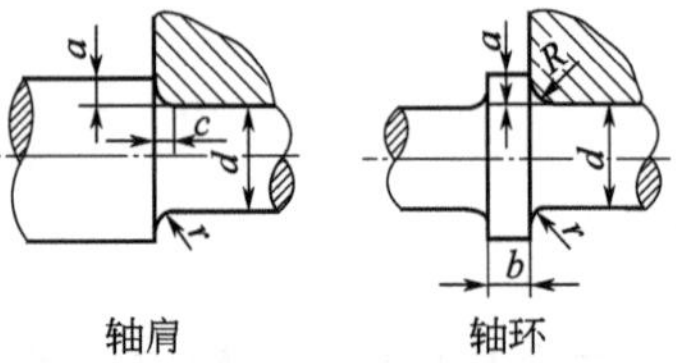 a c d r 轴肩；a R d r b 轴环	结构简单、定位可靠、可承受较大轴向力。常用于齿轮、带轮、链轮、联轴器、轴承等的轴向定位 为保证零件紧靠定位面，应使$r<c$或$r<R$ 轴肩高度a应大于R或c，通常可取 $a=(0.07\sim0.1)d$ 轴环宽度$b=1.4a$ 与滚动轴承相配合处的a与r值应根据滚动轴承的类型与尺寸确定，轴肩及轴环将增大轴的坯料直径，增加切削量
套筒	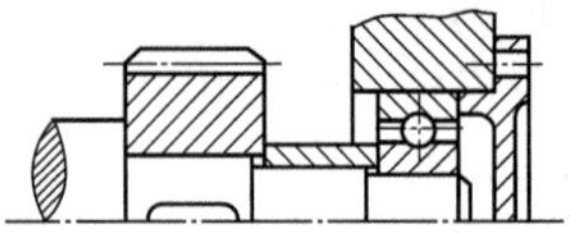	结构简单、定位可靠，轴上不需开槽、钻孔和切制螺纹，因而不影响轴的疲劳强度。一般用于零件间距离较小的场合，以免增加结构重量。轴的转速很高时不宜采用 套筒两端面的表面粗糙度要与配合面匹配
轴端挡板	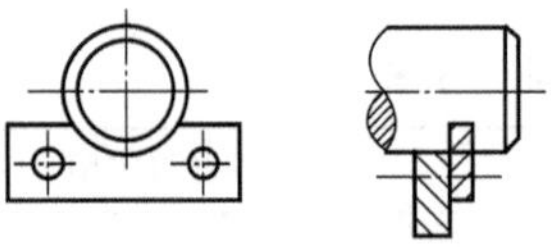	适用于心轴的轴端固定，见CB/T 892（单孔）及JB/ZQ 4348（双孔），既可轴向定位又可周向定位，只能承受小的轴向力
弹性挡圈	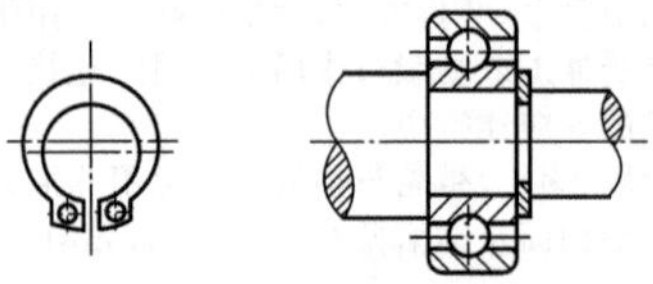	结构简单紧凑，只能承受很小的轴向力，常用于固定滚动轴承 轴用弹性挡圈的结构尺寸见GB/T 894.1、GB/T 894.2，轴上需开槽，强度被削弱
紧定螺钉	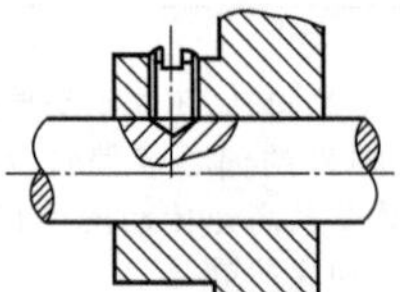	适用于轴向力很小，转速很低或仅为防止零件偶然沿轴向滑动的场合。为防止螺钉松动，可加锁圈 紧定螺钉同时亦可起周向固定作用 紧定螺钉用孔的结构尺寸见GB/T 71
锁紧挡圈	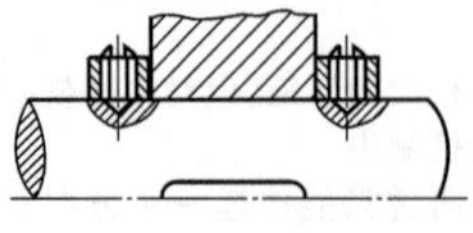	结构简单，但不能承受大的轴向力。常用于光轴上零件的固定，有冲击、振动时应有防松措施。螺钉锁紧挡圈的结构尺寸见GB/T 884

续表

方法	简图	特点与应用
圆锥面		能消除轴与轮毂间的径向间隙，装拆较方便，可兼做周向固定，能承受冲击载荷。大多用于轴端零件固定，常与轴端压板或螺母联合使用，使零件获得双向轴向固定。轮毂要长出锥轴段 2mm 左右，以确保压紧。锥轴及孔加工较难，轴向定位不很准确。高速轻载时可不用键 圆锥形轴伸见 GB/T 1570

在轴的设计中，还应考虑采取提高轴疲劳强度的结构措施。因为在轴截面变化处（如台阶、横孔、键槽等）会产生应力集中，引起轴的疲劳破坏，应考虑降低应力集中的措施，主要措施为：

① 结构设计方面　轴肩过渡处尽量加大圆角半径；直径变化大的加卸荷槽；过盈配合的轮毂加卸荷槽；尽量用 B 型键；加退刀圆角；轴上盲孔改成通孔；需磨削处应留有砂轮越程槽；改变配合性质等。

② 加工工艺方面　提高轴的表面质量也是提高轴疲劳强度的重要措施，包括降低轴表面粗糙度值，对轴进行表面处理（如表面热处理、化学处理、机械处理等）。

按照以上两种办法可以计算得到轴颈的尺寸，并进行轴的强度、静强度安全系数、刚度的校核，最终确定传动轴的轴颈尺寸，然后进行零件安装部位尺寸、连接方式、安装结构等的设计。

（2）轴的强度等计算校核

轴的强度计算分三种情况：a. 按扭转强度或刚度计算；b. 按弯扭合成强度计算；c. 精确强度校核计算，真空传动轴一般只进行前两项的计算校核。

① 按扭转强度计算　此法只用于计算传递扭矩、不承受弯矩或仅承受小弯矩的轴；但轴的长度及跨度未定，支点反力及弯矩无法知道，可按照此法进行初步计算。而载荷的位置尚不能准确确定时，也可用降低许用应力的办法按扭转强度估算轴径。进行轴径的初步估算，得到轴径后，再作轴的结构设计。

真空传动轴以承受扭矩为主，但同时也可能承受一定的弯矩，这样，在进行传动轴的设计中将轴按照同时承受扭矩 T 和弯矩 M 的传动轴考虑，这样在结构设计完成前无法绘出弯矩图，须先按扭矩强度计算出最小的轴径，考虑弯矩时，可以降低一些许用扭转剪应力。

扭转强度应满足以下条件：

$$\tau=\frac{T}{W_{p}}\leqslant[\tau] \quad (\text{MPa}) \tag{17-5}$$

式中　T——扭矩，其值为 $T=9550\times\frac{P}{n}$，N·m

P——轴的传动功率，kW；

n——轴的转速，r/min；

W_p——抗扭断面模数。

对于实心轴 $W_p=\frac{\pi}{16}d^3$，代入上式并解出 d 得：

$$d \geqslant \sqrt[3]{\frac{9550}{\frac{\pi}{16}[\tau]}} \times \sqrt[3]{\frac{P}{n}}$$

令 $C=\sqrt[3]{\frac{9550}{\frac{\pi}{16}[\tau]}}$ 则得到：$d \geqslant C\sqrt[3]{\frac{P}{n}}$ (17-6)

依据公式(17-6) 得到轴径的初步计算值，将以该值为依据，通过强度等计算来修订该尺寸，并将轴的其余部分进行设计和确定尺寸。

式中 C 只与材料的许用应力 $[\tau]$ 有关，轴的几种常用材料的 $[\tau]$ 和 C 值见表 17-45。

表 17-45 轴的几种常用材料的 $[\tau]$ 和 C 值

项目＼材料	Q235,20	Q255,35	45	40Cr 等合金钢
$[\tau]$/MPa	12～20	20～30	30～40	40～52
C	158～134	134～117	117～106	106～97

注：1. 表中 $[\tau]$ 值是考虑了弯矩的影响而降低的许用扭转剪应力。
2. 弯矩相对于扭矩较小时，例如支承距离较小，C 取小值，反之取大值。

在轴上涉及有键槽的，按照表 17-46 圆整得到轴径 d 的具体值。

表 17-46 有键槽的轴径 d 的增大值

项目＼轴径/mm	<30	30～100	>100
有一个键槽的增大值/%	7	5	3
有两个相隔 180°键槽的增大值/%	15	10	7

也可以参考其他同类机构的轴，进行轴的轴径的初步选定。

② 按弯扭合成强度计算 当轴的支承位置和轴所受载荷的大小、方向及位置已确定时，轴的结构设计也已基本确定，可按弯扭合成法进行计算，一般转轴用这种计算方法即可，是偏于安全的。计算步骤如下。

a. 画出轴的受力简图。通常把轴视为置于铰链支座上。当采用滚动轴承或滑动轴承支承时，支点位置可参考图 17-30 确定，图 17-30(b) 中 a 值见相关滚动轴承的内容。

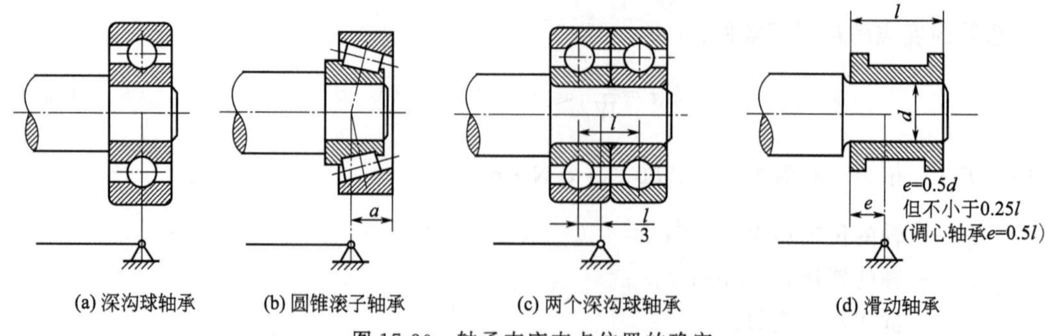

图 17-30 轴承支座支点位置的确定

b. 作出垂直面和水平面内的受力图及相应的弯矩图，再按矢量法求得合成弯矩。当轴上的轴向力较大时，还应计算由此引起的正应力。

c. 画出转矩图。

d. 确定危险截面。危险截面应取承受弯矩、转矩大，截面尺寸较小，应力集中较严重的截面。

e. 选择轴的材料，选取许用弯曲应力。

f. 按表 17-47 所列公式进行弯扭合成强度计算。

g. 将计算出的轴径圆整成标准值。

表 17-47　轴弯扭合成强度计算

<table>
<tr><td rowspan="5">计算公式</td><td colspan="3">心轴</td><td colspan="3">转轴</td></tr>
<tr><td colspan="2">实心轴</td><td>$d=21.68\sqrt[3]{\frac{M}{\sigma_p}}$</td><td colspan="2">实心轴</td><td>$d=21.68\sqrt[3]{\frac{M^2+(\psi T)^2}{\sigma_{-1p}}}$</td></tr>
<tr><td colspan="2">空心轴</td><td>$d=21.68\sqrt[3]{\frac{M}{\sigma_p}}\times\frac{1}{\sqrt[3]{1-\alpha^4}}$</td><td colspan="2">空心轴</td><td>$d=21.68\sqrt[3]{\frac{M^2+(\psi T)^2}{\sigma_{-1p}}}\times\frac{1}{\sqrt[3]{1-\alpha^4}}$</td></tr>
<tr><td rowspan="2">许用应力
σ_p</td><td>转动心轴</td><td>$\sigma_p=\sigma_{+1p}$</td><td rowspan="2">校正系数
ψ</td><td>单向旋转</td><td>$\psi=0.65$ 或 $\psi=0.7$</td></tr>
<tr><td>固定心轴</td><td>载荷平稳：$\sigma_p=\sigma_{+1p}$
载荷变化：$\sigma_p=\sigma_{0p}$</td><td>双向旋转</td><td>$\psi=1$</td></tr>
<tr><td rowspan="4">轴的许用弯曲应力
σ_{+1p}、σ_{0p}、σ_{-1p} 选取</td><td colspan="2">材质</td><td>$R_m(\sigma_b)$</td><td>σ_{+1p}</td><td>σ_{0p}</td><td>σ_{-1p}</td></tr>
<tr><td colspan="2">碳素钢</td><td>400
500
600
700</td><td>130
170
200
230</td><td>70
75
95
110</td><td>40
45
55
65</td></tr>
<tr><td colspan="2">合金钢</td><td>800
1000</td><td>270
330</td><td>130
150</td><td>75
90</td></tr>
<tr><td colspan="2">铸钢</td><td>400
500</td><td>100
120</td><td>50
70</td><td>30
40</td></tr>
</table>

注：d—轴的直径，mm；α—空心轴内径 d_1 与外径 d 之比，$\alpha=\frac{d_1}{d}$；M—轴在计算截面所受弯矩，N·m；T—轴在计算截面所受扭矩，N·m；σ_{+1p}、σ_{0p}、σ_{-1p}—材料在静应力、脉动循环应力和对称循环应力状态下的许用弯曲应力，MPa。

③ 静强度安全系数校核　目的是校验轴对塑性变形的抵抗能力，即校核危险截面的静强度安全系数。轴的静强度是根据轴上作用的最大瞬时载荷（包括动载荷和冲击载荷）来计算的。一般，对于没有特殊安全保护装置的传动，最大瞬时载荷可按电机最大过载能力确定。危险截面应是受力较大、截面较小即静应力较大的若干截面。校核公式见表 17-48。

如最大载荷只能近似求得及应力无法准确计算时，上述值应增大 20%～50%。

如果校核计算结果表明安全系数太低，可通过增大轴径尺寸及改用较好的材料等措施，以提高轴的静强度安全系数。

④ 轴的刚度校核　轴在载荷的作用下会产生弯曲和扭转变形，当这种变形超过某个允许值时，会使传动轴的零部件工作状况恶化，甚至使机器无法正常工作，故对精密机器的传动和对刚度要求高的轴，要进行刚度校核，以保证轴的正常工作。轴的刚度分为扭转

刚度和弯曲刚度两种，前者是用扭转角 ϕ 来度量，后者以挠度 γ 和偏转角 θ 来度量。

表 17-48　危险截面安全系数的校核公式

<table>
<tr><td rowspan="2">公式</td><td colspan="2">$S_s=\dfrac{S_{s\sigma}S_{s\tau}}{\sqrt{S_{s\sigma}^2+S_{s\tau}^2}}\geqslant S_{sp}$</td></tr>
<tr><td>$S_{s\sigma}=\dfrac{\sigma_s}{\dfrac{M_{max}}{Z}}$</td><td>$S_{s\tau}=\dfrac{\tau_s}{\dfrac{T_{max}}{Z_p}}$</td></tr>
<tr><td>说明</td><td colspan="2">$S_{s\sigma}$——只考虑弯曲时的安全系数
$S_{s\tau}$——只考虑扭转时的安全系数
Z,Z_p——轴危险截面的抗弯和抗扭截面系数
S_{sp}——静强度的许用安全系数，见表 17-49
σ_s——材料的拉伸屈服点
τ_s——材料的扭转屈服点，一般取 $\tau_s\approx(0.55\sim0.62)\sigma_s$
M_{max},T_{max}——轴危险截面上的最大弯矩和最大扭矩，N·m</td></tr>
</table>

表 17-49　静强度的许用安全系数

σ_s/σ_b	0.45～0.55	0.55～0.7	0.7～0.9	铸造轴
S_{sp}	1.2～1.5	1.4～1.8	1.7～2.2	1.6～2.5

a. 轴的扭转刚度。轴的扭转刚度校核是计算轴在工作时的扭转变形量，是用每米轴长的扭转角 ϕ 度量的。轴的扭转变形会影响机器的性能和工作精度；对有发生扭转振动危险的轴应具有较大的扭转刚度。轴的扭转角 ϕ 的计算公式列于表 17-50。

表 17-50　轴的扭转角 ϕ 的计算公式

<table>
<tr><td>轴的类型
项目</td><td>实心轴</td><td>空心轴</td><td colspan="2">每米轴许用扭转角</td></tr>
<tr><td rowspan="3">光轴</td><td rowspan="3">$\phi=7350\dfrac{T}{d^4}$</td><td rowspan="3">$\phi=7350\dfrac{T}{d^4(1-\alpha^4)}$</td><td>一般轴</td><td>0.5°～1°</td></tr>
<tr><td>精密传动轴</td><td>0.25°～0.5°</td></tr>
<tr><td>精度要求不高的轴</td><td>≥1°</td></tr>
<tr><td rowspan="2">阶梯轴</td><td rowspan="2">$\phi=\dfrac{7350}{l}\sum\dfrac{T_il_i}{d_i^4}$</td><td rowspan="2">$\phi=\dfrac{7350}{l}\sum\dfrac{T_il_i}{d_i^4(1-\alpha^4)}$</td><td>起重机传动轴</td><td>15′～20′</td></tr>
<tr><td>重型机床走刀轴</td><td>5′</td></tr>
<tr><td>说明</td><td colspan="4">T——轴所传递的转矩，N·m　　T_i——第 i 段轴所受扭矩，N·m
l——轴受扭矩作用部分的长度，mm　　d——轴的直径，mm
α——空心轴的内径 d_1 与外径 d 之比　　l_i、d_i——第 i 段轴的长度、直径，mm</td></tr>
</table>

注：本表公式适用于剪切弹性模 $G=79.4$GPa 的钢轴。

b. 轴的弯曲刚度。轴在受载的情况下会产生弯曲变形，过大的弯曲变形也会影响轴上零件的正常工作，对于工作要求高的精密机械，安装齿轮的轴会因轴的变形影响齿轮的啮合正确性及工作平稳性；轴的偏转角 θ 会使滚动轴承的内外圈相互倾斜，如偏转角超过滚动轴承允许的转角，就显著降低滚动轴承的寿命，并影响机械装置的精度和性能。

因此，对于精密传动轴要进行弯曲刚度的校核，它用弯曲变形时所产生的挠度和偏转角来度量。轴的弯曲变形的精确计算较复杂，除受载荷的影响外，轴承以及各种轴上零件刚度、轴的局部削弱等因素对轴的变形都有影响。

光轴的挠度和偏转角一般按双支点梁计算，计算公式列于表 17-51。对于阶梯轴，可近似按当量直径为 d_v 的光轴计算。d_v 值按表 17-52 所列公式计算。按当量直径法计算阶梯轴的挠度 y 与偏转角 θ 时，误差可能达到 $+20\%$。所以对于十分重要的轴位采用更准确的计算法，详见材料力学。

表 17-51　轴的挠度和偏转角计算公式

梁的类型及载荷简图	偏转角 θ/rad	挠度 y/mm
	$\theta_A=\dfrac{Fcl}{6\times10^4 d_{v2}^4}$ $\theta_B=-\dfrac{Fcl}{3\times10^4 d_{v2}^4}=-2\theta_A$ $\theta_C=\theta_B-\dfrac{Fc^2}{2\times10^4 d_{v2}^4}$ $\theta_x=\theta_A\left[1-3\left(\dfrac{x}{l}\right)^2\right]$(在 A—B 段)	$y_C=\theta_B c-\dfrac{Fc^3}{3\times10^4 d_{v2}^4}$ $y_x=\theta_A x\left[1-\left(\dfrac{x}{l}\right)^2\right]$(在 A—B 段) $y_{max}=\dfrac{Fcl^2}{9\sqrt{3}\times10^4 d_{v2}^4}\approx0.384l\theta_A$ (在 $x=\dfrac{1}{\sqrt{3}}\approx0.577l$ 处)
	$\theta_A=-\dfrac{Ml}{6\times10^4 d_{v2}^4}$ $\theta_B=\dfrac{Ml}{3\times10^4 d_{v2}^4}=-2\theta$ $\theta_C=\theta_B+\dfrac{Mc}{10^4 d_{v2}^4}$ $\theta_x=\theta_A\left[1-3\left(\dfrac{x}{l}\right)^2\right]$(在 A—B 段)	$y_C=\theta_B c+\dfrac{Mc^2}{2\times10^4 d_{v2}^4}$ $y_x=\theta_A x\left[1-\left(\dfrac{x}{l}\right)^2\right]$(在 A—B 段) $y_{max}=-\dfrac{Ml^2}{9\sqrt{3}\times10^4 d_{v2}^4}\approx0.384l\theta_A$ (在 $x=\dfrac{1}{\sqrt{3}}\approx0.577l$ 处)
$(a>b)$	$\theta_A=-\dfrac{Fab}{6\times10^4 d_{v1}^4}\left(1+\dfrac{b}{l}\right)$ $\theta_B=\dfrac{Fab}{6\times10^4 d_{v1}^4}\left(1+\dfrac{a}{l}\right)$ $\theta_C=\theta_B$ $\theta_D=-\dfrac{Fab}{3\times10^4 d_{v1}^4}\left(1-2\dfrac{a}{l}\right)$ $\theta_x=-\dfrac{Fal}{6\times10^4 d_{v1}^4}\left[1-\left(\dfrac{b}{l}\right)^2-3\left(\dfrac{x}{l}\right)^2\right]$ (在 A—D 段) $\theta_{x1}=\dfrac{Fal}{6\times10^4 d_{v1}^4}\left[1-\left(\dfrac{a}{l}\right)^2-3\left(\dfrac{x_1}{l}\right)^2\right]$ (在 B—D 段)	$y_C=\theta_B c$ $y_x=-\dfrac{Fblx}{6\times10^4 d_{v1}^4}\left[1-\left(\dfrac{b}{l}\right)^2-\left(\dfrac{x}{l}\right)^2\right]$ (在 A—D 段) $y_{x1}=-\dfrac{Fblx_1}{6\times10^4 d_{v1}^4}\left[1-\left(\dfrac{a}{l}\right)^2-\left(\dfrac{x_1}{l}\right)^2\right]$ (在 B—D 段) $y_D=-\dfrac{Fa^2b^2}{3\times10^4 l d_{v1}^4}$ $y_{max}^*=-\dfrac{Fbl^2}{9\sqrt{3}\times10^4 d_{v1}^4}\left[1-\left(\dfrac{b}{l}\right)^2\right]^{3/2}$ $\approx0.384l\theta_A\sqrt{1-\left(\dfrac{b}{l}\right)^2}$ $\left(在\ x=\sqrt{\dfrac{l^2-b^2}{3}}\approx0.577\sqrt{l^2-b^2}\ 处\right)$

续表

梁的类型及载荷简图	偏转角 θ/rad	挠度 y/mm
$(a>b)$	$\theta_A=-\frac{Ml}{6\times10^4 d_{v1}^4}\left[1-3\left(\frac{b}{l}\right)^2\right]$ $\theta_B=-\frac{Ml}{6\times10^4 d_{v1}^4}\left[1-3\left(\frac{a}{l}\right)^2\right]$ $\theta_C=\theta_B$ $\theta_D=\frac{Ml}{3\times10^4 d_{v1}^4}\left[1-3\left(\frac{a}{l}\right)^2+3\left(\frac{a}{l}\right)^2\right]$ $\theta_x=-\frac{Ml}{6\times10^4 d_{v1}^4}\left[1-3\left(\frac{b}{l}\right)^2-3\left(\frac{x}{l}\right)^2\right]$ (在 A—D 段) $\theta_{x1}=-\frac{Ml}{6\times10^4 d_{v1}^4}\left[1-3\left(\frac{a}{l}\right)^2-3\left(\frac{x_1}{l}\right)^2\right]$ (在 B—D 段)	$y_C=\theta_B c$ $y_x=-\frac{Mlx}{6\times10^4 d_{v1}^4}\left[1-3\left(\frac{b}{l}\right)^2-\left(\frac{x}{l}\right)^2\right]$ (在 A—D 段) $y_{x1}=\frac{Mlx_1}{6\times10^4 d_{v1}^4}\left[1-3\left(\frac{a}{l}\right)^2-\left(\frac{x_1}{l}\right)^2\right]$ (在 B—D 段) $y_D=-\frac{Mab}{3\times10^4 d_{v1}^4}\left(1-2\frac{b}{l}\right)$ $y_{max}^*=-\frac{Ml^2}{9\sqrt{3}\times10^4 d_{v1}^4}\left[1-3\left(\frac{b}{l}\right)^2\right]^{3/2}$ $\approx0.384l\theta_A\sqrt{1-3\left(\frac{b}{l}\right)^2}$ $\left(在\ x=\sqrt{\frac{l^2-3b^2}{3}}\approx0.577\sqrt{l^2-3b^2}\ 处\right)$

说明

F——集中载荷，N

M——外力矩，N·mm

a，b——载荷至左及右支点的距离，mm

x，x_1——截面至左及右支点的距离，mm

d_{v2}——载荷作用于外伸端时的当量直径，mm

l——支点间距，mm

c——外伸端长度，mm

d_{v1}——载荷作用于交点间时的当量直径，mm

下角标：A、B、C、D、x、x_1 等表示各处截面

注：1. 如果实际作用载荷的方向与图示相反，则公式中的正负号应相应改变。

2. 表中公式适用于弹性 $E=206\times10^3$MPa。

3. 标有"*"的 y_{max} 计算公式适用于 $a>b$ 的场合，y_{max} 产生在承 A-D 段。当 $a<b$ 时，y_{max} 产生在 B-D 段，计算时成将式中的 b 换成 a，x 换成 x_1，θ_A 换成 θ_B。

4. 表中所列的受载情况为较典型的几种，其他轴受载情况下的偏转角及挠度计算见有关材料力学。

表 17-52　阶梯轴的当量直径 d_v 计算公式　　单位：mm

项目 \ 位置(参见表 17-51 简图)	载荷作用于支点间时	载荷作用于外伸端时
d_v 计算公式	$d_{v1}^4=\frac{l}{\sum_{i=1}^{n}\frac{l_i}{d_i^4}}$	$d_{v2}^4=\frac{c+l}{\sum_{i=1}^{n}\frac{l_i}{d_i^4}}$
说明	l——支点间的而距离，mm c——外伸端长度，mm l_i，d_i——轴上第 i 段的长度和直径，mm	

注：为计算方便，当量直径以 d_v^4 形式保留不必开方（见表 17-51 中的公式）。

在计算有过盈配合轴段的挠度时，应将该轴段与轮毂当做一个整体来考虑，即取轴上零件轮毂的外径作为轴的直径。

一般机械中轴的允许挠度 y_p 及偏转角 θ_p 可按表 17-53 选取。

表 17-53　轴的允许挠度 y_p 及偏转角 θ_p

条件	y_p	条件	θ_p/rad
一般用途的轴	$y_{maxp}=(0.0003\sim0.0005)l$	滑动轴承处	0.001
金属切削机床主轴	$y_{maxp}=0.0002l$ （l 为支承间跨距）	向心球轴承处	0.005
		向心球面轴承处	0.05
安装齿轮处	$y_p=(0.01\sim0.03)m_n$	圆柱滚子轴承处	0.0025
安装蜗轮处	$y_p=(0.02\sim0.05)m_t$ （m_n、m_t 为齿轮法面及蜗轮端面模数）	圆锥滚子轴承处	0.0016
		安装齿轮处	0.001～0.002

17.5.4.3　真空传动轴滚动轴承选择及润滑

轴承应根据其作用、性能、指标、条件及环境等进行选择，同时考虑真空传动轴轴系的轴承排列、安装、拆卸、易购性等，还需要考虑其寿命、润滑、磨损、噪声等，对于真空传动轴还必须考虑其真空、温度等环境适应性。

真空传动轴用滚动轴承可以用在大气及真空环境中，轴承真空润滑技术是保证轴承工作可靠、有效的基础，同时此类轴承作为最常见的运动部件，不仅能用于地面真空设备中，如真空设备中的转台、移动靶、工件移动台等，也可以用在航天器有效载荷机械装置中，如天线阵的定向装置、相机扫描镜、光栅或百叶窗的运动机构等。

由于真空环境对轴承润滑的限制，轴承的实际负荷、速度一般均明显低于机械设计手册上给出的同型号轴承的基本额定载荷和极限转速，其寿命主要取决于精度变化以及润滑状态，需要按其转速、转矩、负载、环境真空度、温度，以及工作方式等进行设计、制造、选型及安装装配。

在完成真空传动轴用轴承的选型前，先按一般轴承的设计方法进行设计及校核。

真空传动轴用轴承选型所遵循的原则为：提高其运转精度、额定载荷及刚度，采用合理的润滑方案，降低摩擦、减少磨损。轴承润滑一般采用固体润滑和油脂润滑方式。对于固体润滑轴承，在结构设计上要有利于降低摩擦、减少磨损，轴承的设计可采用灵敏轴承的设计方案，具体为选择合适的轴承游隙、选择合理的轴承套圈及保持架材料、采取有效的润滑方式、实施合理的处理工艺等。

一般滚动轴承按照如下程序进行选型、轴承类型、轴承尺寸、核算负荷、决定配合方式及尺寸、润滑设计及实现、安装固定方式等。

① 轴承类型选择　由对轴系的性能要求、使用条件、环境条件，以及真空传动轴的空间尺寸等决定，真空传动轴一般只传递扭矩，大多选用滚动轴承。具体为轴承所允许的空间大小、负荷大小、方向、转速、轴向固定及配合、扭矩、刚性、易购性、经济性等。

② 轴承尺寸选择　由轴系的空间尺寸等决定。具体由真空传动轴的设计寿命、轴承的当量负荷、转速及允许的静负荷量值等确定。

③ 轴承精度等级确定　由轴系的刚度、精度要求等决定。具体为轴系的旋转端面跳动、径向跳动、扭矩变动等。

④ 轴承游隙确定　由轴系的精度、安装、环境条件等决定。具体为轴-轴承、外壳-轴承的配合性质及精度、轴及外壳的材料、内外圈的温度差、转速、预载荷等。

⑤ 润滑方式、润滑剂选定　由环境条件决定。具体为真空度、使用温度、转速、润滑方式、保养维修等。

⑥ 轴承安装、拆卸方法确定　由轴系的结构决定。具体为装卸顺序、附件及装配尺寸等。

⑦ 其他影响轴承使用的问题　滚动轴承润滑处理方法，热传导情况等。

(1) 滚动轴承类型选择

滚动轴承一般由内圈、外圈、滚动体和保持架组成，按照承受的负荷方向分为向心轴承和推力轴承。滚动轴承的类型分为：双列角接触球轴承、调心球轴承、调心滚子轴承、圆锥滚子轴承、双列深沟球轴承、推力球轴承、深沟球轴承、角接触球轴承、推力圆柱滚子轴承、外球面球轴承、四点接触球轴承、滚针轴承、圆柱滚子轴承和推力调心滚子轴承等。其中以深沟球轴承和角接触球轴承在真空中应用较多。深沟球轴承高速性能好，同时具有低摩擦力矩，但调心能力有限；角接触球轴承高速性能好、可在安装时调整游隙。

真空传动轴用滚动轴承一般用球轴承，球轴承与其他轴承的不同在于其滚动体为球形，有金属球和非金属球，可以是向心球轴承或角接触球轴承。向心球轴承一般承受轴向负荷和较小的径向负荷，角接触球轴承能同时承受轴向负荷和径向负荷。

滚动轴承可分有：

按照尺寸：大型轴承、中型轴承、小型轴承和微型轴承；

按照转速：高速、中低速；

按照润滑方式：固体润滑，润滑油、润滑脂润滑；

按照载荷：有重载、中载和轻载；

按照环境真空度：超高真空、高真空、低真空；

按照温度：一般温度、高温、低温；

按照工作方式：连续转动、间歇转动及摆动。

一般的，真空传动轴的轴承一般为中小轴承、低慢速、低负荷、固体润滑。

对于高速滚动轴承而言，可采用油润滑或脂润滑方式。

选择滚动轴承的类型与多种因素有关，主要因素是：①允许空间；②载荷大小和方向；③轴承工作转速；④旋转精度；⑤轴承的刚性；⑥轴向游动，轴承配置通常是一端固定，一端游动，以适应轴的热胀冷缩，保证轴承游动方式，一是可选用内圈或外圈有挡边的轴承，另一种是在内圈与轴或者外圈与轴承孔之间采用间隙配合；⑦摩擦力矩，一般真空传动轴需要传递的扭矩不大，一般用滚动轴承，但应避免采用接触式密封轴承；⑧安装与拆卸。

(2) 轴承材料

① 轴承套圈及滚动体材料　滚动轴承零件（包括轴承内外套圈和滚动体）常用材料主要有高碳铬轴承钢、渗碳轴承钢、不锈轴承钢、耐高温轴承钢和耐冲击中碳轴承钢等几大类。其中，高碳铬轴承钢的用量最大，也是使用历史最久的钢种。表 17-54 给出了传动轴轴承用钢及其国内外牌号对照。

真空中用滚动轴承内外圈、滚珠常用材料为 9Cr18 不锈钢，国外一般用 AISI440C（相当于 9Cr18Mo），而 GCr15 轴承钢应用得较少。这其中的一个重要原因是考虑到轴承的耐环境性能问题。轴承材料耐环境性能的好坏对于轴承的性能和可靠性具有明显影响。9Cr18 材料的耐环境（湿热大气环境）性能要优于 GCr15 轴承钢。但是，9Cr18 的硬度比 GCr15 要低一些（表 17-55），因此，在设计和使用 9Cr18 材料轴承时，要注意其承载能力的下降。

表 17-54　传动轴轴承用钢及其国内外牌号对照

中国 GB	美国 AISI	法国 NF	英国 BS	苏联 ГОСТ	日本 JIS
GCr15	E52100	100C6	Si35	ЩX15	SUJ-2
9Cr18	—	—	534A99	95X18	SUS57
9Cr18Mo	440C	Z100CD17	—	X18M	SUS440C
1Cr18Ni9Ti	321	Z6CNT18,12	321S20	12X18H10T	SUS321

表 17-55　9Cr18 和 GCr15 的化学成分及硬度

材料	成分/%								硬度(HRC)
	C	Mn	Si	Cr	Ni	Cu	S	P	
9Cr8	0.90～1.00	≤0.80	≤0.80	17.0～19.0	≤0.30	≤0.25	≤0.030	≤0.035	58～62
GCr15	0.95～1.05	0.25～0.45	0.15～0.35	1.40～1.65	≤0.30	≤0.25	≤0.025	≤0.025	61～65

注：1. 9Cr18 硬度值为回火温度 150～160℃，保温 3h 的硬度。
2. GCr15 硬度值为回火温度 150～160℃，保温 3h 的硬度。

对于采用 MoS_2 基润滑薄膜的轴承，9Cr18 比 GCr15 更能耐潮湿大气环境。

② 保持架材料

a. 油润滑轴承用保持架材料。油润滑轴承一般用在高速传动轴上，要求真空室真空度低。油润滑轴承一般采用聚合物基多孔含油保持架。研究表明，多孔含油保持架内部存在相互贯通的微孔，而不是不可控制的表面孔隙结构。采用真空浸油工艺，可将润滑油浸入到轴承保持架中。在轴承承载运动过程中，保持架具有向外提供润滑油和吸收多余润滑油的功能。轴承运转过程中，由于摩擦作用使保持架温度升高，因为油的热膨胀系数高于保持架材料，保持架内的润滑油受到保持架基体的压力而向外输油；当轴承停止运转后内部温度降低，同样由于润滑油与保持架材料的热膨胀系数不同，在保持架微孔穴内形成负压，将表面的油吸入孔内。值得注意的是，过多的润滑油会造成有害的影响，油的保持能力即平衡含油量才是真正起作用的润滑油量。

目前多孔聚合物含油材料有聚酰亚胺基、尼龙基以及多孔酚醛层压布等。这些材料一般是通过特殊的工艺制备形成微孔结构。

微孔聚酰亚胺材料与多孔性的酚醛-棉布复合材料和多孔尼龙材料相比，化学稳定性和耐温性好，摩擦学性能优异，机械强度高，耐空间环境状况良好，并可在轴承使用过程中提供长期的、良好持续的油润滑，提高轴承寿命。适用于高速、高精度轴承及要求提供持续润滑等有特殊润滑要求的轴承。表 17-56 给出了 DQ33 多孔聚酰亚胺材料的主要性能指标。

表 17-56　DQ33 多孔聚酰亚胺材料的主要性能指标

编号	项目	实测性能	编号	项目	实测性能
1	密度/(g/cm^3)	1.1	6	摩擦系数(含油)	0.06
2	名义孔径/μm	1.0	7	摩擦系数(干摩擦)	0.37
3	孔隙率/%	23.5	8	磨痕宽度/mm	5.3
4	含油率/%	18	9	热膨胀系数(100℃)/($\times10^{-6}$/K)	40.5
5	含油保持率/%	95	10	冲击强度/(kJ/m^2)	25

b. 固体润滑轴承保持架材料。固体润滑轴承保持架材料应摩擦学性能好，能够在轴承滚道上形成良好的润滑转移膜，具有足够的力学性能，能够长期在高温、低温以及高低温交变环境下使用。这主要是由于：ⓐ保持架与轴承套圈引导面之间的摩擦阻力是影响轴承摩擦力矩的主要因素之一，同时，保持架与钢球滑动接触产生摩擦力矩，因此，良好摩擦学性能的保持架可降低轴承的摩擦力矩；ⓑ由于真空传动轴用精密滚动球轴承采用固体润滑，即通常是在轴承内外套圈的滚道及钢球上沉积固体润滑薄膜，由于润滑膜很薄（通常为微米量级）而耐磨寿命有限，因此固体润滑轴承运转过程中由固体润滑膜完成初始润滑后，因滚珠与保持架的摩擦从而滚珠上形成润滑材料的转移膜，滚珠上的润滑材料反转移到滚道上形成固体润滑转移膜（此为滚动轴承转移润滑），对润滑薄膜进行修复或形成新的润滑薄膜，维持轴承长期、稳定运行。

目前，真空传动轴用固体润滑轴承保持架材料通常采用聚合物基自润滑材料，金属基自润滑材料较少应用。获得成功应用的聚合物基自润滑材料主要为聚四氟乙烯（PTFE）基和聚酰亚胺（PI）基材料。表 17-57 给出了 PTFE 和 PI 的物理及力学性能。

表 17-57 PTFE 和 PI 的物理及力学性能

材料	密度 /(g/cm^3)	抗拉强度 /MPa	抗压强度 /MPa	冲击强度 /(kJ/m^2)	热导率 /(W・m/K)	线膨胀系数 /($\times10^{-6}$/℃)	长期使用温度范围/℃
PTFE	2.2	9	4	2.0(有缺口)	0.24	99	−200～260
PI	1.41～1.43	94	244	100(无缺口)	0.31	54	−240～260

ⓐ 聚四氟乙烯基自润滑材料。聚四氟乙烯具有良好的润滑性能，是一种重要的润滑材料。从结构上看，它的大分子具有光滑的硬棒状外形，分子内结合能远大于分子间的结合能。在摩擦过程中，聚四氟乙烯易于在对偶面上形成转移膜，使摩擦变为聚四氟乙烯材料间的摩擦，而聚四氟乙烯具有低内聚力，因此其具有相当低的摩擦系数。同时，其化学稳定性和热稳定性均较好，但其耐磨性能差，在实际使用过程中，往往通过添加填料的方式来改善其性能。表 17-58 给出了常用聚四氟乙烯填料及其作用。有研究认为，聚四氟乙烯耐辐射能力差，不能用在辐射剂量大于 108R 的工况条件下。另外，聚四氟乙烯材料线膨胀系数较高，这对保持架的尺寸稳定性不利。表 17-59 给出了部分聚四氟乙烯基材料的摩擦磨损性能和力学性能。

表 17-58 常用聚四氟乙烯填料及其作用

填料	作　用	备　注
玻璃纤维	提高抗压强度、改善尺寸稳定性、耐磨性能	通常添加量为质量分数 10%～25%
青铜粉	提高硬度、导热性、改善耐磨性能	通常添加量为质量分数 50%～70%
石墨粉	提高硬度和导热性，调节线膨胀系数	通常添加量为质量分数 15%～30%
二硫化钼	降低摩擦、改善润滑转移性能	
聚酰亚胺	提高耐温性和尺寸稳定性、改善摩擦磨损性能	
金属氧化物	提高耐温性及尺寸稳定性	

玻璃纤维改性的聚四氟乙烯基材料做成轴承保持架后，由于玻璃纤维硬度高，易导致轴承工作面划伤。可采取氢氟酸对其进行处理，去除裸露的玻璃纤维，以改善其摩擦学性能。

聚四氟乙烯基材料具有转移特性，同时具备了耐磨损、尺寸稳定的性能，作为滚动轴承保持架能够起到转移润滑、长寿命的作用，目前已经在真空传动轴轴承中广泛使用。

表 17-59 部分聚四氟乙烯基材料的摩擦磨损性能和力学性能

材料	摩擦系数	磨痕宽度/mm	拉伸强度/MPa	伸长率/%	硬度(HB)
PTFE	0.18	15.6	23.16	215	4.3
PTFE+Ekonlo+PI	0.19	2.89	14.36		6.4
PTFE+Cu+玻璃纤维	0.20	3.51	20.05	76	5.5
PTFE+CdO	0.16	3.67	14.96	161	5.0
PTFE+30%(体积分数)PI	0.21	3.49	14.60	62	5.4
PTFE+40%(体积分数)PI	0.25	3.51	15.59	30	7.0
PTFE+50%(体积分数)PI	0.23	3.42	17.64	21	7.3
PTFE+60%(体积分数)PI	0.27	3.45	21.91	18	7.1

ⓑ 聚酰亚胺基自润滑材料。聚酰亚胺具有突出的热稳定性、良好的力学性能，抗辐照，并且在高温、高速等环境下具有优异的摩擦学性能。通过添加填料进一步提高其转移性能和润滑性能后，在真空传动轴用球轴承保持架方面获得了较多的应用。

聚酰亚胺自润滑材料常用的润滑添加剂有 MoS_2、PTFE 以及金属和金属氧化物。含有适量润滑添加剂的聚酰亚胺基材料在摩擦过程中易于形成转移膜，降低摩擦磨损。但是过量的填料会使磨粒磨损增大。环境气氛，特别是水汽对聚酰亚胺基材料的摩擦学性能影响明显，在真空环境下，其摩擦磨损性能更优异，这是由于聚酰亚胺在滑动界面间会形成薄剪切层，此剪切层可以减少两界面在滑动时的黏着、犁耕，从而降低摩擦，而水分子会对薄剪切层的形成产生阻碍，几种聚酰亚胺复合材料摩擦系数和磨损率对比试验结果见表 17-60。

表 17-60 几种聚酰亚胺复合材料的摩擦系数和磨损率对比试验结果

样品成分	摩擦系数	磨损率/[$\times 10^{-6}mm^3/(N \cdot m)$]
纯 PI	0.34	3.99
PI+30%PTFE	0.27	1.05
PI+20%PTFE+10%MoS_2	0.27	0.49
PI+10%PTFE+20%MoS_2	0.21	4.77
PI+30%MoS_2	0.16	0.69

(3) 轴承尺寸的选择

根据真空传动轴轴承的作用、负荷、载荷方向、寿命要求及环境条件等，计算轴承的基本额定动载荷、当量动负荷、额定静载荷、轴承摩擦及最小轴向载荷，从而确定轴承型号及尺寸，从而满足在整个工作期间对载荷性质、温度环境、寿命等要求。

① 按额定动载荷选择轴承　根据传动轴的工作条件、可靠度要求及轴承的工作转速 n，预先确定一个适当的使用寿命 L_h [用工作时间（h）表示]，再进行额定动载荷和额定静载荷的计算。

a. 基本额定动载荷计算。轴承基本额定动载荷可按式(17-7) 进行简化计算。

$$C=\frac{f_h f_m f_d}{f_n f_T}P<C_r(\text{或 } C_a) \tag{17-7}$$

式中 C——基本额定动载荷计算值，N；

P——当量动载荷，按式(17-8)计算，N；

f_h——寿命因数，按表17-61选取；

f_n——速度因数，按表17-62选取；

f_m——力矩载荷因数，力矩载荷较小时 $f_m=1.5$，力矩载荷较大时 $f_m=2$；

f_d——冲击载荷因数，一般无冲击或轻微冲击，取 $f_d=1.0\sim1.2$。

f_T——温度因数，按表17-63选取；

C_r——轴承尺寸及性能表中所列径向基本额定动载荷，N；

C_a——轴承尺寸及性能表中所列轴向基本额定动载荷，N。

注：L_h 为轴承的预期使用寿命（以h计），轴承行业用 L_{10h} 表示为其10%预期使用寿命。设计时，根据不同设备的要求，先确定一个轴承的预期使用寿命，查出相应的 f_h，再求出轴承的 C，然后确定轴承的型号。反之，知道轴承的型号可以求出轴承的寿命。

表17-61 球轴承寿命因数 f_h 值

L_{10h}/h	f_h	L_{10h}/h	f_h	L_{10h}/h	f_h	L_{10h}/h	f_h
100	0.585	450	0.965	1700	1.505	10000	2.71
120	0.612	500	1.000	2200	1.640	12000	2.89
140	0.654	560	1.038	2700	1.755	14000	3.04
160	0.684	600	1.063	3200	1.855	16000	3.18
180	0.711	660	1.097	3700	1.950	18000	3.30
200	0.737	700	1.119	4200	2.03	20000	3.42
220	0.761	760	1.150	4700	2.11	22000	3.53
240	0.783	800	1.170	5200	2.18	24000	3.63
260	0.804	860	1.198	5800	2.27	26000	3.73
280	0.824	900	1.216	6200	2.32	28000	3.82
300	0.843	960	1.243	6800	2.39	30000	3.91
320	0.862	1000	1.260	7200	2.43	32000	4.00
340	0.879	1050	1.280	7800	2.50	34000	4.08
360	0.896	1100	1.301	8200	2.54	36000	4.16
380	0.913	1150	1.320	8800	2.60	38000	4.24
400	0.928	1200	1.339	9200	2.64	40000	4.31

b. 当量动载荷 P 的计算。轴承的基本额定动载荷是在假定的运转条件下确定的。其中载荷条件是：向心轴承仅承受纯径向载荷；推力轴承仅承受纯轴向载荷。实际上，轴承在大多数应用场合，常常同时承受径向载荷和轴向载荷，因此，在进行计算时，必须把实际载荷转换为与确定额定动载荷条件相一致的当量动载荷。当量动载荷的一般计算公式为：

$$P = XF_r + YF_a \tag{17-8}$$

式中 P——当量动载荷，N；

F_r——径向载荷，N；

F_a——轴向载荷，N；

X——径向动载荷系数；

Y——轴向动载荷系数。

表 17-62 球轴承速度因数 f_n 值

L_{10h}/h	f_n	L_{10h}/h	f_n	L_{10h}/h	f_n	L_{10h}/h	f_n	L_{10h}/h	f_n	L_{10h}/h	f_n
10	1.494	42	0.926	94	0.708	215	0.521	450	0.420	960	0.326
11	1.447	44	0.912	96	0.703	220	0.533	460	0.417	980	0.324
12	1.406	46	0.898	98	0.698	225	0.528	480	0.414	1000	0.322
13	1.369	48	0.886	100	0.693	230	0.525	500	0.405	1100	0.312
14	1.335	50	0.874	105	0.682	235	0.522	520	0.400	1200	0.303
15	1.305	52	0.862	110	0.672	240	0.518	540	0.395	1300	0.295
16	1.277	54	0.851	115	0.662	250	0.5113	560	0.390	1400	0.288
17	1.252	56	0.841	120	0.652	260	0.504	580	0.386	1500	0.281
18	1.228	58	0.831	125	0.644	270	0.498	600	0.382	1600	0.275
19	1.206	60	0.822	130	0.635	280	0.492	620	0.377	1700	0.270
20	1.186	62	0.831	135	0.627	290	0.486	640	0.374	1800	0.263
21	1.166	64	0.805	140	0.620	300	0.481	660	0.370	1900	0.260
22	1.149	66	0.797	145	0.613	310	0.476	680	0.366	2000	0.255
23	1.132	68	0.788	150	0.606	320	0.471	700	0.363	2100	0.251
24	1.116	70	0.781	155	0.599	330	0.466	720	0.359	2200	0.247
25	1.110	72	0.774	160	0.593	340	0.461	740	0.356	2300	0.244
26	1.086	74	0.767	165	0.587	350	0.457	760	0.353	2400	0.240
27	1.073	76	0.760	170	0.581	360	0.452	780	0.350	2500	0.237
28	1.060	78	0.753	175	0.575	370	0.448	800	0.347	2600	0.234
29	1.048	80	0.747	180	0.570	380	0.444	820	0.344	2700	0.231
30	1.036	82	0.741	185	0.565	390	0.441	840	0.341	2800	0.228
32	1.014	84	0.735	190	0.560	400	0.437	860	0.338	2900	0.226
34	0.993	86	0.729	195	0.555	410	0.433	880	0.336	3000	0.223
36	0.975	88	0.724	200	0.550	420	0.430	900	0.333	3100	0.221
38	0.957	90	0.718	205	0.545	430	0.426	920	0.329	3200	0.218
40	0.941	92	0.713	210	0.541	440	0.423	940	0.326	3300	0.216

表 17-63 温度因数 f_T

工作温度/℃	<120	125	150	175	200	225	250	300
f_T	1.0	0.95	0.9	0.85	0.80	0.75	0.70	0.6

各类轴承当量动载荷的计算可参见《轴承设计手册》等。

c. 载荷和速度均变动时的平均当量动载荷计算。若轴承在变动载荷和变动转速下工作，在确定轴承寿命时，应用平均当量动载荷和平均转速。平均当量动载荷一般按式(17-9)

计算。

$$P_m = \sqrt{\frac{1}{N}\int_0^N P^3 \mathrm{d}N} \tag{17-9}$$

式中 P_m——平均当量动载荷，N；

P——当量动载荷（是一函数），N；

N——载荷变动一个周期内的总转数，r。

对于如图 17-31 所示的载荷和转数之间的关系，平均当量动载荷的计算公式为

$$P_m = \sqrt[3]{\frac{N_1P_1^3+N_2P_2^3+N_3P_3^3+\cdots}{N}}\ (N_1+N_2+N_3+\cdots) \tag{17-10}$$

式中，P_1，P_2，P_3，…分别为 N_1，N_2，N_3，…转数时的当量动载荷，N。

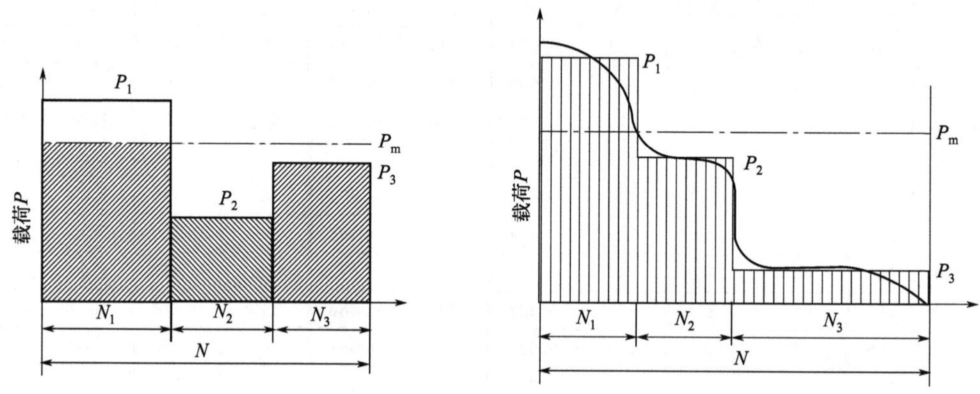

图 17-31　载荷和转数之间的关系

轴承的转速保持不变，载荷仅随时间单调而连续地周期变化，见表 17-64 中所列各图，其平均当量动载荷可利用表中简化公式近似地求出。

表 17-64　载荷仅随时间变化的平均当量动负荷计算公式

一般情况	正弦曲线	正弦曲线上半部
载荷P，P_{max}，P_m，P_{min}，时间t	载荷P，P_{max}，P_m，时间t	载荷P，P_{max}，P_m，时间t
$P_m=\frac{1}{3}(P_{min}+2P_{max})$	$P_m=0.65P_{max}$	$P_m=0.75P_{max}$

② 额定静载荷的计算　对低速旋转或缓慢摆动的轴承，应分别计算额定动载荷和额定静载荷，取其中较大者选择轴承。额定静载荷的计算见式(17-11)

$$C_o=S_0P_o<C_{or}(\text{或 } C_{oa}) \tag{17-11}$$

式中 C_o——基本额定静载荷计算值，N；

P_o——当量静载荷，N，计算公式见表 17-65；

S_0——安全因数，旋转轴承 S_0 见表 17-66；推力调心滚子轴承，无论其旋转与否均

应取 $S_0 \geqslant 4$；轴承箱刚度较低时 S_0 取较高值，反之取较低值；

C_{or}——轴承径向基本额定静载荷，N；

C_{oa}——轴承轴向基本额定静载荷，N。

表 17-65　当量静载荷计算公式

轴承类型		计算公式		说明
向心轴承	$\alpha=0$ 的向心滚子轴承	径向当量静载荷	$P_{or}=F_r$	F_r—径向载荷； F_a—轴向载荷； X_0—径向静载荷系数； Y_0—轴向静载荷系数
	向心球轴承 $\alpha\approx 0$ 的向心滚子轴承		$\begin{cases}P_{or}=X_0F_r+Y_0F_a\\P_{or}=F_r\end{cases}$ 取二式中较大值	
推力轴承	$\alpha=90°$的推力轴承	轴向当量静载荷	$P_{oa}=F_a$	
	$\alpha\approx 90°$的推力轴承		$P_{oa}=2.3F_r\tan\alpha+F_a$	

表 17-66　旋转轴承安全因数 S_0

使用要求和载荷性质	S_0	
	球轴承	滚子轴承
对旋转精度及平稳性要求较高，或承受强大的冲击载荷	1.5～2	2.5～4
正常使用	0.5～2	1～3.5
对旋转精度及平稳度要求较低，没有冲击和振动	0.5～2	1～3

③ 滚动轴承的摩擦计算　滚动轴承的摩擦主要有：滚动体与滚道之间的滚动摩擦和滑动摩擦，保持架与滚动体及套圈引导面之间的滑动摩擦，滚子端面与套圈挡边面之间的滑动摩擦，润滑剂的黏性阻力，密封装置的滑动摩擦等。其大小取决于轴承的类型、尺寸、载荷、转速、润滑、密封等因素。轴承的摩擦力矩一般可按（17-12）计算：

$$M=\mu Fd/2 \tag{17-12}$$

式中　M——轴承摩擦力矩，N·mm；

μ——轴承摩擦系数；

F——轴承载荷，N，$F=\sqrt{F_a^2+F_r^2}$；

d——轴承内径，mm。

在 $F\approx 0.1C$、$n\approx 0.5n_1$（n_1 极限转速）、润滑充足、运转正常的情况下，深沟球轴承摩擦系数 μ 为 0.0015～0.0022，调心球轴承摩擦系数 μ 为 0.0010～0.0018，角接触球轴承摩擦系数 μ 为 0.0018～0.0025。

④ 需要的最小轴向载荷的计算　推力轴承在运转中滚动体受离心力矩作用，滚动体和滚道之间产生相对滑动，导致轴、座圈分离，为保证轴承正常工作，必须施加一定的轴向载荷预紧。所需的最小轴向载荷可分别按式(17-13)～式(17-16)计算。对推力球轴承：

$$F_{amin}\geqslant A\left(\frac{n}{1000}\right)^2 \tag{17-13}$$

对推力角接触轴承

$\alpha=45°$
$$F_{amin}>1.9F_r+A\left(\frac{n}{1000}\right)^2 \tag{17-14}$$

$\alpha=60°$ $$F_{amin}>3.3F_r+A\left(\frac{n}{1000}\right)^2 \tag{17-15}$$

对推力圆柱滚子轴承、推力圆锥滚子轴承：

$$\frac{C_{oa}}{1000}\leqslant F_{amin}>A\left(\frac{n}{1000}\right)^2 \tag{17-16}$$

式中 F_{amin}——需要的最小轴向载荷，kN；

F_r——径向载荷，N；

C_{oa}——基本额定静载荷，kN，查相关的轴承尺寸及性能表；

A——最小载荷常数，查相关的轴承尺寸及性能表；

n——转速，r/min。

当计算所得的需要最小轴向载荷大于作用于轴承上的实际轴向载荷时，轴承必须进行预紧（可用弹簧）。

(4) 滚动轴承的公差与配合

① 滚动轴承的公差分级 向心球轴承及角接触球轴承按照普通、高级、精密级、超精密级、最精密级来划分，在真空传动轴中一般选用精密级和超精密级，即 P_5、P_4 级。

② 滚动轴承的配合 为了防止轴承内圈与轴、外圈与外壳孔在主轴运转时产生不应有的相对滑动，必须选择正确的配合。通常真空传动轴为轴承内圈旋转，则轴承内圈与轴采用适当的紧配合，且由于真空传动轴一般传递的扭矩小，可以适当放大其配合尺寸，如根据经验 36018 型 P_4 级轴承选择 5μm 的间隙配合。

轴承内径 d 与轴的配合，取基孔制，但公差带位于零线下方，即上偏差为零，与一般基孔制相比，在同名配合之下，更易获得较为紧密的配合。外径 D 与外壳孔的配合取基轴制，其公差带与一般基轴制一样，位于零线下方，上偏差为零，但与一般公差制度相比，其公差带不完全一样。轴承与孔的配合与轴相比一般较松。

轴承与轴和外壳孔配合的常用公差带见图 17-32 和图 17-33。

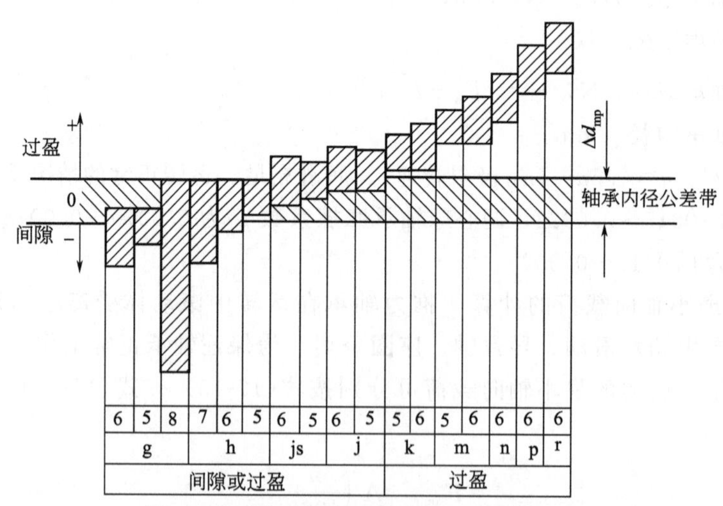

图 17-32 轴承与轴配合的常用公差带关系

Δd_{mp}—轴承内圈中单一平面平均内径的偏差

③ 选择轴承配合应考虑的因素 圆柱形内孔的轴承配合选择见表 17-67。

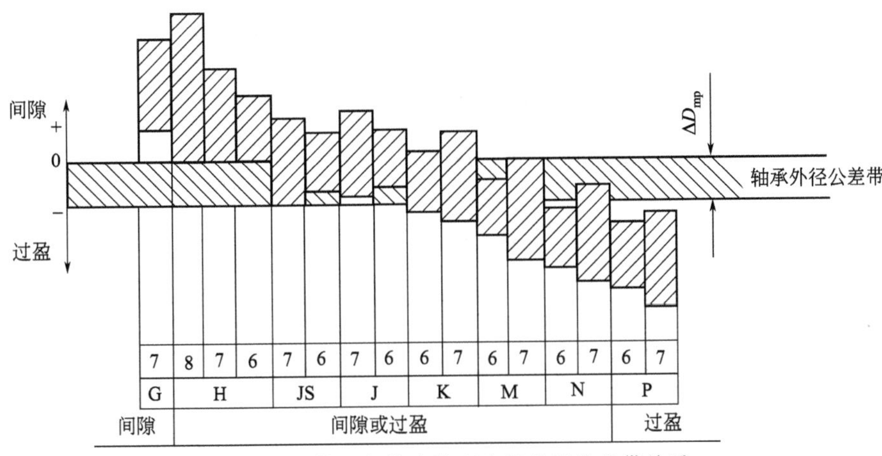

图 17-33　轴承与外壳孔配合的常用公差带关系

ΔD_{mp}—轴承外圈单一平面平均外径的偏差

表 17-67　圆柱形内孔的轴承配合选择

<table>
<tr><th>考虑因素</th><th colspan="2">轴承配合选择</th></tr>
<tr><td rowspan="2">1. 载荷的方向和性质</td><td>循环载荷(又称旋转载荷)
作用于套圈上的合成径向载荷由套圈滚道局部区域所承受并相应传至轴或外壳配合表面的相应局部区域内，这种载荷称为局部载荷。局部载荷的特点是合成径向载荷向量与套圈相对静止</td><td rowspan="2">承受循环载荷的套圈与轴或外壳孔应选用过渡或过盈配合；而局部载荷除使用上有特殊要求外，一般不宜采用紧配合；摆动载荷一般采用与循环载荷相同的配合。
当轴承套圈承受摆动载荷，特别是在重载荷的情况下，内、外圈都应采用过盈配合，内圈旋转时，通常内圈采用循环载荷时的配合，但是有时外圈必须在外壳孔内轴向游动，或其载荷较轻时，可采用比循环载荷稍松的配合</td></tr>
<tr><td>摆动载荷
作用于套圈上的合成径向载荷向量在套圈滚道的一定区域内相对摆动，为滚道一定区域所承受，或作用于轴承上的载荷是冲击载荷、振动载荷，其方向或数值经常变动，这种载荷称为摆动载荷</td></tr>
<tr><td>2. 载荷的大小</td><td colspan="2">套圈轴或外壳间的过盈量取决于载荷的大小，较重的载荷需要较大的过盈量，较轻的载荷采用较小的过盈量。一般径向载荷 $P\leqslant 0.07C$ 时称为轻载荷，$0.07C<P\leqslant 0.15C$ 时称为正常载荷，$P>0.15C$ 时称为重载荷。这里 C 为轴承的额定动载荷，P 为当量动载荷</td></tr>
<tr><td>3. 工作温度的影响</td><td colspan="2">轴承在运转时，套圈的温度经常高于其相邻零件的温度，因此，轴承内圈可能因热膨胀而与轴松动，外圈可能因热膨胀而影响轴承的轴向游动。所以在选择配合时必须仔细考虑轴承装配各部分的温度差及其热传导的方向</td></tr>
<tr><td>4. 轴承旋转精度</td><td colspan="2">当对轴承有较高的精度要求时，为了消除弹性变形和振动的影响，避免采用间隙配合。与轴承配合的轴应采用公差等级 T15 制造，外壳孔至少应采用公差等级 T17 制造，几何形状的精度(圆度和锥度)也应有较严格的要求</td></tr>
<tr><td>5. 轴与外壳的结构和材料</td><td colspan="2">轴承套圈与其部件的配合，不应由于轴或外壳表面的不规则形状而导致轴承内、外圈的不正常变形。对开式的外壳，与轴承外圈的配合不宜采用过盈配合，但也不应使外圈在外壳孔内转动。为了保证轴承有足够的支承面，当轴承安装于薄壁外壳、轻合金外壳或空心轴上时，应采用比厚壁外壳、铸铁外壳或实体轴更紧的配合</td></tr>
<tr><td>6. 安装与拆卸方便</td><td colspan="2">在很多情况下，为了有利于安装和拆卸，特别是对于重型机械，为了缩短拆换轴承或修理机器所需的中停时间，轴承采用间隙配合。当需要采用过盈配合时，常采用分离型轴承或内圈带锥孔和带紧定套或退卸套的轴承</td></tr>
<tr><td>7. 游动轴承的轴向位移</td><td colspan="2">当要求轴承的一个套圈在运转中能在轴向游动时，轴承外圈与壳体孔的配合，应采用间隙配合</td></tr>
</table>

外壳孔与向心轴承配合的公差带见表 17-68。

表 17-68　外壳孔与向心轴承配合的公差带

外圈工作条件				壳孔的公差带代号
旋转状态	载荷	轴向位移的限度	其他情况	
外圈相对于载荷方向静止	轻、正常和重载荷	轴向容易移动	轴处于高温场合	G7
			剖分式外壳	H7
	冲击载荷	轴向能移动	整体式或剖分式外壳	J7
外圈相对于载荷方向摆动	轻和正常载荷			Js7
	正常和重载荷	轴向不移动	整体式外壳	K7
	重冲击载荷			M7
外圈相对于载荷方向旋转	轻载荷			J7
	正常和重载荷			K7/M7
	重冲击载荷		薄壁或整体式外壳	N7/P7

详细的轴承配合公差选择，可参见《机械设计手册》《轴承手册》等。

④ 配合表面的粗糙度和形位公差　与轴承配合的轴颈和外壳表面的粗糙度不应超过表 17-69 的规定。

与轴承配合的轴颈和外壳孔表面的圆柱度公差和端面圆跳动公差（图 17-34），不应超过表 17-70 的规定。

表 17-69　轴与外壳孔配合面及端面的表面粗糙度　　单位：μm

轴或轴承座直径/mm		轴与外壳孔配合面直径公差等级								
		IT7			IT6			IT5		
		表面粗糙度								
超过	到	Rz	Ra		Rz	Ra		Rz	Ra	
			磨	车		磨	车		磨	车
	80	10	1.6	3.2	6.3	0.8	1.6	4	0.4	0.8
80	500	16	1.6	3.2	10	1.6	3.2	6.3	0.8	1.6
端面		25	3.2	6.3	25	3.2	6.3	10	1.6	3.2

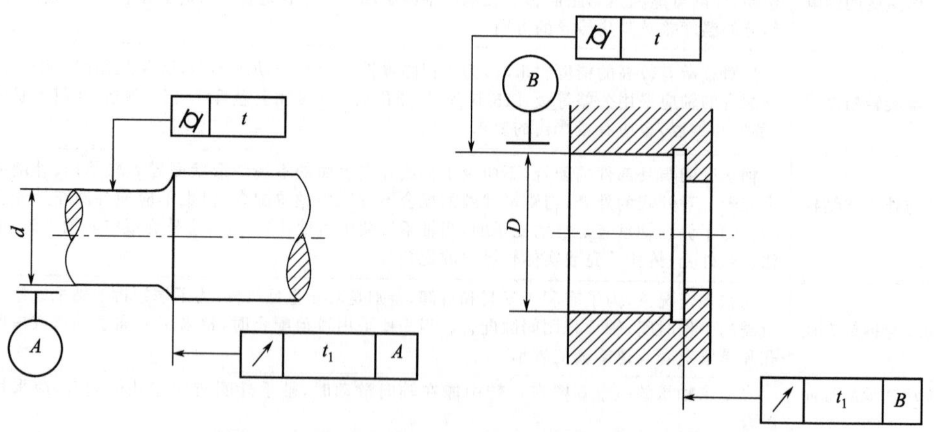

图 17-34　轴与外壳孔配合表面及端面的形位公差

表 17-70 轴与外壳孔的形位公差

基本尺寸/mm		圆柱度 t				端面跳动 t_1			
		轴径		外壳孔		轴肩		外壳轴肩	
		轴承公差等级							
		0	6(6x)	0	6(6x)	0	6(6x)	0	6(6x)
超过	到	公差值/μm							
	6	2.5	1.5	4	2.5	5	3	8	5
6	10	2.5	1.5	4	2.5	6	4	10	6
10	18	3.0	2.0	5	3.0	8	5	12	8
18	30	4.0	2.5	6	4.0	10	6	15	10
30	50	4.0	2.5	7	4.0	12	8	20	12
50	80	5.0	3.0	8	5.0	15	10	25	15
80	120	6.0	4.0	10	6.0	15	10	25	15
120	180	8.0	5.0	12	8.0	20	12	30	20
180	250	10.0	7.0	14	10.0	20	12	30	20

(5) 轴承润滑

轴承一般选择 P_5、P_4 精度等级的轴承，轴承表面质量较高，轴承工作面不得有明显的麻坑、划伤等缺陷。这些缺陷会对轴承的寿命、摩擦稳定性能造成影响。

真空传动轴用轴承的润滑包括液体润滑和固体润滑两种方式。液体润滑是采用真空用润滑油或脂轴承进行润滑；固体润滑通常采用在轴承工作面上制备润滑薄膜并配以自润滑保持架材料的方式。

① 油润滑　润滑脂附着性好，但摩擦力矩相对较高，低温下黏度大，不适于高速运行的轴承润滑。油润滑与脂润滑相比，摩擦力矩小，高速下使用性能好，但是易挥发、供油系统复杂、密封系统要求高。

在进行轴承真空油润滑时需要注意以下几点技术问题：

a. 油的加注。在轴承工作面上通常加注少量的润滑油。考虑到在真空下的挥发损失以及油“爬移损失”。

b. 供油系统。供油系统由经过真空浸油处理的多孔保持架材料和储油器组成。储油器通常是针对具体工况条件以及机构的结构进行设计的，比如在高速下可以采用储油器靠油绳供油和靠离心力供油的具体方法。

c. 防止润滑剂的挥发和爬移损失。采用迷宫式密封、防爬涂层和防爬结构可减少润滑油的挥发损失。

低表面能润滑油由于其表面能比金属表面能小，会在金属表面发生爬移。真空传动轴在真空环境中，低表面能的润滑油的爬移会导致润滑油损失，还会增加润滑油的暴露表面积，从而增加润滑油的蒸发速率，导致其进一步损耗。另外，挥发或爬行的润滑油会在真空传动轴机构内造成污染。

② 固体润滑　滚动球轴承采用固体润滑的优势在于结构简单、不需要密封、高低温性能好，在低速下润滑性能好，同时可用于某些润滑油脂无法使用的场合。与油润滑相比，固体润滑寿命较短并且摩擦力矩高。固体润滑通常的使用方法是将固体润滑剂以薄膜

的方式涂敷于滚道及滚珠表面，采用具有润滑性能的自润滑材料制备轴承保持架（为自润滑保持架）。一般认为，固体润滑薄膜在轴承润滑起始阶段发挥重要作用，待运转一定次数后，自润滑保持架材料产生的转移膜将发挥主要润滑作用。轴承用固体润滑材料包括：软金属膜（Ag、Au、Pb 等）、无机非金属（如 MoS_2 等），保持架材料一般采用聚合物基自润滑保持架，也有采用金属基自润滑保持架材料的例子，如采用“离子镀膜＋铅青铜保持架”润滑的精密固体润滑轴承在国外获得应用。表 17-71 给出了部分真空传动轴用固体润滑轴承型号的启动摩擦力矩，轴承均采用“MoS_2 基薄膜＋聚酰亚胺基复合材料”保持架。对离子镀 Au、Pb 薄膜和溅射 MoS_2 薄膜润滑的角接触轴承在真空环境下的摩擦扭矩进行测量，表明金属膜的平均摩擦扭矩相近，而 MoS_2 薄膜的平均摩擦扭矩明显低于金属膜。在低温 18K 条件下，镀 MoS_2 薄膜的轴承依旧保持了与室温基本相同的摩擦扭矩。有研究表明 Au、Ag、Pb、MoS_2 薄膜润滑的 7204 型轴承在 2000r/min 条件下的耐磨寿命，在 510MPa 弹性变形产生的接触应力下，所有润滑膜的寿命均达到了 10^8r，当应力超过 1000MPa 后，Ag 和 MoS_2 膜润滑的轴承寿命依然保持在 10^4r，并且 MoS_2 膜润滑的轴承寿命明显还要高一些。

表 17-71　部分真空传动轴用固体润滑轴承型号的启动摩擦力矩

轴承型号	启动摩擦力矩/gf・cm	轴承型号	启动摩擦力矩/gf・cm
S708	0.53～2.20	618/9	0.55～4.08
1000096	0.36～1.45	61812①	40.8～77.6
618/5	0.24～2.43	36018	0.65～2.22
625	0.22～1.39	627	0.99～7.03
61802	0.77～3.33	7000C②	32.9～61.1
618/6	0.54～2.75	S708	0.54～2.17

① 轴向负载 30N

② $F_{a预}$＝100N。

注：未标明负载为 300gf，1gf＝9.80665×10^{-3}N。

固体润滑剂在滚道和滚珠上的涂敷方法有擦涂法、撞击法以及气相沉积法等。

近年来，真空传动轴用轴承采用 PVD 法沉积制备润滑薄膜，并采用聚四氟乙烯或聚酰亚胺基自润滑保持架的方法应用最为普遍。这主要是由于 PVD 法制备的薄膜厚度均匀可控、薄膜的内聚力以及其与基体的结合力高。润滑薄膜在轴承上的涂敷部位对轴承的润滑性能有明显影响。

对于固体润滑轴承必须经过工艺跑合。即在对轴承进行固体润滑处理后、轴承正式装机使用前实施的一项工艺技术，这主要是为了改善轴承的润滑状态，降低其摩擦力矩以及力矩波动，使轴承进入稳定工作状态。固体润滑轴承在一定的载荷及转速下，经过一定时间的跑合后，其摩擦力矩趋于稳定，则该时间即为最佳跑合时间。固体润滑轴承跑合的要求及注意事项为：轴承跑合应模拟工作载荷跑合，保证套圈跑合区与工作接触区基本重合，或按计算应力水平在 1000MPa 以内的载荷进行轴承跑合（由实际情况得出一般应在低速下跑合），载荷、速度大小影响跑合效率，主要控制转速或时间应尽量短，避免无效的消耗；膜承受滑动摩擦的能力较弱，跑合时应限制转速，即轴承内径×所受载荷(dm・N)$<10^4$（mm・N)；固体润滑轴承跑合转数过多会影响轴承的寿命，原则上应不超过 1/100 轴承寿命转数。跑合时必须注意环境清洁、干燥，防止污染、多余物或过量的

水汽对润滑剂造成损伤；跑合完成后，采用有机溶剂对轴承进行清洗并烘干。

以下为固体润滑轴承的典型例子：

a. 精密角接触球轴承的润滑。采用 9Cr18 钢的 C6205、36018、46104 型角接触球轴承，在其内外套圈滚道内溅射厚度约为 0.6μm 的 MoS_2 薄膜，并与 PTFE＋玻璃纤维＋MoS_2 自润滑实体保持架和未经表面处理的钢球组装而成，经过轴承定载荷跑合及轴承摩擦力矩测试，筛选得到力矩稳定、运行性能良好的真空传动轴用滚动轴承。

b. 精密深沟球轴承的润滑。100086 固体润滑轴承，轴承内外滚道物理气相沉积厚度约为 1μm 的 MoS_2 固体润滑薄膜，轴承滚珠表面沉积 TiN 薄膜，采用聚酰亚胺＋青铜粉保持架，该固体润滑轴承在低真空环境中带载间歇运行超过一年。

(6) 滚动轴承的轴向紧固

滚动轴承的轴向紧固见表 17-72。

表 17-72 滚动轴承的轴向紧固

内圈的紧固	简图	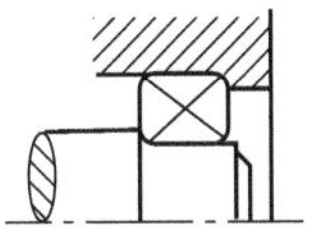	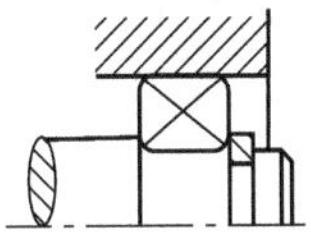	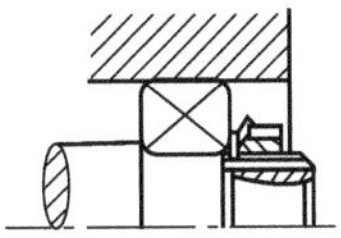	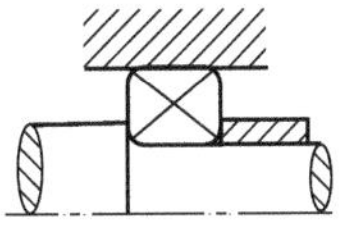	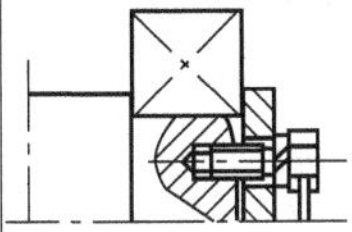
	紧固方法	外壳有凸肩时，利用轴肩作为内圈的单面支承	用弹性挡圈	用圆螺母和止动垫圈	用轴套和其他零件压紧	用轴端挡圈，螺栓和铁丝
	特点	结构简单，轴向尺寸小，可承受单向的轴向载荷	结构简单，轴向尺寸紧凑，可承受不大的轴向载荷	可承受较大的轴向载荷	可同时固定轴承和其他零件，可以承受较大的轴向载荷	用于轴端切削螺纹有困难的场合，能承受较大的轴向载荷

内圈的紧固	简图	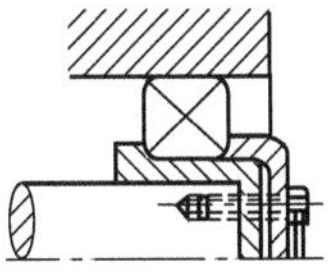	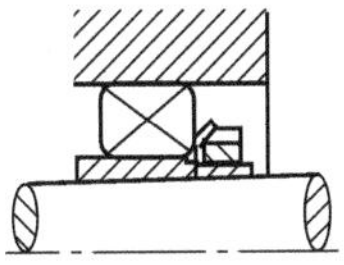	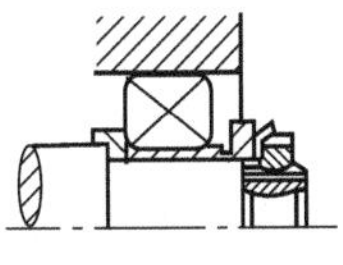	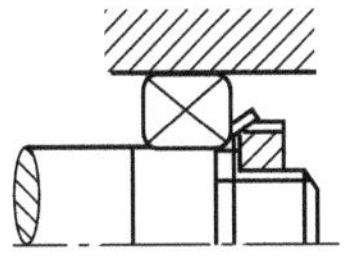
	紧固方法	用带挡边的套筒和端盖	用紧定衬套、圆螺母和止动垫圈	用退卸套、圆螺母和止动垫圈	用圆螺母和止动垫圈
	特点	用于光轴，能承受较大的轴向载荷	用于带锥孔的轴承，安装在光轴上，便于调整轴向尺寸，结构简单，适于转速不高、轴向载荷不大的条件下	用于带锥孔的轴承，装卸方便，能承受一定的轴向载荷	把带有锥孔的轴承直接装在锥形轴颈上

外圈的紧固	简图	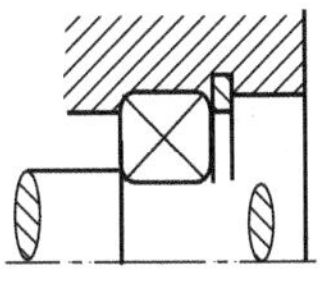	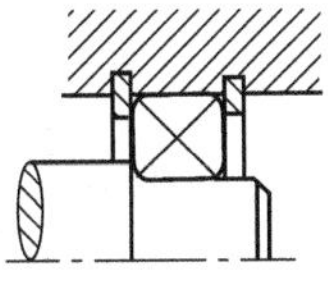	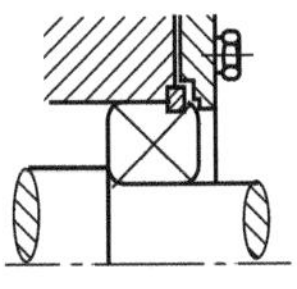	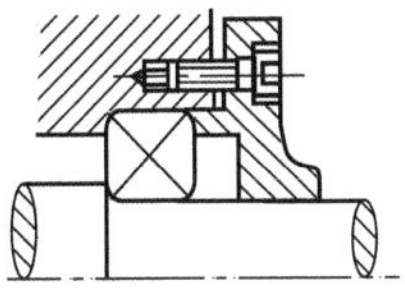
	紧固方法	用弹性挡圈	用两个弹性挡圈	用止动环和轴承盖	用轴承盖
	特点	结构简单，装拆简便，尺寸小，右图内孔为通孔，加工方便		用于外圈有止动槽的轴承，结构简单，轴向尺寸小，内孔无凸肩	能承受较大的轴向载荷

续表

外圈的紧固	简图				
	紧固方法	用外圆柱表面有螺纹和开口的轴承盖	用衬套和轴承盖	用轴承盖、压盖和调节螺钉	用两个压环
	特点	在径向尺寸小、不宜使用轴承盖的情况下采用，能承受较大的轴向载荷	壳体可做成通孔，轴上零件可在壳体外安装，可用增减垫片的方法调整轴向尺寸	常用于向心推力轴承，可调整轴向游隙，能承受较大的轴向载荷	用于内孔不能加工凸肩时

（7）滚动轴承的游隙选用

轴承的游隙是指在无载荷的情况下，轴承内外环间所能移动的最大距离，作径向移动者称为径向游隙，作轴向移动者称为轴向游隙，如图 17-35 所示。

轴承的径向游隙又分为原始游隙、安装游隙和工作游隙。通常，轴承的原始径向游隙大于轴承工作时的游隙，轴承的径向游隙对轴承的寿命、温升、噪声等都有很大的影响。严格说来，轴承的额定动载荷是随游隙的大小而变化的，各类轴承样本中所列的额定载荷（C 和 C_0）是工作游隙为零时的载荷数值。

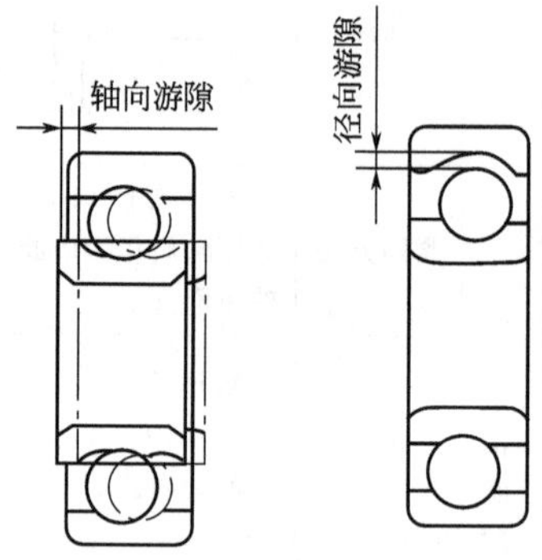

图 17-35　径向游隙和轴向游隙

轴承游隙是轴承的一个重要参数，游隙的大小直接影响到轴承的运转精度、旋转灵活性、振动和噪声等性能。不合理的游隙往往会引起轴承早期失效，对于真空传动轴用轴承，在选用时需要考虑温度变化引起的游隙变化以及固体润滑轴承中转移膜和微量磨屑引起的游隙变化量，合理选择轴承游隙。表 17-73 给出了部分真空传动轴轴承的径向游隙值。

表 17-73　部分真空传动轴轴承的径向游隙值

轴承型号	外径尺寸/mm	内径尺寸/mm	径向游隙/μm	轴承型号	外径尺寸/mm	内径尺寸/mm	径向游隙/μm
618/5	11	5	9～14	6005	47	25	13～22
618/9	17	9	10～18	61802	24	15	10～20
619/5	13	5	10～18	61804	32	20	16～24
619/6	15	6	6～14	61806	42	30	13～20
619/8	19	8	10～18	61808	52	40	18～23
625	16	5	11～19	61812	78	60	15～20
627	22	7	11～18	61900	22	10	9～19
6004	42	20	15～20	61902	28	15	13～20

参考表 17-73 确定轴承的径向游隙，同时还应考虑：

① 过盈配合安装时，内圈的膨胀和外圈的收缩导致游隙的减小。

② 在运转温度轴承内外圈的温度差及其相关件的热膨胀导致游隙的变化。

③ 在工作时，球轴承通常在运转温度下，游隙应接近于零。

④ 在正常的工作状态下，应优先采用 0 组游隙。

⑤ 按 0 组游隙制造的轴承在轴承代号中不标注游隙组代号。

对于游隙需要调整的，可以通过在轴上或外壳端面上加垫片、调节螺母等调节径向游隙。

(8) 滚动轴承组合设计

轴承配置与支承结构的基本型式见表 17-74。

表 17-74　轴承配置与支承结构的基本型式

<table>
<tr><th colspan="4">型式</th><th>简　图</th><th colspan="2">特点与应用</th></tr>
<tr><td rowspan="4">轴承配置型式</td><td colspan="3">两个向心轴承对称布置</td><td></td><td colspan="2">承受纯径向载荷的轴</td></tr>
<tr><td>背对背</td><td>载荷作用中心处于轴承中心线之外</td><td rowspan="3">两支承端通常可取同型号的角接触轴承</td><td>(a)
(b)　(c)</td><td rowspan="3">承受径向载荷和轴向载荷联合作用的轴</td><td>支点间跨距较大.悬臂长度较小,故悬臂端刚性较大,当轴受热伸长时,轴承游隙增大,轴承不会卡死破坏
对于背对背排列的圆锥滚子轴承支承结构,其游隙变化如下:
① 外滚道锥尖重合时[图(a)],轴向膨胀量和径向膨胀量基本平衡,预调游隙保持不变
②外滚道锥尖交错时[图(b)],径向膨胀量大于轴向膨胀量,工作游隙减小
③外滚道锥尖不相交时[图(c)],轴向膨胀量大于径向膨胀量,工作游隙增大。如果采用预紧安装,当轴受热伸长时,预紧量将减小</td></tr>
<tr><td>面对面</td><td>载荷作用中心处于轴承中心线之内</td><td></td><td>结构简单,装拆方便,当轴受热伸长时,轴承游隙减小,容易造成轴承卡死,因此要特别注意轴承游隙的调整</td></tr>
<tr><td>串联</td><td>载荷作用中心处于轴承中心线同一侧</td><td></td><td>适合于轴向载荷大,需多个轴承联合承担的情况</td></tr>
<tr><td>轴承支承结构型式</td><td>两端固定支承</td><td colspan="2">指两个支承端各限制一个方向的轴向位移的支承</td><td></td><td colspan="2">承受纯径向载荷或轴向载荷较小的联合载荷作用的轴
一般采用向心型轴承组成两端固定支承,并在其中一个支承端,使轴承外圈与外壳孔间采用较松的配合,同时在外圈与端盖间留出适当空隙,以适应轴的受热伸长</td></tr>
</table>

续表

型式			简图	特点与应用
轴承支承结构型式	两端固定支承	指两个支承端各限制一个方向的轴向位移的支承		承受径向和轴向载荷联合作用的轴 多采用角接触型轴承面对面或背对背排列组成两端固定支承。这种支承可通过调整某个轴承套圈的轴向位置，使轴承达到所要求的游隙或预紧量，所以特别适合于旋转精度要求高的机械
	固定-游动支承	指在轴的一个支承端使轴承与轴及外壳孔的位置相对固定，以 实现轴向定位，另一端轴承与轴或外壳孔可相对移动		运转精度高，对各种工作条件的适应性强，因此在各种机床主轴、工作温度较高的蜗杆轴及跨距较大的长轴支承中得到广泛应用 轴的轴向定位精度取决于固定端轴承的轴向游隙大小。因此用一对角接触球轴承或圆锥滚子轴承组成的固定端的轴向定位精度，比用一套深沟球轴承的高 固定端轴承通常选用： ①受径向载荷和一定的轴向载荷——深沟球轴承 ②受径向载荷和双向轴向载荷——一对角接触球轴承或圆锥滚子轴承 ③分别受径向载荷和轴向载荷——向心轴承与推力轴承组合，或不同类型角接触轴承组合
	两端游动支承	两个支承端的轴承对轴都不作精确的轴向定位	a a a (a) (b) (c)	图(a)，工作中，即使处于不利的发热状态，轴承也不会被卡死 图(b)，常用于轴的位置已由其他零件限定的场合，如人字齿轮轴支承 图(c)，几乎所有不需要调整的轴承，均可作游动支承。角接触球轴承不宜作游动支承

17.5.4.4 真空传动轴的装配、调试及检验

无论是“真空导入运动轴”和“真空运动轴”都涉及机械主轴的设计，虽然重点解决了如密封、润滑、轴设计等主要问题，但要达到传动轴轴系实际使用的目的，还必须在制造装配调试等环节开展工作，从而满足真空传动轴工程设计的要求。

真空传动轴的安装一般属于单件装配、选配装配及调整装配，这几种装配的特点见表 17-75。

表 17-75　单件装配、选配装配及调整装配的特点

装配方法	特　　点
单件装配	大部分零件可以按经济精度制造，用于单件或新品的制造
选配装配	按照严格的尺寸范围分成若干组，然后将对应的各组配合件装配在一起，以达到要求的装配精度，零件的制造公差可适当放大。用于成批零件的某些精密配合件
调整装配	以调整一个或几个零件的位置，来消除零件的累积误差，达到装配精度。如使用不同尺寸的可换垫片、衬套、可调节螺钉等，可用于大批生产或单件生产

真空传动轴一般为形状对称的转动件，一般情况下可以通过严格控制传动轴各零件的尺寸精度，通过修配方式达到装配要求。在装配时需要设计编写装配调试工艺，在工艺设计时需要做到：

① 尽可能使部件装配分开；

② 减小、简化、便于装配操作；

③ 保证装配质量；

④ 便于起吊、搬运、移动；

⑤ 提出并控制传动轴的平衡指标。

装配过程中应该注意以下事项：

① 整个装配过程中的清洗、清洁，需要对全部的零部件，包括金属零件和非金属零件进行清洗，安装装配过程中保证干净，清洗后的零件进行包裹、遮盖等防护；安装调试人员也应按照安全整洁要求着装和佩戴手套等。

② 传动轴置于真空环境中的部分只能使用低饱和蒸气压的润滑油脂类润滑剂，或固体润滑剂，在装配使用中不能采用其他油类物质；传动轴放置在大气环境中的部分可以根据需要选用液态的润滑剂和辅助装配液，但必须注意这些液态物质不得污染真空环境。

③ 传动轴装配中，轴承安装调试是主轴性能最终定型的关键工序，必须严格按照主轴轴承装配的工艺方法进行装配调试。

④ 传动轴经过测试合格后方能安装到真空室中。

(1) 装配过程中的清洁、清洗要求

① 真空传动轴安装场地必须光线充足、空气干燥、无湿气和环境清洁。在整个安装过程中必须保持清洁，不得有灰尘及金属微粒等异物落在或进入零件和真空室中。进行安装的工作台台面必须保持清洁，工作台台面应该用光滑的钢板、白铁皮或塑料板制造，绝不允许采用木质台面，因为木质台面无法保持清洁。在安装过程中必须备有足够的清洁绸布，弄脏的绸布不能继续使用，应经常更换。不许用棉丝来擦轴承或主轴，因棉丝中常混有杂质及棉绒、短纱头等。正在使用中的绸布必须放置在清洁的搪瓷盘或纸板、塑料板上。安装工具、卡具和测试器具等必须经过清洗，并保持清洁。

② 真空工程中，清洗是保证真空室极限真空、工作真空的关键工艺之一，良好的清洗工艺能够使材料的放气率降低好几个量级，如不锈钢，长期暴露大气不经任何处理，抽气 1h 出气率为 $2\times10^{-7}\mathrm{Pa\cdot L/(s\cdot cm^2)}$，除油清洗抽 4h，出气率为 $1\times10^{-9}\mathrm{Pa\cdot L/(s\cdot cm^2)}$，出气率降低了两个量级。对于金属零件的清洗有：a. 采用磨料喷涂或钢丝刷刷除零件表面的污垢和锈斑；b. 用丙酮、汽油、乙醚等清除零件表面的油脂类污染物，最后用酒精清洗后烘干或晾干；c. 需要去除零件表面的破碎层、氧化层，则可以采用机械抛光、喷

砂、电解抛光等方法去除。对于新橡胶：必须进行清洗，可以采用70℃的KOH（20%）溶液清洗，然后用蒸馏水清洗，晾干或吹风机吹干。对于进行过润滑处理的轴承：采用刷洗或冲洗等方法，刷洗时要采用尼龙刷或画笔，清洗液用专用的经过过滤的清洗剂。

(2) 传动轴的轴承安装调试

滚动轴承作为传动轴的支承件，其安装调试是确定轴的精度和寿命的过程，是传动轴制造最关键的步骤之一，主轴用滚动轴承属于精密零件，它对不适当的操作特别敏感。如果安装方法不得当，就可能损伤轴承及破坏轴承的精度。如果调整得不合适，也会出现精度差、刚度低、温升过高或抗振性差等现象。只有在对滚动轴承安装调整特别仔细，而且确保其正确性的情况下，才有可能保证传动轴良好的性能。要做到轴承的预载正确，安装调整方法有效，严格遵守安装规则，精心安装及调整；须备有良好的测量工具及装拆用夹具、工具；最后经检验合格才可得到保证。

① 轴承预载的确定及实现　轴承的预紧方式有两种：径向预紧和轴向预紧。径向预紧是设法使滚动体的外接圆直径略大于外圈滚道的直径，从而在轴承内部产生过盈。它适用于零度接触角的向心轴承。轴向预紧是使内外圈轴向趋近，从而产生过盈。它适用于角接触球轴承、圆锥滚子轴承和推力轴承。

a. 向心轴承的预紧

ⅰ. 向心轴承用径向预紧。径向预紧可由两种途径来实现。

第一种是轴与内套圈或箱体孔与外套圈采用过盈配合。配合的过盈量使轴承的内圈扩张或外圈收缩。其结果是使轴承的游隙减少、消除以致产生过盈（这种办法由于预紧量不易控制，轴承磨损后也无法补偿，因而实际上很少使用）。但是，因过盈配合而引起的轴承内圈扩张和外圈收缩，却能改变装配前调整好的轴承游隙或预紧量。

ⅱ. 第二种办法是把轴承内圈制成锥孔，改变内圈在轴锥面上的位置，内圈就可得到不同的扩张量，从而改变轴承的游隙或预紧。

b. 角接触球轴承的预紧。角接触球轴承用轴向预紧。如果施加一定的轴向力以实现预紧，如图17-36(a) 所示采用弹簧，则称为定压预紧。如果把成对的双联角接触球轴承的两个内圈［背靠背组配，见图17-36(b)］或外圈［面对面组配，见图17-36(c)］端面各磨去一定的量δ，在安装时把它们压紧以实现预紧，则称为定位预紧。由于轴承是弹性体，内圈（或外圈）磨去的量δ越大，则安装时使它们靠紧的压紧力也越大。这个轴向压紧力就是预载力。因此，定压预紧与定位预紧的实质是相同的。图17-36(d) 和 (e) 所示为将隔套磨去厚度Δl来实现预紧。Δl与图17-36(b) 和 (c) 中的2δ具有相同的意义。

通常，轴承厂规定三种预载力：轻预紧、中预紧和重预紧。如果用户有特殊要求，也可自己规定预载力。不同的预载力有不同的δ值［图17-36(b) 和(c) ］。用户可根据需要向轴承厂订货。装配时，只需把内圈（背靠背组配）或外圈（面对面组配）挤紧，就可得到预定的预载力。如果两个轴承需离开一定的距离，则两轴承之间可放入厚度相同的内、外隔套。如果一对双联轴承，原为轻预紧，现在要改为中预紧，则两隔套应有厚度差$\Delta l=\Delta l_{LM}$。如果要从轻预紧改为重预紧，则Δl应由两部分组成，即从轻预紧转为中预紧的Δl_{LM}和从中预紧转为重预紧的Δl_{HM}。即$\Delta l=\Delta l_{LM}+\Delta l_{HM}$。如果要从较重的预紧改为较轻的预紧，则$\Delta l$为负值。

c. 预载力的确定。轴承厂对不同的轴承规定了其预载力，但在真空环境中，由于摩擦热的存在，一般选择较小的预载力，对此可以通过实验确定，以选择最佳的预紧。

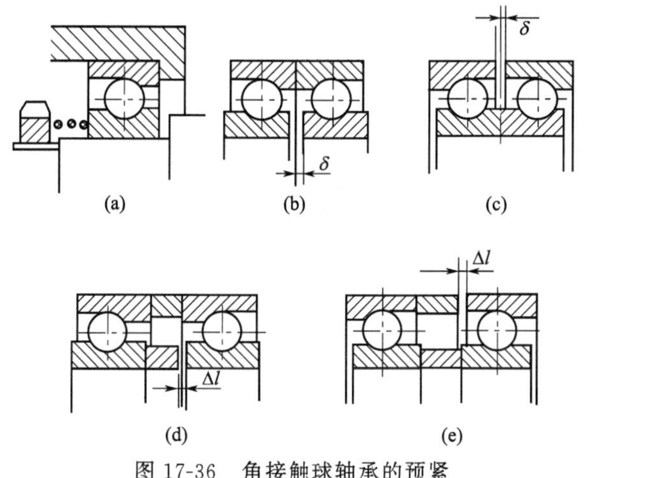

图 17-36　角接触球轴承的预紧

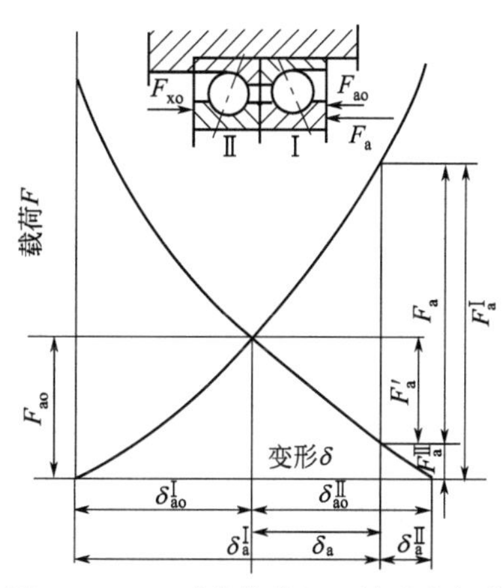

图 17-37　一对背靠背组配轴承的加载与最小预载力示意图

如一对轴承，背靠背组配，见图 17-37，轴承Ⅰ和Ⅱ背靠背组配。预载力为 F_{ao}，在轴向力 F_a 的作用下，如果轴承Ⅱ的滚道和滚动体刚刚脱离接触，即 $F_a^{Ⅱ}=0$，则 F_{ao} 就是最小预载。F_a 是额定轴向载荷。其他组配的轴承可参考确定，或者根据转速和温升决定。

② 轴承安装调试

a.安装方法。将轴承装到传动轴上常用的方法有以下三种：利用手锤及套筒；利用压力装置；利用温差。

利用手锤及套筒安装是最简单而常用的轴承安装法。这种方法多用于轴承套圈与轴颈或箱体孔之间配合不太紧的中小型轴承的安装。装轴承用的套筒如图 17-38 所示。其中图 17-38(a) 所示为组合式，图 17-38(b) 所示为整体式，图 17-38(c) 所示为用于竖直安装时，套筒外缘的挡板可防止异物落入轴承内。选择套筒时，其尺寸要与所装的轴承套圈尺寸相对应。装内圈用套筒内径应比轴颈孔径稍大些，装外圈用套筒则应比外径稍小些，绝不允许在装内圈时打外圈或装外圈时打内圈。这样就将锤击力通过滚动体与滚道传给另一套圈，导致滚道及滚动体的损伤。如果非分离型轴承的内外圈与轴颈及孔的配合都紧，可采用图 17-38(d) 型套筒，其使用例子见图 17-39。套筒端面必须平整且与套筒中心线垂直。

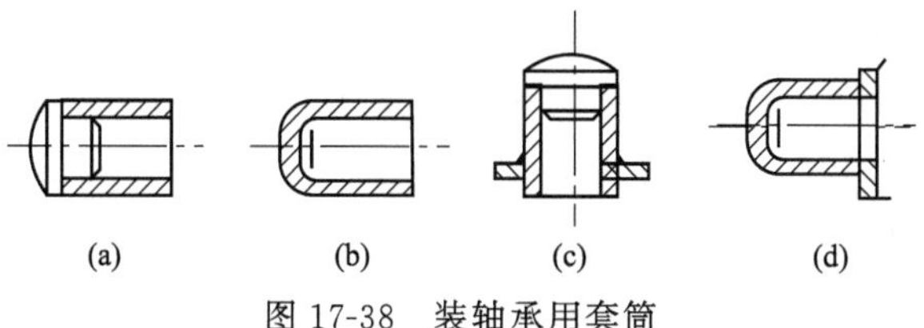

图 17-38　装轴承用套筒

轴承开始安放在轴上时，应注意保持与轴心线垂直，务必做到使锤击套筒的力均匀地施加给轴承内圈，否则轴承内圈局部受力过猛会使轴承歪斜并卡死在轴上，更不允许用手锤直接锤击轴承外圈来装内圈（图 17-40）。

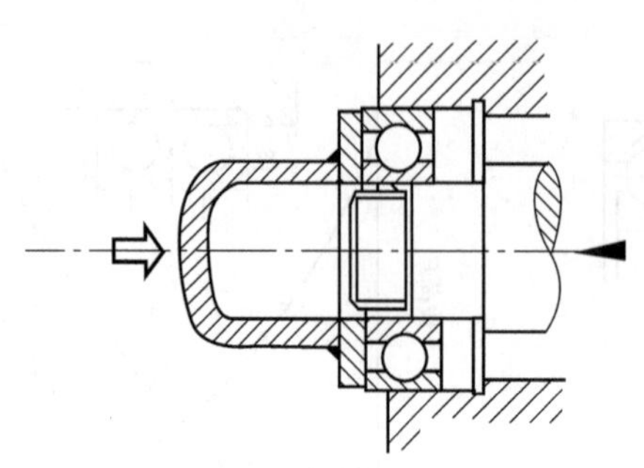

图 17-39　同时打入内外圈

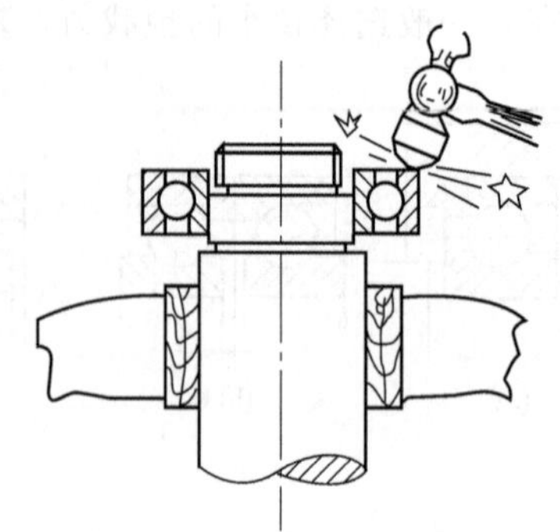

图 17-40　直接锤击轴承外圈的错误装法

b. 调整方法。根据传动轴的类型、转速、精度和刚度要求，规定传动轴轴承游隙或预紧。间隙或预紧量对主轴工作性能有重要的影响，因此轴承必须有调整环节。调整工作是在主轴组件装配时完成的。

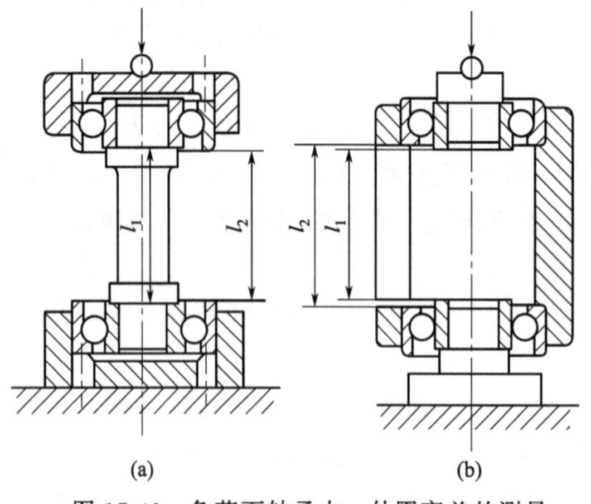

图 17-41　负荷下轴承内、外圈高差的测量

角接触球轴承的调整方法为：

轴承厂可提供按轻、中、重预载或用户所规定的预载力下组配好的各种轴承组。如无特别要求，可按照轴承的装配方法将轴承装配到位，则达到轴承厂提供的预定的预载。

如果采用单个的角接触球轴承，可根据要求的预载力配磨隔套。先在如图 17-41 所示的装置上分别测量一对轴承内圈之间及外圈之间的距离。图 17-41(a) 所示为用于面对面安装的轴承，图 17-41(b) 所示为用于背靠背安装的轴承。用图 17-41(a) 所示装置时，传动轴与轴承内圈之间、轴承外圈与套环之间的配合应尽量与轴承在使用时的工作配合一致。在图 17-41(b) 所示装置中则考虑到装卸方便及不损害轴承，外圈采用稍松的配合，内圈尽量采用过渡配合。轴向施加所要求的预载，测量轴承内、外圈端面至平台表面之间的高度差。上、下两个轴承高度差之和，即为内、外隔套长度 l_1 和 l_2 之差。据此修磨隔套。

③ 传动轴的调试及测试　主要测量传动轴的精度、温升和抗震性。

a. 精度。图 17-42 所示为主轴精度的测量示意图。图 17-42(a) 所示为测量主轴锥孔中心线的径向跳动，测量时将标准检验棒插入主轴锥孔，并用固定在机床上的千分表测量。检验时，缓缓转动主轴，分别在靠近主轴端测量一次，取平均值以消除检验棒的误差。图 17-42(b) 所示为测量主轴定心轴颈（柱或圆锥面）的径向跳动。图 17-42(c) 所示为测量主轴的轴向窜动。图 17-42(d) 所示为测量轴肩支承面的端面跳动。

如果精度不符合要求，就应重新调整轴承。精度不合格的原因可能是：ⓐ主轴箱体孔的加工精度及轴承的精度不符合要求；ⓑ前后轴承套圈的高低点处于加大误差的位置；ⓒ轴承间隙调得太松，间隙过大；ⓓ主轴锥孔中心与主轴中心线偏心，且又与轴承内圈径

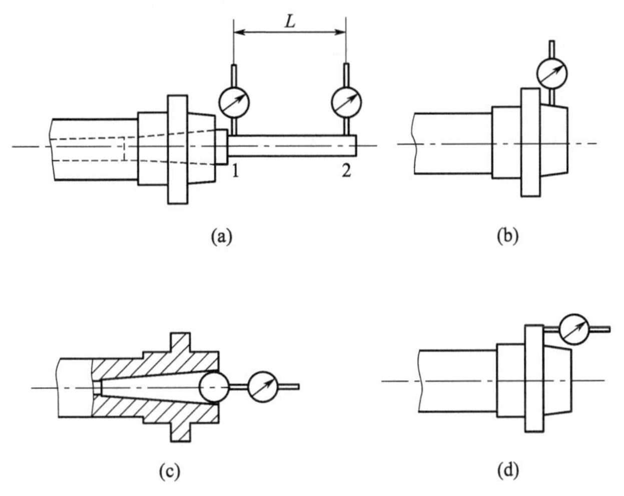

图 17-42　主轴精度的测量

向跳动方向相反。对第ⓐ种原因如果情况较严重时无法用调整的办法纠正，只能重新加工零件或更换轴承。其他三种原因可适当调紧轴承，以减小间隙或使它具有一定的过盈。

b. 温升。传动轴轴承的允许温升值，见表 17-76。

表 17-76　传动轴轴承允许温升值

主轴精度等级	轴承外圈或轴瓦的温度
普通级	小型主轴 45～50℃，大型主轴 50～55℃
精密级	35～40℃
高精度级	28～30℃

主轴轴承产生过高温升的原因可能有：ⓐ轴承调得过紧（过盈量太大）；ⓑ润滑条件不良或润滑剂的选用不合理；ⓒ轴承的配置形式及主轴组件的结构不尽合理。对第ⓐ种原因应适当调松轴承间隙，此时必须重新检查精度，如果精度不够应按前述方法分析原因，并进一步采取提高精度的措施。对第ⓑ种原因应改善润滑条件及正确选择润滑剂。第ⓒ种原因是属于设计本身的问题，在安装调整时无法改变，应在改进设计时解决。

c. 抗振性。抗振性与主轴组件的构造、所采用的轴承及其调整有关。

从装配调整的角度来分析，抗振性差的原因在于轴承存在间隙或预载量太小，因此可重新调整轴承，加大其预载量。当然，这又将影响轴承的温升。此外，还可检查轴颈与轴承内圈的接触状态。如果轴颈的形状误差太大，与轴承的接触区过小，也会引起振动。

17.5.5　减速器

减速器是在原动机（一般为电机）和机构之间的独立闭式传动装置，一般为齿轮传动方式，起匹配转速和传递转矩作用，是一种相对精密的机械。一般用来降低转速、增加转矩。它应用广泛、种类繁多、型号各异，不同种类有不同的用途。按照传动类型可分为齿轮减速器、蜗杆减速器和行星齿轮减速器；按照传动级数不同可分为单级和多级减速器；按照齿轮形状可分为圆柱齿轮减速器、圆锥齿轮减速器和圆锥-圆柱齿轮减速器；按照传动的布置形式又可分为展开式减速器、分流式减速器和同轴式减速器。减速器选用应根据机构的要求，技术参数，动力机的性能，经济性等因素，比较不同类型、品种减速器的外廓尺寸，传动效率，承载能力，质量，价格等，选择最适合的减速器。

理论上，各种减速器在经过材料选择、润滑处理和传热设计后均可应用于真空环境，但实际上，尺寸小、效率高、重量轻的减速器优先选择和应用。如谐波减速器和小型的齿轮减速器。

减速器的本质是齿轮传动，即通过利用齿轮传递运动和动力的传动方式。齿轮传动具有传动比准确，可用的传动比、圆周速度和传递功率范围大，以及传动效率高，使用寿命长，结构紧凑，工作可靠等特点，在各种机械机构中得到了广泛的应用。

真空机构中，按照机构要求选择合适的齿轮传动种类，并考虑其润滑、传热等真空环境条件，理论上，可以选择任意的齿轮种类，齿轮传动的分类见图 17-43。

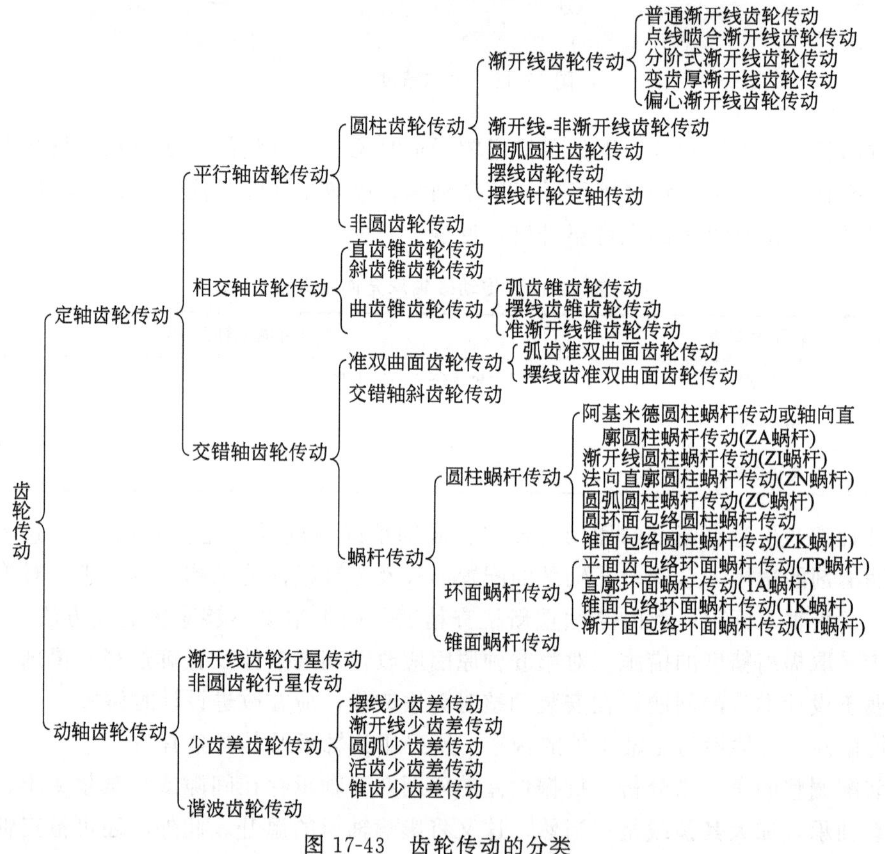

图 17-43　齿轮传动的分类

由于减速器种类繁多、性能各异，要实现在真空状态下工作，需要进行润滑设计、热设计等，还需要考虑其可维修性、寿命及可靠性等，下面就以谐波减速器为例，说明其使用特点。

谐波减速器是一种依靠中间弹性变形来实现运动或动力传递的装置，它突破了机械传动采用刚性构件的模式，使用了一个柔性构件机构来实现机械传动。使得其具有一系列其他传动所难以达到的特殊性能。在真空机构中，特别是在航天工程中得到了广泛的应用。

谐波减速器具有运动精度高、回差小、传动比大、质量轻、承载力大、能在密封空间和辐射工况下工作等优点。

谐波减速器由波发生器（凸轮与柔性轴承）、刚轮柔轮传动副、输入输出轴和输入输出轴支撑轴承等几部分构成（如图 17-44）。谐波减速器以其传动精度高、重量轻、减速比大等优点而被广泛地应用航天工程上，如应用于航天器太阳能帆板驱动机构、天线驱动机构、月面巡视器和火星车轮系驱动机构等空间机械活动机构中。谐波减速器在空间环境状态下的性能与寿命对保证航天器高精度、高可靠和长寿命使用具有重要意义。

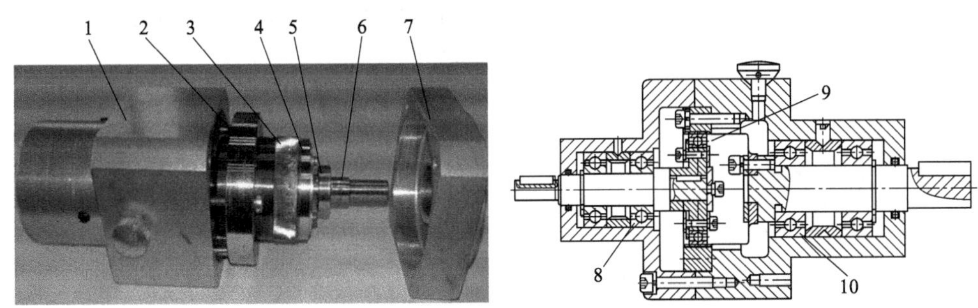

图 17-44　谐波减速器结构实物及其内部结构图

1—输出端壳体；2—钢轮；3—柔轮；4—波发生器；5—支撑轴承；6—输入轴；7—输入端壳体；8—输入轴轴承组件；9—谐波齿轮三大件（刚轮、柔轮、波发生器）；10—输出轴承组件

其主要特点是：

① 传动比大　单级传动比能达到 70～320；在某些装置中可达到 1000，多级传动速比可达 30000 以上。它不仅可用于减速，也可用于增速的场合。

② 侧隙小　由于其齿合原理不同于一般的齿轮传动，即多齿啮合对误差有相互补偿作用，故传动精度高。在齿轮精度等级相同的情况下，传动误差只有普通圆柱齿轮传动的 1/4 左右。同时可采用微量改变波发生器的半径来增加柔轮的变形使齿隙很小，甚至能做到无侧隙啮合，故其空程小，适用于反向转动。

③ 精度高　同时齿合数可达到总齿数的 20％左右，在相隔 180°的两个对称方向上同时齿合，因此误差被平均化，从而达到高运动精度，即位置精度与重复定位精度高。

④ 零件数少，安装方便　仅有三个基本部件，且输入轴与输出轴为同轴线，因此结构简单、安装方便。

⑤ 体积小、重量轻　与一般的减速器相比，输出力矩相同时，通常体积可减小 2/3，质量可减小 1/2。

⑥ 承载能力大　因同时齿合数多，柔轮采用了高强度材料，齿与齿之间是面接触，从而获得了较高的承载能力。

⑦ 效率高　工作时齿合部分滑移量极小，摩擦损失少，即使在高速比情况下，还能维持较高的效率。

⑧ 运转平稳　由于柔轮轮齿在传动过程中作均匀的径向移动，因此，即使输入速度很高，轮齿的相对滑移速度仍极低（故为普通渐开线齿轮传动的百分之一），所以，轮齿磨损小，效率高（可达 69％～96％）；又由于啮入和啮出时，齿轮的两侧都参加工作，因而无冲击现象，运动平稳。

⑨ 可向密闭空间传递运动　利用柔轮的柔性特点，可向密闭空间传递运动这一可贵优点是现有其他传动无法比拟的。

谐波减速器能否应用于宇航环境，在其已经确定了润滑方式的前提下，需进行润滑材料选择、润滑处理，然后进行地面的模拟试验，即在热真空环境下，对谐波减速器进行太空在轨工作应力或加速应力条件下寿命验证试验，以考核谐波减速器内部核心活动部件（如图 17-45）润滑方式的可行性和耐久性。

多种润滑材料可以应用于谐波减速器中，根据工作要求及环境条件，油润滑、脂润滑、固体润滑等都能成功地得到应用。但在真空环境中，对润滑的要求是：良好的润滑、低饱和蒸气压、低挥发性、较宽温度范围等，表 17-77 给出了谐波减速器的润滑方式及应用案例。

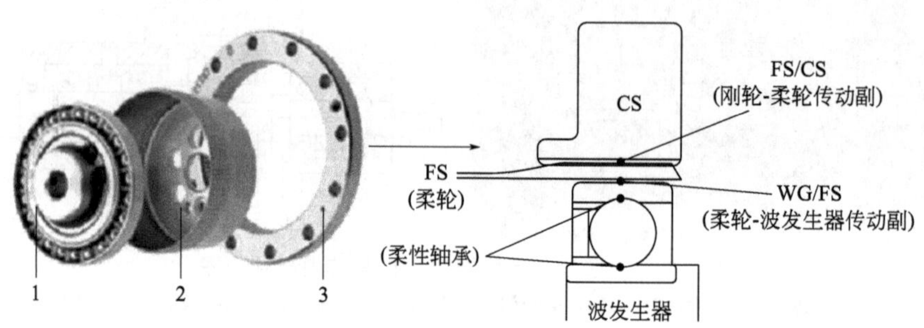

图 17-45　谐波减速器内部核心活动部件摩擦副

1—波发生器；2—柔轮；3—刚轮

表 17-77　谐波减速器的润滑方式及应用案例

序号	润滑方式	润滑剂	应用案例
1	脂润滑	硅烷基润滑脂	“阿波罗”15、16、17 号月球车， “先驱者”10、11 号行星探测器
2	固体/液体混合润滑	全氟聚醚 PFPE/金(银)膜	空间机械人关节 太阳能天线阵驱动系统
3	固体润滑	金属基润滑薄膜 无机非金属基润滑薄膜	太阳能天线阵驱动系统 太阳能天线阵展开系统 天线驱动系统

采用固体润滑方式，能够简化机构设计，避免采用脂润滑中的防挥发、防爬移结构，避免脂润滑在低温下的黏度增加、减速器摩擦阻力增大等问题。固体润滑中，需要考虑其摩擦系数偏大、寿命有限、产生磨屑等因素。固体润滑就是在齿轮副表面采用固体涂覆或镀膜的方式进行处理，组装成套后进行预跑合、处理润滑表面后，得到性能稳定的谐波减速器，专家研究给出的较好的固体润滑处理为：齿轮副表面分别建设 MoS_2 基双层复合润滑膜和多层软金属，其摩擦力矩较为平稳，能够形成对偶材料上的转移润滑。

传动效率、启动力矩、传动精度和回差是评价谐波减速器性能优劣的主要技术指标，在谐波减速器寿命与可靠性试验过程中，传动效率会随着试验的进行呈衰减趋势，而传动精度与回差的离散性较大，其测试值不随试验的进行而出现规律性变化，因而传动效率通常是表征谐波减速器在寿命与可靠性试验过程中性能变化的主要参数，传动精度与回差可作为参考以辅助分析谐波减速器的磨损状态。

传动效率的计算公式为：

$$\eta=\frac{T_{out}}{T_{in}n}\times 100\% \tag{17-17}$$

式中 η——传动效率，%；

T_{out}——输出扭矩，Nm；

T_{in}——输入扭矩，Nm；

n——减速比。

17.5.6 真空机械负载

真空机械负载是指能够模拟真空机构在工作状态下所承受的负载，用以评价和测量真空机构工作性能。由于真空环境只是影响真空机构的寿命及可靠性，对真空机构的其他性能一般不产生较大影响，在简化工作要求后，一般情况下仅仅模拟真空机构的负载的扭矩，即负载端所产生的扭矩。

真空机构的机械负载的选择需要根据真空机构与机械负载的运动关系而定，一是两者之间有相对运动，则需要选择能够模拟真空机构负载端的扭矩，且转速不随真空机构输出轴的转速而变化；二是真空下，两者之间无相对运动，这样就可以采用重力法（或者杠杆加载法）来模拟真空机构负载端的扭矩。由于此类结构简单，不再叙述。

磁粉制动器是根据电磁原理和利用磁粉传递转矩的。它的激磁电流和传递的转矩基本呈线性关系。在同滑差无关的情况下能够传递一定的转矩，具有响应速度快、结构简单、无污染、无噪声、无冲击振动节约能源等优点，是一种多用途、性能优越的自动控制元件。

磁粉制动器的激磁电流与力矩基本为线性关系，同时其力矩与转速无关，是很好的真空机构的机械负载，从而得到实际应用；同时磁粉制动器广泛应用于各种机械不同目的的制动、功率测试加载、放卷张力的控制等。

磁粉制动器基本特性如下。

① 激磁电流-力矩特性　激磁电流与转矩基本呈线性关系，通过调节激磁电流就控制了力矩的大小、其特性如图 17-46（a）所示。

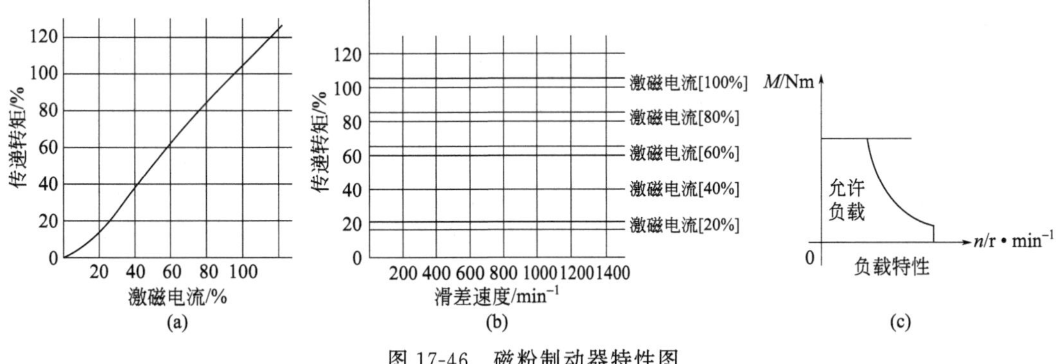

图 17-46　磁粉制动器特性图

② 转速-力矩特性　力矩与转速无关，保持定值（激磁电流不变时，在允许的滑差转速范围内转矩不受转速高低变化的影响）。静力矩和动力矩没有差别。其特性如图 17-46（b）所示。

③ 磁粉制动器的允许滑差功率在散热条件一定时是定值。其实际选型时，实用滑差功率需在允许的滑差功率以内；使用转速高时，需降低力矩使用。其特性如图 17-46（c）所示。

17.6 真空下运动参数测量

要实现真空机构的控制，则必须对机构的状态进行测量，这些被测参量一般为机械量，包括真空下对力、力矩、应力，位移及形变、速度（角速度、线速度）、加速度等，同时要进行测量信号的传输、处理、转化等。

在机械工程中，测量是指将被测量与具有计量单位的标准量在数值上进行比较，从而确定二者比值的实验认识过程。测量其实是一个比较过程，即被测物理量与标准量的一个比较。

测量主要有：

① 直接和间接测量　对被测量与其他实测量进行一定函数关系的辅助计算而直接得到被测量值的测量；或者通过直接测量与被测参数有已知函数关系的其他量而得到该被测参数量值的测量。

② 接触和非接触测量　仪器的测量头与工件的被测表面直接接触，并存在机械作用的测量（如接触式三坐标等）。仪器的测量头与工件的被测表面之间没有机械的测力存在（如光学投影仪、气动量仪测量和影像测量仪等）。

③ 组合测量　如果被测量有多个，虽然被测量（未知量）与某种中间量存在一定函数关系，但由于函数式有多个未知量，对中间量的一次测量不可能求得被测量的值。这时可以通过改变测量条件来获得某些可测量的不同组合，然后测出这些组合的数值，解联立方程求出未知的被测量。

传感器是实现非电参量测量的能量转换装置或元件。一般由金属、非金属等多种材料组合而成，通过对这些材料的性能变化来检测机电等多种测量，选择真空下能使用的传感器是开展真空机构设计的重要内容之一。

选用真空下使用传感器的原则是：

① 真空环境下的材料稳定性　非金属材料的蒸发、升华会造成材料组分的变化，引起材料质量损失、组分变化、有机物膨胀，从而改变材料原有的性能，如热物理性能、黏结特性、光学性能及介电性能等。当材料不均匀升华时，会引起材料表面粗糙，材料表面特性及光学性能变差，或者导致传感器光学窗口被污染。高真空下材料的内外分界面可能变动，引起材料力学性能的变化，导致传感器精度下降。由于蒸发导致传感器缺少氧化膜或其他保护膜，可能改变材料表面的适应系数及表面发射率，明显改变材料机械性能、蠕变强度和疲劳应力。

② 适应工作状态的温度　对于光电类、动作类的传感器，在传感器特定部位会产生电-热、光-热、摩擦-热等，由于高真空环境下，热传导方式主要以热辐射和热传导为主，需要考虑在实际使用过程中，传感器的自身温度是否处于其使用温度范围内，若超出传感器的使用温度，则需要对传感器进行主动和被动热防护，包括涂敷、包裹隔热材料，增加或减少传感器的导热截面，或者对传感器进行加热或冷却等。

③ 真空下的表面带电及放电　若真空环境下存在等离子体，则真空机构及传感器表面就会带电，产生电位差，从而影响传感器的电性能，特别是对小信号的采集、传输等造成影响。另外，在 $10^3 \sim 10^{-1}$Pa 真空度下，会产生真空放电效应，即电极之间发生自激放电，对传感器产生破坏。发生放电的因素很多，与真空室内的气体性质、压力、两极间距离及两极的形状有关，解决措施是增加两极间的距离，增加电绝缘层厚度等。

④ 密闭腔的压力　对于有密闭结构的传感器，在 $10^5 \sim 10^2$Pa 下，导致封闭腔内由于外压差而产生压力，最大能达到 0.1MPa，会损坏传感器的结构等，从而导致传感器丧失精度及失效。

对真空机构常用的传感器叙述如下。

17.6.1　力及力矩

17.6.1.1　力传感器

力传感器（见图 17-47）是将力的量值转换为相关电信号的器件。力是引起物质运动变化的直接原因。力传感器能检测张力、拉力、压力、重量、扭矩、内应力和应变等力学量。测力传感器种类很多，按工作原理可分为弹性式、电阻应变式、电感式、电容式、压电式、压磁式等各种传感器。在多种传感器中，电阻应变式力传感器应用最广，其结构简单、组合方式多样、重复性好、测量范围宽、组合后可进行多方向测量，在进行了初始不平衡补偿、零点漂移补偿、灵敏度温漂补偿、输出灵敏度补偿和非线性补偿等后，能极大地提高其工作稳定性和测量精度。

图 17-47　力传感器

力传感器主要由以下三个部分组成：①力敏元件。即弹性体，常见的材料有铝合金，合金钢和不锈钢；②转换元件。最为常见的是电阻应变片；③电路部分。一般有漆包线、PCD 板等。

(1) 应变管式力传感器

在筒壁上贴有 2 片或 4 片应变片，其中一半贴在实心部分作为温度补偿片，另一半作为测量应变片。当没有压力时 4 片应变片组成平衡的全桥式电路；当压力作用于内腔时，圆筒变形成“腰鼓形”，使电桥失去平衡，输出与压力成一定关系的电压。这种传感器还可以利用活塞将被测压力转换为力，传递到应变筒上或通过垂链形状的膜片传递被测压力。应变管式压力传感器的结构简单、制造方便、适用性强，应用广泛。

(2) 膜片式力传感器

它的弹性敏感元件为周边固定圆形金属平膜片。膜片受压力变形时，中心处径向应变和切向应变均达到正的最大值，而边缘处径向应变达到负的最大值，切向应变为零。因此常把两个应变片分别贴在正负最大应变处，并接成相邻桥臂的半桥电路以获得较大灵敏度和温度补偿作用。采用圆形箔式应变计则能最大限度地利用膜片的应变效果。这种传感器的非线性较显著。膜片式压力传感器也有将弹性敏感元件和应变片的作用集于单晶硅膜片一身，即采用集成电路工艺在单晶硅膜片上扩散制作电阻条，并采用周边固定结构制成的固态压力传感器。

(3) 应变梁式力传感器

测量较小压力时，可采用固定梁或等强度梁的结构。一种方法是用膜片把压力转换为力，再通过传力杆传递给应变梁。两端固定梁的最大应变处在梁的两端和中点，应变片就贴在这些地方。这种结构还有其他形式，例如可采用悬梁与膜片或波纹管构成。

(4) 组合式力传感器

在组合式应变压力传感器中，弹性敏感元件可分为感受元件和弹性应变元件。感受元件把压力转换为力，传递到弹性应变元件应变最敏感的部位，而应变片则贴在弹性应变元件的最大应变处。实际上较复杂的应变管式和应变梁式都属于这种型式。感受元件有膜片、膜盒、波纹管等，弹性应变元件有悬臂梁、固定梁、Ⅱ形梁、环形梁、薄壁筒等。它们之间可根据不同需要组合成多种型式。应变式压力传感器主要用来测量流动介质动态或静态压力。

17.6.1.2 力矩传感器

扭矩传感器（见图 17-48），又称力矩传感器、扭力传感器、转矩传感器，分为动态和静态两大类，其中动态扭矩传感器又可叫做转矩传感器、转矩转速传感器、旋转扭矩传感器等。扭矩传感器是对各种旋转或非旋转机械部件上对扭转力矩感知的检测。扭矩传感器将扭力的物理变化转换成精确的电信号。

图 17-48 扭矩传感器

(1) 非接触式扭矩传感器

在非接触式扭矩传感器中，常用的主要有应变式、磁电式、光纤式和光电式传感器。

应变式非接触传感器利用了无线传输技术。接触式应变片传感器输出信号所用的导电滑环和刷臂能用无线传输模块替代，从而克服了导电滑环和刷臂间的磨损，提高了测量精度。

磁电式扭矩传感器是利用磁电转换的原理，分析两路输出的电动势信号的相位差，从而达到测量扭矩的目的。主要分为闭磁路式传感器和开磁路式传感器。

光纤式扭矩传感器主要是利用光反射原理和相位差原理，将轴上相应的两处位置反射的光信号读取后并计算出相位差，由此能算出相应的扭矩值。

光电式扭矩传感器以光电感应元件为核心部件。当传动轴上加载扭矩时，由光源发出的光的强度会发生相应变化，从而使光电元件的输出电流发生变化，通过测量该变化值即可计算出扭矩值。

(2) 应变片扭矩传感器

应变片传感器扭矩测量采用应变电测技术。在弹性轴上粘贴应变计组成测量电桥，当弹性轴受扭矩产生微小变形后引起电桥电阻值变化，应变电桥电阻的变化转变为电信号的变化从而实现扭矩测量。传感器由弹性轴、测量电桥、放大器、A/D 模块、接口电路组成。

(3) 高性能无线型

高性能无线扭矩传感器将传感器与无线通信技术结合在一起，实现了数据的无线传输。扭矩电信号由单片机控制的信号处理电路进行放大、A/D转换之后，编码器将采集到的数字量编码传送给发射模块进行发送。接收模块接收到数据后，解码器将译出的数据传送给单片机，由LED显示得到扭矩数据值。传感器数据采集发射电路由扭矩传感器、信号处理部分、单片机和无线发射电路组成。扭矩传感器将电阻应变片产生的应变电信号传送到信号处理电路，信号处理部分对传感器模拟信号提取放大，并进行模/数转换。微处理器负责控制系统各部分器件的工作，并对数字信号进行处理。无线发射电路在微处理器的控制下，由编码器将采集到的信息数据进行相应的编码和处理，并用发射模块发射出，实现无线传输。

(4) 电子式

电子式扭矩仪是一种便携式高性能轴功率测量仪器。电子式扭矩仪创造性的摒弃了传统机电式扭矩传感器繁琐、复杂、在很多现场环境下不易实现的安装过程，实现了对旋转机构的实时测量。

17.6.2 位移传感器

位移传感器（见图17-49）又称为线性传感器，是一种属于金属感应的线性器件，传感器的作用是把各种被测物理量转换为电量。位移的测量一般分为测量实物尺寸和机械位移两种。按被测变量变换的形式不同，位移传感器可分为模拟式和数字式两种。模拟式又可分为物性型和结构型两种。常用位移传感器以模拟式结构型居多，包括电位器式位移传感器、电感式位移传感器、自整角机、电容式位移传感器、电涡流式位移传感器、霍尔式位移传感器等。数字式位移传感器的一个重要优点是便于将信号直接送入计算机系统。

图17-49　位移传感器

(1) 直线位移传感器

直线位移传感器的功能在于把直线机械位移量转换成电信号，为了达到这一效果，通常将可变电阻滑轨定置在传感器的固定部位，通过滑片在滑轨上的位移来测量不同的阻值。传感器滑轨连接稳态直流电压，允许流过微安培的小电流，滑片和始端之间的电压，与滑片移动的长度成正比。

(2) 角度位移传感器

角度位移传感器应用于障碍处理。使用角度传感器来控制轮子可以间接的发现障碍物。原理非常简单：如果马达角度传感器构造运转，而齿轮不转，说明机构已经被障碍物所挡住。

(3) 霍耳位移传感器

测量原理是保持霍耳元件的激励电流不变，并使其在一个梯度均匀的磁场中移动，则所移动的位移正比于输出的霍耳电势。磁场梯度越大，灵敏度越高；梯度变化越均匀，霍耳电势与位移的关系越接近于线性。霍耳式位移传感器的惯性小、频响高、工作可靠、寿命长，因此常用于将各种非电量转换成位移后再进行测量的场合。

(4) 光电式位移传感器

它根据被测对象阻挡光通量的多少来测量对象的位移或几何尺寸。特点是属于非接触式测量，并可进行连续测量。光电式位移传感器常用于连续测量线材直径或在带材边缘位置控制系统中用作边缘位置传感器。

17.6.3 转速传感器

常见的转速传感器见图 17-50。

(1) 光电转速传感器

光电式转速传感器对转速的测量，主要是通过将光线的发射与被测物体的转动相关联，再以光敏元件对光线的进行感应来完成的。光电式转速传感器从工作方式角度划分，分为透射式光电转速传感器和反射式光电转速传感器两种。

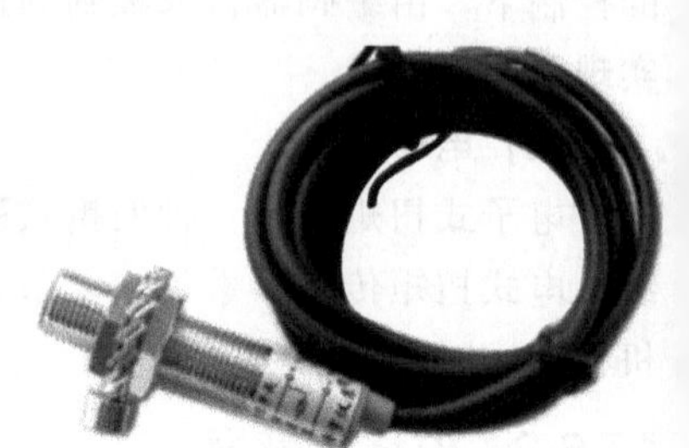

图 17-50 转速传感器

投射式光电转速传感器设有读数盘和测量盘，两者之间存在间隔相同的缝隙。投射式光电转速传感器在测量物体转速时，测量盘会随着被测物体转动，光线则随测量盘转动不断经过各条缝隙，并透过缝隙投射到光敏元件上。投射式光电转速传感器的光敏元件在接收光线并感知其明暗变化后，即输出电流脉冲信号。投射式光电转速传感器的脉冲信号，通过在一段时间内的计数和计算，就可以获得被测量对象的转速状态。

反射式光电转速传感器是通过在被测量转轴上设定反射记号，而后获得光线反射信号来完成物体转速测量的。反射式光电转速传感器的光源会对被测转轴发出光线，光线透过透镜和半透膜入射到被测转轴上，而当被测转轴转动时，反射记号对光线的反射率就会发生变化。

反射式光电转速传感器内装有光敏元件，当转轴转动反射率增大时，反射光线会通过透镜投射到光敏元件上，反射式光电转速传感器即可发出一个脉冲信号，而当反射光线随转轴转动到另一位置时，反射率变小光线变弱，光敏元件无法感应，即不会发出脉冲信号。

(2) 变磁阻式转速传感器

变磁阻式转速传感器属于变磁阻式传感器，它是利用线圈自感量的变化来实现测量的，它由线圈、铁芯和衔铁三部分组成。铁芯和衔铁由导磁材料如硅钢片或坡莫合金制成，在铁芯和衔铁之间有气隙，传感器的运动部分与衔铁相连。当被测量变化时，使衔铁产生位移，引起磁路中磁阻变化，从而导致电感线圈的电感量变化，因此只要能测出这种电感量的变化，就能确定衔铁位移量的大小和方向。

变磁阻式传感器的三种基本类型，电感式、变压器式和电涡流式。电感式转速传感器应用较广，它利用磁通变化而产生感应电势，其电势大小取决于磁通变化的速率。这类传感器按结构不同又分为开磁路式和闭磁路式两种。开磁路式转速传感器结构比较简单，输出信号较小，不宜在振动剧烈的场合使用。闭磁路式转速传感器由装在转轴上的外齿轮、内齿轮、线圈和永久磁铁构成，内、外齿轮有相同的齿数。当转轴连接到被测轴上一起转动时，由于内、外齿轮的相对运动，产生磁阻变化，在线圈中产生交流感应电势。测出电势的大小便可测出相应转速值。

(3) 电容式转速传感器

电容式转速传感器属于电容式传感器，有面积变化型和介质变化型两种。

(4) 霍尔转速传感器

霍尔转速传感器的主要工作原理是霍尔效应，也就是当转动的金属部件通过霍尔传感器的磁场时会引起电势的变化，通过对电势的测量就可以得到被测量对象的转速值。霍尔转速传感器的主要组成部分是传感头和齿圈，而传感头又是由霍尔元件、永磁体和电子电路组成的。

霍尔转速传感器在测量真空机构的转速时，被测量机械的金属齿轮、齿条等运动部件会经过传感器的前端，引起磁场的相应变化，当运动部件穿过霍尔元件产生磁力线较为分散的区域时，磁场相对较弱，而穿过产生磁力线较为集中的区域时，磁场就相对较强。霍尔转速传感器就是通过磁力线密度的变化，在磁力线穿过传感器上的感应元件时，产生霍尔电势。霍尔转速传感器的霍尔元件在产生霍尔电势后，会将其转换为交变电信号，最后传感器的内置电路会将信号调整和放大，输出矩形脉冲信号。

霍尔转速传感器的测量必须配合磁场的变化，因此在霍尔转速传感器测量非铁磁材质的设备时，需要事先在旋转工件上安装专门的磁铁物质，用以改变传感器周围的磁场，这样霍尔转速传感器才能准确的捕捉到工件的运动状态。霍尔转速传感器主要应用于齿轮、齿条、凸轮和特质凹凸面等设备的运动转速测量。高转速磁敏电阻转速传感器除了可以测量转速以外，还可以测量物体的位移、周期、频率、扭矩、机械传动状态和测量运行状态等。

(5) 测速发电机

测速发电机是一种检测机构转速的电磁装置，它能把机构转速变换成电压信号，其输出电压与输入的转速成正比关系，在自动控制系统中通常作为测速元件、校正元件、解算元件和角加速度信号元件等。常见的测速发电机有直流测速发电机、空心杯转子异步测速发电机、笼式转子异步测速发电机和同步测速发电机几种。

(6) 旋转变压器

旋转变压器是一种电磁式传感器，又称同步分解器。它是一种角度或速度测量的信号电机，由定子和转子组成，其中定子绕组作为变压器的原边，接受励磁电压，励磁频率通常用400、3000及5000Hz等；转子绕组作为变压器的副边，通过电磁耦合得到感应电压。

旋转变压器的工作原理和普通变压器基本相似，区别在于普通变压器的原边、副边绕组是相对固定的，所以输出电压和输入电压之比是常数，而旋转变压器的原边、副边绕组则随转子的角位移发生相对位置的改变，因而其输出电压的大小随转子角位移而发生变化，输出绕组的电压幅值与转子转角成正弦、余弦函数关系，或保持某一比例关系，或在一定转角范围内与转角呈线性关系。旋转变压器在同步随动系统及数字随动系统中可用于传递转角或电信号；在解算装置中可作为函数的解算之用，故也称为解算器。

旋转变压器一般有两极绕组和四极绕组两种结构形式。两极绕组旋转变压器的定子和转子各有一对磁极，四极绕组则各有两对磁极，主要用于高精度的检测系统。除此之外，还有多极式旋转变压器，用于高精度绝对式检测系统。

17.6.4 数字化测量

数字化测量技术及系统是当今制造业的重要技术。数字化测量时根据高精度、快速、自动化、复杂对象、动态等测量要求而产生和发展起来的一项高新科学技术。其基本内容是首先将连续变化的被测模拟量转换为离散的数字量，再经过数据采集、计数、编码、数据传输与存储，最后完成数据处理、图像处理、显示等。数字化测量的原理、方法及仪器结构等均不同于传统的仪表，是精确数字化转换、补偿、修正的过程，具有速度快、精确度高、抗干扰强、数据传输远等优点，由于被测量转换为数字量后，可直接传送到计算单元中进行数据处理、实时控制、实时建模和及时决策，所涉及的领域非常广泛，既有智能传感器与测控系统，又有数字化仪表、智能仪器、智能传感器系统、数据采集系统和测控系统，是机器人、智能化装备的基础性部件。

数字化测量技术已经广泛应用于工业、交通、通信、军事、金融、文教、家庭等各个领域，成为高精度、高速度、高抗扰、实时测量、自动控制及智能化的最佳选择和可靠保证，大大提高了测量技术的水平。同时随着电子技术、计算机技术、人机交互技术、传感技术及智能系统技术的发展，数字化测量也必将获得更大的发展空间。

数字化测量应该是实现测量过程的便利化以及将测量数据实时采集到经过规范设计的数据库中，实现测量结果的数字化存储、共享和利用。数字化测量应包括测量和数字化两个方面。数字化测量作用就是将许多复杂多变的数据信息转变为可以度量的数字、数据，再以这些数字、数据建立起合理、正确的数字化模型，并应用这些模型开展如智能工艺、智能制造、智能化管理等工作。

数字化测量最直接的好处是可以大幅提高数据的效率，尤其是配合被广泛使用的数字化量具以及无线传输技术的情况；不仅如此，数字化测量有助于帮助企业实现质量信息的共享，消除质量信息孤岛，实现快速响应的质量控制；此外，数字化可以很大程度上避免测量数据的错漏甚至人为制作假数据等；最重要的一点是，数字化测量为企业“数据驱动的持续改善”提供了很大的价值创造空间，有了数字化的测量数据，企业就可以利用各种数据分析方法，从数据中挖掘更大的价值。

第 18 章 真空工程元件

18.1 电极引入

将电流输入到真空容器中可采用电极引入部件，电极引入部件需要满足真空密封、电绝缘以及电流负荷等要求。电极引入线、电极密封材料的选择取决于工作电压、电流、频率、温度等因素。

18.1.1 电极引入部件密封的设计要求

对电极引入部件密封的设计要求如下：

① 对于采用橡胶密封的电极引入部件，应对大电流、高温处加冷却水，以防止温度过高而破坏真空橡胶圈，影响真空容器的真空度。

② 输电线的直径大小应适当，不应使电流密度过大，以防电极过热。

③ 由于输电线上有一定的电压，因此必须使它与连接密封处绝缘，特别对于高压输电，更不能忽视这一点，绝缘材料的选用，应根据电压的大小、温度的影响等因素去考虑材料的电阻率、表面电阻率、击穿电压等问题，常用的绝缘材料有橡胶、玻璃、陶瓷、玻璃布板、玻璃布棒、夹布胶木棒、黄蜡布、聚四氟乙烯等。图 18-1 和图 18-2 分别给出了室温下某些绝缘材料介电损失系数与频率的关系及某些绝缘材料击穿电压与温度的关系。

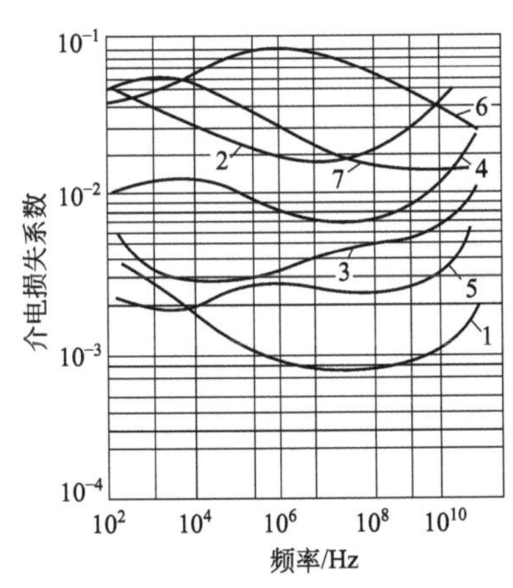

图 18-1 室温下某些绝缘材料的介电损失系数与频率的关系

1—石英；2—Ⅱ Hpeke；3—珂尔宁玻璃（707）；4—皂石；5—镁橄榄石；6—硅有机橡胶；7—氟塑料

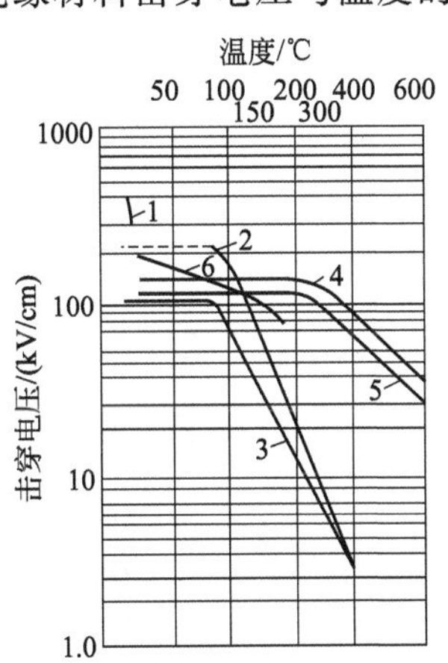

图 18-2 某些绝缘材料击穿电压与温度的关系

1—石英；2—Ⅱ Hpeke；3—高压陶瓷；4—氧化铝；5—含铝陶瓷；6—硅有机橡胶

④ 应考虑频率的影响，在低频下，频率对密封的影响并不大，但是在高频下，输电线网绝缘材料应按特殊要求确定。例如，当频率达到 10^8 Hz 以上时，用做输电线的某些材

料的电阻率可能超过允许值，如可伐合金用做高频时，高频损耗绝缘体的密封就会被加热到不允许的程度，因此必须降低输电线的电阻率或采用其他材料。

⑤ 应考虑温度的影响，对于需要烘烤的输电线，应能承受500℃高温，必须区别引线在烘烤时和无电流时所承受的烘烤温度及工作时发热的两种情况，如果输电线被加热，在结构中应避免使用任何不能承受一定温度的材料。

18.1.2 电极引入部件的结构

(1) 玻璃-金属封接电极

玻璃-金属封接电极结构型式如表18-1所示。这种结构的特点是将金属棒封在具有特殊设计形状的玻璃中，以避免玻璃中产生应力。棒形导线中所允许通过的电流，如图18-3所示。

表 18-1 玻璃-金属封接电极结构型式

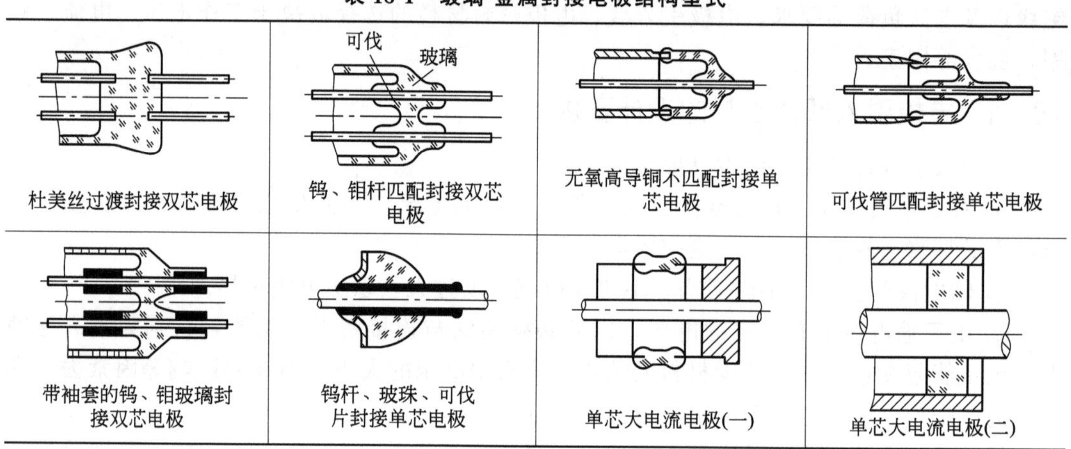

可伐
玻璃
杜美丝过渡封接双芯电极
钨、钼杆匹配封接双芯电极
无氧高导铜不匹配封接单芯电极
可伐管匹配封接单芯电极
带袖套的钨、钼玻璃封接双芯电极
钨杆、玻珠、可伐片封接单芯电极
单芯大电流电极(一)
单芯大电流电极(二)

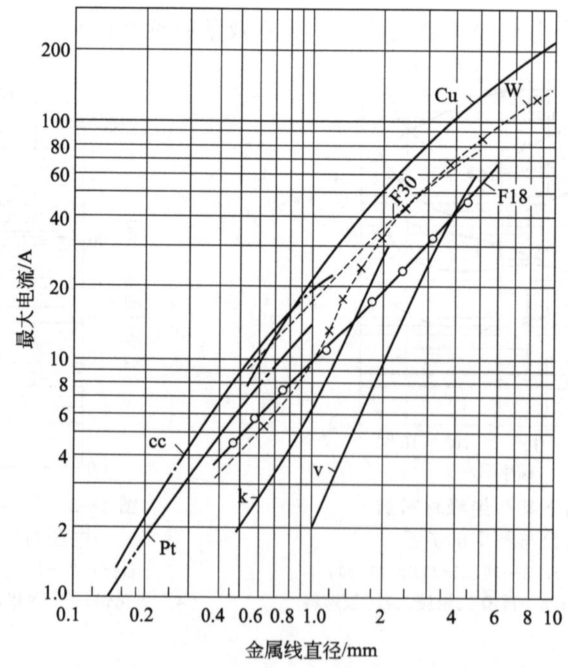

图 18-3 金属线（棒）密封中的允许电流

cc—铜包线；k—可伐；v—瓦康；F18—铁铬（18%的铬）；F30—铁铬（30%的铬）

(2) 陶瓷-金属封接电极

陶瓷-金属封接电极可分为钎焊封接和橡胶密封封接（可拆卸），其结构型式见表 18-2。

表 18-2 陶瓷-金属封接电极型式

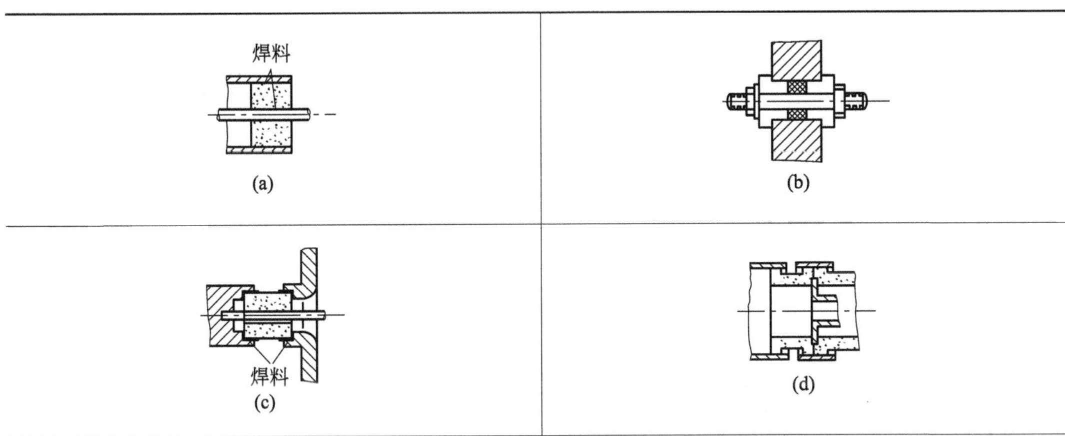

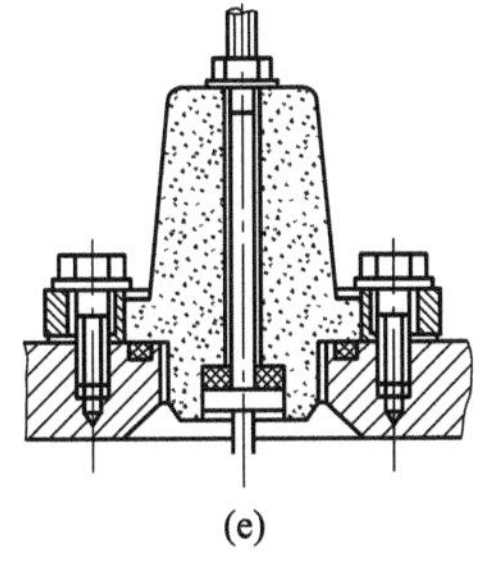

(3) 真空用低压电极结构

① 低压小电流电极分为固定型（图 18-4）和插入型（图 18-5）。

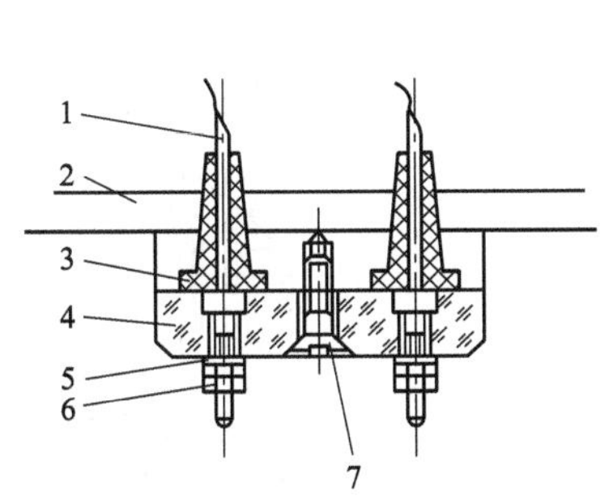

图 18-4 固定型低压小电流电极

1—电极；2—炉体；3—锥形密封塞；4—有机玻璃盖；5—垫片；6—螺母；7—螺钉

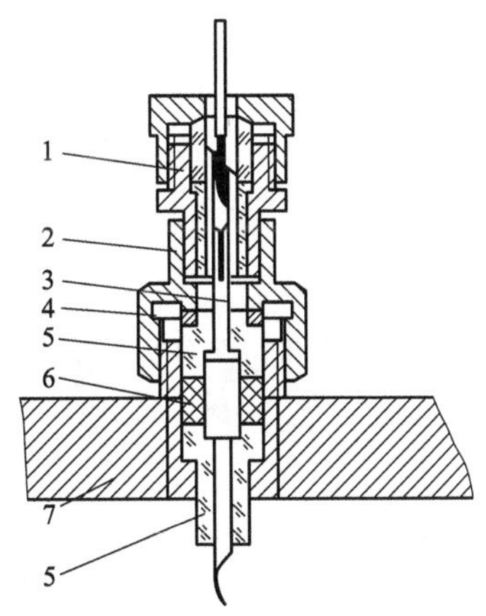

图 18-5 插入型低压小电流电极

1—插母；2—螺母；3—引入电极；4—垫；5—有机玻璃绝缘套；6—密封垫；7—炉体

② 低压大电流电极结构型式较多。如图 18-6～图 18-13 所示。

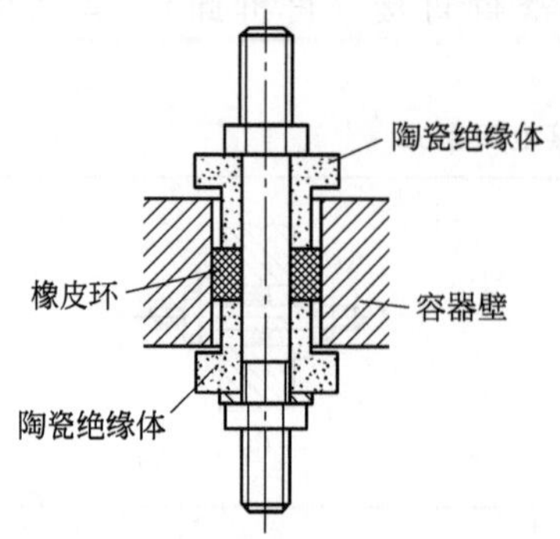

图 18-6　耐压数千伏大电流电极结构

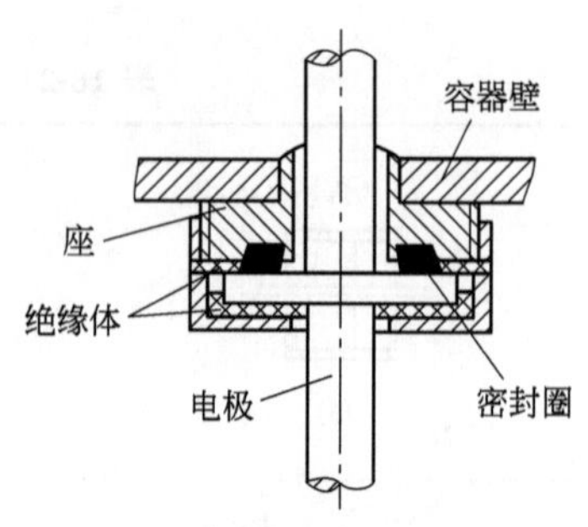

图 18-7　低压大电流电极结构（一）

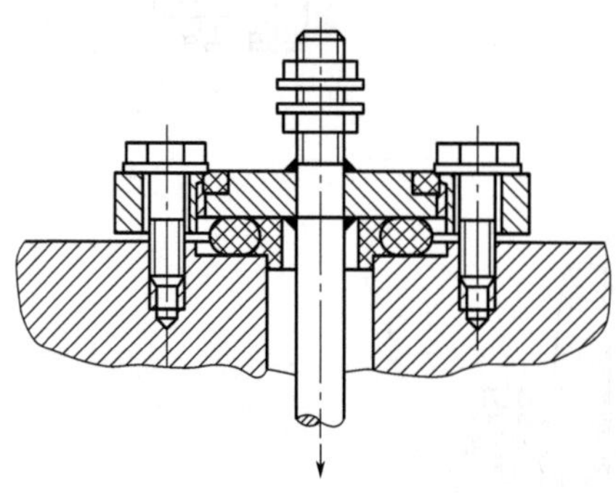

图 18-8　低压大电流电极结构（二）

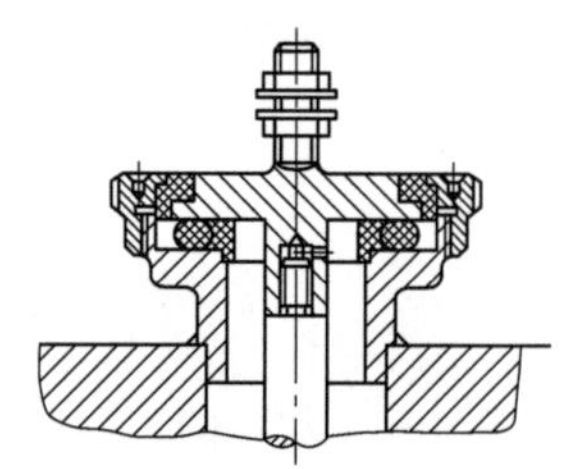

图 18-9　低压大电流电极结构（三）

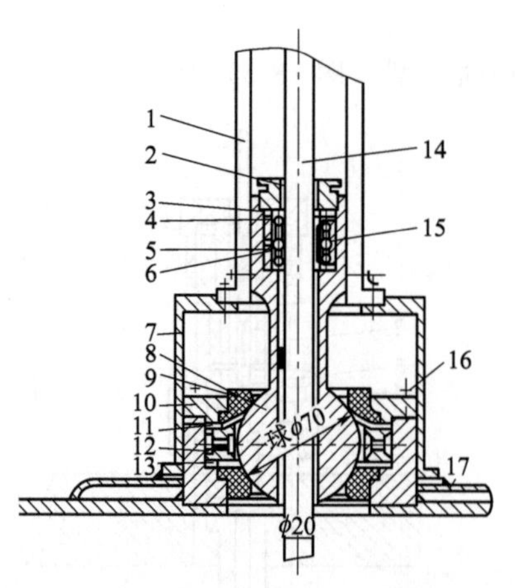

图 18-10　低电压大电流可升降可倾斜电极

1—上传动支架；2—螺母；3—垫；4,11,13—密封圈；5,12—压环；6—密封弹簧；7—托架（两半）；8—倾斜球体；9—胶木垫；10—压盖；14—电极；15—毡垫；16—螺钉；17—炉盖

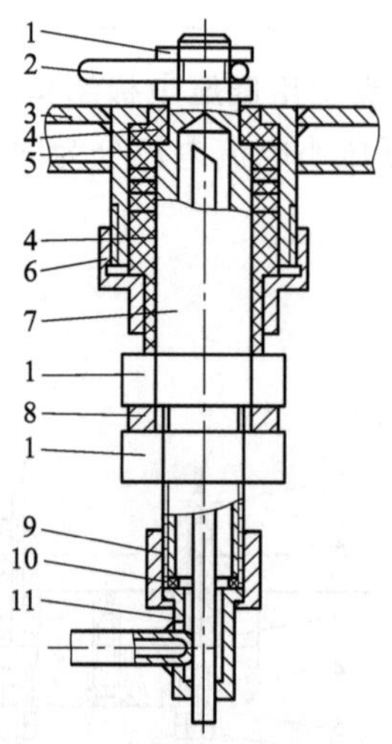

图 18-11　水冷式镍铬丝加热电极

1,6,9—螺母；2—镍铬丝；3—炉体；4—绝缘胶木；5—密封圈；7—电极；8—外接线板；10—封水圈；11—进出水接头

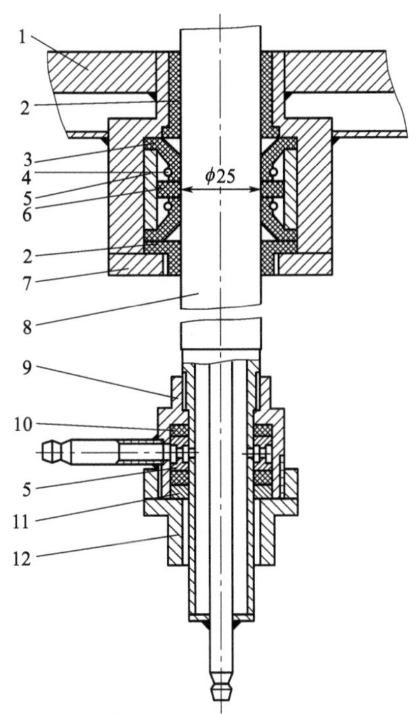

图 18-12　可移动的低电压大电流水冷电极

1—炉盖；2—绝缘胶木；3—密封环；4—弹簧；5,11—压环；6—毛毡圈；7—压盖；8—电极；9—密封座；10—密封圈；12—螺母

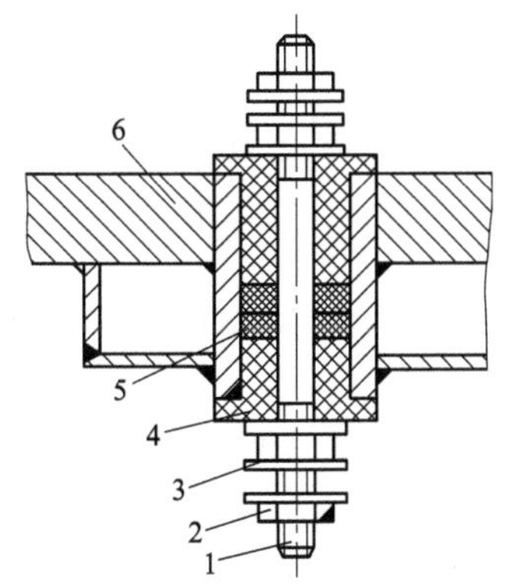

图 18-13　外套水冷式镍铬丝加热电极

1—电极；2—螺母；3—垫片；4—绝缘胶木；5—橡胶圈；6—炉盖

(4) 真空用高压电极结构

真空用高压电极结构型式如图 18-14～图 18-17 所示。

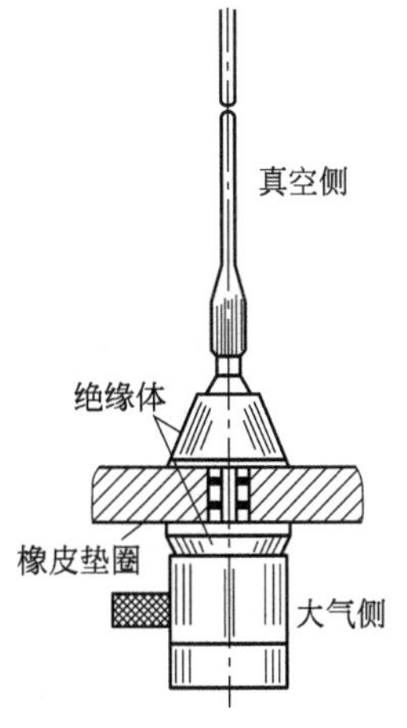

图 18-14　高压电极密封

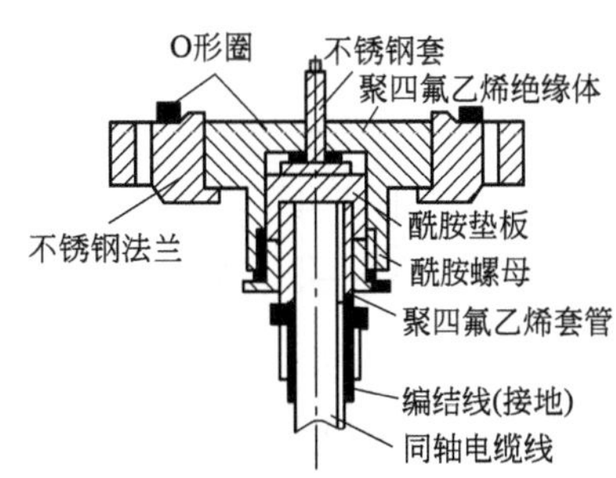

图 18-15　高压高频电极

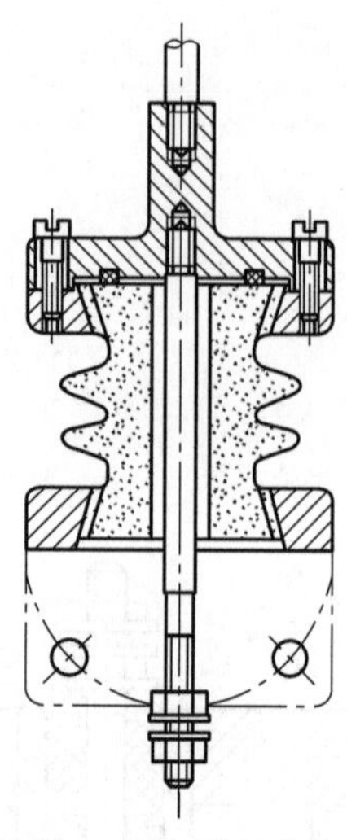

图 18-16　2kV，120A 高压大电流电极结构

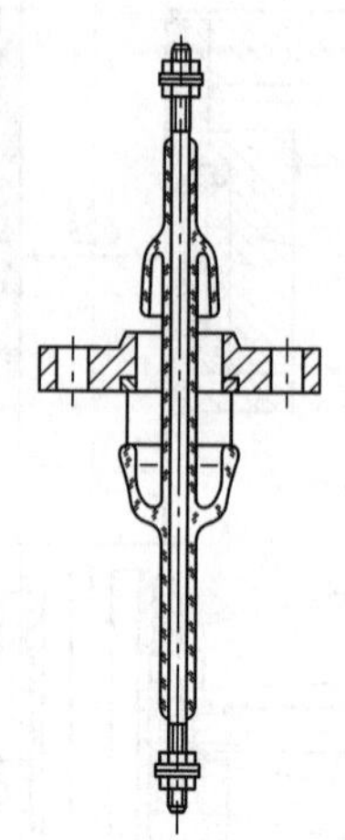

图 18-17　5kV，10A 高压大电流电极结构

(5) 几种特殊用途的电极结构

① 调频感应电极结构如图 18-18 所示。

② 烘烤电极结构如图 18-19 所示。

③ 水冷蒸发器的电极结构如图 18-20 所示。

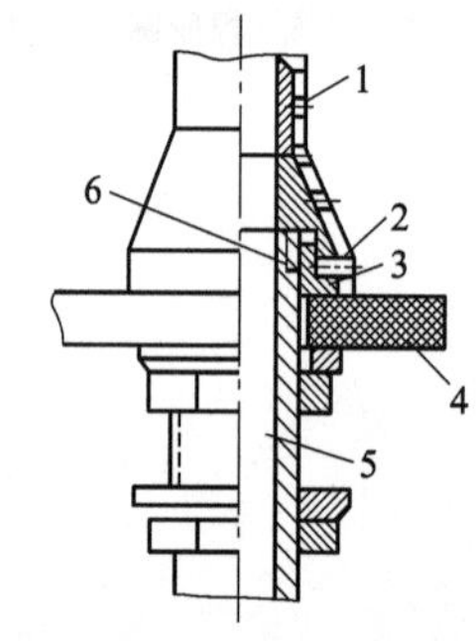

图 18-18　调频感应电极结构
1—绝缘套；2—绝缘环；3—橡胶圈；
4—绝缘板；5—电极；6—焊缝

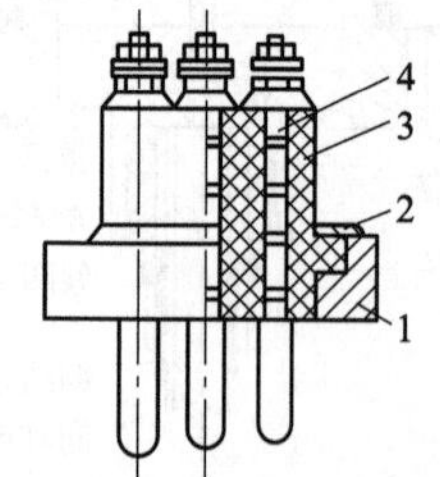

图 18-19　烘烤电极结构
1—方形法兰；2—密封面；
3—绝缘套；4—电极杆

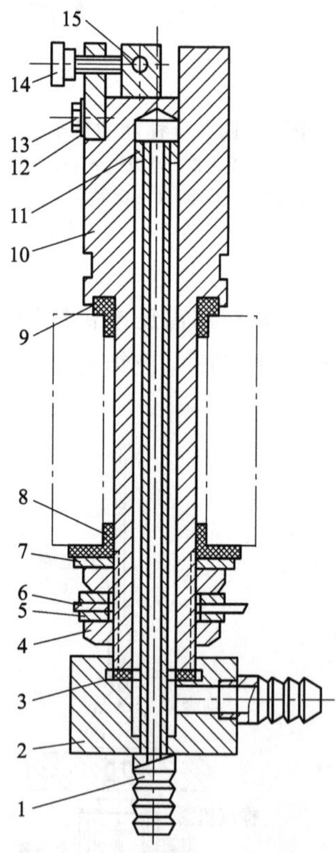

图 18-20　水冷蒸发器的电极结构
1—水嘴；2—水管接头；3—密封垫；
4—六角扁螺母；5,7—垫圈；
6—接线板；8—绝缘套；9—密封绝缘套；
10—电极座；11—O 形密封圈；12—垫片；
13—螺钉；14—压紧螺钉；15—压紧块

18.1.3 陶瓷金属封接电极（摘自 SJ 1775—81）

本标准适用于真空设备中的陶瓷金属封接式电极。

陶瓷金属封接式电极分Ⅰ型、Ⅱ型、Ⅲ型三种，其结构型式及尺寸：Ⅰ型按表 18-3 规定，Ⅱ型、Ⅲ型按图 18-21、图 18-22 规定。

表 18-3 陶瓷金属封接电极Ⅰ型电极尺寸 单位：mm

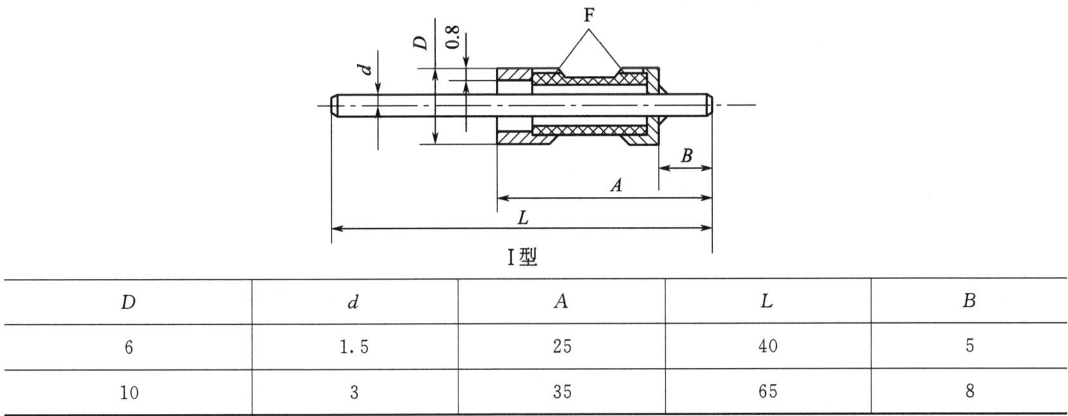

D	d	A	L	B
6	1.5	25	40	5
10	3	35	65	8

注：F—封接。

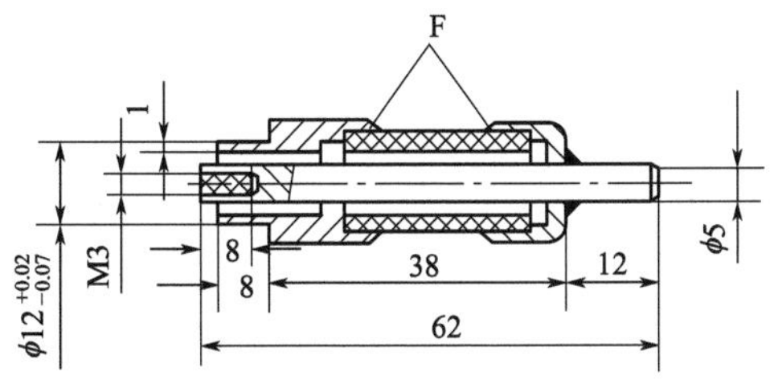

图 18-21 陶瓷金属封接电极Ⅱ型电极结构

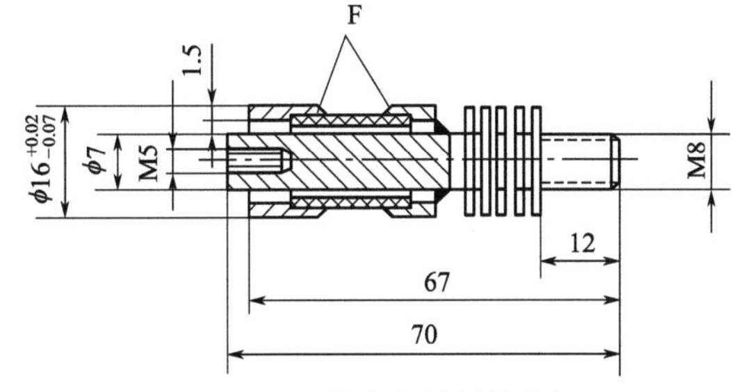

图 18-22 陶瓷金属封接电极Ⅲ型电极结构

标记示例：

电极杆为 3mm 的Ⅰ型封接式电极，其标记为：

封接电极Ⅰ-3 SJ 1775—81

Ⅲ型封接电极其标记为：

封接电极Ⅲ SJ 1775—81

陶瓷金属封接电极使用 4J31、4J33 可伐合金（YB 662—69《铁-镍-钴瓷封合金 4J34、4J31、4J33》）与 95 瓷制造。最大漏气速率不大于 10^{-9}Pa·L/s；最高烘烤温度为 450℃。

18.1.4 国产 JB 型高压电极引线

JB 型高压电极引线由真空陶瓷、可伐合金、不锈钢法兰焊接而成。经严格的真空检漏、具有可靠的密封性能和良好的高压绝缘性能，可广泛用于超高真空、高真空系统中，其电极法兰按国际真空标准设计。表 18-4 所列为 JB 型高压电极引线性能参数。

表 18-4 JB 型高压电极引线性能参数

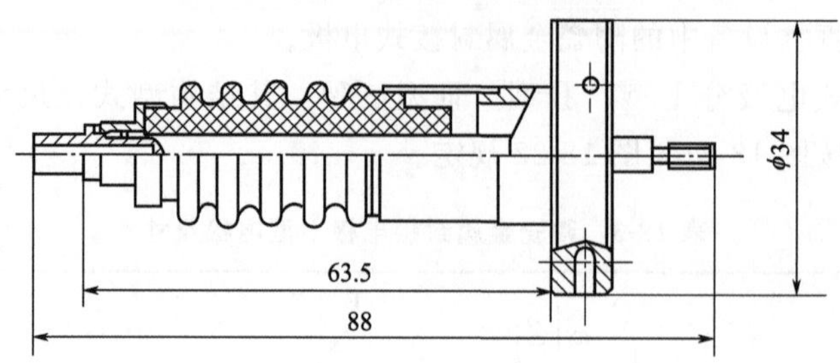

型号	漏气速率/Pa·L·s^{-1}	绝缘耐压/kV	电流/A	温度参数/℃	烘烤温度/℃
JB	$<10^{-8}$	≤10	10	196～450	≤400

注:北京中科科仪技术发展有限责任公司生产。

18.1.5 国产陶瓷-金属封接电极

沈阳科学仪器股份有限责任公司生产的陶瓷-金属封接电极分为陶瓷封接 CF 组件型和陶瓷封接引线瓷片型，前者带有 CF 法兰，后者不带法兰。技术参数见表 18-5～表 18-7。

表 18-5 陶瓷封接 CF 组件型技术性能参数

名称	连接法兰	电极型号	允许最大电流/A	最高工作电压/V	漏率/Pa·L·s^{-1}	烘烤温度/℃
CF-9 单芯组件	CF16	T/CF1.00	5	4K	$<10^{-8}$	≤300
CF-10 单芯组件	CF16	T/CF1.00B	10	3K		
CF-11 1～6 芯组件	CF25	T/CF1.00	5	4K		
CF-12 1～6 芯组件	CF35	T/CF1.00	5	4K		
		T/CF1.00B	10	3K		
CF-13 1～10 芯组件	CF50	T/CF1.00	5	4K		
		T/CF1.00B	10	3K		
CF-14 1～12 芯组件	CF63	T/CF1.00	5	4K		
		T/CF1.00B	10	3K		
CF-15 多芯组件	CF100 CF150	T/CF1.00	5	4K		
		T/CF1.00B	10	3K		
		T/CF5.00	40	3K		

表 18-6 CF 法兰型陶瓷封接组件外形尺寸

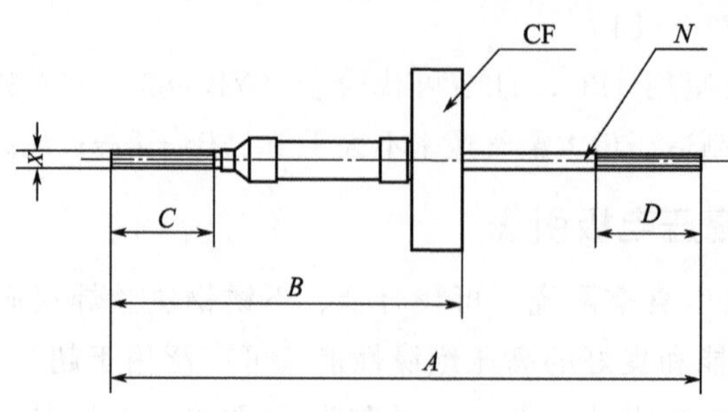

续表

连接法兰	引线直径 x /mm	外形尺寸/mm				电流/A	耐压/kV	引线数量 N	电极杆材料
		A	B	C	D				
CF16	ϕ1.8	85	50	—	—	5	4	1	4J33
	M3	100	50	12	16	10	3		4J33
	M6	120	68	20	20	40	3		TU1
CF25	ϕ1.8	85	53	—	—	5	4		4J33
	M3	100	53	12	16	10	3		4J33
	M6	120	71	20	20	40	3		TU1
CF35	ϕ1.8	85	56	—	—	5	4	1-8	4J33
	M3	100	56	12	16	10	3		4J33
	M6	120	73.5	20	20	40	3	1-3	TU1
CF50	ϕ1.8	85	59	—	—	5	4	1-2	4J33
	M3	100	59	12	16	10	3		4J33
	M6	120	76.5	20	20	40	3	1-4	TU1
CF63	ϕ1.8	85	60.5	—	—	5	4	1-6	4J33
	M3	100	60.5	12	16	10	3		4J33
	M6	120	78	20	20	40	3	1-5	TU1
CF100	ϕ1.8	85	63	—	—	5	4	1-20	4J33
	M3	100	63	12	16	10	3		4J33
	M6	120	80	20	20	40	3	1-8	TU1
CF150	ϕ1.8	85	65	—	—	5	4	1-30	4J33
	M3	100	65	12	16	10	3		4J33
	M6	120	82	20	20	40	3	1-12	TU1

表 18-7　陶瓷封接引线瓷片型技术性能参数

电 极 型 号	封环尺寸/mm	引线尺寸/mm	陶瓷件/mm	最大电流/A	最高电压/V	漏率/Pa·L·s^{-1}	烘烤温度/℃
T/CF1.00 单芯引线	ϕ7×20	ϕ1.8	95%Al_2O_3 管 ϕ7	5	4K	<10^{-8}	≤300
T/CF1.00B 单芯引线	ϕ7×20	ϕ3	95%Al_2O_3 管 ϕ7	10	3K		
T/CF2.00 十芯引线	ϕ45	ϕ1.8	95%Al_2O_3 片 ϕ48	5	5K		
T/CF3.00 三芯引线	ϕ30	ϕ1.8	95%Al_2O_3 片	5	5K		
T/CF4.00 七芯引线	ϕ38	ϕ1.8	95%Al_2O_3 片 ϕ38	5	5K		
T/CF5.00 密封电极(单)	ϕ15	ϕ6	95%Al_2O_3 管 ϕ17	40	3K		
T/CF6.00 高压电极(单)	ϕ36	ϕ6	95%Al_2O_3 管 ϕ36	5	20K		
T/CF7.00 瓷瓶电极(单)	ϕ62×128	ϕ3	95%Al_2O_3 管	5	50K		

18.1.6　气密封圆形连接器

镇江惠通原二插接件有限公司生产的 CX2 系列气密封圆形连接器，漏率不大于 10^{-3}Pa·L/s，绝缘电阻大于 1000MΩ（500V，DC）。技术参数见表 18-8～表 18-11。

表 18-8　型号及标记方法

序号	分类	分类内容		标志
1	连接器类型	螺纹连接圆形连接器		CX2
2	固定端连接器与面板配合尺寸/mm	12,15,23,24,28,30,33,36,47,49		标出数字
3	接触件类型	插针		J
		插孔		K
4	接触件数目	2,3,4,6,8,19,31,55,92		标出数字
5	连接器分类	自由端	右自由端	不标
			左自由端	U
			短路自由端	D
		固定端	非密封固定端	不标
			密封固定端	M
			穿墙密封固定端	C
6	外壳结构型式	直式	屏蔽	P
			非屏蔽	Q
7	结构细分代号		1,2,…	标出数字
8	接触件镀层种类		镀金	不标
			镀银	Y

表 18-9　插头的外形尺寸　　单位：mm

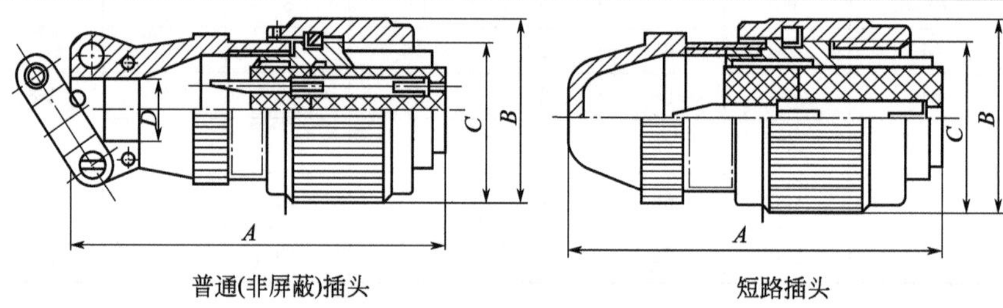

普通(非屏蔽)插头　　短路插头

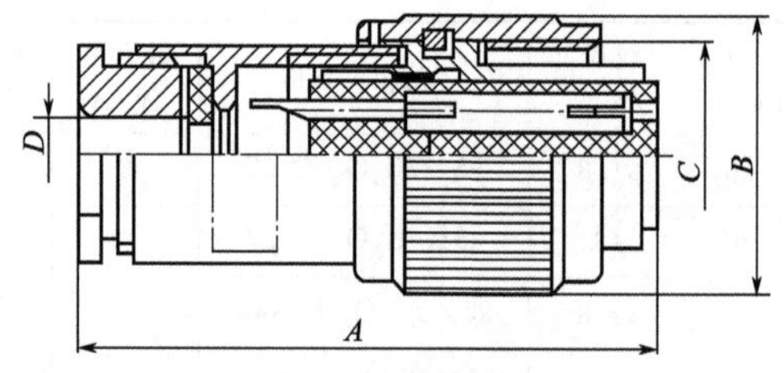

屏蔽插头

型号(民品)	型号(军品)	*A*	*B*	*C*	*D*
CX_2 12K ＊＊Q	CX_2-2MTK、CX_2-3MTK、CX_2-4M_1TK	34	ϕ15	M12×0.75	6
CX_2 12K ＊＊D	CX_2-＊＊DTK	28	ϕ15	M12×0.75	6
CX_2 12K ＊＊P	CX_2-＊＊PTK	30	ϕ15	M12×0.75	6
CX_2 15K8Q_1	CX_2-8M_1TX	40	ϕ22	M17×1	10
CX_2 23K8Q	CX_2-8MTK	40	ϕ29	M24×1	11
CX_2 23K19Q	CX_2-19MTX	40	ϕ29	M24×1	11
CX_2 24K19UQ	CX_2-19CTK 左	40	ϕ29	M24 ×1	11
CX_2 28K31Q	CX_2-31MTK	40	ϕ36	M30×1	15
CX_2 28K31UQ	CX_2-31CTK 左	40	ϕ36	M30×1	15

续表

型号(民品)	型号(军品)	*A*	*B*	*C*	*D*
CX_2 33K55Q	CX_2-55MTK	52	ϕ41	M36×1.5	17
CX_2 36K55UQ	CX_2-55CTK 左	52	ϕ41	M36×1.5	17
	CX_2-92MTK	58	ϕ56	M48.5×1.5	28
	CX_2-92CTK 左	58	ϕ56	M48.5×1.5	28

表 18-10　插座的外形尺寸　　单位：mm

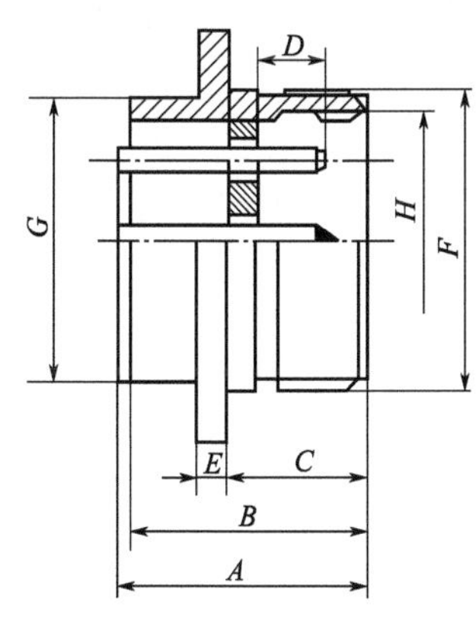

普通插座

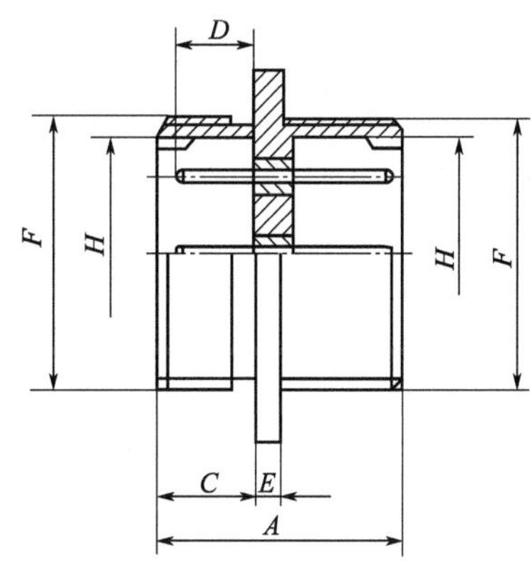

穿墙插座

型号(民品)	型号(军品)	(*A*)	*B*	*C*	*D*	*E*	*F*	*G*	*H*
CX_2 12J **M	CX_2-2MZJ	19	15	9	7	1.5	M12×0.75	ϕ12	ϕ10
	CX_2-3MZJ								
	CX_2-4M_1ZJ								
CX_2 12J4M_3	CX_2-4$M_3$2J	17	12.5	9	7	1.5	M12×0.75	ϕ12	ϕ10
CX_2 15J8M_5	CX_2-8M_1ZJ	19.5	15	10	7	2	M17×1	ϕ15	ϕ14
CX_2 23J8M	CX_2-8MZJ	23	20	11.5	7	2.5	M24×1	ϕ22.5	ϕ21
CX_2 23J19M	CX_2-19MZJ	23	20	11.5	7	2.5	M24×1	ϕ22.5	ϕ21
CX_2 24J19C	CX_2-19CZJ	23.5	—	9	7	2.5	M24×1	ϕ24	ϕ21
CX_2 28J31M	CX_2-31MZJ	22.5	20	11.5	7	2.5	M30×1	ϕ28	ϕ27
CX_2 28J31C	CX_2-31CZJ	23.5	—	9	8.5	2.5	M30×1	ϕ30	ϕ27
CX_2 33J55M	CX_2-55MZJ	23	17	11.5	7	2.5	M36×1.5	ϕ33	ϕ32
CX_2 36J55C	CX_2-55CZJ	23.5	—	9.5	7	2.5	M36×1.5	ϕ36	ϕ32
	CX_2-92MZJ	23	20	11.5	8	2.5	M48.5×1.5	ϕ47	ϕ44.1
	CX_2-92CZJ	23	—	9	8.5	3	M48.5×1.5	ϕ48.5	ϕ44.1

表 18-11　开孔尺寸　　单位：mm

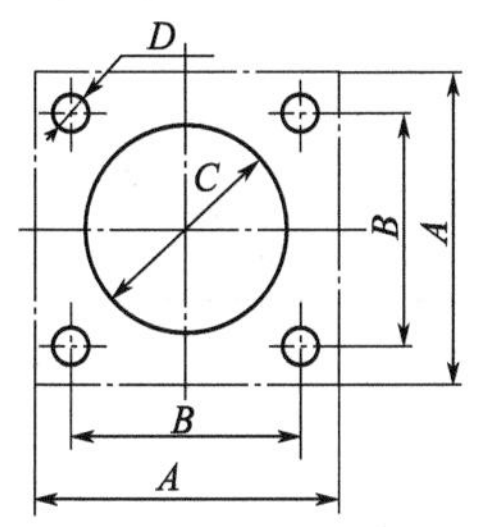

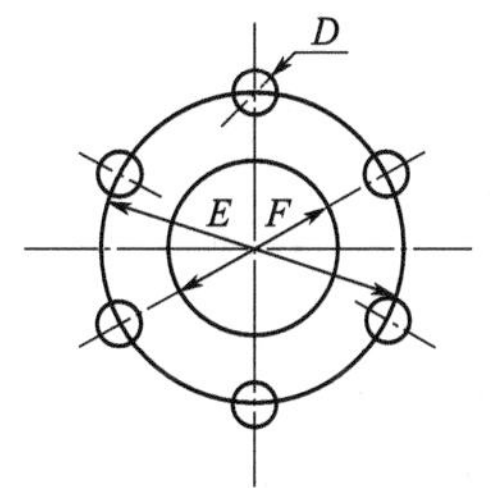

续表

型号(民品)	型号(军品)	*A*	*B*	*C*	*D*	*E*	*F*
CX_2 12J ＊＊M	CX_2-2MZJ CX_2-3MZJ CX_2-4M_1ZJ	20	15	ϕ12.5	ϕ2.5	—	—
CX_2 12J4M_3	CX_2-4M_3ZJ	18	13.5	ϕ12.5	ϕ2.5	—	—
CX_2 15J8M_5	CX_2-8M_1ZJ	23	18	ϕ15.5	ϕ2.5	—	—
CX_2 23J8M	CX_2-8MZJ	33	26	ϕ23	ϕ3.5	—	—
CX_2 23J19M	CX_2-19MZJ	33	26	ϕ23	ϕ3.5	—	—
CX_2 24J19C	CX_2-19CZJ	33	26	ϕ24.5	ϕ3.5	—	—
CX_2 28J31M	CX_2-31MZJ	38	31	ϕ28.5	ϕ3.5	—	—
CX_2 28J31C	CX_2-31CZJ	38	31	ϕ30.5	ϕ3.5	—	—
CX_2 33J55M	CX_2-55MZJ	—	—	—	ϕ3.5	ϕ43	ϕ33.5
CX_2 36J55C	CX_2-55CZJ	—	—	—	ϕ3.5	ϕ43	ϕ36.5
	CX_2-92MZJ	—	—	—	ϕ4.5	ϕ61	ϕ47.5
	CX_2-92CZJ	—	—	—	ϕ4.5	ϕ72	ϕ49

18.2 观察窗

观察窗通常用来监视真空容器内部实时状况（如机构的运转、工件的放置状态等）或用作光学测试窗口。根据密封型式，观察窗可分为可拆连接型和不可拆连接型。前者用于高真空和低真空系统，后者用于超高真空系统。在不可拆连接中，用无氧导铜和玻璃的不匹配封接或者使用可伐与玻璃的匹配封接，两者都能承受300～450℃高温烘烤。真空度要求不太高的地方，可用透明有机玻璃板代替玻璃板。光学测试窗口的观察窗材料，根据要求可选用满足光学测试要求的玻璃。几种常用光学窗口材料介绍见表18-12。

在一些高温或低温设备上使用的观察窗，还应考虑密封结构的温度使用范围。

表18-12 几种常用光学窗口材料

序号	材料	波长范围	最高使用温度/℃	特点
1	硼玻璃	400～1200nm	350	可见光波段
2	石英玻璃	250～1300nm	1200	激光
3	蓝宝石	250nm～4μm	350	热导率高
4	CaF_2	200nm～9μm	200	激光、红外波段
5	BaF_2	400nm～9μm	200	发光材料
6	MgF_2	120nm～7μm	200	偏振光
7	ZnSn	550nm～18μm	200	在10.6μm波段透射率高
8	ZnS	1～14μm	200	红外波段

18.2.1 观察窗结构类型

观察窗的基本结构类型如图18-23～图18-26所示。

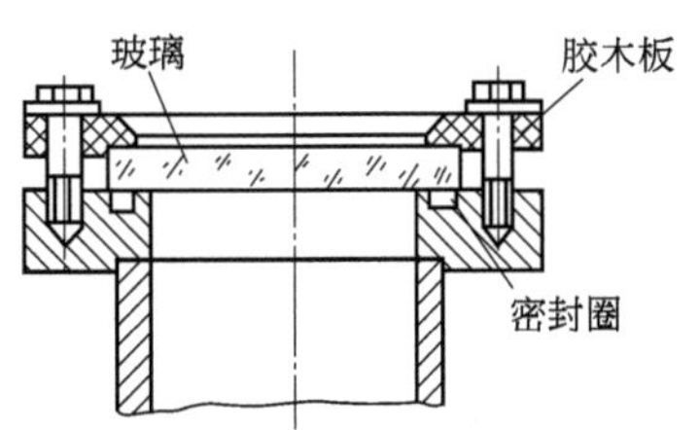

图 18-23　可拆卸高真空观察窗

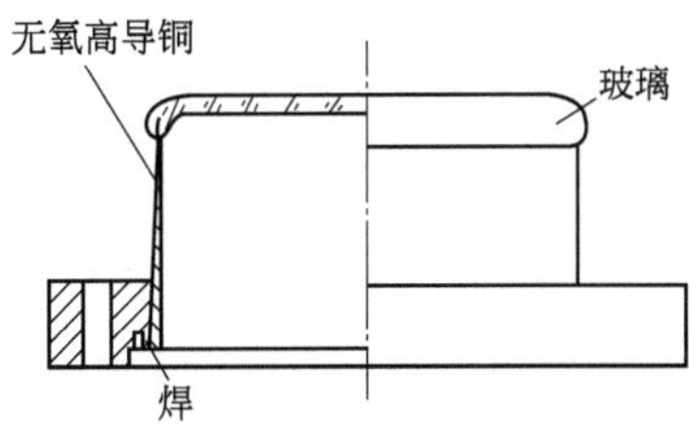

图 18-24　不匹配封接高真空观察窗

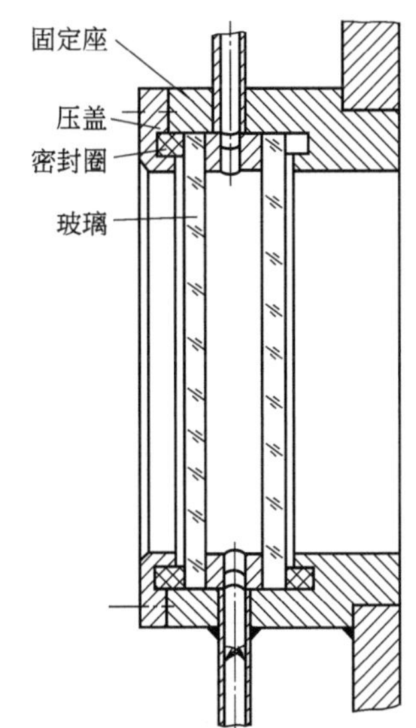

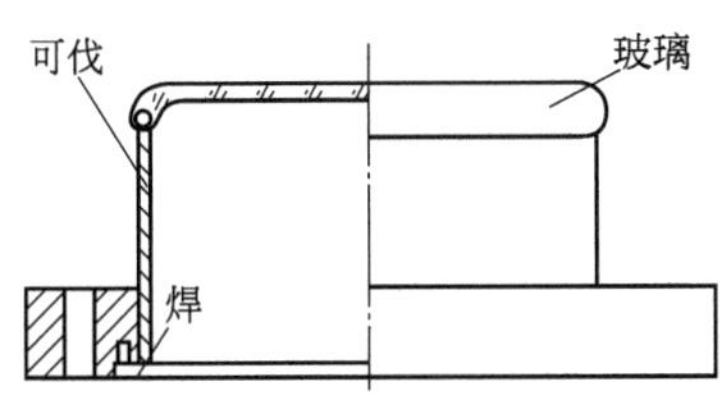

图 18-25　不匹配封接高真空观察窗

图 18-26　带有冷却水的观察窗

18.2.2　真空设备观察窗（摘自 SJ 1774—81）

本标准适用于真空设备用橡胶密封的观察窗。观察窗结构分Ⅰ型、Ⅱ型两种。其结构型式及尺寸见表 18-13、表 18-14。观察窗漏气率不大于 10^{-6}Pa·L/s。

表 18-13　Ⅰ型观察窗结构型式及尺寸　　单位：mm

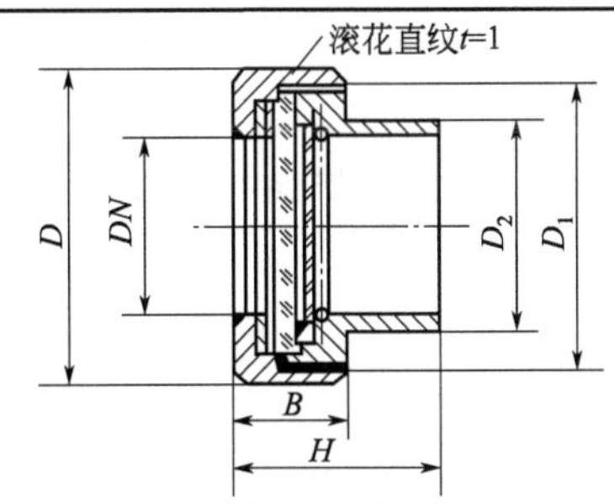

DN	D	D_1	D_2	B	H
50	84	3M76×2	58	25	55
65	100	3M90×2	73	25	55
80	122	3M110×2	88	30	60
100	144	3M130×2	110	30	60

表 18-14 Ⅱ型观察窗结构型式及尺寸 单位：mm

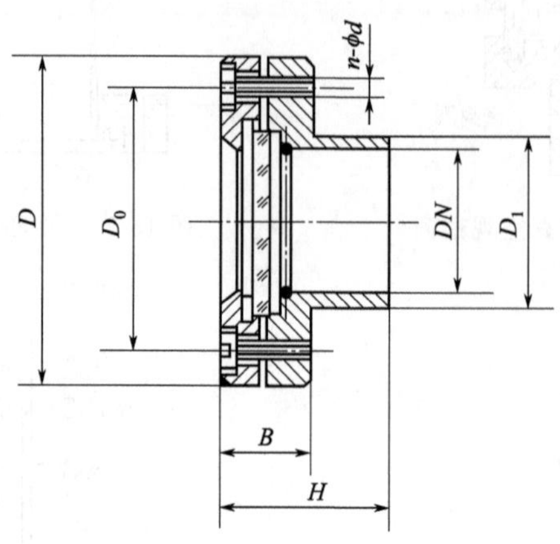

DN	D	D_0	D_1	B	H	n	ϕd
50	110	90	58	26	56	4	M8
65	125	105	73	26	56	4	M8
80	145	125	88	30	60	4	M8
100	170	145	110	30	60	4	M10

标记示例：

公称通径为 80mm 的Ⅰ型观察窗，其标记为：

观察窗 80-Ⅰ　SJ 1774—81

公称通径为 100mm 的Ⅱ型观察窗，其标记为：

观察窗 100-Ⅱ　SJ 1774—81

18.2.3 国产玻璃观察窗

沈阳科学仪器股份有限责任公司生产的系列玻璃观察窗，广泛用于各类高低真空和超高真空设备，透过观察窗可从外部清楚地观察真空容器内部的工艺状况，玻璃涂屏后，可做荧光屏使用。法兰密封采用金属无氧铜垫密封，可耐 300℃以下的高温烘烤，漏率小于 10^{-8}Pa·L/s，外形尺寸见表 18-15。

表 18-15 玻璃观察窗外形尺寸

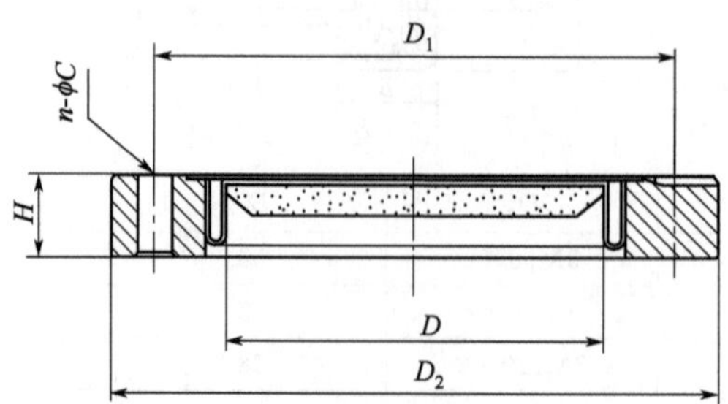

续表

通径 DN/mm	外形尺寸/mm				n-ϕC	连接法兰
	D	D_1	D_2	H		
35	38	58.7	70	16	6-ϕ6.6	CF35
50	50	72.4	86	18	8-ϕ8.4	CF50
63	65	92.2	114	20	8-ϕ8.4	CF63
100	98	130.3	152	20	16-ϕ8.4	CF100
150	151	181.1	202	22	20-ϕ8.4	CF150
200	202	231.9	253	25	24-ϕ8.4	CF200

18.3 挡油帽和挡板

18.3.1 挡油帽

安装在扩散泵入口第一级喷嘴上面的挡油帽，是用来降低扩散泵油的返流的，其结构示意图如图 18-27 所示。挡油帽的尺寸越大，挡油的效果就越好。但尺寸过大，会使泵的抽速显著降低。一般加上挡油帽后，以泵的抽速降低小于 20%为宜。水冷挡油帽比不加水冷的挡油效果要好，但通水冷却结构较复杂。此外，挡油帽向下伸出长度越大，挡油效果越好。通常挡油帽边缘与射流方向相切，这样既不挡蒸气主流，又可以挡住向高真空端的返流的蒸气。挡油帽伸出长度 H 可由下式计算：

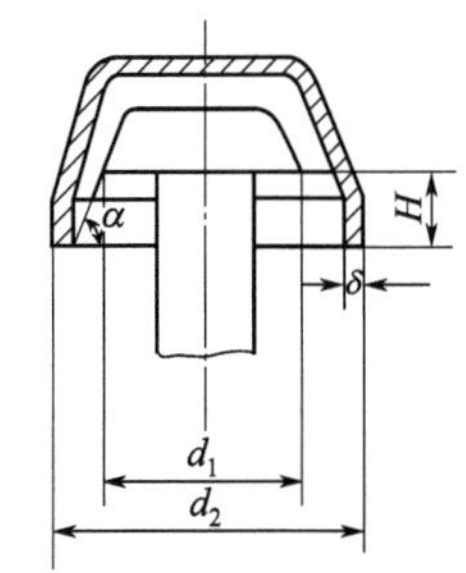

图 18-27　挡油帽示意图

$$H=\frac{d_2-d_1-2\delta}{2}\tan\alpha \tag{18-1}$$

式中　H——挡油帽伸出长度，mm；

d_1——泵的喷口直径，mm；

d_2——挡油帽帽缘外径，mm；

δ——挡油帽帽缘厚度，mm；

α——泵的喷口扩张角，(°)。

各类挡油帽的挡油效果如图 18-28 所示。

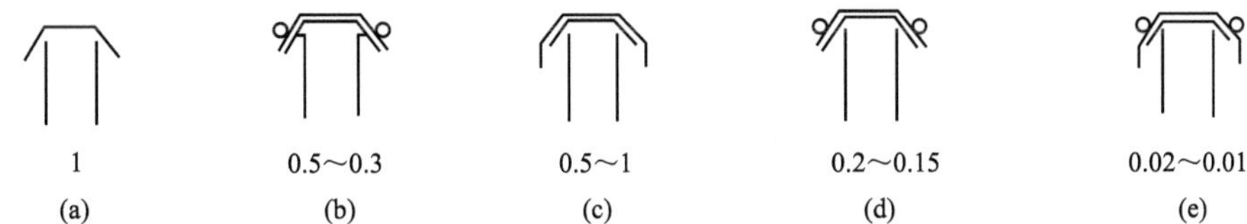

图 18-28　各类挡油帽挡油效果

(a) 不加挡油帽时，设挡油量为 1；(b)、(c)、(d)、(e) 表示加挡油帽及水套等措施后的挡油量，数值越小，挡油效果越好

18.3.2 挡板

18.3.2.1 挡板设计原则

① 至少要有一次光学屏蔽，即至少要挡住一次束流。

② 尽可能有大的流导值。

③ 容易加工。挡板各部分温差小，制冷剂耗量少。

④ 超高真空用的挡板应能承受高温烘烤。

挡板的结构和挡板的传输概率密切相关。常用挡板结构和比流导见表18-16、直通挡板结构和传输概率见表18-17、圆筒形和方形弯头挡板结构的传输概率见表18-18。

表 18-16 常用挡板结构和比流导

序号	型式	比流导 /$L\cdot s^{-1}\cdot cm^{-2}$	最大二次束角 β_{max}	屏蔽效果
1	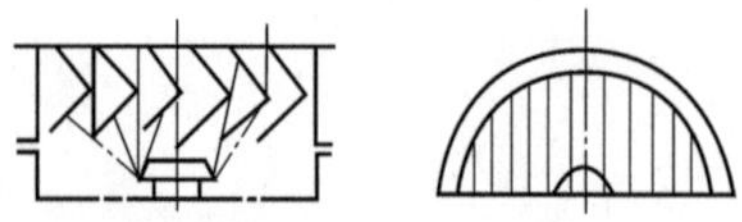	3.6	90°	
2	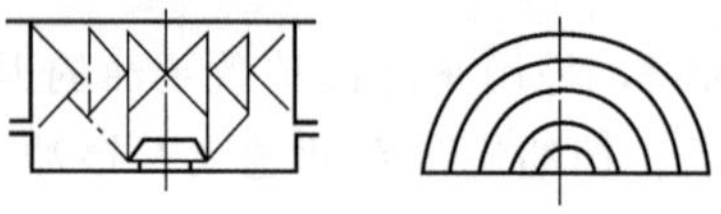	3.6	0° (<90°)	
3	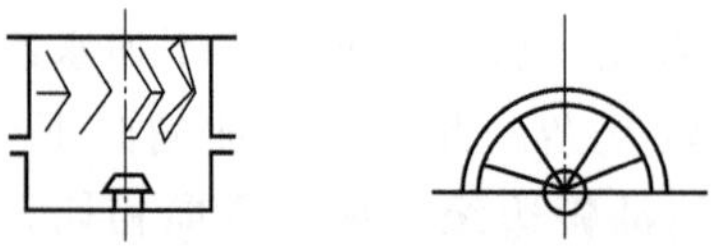	3.6	<90°	
4	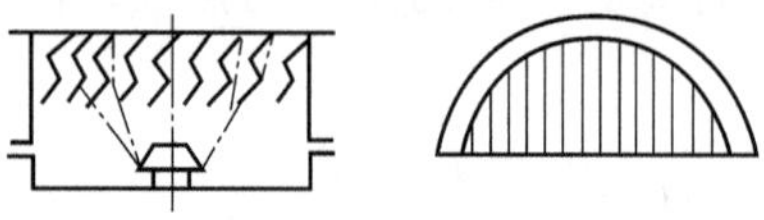	2.2	0°	
5	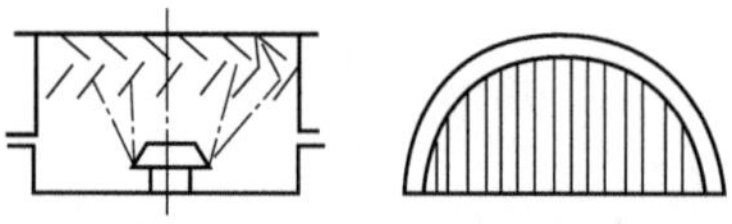	3.2	<90°	
6	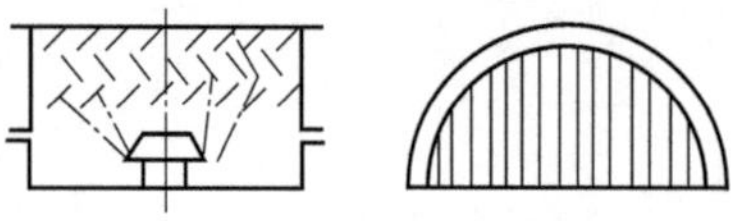	2.0	0°	
7	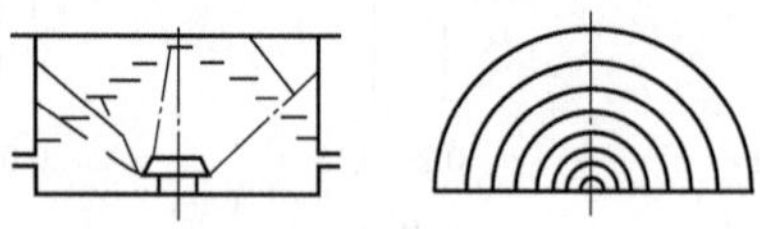	8	<90°	
8	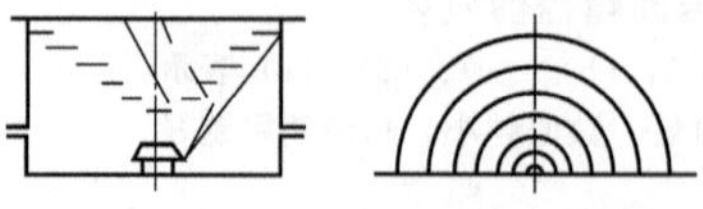	3.2 4.2 4.5	35° 45° 65°	10^{-5}
9	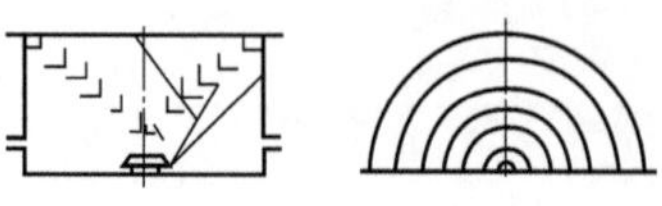	3.8	0°	$<10^{-5}$

续表

序号	型式	比流导 /L·s^{-1}·cm^{-2}	最大二次束角 β_{max}	屏蔽效果
10	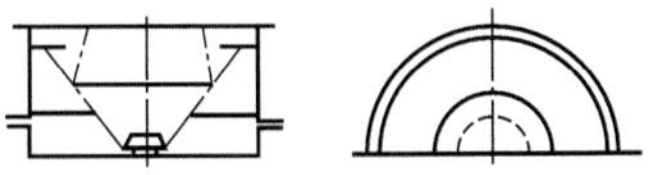	1.6	<90°	10^{-4}
11	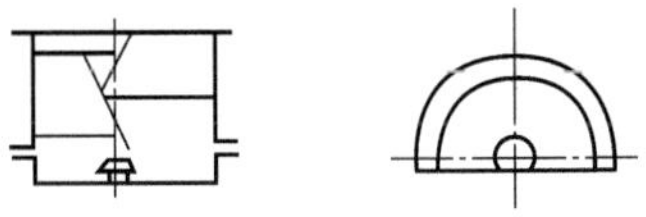	1.2 1.4	<90°	

表 18-17　直通挡板结构和传输概率 P_c

序号	型　式	结构参数	传输概率 P_c
1	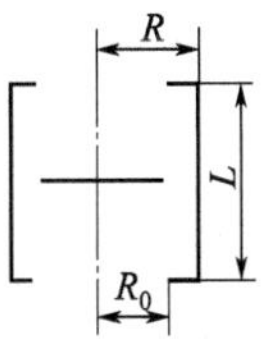	$R/R_0=1.5$ $L/R_0=3$	0.38
2	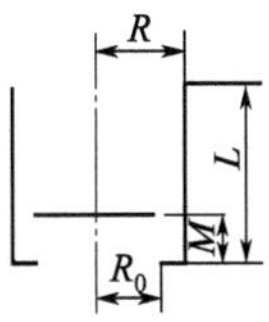	$R/R_0=1.5$ $L/R_0=3$ $M/L=0.26$	0.36
3	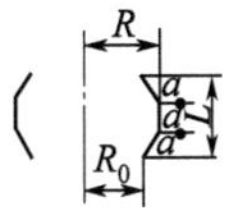	$R/R_0=1.29$ $L/R_0=1.5$	0.45
4	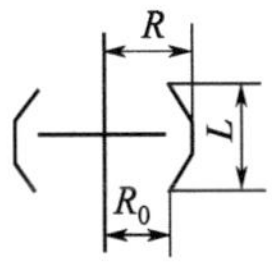	$R/R_0=1.29$ $L/R_0=1.5$	0.23
5	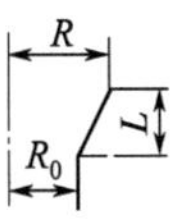	$R/R_0=1.5$ $L/R_0=1$	0.92
6	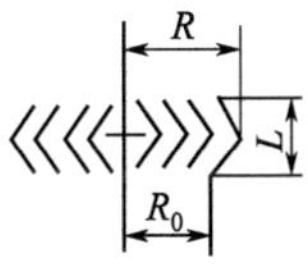	$R/R_0=1.29$ $L/R_0=0.75$	0.22

续表

序号	型　　式	结构参数	传输概率 P_c
7	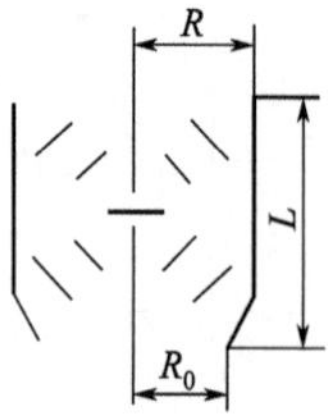	$R/R_0=1.3$ $L/R_0=2.67$	0.33
8	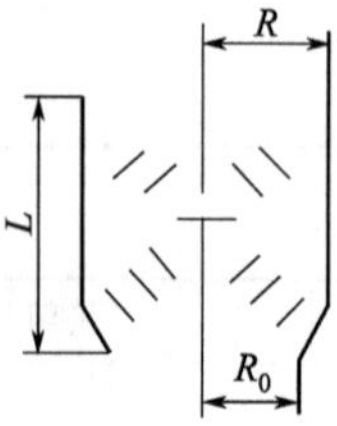	$R/R_0=1.3$ $L/R_0=2.67$	0.35

表 18-18　圆筒形和方形弯头挡板结构的传输概率

序号	名称	型式	结构尺寸 W/D	传输概率 P_c
1	桶形弯头	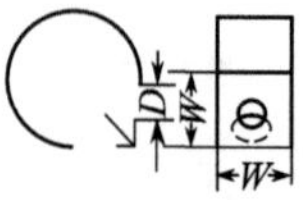	2.00 1.33 1.00	0.44 0.39 0.32
2	带有喷嘴帽的桶形弯头		2.00 1.33	0.33 0.30
3	扩散泵上的桶形弯头	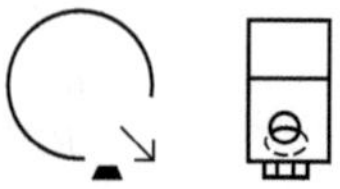	2.00 1.33	0.32 0.27
4	有人字形挡板 $A/B=5$ 的桶形弯头	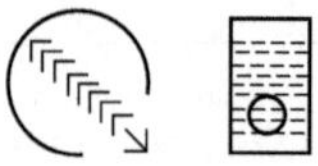	2.00 1.66 1.33	0.38 0.35 0.31
5	方形弯头	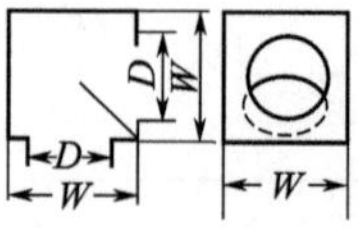	2.00 1.50	0.43 0.38
6	有喷嘴帽的方形弯头	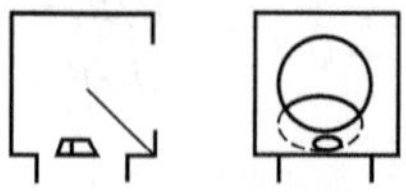	2.00 1.50	0.36 0.28
7	在扩散泵上的方形弯头	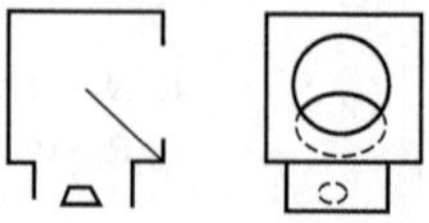	2.00 1.50	0.30 0.27

续表

序号	名称	型式	结构尺寸 W/D	传输概率 P_c
8	扩散泵喷口帽	0.844W 0.883W 0.844W D W D W D 0.461D 0.344D 0.371D 0.179D 0.548D 0.023D		

18.3.2.2 挡板的结构图

几种挡板的结构如图 18-29～图 18-32 所示。

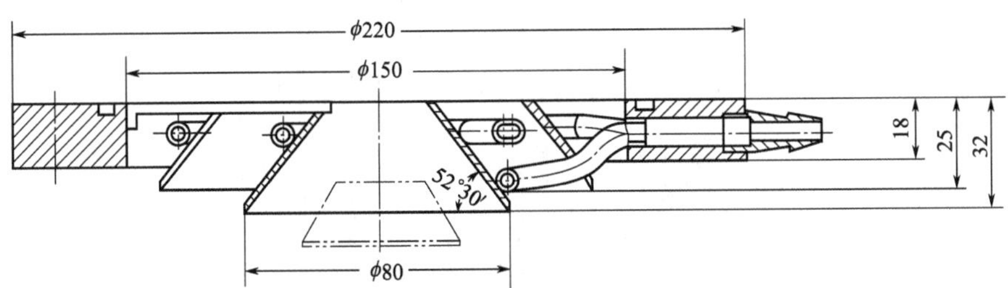

图 18-29 锥状环形挡板

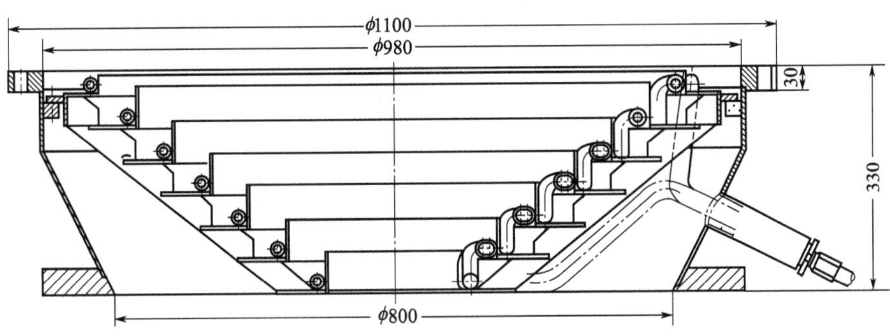

图 18-30 锥形挡板

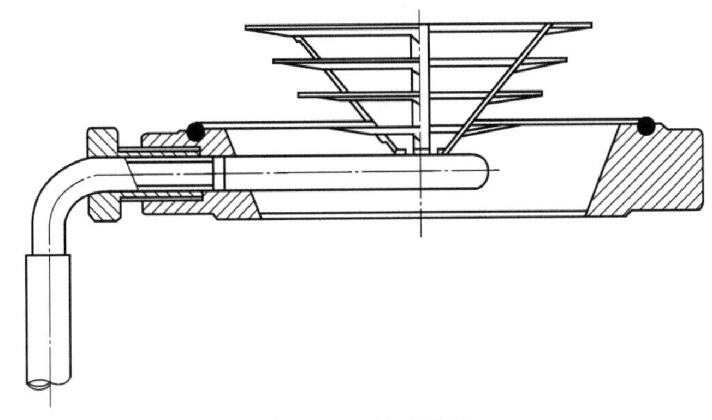

图 18-31 锥形挡板

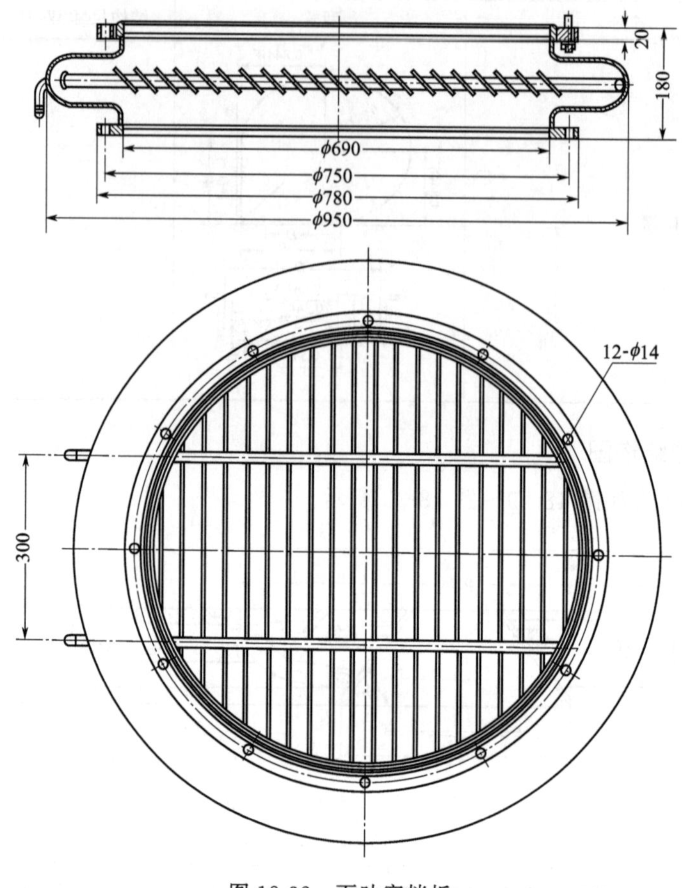

图 18-32　百叶窗挡板

18.3.2.3　直筒式水冷挡板(摘自 ZBJ 78010—87)

本标准适用于直筒式高真空双层百叶窗、光学密封水冷挡板（以下简称挡板）。

(1) 技术性能　应符合表 18-19 规定。

(2) 外形和连接尺寸　如表 18-20 所示。

(3) 挡板的性能试验方法

① 挡板的漏气速率用加压检漏法或氦质谱检漏法检验　加压检漏法的充气压力不小于 0.3～0.4MPa。

表 18-19　双层百叶窗技术性能

项目＼公称通径/mm	160	200	250	320	400	500	630
流导/$L \cdot s^{-1}$	900	1600	2400	4000	5700	9000	15000
漏气速率/$Pa \cdot L \cdot s^{-1}$	6×10^{-3}	1×10^{-2}	1×10^{-2}	2×10^{-2}	3×10^{-2}	6×10^{-2}	1×10^{-1}

表 18-20　直筒式水冷挡板外形和连接尺寸　　单位：mm

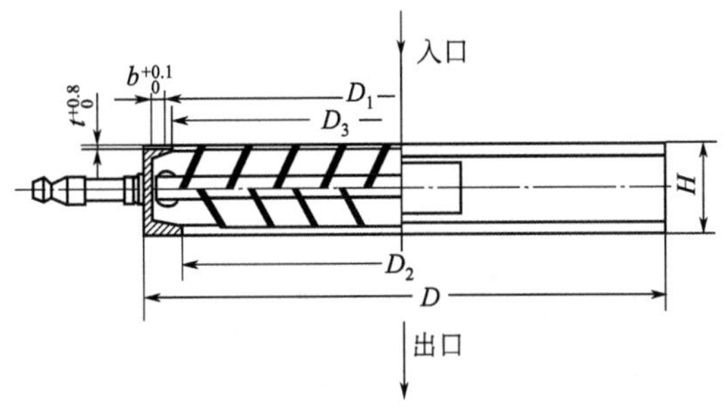

公称通径 DN/mm	D	D_1	D_2	D_3	H	b	t
160	187	$166^{+0.5}_{0}$	$\leqslant D_3$	160	70	6	3.6
200	246	$208^{+1.0}_{0}$		200		6	3.6
250	287	$258^{+1.0}_{0}$		250		6	3.6
320	377	$328^{+1.0}_{0}$		320		6	3.6
400	462	$410^{+1.5}_{0}$		400	100	8	4.8
500	561	$510^{+1.5}_{0}$		500		8	4.8
630	700	$640^{+1.5}_{0}$		630		8	4.8

② 挡板流导的检验　按 JB/T 8472.1—1996《蒸气流真空泵抽气速率（体积流率）测量方法》，测试装挡板前油扩散泵的抽速。将挡板装入油扩散泵进气口与测试罩之间，按 JB/T 8472.1 规定的测量方法，测试装挡板后系统的抽速。测试时应同时按规定要求向挡板和油扩散泵通水冷却。根据测得的装挡板前、后的抽速，按下式计算出挡板的流导能力。

$$U_B=\frac{S_P S_e}{S_P-S_e} \tag{18-2}$$

式中　U_B——挡板流导，L/s；

S_P——泵的抽速，L/s；

S_e——系统的有效抽速，L/s。

③ 挡油效率的检验　采用测量精度不低于 10^{-5}mg/(cm^2·min) 的测试仪器，分别测出装挡板前、装挡板后系统的返油率。根据测得的装挡板前、后的返油率，按下式计算挡板的挡油效率：

$$\varphi=\left(1-\frac{R_f}{R_b}\right)\times 100\% \tag{18-3}$$

式中　φ——挡板的挡油效率；

R_b——装挡板前泵的返油率；

R_f——装挡板后泵的返油率。

18.3.2.4　国产 LB 型水冷挡板

① 成都某公司生产的 LB 型系列水冷挡板外形尺寸见表 18-21。

② 沈阳某公司生产的 SDB 系列水冷挡板，有百叶窗式（A1、A2 型）和锥塔形（B1、

B2 型）两种，B2 型冷剂为水或氟利昂两用型，捕集面积最大，结构紧凑，挡油效果好。挡板部件漏率为 1.3×10^{-5} Pa·L/s，外形尺寸及技术性能参数见表 18-22。

表 18-21　LB 型水冷挡板外形尺寸

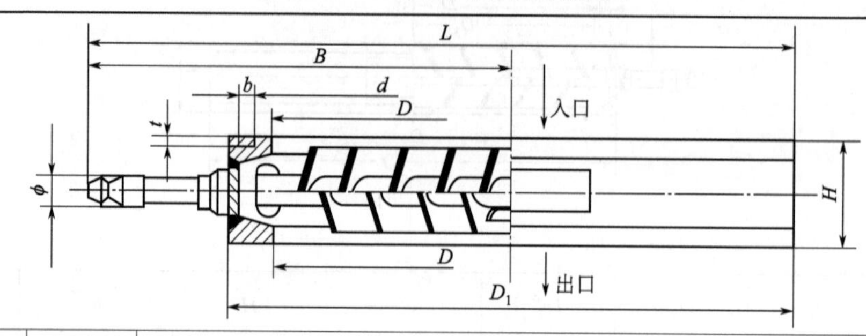

型号	通径 DN/mm	外形尺寸/mm								流导 /L·s^{-1}
		D	D_1	d	密封槽 $b\times t$	L	B	H	水嘴直径 ϕ	
LB-150A	150	132.5	182	156	$8^{+0.1}\times4.5^{+0.1}$	249	150	70	12	990
LB-200B	200	182.5	237	208		314	195			1640
LB-300A	300	282.5	335	308		407	240		15	3440
LB-400	400	368.5	445	410	$10^{+0.1}\times5.5^{+0.1}$	545	323	100	18	6110
LB-500	500	473.5	544	510	$8^{+0.1}\times4.8^{+0.1}$	639	367			9160
LB-500A	630	613.5	702	640		794	443			14500

表 18-22　SDB 系列水冷挡板外形尺寸及技术性能参数

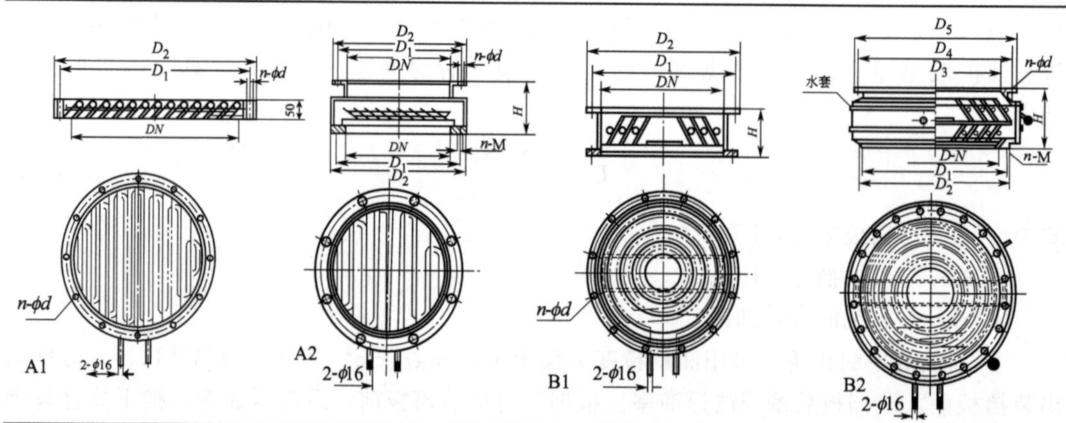

型号	通径 DN/mm	法兰尺寸/mm					螺孔尺寸/mm		H/mm			流导/$\times10^3$L·s^{-1}				质量/kg			
		D_1	D_2	D_3	D_4	D_5	n-ϕd	n-M	A1	B1	B2	A1	A2	B1	B2	A1	A2	B1	B2
SDB-100	100	145	170	100	145	170	4-ϕ12	4-M10	200	100	150	0.16	0.16	0.19	0.14	6.3	7.3	15	20
SDB-150	150	195	220	150	195	220	8-ϕ12	8-M10	200	120	180	0.5	0.5	0.6	0.45	8.9	11.5	20	25
SDB-200	200	250	275	200	250	275	8-ϕ12	8-M10	200	135	200	0.94	0.94	1.13	0.85	12.6	15.9	35	50
SDB-300	300	350	380	300	350	380	8-ϕ14	8-M12	220	145	220	1.9	1.9	2.28	1.71	20	30	60	80
SDB-320	320	395	425	320	395	425	12-ϕ14	12-M12	220	145	220	2	2	2.4	1.8	28	39	65	90
SDB-400	400	465	500	400	465	500	8-ϕ18	8-M16	220	160	250	3.4	3.4	4.08	3.06	32	47	75	100

续表

型号	通径 DN/mm	法兰尺寸/mm					螺孔尺寸/mm		H/mm			流导/$\times 10^3$L·s^{-1}				质量/kg			
		D_1	D_2	D_3	D_4	D_5	n-ϕd	n-M	A1	B1	B2	A1	A2	B1	B2	A1	A2	B1	B2
SDB-500	500	565	600	500	565	600	12-ϕ18	12-M16	220	160	250	5	5	6	4.5	41	60	90	120
SDB-600	600	670	710	600	670	710	12-ϕ21	12-M18	230	180	275	7.1	7.1	8.52	6.4	54	90	95	130
SDB-630	630	720	750	630	720	750	20-ϕ14	12-M12	230	180	275	7.8	7.8	9.36	7.02	62	101	100	135
SDB-800	800	880	920	800	880	920	20-ϕ21	20-M18	230	200	300	12.5	12.5	15	11.25	80	140	110	150
SDB-1000	1000	1090	1140	1000	1090	1140	24-ϕ23	24-M20	250	200	300	19.6	19.6	23.52	17.64	117	221	135	180
SDB-1200	1200	1310	1360	1200	1310	1360	28-ϕ25	28-M22	250	210	320	22.3	22.3	26.76	20.07	162	319	185	250

18.4 阱

阱的作用类似于挡板，它装在泵入口和真空室之间，不仅能有效地捕集来自蒸气流泵的返流蒸气及部分裂解物，而且可抽除来自真空室的蒸气。在真空技术中常用的阱有分子筛吸附阱、液氮冷阱、钛升华阱以及阻挡机械泵油用的前级吸附阱等。

18.4.1 分子筛吸附阱

分子筛具有特别大的吸附表面面积，用分子筛吸附来自泵的返流蒸气。一般采用 13X 型或 4A 型分子筛，能获得 10^{-8}～10^{-10}Pa 的超高真空，有效工作时间长达 75 天。

金属超高真空系统用的大型分子筛吸附阱的结构如图 18-33(a) 所示。烘烤后能获得 4×10^{-8}Pa 的极限真空（使用 Octoil-S 扩散泵油），在 10^{-7}Pa 以下工作能维持 70 天，如图 18-33(b) 所示。也可利用泵与真空室连接的直角管道壁作为分子筛吸附阱，其结构如图 18-34 所示。阱内装有 13X 型分子筛 250g，经 450℃高温烘烤 48h 后，能获得 4×10^{-8}Pa 的极限真空。在 1×10^{-7}Pa 以下工作可以维持 2 周，6 周后压力上升到 1×10^{-6}Pa。

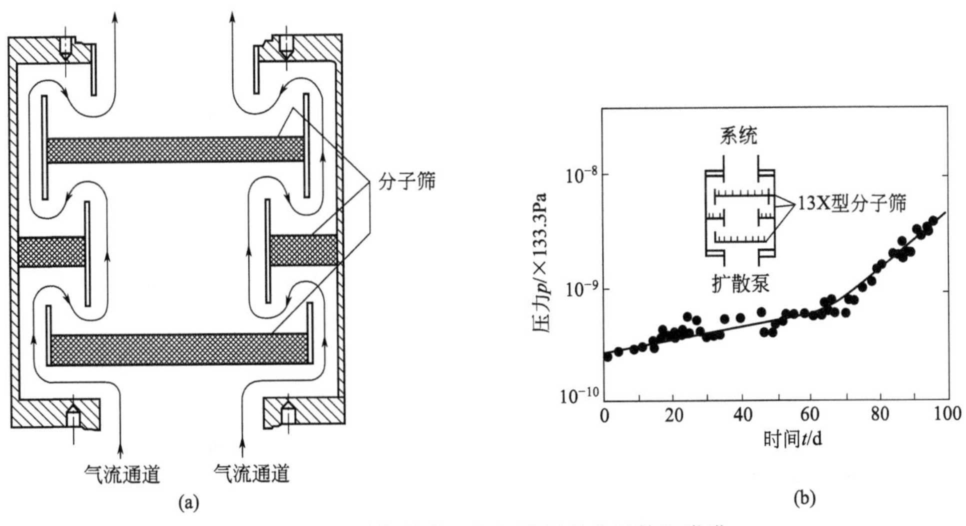

图 18-33　对氮具有 65L/s 流导的分子筛吸附阱

用裸规和标准规管同时测量带有分子筛吸附阱的真空室的真空度时，两种规的压力读数会出现较大的偏差（达一个多数量级），此种现象称为贝莱尔（Blears）效应，如图18-35所示。

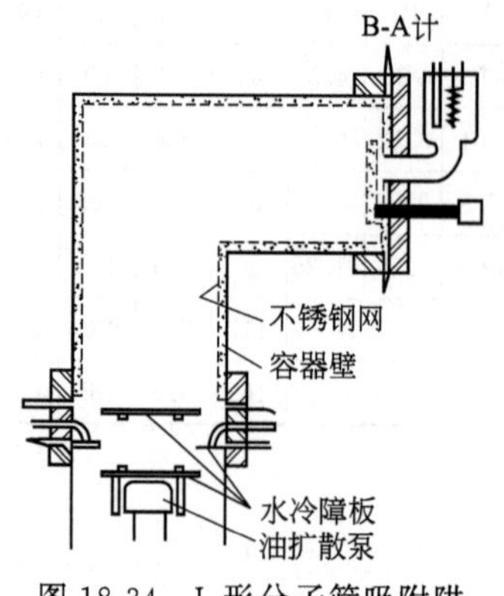

图 18-34 L形分子筛吸附阱

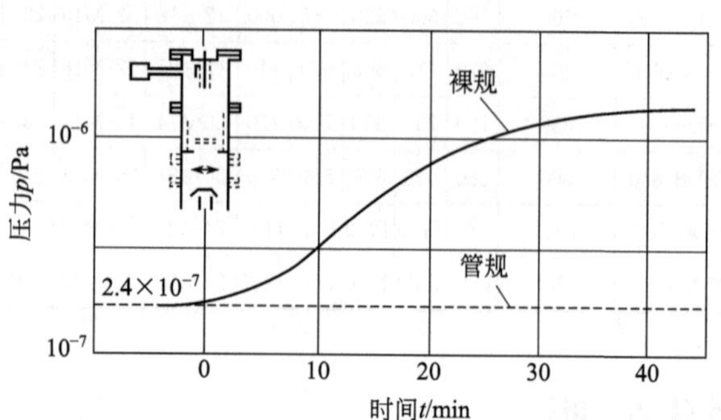

图 18-35 扩散泵工作液通过分子筛吸附阱的贝莱尔效应

贝莱尔效应主要是由标准规管的细长管道所引起的。油分子通过细长管道要迟延一段时间（由于油分子的蒸发热比较大，平均滞留时间长），因而标准规管内油蒸气分压达到与真空室油蒸气分压相同值时，需要长达数十小时。

低压下，分子通过导管的迟延时间 t 为

$$t=\frac{1}{2}\left(\frac{L}{2r}\right)^2\left(\frac{2r}{\overline{v}}+\beta S\tau\right) \tag{18-4}$$

式中 t——分子通过导管的迟延时间，s；

r——管道半径，cm；

L——管道长度，cm；

$\overline{v}$——分子热运动的平均速度，cm/s；

β——管道真实表面与垂直于长度方向上的视表面之比；

S——碰撞在管道表面上的分子的附着概率；

τ——分子吸附在壁上的平均滞留时间（吸附时间），s。

对于吸附时间 τ 非常大的分子，即$\frac{2r}{\overline{v}}\ll\beta S\tau$ 时，式(18-4) 可简化为

$$t=\frac{1}{2}\left(\frac{L}{2r}\right)^2\beta S\tau \tag{18-5}$$

各种扩散泵工作液在22℃温度下通过管长为 L、管径为 $2r$ 的管子的迟延时间如图18-36所示。分子筛吸附阱的主要优点是结构简单、价格便宜和不需要运转维持费用。但使用时要注意下面两点：

① 分子筛在大气中能强烈吸附水分，所以使用前对分子筛进行预处理是很重要的。曾暴露于大气的分子筛要在真空中进行高温烘烤，必要时还要用干燥氮气冲洗。如处理不彻底，就会影响所能获得的极限真空，且拖长抽气时间。要求在短时间达到超高真空的真空系统，必须装置超高真空阀门，以避免分子筛吸附阱经常暴露于大气中。

② 分子筛反复经受加热烘烤去气，会逐渐变为粉末。当迅速向系统内充入大气或抽大气时，会使粉末到处飞扬而污染系统，为此必须采取相应的措施。

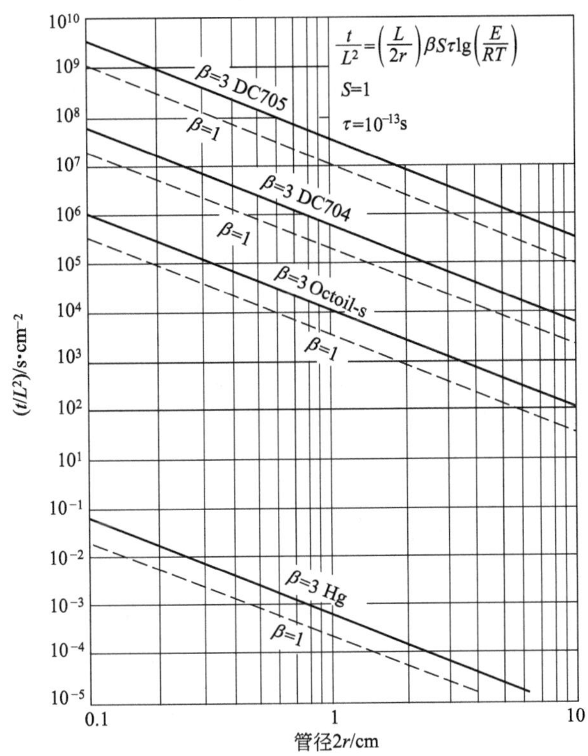

图 18-36 各种扩散泵工作液在 22℃温度下通过管长为 L、管径为 $2r$ 的管子的迟延时间

18.4.2 冷阱

冷阱是真空系统中广泛应用的一种装置，它是利用低温壁来捕集气体的。冷阱的效果除了取决于冷阱结构之外，冷剂的温度对冷阱的性能影响很大，温度越低效果越好。常用冷剂的制冷温度和 CO_2、H_2O、Hg 的饱和蒸气压见表 18-23。$T=-185$℃时各种物质的饱和蒸气压见表 18-24。

表 18-23 常用冷剂的制冷温度和 CO_2、H_2O、Hg 的饱和蒸气压

冷剂	10^5Pa 下制冷温度/℃	饱和蒸气压/Pa		
		CO_2	H_2O	Hg
冰	0	—	6.1×10^2	6.7×10^{-2}
含冰盐水	−18	—	1×10^2	4×10^{-4}
掺冰氯化钙	−48	—	5.3	5.3×10^{-5}
固体二氧化碳丙酮混合物	−78	8.9×10^3	6.7×10^{-2}	10^{-8}
液态氧	−183	1×10^{-4}	10^{-18}	10^{-30}
液态氮	−196	1.3×10^{-6}	10^{-19}	10^{-30}
液态氢	−258		10^{-20}	

表 18-24 $T=-185$℃时各种物质的饱和蒸气压

物质	汞 Hg	水 H_2O	苯 C_6H_6	丙酮 C_3H_6O	二氧化碳 CO_2	乙烯 C_2H_4	甲烷 CH_4	一氧化碳 CO
饱和蒸气压/Pa	10^{-31}	10^{-20}	$\approx10^{-13}$	$\approx10^{-11}$	7×10^{-6}	10	$\approx2.7\times10^{-3}$	1.15×10^5

冷阱的型式繁多，结构复杂。为了保证冷阱既有良好的挡油效果，又有较大的流导，设计冷阱时需注意以下几点：

① 冷凝面要正对返流蒸气分子的入射方向，并且至少要保证一次光学屏蔽，以获得最好的捕集效果；

② 用于超高真空系统的冷阱，油爬移的所有通路上至少要有一段处于低温，以防止油的爬移；

③ 保证冷阱冷凝面的温度恒定（不因液氮面变动而改变），以防止液氮面下降时因冷凝面温度升高而使冷凝面吸附的油蒸气分子再放出；

④ 阱的结构要合理，既要便于焊接、检漏，又要有低的热损耗。大流导的冷阱多采用扩大冷阱中间部分以获得最有利于气流的几何形状。

典型的冷阱结构型式如图 18-37～图 18-41 所示。

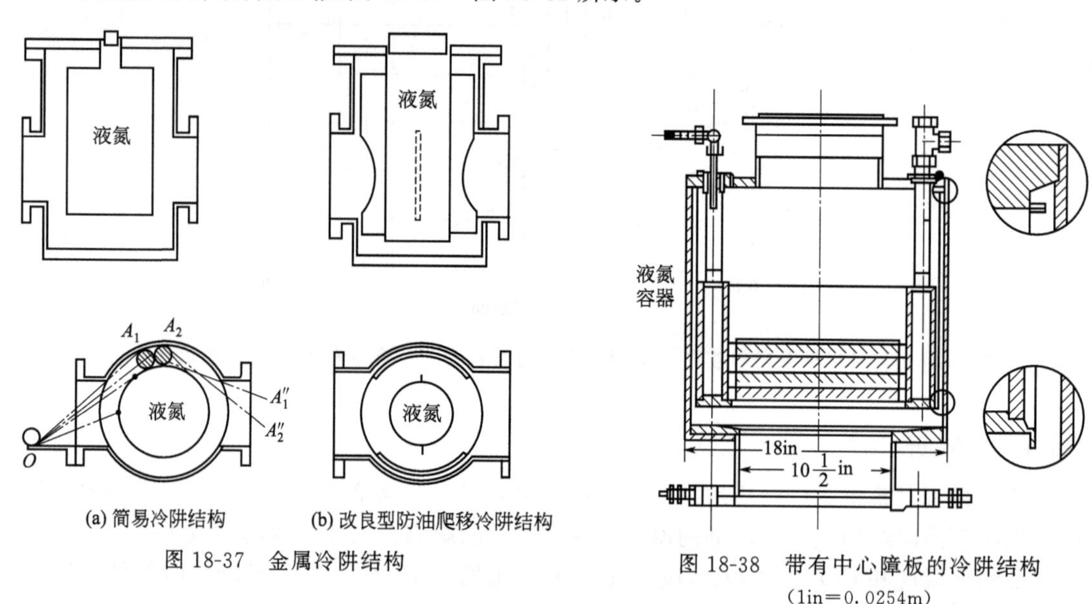

图 18-37　金属冷阱结构

图 18-38　带有中心障板的冷阱结构（1in=0.0254m）

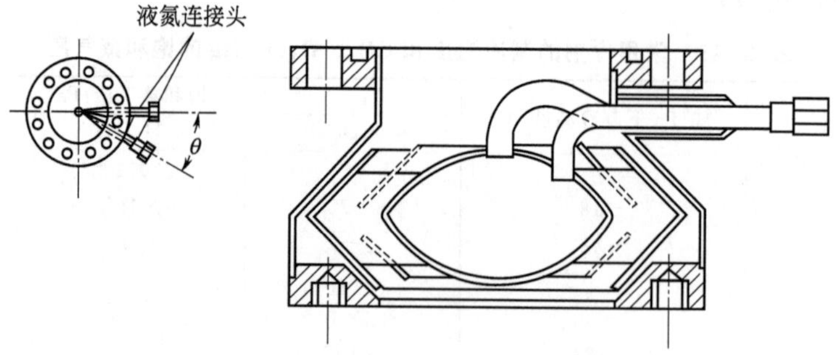

图 18-39　中心带有液氮罐的冷阱

图 18-37 中（a）型冷阱不能防止油的爬移。从 O 点发出的蒸气分子，遵循余弦定律，碰撞在冷阱室温壁（如 A_1、A_2 点）上，然后再蒸发。这样打在 A_1A_2 区域的蒸气分子可以不碰在液氮冷冻面上而进入高真空端。（b）型为改进型，黑粗线为导热良好的紫铜屏蔽板，焊在中心液氮容器上，蒸气分子至少要有一次碰撞在液氮冷冻面上，才能进入高真空端，因此挡油效果较（a）型好。

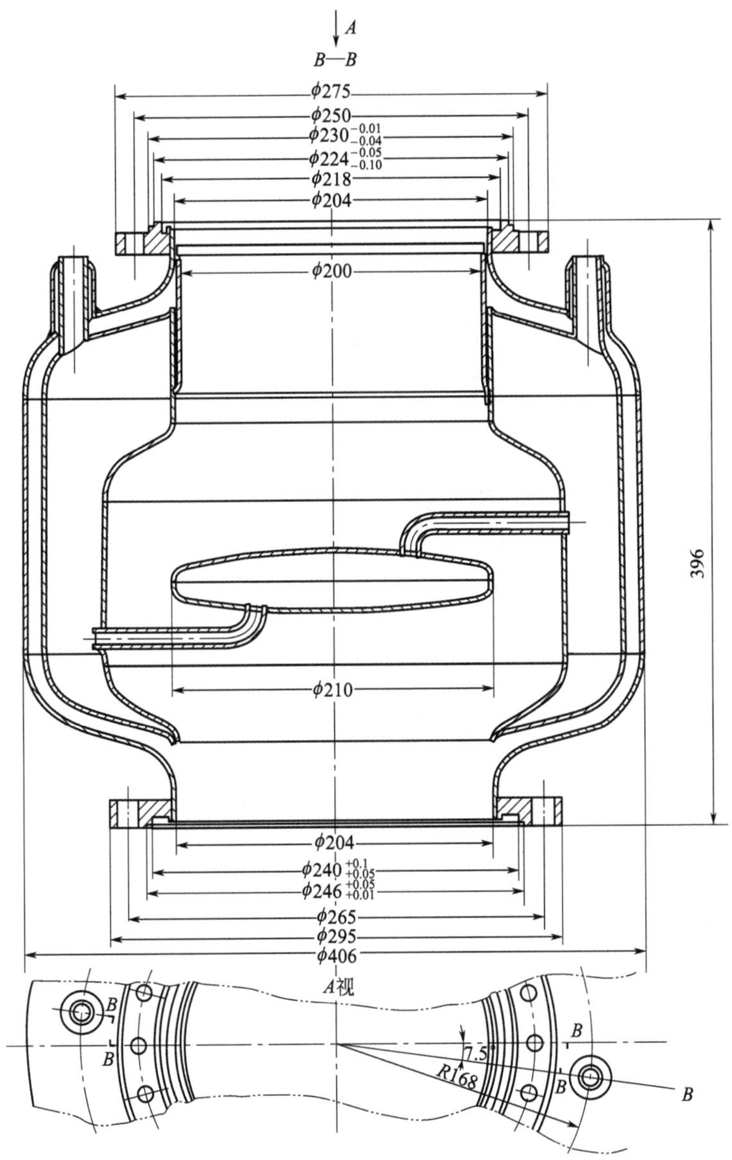

图 18-40　新型大流导冷阱

图 18-41 给出的直角冷阱，其高为 57.8cm，直筒内径为 29.9cm，入口法兰直径为 25.4cm，法兰厚 19mm。T 形管壁厚 3mm，21 根 ϕ25.4mm、壁厚 0.8mm 的冷冻管焊在液氮储存器的底部。储液器靠三根 ϕ6.5mm 放空管和一根 ϕ25.4mm 注液管悬吊在法兰上。这四根支持管采用了帽形结构的双层管，降低了导热损失。储液器容积为 9375cm^3，占 T 形管垂直部分体积的 25%，装一次液氮能维持 13h。

21 根冷冻管按一定形状排列，对入气口形成光学密闭并保持最大的流导。21 根冷冻管的总截面仅大于 T 形管截面的 15%，但是却具有 8929cm^2 的巨大冷冻面。为防止管的摆动和减少与储液器焊点的应力，冷却管的底部用不锈钢带焊成蛛网状，并在管子中部的外面焊一圈不锈钢丝以增加强度。

装满一次液氮约需 10min，在 4×10^{-3}Pa 的真空条件下，注入液氮 5min 后，将容器

(直径 51cm，长 3m）的真空度提高到 8×10^{-4}Pa，抽气 12h，达到了 2×10^{-7}Pa。

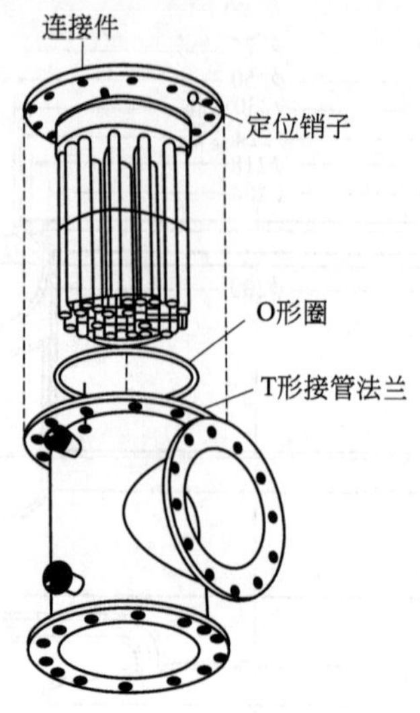

图 18-41　直角冷阱

LJ-85 型 LN_2 阱为立式结构，LJ-100 型 LN_2 阱为卧式结构，两种冷阱的法兰均采用 CF 超高真空密封法兰。表 18-25 为北京中科科仪技术发展有限公司生产的 LJ 型冷阱的性能参数。

表 18-25　LJ 型冷阱性能参数

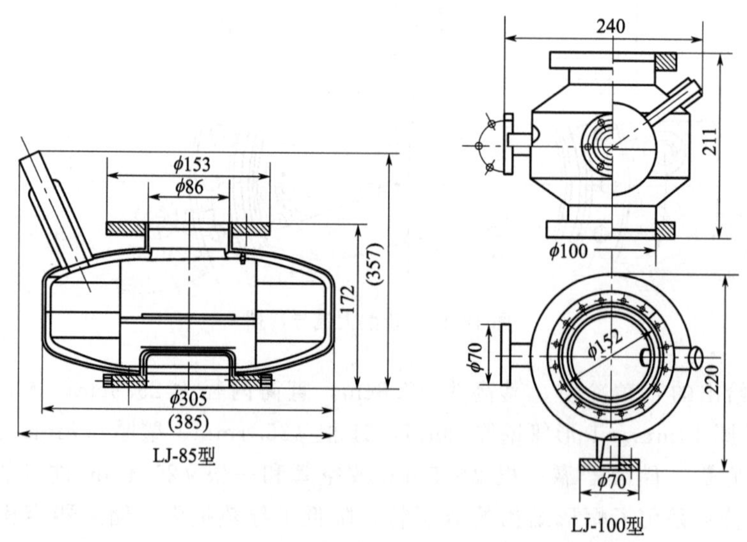

型号	口径/mm	流导/L·s	容器体积/L	第一次充满 LN_2 最大耗量/L	充满一次 LN_2 保持时间/h
LJ-85	86	—	3.7	约 7.5	约 9
LJ-100	100	330	0.5	约 1.1	约 2

18.4.3 钛升华阱

液氮冷阱虽能有效地降低泵油返流，但是少量的油蒸气分子仍然可以穿过冷阱。此外，泵油的裂解物中有大量氢气，它不能被液氮冷阱捕获，成为限制扩散泵获得更高真空的一个主要因素。在扩散泵和真空室之间加装钛升华阱，除能挡住油分子及其他裂解物的返流外，还能捕集氢。因此，装有钛升华阱的超高真空系统，能获得 10^{-11}～10^{-12}Pa 的极限压力。

典型钛升华阱的结构型式如图 18-42～图 18-44 所示。

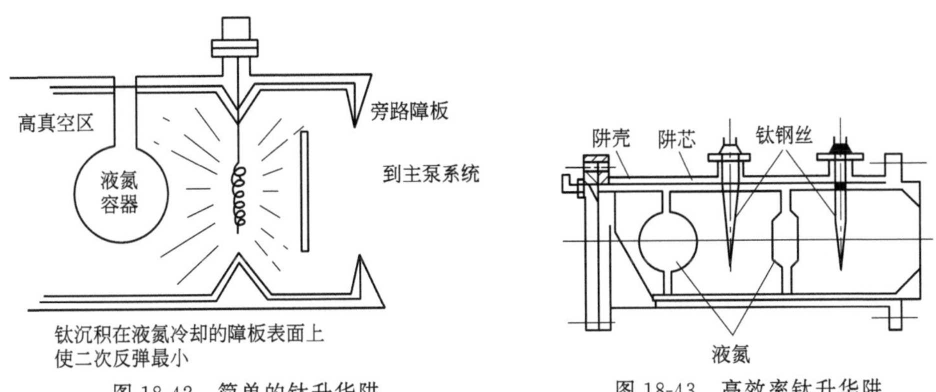

图 18-42 简单的钛升华阱

图 18-43 高效率钛升华阱

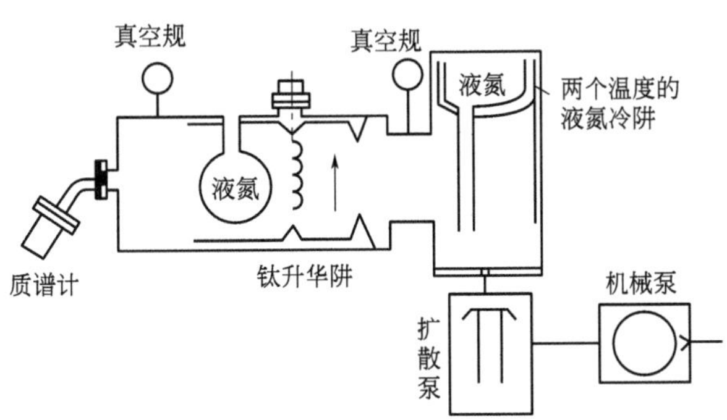

图 18-44 装有钛升华阱的油扩散泵极高真空系统

18.4.4 前级预抽管道吸附阱

预抽时，当压力降到黏滞-分子流状态的压力时（<10Pa 数量级），机械泵油开始污染真空系统。压力进一步降低到分子流状态的压力时，机械泵油就以不变的流量 $Q=pU$ 污染真空系统（p 为定温度下机械泵油的饱和蒸气压；U 为前级管道的流导）。设室温下 $p=10^{-2}$Pa，$U=10$L/s，则 $Q=1\times10^{-1}$Pa·L/s，此值相当于每秒几微克的油返流到真空系统。假设真空系统的面积为 1000cm^2，油将以 0.1 单分子层/s 的速率淀积在表面上。为防止机械泵油的污染，通常采用的措施是：

① 前级管道中加装液氮冷阱、分子筛吸附阱、活性氧化铝阱等来阻挡机械泵油蒸气的返流。川北真空生产的分子筛吸附阱，利用 3mm 球状氧化铝作为吸附剂，同时具有电加热再生功能。图 18-45 所示为前级管道吸附阱图片；表 18-26 所列为川北真空科技有限公司生产前级管道吸附阱结构尺寸。

图 18-45　前级管道吸附阱

表 18-26　川北真空科技有限公司生产前级管道吸附阱结构尺寸

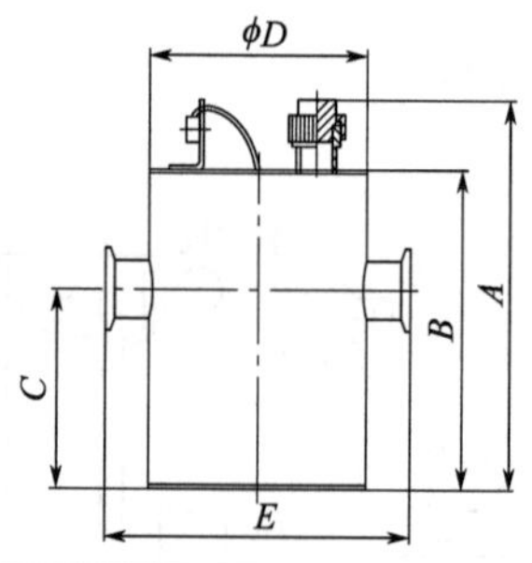

序号	型号	接口法兰	质量/kg	A/mm	B/mm	C/mm	D/mm	E/mm
1	16	KF16	1.92	187	154	96	108	152
2	25	KF25	2.00	187	154	96	108	152
3	40	KF40	2.10	187	154	96	108	152

② 用纯净氮气冲洗　机械泵抽到 10Pa 左右以后马上关闭机械泵，启动分子筛低温吸附泵预抽。图 18-46 所示为两种类型的氮气纯化器的流程。

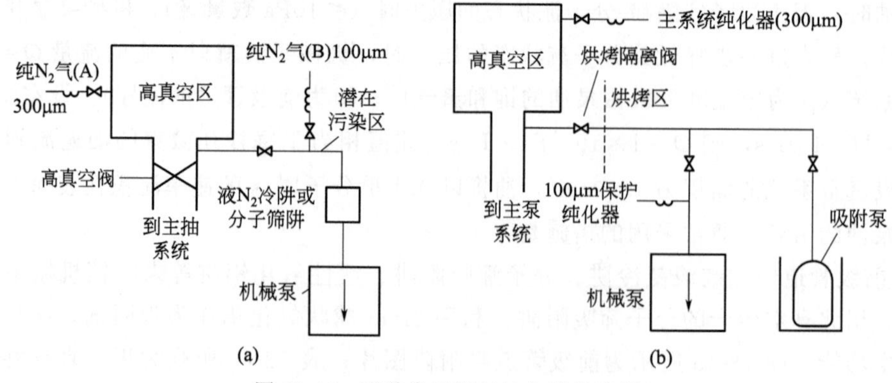

图 18-46　两种类型氮气纯化器的流程

氮纯化器操作程序：打开纯化器 A 和 B，启动机械泵预抽，控制流量使管道内气体状态为黏滞流，容器和管道中吸附的二氧化碳和水蒸气及其他污染物被干净纯化氮气流带走。纯化半小时后，关闭纯化器 A，管道上低温吸附阱中充入液氮，并关闭纯化器 B，抽到 10Pa 压力后，关闭预抽机械泵，继续用低温吸附阱抽气。

18.5 金属波纹管

金属波纹管是由一个或多个波纹和端部直管段组成的一种挠性元件。由于波纹管几何形状上的特点，所以在压力、轴向力、径向力（或弯矩）作用下，能产生相应的位移。可用于仪器仪表及传感器（简称敏感类波纹管），也可用于各类补偿器、密封隔离器件、弹性支承器件、减振器以及挠性连接器件。波纹管的规格大小不一，通径小到几毫米，大到几十米，波纹数也从几个波到几十、几百个波，层数又有单层、双层、多层之分。波纹管波形的形状见表 18-27。波纹管常用材料见表 18-28。

表 18-27　波纹管波形的形状

序号	波纹形状名称	形状	备注
1	U 形		适用于一般用途，为最通用的一种
2	C 形		刚度较大，适用于高压场合
3	S 形		适用于一般用途
4	Ω 形		适用于压力很高的场合
5	尖角形		尺寸精度高、灵敏度高、线性好、位移大、稳定可靠
6	方形		
7	阶梯形		

营口希泰焊接波纹管有限公司的波纹管材料有 300 系列不锈钢、AM350 不锈钢、哈氏合金 C、钛等。单波刚度：0.5～20N/mm。压缩率：50%～85%。伸长率：20%～40%。漏率可达 1×10^{-10}Pa·L/s。产品规格见表 18-29。

表 18-28 波纹管常用材料

序号	材料种类	材料名称	牌号	材料标准
1	铜合金	黄铜	H80	GB/T 2059
		锡青铜	QSn6. 5-0. 1	
			QSn6. 5-0. 4	
		铍青铜	QBe2	YS/T 323
			QBe1. 9	
		镍铜	NiCu28-25-1. 5	JB/T 10078
2	不锈耐酸钢	奥氏体	1Cr18Ni9Ti 0Cr18Ni9 0Cr18Ni10Ti 0Cr17Ni12Mo2 00Cr17Ni14Mo2 00Cr19Ni10	GB/T 4237 GB/T 3280 GB/T 3089
3	碳素钢	优质碳素钢	20 08F	GB/T 699 GB/T 912
		普通碳素钢	Q235	
4	合金钢	低合金钢	16Mn	GB/T 3274
		高合金钢	GH6169	GB/T 14992
			NS111	GB/T 15010
			NS321	
			Ni68Cu28Fe	—
			00Cr16Ni75Mo2Ti	
	高弹性合金	铁基精密弹性合金	Ni36CrTiA1(3J1)	YB/T 5256
		恒弹性合金	3J53	

表 18-29 波纹管产品规格

序号	型号	外径/mm	内径/mm	序号	型号	外径/mm	内径/mm
1	ST-10	10	5	15	ST-34	34	21
2	ST-15	15	6. 5	16	ST-34. 2	34. 2	13. 8
3	ST-18	18	6. 5	17	ST-35	35	12. 7
4	ST-18	18	9	18	ST-35	35	22
5	ST-20	20	10	19	ST-36. 4	36. 4	17
6	ST-21. 5	21. 5	11. 5	20	ST-36. 7	36. 7	23. 0
7	ST-24	24	10	21	ST-37	37	19
8	ST-24	24	12	22	ST-38. 1	38. 1	25. 4
9	ST-25	25	16	23	ST-39. 4	39. 4	19
10	ST-26	26	13. 8	24	ST-39. 4	39. 4	27
11	ST-28. 3	28. 3	14. 1	25	ST-40	40	22
12	ST-30. 1	30. 1	16. 6	26	ST-41. 5	41. 5	22
13	ST-31. 5	31. 5	16. 9	27	ST-44. 2	44. 2	31. 0
14	ST-31. 8	31. 8	19	28	ST-44. 2	44. 2	28. 0

续表

序号	型号	外径/mm	内径/mm	序号	型号	外径/mm	内径/mm
29	ST-44.4	44.4	22.4	66	ST-92	92	76
30	ST-44.5	44.5	19	67	ST-92	92	76.3
31	ST-45	45	25	68	ST-92.02	92.02	73.08
32	ST-46	46	33	69	ST-95	95	73
33	ST-48	48	31.8	70	ST-98.43	98.43	81.74
34	ST-49.5	49.5	33	71	ST-100	100	65
35	ST-51	51	31.4	72	ST-105	105	75
36	ST-52	52	28.0	73	ST-105	105	80
37	ST-52.4	52.4	39.6	74	ST-107.9	107.9	96
38	ST-55	55	35.0	75	ST-107.95	107.95	91.9
39	ST-55	55	38	76	ST-108	108	80
40	ST-55.6	55.6	42.8	77	ST-108	108	96
41	ST-57	57	30	78	ST-109	109	80
42	ST-58.2	58.2	46	79	ST-115	115	85
43	S-59	59	39	80	ST-119	119	89
44	ST-60	60	40	81	ST-120	120	80
45	ST-61	61	35	82	ST-120.8	120.8	101.6
46	ST-61.9	61.9	49.1	83	ST-123.78	123.78	104.8
47	ST-62	62	24	84	ST-123.78	123.78	108
48	ST-64.5	64.5	39	85	ST-125	125	95
49	ST-65	65	43	86	ST-125	125	102
50	ST-65	65	45	87	ST-125	125	108
51	ST-68	68	50	88	ST-127	127	110.95
52	ST-70	70	50	89	ST-130	130	90
53	ST-71.5	71.5	58.7	90	ST-130	130	110
54	ST-74.6	74.6	61.9	91	ST-132	132	102
55	ST-75	75	55.8	92	ST-140	140	100
56	ST-75	75	60	93	ST-140	140	110
57	ST-76.2	76.2	50.8	94	ST-140	140	120
58	ST-79	79	49	95	ST-145	145	125
59	ST-80	80	58	96	ST-145	145	105
60	ST-80	80	60	97	ST-145	145	110
61	ST-85	85	63	98	ST-147	147	131
62	ST-88	88	65	99	ST-150	150	110
63	ST-90	90	50	100	ST-150	150	120
64	ST-90	90	58	101	ST-160	160	120
65	ST-90	90	65	102	ST-160	160	130

续表

序号	型号	外径/mm	内径/mm	序号	型号	外径/mm	内径/mm
103	ST-169	169	149	115	ST-270	270	207
104	ST-170	170	140	116	ST-270	270	230
105	ST-180	180	140	117	ST-285	285	252
106	ST-180	180	150	118	ST-290	290	265
107	ST-185	185	150	119	ST-310	310	280
108	ST-190	190	150	120	ST-350	350	300
109	ST-200	200	167	121	ST-364	364	320
110	ST-209.55	209.55	190.5	122	ST-430	430	390
111	ST-218	218	190	123	ST-600	600	550
112	ST-218	218	198	124	ST-750	750	700
113	ST-235	235	200	125	ST-800	800	750
114	ST-254	254	224	126	ST-900	900	800

18.6 油雾过滤器

油封式旋转机械真空泵运转时，部分泵油变成白色油雾喷出泵外，这种油雾是有害的。泵在初始启动时，带有污染物的油雾排放到大气中，高压强与气镇阀刚刚打开时，气流速度达到 18～24m/s 以上，喷出的油雾更为严重。泵的抽速越大，油雾越严重。

油雾现已有的净化方法有洗除法、过滤法、催化剂净化法、活性炭吸附法、静电沉积法、惯性分离法等一系列的净化方法。其中国内外已经应用最广泛的方法有过滤法、惯性分离法、静电沉积法。油封式旋转机械真空泵常用处理方法为过滤法。

当真空泵油雾通过真空泵油雾分离器时，油气混合物被滤芯及棉质过滤，油被截留，实现气体与真空泵油的分离，被过滤掉的真空泵油随着回油管进行循环利用，排出的是被抽气体，从而达到油气分离的目的。北京某研究所生产的 CG 系列油雾过滤器特征参数见表 18-30。

表 18-30　CG 系列油雾过滤器的特征参数

项目	CG-2L	CG-4L	CG-16L	CG-25L	CG-45L	CG-75L
过滤效率/%	>96	>96	>96	>96	>96	>96
容量/L	0.087	0.386	0.562	1.5	6.3	13.64
配泵的抽速/L	0.5～2	2～4	4～16	14～25	20～45	40～75
最高工作温度/℃	80	80	80	80	80	80
质量/kg	0.75	2.6	3.3	6.3	11.3	13.8
外形尺寸/mm	ϕ62×114	ϕ105×210	ϕ120×230	ϕ190×300	ϕ250×440	ϕ320×500
连接法兰	KF16	KF25	KF40	KF40	KF40	KF40

18.7 运动及操作元件

有些真空设备，需要把真空容器外部的运动传入真空容器内部，并进行相应操作。有直线导入操作件和旋转导入操作件。还有些真空设备内部需要运动机构，例如升降机构。表 18-31 是沈阳科学仪器股份有限公司生产的系列运动及操作部件。

表 18-31 沈阳某公司生产的系列运动及操作部件

序号	类型		图片	技术参数	安装方式	特点
1	系列直线导入操作件	直线拨叉		动作寿命≥10000 次；漏率 $<1\times10^{-8}$Pa·L·s^{-1}；使用温度为常温～100℃；最大载荷≤20N；烘烤时需要将磁力手柄取下	标准 CF 法兰	密封性能好，密封件对温度要求低，适用于高真空及超高真空系统
		直动拨叉		动作寿命≥10000 次；漏率 $<1\times10^{-8}$Pa·L·s^{-1}；使用温度为常温～500℃；最大载荷≤20N	标准 CF 法兰	采用波纹管动密封结构，具有零泄漏、不接触、无摩擦、无磨损等优点，是最可靠、最安全的动密封方式；通过手柄的旋转控制拨叉的直线传动，具有传递平稳、控制性能好、可实现自锁等特点；法兰接口采用金属密封，密封性能好，密封件对温度要求低，适用于高真空及超高真空系统
		双动拨叉		动作寿命≥10000 次；漏率 $<1\times10^{-8}$Pa·L·s^{-1}；使用温度为常温～100℃；最大载荷≤30N；摆角范围为±5°；内轴与外轴相对运动距离为 4mm	标准 CF40 法兰	密封性能好，密封件对温度要求低，适用于高真空及超高真空系统
		拨叉		动作寿命≥10000 次；漏率 $<1\times10^{-8}$Pa·L·s^{-1}；使用温度为常温～100℃；最大载荷≤30N；摆角范围为±5°	标准 CF 法兰	密封性能好，密封件对温度要求低，适用于高真空及超高真空系统

续表

序号	类型		图片	技术参数	安装方式	特点
1	系列直线导入操作件	样品叉		动作寿命≥10000 次；漏率 $<1\times10^{-8}$ Pa·L·s^{-1}；使用温度常温～500℃；拨叉接头可有效绝缘，适用于需要绝缘的样品，也可选用直接与样品连接的非绝缘接头	标准 CF40 法兰	采用波纹管动密封结构，具有零泄漏、不接触、无摩擦、无磨损等优点，是最可靠、最安全的动密封方式；波纹管连接方式，使拨叉具有更大的摆动角度；具有使用灵活，小巧便捷的优点；密封性能好，密封件对温度要求低，适用于高真空及超高真空系统
		磁力传递杆		动作寿命≥10000 次；漏率 $<1\times10^{-8}$ Pa·L·s^{-1}；使用温度为常温～500℃；最大载荷≤20N；伸出端最大挠度 1mm	标准 CF50 法兰	密封性能好，密封件对温度要求低，适用于高真空及超高真空系统
2	系列旋转导入操作件	磁力转轴		漏率 $<1\times10^{-8}$ Pa·L·s^{-1}；使用温度为常温～100℃	标准 CF 法兰	密封性能好，密封件对温度要求低，适用于高真空及超高真空系统；手动驱动，简单快捷
		电机磁力转轴		漏率 $<1\times10^{-8}$ Pa·L·s^{-1}；使用温度为常温～100℃	标准 CF 法兰	密封性能好，密封件对温度要求低，适用于高真空及超高真空系统；电机驱动，转动平稳，速度可调，减速比为 2∶1

续表

<table>
<tr><th>序号</th><th colspan="2">类型</th><th>图片</th><th>技术参数</th><th>安装方式</th><th>特点</th></tr>
<tr><td rowspan="5">2</td><td rowspan="5">系列旋转导入操作件</td><td>电机定位磁力转轴</td><td> 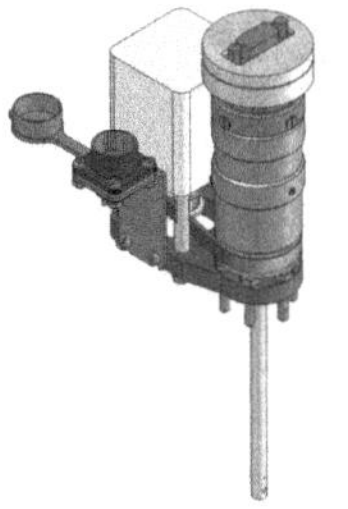</td><td>光耦定位，精度为 0.1 度；漏率＜1×10^{-8}Pa·L·s^{-1}；使用温度为常温～100℃</td><td>标准 CF 法兰</td><td>密封性能好，密封件对温度要求低，适用于高真空及超高真空系统；电机驱动，转动平稳，速度可调，减速比为 2∶1</td></tr>
<tr><td>直接转轴</td><td> 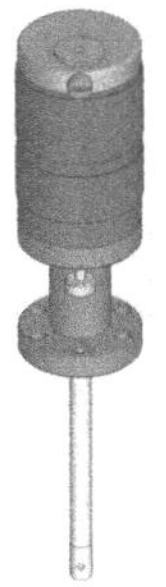</td><td>漏率＜1×10^{-8}Pa·L·s^{-1}；使用温度为常温～100℃；额定扭矩为 20N</td><td>标准 CF 法兰</td><td>密封性能好，密封件对温度要求低，适用于高真空及超高真空系统；手动驱动，简单快捷</td></tr>
<tr><td>电极定位直接转轴</td><td> 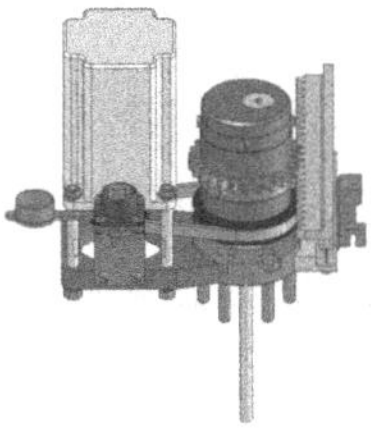</td><td>NDDZCF025A 型定位方式为齿轮齿条，精度为 0.5mm；NDDZCF025B 型定位方式为光耦定位，精度为 0.2mm；漏率＜1×10^{-8}Pa·L·s^{-1}；使用温度为常温～100℃</td><td>标准 CF 法兰</td><td>密封性能好，密封件对温度要求低，适用于高真空及超高真空系统；电机驱动，转动平稳，速度可调</td></tr>
<tr><td>J 型圈转轴</td><td> </td><td>漏率＜1×10^{-8}Pa·L·s^{-1}；使用温度为常温～100℃</td><td>标准 CF25 法兰或 RF25 法兰</td><td>安装拆卸方便；密封性能好，密封件对温度要求低，适用于高真空及超高真空系统，胶圈密封，配件损耗低，拆卸方便，适用于高真空系统；可配合电机、转角气缸等驱动元件使用</td></tr>
<tr><td>电机定位 J 型圈转轴</td><td> </td><td>光耦定位，精度为 0.5 度；漏率＜1×10^{-8}Pa·L·s^{-1}；使用温度常温～100℃</td><td>标准 CF25 法兰</td><td>安装拆卸方便；密封性能好，密封件对温度要求低，适用于高真空及超高真空系统；胶圈密封，配件损耗低，拆卸方便；电机驱动，转动平稳，速度可调</td></tr>
</table>

第 19 章 真空工程材料

19.1 概述

建造真空设备或真空系统所需的材料范围包括：真空设备的壳体、真空容器内的各种结构、真空抽气系统的管道、真空阀门、密封材料等。这些材料的主要特性应满足以下特点：

① 足够的机械强度；

② 耐腐蚀；

③ 低渗透率；

④ 理想的出气性能；

⑤ 表面洁净；

⑥ 适宜的热膨胀系数；

⑦ 高熔点、高沸点。

另外，有些真空工艺过程对材料的导热性、绝缘性、表面发射率及吸收率等还有特殊要求。在真空工程领域中，不仅要对材料的物理、化学和力学性能有所要求，而且对这些材料的真空性能还有特殊要求。对一个最简单的动态真空系统，其抽气方程（动态平衡方程）为：

$$V\frac{\mathrm{d}p}{\mathrm{d}t}=-pS_e+Q \tag{19-1}$$

式中 V——被抽真空容器的容积；

p——气体压力；

S_e——对真空容器的有效抽速；

Q——气源的出气量。

当$\frac{\mathrm{d}p}{\mathrm{d}t}=0$时，即真空系统处于抽气与气源达到动平衡状态时，式(19-1) 变为：

$$p_0=\frac{Q}{S_e} \tag{19-2}$$

从公式(19-2) 可以看出，影响真空系统真空度的主要因素有真空泵对真空系统的有效抽速和气源的出气量。此处，气源的出气量包括：

① 系统的总漏率；

② 大气通过真空系统器壁材料渗透入真空系统内部的气体量；

③ 真空容器内表面材料的蒸发、升华、分解等放出的气体量；

④ 真空室内其他辅助材料的出气量；

⑤ 抽气系统的返流，例如扩散泵（机械泵）的反扩散气体、返流油蒸气、溅射离子

泵或低温吸附（冷凝）泵中气体的再释放等。

由上述可见，真空系统内的气源主要与材料的真空性能有关。

19.2 真空材料出气

19.2.1 概述

任何固体材料在大气环境下都能溶解、吸附一些气体。当材料置于真空中时就会因解溶、解吸而出气。对一般真空设备来说，材料的出气是真空系统最主要的气源。常用的出气速率的单位为 $Pa \cdot L \cdot s^{-1} \cdot cm^{-2}$。

出气速率通常和材料中的气体含量成正比。所以有时（如电真空器件）也用高温下的出气总量作为选材依据。出气总量的单位如考虑体积含量为主时可用 $Pa \cdot L \cdot g^{-1}$；考虑表面含量为主时则用 $Pa \cdot L \cdot cm^{-2}$。

材料的出气速率除与材料性质有关外，还和材料的制造工艺、储存状况有关。预处理工艺（如清洗、烘烤、气体放电轰击、表面处理等）对材料出气速率的影响也很大。因此选用出气速率的数据时必须考虑这些情况。

材料出气速率是温度和时间的函数，其关系如下

$$\lg q = \lg q_1 - a\lg t \tag{19-3}$$

及

$$q = q_0 \exp\left(-\frac{E}{RT}\right) \tag{19-4}$$

式中 q——出气速率；

q_1，q_0——常数；

t——时间；

E——出气活化能；

R——摩尔气体常数；

T——热力学温度；

a——出气速率的衰减系数（一般有机材料 $a \approx 0.5$，金属材料 $a \approx 1$，但也有例外情况）。

因为出气速率与温度有关，所以在设计真空系统时必须选用实际使用温度时的数据。如无此数据，则可根据两个不同温度下的数值按式(19-4) 进行估算。

由式(19-3) 可看出，出气速率是时间的慢变化函数，即时间延长一个数量级，出气速率只降低半个或一个数量级。

已经出过气的材料经长时间暴露大气后，能重新吸气并恢复到原来的情况。经常运转的系统，如果只是在两次运转之间短时间暴露大气的话（如 1h 以内），则等效为材料在真空中经历 10h 的出气时间；对于经常运转而只暴露于低真空的材料，则可等效于经历 100h 的出气时间。

根据材料出气速率的数据估算真空系统的动态平衡压力时，可用公式(19-5)

$$p = \sum_i K q_i A_i / S \tag{19-5}$$

式中　q_i——第 i 种材料的出气速率，Pa·L/(s·cm²)；

A_i——第 i 种材料在真空中的暴露面积，cm²；

S——真空系统的有效抽速，L/s；

K——校正系数，一般情况下可取 $K\approx1$，如果出气的材料所在部位通道狭窄，流阻较大时，可按经验在 0.1～1 之间估取。

19.2.2　金属材料的出气速率

出气速率不仅和所经历的出气时间有关（降低），而且和材料的表面预处理方法有很大关系。这是因为表面可能有不同程度的油污染。此外，由于金属在室温下出气的主要成分是水汽（占 90%以上），而水汽的出气速率在一定程度上又和表面预处理有关。例如：对于清洁的表面来说，表面粗糙度越低（粗糙度不仅与抛光方法有关，而且和加工工艺有关），吸附的水汽就越少；在干燥氮气或空气中烘烤，使不锈钢表面形成一层密实的淡黄色氧化膜，也可以减少水的出气，而且可以把表面的污染物氧化成气体或烧掉；用有机溶剂去脂时，表面的单分子层污染是无法除掉的，只能靠真空下的烘烤来除掉；温度在 200℃以上的真空烘烤可有效地除掉水汽，但要有效地除掉氢，则必须在 400℃以上的温度下进行真空烘烤。

19.2.2.1　常温下低碳钢的出气速率

常温下低碳钢的出气速率见表 19-1、表 19-2。

表 19-1　低碳钢的常温出气速率（一）

表面状况及处理方法	抽气时间/h	出气速率/Pa·L·s⁻¹·cm⁻²	表面状况及处理方法	抽气时间/h	出气速率/Pa·L·s⁻¹·cm⁻²
未经处理	2	1.3×10^{-4}	抛光	1	4×10^{-5}
	5	5.3×10^{-5}		10	2.7×10^{-6}
	10	2.7×10^{-5}	喷砂	2	3.7×10^{-5}
镀铬	1	9.3×10^{-7}		5	1.5×10^{-5}
	2	4.4×10^{-7}		10	7.3×10^{-6}
	5	1.6×10^{-7}	镀镍	1	5.6×10^{-7}
	10	7.7×10^{-8}		2	2.8×10^{-7}
				5	1.1×10^{-7}
				10	5.6×10^{-8}

表 19-2　低碳钢的常温出气速率（二）

材料	加工方法	处理方法	出气速率 q/Pa·L·s⁻¹·cm⁻²			
			1h	2h	10h	25h
冷轧钢			7.7×10^{-6}	—	1.3×10^{-6}	6.8×10^{-6}
20 号钢	机加工		1.13×10^{-6}	—	7.3×10^{-8}	2×10^{-8}
S15C		四氯化碳去脂,热风吹	—	8×10^{-6}	9.3×10^{-7}	—
	磨光		4.08×10^{-5}	—	3.9×10^{-5}	—
	喷铝		8×10^{-7}	—	1.33×10^{-6}	—
	镀镍		5.6×10^{-7}	—	5.6×10^{-8}	2.3×10^{-8}
	镀镍	电抛光	3.6×10^{-7}	—	3.1×10^{-8}	1.2×10^{-8}
	镀镍	化学处理	1.1×10^{-6}	—	9.3×10^{-8}	
	镀镍	化学抛光	6.8×10^{-7}	—	6×10^{-8}	2.4×10^{-8}
	镀铬		9.3×10^{-7}	—	7.6×10^{-8}	3.2×10^{-8}
	镀铬	电抛光	1.2×10^{-6}	—	1.1×10^{-7}	4×10^{-8}

续表

材料	加工方法	处理方法	出气速率 q/Pa·L·s^{-1}·cm^{-2}			
			1h	2h	10h	25h
S15C	镀铬	四氯化碳去脂，热风吹	—	5.3×10^{-7}	1.5×10^{-7}	—
S15C		100℃真空烘烤 3h	—	2.4×10^{-6}	1.6×10^{-7}	—
S15C		300℃真空烘烤 3h	—	2.7×10^{-7}	2.4×10^{-9}	—
S15C	镀铬	100℃或 200℃真空烘烤 3h	—	2.5×10^{-7}	4.7×10^{-8}	—
S15C	镀铬	300℃真空烘烤 3h	—	8×10^{-8}	8×10^{-9}	—
20 号钢	机加工	420℃真空烘烤 7h	4.7×10^{-11}	—	—	—
20 号钢	机加工	200℃真空烘烤 7h	3.7×10^{-9}	—	—	—

19.2.2.2 不锈钢的出气速率

不锈钢的出气速率见表 19-3～表 19-8。

表 19-3 经过真空烘烤的不锈钢常温出气速率

烘烤规范		预处理	牌号	出气速率/Pa·L·s^{-1}·cm^{-2}		
温度/℃	时间/h			1h	10h	24～25h
100	3	去脂	SUS27(日)	2×10^{-7}	1.6×10^{-8}	—
150	1	化学抛光	Z3CN18-8(法)	—	$(1.5\sim2.3)\times10^{-8}$	$2.7\times10^{-9}\sim1.1\times10^{-8}$
150	1	电抛光	Z3CN18-8(法)	—	$(3.9\sim6.7)\times10^{-8}$	$(0.9\sim3.1)\times10^{-9}$
150	1	玻璃球抛光、去脂	304(美)	—	2.7×10^{-10}①	—
200	7	电抛光	1Cr18Ni9Ti	5.3×10^{-10}	—	—
250	30	电抛光或玻璃抛光	304(美)	—	—	$(2.7\sim4)\times10^{-10}$
300	3	去脂	SUS27(日)	8×10^{-9}	2×10^{-10}	—
300	25	未处理	U15C(法)	6×10^{-10}	—	—
350	10	未处理	1Cr18Ni9Ti	4×10^{-10}①	—	—
360	45	未处理	U15C(法)	2.5×10^{-10}	—	—
380	20	未处理	1Cr18Ni9Ti	1.3×10^{-10}①	—	—
400	16	电抛光	EN58B(英)	4×10^{-12}	—	—
430	7	电抛光	1Cr18Ni9Ti	1.3×10^{-10}①	—	—
440	10	超声波清洗	1Cr18Ni9Ti	1.1×10^{-9}①	—	—
440	10	机械抛光	1Cr18Ni9Ti	3.5×10^{-11}①	—	—
450	5	去脂	SUS27(日)	4×10^{-10}	1.3×10^{-11}	—
1000	3	未处理	U15B(法)	1.7×10^{-12}	—	—

① 为外推值。

表 19-4 1Cr18Ni9Ti 不锈钢烘烤过程中出气速率及组分

预处理	烘烤程序	温度/℃	出气速率/Pa·L·s^{-1}·cm^{-2}	气体组分/%					
				H_2	H_2O	N_2,CO_2	CH_4	C_nH_m	CO_2
机加工	升温 1h 后	180	3.3×10^{-5}	94	4	2			
	7h 烘烤后	380	2.8×10^{-5}	99	0.5	0.5			
	降温 1h 后	270	8.3×10^{-7}	90	2	3	1	2	2
电抛光	升温 1h 后	290	4.5×10^{-4}	75	10	3	1	75	35
	7h 烘烤后	450	5.1×10^{-6}	89	1	2	1	5	2
	降温 1h 后	270	7.9×10^{-7}	86	1	2	1	7	3

表 19-5　几种不锈钢的出气速率及组分

牌号		U15C(法)	304 或 304L(美)	304(美)	EN58B(英)
处理方法		300℃烘烤，25h 后降至 20℃	2%HF 洗涤，22℃下抽气 100min	抽气 25h	抽气 20h
出气速率 /Pa·L·s^{-1}·cm^{-2}	H_2	5.2×10^{-10}	—	—	3.3×10^{-9}
	H_2O	—	1.3×10^{-6}	2.1×10^{-8}	1.2×10^{-8}
	CO	2.3×10^{-12}	4.3×10^{-7}	8.2×10^{-10}	8×10^{-10}
	N_2		—	8.9×10^{-11}	—
	O_2	—	8.9×10^{-9}	1.5×10^{-11}	—
	CO_2	2.6×10^{-12}	3.3×10^{-8}	3.3×10^{-11}	1.2×10^{-10}
	CH_4	—	1.9×10^{-9}	2.0×10^{-10}	—
	C_3H_8	—	9.8×10^{-11}	2.9×10^{-10}	—
	惰性气体	—	—	—	—
	合计	5.2×10^{-10}	1.7×10^{-6}	2.1×10^{-8}	1.5×10^{-8}

表 19-6　未经烘烤 1Cr18Ni9Ti 不锈钢常温出气速率

单位：Pa·L·s^{-1}·cm^{-2}

出气时间	未处理	布抛光	超声波清洗	真空退火	电抛光	机械抛光	化学抛光	三氯乙烯去脂、丙酮洗、氮气干燥
1h	3.7×10^{-6}	9.3×10^{-7}	4.3×10^{-7}	3.3×10^{-7}	1.1×10^{-6}	2.9×10^{-7}	2.4×10^{-7}	1.5×10^{-7}
10h	4×10^{-7}	1.3×10^{-7}	7.3×10^{-8}	6×10^{-8}	8×10^{-8}	5.3×10^{-8}	4.7×10^{-8}	2.7×10^{-8}
25h	1.7×10^{-7}	6×10^{-8}	2.9×10^{-8}	3.1×10^{-8}	2.7×10^{-8}	2.7×10^{-8}	2.7×10^{-8}	

表 19-7　未经烘烤 304（美）不锈钢常温出气速率

单位：Pa·L·s^{-1}·cm^{-2}

出气时间	未处理 304ELC(美)	布抛光 304ELC(美)	布抛光 304(美)	电抛光 304(美)	烧氢 304(美)	化学清洗 304(美)
5h	1.6×10^{-7}	6.7×10^{-8}	—	5.7×10^{-8}	—	$\leqslant4.4\times10^{-8}$
10h	—	—	3.5×10^{-8}	1.3×10^{-8}	2×10^{-8}	$\leqslant6\times10^{-9}$
25h	—	—	1.5×10^{-8}	3.3×10^{-9}	1.2×10^{-8}	$\leqslant1.3\times10^{-9}$

表 19-8　U15C 不锈钢容器（壁厚 2mm）烘烤中各种气体的出气速率

单位：Pa·L·s^{-1}·cm^{-2}

预烘情况	冷却后再升温/℃	H_2	H_2O	$CO+N_2$	O_2	CO_2
已经在 300℃下烘烤过 25h	20	5.2×10^{-10}	—	2.3×10^{-12}	—	2.5×10^{-12}
	40	1.7×10^{-9}	—	—	—	—
	100	2.8×10^{-8}	1.7×10^{-11}	6.3×10^{-11}	2.4×10^{-10}	2.3×10^{-10}
300℃再烘烤 25h 后	20	4×10^{-10}	—	—	—	2.3×10^{-12}
	35	7.5×10^{-10}	—	—	—	3.3×10^{-12}
	53	2.1×10^{-10}	—	—	—	4.4×10^{-12}
	75	5.9×10^{-9}	6.1×10^{-12}	—	—	7.7×10^{-12}

续表

预烘情况	冷却后再升温/℃	H_2	H_2O	$CO+N_2$	O_2	CO_2
300℃再烘烤25h后	20	2×10^{-10}	—	—	—	
	47	7.1×10^{-10}	—	—	—	2.3×10^{-13}
	72	2×10^{-19}	—	3.7×10^{-12}	—	7.2×10^{-13}
	105	5.2×10^{-9}	—	8.4×10^{-12}	—	1.2×10^{-12}
	145	1.2×10^{-8}	4.1×10^{-11}	1.9×10^{-11}	—	1.3×10^{-12}
	200	3.3×10^{-8}	8.1×10^{-11}	3.5×10^{-11}	—	4.5×10^{-12}
300℃再烘烤25h后	20	1.6×10^{-10}	—	5.7×10^{-13}	—	—

19.2.2.3 铜的出气速率

铜的出气速率见表19-9。

表19-9 铜的出气速率

材料	处理	出气速率 q/Pa·L·s^{-1}·cm^{-2}			
		1h	5h	10h	25h
普通紫铜	未处理	5.2×10^{-6}	6.5×10^{-6}	5.3×10^{-7}	2.3×10^{-7}
	用苯和丙酮清洗	—	1×10^{-6}	—	—
	腐蚀	—	8.4×10^{-8}	—	—
	机械抛光	4.7×10^{-7}	—	4.7×10^{-8}	1.9×10^{-8}
无氧铜	未处理	2.5×10^{-6}	—	1.6×10^{-7}	5.5×10^{-8}
	机械抛光	2.5×10^{-7}	—	2.1×10^{-8}	8×10^{-9}
铜(M1)管	漂洗	6×10^{-6}	—	6×10^{-7}	—
	车制	6.4×10^{-7}	—	4×10^{-8}	—
铜(M1) 0.5mm板	未处理	3.7×10^{-6}	—	2.7×10^{-7}	—
	漂洗	1×10^{-7}	—	6.4×10^{-8}	—
	亮蚀	4.9×10^{-7}	—	3.1×10^{-8}	—
铜(M1)	超声清洗,395℃烘烤10h	9.9×10^{-10}①	—	—	—
	腐蚀,375℃烘烤7h	9.3×10^{-11}①	—	—	—
	腐蚀,480℃烘烤5h	5.3×10^{-12}①	—	—	—
	腐蚀,175℃烘烤7h	9.1×10^{-10}①	—	—	—
	机加工,400℃烘烤7h	1.1×10^{-11}①	—	—	—
	机加工,200℃烘烤7h	4.7×10^{-9}	—	—	—
黄铜	未处理	—	1.2×10^{-5}	—	—
黄铜	用苯和丙酮洗	—	9.1×10^{-6}	—	—
黄铜	腐蚀,用苯和丙酮洗	—	1.6×10^{-7}	—	—
铸黄铜	—	1.3×10^{-6}	—	1.5×10^{-5}	—
黄铜波导管	—	5.3×10^{-5}	—	1.3×10^{-6}	—

① 是由高温外推到室温的数据。

19.2.2.4 铝的出气速率

铝的常温出气速率见表19-10。

表 19-10 铝的常温出气速率

材料	处理	出气速率 q/Pa·L·s^{-1}·cm^{-2}					
		1h	4h	5h	10h	24h	25h
铝(99%)	光滑表面	—	—	9.1×10^{-8}	—	2×10^{-8}	—
	光滑表面 400℃烘烤 16h	2.7×10^{-12}	—	—	—	—	—
纯铝		2.4×10^{-5}	—	—	2.9×10^{-6}	—	9.3×10^{-7}
	未处理	8.1×10^{-7}	—	—	4.4×10^{-8}	—	3.5×10^{-8}
	新鲜表面	8.3×10^{-7}	—	—	7.9×10^{-8}	—	3.1×10^{-8}
纯铝	轧光,清洗	—	2.9×10^{-6}	—	1×10^{-6}	—	—
	溶剂处理	—	—	—	1.1×10^{-6}	—	—
	阳极氧化	—	4.7×10^{-5}	—	1.5×10^{-5}	—	—
	去气 24h	5.5×10^{-7}	—	—	1×10^{-8}	—	—
	200℃烘烤	—	—	—	6×10^{-7}	—	2.1×10^{-8}
	200℃烘烤 13.5h	—	—	—	4.9×10^{-8}	—	—
	300℃烘烤	—	—	—	1.9×10^{-6}	—	—
	300℃烘烤 15h		—	—	2.1×10^{-6}	—	—
杜拉铝		2.4×10^{-7}			4.7×10^{-7}		
	未处理	—	—	1.9×10^{-5}	—	—	—
	用苯和丙酮清洗	—	—	1.5×10^{-5}	—	—	—
	腐蚀,苯和丙酮清洗	—	—	4×10^{-7}	—	—	—
铝合金	1.5mm 板,未处理	9.3×10^{-7}	—	—	1×10^{-7}	—	—
	化学抛光	5.7×10^{-7}	—	—	4.5×10^{-8}	—	—
	轧制,研磨化学抛光	5.7×10^{-7}	—	—	4.5×10^{-8}	—	—

19.2.2.5 其他金属的出气速率

银、金等常用金属材料的常温出气速率见表 19-11。

表 19-11 常用金属材料的常温出气速率

材料	出气速率 q/Pa·L·s^{-1}·cm^{-2}			
	1h	4h	10h	25h
银	8×10^{-5}	—	—	—
金	2.1×10^{-5}	—	7.2×10^{-8}	2.8×10^{-8}
钼	6.8×10^{-7}	—	4.8×10^{-8}	2×10^{-8}
镍	8×10^{-5}	2×10^{-5}	—	—
钽	1.2×10^{-4}	—	—	—
钛	1.5×10^{-6}	—	8×10^{-5}	6.8×10^{-8}
	5.2×10^{-7}	—	8×10^{-5}	1.6×10^{-8}
钨	2.7×10^{-5}	—	—	—
锆	1.7×10^{-6}	—	—	—
	8×10^{-7}	—	—	—

19.2.2.6 金属箔材高温除气后的出气速率及组分

金属箔材高温除气后的出气速率及组分见表 19-12。

表 19-12　几种金属箔材高温除气后的出气速率及组分

材料	预处理	程序	烘烤温度/℃	出气速率/Pa·L·s^{-1}·cm^{-2}	组分/%				
					H_2	CO_2	H_2O	烃类化合物	N_2+CO
铝箔	未处理	第一周期	482	2.5×10^{-9}	99.36	—	—	0.50	0.14
		第二周期		1.9×10^{-9}	99.42	—	—	0.42	0.15
	未处理	第一周期	380	3.2×10^{-9}	40.95	—	54.25	—	4.79
		第二周期		1.7×10^{-9}	57.47	—	35.13	0.17	7.22
钼箔	未处理	第一周期	982	1.6×10^{-9}	99.64	—	—	0.17	0.18
		第二周期		3.6×10^{-10}	—	—	—	0.17	0.18
铜箔	未处理	第一周期	688	3.1×10^{-9}	96.60	0.04	—	1.54	1.85
		第二周期		2.3×10^{-10}	95.44	—	—	1.92	2.58
镍箔	未处理	第一周期	893	1.4×10^{-11}	98.63	—	—	0.09	1.26
		第二周期		1.3×10^{-11}	97.94	—	—	0.16	1.88

注：第一周期程序为：烘烤温度 T+55.5℃抽气 17h 后再抽 0.5h，当温度冷却到 T℃时关闭阀门 8h。由压力上升曲线用"最小二乘法"计算出气速率，并在压力上升的最后时刻测量气体组分。第二周期是指把第一周期的程序再重复一次。

19.2.3 有机材料的出气速率

19.2.3.1 橡胶出气速率

橡胶出气速率见表 19-13～表 19-15。

表 19-13　橡胶出气速率（一）　　单位：Pa·L·s^{-1}·cm^{-2}

橡胶种类	时间/min							
	5	10	15	20	30	40	60	90
天然橡胶	2.5×10^{-3}	2.2×10^{-3}	2×10^{-3}	1.9×10^{-3}	1.6×10^{-3}	1.4×10^{-3}	1.1×10^{-3}	8.4×10^{-4}
丁腈橡胶	25×10^{-3}	2×10^{-3}	1.9×10^{-3}	1.7×10^{-3}	1.4×10^{-3}	1.2×10^{-3}	9.2×10^{-4}	7×10^{-4}
氟橡胶 26	1.25×10^{-3}	9.6×10^{-4}	8×10^{-4}	7×10^{-4}	5.8×10^{-4}	5×10^{-4}	4.2×10^{-4}	3.5×10^{-4}
氟橡胶 246	1×10^{-3}	6.4×10^{-4}	6.1×10^{-4}	5.2×10^{-4}	4.4×10^{-4}	3.9×10^{-4}	8.2×10^{-4}	2.7×10^{-4}
氯丁橡胶	9×10^{-3}	1.7×10^{-3}	1.5×10^{-3}	1.3×10^{-3}	1.1×10^{-3}	8.8×10^{-4}	6.2×10^{-4}	4×10^{-4}
乙烯基硅胶	9.5×10^{-3}	6.2×10^{-3}	4.7×10^{-3}	3.8×10^{-3}	3.1×10^{-3}	2.6×10^{-3}	2×10^{-3}	1.6×10^{-3}
共聚氯乙烯胶	—	—	—	8×10^{-3}	6.3×10^{-3}	5.4×10^{-3}	4.2×10^{-3}	3.3×10^{-3}

注：辽宁铁岭橡胶工业研究设计院实测数据，测试温度 25℃。

表 19-14　橡胶出气速率（二）　　单位：Pa·L·s^{-1}·cm^{-2}

橡胶种类	出气时间/min						
	7.5	12	18	27	42	60	90
乙烯基硅橡胶	—	—	1.4×10^{-2}	1.1×10^{-2}	8.7×10^{-3}	7.2×10^{-3}	5.8×10^{-4}
二甲基硅橡胶	1.2×10^{-2}	8.7×10^{-3}	6.9×10^{-3}	3.5×10^{-3}	4.2×10^{-3}	3.4×10^{-3}	2.6×10^{-3}
丁腈橡胶甲	4.1×10^{-4}	3.3×10^{-4}	2.7×10^{-4}	2.1×10^{-4}	1.7×10^{-4}	1.4×10^{-4}	1.1×10^{-4}
丁腈橡胶乙	2.7×10^{-4}	2.2×10^{-4}	1.8×10^{-4}	1.5×10^{-4}	1.2×10^{-4}	1×10^{-4}	8.4×10^{-5}
天然橡胶	3.2×10^{-3}	2.4×10^{-3}	1.9×10^{-3}	1.6×10^{-3}	1.3×10^{-3}	1.1×10^{-3}	
Kel. F 氟橡胶	2.4×10^{-3}	2×10^{-3}	1.7×10^{-3}	1.4×10^{-3}	1.1×10^{-3}	9.4×10^{-4}	7.8×10^{-4}
Viton 橡胶	2.4×10^{-3}	8.5×10^{-3}	6.8×10^{-4}	5.6×10^{-4}	4.5×10^{-4}	3.8×10^{-4}	3.1×10^{-4}

注：辽宁铁岭橡胶工业研究设计院实测数据。

表 19-15 橡胶出气速率（三） 单位：Pa·L·s^{-1}·cm^{-2}

橡胶种类	出气时间/h					
	1	4	9	10	24	25
天然橡胶	8.4×10^{-4}		2.3×10^{-4}		1.1×10^{-4}	
丁基橡胶	2.7×10^{-4}	8×10^{-5}				
氯丁橡胶	1.1×10^{-4}		2.1×10^{-4}		9.3×10^{-5}	
丁腈橡胶	6.7×10^{-4}		8×10^{-5}		3.6×10^{-5}	
丁腈丁苯混胶				1.5×10^{-4}		1.2×10^{-4}
硅橡胶	5.9×10^{-4}		4.9×10^{-5}		1.1×10^{-5}	
氟橡胶 A	6.5×10^{-5}		1.5×10^{-5}		6.9×10^{-6}	

19.2.3.2 塑料、合成纤维出气速率

塑料、合成纤维的常温出气速率见表 19-16。

表 19-16 塑料、合成纤维的常温出气速率

单位：Pa·L·s^{-1}·cm^{-2}

材料	出气时间/h				
	1	4	10	20	25
酚醛纸板	8.7×10^{-3}	2.7×10^{-4}		1.2×10^{-4}	
酚醛布板	$(1.2\sim2.1)\times10^{-3}$	$(4.9\sim5.9)\times10^{-4}$		$(1.7\sim2.5)\times10^{-4}$	
酚醛	7.9×10^{-4}		4×10^{-4}		2.7×10^{-4}
尼龙	1.6×10^{-3}	8×10^{-4}			
尼龙 51（120℃烘24h）	5.3×10^{-9}				
赛璐珞	1.2×10^{-3}	5.7×10^{-4}			
聚醋酸乙烯	7.5×10^{-4}	2.7×10^{-4}			
聚乙烯醇缩醛	4.7×10^{-4}	3.6×10^{-4}			
聚酰胺	3.3×10^{-4}	1.5×10^{-4}			
涤纶 AF-31 腈酚胶合剂	$(2.1\sim4.5)\times10^{-4}$	$(1.9\sim9.3)\times10^{-5}$			
腈酚胶合剂	3.1×10^{-4}		1.6×10^{-4}		8×10^{-5}
阿拉地胶(增塑)	1.5×10^{-4}		4.6×10^{-5}		2.8×10^{-5}
阿拉地胶(未加工)	8.2×10^{-5}		2.2×10^{-5}		1.3×10^{-5}
阿拉地胶	$(1.5\sim2)\times10^{-4}$	$(2.9\sim9.6)\times10^{-5}$			
阿拉地胶(100℃烘烤 24h)	10^{-8}				
改性环氧布板	4.7×10^{-4}	2.3×10^{-4}		2×10^{-4}	
环氧树脂	3.6×10^{-4}	2×10^{-4}		8×10^{-5}	
液态环氧	9.1×10^{-5}		2.4×10^{-5}		1.3×10^{-5}
固态环氧	9.6×10^{-5}		1.7×10^{-5}		8.7×10^{-6}
有机玻璃	9.9×10^{-5}		3.6×10^{-5}		2.3×10^{-5}
聚乙烯	2.7×10^{-4}	6×10^{-5}			
聚乙烯咔唑	1.1×10^{-4}	6.7×10^{-5}			
聚苯乙烯	7.3×10^{-5}		1.9×10^{-5}	1.1×10^{-5}	
聚碳酸酯	1.1×10^{-5}				
聚氯乙烯	6.5×10^{-5}	3.7×10^{-5}			

材料	出气时间/h				
	1	4	10	20	25
聚氨甲酸乙酯	4.7×10^{-5}	2.7×10^{-5}			
聚三氟氯乙酯	5.3×10^{-6}	2.3×10^{-6}			
聚四氟乙烯	1.7×10^{-6} 9.1×10^{-6}		4.5×10^{-8}(9h) 3.3×10^{-6}		2.7×10^{-6}
	$(8\sim27)\times10^{-6}$ 2.1×10^{-6}	$(4.2\sim10.4)\times10^{-6}$	4.3×10^{-6}		2.3×10^{-6}
	$(4\sim6.7)\times10^{-5}$ 6.5×10^{-5}	$(1.6\sim2.1)\times10^{-5}$	2.8×10^{-5}		2×10^{-5}
	$(4.4\sim11.5)\times10^{-5}$		$(10.1\sim27.3)\times10^{-6}$		$(4\sim5.5)\times10^{-6}$
聚四氟乙烯(100℃下测)	1.3×10^{-4}		8.7×10^{-6}		1.3×10^{-6}

注:数据是由不同文献给出,因而同一种材料给出的出气速率不同。

19.2.4 无机材料的出气速率

19.2.4.1 耐火材料的常温出气速率

耐火材料的常温出气速率见表 19-17。

表 19-17 耐火材料的常温出气速率(Al_2O_3 SiO_2 Na_2O TiO_2 Fe_2O_3)

单位:$Pa\cdot L\cdot s^{-1}\cdot cm^{-2}$

耐火材料成分	出气时间/h			最高工作温度/℃
	1	4	20	
Al_2O_3 96%,SiO_2 2.55%,Na_2O 0.7%	6.7×10^{-5}	1.6×10^{-5}	1.1×10^{-5}	1690
Al_2O_3 88%,SiO_2 9%,TiO_2 2.6%	5.3×10^{-5}	1.2×10^{-5}	6.7×10^{-6}	1650
Al_2O_3 82.3%,SiO_2 15.4%	24×10^{-4}	9.3×10^{-5}	2.7×10^{-5}	1760
Al_2O_3 73%,SiO_2 25.1%,TiO_2 1%	7.4×10^{-5}	2.7×10^{-5}	8×10^{-6}	1650
Al_2O_3 72.5%,SiO_2 24.3%,Fe_2O_3 0.7%,K_2O 0.7%	1.1×10^{-4}	2.7×10^{-5}	8×10^{-6}	1880
Al_2O_3 64.8%,SiO_2 30.5%,K_2O 1.33%	1.2×10^{-4}	2.7×10^{-5}	9.3×10^{-6}	1600
Al_2O_3 62%,SiO_2 34%,Fe_2O_3 0.8%,TiO_2 2.3%	6.4×10^{-5}	1.6×10^{-5}	4×10^{-6}	1810
Al_2O_3 61%,SiO_2 36.3%,TiO_2 1.6%	7.3×10^{-5}	2.7×10^{-5}	8×10^{-6}	1540
Al_2O_3 57.6%,SiO_2 40%,Fe_2O_3 1%,K_2O 1%	6.9×10^{-5}	2×10^{-5}	4×10^{-6}	1600
Al_2O_3 47%,SiO_2 49.6%,TiO_2 1.6%	7.3×10^{-5}	2.7×10^{-5}	8×10^{-6}	1425
Al_2O_3 42%,SiO_2 55%	5.6×10^{-5}	4×10^{-5}	1.6×10^{-5}	1350
Al_2O_3 39.4%,SiO_2 56.5%,Fe_2O_3 1%	5.9×10^{-5}	1.7×10^{-5}	6.7×10^{-5}	1430
Al_2O_3 38.5%,SiO_2 54.1%,Fe_2O_3 2.8%,TiO_2 1.2%	6.9×10^{-5}	2.7×10^{-5}	4×10^{-6}	1260
Al_2O_3 38.3%,SiO_2 56.2%,Fe_2O_3 2.3%,TiO_2 1.3%	2.7×10^{-4}	1.3×10^{-5}	3.3×10^{-6}	1710
Al_2O_3 37.6%,SiO_2 53.2%,Fe_2O_3 2.8%,TiO_2 1.6%	5.5×10^{-5}	2.4×10^{-5}	5.3×10^{-6}	1260
Al_2O_3 15%,SiO_2 12%,Fe_2O_3 2%,C35%,Si 35%	1.2×10^{-3}	2×10^{-4}	6.7×10^{-5}	1300
Al_2O_3 2%,SiO_2 40%,Fe_2O_3 4.75%,C35%,Si 10%	1.7×10^{-3}	4×10^{-4}	10^{-4}	1550
Al_2O_3 0.64%,SiO_2 79.15%,Fe_2O_3 0.66%,N_2 7%	1.1×10^{-4}	5.3×10^{-5}	1.3×10^{-5}	1750

19.2.4.2 云母的高温出气速率

红云母的高温出气速率见表 19-18。

表 19-18 红云母（0.5g）的高温出气速率

单位：$Pa \cdot L \cdot s^{-1} \cdot cm^{-2}$

未处理	温度/℃	650	783	910	944
	出气速率	3.3×10^{-3}	6.4×10^{-2}	1.2×10^{-1}	1.4×10^{-1}
850℃真空预除气 4h	温度/℃	747	767	800	900
	出气速率	1.2×10^{-5}	2.3×10^{-4}	6.3×10^{-4}	1.1×10^{-2}

19.2.4.3 其他无机材料的常温出气速率

其他无机材料的常温出气速率见表 19-19。

表 19-19 其他无机材料的常温出气速率

单位：$Pa \cdot L \cdot s^{-1} \cdot cm^{-2}$

材料(材料的成分及处理)	出气时间/h		
	1	4	20
陶瓷(上釉)	8×10^{-3}	4×10^{-5}	—
陶瓷(烧结白刚玉，99.9%Al_2O_3)	1.6×10^{-3}	9.3×10^{-5}	3.3×10^{-5}
陶瓷(97.5%Al_2O_3)	2.7×10^{-4}	6×10^{-5}	2.7×10^{-5}
陶瓷(烧结氰化铝车刀，95%Al_2O_3)	1.3×10^{-4}	3.3×10^{-5}	1.1×10^{-5}
陶瓷板(45.1%Al_2O_3，51.9%SiO_2，1.3%Fe_2O_3，17%TiO_2)	$(1.5\sim9.3)\times10^{-4}$	$(5.3\sim13)\times10^{-6}$	$(5.3\sim27)\times10^{-6}$
陶瓷板(50.9%Al_2O_3，46.8%SiO_2，1.2%B_2O_3，0.08%Na_2O)	$(3.9\sim71)\times10^{-5}$	$(8\sim266)\times10^{-6}$	$(2.7\sim13)\times10^{-6}$
陶瓷(400℃烘烤 24h)	$10^{-13}\sim10^{-12}$		
叶蜡石($Al_2O_3\cdot4SiO_2$)	2.5×10^{-5}	6×10^{-6}	
叶蜡石矿(未焙烧)	7.3×10^{-3}	1.1×10^{-4}	1.7×10^{-4}
叶蜡石(焙烧)	2×10^{-4}	7.2×10^{-5}	2.8×10^{-5}
富铝红柱石(62.9%Al_2O_3，37.1%SiO_2)	8.3×10^{-5}	1.9×10^{-5}	1.1×10^{-5}
托凡克斯($MR2B_{10}N$)	1.1×10^{-4}	2×10^{-5}	8×10^{-6}
滑石块	1.2×10^{-5}	3.2×10^{-1}	
多孔石英	7.2×10^{-5}	2×10^{-5}	6.9×10^{-6}
派勒克斯玻璃	9.7×10^{-7}		
钼玻璃	8.4×10^{-7}		
玻璃带	6.7×10^{-3}	6.5×10^{-4}	2.7×10^{-4}
Si_3N_4	6.7×10^{-3}	6.7×10^{-5}	2.4×10^{-5}
硫化锌	2.9×10^{-5}		
氧化锆(ZrO_2)	1.6×10^{-4}	3.3×10^{-5}	6.7×10^{-6}
玻璃(400℃烘烤 24h)	$10^{-12}\sim10^{-13}$		
多孔石墨(小)	$(3.3\sim13)\times10^{-4}$	$(6.7\sim14)\times10^{-5}$	4×10^{-5}
多孔石墨(大)	2×10^{-4}	4×10^{-5}	1.3×10^{-5}
石墨绒	$(1.1\sim1.3)\times10^{-4}$	$(2.7\sim4)\times10^{-5}$	$(6.7\sim12)\times10^{-6}$
石墨板	1.2×10^{-3}	4×10^{-4}	1.2×10^{-4}
石墨毡	1.1×10^{-4}	2.7×10^{-5}	4×10^{-6}
多孔碳	1.2×10^{-3}	1.3×10^{-4}	4×10^{-5}
碳绒	9.3×10^{-4}	1.5×10^{-4}	2.7×10^{-5}
碳毡	3.5×10^{-4}	4×10^{-5}	8×10^{-5}

19.2.5 高温下的出气总量和气体组分

各种材料在足够高的温度下，经过一定时间的出气后，有可能将内部所含气体的大部分释放出来，这时出气速率的累积量（出气总量）在一定程度上可近似反映材料的全部含气量。一般用每 100g 材料所含标准状态的气体体积（mL）来表示。“出气总量”这个参数可作为设计高温真空系统以及电真空器件的选材的标准之一。各种材料的高温出气总量及气体组分列于表 19-20。500℃加热前、加热中及加热后，核聚变实验装置第一层真空容器壁、材料的放气量见表 19-21。

表 19-20　各种材料的高温出气总量及气体组分

材料	牌号或品种①	预处理	出气总量/cm^3(STP)·$100g^{-1}$	气体组分/cm^3(STP)·$100g^{-1}$							备注
				N_2	CO	H_2	CO_2	H_2O	O_2	其他	
钢	低碳钢,1200℃		70	—	—	—	—	—	—	—	
	碳素钢 08		13.7	3.28	—	2	—	—	8.4	—	
	碳素钢 20		7.5	3.44	—	2	—	—	2.1	—	
	碳素钢 CK8		13.7	8	—	—	—	—	3.5	—	
	碳素钢 CK35		7.7	4.8	—	—	—	—	2.9	—	
	碳素钢 CK45		8.0	5.2	—	—	—	—	2.8	—	
	合金钢 75Mn3		6.9	4.8	—	—	—	—	2.1	—	
	合金钢 46MnSi4		8.4	5.6	—	—	—	—	2.8	—	
	合金钢 30CrMnSiA		7.2	3.2	—	1.2	—	—	2.8	—	
	锰钼铸钢,1200℃		17.4	—	—	—	—	—	—	—	
	铬钼铸钢,1430℃		15.5	—	—	—	—	—	—	—	
	变压器钢		15.4	—	—	3.4	—	—	12	—	
	变压器钢	真空熔炼	2.1	—	—	0.56	—	—	1.54	—	
	不锈钢 1Cr18Ni9Ti		12.82	4.72	—	6	—	—	2.1	—	
	不锈钢 1Cr18Ni9,1000℃	仅去脂	160.3	113	39.5	6.7	1.05	—	—	—	
	不锈钢 1Cr18Ni9,1000℃	去脂,烧氢	107.3	88.2	15.8	2.1	1.2	—	—	—	
	不锈钢 1Cr18Ni9,1000℃	去脂,烧氢,真空烘烤	34.3	15.8	17.1	0.8	0.66	—	—	—	
	不锈钢 1Cr18Ni9,1000℃	镀镍,烧氢	22	2.6	14.5	1.3	3.56	—	—	—	
	镍基耐热合金钢		21.8	3.2	—	6.7	—	—	11.9	—	
	镍基耐热合金钢	真空熔炼	8.95	1.6	—	5.6	—	—	1.75	—	
	耐热合金钢		14.35	11.2	—	—	—	—	3.15	—	
	耐热合金钢	真空熔炼	9.71	8.8	—	—	—	—	0.91	—	
	X10CrNiTi189		7.3	6.6	—	—	—	—	0.7	—	
	X8CrNiMoNb1616		32.5	30.4	—	—	—	—	2.1	—	
	冷轧钢,1000℃		337.5	329		1.84	6.7	—	—	—	
	钢管,1000℃		408	332		57.5	18.5	—	0.037	—	
	覆铝钢,1000℃		50.2	21		23.7	5.5	—	—	—	
	覆碳化镍钢,1000℃		739	593		103	33	—	0.066	—	
	镀镍钢,1000℃		41.8	33.2		2.5	6.06	—	—	—	

续表

材料	牌号或品种①	预处理	出气总量/cm^3(STP)·$100g^{-1}$	气体组分/cm^3(STP)·$100g^{-1}$							备注
				N_2	CO	H_2	CO_2	H_2O	O_2	其他	
铁	纯铁		13.62	—	8.2	0.52	2.2	1.7	—	—	
	铁(化学纯)		20	—	—	—	—	—	0.01	—	
	铁(化学纯)	电解,真空冶炼		0.068	—	—	—	—	—	—	
	新铁,1350℃		6.5	—	—	—	—	—	—	—	
	纯铁板	清洗	8.46	—	—	—	—	—	—	—	
	纯铁板	800℃烧氢 10min	0.15	—	—	—	—	—	—	—	
	电子管用纯铁	电弧冶炼	10.6	—	8.01	2	0.59	—	—	—	
	电子管用纯铁	电弧冶炼铝脱氧	7.5	—	5.08	1.61	0.81	0.6	—	—	
	电子管用纯铁	电解铁粉烧结	13.3	—	9.2	2.7	1.4	0.49	—	—	
	带孔镀镍铁(镍厚 0.1μm)		9.15	—	7.2	0.52	0.83	0.46	—	—	
	带孔镀镍铁(镍厚 1.3μm)		3.69	—	2.3	0.70	0.2	0.52	—	—	
	带孔镀镍铁(镍厚 2.6μm)		2.99	—	1.58	0.77	0.18	0.69	—	—	
	带孔镀镍铁(镍厚 6.0μm)		2.74	—	1.16	0.98	0.18	—	—	—	
	带孔镀镍铁(镍厚 16μm)		3.48	—	2.0	0.13	0.66	—	—	—	
	镀镍铁,850℃,20min	清洗	10.2	—	—	—	—	—	—	—	
	镀镍铁,850℃,20min	600℃烧氢	4.18	—	—	—	—	—	—	—	
	镀镍铁,850℃,20min	800℃烧氢	0.92	—	—	—	—	—	—	—	
	镀镍铁,850℃,20min	1000℃烧氢	0.64	—	—	—	—	—	—	—	
	表面碳化铁	清洗	44.5～330	—	—	—	—	—	—	—	
	表面碳化铁	800℃烧氢	3.3～33.3	—	—	—	—	—	—	—	
	电工铁		21.6	2.96	—	11.2	—	—	7.0	—	
	阿姆克铁		18.9	—	16.2	1.04	1.72	—	—	—	
	阿姆克铁		22.44	1.44	—	—	—	—	2.1	—	
	阿姆克铁	1475℃烧氢 3min	2.34	0.24	—	—	—	—	2.1	—	
	电解铁		13.33	—	—	—	—	—	—	—	
	电解铁	1000℃烧氢 15min	0.6	—	—	—	—	—	—	—	
	羰基铁		15	—	—	—	—	—	—	—	
	羰基铁	1000℃烧氢 15min	1.5	—	—	—	—	—	—	—	

续表

材料	牌号或品种[①]	预处理	出气总量/cm^3(STP)·$100g^{-1}$	气体组分/cm^3(STP)·$100g^{-1}$ N_2	CO	H_2	CO_2	H_2O	O_2	其他	备注
镍	镍板(厚 0.12～0.13mm),850℃30min	800℃烧氢 10min	2.42～2.68	—	—	—	—	—	—	—	
	镍丝(φ1mm),1150℃		2.46	—	1.81	0.43	0.22	—	—	—	
	电解镍板		7.88	—	—	—	—	—	—	—	
	镍锭		4.82	—	—	—	—	—	—	—	
	羰基镍		113	—	—	—	—	—	—	—	
	碳化镍板,850℃ 30min	清洗	3.8	—	—	—	—	—	—	—	
	碳化镍板,850℃ 30min	800℃烧氢 10min	0.83	—	—	—	—	—	—	—	
钼	钼	未处理	16.2～19.9	0.8～2.4	—	11.2	—	—	4.2～6.3	—	
	钼	6.7×10^{-1}Pa 真空熔炼	1.48～2.53	0.08	—	—	—	—	1.4～2.45	—	
	钼	1.3×10^{-2}Pa 真空熔炼	0.7	—	—	—	—	—	0.7	—	
	钼管,1000℃		17.3	11.8		0.92	4.6	—	—	—	
	钼,1760℃		0.441～0.546	0.261～0.395	0.119	0.03	0.03	—	—	—	
钛	钛		158.4	24	—	50.4	—	—	84	—	
	钛管,1000℃		688.3	1.3		685	2.0	—	—	—	
钽	钽管,1000℃		6.3	0.53		5.4	0.4	—	—	—	
钨	钨,2490℃,25min		0.028～0.041	—	—	—	—	—	—	—	
	钨管,1000℃		11.2	8.8		1.3	3.7	—	—	—	
铝	铝		4～7	—	—	—	—	—	—	—	
复合材料或合金	复合铝-铁-镍		3～5	—	0.4	2.5～4.2	0.2	—	—	—	
	复合镍-铁-铝		3～5	—	0.6	2.4～4	0.2	—	—	—	
	可伐管,1000℃		33	27.6		1.6	3.8	—	—	—	54% Fe,28% Ni,8% Co
	可伐合金	烧氢	50.1	6.6	39.5	2.4	1.7	—	—	—	54% Fe,28% Ni,8% Co
	铜镍合金管,1000℃	烧氢	17.4	1.3	13.2	0.53	2.37	—	—	—	70% Ni,30% Cu
	因科尼尔管,1000℃	烧氢	49	5.3	39.5	0.79	3.4	—	—	—	80% Ni,15% Cr,5% Fe
	镍铬 V 管,1000℃	烧氢	33.2	22.4	7.9	1.3	1.58	—	—	—	60% Ni,24% Fe,16% Cr
	52 合金管,1000℃	烧氢	15.8	1.3	12	1.45	1.05	—	—	—	50% Ni,50% Fe
	蒙乃尔 403,1000℃	仅去脂	35.1	27.6		3.7	3.8	—	—	—	在 N_2+CO 中,N_2<10%
	蒙乃尔 403,1000℃	去脂,烧氢	106.8	93.5		1.3	12	—	—	—	在 N_2+CO 中,N_2<10%

续表

材料	牌号或品种①	预处理	出气总量/$cm^3(STP) \cdot 100g^{-1}$	气体组分/$cm^3(STP) \cdot 100g^{-1}$							备注
				N_2	CO	H_2	CO_2	H_2O	O_2	其他	
复合材料或合金	蒙乃尔 403,1000℃	去脂,烧干燥氢	12.34	8.8		1.3	2.24	—	—	—	在 N_2+CO 中,$N_2<10\%$
	蒙乃尔 403,1000℃	去脂,烧干燥氢,真空烘烤	10.63	8.4		0.13	2.1	—	—	—	在 N_2+CO 中,$N_2<10\%$
玻璃	钠钙		32.6	—	3.6	—	0.65	26.7	—	—	
	钠钙铅		29.5	—	3.54	—	0.89	25.1	—	—	
	铅		24.5	—	4.95	—	0.12	18.4	—	—	
	硼硅		11～14	—	—	—	0.69	11.8	—	—	
	硼硅铅		12	—	2.82	—	—	9.18	—	—	
	透明石英		4	—	1.5	2.3	0.12	0.04	—	—	
	不透明石英		9	—	2	6.7	0.09	0.27	—	—	
云母	云母,400℃ 40h	400℃ 1h 除气	2.6～3.3	0.26		1.98	0.4	0.013～0.66	—	—	
	红云母,850℃	820℃,2h 真空除气	1800～6300	—	—	—	—	—	—	—	
	琥珀色云母,850℃	820℃,2h 真空除气	170	—	—	—	—	—	—	—	
	合成云母,850℃	820℃,2h 真空除气	13	—	—	—	—	—	—	—	
陶瓷	块滑石,400℃ 40h	800℃ 10min 除气	0.174	0.0013		0.013	0.0026	—	0.00026	—	
	镁橄榄石,400℃ 40h	800℃ 10min 除气									
	三氧化二铝,400℃ 40h	800℃ 10min 除气									

① 所注温度是指测量时样品的温度;所注时间是指测量时出气量的累积时间。未注温度、时间的是原著提供的条件不详,但根据一般的习惯来看,凡是未提供条件的,多半是指在足够高的温度(甚至处于熔融状态)和足够长的时间下所收集到的气体总量。

表 19-21　500℃加热前、加热中及加热后,核聚变实验装置第一层真空容器壁、材料的放气量　单位:$Pa \cdot m^3 \cdot s^{-1} \cdot m^{-2}$

材料	清洗方法①				条件	常温/h				500℃加热中②/h				加热后/h③			
	A	B	C	D		1	5	10	20	1	5	10	50	1	5	10	20
不锈钢(SUS-304L)		○		○	全压	2.9E-5⑦	5.3E-6	2.7E-6	1.3E-6	3.5E-4	7.6E-5	4.0E-5	2.3E-6	9.0E-8	2.5E-8	1.3E-8	6.7E-9
					$m/e=2(H_2)$⑥	1.9E-6	5.6E-7	2.9E-7	1.7E-7	2.5E-4	6.5E-5	2.7E-5	1.9E-6	8.5E-8	2.0E-8	9.3E-9	—
					$18(H_2O)$	1.5E-5	2.4E-6	1.3E-6	7.8E-7	3.9E-6	—	—	—	1.7E-9	—	—	—
					28(CO)	1.5E-6	3.6E-7	1.5E-7	1.1E-7	8.2E-5	7.3E-6	2.3E-6	3.9E-7	1.5E-9	3.4E-10	—	—

续表

材料	清洗方法①				条件	常温/h				500℃加热中②/h				加热后/h③			
	A	B	C	D		1	5	10	20	1	5	10	50	1	5	10	20
不锈钢(YUS-170)		○		○	全压	5.2E-6	3.1E-7	1.3E-7	4.1E-8	3.7E-6	1.1E-6	5.7E-7	1.7E-7	3.4E-8⑤	(4.0E-9)	(2.0E-9)	(8.0E-10)
					$m/e=2(H_2)$	8.4E-7	3.2E-8	1.6E-8	3.8E-9	5.7E-7	2.5E-7	2.3E-7	4.3E-8	3.1E-8⑤	—	—	—
					$18(H_2O)$	1.7E-7	1.3E-7	2.3E-8	2.0E-8	1.0E-7	1.3E-8	—	—	—	—	—	—
					28(CO)	2.7E-7	2.9E-8	1.3E-8	5.6E-9	2.3E-6	4.9E-7	2.7E-7	4.9E-8	1.3E-10⑤	—	—	—
因康奈尔合金625		○		○	全压	9.3E-5	1.3E-5	6.4E-6	2.6E-6	—	—	5.2E-5	2.4E-6	3.3E-9	1.4E-9	1.1E-9	7.3E-10
					$m/e=2(H_2)$	9.0E-6	1.7E-6	1.2E-6	9.0E-7	—	—	4.1E-5	5.7E-7	1.7E-9	6.7E-10	6.9E-10	5.3E-10
					$18(H_2O)$	2.1E-5	4.5E-6	2.2E-6	1.6E-6	—	—	—	—	—	—	—	—
					28(CO)	7.7E-6	2.1E-6	1.3E-6	1.0E-6	—	—	8.3E-6	1.7E-6	6.0E-11	4.1E-11	3.4E-11	2.9E-11
哈斯特合金-X		○		○	全压	1.7E-5	1.3E-6	6.7E-7	3.3E-7	—	1.6E-5	9.6E-6	2.0E-6	(3.7E-9)	(3.6E-10)	—	—
					$m/e=2(H_2)$	2.8E-6	1.9E-7	1.0E-7	5.3E-8	—	2.0E-6	6.9E-7	2.4E-7	(2.3E-9)	(1.1E-10)	—	—
					$16(CH_4)$	5.1E-7	5.1E-8	2.8E-8	1.3E-8	—	—	—	—	(1.7E-10)	—	—	—
					$18(H_2O)$	7.3E-6	5.3E-7	2.7E-7	1.1E-7	—	3.6E-7	—	—	—	—	—	—
					28(CO)	8.0E-7	6.7E-8	3.7E-8	2.1E-8	—	1.2E-5	6.0E-6	1.3E-6	(1.1E-10)⑥	(6.7E-10)⑥	—	—
钼	○	○		○	全压	1.1E-4	1.6E-6	3.2E-7	4.7E-8	2.5E-5	6.3E-6	4.0E-6	1.6E-6	1.7E-9	9.3E-10	6.9E-10	5.1E-10
					$m/e=2(H_2)$	1.1E-5	1.3E-7	4.0E-8	5.3E-9	6.2E-6	1.6E-6	8.0E-7	2.0E-7	9.3E-10	4.4E-10	2.7E-10	1.5E-10
					$18(H_2O)$	4.0E-5	7.6E-7	1.3E-7	1.9E-8	5.2E-6	1.3E-6	8.0E-7	1.7E-7	1.7E-11	9.3E-12	8.0E-12	8.0E-12
					28(CO)	8.0E-6	1.2E-7	3.1E-8	3.3E-9	7.7E-6	1.7E-6	1.3E-6	7.3E-7	3.2E-10⑥	2.3E-10⑥	2.7E-11⑥	2.7E-11⑥
					$44(CO_2)$	3.6E-6	2.9E-8	6.7E-9	—	—	—	—	—	—	1.6E-11	1.1E-11	7.7E-12
热分解石墨			○	○	全压	1.1E-5	1.3E-6	5.3E-7	2.0E-7	1.1E-4	4.7E-5	2.6E-5	1.0E-5	(1.2E-8)	(1.6E-9)	(1.3E-9)	(1.3E-9)
					$m/e=2(H_2)$	2.4E-6	1.7E-7	7.3E-8	3.7E-8	1.5E-5	1.8E-6	1.0E-6	4.0E-7	(8.6E-9)	(1.3E-9)	(1.0E-9)	(8.0E-10)
					$16(CH_4)$	—	—	—	—	—	—	—	—	(6.0E-10)	(4.7E-11)	(2.7E-11)	(2.0E-11)
					$18(H_2O)$	4.8E-6	6.4E-7	2.5E-7	9.3E-8	6.9E-6	6.7E-7	—	—	—	—	—	—
					28(CO)	1.0E-6	1.1E-7	4.7E-8	1.9E-8	7.3E-5	3.3E-5	2.0E-5	7.3E-6	(3.3E-10)	(8.0E-11)	(5.6E-11)	(2.7E-11)
碳化硅涂层			○	○	全压	1.5E-4④	3.6E-5	1.3E-5	4.8E-5	2.4E-4	5.2E-5	3.3E-5	—	—	—	—	—
					$m/e=2(H_2)$	4.8E-5④	8.0E-6	4.0E-6	1.5E-6	1.5E-4	4.8E-5	1.9E-5	—	—	—	—	—
					$16(CH_4)$	4.5E-6④	6.7E-7	—	—	—	—	—	—	—	—	—	—
					$18(H_2O)$	2.7E-5④	4.0E-6	1.6E-6	3.7E-7	—	—	—	—	—	—	—	—
					28(CO)	2.3E-5④	8.0E	2.7E-6	1.3E-6	2.8E-5	5.3E-6	1.5E-6	—	—	—	—	—

① ○钼、哈斯特合金-X、热分解石墨材料，预先在真空中加热到500℃时分别经过200h、50h、51h之后，暴露在大气中重新测定。

A—玻璃熔接，喷砂；B—热水清洗；C—超声波清洗(洗涤液是异丙醇)；D—氟利昂、蒸汽清洗。

② 将材料加热到500℃时，记作0h。

③ 关闭加热电炉时，记作0h。

④ 开始抽气2h后的放气量。

⑤ 关闭加热电炉后0.35h的放气量。

⑥ $m/e=28$，大部分是N_2。

⑦ 2.9E-5即表示2.9×10^{-5}。

注：参考文献：H Yoshikawa，Y Gomay，T Sugiyama，M Mizuno，S Komiya，T Tazima. Proc. 7th intern. Vac. Congr. and 3rd Intern Conf. Solid Surface.(维也纳)1977，1：367～370。

19.3 材料的气体渗透与扩散

19.3.1 概述

因为壁两侧的气体总存在压差，所以任何壁面材料或多或少地能够渗透一些气体。从微观的角度来看渗透过程是按以下步骤进行的（见图 19-1）：

① 气体原子或分子碰撞到壁面表面；

② 吸附；

③ 吸附时气体分子有的能离解成原子态；

④ 气体在入射一侧的壁面表层达到一个平衡溶解度；

⑤ 由于浓度梯度的存在，气体向壁面的另一侧扩散；

⑥ 气体原子在壁面的另一侧重新结合成分子态（如果存在步骤③时）；

⑦ 解吸和释出。

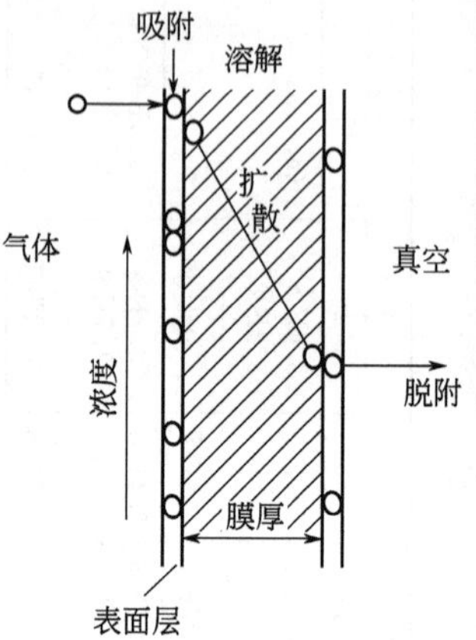

图 19-1 渗透过程示意图

一般来说，扩散是 7 个步骤中最慢的又是最关键的步骤和渗透与溶解有密切的关系。只有金属材料才存在③、⑤两个步骤。譬如，氢气通过铁的渗透过程是先以分子态吸附在铁的表面上，然后由铁表面的亲和力引起氢分子较弱的 H—H 键断裂，使氢离解成原子态并透过铁，在壁面的另一侧重新结合成分子态氢。

从理论上可推导出：

对于不产生离解的分子态渗透（如氦对玻璃的渗透），有

$$q=KA\Delta p/d \tag{19-6}$$

对于双原子气体分子离解后的原子态渗透（如氢对金属的渗透），有

$$q=KA\Delta p^{1/2}/d \tag{19-6a}$$

式中 q——气体透过固体壁面的渗透速率；

Δp——壁两侧的气压差；

d——壁厚；

A——壁的面积；

K——某种气体对某种固体的渗透系数。

K 值与气体-固体配偶的性质有关。只要知道渗透系数 K，就可以根据该材料的壁厚 d、壁的面积 A、壁两侧的气压差，由式(19-6a) 求得渗透速率。所以，K 是非常重要的渗透参数。K 的单位有下述几种：

(cm^2/s)——与扩散系数的单位一致，形式简单，但物理意义不够明确。

[cm^3 (STP)/($cm^2\cdot s\cdot Pa\cdot mm^{-1}$)]——每毫米厚的材料，在每帕的压差下，每秒通过每平方厘米面积的渗透气量，气量用标准状态（即 0℃，10^5Pa。一般用英文缩写 STP 表示）下的体积（立方厘米）来表示。此单位形式比较复杂，但物理意义比较明确。

渗透系数 K、扩散系数 D、溶解度 S 之间存在以下关系

$$K=DS \tag{19-7}$$

式中　D——气体在固体中的扩散系数，cm^2/s；

S——气体在固体中的溶解度，cm^3（STP）/(cm^3·Pa)，表示在压力为 1×10^5Pa 的平衡条件下，单位体积的固体材料中所溶解的气体体积数；

K——渗透系数，cm^2/s 或 cm^3（STP）·mm/(cm^2·s·Pa)。

扩散系数、溶解度、渗透系数这三个参数都是温度的指数函数

$$D=D_0\exp(-E_D/jRT) \tag{19-8a}$$

$$S=S_0\exp(-H/jRT) \tag{19-8b}$$

$$K=K_0\exp(-E_K/jRT) \tag{19-8c}$$

式中　D_0，S_0，K_0——与气体-固体配偶有关的常数；

R——摩尔气体常数，8.31441J/(mol·K)；

T——热力学温度，K；

E_D——扩散活化能，J/mol；

H——溶解热，J/mol；

E_K——渗透活化能，J/mol；

j——离解度。

溶解热、扩散和渗透活化能只与气体-固体配偶有关，与温度几乎无关。因 lg$D$-1/T、lg$S$-1/T、lg$K$-1/T 都是呈直线关系的，所以通常把这些参数的对数值与温度倒数的关系绘制在单对数坐标图上。

由式(19-7)、式(19-8) 还可以得到

$$H=E_K-E_D \tag{19-9}$$

$$K_0=D_0S_0 \tag{19-10}$$

19.3.2 金属材料的渗透系数

气体对金属的扩散、溶解、渗透过程，一般是以原子态的形式进行的。由于氢原子的直径最小，所以氢原子对金属的扩散和渗透最为显著。

氢对碳素钢的渗透、扩散系数见表 19-22。氢气穿透金属的渗透系数见表 19-23。

表 19-22　氢对碳素钢的渗透、扩散系数

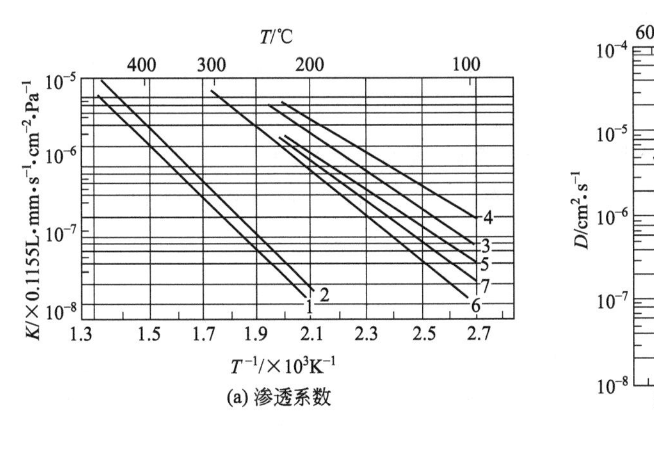

(a) 渗透系数

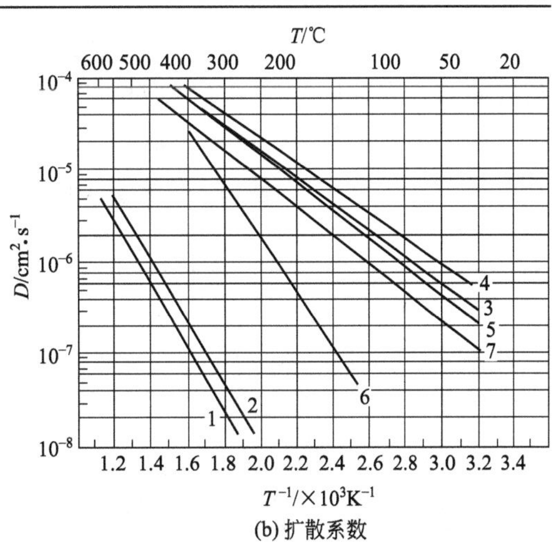

(b) 扩散系数

续表

线号	钢材	成分/%					渗透活化能 /J·mol^{-1}	扩散活化能 /J·mol^{-1}	熔解热 /J·mol^{-1}
		C	Cr	Ni	Mn	Si			
1	奥氏体	0.07	18.0	8.7			17800	15600	2200
2	焊后铁素体(残存有奥氏体)	0.07	18.0	8.7			17600	15100	2500
3	铁素体	0.12			0.5	0.01	11700	6700	5000
4	铁素体	0.09			0.51	0.05	10800	6400	4000
5	铁素体-珠光体	0.12			0.53	<0.1	11700	6900	4800
6	珠光体	0.26	14.1	1.3	0.41	0.46	14900	13800	1100
7	铁素体-珠光体	0.11			0.53	<0.1	12800	6600	6200

表 19-23　氢气穿透金属的渗透系数

金属	表面处理	温度/℃	压差/Pa	渗透系数 K/cm^3(STP)·mm·Pa^{-1}·cm^{-2}·s^{-1}
镍	抛光	750	5.6	1.39×10^{-6}
	氧化和还原	750	5.6	2.70×10^{-6}
	抛光	750	12.1	2.61×10^{-6}
	氧化和还原	750	12.1	4.23×10^{-6}
铁	抛光	400	102.7	4.7×10^{-8}
	腐蚀	400	102.7	4.4×10^{-7}
	抛光	590	53.3	1.28×10^{-7}
	600℃氧化和还原	590	53.3	7.6×10^{-8}
	800℃氧化和还原	590	53.3	1.54×10^{-7}

19.3.3　石英、玻璃、陶瓷的渗透系数

气体对玻璃、陶瓷等的扩散、溶解、渗透一般是以分子态的形式进行的，因此这些过程和气体分子的体积以及材料内部的微孔大小有关。含纯二氧化硅的石英玻璃的微孔孔径约为 0.4nm，其他玻璃因碱金属离子填充于微孔之中，其有效孔径变小。在各种气体分子中，氦分子的直径最小，所以氦对含纯二氧化硅的石英玻璃的扩散、渗透在各种气体-固体配偶中是最大的。

石英玻璃对不同直径气体分子的渗透系数 K 见表 19-24。25℃大气中的几种气体对石英玻璃的渗透量见表 19-25。氦对国产玻璃的扩散系数、溶解度和渗透系数见表 19-26。石英的气体渗透系数与温度的关系见表 19-27。

表 19-24　石英玻璃对不同直径气体分子的渗透系数 K

单位：cm^3(STP)·mm·Pa^{-1}·cm^{-2}·s^{-1}

项目 \ 气体		He	H_2	D_2	Ne	Ar	O_2	N_2
分子直径/nm		0.195	0.25	0.255	0.24	0.315	0.32	0.34
K	25℃	3.75×10^{-14}	2.1×10^{-17}	—	1.5×10^{-18}	1.5×10^{-32}	7.5×10^{-32}	1.5×10^{-32}
	700℃	1.58×10^{-11}	1.58×10^{-12}	1.28×10^{-12}	3.15×10^{-13}	$<7.5\times10^{-19}$	$<7.5\times10^{-19}$	$<7.5\times10^{-19}$

表 19-25　25℃大气中的几种气体对石英玻璃的渗透量

气体	大气分压 /Pa	渗透系数 K /cm^3(STP)·mm·Pa^{-1}·cm^{-2}·s^{-1}	大气下的渗透量	
			/cm^3(STP)·mm·cm^{-2}·s^{-1}	原子/s
N_2	7.93×10^4	1.5×10^{-32}	1.2×10^{-27}	—
O_2	2.12×10^4	7.5×10^{-32}	1.6×10^{-27}	—
Ar	9.4×10^2	1.5×10^{-32}	1.4×10^{-29}	—
Ne	2.4×10^1	1.5×10^{-18}	3.6×10^{-17}	9×10^2
He	5.3×10^{-1}	3.75×10^{-14}	2×10^{-14}	5×10^5
H_2	5.1×10^{-2}	2.1×10^{-17}	1×10^{-18}	25

表 19-26　氦对国产玻璃的扩散系数、溶解度和渗透系数

玻璃牌号	温度 /℃	扩散系数 /cm^2·s^{-1}	溶解度 /cm^3(STP)·cm^{-3}·Pa^{-1}	渗透系数 /cm^3(STP)·mm·cm^{-2}·Pa^{-1}·s^{-1}	渗透活化能 /J·mol^{-1}
上海 95#	18.5	5.2×10^{-9}	2.96×10^{-8}	1.88×10^{-15}	31900
	23	6×10^{-9}	2.96×10^{-8}	1.8×10^{-15}	
	26	6×10^{-9}	3.85×10^{-8}	2.25×10^{-15}	
	100	5.5×10^{-8}	2.76×10^{-8}	1.5×10^{-14}	
	150	1.7×10^{-7}	2.43×10^{-8}	4.2×10^{-14}	
	200	4.3×10^{-7}	2.47×10^{-8}	1.05×10^{-13}	
	250	1.1×10^{-6}	2.27×10^{-8}	2.48×10^{-13}	
沈阳 11#	153	7.5×10^{-7}	6.22×10^{-8}	4.65×10^{-14}	31900
	201	2.1×10^{-7}	5.72×10^{-8}	1.2×10^{-13}	
	232	3.6×10^{-7}	5.53×10^{-8}	2.03×10^{-13}	
	270	6.3×10^{-7}	4.64×10^{-8}	2.93×10^{-13}	

表 19-27　石英的气体渗透系数与温度的关系

温度/℃	渗透系数 K/[7.5×10^{-13}·cm^3(STP)·mm·cm^{-2}·s^{-1}·Pa^{-1}]											
	He	Ar		H_2							N_2	
200	—	—	—	0.022	—	—	—	—	—	—	—	—
300	—	—	—	0.099	—	—	—	—	—	0.051	—	—
400	—	—	—	0.366	0.48	0.44	—	0.50	—	0.275	—	—
500	0.139	—	—	0.70	0.92	0.84	—	1.06	—	0.58	—	—
600	0.282	—	—	1.43	1.75	1.54	—	2.16	2.00	0.81	—	—
650	—	—	—	—	—	—	—	—	—	—	0.065	0.066
700	0.50	—	—	2.52	3.1	2.70	2.45	3.9	2.76	1.70	0.132	0.146
750	—	—	—	—	—	—	—	—	—	—	0.268	0.271
800	0.81	—	—	4.25	4.8	4.4	4.0	6.0	4.5	2.53	0.43	0.39
850	—	0.0161	—	—	—	—	—	—	—	—	0.80	0.64
900	1.18	—	0.58	6.4	—	7.0	5.9	—	—	3.6	1.19	0.95
950	—	0.062/0.031	—	—	—	—	—	—	—	—	—	1.44
1000	1.63	—	—	10.0	—	—	—	—	—	5.1	—	—

注：表中同种气体在不同列中的数据系由不同研究者所测。

19.3.4 有机材料的渗透系数

气体对有机材料的扩散、溶解、渗透过程，一般以分子态进行。由于有机材料的微孔比较大，因此各种气体都几乎可以透过，其透过能力也比玻璃、金属大得多。对大多数有机材料来说，水蒸气的扩散、溶解、渗透值都较高。

各种气体对有机材料常温下的渗透系数 K 见表 19-28。气体在橡胶中的扩散系数 D、渗透系数 K、溶解度 S 数据见表 19-29。

表 19-28 各种气体对有机材料常温下的渗透系数 K

单位：$\times 10^{-14} cm^3$ (STP)·mm·cm^{-2}·s^{-1}·Pa^{-1}

材料	N_2	O_2	H_2	He	Ar	CO_2	H_2O
赛纶(Saran)	0.075	0.38	—	—	—	2.18	105～7500
聚氟乙烯	0.3	1.5	—	—	—	6.75	24350
涤纶	0.38	2.25	47.25	78.75	—	7.5	9750～17250
氯氢化物橡胶	0.6～46.5	1.88～40.5	—	—	—	12.8～13.7	1875～142500
聚三氟氯乙烯	0.68～9.8	1.88～40.5	—	—	—	3.6～93.8	22.5～2700
电木	0.95	—	—	—	—	—	—
尼龙	0.75～1.5	2.85	12～47.3	27.8～83	<7.5	12	5250～127500
环氧树脂	—	3.68～120	—	—	—	6.5～105	—
苯乙烯-甲基丙烯腈橡胶	1.58	12	—	—	—	—	—
聚甲醛	1.65	2.85	—	—	—	14.25	37500～75000
聚氯乙烯	3～12.8	9～45	—	—	—	76.5～278	19500～47250
苯乙烯-丙烯腈橡胶	3.45	15.5	—	—	—	81	67500
醋酸纤维素	12～38	30～58.5	—	—	—	180～1350	112500～795000
丁腈橡胶	18～187.5	72～615	750	2850	127.5	563～4770	75000
聚碳酸酯	22.5	150	—	—	—	637.5	52500
聚苯乙烯	22.5～600	112.5～1875	1500	1350	<7.5	562.5～2775	75000
丁基橡胶	24	97.5	450	300	—	390	3000～15000
聚乙烯	24.8～150	82.5～442.5	750	525	247.5	323～2100	900～15750
聚丙烯	33	1725	—	—	—	690	5250
聚氨酯	36.8	114～360	—	—	—	1050～3000	26250～1875000
甲基橡胶	36	157.5	—	—	—	562.5	—
海普纶	87	210	—	—	—	1560	90000
氯丁橡胶	88.5	300	7500～1050	337.5～7500	120～210	1875	135000
氟乙烯-丙烯共聚物	161.25	442.5		—	—	1275	3750
聚四氟乙烯	232.5	750	1800	52500	435	—	2700
丁苯橡胶	476.25	1290	825			9300	180000
丁钠橡胶	483.75	1432.5	3375	2175	1500	10350	367500

续表

材料	N_2	O_2	H_2	He	Ar	CO_2	H_2O
天然橡胶	630	1725				9975	225000
有机玻璃	＜7.5	＜7.5	247.5	525	＜7.5	—	—
乙基纤维素	630	1987.5	—	—	—	3075	105000～975000
玻璃纸	—	—	—	—	—	—	3525
氟橡胶 VitonA	33	112.5	199.5	750	＜7.5	585	3900
天然橡胶	630	1725	—	—	—	9975	225000
硅橡胶	27000	7500～450000	53700	28800	52500	45000～225000	795000

表 19-29　气体在橡胶中的扩散系数 *D*、渗透系数 *K*、溶解度 *S* 数据

材料	温度/℃	H_2			O_2			N_2			CO_2			CH_4		He
		K	*D*	*S*	*K*	*D*	*S*	*K*	*D*	*S*	*K*	*D*	*S*	*K*	*S*	*K*
天然橡胶	17	28	79	0.37	12	12.5	0.99	4.1	8	0.49	71	6.7	10.1	12	2.6	16.3
	25	38	105	0.39	18	17.5	0.99	6.5	11.5	0.52	101	10.5	9	22	2.5	22.5
	35	58	140	0.41	29	27	1	11	20	0.53	143	17	7.8	35	2.5	33
	43	76	185	0.42	38	36	1	16	28	0.55	183	25	7	50	2.4	43.5
	50	96	220	0.43	49	49	1.01	22	37	0.56	218	32	6.4	63	2.3	—
丁苯橡胶	17	22	80	—	9	9.6	—	3	7.2	—	71	6.8	—	10	—	13
	25	30	100	0.36	13	14	0.93	4.7	10	0.48	93	10	8.7	16	—	17
	35	44	135	—	20	20	—	7.7	14.5	—	128	15.5	—	26	—	25
	43	58	165	0.39	27	28	0.93	11	21	0.5	163	23	6.9	35	—	33
	50	71	200	—	34	34	—	14	28	—	193	29	—	43	—	41
丁腈橡胶	17	75	31	—	2	2.4	—	0.5	1.45	—	15	1	—	1.3	—	5.7
	25	11	42	0.28	3.2	3.6	0.79	0.9	2.3	0.35	23	1.7	12.8	2.4	—	8.6
	35	17	64	0.31	5.3	6.3	—	1.6	4.1	—	37	3.1	—	4.7	—	12.4
	43	25	86	—	7.6	9.1	0.8	2.5	6.2	0.4	52	4.7	9.8	6.9	—	16
	50	31	110	—	10	13	—	3.7	8.6	—	65	7	—	10	—	21
氯丁橡胶 G	17	6.8	29	—	1.7	2.5	—	0.5	1.55	—	12	1.3	—	1.4	—	—
	25	10	38	0.29	2.9	3.8	0.75	0.9	2.4	0.36	19	2.3	8.3	2.5	—	—
	35	16	56	—	5	6.2	—	1.6	4.4	—	31	4.2	—	4.7	—	—
	43	23	74	0.32	7.6	10	0.76	2.5	7.2	0.38	43	6.8	6.4	7.1	—	—
	50	28	94	—	10	13	—	3.1	9.4	—	56	9.1	—	9.7	—	—
丁钠橡胶	17	23	75	—	10	11	—	3.4	8.1	—	79	7.6	—	—	—	—
	25	32	96	—	14	15	—	4.9	11	—	104	10.5	—	—	—	—
	35	46	125	—	21	22	—	7.7	16	—	138	16	—	—	—	—
	43	59	160	—	28	30	—	11	22	—	173	22	—	—	—	—
	50	76	180	—	35	37	—	14	29	—	197	28	—	—	—	—

注：*K*—渗透系数，$\times 10^{-12} cm^3(STP) \cdot mm \cdot cm^{-2} \cdot s^{-1} \cdot Pa^{-1}$；*D*—扩散系数，$\times 10^{-7} cm^2 \cdot s^{-1}$；*S*—溶解度，$\times 10^{-4} cm^3(STP) \cdot cm^{-3} \cdot Pa^{-1}$。

19.4 蒸气压、蒸发（升华）速率

19.4.1 概述

物质通常有三种不同的状态，即气态、液态、固态。它们依据一定条件而相互变化。液态转化成气态的过程称为汽化，汽化包含蒸发和沸腾；固态转化成气态的过程称为升华。

一定温度下，在封闭的真空空间中，液体（或固体）汽化的结果，使空间的蒸气密度逐渐增加，当达到一定的蒸气压之后，单位时间内脱离液体（或固体）表面的汽化分子数与从空间返回液体（或固体）表面的再凝结分子数相等，即蒸发（或升华）速率与凝结速率达到动态平衡，可认为汽化停止，这时的蒸气压称为该温度下液体（或固体）的饱和蒸气压。

饱和蒸气压与温度之间有如下近似关系

$$\ln p = C - \frac{\Delta H}{RT} \tag{19-11}$$

或

$$\ln p = A - \frac{B}{T}$$

式中 p——饱和蒸气压；

A，B，C——常数；

R——摩尔气体常数；

T——热力学温度；

ΔH——汽化潜热。

一般来说，在一定温度下饱和蒸气压高的材料，其蒸发（或升华）速率也大。蒸气压和蒸发（或升华）速率之间有以下关系

$$W = 4.35 \times 10^{-4} p \sqrt{M/T} \tag{19-12}$$

式中 W——蒸发（升华）速率，g/(cm^2 · s)；

p——温度 T 时的饱和蒸气压，Pa；

M——气体摩尔质量，g · mol^{-1}；

T——热力学温度，K。

在真空技术中，材料的蒸气压和蒸发（升华）速率是需要重视的参数，如：真空油脂、真空规、灼热灯丝的饱和蒸气压，均能成为影响极限真空度的气源；真空镀膜用材和吸气剂的升华速率是设计真空镀膜设备和吸气剂泵时需要考虑的参量；低温液化气体的饱和蒸气压则是与深冷泵极限真空有关的参量。

19.4.2 材料的蒸气压

金属蒸气压与温度的关系曲线见图 19-2～图 19-4。金属和氧化物的蒸气压与温度的关系曲线见图 19-5。各种气体和蒸气的蒸气压与温度的关系曲线见图 19-6。单质的蒸气压见表 19-30。冰和水的蒸气压见表 19-31。氟利昂的饱和蒸气压见表 19-32。常见气体的饱和

蒸气压见表 19-33。无机化合物的蒸气压见表 19-34。有机溶剂 20℃时的蒸气压见表 19-35。各种耐高温材料的蒸气压见表 19-36。计算金属蒸气压的 A、B 值见表 19-37。计算塑料、橡胶蒸气压的 A、B 值见表 19-38。

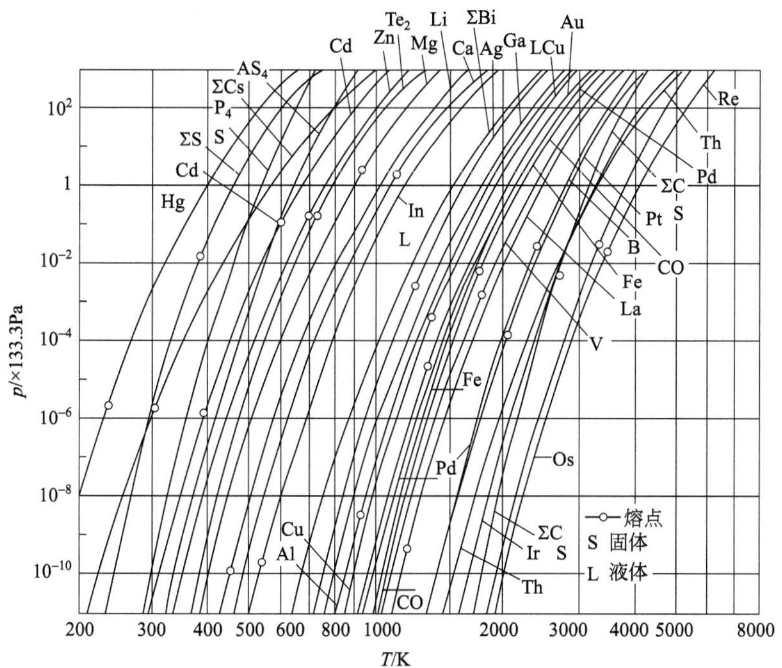

图 19-2　金属蒸气压与温度的关系曲线（一）

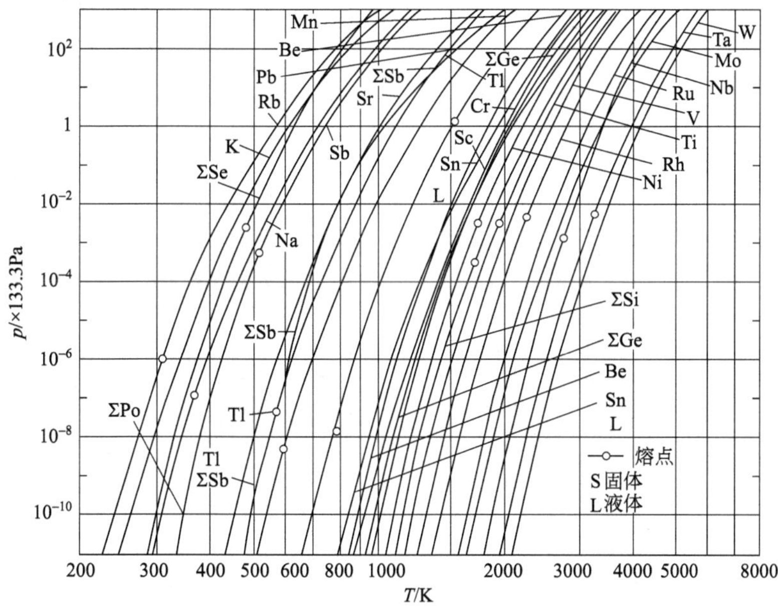

图 19-3　金属蒸气压与温度的关系曲线（二）

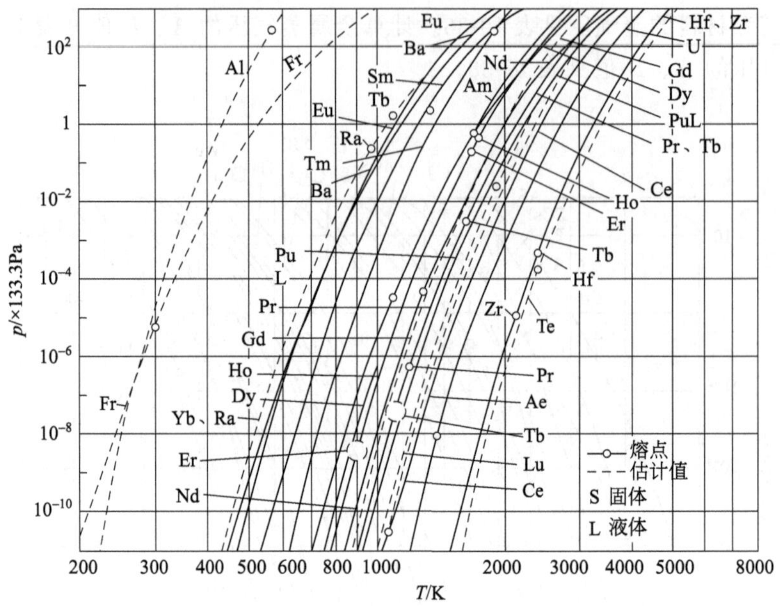

图 19-4　金属蒸气压与温度的关系曲线（三）

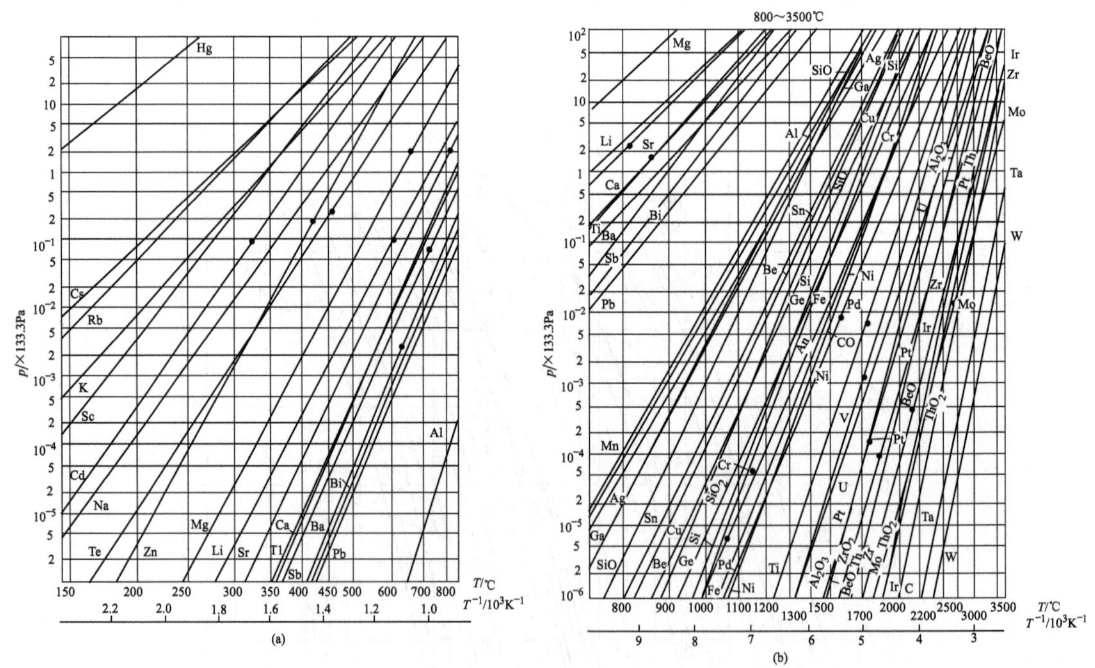

图 19-5　金属和氧化物的蒸气压与温度的关系曲线

（·表示熔点）

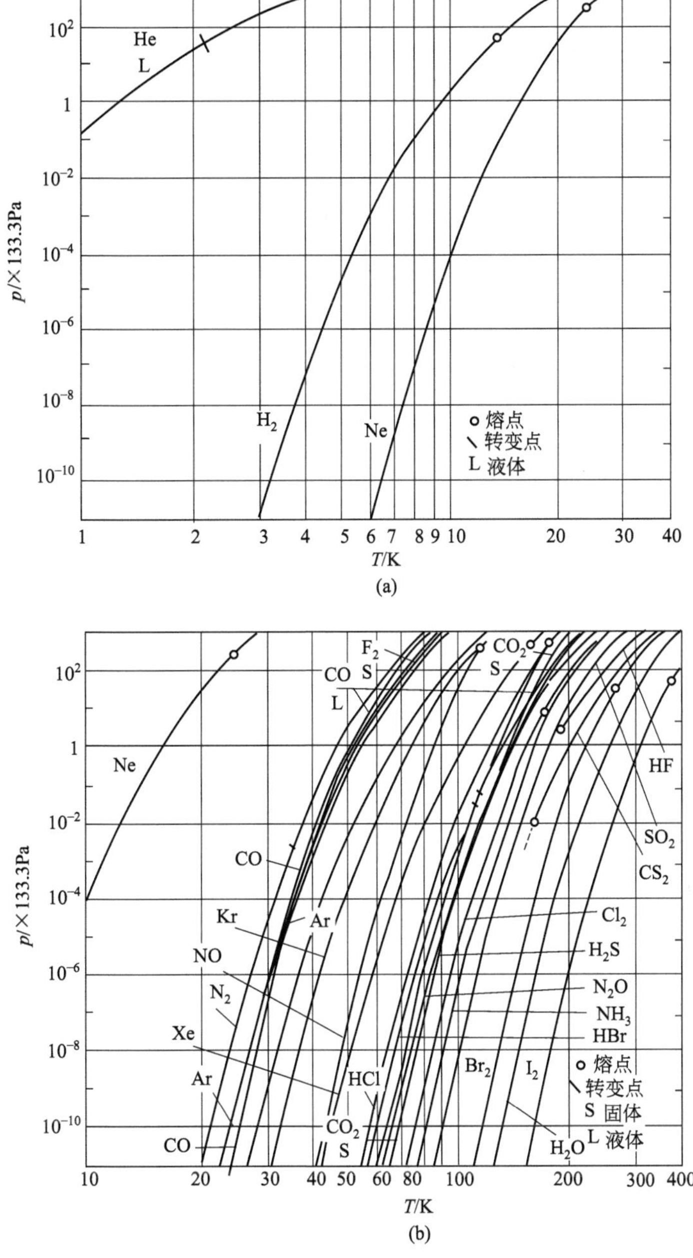

图 19-6　各种气体和蒸气的蒸气压与温度的关系曲线

表 19-30　单质的蒸气压

物质	符号	蒸气压/×1.33Pa							熔点/K
		10^{-4}	10^{-3}	10^{-2}	10^{-1}	1	10^{1}	10^{2}	
		温度/K							
银	Ag	957	1024	1097	1187	1301	1436	1603	1233.8
铝	Al	1039	1114	1200	1297	1421	1566	1745	933.1
砷	As	881	937	1012	1110	1246	410	1696	—

续表

物质	符号	蒸气压/×1.33Pa							熔点/K
		10^{-4}	10^{-3}	10^{-2}	10^{-1}	1	10^{1}	10^{2}	
		温度/K							
金	Au	1226	1311	1413	1533	1676	1847	2059	1336
硼	B	1821	1939	2072	2226	2409	2631	2893	2303
钡	Ba	638	687	741	812	895	997	1134	983
铍	Be	1097	1173	1261	1364	1485	1634	1821	1553
铋	Bi	624	671	726	790	868	963	1083	544.3
碳	C	2200	2336	2491	2669	2874	3114	3397	3773
钙	Ca	525	672	726	790	867	962	1081	1123
镉	Cd	393	420	445	492	538	594	667	593.9
铈	Ce	—	1277	1364	1463	1578	1712	1872	1077
钴	Co	1095	1166	1247	1343	1454	1586	1744	1765
铬	Cr	1229	1311	1403	1510	1637	1786	1968	2173
铯	Cs	295	319	348	382	424	476	545	3016
铜	Cu	1130	1197	1298	1406	1537	1692	1890	1356
铕	Eu	640	687	741	805	881	975	1093	—
铁	Fe	1271	1350	1453	1566	1698	1859	2063	1812
钫	Fr	267	289	315	364	385	434	497	—
镓	Ga	954	1024	1106	1201	1315	1453	1625	3028
钆	Gd	728	779	838	906	986	1082	1199	1593
锗	Ge	1230	1319	1422	1543	1687	1861	2075	1230
铪	Hf	2117	2260	2430	2627	2860	3143	3478	2495
汞	Hg	231	248	267	290	319	355	398	234.13
铟	In	850	914	989	1078	1185	1315	1478	429.4
铱	Ir	1944	2071	2214	2379	2570	2798	3082	2716
钾	K	338.5	365.6	397.7	436	482.9	542	617	336.2
镧	La	1485	1540	1661	1803	1972	2177	2429	1193
锂	Li	579	623	675	737	811	902	1017	453
镥	Lu	1057	1130	1213	1310	1424	1560	1726	1973
镁	Mg	517	554	598	649	710	783	875	923
锰	Mn	924	988	1060	1146	1247	1363	1522	1523
钼	Mo	2090	2228	2386	2572	2797	3046	—	2893
钠	Na	397	428	465	509	562	628	712	307.8
铌	Nb	2250	2400	2560	2750	2980	3250	3570	2693
钕	Nd	1144	1231	1335	1463	1618	1808	2049	1297
镍	Ni	1061	1129	1207	1296	1402	1528	1681	1726
锇	Os	2234	2375	2535	2719	2932	3193	3512	2973
磷	P	205	220	238	259	282	311	348	317.2
铅	Pb	708	762	827	903	995	1110	1250	600.3
钯	Pd	1336	1430	1539	1667	1820	2011	2246	1825
钋	Po	448	479	515	560	616	684	771	527
铂	Pt	1744	1858	1988	2140	2316	2540	2804	2042
镭	Ra	593	638	691	754	832	928	1058	973
铷	Rb	310	335	364	400	443	497	568	311.8
铼	Re	2480	2649	2844	3069	3333	3648	4036	3443

续表

物质	符号	蒸气压/×1.33Pa							熔点/K
		10^{-4}	10^{-3}	10^{-2}	10^{-1}	1	10^{1}	10^{2}	
		温度/K							
铑	Rh	1735	1847	1976	2124	2303	2529	2794	2233
钌	Ru	2051	2180	2328	2496	2692	2929	3213	2673
硫	S	292	310	316	352	377	410	455	392
锑	Sb	617	656	700	749	806	873	1004	908.5
钪	Sc	1110	1187	1275	1375	1497	1636	1820	1673
硒	Se	394	417	432	471	504	560	623	490
硅	Si	1204	1282	1370	1475	1600	1750	1938	1683
钐	Sm	733	786	846	917	1001	1103	1229	1325
锡	Sn	1096	1179	1275	1387	1521	1685	1890	505
锶	Sr	582	625	676	735	806	894	1006	1043
钽	Ta	2507	2675	2862	3077	3329	3625	3978	3273
锝	Tc	2070	2200	2360	2540	2760	—	—	—
碲	Te	497	527	562	602	649	705	790	723
钍	Th	—	1959	2104	2272	2469	2704	2990	1973
钛	Ti	1508	1609	1726	1861	2020	2219	2466	1953
铊	Tl	675	681	736	801	880	979	1101	577
铥	Tm	827	885	953	1025	1121	1237	—	1873
铀	U	1600	1717	1854	2014	2206	2439	2729	1406
钨	W	2667	2837	3029	3249	3502	3728	4141	3653
镱	Yb	599	644	695	757	830	920	1032	1097
钇	Y	1246	1392	1430	1544	1678	1842	2048	1773
锌	Zn	453	485	523	566	618	681	763	692.5
锆	Zr	1975	2109	2265	2447	2662	2918	3227	2123

表 19-31　冰和水的蒸气压

冰				水			
温度/K	压力/Pa	温度/K	压力/Pa	温度/K	压力/Pa	温度/K	压力/Pa
180	0.0053	230	9.20	260	225.4	316	8638
183	0.0093	233	12.9	263	286.5	320	10610
186	0.016	236	17.6	266	361.9	323	12330
190	0.033	240	26.7	270	489.6	326	14290
193	0.053	243	38.1	273	610.4	330	17310
196	0.085	246	51.85	276	757.8	333	19910
200	0.167	250	77.31	280	1001	336	22840
203	0.259	253	103.4	283	1228	340	27320
206	0.413	256	137.4	286	1497	346	35420
210	0.693	260	198.6	290	1937	350	41870
213	1.08	263	259.9	293	2337	356	53400
216	1.60	266	338.2	296	2808	360	62480
220	2.60	270	475.9	300	3564	366	78460
223	3.93	273	610.4	303	4242	370	90920
226	5.73			306	5029	373	101310
				310	6274	374	104980
				313	7378		

表 19-32　氟利昂的饱和蒸气压　　单位：MPa

温度/℃	氟利昂-12	氟利昂-22	温度/℃	氟利昂-12	氟利昂-22
−100	—	0.00210	−20	0.15366	0.251
−90	—	0.00439	−10	0.22342	0.363
−80	—	0.01050	0	0.31465	0.510
−70	0.012258	0.02088	10	0.43135	0.699
−60	0.02135	0.0382	20	0.57788	0.935
−50	0.03999	0.0660	30	0.75810	1.226
−40	0.06551	0.1076	50	0.97707	1.579
−30	0.10245	0.1679	70	1.2386	2.003

表 19-33　常见气体的饱和蒸气压

气体	蒸气压/Pa																
	10^{-11}	10^{-10}	10^{-9}	10^{-8}	10^{-7}	10^{-6}	10^{-5}	10^{-4}	10^{-3}	10^{-2}	10^{-1}	1	10^{1}	10^{2}	10^{3}	10^{4}	10^{5}
	温度/K																
^{3}He												0.276	0.345	0.623	0.966	1.66	3.18
^{4}He													0.95	1.23	1.67	2.84	4.20
H_2	2.65	2.81	2.99	3.14	3.38	3.63	3.92	4.35	1.78	5.3	6.0	6.8	7.9	9.4	11.4	14.5	20.3
D_2	3.57	3.79	4.02	4.29													
T_2	4.01	4.24															
Ne	5.46	5.75	6.07	6.42	6.83	7.28	7.80	8.40	9.09	9.95	10.9	12.1	13.6	15.5	18.1	21.6	26.7
CH_4	23.8	25.1	26.5	28.0	29.8	31.8	33.9	36.5	39.6	43.1	47.1	52.5	58.4	66.2	76.0	89.9	112
F_2														54.9	8.6	68.7	84.8
N_2	18.1	18.9	19.9	20.9	22.2	23.5	25.0	26.8	28.7	31.3	33.7	37.0	40.9	46.1	53.0	62.0	77.4
CO	20.4	21.4	22.4	23.6	25.0	26.5	28.1	30.0	32.2	34.7	37.6	41.1	45.2	50.4	56.9	66.0	81.2
O_2	21.7	22.7	23.9	25.1	26.4	28.0	29.7	31.7	33.8	36.4	39.4	42.8	47.4	53.2	61.3	72.8	90.0
Kr	27.7	29.2	30.7	32.5	34.3	36.5	39.0	41.9	45.1	48.8	53.3	58.6	65.4	73.7	84.3	98.9	120.5
NO	37.5	39.2	41.0	43.1	45.3	47.8	50.5	53.6	57.1	61.0	65.7	71.0	77.3	84.8	93.7	104.9	121
Ar	20.2	21.2	22.3	23.5	25.0	26.6	28.4	30.3	32.8	35.6	38.7	42.6	47.5	53.6	61.4	71.8	84
N_2O	55.2	58.0	60.7	63.8	67.2	70.9	75.0	79.7	85.0	91.1	98.0	106	116	127	142	160	185
CO_2	9.2	61.9	64.8	68.0	71.6	75.6	80.0	85.0	90.7	97.2	105	114	124	136	152	170	194
Xe	38.3	40.2	42.4	44.8	47.4	50.4	53.8	57.7	62.1	67.4	73.5	81.0	90.3	102	116	136	164
HBr	51.5	54.0	56.7	59.8	63.2	67.1	71.5	76.4	82.1	88.7	96.4	106	117	131	148	171	203
HCl	49.4	51.8	54.3	57.1	60.2	63.6	67.6	71.9	76.9	82.6	89.2	97.1	107	119	135	155	187
NH_3	70.5	73.7	77.1	81.0	85.2	90.0	95.2	102	108	115	124	135	147	160	178	204	240
H_2S	56.9	59.5	62.3	65.5	69.0	73.0	77.5	82.4	88.2	94.8	102	112	123	137	154	181	213
Cl_2	65.7	68.7	72.0	75.6	79.5	83.8	88.8	94.3	100.5	108	116	126	138	153	170	197	238
H_2O	112	118	123	129	136	144	152	161	172	183	197	213	231	253	280	319	373
SO_2	78.5	82.0	85.8	89.9	94.5	99.3	105	112	119	127	136	147	160	175	193	220	263
CS_2												158	175	196	224	263	320
HF														176	203	239	293
Br_2	101	106	110	116	121	128	135	142	151	162	173	187	202	222	245	277	330
I_2	141	147	153	161	168	177	187	198	210	224	241	259	282	308	341	383	456

表 19-34　无机化合物的蒸气压

物质	分子式	相对分子质量	蒸气压/×1.33Pa								熔点/K	温度测量范围/K
			10^{-3}	10^{-2}	10^{-1}	1	10^{1}	10^{2}	10^{3}	10^{5}		
			温度/K									
氯化锂	$LiCl$	42.40	(491)	(643)	(707)	(784)	(879)	(1002)	1164			
								1056	1205		883	1133～1263
氯化钠	$NaCl$	58.45	(657)	(712)	(777)	(856)	(652)	(1072)	1227			1133～1263
								1138	1290	1738	1081	
氯化钾	KCl	74.56	732	783	840	908(5)	993	1091				711～870
								1094	1241	1680	1041	855～1024
氯化铷	$RbCl$	120.94	696	748	807	876	958	(1057)				
								1065	1210	1654	988	831～948
氯化铯	$CsCl$	168.37	667	715	770	835	910	(1003)				
								1017	1157	1573	919	780～908
氟化锂	LiF	25.94	(829)	886	953	1030	(1120)	(1228)				
								1320	1484	1954	1118	926～1053
氟化钠	NaF	41.99	(910)	969	1036	(1114)	905	1319				
								1350	1513	1977	1268	1207～1348
氟化钾	KF	58.10						1158	1312	1775	1129	
氟化铍	BeF_2	47.01	(763)	(810)	(866)	(928)	1001	1085				1013～1076
								1044	1152	1432	1076	1076～1241
氟化钙	CaF_2	78.08	(1268)	(1354)	(1452)	1566	1699	1858	(2048)		1069	1503～1853
氟化铝	AlF_3	83.98	(873)	(920)	973	1032	1099	1175	1262	1530		980～1123
氟化钍	ThF_4	308.05	(992)	1055	1125	1205	1298	1411	1554	1924		1055～1297
溴化锂	$LiBr$	86.86						1021	1161	1583	820	143～1595
溴化钠	$NaBr$	102.90						1079	1225	1665	821	
溴化钾	KBr	119.02						1068	1213	1656	1005	
碘化锂	LiI	133.85						996	1114	1444	722	
碘化钠	NaI	149.90						1040	1176	1577	935	
碘化钾	KI	166.01						1018	1160	1597	958	
碘化锆	ZrI	218.12						537	584	704	772	
硫化锌	ZnS	97.45	(866)	950	1056	1186	(1081)					923～1223
硫化锗	GeS	104.67	(494)	(532)	(576)	628	690	766	860		803	706～869
硫化铅	PbS	239.28	(768)	(822)	(884)	955	1040	1140	1262			
								1125	1248	1554	1387	1048～1193
氧化铍	BeO	25.01	2070	2207	2365	2546	(2757)	(3007)			2823	2103～2583
氧化镁	MgO	40.32	(1507)	1595	1694	1806	1933	2080			3073	1773～2173
氧化钙	CaO	56.08	1855	1990	2146	2328	2544	2804			2873	1603～1753
氧化锶	SrO	103.63	1694	(1793)	1904	2030	(2174)	(2340)				
氧化钡	BaO	153.36	1423	1536	1668	1825	2014	(2247)			2190	1473～2073
氧化硼	B_2O_3	69.64	(1160)	(1245)	1344	1459	1597	1762	(1967)		723	1331～1808
氧化铝	Al_2O_3	101.96	1676	1786	1910	2055	2222	2418	2653			
								2421	(2005)	3250	2313	2600～2900
二氧化硅	SiO_2	60.09	1489	1635	1814	2037	2322	2699	(2005)	(2500)	1983	1601～1754
一氧化硅	SiO	44.09	(1096)	1173	1262	1365	(1487)	(1633)				1173～1428
氧化钍	ThO_2	264.05	2095	2244	2416	2616	2852	3135			3323	2073～2273
			2244	2389	(2553)	2740	(2962)	3218			983	
氧化锗	GeO	88.60	1522	1712	1954	2277	2728	3400		1745	1161	
一氧化铅	PbO	223.21	(836)	(889)	950	1020	1102	(1197)			1006	
								1216	1358	1745	1161	1055～1153

续表

物质	分子式	相对分子质量	蒸气压/×1.33Pa								熔点/K	温度测量范围/K
			10^{-3}	10^{-2}	10^{-1}	1	10^{1}	10^{2}	10^{3}	10^{5}		
			温度/K									
二氧化碲	TeO_2	159.61	(752)	(803)	860	827	1004	1103	(1222)		1006	846～1121
三氧化钼	MoO_3	143.95	(580)	627	682	749	(830)	930	(1059)			
								1007	1087	1424	1068	1093～1273
三氧化钨	WO_3	231.86	(1188)	1242	1300	(1367)	1439	1520			1743	1400～1500

注：在温度栏内附加(　)的数值，虽然在测量温度以外，但仍被认为有效。

表 19-35　有机溶剂 20℃ 的蒸气压　　单位：Pa

溶剂	蒸气压	溶剂	蒸气压	溶剂	蒸气压
丙酮	2.5×10^{4}	四氯化碳	1.2×10^{4}	甲醇	1.28×10^{4}
苯	1×10^{4}	氯仿	2.1×10^{4}	乙醚	5.6×10^{4}
二硫化碳	4×10^{4}	乙醇	5.85×10^{3}	溴乙烷	5.1×10^{4}

表 19-36　各种耐高温材料的蒸气压

材料名称	分子式	到达下列蒸气压的温度/℃							熔点/℃
		1.3×10^{-3}Pa	1.3×10^{-2}Pa	1.3×10^{-1}Pa	1.3Pa	13.3Pa	133.3Pa	10^{5}Pa	
钛	Ti	1320	1440	1600	1755	1940	2200	3250	1668
锆	Zr	1540	1650	1820	2010	2220	2510	3700	1830
铪	Hf							>3200	2230
铌	Nb	2194	2355	2539				5000	2410
钼	Mo	1923	2095	2295	2533	2767	3118	4800	2622
钽	Ta	2407	2600	2820	3065			5500	2996
铼	Re	2504	2717	2966	3259	3555	3940	5900	3172
钨	W	2554	2767	3016	3309	3605	3990	5950	3380
石墨		2126	2300	2470	2677	2926	3200	4500	3900
三氧化二铝	Al_2O_3	1050	1150	1280	1440	1640	1860	3000	2034
氧化铍	BeO	1500	1620	1755	1965	2190	2440	3900	2570
氧化镁	MgO	1040	1130	1260	1410	1600	1800	2900	2672
氧化钍	Th_2O	1600	1750	1900	2100	2330	2620	4400	3300
氧化锆	ZrO_2			1430	1620	1820	2050	3600	2710
氧化铀	UO_2								2800
氧化锌	ZnO		1210						1975
氧化钡	BaO	1150	1260	1380	1550	1760	2000	3200	1923
氧化锶	SrO	1400	1520	1665	1820	2020	2300	3700	2430
碳化硼	B_6C							>3500	2530
碳化铪	HfC							>3500	3887
碳化钽	TaC		3100					5500	3877
碳化钛	TiC							4300	3137
碳化钨	WC							6000	2870
碳化二钨	W_2C							6000	2730
碳化锆	ZrC							5100	3532
硼化铪	HfB_2								2964
硼化镧	LaB_6	1760	1882	2000	2180			4500	2210
硫化锌	ZnS	870	925	980	1050	1120	1220		1850
石英					1220	1380	1830	2227	1710

表 19-37 计算金属蒸气压的 A、B 值

金属	A	B	金属	A	B
Li	10.99	8.07×10^3	Th	12.52	2.84×10^4
Na	10.72	5.49×10^3	Ge	11.71	1.803×10^4
K	10.28	4.48×10^3	Sn	10.88	1.487×10^4
Cs	9.91	3.80×10^3	Pb	10.77	9.71×10^3
Cu	11.96	1.698×10^4	Sb_2	11.15	8.63×10^3
Ag	11.85	1.427×10^4	Bi	11.18	9.53×10^3
Au	11.89	1.758×10^4	Cr	12.94	2.0×10^4
Be	12.01	1.647×10^4	Mo	11.64	3.085×10^4
Mg	11.64	7.65×10^3	W	12.40	4.068×10^4
Ca	11.22	8.94×10^3	U	11.59	2.331×10^4
Sr	10.71	7.83×10^3	Mn	12.14	1.374×10^4
Ba	10.70	8.76×10^3	Fe	12.44	1.997×10^4
Zn	11.63	6.54×10^3	CO	12.70	2.111×10^4
Cd	11.56	5.72×10^3	Ni	12.75	2.096×10^4
B	13.07	2.962×10^4	Ru	13.50	3.38×10^4
Al	11.79	1.594×10^4	Rn	12.94	2.772×10^4
La	11.60	2.085×10^4	Pd	11.78	1.971×10^4
Ga	11.41	1.384×10^4	Os	13.59	3.7×10^4
In	11.23	1.248×10^4	Ir	13.07	3.123×10^4
C	15.37	4×10^4	Pt	12.53	2.728×10^4
Si	12.72	2.13×10^4	V	13.07	2.572×10^4
Ti	12.50	2.32×10^4	Ta	13.04	4.021×10^4
Zr	12.33	3.03×10^4			

表 19-38 计算塑料、橡胶蒸气压的 A、B 值

项目 \ 材料	聚酯	塞纶	乙烯基弹性体	聚四氟乙烯	尼龙	硅橡胶	丁基橡胶	聚乙烯
A 值①	3.09	6.4	11.5	4.3	10.0	19.4	11.4	7.4
B 值①	3000	4200	5900	3400	5600	7400	4900	4500
蒸气压②/Pa	1.3×10^{-5}	4×10^{-6}	1.3×10^{-6}	1.3×10^{-5}	1.3×10^{-7}	5.3×10^{-4}	1.3×10^{-3}	4×10^{-6}

① A、B 为蒸气压公式 $\lg p=A-B/T$ 中的常数值。

② 为 25℃蒸气压。

19.4.3 蒸发（升华）速率

蒸发速率即单位时间内单位面积的蒸发量，可用式(19-13) 求出。在实际蒸镀中，蒸发速率必须在 $10^{-4}\sim10^{-1}$kg/(m^2 · s) 范围内。

$$a_v=4.37\times10^{-4}p_s\sqrt{\frac{M_d}{T}} \tag{19-13}$$

式中 a_v——理想条件下的单位面积蒸发速率，kg/(m^2 · s)；

p_s——温度为 T 时的饱和蒸气压（见 19.4.2 节），Pa；

M_d——蒸发分子的摩尔质量，g/mol；

T——蒸发表面的热力学温度，K。

表 19-39 给出了几种物质为了得到蒸发速率所需的温度值。真空管用各种材料的蒸发

速率见表 19-40。

表 19-39　几种物质的蒸发速率与相应的温度 T　　单位：K

名称	相对原子质量	密度 $/10^{-3}kg\cdot m^{-3}$	$a_v=10^{-4}kg/(m^2\cdot s)$	$a_v=10^{-3}kg/(m^2\cdot s)$	$a_v=10^{-2}kg/(m^2\cdot s)$	$a_v=10^{-1}kg/(m^2\cdot s)$
Ag	107.9	10.49	1170	1300	1410	1580
Al	26.98	2.69	1310	1430	1580	1770
Au	197.0	18.88	1550	1700	1890	2100
B	10.82	2.53	1540	1660	1820	1990
Ba	137.4	3.5	785	875	980	1085
Be	9.013	1.85	1440	1560	1720	1900
Bi	209.0	9.78	835	915	1020	1140
C	12.01	2.25	2800	3000	3320	3650
Ca	40.08	1.55	785	870	965	1070
Cd	112.4	8.65	470	520	570	630
Ce	140.1	6.90	1420	1540	1690	1870
Co	58.94	8.71	1760	1920	2100	2340
Cr	52.01	7.14	1340	1450	1590	1770
Cs	132.9	1.87	358	400	450	512
Cu	63.54	8.93	1400	1530	1690	1880
Fe	55.85	7.86	1580	1710	1870	2060
Ga	69.72	5.93	1210	1340	1500	1700
Ge	72.60	5.46	1350	1500	1660	1900
Hg	200.6	14.19		303	331	371
Ir	192.2	22.42	2550	2780	3010	3350
K	39.10	0.87	421	465	523	595
La	138.9	6.15	1470	1620	1780	1980
Li	6.94	0.534	715	803	910	1030
Mg	24.32	174	643	705	780	875
Mn	54.94	7.3	1130	1240	1370	1510
Mo	95.95	9.01	2550	2790	3100	3450
Na	22.99	0.971	502	554	623	703
Ni	58.71	8.8	1640	1780	1940	2140
Os	190.2	22.5	2650	2870	3140	3450
Pb	207.2	11.34	855	950	1050	1180
Pd	106.4	12.16	1630	1800	1990	2240
Pt	195.1	21.37	2120	2310	2520	2800
Rb	85.48	1.53	278	422	467	528
Rh	102.9	12.44	2210	2400	2630	2900
Ru	101.1	12.1	2480	2690	2920	3230
Se	44.96	(3.02)	1520	1690	1870	2090
Si	28.09	2.42	1500	1630	1790	1970
Sn	118.7	7.29	1270	1410	1600	1830
Sr	87.63	2.60	715	790	887	995
Ta	180.9	16.6	3020	3320	3600	
Th	232.0	11.00	2210	2410	2650	2940
Ti	47.90	4.5	1630	1810	2010	2280
Tl	204.4	11.86	750	830	920	1040
U	238.1	18.7	1930	2110	2320	2570
V	50.95	5.87	1990	2160	2380	2610
W	183.8	19.3	3230	3550	3880	
Zn	65.38	6.92	540	590	650	730
Zr	91.22	6.44	2040	2240	2460	2720

表 19-40　用在真空管中的各种材料的蒸发速率　单位：$g \cdot cm^{-2} \cdot s^{-1}$

T/K	T/℃	W	Ta	Mo	Pt	Ni	Cu	Ag	Ba
700	427					8.41×10^{-21}	1.16×10^{-18}	3.26×10^{15}	1.7×10^{-3}
800	527				1.29×10^{-26}	7.35×10^{-17}	1.64×10^{-15}	1.64×10^{-12}	9.1×10^{-7}
900	627				7.21×10^{-23}	1.08×10^{-14}	3.64×10^{-13}	2.10×10^{-10}	2.0×10^{-3}
1000	727			1.37×10^{-24}	6.70×10^{-20}	1.42×10^{-12}	3.96×10^{-11}	9.97×10^{-9}	2.5×10^{-4}
1100	827		1.33×10^{-28}	9.77×10^{-22}	1.81×10^{-17}	7.48×10^{-11}	1.51×10^{-9}	2.29×10^{-7}	1.9×10^{-3}
1200	927	8.2×10^{-28}	1.27×10^{-25}	2.44×10^{-19}	2.06×10^{-15}	2.00×10^{-9}	3.11×10^{-8}	3.13×10^{-6}	1.0×10^{-2}
1300	1027	3.16×10^{-25}	4.18×10^{-23}	2.53×10^{-17}	9.73×10^{-14}	3.19×10^{-8}	3.94×10^{-7}		4.3×10^{-2}
1400	1127	1.26×10^{-23}	6.04×10^{-21}	1.29×10^{-15}	2.92×10^{-12}	3.38×10^{-7}	3.5×10^{-6}	1.6×10^{-4}	0.15
1500	1227	7.83×10^{-21}	4.5×10^{-19}	3.81×10^{-14}	5.23×10^{-11}	2.55×10^{-6}			0.43
1600	1327	4.36×10^{-19}	1.95×10^{-17}	7.6×10^{-13}	6.56×10^{-10}	1.46×10^{-5}	1.0×10^{-4}	2.9×10^{-3}	1.1
1700	1427	1.51×10^{-17}	5.45×10^{-16}	1.05×10^{-11}	6.18×10^{-9}	6.82×10^{-5}			2.5
1800	1527	3.52×10^{-16}	1.05×10^{-14}	1.06×10^{-10}	4.42×10^{-8}	2.5×10^{-4}	1.4×10^{-3}	2.6×10^{-2}	5.2
1900	1627	5.92×10^{-15}	1.36×10^{-13}	7.52×10^{-10}	2.57×10^{-7}				10.0
2000	1727	7.48×10^{-14}	1.60×10^{-12}	5.34×10^{-9}	1.24×10^{-6}	2.2×10^{-3}	1.1×10^{-2}	1.5×10^{-1}	18.0
2100	1827	7.43×10^{-13}	1.38×10^{-11}	2.82×10^{-8}					
2200	1927	6.00×10^{-12}	9.78×10^{-11}	1.30×10^{-7}	1.7×10^{-5}	1.2×10^{-2}	5.9×10^{-2}	6.0×10^{-1}	
2300	2027	4.03×10^{-12}	5.88×10^{-10}	5.00×10^{-7}					
2400	2127	2.31×10^{-11}	3.04×10^{-9}	1.80×10^{-6}	1.5×10^{-4}	5.0×10^{-2}	2.3×10^{-1}	1.9	
2500	2227	1.16×10^{-9}	1.37×10^{-8}	5.62×10^{-6}					
2600	2327	5.07×10^{-9}	5.54×10^{-8}	1.57×10^{-5}	8.5×10^{-4}	1.6×10^{-1}	7.3×10^{-1}		
2700	2427	2.01×10^{-8}	2.00×10^{-7}	4.18×10^{-5}					
2800	2527	7.20×10^{-8}	6.61×10^{-7}	1.04×10^{-5}	4.0×10^{-3}				
2900	2627	2.36×10^{-7}	2.00×10^{-6}	2.35×10^{-4}					
3000	2727	7.15×10^{-7}	5.79×10^{-6}	5.00×10^{-4}					
3100	2827	2.01×10^{-6}	1.51×10^{-5}						
3200	2927	5.32×10^{-6}	3.82×10^{-5}						
3300	3027	1.27×10^{-5}							
3400	3127	3.13×10^{-5}							
3500	3227								
3600	3327								

19.5 常用真空材料

真空工程中所用的材料大致可分为两类：

① 结构材料　这是构成真空系统主体的材料。它将真空系统与大气隔开，承受着大气压力。这类材料主要是各种金属和非金属材料，包括可拆卸连接处的密封垫圈材料。

② 辅助材料　真空系统中某些零件连接处或系统漏气处辅助密封用的真空封脂、真空封蜡、装配时用的胶黏剂、焊剂、真空泵及真空应用设备中所用的真空油、吸气剂、制冷剂、工作气体及加热元件材料等。

随着真空科学技术的进展，新工艺、新材料将不断出现。真空系统中常用的材料见表19-41。

表 19-41　真空系统中常用的材料

零部件名称	低真空及高真空	超高真空
壳体、管路、阀、内部零件	普通碳素钢、不锈钢	不锈钢、钛、高纯铝
密封垫圈	丁基橡胶、氟塑料	氟橡胶、氟塑料、铜、金、银、铟
导电体	铜、不锈钢、铝	铜、不锈钢

续表

零部件名称	低真空及高真空	超高真空
绝缘体	酚醛、氟塑料、玻璃、陶瓷	玻璃、致密高铝瓷等
视窗	玻璃	硼硅玻璃、透明石英玻璃
润滑剂	低蒸气压的油及脂	二硫化钼、镀银或金
加热元件	镍铬铁合金、钨、钼、钽、碳布	钨、钼、钽、钨-铼合金、石墨碳纤维

19.5.1 金属及合金

金属材料主要有以铁、铜、铝、钛为基础的金属及合金。如：碳素结构钢、不锈钢、无氧铜、紫铜、铝以及覆铝、铜、镍、钨、钼、铼等。其中不锈钢耐锈蚀，有较低的出气速率，是常用的优良的超高真空壳体材料。氢在铝中的扩散速率低，故烘烤后的出气速率低，是今后有希望发展的超高真空壳体材料。

19.5.1.1 黑色金属

碳素结构钢的化学成分见表 19-42。碳素结构钢的冲击、冷弯性能见表 19-43。碳素结构钢的拉伸性能见表 19-44。优质碳素结构钢的力学性能见表 19-45。几种国产钢的物理性能见表 19-46。常用合金的物理性质见表 19-47。

表 19-42 碳素结构钢的化学成分

牌号	统一数字代号①	等级	厚度(或直径)/mm	化学成分/%,不大于					脱氧方法
				碳	锰	硅	硫	磷	
Q195	U11952	—	—	0.12	0.50	0.30	0.040	0.035	F、Z
Q215	U12152	A	—	0.15	1.20	0.35	0.050	0.045	F、Z
	U12155	B					0.045		
Q235	U12352	A	—	0.22	1.40	0.35	0.050	0.045	F、Z
	U12355	B		0.20②			0.045		
	U12358	C		0.17			0.040	0.040	Z
	U12359	D					0.035	0.035	TZ
Q275	U12752	A	—	0.24	1.50	0.35	0.050	0.045	F、Z
	U12755	B	≤40	0.21			0.045	0.045	Z
			>40	0.22					
	U12758	C	—	0.20			0.040	0.040	Z
	U12759	D					0.035	0.035	TZ

① 表中为镇静钢、特殊镇静钢牌号的统一数字，沸腾钢牌号的统一数字代号如下：Q195F-U11950；Q215AF-U12150，Q215BF-U12153；Q235AF-U12350，Q235BF-U12353；Q275AF-U12750。

② 经需方同意，Q235B 的碳含量可不大于 0.22%。

表 19-43 碳素结构钢的冲击、冷弯性能（摘自 GB/T 700—2006）

牌号	等级	屈服强度①R_{eH}/(N/mm^2),不小于						抗拉强度② R_m /(N/mm^2)	断后伸长率 A/%,不小于					冲击试验(V形缺口)	
		厚度(或直径)/mm							厚度(或直径)/mm					温度/℃	冲击吸收功(纵向)/J,不小于
		≤16	>16~40	>40~60	>60~100	>100~150	>150~200		≤40	>40~60	>60~100	>100~150	>150~200		
Q195	—	195	185	—	—	—	—	315~430	33	—	—	—	—	—	—

续表

牌号	等级	屈服强度①R_{eH}/(N/mm²),不小于						抗拉强度② R_m /(N/mm²)	断后伸长率 A/%,不小于					冲击试验(V形缺口)	
		厚度(或直径)/mm							厚度(或直径)/mm					温度/℃	冲击吸收功(纵向)/J,不小于
		≤16	>16~40	>40~60	>60~100	>100~150	>150~200		≤40	>40~60	>60~100	>100~150	>150~200		
Q215	A	215	205	195	185	175	165	335~450	31	30	29	27	26	—	—
	B													+20	27
Q235	A	235	225	215	215	195	185	370~500	26	25	24	22	21	—	—
	B													+20	27③
	C													0	
	D													−20	
Q255	A	275	265	255	245	225	215	410~540	22	21	20	18	17	—	—
	B													+20	27
	C													0	
	D													−20	

① Q195 的屈服强度值仅供参考,不作交换条件。

② 厚度大于 100mm 的钢材,抗拉强度下限允许降低 20N/mm²。宽带钢(包括剪切钢板)抗拉强度上限不作交货条件。

③ 厚度小于 25mm 的 Q235B 级钢材,如供方能保证冲击吸收功值合格,经需方同意,可不做检验。

表 19-44 碳素结构钢的拉伸性能(摘自 GB/T 700—2006)

牌号	拉伸试验			牌号	拉伸试验		
	试样方向	冷弯试验 180° $B=2a$①			试样方向	冷弯试验 180° $B=2a$①	
		钢材厚度(或直径)②/mm				钢材厚度(或直径)②/mm	
		≤60	>60~100			≤60	>60~100
		弯心直径 d				弯心直径 d	
Q195	纵	0	—	Q235	纵	a	$2a$
	横	$0.5a$			横	$1.5a$	$2.5a$
Q215	纵	$0.5a$	$1.5a$	Q275	纵	$1.5a$	$2.5a$
	横	a	$2a$		横	$2a$	$3a$

① B 为试样宽度,a 为试样厚度(或直径)。

② 钢材厚度(或直径)大于 100mm 时,弯曲试验由双方协商确定。

表 19-45 优质碳素结构钢的力学性能(摘自 GB/T 699—1999)

牌号	试样毛坯尺寸/mm	推荐热处理/℃			力学性能					钢材交货状态硬度(HBS10/3000)不大于	
		正火	淬火	回火	σ_b/MPa	σ_s/MPa	δ_5/%	ψ/%	A_{KU_2}/J		
					不小于					未热处理钢	退火钢
08F	25	930			295	175	35	60		131	
10F	25	930			315	185	33	55		137	
15F	25	920			355	205	29	55		143	
08	25	930			325	195	33	60		131	

续表

牌号	试样毛坯尺寸/mm	推荐热处理/℃			力学性能					钢材交货状态硬度(HBS10/3000)不大于	
		正火	淬火	回火	σ_b /MPa	σ_s /MPa	δ_5 /%	ψ /%	A_{KU_2} /J		
					不小于					未热处理钢	退火钢
10	25	930			335	205	31	55		137	
15	25	920			375	225	27	55		143	
20	25	910			410	245	25	55		156	
25	25	900	870	600	450	275	23	50	71	170	
30	25	880	860	600	490	295	21	50	63	179	
35	25	870	850	600	530	315	20	45	55	197	
40	25	860	840	600	570	335	19	45	47	217	187
45	25	850	840	600	600	355	16	40	39	229	197
50	25	830	830	600	630	375	14	40	31	241	207
55	25	820	820	600	645	380	13	35		255	217
60	25	810			675	400	12	35		255	229
65	25	810			695	410	10	30		255	229
70	25	790			715	420	9	30		269	229
75	试样		820	480	1080	880	7	30		285	241
80	试样		820	480	1080	930	6	30		285	241
85	试样		820	480	1130	980	6	30		302	255
15Mn	25	920			410	245	26	55		163	
20Mn	25	910			450	275	24	50		197	
25Mn	25	900	870	600	490	295	22	50	71	207	
30Mn	25	880	860	600	540	315	20	45	63	217	187
35Mn	25	870	850	600	560	335	18	45	55	229	197
40Mn	25	860	840	600	590	355	17	45	47	229	207
45Mn	25	850	840	600	620	375	15	40	39	241	217
50Mn	25	830	830	600	645	390	13	40	31	255	217
60Mn	25	810			695	410	11	35		269	229
65Mn	25	830			735	430	9	30		285	229
70Mn	25	790			785	450	8	30		285	229

注：1. 对于直径或厚度小于25mm的钢材，热处理是在与成品截面尺寸相同的试样毛坯上进行。

2. 表中所列正火推荐保温时间不少于30min，空冷；淬火推荐保温时间不少于30min，70、80和85钢油冷，其余钢水冷；回火推荐保温时间不少于1h。

表 19-46 几种国产钢的物理性能

牌号	密度 /$g \cdot cm^{-3}$	比热容 /$J \cdot g^{-1} \cdot K^{-1}$	热导率 /$J \cdot cm^{-1} \cdot s^{-1} \cdot K^{-1}$	线膨胀系数[①] /$\times 10^{-6} \cdot K^{-1}$	电阻系数[②] /$\times 10^{2} \Omega \cdot cm$	弹性模量 /MPa
08 钢	7.846	0.46 (0～100℃)	0.81(100℃)	12.19	0.142	198000
10 钢	7.85			11.6	0.132	
45 钢	7.81		0.5(100℃)	11.59	0.132	204000
1Cr13	7.75	0.5(20℃)	0.67(100℃)	10.1	0.53	220000
1Cr8Ni9	7.9		0.16(100℃)	16	0.73	202000
1Cr18Ni9Ti	7.75		0.19(300℃)	16.6		

① 温度范围为20～100℃。

② 温度为20℃。

表 19-47 常用合金的物理性质

名称	密度 /g·cm^{-3}	0℃时电阻系数 /×10^{-6}Ω·cm	电阻温度系数(20～100℃) /×10^{-6}Ω·K^{-1}	线膨胀系数(20～100℃) /×10^{-6}·K^{-1}	熔点 /℃	加工	硬焊	软焊	点焊
铍青铜	8	—	—	—	900	良	良	良	劣
黄铜	8.6	7.0	0.002	19.1	1004	良	良	良	可
康铜	8.9	44.1	±0.00001	—	1190	良	良	良	良
锌白铜	—	33	0.00036	18.4	—	良	良	良	良
因康镍	8.0	81	—	0.8	1495	可	良	良	良
锰铜	8.192	38.8	±0.000015	8.7	1020	良	良	良	良
蒙乃尔	8.8	42	0.0020	7.8	1300	良	良	良	良
磷铜 16	8.9	10	0.0040	17.8	1050	良	良	良	良

19.5.1.2 不锈结构钢

不锈钢的力学性能见表 19-48。耐热钢的中外牌号对照见表 19-49。奥氏体不锈钢的力学性能见表 19-50。

表 19-48 不锈钢的力学性能

序号	牌号	拉力试验			硬度试验			热处理温度(固溶) /℃
		$\sigma_{0.2}$/MPa	σ_b/MPa	δ_s/%	HBS	HRB	HV	
		≥			≤			
1	1Cr17Mn6Ni5N	245	635	40	241	100	253	1010～1020 快冷
2	1Cr18Mn8Ni5N	245	590	40	207	95	218	1010～1020 快冷
3	2Cr13Mn9Ni4	—	635	42	—	—	—	1080～1130 快冷
4	1Cr17Mn7	205	520	40	187	90	200	1010～1150 快冷
5	1Cr17Mn8	205	570	45	187	90	200	1010～1150 快冷
6	1Cr18Ni9	205	520	40	187	90	200	1010～1150 快冷
7	1Cr18Ni9Si3	205	520	40	207	95	218	1010～1150 快冷
8	0Cr18Ni9	205	520	40	187	90	200	1010～1150 快冷
9	00Cr19Ni10	175	480	40	187	90	200	1010～1150 快冷
10	0Cr19Ni9N	275	550	35	217	95	200	1010～1150 快冷
11	0Cr19Ni10NbN	345	685	35	250	100	260	1010～1150 快冷
12	00Cr18Ni10N	245	550	40	217	95	220	1010～1150 快冷
13	1Cr18Ni12	175	480	40	187	90	200	1010～1150 快冷
14	1Cr18Ni13	205	520	40	187	90	200	1010～1150 快冷
15	0Cr18Ni20	205	520	40	187	90	200	1030～1180 快冷
16	0Cr17Ni12Mo	205	520	40	187	90	200	1010～1150 快冷
17	00Cr17Ni14Mo2	175	480	40	187	90	200	1010～1150 快冷
18	0Cr17Ni12Mo2N	275	550	35	217	95	200	1010～1150 快冷
19	00Cr17Ni13Mo2N	245	550	40	217	95	200	1010～1150 快冷
20	(0Cr18Ni12Mo2Ti)	205	530	35	187	90	200	1050～1100 快冷
21	(1Cr18Ni12Mo2Ti)	205	530	35	187	90	200	1050～1100 快冷
22	0Cr18Ni12Mo2Cu2	205	520	40	187	90	200	1010～1150 快冷
23	00Cr18Ni14Mo2Cu2	175	480	40	187	90	200	1010～1150 快冷
24	0Cr18Ni12Mo3Ti	205	530	35	187	90	200	1050～1100 快冷
25	(1Cr18Ni12Mo3Ti)	205	530	35	187	90	200	1050～1100 快冷
26	0Cr19Ni13Mo3	205	520	40	187	90	200	1010～1150 快冷
27	00Cr19Ni13Mo3	175	480	40	187	90	200	1010～1150 快冷
28	0Cr18Ni16Mo5	175	480	40	187	90	200	1030～1180 快冷
29	0Cr18Ni10Ti	205	520	40	187	90	200	920～1150 快冷
30	(1Cr18Ni9Ti)	205	520	40	187	90	200	920～1150 快冷
31	0Cr18Ni11Nb	205	520	40	187	90	200	980～1150 快冷
32	0Cr18Ni13Si4	205	520	40	207	95	218	1010～1150 快冷
33	00Cr18Ni5Mo3Si2	390	590	20	—	30	300	950～1150 快冷
34	1Cr18Ni11AlTi	—	715	30	—	—	—	1000～1150 快冷
35	1Cr21Ni5Ti	—	635	20	—	—	—	950～1050 快冷
36	0Cr26Ni5Mo2	390	590	18	277	29	292	950～1100 快冷

表 19-49　耐热钢的中外牌号对照

中国 GB/T 1221	国际标准 ISO	俄罗斯 ГОСТ	美国		日本 JIS	德国 DIN	英国 BS	法国 NF
			ASTM AISI	UNS				
5Cr21Mn9Ni41	X53CrMnNiN2198				SUH35	X53CrMnNiN219	349S52	Z53CMN21. 09AZ
2Cr21Ni12N					SUH37		381S34	C20CN21. 12AZ
2Cr23Ni13		20X23H12	309	S30900	SUH309		309S24	Z15CN24. 13
2Cr25Ni20	H16	20X25H20C2	310	S31000	SUH310	CrNi2520 X12CrNi25. 21	310S24 310S31	Z12CN25. 20
1Cr16Ni35	H17		330	N08330	SUH330			Z12NCS35. 16
0Cr15Ni25Ti2-MoAlVB			660	K66286	SUH660			Z6NCTDV25. 15B
0Cr18Ni9	11	08X18H10	304	S30400	SUS304	X5CrNi189	304S15	N6CN18. 09
0Cr23Ni13	H14		309S	S30908	SUS309S			
0Cr25Ni20	H15		310S	S31008	SUS310S		310S31	
0Cr17Ni12Mo2	20、20a	08X17H13M2T	316	S31600	SUS316	X5CrNiMo1810	316S16,316S31	Z6CND17. 12
4Cr14Ni14W2Mo		45X14H14B2M		K66009	SUH31		331S42	Z35CNWS14. 14
0Cr19Ni13Mo3	25	08X17H15M3T	317	S31700	SUS317	X5CrNiMo17133	317S16	
1Cr18Ni9Ti		12X18H9T				X10CrNiTi189	321S20	Z10CNT18. 10
0Cr18Ni10Ti	15	08X18H10T	321	S32100	SUS321	X10CrNiTi189	321S12;321S20	Z6CNT18. 10
0Cr18Ni11Nb	16	08X18H12E	347	S34700	SUS347	X10CrNiNb189	347S17,347S31	Z6CNNb18. 1
0Cr18Ni13Si4	—	—	XM15	S38100	SUSXM15J1	—	—	—
1Cr20Ni14Si2	—	20X20H14C2				X15CrNiSi20. 12	310S24	Z15CNS20. 12 Z17CNS20. 12
1Cr25Ni20Si2	—	20X25H20C2	314	S31400		X15CrNiSi25. 20		Z12CNS25. 20 Z15CNS25. 20
2Cr25N	H7	—	446	S44600	SUH446	—	—	—
0Cr13Al	2		405	S40500	SUS405	X6CrAl113 X7CrA113	405S17	Z6CAl3
00Cr12					SUS410L			Z3CT12
1Cr17	8	12X17	430	S43000	SUS430	X6Cr17 X8Cr17	430S15	Z8C17
1Cr5Mo		15X5M	502	S50200				
4Cr9Si2	X45CrSi93	40X9C2		K65007	SUH1	X45CrSi93	401S45	Z45CS9
4Cr10Si2Mo	2	40X10C2M		K64005	SUH3	X40CrSiMo102	Z40CSD10	Z40CSD10
8Cr20Si2Ni	4		443S65		SUH4	X80CrNiSi20	443S65	Z80CNS20. 02
1Cr13	3	12X13	410	S41000	SUS410	X10Cr13 X15Cr13	410S21	Z12C13 Z13C13

表 19-50　奥氏体不锈钢的力学性能

序号	牌号	拉伸试验				硬度试验 HB
		$\sigma_{0.2}$/MPa	σ_b/MPa	δ_s/%	Ψ/%	
1	0Cr18Ni9	205	520	40	60	≤187
2	1Cr18Ni9Ti	205	520	40	50	≤187
3	0Cr18Ni10Ti	205	520	40	50	≤187
4	0Cr18Ni11Nb	205	520	40	50	≤187

注：Ψ—断面收缩率。

19.5.1.3　有色金属

(1) 常用有色金属材料

常用有色金属材料的力学性能见表 19-51。

表 19-51　常用有色金属材料的力学性能

名称	室温密度 /$g \cdot cm^{-2}$	熔点 /℃	沸点 /℃	室温比热容 /$J \cdot kg^{-1} \cdot K^{-1}$	线膨胀系数 /$\times 10^{-6} \cdot K^{-1}$	电阻率 /$\Omega \cdot m$	电导率 (IACS)/%	热导率 /$W \cdot m^{-1} \cdot K^{-1}$
银	10.49	961.9	2163	235	19.0	14.7	108.4	428
铝	2.6989	660.4	2494	900	23.6	26.55	64.96	247
金	19.302	1064.43	2857	128	14.2	23.5	73.4	317.9
铍	1.848	1283	2770	1886	11.6	40	38～43	190
铋	9.808	271.4	1564	122	13.2	1050	—	8.2
铈	8.160	798	3443	192	6.3	828	—	11.3
镉	8.642	321.1	767	230	31.3	72.7	25	96.8
钴	8.832	1495	2900	414	13.8	52.5	27.6	69.04
铜	8.93	1084.88	2595	386	16.7	16.73	103.06	398
汞	14.193	−38.87	356.58	139.6	—	958	—	9.6
镁	1.738	650	1107	102.5	25.2	44.5	38.6	155.5
钼	10.22	2610	5560	276	4.0	52	34	142
铌	8.57	2468	4927	270	7.31	25	13.2	53
镍	8.902	1453	2730	471	13.3	68.44	25.2	82.9
铅	11.34	327.4	1750	128.7	29.3	206.43	—	34
钯	12.02	1552	3980	245	11.76	108	16	70
铂	21.45	1769	3800	132	9.1	106	16	71.1
铑	12.41	1963	3700	247	8.3	45.1	—	150
锑	6.697	630.7	1587	207	8～11	370	—	25.9
锡	5.765	231.9	2770	205	23.1	110	15.6	62
钽	16.6	2996	5427	139.1	6.5	135	13	54.4
钛	4.507	1668±10	3260	522.3	10.2	420	—	11.4
钨	19.254	3410±20	～5700	160	4.5	53	—	190
钇	4.469	1522	3338	298.4	10.6	596	—	17.2
锌	7.133	420	906	382	15	58.9	28.27	113
锆	6.505	1852	4377	300	5.85	450	4.1	21.1

(2) 铝及铝合金

铝及铝合金的力学性能见表 19-52。铝及铝合金板、带单位面积的理论质量见表 19-53。

(3) 铜及铜合金

铜材中外牌号对照见表 19-54。普通黄铜中外牌号对照见表 19-55。铜、黄铜板（带、箔）单位面积的理论质量见表 19-56。铜的物理性质及力学性能见表 19-57。各种牌号黄铜密度和理论质量换算系数见表 19-58。铜板材的牌号和规格见表 19-59。

表 19-52　铝及铝合金的力学性能

类别	牌号	材料状态		E	G	泊松比	σ_b	$\sigma_{0.2}$	疲劳强度①	τ	d_{10}	ψ	α_k /(kJ/m²)	HB
				/MPa		/MPa					/%			
纯铝	L4	退火的	M	71000	27000	0.31	80	30	40	55	30	80	—	25
	L6	半冷作硬化的	Y	71000	27000	0.31	50	100	50	—	6	60	—	32
防锈铝	LF2	退火的	M	70000	27000	0.30	190	100	120	125	23	64	900	45
		半冷作硬化的	Y2	70000	27000	0.30	250	210	130	150	6	—	—	60
	LF3	退火的	M	70000	27000	0.30	200	100	110	155	22	—	—	50
		半冷作硬化的	Y2	70000	27000	0.30	200	180	120	165	5	—	—	70
	LF5	退火的	M	70000	27000	0.30	260	140	140	180	22	—	—	65
		半冷作硬化的	Y2	70000	27000	0.30	300	200	—	—	14	—	—	80
		冷作硬化的	Y	70000	27000	0.30	420	320	155	220	10	—	—	100
	LF6	退火的(横向性能)	M	68000	—	—	325	170	130	210	20	25	—	70
	LF10	退火的	M	70000	27000	0.30	270	150	—	190	23	—	—	70
	LF21	退火的	M	71000	27000	0.33	130	50	55	80	23	70	—	30
		半冷作硬化的	Y2	71000	27000	0.33	160	130	65	100	10	55	—	40
		冷作硬化的	Y	71000	27000	0.33	220	130	70	110	5	60	—	55
硬铝	LY1	退火的	M	71000	27000	0.31	160	60	—	—	24	—	—	38
		淬火并自然时效的	CZ	71000	27000	0.31	300	170	95	200	24	50	—	7
	LY2	淬火人工时效挤压品	CS	71000	27000	0.31	490	330	—	—	20	—	—	115
		淬火人工时效冲压轮叶	CS	71000	27000	0.31	440	300	—	—	15	—	—	115
	LY4	锻材	CZ	70000	—	—	460	280	—	290	23	42	—	115
	LY6	包铝板材	CZ	68000	—	—	440	300	—	—	20	—	—	—
		包铝板材	Y2	68000	—	—	540	440	—	—	10	—	—	—
	LY10	淬火并自然时效的	CZ	71000	27000	0.31	400		—	260	20	—	—	—
	LY8	退火的	M	71000	27000	0.33	210	120	75	—	18	58	300	45
	LY11	淬火并自然时效的	CZ	71000	27000	0.31	420	240	105	270	15	30	—	100
	LY9 LY12	淬火并自然时效包装铝	CZ	71000	27000	0.33	420	280	—	—	18	30	—	105
		退火的包装铝板	M	71000	27000	0.31	180	100	—	—	18	—	—	42
		淬火并自然时效的其他半成品	CZ	71000	27000	0.31	460	300	115	—	17	30	—	105
		退火的其他半成品	M	71000	27000	0.31	210	110	—	—	18	35	—	42
		淬火并自然时效的大型铝材	CZ	71000	27000	0.31	520	380	140	300	13	15	—	31
		淬火并自然时效的棒材(40mm)	CZ	71000	27000	0.33	500	380	—	260	10	15	—	131
	LY14	退火的	M	71000	27000	0.31	220	110	—	—	15	48	—	—
		淬火并自然时效的	CZ	71000	27000	0.31	460	300	—	—	15	—	250	105
	LY16	挤压半成品	CS	71000	27000	0.31	400	250	130②	—	13	35	—	110
		板材	CS	71000	27000	0.31	420	300	—	—	12	—	—	—
锻铝	LD2	退火的	M	71000	27000	0.31	180	—	45	80	30	65	—	30
		淬火的	C	71000	27000	0.31	220		75	—	22	50	—	65
		淬火并人工时效的	CS	71000	2700	0.31	330	120	75	210	16	20	—	95
	LD5	淬火并人工时效的	CS	71000	27000	0.31	420	300	—	—	13	—	—	105
	LD6	模锻件的	CS	72000	27000	0.33	10	320	—	260		40	—	
	LD7	淬火及人工时效的	CS	7000	27000	0.31	40	330	—	—	12	—	—	120
	LD8	淬火及人工时效的	CS	71000	27000	0.31	440	270	—	—	10	—	—	120
	LD9	淬火及人工时效的	CS	71000	27000	0.31	440	280	100	—	13	—	—	115
	LD10	淬火及人工时效的	CS	72000	27000	0.33	490	380	115	290	12	25	100	135

续表

类别	牌号	材料状态		E	G	泊松比	σ_b	$\sigma_{0.2}$	疲劳强度①	τ	d_{10}	ψ	α_k /(kJ/m²)	HB
				/MPa		/MPa					/%			
超硬铝	LC3	线材	CS	71000	—	—	520	440	—	320	15	45	—	150
	LC4	淬火及人工时效的	CS	74000	27000	0.33	600	550	160	—	12	—	110	150
		退火的	M	74000	27000	0.33	260	130	—	—	13	—	—	—
		淬火人工时效包铝	CS	74000	27000	0.33	540	470	—	—	—	—	—	—
		退火的包铝板材	M	74000	27000	0.33	220	110	—	—	—	—	—	—

① 是循环 5×10^8 次的疲劳强度。

② LY16 的循环数为 2×10^7 次。

注：τ—抗剪强度；d_{10}—延伸率；α_k—冲击韧度。

表 19-53　铝及铝合金板、带单位面积的理论质量　　单位：kg·m⁻²

厚度/mm	板	带	厚度/mm	板	带	厚度/mm	板	厚度/mm	板
	理论质量			理论质量			理论质量		理论质量
0.20		0.542	1.1		2.981	5.0	14.25	40	114.0
0.25		0.678	1.2	3.420	3.252	6.0	17.10	50	142.5
0.30	0.855	0.813	1.3		3.523	7.0	19.95	60	171.0
0.35		0.949	1.4		3.794	8.0	22.80	70	199.5
0.40	1.140	1.084	1.5	4.275	4.065	9.0	25.65	80	228.0
0.45		1.220	1.8	5.130	4.878	10	28.50	90	256.5
0.50	1.425	1.355	2.0	5.700	5.420	12	34.20	100	285.0
0.55		1.491	2.3	6.555	6.233	14	39.90	110	313.5
0.60	1.710	1.626	2.4		6.504	15	42.75	120	342.0
0.65		1.762	2.5	7.125	6.775	16	45.60	130	370.5
0.70	1.995	1.897	2.8	7.980	7.588	18	51.30	140	399.0
0.75		2.033	3.0	8.550	8.130	20	57.00	150	427.5
0.80	2.280	2.168	3.5	9.975	9.485	22	62.70		
0.90	2.565	2.439	4.0	11.4	10.84	25	71.25		
1.0	2.850	2.710	4.5		12.20	30	85.50		
						35	99.75		

注：1. 铝板理论质量按 LC4、LC9 等牌号的相对密度 2.85 计算。相对密度非 2.85 牌号的理论质量，应乘上相应的理论质量换算系数，各种牌号的换算系数如下(括号内为该牌号的相对密度)：纯铝、LT62—0.951(2.71)；LF2、LF43、LT66—0.940(2.68)；LF3、LF4—0.937(2.67)；LF5、LF11—0.930(2.65)；LF6、LT41—0.926(2.64)；LF21—0.958(2.73)；LY6—0.968(2.76)；LY11、LD10—0.982(2.8)；LY12—0.975(2.78)；LY16—0.996(2.84)；LQ1、LQ2—0.960(2.736)。

2. 铝带理论质量按纯铝的相对密度 2.71 计算。其他密度牌号的理论质量，应乘以相应的理论质量换算系数：LF2—0.989(2.68)；LF21—1.007(2.73)。

表 19-54　铜材中外牌号对照

合金组别	中国 GB/T 5231	国际标准 ISO	俄罗斯 ГОСТ	美国 ASTM	日本 JIS	德国 DIN	英国 BS	法国 NF
纯铜	T1	—	M0	—	—	—	C03	—
	T2	Cu-FRHC	M1	C11000	C1100	E-Cu58	C101,C102	Cu-0.1,Cu-0.2
	T3	Cu-FRTP	M2	C12700	—	—	C104	—
无氧铜	TU1	—	M0Б	C10100	C1011	—	—	Cu-C2
	TU2	CU-OF	M1Б	C10200	C1020	OF-Cu	103	Cu-C1
磷脱氧铜	TP1	CU-DLP	M1P	C12000	C1201	SW-Cu	—	Cu-b2
	TP2	Cu-DHP	M2P	C12200,C12300	C1220	SF-Cu	C106	Cu-b1
银铜	TAg0.1	CuAg0.1	БрСр0.1	—	—	CuAg0.1	—	—

表 19-55　普通黄铜中外牌号对照

中国 GB/T 5231	国际标准 ISO	俄罗斯 ГОСТ	美国 ASTM	日本 JIS	德国 DIN	英国 BS	法国 NS
H96	CuZn5	Л196	C21000	C2100	CuZn5	CZ125	CuZn5
H90	Cu1Zn10	Л190	C22000	C2200	CuZn10	CZ101	CuZn10
H85	CuZn15	Л185	C23000	C2300	CuZn15	CZ102	CuZn15
H80	CuZn20	Л180	C24000	C2400	CuZn20	CZ103	CuZn20
H70	CuZn30	Л170	C26000	C2600	CuZn30	C7106	CuZn30
H68	—	Л168	C26200	—	CuZn33	—	—
H65	CuZn35	—	C27000	C2700	CuZn36	CZ107	CuZn33
H63	CuZn37	Л63	C27200	C2720	CuZn37	CZ108	CuZn37
H62	CuZn40	—	C28000	C2800	—	CZ109	CuZn40
H59	—	Л60	C28000	C2800	CuZn40	CZ109	

表 19-56　铜、黄铜板（带、箔）单位面积的理论质量　　　单位：kg・m^{-2}

厚度/mm	0.005	0.010	0.015	0.02	0.03	0.04	0.05	0.06	0.08	0.090
纯铜板	0.0445	0.089	0.134	0.178	0.267	0.356	0.445	0.543	0.712	0.801
黄铜板	0.0425	0.085	0.128	0.170	0.255	0.340	0.425	0.510	0.680	0.765
厚度/mm	0.10	0.20	0.30	0.40	0.50	0.60	0.70	0.80	0.85	0.90
纯铜板	0.89	1.78	2.67	3.56	4.45	5.34	6.23	7.12	7.75	8.01
黄铜板	0.85	1.70	2.55	3.40	4.25	5.10	5.95	6.80	7.23	7.65
厚度/mm	1.0	2.0	3.0	4.0	5.0	6.0	7.0	8.0	9.0	10
纯铜板	8.90	17.8	26.70	35.6	44.5	53.4	62.3	71.2	80.1	89.0
黄铜板	8.50	17.0	25.50	34.0	42.5	51.0	59.5	68.0	76.5	85.0
厚度/mm	12	14	16	18	20	24	26	28	30	32
纯铜板	106.8	124.6	142.4	160.2	178.0	213.6	231.4	249.2	267.0	284.8
黄铜板	102.0	119.0	136.0	153.0	170.0	204.0	221.0	238.0	255.0	272.0
厚度/mm	34	36	38	40	42	44	45	46	48	50
纯铜板	302.6	320.4	338.2	356.0	373.8	391.6	400.5	409.3	427.2	445.0
黄铜板	289.0	306.0	323.0	340.0	357.0	374.0	382.5	391.0	408.0	425.0

注：1. 计算公式为：理论质量 W/S^2[kg/m^2]=板厚度 H[mm]×铜材密度 ρ[g/cm^3]。

2. 纯铜的密度为 8.99g/cm^3；黄铜的密度为 8.59g/cm^3。

表 19-57　铜的物理性质及力学性能

物理性能				力学性能	
名称	数值	名称	数值	名称	数值
密度/g・cm^{-3}	8.93	汽化热/kJ・mol^{-1}	304.8	抗拉强度 σ_b/MPa	209
熔点/℃	1084.88	比热容/J・kg^{-1}・K^{-1}	386	屈服强度 $\sigma_{0.2}$/MPa	33.3
沸点/℃	2595	热导率/W・m^{-1}・K^{-1}	398	弹性模量(拉伸)/GPa	128
熔化热/kJ・mol^{-1}	13.02	电阻率/Ω・m	16.73	伸长率 δ/%	60
线膨胀系数/×10^{-6}・K^{-1}	16.7	电导率(IACS)/%	103.03	硬度 HBS	37

表 19-58　各种牌号黄铜密度和理论质量换算系数

黄铜牌号	密度/g·cm^{-3}	换算系数	黄铜牌号	密度/g·cm^{-3}	换算系数
H68、H65、H62	8.5	1	HSn62.1	8.45	0.9941
HPb633、HPb59-1	8.5	1	Ha177-2,Hsi80-3	8.6	1.0118
HAl67-2-5、HAl66-6-3-2	8.5	1	Hni65-5	8.66	1.0188
HMn58-2、HMn57-3-1	8.5	1	H90	8.8	1.0353
HMn55-3-1	8.5	1	H96	8.85	1.0412
H59、HA160-1-1	8.4	0.9882			

表 19-59　铜板材的牌号和规格　　单位：mm

牌　号	厚度	宽度	长度	牌　号	厚度	宽度	长度
T2,T3,TP1,TP2	4～60	≤3000	≤6000	HMn57-3-1,HMn55-3-1	4～20	≤3000	≤6000
YU1,TU2	0.2～12			HAl60-1-1,Ha167-2-5			
H59,H62,H65,H68,H70,H80,H90,H96,HPb59-1,HSn62-1	4～60	≤3000	≤6000	Ha166-6-3-2,Hni65-5			
	0.2～10	≤3000	≤6000	QSn6.5-0.1,QSn65-0.4 QSn4-3,QSn4-0.3	9～1.5 0.2～12	≤600	≤2000
QA15,QA17,QAL9-2,QAL9-4	0.4～12	≤1000	≤2000	BA16-1,Ba113-3	0.5～12	≤600	≤1500
				BZn15-20	0.5～10	≤600	≤1500

(4) 钛及钛合金

钛及钛合金中外牌号对照见表 19-60。钛合金板材的横向室温力学性能见表 19-61。钛的物理性能及力学性能见表 19-62。

表 19-60　钛及钛合金中外牌号对照

中国 GB/T 3620.1	国际标准 ISO	俄罗斯 ГОСТ	美国 ASTM	日本 JIS	德国 DIN①	英国 BS	法国 NF
TA1	Grade1	BT10	Grade1	1 级	3.7035(Ti2)		T40
TA2	Grade2		Grade2	2 级	3.7055(Ti3)		
TA3	Grade3		Grade3	3 级	3.7065(Ti4)		
TA6		BT5					
TA7		BT5-1	Grade6		TiAl5Sn2(TiAl5S2.5)		
TA7(EL1)							
TC1		OT4-1					
TC2		OT4					
TC4	Ti-6Al-4V	BT6	Grade5		TiAl6V4	(Ti-6Al-4V)	TA6V
TC6		BT3-1					
TC10					(TiAl6V6Sn2)		
TC11		BT9					

① 括号中是新标准草案规定的牌号。

表 19-61　钛合金板材的横向室温力学性能

项目 \ 牌号	TA6		TA7		TC1		TC2		TC3、TC4	
试验温度/℃	350	500	350	500	350	400	350	400	400	500
抗拉强度/MPa　≥	420	340	490	440	340	310	420	390	590	440
持久强度/MPa　≥	390	195	440	195	320	295	390	360	540	195

表 19-62 钛的物理性能及力学性能

物理性能				力学性能	
名称	数值	名称	数值	名称	数值
密度(20℃)/g·cm^{-3}	4.507	比热容(20℃)/J·kg^{-1}·K^{-1}	522.3	抗拉强度/MPa	235
熔点/℃	1668	线膨胀系数/×10^{-6}K^{-1}	10.2	屈服强度/MPa	140
沸点/℃	3260	热导率/W·m^{-1}·K^{-1}	11.4	断后伸长率/%	54
熔化热/kJ·mol^{-1}	18.8	电阻率/Ω·m	420	硬度(HBS)	60～74
汽化热/kJ·mol^{-1}	425.8	电导率(IACS)/%	—	弹性模量(拉伸)/GPa	106

注:熔化热为估计值。

(5) 镍及镍合金

镍的物理性能及力学性能见表 19-63。镍及镍合金板的力学性能见表 19-64。镍及镍合金线材的力学性能见表 19-65。镍及镍合金带的力学性能见表 19-66。

表 19-63 镍的物理性能及力学性能

物理性能				力学性能	
名称	数值	名称	数值	名称	数值
密度(20℃)/g·cm^{-3}	8.902	比热容(20℃)/J·kg^{-1}·K^{-1}	471	抗拉强度/MPa	317
熔点/℃	1453	线膨胀系数/×10^{-6}K^{-1}	13.3	屈服强度/MPa	59
沸点/℃	2730	热导率/W·m^{-1}·K^{-1}	82.9	断后伸长率/%	30
熔化热/kJ·mol^{-1}	17.71	电阻率/Ω·m	68.44	硬度(HBS)	60～80
汽化热/kJ·mol^{-1}	374.3	电导率(IACS)/%	25.2	弹性模量(拉伸)/GPa	207

表 19-64 镍及镍合金板的力学性能

材料状态	抗拉强度 σ_b/MPa ≥		伸长率 δ_{10}/% ≥	
	N6、N7、NSi0.19、NSi0.2、NMg0.1	NCu28-2.5-1.5	N6、N7、NSi0.19、NSi0.2、NMg0.1	NCu28-2.5-1.5
热轧	390	440	15	20
软态	390	440	35	25
半硬	—	570	—	6.5
硬	540	—	2	—

注:1. 厚度≥15mm 的板材不做拉力试验。

2. N6 热轧板 σ_b 不小于 345MPa。

表 19-65 镍及镍合金线材的力学性能

线材直径/mm	材料状态	抗拉强度/MPa		伸长率/%	线材直径/mm	材料状态	抗拉强度/MPa	
		N4	N6、N7、N8				N4	N6、N7、N8
0.03～0.02	软	≥375	≥420	15	1.05～5.00	半硬	490～635	540～685
0.21～0.48		≥345	≥390	20	0.03～0.09	硬	785～1275	885～1325
0.50～1.00		≥315	≥370	20	0.10～0.50		735～980	835～1080
1.05～6.00		≥295	≥340	25	0.53～1.00		685～885	735～980
0.10～0.50	半硬	685～885	785～980		1.05～6.00		540～835	635～885
0.50～1.00		590～785	655～835					

注:伸长率检测 L_0=100mm。

表 19-66 镍及镍合金带的力学性能

牌　　号	状态	抗拉强度/MPa	伸长率/%	牌　　号	状态	抗拉强度/MPa	伸长率/%
N6、DN、Nsi0.19	软	392	30	N4、NW4-0.15	软	343	30
NMg0.1	硬	539	2	NW4-0.1、NW4-0.07	硬	490	2

注：电真空器件用镍及镍合金带材。

(6) 铅、锡

铅的物理性能和力学性能见表 19-67。锡的物理性能和力学性能见表 19-68。

表 19-67 铅的物理性能和力学性能

物理性能				力学性能	
名　　称	数值	名　　称	数值	名　称	数值
密度(20℃)/$g \cdot cm^{-3}$	11.34	比热容(20℃)/$J \cdot kg^{-1} \cdot K^{-1}$	128.7	抗拉强度/MPa	15～18
熔点/℃	327.4	线膨胀系数/$\times 10^{-6} K^{-1}$	29.3	屈服强度/MPa	5～10
沸点/℃	1750	热导率/$W \cdot m^{-1} \cdot K^{-1}$	34	断后伸长率/%	50
熔化热/$kJ \cdot mol^{-1}$	4.98	电阻率/$\Omega \cdot m$	206.4	硬度(HBS)	4～6
汽化热/$kJ \cdot mol^{-1}$	178.8			弹性模量(拉伸)/GPa	15～18

表 19-68 锡的物理性能和力学性能

物理性能				力学性能	
名　　称	数值	名　　称	数值	名　称	数值
密度(20℃)/$g \cdot cm^{-3}$	5.765	比热容(20℃)/$J \cdot kg^{-1} \cdot K^{-1}$	205	抗拉强度/MPa	15～27
熔点/℃	213.9	线膨胀系数/$\times 10^{-6} K^{-1}$	23.1	屈服强度/MPa	12
沸点/℃	2770	热导率/$W \cdot m^{-1} \cdot K^{-1}$	62	断后伸长率/%	40～70
熔化热/$kJ \cdot mol^{-1}$	7.08	电阻率/$\Omega \cdot m$	110	硬度(HBS)	5
汽化热/$kJ \cdot mol^{-1}$	296.4	电导率(IACS)/%	15.6	弹性模量(拉伸)/GPa	44.3

(7) 镁、锌

镁的物理性能和力学性能见表 19-69。锌的物理性能和力学性能见表 19-70。

表 19-69 镁的物理性能和力学性能

物理性能				力学性能	
名　　称	数值	名　　称	数值	名　称	数值
密度(20℃)/$g \cdot cm^{-3}$	1.738	比热容(20℃)/$J \cdot kg^{-1} \cdot K^{-1}$	102.5	抗拉强度/MPa	165～205
熔点/℃	650	线膨胀系数/$\times 10^{-6} K^{-1}$	25.2	屈服强度/MPa	69～105
沸点/℃	1107	热导率/$W \cdot m^{-1} \cdot K^{-1}$	155.5	断后伸长率/%	5～8
熔化热/$kJ \cdot mol^{-1}$	8.71	电阻率/$\mu\Omega \cdot m$	44.5	硬度(HBS)	35
汽化热/$kJ \cdot mol^{-1}$	134	电导率(IACS)/%	38.6	弹性模量(拉伸)/GPa	44

表 19-70 锌的物理性能和力学性能

物理性能				力学性能	
名　　称	数值	名　　称	数值	名　称	数值
密度(20℃)/$g \cdot cm^{-3}$	7.133	比热容(20℃)/$J \cdot kg^{-1} \cdot K^{-1}$	382	抗拉强度/MPa	110～115
熔点/℃	420	线膨胀系数/$\times 10^{-6} K^{-1}$	15	屈服强度/MPa	90～100
沸点/℃	906	热导率/$W \cdot m^{-1} \cdot K^{-1}$	113	断后伸长率/%	40～60
熔化热/$kJ \cdot mol^{-1}$	7.2	电阻率/$\Omega \cdot m$	58.9	硬度(HBS)	30～42
汽化热/$kJ \cdot mol^{-1}$	115.1	电导率(IACS)/%	28.72	弹性模量(拉伸)/GPa	130

19.5.2 玻璃、石英和陶瓷

玻璃的种类很多，从真空技术的角度来看，大体上可分为：石英玻璃、“硬”玻璃、“软”玻璃三类。软玻璃有较低的软化温度（490～610℃）和较大的线膨胀系数（82×10^{-7}～$92\times10^{-7}K^{-1}$）。硬玻璃有较高的软化温度（555～806℃）和较小的线膨胀系数（35×10^{-7}～$50\times10^{-7}K^{-1}$）。石英玻璃软化温度高达1500℃，线膨胀系数只有$5.8\times10^{-7}K^{-1}$。

由于软玻璃价格便宜，氦渗透速率很低，所以常选作电子管的壳体材料，这类玻璃可与铂丝、杜美丝封接。石英玻璃价格贵，氦渗透速率最高，只用在高温设备和要求透过紫外光的真空设备中。硬玻璃软化温度适中，便于加工和烘烤除气，耐温差性能好，是真空技术中最常用的玻璃，硬玻璃按不同的膨胀系数又可分为钨组玻璃和钼组玻璃。

石英的物理性质见表19-71。常用玻璃的成分及性质见表19-72和表19-73。陶瓷性能见表19-74和表19-75。

表19-71 石英的物理性质

性质	结晶石英		熔融石英
	平行于轴	垂直于轴	
相对密度	2.65		2.2
抗拉强度/MPa			70～90
抗压强度/MPa			1600～2000
弹性模量/MPa			62000～72000
抗扭强度/MPa			24000～31500
热膨胀系数/K^{-1}	140×10^{-7}(0～567℃)	240×10^{-7}(0～567℃)	5.2×10^{-7}(0～100℃) 5.6×10^{-7}(0～1000℃)
热导率/$4.186J\cdot cm^{-1}\cdot s^{-1}\cdot K^{-1}$	32×10^{-3}	17×10^{-3}	3.5×10^{-3}(20℃) 6.4×10^{-3}(950℃)
转变温度/℃			约1050
比热容/$4.186J\cdot g^{-1}\cdot K^{-1}$			20(100℃)
电阻率/$\mu\Omega\cdot m$	10^{13}～10^{15}	10^{18}～10^{20}	10^{17}～10^{18}(20℃) 约10^{10}(350℃)
介电系数	4.3～4.4	4.6～4.7	3.5～3.8
介电损失(1～500MHz)	1×10^{-4}		$(2\sim3)\times10^{-4}$(20℃) $(5\sim6)\times10^{-4}$(400℃)
绝缘破坏/$kV\cdot cm^{-1}$	250～400 40～50		250～400(20℃) 40～50(500℃)

表19-72 真空技术常用的几种玻璃的成分及性质

性质		石英玻璃	硼硅玻璃					钠玻璃		铅玻璃	
			派勒克斯玻璃	钨组玻璃		钼组玻璃					
			7740	7720	B37	7052	B47	0080	S95	0120	L92
化学成分/%	SiO_2	100	80.8	72.2	75.5	64.3	66.8	73.2	71.5	56.2	56.0
	B_2O_3	—	12.8	15.2	16.5	19.1	21.8	—	—	—	—
	Na_2O	—	4.2	3.9	4.0	5.2	3.9	16.8	14.0	3.9	4.5
	K_2O	—	—	0.3	1.8	—	4.3	0.3	1.5	8.5	8.0
	Al_2O_3	—	2.2	1.0	2.2	7.1	2.4	1.4	2.2	1.6	1.3
	PbO	—	—	6.9	—	—	0.2	—	—	28.7	30.0
	Li_2O	—	—	—	—	1.2	0.3	—	—	—	—
	BaO、MgO、CaO	—	—	—	—	2.7	—	8.2	10.4	—	—

续表

性质		石英玻璃	硼硅玻璃					钠玻璃		铅玻璃	
			派勒克斯玻璃 7740	钨组玻璃		钼组玻璃		0080	S95	0120	L92
				7720	B37	7052	B47				
黏度温度特性[①] /℃	应变温度点	990	515	485	455	435	435	470	475	395	390
	退火温度点	1050	565	525	525	480	490	510	515	435	435
	软化温度点	1580	820	755	775	710	715	710	710	630	630
	加工温度点	—	1245	1140	—	1115	—	1005	—	980	—
线膨胀系数/$10^{-7}\cdot K^{-1}$		5.5	33	36	37.5	46	48.5	92	92	89	90
耐热冲击(厚 6.35mm 板)/℃		1000	150	130	—	100	—	50	—	50	—
密度/$g\cdot cm^{-3}$		2.20	2.23	2.35	2.25	2.28	2.27	2.47	2.50	3.05	3.07

① 应变温度点表示几小时内可消除内应力的温度；退火温度点表示几分钟内可消除内应力的温度。

表 19-73　几种国产玻璃的特性

类别	成分	软化温度/℃	冷热急变破裂温度(水温 20℃)/℃	膨胀系数/$10^{-7}\cdot K^{-1}$	抗水试验,水煮沸 5h 质损/$mg\cdot 100cm^{-2}$	抗酸试验,0.5mol/L 硫酸煮沸 3h 质损/$mg\cdot 100cm^{-2}$	抗碱试验,2mol/L 苛性钠煮沸 3h 质损/$mg\cdot 100cm^{-2}$	抗折强度/MPa
硬玻璃	硼硅	760	220	47.46	0.2～0.5	0.3～0.5	105～120	—
九五玻璃	含硼较高的硼硅	780	240	42.22	0.2～0.5	0.3～0.5	105～120	180
特硬玻璃	硼硅	—	240	42.59	0.5～0.7	0.4～0.5	108～125	—
十一号玻璃	高硼硅钨封玻璃	780	—	51	0.5～0.7	0.406	60～70	—
灯工焊接玻璃	钠钙	682	>80	93.32	1.12	0.4	50.61	—
软质量器玻璃	钠钙	665	>80	105	1.22	1.11	40	—
软质瓶玻璃		—	>60	81.05	—	—	—	—

注：沈阳玻璃仪器厂生产中字牌。

表 19-74　用于真空技术的几种陶瓷的性能

类别	主要成分	线膨胀系数/$10^{-7}\cdot K^{-1}$	软化温度/℃	抗拉强度/Pa	密度/$g\cdot cm^{-3}$
块滑石	$MgOSiO_2$	70～90	1400	6×10^7	2.6
镁橄榄石	$2MgOSiO_2$	90～120	1400	7×10^7	2.9
锆石	ZrO_2SiO_2	30～50	1500	8×10^7	3.7
85%氧化铝	Al_2O_3	50～70	1400	14×10^7	3.4
95%氧化铝	Al_2O_3	50～70	1650	18×10^7	3.6
98%氧化铝	Al_2O_3	30～70	1700	20×10^7	3.8
微晶玻璃	Al_2O_3	57	1250	14×10^7	—
9606	—				

表 19-75　常用国产陶瓷性能

性能 \ 名称牌号		氧化铝瓷				B 型滑石瓷	镁橄榄瓷	氧化铍瓷
		75 瓷	旧 95 瓷	新 95 瓷	99 瓷			
化学成分/%	SiO_2	16.9	1.87	3.1		63.1	41.8	
	MgO	0.73		0.47	0.5	31	51.2	0.5
	Al_2O_3	79.3	95.9	95.93	99.3	2.65	0.92	0.5
	CaO	3.2	2.22	0.51		0.86	0.26	
	Fe_2O_3	0.04	0.03			0.05	0.1	(BeO)99
	BaO					2.18		
	B_2O_3						5.8	

续表

性能 \ 名称牌号			氧化铝瓷				B型滑石瓷	镁橄榄瓷	氧化铍瓷
			75瓷	旧95瓷	新95瓷	99瓷			
物理性能	密度/g·cm^{-3}		3.2~3.4	3.2~3.4	>3.55			2.8~3	
	吸红		不吸红	不吸红				不吸红	
	烧成温度/℃			1600~1620	1600~1620	1650~1670			1670
	烧成收缩率/%		11.3~11.5	10.5~10.7				10	
	抗断强度/MPa		>18000	>30000	32000	>35000	>15000	>12000	>14000
	膨胀系数/$\times10^{-6}K^{-1}$（室温~500℃）		6.5~7.5	7.3~7.7	7.4	7.5	8.7~9.0	9.8~10.3	7.5~7.8
	热稳定性 25~800~25℃		8次	10次	10次	10次	(25~500~25℃)4次	(25~400~25℃)4次	
	介质损耗角 tanδ/$\times10^{-4}$	300Mc	<12.5	<6	4.5~5	<1	<10	<7	<6
		3000Mc			4~6	<2	<7	<8	<7
	介电常数 ε	300Mc	<8.5	<10	8.8	<10			
		3000Mc			8	<10			
	体积电阻率/Ω·cm	200℃	$>10^{12}$	$>10^{12}$		$>10^{11}$	$>10^{13}$	$>10^{12}$	
		300℃	$>10^{10}$	$>10^{11}$	10^{11}	$>10^{11}$	$>10^{11}$	$>10^{10}$	
电性能	表面电阻率/Ω	200℃	$>10^{12}$	$>10^{12}$			$>10^{12}$	$>10^{12}$	
		300℃	$>10^{10}$	$>10^{11}$	10^{13}	$>10^{11}$	$>10^{10}$	$>10^{10}$	
	击穿电压/kV·mm^{-1}		≥14	≥13	13.5	≥14		>11	
可封接金属			钨、钼、可伐、无氧铜及Fe-Ni-Co合金可与上述陶瓷封接						

19.5.3 石墨、云母材料

真空技术中常用的是人工石墨，石墨的熔点高、蒸气压低、热导率高、导电性好、电子发射的逸出功高、热发射率高、化学性质稳定、刚度大、吸气性好并且价格便宜。因而石墨可用作真空炉的加热器、镀膜及熔炼用的坩埚（缺点是熔融物会产生碳污染）、金属镀膜中的热屏蔽罩，以及电弧焊（炉）中的电极。石墨还可以用于提高热发射率，同时抑制了二次电子的发射，如镍涂覆碳。碳的主要缺点是强度低、含气量大，去气困难、机械加工性差、焊接困难。由于石墨具有一系列的优良性能，诸如良好的真空性能、导热性高、膨胀系数小、随着温度升高强度增加、加工工艺性好等，再加上成本低廉，故而石墨在真空工程中获得了日益广泛的应用。

石墨的物理力学性能见表19-76。高纯石墨的性能见表19-77。高纯石墨的选用见表19-78。

表19-76 石墨的物理力学性能

性能	人造石墨	浸渍不透性石墨①	压制不透性石墨
密度/g·cm^{-3}	2.2~2.27	2.03~2.07	
增重率/%		14~15	
抗拉强度/MPa	25~35	8~10	10~23
抗压强度/MPa	20~24	60~70	90~100
抗弯强度/MPa	8.5~10	24~28	37.4
冲击值/kg·cm·cm^{-2}	1.4~1.6	2.8~3.2	2.64
硬度(布氏)/MPa	100~120	250~350	
弹性模量/MPa		$(0.7\sim1.0)\times10^{4}$	

续表

性　　能	人造石墨	浸渍不透性石墨①	压制不透性石墨
线膨胀系数/K^{-1}		5.5×10^{-6}	1.989×10^{-5}
比热容(40～50℃)/×4.186kJ·kg^{-1}·K^{-1}		0.4	
热导率/×1.16W·m^{-1}·K^{-1}	100～110	100～110	100～110
浸渍深度/mm		12～15	
许用温度/℃		－15～170	
渗透性		不渗透②	
全孔率/%	28～32		
氧化温度/℃	400		
吸水率/%	12～14		

① 以酚醛树脂浸渍。
② 厚度 10mm 在 2 倍工作压力(不小于 0.1MPa)下不渗透。

表 19-77　高纯石墨的性能

型　号	密度(>)/g·cm^{-3}	气孔率(<)(体积分数)/%	抗压强度(>)/MPa	电阻率(<)/μΩ·m^{-1}	灰分(质量分数)(<)/10^{-4}%
SMF-100	1.80	18	58	15	50
SMF-210	1.70	24	40	18	50
SMF-220	1.70	24	45	18	50
SIFC	1.7	24	35	15	50
SMF-510	1.72	21	60	18	50
SMF-520	1.74	20	60	18	50
SMF-600	1.79	18	70	15	50
SMF-650	1.80	17	70	15	50
SMF-800	1.80	17	74	15	50
SIFB	1.80	17	70	15	50

表 19-78　高纯石墨的选用

型号	产品特点	应用举例	型号	产品特点	应用举例
SMF-100	高纯高密	冶金高纯金属用坩埚、方舟	SMF-600	高纯致密	电火花加工、压铸模、耐磨石墨、金属镀膜
SMF-200	高纯致密	单晶炉用加热器、隔热屏、坩埚、舟皿、金属镀膜	SMF-650		
SMF-220			SMF-800		
SMF-510	高纯致密	电火花加工、压铸模、耐磨石墨、金属镀膜	SIFC	高纯致密	单晶炉用加热器、金属镀膜
SMF-520			SIFB	高纯致密	电火花加工、金属镀膜

云母属于铝硅酸盐矿物，具有连续层状硅氧四面体构造。主要分为三个亚类：白云母、黑云母和锂云母。白云母包括白云母及其亚种（绢云母）和较少见的钠云母；黑云母包括金云母、黑云母、铁黑云母和锰黑云母；锂云母是富含氧化锂的各种云母的细小鳞片。工业上尤其是电气工业中常用的是白云母和金云母。

合成云母又称氟金云母，是用化工原料经高温熔融冷却析晶而制得，属于单斜晶系，为典型的层状硅酸盐。它许多性能都优于天然云母，如耐温高达1200℃以上，在高温条件下，合成氟金云母的体积电阻率比天然云母高1000倍，电绝缘性好、高温下真空放气极低以及耐酸碱、透明、可分剥和富有弹性等特点，是电机、电器、电子、航空等现代工业和高技术的重要非金属绝缘材料。

天然云母与合成云母的性能见表19-79。

表19-79 天然云母与合成云母的性能

性能		白云母	金云母	合成云母(氟金云母)
密度/$g\cdot cm^{-3}$		2.65～2.70	2.3～2.80	2.60～2.80
颜色		无色、棕色、肉红色、绿色	棕-黄色，浅绿褐色、黑色	
硬度(莫氏硬度)		2.0～2.25	2.5～3.0	
熔点/℃		1260～1290	1270～1330	
工作温度/℃		600～700	800～900	1100
热导率/$W\cdot m^{-1}\cdot K^{-1}$		0.42～0.67		
吸湿率(质量分数)/%		0.02～0.65	0.10～0.77	0～0.16
吸水性(质量分数)/% (面积$8dm^2$标本，在水中48h)		1.4～4.5(平均2.2)	1.5～5.2(平均2.7)	
耐油性		有吸油性，不宜用在变压器油中	同白云母	具有高度的耐油性
线胀系数(20～500℃)/$10^{-6}K^{-1}$		19.8	18.3	19.9
力学性能	抗拉强度/MPa	167～353	157～206	
	抗压强度/MPa	185～1177	294～588	
	抗剪强度/MPa	245	108	
	弹性模量/MPa	150500～213400	142200～191100	
	磨损系数	小于铜	近似铜	
电气性能	体积电阻率/$\Omega\cdot cm$	10^{14}～10^{16}	10^{13}～10^{15}	10^{16}～10^{17}
	表面电阻率/Ω	10^{11}～10^{12}	10^{10}～10^{11}	
	相对介电常数(20℃时) 50Hz 10^6Hz	 5.4～8.7 5.4～8.7	 5.6～6.3	 6.5 6.5
	介质损耗角正切(20℃) 50Hz 10^6Hz	 0.0025 0.0001～0.0004	 0.0003～0.07	 0.002～0.004 0.0001～0.0003
	击穿电压/kV 厚度为20μm 厚度为50μm	 4 5	 3 4	 4.5 7.5
折射率		1.561～1.594	1.562～1.606	
可裂性(解理性)		易	中等	

19.5.4 塑料材料

塑料按受热行为和树脂的分子结构不同可分为热塑性塑料和热固性塑料。热塑性塑料分子结构成线型或支链状线型，加热时变软并熔融成为黏稠液体，冷却固化后定型成塑料。例如聚乙烯、聚丙烯、聚苯乙烯、聚氯乙烯、丙烯腈-丁二烯-苯乙烯等。热固性塑料未成型时，树脂为线型聚合物分子，成型时，分子通过自带的反应活点与交联剂作用而发生交联反应，塑件内部树脂固化为体形分子，既不融化也不溶解，不再具有可塑性。例如酚醛塑料（PF）、氨基塑料、不饱和聚酯塑料等。

热塑性塑料的性能见表19-80～表19-83。常用热固性塑料的性能见表19-84、表19-85。

表19-80 热塑性塑料的性能（一）

性能名称		聚乙烯(PE)		聚丙烯(PP)	聚氯乙烯(PVC)		聚苯乙烯(PS)	丙烯腈-丁二烯-苯乙烯(ABS)
		高密度	低密度		硬质	软质		
密度/g·cm^{-3}		0.941～0.965	0.91～0.925	0.90～0.91	1.30～1.58	1.16～1.35	1.04～1.10	1.03～1.06
吸水率/%		<0.01	<0.01	0.03～0.04	0.07～0.4	0.5～1.0	0.03～0.30	0.20～0.25
折射率n_0		—	—	—	—	—	1.590	—
透光率/%		—	—	—	—	—	88	—
摩擦系数		0.21	—	—	—	—	—	—
磨损①/mg		—	—	19	—	—	—	22
抗拉强度/MPa		21～38	7～19	35～40	45～50	10～25	50～60	21～63
拉伸弹性模量/GPa		0.4～1.03	0.12～0.24	1.1～1.6	3.3	—	2.8～4.2	1.8～2.9
断后伸长率/%		20～100（断裂）	90～800	200	20～40	100～450	1.0～3.7	23～60
抗压强度/MPa		18.6～24.5	—	—	—	—	—	18～70
抗弯强度/MPa		—	—	42～56	80～90	—	69～80	62～97
冲击韧度(悬臂梁，缺口)/J·m^{-2}		80～1067 —	853.4 —	10～100 —	30～40kJ/m^2（简支梁无缺口）	—	10～80 —	123～454 —
硬度		60～70HD②	41～50HD②	50～102HRR	14～17HBS	50～75HA②	65～80HRM	62～121HRR
比热容/kJ·kg^{-1}·K^{-1}		2.30	—	1.93	1.05～1.47	1.26～2.10	1.40	1.26～1.67
线膨胀系数/10^{-5}K^{-1}		11～13	16～18	10.8～11.2	5～6	7～25	3.6～8.0	5.8～8.5
热导率/W·m^{-1}·K^{-1}		0.46～0.52	0.35	0.1～0.21	0.15～0.21	0.13～0.17	0.10～0.14	0.19～0.33
热变形温度/℃	1.82MPa	43～54	—	52～60	54～79		79～99	87～99
	0.46MPa	60～88	38～49	85～110	57～82	—	—	99～107
最高使用温度(无载荷)/℃		79～121	82～100	88～116	66～79	60～79	60～79	66～99
连续耐热温度/℃		85	—	—	—	—	—	130～190

续表

性能名称	聚乙烯(PE)		聚丙烯(PP)	聚氯乙烯(PVC)		聚苯乙烯(PS)	丙烯腈-丁二烯-苯乙烯(ABS)
	高密度	低密度		硬质	软质		
表面电阻率/Ω	—	—	—	—	—	—	—
体积电阻率/Ω·cm	10^{16}		$>10^{16}$	$10^{11}\sim10^{16}$ 以上		$>10^{16}$	$10^{13}\sim10^{16}$
相对介电常数(工频)	2.5(10^6Hz)		—	2～3		—	2.4～5.0
质损耗角正切(工频)	0.0002～0.0005		0.0005	0.08～0.15		$10^{-4}\sim2\times10^{-3}$	0.003～0.11
介质强度/kV·mm^{-1}	26～28		30	20～35		25	—
耐电弧性/s	135～160		—	60～80		—	—
成型收缩率/%	1.5～4.0	1.2～4.0	1.0～2.5	0.1～0.5	1～5	0.2～0.7	0.3～0.6
挤出成型温度/℃	150～280	120～180	150～280	140～190	120～190	—	160～200
注射成型温度/℃	150～280	120～230	230～290	140～190	—	170～260	200～240
注射成型压力/MPa	50～130	50～100	50～100	80～130	—	60～130	60～100

① 在 Taber 磨损试验机上测得，采用 CS-17 砂轮，载荷为 9.8N；数据为 103 周内的累积量。

② HA—邵氏 A 标度硬度；HD—邵氏 D 标度硬。

表 19-81 热塑性塑料的性能（二）

性能名称	聚甲基丙烯酸甲酯(有机玻璃)(PMMA)	聚酰胺(尼龙)(PA)					聚碳酸酯(PC)
		PA6	PA66	PA610	PA1010	铸型 PA-MC	
密度/g·cm^{-3}	1.17～1.20	1.13～1.15	1.14～1.15	1.07～1.09	1.04～1.07	1.10	1.18～1.20
吸水率/%	0.20～0.40	1.9～2.0	1.5	0.5	0.39	0.6～1.2	0.2～0.3
折射率 n_0	1.49				1.566②		1.586
透光率/%	92～94				85～90②		89～93
摩擦系数		0.15～0.40	0.15～0.40			0.15～0.30	
磨损量①/mg		5	12				14
抗拉强度/MPa	50～77	54～78	57～83	47～60	52～55	77～92	60～88
拉伸弹性模量/GPa	2.4～3.5				1.6	2.4～3.6	2.5～3.0
断后伸长率/%	2～7	150～250	40～270	100～240	100～250	20～30	80～95
抗压强度/MPa		60～90	90～120	70～90	65		
抗弯强度/MPa	84～120	70～100	60～110	70～100	82～89	120～150	94～130
冲击韧度(悬臂梁，缺口)/J·m^{-2}	14.7	53.3～64	43～64	3.5～5.5 kJ·m^{-2}(简支梁，有缺口)	4～5 kJ·m^{-2}(简支梁，有缺口)	500～600 kJ·m^{-2}(简支梁，无缺口)	640～830

续表

性能名称		聚甲基丙烯酸甲酯(有机玻璃)(PMMA)	聚酰胺(尼龙)(PA)					聚碳酸酯(PC)
			PA6	PA66	PA610	PA1010	铸型PA-MC	
硬度		10～18HBS	85～114HRR	100～118HRR	90～130HRR	71HBS	14～21HBS	68～86HRM
比热容/kJ·kg^{-1}·K^{-1}		1.47	1.67～2.09	1.67	1.67～2.09			1.17～1.26
线膨胀系数/×10^{-5}K^{-1}		5～9	7.9～8.7	9.1～10.0	9.0	10.5	8～9	6～7
热导率/W·m^{-1}·K^{-1}		0.17～0.25	0.21～0.35	0.26～0.35				0.19
热变形温度/℃	1.82MPa	85～100	60～68	66～104	—	45(马丁)	94	129～141
	0.46MPa	—	149～185	182～243	149			132～143
最高使用温度(无载荷)/℃		65～95	82～121	82～149				121
连续耐热温度/℃								120
表面电阻率/Ω		10^{15}						
体积电阻率/Ω·cm		—	10^{14}～10^{15}					10^{16}
相对介电常数(工频)		—	3.1～3.6					3.1
介质损耗角正切(工频)		0.04～0.06	0.01～0.03					0.03
介质强度/kV·mm^{-1}		20	15～28					17～22
耐电弧性/s		—	—	—	—	—	—	10～120
成型收缩率/%		0.2～0.6		1.5～2.2	1.5～2.0	1～2.5	径向3～4，纵向7～12	0.5～0.8
挤出成型温度/℃			230～260	250～315	230～270	210～280		220～270
注射成型温度/℃		220～250	210～280	230～300	230～260	210～240		250～300
注射成型压力/MPa		70～130	70～160	60～150	60～150	60～150		80～160

① 在Taber磨损试验机上测得，采用CS-17砂轮，载荷为9.8N；数据为103周内的累积量。
② 透明聚酰胺(PA透明)。

表19-82 热塑性塑料的性能（三）

性能名称	聚甲醛(POM)		热塑性聚酯(线型聚酯)		氟塑料		
	均聚	共聚	聚对苯二甲酸乙二(醇)酯(PET)	聚对苯二甲酸丁二(醇)酯(PBT)	聚四氟乙烯(PTFE)	聚三氟氯乙烯(PCTFE)	聚全氟乙烯丙烯(FEP)
密度/g·cm^{-3}	1.42～1.43	1.41～1.43	1.37～1.38	1.30～1.55	2.1～2.2	2.1～2.2	2.1～2.2

续表

性能名称	聚甲醛(POM)		热塑性聚酯(线型聚酯)		氟塑料		
	均聚	共聚	聚对苯二甲酸乙二(醇)酯(PET)	聚对苯二甲酸丁二(醇)酯(PBT)	聚四氟乙烯(PTFE)	聚三氟氯乙烯(PCTFE)	聚全氟乙烯丙烯(FEP)
吸水率/%	0.20～0.27	0.22～0.29	0.08～0.09	0.03～0.09	0.01～0.02	0.02	0.01
摩擦系数	0.15～0.35	0.15～0.35			0.04		0.08
磨损量[1]/mg	13	13			14		
抗拉强度/MPa	58～70	62～68	57	52.5～65	14～25	31～42	19～22
拉伸弹性模量/GPa	2.9～3.1	2.8	2.8～2.9	2.6	0.4	1.1～2.1	0.35
断后伸长率/%	15～75	40～75	50～300		250～500	50～190	250～330
抗压强度/MPa	122	113					
抗弯强度/MPa	98	91～92	84～117	83～103	18～20	52～65	
冲击韧度(悬臂梁,缺口)/J·m^{-2}	64～123	53～85	0.4	35.4	107～160	192	
硬度	118～120HRR	120HRR	68～98HRM	118HRR	50～65HD[2]	74HD[2]	60～65HD[2]
比热容/kJ·kg^{-1}·K^{-1}	1.47	1.47	1.17	1.17～2.30	1.05	0.92	1.17
线膨胀系数/×10^{-5}K^{-1}	10	11	6.0～9.5	6	10～12	4.5～7.0	8.5～10.5
热导率/W·m^{-1}·K^{-1}			0.15		0.25	0.20～0.22	0.25
热变形温度/℃ 1.82MPa	124	110	85	54			
热变形温度/℃ 0.46MPa	170	158	116	154	121	138	
最高使用温度(无载荷)/℃	91	100	79	138	288	177～199	204
连续耐热温度/℃	121	80					
表面电阻率/Ω			10^{15}				
体积电阻率/Ω·cm	10^{14}				10^{17}～10^{18}	>10^{16}	10^{18}
相对介电常数(工频)	3.8	3.8	3.37	3～4(10^5Hz)	2.0～2.2	2.3～2.7	2.1(10^6Hz)
介质损耗角正切(工频)	0.004～0.005		0.021	0.015～0.022(10^5Hz)	0.0002～0.0005	0.0012	0.0007
介质强度/kV·mm^{-1}	18.6	18.6		17～24	25～40	19.7	40
耐电弧性/s	129～240	129～240			>360	360	>165
成型收缩率/%	2.0～2.5	2.0～3.0		1.5～2.5	1～5(模压)	1～2.5	2～5
挤出成型温度/℃	160～190	160～190	<304	250～280			

续表

性能名称	聚甲醛(POM)		热塑性聚酯(线型聚酯)		氟塑料		
	均聚	共聚	聚对苯二甲酸乙二(醇)酯(PET)	聚对苯二甲酸丁二(醇)酯(PBT)	聚四氟乙烯(PTFE)	聚三氟氯乙烯(PCTFE)	聚全氟乙烯丙烯(FEP)
注射成型温度/℃	160～185	160～185	270～300	230～270			
注射成型压力/MPa	60～130	60～130	50～100	40～170			

① 在 Taber 磨损试验机上测得，采用 CS-17 砂轮，载荷为 9.8N；数据为 103 周内的累积量。

② HD—邵氏 D 标度硬度。

表 19-83 热塑性塑料的性能（四）

性能名称	聚苯醚(PPO)	聚酰亚胺(PI)		聚砜(PSU)	聚苯硫醚(PPS)	聚醚醚酮(PEEK)	聚芳酯(PAR)
		均苯型	醚酐型				
密度/g·cm^{-3}	1.06～1.36	1.42～1.43	0.36～1.38	1.24～1.61	1.3～1.9	1.26～1.32	1.20～1.51
吸水率/%	0.06～0.12	0.2～0.3	0.3	0.3	0.25	0.1～0.4	0.26～0.27
透光率/%							85～90
摩擦系数	0.18～0.25	0.17～0.29	0.17～0.29				
磨损量①/mg	17						
抗拉强度/MPa	48～66	94.5	120	66～68	66～103	70～103	60～67
拉伸弹性模量/GPa	2.3～2.6			2.5～4.5	3.3		2.1～2.3
断后伸长率/%	35～60	6～8	6～10	50～100	1～4	30～50	50～65
抗压强度/MPa	69～113	>276	>230	276	76～159	124	82
抗弯强度/MPa	57～97	117	200～210	99～106	96～158	110	75～100
冲击韧度(悬臂梁,缺口)/J·m^{-2}	214～374			34.7～64.1	<26.7～53.4	85.4	219～294
硬度	115～120 HRR	92～102 HRM		69～74 HRM	121～123 HRR		65～100 HRM
比热容/kJ·kg^{-1}·K^{-1}	1.46	1.13		1.30			
线膨胀系数/×10^{-5}K^{-1}	3.3～3.7			3.4～5.6	2.0～4.9	4.0～4.7(<150℃)	6.2～6.3
热导率/W·m^{-1}·K^{-1}	0.16～0.22	0.33～0.37		0.26	0.29		0.18
热变形温度/℃ 1.82MPa	82～135	360		174～179	135～260	160	170～174
热变形温度/℃ 0.46MPa	98～137			181			179
最高使用温度(无载荷)/℃	79～104	260		149	260	249	
连续耐热温度/℃	60～121	60～88					
表面电阻率/Ω		10^{14}					>10^{13}
体积电阻率/Ω·cm	10^{16}～10^{17}	10^{17}	10^{15}～10^{16}	10^{16}		10^{16}～10^{17}	10^{13}

性能名称	聚苯醚(PPO)	聚酰亚胺(PI)		聚砜(PSU)	聚苯硫醚(PPS)	聚醚醚酮(PEEK)	聚芳酯(PAR)
		均苯型	醚酐型				
相对介电常数(工频)	2.6～2.8	3～4	3.1～3.5	3.1		2.2～2.3	3.0～3.6
介质损耗角正切(工频)	0.001	0.003	0.001～0.005	0.0008		0.017 (10^5Hz)	0.01～0.42
介质强度/kV·mm^{-1}	16～22	>40	>18				
耐电弧性/s							120
成型收缩率/%	0.5～0.8		0.5～1.0	0.4～0.7	0.4～0.8	1.1	0.6～0.9
挤出成型温度/℃	270～330	315～340	315～340	315～380	300～340		
注射成型温度/℃	280～340	340～370	340～370	315～400	280～340		
注射成型压力/MPa	80～200	>140	>140	100～200	60～140		

① 在 Taber 磨损试验机上测得，采用 CS-17 砂轮，载荷为 9.8N；数据为 103 周内的累积量。

表 19-84 常用热固性塑料的性能（一）

性能名称	酚醛塑料(PF)		氨基塑料			不饱和聚酯塑料	
	木粉	碎布	脲醛塑料(UF)	三聚氰胺塑料(MF)		硬质	软质
			纤维素	纤维素	碎布		
密度/g·cm^{-3}	1.37～1.46	1.37～1.45	1.47～1.52	1.47～1.52	1.5	1.1～1.46	1.10～1.20
吸水率/%	0.3～1.2	0.6～0.8	0.4～0.8	0.1～0.8		0.15～0.6	0.5～2.5
成型收缩率/%	0.4～0.9	0.3～0.9	0.6～1.4	0.5～1.5			
抗拉强度/MPa	35～62	41～55	38～90	34～90	55～76	41～90	21～31
拉伸弹性模量/GPa	5.5～11.7	6.2～7.6	6.8～10.3	7.8～9.6	9.7～11.0	<2	
断后伸长率/%	0.4～0.8	1～4	<1	0.6～1.0			
抗压强度/MPa	172～214	138～193	172～310	228～310		90～207	
抗弯强度/MPa	48～97	69～97	69～124	62～110		59～159	
冲击韧度(悬臂梁，缺口)/J·m^{-2}	107～320	427～187	427～187	10.7～21.4		10.7～21.4	>374
硬度(HRM)	100～115	105～115	110～120	115～125		巴氏 50～75	84～94HD①
线膨胀系数/$\times 10^{-5}$K^{-1}	3.0～4.5	1.8～2.4	1.8～2.4			5.5～10.0	
热导率/W·m^{-1}·K^{-1}	0.16～0.32	0.38～0.50	0.38～0.50	0.29～0.42	0.20		
热变形温度(1.82MPa)/℃	149～188	121～166	127～143	132	154	6～204	
最高使用温度(无载荷)/℃	149～177	104～121	94	121	121		
相对介电常数(工频)	5～13	5.2～21	7.0～7.5	6.2～7.2	7.6～12.6		
介质强度/kV·mm^{-1}	10.2～15.7	7.9～15.7	11.8～15.7	10.6～15.7	9.8～13.8	15.0～19.8	9.8～19.7

① 为 HD 邵氏 D 标度硬度。

表 19-85　常用热固性塑料的性能（二）

性能名称	环氧塑料(EP)(双酚 A 型)			烯丙基塑料(聚邻苯二甲酸二烯丙酯)(PDAP)		有机硅塑料(SI)	
	无填料	矿物	玻纤	玻纤	矿物	浇注料	矿物
密度/g·cm^{-3}	1.11～1.40	1.6～2.1	1.6～2.0	1.61～1.81	1.65～1.80	0.99～1.5	1.80～2.05
吸水率/%	0.08～0.15	0.03～0.20	0.04～0.20				0.15
成型收缩率/%	0.1～1.0	0.2～1.0	0.1～1.8	0.05～0.5		0～0.6	0～0.5
抗拉强度/MPa	28～90	28～69	35～137	41～76	33～62	24～69	28～41
拉伸弹性模量/GPa	2.41		20.7	9.7～15.1	83～15.1		
断后伸长率/%	3～6		4	3～5		100～700	
抗压强度/MPa	130～172	124～276	124.1～276	172～241			69～110
抗弯强度/MPa	90～145	41～124	55～207	62～137			62～97
冲击韧度(悬臂梁,缺口)/J·m^{-2}	10.7～53.4	16.0～26.7	160～534	21～80.0			13.3～427
硬度(HRM)	80～110	100～112	100～112	80～87		15～65①	80～90
线膨胀系数/×10^{-5}K^{-1}	4.5～6.5	2.0～6.0		1.0～3.6		30.0～80.0	2.0～5.0
热导率/W·m^{-1}·K^{-1}	0.19	0.17～1.47	0.17～0.42	0.20～0.62		0.14～0.31	0.30
热变形温度(1.82 MPa)/℃	46～260	121～260	121～260	166～282	160～282	—	>260
最高使用温度(无载荷)/℃	121～260	149～260	149～260	149～204	149～204	—	316
相对介电常数(工频)	3.2～5.0	3.5～5.0	3.5～5.0	4.3～4.6	5.2	3.3～5.2	3.5～3.6
介质强度/kV·mm^{-1}	11.8～25.6	9.8～15.7	9.8～15.7	15.7～17.7	15.7～16.5	7.9～15.7	7.9～15.7

① 为 HA 邵氏 A 标度硬度。

19.5.5　真空泵油、脂及封蜡

机械泵油主要用于油封式机械真空泵的密封和润滑（对于油浸式机械泵还兼有冷却散热作用），油封式机械真空泵的极限真空度、消耗功率等参数与泵油的性质直接有关。因此在选择机械真空泵油时，必须符合以下基本要求：

① 饱和蒸气压；

② 有一定的运动黏度和黏度指数，而且随温度的变化要小；

③ 抗氧化稳定性；

④ 油水分离性；

⑤ 热稳定性和抗磨性；

⑥ 抗泡沫性；

⑦ 耐放射性；

⑧ 抗腐蚀性。

国际标准化组织对机械真空泵油的分类见表 19-86。国产机械真空泵油质量标准见表 19-87。机械真空泵油的黏度和 ISO-L 级别的选用见表 19-88。适用不同压缩介质的机械真空泵油见表 19-89。国外相关企业机械真空泵油的性能见表 19-90。

表 19-86　机械真空泵油的分类（摘自 BS ISO 6743-3：2003）

ISO-L 符号	适用真空泵	用　途
DVA	往复式、滴油回转式、喷油回转式(滑片和螺杆)	低真空(10^5～10^2Pa)无腐蚀性气体
DVB		低真空(10^5～10^2Pa)有腐蚀性气体
DVC	油封真空泵(回转、滑片和回转柱塞)	中真空(10^2～10^{-1}Pa)无腐蚀性气体
DVD		中真空(10^2～10^{-1}Pa)有腐蚀性气体
DVE		高真空(10^{-1}～10^{-5}Pa)无腐蚀性气体
DVF		高真空(10^{-1}～10^{-5}Pa)有腐蚀性气体

表 19-87　国产机械真空泵油质量标准（摘自 SH 0528—92）

项　目	质　量　指　标						
质量等级	优质品			一级品			合格品
黏度等级(按 GB 3141)	46	68	100	46	68	100	100
运动黏度(40℃)/$mm^2 \cdot s^{-1}$	41.4～50.6	61.2～74.8	90～110	41.4～50.6	61.2～74.8	90～110	90～110
黏度指数　≥	90	90	90	90	90	90	
密度(20℃)/$kg \cdot m^{-3}$　≤	880	882	884	880	882	884	
倾点/℃　≤	−9	−9	−9	−9	−9	−9	−9
闪点/℃　≥	215	225	240	215	225	240	206
中和值/mg(KOH)·g^{-1}　≤	0.1	0.1	0.1	0.1	0.1	0.1	0.2
色度/号　≤	0.5	1.0	2.0	1.0	1.5	2.5	
残炭/%　≤	0.02	0.03	0.05	0.05	0.05	0.10	0.20
抗乳化度(40-37-3)/min^{-1}							
54℃　≤	10	15	—	30	30	—	—
82℃　≤	—	—	20	—	—	30	—
腐蚀试验(铜片,100℃、3h)/级　≤	1	1	1	1	1	1	
泡沫性(泡沫倾向/稳定性)/mL·mL^{-1}							
24℃　≤	100/0	100/0	100/0				
93.5℃　≤	75/0	75/0	75/0				
后 24℃　≤	100/0	100/0	100/0				
氧化安定性							
酸值(到 2.0mgKOH/g 时间)/h	1000	1000	1000				
水溶性(酸或碱)	无	无	无	无	无	无	无
水分/%	无	无	无	无	无	无	无
机械杂质/%	无	无	无	无	无	无	无
灰分/%　≤							0.005
饱和蒸气压(20℃)/Pa　≤							5.3×10^{-3}

扩散泵油的性质对扩散泵的抽气性能影响特别大，因而对泵油基本要求是：

① 泵油的分子量要大；

② 泵油在常温下的饱和蒸气压要低；

③ 泵油在沸腾温度下的饱和蒸气压应尽可能大；

表 19-88 机械真空泵油的黏度和 ISO-L 级别的选用

真空泵种类	运动黏度(40℃)/$mm \cdot s^{-1}$	ISO-L 级别
活塞泵	100、150	DVA、DVB
旋片泵	46、68、100	DVA、DVB、DVC、DVD
直联旋片泵	22、32、46、68	DVC、DVD、DVE、DVF
滑阀泵	68、100、150、220	DVA、DVB、DVC、DVD
罗茨泵	32、46	DVB、DVD
螺杆泵	32、46	DVB、DVD、DVF
蜗旋泵	22	DVF
单级泵	22、32、46	DVB、DVD

表 19-89 适用不同压缩介质的机械真空泵油

介质种类	适用真空泵	备注
空气	DVA、DVB、DVC、DVD	抗氧化性能要好。闪点应比最高排气温度高 40℃
氧、氮	DVE、DVF	无特殊要求
氩、氖、氦		要求气体中绝对无水、不含油，应使用膜片泵
氧	采用无油润滑或全氟醚油	会使矿物油剧烈氧化而爆炸
氯(氯化氢)	采用合成油或二硫化钼	在一定条件下，与烃起作用生成氯化氢
硫化氢、二氧化碳、一氧化碳	DVB、DVD、DVF	要求干燥，所含水分溶解气体生成酸会破坏泵油
一氧化氮、二氧化硫		能与油互溶，降低黏度。要求干燥，防止生成酸
氨	DVD、DVF 或合成烃	水分会与油的酸性氧化物产生沉淀

④ 泵油的热稳定性（高温下不易分解）和抗氧化性能（与大气接触时不会因氧化改变泵油的性能）要好；

⑤ 凝固点和低温黏度要低；

⑥ 无毒、耐腐蚀、成本低。

扩散喷射泵油（增压泵油）由于要求油增压泵在高压力（$10 \sim 10^{-2}$Pa）下有较高的抽气量，所以要求增压泵油的热稳定性和抗氧化性一定要好。同时要求增压泵油在泵锅炉温度下有较高的饱和蒸气压，油的蒸发潜热要低，馏分要窄，以免泵油工作时放出轻馏分影响泵的性能。增压泵油在室温下不需要非常低的饱和蒸气压，在 20℃时有 10^{-3}Pa 数量级即可以。

HFV 系列真空泵油主要性能见表 19-91。

真空封脂主要用于真空系统的磨口活栓及活动连接处的密封和润滑，是一种脂膏状物质。国产真空脂主要性能见表 19-92。真空脂的主要性能见表 19-93。

真空封蜡是由沥青、虫胶、蜂胶等有机物制成的，用于可拆但不可动的接头处密封或填封小漏孔等真空封蜡的软化温度为 50～100℃，使用时加热软化涂于漏处，其饱和蒸气压在 1.3×10^{-4}Pa 以下。商品封蜡有 20#、50#、80# 几种，标号越大其黏度越大。

真空封泥是由高黏度、低蒸气压的石蜡与高岭土为主要原料混合而成的一种油泥，其可塑性好，易成型，它的饱和蒸气压不大于 6.6×10^{-2}Pa，使用温度在 35℃以下。适于低真空系统略有振动且经常拆卸的部位，或临时密封用真空封泥，对金属和非金属均有很好的附着力。

真空封蜡、封泥的饱和蒸气压见表 19-94。

表 19-90　国外相关企业机械真空泵油的性能

项　目	英国 Edwards	英国 Edwards	德国 Leybold	美国 Mobil	美国 Varian		日本真空技术株式会社		日本 出光兴产		日本 蚣村石油研究所		法国 MontediSon
	Speedivac 16	Speedivac 15	Heraeus N62	DTE Heavy	GP Oil	CS Oil	Ulvoil R-7	Ulvoil R-4	ACE Vae 46	ACE Vac 68	MR-100	MR-200	Alcatel-100
运动黏度/(mm^2/s)													
40℃	102.8	70.22	83.18	82.4	76.14	51.13	70.88	47.16	45.03	65.41	45.59	72.68	53.28
100℃	11.51	9.05	10.23	10.44	9.40	7.07	9.41	7.15	6.89	8.60	6.78	9.17	7.38
黏度指数	99	103	104	110	103	94	110	110	103	102	102	101	98
倾点/℃	−8	−9	−10	−6	−9	−15	−15	−17	−14	−15	−14	−13	−13
闪点(开口)/℃	246		259	251	246	227	242	226	223	242	232	250	
酸值/$mgKOH \cdot g^{-1}$	0.03	0.04	0.03	0.09	0.06	0.01	0.05	0.02	0.02	0.03	0.006	0.006	0.03
密度(20℃)/$kg \cdot m^{-3}$	877	879	878	878	875	872	869	863	862	878	873	877	871
残炭/%	0.04	0.03	0.02	0.05	0.02	0.01	0.02	0.01	0.01	0.01	0.006	0.02	0.007
乳化度(54℃)/min^{-1}													
40-37-3	＞30	＞30	＞30	＞30	＞30	15′38″	10′56″	1′46″	3′51″	＞30	9′44″	10′35″	10′24″
40-40-0	＞30	＞30	＞30	＞30	＞30	＞30	13′37″	4″21′	＞30	＞30	＞30	＞30	＞30
旋转氧弹(150℃)/min	33	41	38	233	33	32	251	381	337	250	43	44	
泡沫性/$mL \cdot mL^{-1}$													
24℃	10/0		50/0	560/95	500/＜10	485/＜10	395/0	440/0	305/0	25/0	480/0	555/0	
93℃	10/0		20/0	70/0	45/0	40/0	35/0	40/0	25/0	25/0	45/0	40/0	
沉淀物	无		无	沉淀	无	无	无	无	无	无	无	无	
铜片腐蚀(100℃3h)级	1a		1a	1a	1b	1a	1a	3a	2a	3a	1a	1a	
颜色(号)	3.0	L2.0	L2.5	2.0	1.5	L1.0	L1.0	0.5	0.5	L1.0	L0.5	L0.5	L1.5
颜色(级)	＞8		6	＞8	＞8	＞8	＞8	7.0	7.5	＞8	7.5	3.5	
饱和蒸气压/Pa													
20℃	1.2E-7	5.2E-6	1E-7	9E-7	1.2E-5	1.3E-5	2.8E-6	3.9E-5	1.3E-5	1.2E-6	4.4E-5	2.5E-6	9.1E-6
60℃	3.7E-5	5.5E-4	4.7E-5	2E-4	1.3E-3	1.5E-3	7.9E-4	4.5E-3	2.8E-3	2.5E-4	3.5E-3	3.5E-4	1.9E-3
极限压力/Pa	1.6E-2		1.6E-2				2E-2	2.3E-2	2.3E-2	1.9E-2	2.1E-2	1.9E-2	4E-2
相当 ISO 黏度等级	VG100	VG68		VG83		VG56	VG68	VG46		VG68	VG46	VG68	VG56

注：E 为 10 的次方，例如 1.2E-7 为 1.2×10^{-7}。

表 19-91　HFV 系列真空泵油主要性能

类型	名　称	牌号	蒸气压(60℃)/Pa	运动黏度(10℃)/$mm^2 \cdot s^{-1}$	闪点(开口)(≥)/℃	黏度指数(≥)	备　注
矿物油	高真空泵油	M100 M200 M250	5×10^{-3} 5×10^{-4} 5×10^{-5}	41.4～50.6 61.2～74.8 90～110	225 240 250	100	油水分离性极强，不易乳化，用于直联高速真空泵、增压泵
	高温高负荷真空泵油	A100 A200 A250	5×10^{-3} 5×10^{-4} 5×10^{-5}	41.1～50.6 61.2～74.8 90～110	225 240 250	100	最高使用温度达120℃，可用于各类真泵、增压泵
	真空泵油	46 68 100 22 32 150 220	6.7×10^{-3} 6.7×10^{-4} 1.3×10^{-4} 5×10^{-3} 4×10^{-4}	41.1～50.6 61.2～74.8 90～110 19.8～24.2 28.8～35.2 145～165 198～214	220 230 240 200 200 255 260	95 100 90	优级品真空泵油 适用于小型单极泵、直联泵 适用于 30～70L 真空泵、滑阀泵及更大真空泵
	扩散泵油	K46 K68 K100 K150	1.5×10^{-6}(20℃) 1×10^{-6}(20℃) 5×10^{-7}(20℃) 1×10^{-7}(20℃)	19.8～24.2 28.8～35.2 90～110 135～165	220 230 250 270	100	高真空扩散泵工作液
	增压泵油	Z22 Z32 Z46	1×10^{-3} 9×10^{-4} 1.2×10^{-4}	19.8～24.2 28.8～35.2 41.4～50.6	180 200 210	105	用于高速转动的增压泵、蒸气流增压泵及转速为 2000r/min 以下的机械增压泵
		Zk46 Zk68	5×10^{-4} 5×10^{-4}	41.4～50.6 61.2～74.8	210 270	—	适用真空冶炼等装置的抽气设备
	真空淬火油	CZ1 CZ2	3×10^{-3}(20℃)	32～42 80～90	180 220	—	适用轴承钢、工模具、刀具、特种钢及真空下的淬火
	真空密封油	MF150 M1F220 MF320 MF460 MF680 MF1000	1.3×10^{-4}(20℃)	145～165 198～242 298～352 414～506 712～748 900～1100	260 270 270 270 270 280	— — — — — —	用于真空密封与润滑
合成油	酯类真空泵油	ZS46 ZS68	1×10^{-3}	41.4～50.6 61.2～74.8	265 275	130	直联真空泵专用油
	高低温真空泵油	WS32 WS68	5×10^{-4}	28.8～35.2 61.2～74.8	200 200	75 90	适用－25～100℃真空泵及特殊气体如 N_2、He、H_2
	扩散泵硅油	KS275	4.5×10^{-8}(25℃)	44～55	243	—	适用于超高真空扩散泵工作液，不易氧化
	分子泵油	FS22	5×10^{-4}	19.8～24.2	261	—	用于高速真空泵的润滑

注：资料来源：上海惠丰石油化工公司提供。

表 19-92 国产真空脂主要性能

名　称	成　分	滴点/℃	20℃蒸气压/Pa	最高使用温度/℃	备　注
$1^{\#}$ 真空脂	高分子烃类化合物	67	2.8×10^{-6}	30	—
$2^{\#}$ 真空脂	高分子烃类化合物	69	4.1×10^{-6}	30	类似阿皮松 L
$3^{\#}$ 真空脂	高分子烃类化合物	71	1.3×10^{-7}	35	类似阿皮松 N
$4^{\#}$ 真空脂	皂基脂	210	$10^{-5}\sim10^{-6}$	130	类似阿皮松 M
7501 真空脂	硅油加硅粉	—	$\leqslant\times10^{-4}$	14～200	类似阿皮松 T

表 19-93 真空脂的主要性能

名　称	成　分	熔点/℃	刺入度(25℃)/(1/10mm)	黏度/$mm^2\cdot s^{-1}$(100℃)	饱和蒸气压/×133.3Pa	胶黏性	最高使用温度
(英)阿皮松 L	高分子烃类化合物	47.5①	201①	80～100①	1.9×10^{-3}(300℃) $10^{-10}\sim10^{-11}$(20℃)	拉丝长细	30℃
(英)阿皮松 M	高分子烃类化合物	51.7①	156	47～51①	10^{-3}(200℃)① 7×10^{-9}(20℃)①	拉丝差于阿皮松 L	30℃
(英)阿皮松 N	高分子烃类化合物加橡胶类物质	47①	183①	140①	2×10^{-3}(250℃)① 2.9×10^{-9}(20℃)	拉丝最长且细	30℃
(英)阿皮松 T	皂基脂	130	230		3×10^{-7}(20℃)	拉丝中等	120℃
(英)阿皮松 H	非烃脂加橡胶物质				10^{-9}(20℃)	拉丝长	－15～250℃
(英)高真空硅脂	硅油加硅粉				用于 10^{-6} 真空中	拉丝性差	－40～200℃
(德)Lcybold P	烃基脂加橡胶	65			1.3×10^{-9}(20℃)	拉丝中等	25℃
(德)Lcybold R	烃基脂加橡胶	65			1×10^{-8}(20℃)	拉丝长	30℃
(德)高真空硅脂	硅油加硅粉				$<10^{-10}$	拉丝性差	150℃
(中国)7501 高真空硅脂	硅油加硅粉				用于 10^{-6} 真空中	拉丝性差	－40～200℃
(中国)上炼 1 号真空脂	高分子烃类化合物	67	190～210	80～100	2.2×10^{-8}(20℃)	拉丝长、细	30℃
(中国)上炼 2 号真空脂	高分子烃类化合物	69	170～190	120～140	3.1×10^{-8}(20℃)	拉丝长又细	30℃
(中国)上炼 3 号真空脂	高分子烃类化合物	71	150～160	45～55	10^{-9}(20℃)	拉丝差于 1 号真空脂	35℃
(中国)上炼 4 号真空脂	皂基脂	210	220～230		$10^{-7}\sim10^{-8}$(20℃)	拉丝长	130℃

① 为上炼研究所提供的数据

表 19-94 真空封蜡、封泥的饱和蒸气压

名　称	饱和蒸气压/Pa		软化点/℃	备　注
	20℃	180℃		
阿皮松 W	1.6×10^{-6}	1.4×10^{-1}	85	永久性连接，使用温度 100℃
阿皮松 W-100	1.3×10^{-4}	2.4×10^{-1}	55	半永久性连接，使用温度 80℃
阿皮松 W-40	1.1×10^{-5}	2.3×10^{-1}	40	受力半永久性连接，使用温度 40～50℃
阿皮松 Q	1.3×10^{-2}		45	临时堵漏，室温使用，最高不能超过 30℃
30 号封泥	6.7×10^{-2}			
上炼 85 号封蜡	7.7×10^{-6}	1.1×10^{-1}		用于半固定连接及高真空堵漏，使用时需加热软化，软化温度 50～100℃
上炼 50 号封蜡	4.1×10^{-6}	1.1×10^{-1}		
上炼 30 号封蜡	9.1×10^{-6}	2×10^{-1}		

续表

名称	饱和蒸气压/Pa		软化点/℃	备注
	20℃	180℃		
真空密封油膏	$<10^{-4}$		60	高黏度
硅油膏	$<10^{-4}$		215	温度适应范围宽
阿拉地胶	$<10^{-5}$		110	高温硬化使用
氯化银	—	10^{-5}(400℃)	熔点(300℃)	耐高温胶合剂，可经300～500℃烘烤

国产真空油脂蒸气压见表19-95。扩散泵油的A、B常数值见表19-96。国外真空油脂蒸气压见表19-97。

表 19-95 国产真空油脂蒸气压

牌号	相对分子质量	$\lg p=A-B/T$		25℃的蒸气压/Pa
		A	B	
274 硅油	484	8.5	4760	8.4×10^{-6}
275 硅油	546	11.46	5720	2.4×10^{-6}
276 硅油	640	9.96	5400	9.6×10^{-6}
扩-中-1	434	9.92	4950	3.6×10^{-5}
扩-轻-1	411	9.57	5000	7.9×10^{-6}
KS2 扩散泵油	332	12.18	5400	7.5×10^{-5}
KS2 扩散泵油	458	9.24	5000	2.1×10^{-6}(20℃)
增压泵油	330	9.75	4400	7.2×10^{-4}(20℃)
	383	11.58	5000	4.4×10^{-4}(20℃)
3 号封脂	1500	6.98	4500	6.4×10^{-7}
4 号封脂	3100	2.63	3330	4.0×10^{-7}
5 号封脂	5200	4.31	3620	2.7×10^{-7}
1 号真空泵油	372	11.75	5200	1.3×10^{-4}
2 号真空泵油	468	9.65	4300	1.3×10^{-3}

表 19-96 扩散泵油的 *A*、*B* 常数值

名称	274 硅油	275 硅油	276 硅油	3 # 扩散泵油	三氯联苯	增压泵油	扩-中-1	扩-轻-2
A	8.5	11.6	9.96	10.64	8.01	5.50	9.92	9.57
B	4760	5720	5400	5400	3300	2960	4950	5000

表 19-97 国外真空油脂蒸气压

名称	相对分子质量	密度/g·cm^{-3}	蒸气压(25℃)/Pa	$\lg p=A-B/T$		达到下列蒸气压时的温度/℃				
				A	B	10^{-4}	10^{-3}	10^{-1}	1	10^{2}
阿皮松 A	414	0.85	2.7×10^{-4}	10.7	4860	20	37	82	110	186
阿皮松 B	468	0.865	6.4×10^{-5}	9.91	4831	—	—	97	—	214
阿皮松 C	574	0.881	1.3×10^{-6}	11.6	5925	63	77	131	160	235
阿皮松 G	—	0.877	10^{-4}	—		—	—	—	—	—
阿皮松 AW	414	0.875	10^{-3}	—		—	—	—	—	—
阿皮松 BW	468	0.872	10^{-5}	—		—	—	—	—	—
阿皮松 CW	445	0.877	10^{-4}	—		—	—	—	—	—
NeoVac MD350	360	0.887	7.3×10^{-4}	8.62	4132	—	—	82	—	206
NeoVac MD400	410	0.878	8.3×10^{-5}	8.48	4349	—	—	106	—	240
NeoVac MD250	260	0853	2.7×10^{-1}	7.9	3165	—	—	17	—	127
NeoVac MD300	300	0.872	4×10^{-2}	8.96	4016	—	—	63	—	175
Д1A(BM-1)	470	0.887	6×10^{-3}	10.55	4440	—	—	—	—	—
DC·701	—	1.027	2.5×10^{-3}	11.4	4810	—	—	—	—	—
DC·702	530	1.027	2.3×10^{-5}	10.42	4820	20	—	86	—	189

续表

名　称	相对分子质量	密度 /g·cm^{-3}	蒸气压(25℃) /Pa	$\lg p=A-B/T$		达到下列蒸气压时的温度/℃				
				A	B	10^{-4}	10^{-3}	10^{-1}	1	10^2
DC·703	570	1.087	6.7×10^{-7}	12.32	6165	—	83	—	153	—
DC·704	484	1.063	4.8×10^{-6}	11.03	5570	54	76	124	—	232
DC·705	546	1.095	5×10^{-8}	11.65	6098	—	—	143	—	250

19.5.6 高温真空装置材料

高温真空装置包括真空蒸镀、冶炼、钎焊、退火等真空设备。

各种材料的辐射率见表19-98。各种材料的热处理温度和真空度之间的关系见表19-99。电子器件常用材料的退火温度见表19-100。镀铜、镍、金零件的烧氢温度见表19-101。真空炉用各种发热材料的性能见表19-102。常用耐火制品的主要性能见表19-103。常用热电偶的热电势见表19-104。

表19-98　各种材料的辐射率

材料	状　态	温度范围/℃	辐射率 ε
铝	高级抛光表面 普通抛光表面 粗糙表面 经600℃氧化的表面	227～580 23 25.5 200～378	0.039～0.057 0.040 0.055 0.11～0.19
黄铜	高级抛光表面 经喷砂处理的压延面 经600℃氧化的表面	258～378 9 200～600	0.033～0.037 0.20 0.61～0.59
铬	抛光表面	38～600	0.08～0.36
铜	经仔细抛光的电工铜 普通抛光表面 商品光泽表面,但非镜面 经600℃氧化的表面 经长时间加热,有较厚的氧化层表面 熔融状态	80 100 22 200～600 2.5 1080～1275	0.018 0.052 0.072 0.57 0.78 0.16～0.13
金	纯金,高度抛光	227～628	0.018～0.035
铁与钢的金属面(有一层氧化薄膜)	高度抛光,电工铁 钢:抛光表面 铁:抛光表面 铁:粗糙表面 铁:喷砂处理表面 铸铁:普通抛光表面 铸钢:抛光表面 钢板:冷轧光面	177～227 100 427～1025 100 20 200 770～1010 900～1010	0.052～0.064 0.066 0.14～0.38 0.17 0.24 0.21 0.52～0.56 0.55～0.60
铁与钢的氧化面	铁板:酸浸泡,呈红色 铁:暗褐色表面 钢板:经过压延 铸铁:经600℃氧化的表面 钢:经600℃氧化的表面 铁:坯料的粗糙表面	20 100 21 198～600 198～600 928～1118	0.61 0.31 0.66 0.64～0.78 0.79 0.87～0.95
铅	未经氧化的纯金属面 呈灰色的氧化面 经198℃氧化的表面	127～227 24 198	0.057～0.075 0.28 0.63

续表

材料	状 态	温度范围/℃	辐射率 ε
汞	纯汞的干净表面	0～100	0.09～0.12
钼	细丝	727～2600	0.096～0.292
蒙乃尔合金	经 600℃氧化的表面	198～600	0.41～0.46
镍	纯镍，抛光表面 镍线 经 600℃氧化的表面	21～371 187～1010 198～600	0.045～0.087 0.096～0.186 0.37～0.48
铂	纯铂抛光板 带状 细丝 线	227～627 928～1630 27～1227 227～1380	0.054～0.104 0.11～0.17 0.036～0.192 0.073～0.182
银	纯银抛光表面	38～628	0.020～0.032
不锈钢	KA-2S(8Ni,18Cr)呈银光的粗面，加热后呈褐色 KA-2S(8Ni,18Cr)，在 526℃2 时加热 24h NCT-3(20Ni,25Cr)在炉上使用氧化后呈褐色，有锈蚀点产生 NCT-6(60Ni,12Cr)使用后生成光滑的黑色氧化膜状态	215～490 215～526 215～526 272～564	0.44～0.36 0.62～0.73 0.90～0.97 0.89～0.82
钽	细丝	1340～3000	0.194～0.33
锡	光泽表面	245	0.043～0.064
钨	长期使用后的细丝 细丝(另外测定)	26.7～3320 3320	0.032～0.35 0.39
锌	商品抛光面 经 400℃氧化 发亮的电镀铁板 发亮的电镀铁板，氧化成褐色	227～527 450 28 24	0.045～0.053 0.11 0.23 0.28
玻璃 纸 石英玻璃		20 100 22	0.94 0.92 0.932

注：温度范围的上下限分别对应着辐射率的上下限。

表 19-99 各种材料热处理温度和真空度之间的关系

材料 \ 热处理		淬火					退火	
		预热温度(和真空度)/℃	淬火温度(和真空度)/℃	冷却速度	回火温度/℃	最后硬度	温度/℃	真空度/Pa
铁素体不锈钢							630～830	10^{-1}
马氏体不锈钢							830～900	10^{-1}
奥氏体不锈钢	不稳定						101～1120	10^{-1}
	稳定的						950～1120	10^{-2}～10^{-3}
空冷低合金模具钢		750～800以上	850～980	20～25min 内淬火温度冷却到 100℃			730～870	10^{-1}
高碳高铬冷压模具钢		800～820以上(1Pa)	950～1025(1Pa)	20～25min 内淬火温度冷却到 0℃	200～350	RC54～61	870～900	1
含碳 5%～7%的热压模具钢		800～820以上(1Pa)	900～1060(1Pa)	25～30min 内从淬火温度冷却 100℃	540～680	RC35～58		
含钨 9%～18%的热压模具钢		810～870以上(1Pa)	990～1275(1Pa)		540～680	RC35～58	815～900	1

续表

材料＼热处理	淬火					退火	
	预热温度（和真空度）/℃	淬火温度（和真空度）/℃	冷却速度	回火温度/℃	最后硬度	温度/℃	真空度/Pa
含钼 5%～8%的热压模具钢	730～840	1090～1230	25min 内从淬火温度冷却 155℃	500～650	RC15～58		
含钨高速钢	810～970，保温 15～20min(1Pa)	1180～1320（1Pa）	18min 内从淬火温度冷却到 200℃	二次硬化 550～570（1～2h）	RC61～64	870～900	1
含钼高速钢	800～850 以上，保温 15～30min(1Pa)	1190～1240（1Pa）	18min 内从淬火温度冷却到 200℃	二次硬化 550～570（1～2h）	RC60～64		
钼						1000～1100	10^{-1}～10^{-4}
钨						1400 以上	10^{-1}～10^{-2}
钛						700～750	1～10^{2}
锆						900～1000	1～10^{-2}
磁性材料						900～1200	10^{-2}～10^{-3}

表 19-100　电子器件常用材料的退火温度

材料名称	烧氢温度/℃	真空退火	
		温度/℃	真空度/Pa
无氧铜	600～800	700～850	1×10^{-2}～1×10^{-3}
可伐合金	1000～1100	1000～1050	4×10^{-2}～7×10^{-3}
镍	800～900	800～900	4×10^{-2}～7×10^{-3}
钼	900～1100	950～1000	4×10^{-2}～1×10^{-3}
康铜	800～850	800	1×10^{-2}～1×10^{-3}
敷镍铁	900～950		
覆铝铁	550～700		
不锈钢	950～1000	950～1000	1×10^{-3}～7×10^{-3}
钨	850～900		
铁镍合金	900～1000	750～800	1×10^{-2}～7×10^{-3}
钛		950～1050	1×10^{-3}
钽		1800～2000	1×10^{-3}～1×10^{-4}
陶瓷		1100	1×10^{-4}～7×10^{-4}
阿母可铁		900～1000	1×10^{-2}～1×10^{-3}

表 19-101　镀铜、镍、金零件的烧氢温度

材料	烧氢温度/℃	材料	烧氢温度/℃
镀铜件：		镀镍件：	
可伐合金	900～950	无氧铜	800～820
钼	850	可伐合金	850～900
不锈钢	800～850	钼	850
铁	900～950	钢	750～800
		镀金件钼	600～650

表 19-102　真空炉用各种发热材料的性能

性能＼材料	钨	钽	钼	石墨	镍铬铁合金		铬铁		钼			派罗马克斯电热合金		备注
					1 种	2 种	1 种	2 种	A-1250	A	A-1	C	D	
加热体最高使用温度/℃	2750	2600	2100	2300	1150	1000	1200	1100	1100	1200	1250	1250	1100	蒸气压为 1×10^{-2} Pa 时允许的温度
密度/$g\cdot cm^{-3}$	19.6	16.6	10.2	2.24	8.4	8.25	7.2	7.35	7.2	7.15	7.1	7	7.16	
熔点/℃	3400±50	3000±50	2630±50	3850±50	1400		1495		1510	1510	1510	1490	1500	
比热容/$J\cdot g^{-1}\cdot K^{-1}$	0.142 0.184 0.197	0.142 0.159 0.184	0.26 0.335	0.712 1.256 1.674										20℃ 500℃ 1000℃ 1500℃ 2000℃
电阻率(20℃)/$\mu\Omega\cdot cm^{-1}$	5.5	12.4	5	900	108	112	140	122	137	139	145	165	140	
电阻温度系数	4.8×10^{-3}	3.3×10^{-3}	4.57×10^{-3}	1.26×10^{-3}	1.5×10^{-4}	2×10^{-4}	1×10^{-4}	2.5×10^{-4}	5.5×10^{-4}	4.9×10^{-5}	3.2×10^{-5}	3.7×10^{-5}	5×10^{-5}	

表 19-103　常用耐火制品的主要性能

制品名称	耐火度/℃	0.2MPa 荷重软化开始温度/℃	热震稳定性①	常温抗压强度/MPa	显气孔率(体积分数)/%	体积密度/$kg\cdot m^{-3}$	热导率/$W\cdot m^{-1}\cdot K^{-1}$	比热容/$J\cdot kg^{-1}\cdot K^{-1}$	重烧线变化		线膨胀系数/$\times10^{-6}K^{-1}$	最高使用温度/℃
									温度/℃	/%		
耐火黏土砖	1610～1750	1300～1450	10～25	15.0～60.0	15～28	2100～2200	$0.7+0.64\times\frac{t}{1000}$	$879+230\times\frac{t}{1000}$	1400	−0.5～+0.2	4.5～6.0(200～1000℃)	1300～1450
高铝砖	1750～1790	1420～1560	5～6	40.0～80.0	18～24	2300～2750	$2.1+1.86\times\frac{t}{1000}$	$837+234\times\frac{t}{1000}$	1500	−0.4～+0.1	5.8(20～1280℃)	1400～1650
合成莫来石砖	1790～1850	>1700		50.0～100.0	15～24	2350～2800	—	—			5.5～58(200～1000℃)	1500～1650
刚玉砖	>1850	1700～1750	50	60.0～200.0	5～21	2500～3600	$2.1+1.9\times\frac{t}{1000}$	$795+418\times\frac{t}{1000}$	1600	≤+0.5	8.0～85(200～1000℃)	1600～1700

续表

制品名称	耐火度/℃	0.2MPa荷重软化开始温度/℃	热震稳定性①	常温抗压强度/MPa	显气孔率(体积分数)/%	体积密度/kg·m^{-3}	热导率/W·m^{-1}·K^{-1}	比热容/J·kg^{-1}·K^{-1}	重烧线变化		线膨胀系数/×10^{-6}K^{-1}	最高使用温度/℃
									温度/℃	/%		
硅砖	1690～1710	1620～1660	1～4	20.0～70.0	16～25	1900～1950	$1.0+0.9\times\frac{t}{1000}$	$879+251\times\frac{t}{1000}$	1450	≤0.2	11.5～13.0(200～1000℃)	1600～1700
半硅砖	1670～1710	1350～1420	4～15	30.0～50.0	15～28	2000～2300	$0.7+0.64\times\frac{t}{1000}$	$879+230\times\frac{t}{1000}$	1350	−0.1～+0.3	7.0～9.0(200～1000℃)	1200～1300
镁砖	>2000	1520～1550	3～5	40.0～60.0	<20	2600～3100	$4.3-0.48\times\frac{t}{1000}$	$1047+293\times\frac{t}{1000}$	1650	≤+0.6	14.0～15.0(200～1000℃)	1650～1700
镁铬砖	>2000	1530～1600	>25	>25.0	<24	2800～3300	$2.1-0.38\times\frac{t}{1000}$	$837+293\times\frac{t}{1000}$	—	—	10.0(200～1000℃)	1700～1750
镁铝砖	>1920	1580～1600	20～25	30.0～40.0	18～20	2850～3000	—	—	—	—	10.6(20～1000℃)	1600
铬砖	1800～1900	1400～1450	—	20.0～50.0	18～25	3000～3800	—	—	—	—	—	—
白云石砖	>2000	1600～1730	3～5	40.0～100.0	10～13	3000～3200	3.3(1000℃)	—	—	—	12.5(25～1400℃)	1600
碳化硅砖	>1900	1500～1750	50～60	60.0～150.0	12～25	2300～2850	$21-10.5\times\frac{t}{1000}$	$963+147\times\frac{t}{1000}$	—	—	4.5～5.0(20～1000℃)	1600～1800
碳砖	>3000	>1800	—	25.0～30.0	15～28	>1500	—	—	—	0.3	2.2～3.3(20～900℃)	2000
石墨砖	>3000	1800～1900	—	20.0～30.0	20～28	1500～1550	$163-41\times\frac{t}{1000}$	837	—	—	5.2～5.8(0～900℃)	2000
锆英石砖	1750～1850	>1650	100	50.0～120.0	18～24	3300～4000	$1.3+0.64\times\frac{t}{1000}$	—	—	—	4.0(20～1000℃)	1800

① 指水冷交换次数。

表 19-104 常用热电偶的热电势

热端温度 t /℃	冷端温度为 0℃时热电偶的热电势/mV					
	康铜-铜	康铜-银	康铜-铁	镍-碳	镍-镍铬合金	康铜-镍铬合金
−200	−5.46	—	−7.5	—	—	—
−100	−3.32	—	−4.40	—	—	—
0	0	0	0	—	0	0
20	0.76	0.78	—	0	0.82	1.25
100	4.1	4.12	5.15	1.75	4.07	5.62
200	8.8	8.84	10.48	4.17	8.12	11.08
300	14.1	14.1	15.77	6.54	12.22	19.09
400	19.3	9.77	20.96	8.38	16.32	26.48
500	26.3	25.79	26.12	10.28	20.62	34.18
600	—	32.15	31.47	12.50	24.87	41.95
700	—	—	37.15	15.29	29.12	50.02
800	—	—	43.25	18.30	33.12	57.94
900	—	—	48.26	21.80	37.27	65.76
1000	—	—	—	25.63	41.45	—
1100	—	—	—	29.79	45.62	—
1200	—	—	—	34.35	49.77	—

注：在结合点处，电流由热电偶的前一种材料流向后一种材料，热电势视为正。

第20章 真空与压力容器检漏

20.1 概述

极限压力是真空容器的主要性能指标之一。所谓真空容器的极限压力，就是真空容器在无负载条件下，经过真空抽气系统长时间正常抽气后达到的最低的平衡压力。它由下面的气体流量平衡式所决定，即

$$p=\frac{1}{s_e}(Q_0+\Sigma Q_i)+p_0 \tag{20-1}$$

式中 p——真空容器中达到的极限压力，Pa；

s_e——真空泵的有效抽速，m^3/s；

Q_0——真空容器的总漏率，$Pa \cdot m^3/s$；

ΣQ_i——真空容器中的总放气率，$Pa \cdot m^3/s$；

p_0——真空泵的极限压力。

由式(20-1) 可以看出，要保证真空容器极限压力指标的实现，除了选择极限压力低的真空泵，合适选择容器的结构、材料、加工工艺、清洗工艺及抽气工艺，降低真空容器的总放气量外，在容器的加工、组装、调试及使用过程中，还必须采取相应的手段对容器零部件及容器整体进行检漏，找出不允许存在的漏孔并进行修复，使容器总漏率降至允许漏率范围。由此可知，检漏工作是非常重要的。当真空容器及真空抽气系统确定之后，检漏工作有时是关键的。

20.2 容器上容易产生泄漏的部位

产生泄漏的原因是多种多样的，因此容器上出现泄漏的位置随机性较大。经过实践总结，容器上容易出现泄漏的部位及其主要原因如下。

(1) 法兰及各种接头的密封部位

法兰及各种接头的密封部位一般采用橡胶、聚四氟乙烯或金属作密封垫圈。如果密封圈和密封槽的设计不合理，使密封圈压缩量过大或过小；由于经常拆卸，可能使密封垫圈及金属密封表面划伤、夹渣、压得不紧；使用时间过长，橡胶垫圈老化失去弹性、出现变形和裂纹等，因而容易产生泄漏。

(2) 动密封部位

在旋转或往复式运动的动密封中，由于频繁的相对运动产生摩擦，使密封垫圈磨损，转轴表面划伤，或者密封圈的压紧装置松动，加之润滑油对垫圈的浸蚀，使垫圈老化变质，其密封性能变差，都容易产生泄漏。

(3) 焊缝特别是焊缝搭头和交叉部位

由于焊接工艺不合适，环境湿度太大，焊接人员受情绪的影响等都可能使焊接质量下降，出现过火、欠火、夹渣、气泡等现象，使焊缝容易漏气。特别是焊缝起弧、收弧、接头和交叉部位，由于温度控制不好，容易出现裂纹而产生泄漏。

(4) 经多次补焊的部位

器壁材料经多次补焊后变得疏脆，容易出现裂纹。所以对材料的补焊次数均有限定。

(5) 焊接后又经机械加工的部位

某些焊缝内部存在夹渣、孔洞等未穿透缺陷，经切、削、刨、铣加工后可能成为通孔而产生泄漏。因此一般规定，经检漏合格的焊缝不容许再进行机械加工。

(6) 不匹配封接处

如容器上作电引入用的可伐接头和芯柱是将温度系数不一样的两种以上不同材料熔封在一起的，封接后材料之间可能会出现间隙或裂纹，特别当这些部位承受较高或较低温度和高低温度冲击时更容易产生泄漏。

(7) 出现应力集中的部位

设备的某些部位如结构尖角、开口、薄壁管的冷弯等处，由于存在应力集中易产生裂纹而产生漏孔。

(8) 受高低温冲击的部位

设备工作中，反复受到高低温冲击的部位，由于多次热胀冷缩易出现拉裂现象。

(9) 长期遭受某些气、液腐蚀的部位

设备的某些部位如果长期遭受某些腐蚀性气体或液体物质的腐蚀，就会使器壁变薄，直至蚀通或断裂。

一旦容器上出现泄漏，应根据真空容器的实际状况去分析产生泄漏的可能原因，并根据这些原因有目的、有序地寻找漏气部位，使找漏工作有序进行，避免盲目找漏。

20.3 检漏中用到的基本概念

20.3.1 漏率及其单位

表示漏孔大小的最直观的物理量是漏孔的几何尺寸。由于关心的漏孔是极其微小的，加之实际漏孔的截面形状及漏气路径极不规则，因此测量漏孔的几何尺寸是难以实现的。实际上，漏孔的大小一般是用漏率来表示的。所谓漏孔的漏率，就是单位时间内流过漏孔的物质的质量或分子数。

对于固体物质的泄漏，其漏率直接用质量漏率 kg/s、g/s 来表示；

对于液态物质的泄漏，其漏率即可直接用质量漏率 kg/s、g/s 来表示，由于特定液体的质量密度是常数，在一定温度下液体的质量可以由液体的体积来表示，因此液体的漏率也可用单位时间内流过的液体的体积，即体积漏率 mL/s、L/s 来表示。

对于气态物质的泄漏，由于直接测量气体的质量比较困难，因此气体的漏率用 kg/s、g/s 表示很不方便。由理想气体状态方程可知，当温度 T 一定时，某种气体的质量 m 可以用气体的压力 p 与气体的体积 V 的乘积 pV（气体量）来表示，即

$$m=pV\left(\frac{M}{RT}\right) \tag{20-2}$$

式中，R 为气体常数；M 为气体的摩尔质量。由于 p、V 的测量是非常方便的，因此气体的漏率一般就用单位时间内流过漏孔的气体量即流量来表示。如果以 Q 表示漏率，即

$$Q=\frac{\mathrm{d}(pV)}{\mathrm{d}t} \tag{20-3}$$

常见的气体漏率的单位有 Pa・m^3/s、Pa・L/s、mbar・L/s、Torr・L/s、μmHg・L/s(Lusec)、μmHg・ft^3/s、cm^3（STP)/s、molecules/s、mg/s、mol/s 等。我国法定的漏率单位为 Pa・m^3/s。美国真空协会推荐使用 mol/s 作漏率单位。由于 1mol 的任何物质都含有相同的分子数，因此，用 mol/s 作漏率单位实际上是以单位时间内漏出的气体分子个数来计量气体漏率的。这种以 mol/s 为漏率单位的优点是：其漏率值是单值的，不会因气体温度不同而不同，而且对所有气体都适用，不需要分子量换算。主要漏率单位之间的换算关系见第 29 章。

文献中还经常见到一些其他漏率单位，如 Sccs，Sccm，SLm 等，它们代表的值是：

1Sccs＝1cm^3/s(STP)＝10^5Pa・cc/s(0℃)；

1Sccm＝1cm^3/min(STP)＝10^5Pa・cc/min(0℃)；

1SLm＝1L/min(STP)＝10^5Pa・L/min(0℃)。

20.3.2 影响漏率大小的因素

漏孔的漏率也就是气体通过漏孔的流量。对于某一密封结构来说，影响其漏率大小的因素是多方面的，如：内外的压差，漏隙的大小，漏道的长度，气体的黏度及分子质量，环境温度，密封面的加工精度，相对运动的线速度或转速，受机械振动和冲击的情况等。这诸多因素中，有些是直接影响漏孔几何尺寸的。这里要讨论的是，当漏孔几何尺寸一定时影响气体通过该漏孔的漏率大小的因素。

真空系统中气体通过漏孔由高压端向低压端的流动状态有湍流、黏滞流（层流）、过渡流（黏滞-分子流）及分子流四种流动状态。在检漏中，主要关心黏滞流、过渡流及分子流三种流动状态。在过渡流状态，对于均匀圆截面导管型漏孔来说，根据克努森方程，其漏率为

$$Q=\left[\frac{\pi d^4\overline{p}}{128\eta L}+\frac{1}{6}\sqrt{\frac{2\pi RT}{M}}\frac{d^3}{L}\left(\frac{1+\sqrt{\frac{M}{RT}}\frac{\overline{p}d}{\eta}}{1+1.24\sqrt{\frac{M}{RT}}\frac{\overline{p}d}{\eta}}\right)\right](p_1-p_2) \tag{20-4}$$

式中 L——漏孔的长度，m；

d——漏孔的直径，m；

M——气体的摩尔质量，kg/mol；

η——气体黏滞系数，Pa・s；

p_1——漏孔入口端的气体压力，Pa；

p_2——漏孔出口端的气体压力，Pa；

$\overline{p}$——平均压力，$\overline{p}=\frac{1}{2}(p_1+p_2)$，Pa；

R——气体常数；

T——热力学温度，K。

由式(20-4) 可以看出，当漏孔几何尺寸（d，L）一定时，漏孔的漏率与下列因素有关。

(1) 漏孔两端的压差（p_1-p_2）

漏孔两端压力 p_1、p_2 的大小不仅影响气体的流动状态，而且漏孔两端压差的大小对气体的流动起关键作用。因为只有当漏孔两端存在压差时，才会出现气体从高压端向低压端的流动现象。且压差越大，其流量也越大。即使漏孔两端的压力都很高，但如果其压力相等，即压差为零，漏孔中也不会有气体的定向流动。

(2) 气体的种类

不同的气体，其摩尔质量（M）和黏滞系数（η）不同，在相同条件下通过漏孔的漏率也就不一样。

(3) 环境温度（T）

环境温度不同，气体分子热运动的平均速度就不同，漏率也就不同。

应该指出的是，式(20-4) 是在假定温度改变时，漏孔的几何尺寸不变的前提下推导出来的。实际上，当温度改变时，漏孔的几何尺寸也会发生变化，从而导致漏率变化。因此，在使用实漏型标准漏孔时要考虑温度对漏孔几何尺寸的影响。

20.3.3 标准漏率

所谓标准漏率，就是指在环境温度为（23±7)℃，入口压力为 100kPa（±5%），出口压力低于 1kPa 时的干燥空气（露点温度低于－25℃）通过漏孔的漏率。由于大多数真空系统均能满足或接近上述条件，因此使用标准漏率值非常方便。

20.3.4 允许漏率

任何装置（或容器）都做不到绝对不漏气。通常所说的不漏是相对于允许漏率而言的，即装置上虽然存在漏孔，但其总漏率和单孔漏率如果不超过其允许漏率值，就说它是不漏的；反之，就是漏的。因此，严格地说，漏气是绝对的，不漏是相对的。这里，所谓允许漏率就是在保证装置极限压力或正常工作压力及单孔漏率要求的前提下，允许容器上存在的漏孔漏率的最大值。不同的装置，由于功能不一样，要求的极限压力或工作压力不一样，对气密性的要求就不一样，其允许漏率值也就不一样。各种装置的允许漏率见表 20-1。

允许漏率一般是由设计人员根据容器对气密性的要求经过周密的考虑和计算而提出来的。允许漏率不仅是有气密性要求的设备的一项主要的设计指标，也是对设备进行泄漏检测的依据。

表 20-1 各种装置的允许漏率

装置	允许漏率/(Pa·m³/s)	装置	允许漏率/(Pa·m³/s)
减压蒸馏、真空脱气、真空浓缩	1	简单的真空过滤和真空成型	10^{-3}
减压干燥、真空浸渍、真空输送	10^{-2}	冷冻干燥	10^{-3}
真空蒸馏	10^{-2}	分子蒸馏	10^{-4}
高真空蒸馏	10^{-3}	带真空泵的水银整流器	10^{-5}

续表

装置	允许漏率/(Pa·m³/s)	装置	允许漏率/(Pa·m³/s)
氢气管路	10^{-4}	真空绝热与宇宙模拟装置	$10^{-5}\sim10^{-8}$
液氢贮箱	10^{-9}(单孔)	小型超高真空装置	$10^{-11}\sim10^{-12}$
液氢管道	10^{-5}	封离的真空装置	10^{-11}
水蒸气系统(零泄漏)	5×10^{-6}	电子管	$10^{-12}\sim10^{-13}$
与原子能有关的装置和真空蒸发装置	10^{-6}	飞机油箱	10^{-5}
真空冶炼装置、电气冷藏车、真空电气装置	10^{-7}	热沉	10^{-6}
回旋加速器	10^{-8}	电冰箱	10^{-6}(He)
高真空排气装置、分子束外延设备	10^{-9}	液态水系统(零泄漏)	5×10^{-4}

容器允许漏率的确定方法如下：

(1) 动态真空系统

在动态真空系统中，一旦真空容器的极限压力 p_0、真空抽气系统对真空容器的有效抽速 S_e 已知，真空容器的允许漏率 $Q_漏$ 便可以由下式确定：

$$Q_漏=\frac{1}{n}S_e p_0 \tag{20-5}$$

式中 $Q_漏$——真空容器的允许漏率，Pa·m³/s；

n——系数，即空载下，达到极限压力时，真空容器允许的总漏放气率为允许漏率的倍数，该值一般选择 10～100；

S_e——真空抽气系统对真空容器的有效抽速，m³/s；

p_0——真空容器的极限压力，Pa。

(2) 静态真空系统

在静态真空系统中，如果已知真空容器的有效容积、真空容器与真空抽气系统隔离时的压力、真空容器正常工作时允许的最高压力及要求真空容器保存和工作的总时间（即寿命），真空容器的允许漏率便可以由下式确定：

$$Q_漏=\frac{1}{n}\frac{V(p-p_0)}{t} \tag{20-6}$$

式中 $Q_漏$——真空容器的允许漏率，Pa·m³/s；

n——系数，即真空容器允许的总漏放气率为允许漏率的倍数，该值一般选择 10～100；

V——真空容器的有效容积，m³；

p——真空容器正常工作时允许的最高压力，Pa；

p_0——真空容器与真空抽气系统隔离时的压力，Pa；

t——要求真空容器保存和工作的总时间（即寿命），s。

(3) 压力系统

在贮存气体的容器、贮箱、气瓶及要求在高压下工作的高压设备等压力系统中，一般提出的气密要求是：在规定时间内的压力下降值，或气体量的损失值。假设压力系统的有效容积为 V，充入的气体压力为 p_0，其允许漏率的计算分三种情况来讨论：

① 如果提出的气密要求是在 t 时间内其压力下降不得大于 Δp 值，则该系统的允许漏

率［$Q_{漏}$］按下式计算：

$$[Q_{漏}] \leqslant \frac{1}{n} \frac{\Delta p V}{t} \tag{20-7}$$

② 如果提出的气密要求是在 t 时间内其压力不得下降到 p_t。该系统的允许漏率［$Q_{漏}$］按下式计算：

$$[Q_{漏}] \leqslant \frac{1}{n} \frac{V(p_0 - p_t)}{t} \tag{20-8}$$

③ 如果提出的气密要求是 t 时间内其气体量损失不得大于 q，则该系统的允许漏率［$Q_{漏}$］按下式计算：

$$[Q_{漏}] \leqslant \frac{1}{n} q/t \tag{20-9}$$

上述式中的 n 为安全系数，建议 n 取值为 5～10。

20.3.5 灵敏度与最小可检漏率

20.3.5.1 灵敏度与最小可检漏率的关系

对于一般仪器来说，所谓灵敏度 N 就是仪器输出的变化量除以导致这个变化量的输入量。对于氦质谱检漏仪来说，输出变化量即为输出指示（仪表或数码显示器）的变化值 ΔI，而导致这个输出指示变化值的是漏孔的漏率 Q_0。在确定氦质谱检漏仪的灵敏度时，常将一已知漏率 Q_0 的标准漏孔漏出的氦气送入仪器，测出仪器输出指示的变化值 ΔI，那么氦质谱检漏仪的灵敏度 N 为

$$N = \frac{\Delta I}{Q_0}$$

但是，在比较两台检漏仪的性能时，关心的是它们能够检出的最小漏孔漏率，即最小可检漏率 $Q_{\min}$。由于最小可检漏率除了与仪器灵敏度 N 直接有关外，还取决于仪器的最小可检信号，而最小可检信号又取决于仪器的本底噪声和漂移之和 I_n。因此最小可检漏率与仪器灵敏度及最小可检信号（本底噪声＋漂移）的关系为

$$Q_{\min} = \frac{Q_0}{\Delta I} I_n = \frac{I_n}{N}$$

即

最小可检漏率＝最小可检信号/仪器灵敏度

由此可以看出：氦质谱检漏仪的最小可检漏率与灵敏度是不能等同的。但灵敏度越高，本底噪声和漂移越小，最小可检漏率就越小；在相同的本底噪声和漂移下，灵敏度越高，其最小可检漏率就越小。

20.3.5.2 仪器最小可检漏率

当检漏仪器处于最佳工作条件下，以一个大气压的纯氦气作示漏气体进行动态检漏时所能检出的最小的漏孔漏率，称为仪器最小可检漏率，用 $Q_{\min}$ 表示。这里所说的“最佳工作条件”，是指被检件出气和漏气都小，它与检漏仪连接后不会影响检漏仪质谱室的正常工作，因此不需加辅助泵；同时，检漏仪的参量也调整在最佳工作状态，这时检漏仪能发挥其最佳性能。所谓“动态检漏”，是指检漏时，检漏仪的真空系统仍在对质谱室进行抽气，且仪器的反应时间不大于 3s 的情况。所谓“最小可检漏率”，是指检漏仪最小可检信

号所对应的漏率值。这个最小可检信号主要受无规律起伏变化的仪器的本底噪声和漂移所限制。本底噪声是由于仪器各参数的不稳定引起的，例如电源电压变化、真空度变化、发射电流变化、加速电压变化、放大倍数变化、外界电磁场干扰等都会引起输出仪表的不稳定摆动。而漂移被认为是由于电子学上的原因引起的。如果漏入的氦气产生的输出指示的变化小于噪声和漂移之和，漏气信号就被噪声和漂移值淹没而测不出来，最小可检信号就由噪声和漂移值所决定，因而噪声和漂移值也就成为测定最小可检漏率值的关键值。

20.3.5.3 仪器最小可检浓度

混合气体中某种气体成分的浓度是指该气体成分的分压力与混合气体总压力之比。

仪器最小可检浓度，是指质谱室处于工作压力下仪器可检出的大气中的最小浓度变化，以 γ_{min} 表示，即

$$\gamma_{min}=\frac{I_n}{\Delta I}\Delta\gamma \tag{20-10}$$

式中 I_n——仪器的最小可检信号，单位为检漏仪输出指示单位；

ΔI——大气中氦浓度的增量在仪器上产生的输出变化值，单位同 I_n；

$\Delta\gamma$——大气中氦浓度的增量。

20.3.5.4 有效最小可检漏率

所谓有效最小可检漏率是指：检漏仪用某种方法进行检漏时，仪器及选用的检漏系统在具体检漏工作状态下，当纯示漏气体通过被检件上的漏孔时，该检漏仪所能检出的被检件上的最小漏孔漏率，用 Q_{emin} 表示。有效最小可检漏率有时亦称检漏系统最小可检漏率。

仪器的最小可检漏率 Q_{min} 由仪器本身的性能决定。有效最小可检漏率 Q_{emin} 不仅与仪器性能有关，还与所采用的检漏方法和检漏系统有关，它反映了在具体检漏条件下检漏仪器性能的发挥程度。一般地说，有效最小可检漏率大于仪器的最小可检漏率。

20.3.5.5 仪器最小可检漏率的校准

将一支漏率为 Q_0 的渗氦型标准漏孔接在检漏仪的检漏口（或检漏仪专门设置的标准漏孔位置），如图 20-1 所示。将检漏仪调整在最灵敏挡上且工作在最佳工作状态下，关闭标准漏孔阀，读出仪器输出指示的本底 I_0 并测试出仪器最小可检信号值 I_n 来。打开标准漏孔阀，待仪器输出指示稳定后读出输出指示的稳定值 I，那么，仪器最小可检漏率 Q_{min} 由下式算出：

$$Q_{min}=\frac{I_n}{I-I_0}Q_0 \tag{20-11}$$

式中 Q_{min}——仪器最小可检漏率，$Pa\cdot m^3/s$；

I_n——最小可检信号，单位为检漏仪输出指示单位；

I——由漏孔产生的输出指示值，单位同 I_n；

I_0——本底，单位同 I_n。

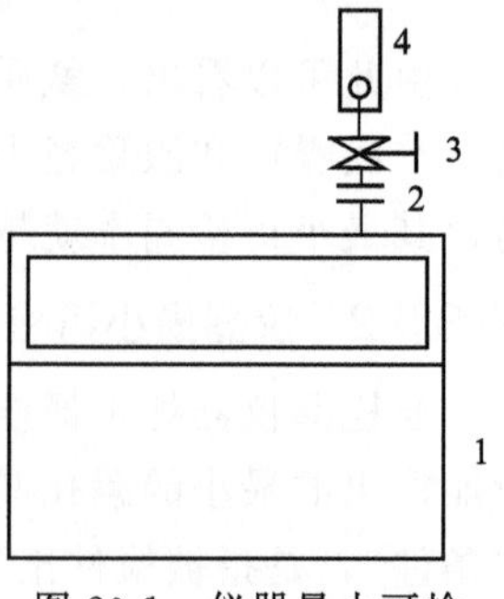

图 20-1 仪器最小可检漏率的校准系统

1—检漏仪；2—检漏口；3—标准漏孔阀；4—标准漏孔

仪器最小可检信号的测试方法如下：

① 本底噪声 I_n 的测试 将检漏仪输出连接到记录仪上，并使记录仪的满量程对应于检漏仪输出指示的满量程，记录仪的零点对应于检漏仪输出指示的零点。关标准漏孔阀，3min 后

用记录仪记录整机本底噪声曲线 20min，然后依时间等分为 20 段，做出每段的近似直线，测定每段曲线相对于近似直线的最大绝对偏差，把 20 个最大偏差的平均值乘 2，作为噪声值 I_{n1}。在测试过程中，偶尔出现一次大的脉冲可以略去不计。

② 漂移的测试　在上述噪声曲线每段的近似直线上，测出有最大斜率的某段（1min 段）的以分刻度值表示的漂移值，作为漂移值 I_{n2}。如果该值小于记录仪满刻度 2%的分刻度值，则在 20min 周期内，测定输出指示的总变化值，除以 20 作为漂移值。

③ 最小可检信号等于 1min 内噪声和漂移绝对值之和，即

$$I_n = I_{n1} + I_{n2} \tag{20-12}$$

如果其和小于仪器最灵敏档满刻度的 2%，即将满刻度值的 2%作为最小可检信号。

20.3.5.6 有效最小可检漏率的校准

实际检漏时，可能采用比较复杂的检漏系统，如图 20-2。此时，在被检件的合适位置上装一支漏率为 Q_0 的渗氦型标准漏孔，检漏仪和检漏系统调整在检漏状态下。关闭标准漏孔阀，读出检漏仪输出指示的本底 I_0，并测试出最小可检信号值 I_n 来。打开标准漏孔阀，待仪器输出指示稳定后读出检漏仪输出指示的稳定值 I 来。那么，有效最小可检漏率 Q_{emin} 由下式算出：

$$Q_{emin} = \frac{I_n}{I - I_0} Q_0 \tag{20-13}$$

式中　Q_{emin}——有效最小可检漏率，$Pa \cdot m^3/s$；

I_n——最小可检信号，单位为检漏仪输出指示单位；

I——由漏孔产生的输出指示值，单位同 I_n；

I_0——本底，单位同 I_n。

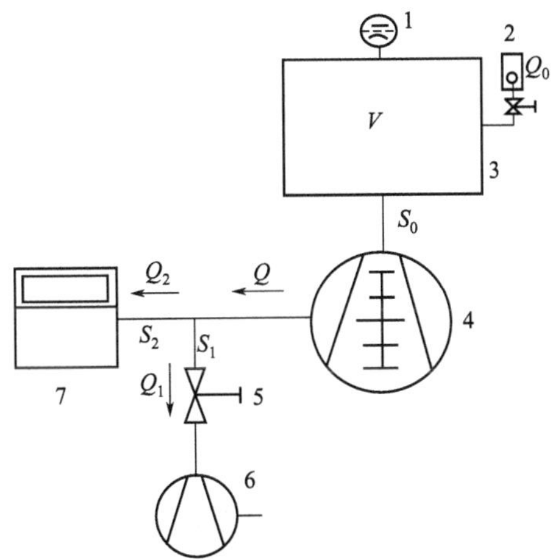

图 20-2　有效最小可检漏率的校准系统

1—电离规；2—标准漏孔；3—被检容器；4—次级泵；5—辅助阀；6—辅助泵；7—检漏仪

最小可检信号 I_n 的测试方法与仪器最小可检漏率中的测试方法一样。

必须指出的是，如果标准漏孔的漏率 Q_0 是指对氦的漏率，那么得到的 Q_{min} 或 Q_{emin} 也是对氦的最小可检漏率。同样，如果 Q_0 是对空气的漏率，那么 Q_{min} 或 Q_{emin} 也是对空气的漏率。如果采用通道型标准漏孔，其漏率 Q_0 是在进气端压力 p 下校准出来的，那

么，在上述校准中，标准漏孔进气端必须施加的压力也应为 p。在漏孔流动状态未知的情况下，不能用改变标准漏孔进气端压力的办法去改变标准漏孔的漏率。要想得到新的进气端压力下的漏率值，必须通过校准。

用标准漏孔校准仪器最小可检漏率和有效最小可检漏率时，标准漏孔的漏率值应为最小可检漏率值的 50 倍以上。如果标准漏孔的漏率值接近最小可检漏率值，则标准漏孔产生的信号与仪器的最小可检信号值接近，其校准误差就会很大。

20.3.6 仪器的反应时间、清除时间及其校准方法

20.3.6.1 仪器的反应时间

当氦气喷到检漏仪入口处的漏孔上时，如果氦气通过漏孔的时间及氦分压变为输出指示的时间均很短（可以忽略），检漏仪输出指示也不可能立即达到最大稳定值，而要有一个过程，下面分析一下这个过程。

假定漏孔漏率为 Q_{He}，质谱室处对氦的抽速为 S_{He}，质谱室容积为 V，那么，在 dt 的时间内漏入的氦气量为 $Q_{He}dt$。它的一部分被抽走，另一部分在质谱室中建立起氦分压 p_{He}（不包括本底）。被抽走的氦量为 $p_{He}S_{He}dt$，使质谱室容积 V 内氦压力升高 dp_{He} 时的氦量为 Vdp_{He}。因此质谱室中的抽气方程为

$$Q_{He}dt=S_{He}p_{He}dt+Vdp_{He} \tag{20-14}$$

解方程得到，在质谱室中建立的氦分压 p_{He} 与喷氦时间 t 的关系为

$$p_{He}=\frac{Q_{He}}{S_{He}}\left[1-\exp\left(-\frac{S_{He}}{V}t\right)\right] \tag{20-15}$$

式中 p_{He}——质谱室中的氦分压，Pa；

Q_{He}——漏孔的氦漏率，$Pa \cdot m^3/s$；

V——质谱室的容积，m^3；

t——喷氦时间，s。

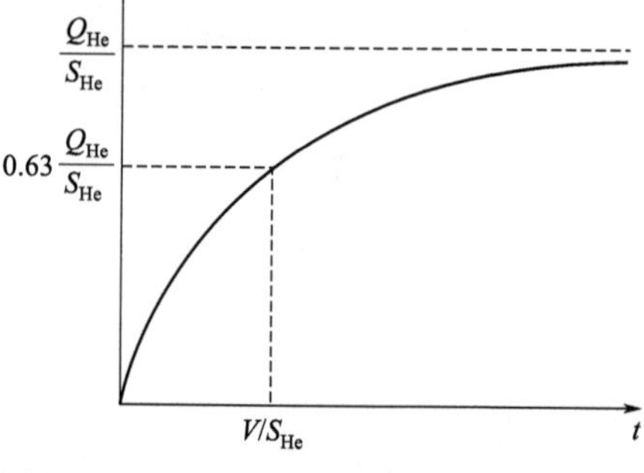

图 20-3 漏孔进氦后质谱室内氦分压与反应时间的关系

式(20-15) 反映了当漏孔漏进氦气后质谱室内氦分压力建立的过程，如图 20-3 所示。

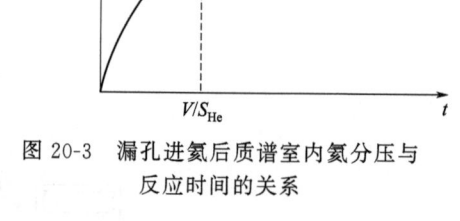

由图 20-3 可以看出，当 $t=0$ 时，$p_{He}=0$，输出指示为零；当 $t=\infty$时，输出指示达到最大的稳定值 Q_{He}/S_{He}。而氦分压力（亦即输出指示）从零增至最大稳定值的快慢由 V/S_{He} 来决定。把 V/S_{He} 定义为仪器的反应时间，用 τ_R 表示，则

$$\tau_R=V/S_{He} \tag{20-16}$$

式中 τ_R——仪器的反应时间，s；

V——质谱室的容积，m^3；

S_{He}——质谱室处的氦抽速，m^3/s。

当 $t=V/S_{He}$ 时，由式(20-15) 可以得到：

$$p_{He}=\frac{Q_{He}}{S_{He}}(1-e^{-1})=0.63\frac{Q_{He}}{S_{He}} \tag{20-17}$$

由此可知，所谓仪器的反应时间，就是从氦气进入漏孔时起到输出仪表的变化值达到

其最大稳定值的63%时为止所需要的时间。反应时间与质谱室的容积及对氦气的抽速有关，而与漏率大小无关。

由式(20-16)可以看出，当质谱室容积V一定时，加大质谱室处的氦抽速S_{He}就可以降低反应时间。但是，由式(20-15)可以知道，质谱室中建立的氦分压也就降低了，即仪器的灵敏度降低了。因此，质谱室处的氦抽速S_{He}要合理选择。一般规定，仪器的反应时间不大于3s。

仪器的反应时间是质谱检漏仪的主要性能指标之一。仪器的反应时间之所以重要，因为它直接影响检漏速度。

20.3.6.2 仪器的清除时间

一旦停止向漏孔施氦，氦气就不再进入质谱室中，质谱室内的氦气不断被泵抽走，因此氦分压就会慢慢降低直到氦分压为零。设停止加氦的时刻$t=0$，那么同上推导一样，此时$Q_{He}=0$，质谱室中的抽气方程便为

$$S_{He}p_{He}dt+Vdp_{He}=0 \tag{20-18}$$

解方程，得到质谱室中的氦分压与时间的关系式为

$$p_{He}=\frac{Q_{He}}{S_{He}}\left[\exp\left(-\frac{S_{He}}{V}t\right)\right] \tag{20-19}$$

停止喷氦后，质谱室中的氦分压与时间的关系如图20-4所示。

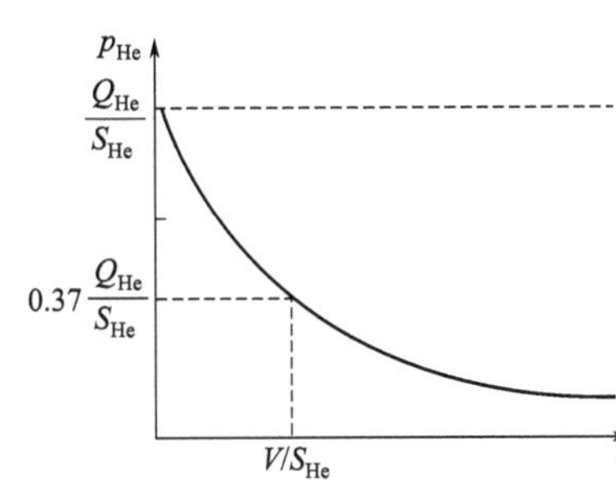

图20-4　停止喷氦后质谱室内氦分压与清除时间的关系

由图20-4可以看出，当$t=0$时，$p_{He}=Q_{He}/S_{He}$，检漏仪输出指示最大；当$t=\infty$时，$p_{He}=0$，即检漏仪输出指示为0。而氦分压力（或检漏仪的输出指示）从最大值降至零的快慢由V/S_{He}来决定。把V/S_{He}定义为仪器的清除时间，用τ_D表示，则

$$\tau_D=V/S_{He} \tag{20-20}$$

当$t=V/S_{He}$时

$$p_{He}=\frac{Q_{He}}{S_{He}}e^{-1}=0.37\frac{Q_{He}}{S_{He}} \tag{20-21}$$

由此可知，所谓仪器的清除时间，即停止喷氦后输出信号降低到最大信号的37%时所需要的时间。数值上和反应时间相等。清除时间决定了两次喷吹的间隔时间，它和反应时间一样直接影响检漏速度。

20.3.6.3 仪器反应时间及清除时间的校准方法

仪器反应时间及清除时间除了可以通过公式计算出来外，还可以用标准漏孔校准出来。其校准方法是：在仪器的检漏口处装一支标准漏孔，仪器调整在正常检漏状态下。在标准漏孔进气端未施氦的情况下，读出仪器本底I_0。再将标准漏孔进气端施以恒定浓度和压力的氦气，记录仪器输出指示的最大值I_{max}。那么仪器输出指示的最大变化值（净反应值）ΔI_{max}为$I_{max}-I_0$；抽除标准漏孔进气端的氦气，待仪器输出指示恢复到本底I_0后，从标准漏孔进气端再施以同样压力和浓度的氦气并开始计时，到仪器输出指示上升到$(0.63\Delta I_{max}+I_0)$值为止所经历的时间即为仪器的反应时间。

检漏系统反应时间与仪器反应时间是不相等的，但其校准方法与仪器反应时间的校准方法一样，只是标准漏孔一定要接在被检件上且远离抽气口的位置，不能接在仪器检漏口

处。校准时，检漏仪与检漏系统的工作状态与实际检漏时保持一致。

20.3.7 逆流检漏仪

在一般氦质谱检漏仪中，被检件接在检漏仪的高真空侧，即被检件与检漏仪的质谱室相连，氦气通过漏孔进入被检件并被抽入质谱室中，一部分被高真空泵抽走，一部分留在质谱室中建立氦分压，如图 20-5 所示。为了保证质谱室正常的工作压力，不仅要求检漏系统有一定的抽速，而且对被检件的漏率和出气率也有一定的限制。当被检件漏气或出气比较大，质谱室中的压力超过仪器最高工作压力时就无法进行检漏。

逆流检漏仪将被检件接在高真空泵的低真空侧，质谱室仍接在高真空侧，质谱室与被检件之间被高真空泵隔离。检漏时，氦气由漏孔进入被检件后，一部分被前级泵抽走，另一部分从前级管道逆着高真空泵气流方向返流到高真空侧，在质谱室中建立氦分压并被检测出来。逆流检漏仪的结构示意图如图 20-6 所示。

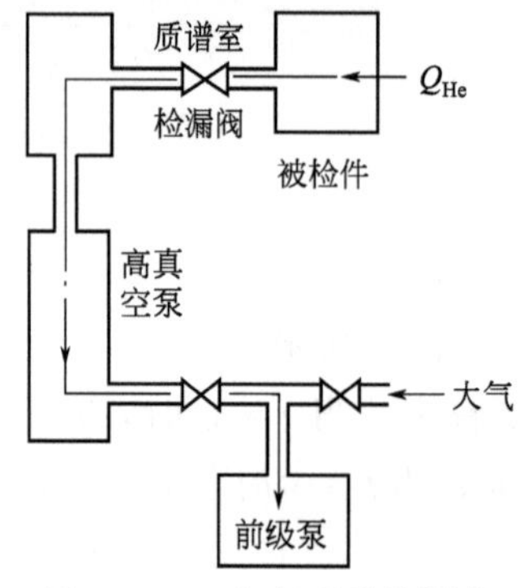

图 20-5　一般氦质谱检漏仪

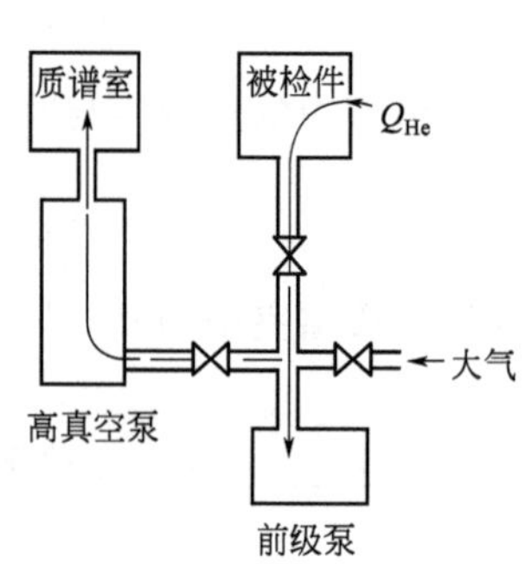

图 20-6　逆流检漏仪

在逆流检漏仪中，由于被检件接在低真空端，被检件与质谱室之间被高真空泵隔离，被检件中的压力对质谱室的压力影响小，因此可对漏气或出气较大的被检件进行检漏。另外，检漏仪的高真空泵仅用来抽质谱室，因此高真空泵的抽速可大大减小，真空系统的体积可大大缩小，便于做成便携式的仪器。

现在国外的氦质谱检漏仪一般都采用逆流检漏方式。图 20-7 所示为进口的 UL1000Fab 氦质谱检漏仪的真空系统。仪器上的涡轮分子泵采用了三级抽气结构，通过质谱室的压力对阀门的控制可实现全逆流、半逆流及正常检漏三种功能，大大扩展了漏率检测范围。

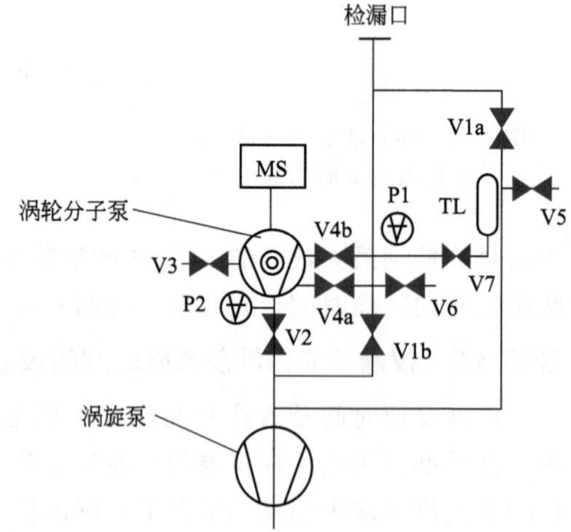

图 20-7　UL1000Fab 氦质谱检漏仪

20.3.8 气体通过漏孔的流动状态及其判别方法

20.3.8.1 气体通过漏孔的流动状态及其特征

气体通过漏孔的流动状态与气体本身的物理性质有关。检漏中常用气体的物理性质见

表 20-2。

表 20-2 检漏中常用气体的物理性质

气体	化学式	摩尔质量 /g·mol^{-1}	100kPa 下的密度① /g·L^{-1}	20℃下的动力黏度② /μPa·s	20℃,101kPa 下在空气中的扩散率/m^2·s^{-1}	20℃下的热导率③ /W·m^{-1}·K^{-1}
空气④		29.0	1.21	18		2.57×10^{-2}
氩	Ar	40	1.79	22	13.9×10^{-6}	1.75×10^{-2}
二氧化碳	CO_2	44	1.97	15	15.8×10^{-6}	16.0
氟利昂-12	CCl_2F_2	121	5.25	13		9.8
氦	He	4.0	0.179	19		149.0
氢	H_2	2.0	0.090	9	63.4×10^{-6}	183.0
氪	Kr	84	3.74	2		9.4
氖	Ne	20	0.90	31		48.0
氮	N_2	28	1.25	18		25.6
氧	O_2	32	1.43	20	20.8×10^{-6}	26.2
二氟化硫	SF_2	146	6.60	15		
水蒸气⑤	H_2O	18	0.83	9	23.9×10^{-6}	0.017
氙	Xe	131	5.89	22		55.0

① 以 OZ·ft^{-3}(=g·L^{-1}=mg·cm^{-3})为单位的在 20℃和 100kPa(1atm)下的密度。

② 在黏滞流条件下与压力无关。

③ 在黏滞流条件下热导率与压力无关。

④ 78%的 N_2,21%的 O_2,0.9%的 Ar,0.1%的其他气体。

⑤ 20℃下水蒸气的压力是 2.3kPa(20.5Torr)。

气体沿漏孔的流动状态可分为四种：湍流、黏滞流、过渡流、分子流。湍流又称涡流，黏滞流又称层流，过渡流是介于黏滞流和分子流之间的一种流动状态。出现湍流流动状态的漏孔漏率是非常大的，非常容易发现，而且在检漏中是非常罕见的。因此，在检漏中关心的主要的漏孔流动型式是黏滞流、分子流和过渡流。

(1) 黏滞流（层流）

在检漏中，一般用黏滞流这个词来描述层流。黏滞流出现于气体压力较高、流速较小的情况下，例如在吸枪检漏中遇到的那些漏孔。在黏滞流情况下，气体分子的平均自由程比漏孔尺寸常数 d 小得多，即 $\bar{\lambda}\ll d$。

表 20-2 表示了大多数气体的动力黏度在一个数量级内变化。改变示踪气体将不会显著地增加检漏灵敏度，除非这种气体的变化包含了仪器灵敏度的变化。但是，漏孔两侧的压力差增加 3 倍多，通过漏孔的流量将增加 10 倍。显而易见，当被测漏孔处于黏滞流范围时，增加检漏灵敏度的最简单的方法就是增加漏孔两侧的压力差。

(2) 分子流

分子流出现于漏孔内压力很低，气体分子的平均自由程 $\bar{\lambda}>d$（漏孔直径）的情况下。此时，气体分子的内摩擦已不存在，分子间的碰撞可以忽略，分子与漏孔壁之间的碰撞频繁。气体分子自由而独立地通过漏孔。

分子流发生在真空检漏中。在分子流中，当气体分子由一个系统流向另一个系统时，虽然气体分子总的流向是由高压区域流向低压区域。但是，由于有随机的分子流动形式，与主要流动方向相反的分子流动也是可能的，即随机的分子从系统的较低压力部分行进到系统的较高压力部分也是可能的。例如，当利用质谱检漏仪对超高真空系统进行检漏时，虽然超高真空系统也许在0.1Pa的压力下工作，质谱检漏仪却在大约10Pa的压力下工作，质谱检漏仪中的大量的气体分子会进入超高真空系统中。当示踪气体通过漏孔进入超高真空系统时，通过分子流过程，示踪气体最终由0.1Pa的超高真空系统进入到在10Pa下工作的质谱检漏仪中被检测出来。

(3) 过渡流

当压力不太高，气体的平均自由程约等于物理漏孔横截面尺寸时（$\bar{\lambda}\approx d$）发生过渡流。由黏滞流到分子流的过渡是逐渐的。这个范围的数学处理是非常困难的。但是，对这个范围的处理是必要的，因为由一个封闭体积向真空的漏气必然地包含由黏滞流向分子流的过渡。

20.3.8.2 气体通过漏孔的流动状态的判别方法

气体通过漏孔的流动状态可以用气体分子的平均自由程长度$\bar{\lambda}$和漏孔尺寸常数d来判别，也可以用漏孔中气体的平均压力和漏孔尺寸常数d的乘积来判别。气体分子的平均自由程长度$\bar{\lambda}$由漏孔中的平均压力来确定并可以利用公式进行计算。漏孔尺寸常数d由漏孔横截面最大尺寸来确定。黏滞流、过渡流和分子流的具体判别方法如下。

① 根据气体分子的平均自由程和漏孔尺寸常数d来判别：

当$\bar{\lambda}/d<0.01$时，为黏滞流；

当$\bar{\lambda}/d>1.00$时，为分子流；

当$0.01\leqslant\bar{\lambda}/d\leqslant1.00$时，为过渡流。

② 根据漏孔中气体的平均压力$\bar{p}$和漏孔尺寸常数d的乘积来判别：

当$\bar{p}d>0.67$时，为黏滞流

当$\bar{p}d<0.02$时，为分子流

当$0.02\leqslant\bar{p}d\leqslant0.67$时，为过渡流

图20-8表明了25℃空气通过漏孔的流动类型与漏孔半径和气体压力的关系。

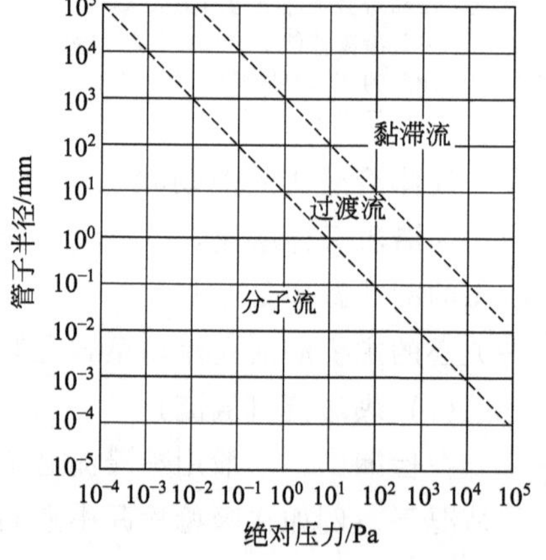

图20-8 25℃空气通过漏孔的流动类型与漏孔半径和气体压力的关系

20.3.9 气体通过漏孔的漏率计算

20.3.9.1 黏滞流漏孔漏率

黏滞流发生在高压力系统中，如在吸枪检漏中那样，示踪气体漏入在大气压下的空气中。由于通过漏孔的流动为黏滞流，漏率Q正比于作用在漏孔两侧的压力的平方差。对于圆管的黏滞流漏孔来说，其漏率Q为：

$$Q=\frac{\pi r^4}{16\eta L}(p_1^2-p_2^2) \tag{20-22}$$

式中　Q——漏孔漏率，$Pa\cdot m^3/s$；

r——漏孔管半径，m；

L——漏孔长度，m；

η——漏出气体的动力黏度，Pa·s；

p_1——上游气体压力，Pa；

p_2——下游气体压力，Pa。

由式(20-22) 可以看出，黏滞流漏孔的两个最重要的特性是：

① 漏率与漏孔两侧压力的平方差成正比；

② 漏率与漏出气体的动力黏度成反比。

20.3.9.2 分子流漏孔漏率

分子流通常发生在真空系统或被检件低压侧为真空的系统的漏孔中。如果不考虑末端影响，在分子流下气体通过圆管形漏孔的漏率 Q 为：

$$Q=3.342\frac{r^3}{L}\sqrt{\frac{RT}{M}}(p_1-p_2) \tag{20-23}$$

式中 Q——漏孔的漏率，Pa·m³/s；

r——漏孔管半径，m；

L——漏孔长度，m；

M——气体的摩尔质量，kg/mol；

p_1——上游气体压力，Pa；

p_2——下游气体压力，Pa；

T——气体的热力学温度，K；

R——气体常数，$R=8.315$J/(mol·K)。

如果用 $R=8.315$ 这个值代入式(20-23) 中，漏率单位用 Pa·m³/s，有：

$$Q=9.637\frac{r^3}{L}\sqrt{\frac{T}{M}}(p_1-p_2) \tag{20-24}$$

如果气体的摩尔质量单位用 g/mol，所有其他的量采用上面列出的单位，有：

$$Q=304.8\frac{r^3}{L}\sqrt{\frac{T}{M}}(p_1-p_2) \tag{20-25}$$

在 CGS（厘米克秒）单位制中，由于漏孔半径和长度以 cm 为单位，气体的摩尔质量以 g/mol 为单位，漏率以 Pa·L/s 为单位，有：

$$Q=30.48\frac{r^3}{L}\sqrt{\frac{T}{M}}(p_1-p_2) \tag{20-26}$$

由式(20-23) 可以看出，分子流漏孔的两个最重要的特性是：

① 漏率与漏孔两侧的压力差成正比；

② 漏率与漏出气体摩尔质量的平方根成反比。

20.3.9.3 过渡流漏孔漏率

对于过渡流漏孔来说，其漏率可由分子流漏孔漏率式(20-23)～式(20-26) 用一个修正系数 F_T 来修正。例如，以 Pa·m³/s 表示的过渡流漏孔的漏率 Q 为

$$Q=3.342\frac{r^3}{L}\sqrt{\frac{RT}{M}}(p_1-p_2)F_T \tag{20-27}$$

这个修正系数 F_T 取决于比值 $r/\bar{\lambda}$，即漏孔半径 r 与由漏道内存在的平均压力 $(p_1+p_2)/2$ 确定的平均自由程 $\bar{\lambda}$ 之比，以 R_t 表示，即

$$R_t=r/\bar{\lambda}$$

$$F_T=0.1472R_t+\frac{1+2.507R_t}{1+3.095R_t} \tag{20-28}$$

20.3.9.4 温度变化时漏孔漏率的换算

（1）分子流漏孔不同温度下漏率的换算

在分子流下，温度对漏孔漏率的影响不能忽视。正如式(20-23) 能够看出的那样，漏率与气体温度的平方根成正比。当压力和漏孔尺寸保持不变时，由于温度变化引起的漏孔漏率的变化为

$$Q_2=Q_1\sqrt{\frac{T_2}{T_1}} \tag{20-29}$$

式中 Q_1——温度 T_1 时的漏率（任一单位）；

Q_2——温度 T_2 时的漏率（与 Q_1 的单位相同）；

T_1——起始热力学温度，K；

T_2——新的热力学温度，K。

（2）黏滞流漏孔不同温度下漏率的换算

在黏滞流下，由式(20-22) 可以看出，漏孔的漏率与气体的动力黏度 η 有关，而 η 又与温度有关，因此，温度对黏滞流漏孔的漏率的影响就表现在对 η 的影响上。如果以 $\eta_{(T_1)}$ 表示某种气体在温度 T_1 时的动力黏度，$\eta_{(T_2)}$ 表示该气体在温度 T_2 时的动力黏度，那么就有

$$Q_2=\frac{\eta_{(T_1)}}{\eta_{(T_2)}}Q_1 \tag{20-30}$$

式中 Q_1——温度 T_1 时漏孔的漏率（任一单位）；

Q_2——温度 T_2 时漏孔的漏率（与 Q_1 的单位相同）；

$\eta_{(T_1)}$——气体在温度 T_1 时的动力黏度，Pa·s；

$\eta_{(T_2)}$——气体在温度 T_2 时的动力黏度，Pa·s；

T_1——起始温度，K；

T_2——新的温度，K。

20.3.9.5 使用不同示踪气体时漏孔漏率的换算

如果已经用某种示踪气体测定过一个漏孔的漏率，如何换算出该漏孔在同样条件下对另一示踪气体的漏率？或者如何转换一个已测得的氦漏率为一个等效的空气漏率？首先必须确认流动的型式，在流动型式被确定后，才能进行转换。

（1）黏滞流漏孔不同气体间漏率的换算

如果已知某一漏孔在黏滞流下对某一种气体的漏率，该漏孔对任何其他气体在相同温度下的黏滞流漏率可以利用式(20-31) 来确定，即

$$Q_2=\frac{\eta_1}{\eta_2}Q_1 \tag{20-31}$$

式中　Q_1——气体 1 通过漏孔的漏率（任一单位）；

Q_2——气体 2 通过漏孔的漏率（与 Q_1 的单位相同）；

η_1——气体 1 的动力黏度（任一单位）；

η_2——气体 2 的动力黏度（与η_1 的单位相同）。

黏滞流下漏孔对各种气体的漏率（或流导）为空气漏率（或流导）的倍数见表 20-3。

表 20-3　黏滞流下漏孔对各种气体的漏率（或流导）为空气漏率（或流导）的倍数

各种气体	Ne	Hg 蒸气	Ar	O_2	He	CO	N_2	CO_2	NH_3	H_2O 蒸气	H_2
倍数	0.58	0.79	0.82	0.90	0.93	1.02	1.04	1.24	1.86	1.90	2.10

黏滞流下由氦漏率（或流导）转换成其他气体漏率（或流导）的转换系数见表 20-4。

表 20-4　黏滞流下由氦漏率（或流导）转换成其他气体漏率（或流导）的转换系数

由氦漏率(或流导)转换成	转换系数	由氦漏率(或流导)转换成	转换系数
氩的漏率(或流导)	0.883	氮的漏率(或流导)	1.12
氖的漏率(或流导)	0.626	空气的漏率(或流导)	1.08
氢的漏率(或流导)	2.23	水蒸气的漏率(或流导)	2.05

(2) 分子流漏孔不同气体间漏率的换算

在分子流下，利用式(20-32)，可以将一种气体的漏率转换成相同温度下的任何其他气体的漏率，即

$$Q_2=\sqrt{\frac{M_1}{M_2}}Q_1 \tag{20-32}$$

式中　Q_1——气体 1 的漏率（任一单位）；

Q_2——气体 2 的漏率（与 Q_1 的单位相同）；

M_1——气体 1 的摩尔质量（任一单位）；

M_2——气体 2 的摩尔质量（与 M_1 的单位相同）。

分子流时各种气体漏率为空气漏率的倍数见表 20-5。

表 20-5　分子流时各种气体漏率为空气漏率的倍数

各种气体	Hg 蒸气	CO_2	Ar	O_2	CO	N_2	Ne	H_2O 蒸气	NH_3	He	H_2
倍数	0.38	0.81	0.85	0.95	1.02	1.02	1.20	1.26	1.30	2.67	3.78

分子流下由氦漏率转换为其他气体漏率时要乘的系数见表 20-6。

表 20-6　分子流下由氦漏率转换为其他气体漏率时要乘的系数

转换成	乘氦漏率的系数	转换成	乘氦漏率的系数
氩的漏率	0.316	氮的漏率	0.374
氖的漏率	0.447	空气的漏率	0.374
氢的漏率	1.410	水蒸气的漏率	0.469

不同温度和示踪气体的漏孔流导的转换与漏孔漏率的转换方法相同。

20.4 容器检漏工艺要求

对容器进行检漏的一般工艺要求如下：

① 检漏前，对 A、B 类焊缝必须进行 100%无损探伤，必须对焊缝进行去渣、去焊皮及清洁处理；

② 进行过冷拉、弯曲加工的部位要进行检漏；

③ 要经受温度交变的零部件（如热沉、温控安装底板），应在温度交变试验后进行检漏；

④ 对零部件连接处（如焊缝、法兰、接头），要求 100%检漏，焊缝漏率不合格部位要修补，修补后要重新检漏，直至漏率合格为止，检漏合格后的焊缝不允许再进行机械加工，否则必须重新检漏；

⑤ 在容器组装前，要对阀门、芯柱、波纹管、冷阱、障板、管道等有密封要求的外购件进行 100%检漏，零部件虽经检漏，但又经过恶劣运输条件和其他有损密封结构和使密封失效的情况，组装前应重新对这些零部件进行检漏；

⑥ 选用的氦质谱检漏仪的最小可检漏率应比检漏要求的最小可检漏率低半个至 1 个数量级；

⑦ 容器未成型前，一般采用氦质谱局部抽真空检漏盒法对拼接焊缝进行检漏，此时，每罩盒（长 30～50cm）的焊缝漏率一般应小于 $1\times10^{-9}\mathrm{Pa\cdot m^3/s}$；能抽真空的容积不大于 $1\mathrm{m}^3$ 的零部件，一般采用氦质谱抽真空喷吹法或氦罩法检漏，其有效最小可检漏率一般应小于 $5\times10^{-9}\mathrm{Pa\cdot m^3/s}$；

⑧ 采用氦质谱抽真空喷吹法检漏时，必须先进行反应时间测试，以便确定喷枪的移动速度，对于容积较大的真空容器进行检漏时，要采用对氦抽速较大的真空泵进行抽气，检漏仪接在该泵的前级管道上，以减少反应时间；

⑨ 对于容积较大的真空容器采用氦质谱检漏仪进行局部或总体漏率测试时，如果有效最小可检漏率不能满足测试要求，可采用累积检漏法；

⑩ 漏率比对用真空标准漏孔要安装在真空容器上；

⑪ 要装入真空容器中的贮罐、压力容器等（如热沉），放入真空容器之前，应采用氦质谱抽真空喷吹法对所有焊缝进行检漏，最后用氦罩法确定热沉总漏率，热沉总漏率合格后再将其放入真空容器中。真空容器抽真空，热沉中充入一定压力和一定浓度的氦气后，便可测定出热沉的总漏率来。

20.5 真空容器检漏方法

20.5.1 氦质谱检漏技术

氦质谱检漏技术已成为迄今最灵敏、最有效、最方便也是应用最广的检漏手段。利用氦质谱检漏仪进行检漏的方法很多，从早期的喷吹法开始，到今天已有了氦罩法、吸枪法、真空室法、检漏盒法、真空室累积法、吸枪累积法、背压法、前级泵出口采样法等多种氦质谱检漏方法。

真空容器的结构、大小、要求是各式各样的，因此应根据这些特定的条件和要求选择合适的氦质谱检漏方法。

20.5.1.1 喷吹法

喷吹法检漏系统如图 20-9 所示。图中的辅助泵是用来对被检容器进行预抽并当被检容器存在大漏时用来维持检漏仪的工作压力的。检漏时，先用辅助泵将被检容器抽到低真空，然后再关闭辅助阀，打开检漏仪上的检漏阀，将被检容器与事先已抽真空的检漏仪的质谱室连通，并用质谱检漏仪对被检容器进行抽气。当质谱室达到工作压力时，使仪器处于检漏工作状态。用仪器所附的喷枪在被检容器可疑漏气部位喷吹氦气，如果有漏，氦气通过漏孔进入被检容器内部并迅速进入检漏仪，由输出仪表指示出来。输出仪表读数变化的大小可以确定漏孔的漏率大小，由喷枪喷吹的位置可以确定漏孔的位置。由于氦气比空气轻，喷吹检漏时，应该由被检容器的上部往下检。

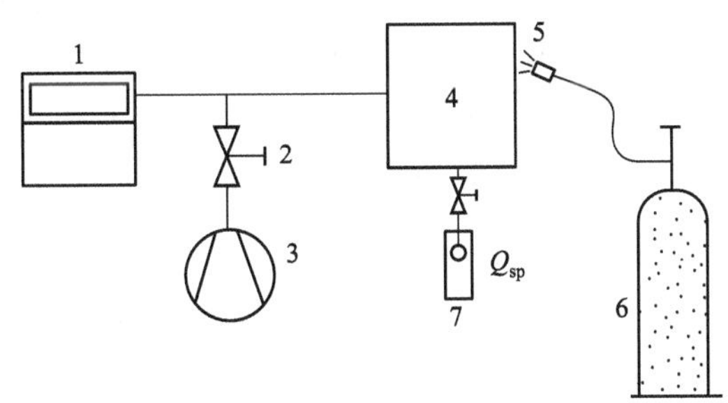

图 20-9 喷吹法检漏系统

1—检漏仪；2—辅助阀；3—辅助泵；4—被检容器；5—喷枪；6—氦气瓶；7—标准漏孔

当被检容器存在大漏时，单用检漏仪来抽被检容器，真空度抽不上去，质谱室不能工作。此时可打开辅助阀，用辅助泵帮助抽气，以维持质谱室的正常工作压力。由于辅助泵的分流作用，使检漏灵敏度降低，因此辅助阀的打开程度要尽量小。

质谱室中建立的氦分压 p_{He} 与喷氦时间 t 的关系为

$$p_{He}=\frac{Q_{He}}{S_{He}}\left[1-\exp\left(-\frac{S_{He}}{V}t\right)\right] \tag{20-15}$$

喷吹时间 t 与氦分压最大值 Q_{He}/S_{He} 的关系如下：

$t=\tau$（反应时间）　　$p_{He}=63\%Q_{He}/S_{He}$

$t=2\tau$　　$p_{He}=87\%Q_{He}/S_{He}$

$t=2.3\tau$　　$p_{He}=90\%Q_{He}/S_{He}$

$t=3\tau$　　$p_{He}=95\%Q_{He}/S_{He}$

$t=5\tau$　　$p_{He}=99.3\%Q_{He}/S_{He}$

$t=\infty$　　$p_{He}=100\%Q_{He}/S_{He}$

由此可知，喷吹时间 t 由 0 增加至 3τ 对提高质谱室氦分压的效果显著；当 t 增加到 3τ 以上时，质谱室的氦分压充其量提高 5%，效果不明显，而此时检漏效率却大大降低。因此，选择喷吹时间 t 为 3 倍反应时间比较合适。

实际检漏时，在被检容器的合适位置上装一支漏率为 Q_{sp} 的渗氦型标准漏孔。关闭标准漏孔阀，读出检漏仪输出指示的本底 I_0，并测试出最小可检信号值 I_n 来。打开标准漏孔阀，待仪器输出指示稳定后读出检漏仪输出指示的稳定值 I 来。那么，喷吹法的有效最小可检漏率 Q_{emin} 可由下式算出：

$$Q_{emin}=\frac{I_n}{I-I_0}Q_{sp} \tag{20-33}$$

式中　Q_{emin}——有效最小可检漏率，$Pa \cdot m^3/s$；

I_n——最小可检信号，单位为检漏仪输出指示单位；

I——标准漏孔打开后的输出指示值，单位同 I_n；

I_0——本底，单位同 I_n；

Q_{sp}——标准漏孔漏率，$Pa \cdot m^3/s$。

最小可检信号 I_n 由本底噪声和漂移两部分组成。其测试方法与仪器最小可检漏率中的测试方法一样，可参见标准 GB/T 18193—2000《真空技术　质谱检漏仪校准》。

喷吹法的最大优点是可以准确地找到漏孔位置。然而，由于其有效最小可检漏率与喷吹时间有关，喷吹时间越长，有效最小可检漏率越小，但检漏的效率就大大降低。此外，喷枪喷出的氦气立即向周围大气环境中扩散，使漏孔处的氦浓度降低，检漏灵敏度降低，漏率的测量误差较大。因此，喷吹法一般不宜作为定量检测手段。

20.5.1.2　氦罩法

氦罩法检漏系统如图 20-10 所示。检漏时，用辅助泵把被检容器抽空后，打开仪器的检漏阀，使被检容器与质谱检漏仪的质谱室连通。关小辅助阀，当仪器达到工作压力后，使仪器处于检漏工作状态。用一个氦气罩（金属罩或塑料薄膜罩）把被检容器的某个部位（部件，焊缝）包起来（对体积小的被检件就用氦罩将它全都包起来），然后用真空泵将罩中空气抽除，再充入纯氦气，使氦浓度约达 100%。此时，仪器输出指示如果增大，便表示被氦罩罩住的部位存在漏气。仪器所指示的漏率即为被氦罩罩住部位的总漏率。这种方法的优点是灵敏度高，速度快，适于总检（总漏率测量）。其缺点是只能测出所罩部位的总漏率，不能确定漏孔位置。因此，在检大容器或结构复杂的容器时，一般先用氦罩法来测定被检件的总漏率。若总漏率超出允许范围，可将容器分成几个部分，用局部氦罩法对各个部分进行检测，进而确定漏孔的大致区域，并再将该区域分成几个小部分，用局部氦罩法逐步缩小怀疑范围，最后用喷吹法找出漏孔的确切位置来。

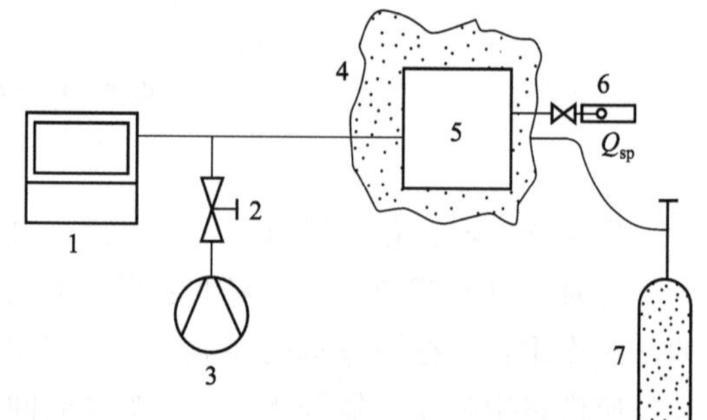

图 20-10　氦罩法检漏系统

1—检漏仪；2—辅助阀；3—辅助泵；4—氦罩；5—被检容器；6—标准漏孔；7—氦气瓶

实际检漏时，如果在被检件的合适位置上装一支渗氦型标准漏孔，就可以测试氦罩法有效最小可检漏率，其测试方法与喷吹法有效最小可检漏率的测试方法相同。

20.5.1.3　前级泵排气口取样法

将被检容器抽真空后，在被检容器外壁可疑泄漏部位用喷枪喷吹氦气，当氦气喷在漏孔上时，氦气通过漏孔进入被检容器中并被抽气系统抽走，由前级泵排气口排至大气中，提高了排气口周围大气中的氦分压。如果在前级泵排气口处用与检漏仪直接相连的吸枪取样，检漏仪就会有信号输出，从而可判定漏孔的存在、漏孔的位置及漏率的大小。其检漏系统如图 20-11 所示。

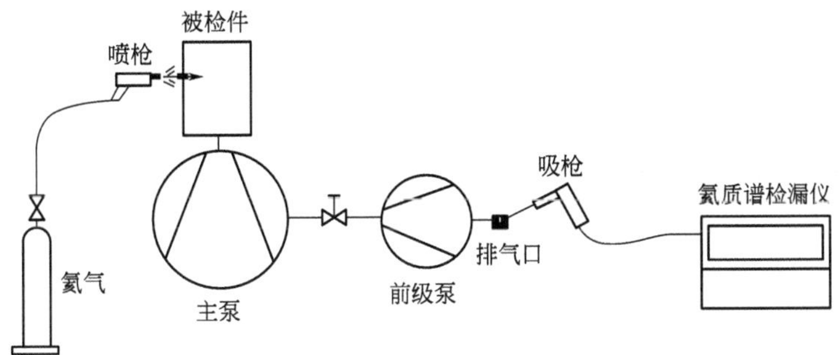

图 20-11　前级泵排气口取样法检漏系统

前级泵排气口取样法不需要破坏被检容器及其真空系统，特别适合于在役大型真空设备及容器的检漏。由于前级泵排出的气体中含有大量来自真空系统和泵的油蒸气和水蒸气等，直接用吸枪采样会严重污染吸枪甚至堵死吸枪采样口。为此，在排气口处要安装合适材料的吸附阱或冷凝阱将油蒸气和水蒸气等污物吸附或冷凝掉，这样不但保护了吸枪，而且对氦气又有积累作用，提高了吸枪检漏的灵敏度。

20.5.2　四极质谱计检漏法

用四极质谱计进行检漏的优点，除了四极质谱计体积小，重量轻，结构简单，有良好的分辨率和灵敏度，调整和操作简便，工作压强范围宽，响应速度快等外，还可以使用除氦以外的其他气体作示漏气体，这样就可以利用被检件的工作介质作示漏气体实现原位检漏。如果对复杂设备中的各个部件分别充以不同示漏气体的话，可以同时对这些部件进行检漏，大大提高了检漏速度。

20.5.2.1　四极质谱计的结构

四极质谱计主要由离子源、孔电极、四极杆分析器和离子收集极等四部分组成，如图 20-12 所示。离子源一般采用电子碰撞型离子源。四极杆分析器是四根相互平行且对称安装的双曲面电极，相对的两根电极相连而得到两组电极。离子收集极有采用法拉第筒直接收集离子的，也有采用电子倍增器，经倍增后再收集的。

20.5.2.2　四极质谱计的工作原理

离子源中的灯丝加热后发射电子，电子在运动中不断与气体分子碰撞而使气体分子电离，离子在孔电极组成的加速电场中不断加速后进入四极杆分析器中。若在分析器的两组电极间加上直流正负电压，则得如图 20-13 所示的电位分布。沿 Z 轴射入的正离子进入此电场中，则离子在 X 方向是稳定的，即离子永远不会落在 X 轴的带正电位的杆上，但在 Y 方向，则是不稳定的，它们将随着进入电场愈来愈被 Y 轴的带负电位的杆吸引而散开。如果两组电极间所加电场是直流与交流的叠加，则得到较复杂的电场，在某些条件下，可使得在 X 方向和 Y 方向都是稳定的，离子无发散地边振动边沿 Z 轴前进，最后抵达收集极被收集。

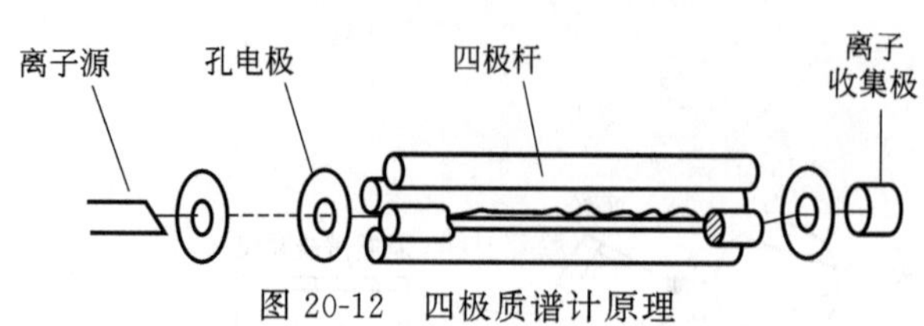

图 20-12 四极质谱计原理

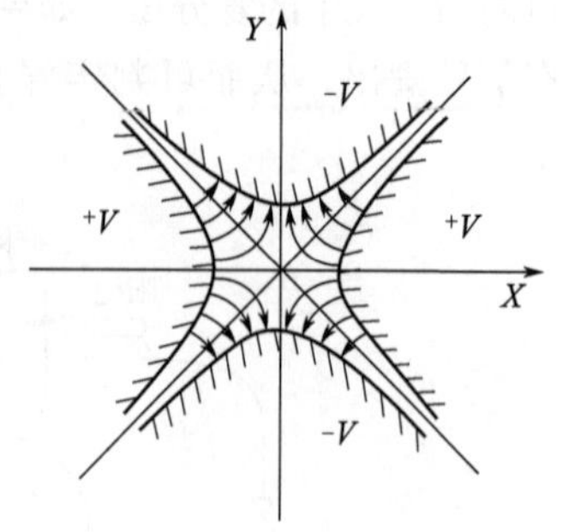

图 20-13 四极杆直流电场电位分布

20.5.2.3 四极质谱计的工作模式

四极质谱计的工作模式主要有以下三种：

(1) 模拟峰质量扫描

高频电压采用连读扫描、随意选择某质量段连续扫描和在某一选定质量点左右连续扫描等三种不同形式。加到杆系上的电压值为连续增加的电压值，对应地可以得到在全质量范围内的全谱、在某一段质量范围内的质谱和某一固定质量的谱。

(2) 棒峰质量扫描

施加在杆系上的高频电压为跳跃式扫描电压，对应于施加的电压值，属于稳定质量的离子流被收集并作为峰高处理，以棒的形式记录下来，形成棒峰谱图。

(3) 多离子检测

质量扫描采用跳扫模式，即根据检测要求，预先选定被检测的组分（质量数）及检测的工作参数，仪器只对这几种组分进行检测并在计算机屏幕上显示峰强的走势曲线。

20.5.2.4 四极质谱计检漏方法

用四极质谱计检漏主要有以下三种方法：

(1) 残气分析法

一般来说，将四极质谱计接在真空系统上主要是用来分析系统中的残余气体成分的。其方法是利用四极质谱计的模拟扫描方式或棒扫描方式，得到在全质量范围内的全谱。找出全谱中峰值较高的几个峰及对应的质量数，利用质谱图的识别技术来分析确定真空系统中残余气体的主要成分。未经烘烤或烘烤不彻底的真空系统，主要成分是水，质谱峰的质量数主要为 18、17 和 1；在有油污染的真空系统中，会成组地出现碳氢化合物峰（如质量数 39、41、43 一组和 55、57 一组），并且有明显的特征峰；在无油污染的真空系统中，残余气体的质量数一般低于 44，质谱峰为 2(H_2)、40(Ar)、44(CO_2)。

分析残余气体谱峰来判定系统有漏的方法如下：

① 如果 N_2(28)、O_2(32) 两种气体的峰高比大约为 4∶1，而且存在 Ar(40) 峰，则系统有漏；

② 对于有选择性抽气泵的系统，如果残余气体的主峰是 Ar(40) 而不是 N_2，则系统有漏；

③ 对于超高或极高真空系统，如果 N_2 峰高于 H_2 峰，则系统有漏，此时由于 N_2 峰与 CO 峰重叠，要通过 N_2 的图样系数 N^+ 来计算 N_2 的峰高；

④ 经过彻底烘烤除气的金属系统，由于器壁强烈吸 O_2，此时已看不到 O_2 峰，而 N_2

峰又常被 CO 掩盖，此时，如果质量数 14(N^+) 和 40(Ar^+) 的谱峰很高，则系统有漏。

(2) 单一示踪气体检漏法

将四极杆的高频电压选择在某种示踪气体的质量峰左右并进行扫描，检测该示踪气体的质量峰（一般用棒峰）。采用该示踪气体在真空系统上进行喷吹，当示踪气体喷吹在漏孔上时，示踪气体的质量峰就会急剧上升，从而找出漏孔的位置来。利用标准漏孔比对法也可以测出漏孔的漏率值来。一般选择真空系统残余气体中没有的惰性气体作示踪气体，如氦、氩等。

(3) 多种示漏气体检漏法

将四极质谱计调整在多离子检测模式，即预先设定被检测的几种示漏气体及检测各示漏气体的工作参数（如通道、质量数、质量范围、离子接收模式、扫描速度、静电计量程等)，仪器便只对这几种示漏气体进行检测并在计算机屏幕上同时显示这几种示漏气体峰强的走势曲线。将这几种示漏气体分别充入被检系统中的不同容器中后，如果分别在容器外部进行采样，并将采集的样品气体送入四极质谱计中进行分析、显示。若某个容器有漏，对应该容器中的示踪气体的峰强就会发生明显的变化。因此，检漏中若发现某种示踪气体的峰强发生明显的变化，就说明充有该示踪气体的容器有漏。

20.5.3 真空计检漏法

每个真空系统上都分别装有一种或几种真空规，因此，利用这些真空规对真空系统自身进行检漏是非常方便和经济的。1906 年，皮拉尼与 W. Volge 分别将研制的皮拉尼真空规及热偶规用于检漏，其方法是使真空系统暴露于某种气体（例如氢气）中，或者用液体（如酒精或丙酮）涂于可疑漏气处，当漏孔被这些气体或蒸气覆盖时，就会引起规管输出的变化。1916 年 Oliver E. Buckley 将他的热阴极电离规用于检漏，并指出，由于热阴极电离真空规能够测量更低的压力，所以检漏更灵敏。20 世纪，真空计被广泛应用于真空系统的在役检漏中，在提高真空计的检漏灵敏度方面也有了较大进展。下面介绍几种真空规的检漏方法。

20.5.3.1 喷吹或涂覆示漏物质法

当真空系统抽到一定的真空度后，打开相应的真空计（热传导真空计或电离真空计），当用示漏物质（气体或液体）在容器外壁可疑漏气部位进行喷吹或涂覆时，一旦遇上漏孔，示漏物质就会通过漏孔进入真空系统中。由于规管对所选的示漏物质的灵敏度比对系统中残剩余气体（空气）的灵敏度相差很大（大得多或小得多)，因此真空计的指示就会发生明显的变化（变大或变小)，既指示了漏孔的存在，又确定了漏孔的位置。

一般说来，喷吹气体示漏物质比涂覆液体示漏物质要好，因液体物质与器壁外表面的污染物掺和后不仅可能被吸附在漏孔内堵塞漏孔，影响检漏，而且还会对真空系统或器件产生污染。

这种方法的灵敏度除了与所用的示漏物质有关外，还与系统的真空度及选用的真空规管类型有关。真空度越高，本底越小，检漏灵敏度也越高。这种方法是目前真空系统在调试、运行过程中广泛采用的一种检漏方法。

用热传导真空计检漏时，常用的示漏物质有：氢、二氧化碳、丁烷、丙酮、乙醚、酒精等。适用于 $10 \sim 10^{-1}$ Pa 的压力范围，最小可检漏率为 1×10^{-6} Pa・m^3/s。

用电离真空计检漏时，一般用氢、氦、氩、二氧化碳等作示漏物质，尽量不用有机物质，以免污染真空系统。适用于 $10^{-2} \sim 10^{-9}$ Pa 的压力范围，最小可检漏率为 1×10^{-8} Pa·m³/s。

20.5.3.2 罩盒抽空法

对容器抽真空时，如果怀疑焊缝或某个位置存在大的漏气，可用一个能与容器壁密封的罩盒罩住该部分，然后用机械泵将罩盒抽空，如图 20-14 所示。罩盒所罩部位若有漏孔，由于漏孔进气端压力降低，漏率将大大减小，甚至可以忽略，因此容器中的压力将会降低，真空计会明显反映出来。如果罩盒中重新放入大气，容器中的压力又将迅速上升到原来值。

20.5.3.3 夹层(或内胆)抽空法

在检验已装好的大杜瓦时，如怀疑内胆漏气，将内胆（或夹层）与带规管的高真空抽气装置连通，夹层（或内胆）中放入大气，如图 20-15 所示。检漏时，用机械泵对夹层（或内胆）抽真空，如内胆上有漏孔，那么在用机械泵对夹层（或内胆）抽气前后的真空计指示会有较明显的变化；同样，如果夹层（或内胆）中重新放入大气，那么放气前后真空计的指示也会有较明显的变化。

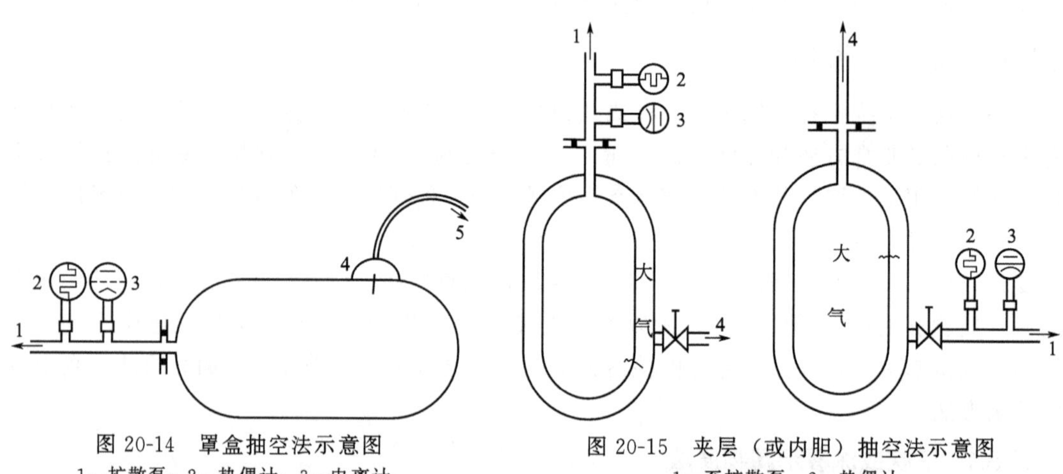

图 20-14 罩盒抽空法示意图

1—扩散泵；2—热偶计；3—电离计；4—罩盒；5—机械泵

图 20-15 夹层（或内胆）抽空法示意图

1—至扩散泵；2—热偶计；3—电离计；4—至机械泵

20.5.3.4 堵塞法

正在进行抽气的容器的壁上如果存在较大漏孔，可用真空泥一点一点地堵（也可用真空漆或洋干漆一点一点地刷），同时注意容器中真空度的变化情况。一旦堵住了漏孔，容器的真空度就会明显好转；一旦除掉堵塞物，容器的真空度又会明显变坏，以此来验证漏孔是否存在及漏孔存在的位置。这种方法对大漏孔是灵敏可靠的。然而对小漏孔来说，由于堵塞物难以清除干净，给验证工作带来一定困难。

20.5.4 真空容器总漏率测试

20.5.4.1 静态压升法

(1) 试验条件

静态压升法设备总漏率测试的条件如下：

① 真空容器空载（即不安装试验件及其辅助设备）；

② 真空测量规管处于真空容器中段顶部；

③ 所用真空计在校准的有效期内；

④ 应用各种真空除气工艺（如烘烤、氮气冲洗、真空浸泡等）对真空容器进行除气；

⑤ 热沉管道中为常温空气。

(2) 测试方法

静态压升法设备总漏率的测试步骤如下：

① 启动真空系统的预抽泵对真空系统（含真空容器）进行预抽；

② 当真空系统中的压力达到真空系统主泵的启动压力时，打开主泵阀门对真空容器连续抽气，同时应用各种真空除气工艺（如烘烤、氮气冲洗、真空浸泡等）对真空容器进行除气 12h 以上，监测真空容器中的压力变化；

③ 连续抽气 24h 以上，当真空容器中的压力稳定后，关闭主泵阀门，当真空容器中的压力上升到 p_1(1Pa) 时开始计时，经 t 时间后记录压力 p_2 值；

④ 设备总漏率按公式(20-34) 计算：

$$Q=\frac{p_2-p_1}{t}V \tag{20-34}$$

式中 Q——设备总漏率，Pa·m³/s；

p_2——经 t 时间后真空容器中的压力值，Pa；

p_1——测试起始压力值，Pa；

t——测试时间，s；

V——真空容器的容积，m³。

20.5.4.2 动态真空氦质谱检漏仪法

氦质谱检漏仪法设备总漏率测试的条件如下：

① 真空容器空载（即不安装试验件及其辅助设备）；

② 校准用标准漏孔安装在真空容器中段；

③ 校准用标准漏孔在校准的有效期内；

④ 容器中若装有像热沉等管道，管道中应为常温空气。

测试方法如下。

(1) 测试装置

测试装置由氦质谱检漏仪、检漏阀、氦气源、氦罩、真空标准漏孔、标准漏孔阀、被测真空容器、真空系统（真空规、高真空泵、前级阀、前级泵和连接管道）等组成，见图 20-16。检漏仪通过检漏阀连接在真空系统的高真空泵和前级阀之间，标准漏孔通过标准漏孔阀安装在被测真空容器上。

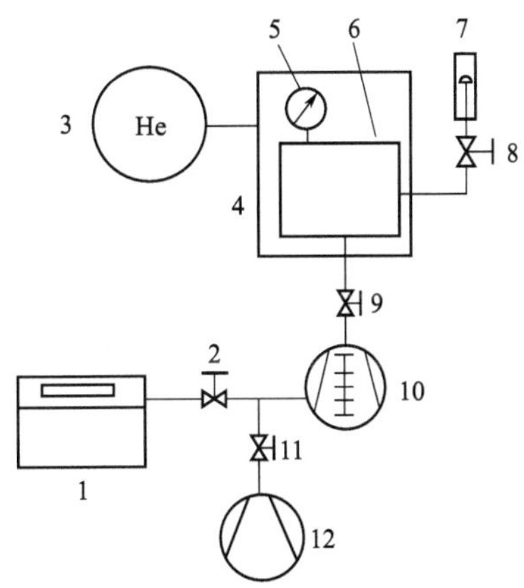

图 20-16 动态真空氦质谱检漏法总漏率测试装置示意图

1—氦质谱检漏仪；2—检漏阀；3—氦气源；4—氦罩；5—真空规；6—被测真空容器；7—真空标准漏孔；8—标准漏孔阀；9—高真空阀；10—高真空泵；11—前级阀；12—前级泵

(2) 反应时间测试

① 对测试装置抽真空。

② 启动检漏仪，使检漏仪处于检漏工作状态。

③ 开检漏阀，在保证检漏仪正常工作的前提下，尽量关小前级阀，待检漏仪输出指示稳定后，记录检漏仪输出指示的本底值 I_{02}。

④ 开标准漏孔阀，当检漏仪输出指示稳定后，记录检漏仪输出指示值 I_{m1}。

⑤ 标准漏孔引起检漏仪输出指示变化63%的值按公式(20-35) 计算：

$$I_{R1}=0.63(I_{m1}-I_{02}) \tag{20-35}$$

式中 I_{R1}——标准漏孔引起检漏仪输出指示变化63%的值，单位为检漏仪输出指示单位；

I_{m1}——开标准漏孔阀后检漏仪输出指示值，单位为检漏仪输出指示单位；

I_{02}——本底值，单位为检漏仪输出指示单位。

⑥ 关标准漏孔阀，使检漏仪输出指示恢复至本底值 I_{02}。

⑦ 开标准漏孔阀，同时记录时间，检漏仪输出指示上升至（$I_{R1}+I_{02}$）值时所需时间为反应时间 τ_1。

⑧ 关标准漏孔阀。

(3) 有效最小可检漏率测试

① 保证测试装置工作状态不变，记录检漏仪输出指示的本底值 I_{03}.

② 测最小可检信号值 I_{n2}，按 GB/T 18193 中的方法进行。

③ 开标准漏孔阀，当时间大于 $5\tau_1$ 后，记录检漏仪的输出指示值 I_{s2}。

④ 有效最小可检漏率按公式(20-36) 计算：

$$Q_{e1}=\frac{I_{n2}}{I_{s2}-I_{03}}Q_{s2} \tag{20-36}$$

式中 Q_{e1}——有效最小可检漏率，Pa·m^3/s。

I_{n2}——最小可检信号值，单位为检漏仪输出指示单位；

I_{s2}——开标准漏孔阀后，检漏仪的输出指示值，单位为检漏仪输出指示单位；

I_{03}——本底值，单位为检漏仪输出指示单位；

Q_{s2}——标准漏孔漏率标定值，Pa·m^3/s。

注：测得的 Q_{e1} 值应不大于被测真空系统允许漏率的 1/10。

(4) 总漏率测试

① 用氦罩将被检部位包覆并密封。

② 关标准漏孔阀，待检漏仪输出稳定后，记录检漏仪输出指示的本底值 I_{04}。

③ 向氦罩内充入氦气，使氦气浓度为 γ_1［当氦罩允许抽空时，可充入 1atm (101325Pa) 的纯氦气］，当施氦时间大于 5τ 时，记录检漏仪输出稳定值 I_1。

④ 当检漏仪输出指示的变化值（I_1-I_{04}）大于最小可检信号值 I_{n2} 时，被检部位的漏率按公式(20-37) 计算：

$$Q_1=\frac{I_1-I_{04}}{I_{s2}-I_{03}}\times\frac{Q_{s2}}{\gamma_1} \tag{20-37}$$

式中 Q_1——被检部位漏率值，Pa·m^3/s；

I_1——被检部位漏孔在检漏仪上产生的输出指示值，单位为检漏仪输出指示单位；

I_{04}——本底值，单位为检漏仪输出指示单位；

γ_1——氦罩内氦气浓度。

当检漏仪输出指示的变化值（I_1-I_{04}）等于或小于最小可检信号值 I_{n2} 时，被检部位的漏率等于 Q_{e1}。

20.5.4.3 真空室累积法

用动态真空法检漏时，由漏孔漏入检漏系统的氦气，一部分被泵抽走，另一部分在检漏系统各个截面上建立起氦分压。达到动态平衡时，质谱室中建立的氦分压为

$$p_{He}=\frac{Q_{He}}{S_{He}} \tag{20-38}$$

式中 p_{He}——漏孔在质谱室中建立的氦分压；

Q_{He}——漏孔对氦的漏率；

S_{He}——质谱室处对氦的抽速。

当 Q_{He} 很小时，p_{He} 也就很小，仪器往往没有反应。为了提高质谱室中的氦分压，可以用一阀门（累积阀）将被检件（真空容器）与检漏仪隔离，漏孔漏出的氦气贮存在被检件与累积阀之间的容积（累积体积）中，累积体积中的氦分压将随时间而直线上升。累积一段时间后，打开累积阀，累积起来的氦便迅速被抽入检漏仪中，使质谱室的氦分压急剧上升，从而得到较大的输出指示，这就是真空室累积法。

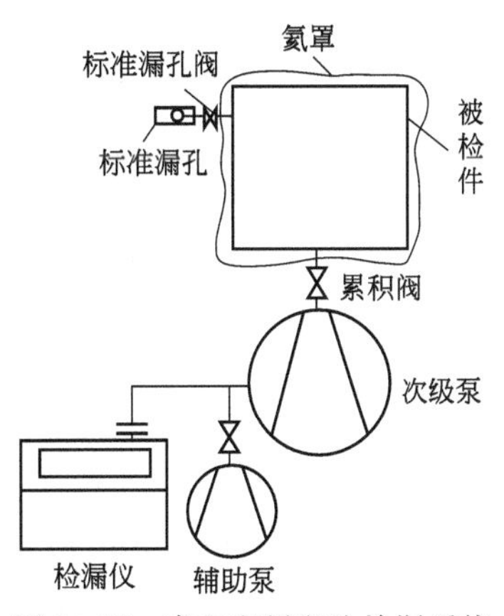

图 20-17 真空室累积法检漏系统

真空室累积法的检漏系统如图 20-17 所示。被检件用次级泵抽气，达到平衡压力后打开仪器检漏阀，并调节检漏仪使其处于检漏工作状态。

为了能使像被检件的允许漏率 Q_y 那么大的漏率在检漏仪上有明显的指示信号，所选标准漏孔的氦漏率要与 Q_y 值接近。

检漏步骤如下：

(1) 测本底变化量

当氦罩内未充氦气时，在累积阀打开及标准漏孔阀关闭的情况下，读出检漏仪的输出指示值 I_0 及最小可检信号值 I_n。然后关累积阀，累积时间 t_0 后，打开累积阀，读出检漏仪输出指示的最大值（峰值）I_1。那么，I_1-I_0 便是本底在累积时间 t_0 内引起检漏仪输出指示的变化值。

(2) 测标准漏孔引起的变化值

当氦罩内未充氦气时，打开累积阀，打开标准漏孔阀，待检漏仪输出值稳定后，读出检漏仪的输出指示值 I_2。然后关闭累积阀，累积时间 t_0 后，打开累积阀，读出检漏仪输出指示的最大值（峰值）I_3。那么，I_3-I_2 便是氦漏率为 Q_{sp} 的标准漏孔和本底在累积时间 t_0 内引起检漏仪输出指示的变化值。仅由氦漏率为 Q_{sp} 的标准漏孔在累积时间 t_0 内引起检漏仪输出指示的变化值为 $(I_3-I_2)-(I_1-I_0)$。为保证测试的可靠性和精度，累积时间 t_0 必须足够大，满足 $(I_3-I_2)-(I_1-I_0)\geqslant 10I_n$ 的要求。

(3) 累积时间的确定

① 最小可检气体量 q_{min} 按下式计算；

$$q_{min}=\frac{I_n}{(I_3-I_2)-(I_1-I_0)}Q_{sp}t_0 \tag{20-39}$$

式中 q_{min}——最小可检气体量，Pa·m³；

I_3——氦罩未充氦，打开标准漏孔阀，关闭累积阀，累积时间为 t_0 后，打开累积阀，检漏仪输出指示的最大值，单位为检漏仪指示单位；

I_2——氦罩未充氦，打开标准漏孔阀，打开累积阀，检漏仪输出值稳定后的输出指示值，单位为检漏仪指示单位；

I_1——氦罩未充氦，关闭标准漏孔阀，关闭累积阀，累积时间为 t_0 后，打开累积阀，检漏仪输出指示的最大值，单位为检漏仪指示单位；

I_0——氦罩未充氦，关闭标准漏孔阀，打开累积阀情况下，检测仪输出值稳定后的输出指示值（本底），单位为检漏仪指示单位；

I_n——氦罩未充氦，关闭标准漏孔阀，打开累积阀情况下，检测仪的最小可检信号值，单位为检漏仪指示单位；

Q_{sp}——标准漏孔的氦漏率，Pa·m³/s；

t_0——累积时间，s。

② 为保证累积检漏法能够检测出像被检件的允许漏率 Q_y 那么大的漏率来，其最小累积时间 t_{min} 由下式计算：

$$t_{min}=\frac{I_n}{(I_3-I_2)-(I_1-I_0)}\frac{Q_{sp}t_0}{Q_y} \tag{20-40}$$

式中 t_{min}——被检件累积检漏时的最小累积时间，s；

Q_y——被检件最大允许漏率，Pa·m³/s。

(4) 有效最小可检漏率的计算

为保证累积检漏法能够明显地检测出像被检件的允许漏率 Q_y 那么大的漏率来，累积检漏中的累积时间 t 一般应不小于 t_{min} 的 10 倍。当累积时间为 t 时有效最小可检漏率 Q_{emin} 按下式计算：

$$Q_{emin}=\frac{I_n}{(I_3-I_2)-(I_1-I_0)}\frac{Q_{sp}t_0}{t} \tag{20-41}$$

(5) 测被检容器漏孔引起的变化值

关闭标准漏孔阀，打开累积阀，向氦罩内充入所需压力的浓度比为 γ_{He} 的氦混合气（或纯氦气），待检漏仪输出指示稳定后，读出检漏仪输出指示值 I_4。然后关累积阀，累积时间 t 后，打开累积阀，读出检漏仪输出指示的最大值（峰值）I_5。那么，I_5-I_4 便是被检件上被氦罩罩住部分的所有漏孔及本底在累积时间 t 内引起的检漏仪输出指示的变化值。由被检件上被氦罩罩住部分的所有漏孔在累积时间 t 内引起的检漏仪输出指示的变化值为 $(I_5-I_4)-(I_1-I_0)$。

(6) 被检部位漏孔对氦的总漏率计算

被检部位漏孔对氦的总漏率通过下式计算出来：

$$Q=\frac{Q_{sp}}{(I_3-I_2)-(I_1-I_0)}[(I_5-I_4)-(I_1-I_0)]\frac{t_0}{t\gamma_{He}} \tag{20-42}$$

真空室累积法中所用累积阀必须能快速开、关，否则其峰值的测量就困难，因此累积阀一般采用电磁阀。

对于较小的压力容器进行检漏时，可将该压力容器置于与检漏仪相连的真空室内，压力容器内部充氦，其总漏率的测试方法与 20.5.4.2 及 20.5.4.3 节相同。

这种方法只能检测被检部位的总漏率，不能确定漏孔位置。

20.6 压力容器检漏方法

20.6.1 氦质谱检漏法

20.6.1.1 吸枪直嗅法

吸枪是氦质谱检漏仪的一种取样探头，当被检件内充高压氦气后，氦气通过漏孔逸出到空气中，使用这种探头可将漏出的含有氦气的氦空混合气吸入到检漏仪中，从而灵敏地指示出空气中微量的氦分压变化来。作为这种探头，可以是具有一定流导的毛细管或孔隙，也可以是一种渗氦薄膜。但大多数吸枪采用针阀式结构，调节阀针可以精细调节吸枪的流导以满足检漏仪的工作压力要求。图 20-18、图 20-19 所示为两种针阀式吸枪的结构。

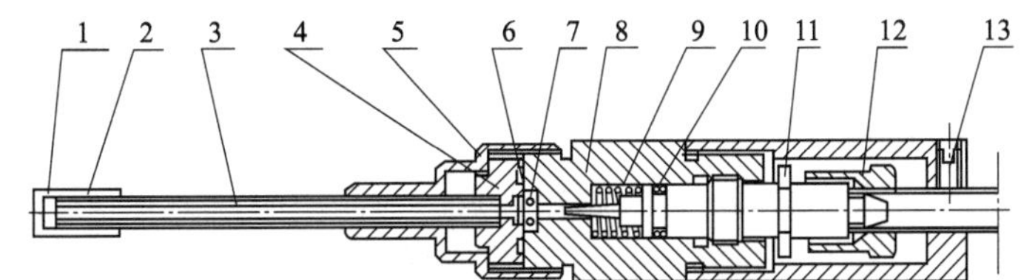

图 20-18　针阀式吸枪结构（一）

1—防尘罩；2—吸管外套；3—吸管；4—管座组件；5—压紧螺母；6,10—密封圈；7—过滤片；8—阀座；9—弹簧；11—阀针；12—固定螺母；13—固定螺钉

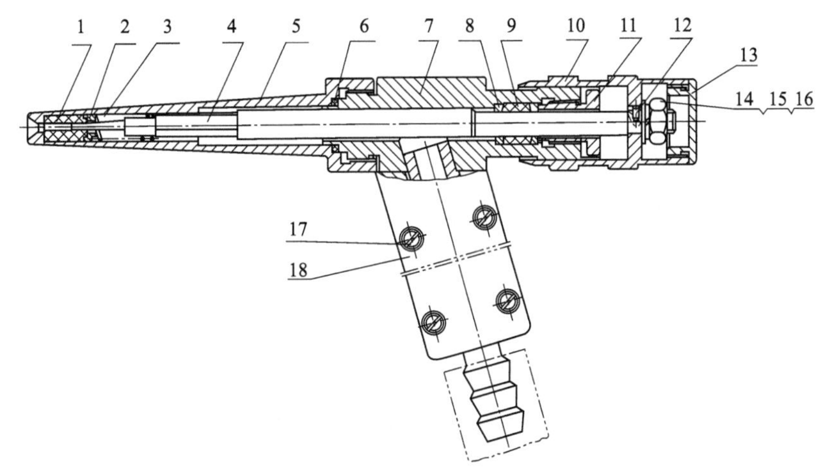

图 20-19　针阀式吸枪结构（二）

1—氟橡胶圈；2—压头；3—弹簧；4—阀针；5—吸枪头；6,9—密封圈；7—阀体；8—垫圈；10—调节螺纹帽；11—压紧螺纹；12,17—固定螺钉；13—保护端盖；14～16—紧固螺栓组件；18—手柄

对吸枪的主要要求是调节灵活，能圆滑、精细地调节到要求的流导，重复性好，流导

稳定。吸枪容易被微粒堵塞，因此针阀前端应有过滤装置。吸枪与检漏仪之间的连接管应尽量短而粗，以减小反应时间。

吸枪直嗅法检漏系统如图 20-20 所示。被检容器内部充入高于 1atm（101325Pa）的氦气或氦-空混合气，当容器壁上存在漏孔时，氦气通过漏孔向外逸出。特制吸枪（限流的针阀、膜孔或毛细管）通过软管与检漏仪相连。用吸枪在被检容器外面进行扫描探查，当吸枪正对漏孔位置时，氦气随同周围空气一起被吸枪吸入到检漏仪的质谱室中去，从而产生漏气指示，达到检漏目的。

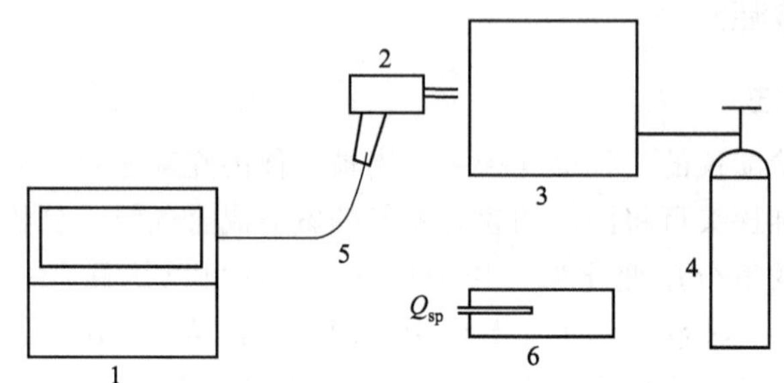

图 20-20　吸枪直嗅法检漏系统

1—检漏仪；2—吸枪；3—被检容器；4—氦气瓶；5—软管；6—正压标准漏孔

吸枪检漏应注意的问题有：

① 连接吸枪的软管越短越好，软管越短，反应时间越小；

② 软管内壁吸放气要小，最好用金属软管或质密的高级塑料软管，橡胶管吸氦很严重，会造成很大的本底及噪声，不宜采用；

③ 检漏部位的环境空气不应该有过大的流动，以免漏孔附近的氦浓度降低过快；

④ 吸枪在被检容器表面扫描移动的速度不能太快，它受检漏仪和软管反应时间的限制；

⑤ 吸枪与被检容器表面的距离不应超过 3mm，以避免由于浓度梯度造成的灵敏度损失；

⑥ 由于氦气比空气轻，用吸枪检竖立焊缝时，应该由下往上检。

这种方法能找出漏孔的确切位置，但由于氦气的扩散，漏孔出口处氦浓度降低，检漏灵敏度降低，加之此法是靠吸枪的限流作用使检漏仪与大气隔开来维持仪器的正常工作压力的，因此吸枪的流导不能太大，对氦的抽速较小，灵敏度较低，因此其最小可检漏率一般比仪器最小可检漏率大 3～5 个数量级。

吸枪直嗅法检漏有效最小可检漏率测试步骤如下：

① 打开吸枪，吸入环境气体，待检漏系统稳定后，记录检漏仪本底值 I_0 并测试最小可检信号值 I_n；

② 按实际检漏状态，用吸枪对准或扫描标称漏率为 Q_{sp} 的正压标准漏孔，记录检漏仪的稳定输出值 I；

③ 有效最小可检漏率按下式计算。

$$Q_{emin}=\frac{I_n}{I-I_0}Q_{sp} \tag{20-43}$$

20.6.1.2　吸枪累积检漏法

为了提高吸枪的检漏灵敏度，可以采取以下方法使吸枪检漏灵敏度提高。

① 在吸枪头上套装一个真空橡胶制作的罩盒（尺寸如长 54mm，宽 30mm，高约 4mm）。检漏时，罩盒扣在被检焊缝上并停留一段时间（如 20s）。由于罩盒能很好与壁面吻合，由漏孔漏出的氦气在罩盒中被累积，使吸枪检漏灵敏度提高。实践证明，该方法的最小可检漏率可达到 10^{-9}Pa·m^3/s。

② 对于分散的多个焊点，采用吸枪累积罩盒检漏法。它是在被检容器充氦前，将小体积（1mL 以下）的累积罩盒一一扣在待检焊点（1 个或数个）上，周围用真空泥密封好，罩盒上的吸嘴插口用密封塞塞住。当被检容器内充氦后，经过预先选好的累积时间（30min 以上）后，拔掉累积罩盒上的密封塞，迅速将吸枪插入累积罩盒中，同时观察检漏仪输出指示有无明显变化，并在有明显变化的焊点上做上有漏的标记。待全部焊点检完后，再对有漏气标记的焊点进行复检及漏率测定。焊点吸枪累积罩盒检漏系统如图 20-21 所示。

复检的方法：用吸耳球把累积罩盒中残存的氦气吸净，用密封塞再次将累积罩盒上的吸嘴插口密封，记下起始时间及本底值 I_0。累积一段时间 t 后，将吸枪的吸嘴插入累积罩盒中，记录检漏仪输出指示的最大脉冲值 I_1，然后对该焊点漏率进行定量。

定量的方法是：吸枪累积罩盒法定量装置如图 20-22。把一个正压漏孔（漏率 Q_0 接近焊点允许漏率值）装在一个小容器上，小容器中充入与被检容器中同样压力和浓度的氦-空混合气。用同样大小的累积罩盒扣在正压漏孔上，并用真空泥密封好。罩盒上的吸嘴插口用密封塞塞住，开始计时，并记下此时检漏仪输出指示值 I_2，累积同样的时间 t 后，将吸枪插入累积罩盒中，测得正压漏孔在检漏仪上产生的最大脉冲值 I_3。那么，焊点的漏率 Q 便为：

$$Q=\frac{I_1-I_0}{I_3-I_2}Q_0$$

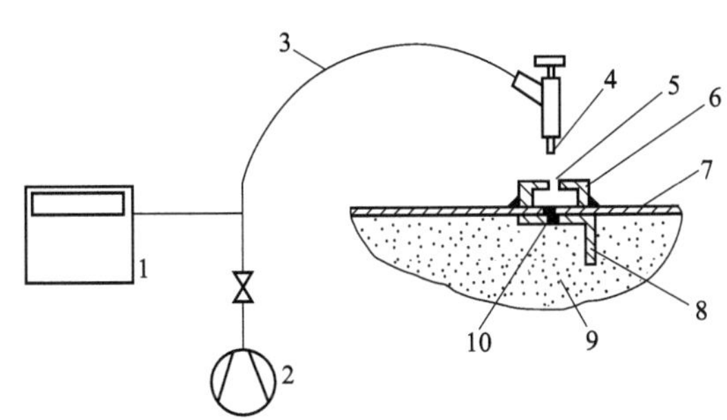

图 20-21 焊点吸枪累积罩盒检漏系统

1—检漏仪；2—辅助泵；3—连接软管；4—吸枪吸嘴；5—吸嘴插口；6—累积罩盒；7—容器壁；8—支架；9—氦-空混合气；10—被检焊点

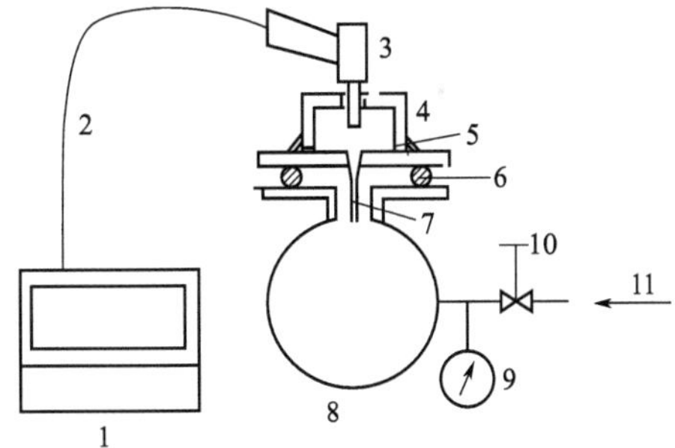

图 20-22 吸枪累积罩盒法定量装置

1—检漏仪；2—连接软管；3—吸枪；4—累积罩盒；5—真空封泥；6—密封圈；7—标准漏孔；8—小容器；9—压力计；10—充气阀门；11—氦气源

焊点吸枪累积罩盒检漏法的灵敏度与累积罩盒的容积及累积时间有关。采用 0.5mL 的累积罩盒，累积时间大于 30min，其最小可检漏率可达 10^{-11}Pa·m^3/s。

20.6.1.3 检漏盒局部抽真空法

被检容器中充入一定浓度和压力（工况压力）的氦气与干燥空气的混合气体后，将特制的能与被检容器表面很好吻合的检漏盒通过管道与质谱检漏仪相连，将检漏盒扣在被检容器待检部位上并密封好（一般用真空泥密封），如图 20-23 所示。检漏时打开辅助阀，用辅助泵将检漏盒抽空，使待检部位的局部器壁内外产生压差。然后关闭辅助阀，打开检漏仪的检漏阀，使检漏盒与检漏仪的质谱室连通，当质谱室达到工作压力后，调整仪器使仪器处于检漏工作状态。如仪器输出指示发生变化，则检漏盒所扣部位便存在漏孔。通过标准漏孔比对法，由输出指示的变化值可以确定漏孔漏率的大小。

检漏盒局部抽真空法在大容器的环焊缝、纵焊缝以及所有交叉的十字形、丁字形焊缝检漏中得到了广泛的应用。

该方法还特别适用于加工过程中对未封闭的被检件上的焊缝进行检漏。如图 20-24 所示，将特制的能与被检件表面很好吻合的检漏盒扣在被检焊缝上并密封好（一般用真空泥密封），检漏盒通过管道与质谱检漏仪相连。打开辅助阀，用辅助泵将检漏盒抽空，使待检的局部焊缝内外产生压差。关闭辅助阀，打开检漏仪的检漏阀，使检漏盒与检漏仪的质谱室连通，当质谱室达到工作压力后，调整仪器处于检漏工作状态。在待检焊缝另一侧用喷枪喷吹氦气或用氦罩法施氦后，如仪器输出指示发生变化，则检漏盒所扣焊缝部位便存在漏孔。通过标准漏孔比对法，由输出指示的变化值可以确定待检焊缝漏率的大小。

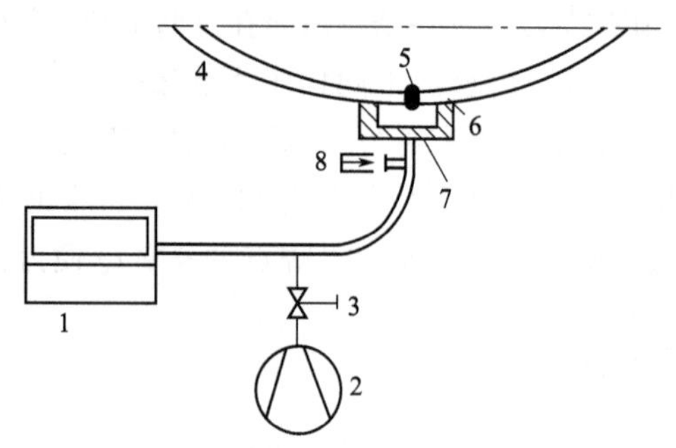

图 20-23　检漏盒局部抽真空法检漏系统

1—检漏仪；2—辅助泵；3—辅助阀；4—被检容器；5—焊缝；6—密封圈或真空泥；7—检漏盒；8—标准漏孔

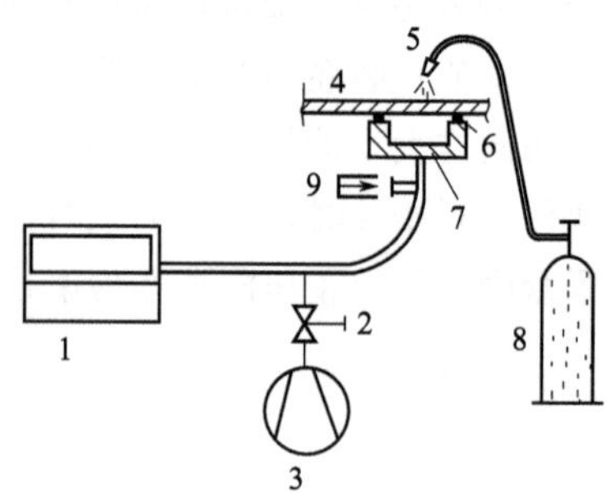

图 20-24　未封闭的被检件焊缝检漏系统

1—检漏仪；2—辅助阀；3—辅助泵；4—被检件；5—喷枪；6—密封圈；7—检漏盒；8—氦气瓶；9—标准漏孔

实际检漏时，如果在检漏盒的合适位置上装一支漏率已知的渗氦型标准漏孔，就可以测试检漏盒法有效最小可检漏率，其测试方法与喷吹法有效最小可检漏率的测试方法相同。

20.6.2　气泡法

20.6.2.1　检漏原理

当漏孔两侧存在压差时，示漏气体就通过漏孔从高压侧向低压侧流动，如果在低压侧施加适当的显示液体（如水、肥皂液、酒精、高沸点氟油）后，漏孔处将会冒出一个个气泡，从而指示了漏孔的位置。

气泡检漏方法中使漏孔两侧产生压差的方法有三种：

（1）充气法

直接向被检容器中充入干燥而清洁的高压示漏气体而使漏孔两侧产生压差。其压差可以在大范围内调整。这种检漏方法又称打气试漏法。

（2）热槽法

在大气压下将示漏气体封入被检件内腔中，或在高压下利用轰击法将示漏气体或低沸点的示漏液体压入密闭的被检件内腔，然后将被检件浸入到装有预先加热好的高沸点显示液的热槽中，被检件内腔中示漏气体或液体的压力将受热而上升，使被检件内外产生压差。要注意：显示液不能因加热过高而出现强烈蒸发或沸腾现象，以免影响对漏气气泡的观察。

(3) 抽真空法

在大气压下将示漏气体封入被检件内腔中，或在高压下利用轰击法将示漏气体或液体压入密闭的被检件内腔，然后将被检件浸入到容器内盛有的显示液中，将显示液体上部的空间抽成真空，从而使被检件内外产生近 1atm（101325Pa）的压差。

以上三种方法中，充气法在压力容器检漏中用得非常普通，而热槽法和抽真空法则常用于微型密闭电子器件的检漏中。

20.6.2.2 检漏方法

(1) 充气气泡检漏法

如图 20-25 所示，被检容器与充气系统连接好后缓慢进行充气，使其压力上升到规定值。缓缓地将被检容器放入装有水的检漏槽中，需检测的部位向上，使其处于便于观察的位置，并仔细观察检测部位是否有气泡冒出。观察时间不可太短，同时要认真区分冒出的气泡是真漏还是假漏，其方法是：真漏产生的气泡，冒泡的位置比较固定，气泡均匀而稳定，气泡被抹去后仍然会持续产生；假漏产生的气泡，往往是由于缝隙中的气体逸出或被检容器表面上黏附的有机物的放气造成的，位置不固定，气泡不均匀且越来越小、越少，抹去原有气泡后，有时不会再产生气泡。

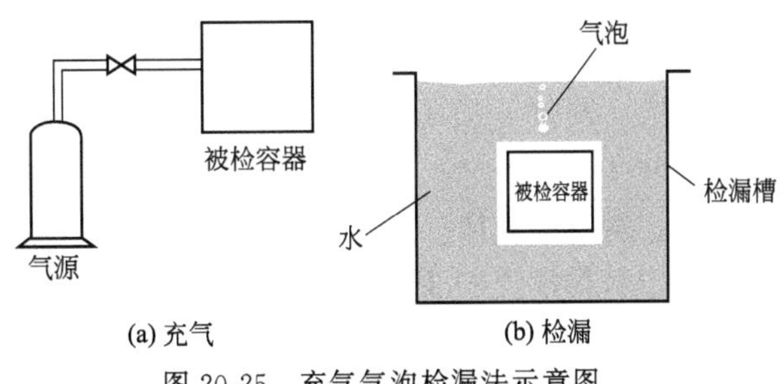

图 20-25　充气气泡检漏法示意图

(2) 抽真空气泡检漏法

对于那些密闭的小型被检件，内腔中或许已封入气体，或者将被检件放在压力罐中用高压气体加压，被检件若有漏孔，高压气体通过漏孔被压入被检件内腔中，内腔压力升高。将被检件放入装有酒精、氟油等显示液的检漏容器中，并使显示液液面淹过被检件约 5cm。用真空泵对检漏容器抽真空，使被检件内外产生压差，被检件内的气体就会通过漏孔向外泄漏，在显示液中形成气泡，如图 20-26 所示。但是真空度不宜太高，30～50kPa 即可，以免使显示液产生强烈蒸发或沸腾现象，影响对气泡的观察。检漏中，由于显示液中溶解的气体会在真空条件下向外释放而形成气泡，将对被检件漏气气泡的观察产生干扰。为此，检漏前应该对显示液预先抽真空一段时间（例如 20min），使溶解的气体能基本释放出来。

(3) 热槽气泡检漏法

如图 20-27 所示，首先将检漏槽中的高沸点显示液（如氟油 FC-43）加热到规定的温度（125℃）并保持稳定，然后将已封入气体或压入气体的密闭的被检件放入显示液中，等待一段时间被检件内腔气体被加热后压力升高而产生压差，观察被检件是否有气泡冒出。

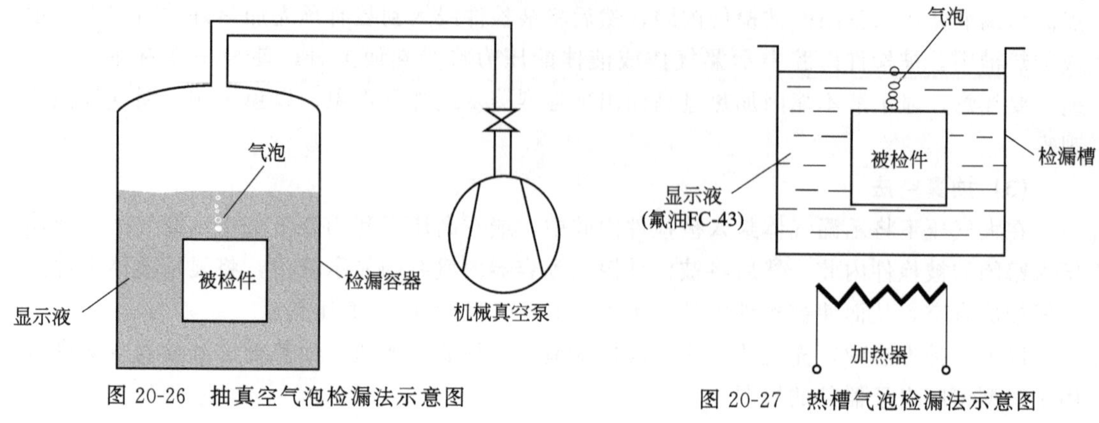

图 20-26　抽真空气泡检漏法示意图

图 20-27　热槽气泡检漏法示意图

上述三种方法通称为浸泡法。

(4) 涂刷液体法（皂泡法）

对被检容器（或系统）充气加压后，在被检容器外部可疑的部位涂刷显示液体（肥皂水或其他的显示液），观察有无气泡产生。涂刷显示液的速度要慢，以防止液体本身产生大量气泡。同时，要对被检容器（或系统）充气加压后再对被检容器涂刷显示液体，以防阻塞小漏孔。

(5) 真空罩盒法

某些被检件不可能或不允许充气加压时，可以使用真空罩盒法作气泡检漏，如图 20-28 所示。在需检测部位涂刷显示液体并在其上放置透明或局部透明的真空罩盒，真空罩盒与被检件结合部位用橡胶垫或真空封泥密封，对真空罩盒抽真空到 30～50kPa 后，仔细观察检测部位是否有气泡冒出。

20.6.2.3　漏率的测量方法

(1) 排液集气法

被检件内腔充压到规定压力以后，浸入试验液体中，当发现泄漏点时，将标有体积刻度值的集气容器放置在泄漏点的上方，收集漏出的气体，如图 20-29 所示。经过一定时间的积累，集气容器内的气体量会有一定的增加，根据积累时间和增加的气体量，可用下式计算出被检件的漏率

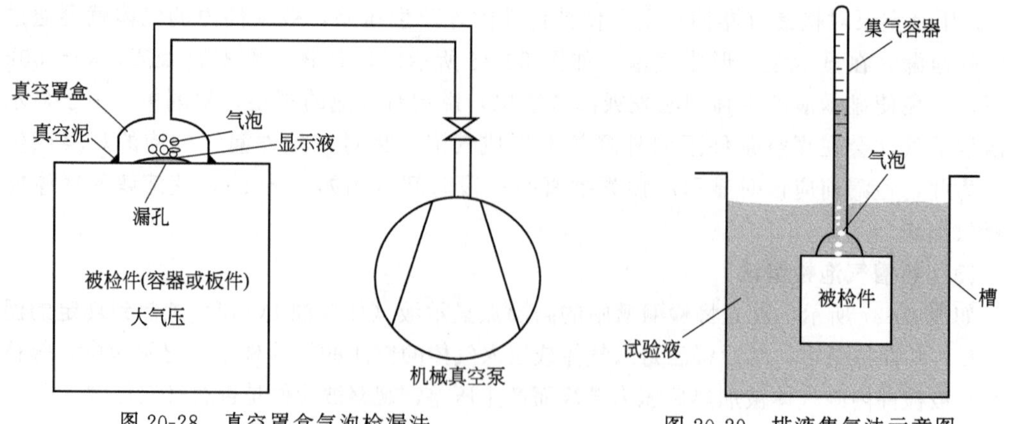

图 20-28　真空罩盒气泡检漏法

图 20-29　排液集气法示意图

$$Q=\frac{\Delta(pV)}{t}=\frac{p\Delta V}{t} \tag{20-44}$$

式中 Q——被检件漏率，Pa·m³/s；

$\Delta(pV)$——积累 t 时间后增加的气体量，Pa·m³；

p——集气容器中的压力，约等于当地大气压，Pa；

ΔV——积累 t 时间后集气容器中的气体体积的增量，m³；

t——积累时间，s。

(2) 数泡法

在浸泡法中，也可以用数泡法检测漏孔的漏率。漏孔的漏率与气泡直径、气泡形成速率、所充气体的种类以及充入的气体压力有关。设充入的示漏气体压力为 p_t，气泡内的气体的临界压力为 p_b，气泡直径为 D，气泡形成速率为 n，一个气泡的体积为

$$V=\frac{1}{6}\pi D^3$$

那么，漏孔在 p_t 下对该示漏气体的漏率 Q_i 为

$$Q_i=nVp_b=\frac{n}{6}\pi D^3 p_b \tag{20-45}$$

气泡内的气体的临界压力 p_b 与以下三种压力处于平衡，即：

① 液体表面上的气体压力 p_F；

② 气泡所处显示液体部位的液柱高形成的压力 p_g

$$p_g=\frac{f}{S}=\frac{mg}{S}=\frac{hS\rho g}{S}=h\rho g$$

③ 由液体表面张力附加于气泡上的压力 p_s

$$p_s=\frac{F}{S}=\sigma\pi D/\frac{\pi D^2}{4}=4\sigma/D$$

因此，在显示液中气泡内的临界压力 p_b 为

$$p_b=p_F+p_g+p_s=p_F+h\rho g+4\sigma/D \tag{20-46}$$

假设漏孔的气流状态为黏滞流，将 Q_i 换算成同温下的标准空气漏率 Q_A 时有

$$Q_A=Q_i\frac{p_A^2}{p_t^2-p_b^2}\frac{\eta_i}{\eta_A}=\frac{n}{6}\pi D^3 p_b\frac{p_A^2}{p_t^2-p_b^2}\frac{\eta_i}{\eta_A} \tag{20-47}$$

一般情况下，由于被检件淹入显示液的深度 h 比较小，液体的表面张力 σ 也比较小，$p_F \gg h\rho g+4\sigma/D$，即 $p_b \approx p_F$，因此有

$$Q_i=\frac{n}{6}\pi D^3 p_F \tag{20-48}$$

$$Q_A=\frac{n}{6}\pi D^3 p_F\frac{p_A^2}{p_t^2-p_F^2}\frac{\eta_i}{\eta_A} \tag{20-49}$$

若示漏气体为空气，那么

$$Q_A=\frac{n}{6}\pi D^3 p_F\frac{p_A^2}{p_t^2-p_F^2} \tag{20-50}$$

上述诸式中 Q_i——压力 p_t 下对示漏气体 i 的漏率，Pa·m³/s；

Q_A——同温下的标准空气漏率，Pa·m³/s；

D——气泡的直径，m；
n——气泡形成速率，s^{-1}；
p_b——气泡内气体的压力，即被检件在显示液中冒泡的临界压力，Pa；
p_F——液体表面上的气体压力，Pa；
p_A——标准大气压，1×10^5Pa；
p_t——检漏时，被检件中所充示漏气体的绝对压力，Pa；
h——气泡所在部位至显示液液面的距离，m；
ρ——液体的质量密度，kg/m^3；
g——重力加速度，$9.81m/s^2$；
η_i——示漏气体的动力黏滞系数，Pa·s；
η_A——空气的动力黏滞系数，Pa·s；
σ——显示液体表面张力系数，N/m。

常用的显示液是水、酒精、氟油等。水的表面张力系数是 73×10^{-3}N/m；酒精的表面张力系数是 22×10^{-3}N/m；高沸点氟油 FC-43 的表面张力系数是 21×10^{-3}N/m；低沸点氟油 F113 的表面张力系数是 19×10^{-3}N/m。

20.6.3 氨检漏法

1956 年，Niviere Gem 用酚酞作试纸进行氨检漏，效果还不太明显。1963 年法国人蒙可丁用溴酚蓝作试纸对原子能设备检漏，可检出 10^{-9}Pa·m^3/s 以下的漏孔。20 世纪 70 年代，日本人高桥诚等提出用溴酚蓝涂料喷涂法代替贴试纸或布带的方法，而且使用低浓度的氨，使氨检漏技术前进了一步。但高桥诚的方法是把涂料直接喷在被检件表面，所以没有解决被检件表面存在的碱性物质（如焊渣、粉尘等）和周围环境中的氨含量对涂料产生的变色影响。1974 年，兰州物理研究所曹慎诚、肖祥正等人对溴代麝香草酚蓝、甲酚红、氯化钙-甲基红、溴酚蓝等多种 pH 试剂制作的氨显影带进行了试验，并将其应用到大容器焊缝的检漏中。1975 年，华南工学院的胡耀志教授提出了氨检漏的定量方法，其后又提出了使用三层复合涂料层的氨检漏法，很好地解决了器壁材料和环境气氛对显影带的污染问题，使氨检漏法真正走向实用阶段。

20.6.3.1 氨检漏法的原理

先将对氨灵敏的显影带（软布或软纸）贴在待检容器外壁可疑部位（主要是焊缝），将待检容器抽空至几百帕或更低的压力，然后充以（0.1～0.2）MPa（表压）的纯氨气（或氨与空气的混合气）。若容器壁上有漏孔，氨气就漏出来，使显影带改变颜色，出现色斑，从而显示漏孔的位置。

20.6.3.2 显影带

这种方法的关键在于显影带。显影带是用一种布带（或纸带）浸泡在 pH 指示剂的溶液中后，经拧干和稍晾干而得到的具有某种颜色的带子。

（1）指示剂的选择

pH 指示剂的种类很多，见表 20-7。从灵敏度高、防腐、无毒、安全、与被检件不起化学作用等要求来考虑，氨检漏法中一般选用的指示剂为甲酚红、溴酚蓝、甲基红、溴代麝香草酚蓝等。选用指示剂溶液的 pH 值一般在 7.0 附近较好，它对器壁材料的腐蚀小。

表 20-7 常用指示剂及其变色的 pH 值范围

指示剂名称	颜色变化	变色的 pH 值范围	指示剂名称	颜色变化	变色的 pH 值范围
硝胺	无色⇌红	11.8～13.0	石蕊	红⇌蓝	5.0～8.0
茜素黄	黄⇌紫	11.1～12.0	氯酚红	黄⇌红	5.0～6.6
麝香草酚酞	无色⇌蓝	11.4～11.6	甲基红	红⇌黄	4.4～6.2
酚酞	无色⇌紫红	8.2～11.0	溴甲酚蓝	黄⇌蓝	3.8～5.4
麝香草酚蓝 2	黄⇌蓝	8.0～11.6	甲基橙	红⇌橙黄	3.1～4.4
A 萘酚酞	蔷薇黄⇌蓝绿	7.3～8.7	溴酚蓝	黄⇌蓝紫	3.0～4.6
甲酚红	琥珀黄⇌紫红	7.2～8.8	甲基黄	红⇌黄	2.0～4.0
中性红	红⇌琥珀黄	6.8～8.0	苯胺黄	红⇌黄	1.0～3.2
苯酚红	黄⇌红	6.8～8.4	麝香草酚蓝 1	红⇌黄	1.0～2.8
溴代麝香草酚蓝	黄⇌蓝	6.0～7.6			

(2) 显影带基料的选择

对显影带基料有如下要求：

① 柔软而富有弹性、无绒毛、吸水性好、薄而致密，既要便于与不太平整的焊缝贴紧，从而减少寄生空间，又要便于指示剂溶质的附着和观察。

② 基料颜色应与指示剂变色后的颜色差别明显，因此基料颜色要浅，最好为白色。

③ 成本低、来源容易。

通常选用白色棉织品作基料。

(3) 显影带的制作

下面介绍几种常用的显影带的制作方法。

① 溴代麝香草酚蓝。将 200mg 溴代麝香草酚蓝溶于 $500cm^3$ 的蒸馏水中得到饱和溶液，再滤去未溶解的溶质，此时溶液呈深蓝色，其 pH 值大于 6。滴入少量磷酸，使其 pH 值小于 6，此时溶液呈较深的草黄色。

将布料浸泡在溶液中，浸泡后取出、拧干、晾干。为了提高显影带的灵敏度，布料要多次浸泡和晾干。由于布料呈碱性，浸泡一定次数后溶液的颜色会变蓝（pH 值大于 6），此时应再滴入少量磷酸来进行调整。晾干后的显影带用塑料袋封装保存。

② 甲酚红。溶液配制及显影带的制作方法与上面相同，不过甲酚红的饱和溶液呈紫红色，加磷酸调整后应呈琥珀黄色，pH 值以调整到稍大于 7 为宜。潮湿的显影带呈深黄色，晾干后呈浅黄色。

③ 氯化钙-甲基红。溶液配制及显影带的制作方法与上面相同。上面介绍的两种显影带遇氨后显影，当切断氨气数分钟后显影斑点便消失，因此检漏过程中显影带应保持湿润状态。但是，湿润状态的显影带会使斑点扩散，灵敏度降低。氯化钙-甲基红法便具有氨累积效应以及能在干燥状态下操作的优点，使灵敏度提高了 100 倍。其使用方法是：先将氯化钙的干燥显影带贴于内部充氨的被检容器的焊缝处，氨气通过漏孔在显影带上形成化合物 $CaCl_2 \cdot 8NH_3$，然后再用甲基红溶液显影。这种化合物在室温下的稳定性好，能保证通过累积方法（即延长曝光时间）去发现更小的漏孔。

(4) 溴酚蓝

把宽 1～1.5cm 的色层滤纸浸入溴酚蓝的无水酒精饱和溶液中，把浸透的滤纸放在凸纹的纸板上，用红外灯烘干，放在磨口瓶内保存。

20.6.3.3 氨检漏法的操作步骤

氨检漏法的操作步骤如下：

① 对被检件进行去渣、去锈、去油、清洗和干燥处理。

② 贴显影带。拿显影带时应带干净的手套，切忌用肥皂洗过而未冲洗干净的手去接触显影带。显影带应用蒸馏水润湿（自来水呈碱性，不能用）。显影带应紧贴在可疑位置上，尽量减小寄生空间。贴好后用透明的聚乙烯薄膜保护起来，并用胶布将薄膜边缘与被检容器表面密封起来，使显影带与大气隔离，避免大气中氨的干扰。显影带贴好后，观察显影带上是否有变色斑点，如有，应记下斑点位置，避免与真漏引起的斑点混淆。

③ 充氨。充氨前应先用其他粗检手段检查各连接部位是否有大漏，如有，应该采取措施消除大漏。充氨是通过专用的充气系统进行的，可以充纯氨，也可以充氨气与空气的混合气。如果充纯氨，应先将被检容器抽空后再充氨。充气过程中要慢慢升压并随时观察有无大漏存在，一旦发现大漏应立即停止充氨，并及时采取措施排除大漏。充气系统要用不易被氨腐蚀的金属如不锈钢制作，系统中的压力表和阀门要采用氨压力表和氨阀门。

④ 观察色斑。充氨完毕后，可定时观察显影带的变色情况，如发现变色斑点，应更换一小段显影带进行复核。

⑤ 排氨。检漏结束后应关闭充氨系统，并将被检容器中的氨气排放至专用水槽或下水道中，切勿直接排放大气环境中。排氨后要用氮气或压缩空气冲洗被检容器 2～3 次，排放的气体同样应排放至专用水槽或下水道中。

20.6.3.4 复合涂料显色检漏法

用显影带检漏时，必须把焊缝表面清洗干净后，将带子紧贴在被检焊缝上，外面还得包一层塑料薄膜保护，这就给检漏工作带来很多麻烦。用喷涂显色涂料的方法代替贴显影带，使显色检漏进了一步，但是显色涂料直接喷在被检表面，当表面含有少量碱性物质（如焊渣、粉尘）时，会立刻使涂料变色。为此喷涂前也必须对表面进行严格的清洗和烘干，另外对周围环境的氨气含量要求有严格的控制。针对这些问题，我国的胡耀志先生提出了复合涂料显色检漏方法，较好地解决了上述问题。它是在被检件上喷三层涂料：第一层为隔离层，使其上面的显色层与金属表面分开，但泄漏出来的氨可以通过，所以该层涂料是多孔的，且不会堵塞漏孔；第二层是显色层，遇氨后能改变颜色；第三层是保护层，覆盖在显色层的外表面，既可防止周围气氛中的氨对显色层起作用，又可防止泄漏出来的氨气散失，具有积累效果。保护层本身透明度较好，漏气形成的色斑容易被观察到。复合涂料的材料选择如下：隔离层为钛白粉（TiO_2），显色层用溴酚蓝，保护层用硝基清漆。

20.6.4 声波检漏法

声波就是机械振动在弹性介质中的传播，如果以频率 f 来表征声波，并以人的可感觉频率为分界线，则可把声波划分为次声波（$f<20Hz$）、可闻声波（$20Hz\leqslant f\leqslant 20kHz$）及超声波（$f>20kHz$）。在超声波检漏中，最常使用的频率范围为 30～40kHz。

20.6.4.1 超声波定向探头检漏法

当一个系统中存在较大漏孔（10^{-3} Pa·m^3/s 以上）时，气体就会穿过漏孔形成湍流，这种湍流在漏孔附近产生频率大于 20kHz 的连续宽带超声波，在空气中传播。

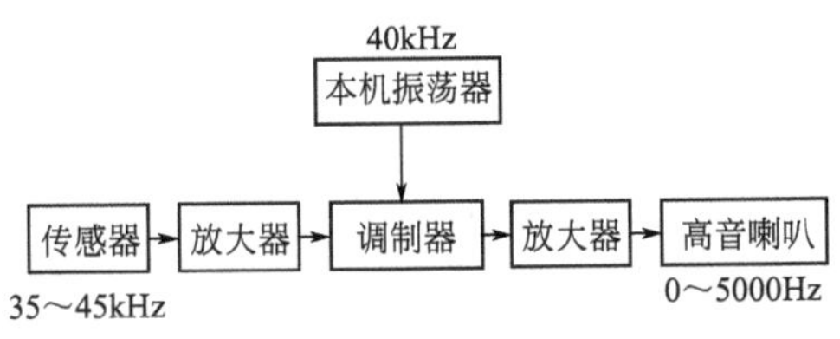

图 20-30 超声漏孔探测器对声音的调制

像无线电定向器获得无线电方位的方法一样，超声波检漏仪采用一种定向的超声波探头，在离漏孔较远的地方（30m）进行扫查，探测漏孔发出的超声波信号。由于超声波的方向性很强，因此调整探头的方向便可以找到输出最大值，此时探头所指的被检件位置便为漏孔的位置。为了提高定向能力，探头上可以安装一个抛物面反射器，并且利用外差法将这种超声波转换成人耳能听到的声音，如图 20-30 所示，声音强度的变化由指示仪表指示出来。

检漏仪具有固定波段频率选择模式，它通常设计成对 30～40kHz 信号频率范围有响应。当周围环境噪声较大时，可以调整频率，大大减少噪声的干扰。

检测中噪声干扰的来源主要有：

① 内部流体流动时的湍流流动噪声；

② 系统上由于机械摩擦产生的机械噪声；

③ 由空气传播的噪声；

④ 金属冲击或碰撞声；

⑤ 传感器电路接收到的电噪声。

超声波检漏是在流过漏孔的气流为湍流时实现的，当漏孔较小、流过漏孔的气流为黏滞流甚至分子流时，超声波检漏是无能为力的。因此超声波检漏法的最小可检漏率约为 10^{-3} Pa·m^3/s。

超声波检漏的仪器很多，美国 UE 公司生产了多种超声波检漏仪。美国 Questar 2000 型超声探测器，在距离 15m（50ft）的地方，在 3.4×10^4 Pa（5psi）压力下，可探测到 10^{-3}～10^{-4} Pa·m^3/s（0.127mm 直径）的漏孔。

20.6.4.2 声发射检漏法

（1）声发射检漏法的原理

所谓声发射（acoustic emission，简称 AE）是指材料局部因能量的快速释放而发出瞬态弹性波的现象，也称应力波发射。大多数工程材料变形和断裂时都有声发射产生，如果释放的应变能足够大，还可能产生人耳听得见的声音。然而，当释放的应变能很小时，只能借助灵敏的电子仪器来探测。这种利用仪器探测、记录、分析声发射信号并利用声发射信号进一步推断声发射源性质的技术称为声发射检测技术。而分析由于泄漏介质与漏孔摩擦产生的连续型声发射信号来推断泄漏的部位、漏率大小的技术称为声发射泄漏检测技术。

漏孔内外存在较大压差时，气体或液体通过漏孔时将在漏孔处激发出连续的机械应力波，其频带范围可从几赫到几百千赫，这种连续的通过漏孔所在系统器壁的应力波以兰姆波型式传播，如果将 AE 换能器（接触探头）置于器壁上，接收这种应力波（声能）并将这种声能转换成连续的电信号，经放大后的连续的电信号传送到声发射主机（声发射检漏仪器）上，经过分析处理就可以确定漏孔的位置及漏孔的大小。由于声波的频率很宽，因此检漏仪必须对这些频率具有选择性。大多数检漏仪具有带通滤波器，在带通频率范围内，当某一频率的漏气信号被激励时，漏气信号便具有峰值，提高了检漏灵敏度。声发射泄漏检测由于受环境噪声的影响，其检测频率范围多数为几十千赫至几百千赫。一般地说，频率越低，可检测到距离越远、漏率越小的漏孔。目前声发射检测的最小可检漏率可达 $10^{-3}Pa \cdot m^3/s$。此外，直接与器壁耦合的接触传感器比利用超声波定向装置的间接空气耦合型传感器的灵敏度高，因此，接触传感器与器壁之间的耦合非常重要。所谓耦合就是将传感器的面上涂上一层耦合液（油、油脂），减少传感器与器壁之间的空气。

声发射泄漏信号属于连续型信号，与传统的声发射分析技术一样，用平均信号电平值ASL值和有效电压RMS值来表示连续的泄漏信号的大小。ASL值是用dB表示的信号幅度的平均值，RMS值是用电压V表示的信号幅度的平均值。

在泄漏检测中，采集到的信号ASL值和RMS值中除了泄漏声发射信号外，还包含仪器本身的电噪声、环境电磁噪声、流体噪声及结构变形声发射信号等干扰噪声。在这些干扰噪声中，仪器本身的电噪声基本上是固定不变的，而环境电磁噪声则随环境不同变化较大。随着仪器制造水平的不断提高，仪器适应环境电磁噪声的能力越来越强，其对泄漏信号幅度的影响越来越小，这样流体噪声和结构变形声发射信号已成为主要影响因素。流体噪声和泄漏信号的产生机制非常相似，很难对付，通常只能采取提高检测频率，牺牲检测灵敏度的办法来解决。对于结构变形声发射的影响，可以通过在保压时进行泄漏检测的办法来解决，因为保压阶段，结构趋于稳定，变形很小。

在声发射泄漏检测中，漏孔的定位技术一直是技术的难点。由于声衰减的原因，会使距离泄漏源不同位置的传感器产生出不同的信号幅度。检漏时在排除了其他噪声干扰的前提下，不仅可以根据不同传感器上ASL值（或RMS值）的异常升高来判断泄漏的存在，也可以根据不同位置上传感器的ASL值（或RMS值）的大小来判断泄漏的位置，即当被检结构是各向同性并在各个传递方向上声波的衰减率一致时，离漏孔越近的传感器其ASL值越大，把这种定位方法称为泄漏幅度衰减定位法。而仅根据单个声发射通道的ASL值（或RMS值）的高低对漏孔进行定位的方法称为泄漏源区域定位法。目前，对通过泄漏信号到达不同传感器的时差而对漏孔进行定位的时差定位技术的研究很热，已有报道，在单点泄漏情况下可以利用两个声发射通道进行成功定位。

声发射泄漏检测中还不能直接测定漏孔漏率，需要借助其他方法如氦质谱法进行定量。

(2) 声发射检漏技术的应用

目前，国外已有单通道、双通道和多通道在线泄漏检测仪器，这些仪器具有增益可调、携带方便等特点，它们即使在极高背景噪声下仍能检测出小于0.01mL/s的漏孔来，目前已广泛应用于液化天然气设施、石化管路、阀门、地下管道、核电站及船舶蒸汽发生器等泄漏检测中。据最新报道，美国PAC公司为韩国制造的特大型液化气运输船配备了240个通道的声发射泄漏检测系统。国内也已研制出针对飞机油箱检漏的声发射检漏系统。下面举例说明声发射检漏的应用情况。

① 核能站安全降压阀的声发射检漏　将声发射传感器压紧在该安全降压阀主控结构

的外套上，带通滤波器的频率为5～10kHz，当阀门压力由280kPa增加到1400kPa时，其漏率实际增加了59%，而声发射的RMS电压增加了37%，证明该声发射检测仪的灵敏度是不错的。

② 海水球阀检漏　用美国海军声阀门检漏仪（AVLD）检查了海水球阀上的漏孔，由于漏孔较大，其频率范围选择在10～100kHz，本底信号能够与泄漏信号分开，其泄漏点的声发射信号随着与漏点距离的增加迅速衰减。

③ 海面钻井台天然油输送管路的声发射检漏　连接在某海面钻井台上升起的一节12in（1in=0.0254m）直径的输油钢管进行水压试验时，在22MPa压力下衰减了410kPa，已证明有漏，并且怀疑漏气源在与短管段的连接法兰上。采用声发射检漏仪进行检漏，当管中压力提升到22MPa后，在井台上升起部分的12in管子上呈现出了漏气信号读数，漏气信号读数与两个邻近管子以及靠近的结构支柱上呈现的读数见表20-8。在管子停止加压，井台暂时关闭且所有工作人员都撤离井台的情况下，测试了由于海水移动和其他结构干扰造成的噪声信号读数总量，见表20-9。这个读数表明，邻近两个管子以及结构支柱的读数与噪声信号读数基本一致，是不漏的。漏气管子的信号水平比邻近两个管子以及结构支柱的读数增加了约50%，这就表明漏孔非常靠近检测点。实践证明漏孔就在连接短管的法兰上；当随后潜水员拧紧了该法兰的螺栓后，再用声发射和水压试验来验证，漏气信号已消失。

表 20-8　声发射检漏信号读数

位　置	RMS读数	备　注
6in管子升起部分	0.200,在增益60dB下	标准
10in管子升起部分	0.210,在增益60dB下	标准
12in管子升起部分	0.300,在增益60dB下	漏气管
结构支柱	0.210,在增益60dB下	标准

表 20-9　噪声信号读数

位　置	RMS读数	备　注
6in管子升起部分	0.200,在增益60dB下	标准
10in管子升起部分	0.200,在增益60dB下	标准
12in管子升起部分	0.200,在增益60dB下	停止漏气试验
结构支柱	0.210,在增益60dB下	标准

20.6.5 氢气混合气检漏

目前，在国外有一种使用氢气做示踪介质的检漏方法。因为氢气很容易燃烧，安全性很差。所以，他们使用了95%氮气与5%氢气的混合气体做示踪介质，按照ISO 10156的规定，这种混合气体是安全的。

氢气检漏仪的工作原理是：金属氢化物薄膜仅仅对氢原子具有渗透性。当氢气接触到这种特殊金属膜片时，由分子状态变成原子状态，氢原子能够通过特殊金属膜片渗透到膜片的另外一侧，并使安装在膜片另一侧的电路的电参数发生变化，经放大器放大后被输送到氢气检漏仪的显示屏幕显示出来。

检漏时，对被检件充入95%氮气与5%氢气的混合气，使用氢气检漏仪的吸枪对被检件可疑部位进行探测，即可检出漏孔。使用吸枪式探头检漏时最小可检漏率为1×10^{-6} $Pa\cdot m^3/s$；与氦质谱检漏仪相比，氢气检漏仪的优点是，使用方便、成本低，但其检漏灵敏度远比氦质谱检漏仪低。

据资料介绍，这种检漏方法已在飞机油箱、空中客车燃油系统、欧洲先进战斗机燃油系统、欧洲直升机燃油系统、F-16战斗机燃油系统、欧洲狂风战斗机油箱系统、波音飞机供氧系统、瑞典鹰师战斗机燃油系统、法国空军燃油系统、美国空军燃油系统、美国航天火箭、欧洲航天火箭等上得到应用。

20.6.6 红外线吸收法检漏技术

20.6.6.1 工作原理

红外线吸收法检漏技术即反向散射/气体吸收成像（BAGI）技术是美国能源部在20世纪80年代后期提出的，它是利用将正常不可见的泄漏气体变成在标准视频显示器上可见的气体的方法去查找泄漏位置的。泄漏气体的图像使检漏人员能够迅速地确定泄漏的位置，但不能测定泄漏气体的浓度值。

这项技术的原理是：由红外激光发射器发出的特定频率的红外线照射到被检区域，并用红外照相机对较小的和中等大小的面积进行照相，由于泄漏物质吸收了可产生显像的红外线能量，使得泄漏部位的正常不可见的气体变为黑色或缺失的图像并显现在标准电视监视器上。查找图像中黑色或缺失的地方即为有泄漏的部位。该方法需要满足三个基本条件：

① 有与气体成像相反的背景。

② 系统应该能在大气传播窗口中工作。

③ 测试气体一定能够吸收激光放射的能量。

波长在红外线波段的成像仪器可以满足这些需要。

20.6.6.2 测试仪器

探测仪器由一台可调的红外激光器和一台红外线热成像仪器（图20-31）组成。典型的是将成像仪的镜片和激光器用光学系统结合成一个部件，该部件能够将红外激光射线发射到指定的区域并接收反射激光的能量。发射器/接收器可扫描的典型区域范围：视角大于14×18°，距离30m。

图20-31 红外线吸收成像检漏系统

在气体成像系统中使用的激光器是典型的可调的5W二氧化碳波导管激光器。使用一个低功率的激光器是可行的，因为光学装置使激光器发射的激光束和红外线辐射扫描探测器生成的取景曝光区同步扫描被测区域，这样，激光束只需照射在目标区域内确定的取景区，可以将激光功率控制到最小，确保眼睛安全。

表20-10列出了可探测的气体及气体的最大安全浓度及探测器的灵敏度。

表 20-10　可探测气体的红外线辐射吸收

气　体	化学式	最大安全浓度/μL·L^{-1}	激光器波长/μm	探测器的灵敏度	
				/μL·L^{-1}·m	/kg·a^{-1}
乙醛	C_2H_4O	25	9.21009	436	297
氰代甲烷	CH_3CN	40	9.29379	1000	636
丙烯醛	$CH_2=CHCHO$	0.1	10.28880	148	128
丙烯腈	CH_2CHCN	2	10.30347	86	71
烯丙醇	C_3H_6O	2①	9.69483	69	62
氨	NH_3	25	10.33370	13	4
戊酸乙酯	$C_7H_{14}O_2$	100	9.45805	46	93
三氢化砷(胂)	AsH_3	0.05	10.51312	79	95
苯	C_6H_6	10	9.63917	208	251
丁烷	C_4H_{10}	800	10.34928	772	694
叔丁醇	$(CH_3)_3COH$	100	10.74112	108	124
碳酰氟	COF_2	2	10.23317	76	78
氯苯	C_6H_5Cl	10	9.20073	82	142
氯丁二烯	C_4H_5Cl	10①	10.26039	46	63
环已烷	C_6H_{12}	300	9.62122	1000	1302
环戊烷	C_5H_{10}	600	10.74112	4380	4752
邻二氯(代)苯	$C_6H_4Cl_2$	25	9.26053	79	179
反-1,2-二氯乙烯	$C_2H_2Cl_2$	200	10.76406	160	238
二甲胺	$(CH_3)_2NH$	5	9.75326	485	338
1,4-二氧杂环已烷	$C_4H_8O_2$	25①	9.21009	190	259
乙酸乙酯	$CH_3COOC_2H_5$	400	9.45805	34	46
丙烯酸乙酯	$CH_2CHCOOCH_2CH_3$	5	9.31725	57	91
乙醇	C_2H_5OH	1000	9.50394	61	43
乙炔	C_2H_2	5500	10.53209	15	6
氯乙醇	C_2H_5ClO	1①	9.24995	45	56
1,1-二氯乙烷	$C_2H_4Cl_2$	10	10.49449	1895	1850
环氧乙烷	$(CH_2)_2O$	1	10.85978	651	445
二甲醚	C_2H_6O	400	9.21009	119	107
乙硫醇	C_2H_5SH	0.5	10.19458	730	702
甲酸	HCOOH	5	9.21969	24	16
呋喃	C_4H_4O	—	10.18231	100	105
锗烷	GeH_4	—	10.69639	219	254
正已烷	C_6H_{14}	50	9.34176	2205	2939
联氨(肼)	N_2H_4	0.01①	10.44059	55	27
硒化氢	H_2Se	0.05	9.15745	758	905
异丙醇	$(CH_3)_2CHOH$	—	10.49449	110	102
甲基丙烯腈	$CH_2=C(CH_3)CN$	—	10.78516	31	32
甲醇	CH_3OH	200①	9.67597	19	9
乙酸甲酯	$C_3H_6O_2$	200	9.51981	51	58
溴甲烷	CH_3Br	5	10.69639	402	586
氯甲烷	CH_3Cl	50	9.60357	1020	791

续表

气　　体	化学式	最大安全浓度/μL・L⁻¹	激光器波长/μm	探测器的灵敏度	
				/μL・L⁻¹・m	/kg・a⁻¹
1,1,1-三氯乙烷	CH_3CCl_3	350	9.20073	26	53
2-丁酮	$CH_3COC_2H_5$	200	10.59104	343	383
甲基丙烯酸甲酯	$CH_2C(CH_3)COOCH_3$	100	10.61139	62	85
一氯乙烷	C_2H_5Cl	—	10.27445	126	125
一甲胺	CH_3NH_2	—	9.21969	174	84
甲基联氨	CH_3NHNH_2	—	10.33370	120	84
邻位二氯(代)苯	$C_6H_4Cl_2$	—	9.62122	54	122
臭氧	O_3	0.1	9.50395	33	25
戊烷	C_5H_{12}	600	9.67597	4240	4732
全氯乙烯	C_2Cl_4	25	10.74112	85	217
光气	$COCl_2$	0.1	10.23317	318	509
磷化氢	PH_3	0.3	9.69483	104	55
丙烷	C_3H_8	—	10.81111	2900	2000
丙烯	C_3H_6	—	10.67459	174	113
丙烯氧化物	C_3H_6O	20	10.51320	332	175
氟利昂-11	CCl_3F	1000	9.22953	12	25
氟利昂-12	CF_2Cl_2	1000	10.76406	9	17
氟利昂-13	$CClF_3$	1000	11.08563②	336	542
氟利昂-22	$CHClF_2$	1000	10.83293②	564	752
氟利昂-13B1	$CBrF_3$	1000	9.21969	3	7
氟利昂-113	$C_2Cl_3F_3$	1000	9.60357	21	61
氟利昂-114	$(CClF_2)_2$	1000	9.50394	15	40
苯乙烯	$C_6H_5CHCH_2$	50	10.85811	152	245
二氧化硫	SO_2	2	9.21969	3790	3759
六氟化硫	SF_6	1000	10.55140	0.4	1
磺酰氟	F_2O_2S	5	9.24995	2241	3543
甲苯	$C_6H_5CH_3$	50①	9.62122	622	887
1,1,2-三氯乙烷	$CH_2ClCHCl_2$	10①	9.23961	34	67
三氯乙烯	C_2HCl_3	50	10.59104	33	66
三甲胺	$(CH_3)_3N$	5	9.58623	101	92
非对称二甲肼	$(CH_3)_2NNH_3$	0.01①	10.83524	106	99
乙酸乙烯酯	$CH_3CO_2CH{=}CH_2$	10	9.71400	44	75
溴乙烯	C_2H_3Br	5	10.61139	102	168
氯乙烯	C_2H_3Cl	5	10.61139	48	46
1,1-二氯乙烯	$CH_2{=}CCl_2$	5	9.21009	31	46
二甲苯	$C_6H_4(CH_3)_2$	100	9.53597	479	787

① 对皮肤的阈限值。

② 激光器为 $^{13}C^{16}O_2$ 激光器。

注：1.“最大安全浓度”即阈限值(TLV)，被表示成一次加权平均值(TWA)。

2. 除非另外指明外，激光器为 $^{12}CO^{16}O_2$ 激光器。

3.“$\mu L \cdot L^{-1} \cdot m$”为 1m 厚云层的平均浓度。

4.“$kg \cdot a^{-1}$”是指空速＝$50mm \cdot s^{-1}$，距离＝5m，直角检视而且背景均匀不变时，在标准的温度和压力下最小可检测的气体的质量漏率。

20.6.6.3 红外吸收检漏法的应用

当红外线热成像探测技术用于红外线吸收模式时，可调激光器必须与红外线热成像仪协调一致。在这种模式，激光器被调整到发射一个能被测试气体吸收的红外辐射线的特殊频率（能吸收这种红外线的气体可查表 20-10）。然后，用激光扫描需探测的区域。当激光被从漏孔逃逸出来的气体吸收时，则其红外线图像表现为丢失或者变成黑色。从泄漏点到羽烟（泄漏物污染区）整个路径范围都能够拍摄成像。

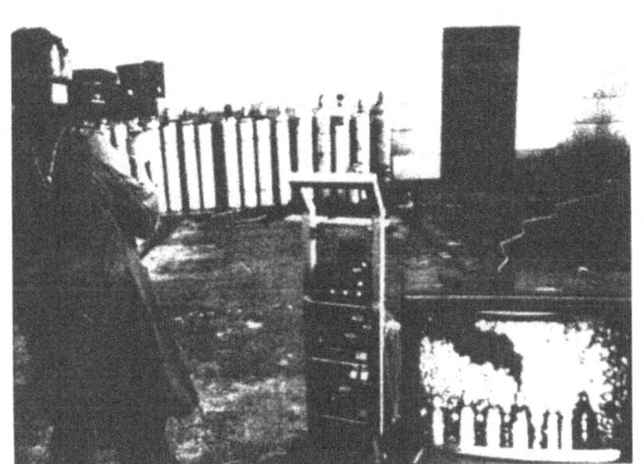

图 20-32 红外吸收热成像检漏系统用于观测气体罐贮藏库的气体泄漏

图 20-32 显示出利用红外吸收热成像检漏系统观测到的一个正发生气体泄漏的气体罐的贮藏库。放在较低角落的电视监视器正在展示观测到的现实画面：一缕黑色羽状泄漏物。泄漏物形成的羽烟是黑色的，其原因是激光能量被气体吸收部分不能像其他部分那样返回到红外线热成像仪。

20.6.7 压力容器总漏率测试

20.6.7.1 静态压降法

(1) 原理

静态压降法通常用于测量压力容器的总漏率。检测系统如图 20-33 所示，它包括气源、充气系统、压力计、温度计、湿度计、隔离阀和安全阀等。其检测方法是：被检容器用干燥氮气（或其他干燥气体）充到一定压力（一般与被检容器的工作压力一致）后，关隔离阀隔断气源，观察被检容器内压力随时间的下降情况。假设被检容器的容积为 V，在 Δt 时间内被检容器内的压力由 p_1 降至 p_2，那么被检容器的总漏率 Q 为

$$Q=\frac{V(p_1-p_2)}{\Delta t}=\frac{V\Delta p}{\Delta t} \tag{20-51}$$

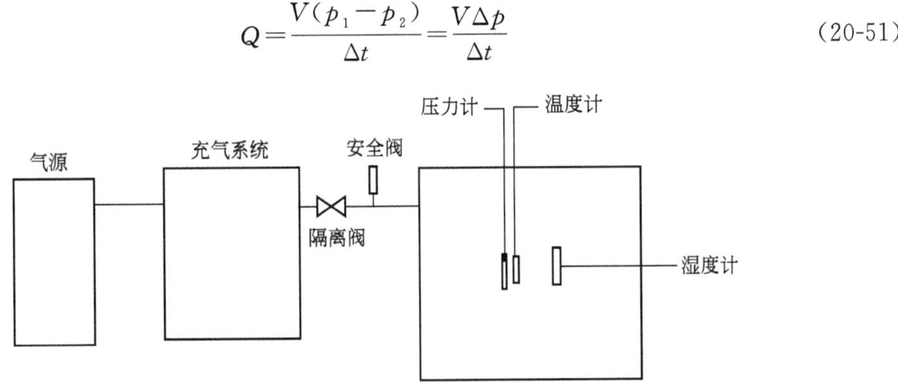

图 20-33 静态压降法检漏系统

与静态压升法一样，这种方法的检漏灵敏度与被检容器的容积、测量时间以及压力计的最小可检压力有关。如果不考虑温度影响，加长测量时间，就可以提高测试灵敏度。

为了确保测量精度，要特别注意以下几点：

① 测试前，要对隔离阀与被检容器之间的管道、接头及被检容器上安装的压力计、温度计的接头进行严格检漏，这些部位的泄漏直接影响被检容器漏率的测量的准确性。

② 测试前，要测试隔离阀关死状态下的泄漏量，该泄漏量不应大于被检容器允许漏率的1%。

③ 由于充气过程会引起被检容器中的气体温度上升和温度分布不均匀，这将对测量结果带来误差。此外，如果被检容器或测量装置中存在吸附气体的材料或结构时，由于材料吸附气体引起被检容器中的气体压力下降，也将对测量结果带来误差。为此，充气速度不宜太快，且充气后必须等待相当长一段时间，待被检容器中的气体温度和压力平衡后再隔断气源进行漏率测试。

④ 考虑温度、湿度对压力的影响，测量容器中压力的同时还要测量容器中的温度和湿度，然后进行修正。压力计和温度计两者的安放位置要尽量靠近，而且要同步测量，以确保测量值的可靠性。当容器比较大时，可以在容器内采用多组压力计和温度计进行多点同步测量，并对测量值取平均值。

⑤ 如果在测试过程中，任何测试仪器失效或损坏，必须用同样功能的仪器替代。如果无法替代，检漏测试必须重新进行。

⑥ 如果压力降值在允许的范围内，在测试结束时，就可以由压力变化值给出测试漏率；如果测试结果和允许值接近，则要增加测试时间，以增加测试数据的可靠性；如果测试漏率值超出允许值，则必须借助其他检漏方法，确定漏孔位置。

⑦ 当不能接受的超标漏孔的位置确定后，每个超标漏点都必须进行修复。修复后必须重新进行测试，以确定超标漏孔已被排除或者漏率减少到允许状态。最后，必须采用压降法测试被检容器的总漏率，确保总漏率在允许范围内。

(2) 常用的压力计及读数方法

压力变化法测量漏率的精度及重复性与测试系统中采用的压力计及其读数的方法紧密相关。最精确的压力计是铅重力压力测试仪。这种仪器通常被用来校准别的压力计。检漏中常用的压力计的压力测量范围和精度见表20-11。

表20-11 检漏中常用的压力计的压力测量范围和精度

序 号	压力计	测量范围/kPa	精度极限
1	铅重力压力测试仪 (各种压力范围)	2～350； 350～3500； 3500～16000； 16～80000	0.003%； 0.003%； 0.003%； 0.003%
2	机械压力表	0～700000	(±0.066～±2)%F.S
3	石英波尔顿管压力计	0～20000	(±0.01～±0.02)%F.S
4	金属波尔顿管压力计	7000～140000	(±0.01～±0.02)%F.S
5	水U形计	0～7.5	±1Pa
6	直读水银U形计	0～350	±80Pa
7	数字水银U形计	0～285	±3Pa
8	数字无液压力计	35～3500	±0.05%F.S
9	离子质量探测传感器	50～800	10^{-6}Pa·m^3/s(最小可检漏率)

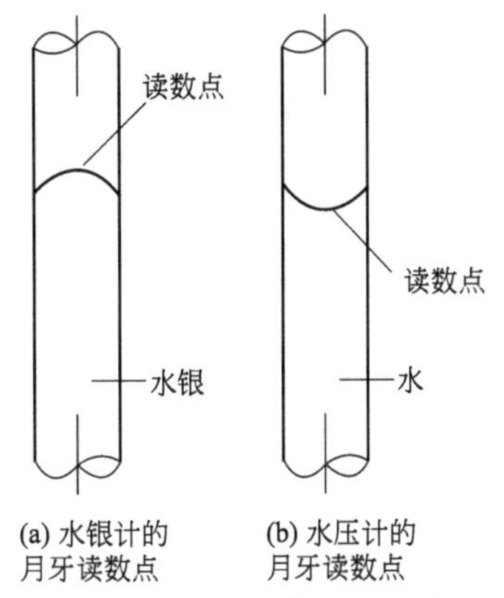

图 20-34 液体柱型压力计的读数点

用绝对压力计进行检测时，应将指针显示或仪器显示的最小读数的一半作为误差。特别要注意的是，读数方法应该一致。通过连续一致的仪器读数，可以抵消部分测量误差。例如：某个压力计在测试压力的过程中的读数都读高 5kPa，即将最初的压力真值 335kPa 读为 340kPa，而将最终压力真值 329kPa 读为 334kPa。假定测试系统的温度保持均匀不变，压力降真值（335kPa→329kPa）是 6kPa，而压力计的读数变化（340kPa→334kPa）也是 6kPa。

对于液体柱型压力计，精确读出压力计柱面高度的方法是：对水银计，读数点是水银柱面的月牙面的上顶点［图 20-34(a)］，对水压计，读数点是水柱面月牙面的底面点［图 20-34(b)］。如果装有反射镜面，通过月牙面和反射镜中的投影面的读数确定。

(3) 充气气体的选择

压力变化检漏所充的气体必须服从理想气体方程。最常用的充气气体是空气、氮气、氦气、氩气、二氧化碳。一般卤素气体（如 F-12、F-22）不服从理想气体方程，用于压力变化检漏时将产生很大的偏差，因此不能用于充压检漏。

压力变化检漏所充的气体不能使用可燃气体和有毒气体。氧气对可燃油气、油脂、碳氢化合物具有助燃作用，也不能使用。同样，可燃气体丙烷、丁烷、乙炔更不能用，否则将可能引起爆炸。

(4) 有效容积的测量

被检容器的有效容积（含隔离阀与被检容器间的连接管道的体积）及其准确性对漏率的计算是非常重要的。测量被检容器有效容积的方法很多，如充液称重法，体积膨胀法，标准漏孔或标准气样法等。上述方法都存在各自测量中的问题和困难，而且只适合于中小容积。对于大容器，这里介绍一种充气称质量法。它是将已知气体质量的某种高纯气体充入被检容器中，测量容器中的压力变化值，通过气体状态方程来计算出被检容器的有效容积的。其测量系统如图 20-35 所示。

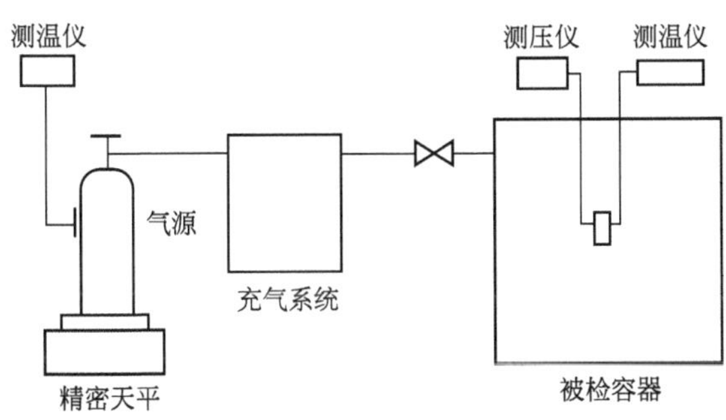

图 20-35 被检容器有效容积的测量系统

测量步骤如下：

① 用精密天平测量气瓶充气前的总质量 m_1，kg；

② 用测压计和测温仪测量充气前被检容器中的压力 p_3，Pa，和温度 T_3，K；

③ 将气瓶与充气系统连接，打开气瓶，利用充气系统向被检容器中充气，当被检容器中的压力有明显变化时，关气瓶；

④ 用测压计和测温仪测量充气后被检容器中的压力 p_4，Pa，和温度 T_4，K；

⑤ 卸下气瓶，用精密天平测量充气后气瓶总质量 m_2，kg；

⑥ 利用下列公式计算被检容器的有效容积 V，m^3：

$$V=\frac{\Delta mR}{\mu\left(\frac{p_4}{T_4}-\frac{p_3}{T_3}\right)}-V_0=\frac{(m_1-m_2)R}{\mu\left(\frac{p_4}{T_4}-\frac{p_3}{T_3}\right)}-V_0 \tag{20-52}$$

式中 μ——气源气体的摩尔质量，kg/mol；

R——摩尔气体常数，8.3144J/(mol·K)；

V_0——气源后的连接充气系统和被检容器的管路容积，m^3，当被检容器的有效容积比连接管路的容积大得多时可以忽略。

(5) 温度、表压和大气压的修正

温度变化引起的压力波动，在压降检漏中的影响很大。这种影响要通过测试被检件中的气体温度来修正。因此在压降法检漏中，必须测量被检件中的气体温度。如果被检件较小，内部的温度不容易测量，可以采用表面温度计测量被检件的表面温度。表面温度计必须和被检件紧密接触，可以采用胶带、磁条、夹子使温度计和被检件紧密相连。

在压力变化值的计算中，表压必须转化为绝对压力，温度要转化为热力学温度（K）。如果测试的持续时间较短，可以假定大气压力 p_A 不变。如果测试的持续时间较长，测试过程中温度会发生变化，则必须同时测试被检件中的气体压力、大气压力和温度。

当压力 p 是由表压计测量，温度 T 为摄氏温度（℃），大气压力不变且为 p_A 时，通过起始压力 p_1（表压）、温度 T_1（℃）、大气压力 p_{A1} 以及终止压力 p_2（表压）、温度 T_2（℃）和大气压力 p_{A2}，压力变化值 Δp 用下式计算：

$$\Delta p=(p_1+p_{A1})-(p_2+p_{A2})\frac{(T_1+273)}{(T_2+273)} \tag{20-53}$$

如果压力为绝对压力，温度单位为℃，则压力变化值 Δp 用下式计算：

$$\Delta p=p_1-p_2\frac{(T_1+273)}{(T_2+273)} \tag{20-54}$$

如果压力为绝对压力，温度单位为热力学温度（K），则

$$\Delta p=p_1-p_2\frac{T_1}{T_2} \tag{20-55}$$

如果大气压力有变化，必须用气压计对当地大气压力进行测量，每个表压必须按下式转化为绝对压力，即

$$p=p_{压力计}+p_{气压计} \tag{20-56}$$

式中 p——绝对压力，Pa；

$p_{压力计}$——压力计显示压力，表压，Pa；

$p_{气压计}$——气压计显示的大气压力，Pa，该压力不是从当地气象局获得，而是通过精确压力计得到，且转换为压力单位 Pa。

(6) 湿度的修正

在压力降检漏中，水蒸气的影响是不可忽视的。如果温度低于露点温度，水蒸气将凝结在固体表面，这样水蒸气的压力将从空气总压力中剔除。当温度高于露点温度，被检件中的水蒸气将蒸发，增加了被检件空气中的总压力。水蒸气的分压力加上气体的真实压力构成了压力降检漏过程中的总压力。如果水蒸气的分压力在检漏过程中保持不变，水蒸气的分压值可以被剔除。然而，温度一旦发生变化，水蒸气的分压力将发生较大的变化，如

果不对水蒸气产生的影响进行校正，压降检漏法将产生较大的偏差。所以在压降法检漏中，为了避免这样的偏差，合理地计算漏率真值，必须从检漏所加的空气、氮气或其他理想气体的总压力 p 中减去水蒸气的分压力 p_v，即

$$p_g = p - p_v \tag{20-57}$$

式(20-57) 中，所有压力用绝对压力，且压力单位相同。

露点温度可以直接指示空气中所包含的水蒸气压力。表 20-12 列出了水蒸气分压力和露点温度的关系。因此，在压力变化检漏中，要通过露点传感器测量被检件内部的露点温度来得到水蒸气的分压力。通常采用两种类型的露点传感器，一种是氧化铝电容传感器，另一类是安装在热电冷却元件上的电阻传感器。

表 20-12 水蒸气分压力和露点温度的关系

露点温度/℃	水蒸气绝对压力/Pa	露点温度/℃	水蒸气绝对压力/Pa
−18	126.8	11	1312.8
−17	137.2	12	1402.4
−16	152.4	13	1497.6
−15	166.2	14	1598.2
−14	181.3	15	1706.1
−13	197.9	16	1818.2
−12	216.5	17	1937.4
−11	236.8	18	2063.6
−10	257.9	19	2196.7
−9	281.3	20	2337.3
−8	307.5	21	2486.3
−7	336.8	22	2643.5
−6	370.3	23	2808.3
−5	402.0	24	2982.7
−4	436.4	25	3166.8
−3	473.7	26	3360.5
−2	516.4	27	3566.6
−1	558.5	28	3779.0
0	610.2	29	4006.5
1	657.1	30	4241.7
2	706.0	31	4491.3
3	757.7	32	4756.0
4	813.6	33	5029.1
5	872.2	34	5318.0
6	936.9	35	5621.3
7	1001.8	36	5939.9
8	1072.8	37	6273.6
9	1148.0	38	6623.8
10	1228.0		

(7) 漏率的计算

① 气体量漏率　经压降法检漏后，通过测得的各种数据，被检容器的气体量漏率就

可按下式计算，即

$$Q=\frac{V\Delta p}{\Delta t}=V\left\{\left[(p_1+p_{A1}-p_v)-(p_2+p_{A2}-p_v)\frac{(T_1+273)}{(T_2+273)}\right]\right\}/\Delta t \qquad (20\text{-}58)$$

式中 Q——被检容器的漏率，Pa·m³/s；

V——被检容器的有效容积，m³；

p_1——被检容器的起始表压力，Pa；

p_{A1}——开始测试时大气的压力，Pa；

p_v——被检容器中的水蒸气压力，Pa，通过测试的露点温度，查表 20-12 得到；

p_2——经过 Δt 时间后被检容器的表压力，Pa；

p_{A2}——经过 Δt 时间后大气的压力，Pa；

T_1——被检容器中气体的摄氏温度，℃；

T_2——经过 Δt 时间后被检容器中气体的摄氏温度，℃；

Δt——测试时间，s。

② 质量漏率 若被检件的容积 V 恒定不变，热力学温度为 T，总压力为 p，水蒸气压力为 p_v，被检件内所充示漏气体（如空气、氮气或其他理想的压缩气体）的质量 m 为

$$m=\frac{MV}{R}\frac{(p-p_v)}{T} \qquad (20\text{-}59)$$

式中 m——被检件内部气体的质量，kg；

M——被检件内部气体的摩尔质量，kg/mol，空气为 29×10^{-3}kg/mol；

V——被检件的有效容积，m³；

R——摩尔气体常数，8.3144J/(mol·K)；

p——被检件的压力，Pa；

T——被检件的热力学温度，K；

p_v——被检件的水蒸气分压力，Pa。

当被检件的容积保持恒定，在起始测试时，被检件里的气体的质量为

$$m_1=p_1\frac{MV}{RT_1} \qquad (20\text{-}60)$$

在终止测试时，被检件里的气体的质量为

$$m_2=p_2\frac{MV}{RT_2} \qquad (20\text{-}61)$$

在测试期间，被检件的质量损失为

$$m_1-m_2=\left(\frac{p_1}{T_1}-\frac{p_2}{T_2}\right)\frac{MV}{R} \qquad (20\text{-}62)$$

被检件的质量漏率也可以从被检件中初始测试的质量与测量终止时的质量之差除以间隔时间，即

$$Q_m=\frac{m_1-m_2}{\Delta t}=\left(\frac{p_1}{T_1}-\frac{p_2}{T_2}\right)\frac{MV}{R\Delta t} \qquad (20\text{-}63)$$

式(20-60)～式(20-63) 中 m_1——被检件中气体的起始质量，kg；

m_2——被检件中气体的终止质量，kg；

M——被检件中气体的摩尔质量，kg/mol，空气为 29×

10^{-3}kg/mol；

R——摩尔气体常数，8.3144J/(mol·K)；

p_1——被检件中气体的起始压力，Pa；

p_2——被检件中气体的终止压力，Pa；

T_1——被检件中气体的起始温度，K；

T_2——被检件中气体的终止温度，K；

V——被检件的有效容积，m^3；

Δt——测量时间间隔，s；

Q_m——被检件的质量漏率，kg/s。

③ 在标准环境条件下的体积漏率　标准环境条件为：压力 p_s 为 101.325kPa，温度 T_s 为 293.15K。若特定质量 m_s 在标准环境条件下的体积是 V_s，则标准环境条件下气体的质量为

$$m_s=\frac{Mp_sV_s}{RT_s} \tag{20-64}$$

标准环境条件下气体的体积便为

$$V_s=\frac{m_sRT_s}{Mp_s} \tag{20-65}$$

那么，标准环境条件下的体积漏率为

$$Q_V=\frac{V_{s1}-V_{s2}}{\Delta t}=\left(\frac{m_1RT_s}{Mp_s}-\frac{m_2RT_s}{Mp_s}\right)/\Delta t=\frac{RT_s}{Mp_s\Delta t}(m_1-m_2) \tag{20-66}$$

如果用实际测量的 p_1、p_2、T_1、T_2 值，标准环境条件下的体积漏率为

$$Q_V=\frac{VT_s}{\Delta tp_s}\left(\frac{p_1}{T_1}-\frac{p_2}{T_2}\right) \tag{20-67}$$

式中　Q_V——标准环境条件下的体积漏率，m^3/s；

V——被检件的有效容积，m^3；

T_s——标准环境温度，K；

p_s——标准环境压力，Pa；

T_1——被检件中气体的起始温度，K；

T_2——被检件中气体的终止温度，K；

p_1——被检件中气体的起始压力，Pa；

p_2——被检件中气体的终止压力，Pa；

Δt——测量时间间隔，s。

20.6.7.2　差压法

上面所讲的静态压降法总漏率测试方法，是用绝对压力计分别去测量被检容器在起始时间的压力值和经过 Δt 时间后的压力值，再计算出压差的方法。当被测压力值较大（0.15MPa 以上）时，环境温度变化对压力测量值的影响很大。加上绝对压力计的最小可测压力值都比较大，因此对小漏率的测量就非常困难。如果采用差压计直接测量两室之间的压力差，由于差压计的最小可测压力值很小，精度很高，就可以直接测量出较小的压差值来。

当被测物与基准物的体积、材料和形状基本一致时，尽管被检系统（被测物）和基准物

中的工作压力仍然较大，但由于环境温度变化对被测物和基准物压力的影响始终是同向的，因此环境温度变化对压力测量的影响基本可以相互抵消，这就是采用差压检漏的重要优势。

（1）差压检漏的原理

差压检漏的原理如图 20-36 所示。差压传感器一端接基准物（基准物是不漏的），另一端接被测物。基准物与被测物先同时充入相同压力的气体，使差压传感器两端平衡。当基准物与被测物隔离后，如果被测物有泄漏，即使是微小泄漏，差压传感器两端将出现压差，差压传感器将产生一个与漏气量相关的输出信号。差压检漏仪将这一输出信号检出并计算出被测物的具体漏气量。如果基准物和被测物的形状、材料和大小都相同，内部回路又对称时，这种方式可以消除测试环境、温度等因素的影响，进而提高测试的精度、速度和可靠性。

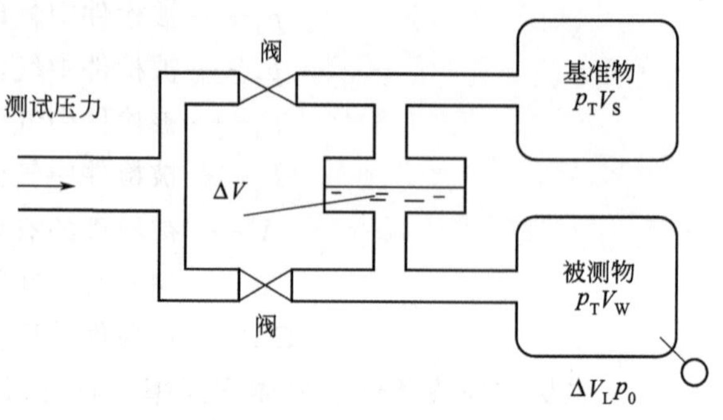

图 20-36 差压检漏的原理

（2）差压传感器

差压检漏的核心部件是差压传感器。图 20-37 所示为常用的电感型差压传感器的结构及电气回路示意图。进气口 1 和进气口 2 是分别与被测物和基准物连接的接口。它的受压感知部分为平面膜片，当膜片两侧存在压差时，膜片会发生微小变位，使膜片两侧的间隙发生变化，于是电气回路中的感抗随之变化，由此将压差信号转换成电信号，并由输出仪表指示出来。膜片两侧的间隙很狭窄，既要保护传感器不会因超压而损坏，又要能满足足够的差压测量范围。

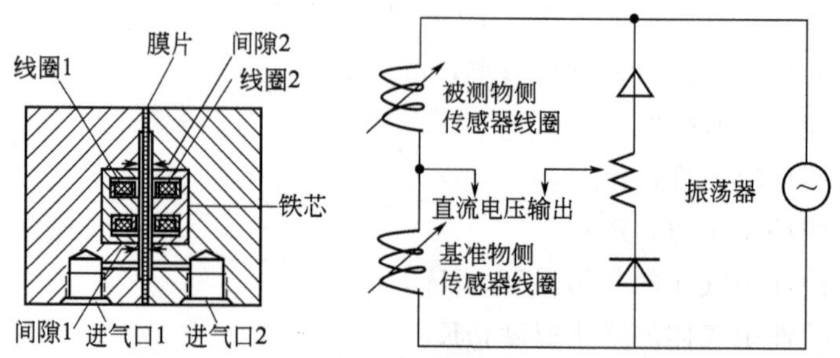

图 20-37 电感型差压传感器结构及电气回路示意图

对差压传感器的基本要求是：

① 灵敏度高。能够感知微小泄漏引起的压力变化。

② 传感器系数小。即单位压差引起的传感器内部容积变化量（$\Delta V/\Delta p$）越小越好。

③ 对称性好。检测时基准物侧和被测物侧容积是对称结构，所以要求传感器的结构及其输出信号必须对称，且其内容积尽量小。

④ 耐压特性好。保证在使用压力范围内的耐压强度及传感器的使用寿命。

⑤ 响应速度快。以提高检测效率。

（3）差压检漏回路的对称性

差压检漏回路和差压传感器都应该是“对称”的，其理由是：

① 快速向被测物内充气时可以近似为气体的绝热压缩过程。无论采取哪种充气方式，被测物及基准物内部温度都会发生变化。如果被测物和基准物相互对称，在相同条件下同时被充气，当通过差压传感器进行检测时，充气引起的热影响就可以相互抵消。

② 充气加压后会使被测物和基准物及检测管路产生应力形变，采取对称的结构就可以抵消因形变引起的容积变化对检测结果的影响。

③ 周围环境及初始条件对检测有较大的影响，对称的被测物和基准物在同一条件下进行检测，这些外界带来的影响就可以相互抵消。

(4) 漏率的计算

由图 20-36 可知，当两个阀门关闭一段时间后被测物内的气体量为

$$p_T V_W = p_1(V_W - \Delta V) + p_0 \Delta V_L \tag{20-68}$$

基准物内的气体量为

$$p_T V_S = p_2(V_S + \Delta V) \tag{20-69}$$

由式(20-68)、式(20-69) 整理后得

$$\frac{p_1(V_W - \Delta V) + p_0 \Delta V_L}{V_W} = \frac{p_2(V_S + \Delta V)}{V_S} \tag{20-70}$$

因为差压传感器非常灵敏，即使存在微小压差 Δp 也可检出，所以在整个检测过程中、p_1、p_2 与测试压力 p_T 都非常接近，即：$p_1 \approx p_2 \approx p_T$；于是，就可以得到在一定检测时间内漏出的气体体积 ΔV_L 与检测到的压差 Δp 的关系：

$$\Delta V_L = \frac{\Delta p}{p_0}\left[V_W + \frac{\Delta V}{\Delta p}\left(1 + \frac{V_W}{V_S}\right)p_T\right] \tag{20-71}$$

式(20-68)～式(20-71) 中 p_T——测试压力（设定的充气压力），Pa；

p_1——检测终止时被测物内的压力，Pa；

p_2——检测终止时基准物内的压力，Pa；

p_0——大气压，Pa；

V_W——被测物侧容积，mL；

V_S——基准物侧容积，mL；

Δp——压差，$\Delta p = p_2 - p_1$，Pa；

ΔV——由压差 Δp 引起传感器容积的变化量，mL；

ΔV_L——折算为大气压 p_0 下的漏出的气体体积，mL。

这里 p_T、p_1、p_2 和 p_0 都为绝对压力。$\Delta V/\Delta p$ 称为传感器系数，它的物理意义为：产生单位压差时传感器内部的体积变化量，其单位为 mL/Pa。它的大小直接关系到检漏仪的精度和准确度。$\Delta V/\Delta p$ 越小，对于相同的泄漏量，产生的差压会越大，从而越容易检测出微小泄漏。

单位时间内被测物泄漏的体积即体积漏率 Q_V 为

$$Q_V = \frac{\Delta V_L}{\Delta t} = \frac{\Delta p}{\Delta t p_0} = \left[V_W + \frac{\Delta V}{\Delta p}\left(1 + \frac{V_W}{V_S}\right)(p + p_0)\right] \tag{20-72}$$

式中 p——测试压力（表压），Pa；

Q_V——体积漏率，mL/s；

Δt——检测时间，s。

当被测物与基准物容积相同（$V_W=V_S$）时，体积漏率 Q_V 为：

$$Q_V=\frac{\Delta p}{\Delta t p_0}\left[V_W+2\frac{\Delta V}{\Delta p}(p+p_0)\right] \tag{20-73}$$

（5）差压检漏中环境温度影响的修正

差压检漏中，如果被测物和基准物相互对称（即体积、结构、材料、环境相同），其环境温度变化对压力测量的影响基本可以相互抵消。但实际工作中，要使被测物和基准物相互对称是非常困难的。因此，环境温度变化可能会引起被测物和基准物之间的温度不一样。下面结合差压检漏的过程对环境温度变化的影响进行分析。

① 检漏前　两室之间的阀门处于开启状态，通过充气系统向被测物和基准物之中充入高压气体，经过一段时间的稳定后，被测物和基准物之中的温度、压力均达到平衡，即有：

$t=0$ 时　　$T_{W0}=T_{S0}=T_0$

$$p_{W0}=p_{S0}=p_0$$

$$p_{S0}-p_{W0}=0$$

② 测试开始后　在 $t=0$ 时，关闭阀门。经过时间 Δt 后，因泄漏的影响，被测物的压力变为 p_{Wt}，压差为 Δp_W，而基准物内压力为 p_{St}。

a. 如果在测试时间内，环境温度保持不变。设 Δp 为 T_0 温度下在 Δt 时间内因泄漏引起的被测物内的压力变化，则

$t=\Delta t$ 时　　$T_{Wt}=T_{St}=T_0$

$$p_{Wt}=p_{W0}-\Delta p=p_0-\Delta p$$

被测物和基准物之间的压差 Δp_t（即差压计的读数）为

$$\Delta p_t=p_{St}-p_{Wt}=p_0-(p_0-\Delta p)=\Delta p \tag{20-74}$$

b. 如果在测试时间内，环境温度发生变化。被测物温度变为 T_{Wt}，基准物温度变为 T_{St} 则有

$t=\Delta t$ 时　　$T_{Wt}\neq T_{St}$

因环境温度变化造成的基准物起止温度差 ΔT_S 为

$$\Delta T_S=T_{St}-T_{S0}=T_{St}-T_0$$

因环境温度变化造成的被测物起止温度差 ΔT_W，为

$$\Delta T_W=T_{Wt}-T_{W0}=T_{Wt}-T_0$$

在测试期间，基准物与被测物之间的温度差 ΔT 为

$$\Delta T=T_{St}-T_{Wt}=\Delta T_S-\Delta T_W$$

基准物和被测物之间的压力分别为

$$p_{St}=p_{S0}\times T_{St}/T_{S0}=p_0\times T_{St}/T_0$$

$$p_{Wt}=(p_{W0}-\Delta p_W)\times T_{Wt}/T_{W0}=(p_0-\Delta p)\times T_{Wt}/T_0$$

所以，测试期间基准物与被测物之间的压差 Δp_t（即差压计的测量值）为

$$\begin{aligned}\Delta p_t&=p_{St}-p_{Wt}\\&=p_0\times T_{St}/T_0-(p_0-\Delta p)\times T_{Wt}/T_{W0}\\&=p_0\times\Delta T/T_0+\Delta p\times T_{Wt}/T_0\end{aligned} \tag{20-75}$$

由式(20-75) 可知：

ⅰ. 当环境温度变化造成基准物和被测物的温度变化完全相同，即 $T_{St}=T_{Wt}$，$\Delta T=$

$T_{St}-T_{Wt}=0$ 时，$p_0\times\Delta T/T_0=0$，故有

$$\Delta p_t=\Delta p\times T_{Wt}/T_0 \tag{20-76}$$

这表明环境温度变化对被测物和基准物本底压力的影响完全抵消，即压差的测量值与温度成正比关系，这种修正非常简单。

ⅱ.当环境温度变化引起基准物与被测物之间的温度变化不一样，即出现温度差 $\Delta T\neq 0$ 时，测量值 Δp_t 由两部分组成，一部分是由被检系统泄漏造成的 $\Delta p\times T_{Wt}/T_0$ 项，另一部分是因本底压力引起的 $p_0\times\Delta T/T_0$ 项。在总漏率测试时，需要测量的是前面一项，即 $\Delta p\times T_{Wt}/T_0$，而由本底压力引起的 $p_0\times\Delta T/T_0$ 项是应该避免和扣除的。因此，希望 $p_0\times\Delta T/T_0$ 项的值越小越好，这样对 $\Delta p\times T_{Wt}/T_0$ 项的测量就越容易和越精确。如 $p_0\times\Delta T/T_0\gg\Delta p\times T_{Wt}/T_0$，$p_0\times\Delta T/T_0$ 值会将 $\Delta p\times T_{Wt}/T_0$ 值掩盖，则 $\Delta p\times T_{Wt}/T_0$ 项的测量就变得十分困难，甚至成为不可能。

ⅲ.要提高总漏率测试中的准确性，延长测试时间 Δt 可以使 Δp_t 的值增加，但同时也将使 ΔT 变大，因此这不是一种可行的办法。有效的方法是尽可能地降低 ΔT，为此需要采取措施，有效地控制测试环境的温度变化。除此之外，在设计基准物时，要注意其材料、形状、结构、大小均应与被检物相接近，并保证基准物与被测物之间具有良好的热传导性。

提高总漏率测试精度的另一条途径是选用带有恒温装置的高精度电容薄膜计，最大限度地减小差压计本身的零点漂移。恒温型电容薄膜计的恒温温度范围是45～50℃，环境温度越接近恒温温度，其效果就越差。由于差压计的工作环境温度一般不会超过40℃，所以选用恒温型电容薄膜计对降低压力传感器的零点漂移是十分有效的。大量实验证明：当环境温度变化1℃时，电容薄膜计的温度变化只有0.01～0.02℃，薄膜计的零点漂移只有满量程的0.002%，测量精度极高。因此，在总漏率测试过程中，若环境温度的变化不超过1℃时，可以不考虑温度变化的影响。

ⅳ.总漏率测试的关键是要准确测出因泄漏引起的被测物的压力下降 Δp 值，从式(20-75)可得

$$\begin{aligned}\Delta p&=(\Delta p_t-p_0\times\Delta T/T_0)T_0/T_{Wt}\\&=\Delta p_t\times T_0/T_{Wt}-p_0\times\Delta T/T_{Wt}\end{aligned} \tag{20-77}$$

即 Δp 是从测量值 Δp_t 与 T_0/T_{Wt} 的乘积中减去温度影响项 $p_0\times\Delta T/T_{Wt}$ 得到的。由于对 ΔT 的测量可能是困难的，所以 $p_0\times\Delta T/T_{Wt}$ 项一般可通过实验来获取，即当被测物漏率 $Q\approx 0$ 时，在相同的测试时间 Δt 内，用差压计测出这时的 Δp_t 值，同时分别测出被测物测试前后的温度 T_0 和 T_{Wt}，由于 $\Delta p=0$，由式(20-77)可知

$$p_0\times\Delta T/T_{Wt}=\Delta p_t\times T_0/T_{Wt}$$

需要注意的是，每一次测得的 Δp_t 值可能会不同，应通过多次测量取平均值的方法来确定 Δp_t 值的大小。

③ 被测物和基准物的温度不同时 Δp 值的计算　式(20-77)是假设初始时刻($t=0$)被测物和基准物的温度相同的情况下得到的。当初始时刻被测物和基准物的温度不同时，因泄漏引起的被测物的压降 Δp 值由下式计算：

$$\Delta p=\Delta p_t\frac{T_{W0}}{T_{Wt}}-p_0\left(\frac{T_{W0}T_{St}}{T_{Wt}T_{S0}}-1\right) \tag{20-78}$$

式中　T_{W0}——初始时刻被测物的温度，K；

T_{S0}——初始时刻基准物的温度，K。

④ 被检系统的有效容积 V_W 的测量　要获得系统的总漏率 Q_z 的值，除需要知道测试时间 Δt 和 Δp 的值外，还需要知道被检系统的有效容积 V_W 的值。关于 V_W 的测量，可利用图 20-39 所示的装置，根据波义耳定律将容积的测量转化为压力的测量，其方法是：

a. 测量基准物的容积 V_S 及大气压力值（基准物中的初始压力）p_0；

b. 开启阀门，向被测物与基准物内充入表压为 p_1 的空气；

c. 关闭阀门，通过接在系统上的放气阀，将被测物中的气压泄至 p_0，然后关闭放气阀；

d. 开启阀门，待被测物与基准物内的压力平衡后，测出其压力值 p_2（表压）。由波义耳定律可知：

$$(p_1+p_0)V_S+p_0V_W=(p_2+p_0)(V_S+V_W)$$

被检系统的有效容积 V_W 为

$$V_W=(p_1-p_2)V_S/p_2 \tag{20-79}$$

(6) 大容器的差压检漏

差压检漏中，要求基准物与被测物是对称的，则基准物与被测物的大小、形状、材料完全一致，以消除环境温度变化带来的测量误差，准确测出被测物的漏率。然而工程上的大型容器的容积都比较大，形状也非常复杂，无法找到与被测物完全一样的基准物。中国空间技术研究院总装与环境工程部采用了非对称基准物的差压法检测一个容积约 7.3m³ 的容器的总漏率，为了解决环境温度的影响问题，采取了以下办法：

① 为了最大限度地使基准物温度与被测物温度保持一致，将体积小、导热性好的基准物放在被测物内部中心位置上，并在基准物内安置一个温度计测量基准物中的气体温度。基准物容积为 1L，材料为紫铜。

② 被测物容积较大，内部气体温度各处不一样，特别在垂直方向上温度变化更加明显。为了准确测得被测物内部气体的温度，在被测物的中间部位的垂直方向上均匀安置多个温度计测量温度，然后取各点温度的平均值作为被测物的气体温度值。

③ 精确测量初始和终止时刻被测物和基准物内部的气体温度后，利用式(20-78) 对测量值进行温度修正，则被测物的压差值 Δp 值由下式计算：

$$\Delta p=\Delta p_t\frac{T_{W0}}{T_{Wt}}-p_0\left(\frac{T_{W0}T_{St}}{T_{Wt}T_{S0}}-1\right)$$

④ 由于被测物和基准物的体积比很大，在充气和放气过程中差压传感器两侧会产生很大的压差，远远超过差压传感器的量程而使传感器损坏。为此，在差压传感器两端设置两个充气隔离阀，在充气或放气过程中将两个阀门关闭，充气或放气结束后再打开两阀。

非对称基准物的差压检漏系统如图 20-38 所示。

其检漏步骤如下：

a. 充气过程　关闭两个充气隔离阀

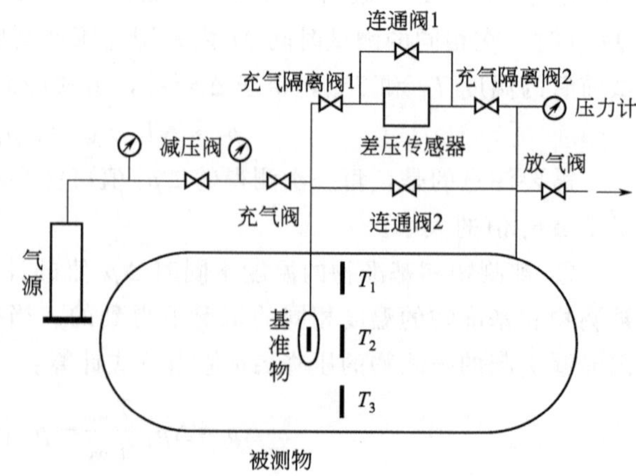

图 20-38　非对称基准物的差压检漏系统

1 和 2，关闭放气阀，打开充气阀及两个连通阀 1 和 2，气源向被测物内充气，达到要求的充气压力 0.1MPa（表压）。

b. 平衡过程　关充气阀，打开两个充气隔离阀 1 和 2，被测物和基准物内气体充分平衡。

c. 测试过程　关闭两个连通阀 1 和 2，用差压传感器测量基准物和被测物之间经过 t 时间后的压差值 Δp_t，并测量被测物和基准物内的起始温度 T_{W0}、T_{S0} 和终止温度 T_{Wt}、T_{St} 值，其中 T_{W0} 和 T_{Wt} 是取被测物内多个温度计测量值的平均值。

d. 放气过程　打开两个连通阀 1 和 2，关闭两个充气隔离阀 1 和 2，再打开放气阀放气。待放气结束，打开两个充气隔离阀 1 和 2。

e. 计算被测物的漏率

先通过式(20-78) 计算出被测物在 t 时间内的压差值 Δp，然后由下面公式计算被测物的漏率值：

$$Q=\frac{\Delta pV}{t}$$

式中，V 为被测物的容积，7.3m^3。

利用该检漏系统对容积为 7.3m^3、表压为 0.1MPa 的容器进行了检漏，测试结果表明其重复性好。对于 24h 内压差为 72Pa 的漏率，其误差在 30%以内。

20.6.7.3　氦质谱检漏仪真空室法

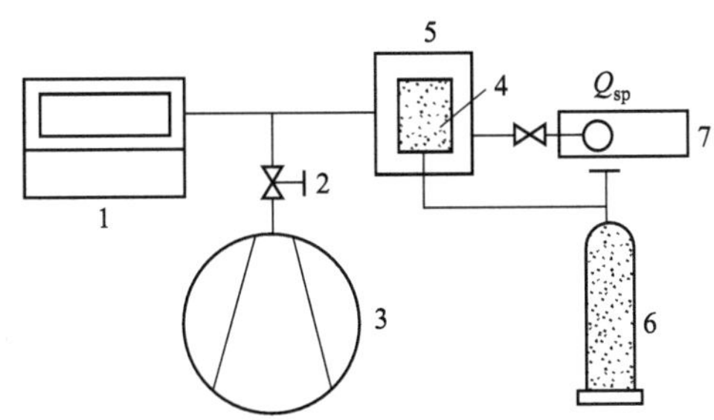

图 20-39　氦质谱真空室法检漏系统

1—氦质谱检漏仪；2—辅助阀；3—辅助泵；4—被检容器；5—真空室；6—氦气瓶；7—标准漏孔

将被检容器放入一个真空室中，真空室与质谱检漏仪相连，真空室上接一支氦漏率为 Q_{sp} 的标准漏孔，如图 20-39 所示。

真空室法测总漏率的操作步骤如下：

① 用辅助泵将真空室抽至低真空，关小辅助阀，打开检漏仪的检漏阀使真空室与质谱室连通，并打开标准漏孔阀，利用检漏仪的抽气系统对真空室及标准漏孔抽气；

② 当检漏仪处于正常检漏工作状态后，关闭标准漏孔阀，当检漏仪输出指示稳定后记下检漏仪的本底值 I_0；

③ 打开标准漏孔阀，待输出指示稳定后，记下检漏仪输出指示值 I_{sp}；

④ 关标准漏孔阀，被检容器中充入浓度比为 γ 的氦空混合气（为提高氦浓度，有时用泵将被检容器抽空后再充纯氦气，则 $\gamma=1$），被检容器如果有漏，仪器输出指示将会上升。待输出指示稳定后，记下检漏仪输出指示值 I；

⑤ 被检容器对氦气的总漏率 Q 按下式计算：

$$Q=\frac{I-I_0}{I_{sp}-I_0}Q_{sp}$$

20.7　国内外氦质谱检漏仪产品介绍

国内外主要氦质谱检漏仪产品的性能见表 20-13。

表 20-13　国内外主要氦质谱检漏仪产品的性能

生产厂家	型号	最小可检漏率/$Pa \cdot m^3 \cdot s^{-1}$	测量范围/$Pa \cdot m^3 \cdot s^{-1}$	最大试验压力/Pa	检漏口抽速(He)/$L \cdot s^{-1}$	启动时间(<)/min	质量/kg	尺寸/mm^3	特点
法国 Alcatel	ASM 100H	1×10^{-8}	$1\times10^{-8}\sim10^{-1}$	1000	2.7	2	18.2	450×350×185	便携式
	ASM 100HDS	1×10^{-8}	$1\times10^{-8}\sim10^{-1}$			2	21	480×440×165	吸枪型,仪器式
	ASM 102S	1×10^{-8}	$0.1\sim10^{-8}$	101k		3	20	480×430×165	干泵,吸枪型
	ASM 121H	1×10^{-11}	$1\times10^{-10}\sim10^{-1}$	1000	0.6	5	34	430×295×370	便携式,双级分子泵+旋片泵
	ASM 120H	1×10^{-10}	$1\times10^{-10}\sim10^{-2}$	1000	0.6	5	34	430×295×370	便携式,双级分子泵+旋片泵
	ASM 122D	5×10^{-13}	$1\times10^{-13}\sim10^{-3}$	2000	4	5	29	368×352×356	便携式,复合分子泵+薄膜泵
	ASM 142	1×10^{-12}	$1.4\times10^{-13}\sim10^{-3}$	1000	粗抽 2.7,真空检漏 1.3	3	56	510×343×428	便携式,复合分子泵+旋片泵,可检质量数 2、3、4
	ASM 142D	1×10^{-12}	$1.4\times10^{-13}\sim10^{-3}$	1000	1.3	3	45～56	510×343×428	无油干泵 0.5～3L/s
	ASM 142S	1×10^{-8}	$1.4\times10^{-13}\sim10^{-3}$	1000	1.3	3	56	510×343×428	吸枪型
	ASM 180T	5×10^{-13}	$2\times10^{-12}\sim1\times10^{-2}$	600	4.4		80	600×410×450	便携式,复合分子泵+旋片泵
	ASM 180TDt	5×10^{-13}	$2\times10^{-12}\sim1\times10^{-2}$	600	4.4		96	600×450×460	便携式,复合分子泵+薄膜泵
	ASM 181T	5×10^{-13}	$2\times10^{-12}\sim1\times10^{-2}$	600	4.4		125	600×730×885	小台式,复合分子泵+旋片泵,可自配粗抽泵
	ASM 181T2	5×10^{-13}	$2\times10^{-12}\sim1\times10^{-2}$	600	20		155	600×730×885	小台式,复合分子泵+旋片泵,可自配粗抽泵
	ASM 181TD+	5×10^{-13}	$2\times10^{-12}\sim1\times10^{-3}$	600	4.4		155	600×730×885	小台式
	ASM 181T2D+	5×10^{-13}	$2\times10^{-12}\sim1\times10^{-3}$	600	2.0		155	600×730×885	小台式
	ASM 182T	5×10^{-13}	$5\times10^{-13}\sim1\times10^{-2}$	600	4.4	3～5	80	594×461×456	便携式
	ASM 182TD+	5×10^{-13}	$5\times10^{-13}\sim1\times10^{-2}$	600	4.4	3～5	96	600×450×460	便携式,复合分子泵+无油干泵
	ASM 192T	5×10^{-13}	$5\times10^{-13}\sim1\times10^{-2}$	600	4.4	3～5	125	590×692×915	将 ASM 182T 改为台式
	ASM 192TD+	5×10^{-13}	$5\times10^{-13}\sim1\times10^{-2}$	600	4.4	3～5	185		将 182TD+改为台式,复合分子泵+无油干泵
	ASM 192T_2D+	5×10^{-13}	$5\times10^{-13}\sim1\times10^{-2}$	600	20	3～5	185	600×730×885	
	DGC 1001	5×10^{-13}	$2\times10^{-12}\sim1\times10^{-2}$	600	4.4	5	190	690×930×1000	台式,复合分子泵,元器件检漏
	ASI 20MD	5×10^{-12}	$1.4\times10^{-13}\sim10^{-3}$	2000	7.5	2.5	30	470×250×130,480×133.5×100,480×133.5×300	由三个独立部分组成的工业检漏仪器

续表

生产厂家	型号	最小可检漏率/Pa·m^3·s^{-1}	测量范围/Pa·m^3·s^{-1}	最大试验压力/Pa	检漏口抽速(He)/L·s^{-1}	启动时间(<)/min	质量/kg	尺寸/mm^3	特　　点
德国 Pfeiffe (Leybord)	L2000 PLUS	1×10^{-12}	$10^{-13}\sim10^{-2}$	300	1	3	35.5	490×430×250	
	Modul L2000 PLUS	1×10^{-12}	$10^{-13}\sim10^{-2}$	300	8	3	30.5	490×430×250	
	UL 100PLUS	2×10^{-11}	$2\times10^{-11}\sim1\times10^{-3}$	20		3	33.5	430×460×250	便携式
德国 Pfeiffe	UL-200	5×10^{-12}	$5\times10^{-12}\sim1\times10^{-2}$	300	1	3	37	490×430×250	全自动试验,便携式,自动调零复合分子泵
	Qualy Test HLT 260	5×10^{-13}	$10^{-13}\sim10^{-1}$	2500	2.1	3	44	545×446×297	便携式,特殊分子泵+旋片泵
	Qualy Test HLT 265	5×10^{-13}	$10^{-13}\sim10^{-1}$	2500	2.1	3	34	545×446×297	便携式,特殊分子泵,粗抽泵自配
	Qualy Test HLT 270	5×10^{-13}	$10^{-13}\sim10^{-1}$	2500	2.1	3	44	545×446×297	便携式,特殊分子泵+双级薄膜泵
	Qualy Test HLT 275	5×10^{-13}	$10^{-13}\sim10^{-1}$	2500	2.1	3	140	850×550×995	带推车,特殊分子泵+双级涡旋泵
美国 Varian	979(D)	2×10^{-12}	$2\times10^{-12}\sim1$	600	2～2.5	3	23	504×262×475	便携式,双口分子泵
	979S	5×10^{-12}	$1\times10^{-10}\sim1\times10^{-4}$	600	2～2.5	3			吸枪型
	959(D)								便携式
	947								台式
	948								台式
	960								台式
	960(D)								台式
	990 CLD								台式
	990 dCLD								台式
	Heli Test Wing	5×10^{-7}				3		200×170×90	便携式
美国 Veeco	MD-490S	4×10^{-9}	$10^{-4}\sim4\times10^{-9}$			3	31.8	344×618×395	便携式,吸枪型,干泵
	MS-40	4×10^{-12}	$10\sim4\times10^{-12}$	1×10^{5}		3		381×527×356	便携式,大气真空双功能检测,双扇形质谱计,旋转泵
	MS-40DRT	4×10^{-12}	$10\sim4\times10^{-12}$	1×10^{5}		3		381×527×356	便携式,大气真空双功能检测,双扇形质谱计,干泵
	MS-50	3×10^{-12}	$1\sim3\times10^{-12}$	1×10^{4}		3	216	654×778×896	台式

续表

生产厂家	型号	最小可检漏率/Pa·m^3·s^{-1}	测量范围/Pa·m^3·s^{-1}	最大试验压力/Pa	检漏口抽速(He)/L·s^{-1}	启动时间(<)/min	质量/kg	尺寸/mm^3	特点
美国 Inficon	UL 1000Fab	5×10^{-13}	$510^{-13}\sim10^{-2}$	15001	粗抽 6.9，真空检漏 2.2	3	110	1068×525×850	复合分子泵＋涡旋泵，有粗检、细检、超细检及吸枪四种模式，可检质量 2、3、4
	UL5000								
	1DLMS-TP2	5×10^{-11} Torr·L/s	$3\times10^{-10}\sim3\times10^{-5}$ Torr·L/s	100		5	25	540×465×848	便携式
日本真空 Ulvac	HEL10T 301	10^{-12}	$10^{-12}\sim10^{-4}$	1000			39	300×484×520	标准型，全自动，复合分子泵
	HEL10T 302P	10^{-9}	$10^{-9}\sim10^{-3}$				39	300×484×520	全自动，吸枪型
	HEL10T 302B	10^{-8}	$10^{-8}\sim10^{-2}$				41	300×484×520	全自动，吸枪型
	HEL10T 303	10^{-10}	$10^{-10}\sim10^{-2}$				91	473×599×948	全自动
	HEL10T 304	10^{-12}	$10^{-12}\sim10^{-4}$				83	473×599×948	全自动
	HEL10T 307	10^{-12}	$10^{-12}\sim10^{-4}$				85	473×599×948	全自动，干泵
	HEL10T 305A	10^{-10}	$10^{-12}\sim10^{-4}$					484×324×650	全自动，复合分子泵，元器件检漏
	HEL10T 305B	10^{-10}	$10^{-12}\sim10^{-4}$					599×425×958	全自动，复合分子泵，元器件检漏
	HEL10T 306S	10^{-10}	$10^{-12}\sim10^{-4}$					700×700×968	全自动，复合分子泵，元器件检漏，粗抽泵用分子泵
日本岛津	MSE-1001N	8×10^{-12}	$8\times10^{-12}\sim8\times10^{-4}$	2000			37.5	498×199×440	便携式，具有温度补偿自动校准
	MSE-2000	10^{-13}	$10^{-13}\sim10^{-1}$	2000			45	529×280×487	便携式，具有温度补偿自动校准，复合分子泵
	MSE-3000	4×10^{-12}	$4\times10^{-12}\sim2\times10^{-3}$	2660			170	600×699×973	台式，全自动
	MSE-4000	2.5×10^{-10}	$1\times10^{-10}\sim1\times10^{-2}$				200	800×700×975	台式，具有温度补偿自动校准，元器件检漏
	MSE-5000	1.4×10^{-12}	$1\times10^{-10}\sim1\times10^{-2}$					600×699×973	台式，全自动

续表

生产厂家	型号	最小可检漏率/Pa·m^3·s^{-1}	测量范围/Pa·m^3·s^{-1}	最大试验压力/Pa	检漏口抽速(He)/L·s^{-1}	启动时间(<)/min	质量/kg	尺寸/mm^3	特点
成都仪器厂	ZLS-23B	6×10^{-11}		100	1	1h	70	950×600×570	台式单主机，带标漏，扩散泵，有冷阱，手动节流阀，表头读数
	ZLS-24B	2×10^{-11}	$2\times10^{-12}\sim1\times10^{-7}$	10	4	1h	120	610×650×1050	带粗抽泵，带标漏，扩散泵，有冷阱，手动节流阀，表头、数字双显示
	ZLS-24C	2×10^{-11}	$2\times10^{-12}\sim1\times10^{-7}$	10		1h	150	860×725×1090	双测试口，带两套粗抽泵，带标漏，扩散泵，有冷阱，手动节流阀，表头数字双显示
	ZLS-26D/T	5×10^{-12}	$2\times10^{-12}\sim2\times10^{-1}$	1000		5	75	640×550×980	台式，涡轮分子泵，带标漏，所有泵进口，报警点可设定，光柱数码双显示
	ZLS-26D/T双口型	5×10^{-12}	$2\times10^{-12}\sim2\times10^{-1}$	1000		5	75	640×550×980	台式，涡轮分子泵，带标漏，所有泵进口，第二套粗抽泵配进口泵
	ZLS-26D/M	5×10^{-12}		1000		5	75	640×550×980	微机系统控制，触摸式液晶显示屏，漏率直读，四种漏率单位转换，自动扫描氦峰，动态清除本底，可设置报警点，有数据保存及打印功能
	ZLS-27DM	5×10^{-12}	$5\times10^{-12}\sim2\times10^{-1}$	1000		5	68(配车和预抽泵后)	65×850×520	小型车载式，进口涡轮分子泵，自动扫描氦峰
	ZLS-27	1×10^{-11}		30Pa，可扩展至2000Pa			26	420×320×420	便携式，进口涡轮分子泵和机械泵，液晶显示，有图形显示，自动扫描氦峰，动态清除本底，报警点设置
北京中科科仪	ZQJ-220	5×10^{-12}	$1\times10^{-12}\sim1\times10^{-1}$		4	40		570×770×1130	有预抽泵，扩散泵，气动阀，常规和逆流
	ZQJ-230	5×10^{-11}	$2\times10^{-11}\sim9.8\times10^{-5}$	20	2	8		540×500×950	分子泵，逆流，手动组合阀
	ZQJ-240	5×10^{-12}	$1\times10^{-12}\sim1\times10^{-1}$		4	10		570×770×1130	ZQJ-220 型改型，分子泵，常规和逆流，气动阀，有预抽泵
	ZQJ-230D	5×10^{-11}	$5\times10^{-11}\sim9.8\times10^{-5}$	20	2	8	82	540×600×950	ZQJ-230 改型，电磁阀，分子泵逆流
	ZQJ-230DH	5×10^{-11}	$2\times10^{-11}\sim9.81\times10^{-5}$	20	2	8		540×500×950	ZQJ-230D 改型，漏率量程自动转换

续表

生产厂家	型号	最小可检漏率/Pa·m³·s⁻¹	测量范围/Pa·m³·s⁻¹	最大试验压力/Pa	检漏口抽速(He)/L·s⁻¹	启动时间(<)/min	质量/kg	尺寸/mm³	特点
北京中科科仪	ZQJ-230DS	5×10^{-11}	$2\times10^{-11}\sim9.8\times10^{-5}$	20	2	8		465×370×535	ZQJ-230D 改型,小型台式,PLC 控制
	ZQJ-230E	5×10^{-11}	$2\times10^{-11}\sim9.8\times10^{-5}$	50		8		570×650×1050	ZQJ-230D 改型,有预抽泵
	ZQJ-230EK	5×10^{-11}	$2\times10^{-11}\sim9.8\times10^{-2}$	10000		8	131.5	575×650×1050	ZQJ-230E 改型,增加分流-节流高压工作模式
	ZQJ-230EC	5×10^{-11}	$2\times10^{-11}\sim9.8\times10^{-5}$	50		8		570×650×1050	ZQJ-230E 改型,有两套组合阀,两个检漏口,双工位
	ZQJ-291	5×10^{-11}	$2\times10^{-11}\sim9.8\times10^{-5}$	20		8		550×570×910	具有与 ZQJ-230D 相同的真空系统,逆流
	ZQJ-291K	5×10^{-11}	$2\times10^{-11}\sim9.8\times10^{-2}$	10000		8	112	550×560×960	ZQJ-291 改型
	ZQJ-291S	5×10^{-11}	$2\times10^{-11}\sim9.8\times10^{-5}$	20		8		420×570×510	ZQJ-291 改型,进口机械泵和分子泵,小型化
	ZQJ-530	5×10^{-11}	$2\times10^{-11}\sim1.0\times10^{-5}$	20		8	92	500×500×1000	便携式,带推车
	ZQJ-530G	5×10^{-11}	$2\times10^{-11}\sim1.0\times10^{-5}$	20		8	95	650×450×100	便携式,带推车
	ZQJ-542	5×10^{-12}	$5\times10^{-12}\sim1$	1000	1.3	2	65	541×410×440	便携式,一键操作,一般、粗检及吸枪三种检漏方式,自防氦污染
	ZQJ-542G	5×10^{-12}	$5\times10^{-12}\sim1$	1000		2	86	680×450×1000	便携式,带推车
	ZQJ-560	5×10^{-12}	$5\times10^{-12}\sim1\times10^{-4}$	1000		4	56	880×421×925	

续表

生产厂家	型号	最小可检漏率/Pa·m³·s⁻¹	测量范围/Pa·m³·s⁻¹	最大试验压力/Pa	检漏口抽速(He)/L·s⁻¹	启动时间(<)/min	质量/kg	尺寸/mm³	特点
合肥皖仪	SFJ-271	2×10^{-13}	$1\times10^{-3}\sim1\times0^{-13}$	1500		3	40	590×484×322	便携式，进口多口分子泵，全自动控制，自动调零，自动校准，双灯丝自动切换，铱丝离子源，适用于湿度大的恶劣环境
	SFJ-261	5×10^{-13}	$1\times10^{-3}\sim1\times0^{-13}$	1500		3	43	590×484×322	便携式，进口多口分子泵，全自动控制，自动调零，自动校准，双灯丝自动切换，自动量程切换，铱丝离子源
	SFJ-231D	5×10^{-13}	$1\times10^{-3}\sim1\times0^{-13}$	1500	2.5	5	75	645×678×965	只需操作检漏和放气两键，进口多口分子泵，双灯丝自动切换，自动调零，自动校准，自动量程切换，铱丝离子源
	SFJ-231	1×10^{-12}	$1\times10^{-3}\sim1\times0^{-13}$	1500		5	75	645×678×965	只需操作检漏和放气两键，进口多口分子泵，双灯丝自动切换，自动调零，自动校准，自动量程切换，铱丝离子源
	SFJ-211	5×10^{-12}	$1\times10^{-3}\sim1\times0^{-13}$	1330		5	75	645×678×965	只需操作检漏和放气两键，进口多口分子泵，双灯丝自动切换，自动调零，自动校准，自动量程切换，铱丝离子源
沈阳安利	AH-1	10^{-8}	$10^{-8}\sim10^{-2}$	100000	1.5	3	33	500×285×320	全自动，吸枪型